Geographie

Hans Gebhardt · Rüdiger Glaser · Ulrich Radtke ·
Paul Reuber · Andreas Vött (Hrsg.)

Geographie

Physische Geographie und Humangeographie

3. Auflage

 Springer

Hrsg.

Hans Gebhardt
Universität Heidelberg
Heidelberg, Germany

Rüdiger Glaser
Universität Freiburg
Freiburg, Germany

Ulrich Radtke
Universität Duisburg-Essen
Essen, Germany

Paul Reuber
Universität Münster
Münster, Germany

Andreas Vött
Johannes Gutenberg University of Mainz, Institute
of Geography
Mainz, Germany

ISBN 978-3-662-58378-4 ISBN 978-3-662-58379-1 (eBook)
https://doi.org/10.1007/978-3-662-58379-1_1

Die Deutsche Nationalbibliothek verzeichnet diese Publikation in der Deutschen Nationalbibliografie; detaillierte bibliografische Daten sind im Internet über http://dnb.d-nb.de abrufbar.

Planung und Lektorat: Stephanie Preuß, Martina Mechler
Redaktion: Christiane Martin (www.wortfuchs.de)
Grafiken: Satz- und Grafik-Studio Stephan Meyer, Dresden

Springer-Verlag GmbH Deutschland ist ein Imprint der eingetragenen Gesellschaft Springer-Verlag GmbH, DE und ist ein Teil von Springer Nature
Die Anschrift der Gesellschaft ist: Heidelberger Platz 3, 14197 Berlin, Germany

Vorwort

Unser Planet unterliegt rasanten Veränderungen. Mit ihnen tauchen neue Themen, Problemstellungen und Fragen auf, mit denen sich Gesellschaft und Wissenschaft konfrontiert sehen. Die Geographie stellt sich diesen neuen Fragen und Herausforderungen wie kaum ein anderes Fach – auch mit der Konsequenz, dass sie sich beständig weiterentwickeln und verändern muss.

Der globale Umweltwandel wird immer mehr zu einem unumkehrbaren Phänomen, bei manchen Problemen sind bereits „*tipping points*" erreicht (Schwund des arktischen Meereises, Gletscherschmelze und beschleunigter Meeresspiegelanstieg, Artensterben etc.). Auch die räumlichen Organisationsformen von Gesellschaften unterliegen raschen Veränderungsprozessen. Sie sind begleitet von sozialen Verwerfungen und sozialräumlichen Disparitäten auf verschiedenen Maßstabsebenen, von geopolitischen und geoökonomischen Machtasymmetrien.

Geographie ist ein Fach, das komplexe Phänomene in vernetzter Weise adressiert und damit in Zukunft noch wichtiger wird, als es derzeit schon ist. Wir haben daher in der 3. Auflage des vorliegenden Lehrbuchs nicht nur die sich verändernden Risiken und Problemlagen auf dem „Raumschiff Erde", sondern gleichzeitig die darauf gerichteten Forschungsfelder und Teildisziplinen der Geographie auf den neuesten Stand gebracht und um neue Themenfelder erweitert.

Das Alleinstellungsmerkmal des Lehrbuchs, die „ganze" Geographie in einem Band zu vereinen, ist dabei natürlich geblieben – erweitert und ergänzt um neue Methoden und Erkenntnisse. Völlig neu gestaltet wurde seine „dritte Säule", das heißt Teil V, der explizit das Wechselverhältnis von Gesellschaft und Umwelt thematisiert und für dessen Koordination und Bearbeitung neben dem Herausgeber Prof. Dr. Rüdiger Glaser auch Prof. Dr. Annika Mattissek gewonnen werden konnte. Prof. Dr. Ulrich Radtke, Rektor der Universität Duisburg-Essen, hat die Herausgabe der neuen Auflage in den bisher von ihm vertretenen Teilen der Physischen Geographie nun gemeinsam mit Prof. Dr. Andreas Vött (Universität Mainz) realisiert.

Auch in Zeiten digitaler Informationsmedien ist ein umfassendes und von über 150 Wissenschaftlerinnen und Wissenschaftlern verfasstes Lehrbuch gerade im Hinblick auf die Ausbildung junger Studierender in den verschiedenen Studiengängen und für die zeitgemäße fachliche Weiterbildung von Lehrerinnen und Lehrern ein unverzichtbares Desiderat. Das Buch ist auch ein disziplinpolitisches Statement hinsichtlich einer zeitgemäßen Verortung der Geographie in den Ordnungen des Wissens und damit eine Dokumentation der Leistungsfähigkeit des Fachs.

Die Geographie ist eine faszinierende Wissenschaft der „ganzen Welt", was auch viele unserer Hochschullehrerinnen und Hochschullehrer immer wieder fachpolitisch für das Fach als Einheit eintreten lässt. Gerade in einer zunehmend globalisierten Welt, in der immer komplexere Wechselbeziehungen auftreten, brauchen Multiplikatoren und Entscheidungsträger in Medien, Wirtschaft und Politik angemessene geographische Kompetenzen. Geographischen Analphabetismus kann sich die Welt des 21. Jahrhunderts nicht leisten.

Auch bei dieser Neuauflage hat sich der Springer-Verlag für Wünsche offen gezeigt und uns eine Ausweitung des Umfangs ermöglicht. Zahlreiche Abbildungen konnten neu gezeichnet und neue Fotos aufgenommen werden. Die komplexe Redaktionsarbeit wurde erneut mit außerordentlich großem Engagement von Frau Dipl.-Geogr. Christiane Martin ausgeführt, der wir hierfür herzlich danken. Ohne ihre Koordination und Mithilfe wäre diese dritte Auflage nicht möglich gewesen. Dank gebührt ebenfalls allen anderen Personen, die zum Gelingen dieses Projekts beigetragen haben, z. B. Michael Wegener und Karin Schmitz, die einen Teil der Karten erstellt haben, Stephan Meyer, der für die Abbildungen verantwortlich ist, Elke Schliermann-Kraus für vielfältige Unterstützung sowie vielen studentischen Hilfskräften, die die Herausgeber beim Korrekturlesen unterstützt haben.

Dass das Buch in dieser Form erscheinen konnte, haben wir auch und vor allem den Kolleginnen und Kollegen zu verdanken, welche sich mit Beiträgen beteiligt haben. Neben Autorinnen und Autoren, die bereits bei der 2. Auflage mitwirkten, konnten eine ganze Reihe jüngerer Geographinnen und Geographen gewonnen werden. Die Fülle der Autoren und die Heterogenität, ja Gegensätzlichkeit der akademischen Perspektiven bis in erkenntnistheoretische Grundsatzpositionen hinein, die dabei zutage treten, sind Beleg für die komplexe Kreativität und Diskursfreudigkeit innerhalb der Geographie. Dies schließt aber auch aus, dass das Buch aus „einem Guss" entstehen konnte. Es war ein Anliegen der Herausgeber, solche Fragmentierungen, die typisch für das Fach sind, ganz bewusst aufscheinen zu lassen. Auch Vollständigkeit kann und sollte hier nicht erreicht werden. Wir bitten deshalb Anregungen, Kommentare und Verbesserungsvorschläge an den Verlag oder an uns Herausgeber zu kommunizieren.

Aus Gründen der Lesbarkeit wurde an manchen Stellen auf die konsequente Nennung aller weiblichen und männlichen Formen verzichtet; mit Geographen sind dort trotzdem natürlich auch Geographinnen gemeint, mit Wissenschaftlern auch Wissenschaftlerinnen etc.

Februar 2019

Hans Gebhardt, Heidelberg
Rüdiger Glaser, Freiburg i. Br.
Ulrich Radtke, Duisburg-Essen
Paul Reuber, Münster
Andreas Vött, Mainz

Inhaltsverzeichnis

Mitarbeiter dieses Buches

Herausgeber

Prof. Dr. Hans Gebhardt, Heidelberg

Prof. Dr. Rüdiger Glaser, Freiburg i. Br.

Prof. Dr. Ulrich Radtke, Duisburg-Essen

Prof. Dr. Paul Reuber, Münster

Prof. Dr. Andreas Vött, Mainz

Redaktion

Dipl.-Geogr. Christiane Martin, Köln

Autoren

Dr. André Assmann, Heidelberg

Dipl.-Geogr. Jan Balke, Münster

Dr. Michael Bauder, Freiburg i. Br.

Prof. Dr. Roland Baumhauer, Würzburg

Prof. Dr. Rupert Bäumler, Erlangen

PD Dr. Christoph Beck, Augsburg

Prof. Dr. Bernd Belina, Frankfurt a. M.

Dr. Jago J. Birk, Mainz

Prof. Dr. Hans Heinrich Blotevogel, Wien

Prof. Dr. Marc Boeckler, Frankfurt a. M.

Prof. Dr. Jürgen Böhner, Hamburg

Prof. Dr. Michael Bollig, Köln

Annette Bösmeier M. Sc., Freiburg i. Br.

Dr. Klaus Braun, Freiburg i. Br.

Dominik Breuer M. Sc., Bonn

Prof. Dr. Jürgen Breuste, Salzburg

Prof. Dr. Helmut Brückner, Köln

Prof. Dr. Ernst Brunotte, Köln

Prof. Dr. Olaf Bubenzer, Heidelberg

Dr. Annika Busch-Geertsema, Frankfurt a. M.

Nisa Butt M. Sc., Freiburg i. Br.

PD Dr. habil. Christopher Conrad, Fürth

Dr. Juliane Dame, Heidelberg

Prof. Dr. Peter Dannenberg, Köln

Prof. Dr. Stefan Dech, Oberpfaffenhofen/Würzburg

Dr. Manuel Dienst, Mainz

Prof. Dr. Richard Dikau, Bonn

Prof. Dr. Andreas Dix, Bamberg

Prof. Dr. Martin Doevenspeck, Bayreuth

Maike Dziomba, Bargteheide

Jun.-Prof. Dr. Iris Dzudzek, Münster

Prof. Dr. Dr. h. c. Bernhard Eitel, Heidelberg

Dr. Kurt Emde, Mainz

Prof. Dr. Wilfried Endlicher, Berlin

Mathilde Erfurt M. Sc., Freiburg i. Br.

Prof. Dr. Ulrich Ermann, Graz

Prof. Dr. Jonathan Everts, Halle (Saale)

Prof. Dr. Dominik Faust, Dresden

Prof. Dr. Alexander Fekete, Köln

Prof. Dr. Sabine Fiedler, Mainz

Dr. Peter Fischer, Mainz

Prof. Dr. Tim Freytag, Freiburg i. Br.

Prof. Dr. Arne Friedmann, Augsburg

Dr. Henning Füller, Berlin

Prof. Dr. Hartmut Fünfgeld, Freiburg i. Br.

Dr. Thomas Gaiser, Bonn

Prof. Dr. Paul Gans, Mannheim

Prof. Dr. Hans Gebhardt, Heidelberg

Prof. Dr. Renate Gerlach, Köln

Prof. Dr. Gerhard Gerold, Göttingen

Prof. Dr. Ulrike Gerhard, Heidelberg

Prof. Dr. Thomas Glade, Wien

Prof. Dr. Rüdiger Glaser, Freiburg i. Br.

Dipl.-Geogr. Stephanie Glaser (†), Freiburg i. Br.

Prof. Dr. Georg Glasze, Erlangen

Prof. Dr. Stephan Glatzel, Wien

Prof. Dr. Rainer Glawion, Freiburg i. Br.

Prof. Dr. Johannes Glückler, Heidelberg

Prof. Dr. Ulrike Grabski-Kieron, Münster

Dipl.-Phys. Uwe Gradwohl, Karslruhe

Prof. Dr. Wilfried Haeberli, Zürich

Prof. Dr. Barbara Hahn, Würzburg

Dr. Michael Handke, Heidelberg

PD Dr. Stefan Harnischmacher, Marburg

Prof. Dr. Susanne Heeg, Frankfurt a. M.

Prof. Dr. Heinz Heineberg, Münster

Prof. Dr. Michael Hemmer, Münster

Rafael Hologa M. Sc., Freiburg i. Br.

Dr. Gabriele Hufschmidt, Bonn

Prof. Dr. Armin Hüttermann, Ludwigsburg

Prof. Dr. Jucundus Jacobeit, Augsburg

Prof. Dr. Reinhold Jahn, Halle (Saale)

Dr. Stefan Jergentz, Landau

Robert John M. Sc., Freiburg i. Br.

Prof. Dr. Rudolf Juchelka, Essen

Prof. Dr. Norbert Jürgens, Hamburg

Michael Kahle M. Sc., Freiburg i. Br.

Prof. Dr. Dieter Kelletat, Mülheim an der Ruhr

Prof. Dr. Arno Kleber, Dresden

Prof. Dr. Silja Klepp, Kiel

Dr. Thomas Klinger, Frankfurt a. M.

Dr. Oliver Konter, Mainz

Prof. Dr. Benedikt Korf, Zürich

Prof. Dr. Frauke Kraas, Köln

Dr. Christian Krajewski, Münster

Prof. Dr. Michael Krautblatter, München

Prof. Dr. Hermann Kreutzmann, Berlin

Prof. Dr. Dr. Olaf Kühne, Tübingen

PD Dr. habil. Claudia Künzer, Kaufering

Matthias Land M. A., Osnabrück

Prof. Dr. Martin Lanzendorf, Frankfurt a. M.

Prof. Dr. Frank Lehmkuhl, Aachen

Patrick Lehnes, Freiburg i. Br.

Imme Lindemann M. Sc., Münster

Dr. habil. Roland Lippuner, Osnabrück

Prof. Dr. Julia Lossau, Bremen

Dr. Petra Lütke, Münster

Dr. Bertil Mächtle, Heidelberg

Prof. Dr. Annika Mattissek, Freiburg i. Br.

Prof. Dr. Andreas Matzarakis, Freiburg i. Br.

Dr. Insa Meinke, Geesthacht

Prof. Dr. Judith Miggelbrink, Dresden

Dr. Franz-Benjamin Mocnik, Heidelberg

Dr. Steffen Möller, Göttingen

Dr. Jörg Mose, Schwerin

Prof. Dr. Ivo Mossig, Bremen

Prof. Dr. Detlef Müller-Mahn, Bonn

Prof. Dr. Cordula Neiberger, Aachen

Prof. Dr. Birte Nienaber, Luxemburg

Prof. Dr. Josef Nipper, Köln

Prof. Dr. Marcus Nüsser, Heidelberg

Dr. Lea Obrocki, Mainz

Prof. Dr. Christian Opp, Marburg

Prof. Dr. Stefan Ouma, Bayreuth

Dr. Bastian Paas, Münster

Prof. Dr. Eberhard Parlow, Basel

Prof. Dr. Carmella Pfaffenbach, Aachen

Prof. Dr. Andreas Pott, Osnabrück

Anna Mateja Punstein, M. Sc., Heidelberg

Prof. Dr. Robert Pütz, Frankfurt a. M.

Prof. Dr. Ulrich Radtke, Duisburg-Essen

Dr. Christian Reinhardt-Imjela, Berlin

Prof. Dr. Paul Reuber, Münster

Prof. Dr. Jürgen Richter, Köln

Dr. Dirk Riemann, Freiburg i. Br.

PD Dr. Heiko Riemer, Köln

Prof. Dr. Johannes B. Ries, Trier

Prof. Dr. Konrad Rögner, Landshut

Prof. Dr. Wolfgang Römer, Aachen

Dr. Hans-Joachim Rosner, Tübingen

Prof. Dr. Jürgen Runge, Frankfurt a. M.

Jun.-Prof. Dr. Simon Runkel, Jena

Prof. Dr. Martin Sauerwein, Hildesheim

Dr. Helmut Saurer, Freiburg i. Br.

Prof. Dr. Frank Schäbitz, Köln

Prof. Dr. Gerhard Schellmann, Bamberg

Prof. Dr. Winfried Schenk, Bonn

Elke Schliermann-Kraus M. A., Gerolzhofen

PD Dr. Elisabeth Schmitt, Gießen

Prof. Dr. Thomas Schmitt, Bochum

Prof. Dr. Antonie Schmiz, Berlin

Prof. Dr. Christoph Schneider, Berlin

Prof. Dr. Thomas Scholten, Tübingen

Prof. Dr. Denis Scholz, Mainz

Nicolas Scholze, Freiburg i. Br.

Prof. Dr. Christian-D. Schönwiese, Frankfurt a. M.

Dr. Frank Schröder, Würzburg

Prof. Dr. Lothar Schrott, Bonn

Prof. Dr. Achim Schulte, Berlin

Prof. Dr. Brigitta Schütt, Berlin

Dr. Fabian Sennekamp, Friedrichshafen

Prof. Dr. Alexander Siegmund, Heidelberg

Dr. Jan-Erik Steinkrüger, Bonn

Univ.-Prof. Dr. Anke Strüver, Graz

Dr. Cindy Sturm, Dresden

Sebastian Unger M. Sc., Bonn

Prof. Dr. Heinz Veit, Bern

Prof. Dr. Julia Verne, Bonn

Prof. Dr. Martin Visbeck, Kiel

Dr. Steffen Vogt, Freiburg i. Br.

Prof. Dr. Jörg Völkel, München

Dr. Hans von Storch, Geesthacht

Dr. des. Alexander Vorbrugg, Bern

Prof. Dr. Andreas Vött, Mainz

Prof. Dr. Ute Wardenga, Leipzig

Jun.-Prof. Dr. Florian Weber, Saarbrücken

Prof. Dr. Juergen Weichselgartner, Berlin

Prof. Dr. Benno Werlen, Jena

Dr. Vera Werner, Mainz

Dr. Thilo Wiertz, Freiburg i. Br.

Dr. Timo Willershäuser, Mainz

Prof. Dr. Gerald Wood, Münster

Prof. Dr. Jürgen Wunderlich, Frankfurt a. M.

Prof. Dr. Hans-Martin Zademach, Eichstätt

Dr. Reinhardt Zeese, Brühl

Prof. Dr. Klaus Zehner, Köln

Prof. Dr. Alexander Zipf, Heidelberg

Prof. Dr. Bernd Zolitschka, Bremen

Prof. Dr. Ludwig Zöller, Bayreuth

Einführung in die Geographie

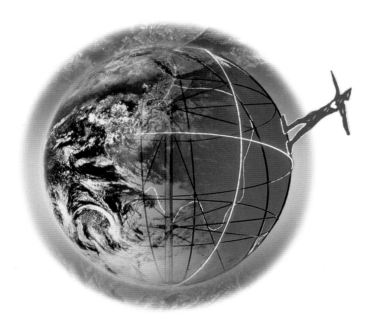

I

Globale Risiken und die Rolle der Geographie

1

Hans Gebhardt, Rüdiger Glaser, Ulrich Radtke, Paul Reuber und Andreas Vött

Blau und wunderschön wirkt die Erde aus dem Weltall. In dieser Weise beschrieben die ersten Astronauten ihren „Blick von außen" auf unseren Planeten. Je genauer man jedoch hineinzoomt, desto stärker treten gleichzeitig die vielfältigen Risiken und Konflikte hervor, die das gesellschaftliche Miteinander im 21. Jahrhundert kennzeichnen (Foto: Tryfonov/stock.adobe.com).

H. Gebhardt et al. (Hrsg.), *Geographie*, https://doi.org/10.1007/978-3-662-58379-1_1

Viele große gesellschaftliche Debatten in den ersten Jahrzehnten des 21. Jahrhunderts bewegen sich in der Dialektik von Risiko und Sicherheit. Dabei treten neue globale Risiken, die zu Megatrends führen, wie Klimawandel, internationaler Terrorismus oder noch nicht absehbare Folgen der digitalen Revolution, neben altbekannte Bedrohungen, wie die Gegnerschaften geopolitischer Großmächte, die negativen Folgeeffekte der ökonomischen Globalisierung oder die Angst vor drohenden Naturkatastrophen. All diese Risiken sind komplex, hochgradig miteinander vernetzt und können vielfältige Folgen für die Menschen und ihre Umwelt haben, von denen die derzeitigen transnationalen Migrationsbewegungen zukünftig vielleicht nur die „Spitze des Eisbergs" darstellen. Hier kommt die Geographie als Gesellschafts-Umwelt-Wissenschaft ins Spiel, welche ihren Blick nicht nur auf räumliche Unterschiede in der globalisierten Welt richtet, sondern dabei mit ihren Analysen die komplexen Wechselbeziehungen, Asymmetrien und Machtungleichgewichte in den Fokus nimmt. Dabei entstehen nicht wenige dieser globalen Problemlagen aus dem Zusammenwirken von Umweltrisiken (Erdbeben, Tsunamis, Vulkanausbrüche, tropische Wirbelstürme usw.) und ungenügenden ökonomischen und politischen *responses*. Zahlreiche Regionen der Erde und Teile ihrer Bevölkerungen sind deshalb heute in hohem Maße „verwundbar" (vulnerabel), während gleichzeitig in prosperierenden Regionen Tendenzen der Abschottung und *securitization* um sich greifen. Geographie – das wohl einzige Universitätsfach, das sowohl Natur- als auch Gesellschafswissenschaft ist – kann aufgrund der „innerdisziplinären Interdisziplinarität" solche Zusammenhänge besser analysieren und verstehen als viele der stärker spezialisierten Wissenschaften unseres Bildungssystems.

1.1 Globale Risiken und Megatrends als gesellschaftliche Herausforderung zukünftiger Jahrzehnte

Globale Megatrends (Abb. 1.1) wie Klimawandel, Wasser- und Ressourcenkonflikte oder die zunehmende Globalisierung und Vernetzung, die sich u. a. in Finanzkrisen, weltweiten Flüchtlingsströmen und im Anstieg internationaler Bedrohungsszenarien äußern, zählen gemeinsam mit den Naturkatastrophen zu den sog. „großen Ereignissen". Diese finden ein vielfältiges Echo in den Medien, deren Berichterstattungen dabei manchmal ein Bild generieren, als befänden sich die apokalyptischen Reiter neu aufgezäumt auf dem Ritt in den Untergang.

Es ist aber nicht nur die um Breitenwirkung heischende und spektakulär inszenierte „professionelle Panikmaschine" des Medienapparates, es sind in vielfältiger Weise auch globale wissenschaftliche Thinktanks, die im neuen Jahrtausend mit Blick auf zentrale Zukunftsentwicklungen und Herausforderungen diese Risiken und Megatrends in den Blick nehmen und vor deren katastrophalen Folgen warnen. „*The world is undergoing multiple complex transitions: towards a lower carbon future: towards technological change of unprecedented depth and speed: towards new global economic and geopolitical balances*", schreibt etwa das *World Economic Forum* (World Economic Forum 2017) in Davos. Es richtet nicht nur jährlich den medial herausgehobenen Weltwirtschaftsgipfel aus, sondern

ist zu einem der international bekannten Thinktanks für globale Risikoanalysen geworden, die in vielen Entscheiderkreisen Gehör finden. Als „*one of the Forum's flagship reports*" (ebd.) erscheint seit 2006 jedes Jahr ein *Global Risks Report*, der auch 2017 wieder das Ziel verfolgt, langfristige global relevante und vielfältig verflochtene Risiken und Megatrends zu identifizieren (Exkurs 1.1). In ähnlicher Weise agieren thematisch spezialisierte Institutionen wie das klimapolitisch ausgerichtete *Intergovernmental Panel on Climate Change* (IPCC) oder die geopolitisch zentrierte Münchener Sicherheitskonferenz. Auch die im Jahr 2000 von einer Arbeitsgruppe aus Vertretern der Vereinten Nationen, der Weltbank, des IWF und dem *Development Assistance Committee* der OECD formulierten *Millennium Development Goals*, die 2015 von den thematisch breiter gefassten „Zielen nachhaltiger Entwicklung" abgelöst wurden, benennen „kritische Themenfelder", deren Lösung zu den Zukunftsaufgaben der Menschheit gehört.

Die Abb. 1.1 visualisiert die Ergebnisse des *Global Risks Perception Survey* (GRPS) und ergänzt diese aus geographischer Sicht exemplarisch um Teildisziplinen, die sich mit deren wissenschaftlicher Analyse beschäftigen. Der sozialwissenschaftlich angelegte *survey* des *World Economic Forum* befragt alljährlich Führungskräfte und Schlüsselakteure aus den Bereichen Politik, Wirtschaft, Wissenschaft, von internationalen Organisationen und NGOs zu deren Einschätzungen und Wahrnehmungen globaler Risiken und Trends. Konkret wurden sie unter anderem gebeten, die Eintrittswahrscheinlichkeit, den *global impact* sowie die wechselseitigen Vernetzungen der entsprechenden Risiken und Trends zu bewerten. Trends werden dabei verstanden als „*long-term pattern[s] that ... could contribute to amplifying global risks and/or altering the relationship between them*" (World Economic Forum 2017).

Was geht dies alles die Geographie an? So unterschiedlich die identifizierten Risiken und Megatrends inhaltlich sein mögen, so haben sie doch wichtige Punkte gemeinsam, die wissenschaftliche Kernfragen und Kernkompetenzen der Geographie adressieren: Es handelt sich erstens um Prozesse, bei denen es – oft in zentraler Weise – um **Raumbezüge** geht, um räumlich lokalisierte Ressourcen, um Risiken, die sich um die Verfügbarkeit, Begrenztheit, Umstrittenheit materieller Ressourcen, Verbreitungsgebiete, Territorien usw. drehen. Es handelt sich zweitens um Prozesse, deren Dynamiken sich in den einzelnen Regionen der Welt aufgrund sehr verschiedener gesellschaftlicher und ökologischer Rahmenbedingungen sehr unterschiedlich auswirken.

Diese Punkte gelten z. B. auf der stärker umweltbezogenen Seite für den globalen Klimawandel und seine räumlich differenzierten Folgen, sie gelten auf der gesellschaftlichen Seite für die zunehmenden Disparitäten in Einkommen und Wohlstand, die gemeinsam die sozioökonomische Polarisierung der Gesellschaften vorantreiben. Hinzu kommen die sich vielerorts verändernden gesellschaftlichen Machtverhältnisse und geopolitischen Unsicherheiten bzw. Konfliktlagen sowie demographische Verschiebungen, die in manchen Regionen der Welt zu „*ageing societies*" führen, in anderen zu Gesellschaften mit einem überproportionalen Anteil an Kindern und jungen Erwachsenen. Vermittler, Beschleuniger und Folgeerscheinung dieser Entwicklungen sind

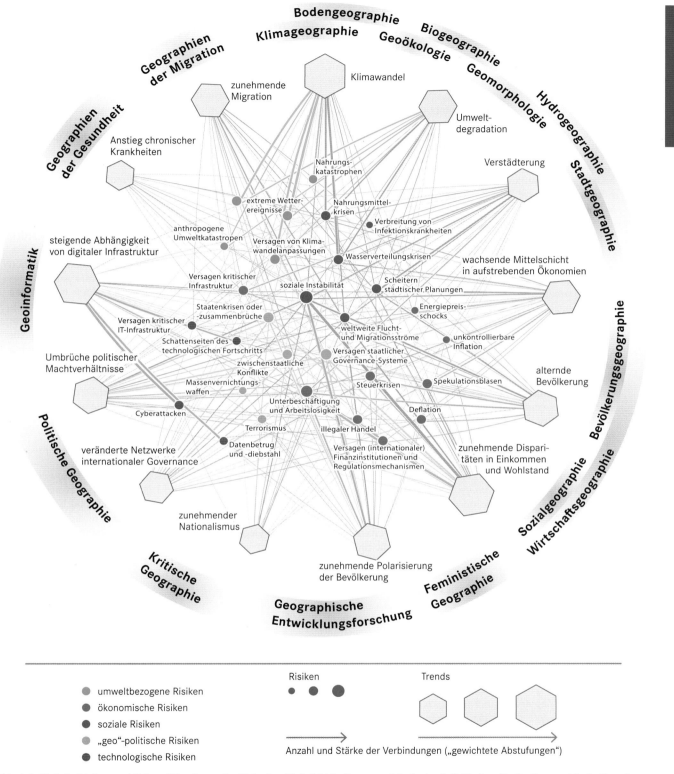

Abb. 1.1 Globale Risiken und (Mega-)Trends aus der Sicht des *Global Risks Report* und Andockmöglichkeiten für die Geographische Forschung (Beispiele; verändert nach World Economic Forum 2017).

Exkurs 1.1 Globale Risiken aus der Sicht des *Global Risks Report*

In der Systematik des *Global Risks Report* haben insbesondere die Umweltrisiken (Georisiken), die geopolitischen Risiken sowie die (geo-)ökonomischen und gesellschaftlichen Risiken in ihrem vernetzten Gefahrenpotenzial eine herausgehobene Bedeutung (Abb. 1.1):

- Im Bereich der umweltbezogenen Risiken hebt der *Global Risks Report* von 2017 vor allem extreme Wetterereignisse, große Naturkatastrophen, Wasser- und Nahrungsmittelkrisen sowie, mit allen verknüpft, das mögliche Scheitern der weltweiten Anstrengungen zur Mitigation und Adaptation des Klimawandels heraus.
- Als geopolitische Risiken mit unterschiedlicher großregionaler Eintrittswahrscheinlichkeit werden das Versagen supra- und nationalstaatlicher Politikformen (inkl. des Zusammenbruchs von Staaten sowie der Renaissance neo-nationalistischer Bewegungen), das Erstarken international operierender radikalisierter terroristischer Bewegungen und Anschläge sowie spektakuläre Formen von Cyberkriminalität bis zur Möglichkeit eines *„critical information infrastructure breakdown"* angesprochen.
- Auf einer geoökonomischen Ebene führen Transformationen von Wirtschaft und Arbeit (z. B. Industrie 4.0) zu Unterbeschäftigung bzw. Arbeitslosigkeit in traditionell arbeitsintensiven Segmenten und verstärken andernorts das Billiglohnsegment, gleichzeitig treibt die globalisierte Ökonomie mit ihren Finanz- und Spekulationskrisen die

extremen Disparitäten in der Verteilung von Kapital und Einkommen dramatisch voran (Piketty 2014).
- Auf gesellschaftlicher Ebene verstärken all diese Risiken die Muster der globalen sozialen Ungleichheit und Instabilität. Ein Ansteigen selektiver sozialer Unsicherheit, Arbeitslosigkeit und globaler Migrations- und Flüchtlingsströme sind die Folgen.

Die im Bericht identifizierten Trends und Risiken zeigen vielfältige und komplexe Wechselwirkungen auf. In Form von sich teilweise aufschaukelnden Entwicklungen führen sie zu unterschiedlichen globalen Risiken, die mittlerweile für die Zukunftsentwicklung der Menschheit so bedeutend geworden sind, dass sie im internationalen Maßstab analysiert, diskutiert, verhandelt und bearbeitet werden müssen. Allerdings haben die im Vordergrund stehenden, als besonders wesentlich angesehenen Risiken in den vergangenen beiden Jahrzehnten durchaus gewechselt. Vom „Waldsterben" oder dem „Ozonloch" ist heute kaum mehr die Rede, dafür von neuen nicht absehbaren Risiken der Gentechnologie oder dem kaum mehr umkehrbaren Klimawandel. Die Dringlichkeitswahrnehmung unterliegt hier durchaus einer zeitlichen Fluktuation. Hinzu kommt, dass trotz oder möglicherweise gerade wegen der inhaltlichen Nähe des Reports zum *World Economic Forum* manche Risiken der globalisierten Ökonomie weniger kritisch ausgeleuchtet werden (z. B. die vielen Schattenseiten des globalen Finanzkapitalismus) als andere Risikofelder.

die global zunehmenden Netzwerkbeziehungen und Austauschströme, die Castells (2001) als *spaces of flows* bezeichnet hat. In digitaler Form führen sie zu einer immer stärkeren Cyber-(Inter-)Dependence, in analoger Form führen sie im Zuge einer dramatisch ansteigenden geographischen Mobilität zu weltumspannenden Migrationsregimen unterschiedlichster Art, die räumlich nicht nur eine zunehmende Polarisierung und Urbanisierung im globalen Maßstab, sondern gleichzeitig vielfältige Formen von Flucht, Vertreibung und Enteignung mit sich bringen.

Mit Blick auf die Zukunft geht es dabei darum, zu verstehen, in welch spezifischer Weise globale Trends und Risiken sich in regionale Kontexte „einschreiben" bzw. wie sie sich dort vor dem Hintergrund sehr unterschiedlicher regionaler Verwundbarkeiten, Resilienzen und Anpassungsmöglichkeiten „formatieren" und welche komplexen Spannungsverhältnisse diesen innewohnen. Global relevante Megatrends und Risikoszenarien müssen aus dieser Sicht als *„deeply interconnected risks"* (World Economic Forum 2017) angesehen werden. Daran kann man mit Blick auf die Rolle der Geographie erkennen, warum das Fach nicht nur wegen seiner räumlich differenzierten Perspektive relevant ist, sondern auch aufgrund seiner integrativen, generalisierenden Sichtweise im **Überschneidungsbereich von Natur- und Gesellschaftswissenschaften**. Die damit verbundene methodische Vielfalt der Geographie bietet das geeignete Instrumentarium.

Ihre skalenbezogene, spezifisch räumliche Sichtweise öffnet gleichermaßen Analyse- und Lösungsperspektiven. Hinterlegt mit einer Vielfalt klassischer ökologischer und humangeographischer Erhebungstechniken, erweitert um digitale Verfahren wie z. B. Geographische Informationssysteme, Fernerkundung, Lexikometrie und Formen der sozialen Netzwerkanalyse im Sinne einer „Geographie 4.0" trägt sie in vielen der genannten Felder zu deren Bearbeitung und zur Entwicklung von Lösungsansätzen bei.

1.2 Die wissenschaftliche Perspektive der Geographie

Um die vielfältig vernetzten Risikoszenarien der Zukunft wissenschaftlich zu analysieren, abzubilden und zukunftsrelevant interpretieren zu können, sind – wie oben bereits angedeutet – sowohl naturwissenschaftliche als auch gesellschaftswissenschaftliche Expertisen erforderlich. Insbesondere braucht es dafür Wissenschaftsformen, die aus einer stärker zusammenschauenden, generalisierenden Perspektive entsprechende Risiken in den Blick nehmen und diese zum Kern ihrer wissenschaftlichen Analyse machen.

Geographie ist auch eine Wissenschaft, die darauf ausgerichtet ist, räumliche Maßstabssprünge und Übergänge zu thematisieren und zu bearbeiten sowie entsprechende Probleme im Spannungsfeld globaler Trends und regionaler ökologischer und/oder gesellschaftlicher Spezifika und Differenzierungen sichtbar zu machen und zu verstehen. Außerdem bietet sie mit ihren Teildisziplinen sowohl in der Physischen Geographie als auch der Humangeographie das notwendige Maß an **spezialisierter Forschungserfahrung**, mit dem sich sehr direkte und detaillierte Anknüpfungspunkte für Analysen der oben genannten globalen Trends und Risiken finden lassen (Abb. 1.1). Diese Aspekte sollen im Folgenden am Beispiel des globalen Klimawandels und seiner Folgen etwas genauer angesprochen werden.

Der globale Klimawandel als Beispiel

Der globale Klimawandel ist eines der derzeit gravierendsten Beispiele für die komplexe Vernetztheit weltweiter Risiken und deren Ausprägungen auf allen räumlichen Maßstabsebenen. Er ist gleichzeitig eine der Gefahren, die sich nach den meisten

Experteneinschätzungen in vielfältiger Weise auf Gesellschaft und Umwelt auswirken werden. Zu Recht mahnt das IPCC *„that the more human activities disrupt the climate, the greater the risks of severe, pervasive and irreversible impacts for people and ecosystems, and long-lasting changes in all components of the climate system"* (IPCC 2014).

Globaler Klimawandel ist dabei ein typisches Thema mit einer natur- wie gesellschaftswissenschaftlichen Dimension. Einerseits geht es um die quantitative Modellierung und regional differenzierte Prognose der Stärke und Geschwindigkeit des globalen Klimawandels. Dies ist ein wichtiges Aufgabenfeld natur- und geowissenschaftlicher Forschungen, an denen auch die Physische Geographie Anteile hat. Zum anderen ist der Klimawandel Gegenstand **kontroverser gesellschaftlicher Diskurse** und Aushandlungsprozesse, welche sich in den letzten Jahrzehnten um spezifische Problemfelder drehten wie Klimapolitik, Klimafolgenforschung mit Fragen geeigneter Anpassungs- und Minderungsstrategien, Klimavulnerabilität und Klimaschutz bis hin zu Debatten um *climate engineering*. Bezüglich dieser Aspekte steht der Klimawandel im Fokus weitreichender gesellschaftswissenschaftlicher Analysen, an denen sich auch die Humangeographie mit ihrer Forschungskompetenz beteiligt.

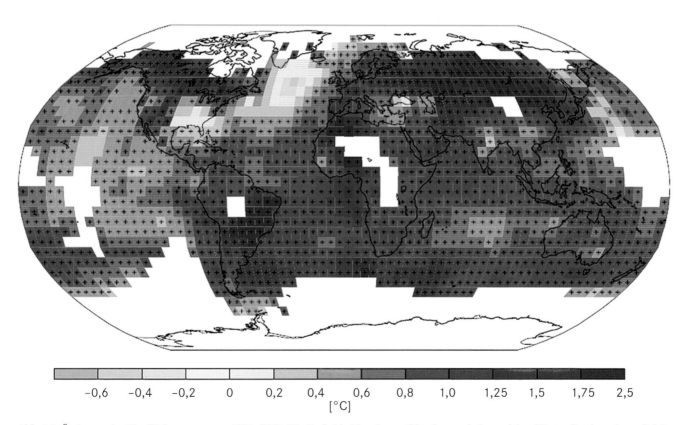

$-0,6 \quad -0,4 \quad -0,2 \quad 0 \quad 0,2 \quad 0,4 \quad 0,6 \quad 0,8 \quad 1,0 \quad 1,25 \quad 1,5 \quad 1,75 \quad 2,5$

[°C]

Abb. 1.2 Änderung der Oberflächentemperatur 1901–2012. Für die farbig hinterlegten Gitterboxen sind ausreichend Daten für eine robuste Schätzung vorhanden; für andere Flächen, insbesondere die Polregionen, einige Meeresbereiche und wenige Kontinentflächen fehlen diese. Sie sind weiß. Plus-Zeichen bezeichnen signifikante Trends. In den meisten Regionen der Erde haben die Temperaturen zwischen 0,5 und 2,5 °C zugenommen. Der Großteil geht auf die Freisetzung von anthropogenen Treibhausgasen zurück. Nur ganz wenige Bereiche weisen wie im Nordatlantik einen leichten Temperaturrückgang auf (verändert nach IPCC 2013).

Abb. 1.3 Der Klimawandel macht sich besonders dramatisch in den arktischen Regionen der Erde bemerkbar. Die Aufnahme zeigt das Eisstromnetz im Inneren der Insel Grönland. Die einstmals mächtige Eisschicht ist, verstärkt im letzten Jahrzehnt, ausgedünnt. An den Küsten kommt es immer wieder zu Eisabbrüchen und auch im Inneren von Grönland befindet sich das Eis auf dem Rückzug (Foto: H. Gebhardt, 2012).

Einen der Grundbausteine dieser gesellschaftlichen Auseinandersetzung mit dem Phänomen des Klimawandels liefern naturwissenschaftliche Analysen, die aus den enormen Datenströmen gemessener Werte mittels komplexer Modelle auf Hochleistungsrechnern signifikante Veränderungssignale des anthropogen induzierten Klimawandels von natürlichen Schwankungen trennen, über verschiedene Modellläufe quantitative Szenarien und Simulationen generieren und in die Zukunft fortschreiben (Abb. 1.2). Dies erfolgt mittlerweile regional differenziert für verschiedene Teilsysteme des Klimas. Es spricht für die Integrität der involvierten *scientific community*, dass sie seit der Publikation des zweiten IPCC-Berichts 1995, in dem noch von „Hinweisen auf menschlichen Einfluss auf das Klima" die Rede war, im dritten Bericht von 2001 den menschlichen Einfluss als wahrscheinlich bezeichnete, während im vierten Bericht von 2007 dieser Einfluss als sehr wahrscheinlich eingeschätzt wurde und schließlich im fünften Bericht von 2013 verschärft davon ausgegangen wird, dass *„it is extremeley likely that human influence has been the dominant cause for the observed warming since the mid-20th century"* (IPCC 2013).

Auch wenn diese Einschätzungen im Zuge der gesellschaftlichen Kontroversen um den Klimawandel in der Vergangenheit insbesondere von **Klimaskeptikern** immer wieder als strukturelle Schwäche der Kernaussagen kritisiert und damit infrage gestellt wurden, spricht gerade dieser Zuwachs an Wahrscheinlichkeit für eine hohe Integrität der Analyseverfahren und erklärt sich aus dem Informationszuwachs, den verbesserten Modellen und dem gewachsenen Verständnis. Mittlerweile ist die überwältigende Mehrzahl der involvierten Wissenschaftlerinnen und Wissenschaftler davon überzeugt, dass ein anthropogen bedingter Klimawandel vorliegt und in eine klare Richtung weist. Stellenweise hat die Realität früher formulierte Prognosen, etwa

beim Schwund des arktischen Meereises, sogar übertroffen. Das IPCC *„confirms that human influence on the climate system is clear and growing, with impacts observed across all continents and oceans. Many of the observed changes since the 1950s are unprecedented over decades to millennia. The IPCC is now 95 % certain that humans are the main cause of current global warming"* (IPCC 2014).

Die Auswirkungen des globalen Klimawandels lassen sich z. B. in Geographischen Informationssystemen (GIS) mit weiteren für diesen Prozess relevanten Parametern in Beziehung setzen und visualisieren. So lassen sich eindrucksvolle Szenarien zum klimainduzierten Vegetationswandel wie dem Verlust von Tundren in der Subpolarregion ebenso darstellen, wie die Destabilisierung von Hängen durch das Auftauen des stabilisierenden Permafrostes. In Simulationen kann z. B. das durch die Erwärmung verursachte schnellere Rückschmelzen der Polkappen ebenso visualisiert werden wie der Verlust an niedrig gelegenen Küstenebenen, Mündungsdeltas und kleinen Inselgruppen infolge des anthropogen beschleunigten Anstiegs des Meeresspiegels (Abb. 1.3). Immer wieder rücken neue Themenschwerpunkte in den Fokus: Ausgehend von der allgemeinen Treibhausgasdebatte mit Kohlendioxid, Lachgas und Methan als den wesentlichen Treibern rückten nach der Ozonlochdebatte neuerdings verstärkt lufthygienische Fragen der Feinstaubdebatte in den Mittelpunkt, die derzeit durch die „Dieselaffäre" eine neue Dimension erreicht haben (Exkurs 1.2).

Die vielfältigen Ergebnisse naturwissenschaftlicher Modellierungsexpertise und ihre kartographischen, häufig durchaus bildgewaltigen Animationen und Visualisierungen werden in der gesellschaftlichen Auseinandersetzung um den Klimawandel und die notwendigen Anpassungspolitiken zu Bausteinen kon-

Exkurs 1.2 Dicke Luft

Laufende Meldungen über zu hohe Feinstaubkonzentrationen in deutschen Städten, der milliardenschwere Dieselskandal namhafter Fahrzeughersteller, gesundheitsgefährdender Smog in den Metropolen weltweit – die Themen Luftbelastung und Lufthygiene schaffen es seit Jahren immer wieder in die Schlagzeilen.

Von Verbrennungsmotoren, Heizungen und bei gewerblichen und industriellen Prozessen freigesetzte Luftschadstoffe wirken sich negativ auf Mensch und Umwelt aus. Fast alle Metropolen und Regionen dieser Erde ringen mit ihrer Luftqualität – und das nicht erst seit Kurzem: Der London-Smog wurde bereits im 14. Jahrhundert beschrieben, 1952 kostete der *„Great Smog of London"* Tausende von Menschen das Leben. Los Angeles avancierte während des 20. Jahrhunderts zum Synonym für einen spezifischen Sommersmog (Abb. A). Erst durch strikte rechtliche Regelungen konnten schließlich die Emissionen von flüchtigen organischen Verbindungen zwischen 1962 und 2012 um 50 % und die Konzentrationen von Stickoxiden und Ozon um 70–80 % reduziert werden (Warneke et al. 2012, Parrish & Stockwell 2015).

Doch noch immer versinkt Peking Jahr für Jahr in „dicker Suppe", während die offiziellen Messdaten weit geringere Werte ausweisen als unabhängige NGOs oder die amerikanische Botschaft (Demick 2011). Und auch hierzulande werden die Feinstaubgrenzwerte z. B. in Stuttgart regelmäßig überschritten. Die *World Health Organisation* (WHO) schätzte 2014, dass weltweit jährlich aufgrund von Luftverschmutzung Mio. Menschen vorzeitig sterben. Indien hat dabei die höchste Todesrate zu beklagen (WHO 2014).

Vor allem in größeren Agglomerationen gelten Stickoxide als eine der größten Gesundheitsgefahren. Als hauptverantwortlich dafür gelten alte Dieselautos. Allerdings ist nach dem Dieselskandal klar: Trotz Abgasnorm Euro 6, die strenge Grenzwerte für Emissionen festlegt, erzeugen auch moderne Dieselfahrzeuge noch zu viele Schadstoffe.

Eine weitere Hauptbelastung für die städtische Luft ist der Feinstaub. Diese Kleinstpartikel sind gerade deshalb so schädlich für uns Menschen, weil sie die Filtermechanismen des Nasen- und Rachenraums überwinden und somit durch die Atmung in den Körper gelangen. Zwar kann Feinstaub auch natürlichen Ursprungs sein, beispielsweise als Folge von Bodenerosion, Waldbränden oder Vulkanausbrüchen, doch vor allem wird er durch den Straßenverkehr in Ballungsgebieten erzeugt. Vorrangig entsteht Feinstaub aus Verbrennungsmotoren – speziell aus Dieselmotoren ohne Rußpartikelfilter –, aber auch durch Bremsen- und Reifenabrieb sowie durch Staubaufwirbelungen. Zudem wird er beim Heizen sowie bei der Metall- und Stahlerzeugung und dem Schüttgutumschlag freigesetzt.

Obschon sich Europa gerne als Vorreiter in Umweltfragen positioniert, war es der US-Bundesstaat Kalifornien, der die ersten lufthygienischen Grenzwerte einführte. Bereits in den 1970er-Jahren brachten die USA den *Clean Air Act* als wesentliches Gesetz zur Luftreinhaltung auf den Weg. Die EU legte erstmals 1980 Grenzwerte für Feinstaub fest, die entsprechende Immissionsschutzverordnung trat in Deutschland 1993 in Kraft (Neufassungen 2002, 2004 und 2010). Bei der Überschreitung der festgelegten Werte sind entsprechende Gegenmaßnahmen zu ergreifen. Darunter fallen in Deutschland der Einbau von Partikelfiltern, die Förderung der

Abb. A Der Smog über Los Angeles ist deutlich als bräunliche Schicht zu erkennen, in die auch der *Central Business District* in der Mitte des Bildes eingehüllt ist (Foto: R. Glaser, 2015).

E-Mobilität sowie das Betriebsverbot von Komfortkaminen. Zudem gibt es aktuell (Oktober 2017) 56 innerstädtische Umweltzonen, welche von Fahrzeugen mit hohen Feinstaubemissionen nicht befahren werden dürfen. Insgesamt konnte die Feinstaubbelastung seit 1990 deutlich reduziert werden. Allerdings werden die Grenzwerte vor allem an stark vom Verkehr beeinflussten Standorten in Städten und Ballungsräumen noch immer überschritten.

Dass der normative Rahmen zu Verbesserungen führen kann, zeigen die Beispiele von bleifreiem Benzin und der Großfeuerverordnung, mit der vor allem die Schwefeldioxidde-position in Deutschland erheblich reduziert werden konnte – und damit der saure Regen als einer der Verursacher des Waldsterbens. Allerdings tut – der Dieselskandal unterstreicht dies eindrucksvoll – eine Überwachung des Einhaltens der vorgegebenen Grenzwerte not.

Luftbelastung und Lufthygiene sind im globalen Kanon von Umweltbelastungen in die erste Reihe gerückt. Dabei offenbart dieser Themenkreis wie kaum ein anderer die Vielschichtigkeit und Verwobenheit zwischen den medizinischen und naturwissenschaftlichen Fakten, gesellschaftlichen Diskursen und politisch-rechtlichen Prozessen.

troverser Debatten. Aus Sicht der Humangeographie lassen sich dabei regelrechte „Diskurskonjunkturen" rekonstruieren, welche jeweils mit den Ergebnissen der großen Klimakonferenzen korrelieren. Eine erste Phase, in der die Verabschiedung der Klimakonvention (UNFCCC) zur „Verhinderung von Schäden" in Rio 1992 erfolgte, könnte man als *„oneworldism"*- oder *„ourcommonfuture"*-Debatte beschreiben. „Wir sitzen alle in einem Boot" war die beliebte Metapher, aus der seinerzeit von vielen Beteiligten die Notwendigkeit einer globalen Lösungsstrategie abgeleitet wurde. Begleitet war die Debatte von grundsätzlichen Überlegungen zu **globaler Umweltgerechtigkeit** und humanitären Fragen. In einer zweiten Phase im Umfeld der Konferenz von Kopenhagen wurde dann stärker thematisiert, dass wir eben nicht alle in einem Boot sitzen, sondern dass es Verlierer, aber auch Gewinner des globalen Klimawandels geben wird. Diese Diskussionen machten in geographischer Sicht auch deutlich, dass Verursacher und Betroffene von *global warming* zuweilen räumlich weit voneinander entfernt liegen. Die Produktions- und Lebensweise in den alten Industriestaaten des Globalen Nordens haben den Klimawandel maßgeblich mitverursacht, besonders betroffen bis hin zu existenzieller Bedrohung sind aber als Erstes einige niedrig gelegene Atollinseln in der Südsee oder im Indischen Ozean, die zum Klimawandel weniger beigetragen haben. Auf politischer Ebene wurde die Debatte seit den 1990er-Jahren stark von der nationalstaatlichen „Logik" dominiert, bei der **nationale Interessen** sehr unterschiedlich sind und von der Leugnung des Phänomens durch den US-amerikanischen Präsidenten Donald Trump bis zur akuten Verwundbarkeit mancher Länder des Globalen Südens reichen. Gerade Letztere fordern mit gewissem Recht, dem von den Industriestaaten deutlich früher eingeschlagenen ressourcenintensiven Entwicklungspfad noch länger folgen zu dürfen, während die Industrienationen des Globalen Nordens eine im globalen Ausgleich gesehen historische Pflicht hätten, bereits heute substanzielle Anpassungspolitiken zur Reduktion des Klimawandels umzusetzen. Auf diese Weise werden *„emissions of surviving"* im Globalen Süden gegenüber *„emissions of luxury"* in den Ländern Europas und in den Vereinigten Staaten in Anschlag gebracht (Agarwal & Narain 1998). Dabei entstanden auch neue transnationale Koalitionen und Interessengruppen wie die G 77+, die AOSIS (eine Allianz von 43 kleinen Inseln) und andere.

Seit rund 10 Jahren erweitert sich die Debatte innerhalb der Vereinten Nationen, aber auch in Deutschland stärker um die durch den Klimawandel ausgelösten Sicherheitsrisiken. Populistische Bücher, aber auch Stellungnahmen aus dem Bereich der wissenschaftlichen Politikberatung thematisieren die Möglichkeit von sog. „Klimakriegen". Dabei werden ansteigende Zahlen **ökologisch-politisch verursachter Migration** befürchtet, beispielsweise als Folge von zunehmenden Naturkatastrophen in den Küstenstädten der Länder des Südens (aufgrund des anthropogen beschleunigten Meeresspiegelanstiegs) oder von Dürreereignissen in den Trockengebieten der Erde unter den Bedingungen einer zunehmenden politischen Destabilisierung in *weak states*. Vor diesem Hintergrund sind wissenschaftliche Untersuchungen der geographischen Unterschiede der ökologischen und gesellschaftlichen Folgen des Klimawandels ebenso bedeutend wie sozial- und bevölkerungsgeographische Analysen der regional unterschiedlichen Verwundbarkeiten der Gesellschaft sowie derer Spielräume hinsichtlich erforderlicher Mitigations- und Adaptationsprozesse.

Die kurze Betrachtung von Aspekten des globalen Klimawandels zeigt exemplarisch, wie sich Umweltrisiken mit gesellschaftlichen Risiken zu Konstellationen verdichten können, die besondere Gefahren für die Menschen bergen. Sie zeigt aber gerade auch im Feld der inhaltlichen Verkopplung mit weltweiten Migrations- und Flüchtlingsströmen, wie sich im Zuge mancher journalistischer Zuspitzungen die Katastrophendiskurse verselbständigen, wenn sie etwa allzu schnell und apodiktisch als Vorstufe zu globalen „Klimakriegen" gehandelt werden (z. B. Welzer 2008). Es sind gerade solche Vereinfachungen, die Schaden anrichten, die manchmal die gesellschaftliche Bearbeitung der Probleme nicht verbessern, sondern schwieriger machen. Gegen solchen Reduktionismus stellt im interdisziplinären Kontext der kritischen Gesellschaftswissenschaften auch die geographische Forschung Ansätze, die von ihrem fachlichen Selbstverständnis her auf komplexere Analysen möglicher Ursachen und Vernetzungen angelegt sind und die gleichzeitig die politisch aufgeladenen Deutungsschemata im öffentlichen Diskurs differenzieren bzw. kritisieren können. Globale Migrationsphänomene sind in ihren Ursachen sehr vielfältig, können wirtschaftlich bedingt oder politisch motiviert sein, sie können als freiwillige Teilphase im Lebensverlauf oder unter Zwangsbedingungen, zur Abwendung von Gefahren für Leib und Leben der betroffenen Menschen, stattfinden. Nicht selten sind die Motivationen fließend, die Beweggründe überlappend. Hier sind wissenschaftliche Forschungsansätze gefragt, die sensibel und differenziert sind, die nicht der Gefahr einfacher Ursache-Wirkungs-Schlüsse erliegen, die der Komplexität der Phänomene gerecht zu werden versuchen. Das für das **Fachverständnis der Geographie** konstitutive Merkmal einer breiten Perspektive ist in solchen Feldern besonders hilfreich. **Bevölkerungsgeographische Analysen** richten ihren Blick auf die komplexen Verbindungen der gesellschaftlichen Lebensverhältnisse in einer Region, eine **wirtschaftsgeographische Fokussierung** kann die vielfältigen, auch (g)lokal-regionalen Abhängigkeitsverhältnisse beleuchten, die in Zeiten einer globalisierten Ökonomie sehr unterschiedliche Potenziale und Verwundbarkeiten für unterschiedliche gesellschaftliche Teilgruppen in verschiedenen Regionen der Welt bereitstellen. Die **Politische Geographie** kann untersuchen, welche unterschiedlichen Machtverhältnisse je nach Gesellschaft unterschiedliche Handlungskontexte für die Verteilungsgerechtigkeit von Ressourcen, für die strukturelle Verlässlichkeit und für Formen krisenbezogener Anpassungsfähigkeit bereitstellen. Und all diese Faktoren können mit darüber bestimmen, inwieweit sich Menschen – freiwillig oder unter Zwang – dafür entscheiden, ihre Dörfer oder Städte zu verlassen und sich auf vielfältigen sehr unterschiedlichen, nicht selten auch gefährlichen Pfaden globaler Geographien der Migration auf den Weg machen.

Regional differenzierte Antworten auf globale Probleme

Bereits an diesem kurzen, eher einführend gehaltenen Beispiel ist deutlich geworden, wie spezifisch und unterschiedlich die Ausprägungen globaler Risiken in unterschiedlichen regionalen und lokalen ökologischen und gesellschaftlichen Kontexten „ankommen". Wo ein beschleunigter Meeresspiegelanstieg für Menschen in den flachen Küstenregionen von Bangladesh oder Myanmar zu einem existenziellen Problem wird, dem viele nur durch Fortzug begegnen können, finden in den Niederlanden gut ausgebildete Wasserbautechniker im Rückgriff auf eine lange Erfahrung und erhebliche finanzielle und materielle Ressourcen Adaptationsstrategien, die eine Abriegelung flacher Landstriche gegen die weiterhin steigende Nordsee möglich machen. Während gesellschaftliche Auseinandersetzungen um schwindende Naturressourcen in stabilen staatlich-politischen Verhältnissen stärker unter Mitbeteiligung von Betroffenen ausgehandelt werden, können solche Probleme unter geopolitischen Bedingungen „schwacher Staatlichkeit" zu **„Geographien der Gewalt"** führen, die lokale Gesellschaften und ihre Lebensbedingungen zusätzlich destabilisieren.

Will man entsprechend globale Risiken in ihrer regionalen Differenziertheit angemessen analysieren und gesellschaftlich bearbeitbar machen, sind differenzierte Theorien über entsprechende **Geographien der Globalisierung** eine unabdingliche Voraussetzung. Hier liegt nicht nur eine Stärke, sondern eine Leitkompetenz der Geographie in einem gesellschaftswissenschaftlichen Gesamtumfeld, das sich lange, wie Ed Soja (1996) deutlich gemacht hat, durch eine dominant historiographische und soziographische Analyseperspektive ausgezeichnet hat und

das in den vergangenen Dekaden – maßgeblich unter Beteiligung der Geographie – um einen *spatial turn*, um Theorien und Ansätze zur *spatiality* gesellschaftlicher Organisation ergänzt worden ist. Dabei kann es unter den komplexen Bedingungen der Globalisierung gerade nicht um einfache objektivistische oder gar deterministische Ansätze gehen. Die Geographie stellt theoretische Ansätze bereit, die die mittlerweile ausgesprochen hybriden Beziehungen zwischen verschiedenen räumlichen Maßstabsebenen, zwischen staatlich-politischen Formen territorialer Macht und vielfältigen Formen von ökonomischer oder sozialer Netzwerkmacht analysierbar machen, welche die „Geographien der Globalisierung" als komplexe, eng verwobene Strukturen gesellschaftlicher Raumorganisation kennzeichnen. Sie fügen der interdisziplinären Debatte einen *„global sense of place"* (Massey 1994) hinzu, der es ermöglicht, die globalen **Geographien der Macht** zwischen territorialen Organisationsformen der Gesellschaft (z. B. Staatenbünde, Nationalstaaten und deren administrative Subgliederungen) und „ortlosen", diese Territorien durchdringenden Netzwerken (z. B. TNCs, NGOs, soziale Netzwerke) analysierbar zu machen.

Auch wenn es „das Eigene" und „das Fremde" in klarer regionaler Unterscheidung immer seltener gibt, bedeutet dies nicht, dass regionale Unterschiedlichkeiten im Zusammenhang mit gesellschaftlichen Differenzierungsprozessen an Bedeutung verlieren würden. Das Gegenteil ist der Fall, hybride regionale Geographien bilden hochgradig differenzierte Formatierungen, die es zu verstehen und zu rekonstruieren gilt.

1.3 Die gesellschaftlich-politische Relevanz der Geographie

Viele der oben angesprochenen großen globalen Risiken und Megatrends werden beeinflusst von der politischen Frage, wie wir mit der Nutzung und Verteilung der natürlichen und gesellschaftlichen Ressourcen in den kommenden Jahrzehnten umgehen werden. Sie bergen in vielen Fällen ein erhebliches Konfliktpotenzial und werden keineswegs immer nur friedlich ausgetragen. Dabei ist auch die Frage relevant, in welcher Weise sie zu weiteren gesellschaftlichen Polarisierungen und (Ent-)Solidarisierungen führen.

Nicht selten sind dabei die Konfliktkonstellationen räumlich formatiert. *Small islands* gegen westliche Industrienationen in der Klimawandeldebatte, Quellgebiete von Flucht und Vertreibung im Globalen Süden gegen potenzielle Zuzugsgebiete im Globalen Norden, wirtschaftlich und politisch stabile Wachstumsregionen gegen Regionen schwacher Staatlichkeit etc. Politische Entwicklungen wie die z. B. in Europa sichtbaren Tendenzen der Renationalisierung, der regionalen Polarisierung, des Versuchs der Entflechtung globaler Netzwerke wie in der neoprotektionistischen Politik des US-amerikanischen Präsidenten Donald Trump sind Hinweise darauf, dass diese multiplen Konflikte sich in der konkreten gesellschaftlichen Auseinandersetzung nicht selten in „räumliche Konfliktformate" transformieren und neue

Exkurs 1.3 *Failed states* und Räume im Ausnahmezustand

Die Gegenwart ist durch eine zunehmende Zahl von Räumen und Regionen gekennzeichnet, in denen die üblichen staatlichen Formen der Regulation mehr oder weniger stark außer Kraft gesetzt sind: Räume mit beschränkter Staatlichkeit, zusammengebrochene Staaten (*failed states*), *ungoverned territories* mit „anderen" Formen von Governance, welche die verloren gegangene oder eingeschränkte Staatlichkeit ersetzen (z. B. willkürliche Urteile, brutale Morde, wie dies z. B. beim sog. „Islamischen Staat" der Fall war).

Mit *failed state* wird dabei ein Staat bezeichnet, der seine grundlegenden Funktionen nicht mehr erfüllen kann. Beispiele hierfür sind Syrien, der Irak, der Jemen sowie Somalia. Es handelt sich um Regionen in einem „Ausnahmezustand" (Agamben 2002/2004). Dazu gehören auch Flüchtlingslager, da deren Bewohner von politischen „Subjekten" zu „Ob-

jekten" von Hilfsmaßnahmen werden und teilweise grundlegender Rechte wie z. B. dem Recht der freien Ortswahl, dem Recht zu arbeiten, dem Recht zu reisen (meist haben sie keinen Pass und sind staatenlos) beraubt sind (Abb. A).

Der italienische Philosoph Giorgio Agamben hat sich in einer Reihe von Publikationen konzeptionell dem Thema anzunähern versucht (italienisch 1995 und 2003; deutsch 2002 und 2004). Es geht um Gebiete, in denen ansonsten geltende Gesetze ausgeklammert und dort untergebrachte oder wohnende Menschen unter bestimmten Umständen ihrer Grundrechte beraubt werden. „*The state of exception is essentially based on a suspension of the juridical order, which makes it possible for an individual to be deprived of his or her condition as a citizen, or political being, so that his or her life is reduced to mere biological existence*" (Schneider 2005).

Abb. A Das Flüchtlingslager Zaatari liegt in Jordanien nahe der Grenze zu Syrien. Knapp 1 Mio. syrische Flüchtlinge sind in Jordanien, im Libanon sind es rund 1,3 Mio., in der Türkei ebenfalls über 1 Mio. (Stand 2015). Das Foto wurde 2013 aufgenommen (Foto: United States Government Work).

Geographien des Politischen von der globalen bis zur lokalen Maßstabsebene entstehen lassen können (Exkurs 1.3).

In Leipzig sind Geschichtswissenschaft und Geographie gerade dabei, aktuelle raumbezogene Entwicklungen in einem neuen Sonderforschungsbereich mit dem Titel „Verräumlichungsprozesse unter Globalisierungsbedingungen" zu fassen, ein Sonderforschungsbereich, der von der Deutschen Forschungsgemeinschaft zunächst für vier Jahre (2016–2020) gefördert wird. Dieses Unterfangen ist ein gutes Beispiel dafür, in welch spannender Weise die Geographie zu aktuellen und politisch brisanten Fragestellungen unserer Zeit beitragen kann. Sie kann herausarbeiten, in welch starkem Maße die Globalisierung „neue Raumformate" schafft und „alte" auf den Prüfstand stellt. Das 21. Jahrhundert ist aus dieser Sicht ein **Jahrhundert der Geographie** – auf allen Maßstabsebenen. *Timespace com-*

pression, space of flows, hyperspace, translocalities, hybrids, the global-local interplay, deterritorialization und *glocalization* sind einige der begrifflichen Kategorien, in denen das „Neue" theoretisch-konzeptionell verfasst und gesellschaftlich relevant wird. Gleichzeitig ist es notwendig, die Gegenbewegungen gegen solche globalen Trends wissenschaftlich-kritisch im Blick zu behalten, die auch in unserer Gesellschaft zutage treten und in Form von „räumlichen Schließungen" daherkommen. Tendenzen der **Renationalisierung** sind in vielen Ländern Europas unübersehbar, Nationalismus wird wieder hoffähig, z. B. in Ungarn oder Polen, und auch in Deutschland entfalten neue rechte Bewegungen mit der Reaktivierung historisch belasteter Kopplungen von Volk und Nation eine sehr problematische Dynamik. Tendenzen wirtschaftsräumlich protektionistischer Politik gegen die *spaces of flows* der Globalisierung sind eine weitere Facette solcher Entwicklungen. Der in den Jahren nach

1990 fast selbstverständlich angesehene Siegeszug demokratischer Systeme ist inzwischen einer pragmatisch-politischen Akzeptanz (neo-)patrimonialer oder (neo-)autoritärer Systeme gewichen, nicht nur in China und Russland, sondern auch in der Türkei, ansatzweise selbst in EU-Staaten wie Ungarn und Polen.

All diese Entwicklungen und Befunde sprechen für eine kraftvolle und kritische raumbezogene Forschungsperspektive, sie sprechen für eine starke Geographie, die mit ihrer spezifischen Kompetenz im Schnittfeld von Gesellschaft und Umwelt unter den komplexen gesellschaftlichen Bedingungen im Zeitalter der Globalisierung einen für die Zukunftsentwicklung wichtigen Beitrag leisten kann. Das insgesamt ist dann eine Geographie, die so spannend ist wie kaum ein anderes Wissensgebiet.

Mit dieser Agenda im Blick ist das Lehrbuch „Geographie" in fünf Hauptteile gegliedert. Es behandelt in seinem Einleitungsteil (Teil I) globale Risiken und Megatrends als Beispiele für die vielfältigen komplexen Verflechtungen zwischen Gesellschaft und Umwelt im sog. „Anthropozän" (im menschgemachten Erdzeitalter), thematisiert danach Raumformate unter Globalisierungsbedingungen und stellt auf dieser Basis grundlegende Organisationsformen des Faches vor (das Dreisäulen-Modell der Geographie). An dieser Systematik orientieren sich die nachfolgenden Kapitel, in denen nach einer sehr ausführlichen Vorstellung der Arbeitsmethoden (Teil II) alle inhaltlichen Teilgebiete des Faches, das heißt sowohl die zentralen Bereiche der Physischen Geographie (Teil III) wie der Humangeographie (Teil IV) behandelt werden. Ein eigenständiger und ausführlicher Bereich wird der Gesellschafts-Umwelt-Forschung gewidmet (Teil V), welche sich in den letzten Jahren zu einer spannenden Wachstumsspitze geographischer Forschung und Lehre entwickelt hat. Insgesamt vermittelt das Buch damit einen systematischen und umfassenden Einblick in eines der faszinierendsten Wissenschaftsgebiete.

Literatur

Agamben G (2002) Homo sacer. Die souveräne Macht und das nackte Leben. Suhrkamp, Frankfurt a. M.

Agamben G (2004) Ausnahmezustand. Homo sacer, Teil II, Band 1. Suhrkamp, Frankfurt a. M.

Agarwal A, Narain S. (1998) Global Warming in an Unequal World: A Case of Environmental Colonialism. In: Conca K, Dabelko GD (eds) Green Planet Blues. Westview Press, Boulder, Colorado. 157–160

Castells M (2001) Informationalism and the Network Society. In: Himanen P (ed) The Hacker Ethic and the Spirit of the Information Age. Random House, New York. 155–78

Demick B (2011) U.S. Embassy air quality data undercut China's own assessments. Los Angeles Times, October 29

IPCC (2013) Summary for Policymakers. In: Climate Change. The Physical Science Basis. Contribution of Working Group I to the Fifth Assessment Report of the Intergovernmental Panel on Climate Change [Stocker TF, Qin D, Plattner G-K, Tignor M, Allen SK, Boschung J, Nauels A, Xia Y, Bex V, Midgley PM (eds)], Cambridge University Press, Cambridge, United Kingdom/New York, NY, USA

IPCC (2014) Climate Change 2014: Synthesis Report. Contribution of Working Groups I, II and III to the Fifth Assessment Report of the Intergovernmental Panel on Climate Change. [Pachauri RK, Meyer LA (eds)], IPCC, Geneva, Switzerland

Massey D (1994) From Space, Place and Gender. University of Minnesota Press, Minneapolis

Parrish D, Stockwell W (2015) Urbanization and air pollution: Then and now, Eos, 96. DOI: https://doi.org/10.1029/2015EO021803

Piketty T (2014) Capital in the twenty-first century [übersetzt von Goldhammer A]. The Belknap Press of Harvard University Press, Cambridge, Massachusetts, London, England

Schneider F (2005) Comment on the Symposium „Archipelago of Exception"

Soja E (1996) Thirdspace: Journeys to Los Angeles and Other Real-and-imagined Places. Basil Blackwell, Oxford

Warneke C, de Gouw JA, Holloway JSS, Peischl J, Ryerson TBB, Atlas EL, Blake DR, Trainer MK, Parrish DD (2012) Multi-year trends in volatile organic compounds in Los Angeles, California: Five decades of decreasing emissions. J. Geophys. Res. DOI: https://doi.org/10.1029/2012JD017899

Welzer H (2008) Klimakriege: Wofür im 21. Jahrhundert getötet wird. S. Fischer, Frankfurt a. M.

WHO (2014) 7 million premature deaths annually linked to air pollution. http://www.who.int/mediacentre/news/releases/2014/air-pollution/en/ (Zugriff 11.1.2018)

World Economic Forum (2017) The Global Risks Report 2017. 12. Aufl. Genf. http://www3.weforum.org/docs/GRR17_Report_web.pdf (Zugriff 11.1.2018)

Räume und Regionalisierungen als Forschungsgegenstände der Geographie

Hans Gebhardt, Rüdiger Glaser, Ulrich Radtke, Paul Reuber und Andreas Vött

Die Metropole Buenos Aires am Rio de La Plata, Hauptstadt und das wirtschaftliche Herz Argentiniens, aufgenommen am 31. Mai 2008. Mit hochaufgelösten Sensoren wie QuickBird mit einer Auflösung von 60 cm ergeben sich neue räumliche Einsichten. In der Echtfarbendarstellung lassen sich nicht nur der typische Schachbrettgrundriss erkennen, sondern auch einzelne Objekte wie Präsidentenpalast und Kongress, aber auch ökologische Aspekte wie Bebauungsdichte, Versiegelung und Grünflächen (Copyright: European Space Imaging/DigitalGlobe, Datenverarbeitung: Deutsches Zentrum für Luft- und Raumfahrt [DLR]).

© Springer-Verlag GmbH Deutschland, ein Teil von Springer Nature 2020
H. Gebhardt et al. (Hrsg.), *Geographie*, https://doi.org/10.1007/978-3-662-58379-1_2

Raum und Zeit – das sind nach Kant die beiden großen Kategorien der Erkenntnis. Wenn dabei Geschichte die Wissenschaft von der Zeit ist, dann ist Geographie die Wissenschaft vom Raum. Während Erstere primär die Zeitlichkeit gesellschaftlicher Entwicklung in den Blick nimmt, analysiert die Geographie in erster Linie die räumliche Dimension. Im Unterschied zur Geschichtswissenschaft kann sie dabei sowohl einen naturwissenschaftlichen als auch einen gesellschaftswissenschaftlichen Blickwinkel einnehmen, sie betrachtet sowohl die vielfältigen räumlichen Zusammenhänge natürlicher Systeme als auch die komplexen Raumproduktionen und Raumformate der Gesellschaft. Es ist gerade diese Multiperspektivität, welche die Geographie zu einer der faszinierendsten Wissenschaften überhaupt macht, sie eröffnet ein breites Feld für kreative Ideen; ihre Vielfalt von Ansätzen, Perspektiven und Teilgebieten ermöglicht ein umfassenderes Bild von der Welt als stärker spezialisierte Disziplinen. So beschreibt es auch die australische Geographin J. Gale: *„I was attracted to geography as a young student because it was so broad. Its field of study was the whole world and all the people in it. Unlike many other disciplines it offered … a vast array of choice, and a great deal of freedom"* (1992).

2.1 Räume machen – Regionalisierungen in der Geographie

Geographie untersucht die vielfältigen räumlichen Aspekte, Erscheinungsformen und Raumformate von Natur/Umwelt und Gesellschaft. Räumliche Strukturen, raumwirksame Prozesse und Raumkonstruktionen stehen im Zentrum ihres Interesses. „Raumwissen" war schon immer relevant, denn wer die Welt verstehen will, der muss auch räumliche Regelhaftigkeiten und Anordnungsmuster im Blick behalten, ebenso wie Transformationen und Brüche, die mit entsprechenden Dynamiken und Veränderungsprozessen einhergehen. Solche Formen der Expertise bietet die Geographie, und sie ist dabei als aktuelle Wissenschaft dem alten Vorurteil einer vor allem deskriptiv angelegten „Stadt-Land-Fluss"-Forschung seit Langem entwachsen.

Bis heute bildet die wissenschaftliche Analyse räumlicher Ordnungsmuster eine der Kernkompetenzen des Faches. Bei der **Bildung von Regionen** wird das eine vom anderen, das Eigene vom Fremden entlang von räumlichen Grenzen oder Grenzflächen getrennt. Das beginnt schon mit naturräumlichen Gegebenheiten unserer Umwelt, die von der Physischen Geographie erfasst, interpretiert, möglichst exakt vermessen und geordnet werden, z. B. nach Klimazonen, Großräumen der Reliefstruktur oder Ökozonen. Es setzt sich fort in den vielfältigen Regionen mit ihren gesellschaftspolitischen, wirtschaftlichen oder anderen Kategorisierungen „im Raum"; man findet hier im Laufe der Geschichte der Geographie Wirtschaftsregionen, zentralörtliche Einzugsbereiche, alt- und jungbesiedelte Räume, Verkehrsregionen, Planungsregionen und viele andere – auf unterschiedlichen Maßstabsebenen von lokal bis global (Exkurse 2.1 und 2.2, Abb. 2.1, 2.2 und 2.3).

Zur Regionsbildung gehört die **Ziehung von Grenzen**, denn die Grenze ist aus dieser Perspektive ein konstitutives Element der Regionalisierung. *„The urge to emphasise a difference […] refers to the general process of identification, which is always a process of distinction, of marking and making borders"* (Strüver 2005). Entsprechend schafft sich die Gesellschaft Regionen unterschiedlichster inhaltlicher Couleur auf sehr unterschiedlichen Maßstabsebenen der Betrachtung. Diese Form der raumbezogenen Gliederung dient unterschiedlichen Zwecken wie der Orientierung, der Herstellung von Überschaubarkeit und auch der politischen Ordnung. Zwei wichtige Aspekte verdienen vor einem solchen Hintergrund Beachtung, weil sie allen Regionen und Regionalisierungen konzeptionell gesehen gemeinsam sind:

- Das System Erde weist nur wenige Grenzen auf, welche in der Alltagserfahrung der Menschen so stark verankert sind, dass sie als „natürliche" Grenzen empfunden werden. Die Küste, also die Grenze zwischen Land und Meer ist hierfür ein Beispiel. Das heißt, dass alle Bemühungen, Teilräume auszugliedern, überwiegend intellektuelle Abstraktionen der Wirklichkeit darstellen – Konstruktionen, die durch bestimmte theoretische Perspektiven sowie durch auf ihnen aufbauende methodisch-technische Verfahrensweisen entstehen. Geographische Regionen sind nicht exakt, neutral oder gar objektiv. Sie sind kontextuell, historisch wandelbar und unterliegen ständigen **Aus- und Neuverhandlungen**. Konstruktivistische Theorien weisen darauf hin, dass die Erkenntnis einer objektiven Welt unmöglich ist und dass demzufolge auch wissenschaftliche Regionalisierungen, wie sie die Geographie erstellt, Konstruktionen darstellen. In dieser Form hat eine räumliche, das heißt nach territorialen Ordnungsmustern vorgehende Systematisierung eine wichtige gesellschaftliche Funktion und ein didaktisches Ziel: Sie dient der Ordnung der Vielfalt und der Reduktion komplexer Systeme auf eine überschaubare und handhabbare Anzahl von Typen. Zudem ändern sich in der gesellschaftlichen Debatte derzeit diese regionalen Muster dramatisch schnell. Es definieren sich scheinbar feste Grenzen neu, indem es beispielsweise im Zuge des Klimawandels zu einem verstärkten Meeresspiegelanstieg und damit zur gegebenenfalls beschleunigten Veränderung von Küstenräumen kommt. Ähnliches geschieht mit der „Verschiebung von Höhengrenzen", der „Neustrukturierung" klassischer Klimaklassifikationen, aber auch mit Veränderungen der Ordnungsvorstellungen der internationalen Geopolitik, der globalen Geographien der Migration oder der weltweit vernetzten Wirtschaftsregionen.
- Bei der Bildung von Regionen geht mit der Abgrenzung nach außen auch die Konstruktion einer inneren Homogenität einher. Der entscheidende Punkt liegt in der dadurch entstehenden ***purification of space*** (Sibley 1995), die eine vermeintliche innere Gleichheit und äußere Unterschiedlichkeit der Räume vorspiegelt.

Raumgliederungen, Regionalisierungen und Grenzziehungen bleiben selten folgenlos. Insbesondere wenn es um sozialgeographische oder politische Regionen geht, kann deren Ausweisung je nach gesellschaftlichem Kontext „pures Dynamit" sein. Mit ihren Ein- und Ausgrenzungen, „Wir" und „die Anderen", *„insider"* und *„outsider"*, zwingen sie die Menschen in das „stahlharte Gehäuse" (Nassehi 1997) der **räumlichen Zugehö-**

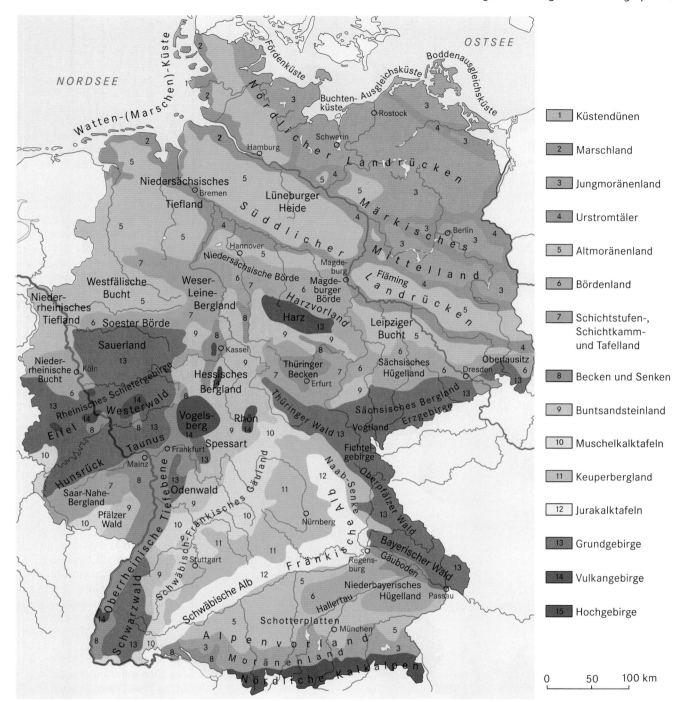

Abb. 2.1 Naturräumliche Gliederung Deutschlands (verändert nach Meynen et al. 1953–1962).

rigkeit. Es ist ein Unterschied, ob man bei der Ankunft auf einem US-amerikanischen Flughafen einen norwegischen oder syrischen Pass vorlegt. Ob sich bei der Ausweisung von Nationalparks ein Dorf in Asien innerhalb oder außerhalb der von Landschaftsökologen gezogenen Grenze des Parks befindet, hat für die Existenz und Lebensgrundlage der hier siedelnden Menschen maßgebliche Konsequenzen. Die Ausweisung von

Förderregionen innerhalb der Europäischen Union bestimmt wesentlich mit über agrar- und infrastrukturelle Entwicklungen in den jeweils betroffenen Gebieten. Insbesondere auch bei kriegerischen Auseinandersetzungen wird deutlich, wie sehr die Bildung von Regionen, z. B. in Form geopolitischer Territorialisierungen, eine maßgebliche Triebfeder des Handelns sein kann.

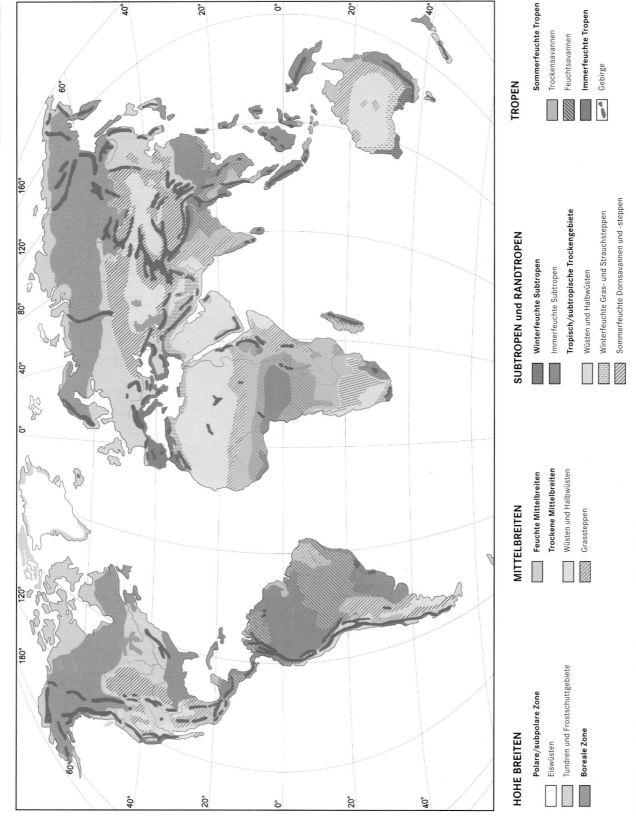

HOHE BREITEN

Polare/subpolare Zone

☐ Eiswüsten

☐ Tundren und Frostschuttgebiete

Boreale Zone

MITTELBREITEN

Feuchte Mittelbreiten

Trockene Mittelbreiten

☐ Wüsten und Halbwüsten

☐ Grassteppen

SUBTROPEN und RANDTROPEN

Winterfeuchte Subtropen

Immerfeuchte Subtropen

Tropisch/subtropische Trockengebiete

☐ Wüsten und Halbwüsten

☐ Winterfeuchte Gras- und Strauchsteppen

☐ Sommerfeuchte Dornsavannen und -steppen

TROPEN

Sommerfeuchte Tropen

☐ Trockensavannen

☐ Feuchtsavannen

Immerfeuchte Tropen

☐ Gebirge

Abb. 2.2 Landschaftszonen der Erde (verändert nach Schultz 2008).

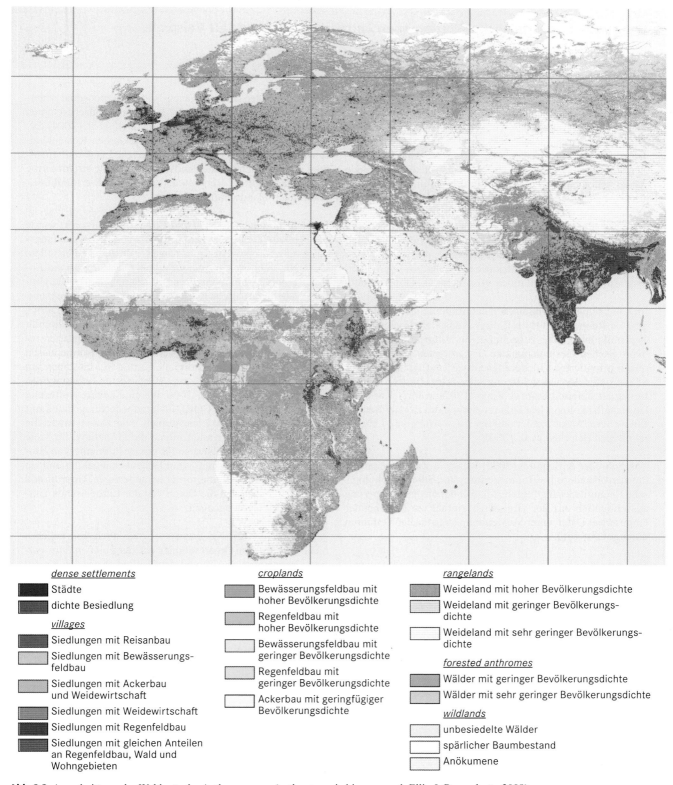

dense settlements
■ Städte
■ dichte Besiedlung

villages
■ Siedlungen mit Reisanbau
■ Siedlungen mit Bewässerungs-
  feldbau
■ Siedlungen mit Ackerbau
  und Weidewirtschaft
■ Siedlungen mit Weidewirtschaft
■ Siedlungen mit Regenfeldbau
■ Siedlungen mit gleichen Anteilen
  an Regenfeldbau, Wald und
  Wohngebieten

croplands
■ Bewässerungsfeldbau mit
  hoher Bevölkerungsdichte
■ Regenfeldbau mit
  hoher Bevölkerungsdichte
■ Bewässerungsfeldbau mit
  geringer Bevölkerungsdichte
■ Regenfeldbau mit
  geringer Bevölkerungsdichte
□ Ackerbau mit geringfügiger
  Bevölkerungsdichte

rangelands
■ Weideland mit hoher Bevölkerungsdichte
□ Weideland mit geringer Bevölkerungs-
  dichte
□ Weideland mit sehr geringer Bevölkerungs-
  dichte

forested anthromes
■ Wälder mit geringer Bevölkerungsdichte
■ Wälder mit sehr geringer Bevölkerungsdichte

wildlands
□ unbesiedelte Wälder
□ spärlicher Baumbestand
□ Anökumene

Abb. 2.3 Ausschnitt aus der Weltkarte der Anthropozonen (anthropogenic biomes; nach Ellis & Ramankutty 2009).

Exkurs 2.1 Naturräumliche Gliederungen und Klassifizierungen als Beispiele für Regionalisierungen

Eine der grundlegenden und viel zitierten Regionalisierungen ist die „Naturräumliche Gliederung Deutschlands" (Meynen et al. 1953–1962, Abb. 2.1), deren Anliegen darin besteht, Deutschland nach den Unterschieden seiner Landesnatur in Gebiete zu gliedern, die für viele Zwecke als Bezugseinheiten dienen. Regionen wurden als real existierende Wesensganzheiten verstanden, die man in ihrer umfassenden Komplexität in sich als homogene Einheiten abzubilden versuchte. Dabei wurde oftmals eher subjektiv vorgegangen. In der jüngeren Zeit standen dagegen empirisch-analytische Verfahren im Vordergrund. Regionalisierungen entstanden dabei auf der Grundlage überprüfbarer, empirischer Daten und nachvollziehbarer, statistischer Verfahren. Die Ergebnisse erhoben seinerzeit einen Anspruch auf „Objektivität".

Im Unterschied zur klassischen naturräumlichen Gliederung ging es Renners (1991) mit ihrer landschaftsökologischen Typenbildung um die Aufstellung von Naturraumtypen unter ökologischen Gesichtspunkten. Einen ersten prozessdynamisch orientierten Gliederungsentwurf auf der chorischen Skala unter Berücksichtigung der menschlichen Transformation lieferten Laux & Zepp (1997) in ihrer Karte zur landschaftsökologischen Differenzierung des Bonner Raums. Ein weiterer Ansatz basiert auf der Ausweisung von Lebensraumtypen (Riecken et al. 1994).

Von Schröder & Schmidt (2000) wurde in Zusammenarbeit mit dem Bundesumweltministerium die „Standort-ökologische Raumgliederung" entwickelt, bei der die Klassifizierung ausschließlich auf der Grundlage einfach zu beziehender empirischer Daten unter Verwendung statistischer Verfahren durchgeführt wird.

Schon recht früh realisierte man, dass realitätsnahe Regionalisierungen nur durch multidisziplinäre Forschungsansätze von Natur- und Geisteswissenschaften zu erreichen waren. Für das Gebiet der Bundesrepublik erarbeitete Glawion (2002) in seinem Hemerobiekonzept landschaftsökologische Raumtypen, in die neben den natürlichen Landschaftsmerkmalen auch die anthropogene Beeinflussung mit einbezogen wird. Dieses Konzept verdeutlicht in besonderem Maße, bis zu welchem Grad alle Ökosysteme Mitteleuropas durch den Jahrtausende währenden kulturellen Einfluss transformiert wurden.

Eine weitere, den anthropogenen Transformationsgrad widerspiegelnde Gliederung stellt die Karte der Landschaftstypen und deren Bewertung durch Gharadjedaghi et al. (2004) dar. Unterschieden werden die sechs Hauptklassen Küstenlandschaften, Waldlandschaften und waldreiche Landschaften, offene strukturreiche Kulturlandschaften, offene strukturarme Kulturlandschaften, Bergbaulandschaften sowie Siedlungs- und Industrielandschaften.

Im viel zitierten CORINE-*Land-Cover*-(CLC-)Projekt wurde das explizite Ziel gesetzt, auf der Basis von Fernerkundungsdaten eine europaweite *Land-Cover*-Datenbank zu erstellen. CORINE steht für *Coordination of Information on the Environment* (Koordinierung von Informationen über die Umwelt). Die hierarchische Klassifikation umfasst 44 europaeinheitliche Landnutzungsklassen, die nach drei Hauptkategorien unterschieden werden. Für das Gebiet der Bundesrepublik Deutschland sind insgesamt 36 Bodenbedeckungsarten relevant. Die Ergebnisse der ersten beiden Aufnahmephasen 1990 und 2000 stehen als digitale Karten in Maßstäben um 1:100 000 ebenso zur Verfügung wie die dritte Erfassung von 2010 mit dem Bezugsjahr 2006, die eine höhere Auflösung aufweist. Aktuell sind CORINE-Landbedeckungsdaten mit dem Referenzjahr 2012 zugänglich. Die Daten sowie die daraus entwickelten Karten bilden die Grundlage für viele Umweltfragen beispielsweise für die Bestimmung von Biotoptypen und das Ausmaß von Flächenversiegelung und sie werden zum Umweltmonitoring herangezogen. Geprüft und weitergeführt werden die Daten von der Europäischen Umweltagentur in Kopenhagen.

Ähnlich dem CORINE-Projekt wurden auch von anderen nicht europäischen Organisationen wie der *Food and Agriculture Organization* (FAO) und dem *United States Geological Survey* (USGS) Landnutzungsklassifizierungen entwickelt.

Naturräumliche (und auch geoökologische) Gliederungen werden auf verschiedenen räumlichen Skalen umgesetzt (Tab. A.). Dabei sind maßstabsbezogene Fragen der Erfassungs- und Darstellungsmethoden besonders relevant. Während die untere, homogene Basiseinheit auf die Gesamterfassung abzielt und in Mikrobereichen Stoff- und Energieflüsse quantitativ erfasst, sind auf der höchsten, zonalen Ebene nach wie vor selektive, repräsentative Merkmale bzw. Merkmalskombinationen bedeutsam.

Tab. A Dimensionen und Dimensionsstufen der naturräumlichen Gliederung.

Dimensionen/ Maßstabsbereich	Arealeinheit bzw. Dimensionsstufe	naturräumliche Einheit	Beispiele	Merkmale/Arbeitsweise
topische Dimension 1:1000 bis 1:10 000 (Aufnahmemaßstab) bis 1:25 000	Tessera – Physiotop Fliese/Ökotop/ Geotop *(ecotope)*	Standort *(site)* – naturräumliche Grundeinheit *(land facet)*	Lengfelder Aue- wäldchen (geschützter Landschaftsbestand- teil im Bereich der Kürnach)	sind nach ihrer vertikalen und horizontalen Struktur sowie ihrer ökologischen Wirkungsweise homogen; Substrat, Wasserhaushalt, Relief, Landnutzung, Geländeklima .../ komplex
chorische Dimension 1:50 000 bis 1:1 Mio.	Nanochore/ Mikrochore/ Ökotopgefüge	naturräumliche Untereinheit	Kürnachtal (Auen- und Hangbereiche mit Waldresten, Hecken, Agrarflächen ...)	ökologisch heterogene Ökotopengefüge – Gefügetyp – Mosaik
	Mesochore	naturräumliche Haupteinheit *(land system)*	Gäuplatten im Maindreieck/ mittleres Maintal	ähnlich wie unter topischer Dimension, berücksichtigt aber stärker die lateralen Verknüpfungen/komplex
	Makrochore	Gruppe von natur- räumlichen Haupt- einheiten	Mainfränkische Platten	
regionische Dimension (regionale)	naturräumliche Region/ Megachore	naturräumliche Region Mesoregion	Südwestdeutsches Schichtstufenland Mitteleuropa	bestimmte, für den Gesamt- raum repräsentative Merkmalskombination, z.B. natürliche Pflanzenformation, Relief, Landnutzung, Bodentyp etc./selektiv
	naturräumliche Großregion	naturräumliche Groß-(Mega-)region	Europa	
geosphärische Dimension	Geozone/ Landschaftsgürtel	Landschaftszone/ Naturraumzone/ Ökozone	gemäßigte Breiten Buchenwaldzone	Klima und potenziell natürliche Vegetation/selektiv

Exkurs 2.2 Von Geoökozonen über Landschaftsgürtel zu den Anthropozonen der Erde

Globale und zonale Gliederungen nach geoökologischen Gesichtspunkten der Erde erfreuen sich nach wie vor großer Beliebtheit. Einschlägige Lehrbücher erfuhren mehrfach Neuauflagen (z. B. Bailey 1995, 1998; Schultz 2008; Walter & Breckle 1984–2004; Anhuf et al. 2011).

Zonale Konzepte sind wie alle Raumgliederungen in der Geographie für bestimmte Zwecke konstruierte Abstraktionen der Wirklichkeit. Ihre inhaltliche Legitimation beziehen die **geoökologisch konzipierten Ansätze** aus den durch den Strahlungshaushalt vorgegebenen Beleuchtungsklimazonen, denen in grober Näherung Klima-, Boden- und Vegetationszonen folgen. Dieses globale Modell hat ohne Zweifel seinen didaktischen Wert. Es vermittelt, gerade im Kontext globaler Fragestellungen, ein griffiges Bild der „ganzen Welt" im „Pocket-Format" und reflektiert einen quasi natürlichen „Urzustand", eine Blaupause eines „Was-wäre-Wenn". Es kann in diesem Sinne auch als Projektion einer „potenziell natürlichen Erde" dienen. Generell versteht man unter einer geoökologischen Zone einen zonal angeordneten Teil der Erd

oberfläche, der aufgrund sich wechselseitig beeinflussender Faktoren wie Klima, Boden, Pflanzen- und Tierwelt ein charakteristisches räumliches Wirkungsgefüge besitzt. Während in älteren Ansätzen die Geoökozonen oft deskriptiv aus der Zusammenschau bestehender Klima- und Bodenklassifikationen sowie morphologischen Großformen und den daraus resultierenden Vegetationsausprägungen abgeleitet wurden, werden diese in neueren Ansätzen quantitativ und zum Teil unter Zuhilfenahme multipler statistischer Verfahren bestimmt (Schultz 2008, Sayre et al. 2013). Vor allem Letztere dienen der Bewertung von Ökosystemleistungen, aber auch ihrer Belastbarkeit und damit Fragen der Nachhaltigkeit. In neueren Ansätzen wird der Frage nachgegangen, inwieweit in globalen Schutzkonzepten beispielsweise die global identifizierten 837 unterschiedlichen terrestrischen Ökoregionen auch repräsentativ vertreten und durch Korridore und Trittsteine miteinander verbunden sind (Watson et al. 2014).

In Ansätzen, die sich auch begrifflich als **Landschaftsgürtel** einordnen (Abb. 2.2), wird das geoökologische Wirkungsgefüge stärker mit den menschlichen Wirkmechanismen in Verbindung gebracht bzw. die anthropogene Überprägung und Nutzung eingebunden. Meist stehen dabei Agrar- und Forstsysteme sowie Landnutzungsfragen im Mittelpunkt (Anhuf et al. 2011). Damit entstanden wirklichkeitsnähere Muster. Am konsequentesten haben Ellis & Ramankutty (2009) diesen Ansatz weiter gedacht und definieren aufgrund der Dominanz anthropogener Aktivitäten **„Anthropozonen"** (Abb. 2.3). Fast all diesen Konzepten zu eigen ist eine weiterführende Hierarchisierung des Raums. Ausgehend von den globalen Anthropozonen werden hier nachfolgend Regionen, Chore und Tope abgegrenzt (Tab. A, Exkurs 2.1). Diesem hierarchischen Ordnungssystem entsprechen im US-amerikanischen Kontext *domains* und *divisions* (Bailey 1995, 1998).

Während die Ableitung zonaler und regionaler Strukturen meist über *top-down*-Ansätze selektiv geführt wird, werden Tope und Chore *bottom-up* und komplex auf der Grundlage von Messgärten und quantitativen Analysen zu Stoff- und Energieflüssen bestimmt. Dieses „Gegenstromverfahren" ist inhaltlich wie methodisch eine interessante Herausforderung, welche die Skalenbezogenheit der Geographie im besonderen Maße verdeutlicht.

Die Ausführungen über Regionalisierungen und Grenzen haben deutlich gemacht: Man muss wissen, worauf man sich einlässt, wenn man „regionalisiert", das heißt, wenn man Grenzen zieht und Raumeinheiten ab- und ausgliedert. Man reduziert Komplexität, wenn man räumliche „Ordnung" schafft. Man macht die Erdoberfläche überschaubar, indem man sie abgrenzt und anhand unterschiedlicher Raumkategorien „etikettiert". Dies haben Geographinnen und Geographen immer als wesentliche Aufgabe und Herausforderung empfunden, insbesondere im Kontext der Diskussion um **Regionale Geographie** und **Länderkunde** (Kap. 3). Grenzziehungen sind aber eben niemals neutral und folgenlos. Daher kann unser Fach in diesem Feld unterschiedliche Aufgaben übernehmen:

- Die Geographie macht (schafft) Grenzen (Ebene der Konstruktion).
- Die Geographie untersucht, wie Grenzen „gemacht" werden (Ebene der „Dekonstruktion").
- Die Geographie untersucht, wie Grenzen als gesellschaftliche Repräsentationsformen soziale und materielle Praxis „regeln" (Ebene der Handlungsrelevanz).

2.2 Räumliche Maßstäbe – von global bis lokal

Forschungsarbeiten zu Formen von Regionalisierungen oder zu spezifischen geographischen Fragestellungen können auf unterschiedlichen räumlichen Maßstabsebenen angelegt sein. Diese **„skalare" Betrachtungsweise** (engl. *scale*) spielt nicht nur für die gesellschaftliche Organisation, sondern auch für die innerfachliche Systematik der Geographie eine wichtige Orientierungsrolle. Grob lassen sich dabei drei bzw. vier räumliche Ebenen – global, regional, lokal, kleinräumig – unterscheiden, sie können fall- und themenspezifisch, aber auch noch weiter differenziert werden. Diese Maßstabsebenen sind nicht nur eine Art organisatorische Formatierung des Räumlichen, mit ihnen sind aus politisch-geographischer Sicht auch Aspekte der Machtausübung und Machtunterschiede verknüpft. Brenner weist als einer der Vertreter der *scale*-Debatte darauf hin, „dass ungleiche räumliche Entwicklung eng mit der Produktion von *scale* verwoben ist" (Brenner 2008). Die territoriale Ordnung der Moderne bestehe eben nicht nur aus einer lückenlosen Aufteilung der Welt in die Raumcontainer der Nationalstaaten. Diese selbst seien Teil einer komplexeren und hierarchisch angelegten Ordnung räumlicher Maßstabsebenen. Deren Entstehung und Veränderung ist aus politökonomischer Sicht Ausdruck machtgeladener gesellschaftlicher Kämpfe: Sie ist „ebenso Voraussetzung wie Medium und Resultat der Verschiebung sozialer Kräfteverhältnisse" (Wissen 2008).

Vor diesem Hintergrund verwundert es nicht, dass viele Fragestellungen und Projekte sowohl im Bereich der Physio- als auch der Humangeographie entweder auf einer bestimmten Maßstabsebene ansetzen oder die gesellschaftlichen Folgen der komplexen Verwobenheit von *scales* im Zeitalter der Globalisierung thematisieren. Um dies zu veranschaulichen, werden im Folgenden jeweils Fallbeispiele aus einem zentralen Themenfeld der Geographie zur Illustration von geographischen Themen und Fragestellungen bezogen auf unterschiedliche Maßstabsebenen herangezogen: auf der globalen Ebene die „Festung Europa" und ihre Abschottung gegen Armutsflüchtlinge, auf der regionalen Ebene Sicherheit und Abgrenzungen in Städten, auf der Mikroebene der Diskurs um die Geschlechteridentität und die Konstruktion von ethnischen Identitäten. Alle Beispiele sind mit dem Blick „aus Deutschland auf die Welt" konstruiert, US-amerikanische oder indische Geographinnen und Geographen würden andere Themen und Sichtweisen wählen.

Die „ganze Welt als Feld" – Geographie in globaler Perspektive

„Unser Feld ist die ganze Welt" – dieser bekannte Hamburger Kaufmannsspruch könnte auch für die globale Forschungsperspektive der Geographie gelten, denn unser Fach übt genau in dieser Hinsicht eine große Faszination aus. Eine solche „Geographie der ganzen Welt" findet auch in populärer Form Tag für Tag ihr Publikum, sei es in auflagenstarken Printmedien wie „Geo" und *„National Geographic"* sowie in Fernsehreihen wie „Terra X" oder „Die Erde von oben". Es wäre wohl unredlich, wenn nicht auch die „Berufsgeographen" an Schulen, Hochschulen, in Wirtschaft und Dokumentation sich eingestünden, dass „fremde, bunte Welten" einen oft wesentlichen Teil ihrer Fachmotivation ausmachen. Auslandsforschung dieses Typs hatte vor allem in früheren Jahrzehnten in der wissenschaftlichen Geographie einen sehr hohen Stellenwert. Für jüngere Wissenschaftlerinnen und Wissenschaftler kam ihr fast der Charakter eines „Initiationsritus" zu. Erst erfolgreiche **Geländeaufenthalte im Ausland** machten seinerzeit die „gestandene Geographin" bzw. den „gestandenen Geographen" aus (Abb. 2.4). Auch Teile der Berufsfelder der Geographie (Abschn. 3.3) wie die Arbeit in internationalen Hilfsorganisationen, im Bereich des internationalen Tourismus, in global engagierten NGOs oder im Erdkundeunterricht an Schulen setzen globales Wissen und internationale Expertise voraus.

Unser Leben wird heute zunehmend engmaschiger von Einflüssen bestimmt, die teilweise von weit herkommen, während auch unsere Gesellschaft in ökonomischer, politischer und ökologischer Hinsicht immer mehr Erdregionen (mit-)beeinflusst. Das gilt für naturwissenschaftliche wie gesellschaftswissenschaftliche Zusammenhänge. **Global Change**, der weltweite Umweltwandel, hat seine Ursachen wohl in den Industriestaaten, seine Folgen wie beispielsweise der beschleunigte Meeresspiegelanstieg werden aber zunächst auf kleinen Inseln in der Südsee spürbar. Die radioaktive Wolke, die Ende April 1986 aus dem zerstörten Reaktor von Tschernobyl gedrungen ist, hat Regionen bis weit nach Nordeuropa hinein beeinflusst. Der terroristische Anschlag auf das New Yorker *World Trade Center* am 11. September 2001 ging auf ein global operierendes Netzwerk zurück, das im fernen Afghanistan, aber auch in Deutschland, Nordafrika und den USA seine „Knoten" hatte. Er hat Politik und Alltag in den westlichen Ländern verändert und trägt dort bis heute zur „Versicherheitlichung" der Innen- und Außenpolitik bei. Er hat Militärinterventionen der USA in Afghanistan und dem Irak heraufbeschworen, deren globale Spätfolgen bis zu den heutigen syrischen Bürgerkriegen und den dadurch ausgelösten Fluchtbewegungen Richtung Europa und insbesondere Deutschland reichen.

Globalisierung lässt sich dabei als Prozess der Intensivierung weltweiter netzwerkartiger wirtschaftlicher wie auch kultureller und sozialer Beziehungen verstehen, als zunehmende Integration von Märkten, Wirtschaftssektoren und Produktionssystemen in der Folge des strategischen Handelns mächtiger Akteure wie insbesondere transnationaler Unternehmen, Finanzdienstleister, internationaler Organisationen etc. Typische Indikatoren des Globalisierungsprozesses sind die Zunahme des um die Welt „zirkulierenden" Finanzkapitals, die zunehmenden ausländischen Direktinvestitionen, die zunehmenden digitalen Vernetzungen und auch die weltweiten Zirkulationen von Waren- und Migrationsströmen. In der Informationsgesellschaft, so wird allgemein behauptet, beginnt sich die alte räumliche Struktur der Welt allmählich aufzulösen. Sie wandelt sich von territorial verfassten Gemeinschaften zu einer **Netzwerkgesellschaft**, von einem *„space of places"* zu einem *space of flows"* (Castells 2001). „Entankerung" (Werlen 1997) und Pluralisierung kennzeichnen diese „schöne neue Welt". Sie ist aber nicht für alle schön. Den Menschen auf der „Sonnenseite" der Globalisierung „mit dem Geld auf der Plastikkarte, dem Handy am Ohr, dem Laptop im Rollkoffer und dem Designeranzug am gebräunten Luxuskörper" (Reuber & Wolkersdorfer 2005) stehen die Geflüchteten aus Armutsregionen Afrikas und Asiens gegenüber, die immer

Abb. 2.4 Faszination Geographie: Zelten in Ladakh auf 5000 m Höhe. Die Route einer studentischen Exkursion folgte den alten Handelswegen vom Markha-Tal über den 5338 m hohen Lhalung-Pass zum Dorf Gya (Foto: S. Schmidt, 2016).

vernehmlicher an die Pforten der „Wohlstandsinseln" Europa oder Nordamerika klopfen. In vielen Regionen des Globalen Südens dominieren die negativen Auswirkungen der Globalisierung. Immer noch werden dort Menschen durch eine Vielzahl gesellschaftlicher Exklusionsmechanismen marginalisiert. Dementsprechend unterschiedlich ist auch die Durchlässigkeit der „Membranen" der Globalisierung, der Staatengrenzen, geregelt – je nachdem, wer Einlass begehrt (Exkurs 2.3).

Bereits diese eher schlaglichtartigen Befunde machen deutlich, dass sich die Wohlstandsregionen der westlichen Welt und der „benachteiligte" Globale Süden nicht als homogene Einheiten gegenüberstehen. Am globalen Wettbewerb und seinen Segnungen partizipieren nicht Länder an sich und nicht deren Bevölkerung als Ganzes, sondern nur bestimmte Regionen und auch da nur bestimmte Segmente der Bevölkerung. Der alte Nord-Süd-Gegensatz löst sich teilweise auf und es kommt zu einer **räumlichen Fragmentierung** (Menzel 1998; Kap. 22). Grenzen werden aber nicht nur mit Zäunen, mit Zollstationen, Grenzschutzbeamten, Booten der Küstenwachen usw. geschützt, sondern auch mit Worten, mit Verordnungen und Gesetzen. Ob und in welcher Form wir beispielsweise mit Geflüchteten und Asylsuchenden umgehen, hat auch damit zu tun, welche Bilder wir uns von „den Fremden" machen (Exkurs 2.4). Für die Vielfalt entsprechender raumbezogener Fragestellungen sind je nach thematischer Fokussierung unterschiedliche theoretische Konzepte und darauf aufbauende empirische Herangehensweisen notwendig.

So untersucht die Geographie in globaler Perspektive beispielsweise die Akteure solcher Entwicklungen, ihre Handlungen und die Machtressourcen, die ihnen zur Durchsetzung ihrer Interessen zur Verfügung stehen (akteurs- und handlungsorientierter Ansatz). Sie analysiert aber auch die **öffentlichen Diskurse**, das heißt die öffentlichen Meinungsbilder, welche ein bestimmtes Handeln erst ermöglichen, und wie damit bestimmte politische und/oder materielle Praktiken legitimiert werden (diskursorientierter poststrukturalistischer Ansatz). Am Beispiel des

Exkurs 2.3 Festung Europa

Seit dem Ende des Zweiten Weltkriegs waren nicht mehr so viele Menschen auf der Flucht wie in den vergangenen Jahren. Der Anstieg ist – neben der Zunahme internationaler Arbeitsmigration – zu einem nicht unerheblichen Teil auch auf die hohe Zahl von Geflüchteten aus den Krisenregionen des Nahen und Mittleren Ostens und Afrikas zurückzuführen, welche vor dem Krieg in ihren Ländern fliehen oder sich eine neue wirtschaftliche Lebensgrundlage schaffen wollen. Hauptziel der Migrantinnen und Migranten ist die Europäische Union. Dabei hat sich die Situation in den letzten Jahren deutlich verschärft, nicht zuletzt aufgrund der „Flüchtlingswelle" 2015 mit Bürgerkriegsflüchtlingen aus Syrien. Im Jahr 2015 beantragten 1 322 825 Menschen in den Ländern der Europäischen Union Asyl, 2016 waren es 1 259 955.

Am Umgang mit Geflüchteten werden die komplexen Beziehungen zwischen den verschiedenen Maßstabsebenen exemplarisch deutlich: Hinsichtlich der Binnengrenzen für die Bürger ihrer Mitgliedsstaaten verfolgt die EU eine Strategie der ökonomischen und politischen Integration, nach außen hingegen präsentiert sie sich als abgeschottete „Wohlstandsinsel" mit zunehmend rabiateren Abgrenzungsmaßnahmen gegenüber Menschen, die bei Nacht und Nebel in Booten, in Lkw versteckt oder auch zu Fuß über die Grenze geschmuggelt werden.

Die Angst vor den weltweiten Armutswanderungen wurde im EU-Europa über die Jahrzehnte geschürt, wozu besonders die alten „Massenmedien" und die neuen digitalen sozialen Medien ihren Beitrag leisten. In einem Doku-Thriller „Der Marsch" hat die britische BBC 1990 die Vision eines Exodus von Millionen Afrikanern nach Europa entworfen. Nach einer Wanderung durch die Sahelzone wird der Hunger-Treck an der Straße von Gibraltar von Truppen der EU zum Stehen gebracht und die Entwicklungskommissarin der Gemeinschaft

verkündet dem Treck-Führer Mahdi: „Ihr werdet nicht hineingelassen nach Europa. Ihr werdet kein Land, keine Jobs oder Häuser kriegen. Geht zurück, ich verspreche, das Leben in den Camps wird besser. Wenn ihr weitermarschiert, werdet ihr alles verlieren" (zit. nach Der Spiegel 17.6.2002).

Die harte Seite solcher kollektiven Ängste zeigt sich an grenzpolitischen Praktiken der EU-Staaten, welche immer mehr der Fiktion aus dem Jahre 1990 zu ähneln scheinen. Inzwischen gibt es Diskussionen und zwischenstaatliche Vereinbarungen darüber, dass illegale Einwanderer nach Möglichkeit schon an den Außengrenzen oder davor abgefangen werden sollen; ein gemeinsamer semi-privatisierter europäischer Grenzschutz ist bereits Wirklichkeit geworden, neue EU-weite Erfassungs- und Fahndungsdatenbanken, Überwachung der EU-Außengrenzen durch Satellitensysteme und andere technologische Maßnahmen sind geplant und teilweise schon umgesetzt.

Bei all dem sind die Länder der EU in Fragen der Flüchtlingspolitik in vielen Punkten weder einig noch solidarisch, und erneut kommen hier unterschiedliche Maßstabsebenen politischer Regulierung ins Spiel. In diesem Falle funktioniert die Europäische Union nicht wie ein „gemeinsamer Markt" der Migrationsmöglichkeiten, sondern in starkem Maße nach separaten räumlich-territorialen (Eigen-)Logiken der Nationalstaaten. Die Hauptlast tragen derzeit die europäischen Anrainerstaaten des Mittelmeers (Griechenland, Italien, Spanien): In der ersten Jahreshälfte 2017 sind allein nach Italien etwa 90 000 Menschen geflohen. In Brüssel ausgehandelte Verteilungsschlüssel sind teilweise nicht umsetzbar, denn die Staaten der EU entwickeln sehr unterschiedliche Haltungen bezogen auf die Aufnahme von Geflüchteten. Dies geht bis zur Haltung der ostmitteleuropäischen und osteuropäischen Staaten, die deren Aufnahme weitestgehend verweigern.

„Flüchtlingsproblems" (Exkurs 2.4) wird deutlich, wie sich die Diskurse ändern können und wie wichtig es ist, die damit einhergehenden Verschiebungen raumbezogener Identitätskonstruktionen und politischer Verortungen mit einer kritischen Forschung zu begleiten. Es geht auf der globalen Ebene aber nicht nur um einzelne Gruppen und Phänomene, auch die geographische Repräsentation ganzer Staaten oder Großräume verändert sich in den geopolitischen Ordnungsvorstellungen und Leitbildern. So wurde in US-amerikanischer Sicht beispielsweise Deutschland im Verlauf des 20. Jahrhunderts vom „Schurkenstaat" par excellence im Dritten Reich zu einem verlässlichen Bündnispartner, während danach die Schurkenrolle für einige Jahrzehnte der vom amerikanischen Präsidenten Reagan als „Reich des Bösen" bezeichneten kommunistischen Sowjetunion zufiel. Inzwischen ist das „Böse" in die fundamentalistischen Staaten des Nahen, Mittleren und Fernen Ostens gewandert, die US-Außenpolitik konstruierte sogar eine von Syrien über den Iran bis Nordkorea reichende **„Achse des Bösen"** (*axis of the evil*). Räumliche Kon-

figurationen des „Feindes" wandern immer dorthin, wo „wir" nicht sind.

Die Geographie in globaler Perspektive hat damit nicht nur spannende inhaltliche Fragestellungen, sondern in den letzten Jahrzehnten auch durch die Möglichkeiten der Fernerkundung und Satellitenbildinterpretation einen neuen Schub an methodischer und analytischer Faszination im Bereich naturwissenschaftlich orientierter, mathematisch-statistischer Verfahren gewonnen. Hochauflösende **Satellitenbilder** ermöglichen inzwischen tiefe Einblicke auch noch in die letzten Winkel der Erde; Infrarot- und Radarkameras durchdringen Dunst und Wolken und liefern gerade für schwer bereisbare, abgelegene Regionen unschätzbare Informationen über geosystemare Zusammenhänge (Abb. 2.5). Möglichkeiten der elektronischen Datenverarbeitung erlauben den Aufbau komplexer Geographischer Informationssysteme (GIS) und damit bisher in dieser Form nicht mögliche Analysen verschiedenster raumbezogener Daten (Kap. 7). Die Simulation

Exkurs 2.4 Die widersprüchlichen Einstellungen zu Geflüchteten in Deutschland

Speziell in Deutschland wurde, nicht zuletzt aufgrund der eigenen Flüchtlingserfahrungen im Gefolge des Zweiten Weltkriegs, die Aufnahme und Integration von Flüchtlingen lange Jahrzehnte positiv gesehen. Noch zur Zeit der vietnamesischen *„boat people"* in den 1970er-Jahren reagierte die breite Öffentlichkeit zustimmend, wenn in publikumswirksamen Rettungsaktionen wie denen des Flüchtlingsschiffs „Cap Anamur" vietnamesische Flüchtlinge aus dem Meer gerettet und nach Deutschland gebracht wurden. Als der seinerzeit prominente Autor Heinrich Böll um Spenden für das Schiff bat, flossen diese in Millionenhöhe. Als dieselbe „Cap Anamur" allerdings im Jahre 2004 Flüchtlinge aus Afrika im Mittelmeer aufnahm und nach Europa bringen wollte, regten sich erhebliche Proteste. Weshalb? Das „Flüchtlingsproblem", die Aufnahme von Geflüchteten, wurde in den letzten Jahrzehnten im öffentlichen Diskurs in Deutschland zunehmend kontroverser verhandelt. Insbesondere 2015, „in den ersten Monaten nach der Öffnung der deutschen Grenzen für Geflüchtete [,] zeigte sich […], dass die Argumentationen sowohl im Bereich der Politik als auch in der medialen Debatte relativ wechselhaft schienen […]". Gerade die Frage, wie sich die Diskurse um geflüchtete Menschen in Deutschland aktuell verändern, ist unter diesen Bedingungen von entscheidender Bedeutung für zukünftige politische Formatierungen des Phänomens ebenso wie für gesellschaftliche Debatten um kulturelle Identität und für die vielfältigen Praktiken der In-

tegration und der Ausgrenzung. […] Vor diesem Hintergrund ist es aus humangeographischer Perspektive sinnvoll, das sich augenblicklich sehr dynamisch entwickelnde diskursive Feld rund um Flüchtlingsmigration und -integration in seiner Entwicklung genauer auszuloten" (Mattissek & Reuber 2016). Untersucht man in diesem Zusammenhang beispielsweise Printmedien aus dieser Phase, so zeigt sich, dass es hier derzeit sowohl „Chancen-Diskurse" als auch „Risiko-Diskurse" gibt, zwischen denen sich ein gesellschaftlicher Deutungskonflikt mit sehr unterschiedlichen Positionierungen abzeichnet. „Die Verbindungen des Flüchtlingsdiskurses mit ‚Chancen' sind zum einen stark wirtschaftlich geprägt (Wettbewerb, Wachstum, Arbeitskräfte, Qualifikationsfragen), zum anderen mit dem Diskurs des demographischen Wandels verbunden. Die Verbindung mit ‚Risiken' führt in den Bereich kultureller bzw. identitätspolitischer Fragen, die sich vor allem über kulturräumliche Argumentationsmuster ausdrücken und in ihrer pauschalsten Form neo-nationalistische und geokulturelle (Groß-)Raumkonstruktionen nähren" (ebd.). Solche Risikodiskurse führen nicht nur zu einer Verschärfung politischer Praktiken wie eine Zunahme von Abschiebungen in angeblich sichere Herkunftsländer, verstärkte Maßnahmen des Küstenschutzes im Mittelmeer, bilaterale Abkommen zur Flüchtlingspolitik mit Staaten wie der Türkei etc., sondern sind ein vielfältig genutztes Feld für rechte Populisten und ihre Abschottungsideologien.

---

von Entwicklungen, dreidimensionale Geländemodelle und die Visualisierung geographischer Phänomene eröffnen ein weites Feld für Forschung und Lehre aktueller Geographie.

Regionen und räumliche Identität – Geographie in regionaler und lokaler Perspektive

Eine ähnliche Faszination wie die Geographie in globaler Perspektive übt das Fach aus, wenn es sich engagiert dem **Nahraum**, das heißt konkreten Ländern, Regionen und Orten vor unserer Haustür widmet. Auch hier finden sich drängende, gesellschaftlich relevante Fragen mit räumlichem Bezug. Es geht z. B. um die zunehmende ökologische Belastung, um den damit einhergehenden Verlust von Biodiversität und „Buntheit", um Fragen des sozialen Miteinanders oder um Aspekte der Planung regionaler Infrastrukturversorgungen. Bürgerinnen und Bürger mischen sich nach wie vor ein in die Dinge vor Ort, protestieren gegen teure und umstrittene Infrastrukturmaßnahmen oder auch Versorgungsmängel (z. B. im Bereich der Krankenversorgung oder der Kindergärten/Schulen).

Seit den 1970er-Jahren ist besonders das öffentliche Bewusstsein für die zunehmende **Belastung unserer Lebensumwelt** gewachsen. Etwa um 1970 hatten die kurzfristigen Umweltbelastungs-

parameter, das heißt die Luft- und Gewässerverschmutzungen in Deutschland ihre historisch höchsten Werte erreicht, und das Thema erreichte auch die Innenpolitik. Printmedien, seinerzeit noch verlässliche Gradmesser der öffentlichen Meinung, brachten eine Vielzahl oft dramatisch aufgemachter Artikel: „Der Wald stirbt", „Die Klimakatastrophe", „Die Kernkraftlüge", „Das Ozonloch" usw. (Abb. 2.6). Obwohl seit den späten 1970er-Jahren aufgrund erstmals greifender Umweltmaßnahmen Teile dieser Belastungen zurückgingen, sind viele der Probleme bis heute virulent (z. B. ökologische Überlastungsphänomene der industriellen Landwirtschaft, regionale Folgen des globalen Klimawandels, Umweltprobleme in Städten aufgrund von industriellen Emissionen und Autoabgasen).

Seit dem Brundlandt-Bericht 1986 fokussieren sich die Sorgen um Umwelt und künftige Gestaltung unserer Lebenswelten im Begriff der **Nachhaltigkeit** (*sustainable development*). Er steht für die – zutiefst normative – Vision eines künftig sorgsamen Umgangs mit den Ressourcen unserer Erde, einer Balance von wirtschaftlichem Wachstum, ökologischen Auswirkungen und sozialer Gerechtigkeit. Unsere Kinder und Kindeskinder sollen noch dieselben Entscheidungschancen zur Ressourcennutzung haben wie wir – dies ist eine der Kernaussagen des Nachhaltigkeitskonzepts. Der Begriff selbst ist jedoch in zahlreichen Konzepten durchaus inhaltlich unterschiedlich gefasst worden, und er wird in der praktischen Umsetzung kontrovers diskutiert und verhandelt. So wird im Kontext von Maßnahmen der in-

THAILAND / Northern Khao Lak Bay   1 : 12.500

IKONOS - January 30, 2003 - PRE-DISASTER IMAGE   IKONOS - December 29, 2004 - POST-DISASTER IMAGE

. Abb. 2.5 Landsat-Satellitenaufnahmen ermöglichen es, Veränderungen durch Naturkatastrophen systematisch zu erfassen. Die beiden Aufnahmen zeigen einen Küstenstreifen Thailands vor und nach dem Tsunami im Dezember 2004 (Quelle: DLR).

ternationalen Zusammenarbeit oder bei der Politik der Weltbank und des Internationalen Währungsfonds nicht selten eine Vergabepraxis nach den Leitlinien der Nachhaltigkeit eingefordert. Dabei tritt aber auch die politische Brisanz und Attitüde eines solchen Konzepts deutlich zutage. Gerade die Industrieländer, die nach fast zwei Jahrhunderten überbordender, alles andere als Ressourcen schonender Industrialisierung maßgeblich zu den globalen Problemlagen (auch direkt in den Ländern und Wäldern des Globalen Südens) beigetragen haben, definieren in gleichsam neokolonialer Weise Leitbilder für dortige Politiken (Exkurs 2.5).

Praxisorientierte Forschungen zu diesen und einer Vielzahl von anderen Themen sowie ein damit verbundener Hang zum politischen Engagement auf der Grundlage wissenschaftlicher Arbeit kennzeichnen insbesondere die **Angewandte Geographie**. In diesem Feld „verstehen sich viele Geographen nicht mehr als bloße Registratoren, die räumliche Phänomene nur von außen, kühl und unbeteiligt erfassen und zu ‚erklären‘ versuchen (was immer man darunter verstehen will); vielmehr fühlen sie sich

als Anwalt ihres Erkenntnisobjekts, fühlen sich verantwortlich für die Kulturlandschaft, ihre Erhaltung und sinnvolle Weiterentwicklung" (Grees 1987). Dass dabei auch innerhalb der Geographie die politischen Positionen eines solchen Engagements stark auseinanderklaffen, teilweise sogar aufeinanderprallen, ist eine logische und durchaus demokratisch wünschenswerte Konsequenz. So können Positionen eines ökologisch orientierten Naturschutzes durchaus in Konflikt mit bestimmten siedlungsgeographischen Leitbildern geraten, und die „linken" Perspektiven einer **Kritischen Geographie** können recht kontrovers auf neoliberal argumentierende **Raumoptimierungen** aus der Sicht einer auf Standort- und Wirtschaftsförderung ausgerichteten Stadtgeographie treffen.

Vor diesem Hintergrund verwundert es nicht, wenn die Geographie neben der angewandten Forschung ähnlich wie auf der globalen Ebene auch auf der regionalen und lokalen Ebene Prozesse, Akteure und Machtdiskurse im Spannungsfeld von Raum und Gesellschaft untersucht. Beim Thema Umweltkonflikte und nachhaltige Entwicklung spielen beispielsweise *noxious*

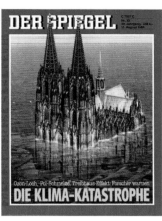

Abb. 2.6 Titelbilder zu Umweltproblemen in Deutschland: Spiegel 47/1981, 33/1986, 49/1987 und 44/1991.

facilities (schädliche Infrastrukturen) eine typische Rolle, also etwa Anlagen der Kernenergiegewinnung und der Entsorgung von Brennelementen, Sondermülldeponien, Autobahnneubauten, Großflughäfen, Windparks und alle anderen Einrichtungen, die viele Menschen am liebsten *„not in my backyard"* haben möchten. Nicht selten werden solche Einrichtungen fern von Verdichtungsräumen in der ländlichen Peripherie errichtet oder geplant – die Kernräume der Wirtschaft werfen in solchen Fällen sprichwörtlich ihren „ökologischen Schatten" auf die Peripherie.

Es sind aber nicht nur Umweltfragen, die auf lokaler oder regionaler Ebene zu Spannungen führen. Mindestens ebenso stark werden hier innergesellschaftliche Gegensätze und Konfliktlagen zu Triebfedern von Auseinandersetzungen. Vor diesem Hintergrund rücken Untersuchungen zu **sozialräumlichen Disparitäten** und Entwicklungstrends in den Fokus regional- und lokalgeographischer Forschungen. Ein Beispiel für ein großes Thema mit starkem Raumbezug ist in dieser Hinsicht der **demographische Wandel** (Kap. 23). Er wird in den kommenden Jahrzehnten einerseits die Bevölkerungspyramide Deutschlands insgesamt nachhaltig verändern, gleichzeitig wird er aber in verschiedenen Regionen Deutschlands sehr unterschiedliche Folgen haben: Zu- und Abwanderungsgebiete, wirtschaftsstarke und -schwache Regionen, schrumpfende Peripherien und wachsende „Schwarmstädte". Der demographische Wandel ist aber nur eine von vielen gesellschaftlichen Entwicklungsdynamiken, die die Potenziale und Probleme von Regionen beeinflussen, sodass für die Zukunft nicht nur in den durch starke Diskparitäten gekennzeichneten Ländern des Globalen Südens, sondern auch in den lange Zeit vergleichsweise ausgeglichenen Funktionsräumen der wirtschaftsstarken Staaten im Globalen Norden eine Verschärfung sozial-räumlicher Polarisierungen erwartet werden kann. Entsprechend stellt sich wie auf der globalen Ebene auch auf der regionalen und lokalen Ebene die geographische Frage: Wem gehört der Raum und wer kontrolliert seine Grenzen? Bereits heute sind auch in demokratischen Gesellschaften längst nicht mehr alle Räume offen und frei zugänglich. Ökonomische Faktoren wie privater Grundbesitz und entsprechende Verfügungsrechte, aber auch länderspezifisch sehr unterschiedliche politische Setzungen

in der Raumplanung regeln **Zugänglichkeiten** und setzen Grenzen. In vielen Industriestaaten des Globalen Nordens, aber zunehmend auch in Ländern des Globalen Südens, in denen sich eine urbane Mittelklasse entwickelt, flüchten sich die Wohlhabenden in umzäunte private Wohnsiedlungen (*gated communities*) mit teilweise rigiden Zugangsbeschränkungen. Abgegrenzt und zunehmend durch Sicherheitspersonal überwacht sind auch postmoderne Shopping-Malls, glokale Orte des Transits (z. B. Flughäfen, Bahnhofs-Drehkreuze nationaler und internationaler Hochgeschwindigkeitsnetze) oder des Luxustourismus (Cluburlaube, überwachte Tourismuszonen in Ländern mit „schwacher Staatlichkeit"). **„Archipele der Sicherheit"** nennt Wehrheim (2002) solche abgegrenzten und gesicherten neuen Einrichtungen für das Einkaufen, das Arbeiten, Wohnen und Sich-Erholen. Die Geographie beteiligt sich an der Analyse solcher *geographies of exclusion and security* und macht deutlich, welche Konsequenzen entsprechende neue Formen der Grenzziehung und -sicherung (z. B. durch Videoüberwachungstechniken, durch städtebauliche Veränderungen oder andere Praktiken formeller und informeller Kontrolle) für die fragile Balance gesellschaftlicher Systeme haben können. Da Angst und Unsicherheit in bestimmten Räumen nur selten mit faktischer Kriminalität korrelieren, werden als Gründe für zunehmende **Sicherheitsdiskurse** in westlichen Gesellschaften vor allem Alltagsirritationen in einer globalisierten Welt gesehen, beispielsweise das Näherrücken des vermeintlich „kulturell Anderen" in unseren Städten durch Migrantinnen und Migranten, die zunehmende Fragmentierung von Lebensstilen sowie die zunehmende ökonomisch-soziale Fragmentierung. Entsprechende Kontrollpolitiken werden, wie Glasze et al. (2005) feststellen, in gesellschaftlichen Wissensordnungen miteinander verwoben, diskursiv (re-)produziert und stabilisiert, sodass sie einen hegemonialen Charakter erhalten, mit dem sich dann entsprechende „Raum-Ordnungspolitiken" legitimieren lassen.

Im Ergebnis entstehen nicht nur fragmentierte Gesellschaften, sondern teilweise auch **fragmentierte Räume**, in denen auf lokaler Ebene Formen der In- und Exklusion nach lokalen Strukturen und Spielregeln verhandelt werden. In der geographischen

Exkurs 2.5 Die Erde im Anthropozän – geplündert und abgebrannt?

Die Überschrift dieses Exkurses ist provozierend: Leben wir in einem Zeitalter, in dem die natürlichen Ressourcen der Erde über Gebühr geplündert werden, welche Folgen wird *global warming*, der globale Klimawandel, für künftige Generationen haben? Wird die Erde dürr und „abgebrannt"? Unverkennbar sind seit mehreren Jahrzehnten massive Veränderungen der Umwelt: Entwaldung, Kanalisierung von Flüssen, Ausbeutung von Rohstoffen. Anstelle von Naturlandschaften entstehen immer stärker umgestaltete Kulturlandschaften. Megacities bedecken immer größere Flächen, insbesondere in Asien und Lateinamerika. Dort, aber nicht nur dort werden große Areale versiegelt – für Straßen, Wohnbebauung, Industrie.

Mehr als die Hälfte der Weltbevölkerung lebt inzwischen in Städten, rund 20 Megacities weltweit haben jeweils mehr als 10 Mio. Einwohner. Beispiele sind Shanghai, Lagos, Dakha,

Istanbul, Tokio, São Paulo. In China wird derzeit das Projekt „Jing-Jin-Ji" geplant – eine neue Großstadt –, welche die Städte Beijing und Tianjin sowie Teile der Provinz Hebei umfasst (Abb. A a). Sie soll nach Vollendung bis zu 130 Mio. Einwohner haben. Verbunden werden soll dieser „Moloch" durch Schnellzüge, die mit 400 km/h fahren. Doch auch ländliche Räume werden immer deutlicher umgestaltet, sei es durch flächenhafte Glashauskulturen, sei es durch Sonnenkollektoren oder Windkraftanlagen (Abb. A b).

Die Erzählung vom Anthropozän, von der Umgestaltung der natürlichen Umwelt durch den Menschen, verändert unser Verständnis von Natur und Kultur. Die seit der Aufklärung in der abendländischen Wissenschaft selbstverständlich erscheinende Trennung von Natur und Kultur beginnt sich aufzulösen: Wir leben in einer Welt hybrider Mensch-Umwelt-Systeme.

Abb. A **a** Die Stadt Tianjin mit derzeit 10 Mio. Einwohnern wird einer der Kerne des chinesischen Projekts „Jing-Jin-Ji" werden (Foto: H. Gebhardt, 2013). **b** Sonnenkollektoren in der spanischen Region Almería (Foto: H. Gebhardt, 2016).

Stadtforschung spricht man bezogen auf die globalen Megastädte zunehmend von *dual* oder gar *quartered cities*, bestehend aus bewachten Oberschichtwohnvierteln, Stadtgebieten mit Gentrifikationsprozessen, Vororten der Mittelschicht und Unterschichtghettos (Kap. 20). Die kritisch-geographische Forschung kann allerdings sehr eindrücklich zeigen, in welcher Weise solche auf Unsicherheitsdiskursen aufsetzende „räumliche" Politiken der Exklusion die dahinterliegenden sozialen Ungleichheiten nicht „angehen", sondern eher verschleiern. Im Extremfall entstehen lokale soziale Enklaven, die eigene informelle Organisationsformen ausbilden, ihre spezifischen Regeln der Akkumulation von Ressourcen finden und eigene Sicherheitsregime ausbilden. Beispiele dafür finden sich in südamerikanischen Favelas, in großen Flüchtlingslagern am Rand von Städten in Krisengebieten, aber auch in Ansätzen bereits in den *banlieues* von Paris.

Die Analyse und Bearbeitung entsprechender Forschungsfragen auf nationaler und regional-lokaler Ebene fordert ein gegenüber der globalen Ebene teilweise verändertes bzw. erweitertes methodisches Instrumentarium. Während die Geographie auf globaler Ebene häufig mit sozialstatistischen Makrodaten oder mit „Fernerkundungsverfahren" arbeitet (z. B. mit Satellitenbildern), verwendet man auf der regionalen und lokalen Ebene in stärkerem Maße auch „Naherkundungsverfahren". Diese finden sich in der Humangeographie z. B. in Form von qualitativen und interpretativ-verstehenden Erhebungen (verschiedene Techniken von Befragungen, ethnographisch orientierte Methoden wie die teilnehmende Beobachtung usw.; Kap. 6). Im Bereich der Physischen Geographie hingegen kommen auf dieser Maßstabsebene eine Vielzahl von fragestellungsangepassten Messverfahren (z. B. das Messen von Klimaparametern) und Labortechniken zur Anwendung, welche sich in ihrem Anspruch und ihrer Reichweite oft wenig von den benachbarten Naturwissenschaften unterscheiden (Kap. 5).

Mikrogeographie – Geographien im Kleinen

Die bisherigen Ausführungen haben gezeigt, dass die Geographie, ungeachtet ihres räumlich weit gespannten Forschungsspektrums, häufig eine Wissenschaft im „mittleren" Maßstab der Länder oder Regionen und Orte ist. Erst in jüngerer Zeit ist es über die lokale Ebene hinaus zu einer gewissen „Maßstabserweiterung" nach unten gekommen. Dies gilt zunächst besonders deutlich für Bereiche der Physischen Geographie. So haben Labortechniken mit der Entnahme von Bodenproben auf kleinen, genau definierten Arealen im Bereich der Geomorphologie und Bodengeographie eine große Bedeutung. Im Labor werden Dünnschliffe zur Analyse der Bildungsbedingungen von Gesteinen erstellt oder chemische Analysen von Böden durchgeführt, in der Vegetationsgeographie Pflanzenaufnahmen und vegetationssoziologische Analysen auf metergroßen Musterarealen vorgenommen. Auch in der Humangeographie befassen sich neuere Studien mit der Mikroebene einzelner Menschen und ihrer Körper in verschiedenen sozial-räumlichen Bezügen. Sie untersuchen beispielsweise, wie körperliche Identitätskategorien (Alter, Geschlecht, Hautfarbe) in unterschiedlichen gesellschaftlichen Kontexten zu Ein- und Ausschlüssen führen können, beispielsweise im Rahmen selektiver Polizei- oder Grenzkontrollen aufgrund von optischen Stereotypen, im Rahmen gender-spezifisch verschiedener Teilhabemöglichkeiten in unterschiedlichen gesellschaftspolitischen Systemen oder im Kontext der selektiven Exklusion von Menschen aufgrund ihres Erscheinungsbildes oder ihrer Kleidung in Shopping-Malls durch private Sicherheitsdienste.

Auch auf der Mikroebene ist somit der Umgang mit Raum und Grenzen ein spannendes Thema der Geographie. Sie zeigt mit ihren Untersuchungen beispielsweise, wie sehr der Umgang mit solchen **subtilen Grenzziehungen im Alltag** von gesellschaftlichen Vorstellungen und öffentlichen Diskursen bestimmt ist. Dieselbe Person – ein Wohnungsloser beispielsweise – kann sowohl als Angehöriger einer „sozial stigmatisierten Randgruppe" oder als „leidender Fremder" „konstruiert" werden, er erfährt im ersten Fall Ausgrenzung, im zweiten Fall Hilfe. Beide Formen des Umgangs finden wir in unseren Städten. In Bewegung kommen können solche „eingefahrenen" Diskurse durch veränderte Praktiken wie etwa den Verkauf von Straßenzeitungen. Er ermöglicht es, mit wohnungslosen Menschen ins Gespräch zu kommen, sie wieder zu Gesprächspartnern zu machen (Kazig 2005). Solche Verschiebungen raumbezogener Diskurse und Praktiken auf der Mikroebene kennzeichnen auch andere Segmente. So werden beispielsweise Raucher, früher im Alltag toleriert, im öffentlichen Raum (am Arbeitsplatz, in Restaurants oder Verkehrseinrichtungen) zunehmend ausgegrenzt. Die Rechte von Menschen mit Mobilitätseinschränkungen werden heute deutlicher als in der Vergangenheit gesehen und führen zu einer zunehmenden Zahl an Projekten im Sinne einer barrierefreien Stadtplanung.

Bei einer solchen „**Geographie der Subjekte**" verlagern sich die „Grenzen" mitunter von der interpersonalen auf die intrapersonale Ebene. Hier lassen sich in postmodernen Gesellschaften Beispiele aus vielen Feldern finden, im Bereich der Mode mit ihren physisch-materiellen Artefakten (Designerbekleidung oder Piercing), bei der „Verschönerung" von Körpern mittels Skalpell in der Schönheitsindustrie oder bei Fragen körperlicher Ausdrucksformen von Genderidentitäten (Exkurs 2.6).

Grenzen und Grenzüberschreitungen innerhalb personaler Identitäten, *„places through the body"* (Nast & Pile 1998), sind sicher kein zentrales Thema der Geographie, aber der Einbezug solcher Fragen weitet doch den Blick dafür, dass das Thema „Raum und Grenzen" auf sehr unterschiedlichen Maßstabsebenen zum Tragen kommen kann. Wenige Wissenschaften sonst kennen ein solch weites Spektrum an unterschiedlichen Betrachtungsmaßstäben und sicher keine andere versucht, diese so systematisch miteinander zu verknüpfen, wie die Geographie.

Glokalisierung – die Vernetzung der Maßstabsebenen in der Humangeographie

Im Kontext der Globalisierung kommt es zu vielfältigen Interaktionen zwischen dem Lokalen und übergeordneten Handlungskontexten. Man spricht hier von „Glokalisierung" und meint damit die Verschneidung von Einflüssen aus unterschiedlichen räumlichen Maßstabsebenen, die Betrachtung der Wechselwirkungen zwischen ihnen, zwischen global und lokal. Beide Ebenen bilden sozusagen zwei Seiten einer Medaille, sie führen zu einem neuen, hybriden ***global sense of place"*** (Massey 2015), wobei sich mit Danielzyk & Oßenbrügge (1996) drei Facetten des Verhältnisses von global und lokal unterscheiden lassen:

- In einem ersten Verständnis steuert das Globale, der „Sachzwang Weltmarkt", die regionalen und lokalen Verhältnisse. Arbeitsplätze in einer Industriestadt wie Bochum verschwinden, weil die internationale Firma Nokia ihre Verlagerung nach Rumänien beschlossen hat (2008). In diesem sehr passiven Verständnis von Glokalisierung können regionale und lokale Akteure letztlich nur versuchen, die schwerwiegendsten Nachteile der Globalisierung zu verhindern oder abzuschwächen (neostrukturalistische Sicht).
- Die zweite Perspektive sieht Globalisierung und Regionalität/ Lokalität in einem dialektischen Verhältnis zueinander: Je wirksamer die Prozesse der Globalisierung ökonomische, politische und kulturelle Momente beeinflussen, desto mächtiger werden Widerstände auf der lokalen und regionalen Ebene. Es entstehen Forderungen nach regionaler Eigenständigkeit im Hinblick auf die Gestaltung der Wirtschaft; Protest organisiert sich, der sich gegen die „Zumutungen" der Globalisierung wendet, und er artikuliert sich heutzutage sowohl in einer „linken" Variante partizipativer Bürgerbewegungen als auch in einer „rechten" Variante konservativer, neo-regionalistischer und/oder neo-nationalistischer Bewegungen.
- Die dritte Perspektive geht schließlich von einem Bedeutungsgewinn der lokalen und regionalen Ebene aufgrund der

Kapitel 2

Exkurs 2.6 Die räumliche Dimension gesellschaftlicher Genderidentitäten

Die Zuweisung des „Geschlechts" von Menschen wird in allen Gesellschaften auf den ersten Blick recht stark auf der Mikroebene von Körper und Subjekt verhandelt. Hinter diesen vermeintlich alltäglichen sozialen Zuschreibungen und Praktiken, die für viele bis heute „natürlich" erscheinen, verbirgt sich bei genauerem Hinsehen ein machtgeladener gesellschaftlicher Aushandlungsprozess sowohl um die Ausprägungsformen von Geschlechtern als auch um die Rollen und Chancen, die entsprechenden Genderidentitäten in unterschiedlichen Gesellschaften zugeschrieben werden (Kap. 14).

Für die vergangenen Jahrzehnte und Jahrhunderte lagen dabei die Verhältnisse so, „dass die Bestimmung der Geschlechtsidentität von einer kohärenten Beziehung zwischen *sex* und *gender* ausgeht und dass diese Kohärenz auf der unkritischen Voraussetzung einer biologisch-anatomisch gegebenen Zweigeschlechtlichkeit beruht. Folge dieser vermeintlichen Kohärenz wiederum ist […] die Ausblendung der Vielfalt von kulturellen und gesellschaftlichen Realitätskonstruktionen, in denen unterschiedlichste Geschlechtsidentitäten konstruiert und gelebt werden können" (Strüver 2011). Mittlerweile haben sich in dieser Hinsicht durch Auseinandersetzungen um Genderidentitäten beispielsweise in der Geschichte der Emanzipationsbewegung der Frauen oder im Kampf von Homosexuellen um ihre Gleichberechtigung in einer heterosexuell dominierten Mehrheitsgesellschaft deutliche Veränderungen ergeben. In Deutschland belegte ein Urteil des Bundesverfassungsgerichts vom 8. November 2017, dass das sog. biologische Geschlecht nicht „natürlich" in allein zwei Ausprägungen gedacht werden kann, sondern mehr Variationsmöglichkeiten bereitstellt. An genderbezogenen politischen Veränderungen sind auch die jahrzehntelangen Interventionen der Genderforschung beteiligt. Sie ersetzen die Vorstellung von Geschlecht als „natürliche" Kategorie im Sinne von Judith Butler als „Konzept des Geschlechts als

kulturelle Performanz, das auf der Annahme basiert, dass Geschlechtsidentität die wiederholte Inszenierung (Performanz) derselben erfordert" (ebd.).

In vielfältiger Weise spielen bei der gesellschaftlichen Konstruktion von Gender (auch) räumliche Aspekte eine Rolle und werden so zu Forschungsthemen der Geographie. Das gilt bereits für den regionalen Vergleich von Genderrollen in unterschiedlichen gesellschaftlichen Kontexten. Was konkret z. B. Männer oder Frauen in einer Gesellschaft entsprechend den ihnen zugeschriebenen Rollen und Positionen tun und lassen (können/müssen), unterliegt einer teilweise subtilen, teilweise massiven normativen Festlegung. Es fußt auf in langer Tradition herausgearbeiteten Sichtweisen, Normen, Repräsentationen, Regeln und Praktiken, die in unterschiedlichen Ländern deutlich auseinanderklaffen können, man vergleiche beispielsweise die derzeitigen Möglichkeiten zur gesellschaftlichen Teilhabe von Frauen im Iran oder in Deutschland, die unterschiedlichen Gesetzgebungen zu gleichgeschlechtlichen Partnerschaften in Russland oder in Deutschland usw. Solche Macht- und Möglichkeitsunterschiede in den gesellschaftlichen Alltagspraktiken umfassen aber deutlich mehr als Gesetze und Normen, und erneut spielen dabei auf der regionalen und lokalen Ebene neben schicht- und lebensstilbezogenen Differenzierungen auch räumliche Aspekte im Sinne gesellschaftlicher Raumproduktionen eine besondere Rolle. Exemplarisch seien genderbezogen unterschiedliche Teilhabemöglichkeiten am gesellschaftlichen Leben im „öffentlichen Raum" oder im Bereich der beruflichen Verwirklichung und Karriere in unterschiedlichen Ländern erwähnt. Vor diesem Hintergrund „konzentrieren sich aktuelle Forschungsthemen auf die Analyse der sozialen Konstruktion von Identitäten in unterschiedlichen Räumen und damit auch auf die Analyse der Rolle des Raums bei der Konstruktion von geschlechtsspezifisch differenzierten Subjekten" (Strüver 2011).

Globalisierung aus. Gerade transnationale globale Unternehmen sind auf standortspezifische Kompetenzen, auf orts- und regionalspezifische Ausstattungsvorteile angewiesen. In einer globalisierten Wirtschaft gewinnen demnach kreative regionale Milieus eine entscheidende Bedeutung. Die These lautet hier: Eine globalisierte Wirtschaft macht nicht gleich, sondern stärkt im Gegenteil regionale Kompetenz und Individualität. Verbunden mit solchen Konkurrenzen verschärfen sich aber gleichzeitig regionale bzw. lokale Disparitäten zwischen Gewinner- und Verliererregionen der Globalisierung und ein sich gegen entsprechende Entwicklungen richtender Widerstand in *geographies of resistance* (Exkurs 2.7).

Kennzeichnend für die wirtschaftlichen wie kulturellen Folgen der Globalisierung sind in jedem Falle Prozesse der Abhängigkeit, aber auch der Abwehr und der Transformation, die zur

Veränderung bestehender und zur Entstehung neuer Formen von Wirtschaft, Gesellschaft und Kultur führen (Müller-Mahn 2002). Es entstehen **Hybriden** durch die Verknüpfung von verschiedenen Elementen zu etwas Neuem. Dies geschieht durch die Verschränkung von lokalen und globalen Handlungshorizonten oder auch dadurch, dass globale Einflüsse lokal angeeignet werden. Es kommt zu einer Durchdringung und Relativierung von gesellschaftlichen Bezügen und Identitäten (Abb. 2.7).

Es sind diese globalen regionalen Unterschiede und deren Dynamiken, die einen wichtigen Motor für die weitere Hybridisierung in sich bergen, der auch in den vielfältigen Zyklen historischer Entwicklungsprozesse immer wieder für Bewegung und Austausch gesorgt hat. Gemeint sind die transnationalen Migrationsströme, welche Millionen von Menschen aus Teilen

Exkurs 2.7 Globalisierung und ihre *geographies of resistance*

Wenn die Globalisierung als eine Epoche angesehen werden kann, in der *„things are speeding up, and spreading out"* (Massey 2015), dann verstärken die damit einhergehenden Zugriffe internationaler Wirtschafts- und Finanznetzwerke auf lokale Ressourcen (z. B. *land grabbing*, Ausbeutung natürlicher Ressourcen [Rohstoffe, Hydroenergie] und deren Einspeisung in globale Verwertungskreisläufe) nicht nur regionale Disparitäten, sie führen mittlerweile auch zu breiter artikulierten Gegenbewegungen „von unten", die als *geographies of resistance* ein Thema der Politischen Geographie geworden sind. Nun sind solche regionalen Widerstandsbewegungen nicht neu, schon Erzählungen des Alten Testaments, die Widerstände der Sklaven im alten Rom (Spartakus-Aufstand) oder der deutsche Bauernkrieg im 16. Jahrhundert lassen sich in dieser Form lesen.

Neu sind jedoch die flexiblen, hybriden und damit „globalisierten" Ausdrucksformen und Praktiken eines solchen Widerstandes. Sie speisen sich nicht mehr nur aus regional gewachsenen Traditionen oder regionalem Eigensinn, sondern sind eingebunden in eine globale *„power geometry of time-space-compression"* (Massey 2015).

Die Formen solcher Interventionen *„from below"* können sehr unterschiedlich sein. Sie reichen von intellektueller Kritik über die vielfältigen Widerstandsstrategien global agierender sozialer und/oder ökologischer Bewegungen und Aktionen von NGOs (Amnestey International, Greenpeace, Robin Wood, BUND, Friends of the Earth etc.) bis hin zu terroristischen Gruppierungen, welche mit ihren gewaltbasierten Praktiken in regionalen Konflikten, aber auch transnational agieren (wobei zuweilen allein die jeweilige

„herrschende Definitionsmacht" bestimmt, was als Terror und was als „legitimer Kampf" bezeichnet wird).

In welcher Form in solchen „Geographien des Zorns" (Korf 2010) affektive und emotionale Aspekte eine Rolle spielen, wird auch von wissenschaftlicher Seite zunehmend thematisiert. Sloterdijk (2006) plädiert in einer genereller gehaltenen Argumentation ebenfalls dafür, solchen Artikulationen des Politischen mehr Aufmerksamkeit zu schenken, die nicht nur die Dynamiken großer Konflikte beeinflussen, sondern auch im lokalen Bürgerprotest (Stuttgart 21) oder im verschwörungsaffinen Unbehagen neokonservativer Weltbilder zutage treten, z. B. bei den Pegida-Protesten (Abb. A).

Ein interessantes Beispiel für die „Glokalisierung" von Protest gegenüber einem großen, international bedeutsamen Staudammprojekt liefert der Konflikt um den Pak-Mun-Staudamm in Thailand (Abb. B). Die vom Staudamm an der Mündung des Mun-Flusses in den Mekong betroffenen Bauern haben ihren ursprünglich lokalen Protest zunächst auf die nationale, später sogar auf die internationale Ebene gehoben, indem sie nicht nur im Rückgriff auf Proteststrategien internationaler Umweltorganisationen ein symbolisches *village of the poor* in der Hauptstadt Bangkok errichteten, sondern damit auch die Aufmerksamkeit der Weltöffentlichkeit erreichten. In den bis heute nicht beigelegten innerstaatlichen Konflikten zwischen machtvollen politisch-ökonomischen Netzwerken und ihren teilweise charismatischen Anführern sind sie auf diese Weise ein gewichtiger Teil des Konflikts um die Neuordnung der politischen Kräfteverhältnisse nach dem Tod des thailändischen Königs vor und während der zeitweiligen Machtübernahme durch das Militär geworden.

Abb. A Pegida-Proteste in Dresden (Foto: H. Gebhardt, 2017).

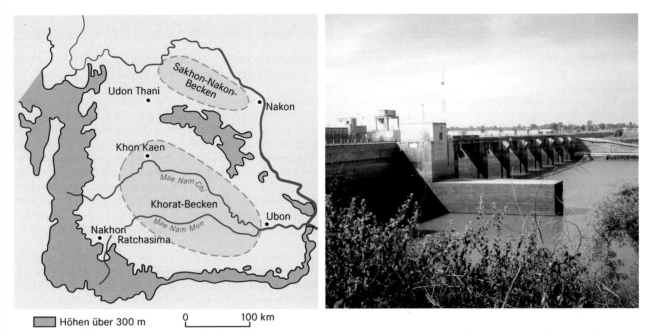

Abb. B Der Nordosten von Thailand ist durch zwei Beckenlandschaften geprägt, welche von den Flüssen Mun und Chi sowie Songhram durchflossen werden (links). An der Mündung von Mun und Chi entstand der umstrittene Staudamm Pak Mun (= Mündung des Mun; rechts; Foto: H. Gebhardt, 2004).

von Osteuropa, Afrika, Asien (z. B. Nepal, Teile Südostasiens) und Mittel- und Lateinamerika in die regionalen Zentren der Weltwirtschaft im Globalen Norden geführt haben. Migrantische Netzwerke und Praktiken lassen komplexe **Geographien transnationaler Räume** entstehen, die durch die technischen Möglichkeiten der Globalisierung (schnelle, netzbasierte Finanztransfers, soziale Kommunikationsnetzwerke im Internet), zeitliche Zyklen und Sozialformen von Migration, gesellschaftliche Rahmenbedingungen in den Herkunftsregionen sowie die spezifischen Nachfragen der segmentierten Arbeitsmärkte in den Zielregionen eine vielfältig verwobene transnationale Organisationsform aufweisen. Sie lassen translokale Gemeinschaften entstehen, in denen mehrere in verschiedenen Weltgegenden gelegene Lokalitäten durch Kommunikations- und Netzwerkstrukturen eng miteinander verknüpft sind. Müller-Mahn (2002) zeigt dies am Beispiel von ägyptischen Arbeitern, welche ihre Heimat zugleich in einem ägyptischen Dorf wie einem Vorort von Paris haben. Charakteristisch für die Herstellung der Verknüpfung ist dabei, dass nicht mehr politische Grenzen, feste Wohnorte oder Territorien die Richtgrößen der Verbindung sind, sondern Adressen, die gewissermaßen die räumlich-funktionalen Knotenpunkte im Netz bilden, hinter denen sich aber eine komplexe soziale Netzwerkarchitektur verbirgt, die in starkem Maße auch durch gesellschaftliche Ungleichheits- und Machtverhältnisse durchdrungen ist.

Die globale Migration betrifft aber längst nicht mehr nur den Bereich der gering qualifizierten Jobs, sie bringt z. B. auch den Typus des „Hightech-Nomaden" hervor, der mit qualifizierter Ausbildung und spezialisierten Kenntnissen im Kontext der internationalen Netzwerke der globalisierten Wirtschaft an

unterschiedlichen Standorten eingesetzt wird. Auch wenn sich bei solchen internationalen Managern mit mehreren Wohnsitzen ein transnationaler, globaler Lebensstil herausbildet, sind sie doch ein weiteres Beispiel für die hybriden Netzwerke und Identitäten unter den Bedingungen der Glokalisierung in einem *transnational space*, wobei *„the term ‚transnational space' denotes phenomena of global interconnectedness in the intermediate space between the local and the global"* (Müller-Mahn 2005).

Die Zunahme von Interaktionen aufgrund **translokaler bzw. transnationaler Mobilität** führt ebenso wie der zunehmende Austausch von Wissen, Waren und Werten dazu, dass traditionelle Zusammenhänge von Raum und Identität, Raum und Kultur wieder stärker politisch verhandelt werden. Dabei sind bezogen auf die politischen Konsequenzen solcher Entwicklung recht unterschiedliche „Antworten" denkbar. Sie reichen von einer generellen Bejahung der Hybridisierung kultureller Deutungsmuster und Lebensstile bis hin zu massiven (neo-)konservativen Reflexen, die daraus die Forderung nach einer zukünftig wieder stärkeren Trennungen des Eigenen und des Fremden ableiten. Beide Varianten treten derzeit – durchaus als konkurrierende Modelle – auf den politischen Bühnen unterschiedlicher Länder und Großregionen in Erscheinung. Sie führen zu stärkeren gesellschaftlichen Auseinandersetzungen um entsprechende Zukunftswege, die von zunehmender Internationalisierung bis zu neonationalistischen Tendenzen reichen. Gerade weil diese Kämpfe zutiefst auch eine „räumliche" Komponente haben, weil sie die Formen der territorialen Ordnung, Macht und Kontrolle wieder in den Mittelpunkt gesellschaftlicher Auseinandersetzungen rücken, sind sie auch für die Geo-

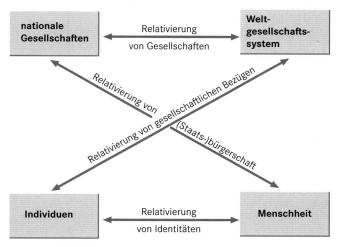

Abb. 2.7 Die Relativierung von Kulturen und Identitäten in einer glokalisierten Weltgesellschaft.

Abb. 2.8 Die Aiguilles Rouges bei Chamonix – Ergebnis einer Jahrmillionen andauernden Entwicklung – aus tektonischer Sicht aber ein junges Gebirge (Foto: Gebhardt, 2015).

graphie und ihre gesellschaftliche Rolle und Einbindung ein wichtiges zukünftiges Forschungsfeld.

2.3 Die Zeitlichkeit räumlicher Prozesse

Wie eingangs dieses Kapitels bereits angesprochen, bilden nach Kant die Kategorien Raum und Zeit die Grundlagen der Erkenntnismöglichkeit. Ohne sie ist die Möglichkeit der sinnlichen Wahrnehmung unmöglich; sie ermöglichen den Zugang zur Welt. Und auch wenn die Geographie dabei im Schwerpunkt für den Raum zuständig ist, bildet die Zeit dafür eine zentrale Untersuchungskategorie, an der entlang sie Forschungen über die Veränderung räumlicher Phänomene ausrichten und ordnen kann. Als Wissenschaft am Schnittfeld von Kultur- und Naturwissenschaften beschäftigt sie sich in dieser Hinsicht mit der Zeit sowohl hinsichtlich ihrer physikalischen Dimension als auch hinsichtlich ihrer Rolle als sozial konstruierte und (teilweise) sehr unterschiedlich wahrgenommene Größe menschlichen Handelns im Raum. Dementsprechend operiert sie mit Zeitskalen sehr unterschiedlicher Reichweite, die von erdgeschichtlichen Dimensionen bis zu kurzzeitigen raumbezogenen Praktiken von Menschen reichen können.

Geographien erdgeschichtlicher Entwicklung – zeitliche Prozesse langer Reichweite

„How many years can a mountain exist, before it is washed into the sea", textete der amerikanische Liederschreiber und Literaturnobelpreis-Träger Bob Dylan in seinem berühmten Song *„Blowin' in the wind"*. Eine Frage, die vor allem von Geomorphologen beantwortet wird und deutlich macht, dass die Physische Geographie

in zeitlicher Hinsicht einen langen Atem hat. Die geologische Uhr taktet in Epochen, Perioden, Ären und Äonen, wobei die einzelnen Abschnitte immer wieder neu definiert werden. Die Wissenschaft, die sich mit solchen Zeitmessungen und -klassifikationen in der erdgeschichtlichen Vergangenheit beschäftigt, heißt **Geochronologie**; sie ist auch ein wichtiges Hilfsmittel bei der Rekonstruktion langsamer Entwicklungen bzw. Evolutionen.

Wer Prozesse der **Gebirgsentstehung** (Abb. 2.8) und -abtragung nachvollziehen will, muss sich mit der Plattentektonik beschäftigen. Vorgänge aus diesem Bereich zählen zu den langsamen Entwicklungen auf unserem Planeten und vollziehen sich in der Größenordnung von Milliarden oder Millionen von Jahren. Es geht dabei um das Entstehen und Vergehen der Kontinente, die sich wiederholt zu sog. Superkontinenten vereinigten. Im Verlauf der Erdentwicklung gab es mindestens fünf Superkontinentzyklen, beginnend mit Rodinia vor etwa 1,1 Mrd. Jahren. Insgesamt waren im Präkambrium drei Superkontinente zu verzeichnen, bis einzelne Bruchstücke von Rodinia am Ende des Präkambriums den Großkontinent Gondwana entstehen ließen. In Perm und Trias entstand mit Pangäa der jüngste Superkontinent, aus dessen Zerfall sich die Herausbildung der heutigen Land-Meer-Konstellation rekonstruieren lässt (Abschn. 9.2).

Eng mit diesen plattentektonischen Prozessen gekoppelt sind die Gebirgsbildungsphasen. Die jüngste Orogenese stellt die alpidische dar. Sie begann in der Kreidezeit vor 120 Mio. Jahren, vollzog sich weitgehend im Tertiär und dauert in Teilen noch bis heute an. Die Gebirge der nächstälteren, der variskischen Gebirgsbildungsphase, vor ungefähr 350–300 Mio. Jahre, sind schon wieder stärker abgetragen, wie Ural oder Altai. Besonders lange nagte der Zahn der Erosion an den ältesten, in der kaledonischen Phase vor 450 Mio. Jahren gebildeten Gebirgen, zu denen das schottische Hochland und die skandinavischen Gebirge zählen. Diese Landschaften sind zum Teil bereits wieder so stark eingeebnet, dass sie heute als Gebirge kaum mehr wahrnehmbar sind. Sie werden deshalb auch als Rumpfgebirge bezeichnet.

Ein weiterer zentraler Gegenstand physisch-geographischer Forschung verändert sich ebenfalls in sehr langen zeitlichen Zyklen: das Klima. Die Zusammensetzung der Atmosphäre entwickelte sich beispielsweise aus der Uratmosphäre des Archaikums (vor ca. 4,5–2,5 Mrd. Jahren), die sich wahrscheinlich allmählich durch Entgasungsvorgänge des Erdkörpers gebildet hatte. Wurde der erste Sauerstoff eventuell noch durch photochemische Reaktionen gebildet, so stammt der heutige O_2-Gehalt im Wesentlichen aus der Photosynthese der Pflanzen. Die langfristigen **Klimaschwankungen** auf der Maßstabsebene von Jahrmillionen und Jahrtausenden werden über Variationen der Bahnparameter der Himmelskörper, die den Strahlungshaushalt bestimmen, erklärt. Darüber hinaus nahm die Konfiguration der Kontinente entscheidend Einfluss auf das Klimageschehen. Beispielsweise werden das Einrücken der Antarktis in die Pollage und die Entstehung des zirkumantarktischen Stroms als mögliche Auslöser der Eiszeiten angesehen oder die Schließung des Isthmus von Panama, der mit dem Umschwung des tropischen Klimas am Ende des Tertiärs in den Wechsel der Kalt- und Warmzeiten im Pleistozän zusammenfällt. Herrschten in der Kreide noch globale Mitteltemperaturen von etwa 22 °C, sanken diese am Ende des Tertiärs, dem heutigen Neogen und dem Beginn des Pleistozäns auf den heutigen Verhältnissen vergleichbaren Wert von ungefähr 15 °C, um danach erneut anzusteigen. „Achterbahnfahren" in Sachen Klima war also schon immer „angesagt", wenn man das Zeitfenster nur weit genug öffnet. Zahlreiche Untersuchungen zum Pleistozän, z. B. auch die Eisbohrkerne aus der Antarktis, belegen den Wechsel von Kalt- und Warmzeiten während der letzten 2 500 000 Jahre eindrucksvoll. Blicken wir in die historische Vergangenheit der letzten 1200 Jahre, dann lassen sich immerhin ein mittelalterliches Wärmeoptimum, eine Übergangsphase, die Kleine Eiszeit und das moderne, anthropogen verstärkte Treibhausklima unterscheiden (Glaser 2013).

Viele geoökologische Prozesse vollziehen sich auf ähnlich unterschiedlichen Zeitskalen, etwa die **Bodenentwicklung**, die auf Vorgängen in der Größenordnung von Jahrzehnten und Jahrhunderten bis in die Jahrtausende basiert, oder die **Sukzessionen in der Pflanzenwelt**. Dieses gilt für die natürlichen Vorgänge, wie beispielsweise die postglaziale Wiederbewaldung in Europa, deren einzelne Phasen aus Pollenprofilen abgeleitet wurden, wie auch für die Reaktionen auf anthropogene Störungen der natürlichen Vegetationsentwicklung.

Die Entschlüsselung von Formen und Prozessen unterschiedlicher Zeitskalen (*high/low frequency, high/low magnitude*) geht oft mit einem **Methodenwechsel** einher. Lassen sich beispielsweise in der Fluvialmorphologie die in Jahrmillionen gebildeten Großformen wie Flusseinzugsgebiete über Prozess-Reaktions-Modelle erklären, sind die in Jahrhunderten und Jahrtausenden gebildeten Uferbänke und Überschwemmungsbereiche Gegenstand von hydraulischen Modellen, während kurzfristige mesoskalige Strukturen (z. B. Auehabitate) und Mikrostrukturen (z. B. Rippeln) durch Naturbeobachtung und -messung direkt in „Echtzeit" erfasst werden können.

Geographien kulturhistorischer Veränderungen – zeitliche Prozesse mittlerer Reichweite

Entwickeln sich erdgeschichtliche Vorgänge oft in Jahrmillionen, so hat die jüngere geoarchäologische Forschung (Abschn. 9.7) deutlich gemacht, dass **Gesellschaft-Umwelt-Beziehungen** und die Umgestaltung der natürlichen Umwelt durch menschliche Gruppen einen über mehrere Jahrtausende ablaufenden Prozess darstellen können. Untersuchungen der Landschaftsentwicklung, von der sog. Natur- zur Kulturlandschaft, spielten vor allem in der Zwischenkriegszeit und den 1950er-Jahren im Rahmen der sog. „Landschaftsgeographie" (Neef 1967, Schmithüsen 1976) eine wesentliche Rolle. Von Interesse sind dabei die unterschiedlichen Prozesse in den großen Naturräumen der Erde, sei es die Entwicklung in den Trockenräumen und an deren wechselnden „Rändern" (mit ihren umweltangepassten Wirtschafts- und Sozialformen wie z. B. dem Nomadismus), sei es in den Tropen mit der sukzessiven Inwertsetzung der Tropischen Regenwälder oder sei es in den Periglazialgebieten der polarnahen Regionen mit charakteristischen Ausdehnungs- und Rückzugsphasen der Ökumene und der Siedlungsgrenzen.

Der **Einfluss der menschlichen Gesellschaft** ist hier unumstritten, aber er war in unterschiedlichen historischen Epochen von unterschiedlicher Bedeutung. Sicherlich haben auch schon die steinzeitlichen Menschen, beispielsweise durch Brände, ihre Lebensumwelt beeinflusst, aber erst mit dem Übergang von der aneignenden Wirtschaftsweise der Jäger und Sammler zur produzierenden bäuerlichen Lebensweise im sog. Neolithikum, welcher sich in Europa zwischen 9000 und 5000 v. Chr. vollzog, war der Mensch in der Lage, seine physische Umwelt dauerhaft – und zunehmend – zu verändern. Die anthropogene Veränderung von Relief, Boden und Gewässer wurde seit industrieller Zeit in bis dahin ungekanntem Ausmaß intensiviert, wie z. B. in Form von Bergbaufolgelandschaften, Gewässerregulierungen, großräumigen Bodenanschüttungen in Delta- und Küstengebieten oder massiven Veränderungen im geochemischen Stoffhaushalt von Böden und Gewässern. Freilich lassen sich all diese Phänomene in weit kleinerem Ausmaß, dafür über Jahrtausende aufsummiert, auch für die bäuerlichen Kulturen nachweisen, beispielsweise in Form von Lehmentnahme- und Mergelgruben, Deich- und Wurtenbau, Plaggenhieb und -auftrag sowie Schwermetalleinträgen infolge von prähistorischer und historischer Metallgewinnung und -verarbeitung. Bei den indirekten Eingriffen sind Rodung und Ackerbau, welche Erosion und Akkumulation und deren Folgen im Holozän erst ermöglichten, die wichtigsten Prozesse.

Die Geographie ist mittlerweile recht gut in der Lage, solche Veränderungen in ihrer zeitlichen Dauer und Intensität zu rekonstruieren und zu bewerten. In den letzten Jahren haben intensive Untersuchungen in **terrestrischen Sedimentarchiven** (Kolluvien, Auen- und Seesedimente) zu tragfähigen Vorstellungen über den Beginn des indirekt wirksamen *human impact* in Mitteleuropa geführt. Um 5500 v. Chr. siedelte sich in Mitteleuropa mit den **Bandkeramikern** die erste Bauernkultur an und infolge dessen begann sich die natürliche Vegetation zu ändern. In der Zeit des frühen bis mittleren Neolithikums (5500–4400 v. Chr.) dominierten noch kleine Rodungsinseln in dichter Waldumgebung. Anhand der veränderten Zusammensetzung der Baumpollen kann aber bereits ein erster weiträumiger Einfluss des Menschen auf seine Umwelt belegt werden.

In Hinblick auf die anthropogene Beeinflussung der Geofaktoren Relief, Boden und Gewässer beginnt die entscheidende Wende mit der **Ausdehnung von Rodungen** und Nutzungen im Jung- bis Spätneolithikum (4400–2800 v. Chr.), die einhergeht mit Brandwirtschaftsweisen, ersten Pflugtechniken, neuen Anbaupflanzen und der Ausbreitung der Haustierhaltung. Die dadurch ausgelösten Erosionsprozesse lassen sich in Seesedimenten nachweisen, und die Ablagerung von Auenlehm in den Flusstälern erhöht sich deutlich. Zunehmend wird ab dieser Zeit auch auf ärmeren Böden gerodet, was auf nährstoffarmen, beispielsweise sandigen Ausgangssubstraten, zu einem irreversiblen Nährstoffentzug führt. Durch den Wegfall des Wasserrückhalte-(Retentions-)Vermögens des Waldes erhöht sich der Oberflächenabfluss, und die Gefahr von Überschwemmungen nimmt zu.

Somit kann in Mitteleuropa bereits das dritte Jahrtausend v Chr. als der Beginn einer deutlichen **anthropogenen Umweltveränderung** charakterisiert werden. Intensiviert werden Erosion und Akkumulation und ihre Folgen jeweils durch Expansions- und/oder Intensivierungsphasen, wie in der Eisenzeit (800–50 v. Chr.), der Römerzeit, dem Hoch- bis Spätmittelalter und natürlich in der Neuzeit. Infolgedessen bildeten sich vielfach anthropogen beeinflusste Landschaftscharakteristika aus: In Lösslandschaften findet auf den Erosionsstandorten eine Degradierung gewachsener Bodenhorizonte statt, in Trockentalbereichen kommt es zum Reliefausgleich, aber auch zu Reliefakzentuierungen infolge zunehmender Erosion. In Sandlandschaften wird Podsolierung durch Rodung und spätere Beweidung gefördert. Bei starker Rodung kommt es wieder zu Dünenbildungen, ein Phänomen, welches auch noch bis in das 18. Jahrhundert in Mitteleuropa festzustellen ist und eigentlich mit der Wiederbewaldung nach der letzten Eiszeit zum Stillstand gekommen war. In den Flusstälern erhöhen sich Wasser- und Sedimenteintrag, was zu Flussverwilderungen, breiteren Flussbetten sowie Auenlehmablagerungen führt; durch die Flussbegradigungen und den Deichbau erhöht sich die Hochflutgefahr in den erst neuzeitlich besiedelten Flussauen.

Geographien plötzlicher Ereignisse – zeitliche Prozesse von kurzer Dauer

Unsere Alltagswahrnehmungen sind oft recht kurzfristig orientiert. Nichts ist so alt wie die Zeitung von gestern, das Wahlvolk hat die Versprechungen der Parteien meist rasch wieder vergessen, heutigen Schülerinnen und Schülern scheinen die Ereignisse wie der Mauerfall oder der Zweite Weltkrieg mitunter so fern wie der Dreißigjährige Krieg, selbst wenn mediale Aufbereitungen historischer Stoffe dem teilweise entgegenwirken möchten.

Auch in den Geowissenschaften lässt sich in den letzten Jahrzehnten in Form der „Impactforschung" eine gewisse **„Eventorientierung"** der wissenschaftlichen Fragestellungen erkennen. Damit ist weniger eine am aktuellen Zeitgeist orientierte Forschung gemeint, welche derzeit die Biowissenschaften und *life sciences* sowie die Genforschung im öffentlichen Diskurs präferieren, sondern die Tatsache, dass die Geowissenschaften, welche traditionell eher langfristige erdgeschichtliche Ereignisse im Blick haben, sich heute stärker einzelnen, mitunter katastrophal für den Menschen verlaufenden Ereignissen zuwenden wie Vulkankatastrophen, Tsunamis, Lawinen, Wirbelstürmen oder Sturmfluten (Kap. 30). Auch in der Humangeographie spielt die Untersuchung wirkungsmächtiger Einzelereignisse und kurzfristiger Entwicklungen eine zunehmend wichtiger werdende Rolle. Dazu gehören Forschungen über die „Inszenierungs- und Eventkultur" einer postmodernen Freizeitgesellschaft (Kap. 27), Untersuchungen von raumbezogenen Auseinandersetzungen und Konflikten aus der Perspektive der Politischen Geographie (Kap. 16) oder bevölkerungsgeographische Veränderungsprozesse wie Demographischer Wandel und Internationale Migration (Kap. 23 und 24). Die Geographie hat sich damit nicht nur auf der räumlichen Ebene immer stärker „mikrogeographischen" Fragestellungen geöffnet, sondern sie untersucht auch auf der Zeitschiene mehr als früher kurzfristige Ereignisse gesellschaftlich-räumlicher Dynamiken.

Zyklische Strukturen in der Geographie

Eine gewisse Sonderform zeitlicher Dynamiken stellen zyklische Strukturen dar, die sich von linear angelegten Prozessen unterscheiden. Zyklische Strukturen oder Kreisläufe spielen in verschiedenen Wissenschaften eine wesentliche Rolle. Sie erscheinen uns in hohem Maße plausibel, vielleicht weil sich in ihnen die ewige Wiederkehr von Geburt und Tod spiegelt. Stoffkreisläufe der Natur, aber auch Wirtschaftskreisläufe sind Forschungsbereiche, aus denen im Folgenden jeweils einige typische Beispiele angesprochen werden sollen.

In den Geowissenschaften folgen zahlreiche Abläufe einer zyklischen Struktur, die in **Kreislaufmodelle** gefasst werden können. Im sog. Kreislauf der Gesteine (*rock cycle*) wird das Entstehen und Vergehen von Relief, das Aufschmelzen, die Anatexis, die Metamorphose und die Hebung sowie die Erosion und Abtragung in einem langfristigen, Millionen und Milliarden Jahre umfassenden Kreislauf gezeigt. Die Ursache der Bildung von in Superkontinenten kulminierenden lithosphärischen Zyklen in der Erdgeschichte liegt wahrscheinlich im Erdinneren. Da kontinentale Lithosphäre einen schlechteren Wärmeleiter als ozeanische Lithosphäre bildet, ist unter den Kontinenten ein Wärmestau zu erwarten, der zum Aufstieg von Manteldiapiren führt, die über Grabenbildung das Auseinanderbrechen des Superkontinents verursachen können. Ein orogener Großzyklus beginnt somit mit dem Auseinanderbrechen eines Superkontinents und der Entstehung von ozeanischen Becken und endet mit dem Aufbau eines neuen Superkontinents.

Auch bereits in der Frühzeit der Geomorphologie spielten zyklische Vorstellungen eine wesentliche Rolle. W. M. Davis entwickelte um 1900 seine **Zyklenlehre der Landschaftsentwicklung**, in der er von einem Jugend-, Reife-, und Greisenstadium sprach. In ähnlicher Weise entwickelte Büdel (1977) in den 1950er-Jahren sein **Konzept der Reliefgenerationen**. Im heutigen Relief lassen sich seiner Konzeption folgend Formen erkennen, die unter anderen klimatischen Bedingungen gebildet wurden. Zur Erklärung der heutigen Reliefkonfiguration wird in jüngeren Ansätzen die Zeitachse sogar bis in die Kreidezeit gezogen (Eitel 2002). Ein weiteres zeitbezogenes Konzept, wenn auch bestimmt von höherer Frequenz und kürzeren Intervallen, stammt von Rohdenburg (1989). Das **„Konzept der Alternierenden Abtragung"** unterscheidet zwischen Aktivitäts- und Stabilitätsphasen und versucht u. a. Landschaftsdegradation zu erklären. Als Impuls einer initialen Störung kommen sowohl natürliche Faktoren wie Brände durch Blitzeinschlag als auch anthropogene Faktoren wie beispielsweise Rodung in Betracht.

Auch zahlreiche klimatische Abläufe werden mit zyklischen oder quasizyklischen Prozessen in Zusammenhang gebracht. Die bekanntesten sind wohl die **Klimaschwankungen**, die im Zusammenhang mit Sonnenfleckenzyklen, etwa dem 11-jährigen „Schwabe-Zyklus" diskutiert werden. Ähnliche Vorstellungen finden sich in aktuellen Klimamodellen wieder, die auf dem solaren Einfluss (*solar forcing*) aufbauen und die zyklischen Schwankungen der Bahnparameter, wie beispielsweise die Schiefe der Ekliptik oder die Präzession, parametrisieren. Ein Beispiel für derartige mittelfristige zyklische und quasizyklische Strukturen stellen die **Dansgaard-Oeschger-Ereignisse** (D/O-Events) dar, die in Zeitintervallen von 1500–3000 Jahren auftraten und in Zusammenhang mit Klimaschwankungen stehen. Bei Erwärmung dringt tropisches warmes Wasser bis ins Nordmeer vor, ein Zustand, wie wir ihn auch heute durch den Verlauf des Golfstroms bis ins Nordmeer vorfinden (Rahmstorf 2002). Es existieren aber auch längerfristige Zyklen von beispielsweise 20 000, 100 000 oder 400 000 Jahren, die auf die schon erwähnten zyklischen Veränderungen der Erdbahnparameter zurückzuführen sind.

Zyklische Modelle spielen nicht nur in der Physischen Geographie eine Rolle, sondern auch in wichtigen Teilen der Humangeographie, insbesondere in der Wirtschaftsgeographie. So macht die **Produktzyklushypothese** die Aussage, dass industrielle Produkte nur eine begrenzte Lebensdauer besitzen und einen mehrphasigen Lebenszyklus durchlaufen, wobei sich beim Übergang von der Entwicklungs- und Einführungsphase, über die Wachstums-, die Reife- bis zur Schrumpfungsphase die Produktions- und Absatzbedingungen verändern. Kurz: Im Laufe des Lebenszyklus eines Produkts verschiebt sich der betriebswirtschaftlich optimale Produktionsstandort (Exkurs 2.8).

2.4 Tipping points der Raumentwicklung im Anthropozän

Im Problemdreieck von Global Change, Globalisierung und Ressourcenknappheit richten sich zentrale Fragen der Geographie auf die Interdependenzen zwischen anthropogenen global wirkenden Entscheidungen bzw. Eingriffen und natürlichen Systemen, auf die Erforschung von Adaptionsstrategien gesellschaftlicher und natürlicher Systeme, ihrer Resilienzen (Pufferkapazitäten), und damit verbunden auf die Identifizierung von **Risiken und Gefahren für Mensch und Gesellschaft** innerhalb des Systems Erde. An diesem Bereich lässt sich bezogen auf die Zeitlichkeit räumlicher Prozesse ein Aspekt beobachten, der in den bisherigen Reflexionen über phasenhafte oder zyklische Verläufe noch nicht aufgegriffen wurde, der aber für die Zukunft ebenfalls von Bedeutung ist. Es geht um **krisenhafte Bruchpunkte** in Entwicklungsverläufen, um Kipp-Punkte (*tipping points*).

Aus räumlicher Perspektive gesehen verdichten sich Gesellschaft-Umwelt-Probleme in Hotspots. Hier verzahnen sich naturräumliche und politisch-geographische Probleme eng miteinander. Beispiele sind die Wüstenränder in politisch sensiblen Staaten des Nahen und Mittleren Ostens und Ostasiens oder die sich anbahnenden Konflikte um die ressourcenreiche Arktis, nachdem hier der Eisschild im letzten Jahrzehnt rasch zurückgeschmolzen ist. Als Hotspots des Klimawandels können auch kleine Inseln im Indischen Ozean und Pazifik angesprochen werden, welche vom beschleunigten Meeresspiegelanstieg derzeit am stärksten bedroht sind (Abb. 2.9). *Tipping Points* hingegen meinen sprunghafte Veränderungen im System Erde in zeitlicher Hinsicht und ermöglichen damit einen Blick zurück in charakteristische Umbruchphasen von Gesellschaft-Umwelt-Systemen in der historischen Vergangenheit.

Im Konzept des **Anthropozäns** werden derzeit solche Umbrüche konzeptionell gefasst. In der Tat scheint es sich ja förmlich anzubieten, um naturwissenschaftliche und gesellschaftswissenschaftliche Aspekte der menschgemachten Erde zusammenzubinden und überdies die Bedeutung, das Alleinstellungsmerkmal des Faches Geographie deutlich zu machen. Es ist daher nicht verwunderlich, dass der Begriff Anthropozän schon relativ früh nach der Nature-Publikation des Nobelpreisträgers für Chemie, Prof. Dr. Paul Crutzen, der den Begriff 2000 bzw. 2002 zwar nicht erfunden, aber zumindest in der Wissenschaftswelt popularisiert hat (Crutzen & Störmer 2000, Crutzen 2002), im Fach aufgegriffen wurde. Crutzen hatte postuliert, dass wir in einer Phase der *geology of mankind* leben, das heißt, dass menschliche Eingriffe in die natürliche Umwelt seit der Industriellen Revolution, seit rund 200 Jahren, ein solches Ausmaß angenommen hätten, dass sie den Charakter eines eigenen geologischen Zeitalters aufweisen (Zalasiewicz et al. 2008).

Die entscheidenden zeitlichen Umbrüche zu dieser Entwicklung werden allerdings von verschiedenen Autoren unterschiedlich gesetzt. So geht Ehlers (2008) in seiner Darstellung der Dominanz des Menschen über die Natur bis in die frühen Phasen der Menschheitsgeschichte zurück, während andere Autoren das Anthropozän erst mit der Industriellen Revolution oder gar erst mit dem Ende des Zweiten Weltkriegs beginnen lassen (Abb. 2.10). Von Foley et al. (2014) wurde für den Zeitraum intensiver menschlicher Eingriffe in den Landschaftshaushalt, der spätestens mit dem Neolithikum beginnt und um 1850 endet, der Begriff des **Paläoanthropozäns** eingeführt.

Exkurs 2.8 Lange Wellen und Produktlebenszyklen in der Wirtschaftsgeographie

Die auf den österreichischen Ökonomen Joseph Alois Schumpeter (1883–1950) bzw. den russischen Statistiker Nikolai Dmitrijewitsch Kondratjew (1892–1938) zurückgehende Theorie der langen Wellen erklärt die großräumige Verschiebung der ökonomischen Wachstumsdynamik der Erde im Rückgriff auf ein zyklisches Modell damit, dass grundlegende technische Neuerungen (Basisinnovationen) in bestimmten zeitlichen Abständen gehäuft auftreten und lange Wachstumsschübe auszulösen vermögen. Diese Wirtschaftstheorie geht von bisher fünf „langen Wellen" mit einer Zyklenlänge von jeweils etwa 50–60 Jahren in der jüngeren Wirtschaftsgeschichte aus. Herausragende Innovationen des ersten Zyklus waren die Dampfkraft und Fortschritte in der Textil- und Eisenindustrie, beim zweiten waren es Neuerungen im Verkehrswesen (Eisenbahn, Dampfschiffe) und in der Eisen- und Stahlindustrie. Die dritte Welle war vom Einsatz von Benzin- und Elektromotoren sowie von Erfindungen in der Chemischen Industrie ausgelöst, die vierte vom Einsatz von Elektronik im Produktionsprozess sowie von Erfindungen in der Petrochemie bestimmt. Als Basisinnovationen der nächsten, fünften langen Welle werden neben der Mikroelektronik die Bio- und Gentechnologie angesehen, in jüngerer Zeit auch Innovationen im Bereich des Gesundheitswesens.

Räumlich – und damit für Geographinnen und Geographen interessant – wird diese Theorie auch deswegen, weil es von Welle zu Welle zu großräumigen Schwerpunktverlagerungen wirtschaftlicher Aktivitäten kam. War während der ersten Welle England (Manchester) das Zentrum sowie im zweiten Zyklus zusätzlich das Ruhrgebiet und die Ostküste der USA, so konzentrierte sich die dritte und vierte Welle in den USA, Japan und Deutschland. Zu Beginn der fünften Welle wird erwartet, dass sich der pazifische Raum zu einer führenden Industrieregion der Welt entwickelt.

Der Lebenszyklus eines neuen Produkts im Sinne der Produktlebenszyklustheorie beginnt mit einer humankapitalintensiven Phase. Bei der Entwicklung sind besonders qualifizierte Arbeitskräfte und Risikokapital gefordert, Standortvoraussetzungen also, die vornehmlich in urbanindustriellen Zentren vorhanden sind. In der Wachstumsphase setzt sich das Produkt zunehmend am Markt durch, das Schwergewicht der Innovationen verlagert sich auf den Produktionsprozess. In der Reifephase ermöglichen ausgereifte Produkte und standardisierte Produktionsverfahren Massenproduktion, während in der Schrumpfungsphase die Erlöse rasch fallen. Räumlich bewirkt die zunehmende Standardisierung der Herstellung nicht selten eine funktionale Standortspaltung mit Zweigbetriebsgründungen an der Peripherie (Kap. 18).

Die Produktlebenszyklushypothese war ursprünglich auf einzelne Produkte (Kühlschränke, Videorekorder usw.) bezogen, wurde jedoch in der Praxis häufig auf ganze Branchen (Eisen- und Stahlindustrie, Textilindustrie usw.) oder gar auf bestimmte Regionen (das Ruhrgebiet am Ende seines Produktlebenszyklus) erweitert.

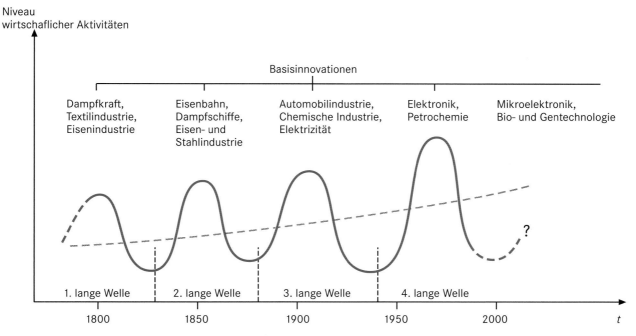

Abb. A Modell der wirtschaftlichen Entwicklung in langen Wellen (verändert nach Schätzl 2003).

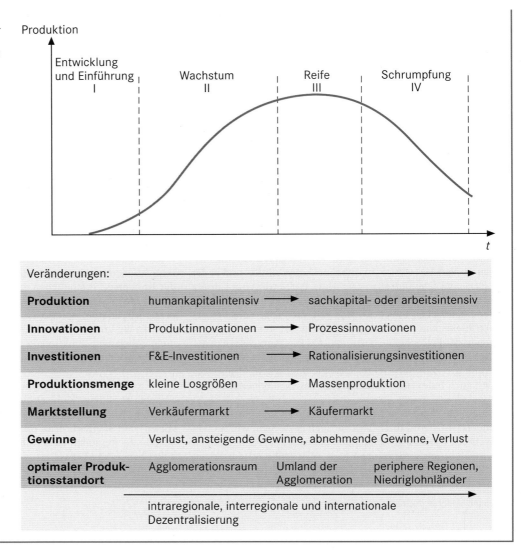

Abb. B Phasen des Produktzyklus (F&E = Forschung und Entwicklung; verändert nach Schätzl 2003).

In diesem Sinne befasst sich auch Glaser (2014) in seinem populärwissenschaftlich gehaltenen Buch „Global Change" mit der historischen Dimension und einem dabei sehr breiten Spektrum an menschgemachtem Global Change und den dabei möglichen *tipping points*. Er beginnt seine Darstellung mit der neolithischen Revolution, dem Kolonialismus, benennt aber das „1950er-Jahre-Syndrom" als Zeit der großen Beschleunigung und setzt das eigentliche Anthropozän etwa bei 1800 an. Als große Themen gelten hier neben dem globalen Klimawandel der Verlust der Biodiversität, der Landnutzungswandel, die Bedrohung der Meere und Küsten, die Veränderung der Stoffkreisläufe, die mangelnde Wasserverfügbarkeit, die Desertifikation und generell die Endlichkeit der Ressourcen (Exkurs 2.5).

Was das Anthropozän für die Menschheit bedeuten könnte, ist allerdings umstritten. Kersten (2014) diskutiert in seinem Anthropozän-Konzept drei mögliche Konzeptionalisierungen des Begriffs: als Kontrakt, als Komposition oder als Konflikt.

Ein Anthropozän-Konzept als **Kontrakt** knüpft an die Idee eines globalen Gesellschaftsvertrags an (Biermann et al. 2012). So integrieren Schellnhuber et al. (2005) einen „modernen Leviathan" in ihre Erdsystemanalyse. Das Anthropozän erfordere einen kognitiven Wandel der globalen Zivilisation, die sich ihrer Bedeutung als formende Kraft zunehmend bewusst werde. Es sei eine neue soziale „Geschäftsgrundlage" erforderlich, welche mit Schellnhuber et al. (2005) der Wissenschaftliche Beirat der Bundesregierung Globale Umweltveränderungen (WBGU) als einen „neuen Weltgesellschaftsvertrag für eine klimaverträgliche und nachhaltige Weltwirtschaftsordnung" bezeichnet (Kersten 2014).

Ein **kompositionistisches Anthropozän-Konzept** wird von Latour (2010) entfaltet. Er geht dabei von einer „Loop-Vorstellung" aus. Die Konsequenzen ihres Handelns kehren zu den Menschen selbst zurück und „es wird ihnen die so entstehende loopförmige Handlungs- als weitgreifende Verantwortungssphäre bewusst" (Kersten 2014).

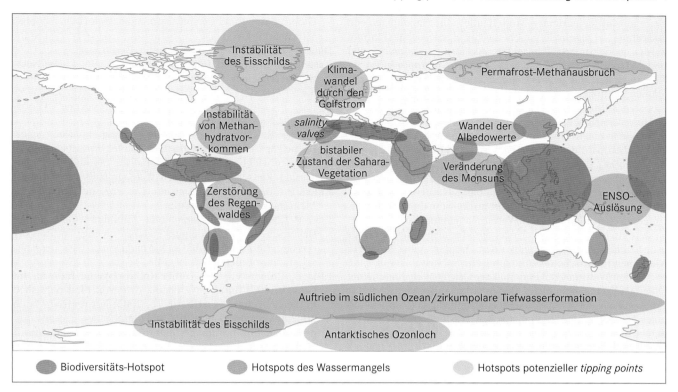

Abb. 2.9 Hotspots und *tipping points* der globalen Umweltprobleme (nach Myers et al. 2000, Vörösmarty et al. 2000).

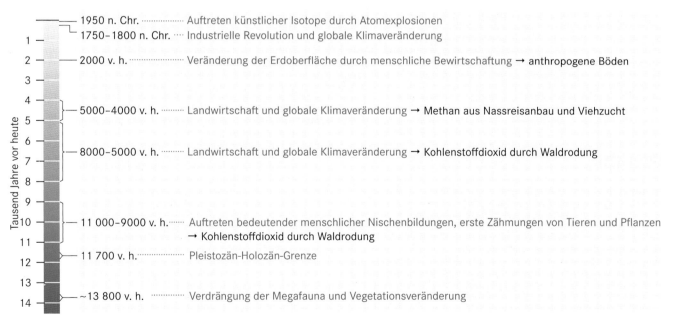

Abb. 2.10 Alternative Möglichkeiten zeitlicher Grenzziehungen zwischen Holozän und Anthropozän (Zeitskala in Kalenderjahren vor heute).

Beim **konfliktorientierten Modell** fallen „die Handlungen von Akteuren […] regelmäßig nicht auf die eigene Lebensführung zurück, sondern betreffen andere Akteure zu anderen Orten und anderen Zeiten" (Kersten 2014). Das Anthropozän war in Vergangenheit, Gegenwart und Zukunft ein Erdzeitalter der lokalen, regionalen und globalen Konflikte. Im Diskurs um den globalen Klimawandel wurde spätestens auf der UN-Klimakonferenz in Kopenhagen im Jahr 2009 deutlich, dass wir eben nicht alle in einem Boot sitzen, sondern in sehr verschiedenen. Inzwischen wird der globale Klimawandel häufig als „Sicherheitsproblem" konstatiert; es werden „Klimakriege" (Welzer 2008) heraufbeschworen und es wird politisch sehr kontrovers über Strategien (der Länder des Globalen Nordens) gegenüber Flüchtlingen diskutiert. Das Anthropozän ist in dieser Sicht das Ergebnis einer **disparitären Welt** mit asymmetrischen Machtstrukturen. Nicht der Mensch oder die Menschheit sind zu einer erdgeschichtlichen Kraft geworden, sondern ganz konkrete Menschen (politische und ökonomische Schlüsselakteure), die sich in den Wohlstandsökonomien der OECD-Welt eingerichtet haben und „eine Art globale Sippenhaftung aller Menschen für Probleme wie den Klimawandel verhängen, die in Wahrheit von einer Minderheit im kapitalistischen Westen verursacht werden" (Schwägerl & Leinfelder 2014). Das Anthropozän wird aus der Sicht einer solchen Theorieperspektive zum Ergebnis des Handelns machtvoller Akteure einer globalen Ökonomie und Politik.

So gesehen bringt das Anthropozän als Reflexionsbegriff zwar auf die heutigen Weltverhältnisse bezogen durchaus eine neue Perspektive ins Spiel. Der Begriff macht die Verwobenheit von Natur, Sozialem und Technik sichtbar und er rückt eine planetarische Perspektive in den Blick. Speziell die Geowissenschaften und die Geographie lädt er mit einer neuen Relevanz auf, die disziplinpolitisch sicher höchst willkommen ist, gleichzeitig in ihrer Tragweite und auch in ihren möglichen Ambivalenzen zukünftig auch stärker kritisch reflektiert werden muss.

Literatur

Anhuf D, Fickert T, Grüninger F (2011) Ökozonen im Wandel. Passauer Kontaktstudium Geographie 11

Bailey RG (1995) Ecosystem Geography. Springer

Bailey RG (1998) Ecoregions. The Ecosystem Geography of the Oceans and Continents. Springer

Biermann F, Abbott K, Andresen S, Bäckstrand K, Bernstein S, Betsill MM, Bulkeley H, Cashore B, Clapp J, Folke C, Gupta A, Gupta J., Haas PM, Jordan A, Kanie N, Kluvánková-Oravská T, Lebel L, Liverman D, Meadowcroft J, Mitchell RB, Newell P, Oberthür S, Olsson L, Pattberg P, Sánchez-Rodríguez R, Schroeder H, Underdal A, Camargo Vieira S, Vogel C, Young OR, Brock A, Zondervan R (2012) Navigating the Anthropocene: Improving Earth System Governance. Science 335: 1306–1307

Brenner N (2008) Tausend Blätter. Bemerkungen zu den Geographien ungleicher räumlicher Entwicklung. In: Wissen M, Röttger B, Heeg S (eds) Politics of Scale. Räume der Globalisierung und Perspektiven emanzipatorischer Politik. Münster. 57–84

Büdel J (1977) Klimageomorphologie. Bornträger

Castells M (2001) Das Informationszeitalter. Bd. 1: Die Netzwerkgesellschaft. Leverkusen

Crutzen PJ (2002) Geology of mankind. Nature 415: 23

Crutzen PJ, Störmer EF (2000) The „Anthropocene". Global Change Newsletter 41: 17–18

Danielzyk R, Ossenbrügge J (1996) Lokale Handlungsspielräume zur Gestaltung internationalisierter Wirtschaftsräume. Raumentwicklung zwischen Globalisierung und Regionalisierung. Zeitschrift für Wirtschaftsgeographie 1/2: 101–112

Ehlers E (2008) Das Anthropozän. Die Erde im Zeitalter des Menschen. WBG, Darmstadt

Eitel B (2002) Flächensystem und Talbildung im östlichen Bayerischen Wald (Großraum Passau-Freyung). In: Ratusny A (Hrsg) Flußlandschaften an Inn und Donau. Passauer Kontaktstudium Erdkunde 6: 19–34

Ellis E, Ramankutty N (2009) Anthropogenic biomes. In: Cleveland CJ (ed) Encyclopedia of Earth. First published in the Encyclopedia of Earth 26, 2007; last revised March 20, 2009, retrieved June 30, 2009. http://www.ecotope.org/projects/anthromes/images/anthrome_map_v1.png (Zugriff 18.1.2019)

Foley SF et al. (2014) The Palaeoanthropocene – The beginnings of anthropogenic environmental change. Anthropocene 2014. DOI: https://doi.org/10.1016/j.ancene.2013.11.002

Gale F (1992) A View of the World through the Eyes of a Cultural Geographer. In: Rogers A, Viles H, Goudie A (eds) The Student's Companion to Geography, Cambridge. 21–24

Gharadjedaghi B, Heimann R, Lenz K, Martin C, Pier V, Schulz A, Vahabzadeh A, Finck P, Riecken U (2004) Verbreitung und Gefährdung schutzwürdiger Landschaften in Deutschland. Natur und Landschaft 79/2: 71–81

Glaser R (2013) Wetter, Klima, Katastrophen. Klimageschichte Mitteleuropas. 1200 Jahre Wetter, Klima Katastrophen. 3. Aufl. WBG, Darmstadt

Glaser R (2014) Global Change: Das neue Gesicht der Erde. Primus, Darmstadt

Glasze G, Pütz R, Schreiber V (2005) (Un-)Sicherheitsdiskurse. Grenzziehungen in Gesellschaft und Stadt. Berichte zur deutschen Landeskunde 79/2-3: 329–340

Glawion (2002) Ökosysteme und Landnutzung. In: Liedtke H, Marcinek J (Hrsg) Physische Geographie Deutschlands. 3. Aufl. Gotha, Stuttgart. 289–319

Grees H (1987) Historische Individualität der Dörfer. Fragen der wissenschaftlichen Bestandsaufnahme. Dorfentwicklung. Aktuelle Probleme und Weiterbildungsbedarf. Zit. nach Gebhardt H (Hrsg) (2008) Geographie Baden-Württembergs. Raum, Entwicklung, Regionen. Stuttgart

Kazig R (2005) Die gesellschaftliche Konstruktion von Obdachlosen als soziales Problem. Berichte zur deutschen Landeskunde 79/2-3: 383–395

Kersten J (2014) Das Anthropozän-Konzept: Kontrakt, Komposition, Konflikt. Nomos, Baden-Baden

Korf B (2010) Rezensionsaufsatz: Geographie des Zorns. Geographica Helvetica, 65/1: 59–62

Latour B (2010) An Attempt to a „Compositionist Manifesto". New Library History 41/3: 471–490

Laux HD, Zepp H (1997) Bonn und seine Region. Geoökologische Grundlagen, historische Entwicklung und Zukunftsperspektiven (mit Karte). In: Stiehl E (Hrsg) Die Stadt Bonn und ihr Umland: ein geographischer Exkursionsführer. Arb. z. rhein. Ldskde. 66. Bonn. 9–31

Massey D (2015) A Global Sense of Place. In: Escher A, Petermann S (Hrsg) Raum und Ort. Basistexte Geographie, Band 1. Steiner, Stuttgart. 191–200

Mattissek A, Reuber P (2016) Demographisch-ökonomische Chance oder kulturell-identitäre Bedrohung? Printmediendiskurse um geflüchtete Personen in Deutschland. Berichte. Geographie und Landeskunde 90: 181–200

Menzel U (1998) Globalisierung vs. Fragmentierung. Frankfurt a. M.

Meynen E, Schmithüsen J, Gellert, Neef E, Müller-Miny H, Schultze JH (1953–1962) Handbuch der naturräumlichen Gliederung Deutschlands. Bundesanstalt für Landeskunde und Raumforschung

Müller-Mahn D (2002) Ägyptische Migranten in Paris. Geographische Rundschau 54/10: 40–45

Müller-Mahn D (2005) Transnational Spaces and Migrant Networks: A Case Study of Egyptians in Paris. Nord-Süd-Aktuell 19/2: 29–33

Myers N, Russell A, Mittermeier C, Mittermeier G, Gustavo A, da Fonseca B, Kent J (2000) Biodiversity hotspots for conservation priorities. Nature 403: 853–858

Nassehi A (1997) Das stahlharte Gehäuse der Zugehörigkeit. Unschärfen im Diskurs um die „multikulturelle Gesellschaft". In: Nassehi A (Hrsg) Nation, Ethnie, Minderheit. Beiträge zur Aktualität ethnischer Konflikte. Weimar und Wien. 177–208

Nast HJ, Pile S (eds) (1998) Places through the body. London, New York

Neef E (1967) Die theoretischen Grundlagen der Landschaftslehre. Gotha

Rahmstorf S (2002) Dossier Klima. Spektrum Verlag, Heidelberg

Renners M (1991) Geoökologische Raumgliederung der Bundesrepublik Deutschland. Forschungen zur Deutschen Landeskunde 235

Reuber P, Wolkersdorfer G (2005) Festung Europa. Grenzen im Zeitalter der Globalisierung. Berichte zur deutschen Landeskunde 79/2-3: 253–263

Riecken U, Ries U, Ssymanik A (1994) Rote Liste der gefährdeten Biotoptypen der Bundesrepublik Deutschland. Schriftenr. Landschaftspfl. Natursch. 41. Bonn

Rohdenburg H (1989) Landschaftsökologie – Geomorphologie – Catena. Cremlingen

Sayre et al (2013) A New Map of Standardized Terrestrial Ecosystems of Africa. Association of American Geographers, Washington D C

Schätzl L (2003) Wirtschaftsgeographie. Bd. 1: Theorie. Paderborn

Schellnhuber HJ, Crutzen PJ, Clark WC, Hunt J (2005) Earth System Analysis for Sustainability. Environment 47/8: 10–25

Schmithüsen J (1976) Allgemeine Geosynergetik. Grundlagen der Landschaftskunde. Lehrbuch der Allgemeinen Geographie. Berlin

Schröder W, Schmidt G (2000) Raumgliederung für die Ökologische Umweltbeobachtung des Bundes und der Länder. Umweltwissenschaften und Schadstoff-Forschung. Zeitschrift für Umweltchemie und Ökotoxikologie 12/4: 237–243

Schultz J (2008) Die Ökozonen der Erde. 4. Aufl. Ulmer, Stuttgart

Schwägerl C, Leinfelder R (2014) Die menschengemachte Erde. Zeitschrift für Medien- und Kulturforschung 5/2: 233–240

Sibley D (1995) Geographies of exclusion. Society and difference in the West. London

Sloterdijk P (2006) Zorn und Zeit: politisch-psychologischer Versuch. Suhrkamp Verlag, Frankfurt a. M.

Strüver A (2005) Bord(ering) Stories: Spaces of Absence along the Dutch-German Border. In: Houtum H et al (eds) B/ORDERING SPACE. Aldershot. 207–221

Strüver A (2011) Poststrukturalistische Gender-Theorien. In: Gebhardt H, Glaser R, Radtke U, Reuber P (Hrsg) Geographie. 2. Aufl. Springer-Spektrum, Heidelberg. 671–675

Vörösmarty CJ, Green P, Salisbury J, Lammers RB (2000) Global Water Resources: Vulnerability from Climate Change and Population Growth. Science 289: 284–288

Walter H, Breckle S-W (1984–2004) Ökologie der Erde. Bd. 3: Spezielle Ökologie der Gemäßigten und Arktischen Zonen Euro-Nordasiens

Watson JEM, Dudley N, Segan DB, Hockings M (2014) The performance and potential of protected areas. Nature 515: 67–73. https://doi.org/10.1038/nature13947

Wehrheim J (2002) Die überwachte Stadt: Sicherheit, Segregation und Ausgrenzung. Opladen

Welzer H (2008) Klimakriege: Wofür im 21. Jahrhundert getötet wird. Fischer, Frankfurt a. M.

Werlen B (1997) Sozialgeographie alltäglicher Regionalisierungen. Bd. 2: Globalisierung, Region und Regionalisierung. Stuttgart

Wissen M (2008) Zur räumlichen Dimensionierung sozialer Prozesse. Die Scale-Debatte in der angloamerikanischen Radical Geography - Eine Einleitung. In Wissen M, Röttger B, Heeg S (2008) Politics of Scale. Räume der Globalisierung und Perspektiven emanzipatorischer Politik. Münster

Zalasiewicz J, Williams M, Smith A, Barry TL, Coe AL, Bown PR, Brenchley P, Cantrill D, Gale A, Gibbard P, Gregory FG, Hounslow MW, Kerr AC, Pearson P, Knox R, Powell J, Waters C, Marshall J, Oates M, Rawson P, Stone P (2008) Are we now living in the Anthropocene? GSA TOFAY,18/2: 4–8

Weiterführende Literatur

Escher A, Petermann S (Hrsg) (2016) Raum und Ort. Basistexte Geographie Bd. 1. Steiner, Stuttgart

Liedtke H, Marcinek J (Hrsg) (2002) Physische Geographie Deutschlands. 3. Aufl. Klett-Perthes, Gotha/Stuttgart

Lossau J, Freytag T, Lippuner R (2013) Schlüsselbegriffe der Kultur- und Sozialgeographie. UTB, Stuttgart

Richardson D, Castree N, Goodchild MF, Kobayashi A, Liu W, Marston RA (eds) (2017) International Encyclopedia of Geography: People, the Earth, Environment and Technology. Wiley-Blackwell, Indianapolis

Wissen M, Röttger B, Heeg S (2008) Politics of Scale. Räume der Globalisierung und Perspektiven emanzipatorischer Politik. Münster

Zöller L (Hrsg) (2017): Die Physische Geographie Deutschlands. Wissenschaftliche Buchgesellschaft, Darmstadt

Geographische Wissenschaft

Von Gerhard Mercator stammt die erste gebundene Kartensammlung, welche die Bezeichnung „Atlas" trug. Die Abbildung zeigt Teile von *India orientalis* in der Ausgabe von 1606. Bis 1659 erschienen nicht weniger als 46 Ausgaben von Mercators Atlas in lateinischer, französischer, deutscher, holländischer und englischer Sprache.

© Springer-Verlag GmbH Deutschland, ein Teil von Springer Nature 2020
H. Gebhardt et al. (Hrsg.), *Geographie*, https://doi.org/10.1007/978-3-662-58379-1_3

Geographische Kenntnisse der Erde sind alt, die Geographie als Universitätswissenschaft ist aber verhältnismäßig jung. Das folgende Kapitel skizziert in aller Kürze die Forschungsgeschichte der Geographie sowie die Teilbereiche und Organisationspläne des Fachs. Als Drei-Säulen-Wissenschaft umfasst sie neben einem naturwissenschaftlichen (Physische Geographie) und einem gesellschaftswissenschaftlichen Bereich (Humangeographie) auch die verbindende Gesellschafts-Umwelt-Wissenschaft. Das Fach ist damit eine der zukunftsträchtigsten Disziplinen – das 21. Jahrhundert ist ein Jahrhundert der Geographie. Geographinnen und Geographen finden daher einen ungewöhnlich breiten Arbeitsmarkt, auf dem sie ihre spezifischen Kenntnisse einbringen und in der Praxis verwirklichen können.

3.1 Zur Forschungsgeschichte der Geographie

Hans Gebhardt, Rüdiger Glaser, Ulrich Radtke, Paul Reuber und Andreas Vött

In dem bekannten Buch von Antoine de Saint-Exupéry „Der Kleine Prinz" tritt im fünften Bild ein Geograph auf. Er wird dort im Wesentlichen als ein „Schreibtischgelehrter" beschrieben, welcher eine Vielzahl von Einzelbefunden der „Forscher" auf ihre Richtigkeit hin prüft und sachgerecht zusammenfasst (Exkurs 3.1). In der Tat spielten solche „Kompilationen" von Faktenwissen in der Vor- und Frühzeit der wissenschaftlichen Geographie eine zentrale Rolle. So verfasste um die Zeitenwende **Strabo** (63 v. Chr. bis 13 n. Chr.) seine 17-bändige „Geographie". Er schrieb aufgrund seiner eigenen Reiserfahrungen und zeitgenössischer Berichte sein Werk „*Geographica*", das als Quelle für die griechische und römische Geographie noch heute bedeutsam ist: „Der Geograph dagegen beschreibt die Erde nicht für die Bewohner eines besonderen Ortes, auch nicht für einen solchen Geschäftsmann, der sich um das, was eigentlich Mathematik heißt, nicht kümmert; denn er schreibt auch nicht für Schnitter und Gartenarbeiter, sondern für den, welchen man überzeugen kann, dass sowohl die ganze Erde sich so verhält, wie die Mathematiker sagen, als auch das Übrige, was sich auf eine solche Grundlehre stützt" (Strabo 1855–1898).

Gut 100 Jahre später erschien das achtbändige Werk von Ptolemäus zur Geographie. Die sog. **Ptolemäische Weltkarte**, welche allerdings nicht von Ptolemäus stammt (Grosjean 1996), wurde für Jahrhunderte eine wesentliche Grundlage der Kartographie (Abb. 3.1) und führte noch dazu, dass Christoph Kolumbus die Vorstellung entwickelte, man könne über den Seeweg gegen Westen direkt nach China gelangen.

Mit dem Niedergang des Römischen Reichs ging dieses Wissen wieder verloren. Es entstanden jedoch in China Karten, die genauer waren als die mittelalterlichen europäischen Kartenwerke (insbesondere bessere Kenntnis der Umrisse von Afrika). Mit der Ausbreitung des Islams verbreiteten sich im Vorderen Orient und im Mittelmeerraum **kartographische Kenntnisse** der Araber (7. und 8. Jahrhundert). Die Pilgerfahrten nach Mekka führten Gelehrte aus allen Regionen der islamischen Glaubensgemeinschaft zusammen und beförderten geographische Kenntnisse.

Die um 1450 einsetzende große Seefahrerperiode fand natürlich ihren Niederschlag auch in der Kartographie und Geographie. Beispiele hierfür sind die von **Gerhard Mercator** angelegten Karten aus dem Jahre 1569 oder die Erdkarte in zwölf Blättern von **Martin Waldseemüller** aus dem Jahr 1507. Waldseemüller führte auf dieser Karte erstmals für den neu entdeckten Erdteil im Westen den Namen „*America*" ein.

Die wissenschaftliche Geographie ist aber eine verhältnismäßig junge Disziplin. **Immanuel Kant**, der berühmte Philosoph an der Universität Königsberg, hat sich nicht nur zu seinem Fachgebiet, sondern auch wiederholt zur Physischen Geographie geäußert und vertrat überdies eine sehr positive Meinung über das Fach: „Die Geographie vertritt das Reisen und erweitert den Gesichtskreis nicht wenig. Sie macht uns zu Weltbürgern und verbindet uns mit den entferntesten Nationen. Ohne sie sind wir nur auf die Stadt, die Provinz, das Reich eingeschränkt, in dem wir leben. Ohne sie bleibt man, was man auch gelernt haben mag, beschränkt, begrenzt, beengt. Nichts bildet und kultiviert den gesunden Verstand mehr als Geographie" (zit. nach geographiestudieren.de (2018)). Allerdings muten die geographischen Beschreibungen eines Gelehrten, der seine Heimatstadt Königsberg fast nie verlassen hat, heute mitunter eher kurios an, hatte er sie doch allein aus Reiseberichten von „Forschern" gezogen. Er war ein *geographer of the armchair* (Exkurs 3.1).

In der Phase des **Ausbaus der Geographischen Wissenschaft** an Universitäten Ende des 19. Jahrhunderts wurde das Gros der Professoren hingegen zu *geographers of action*, welche auf Forschungsreisen Afrika und Asien erkundeten oder auf Expeditionen bis in die Antarktis vorstießen (z. B. Erich von Drygalski). Das Erforschen fremder Länder und die Darstellung der Ergebnisse in Form zusammenfassender Länderkunden – auch für die breite Öffentlichkeit – wurde zu einer wesentlichen Aufgabe der Geographie.

Zum bewunderten Vorbild mehrerer Generationen von Gelehrten wurde dabei der Geograph und Universalgelehrte **Alexander von Humboldt** (1769–1859). Um die Zusammenhänge zwischen der räumlichen Verbreitung von Gesteinen, Pflanzen und Tieren systematisch zu erforschen, brach er zu einer langen Forschungsreise durch den südamerikanischen Kontinent auf, von der er eine Fülle neuer Erkenntnisse mitbrachte (1799–1804). Humboldt beschäftigte sich vor allem mit den Wechselwirkungen zwischen natürlicher Umwelt und tierischer und menschlicher Anpassung (Abb. 3.2 und 3.3).

Die Forschungsreisen Alexander von Humboldts trugen entscheidend dazu bei, dass in der Folgezeit die Informationsnachfrage über außereuropäische Regionen vor allem an die Geographie gerichtet und diese – dadurch veranlasst – an den Universitäten breiter verankert wurde. Ihre Aufgaben waren dabei, einerseits Kenntnisse über außereuropäische Erdräume, insbesondere die Ressourcen **potenzieller Kolonien** zu vermitteln, andererseits – besonders in Deutschland – den neu entstandenen Staat als „organische Einheit" diskursiv zu stützen und Kenntnisse über das „Reich" in den Schulen zu vermitteln (sog. „vaterländische Erdkunde"). „Geographische Professuren", schreibt der Geographiehistoriker Hanno Beck (1973), „wurden von der (po-

Abb. 3.1 Die Weltkarte des Ptolemäus.

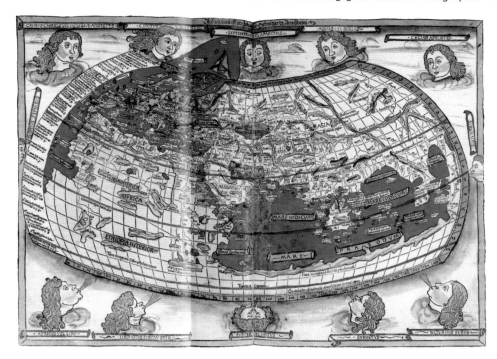

Abb. 3.2 Alexander von Humboldt (mit freundlicher Genehmigung der Stiftung Preußische Schlösser und Gärten Berlin-Brandenburg).

Abb. 3.3 Der Chimborazo, ein inaktiver Vulkan, ist mit 6310 m der höchste Berg in Ecuador. Alexander von Humboldt unternahm zusammen mit seinem Begleiter Aimé Bonpland am 23. Juni 1802 den Versuch, den Gipfel zu erreichen. Sie kamen bis in eine Höhe von etwa 5600 m. Mit dieser Besteigung gelang es Alexander von Humboldt, die typischen Höhenstufen von Landschaft und Vegetation in tropischen Hochgebirgen nachzuweisen, ein erster Schritt zu der später vor allem von Carl Troll weiterentwickelten dreidimensionalen landschaftsökologischen Gliederung der Erde.

Exkurs 3.1 Text aus Antoine de Saint-Exupéry: „Der kleine Prinz"

„Was ist das für ein dickes Buch?", sagte der kleine Prinz.

„Was machen Sie da?"

„Ich bin Geograph", sagte der alte Herr.

„Was ist das, ‚ein Geograph'?"

„Das ist ein Gelehrter, der weiß, wo sich die Meere, die Ströme, die Städte, die Berge und die Wüsten befinden."

„Das ist sehr interessant", sagte der kleine Prinz. „Endlich ein richtiger Beruf!"

Und er warf einen Blick um sich auf den Planeten des Geographen. Er hatte noch nie einen so majestätischen Planeten gesehen.

„Er ist sehr schön, Euer Planet. Gibt es da auch Ozeane?"

„Das kann ich nicht wissen", sagte der Geograph.

„Ach!" Der kleine Prinz war enttäuscht. „Und Berge?"

„Das kann ich auch nicht wissen", sagte der Geograph.

„Aber Ihr seid Geograph! – Und Städte und Flüsse und Wüsten?"

„Auch das kann ich nicht wissen."

„Aber Ihr seid doch Geograph!"

„Richtig", sagte der Geograph, „aber ich bin nicht Forscher. Es fehlt uns gänzlich an Forschern. Nicht der Geograph geht die Städte, die Ströme, die Berge, die Meere, die Ozeane und die Wüsten zählen. Der Geograph ist zu wichtig, um herumzustreunen. Er verläßt seinen Schreibtisch nicht. Aber er empfängt die Forscher.

Er befragt sie und schreibt sich ihre Eindrücke auf. Und wenn ihm die Notizen eines Forschers beachtenswert erscheinen, läßt der Geograph über desselben Moralität eine amtliche Untersuchung anstellen."

„Warum das?"

„Weil ein Forscher, der lügt, in den Geographiebüchern Katastrophen herbeiführen würde. Und auch ein Forscher, der zu viel trinkt."

„Wie das?", fragte der kleine Prinz.

„Weil die Säufer doppelt sehn. Der Geograph würde dann zwei Berge einzeichnen, wo nur ein einziger vorhanden ist."

„Ich kenne einen", sagte der kleine Prinz, „der wäre ein schlechter Forscher."

„Das ist möglich. Doch wenn die Moralität des Forschers gut zu sein scheint, macht man eine Untersuchung über seine Entdeckung."

„Geht man nachsehen?"

„Nein. Das ist zu umständlich. Aber man verlangt vom Forscher, daß er Beweise liefert. Wenn es sich zum Beispiel um die Entdeckung eines großen Berges handelt, verlangt man, daß er große Steine mitbringt."

(Quelle: Antoine de Saint-Exupéry „Der kleine Prinz", Karl Rauch-Verlag, 1994, Erstauflage 1943)

---

litischen) Entwicklung förmlich erzwungen". Sie erfüllten eine wohl definierte politische und ideologische Funktion im neuen Deutschen Reich oder wie es ein Geographenaufruf aus dem Jahre 1913 auf die kürzestmögliche Formel brachte: „Wissen ist Macht, geographisches Wissen ist Weltmacht" (zit. nach Heske 1987; Exkurs 3.2).

Eine vor allem in Deutschland unheilvolle Rolle spielte in der Zwischenkriegszeit die Politische Geographie bzw. Geopolitik. Vorstellungen von Geographen wie Karl Haushofer mit seiner an Ratzel (1903) orientierten Geopolitik fanden ihren Eingang in die Ideologie des Dritten Reichs – sowohl in Hitlers „Mein Kampf" als auch in geopolitisch inspirierte Schlagworte vom Lebensraum für das deutsche Volk oder in Publikationen wie „Volk ohne Raum" (Grimm 1926, Heske 1986). Kost (1988) schreibt hierzu: „[Haushofer] stellt die Geopolitik ganz unter die Erfordernisse einer wissenschaftlichen Begründung deutscher Imperialismusziele, die den ‚Habenichtsen' Deutschland, Italien und Japan gemeinsam gegen die ‚Besitzenden' Großbritannien, Frankreich und USA mit allen auch militärischen Mitteln aus scheinbar geodeterministischem Sachzwang heraus zu ihrem ‚Raumrecht' verhelfen sollten."

Nach dem Zweiten Weltkrieg konstituierte sich daher die Geographie in Deutschland neu, ohne die damals als vergiftet geltenden Teildisziplinen wie die Politische Geographie. Im Wesentlichen knüpfte sie wieder an die älteren Paradigmen der **Länder- bzw. Landschaftskunde** an, welche aber im postkolonialen und postnationalistischen Zeitalter letztlich ihre Stoßkraft verloren hatten. Studierende der Geographie, welche auf dem **Kieler Geographentag 1969** diesen „Reformstau" anprangerten, hatten mit ihrer Diagnose sicher nicht unrecht: „Landschafts- und Länderkunde als Inbegriffe der Geographie verfügen über keine Problemstellungen [...] Sie sind in der Konstatierung von

Exkurs 3.2 Zur Entwicklung und Geschichte der Geographie

Hans-Heinrich Blotevogel,
mit Ergänzungen von Hans Gebhardt

Die Entwicklung der wissenschaftlichen Geographie reicht zurück bis in die griechische Antike. Geographen wie Herodot von Halikarnassos (um 484 bis um 424 v. Chr.) sammelten und beschrieben das durch Überlieferungen, Berichte und eigene Reisen zusammengetragene geographische Wissen ihrer Zeit in Texten und stellten bereits systematische Überlegungen zur Erklärung geographischer Phänomene wie beispielsweise des jährlichen Nilhochwassers an. In späthellenistischer Zeit systematisierte Claudius Ptolemäus (um 100 bis um 175 n. Chr.) in Alexandria das topographische Wissen seiner Zeit und gab eine wissenschaftliche Anleitung zum Zeichnen von Weltkarten. Im abendländischen Mittelalter wurde das antike geographische Wissen nur teilweise tradiert, dabei jedoch in einen religiös gedeuteten kosmologischen Kontext gestellt. Entgegen einer weit verbreiteten Annahme war dabei die bereits in der griechischen Antike bekannte Kugelgestalt der Erde ein nur von wenigen Außenseitern bestrittenes Allgemeinwissen.

Eine neue Epoche der Geographiegeschichte setzt mit der Erfindung des Buchdrucks und den außereuropäischen Entdeckungen seit dem ausgehenden 15. Jahrhundert ein. Die neuen Bedürfnisse der Seefahrt, der Fernhandelskaufleute und der absolutistischen Fürsten ließen die Nachfrage nach geographischem Wissen in der Form von gedruckten Texten, Karten und Globen rasch ansteigen. Nicht nur die topographisch-statistischen Inventare der Territorialstaaten, sondern auch die Einbeziehung der neu erkundeten außereuropäischen Kontinente ließen ein neues geographisches Weltbild entstehen, das sich immer mehr von der religiös-kosmographischen Einbettung und Deutung emanzipierte.

Zu den Begründern der neuzeitlichen wissenschaftlichen Geographie gehören Bartholomäus Keckermann (um 1572–1608) und Bernhardus Varenius (1622–1650/51). Sie entwickelten ein eigenes geographisches Begriffssystem und gliederten die Geographie in die „Allgemeine Geographie" (*geographia generalis*) und die „Regionale Geographie" oder Länderkunde (*geographia specialis*). Es ging ihnen nicht nur um die Aufzählung und Beschreibung von topographischen Objekten wie Siedlungen und Flüssen, sondern auch um die Darstellung von Völkern, Staaten und Orten im räumlichen, historischen und gegebenenfalls religiösen Kontext.

Im 18. Jahrhundert, dem Jahrhundert der Aufklärung, emanzipierte sich die Geographie weiter von der tradierten religiösen Deutung, der zufolge die Objekte der Geographie als Ergebnis des göttlichen Wirkens, insbesondere der Schöpfung, aufzufassen seien. Stattdessen treten nun die kausal-mechanischen Erklärungen der Natur und das Wesen von Völkern und Kulturen im Licht des aufklärerischen Menschenbildes in den Vor-

dergrund des Interesses (Johann Gottfried Herder 1744–1803, Georg Forster 1754–1794). Ein weiterer Entwicklungsstrang wird durch Anton F. Büsching (1724–1793) repräsentiert, dessen elfbändige „Neue Erdbeschreibung" nützliches Wissen über Länder, Staaten sowie deren Geschichte und Wirtschaft für die Bedürfnisse der rationalen Staatsverwaltung und die interessierte Öffentlichkeit bereitstellte.

An der Schwelle zur modernen wissenschaftlichen Geographie stehen zwei herausragende Persönlichkeiten: Alexander von Humboldt (1769–1859) und Carl Ritter (1779–1859). Humboldt ist der wichtigste Vertreter der naturkundlichen Epoche vor der Ausbildung der strengen, positivistischen Naturwissenschaften. Auf der Grundlage umfangreicher Forschungsreisen insbesondere nach Lateinamerika begründete er die moderne wissenschaftliche Länderkunde und eine neue Auffassung von Geographie, indem er durch präzise Beobachtung und reflexive Deutung zu einer ganzheitlichen Anschauung und Deutung der Natur zu gelangen versuchte. Er suchte nach der „natürlichen Geographie" der landschaftlichen Ordnung, in der natürliche und menschliche Faktoren in Harmonie zusammenwirken. Ritter dagegen fragte weniger nach den Kausalitäten in der Natur, sondern nach den Wirkungen der Naturverhältnisse auf den Menschen. Geographie war für ihn Beschreibung der Schöpfung Gottes. Der Mensch als Krone der Schöpfung habe bestimmte Gaben und Fähigkeiten, mithilfe derer er die Naturgegebenheiten der Erde nutzt und diese zu seinem „Wohnplatz" einrichtet.

Zusammenfassend lassen sich für die Frühneuzeit vom 16. bis zur Mitte des 19. Jahrhunderts vier Interessenslagen benennen, die die Geographie jener Zeit mehr oder weniger erfolgreich befriedigte:

a) das Kuriositäteninteresse am Einmaligen und Andersartigen fremder Länder und Völker, angefacht durch die Entdeckungen und Reisen; Geographie beteiligte sich aktiv an der Konstruktion von Bildern über das Selbst (der Deutschen, der Franzosen, der Europäer usw.) und das Andere (der Araber, der Afrikaner, der Chinesen usw.)
b) die philosophische Idee der Notwendigkeit, die göttliche Ordnung auf der Erde als der Wohnstätte des Menschen geistig nachzuvollziehen (Ursprung der geographischen Bildungsaufgabe aus der humanistischen Theologie)
c) die praktischen Bedürfnisse nach zweckmäßiger geographischer Information für die merkantilistischen und militärischen Interessen des absolutistischen Staates
d) das Informationsbedürfnis über die Ressourcen anderer Länder für die frühen kolonialen Interessen der europäischen Mächte Als eigenständige wissenschaftliche Disziplin wurde die Geographie ab etwa 1830 durch „Geographische Gesellschaften" getragen und ab etwa 1870 an vielen Universitäten etabliert. Zu wichtigen Protagonisten der wissenschaftlichen Geographie entwickelte sich für

die Physische Geographie im deutschen Kaiserreich vor allem Ferdinand von Richthofen, für die Anthropogeographie Friedrich Ratzel (Kap. 15).

Ferdinand von Richthofen (1833–1905) erwarb sich mit seinen Feldforschungen in China und seinem „Führer für Forschungsreisende" (1886) breite Anerkennung auf dem Gebiet der empirischen Forschung in der Physischen Geographie, insbesondere der Geomorphologie. Um die vorletzte Jahrhundertwende war dabei die (natur-)wissenschaftliche Fundierung der Physischen Geographie sehr viel weiter gediehen als eine entsprechende wissenschaftstheoretische Einbettung der Humangeographie. Neue Befunde zur Verbreitung der Eiszeiten (Penck & Brückner [1901–1909] Die Alpen im Eiszeitalter) oder Forschungen zu den Klimaten der Erde (Köppen) fanden breite Resonanz nicht nur in der Wissenschaft, sondern auch in Politik und Öffentlichkeit.

Das Anliegen Friedrich Ratzels (1844–1904) war es daher, die Anthropogeographie, die sich seiner Auffassung nach in einem desolaten Zustand befand, mit der gleichen wissenschaftlichen Fundierung zu betreiben, wie dies für die Physische Geographie der Fall war (Ratzel 1882). Dazu bedurfte es seiner Meinung nach eines systematischen Ausbaus vor allem der Politischen Geographie. Politische Geographie bedeutete für ihn die Lehre von der Erforschung der „Beziehungen zwischen dem Staat und dem Boden" (Ratzel 1903). „Lage", „Raum", „geschichtliche Bewegung" und „Grenzen" sind die zentralen Kategorien seiner Politischen Geographie; es ging ihm um die Aufdeckung des vermeintlichen Zusammenhangs von staatlichen Lebensvorgängen und Naturgrundlagen. Dem nie ruhenden Raumbedürfnis des Lebens stand bei Ratzel der begrenzte Raum der Erdoberfläche entgegen; aus diesem „Widerspruch" ergab sich für ihn „auf der ganzen Erde" ein Kampf von „Leben mit Leben um Raum" (Ratzel 1903). Vieles an Ratzels Terminologie und Denken scheint uns heute befremdlich, nicht zuletzt, weil sich durchaus eine Weiterentwicklung mancher Gedanken und Vorstellungen in der Geopolitik der 1920er-Jahre und in der Blut-und-Boden-Ideologie der Nazizeit feststellen lässt.

Ratzel wie auch Alfred Kirchhoff (1838–1907) waren in ihrem Denken einerseits stark von Darwin und dem naturwissenschaftlichen Positivismus, andererseits aber auch vom Nationalismus der Bismarck-Ära beeinflusst. Aus dieser Kombination entstand eine naturalistisch verkürzte, sozialdarwinistisch geprägte Auffassung von Geographie, die einen nationalpolitischen Auftrag im Sinne einer scheinbar naturwissenschaftlichen Legitimierung des zweiten deutschen Kaiserreichs mit seinem imperialistischen Anspruch, beispielsweise auf Kolonien, verfolgte.

Auch in anderen Ländern wie England, Frankreich und Russland trug die neu institutionalisierte Hochschulgeographie zur Legitimierung der Nationalstaaten sowohl nach innen (Bildungsauftrag) als auch nach außen (imperialistische Ansprüche) bei. Daneben gab es andere Ansätze, die teils das

Erbe des aufgeklärten Humanismus fortführten, teils neue Fragestellungen und Sichtweisen in die Geographie einbrachten. In Nordamerika hatte George P. Marsh (1801–1882) bereits 1862 auf den Einfluss des Menschen auf die Natur hingewiesen und damit die geodeterministische Betrachtung auf den Kopf (oder vom Kopf auf die Füße) gestellt. In Frankreich begründete Élisée Reclus (1830–1905) die Sozialgeographie unter dem Einfluss der Soziologie, indem er nach den räumlichen Mustern des Sozialen fragte. Sein Landsmann Paul Vidal de la Blache (1845–1918) führte den Ansatz fort und begründete die französische Schule der *géographie humaine* (Kap. 14).

Der Erste Weltkrieg war für die Entwicklung der Geographie in mehrfacher Hinsicht von weitreichender Bedeutung: Erstens führte die allgemeine Kriegsbegeisterung (nicht nur in Deutschland) zu einer Aufwertung der „nationalen Erziehung" und zu einem wachsenden Interesse an geographischem Wissen („Kriegsgeographie", Geopolitik). Zweitens führte das Trauma des Versailler Vertrags zu einer verstärkten Beschäftigung mit dem „Grenz- und Auslandsdeutschtum" und zu einer Verschiebung geographischer Themen: von der Physio- zur Humangeographie, von der etatistischen zur völkischen Geographie. Drittens erhielten mit den Schulreformen der 1920er-Jahre sowohl die Heimatkunde als auch die Erdkunde in der Mittel- und Oberstufe einen größeren Stellenwert. Als „nationales Bildungsfach" wurde sie auf Kosten der Naturwissenschaften einerseits sowie der humanistischen Bildung andererseits gefördert. Die Folge war eine allgemeine Politisierung der Geographie unter Einschluss einerseits staatsbürgerlicher Themen und Ziele (Zielsetzung der Schulpolitik), andererseits aber auch völkischer, geopolitischer und rassenkundlicher Themen. Damit war der ideologische Boden vorbereitet für den Nationalsozialismus.

Die ersten drei Jahrzehnte des 20. Jahrhunderts waren – nicht nur in Deutschland – geprägt von Versuchen, der jungen Universitätsdisziplin Geographie eine tragfähige konzeptionelle Grundlage zu geben. Dabei spielten einerseits die bedeutenden wissenschaftlichen Fortschritte in den einzelnen Teildisziplinen (insbesondere Geomorphologie und Siedlungsgeographie), andererseits aber auch wissenschaftstheoretische und nationalpolitische Überlegungen und Ziele eine wesentliche Rolle. Diese Faktoren zeigen sich beispielhaft im Wirken der beiden wohl einflussreichsten Geographen dieser Epoche: Albrecht Penck (1858–1945) und Alfred Hettner (1859–1941).

Nebenströmungen und wichtige konkurrierende Konzepte der 1920er- und 1930er-Jahre umfassen die niederländische Soziographie (Sebald Steinmetz), die Geopolitik (Karl Haushofer) und die strukturell-funktionale Wirtschafts- und Sozialgeographie (Hans Bobek, Walter Christaller).

Nach dem Zweiten Weltkrieg unterblieb weitgehend eine offene Auseinandersetzung der deutschen Geographie mit der Verstrickung vieler Geographen in die Ideologie und Praxis des nationalsozialistischen Regimes. Viele politisch belastete Geographen wandten sich vermeintlich unverfänglichen Forschungsthemen zu und bemühten sich um eine Fortentwicklung der „guten" Fachtraditionen. Die 1950er- und 1960er-Jahre sind geprägt durch eine graduelle Modernisierung der klassischen Geographie der 1920er-Jahre durch zwei bedeutende Innovationen: die Entwicklung der Landschaftsökologie (Carl Troll, Josef Schmithüsen) und der Sozialgeographie (Hans Bobek, Wolfgang Hartke). Allerdings führten diese Neuerungen nur zu einer Erweiterung, nicht jedoch zu einer grundsätzlichen Revision des traditionellen Fachparadigmas, in dessen Mittelpunkt die Landschaft stand.

Entschieden weiter reichten die Bemühungen um eine Modernisierung der fachtheoretischen Konzeption der Geographie in den Jahren um 1970. Sowohl die Stellung der Landschaft als zentraler Forschungsgegenstand als auch die Bedeutung der Landes- und Länderkunde als „Krone der Geographie" gerieten in die Kritik, und stattdessen verlagerte sich der Schwerpunkt auf die einzelnen Zweige der Allgemeinen bzw. Thematischen Geographie mit nomologischer Zielsetzung (Dietrich Bartels). Die verbindende Klammer sollte der „Raum" bilden, indem die einzelnen Fachrichtungen sich um eine genuin „raumwissenschaftliche" Theoriebildung bemühten und sich insofern von ihren jeweiligen systematischen Nachbarwissenschaften abzugrenzen versuchten. Mit der Hinwendung zur Allgemeinen bzw. Thematischen Geographie waren zugleich eine strengere Methodenorientierung und eine fortschreitende Ausdifferenzierung in spezielle Teilgebiete verbunden. In den 1990er-Jahren wurde schließlich auch – vor allem in der Humangeographie – die Raumzentrierung der wissenschaftlichen Geographie infrage gestellt. Dadurch wurde einerseits der methodologische Gegensatz zwischen der naturwissenschaftlichen Physischen Geographie und der gesellschaftswissenschaftlichen Humangeographie akzentuiert, andererseits mehrten sich die Stimmen, die die Entwicklung integrativer Ansätze und Perspektiven forderten.

Trivialzusammenhängen Allgemeinplätze, in der Zielvorstellung Leerformeln. Geographie als Landschafts- und Länderkunde ist Pseudowissenschaft, unwissenschaftlich, problemlos und verschleiert Konflikte" (Burgard et al. 1970).

Der seitdem geradezu mythologisierte Kieler Geographentag war, jenseits der vielzitierten, heute weitgehend bedeutungslosen Kritik an Landschafts- und Länderkunde, vor allem ein Aufbruch in eine stärker gesellschaftskritische bzw. gesellschaftstheoretische Geographie. Kritisiert wurde von der jüngeren Geographengeneration die unreflektiert affirmative Ideologie, die Beliebigkeit und Ideologielosigkeit als Ideologie. Was die gängige Geographie für Studierende seinerzeit so ärgerlich machte, war der vermeintlich unpolitische, letztlich aber konservative bis reaktionäre Charakter des Faches, der sich doch deutlich von den Standards in anderen geistes- oder sozialwissenschaftlichen Fächern im gesellschaftspolitischen Aufbruch der späten 1960er-Jahre unterschied. Kurz: Die Geographie war von einem ausgeprägten gesellschaftspolitischen „Reformstau" gezeichnet.

Die Situation änderte sich in den 1990er-Jahren insofern, als in einer Form nachholender Entwicklung die konzeptionelle „Einsamkeit der deutschen Geographie" (Ehlers 1996) durch eine verstärkte Adaption anglo-amerikanischer konzeptioneller Ansätze aufgelöst wurde (z. B. die zehn „Hettner Lectures" in den 1990er- und 2000er-Jahren, ein in der Hochschulgeographie zur damaligen Zeit einmaliges Projekt, das es erlaubte, 10 Jahre lang jeweils eine Woche mit bekannten anglo-amerikanischen Geographinnen und Geographen zusammen zu lernen). Dies gilt sowohl für die Physische Geographie (insbesondere die Geomorphologie) als auch für die Humangeographie.

Heute ist Geographie ein Fach „mit akkumulierten Paradigmen" (Leser & Schneider-Sliwa 1999) und die Vielfalt an Fragestellungen, Forschungsansätzen und methodischen Zugriffen ist so groß, dass Geographen und Geographinnen ihr Fach selbst gerne mit der ironischen Beschreibung „geography is what geographers do" definieren. Hinter diesem Stoßseufzer steht die Erkenntnis, dass es in der Geographie sehr unterschiedliche Basisansätze gibt, die letztlich unverbunden nebeneinander stehen. Gerade das aber muss kein Schaden sein. Das „Multi-Paradigmen-Spiel" der Geographie (Weichhart 2000) mit seiner Koexistenz rivalisierender Paradigmen und Theorien reagiert vielleicht angemessener als andere Wissenschaften auf den zentralen Befund der Erkenntnistheorien, „die eine Existenz von nur einer Wahrheit massiv infrage stellen oder zumindest den Zugang zu dieser einen Wahrheit für uns für unmöglich halten" (Egner 2010). Geographie nutzt für spezifische Probleme unterschiedliche Theorien.

Wenn wir eine kurze Antwort darauf suchen, was die geographische Wissenschaft heute sei, so muss – Gerhard Hard (1973) folgend – zunächst geklärt werden, wonach hier überhaupt gefragt ist: danach, was Geographen und Geographinnen selbst für Geographie halten, was sie in Definitionen, bei Festreden oder sonstigen offiziellen Anlässen sozusagen als „Unternehmensphilosophie" kundtun, das, was sie tatsächlich tun (nachzuweisen z. B. durch eine wissenschaftssoziologische Analyse von Forschungsprojekten oder Ähnlichem), oder aber das, was sie in ihrer beruflichen Praxis leisten?

Grenzt man die Frage nach der Geographie zunächst auf diese „Unternehmensphilosophie" ein, so lassen sich durchaus eindeutige Aussagen machen:

- Geographie ist einerseits eine **Naturwissenschaft**, denn sie untersucht natürliche Phänomene wie Klima, Oberflächenformen, Böden und Vegetation in ihrem Zusammenhang.
- Geographie ist andererseits eine **Gesellschaftswissenschaft**, denn sie untersucht gesellschaftliche und wirtschaftliche Phänomene mit ihren Ansprüchen an den Raum.
- Geographie ist einerseits eine **empirische Wissenschaft**, denn Gelände- wie Laborarbeit in der Physischen Geographie

und Befragungen oder Datenauswertungen am Computer in der Humangeographie spielen eine wichtige Rolle.

- Geographie ist andererseits eine **theoretische Wissenschaft**, denn die Erstellung von Modellen (z. B. des Abflussverhaltens in Gewässersystemen) oder von Theorien (z. B. des räumlichen Diffusions- und Innovationsverhaltens) gehören zu den unverzichtbaren Aufgaben.

Die Anthropogeographie/Kulturgeographie/Humangeographie/ Wirtschafts- und Sozialgeographie ist dabei der geistes- bzw. gesellschaftswissenschaftliche Teil der Geographie, der sich mit dem Verhältnis von Gesellschaft und Raum befasst. Die Physiogeographie/Physische Geographie/Naturgeographie, der naturwissenschaftliche Zweig, hingegen beschreibt und erklärt die physische Umwelt des Menschen und die darin ablaufenden Prozesse.

3.2 Ordnungsschemata der Geographie im zeitlichen Wandel

... human and physical geography are splitting apart. In part, this divergence is actually a product of success – as physical geography has moved firmly into the [natural, Anm. d. Hrsg.] *sciences and as human geography has become more markedly social and cultural, some divergence was probably inevitable* (Thrift 2002).

Geographie entstand als Universitätsfach in Deutschland in der zweiten Hälfte des 19. Jahrhunderts. In relativ rascher Folge wurden insbesondere seit Gründung des II. Deutschen Reichs 1871 Lehrstühle für Geographie geschaffen, zum Teil gegen den Widerstand der etablierten Fächer. Geographie war damals in einer ähnlichen Rolle wie heute die Informatik oder Biochemie, sie galt als *„frontier*-Wissenschaft", welche sich besonderer Aufmerksamkeit der Ministerien und der Wissenschaftsförderung erfreute, nicht zuletzt, weil sie für die damalige Zeit wichtiges anwendungsorientiertes Wissen bereitstellte, vor allem über potenzielle Kolonien in Afrika und Asien. Auch war Geographie in Form der deutschen Landeskunde geeignet, die Integration der deutschen Teilstaaten nach der Reichsgründung zu einem deutschen Reich diskursiv zu unterfüttern.

In dieser **Boomphase der Fachentwicklung** waren die meisten der neu berufenen Geographieprofessoren gar keine Geographen, sondern sie waren als Historiker, Meteorologen oder Mathematiker ausgebildet und erst später zur Geographie gekommen. Als entsprechend schwierig erwies es sich daher, einen verbindlichen und überzeugenden Organisationsplan, ein System der Geographie aufzustellen, welches dazu geeignet war, das Fach auch eindeutig von den Nachbarwissenschaften abzugrenzen.

Eine solche „Mitte" der Geographie, welche von keiner anderen Wissenschaft „belegt" war, wurde von nicht wenigen Geographen in der **Länderkunde** gesehen, das heißt in der synoptischen Gesamtschau der einzelnen Geofaktoren für bestimmte Regionen oder Länder (Exkurs 3.3). Schematisch unterschied man dabei zwischen der „Geofaktorenlehre", der sog. „Allgemeinen Geo-

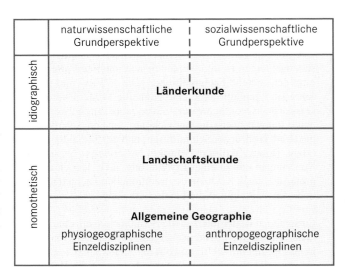

	naturwissenschaftliche Grundperspektive	sozialwissenschaftliche Grundperspektive
idiographisch	**Länderkunde**	
nomothetisch	**Landschaftskunde**	
	Allgemeine Geographie	
	physiogeographische Einzeldisziplinen	anthropogeographische Einzeldisziplinen

Abb. 3.4 „Typische" Dichothomien in der Geographie.

graphie", und der stärker idiographischen, auf das Individuelle der einzelnen Regionen gerichteten Länderkunde (Abb. 3.4). Länderkunde als zentrales Thema der Geographie hatte auch den Vorzug, dass sich hier sowohl naturwissenschaftliche wie geistes- und sozialwissenschaftliche Themen behandeln ließen. Seit den Vorstellungen der Geographen Kirchhoff und Hettner ordnete man diese in einer spezifischen Reihenfolge an, dem sog. **„länderkundlichen Schema"**, das von den abiotischen bzw. anorganischen Faktoren (Oberflächenformen, Klima, Wasser) über die biotischen bzw. organischen (Böden, Vegetation und Tierwelt) zu den humanen bzw. gesellschaftlichen Gegebenheiten (Bevölkerung, Siedlung, Wirtschaft, Verkehr etc.) führt (Abb. 3.5 und 3.6).

Solche Vorstellungen oder Organisationspläne sind wegen ihres implizit kausalistischen Denkens und ihrer Reifikation eines Denkens in vermeintlich homogenen „Raum-Containern" in vielerlei Hinsicht nicht mehr geeignet, die disziplinäre Realität des Faches zu erfassen. Länderkunde ist heute gewiss nicht mehr ein Schwerpunkt der wissenschaftlichen Geographie. Zwar schreiben Geographinnen und Geographen weiterhin solche Werke (und sollten dies auch künftig tun), und diese finden in der Öffentlichkeit auch ihren Absatzmarkt, aber sie zu verfassen ist eher eine journalistische oder belletristische Aufgabe als eine wissenschaftliche. Man kann sie als „Dienstleistung der Geographie für die Öffentlichkeit" verstehen, und gut sind geographische Landeskunden dann, wenn die Verfasser und Verfasserinnen ihre „Geographie" interessant und spannend erzählen. Solche Länderkunden sind dann auch wichtig für das Ansehen des Faches in der Öffentlichkeit, aber sie argumentieren heute viel stärker problemzentriert im Sinne einer *new regional geography*.

Tatsächlich hat die doch sehr sterile Anordnung von Geofaktoren im **Hettner'schen Schema** der Geographie eher spannende Fragestellungen verstellt als diese eröffnet. Wechselwirkungen zwischen den einzelnen Faktoren gerieten ebenso aus dem Blick wie andere Inhalte und Themen. So gibt es keine wirkliche Begründung, weshalb sich die Geographie – dem Schema folgend – zwar

Allgemeine Geographie

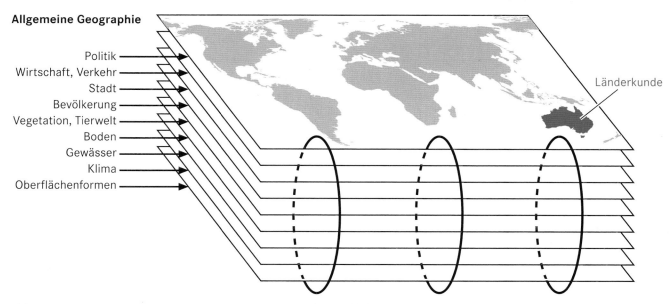

Politik

Wirtschaft, Verkehr

Stadt

Bevölkerung

Vegetation, Tierwelt

Boden

Gewässer

Klima

Oberflächenformen

Länderkunde

Abb. 3.5 Das Hettner'sche Schichtenmodell (verändert nach Schenk & Schliephake 2005).

mit Energie und Verkehr befassen sollte, nicht aber mit Literatur, Musik, Kultur oder Alternativkultur und vielem anderen mehr.

Diese hier vorgetragene Kritik ist schon alt, Geographinnen und Geographen haben sich seit Längerem nicht mehr (oder letztlich noch nie) an fest gefügte Schemata oder Organisationspläne der Geographie gehalten, wie sie in einschlägigen Lehrbüchern abgedruckt werden. Geographie als „Fach mit akkumulierten Paradigmen" verfügt heute über ein Nebeneinander sehr unterschiedlicher Basiszugriffe und Fragestellungen, und das Lehrbuch versucht, einen *practical guide* für dieses „Labyrinth" früherer und heutiger Forschungsansätze zu bieten.

Eine Diskussion, von der sich die Geographie seit ihrer Anfangszeit allerdings nie verabschieden konnte, ist diejenige nach dem Verhältnis ihrer natur- und gesellschaftswissenschaftlichen Seite. Einerseits hält sich Geographie zugute, eines der wenigen „Brücken"- oder „Integrationsfächer" zwischen natur- und geisteswissenschaftlicher „Wissenschaftswelt" zu sein, auf der anderen Seite ist es außerordentlich schwierig, eine solche Brücke zu bauen. Auch gibt es auf der Ebene der Forschungspraxis – also bei geographischen Forschungsprojekten – wenige Beispiele, in denen wirklich beide Seiten der Geographie gleichermaßen behandelt werden. Wenn von der disziplinären Realität ausgegangen wird, sollte nicht von einem „Brückenfach" Geographie oder „dem Fach" Geographie als integrierte Umweltwissenschaft gesprochen werden, sondern man sollte besser vom **Drei-Säulen-Modell der Geographie** (Abb. 3.7) ausgehen. In diesem Modell wird die Eigenständigkeit von Physiogeographie und Humangeographie respektiert und in der geographischen Gesellschaft-Umwelt-Forschung ein davon abgesetzter, spezifischer Forschungsbereich definiert (Weichhart 2003).

In der Tat haben sich Physische Geographie und Humangeographie in ihren Kernfeldern weit auseinanderentwickelt und stellen gewissermaßen Vertreterinnen zweier unterschiedlicher Wissenschaftskulturen dar. Viele aktuelle Themen und Fragestellungen der Physischen Geographie wie auch fast alle der Humangeographie (z. B. im Bereich der Wirtschaftsgeographie, der Sozialgeographie und geographischen Bildungs- und Wissensforschung, der Politischen Geographie, der Neuen Kulturgeographie etc.) lassen sich durch „keinen Trick oder Kunstgriff" (Weichhart 2003) mehr auf das klassische Thema der **Mensch-Umwelt-Interaktion** rückbinden. Auch in Zukunft wird der größere Teil geographischer Forschung sich im Bereich der ersten und zweiten „Säule" abspielen. Es macht ja keinen Sinn, im Kontext der Nachbarwissenschaften oder auch auf den Arbeitsmärkten für Geographinnen und Geographen höchst erfolgreiche Forschungszweige, wie beispielsweise Wirtschaftsgeographie, geographische Stadtforschung, rechnergestützte Modellierung geomorphologischer Systemzusammenhänge oder meteorologische Aspekte der Klimaforschung, zu vernachlässigen, nur weil sie nicht in das Konzept einer Gesamtgeographie passen.

Im vorliegenden Lehrbuch werden die Bereiche der Physischen Geographie wie der Humangeographie daher auch in ausführlichen eigenen Teilen behandelt.

Trotz allem muss zur Kenntnis genommen werden, dass eine Reihe von derzeit herausragenden und weltumspannenden Problemen aus Sicht der Zukunftsentwicklung menschlicher Gesellschaft genau im Spannungsfeld von Gesellschaft und Umwelt angesiedelt sind. Deshalb ist diesem Themenfeld ein eigener, relativ umfangreicher Teil gewidmet – Weichhart sieht dieses in seinem Modell als dritte Säule an, als eigenständiges Erkenntnisobjekt, das durch einen Komplex spezifischer Fragestellungen gekennzeichnet ist, die in dieser Form weder in der Physiogeographie noch in der Humangeographie bearbeitet werden. Hierzu zählen insbesondere Fragestellungen der Politischen Ökologie, die Untersuchung von *global change* und davon ausgelöster ge-

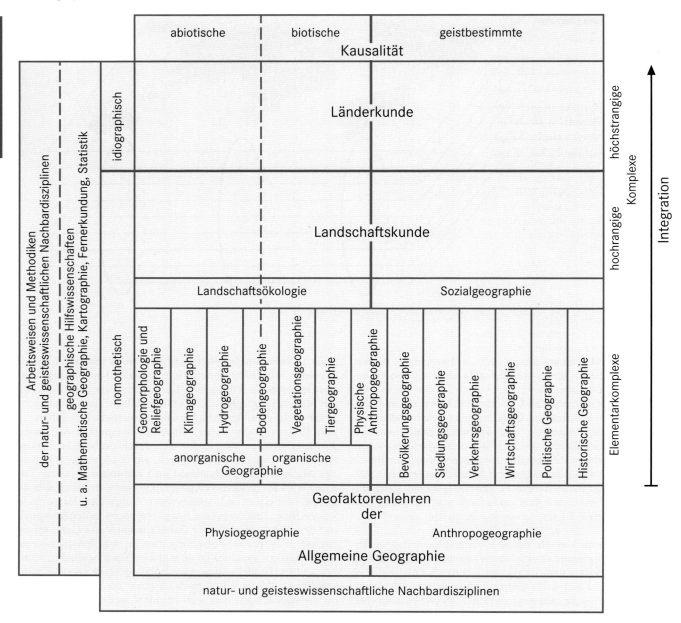

Abb. 3.6 Organisationsplan und Schema der Geographie aus den 1970er-Jahren (verändert nach Uhlig 1970).

Abb. 3.7 Das Drei-Säulen-Modell der Geographie (verändert nach Weichhart 2005).

Exkurs 3.3 Länderkunde – Regionale Geographie

Ute Wardenga

Länderkunde (oder oft synonym verwendet: Regionale Geographie) galt von den 1890er- bis in die 1960er-Jahre in der deutschsprachigen Hochschulgeographie als der Kernbereich disziplinärer Forschung, Lehre und Darstellung. Im traditionellen Verständnis wird Länderkunde neben der nomothetisch arbeitenden Allgemeinen Geographie als ein zweiter Teilbereich des Faches definiert, der Räume unterschiedlichen Maßstabs als individuelle Ausschnitte aus der Erdoberfläche beschreibt und dabei besonders den komplexen Zusammenhang von natürlichen und anthropogenen Faktoren betont. Während über lange Strecken der Fachgeschichte Länderkunde als Krönung und Ziel der Geographie angesehen wurde, ist es heute um diesen Ansatz still geworden.

Bis in die 1880er-Jahre hinein nahm die Länderkunde eine untergeordnete Stellung im Fach ein. Zwar billigten ihr viele Geographen eine gewisse Daseinsberechtigung in Form von dickbändigen Regionalmonographien zu, in denen am Beispiel eines konkreten Raums in eher additiv enzyklopädischem Stil nacheinander die unterschiedlichen Geofaktoren (Geologie, Oberflächenformen, Klima, Gewässer, Vegetation und Tierwelt sowie Bevölkerung, Siedlung, Wirtschaft und Verkehr) abgehandelt wurden. Länderkunde galt aber zu dieser Zeit nicht als eigentliche Forschung, sondern lediglich als eine sich an einen großen Adressatenkreis richtende Vermittlung geographischer Sachverhalte. Das änderte sich seit den 1890er-Jahren. Vor dem Hintergrund eines zunehmenden Imperialismus entstand für Reiseberichte und Skizzen von Land und Leuten ein lukrativer Markt, sodass sich im Fach eine breite, auch von den Erwartungen der Kultusbürokratien geförderte Bewegung für eine Aufwertung der Länderkunde entwickelte. Ziel war nun, die eigene Beobachtung in den Vordergrund zu stellen, Methoden der Quellenkritik anzuwenden und die im Bereich der Allgemeinen Geographie schon selbstverständliche Kausalforschung auch in die Länderkunde einzuführen. Länderkunde sollte nun nicht mehr nur kompendienhafte Zusammenstellung von regionalgeographischem Faktenmaterial sein, sondern erklärende, die unterschiedlichen Geofaktoren aufeinander wechselseitig beziehende Darstellung von Ausschnitten aus der Erdoberfläche. Die theoretische, wesentlich auf Alfred Hettner zurückgehende Grundlagenarbeit beschrieb diese neue Form von Länderkunde als eine eigenständige, auf die Erforschung von Räumen ausgerichtete chorologische Disziplin, die aufgrund von methodologisch reflektierter Regionalisierung die Erde als einen Komplex von Regionen unterschiedlichen Maßstabs darstellte und ihren Schwerpunkt vor allem in der Beschreibung physisch-geographischer Tatsachen fand. Auf der Basis dieser Prämissen entwickelte sich seit Anfang des 20. Jahrhunderts eine weit verzweigte geographisch-länderkundliche Literatur, die den im Bereich der Allgemeinen Geographie durchgeführten Spezialforschungen zunehmend Konkurrenz machte.

Die Glanzzeit der Länderkunde fällt in die Zwischenkriegszeit. Denn nun begannen viele Geographen zu begreifen, dass man mit Länderkunde nicht nur objektives raumbezogenes Wissen vermitteln, sondern dieses Wissen auch aktiv nutzen konnte, um in den politischen Diskurs einer Nation einzugreifen, die nach dem verlorenen Weltkrieg eine neue Standortbestimmung suchte. Unter deutlicher Aufwertung humangeographischer Fragestellungen wurde seit den 1920er-Jahren dem handelnden Menschen in der Länderkunde ein viel höherer Stellenwert als bisher eingeräumt. Eine wesentliche Rolle hierbei spielte das sog. Landschaftskonzept, das in Übernahme alltagssprachlicher Muster „Landschaft" als einen harmonischen Totalzusammenhang von verschiedenen natürlichen und anthropogenen Faktoren beschrieb. Die schon bald nach Ende des Ersten Weltkriegs erfolgende Umstellung der Länderkunde auf das Landschaftskonzept hatte mehrere gravierende Folgen: Erstens wurde die Suche nach Regeln und Gesetzen im Rahmen der Länderkunde weitgehend aufgegeben, da nun eine Länderkunde entstand, die auf die Erkenntnis der landschaftlichen Individualität von Räumen zielte. Zweitens ging das Bewusstsein für die Problematik der Regionalisierung verloren: Räume, egal welchen Maßstabs, erschienen nun nicht mehr als erst durch die räumliche Gliederung des Erdganzen zu konstruierende Objekte, sondern als in der Wirklichkeit a priori gegebene Entitäten. Drittens begann sich die Länderkunde von ihrer naturwissenschaftlichen Ausrichtung und der damit verbundenen positivistischen Methodologie zu lösen und schloss sich immer enger an die (historischen) Kultur- und Geisteswissenschaften als eine vorwiegend phänomenologisch-hermeneutisch arbeitende Raumwissenschaft an. Viertens schließlich wurde das Schreiben von Länderkunden jetzt als Akt genuiner Forschung begriffen. Das im Darstellungsbegriff aufgehobene Bewusstsein vom Vermittlungscharakter der Länderkunde wurde damit verdrängt und durch eine bis in die 1980er-Jahre nicht abreißende Folge von methodologischen Aufsätzen kompensiert, die sich (letztlich vergeblich) bemühten, eine fundierte wissenschaftstheoretische Begründung für die Länderkunde zu unterbreiten.

Aufgrund der hohen Reputation, die sich nun allerdings mit dem Schreiben von landschaftskundlich ausgerichteten Länderkunden verband, nahm die Anzahl der selbstständig erschienenen Regionalmonographien gegenüber der Zeit vor dem Ersten Weltkrieg deutlich zu. Gegenüber der Kaiserzeit, in der es zwar nicht an Bemühungen gefehlt hatte, auch das Deutsche Reich in die Darstellung mit einzubeziehen, rückte jetzt der Heimatraum und die an ihn grenzenden Gebiete ins Zentrum eines mehr und mehr nationalistisch motivierten Forschungsinteresses. Beeinflusst von den Ergebnissen der sich bereits seit den frühen 1920er-Jahren formierenden, staatlicherseits gut ausgestatteten „deutschen Volks- und Kulturbodenforschung" wurden die alten, auf das deutsche Staatsgebiet bezogenen länderkundlichen Studien nun von Arbeiten abgelöst, die das viel größere deutsche Volksgebiet zum

Gegenstand der Behandlung machten und damit immer wieder zu einer Anklage gegen gültiges internationales Völkerrecht wurden. Diese aus heutiger Sicht ausgesprochen propagandistisch wirkenden Schriften führten dann nahtlos in eine Geographie, die sich nur allzu bereitwillig für die ideologischen Zwecke des NS-Staates instrumentalisieren ließ.

Trotz der engen Verstrickung vieler deutscher Geographen mit dem NS-Regime wurden auch nach dem Zweiten Weltkrieg keine neuen Wege in der Länderkunde beschritten. Während in der DDR der Versuch unternommen wurde, eine den sozialistischen Lehren entsprechende moderne Geographie aufzubauen und die Länderkunde als Überbleibsel einer nunmehr abgelehnten bürgerlichen Weltanschauung harter Kritik ausgesetzt war, dominierten in der westdeutschen Geographie sowohl auf personeller als auch auf fachinhaltlicher Ebene restaurative Tendenzen. Trotz eines auch vonseiten der Hochschulgeographenschaft registrierten Sinkens der Zahl länderkundlicher Veröffentlichungen blieb die (mittlerweile völlig veraltete) fachphilosophische Auffassung, in der landschaftskundlich zu betreibenden Länder-

kunde sei die Krönung der Geographie zu sehen, nach wie vor erhalten.

Bereits seit Anfang der 1960er-Jahre führte diese Diskrepanz zu einem stetig wachsenden Krisenbewusstsein. Als der Reformstau Ende der 1960er-Jahre immer drückender wurde, kam es auf dem Kieler Geographentag 1969 schließlich zum Eklat. Zum maßlosen Entsetzen einer argumentativ schnell in die Ecke gedrängten und weitgehend handlungsunfähig erscheinenden Professorenschaft forderten Vertreter und Vertreterinnen von studentischen Fachschaften die Abschaffung der Länder- und Landschaftskunde und die Neuausrichtung der deutschen Geographie auf die stark quantitativ orientierten allgemein-geographischen und regionalwissenschaftlichen Ansätze, die um diese Zeit die internationale Geographie prägten.

Wenngleich in der Zeit nach Kiel auch mehrere Reformvorschläge in Bezug auf die Länderkunde diskutiert wurden, konnte spätestens in den 1980er-Jahren nicht mehr übersehen werden, dass das Zeitalter einer als Länderkunde betriebenen Geographie zu Ende gegangen war.

---

sellschaftlicher und politischer Folgen, Fragen im Zusammenhang mit Klimawandel und globalen Ressourcenkonflikten, mit Problemen der ökologischen und sozialen Resilienz und der Hazard- bzw. Naturgefahrenforschung (Kap. 29–31).

Humangeographie – die geistes- und gesellschaftswissenschaftliche Perspektive in der Geographie

Die Humangeographie (alternativ zuweilen auch: Anthropogeographie, Kulturgeographie), das heißt der gesellschaftswissenschaftliche Zweig der Geographie, befasst sich mit dem Verhältnis von Gesellschaft und Raum. Es gibt eine Vielzahl von Versuchen, deren unterschiedliche Teildisziplinen und Forschungsansätze zu ordnen. Erschwert wird dieser Versuch dadurch, dass ältere Teildisziplinen gleichsam neben jüngeren weiterlaufen und dass sich zudem eine Vielzahl von Überschneidungen ergeben, die den Einsteiger in die Geographie vielleicht eher an ein Spiegelkabinett denn an eine Fachdisziplin erinnern. Heineberg (2003) hat versucht, hier wenigstens einen groben Überblick zu geben (Abb. 3.8). Er versteht die heutige Humangeographie dabei quasi als Summe oder Querschnitt ihrer Forschungsgeschichte. Versuche, hier ex post so etwas wie **Hauptentwicklungsphasen** herauszuarbeiten, suggerieren natürlich immer eine Folgerichtigkeit, die so nie bestand. Gleichwohl mag solch eine Übersicht der „Hauptstufen" der Entwicklung der Humangeographie gerade dem Anfänger durchaus die Orientierung erleichtern (Heineberg 2003). Sie beginnt mit zwei Phasen, die in der heutigen Forschung keine Rolle mehr spielen, sondern primär von disziplinhistorischem Interesse sind. In einer sehr frühen **geodeterministischen Phase** war die Humangeographie Ende des 19. Jahrhunderts stark beeinflusst vom Positivismus

(dem Ausgehen von wahrnehmbaren Sachverhalten), aber auch von der Evolutionstheorie Darwins in Bezug auf die Selektionswirkung der Natur. Im Vordergrund standen daher kausale Beziehungen zwischen Naturraum, Wirtschaft und Gesellschaft. Die Anthropogeographie war in dieser Zeit beherrscht von der Frage der (einseitigen) Abhängigkeit des Menschen, seiner Kultur, Wirtschaft und Geschichte von den Naturbedingungen. Gleichsam als konträre Sicht zum Naturdeterminismus entstand in einer sog. **possibilistischen Phase** in der französischen Geographie (Vidal de la Blache) ein kulturökologischer Ansatz, welcher „genres de vie" (Lebensformgruppen) in Bezug zu ihrem jeweiligen geographischen Milieu untersuchte und dabei von einer nicht deterministischen, freien, also possibilistisch gedeuteten Anpassung an Naturräume ausging.

In der heutigen Forschungslandschaft finden sich in zum Teil stärkerer Abwandlung von Heinebergs Systematisierungsvorschlag zeitgleich Projekte und Ansätze vor allem aus den Phasen seit der Kulturlandschaftsforschung. Dabei handelt es sich in zeitlicher Reihung um folgende Ansätze:

- **kulturgenetischer Ansatz/Kulturlandschaftsforschung:** Bis in die 1930er-Jahre hinein war die Geographie fast ausschließlich auf die Morphologie (oder Physiognomie) der Landschaft ausgerichtet, es ging um die Erfassung und Beschreibung sichtbarer Sachverhalte und Erscheinungen (Siedlungen, Verkehrswege, Ackernutzung etc.). Zur Erklärung des Kulturlandschaftsbildes wurde deren Genese (also historische Entwicklung) herangezogen (morphogenetische Betrachtung). Aus dieser Denkrichtung stammt auch die große Bedeutung kartographischer kulturell-räumlicher Repräsentationen und deren Interpretation in der Geographie (z. B. Kolbs mittlerweile vielfach auch kritisierten „Kulturerdteile"). Heute existiert die Kulturlandschaftsforschung nur noch in schmalen Segmenten als normative planungsaffine Dienstleistung.

Kapitel 3

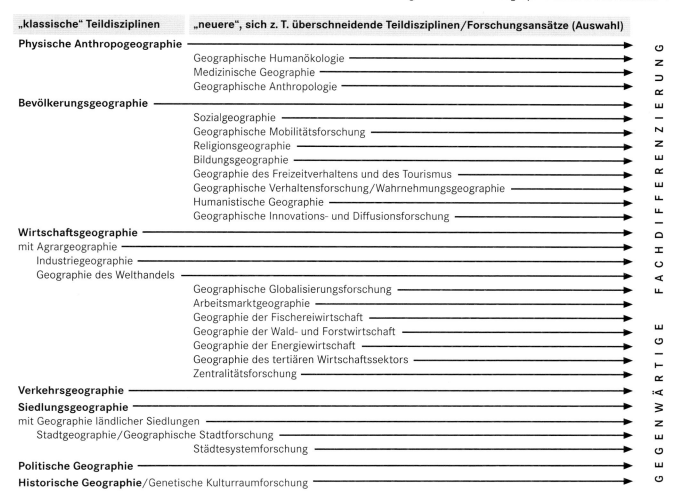

Abb. 3.8 Die sukzessive Ausdifferenzierung von Teildisziplinen der Humangeographie (verändert nach Heineberg 2003).

■ **funktionale Ansätze:** Seit den 1930er-Jahren wurden vor allem in der Stadtgeographie auch Phänomene einbezogen, die nicht direkt sichtbar, sondern über Indikatoren oder Statistiken erschließbar waren, beispielsweise Einkaufs- und Dienstleistungsbeziehungen, kulturelle Verflechtungen usw. Im System der Zentralen Orte (Christaller 1933; Abschn. 18.2) wurde eine Hierarchie der wirtschaftlichen Bedeutung und räumlichen Ordnung von Siedlungen im Raum erstellt. Die funktionale Wirtschaftsgeographie befasste sich z. B. mit Liefer- und Absatzbeziehungen von Betrieben, mit Arbeitspendlern usw. In all diesen Fällen ging es, ähnlich wie im mathematischen Funktionsbegriff ($y = (fx)$), um (räumliche) Abhängigkeitsbeziehungen, um Verflechtungen zwischen Räumen. Ein später Teil dieser Phase war der funktionale Ansatz in der Sozialgeographie. Diese frühe Form eines sozialgeographischen Blicks in der Humangeographie startete in den 1970er-Jahren zunächst mit dem recht deskriptiven Raumkonzept der sog. „Münchner Schule" der Sozialgeographie (Hartke, Ruppert u. a.). Sie behandelte im Sinne einer funktionalistischen Humangeographie „Daseinsgrundfunktionen" (in Gemeinschaft leben, wohnen, arbeiten, sich

versorgen und konsumieren, sich bilden, sich erholen und Verkehrsteilnahme/Kommunikation; Kap. 14), untersuchte deren räumliche Organisationsformen und spielt damit eher im angewandt-planungsbezogenen Kontext eine Rolle.

■ **quantitative und analytisch-szientistische Ansätze:** Als Reaktion auf die idiographisch (auf das Besondere individueller Räume) ausgerichtete Länderkunde befasste sich der raumwissenschaftliche Ansatz, die szientistische Wirtschafts- und Sozialgeographie, vor allem mit der Analyse von „Raumgesetzen" gesellschaftlicher Strukturierung. Methodologisch orientierte man sich an der naturwissenschaftlich-analytischen Denkweise (bzw. dem Kritischen Rationalismus Poppers) und suchte, unterstützt von den neuen Möglichkeiten der EDV, nach Möglichkeiten, aus großen Datenmengen räumlich-distanzielle Modelle in der Geographie zu entwickeln (z. B. Modelle der Diffusion von Innovationen).

■ **kritische Ansätze:** Seit den 1970er-Jahren entwickelte sich vor allem im angloamerikanischen Kontext eine breitere, in sich noch einmal in Teilströmungen untergliederte Perspektive als *Radical Geography* oder „Kritische Geographie" (Abschn. 14.3). Den Startpunkt bildeten hier die Ansätze von

David Harvey, der den Grundstein für ein theoretisches Konzept politischer und sozioökonomischer räumlicher Ungleichheit legte (Abschn. 14.3). Die konzeptionellen Wurzeln der politökonomischen Perspektive liegen im Neomarxismus und in der Kritischen Theorie. Die politökonomische Perspektive betrachtet räumliche Muster und Disparitäten als Elemente kapitalistischer Herrschaftsverhältnisse. *„This Marxist approach influenced radical geographers by offering an analysis of the world based on modes of production ... There has been a specific focus on understanding spatialities of power, inequality, and oppression, which has required an understanding of the causes of such inequality and has led to research on power, neoliberalism, political structures, and corporate hegemony"* (Pickerill 2017).

- **handlungstheoretische Ansätze:** Sie entwickelten sich als „entscheidungsorientierte Ansätze" zunächst in der Wirtschaftsgeographie, wo seit den 1970er-Jahren Modelle des Entscheidungsverhaltens von Industrieunternehmen sowie organisationstheoretische Vorstellungen für die räumliche Organisation von Industrieunternehmen entwickelt wurden (*decision making in industry,* ähnlich: Modelle von Umzugsentscheidungen in der Migrationsgeographie). Ein deutlich stärkerer Impuls erfolgte später in einer ausführlicher hergeleiteten und theoretisch begründeten handlungsorientierten „Sozialgeographie alltäglicher Regionalisierungen" (Werlen 1995, 1997). Diese untersucht Akteure und deren aktives, zielgerichtetes Handeln sowie deren Machtressourcen zur Durchsetzung ihrer Interessen vor dem Hintergrund eines konstruktivistischen Gesellschafts- und Raumverständnisses.
- **humanistische und poststrukturalistische Ansätze:** Seit den 1980er-Jahren gewannen, gewissermaßen in einer Art *roll back* zur analytisch-szientistischen Betrachtung in der Geographie zunächst interpretativ-verstehende und lebensweltlich ausgerichtete „qualitative" Ansätze einen höheren Stellenwert (z. B. als *humanistic geography* im anglophonen Kontext). Als jüngste „Wachstumsspitze" einer solchen auch theoretisch-konzeptionell stärker an die interdisziplinären Debatten in den Humanwissenschaften anschließenden Orientierung lassen sich die poststrukturalistischen Ansätze begreifen (Abschn. 14.3), die bei aller Heterogenität gemeinsam der Rolle von Sprache, Zeichen und Kommunikation bei der Konstitution der Geographien der Gesellschaft eine entscheidende Bedeutung zuschreiben. *„Poststructuralist geographies were fixated on critiquing representation, deconstructing ... ideological boundaries, and reading space as a complex plurality"* (Woodward 2017). Unverkennbar haben dabei neben der Analyse von Printmedien (Reuber & Schlottmann 2015) und sozialen Medien im digitalen Zeitalter Untersuchungen von Visualisierungen zugenommen (Schlottmann & Miggelbrink 2015).
- **Ansätze eines „Neuen Materialismus":** In den letzten Jahren vollzieht sich nach der „konstruktivistischen Wende" in der Humangeographie eine zusätzliche Erweiterung in Richtung einer stärkeren (Wieder-)Einbindung materieller Strukturen mit *more-than-representational theories* und performativen Ansätzen (Hayden 2005, Thrift 2007, Boeckler et al. 2014). Manche konzeptionellen Überlegungen versuchen, den Repräsentationsbegriff zu erweitern, indem sie sich mit der Materialität von Körperlichkeit jenseits textueller und

visueller Repräsentationen auseinandersetzen und affirmative und affektive Geographien diskutieren. Ansätze wie der Pragmatismus (Steiner 2014) oder andere „flache Ontologien" wie die *assemblage*-Theorie (Mattissek & Wiertz 2014, Wiertz 2015) unternehmen dabei auch den Versuch, Physische Geographie und Humangeographie auf neue Weise konzeptionell zusammenzudenken.

Physische Geographie – die naturwissenschaftliche Perspektive in der Geographie

Die Physische Geographie, auch Physiogeographie, Naturgeographie oder Physikalische Geographie genannt, befasst sich mit der Struktur und Dynamik unserer physischen Umwelt und den ihr zugrunde liegenden Gesetzmäßigkeiten und prägenden Kräften sowie den dabei ablaufenden Prozessen und bildet damit den naturwissenschaftlichen Zweig der Geographie ab. Die Physische Geographie ist neben der Humangeographie die zweite große Säule der Allgemeinen Geographie.

Die Physische Geographie wird gängiger Weise in die **Teilbereiche Klimageographie** oder Klimatologie, deren Forschungsgegenstand die atmosphärischen Vorgänge und Auswirkungen sowie die Interaktionen mit dem Menschen sind, und die **Geomorphologie**, die sich mit dem Relief und den zugrunde liegenden Prozessen beschäftigt, untergliedert. Weitere wichtige Teilbereiche stellen die **Hydrogeographie** dar, die sich mit dem Wasserhaushalt und den verschiedenen Ausprägungen der Hydro- und Kryosphäre befassen (Hydrosphäre von griech. *hydros* = Wasser, Kryosphäre von griech. *kryos* = Eis), während sich die **Bodengeographie** mit der Pedosphäre (von griech. *pedon* = Boden) beschäftigt. Sie leitet von der Betrachtung der abiotischen Faktoren der Geosphäre zu den biotischen über, welche insbesondere im Rahmen der **Biogeographie** (Vegetations- und Tiergeographie, Biosphäre von griech. *bios* = Leben) behandelt werden. Diese Teilbereiche gehen auch in der weiteren Gliederung dieses Lehrbuches entsprechend auf.

Die Teildisziplinen der Physischen Geographie orientieren sich bei der Wahl und dem Einsatz ihrer Untersuchungsmethoden an den jeweiligen Nachbardisziplinen. Zu ihnen zählen Geologie, Bodenkunde bzw. Pedologie, Meteorologie, Physik, Chemie, Ozeanographie, Hydrologie, Botanik und Zoologie, Geoökologie und Raumplanung (Tab. 3.1). Oft ergibt sich daraus eine Konkurrenzsituation innerhalb der verschiedenen Erdwissenschaften, dergestalt, dass die Physische Geographie den „Geowissenschaften" zugeordnet wird oder sich denen selbst zuordnet. Zunehmend werden Forschungsfelder der Physischen Geographie von den Nachbarwissenschaften „neu" entdeckt, insbesondere die, die sich mit dem Einfluss des Menschen auf die verschiedenen Geosphären beschäftigen. Sicherlich ist die Positionierung einer Wissenschaft ein dynamischer Prozess, in dem langfristig nur die erfolgreiche Umsetzung der gesetzten Ziele zählt, und so ist es natürlich auch möglich, dass ehemals originär „geographische" Fragestellungen von Nachbardisziplinen erfolgreicher bearbeitet

Tab. 3.1 Zusammenhänge einzelner Nachbardisziplinen mit den Teilgebieten der Physischen Geographie.

Erfahrungsobjekt	Grunddisziplin	Geozweig der Grunddisziplin	geographische Teildisziplin
Lithosphäre	Geologie	Exogene Dynamik	Geomorphologie
Atmosphäre	Meteorologie	Klimatologie	Klimageographie
Hydrosphäre	Hydrologie	Geohydrologie	Hydrogeographie
Pedosphäre	Bodenkunde	Geopedologie	Bodengeographie
Biosphäre	Zoologie/Botanik	Geozoologie/Geobotanik	Zoogeographie/Vegetationsgeographie

werden können. Es sollte aber immer berücksichtigt werden, dass bei den zunehmend wettbewerbsorientierten Positionierungen innerhalb der Wissenschaftslandschaft die Einheit des Faches Geographie dabei zur Disposition gestellt wird.

Auch innerhalb der Physischen Geographie haben sich zu unterschiedlichen Zeiten verschiedene **Paradigmen** entfaltet. Strebte Alexander von Humboldt in seinem „Kosmos" noch eine Gesamtschau verschiedenster natürlicher wie kultureller räumlicher Phänomene an, so konzentrierte sich schon Ferdinand von Richthofen in seinem „Führer für Forschungsreisende" aus dem Jahr 1886 eindeutig auf die Physische Geographie, insbesondere auf Geologie und Geomorphologie, die sich mit der Lithosphäre (von griech. *lithos* = *Stein*) beschäftigen, ergänzt um die Klimabeobachtungen in der Atmosphäre (von griech. *atmós* = Dampf, Luft; von Richthofen 1883).

In der jüngeren Entwicklung nach dem Zweiten Weltkrieg kam es verstärkt auch zu einer methodischen **Spezialisierung** innerhalb der Teilgebiete der Physischen Geographie und damit zwangsläufig zu einer Verengung der Betrachtungsweisen. Dies ist sicherlich auch ein Grund dafür, dass es seit dieser Zeit auch keine (deutschsprachige) Allgemeine Physische Geographie aus „einer Feder" mehr gab. Die sich beschleunigende Vertiefung, Ausweitung und Spezialisierung bedingte, dass die Einzeldisziplinen von verschiedenen Autoren dargestellt werden und, wie in diesem Lehrbuch, auch innerhalb der Teildisziplinen eine Vielzahl von Autoren zu Wort kommt.

Mit dem Einzug mathematisch gestützter Methoden und Geographischer Informationssysteme (GIS) ging die sog. Quantitative Revolution einher (Kap. 7), die in der deutschen Physischen Geographie in den 1960er-Jahren auch infolge der Öffnung gegenüber den angelsächsischen Strömungen einsetzte und mit einer Mathematisierung und Modellierung einherging, welche sich vor allem in geosystemaren Ansätzen widerfindet, in denen neben der Hierarchisierung des Raums Energie- und Stoffflüsse starke Beachtung fanden. Seit Mitte der 1980er-Jahre ist wiederum eine Rückbesinnung auf die ursprünglichen Stärken der Geographie in Bezug auf ganzheitliche, integrative Betrachtungsweisen zu verzeichnen, ohne dass aber die zunehmende Spezialisierung im methodischen Bereich verlangsamt wird, denn nur hierdurch ist eine erfolgreiche Auseinandersetzung mit den schon immer stärker quantitativ arbeitenden Nachbardisziplinen der Physischen Geographie möglich.

Die im 18. und 19. Jahrhundert im Wesentlichen in den Naturwissenschaften entwickelten Wissenschaftskonzepte des **Positivismus** bzw. des **logischen Empirismus** wurden auch von der Phy-

sischen Geographie angewandt. Auf der Basis von Erfahrungen und vor dem Hintergrund der Komplexität des Erkenntnisobjekts „Landschaft", weniger auf der Grundlage von Experimenten, wurde versucht, „wertefreie" Theorien und Gesetze abzuleiten, die wiederholbar seien und auch Vorhersagen ermöglichten. Im 20. Jahrhundert entwickelte sich der sog. **Kritische Rationalismus**, der zusätzlich durch ständige Kritik und empirische Falsifikation versucht, der Wahrheit näher zu kommen (Brunotte et al. 2001). Auch wenn das Grundverständnis der Physischen Geographie nach wie vor primär ein naturwissenschaftliches ist, bedient man sich auf einigen Feldern hermeneutischer Ansätze, das heißt, der wissenschaftliche Erkenntniswert wird nicht aus Messdaten und Laborergebnissen, sondern aus der Analyse von Texten und Bildern gewonnen. Ergebnisreiche Beispiele liefert die Historische Klimatologie, in der aus schriftlichen Quellen lange Zeitreihen der Klimaentwicklung abgeleitet werden konnten (Bradley & Jones 1992, Pfister 1999, Glaser 2013). Auch auf dem Gebiet der Glazialmorphologie lassen sich Bildquellen und Beschreibungen zur Rekonstruktion historischer Gletscherstände nutzen (Zumbühl & Holzhauser 1988), ebenso in der Erdbebenforschung in Form von Erdbebenkatalogen (Leydecker 2007) oder Chroniken von Massenbewegungen (Glade et al. 2001).

Generell hat sich die Physische Geographie von einer zunächst noch stärker deskriptiven, beobachtungsorientierten Wissenschaft zu einer empirischen, modellorientierten, mit zum Teil aus den Nachbarwissenschaften entlehnten Labormethoden und Datierungsverfahren sowie digitalen Methoden arbeitenden, **interdisziplinären Umweltwissenschaft** entwickelt. Dabei hat sich die ursprünglich auch so intendierte Abgrenzung der Teildisziplinen ausgehend von neuen Fragestellungen und Aufgabenfeldern notwendigerweise abgemildert und zum Teil sogar aufgelöst.

Spätestens seit der **Weltkonferenz in Rio de Janeiro** (Agenda 21) im Jahre 1992 ist die Physische Geographie in Verbindung mit wirtschafts- und gesellschaftswissenschaftlichen Ansätzen vermehrt mit drängenden Gegenwarts- und Zukunftsfragen auf unterschiedlicher Maßstabsebene befasst. Dazu zählen Ressourcennutzung und -schutz, regionalspezifische Verluste der Biodiversität, Naturschutz, Nachhaltigkeit, Risikoforschung sowie der regionale und globale Klima- und Landnutzungswandel, aber auch die Entwicklung von Monitoringsystemen zur Stabilisierung und zum Schutz des Systems Erde und seiner Teilsysteme und die Global-Change-Forschung (Tab. 3.2; Glaser 2014). Die Frage von Ökosystemfunktionen und -leistungen in Verbindung mit den Belastungsgrenzen der Erde spielen dabei sowohl auf der Ebene der globalen Steuerung eine wichtige Rolle als auch in dem wichtigen Feld angewandter Planungspraxis.

Tab. 3.2 Die wichtigsten Umweltprobleme der nächsten 100 Jahre nach Einschätzung von 200 Umweltexpertinnen und -experten sowie Wissenschaftlerinnen und Wissenschaftlern der UNEP im Jahr 2001. Mehrfachnennungen waren möglich. Entsprechend bedeuten die Prozentangaben, dass z. B. 51 % den Klimawandel als wichtigstes Problem einstufen, 29 % zusätzlich oder ausschließlich die Wasserknappheit usw. (Quelle: www.agenda21-treffpunkt.de (2018)).

Nr.	Umweltproblem	%
1	Klimawandel	51
2	Wasserknappheit	29
3	Zerstörung der Wälder/Wüstenbildung	28
4	Wasserverschmutzung	28
5	Verlust der Artenvielfalt	23
6	Mülldeponien	20
7	Luftverschmutzung	20
8	Bodenerosion	18
9	Störung der Ökosysteme	17
10	Belastung durch Chemikalien	16
11	Verstädterung	16
12	Ozonloch	15
13	Energieverbrauch	15
14	Erschöpfung natürlicher Ressourcen	11
15	Zusammenbruch des biogeochemischen Kreislaufs	11
16	Industrieabgase	10
17	Naturkatastrophen	7
18	Einschleppung fremder Arten	6
19	Gentechnik	6
20	Meeresverschmutzung	6
21	Überfischung	5
22	Veränderung der Meeresströmungen	5
23	schwer abbaubare Zellgifte (u. a. DDT)	4
24	El Niño	3
25	Anstieg des Meeresspiegels	3

Für die Analyse aktueller Probleme und die Erarbeitung von Lösungskonzepten sind monokausale Ansätze ungeeignet. An ihre Stelle müssen innige **Vernetzungen** bzw. Kopplungen der verschiedenen Zielsetzungen von geowissenschaftlichen Disziplinen und ihres jeweiligen speziellen methodischen Instrumentariums treten (Barsch et al. 2000). Nur so kann man dem hohen Komplexitätsgrad lokaler, regionaler und globaler Systeme gerecht werden. Verstärkte Beachtung muss dabei insbesondere den prähistorischen, historischen und aktuellen Eingriffen des Menschen in natürliche Prozesse und Stoffflüsse zukommen. Denn zunehmend stellt sich die Frage nach Ursachen und Ausmaß von Störungen im Landschaftshaushalt (Goudie 2002) und inwiefern

bzw. in welchem Umfang aktuell nachzuweisende Prozesse als natürliche Ereignisse oder aber als Resultate anthropogen bedingter Einflussnahme anzusehen sind. Gerade im Rahmen der Risikoforschung (Kap. 30) erhalten diese Überlegungen in der Physischen Geographie eine zunehmende Bedeutung. Dabei handelt es sich auch aus internationaler Sicht zweifellos um eines der zentralen Schlüsselthemen geographischer Forschung. Einen wesentlichen Beitrag leistet die Physische Geographie weiterhin durch die Analysen des globalen Wandels unter Einbeziehung von lang- und mittelfristigen Entwicklungen im Rahmen der historischen Umwelt- und dem weiten Feld der Paläoforschung. Erst durch deren Berücksichtigung können kurzfristige Oszillationen von langfristigen Trends eines regionalen und zonalen Wandels von beispielsweise Klima, Vegetation sowie Land- und Bodennutzung unterschieden und bewertet werden. Diese naturgesetzlichen Veränderungen der Lebensbedingungen bewirken zugleich gravierende Änderungen im sozioökonomischen Bereich mit entscheidenden Rückwirkungen auf den Lebens- und Wirtschaftsraum. Somit ergeben sich zahlreiche Vernetzungen der Physischen Geographie mit der Humangeographie und ihren Teildisziplinen.

Insgesamt bietet die Physische Geographie als unverzichtbarer Bestandteil der Erdsystemforschung eine Vielzahl hoch spannender Forschungsfelder, in denen Raumorientierung und ganzheitlich synthetische Lösungsansätze in ihrer zeitlichen Dynamisierung erfolgreiches Arbeiten versprechen.

Umweltökologie, Humanökologie, Politische Ökologie – Ansätze zum Brückenfach Geographie

Geographie hat sich seit ihren Anfängen als Brückenfach zwischen Natur- und Geistes- bzw. Sozialwissenschaften verstanden. Die Frage, wie diese „Brücke" tragfähig gebaut werden kann, wurde aber zu verschiedenen Zeiten unterschiedlich beantwortet. Seit den Arbeiten von Hettner zur Länderkunde (Exkurs 3.3) sah man vor allem in ihr das verbindende Element, später dann in der Landschaftskunde. Anhaltende Kritik an solchen stark deskriptiven und physiognomisch orientierten Konzepten der Geographie führte dazu, dass man in der Folgezeit verstärkt nach **systemtheoretischen und kybernetischen Modellen** für das Zusammenwirken von Mensch und Umwelt suchte. Solche Modelle vermochten zwar, das Zusammenwirken natürlicher Umweltfaktoren in Regelkreisen anschaulich zu machen, behandelten den Menschen aber als weitgehend statisches, determiniertes, apolitisches Wesen. Neuere Ansätze zum Brückenfach Geographie suchen daher nach konzeptionell angemesseneren Wegen, natur- und gesellschaftswissenschaftliche Aspekte miteinander zu verbinden.

Die Besonderheit des vorliegenden Buches ist, dass gerade solchen Themen eine stärkere Aufmerksamkeit gewidmet wird. Im Teil IV des Lehrbuches werden solche Fragen des globalen Umweltwandels und globaler Ressourcenkonflikte, von Naturgefahren und Umweltkatastrophen, von Verlust der Biodiversität und der Ausbeutung ökologischer Ressourcen angesprochen. Umwelt wird hier nicht (oder nicht nur) als System natürlicher Regelkreisläufe gesehen, sondern „als ein ‚Schlachtfeld unterschiedlicher Interessen' beschrieben, auf dem um Macht, Verfügungsrechte und Einfluss gerungen wird. Ein besonderer Schwerpunkt liegt […] auf der Analyse von Umweltkonflikten, Auseinandersetzungen um natürliche Ressourcen, Verteilungs- und Machtkämpfen unterschiedlicher Akteure auf unterschiedlichen Handlungsebenen, bei denen es ‚Sieger' und ‚Verlierer' gibt" (Krings 1999).

Solche Ansätze eröffnen ein weites Feld der Analyse von Konflikten mit Umweltbezug. Sie bieten einen Zugang zum Diskurs über Global Change und den Schutz der tropischen und borealen Wälder (Abschn. 31.5), aber auch zur geographischen Entwicklungsforschung (Kap. 22) mit Fragen der Resilienz und ökologischen und sozialen Verwundbarkeit. Typische Themen sind auch Ressourcenkonflikte auf verschiedenen Maßstabsebenen, z. B. um die Nutzung von Wasserressourcen, insbesondere in den Trockenräumen der Erde (Abschn. 31.3), oder bei der Nutzung weiterer Schlüsselressourcen der Ökonomie (Erdöl- und Erdgas, seltene Erden etc.). Als derzeit aktuelles verbindendes Thema ist schließlich die Hazardforschung zu nennen, die Untersuchung von *natural and man-made hazards* (Kap. 30). „Risiken" durch Naturkatastrophen lassen sich nicht naturwissenschaftlich festlegen, sondern sie werden über Aushandlungsprozesse in einer Gesellschaft definiert und über die Prioritätensetzung (räumlich, aber auch ökologisch oder ökonomisch) wird politisch entschieden.

3.3 Die Geographie und ihr Arbeitsmarkt

Rudolf Juchelka und Maike Dziomba

Was ist Geographie? Die Antwort bei Antoine de Saint-Exupéry (Exkurs 3.1) war einfach: Endlich ein richtiger Beruf! In der Realität der Arbeitsmärkte für Geographinnen und Geographen muss die Antwort differenzierter ausfallen.

Das **Berufsbild** des Geographen und der Geographin ist stetig im Wandel begriffen. Bis in die 1970er-Jahre hinein wurden Geographiestudierende fast ausschließlich Lehrerinnen und Lehrer an den verschiedenen Schulformen für das Schulfach Erdkunde/Geographie (Exkurs 3.4). Die wenigen Magisterabsolventen fielen ebenso wenig ins Gewicht wie die wenigen Diplomkandidaten. Diplomstudiengänge waren ja erst versuchsweise in den späten 1950er- und frühen 1960er-Jahren in Berlin und München eingerichtet worden, in den 1970er-Jahren zogen weitere Universitäten nach.

Bis weit in die 1970er-Jahre hinein blieb dann auch das Berufsbild der Geographinnen und Geographen weithin diffus. Einer der ersten außerhalb der Schule tätigen Geographen berichtete als Kuriosum, dass er nach dem Zweiten Weltkrieg von der alliierten Besatzungsmacht, die mit seiner Berufsbezeichnung nichts anzu-

fangen wusste, in die Gruppe „Erdarbeiter, Wünschelrutengänger und sonstige Berufe" eingestuft wurde (zit. nach Hartke 1962).

Eine erste Generation von Diplomgeographen und -geographinnen in den 1970er- und frühen 1980er-Jahren geriet in die Expansionsphase des **Öffentlichen Dienstes**. Oft unabhängig von der Ausrichtung des Studiums eröffneten sich günstige Berufsaussichten insbesondere im Berufsfeld Umwelt- und Naturschutz, während in den 1980er- und mehr noch in den 1990er-Jahren Stellen im öffentlichen Dienst weitgehend besetzt und damit blockiert waren. Als berufliches Feld für Hochschulabsolventen und -absolventinnen wurden private Consulting-Firmen und Planungsbüros, aber auch Tätigkeiten für staatliche und nicht staatliche Einrichtungen in der Entwicklungszusammenarbeit weitaus wichtiger.

Heute gibt es keinen spezifischen und klar abgegrenzten Arbeitsmarkt für Geographinnen und Geographen, sondern viele Teilmärkte. Die in der Praxis tätigen Geographen und Geographinnen bewegen sich in sich wandelnden Märkten und Aufgabenfeldern.

Geographische Berufsfelder heute

Noch immer herrscht in der breiten Öffentlichkeit oftmals kein klar strukturiertes Bild darüber, mit welchen Themen sich Geographinnen und Geographen beschäftigen und in welchen Bereichen sie beruflich tätig sind. Für die meisten Menschen ist klar, dass Geographie irgendwie mit „Länder-Menschen-Abenteuer" und „Stadt-Land-Fluss" zu tun haben muss, ohne dass klar ist, wie sich damit Geld verdienen lässt. Eine entsprechende Imagestudie im Auftrag der Deutschen Gesellschaft für Geographie bestätigt einerseits diese diffuse Außenwirkung, gleichzeitig wird in einer Arbeitnehmerbefragung deutlich, dass die spezifischen Fach- und Methodenkompetenzen sowie der integrierende Arbeitsansatz der Geographie – gerade in Abgrenzung zu Wirtschaftswissenschaftlern, Ingenieuren, Juristen – mittlerweile von vielen öffentlichen und privaten Arbeitgebern geschätzt werden.

Hinzu kommt, dass Studienanfängern in den ersten Semestern leider oft vermittelt wird, dass man zwar ein sehr interessantes und breit angelegtes Studium absolviere, am Arbeitsmarkt aber nur begrenzte Chancen habe. In der Folge gehen viele Geographinnen und Geographen davon aus, dass in der Öffentlichkeit und bei Nachbardisziplinen ihr **Image** mindestens diffus, wenn nicht sogar schlecht ist. Auch gestandene Praktiker stellen sich häufig lediglich mit ihrem konkreten beruflichen Aufgaben- und Tätigkeitsfeld vor, z. B. als Kommunalberater, Verkehrsplaner oder Researcher, ohne gleichzeitig auf ihren Bachelor-, Master-, Diplom- oder Magister-Abschluss in Geographie zu verweisen. Dass diese Bescheidenheit aber unnötig ist, haben verschiedene Untersuchungen und Absolventenbefragungen gezeigt – eher das Gegenteil scheint der Fall, Geographen und Geographinnen haben häufig ein sehr gutes **Standing** bei Kollegen in der Fachöffentlichkeit (Exkurs 3.5).

Kapitel 3

Exkurs 3.4 Geographie als Unterrichtsfach in der Schule

Michael Hemmer

Geographische Bildung ist ein unbestrittener, zentraler Teil der Allgemeinen Bildung. So stimmten beispielsweise in einer aktuellen repräsentativen Umfrage zum Image der Geographie 88 % der Bundesdeutschen der Aussage „Das Schulfach Geographie leistet einen wesentlichen Beitrag zur Allgemeinbildung" voll und ganz zu (Hemmer et al. 2015). Zu ähnlichen Ergebnissen gelangte bereits Köck (1997), in dessen Studie vonseiten gesellschaftlicher Spitzenrepräsentanten und Entscheidungsträger in Deutschland die besondere Bedeutung des Faches für den Lebensalltag der Menschen und die Lösung globaler Probleme hervorgehoben wird. Schülerinnen und Schüler betrachten Erdkunde bzw. Geographie als ein interessantes Unterrichtsfach und betonen in einer Vergleichsstudie mit anderen Schulfächern insbesondere dessen Aktualität und Realitätsbezogenheit (Hemmer & Hemmer 2010). Die Stärken des Schulfaches, das breite Themenspektrum sowie seine wertorientierte, auf das konkrete Handeln des Menschen zielende Ausrichtung erfordern von den Geographielehrkräften nicht nur umfassende Sachkenntnisse, sondern ebenso profunde geographiedidaktische Kompetenzen. Ausgehend von der Stellung und Zielsetzung des Faches im Aktionsraum Schule werden im vorliegenden Beitrag einige aktuelle Entwicklungen und Trends sowie deren Konsequenzen für den Arbeitsmarkt „Schule" skizziert.

Geographie ist in der Sekundarstufe I in nahezu allen Schularten ein eigenständiges, verpflichtendes Unterrichtsfach, wobei die Stundentafel je nach Bundesland und Schulart variiert. Die Behandlung geographischer Inhalte in Integrationsfächern und Fächerverbünden (wie z. B. im Fach „Gesellschaftslehre" in Niedersachsen oder im Fächerverbund „Geographie-Wirtschaft-Gemeinschaftskunde" in Baden-Württemberg) ist gegenwärtig noch die Ausnahme, nimmt aber tendenziell zu. Ebenso wie in der Sekundarstufe I wird das Fach in der gymnasialen Oberstufe – ungeachtet seiner physiogeographischen Anteile und seines Selbstverständnisses als Brückenfach zwischen den Natur- und den Gesellschaftswissenschaften – seit 1972 dem gesellschaftswissenschaftlichen Aufgabenfeld zugerechnet. Obgleich Geographie in den meisten Bundesländern als Wahlfach angeboten wird, ist in den Grund- und Leistungskursen eine hohe Nachfrage zu konstatieren. Darüber hinaus werden geographische Inhalte im Sachunterricht der Grundschule vermittelt. Auch wenn die geographische Perspektive eine der fünf zentralen Perspektiven des Sachunterrichts darstellt (GDSU 2013), sind die geographischen Anteile (in dem von den Bezugsdisziplinen Geographie, Geschichte, Sozialwissenschaften, Biologie, Chemie, Physik und Technik getragenen Fach) in der Realität eher gering.

Fußend auf der Vermittlung einer umfassenden räumlichen Orientierungskompetenz, die weit über das topographische Orientierungswissen (wie die Kenntnis von Namen und Lage ausgewählter Staaten, Flüsse und Gebirge) hinausgeht und die Fähigkeit zu einem angemessenen Umgang mit Karten ebenso einschließt wie die Fähigkeit zur Orientierung in Realräumen und die Fähigkeit zur Reflexion von Raumwahrnehmung und -konstruktion, zielt geographische Bildung im Aktionsraum der Schule auf die Befähigung des Schülers, raumbezogene Strukturen, Funktionen und Prozesse sowie die für die Zukunft des Planeten Erde und das Zusammenleben der Menschheit epochalen Problemfelder (wie Klimawandel, Erosion, Bevölkerungsdynamik, Armut und Migration) aus geographischer Perspektive erfassen, analysieren und beurteilen zu können. Dabei wird der Raum auf den verschiedenen Maßstabsebenen nicht nur im realistischen Sinne als „Containerraum" und System von Lagebeziehungen aufgefasst, sondern gleichfalls als subjektiver Wahrnehmungsraum sowie in der Perspektive seiner sozialen, technischen und gesellschaftlichen Konstruiertheit (Wardenga 2002). Um die komplexen Wechselbeziehungen zwischen Mensch und Umwelt sowie innerhalb der natur- und humangeographischen Subsysteme erfassen und beurteilen zu können, ist eine systemische, mehrperspektivische Betrachtungsweise erforderlich, die sowohl naturwissenschaftliche als auch gesellschaftswissenschaftliche Wege der Erkenntnisgewinnung beinhaltet. Diese Verknüpfung von natur- und gesellschaftswissenschaftlicher Bildung stellt im schulischen Kontext ein Alleinstellungsmerkmal des Faches Geographie dar. Neben der Vermittlung von Fachwissen und methodischen Kompetenzen spielt im Unterrichtsfach Geographie die auf personale und soziale Kompetenzen zielende Einstellungsdimension eine zentrale Rolle. So will das Fach beispielsweise – im Einklang mit der Internationalen Charta der Geographischen Erziehung (IGU 1992) – dazu beitragen, dass Schülerinnen und Schüler Mitverantwortung für die Lebensbedingungen zukünftiger Generationen übernehmen, Menschen aus anderen Regionen gegenüber aufgeschlossen sind und sich für eine nachhaltige Entwicklung einsetzen. Ziel geographischer Bildung ist die Befähigung des Schülers zu einer raumbezogenen Handlungskompetenz.

Einheitliche Aussagen zur aktuellen Gestalt des Geographieunterrichts in Deutschland sind aufgrund der föderalen Struktur der Bundesrepublik Deutschland kaum möglich. Die den einzelnen Bundesländern zugesprochene Kulturhoheit bedingt u. a., dass jedes der 16 Bundesländer eigene fachspezifische Richtlinien und Lehrpläne erstellt. Berücksichtigt man ferner die schulartspezifischen Differenzierungen in jedem Bundesland, so ist das Spektrum der Lehrplanvorgaben für das Fach Geographie kaum noch überschaubar. Die systemimmanente Heterogenität und Zersplitterung der Lehrpläne dokumentiert sich in den einzelnen Bundesländern und Schularten auch in unterschiedlichen didaktischen Konzeptionen, in einer unterschiedlichen Akzentuierung physio- und humangeographischer Anteile sowie im Verhältnis von

Allgemeiner und Regionaler Geographie. Nachdem in der (alten) Bundesrepublik Deutschland in den 1970er-Jahren die Lehrpläne radikal zugunsten eines thematisch-exemplarischen und lernzielorientierten Vorgehens verändert wurden, in den 1980er-Jahren jedoch zahlreiche Bundesländer auf die bewährte regionale Gliederung ihrer Lehrpläne zurückgriffen, kennzeichnet die derzeitige Situation in Deutschland ein Nebeneinander von zwei unterschiedlichen Lehrplankonzeptionen. Beide Konzeptionen streben in ihrer jeweils spezifischen Ausprägung einen Ausgleich zwischen Allgemeiner und Regionaler Geographie an. Während die meisten Bundesländer, allen voran die ostdeutschen Bundesländer und Bayern, einen regionalen Aufbau – nach dem klassischen Stoffanordnungsprinzip „Vom Nahen zum Fernen" – favorisieren, findet sich die in den 1970er-Jahren bevorzugte Gliederung eines Lehrplans nach allgemeingeographischen Aspekten nur noch in vergleichsweise wenigen Bundesländern (z. B. Nordrhein-Westfalen und Rheinland-Pfalz).

Seit Jahren bemühen sich auf der Bundesebene verschiedene Akteure um eine einheitlichere Ausrichtung der Lehrpläne im Fach Geographie (vgl. z. B. den „Grundlehrplan" des Verbandes deutscher Schulgeographen 1999, das „Curriculum 2000plus" der Deutschen Gesellschaft für Geographie). Das unumstritten wichtigste Bezugsdokument sind in diesem Zusammenhang die Nationalen Bildungsstandards im Fach Geographie, die festlegen über welche Kompetenzen Schülerinnen und Schüler am Ende der Sekundarstufe I verfügen sollen (DGfG 2017). Nachdem im Dezember 2004 feststand, dass die Kultusministerkonferenz die Erarbeitung Nationaler Bildungsstandards auf die Kernfächer und die Naturwissenschaften beschränkt, beauftragte die Deutsche Gesellschaft für Geographie (DGfG) eine Arbeitsgruppe von Geographiedidaktikern und Schulgeographen mit der Erarbeitung entsprechender Kompetenzen und Standards für den mittleren Schulabschluss im Fach Geographie. Verabschiedet wurden diese nach einem langwierigen Diskussionsprozess im März 2006 als Konsenspapier aller geographischen Teilverbände (Hemmer & Hemmer 2013). Für das Fach Geographie wurden – in Korrespondenz zu den bereits vorliegenden Bildungsstandards der übrigen Unterrichtsfächer sowie im Hinblick auf eine Profilschärfung des eigenen Faches – sechs Kompetenzbereiche ausgewiesen: 1. Fachwissen, 2. Räumliche Orientierung, 3. Erkenntnisgewinnung/Methoden, 4. Kommunikation, 5. Beurteilung/Bewertung, 6. Handlung (Abb. A). Die Nationalen Bildungsstandards sind im Kontext eines generellen Paradigmenwechsels in der Bildungspolitik der Bundesrepublik Deutschland zu betrachten, der sich unter dem Schlagwort „kompetenzorientiertes Lehren und Lernen" in drei eng miteinander verknüpften Akzentverschiebungen manifestiert: Neben einer stärkeren Output-Orientierung und der Verpflichtung, sämtliche Prozesse im Unterricht vom Ziel her zu denken, das heißt von den Kompetenzen und Standards, die ein Schüler am Ende der Sekundarstufe I erworben haben soll, wird die Konzentration auf den Kern eines Faches postuliert. Insbesondere die letztgenannte Forderung bietet eine große Chance für alle am Wissenstransfer beteiligten Akteure, da sie eine auf die grundlegenden Dimensionen geographischen Denkens und Handelns verdichtete Standortbestimmung und (Neu-) Positionierung des Faches. Die Implementierung eines kompetenzorientierten Lehrens und Lernens, die von der Erstellung neuer Kernlehrpläne und schulinterner Curricula über eine neue Aufgabenkultur und die Bereitstellung empirisch belastbarer Kompetenzmodelle bis hin zu unterschiedlich akzentuierten Messinstrumenten in der Kompetenzdiagnostik reicht, ist in der Unterrichtspraxis unterschiedlich weit vorangeschritten.

Neben der Tendenz zu einem einheitlicheren Auftritt des Faches Geographie deuten sich in der inhaltlichen Ausrichtung des Faches einige Akzentverschiebungen an. Allen voran ist hier die angestrebte Aufwertung der Physischen Geographie zu nennen. Obgleich sich das Fach als Zentrierungsfach der schulrelevanten Inhalte aller Geowissenschaften und Brückenfach zwischen natur- und gesellschaftswissenschaftlicher Bildung versteht, wurde die Physische Geographie im Zuge der Neuorientierung des Schulfaches in den 1970er-Jahren und der Zuordnung zum gesellschaftswissenschaftlichen Aufgabenfeld in der Vergangenheit vielfach stark vernachlässigt. Unterschiedliche Interessengruppen, allen voran die GeoUnion der Alfred-Wegener-Stiftung, bemühen sich gegenwärtig um eine Stärkung der naturwissenschaftlichen Anteile im Fach. Des Weiteren ist zu erwarten, dass aktuelle, in der Geographiedidaktik diskutierte Themen wie beispielsweise die Bildung für nachhaltige Entwicklung, der Umgang mit heterogenen und inklusiven Lerngruppen sowie der Umgang mit digitalen Geo-Medien mittelfristig eine Stärkung im Geographieunterricht erfahren werden.

Trotz der Wertschätzung, die das Fach Geographie in der Öffentlichkeit und im Schülerinteresse findet, ist aus fachpolitischer Sicht kein Grund zur Entwarnung gegeben. Die Konkurrenz, Lobby und Etablierung neuer (und alter) Unterrichtsfächer, der fehlende Status als PISA-Fach sowie die Einrichtung von Integrationsfächern, die vor dem Hintergrund der negativen Erfahrungen in den USA, in Japan und Großbritannien nicht nachvollziehbar ist (Haubrich 1997), können den seit Beginn der 1970er-Jahre stattfindenden Stundenabbau in der Sekundarstufe I weiter beschleunigen. Problematisch ist zudem die Stellung des Faches in der gymnasialen Oberstufe. Eine Gesellschaft, der die Zukunft unseres Planeten Erde und das friedliche Zusammenleben aller Menschen am Herzen liegt, bedarf einer umfassenden, wertorientierten geographischen Bildung im Aktionsraum der Schule und darüber hinaus.

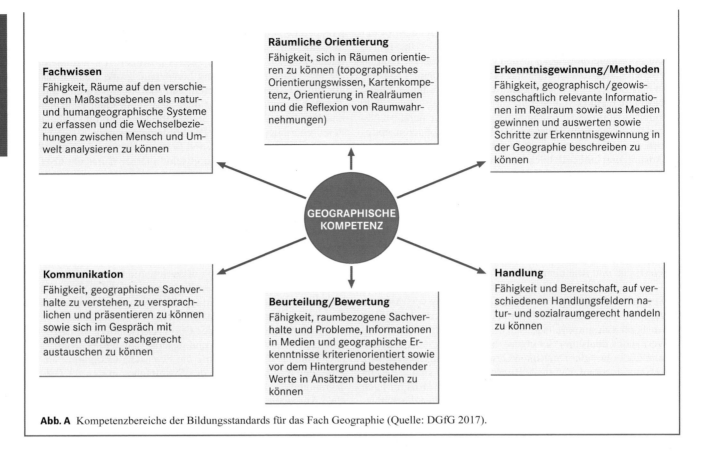

Räumliche Orientierung
Fähigkeit, sich in Räumen orientieren zu können (topographisches Orientierungswissen, Kartenkompetenz, Orientierung in Realräumen und die Reflexion von Raumwahrnehmungen)

Fachwissen
Fähigkeit, Räume auf den verschiedenen Maßstabsebenen als natur- und humangeographische Systeme zu erfassen und die Wechselbeziehungen zwischen Mensch und Umwelt analysieren zu können

Erkenntnisgewinnung/Methoden
Fähigkeit, geographisch/geowissenschaftlich relevante Informationen im Realraum sowie aus Medien gewinnen und auswerten sowie Schritte zur Erkenntnisgewinnung in der Geographie beschreiben zu können

GEOGRAPHISCHE KOMPETENZ

Kommunikation
Fähigkeit, geographische Sachverhalte zu verstehen, zu versprachlichen und präsentieren zu können sowie sich im Gespräch mit anderen darüber sachgerecht austauschen zu können

Beurteilung/Bewertung
Fähigkeit, raumbezogene Sachverhalte und Probleme, Informationen in Medien und geographische Erkenntnisse kriterienorientiert sowie vor dem Hintergrund bestehender Werte in Ansätzen beurteilen zu können

Handlung
Fähigkeit und Bereitschaft, auf verschiedenen Handlungsfeldern natur- und sozialraumgerecht handeln zu können

Abb. A Kompetenzbereiche der Bildungsstandards für das Fach Geographie (Quelle: DGfG 2017).

Tatsächlich findet sich heute kaum noch ein Wirtschaftsbereich, in dem man nicht auf Universitätsabsolventen bzw. -absolventinnen der Geographie stößt. Geographen und Geographinnen können zu Recht von sich behaupten, dass sie erfolgreich neue Berufsfelder erobert haben, ohne an Bedeutung bei den klassischen Arbeitgebern wie der öffentlichen Hand oder privaten Planungsbüros eingebüßt zu haben. Durch die große Vielfalt der Themen und die notwendige Spezialisierung schon während des Studiums stellt sich der „geographische Arbeitsmarkt" jedoch häufig als eine etwas unübersichtliche Welt von Nischen dar, die ein einheitliches berufliches Profil des Geographen bzw. der Geographin erschwert.

Doch wo und woran arbeiten Geographen und Geographinnen heutzutage? Auf diesem knappen Raum können selbstverständlich nicht alle Aufgabenfelder und Berufe erschöpfend dargestellt werden, aber es soll versucht werden, die unübersichtlich erscheinende Bandbreite etwas zu strukturieren. Ganz grob differenziert lassen sich vier Berufsfelder unterscheiden:

- **Berufsfeld „Räumliche Planung":** Der Bereich „Räumliche Planung" umfasst Tätigkeiten in der Stadt-, Regional- und Landesplanung sowie den einzelnen Fachplanungen wie der Verkehrs- und Sozialplanung (z. B. im Kontext des demographischen Wandels). In diesen Bereich fällt auch das Themenfeld Wirtschaft, sei es im Rahmen der Wirtschafts- und Strukturpolitik oder als praktische Aufgabe in der re-gionalen oder kommunalen Wirtschaftsförderung bzw. in der Immobilienwirtschaft, wo viele Anthropo-, Kultur- und Wirtschaftsgeographen in den letzten 10–20 Jahren Arbeit gefunden haben – und in denen sie längst keine Exoten mehr darstellen.

- **Berufsfeld „Umwelt, Natur und Landschaft":** Der Bereich Umwelt, Natur und Landschaft wendet sich mehr an die Absolventinnen und Absolventen mit einem Schwerpunkt in der Physischen Geographie und befasst sich mit Themen wie Umwelt- und Landschaftsplanung, Natur- und Umweltschutz (z. B. UVP und Öko-Audit), Altlastensanierung und Biotopkartierung oder auch Geoökologie und Bodenkunde. Auch hier sind sowohl die praktische Aufgabe als auch das entsprechende Politikfeld relevant. Der Bereich des Umweltrechts spielt als Ergänzung im Studium eine zunehmend wichtige Rolle und wird entsprechend auch in der universitären Ausbildung vielfach durch externe Lehrbeauftragte in das Geographiestudium integriert. Gerade die integrierende Fachkompetenz innerhalb der Geographie mit den Säulen der Physischen und der Humangeographie ist in diesem Themenfeld als Kernkompetenz herauszustellen.

- **Berufsfeld „Entwicklungszusammenarbeit":** Im Bereich der Entwicklungszusammenarbeit ergeben sich ebenfalls eine Reihe von Berufsfeldern – sowohl in Regierungsorganisationen (in Deutschland z. B. in der GIZ = Gesellschaft für internationale Zusammenarbeit) als auch in zahlreichen Nichtregierungsorganisationen (z. B. in kirchlichen Hilfs-

Exkurs 3.5 Alumni-Studie zu Beschäftigung und beruflichem Erfolg von Geographinnen und Geographen

Hans Gebhardt

Eine umfangreiche Befragung der Geographie-Absolventinnen und -Absolventen des Heidelberger Geographischen Instituts von 1972–2015 ergab interessante Einblicke nicht nur in bevorzugte Beschäftigungsfelder, sondern auch in den beruflichen Erfolg von Geographinnen und Geographen. Insgesamt konnten 330 Absolventinnen und Absolventen einbezogen werden (Abb. A).

Neben den Berufsfeldern Universität und Forschung sowie Bildung und Schule wurden Geographische Informationssysteme, Umwelt und Naturschutz sowie Consulting als wichtigste Berufsfelder genannt. Klassisch geographische Felder wie Stadtentwicklung oder Raumplanung waren nur schwach vertreten. Verschiedene Industriebranchen wurden dagegen häufiger genannt. Dies lässt auf einen Wandel der Position von Geographen und Geographinnen auf dem Arbeitsmarkt schließen, da sich diese zunehmend auch außerhalb genuin geographischer Berufsfelder etablieren können.

Heidelberger Geographinnen und Geographen waren zu allen Zeiten deutlich erfolgreicher auf dem Arbeitsmarkt als es dem üblichen Image des Faches entspricht; ihre beruflichen Karrieren entsprechen in keiner Weise dem weit verbreiteten Bild des Geographen, der als Generalist auf dem Arbeitsmarkt auf eine nur geringe Nachfrage trifft und einen beschwerlichen Start in das Berufsleben hat. Jeweils knapp die Hälfte der Absolventinnen und Absolventen hatte sofort einen Übergang in den Arbeitsmarkt gefunden, weniger als 15 % suchten länger als ein halbes Jahr. Nahezu ein Viertel der Befragten fanden die erste Beschäftigung ohne die Notwendigkeit einer formalen Bewerbung oder eines Vor-

stellungsgesprächs. Drei Viertel aller Absolventinnen und Absolventen befanden sich zum Zeitpunkt der Befragung in unbefristeten Vollzeitbeschäftigungsverhältnissen. Ein Drittel aller Absolventinnen und Absolventen hat eine Beschäftigung mit Führungsverantwortung inne.

Quelle: Glückler & Kouvaris (2016)

Abb. A Berufs- und Tätigkeitsfelder der Beschäftigung von Heidelberger Absolventinnen und Absolventen von 1972–2015 ($N = 266$).

werken und sozialen Diensten wie Caritas, Rotes Kreuz oder Welthungerhilfe).

- **Berufsfeld „Information und Kommunikation“:** Dieser Bereich befasst sich inhaltlich zwar auch mit den bereits geschilderten Themenfeldern, legt jedoch den beruflichen Schwerpunkt auf die Aufbereitung der Informationen für Presse und Medien oder auch auf die Erhebung und Interpretation von Daten verschiedenster Art. Die Arbeitsplätze sind Bereichen wie Öffentlichkeitsarbeit, Verlagswesen, Statistik und Marktforschung zugeordnet. In dieses Berufsfeld können auch Tätigkeiten in der Mediation gehören, beispielsweise im urbanen Quartiersmanagement oder bei baulich-infrastrukturellen Großprojekten.

Diese Themenfelder werden nicht nur in der beruflichen, angewandt-geographischen Praxis, sondern auch in Wissenschaft und Forschung bearbeitet, beispielsweise an Universitäten und Instituten (z. B. BBSR = Bundesinstitut für Bau-, Stadt- und

Raumforschung). Somit weist neben der inhaltlichen, aufgabenbezogenen Differenzierung auch die Palette möglicher Arbeitgeber eine große Vielfalt auf: Geographinnen und Geographen arbeiten entsprechend sowohl bei der öffentlichen Hand, z. B. in der planenden Verwaltung, bei den Stadtwerken, in der Hochschule oder in der Fachpolitik, als auch in der Privatwirtschaft, z. B. bei Planungsbüros, internationalen Beraterhäusern, in der Medienwirtschaft oder bei Forschungsinstituten. Etwa jeder zehnte Geograph betreibt als **Selbständiger** sein eigenes Unternehmen.

Zahlen zum Arbeitsmarkt von Geographen und Geographinnen sind nur eingeschränkt verfügbar und bedingt aussagekräftig. Zum einen liegt das an der nicht kohärenten statistischen Erfassung innerhalb der Geowissenschaften, zum anderen werden durch die neu strukturierten Bachelor- und Masterstudiengänge in der Titulierung inhaltlich eindeutig geographisch ausgerichtete Studiengänge nicht mehr als solche benannt.

Vielfach stellt der Berufseinstieg für Geographinnen und Geographen nach ihrem Universitätsabschluss eine erste Hürde in der Berufslaufbahn dar. Dies ist allerdings kein geographiespezifisches Phänomen, sondern lässt sich in vielen anderen akademischen Berufen ähnlich beobachten. Aufgrund der Breite der Ausrichtung ist es daher wichtig, sich als Hochschulabgänger oder Hochschulabgängerin nicht nur nach Stellen umzuschauen, die explizit für Geographen und Geographinnen ausgeschrieben sind, sondern stets auch auf Stellenanzeigen benachbarter Disziplinen wie Raumplanung oder Sozial- und Wirtschaftswissenschaften zu achten. Nichtsdestotrotz sind in der letzten Zeit verstärkt spezifische Ausschreibungen (auch) für Geographinnen und Geographen zu verzeichnen. Als hilfreich erwiesen hat sich dabei, dass diese Einstiegshürde schon während des Studiums minimiert wird, z. B. über externe Praktika (möglicherweise sogar in größerem Umfang als es die Studienordnungen vorschreiben), über den Besuch von Lehrveranstaltungen, die von Praktikern als Lehrbeauftragte geleitet werden, über den Aufbau eines externen Netzwerkes im jeweiligen Spezialisierungsgebiet sowie durch eine einschlägig praxisrelevante Themenausrichtung der Bachelor- bzw. Masterarbeit (möglicherweise sogar in Kooperation mit einer Problemstellung und einem Partner aus Wirtschaft oder Verwaltung).

Für welches Berufsfeld man sich auch entscheidet: Solide Kenntnisse in Planungsrecht und Volkswirtschaftslehre sowie der sichere Umgang mit empirischen Methoden und Statistiken sind oftmals unerlässlich. Kompetenzen in Kartographie, Fernerkundung, GIS und Geoinformatik bieten erhebliche Vorteile bei der Jobsuche in allen geographierelevanten Berufsfeldern. Der Erfolg der Geographie im Arbeitsmarkt geht zudem auf die breite Einsetzbarkeit und Flexibilität des **„spezialisierten Generalisten"** zurück, der in der Lage ist, sich rasch in neue Themenfelder einzuarbeiten, Diskussionen zu moderieren und mit Präsentationen und Texten zu überzeugen und auf einer räumlichen Grundbasis integriert und vernetzt Problemstellungen anzugehen. Ein breites Interesse mit der Lust, über den „Tellerrand" zu blicken, sollten Studienanfänger und -anfängerinnen daher mitbringen. Da Geographen und Geographinnen oft in der Politikberatung oder politiknah arbeiten, sind politisches Interesse und ein Einblick in das Funktionieren von Politik und Gesellschaft von Vorteil.

Studierenden und Absolventinnen bzw. Absolventen sei empfohlen, frühzeitig den Kontakt zu Praxis und möglichen Arbeitgebern zu suchen. Eine gute Möglichkeit hierzu bietet der **Deutsche Verband für Angewandte Geographie e. V. (DVAG)** als Vertreter der Interessen der Angewandten Geographie – der Geographie in der Praxis als querschnittsorientierte Anwendung und Umsetzung geographischer Erkenntnisse in Gesellschaft, Wirtschaft, Verwaltung und Politik. Er trägt mit seiner Arbeit dazu bei, dass sich die Geographie sowohl hinsichtlich ihrer Inhalte als auch ihrer Berufsfelder weiter profiliert. Zu den Angeboten des Verbands zählt daher neben Fachveranstaltungen und Öffentlichkeitsarbeit auch ein lebhaftes Netzwerk, das nicht nur bei der Suche nach Jobs und Praktikumsplätzen sehr geschätzt wird.

3.4 Die Geographie als Zukunftsfach

Hans Gebhardt, Rüdiger Glaser, Ulrich Radtke, Paul Reuber und Andreas Vött

„Ich denke nie an die Zukunft, sie kommt früh genug" – vermutlich hat Albert Einstein mit dieser ihm zugeschriebenen Einschätzung nicht unrecht. Zumindest die Geschichte von **Zukunftsvisionen** in der Vergangenheit zeigt, dass es meistens anders kommt, als man es sich vorstellt, und viele Versuche, die Zukunft zu skizzieren, einem Blick in den Kaffeesatz ähneln (Brehmer 1910, Smith 2010, Grandis 2012, Kaku 2013). Anhänger eines stärker naturwissenschaftlich-szientistischen Weltbildes sehen die Zukunft der Menschheit eher in technisch orientierten Formen des **Erdmanagements**, ihr Weltbild ist geprägt von einer dem Grundgedanken der Moderne folgenden fortschrittsorientierten Perspektive, die sich derzeit beispielsweise in Schwerpunktbereichen wie Informationstheorie, *Operations Research* oder Bio- und Gentechnologie entfaltet. Andere bieten plausible „Formeln für nachhaltiges Wachstum" an (Weizsäcker et al. 2010). Interpretativ-geisteswissenschaftliche Denker hingegen betrachten nicht selten die großen aufklärerischen Zukunftsentwürfe der Moderne als gescheitert, die Positivdenker unter ihnen entwerfen alternative **Postwachstumsutopien**, die Schwarzseher schaudern vor der *brave new world* eines biotechnologischen Informationszeitalters – und projizieren diese Sicht auf einen generellen Untergang des „Raumschiffes Erde".

Emerging fields: Zukünftig wichtiger werdende Forschungsfelder

Trotz oder gerade wegen solcher Vieldeutigkeiten und der mit ihnen verbundenen Probleme bleibt der Versuch, zukünftige Entwicklungen in einer mittleren Reichweite in ihren Konturen sichtbar werden zu lassen, eine zentrale Forderung der Gesellschaft an die Wissenschaft. Welche Fragen in dieser Hinsicht auf die Geographie zukommen, lässt sich durchaus genauer eingrenzen. In dieser Hinsicht bilden die in Kap. 1 angesprochenen globalen Risiken und (Mega-)Trends (Abb. 1.1.) einen Ausgangspunkt für die Ableitung von Forschungsfeldern, wobei einige von ihnen stärker, andere weniger stark aus dem Forschungsfokus der Geographie heraus bearbeitet werden (können). Dies soll nachfolgend für die Physische Geographie und für die Humangeographie an einigen Beispielen exemplarisch gezeigt werden.

Für beide Teilbereiche des Faches bilden räumlich und zeitlich differenzierte **Folgen des globalen Klimawandels** ein wichtiges Zukunftsthema (Kap. 1). Im Bereich der Physischen Geographie wird hier, basierend auf der weiterführenden Analyse der komplexen ökologischen Wirkungsnetze sowie der daran gekoppelten Ökosystemleistungen, u. a. das Monitoring des weltweiten Zustands sowie der zukünftigen Entwicklung und der daraus resultierenden regionalen Konsequenzen für das menschliche

Wohlergehen (*human well-being*) im Mittelpunkt stehen. Weitere Postulate sind die Quantifizierung von Stoff- und Energieflüssen, die Notwendigkeit der Modellierung und „Vorhersagbarkeit". Zentrale Fokussierung erfährt in diesem Kontext die Frage, welche unumkehrbaren Effekte der Klimawandel haben wird. In diesem Kontext werden seit einigen Jahren sog. **Kippelemente** bzw. *tipping points* (Abschn. 2.4) im Klimasystem diskutiert (Abb. 2.9). Bei diesen „Achillesversen des Erdsystems" (PIK 2017) können bereits kleine anthropogen induzierte Impulse einen qualitativ neuen Zustand herbeiführen. Der Übergang nach dem Überschreiten eines systemspezifischen Kipppunktes kann sprunghaft binnen weniger Jahrzehnte wie im Fall der thermohalinen Tiefenwasserzirkulation, aber auch „kriechend", längerfristig erfolgen. Als solche Kippelemente werden derzeit u. a. das Schmelzen des arktischen Meereises und der Verlust des Grönländischen Eisschildes sowie Methanausgasungen aus den Ozeanen und Permafrostgebieten angesehen, ferner die Abschwächung der atlantischen thermohalinen Zirkulation und die Störung des El-Niño-Phänomens, gravierende Veränderungen im Monsunsystem sowie die Zerstörung der tropischen und borealen Waldsysteme und der Korallenriffe.

Vom Globalen Klimawandel abgesehen stellen auch endogen bedingte *natural hazards* (Kap. 30) wie große Vulkanausbrüche und starke Erdbeben weltweit Ereignisse dar, die auch in Zukunft meist ohne lange Vorwarnzeit eine Großzahl an Menschen betreffen, schlimmstenfalls ums Leben bringen und immense wirtschaftliche Schäden anrichten werden. Dies haben beispielsweise die verheerenden Erdbeben der vergangenen Jahre in Zentralitalien gezeigt. Seismo-tektonisch bedingte Naturereignisse wie der „Boxing Day Tsunami" von 2004 können innerhalb kurzer Zeit rund 250 000 Opfer fordern und Millionen von Menschenleben nachhaltig beeinträchtigen.

Ein weiterer Komplex globaler Risiken, an dessen wissenschaftlicher Analyse die Physische Geographie stark beteiligt ist, sind der **Landnutzungswandel** und der **Verlust an Biodiversität**. Sie finden ihren Ursprung in der globalen Entwaldung und in zunehmenden Eingriffen der Gesellschaften in Ökosysteme, die mit einem Rückgang der Biodiversität (Rockström et al. 2009) bzw. der *biosphere integrity* und einem dramatischen Artensterben verbunden sind. Die paläontologische Forschung geht davon aus, dass es seit Entstehung des Lebens fünfmal zu einem massenhaften **Artensterben** kam (Big Five; Abschn. 11.6). Vor 252 Mio. Jahren, am Ende des Erdaltertums, verschwanden 75 % aller Landlebewesen und 95 % aller Meerestiere innerhalb – geologisch – kurzer Zeit. Die berühmteste Aussterbewelle ereignete sich vor rund 66 Mio. Jahren, als ein gewaltiger Meteorit die Erde traf und u. a. die Saurier verschwanden. Der globale Genpool von Flora und Fauna dünnt heute wiederum aus, was die Lebensgrundlagen der Menschheit zunehmend angreifen könnte. Inzwischen wird deshalb von einer neuen, sechsten Periode des Artensterbens gesprochen.

Bereits hier wird deutlich, dass der Rückgang der Biodiversität bzw. der Verlust der *biosphere integrity* kein objektives Problem an sich darstellt, sondern er wird es erst aus der Betrachtung der **gesellschaftlichen Folgen** heraus. Insofern ist die Debatte um Biodiversität aus Sicht der Humanwissenschaften auch ein

normativ-politischer Diskurs, aus dem sich neue Anforderungen an wissenschaftliche Untersuchungen ergeben. Flitner et al. (1998) stellen fest, dass der Forschungsgegenstand „biologische Vielfalt" erst entstanden ist, als bisher getrennte naturwissenschaftliche Bereiche aufeinander bezogen und zusammengefasst wurden. „Die Einheit des Gegenstands Biodiversität ist nicht einfach natürlich gegeben, sondern das Produkt begrifflicher und methodischer Entwicklungen, bei denen Taxonomie, Ökologie, Agrarwissenschaften und andere Teilbereiche der Biowissenschaften synthetisiert wurden" (ebd.). Ob demnach Biodiversität als eher positiv oder negativ bewertet wird, ist objektiv schwierig zu begründen. Eine solche Einschätzung unterliegt gesellschaftlichen Bewertungen und Regelungen, normativen Vorstellungen im Kontext der Nachhaltigkeitsdebatte und stellt aus geographischer Sicht nicht nur ein Forschungsfeld für naturwissenschaftlich ausgerichtete physisch-geographische Analysen, sondern gleichzeitig humangeographisch gesehen ein Konfliktfeld unterschiedlicher Interessen dar, u. a. zwischen Schutz und Nutzung der tropischen oder borealen Wälder, zwischen ökologischen Erhaltungsansprüchen, agrar- oder forstwirtschaftlichen Nutzungsformen und biotechnologischen Verwertungsinteressen. In diesem **Konfliktfeld** finden sich entsprechend indigene Gruppen und globale Umwelt-NGOs ebenso wieder wie verschiedenste machtvolle ökonomische und politische Akteure.

Zusätzlich zu den angesprochenen Gesellschafts-Umwelt-Themen verändern derzeit eine Reihe von globalen Dynamiken und Risikoentwicklungen (Kap. 1) die politischen, ökonomischen und sozialen Verhältnisse in vielen Teilen der Welt dramatisch. Diese Verschiebungen haben immer auch eine räumliche Dimension, sie führen zu neuen global-lokalen Geographien von Teilhabe und Ungleichheit, von An- und Enteignung, von Ein- und Ausgrenzung. Deren Analyse steht im Mittelpunkt weiterer zukunftsorientierter Forschungsschwerpunkte in der Humangeographie. Sie untersuchen z. B.:

- globalisierte Bedingungen und regionale Folgen des globalen Finanzkapitalismus
- Geographien der globalisierten Ökonomie unter den Bedingungen von Industrie 4.0 (Exkurs 3.6)
- Geographien globaler Migrationsströme unter den Bedingungen zunehmender Unsicherheit und der Veränderung von Lebensgrundlagen in den Ländern des Globalen Nordens und Südens
- Veränderungen der global-lokalen politischen Geographien unter den Bedingungen der Neukonfiguration geopolitischer Macht- und Konfliktkonstellationen
- zunehmende sozialräumliche Disparitäten auf verschiedenen Maßstabsebenen, Krisen sozialer Kohäsion, Defizite sozialer Gerechtigkeit in einer von neoliberaler Politik befeuerten globalisierten Welt
- Veränderungen global-lokaler Lebensbedingungen in den Bereichen der ungleichen Geographien von Einkommen und Wohlstand, der *geographies of gender*, der *geographies of health* (Kap. 26) etc.

Mit all diesen Themen verwoben sind neue Risiken der Versicherheitlichung, Kontrolle und Überwachung, die durch die galoppierende Entwicklung der **Digitalisierung** eine zusätzli-

Exkurs 3.6 Kryptowährungen und Ökologie

Die zweite Jahreshälfte 2017 war in der Finanzwelt von einem Hype der Kryptowährung Bitcoin bestimmt. Ein in der Öffentlichkeit wenig beachteter Aspekt ist der irre Energieverbrauch beim „Schürfen" der Kryptowährung. Inzwischen verbraucht die Bitcoin-Welt für die Produktion ihrer virtuellen Währung so viel Strom wie die gesamte dänische Volkswirtschaft. Auf 32,4 Terawattstunden schätzt der „Digiconomist" Alex de Vries den Jahresverbrauch 2017. Zum Vergleich: Dänemark konsumiert 33 Terawattstunden im Jahr (spiegel.de 2017). Wer Bitcoins durch komplexe Berechnungen auf seinen Computern herstellt, wird dafür in der Kryptowährung entlohnt.

Der Grund für den Energiehunger ist konstruktionsbedingt: Bitcoins werden digital erschaffen, sie entstehen durch sog.

„Schürfen", bei dem Computer immer komplexere Rechenaufgaben lösen. Je mehr Rechen-Power sich an dem Prozess beteiligt, umso komplexer wird die Rechnung. Neue Bitcoins lassen sich nur noch mit extrem schnellen speziellen Prozessoren erzeugen, die meist in großen Server-Farmen in den USA und vor allem in China extra für diesen Zweck gebaut sind und immer größere Strommengen konsumieren.

Der Hype um die Kryptowährung Bitcoin wird vielleicht bald Geschichte sein, der Ressourcenverbrauch durch zunehmende digitale Steuerung, Cloud-Computing und Server-Farmen hingegen wird weiter zunehmen und Bemühungen zur Energieeinsparung oder -effizienz konterkarieren. Wäre das Internet ein Land, hätte es schon heute nach einer Studie von Greenpeace den weltweit sechstgrößten Stromverbrauch.

che Dynamik erfahren. Wie und in welcher Tragweite sich der weltweite Ausbau von Informationstechnologien und ihren Netzwerken zu handfesten Bedrohungsszenarien unterschiedlichster Art auswirken kann, ist Gegenstand einer breiter werdenden gesellschaftlichen Debatte, deren Konsequenzen und Orwell'schen Formen von Raumproduktionen in der Literatur ausgelotet, in der Forschung aber erst ansatzweise bearbeitet werden.

So hat der österreichische Romanautor Marc Elsberg in den letzten Jahren mit drei fiktionalen Romanen Furore gemacht, in denen er potenzielle neue globale Risiken im 21. Jahrhundert mit weitreichenden, auch räumlich-materiellen Konsequenzen thematisiert. In seinem ersten Buch „Black Out" (2012) brechen an einem kalten Februartag sukzessive die Stromnetze in Europa aufgrund eines Hackerangriffs auf die computergesteuerten Steuerungsanlagen von Elektrizitätsversorgern zusammen, mit fatalen Folgen für auf Kühlsysteme angewiesene Kernkraftwerke, aber auch mit erschreckenden Folgen für die betroffenen Gesellschaften, in denen jeder gegen jeden um Nahrung und das Überleben kämpft. Der zweite Roman „Zero – sie wissen, was du tust" (2014) führt in eine Welt voller Kameras, Datenbrillen und Smartphones, in eine Welt von Datensammelexzessen staatlicher und privater Institutionen, aus der es kein Entkommen gibt. Der dritte Roman „Helix – sie werden uns ersetzen" (2016) widmet sich der gentechnischen Forschung und den Möglichkeiten, „neue" Menschen zu züchten, aber auch Gegner mittels „biologischer Waffen" auszuschalten. Die Romane von Elsberg machen deutlich, dass im 21. Jahrhundert einige globale Herausforderungen existieren, welche es in dieser Form bisher nicht gab. Dabei rückt für die Geographie neben politisch-geographischen Fragen der Raumproduktionen und -kontrolle auch das alte Thema der Infrastrukturen in neues Licht, das zukunftsrelevante Forschungsansätze weit über die Thematisierung des Versorgungsgedankens hinaus notwendig macht. Es geht um komplexere Analysen „kritischer Infrastrukturen" (Exkurs 3.7). Das Stromnetz ist nur eines von vielen Beispielen für eine solche „kritische Infrastruktur", das heißt eine Anlage bzw. ein System, die bzw. das von wesentlicher Bedeutung für die Aufrechterhaltung wichtiger gesellschaftlicher Funktionen, der Gesundheit,

der Sicherheit und des wirtschaftlichen oder sozialen Wohlergehens der Bevölkerung ist. Potenzielle Störungsursachen und Krisenauslöser bei kritischen Infrastrukturen sind technisches und menschliches Versagen, Terrorismus oder kriegerische Auseinandersetzungen (Neisser & Pohl 2013).

Der gesellschaftliche Kampf um den Deutungsanspruch der Wissenschaften

Mit diesen spannenden Themen und Arbeitsfeldern und hinterlegt mit einem breiten Methodenmix ist die Geographie im Gesamtkontext der **Forschungslandschaft** gut aufgestellt. Gleichzeitig steht sie als Teil der wissenschaftlichen Akademie einer gesellschaftlichen Situation gegenüber, welche wissenschaftliche Expertise stärker als in den Jahrzehnten zuvor grundsätzlich auf den Prüfstand stellt. Nachtwey (2016) ordnet diese Entwicklung in den breiteren Kontext einer als „Abstiegsgesellschaft" diagnostizierten regressiven Moderne ein (vgl. auch Geiselberger 2017). Unter diesen Bedingungen besäßen soziale Versprechen, die bis zum Ende des 20. Jahrhunderts die modernen europäischen Demokratien zusammengehalten hätten, aber auch in der Welt des Südens Hoffnungen geweckt hätten, keine uneingeschränkte Gültigkeit mehr, gleichzeitig gewinne im globalen Vergleich autokratisches gegenüber demokratischem Denken an Durchsetzungskraft (Nachtwey 2016). Die nachlassende Kraft der sozialen und politischen Verheißungen der Moderne schwächt auch den Glauben an ihre wichtigste Instanz zur Wahrheitsproduktion, die Wissenschaft als gesellschaftliche Institution mit ihrer spezifischen „Ordnung des Wissens".

„Postfaktisch" ist daher seit einigen Jahren zu einem politisch brisanten Modewort geworden, es wurde von der Gesellschaft für deutsche Sprache zum **Wort des Jahres 2016** gewählt. Die Wahrheit einer Aussage tritt dabei hinter den emotionalen Effekt der Aussage vor allem für die eigene Interessengruppe zurück, das mag in der Politik oder auch in den Medien sein.

Exkurs 3.7 Kritische Infrastrukturen in der Systematik des Bundesministeriums des Inneren

Das Bundesministerium des Inneren in Deutschland gliedert kritische Infrastrukturen, also Einrichtungen und Organisationen mit wichtiger Bedeutung für das staatliche Gemeinwesen, bei deren Ausfall oder Beeinträchtigung nachhaltig wirkende Versorgungsengpässe, erhebliche Störungen der öffentlichen Sicherheit oder andere dramatische Folgen eintreten würden, in neun Sektoren mit entsprechenden Branchen:

- Energie: Elektrizität, Gas, Mineralöl
- Wasser: öffentliche Wasserversorgung, öffentliche Abwasserbeseitigung
- Ernährung: Ernährungswirtschaft, Lebensmittelhandel
- Informationstechnik und Telekommunikation
- Gesundheit: medizinische Versorgung, Arzneimittel und Impfstoffe, Labore
- Finanz- und Versicherungswesen: Banken, Börsen, Versicherungen, Finanzdienstleister
- Transport und Verkehr: Luftfahrt, Seeschifffahrt, Binnenschifffahrt, Schienenverkehr, Straßenverkehr, Logistik
- Staat und Verwaltung: Regierung und Verwaltung, Parlament, Justizeinrichtungen, Notfall-/Rettungswesen einschließlich Katastrophenschutz

- Medien und Kultur: Rundfunk (Fernsehen und Radio), gedruckte und elektronische Presse, Kulturgut, symbolträchtige Bauwerke

All diese Infrastrukturen entwickeln ihre eigenen Logiken und Geographien und sie entwickeln dabei ihre jeweils spezifischen Ambivalenzen, die in ihren Auswirkungen das ganze Kaleidoskop zwischen Daseinsvorsorge und Kontrolle, zwischen gesellschaftlicher Fortentwicklung und Abhängigkeit, zwischen Möglichkeiten und Gefahren umgreifen können. Solche Szenarien aus den Dystopien der Literatur in ein empirisch gesichertes Licht zu rücken, wird entsprechend zu einem Desiderat an die Gesellschaftswissenschaften. Zu dieser Zukunftsaufgabe kann die geographische Analyse entsprechender gesellschaftlicher Umsetzungsformen in unterschiedlichen regionalen (und regulativen) Kontexten einen zentralen Beitrag leisten (z. B. im Vergleich zwischen liberalen Demokratien, Parteidiktaturen, Oligarchien), sie kann Wissen bereitstellen, das in Debatten über den kritisch-reflexiven Umgang mit neuen Möglichkeiten und Risiken einfließen kann und sollte.

(Quelle: bbk.bund.de)

Dieses Problem geht aber längst nicht nur die Medien an, es ist viel grundsätzlicher, betrifft auch den Kern des Selbstverständnisses von Wissenschaften in einem demokratischen, multipolaren Gesellschaftssystem. Entsprechend prominent ging es 2017 beim **march of science** um die generelle Rolle von Wissenschaft in der postfaktischen Welt. Seit dem Geographentag in Kiel 1969 wird die Forderung erhoben, die Geographie müsse anwendungsorientiert sein, Probleme in den Blick nehmen, Themen behandeln, die – wie es Dietrich Bartels schon 1970 gefordert hatte – eine Gesellschaft als mittelfristig bedeutsam ansieht. Was aber passiert, wenn diese Gesellschaften immer weniger an solch wissenschaftlicher Expertise interessiert sind, ja eine regelrechte Abneigung gegen Gutachten und wissenschaftlich Befunde entwickeln und die Ansicht vertreten, dass Wissenschaft getrost durch alternative Fakten ersetzt werden kann? Gegenüber solchen Tendenzen von regressiver Moderne und postfaktischem Zeitalter muss sich auch die Geographie in ihrer gesellschaftlichen Rolle als wissenschaftliche Disziplin einigen grundsätzlichen Fragen stellen:

- Wie kann die Geographie gegen die Inflation postfaktischer Weltbilder mit ihren Forschungen für die gesellschaftliche Errungenschaft und den Mehrwert einer transparenten, nachvollziehbar organisierten Form der raumbezogenen Forschung und „Wahrheitsproduktion" werben/einstehen? Wie kann sie die Bedeutung entsprechender Expertise sowohl für raum- und planungsbezogene Anwendungsfelder als auch für die kritische Reflexionskultur über gesellschaftliche Raumproduktionen stärker kommunizieren?
- Wie kann die Geographie den durch geopolitische und geoökonomische Machtasymmetrien beförderten Geographien auf konzeptioneller wie angewandter Ebene begegnen, wie

definieren sich in diesem Feld Themen und Aufgaben einer kritischen, auch politisch ambitionierten Geographie?
- Wie reagiert die Geographie insbesondere auf Entwicklungen der Produktion alternativer *geographical imaginations*, die etwa durch neopatrimoniale und autoritäre Herrschaftssysteme in Kraft gesetzt werden? Wie kann das Fach den sich gerade in diesem Feld rekonstituierenden und verstärkenden Verführungen neonationalistischer Strömungen und Diskurse kritisch entgegenwirken?

Die Geographie wird mit solchen Entwicklungen aktiv umgehen müssen. Sie wird neben ihrer in der Praxis bewährten und in vielen Berufsfeldern nachgefragten **Anwendungsorientierung** gut daran tun, stärker als bisher auch **kritisches Wissen** für die zu erwartenden gesellschaftlichen Debatten und Konflikte bereitzustellen – und dabei auch die neuen Möglichkeiten digitaler Medien und Kommunikationsformen zu nutzen (Exkurs 3.9). Dies kann über den Weg der politischen Bildung geschehen, ein weiterer zentraler Weg ist die Schule, z. B. in Form einer ambitionierten Erweiterung der Ausbildungsinhalte in den lehramtsbezogenen Studiengängen und im wissenschaftspolitischen Engagement bei der notwendigen inhaltlichen Anpassung von Curricula für den Erdkundeunterricht. Die Geographie ist für diese Herausforderungen wohl teilweise besser als andere Fächer gerüstet. Sie ist ein theoretisches und empirisches Fach und zeichnet sich dadurch aus, dass in empirischer Forschungsarbeit anhand konkreter Fallbeispiele verschiedene Perspektiven und Ansätze zusammengeführt werden. Im Falle der oben angeführten Probleme geht es um Gesellschafts-Umwelt-Technik-Forschung, um das Zusammendenken (quasi)-natürlicher Abläufe, technischer Eingriffe, gesellschaftlicher Aushandlungsprozesse und Folgen für das globale System.

Exkurs 3.8 Suchmaschinen und soziale Medien in China

Gängige Suchmaschinen und soziale Medien wie Google oder Facebook sind in China blockiert. An ihre Stelle sind ähnlich designte chinesische Medien getreten, die baidu. com (statt Google) bzw. weibo.com (statt Facebook) heißen. Abgesehen von der dadurch ermöglichten staatlichen Kontrolle der Mediennutzung lebt die Bevölkerung Chinas damit in einer eigenen Informationswelt, welche sich deutlich von der in der westlichen Welt unterscheidet. Am Beispiel des Stichworts *„tianmen square"* wird dies deutlich (Abb. A).

Im Herbst 2015 kündigte China die Einführung eines *social credit systems* an, mit dem ab 2020 die Bevölkerung des Landes nach verschiedenen Kriterien bewertet werden soll. Die Idee ist ein datengestütztes, soziales Bonitätssystem für viele Lebensbereiche. Chinesen erhalten dort Punkte gutgeschrieben oder abgezogen und werden in ihrer Vertrauenswürdigkeit „geratet". Was Elsberg in „Zero" mit dem „ManRank-System", einer Rangliste aller Internet-User bezüglich ihres sozialen Werts, noch als Fiktion vorgestellt hatte, wird damit (fast) schon Wirklichkeit.

Abb. A Am Beispiel des Stichworts *tianmen square* wird dies deutlich. Während auf „Google" eine Fülle von Seiten auftaucht, welche sich der gewaltsamen Niederschlagung von studentischen Protesten im Jahr 1989 widmen, wird in den wenigen Stichworten auf baidu das „Massaker" als *„myth"*, als Gerücht oder Märchen, beschrieben.

Zu dieser Entwicklung tragen auch die **sozialen Netzwerke** des digitalen Zeitalters mit ihrer eigenen Dynamik machtvoll bei. Sie erodieren den Deutungsanspruch wissenschaftlicher Aussagen- und Wahrheitsproduktion durch die inflationäre Erfindung und Verbreitung sog. alternativer Fakten und *fake news*. Anfangs von den Leitmedien noch als Verschwörungstheorien kleiner weltfremder Teilöffentlichkeiten abgetan, werden sie mittlerweile selbst vom amerikanischen Präsidenten Trump und seinem Umfeld als biegsame, willfährige Erklärungslogiken ins Volk gewittert. Auf diese Weise besteht die Gefahr, dass „Wahrheit" (im Sinne des wissenschaftlichen Ideals logisch nachvollziehbarer, methodisch abgesicherter und damit transparent gestalteter Aussagesysteme) gleichsam vom Kopf und von den Füßen der Gesellschaft her infrage gestellt wird. Und mit „Transparenz" als Gütekriterium verhält es sich ebenso, wenn beispielsweise in Staaten wie China die Zensur in den neuen sozialen Medien selektive „Geographien des Unsichtbaren bzw. Unsichtbarmachens" erzeugt, die mit

ihren Kontroll- und Selektionsstrategien von vornherein nur eingeschränkte „Fake"-Raumkonstruktionen (Beispiel Tibet) und/oder Geschichtsschreibungen entstehen lassen (Exkurs 3.8).

Schließlich und vor allem ist Geographie ein farbiges und buntes Fach, das nicht nur Expertinnen und Experten sowie Wissenschaftlerinnen und Wissenschaftler anspricht, sondern prinzipiell auch eine etwas wissenschaftsmüde Öffentlichkeit erreichen kann. Das wird aber nur geschehen, wenn Geographie ein gesellschaftspolitisch engagiertes, kritisches Fach bleibt und Qualitätsdiskurse nicht mehr allein über die Anzahl von *peer-review papers* in anglophonen Journalen mit hohem Impact-Faktor geführt werden, sondern vor allem der gesellschaftspolitische Wert geographischer Expertise in den kritischen Diskussionen um Weltbilder und Raumproduktionen von morgen und deren Materialisierung und „Verhandlung" vor Ort in den Mittelpunkt gestellt werden.

Exkurs 3.9 *Future Rural Africa*

Ein Beispiel für ein auf einem sozialökologischen theoretischen Konzept basierendes, zukunftsorientiertes und multiperspektivisch ausgerichtetes großes Forschungsprojekt bietet der Sonderforschungsbereich (SFB) „Zukunft des ländlichen Afrika" an den Universitäten Bonn und Köln, der zunächst von 2018–2022 gefördert wird. Das Team untersucht die Zukunft des ländlichen Afrika hinsichtlich seiner Entwicklungsperspektiven und Transformationen aus einer neuen Perspektive, insofern als der Einfluss von Visionen von der Zukunft bezogen auf den Landnutzungswandel in Afrika untersucht wird. Im Unterschied zu einer gängigen postkolonialen Perspektive stehen im Mittelpunkt nicht „Visionen" von internationalen Expertinnen und Experten, sondern die afrikanischen Akteure und deren Vorstellungen, Wünsche und Erwartungen in Hinsicht auf die Gestaltung künftiger Entwicklungen. Es wird dabei unterschieden zwischen Zukunftskonzepten, die Wahrscheinlichkeiten, Prognosen und Modelle in den Mittelpunkt stellen, und Konzepten, die Zukunft in Form von Visionen, Wünschen und Hoffnungen begreifen.

Literatur

Barsch et al (2000) Arbeitsmethoden in Physiogeographie und Geoökologie. Gotha, Stuttgart

bbbk.bund.de, https://www.bbk.bund.de/SharedDocs/Downloads/BBK/DE/Downloads/Kritis/neue_Sektoreneinteilung.pdf;jsessionid=682C2028A9C2B57F9E05B3A1B55EAA64.1_cid355?__blob=publicationFile (Zugriff 5.2.2018)

Beck H (1973) Geographie. Europäische Entwicklung in Texten und Erläuterungen. Freiburg, München

Boeckler M, Dirksmeier P, Ermann U (2014) Geographien des Performativen. Geographische Zeitschrift 102: S. 129–133

Bradley RS, Jones PD (1992) Climate since 1500. London

Brehmer A (1910) Die Welt in 100 Jahren (Nachdruck 2010). Hildesheim

Brunotte E, Gebhardt H, Meuerer M, Meusburger P, Nipper J (Hrsg) (2001) Lexikon der Geographie. 4. Bd. Heidelberg

Burgard G et al (1970) Bestandsaufnahme zur Situation der deutschen Schul- und Hochschulgeographie. In: Tagungsbericht und wissenschaftl. Abhandlungen, Geographentag Kiel. Wiesbaden. 191–232

Christaller W (1933) Die zentralen Orte in Süddeutschland. Eine ökonomisch-geographische Untersuchung über die Gesetzmäßigkeit der Verbreitung und Entwicklung der Siedlungen mit städtischen Funktionen. Jena

DGfG (Deutsche Gesellschaft für Geographie) (Hrsg) (2017) Bildungsstandards im Fach Geographie für den Mittleren Schulabschluss – mit Aufgabenbeispielen. Berlin

Egner H (2010) Theoretische Geographie. Darmstadt

Ehlers E (1996) Die Einsamkeit der deutschen Geographie – einige Anmerkungen zur deutschen Geographie im internationalen Kontext. In: Mäusbacher R, Schulte A (Hrsg) Beiträge zur Physiogeographie. Festschrift für Dietrich Barsch. Heidelberger Geographische Arbeiten 104: 24–36

Flitner M, Görg C, Heins V (Hrsg) (1998) Konfliktfeld Natur. Biologische Ressourcen und globale Politik. Opladen

GDSU (Gesellschaft für die Didaktik des Sachunterrichts) (2013) Perspektivrahmen Sachunterricht. 2. Aufl. Bad Heilbrunn

Geiselberger H (Hrsg) (2017) Die große Regression. Eine internationale Debatte über die geistige Situation der Zeit. Berlin

geographie-studieren.de, http://geographie-studieren.de/geographie/geographie-zitate/ (Zugriff 4.1.2018)

Glade T, Albini P, Frances F (eds) (2001) The use of historical data in natural hazard assessment. Dodrecht

Glaser R (2013) Klimageschichte Mitteleuropas: 1200 Jahre Wetter, Klima, Katastrophen. 3. Aufl. Darmstadt

Glaser R (2014) Global Change. Das neue Gesicht der Erde. WBG, Darmstadt

Glückler J, Kouvaris J (2016) Absolventen der Heidelberger Geographie: Eine Analyse des beruflichen Erfolgs. Endbericht der Absolventenbefragung 2015. Geographisches Institut, Heidelberg (unveröffentlicht)

Goudie A (2002) Physische Geographie: eine Einführung. Hrsg. v. Lorenz King. Aus d. Engl. übersetzt v. Peter Wittmann. Heidelberg, Berlin

Grandis EA (Hrsg) (2012) Die Welt in 100 Jahren. Hildesheim

Grimm H (1926) Volk ohne Raum. München

Grosjean G (1996) Geschichte der Kartographie. Bern

Hard G (1973) Die Geographie. Eine wissenschaftstheoretische Einführung. Berlin

Hartke W (1962) Die Bedeutung der geographischen Wissenschaft in der Gegenwart. Tagungsberichte und wissenschaftl. Abhandlungen, 33. Deutscher Geographentag Köln 1961: 113–131

Haubrich H (1997) Internationale Anstrengungen zur Stärkung geographischer Erziehung. Geographie und Schule 105: 17–21

Hayden L (2005) Cultural geography: the busyness of being „more-than-representational. Progress in Human Geography 29: 83–94. DOI: https://doi.org/10.1191/0309132505ph531pr

Heineberg H (2003) Grundriss Allgemeine Geographie: Einführung in die Anthropogeographie/Humangeographie. 2. durchgesehene Aufl. München, Wien, Zürich

Hemmer I, Hemmer M (2010) Interesse von Schülerinnen und Schülern an einzelnen Themen, Regionen und Arbeitsweisen des Geographieunterrichts. Ein Vergleich zweier empirischer Studien aus den Jahren 1995 und 2005. In: Hemmer I, Hemmer M (Hrsg) Schülerinteresse an Themen, Regionen und Arbeitsweisen des Geographieunterrichts. Weingarten. 65–145

Hemmer I, Hemmer M (2013) Bildungsstandards im Geographieunterricht – Konzeption, Herausforderung, Diskussion. In: Rolfes M, Uhlenwinkel A (Hrsg) Metzler Handbuch 2.0 Geographieunterricht. Braunschweig. 24–32

Hemmer I, Hemmer M, Miener K. (2015) Das Image der Geographie – Schulfach. In: Gans P, Hemmer I (Hrsg) Zum Image der Geographie in Deutschland. Ergebnisse einer empirischen Studie. Leipzig. 48–63

Heske H (1986) German geographical research in the Nazi period: a content analysis of the major geography journals, 1925–1945. Political Geography Quarterly 5: 267–281

Heske H (1987) Der Traum von Afrika. Zur politischen Wissenschaftsgeschichte der Kolonialgeographie. In: Heske H et al (Hrsg) Ernte Dank? Landwirtschaft zwischen Agrobusiness, Gentechnik und traditionellem Landbau. Gießen. 204–222

Kaku M (2013) Die Physik der Zukunft. Unser Leben in 100 Jahren. Reinbek

Köck H (1997) Zum Bild des Geographieunterrichts in der Öffentlichkeit. Gotha

Kost K (1988) Die Einflüsse der Geopolitik auf die Forschung und Theorie der Politischen Geographie von ihren Anfängen bis 1945. Bonn

Krings T (1999) Ziele und Forschungsfragen der Politischen Ökologie. Zeitschrift für Wirtschaftsgeographie 43/3/4: 129–130

Leser H, Schneider-Sliwa R (1999) Geographie. Eine Einführung. Das Geographische Seminar. Braunschweig

Leydecker G (2007) Erdbebenkatalog für die Bundesrepublik Deutschland mit Randgebieten für die Jahre 800–2007. Bundesanstalt für Geowissenschaften und Rohstoffe (BGR)

Mattissek A, Wiertz T (2014) Materialität und Macht im Spiegel der Assemblage-Theorie: Erkundungen am Beispiel der Waldpolitik in Thailand. Geographica Helvetica 69: 157–169

Nachtwey O (2016) Die Abstiegsgesellschaft. Über das Aufbegehren in der regressiven Moderne. Berlin

Neisser F, Pohl J (2013) „Kritische Infrastrukturen" und „material turn". Eine akteur-netzwerktheoretische Betrachtung. Berichte. Geographie und Landeskunde 87/1: 25–44

Pfister C (1999) Wetternachhersage. Haupt, Bern

Pickerill J (2017) Radical Geography. In: Richardson D, Castree N, Goodchild MF, Kobayashi A, Liu W, Marston RA (eds) The International Encyclopedia of Geography. John Wiley & Sons, Ltd. DOI: https://doi.org/10.1002/9781118786352.wbieg0506

PIK (Potsdam-Institut für Klimafolgenforschung) (Hrsg) (2017) Kippelemente – Achillesfersen im Erdsystem. https://www.pik-potsdam.de/services/infothek/kippelemente/kippelemente (Zugriff 30.1.2018)

Ratzel F (1882) Anthropo-Geographie oder Grundzüge der Anwendung der Erdkunde auf die Geschichte. Engelhorn, Stuttgart

Ratzel F (1903) Politische Geographie. Neudruck d. 2. Auf. von 1923, Lizenz d. Verl. Oldenbourg, München, 1974

Reuber P, Schlottmann A (2015) Editorial Mediale Raumkonstruktionen und ihre Wirkungen. Geographische Zeitschrift 103: 193–201

Richthofen v F (1883) Aufgaben und Methoden der heutigen Geographie. Leipzig

Richthofen v F (1886) Führer für Forschungsreisende: Anleitung zu Beobachtungen über Gegenstände der physischen Geographie und Geologie. Berlin. Nachdruck 1983

Rockström et al (2009) A safe operating space for humanity. Nature 461/7264: 471–475

Schlottmann A, Miggelbrink J (Hrsg) (2015) Visuelle Geographien. Produktion, Aneignung und Praxis der Vermittlung von RaumBildern. Bielefeld

Smith LC (2010) Die Welt im Jahr 2050. Die Zukunft unserer Zivilisation. München

spiegel.de (2017) Warum der Bitcoin-Boom die globale Energiewende bedroht. http://www.spiegel.de/wirtschaft/unternehmen/bitcoin-stromverbrauch-bedroht-globale-energiewende-a-1182234.html (Zugriff 5.2.2018)

Steiner C (2014) Pragmatismus – Umwelt – Raum. Potenziale des Pragmatismus für eine transdisziplinäre Geographie der Mitwelt. Erdkundliches Wissen. Stuttgart

Strabo (1855–1898) Geographica. In der Übersetzung und mit Anmerkungen von Dr. A. Forbiger, Zweites Buch, Fünftes Kapitel, Nachdruck 2005 der in der Hoffmann'schen Verlagsbuchhandlung erschienenen Ausgabe von 1855–1898

Thrift N (2002) The future of geography. Geoforum 3: 291–298

Thrift N (2007) Non-Representational Theory: Space, Politics, Affect. London

Uhlig H (1970) Organisationsplan und System der Geographie. Geoforum 1/1: 19–52

Wardenga U (2002) Alte und neue Raumkonzepte für den Geographieunterricht. Geographie heute 200: 8–11

Weichhart P (2000) Geographie als Multi-Paradigmen-Spiel. Eine post-kuhnsche Perspektive. In: Blotevogel HH et al (Hrsg) Lokal verankert – weltweit vernetzt. Stuttgart. 479–488

Weichhart P (2003) Physische Geographie und Humangeographie – eine schwierige Beziehung: Skeptische Anmerkungen zu einer Grundfrage der Geographie und zum Münchner Projekt einer „Integrativen Umweltwissenschaft". In: Heinritz G (Hrsg) Integrative Ansätze in der Geographie – Vorbild oder Trugbild? Münchener Geographische Hefte 85: 17–34

Weichhart P (2005) Auf der Suche nach der „dritten Säule". Gibt es Wege von der Rhetorik zur Pragmatik. forum ifl 2: 109–136

Weizsäcker v EU, Hargroves K, Smith M (2010) Faktor Fünf. Die Formel für nachhaltiges Wachstum. München

Werlen B (1995) Sozialgeographie alltäglicher Regionalisierungen Bd. 1: Zur Ontologie von Gesellschaft und Raum. Erdkundliches Wissen. Stuttgart

Werlen B (1997) Sozialgeographie alltäglicher Regionalisierungen. Bd. 2: Globalisierung, Region und Regionalisierung. Erdkundliches Wissen. Stuttgart

Wiertz T (2015) Politische Geographien heterogener Gefüge: Climate Engineering und die Vision globaler Klimakontrolle. Heidelberg (Dissertation, masch.-schriftl.)

Woodward K (2017) Poststructuralism/Poststructural Geographies. In: Richardson D, Castree N, Goodchild MF, Kobayashi A, Liu W, Marston RA (eds) The International Encyclopedia of Geography. John Wiley & Sons, Ltd. DOI: https://doi.org/10.1002/9781118786352.wbieg1101

www.agenda21-treffpunkt.de, http://www.agenda21-treffpunkt.de/archiv/05/daten/g7060Umweltprobleme.htm (Zugriff 3.3.2018)

Zumbühl HJ, Holzhauser H (1988) Alpengletscher in der Kleinen Eiszeit. Die Alpen 64/3: 129–322

Weiterführende Literatur

Deutscher Verband für Angewandte Geographie (DVAG) (1999) Geographen und ihr Markt. Das Geographische Seminar. Braunschweig

Hemmer M (2019) Geographie und Geographiedidaktik. In: Bayrhuber et al (Hrsg) Lernen im Fach und über das Fach hinaus. Bestandsaufnahmen und Forschungsperspektiven aus 16 Fachdidaktiken. Münster

Leser H (1999) Geographie als integrative Umweltwissenschaft: Zum transdisziplinären Charakter einer Fachwissenschaft. In: Leser H, Schneider-Sliwa R Geographie. Eine Einführung. Das Geographische Seminar. Braunschweig

Wardenga U (1995) Geschichtsschreibung in der Geographie. Geographische Rundschau 47/9: 523–525

Weichhart P (2005) Auf der Suche nach der „dritten Säule". Gibt es Wege von der Rhetorik zur Pragmatik? In: Müller-Mahn D, Wardenga U (Hrsg) Möglichkeiten und Grenzen integrativer Forschungsansätze in Physischer Geographie und Humangeographie. Forum ifl 2: 109–136

Methoden

II

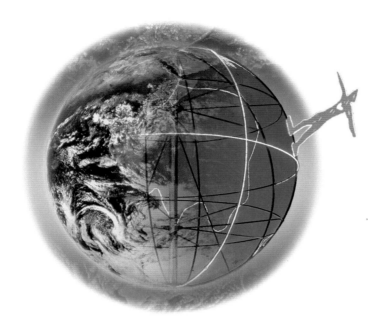

Wissenschaftliches Arbeiten in der Geographie

4

Paul Reuber und Hans Gebhardt

Das Heidelberger Geographische Institut erforscht die Entwicklung von Sterndünen mit einer Kombination aus Feldmessmethoden der Physiogeographie und Geoinformatik. Das Bild zeigt einen terrestrischen Laserscanner im Erg Chebbi (Hassilabied, Marokko), der mit einem Sonnenhut vor direkter Einstrahlung und zwischen den Messungen mit einem Schal vor Wind und Sand geschützt wurde. Damit aus zunächst bedeutungs-„losen" Daten ein wissenschaftliches Ergebnis entwickelt werden kann und sich analytische Schlussfolgerungen ableiten lassen, muss eine Reihe von methodologischen Prinzipien und Regeln eingehalten werden, die dem wissenschaftlichen Arbeiten zugrunde liegen. Die Entwicklung solcher Grundprinzipien ist Aufgabe der Wissenschaftstheorie (Foto: Bernhard Höfle, 2018).

© Springer-Verlag GmbH Deutschland, ein Teil von Springer Nature 2020
H. Gebhardt et al. (Hrsg.), *Geographie*, https://doi.org/10.1007/978-3-662-58379-1_4

Geographie ist vor allem eine empirische Wissenschaft, sie arbeitet mit Daten, Karten, Quellen, Bildern, Texten. Diese können als Sekundärdaten von anderen Personen oder Institutionen erhoben worden sein (z. B. von statistischen Ämtern), in außerwissenschaftlichen Kontexten „produziert" worden sein (z. B. Daten aus analogen oder digitalen Medien) oder sie können selbst vor Ort gewonnen werden. Geländeaufenthalte und die Erhebung von Daten vor Ort waren immer auch eine besondere Tugend der wissenschaftlichen Geographie. Dabei wirft die Vielfalt der möglichen Themen (Kap. 1) ebenso wie die Unterschiedlichkeit der zur Analyse herangezogenen Daten und Auswertungsverfahren zentrale Fragen für eine innerfachliche Methodendiskussion auf: Wie sieht unter diesen heterogenen Bedingungen ein jeweils adäquates Forschungsdesign aus, was sind adäquate Forschungsmethoden in verschiedenen Forschungskontexten, welche Methoden passen zu welchen Frage- oder Problemstellungen? Wie hängen das „Was" – also der Inhalt der Forschungsfragen – und das „Wie" – also die Methoden, mit denen diese Fragen beantwortet werden – zusammen? Die Pluralisierung der Methoden gilt als ein wichtiger Entwicklungstrend der Geographie, wobei analytisch-szientistische, am Vorbild der Naturwissenschaften orientierte Methoden neben hermeneutischen, akteursbezogenen und diskursorientierten Methoden stehen. Diese Pluralität erfordert eine verstärkte Diskussion über die erkenntnistheoretischen Grundlagen und die Möglichkeiten und Grenzen der unterschiedlichen Methoden, die grundlegend in den folgenden Teilkapiteln geführt und in den Einführungen zu Kap. 5 und 6 noch einmal vertieft wird.

4.1 Wie entsteht wissenschaftlicher Fortschritt?

Antoine de Saint-Exupéry lässt in seinem Buch den kleinen Prinzen auch über Geographen und ihre Aufgaben sprechen (Abschn. 3.1). Was wissen sie und wie arbeiten sie? Die Antworten des Kleinen Prinzen sind einfach: Geographen wissen, wo sich die Meere, die Städte, die Flüsse und Berge befinden, sie schreiben ihre Eindrücke auf, sie bringen zum Beweis für ihre Entdeckungen große Steine mit. So ähnlich sah, zumindest in Teilen, ein sehr frühes Selbstverständnis der Geographischen Wissenschaft aus. Die Geographie, abgeleitet vom griechischen Begriff für „Erdbeschreibung", war zu diesen Zeiten eine primär auf Beobachtung gründende Wissenschaft.

Weder die Natur- noch die Gesellschaftswissenschaften können heute auf solch einem Wissenschaftsverständnis, der Beobachtung, letztlich dem „unbewaffneten Auge des Geographen im Gelände" aufbauen. Wir müssen den Kleinen Prinzen enttäuschen und gleichzeitig sein Vorstellungsbild erheblich erweitern. Wissenschaft ist heute schon generell gesehen in der kurzen und bündigen Definition von Schwemmer (1981) neben dem Beschreiben vor allem das Erklären, Verstehen und Begreifen. Hinter dieser scheinbar einfachen Formel verbirgt sich aber eine breite und wichtige Diskussion darüber, in welcher Art und Weise sich Wissenschaftlerinnen und Wissenschaftler mit der uns umgebenden Welt beschäftigen, mit welchen konkreten Methoden und Techniken sie bei ihren Untersuchungen der Natur oder gesellschaftlicher Phänomene ihre Ergebnisse

erzielen. Solche Diskussionen gehören inhaltlich eigentlich zum weiten Feld der **Wissenschaftstheorie**. Es ist nicht möglich, im Rahmen eines einführenden Fachbuches auf solche Überlegungen genauer einzugehen, aber eine kurze Einführung ist dennoch unverzichtbar, weil die wissenschaftstheoretische Perspektive sich erheblich auf die verwendeten Arbeitsweisen auswirkt. Sie beeinflusst nicht nur, mit welcher Methode man an eine bestimmte Fragestellung herangeht, sondern auch, welche Gütekriterien, welche Gültigkeit und welche Reichweite die erzielten Ergebnisse jeweils für die Gesellschaft haben. Diese Überlegungen werden in sehr komprimierter Form in Abschn. 4.2 dargestellt. Sie bilden die Grundlage für eine ausführlichere und genauere Beschäftigung mit den konkreten Methoden in der Geographie, die in den nachfolgenden Kap. 5, 6 und 7 diskutiert werden.

Ganz grundsätzlich hat sich auch die Geographie als wissenschaftliche Disziplin der Aufgabe verschrieben, in ihrem spezifischen Teilsegment der **raumbezogenen Analysen** natürlicher und gesellschaftlicher Phänomene zur Erweiterung des Fachwissens und zur Minderung oder Lösung entsprechender Problemlagen beizutragen. Allgemein gesprochen wird ein solches Anliegen im Sinne eines aufklärungsorientierten Weltbildes als „wissenschaftlicher Fortschritt" verstanden, das heißt als ein sich ständig wandelndes, auf eine Erweiterung und damit Verbesserung des entsprechenden Kenntnis- und Informationsstandes angelegtes Arbeiten. Wie aber muss man sich wissenschaftlichen Fortschritt oder allgemeiner „die Entstehung neuer Erkenntnisse in der Wissenschaft" vorstellen? Kann man sie als kontinuierlichen, linearen, zielgerichteten Vorgang begreifen, als ein sich Stück für Stück erweiterndes Puzzle der Erkenntnis der Welt? Oder verlaufen wissenschaftliche Prozesse der Erkenntnisgewinnung vielleicht eher spontan, sprunghaft, vielleicht sogar ungerichtet?

Zu diesem Thema hat insbesondere Thomas S. Kuhn in seiner Publikation zur „Struktur wissenschaftlicher Revolutionen" (1962) einen interessanten Entwurf vorgelegt. Kuhn ist ein amerikanischer Wissenschaftstheoretiker, der zunächst Physiker war und sich dann der Geschichte der Physik zuwandte. Kuhns Kernthese lautet, dass die Wissenschaft nicht gleichmäßig und immer mehr Wissen anhäufend fortschreitet, sondern von Zeit zu Zeit **revolutionsartig Brüche** mit mehr oder weniger radikaler Änderung der herrschenden Denkweisen erlebt. In solchen Phasen formiert sich ein neues wissenschaftliches „Paradigma", das heißt eine neue Art des wissenschaftlichen Denkens und Arbeitens (Exkurs 4.1; Seiffert 1992).

Solche Umbrüche können teilweise auch durch eine ähnlich alte und damit auch unter vergleichbaren gesellschaftlichen Bedingungen sozialisierte Wissenschaftlergeneration getragen werden (z. B. der neomarxistische Aufbruch der anglophonen *Radical Geography*), die dann ihrerseits ihre spezifische Art des wissenschaftlichen Denkens und Arbeitens häufig ein Leben lang beibehält. Dieser Tatbestand ist natürlich nie in reiner Form verwirklicht, da es immer einerseits ältere Wissenschaftlerinnen und Wissenschaftler gibt, die so flexibel sind, dass sie sich auch den Stil der Jüngeren anzueignen vermögen, während

Exkurs 4.1 Paradigma

Der Inhalt des umgangssprachlich vielfältig verwendeten Begriffs „Paradigma" wurde bezogen auf die Wissenschaften von Thomas S. Kuhn geprägt und 1962 in seinem Buch „Die Struktur wissenschaftlicher Revolutionen" genauer ausgeführt. In der Wissenschaft bezeichnet der Begriff im engeren Sinne „ein Leitbild für die Theoriebildung, die empirische Forschung und spezifischen Methoden" (Issing & Klimsa 1995). Mit dem Begriff des Paradigmas sind die Konventionen und Traditionen des Arbeitens gemeint, mit denen eine Wissenschaft, auch die Geographie, ihre Erkenntnisse erzielt. Die Summe dieser Regeln innerhalb der gesellschaftlichen Institution Wissenschaft bezeichnet man – etwas vereinfacht gesprochen – als Paradigma. Mit Kuhns Worten: „Ein Paradigma ist das, was den Mitgliedern einer wissenschaftlichen Gemeinschaft gemeinsam ist, und umgekehrt besteht eine wissenschaftliche Gemeinschaft aus Menschen, die ein Paradigma teilen" (1962).

Was man dabei als „gültige" wissenschaftliche Erkenntnis gelten lässt bzw. was man umgekehrt als „nicht wissenschaftlich" ausschließt, ist nicht a priori festgelegt, sondern unterliegt gesellschaftlichen Regeln und Vereinbarungen, die sich im Laufe der Geschichte der Wissenschaft immer wieder geändert haben. Hier sind Änderungen gemeint, die sich nicht auf einzelne Techniken des wissenschaftlichen Arbeitens beziehen, sondern auf tiefer liegende, sprunghafte Veränderungen in der generellen Sichtweise darüber, wie wissenschaftliche Erkenntnis im Forschungsprozess herbeigeführt wird. Solche dramatischen Veränderungen (Kuhn: „Revolutionen"), die die Bereiche der Erkenntnistheorie und Methodologie berühren und bei denen sich die allgemeinen Formen des Arbeitens in der Wissenschaft allgemein oder in einer bestimmten Disziplin ändern, werden als „Paradigmenwechsel" bezeichnet.

---

umgekehrt manche jüngere Wissenschaftlerinnen und Wissenschaftler ihre Arbeit in die Regelwerke früherer Paradigmen einbetten.

Wissenschaftliche Weiterentwicklung vollzieht sich dann nach Kuhn so, „dass jede junge Generation das von ihr Aufgenommene Kraft der ihr gegebenen Unzufriedenheit mit dem Gegebenen, verbunden mit dem Drang zum Neuen modifiziert. In bestimmten geschichtlichen Situationen geht diese Modifikation so weit, dass sie einer Revolution gleichkommt" (Seiffert 1992). Wissenschaftliche Umbrüche entbinden sich bei Kuhn somit quasi aus einem Aufstand der akademischen „Söhne und Töchter" gegen die jeweiligen Patriarchen der Wissenschaft. Die junge Wissenschaftlergeneration verdrängt die alte.

Es geht hierbei, wie auch Kuhn aus wissenschaftssoziologischer Perspektive deutlich macht, nicht nur um Wissenschaft als eine quasi neutrale Analyse- und Deutungsinstanz natürlicher und gesellschaftlicher Phänomene, sondern gleichzeitig immer um **Macht**, um Position und Einfluss. Wissenschaft ist in dieser Hinsicht keine außerhalb der Gesellschaft angesiedelte Instanz, sondern sie ist vielfältig mit ihr verwoben und folgt ihren Spielregeln. Mit Michel Foucault könnte man sagen, dass sie in diesem Sinne zutiefst in die Traditionen des Sprechens und Argumentierens ihrer Zeit, das heißt in die jeweils hegemonialen Diskurse eingebunden ist. Vor diesem Hintergrund muss klar sein, dass Wissenschaft als Teil einer solchen gesamtgesellschaftlichen Konzeption weder Objektivität garantieren noch objektive Wahrheiten produzieren kann. Selbst die „natürlichen Systeme", die sie analysiert (aus Sicht der Geographie z. B. Umwelt, Natur oder Ökosysteme), können nicht als eine gegebene „objektive Realität" betrachtet werden, sie sind aus der Sicht einer wissenschaftstheoretischen Argumentation im Sinne von Forschern wie Kuhn oder Foucault selbst bereits Konstruktionen aus einem bestimmten Blickwinkel, aus einem bestimmten zeitlich-sozialen Kontext.

Entsprechend sind auch die von Raumwissenschaften wie der Geographie geschaffenen Konzepte und Ergebnisse Facetten und Bestandteile einer breiter angelegten sozialen Konstruktion der Wirklichkeit. Wissenschaft hat vor diesem Hintergrund, wie der Wissenschaftssoziologe Bruno Latour (1998, 2000) in vielen Veröffentlichungen eindringlich deutlich gemacht hat, keinen privilegierten Zugang zur Wirklichkeit, sondern verfügt nur über eine spezifische, wenngleich gesellschaftlich durchaus stark nachgefragte Art des Argumentierens, Klassifizierens und Handelns, welche sich mit einer gewissen Machtposition ausgestattet sieht, die ihr eine entsprechende Definitionshoheit im Segment „Wahrheit" zuweist. Die Diskussionen um „postmoderne" Entwicklungstendenzen in den Wissenschaften (Lyotard 1993) fordern vor dem Hintergrund der aktuellen Entwicklungen die stärker linear angelegten Modelle von Kuhn heraus und plädieren für eine stärkere Pluralisierung der Paradigmen, für ein gleichzeitiges Nebeneinander unterschiedlicher Sichtweisen und Methoden, die sich mit ihren spezifischen Ansätzen dann unterschiedlichen gesellschaftlichen Problemen mit einer verschiedenen Art des wissenschaftlichen Arbeitens nähern können. Diese Entwicklung kennzeichnet ein Fach mit einem so breiten inhaltlichen Forschungsspektrum wie die Geographie in besonderer Weise. Sie hat hier zu einem **Methodenpluralismus** geführt, der seine produktiven Möglichkeiten nur dann richtig entfalten kann, wenn man die damit verbundenen Chancen und Probleme nicht nur in der konkreten Feldarbeit, sondern – wie in den nachfolgenden Teilkapiteln umrissen – auch auf der erkenntnistheoretischen und methodologischen Ebene ausleuchtet.

4.2 Der Methodenpluralismus in der Geographie

Geographie – eine „Multimethoden"-Wissenschaft

Seit ihrer Entstehung hat die Geographie, wie alle Wissenschaftsdisziplinen, eine wechselvolle und vielfältige Geschichte durchlaufen. Ähnlich wie die anderen Wissenschaftsdisziplinen entwickelte sie sich dabei entlang großer Strömungen oder Leitlinien (Kuhns „Paradigmen", Abschn. 4.1, Exkurs 4.1). Beim Wechsel solcher Paradigmen haben sich in der Wissenschaftsgeschichte zumeist nicht nur die Theorien und Fragestellungen, sondern auch die Arbeitsmethoden der Disziplinen erweitert. Diese Pluralisierung der Methoden kennzeichnet die Geographie besonders stark, weil sie als **Brückenwissenschaft** am Schnittfeld von Natur- und Geisteswissenschaften steht. Infolge dessen beinhaltet sie unter ihrem Dach das Spektrum der Methoden aus diesen beiden großen Traditionen des wissenschaftlichen Denkens und Arbeitens. Die Bandbreite reicht dabei von den naturwissenschaftlich analytischen Labor- und Datierungsmethoden in der Physiogeographie bis zu geisteswissenschaftlichen Verfahren wie der „verstehenden" Sozialgeographie oder der Diskursanalyse.

In der Außenansicht der Geographie werden dabei zuweilen die physiogeographischen Verfahren pauschal dem naturwissenschaftlichen Spektrum zugeordnet und die humangeographischen Arbeitsweisen in die geistes- und sozialwissenschaftliche Tradition gestellt. Dieses Bild einer methodischen Dichotomie innerhalb der Geographie, die parallel zur inhaltlichen Untergliederung in die beiden großen Teilbereiche verläuft, löst sich jedoch bei genauerer Betrachtung auf. Stattdessen präsentiert sich dem Betrachter ein Kaleidoskop gleitender Übergänge und methodischer Vielfältigkeit auf beiden Seiten. So hat beispielsweise die zunehmende Anwendung **mathematisch-statistischer Verfahren** in der Humangeographie seit den 1960er- und 1970er-Jahren einen Arbeitszweig etabliert, der sich konzeptionell an naturwissenschaftlichen Erhebungsmethoden und Techniken der Datenanalyse ausrichtet, und der heute bis in Teile der Diskursanalyse hineinragt (z. B. bei der lexikometrischen Erschließung und Verarbeitung von „Big Data"). Umgekehrt ist eine Reihe von Vorgehensweisen der klassischen Naturlandschaftsdeutung in der Physiogeographie von ihrer Herangehensweise her durchaus an **hermeneutisch-interpretativen Techniken** aus den Geisteswissenschaften orientiert. Insbesondere die Fragestellungen am Schnittfeld von Mensch und Umwelt lassen sich oft nicht bearbeiten, ohne auf der konkreten Ebene eines Projektes naturwissenschaftliche und geisteswissenschaftliche Verfahren miteinander zu kombinieren.

Chancen und Probleme der Methodenvielfalt in der Geographie

Aus dieser Methodenvielfalt resultieren spezifische Chancen und Probleme, die im Folgenden kurz skizziert werden sollen. Es liegt zunächst auf der Hand, dass die Methodenvielfalt für die Forschungspraxis der Geographie gleichzeitig ein Potenzial und auch ein Risiko darstellt. Das Potenzial besteht darin, dass sich in einer Disziplin, das heißt konkret oft unter dem institutionellen Dach eines Institutes, die unterschiedlichen, nur teilweise kompatiblen Ansätze des natur- und geisteswissenschaftlichen Arbeitens im Forschungsalltag begegnen und in den Lehrveranstaltungen, insbesondere in der **Regionalen Geographie**, aber auch in thematisch fokussierten Geländepraktika, wechselseitig ergänzen können. In diesem Zusammenhang hat für die Geographie der Begriff der innerdisziplinären Interdisziplinarität einen gewissen Charme, da er in Bezug auf die Forschungsmethoden auf die Koexistenz der unterschiedlichen Traditionen des wissenschaftlichen Arbeitens innerhalb des Faches verweist.

Die **Vielfalt der einsetzbaren Methoden** beinhaltet aber auch eine Reihe von Gefahren, denn die Verfahren unterscheiden sich zumeist nicht nur auf der rein technisch-organisatorischen, sondern tiefer liegend auch auf der konzeptionellen Ebene. Leitfragen lauten hier:

- Was kann man mit bestimmten Methoden überhaupt erkennen, welche Schlussfolgerungen erlauben sie (= erkenntnistheoretische Reflexion)?
- Welche Gütekriterien und Standards gelten für unterschiedliche Methoden (= methodologische Reflexion)?

Solche Fragen müssen in der wissenschaftlichen Arbeit dem konkreten Einsatz bestimmter Methoden in empirischen Untersuchungen vorangestellt werden. Sie sollten dann in jeder Phase des Arbeitens, bei der Konzeption, Durchführung und Analyse, berücksichtigt werden. Ohne eine Rückbindung des konkreten empirischen Arbeitens an die konzeptionellen Grundlagen sind Erhebungsfehler ebenso vorprogrammiert wie Fehlschlüsse in der nachfolgenden Auswertung der Daten. Dies gilt besonders für solche Projekte in der Geographie, in denen natur- und geisteswissenschaftlich ausgerichtete Methoden bei der Feldarbeit in „hybriden" Ansätzen gemeinsam eingesetzt werden, um unterschiedliche Aspekte der Fragestellung bearbeiten zu können.

Diese Überlegungen machen klar, warum die Wahl einer der jeweiligen Fragestellung **„angemessenen" Methode** eine zentrale Weichenstellung der geographischen Forschungsarbeit darstellt. Aus diesem Grund werden auch die Studierenden in ihrer Ausbildung an vielen Stellen mit solchen Aspekten konfrontiert – sei es in Projektseminaren im Gelände, in studienbegleitenden und berufsvorbereitenden Langzeitpraktika oder während ihrer Abschlussarbeiten. Entsprechend stellt die konzeptionelle und praktische Methodenkompetenz eine wichtige Schlüsselqualifikation des späteren Berufsprofils von Geographinnen und Geographen dar. Deswegen widmet sich auch dieses Teilkapitel zumindest kurz einer Diskussion der konzeptionellen Grundlagen. Konkret stehen dabei vier Aspekte im Mittelpunkt, die als Basis für die in Kap. 5 und 6 erfolgende Vorstellung einzelner methodischer Arbeitsweisen dienen:

- Was können wir von der uns umgebenden Welt überhaupt erkennen?
- Welche Folgen haben die Grenzen unserer menschlichen Erkenntnisfähigkeit für das methodische Arbeiten in Wissenschaft und Forschung?

- Wie kann man die in der Geographie verwendeten stärker naturwissenschaftlich ausgerichteten („quantitativen") Verfahren und die stärker geistes- und sozialwissenschaftlich ausgerichteten („qualitativen") Verfahren nach einem sehr groben Raster voneinander unterscheiden?
- Wie wirken sich solche Unterschiede auf die Gültigkeit und Reichweite der auf ihnen beruhenden Aussagen und Ergebnisse aus?

Es ist klar, dass eine solche Einführung nur einen verkürzten, inhaltlich reduzierten und entsprechend teilweise etwas schablonenhaft wirkenden Einblick geben kann. Gleichzeitig ist in Zeiten von „Fake-News"-Debatten die Auslotung der theoretischen Bedingungen wissenschaftlicher Formen von „Wahrheitsproduktion" von grundlegender Bedeutung, sie sorgt für die Nachvollziehbarkeit und Transparenz bei der Generierung des Wissens und schafft auf diese Weise nicht nur Vertrauen, sondern grenzt sich gerade damit auch von den erratischen Behauptungsgebäuden sog. „alternativer Fakten" ab. Vor diesem Hintergrund ist es auch Studierenden sehr zu empfehlen, nach dieser Einführung zur weiteren Vertiefung Teile der Spezialliteratur aus dem Bereich der Methodologie und Wissenschaftstheorie zu lesen, die in diesem Segment zur Verfügung steht (vgl. weiterführende Literatur, für die Geographie z. B. Mattissek et al. 2013).

Die Grenzen von Erkenntnis und Wahrheit

Was ist aus wissenschaftlicher Sicht eine „angemessene" Methode? Diese Frage muss auf unterschiedlichen Ebenen erörtert werden. Dabei geht es nicht nur – mit Blick auf die fachinterne Methodenvielfalt – um die vordergründige Aufgabe, in einem bestimmten Forschungskontext das richtige Instrument zur Datenerhebung und -analyse zu wählen. Die Frage stellt sich bereits früher auf einer grundsätzlichen Ebene: Was man als eine „ange-messene" Methode ansieht, wird bereits dadurch beeinflusst, mit welchem Selbstverständnis und auf welcher erkenntnistheoretischen Grundlage man Wissenschaft betreibt. Und die Vorstellungen darüber, was man als „richtige" Wissenschaft versteht, sind in der *scientific community* alles andere als einheitlich.

Diese **Differenzen** haben ihre Ursache in einer Frage, die für das methodengeleitete Arbeiten zentrale Bedeutung besitzt: Was kann man mithilfe wissenschaftlicher Forschung überhaupt von der Wirklichkeit, über die man forscht, erkennen und wo liegen die Grenzen der Erkenntnis? Diese Frage ist nicht nur für die Wissenschaft entscheidend, sondern grundsätzlicher Natur. Entsprechend haben sich damit Philosophen und Wissenschaftstheoretiker – auf den eng verwandten Feldern von Erkenntnisphilosophie, Epistemologie und Methodologie (Exkurs 4.2) – seit mehr als zwei Jahrtausenden immer wieder beschäftigt. Aus dieser breiten Diskussion sollen hier – sehr verkürzt und entsprechend überpointiert – nur einige Grundüberlegungen entliehen werden, die aber für die Frage des Einsatzes, der Möglichkeiten und der Grenzen wissenschaftlicher Methoden auch in der Geographie große Bedeutung besitzen.

Reflexionen über dieses Thema haben eines gemeinsam: Sie zeigen, dass menschliches Wissen – auch mithilfe wissenschaftlich kontrollierter Methoden – nie in der Lage sein wird, die Welt, in der wir leben, objektiv richtig oder „wahr" abzubilden, denn das menschliche Bewusstsein verfügt über keinen direkten Kontakt zur äußeren Welt, zum „da draußen". Bereits bei jeder **Alltagswahrnehmung** schränken unsere Sinne die von außen kommenden Informationen ein. Anschließend bewertet und interpretiert unser Bewusstsein die Informationen und fügt so dieser Spirale der selektiven Informationsverarbeitung eine weitere Windung hinzu. Entsprechend ist das Abbild, das jeder Einzelne von „der Wirklichkeit" hat (oder zu haben glaubt), alles andere als objektiv. Es ist vielmehr ein einzigartiges, „konstruiertes" Bild. Das gilt auch für das, was die Menschen über die sozialen und physischen Geographien der Welt zu wissen glauben. Unsere

Exkurs 4.2 Methodologie

Epistemologie (Wissenschaftslehre) ist die Lehre, die sich mit den Grundfragen und Theorien der Erkenntnis beschäftigt. Im Verlauf der Wissenschaftsgeschichte hat sich innerhalb dieses Arbeitsfeldes für Metareflexionen über grundsätzliche Rahmenbedingungen, Stärken und Schwächen des methodischen Vorgehens ein eigenständiger Zweig herausgebildet, die sog. Methodologie. Diese beschäftigt sich als Wissenschaft von der allgemeinen Theorie der Methodik mit der philosophisch-theoretischen Grundlegung wissenschaftlicher Methoden (z. B. erkenntnistheoretische Voraussetzungen, Zusammenhänge zwischen Theorie und Methodik). Die Methodologie befasst sich dabei vor allem auch mit „den Prinzipien zur Schaffung neuer Methoden, der Gegenstandsangemessenheit von Methoden, den Forschungsstrategien (in Bezug auf die Untersuchungsplanung sowie die Erhebungs- und Auswertungsverfahren) und [...] dem Erkenntnisfortschritt im Zusammenhang mit der Anwendung von Methoden" (Hierdeis & Hug 1994). Die Methodologie argumentiert aber zunächst eher universell, sie ist noch nicht fach- oder gar objektspezifisch. Auf der Methodologie baut dann die Methodik auf, die – auf einzelne Fächer und Inhalte bezogen – genauere Aussagen über konkrete Methoden der wissenschaftlichen Forschung macht. Da wissenschaftliche Arbeitsmethoden im Prinzip eine spezialisierte Form der menschlichen Beobachtung und Wahrnehmung darstellen, muss man zunächst die grundlegende Frage erörtern, was wir als Menschen mit den Mitteln unseres Verstandes über die Welt um uns herum überhaupt wahrnehmen können. Alle nachgeschalteten Detailfragen wissenschaftlichen Arbeitens basieren auf den grundsätzlichen Möglichkeiten und Grenzen der menschlichen Erkenntnis.

Vorstellungen von der räumlichen Gestalt und Struktur der Welt sind nicht objektiv „wahr", sondern müssen als Raumkonstruktionen, als Raumproduktionen (Belina & Michel 2003), als *geographical imaginations* (Gregory 1994) oder als **„alltägliche Regionalisierungen"** (Werlen 1995, 1997) bezeichnet werden.

Eine solche Sichtweise bestimmt unter dem Leitbegriff des **„Konstruktivismus"** schon länger die Wissenschaftstheorie und Methodenlehre. „Die Kernthese des Konstruktivismus lautet: [...] Die äußere Realität ist uns sensorisch und kognitiv unzugänglich" (Siebert 1999). Diese erkenntnistheoretische Quintessenz gilt nicht nur für unser alltägliches Leben, sondern auch für das Arbeiten mit wissenschaftlichen Methoden. Selbst wenn diese mit spezifischen Verfahren und Techniken oft viel genauer hinschauen können als die menschlichen Sinne selbst, ist es auch mit ihrer Hilfe letztendlich nicht möglich, die „reale" Welt gewissermaßen neutral und richtig abzubilden. Weil es entsprechend keine letztgültige und objektive Erkenntnis der Welt geben kann, ist auch „der Anspruch einer absoluten Wahrheit unwissenschaftlich" (Blotevogel 1996), weswegen sich eine angemessen reflektierte Wissenschaft „von ontologischen und metaphysischen Wahrheitsansprüchen distanziert" (Siebert 1999). Alle Erkenntnisse über die Welt bleiben mit einem gewissen Restrisiko der Unsicherheit behaftet, denn – radikal formuliert – ist selbst „die Annahme, dass das ganze Leben ein Traum sei, in dem wir uns selber alle unsere Gegenstände schaffen, logisch nicht unmöglich" (Russel 1952, zit. nach Vollmer 1994).

Von einer derart radikalen Position gehen jedoch zumeist weder die Menschen in ihrem Alltag noch die Wissenschaftlerinnen und Wissenschaftler bei ihrem Arbeiten aus. Sie vertreten vielmehr eine Perspektive, die man als **„hypothetischen oder pragmatischen Realismus"** bezeichnen kann: Eine solche Position geht – ohne diesen Punkt letztlich beweisen zu können – davon aus, dass die Welt, in der wir leben, nicht nur die Fiktion unseres Bewusstseins ist, sondern „dass es eine reale Welt gibt, dass sie gewisse Strukturen hat und dass diese Strukturen teilweise erkennbar sind" (Vollmer 1994). Die Annahme der Existenz einer solchen objektiven Welt bleibt jedoch eine normative Setzung, die erkenntnistheoretisch nicht weiter überprüft werden kann. Sie ist eine „wissenschaftliche Idealisierung" (Graeser 1994). Für die methodische Arbeit ist diese Erkenntnis grundlegend, denn *„there can never be an empirical world, therefore, only a myriad of worlds of meanings: there can be no universal truths"* (Johnston 1997). Diese Erkenntnis macht das wissenschaftliche Arbeiten aber nicht beliebig, das Gegenteil ist der Fall. Mit Blick auf die grundlegende erkenntnistheoretische Unsicherheit ist es notwendig, die Regeln der Wissensproduktion sehr genau zu reflektieren, sie offenzulegen und kritisch in den Blick zu nehmen. Nur unter diesen Bedingungen ist – gerade auch in kritischer Distanzierung zu „Fake-News"- und „Alternative-Fakten"-Debatten – eine fundierte Diskussion über die gesellschaftliche Rolle und Bedeutung des wissenschaftlichen Arbeitens und der damit erzielten Ergebnisse möglich.

Kritischer Rationalismus und Sozialer Konstruktivismus

Von der geschilderten grundlegenden Position aus lassen sich das wissenschaftliche Arbeiten und entsprechende konkrete Forschungsmethoden konzeptionell gesehen in zwei unterschiedliche Richtungen organisieren, die beide auch für die Geographie eine Bedeutung besitzen (Kap. 2): in die stärker dem Kritischen Rationalismus folgenden und die stärker dem Sozialen Konstruktivismus verpflichteten Vorgehensweisen. Diese Dichotomisierung ist insofern etwas gewagt und eher didaktischer Natur, als auch Karl Popper, dem Begründer des Kritischen Rationalismus, klar war, dass die wissenschaftliche Erkenntnis der Welt immer nur hypothetisch sein kann und nie die objektive Wirklichkeit wiederzugeben vermag (Exkurs 4.3). Die vorgeschlagene Zweiteilung wird daher eher aus pragmatischen Gesichtspunkten verwendet,

- weil sie eine in der wissenschaftlichen Gemeinschaft relativ etablierte Form der Unterscheidung des wissenschaftlichen Arbeitens darstellt,
- weil sich die konzeptionelle Herangehensweise von Forschungen im Sinne des Kritischen Rationalismus und des Sozialen Konstruktivismus deutlich unterscheidet,
- weil sich die daraus abgeleiteten konkreten Methoden und Arbeitstechniken klar voneinander trennen lassen und
- weil sich die darauf aufbauenden Gültigkeits- und Relevanzkriterien der mit solchen Methoden erzielten Ergebnisse unterschiedlich darstellen.

Methodisches Arbeiten im Sinne des Kritischen Rationalismus

Der Kritische Rationalismus ist eine stärker aus dem naturwissenschaftlichen Denken heraus entwickelte Perspektive. Sie stellt eine quantifizierende, analytisch-szientistisch orientierte Richtung des methodischen Arbeitens dar. Sie erzielt Erkenntnisfortschritt in Form eines Annäherungsprozesses an die objektive Welt durch eine Art methodisch kontrolliertes, **„kreatives Zweifeln"**. Ihre Basishypothese lautet entsprechend: Es gibt eine objektive Realität, die man zwar wissenschaftlich nie komplett erkennen kann, der man sich jedoch mit den Methoden des Kritischen Rationalismus annähern kann (Exkurs 4.3). Diese Perspektive hat nicht nur in der Physiogeographie eine große Bedeutung bei der naturwissenschaftlich geleiteten Analyse. Sie hat – mit ihrer Übertragung auf Teilbereiche der Sozial- und Geisteswissenschaften in der zweiten Hälfte des 20. Jahrhunderts – in den 1960er- und 1970er-Jahren auch zu einer Blüte der quantitativen Sozialgeographie geführt und findet sich auch in aktuellen Ansätzen lexikometrischer Diskursanalysen wieder. Vor diesem Hintergrund bildet sie bis heute gerade auch im Bereich der angewandten Humangeographie und im Arbeitsfeld der Geographischen Informationssysteme (Kap. 7) eine wesentliche methodologische Grundlage des wissenschaftlichen Arbeitens.

Exkurs 4.3 Kritischer Rationalismus

Benno Werlen

Kritischer Rationalismus bezeichnet eine von Karl Raimund Popper (1902–1994; Abb. A) ausformulierte wissenschaftstheoretische Position, die mit allen endgültigen Formen des Gewissheitsdenkens bricht. Die Leitthese lautet: Alles Wissen ist hypothetisch und alle Beobachtungen und Handlungen sind hypothesengeleitet bzw. theoriegeleitet. Der Kritische Rationalismus begründete sowohl für die Natur- als auch für die Sozialwissenschaften eine neue Forschungspraxis. Der Grundgedanke des Kritischen Rationalismus besteht darin, dass die Existenz einer universellen objektiven Wahrheit, die unabhängig von den Subjekten besteht, vorausgesetzt wird. Das Ziel wissenschaftlicher Forschung soll laut Popper darin bestehen, sich dieser objektiven Wahrheit vermittels der Methode der kühnen Vermutungen und der sinnreichen und ernsten Versuche, sie zu widerlegen, schrittweise anzunähern. Der Kritische Rationalismus ist ursprünglich als Gegenposition zum Neopositivismus des Wiener Kreises und zum Klassischen Rationalismus formuliert worden. Wie die Vertreter des Positivismus gehen die Neopositivisten davon aus, dass alle akzeptierbaren wissenschaftlichen Aussagen der empirischen Überprüfung (Empirie) im Rahmen systematischer Beobachtung standzuhalten haben. Zudem wird die Auffassung vertreten, dass wissenschaftlicher Fortschritt durch Verallgemeinerung der Beobachtungsergebnisse auf der Grundlage induktiver Verfahren (Induktion) zu erzielen ist. Demgegenüber wird von Popper die deduktive Methode (Deduktion) des Schließens postuliert. Die logische Richtigkeit wird für die Beurteilung des Wahrheitsgehaltes einer Aussage jedoch nicht als ausreichend betrachtet. Jede Aussage hat auch der empirischen Kritik, der Kritik der Realität, an der die Hypothesen scheitern können, standzuhalten. Dies setzt erstens ein Realismuspostulat voraus, gemäß dem es eine reale Welt gibt, die unabhängig vom Subjekt besteht und so die Überprüfungsinstanz der Wahrheit unserer Hypothesen bilden kann. Zweitens ist damit das Prinzip der Falsifikation verbunden, das im Gegensatz zur Verifikation nicht auf die Bestätigung der forschungsleitenden Hypothese ausgerichtet ist, sondern auf deren Widerlegung. Mit der Anwendung des Falsifikationsprinzips soll der wissenschaftliche Fortschritt nicht wie beim Neopositivismus auf der Grundlage der Verallgemeinerung von Beobachtungsdaten erzielt werden, sondern durch die Widerlegung bisher für wahr gehaltenen Wissens wie auch der aufgestellten Hypothesen. Der Kritische Rationalismus ist in diesem Sinne als empirisch revidierbarer Rationalismus zu verstehen. Die Revision bzw. Überprüfung besteht in dem Versuch für theoretische Aussagen Beobachtungsaussagen zu finden, die der in der Gesetzeshypothese behaupteten Beziehung widersprechen. Das darin enthaltene Postulat der Kritik fordert, dass wir unser Wissen, aus dem wir im Rahmen der Wissenschaftsanwendung (deduktiv) die Folgerungen für unsere Handlungen ableiten, immer als vorläufig, als hypothetisch zu betrachten haben. Es ist stets der kritischen Überprüfung auszusetzen. Der Wissenschaftsfortschritt beruht demzufolge auf den Prinzipien der Widerlegung und Kritik und ist in diesem Sinne als evolutionärer Prozess zu verstehen (Paradigma).

Die Behauptung, dass es möglich ist, eine Theorie endgültig zu widerlegen, und dass in der Falsifikation der größere Gewinn zu sehen ist als in der Verifikation, ist nicht unumstritten geblieben. Noch größere Kritik provozierte jedoch die Auffassung, dass natur- und sozialwissenschaftliche Forschung von den gleichen Prinzipien geleitet sein sollen. Die Auseinandersetzung um die Einheit der Wissenschaft wurde im Rahmen des sog. Positivismusstreites der deutschen Soziologie zwischen Vertretern und Vertreterinnen des Kritischen Rationalismus und der Kritischen Theorie geführt. Poppers Forderung, dass sich die Sozialwissenschaften auf die Formulierung von Technologien bzw. rationalere Zweck-Mittel-Relationen und zeitlich relativ eng begrenzte Prognosen beschränken sollen, wurde von seinen Gegnern und Gegnerinnen als eine Reduktion der Sozialwissenschaften auf technokratische Erfordernisse kritisiert.

(Quelle: Brunotte et al. 2001/2002).

Abb. A Karl R. Popper (Foto: Herlinde Koelbl).

Methodisches Arbeiten im Sinne des Sozialen Konstruktivismus

Ein Arbeiten im Sinne des Sozialen Konstruktivismus hat sich ursprünglich stärker im Bereich der Geisteswissenschaften entwickelt. Auch diese Variante gründet auf der Grundannahme eines **„hypothetischen Realismus"**, das heißt, sie nimmt an, dass eine objektive (materielle) Realität existiert, die jedoch in ihrer „wirklichen" Art und Beschaffenheit vom Menschen nicht erfahrbar ist. Die Konsequenz, die daraus gezogen wird, unterscheidet sich jedoch von der Kernarbeit im Sinne des Kritischen Rationalismus. Es geht hier nicht um eine möglichst weitreichende Annäherung an die letztlich nicht erkennbare objektive Realität. Vor dem Hintergrund der Erkenntnis, dass diese von den Menschen aufgrund ihrer selektiven Wahrnehmung ohnehin nicht erkannt werden kann, beschäftigen sich entsprechende Forschungstraditionen in den Geistes- und Kulturwissenschaften weniger mit der Suche nach der objektiven Welt, sondern vielmehr mit der Frage, welche Rolle die sozialen Konstruktionen als Elemente der Kommunikation, als Strukturierungsprinzipien oder hegemoniale Diskursformationen in einer Gesellschaft spielen. Eine solche, stärker **interpretativ-verstehend angelegte Form** des wissenschaftlichen Arbeitens muss sich auch ihrer eigenen Positionalität deutlich bewusst sein und ihre Ergebnisse entsprechend selbst als „Konstruktionen über Konstruktionen" bewerten.

Für die Methodik bedeutete dies: „Weg von den Zahlen, den Statistiken, den Mittelwerten, den Korrelationskoeffizienten, hin zu Texten und zu Kontexten. Die Rahmenbedingungen, in denen Wahrnehmungen, Meinungen und Handlungen von Menschen entstehen und geäußert werden, stehen hier im Vordergrund" (Reuber & Pfaffenbach 2005). Entsprechende Untersuchungen, die sich vor allem in der Humangeographie seit Mitte der 1980er-Jahre zunehmend entwickeln, richten ihr Interesse auf den ‚„gelebten Raum' […], der im Gegensatz zum ‚mathematischen Raum' eine subjektive und situative Ausdehnung […] und eine sinnhafte Bedeutung hat, subjektiv bewertet und erst durch die untrennbare Einheit mit den dort handelnden Menschen sozial wirksam wird" (Dangschat 1996). Bezogen auf das geographische Arbeiten fordert dementsprechend Werlen, „jene Geographien [zu untersuchen], die täglich von den handelnden Subjekten von unterschiedlichen Machtpositionen aus gemacht und reproduziert werden" (1995). Raum wird aus dieser Perspektive in Repräsentationsformen wie Diskursen, Zeichen und Symbolen zum „Ausdruck der Gesellschaftsstruktur" (Miggelbrink 2002).

Quantitative und qualitative Methoden – eine pragmatisch-praktische Unterscheidung

Den beiden erkenntnistheoretischen Positionen des Kritischen Rationalismus bzw. des Sozialen Konstruktivismus folgend lassen sich (auch) für die Geographie zwei unterschiedliche Kategorien geographischer Arbeitsweisen und Methoden unterscheiden. Diese werden allgemein oft mit den plakativen, aber inhaltlich etwas vereinfachenden Etiketten „quantitative" und „qualitative" Methoden umschrieben. Dabei versteht man die quantitativen Methoden als Verfahren, die mit harten Daten und mathematisch-statistischen Analyseinstrumenten auf der Grundlage des „hypothetischen Realismus" daran arbeiten, sich der nicht voll erkennbaren objektiven Realität immer genauer anzunähern. Die qualitativen Verfahren gehen dagegen davon aus, dass man eine objektive Realität weder untersuchen kann noch sollte, da die für das gesellschaftliche Handeln relevante soziale und räumliche Welt ohnehin aus sozialen Konstruktionen besteht. Qualitative Verfahren konzentrieren ihre Untersuchungen entsprechend auf solche subjektiven und kollektiven Geographien (Regionalisierungen).

Im stichwortartigen Vergleich treten die **Möglichkeiten und Grenzen** der beiden unterschiedlichen Formen des wissenschaftlichen Arbeitens in der Geographie noch einmal hervor (Abb. 4.1). Eine solche eher didaktisch zugespitzte Form der Gegenüberstellung muss bei genauerem Hinsehen zweifellos differenziert und relativiert werden. Sie ist jedoch in der Lage, die Kernpunkte der Unterschiede herauszuarbeiten, die dann in den nachfolgenden Kap. 5 und 6 sowie in der methodischen Spezialliteratur, auf die dort verwiesen wird, differenziert und erweitert werden müssen. Dabei kann und soll man jedoch im Vergleich keine generelle Bewertung vornehmen. Keine der beiden Formen ist prinzipiell besser oder schlechter als die andere. Es ist vielmehr so, dass sie sich für unterschiedliche Untersuchungen und Fragestellungen mehr oder weniger gut eignen. Man darf bei der Diskussion um den Einsatz von Methoden in der Wissenschaft nie vergessen, dass das Ausschlaggebende und der Anstoß zumeist konkrete geographiebezogene Fragen oder Probleme der Gesellschaft sind. Sie sind es dann auch, die die spezifische Auswahl der Methoden bestimmen, die darüber entscheiden, ob man sich für ein stärker quantitativ oder stärker qualitativ ausgerichtetes Untersuchungsdesign entscheidet oder, wie in manchen Fällen durchaus hilfreich, für eine **Kombination beider Verfahren** (Methodenmix). So können beispielsweise bei der Analyse einer Naturkatastrophe die stärker quantitativ ausgerichteten Analysemethoden der Physiogeographie einen wichtigen Beitrag zur Rekonstruktion des Verlaufs und zur Prognose zukünftiger Katastrophenereignisse leisten, während die Frage des Umgangs mit den Folgen der Katastrophe beispielsweise mit qualitativen Methoden herausgearbeitet werden kann.

Die Rolle der Hypothesen und Fragestellungen

Ein wesentlicher Unterschied zwischen quantitativen und qualitativen Verfahren liegt bereits im Vorfeld des Methodeneinsatzes. Ein Arbeiten im Sinne der **quantitativen Verfahrensweise** setzt voraus, dass man zunächst aus theoretischem Vorwissen und Literaturstudium nicht nur allgemeine Fragestellungen für eine Untersuchung ableitet, sondern dass man diese mit sehr präzisen Teilfragestellungen und darauf aufbauend mithilfe von Hypothesen über die zu erwartenden Ergebnisse konkretisiert. Die aufgestellten Hypothesen werden dann mithilfe des empirischen Materials bestätigt oder verworfen (Kap. 5). Die Erhebung der Daten sollte entsprechend sehr präzise auf die vorformulierten Hypothesen abgestimmt sein. Streng genommen ist eine Ex-

Abb. 4.1 Quantitative und qualitative Methoden – ein stichwortartiger Vergleich.

quantitative Methoden	qualitative Methoden
Testen von A-priori-Hypothesen (Falsifikationsprinzip)	keine A-priori-Hypothesen Arbeit mit Leitfragen
Datenerhebung standardisiert	Datenerhebung nicht (oder kaum) standardisiert
durch Kategorien vorkonstruierte Beantwortungsmöglichkeit	nuancenreiche, ausführliche Auskunft möglich
überschaubare, in standardisierten Kategorien geordnete Datenmenge	kaum strukturierte Datenfülle
Auswertung mit normierten, mathematisch-statistischen Verfahren	Auswertung mit interpretativ-verstehenden Verfahren (subjektive, nicht normierbare Einflüsse möglich)
Repräsentativität durch Zufallsstichprobe und vergleichsweise große „samples"	keine Repräsentativität im statistischen Sinn zu erreichen, da nur wenige Einzelfälle intensiv erfasst werden (punktuell)
geeignet für die Erhebung „harter Daten" und kategorisierbarer Informationen	geeignet für eine differenziertere Untersuchung des Einzelfalls und seiner Besonderheiten, detaillierte Auskünfte über Meinungen, Einstellungen usw.
„Schematisierung" 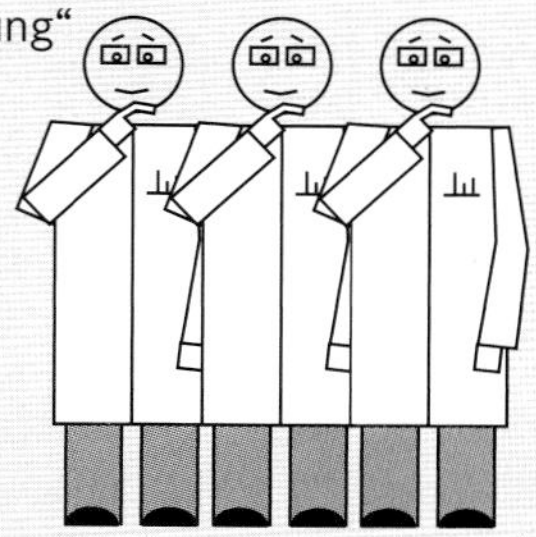	„Individualisierung" 
Dokumentation der Ergebnisse weniger problematisch	Dokumentation der Daten problematisch (zum Teil unmöglich)
Gütekriterium der intersubjektiven Überprüfbarkeit	**Gütekriterium der Plausibilität/Nachvollziehbarkeit**

post-Erweiterung des Hypothesenkanons aus der Sicht der Popper'schen Konzeption nicht gestattet.

Im Gegensatz dazu gehen **qualitativ orientierte Untersuchungsverfahren** offener an ihren Untersuchungsgegenstand heran. Hier geht es zumeist darum, zunächst nur einige eher allgemeine und weiter ausgreifende Leitfragen zu formulieren. Es ist nicht notwendig, oft sogar nicht erwünscht, an die Untersuchung bereits mit präzise vorformulierten Hypothesen heranzugehen. Stattdessen können sich bei der qualitativen Vorgehensweise auch im Zuge der laufenden Untersuchungen neue Leit- und Detailfragen ergeben, sodass sich die inhaltliche Richtung des Arbeitens sukzessive entwickelt. Diese als „hermeneutische Spirale" bezeichnete Form einer sich ständig erweiternden Erkenntnis, eines offenen Herangehens an den Untersuchungsgegenstand, macht es nicht nur möglich, sondern sogar notwendig, die untersuchungsleitenden Fragen und die speziellen Instrumente einer Untersuchung (z. B. einzelne Teilfragestellungen in einem Leitfadeninterview; Kap. 6) ständig

den neuesten Ergebnissen der laufenden Untersuchung anzupassen.

In der empirischen Forschungspraxis werden nicht selten die prinzipielle Geschlossenheit der quantitativen Verfahren und die prinzipielle Offenheit der qualitativen Untersuchungen durch eine gleitende Skala unterschiedlich konsequent verlaufender methodischer Konzepte aufgeweicht.

Die Erhebung und die Art der Daten

Die Phase der Datenerhebung ist durch weitere Unterschiede zwischen qualitativen und quantitativen Verfahren gekennzeichnet. Ein Hypothesentest im Sinne des Popper'schen Falsifikationsprinzips, der mit mathematisch-statistischen Verfahren durchgeführt wird (Kap. 5), erfordert Datenmaterial, das sich auch in dieser Form auswerten lässt. Es ist daher notwendig, die Daten in einer standardisierten Form zu erheben bzw. nicht standardisiert erhobene Daten in einem Zwischenschritt vor der eigentlichen Analyse zu standardisieren. Die **Standardisierung** bietet die Grundlage dafür, dass die entsprechenden Daten später in einer Datenbank als Zahlencodes repräsentiert werden können. Mithilfe dieser in Zahlen umgesetzten Informationen lässt sich dann entsprechend der mathematischen Qualität der Daten (Skalenniveaus) mit entsprechenden statistischen Verfahren rechnen, die die Annahme oder Verwerfung der eingangs aufgestellten Hypothesen ermöglichen. Dies hat jedoch zur Folge, dass die kontingente, vielfältige und oft durch gleitende Übergänge der zu beobachtenden Phänomene gekennzeichnete Wirklichkeit der sozialgeographischen Phänomene bereits bei der Erhebung der Daten in vorgefertigte Kategorien umgeformt werden muss (z. B. Beobachtungskategorien einer geoökologischen Versuchsanordnung oder ein Fragebogen einer sozialgeographischen Untersuchung). Es findet also während dieser Phase bzw. beim Aufbau der entsprechenden methodischen Instrumentarien a priori eine Konstruktion des Gegenstandes statt, die unwiderruflich ist und Auswirkungen auf die Struktur der nachfolgenden Ergebnisse der Analyse hat. Diese Kategorisierung der Daten ist je nach Untersuchungsgegenstand unterschiedlich schwierig durchzuführen: Sie kann sozusagen auf der Hand liegen (die Messung von Temperatur in Grad Celsius, die Messung des Alters in Lebensjahren), durch einen Pretest vorab ermittelt werden oder durch die Formulierung der zu prüfenden Hypothesen bereits vorgegeben sein.

In dieser Hinsicht gehen die qualitativen Verfahren völlig anders vor. Sie versuchen, bei der Erhebung die Vielfalt der sozialen und räumlichen Phänomene in möglichst offener und **wenig kategorisierter Form** zu erfassen. Bei Leitfadeninterviews in der Humangeographie beispielsweise geht es darum, die befragten Personen mit ihren eigenen Worten und unter möglichst geringem Einfluss durch die befragenden Personen zu Wort kommen zu lassen (Kap. 6). Dies darf aber nicht zu der Annahme verführen, ein solches Forschungsdesign sei gänzlich offen. Auch hier sind eine Reihe von Einflüssen gegeben, die den Erhebungsprozess beeinflussen und den dabei gebildeten Ergebnissen eine bestimmte Struktur geben – angefangen beim theoretischen Vorverständnis des Verfassenden über die Ableitung der Leitfragen, mit denen das Gespräch grob strukturiert wird, bis hin zur Persönlichkeit des Beobachtenden oder Interviewenden und seinem bzw. ihrem kommunikativen Talent. Solche Aspekte werden bei der Erörterung der Güte- und Relevanzkriterien einer solchen Untersuchungsmethode zu berücksichtigen sein.

Die Datenauswertung

Entsprechend den Erhebungsstrategien ergeben sich sehr unterschiedliche Arten von Daten für die quantitative und qualitative Auswertung: Bei der quantitativen Analyse entsteht ein sehr überschaubarer, in standardisierten Kategorien **geordneter Datenkorpus**, der zumeist in Form einer fallbezogenen Datenbank organisiert ist. Diese bildet die Grundlage für die entsprechenden mathematisch-statistischen Auswertungsverfahren. Im Gegensatz dazu stellt die qualitative Untersuchung eine **kaum strukturierte Datenfülle** bereit, einen „Textberg" an transkribierten Interviews, der bereits bei 10 bis 20 Gesprächen auf ein Volumen von mehreren Hundert Seiten Fließtext anschwellen kann.

Entsprechend unterschiedlich fallen die Auswertungsformen aus, die sich daran anschließen. Dabei können die quantitativen Methoden mithilfe eines stark standardisierten Instrumentariums etablierter **mathematisch-statistischer Analysen** untersucht werden. Die Analyse verfolgt im Wesentlichen den Zweck, neben einer einführenden Beschreibung der Daten vor allem die vorab formulierten Hypothesen zu prüfen. Zwar ist auch hier durch selektive Datenzusammenfassungen, durch die Art der gewählten statistischen Überprüfungsverfahren usw. ein gewisser Spielraum der Wahl vorhanden, er ist jedoch durch Dritte intersubjektiv überprüfbar, sodass die einzelnen Entscheidungen und Schritte von außen transparent und nachvollziehbar sind. Die Auswertung der qualitativen Daten erfolgt dagegen mit **textanalytischen Verfahren**. Dabei bildet die subjektive Kompetenz der Interpretationsfähigkeit der Bearbeitetenden einen wichtigen Rahmen der Auswertung. Dieser Schritt ist, im Gegensatz zur quantitativ arbeitenden Analyse, stärker ein subjektiver und kreativer Akt des Verstehens, der von außen kaum einsehbar, geschweige denn intersubjektiv überprüfbar ist. Aufgrund der Unmöglichkeit der Standardisierung eines solchen Schrittes entstehen beispielsweise bei der Interpretation des gleichen Materials durch einzelne Wissenschaftler oder Wissenschaftlerinnen unterschiedliche Ergebnisse. Diese können zwar durch bestimmte Verfahren der Konsensbildung teilweise harmonisiert werden, letztendlich bleiben jedoch – im Gegensatz zur Transparenz und Überprüfbarkeit der quantitativen Auswertungsmechanik – eine Reihe der subjektiven und auch der kollektiven Auswertungsschritte und -erwägungen in einer „Blackbox" verborgen.

Unterschiede bezüglich der Verwendbarkeit und Relevanz

Entsprechend unterschiedlich sind auch die Verwendungszwecke der Methoden. Quantitative Verfahren eignen sich zur Gewinnung von Informationen, die – auf der Basis einer Zufallsstichprobe – repräsentativ für eine Grundgesamtheit von Fällen stehen (z. B. für die Klimadaten einer bestimmten Region, für die Einstellung der bundesdeutschen Bevölkerung zu geographisch relevanten Fragestellungen). Qualitative Untersuchungen dagegen eignen sich für die Ausleuchtung von Einzelfällen, Einstellungen und Meinungen von Menschen, für die Rekonstruktion von Entscheidungsprozessen usw. Diese können von alltagsgeographischen Fragestellungen bis hin zu politisch-geographischen Themen reichen, in denen durch die Interviews mit Schlüsselakteuren Konflikte um räumlich lokalisierte Ressourcen nachgezeichnet werden.

Es geht also bei der Wahl der Methoden um den **Verwendungskontext**, um die Art der Ergebnisse, die man erzielen will, sowie um deren Reichweite. Sind eher kategorisierte Überblicksinformationen mithilfe von „harten Daten" gefragt, so eignen sich – wie z. B. in einem Großteil der physiogeographischen Analytik – quantitativ-statistisch ausgerichtete Erhebungsmethoden. Mit ihnen lassen sich nicht nur statistisch repräsentative Ergebnisse erzielen, sondern auch – unter entsprechenden methodischen Einschränkungen – Prognosen ableiten. Qualitative Untersuchungen messen sich an anderen Relevanz- und Gütekriterien. Hier ist als Qualitätsmerkmal nicht die „intersubjektive Überprüfbarkeit" gefragt, sondern die „Plausibilität" und „Nachvollziehbarkeit" der Ergebnisse. Der Nutzen besteht hier weniger in der statistisch abgesicherten Prognose, sondern darin, dass die Leser durch die Lektüre der Ergebnisse ihre eigene Lebenswelt bzw. die beobachteten Phänomene besser verstehen. Indem sie mit solcherart gewonnenen qualitativen Forschungsergebnissen in Resonanz treten, kommt es bei ihnen zu einer Erweiterung und Veränderung des Blicks auf die Welt und zu einer Erweiterung von Handlungsspektrum und -kompetenz in entsprechenden Alltagssituationen.

Literatur

Belina B, Michel B (Hrsg) (2003) Raumproduktionen. Beiträge der Radical Geography. Eine Zwischenbilanz. Münster
Blotevogel HH (1996) Einführung in die Wissenschaftstheorie: Konzepte der Wissenschaft und ihre Bedeutung für die Geographie. Diskussionspapier 2/1996. Duisburg
Brunotte E et al (Hrsg) (2001/2002) Lexikon der Geographie. Heidelberg, Berlin
Dangschat JS (1996) Raum als Dimension sozialer Ungleichheit und Ort als Bühne der Lebensstilisierung? Zum Raumbezug sozialer Ungleichheiten und von Lebensstilen. In: Schwenk OG (Hrsg) Lebensstil zwischen Sozialstrukturanalyse und Kulturwissenschaft. Sozialstrukturanalyse Bd. 7. Opladen. 99–135
Graeser A (1994) Ernst Cassirer. Beck'sche Reihe Denker 527. München
Gregory D (1994) Geographical Imaginations. Cambridge
Hierdeis H, Hug T (1994) Pädagogische Alltagstheorien und erziehungswissenschaftliche Theorien. Ein Studienbuch zur Einführung. Bad Heilbrunn
Issing J, Klimsa P (Hrsg) (1995) Information und Lernen mit Multimedia. Weinheim
Johnston RJ (1997) Geography and Geographers: Anglo-American human geography since 1945. London
Kuhn TS (1962) Die Struktur wissenschaftlicher Revolutionen. Frankfurt a. M.
Latour B (1998) Wir sind nie modern gewesen. Versuch einer symmetrischen Anthropologie. Frankfurt a. M.
Latour B (2000) Die Hoffnung der Pandora. Untersuchungen zur Wirklichkeit der Wissenschaft. Frankfurt a. M.
Lyotard J-F (1993) Das postmoderne Wissen. Ein Bericht. Wien
Mattissek A, Pfaffenbach C, Reuber P (2013) Methoden der empirischen Humangeographie. 2. Aufl. Braunschweig
Miggelbrink J (2002) Der gezähmte Blick. Zum Wandel des Diskurses über „Raum" und „Region" in humangeographischen Forschungsansätzen des ausgehenden 20. Jahrhunderts. Beiträge zur Regionalen Geographie Bd. 55. Leipzig
Reuber P, Pfaffenbach C (2005) Methoden der empirischen Humangeographie. Das Geographische Seminar. Braunschweig
Schwemmer O (Hrsg) (1981) Vernunft, Handlung und Erfahrung. Über die Grundlagen und Ziele der Wissenschaften. München
Seiffert H (1992) Einführung in die Wissenschaftstheorie. Beck'sche Reihe Bd. 60 u. 61. München
Siebert H (1999) Pädagogischer Konstruktivismus: eine Bilanz der Konstruktivismusdiskussion für die Bildungspraxis. Neuwied
Vollmer G (1994) Evolutionäre Erkenntnistheorie angeborene Erkenntnisstrukturen im Kontext von Biologie, Psychologie, Linguistik, Philosophie und Wissenschaftstheorie. Stuttgart
Werlen B (1995, 1997) Sozialgeographie alltäglicher Regionalisierungen 1 u. 2. Erdkundliches Wissen Bd. 116 u. 119. Stuttgart

Weiterführende Literatur

Blotevogel HH (1996) Einführung in die Wissenschaftstheorie: Konzepte der Wissenschaft und ihre Bedeutung für die Geographie. Diskussionspapier 2/1996. Duisburg
Kuhn TS (1962) Die Struktur wissenschaftlicher Revolutionen. Frankfurt a. M.
Mattissek A, Pfaffenbach C, Reuber P (2013) Methoden der empirischen Humangeographie. 2. Aufl. Braunschweig
Popper KR (1971) Die Logik der Forschung – Die Einheit der Gesellschaftswissenschaften. Bd. 3. 10. Aufl. Tübingen
Schwemmer O (Hrsg) (1981) Vernunft, Handlung und Erfahrung. Über die Grundlagen und Ziele der Wissenschaften. München
Seiffert H (1992) Einführung in die Wissenschaftstheorie. Beck'sche Reihe Bd. 60 u. 61. München

Kapitel 4

Kritischer Rationalismus und naturwissenschaftlich orientierte Verfahren

In der Physischen Geographie sind Geländeuntersuchungen von grundlegender Bedeutung für die Gewinnung, Auswertung und Interpretation empirischer Daten. In-situ-Messungen mithilfe von Direct-Push-Verfahren liefern hochauflösende Informationen zum oberflächennahen Untergrund. Gekoppelt mit oberflächengebundenen geophysikalischen Prospektionsmethoden – hier der elektrischen Widerstandstomographie – ergibt sich ein detailliertes Bild des Untergrunds, das als Grundlage für die Auswahl von geeigneten Bohrpunkten dient. Uferbereich der Kaiafa-Lagune, westliche Peloponnes, Griechenland (Foto: A. Vött, 2017).

© Springer-Verlag GmbH Deutschland, ein Teil von Springer Nature 2020
H. Gebhardt et al. (Hrsg.), *Geographie*, https://doi.org/10.1007/978-3-662-58379-1_5

Physische Geographie und Humangeographie treffen sich nicht nur in einer Reihe von Fragestellungen (Kap. 29 bis 31), sondern auch in vielen methodischen Ansätzen. Natürlich arbeiten Geomorphologen und Klimageographen in der Regel mit anderen Erhebungsmethoden als z. B. Sozialgeographen, aber die grundlegenden Verfahren der Forschung, ihre methodischen Ansprüche, Reichweiten und die Grenzen ihrer Anwendung und Aussagekraft weisen in manchen Bereichen durchaus Parallelen auf. Sowohl Physische Geographie als auch Humangeographie nutzen, vereinfacht gesprochen, quantitative, analytisch-szientistische Verfahren wie auch qualitative, interpretierend-verstehende Methoden (Kap. 6). Naturwissenschaftliche Forschungsmethoden spielen in der Physischen Geographie eine herausragende Rolle. In diesem Kapitel werden nach einer kurzen Einführung zunächst konkrete Gelände- und Labormethoden vorgestellt, die in ausgewählten Teilgebieten der Physischen Geographie Anwendung finden. In der Geomorphologie und der Klimageographie nimmt die Bedeutung von Messungen im Gelände mit zunehmenden technischen Möglichkeiten zu. Hier wird die Landschaft beziehungsweise die Umwelt als natürliches Labor begriffen. Daneben spielen in vielen Bereichen der Physischen Geographie Laboranalysen, z. B. im Bereich der Boden- oder der Hydrogeographie, eine große Rolle. Anspruchsvolle, oft im interdisziplinären Verbund durchgeführte Datierungsmethoden sind inzwischen aus der physisch-geographischen Forschung nicht mehr wegzudenken. Analytisch-szientistische, am Vorgehen der Naturwissenschaften orientierte Methoden haben aber auch in der Humangeographie Bedeutung erlangt. Hierzu gehören die standardisierten Zähl- und Befragungsmethoden (mit Fragebögen oder auch mittels Internetbefragungen) ebenso wie geeignete statistische Auswertungsverfahren, welche über die Signifikanz (den Aussagewert) der erhobenen Befunde Aussagen machen. Diese werden ebenfalls im Rahmen dieses Kapitels am Beispiel einiger Verfahren thematisiert. Dabei werden Möglichkeiten und Grenzen dieser Verfahren kritisch aufgezeigt.

5.1 Analytisch-szientistische Wissenschaft und die Bewährung von Theorien

Paul Reuber

Die Analyse geographischer Fragestellungen auf der Grundlage quantitativ-standardisierter Daten gehört bereits lange zu den etablierten Methoden der Geographie. Die Arbeit mit „harten" Daten und ihre analytisch-statistische Auswertung ist in den Wissenschaften generell im 20. Jahrhundert eine der am weitesten verbreiteten Methoden geworden. Bezogen auf die Geographie bilden insbesondere die darauf aufbauenden Regionalisierungen auf unterschiedlichen Maßstabsebenen eine der methodischen Kernkompetenzen des Faches. Die Bedeutung solcher Formen der Raumanalyse zieht sich mittlerweile bis in die breite Öffentlichkeit hinein; hier gehört die raumbezogene Visualisierung entsprechender Daten mithilfe von Karten, Abbildungen und Animationen nahezu selbstverständlich zum Alltag in allen Medien. Diese Entwicklung wäre in einer solchen Form kaum ohne die **Revolutionen in der Informationstechnologie** möglich geworden. Die Geschwindigkeit und optische Brillanz, mit der die Inhalte raumbezogener Datenbanken heute in Geographischen Informationssystemen (GIS) sekundenschnell als farbige Karten

auf dem Computerbildschirm erscheinen, haben Konsequenzen in vielerlei Hinsicht. Dies trägt nicht nur dazu bei, dass entsprechend qualifizierte Geographinnen und Geographen derzeit gut auf dem Arbeitsmarkt unterkommen, sondern führt ganz allgemein zu einer Verbreitung von Betrachtungsweisen in der Gesellschaft, die auf geographisch lokalisierbaren Unterschieden basieren. Zu diesem Hype leisten in aller Ambivalenz insbesondere auch die mittlerweile im Internet vorhandenen Portale wie Google Maps, Google Earth oder Google Street View ihren Beitrag, deren Visualisierungen mittlerweile im wissenschaftlichen Feld der Kritischen Kartographie (Kap. 7) auch kritisch betrachtet werden.

Um solche Geovisualisierungen – ebenso wie alle anderen quantitativ-statistischen Verfahren – methodologisch richtig einordnen zu können, muss man sich vor Augen führen, welches Konstruktionsprinzip ihnen zugrunde liegt. Bevor man räumlich lokalisierte Phänomene in dieser Form bearbeiten und darstellen kann, müssen sie – im wahrsten Sinne des Wortes und ausnahmslos – in **Zahlen** übersetzt werden. Generell sind quantitativ orientierte Präsentationen oder statistische Analysen, beispielsweise im Sinne des Kritischen Rationalismus, nur möglich, wenn man zuvor die kontingente und differenzierte physische und sozialräumliche Welt in **Kategorien** zerteilt. Erst dann kann man sie mithilfe mathematischer Ziffern und Symbole in einer Datenbank abbilden, und erst dann kann man die zu untersuchenden Daten mithilfe mathematischer Formeln auf innere Zusammenhänge und Regelhaftigkeiten überprüfen. Genau dieses Vorgehen bildet den Kern der quantitativ-analytischen Methodik. Auch wenn sich solche Auswertungen heute von mathematischen Laien mithilfe von Statistik- und GIS-Software über komfortable Ein- und Ausgabemasken technisch schnell erlernen und erstellen lassen, steht doch hinter jeder Analyse methodisch ein mehr oder minder komplexes Rechenverfahren, das in den meisten Fällen auf mathematischen Grundüberlegungen und Prinzipien der Statistik beruht.

Das Gesagte macht bereits deutlich: Allein die Verwendung „harter" Daten macht aus Sicht des Kritischen Rationalismus noch keine wissenschaftliche Analyse aus. Wissenschaftliches Arbeiten geht über eine reine Deskription, das heißt etwa über die bloße Beschreibung regionaler Differenzierungen durch die Visualisierung entsprechender Daten, hinaus. Für eine entsprechende Analyse standardisierter Daten hat sich ein allgemein akzeptiertes, **induktives („entdeckendes") Verfahren** nach naturwissenschaftlichem Vorbild etabliert. Es besteht, vereinfacht gesprochen, aus einem Dreischritt von Hypothese, Empirie und Theorie, wobei sich die empirische Beschaffung der Daten aus jeweils fragestellungs- und situationsbezogen angemessenen Verfahren zusammensetzt (z. B. Messungen im Labor oder im Gelände, standardisierte Befragungen, Zählungen, Kartierungen, Beschaffung sekundärstatistischen Datenmaterials). Der Kern dieser wissenschaftlichen Arbeitsweise kann als **„hypothesengeleitetes Vorgehen"** bezeichnet werden, das sich in fünf Schritten vollzieht:

- Formulierung des Problems und der Ausgangsfragestellung
- Formulierung der untersuchungsleitenden Hypothesen
- Durchführung der empirischen Arbeiten (Datenbeschaffung, Datenberechnung, Datenauswertung)

- Interpretation der Ergebnisse durch Bestätigung oder Verwerfung der Ausgangshypothese (Verifikation oder Falsifikation)
- Schlussfolgerung und theoretischer Gewinn

Für den Betrachter fällt dabei allein wegen des Arbeitsaufwands oft vor allem der dritte Schritt ins Auge und hier besonders die empirische Sammlung und Aufbereitung des Datenmaterials. Auch aus zeitökonomischer Perspektive nimmt dieser Teil oft einen erheblichen Prozentsatz in Anspruch, denn es geht nicht selten um aufwendige Gelände- und Laborarbeiten in mitunter schwer zugänglichem Terrain und an sehr spezifischen Apparaturen, um groß angelegte Befragungsaktionen oder um langwierige Datenaufnahmen im Gelände, die oft mit erheblichem technischem Geräteaufwand oder mit hohem Personalaufwand verbunden sein können. Tatsächlich ist die **Datensammlung** im engeren Sinne aber nur Teil eines größeren intellektuellen Unterfangens, nicht selten sogar der kognitiv am wenigsten anspruchsvolle. Hier geht es eher um Akribie, Genauigkeit und Geduld in der zweckbezogenen Datensammlung, während sich die kreativen Teile des Forschungsprojekts zum einen in der Vorphase, etwa in der Aufstellung der Hypothesen, oder in der nachfolgenden Phase, in der mathematisch-statistischen Analyse des Materials und der damit verbundenen Prüfung der Hypothesen, finden.

Gerade der Teil der mathematisch-statistischen Analyse der Daten wird mittlerweile durch die zunehmend besseren graphischen Benutzeroberflächen entsprechender Statistik- und GIS-Programme erleichtert. Wer heute GIS-Operationen durchführt oder bi- und multivariate Analysen mit einem der vielen statistischen Datenanalyseprogramme rechnet, bewegt sich häufig nur noch in den Feldern intuitiv gestalteter Dialogboxen, die ihn teilweise weder mit den Formeln, noch mit den mathematischen Regeln und Einschränkungen bestimmter Verfahren konfrontieren. Diese Entwicklung hat aus methodologischer und methodischer Sicht Vor- und Nachteile: Der Vorteil besteht in der zunehmenden Verbreitung solcher Verfahren und in den kürzer werdenden Einarbeitungszeiten. Der Nachteil liegt aber oft darin, dass die sog. „Software-User" die angebotenen „Tools" häufig allzu schnell verwenden, ohne sich sowohl über die allgemeine Vorgehensweise kritisch-rationalen Arbeitens als auch über die eingeschränkte Anwendbarkeit und die Grenzen der Reichweite der Aussagen einzelner mathematisch-statistischer Verfahren klar zu sein.

5.2 Gelände- und Labormethoden

Geländemethoden

Manuel Dienst, Kurt Emde, Peter Fischer, Oliver Konter, Lea Obrocki, Vera Werner, Timo Willershäuser und Andreas Vött

Die Physische Geographie ist eine empirische Wissenschaft. Gegenstand sind all jene Dinge, Organismen, Formen und Prozesse, die auf der Erdoberfläche, sei es in Gesteinen oder in Böden, in von Pflanzen, Tieren und Menschen genutzten Bereichen sowie in der Atmosphäre verortet sind oder sich dort abspielen. Dabei

geht es in der physisch-geographischen Forschung vor allem darum, Systemzusammenhänge und Abhängigkeiten zwischen unterschiedlichen Kompartimenten des Geo-, Bio- und Ökosystems und deren Faktoren zu erkennen, zu erklären und deren Bedeutung für den Gesamtzusammenhang zu erfassen. In welcher Form und in welchem Maße ist beispielsweise das Relief für meso- und mikroklimatische Phänomene bedeutsam, welche Rolle spielen Organismen bei bodenbildenden Prozessen, wie wirken sich Unterschiede im Nährstoffgehalt des Untergrunds auf Vegetation und Tierwelt aus oder welche Folgen haben Eingriffe in das oberflächennahe Grundwasserstockwerk für das Ökosystem? Solcherart Fragen zu beantworten erfordert neben der Fähigkeit zu **vernetztem Denken** ein grundlegendes **Fachverständnis** aller beteiligten unterschiedlichen Teilgebiete der Physischen Geographie. Insbesondere synthetisierende geographische Kompetenz zu schulen, haben sich einige Werke zu Arbeitsmethoden der Physischen Geographie zur Aufgabe gemacht. Hierzu gehören die Lehrbücher von Barsch et al. (2000) und Pfeffer (2006). Darüber hinaus existieren natürlich zahlreiche Anleitungen zu methodischem Arbeiten in den Einzelbereichen der Geographie sowie in den jeweiligen Nachbarwissenschaften.

Ziel von Geländearbeiten in der Physischen Geographie ist die Erfassung von Daten im Rahmen möglichst repräsentativer Untersuchungen zu ausgewählten Fragestellungen. Hierbei sind die Wahl der einzusetzenden Methoden, die zu wählende Messstrategie sowie das übergeordnete Forschungsdesign von besonderer Bedeutung. Grundlegend ist die Einsicht, dass die Qualität der Ergebnisse und ihre Interpretation an die Qualität der im Rahmen der repräsentativen Studie durchgeführten Methoden gebunden sind, beispielsweise hinsichtlich gewünschter zeitlicher Auflösungen oder räumlicher Geltungsbereiche. Einfach gesagt können Forschungsergebnisse nur so gut sein wie die zu ihrer Erarbeitung eingesetzten Methoden.

Im Folgenden werden überblicksartig für ausgewählte Teilgebiete der Physischen Geographie Aspekte und Methoden beschrieben, die bei Geländearbeiten Berücksichtigung finden.

Geomorphologie

Innerhalb der Geomorphologie kann zwischen Prozess- und Archivforschung unterschieden werden. In der geomorphologischen **Prozessforschung** wird mittels Einsatzes moderner, zeitlich und räumlich hochauflösender Vermessungsverfahren versucht, grundlegende Prozesseigenschaften zu erfassen, zu beschreiben, zu quantifizieren und zu modellieren. Beispiele hierfür befassen sich mit Felssturzereignissen, Frostschuttbildungsprozessen und Hangverlagerungsdynamiken in Hochgebirgsräumen oder mit der Untersuchung niederschlagsabhängiger Bodenerosionsprozesse in Einzugsgebieten unterschiedlicher Größe und Beschaffenheit. Der Fokus liegt also auf der Verbesserung des Verständnisses von gegenwärtig und zukünftig sich abspielenden reliefformenden Prozessen.

Im Gegensatz dazu versucht die **archivbasierte Geomorphologie**, Umweltzustände und -veränderungen auf der Grundlage entsprechender Sedimentabfolgen in Sedimentkernen zu

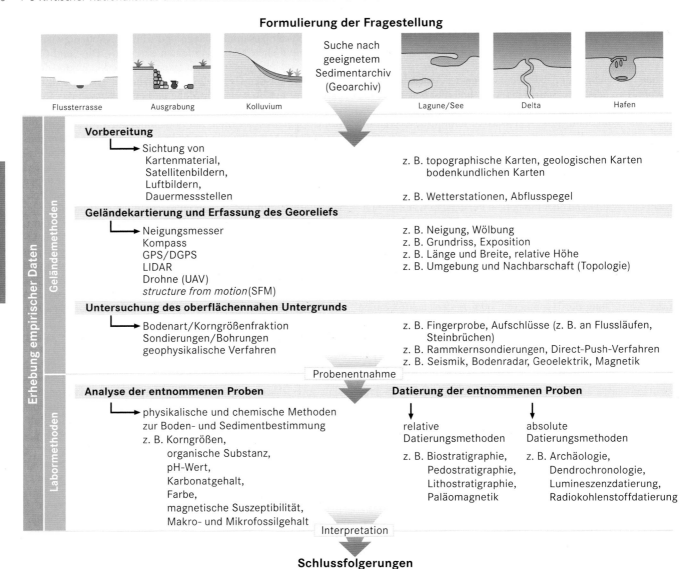

Abb. 5.1 Exemplarisches Forschungsdesign zur Durchführung geomorphologischer Erforschung von Sedimentarchiven.

rekonstruieren. Solcherart Umweltveränderungen können u. a. durch geomorphologische Prozesse (z. B. Hangrutschungen), durch klimatische Effekte (z. B. Starkniederschlagsereignisse), durch seismo-tektonische Einflüsse (z. B. Erdbeben) und/oder anthropogene Faktoren (z. B. Bodenerosion) hervorgerufen werden. Ausgehend vom Gegenstand der Untersuchung – Sedimentschichten aus der weiteren und näheren Vergangenheit – können solche Studien auch weiter zurückliegende Bereiche des Quartärs umfassen (z. B. das jüngere Pleistozän) und bis in die Moderne reichen (z. B. Stauseesedimente). Häufig liegt das Holozän im Zentrum solcher archivgeleiteter Studien. Abb. 5.1 bildet ein beispielhaftes Forschungsdesign ab.

Grundsätzliche Bedeutung geht von der **geomorphologischen Kartierung** aus. Sie steht zumeist am Anfang jeglicher geomorphologischer Geländearbeiten und hat zum Ziel, das Inventar der im Untersuchungsgebiet vorhandenen geomorphologischen Formen in seiner räumlichen Vernetzung zu erfassen. Als Grundlage können topographische Karten geeigneten Maßstabs, aber auch Luftbilder unterschiedlicher Aufnahmejahre herangezogen werden. Die bekannteste Anleitung zur Anfertigung geomorphologischer Karten stammt von Leser & Stäblein (1975) und hat trotz ihres fortgeschrittenen Alters nichts an Aktualität verloren.

Insbesondere in jenen Bereichen der Geomorphologie, die sich mit der Auswertung von Sedimentarchiven beschäftigen, kommt der Frage der Repräsentativität des Untersuchungsmaterials eine entscheidende Rolle zu. Dies ist auch bei der Nutzung natürlicher und künstlicher Aufschlüsse, beispielsweise an Straßenanschnitten oder in tief eingeschnittenen Flusstälern, zu berücksichtigen. Bei **Bohrungen** in quartärem Lockermaterial muss gewährleistet sein, dass die Wahl des Bohrpunktes nicht zufällig, sondern unter

Abb. 5.2 Ein terrestrischer Laser-scanner erfasst einen Abschnitt einer antiken Mauer, um das Relief und die baulichen Strukturen im Millimeterbereich zu erfassen (**a**). Die gemessene Punktwolke wird anschließend mit Bildinformationen der verschiedenen Scanpositionen eingefärbt, um eine fotorealistische dreidimensionale Darstellung zu erhalten (**b**).

Berücksichtigung etwaiger Unterschiede in der Zusammenset-zung des oberflächennahen Untergrunds erfolgt. In den meisten Fällen ist es nicht möglich, die gewünschten Ergebnisse auf Ba-sis eines einzelnen Sedimentkerns zu erzielen, sondern erfordert die Anlage eines Bohrtransektes, mit dessen Hilfe unterschiedli-che Sedimentfazies und damit unterschiedliche Einflussmuster erfasst werden können. Der Exploration des oberflächennahen Untergrunds kommt daher eine besonders bedeutsame Rolle zu: Mithilfe ausgewählter geophysikalischer Methoden, beispiels-weise Bodenradar (*Ground Penetrating Radar*, GPR), elektri-scher Widerstandstomographie (*Electrical Resistivity Tomogra-phy*, ERT) oder seismischer Messungen, können die Tiefenlage des anstehenden Festgesteins, Mächtigkeitsunterschiede des zu untersuchenden Archivs oder lokale Anomalien im Sediment-aufbau, beispielsweise durch eingeschaltete Rutschschollen, ehemalige Flussrinnen etc., erfasst und mitberücksichtigt werden (Exkurs 5.1). Die Auswahl der Bohrpunkte sollte daher erst nach der Auswertung der geophysikalischen Prospektion erfolgen. Aufgrund des mit Bohrungen verbundenen hohen technischen und finanziellen Aufwands wird zunehmend die moderne Direct-Push-Technologie eingesetzt, mit deren Hilfe zeit- und kosten-sparend hochaufgelöste Stratigraphien erfasst und mit Master-Sedimentkernen abgeglichen werden können (Exkurs 5.2).

Zur Erfassung der Erdoberfläche sind mit dem Aufkommen **digi-taler Messinstrumente** hochpräzise Möglichkeiten zur detail-getreuen Vermessung, Kartierung und Abbildung geomorpho-logischer Strukturen entstanden. Neben klassischen optischen Messmethoden bieten satelliten- und lasergesteuerte ebenso wie bildsensorbasierte Messverfahren inzwischen die Möglichkeit, innerhalb kürzester Zeit eine große Menge an Informationen zu erfassen (Kap. 7). So erlauben satellitengestützte Systeme heute die millimetergenaue Positionsbestimmung auf der Erdoberflä-che. Verschiedene **Satellitenverortungssysteme** wie z. B. GPS, GLONASS, Galileo oder Beidou können bei freiem Sichtfeld nahezu global uneingeschränkt eingesetzt werden. GPS-gestützte Systeme ermöglichen eine einfache und vor allem schnelle Po-sitionsbestimmung im Gelände (Rummel 2017). Die am häu-figsten eingesetzte und präziseste Konfiguration stellt dabei das differenzielle GPS-System (D-GPS) dar, welches entweder über eine Kombination aus stationärer Basis und mobilem Rover oder über einen mobilfunkgesteuerten Korrekturdatendienst exakte Positionsdaten liefert.

Das **LIDAR-System** (*Light Detection and Ranging*) stellt eine Vermessungsmethode zur optischen Abstands- und Geschwindig-keitsmessung mittels Laserstrahlen dar (Abb. 5.2). Dabei wird aus einer Vielzahl gemessener Einzelpunkte eine Punktwolke erzeugt und zu einem digitalen Geländemodell (DGM) zusammengefügt. Im Bereich der geomorphologischen Kartierung wird hierbei zwischen terrestrisch gestützten Systemen (*Terrestrial Laser Scanning*) sowie Befliegungssystemen (*Airbone Laser Scanning*) unterschieden. Die Genauigkeit und Auflösung eines mit LIDAR erzeugten 3D-Modells kann bis in den Submillimeterbereich ge-hen. Durch eine Oberflächenkolorierung der Punktdaten ist es möglich, fotorealistische Modelle eines Geländes zu erzeugen. In

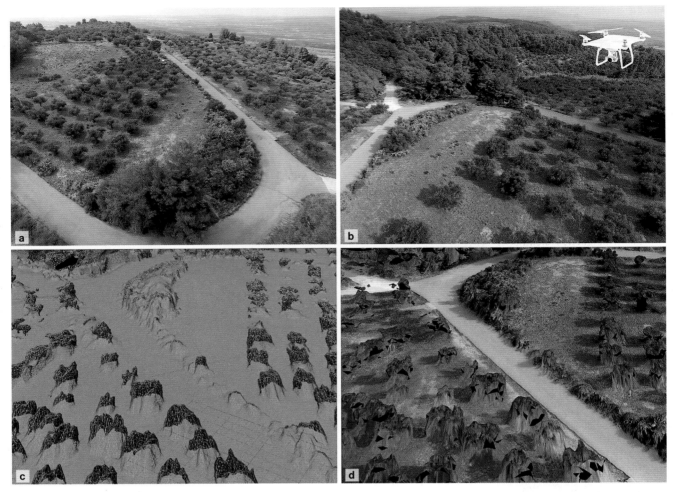

Abb. 5.3 Drohnengestützte Luftbilder aus unterschiedlichen Perspektiven (**a**, **b**) werden über die Generierung einer dichten Punktwolke hin zur Berechnung eines Drahtgitter-Modells (**c**) verwendet. In einem weiteren Schritt werden die Farbinformationen der Luftbilder zur Erstellung eines fotorealistischen digitalen Geländemodells verwendet (**d**).

Kombination mit GPS-Vermessungen einzelner Referenzpunkte können die hochpräzisen Geländemodelle schließlich in Geographische Informationssysteme (GIS) integriert werden. In der Geomorphologie kommen LIDAR-Vermessungen außerdem zur Kartierung von räumlichen und zeitlichen Veränderungen im Gelände (Monitoring), wie z. B. der quantitativen und qualitativen Erfassung großflächiger Massenbewegungen (Bergstürze, Muren, Hangrutschungen etc.), zum Einsatz.

Die **luftgestützte Bilderfassung** bildet ein klassisches Feld der Geographie und Fernerkundung (Abschn. 7.3). Sie dient der visuellen Erfassung, Vermessung und Kartierung der Erdoberfläche auf unterschiedlichen Skalen (Heipke 2017). Mit Aufkommen der unbemannten Flugsysteme (*unmanned aircraft sytsems,* AUS, „Drohne") besteht für kleinere Untersuchungsgebiete die Möglichkeit, bei geringem zeitlichem und finanziellem Aufwand hochaufgelöste digitale Luftbilder zu erzeugen und ein Zielareal aus verschieden Perspektiven umfassend zu digitalisieren (Abb. 5.3). Die räumliche Verortung der Aufnahmen erfolgt dabei über die Vermessung einzelner Referenzpunkte oder ein

integriertes GPS. Aus den erzeugten Bilddaten können anschließend mittels softwaregestützter Weiterverarbeitung (SfM) hochauflösende Rekonstruktionen der Geländeoberfläche entwickelt werden. Ein Vorteil gegenüber LIDAR-Vermessungen ist z. B. die Erfassung von Informationen auch auf stark reflektierenden Oberflächen wie Gewässern. Die Methode erlaubt zudem die zeitlich hochauflösende Erfassung von Veränderungen innerhalb eines Untersuchungsgebiets (Monitoring).

Bodengeographie

Feldmethoden in der Bodengeographie sind eng verzahnt mit der Allgemeinen Bodenkunde. Der Schwerpunkt liegt in der Erfassung und Fokussierung der räumlichen Verbreitung der unterschiedlichen Bodentypen. Die **Kartierung der Böden** erfolgt mithilfe der Bodenkundlichen Kartieranleitung (KA 5, AG Boden 2005). In dieser „bodenkundlichen DIN-Norm" ist die systematische Erfassung der Böden einheitlich geregelt und damit eine Vergleichbarkeit der Aufnahmemethoden ge-

Exkurs 5.1 Geophysikalische Methoden

Lothar Schrott

In der Physischen Geographie werden geophysikalische Methoden seit über vier Jahrzehnten angewandt. Fortschritte in der Gerätetechnik und Datenauswertung führten besonders in den letzten Jahren zu einem verstärkten Einsatz, sodass sich bei manchen Fragestellungen geophysikalische Verfahren bereits als Standardmethode etabliert haben.

Generell werden beim Einsatz von geophysikalischen Methoden auf indirektem Wege die geophysikalischen Eigenschaften des Untergrunds (z. B. Dichte bzw. Wellengeschwindigkeiten, elektrische Leitfähigkeit bzw. scheinbare Widerstände) gemessen. Bei der darauffolgenden Interpretation und Visualisierung, die meist mithilfe spezieller Auswertungssoftware erfolgt, werden aus diesen geophysikalischen Daten bestimmte Sedimente, geologische Schicht-

verläufe oder interne Strukturen abgeleitet und modelliert. Geophysikalische Untersuchungen können daher wertvolle Hinweise und Ergänzungen zum Untergrund liefern, sie sind aber keine direkten Beweise tatsächlicher Gegebenheiten. Trotz dieser methodischen Einschränkung können gewisse Fragestellungen, wie beispielsweise Eislinsendetektion im Bereich von sporadischem Permafrost oder die Mächtigkeit von Lockersedimenten – bei Fehlen von Aufschlüssen oder aufwendigen Bohrbefunden – nur mithilfe geophysikalischer Methoden beantwortet werden.

Zu den am häufigsten angewandten geophysikalischen Methoden in der Physischen Geographie gehören die Refraktionsseismik und die Gleichstromgeoelektrik. Bei bestimmten Fragestellungen (z. B. Permafrostdetektion) haben sie sich bereits als Standardmethode etabliert. In jüngster Zeit wird auch zunehmend Bodenradar eingesetzt.

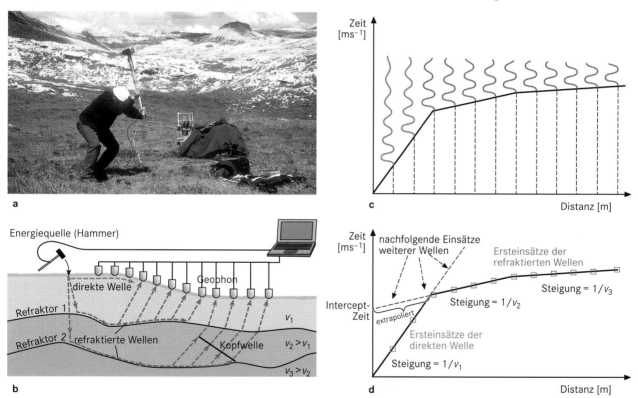

Abb. A a Hammerschlagseismik entlang einer Profillinie zur Erkundung des oberflächennahen Untergrundes. **b** Schematische Darstellung des Verlaufs seismischer Primärwellen durch den Untergrund bei einem Dreischichtfall mit zwei Refraktoren. Die Geschwindigkeiten steigen hierbei mit der Tiefe aufgrund zunehmender Kompaktheit an. **c** Schematisches Seismogramm eines Dreischichtfalls (direkte Welle mit Ersteinsätzen in Blau, refraktierte Wellen mit Ersteinsätzen in Rot). **d** Markierte Ersteinsätze eines Dreischichtfalls mit Steigungsgeraden zur Berechnung der Laufzeitgeschwindigkeiten (entspricht dem Eintreffen der Wellenfront am Geophon; Foto: L. Schrott).

Kapitel 5

Bei der Seismik werden über externe Impulse (z. B. Hammerschlag, Sprengung; Abb. A) elastische Wellen im Untergrund erzeugt. Anhand der Kompressionswellengeschwindigkeit (Laufzeit der Wellen in Millisekunden) und Brechung an härteren Gesteinslagen, Sedimenten oder Eis (sog. Refraktoren) lassen sich Rückschlüsse auf die Eigenschaft des Materials und über die Tiefenlagen der jeweiligen Schichten ableiten. Je nach Dichte des Mediums variieren die Wellengeschwindigkeiten beträchtlich. Wenig kompaktierter Sand weist nur Geschwindigkeiten von rund 400 m/s auf, dagegen erreichen die Kompressionswellen bei Granitgestein über 5000 m/s. Die Messung der Laufzeit einer Welle erfolgt über Geophone an der Erdoberfläche, die selbst kleinste Erschütterungen wahrnehmen. Die meist zweidimensionale Auswertung der Seismogramme erlaubt ein genaues Verfolgen von Schichtgrenzen.

Die Gleichstromgeoelektrik (Abb. B) hat sich ebenfalls als zuverlässige geophysikalische Methode zur Erkundung von Permafrostmächtigkeiten, Grundwasser, Sedimentmächtigkeiten, aber auch von Altlasten bewährt. Das Messprinzip basiert auf der elektrischen Leitfähigkeit von Mineralien und des Kluft-, Grund- oder Bodenwassers. Mithilfe von geerdeten Stahlspießen wird ein Stromfeld im leitfähigen Untergrund angelegt. Durch die Messung des Potenzialverlaufs an der Erdoberfläche mit zwei weiteren Stahlspießen wird die räumliche Verteilung der Leitfähigkeit bzw. des spezifischen Widerstandes (Kehrwert) ermittelt (*electrical resistivity tomography*, ERT). Mit

den spezifischen Widerständen wird nachfolgend ein Tiefenprofil erstellt. Dabei können auch linsenförmige Einschlüsse (Wasserleiter oder Permafrostlinsen) abgebildet werden.

Beim Bodenradar (*ground penetrating radar*, GPR; Abb. C) werden mittels Dipolantennen elektromagnetische Wellen (10–1000 MHz) ausgestrahlt und empfangen. Im oberflächennahen Untergrund werden diese Wellen an Stellen reflektiert, an denen sich die elektrischen Eigenschaften des Materials ändern. Aus den Reflexionen lassen sich Rückschlüsse über die Beschaffenheit des Untergrundes, z. B. über Lagerungsverhältnisse von Sedimenten, Schichtgrenzen oder die Mächtigkeit von Sedimentdecken, ableiten. Die Darstellung erfolgt wie bei der Refraktionsseismik und der Geoelektrik in zweidimensionalen Transekten. Die Eindringtiefe und Auflösung der Methoden hängt von der jeweiligen Messkonfiguration (z. B. Auslagenlänge der Geophone, Abstände der Stromelektroden, Frequenz der Antennen) sowie von den Eigenschaften des oberflächennahen Untergrundes ab (Dichte, Wassergehalt usw.). In der Regel werden Tiefen zwischen 5 und 40 m erreicht.

Die Anwendung eines der oben genannten geophysikalischen Verfahren sollte möglichst kombiniert und/oder mit Bohrinformationen verknüpft werden, um mehrdeutige Ergebnisse bei der Dateninterpretation zu vermeiden (Knödel et al. 1997, Schrott et al. 2013, Schrott 2015).

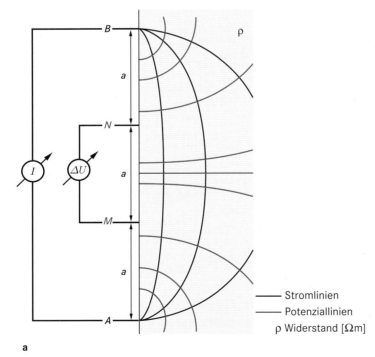

a   b

Abb. B **a** Prinzip der Widerstandsmessung mit einer Vierpunktanordnung der Elektroden. **b** Auslage eines Geoelektrikprofils zur Erkundung des oberflächennahen Untergrundes und zur Erstellung einer zweidimensionalen Widerstandstomographie. Entlang einer Profillinie sind in regelmäßigen Abständen Stahlspieße, die als Elektroden fungieren, mit dem Sende- und Empfängerkabel verbunden. **c** Widerstandstomographien von zwei Geoelektrikprofilen, die auf einer Schutthalde im Einzugsgebiet des Glatzbaches (Hohe Tauern, Österreich) gemessen wurden. Die Profile verlaufen zur Überkreuzprüfung rechtwinklig zueinander und zeigen übereinstimmend sehr hohe Widerstände (> 20 000 Ohmmeter) im blauen Bereich an. Dies deutet auf einen Permafrostkörper im Untergrund hin (Foto: Martin Geilhausen).

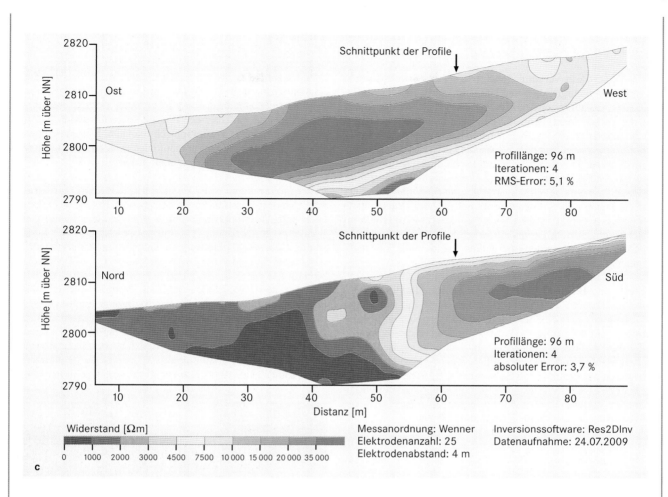

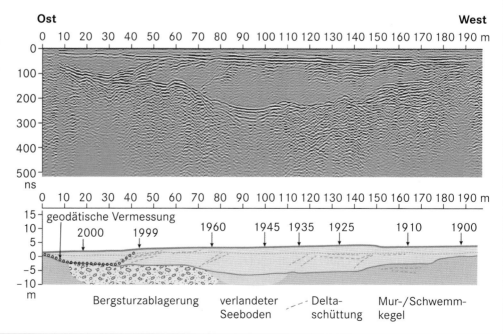

Abb. C Radargramm eines 200-m-Profils (oben) und geomorphologische Interpretation der Reflexionsmuster (unten). Die Jahreszahlen im unteren Diagramm markieren die Verlandungsstadien der Vorderen Gumpe – ein ehemaliger durch Bergsturzablagerungen aufgestauter See – im Auenbereich der Partnach (Reintal, Wettersteingebirge, Bayerische Alpen). Besonders markante und rasch verlaufende Verlandungsstadien sind durch Deltaschüttungen gekennzeichnet (Datenaufnahme und Interpretation: Oliver Sass).

Exkurs 5.2 Direct-Push-Verfahren in der Geomorphologie

Das Direct-Push-Verfahren (auch *Direct Push Sensing*) wurde in der Ingenieurgeologie und Umwelttechnik entwickelt. Bei diesem Verfahren werden Messsensoren bzw. -sonden in den Untergrund eingebracht, die eine minimalinvasive In-situ-Charakterisierung des oberflächennahen Untergrunds mittels diverser Parameter in hoher Auflösung erlauben. Die erhobenen Parameter kennzeichnen unterschiedliche sedimentologische und bodenphysikalische Eigenschaften, die in ihrer Gesamtheit eine detaillierte stratigraphische Differenzierung oberflächennaher Substrate ermöglichen. Dies ist auch dann möglich, wenn klassische Verfahren, wie etwa Rammkernsondierungen, durch grundwasserbedingte Kernverluste oder hohe Kompaktionsraten und daraus resultierende Ungenauigkeiten nur eingeschränkt interpretierbar sind.

Zur In-situ-Bestimmung der elektrischen Leitfähigkeit (EC) mittels Direct Push (DP) wird eine Sonde mit konstanter Geschwindigkeit in den Untergrund getrieben, die kontinuierliche Messungen in hoher Auflösung (2-cm-Intervalle) durchführt. Grundsätzlich gilt, dass feinkörnige Sedimente (z. B. Schluff und Ton) eine höhere elektrische Leitfähigkeit besitzen als grobkörnige Substrate (z. B. Sand und Kies). Dadurch lassen sich stratigraphische Leithorizonte minimalinvasiv bei verhältnismäßig geringem zeitlichen Aufwand über große Areale kennzeichnen und verfolgen.

Bei DP-Messungen der hydraulischen Permeabilität mittels Hydraulic-Profiling-Tool (HPT) wird zusätzlich zur elektrischen Leitfähigkeit der Injektionsdruck bestimmt. Dieser lässt sich berechnen, nachdem mittels Kalibrationsverfahren der atmosphärische sowie der hydrostatische Druck ermittelt wurden. Faktoren, die eine reine Leitfähigkeitsmessung beeinträchtigen können, wie etwa der Salzgehalt des Grundwassers, spielen beim HPT-Verfahren zur Messung des Injektionsdrucks keine Rolle, sodass stratigraphische Informationen unabhängig vom Chemismus des Porenwassers erfasst und kartiert werden können.

Neben der stratigraphischen Kennzeichnung und Kartierung des Untergrunds (Abb. A) können hochaufgelöste DP-EC- und DP-HPT-Daten zur Kalibration oberflächenbasierter geoelektrischer Widerstandstomographie-Messungen (*Electrical Resistivity Tomographie*, ERT) genutzt werden. Über eine Kombination von EC-Sondierungen und ERT-Messungen lassen sich im Vorfeld der Berechnung der 2D-Widerstandsverteilung Zwangsbedingungen (*constraints*), beispielsweise definierte Schichtgrenzen und schichtspezifische Widerstände, vorgeben, welche die Tiefenauflösung der ERT-Messungen signifikant erhöhen (Abb. B; Fischer et al. 2016).

Bei DP-Verfahren zur Bestimmung der Farbeigenschaften des Untergrunds (*Colour Logging Tool*, CLT) sowie bei Drucksondierungen (*Cone Penetration Testing*, CPT) und deren Kopplung mit in-situ-gemessenen Geschwindig-keiten seismischer Wellen (*seismic* CPT, SCPT) werden die Sonden hydraulisch in den Untergrund gedrückt, wobei die Eindringtiefe abhängig vom maximalen Gegendruck des Messfahrzeugs ist. Über den Einsatz von Farbsonden lassen sich beispielsweise stratigraphisch relevante Horizonte bzw. Schichten verfolgen oder archäologische Befunde detailliert abbilden (Abb. C; Hausmann et al. 2018).

Drucksondierungen (CPT) werden in der Regel zur Charakterisierung des Baugrunds eingesetzt (DIN 4094-1). Bei einer solchen Drucksondierung werden je nach Bauart der Sonde unterschiedliche Parameter gleichzeitig bei konstanter Geschwindigkeit in 2 cm-Intervallen aufgenommen, wobei der Spitzendruck (*cone resistance*, q_c), die Mantelreibung (*sleeve friction*, f_s) und der Porendruck (u_2) zu den wesentlichen Kenngrößen gehören. Mittels Spitzendruck und Mantelreibung lässt sich das Reibungsverhältnis (*friction ratio*, $R_f = f_s / q_c$) bestimmen. Aus der Gesamtheit der Parameter können die Lagerungsdichte bei nicht bindigen und die Konsistenz bei bindigen Böden sowie allgemein die Bodenart bzw. Körnung charakterisiert werden (Robertson 1990, Lunne et al. 1997). Wird zusätzlich ein Geophon in die

Abb. A Einsatz des Direct-Push-Hydraulic-Profiling-Tools zur In-situ-Messung der elektrischen Leitfähigkeit (EC) und unterschiedlicher hydraulischer Kennwerte (HPT) mit einer Auflösung von 2 cm. Unteres Alpheios-Tal nahe Olympia, Griechenland, Arbeitsgruppe Naturrisikoforschung und Geoarchäologie, Johannes Gutenberg-Universität Mainz (Foto: A. Vött, 2017).

Sonde integriert (SCPT), können Fortpflanzungsgeschwindigkeiten primärer und sekundärer seismischer Wellen tiefenspezifisch abgegriffen werden, die eine direkte Kopplung mit oberflächenbasierten seismischen Messungen ermöglichen.

Für die geomorphologische Forschung steht mit dem DP-Verfahren eine Methode zur Verfügung, die bei geringem zeitlichem Aufwand eine detaillierte Charakterisierung des stratigraphischen Aufbaus des oberflächennahen Untergrunds erlaubt. Gewonnene Punktdaten lassen sich in Verbindung mit oberflächenbasierten geophysikalischen Messungen rasch auf größere Flächen übertragen. Die Auswahl der einzusetzenden DP-Methoden hängt dabei von der konkreten Fragestellung und Zielsetzung sowie den lokalen Gegebenheiten ab.

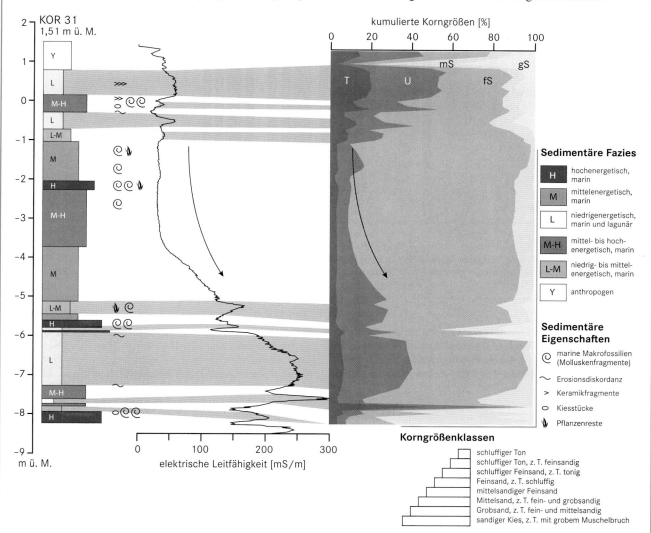

Abb. B Hochauflösende stratigraphische Kennzeichnung des oberflächennahen Untergrunds mittels Direct-Push-Sondierungen. In-situ-Messung der elektrischen Leitfähigkeit im antiken Alkinoos-Hafen auf Korfu (Ionische Inseln). Der antike Hafen zeichnet sich im Übergang von marinen zu lagunären Sedimenten im oberen Kernbereich deutlich ab, ebenso eine in die Hafensedimente eingeschaltete Tsunami-Lage (M–H; verändert nach Finkler et al. 2018).

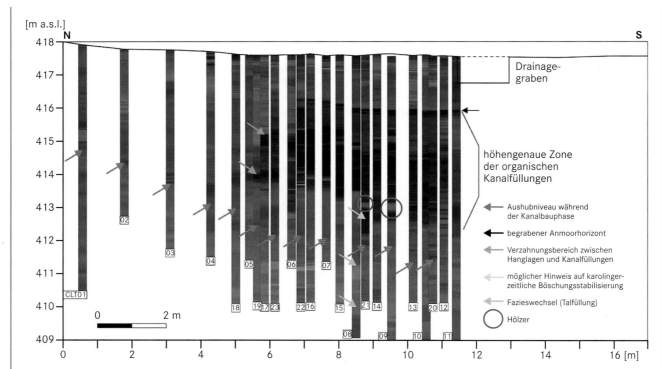

Abb. C Direct-Push-basierte Farbmessungen im Bereich des verlandeten Karlsgrabens (Fossa Carolina, Bayern, Deutschland). Archäologisch relevante Kanalstrukturen können in Zonen hohen Grundwasserspiegels erfasst werden, wo archäologische Grabungen nur mit hohem Aufwand möglich sind (verändert nach Hausmann et al. 2018).

währleistet. Je nach Fragestellung können unterschiedliche Techniken angewandt werden. Dazu zählen u. a. Catena- oder Rasterverfahren, die eine unterschiedliche Anzahl von Bohrpunkten erfordern, um eine exakte Abgrenzung von Bodeneinheiten zu erhalten.

Die Bodenprofilaufnahme erfolgt durch die **Bohrstockkartierung** oder das Anlegen von Profilgruben bzw. Schürfen, wobei bodenhorizontbezogene Parameter erfasst und spezielle pedologische Merkmale herausgearbeitet werden. Ein wesentliches Bodenmerkmal stellt die Korngrößenzusammensetzung bzw. die Bodenart dar, die im Gelände mittels Fingerprobe ermittelt wird (Abb. 5.4).

Hydrogeographie

In der Hydrogeographie werden Messungen zu **Stoffflüssen in Fließgewässern**, insbesondere Oberflächengewässern, durchgeführt. Damit können u. a. die Auswirkungen von Stoffflüssen auf aquatische Ökosysteme und deren Einzugsgebiete ermittelt werden. Der Schwerpunkt liegt in der Quantifizierung von Wasserflüssen (Abflussmessungen; direkte und indirekte Methoden) hinsichtlich ihrer räumlichen Verteilung, zeitlichen Dynamik und wechselseitigen Beziehungen. Die Messung des Durchflusses mit einem **Messflügel**, einem sich im Wasserstrom drehenden Messrad, bildet die klassische Variante. Heute wird der Abfluss kleiner Einzugsgebiete zunehmend mit **Tracer-**

methoden (z. B. Salzverdünnungsmethode) und die Fließgeschwindigkeit bzw. der Durchfluss über **Echolot** und auch **Radarsensoren** erfasst. Zu den indirekten Methoden zählen die Verdunstungsmessung(-berechnung) und die Ermittlung der klimatischen Wasserbilanz nach Haude und Penman aus der Niederschlags- und Temperaturmessung. Außerdem gibt es enge Verknüpfungen zur Bodengeographie, wobei die methodische Erfassung von Stoffflüssen im Oberflächenabfluss und im Interflow im Fokus steht.

Klimageographie

Verlässliche Aussagen über das Klima und seine Variationen erfordern lange und lückenlose Zeitreihen von möglichst zahlreichen meteorologischen Parametern. Hierzu gehören Luft- und Bodentemperaturen, relative Feuchte, Niederschlagsmenge, Windgeschwindigkeit und -richtung, Luftdruck und solare Strahlung. Die Datengrundlage bilden meist vielfältige Messungen an ortsfesten Klimastationen (Abb. 5.5), die mit einer großen Anzahl an Instrumenten wie etwa Aspirationspsychrometern, Thermohygrographen, Maximum- und Minimumthermometern, Schalenkreuzanemometern, Windfahnen, Niederschlagsmessern und verschiedenen digitalen Methoden ausgestattet sind (Häckel 2012). Diese Daten können sowohl von mechanischen Messgeräten in der typischen **Wetterhütte** (*Stevenson screen*) abgelesen und notiert als auch von digitalen Geräten erfasst, gespeichert und übertragen werden.

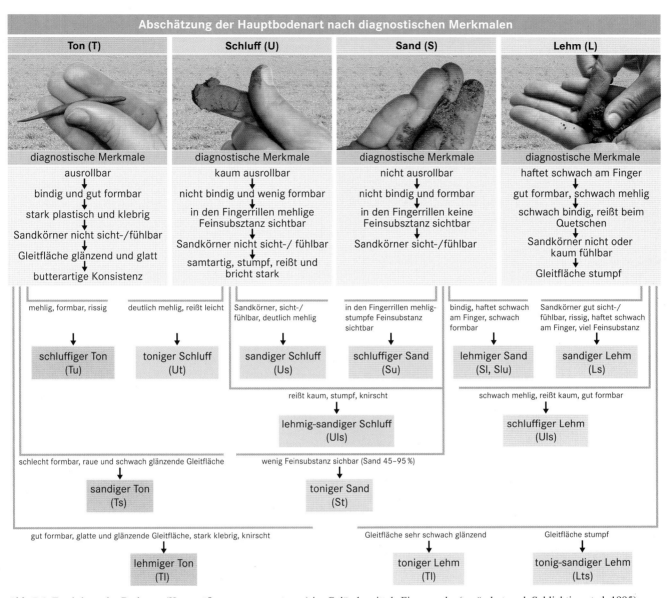

Abb. 5.4 Ermittlung der Bodenart (Korngrößenzusammensetzung) im Gelände mittels Fingerprobe (verändert nach Schlichting et al. 1995).

Kapitel 5

Darüber hinaus können **lokale Messkampagnen** durchgeführt werden, um eine höhere räumliche Auflösung zu gewährleisten sowie gelände- und stadtklimatische Besonderheiten zu erfassen. Zu Letzteren gehören städtische Wärmeinseln (*urban heat islands*), die das Wohlbefinden der Menschen im Zuge der wachsenden Urbanisierung gefährden können, aber auch die Entstehung von Kaltluftseen und der Verlauf von Frischluftschneisen und spezifischen Ventilationsbahnen, die diesem Erwärmungsphänomen entgegenwirken können. Das Klima innerhalb einer Stadt oder Region ist nicht einheitlich – es variiert je nach Relief, Landnutzungsform und Bebauungsstruktur. Diese Heterogenität lässt sich besonders gut mit mobilen Messsystemen mit einer hohen zeitlichen Auflösung erfassen (Abb. 5.6).

Das **Mikroklima** charakteristischer Standorte kann über einen längeren Zeitraum mithilfe ventilierter, vor direkter Einstrahlung geschützter Sensoren, die mehrere Klimaparameter wie beispielsweise Lufttemperatur und -feuchte aufzeichnen, erfasst werden (Abb. 5.7). Somit lassen sich Einflüsse durch Bebauung oder Vegetation für definierte Zeitintervalle messen und vergleichen. Wärmebildkameras oder Feinstaubsensoren können ein solches Messnetzwerk ergänzen, sodass typische ortsspezifische Charakteristika im Tages- oder Jahresverlauf quantifiziert werden können. Mithilfe solcher vergleichender Analysen kann bewertet werden, welchen standortspezifischen Einflüssen die Messungen meteorologischer Stationen unterworfen sind – und ob sie repräsentative Messergebnisse liefern. Messungen im mikro- und mesoskaligen Bereich stellen die

Abb. 5.5 Wetterstation „Friedrichsfeld" des Instituts für Physik der Atmosphäre der Johannes Gutenberg-Universität Mainz, 130 m ü. NN (Foto: O. Konter).

Abb. 5.6 Klimabus-Messfahrzeug zur Erfassung unterschiedlicher klimatischer Parameter der Arbeitsgruppe Klimatologie, Johannes Gutenberg-Universität Mainz. Zu den Aufbauten gehören ein ventiliertes Gehäuse mit Temperatur- und Feuchtesensor, ein Pyranometer zur Bestimmung der Einstrahlung sowie ein hydraulisch ausfahrbarer Windmessmast mit Ultraschallanemometer. Der interne Computer führt alle Messungen zusammen und speichert diese in sekündlicher Auslösung. Der Bus ist zudem mit einem GPS ausgestattet, um jede Messung zu verorten (Foto: M. Kochbeck).

Grundlage für Gelände- oder Stadtklimamodellierungen dar, die Implikationen für stadtplanerische Maßnahmen nach sich ziehen können.

Labormethoden

Sabine Fiedler und Jago J. Birk

Die zunehmende Verzahnung verschiedener Disziplinen bei gleichzeitiger rasanter Entwicklung auf methodischem und analytischem Gebiet eröffnet auch für die Physische Geographie neue Chancen. Hierdurch ist ein Wechsel von der klassischen, qualitativen Betrachtung hin zur quantitativen Analyse möglich.

Bestimmung von Elementgehalten

Zur Untersuchung von Elementgehalten stehen je nach Untersuchungsziel verschiedene **Total- oder Teilaufschlussverfahren** zur Verfügung, wobei Letztere nur einen Teil des Elementgesamtgehalts erfassen.

Bei der Beantwortung geowissenschaftlicher Fragestellungen (z. B. Bestimmung des geochemischen *fingerprint*, Bestimmung der Herkunft verlagerten Materials, Bilanzierung, Verwitterungsintensität; Exkurs 5.3) werden vorzugsweise Totalaufschlussverfahren angewendet. Die Ermittlung der Elementgehalte erfolgt hier mittels nasschemischer (Druck-)Aufschlussverfahren mit Flusssäure (HF) bzw. -gemischen (HF-HNO$_3$) oder mittels **Röntgenfluoreszenzspektroskopie** (RFS; auch Röntgenfluoreszenzanalyse, RFA; engl. *X-ray fluorescence spectroscopy*, XRF spectroscopy) an:

- Schmelzaufschlüssen (Hauptelemente) – fein gemahlene Proben werden mit Schmelzmittel ($Li_2B_4O_7$) gemischt, bei ca. 1050 °C aufgeschmolzen und zu Glastabletten gegossen
- Presslingen (Spurenelementen) – fein gemahlene Proben werden mit einigen Tropfen eines Klebstoffes in einer Pressvorrichtung zu Tabletten gepresst

Bei der Gesamtanalyse mittels RFA trifft primäre Röntgenstrahlung aus einer Röntgenröhre auf die ebene Tablettenoberfläche. Hierdurch werden die einzelnen Elemente in der Probe angeregt. Folglich emittiert die Probe eine sekundäre Röntgenstrahlung in Form eines Peak-Musters, welches die charakteristischen Energiemuster aller Elemente in der Probe widerspiegelt. Aus der Intensität dieser sekundären Röntgenstrahlung kann die Konzentration der Elemente ermittelt werden. Die Konzentration eines bestimmten Elements berechnet sich aus der Kalibrierung mittels Referenzmaterialien.

Im Bereich der Umweltanalytik wird häufig eine **Königswasserextraktion** (KW; HCl : HNO$_3$ = 3:1) im geschlossenen oder offenen Aufschlusssystem angewendet. In geschlossenen Systemen lassen sich hierbei höhere Aufschlusstemperaturen erreichen, da sich der Siedepunkt der Säuren bei Überdruck erhöht. Dennoch

Abb. 5.7 Charakteristische Standorte verschiedener Mikroklimate, die mit strahlengeschützten Temperatur- und Feuchtesensoren ausgestattet sind. Die Mikroklimate sind durch Unterschiede im Grad der Urbanität, in der Vegetation, Ventilation, Nähe zu Wasserflächen, Komplexität der Orographie und anthropogener Wärmequellen geprägt (Fotos: M. Dienst).

betragen die KW-extrahierbaren Mengen einzelner Elemente im Vergleich zu einem HF-Aufschluss lediglich zwischen 23 und 90 %.

Mittels KW-(Druck-)Aufschluss werden Elemente aus weitgehend allen nicht silikatischen Bindungsformen erfasst. In diesem Zusammenhang sollte daher besser von „Pseudo-Totalgehalten" als von „Totalgehalten" gesprochen werden. Da sich der KW-Aufschluss zum Nachweis anthropogener Schwermetallkontaminationen in Böden eignet, ist er in einer Vielzahl von Regelwerken (z. B. BBodSV 1999) festgeschrieben. Die KW-extrahierbaren Elementgehalte und Totalelementgehalte sagen jedoch nichts über die Mobilität der Elemente in Böden aus. Zu deren Bestimmung werden wesentlich schonendere Extraktionsmittel verwendet (Exkurs 5.3).

Die extrahierten Elemente können mittels Optischer Emissionsspektrometrie mit induktiv gekoppeltem Plasma (**ICP-OES**, *inductively coupled plasma optical emission spectrometry*) quantifiziert werden. Hierbei wird die zu messende Lösung zerstäubt und in ein Hochfrequenzplasma eingebracht, um die Lösungsbestandteile bei etwa 10 000 K zu atomisieren bzw. zu ionisieren und anzuregen. Wenn die Atome wieder in ihren Grundzustand zurückkehren, geben sie die bei der Anregung aufgenommene Energie in Form von elektromagnetischer Strahlung wieder ab. Bei der Strahlungsabgabe weisen unterschiedliche Elemente charakteristische Emissionslinien auf, deren Intensitäten proportional zu der Konzentration der Elemente sind. Um die genauen Konzentrationen bestimmen zu können, werden bei Messungen von Bodenextrakten stets auch Lösungen mit bekannter Elementkonzentration mitgemessen.

Bestimmung der Nährstoffverfügbarkeit – Beispiel Phosphat

Für ökologische Fragestellungen, z. B. zur Beurteilung der Nährstoffversorgung von Pflanzen, ist nicht der Gesamtgehalt (Vorrat), sondern vielmehr die **Pflanzenverfügbarkeit** von Nährelementen in Form von Kationen (z. B. K^+, Mg^{2+}, Ca^{2+}) und Anionen (z. B. Stickstoff als Nitrat und Phosphor als Phosphat) relevant.

In Böden ist Phosphor von Natur aus in geringen Konzentrationen enthalten. Stabile landwirtschaftliche Erträge werden daher meist nur durch Düngung erzielt. Viele Böden der gemäßigten Klimazone zeigen infolge intensiver Düngung eine P-Anreicherung. Negative Nachwirkungen langjähriger hoher P-Düngung ergeben sich durch P-Verluste über Oberflächenabfluss, Erosion sowie durch Sickerwasser- und Drainage-Austräge. In Deutschland haben etwa zwei Drittel der Gewässer derzeit zu hohe Phosphorgehalte (Umweltbundesamt 2014).

Der pflanzenverfügbare P-Anteil wird durch die Konzentration in der Bodenlösung und die Geschwindigkeit der Nachlieferung durch Austauschprozesse (z. B. P-Desorption an Oxiden) gesteuert. Er kann durch die Extraktion austauschbarer und leicht mobilisierbarer Phosphat-Anionen bestimmt werden.

In Deutschland wird die P-Düngerbedarfsprognose traditionell auf Basis des durch Schütteln der Bodenprobe in einer **Kalzium-Acetat-Lactat-Lösung** (CAL; Schüller 1969) oder **Doppellactat-Lösung** (DL) extrahierbaren Phosphats erstellt. Die Phosphatkonzentrationen in der Lösung werden kolorimetrisch bestimmt. Die Nährstoffuntersuchungen beziehen sich auf den effektiven Wurzelraum (d. h. Ackernutzung 0–30 cm, Grünland 0–20 cm, Weinbau 20–80 cm). Ermittelte Werte können P-Gehaltsklassen (A–E) zugeordnet werden, wobei die Klasse C anzustreben ist. Hierbei handelt es sich um Standorte, auf denen lediglich eine Erhaltungsdüngung (in der Regel in Höhe der Abfuhr mit dem Erntegut) erforderlich ist. Die derzeitigen P-Richtwerte für die Klasse C (mg P_{CAL}/100 g Boden) unterscheiden sich in den einzelnen Bundesländern. Während für Rheinland-Pfalz 5,2–8,7 angeben werden, betragen sie in Schleswig-Holstein 7,4–14,0 (Verband der Landwirtschaftlichen Untersuchungs- und Forschungsanstalten 2015). Infolge veränderter politischer Rahmenbedingungen, das heißt stärkerer Berücksichtigung von Umweltzielen in der Landwirtschaft, empfiehlt der Verband der Landwirtschaftlichen Untersuchungs- und Forschungsanstalten (VDLUFA) in einem Positionspapier (2015) eine bundesweite Absenkung der Richtwerte für die Gehaltsklasse C (3,0–6,0 mg P_{CAL} für Standorte mit > 550 mm/Jahr Niederschlag, 3,0–7,5 mg P_{CAL} für Standorte mit < 550 mm/Jahr).

Im englischsprachigen Raum erfolgt die Bestimmung des pflanzenverfügbaren Phosphats durch sehr unterschiedliche Extraktionsmittel:

- $CH_3COOH + NH_4NO_3 + NH_4 + HNO_3 + EDTA$ (Mehlich 1984)
- $NH_4 + HCl$ (Bray & Kurtz 1945)
- $NaHCO_3$ (Olsen et al. 1954)

Eine Vergleichbarkeit unterschiedlicher Extraktionen ist problematisch, da sie stark vom pH-Wert des extrahierten Bodens abhängt.

Bestimmung der organischen Bodensubstanz

Die organische Bodensubstanz (**Humus**, *soil organic matter*) ist sowohl für den Erhalt der Bodenfruchtbarkeit als auch für den Klimaschutz bedeutsam. Terrestrische Böden sind die größten globalen Speicher für Kohlenstoff.

Die organische Bodensubstanz kann durch Bestimmung des Glühverlustes bei 450 °C ermittelt werden. Häufig wird jedoch nur der Kohlenstoff mittels eines C-N-Analysators bestimmt, um den Humusgehalt eines Bodens abzuschätzen (= g C je kg Boden × 1,72). Hierbei wird die Bodenprobe verbrannt und durch die Verbrennung gebildetes CO_2 quantifiziert. C-N-Analysatoren haben gegenüber den anderen Verfahren u. a. den Vorteil, dass parallel zur C- auch eine N-Bestimmung erfolgt. Enthält ein Boden anorganisch gebundenen Kohlenstoff (Karbonate), so wird dessen Gehalt bei einer Messung mit einem C-N-Analysator miterfasst. Um in diesen Böden den Gehalt an C_{org} zu bestimmen, müssen die Karbonate entweder vor der Messung entfernt werden (z. B. durch Behandlung mit HCl) oder durch andere Methoden (z. B. coulometrisch) bestimmt werden und von dem mit dem C-N-Analysator gemessenen C-Gehalt subtrahiert werden.

Zur organischen Bodensubstanz zählt auch **pyrogener Kohlenstoff** (*black carbon*, BC). Dieser umfasst Holzkohle und andere verkohlte organische Substanzen, die bei unvollständiger Verbrennung von Biomasse (und fossilen Brennstoffen) entstehen. Da BC lange in Geoarchiven erhalten bleibt, wird er z. B. häufig zum Nachweis einer (prä-)historischen Landschaftsöffnung (Exkurs 5.4) durch Brandrodung benutzt.

Am häufigsten erfolgt eine nasschemische BC-Bestimmung (Glaser et al. 1998, Brodowski et al. 2005). BC hat keine genau definierbare Molekülstruktur, sondern zeichnet sich nur dadurch aus, dass er viele miteinander verbundene aromatische Ringe enthält (C-C-substituierte Aromaten). Bei der Analyse besteht daher einer der wichtigsten Schritte darin, diese Struktur in einzelne, genau messbare kleinere Moleküle „aufzubrechen". Durch Erhitzung in HNO_3 wird die organische Substanz oxidiert. Aus BC entstehen dabei quantifizierbare Benzolcarbonsäuren, die aus einem aromatischen Rest und Säuregruppen bestehen. Nach weiteren Aufreinigungs- und Reaktionsschritten erfolgt die Quantifizierung der Benolcarbonsäuren an einem Gaschromatographen, der mit einem Flammionisationsdetektor gekoppelt ist (GC-FID). Da verschiedene Kohlen nicht ausschließlich aus kondensierten Aromaten bestehen, liefert die nasschemische Analyse nicht den absoluten Gehalt an verkohlter organischer Substanz. Deshalb empfehlen z. B. Glaser et al. (1998) einen Korrekturfaktor von 2,27, um den Gehalt an Benzolcarbonsäure-C in einen Holzkohlegehalt umzurechnen.

Bestimmung des pH-Wertes

Der pH-Wert des Bodens beeinflusst eine Vielzahl chemischer Prozesse (z. B. Verwitterung) und ökologischer Parameter (z. B. Nährstoffverfügbarkeit, Mobilität von Schwermetallen) im Boden. Die pH-Bestimmung erfolgt in einer Bodensuspension mittels einer Elektrode, die selektiv für H^+- bzw. H_3O^+-Ionen ist. Die Bodenprobe kann in Wasser (pH_{H2O}), schwach konzentrierter Kalziumchloridlösung (pH_{CaCl2}) oder Kaliumchloridlösung (pH_{KCl}) aufgeschwemmt werden.

Messungen in $CaCl_2$- und KCl-Lösungen haben gegenüber einer Messung in Wasser den Vorteil, dass diese schwach konzentrierten Salzlösungen den Ionengehalt der Bodenlösung besser widerspiegeln.

Exkurs 5.3 Verwitterungsindex

Verwitterung ist die Voraussetzung für die Bodenbildung. Sie ist von Klima, Zeit, Relief und Organismen und der Mineralzusammensetzung des Ausgangsgesteins abhängig. Die chemische Verwitterung der primären Silikate aus dem Gestein geht mit Mineralneubildung (= sekundäre Minerale, z. B. pedogene Oxide) und Auswaschung von Elementen einher. Zur Beurteilung des Verwitterungsgrades insbesondere in Löss-Paläoböden-Sequenzen und Chronosequenzen wurden zahlreiche geochemische Indizes entwickelt.

Primäre Silikate unterscheiden sich hinsichtlich ihrer Stabilität gegenüber chemischer Verwitterung. Der Verwitterungsgrad eines Minerals kann abgeschätzt werden, indem der Mineralverlust im Boden/Sediment gegenüber dem Mineralgehalt im unverwitterten Ausgangsgestein bilanziert wird. Olivin und Kalifeldspat verwittern rasch und sind daher in Paläoböden gegenüber dem Ausgangsgestein (z. B. Löss) verarmt. Bei einer residualen Anreicherung von Gibbsit und sekundärem Chlorit in Böden/Sedimenten kann auf eine sehr starke Verwitterungsintensität geschlossen werden.

Ebenso kann die Neubildung von Eisenoxiden als Indikator für die Intensität bodenbildender Prozesse herangezogen werden. Beispielsweise liefert der von Harden (1982) entwickelten Bodenfarbindex ein Maß für die Rubefizierung (Rotfärbung aufgrund von Hämatitbildung). Hierüber lassen sich paläoklimatische Aussagen ableiten.

Die Mobilität eines Elements hängt maßgeblich von dessen Ionenpotenzial (= Verhältnis von Ladung zu Ionenradius) ab. Na, Ca und Mg, Chlorid und Sulfat werden aus Böden rasch ausgewaschen, Si, Fe und Al nur langsam. Hierdurch kommt es während der Bodenentwicklung zu elementspezifischen Ab- bzw. Anreicherungen. So kann z. B. das relative Mengenverhältnis des mobilen Na^+ und des stabileren Al^{3+} genutzt werden, um die Verwitterungsintensität von Feldspäten, insbesondere von Plagioklasen, in Böden zu beschreiben.

Der am häufigsten angewendete Index zur Quantifizierung der Ab- bzw. Anreicherung von Elementen ist der von Nesbitt & Young (1989; Abb. A) entwickelte *Chemical Index of Alteration* (CIA), der das molare Verhältnis von Al_2O_3 zu den mobilen Oxiden in der analysierten Probe angibt: $Al_2O_3 / (Al_2O_3 + Na_2O + CaO^* + K_2O) \times 100$.

Hohe CIA-Werte (nahe 100) sprechen für eine sehr starke Verwitterung der Probe. In diesem Fall sind alle Basen aus-

gewaschen und Al residual akkumuliert. Die Darstellung der Ergebnisse erfolgt mittels ternärem Diagramm: „Al_2O_3-($CaO^* + Na_2O$)-K_2O"-Diagramm (kurz A-CN-K Diagramm).

In Abb. A ist idealisiert „frischer" Plagioklas und Kalifeldspat (CIA = 50) dargestellt. Im Zuge der chemischen Verwitterung von Kalifeldspat kommt es zum Verlust seiner Ca-, Na- und K-Kationen unter Bildung von Tonmineralen (Illit bzw. Smectit, CIA 75–85). Im Vergleich hierzu reichert sich Aluminium bei fortschreitender Verwitterung an (Kaolinit, Chlorit, CIA 100).

Die Anwendung des CIA setzt voraus, dass ausschließlich der Ca-Gehalt der Silikate, nicht aber der der Karbonatminerale, berücksichtigt wird, was in der oben genannten Formel durch * bei CaO gekennzeichnet ist. Da Löss definitionsgemäß Karbonate enthält, ist dieser Index für die Beurteilung von Lössprofilen weniger gut geeignet. In diesem Fall empfehlen Buggle et al. (2011) den *Chemical Proxy of Alteration* (CPA) = $Al_2O_3 / (Al_2O_3 + Na_2O) \times 100$. Mit dem CPA lässt sich über das A-CN-K-Diagramm neben dem Verwitterungsgrad auch die Homogenität des Ausgangsmaterials (mineralogische Zusammensetzung, Sortierungsgrad) abschätzen.

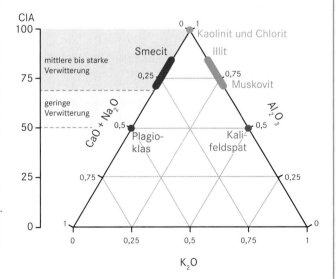

Abb. A A-CN-K-Diagramm (verändert nach Nesbitt & Young 1982).

Hintausch

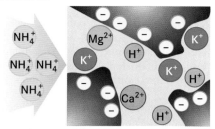

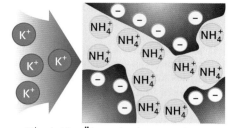

Rücktausch

a NH$_4^+$ wird im Überschuss zugegeben.

c K$^+$ wird im Überschuss zugegeben.

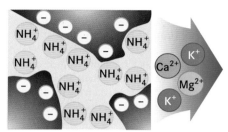

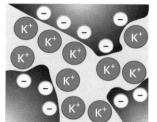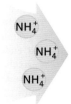

b Austauschbare Kationen werden ausgewaschen und K, Ca und Mg werden quantifiziert (Basensättigung).

d NH$_4^+$ wird ausgewaschen und quantifiziert.

Abb. 5.8 Bestimmung der potenziellen Kationenaustauschkapazität (KAK$_{pot}$). Die Kationen an den Austauscherplätzen (hellblau) der Bodenpartikel (Tonminerale, organische Substanz, pedogene Oxide; dunkelbraune Bereiche) werden beim Hintausch (**a, b**) durch NH$_4^+$ ausgetauscht und zur Bestimmung der Basensättigung werden K, Ca und Mg in der Lösung quantifiziert. Beim Rücktausch (**c, d**) wird NH$_4$+ durch K$^+$ von den Austauscherplätzen verdrängt und quantifiziert.

Bestimmung der Kationenaustauschkapazität und der Basensättigung

Pflanzen nehmen eine große Anzahl mineralischer Nährstoffe in Form von Kationen auf. Für Pflanzen verfügbar sind vor allem Kationen in der Bodenlösung und Kationen, die in einem Boden so gebunden sind, dass sie leicht durch ein anderes Kation ausgetauscht werden können. Die Anzahl der Austauscherplätze im Boden wird als **Kationenaustauschkapazität (KAK)** bezeichnet. Die **Basensättigung (BS)** beschreibt den Anteil der Austauscherplätze, die von Kationen der Pflanzenmakronährstoffe K, Ca und Mg im Boden aktuell belegt sind.

Die KAK ist vom Gehalt an organischer Substanz, Tonmineralen und pedogener Oxide (sog. Austauscher) abhängig. In der internationalen Bodenklassifikation (World Reference Base for Soil Resources 2015) werden KAK und BS als Kriterien zur Abgrenzung einzelner Böden genutzt (Kap. 10).

Es wird zwischen einer Bestimmung der KAK bei einem pH-Wert von 7 (potenzielle KAK, KAK$_{pot}$) und bei aktuellem pH-Wert des Bodens (effektive KAK, KAK$_{eff}$) unterschieden. Bei pH-Werten < 7 ist die KAK$_{eff}$ geringer als die KAK$_{pot}$, da potenzielle Austauscherplätze unter sauren Verhältnissen zum Teil protoniert sind.

Der erste Schritt der **Bestimmung der KAKpot** ist der sog. Hintausch. Die Kationen an den Austauscherplätzen (Abb. 5.8a) werden in diesem Schritt durch NH$_4^+$ ausgetauscht, sodass alle

Austauscherplätze mit NH$_4^+$ belegt sind (Abb. 5.8b). Beim sog. Rücktausch wird NH$_4^+$ durch K$^+$ von den Austauscherplätzen verdrängt (Abb. 5.8c, d). Jedes NH$_4^+$ in der Rücktauschlösung entspricht daher einem Austauscherplatz, und aus der NH$_4^+$-Konzentration in der Rücktauschlösung kann die KAK$_{pot}$ berechnet werden. Eine Bestimmung der Menge der Pflanzenmakronährstoffe K, Ca und Mg in der Hintauschlösung liefert zusammen mit der KAK$_{pot}$ die Daten zur Berechnung der **BS**.

Die **Bestimmung der KAKeff** ist weniger aufwendig als die Bestimmung der KAK$_{pot}$. Es wird lediglich ein Hintausch mit einer BaCl$_2$-Lösung durchgeführt. Die durch Ba^{2+} verdrängten Kationen der Elemente K, Ca, Mg, Na, Fe, Mn und Al werden in der Lösung gemessen, aus deren Konzentrationen wird die KAK$_{eff}$ direkt berechnet.

KAK- und BS-Messungen können auch mit anderen Kationen durchgeführt werden als hier beschrieben, zudem können auch weitere Kationen, die aktuell die Austauscherplätze belegen, gemessen werden. Je nachdem, welche Kationen quantifiziert werden, werden für die Messung kolorimetrische Verfahren angewandt oder es wird z. B. mit einem ICP-OES gemessen.

Exkurs 5.4 Rekonstruktion der Paläoumweltbedingungen mittels Biomarker (*n*-Alkanen)

Die Vegetation reagiert sehr rasch auf Klimaänderung und menschliche Eingriffe (z. B. Landschaftsöffnung durch Rodung). So lassen sich z. B. durch Pollenspektren in Sedimenten und Paläoböden Umweltbedingungen zeitlich hochaufgelöst untersuchen. Da Pollen jedoch über weite Strecken transportiert werden können (z. B. Pollen von Nadelbäumen) und die Erhaltung des Pollens nicht in jedem Geoarchiv gewährleistet ist, werden zunehmend sog. Biomarker analysiert. Als Biomarker werden einzelne Substanzen und Gruppen von Substanzen bezeichnet, die charakteristische Konzentrationsmuster aufweisen, die für biologische Quellen spezifisch sind. Oft untersuchte Biomarker zur Rekonstruktion der Vegetation sind *n*-Alkane (Dubois & Jacob 2016). Diese geradkettigen, unverzweigten Kohlenwasserstoffe kommen in Wachsschichten der Blätter terrestrischer Pflanzen vor und können zur Unterscheidung von Bäumen (vor allem Laubbäumen) und krautiger Vegetation genutzt werden (Buggle et al. 2015, Bush & McInerney 2013). Zwar enthalten alle Pflanzen ein weites Spektrum an *n*-Alkanen mit verschiedenen Kettenlängen, ihr Muster jedoch ist spezifisch: Bäume enthalten in relativ großen Mengen *n*-Alkane, die aus entweder 27 oder 29 Kohlenstoffatomen bestehen (abgekürzt als C27 und C29). Krautige Pflanzen und vor allem Gräser enthalten bevorzugt C31 und C33 *n*-Alkane. Da es sich bei den *n*-Alkanen um Biomarker handelt, die oft über lange Zeiträume in Geoarchiven erhalten bleiben, kann, je nachdem welche Kettenlängen in einer Bodenprobe dominieren, darauf geschlossen werden, ob Wald oder eine geöffnete Landschaft zu einer bestimmten Zeit vorherrschte.

Die Analyse der *n*-Alkane ist eine relativ einfach durchzuführende Biomarkeranalyse. Als erster Schritt erfolgt eine Extraktion der *n*-Alkane. Da sie, wie die meisten Biomarker, nicht wasserlöslich sind, werden sie mit organischen Lösemitteln extrahiert. Bei der Extraktion werden neben den *n*-Alkanen weitere Substanzen extrahiert. Mittels Festphasenextraktion werden diese von den *n*-Alkanen abgetrennt. Dabei wird die Lösung durch ein Kieselsäurepulver geleitet, das Substanzen mit polaren Gruppen (z. B. Alkohole, Säuren) sorbiert. Die *n*-Alkane werden mit dem Lösemittel durch das Pulver hindurchgewaschen. Nach dieser Aufreinigung werden die *n*-Alkane mit einem GC-FID quantifiziert.

Eine weitere Differenzierung der Paläovegetation ist möglich, wenn zusätzlich weitere Biomarker analysiert werden. Für Nadelbäume sind z. B. Substanzen aus deren Harzen charakteristisch (Diterpenoide; Buggle et al. 2015). Für Nutzpflanzen wurden in den letzten Jahren neue Biomarker vorgeschlagen (z. B. Milacin als Biomarker für Hirse; Dubois & Jacob 2016). Eine (prä-)historische Düngung mit Nutztier- und Menschenfäkalien kann z. B. mittels Stanolen und sekundärer Gallensäure rekonstruiert werden (Bull et al. 2002).

5.3 Datierungsmethoden

Ulrich Radtke und Gerhard Schellmann

Die **Geochronologie** (Altersbestimmungslehre) hat sich aus der Physik und der Chemie in den vergangenen Jahren zu einer selbstständigen Wissenschaft mit starkem Bezug zu erdwissenschaftlich und menschheitsgeschichtlich arbeitenden Disziplinen entwickelt. Zahlreiche aktuelle Forschungsprobleme zur Rekonstruktion der Landschaftsgeschichte oder des (Paläo-)Klimas sind ohne geochronologische Verfahren nicht mehr lösbar. Einige der hier behandelten Methoden sind mittlerweile auch an Geographischen Instituten etabliert. Auf die chemisch-physikalischen Grundlagen der Methoden kann hier nur sehr verkürzt eingegangen werden. Dennoch ist es wichtig, dass die jedem Verfahren anhaftenden methodischen Limitierungen erkannt und bei der Interpretation berücksichtigt werden. Aufgrund „falscher" ^{14}C-Datierungen musste so beispielsweise die Entwicklung der jüngeren Menschheitsgeschichte schon wiederholt umgeschrieben werden.

Es existieren verschiedene Methoden zur Altersdatierung geomorphologischer Formen oder Sedimente. Man unterscheidet generell zwischen relativen (abhängigen, d. h. „jünger als …"

oder „älter als …") und absoluten bzw. numerischen (unabhängigen) Altersbestimmungsmethoden. Numerische Alter werden durch eine Zahl mit Fehlertoleranz (±) dargestellt. In der Regel verwendet man als Zeitskala Kalenderjahre vor heute (v. h.). Nur bei der Radiokohlenstoff-Altersbestimmungsmethode (^{14}C-Methode) werden Alter in ^{14}C-Jahren BP (*before present*, d. h. vor 1950) oder in atmosphärisch kalibrierten ^{14}C-Jahren BP (cal BP) wiedergegeben. Es muss jedoch betont werden, dass auch die numerischen Altersbestimmungen letztlich nur Modellalter liefern, die nicht quantifizierbare und daher nicht in die Altersberechnungen eingegangene Fehler enthalten können.

Relative Datierungsmethoden

Zu den bewährten relativen Datierungsverfahren zählen neben verschiedenen **biostratigraphischen Methoden** wie der Pollenanalyse (Exkurs 5.5) und diversen Verfahren der **Morpho-, Pedo- und Lithostratigraphie** auch die Paläomagnetik. In den letzten Jahrzehnten hat sich zudem die Sauerstoff-Isotopenstratigraphie als paläoklimatisch sehr aussagekräftiges geochronologisches Verfahren etabliert. In der Erprobung und Anwendung befinden sich weitere Datierungsverfahren wie etwa Verfahren, die auf der **Analyse terrestrischer kosmogener Nuklide** (u. a.

[10]Be, [26]Al, [36]Cl, [21]Ne) basieren und darauf zielen, Expositionsalter einer Gesteinsoberfläche oder Sedimentationsalter fluvialer oder äolischer Ablagerungen zu datieren.

Paläomagnetik

Grundlage der **Paläomagnetik** sind unperiodische Umpolungen des Erdmagnetfeldes in geologischen Zeiträumen. Die heute existierende Erdmagnetfeldrichtung wird als normale Magnetisierung bezeichnet, entgegengesetzte Umpolungen als inverse oder reverse Polaritäten. Das Alter paläomagnetischer Umpolungen in der Erdgeschichte wurde vor allem anhand von Kalium-Argon-Datierungen an Basalten bestimmt. Danach wechselten sich in der Vergangenheit wiederholt große Epochen (Chronen) unterschiedlicher Magnetfeldausrichtung auf der Erde ab. Die drei jüngsten paläomagnetischen Epochen sind von jung nach alt: die **Brunhes-Epoche** mit normaler heutiger Polarität, die **Matuyama-Epoche** mit inverser und die **Gauss-Epoche** mit normaler Ausrichtung des Erdmagnetfeldes. Die gegenwärtige Brunhes-Epoche begann vor etwa 783 000 Jahren. Innerhalb der länger andauernden Epochen existieren zeitlich kürzere paläomagnetische Events (Subchronen) mit entgegengesetzter Polarität. Beispiele im Quartär sind der Olduvai-, der Jaramillo- und der Blake-Event (Abb. 5.9).

Die Anwendung der Methode setzt Geoarchive mit kontinuierlicher feinklastischer Sedimentationsfolge oder mächtigen Stapelungen von Lavadecken voraus. Die dort vorkommenden magnetischen Minerale, wie etwa der Magnetit (Fe_2O_3), richten sich nach dem herrschenden Erdmagnetfeld aus. Mit der Erstarrung des Magmas bzw. durch Überdeckung mit weiteren Sedimenten wird diese Ausrichtung dauerhaft fixiert.

Polaritätsumkehrungen des Erdmagnetfeldes wurden erstmalig an basaltischer Ozeankruste beiderseits der mittelozeanischen Rücken nachgewiesen. Das dort aufgezeichnete paläomagnetische Streifenmuster in etwa parallelem Verlauf zu den mittelozeanischen Rücken verhalf der modernen Plattentektonik zum Durchbruch.

Sauerstoff-Isotopenmethode

Die **Sauerstoff-Isotopenmethode** bietet ein wichtiges relatives geochronologisches Grundgerüst der quartären Warm- und Kaltzeitenabfolge (Abb. 5.9). Sauerstoff-Isotopenstufen werden numerisch als Zahlen von jung nach alt ansteigend wiedergeben und Unterstufen als Kleinbuchstaben hinzugesetzt. So liegt z. B. das Wärmemaximum der letzten Warmzeit vor dem Holozän (Isotopenstufe 1) in der Isotopenstufe 5e. Die nachfolgenden Unterstufen 5d bis 5a sind dann bereits kühlere Abschnitte am Beginn der letzten Kaltzeit.

Tiefseetone sind weitgehend kontinuierlich gestapelt und enthalten kalkschalige Organismen, vor allem fossile Foraminiferen, die es ermöglichen, Veränderungen von Sauerstoff-Isotopenverhältnissen (^{18}O/^{16}O-Verhältnisse) im umgebenden Meerwasser während ihrer Lebenszeit zu bestimmen. Da die Sauerstoff-Isotopenzusammensetzung des Meerwassers auch vom Klima

abhängig ist, werden vor allem klimatische Extrema, wie die quartären Kalt- und Warmzeiten, in den Sauerstoff-Isotopengehalten von Foraminiferen in den Tiefseebohrkernen fast lückenlos aufgezeichnet. In den Kaltzeiten findet eine Abreicherung an leichterem [16]O gegenüber dem schwerer verdunstenden [18]O im Meerwasser statt, weil das leichter verdunstende und daher in den atmosphärischen Niederschlägen überproportional vertretende [16]O in den sich aufbauenden Eisschilden gebunden wird, statt über Flüsse wieder den Ozeanen zugeführt zu werden. Dadurch kommt es mit zunehmender Eisausdehnung auf der Erde zur relativen Anreicherung des schwereren [18]O im Meerwasser.

Die Datierung erfolgt bei der Sauerstoff-Isotopenmethode im Wesentlichen über die Annahme konstanter **Sedimentationsraten, paläomagnetische Messungen** und sog. **orbitales Tuning** (Abschn. 8.14).

Numerische Altersbestimmungsmethoden

Zu den häufig angewandten und wichtigen numerischen Altersbestimmungsmethoden im Rahmen physisch-geographischer Forschungen zählen u. a. **Dendrochronologie, Radiokohlenstoffmethode** (^{14}C), **Kalium-Argon-Datierungsmethode** sowie **Warvenchronologie** an jahreszeitlich laminierten Seesedimenten (Exkurs 8.12) mit einer jahrgenauen zeitlichen Auflösung (Tab. 5.1 und 5.2). Auch verschiedene **Uranreihendatierungsverfahren** kommen häufiger bei geomorphologischen Fragestellungen zur Anwendung, wie u. a. massenspektrometrische Thorium([230]Th)-Uran([234]U)-Datierungen an Korallen und Höhlensintern mit einer Reichweite bis vor etwa 200 000–300 000 Jahren. In den letzten beiden Jahrzehnten etablierte sich zudem die Nutzung terrestrischer kosmogener Nuklide (TCN, *terrestrial cosmogenic nuclide*) wie Beryllium-10 ([10]Be) oder Aluminium-26 ([26]Al). Solche durch kosmische Strahlung in situ in Fest- und Lockergesteinen gebildeten Nuklide werden u. a. zur Datierung von jung- bis mittelquartären Gesteins- oder Felsoberflächen (*surface exposure dating*) z. B. in vulkanischen oder ehemals vergletscherten Gebieten genutzt. Sie können aber auch bei der Ermittlung von Sedimentationsaltern in fluvialen oder äolischen Sedimenten (*burial dating*) helfen, die im Zeitraum zwischen etwa 100 000 und 5 Mio. Jahren abgelagert wurden (Rixhon et al. 2017).

Weitere numerische Altersbestimmungsverfahren nutzen die Strahlenschädigungen in Kristallgittern von Mineralen (u. a. Feldspäten, Quarzen, Aragoniten). Diese Schäden werden durch kosmische und natürliche radioaktive geogene Strahlung ausgelöst und ihre Zahl steigt mit zunehmendem Alter. Auf derartigen strahlungsinduzierten Kristallgitterschäden basieren verschiedene **Lumineszenzdatierungsverfahren** (OSL, TL) und die **Elektronen-Spin-Resonanzdatierung** (ESR).

Dendrochronologie

Die dendrochronologische Altersbestimmungsmethode ist die hochauflösendste numerische Datierungsmethode für den Be-

Abb. 5.9 Paläomagnetische Epochen und Sauerstoff-Isotopenstufen nach Shackleton (1995) in der jüngeren Erdgeschichte.

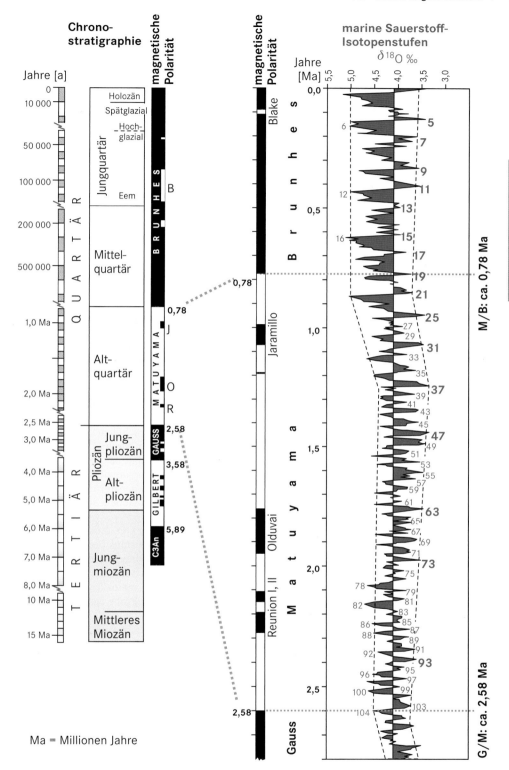

Kapitel 5

Tab. 5.1 Beispiele für Einsatzmöglichkeiten von sog. absoluten Datierungsmethoden in Teildisziplinen der Geomorphologie und einigen ihrer jeweiligen Geoarchive (+++ = sehr geeignet, ++ = gut geeignet, + = geeignet bzw. noch in der Erprobungsphase).

geomorphologische Teildisziplin	Geoarchiv	^{14}C	^{230}Th/ ^{234}U	ESR	^{10}Be	^{26}Al	TL, OSL	sonstige Methoden
Küstenmorphologie	Küstenterrassen	+++	++	++			+	Aminosäurerazemisierung
	Korallenriffe	+++	+++	+++				
	Deltabildungen	+++					+	
äolische Morphologie	Dünen						+++	
	Löss				+		+++	Paläomagnetik
Glazialmorphologie	Erosionsoberflächen glaziale Sedimente				++	+	+	^{10}Be, ^{26}Al,^{36}Cl
fluviale Morphologie	Flussauen	+++					+	Dendrochronologie
	Flussterrassen	++						Paläomagnetik
Karstmorphologie	Karstoberflächen				+?	+?		

Tab. 5.2 Altersbereiche häufig angewandter Datierungsmethoden.

Jahre (v. h.)	10	10²	10³	10⁴	10⁵	10⁶
^{14}C			--- —————— --			
^{230}Th/^{234}U			--- ——————————— -			
TL, OSL		-------- ——————————————— -				
ESR		-------- ————————————————— -				
Dendrochronologie	———————————————					

reich des Holozäns und Spätglazials in den mittleren Breiten der Erde. Sie allein ist in der Lage, jahrgenau, das heißt in Kalenderjahren vor heute bzw. Jahren BP, zu datieren. Die methodische Grundlage bildet die Tatsache, dass Baumquerschnitte bei einem deutlichen Jahreszeitenklima unterschiedlich breite **Jahresringe** ausbilden, die den Wechsel zwischen Ruhe- und Vegetationszeit widerspiegeln. Darüber hinaus sind klimatische Umweltbedingungen wie Feuchtigkeits- und Temperaturverhältnisse in der Dichte und Breite der Baumjahresringe abgebildet. Insgesamt ergeben sich signifikante Jahresringmuster, die anhand sog. „Zeigerjahre" (extrem breite/schmale Jahresringe) in die Vergangenheit zurück zu Jahresringsequenzen verbunden werden.

Für Mitteleuropa existiert mittlerweile durch die Auswertung begrabener Eichen- und Kiefernstämme in Flussablagerungen von Main, Rhein, Donau, Isar und Weser eine lückenlose **Baumjahrringchronologie**, die bis an den Ausgang der letzten Kaltzeit vor ca. 11 000 Jahren zurückreicht (Friedrich et al. 2004). Zusätzlich gibt es in Mitteleuropa eine noch nicht angeknüpfte, daher „schwimmende" Jahresringchronologie an Kiefern, die das Spätglazial der letzten Kaltzeit vom Beginn des Böllings bis in die mittlere Jüngere Tundrenzeit hinein abdeckt (Kaiser et al. 2012).

Radiokohlenstoff-Datierungsmethode (^{14}C)

Die Radiokohlenstoff- oder Radiokarbon-Datierungsmethode (^{14}C) ist das am weitesten verbreitete und am häufigsten angewandte geochronologische Verfahren.

^{14}C ist ein radioaktives Kohlenstoffisotop mit einer Halbwertszeit von 5730 ± 40 Jahren. Aus Gründen der Vergleichbarkeit von ^{14}C-Daten werden ^{14}C-Alter weiterhin mit der ursprünglichen **Libby-Halbwertzeit** von 5 568 ± 30 Jahren (Libby 1955) berechnet. ^{14}C entsteht in der oberen Atmosphäre durch Reaktion kosmischer Strahlung mit Stickstoff (^{14}N). Das ^{14}C-Isotop wird oxidiert und mischt sich als ^{14}CO$_2$ mit dem atmosphärischem CO$_2$, welches die beiden stabilen Kohlenstoffisotope ^{12}C und ^{13}C enthält. Lebende Landorganismen nehmen atmosphärisches ^{14}CO$_2$ im Wesentlichen durch Photosynthese auf und stehen hierdurch im Gleichgewicht mit dem ^{14}CO$_2$ der Atmosphäre. Bei aquatischen Organismen ist jedoch deren ^{14}C-Gehalt a) in Ozeanen durch langsamen ^{14}CO$_2$-Austausch zwischen Atmosphäre und Ozeanzirkulation und b) in limnischer und fluvialer Umgebung durch den Lösungseintrag von ^{14}C- verarmten oder -freien Karbonatgesteinen eventuell abweichend vom atmosphärischen ^{14}C-Gehalt, sodass eine Korrektur vorgenommen werden muss.

Der CO$_2$-Austausch mit der Umgebung ist mit dem Tod des Organismus beendet und das ^{14}C zerfällt mit der oben genannten Halbwertszeit zu ^{14}N unter Abgabe von Beta-Strahlung. Aus der noch in einer Probe vorhandenen ^{14}C-Konzentration kann über die radioaktive Zerfallsrate und den ursprünglichen ^{14}C-Gehalt der Probe das Absterbealter des Organismus bestimmt werden.

Es gibt zwei messtechnisch unterschiedliche Arten von Radiokohlenstoffdatierungen. Die **konventionelle 14C-Methode** erfasst über die beim ^{14}C-Zerfallsprozess frei werdende Beta-Strahlung den ^{14}C-Gehalt einer Probe. Hierbei werden relativ große Probenmengen von einigen Gramm und eine verhältnismäßig lange Messdauer benötigt. Die massenspektrometrische Messung mit einem vorangeschalteten Teilchenbeschleuniger (*Accelerator Mass Spectrometry* – AMS) bestimmt dagegen die Anzahl der ^{14}C-Atome in einer Probe bzw. das Verhältnis von ^{14}C zu ^{12}C. Diese Technik benötigt nur eine sehr kleine Probenmenge – kleiner als 1 mg Kohlenstoff. Aktuell werden sogar einzelne organische Moleküle von kleinster Probengröße (wenigen μg) mit AMS ^{14}C datiert.

Die Altersobergrenze beider Verfahren, der konventionellen und der ^{14}C-AMS-Methode, liegt theoretisch bei etwa 70 000 Jahren,

Exkurs 5.5 Pollenanalyse

Frank Schäbitz

Die Pollenanalyse ist eine Methode zur Rekonstruktion vergangener Vegetations- und Klimazustände vornehmlich mithilfe des Blütenpollens der Samenpflanzen (Höhere Pflanzen). Sie nutzt den Umstand, dass die Samenpflanzen im Zuge ihrer genetischen Reproduktion in den Staubgefäßen (Antheren) der Blüten Pollenkörner (Blütenstaub) mit art-, gattungs- oder familienspezifischen morphologischen Merkmalen produzieren, die das männliche Erbgut der entsprechenden Pflanze enthalten (Abb. A). Um dieses sicher auf die Narbe einer Blüte derselben Pflanzenart zu transportieren, ist der äußere Teil (Exine) der Zellwand der Pollenkörner nicht nur aus Cellulose, sondern zusätzlich aus Sporopollenin, einem hochpolymeren organischen Stoff aufgebaut, der extrem resistent ist. Der mikroskopisch kleine Blütenstaub (Durchmesser einzelner Pollenkörner von 10 bis etwa 200 µm), wird von den windblütigen (anemogamen) Pflanzen reichlich hergestellt, gelangt beim Aufplatzen der Antheren in den Luftraum und kann je nach Windgeschwindigkeit und -richtung unterschiedlich weit transportiert werden. Er sinkt letztlich wie anderer Staub der Luft auf den Boden und geht als **Mikrofossil** in die Sedimente ein. Zoogame Pflanzen, bei denen die Bestäubung durch Tiere erfolgt, produzieren deutlich geringere Mengen an Pollen und dieser ist demzufolge in den Ablagerungen meist unterrepräsentiert. Wenn die Oxidation durch Luftsauerstoff in den Sedimenten langfristig unterbunden ist, z. B. durch dauerhaft feuchte Bedingungen, können Pollenkörner mehrere Hunderttausend oder sogar Millionen Jahre erhalten bleiben. Wenn es sich dabei um allmählich aufwachsende Ablagerungen handelt, wie **Torfe, See- oder Meeressedimente**, bietet die Abfolge des Pollengehalts in den aufeinanderfolgenden Schichten die Möglichkeit, die Vegetationsentwicklung der Region des Probenortes zu rekonstruieren. Da bestimmte Pflanzengesellschaften (und Indikatortaxa) in der Regel unter charakteristischen Klimabedingungen gedeihen, kann man indirekt auch Rückschlüsse auf die Klimabedingungen der Vergangenheit ableiten. Hierzu ist es jedoch nötig, den Zusammenhang zwischen dem gegenwärtigem Klima und der Vegetationszusammensetzung der fraglichen Region zu untersuchen bzw. die klimatischen Verbreitungsbedingungen der Indikatortaxa zu kennen. Mit dieser Thematik setzen sich Rezentpollenstudien auseinander. Mit ihnen versucht man u. a. auch den Einfluss der regionalen Topographie sowie der Struktur der Vegetation (geschlossener Wald oder Offenland) und ihre Wirkungen auf Windstärke und Windrichtung, die unterschiedliche Pollenproduktion ("Blühjahre") einzelner Arten und damit insgesamt die Repräsentation der verschiedenen Pollentaxa im Vergleich zur umgebenden Vegetation einer Region einer Klärung näherzubringen. Die seit Langem währende Veränderung der natürlichen Vegetation durch den Menschen setzt diesen Studien jedoch gewisse Grenzen.

Für die Pollenanalyse werden Sedimentproben labortechnisch so aufbereitet, dass möglichst nur der Blütenstaub übrig bleibt, der dann Probe für Probe unter dem Lichtmikroskop in statistisch relevanter Menge ausgezählt wird. Die Identifikation der fossilen Pollenkörner gelingt durch den Vergleich mit rezentem Material, zumindest bis auf die Familienebene, meistens jedoch bis zur Gattung, gelegentlich auch bis zur Art hinab. Doch sind längst noch nicht alle Regionen der Erde hinsichtlich ihrer Pollenflora vollständig bekannt bzw. erfasst.

Die Ergebnisse der Pollenanalyse werden in **Pollendiagrammen** (Abb. 11.25) graphisch dargestellt, wobei auf der y-Achse die Probentiefe bzw. das Probenalter (bestimmt durch diverse Datierungsverfahren) und auf der x-Achse der prozentuale oder absolute Gehalt der einzelnen Pollentaxa angegeben werden. Mithilfe von **Transferfunktionen** basierend auf diversen statistischen Verfahren lassen sich aus den Pollendaten im Vergleich zu rezenten Bedingungen (Pollen- und Klimadaten) bestenfalls auch quantitative Angaben zum Paläoklima der untersuchten Region machen.

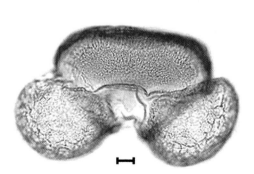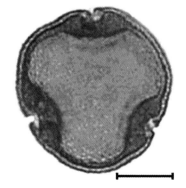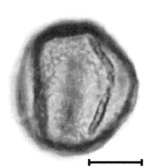

Abb. A *Abies*-(Tannen-)Pollen, *Tilia*-(Linden-)Pollen und *Quercus*-(Eichen-)Pollen (schwarzer Balken entspricht 10 µm; Fotos: Michael Wille).

Exkurs 5.6 Einige potenzielle Fehlerquellen von Radiokohlenstoffdatierungen

Es gibt verschiedene natürliche und anthropogene Faktoren, die den ^{14}C-Gehalt einer Probe und damit ihr ^{14}C-Alter beeinflussen können. Altersverfälschungen von mehreren Jahrhunderten und Jahrtausenden können beispielsweise durch die Kontamination von Proben mit „jungem" Kohlenstoff im Labor oder bei der Probennahme entstehen. So kann 1 % junger Kohlenstoff eine 40 000 Jahre alte Probe um 6000 Jahre verjüngen. Biologische Fraktionierungsprozesse mit bevorzugtem Einbau von leichteren ^{12}C- und ^{13}C-Atomen sind bekannt und können bei der Altersberechnung berücksichtigt werden. Die Quantifizierung stark reduzierter ^{14}C-Aufnahme durch Organismen aufgrund limnischer und fluviatiler Hartwassereffekte – gemeint sind damit stark verringerte ^{14}C-Gehalte im Wasser durch Lösung ^{14}C-freier, das heißt sehr alter Karbonatgesteine – ist nicht möglich. Auch schwankende ^{14}C-Gehalte im Meerwasser durch variierende Auftriebsmengen an ^{14}C-verarmtem Tiefenwasser können zu alte ^{14}C-Daten erzeugen. Die ^{14}C-Alter mariner Karbonate an Küsten mit Auftriebswasser sind daher durchschnittlich 400 ± 200 zu alt. Die in den 50er- und 60er-Jahren des 20. Jahrhunderts durchgeführten oberirdischen Kernwaffentests haben den atmosphärischen ^{14}C-Gehalt so stark erhöht, dass Proben, die jünger als von 1950 sind, nicht mehr mit der ^{14}C-Methode datiert werden können. Dagegen hat die seit der Industrialisierung Mitte des 18. Jahrhunderts verstärkte Freisetzung von ^{14}C-freiem Kohlenstoff durch Verbrennung von Kohle, Erdöl und Erdgas den natürlichen atmosphärischen ^{14}C-Gehalt deutlich verringert, bis 1950 um etwa 22 Promille.

^{14}C-Alter von Proben aus dem Zeitraum 1850 bis 1950 können somit um einige Jahrzehnte „zu alt" sein (Suess-Effekt). Auch auf natürliche Weise, durch Änderungen der solaren Strahlungsflüsse, können die atmosphärischen ^{14}C-Gehalte um bis zu ± 200 Promille schwanken. Die Folge sind deutlich zu alte oder auch zu junge ^{14}C-Alter (im Holozän max. ± 1600 Jahre). Diese natürlichen atmosphärischen ^{14}C-Gehaltsschwankungen sind vor allem durch kombinierte ^{14}C- und dendrochronologische Datierungen an Baumjahrringen seit dem Spätglazial der letzten Kaltzeit relativ gut bekannt. ^{14}C-Alter können seitdem entsprechend korrigiert bzw. kalibriert werden – angegeben in cal BP (*calibrated age before present* = Kalenderjahre vor 1950).

Die Radiokohlenstoffmethode liefert in der Regel verlässliche Alter für Pflanzenmaterial (z. B. Holz, Holzkohle, Torf, Samen, Blätter). Bei der Datierung mariner Karbonate (z. B. Muscheln, Korallen, Foraminiferen) ist der marine Reservoir-Effekt, der zusätzlich artspezifischen, ablagerungsraumspezifischen und zeitlichen Schwankungen unterliegt, zu beachten. Er wird durch die Schwankungen der ^{14}C-Konzentration im Meerwasser hervorgerufen. Die Datierung von Humus (Paläoböden), Höhlensintern, Kalkkrusten, Knochen oder Zähnen ist problematisch und häufig ungenau. Radiokohlenstoffdatierungen an organischen Proben aus Seen und Flüssen im Einzugsbereich karbonatführender Zuflüsse können durch den sog. Hartwassereffekt bis zu einige Jahrhunderte überhöhte Alter aufweisen.

---

wird aber aufgrund von Kontaminationen bei der Probenaufbereitung häufig schon bei 30 000–40 000 Jahren erreicht. Eine ^{14}C-Datierung von Proben, die aus der Zeit nach 1950 stammen, ist nicht möglich, da durch oberirdische Kernwaffentests in den 1960er-Jahren die ^{14}C-Konzentration der Atmosphäre extrem erhöht wurde (Exkurs 5.6).

Lumineszenzdatierung (OSL/TL)

Lumineszenzdatierungstechniken bestimmen die Zeitspanne, die seit der sog. Nullstellung (Erhitzen oder Belichtung) des für die Datierung verwendeten Minerals vergangen ist. Diese Methoden nutzen Minerale wie Quarz und Feldspäte als Dosimeter, die die in Sedimenten natürlich auftretende ionisierende Strahlung speichern. Diese Strahlung wird vor allem durch den radioaktiven Zerfall von geogenem Uran, Thorium, Kalium sowie durch kosmische Strahlung hervorgerufen. Die Energie ionisierender Strahlung führt zu Strahlenschäden im Kristallgitter. Lumineszenzverfahren messen die Intensität dieser **Strahlenschädigungen** in Form von Lichtsignalen und bestimmen somit die dort gespeicherte Strahlungsdosis (Paläodosis, in Gy [Gray] oder in J/kg). Durch Bestimmung der aktuellen natürlichen Strahlungsdosis (Gy/a) am Fundort des Minerals kann, unter der Annahme

ähnlicher Strahlungsraten in der Vergangenheit, deren Einwirkungsdauer (Zeitdauer) und damit das Ablagerungsalter (Nullstellung) des Minerals bestimmt werden:

Alter (a) = Paläodosis (Gy)/Dosisleistung (Gy/a)

Für Sedimente, wie etwa Löss oder Dünen, erfolgt die Nullstellung der „Lumineszenz-Uhr" durch Exposition des Materials zum Tageslicht vor der Ablagerung. Nach dieser sog. Signalbleichung beginnt die „geochronologische Uhr" wieder zu laufen. Lumineszenztechniken bestimmen die Zeit, die seit der letzten Sonnenlichtexposition während des Sedimenttransports oder seit der letzten Erhitzung vergangen ist.

Nach dem Typ der zur Messung der gespeicherten Energie benutzten Stimulation unterscheidet man zwischen **Thermolumineszenz** (TL) und **Optisch Stimulierter Lumineszenz** (OSL). Das OSL-Signal ist lichtempfindlicher als das TL-Signal. Bei Exposition zum Tageslicht erfolgt die Bleichung des OSL-Signals innerhalb weniger Minuten, die des TL-Signals dagegen erst innerhalb einiger Stunden.

Je nach Beschaffenheit der zu datierenden Sedimente und der Art der verwendeten Messmethodik reicht der über Lumineszenzverfahren datierbare Zeitraum von wenigen Jahrzehnten bis zu in Ausnahmefällen 800 000 Jahren. Am zuverlässigsten ist der Datierungszeitraum der Lumineszenzdatierungen zwischen einigen Hundert Jahren bis zu rund 150 000 Jahren vor heute.

Lumineszenzmethoden werden für viele Ablagerungsbereiche angewandt. Äolische Sedimente, vor allem Löss und Dünen, sind am besten geeignet, da ihr Transport vor ihrer Ablagerung die Exposition zum Sonnenlicht garantiert. Dagegen unterliegen litorale, lakustrine oder fluviale Sedimente Transportmechanismen, bei denen es nicht notwendigerweise zur vollständigen Bleichung eines vererbten Lumineszenzsignals kommt. Hieraus können dann Altersüberschätzungen resultieren.

Mittels Thermoluminezenz sind auch gebrannte Feuersteingeräte und Keramik datierbar, denn durch das Brennen erfolgt eine Nullstellung des Lumineszenzsignals.

Elektronen-Spin-Resonanz-Methode (ESR)

Die ESR-Altersbestimmung zählt wie die Lumineszenzmethoden zu den **strahlungsinduzierten Datierungstechniken**. Auch sie beruht darauf, dass bestimmte Mineralien – vor allem Aragonit, Kalzit – als natürliches Dosimeter fungieren und Strahlenbelastungen speichern können. Ein ESR-Alter ist dabei eine Funktion der Strahlenbelastung und der dadurch über die Zeit erzeugten und mit ungepaarten („freien") Elektronen gefüllten atomaren Gitterdefekte. Letztere werden mithilfe eines ESR-Spektrometers quantifiziert. Ein ESR-Alter berechnet sich aus der Division der im Laufe der Zeit akkumulierten strahlungsinduzierten Gitterdefekte (gespeicherte Strahlungsdosis) durch die jährliche, auf die Probe einwirkende natürliche radioaktive und kosmische Strahlenbelastung (natürliche Dosisrate).

Seit den 1990er-Jahren konnte die ESR-Methode soweit verbessert werden, dass sie inzwischen durch die Datierung aragonitischer Steinkorallen sowie karbonatischer Muschel- und Schneckenschalen bei geochronologischen Untersuchungen litoraler Ablagerungen (Korallenriffe, Strandwallsysteme, Äolianite) eine wichtige Datierungsalternative darstellt (Schellmann et al. 2008). Die Datierung pleistozäner Korallen ermöglicht dabei nicht nur eine chronostratigraphische Unterscheidung der marinen Sauerstoff-Isotopenstufen 1 (Holozän), 5 (letztes Interglazial, Maximum 132 000 Jahre), 7 (dritt-), 9 (viert-) und 11 (fünfletztes Interglazial), sondern auch der letztinterglazialen Unterstufen $5e_1$, $5e_2$, $5e_3$, 5c, $5a_1$, und $5a_2$ (132 000, 128 000, 118 000, 105 000, 84 000 und 74 000). Der durchschnittliche Altersfehler von ESR-Datierungen an Korallen liegt bei etwa 5–8 %, die Datierungsobergrenze bei 600 000–700 000 Jahren. Die zeitliche Auflösung von ESR-Datierungen an Muschel- und Landschneckenschalen ist dagegen mit einem durchschnittlichen Altersfehler von 10–15 % deutlich geringer, auch die Datierungsobergrenze liegt mit 300 000–400 000 Jahren niedriger.

5.4 Standardisierte geographische Arbeitsweisen

Klaus Zehner

Zum Verhältnis von Wissenschaftstheorie und standardisierten Arbeitsweisen in der Humangeographie

Geographische Arbeitsweisen sind wissenschaftliche Methoden zur Erhebung raum-, gesellschafts- und wirtschaftsbezogener Daten. Sie dienen der Rekonstruktion umweltrelevanter sozioökonomischer Prozesse und Strukturen. Die wichtigsten Methoden sind Kartierungen, **Zählungen** und verschiedene **Befragungsformen**. Letztere lassen sich insbesondere nach dem Grad ihrer Strukturiertheit unterteilen. Durch die Entscheidung für eine bestimmte Arbeitsweise kommt zugleich eine spezifische Auffassung von Wissenschaft zum Ausdruck. Denn die Wahl einer Methode signalisiert, welches Grundverständnis von Wissenschaft, das heißt von ihrem Wesen, ihren Aufgaben und ihren Zielen, ein Forscher besitzt bzw. sich zu eigen macht. So spiegelt die Entscheidung für den Einsatz **nicht standardisierter, qualitativer Arbeitsweisen**, wie strukturierte Beobachtungen, Tiefeninterviews, Gruppendiskussionen oder Expertengespräche, ein von der **Hermeneutik** geprägtes Wissenschaftsverständnis wider (Kap. 6). Vereinfacht ausgedrückt ist damit gemeint, dass hierbei das Verstehen sozialer Prozesse und Zusammenhänge im Mittelpunkt des Erkenntnisinteresses steht. **Standardisierte, quantitativ-statistische Verfahren** werden dagegen angewendet, wenn entweder Merkmale von Gegenständen, Räumen oder Personen „objektiv" und intersubjektiv überprüfbar erfasst und beschrieben werden sollen (deskriptive Statistik), wenn anhand von Stichproben Aussagen über Grundgesamtheiten getroffen werden sollen (Schätzstatistik) oder wenn zuvor formulierte Forschungshypothesen im Sinne des **Kritischen Rationalismus** (Exkurs 5.7) überprüft werden sollen (Teststatistik). Von Interesse ist hier insbesondere die Frage, auf welche Weise, das heißt in welchen Zusammenhängen, solche Daten erhoben werden, welche Vor- und Nachteile sich mit den einzelnen Erhebungsverfahren verbinden und welche potenzielle Fehlerquellen bei den verschiedenen Erhebungstechniken zu beachten sind.

Zum Stellenwert standardisierter Arbeitsweisen

Mit dem auf dem Kieler Geographentag 1969 eingeläuteten Paradigmenwechsel, der die Ablösung der länderkundlich geprägten Geographie durch eine vom Kritischen Rationalismus geprägte Neuformulierung von Aufgaben und Zielen des Faches zur Folge hatte, gewannen die standardisierten geographischen Arbeitsweisen für ein gutes Jahrzehnt stark an Bedeutung. Als aber zu Beginn der 1980er-Jahre die Grenzen dieser neuen Geographie stärker sichtbar wurden und die Euphorie, die mit der vermeintlichen „Verwissenschaftlichung" (Szientismus) einher-

Kapitel 5

gegangen war, abgeklungen war, verloren auch standardisierte geographische Arbeitsweisen an Bedeutung. In den 1980er- und 1990er-Jahren sind sie aus dem Mainstream soziologischer und sozialgeographischer Forschung verdrängt worden und mussten qualitativ-verstehenden Verfahren weichen. Hinter diesem erneuten **Paradigmenwechsel** standen vor allem stärker gewordene Bedenken gegenüber der Leistungsfähigkeit und Eignung des Kritischen Rationalismus zur Lösung raumbezogener Probleme (Abschn. 5.1). Allerdings muss auch betont werden, dass der Wechsel vom länderkundlichen zum szientistischen Ansatz nicht nur rational erklärt werden kann, sondern auch Ausdruck eines veränderten wissenschaftlichen „Zeitgeistes" war. Daher darf aus der Talsohle, die Kritischer Rationalismus und quantitative Methodik durchliefen, keineswegs der Schluss gezogen werden, dass die entsprechenden Verfahren und Arbeitsweisen generell und für alle Zeiten ihre Bedeutung eingebüßt hätten.

Zählungen

Grundsätzlich können als Grundlage wissenschaftlicher Arbeiten Daten aus sekundärstatistischen Quellen, die im Rahmen von Zählungen (z. B. Volkszählung, Mikrozensus) erhoben wurden, aber auch im Rahmen eigener Erhebungen erfasste Daten verwendet werden.

Daten aus der sog. **Sekundärstatistik** stammen entweder aus gesetzlich verankerten, das heißt amtlichen bzw. halbamtlichen Zählungen, oder aus Erhebungen, die von privaten Unternehmen aus kommerziellen Motiven durchgeführt werden. Halbamtliche Erhebungen werden beispielsweise von Verbänden und Kammern durchgeführt. Beispiele für per Gesetz verordnete Erhebungen sind Volks-, Berufs- oder Arbeitsstättenzählungen sowie der Mikrozensus.

Der **Mikrozensus** wird seit 1957 eingesetzt, um auf der Grundlage einer Stichprobengröße von 1 % grundlegende Angaben über die Bevölkerung zu sammeln. Er wird jährlich durchgeführt und hat sich zu einer unverzichtbaren Datenquelle für Akteure in Politik, Verwaltung, Wirtschaft und Wissenschaft entwickelt. Im Regelfall werden die Interviews sowohl mündlich als auch schriftlich durchgeführt (Abb. 5.10, Exkurs 5.8).

Zu den sekundärstatistischen Quellen zählen auch Daten aus der **öffentlichen Verwaltung**, z. B. von der Bundesagentur für Arbeit erhobene Arbeitslosenzahlen oder von kommunalen Ordnungsämtern erfasste Daten zum PKW-Besitz.

Eine immer größere Bedeutung kommt Daten zu, die von **privaten Firmen** erfasst, aufbereitet und vermarktet werden. Zu den marktführenden privaten „Datenproduzenten" und „-lieferanten" in Deutschland zählen die GfK Geomarketing GmbH, Infas und Microm (Zehner 2004). Die „GfK" ist beispielsweise stark in der Handels-, Stadt- und Regionalforschung engagiert und ermittelt räumlich und sektoral tief gegliederte Kaufkraftkennziffern. So interessant private **Geodaten** auf den ersten Blick zu sein scheinen, zwei Einschränkungen reduzieren ihren Wert und ihre Attraktivität für den Einsatz in wissenschaftlichen Projekten ganz erheblich. Zum einen sind die Datenpakete so teuer, dass sie die Budgets der meisten Forschungsprojekte stark belasten, wenn nicht gar übersteigen. Zum anderen, und dieser Grund wiegt

noch schwerer, geben die Firmen in der Regel nicht preis, wie die Daten generiert worden sind und welche Verarbeitungsmethoden sie zur Bestimmung von sog. „Potenzial-" oder „Marktdaten" herangezogen haben. Damit scheiden solche Daten als seriöse Grundlagen für wissenschaftliche Zwecke in der Regel aus. Trotz dieser Einschränkung darf ihr praktischer Wert für Wirtschaftsunternehmen nicht verkannt werden.

Vor- und Nachteile von Zählungsergebnissen

Der wohl größte Vorteil von Sekundärstatistiken gegenüber eigenen Erhebungen liegt in der Kosten- und Zeitersparnis, die durch den Fortfall der eigenen Datenerhebung, -kontrolle und -korrektur sowie der **digitalen Erfassung** entsteht. Zudem sind aufgrund der Regelmäßigkeit, mit der Zählungen stattfinden, insbesondere Längsschnittsanalysen möglich, die wertvolle Erkenntnisse über zeitliche Entwicklungsprozesse liefern können. Dabei ist allerdings zu beachten, dass sich zwischen zwei Zählungen Grenzverläufe innerhalb räumlicher Bezugssysteme geändert haben können. Dies gilt insbesondere auf mikrogeographischer Ebene. Eine derartige Änderung ist zumeist klar ersichtlich, wie im Falle der Umstellung des Postleitzahlensystems in Deutschland im Juli 1993. In seltenen Fällen jedoch sind Veränderungen von Grenzverläufen nicht auf den ersten Blick zu erkennen. So haben sich beispielsweise die Grenzen einiger Londoner Stadtteile zwischen 1991 und 2001 geändert, die Namen der Stadtteile hingegen nicht. Dies hat z. B. Folgen für eine Bewertung der zeitlichen Entwicklung von Bevölkerungsdichten innerhalb des Stadtgebietes, da die (unterschiedlichen) Flächen der Stadtteile in das Berechnungsverfahren wesentlich eingehen.

Bevor eine Entscheidung für die Verwendung sekundärstatistischer Daten getroffen wird, muss sich die Wissenschaftlerin bzw. der Wissenschaftler oder die Planerin bzw. der Planer über eine Reihe von Nachteilen bzw. Problemen, die mit der Verwendung fremder Daten verknüpft sind, im Klaren sein. So verbietet sich etwa der Einsatz von Zensusdaten für manche Zwecke schon alleine ihrer **geringen Aktualität** wegen, denn zum Zeitpunkt ihrer Veröffentlichung sind die Daten schon etwa drei Jahre alt. So lange dauert nämlich in der Regel die Erfassung, Überprüfung, Korrektur und Aufbereitung der Rohdaten durch die entsprechenden Behörden (Kromrey et al. 2016). Hinzu kommt, dass die Daten vermutlich nicht unmittelbar nach ihrer Veröffentlichung auch genutzt werden, sondern erst Monate, vielleicht sogar Jahre später.

Sollen flächendeckende Bevölkerungsdaten aktueller sein, so muss auf Fortschreibungen zurückgegriffen werden. In solche Fortschreibungen, die von kommunalen Meldeämtern geführt werden, gehen neben der Geburten- und Sterberate auch Zu- und Fortzüge ein. Sind diese auch nur zu einem kleinen Teil nicht bekannt, weil etwa nach einem Umzug „vergessen" wurde, sich am neuen Wohnstandort an- und am alten abzumelden, so nimmt im Laufe der Zeit die Fehlerquote zu.

Des Weiteren muss beachtet werden, dass vor allem in föderalistischen Systemen das Datenmanagement nicht nur in der Hand des jeweiligen Statistischen Bundesamtes liegt. Auf regionaler und kommunaler Ebene sind **Landes- und städtische Statistikämter** für die Datenverarbeitung zuständig. Insbesondere auf

Exkurs 5.7 Kritischer Rationalismus, statistische Tests und Forschungspraxis

Knapp formuliert stützt sich der Kritische Rationalismus auf das Prinzip der **Falsifikation**. Danach müssen alle Aussagen einer empirischen Wissenschaft im Prinzip so aufgebaut sein, dass sie an der Erfahrung scheitern können (Wessel 1996).In der Praxis werden Forschungshypothesen in der Regel unter Benutzung statistischer Testverfahren mittels einer Stichprobe überprüft. Das Grundprinzip eines statistischen Tests besteht darin, dass eine Forschungshypothese geschickt in zwei zueinander alternative Aussagen umformuliert wird. Diese beiden Aussagen werden als Nullhypothese (H_0) und Alternativhypothese (H_A) bezeichnet. Die Nullhypothese besagt, dass ein in der Stichprobe festgestellter Zusammenhang auf Zufallseinflüsse zurückzuführen ist. Die Alternativhypothese drückt genau das Gegenteil aus, unterstellt also einen nicht zufälligen, kausalen Zusammenhang. Das Prinzip

statistischer Tests ist nun stets so angelegt, dass die Nullhypothese unter Beachtung einer zuvor festgesetzten Irrtumswahrscheinlichkeit falsifiziert wird. Gelingt das, so wird dieses Ergebnis in dem Sinne interpretiert, dass die Alternativhypothese als wahr angenommen wird, was Ziel des Verfahrens war. Die Tatsache, dass der in der Alternativhypothese unterstellte kausale Zusammenhang bei einer geringen Irrtumswahrscheinlichkeit als existent angenommen wird, bedeutet aber nur, dass es unter den gegebenen Rahmenbedingungen (Zahl der Probanden, Irrtumswahrscheinlichkeit) nicht möglich war, die Nullhypothese aufrechtzuerhalten. Gleichwohl besteht weiterhin die, wenn auch geringe, Möglichkeit, dass die Nullhypothese wahr ist. Darauf wird in wissenschaftlichen Arbeiten allerdings nur selten deutlich genug hingewiesen.

Exkurs 5.8 Befragungsformen beim Mikrozensus

„Die beim Mikrozensus eingesetzten Interviewerinnen und Interviewer stellen den Befragten die vorgegebenen Fragen und übertragen die Antworten in die Erhebungsunterlagen. Wichtigste Aufgabe dieser Erhebungsbeauftragten ist es, die ausgewählten Haushalte zur Mitarbeit zu gewinnen und eventuell bestehende Hemmnisse durch zusätzliche Informationen abzubauen. Ihr Einsatz ist nicht nur für die organisatorische Durchführung des Mikrozensus von Bedeutung, sondern hat auch für die Befragten Vorteile. Die geschulten Erhebungsbeauftragten können schnell und korrekt die erteilten Antworten aufnehmen und den Befragten, soweit erforderlich, beim Umgang mit den Erhebungsunterlagen Hilfestellung leisten. Dadurch können Missverständnisse ausgeräumt und ungenaue Angaben vermieden werden. Die Interviewerinnen und Interviewer verwenden für ihre Befragung Laptops. […] Neben der persönlichen Befragung besteht für die Haushalte auch die Möglichkeit, die Antworten selbst schriftlich zu erteilen. Zu diesem Zweck werden Fragebögen eingesetzt, die so gestaltet sind, dass sie von den Haushalten auch ohne Beteiligung des Interviewers ausgefüllt werden können. Diese Fragebögen werden in der Regel direkt an das Statistische Landesamt übersandt, können aber

auch dem zuständigen Interviewer ausgehändigt werden. In Anbetracht der Komplexität des Mikrozensus weisen die von den Haushalten ausgefüllten Erhebungsbögen jedoch eine hohe Fehlerquote auf, sodass hier in zahlreichen Fällen die Haushalte noch einmal angeschrieben oder angerufen werden müssen" (Ickler 2004).

Haushalte, die weder dem Interviewer gegenüber noch schriftlich Auskunft erteilt haben, da sie nicht angetroffen werden konnten oder die Auskunft verweigerten, werden vom Statistischen Landesamt angeschrieben und um Erteilung der erforderlichen Auskünfte gebeten. In vielen Fällen nehmen die Haushalte dann telefonisch Kontakt mit dem Statistischen Landesamt auf und äußern den Wunsch nach unmittelbarer telefonischer Übermittlung der Angaben. Der Zeitaufwand für ein derartiges von den besonders ausgebildeten und erfahrenen Mitarbeiterinnen und Mitarbeitern durchgeführtes Interview ist ausgesprochen gering. Selbst bei größeren Haushalten sind hier in der Regel nicht mehr als 15 min zu veranschlagen. Die telefonische Befragung als ergänzendes Erhebungsinstrument soll daher aufrechterhalten und nach Möglichkeit weiter ausgebaut werden.

kommunaler Ebene zeigt sich, dass vor allem Geodaten oftmals in unterschiedlicher Weise aufbereitet werden, dass sie in verschiedenen Datenformaten vorliegen und dass sie eine variierende Tiefengliederung aufweisen.

Außerdem müssen nicht alle theoretisch verfügbaren Daten auch praktisch erhältlich sein. Unter bestimmten Voraussetzungen kann der Zugang zu räumlich stark aufgelösten Daten, die für zahlreiche Analysen auf der Mikroebene (Quartiere, Baublöcke) von großer Bedeutung sind, eingeschränkt sein. Dies gilt insbe-

sondere, wenn die theoretische Möglichkeit besteht, aus dem Datenbestand anhand spezifischer Merkmalskombinationen auf einzelne Haushalte oder Personen zu schließen. In solchen Fällen werden Angaben „geschwärzt". Mit zunehmender Tiefe der räumlichen Gliederung eines Datenbestandes nimmt die Wahrscheinlichkeit zu, mit „geschwärzten" Angaben konfrontiert zu werden. Aber nicht nur in solchen, aus Datenschutzgründen durchaus berechtigten Fällen kann es zu Schwierigkeiten bei der **Datenbeschaffung** kommen. Nicht immer liegen gewünschte Daten in analoger oder digitaler Tabellenform bereits fertig kon-

Kapitel 5

Beschriften der Namenslasche

Bitte beachten

– Bitte tragen Sie für jede Person im Haushalt den Vor- und Nachnamen auf der Namenslasche ein.
– Halten Sie dabei die nachstehende Reihenfolge ein:
  1. Ehepaare bzw. Lebenspartner/-in,
  2. Kinder,
  3. Verwandte,
  4. weitere Personen des Haushalts.
– Die Reihenfolge der Personen ist für den gesamten Fragebogen beizubehalten.

Fragen zum Haushalt

Hinweise

Ein-Personen- und Mehr-Personen-Haushalte
– Ein Ein-Personen-Haushalt besteht aus einer Person, die normalerweise allein wohnt und für sich allein wirtschaftet.
– Ein Mehr-Personen-Haushalt besteht aus Personen, die normalerweise zusammen wohnen und wirtschaften.

Haushaltsmitglieder
– Zu ihnen gehören auch Personen, die normalerweise im Haushalt wohnen, aber vorübergehend abwesend sind, z.B. aus beruflichen oder gesundheitlichen Gründen.
– Keine Haushaltsmitglieder sind z.B. Untermieter und Hausangestellte.

1 Gibt es in Ihrer Wohnung neben Ihrem Haushalt weitere Haushalte, z.B. Untermieter/-innen?

Ja, Anzahl der weiteren Haushalte.....................................

Nein, keine weiteren Haushalte..

2 Sind in den letzten 12 Monaten Haushaltsmitglieder fortgezogen?

Ja, Anzahl der Fortgezogenen ....

Nein, keine Fortgezogenen ....

3 Sind in den letzten 12 Monaten Haushaltsmitglieder verstorben?

Ja, Anzahl der Verstorbenen...

Nein, keine Verstorbenen ....

4 Wie viele Personen haben am Mittwoch der letzten Woche insgesamt in Ihrem Haushalt gelebt?

Anzahl der Personen..

Hinweise

Mehr als 5 Personen im Haushalt?
Fordern Sie bitte einen zweiten Fragebogen bei Ihrem Statistischen Amt an. Die Adresse finden Sie auf dem Deckblatt.

Abb. 5.10 Fragebogen aus einer Stichprobenerhebung über die Bevölkerung und den Arbeitsmarkt (Mikrozensus und Arbeitskräftestichprobe der Europäischen Union 2010).

fektioniert vor, sondern müssen nach individuellen Vorgaben zusammengestellt werden. In Zeiten immer knapper werdender Personalressourcen können solche „Aufträge" von den kommunalen Statistischen Ämtern zunehmend seltener bearbeitet werden.

Sehr viel günstiger stellt sich die Situation in zentralistischen Industrieländern dar. Als Beispiel sei hier auf Großbritannien (mit Nordirland) verwiesen. Hier wird in jedem ersten Jahr eines neuen Jahrzehnts eine Volkszählung durchgeführt. Die letzte Zählung fand also 2011 statt. Alle im Rahmen dieses Zensus erhobenen Daten, von der nationalen bis zur quartiersbezogenen Ebene, werden von nur einer Behörde, dem *Office for National Statistics,* zentral erfasst, verarbeitet und veröffentlicht (Exkurs 5.9).

Eine weitere Einschränkung bei der Verwendung sekundärstatistischer Quellen liegt im Wesen der Daten selbst. Zumeist beschränkt sich die amtliche und halbamtliche Statistik auf die Erfassung objektiver Merkmale von Personen, Haushalten, Arbeitsplätzen und so weiter. So wird im Rahmen von Volkszählungen etwa nach dem Lebensalter, nach der Haushaltsgröße oder nach dem Standort des Arbeitsplatzes gefragt. Solche Beschreibungen reichen als wissenschaftliche Datengrundlage aus, wenn etwa sozialräumliche Unterschiede zwischen Wohnquartieren herausgearbeitet werden sollen. Ein Beispiel hierfür liefert die **Sozialraumanalyse** (*social area analysis*), deren Aufgabe die Aufdeckung sozialräumlicher Strukturen, zumeist in großen Städten, ist (O'Loughlin & Glebe 1980). Für dieses Verfahren werden lediglich „harte", das heißt messbare Daten von Personen oder Haushalten benötigt. Seltener dagegen werden im Rahmen von Großzählungen Personen zu Wahrnehmungen, Bewertungen und Handlungsmotiven befragt. Für den Forscher bedeutet diese Ausgangssituation, dass er sekundärstatistische Daten kaum zur Überprüfung von Forschungshypothesen nutzen kann.

Befragungen

Aus den bisherigen Ausführungen ist deutlich geworden, dass zur Bearbeitung eines eigenen Forschungsprojektes oftmals der Zugriff auf Daten, die in anderen wissenschaftlichen und organisatorischen Zusammenhängen erhoben wurden, nicht ausreicht. In solchen Fällen müssen **Primärerhebungen** durchgeführt werden. Ihr Vorteil besteht darin, dass Wissenschaftlerinnen und Wissenschaftler und ihr Forschungsinstrument, den Fragebogen, ausschließlich nach ihren eigenen Forschungszielen aufbauen und ausrichten können. Da der zur Datenerfassung eingeplante Zeitraum in der Regel begrenzt ist, wird die Forscherin bzw. der Forscher in den seltensten Fällen Grundgesamtheiten befragen können. Unter einer **Grundgesamtheit** wird hier diejenige Menge von Subjekten, Objekten oder ganz generell von Fällen verstanden, auf die sich die Forschungshypothesen einer Untersuchung beziehen sollen (Kromrey et al. 2016). Daher muss die Grundgesamtheit durch Teilerhebungen, sog. **Stichproben**, ersetzt werden. Diese Einschränkung bedeutet in der Forschungspraxis, dass sich Hypothesen nur mithilfe statistischer Tests überprüfen lassen. Sie gestatten, unter Berücksichtigung einer kalkulierbaren Irrtumswahrscheinlichkeit, Schlüsse von

der Stichprobe auf die Grundgesamtheit zu ziehen (Exkurs 5.10). Unter der Irrtumswahrscheinlichkeit, die in Prozenten angegeben wird, wird die Größe der Wahrscheinlichkeit verstanden, mit der eine eigentlich richtige Hypothese irrtümlicherweise verworfen wird. Für die Forschungspraxis stellen sich in diesem Zusammenhang zwei Fragen:

- Zwischen welchen Möglichkeiten, Stichproben zu ziehen, kann eine Forscherin bzw. ein Forscher wählen und welche Vor- und Nachteile weisen die verschiedenen Methoden der Stichprobenziehung auf?
- Wie groß müssen Stichproben sein, damit sie als geeignet betrachtet werden können, um Grundgesamtheiten zu repräsentieren?

Auswahlverfahren

Nach Friedrichs (1990) sind vier Forderungen an Stichproben, die zu einer Verallgemeinerung auf die Grundgesamtheit genutzt werden dürfen, zu stellen:

- Die Stichprobe muss ein verkleinertes Abbild der Grundgesamtheit darstellen und zwar im Hinblick auf die Heterogenität der Elemente und auf die für die Hypothesenbildung relevanten Variablen.
- Die Einheiten der Stichprobe müssen klar definiert sein.
- Die Grundgesamtheit, die durch die Stichprobe repräsentiert werden soll, muss bekannt und empirisch definierbar sein.
- Das Auswahlverfahren muss bekannt sein und zu dem postulierten verkleinerten Abbild der Grundgesamtheit führen.

An diesen vier Kriterien lassen sich Qualität und Wert einer Stichprobe messen.

Ganz grob lassen sich die Methoden der Stichprobenziehung in **zufallsgesteuerte** und **nicht zufallsgesteuerte Auswahlverfahren** trennen (Abb. 5.11). Letztere können weiter in willkürlich und bewusst gezogene Stichproben eingeteilt werden. Bei **willkürlichen Auswahlverfahren** werden nach Belieben, das heißt an unreflektiert ausgewählten Orten, irgendwelche Personen zu beliebigen Zeitpunkten befragt. Mit anderen Worten: Es existiert kein Untersuchungsplan. Auf diese Weise gebildete Stichproben sind daher aus wissenschaftlicher Perspektive wertlos. Anders verhält es sich bei einer **bewussten Stichprobenziehung**. Bewusst bedeutet dabei, dass die Auswahl nach einem zuvor festgelegten Plan, das heißt kontrolliert, erfolgt. Die Auswahl von Interviewpartnern obliegt dabei nicht mehr der Willkür der bzw. des Interviewenden, sondern ist durch konkrete Randbedingungen festgelegt. Diese schreiben vor, nur solche Personen oder Haushalte einzubeziehen, deren Eigenschaften in Abhängigkeit vom gewählten Forschungsziel zuvor definiert wurden. Solche Merkmale sind beispielsweise „Einkommen" oder „Alter". Auch können, wenn das Forschungsziel es nahelegt, nur Extremfälle berücksichtigt werden. So wäre es beispielsweise sinnvoll, im Rahmen einer Untersuchung über Obdachlosigkeit ausschließlich Obdachlose zu ihren Lebensumständen zu befragen, da davon auszugehen ist, dass andere Personengruppen kaum seriöse Kenntnisse über deren Lebensbedingungen besitzen.

Exkurs 5.9 Sekundärstatistik – das Musterbeispiel des britischen Zensus

Hinsichtlich der Aufbereitung, Präsentation und Vermarktung von Zensusdaten bildet Großbritannien ein Musterbeispiel in Europa. Grundsätzlich können alle Daten des aktuellen Zensus (und mit Einschränkungen auch von älteren Zählungen) von registrierten Nutzerinnen und Nutzern kostenlos über das Internet bezogen werden (www.statistics.gov.uk). Das umfangreiche Datenmaterial können sich Nutzer nach zeitlichen, thematischen und räumlichen Kriterien erschließen. Die Ausgabe von Informationen erfolgt entweder im HTML-Format auf dem Monitor oder als Download auf den eigenen Rechner. Werden Tabellen angefordert, so können Nutzer zwischen drei gängigen Dateiformaten wählen. Für viele unter räumlichen Bezügen arbeitende Nutzerinnen und Nutzer, etwa Geographen, Soziologen und Planer, ist entscheidend, dass die Daten in einer tiefen räumlichen Gliederung vorliegen. Konkret bedeutet dies, dass personen-, haushalts-, und gebäudebezogene Daten bis zur großmaßstäblichen Ebene der Output-Areas, deren Größe zwischen Stadtteil und Baublock liegt, erhältlich sind. Zudem können interaktiv thematische Karten erzeugt werden. Auch digitale Kartengrundlagen im Vektorformat mit den Umrissen aller administrativen Einheiten sind auf Wunsch kostenlos erhältlich.

Exkurs 5.10 Anforderungen an eine Stichprobe

Der Wert einer standardisierten empirischen Erhebung ist abhängig von der Qualität der eingesetzten Forschungsinstrumente, also in der Regel eines Fragebogens. Sein Einsatz muss stets zuverlässige, gültige und repräsentative Untersuchungsergebnisse liefern. Diese zentralen Begriffe sind wie folgt definiert:

- **Zuverlässigkeit** (Reliabilität): Ein Messinstrument liefert nur dann stabile und zuverlässige Ergebnisse, wenn seine wiederholte Anwendung bei ein- und demselben Objekt zu unveränderten Ergebnissen führt oder wenn Messungen, die durch unterschiedliche Personen durchgeführt werden, keine Abweichungen der Messwerte liefern.
- **Gültigkeit** (Validität): Eine Messung wird als valide bezeichnet, wenn die Indikatoren ein zu untersuchendes Thema treffend abbilden. Soll etwa der Sozialstatus von Wohnquartieren in einer Stadt gemessen werden, so ist es fragwürdig, den Ausländeranteil heranzuziehen. Zwar wohnen Ausländer häufig in Vierteln mit geringem Mietniveau, jedoch gibt es zahlreiche Ausnahmen, beispielsweise Botschaftsviertel, Universitätsviertel oder Siedlungen für die Angehörigen ausländischer Streitkräfte, in denen sich das Mietniveau auf mittlerem oder hohem Niveau bewegt. Der Ausländeranteil misst also nicht den sozialen Status.
- **Repräsentativität** (Verallgemeinerbarkeit): Die Untersuchungsergebnisse einer Stichprobe werden als repräsentativ, das heißt als verallgemeinerbar, bezeichnet, wenn sie auf Grundgesamtheiten übertragen werden können. Ob und mit welchem kalkulierbaren Fehlerrisiko dies möglich ist, hängt von Art und Umfang der Stichprobe ab.

Eine in der Forschungspraxis besonders bedeutende Form der bewussten Auswahl ist die **Quotenstichprobe**. Dabei wird die Stichprobe anhand vorher festgelegter Merkmale so geschichtet, dass sie hinsichtlich eben dieser Eigenschaften der Grundgesamtheit entspricht. Eine weitere Form der bewussten Stichprobenziehung ist die Auswahl nach dem Konzentrationsprinzip. Dabei konzentriert man sich auf besonders „ins Gewicht fallende" Probanden (Kromrey et al. 2016). Warum dies sinnvoll sein kann, zeigt folgendes Beispiel aus der geographischen Handelsforschung: Ein Unternehmen möchte seine Verkaufsstrategie optimieren und lässt zu diesem Zweck das Einkaufsverhalten seiner Kunden im Rahmen einer Befragung analysieren. Bekannt ist, dass die Kunden zur Hälfte mit dem Pkw zum Lebensmitteleinkauf kommen („Kofferraumkunden"), die andere Hälfte kommt zu Fuß oder nutzt das Fahrrad („Tütenkunden"). Die Gruppe der „Kofferraumkunden" gibt nun aus naheliegenden Gründen im Durchschnitt beim Einkauf etwa das Vierfache aus wie die „Tütenkunden". Um den Absatz von Produkten zu analysieren, reicht es daher für die mit der Befragung beauftragten Interviewer aus, sich auf die Gruppe der motorisierten Kunden zu stützen. Diese machen zwar nur die Hälfte aller Kunden aus, tragen aber zu vier Fünfteln zu den Einnahmen bei.

Die zufallsgesteuerten Auswahlverfahren lassen sich in vier wichtige Untergruppen weiter einteilen. Ein in der Praxis häufig genutztes Verfahren ist die **Flächenstichprobe**. Sie basiert auf einem zweistufigen Auswahlverfahren. In einer ersten Auswahltufe werden mittels einer einfachen Zufallsauswahl Gebiete oder Raumpunkte bestimmt (Abb. 5.12). Anschließend findet in den so festgelegten Gebieten im Rahmen einer zweiten Auswahlrunde die Festlegung der konkreten Untersuchungseinheiten statt.

Einer anderen Strategie folgt die sog. **Klumpenauswahl** (*cluster sampling*). Sie basiert auf der räumlichen Zusammenfassung von Probanden zu geschlossenen Untersuchungsgebieten. Diese werden als Klumpen oder Cluster bezeichnet. So kann sich etwa eine Befragung von Einzelhandelsbetrieben in den Nebenzen-

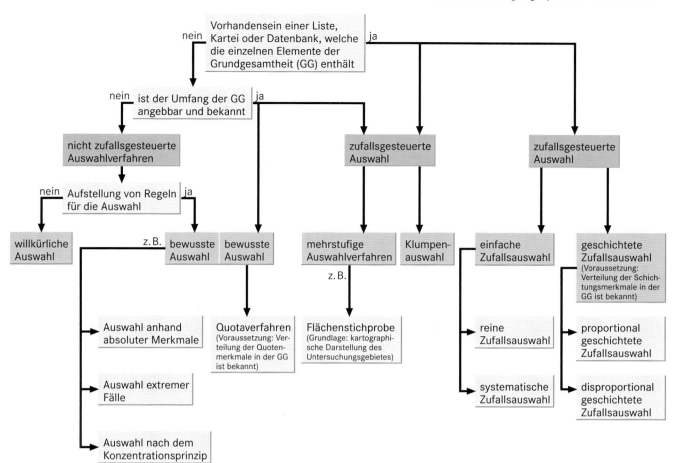

Abb. 5.11 Typen von Auswahlverfahren und notwendige Anwendungsvoraussetzungen (verändert nach Wessel 1996).

tren einer Stadt auf eine Auswahl (Klumpen) von Zentren beschränken. In diesen Zentren sind im Idealfall allerdings alle Betriebe zu befragen.

Abschließend seien hier noch die Verfahren der einfachen und der geschichteten Zufallsauswahl genannt. Das Verfahren der **einfachen Zufallsauswahl** setzt das Vorhandensein einer Kartei oder Datenbank, die alle Elemente der Grundgesamtheit enthält, voraus. Aus dieser Datenbank wird auf der Grundlage des Zufallsprinzips eine Auswahl getroffen. In der Praxis kann sowohl ein traditionelles Hilfswerkzeug, nämlich die Zufallszahlentabelle, die in den meisten Statistiklehrbüchern zu finden ist (Kriz 1983, Bahrenberg et al. 2017), als auch ein digitales Random-Verfahren, bei dem der Computer nach einem vergleichbaren Prinzip eine Auswahl vorschlägt, eingesetzt werden. Bei der **geschichteten Zufallsauswahl** wird die Stichprobe nach einem zuvor definierten Merkmal gegliedert und dann aus jeder Schicht eine zufällige Auswahl gezogen.

Neben der Wahl eines geeigneten Stichprobenverfahrens beeinflusst der **Umfang der Stichprobe** in erheblicher Weise das Ergebnis einer Untersuchung. Zudem ist es für den Forscher wichtig, vor Beginn einer Untersuchung Klarheit über die Zahl der zu führenden Interviews zu besitzen, da einerseits der Zeit-

aufwand, der für die Erhebungen eingeplant werden muss, stets eine sehr wichtige Größe innerhalb eines Forschungsprojektes darstellt, andererseits die Untersuchung **repräsentativ** sein muss. Den Stichprobenumfang kann man sich anschaulich als eine mathematische Funktion vorstellen, die sich aus der Zahl der einfließenden Variablen und ihrer Merkmalsausprägungen herleiten lässt. Zur Berechnung des Stichprobenumfanges ist es erforderlich, in einem ersten Schritt die zu testenden Hypothesen aufzulisten. Für jede einzelne Hypothese wird nun festgestellt, welche Variablen für ihre Überprüfung heranzuziehen sind und welche Ausprägungen diese Variablen haben. Aus der Kombination der jeweiligen Variablenmerkmale ergibt sich für jede Hypothese eine Gesamtzahl möglicher Kombinationen. Das Maximum aller auf diese Weise ermittelten Werte liefert schließlich den erforderlichen Mindestumfang einer Stichprobe.

Die auf dieser Grundlage ermittelten Stichprobenumfänge mögen in vielen Fällen hinreichend sein. Oft sind jedoch an Stichproben hohe Ansprüche im Hinblick auf ihre Repräsentativität gestellt. In diesem Fall ist eine statistische Berechnung des Stichprobenumfanges erforderlich. Die mathematischen Hintergründe können hier nicht ausgebreitet werden, können aber z. B. bei Wessel (1996) nachgelesen werden.

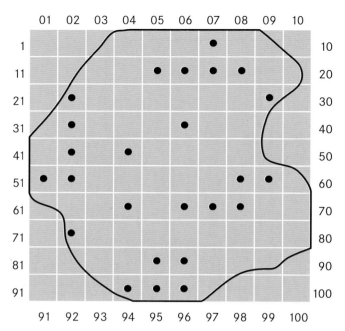

Abb. 5.12 Flächenstichprobe: Beispiel einer zufallsgesteuerten Auswahl (verändert nach Wessel 1996).

Die standardisierte Befragung

Standardisierte Befragungen können u. a. nach der Befragungssituation, in der sie stattfinden, und dem Grad ihrer Strukturiertheit weiter unterteilt werden. Hinsichtlich der Befragungssituation kann grob zwischen **schriftlichen** und **mündlichen Befragungen** unterschieden werden. Das schriftliche Interview hat gegenüber der mündlichen Befragung den großen Vorteil, dass eine Beeinflussung durch die Interviewer, die in der Regel nicht die Forscher selbst sind, sondern von ihnen beauftragt und angeleitet wurden, ausscheidet. So kann eine Interviewerin bzw. ein Interviewer durch die Art der Frageformulierung, die Intonation beim Vorlesen der Frage, durch Gestik und Mimik die Probanden beeinflussen, ohne dass diesen die Manipulation bewusst ist. Beim schriftlichen Interview hingegen kann eine Frage, die die Probanden nicht eindeutig verstanden haben, nicht erläutert werden. Zwar können hinzugefügte Erläuterungstexte mit Einschränkung für Abhilfe sorgen, sie sind aber mitunter sperrig, stören den Lesefluss und erhöhen die Gefahr des Interviewabbruchs. Auf jeden Fall kann eine unerwünscht große Zahl von Fragen unbeantwortet bleiben. Noch problematischer ist es, wenn Probanden auf Fragen antworten, obwohl sie sie nicht oder nicht richtig verstanden haben. Ob der Sinn einer Frage korrekt erfasst wurde, ist bei schriftlichen Befragungen mit zumeist geschlossenen Fragen, bei denen die Antwortkategorien bereits vorgegeben sind und die Beantwortung mittels Ankreuzen erfolgt, nur schwer ersichtlich. Die einzige Möglichkeit des Aufdeckens von Inkonsistenzen besteht in der Gegenprüfung durch Kontrollfragen. Werden Ungereimtheiten auf diese Weise deutlich, so muss (mündlich) nachbefragt werden. Solche Nacherhebungen sind mit hohem zeitlichem und organisatorischem Aufwand verbunden.

Vor diesem Hintergrund sind mündliche Befragungen vorzuziehen. Der Ort der Befragung kann entweder der häusliche Bereich sein oder ein Ort außer Haus, der aber mit dem Thema der Befragung zu tun hat, z. B. ein Einkaufszentrum oder eine Freizeiteinrichtung. Im ersten Fall spricht man von einer sog. Quellbefragung, im zweiten Fall von einer Zielbefragung. Als Sonderform der mündlichen Befragung ist das **Telefoninterview** zu nennen. Trotz der Verschiedenartigkeit der Befragungssituationen kann ein und derselbe Fragebogen in unterschiedlichen Befragungssituationen eingesetzt werden. Ein gutes Beispiel hierfür liefern die im Rahmen des Mikrozensus durchgeführten Erhebungen (Abb. 5.10, Exkurs 5.8).

Standardisierte Befragungen lassen sich nach dem Grad ihrer Strukturiertheit in voll und halb standardisierte Interviews unterteilen. **Voll standardisierte Interviews** setzen sich ausschließlich aus geschlossenen Fragen zusammen, das heißt die Antwortkategorien für jede einzelne Frage sind vorgegeben und können weder durch die Interviewenden noch durch die Interviewten erweitert werden. **Halb standardisierte Interviews** beinhalten sowohl geschlossene als auch offene Fragen. **Geschlossene Fragen** zwingen den Interviewten, sich für eine oder mehrere vorgegebene Antworten zu entscheiden. Insbesondere bei Telefoninterviews werden häufig Fragebögen mit geschlossenen Fragen eingesetzt, da die untersuchten Themen inhaltlich meistens eingeschränkt sind und die für die Befragung zur Verfügung stehende Zeit aus naheliegenden Gründen begrenzt ist. Bei **offenen Fragen** wird nur die Frage gestellt. Sowohl der Umfang der Antworten als auch die Besetzung der Kategorien kann die bzw. der Interviewte frei definieren. Die Antworten müssen protokolliert und später zu sinnvollen Klassen zusammengefasst werden (Karmasin & Karmasin 1977). Eine Zwischenstellung nehmen die **halb offenen Fragen** ein. Dabei sind die Kategorien, die erwartungsgemäß bzw. nach den im Rahmen von Pretests gemachten Erfahrungen vergleichsweise häufig genannt werden, vorgegeben. Jedoch können auch andere Antworten erfasst werden. Sie müssen im Anschluss an die Befragung frageweise aufgelistet werden. Anschließend definiert der Forscher übergeordnete Kategorien, denen er bei der Kodierung die offenen Antworten zuweisen muss.

Aus der Kombination von Befragungssituation und dem Grad der Vorstrukturiertheit eines Fragebogens ergibt sich eine Vielzahl unterschiedlicher Befragungsformen. Übergreifend ist stets ein Problem zu lösen: Die ausgewählten Haushalte müssen zur Mitarbeit gewonnen werden, eventuell bestehende Hemmnisse müssen durch zusätzliche Informationen abgebaut werden. Diese Aufgabe wird allerdings in einer Zeit, in der Haushalte immer häufiger durch mehr oder weniger seriöse Formen der Werbung kontaktiert werden und die Bereitschaft der Bürger abnimmt, über persönliche Meinungen, Einstellungen und Handlungsweisen Auskunft zu geben, immer schwieriger.

Die standardisierte Befragung ist ein Kommunikationsprozess, der durch eine Reihe interner und externer „Störfaktoren" beeinträchtigt werden kann und zu **Messfehlern** führen kann. So ist zu bedenken, dass sich die (wissenschaftliche) Sprache der Forschenden von der Alltagssprache der Probanden unterscheidet.

Die Forschenden haben ihre Hypothesen in einer Theoriesprache abgefasst, die sich den meisten Interviewpartnerinnen und -partnern (und möglicherweise auch den von den Forschenden beauftragten Interviewerinnen und Interviewern) verschließt. Daher müssen sie ihre Fragen in die Alltagssprache und das Begriffsvokabular der Probanden übersetzen. Schon dabei können erste Unschärfen innerhalb des Kommunikationsprozesses entstehen. Der in die Alltagssprache übersetzte Fragenkatalog wird von den Interviewern an die Probanden herangetragen. Erstere erfassen die umgangssprachlich formulierten Antworten und leiten sie an die Forscher weiter, die die Antworten in ihr wissenschaftliches Sprachsystem zurückübersetzen. Auch dabei lassen sich Informationsverluste kaum vermeiden.

Die innerhalb des Kommunikationsprozesses entstehenden Fehler gewinnen umso mehr an Bedeutung, je heterogener der zu untersuchende Personenkreis ist. So muss etwa bei einer breiten Streuung des Bildungsniveaus die Frageformulierung den am wenigsten gebildeten Probanden angepasst werden. Die Folge kann sein, dass Gebildete eine Frage aufgrund ihrer naiven Formulierung nicht ernst nehmen und im schlimmsten Falle die Antwort verweigern (Atteslander 2010). Auch reagieren Befragte aus verschiedenen Milieus unterschiedlich auf bestimmte Themenkreise. Themen, die in aufgeschlossenen Milieus offen diskutiert werden, beispielsweise Fragen zum Einkommen, bleiben in anderen Milieus tabuisiert. Ein weiteres Problem kann entstehen, wenn Befragte sich innerhalb eines Interviews nicht konform verhalten. So können sie beispielsweise „blocken", weil sie ihre Meinungen und Motive nicht preisgeben wollen oder können. Oftmals geschieht dies, weil eine persönliche Reflexion über ein diskutiertes Thema noch gar nicht stattgefunden hat oder weil den Befragten die sprachlichen Fähigkeiten zur verbalen Artikulierung von Begründungszusammenhängen fehlen. Ein anderes Problem ist das „Vergessen". Einerseits nimmt das Erinnerungsvermögen mit dem Verstreichen von Zeit ab, andererseits speichert das Gehirn Ereignisse bekanntlich selektiv ab. Unwichtige und unangenehme Ereignisse werden deutlich flüchtiger gespeichert als wichtige und angenehme Begebenheiten. Übergreifend ist zu beachten, dass die Gedächtnisleistungen von Menschen aufgrund genetischer Dispositionen, Gedächtnistraining und Alterungsprozessen stark variieren können.

5.5 Rechnen und Mathematikmachen: quantitative Analyseverfahren

Josef Nipper

Der vorliegende Artikel ist keine Einführung im Sinne einer Darstellung gängiger quantitativer Methoden, er soll vielmehr einen Einblick in die grundsätzliche Denk- und Vorgehensweise und einen Überblick über Möglichkeiten und Grenzen solcher Methoden geben. Dabei werden im folgenden Abschnitt unter quantitativen Analyseverfahren insbesondere mathematische

bzw. mathematisch-statistische Verfahren, die in Form von Zahlen bzw. Ziffern vorliegende Datenmengen bearbeiten, verstanden.

Mathematik und Statistik in der Geographie

Quantitative Methoden und Kennziffern sind schon seit Langem in der Geographie verwendet worden, um Situationen, in denen viele Informationen vorliegen, „in den Griff" zu bekommen. Die Klimaklassifikation von Köppen (Abschn. 8.8) – entwickelt gegen Ende des 19. Jahrhunderts – fußt (methodisch gesehen) im Wesentlichen auf einem solchen Vorgehen, wenn als Abgrenzungskriterien beispielsweise genommen werden: die Mittelwerte des wärmsten oder kältesten Monats (= arithmetischer Mittelwert der „Monatstemperatur" über in der Regel 30 Jahre, wobei die „Monatstemperatur" schon das Mittel vieler Einzelwerte innerhalb eines Monats ist) oder auch das Verhältnis zwischen Temperatur und Niederschlag als Indikator für Aridität/Humidität (mathematisch erzeugt durch eine Funktion zwischen den beiden Variablen). Eine verstärkte wissenschaftliche Beschäftigung mit quantitativen Methoden in der Geographie erfolgte allerdings erst deutlich später, wobei die Ursprünge der Quantitativen Geographie – als Teildisziplin der Geographie, die genau dieses tut – in den 1950er-Jahren anzusiedeln sind. Damals wurde in der englischsprachigen Geographie damit begonnen, verstärkt mathematisch-statistische Verfahren zur Analyse und Modellierung einzusetzen. Die Entstehung dieses neuen Forschungszweiges basierte dabei auf mehreren miteinander verflochtenen bzw. sich gegenseitig beeinflussenden Entwicklungen, nämlich:

- Wissenschaftstheoretisch ergab sich – ausgehend vom und besonders gefördert durch den **Kritischen Rationalismus** – eine Neuorientierung auf eine stärker deduktiv ausgerichtete Vorgehensweise mit dem Ziel, allgemeine Regelhaftigkeiten und Erklärungszusammenhänge herzustellen und somit einen Beitrag zu Theorie- und Modellbildung zu leisten.
- Gleichzeitig entwickelte sich in den Gesellschaftswissenschaften eine verstärkte Hinwendung zu **empirisch-analytisch orientierten Arbeiten** mit dem Ziel, komplexe Strukturen der Realität aufzudecken. So entstand in der Chicagoer Schule der Soziologie schon in den 1930er-Jahren die Sozialökologie, ein in der Stadtforschung grundlegender Ansatz zur Analyse sozialräumlicher Strukturen, der von der Annahme eines komplexen Geflechts unterschiedlicher Einflussfaktoren ausgeht und der später in die Faktorialökologie mündet.
- Teilweise ebenfalls schon in den 1930er-Jahren sind in der Mathematik und Statistik wie auch in den Sozialwissenschaften **multivariate Verfahren** entwickelt worden, die in der Lage sind, komplexe Strukturen, bei denen eine Vielzahl von Variablen eingehen, zu analysieren bzw. zu modellieren. So wurden die Grundlagen der faktorenanalytischen Verfahren schon zu dieser Zeit gelegt (Hotelling 1933).
- Solche Methoden waren damals jedoch kaum für Analysen einzusetzen, da bei großen Datenmengen (viele Variable, viele Objekte) der Rechenaufwand außerordentlich hoch ist.

Mit der Entwicklung der **Computer** seit den 1950er-Jahren ergaben sich dann ideale Möglichkeiten, solche komplexen Verfahren effizient anzuwenden.

Für die Geographie führte diese Konstellation zu einem deutlichen Paradigmenwechsel: weg von der ideographischen Betrachtungsweise, in der die Beschreibung des Spezifischen (Einzigartigkeit) eine große Bedeutung hat, und hin zu einem **nomothetischen Vorgehen** mit dem Ziel, allgemeine regelhafte räumliche Strukturen aufzudecken, zu analysieren und zu modellieren. Die Komplexität der Realität war schon immer ganz bewusst im Blickfeld der Geographie gewesen und sie hatte versucht, diese Realität beschreibend zu erfassen und darzustellen. Nun aber ergaben sich neue Möglichkeiten, diese Komplexität methodisch-analytisch anzugehen und in Modellen abzubilden. So kann es auch nicht überraschen, wenn Anfang der 1960er-Jahre Burton (1963) von einer *quantitative revolution* in der Geographie sprach.

In der deutschsprachigen Geographie beginnt die hier dargelegte Entwicklung erst in der zweiten Hälfte der 1960er-Jahre. Der Kieler Geographentag 1969 mit seiner Kritik an der Länderkunde als dem damals zentralen Forschungsfeld deutschsprachiger Geographie (Redaktionsgruppe 1969) ist von der wissenschaftstheoretischen Seite zusammen mit der Habilitationsschrift von Bartels (1968) als Anfangspunkt zu sehen. Von der methodischen Seite her sind besonders Steiner (1965), der zu dieser Zeit in Kanada lehrte, bzw. seine Schüler (Kilchenmann 1968) als Wegbereiter zu nennen. In der nun 50-jährigen Entwicklung der Quantitativen Geographie im deutschsprachigen Raum lassen sich unterschiedliche methodische wie auch fachinhaltliche Schwerpunkte erkennen (Brunotte et al. 2001/2002). Jetzt, zu Beginn des neuen Jahrtausends, stößt die Quantitative Geographie als Disziplin nicht mehr in dem Maße auf Interesse wie in den 1970er-Jahren. Als Gründe lassen sich u. a. nennen:

- Hinwendung zu neuen Fragestellungen, bei denen Verfahren der qualitativen Methodik (Kap. 6) eine zentrale Rolle spielen
- Entwicklung Geographischer Informationssysteme (Kap. 7) mit der Folge, dass quantitativ arbeitende Geographen sich stärker in diesem sich zum Teil eigenständig entwickelnden Feld engagieren

Hat es nun eine quantitative Revolution in der Geographie gegeben, wie es Anfang der 1960er-Jahre formuliert wurde? Revolution im Sinne einer Beherrschung des Faches hat es sicher nicht gegeben; quantitativ arbeitende Geographinnen und Geographen haben aber ebenso gewiss einen ansehnlichen Beitrag geleistet bei der Neuausrichtung des Faches in Richtung einer stärker theoretisch-analytischen Fundierung. Sowohl auf dem Feld der Theoriebildung als auch insbesondere auf dem der Methodik sind von quantitativ arbeitenden Geographen Impulse gekommen. Allerdings ist auch festzuhalten, dass die Quantitative Geographie in den deutschsprachigen Ländern immer eine geringere Rolle gespielt hat als im englischsprachigen Raum (Nordamerika, England).

Felder, auf denen die Quantitative Geographie in Zukunft arbeiten wird, sind sicher auch in Zusammenhang zu sehen mit der technologischen Entwicklung (etwa bei den **Geographischen Informationssystemen** und der **Fernerkundung**) und der zunehmenden Informations- bzw. Datenfülle (in jüngster Zeit spricht man auch von dem Phänomen des *big data*). Neurocomputing bzw. neuronale Netze werden als effiziente Methoden und Vorgehensweisen für Lösungen gesehen (Fischer & Getis 1997). Darüber hinaus bleibt sicher Forschungsbedarf auf dem Gebiet der kategorialen Datenanalyse bestehen. Dies ist einmal notwendig vor dem Hintergrund verstärkter Analysen auf der mikroanalytisch-individuellen Ebene (z. B. Befragungen), zum anderen zeigt sich, dass solche Methoden auch in ökologischen Studien mit Erfolg eingesetzt werden können (Schröder et al. 1994).

Viele Informationen in Ziffern und Zahlen – wie man damit umgeht

Die Geschichte der Quantitativen Geographie belegt, dass eine enge Affinität zum **Kritischen Rationalismus** besteht. Gleichzeitig wird ebenso deutlich, dass die Methoden auch „einfach nur" Lösungen anbieten, um große Datenmengen bearbeiten zu können. Der Umfang der Informationsmengen hat in manchen Forschungsfeldern wie z. B. in der Geoinformatik (Kap. 7) im Laufe der Zeit ganz extrem zugenommen. Ausgehend von dieser Situation sollen im Folgenden einige Überlegungen angestellt werden: wie von mathematisch-statistischer Seite an das Problem großer Datenmengen herangegangen werden kann und welche Möglichkeiten bestehen, mit solchen Methoden aus den Daten geographisch Interessantes zu gewinnen, um so für Probleme und Fallstricke zu sensibilisieren, die bei der Anwendung solcher Verfahren entstehen können.

Rechnen und Mathematikmachen, um Geographie zu erhalten

Die Anwendung mathematisch-statischer Methoden in der Geographie (also Rechnen und Mathematikmachen in der Geographie) ist nur dann sinnvoll, wenn in einer geographischen Fragestellung Phänomene behandelt werden, die als Ziffern kodiert sind, und in aller Regel eine Vielzahl solcher Werte vorhanden sind, die es notwendig erscheinen lassen, diese Ziffern zu ordnen, zusammenzufassen usw., um einen Überblick zu bekommen. Diese anfallenden Ziffernmengen werden dann als mathematische Phänomene aufgefasst und dementsprechend werden deren mathematische bzw. statistische Kenngrößen ermittelt. Damit nun die Wechselwirkung zwischen Mathematik und Geographie funktioniert, ist es wichtig, dass sich die interessierenden geographischen Charakteristika den mathematischen Kenngrößen zuordnen bzw. sich die mathematischen Kenngrößen auf geographische Sachverhalte abbilden lassen, dass also die zweifache Übersetzung, wie sie in der Abb. 5.13 angedeutet ist, passgenau möglich ist. Und genau hier ist eine der Nahtstellen für die Entscheidung, ob mit eher quantitativen oder mehr qualitativen Verfahren gearbeitet wird.

Einsatzfelder quantitativer Methodik

Ausgehend von der Anzahl der Merkmale (Variablen), die in einem Verfahren gleichzeitig betrachtet werden, wird oftmals in univariate, bivariate und multivariate Verfahren unterschieden. Hinsichtlich der Zielsetzung unterscheidet man zunächst einmal zwischen strukturentdeckenden und strukturprüfenden Verfahren (Exkurs 5.11). Natürlich werden einzelne Verfahren oftmals auch für unterschiedliche Ziele eingesetzt. Eine weitere Einteilung, die etwas detaillierter von wichtigen Zielrichtungen empirischer (auch geographischer) Forschung ausgeht und die hier Basis für die weiteren Überlegungen in diesem Kapitel sein soll, ergibt eine Vierteilung in:

- Verfahren, um die Informationsfülle zu ordnen und charakteristische Eigenschaften herauszufiltern
- Verfahren, um bei Unsicherheit entscheiden zu können
- Verfahren, um Zusammenhänge zu erfassen und zu erkennen
- Verfahren, um Sachverhalte in einem Modell darzustellen

Den Wald vor lauter Bäumen sehen können – Ordnen und Herausfiltern charakteristischer Eigenschaften

Liegt eine Vielzahl an Daten vor, wie etwa die Bevölkerungsentwicklung auf Basis der Kreise in Deutschland von 1995–2015, so lässt sich anhand der Datenliste wohl kaum herauslesen, was für die Bevölkerungsentwicklung auf Kreisbasis charakteristisch ist, da einfach zu viele Kreise vorhanden sind (insgesamt 402). Daten übersichtlich zu ordnen und bestimmte charakteristische Eigenschaften in Kennzeichen festzumachen (Exkurs 5.11), ist ein notwendiger Schritt, um die wichtigen Informationen über die betreffende Variable zu erhalten. Im vorliegenden Fall zeigt das Häufigkeitsdiagramm bzw. die Häufigkeitstabelle (Abb. 5.14), dass relativ viele Kreise eine eher gemäßigte Entwicklung mit nur leichten Verlusten oder Gewinnen (zwischen −2,5 und +2,5 %) durchgemacht haben. Noch mehr Kreise weisen mittlere Zunahmen zwischen 2,5 und 7,5 % auf, Kreise mit mittleren Abnahmen in entsprechender Größenordnung sind hingegen seltener. Relativ viele Kreise weisen zudem stärkere Zunahmen zwischen 7,5 und 12,5 % auf. Ansonsten sind stärkere bzw. extreme Entwicklungstendenzen sowohl in Richtung Abnahme als auch in Richtung Zunahme weniger, aber doch in einigem Umfang (um 5 % der Kreise oder mehr in solchen Klassen) anzutreffen, wobei insbesondere in Richtung Abnahme hohe Raten auftreten. Differenziert man in West- und Ostdeutschland, so zeigen die Diagramme, Tabellen und Parameter zudem, dass der Prozess sich in beiden Teilen Deutschlands durchaus unterschiedlich verhält. In Westdeutschland weist der überwiegende Teil der Kreise eine gemäßigte Entwicklung bzw. eine mittlere Zu- bzw. Abnahme auf. Mehr als 65 % der Kreise sind hier einzuordnen. Extreme und sehr extreme Entwicklungen, sowohl in positiver als auch negativer Richtung, kommen wenig vor. Eine solche Situation ist aber sehr wohl für Ostdeutschland auszumachen. Mehr als 75 % der ostdeutschen Kreise weisen beträchtliche, oft extreme Abnahmen (mehr als − 7,5 %) auf und nur gerade 13 % weisen relativ bedeutende Zunahmen auf (mehr als 7,5 % Zuwachs). Die Mittelwerte bestätigen die angesprochene Unterschiedlichkeit mit der

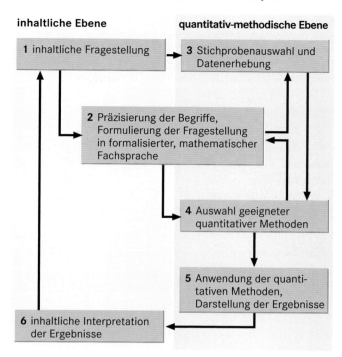

inhaltliche Ebene

quantitativ-methodische Ebene

1 inhaltliche Fragestellung

3 Stichprobenauswahl und Datenerhebung

2 Präzisierung der Begriffe, Formulierung der Fragestellung in formalisierter, mathematischer Fachsprache

4 Auswahl geeigneter quantitativer Methoden

5 Anwendung der quantitativen Methoden, Darstellung der Ergebnisse

6 inhaltliche Interpretation der Ergebnisse

Abb. 5.13 Quantitative Methodik in der empirischen Forschung.

insgesamt positiveren Tendenz in Westdeutschland, wobei die Standardabweichungen klar belegen, dass die Entwicklung in ostdeutschen Kreisen stärker variiert.

Entscheiden unter Unsicherheit

In empirischen Wissenschaften stellt sich oftmals das Problem, dass man eine Aussage über ein Phänomen machen möchte, ohne eine vollständige Information darüber zu haben, weil nicht über alle Objekte Informationen vorliegen. Bei Befragungen zum Wahlverhalten ist das beispielsweise fast immer der Fall. Man möchte eine Aussage machen über alle Wahlberechtigten (bei der Bundestagswahl 2017 sind das beispielsweise etwa 61,5 Mio.). Es werden aber (und können auch nur) 3000–5000 Wahlberechtigte nach ihrem Verhalten befragt, und aus den Aussagen dieser Befragten, der sog. Stichprobe, wird auf das Verhalten der Gesamtheit der Wahlberechtigten, der Grundgesamtheit, geschlossen (Exkurs 5.11). Genauso liegt der Fall im Prinzip auch bei der Erstellung einer Klimaklassifikation (z. B. Klimaklassifikation nach Köppen). Für endlich viele Klimastationen auf der Erde liegen die notwendigen Messwerte (Temperatur, Niederschlag) vor und von diesen Werten aus wird „in die Fläche extrapoliert", das heißt auf die Situation an allen anderen Punkten der Erdoberfläche geschlossen – das sind im Übrigen unendlich viele Punkte. Ein solches Vorgehen, von einer Stichprobe aus auf die Grundgesamtheit zu schließen, ist in empirischen Wissenschaften eine der gängigsten Vorgehensweisen (z. B. in den Naturwissenschaften: von Versuchen auf allgemeine Gesetzmäßigkeiten, in den Sozial- und Wirtschaftswissenschaften: von „Einzelerhebungen" auf allgemeines Verhalten bzw. Strukturen). Wichtig für den „Erfolg" eines solchen Vorgehens ist, dass zwei Bedingungen

Kapitel 5

a

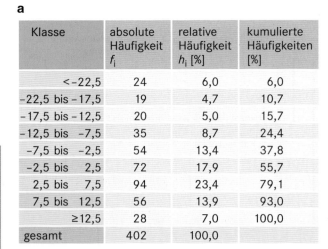

Klasse	absolute Häufigkeit f_i	relative Häufigkeit h_i [%]	kumulierte Häufigkeiten [%]
<-22,5	24	6,0	6,0
-22,5 bis -17,5	19	4,7	10,7
-17,5 bis -12,5	20	5,0	15,7
-12,5 bis -7,5	35	8,7	24,4
-7,5 bis -2,5	54	13,4	37,8
-2,5 bis 2,5	72	17,9	55,7
2,5 bis 7,5	94	23,4	79,1
7,5 bis 12,5	56	13,9	93,0
≥12,5	28	7,0	100,0
gesamt	402	100,0	

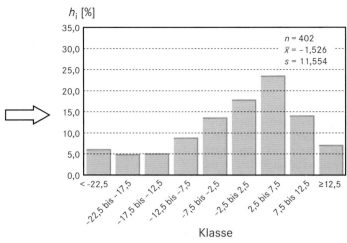

b

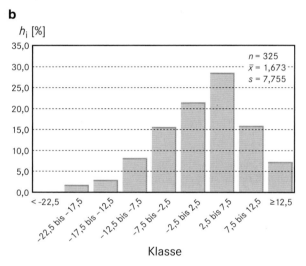

c

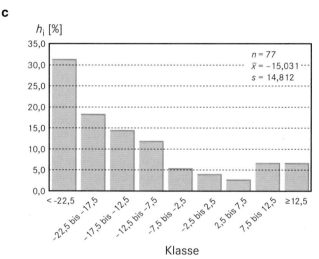

Abb. 5.14 Bevölkerungsentwicklung in Deutschland 1995–2015 (Quelle: Statistische Ämter des Bundes und der Länder 2017). **a** Deutschland insegsamt **b** Westdeutschland **c** Ostdeutschland

erfüllt sind. Zum einen muss die Stichprobe so geartet sein, dass sie hinreichend genau die Eigenschaften der Grundgesamtheit widerspiegelt. Man sagt dann: Die Stichprobe ist repräsentativ. Zum anderen muss es ein geregeltes Verfahren geben, wie von einer Stichprobe auf die Grundgesamtheit geschlossen werden darf bzw. kann. Ein wesentlicher Grundsatz bei der Auswahl der Stichprobenelemente ist also, dass diese so gewählt werden, dass keine Verzerrungen auftreten (z. B. Befragung von ausschließlich Jugendlichen führt zu einem falschen Bild beim Wahlverhalten aller Wahlberechtigten). Aus statistischer Sicht wäre hier eine **Zufallsstichprobe** optimal, das heißt, jedes Element der Grundgesamtheit hat die gleiche Chance, Element der Stichprobe zu werden. Allerdings ist es oftmals gar nicht möglich, dieses Verfahren anzuwenden, und es werden Stichprobenverfahren konstruiert, die hinreichend gut den Zufall simulieren können und damit die Stichprobe repräsentativ machen (Bahrenberg et al. 2017, Pokropp 1996).

Natürlich kann man nicht ganz sicher sein, dass die Eigenschaften der Stichprobe (z. B. Lageparameter wie Mittelwert, Streuungsparameter wie Standardabweichung) genau die gleichen sind wie diejenigen der Grundgesamtheit. Aus der **Repräsentativität der Stichprobe** kann zunächst höchstens abgeleitet werden, dass deren Eigenschaften annähernd denjenigen der Grundgesamtheit entsprechen. Das bedeutet dann aber auch, dass die Eigenschaften der Grundgesamtheit nicht exakt bestimmt, sondern nur mit hinreichender Genauigkeit aus den Eigenschaften der Stichprobe geschätzt werden können. Hierbei sind **zwei Fälle** zu unterscheiden:

1. Aus einer Eigenschaft (Parameter) einer Stichprobe (p) möchte man auf diejenige der Grundgesamtheit (π) schließen (das sog. **Schätzen**). In einem solchen Fall bestimmt man das sog. Konfidenzintervall (Vertrauensbereich). Dieses gibt einen Bereich an, in dem der „wahre" Parameter π der Grundgesamtheit mit

Exkurs 5.11 Begriffe und Festlegungen in der Statistik

Verfahren und Variablenzahl

- univariate Verfahren: Verfahren zur Analyse der Eigenschaften einer Variablen (z. B. Ermittlung der Streuung der Variablenwerte mittels Streuungsparameter)
- bivariate Verfahren: Verfahren zur Analyse der Eigenschaften einer durch zwei Variablen bestimmten Verteilung (z. B. Untersuchung einer räumlichen Punktverteilung durch Quadratanalyse, Ermittlung des Zusammenhangs zwischen zwei Variablen X und Y mit Verfahren der einfachen Korrelations- und Regressionsanalyse)
- multivariate Verfahren: Verfahren zur Analyse der Eigenschaften einer durch mehrere (in der Regel mehr als zwei) Variablen bestimmten Verteilung (z. B. Ermittlung des Zusammenhangs zwischen der Variablen Y und den Variablen $X_1, ..., X_m$ mit Verfahren der multiplen Korrelations- und Regressionsanalyse, Untersuchung der Zusammenhangstruktur bei mehreren Variablen durch faktorenanalytische Verfahren, Gruppierung von Objekten nach mehreren Variablen)

Verfahren und Zielrichtung

- Struktur entdeckende Verfahren zielen darauf ab, charakteristische Strukturen in einer Menge von Daten aufzudecken und zu beschreiben. Die so gewonnenen Resultate dienen oft als Ausgangspunkt zur Formulierung von Hypothesen. Verfahren, die in der Geographie in hohem Maße in diesem Sinne eingesetzt werden, sind beispielsweise faktorenanalytische Verfahren oder Clusteranalysen. Solche explorativen Datenanalysen sind dann angebracht, wenn nur eine geringe theoretische Grundlage vorhanden ist bzw. wenn die Daten nicht explizit für die Fragestellung erhoben wurden, sodass der Forscher nur eine unvollständige Vorstellung über die Struktur der Daten hat. In geographischer Forschung sind solche Analysen recht häufig anzutreffen.
- Struktur prüfende Verfahren zielen darauf ab, formulierte Hypothesen an der „Realität" – repräsentiert durch eine Datenmenge – zu überprüfen und zu entscheiden, ob sie „akzeptiert" werden können oder „abgelehnt" werden sollten. Die Verfahren der Analytischen Statistik gehören insbesondere in diese Kategorie. Solche konfirmatorischen Datenanalysen sind angebracht, wenn Hypothesen über die Realität mit hinreichender Genauigkeit gestellt werden können.

Parameterkategorie Parameter	Definition/Formel	Aussage/Aussageziel
Lageparameter		Angaben zum Bereich, in dem die Daten in etwa liegen
Modus, Modalwert	M_d = Wert, an dem die Häufigkeitsverteilung ihr Maximum hat	Lage des Wertes, bei dem die Daten mit der höchsten Wahrscheinlichkeit auftreten
Median	M_e = Wert, der die der Größe nach geordnete Datenreihe in zwei gleich große Mengen aufteilt	a) Lage des Wertes, der die Datenreihe in eine gleich große „untere" und „obere" Gruppe teilt b) Wert, bei dem die Summe der Abweichungen $|x_i - M_e|$ minimiert ist
Arithmetischer Mittelwert	$\bar{x} = \dfrac{1}{n}\sum_{i=1}^{n} x_i$	a) Durchschnitt aller Werte x_i b) Wert, bei dem die Summe der Abweichungsquadrate $(x_i - \bar{x})^2$ minimiert ist
Streuungsparameter		Unterschiedlichkeit/Variation der Daten
Spannweite	$R = |x_{max} - x_{min}|$	Gesamterstreckungsbereich der Daten
Mittlere Abweichung	$\bar{d} = \dfrac{1}{n}\sum_{i=1}^{n} |x_i - \bar{x}|$	Durchschnittliche Abweichung der Einzelwerte vom Mittelwert
Standardabweichung	$s = \sqrt{\dfrac{1}{n}\sum_{i=1}^{n} (x_i - \bar{x})^2}$	a) Maß für die durchschnittliche Abweichung der Einzelwerte vom Mittelwert b) Maß für die durchschnittliche Abweichung der Einzelwerte untereinander

Kapitel 5

Einige wichtige Parameter der deskriptiven Statistik

Ausgangssituation: Es seien die n Werte $x_1, \ldots, x_n$ für die Variable x gegeben. Die vorhergehende Tabelle zeigt die Parameter mit ihrer Definition und Aussage.

Grundgesamtheit und Stichprobe

- Grundgesamtheit: Menge aller Untersuchungselemente, für die eine Aussage gemacht werden soll. Grundgesamt-

heiten können endlich oder unendlich groß sein. Sie sind meist so umfangreich, dass sie nicht vollständig erfasst werden können, sondern eine Stichprobe gezogen wird.

- Stichprobe: eine endliche Teilmenge der Grundgesamtheit, die nach bestimmten Regeln so entnommen ist, dass sie für die Grundgesamtheit repräsentativ ist, das heißt, die gleichen statistischen Eigenschaften besitzt wie die Grundgesamtheit.

einer Wahrscheinlichkeit (Sicherheit) von $S = (1 - \alpha)$ liegt. Eine Sicherheit von $S = 0{,}9 = 90\,\%$ besagt, dass π mit einer Sicherheit von 90 % in dem entsprechenden Intervall liegt, dass aber auch mit einer Wahrscheinlichkeit von $\alpha = 0{,}1 = 10\,\%$ der tatsächliche Wert der Grundgesamtheit irgendwo außerhalb des Konfidenzintervalls liegt. Die „Unsicherheit" α wird als Signifikanzniveau (Irrtumswahrscheinlichkeit) bezeichnet.

2. Es liegen für zwei Stichproben die jeweiligen Eigenschaften (Parameter) vor bzw. diese liegen für eine Stichprobe und für eine Grundgesamtheit vor. Nun stellt sich die Frage, ob die jeweiligen Eigenschaften der zugehörigen Grundgesamtheiten identisch oder verschieden sind (und damit die Stichproben zu unterschiedlichen Grundgesamtheiten gehören). Ein solcher **Vergleich der Grundgesamtheitseigenschaften** π_1 und π_2 ist natürlich wiederum mit Unsicherheiten behaftet, da diese ja nur aus den vorliegenden Stichproben geschätzt werden können. Solche Vergleiche werden in der Statistik als Tests bezeichnet (Exkurs 5.12). Das Vorgehen lehnt sich dabei stark an die Grundgedanken des Kritischen Rationalismus (Formulierung und Bestätigung einer Hypothese) unter Zuhilfenahme des Konzepts der zweiwertigen Logik an (es gibt die beiden Zustände „wahr" und „falsch"). Mit Nullhypothese bezeichnet man die Annahme, dass die beiden zu vergleichenden Eigenschaften π_1 und π_2 identisch sind (H_0: $\pi_1 = \pi_2$). Es wird davon ausgegangen, dass H_0 mit einer Wahrscheinlichkeit von $S = (1 - \alpha)$ (z. B. $S = 95\,\%$) richtig ist, also mit einer Wahrscheinlichkeit von S von der Gleichheit der Eigenschaften auszugehen ist. Liegt der aus den vorliegenden Informationen berechnete Testkoeffizient in dem Bereich, der abgegrenzt werden kann, wenn die Nullhypothese korrekt ist, dann wird die Nullhypothese weiterhin akzeptiert. Führt die Berechnung des Testkoeffizienten aber zu einem Ergebnis, welches nicht in dem zuvor bezeichneten Bereich liegt, sondern in dem Restbereich, in dem unter Annahme von H_0 der Testkoeffizient nur mit einer Wahrscheinlichkeit α (z. B. $\alpha = 5\,\%$) liegen kann, dann kann die Nullhypothese nicht richtig sein. Sie wird verworfen und es wird das Gegenteil, die sog. Alternativhypothese H_A angenommen, das heißt, es wird angenommen, dass die beiden Eigenschaften π_1 und π_2 verschieden sind.

Zusammenhänge erkennen und erfassen: das Prinzip der Deckungsgleichheit bzw. Ähnlichkeit

Neben der Beschreibung von Phänomenen ist die Erklärung von Phänomenen ein wesentliches Ziel wissenschaftlichen Arbeitens.

Erklärung meint dabei, ein Phänomen Y, das zu erklären ist, zurückführen zu können auf anderes, schon Bekanntes (die Phänomene X_1, X_2, ..., Xm). Im Sinne des naturwissenschaftlichen Ursache-Wirkungs-Prinzips ist (formal-mathematisch) die zwischen den Phänomenen bestehende Funktion

$$Y = X_1, X_2, \ldots, X_m$$

zu ermitteln. Zentral ist also die Frage: Gibt es einen (formal-mathematischen) Zusammenhang zwischen den in Betracht kommenden Phänomenen und wie ist dieser geartet?

Zusammenhänge können sehr unterschiedlich strukturiert sein, wie Abb. 5.15 zeigt. Im Folgenden soll der einfachste Fall eines linearen univariaten Zusammenhangs behandelt werden, an dem die Grundprinzipien quantitativer Verfahren zur Aufdeckung von Zusammenhängen klargemacht werden können.

Wenn ein Zusammenhang zwischen der zu erklärenden Variablen Y und der Variablen X besteht, dann gibt es eine Funktion f, sodass gilt:

$$Y = f(X)$$

Im Falle, dass der Zusammenhang linear ist, lässt sich konkreter schreiben:

$$Y = a + bX$$

Wenn die Gleichung in dieser Art stimmt, müssten die Punktepaare (x_1, y_1), (x_2, y_2), ..., (x_n, y_n) alle auf der Kurve (Gerade) liegen. Das Ergebnis wäre: Die Variable X bestimmt eindeutig die Variable Y, das heißt zu jedem Wert x_i gibt es einen einzigen y_i-Wert, der durch $Y = a + bX$ bestimmt werden kann. Im konkreten Fall wird allerdings oftmals ein solch deterministischer Zusammenhang nicht vorhanden sein. Kleinere Messfehler oder auch der Einfluss anderer Einflussfaktoren führen dazu, dass die Punkte nicht eindeutig auf „einer Linie" liegen, obwohl durchaus ein Zusammenhang vorhanden sein kann, das heißt, es ist von einer Gleichung

$$Y = f(X) + \varepsilon$$

bzw. im Falle einer Geraden von

$$Y = a + bX + \varepsilon$$

Exkurs 5.12 Ausländische Wissenschaftler an deutschen Universitäten: ein Vergleich der Universitäten Bonn und Köln

Es soll der Frage nachgegangen werden, ob sich die ausländischen Wissenschaftlerinnen und Wissenschaftler, die an den Universitäten Bonn und Köln tätig sind, hinsichtlich ihrer Charakteristiken unterscheiden. Ganz konkret soll hier die Frage beantwortet werden: Unterscheidet sich die Aufenthaltsdauer solcher Wissenschaftlerinnen und Wissenschaftler an den Universitäten Bonn und Köln?

In der Tab. A ist die Anzahl der ausländischen Wissenschaftlerinnen und Wissenschaftler angegeben, die an den beiden Universitäten Bonn und Köln tätig sind und im Rahmen einer Befragung angegeben haben, wie lange sie zum Zeitpunkt der Befragung schon in Deutschland leben. Sollten beide Zeitverteilungen musteridentisch sein, dann müsste die Verteilung für Bonn $DB(k)$ mit der für Köln $DK(k)$ übereinstimmen. Um das überprüfen zu können, ließe sich beispielsweise die Verteilung für Bonn als gegebene (theoretische) Verteilung ansehen. Die relativen Häufigkeiten dieser Verteilung (Spalte 4) sind dann deren Wahrscheinlichkeiten w_k. Die Multiplikation dieser Wahrscheinlichkeiten mit der Gesamtzahl der befragten ausländischen Mitarbeiter in Köln ergibt die Verteilung ausländischer Mitarbeiter auf die Zeitklassen für Köln, wie sie sein müsste, wenn das Verteilungsmuster mit demjenigen

für Bonn übereinstimmen würde (Spalte 5). Ein Vergleich der tatsächlichen Werte mit den so ermittelten Erwartungswerten lässt dann eine Aussage darüber zu, ob die beiden Verteilungsmuster $DB(k)$ und $DK(k)$ bei einer Sicherheit von $S = (1 - \alpha)$ gleich sind, das heißt, es wird die Nullhypothese H_0: $DB(k) = DK(k)$ gegen die Alternativhypothese H_A: $DB(k) \neq DK(k)$ getestet.

Statistisch kann in diesem Fall ein solcher Vergleich durch den χ^2-Anpassungstest erfolgen, bei dem ein Testwert aus den (normierten) Unterschieden (Spalte 6) zwischen tatsächlichem und zu erwartendem Wert berechnet und mit dem kritischen Wert T (abhängig von α und dem sog. Freiheitsgrad) verglichen wird. Für ein Signifikanzniveau von $\alpha = 0{,}05 = 5\,\%$ ergibt sich hier ein kritischer Wert von $T = 7{,}81$. Der Testwert $\hat{T}$ beträgt $\hat{T} = 34{,}17$ und liegt deutlich über dem kritischen Wert T. Mithin wird die Nullhypothese H_0 verworfen und H_A akzeptiert, das heißt, es ist davon auszugehen, dass die beiden Verteilungen für die Universitäten Bonn und Köln verschieden sind, die Aufenthaltsdauer an der Universität Bonn sich also deutlich von derjenigen an der Universität Köln unterscheidet.

Tab. A Anzahl der ausländischen Mitarbeiter nach Zeitdauer für die beiden Universitäten Bonn und Köln (Quelle: eigene Erhebungen).

Zeitdauer (in Jahren) k	Zahl der Mitarbeiter in Bonn $DB(k)$	Zahl der Mitarbeiter in Köln $DK(k)$	Uni Bonn: relative Häufigkeiten = Wahrscheinlichkeit w_k	erwartete Werte für die Uni Köln $DK_{erw}(k) = DK(k) \cdot w_k$	Abweichungswert in der Klasse $k = \dfrac{(DK(k) - DK_{erw}(k))^2}{DK_{erw}(k)}$
(1)	(2)	(3)	(4)	(5)	(6)
< 1	61	23	0,3050	34,77	3,98
1 bis < 3	74	30	0,3700	42,18	3,52
3 bis < 5	28	21	0,1400	15,96	1,59
5 bis < 10	18	26	0,0900	10,26	24,15
≥ 10	19	14	0,0950	10,83	0,93
Summe	200	114	1,0000	114,00	34,17

auszugehen. In der linearen **Regressionsanalyse** (von lat. *regressus* = Rückschritt) wird versucht, die optimale Gerade durch die durch die Punktepaare (x_i, y_i) erzeugte Punktwolke, das sog. Korrelogramm oder Streuungsdiagramm, zu legen (Abb. 5.16). Das in der Regel verwendete Verfahren ist die Gauß'sche Methode der kleinsten Quadrate, bei der die Summe der Quadrate der Abweichungen zwischen den Punkten und den zugehörigen Geradenpunkten (den sog. Residuen e_i) minimiert wird. Mit diesem Verfahren lassen sich für die Gerade deren Koeffizienten (Regressionskonstante a und Regressionskoeffizient b) und damit ihr genauer Verlauf bestimmen. Klar ist, dass der Zusammenhang zwischen X und Y umso stärker ist, je enger die Punkte um die Gerade streuen – mit dem Ideal-

fall, dass die Punkte alle exakt darauf liegen, Y also vollständig durch X bestimmt wird. In der Korrelationsanalyse wird durch die Bestimmung des Korrelationskoeffizienten die Intensität des Zusammenhangs bestimmt.

Im Prinzip macht eine solche Korrelations- und Regressionsanalyse damit nichts anderes, als die Struktur der durch die Variable X erzeugten Ebene optimal auf die Y-Ebene zu projizieren (es entsteht die $\hat{Y}$-Ebene mit den $\hat{y}$-Werten) und dann diese mit derjenigen der tatsächlichen Y-Ebene (y_i-Werte) zu vergleichen und den Deckungsgrad festzustellen. Das aus der Länderkunde bekannte Hettner'sche Deckungsprinzip geht vom gleichen gedanklichen Ansatz, dem mathematisch-geometri-

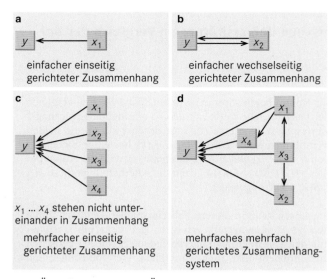

a einfacher einseitig gerichteter Zusammenhang

b einfacher wechselseitig gerichteter Zusammenhang

$x_1 \ldots x_4$ stehen nicht untereinander in Zusammenhang

c mehrfacher einseitig gerichteter Zusammenhang

d mehrfaches mehrfach gerichtetes Zusammenhangssystem

y = Ärztedichte = Zahl der Ärzte / 1 000 Einwohner
x_1 = Zahl der Einwohner
x_2 = Zahl der Einwohner über 65 Jahre
x_3 = Bevölkerungsentwicklung in den letzten 5 Jahren
x_4 = Anteil der Siedlungsfläche an der Gesamtfläche

Abb. 5.15 Arten von Zusammenhängen.

schen Konzept der Kongruenz, aus. Das bedeutet allerdings auch, dass hier zunächst nur eine formal mathematisch-geometrische Übereinstimmung nachgewiesen wird und keine Erklärung (im ursächlichen Sinne). Eine solche kann nur innerhalb einer zugrunde liegenden Theorie „Gültigkeit" erhalten. Regression und Korrelation können eine solche Erklärung dann anhand der Daten aus der Realität auf ihren Wahrheitsgehalt hin überprüfen.

Die Welt im Modell: mathematische Modellbildung in ihrer Bedeutung für Erkenntnisfortschritt

Unbestritten ist, dass die Komplexität von Realität niemals voll, sondern immer nur vereinfacht und in Teilausschnitten zu erfassen ist. Genau das tut Wissenschaft, wenn sie Theorien aufstellt und versucht, diese in Modellen (der unterschiedlichsten Arten) darzustellen. Die detaillierteren Zielsetzungen einer Theorie können aber durchaus unterschiedlich sein. In seinem Buch „Die räumliche Ordnung der Wirtschaft" vermittelt Lösch (1962) hierzu einen interessanten Blickwinkel: „Man kann Theorie und Wirklichkeit in verschiedener Absicht vergleichen, je nachdem welche Art von Theorie man treibt. Will die Theorie erklären, was wirklich ist, so richtet sich eine solche Prüfung darauf, ob sie von einem zutreffenden Bild ihres Gegenstandes ausging und zu einer nicht nur denkmöglichen, sondern auch der Wirklichkeit entsprechenden Erklärung ihres Gegenstandes gelangte. Will dagegen die Theorie konstruieren, was vernünftig ist, so lassen sich an den Tatsachen wohl noch ihre Voraussetzungen, aber nicht mehr ihre Ergebnisse prüfen. […] Nein, jetzt muss der Vergleich nicht mehr erfolgen um die Theorie, sondern um die Wirklichkeit zu prüfen! Jetzt gilt es zu überprüfen, ob es in ihr denn überhaupt vernünftig zugeht."

Die erste Hälfte der hier etwas verkürzt wiedergegebenen Aussage ist sicher nicht überraschend und viele Modelle sind genau darauf ausgerichtet. Die vorher angesprochenen **Regressionsmodelle** gehören in diese Kategorie. Der zweite Teil mag zunächst schon eher überraschen, wenn auch bei näherem Hinsehen eine Reihe quantitativer Modelle zumindest Ansätze in diese Richtung aufweisen. **Simulationsmodelle**, die versuchen, (End-)Zustände eines Prozesses unter verschiedenen Randbedingungen und Annahmen über den Prozess zu erzeugen, sind hier zu erwähnen.

Die auf mathematischen Verfahren der (linearen) Optimierung basierenden Modelle zur Standortwahl bzw. -entscheidung können ebenfalls hier eingeordnet werden. In der deutschsprachigen Geographie haben sich insbesondere Bahrenberg (1974) und Steingrube (1986) mit solchen Verfahren beschäftigt, um die Standorte von Bildungseinrichtungen zu analysieren. Auf der Basis von Neben- und Randbedingungen (z. B. jedes Kind hat nur maximal 15 min Fußweg zum Kindergarten), die in jedem Fall erfüllt sein müssen, ist eine Zielfunktion zu minimieren bzw. maximieren (z. B. die Zahl der Kindergärten soll möglichst gering gehalten werden). Es lassen sich Fragestellungen unterschiedlicher Komplexität unterscheiden, wobei nicht immer eine exakte Lösung (aufgrund der hohen Zahl an Unbekannten) gefunden werden kann. So müssen beim sog. Standort-Zuordnungsproblem (= Lokations-Allokations-Problem: Nachfragestandorte sind gegeben, die Angebotsstandorte und die optimalen Zuordnungen werden gesucht) oftmals heuristische Algorithmen zur Erzeugung von **Lokations-Allokations-Modellen** herangezogen werden. Diese führen zu lokalen Optima. Es ist aber nicht gewährleistet, dass die absolut optimale Lösung gefunden wird.

Besonders bei der ersten Kategorie von Modellen, zum Teil aber auch für die letztere ist immer auf Folgendes zu achten: Solche Modelle versuchen die Komplexität der Realität (in reduzierter Form) nachzubilden. Das Bestreben dabei ist, Realität möglichst getreu abzubilden, bei möglichst großer Einfachheit des Modells (schon allein aus Gründen der Handhabbarkeit). In der Abb. 5.17 wird die dabei entstehende Problematik in der Modellentwicklung deutlich: Eine beliebig weiterführende Verfeinerung des Modells führt nicht zu weiterem (Erkenntnis-)Fortschritt, sondern nur zu Ineffizienz. Und dann ist genau der Punkt gekommen, neue (Theorie-/Modell-)Wege zu gehen, um so zu einem weiteren verbesserten Verständnis der Realität zu kommen.

Quantitative Methoden haben ihre Grenzen

Quantitative Methoden haben – wie andere Methoden auch – spezifische Anwendungsvoraussetzungen und Grenzen. Im Folgenden soll ein gerade für die Geographie als Raum- bzw. Raum-Zeit-Wissenschaft wichtiger Bereich etwas ausführlicher angesprochen werden. Ein zweiter geographisch interessanter Problembereich, der mit **„Abhängigkeit von räumlichen Aggregationsniveaus und ökologische Verfälschung"** beschrieben werden kann, ist – wie auch andere „Einschränkungen" wie beispielsweise das Problem von Skalenniveaus oder von Aus-

Abb. 5.16 Korrelogramm mit Regressionsgerade.

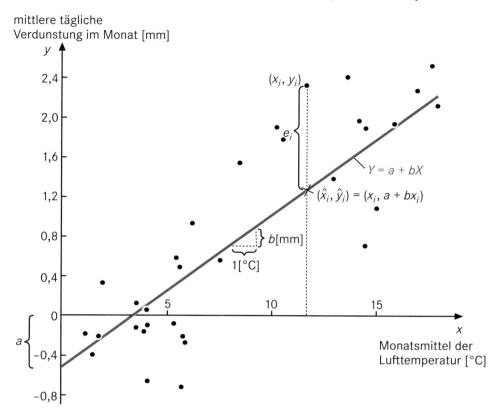

reißern – ausführlicher in einschlägigen Statistikbüchern (z. B. Bahrenberg et al. 2017) diskutiert.

Das hier zu diskutierende Problem steht in Zusammenhang mit dem statistischen Phänomen der sog. **stochastischen Unabhängigkeit** und ließe sich schlagwortartig fassen als „Stochastische Unabhängigkeit der Daten und räumliche Systemzusammenhänge – auf dem Weg zur Geostatistik".

Die weiter vorn angesprochene Schätz- und Teststatistik setzt oftmals voraus, dass die betrachteten Variablen stochastisch unabhängig sind, dass also die Größenordnung der Werte bei einem Objekt nicht abhängig ist von den Werten eines oder mehrerer anderer Objekte. Bei der Variable „Größe der Teilnehmergruppe an einem Seminar" ist das gewiss der Fall, beim täglichen Pegelstand des Rheins (gemessen zu einer festen Zeit) ist das jedoch nicht mehr gültig, da der heutige Pegelstand in seiner Höhe schon davon abhängt, wie der gestrige gewesen ist. Auch im Raum sind solche stochastischen Abhängigkeiten (sie werden durch Autokorrelationskoeffizienten gemessen) vorhanden: Die Bevölkerungsdichte benachbarter Gemeinden im suburbanen Raum ist normalerweise nicht ganz zufällig verteilt, die Temperaturen gemessen an benachbarten Stationen des Messnetzes des Deutschen Wetterdienstes sind nicht völlig unabhängig voneinander. Welche Problematik sich daraus ergeben kann, wenn man die Voraussetzung missachtet, bzw. welche Lösungen möglich sind, zeigt Streit (1981) an einem kleinen Beispiel zum Zusammenhang von Niederschlag und Abfluss im Gewässernetz der Fulda: Hier ist ein klarer räumlicher Trend vorhanden, der

zu beträchtlichen räumlichen Autokorrelationen in den Residuen führt und zu einem Überschätzen des Zusammenhangs. Ein Herausfiltern des Trends führt in diesem Fall zu einem optimaleren Modell, das den Voraussetzungen genügt.

Nun ist für viele Phänomene, die in der Geographie (über Zeit und/oder Raum) betrachtet werden, die Ähnlichkeit der Werte benachbarter Zeit- bzw. Raumeinheiten gerade das, was Geographinnen und Geographen besonders interessiert. So ist **Regionalisierung** – verstanden als Zusammenfassung von Raumeinheiten, die benachbart sind und ähnliche Wertekonstellationen aufweisen – sicher eines der ganz zentralen Betätigungsfelder von Geographinnen und Geographen. Sie basiert im Grunde auf der stochastischen Abhängigkeit der Variablen. In diesem Zusammenhang ist darauf hinzuweisen, dass Nachbarschaft in sehr unterschiedlicher Weise definiert werden kann (Nipper & Streit 1977). Wie diese letztendlich festgelegt wird, ist immer in Zusammenhang mit der Fragestellung zu sehen.

Zeitreihenanalyse und **Geostatistik** versuchen das in der normalen Statistik als Problem existierende Phänomen der stochastischen Abhängigkeit als integrale Komponente einzubeziehen, indem von folgendem grundsätzlichen Gedankenkonzept ausgegangen wird: Die Werte der betrachteten Variablen werden als eine Realisation (von beliebig vielen möglichen) eines raum-, zeit- oder raum-zeit-varianten stochastischen Prozesses angesehen. Solche Prozesse (z. B. Pegelstand des Rheins in Köln zum Zeitpunkt $t = Y_{K,t}$) werden durch exogene (z. B. Niederschlag in Köln zum Zeitpunkt $t = X_{K,t}$) und endogenen Variablen (z. B.

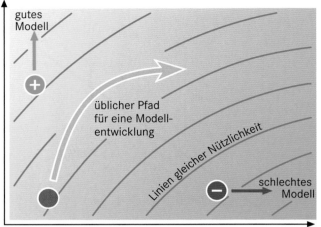

Abb. 5.17 Der Zusammenhang „Modellkomplexität und Aufwand" (verändert nach Haggett 1978).

Pegelstand des Rheins in Köln am Tag zuvor = $Y_{K,t}-1$; Pegelstand in Bonn am Tag zuvor = $Y_{B,t}-1$) beeinflusst und gesteuert. Für den Ablauf des Pegelstands des Rheins ergibt sich daraus etwa folgende formale Beziehungsgleichung:

$$Y_{K,t} = f\ (Y_{K,t},\ Y_{K,t-1},\ Y_{B,t-1})$$

Da hier stochastische Abhängigkeiten über die endogenen Variablen ($Y_{K,t}-1$, $Y_{B,t}-1$) unmittelbar in das Modell eingehen, kann natürlich nicht mehr so ohne Weiteres die weiter oben dargelegte Methode der kleinsten Quadrate angewendet werden, um die den Sachverhalt beschreibende optimale Kurve zu bestimmen. In ähnlicher Weise ist bei der Analyse räumlicher Strukturen (Einfluss durch „räumliche" Nachbarn) oder bei der Analyse raum-zeit-varianter Prozesse (gleichzeitige Beeinflussung durch die Prozesszustände zu früheren Zeiten als auch durch die Zustände bei den „räumlichen" Nachbarn) vorzugehen. Detailliertere Informationen zu möglichen Verfahren können z. B. Box et al. (2015) für die Zeitreihenanalyse, Cliff & Ord (1981) für die Analyse raum-varianter Strukturen und Bennett (1979) für die Modellierung raum-zeit-varianter Prozesse entnommen werden.

Methoden der Geostatistik (z. B. Variogramm, Kriging; Armstrong 1998, Wackernagel 2010) sind für Geographische Informationssysteme als Analyse-/Modellierungsverfahren von großer Bedeutung (Kap. 6).

Fazit: Mathematische Exaktheit – ein Garant für wissenschaftlich brauchbare Ergebnisse?

„Allerdings muss in diesem Zusammenhang darauf hingewiesen werden, dass die Verwendung der mathematischen Sprache keineswegs den informativen Gehalt der mit ihrer Hilfe formulierten Aussagen garantiert. Der Gebrauch einer Präzisionssprache schützt nicht vor einer unbrauchbaren methodologischen Konzeption. Man kann gewissermaßen mit großer ‚Präzision' nichts sagen." Diese von dem Soziologen Hans Albert (1964), einem ausgesprochenen Vertreter des Kritischen Rationalismus und grundsätzlichen Befürworter quantitativer Methoden, gemachte Aussage verdeutlicht treffend eine wohl zentrale Problematik der Anwendung quantitativer Methoden in der Geographie wie auch in anderen Wissenschaften. Drastischer noch mag die von Albert im gleichen Aufsatz in einer Fußnote gemachte Aussage auf diesen Punkt aufmerksam machen: „Vor allem verträgt sich mathematische Exaktheit ganz ausgezeichnet mit methodischer Schlamperei." Quantitative Methoden haben in der Tat den Vorteil von Exaktheit, wenn in Maß und Zahl gefasste Informationen aufgrund klar festgelegter mathematischer Operationen bearbeitet werden, allerdings ist das nur dann ein Vorteil, wenn die Methoden in geeigneter und richtiger Weise angewendet werden, worauf weiter oben schon mehrmals hingewiesen wurde. Eine Aussage wie „Der Durchschnittsbürger des Jahres 1997 ist eine Frau, 38 Jahre alt, verheiratet und hat 1,6 Kinder ...", wie sie der Autor auf einer Internetseite einer deutschen Mittelstadt fand, mag zwar alltagssprachlich verständlich sein, ist aber schon bedenklich und zeigt etwas von dieser „Schlamperei", da beispielsweise Mittelbildung bei nominalskalierten Variablen wie Geschlecht oder Familienstand schlichtweg Unsinn erzeugt.

Die Abb. 5.18 mag die hier angesprochene Situation – das **Dilemma „Exaktheit und Schlamperei"** – nochmals verdeutlichen. Die Lösung ist in keinem irgendwie gearteten Patentrezept zu suchen, sondern sie erfordert eine jeweils individuelle, sorgfältige Abwägung basierend auf der inhaltlichen Zielrichtung und den Bedingungen, die vorgefunden werden. Erst wenn hier eine passende Antwort gefunden ist, dann können quantitative Methoden ihren Vorteil der Exaktheit zu einem Vorteil für die gesamte Arbeit werden lassen.

5.6 Modelle und Modellierungen

Jürgen Böhner

Seit der „quantitativen Revolution" in der Geographie zu Beginn der 1970er-Jahre hat die rasante Entwicklung in der **Geoinformationstechnologie** Themen und Arbeitsweisen aller Teildisziplinen der Geographie nachhaltig beeinflusst. Das steigende Datenaufkommen durch automatisierte Messtechniken und der wachsende Einsatz von **Fernerkundung**, aber auch die geradezu explosionsartige Verbreitung und Verfügbarkeit **digitaler Geodaten**, wie beispielsweise Digitale Geländemodelle, Spektraldaten und Radardaten, waren mit der wissenschaftlichen Herausforderung der Entwicklung neuer Methoden und DV-Instrumente zur Geodatenverarbeitung und -analyse verbunden, die spätestens seit der „Geographischen Informationswelle" der 1980er-Jahre ihre Manifestation in der GIS-Technologie und der allgemeinen Verbreitung Geographischer Informationssysteme

Abb. 5.18 Positionierung von „Exaktheit und Schlamperei" bei der Anwendung.

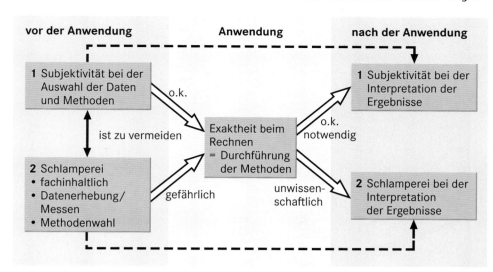

(GIS) finden. Das Akronym „GIS" wurde in der Folgezeit zum Synonym für eine ubiquitär verfügbare Informationstechnologie, aber auch für eine sich zunehmend emanzipierende mathematisch-methodische Wissenschaftsdisziplin, die heute in allen mit Geodatenverarbeitung befassten Fachrichtungen und insbesondere in der Geographie als Standard im Curriculum vermittelt wird.

In der Forschung war die Entwicklung von der „quantitativen Revolution" zur „integrierten Geographischen Informationsverarbeitung" der 1990er-Jahre gleichzeitig mit einer verstärkten Theorie- und Modellbildung verbunden. Allerdings bildet der informationstechnologische Fortschritt nicht die Voraussetzung für die Entwicklung und Anwendung von Modellen. Bereits Ende der 1960er-Jahre gaben Chorley & Haggett (1967) eine sehr differenzierte Übersicht über geographische Modellanwendungen, machten durch die gewählten Beispiele aber auch deutlich, dass die **Modellbildung in der Geographie** durch die Computertechnologie zwar an Bedeutung gewinnen wird, aber vorerst eine randliche, jeweils eng mit Nachbardisziplinen verflochtene hoch spezialisierte Domäne der Geographie darstellt. Erst mit der breiten Streuung der Geoinformationstechnologie entwickelte sich die Modellbildung zu einem ubiquitär akzeptierten Arbeitsmittel geographischer Forschung.

Was aber meint der Begriff „Modell" in einer Wissenschaftsdisziplin, die wie wohl kein anderes Fach natur- und geisteswissenschaftliche Methoden weit über die wissenschaftstheoretische Ebene hinausgehend pragmatisch und problemorientiert zu integrieren vermag und daher immer aus unterschiedlichsten erkenntnistheoretischen Richtungen beeinflusst wurde und noch heute wird? Angesichts sehr unterschiedlicher Bedeutungsfelder des Begriffs Modell – die Amplitude reicht in der Geographie von der „Modellvorstellung" über einen Prozess oder ein System bis hin zum komplexen physikalisch basierten Prozessmodell – werden im folgenden Abschnitt zunächst modelltheoretische Grundbegriffe eingeführt und Prinzipien der Modellbildung am Beispiel ausgewählter Themenkomplexe der Physischen Geographie vorgestellt.

Modelltheorie und Modellkategorisierung

Die Grundlagen des „abstrakten" nicht gegenständlichen Modellbegriffs entstammen der **Allgemeinen Modelltheorie Stachowiaks** (1973). Danach stellt ein Modell allgemein eine **Abbildung der Wirklichkeit** (Original, Realität) dar, wobei Modell und Wirklichkeit als „endliche Klassen von Attributen", also Mengen von Eigenschaften, begriffen werden, die die Modellabstraktion definieren. Bei der Modellbildung erfolgt die Abbildung der Realität (Abbildungsmerkmal) durch eine im Sinne der Zielsetzung pragmatisch getroffene Auswahl relevanter Attribute (Verkürzungsmerkmal, Pragmatismusmerkmal). Da Modelle als „idealisierende Abstraktionen" die Realität also nicht vollständig (exakt), sondern nur angenähert (approximativ) abbilden, reflektiert der bei der Entwicklung eines Modells sensitive Schritt der Auswahl charakteristischer Attribute eine Theorie bzw. ist eng mit einer Theoriebildung verbunden. Das gilt mit hoher Priorität für die komplexen Prozesse und Systeme in der Geographie, sodass Köck (1979) angesichts der engen Verknüpfung von Theorie- und Modellbildung in der Geographie nur solche Abbildungen als Modelle bezeichnet, die Theorie über Wirklichkeit abbilden.

Bei der **Modellkategorisierung** stellt zunächst die Form (Sprachform) der Abstraktion das übergeordnete Kriterium für eine Modellklassifikation dar. So kann aus erkenntnistheoretischer Sicht bereits eine Theorie oder Hypothese, in der die Annäherung der Realität informell, das heißt natürlichsprachlich unter Integration möglichst präziser Fachtermini, erfolgt, als **qualitatives Modell** (semantisches Modell, verbales Modell) bezeichnet werden. Ein viel zitiertes Beispiel bildet Jennys (1941) Theorie der Pedogenese, in der die aktuelle Ausprägung bzw. der Zustand eines Bodens (B) in der Bodenfunktionsgleichung $B = f(A, K, O, R, T)$ als Funktion der bodenbildenden Standortfaktoren Klima (K), Gestein (A für Ausgangssubstrat der Bodenbildung), Relief (R), biologischer Aktivität (O) und der Entwicklungsdauer des Bodens (T für Zeit) dargestellt wird. Obwohl die Bodenbildung aufgrund der komplizierten und zumeist transienten

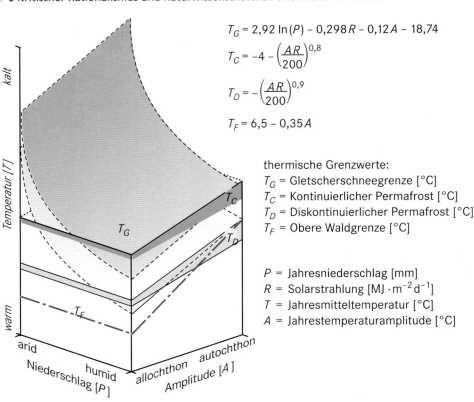

$$T_G = 2{,}92 \ln(P) - 0{,}298\,R - 0{,}12\,A - 18{,}74$$

$$T_C = -4 - \left(\frac{AR}{200}\right)^{0{,}8}$$

$$T_D = -\left(\frac{AR}{200}\right)^{0{,}9}$$

$$T_F = 6{,}5 - 0{,}35\,A$$

Abb. 5.19 Klimatische Grenzwertfunktionen rezenter naturräumlicher Grenzen Zentral- und Hochasiens.

thermische Grenzwerte:

T_G = Gletscherschneegrenze [°C]
T_C = Kontinuierlicher Permafrost [°C]
T_D = Diskontinuierlicher Permafrost [°C]
T_F = Obere Waldgrenze [°C]

P = Jahresniederschlag [mm]
R = Solarstrahlung [MJ·m^{-2}d^{-1}]
T = Jahresmitteltemperatur [°C]
A = Jahrestemperaturamplitude [°C]

Prozesse und Prozesskombinationen mathematisch kaum operationalisierbar ist (Birkeland 1984), berücksichtigt Jenny mit dem Konzept der *State Factors* bereits gegenseitige Abhängigkeiten ökosystemarer Eigenschaften und Einflüsse weitgehend unabhängiger Variablen, die den Modellbegriff für die Theorie der Pedogenese rechtfertigen.

Modelle höheren Explikationsgrades zur Beschreibung, Analyse oder Prognose des Verhaltens physisch geographischer Systeme, Systemkomponenten oder Prozesse gehören in die Klasse der **quantitativen Modelle** (numerische Modelle, mathematische Modelle). Die Abbildungsbeziehung zwischen Modell und Realität wird in einer formalen, der Prädikatenlogik entsprechenden Sprache durch Zuordnungsfunktionen beschrieben. Zuordnungsfunktionen können Gleichungen oder Gleichungssysteme sein, in denen das Verhalten einer Zielgröße (Prädikand, Zielvariable, abhängige Variable) in Abhängigkeit von steuernden oder kontrollierenden Einflussgrößen (Prädiktoren, Einflussvariablen, unabhängige Variablen) und Modellparametern angenähert wird. Die Anzahl der Prädiktoren bestimmt die **Lösungsdimensionalität** des Modells, wobei konstante Lösungen (0-D), Lösungslinien (1-D), Lösungsebenen (2-D), Lösungsräume (3-D) oder Lösungshyperebenen (*n*-D) unterschieden werden. Die Lösungsdimensionalität eines Modells bezeichnet also nicht a priori raumzeitliche Dimensionen, sondern die Anzahl der inhaltlichen Lösungsrichtungen im „Variablenraum".

Die Abb. 5.19 illustriert diesen Aspekt am Beispiel klimatischer Transferfunktionen, in denen die räumlichen Variationen der Jahresmitteltemperaturen (Prädikand) an den naturräumlichen Höhengrenzen Zentralasiens in Abhängigkeit verschiedener Klimavariablen (Prädiktoren) als 1-D-Lösungslinie (obere Waldgrenze), als 2-D-Lösungsebene (kontinuierlicher und diskontinuierlicher Permafrost) und als 3-D-Lösungsraum (Gletscherschneegrenze) beschrieben werden.

Durch die 3-Achsen-Limitierung des Diagramms ist der Einfluss der Solarstrahlung bei den Permafrost- und Gletscherschneegrenzen jeweils durch die Darstellung von zwei Strahlungsniveaus berücksichtigt. Die drastische Vereinfachung der realen hygrothermischen Wirkungskomplexe in den Transferfunktionen ermöglicht durch die reduzierte „Zahl der Freiheitsgrade" eine iterative Rekonstruktion paläoklimatischer und paläoökologischer Zustände auf Basis von Proxydaten. Gleichzeitig ermöglicht das Gleichungssystem auch eine Prognose potenziell zukünftiger klimatisch induzierter Veränderungen des montanen Naturraumpotenzials für alternative Klimaszenarien (Böhner & Lehmkuhl 2005), eine Anwendung, die Mandl (2000) unter dem Begriff **„Geosimulation"** als Dynamisierung statischer räumlicher Modelle beschreibt.

Induktive und deduktive Modellbildung

Die in empirischen Forschungsprozessen übliche erkenntnistheoretische Differenzierung zwischen induktiver und deduktiver Arbeitsweise bildet auch ein wichtiges Gliederungsprinzip in der Modellbildung. Bei **induktiver Modellbildung** werden auf

Abb. 5.20 Relevante Faktoren und ausgewählte physikalische Kenngrößen zur Modellierung von Wassererosion bei induktiver und deduktiver Modellbildung.

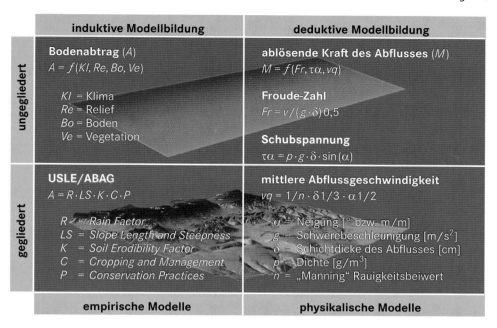

induktive Modellbildung

ungegliedert

Bodenabtrag (A)

$A = f(Kl, Re, Bo, Ve)$

Kl = Klima
Re = Relief
Bo = Boden
Ve = Vegetation

USLE/ABAG

$A = R \cdot LS \cdot K \cdot C \cdot P$

R = Rain Factor
LS = Slope Length and Steepness
K = Soil Erodibility Factor
C = Cropping and Management
P = Conservation Practices

gegliedert

empirische Modelle

deduktive Modellbildung

ablösende Kraft des Abflusses (M)

$M = f(Fr, \tau\alpha, vq)$

Froude-Zahl

$Fr = v/(g \cdot \delta)0,5$

Schubspannung

$\tau\alpha = p \cdot g \cdot \delta \cdot \sin(\alpha)$

mittlere Abflussgeschwindigkeit

$vq = 1/n \cdot \delta 1/3 \cdot \alpha 1/2$

α = Neigung [° bzw. m/m]
g = Schwerebeschleunigung [m/s²]
δ = Schichtdicke des Abflusses [cm]
p = Dichte [g/m³]
n = „Manning" Rauigkeitsbeiwert

physikalische Modelle

Kapitel 5

Basis empirischer Daten Relationen zwischen Variablen mithilfe geeigneter statistischer Analysen identifiziert und operationalisierbare Modellfunktionen und -parameter abgeleitet. Das auch als *bottom up* bezeichnete Prinzip der Modellbildung ist in allen physisch-geographischen Teilgebieten etabliert, nimmt aber vor allem in jenen Themenfeldern der Physischen Geographie einen traditionell großen Raum ein, in denen die untersuchten Systeme und Prozesse aufgrund ihrer Komplexität nur unzureichend durch Determinismen wie beispielsweise physikalische Gesetze erfasst werden können.

Insbesondere in der Geomorphologie bilden **empirische Modelle** wichtige Instrumente für die Erfassung und Prognose von Abtragungsprozessen durch Wind- und Wassererosion. Angesichts der früh erkannten Relevanz ökonomischer und ökologischer Folgen der Bodenerosion wurden in den USA bereits in den 1940er-Jahren erste Untersuchungen, zunächst zur Identifikation und Quantifizierung von Faktoren der Wassererosion, vorgenommen, die zur Entwicklung der *Musgrave Equation* führten (Musgrave 1947). In dem räumlich **ungegliederten Modell** (Blockmodell) wird der mittlere jährliche Bodenabtrag auf einer Ackerparzelle als Funktion der Niederschlagszeitleistung, der nutzungsabhängigen Bodenbedeckung, der Erodibilität des Bodens sowie der Hanglänge und Neigung des Ackerschlags abgeschätzt. Das faktoriell gegliederte Konzept wird später von Wischmeier & Smith (1961, 1965,1978) in der *Universal Soil Loss Equation* (USLE), der wohl bekanntesten Erosionsgleichung, auf Grundlage einer breiteren Datenbasis präzisiert und um den Bodenschutzfaktor sowie eine verbesserte Parametrisierung der Niederschlagserosivität ergänzt (Abb. 5.20). Neben funktional erweiterten, zumeist als GIS-Routinen realisierten **gegliederten Modellen**, wie der *Revised Universal Soil Loss Equation* (RUSLE; Renard et al. 1997) zur räumlich differenzierten Berechnung von Erosionsraten auf gegliederten Hängen oder der *Modified Universal Soil Loss Equation* (MUSLE; Hensel & Bork 1988), die zusätzlich

eine Abschätzung von Stoffbilanzen leistet, wurden auch eine Reihe regionaler Anpassungen vorgenommen. Im deutschsprachigen Raum stellt die Allgemeine Bodenabtragsgleichung (ABAG; Schwertmann et al. 1990) ein weit verbreitetes USLE-Derivat dar.

Aufgrund der geringen Anforderungen an die notwendigen Eingangsdaten bildet die USLE in ursprünglicher oder modifizierter Form bis heute die am meisten verwendete Erosionsgleichung in der landwirtschaftlichen Beratungspraxis. In den Modifikationen und Erweiterungen manifestieren sich aber auch grundsätzliche Nachteile empirischer Modelle wie deren eingeschränkte regionale Übertragbarkeit und die nur begrenzten Möglichkeiten einer zeitlich dynamischen „ereignisbezogenen" Modellierung von Erosionsprozessen. Seit Ende der 1970er-Jahre nimmt daher die **deduktive Modellbildung**, ursprünglich eine Domäne der Hydrologie und Meteorologie, mit der Entwicklung leistungsfähiger **physikalischer Modelle** auch in der Erosionsforschung einen wachsenden Raum ein. Bei deduktiver (*top down*) Modellbildung werden dynamische Prozessabläufe durch physikalische Gesetze oder physikalische Analogien (Analog-Modell) repräsentiert. In Abb. 5.20 sind exemplarisch alternative Kenngrößen zitiert, die bei Modellierung der Erosivität des Oberflächenabflusses, einer wichtigen Determinante im Prozessgefüge der Wassererosion, häufig berücksichtigt werden. Die empirische Manning-Strickler-Gleichung zur Berechnung der Abflussgeschwindigkeit in der Abb. 5.20 soll verdeutlichen, dass auch physikalisch-basierte Modelle für eine empirisch kongruente Abbildung des Prozessgefüges empirische Komponenten bei der Kalibrierung integrieren müssen, sodass häufig die Begriffe „deterministische Modelle" oder „konzeptuell physikalische Modelle" für diese Modellklasse verwendet werden (De Roo et al. 1994, Wendland et al. 2016).

Wichtige Impulse für die **deterministische Modellbildung** resultierten aus der Realisierung des CREAMS-Modells (*Che-*

Kapitel 5

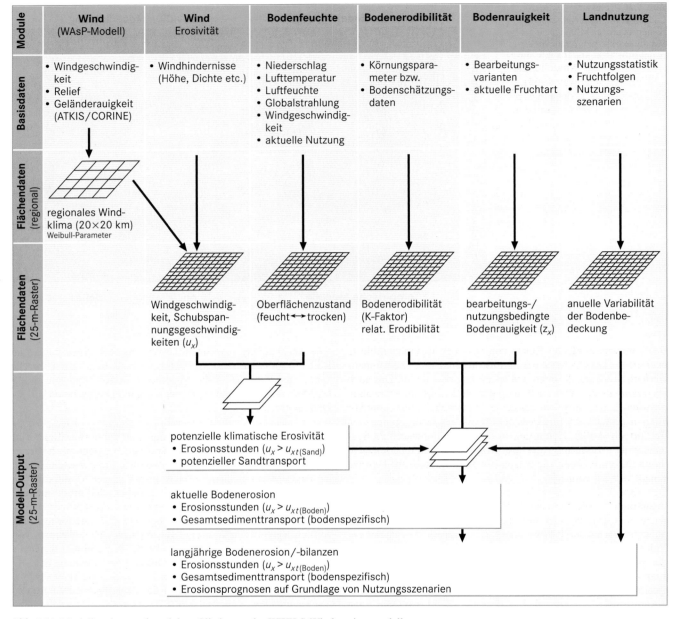

Abb. 5.21 Modellstruktur und modulare Gliederung des WEELS-Winderosionsmodells.

mical Runoff and Erosion from Agricultural Management Systems; Knisel 1980), eines räumlich ungegliederten Modells zur schlagbezogenen dynamischen Simulation von Abfluss, Erosion und Stoffflüssen (Nährstoffe und Pestizide). Motiviert durch diese Entwicklung wurde Anfang der 1980er-Jahre vom *Agricultural Research Service des US Department of Agriculture* (USDA-ARS) das ambitionierte interdisziplinäre *Water Erosion Prediction Project* initiiert (Laflen & Moldenhauer 2003), das 1989 in die Entwicklung des WEPP-Modells (Lane et al. 1989) zur räumlich gegliederten dynamischen Simulation von Abfluss und Erosion mündete. Wachsende Computerleistung und die Entwicklung von GIS-Schnittstellen haben in der Folgezeit zu einer Diversifizierung und Verbreitung deterministischer Modelle beigetragen, sodass heute leistungsfähige prozessorientierte Modelle zur Simulation von Bodenwasserhaushalt, Oberflächenabfluss und Erosion wie EUROSEM (*EUROpean Soil Erosion Model*; Morgan et al. 1998), LISEM (*Limburg Soil Erosion Model*; De Roo et al. 1994, De Roo & Jetten 1999), Erosion 3D (Werner 1995, Routschek et al. 2014), EPIC (*Erosion Productivity Impact Calculator;* Williams et al. 1990; *Environmental Policy Integrated Climate Model;* Izaurralde et al. 2006) und SWAT (*Soil and Water Assessment Tool;* Arnold et al. 2012) einem breiten Nutzerkreis zur Verfügung stehen.

Bei geringer zeitlicher Verzögerung rekapituliert auch die Entwicklung von Winderosionsmodellen den oben skizzierten Weg von der ursprünglich überwiegend induktiven zur deduktiven Modellbildung. Genau wie die USLE wurde der wichtigste Vertreter empirischer Modelle, die *Wind Erosion Equation* (WEQ; Woodruff & Siddoway 1965), in der Folgezeit in verschiedenen Derivaten wie u. a. der *Revised Wind Erosion Equation* (RWEQ; Fryrear et al. 1998) modifiziert bzw. funktional erweitert. Beispiele für stärker konzeptuell strukturierte Modelle sind das *Wind Erosion Prediction System* (WEPS; Hagen 1991) und das im Rahmen des EU-Projektes *Wind Erosion on European Light Soils* entwickelte WEELS-Modell (Böhner et al. 2003). In der Abb. 5.21 ist exemplarisch für das WEELS-Modell die für konzeptuelle Modelle charakteristische modulare Gliederung mit jeweils genau definierten Anwendungsbereichen einzelner Module und Submodule dargestellt. Die Modellstruktur repräsentiert die wichtigsten, das Erosionsgeschehen steuernden Standortfaktoren und Prozesse, die in der **wissensbasierten Prozessmodellierung** typischerweise durch Teilmodelle mit jeweils begrenzten zeitlichen und skalenabhängigen Gültigkeitsbereichen abgebildet werden.

Trotz dieser beachtlichen Fortschritte in der Erosionsmodellierung – mit signifikanten Beiträgen aus der physisch-geographischen Prozessforschung – ist die praktische Anwendung von Erosionsmodellen, gerade vor dem Hintergrund der sog. *cross-compliance*-Vorschriften, das heißt der zunehmenden Verknüpfung von Prämienzahlungen mit der Einhaltung von Umweltstandards in der agrarpolitischen Praxis, stets an eine kritische Bewertung von Datenverfügbarkeiten und Anwendungsmaßstäben sowie an eine angemessene Berücksichtigung von Nutzergruppen gebunden. Den letztgenannten Aspekt mahnt insbesondere Boardman (2006) an, wenn er in seiner kritischen Bewertung der Erosionsforschung den akademischen Fortschritt provokant als *„data-rich and people-poor"* charakterisiert und eine stärkere Einbindung der Endnutzer von Modellen in den Forschungsprozess fordert.

Skalenübergreifende Methoden- und Modellintegration als wichtige Aufgabe der Geographie

Die Differenzierung zwischen Induktion und Deduktion bzw. die Trennung zwischen empirischen und deterministischen Modellen repräsentiert zwei in vielen naturwissenschaftlichen Disziplinen vertretene Paradigmen der Modellbildung. Eine vergleichende Bewertung beider Ansätze auf Basis modelltheoretischer Kriterien macht zunächst deutlich, dass deterministische Ansätze durch physikalisch konsistente dynamische Simulationen von Prozessabläufen mehr Einsichten in bzw. Erkenntnisse über die **Kausalität** des System- bzw. Prozessverhaltens sowie die Rolle der beteiligten **steuernden Faktoren** liefern. Gleichzeitig bieten **Sensitivitätsanalysen** auf Basis deterministischer Modelle die Möglichkeit, virtuell die Bandbreiten und Geltungsbereiche unterschiedlicher System- und Prozesszustände zu identifizieren, während empirische Modelle entsprechende Magnituden außerhalb der empirischen Datenbasis bestenfalls extrapolativ

abschätzen können. Beide Ansätze leisten bei entsprechender Datenbasis eine empirisch kongruente Abbildung der Realität, wobei die empirische Kongruenz induktiv ermittelten Modellen inhärent ist, während bei deterministischen Modellen geeignete Kalibrierungsschritte durchgeführt werden müssen. Allerdings stellt gerade die Datenbasis bei deterministischen Modellen mit ihren sehr differenzierten Anforderungen an Qualität und räumlich-zeitliche Auflösung der Eingangsdaten eine sensitive Größe dar, die das theoretische Potenzial der besseren Übertragbarkeit dieser Modellklasse auf Räume mit abweichenden Boden-, Nutzungs- oder Klimaverhältnissen konterkariert. Eine wichtige zukünftige Aufgabe der Physischen Geographie liegt daher in der Entwicklung von Konzepten zur skalenübergreifenden Methoden- und Modellintegration. Neben der verstärkten Nutzung von Fernerkundungsverfahren und komplexen geostatistischen Interpolationsmethoden zur räumlich differenzierten Regionalisierung pedo-physikalischer Bodenkenngrößen stellt auch die Verknüpfung von regionalen Klima- und Prozessmodellen eine wichtige Aufgabe dar, um den Klimawirkungskomplex physikalisch konsistent in der geforderten raumzeitlichen Auflösung abbilden zu können.

Literatur

AG Boden (Hrsg) (2005) Bodenkundliche Kartieranleitung. 5. Aufl. Schweizerbart, Stuttgart

Albert H (1964) Probleme der Theoriebildung. Entwicklung, Struktur und Anwendung sozialwissenschaftlicher Theorien. In: Albert H (Hrsg) Theorie und Realität. Ausgewählte Aufsätze zur Wissenschaftslehre der Sozialwissenschaften. Mohr, Tübingen. 3–70

Armstrong M (1998) Basic Linear Statistics. Springer, Berlin/ Heidelberg

Arnold JG, Moriasi DN, Gassman PW, Abbaspour KC, White MJ, Srinivasan R, Santhi C, Harmel RD, van Griensven A, Van Liew MW, Kannan N, Jha MK (2012) SWAT: Model Use, Calibration, and Validation. Transactions of the ASABE, 55/4: 1491–1508

Atteslander P (2010) Methoden der empirischen Sozialforschung. 13. Aufl. Berlin>

Bahrenberg G (1974) Zur Frage optimaler Standorte von Gesamthochschulen in Nordrhein-Westfalen. Eine Lösung mit Hilfe der linearen Programmierung. Erdkunde 28: 101–114

Bahrenberg G, Giese E, Mevenkamp N, Nipper J (2017) Statistische Methoden in der Geographie. Band 1: Univariate und bivariate Statistik. Borntraeger, Stuttgart

Barsch H, Billwitz K, Bork H-R (Hrsg) (2000) Arbeitsmethoden in der Physiogeographie und Geoökologie. Klett-Perthes Verlag, Gotha

Bartels D (1968) Zur wissenschaftstheoretischen Grundlegung einer Geographie des Menschen. Erdkundliches Wissen, Beihefte zur Geographischen Zeitschrift, 19. Wiesbaden

BBodSV (1999) Bundes-Bodenschutz- und Altlasten-Verordnung. BGBl I 1999, 1575–1579. Bundesministerium der Justiz und für Verbraucherschutz (Hrsg) https://www.gesetze-im-internet.de/bbodschv/anhang_2.html (Zugriff 30.12.2017)

Bennett RJ (1979) Spatial time series: analysis, forecasting and control. Pion, London

Birkeland PW (1984) Soils and geomorphology. New York

Boardman J (2006) Soil Erosion Science: Reflections on the Limitations of current approaches. Catena 68: 73–86

Böhner J, Lehmkuhl F (2005) Climate and Environmental Change Modelling in Central and High Asia. BOREAS 34: 220–231

Böhner J, Schäfer W, Conrad O, Gross J, Ringeler A (2003) The WEELS Model: Methods, Results and Limitations. Catena 52: 289–308

Box GEP, Jenkins GM, Reinsel GC, Ljung GM (2015) Time Series Analysis: Forecasting and Control. 5. Aufl. Wiley, Hoboken, NJ

Bray RH, Kurtz LT (1945) Determination of total, organic, and available forms of phosphorus in soils. Soil Science 59: 39–45

Brodowski S, Rodionov A, Haumaier L, Glaser B, Amelung W (2005) Revised black carbon assessment using benzene polycarboxylic acids. Org. Geochem. 36/9: 1299–1310

Brunotte E, Gebhardt H, Meurer M, Meusburger P, Nipper J (Hrsg) (2001/2002) Lexikon der Geographie (4 Bände). Spektrum Akademischer Verlag, Heidelberg

Buggle B, Glaser B, Hambach U, Gerasimenko N, Marković S (2011) An evaluation of geochemical weathering indices in loess–paleosol studies. Quaternary International 240/1-2: 12–21. DOI: https://doi.org/10.1016/j.quaint.2010.07.019

Buggle B, Wiesenberg GLB, Eglington T, Lucke B (2015) Molecular proxies in Late Holocene soils and sediments of Jordan – principles, potentials and perspectives. In: Lucke B, Bäumler R, Schmidt M (Hrsg) Erlanger Geographische Arbeiten. Geoarchaeology and landscape change in the subtropics and tropics, Bd. 42: 163–182

Bull ID, Lockheart MJ, Elhmmali MM, Roberts DJ, Evershed RP (2002) The origin of faeces by means of biomarker detection. Environment International 27/8: 647–654

Burton I (1963) The quantitative revolution and theoretical geography. The Canadian Geographer 7: 151–162

Bush RT, McInerney FA (2013) Leaf wax n-alkane distributions in and across modern plants. Implications for paleoecology and chemotaxonomy. Geochimica et Cosmochimica Acta 117,Supplement C: 161–179. DOI: https://doi.org/10.1016/j.gca.2013.04.016

Chorley RJ, Haggett P (1967) Physical and Information Models in Geography. Methuen & Co Ltd, London

Cliff AD, Ord JK (1981) Spatial processes: models and applications. Pion, London

De Roo APJ, Wesseling CG, Cremers NHDT, Offermans RJE, Ritsema CJ, Van Oostindie K (1994) LISEM: a new physically-based hydrological and soil erosion model in a GIS-environment, theory and implementation. IAHS publication 224: 439–448

De Roo APJ, Jetten VG (1999) Calibrating and validating the LISEM model for two data sets from the Netherlands and South Africa. Catena 37/3-4: 477–493

Dubois N, Jacob J (2016) Molecular Biomarkers of Anthropic Impacts in Natural Archives. A Review. Frontiers in Ecology and Evolution 4: 92. https://doi.org/10.3389/fevo.2016.00092

Finkler C, Baika K, Rigakou D, Metallinou G, Fischer P, Hadler H, Emde K, Vött A (2018) The sedimentary record of the Alkinoos Harbour of ancient Corcyra (Corfu Island, Greece) – geoarchaeological evidence for rapid coastal changes induced by co-seismic uplift, tsunami inundation and human interventions. Zeitschrift für Geomorphologie N. F. Suppl. Issue

Fischer MM, Getis A (Hrsg) (1997) Recent developments in spatial analysis. Spatial statistics, behavioural modelling and computational intelligence. Springer, Berlin/Heidelberg/New York

Fischer P, Wunderlich T, Rabbel W, Vött A, Willershäuser T, Baika K, Rigakou D, Metallinou G (2016) Combined Electrical Resistivity Tomography (ERT), Direct-Push Electrical Conductivity (DP-EC) Logging and Coring – A new Methodological Approach in Geoarchaeological Research. Archaeological Prospection 23: 213–228. DOI: https://doi.org/10.1002/arp.1542

Friedrich M, Remmele S, Kromer B, Spurk M, Hofmann J, Hurni JP, Kaiser KF, Küppers M (2004) The 12,460-year Hohenheim oak and pine tree-ring chronology from Central Europe – A unique annual record for radiocarbon calibration and palaeoenvironment reconstrucitons. Radiocarbon

Friedrichs J (1990) Methoden der empirischen Sozialforschung. 14. Aufl. Opladen

Fryrear DW, Saleh A, Bilbro JD (1998) A single event wind erosion model. Transactions of the American Society of Agricultural Engineers 41/5: 1369–1374

Glaser B, Haumaier L, Guggenberger G, Zech W (1998) Black carbon in soils. The use of benzenecarboxylic acids as specific markers. Org. Geochem. 29/4: 811–819

Häckel H (2012) Meteorologie. 7. Aufl. UTB, Stuttgart

Hagen LJ (1991) A wind erosion prediction system to meet user needs. J. Soil Water Cons. 46: 106–112

Haggett P (1978) Spatial forecasting: a view from the touchline. In: Martin RL, Thrift NJ, Bennett, RJ (Hrsg) Towards the dynamic analysis of spatial systems. Pion, London

Harden JW (1982) A quantitative index of soil development from field descriptions: Examples from a chronosequence in central California. Geoderma 28: 1–28

Hausmann J, Zielhofer C, Berg-Hobohm S, Dietrich P, Heymann R, Werban U, Werther L (2018) Direct push sensing in wetland (geo)archaeology: High-resolution reconstruction of buried canal structures (Fossa Carolina, Germany). Quaternary International 473: 21–36

Heipke C (Hrsg) (2017) Photogrammetrie und Fernerkundung. Springer, Heidelberg

Hensel H, Bork H-R (1988) EDV-gestützte Bilanzierung von Erosion und Akkumulation in kleinen Einzugsgebieten unter Verwendung der modifizierten Universal Soil Loss Equation – Landschaftsökologisches Messen und Auswerten 2, 2/3: 107–136

Hotelling H (1933) Analysis of a complex of statistical variables into principal components. Journal of Educational Psychology 24: 417–441 und 498–520

Ickler G (2004) Mikrozensus 2005. Statistische Monatshefte Rheinland-Pfalz 12: 507–514

Izaurralde RC, Williams JR, McGill WB, Rosenberg NJ, Jakas MCQ (2006) Simulating soil C dynamics with EPIC: Model description and testing against long-term data. Ecological Modelling 192/3-4: 362–384

Jenny H (1941) Factors Jenny H (1941) Factors of soil formation. A system of quantitative pedology. New York

Kaiser KF, Friedrich M, Miramont C, Kromer B, Sgier M, Schaub M, Boeren I, Remmele S, Talamo S, Guibal F, Sivan O (2012) Challenging process to make the Lateglacial tree-ring chonologies from Europe absolute – an inventory. Quaternary Science Reviews 36: 78–90

Karmasin F, Karmasin H (1977) Einführung in Methoden und Probleme der Umfrageforschung. Köln u. a.

Kilchenmann A (1968) Untersuchung mit quantitativen Methoden über die fremdenverkehrs- und wirtschaftsgeographische Struktur der Gemeinden im Kanton Graubünden (Schweiz). Zürich

Knisel WG (1980) CREAMS: A Field-Scale Model for Chemicals, Runoff and Erosion from Agricultural Management Systems. U.S. Dept. of Agric., Conserv. Res. Rep. No. 26

Knödel K, Krummel H, Lange G (Hrsg) (1997) Geophysik. Handbuch zur Erkundung des Untergrundes von Deponien und Altlasten, Bd. 3, Bundesanstalt für Geowissenschaften und Rohstoffe. Springer, Berlin

Köck H (1979) Der Modellbegriff in der Geographie. Hefte zur Fachdidaktik der Geographie 2/79: 5–12

Kriz J (1983) Statistik in den Sozialwissenschaften. 4. Aufl. Opladen

Kromrey H, Roose J, Strübing J (2016) Empirische Sozialforschung. 13. Aufl. Opladen.

Laflen JM, Moldenhauer WC (2003) The USLE Story. World Associaton of Soil & Water Conservation – WASWC Special Publication 1

Lane LJ, Nearing MA, Stone JJ, Nicks AD (1989) WEPP hillslope profile erosion model user summary. In: Lane LJ, Nearing MA (eds) USDA-Water Erosion Prediction Project: Hillslope Profile Model Documentation. NSERL Report No. 2. National Soil Erosion Research Laboratory. USDA-Agricultural Research Service. W. Lafayette, Indiana

Leser H, Stäblein G (Hrsg) (1975) Geomorphologische Kartierung. Richtlinien zur Herstellung geomorphologischer Karten 1:25 000. Berliner Geograph. Abh., Sonderheft

Libby WF (1955) Radiocarbon Dating. University of Chicago Press, Chicago

Lösch A (1962) Die räumliche Ordnung der Wirtschaft. 3. Aufl. Gustav Fischer, Stuttgart

Lunne T, Robertson PK, Powell JJM (1997) Cone Penetration Testing in Geotechnical Practice. Spon Press, Abingdon

Mandl P (2000) Geo-Simulation – ein neues Forschungs- und Arbeitsgebiet für Geographen. In: Palencsar F (Hrsg) Festschrift für Martin Seger. Klagenfurter Geographische Schriften 18: 137–144

Mehlich A (1984) Mehlich-3 soil test extractant: a modification of Mehlich-2 extractant. Communications in Soil Science and Plant Analysis 15: 1409–1416

Morgan RPC, Quinton JN, Smith RE, Govers G, Poesen JWA, Auerswald K, Chisci G, Torri D, Styczen ME (1998) The European soil erosion model (EUROSEM): A process-based approach for predicting sediment transport from fields and small catchments. Earth Surface Processes and Landforms 23: 527–544

Musgrave GW (1947) The quantitative Evaluation of Factors in Water Erosion – a first approximation. Journal of Soil and Water Conservation 2/3: 133–138

Nesbitt HW, Young GM (1982) Early Proterozouc climates and plate motions inferred from major element chemistry of lutites. Nature 299: 715–717

Nesbitt HW, Young GM (1989) Formation and Diagenesis of Weathering Profiles. Journal of Geology 97: 129–147

Nipper J, Streit U (1977) Zum Problem der räumlichen Erhaltensneigung in räumlichen Strukturen und raumvarianten Prozessen. Geographische Zeitschrift 65: 241–263

O'Loughlin JV, Glebe G (1980) Faktorökologie der Stadt Düsseldorf. Ein Beitrag zur urbanen Sozialraumanalyse, Düsseldorfer Geographische Schriften, H. 16. Düsseldorf

Olsen SR, Cole CV, Watanabe FS, Dean LA (1954) Estimation of available phosphorus in soils by extraction with sodium bicarbonate. Government Printing Office. Washington D. C.

Pfeffer K-H (2006) Arbeitsmethoden der Physischen Geographie. Wissenschaftliche Buchgesellschaft, Darmstadt

Pokropp F (1996) Stichproben: Theorie und Verfahren. Oldenbourg, München/Wien

Redaktionsgruppe des Fachverbandes Geowissenschaften (1969) Bestandsaufnahme zur Situation der deutschen Schul- und Hochschulgeographie. GEOgrafiker 3

Renard KG, Foster GR, Weesies GA, McCool DK, Yoder DC (1997) Predictiong Soil Erosion by Water – a Guide to Conservation Planning with the Revised Universal Soil Loss Equation (RUSLE). U.S. Dept. of Agric., Agr. Handbook No. 703

Rixhon G, Briant RM, Cordier S, Duval M, Jones A, Scholz D (2017) Revealing the pace of river landscape evolution during the Quaternary: recent developments in numerical dating methods. Quaternary Science Reviews 166: 91–113

Robertson PK (1990) Soil classification using the cone penetration test. Canadian Geotechnical Journal 27: 151–158

Routschek A, Schmidt J, Enke W, Deutschlaender T (2014) Future soil erosion risk – Results of GIS-based model simulations for a catchment in Saxony/Germany. Geomorphology 206: 299–306

Rummel R (Hrsg) (2017) Erdmessung und Satellitengeodäsie. Springer-Verlag GmbH, Deutschland

Schellmann G, Beerten K, Radtke U (2008) Electron spin resonance (ESR) dating of Quaternary materials. E & G (Eiszeitalter und Gegenwart) Quaternary Science Journal 57: 150–178

Schlichting E, Blume H-P, Stahr K (1995) Bodenkundliches Praktikum. Blackwell, Berlin

Schröder W, Vetter L, Fränzle O (Hrsg) (1994) Neuere statistische Verfahren und Modellbildung in der Geoökologie. Vieweg, Wiesbaden

Schrott L (2015) Gelände-Arbeitsmethoden in der Geomorphologie. In: Ahnert F (Hrsg) Einführung in die Geomorphologie. 5. Aufl. UTB Ulmer, Stuttgart. 396–414

Schrott L, Otto J-C, Götz J, Geilhausen M (2013) Fundamental classic and modern field techniques in geomorphology – an overview. In: Shroder J, Switzer AD, Kennedy D (eds) Treatise on Geomorphology. Methods in Geomorphology 14: 6–21. Academic Press, San Diego

Schüller H (1969) Die CAL-Methode, eine neue Methode zur Bestimmung des pflanzenverfügbaren Phosphates in Böden. Zeitschrift für Pflanzenernährung, Düngung und Bodenkunde 123: 48–63

Schwertmann U, Vogl W, Kainz M (1990) Bodenabtrag durch Wasser – Vorhersage des Abtrags und Bewertung von Gegenmaßnahmen. 2. Aufl. Stuttgart

Statistische Ämter des Bundes und der Länder (2017) Regionaldatenbank Deutschland. https://www.regionalstatistik.de/genesis/online;jsessionid=A394E23AE48BF3A8B318A933 72F8C835.reg2?operation=startseite (Zugriff 26.9.2017)

Steiner D (1965) Die Faktorenanalyse: ein modernes statistisches Hilfsmittel des Geographen für die objektive Raumgliederung und Typenbildung. Geographica Helvetica 20: 20–34

Steingrube W (1986) Probleme der Standortplanung allgemeinbildender Schulen im ländlichen Raum. Bremer Beiträge zur Geographie und Raumplanung 10. Bremen

Streit U (1981) Einige Anmerkungen zur Regressionsanalyse raumbezogener Daten – erläutert am Beispiel einer Niederschlags-Abfluss-Regression. Erdkunde 35: 153–158

Umweltbundesamt (UBA) (2014) Indikator: Eutrophierung von Flüssen durch Phosphor. https://www.umweltbundesamt.de/indikator-eutrophierung-von-fluessen-durch-phosphor#textpart-1 (Zugriff 11.10.2017)

Verband der Landwirtschaftlichen Untersuchungs- und Forschungsanstalten (VDLUFA) (2015) Positionspapier. Phosphordüngung nach Bodenuntersuchung – Anpassung der Richtwerte für die Gehaltsklassen ist geboten und notwendig. Speyer. http://www.vdlufa.de/Dokumente/Positionspapiere/2015_Phosphorduengung-nach-Bodenuntersuchung.pdf (Zugriff 11.10.2017)

Wackernagel H (2010) Multivariate Geostatistics. An introduction with applications. 3. Aufl. Springer, Berlin

Wendland S, Bock M, Böhner J, Feise D, Lembrich D (2016) Towards the development of a GIS based Diagnosis-Tool for the spatially-explicit assessment of runoff and erosion risks on agricultural fields. Geo-Öko 37/3-4: 139–164

Werner M von (1995) GIS-orientierte Methoden der digitalen Reliefanalyse zur Modellierung der Bodenerosion in kleinen Einzugsgebieten. Diss. Berlin

Wessel K (1996) Empirisches Arbeiten in der Wirtschafts- und Sozialgeographie. Eine Einführung. Paderborn u. a.

Williams JR, Dyke PT, Fuchs WW, Benson V W, Rice OW, Taylor ED (1990) EPIC-Erosion/Productivity Impact Calculator: 2 User Manual. U.S. Department of Agriculture Technical Bulletin No. 1768

Wischmeier WH, Smith DD (1961) A universal Equation for predicting Rainfall-Erosion Losses – an Aid to conservation Farming in humid Regions. U.S. Dept. of Agric., Agr. Res. Serv. ARS Spezial Report 22–66

Wischmeier WH, Smith DD (1965) Predicting Rainfall-Erosion Losses from Cropland east of the Rocky Mountains – Guide for Selection of Practices for Soil and Water Conservation. U.S. Dept. of Agric., Agr. Handbook No. 282

Wischmeier WH, Smith DD (1978) Predicting Rainfall-Erosion Losses – a Guide to conservation Planning. U.S. Dept. of Agric., Agr. Handbook No. 537

Woodruff NP, Siddoway FH (1965) A wind erosion equation. Soil Sci. Soc. 29: 602–608

World Reference Base for Soil Resources (WRB) (2015) International soil classification system for naming soils and creating legends for soil maps. http://www.fao.org/3/a-i3794e.pdf (Zugriff 2.1.2018)

Zehner K (2004) Die Sozialraumanalyse in der Krise? Denkanstöße für eine Modernisierung der sozialgeographischen Stadtforschung. In: Erdkunde 58: 53–61

Weiterführende Literatur

Aitken MJ (1998) An introduction to optical dating: The dating of Quaternary sediments by the use of photon-stimulated luminescence. Oxford University Press, Oxford

Albertz J (2015) Einführung in die Fernerkundung. Grundlagen der Interpretation von Luft- und Satellitenbildern. 5. Aufl. Darmstadt

Bahrenberg G, Giese E, Mevenkamp N, Nipper J (2017) Statistische Methoden in der Geographie. Band 1: Univariate und bivariate Statistik. Borntraeger, Stuttgart

Barsch H, Billwitz K, Bork H-R (Hrsg) (2000) Arbeitsmethoden in der Physiogeographie und Geoökologie. Klett-Perthes Verlag, Gotha

Blume HP, Stahr K, Leinweber P (2011) Bodenkundliches Praktikum. 3. Aufl. Spektrum Akademischer Verlag/Springer, Heidelberg

Bork H-R, Dalchow C (2000) Bodeninformationssysteme. In: Barsch H, Billwitz K, Bork H-R (Hrsg) Arbeitsmethoden in Physiogeographie und Geoökologie. Klett-Perthes, Gotha

Darvill CM (2013) Cosmogenic nuclide analysis. British Society for Geomorphology, Geomophological Techniques. 4/2/10: 1–25

Deutscher Verband für Wasserwirtschaft und Kulturbau (Hrsg) (1994) Grundwassermessgeräte. DVWK Schriften 107. Wirtschafts- und Verlagsgesellschaft Gas und Wasser, Bonn

Dunai TJ (2010) Cosmogenic Nuclides. Principles, Concepts and Applications in the Earth Surface Sciences. Cambridge University Press

Fohrer N, Mollenhauer K, Scholten T-H (2003) Bodenerosion. In: Institut für Länderkunde (Hrsg) Nationalatlas Bundesrepublik Deutschland – Relief, Boden und Wasser. Spektrum Akademischer Verlag Heidelberg, Berlin. 106–109

Hütter LA (1994) Wasser und Wasseruntersuchung. 6. Aufl. Salle & Sauerländer, Frankfurt a. M.

Kahmen H (2006) Vermessungskunde. 20. Aufl. De Gruyter. Berlin

Kemper FJ (2005) Sozialgeographie. In: Schenk W, Schliephake K (Hrsg) Allgemeine Anthropogeographie. Gotha und Stuttgart. 145–212

Leser H (1977) Feld- und Labormethoden der Geomorphologie. Walter de Gruyter, Berlin

Mollenauer K, Scholten T-H (2003) Bodenerosion durch Wind. In: Institut für Länderkunde (Hrsg) Nationalatlas Bundesrepublik Deutschland – Relief, Boden und Wasser. Spektrum Akademischer Verlag Heidelberg, Berlin. 110–111

Richter G (Hrsg) (1998) Bodenerosion. Analyse und Bilanz eines Umweltproblems. Darmstadt

Rink WJ, Thompson JW (2015) Encyclopedia of Scientific Dating Methods. Springer, Dordrecht

Schellmann G, Radtke U (2003) Die Datierung litoraler Ablagerungen (Korallenriffe, Strandwälle, Küstendünen) mit Hilfe der Elektronen-Spin-Resonanz-Methode (ESR). Essener Geographische Arbeiten 35, Essen. 95–113

Schlichting E, Blume H-P, Stahr K (1995) Bodenkundliches Praktikum. 2. Aufl. Blackwell Wissenschaftsverlag, Wien

Schmidt C, Zöller L, Hambach U (2015) Dating of sediments and soils. Erlanger Geographische Arbeiten 42: 119–146

Schmidt J (2000) Soil Erosion. Application of Physically Based Models. Berlin

Schnell R, Hill PB, Esser E (2013) Methoden der empirischen Sozialforschung. 10. Aufl. München, Oldenburg

Schröder W, Vetter L, Fränzle O (Hrsg) (1994) Neuere statistische Verfahren und Modellbildung in der Geoökologie. Vieweg, Braunschweig

Schwedt G, Schmidt T-C, Schmitz OJ (2016) Analytische Chemie. 3. Aufl. Wiley VCH, Weinheim

Smith KA, Cresser MS (Hrsg) (2004) Soil and Environmental Analysis. Marcel Dekker, New York

Kapitel 5

Hermeneutische und poststrukturalistische Verfahren

Haushaltsbefragung im ländlichen Raum Nordostthailands (Foto: H. Gebhardt).

© Springer-Verlag GmbH Deutschland, ein Teil von Springer Nature 2020
H. Gebhardt et al. (Hrsg.), *Geographie*, https://doi.org/10.1007/978-3-662-58379-1_6

Bei der Untersuchung raumbezogener Fragestellungen gibt es zahlreiche Themen, die sich mit einer rein auf die quantitative Datenanalyse ausgerichteten Methodik nicht angemessen behandeln lassen. Schon in der Physischen Geographie und Landschaftsökologie erfordern beispielsweise Fragen der Landschaftsplanung und -bewertung oder Anpassungsprozesse an ökologische Veränderungen wie z. B. den Klimawandel nicht nur statistische Analysen, sondern eine wissenschaftliche Auseinandersetzung mit den normativen Richtlinien unserer Gesellschaft sowie mit den sie gestaltenden politischen Strukturen und Prozessen. Welche Landschaften sind schützenswert und warum, wie verlaufen Entscheidungen bei Konflikten um den Einsatz von Windkraft? In der Humangeographie findet sich ein noch breiteres Feld solcher Fragestellungen, beispielsweise die Untersuchung der Rolle kollektiver Raumkonstruktionen für gesellschaftliche Identitätsprozesse, das Verstehen subjektiver Wahrnehmungen und Bewertungen räumlicher Strukturen sowie darauf aufsetzende Handlungen, das Rekonstruieren von Auseinandersetzungen um die Inanspruchnahme, Gestaltung und Kontrolle raumbezogener Ressourcen, aber auch Fragen zur Gestaltungskraft und zu den Machtwirkungen raumbezogener Repräsentationen und Diskurse. Die vielfältigen Formen des alltäglichen Geographie-Machens einschließlich ihrer materiellen Dimensionen und Konsequenzen können vor allem mit interpretativ-verstehenden Verfahren angemessen untersucht werden, welche in Unterscheidung zu den quantitativ-statistischen Verfahren oft auch mit dem Begriff „qualitative Methoden" bezeichnet werden.

6.1 Interpretativ-verstehende Wissenschaft und die Kraft von Erzählungen

Paul Reuber

Die qualitativen Methoden zeichnen sich, wie in Kap. 4 bereits vergleichend dargestellt, dadurch aus, dass sie keine standardisierten Daten produzieren. Damit stellen sie Rahmenbedingungen bereit, mit denen in sehr differenzierter und offener Form beispielsweise Wahrnehmungen, Meinungen und Handlungen von Menschen, die Strukturen raumbezogener Diskurse oder auch der symbolische Gehalt räumlicher Zeichen und Repräsentationen analysiert werden können. Während analytisch-szientistische Untersuchungen auf Intersubjektivität und Standardisierung Wert legen, gelten bei interpretativ-verstehenden Verfahren Aspekte wie die Kontextualität, die Subjektivität der befragten Personen, aber auch die Subjektivität des Forschers bzw. der Forscherin als Aspekte, die dezidiert Bestandteile des Forschungsprozesses sind und entsprechend auch Einfluss auf die Ergebnisse sowie auf deren Reichweite und Relevanz haben. Diesen Aspekt haben neuere Debatten um **Autoethnographie** als Reflexionsmethode in der qualitativ arbeitenden Geographie noch einmal besonders herausgearbeitet. Sie weisen darauf hin, dass *„concerns about how to situate the narrating and experiencing self (whether researcher or researched) in relation to the production of knowledge are central to qualitative research"* (Butz 2010).

Eine Renaissance qualitativ-verstehender Methoden in der Geographie setzte seit den 1980er-Jahren ein. Die ursprüngliche Euphorie über die Möglichkeiten quantitativ-statistischer Verfahren war in demselben Maße verflogen, wie diese zu einem oft unreflektiert angewandten Standardinstrument zahlloser Studien wurden. Manche Wissenschaftler sprachen selbstkritisch von einer „zunehmenden Blindheit für die wirklich relevanten Faktoren, vom Scheitern instrumenteller Prognosen und von einem hohen Niveau trainierter Inkompetenz" (Golfmann 1983, zit. nach Wirth 1984) oder beklagten die „Diskrepanz zwischen dem von uns ausgearbeiteten theoretischen und methodischen System und unserer Fähigkeit, irgendetwas wirklich Bedeutsames über die Ereignisse auszusagen, die um uns herum geschehen" (Harvey 1973, zit. nach Dicken & Lloyd 1984).

Die Geographie folgte damit – leicht zeitversetzt – einer Entwicklung in den breiteren Gesellschaftswissenschaften (Sedlacek 1989). Mittlerweile gehören interpretativ-verstehende Verfahren zu den etablierten Methoden des Fachs. Sie zeichnen sich durch eine große Vielfalt aus (Abschn. 6.4) und werden gerade auch im Kontext der konzeptionellen Diskussionen im Feld der Neuen Kulturgeographie noch einmal erweitert, wobei im Sinne eines *ethnographic turn* nicht nur qualitative Interviewformen, sondern auch Feldaufenthalte insgesamt als eine wichtige Methode der Geographie noch einmal differenzierter und kritischer diskutiert werden. Gerade vor diesem Hintergrund ist es notwendig, vor der detaillierten Behandlung einzelner Methoden auf die konzeptionellen Unterschiede zu den quantitativ arbeitenden Verfahren hinzuweisen (Mattissek et al. 2013). Diese beziehen sich:

- auf die Erhebungstechniken selbst,
- die anschließende Auswertung der gewonnenen Daten,
- die Darstellung der Ergebnisse und
- deren Relevanz- und Gütekriterien.

Das den qualitativen Methoden maßgebend zugrundeliegende Denkmodell ist das **„interpretative Paradigma"**. Soziale Wirklichkeit wird demnach durch Handlungs- und Kommunikationsprozesse und deren Interpretation konstituiert. Entsprechend ist es Aufgabe der Sozialwissenschaften, die „Prozesse der Interpretation, die in den jeweils untersuchten Interaktionen ablaufen, interpretierend (zu) rekonstruier(en)" (Matthes 1981).

Eine solche Sichtweise setzt ein konstruktivistisches Weltbild voraus. Als wichtige traditionelle Grundlage der qualitativen Methodik kann dabei die **Hermeneutik** angesehen werden. Ihr geht es allgemein gesprochen um eine Art von „Sinnverstehen", um einen interpretierenden Zugang zum erhobenen Material. Um seinen Untersuchungsgegenstand zu begreifen, muss sich der verstehend arbeitende Wissenschaftler bzw. die Wissenschaftlerin in die zu untersuchenden Strukturen (Menschen, Texte, Bilder usw.) hineinversetzen. Verstehend arbeiten bedeutet, „etwas vor dem eigenen Horizont unmittelbar als ,eigenartig' zu interpretieren" (Pohl 1986, in Anlehnung an Seiffert 1983). Dieses Verstehen bleibt entsprechend immer auch eine kontextabhängige Rekonstruktionsleistung des Betrachters, der Forscher bildet keine unabhängige, gewissermaßen über dem Geschehen schwebende Größe. Er ist als Interpret des Geschehens ein Teil des Kommunikationsprozesses. Erneut wird hier klar, wie wichtig die kritische Selbstreflexion der Forschenden ist, *„how understanding myself in autoethnographic terms sensitizes me to dimensions of the social setting I investigate and aspects of* *my own imbrication in the self-representation I receive from research subjects"* (Butz 2010).

Wann immer also interpretatives Verstehen den Weg der wissenschaftlichen Auseinandersetzung bildet, kann das Ergebnis nur eine kontextabhängige, eine konstruierte Wirklichkeit sein. Aus dieser Sicht wird verständlich, wie notwendig es ist, qualitativ-verstehende Interpretationen theoriegeleitet anzulegen: Ein im Vorfeld der Arbeiten ausgeführtes **Theoriekonzept** bildet sozusagen die „Geschäftsgrundlage" des Verstehens. Das Theoriekonzept deutet an, aus welcher Perspektive die Forschenden ihren Blick auf den Gegenstand richten, es bildet, etwas schablonenhaft ausgedrückt, die „Interpretationsanleitung" für das Nachvollziehen der Rekonstruktionen. Es zeigt an, vor welchem konzeptionellen Hintergrund (z. B. diskursorientiert, handlungsorientiert, systemorientiert oder strukturorientiert) die Forschenden die untersuchten Materialien interpretieren, entlang welcher theoretischen Leitlinie ihr Verstehen erfolgt (Abschn. 6.3).

Die vorangegangenen Überlegungen beeinflussen auch die Frage nach der Relevanz und Anwendbarkeit der Ergebnisse verstehend-interpretativ ausgerichteter Verfahren: Hier geht es nicht in erster Linie um Repräsentativität und Prognosecharakter, sondern um Nachvollziehbarkeit und Plausibilität. Indem beispielsweise Forschende „ihre" Ergebnisse darüber darlegen, wie und warum Menschen in Bezug auf ihre physische und soziale Umwelt handeln bzw. diese gestalten, geben sie den Leserinnen und Lesern ein Set von Verständniskategorien an die Hand, mit denen diese wiederum ihre eigene Welt in Form einer veränderten und erweiterten Perspektive verstehen können. Selbst wenn diese manche Deutungen nicht übernehmen, sind sie dennoch bereits Anlass und Mittel der Auseinandersetzung mit ähnlichen Problemen in der eigenen Lebenswelt geworden.

Auch wenn die vorangehenden Anmerkungen eine recht große Verschiedenheit zwischen quantitativen und qualitativen Verfahren deutlich machen, zeigt der Abschnitt über die Methoden der poststrukturalistischen Diskursanalyse (Abschn. 6.4), dass sich diese Trennung auch konstruktiv überwinden lässt, dass sich quantitative und qualitative Verfahren in bestimmten Fällen sehr fruchtbar ergänzen können. Dies gilt hier nicht nur in einer deskriptiv-additiven Weise, wie sie sich bereits seit Längerem auch in manchen Projekten der empirischen Humangeographie finden lässt, sondern in einem aufeinander abgestimmten Vorgehen, dem eine gemeinsame gesellschaftstheoretische Gesamtkonzeption (hier die Diskurstheorie) zugrunde liegt.

6.2   Methoden qualitativer Feldforschung in der Geographie

Carmella Pfaffenbach

Interpretativ-verstehende Arbeitsweisen sind trotz des Booms in den letzten Dekaden keine Neuentdeckung auf dem Methodenmarkt. Ihre Einführung wird einem der Gründungsväter der Sozio-

logie zugeschrieben: Max Weber. Seit Weber bildet das deutende Erfassen oder deutende Verstehen von Gesellschaften das zentrale Forschungsinteresse in den Sozialwissenschaften und wurde auch von der Sozialgeographie übernommen. Als frühe Repräsentanten der interpretativ-verstehenden Methodik lassen sich die Untersuchungen der Chicagoer Schule der Soziologie (Thomas & Znaniecki 1918), die Forschungen des Ethnologen Bronislaw Malinowski (1922) und die Studien über die „Arbeitslosen von Marienthal" (Jahoda et al. 1933) anführen. In der Mitte des 20. Jahrhunderts wurden die qualitativen Methoden zeitweilig durch härtere, experimentelle und standardisierende Ansätze verdrängt. Doch bereits in den 1960er-Jahren regte sich ein zunehmendes Unbehagen gegenüber der quantitativen Methodologie und ihrem Menschenbild. Die neue **Methodendiskussion** wurde ab den späten 1970er-Jahren auch in Deutschland geführt und maßgeblich von der Arbeitsgruppe Bielefelder Soziologen getragen.

In der deutschen Humangeographie zeigten sich Auswirkungen der Methodendebatte in den 1980er-Jahren, als qualitative Methoden auch hier allmählich stärker Beachtung und Anwendung fanden. Wegweisend für diese Renaissance war zunächst eine Sammlung von Aufsätzen (Sedlacek 1989), die verschiedene Ansätze rezipierte und für die Geographie adaptierte.

Heute weisen qualitativ-verstehende Methoden in der Humangeographie eine sehr breite Vielfalt auf und gehören inzwischen zu den etablierten Methoden. Neben der teilnehmenden Beobachtung werden bei der qualitativen Feldforschung insbesondere verschiedene Formen qualitativer Interviews angewandt und im Folgenden dargestellt. Diese Methoden können als besondere Chance angesehen werden, der „neuen Unübersichtlichkeit" gesellschaftlicher Ausdifferenzierungen gerecht zu werden (Mattissek et al. 2013) und bilden daher die beiden Schwerpunkte der nachstehenden Ausführungen. Qualitativ-verstehende Ansätze sind darüber hinaus aber auch die methodische Grundlage bei der in vielen geographischen Forschungsfeldern angewandten Analyse von Quellen- und Archivmaterialien (Exkurs 6.1). Ein von den Auswertungsformen her eher für sich stehendes, spezielles Feld qualitativer Verfahren hat sich vor allem in der zweiten Hälfte des vergangenen Jahrhunderts im Feld der klassischen „Karteninterpretation" ausgebildet. Diese wird im vorliegenden Kapitel aber aufgrund ihrer im Rahmen der methodischen Ausbildung derzeit eher zurückgehenden Bedeutung nur in Form eines Exkurses (Exkurs 6.2) abgebildet (zur Kritischen Kartographie siehe Abschn. 7.2).

Teilnehmende Beobachtung

Teilnehmende Beobachtung ist „jeder professionelle Kontakt mit Vertretern der untersuchten Kulturen" (Hauschild 2000). Dabei ist Teilnahme „mehr als Anwesendsein. Es bedeutet Dabeisein, Mitmachen, Beteiligtsein, Teilnehmen am täglichen Leben der Untersuchten" und kann bis zu dem „Leben mit und in einem einheimischen Haushalt, dem Mitmachen bei den täglichen Unternehmungen, bei Gartenarbeit oder Hausbau, bei Spiel und alltäglichem Geschwätz, Freundschaft und Feindschaft, bei Trauer und bei Streit" gehen (Fischer 2002).

Exkurs 6.1 Archivstudien und Auswertung von Archivalien

Andreas Dix

„The dead don't answer questionnaires" – mit diesen Worten hat Alan Baker 1997 einen Artikel über die Bedeutung archivalischer Forschung für die Historische Geographie übertitelt (Baker 1997). Damit hat er bereits einen entscheidenden Unterschied zur humangeographischen Forschung prägnant auf den Punkt gebracht: Hier sind die üblichen Verfahren der quantitativen und qualitativen Sozialforschung nicht oder nur begrenzt einsetzbar, vielmehr muss auf zeitgenössisch entstandene, mithin historisch gewordene Quellen zurückgegriffen werden. Schriftquellen aller Art bilden dabei immer noch den wichtigsten Speicher für historische Informationen und Archive immer noch die wichtigsten „Quellencontainer". Soll im Folgenden diese ursprüngliche Funktion des Archivs in den Mittelpunkt gestellt werden, so ist doch das Archiv in den letzten Jahren auch als Institution selbst verstärkt in den Mittelpunkt des Forschungsinteresses gerückt. Das Archiv ist nie eine neutrale, objektive Instanz der Sicherung von Informationen, sondern ist immer Instrument einer interessengeleiteten Überlieferung von Informationen. So rücken Archive als die Institutionen in den Vordergrund, mit deren Hilfe historische Abläufe und damit auch Weltbilder konstruiert und kommuniziert werden. Hier hat vor allem Jacques Derridas Text *„Mal d'archive"* von 1995 wichtige Anstöße gegeben (Derrida 1995, Kurtz 2009). Gleichzeitig ist zu beobachten, wie der Archivbegriff auf viele weitere Quellentatbestände, z. B. auch aus den Naturwissenschaften, ausgedehnt wird. Diese Begriffskonjunktur gründet sich letztlich auf die ursprüngliche und bis heute wichtige Funktion von Archiven: Anfangs in gut gesicherten Räumen und Gewölben in Burgen und Schlössern untergebracht war ihre erste und wichtigste Aufgabe, Rechts- und Besitzansprüche ihrer Eigentümer durch die Aufbewahrung der entsprechenden Urkunden zu sichern. Eigene, vor allem herrschaftliche Interessen sollten auf diese Weise legitimiert und durchgesetzt werden (Beck & Henning 2004, Lepper & Raulff 2016, Franz & Lux 2017).

Bereits im Mittelalter schwoll die Überlieferung an, bedingt durch technische Innovationen wie die Einführung des Papiers ab der Mitte des 14. Jahrhunderts und des Buchdrucks ab der Mitte des 15. Jahrhunderts (Giesecke 2006). Die Territorialstaaten der Frühen Neuzeit entwickelten schließlich effiziente Verwaltungen, deren Papierhunger kontinuierlich stieg. Obwohl im Schnitt höchstens bis zu 10 % des jemals produzierten Schriftgutes aufbewahrt werden, haben sich die Bestände in den Archiven zu einem wahrhaften Papiergebirge aufgetürmt. Alleine in den Staatsarchiven der deutschen Bundesländer und im Bundesarchiv wurden im Jahre 2016 insgesamt rund 1766 Regalkilometer Akten aufbewahrt, wie das Statistische Jahrbuch des Jahres 2017 ausweist. Dies ist nur die Hinterlassenschaft der staatlichen Verwaltung, dazu müssen noch die Bestände der vielen Kommunalarchive, Kirchenarchive, Wirtschaftsarchive, Familienarchive, Par-

laments-, Partei- und Verbandsarchive und eine große Zahl weiterer Spezial- und Privatarchive hinzugerechnet werden, sodass der quantitative Umfang der archivischen Überlieferung noch weitaus höher anzusetzen ist. Für den deutschsprachigen Raum wird die Zahl der Archive insgesamt auf etwa 8000 geschätzt (Franz & Lux 2017). Unscharf ist der Übergang zu einer Vielzahl von Institutionen, die ganz unterschiedliche Formen von Überlieferung aktiv sammeln und so bedeutende Informationsbestände sichern, die sonst verloren gehen würden. Hierzu gehören Zeitungssammlungen, Dokumentationsarchive gesellschaftlicher Bewegungen oder Bild- und Filmsammlungen.

Angesichts der Masse ist die Frage entscheidend, was und besonders warum etwas im Archiv überliefert wird. Viele Faktoren spielen dabei eine Rolle, wie etwa die Besitzverhältnisse am Archiv, das Interesse, Sachverhalte geheim zu halten, und natürlich die Tatsache, dass Kriege und Katastrophen, besonders Stadtbrände und Hochwasser, bis heute Bestände dezimieren. Für die Bewertung und Auswahl der archivwürdigen Bestände ist fachlich ausgebildetes Archivpersonal zuständig, das nach festgelegten formalen wie inhaltlichen Kriterien bestimmt, welche Akten „kassiert" und welche aufgehoben werden sollen. Diese Kriterien haben sich im Laufe der Zeit gewandelt. Während früher vor allem das Interesse an Herrschern und der politischen Ereignisgeschichte vorherrschte, kamen später Fragen nach den sozialen, ökonomischen und kulturellen Verhältnissen und der Alltagsgeschichte der Menschen hinzu. Wichtig ist, immer die Perspektive im Auge zu behalten, aus der heraus eine Überlieferung entstanden ist. Man darf nicht vergessen, dass der überwiegende Teil der Überlieferung gerade in öffentlichen Archiven eine obrigkeitliche Perspektive widerspiegelt und deshalb die Auswertung komplementärer Überlieferungen unbedingt notwendig ist (Lepper & Raulff 2016, Franz & Lux 2017).

Den Papiermassen Herr zu werden, bedurfte es immer eines strukturierenden Zugriffs. Fragen der Systematisierung und der Entwicklung quellenkritischer Methoden waren grundlegende Innovationen der im 19. Jahrhundert entwickelten historisch-kritischen Methode in der Geschichtswissenschaft, wie sie z. B. durch Johann Gustav Droysen (1808–1884) vertreten wurde. In dieser Zeit wurde die grundlegende Unterscheidung von Tradition und Überrest eingeführt. Demnach ist eine Tradition eine Quelle, die Sachverhalte bewusst überliefert, wie Chroniken oder Tagebücher, während Überreste Informationen in ihrer ganzen Bandbreite eher unbeabsichtigt mit überliefern. Dazu gehört der überwiegende Teil aller Archivalien. Nach funktionalen Kriterien lassen diese sich auch in Urkunden, Akten und Amtsbücher unterteilen. Während Urkunden die eigentlichen Schriftstücke zur Rechtssicherung sind und bestimmte formale Vorgaben erfüllen müssen, sind die Akten meistens Konvolute von Schriftstücken, die zu einem bestimmten

Vorgang zusammengefasst werden. In Amtsbüchern schließlich, wie Steuerlisten oder Grundbüchern, werden regelhafte Verwaltungsvorgänge, wie Steuererhebung oder Besitzeintragung, notiert (Keitel 2005). Die Überlieferung in den Archiven ist aber noch weitaus vielfältiger und umfasst für die Geographie so wichtige Quellen wie Bilder (Schwartz 2003, Ewe 2004, Jäger 2009) und Karten (Matschenz 2004, Schneider 2004). Seit rund 20 Jahren werden immer mehr Verwaltungs- und Kommunikationsvorgänge digitalisiert und lösen den älteren Modus der papiergebundenen Aufzeichnung ab. Dadurch entstehen Datenbestände, deren Langzeitarchivierung und Auswertung ganz neue Herausforderungen bedeuten. In dieser Umbruchsituation ergeben sich bedeutende Daten- und Informationsverluste dadurch, dass ältere Überlieferungstechniken nicht mehr und neuere noch nicht über eine längere Zeit stabil funktionieren. So spricht man im Hinblick auf die Archivierung von digitalen Daten von der gegenwärtigen Zeit als einer Epoche der *Digital Dark Ages* (Kuny 1998). Auf der anderen Seite werden immer mehr archivalische Dokumente in ein digitales Speicherformat überführt. So entstehen zunehmend große Quellenkorpora, die nun auch für moderne digitale Methoden der qualitativen Inhaltsanalyse zugänglich werden (Mayring 2008). Die erfolgreiche Erschließung archivalischer Quellen erfordert zwei Voraussetzungen. Zum einen ist das Wissen um Überlieferungszusammenhänge und die daraus resultierende Reichweite von Aussagen von Interesse, zum anderen bedarf es bestimmter Arbeitshilfen und Techniken, um die Quellen zum Sprechen bringen zu können. Dazu gehört die Transkription alter Schriften (Eckardt et al. 1999, Dülfer & Korn 2004), die Auflösung von Abkürzungen und Formeln (Dülfer & Korn 2000), die Umrechnung alter Maße und Münzeinheiten (Trapp 1999, 2001), die Datierung nach den vorherrschenden Chronologien (Grotefend 2007) sowie die ikonographische Entschlüsselung von Bildern und Wappen, um nur einige zu nennen (Ewe 2004). Ob aber bestimmte Fragen überhaupt gestellt werden können, hängt ganz von der Überlieferungssituation ab. Generell gilt das aus dem Römischen Recht stammende Schriftlichkeitsgebot: *„Quod non est in actis, non est in mundo."* Das darf aber nicht zur Annahme führen, dass in Akten eine objektive Wahrheit zu finden wäre, vielmehr hat Cornelia Vismann in ihrer Pionierstudie über Akten gezeigt, dass auch diese bestimmten medialen Regeln und Mechanismen der Kommunikation folgen und ihr Eigenleben entwickeln (Vismann 2000). Trotzdem demonstriert Raul Hilberg in seinem Buch „Die Quellen des Holocaust" mustergültig methodische Möglichkeiten, wie selbst in einer Situation, in der das erhaltene Verwaltungsschriftgut systematisch vernichtet wurde, um Spuren zu verwischen, aus kleinsten Überlieferungsbruchstücken Ereignisse hinreichend präzise rekonstruiert werden können (Hilberg 2001).

Ein Großteil der Archivbestände ist grundsätzlich für die geographische Forschung von Interesse (Gagen et al. 2007, Kurtz 2009, Lorimer 2010, Mills 2013, Craggs 2016). So spiegelt Verwaltungshandeln implizit immer die Kontrolle und Beherrschung von Menschen und Räumen wider. Techniken der Informationssammlung und -auswertung nicht zuletzt mithilfe von Bildern und Karten waren und sind eine Voraussetzung für konkrete Handlungen und ihre Kommunikation sowie die Austragung von Konflikten (Ogborn 2003). Der Vorteil archivalischer Quellen ist in diesem Zusammenhang, dass sie generell Aussagen über Bewertungen und Intentionen der handelnden Personen zulassen. So können nicht nur Ereignisse und Entwicklungen rekonstruiert, quantifiziert und verortet werden, vielmehr lassen sich darüber hinaus Aussagen zur zeitgenössischen Wahrnehmung und subjektiven Bewertung über längere Zeiträume hinweg treffen. Archivalische Quellen ermöglichen so das Erkennen zeitgenössischer Logiken raumzeitlich wirksamer Prozesse. Sie bewahren davor, die Vergangenheit nur durch die Brille heutiger Normen und Sichtweisen zu sehen. Methodisch besteht zu anderen humangeographischen Forschungsrichtungen ein enger Zusammenhang mit den Perspektiven und Werkzeugen der Dokumentenanalyse (Wolff 2008), aber auch zu naturgeographischen Forschungsbereichen wie der Historischen Klimatologie (Abschn. 8.15) und den neuen Formen kollaborativer Zusammenarbeit in virtuellen Forschungsumgebungen (Abschn. 7.6).

Das Ziel teilnehmender Beobachtung ist, den Standpunkt des bzw. der „Anderen" oder Fremden sowie den Sinn ihres Handelns zu verstehen. Aus diesem hohen Anspruch resultiert als Konsequenz für die Forschungspraxis **eine intensive Feldarbeit** von mindestens einem Jahr und die detaillierte Kenntnis der Sprache als Standard in der ethnologischen Forschung („Ideologie des langen Forschungsaufenthaltes", Spittler 2001). Durch den langen Aufenthalt soll gewährleistet sein, dass die Forschenden sozial involviert werden, wovon die Datenqualität in hohem Maße abhängt. Außerdem sollen die Forschenden „den Jahresablauf einmal erlebt haben" (Fischer 2002). Auch die geographische Forschung muss sich, wenn sie im interdisziplinären Vergleich bestehen will, an diesen Maßstäben messen lassen. Allerdings sind in der Geographie kürzere, dafür mehrere Aufenthalte üblich (Deffner 2010, Verne 2012b). Diese haben im Vergleich zu einem einzigen langen Aufenthalt den Vorteil, dass Entwicklungen und Prozesse über einen längeren Zeitraum begleitet werden können.

Die Methode der teilnehmenden Beobachtung geht auf den Ethnologen Bronislaw Malinowski zurück, der sie im Zuge seiner Forschungen auf den Trobriandinseln (1915–1918) „erfunden" und ihre Anwendung bei der Erforschung fremder Kulturen vehement gefordert hat. Bis dahin war es in der Ethnologie üblich, nicht selbst Kontakt mit Menschen fremder Kulturen aufzunehmen, sondern mit Informanten der eigenen Kultur (z. B. Missionaren) zu arbeiten und deren Berichte als Grundlage der eigenen wissenschaftlichen Arbeit zu nehmen.

In der gegenwärtigen Soziologie sind vor allem die **Subkulturforschungen** des Wiener Soziologen Roland Girtler ein her-

Kapitel 6

Exkurs 6.2 Karteninterpretation

Armin Hüttermann

Unter Karteninterpretation wird in der Regel die geographische Interpretation topographischer Karten verstanden. Dabei geht es um die Interpretation einzelner Inhaltselemente der Karte, die Interpretation der Beziehungen zwischen einzelnen Inhaltselementen und um die Interpretation des Zusammenwirkens der Einzelelemente in räumlichen Einheiten.

Der systemische Ansatz der Karteninterpretation (Interpretation der abgebildeten Elemente, Relationen und räumlichen Systeme) fördert ihren Einsatz in Forschung und Lehre. Der Vorteil topographischer Karten liegt nicht nur in der Fülle der abgebildeten Informationen, sondern vor allem in ihrer Abbildung in einem räumlichen Modell. Andere Datenträger müssen das räumliche Nebeneinander der geographischen Daten in ein Nebeneinander oder Nacheinander auflösen. Karten bilden geographische Sachverhalte in ihren räumlichen Zusammenhängen ab.

Anders als viele andere Datenträger engen topographische Karten die Fragestellung durch die Fülle unterschiedlicher Informationen zunächst von sich aus nicht ein. Man kann sich ihnen unter verschiedenen, genau zu definierenden Fragestellungen nähern. Außerhalb der Geographie im engeren Sinne werden topographische Karten daher auch in anderen Fachgebieten und Anwendungsbereichen interpretiert, so etwa in der Geologie, der Raumplanung oder im Militär. Die geographischen Fragestellungen ergeben sich aus den Themenbereichen der Allgemeinen Geographie (z. B. Geomorphologie, Siedlungsgeographie), aber auch aus der Analyse regionaler Zusammenhänge.

Man unterscheidet zwischen primären und sekundären Informationen der Karte. Primäre Informationen sind die Angaben der Objektmerkmale durch quantitative oder qualitative Daten sowie der äußeren räumlichen Bezogenheit zu anderen Objekten, während sekundäre Informationen nur durch die Verarbeitung primärer Informationen bei der Karteninterpretation zu gewinnen sind. Dazu sind in der Regel geographische Grundkenntnisse notwendig.

Ein grundsätzliches Problem stellt die visuelle Analyse von Karteninhalten dar: Die physiognomische Analyse muss in der Regel ergänzt werden, entweder durch weitere Informationen (Zahlen, Abbildungen) oder durch Analogieschlüsse (vergleichbare Sachverhalte werden im Transfer zur Deutung herangezogen). Hier ergeben sich Parallelen zu Problemen der (Luft-)Bildauswertung.

Die Karteninterpretation läuft in zwei Stufen ab. Zunächst müssen die Objekte (z. B. Geländeformen, Siedlungsformen) erkannt werden, das heißt, die Karte muss gelesen und geographische Sachverhalte müssen identifiziert werden. Zum Lesen gehören auch Messungen (Größen, Distanzen, Winkel, Flächen). Danach folgt die eigentliche Interpretation, bei der aus dem „Gelesenen" die Sachverhalte, ihre Beziehungen zueinander und die räumlichen Strukturen und Prozesse interpretiert und bewertet werden.

Das Kartenlesen als Vorstufe zur Karteninterpretation ermöglicht in der Regel die räumliche Vorstellung des durch die zweidimensionale Karte abgebildeten Sachverhalts. Einzelne Darstellungsmittel der Kartographie, wie etwa die Isohypsen, stellen besondere Anforderungen an das Kartenlesen. Neuere Entwicklungen in der digitalen Kartographie erleichtern auch das Kartenlesen und die Interpretation topographischer Karten: Berechnungen von Distanzen, Flächen oder auch Steigungen im Gelände (Geländeprofile) können mit digitalen topographischen Karten erfolgen, die auch die Darstellung in dreidimensionalen Modellen (Blockbilder) ermöglichen.

Bei der Karteninterpretation geht man zunächst von einer Durchmusterung des gesamten Kartenblattes aus, bei der die nachgefragten Informationen systematisch gesammelt werden. Bei einer gesamträumlichen Analyse bietet sich hierzu das sog. Länderkundliche Schema (Abschn. 3.2) an, bei dem einzelne Geofaktoren nacheinander aufgesucht werden. Erst an diese Bestandsaufnahme schließt sich die Interpretation an, in der es dann zu einer Gesamtschau z. B. eines räumlichen Systems kommen kann. Die Darstellung solcher räumlichen Systeme muss nicht ebenfalls nach dem Länderkundlichen Schema geschehen und kann entweder das gesamte Kartenblatt oder Teile davon umfassen.

Der systemische Ansatz (Interpretation von Elementen, Relationen und Systemen) kann an einem Beispiel (Karst) verdeutlicht werden. Von der Analyse einzelner Elemente (Dolinen, Trockental) schreitet die Interpretation fort zur Analyse von Elementkomplexen und den Beziehungen der einzelnen Elemente (Karstformenschatz) bis hin zur Synthese in Systemen (Karstlandschaft mit Karstformen).

Karteninterpretation ermöglicht die Analyse geographischer Fragestellungen eines Ortes, an dem man sich zurzeit nicht befindet. Darüber hinaus ist die Interpretation topographischer Karten vor Ort eine Möglichkeit, die Beschränkungen einer Ortsbegehung zu überwinden: Während man sich vor Ort entweder punktuell aufhält oder sich linear bewegt, ermöglicht die Karte die lückenlose flächenhafte Erfassung. Auch ergänzt sie die Informationsaufnahme vor Ort, indem Höhen, Distanzen, Flächen, Richtungen, Verteilungen, städtische sowie ländliche Siedlungen und so weiter festgestellt bzw. verglichen und unterschieden werden und in die Interpretation einfließen können.

vorragendes Beispiel dafür, welche großen Erkenntnisgewinne teilnehmende Beobachtung erzielen kann. Die Forderungen der Ethnologie, den Standpunkt fremder Kulturen einzunehmen und zu versuchen, die spezielle Sicht der Welt nachzuvollziehen, gelten somit auch für soziale Gruppen der eigenen Gesellschaft.

Auch in der Humangeographie sind Beobachtungsverfahren sozialer Phänomene inzwischen gängig. Diese Methode wird jedoch in der Regel anderen Erhebungsverfahren unter- oder beigeordnet. Detlef Müller-Mahn (2001) kombinierte in seiner Untersuchung von Fellachendörfern in Ägypten die Methode der teilnehmenden Beobachtung mit einer standardisierten Befragung, mit Kartierungen und einer Sekundärquellenanalyse. Die teilnehmende Beobachtung erfolgte im gesamten Untersuchungsverlauf zu einem relativ späten Zeitpunkt, um durch diese Gespräche die quantitativ erfassten Strukturen qualitativ zu vertiefen. In anderen komplexen Forschungsdesigns kann die teilnehmende Beobachtung aber auch die Basis für weitere Methoden sein und in der ersten Erhebungsphase angewandt werden. Verena Meier (1989) schildert eindrucksvoll, welche Probleme sie in der ersten Feldforschungsphase hatte, mit den Frauen im Schweizer Calancatal ins Gespräch zu kommen. Für sie stellte sich teilnehmende Beobachtung im retrospektiven Vergleich zu „Interviews aus Städterinnenverständnis" als besserer Einstieg heraus.

Folgende Formen der teilnehmenden Beobachtung können unterschieden werden (Gold 1958):

- **vollständige Teilnahme** (Integration, die Beobachterrolle ist kaum erkennbar, häufig als verdeckte Beobachtung)
- **Teilnehmer/in als Beobachter/in** (weitgehende Integration, erkennbare Beobachterrolle)
- **Beobachter/in als Teilnehmer/in** (geringe Integration, Beobachtung dominiert)
- **vollständige Beobachtung** (keine Integration und Interaktion „mit dem Feld", Distanz)

Teilnehmende Beobachtung erfolgt zumeist **unstrukturiert bzw. nicht standardisiert** (d. h. es liegt selten ein standardisiertes Beobachtungsschema zugrunde) und **offen** (d. h. die Beobachteten wissen, dass sie Gegenstand einer wissenschaftlichen Untersuchung sind, während sie bei einer verdeckten Beobachtung über den Beobachtungsvorgang nicht informiert sind). Die unstrukturierte Beobachtung bietet den Vorteil, dass der Beobachtung ein weiter Rahmen eingeräumt wird, denn im Laufe der Forschung können sich Perspektiven verändern und Beobachtungen neu interpretiert werden. Eine strukturierte Beobachtung hingegen ist von vornherein selektiv auf wenige Aspekte ausgelegt. Wissenschaftliche Beobachtungen sind – im Gegensatz zu naiven oder Alltagsbeobachtungen – jedoch immer **systematisch**.

Beobachtungen werden überwiegend zu den **nicht reaktiven Verfahren** gezählt, denn der Untersuchungsgegenstand, das Denken und Handeln der Menschen, wird durch die Beobachtung in der Regel selbst nicht oder kaum verändert, die Beobachtung findet in der „normalen" Umgebung der Menschen

statt. Bei den Formen der teilnehmenden Beobachtung, bei denen nur in begrenztem Umfang eine Teilnahme erfolgt, wird sogar auf eine bewusste Interaktion zwischen Forschenden und Beobachteten verzichtet. Allerdings muss man sich klarmachen, dass allein durch die Anwesenheit von „Fremden" die „normale Umgebung" der Menschen beeinflusst ist. Sie reagieren selbstverständlich auf die Beobachterin bzw. den Beobachter, zumal diese bzw. dieser in der Regel mit den Menschen kommuniziert, und Kommunikation wird per se als reaktiv angesehen. Die teilnehmende Beobachtung muss sich jedoch nicht auf reines Beobachten beschränken, sondern es gehören durchaus **offene Interviews** dazu. Eine Teilnahme ganz ohne Gespräche ist sowieso nicht praktikabel, weshalb die Fähigkeit zur Kommunikation (als soziale und sprachliche Kompetenz) von großer Bedeutung auch für die Beobachtung ist (Mattissek et al. 2013).

Während sich Interviews vor allem zur Erfassung von Einstellungen und Meinungen, aber auch zur Erzählung von (Lebens-) Geschichten eignen, ist die Beobachtung empfehlenswert für die Ermittlung von offen sichtbaren Handlungsweisen. Man kann „mit ‚einem Blick' komplexe Sachverhalte erfassen, die sich sprachlich nur sehr umständlich ausdrücken lassen" (Spittler 2001).

In der Fachliteratur wird das praktische Vorgehen bei der teilnehmenden Beobachtung anhand der folgenden Aspekte problematisiert (Exkurs 6.3):

- **die Rolle der Beobachtenden:** Verdeckte Beobachtungen im öffentlichen Raum gelten als relativ unproblematisch, da es hier Rollen gibt, die leicht angenommen werden können (z. B. die Rolle von Käufern oder Besuchern einer Freizeiteinrichtung). Allerdings erfolgt in diesem Fall die Beobachtung im Wesentlichen aus einer Außenseiterposition, und die Forschenden bleiben in einer distanzierten Beziehung zu ihrem Forschungsgegenstand. Offene Beobachtungen im halböffentlichen oder privaten Raum sind komplizierter. Hier müssen im Einverständnis mit den beobachteten Menschen Rollen definiert und ausgehandelt werden, die zum einen die Beobachtung der interessierenden Sachverhalte und die Einnahme einer Insider-Position zulassen, andererseits aber möglichst wenig die Aktionen und Interaktionen der Beobachteten beeinflussen.
- **der Zugang der Forschenden zum „Feld":** Häufig wird der Zugang zu den zu beobachtenden Menschen und Kontexten über eine Schlüsselperson versucht, die die Forschenden einführt und bekannt macht. Für diese Funktion die geeignete Person zu finden, ist der erste entscheidende Schritt. Es ist dabei wichtig, dass diese Schlüsselperson innerhalb der Gruppe Anerkennung besitzt (Flick 2011). In der Anfangsphase kann es von Vorteil sein, möglichst vielfältige Kontakte aufzubauen (Legewie 1991). In dieser Phase ist die Persönlichkeit des Forschers bzw. der Forscherin von großer Bedeutung für den Erfolg der Arbeit. Girtler (2001) hat den Prozess mit folgendem Zitat auf den Punkt gebracht: „Hat es nun der Forscher geschafft, als ‚netter Kerl' angesehen zu werden, so hat er den ersten wichtigen Schritt getan, um überhaupt seine Forschung durchführen zu können."

Exkurs 6.3 Ethnographische Forschung in der aktuellen Humangeographie

In der aktuellen humangeographischen Forschung wurde die Ethnographie als erkenntnisreicher Zugang zu sozialen Praktiken und gelebter Erfahrung wiederentdeckt. Es wird betont, dass Ethnographie nicht nur die Methode der teilnehmenden Beobachtung meint, sondern darunter eine Methodologie verstanden wird. Müller (2012) fasst die Methodologie der Ethnologie wie folgt zusammen: „Zum Ersten bedingt das Forschungsinteresse am Alltagsleben der Forschungssubjekte eine besondere Position und Verantwortlichkeit der Forscherin. Zum Zweiten müssen der Status und die Interpretation des Materials reflektiert werden. Zum Dritten schließlich ist der Prozess des Schreibens und der Konstruktion eines Narrativs von zentraler Bedeutung." Im Unterschied zu einer „realistischen Ethnographie", die seiner Meinung nach „interpretative Omnipräsenz" vorgibt, erheben „poststrukturalistische Ethnographien keinen Anspruch auf Wahrheit und Objektivität, sondern erkennen an, dass wissenschaftliche Erkenntnis immer partiell und situiert ist" (Müller 2012).

Das heutige Verständnis von Ethnographie ist stark geprägt durch das Denken von Clifford Geertz und sein Konzept einer deutenden Ethnologie, das als „dichte Beschreibung" bekannt geworden ist. Im Unterschied zu einer „dünnen

Beschreibung", worunter lediglich der Prozess des Datensammelns verstanden wird, verfolgt „dichte Beschreibung" das Ziel, in die Gedankenwelt der Forschungssubjekte „einzutauchen" und ihre Vorstellungen und Deutungen der Welt zu verstehen (Geertz 1983). Der Bezug auf Geertz ist dabei keineswegs neu in der deutschen Humangeographie (Escher 1991). Verne hat in ihrer Forschung (2012a, 2012b) in Anlehnung an Geertz ein Konzept einer interpretativ-hermeneutischen Ethnographie entwickelt, wonach Vorkenntnisse und Theorien grundsätzlich kritisch zu hinterfragen sind. „Dies impliziert jedoch keinesfalls einen naiven Empirismus. Ziel ist es vielmehr, das eigene Instrumentarium kritisch zu hinterfragen und dadurch die theoretische Reflexion immer nuancierter zu gestalten. Zentral ist dabei die Frage, welche Einblicke durch bestimmte theoretische Zugänge ermöglicht bzw. durch sie verstellt werden" (Verne 2012a).

Ethnographische Forschung ist damit eng an den offenen und intuitiven Prozess des Eintauchens und Verstehens verknüpft. Ein vollständiges Verstehen bleibt jedoch eine Illusion. Auch bei einer noch so engagierten ethnographischen Forschung besteht stets die Gefahr von Fehldeutungen und Missverständnissen.

- **der Umfang der Beobachtung:** In der Anfangsphase werden häufig möglichst vielfältige Informationen gesammelt, und erst im weiteren Verlauf wird die Beobachtung immer stärker strukturiert. Die späteren Beobachtungsphasen werden als „fokussierte Beobachtung" und „selektive Beobachtung" bezeichnet (Flick 2011).
- **das Protokollieren:** Die nachträgliche Protokollierung kann lediglich das noch Erinnerte enthalten. Beobachtungsprotokolle können daher nicht als wirklichkeitsgetreue Wiedergabe des Geschehens gelten. Vielmehr sind es „Texte von Autoren, die mit den ihnen jeweils zur Verfügung stehenden sprachlichen Mitteln ihre ‚Beobachtungen' und Erinnerungen nachträglich sinnhaft verdichten, in Zusammenhänge einordnen und textförmig in nachvollziehbare Protokolle gießen" (Lüders 2010).
- **going native:** Forschende, die mit der Methode der teilnehmenden Beobachtung arbeiten, müssen einerseits an einer möglichst intensiven Teilhabe „im Feld" interessiert sein und sich um eine zunehmende Vertrautheit bemühen, andererseits müssen sie auch versuchen, ausreichend Distanz zu wahren (Lüders 2010). Der „Verlust der Außenperspektive und die unhinterfragte Übernahme der Innenperspektive" (Flick 2011) wird als going native bezeichnet und gehört zu den größten Problemen dieser Methode (Exkurs 6.4).
- **verdeckte Beobachtungen:** Sie sind ethisch problematisch, weil die Beobachteten Dinge von sich preisgeben, ohne zu wissen, dass sie in einer Untersuchung von Interesse sind. Aber „niemand darf ohne sein Wissen ‚Opfer' einer Untersuchung werden" (Legewie 1991).

Qualitative Interviews

Qualitative Interviews können in **drei Gruppen** eingeteilt und unterschieden werden: Leitfadeninterviews, Erzählungen und Gruppenverfahren (Flick 2011; Abb. 6.1). Leitfadeninterviews sind stärker strukturiert und stärker an den Interessen der Interviewenden orientiert als Erzählungen, bei denen die Interviewenden nur das Thema vorgeben und den Verlauf der Erzählung weiter anregen. Im Unterschied zu Leitfadeninterviews und Erzählungen, die sich zumeist nur an eine Person wenden, wird bei Gruppenverfahren vor allem die Dynamik von Gruppen für den

Abb. 6.1 Formen qualitativer Interviews.

Exkurs 6.4 Klassiker zur teilnehmenden Beobachtung aus der Stadtforschung

William F. Whyte beschreibt in seiner Doktorarbeit *„Street Corner Society: The Social Structure of an Italian Slum"* die Ergebnisse von zwei Jahren Feldforschung in einem Slum-Viertel in Boston/USA, das zu dieser Zeit hauptsächlich von italienischen Einwanderern bewohnt wurde und das er „Cornerville" nannte. Die Arbeit wurde erstmals 1943 publiziert. Erst in der zweiten Auflage 1955 wurde sie durch Reflexionen des Autors zu seiner verwendeten Methode der teilnehmenden Beobachtung ergänzt. Die im Folgenden zitierten Passagen zeigen deutlich, wie brüchig die Trennung zwischen Forschenden und Beforschten ist. So wie Forschende zu einem Teil der Gesellschaft werden, die sie untersuchen, gleiten Teile dieser Gesellschaft in den Forschungsprozess hinein, und es kommt zu einem Verschwimmen, zu einer Auflösung der Distanz zwischen Forschenden und Beforschten, zu der Erkenntnis, wie sehr Wissenschaft ein untrennbarer und integraler Teil des Gesellschaftlichen ist.

„Als ich anfing, in Cornerville herumzuhängen, stellte ich fest, daß ich eine Erklärung für mich und mein Projekt brauchte. Solange ich mit Doc [Schlüsselperson] zusammen war und er für mich einstand, fragte mich keiner, wer ich war und was ich machte. Wenn ich mich in anderen Gruppen bewegte oder […] ohne ihn, war es offensichtlich, daß sie meinetwegen neugierig waren.

Ich fing mit einer ziemlich ausführlichen Erklärung an. Ich würde die Sozialgeschichte Cornervilles untersuchen – aber ich hätte einen neuen Blickwinkel […]. Damals gefiel mir meine Erklärung gut, aber niemand sonst schien viel davon zu halten […]. Bald fand ich heraus, dass die Leute ihre eigene Erklärung für mich und meine Anwesenheit entwickelt hatten: Ich schriebe ein Buch über Cornerville, hieß es. Dies mag sich wie eine viel zu unklare Erklärung anhören, aber sie war ausreichend. Ich entdeckte, daß der Grad meiner Akzeptanz im Viertel viel mehr von den persönlichen Bezie-

hungen, die ich entwickelte, abhing als von irgendwelchen Erklärungen, die ich geben konnte. […]

Meine Beziehung zu Doc änderte sich in dieser frühen Cornervillephase sehr schnell. Anfangs war er einfach ein besonders wichtiger Informant – und auch mein Beschützer. Als wir mehr Zeit miteinander verbrachten, hörte ich auf, ihn als passiven Informanten zu behandeln. Ich diskutierte mit ihm ganz offen, was ich zu tun beabsichtigte, wo ich vor Schwierigkeiten stand und so weiter. Einen großen Teil unserer Zeit verbrachten wir mit solchen Diskussionen über Ideen und Beobachtungen, so daß Doc im ganz buchstäblichen Sinne ein Mitarbeiter bei meinen Forschungen wurde. […]

Obwohl ich mit Doc enger zusammenarbeitete als mit irgendjemandem sonst, suchte ich mir in jeder Gruppe, die ich untersuchte, immer den Anführer. Ich wollte nicht nur seine Unterstützung, sondern auch seine aktive Mitarbeit an meiner Studie. Da diese Anführer eine Art von Position in der Gemeinschaft hatten, die es ihnen viel leichter machte als ihrer Gefolgschaft zu beobachten, was vor sich ging, und da sie im allgemeinen fähigere Beobachter waren als ihre Gefolgsleute, stellte ich fest, daß ich von der engeren Zusammenarbeit mit ihnen viel zu lernen hatte.

Manchmal überlegte ich, ob dieses simple Herumhängen an der Straßenecke ein hinreichend aktiver Vorgang war, um des Begriffs ‚Forschung' würdig zu sein. Vielleicht sollte ich diesen Männern Fragen stellen. Trotzdem muss man nicht nur lernen, was man fragen soll, sondern man hat auch zu lernen, wann Fragen angebracht sind und wann nicht. […] Doc erklärte mir: ‚Halt dich lieber zurück mit Wer, Was, Warum, Wann, Wo, Bill. Wenn du solche Fragen stellst, sagen die Leute keinen Piep mehr. Wenn dich die Leute akzeptieren, kannst du einfach rumhängen, und am Ende kriegst du die Antworten und mußt dazu nicht mal die Fragen stellen'."

Interviewverlauf und den Erkenntnisgewinn genutzt (zu Auswahlverfahren von Interviewpartnerinnen und -partnern siehe Exkurs 6.5).

Gemeinsam ist allen qualitativen Interviews, dass die Interviewsituation weitgehend **offen gestaltet** ist und die Gesprächspartnerinnen und -partner gebeten werden, eigene Deutungen und Meinungen zu äußern. Die Interviewten werden ausdrücklich als Gesprächs-„partner" und nicht als „Probanden" gesehen. Eine faktische Gleichstellung von Interviewenden und Interviewten gibt es allerdings auch bei den qualitativen Interviews kaum, denn die Interviewenden sind verantwortlich für die Gestaltung des Interviewsettings (Hermanns 2010).

Die nachfolgend dargestellten Interviewformen zeichnen sich durch eine „mittlere Offenheit" aus und haben in der empirischen

humangeographischen Forschung vielfach und fruchtbar Verwendung gefunden. Viele andere Interviewformen schöpfen entweder die Möglichkeiten der qualitativen Forschung nur bedingt aus oder werden in der empirischen Humangeographie kaum angewandt.

Problemzentrierte Interviews

Problemzentrierte Interviews sind **offen**, das heißt offen für die Befragten (es werden keine Antwortvorgaben gegeben), und **halb strukturiert**, das heißt, die Interviewenden können flexibel auf den Gesprächsverlauf reagieren (es existiert kein starrer Fragenkatalog). Entwickelt wurde die Interviewform von dem Psychologen Andreas Witzel, der die Problemzentrierung, die ihr den Namen gab, als „die Orientierung des Forschers an einer relevanten gesellschaftlichen Problemstellung" (1985) definierte. Der Begriff

Exkurs 6.5 Auswahl und Anzahl von Interviewpartnerinnen und -partnern für qualitative Interviews

In der qualitativen Forschung richtet sich die Auswahl der Interviewpartnerinnen und -partner nicht nach Repräsentativität, sondern nach Plausibilität, und kann bewusste und subjektive Auswahlelemente enthalten. Für die konkrete Auswahl der Gesprächspartnerinnen und -partner sind verschiedene Aspekte entscheidend: das Thema, die Fragestellung, die Anzahl möglicher Gesprächspartnerinnen und -partner, das Zeitbudget und die Frage, ob man das Feld möglichst breit erfassen will oder ob man mehr Wert auf Tiefe legt (Flick 2011).

- **„Vollerhebung":** Ist der Kreis der thematisch betroffenen Personen eher klein, können alle für ein Interview ausgewählt werden. Dieses Vorgehen ist vor allem bei Experteninterviews möglich. Flick (2011) sieht auch bei größeren Gruppen einen Sinn darin, eine Vollerhebung durchzuführen, wenn dafür entsprechende Ressourcen zur Verfügung stehen; er weist jedoch darauf hin, dass später bei der Auswertung eine stärkere Materialauswahl erfolgen muss (Welche Interviews und welche Passagen werden davon ausgewertet?).
- **Schneeballverfahren:** Man lässt sich von Personen, die man interviewt hat, weitere mögliche Interviewpartnerinnen oder -partner empfehlen und den Kontakt zu diesen Personen vermitteln. Durch dieses Verfahren bleiben die Ausgewählten allerdings zumeist innerhalb des Bekanntenkreises der bereits Befragten und begrenzen sich damit auf eine bestimmte Gruppe oder ein bestimmtes Milieu (Merkens 2010).
- **Annoncen** oder andere Methoden, die Auswahl den Auszuwählenden zu überlassen: Per Anzeige oder Aufruf werden Personen aufgefordert, sich für ein Interview zu melden. Die an der Untersuchung Teilnehmenden „müssen sich selbst aktivieren" (Merkens 2010) und damit wird das Spektrum der möglichen Interviewpartnerinnen und -partner auf diejenigen beschränkt, die von sich aus Interesse signalisieren. *gatekeeper* oder **Schlüsselpersonen**: Wenn die Personen, mit denen man Interviews führen möchte, nicht einfach identifizierbar sind oder man nicht problemlos zu ihnen Kontakt aufnehmen kann, benötigt man Schlüsselpersonen, die solche Kontakte herstellen können. Sind sehr verschiedene Personengruppen in einer Untersuchung von Interesse, können mehrere Schlüsselpersonen empfehlenswert sein.
- Die theoretisch begründete schrittweise Auswahl: Bei einem sog. **„theoretischen Sampling"** werden Entscheidungen über die Auswahl und Zusammensetzung der Befragten im Laufe der Datenerhebung und -auswertung getroffen. „Theoretisch" heißt das Sampling, weil das Ziel der Erhebung eine empirisch begründete Theoriebildung ist, und die Auswahl der Interviewpartnerinnen und -partner bereits darauf abzielt. Die Auswahl ist wie die ganze Forschung prozesshaft und erfolgt daher schrittweise während der Datenerhebung. Dabei werden zunächst Personen oder Gruppen ausgewählt, die mit Blick auf die Fragestellung Unterschiede erwarten lassen. In einem zweiten Schritt werden dann „nach ihrem (zu erwartenden) Gehalt an Neuem für die zu entwickelnde Theorie" (Flick 2011) weitere Personen angesprochen. Die Auswahl von Interviewpartnerinnen und -partnern schließt erst ab, wenn eine „theoretische Sättigung" eingetreten ist, das heißt, wenn vermutlich keine neuen Erkenntnisse mehr hinzukommen können.
- Die **bewusst-spezifische Auswahl** von Gesprächspartnerinnen bzw. -partnern: Je nach Fragestellung kann es auch sinnvoll sein, gezielt Gesprächspartnerinnen bzw. -partner auszuwählen, z. B. Extremfälle oder abweichende Fälle, besonders typische Fälle, möglichst unterschiedliche Fälle (zielt auf maximale Variation), kritische Fälle, politisch wichtige oder sensible Fälle oder möglichst einfach zugängliche Fälle (bei begrenzter zeitlicher und personeller Ausstattung; Patton 2002 zit. nach Flick 2011).
- Das **„statistische *sample"***: Die Struktur eines statistischen *samples* kann im Vorhinein festgelegt werden. Dabei kann man beispielsweise nach unterschiedlichen soziodemographischen Kriterien vorgehen und andere Variablen berücksichtigen, die für die Fragestellung relevant sind. Aus diesen Merkmalen ergibt sich eine Matrix mit einer entsprechend großen Anzahl an Feldern. Bei der konkreten Auswahl wird dann auf eine möglichst gleichmäßige Besetzung der Felder geachtet (Flick 2011). Das Vorgehen erinnert zwar an quantitative Auswahlverfahren, zielt jedoch nicht auf Repräsentativität ab.

Auch die wegen eines Interviews angesprochenen oder kontaktierten Personen selbst wirken durch ihr (Des-)Interesse und ihre (Nicht-)Bereitschaft an einem Interview an der Auswahl mit. „Gute Gesprächspartnerinnen und -partner" verfügen über das notwendige Wissen und die notwendige Erfahrung, die Fähigkeit zur Reflexion und Artikulation, über Zeit, um interviewt zu werden, und die Bereitschaft, sich an der Untersuchung zu beteiligen (Morse 1994 zit. nach Merkens 2010).

kann jedoch irreführend sein, denn Problembezogenheit ist nicht ausschließlich auf problemzentrierte Interviews reduzierbar.

Das problemzentrierte Interview wird zu den Leitfadeninterviews gerechnet. Dieser Leitfaden spiegelt die Überlegungen der Forschenden zu einer spezifischen Problemstellung wider und stellt damit eine klare Vorabkonstruktion dar. Diese theoretischen Konzepte und das wissenschaftliche Vorverständnis werden vor den empirischen Arbeiten festgehalten und der Leitfadenkonstruktion zugrunde gelegt. Die wesentlichen Aspekte werden im

Interviewleitfaden zusammengefasst und im Gesprächsverlauf angesprochen. Dieses Vorgehen fußt auf der Überzeugung, dass Forschende nicht völlig ohne Konzepte und Theorien mit der empirischen Arbeit beginnen, sondern „immer schon entsprechende theoretische Ideen und Gedanken (mindestens implizit) entwickelt" haben (Lamnek 2010).

Mayring (2002) orientiert sich in seiner Anleitung zur **Anfertigung eines Leitfadens** relativ stark an der Strukturierung von Fragebögen. Demnach soll ein Leitfaden „die einzelnen Thematiken des Gesprächs in einer vernünftigen Reihenfolge und jeweils Formulierungsvorschläge der Fragen" enthalten. Andere Autoren halten weder eine genaue Frageformulierung noch die Reihenfolge, in der die interessierenden Themen angesprochen werden, für erheblich: Im Leitfaden sollen nach Lamnek (2010) nur die „wichtigsten anzusprechenden Fragen – nicht notwendigerweise im Wortlaut – stichpunktartig festgehalten [sein]. Wann diese oder jene Frage mit dem Befragten besprochen wird, ist nicht fixiert, sondern ergibt sich aus dem zufälligen Verlauf des Gesprächs." Ob man die Fragen formuliert oder die Themen nur stichpunktartig anführt, kann sich nach den Bedürfnissen der Interviewenden richten. Selbst wenn nur Stichpunkte festgehalten sind, wird sich im Laufe der Untersuchung eine bestimmte Art herausbilden, die jeweiligen Punkte anzusprechen.

Ein Leitfaden ist in seiner Funktion und seiner Struktur trotz gewisser Ähnlichkeiten nicht identisch mit einem Fragebogen mit ausschließlich offenen Fragen. Er strukturiert das Gespräch nur insofern vor, als er die Themen enthält, die im Interview angesprochen werden sollen. Ein Leitfaden ist somit eine **Interviewhilfe** und kein starres Schema, in das jedes Interview gepresst werden muss. Generell sind im Unterschied zu einer Fragebogenerhebung im gesamten Forschungsverlauf Veränderungen des Leitfadens möglich, die mit der Prozesshaftigkeit qualitativer Forschung begründet werden können (Mattissek et al. 2013).

Im Folgenden sind die Bestandteile eines problemzentrierten Interviews anhand einer konkreten Untersuchung zum Berufseinstieg von Jugendlichen dargestellt (Witzel 1985):

- Gesprächseinstieg: „Du möchtest … werden, wie bist du darauf gekommen? Erzähl doch einfach mal!"
- Allgemeine Sondierungen sollen im Interview durch Nachfragen wie „Was passierte da im Einzelnen?" oder „Woher weißt du das?" weitere Details des bis dahin Dargestellten liefern.
- Spezifische Sondierungen sollen das Verständnis aufseiten der Interviewenden vertiefen durch Zurückspiegelung des Gesagten (Zusammenfassung, Rückmeldungen, Interpretationen des Interviewers), Verständnisfragen und Konfrontation der Interviewpartnerinnen bzw. -partner mit Widersprüchen und Ungereimtheiten in ihren Ausführungen.
- Ad-hoc-Fragen sind der vierte und letzte Teil eines problemzentrierten Interviews. Es können direkte Fragen zu Themengebieten gestellt werden, die die Interviewpartnerinnen bzw. -partner bislang noch nicht von sich aus angesprochen haben.

Problemzentrierte Interviews sind ergänzbar durch andere Elemente, beispielsweise durch eine **narrative Sequenz** zu einem bestimmten Aspekt (siehe die Einstiegsfrage oben: „Du möchtest … werden, wie bist du darauf gekommen? Erzähl doch einfach mal!") oder durch Fotos, die den Interviewten mit der Bitte um Kommentare vorgelegt werden (z. B. Fotos von (Natur-)Katastrophen oder Umweltschäden; Meier et al. 2005). Die Interviewform eignet sich nach Mayring (2002) besonders gut für umfangreiche Stichproben von bis zu 100 Interviews. In diesem Fall muss man allerdings von einem sehr konzentrierten Problem und einem relativ kurzen Leitfaden ausgehen, andernfalls ist bei dieser großen Interviewzahl nur bei erheblichen personellen Ressourcen eine vertiefte Auswertung möglich. Der den Interviews zugrunde liegende Leitfaden erleichtert jedoch die Auswertung, da die Interviews einem ähnlichen Muster folgen und dadurch zumindest teilweise direkt miteinander vergleichbar sind. Als **Auswertungsmethode** sind besonders kodierende Verfahren und die qualitative Inhaltsanalyse geeignet (Flick 2011, Mayring 2002). Problemzentrierte Interviews können jedoch auch bei einem nicht so stark eingrenzbaren Themengebiet sinnvoll sein. Dann sind bereits deutlich weniger als 100 Interviews eine gute Basis für eine detaillierte Auswertung. Je nach Thema und Rahmenbedingungen muss man entscheiden, ob man eher Wert auf Breite und eine größere Interviewzahl legt oder auf Tiefe und dann weniger, aber umfangreichere Interviews führt.

Narrative Interviews

Narrative Interviews sind **offen** und **wenig strukturiert**. Die Interviewform geht auf den Bielefelder Soziologen Fritz Schütze (1977) zurück. Narrative Interviews werden ohne vorher ausgearbeitetes Konzept geführt. Wohin sich die Untersuchung entwickelt, hängt weitgehend von den Erzählungen ab und wird möglichst wenig durch Überlegungen der Forschenden vorstrukturiert. Gerade diese angebliche „Tabula rasa" muss jedoch kritisch hinterfragt werden, denn Forschende – auch wenn sie es nicht explizieren – arbeiten in der Regel nicht ohne Konzepte und ohne ein wissenschaftliches Vorverständnis (Mattissek et al. 2013).

Das narrative Interview baut zu einem großen Teil auf dem freien Erzählen auf. Es soll sich dabei um eine **„spontane Erzählung"** handeln, „die nicht durch Vorbereitungen oder standardisierte Versionen einer wiederholt erzählten Geschichte vorgeprägt oder vorgeplant" ist (Hermanns 1991). Als Themen eignen sich wichtige Ereignisse und Schlüsselerlebnisse. Der Hauptteil des Interviews besteht aus „der Erzählung selbst erlebter Ereignisse" durch die Interviewpartnerinnen bzw. -partner (ebd.). Das Ziel von narrativen Interviews ist „das Verstehen, das Aufdecken von Sichtweisen und Handlungen von Personen sowie deren Erklärung aus eigenen sozialen Bedingungen" (Hermanns 1981 zit. nach Atteslander 2000). Narrative Interviews sind dabei im Unterschied zu problemzentrierten Interviews auch eher zur **Exploration** von bislang wenig erforschten Bereichen geeignet (Mayring 2002).

Ein narratives Interview steht und fällt mit der Auswahl des Themas und der Erzählfreudigkeit der Interviewten. Am bekanntesten ist der Einsatz narrativer Interviews in der biographischen Forschung. Die Erzählaufforderung kann sich auf die gesamte Lebensgeschichte oder auf einen bestimmten Lebensabschnitt beziehen wie beispielsweise die Migrationserfahrung, die

Kapitel 6

„Wende"-Erfahrung, den Einstieg ins Berufsleben oder die Geschichte der „misslungenen Verhinderung der Startbahn West" (Schnell et al. 2008). Dabei ist es in der Regel nicht nur von Interesse, welche Aspekte bei der Erzählung besondere Berücksichtigung erfahren und worauf bei der Erzählung Wert gelegt wird, sondern auch, wie die Ereignisse, über die berichtet wird, im Nachhinein interpretiert werden.

Narrative Interviews weisen folgende Phasen auf (Hermanns 1991, Lamnek 2010):

- **Anwerbungs- und Erklärungsphase:** Sie dient der Erklärung des Anliegens (Was ist mit „Erzählung" und „Geschichte" gemeint?) und der Rahmenbedingungen. Auch sollten zu diesem Zeitpunkt die allgemeinen und technischen Details geklärt werden (Anonymität, Aufzeichnung des Gesprächs, Transkription usw.).
- **Einleitungs- oder Einstiegsphase:** Die erzählgenerierende Frage wird gestellt, wodurch der Interviewte in den „Zugzwang" der Erzählung kommen soll (Girtler 2001).
- **Erzählphase:** Die Erzähler entwickeln ihre Geschichte, die Interviewenden sind eher passiv und beschränken sich auf verbale und nonverbale Äußerungen, mit denen sie klarmachen, dass sie der Erzählung folgen; sie nehmen die Rolle von interessiert Zuhörenden ein.
- **Nachfragephase:** „Wie-Fragen" werden gestellt, wobei Unverstandenes und Widersprüchliches geklärt werden kann. Dieses Nachfragen kann auch aus erneuten Erzählaufforderungen bestehen („Das habe ich vorhin noch nicht genau verstanden. Können Sie dies bitte noch etwas ausführlicher erzählen?"; Flick 2011).
- **Bilanzierungsphase:** „Warum-Fragen" nach der Motivation und Intention, nach dem „Sinn des Ganzen" werden gestellt.

Wichtig für den Verlauf eines narrativen Interviews ist die Qualität der Einstiegsfrage. Je präziser die Einstiegsfrage gestellt wird und je klarer den Erzählenden ist, worauf die Interviewenden hinauswollen, desto präziser kann die Erzählung werden. An dieser Stelle erfolgt auch eine Strukturierung der Erzählung, die durch die **„dreifachen Zugzwänge des Erzählens"** begründet werden kann: Die Erzählenden sind – sobald sie sich auf die Erzählsituation eingelassen haben – im Zugzwang, erstens die Erzählung zu Ende zu bringen, zweitens nur das für das Verständnis des Ablaufs Notwendige in die Erzählung aufzunehmen sowie drittens Hintergrundinformationen und Zusammenhänge mitzuliefern (Flick 2011).

Folgendes Beispiel zeigt einen Gesprächseinstieg in einer humangeographischen Untersuchung: In seiner Dissertation zum wirtschaftlichen Wandel, zu Alltag und Politik in Nordost-England führte Gerald Wood (1994) im Rahmen einer Bevölkerungsbefragung narrative Interviews durch. Diese Interviewform eignete sich seiner Meinung nach besonders gut für eine Befragung, die sich mit einer fremden Lebenswelt beschäftigt, weil die „offenkundig völlige Unkenntnis" des Interviewers den Gesprächspartnern plausibel war und die gewünschte Erzählung dadurch gerechtfertigt wurde. Der Einstieg und die zentrale Frage des Interviews lauteten wie folgt (Wood 1994): *„I am here because I want to talk with you about everyday life in this area, and, if you feel happy about it, about your everyday life. Because I am from Germany and know very little about this part of the country and particularly about its people I am very anxious to learn more. This is why I am very pleased that you agreed to talk with me today. What I would like to do is to ask a few, very general and open-ended questions which are intended to be starting-points for an open conversation. Ok? – What is life about for people here?"* Die Mehrdeutigkeit der zentralen Frage *„What is life about for people here?"* war dabei durchaus intendiert, denn das Untersuchungsfeld wurde dadurch relativ wenig vorstrukturiert und überließ den Gesprächspartnerinnen bzw. -partnern selbst die Fokussierung. Aufgrund des Umfangs von narrativen Interviews und deren Auswertung beschränkte sich Wood auf 14 Interviews.

Ein wesentliches Problem der narrativen Interviews ist die damit verbundene Annahme, es ließe sich ein „Zugang zu den tatsächlichen Erfahrungen und Ereignissen gewinnen" (Flick 2011). Vielmehr erhält man bestenfalls einen Zugang zu den Geschichten, die über diese Ereignisse existieren (Exkurs 6.6). Zudem ist problematisch, dass „im Vorgang der Erzählung Konstruktionen des Dargestellten in einer spezifischen Form stattfinden und dass die Erinnerung an Früheres von der Situation beeinflusst wird" (ebd.).

Die **Auswertung** von narrativen Interviews erfordert einen hohen Arbeitsaufwand, denn der Textumfang ist in der Regel größer und weniger strukturiert als bei problemzentrierten Interviews, bei denen der Leitfaden gewisse Anhaltspunkte bei der Auswertung gibt. Lediglich die relativ feste Struktur von Erzählungen bietet eine vage Vergleichsgrundlage. Häufig wird für narrative Interviews das aufwendige Auswertungsverfahren der offenen Kodierung angewandt. Aufgrund dieser Auswertungsprobleme „sollte vor der Entscheidung für diese Methode geklärt werden, ob wirklich der Verlauf (des Lebens, der beruflichen Karriere usw.) im Vordergrund der Fragestellung steht und ob nicht die gezielte thematische Steuerung, die ein Leitfadeninterview bietet, der effektivere Weg zu den gewünschten Daten und Ergebnissen ist" (Flick 2011).

Gruppeninterviews und Gruppendiskussionen

Gruppeninterviews und Gruppendiskussionen verfolgen eine andere Zielsetzung als Einzelinterviews und müssen daher andere Regeln beachten. Gruppendiskussionen können „einmal als Informationsquelle für den Forscher, zum anderen als Lernprozess für die an der Forschung Beteiligten" dienen. Sie können als Verfahren zur Meinungs- und Einstellungserhebung sowie zur Analyse von Lebenswelten genutzt werden (Dreher & Dreher 1991). In einer Gruppendiskussion nehmen die Interviewenden eine moderierende Rolle ein und beschränken sich auf die Leitung der Diskussion, während in einem Gruppeninterview häufiger Fragen eingebracht werden.

Bei Gruppeninterviews und -diskussionen geht es nicht primär um subjektive Bedeutungsstrukturen und individuelle Meinungsbilder, sondern vor allem um (halb-)öffentliche Meinungen, die an bestimmte soziale Zusammenhänge und bestimmte soziale Situationen, beispielsweise Gruppensituationen, gebunden sind, wie politische Ansichten oder Meinungen über

Exkurs 6.6 Mobile Forschung nach dem *mobility turn*

Feldforschung ist häufig an einen oder wenige Orte gebunden. Dies gilt selbst dann, wenn Bewegungen untersucht werden. So finden in der Migrationsforschung Untersuchungen der Planungen, Motive, Erwartungen und erlebten Erfahrungen entweder am Herkunfts- oder am Zielort von Migration statt, jedoch nicht unterwegs. Ähnliches gilt für berufliche oder touristische Aktivitäten, die Mobilität bedingen. Die Motive, Planungen, Erlebnisse und Organisationen dieser Mobilitätsformen wurden bis vor wenigen Jahren zumeist retrospektiv erhoben. Der Moment des Erlebens blieb verborgen.

In der Transmigrationsforschung wurden daher Untersuchungen an mehreren Orten Praxis, um alle relevanten Lebenskontexte der Transmigranten beleuchten zu können und nicht nur einen. Wenn Akteure nicht mehr eindeutig verortet und verortbar sind, müssen auch die Methoden und selbst die Forschenden mobiler werden (Büscher et al. 2010).

In einem Forschungsprojekt untersuchte Monika Popp das touristische Erleben in Städten. Da „Erleben ein Prozess ist, der zu allermeist in Bewegung stattfindet, [musste] die Erhebung zum einen in situ stattfinden, zum anderen aber auch in Bewegung, um das sich potenziell mit jedem Schritt ändernde Erleben im Kontext des Settings erfassen zu können" (Popp 2012). Diese Interviews in Bewegung bezeichnete sie als bewegte In-situ-Interviews und kombinierte die Methode des „kommentierten Parcours" (Kazig & Popp 2011) mit retrospektiven erzählenden Interviewphasen. Sie begleitete Untersuchungsteilnehmer, die ihr aktuelles Erleben kommentierten und zeitlich zurückliegendes Erleben und Erlebnisse erzählten. So konnte der Moment des Erlebens wissenschaftlich fassbar gemacht werden.

Kapitel 6

„fremde Kulturen". Der Grundgedanke ist, dass „in der Dynamik einer Diskussion durch wechselseitige Stimulation das wesentlich Gemeinte zur Sprache kommt; unterstützt wird dies durch die höhere Realitätsnähe der Situation und die Spontaneität der Äußerungen" (Dreher & Dreher 1991). Diese höhere Realitätsnähe wird in der Gruppensituation vermutet, die eher eine natürliche (Gesprächs-)Situation ist als jede andere Interviewsituation.

Ein besonders sensibles Vorgehen erfordert die **Bildung der Gruppe**, die nach Möglichkeit auch im Alltag eine Gruppe (natürliche Gruppe) sein und nicht erst für das Interview „zusammengewürfelt" werden sollte (künstliche Gruppe). Man unterscheidet weiterhin zwischen homogenen und heterogenen Gruppen im Hinblick auf einen forschungsrelevanten Aspekt, der sich konkret aus der jeweiligen Fragestellung ergibt. Die Mitglieder einer homogenen Gruppe sind hinsichtlich dieses Aspektes (Merkmal oder Eigenschaft) vergleichbar; die Mitglieder einer heterogenen Gruppe unterscheiden sich dagegen grundlegend voneinander. Die Angaben über eine sinnvolle Gruppengröße liegen zwischen fünf und zwölf Teilnehmerinnen und Teilnehmern.

Eine Gruppendiskussion verläuft nach Flick (2011) in folgenden Schritten:

- Explikation des Vorgehens
- Phase der Vorstellung und des Kennenlernens bei künstlichen Gruppen bzw. Phase des *warming up* bei natürlichen Gruppen
- Stellen des Diskussionsanreizes (Text, Film o. Ä.)
- Leitung der Diskussion, stille Beobachtung, Diskussion wird durch weitere Argumente am Laufen gehalten (z. B. nachfragen, paraphrasieren, infrage stellen, verschärfen oder überspitzen, zusammenfassen, eine Interpretation äußern, Konsequenzen aufzeigen etc.)
- Metadiskussion (Diskussion über die Diskussion, Befindlichkeiten der Diskussionsteilnehmer)

Es gibt allerdings unterschiedliche Formen der **Diskussionsleitung**. Bei einer nur formalen Leitung führen die Diskussionsleiterinnen bzw. -leiter eine Rednerliste und achten auf Redezeiten. Bei einer stärkeren thematischen Steuerung lenken sie die Diskussion auf Aspekte, die noch nicht behandelt wurden oder die aus ihrer Sicht vertieft werden sollten. Bei einer Leitung, die die Gesprächsdynamik steuert, halten sie die Diskussion durch provokative Fragen aufrecht und achten auf ausgeglichene Redebeiträge, indem sie eher dominante Diskussionsteilnehmerinnen bzw. -teilnehmer bremsen und eher zurückhaltende auffordern, ihre Meinung beizutragen (Flick 2011).

Generell weisen Gruppeninterviews das Problem auf, dass sie aufgrund der entstehenden Dynamik nie ähnlich verlaufen. Daraus ergeben sich nicht unerhebliche Probleme für die **Auswertung** aufgrund der nur begrenzten Vergleichbarkeit mehrerer Gruppeninterviews. Ein möglichst ähnlicher Verlauf ist nur bedingt planbar. Vielfach müssen Entscheidungen, wie die Diskussion nun weiterhin gesteuert werden soll und wann die Diskussion beendet bzw. erschöpft ist, ad hoc und aus der – immer verschiedenen – Situation heraus getroffen werden. Um zumindest eine angenäherte Vergleichbarkeit der Gruppeninterviews zu erreichen, werden in konkreten Forschungsprojekten kaum ungesteuerte Diskussionen geführt (Flick 2011).

6.3 Verfahren der qualitativen Textaufbereitung und Textinterpretation

Transkriptionsverfahren zur Aufbereitung von Texten

Qualitative Daten müssen ebenso wie quantitative Daten vor einer weiteren Auswertung aufbereitet werden. Diese Aufbereitung beinhaltet zumeist bereits eine erste Interpretation, denn das gesprochene Wort wird schriftlich so wiedergegeben, wie es die Interviewenden sinngemäß verstanden haben bzw. wie sie es vor dem theoretischen und konzeptionellen Hintergrund der konkreten Untersuchung verstehen können. Transkripte bilden daher nicht einfach auf Papier ab, was im Gespräch gesagt und elektronisch aufgezeichnet wurde, sondern sind immer auch selektive Konstruktionen. Mit dem Transkriptionstext schafft man eine „neue Realität", die später bei der Interpretation nicht als „gegeben" angenommen werden sollte. Dennoch ist der Transkriptionstext, diese neue durch die Transkription konstruierte Realität, die „einzige (Version der) Realität, die der Forscher für seine anschließende Interpretation noch zur Verfügung hat" (Flick 2011).

Vor dem Transkribieren sind eine Reihe von Fragen zu beantworten, die die spätere Auswertung beeinflussen:

- Soll das gesprochene Wort möglichst genau mit allen Besonderheiten des Sprechens wie Interjunktionen (Ähs, Hmms) und Dialekt oder möglichst nah am Schriftdeutsch wiedergegeben werden?
- Soll alles, was in dem Interview gesprochen wurde, festgehalten werden oder nur das, was relevant für die konkrete Fragestellung erscheint?

Diese Entscheidungen sind bedeutsam für den Arbeitsfortgang, denn häufig wird mit erheblichem Aufwand viel mehr transkribiert als später analysiert werden soll. Flick (2011) warnt ausdrücklich vor einer übertriebenen Genauigkeit bei der Transkription und einem „Fetischismus, der in keinem begründbaren Verhältnis mehr zu Fragestellung und Ertrag der Forschung steht". Sinnvoller erscheint ihm, nur so exakt und so viel zu transkribieren, wie es die Fragestellung erfordert, und Zeit und Energie bevorzugt in eine fundierte Interpretation zu investieren.

Folgende Transkriptionsmethoden können unterschieden werden:

- Eine eher exakte Variante der Transkription ist die **literarische Umschrift**, mit der auch Dialekt wiedergegeben werden kann. Die Stärken dieser Transkriptionsart liegen in der Authentizität und in der guten Widerspiegelung des Milieus, aus dem die Sprecherinnen bzw. Sprecher kommen. Der Stil der Rede kann für die Leserinnen bzw. Leser viele Informationen transportieren, die bei einer geglätteten Wiedergabe verloren gehen. Die Nachteile sind der hohe Zeitaufwand bei der Anfertigung des Transkriptes und die relativ schlechte Lesbarkeit.

- Für geographische Arbeiten, bei denen es in der Mehrheit der Untersuchungen weniger auf die genaue sprachliche Äußerung ankommt, sondern mehr um die Sachinhalte geht, ist eine **Transkription in normales Schriftdeutsch** in den meisten Fällen besser geeignet. Dabei wird der Dialekt bereinigt, Satzbaufehler werden behoben und der Stil wird geglättet. Bei dieser Übertragung in normales Schriftdeutsch bleibt die Charakteristik der gesprochenen Sprache erhalten, die Lesbarkeit ist jedoch erheblich verbessert.

- Eine weitere Möglichkeit ist die **kommentierte Transkription**. Hier werden Auffälligkeiten beim Sprechen wie Pausen, Betonungen, Lachen, Räuspern und Ähnliches ausdrücklich im Text erwähnt, um die Sprechweise möglichst genau nachzuempfinden (Mayring 2002). Unter dieser Genauigkeit leidet allerdings wiederum die Lesbarkeit.

Eine möglichst genaue Transkription folgt dem Wunsch, eine weitestgehend exakte, „gesprächsnahe" Abschrift des Gesagten anzufertigen und wenig bei der Umsetzung in Schrift zu „verfälschen". Denn bereits eine Übertragung in normales Schriftdeutsch bedeutet in der Regel eine erste Interpretation. Das Geschriebene wird dann erneut interpretiert und schließlich liefert man Interpretationen (Auswertung) von Interpretationen (Transkription) von Interpretationen (die Meinungen und Sichtweisen der Interviewten).

In fast noch stärkerer Form stellt sich dieses Problem bei Untersuchungen im Ausland, wenn dort in einer Fremdsprache Interviews geführt werden. Diese Interviews werden in der Regel zur Auswertung ins Deutsche oder Englische übersetzt. Spätestens jedoch, wenn sie einem deutsch- oder englischsprachigen Publikum zugänglich gemacht werden sollen, ist eine Übersetzung notwendig, und diese Übertragung in eine andere Sprache stellt einen weiteren Interpretationsschritt dar.

Auswertungsverfahren von Texten: Kodierung, Typisierung und Interpretation

Nach der Aufbereitung der Texte stehen die Forschenden vor der Entscheidung, wie die Daten ausgewertet und die Ergebnisse dargestellt werden sollen. Der Fokus kann unterschiedlich sein und entweder auf eine Einzelfallorientierung, eine Milieubeschreibung, die Herausstellung typischer Strukturen oder die Strukturgeneralisierung zielen (Matt 2010). Je nach Art der Daten und nach dem weiteren Forschungsinteresse werden für die Auswertung Kodierungs-, Typisierungs- oder textinterpretative Verfahren empfohlen. Während Kodierungen und Typisierung stärker strukturierte Auswertungstechniken darstellen, ist die Interpretation intuitiver, subjektiver und im wahrsten Sinne des Wortes als ein Entdeckungsprozess zu bezeichnen (Mattissek et al. 2013).

Offenes, thematisches und theoretisches Kodieren

Das Ziel des Kodierens ist, „einen Text aufzubrechen und zu verstehen und dabei Kategorien zu vergeben, zu entwickeln und im Lauf der Zeit in eine Ordnung zu bringen" (Flick 2011). Dabei unterscheidet sich das Kodieren bei qualitativen Untersuchun-

Exkurs 6.7 Computergestützte qualitative Datenaufbereitung

Der Computereinsatz in der qualitativen Forschung hat in den letzten Jahren auch bei der Auswertung sehr stark zugenommen. Während man früher noch mit Leuchtstift, Schere und Klebstoff arbeitete, um Textpassagen mit derselben Kodierung zu versehen, auszuschneiden und zu sammeln, ist heute der Einsatz von entsprechenden Computerprogrammen bei der Kodierung von Interviews und zur „Strukturierung und Organisation von Textdaten" (Kelle 2010) aus der Arbeit mit qualitativen Daten nicht mehr wegzudenken. Allerdings ist es ein „Missverständnis, Computerprogramme könnten in ähnlicher Weise zur Analyse von Textdaten verwendet werden wie die Statistiksoftware SPSS zur Durchführung von statistischen Analysen" (Kelle 2010).

Der Einsatz eines Computerprogramms ist nach Mayring (2002) in der qualitativen Sozialforschung insbesondere möglich und sinnvoll für:

- Markieren von Textbestandteilen und Kennzeichnung mit einer Kodierung
- Zusammenstellen aller Zitate pro Kodierung (Retrievalfunktion; Kelle 2010; Abb. A)
- Zurückverfolgen ausgewählter Textstellen bzw. Zitate in ihren ursprünglichen Kontext schnelles Finden von Beispielzitaten für eine spezielle Kodierung
- Suchen von zentralen Begriffen in den Interviewtexten.

Die Leistungsfähigkeit der meisten Computerprogramme wie z. B. Atlas/ti, NUDIST/NVivo oder MAXQDA haben sich in den letzten Jahren immer stärker angenähert. Da von sehr vielen Programmen kostenlose Demonstrationsversionen angeboten werden, ist es empfehlenswert, diese zunächst versuchsweise auszuprobieren und dann ein Programm auszuwählen, dessen Art der Textverwaltung am besten zum eigenen Denk- und Arbeitsstil passt.

Der Einsatz dieser Programme bedingt zunächst einen erhöhten Aufwand bezüglich der Vorbereitung des Datenmaterials (z. B. Anlegen einer Datenbank, Umwandeln von transkribierten Daten in entsprechende Formate etc.). Von

der Aufwand-/Ertrags-Relation sind sie daher bei eher geringem Umfang des Transkriptionstextes wenig hilfreich. Bei umfangreichem Datenmaterial erleichtern sie die Auswertung allerdings erheblich, denn „die höhere Effizienz bei der Datenorganisation spart zeitliche und personelle Ressourcen [und die Forschenden] werden von mühevollen mechanischen Aufgaben entlastet und angeregt, […] mit den Daten zu experimentieren und zu ‚spielen', wobei kreative und analytische Aspekte der Datenauswertung mehr Raum gewinnen" (Kelle 2010).

Diese Erleichterungen beziehen sich jedoch lediglich auf die ersten Schritte der Auswertung: auf Kodierung und auf Retrieval. Bei diesen Schritten bieten die Programme einige Werkzeuge an, die die Auswertung etwas komfortabler gestalten (Flick 2011). Die Programme liefern jedoch keinerlei Hilfestellung bei der Interpretation von Aussagen. An dieser Stelle sind nach wie vor Intuition und Kreativität der Forschenden gefragt.

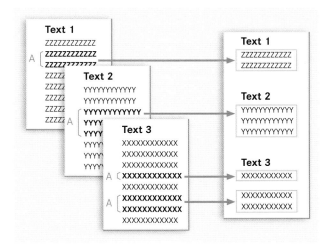

Abb. A Kodierung und Retrieval (Wiederfinden) von Interviewpassagen (verändert nach Kelle 2010).

gen von dem bei quantitativen Verfahren insofern, als man beim Kodieren von qualitativen „Daten" statt Zahlen Texte verwendet: Der Text des Interviews wird in Kodiertext übersetzt, verkürzt, verallgemeinert und unter dem Blickwinkel der konkreten Fragestellung aufbereitet (Exkurs 6.7). Man unterscheidet dabei die Technik des offenen Kodierens und die des thematischen oder theoretischen Kodierens.

Beim **offenen Kodieren** kann man zeilen-, satz- oder abschnittsweise kodieren, das heißt, den jeweiligen Textteilen werden Verallgemeinerungen zugeordnet. Kodierungen können sich jedoch auch auf den gesamten Fall beziehen. An den Text werden dazu die sog. „W-Fragen" gestellt (Flick 2011):

- **Was** wird angesprochen?
- **Wer?** Welche Personen sind beteiligt? Wie interagieren die Personen?
- **Wie** wird über die Dinge gesprochen? Welche Aspekte werden (nicht) genannt?
- **Wann? Wie lange? Wo?** Wie sieht der Kontext der Situation, des Phänomens, über das gesprochen wird, aus?
- **Warum? Wozu?** Welche Beweggründe und Zwecke werden angegeben oder lassen sich vermuten?
- **Womit?** Welche Strategien werden eingesetzt?

Diese ersten Verallgemeinerungen des Gesagten werden in weiteren Schritten immer stärker abstrahiert und es wird nach einem Muster in den Daten gesucht. Diese Muster gilt es zu

Kapitel 6

entdecken, wobei der Entdeckungsprozess nicht erzwingbar ist. Ziel ist es, herauszufinden, unter welchen Bedingungen welche Handlungen, Meinungen bzw. Wahrnehmungen und unter welchen anderen Bedingungen andere Handlungen, Meinungen bzw. Wahrnehmungen entstehen. Die gefundenen Muster werden formuliert und immer wieder an den Daten überprüft. Die Methode des offenen Kodierens eignet sich besonders gut für **narrative Interviews** und auch für narrative Sequenzen in problemzentrierten Interviews, denn man kann auf diese Weise bei der Auswertung flexibel mit den verschiedenen Darstellungen und Erzählungen der Befragten umgehen.

Beim **thematischen oder theoretischen Kodieren** hingegen ist der Spielraum der zu entwickelnden Kodes und Kategorien durch die Fragestellung bereits stärker eingegrenzt. Prinzipiell eignet sich diese Art der Auswertung gut für **Leitfadeninterviews**, bei denen die Themen zu einem großen Teil vorgegeben sind, wodurch die Interviews auch eher vergleichbar sind als unstandardisierte (z. B. narrative) Interviews. Das thematische Kodieren folgt nach Flick (2011) einem dreiphasigen Ablauf.

In einem ersten Schritt werden **Einzelfallanalysen** durchgeführt und Kurzbeschreibungen jedes Falls angefertigt. Eine solche Einzelfallanalyse enthält einige typische Aussagen des bzw. der Befragten, eine kurze Darstellung der Person in Hinblick auf die Fragestellung und die zentralen Themen, die im Interview angesprochen wurden. Zur Technik der Einzelfallanalyse hat Lamnek (2010) angeregt, zunächst Nebensächlichkeiten aus der Transkription zu entfernen und die prägnantesten Textstellen herauszusuchen. Dadurch entsteht ein neuer, stark gekürzter und konzentrierter bzw. verdichteter Text. Dieser Text wird nun kommentiert und das Interview charakterisiert. Dabei sollen die Besonderheiten herausgearbeitet werden und auch auf das Allgemeine oder Allgemeingültige hingewiesen werden. Das Ergebnis ist eine Verknüpfung von wörtlichen Passagen, sinngemäßen Wiedergaben und Wertungen bzw. Interpretationen.

In einem zweiten Schritt werden die einzelnen Fälle **vertiefend analysiert** und nach dem Sinnzusammenhang der Äußerungen der einzelnen Befragten gesucht. Dazu wird ein Kategoriensystem für jeden einzelnen Fall entwickelt. Diese Struktur wird aus den ersten Fällen entwickelt und an allen weiteren Fällen überprüft und entsprechend modifiziert, wenn sich neue oder widersprüchliche Aspekte ergeben. Vor dem Hintergrund dieser Kategorienstruktur werden schließlich alle Fälle erneut analysiert. Bei einer anschließenden **Feinanalyse** können einzelne Textpassagen detaillierter interpretiert werden. Für diese Feinanalyse wurde folgender Fragenkatalog entwickelt (Flick 2011):

- **Bedingungen:** Warum haben die Befragten dies getan oder gesagt? Was führte zu der Situation? Was ist der Hintergrund des Handelns? Wie war der Verlauf?
- **Interaktion zwischen den Handelnden:** Wer handelte? Was geschah?
- **Strategien und Taktiken:** Welche Umgangsweisen spiegeln sich in dem Gesagten bzw. Getanem wider? Wurden bestimmte Handlungen vermieden oder an die spezifische Situation angepasst?

- **Konsequenzen:** Was veränderte sich durch die geschilderten Handlungen? Welche Folgen oder Resultate des Handelns sind erkennbar?

In einem dritten Schritt wird fallübergreifend verglichen. Ziel ist, das inhaltliche Spektrum der Auseinandersetzung der Interviewpartnerinnen bzw. -partner mit dem Thema der Untersuchung – sowohl die Vielfalt als auch die Verteilung – aufzuzeigen sowie Gemeinsamkeiten in und Unterschiede zwischen den verschiedenen Untersuchungsgruppen herauszuarbeiten (Flick 2011). Die Verallgemeinerungen, die schließlich getroffen werden, basieren auf diesen **Fall- und Gruppenvergleichen** und zielen auf eine empirisch begründete Theorieentwicklung (Exkurs 6.8). Damit ist das Verfahren des thematischen Kodierens mit dem der Typenbildung vergleichbar.

Für die **Fein- und Tiefenanalyse**, den zweiten Schritt beim thematischen Kodieren nach Flick, hat Schmidt (2010) eine fünfstufige und daher sehr detaillierte Auswertungsstrategie entworfen. Dieses Kodierungsverfahren ist sehr stark an das quantitative Denken angelehnt und erinnert an die Auswertung offener Fragebogenfragen.

Zuerst werden anhand des Materials Auswertungskategorien festgelegt. Dazu wird das Material mehrfach intensiv gelesen. Das theoretische Vorverständnis und die Fragestellung lenken dabei das Lesen. Wichtig ist es festzuhalten, ob die Befragten die von den Forschenden verwendeten Begriffe aufgreifen, welche Bedeutung sie für sie haben und welche neuen Begriffe bzw. Themen sie selbst im Gespräch aufbringen.

Die beim Lesen gefundenen Auswertungskategorien werden in einem zweiten Schritt in einem Auswertungs- und Kodierleitfaden zusammengestellt. Neben einer ausführlichen Beschreibung der einzelnen Kategorien enthält er auch die verschiedenen Ausprägungen. Mit diesem Kodierleitfaden wird nun der Text kodiert, das heißt, die entsprechenden Textpassagen werden einer Kategorie und der jeweiligen Ausprägung zugeordnet.

In einem dritten Schritt wird jeder Fall bzw. jedes Interview unter allen Kategorien des Kodierleitfadens verschlüsselt, das heißt mit Kategorieausprägungen etikettiert. In diesem Schritt soll durch die Kodierung auch die Informationsfülle reduziert werden; dabei wird durchaus in Kauf genommen, dass Informationen verloren gehen.

In einem vierten Schritt schlägt Schmidt (2010) eine quantifizierende Materialübersicht vor. Dabei wird in einer Art Häufigkeitstabelle dargestellt, welche Kategorien und Ausprägungen wie oft im Material vorkommen. Durch die Erstellung solcher Tabellen können mögliche Zusammenhänge sichtbar werden, denen in einer qualitativen Analyse weiter nachgegangen werden kann. Schließlich werden in einem fünften Schritt vertiefende Einzelfallinterpretationen vorgenommen.

Alle Kodierungsvarianten sind aufgrund ihrer spezifischen Ausrichtung (Grad der Offenheit) für manche Interviewarten und für eine unterschiedliche Datenfülle mehr oder weniger gut geeignet.

Exkurs 6.8 *Grounded Theory* – durch qualitative Forschung neue Theorien entdecken

Das Verfahren der *Grounded Theory* wurde in den 1960er-Jahren von den amerikanischen Soziologen Barney G. Glaser und Anselm L. Strauss entwickelt. Das wesentliche Ziel der *Grounded Theory* ist es, neue theoretische Konzepte mithilfe der gewonnenen Daten im Forschungsverlauf zu entdecken (Hildenbrand 2010). Zudem fließen bestehende Theorien durch die Vorkenntnisse der Forscherinnen und Forscher in den Forschungsprozess ein. Dabei stehen in Anlehnung an den Symbolischen Interaktionismus „Deutungen sozialer Wirklichkeiten handelnder Personen sowie die Interaktionen, in denen diese Deutungen entwickelt und modifiziert werden", im Zentrum der Forschung (Hildenbrand 2002).

Typisch für die *Grounded Theory* ist die Zirkularität und Prozesshaftigkeit des Forschens. Zirkulär ist der Forschungsprozess, weil induktive und deduktive Verfahren darin miteinander verknüpft werden. Zunächst wird aufgrund von Beobachtungen eine erklärende Hypothese gebildet, mit der „von einer Folge auf ein Vorhergehendes geschlossen" werden kann. Die Erkenntnisse geeigneter Hypothesen kommen gelegentlich „wie ein Blitz". Solche Schlüsse werden als alltäglich betrachtet und zugleich als „zentrale Forschungsstrategie des Erkennens von Neuem. [...] Auf der zweiten Stufe des Forschens, der Stufe der Deduktion, werden [...] gewonnene Hypothesen in ein Typisierungsschema überführt. [...] Auf der dritten Stufe des

Forschens, der Stufe der Induktion, [werden] die deduktiven Applikationen der Hypothese [anhand der Daten] überprüft" (Hildenbrand 2010).

Der Vorgang wie die Terminologie erinnern auf den ersten Blick mehr an quantitatives als an qualitatives Denken. Der wesentliche Unterschied zum kritischen Rationalismus besteht nun zum einen darin, dass der Entdeckungsprozess eine größere Rolle spielt und der Überprüfung der Hypothesen ein geringerer Stellenwert eingeräumt wird (Lamnek 2010). Weiterhin werden ohne Anspruch auf Repräsentativität vergleichsweise geringe Datenmengen erhoben. Außerdem erfolgen die Phasen der Datenerhebung, Entwicklung von Konzepten und ihre Überprüfung an den Daten nicht nacheinander, sondern möglichst zeitgleich und miteinander verwoben. Wenn die zunächst gewonnenen Daten verarbeitet sind, werden neue Daten gesammelt, die in die entstehende Theorie integriert werden. Der Vorgang wird so lange fortgesetzt, bis die entwickelte Theorie aus Sicht der Forschenden schlüssig erscheint. „Es ist immer die Empirie, an der sich eine Theorie zu erweisen hat und zu der die Theorie immer zurückkehrt als letzte Instanz" (Hildenbrand 2010).

Neben der konsequenten Prozesshaftigkeit ist das Prinzip des „Theorie-Entdeckens" der wesentliche Impuls, der von der *Grounded Theory* für qualitative Forschung ausging.

Das stark standardisierte Kodierungsverfahren nach Schmidt ist für eine große Materialfülle (viele und teilstandardisierte Interviews) geeignet. Die Variante nach Flick eignet sich dagegen besser für mittlere Interviewzahlen und teilstandardisierte Leitfadeninterviews. Das Verfahren des offenen Kodierens ist dagegen nur bei geringen Interviewmengen praktikabel; es wird aufgrund seiner Flexibilität den wenig standardisierten narrativen Interviews am besten gerecht.

Die Konstruktion von Typen

Synonym zum Begriff der Kategorienbildung wird in der sozialwissenschaftlichen Forschung häufig der Begriff des Typisierens bzw. der Begriff des Typus verwendet. Die Konstruktion von Typen gehört zu den „wichtigsten nicht quantifizierenden Erkenntnismitteln der Sozialwissenschaften" (Lexikon zur Soziologie 2011). Die Typenbildung erfolgt in der Regel nach einem oder mehreren zentralen Merkmalen. Typisierungen sind Konstrukte und stellen „Abstraktionen und Generalisierungen von Handlungssituationen dar" (ebd.). Es kann dabei unterschieden werden zwischen **Idealtypus** und **Durchschnittstypus**. Beide Begriffe gehen auf Max Weber (1985) zurück und sind Konstruktionen: Der reine Idealtypus muss empirisch überhaupt nicht vorkommen (im Unterschied zum Realtypus; Gerhard 1991) und der Durchschnittstypus gibt mehr oder weniger „Durchschnittswerte" wieder.

Den Begriff der „empirisch begründeten Typenbildung" hat Kluge (1999) eingeführt und dabei den Begriff des Typus schlichtweg „als eine Kombination von Merkmalen" definiert. Der Verweis auf die Merkmalskombination lässt eine Nähe zu quantitativen Verfahren erkennen. Das Verfahren der empirisch begründeten **Typenbildung** ist in der Tat methodisch stark kontrolliert. Die Einzelfälle, die zu einem Typus zusammengefasst werden können, sollten einander möglichst ähnlich sein (interne Homogenität), sollten sich zugleich aber von den Einzelfällen, die einen anderen Typus bilden, möglichst deutlich unterscheiden (externe Heterogenität). Die Bildung und Darstellung von Typen eignen sich, um Einzelfälle nach ihren Unterschieden und Ähnlichkeiten zu ordnen und zu gruppieren, dadurch die komplexe Realität zu reduzieren und einen besseren Überblick über den Gegenstandsbereich zu erhalten (Kluge 1999).

Die Ebenen der empirisch begründeten Typenbildung (ebd.) sind die folgenden:

- **Ebene des Einzelfalls:** Zunächst werden die Interviewtranskripte thematisch kodiert; dazu werden Kurzbeschreibungen aller Fälle angefertigt bzw. Einzelfallanalysen durchgeführt, indem zu den Leitfadenthemen die Kernaussagen festgehalten werden.
- **Ebene des Typus:** Zur Typenbildung werden ähnliche Fälle durch ein divisives oder agglomeratives Verfahren zusammengefasst. Bei dem divisiven Verfahren wird von der

Gesamtgruppe ausgegangen und durch schrittweise Untergliederung werden Teilgruppen (Typen) gebildet. Diese Unterteilungen erfolgen so oft, bis die einzelnen Typen über eine ausreichende interne Homogenität verfügen. Bei dem agglomerativen Verfahren wird dagegen von den Einzelfällen ausgegangen und man kommt durch Zusammenfassung möglichst ähnlicher Fälle zu den verschiedenen Typen. Anschließend wird jeder einzelne Typus in einer fallübergreifenden Analyse untersucht und seine Charakteristiken, das heißt die Gemeinsamkeiten der zu dem Typ zusammengefassten Fälle, beschrieben.

- **Ebene der Typologie:** Die Unterschiede zwischen den Typen sowie die Vielfalt und Breite des untersuchten Themas und schließlich das Gemeinsame zwischen den Typen werden untersucht. Dieser Schritt wird auch als typologische Analyse bezeichnet.

Qualitative Inhaltsanalyse

Unter der qualitativen Inhaltsanalyse wird die „systematische Bearbeitung von Kommunikationsmaterial" verstanden (Mayring 2010). Dabei kann es sich sowohl um Texte als auch um Musik, Bilder, Skulpturen, Gebäude und Ähnliches handeln. Dieses Vorgehen weist viele Ähnlichkeiten mit den bereits beschriebenen Kodierungs- und Typisierungsverfahren auf, strebt jedoch eine noch stärkere Standardisierung an. Grundsätzlich soll die qualitative Inhaltsanalyse das zu analysierende Material in seinen Kommunikationszusammenhang (Person, Gegenstand, Hintergrund, Merkmal, Zielgruppe des Textes) einbetten und regelgeleitet, das heißt an Kategorien orientiert, sowie theoretisch fundiert ablaufen. Folgende Verfahren unterscheidet man nach Mayring (2010):

- **zusammenfassende Inhaltsanalyse:** Das Material wird reduziert und in einen überschaubaren Kurztext überführt. Dies bietet sich immer dann an, wenn nur die Inhalte des Interviews von Interesse sind.
- **induktive Kategorienbildung:** Aus dem Material werden schrittweise Kategorien (Typen) entwickelt.
- **explizierende Inhaltsanalyse:** Zu unklaren Textstellen wird zusätzliches Material gesucht, das die Textstellen verständlich machen kann; Explikationsmaterial wird systematisch gesammelt.
- **strukturierende Inhaltsanalyse:** Bestimmte Aspekte werden nach vorher festgelegten Kriterien (Kodierleitfaden) aus dem Text herausgefiltert, typische Textpassagen werden herausgesucht.

Mit der sehr standardisierten Auswertungsform der qualitativen Inhaltsanalyse sind auch größere Textmengen bearbeitbar. Allerdings ist durch die verschiedenen Verfahren der qualitativen Inhaltsanalyse noch keine Interpretation des Textmaterials erfolgt, sondern es ist zunächst lediglich verdichtet und unter bestimmten Aspekten reduziert worden. Mayring (2010) selbst sieht als anschließenden Auswertungsschritt allerdings keine weitergehende Interpretation vor, sondern stattdessen quantitative Analysen in Form von Häufigkeitsauszählungen.

Hermeneutische Textinterpretation

Es wurde bereits mehrfach darauf hingewiesen, dass bei den verschiedenen Schritten der Aufbereitung (Transkription) und Auswertung (Kodierung) qualitativer Interviews Interpretationen erfolgen, auch wenn man sich dessen zuweilen nicht bewusst ist. Die hermeneutische Textinterpretation ist nun ein Verfahren, mit dem bewusst, gewollt und reflektiert Interviewtexte interpretiert werden. Gegenstand der hermeneutischen Textinterpretation sind dabei zumeist einzelne Passagen aus qualitativen Interviews und nicht der Gesamttext eines Interviews oder die Gesamtheit aller „Fälle". Die Textinterpretation hat auch nicht Ordnung, Systematik und Strukturieren zum Ziel, sondern will „sich in einen zunächst fremden Zusammenhang so lange hineindenken und hineinarbeiten, bis er einem vertraut ist" (Seiffert 2006). Gegenstand der Interpretation des Forschers sind allerdings bereits Interpretationen und zwar die Interpretationen der Befragten, ihre subjektive Sicht der Welt, der „Sinn, den die Menschen der Welt geben, ihre Wirklichkeiten" (Pohl 1989). In Anlehnung an Max Weber (1985) wird das Erfassen des „subjektiv gemeinten Sinns" als „Verstehen" bezeichnet.

Ein kontrovers diskutiertes und ausgesprochen aufwendiges Interpretationsverfahren ist die sog. **objektive Hermeneutik,** die stark um eine (scheinbar erreichbare) Objektivität bemüht ist. Vertreterinnen bzw. Vertreter dieser Richtung sehen sie „zurzeit als eines der verbreitetsten und reflektiertesten Verfahren" an (Reichertz 2010). Der Verstehensvorgang wird als „hermeneutischer Zirkel" beschrieben: Mithilfe eines bei allen Forschenden vorhandenen und zunächst begrenzten Vorverständnisses wird ein Text interpretiert. Dieses Auseinandersetzen mit dem Text vergrößert das Verständnis der Forschenden. In einem zweiten Interpretationsschritt kann der Text bereits besser erschlossen und verstanden werden (Lamnek 2010). Die Interpretationsschritte werden vielfach wiederholt, da das Ziel darin besteht, sich den „latenten Sinnstrukturen" (Oevermann et al. 1979) möglichst weit anzunähern. Dabei bleibt aber immer eine „hermeneutische Differenz" bestehen, da das Verstehen fremder Sinngebungen nur annäherungsweise gelingen kann.

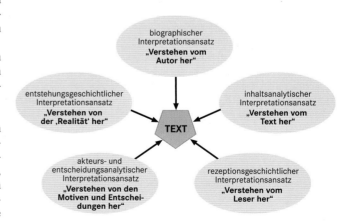

Abb. 6.2 Verschiedene Interpretationsansätze (verändert nach Stegmann 1997).

Exkurs 6.9 Qualitative Forschung als Kommunikationsprozess

Bei der Textinterpretation kann zwischen Text (bzw. Botschaft), der Textproduktion (bzw. Botschaftsproduktion) und der Textrezeption (bzw. Botschaftsrezeption) unterschieden werden. Die Bedeutung einer Aussage setzt sich demnach zusammen aus dem Gesagten, dem Gemeinten und dem Gehörten bzw. Verstandenen. Da qualitative Forschung auch als Kommunikationsprozess aufgefasst werden kann, liegt es auf der Hand, sich die elementaren Erkenntnisse der Kommunikationspsychologie zu vergegenwärtigen und sich daran klar zu machen, wie vieldeutig Botschaften sein können und wie vielfältig auch die Verarbeitung von Botschaften erfolgen kann (Schulz von Thun 1999; Abb. A). Eine Nachricht enthält demnach neben dem reinen Sachinhalt („worüber ich informiere") auch implizite Informationen über die Sprecherinnen bzw. Sprecher selbst („was ich von mir selbst kundgebe"), über ihre Beziehung zu den Gesprächspartnerinnen bzw. -partnern („was ich von dir halte oder wie wir zueinander stehen") sowie häufig auch einen Appell an die Empfängerinnen bzw. Empfänger der Nachricht („wozu ich dich veranlassen möchte").

Aber nicht nur die Nachricht ist vieldeutig, sondern auch der Empfang kann auf verschiedene Arten – nach Schulz von Thun (1999) „mit verschiedenen Ohren" (Abb. B) – erfolgen. Eine Aussage kann als reine Sachaussage verstanden werden (diese „Hörweise" mit dem „Sach-Ohr" überwiegt bei wissenschaftlichen Arbeiten: „Wie ist der Sachverhalt zu verstehen?"), sie kann aber auch als Aussage über die Beziehung der Gesprächspartnerinnen bzw. -partner aufgefasst werden („Beziehungs-Ohr"; „Wie redet der eigentlich mit mir?"), als Aussage über die Sprecherinnen bzw. Sprecher selbst („Selbstoffenbarungs-Ohr"; „Was ist das für einer?") oder als Aufforderung („Appell-Ohr": „Was soll ich tun, denken,

fühlen aufgrund seiner Meinung?"). Selbst wenn man als Interviewende und Interpretierende vor allem das „Sach-Ohr" auf Empfang geschaltet hat, kann man nicht sicher sein, mit welchem Ohr die Interviewpartnerinnen bzw. -partner die Fragen gehört haben und inwieweit dieses Verstehen ihre eigenen Aussagen beeinflusst und strukturiert.

Abb. A Die vier Seiten einer Nachricht (verändert nach Schulz von Thun 1999).

Abb. B Der „vierohrige Empfänger" (verändert nach Schulz von Thun 1999).

Der konkrete Interpretationsprozess kann folgendermaßen beschrieben werden: „Der Interpret nimmt sich eine Textstelle vor, die eine Handlung aus der Sicht des Subjektes beschreibt, und entwirft möglichst alle nur denkbaren Bedeutungen der Handlung, unabhängig vom konkreten Fall. Aus dem Verhältnis möglicher und tatsächlicher Bedeutungen schält sich während der Analyse sukzessive die (vermeintlich) objektive Sinnstruktur des Falles heraus. Der Interpret nimmt sich also schrittweise Textstellen vor und fragt dann: Was könnte das bedeuten?" Das Verfahren wird in Teamarbeit angewandt: „Für die Analyse von einer Seite Protokoll braucht man eine Gruppe von fünf Interpreten, die mindestens 30 h lang am Protokoll arbeiten und eine 50-seitige Interpretation produzieren" (Mayring 2002). Zu Recht bemerkt Mayring im Anschluss lapidar: „Es ist also einiges an Ressource nötig, um mehrere Fälle bearbeiten zu können." Deshalb ist die Methode zumeist auf Einzelfallanalysen beschränkt. Problematisch ist diese Art der Interpretation, weil die Forschenden „gedankenexperimentell" herausarbeiten, was sie anstelle der Befragten für vernünftig oder sinnvoll halten. Es wird nicht etwa die Weltsicht der Befragten zugrunde gelegt, denn diese gilt als subjektiv, wohingegen die von

den Forschenden festgestellte latente Bedeutungsstruktur als objektiv angesehen wird. Damit werden die Befragten und ihre Rolle im Forschungsprozess „gravierend abgewertet" (Kleining 1995).

Die **sozialwissenschaftlich hermeneutische Paraphrase** ist ein weiteres Interpretationsverfahren, das auf intersubjektiv akzeptierte, konsensorientierte Formen des Verstehens zielt und durch eine multisubjektive Interpretation die Einseitigkeit der Interpretation vermeiden will. Lebenswelt und Handeln werden mit der sozialwissenschaftlichen Paraphrase im Gegensatz zur objektiven Hermeneutik immer aus der Perspektive der Interviewten beschrieben und die „Forscher maßen sich nicht an, die Situation besser zu kennen als die Befragten selbst" (Kleining 1995). Wie bei der objektiven Hermeneutik wird auch bei der sozialwissenschaftlichen Paraphrasierung „mit mehreren Interpreten gearbeitet, um so zu besseren Deutungen zu kommen […]. Auf der Grundlage eines ersten Lesens des gesamten Materials werden von den Interpreten erste Deutungen und Interpretationen vorgelegt und gegenseitig begründet. Die Interpreten berücksichtigen dabei ihr spezifisches Vorverständnis und das Kontextwissen des gesamten Materials. Wenn diese ersten Deutungen nicht plausibel sind, fragen die Interpreten gegenseitig nach („Wie meinst du das?'; ‚Das habe ich anders verstanden.'; ‚Kannst du das mal erläutern?')" (Mayring 2002). Ein wesentlicher Unterschied zwischen den beiden Verfahren wird in einer weiteren Besonderheit des Vorgehens der sozialwissenschaftlichen Hermeneutik deutlich: Die Interpretationsergebnisse werden anschließend mit den Befragten diskutiert, denn die Befragten sollen sich in den Interpretationen wiedererkennen können. Die Übereinstimmung der subjektiven Interpretation der Befragten mit den intersubjektiven Interpretationen der Forschenden gilt demnach als Gütekriterium der sozialwissenschaftlichen Hermeneutik (Mattissek et al. 2013).

Einen sehr umfassenden Interpretationsansatz hat Stegmann (1997) bei seiner Untersuchung über das Image von Köln in Printmedien angewandt (Abb. 6.2). Die spezifische Fragestellung erforderte, alle fünf Verstehens- und Interpretationsansätze zu berücksichtigen. Bei vielen anderen Fragestellungen werden nur einige dieser Ansätze relevant sein.

Wie eine Interpretation ausfällt, ist **subjekt- und kontextabhängig** (Exkurs 6.9). Sie hängt von der Biographie, der Befindlichkeit und den Interessen der Forschenden ab. Auch bei der Darstellung der Forschungsergebnisse tritt diese subjektive Komponente hervor. Die Forschenden geben vor, welche Geschichte sie erzählen und wie sie dies tun: „Die Darstellung der Wirklichkeit ist immer zugleich eine Konstruktion von Wirklichkeit. Die Art und Weise der Anordnung der Daten, Aussagen und Ergebnisse erzeugt eine entsprechende Deutung der Welt" (Matt 2010). Dabei muss auch das Schreiben solcher Interpretationen stärker reflektiert werden. Qualitative Forschung umfasst damit auch in der Humangeographie nicht nur die „Interaktion zwischen dem Forscher und dem Gegenstand, sondern auch die Interaktion zwischen dem Forscher und seinen potenziellen Lesern, für die er schließlich die Darstellung verfasst" (Flick 1995).

Angesichts der Neuorientierung vieler Teildisziplinen der Humangeographie (z. B. der „Neuen Kulturgeographie"), die oft auch eine methodische Neuorientierung beinhaltet, werden in Zukunft Erhebungs-, Auswertungs- und Darstellungsformen wie die oben vorgestellten – so ist zumindest zu vermuten – immer stärkeres Gewicht und immer größere Anteile in der Forschung einnehmen.

6.4 Diskursanalyse als Methode der Humangeographie

Iris Dzudzek, Georg Glasze und Annika Mattissek

Der Begriff der Diskursanalyse umschreibt ein Forschungsfeld, welches empirische Forschungsprojekte aus einer diskurstheoretischen Perspektive untersucht. Auf der Basis von Diskursanalysen kann die Gewordenheit spezifischer sozialer Wirklichkeiten und spezifischer Machtverhältnisse analysiert und damit gezeigt werden, dass soziale Wirklichkeit immer kontingent

ist – das heißt immer auch anders sein könnte, kritisierbar und veränderbar ist.

Bei der Durchführung von Diskursanalysen muss zwischen zwei Aspekten unterschieden werden: einerseits einer diskurstheoretischen Grundperspektive und den daraus resultierenden Fragestellungen **(methodologischer Aspekt)** und andererseits der Frage, wie diese Untersuchungsperspektiven mithilfe empirischer Verfahren untersucht werden können **(methodischer Aspekt)**. Im Folgenden werden beide Aspekte der Diskursanalyse diskutiert.

Methodologische Grundannahmen und das Prinzip der Problematisierung

Um eine diskursanalytische Fragestellung formulieren zu können, muss zunächst die theoretische Perspektive bestimmt werden, aus der heraus der zu analysierende Ausschnitt gesellschaftlicher Wirklichkeit interpretiert werden soll. Grundsätzlich steht hierfür eine ganze Reihe von verschiedenen Diskurstheorien zur Auswahl. In der neueren Kultur- und Sozialgeographie wurden dabei insbesondere poststrukturalistische Diskurstheorien rezipiert, die sich an Autorinnen und Autoren wie Foucault (1973, 1974), Laclau & Mouffe (1985) oder Butler (1991) orientieren und damit spezifische Aspekte der sozialen Wirklichkeit(en) in den Fokus rücken. Grundsätzlich gilt, dass der Forscher oder die Forscherin durch die Wahl einer bestimmten **Untersuchungsperspektive** den Untersuchungsgegenstand auch immer in einer bestimmten Art und Weise konstruiert und erst aus dieser Perspektive bestimmte Phänomene z. B. als „Diskurse", „Antagonismen" oder „Selbsttechnologien" erfassbar und damit kritisierbar werden.

Die Beschreibung bestimmter empirischer Phänomene als Ausdruck diskursiver Strukturen hat entsprechend nicht den Anspruch, eine von der Beobachtung unabhängige „Realität" zu beschreiben. Vielmehr geht es darum, diese Phänomene in einer bestimmten Art und Weise zu problematisieren, das heißt offenzulegen, wie sich bestimmte Sichtweisen als „normal" und „wahr" etablieren, wie Subjekte konstituiert und zu bestimmten Handlungen angeleitet werden, wie soziale Grenzen gezogen werden und Prozesse der Identifikation ablaufen. Zwei Perspektiven einer solchen Problematisierung können nach Foucault unterschieden werden: erstens die archäologische und zweitens die genealogische Perspektive.

Archäologische Perspektive

In der archäologischen Perspektive lassen sich die Regeln rekonstruieren, die das Sprechen und die sozialen Praktiken einer Gesellschaft zu einem bestimmten Zeitpunkt strukturieren. Dieses Ensemble von diskursiven Regeln, die für die Ordnung und Erscheinungsform des Diskurses konstitutiv sind, beschreibt Foucault in „Die Archäologie des Wissens" (1973) als „Formation des Diskurses", später als die „Ordnung des Diskurses" (1974). Auf diese Weise lassen sich gesellschaftliche und sprachliche Ordnungen problematisieren und ihre Kontingenz aufzeigen.

Wie aber kann eine diskursive Formation bestimmt werden? Foucault selbst formuliert: „In dem Fall, wo man in einer bestimmten Zahl von Aussagen ein ähnliches System der Streuung beschreiben könnte, in dem Fall, in dem man bei den Objekten, den Typen der Äußerung, den Begriffen, den thematischen Entscheidungen eine Regelmäßigkeit (eine Ordnung, Korrelationen, Positionen und Abläufe, Transformationen) definieren könnte, wird man übereinstimmend sagen, dass man es hier mit einer diskursiven Formation zu tun hat […] Man wird Formationsregeln die Bedingungen nennen, denen die Elemente dieser Verteilung unterworfen sind […]" (1973).

Die diskursive Formation ist Foucault zufolge also durch **Regeln** gekennzeichnet, die darüber bestimmen, welche Aussagen getätigt werden und welche nicht. Ziel einer Diskursanalyse in archäologischer Perspektive ist es entsprechend, ausgehend von beobachtbaren Regelmäßigkeiten im Auftreten bestimmter Aussagen, die zugrunde liegenden diskursiven Regeln und Logiken herauszuarbeiten.

Typische Fragestellungen einer Diskursanalyse in archäologischer Perspektive sind:

- Welche Aussagen kennzeichnen den Diskurs, welche Aussagen werden ausgeschlossen?
- Welche Regeln strukturieren das Auftauchen und die diskursive Verknüpfung der Aussagen?
- Welche Macht-Wissen-Komplexe werden innerhalb des Diskurses konstituiert, das heißt, welche bestimmten Wahrheiten und Wissensordnungen erlangen Geltung und wie wird damit Macht ausgeübt?
- Welche Subjektpositionen werden in der diskursiven Formation hergestellt?

Genealogische Perspektive

Den zweiten Analysehorizont bildet die Genealogie des Diskurses. Diese bezieht sich auf die Entstehung und Veränderung von Diskursen (Foucault 1974). Mithilfe der Genealogie kann jener Moment identifiziert werden, in dem eine bestimmte diskursive Formation entstanden ist und hegemonial wurde und damit alternative diskursive Ordnungen ausgeschlossen wurden. Foucault bezeichnet dies als „Geschichte der Gegenwart". Hier geht es darum, die Gewordenheit und Entwicklung der diskursiven Regeln, die die diskursive Formation zu einem bestimmten Zeitpunkt (und/oder in einem bestimmten räumlichen und sozialen Kontext) strukturieren, nachzuzeichnen. Die genealogische Perspektive arbeitet damit insbesondere die Veränderungen zwischen diskursiven Formationen über die Zeit heraus und verdeutlicht, dass diejenigen „Wahrheiten" und Wissensordnungen, die zu einer bestimmten Zeit als selbstverständlich gelten, prinzipiell auch anders sein könnten (und dies zu anderen Zeiten auch waren).

Typische Fragestellungen einer Diskursanalyse in genealogischer Perspektive sind:

- Wie haben sich die Regeln der Aussagenproduktion im Sinne einer „Geschichte der Gegenwart" über die Zeit entwickelt?
- Welche alternativen diskursiven Ordnungen wurden dabei ausgeschlossen?
- Welche Widersprüche werden durch die aktuelle diskursive Formation verdeckt?

Notwendigkeit einer methodengeleiteten Empirie

Ebenso wie es bei der empirischen diskursanalytischen Forschung darum geht, den Untersuchungsgegenstand aus einer spezifischen theoretischen Perspektive zu konstruieren, ist es auch notwendig, ein Forschungsdesign zu entwerfen, mit dem die Forschungsfrage angemessen operationalisiert werden kann. Dabei gibt es kein feststehendes methodisches Instrumentarium, das für die Beantwortung aller diskursanalytischen Fragestellungen in gleicher Weise geeignet wäre. Auf der Basis zahlreicher diskurstheoretisch inspirierter empirischer Forschungsprojekte kann aber mittlerweile auf einen **Baukasten verschiedener Verfahren** zurückgegriffen werden, die sich zur empirischen Bearbeitung diskurstheoretisch inspirierter Fragestellungen eignen, die aber immer an die jeweilige Fragestellung angepasst werden müssen. Im Folgenden werden korpuslinguistisch-lexikometrische Verfahren, kodierende Verfahren sowie Argumentations- und Aussagenanalysen vorgestellt (für weitere Verfahren: Glasze & Mattissek 2009). Trotz unterschiedlicher methodischer Herangehensweisen lassen sich zwei zentrale Gütekriterien für Diskursanalysen formulieren:

- **Sicherstellen von Plausibilität:** Da für diskursanalytische Arbeiten nicht auf ein feststehendes Set an Methoden zurückgegriffen werden kann, das wie in den Naturwissenschaften die Objektivität der Ergebnisse garantiert, ist es wichtig, jeden Schritt der Analyse zu plausibilisieren, das heißt, für den Leser, die Leserin nachvollziehbar zu machen und argumentativ darzulegen, warum er geeignet ist, einen Erkenntnismehrgewinn zur Beantwortung der Ausgangsfrage zu liefern. Zur Herstellung einer plausiblen Argumentation gehört auch, dass das methodische Vorgehen zu den zugrundeliegenden diskurstheoretischen Annahmen passt. Wenn dargelegt wird, wie empirische Erkenntnisse generiert werden, kann auch eine kritische Auseinandersetzung darüber stattfinden, welche Aussagekraft sie haben.
- **Zirkelschlüssen vorbeugen:** Aus der Perspektive der empirischen Sozialwissenschaften hilft eine methodengeleitete Empirie, die Gefahr von Zirkelschlüssen einzudämmen. Damit wird verhindert, dass empirische Forschungen zum „Belegstellensammeln" verkommen und nur diejenigen Aspekte in die Analyse einbezogen werden, die zu der Weltsicht und präferierten wissenschaftlichen Erzählung der Forschenden passen. Eine diskurstheoretische Perspektive, die den Anspruch hat, auch solche Sinnstrukturen und Voreinstellungen der Bewertung und Wahrnehmung aufzudecken, die den Forschenden nicht bereits vor der Analyse bewusst sind, kann daher vom überlegten und konsistenten Einsatz methodischer Verfahren profitieren.

Kapitel 6

Methoden haben einem solchen Verständnis zufolge das Potenzial, die „Reibung" mit dem empirischen Datenmaterial zu erhöhen, das heißt, auch unerwartete Ergebnisse zutage zu fördern und somit zu einer permanenten Anpassung der eigenen Annahmen und Interpretationen beizutragen.

Diskursanalytische Methoden

Empirische Studien, die auf Diskurstheorien aufbauen, stehen vor dem Problem, dass sich die Autorinnen und Autoren der diskurstheoretischen Grundlagen kaum zur empirischen Umsetzung ihrer Theorie(n) geäußert haben. Wie kann also eine angemessene Operationalisierung der theoretischen Grundannahmen aussehen? Im Folgenden werden für die Operationalisierung diskurstheoretischer Ansätze drei Verfahren vorgestellt: die korpuslinguistisch-lexikometrischen Verfahren, kodierende Verfahren sowie Aussagen- und Argumentationsanalysen.

Korpuslinguistisch-lexikometrische Verfahren

Korpuslinguistisch-lexikometrische Verfahren untersuchen quantitative Beziehungen zwischen lexikalischen Elementen (z. B. Wörtern oder Wortfolgen) in Textkorpora. Folgt man der theoretischen Grundannahme der Diskursforschung, dass Bedeutung ein Effekt der Beziehung von (lexikalischen) Elementen zu anderen (lexikalischen) Elementen ist, dann können lexikometrische Verfahren herangezogen werden, um diese Beziehungen und damit die Konstitution von Bedeutung in Textkorpora herauszuarbeiten (allgemein zur Lexikometrie und zu korpusbasierten Verfahren in der humangeographischen Diskursforschung: Glasze 2007, Dzudzek et al. 2009). Im Rahmen diskursorientierter Ansätze können diese Verfahren genutzt werden, um Rückschlüsse auf diskursive Strukturen und deren Unterschiede zwischen verschiedenen Kontexten, wie z. B. Veränderungen über die Zeit, zu ziehen. Diskursanalysen gehen dabei nicht davon aus, die (vermeintlich) eindeutige Bedeutung von Texten zu erschließen, sondern betonen gerade die Mehrdeutigkeit, Instabilität und Veränderlichkeit von Bedeutung(en).

Innerhalb der korpuslinguistisch-lexikometrischen Verfahren lassen sich zwei Herangehensweisen unterscheiden: Als *corpus based* werden Verfahren bezeichnet, die das Korpus als eine Art Nachschlagewerk für Suchanfragen nutzen. Als *corpus driven* werden hingegen induktive Verfahren bezeichnet, die ohne im Voraus definierte Suchanfragen auskommen und damit die Chance bieten, auf Strukturen zu stoßen, an die man nicht schon vor der Untersuchung gedacht hat (Tognini-Bonelli 2001). Ein *corpus-driven*-Vorgehen ist daher besonders für explorative Zwecke geeignet, das heißt, um einen ersten Überblick über Unterschiede und Gemeinsamkeiten sprachlicher Verweisstrukturen aufzuzeigen.

Grundlage korpuslinguistisch-lexikometrischen Arbeitens sind **digitale Textkorpora**, über die Regelmäßigkeiten in der Sprache

und letztlich die Herstellung bestimmter Bedeutungen herausgearbeitet werden können. Dabei ist es sinnvoll, wenn die Texte von einer möglichst homogenen Sprecherposition stammen (z. B. Presseerklärungen einer Organisation, Texte einer Zeitung) und möglichst vollständig vorliegen. In den Analysen werden unterschiedliche Teile des Korpus miteinander verglichen. Für die Zusammenstellung der zu analysierenden Textkorpora ist es entscheidend, dass – mit Ausnahme der zu analysierenden Variable (z. B. unterschiedliche Zeitabschnitte oder unterschiedliche Sprecherpositionen) – die Bedingungen der Aussagenproduktion möglichst stabil gehalten werden.

Die folgenden Analysen zählen zu den lexikometrischen Standardverfahren. Sie können mithilfe spezieller **Computerprogramme** wie „Lexico3", „Wordsmith" oder der „IMS Open Corpus Workbench", einer Open-Source-Sammlung verschiedener Analysetools, durchgeführt werden (Dzudzek et al. 2009, Schopper & Wiertz 2017, Wiertz 2018).

- Frequenzanalysen zeigen, wie absolut oder relativ häufig eine spezifische Form in einem bestimmten Segment des Korpus auftritt (Abb. 6.3).
- Konkordanzanalysen stellen die Kontexte eines Wortes bzw. einer Wortfolge in einem Textkorpus dar, das heißt die jeweils vor und hinter einem Schlüsselwort stehenden Zeichenfolgen. Konkordanzanalysen können sinnvoll als Vorbereitung und Hilfe für die qualitative Interpretation des Kontextes bestimmter Schlüsselwörter verwendet werden.
- Analysen der Charakteristika eines Teilkorpus zeigen, welche lexikalischen Formen für einen Teil des Korpus im Vergleich zum Gesamtkorpus bzw. einem anderen Teilkorpus spezifisch sind. Hierzu werden diejenigen Wörter ermittelt, die in einem bestimmten Teilkorpus signifikant über- oder unterrepräsentiert sind. Die Analysen von Charakteristika eines Teilkorpus sind also induktiv und *corpus driven*. Ein Beispiel für eine solche Analyse ist in Abb. 6.3 dargestellt.
- Die Untersuchung von Kookkurrenzen (manchmal auch als Kollokationen bezeichnet) arbeitet heraus, welche Wörter und Wortfolgen (N-Gramme) im Korpus mit einer gewissen Signifikanz miteinander verknüpft werden, das heißt, welche Wörter in der Umgebung eines bestimmten Wortes überzufällig häufig auftauchen (Abb. 6.4).
- Eine sinnvolle Erweiterung der Kookkurrenzanalyse bieten multivariate Analyseverfahren von Differenzbeziehungen, mithilfe derer sich Kookkurrenzen verschiedener Begriffe in unterschiedlichen Teilkorpora in einen Zusammenhang bringen lassen (Dzudzek 2013). Eine mögliche Anwendung dieser Verfahren ist in Abb. 6.5 dargestellt.

Kodierende Verfahren in der Diskursforschung

In Texten wird Bedeutung nicht nur durch die Verknüpfung einzelner lexikalischer Elemente hergestellt, sondern durch vielfältige Verbindungen und vielschichtige Relationen oberhalb der Wort- und Satzebene, häufig sogar oberhalb der Ebene einzelner konkreter Texte. Um diese im Rahmen einer diskursanalytischen Untersuchung greifen zu können, reichen Verfah-

spécificité

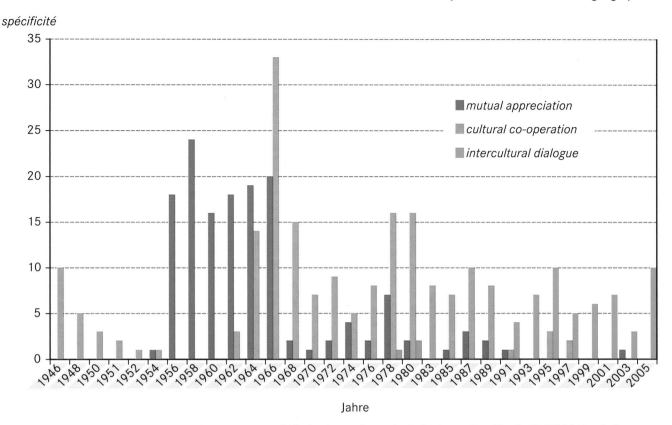

Jahre

Abb. 6.3 Das Balkendiagramm zeigt das über-/bzw. unterzufällig häufige Auftreten (*spécificité*) von Begriffen in UNESCO-Resolutionen aus den Jahren 1946–2005. Anhand des Verlaufs der Balken lässt sich eine diskursive Verschiebung vom Konzept der „gegenseitigen Anerkennung" (*mutual appreciation*) von Nationalkulturen über das Konzept der „kulturellen Kooperation" (*cultural co-operation*) hin zum Konzept des „interkulturellen Dialogs" (*intercultural dialogue*) ablesen. Sie verweist auf die Dezentrierung und räumliche Entankerung, die das Kulturkonzept in der UNESCO in den vergangenen Jahren erfahren hat. Wurde Kultur nach dem Ende des Zweiten Weltkriegs als Nationalkultur und damit als homogen und räumlich verortet gedacht, öffnet sich der Kulturbegriff im Laufe der Zeit immer mehr. Heute wird Kultur als lokal verankert und global vernetzt im Diskurs verhandelt und die Vielfalt von Kultur innerhalb von Gesellschaften betont (verändert nach Dzudzek 2013).

ren, die quantifizierend an der sprachlichen Oberfläche ansetzen (wie z. B. lexikometrisch-korpuslinguistische) vielfach nicht aus. Ein wichtiges Verfahren diskursanalytischer Arbeiten ist daher das stärker interpretative Kodieren von Elementen und deren Verknüpfungen. Das Ziel des Kodierens als Teilschritt einer Diskursanalyse ist es, **Regelmäßigkeiten** im (expliziten und impliziten) Auftreten von (komplexen) Verknüpfungen von Elementen in Bedeutungssystemen herauszuarbeiten. Diese lassen sich dann als Hinweise auf diskursive Regeln verstehen. Dabei werden Techniken der interpretativen Textanalyse sowie der qualitativen Inhaltsanalyse angewendet, die allerdings an die theoretischen Vorannahmen der Diskurstheorie angepasst werden müssen (Glasze & Mattissek 2009).

Kodierende Verfahren können im Rahmen diskursanalytischer Untersuchungen hilfreich sein, um Regeln des Diskurses und damit Regeln der Konstitution von Bedeutung und Herstellung sozialer Wirklichkeit aufzudecken. Während der Ablauf der Kodierung (Markierung, Ordnung, Klassifizierung) in diskurstheoretisch orientierten Analysen also vielfach ähnlich verläuft wie in interpretativ-hermeneutischen (Mattissek et al. 2013, Mayring

2008), ist der konzeptionelle Stellenwert des Kodierens jedoch ein anderer. Ziel ist hier, Regelmäßigkeiten in den Beziehungen von lexikalischen Elementen bzw. Konzepten in Diskursen herauszuarbeiten, um damit auf die Regeln der Konstitution von Bedeutung zu schließen.

Mikroverfahren der Auswertung von Texten

Im Gegensatz zu lexikometrischen Verfahren setzen Argumentations- und Aussagenanalysen auf der Mikroebene einzelner Textpassagen an. Sie fokussieren darauf, wie die jeweiligen Verknüpfungen geschehen, ob einzelne Begriffe beispielsweise in ein Verhältnis der Ähnlichkeit, des Widerspruchs, der Zugehörigkeit oder der Kausalität zueinander gesetzt werden. Sie untersuchen, wie innerhalb von Texten durch die Verknüpfung sprachlicher Formen Sinn entsteht, welche Annahmen und welches Vorwissen dabei implizit beim Leser vorausgesetzt werden und welche Mehrdeutigkeiten und unterschiedlichen Sichtweisen sich möglicherweise bereits in kurzen Textausschnitten erkennen lassen.

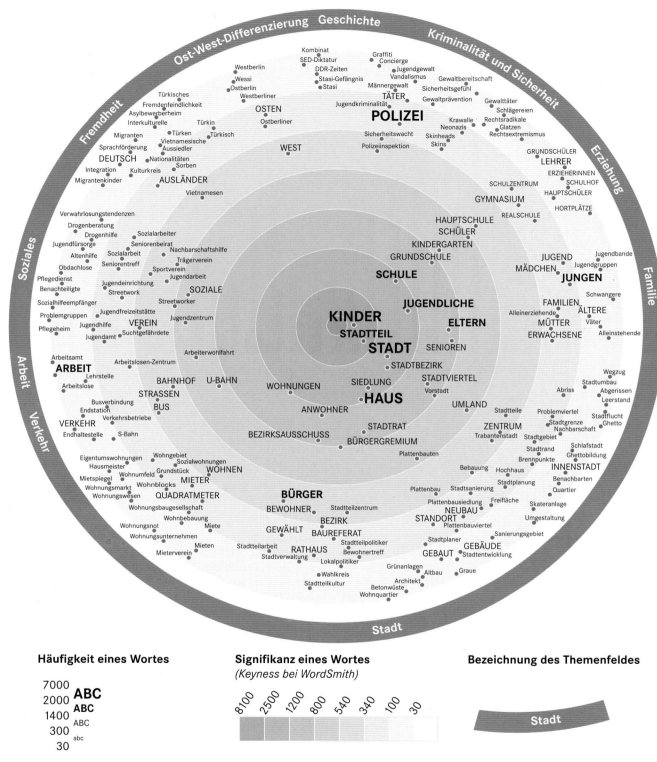

Abb. 6.4 Die Abbildung zeigt charakteristische Kookkurrenzen zu den Eigennamen von Großwohnsiedlungen in Westdeutschland, die in einer Printmedienanalyse herausgearbeitet wurden. Je weiter innen die Wörter stehen, desto signifikanter sind sie für Artikel mit Nennung einer Großwohnsiedlung im Vergleich zu der gesamten Berichterstattung. Die Größe der Begriffe entspricht der relativen Häufigkeit im untersuchten Teilkorpus. Der Übersicht halber wurden die Wörter von den Forschenden interpretativ bestimmten Themenfeldern zugeordnet (Entwurf: Henning Schirmel, 2009; Umsetzung: Moritz Ortegel, 2009; verändert).

Kapitel 6

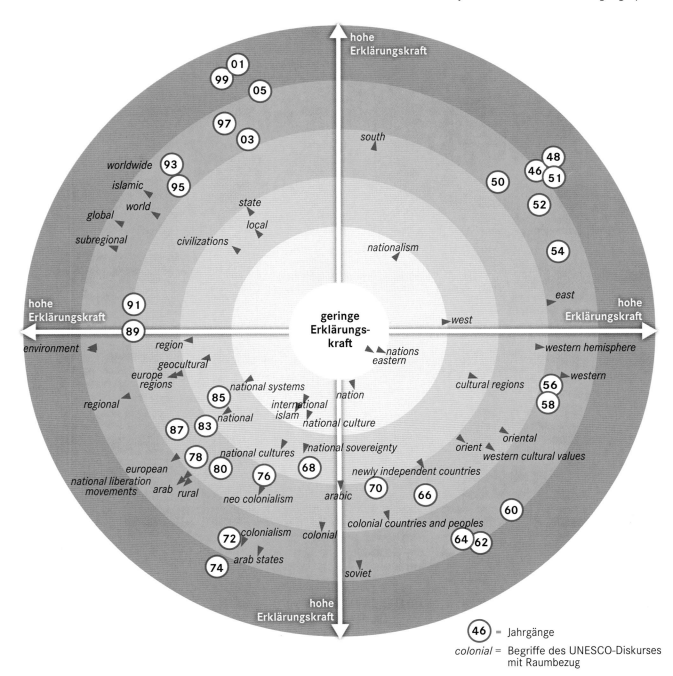

(46) = Jahrgänge

colonial = Begriffe des UNESCO-Diskurses mit Raumbezug

Abb. 6.5 Die Abbildung zeigt das Ergebnis einer multivariaten Analyse von Differenzbeziehungen. Grundlage der hier dargestellten Hauptkomponentenanalyse sind charakteristische Begriffe mit Raumbezug aus dem Korpus aller UNESCO-Resolutionen seit ihrer Gründung. Die Abbildung visualisiert die diskursive Verschiebung von einer Fokussierung auf den Nationalstaat in der frühen und mittleren Phase hin zur sub- und supranationalen Ebene in der jüngeren Phase, in der Begriffe wie *subregional, regional,* aber auch *worldwide* und *global* relevant werden. Die räumliche Nähe der Begriffe zueinander zeigt potenzielle Differenzbeziehungen zwischen Begriffen an. Die Begriffe *colonialism* und *national liberation movements* beispielsweise werden diskursiv mit der Befreiung der *newly independant countries* vom Kolonialismus verknüpft. Die Dekolonisierung hat maßgeblich zur Dezentrierung des Nexus zwischen Kultur und Nationalstaat im Diskurs der UNESCO beigetragen (verändert nach Dzudzek 2013).

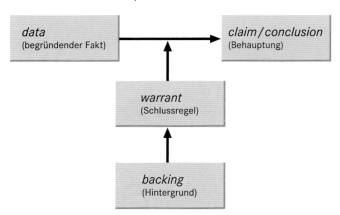

Abb. 6.6 Die Argumentationsstruktur von Texten nach Toulmin 1958 (verändert nach Toulmin 1958).

Mithilfe der **Argumentationsanalyse** kann herausgearbeitet werden, welche Vorstellungen von Raum und räumlichen Konflikten, welche raumrelevanten Vorannahmen und welches implizite Wissen in einem bestimmten gesellschaftlichen Kontext vorherrschen.

Der methodische Kerngedanke der Argumentationsanalyse ist, dass Begründungen für bestimmte Behauptungen oftmals auf implizites (insbesondere raumbezogenes) Hintergrundwissen zurückgreifen, welches sie als „gegeben" und damit als „wahr" voraussetzen. Dieses implizite Wissen – vergleichbar den Vorkonstrukten der Aussagenanalyse (s. u.) – kann somit Hinweise auf etablierte Deutungsmuster und Normen in einem bestimmten gesellschaftlichen Kontext geben.

Ein nützliches Instrument zur Erschließung der Argumentationsstruktur von Texten ist das **Argumentationsschema von Toulmin** (1958; Abb. 6.6). Dieses untersucht den tatsächlichen Gebrauch von Argumenten. Toulmin zufolge besteht ein Argument aus zwei Bestandteilen: aus einer Behauptung (*claim* oder *conclusion*) und einem Fakt (*data*), auf den sich diese Behauptung stützt. Aus diskursanalytischer Perspektive ist besonders ein dritter Bestandteil interessant, der nicht explizit im Text aufscheint, aber implizit darin enthalten ist: die Schlussregel (*warrant*), die den Übergang vom Fakt zur Behauptung gewährleistet. Die Schlussregel basiert ihrerseits wiederum auf Hintergrundwissen, das zum „Verständnis" der Schlussregel vorausgesetzt wird und damit grundlegend für die gesamte Argumentation ist.

Die **Aussagenanalyse** steht in der Tradition der französischen Schule der Diskursanalyse (Williams 1999). Sie geht davon aus, dass die Bedeutung einzelner Textpassagen nicht stabil und objektiv gegeben ist, sondern sich vielmehr erst aus der Vielzahl der möglichen Verbindungen mit bestimmten Äußerungskontexten ergibt. Diese Vieldeutigkeit von Texten durch unterschiedliche, kontextabhängige Lesarten wird als **Überdeterminierung** bezeichnet. Die Operationalisierung dieser Überdeterminierung macht die Aussagenanalyse anschlussfähig an poststrukturalistische Ansätze der Diskurstheorie, die die Vieldeutigkeit und Heterogenität gesellschaftlicher Sinnproduktion betonen (Angermüller 2007, Mattissek 2008). Ziel

der Aussagenanalyse ist es, die Regeln der Verknüpfungen einzelner Begriffe untereinander sowie von Text und Kontext offenzulegen. Im Folgenden werden drei Verfahren der Aussagenanalyse vorgestellt: die Analyse von Deiktika, Polyphonie und Vorkonstrukte (Abb. 6.7).

Als **Deiktika** („Zeigewörter") werden solche Wörter bezeichnet, die Text und Kontext verknüpfen, indem sie auf die personellen, temporalen oder lokalen Charakteristika der Äußerungssituation verweisen, also wer, wo, wann eine bestimmte Aussage trifft (z. B. „ich", „hier" und „jetzt"). Solche Begriffe schicken den Leser auf die Suche nach den jeweiligen außersprachlichen Referenzen für diese Wörter – als wer ist hier „ich", was ist mit „hier" bezeichnet, was mit „nah", „dort", „jetzt" und so weiter (Bühler 1934, Williams 1999).

Die Analyse der **polyphonen Struktur** von Aussagen trägt ebenfalls dem Umstand Rechnung, dass Texte keinen eindeutigen und objektiven Sinn haben, sondern dass die Bedeutung von Texten mehrdeutig, widersprüchlich und kontextabhängig sein kann (Ducrot 1984, Angermüller 2007). Ducrot (1984) zufolge sind in einer Aussage nicht nur eine Stimme (die des Sprechers), sondern eine ganze Reihe verschiedener Stimmen präsent, die durch Verbindungswörter wie „nein", „jedoch", „aber", „sondern" auf unterschiedliche Distanz gehalten werden. Die Analyse polyphoner Strukturen verdeutlicht die innere Heterogenität des Diskurses insofern, als sie aufzeigt, dass ganz unterschiedliche und durchaus widersprüchliche Positionierungen und Sichtweisen innerhalb einer einzigen Aussage präsent sein können, die wiederum auf größere diskursive Zusammenhänge verweisen.

Der Begriff des **Vorkonstrukts** trägt bei Pêcheux dem Umstand Rechnung, dass eine Äußerung nicht im luftleeren Raum steht, sondern an andere Äußerungen anschließt, die zuvor getroffen wurden (Pêcheux 1983). Vorkonstrukte verweisen insbesondere auf soziale und institutionelle Strukturen, in die eine Äußerung eingebettet ist. Neben den unmittelbar für das „Funktionieren" von Aussagen notwendigen Voraussetzungen wird dadurch ein ganzes Set an Wertungen und Positionierungen angesprochen, die den Hintergrund von Aussagen bilden. Das Auftreten von Vorkonstrukten lässt sich insbesondere an zwei grammatikalischen Formen festmachen: den nicht notwendigen Relativsätzen sowie an Nominalisierungen, das heißt Substantiven, die als Kurzform für einen ganzen Satz mit Subjekt und Prädikat stehen und damit einen Transformationsprozess von der Verbform zum Nomen durchlaufen haben (Angermüller 2007, Williams 1999, Baker 2006).

Empirische Diskursanalysen greifen häufig auf eine **Kombination** der genannten Mikroverfahren der Textanalyse zurück. Eine mögliche Umsetzung dieser Verfahren am Beispiel eines kurzen Textausschnittes ist exemplarisch in Abb. 6.7 skizziert.

Diskursanalyse nicht sprachlicher Praktiken

Die Autorinnen und Autoren der diskurstheoretischen Grundlagentexte entwerfen Konzepte von Diskurs, die umfassend auf

Deiktika

„Auch wir" konstruiert eine „wir"-Gemeinschaft in Abgrenzung zu einem „Anderen". Das „Andere" ist von den genannten Problemen stärker betroffen. Mögliche Verknüpfungen der „wir"-Gemeinschaft in unterschiedlichen Kontexten sind:
„wir" = industrialisierte oder westliche Welt,
„wir" = Vertreter eines bestimmten Lebensstils.

Vorkonstrukt

„Klimaerwärmung" ist eine Nominalkonstruktion („das Klima erwärmt sich") → Diese Aussage ist heute, gegenüber beispielsweise vor 20 Jahren, so selbstverständlich, dass sie als gegebenes Wissen vorausgesetzt werden kann.

Zeitungsausschnitt

„Kein Zweifel: Es gibt gewaltige Umweltprobleme, weltweit, auch die von Welzer angeführten gehören dazu. Sie werden zu verschwindendem Ackerboden führen, zu Migrationsströmen, von denen auch wir betroffen sein werden, zu immer wieder neuen Kriegen um Ressourcen. Die Hauptursachen dafür sind aber längst nicht [nur] in der Klimaerwärmung zu suchen, und die nötigen Lösungen bedürfen nicht nur gehöriger sozialer Anstrengungen, und auch kultureller, wie der Autor schreibt, sondern auch wirtschaftlicher. Und deshalb dürfte der Lösungsweg, den Welzer zur Abwehr der allerschlimmsten Folgen vorschwebt – der Verzicht auf Wirtschaftswachstum, um den Ausstoß von CO_2 zu verringern –, der am wenigsten kluge sein. Er wird uns lähmen und erst richtig in die Apokalypse führen."
(Die Welt, 13.6.2008, S. 28)

Argumentationsanalyse

Data → Claim
Schlussregel: Wirtschaftliches Wachstum ist notwendig, um Migrationsströmen und neuen Kriegen zu begegnen.
Backing: Wirtschaftswachstum nivelliert soziale Unterschiede, ist für alle gut und führt zu mehr Frieden, Sicherheit und Zufriedenheit.

Polyphonie

explizite Sprecherposition	polyphoner Marker	implizite Sprecherposition
Hauptursache für Migration und neue Kriege ist **nicht** nur die Klimaerwärmung.	NICHT	Hauptursache für Migration und neue Kriege ist nur die Klimaerwärmung.
Die nötigen Lösungen bedürfen **nicht** nur sozialer und kultureller Anstrengungen.	NICHT	Die nötigen Lösungen bedürfen nur sozialer und kultureller Anstrengungen.
Die Lösung bedarf auch wirtschaftlicher Anstrengungen.	SONDERN	

→ Dialog zweier Sprecherpositionen, die wirtschaftlichen Faktoren einen unterschiedlichen Stellenwert beimessen.
Diese Positionen können in der Interpretation mit unterschiedlichen diskursiven Positionen verknüpft werden, beispielsweise mit Vertretern unterschiedlicher wissenschaftlicher Disziplinen.

Abb. 6.7 Beispiele für die Anwendung von Mikroverfahren der Textanalyse.

die **Herstellung sozialer Wirklichkeiten** abheben – sowohl in als auch jenseits von Text und Sprache. So formuliert z. B. Laclau (2005): „[…] *our notion of discourse* […] *involves the articulation of words and actions, so that the quilting function is never a merely verbal operation but is embedded in material practices which can acquire institutional fixity*" (siehe auch Baumann et al. 2015). Die von diesen Theorien inspirierten em-

pirischen Studien fokussieren allerdings vielfach ausschließlich auf Text und Sprache und greifen dabei auf die in diesem Kapitel vorgestellten sprach- und textanalytischen Verfahren zurück.

In jüngerer Zeit sind aber auch gerade in der Kultur- und Sozialgeographie empirische Studien entstanden, die mithilfe ethnographischer Methoden und qualitativer Interviews die Untersuchung nicht sprachlicher Praktiken in ein diskursanalytisches Forschungsdesign integrieren (Müller 2009, Füller & Marquardt 2010, Dzudzek 2016, Winkler 2017). Dabei werden sowohl sprachliche Äußerungen (und deren Spuren in Texten) als auch nicht sprachliche Praktiken als Elemente der differenziell organisierten diskursiven Herstellung sozialer Wirklichkeiten verstanden. Die unterschiedlichen Formen von Daten werden dann genutzt, um die Performativität (Butler 1997) von Diskursen sowie die Brüchigkeit und Wandelbarkeit diskursiver Ordnungen zu untersuchen (Dzudzek 2016, Mattissek & Sturm 2017).

Literatur

Angermüller J (2007) Nach dem Strukturalismus. Theoriediskurs und intellektuelles Feld in Frankreich. Bielefeld

Atteslander P (2000) Methoden der empirischen Sozialforschung. Berlin, New York

Baker AH (1997) „The dead don't answer questionnaires": Researching and writing historical geography. Journal of Geography in Higher Education 21/2: 231–243

Baker P (2006) Using Corpora in Discourse Analysis. London

Baumann C, Tijé-Dra A, Winkler J (2015) Geographien zwischen Diskurs und Praxis. Mit Wittgenstein Anknüpfungspunkte von Diskurs- und Praxistheorie denken. Geographica Helvetica 70/3: 225–237

Beck F, Henning E (Hrsg) (2004) Die archivalischen Quellen. Mit einer Einführung in die Historischen Hilfswissenschaften. 4. Aufl. Köln

Bühler K (1934) Sprachtheorie. Die Darstellungsfunktion der Sprache. Stuttgart

Büscher M, Urry J, Witchger K (2010) Mobile Methods. London

Butler J (1991) Das Unbehagen der Geschlechter. Frankfurt a. M.

Butler J (1997) Excitable speech. A politics of the performative. Routledge, New York

Butz D (2010) Autoethnography as Sensibility. In: DeLyser D et al (eds) The Sage Handbook of Qualitative Geography, London. 138–155

Craggs, Ruth (2016) Historical and archival research. In: Clifford N et al (eds) Key methods in geography. 3. Aufl. SAGE, London. 111–128

Deffner V (2010) Habitus der Scham – die soziale Grammatik ungleicher Raumproduktion. Eine sozialgeographische Untersuchung der Alltagswelt Favela in Salvador da Bahia (Brasilien). Passauer Schriften zur Geographie 26. Passau

Derrida J (1995) Mal d' archive. Éditions Galilée Paris

Dicken P, Lloyd PE (1984) Die moderne westliche Gesellschaft: Arbeit, Wohnung und Lebensqualität aus geographischer Sicht. New York

Dreher M, Dreher E (1991) Gruppendiskussionsverfahren. In: Flick U et al (Hrsg) Handbuch qualitative Sozialforschung. Grundlagen, Konzepte, Methoden und Anwendungen. München. 186–188

Ducrot O (1984) Le Dire et le Dit. Paris

Dülfer K, Korn H-E (2000) Gebräuchliche Abkürzungen des 16.–20. Jahrhunderts. 8. Aufl. Archivschule Marburg, Marburg

Dülfer K, Korn H-E (2004) Schrifttafeln zur deutschen Paläographie des 16.–20. Jahrhunderts. 11. Aufl. Archivschule Marburg, Marburg

Dzudzek I (2013) Hegemonie kultureller Vielfalt. Eine Genealogie kultur-räumlicher Repräsentationen in der UNESCO. Lit, Münster

Dzudzek I (2016) Kreativpolitik. Über die Machteffekte einer neuen Regierungsform des Städtischen. Transcript, Bielefeld

Dzudzek I, Glasze G, Mattissek A, Schirmel H (2009) Verfahren der lexikometrischen Analyse von Textkorpora. In: Glasze G, Mattissek A (Hrsg) Handbuch Diskurs und Raum. Bielefeld

Eckardt HW, Stüber G, Trumpp T (1999) „Thun kund und zu wissen jedermänniglich". Paläographie – Archivalische Textsorten – Aktenkunde. Rheinland-Verlag, Köln

Escher A (1991) Sozialgeographische Aspekte raumprägender Entwicklungsprozesse in Berggebieten der Arabischen Republik Syrien (Erlanger Geographische Arbeiten, Sonderband 20). Erlangen

Ewe H (2004) Bilder. In: Beck F, Henning E (Hrsg) Die archivalischen Quellen. Mit einer Einführung in die Historischen Hilfswissenschaften. Köln. 140–148

Fischer H (2002) Einleitung: Über Feldforschungen. In: Fischer H (Hrsg) Feldforschungen. Erfahrungsberichte zur Einführung. Berlin. 9–24

Flick U (1995) Qualitative Forschung. Theorie, Methoden, Anwendung in Psychologie und Sozialwissenschaften. Reinbek bei Hamburg

Flick U (2011) Qualitative Sozialforschung. Eine Einführung. Reinbek bei Hamburg

Foucault M (1973) Archäologie des Wissens. Frankfurt a. M.

Foucault M (1974) Die Ordnung des Diskurses. Frankfurt a. M.

Franz EG, Lux T (2017) Einführung in die Archivkunde. 9. Aufl. Wissenschaftliche Buchgesellschaft, Darmstadt

Füller H, Marquardt N (2010) Die Sicherstellung von Urbanität. Innerstädtische Restrukturierung und soziale Kontrolle in Downtown Los Angeles. Münster

Gagen E et al (eds) (2007) Practising the archive. Reflections on method and practice in historical geography. Historical geography research series 40. Royal Geographical Society, Institute of British Geographers, London

Geertz C (1983) Dichte Beschreibung. Beiträge zum Verstehen kultureller Systeme. Frankfurt a. M.

Gerhard U (1991) Typenbildung. In: Flick U et al (Hrsg) Handbuch Qualitative Sozialforschung. Grundlagen, Konzepte, Methoden und Anwendungen. München. 435–439

Giesecke M (2006) Der Buchdruck in der frühen Neuzeit. Eine historische Fallstudie über die Durchsetzung neuer Informations- und Kommunikationstechnologien. 4. Aufl. Suhrkamp, Frankfurt a. M.

Girtler R (2001) Methoden der qualitativen Sozialforschung. Anleitung zur Feldarbeit. Wien

Glasze G (2007) Vorschläge zur Operationalisierung der Diskurstheorie von Laclau und Mouffe in einer Triangulation von lexikometrischen und interpretativen Methoden. In: Bührmann AD, Diaz-Bone R, Rodríguez EG, Kendall G, Schneider W, Tirado F (Hrsg) Von Michel Foucaults Diskurstheorie zur empirischen Diskursforschung. Aktuelle methodologische

Entwicklungen und methodische Anwendungen in den Sozialwissenschaften. Berlin

Glasze G, Mattissek A (Hrsg) (2009) Handbuch Diskurs und Raum. Theorien und Methoden für die Humangeographie sowie die sozial- und kulturwissenschaftliche Raumforschung. Bielefeld

Gold RL (1958) Roles in sociological field observations. Social Forces 36: 217–223

Grotefend H (2007) Taschenbuch der Zeitrechnung des deutschen Mittelalters und der Neuzeit. 14. Aufl. Hahn, Hannover

Hauschild (2000) Feldforschung. In: Streck B (Hrsg) Wörterbuch der Ethnologie. Wuppertal. 63–67

Hermanns H (1991) Narratives Interview. In: Flick U et al (Hrsg) Handbuch qualitative Sozialforschung. Grundlagen, Konzepte, Methoden und Anwendungen. München. 182–185

Hermanns H (2010) Interviewen als Tätigkeit. In: Flick U, Kardorff E v., Steinke I (Hrsg) Qualitative Forschung. Ein Handbuch. Reinbek bei Hamburg. 360–368

Hilberg R (2001) Die Quellen des Holocaust. Entschlüsseln und Interpretieren. S. Fischer, Frankfurt a. M.

Hildenbrand B (2002) Grounded Theory. In: Brunotte E et al (Hrsg) Lexikon der Geographie. Bd. 2. Heidelberg. 76–77

Hildenbrand B (2010) Anselm Strauss In: Flick U, Kardorff E v., Steinke I (Hrsg) Qualitative Forschung. Ein Handbuch. Reinbek bei Hamburg. 32–41

Jäger J (2009) Fotografie und Geschichte. Campus, Frankfurt a. M.

Jahoda M, Lazarsfeld PF, Zeisel H (1933) Die Arbeitslosen von Marienthal. Ein soziographischer Versuch. Leipzig

Kazig R, Popp M (2011) Unterwegs in fremden Umgebungen. Ein praxeologischer Zugang zum Wayfinding von Fußgängern. Raumforschung und Raumplanung 69/1: 3–15

Keitel C (Hrsg) (2005) Serielle Quellen in südwestdeutschen Archiven. Kohlhammer, Stuttgart

Kelle U (2010) Computergestützte Analyse qualitativer Daten. In: Flick U, Kardorff E v., Steinke I (Hrsg) Qualitative Forschung. Ein Handbuch. Reinbek bei Hamburg. 485–502

Kleining G (1995) Lehrbuch entdeckende Sozialforschung. Bd. 1: Von der Hermeneutik zur qualitativen Heuristik. Weinheim

Kluge S (1999) Empirisch begründete Typenbildung. Zur Konstruktion von Typen und Typologien in der qualitativen Sozialforschung. Opladen

Kuny T (1998) The Digital Dark Ages? Challenges in the preservation of electronic information. International Preservation News 17: 8–13

Kurtz M (2009) Archives. In: Kitchin R, Thrift N (eds) International encyclopedia of human geography. Bd. 1. Elsevier, Amsterdam. 179–183

Laclau E (2005) On Populist Reason. London, New York

Laclau E, Mouffe C (1985) Hegemony and Socialist Strategy. Towards a radical democratic politics. London

Lamnek S (2010) Qualitative Sozialforschung. Weinheim

Legewie H (1991) Feldforschung und teilnehmende Beobachtung. In: Flick U et al (Hrsg) Handbuch qualitative Sozialforschung. Grundlagen, Konzepte, Methoden und Anwendungen. München. 189–193

Lepper M, Raulff U (Hrsg) (2016) Handbuch Archiv. J.B. Metzler, Stuttgart

Lexikon zur Soziologie (2011) Opladen

Lorimer H (2010) Caught in the nick of time. Archives and fieldwork. In: DeLyser D et al (eds) The Sage Handbook of Qualitative Geography. SAGE, London. 248–273

Lüders C (2010) Beobachten im Feld und Ethnographie. In: Flick U, Kardorff E v., Steinke I (Hrsg) Qualitative Forschung. Ein Handbuch. Reinbek bei Hamburg. 384–401

Malinowski B (1922) Argonauts of the Western Pacific. An Account of Native Enterprise and Adventure in the Archipelagoes of Melanesian New Guinea. London

Matschenz A (2004) Karten und Pläne. In: Beck F, Henning E (Hrsg) Die archivalischen Quellen. Mit einer Einführung in die Historischen Hilfswissenschaften. Köln. 128–139

Matt E (2010) Darstellung qualitativer Forschung. In: Flick U, Kardorff E v., Steinke I (Hrsg) Qualitative Forschung. Ein Handbuch. Reinbek bei Hamburg. 578–587

Matthes J (1981) Einführung in das Studium der Soziologie. Hamburg

Mattissek A (2008) Die neoliberale Stadt. Diskursive Repräsentationen im Stadtmarketing deutscher Großstädte. Bielefeld

Mattissek A, Sturm C (2017) How to Make Them Walk the Talk: Governing the Implementation of Energy and Climate Policies into Local Practices. Geographica Helvetica 72/1: 123–135

Mattissek A, Pfaffenbach C, Reuber P (2013) Methoden der empirischen Humangeographie. 2. Aufl. Braunschweig

Mayring P (2002) Einführung in die qualitative Sozialforschung. Eine Anleitung zum qualitativen Denken. Weinheim

Mayring P (2008) Qualitative Inhaltsanalyse: Grundlagen und Techniken. Weinheim, Basel

Mayring P (2010) Qualitative Inhaltsanalyse. In: Flick U, Kardorff E v., Steinke I (Hrsg) Qualitative Forschung. Ein Handbuch. Reinbek bei Hamburg. 468–474

Meier Kruker V, Rauh J (2005) Arbeitsmethoden der Humangeographie. Darmstadt

Meier V (1989) Hermeneutische Praxis – Feldmethoden einer „anderen" Geographie? In: Sedlacek P (Hrsg) Programm und Praxis qualitativer Sozialgeographie. Wahrnehmungsgeographische Studien zur Regionalentwicklung 6. Oldenburg. 149–158

Merkens H (2010) Auswahlverfahren, Sampling, Fallkonstruktion. In: Flick U, Kardorff E v., Steinke I (Hrsg) Qualitative Forschung. Ein Handbuch. Reinbek bei Hamburg. 286–299

Mills S (2013) Cultural-historical geographies of the archive: fragments, objects and ghosts. In: Geography Compass 7/10: 701–713

Müller M (2009) Making great power identities in Russia. An ethnographic discourse analysis of education at a Russian elite university. Forum Politische Geographie 4. Münster

Müller M (2012) Mittendrin statt nur dabei: Ethnographie als Methodologie in der Humangeographie. Geographica Helvetica 4/67: 179–184

Müller-Mahn D (2001) Fellachendörfer. Sozialgeographischer Wandel im ländlichen Ägypten. Erdkundliches Wissen 127. Stuttgart

Oevermann U et al (1979) Die Methodologie einer „objektiven Hermeneutik" und ihre allgemeine forschungslogische Bedeutung in den Sozialwissenschaften. In: Soeffner H-G (Hrsg) Interpretative Verfahren in den Sozial- und Textwissenschaften. Stuttgart. 352–434

Ogborn M (2003) Knowledge is power. Using archival research to interpret state formation. In: Ogborn M et al (eds) Cultural geography in practice. Routledge, New York. 9–20

Pêcheux M (1983) Language, Semantics and Ideology. Stating the obvious. London

Pohl J (1986) Geographie als hermeneutische Wissenschaft: ein Rekonstruktionsversuch. Münchner Geographische Hefte 52. Kallmünz, Regensburg

Pohl J (1989) Die Wirklichkeit von Planungsbetroffenen verstehen. Eine Studie zur Umweltbelastung im Münchener Norden. In: Sedlacek P (Hrsg) Programm und Praxis qualitativer Sozialgeographie. Wahrnehmungsgeographische Studien zur Regionalentwicklung 6. Oldenburg. 39–64

Popp M (2012) Erlebnisforschung neu betrachtet – ein Ansatz zu ihrer räumlichen Kontextualisierung. tw-Zeitschrift für Tourismuswissenschaft 4/1: 59–79

Reichertz J (2010) Objektive Hermeneutik und hermeneutische Wissenssoziologie. In: Flick U, Kardorff E v., Steinke I (Hrsg) Qualitative Forschung. Ein Handbuch. Reinbek bei Hamburg. 514–524

Schirmel H (2011) Sedimentierte Unsicherheitsdiskurse. Die diskursive Konstitution von Berliner Großwohnsiedlungen als unsichere Orte und Ziel von Sicherheitspolitiken. Erlanger Geographische Arbeiten Sonderband. Selbstverlag der Fränkischen Geographischen Gesellschaft, in Kommission bei Palm & Enke, Erlangen

Schmidt C (2010) Analyse von Leitfadeninterviews. In: Flick U, Kardorff E v., Steinke I (Hrsg) Qualitative Forschung. Ein Handbuch. Reinbek bei Hamburg. 447–455

Schneider U (2004) Die Macht der Karten. Eine Geschichte der Kartographie vom Mittelalter bis heute. Primus, Darmstadt

Schnell R, Hill P, Esser E (2008) Methoden der empirischen Sozialforschung. München, Wien

Schopper T, Wiertz T (2017) Korpuslinguistische Analysen mit CQPweb: Eine Einführung für SozialwissenschaftlerInnen. https://www.researchgate.net/profile/Thilo_Wiertz/publication/321943711_Korpuslinguistische_Analysen_mit_CQPweb_Eine_Einfuhrung_fur_SozialwissenschaftlerInnen/links/5a3a59e5a6fdcc34776d3803/Korpuslinguistische-Analysen-mit-CQPweb-Eine-Einfuehrung-fuer-SozialwissenschaftlerInnen.pdf (Zugriff 8.3.2018)

Schulz von Thun F (1999) Miteinander reden. Band 1. Reinbek bei Hamburg

Schütze F (1977) Die Technik des narrativen Interviews in Interaktionsfeldstudien: dargestellt an einem Projekt zur Erforschung von kommunalen Machtstrukturen. Bielefeld

Schwartz JM (Hrsg) (2003) Picturing Place. Photography and the geographical imagination. Tauris, London

Sedlacek P (Hrsg) (1989) Programm und Praxis der qualitativen Sozialgeographie. Wahrnehmungsgeographische Studien zur Regionalentwicklung 6. Oldenburg

Seiffert H (2006) Einführung in die Wissenschaftstheorie. Bd 2: Phänomenologie, Hermeneutik und historische Methode, Dialektik. München

Spittler G (2001) Teilnehmende Beobachtung als dichte Teilnahme. Zeitschrift für Ethnologie 126: 1–25

Stegmann B-A (1997) Großstadt im Image. Eine wahrnehmungsgeographische Studie zu raumbezogenen Images und zum Imagemarketing in Printmedien am Beispiel Kölns und seiner Stadtviertel. Kölner Geographische Arbeiten 68. Köln

Thomas WI, Znaniecki F (1918) The Polish peasant in Europe and America. New York

Tognini-Bonelli E (2001) Corpus Linguistics at Work. Amsterdam

Toulmin SE (1958) Der Gebrauch von Argumenten. Weinheim

Trapp W (1999) Kleines Handbuch der Münzkunde und des Geldwesens in Deutschland. Reclam, Stuttgart

Trapp W (2001) Kleines Handbuch der Maße, Zahlen und Gewichte und der Zeitrechnung. 4. Aufl. Reclam, Stuttgart

Verne J (2012a) Ethnographie und ihre Folgen für die Kulturgeographie: eine Kritik des Netzwerkkonzepts in Studien zu translokaler Mobilität. Geographica Helvetica 4/67: 185–194

Verne J (2012b) Living Translocality: Space, Culture and Economy in Contemporary Swahili Trading Connections. Erdkundliches Wissen 150. Stuttgart

Vismann C (2000) Akten. Medientechnik und Recht. S. Fischer, Frankfurt a. M.

Weber M (1985) Wirtschaft und Gesellschaft. Grundriss der verstehenden Soziologie. Tübingen

Wiertz T (2018) Quantitative text analysis in Geography: facilitating access and fostering collaboration. DIE ERDE 149/1: 52–56

Williams G (1999) French Discourse Analysis. The method of poststructuralism. London, New York

Winkler J (2017) Freunde führen einander – Der kommunalpolitische Dialog mit dem „Islam" im Modus einer Gouvernementalität der Freundschaft. Geographica Helvetica 72: 303–16

Wirth E (1984) Geographie als moderne theorieorientierte Sozialwissenschaft. Erdkunde 38: 73–79

Witzel A (1985) Das problemzentrierte Interview. In: Jüttemann G (Hrsg) Qualitative Forschung in der Psychologie. Weinheim. 227–255

Wolff S (2008) Dokumenten- und Aktenanalyse. In: Flick U et al (Hrsg) Qualitative Forschung. Ein Handbuch. 6. Aufl. Rowohlt, Reinbek bei Hamburg. 502–513

Wood G (1994) Die Umstrukturierung Nordost-Englands. Wirtschaftlicher Wandel, Alltag und Politik in einer Altindustrieregion. Duisburger Geographische Arbeiten 13. Dortmund

Weiterführende Literatur

Bohnsack R (2014) Rekonstruktive Sozialforschung. Einführung in qualitative Methoden. Leverkusen

Flick U (2011) Qualitative Sozialforschung. Eine Einführung. Reinbek bei Hamburg

Flick U, Kardorff E v., Steinke I (Hrsg) (2010) Qualitative Forschung. Ein Handbuch. Reinbek bei Hamburg

Girtler R (2001) Methoden der Feldforschung. Wien

Lamnek S (2010) Qualitative Sozialforschung. Weinheim

Mattissek A, Pfaffenbach C, Reuber P (2013) Methoden der empirischen Humangeographie. Braunschweig

Mayring Ph (2002) Einführung in die qualitative Sozialforschung. Eine Anleitung zum qualitativen Denken. Weinheim

Meier Kruker V, Rauh J (2005) Arbeitsmethoden der Humangeographie. Darmstadt

Rothfuß E, Dörfler Th (2013) Raumbezogene qualitative Sozialforschung. Wiesbaden

Von der Geokommunikation und Geoinformatik zur Geographie 4.0

Present Continuous – Skulptur des niederländischen Bildhauers Henk Visch, die zwischen der Hochschule für Fernsehen und Film und dem Staatlichen Museum Ägyptischer Kunst in München aufgestellt ist. Der stählerne, rote Sehstrahl ragt durch den Boden in einen Saal des darunterliegenden Ägyptischen Museums „als Verbindung von Vergangenheit und forschender Gegenwart" (Foto: R. Glaser, 2016).

© Springer-Verlag GmbH Deutschland, ein Teil von Springer Nature 2020
H. Gebhardt et al. (Hrsg.), *Geographie*, https://doi.org/10.1007/978-3-662-58379-1_7

Die zentrale Bedeutung von Informationen und deren Kommunikation in modernen Wissensgesellschaften ist unumstritten. In der Geographie haben sich digitale Verfahren seit den 1960er-Jahren mit der Computerisierung und der damit einhergehenden Quantifizierung und Modellierung immer weiter verbreitet. Durch die seit den 1990er-Jahren rapide voranschreitende Digitalisierung, Vernetzung und Automatisierung vieler Lebensbereiche entwickeln sich neue digitale Verfahren und es entstehen wie in den sozialen Netzwerken neue Austauschformate mit spezifischen Erfassungs- und Darstellungsformen, aus denen sich innovative Möglichkeiten und neue Fragen für die Geographie ergeben. Vergleichbar dem historischen Quantensprung durch Gutenbergs Entwicklung der Buchdruckkunst zu Beginn der frühen Neuzeit kann diese Zäsur der digitalen Revolution analog zur Bezeichnung in der Industrie als Geographie 4.0 betitelt werden. Stark automatisierte Verfahren prägen zunehmend die quantitative Erfassung, Verarbeitung, Analyse und Präsentation geographischer Informationen und verdecken zugleich den Blick auf die zugrundeliegenden Techniken. Allein an den zur Alltagssprache gewordenen Begriffen „Big Data", „crowdsourcing" und „Cloud" wird deutlich, wie stark neue Formen der Datenerhebung sowie -vorhaltung und insbesondere eine immense Datenflut unsere Wissenskommunikation mittlerweile prägen. Für unser Fach und insbesondere für die Teilbereiche der Geokommunikation und Geoinformatik ergeben sich damit neue Möglichkeiten und Fragen: Welche Auswirkungen haben diese Entwicklungen auf die Geographie? Und wie ergänzen sie die klassischen Themen und Techniken?

7.1 Klassische und neue Fragestellungen der digitalen Geographie

Rüdiger Glaser, Helmut Saurer, Alexander Zipf und Rafael Hologa

Digitale Verfahren haben sich in der Geographie seit den 1960er-Jahren mit der **Computerisierung** und der damit einhergehenden Quantifizierung und Modellierung immer weiter verbreitet. Erste Schwerpunkte bildeten **Geographische Informationssysteme**, die **Fernerkundung**, aber auch andere digitale Darstellungs- und Kommunikationsformen wie das **E-Learning**. In den 1980er-Jahren etablierten sich **Geokommunikation** und **Geoinformatik** als eigenständige Fachbereiche, die sich seit der Jahrtausendwende beschleunigt weiterentwickelt haben. Die Geokommunikation bedient sich digitaler Verfahren der **Geoinformatik** und befasst sich mit der akteursorientierten Aufbereitung geographischer Informationen zur Verbesserung der Kommunikationsabläufe, insbesondere der an Nutzergruppen angepassten Darstellung und Vermittlung geographischer Bedingungen und Prozesse. Ziel des Forschungsbereichs ist dementsprechend die Entwicklung von Kommunikationstechniken sowie die Umsetzung von neuen Forschungsergebnissen in digitalen Medien. Dabei spielt die Erhebung, die quantitative Verarbeitung und Analyse sowie insbesondere die Visualisierung von geographischen Informationen aus vielfältigen Datenquellen eine wichtige Rolle. Sie wird als **interdisziplinäres Forschungsfeld** verstanden und steht in engem Bezug zu Kartographie, Fernerkundung, Informatik und Kommunikationswissenschaften. Geokommunikation nutzt die technische Basis der Informations- und Kommunikationstechnologien und verknüpft sie mit fachlichen Inhalten und technischen Verfahren der Kartographie, um ein Kommunizieren raumbezogener Informationen und wissenschaftlicher Erkenntnisse zwischen verschiedenen Akteuren (Wissenschaftlern, Bevölkerung, NGOs, politischen Entscheidungsträgern) zu ermöglichen. Immer bedeutsamer wird, dass und wie wissenschaftliche Resultate mit entsprechenden Instrumenten zur Entscheidungsunterstützung, Methoden und Kenntnissen aufbereitet und an der **Schnittstelle von Wissenschaft und Praxis** kommuniziert werden (Fatt Siew 2009). Damit auch komplexe Thematiken eindeutig interpretiert, verstanden und bewertet werden können, ist ein effizienter Kommunikationsprozess notwendig. Eine Verständigung kann nur stattfinden, wenn die richtigen Kommunikationsmittel vorhanden sind, vor allem aber, wenn eine einheitliche Kommunikationsebene besteht und alle Kommunikationskomponenten richtig gedeutet werden können. Insbesondere Methoden der Geokommunikation können dazu dienen, die Zielsetzungen effizienter zu erreichen, da sie die Kommunikation zwischen verschiedenen Akteuren fördern und unterstützen.

Durch die Datenaufbereitung und Visualisierung sollen der Umgang mit komplexen Informationsstrukturen und die Wissensaneignung unterstützt werden. Interaktive und dynamische Visualisierungen einzelner Informationsebenen oder deren Zusammenschau machen komplexe Sachverhalte verständlich und erleichtern somit die Gewinnung neuer Erkenntnisse. Geokommunikation kann eine Brücke von der Realität (Georaum) bzw. ihrer Modellierung auf Grundlage spezifischer Daten (*universe of discourse*) zum Rezipienten schlagen und eine Entscheidungsgrundlage anbieten.

Bisher standen in den Geowissenschaften Darstellungen klassischer Rauminformationen wie **Karten**, Fernerkundungsaufnahmen und kartographische Produkte von GIS-Anwendungen im Vordergrund. Der Begriff Geokommunikation wurde im Sinne einer **Neokartographie** verwendet, die für neue Entwicklungen im Bereich der digitalen Kartographie steht. Auch Forschungsfragen einer **Kritischen Kartographie**, wonach Karten nicht nur objektivierbare Abbildungen räumlicher Sachverhalte, sondern auch eine subjektive Konstruktion spezifischer oder geopolitischer Wahrheiten sind, erhalten angesichts neuer Verfahren der Kartenproduktionen eine außerordentliche Bedeutung.

Vor dem Hintergrund neuer digitaler Verfahren werden der elementare Wert und die Bedeutung der stringenten Gestaltungsprinzipien klassischer topographischer und thematischer Karten einmal mehr deutlich. Die Untersuchung guter Gestaltungsprinzipien von Karten hat eine lange Tradition (Hettner 1910, MacEachren 1995, Kraak & Brown 2000). Karten haben sich als Darstellungs- und Kommunikationsmittel bewährt, da ihr Inhalt zweckorientiert ausgewählt ist und sie gestalterisch auf die hohe Verarbeitungskapazität des visuellen menschlichen Wahrnehmungssinns ausgerichtet sind (Buziek 2003). Gerade die thematische Karte ist zweifelsohne seit jeher ein wichtiges Kommunikationsmittel für die Vermittlung komplexer, geographischer Sachverhalte und wissenschaftlicher Ergebnisse (Hake & Grünreich 1994).

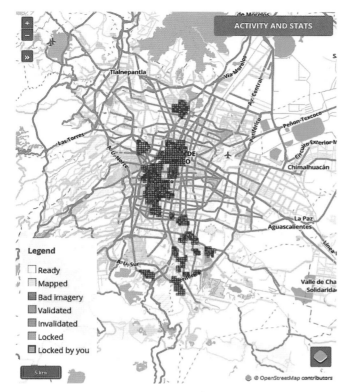

Abb. 7.1 Die Weboberfläche des Projektes *Humanitarian OpenStreet-MapTeam* (HOT) zum koordinierten Kartieren von Naturkatastrophen-schäden innerhalb ausgewiesener Parzellen auf der Grundlage von Kartenmaterial des OpenStreetMap-Projektes und aktuellen Satelliten-bildern. Dieser Kartenausschnitt vom 12. Dezember 2017 zeigt den Stand der Kartierungsarbeiten, die infolge von Erdbeben in Mexiko-Stadt im September desselben Jahres von einem engagierten Team Freiwilliger aufgenommen wurden.

Neben den klassischen, fachdefinierten Geomedien entstehen vermehrt neue kartographische Produkte, etwa im Rahmen von bürgerwissenschaftlichen Aktivitäten (engl. *citizen science*), und somit auch durch neue gesellschaftliche Gruppen. Beispiele solcher Kartenerstellung und -darstellung stammen aus Initiativen, bei denen interaktive Webkarten zum Katastrophenmanagement beitragen. Neben dem **OpenStreetMap**-Projekt sind Kartie-rungsprojekte vieler miteinander vernetzter Akteure infolge von Naturkatastrophen und in Kontexten, bei denen große Teile der lokalen Informationsinfrastrukturen weggebrochen sind, entstan-den (Abb. 7.1). Auch ein *crowdsourcing* und die anschließende Geokommunikation von geographischen Informationen findet verstärkt Anwendung, da vielfältige Datenquellen des Web 2.0 georeferenzierte Inhalte vorhalten. Dabei entstehen mitunter neue, oft nicht an normierten Standards orientierte Legenden mit temporären und/oder emotionalen Inhalten, neuen Symbolen und Icons.

Die digitale Kartenerzeugung, das Visualisieren zur Entschei-dungsunterstützung und vor allem ein durch Interaktivität be-dingtes dynamischeres Erscheinungsbild von kartographischen Ausdrucksformen werfen neue Fragen auf:

- Welche neuen Möglichkeiten und Grenzen für Visualisie-rungs- und vor allem Interaktionstechniken bieten die neuen Medien? Welche Gestaltungsprinzipien der traditionellen Kartographie gelten auch für dynamische und interaktive Visualisierungsformate und welche müssen neu entwickelt werden?
- Welche neuen Einsatzfelder ergeben sich für die Verwendung kartographischer Visualisierungen durch neue Geomedien?
- Welche gesellschaftlichen Gruppen generieren neue karto-graphische Produkte und welche Intentionen werden damit verfolgt?
- Welchen ethischen Beitrag kann die Geographie zur massen-haften Weitergabe geographischer Informationen aus unstruk-turierten Datenquellen des Web 2.0 leisten?

Geokommunikation wird als Entwicklung und Anwendung von Methoden zur computergestützten Lösung von Entscheidungs-problemen sowie zu deren **Ergebnisvisualisierung** verstanden. Dabei erlauben die Möglichkeiten der Informations- und Kom-munikationstechnologien die Inwertsetzung offener, partizipa-tiver Grundkonzepte, die das traditionelle Sender-Empfänger-Schema der Kommunikation auflösen.

Angesichts der komplexen gesellschaftlichen Herausforderungen wird neben der Kommunikation raumbezogener Informationen auch deren Vorhaltung und Analyse für den Wissensaustausch zunehmend wichtiger. Die Beteiligung verschiedener Akteure in politischen, wirtschaftlichen und sozialen Entscheidungs- und Willensbildungsprozessen ist zu einer Grundlage stabiler demo-kratischer Gesellschaften geworden. Entscheidungsprozesse erfordern zunehmend umfangreiche, transparente und nach-vollziehbare Informationen. Deshalb kommt der **Vermittlung von Wissen** an und zwischen verschiedenen Beteiligten eine zentrale Rolle zu. Vor diesem Hintergrund sind **offene Geo-dateninfrastrukturen** und **virtuelle Forschungsumgebungen** voraussetzend für partizipative Prozesse. Sie stellen den Wis-senstransfer global vernetzter Akteure sicher und machen ihn sichtbar. Die Geokommunikation und die digitalen Verfahren der Geoinformatik halten vielfältige Möglichkeiten bereit, um für eine partizipative Informationsgesellschaft die Partikularinte-ressen auf verschiedenen räumlichen und hierarchischen Skalen zu berücksichtigen und gemeinsam Lösungen zu finden. Spielen raumbezogene Informationen in Forschungsfragestellungen, Ab-stimmungs- und Aushandlungsprozessen oder einfach nur bei der Wissensvermittlung eine wichtige Rolle, bieten sich Methoden der Geokommunikation zur Problemlösung an. Diese bedienen sich wiederum häufig digitaler Verfahren der Geoinformatik. Andererseits stellen sich Fragen des Zugangs zum Internet und dessen Steuerung, Fragen des Urheberrechts und Fragen von Persönlichkeitsrechten, aber auch die nach den Global Playern und deren geographischen Kontexten (Abb. 7.2).

Eine moderne Geographie umfasst, „bespielt" und entwickelt nicht nur etablierte Themen wie Geokommunikation, Fern-erkundung, Geographische Informationssysteme, E-Learning und Landschaftsinterpretation weiter, sondern setzt sich vielfältig mit den neuen Geomedien im Rahmen von bürgerwissenschaftlichen Aktivitäten auseinander, schafft neue Austauschplattformen im

Abb. 7.2 Anflug auf die San Francisco Bay Area. *Links* im Bild das Facebook-Headquarter bzw. Research-Center in Menlo Park. Es ist unschwer zu erkennen, dass eine der reichsten und mächtigsten Firmen ihren Hauptsitz inmitten der weltweit stark gefährdeten Watt- und Marschflächen aufgeschlagen hat. Neben der fragwürdigen ökologischen Dimension beinhaltet die Lage noch weitere kritische Momente: Nur wenige Hundert Meter hinter dem Firmengelände verläuft die Hauptverwerfung des San-Andreas-Grabens. Ein Erdbeben und ein möglicherweise davon ausgelöster Tsunami hätten folgenschwere Konsequenzen für dieses und viele andere IT-Unternehmen in der Region. Es sind diese neuen Verknüpfungen von virtuellen Welten und ihren realen überkritischen Standorten bzw. Verankerungen, welche in der Neubewertung von räumlichen Chancen und Risiken eine besondere Brisanz erhalten (Foto: R. Glaser 2015).

Rahmen von virtuellen Forschungsplattformen und bezieht Stellung im Rahmen der neuen Beteiligungsformen im Web 2.0 und der Kritischen Kartographie.

7.2 Von Mercator zur virtuellen Welt

Helmut Saurer und Hans-Joachim Rosner

Wo liegt ein Objekt, das Gegenstand einer geographischen Fragestellung ist? Wie sind gleichartige Objekte im Raum verteilt? In welchem räumlichen Zusammenhang stehen Lage und Verteilung in Bezug zu anderen, steuernden oder abhängigen Größen dieses Objektes? Ändern sich die Raumbezüge im Laufe der Zeit? Die Beantwortung dieser Fragen ist Grundlage jeder Betrachtung von aktuellen Situationen, Abläufen und den steuernden Prozessen im Raum. Traditionell ist die **Karte** das geeignete Medium, die erfassten Daten zur Dokumentation und – je nach Fragestellung – zur weitergehenden Analyse oder Synthese bereitzustellen. Karten sind deshalb ein unverzichtbarer Bestandteil geographischer Arbeiten. Beginnend mit der Entwicklung und Nutzung von computergestützten Geographischen Informationssystemen und Fernerkundungsverfahren in den 1980er-Jahren haben Karten durch die neue, digitale Form (Abb. 7.3,

Exkurs 7.1) weiter an Bedeutung gewonnen. Dabei spielen insbesondere die Möglichkeiten einer **interaktiven, dynamischen Kartengestaltung** eine Rolle, die teilweise in Kombination mit Fotos oder realitätsnahen, künstlichen Ansichten erfolgen kann. Die Methoden der Raumdarstellung umfassen aus heutiger, moderner Sicht vier Bereiche:

- die klassische Karte in analoger und digitaler Form
- die Analyse und Abfragemöglichkeiten Geographischer Informationssysteme
- die Monitoringverfahren der Fernerkundung
- die Techniken der „virtuellen Realität"

Die Möglichkeiten, die sich aus der Nutzung Geographischer Informationssysteme ergeben, führen zu einer neuen Form der Kartographie, die als **Multimediakartographie** bezeichnet werden kann. Damit sind Produkte auf DVD oder aus dem Internet angesprochen, die – ähnlich wie bei einem klassischen Atlas – ein geplantes wie auch exploratives Herangehen an raumbezogene Information stimulieren. Die interaktive Gestaltung von Karten und deren Kombination mit Text-, Bild-, Sprach- und Filmmedien sind die herausragenden Kennzeichen dieser neuen Form der Kartographie. Sie ergänzt damit die klassische statische, zweidimensionale Kartographie und erweitert sie im Hinblick auf die komplexen und multidimensionalen Zusammenhänge aktueller Fragestellungen der Geographie. Bevor wir uns den Möglichkeiten zuwenden, die sich aus der Anwendung Geographischer Informationssysteme ergeben, betrachten wir einige Grundlagen der Kartographie.

Kartographie – ein zweidimensionales Bild der Erde

Eine Karte ist ein Bild von Erscheinungen auf oder nahe an der Erdoberfläche. Schon in der Antike wurden kartenähnliche Darstellungen zur Vermittlung von Wissen über die Anordnung von topographischen Gegebenheiten verwendet. In erheblichem Maße hat die Nutzung von Karten im Zeitalter der Entdeckungen, also zu Beginn der Neuzeit, zugenommen (Exkurs 7.2). Jedoch erst gegen Ende des 18. Jahrhunderts wurde die geregelte, auf der **Triangulation** gründende **Landesvermessung** eingeführt. Damit war erstmals auch die Erzeugung genauer großmaßstäbiger topographischer Karten möglich. Dies geschah vor dem Hintergrund der machtpolitischen Ansprüche des Absolutismus und der zwischenzeitlich erfolgten Entwicklung und Verbesserung entsprechender technischer Vermessungsgeräte.

Beispiele für Karten, die von Vermessungsbehörden, privaten Anbietern, Forschungseinrichtungen oder Fachbehörden angeboten werden, sind topographische Karten, geologische Karten oder Karten der Luftqualität in einer Stadt. Karten oder kartenähnliche Darstellungen im Internet wie „Google Maps" enthalten viele Elemente topographischer Karten, sind aber ergänzt durch zahlreiche weitere Informationen, die im Wesentlichen aus subjektiven, kommerziellen Interessen eingefügt wurden.

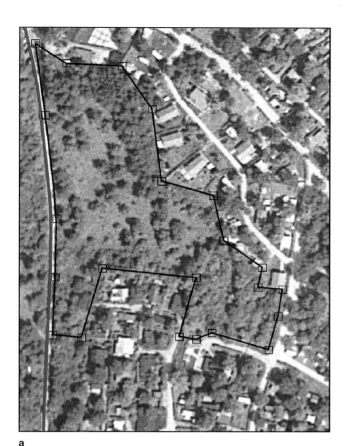

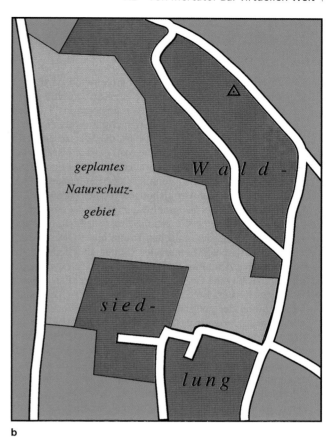

a
b

Abb. 7.3 Erzeugung einer Karte aus Vektordaten. Auf Grundlage eines Luftbildes (Orthofoto) wird im Rahmen einer Biotopkartierung eine Karte erzeugt. Die Grenzen eines geplanten Naturschutzgebietes und eines neuen Waldweges werden digitalisiert und mit Daten aus dem Amtlichen Topographisch-Kartographischen Informationssystem (ATKIS) der Vermessungsbehörden in einer Karte dargestellt (trigonometrischer Punkt, Bauflächen, Waldflächen). **a** Im Luftbild werden der Waldweg als Linie und die vorgesehene Schutzgebietsgrenze als Polygon erfasst. Die digitalisierten Punkte des Polygons sind in der Abbildung durch kleine Quadrate kenntlich gemacht. **b** Für die Ausgabe als Karte wird den verschiedenen Objekten eine bestimmte Darstellungsweise zugewiesen. Straßen und Wege werden als Doppellinie dargestellt. Im gezeigten Ausschnitt des Kartenfeldes liegt ein trigonometrischer Punkt, der mit einem Dreiecksymbol mit innenliegendem Punkt dargestellt wird. Die Flächen erhalten entsprechend ihrer Bedeutung unterschiedliche Farben (ocker: geplantes Naturschutzgebiet, rot: Wohngebiet, grün: Waldflächen). Schriftzüge ergänzen die Darstellung.

Exkurs 7.1 Wie zeichnet ein Computer eine Karte?

Zur Beantwortung dieser Frage ist es naheliegend, sich zu überlegen, was auf einer Karte enthalten ist: Einzelsymbole für kleine Einzelobjekte (topographische Punkte oder thematische Informationen wie die Lage von Wasserbehältern, Gaststätten etc.), Linientypen für langgezogene Objekte wie Straßen, Flüsse oder Grenzen und schließlich Farben, Muster und Schraffuren für Objekte, die größere Flächenanteile einnehmen. Betrachtet man zunächst nur die Geometrie, geht es um Punkte, Linien und Flächen. Deren Darstellung in der Karte ist abhängig von der Eigenschaft des Objektes. Geometriedaten auf der einen und Sachdaten auf der anderen Seite sind die

Voraussetzung, dass eine Karte gestaltet werden kann. Grundsätzlich wird die gesamte Information zur Geometrie aus den Koordinaten einzelner Punkte aufgebaut. Bei der Darstellung von Linienobjekten hat der Computer die Anweisung, die Punkte mit Linien zu verbinden. Bei Flächen schließlich werden alle Punkte miteinander verbunden, sodass sich als äußere Grenze ein Polygon ergibt, das entsprechend der Flächeneigenschaft mit Schraffuren oder Farben gefüllt werden kann. Die beschriebene Kombination von Geometrie- und Sachdaten ist Grundlage des Vektordatenmodells, das vielen digitalen Karten und Geographischen Informationssystemen zugrunde liegt.

Exkurs 7.2 Das Längengradproblem

Im königlichen Observatorium in Greenwich wird ein interessanter Aspekt der Geschichte der Kartographie gezeigt: das Problem der Bestimmung des Längengrades. Heute, im Zeitalter von GPS und Fahrzeugnavigationssystemen, ist es nur schwer nachvollziehbar, dass die Wissenschaft über Jahrhunderte hinweg keine Lösung zur genauen Bestimmung der geographischen Länge gefunden hatte. Als Folge davon enthalten die Karten des Zeitalters der Entdeckungen viele Ungenauigkeiten und Abweichungen von der korrekten Lage. Die Bestimmung der geographischen Breite ist dagegen einfach. Der Äquator ist die „natürliche" Bezugslinie. Für die Festlegung der geographischen Breite eines Ortes muss lediglich die Höhe von Sonne oder Sternen über dem Horizont bestimmt werden. Für die geographische Länge dagegen muss zunächst eine Bezugslinie, ein Nullmeridian (Abb. A), festgelegt werden. Eine – im Prinzip einfache – Methode zur Bestimmung der geographischen Länge ist die Ermittlung der Zeitdifferenz zwischen dem Sonnenhöchststand am Nullmeridian und an einem beliebigen Ort. Diese Differenz beträgt pro Längengrad vier Minuten. Das Problem war lediglich der Bau einer Uhr, die auch auf langen Seereisen keine Gangungenauigkeiten zeigt. John Harrison, ein englischer Uhrmacher, widmete sich zeitlebens dem Längengradproblem. An seinem Meisterwerk, der H4, arbeitete er mehr als 13 Jahre. Eine Uhr mit der Genauigkeit der H4 ermöglichte es erstmals, die geographische Länge auch bei langen Reisen

mit einer Genauigkeit von 1/10 Grad zu bestimmen. Die Geschichte der Lösung des Längengradproblems ist auch eine Geschichte der Intrigen, in der John Harrison lange Zeit um den verdienten Preis seiner Leistung gebracht wurde. Denn im sog. *Longitude Act*, der am 8. Juli 1714 von der englischen Königin erlassen wurde, war für eine Methode zur Bestimmung der geographischen Länge mit einer Genauigkeit von mindestens einem halben Grad ein Preisgeld von 20 000 Pfund ausgesetzt worden. Davon erhielt John Harrison auch nach langem Kampf lediglich einen Teil.

Abb. A Der Nullmeridian in Greenwich (Foto: Antje Findeklee).

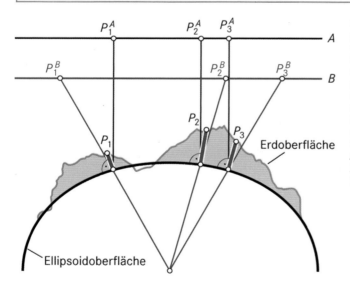

Abb. 7.4 Das Prinzip der Projektion: Die auf der Erdoberfläche ausgewählten Punkte (P_1 bis P_3) werden rechnerisch durch Lotfällung auf eine Kugel- oder Ellipsoidoberfläche übertragen (siehe rote Linien), bevor sie nach unterschiedlichen Rechenvorschriften auf eine Ebene, einen Zylinder oder einen Kegel projiziert werden. Je nach Rechenvorschrift kann die Lage der Punkte in den resultierenden Karten (*A* und *B*) sehr unterschiedlich ausfallen. Die so entstehenden Verzerrungen lassen sich nicht vermeiden. Sollen die Lagefehler der Punkte in der Karte klein bleiben, können jeweils nur kleine zusammenhängende Raumausschnitte kartiert werden. Gängige Koordinatensysteme hierfür sind das weltweit angewendete UTM-System (*Universal Transversal Mercatorsystem*). Dieses System wurde in Deutschland seit den späten 1990er-Jahren eingeführt. Es hat das zuvor übliche Gauß-Krüger-System abgelöst.

Das grundsätzliche Problem der Abbildung größerer Teile der Erdoberfläche in Karten ist die Tatsache, dass die Erdoberfläche eine komplizierte Form hat und mathematisch nicht geschlossen zu beschreiben ist. Es ist notwendig, Näherungen zuzulassen. Ein gängiges Modell der Erde für Karten kleinen Maßstabs ist eine Kugel, für Karten mittlerer und große Maßstäbe ein Ellipsoid. Ein Ellipsoid ist ein Körper, der durch die Rotation einer

Ellipse um eine der Symmetrieachsen entsteht. Der Prozess der Erzeugung einer Karte besteht im Prinzip aus drei Schritten. Die zu kartierenden Punkte der Erdoberfläche werden ausgewählt, durch Lotfällung auf die Bezugsoberfläche (Kugel oder Ellipsoid) übertragen und anschließend nach festgelegten Rechenvorschriften auf eine Ebene, einen Zylinder oder einen Kegel abgebildet (Abb. 7.4). Daraus resultieren unterschiedli-

Abb. 7.5 Die Eigenschaften einer Projektion sowie Lage und Form der Projektionsfläche bestimmen die Anordnung des Kartennetzes, also den Verlauf der Längen- und Breitenkreise und der Form und Lage von Meeren und Landflächen: **a** flächentreue Zylinderprojektion nach Behrmann, **b** flächentreue Peters-Projektion und **c** winkeltreue Mercatorprojektion.

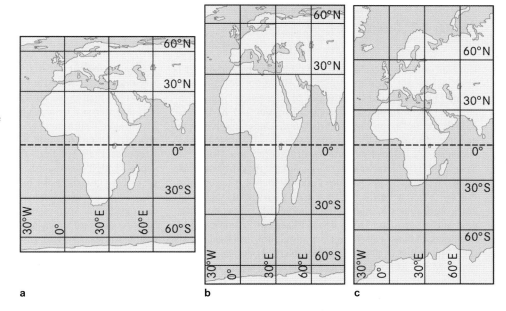

a   b   c

Kapitel 7

che **Geometrien des Kartennetzes** (Abb. 7.5) mit spezifischen Eigenschaften wie **Winkeltreue** oder **Flächentreue**. Diese Eigenschaften sind im Hinblick auf den Einsatz der Karte von Bedeutung. Für die historische Seefahrt war die einfache Navigation wichtig. Dies war durch den Einsatz winkeltreuer Karten gegeben. Bei der Erzeugung einer Karte der Bevölkerungsdichte der Erde hingegen ist eine flächentreue Darstellung sinnvoll.

Üblicherweise werden zwei Klassen von Karten unterschieden. Wird primär die Darstellung der räumlichen Verteilung einzelner oder weniger Merkmale, beispielsweise der Bevölkerungsdichte, angestrebt, tritt die topographische Information in den Hintergrund und man spricht daher von **thematischen Karten**. Karten dagegen, die hauptsächlich der Orientierung dienen, heißen **topographische Karten**. In dieser Klasse von Karten wird die räumliche Zweidimensionalität durch die Einbeziehung von Höheninformation in Form von Farben oder Isohypsen und Höhenangaben überwunden. Als Höhenbezugsfläche wurde in den letzten Jahrhunderten üblicherweise der Meeresspiegel verwendet. Vergleicht man die Höhenangaben in Karten mit denen eines GPS-Empfängers, zeigen sich häufig Unterschiede. Das liegt daran, dass die Höhenangaben eines GPS in der Regel auf ein Ellipsoid als ein einfaches mathematisches Modell der Erdoberfläche bezogen sind. Die Höhenlage des Meeresspiegels variiert jedoch aufgrund der ungleichen Masseverteilung in der Erde (Exkurs 7.3) und erklärt damit die genannten Abweichungen.

Bei der Orientierung sind **Koordinaten** hilfreich, die auf topographischen Karten angefügt sind. Die Geographischen Koordinaten Länge und Breite sind dabei vor allem auf Karten kleiner Maßstäbe nützlich, wenn große Teile der Erdoberfläche zusammen dargestellt werden. Längen- und Breitenangaben sind dagegen unpraktisch, wenn in Karten großer Maßstäbe Entfernungen oder Flächen gemessen werden sollen. Deshalb spielen in Plänen und topographischen Karten mit Maßstäben von 1:500 bis 1:100 000 die sog. **geodätischen Koordinaten**

eine viel wichtigere Rolle. Geodätische Koordinatensysteme wurden in vielen Staaten der Erde von den Vermessungsverwaltungen eingeführt und sind dementsprechend unterschiedlich. Mit dem UTM-System hat sich ein weltweiter Quasi-Standard herausgebildet (Abb. 7.6, Exkurs 7.4), der die landesspezifischen Systeme abgelöst hat oder parallel dazu verwendet wird.

Karten erlauben einen raschen Zugang und Überblick über Strukturen und Prozesse im Raum. Bei der **Karteninterpretation** wird Wissen aus der Allgemeinen Geographie konkret auf einen Raum angewendet und im Hinblick auf raumprägende Vorgänge in einer synthetischen Betrachtungsweise zusammengeführt. In wissenschaftlichen Fragestellungen werden oft mehrere verschiedene topographische und thematische Karten in die Überlegungen einbezogen. Damit kann ein Mehrwert erzielt werden, da die gleichzeitige Betrachtung mehrerer Themen und Einflussgrößen Rückschlüsse auf Prozesse erlaubt, die den einzelnen Karten jeweils nicht zu entnehmen sind.

Neben den gedruckten (analogen) Karten sind seit Mitte der 1990er-Jahre digitale Darstellungen sehr verbreitet. Dafür wurden spezielle Datenformate entwickelt, die auf zwei grundsätzlich unterschiedliche Modelle zurückgeführt werden können: **Vektor- und Rastermodelle** (Abb. 7.7). Beide Modelle haben jeweils spezifische Vorteile, wobei für die Kartographie das Vektormodell von größerer Bedeutung ist. Digitale Karten bieten gegenüber analogen Karten einige Vorteile. Sie sind leichter zu aktualisieren und können für nutzerspezifische Bedürfnisse zusammengestellt werden. Das heißt, dass nur die Inhalte, die der Nutzer bei der gegebenen Aufgabenstellung benötigt, auch in die Karte aufgenommen werden. Damit gewinnen Karten an Übersichtlichkeit. Das Prinzip der interaktiven Kartengestaltung lässt sich an vielen Web-Mapping-Angeboten im Internet nachvollziehen (z. B. https://opentopomap.org als Web-Mapping-Tool, bei dem Wander- oder Radrouten eingeblendet werden können).

Exkurs 7.3 Geoid

Ein Ellipsoid als Modell der Erde gibt den Abstand der Erdoberfläche vom Erdmittelpunkt an. Bei einer völlig homogenen Dichteverteilung würde der Meeresspiegel eine Ellipsoidoberfläche bilden. Die Dichteverteilung der Erde weist jedoch geringfügige Unterschiede auf. Dabei spielen unter anderem Gebirge und die Lage von auf- und absteigenden Ästen der Zirkulationsströme im Erdinneren eine Rolle. Als Resultat dieser Unterschiede ist die Anziehungskraft der Erde nicht immer ganz genau zum Erdmittelpunkt hin gerichtet. Für die Meeresoberfläche hat dieser Sachverhalt wiederum zur Folge, dass sie „nicht gleich hoch" liegt. Das bedeutet, dass sie an manchen Orten etwas näher am Erdmittelpunkt, an anderen etwas weiter vom Erdmittelpunkt entfernt ist, als die Ellipsoidfläche angibt. Die Unterschiede betragen oft nur einige Meter, können aber bis knapp ± 100 m um die Ellipsoidoberfläche pendeln. Für das Vermessungswesen ist die Ellipsoidoberfläche als Höhenbezugsfläche deswegen nicht verwendbar. Eine besser geeignete Höhenbezugsfläche ist eine Niveaufläche mit gleicher Lageenergie (Geoid). Diese Fläche entspricht auf den Ozeanen und an den Küsten der Kontinente der Meeresoberfläche. Unter den Kontinenten kann man sich diese Niveaufläche (Geoid) fortgesetzt denken und deren Abstand von der Ellipsoidoberfläche durch Messungen bestimmen. Diese Abstände wurden mittlerweile an vielen Orten bestimmt. Dieses Netz an Messpunkten bildet wiederum die Grundlage für ein (vereinfachtes) mathematisches Modell des Geoids, das als Quasi-Geoid bezeichnet wird. Das Quasi-Geoid bildet in immer mehr Ländern die Grundlage für die Höhenangaben auf Karten. Die früher in den nationalen Vermessungsbehörden üblichen Höhenangaben, die sich auf einen Meeresspiegel bezogen – in Deutschland war dies der Pegel in Amsterdam –, werden daher nach und nach durch Quasi-Geoid-Höhen abgelöst. Bestimmt man die Höhe mit einem GPS, so ist diese in der Regel auf das Ellipsoid bezogen. Zusammen mit Angaben zur Höhendifferenz zwischen Ellipsoid und (Quasi-)Geoid auf topographischen Karten kann man durch Addition der angegebenen Differenz die exakte Höhe leicht bestimmen.

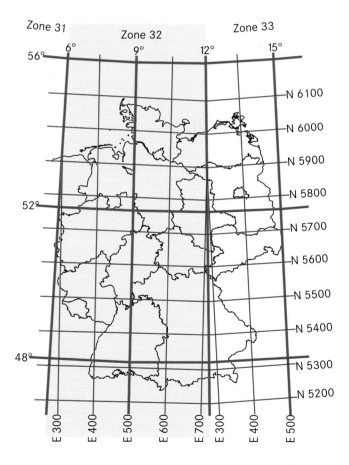

Abb. 7.6 UTM-Koordinaten: Sie beziehen sich auf den Abstand von einem Mittelmeridian und die Entfernung vom Äquator. Aufgrund der Breite einer UTM-Zone von 6° wird Deutschland von zwei Zonen des UTM-Systems abgedeckt. Die Koordinaten für Berlin-Mitte, die man aus Karten bestimmen kann, lauten im Rahmen der Ableseungenauigkeiten bei kleinmaßstäbigen Karten, z. B. bei 1:2 Mio: Zone 33, E 395, N 5825 (Ablesegenauigkeit ± 10 km). Verwendet man Karten größeren Maßstabs, lassen sich die Koordinaten genauer bestimmen. Die Mitte des Brandenburger Tors in Berlin lässt sich aus einer Karte im Maßstab 1:25 000 festlegen als: Zone 33, E 3900420, N 5820845 (Ablesegenauigkeit ± 10 m). Die Werte weichen aufgrund der Ableseungenauigkeit zwar um Kilometerbeträge voneinander ab, stimmen im Rahmen der möglichen Ablesegenauigkeiten jedoch überein.

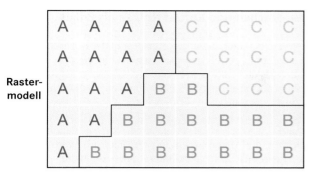

Raster-modell

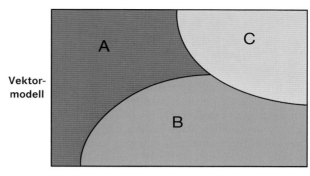

Vektor-modell

Abb. 7.7 Grundlegende Datenmodelle in Geographischen Informationssystemen.

Exkurs 7.4 UTM-System

Gerard De Kremer oder Gerhard Mercator, wie er sich später nannte, schuf auf Grundlage einer winkeltreuen Zylinderprojektion eine Weltkarte. Die von ihm entwickelte Projektion spielte wegen der einfachen Navigation in der Seefahrt eine bedeutende Rolle. Die Mercatorprojektion ist bei großmaßstäbigen Karten auch heute noch bedeutend, da sie Grundlage des weltweit verwendeten UTM-Systems ist.

Die transversale Mercatorprojektion ist eine Abbildung, bei der man sich einen Zylinder so an die Erde gelegt vorstellen kann, dass die Zylinderachse in der Äquatorebene liegt (Abb. A). Wenn der Zylinderradius etwas kleiner ist als die kleine Halbachse des Ellipsoids, ergibt sich ein Schnittzylinder, der zwei Linien auf der Erdoberfläche längentreu abbildet. In der Nähe dieser Linien ist die Verzerrung klein. Dadurch können Ausschnitte der Erde nahezu verzerrungsfrei auf die Karte projiziert werden. Werden mehrere solcher Projektionen erstellt, indem der Zylinder jeweils etwas gedreht wird, ergibt sich ein System von streifenförmigen Karten, das die ganze Erde oder größere Teile davon abdecken kann. Beispiele für derart erzeugte Meridianstreifensysteme sind das deutsche Gauß-Krüger-System und das international verwendete UTM-System.

Beim UTM-System werden 6° breite Streifen gebildet, die Zonen genannt werden. Die Zonen werden mit Nummern von 1 bis 60 bezeichnet. Die Zählung beginnt bei 180° westlicher Länge und steigt ostwärts an. Demzufolge umfasst Zone 1 den Längengradbereich von 180° w. L. bis 174° w. L. Die Zonen 32 und 33 mit ihren Mittelmeridianen bei 9° ö. L. und 15° ö. L. überdecken unter anderem die Landesflächen von Deutschland, Österreich und der Schweiz (Abb. 7.5).

Im UTM-System wird ein rechteckiges Raster an den Mittelmeridian angelegt. Für die Lageangabe eines Punktes wird ein Koordinatenpaar verwendet, deren Werte als *easting* und *northing* bezeichnet werden. Der *easting*-Wert ergibt sich aus dem Abstand vom Mittelmeridian, dem ein will-

kürlicher Wert von 500 km zugeordnet wird, um negative Werte zu vermeiden. Die *northing*-Komponente ergibt sich durch Zählung der Gitterlinien vom Äquator aus (*northing*-Wert 0 km). Durch Hinzufügen weiterer Stellen können die Koordinaten beliebig genau angegeben werden. Für die Südhalbkugel beginnt die Zählung der *northing*-Koordinate mit dem Wert 10 000 am Äquator. Der Abstand vom Äquator wird negativ gezählt. Ein Punkt 100 km südlich des Äquators erhält demzufolge eine *northing*-Koordinate von 9900.

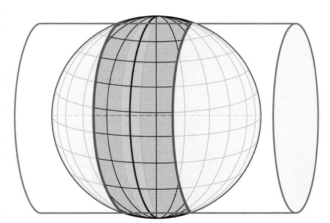

Abb. A Transversale Mercatorprojektion mit einem Schnittzylinder: Die Projektion der Erdoberfläche erfolgt auf einen Zylinder, der etwas kleiner ist als der Erdradius beziehungsweise die kleine Halbachse eines Ellipsoids. Dadurch ergeben sich zwei Schnittlinien, die in gleicher Länge wie die entsprechende Strecke auf der Erdoberfläche abgebildet werden (rote Linien). In der Abbildung ist der Größenunterschied von Ellipsoid und Zylinder übertrieben dargestellt, damit das Prinzip erkennbar ist. Beim UTM-System ist der Zylinder tatsächlich nur wenig kleiner als der Erdradius. Daraus ergibt sich ein schmaler Streifen (gelbe Fläche) um den Mittelmeridian (schwarze Linie), in dem die Verzerrungen gering sind und deshalb bei darauf aufbauenden topographischen Karten vernachlässigt werden können. Diese gelbe Fläche stellt eine Zone des UTM-Systems dar.

Kritische Kartographie

Georg Glasze und Jörg Mose

Die Kritische Kartographie interessiert sich dafür, wie mit Karten Weltbilder (re-)produziert werden. Der Diskussions- und Forschungszusammenhang der Kritischen Kartographie entwickelte sich seit den 1980er-Jahren in einer kritischen Auseinandersetzung mit der überkommen, aber nach wie vor verbreiteten Vorstellung, dass Karten „Abbilder" der Erdoberfläche bzw. einer sozialräumlichen Wirklichkeit seien (Wood & Krygier 2009, Dodge et al. 2009, Crampton 2010a, Glasze 2009). Besonders einflussreich waren dabei die Arbeiten des britischen Geographen Brian Harley (Gesamtwerk herausgegeben von Laxton 2001), der sich seit den 1970er-Jahren in einer von Foucault inspirierten Perspektive mit der Geschichte der Kartographie beschäftigte. Dabei lassen sich zwei Ansatzpunkte ausmachen: die **Analyse des Kartenbildes** als diskursive Artikulation sowie darüberhinausgehend die Analyse der sozio-technischen Praktiken des **Kartenmachens** und -nutzens.

Karten als diskursive Artikulationen

Kritische Kartographie begreift Karten nicht als vermeintlich exaktes Abbild, sondern als (Re-)Präsentation, die bestimmte Weltbilder gleichzeitig darstellt und konstituiert. Karten sind als diskursive Artikulationen an der Produktion und Rezeption von gesellschaftlichen Vorstellungswelten beteiligt – nicht zuletzt auch von *geographical imaginations*. Ziel einer kritischen Auseinandersetzung mit Karten ist es daher, die Muster in diesen Artikulationen zu erkennen und auf diese Weise die räumlichen Vorstellungen und sozialen Ordnungen, die mit und in den Karten (re-)produziert werden, herauszuarbeiten (Mose & Strüver 2009). Karten werden in der Diskursforschung weniger als Dokumente betrachtet, die für etwas anderes stehen, sondern vielmehr als Verknüpfung von visuellen Elementen, die bestimmte „Weltbilder" (re-)produzieren. Aufgabe der Forschung in dieser Perspektive ist es also, die Elemente solcher Verknüpfungen zu identifizieren und deren regelmäßige Verwendung, Anordnung und Relationierung herauszuarbeiten – z. B.: Welche Art der Projektion wurde gewählt? Was wurde in der Generalisierung hervorgehoben? Wie wurden Orte bezeichnet? Welche Grenzen wurden gezogen? Wie wurde das Zentrum des Kartenausschnitts positioniert? Wie wurden Farben und Symbole verwendet? Darüber hinaus kann auch danach gefragt werden, was die jeweilige Karte nicht darstellt. Grund für das „Schweigen" in jeder Karte (*cartographic silence*, Harley 1988) ist das **Prinzip der Selektivität**. Die Auswahl und Betonung bestimmter Elemente impliziert gleichzeitig das Auslassen und In-den-Hintergrund-Stellen anderer Elemente. Jede Art dieses Zusammenspiels aus Darstellen/Auslassen (re-)produziert bestimmte räumliche Vorstellungen und ist somit zumindest im weiteren Sinne (geo-)politisch.

Karten-Machen und Karten-Nutzen als Praxis

Seit den 1990er-Jahren hat sich zunächst in der englischsprachigen Geographie eine Diskussion entwickelt, die den Blick im Vergleich zu den frühen Arbeiten der Kritischen Kartographie weitet und auch die Praktiken und Techniken des Kartenmachens und -nutzens ins Blickfeld rückt. Autoren wie Rundstrom (1991), Edney (1993), Pickles (2004) sowie Harris & Harrower (2006) bauen auf den Arbeiten von Brian Harley auf: Sie plädieren allerdings dafür, die Analyse nicht auf die Karte als (vermeintlich) festes Endprodukt zu beschränken, sondern auch die jeweiligen sozio-kulturellen und sozio-technischen Kontexte der **Herstellung von Karten** zu untersuchen. In einer weiteren Öffnung untersuchen Autoren wie Orlove (1993) sowie Brown & Laurier (2008), wie unterschiedlich Karten genutzt werden und wie man sie sich angeeignet. Auch das Lesen von Karten ist in machtgeladene Praxen eingebunden. Dies machen verschiedene Kontexte, in denen Karten verwendet werden, deutlich: von der Vermittlung „positiven Wissens" anhand von Karten in der Schule über Karten im politischen Diskurs (Laba 2014) bis zur alltäglichen iterativen, eher beiläufigen Rezeption von Karten im Wetterbericht oder den Nachrichten.

Als fruchtbar erwies sich die **prozessuale Kartographie** nicht zuletzt auch in der Analyse nicht moderner, nicht europäischer und nicht wissenschaftlicher Kartographien. So können die jeweiligen sozialen Praktiken und Techniken der Entstehung von Karten sowie die Praktiken der Verwendung verglichen werden und nicht zuletzt die Zusammenhänge zwischen Techniken und Praktiken des Karten-Machens und -Nutzens mit unterschiedlichen bzw. sich wandelnden gesellschaftlichen Kontexten herausgearbeitet werden.

Transformation von Kartographie und sozio-technische Kontexte in der Moderne

In einer prozessualen Perspektive kann Kritische Kartographie untersuchen, wie die Transformation der Praktiken und Techniken der Kartographie mit dem weiteren gesellschaftlichen Wandel in der Moderne zusammenhängt. So haben verschiedene Autoren gezeigt, inwiefern die Etablierung und Organisation der Nationalstaaten (sowie ggf. ihrer kolonialen Expansion) mit Techniken und Praktiken der modernen, vermessenden und nach exakter Abbildung strebenden Kartographie verknüpft waren und sind (Buisseret 1992, Crampton 2010b, Glasze 2017b): Topographische und thematische Kartographie ermöglichen die Erfassung, Differenzierung und (Re-)Präsentation von Territorien und Bevölkerung(en) – sie waren und sind Voraussetzung für die Etablierung der territorial definierten Nationalstaaten und Instrument ihrer Regierungen. Gleichzeitig waren die westlichen Nationalstaaten im 19. Jahrhundert wichtige Akteure der Institutionalisierung der modernen Kartographie etwa durch die Etablierung von **Ämtern für Kartographie und Vermessung**. Der Staat und dabei vielfach insbesondere das Militär wurden zu einem privilegierten Akteur der modernen Kartographie. Die Kompetenzen und die technischen Infrastrukturen der modernen Kartographie konzentrierten sich in hohem Maße in diesen staatlichen Einrichtungen und wenigen Verlagshäusern – bis weit ins

20. Jahrhundert hinein war Kartographie daher eine elitäre und exklusive Praxis.

Seit den 1960er-Jahren wurde die analoge Print-Kartographie von Geographischen Informationssystemen (GIS) verdrängt. Die Karte steht dabei nicht länger im Mittelpunkt, sie wird zu einer Präsentationsform **digitaler Geoinformationen**. GIS wurden und werden für verschiedene Zwecke verwendet und dies zu großen Teilen außerhalb der etablierten Organisationen der Kartographie. Parallel und vielfach in Austausch mit der prozessualen Kartographie entspannte sich konsequenterweise in den 1990er-Jahren eine Debatte über die sozio-technischen Rahmenbedingungen und sozialen Konsequenzen von GIS – teilweise als *GIS-&-society*- oder *critical*-GIS-Debatte gekennzeichnet (Sheppard 1995, Elwood et al. 2008).

Die Techniken und Praktiken von GIS, die wachsende Verfügbarkeit digitaler Geodaten (insbesondere auf Basis der satellitengestützten Positionierungstechniken wie GPS und Galileo sowie der Entwicklung einer kommerziellen Satellitenbildindustrie) und die zunehmend einfache Verfügbarkeit des Internets sind die wichtigsten Bausteine für die Entwicklung des sog. **Geoweb** und somit für die grundlegende Transformation von Geoinformation und kartographischer (Re-)Präsentation im digitalen Zeitalter. Der Begriff „Geoweb" wird genutzt, um die wachsende Bedeutung von Geodaten für das Internet sowie den Boom neuer webbasierter Technologien, die Geodaten nutzen und vielfach produzieren, zu beschreiben. Neben virtuellen Globen wie insbesondere „Google Earth" und digitalen Kartendiensten wie „Google Maps", „OpenStreetMap" oder „Here" werden darunter auch Angebote gefasst wie georeferenzierte Texte und Bilder sowie standortbezogene Dienste für mobile Endgeräte (*location based services*).

Die Entwicklung des Geoweb wurde und wird in hohem Maße von Unternehmen bestimmt, die bis vor wenigen Jahren keinen Bezug zu Geoinformation und Kartographie hatten. Gleichzeitig ermöglicht der Kontext des Web 2.0 die Entwicklung von nicht kommerziellen, offenen Projekten wie insbesondere OpenStreetMap, in denen Tausende Freiwillige geographische Informationen erheben, organisieren und präsentieren – sog. *Volunteered Geographic Information* (VGI). Kartographie und Geoinformation sind damit immer weniger ein disziplinär scharf umrissenes Feld. Zahlreiche neue Organisationen und auch Individuen beteiligen sich an der Sammlung, Verarbeitung und Nutzung geographischer Informationen. Eine Interpretation dieser Öffnung als eine „Demokratisierung von Kartographie und Geoinformation" übersieht jedoch, dass auch die Praktiken im Geoweb von zahlreichen Exklusionsmechanismen geprägt werden (Haklay 2013, Bittner 2014, Graham 2014).

Von der Kritischen Kartographie zur Untersuchung digitaler Geographien

Karten wurde und wird vielfach zugesprochen, dass sie Wirklichkeit „abbilden". So definieren zahlreiche Lehrbücher Karten bzw. Kartographie über die Idee der Karte als Abbild der Erdoberfläche. Die Kritische Kartographie bezeichnet den Anspruch der klassischen Kartographie, eine neutrale Abbildung der Erdoberfläche zu schaffen, als **modernistischen Mythos**. Ein Mythos, der letztlich vernachlässigt hat, dass Karten immer nur ein spezifisches Bild sein können, das bestimmte Dinge in einer bestimmten Weise darstellt und unweigerlich immer eine Vielzahl anderer möglicher Darstellungen „verschweigt". Damit verbunden war und ist vielfach eine Kritik an Kartographie als einer elitären Praxis.

Die sozialwissenschaftliche Auseinandersetzung mit dem Boom an Geodaten und der Entwicklung des Geoweb baut auf den Perspektiven der Kritischen Kartographie auf. So legen z. B. Kitchin & Lauriault 2014 dar, dass immer (nur) bestimmte Daten in bestimmten gesellschaftlichen und technischen Zusammenhängen erzeugt werden. Daten können daher immer nur selektiv und partiell sein – auch Geodaten. Ebenso ist die Interpretation und Nutzung von Daten immer komplex und wiederum eingebunden in spezifische **sozio-technische Kontexte**.

Vor dem Hintergrund der wachsenden Menge georeferenzierter Daten sowie deren Einbettung in viele neue Praktiken können digitale Geoinformationen dabei nicht sinnvoll nur als (Re-)Präsentation von Räumen betrachtet werden. Digitale Geographien werden vielmehr zu einem wichtigen Teil **gesellschaftlicher Räumlichkeit**. Mit dem Schlagwort der „*software sorted geographies*" hat Graham (2005) darauf hingewiesen, wie im Zusammenspiel von (Geo-)Daten und Software über die Zugänglichkeit von Räumen „entschieden" wird – beispielsweise in elektronischen Zugangssystemen an Flughäfen. Noch umfassender ist das Konzept der „augmentierten Geographien" wie es Graham et al. 2013 vorgeschlagen haben. Sie bezeichnen damit die Erweiterung von Raumbeschreibungen/Geographien um digitale Informationen: Beschreibungen von Orten in sozialen Medien, Bewertungen von Hotels oder Restaurants in Bewertungsplattformen, Projekte der Web 2.0-Kartographie usw. Da diese digitalen Geographien in zunehmendem Maße prägen, was wir über die Welt wissen und wie wir in der Welt leben, wird es zur Aufgabe einer wissenschaftlichen Sub-Disziplin „Digitale Geographie", die sozio-technischen Hintergründe dieser Geographien zu erforschen (Boeckler 2014, Felgenhauer 2015, Ash et al. 2016, Glasze 2017a).

7.3 Geographische Fernerkundung

Grundlagen

Helmut Saurer und Hans-Joachim Rosner

Der Traum vom Fliegen ist eng mit der Fernerkundung verbunden. Die Dinge von oben – aus der Ferne – zu betrachten, ist ein Reiz, dem wir auch erliegen, wenn wir auf einen Berg oder einen Turm steigen. Dadurch gewinnen wir Übersicht und erhalten neue Eindrücke. Wenn wir Fernerkundung als Beobachtung aus der Ferne verstehen, ohne direkten Kontakt mit dem betrachteten Objekt, ist die Fernerkundung eine alte, weitverbreitete Methode. Im fachlichen Kontext ist der Begriff jedoch enger gefasst: Die Fernerkundung ist die Beobachtung eines Objekts mittels

Exkurs 7.5 Geostationäre und sonnensynchrone Satelliten

Bei der Bewegung eines Satelliten um die Erde müssen sich die Gravitationskraft und die Zentrifugalkraft die Waage halten. Fliegt ein Satellit in geringer Höhe, ist die Anziehungskraft größer, er muss also schneller fliegen, damit er nicht abstürzt. Ist die Höhe größer, verringert sich die Umlaufgeschwindigkeit, in der zwischen den beiden Kräften Gleichgewicht herrscht.

Geostationäre Satelliten wie die Wettersatelliten der Meteosat-Serie befinden sich immer über demselben Punkt der Erde. Mit ihnen kann man daher den gleichen Ausschnitt der Erdoberfläche beliebig häufig beobachten. Damit ein Satellit eine solche Position einnehmen kann, muss er sich mit der gleichen Winkelgeschwindigkeit wie die Erde drehen. Für die Winkelgeschwindigkeit der Erde ($\omega = 2\pi / 24$ h) ist das Gleichgewicht zwischen Zentrifugal- und Gravitationskraft in einer Höhe von etwa 36 000 km über der Erdoberfläche erreicht. Die Bewegung muss außerdem um den Mittelpunkt der Erde, ihren Schwerpunkt, erfolgen. Das bedeutet, dass geostationäre Satelliten immer über einem Punkt des Äquators stehen müssen. Aufgrund der großen Höhe kann mit ihnen ein großer Ausschnitt (z. B. eine Halbkugel) gleichzeitig beobachtet werden. Allerdings sind damit auch einige Nachteile verbunden. Der erste Nachteil ist offensichtlich, wenn man einen Ball aus 1 oder 2 m Entfernung ansieht: Die Oberfläche wird an den Rändern verkürzt oder, anders ausgedrückt, verzerrt dargestellt. Der zweite Nachteil ergibt sich aus der großen Entfernung des Satelliten. Kleinere Objekte auf der Erdoberfläche kann man nicht mehr erkennen; damit sind diese, wie man in der Sprache der Fernerkundler sagt, nicht mehr detektierbar.

Sonnensynchrone Satelliten bewegen sich so um die Erde, dass ihre Bahn einen Winkel von fast 90° mit der Äquatorebene bildet. Ihre Bahnspur deckt, mit Ausnahme kleinerer Bereiche um die Pole, jeden Punkt der Erdoberfläche ab. Bei einer geeigneten Flughöhe, das heißt Umlaufgeschwindigkeit, beobachten diese Satelliten jeden Bereich der Erdoberfläche im Abstand von mehreren Tagen oder Wochen zu einer bestimmten Tageszeit, woraus sich der Name „sonnensynchron" ableitet. Beispiele sind die Satelliten der Landsat-Serie. Sie werden seit den 1970er-Jahren vor allem zur Kartierung der Landnutzung und der Vegetationsentwicklung betrieben. Sie überfliegen die Erdoberfläche jeweils am späten Vormittag. Einerseits steht dann die Sonne schon möglichst hoch am Himmel und produziert nicht zu viele Schattenbereiche. Andererseits haben Verdunstung und Konvektion zu dieser Zeit üblicherweise noch nicht voll eingesetzt, wodurch eine klarere und wolkenärmere Atmosphäre erwartet werden kann. Satelliten der Landsat-Serie haben eine Umlaufzeit von 98 min. Sie sind damit viel schneller als geostationäre Satelliten und können wesentlich tiefer fliegen. Landsat 8 , der aktuelle Landsat-Satellit mit den Aufnahmesystemen *Operational Land Imager* (OLI) und *Thermal Infrared Sensor* (TIRS), fliegt in einer Höhe von ungefähr 700 km. Die räumliche Auflösung ist größer als bei geostationären Satelliten und damit werden kleinere Objekte und Strukturen auf der Erdoberfläche erkennbar (bei OLI 15–30 m, bei TIRS 100 m Seitenlänge der Pixel). Nachteilig ist, dass solche Satelliten nur einen kleinen Teil der Erdoberfläche erfassen können und ihre zeitliche Auflösung geringer ist.

Exkurs 7.6 Auflösung

In der Fernerkundung spielt der Begriff der Auflösung eine wichtige Rolle. Damit verbunden sind mehrere Eigenschaften von Sensoren und Trägersystemen. Die zeitliche Auflösung beschreibt die Frequenz, mit der Aufnahmen vom selben Gebiet erzielt werden können. Bei den aktuellen Erdbeobachtungssatelliten der Landsat-Serie liegt dieser Wert aufgrund der Flugbahn bei 16 Tagen. Die Wettersatellitengeneration Meteosat MSG (*Meteosat Second Generation*) hat dagegen eine zeitliche Auflösung von 15 min.

Eine ähnlich große Spanne ergibt sich bei der räumlichen Auflösung. Mit dem aktuellen Meteosat-Satelliten (2004–2025) können Objekte in der Größe von knapp unter 1 km² erkannt werden, während mit *WorldView* oder *GeoEye* ein Bistro-Tisch auf einer Dachterrasse gerade noch detektierbar

sein kann. Als dritte Auflösung in der Fernerkundung ist die radiometrische Auflösung zu nennen. Darunter werden die Helligkeitswerte verstanden – physikalisch spricht man auch von der Energiestromdichte, die ein Sensor unterscheiden kann –, die in 6-, 8-, 10- oder 11-bit Informationstiefe angegeben werden. Schließlich gibt es die spektrale Auflösung, die die Unterscheidbarkeit von Strahlung in verschiedenen Wellenlängenbereichen beschreibt. Man könnte sagen: Die spektrale Auflösung des sichtbaren Lichtes gibt an, wie viele Farben ein Sensor unterscheiden kann.

Für unterschiedliche Anwendungen ergibt sich nach dem jeweiligen Bedarf ein optimaler Sensor oder eine bestmögliche Sensorkombination.

Exkurs 7.7 Aktive und passive Fernerkundungsverfahren

Bei passiven Fernerkundungssystemen wird das von den Oberflächen reflektierte Sonnenlicht oder die emittierte Strahlung, beispielsweise die Wärmestrahlung von Erde und Wolken, aufgezeichnet. Damit sind Einschränkungen verbunden. In den Wellenlängen der solaren Strahlung können Gebiete grundsätzlich nur tagsüber beobachtet werden. Weil Wolken sowohl die solare wie auch die terrestrische Strahlung beeinflussen, können bestimmte Gebiete der Erde, über denen sich häufig Wolken befinden, kaum beobachtet werden. Eine Lösung dieser Probleme ergibt sich durch die Ver-

wendung aktiver Verfahren. Dabei wird von den Satelliten selbst Strahlung ausgesendet und deren reflektierter Anteil aufgezeichnet. In RADAR-Systemen (R*adio* D*etecting* *a*nd R*anging*) wird Mikrowellenstrahlung verwendet, bei der Wolken „durchsichtig" sind. Das heißt, dass die Strahlung von Wolken nicht oder nur sehr wenig beeinflusst wird. Die reflektierte Strahlung lässt deshalb auch bei Bewölkung oder nachts auf Oberflächentyp und Eigenschaften des beobachteten Ausschnitts der Erdoberfläche schließen.

Abb. 7.8 Landsat-TM-Bild des südlichen Oberrheingebiets in verschiedenen Kanalkombinationen. Von Multispektralscannern wird die von der Erdoberfläche reflektierte oder emittierte elektromagnetische Strahlung in verschiedenen Wellenlängenbereichen getrennt aufgezeichnet. Zur Visualisierung werden die spektralen Signale kombiniert. Dabei ergeben sich Farbeindrücke, die als Falschfarbenbilder bezeichnet werden. Lediglich die Kombination, die das sichtbare Licht (rot, grün, blau) zeigt, erweckt einen Eindruck, der unserer Erfahrung entspricht (Echtfarbenbild im Sektor links unten). Die Helligkeitswerte eines einzelnen Kanales sind als Grautonbild sichtbar (Mitte links).

geeigneter Techniken zur Aufzeichnung **elektromagnetischer Strahlung**. Dies erfolgt entweder auf fotografischem Weg oder mithilfe elektronischer Sensoren. Durch Fernerkundungstechniken werden Informationen gewonnen, die sowohl zivil als auch militärisch vielseitig genutzt werden.

Als Träger für entsprechende Aufzeichnungsgeräte der Fernerkundung werden meist Flugzeuge oder Satelliten eingesetzt,

die Beobachtungen „von oben" erlauben. Es gibt aber auch die umgekehrte Beobachtungsrichtung. Astronomen beobachten Galaxien von der Erde aus. Meteorologen verwenden bodengestützte Radargeräte, die eine flächendeckende Aussage über Niederschlagsmengen erlauben. Archäologen und Ingenieure nutzen elektromagnetische Resonanzverfahren, um im Untergrund verborgene Objekte zu finden.

In der zivilen Nutzung dominiert die Beobachtung mit **flugzeug- oder satellitengetragenen Systemen**. Dabei ist in der Meteorologie die Wettervorhersage der Bereich, in dem mit großem Abstand die größte Menge an Fernerkundungsdaten zur Analyse des Atmosphärenzustands operationell umgesetzt wird. Neben den bekannten Wettersatelliten wie Meteosat (Exkurs 7.5) werden auch andere Systeme eingesetzt, die beispielsweise den Ozongehalt der polaren Atmosphäre oder die Meereisverteilung bestimmen.

Der zweite große Bereich der zivilen Nutzung beschäftigt sich im weitesten Sinne mit der Ableitung thematischer Karten von Wasser- und Landoberflächen in verschiedenen räumlichen Skalen, die mit Sensoren geeigneter räumlicher Auflösung beobachtet werden (Exkurs 7.6). Dabei nutzt man das spezifische Reflexions- und Emissionsverhalten verschiedener Oberflächen (Exkurs 7.7). Vereinfacht lässt sich sagen, dass die unterschiedlichen Farben der Oberflächen betrachtet werden, um Oberflächeneigenschaften zu klassifizieren. Die Zahl der Farben ist jedoch gering und die Reflexionswerte verschiedener Oberflächen im sichtbaren Licht ähneln sich. Deswegen werden für die Klassifikation auch Wellenlängen des elektromagnetischen Spektrums verwendet, die für das menschliche Auge nicht sichtbar sind. Ein sommerlicher Laubwald und eine Weide beispielsweise sehen aus der Höhe im sichtbaren Licht ähnlich grün aus. In geeigneten Wellenlängen unterscheidet sich das Reflexionsverhalten jedoch. Durch die Berücksichtigung entsprechender Spektralabschnitte können vom Rechner dadurch verschiedene Landnutzungen erkannt werden. Die Verwendung von Wellenlängen, die nicht aus dem sichtbaren Bereich stammen, führt zu Falschfarbenbildern (Abb. 7.8). Diese entstehen, wenn die Reflexionswerte, das heißt die Helligkeit einer beobachteten Fläche, beispielsweise aus dem nahen Infrarot, auf einem Bildschirm sichtbar gemacht und damit in einer anderen Wellenlänge dargestellt werden.

Exkurs 7.8 Google Earth, Google Maps und Ähnliches

Klaus Braun

Wohl kein anderes Produkt hat in den letzten Jahren die Möglichkeiten der Visualisierung raumbezogener Daten und Sachverhalte mehr ins Bewusstsein der Öffentlichkeit gerückt als Google Earth. Ob Nachrichtensendungen oder Wissenschaftsformate im Fernsehen, Internetseiten mit Routenvorschlägen für Urlauber oder die Präsentation von ortsbezogenen Digitalbildern und 3D-Aufnahmen, fast immer bilden Google Earth oder Google Maps mit den dahinter liegenden Geodaten die Basis für entsprechende Anwendungen. Fast schon in Vergessenheit gerät dabei, dass Google Earth nicht das einzige Programm ist, mit dem online verfügbare Fernerkundungsdaten betrachtet und für 3D-Darstellungen und Animationen genutzt werden können. So betrieb die NASA bis 2007 mit „World Wind" die Entwicklung eines vergleichbaren Earth-Viewers, der sich jedoch nicht durchsetzen konnte. Ausgelöst durch den Siegeszug von Google Earth entstanden in den letzten Jahren zunehmend Alternativen, wobei Motivation und Zielgruppen variieren. Während es sich bei der Software „Marble" um ein Open-Source-Produkt handelt, das zwar vergleichsweise viele verschiedene Kartenlayer integriert, in puncto Auflösung Google Earth aber nicht annähernd erreicht, stellt das webbasierte Angebot „Bing Maps" von Microsoft ein direktes Konkurrenzprodukt dar, das auf den wachsenden Markt der Geodienste abzielt.

Die Idee gemeinsam erhobener und über das Internet frei zugänglicher Geodaten und ein zunehmendes Unwohlsein gegenüber der Abhängigkeit von wenigen marktbeherrschenden Konzernen wiederum führten und führen zur Entwicklung von Projekten wie OpenStreetMap oder zum Aufbau staatlich finanzierter Geodatenportale wie dem Web-Mapping-Service Géoportail in Frankreich oder den zahlreichen Kartenservern und WMS-Diensten der einzelnen Bundesländer der Bundesrepublik Deutschland wie z. B. das „Geoportal Raumordnung Baden-Württemberg" oder der NIBIS-Kartenserver des Landesamts für Bergbau, Energie und Geologie in Niedersachsen.

Für die Geowissenschaften stellt Google Earth eine Möglichkeit dar, rasch und ohne großen technischen und finanziellen Aufwand Fernerkundungsdaten für eine visuelle Bildinterpretation zu nutzen und so erste Einblicke in natur- und kulturräumliche Strukturen und Prozesse zu bekommen. Auch wenn die verfügbaren Satellitenaufnahmen von zahlreichen unterschiedlichen Plattformen und Sensoren stammen und hinsichtlich diverser Aspekte wie radiometrischer und geometrischer Auflösung oder Zeitpunkt und Aktualität der Aufnahme große Unterschiede aufweisen, so ist nicht von der Hand zu weisen, dass die Daten mit ihrer nahezu vollständigen globalen Abdeckung und das seit 2009 verfüg-

bare „historische Bildmaterial" einen bislang unerreichten Fundus für vielfältige Betrachtungen darstellen. Weitere Möglichkeiten wie die Visualisierung des Terrains durch Überlagerung der Daten mit einer Schummerung auf der Basis von SRTM-Aufnahmen oder die Einbindung eigener Daten wie georeferenzierter Abbildungen, Routen und Tracks aus GPS-Geräten erweitern das Anwendungsspektrum von Google Earth. Unbestritten ist ebenfalls, dass ein Zugang zu Fernerkundungsaufnahmen mit einer Auflösung im Meterbereich, wie sie bei Google Earth für ausgewählte Länder oder Regionen zur Verfügung stehen, so in der Form allein aus finanziellen Gründen vielfach nicht möglich wäre.

Vom Messen von Entfernungen über das Auffinden bislang verborgener archäologischer Stätten bis hin zum Monitoring der Entwicklung versiegelter Flächen gibt es daher fast nichts, wobei Google Earth nicht helfen könnte. Und doch: Google Earth ist nicht Fernerkundung und kein Geographisches Informationssystem. Nach wie vor fehlt aus wissenschaftlicher Sicht die Angabe essenzieller Metadaten wie Aufnahmesystem, Auflösung oder verwendete Bildbearbeitungsverfahren, ganz zu schweigen von Angaben, die die Lagegenauigkeit der georeferenzierten Daten erkennen lassen. Da außerdem Möglichkeiten der Bildbearbeitung wie Kontrastspreizung, Filterung oder die Auswahl bestimmter Kanalkombinationen nicht vorgesehen sind, bleibt die Nutzung von Google Earth auf eine visuelle Interpretation der an natürlichen Farben orientierten Darstellung beschränkt.

Hoch aufgelöste und detaillierte Geodaten zur Verfügung zu haben, ist für viele wissenschaftliche Analysen eine verlockende Vorstellung. Kehrseite der damit verbundenen Datensammelwut ist das Eindringen in die Privatsphäre der Bevölke-

Abb. A Google-Maps-Street-View-Fahrzeug in Paris 2017 (Foto: R. Glaser).

rung, was besonders im Zusammenhang mit der Bereitstellung von 3D-Ansichten ganzer Straßenzüge in Google Street View (Abb. A) seit dem Jahr 2010 auch in der Bundesrepublik Deutschland eine kritische Debatte auslöste. Zusammen mit einem diffusen Unbehagen bezüglich dessen, was von global agierenden Konzernen wie Google an Nutzerdaten auf zentralen Servern gespeichert wird, ergibt sich hier die Notwendigkeit, die teilweise gegenläufigen Interessen von Erfassung und Bereitstellung von Geodaten auf der einen und Schutz der Privatsphäre auf der anderen Seite in Einklang zu bringen.

Aus Sicht der Geokommunikation liefert Google Earth einen nicht zu unterschätzenden Beitrag, Techniken zur Kommuni-kation visualisierter Geodaten einer breiten Nutzerschicht zugänglich zu machen. Allein der Umstand, dass KML, die von Google entwickelte Auszeichnungssprache zur Beschreibung von Geodaten, mittlerweile einen OGC-Standard darstellt, unterstreicht die Bedeutung von Google Earth für zukünftige Entwicklungen im Bereich der Geodienste. Offen bleibt, ob am Ende proprietäre Produkte mit einschränkenden Lizenzbedingungen wie Google Earth, aus Steuergeldern finanzierte Geodaten und Geodienste oder nach dem Prinzip des *crowdsourcing* entwickelte und frei verfügbare Alternativen mit all ihren potenziellen Unschärfen die größere Akzeptanz bei den Nutzern aufweisen werden.

Neue Trends und Perspektiven

Stefan Dech, Christopher Conrad und Claudia Kuenzer

Seit inzwischen fast fünf Jahrzehnten erlaubt die satellitengestützte Erdbeobachtung die objektive, flächendeckende und meist bildgebende Erfassung von Parametern des Erdsystems. Momentan befinden sich mehrere Hundert Erdbeobachtungssysteme in erdferneren geostationären als auch in erdnahen polar sowie fast-polar umlaufenden Orbits. Dabei handelt es sich meist um Systeme, die mit optischen, meist multispektralen, thermalen oder Radar- bzw. SAR-Sensoren ausgestattet sind. Diese werden von verschiedenen Nationen oder suprastaatlichen Organisationen wie der Europäischen Union (EU) bzw. der *European Space Agency* (ESA), der *National Aeronautics and Space Administration* (NASA) oder von kommerziell agierenden Unternehmen (in jüngster Zeit auch von „New-Space"-Firmen) betrieben (Belward & Skøien 2015). Diese Sensoren stellen eine exponentiell wachsende Menge an Erdbeobachtungsdaten zur Verfügung.

Geowissenschaftliche Informationsprodukte aus räumlich mittel aufgelösten Zeitserien

Bis in die frühen 2000er-Jahre waren vergleichsweise wenige Satellitendaten verfügbar und diese waren selten frei zugänglich. Fachartikel präsentierten entsprechend meist lokale Studien, z. B. mit einer thematischen Kartierung des „Ist-Zustandes" einer Region oder maximal einer bi- oder multitemporalen Veränderungsanalyse (*change detection*) basierend auf eher wenigen Szenen. Nationale, kontinentale oder gar globale aus Satellitendaten abgeleitete Geoinformationsprodukte waren eher selten und im Vergleich mit den heutigen Möglichkeiten von geringerer Qualität. Mit der **freien Verfügbarkeit mittel aufgelöster Daten** von Sensoren wie dem US-amerikanischen MODIS Sensor (*Moderate Resolution Imaging Spectrometer*) änderte sich dies ab Beginn der 2000er-Jahre. Auch die NASA und einige amerikanische Universitäten veröffentlichen regelmäßig auf dem Sensor AVHRR (*Advanced Very High Resolution Radiometer*) basierende, globale Produkte (meist Vegetationsinformation, wie den *Normalized Differential Vegetation Index*,

NDVI) mit 8 km und 4 km räumlicher Auflösung, die sogar aufgrund der langen Datenkontinuität bis in die 1980er-Jahre zurückreichen können. Optische oder Radar-Sensoren wie MERIS (*Medium Resolution Imaging Spectrometer*), AATSR (*Advanced Along-Track Scanning Radiometer*) oder ASAR (*Advanced Synthetic Aperture Radar*) der europäischen Plattform ENVISAT lieferten von 2002–2012 diverse Fernerkundungsdaten, die zur Erforschung der Landoberflächendynamik insbesondere durch die Ableitung von Informationen zu Vegetationsdynamik und Überflutungsereignissen oder auch der Entwicklung von Thermalanomalien beigetragen haben (Kuenzer & Dech 2013). Den genannten Sensorlinien ist jedoch gemein, dass es sich hierbei um sog. mittel aufgelöste Sensoren handelt, die eine durchschnittliche Bodenauflösung von 1 km bis maximal 150 m Pixelgröße erlauben. Ein Vorteil dieser Sensoren liegt besonders in der **hohen zeitlichen Auflösung**, die eine fast tägliche Abdeckung des Globus ermöglicht und somit stark zu der Entwicklung von Zeitreihenanalysen beigetragen hat. In den vergangenen Jahren hat das zeitlich in den Daten enthaltene Signal (temporaler Fingerabdruck) stark an Bedeutung gewonnen. Damit können spektral kaum trennbare thematische Klassen (z. B. Anbaufrüchte) unterschieden werden. Ebenso können auf diese Weise z. B. intensiv bewässerte Landwirtschaftsregionen von traditionellen Regenfeldbauregionen unterschieden oder Landnutzungsintensitäten (z. B. die Anzahl der Reisernten innerhalb eines Jahres) auf einzelnen Feldern differenziert werden (Jönsson & Eklundh 2004).

Aus den räumlich mittel aufgelösten Zeitserien fernerkundlicher Daten hat ab Mitte der 2000er-Jahre eine Entwicklung zu neuen Geoinformationen eingesetzt. Hier hat besonders das *MODIS Science Team* der Universität Maryland aus den USA einen großen Beitrag für die globale Gemeinschaft geleistet. Es stellt inzwischen weit über 30 thematische, globale Geoinformationsprodukte mit täglicher oder wöchentlicher zeitlicher Auflösung frei und online zur Verfügung. Vegetationsindizes wie NDVI oder EVI (*Enhanced Vegetation Index*), *Vegetation Fractional Cover* (VFC), Landoberflächentemperatur (LST), wöchentliche Schneebedeckung (Abb. 7.9) oder auch jährliche Landbedeckung/Landnutzungsprodukte sind hier nur einige Beispiele. Durch ihre standardisierte Vorverarbeitung und die in neuartigen

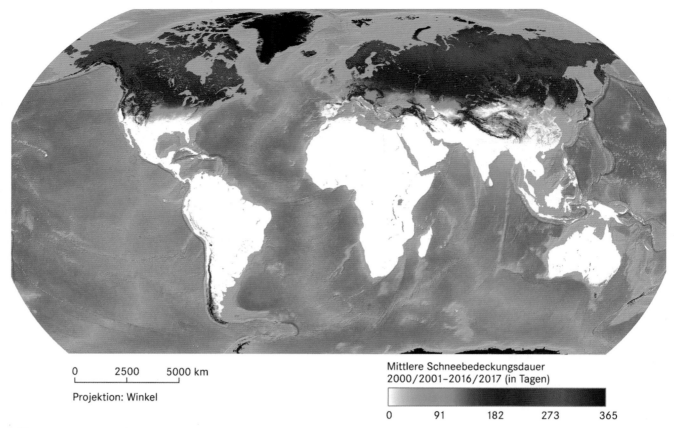

0   2500   5000 km

Projektion: Winkel

Mittlere Schneebedeckungsdauer
2000/2001–2016/2017 (in Tagen)

0   91   182   273   365

Abb. 7.9 Das „DLR Global SnowPack" ist ein globaler Datensatz mit 500 m räumlicher Auflösung, der aus MODIS-Daten abgeleitet wird. Er quantifiziert die Schneebedeckungsdauer pro Pixel in Tagen pro Jahr und ist von 2000 bis heute (2018) verfügbar (Quelle: Dietz et al. 2015).

Meta-Datensätzen dokumentierte Daten- und Produktqualität (Justice et al. 2002) erfuhren diese Geoinformationsprodukte eine immense Verbreitung in der Forschung. Auch andere Forschergruppen entwickelten eine Vielzahl mittel aufgelöster, zeitreihenbasierter Geoinformationsprodukte, wie z. B. globale Bodenfeuchtezeitreihen basierend auf ERS 1/2 und später EN-VISAT-ASAR-Daten (Wagner et al. 2013), globale Schnee- und Wasserkörperprodukte, die auf MODIS-Albedodaten beruhen (Klein et al. 2017, Dietz et al. 2015), oder regionale mehrjährige Charakterisierungen des Überflutungsverhaltens in einer Region (Kuenzer et al. 2013).

Geowissenschaftliche Informationsprodukte aus räumlich hoch aufgelösten Zeitserien

Nach zwischenzeitlichen Versuchen der Kommerzialisierung veränderte sich 2008 die Bühne der Erdbeobachtung durch die Veröffentlichung des kompletten globalen **Landsat-Archivs** durch den US-Geologischen-Dienst USGS (Woodcock et al. 2008). Plötzlich war es möglich, für jede Region der Erde zeitliche Datenstapel multispektraler Daten mit einer Pixelauflösung bis zu 30 m zu erhalten und erste, räumlich hoch aufgelöste Zeitreihen zu generieren. Diese Entwicklung wurde einerseits mit der Zusammenführung aller existierender Landsat-Archive in die *Landsat Global Archive Consolidation*, aber auch mit dem Start der europäischen Sentinel-Satelliten zwischen 2014 bis heute massiv verstärkt. Mit Landsat 7 und 8 im Orbit sowie den neu hinzugekommenen ESA-Satelliten der Sentinel-1- und Sentinel-2-Serien ist es nun möglich, jeden Ort auf der Erde mit bis zu 10 m Auflösung fast alle zwei Tage zu erfassen – also eine beinahe tägliche Zeitreihe mit hoher räumlicher Auflösung aufzubauen. Dies ist eine Entwicklung, die eine völlig **neue Perspektive der Datenanalyse** erschließen lässt und einem Paradigmenwechsel in der Fernerkundung gleichkommt. War es bis vor wenigen Jahren nur mit mittel aufgelösten Daten möglich, globale, zeitreihenbasierte Geoinformationsprodukte abzuleiten, so erlauben die nun zur Verfügung stehenden Datenstapel (Abb. 7.10) die Ableitung präzisester Geoinformation für unsere gesamte Landoberfläche mit eine Auflösung von bis zu 10 m. Beispiele hierfür sind der aus Landsat- und Sentinel-1-Daten abgeleitete neue *Global Urban Footprint* (Esch et al. 2017), Informationen zum Vorkommen von Aquakultur an den Küsten Asiens (Abb. 7.11; Ottinger et al. 2017), Landnutzungskartierungen (Mack et al. 2016) sowie großräumige Informationen zu agrarischer Nutzung (Clauss et al. 2017) oder Waldvorkommen und Abholzung (Hansen et al. 2013).

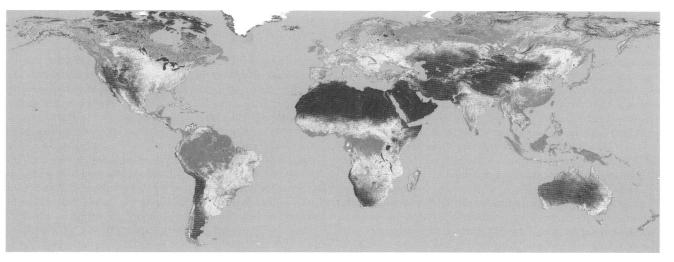

Abb. 7.10 DLR-Global-TimeScan-Datensatz für 2015. TimeScan basiert auf 500-TB-Landsat-Daten und besteht aus einem Datenstapel von Zeitreihenmetriken verschiedener Indizes und Reflektanzkanäle. Die Zeitreihenmetriken (Minimum, Maximum, Mittelwert, Perzentile etc.) erlauben eine Charakterisierung von Landbedeckungs- und Landnutzungsklassen basierend auf zeitlichen Spektren (Esch et al. 2017).

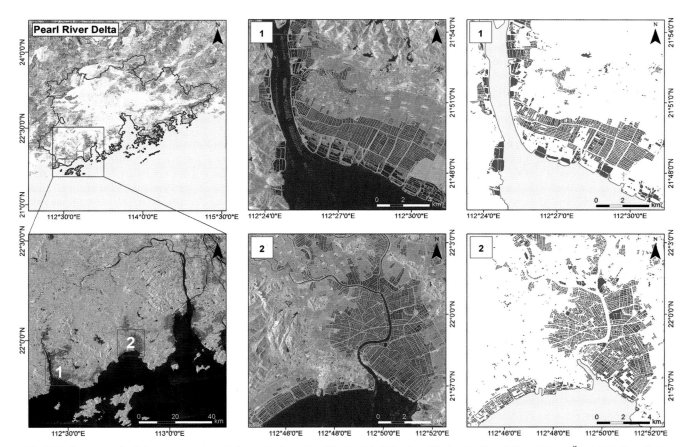

Abb. 7.11 Automatische Erfassung von Aquakulturen basierend auf Sentinel-1-Zeitreihen für das Perlflussdelta in China: Überblick über die Region (links), Sentinel-1-Daten (Mitte) und automatisch abgeleitete Aquakulturbecken (rechts; Ottinger et al. 2017).

Kapitel 7

Innovative Verfahren zur Zeitserienauswertung

Mit sich stetig verbessernden Rechen- und IT-Kapazitäten hat sich auch das Feld der Zeitserienanalyse in den letzten Jahren rasant entwickelt (Kuenzer et al. 2015). Die Ableitungen von saisonalen Mustern, Anomalien, genereller Variabilität und Trends sind nun auch räumlich hoch aufgelöst auf globalem Maßstab möglich. Dabei kann es sich um Auswertungen von Datenzeitreihen geophysikalischer Variablen (z. B. LST in °C oder Reflexionsgrade in %), dimensionsloser Variablen und Indizes (NDVI, EVI) oder aber um eine binäre Information wie Masken der Wasser- oder Schneebedeckung handeln.

In diesem Kontext wurde in den letzten 10 Jahren eine große Vielzahl von frei zugänglichen methodischen **Algorithmen zur Zeitreihenanalyse** von Fernerkundungsdaten publiziert, die zu den heutigen Standardauswertemethoden gehören. BFAST (*Breaks for Additive Season and Trend*) erlaubt die Zerlegung der Zeitreihe in ihre Einzelkomponenten (Saison, Trend und Restrauschen) und das Aufspüren von sog. *breakpoints* – Punkten, an denen die Zeitreihe in ein anderes Schwingungsverhalten übergeht, z. B. nach einem Abholzungsprozess (Verbesselt et al. 2010). So kann in einer Zeitreihe in plötzlichen Wandel (abrupte Landnutzungsänderung), langsame Veränderung (z. B. Landdegradation oder langsamer Aufwuchs einer Plantage) oder unveränderte Perioden differenziert werden. Auch **Programme** wie LandTrendr (*Landsat-based Detection of Trends in Disturbance and Recovery*) oder der für MODIS adaptierte MODTrendr-Algorithmus erlauben die Zerlegung der Zeitreihe in Segmente unterschiedlichen zeitlichen Verhaltens und das Aufspüren von Trends unterschiedlicher Dauer und Signifikanz (Meigs et al. 2011). Programme wie TIMESAT erlauben die Ableitung von Phänometriken (Jönsson & Eklundh 2004). Fusionstechniken wie STARFM (Gao et al. 2006) werden zur Simulation höher aufgelöster Zeitreihen aus mittel aufgelösten Zeitreihen auf Basis von Regressionsmodellen zwischen zeitlich hoch aufgelösten, aber räumlich eher niedrig aufgelösten Daten und zeitlich niedrig aufgelösten, aber räumlich hoch aufgelösten Daten genutzt (Knauer et al. 2016).

Aktuelle Herausforderungen

Die Analyse des zeitlichen Signals gepaart mit der neuen Datenfülle der letzten Jahre hat die Generierung zahlreicher innovativer **Geoinformationsprodukte** mit zunehmender Qualität (thematische Detailschärfe, räumliche und zeitliche Auflösung) hervorgebracht. Natürlich werden dabei auch heute noch bei neuen Sensoren Signal-Rauschverhältnisse analysiert, Vorverarbeitungen (Atmosphärenkorrektur, geometrische Anpassungen) optimiert, neue Bildklassifikatoren entwickelt oder verbesserte Interpolations- oder Simulationsmethoden getestet. Die großen Herausforderungen liegen aber in anderen Bereichen.

Deutlich erkennbar ist zunächst, dass zunehmend weniger sensorbezogene Auswertungen und Verfahrensentwicklungen zu beobachten sind. Vielmehr werden Daten unterschiedlicher Missionen (optisch, SAR, verschiedene Auflösungen) teils unter Verwendung von Zusatzdaten weiterer Quellen und Modelle eingesetzt.

Weiter steigt der Bedarf an Lösungen für dekadische, satellitengenerationenübergreifende Nutzungen. Insbesondere die Sensordegradierung erfordert die **Zeitreihen-Reprozessierung** kompletter Datenarchive und kompletter Produktketten, wobei Prozessierungsfehler oder neue Erkenntnisse zur Sensorgenauigkeit in einer Korrektur von Datenkollektionen vergangener Jahre und Jahrzehnte berücksichtigt werden müssen. So wurde beispielsweise in den Rohdaten der Produktpalette der *MODIS Collection* 5 (C5) erst kürzlich eine starke Sensordegradation der Sensoren nach 2007 (und somit veränderte Pixelwerte in den Originaldaten) festgestellt, die durch Ausgleichskorrekturen nachträglich behoben werden musste. Während die aus *MODIS Collection 5* gewonnenen NDVI- und vor allem EVI-Zeitreihen an vielen Flächen der Erde auf einen Degradationstrend schließen lassen (*browning*), findet sich in den korrigierten Zeitreihen ein ganz klarer Trend zunehmender Vegetationsgesundheit in vielen Bereichen der Erde (*greening*), was zur klimarelevanten Erkenntnis von sich vergrößernden Kohlenstoffsenken zumindest in diesen Regionen führt (Zhang et al. 2017).

Zudem existiert der Trend, globale Geoinformationsprodukte abzuleiten und diese auch einer größeren **Öffentlichkeit** zur Verfügung zu stellen. Geoinformationsprodukte aus Fernerkundungsdaten werden zum **Allgemeingut**. Dabei spielen verstärkt die Verfügbarkeit von Rechenpower und die Fähigkeiten der Parallelisierung von Algorithmen eine wesentliche Rolle. Die Verfügbarkeit globaler Geoinformation mit einer Auflösung von 10–30 m, z. B. zur Landnutzung, Waldbedeckung oder Stadtentwicklung, erzeugt eine große Herausforderung an die Validierung und Übertragbarkeit der Ergebnisse. Globale Forschungsnetzwerke und Observatorien können ein Baustein dazu sein. Doch auch einzelne Observatorien werden den Anforderungen an die Genauigkeitsbeschreibung der fernerkundlichen Geoinformation über große Räume hinweg nicht genügen. Möglicherweise kann der Einbezug der Bevölkerung oder der Nutzer bei der Datensammlung, wie etwa bei den phänologischen Observationen des Deutschen Wetterdienstes (DWD), einen Beitrag leisten (*citizen science*).

Die Fortschreibung von Zeitserien und der Zeitreihenanalyse stellt zunehmend hohe Anforderungen an **Datenspeicherung** und **Langzeitarchivierung**. Nur so ist eine ständige Reprozessierung der kompletten Zeitreihe möglich, da mit jedem neu hinzukommenden Datensatz theoretisch alle langjährigen statistischen Parameter neu berechnet werden müssen. Ein immens gestiegenes Datenvolumen ist ein weiteres Kennzeichen.

Der wachsende Bedarf an ausreichender **Hardware** und **Rechenpower** führt gegenwärtig viele Forschungseinrichtungen in der Erdbeobachtung weg von Einzelarbeitsplätzen hin zu großen *High Performance Data Analytics* (HPDA) *Clustern*, der Nutzung leistungsstarker Supercomputer oder zu Services, wie sie große Firmen wie Google oder Amazon anbieten. Dabei ist entscheidend, dass die Auswertealgorithmen zu den Daten gelangen und direkt auf globalen Archiven aufsetzen können. Es geht nicht mehr darum, Fernerkundungsdaten lokal herunterzuladen und zu prozessieren, sondern Auswertungen dort zu rechnen, wo das möglichst aktuellste und komplette sowie am besten vorprozessierte Datenarchiv vorliegt. Dies kann IT-technisch betrachtet durchaus auch verteilt vorliegen, wird aber durch **spezielle Technologien**, wie sie z. B. Google entwickelt hat, dennoch unmittelbar nutzbar. Die *Google Cloud Platform* beispielsweise hält inzwischen sowohl das globale Landsat-Archiv als auch die Mehrheit der Sentinel-Daten vor. Ähnliches gilt für die EO-Datenbanken bei *Amazon Web Services*. Bedacht werden muss, dass die Datenprozessierung auf solchen Systemen bis heute teils kostenfrei für wissenschaftliche Anwendungen möglich und somit sehr attraktiv ist. Gleichzeitig kann aber noch nicht abgesehen werden, wie die Entwicklung dieses Ansatzes weiter verlaufen wird. Die Wissenschaft wird sich hier auf flexible Antworten einstellen müssen.

Die skizzierten Entwicklungen deuten an, dass sich Informationsprodukte hinsichtlich der Detailschärfe, des Informationstyps und der räumlichen Auflösung stetig weiterentwickeln werden. Es ist etwa nur noch eine Frage der Zeit, bis auch Firmen, die höchst aufgelöste Erdbeobachtungsdaten vermarkten (z. B. Daten der Sensoren Rapid Eye, Ikonos, Quickbird oder World-View), diese Daten frei zugänglich machen. Bei einer räumlichen Auflösung im Meterbereich tritt hier die **Objekterkennung** in den Vordergrund. Trends der Bildklassifikation, die sich in den letzten 3–5 Jahren ganz deutlich in Richtung des **maschinellen Lernens** entwickelt haben (*deep learning*), nehmen diese Entwicklung voraus (Lary et al. 2016). In Zukunft wird es weniger darum gehen, auf globaler Ebene Waldrodungs- oder Siedlungsflächen zu kartieren, sondern – was heute mit Einzelszenen schon möglich ist – z. B. Autos, Container, Sportstadien oder Kühltürme automatisch mit Methoden der Objekterkennung über große Räume hinweg zu extrahieren und somit Statistiken z. B. zur Ausstattung ganzer Länder (Inventarisierungen) anfertigen zu können oder die Bewegungen von Objekten und Gütern nachvollziehen zu können.

Technologische Entwicklungen wie Miniaturisierung von (Klein- und Kompakt-)Satelliten, Formations- und Begleit-(*companion-*) Flüge, (teilautonome) Schwarmtechnologien, autonom fliegende Höhenplattformen für quasistationäres Monitoring oder Drohnen werden großen Einfluss auf die Nutzung von Fernerkundungs-

daten und die Entwicklung neuer Informationsprodukte und Services haben.

Insgesamt zeigt sich, dass sich die Geographische Fernerkundung aktuell sehr schnell weiterentwickelt, sich aber wesentlichen Herausforderungen stellen muss. Im Kern der Herausforderungen steht die Bewältigung der anfallenden **Datenflut**. Kann man diese Herausforderungen bewältigen, können weitere, neuartige Informationsebenen zum Monitoring terrestrischer Ökosysteme mit neuer Qualität erschlossen werden. Diese können in Kombination sowohl mit weiteren, frei verfügbaren Geodaten (*Voluntered Geographic Information*, VGI) als auch mit sozioökonomischen Daten und Daten aus sozialen Netzwerken, das heißt in interdisziplinärer Zusammenarbeit, zu einem wissenschaftlichen Erkenntnisgewinn und Handlungsempfehlungen für die Praxis führen. Es wird dabei stets wichtig bleiben, die fachliche, geographische Fragestellung im Auge zu behalten und die Genauigkeit der quantitativ abgeleiteten Ergebnisse zu dokumentieren und den Nutzern verständlich zu kommunizieren.

7.4 Geographische Informationssysteme (GIS)

Helmut Saurer und Hans-Joachim Rosner

Einer der häufigsten Ansatzpunkte zur Definition Geographischer Informationssysteme (GIS) geht vom Raumbezug der Daten aus. Viele Informationen, mit denen wir uns täglich auseinandersetzen, haben lokalen Bezug: das Geschehen, von dem wir in der Zeitung lesen, statistische Daten, Versorgungseinrichtungen unserer Städte – alle sind nur in Verbindung mit ihrer Lage im Raum sinnvoll zu verstehen. Die Lage im Raum wird dabei in der Regel als Position in einem kartesischen oder sphärischen Koordinatensystem angegeben. Die Herstellung eines Zusammenhangs der thematischen Information, man spricht hier von Sachdaten, mit den Angaben zur Position eines Objekts wird als **Georeferenzierung** bezeichnet. Geographische Informationssysteme erlauben die Speicherung und Weiterverarbeitung georeferenzierter Information. Die in einem

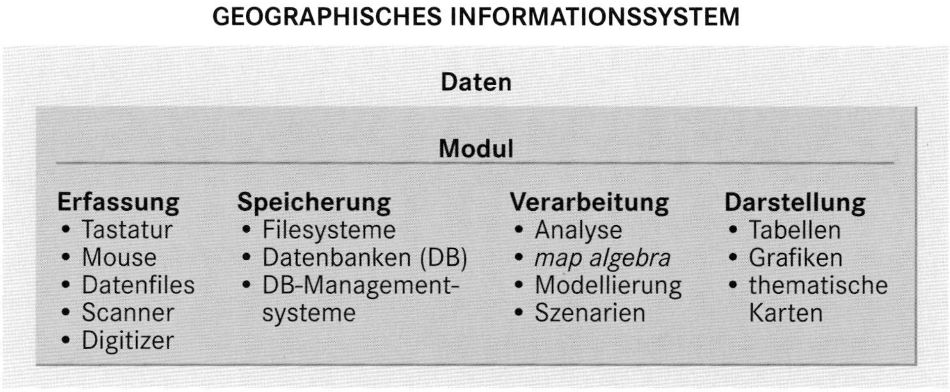

Abb. 7.12 Bestandteile eines Geographischen Informationssystems.

GEOGRAPHISCHES INFORMATIONSSYSTEM

Daten

Modul

Erfassung	Speicherung	Verarbeitung	Darstellung
• Tastatur	• Filesysteme	• Analyse	• Tabellen
• Mouse	• Datenbanken (DB)	• *map algebra*	• Grafiken
• Datenfiles	• DB-Management-	• Modellierung	• thematische
• Scanner	systeme	• Szenarien	Karten
• Digitizer			

Exkurs 7.9 Geomarketing – am Kurzbeispiel Standortanalyse und Einzugsberechnung

Alexander Zipf

Geomarketing kann als die Planung, Koordination und Kontrolle sowie Visualisierung kundenorientierter Marktaktivitäten mittels GIS, Statistik und Methoden des *Data Mining* bezeichnet werden. Es umfasst je nach Autor unterschiedliche Teilaufgaben wie z. B. die Geographische Marktsegmentierung, die Vertriebsgebietsplanung und -optimierung, die Mediaplanung sowie die Analyse von Märkten und Standorten. Der Exkurs beschränkt sich exemplarisch auf eine Standortanalyse in Zusammenhang mit der Einzugsberechnung: Bei der Platzierung von Einzelhandelsgeschäften ist u. a. die Anzahl der Personen (und deren Kaufkraft) entscheidend, die in einem bestimmten Umkreis des Geschäfts wohnen. In dem Zusammenhang gibt es Fragestellungen aus verschiedenen Unternehmensbereichen wie der Vertriebssteuerung, der Kommunikationspolitik oder der Standortpolitik. Neben einigen generischen GIS-Basisfunktionen wie Pufferbildung, Verschneidung oder Aggregation ist die Berechnung von Einzugsgebieten erforderlich. In vielen Anwendungen werden zudem Markt- bzw. Kundenanalysen damit kombiniert. Als Einzugsgebiet kann in diesem Fall ein geographisch abgegrenztes Gebiet bezeichnet werden, dessen Einwohner potenzielle Kunden des in Betracht gezogenen Standortes sind (Bienert 1996). Es existieren zahlreiche Verfahren zur Berechnung von Einzugsgebieten. Neben der sehr einfachen und ungenauen Berechnung von Einzugsgebieten per Distanz, gemessen durch die Luftlinie (Umkreis), ist vor allem die Berechnung von Einzugsgebieten, gemessen auf dem Straßennetz, von Bedeutung. Exemplarisch kann das Vorgehen wie folgt vereinfacht beschrieben werden: Anhand eines Standorts wird das Einzugsgebiet auf dem Straßennetz berechnet. Anschließend werden die Gebietseinheiten ermittelt, welche das Einzugsgebiet schneiden. Im letzten Schritt werden schließlich die demographischen Daten (Bevölkerungszahl, eventuell Kaufkraft etc.) dieser Gebietseinheiten mithilfe von Aggregatfunktionen zusammengefasst und als zusätzliches Attribut an das berechnete Einzugsgebiet angehängt. Auf dieser Basis lassen sich weitere Bewertungen der Standorte vornehmen.

GIS abgelegten Daten können entsprechend des jeweiligen Bedarfs geordnet, ausgewählt oder neu zusammengestellt werden (Abb. 7.12). Sehr häufig werden Geographische Informationssysteme zur Visualisierung raumbezogener Daten verwendet. Darüber hinaus liegen in Geographischen Informationssystemen wie in einem Werkzeugkasten eine Vielzahl von Funktionen zur Analyse dieser Daten bereit. Logische („UND", „ODER") bzw. räumliche Abfragen („was ist wo?"), einfache oder auch komplexe mathematische Berechnungen mit thematischen Datensätzen (*map algebra*), die Bildung von Pufferflächen und räumliche Aggregation stellen nur eine kleine Auswahl der durchführbaren Operationen dar. Geographische Informationssysteme werden in nahezu allen Disziplinen genutzt, in denen räumliche Aspekte eine Rolle spielen. Die Anwendungen umspannen dementsprechend einen weiten Bogen, der von der Archäologie über Geomarketing (Exkurs 7.9), Logistik, Raum- und Umweltplanung bis zur Zoologie reicht.

Ein kurzer „historischer" Abriss

Von allen Disziplinen, die zur Entwicklung Geographischer Informationssysteme beigetragen haben, sind an erster Stelle die **thematische Kartographie** und die **Computertechnik** zu nennen. In der thematischen Kartographie wurde früh mit der Überlagerung verschiedener Informationsebenen in Form transparenter Kartenfolien gearbeitet, die je nach Bedarf unterschiedlich kombiniert werden konnten. Viele Bereiche der Raumplanung nutzen thematische Karten. In diesem Zusammenhang wurden in den 1960er-Jahren erste Überlegungen angestellt, wie Erstellung und Fortführung thematischer Karten durch die Nutzung der sich gerade entwickelnden Computersysteme erleichtert werden könnten. Zu den Meilensteinen der frühen Geschichte Geographischer Informationssysteme gehören das *Canada Geographic Information System* (CGIS) und die Forschungen in den *Harvard Labs*. Das CGIS startete im Jahr 1964 und wurde ursprünglich als Inventarisierungs- und Analyseinstrument für Kanadas Ressourcen genutzt. Am *Harvard Laboratory for Computer Graphics and Spatial Analysis* erfolgte vor dem fachlichen Hintergrund der Landschaftsplanung zeitgleich die Entwicklung von Programmen zur graphischen Umsetzung dieser Planungsgrundlagen.

Weitere wichtige Bausteine hin zur digitalen Verarbeitung raumbezogener, thematischer Daten waren darüber hinaus die Entwicklung moderner **Programmiersprachen** sowie die Vorstellung des ersten Personalcomputers durch IBM im Jahr 1982. Innerhalb weniger Jahre vollzog sich der Übergang vom bisher ausschließlich genutzten Großcomputer zu Mikrocomputern. Die 1980er-Jahre brachten auch für die allgemeine Infrastruktur von GIS einen großen Entwicklungsschub. Es wurden die ersten wichtigen Grundlagenwerke (z. B. Burrough 1985) und Zeitschriften (*International Journal of Geographical Information Systems*, 1996 umbenannt in *International Journal of Geographical Information Science*) herausgegeben. In diese Zeit fällt die Schaffung von Einrichtungen wie des *National Center for Geographic Information and Analysis* (NCGIA), die sich bis heute der Weiterentwicklung der Arbeit mit GIS und der Forschung über GIS widmen.

Raummodelle

Zur räumlichen Darstellung von Daten in einem Geographischen Informationssystem werden zwei grundsätzlich verschiedene Raummodelle verwendet. Es wird zwischen einer Raster- und einer Vektordarstellung unterschieden. Im Vektormodell wird die Realität über ein System von georeferenzierten Punkten, Linien und Polygonen abgebildet, die mit Sachdaten verknüpft sind (Exkurs 7.10). Im Rastermodell wird die betrachtete Fläche in kleine, regelmäßige Teilflächen – in der Regel Quadrate – zerlegt. Der Lagebezug wird über die Angabe der absoluten Lagekoordinaten einer einzelnen Rasterzelle, deren Ausdehnung sowie die relative Lageangabe in Form von Zeilen- und Spaltennummer einer beliebigen Zelle hergestellt. Dieses Raummodell ist Grundlage der Fernerkundung, spielt aber auch eine Rolle in der digitalen Kartographie. Objektorientierte Geographische Informationssysteme zielen darauf hin, die darzustellenden Objekte zugleich mit ihren Eigenschaften und zugehörigen Funktionsumfängen abzubilden. Unabhängig vom Raummodell ist sicherzustellen, dass die Metadaten mitgeführt werden.

Die Vektorwelt

Vektoren sind Größen, deren Eigenschaften durch einen Zahlenwert und eine Richtungsangabe ausgedrückt werden. Man spricht in diesem Zusammenhang auch von einer „gerichteten Strecke". Kleinster Baustein des Vektormodells ist der Punkt, der eine genaue Position und eine oder mehrere Attributeigenschaften besitzt. Aus einer Folge von mehreren Punkten setzen sich Linien und Flächen bzw. Polygone zusammen. In diesem Falle unterscheidet man Punkte unterschiedlicher Funktionalität: **Knoten (nodes)** sind Anfangs- oder Endpunkte von Linien bzw. Polygonen oder sie sind Ursprung bzw. Ziel für mehrere aus- oder eingehende Vektoren. Ein **Vertex** dagegen übernimmt in diesem Zusammenhang die Funktion eines Hilfspunktes, der z. B. die Richtungsänderung einer Linie anzeigt. Als Kennzeichen für ein Polygon ergibt sich daraus, dass Anfangs- und Endknoten identisch sein müssen.

Heute spielen vor allem zwei Grundtypen von Vektormodellen eine große Rolle: das topologische Modell und die triangulierten, unregelmäßigen Netzwerke. Beim **topologischen Modell** erhält eine Linie durch die Angabe eines Anfangs- und Endpunktes eine Reihenfolge und damit eine Richtung. Aus dieser Richtung ergeben sich Nachbarschaftseigenschaften, welche zusätzliche Analysemöglichkeiten in Vektorsystemen eröffnen. Gemeinsame Grenzlinien werden nicht doppelt abgespeichert, sondern besitzen aufgrund der vorgegebenen Richtungsangabe Informationen über Nachbarschaft, Eingeschlossenheit, Verbindung oder Einmündung. Ermöglicht wird dies durch die Speicherung der Daten in Koordinatentabellen (Richtungsangabe), Linientabellen (Nachbarschaften), Knotentabellen (Verbindung) und Polygontabellen (Nachbarschaften). Beim topologischen Modell gibt es keine Probleme mit der Mehrfachspeicherung von Daten (Redundanz) und es weist kaum Konsistenzprobleme auf. Aufbau und Pflege solcher Datensätze bedürfen allerdings eines großen Aufwands. Die **triangulierten, unregelmäßigen Netz-** werke (*triangulated irregular network*, TIN) sind in ihrer Struktur dem topologischen Modell ähnlich, denn auch hier werden die Daten in verschiedenen Tabellen vorgehalten. Sie werden vor allem zur Modellierung von Oberflächen (Geländemodell, Kostenoberflächenmodell) eingesetzt. Kleinstes strukturbildendes Element ist das Dreieck, dessen verschiedene Bestandteile (Eckpunkte, Seitenlinien, Flächen) in Tabellen abgelegt werden. Durch aufeinander aufbauende Koordinaten-, Knoten- und Polygontabellen wird ebenfalls eine topologische Struktur gebildet, die die Abfragen von Nachbarschaftseigenschaften erlaubt. Über Lage- und Höheninformation der Eckpunkte können außerdem Gradienten und damit Neigung und Exposition der Dreiecksflächen berechnet werden.

Funktionalität der Rastermodelle

Große Vorteile ziehen die Rastermodelle aus ihrer **einfachen Datenstruktur**. Alle Methoden der digitalen Bildverarbeitung und damit ein sehr breites Spektrum effektiver Analysemöglichkeiten sind leicht anwendbar. Die Umsetzung logischer Operatoren oder mathematische Berechnungen im Sinne einer *map algebra* bereiten keine Schwierigkeiten. Problematisch gestaltet sich hingegen die Einbindung relationaler Datenbanken oder topologischer Strukturen. Die Bildung lokaler Ausschnitte oder die Anwendung von Nachbarschaftsoperationen sind ohne großen Rechenaufwand zu realisieren. Beziehungen im Sinne von „was ist rechts" oder „was ist links" sind dagegen kaum abzuleiten. Auch die Abgrenzung kleinerer Objekte wird durch die Flächenhaftigkeit der Information erschwert. Je nach Größe der Rasterzellen liegen in einer Zelle häufig Informationen über mehrere Objekte vor. Darüber hinaus zeigen Linien häufig eine stark blockige Struktur, was die exakte Darstellung von Grenzlinien (Flur- oder Grundstücke) und Grenzpunkten erschwert.

Vektormodelle zeichnen sich durch ein hohes Maß an **räumlicher Genauigkeit** aus. Grenzverläufe können sehr exakt dargestellt werden, was sie vor allem für raumplanerische Anwendungen interessant macht. Bei diesen Modellen hat sich das Spaghetti-Modell durch seine einfache, häufig aber auch redundante Struktur bewährt. Demgegenüber wird das topologische Modell durch die Möglichkeit der Anbindung von Datenbanken an die einzelnen Strukturelemente, weitgehende Redundanzfreiheit und die Einbeziehung topologischer Zusammenhänge gekennzeichnet: Nachbarschaftsbeziehungen im Sinne von rechts/links oder innen/außen sind problemlos abzuleiten. Ähnliches gilt auch für das TIN-Modell.

3D/4D-GIS

Bisherige Umsetzungen Geographischer Informationssysteme waren weitgehend begrenzt auf zweidimensionale Daten. Die Verortung erfolgte in einem zweidimensionalen, in der Regel kartesischen Koordinatensystem. Wenn die Geländehöhe als Attribut verwendet wird, ist auch oft von 2,5-D-Modellen die Rede. Neue Entwicklungen zielen auf die Berücksichtigung der

Exkurs 7.10 Standardisierte GIS-Analysen in Geodatenbanken

Alexander Zipf und Franz-Benjamin Mocnik

Messwerte, Beobachtungen, Umfrageergebnisse und weitere Daten werden zur Verwaltung und Auswertung häufig in Datenbanken gespeichert. Sog. relationale Datenbanken haben sich hierbei als sehr hilfreich erwiesen: Die Daten sind in Tabellen gespeichert, und einzelne Spalten dieser Tabellen können sich auf andere Tabellen beziehen. So kann etwa eine Tabelle mit Klimawerten eine Spalte enthalten, in der die Messstation angegeben wird, an der die Werte gemessen wurden. In einer weiteren Tabelle können wiederum Eigenschaften der Messstation katalogisiert werden, wie deren geographische Koordinaten und die Höhe über dem Meeresspiegel. Beide Tabellen stehen dabei in Relation, denn die Messstationen in der Tabelle mit den Klimawerten sind in der zweiten Tabelle enthalten. Ein zentrales Werkzeug für die Verwaltung geographischer Informationen stellen zunehmend sog. Geodatenbanken dar. Diese unterscheiden sich von herkömmlichen relationalen Datenbankmanagementsystemen (DBMS) dadurch, dass sie neben den normalen alphanumerischen Datentypen (Zahlen, Buchstaben) oder Datumsangaben zusätzlich auch Datentypen für die Speicherung von Geoobjekten und den Zugriff auf Geoobjekte (*geographic features*) anbieten. Neben der Möglichkeit, die Lage und Form von Punkten, Linien und Polygonzügen sowie von Flächen zu speichern, sind Geodatenbanken optimiert, diese Daten schnell auszulesen und zu analysieren. Um das Auffinden der entsprechenden Einträge, die sich auf ein bestimmtes Gebiet beziehen, zu erleichtern, werden räumliche Indizes verwendet. Diese ermöglichen, ähnlich einem Telefonbuch, ein beschleunigtes Auffinden, indem sie gewisse Informationen vorberechnen und abspeichern. Da heute in fast allen Institutionen (Firmen, Behörden, Organisationen etc.), die Geodaten nutzen, Datenbanken selbstverständlich sind, sind auch Geodatenbanken weit verbreitet und Kenntnisse in diesem Bereich werden erwartet. Die Bedeutung derselben wird dadurch unterstrichen, dass sich eine der ersten Spezifikationen, die das *Open Geospatial Consortium* (OGC) als Zusammenschluss aller wichtigen GIS-Anbieter entwickelte, genau mit dieser Thematik beschäftigte. Das Ergebnis – die sog. *Simple Features Specification* (OGC SFS) – definiert nicht nur Datentypen für Geometrie (wie z. B. Point, LineString oder Polygon) und wie diese gespeichert werden, sondern auch verschiedene – auch räumliche – Operationen, die auf diesen Geodaten ausgeführt werden können (Abb. A und B). Mit der auf (objekt-)relationale Geodatenbanken abzielenden Version der OGC SFS für SQL (die *Structured Query Language* SQL stellt die standardisierte Basissprache für den Zugriff auf relationale Datenbanken dar) werden dabei sogar eine Reihe von typischen GIS-Operationen wie topologische Vergleichsoperationen, die die räumliche Beziehung zwischen zwei Geoobjekten überprüfen (die sog. EGENHOFER-Operationen), oder auch Verschneidungsoperationen, die aus zwei Geometrien neue Geodaten berechnen, direkt in der Datenbank verfügbar. Diese Spezifikation ist heute in zahlreichen Softwaresystemen (insbesondere auch in *open-source*-Produkten wie z. B. Post-GIS) verfügbar. Damit bieten moderne Geodatenbanken neben der Verwaltung von Geodaten auch typische raumbezogene Analyseoperationen an, die ursprünglich typisch für „vollwertige GIS" angesehen wurden.

Die OGC SFS für SQL bietet unter anderem folgende topologische Operationen:

- *equal:* Prüfen auf geometrische Gleichheit
- *disjoint:* Sind zwei Geometrien räumlich getrennt?
- *intersects:* Schneidet eine Geometrie eine andere?
- *touches:* Berührt eine Geometrie eine andere?
- *contains:* Beinhaltet eine Geometrie eine andere?
- *overlaps:* Überlappen sich zwei Geometrien?
- *crosses:* Kreuzen sich zwei Geometrien?

Für geometrische Analysen stehen unter anderem folgende Methoden bereit:

- *distance:* die kürzeste Distanz zwischen zwei Punkten
- *buffer:* eine Geometrie, deren Punkte sich innerhalb eines maximalen Abstandes befinden
- *convex hull:* konvexe Hülle einer Geometrie intersection: Schnittmenge zweier Geometrien
- *difference:* Teil einer Geometrie, der sie von einer anderen unterscheidet
- *union:* Vereinigungsmenge zweier Geometrien

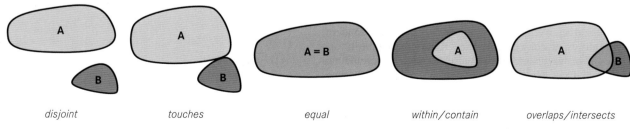

disjoint   touches   equal   within/contain   overlaps/intersects

Abb. A Einige Beispiele für topologische Beziehungen zwischen zwei Geoobjekten, die über die Methoden der OGC SFS für SQL überprüft werden können. Die Beispiele werden anhand von Flächen dargestellt, es werden aber auch andere Geometrietypen unterstützt und die Methoden unterscheiden sich jeweils leicht.

Tab. 7.2 Anzahl der Jahre der Partizipation von Melderinnen und Melder im Rahmen der „SWR-Apfelblütenaktion" (Datengrundlage: SWR).

Jahre der Partizipation	Anzahl der Melder	Anteil an Gesamt-meldern [%]
1	11 413	84,4
2	1245	9,2
3	392	2,9
4	186	1,4
5	99	0,7
6	75	0,6
7	46	0,3
8	27	0,2
9	21	0,2
10	11	0,1
11	6	0,0

Tab. 7.3 Blütenmeldungen nach Blütenstatus auf Basis von Meldedaten im Rahmen der „SWR-Apfelblütenaktion" (Stand: Ende 2016; Datengrundlage: SWR).

Blütenstatus	Anzahl der Meldungen	
Beginn der Blüte	19 441	(65,5 %)
Vollblüte	7167	(24,2 %)
Ende der Blüte	3065	(10,3 %)
Summe	**29 673**	**(100 %)**

Eine Gegenüberstellung der Apfelblütenmeldungen, die mit dem angebotenen Onlineformular und mit der mobilen App an den SWR gesendet wurden, macht deutlich, dass sich die Metainformationen hinsichtlich ihrer Vollständigkeit stark unterscheiden. Während die mithilfe der mobilen App „SWR Apfelblüten" gesammelten Daten seltener Information zur Apfelsorte, zu Standortmerkmalen oder zum Alter des Baumes aufweisen, sind sie häufiger mit Fotos versehen und weisen eine exaktere Position auf als Meldungen, die mit dem Onlineformular übermittelt wurden.

Hoch aufgelöste räumliche und zeitliche Analysen zur interannualen Entwicklung der Apfelblüte bzw. des phänologischen Vollfrühlings durch ein wissenschaftliches Begleitteam setzen jedes Jahr aufs Neue eine entsprechend engmaschige Datengrundlage für das Gebiet der Bundesrepublik Deutschland voraus. Somit steht die über mehr als ein Jahrzehnt andauernde Zusammenarbeit zwischen einer festen Gruppe von Wissenschaftlern vor allem der Universität Freiburg, der Pädagogischen Hochschule Heidelberg und Redakteuren sowie einer dynamischen Crowd exemplarisch für eine vielversprechende

Stand der Apfelblüte in Deutschland

26. April 2017

Stand der Apfelblüte

▓	demnächst erste Blüten	▓	Vollblüte
▒	Beginn der Blüte	▓	Ende der Blüte

Abb. 7.18 Beispiel einer Karte der aktuellen Verbreitung verschiedener Stadien der Apfelblüte in Deutschland (Quelle: ʳgeo; Datengrundlage: SWR).

Konstellation von für ein *citizen-science*-Projekt relevanten Akteuren. Neben der Beteiligung all dieser Akteure ist der Erfolg der „Apfelblütenaktion" maßgeblich auf den engagierten und kreativen Einsatz der Wissensredaktion des SWR zurückzuführen, die die Thematik stetig aus neuen Blickwinkeln und wissenschaftlich fundiert der Öffentlichkeit, das heißt einer potenziellen Crowd, kurz vor und während der Apfelblütenphase präsentiert haben.

Perspektiven für *crowdsourcing* in der Klimaforschung

In der Zusammenschau weisen die durch die Crowd gewonnenen VGI der „Apfelblütenaktion" des SWR eine sehr gute Qualität auf. Somit steht das Projekt exemplarisch für vielversprechende Anwendungsmöglichkeiten des *crowdsourcings*.

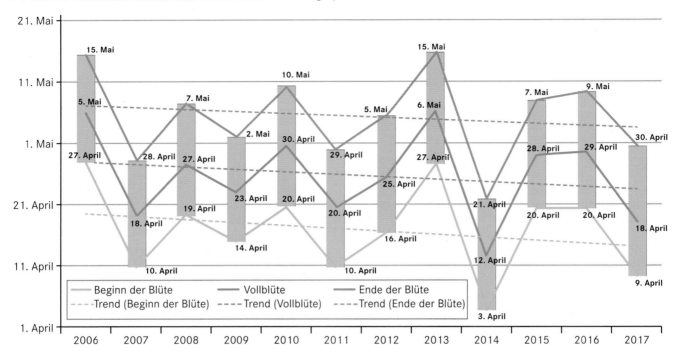

Abb. 7.19 Zeitlicher Verlauf der Hauptblühphasen der Apfelblüte in Deutschland 2006–2017 (Quelle: ʳgeo; Datengrundlage: SWR).

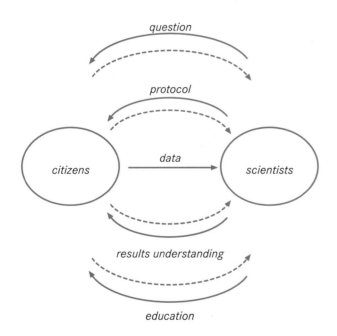

In den klassischen *citizen-science*-Projekten hilft die Bevölkerung hauptsächlich bei der Datenerhebung.

Stärker partizipative Ansätze basieren auf gegenseitigem Austausch zwischen Bevölkerung und Wissenschaftlern an jedem Teilabschnitt des Projekts.

Abb. 7.20 Generelles Konzept von *citizen science* in Bezug auf den *educational benefit*. Das Konzept umfasst Organisationsstrukturen in Abhängigkeit von der Beteiligungsform (*top-down* als durchgezogene Linien, bis zu partizipativen *bottom-up*-Strukturen als gestrichelte Linien; verändert nach Devictor et al. 2010).

Indem deutlich wird, wie entscheidend eine funktionierende Akteurskonstellation zwischen Crowd, Fachwissenschaft und Medien für die Verstetigung von *crowdsourcing* ist, zeigen die Spezifika des Vorhabens zugleich auch die Grenzen dieser Methode. *Crowdsourcing* sollte so angelegt sein, dass Informationen über das untersuchte Phänomen für die Fragestellung in ausreichend räumlicher und zeitlicher Auflösung leicht generiert werden können. Der besondere Erfolg der „Apfelblütenaktion" ist naheliegender Weise auch durch die besondere mediale **Mobilisierung** und wissenschaftliche Begleitung gegeben.

Hieran wird sichtbar, dass *citizen science* und *crowdsourcing* von VGI eine etablierte und leistungsfähige Methode zur Datenerfassung darstellt. Zugleich liegt sie in keiner festgefügten Form vor (Riesch & Potter 2014) und entwickelt sich parallel zu den Innovationen der Kommunikationstechnik. Die einer *citizen-science*-Initiative inhärente lose Form der Mitgliedschaft vieler Freiwilliger und die dadurch dynamische Teilnehmerstruktur der Crowd erfordert viel Engagement, um ein solches Vorhaben dauerhaft am Leben zu halten (Abb. 7.20). Dabei kann die Mobilisierung der Crowd einerseits von einer Institution oder einem Institutionsnetzwerk öffentlichkeitswirksam gesteuert werden (*top-down*) oder andererseits ausschließlich von Freiwilligen selbst stattfinden (*bottom-up*).

7.6 Virtuelle Forschungsumgebungen – neue Formen kollaborativer Zusammenarbeit

Michael Kahle, Rüdiger Glaser und Rafael Hologa

Virtuelle oder kollaborative Forschungsumgebungen (VFU) ermöglichen als webbasierte Plattformen eine innovative, vernetzte und partizipative Zusammenarbeit. Dies bietet sich vor allem für internationale und transdisziplinäre Projektkonstellationen an, in denen die Beteiligten an weit voneinander entfernten Orten, ggf. in unterschiedlichen Zeitzonen und in unterschiedlichen gesellschaftlichen Kontexten kooperieren (Exkurs 7.13). Neben dieser örtlichen, zeitlichen und gesellschaftlichen Unabhängigkeit bieten VFU vielfältige Möglichkeiten, interaktive Austauschformate und -formen zu definieren und vor allem komplexe Arbeitsprozesse in arbeitsteilige Schritte zu strukturieren. Sie zielen insbesondere darauf ab, eine **kollaborative und nachhaltige Datenvorhaltung, -nutzung und -verbreitung** sowie die dazugehörigen Werkzeuge und Methoden und die abgeleiteten Erkenntnisse anzubieten. VFU bestehen physisch aus einer Serverstruktur, über welche die Daten, aber auch die Werkzeuge, Methoden und Erkenntnisse vorgehalten werden. Für einen dauerhaften und nachhaltigen Betrieb sollten VFU in der Regel in den Aufgabenbereich von Universitätsbibliotheken, Rechenzentren oder anderen öffentlichen Infrastruktureinrichtungen eingegliedert sein.

Erste Initiativen zur Entwicklung von Virtuellen Forschungsumgebungen (engl. *Virtual Research Environments*, VRE, auch *Collaborative Research Environment*, CRE) gingen 2004 von der britischen gemeinnützigen Organisation zur Förderung digitaler Technologien *Jisc* (*Joint Information Systems Committee*) aus. Im Rahmen der Förderinitiative Literaturversorgungs- und Informationssysteme förderte ab 2009 auch die Deutsche Forschungsgemeinschaft (DFG) gezielt VFU und stärkt seitdem maßgeblich über das Web vernetzte kollaborative Forschungen.

Offene und kollaborative Struktur

Durch ihre partizipative, offene und kollaborative Struktur eröffnen Forschungsumgebungen neue Möglichkeiten geographischer Forschung und schaffen insbesondere neue Formen der Beteiligung und des Austauschs zwischen den involvierten Wissenschaftlerinnen und Wissenschaftlern (Abb. 7.21). Darüber hinaus können sie auch Stakeholder, NGOs, Medien und die interessierte Öffentlichkeit einbeziehen sowie Interaktionen mit Bürgerwissenschaften (engl. *citizen science*) eröffnen. VFU stellen insgesamt auch neue Formen der Wertschöpfung und transparenten Wissenskommunikation im Sinne von *open science* dar. Sie unterliegen im besonderen Maße guter wissen-

schaftlicher Praxis und definieren dafür einen virtuellen Raum. Der kollaborative und kommunikative Aspekt wird dabei vor allem durch **Visualisierungen und andere Mittel der Wissenschaftskommunikation** erleichtert. Ebenso ist es möglich, arbeitsteilige Strukturen bei komplexen, multidisziplinären Arbeitsabläufen und Forschungskonzepten zu etablieren. Des Weiteren eröffnen sie vielfältige Möglichkeiten eines interaktiven Monitorings und der wechselseitigen Qualitätssicherung im Sinne eines permanenten Review-Verfahrens. Außerdem bieten sie Möglichkeiten, die innerhalb einer VFU erarbeiteten Inhalte (Daten, Methoden und Erkenntnisse) beispielsweise über DOIs (*Digital Object Identifier*) zu publizieren – Aspekte, die für die Akzeptanz unter den Akteuren eine große Rolle spielen, indem sie die verschiedene Beteiligungsformen würdigen und Fragen des Urheberrechts schlüssig regeln.

Zusammenspiel von Akteuren und Komponenten

Aus den bisherigen Erfahrungen mit der Arbeit in VFU (Glaser et al. 2016a, b, Riemann et al. 2015, Schönbein et al. 2016, Butt et al. 2017) sind für ein erfolgreiches Umsetzen vier Aspekte von Bedeutung:

1. Die **technischen Komponenten** stellen eine unabdingbare Basis für die Zusammenarbeit der beteiligten Akteure innerhalb einer VFU dar. Zusammen halten sie die technische Infrastruktur vor, die in der Regel von einem Rechen- oder Datenzentrum betrieben wird. Sie definiert beispielsweise die Benutzeroberfläche der angebotenen Funktionen und legt die speicherbare Datenmenge und deren Vernetzbarkeit fest.
2. Die **inhaltliche Ausrichtung** ist thematisch auf das Arbeitsgebiet abgestimmt und hilft den beteiligten Akteuren, entsprechende Forschungserkenntnisse beizutragen und ihre Relevanz einzuordnen. Sie deckt typische Methoden und Verfahren des Fachgebiets ab und sammelt die Ergebnisse in einem standardisierten Format. Beispielsweise können zur fernerkundlichen Analyse von Satellitendaten Landnutzungsklassen berechnet, über ein entsprechendes Format durch ein GIS abgerufen und als Karte dargestellt werden.
3. Die **rechtlichen Aspekte** garantieren die Einhaltung gewünschter und bestehender rechtlicher Rahmenbedingungen und fördern gute wissenschaftliche Praxis. Bei dem Betrieb einer VFU müssen in vielen Ländern die gängigen Urheberrechte gewahrt und die üblichen Zitationsregeln eingehalten werden. Auch die Benutzerverwaltung und ein kontrollierter Datenzugriff sind entscheidend für die Akzeptanz einer VFU und die Bereitwilligkeit, eigene Daten beizusteuern. Ggf. werden verschiedene Beteiligungsformate über DOI-Publikationen entsprechend abgebildet.
4. Die **sozialen Interaktionen** der einzelnen Beteiligten, das Commitment und die Bereitschaft aller bestimmen, in welchem Maße kollaborative Forschung tatsächlich praktiziert wird. So können sich beteiligte Fachbereiche und deren Akteure vertrauensvoll ergänzen und Aufgaben

Exkurs 7.13 Die kollaborative Forschungsumgebung *Vegetables Go to School* (VGtS-CRE)

Nisa Butt und Rüdiger Glaser

Schulgärten können dazu beitragen, die Ernährungssituation und auch den Lernerfolg von Schulkindern zu verbessern, insbesondere wenn sie durch Hygienemaßnahmen ergänzt werden. Wird dieses Wissen in Familien und lokale Gemeinschaften hineingetragen, kann ein zusätzlicher Multiplikatoreffekt erzielt werden. Beim Projekt *Vegetables Go to School* (VGtS), gefördert durch die Schweizerische Entwicklungszusammenarbeit (SDC), wurden diese Ziele verfolgt. Das Vorhaben wurde in Kooperation mit dem *World Vegetables Center* (AVRDC) in Taiwan und dem Schweizerischen Tropen- und Public-Health-Institut (Swiss TPH) in Basel und der Physischen Geographie Freiburg (PG) konzipiert und in fünf Partnerländern (Bhutan, Nepal, Indonesien, Philippinen und Burkina Faso) in über 140 Schulen umgesetzt. Für Dateneingabe, nachhaltige Datenvorhaltung und Datenmanagement wurde von der PG eine virtuelle Forschungsumgebung (*Collaborative Research Environment*, CRE) aufgesetzt. Das Swiss TPH ergänzte das Vorhaben durch Maßnahmen in den Bereichen Wasser und Hygiene. Das AVRDC war hauptsächlich für die lokale Implementierung im Bereich Landwirtschaft/Ernährung und die Einrichtung der Schulgärten zuständig, in welche die Schülerinnen und Schüler eingebunden waren (Abb. A).

Abb. A Einrichtung eines Schulgartens in Bhutan unter großer Beteiligung von Schülern und Schülerinnen, Eltern, Lehrpersonal und Vertretern des VGtS-Teams (Foto: VGtS-CRE).

Aufgrund der großen Entfernungen zwischen den Partnern stellte die Sammlung, die nachhaltige Sicherung und das Management der Daten eine große Herausforderung dar. Darüber hinaus galt es auch, die verschiedenen kulturellen wie auch komplexen administrativen Strukturen und Bedürfnisse auf einen gemeinsamen Nenner zu bringen. Des Weiteren mussten die verschiedenen Fachdisziplinen und deren Sichtweisen abgebildet sowie die Kommunikation und vor allem der Datenaustausch zwischen den Beteiligten ermöglicht und Visualisierungs- und Monitoringmöglichkeiten geschaffen werden. Entsprechend wurde die VGtS-CRE als flexibles, webbasiertes und ortsungebundenes Datenmanagementsystem entwickelt, das auch Rückschlüsse auf Nutzungen und Veränderungen im Zeitablauf ermöglichte. Die komplexen Abläufe und Strukturen und deren Abbild bzw. Bezugnahme in bzw. auf die VGtS-CRE ist in Abb. D dargestellt.

Das System stellt Werkzeuge zur Verfügung, um während des Projekts gesammelte Forschungsdaten einzugeben, zu homogenisieren und zu prüfen sowie auszutauschen. Zudem ermöglicht die Datenverfügbarkeit nach Projektende Datenanalysen auch zu späteren Zeitpunkten und gewährleistet Verknüpfungen mit zukünftigen Forschungsarbeiten. Die Forschungsdaten sind in klar definierten, offenen Datenstrukturen in der zentralen Datenbank gespeichert und mit Metadaten versehen.

Eine der Besonderheiten der CRE ist außerdem die Möglichkeit, mit räumlichen, georeferenzierten Daten zu arbeiten. Da gewöhnliche Desktop-GIS-Anwendungen in der Regel oft sehr komplex sind, wurde für das VGtS-Projekt das CRE-System mit einfach zu bedienenden WebGIS-Werkzeugen ausgestattet, um räumliche Daten auch ohne ausgebildete GIS-Kenntnisse eingeben und editieren zu können. Zudem dient die VGtS-CRE der Analyse relevanter Parameter der Schüler und Schülerinnen. Die VGtS-CRE ist weltweit 24 h am Tag zugänglich (24/7) – ein großer Vorteil allein wegen der großen Zeitunterschiede.

Die nachhaltige Vorhaltung der Daten bietet vielfältige Vergleichsmöglichkeiten mit zukünftigen Projekten (Riemann et al. 2015). Sie gewährleistet länder- und kulturübergreifendes Lernen und stärkt den Wissenstransfer zwischen den Partnern. Eine solche Plattform hat sich als effizientes Werkzeug erwiesen, wenn auch einige Herausforderungen während der Projektimplementierung bewältigt werden mussten, beispielsweise in Bezug auf Internetzugänge, generelle Missverständnisse in Bezug auf webbasierte Werkzeuge oder fehlendes Engagement der Partner. Um diesen Schwierigkeiten zu begegnen und den nachhaltigen Betrieb des CRE sicherzustellen, wurden die Mitglieder der Länderteams sowie die Forschungspartner online beraten, es wurden Modul- und Trainingshandbücher entwickelt sowie intensive Schulungen vor Ort durchgeführt. Die Identifizierung gemeinsamer Ziele sowie der für eine nachhaltige Zusammenarbeit essenziell wichtige Werteabgleich wurden durch das CRE entscheidend unterstützt (Gohil et al. 2011). Durch die Lernerfahrungen wurden unterschiedlichste Ansätze abgeglichen und letztlich insgesamt eine Verbesserung der lokalen Situation in den allermeisten Fällen erreicht. So waren die Schulkinder in allen Partnerländern von der ersten zur zweiten Analyserunde in der Lage, beispielsweise mehr Frucht- und Gemüsearten eindeutig zu identifizieren (Abb. B). Auch die Analyse

der Akzeptanz und Vertrautheit mit der VGtS-CRE machten deutlich, welche wichtige Rolle die CRE dabei spielte (Abb. C).

Darüber hinaus bietet die VGtS-CRE allen Beteiligten die Chance, umfangreiche Datensammlungen, Forschungsergebnisse und andere Arten von Informationen über eine eigens etablierte, DOI-gesicherte Reihe zu publizieren. Somit werden die enormen Anstrengungen der Datenakquise und -vorhaltung gewürdigt und rechtlich gesichert.

Kapitel 7

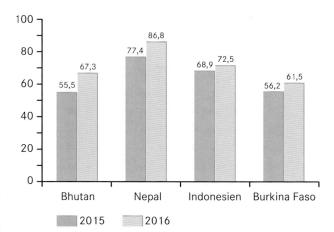

Abb. B Fähigkeit von Schulkindern, Früchte und Gemüsearten eindeutig zu identifizieren. Angabe der Anteile für die Untersuchungsjahre 2015 und 2016 in %.

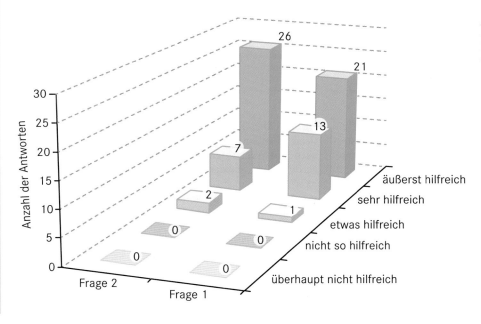

Abb. C Bewertung der VGtS-CRE durch die Projektpartner hinsichtlich Vertrautheit und Umgang sowie Konsistenz.

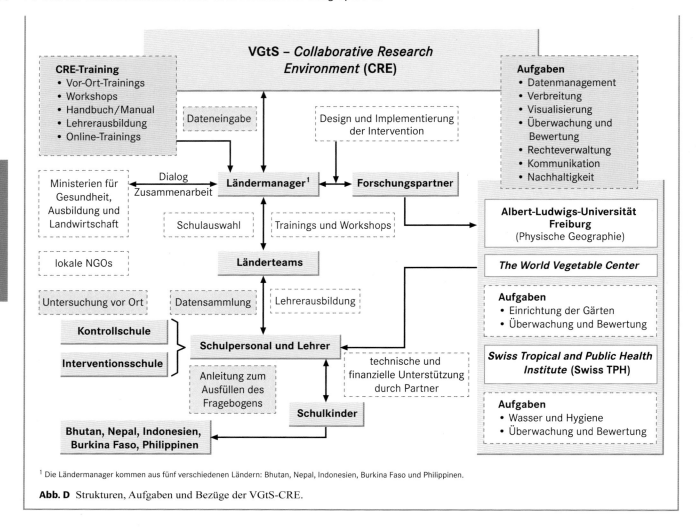

Abb. D Strukturen, Aufgaben und Bezüge der VGtS-CRE.

effektiv verteilen und dadurch einen Mehrwert schaffen. So kann beispielsweise historisches Material von geisteswissenschaftlich arbeitenden Forschergruppen gesammelt und klassifiziert werden, um von einer anderen Gruppe mit naturwissenschaftlichen Kenntnissen weiter analysiert zu werden. Eine anhaltende Zusammenarbeit wird nur funktionieren, wenn bei einer anschließenden Veröffentlichung der gemeinsamen Ergebnisse alle Beitragenden gleichermaßen gewürdigt werden.

Wie das Zusammenwirken dieser vier Komponenten über den Erfolg und die Akzeptanz entscheiden, soll nachfolgend in verschiedenen Szenarien einer fiktiven VFU veranschaulicht werden. Die **Bewertung** ist abhängig vom jeweiligen Entwicklungsstand, dem Anwendungsgebiet und den Erwartungen der Benutzer. Ist der Zustand der VFU ausgewogen, führt eine Verbesserung eines Teilbereichs für gewöhnlich zu einer Verbesserung in allen Aspekten, erfordert aber auch einen technischen Mehraufwand. Eine Schieflage ist meist auf eine Vernachlässigung eines Gebiets zurückzuführen und weist dieses als limitierendes Element aus.

Dazu werden die vier Kriterien (technische Komponente, inhaltliche Ausrichtung, rechtliche Aspekte und soziale Interaktion) nach **fünf Wertstufen** skaliert und in **sechs Szenarien** zu „Benutzerführung", „Standardisierung", „Nachnutzung", „Sichtbarkeit", „Veröffentlichung" und „Transparenz" bewertet (Abb. 7.22). In jedem Szenario wird ebenfalls nach fünf Qualitätsgraden unterschieden. Eine optimierte Struktur führt zu einem ausgewogenen Diagramm. Die dargestellten Szenarien können als Handreichung oder Testmatrix in der konzeptionellen Phase ebenso wie in einer Erweiterungsphase einer VFU herangezogen werden, um wesentliche Aspekte und Komponenten einer erfolgreichen Implementierung, des Betriebs und der Nachnutzung zu gewährleisten.

Eine Verbesserung hinsichtlich der **Unterstützung von Benutzern**, beispielsweise über eine entsprechende Benutzerführung, Manuals, Wizard, Wiki, Forum, Blogs etc. während der Arbeit mit der VFU, führt in jedem Aspekt zu einer Verbesserung. Selbst die Rechtssicherheit wird klarer, auch wenn Informationen allein diese nicht garantieren können. Die Qualität des Inhalts jedoch wird ganz maßgeblich durch Hilfe und Anleitung verbessert (Abb. 7.22b).

Abb. 7.21 Grundlegende Komponenten und Akteursgruppen einer Virtuellen Forschungsumgebung.

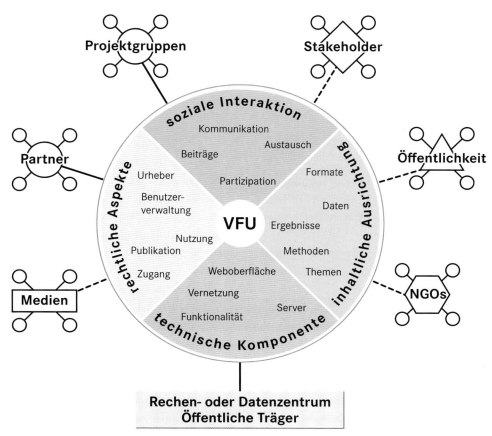

Eine **Standardisierung** insbesondere von Sprache, Schemata, Kodierung sowie Einheiten führt zur Vereinheitlichung und Vergleichbarkeit und steigert so die Qualität. Gleichzeitig vereinfacht sie aber auch ganz wesentlich die Nachnutzung der Daten und rückt dadurch die Klärung rechtlicher Aspekte in den Fokus (Abb. 7.22c).

Für eine vereinfachte **Nachnutzung**, etwa durch Austausch, Vernetzung, Nachhaltigkeit, Formate, API oder Export, gelten viele Mechanismen der Standardisierung, insbesondere die zunehmende Dringlichkeit der sicheren Rechtslage. Die Qualität der Daten wird nicht primär durch die Nachnutzung getrieben, aber das Bewusstsein der Langlebigkeit und einer möglichen, weiteren Verwendung der Daten schafft einen diesbezüglich zusätzlichen Anreiz (Abb. 7.22d).

Mit steigender **Sichtbarkeit** und **Auffindbarkeit** der Daten über Suchmaschinen, Metadaten bis hin zur Maschinenlesbarkeit über RDF etc. auch außerhalb der VFU nimmt die weitere Verwendung, Zitation und Würdigung der Daten zu. Während ein abgeschlossenes System noch keine Bedingungen hinsichtlich der Nachnutzung festlegen muss, ist dies bei zunehmender Öffnung immer dringlicher und die Art der Lizenzierung optimalerweise schon in externen Verweisen sichtbar (Abb. 7.22e).

Die Sichtbarkeit und die damit im Zusammenhang stehenden Nutzungs- und Urheberrechte sowie Lizenzen, DOIs, Creative Commons, Zitationen etc. sind im Idealfall durch eine mit geringem Aufwand mögliche **Veröffentlichung** erreichbar. Zitationsfähige, lizenzierte Daten werden tendenziell eine höhere Qualität aufweisen; umgekehrt weist ein hoher Zitationsindex auf die Güte der Daten hin. Die Sichtbarkeit führt auch zu einer weiteren Verbreitung, einer breiteren Akzeptanz und über potenzielle Rückmeldungen im Sinne kollaborativer Arbeit zu einem permanenten *peer-reviewing* und damit Qualitätsmonitoring (Abb. 7.22f).

Durch **Transparenz**, insbesondere eine offengelegte Arbeitsweise und eine Bewertung vor oder nach der Veröffentlichung – bezüglich Qualität, Review, Güte, Reproduzierbarkeit, Visualisierung, Nachvollziehbarkeit, *open science* – steigen die Anforderungen hinsichtlich einer fundierten Arbeitsweise. Dieser Mehraufwand für den Beitragenden steigert den Wert der Daten für Nachnutzer (Abb. 7.22g).

Die Bewertung der Szenarien hinsichtlich der vier verschiedenen Perspektiven liefert wichtige Hinweise zum Aufbau, Ausbau, Betrieb und zur Nachnutzung einer VFU. So ist nach den obigen Szenarien die Verbesserung der Standardisierung, Nachnutzung und Sichtbarkeit nur nach der Festigung der Rechtslage ratsam. Andererseits kann bereits die Schwäche einer Komponente zu einer „Schieflage" führen, was in der Realität ein Scheitern des

	technische Komponenten 💻	inhaltliche Ausrichtung 📖	rechtliche Aspekte §	soziale Interaktion ☺
5	kaum Aufwand	sehr wenige, überwiegend irrelevante, unsichere Daten	offene, fehlende Rechtslage	unzufriedene Benutzer
4	geringer Aufwand	wenige, teils irrelevante, z. T. unsichere Daten	unsichere Rechtslage	geringe Akzeptanz
3	mittlerer Aufwand	einige, überwiegend relevante, sichere Daten	unverbindliche Empfehlungen/ Absprachen	zufriedenstellende Akzeptanz
2	hoher Aufwand	viele, relevante, qualifizierte Daten	verbindliche Richtlinien	hohes Vertrauen
1	sehr hoher Aufwand	sehr viele, relevante, wertvolle Daten	rechtlich bindende Nutzerverträge	sehr hohes Vertrauen, begeisterte Benutzer

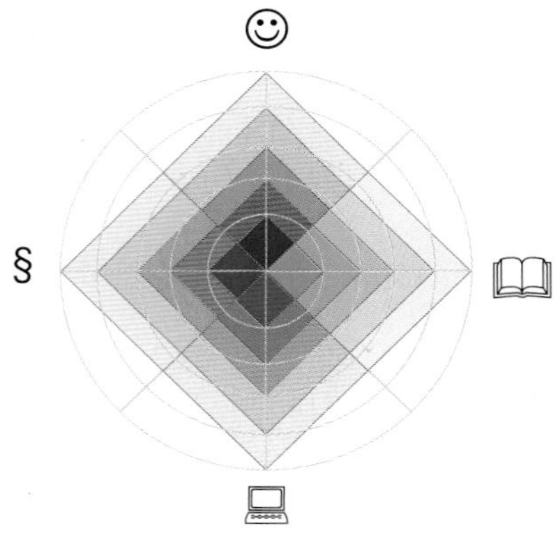

a

	Grad der Unterstützung von Benutzern	💻	📖	§	☺
A	keine Unterstützung (keine Anleitung vorhanden)	5	5	4	5
B	rudimentäre Unterstützung (wenige Erklärungen verfügbar)	4	4	3	4
C	gute interne Unterstützung (ausgereifte Hilfe und Benutzerführung)	2	2	2	3
D	auch externe Unterstützung (Benutzer helfen sich gegenseitig)	1	2	2	2
E	vielfältige Hilfequellen verfügbar (Support durch Gemeinschaft aller Nutzer)	1	1	2	1

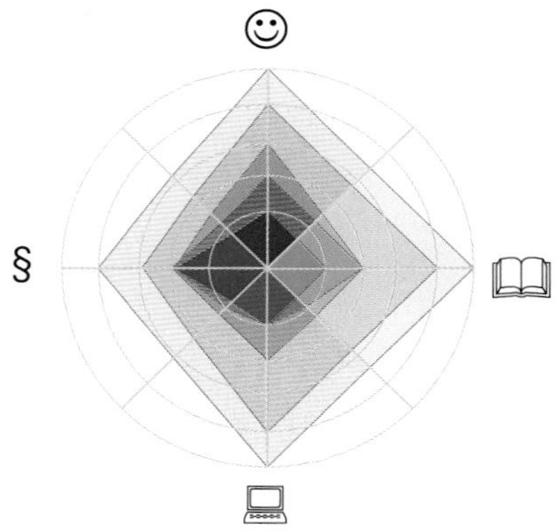

b

	Grad der Standardisierung	💻	📖	§	☺
A	keine Standards (vollständige Freiheiten, keine Vorgaben)	3	4	2	4
B	wenige Standards (nur einige Vorgaben, viele Varianten möglich)	4	4	3	4
C	mittlere Standardisierung (wichtigste Parameter sind einheitlich)	3	2	3	3
D	hohe Standardisierung (die meisten Daten sind normiert)	2	1	4	2
E	vollständige Standardisierung (alle Daten sind durchgängig vergleichbar)	1	1	4	2

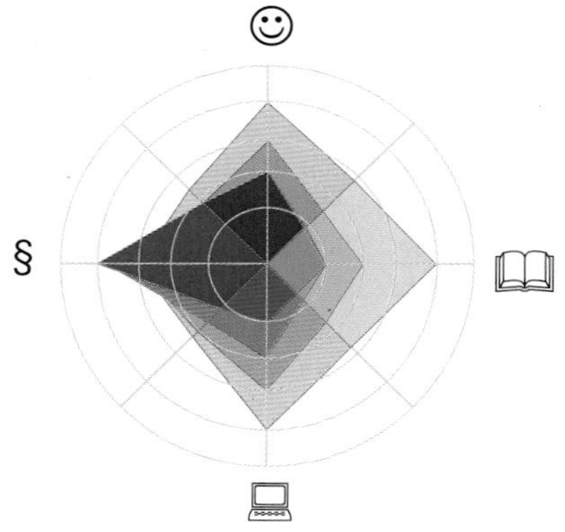

c

Abb. 7.22 a VFU-Bewertungsschema. **b** Szenario 1: Grad der Unterstützung von Benutzern. **c** Szenario 2: Grad der Standardisierung. **d** Szenario 3: Grad der Nachnutzung. **e** Szenario 4: Grad der Sichtbarkeit und Auffindbarkeit. **f** Szenario 5: Grad der Veröffentlichbarkeit. **g** Szenario 6: Grad der Transparenz.

Grad der Nachnutzung	💻	📖	§	☺
A	keine Weiternutzung möglich (keine Schnittstellen)	5	◆3	◆2	5
B	Nachnutzung schwierig (beschränkte Schnittstellen, inhomogene Daten)	◆4	◆3	◆3	◆4
C	Nachnutzung möglich (Schnittstellen vorhanden, Homogenisierung oder Konvertierung nötig)	◆3	◆2	◆4	◆3
D	Nachnutzung einfach (homogene Daten, mindestens eine Schnittstelle vorhanden)	◆2	◆1	◆4	◆2
E	vielfältige Nachnutzung (viele Schnittstellen, homogene Daten)	◆1	◆1	◆4	◆1

d

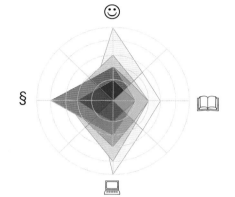

Grad der Sichtbarkeit	💻	📖	§	☺
A	Daten sind nicht auffindbar (keine Suchfunktion, nur geschützte Bereiche)	5	◆3	◆1	5
B	Daten nur intern verfügbar (eingeschränkte Suche, nicht extern)	◆4	◆2	◆3	◆3
C	Daten intern suchbar (vollständige interne Suche)	◆3	◆2	◆3	◆2
D	Daten extern erreichbar (zum Teil extern indiziert)	◆2	◆1	◆4	◆2
E	Daten vollständig indiziert (nach vielfältigen Kriterien suchbar, extern katagolisiert)	◆1	◆1	◆2	◆1

e

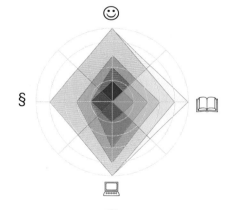

Grad der Veröffentlichbarkeit	💻	📖	§	☺
A	keine interne Veröffentlichung möglich (nur geschützte Bereiche)	5	5	◆1	5
B	Datenfreigabe möglich (keine Regelung der Lizensierung)	5	◆4	◆4	◆3
C	vorgegebene Lizenz (keine Wahl der erlaubten Nachnutzung)	◆4	◆3	◆2	◆2
D	Veröffentlichung mit wählbarer Lizenz (jedoch keine DOI)	◆3	◆2	◆1	◆2
E	Veröffentlichung mit wählbarer Lizenz und DOI (zitierbar und extern katalogisiert)	◆1	◆1	◆1	◆1

f

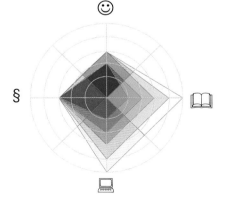

Grad der Transparenz	💻	📖	§	☺
A	keine Qualitätskontrolle (jede Eingabe ungefiltert sichtbar)	5	5	◆3	◆3
B	interne Kontrolle im Team (Arbeitsgruppe kontrolliert sich selbst)	5	◆4	◆3	◆3
C	Güte nachvollziehbar (Arbeitschritte nachvollziehbar, Rohdaten sichtbar)	◆4	◆3	◆3	◆3
D	Mindeststandard gewährleistet (Review vor Veröffentlichung)	◆3	◆2	◆3	◆2
E	Daten öffentlich vergleichbar und bewertbar (Inkonsistenzen sichtbar, Kommentierfunktion)	◆1	◆1	◆3	◆2

g

Abb. 7.22 (*Fortsetzung*)

Kapitel 7

Konzeptes bedeuten würde. Im Umkehrschluss kann eine erfolgreiche Etablierung einer VFU nur durch eine ausgewogene Berücksichtigung aller Teilkomponenten bereits in der Aufbauphase realisiert werden.

Die offene standardisierte Struktur von VFU ermöglicht den Beteiligten, ihre Arbeit für Dritte sichtbar zu machen. Dies beinhaltet Möglichkeiten zur transparenten Darstellung von Ergebnissen und den zugrunde liegenden Methoden. Somit können einmal entwickelte Methoden zur Auswertung von Daten innerhalb eines Projekts veröffentlicht und dadurch durch Dritte reproduziert werden. Durch die Standardisierung des Datenmaterials stehen die veröffentlichten Methoden auch für weitere Projekte zur Verfügung.

Auch das Datenmaterial, das im Rahmen von Projektarbeiten innerhalb einer Forschungsumgebung generiert wird, kann langfristig und nachhaltig gesichert werden. Somit schaffen VFU nicht nur eine **Arbeitsumgebung** für fachübergreifende Forschungsprojekte, sondern stellen auch eine **Plattform** dar, um die daraus entstandenen Daten, Methoden und Ergebnisse langfristig vorzuhalten und zu verbreiten. Sie können wichtige Knotenpunkte für die Kopplung und Sichtbarkeit von Forschungsdaten sein und somit zur Steigerung ihres Wertes beitragen.

Einige Forschungsumgebungen können Forschungsergebnisse auch in visuell ansprechender Form, z. B. als Grafik oder Karte, darstellen. Dadurch sind die zu kommunizierenden Ergebnisse leichter interpretierbar und können auch in anderen Kontexten, wie in einem Wissenschaftsblog oder einem sozialen Netzwerk, Aufmerksamkeit erzeugen. Auch die externe Verwendung von Rohdaten wird zum Teil dadurch gefördert, dass die Inhalte über Suchmaschinen leicht auffindbar sind und über entsprechende Schnittstellen (engl. *application programming interfaces*, APIs) für externe Verarbeitungen oder Verlinkungen zugänglich gemacht werden.

Herausforderungen und Potenziale

VFU sind keine ausschließlich geographischen Vehikel, sondern können in vielen wissenschaftlichen Kontexten umgesetzt werden. Sie entsprechen damit einer zunehmend stärker globalisierten Wissenschaftskultur, die immer weniger abgrenzbare Fachprofile aufweist, sondern über fachübergreifende Themen und Methoden gekennzeichnet ist. Damit fördern sie soziale Strukturen und Netzwerke in der Geographie sowie den angrenzenden Fachrichtungen.

Gleichwohl erfordert der Einsatz von VFU die Einhaltung von eingeführten **Konventionen**, z. B. hinsichtlich des Arbeitsablaufs und zur Verfügung stehender Ressourcen sowie Formate. Ebenso ist es nötig, dass sich die beteiligten Akteure zugunsten des Teams einbringen und eine gewisse **technische Affinität** mitbringen. Die Forschungsarbeit in einem solchen Kontext setzt auch voraus, dass die Beteiligten bereit sind, ihre Arbeitsweisen offenzulegen. Durch die Bindung an technische Infrastrukturen

entstehen gleichzeitig auch Abhängigkeiten, die Arbeiten außerhalb der Forschungsumgebung, wie beispielsweise geographische Feldforschung, erschweren und nur bedingt unterstützen. Vor diesem Hintergrund steigt auch die Bedeutung der Mittel, die für die technische Entwicklung und den ständigen Betrieb aufgewendet werden.

Gleichzeitig liegt in der Bewältigung dieser Herausforderungen der Schlüssel für die vielfältigen Vorteile und Chancen beim Einsatz von VFU. Die eingebrachten Daten können leicht einer Qualitätskontrolle unterzogen werden und sind untereinander vergleichbar. Somit stellen sie auch einen nachhaltig gesicherten und wertvollen Pool für die weitere Nutzung dar. So kann Teamarbeit und interdisziplinäre Forschung wirkungsvoll unterstützt werden. Insbesondere die im Team erbrachten wissenschaftlichen Leistungen Einzelner können auf diese Weise gewürdigt werden. Somit bewirkt ein positives Zusammenwirken von allen relevanten sozialen, technischen, inhaltlichen und rechtlichen Faktoren eine Ergänzung bisheriger Forschungspraktiken auch um zeitgemäße Verbreitungsmöglichkeiten für digitale Forschungsdaten.

Die Geographie sollte im Rahmen der umrissenen Konzepte und Bedingungen die Möglichkeiten von VFU stärker nutzen, weil sie es möglich machen, die weitreichenden Daten, Methoden und Erkenntnisse, die ohnehin zur gängigen Forschungspraxis etwa im Rahmen von Geokommunikation, Fernerkundung, GIS-Anwendungen, bürgerwissenschaftlichen und kartographischen Arbeiten etc. geworden sind, noch weitreichender zu kommunizieren, langfristig zu sichern und weiter zu vernetzen.

7.7 Didaktische Anwendungen

E-Learning als interaktive mediale Lernform in der Geographie

Rüdiger Glaser, Helmut Saurer und Stephanie Glaser

Neben dem Lernen aus Büchern und der klassischen Wissensvermittlung in Vorlesungssälen und Seminarräumen haben sich mittlerweile zahlreiche weitere Lehr- und Lernformen etabliert. Lernen ist in den vergangenen 30 Jahren erheblich vielfältiger geworden und die stete Suche nach effektiveren und neuen Zugangswegen hat die „neuen" Möglichkeiten der digitalen Welt im Rahmen von *blended learning* (s. u.) aufgegriffen.

Der Begriff E-Learning hat seinen Ursprung im Businessbereich und ist praktisch im „Windschatten" von E-Commerce und E-Business entstanden. Das „E" steht für *electronic* und wurde in Zeiten grenzenloser Interneteuphorie in vielen Branchen recht frei- und großzügig verwendet, um damit Technologie, Innovation und vor allem Online-Bezug zu proklamieren. Unter E-Learning wird auch *electronically supported learning* (esl) verstanden. Ins Deutsche übersetzt bedeutet dies zunächst so viel wie einfach **elektronisch unterstütztes Lernen.** Oft wird E-Learning aber auch als netzgebundenes bzw. **Online-Lernen**

Kapitel 7

interpretiert oder steht für *effective* bzw. *easy learning*. Es ist also vor allem dem vorgestellten „E" zu verdanken, dass es bis heute keine einheitliche Definition von E-Learning gibt. Vielmehr existieren mehrere Definitionen nebeneinander, die den Begriff nur unscharf fassen. Minass (2002) definiert E-Learning als ein System, das „zeit- und ortsunabhängig Lerninhalte mittels digitaler Medien an Gruppen und Individuen vermittelt." Er benutzt E-Learning als einen Sammelbegriff für alle Formen des elektronisch gestützten Lernens und meint damit gleichermaßen Lernvideos, Hörkassetten, CD-ROMs und DVDs, aber auch Online-Angebote. Auch Kerres (2013) versteht E-Learning in einem sehr umfassenden Sinne als einen „Oberbegriff für alle Varianten der Nutzung digitaler Medien zu Lehr- und Lernzwecken".

Während die klassische Präsenzlehre abhängig von Ort und Zeit ist und auf der physischen Interaktion realer Personen aufbaut, ermöglicht E-Learning eine Unabhängigkeit von Ort und Zeit. Eine gewisse Zwischenstellung stellt das Distanzlernen dar, wie es vom Tele- oder Fernlernen bekannt ist. Nachteilig am Distanzlernen sind das Fehlen von Interaktivität und Kommunikation, der Grundlage klassischer Präsenzlernsituationen, welche in Online-Lernumgebungen leicht realisiert werden können.

Multimediales Lernen, das auf der Nutzung von Computern als zentralem Arbeitsmittel basiert, ist in mehreren technischen Formen realisiert. Das *computer based training* (cbt) ist dabei am weitesten verbreitet. Lernsoftware mittels CD-Rom oder DVD wird offline und somit unabhängig von einem Datennetz angeboten. Ein zeit- und ortsunabhängiger Einsatz wird dadurch möglich. Die Grenzen dieser Form sind jedoch zum einen eine standarisierte Rückmeldung, zum anderen aber auch die fehlende Möglichkeit zur Ergänzung oder Korrektur angebotener Inhalte. Die Isolierung des Lernenden ohne Kommunikation mit einem Ausbilder oder Berater ist ein weiterer Nachteil.

Das *web based training* (wbt) wird als Weiterentwicklung des cbt angesehen und bietet die Verteilung der Lerninhalte über das Inter- oder Intranet an. Die Lernanwendungen sind zentral beim jeweiligen Bildungsanbieter auf dem Web-Server abgelegt. Kommunikationselemente wie E-Mails, Chatrooms, Diskussions- und Newsforen sind für den Erfahrungsaustausch vorgesehen, sodass auch eine fachliche und individuelle Beratung möglich ist. Inhaltlich ist ein Trend zur Modularisierung gegeben, wobei kleine überschaubare Lerneinheiten und verstärkte Interaktion im Vordergrund stehen.

Lernumgebungen sind E-Learning-Portale, in die Coachingfunktionen und umfangreiche Sammlungen ergänzender Lernmedien wie FAQs, Studienbriefe, Praxisberichte und Lehrfilme mit eingebunden werden können. Darüber hinaus kann – je nach Produkt – das Lernen in virtuellen Räumen bzw. in sog. virtuellen Seminaren realisiert werden. So kann in Gruppen gelernt werden (*learning communities*), in denen gemeinsames Lernen über den Kontakt im Internet (*collaborative learning*) möglich wird. Umfassende Lernnetzwerke, Online-Diskussionen, synchrone, aber ortsunabhängige Schulung mehrerer Teilnehmer, Integration aller Hilfsmittel der Multimedia- und der Netzwerktechnologie sind einige Vorteile dieser ausgereiften Form. Allerdings müssen auch erhebliche Nachteile in Kauf genommen werden. Diese liegen vor allem im emotionalen Bereich. Der Verlust von direkten persönlichen Beziehungen kann auf Dauer zu Motivationsproblemen und Vereinsamung führen.

Diese Lernformen und ihre zugrunde liegenden technischen Möglichkeiten bilden den Rahmen einer **virtuellen Universität**. Aufgrund der genannten Nachteile ist die vollständig virtuelle Universität jedoch nicht erstrebenswert. Die Kombination der Vorteile des E-Learnings auf der Basis von Lernplattformen und klassischer Lehrformen als Ansatz des *blended learning* erscheint aus heutiger Sicht zukunftsweisend, denn neben der Ebene der Lerninhalte ist die Ebene der sozialen Interaktion besonders zu beachten. Sie ist für die Motivation und den Erfahrungsaustausch wichtig und in hohem Maße effizienzsteigernd. Eine Verschneidung der klassischen Präsenzlehre mit Lernphasen, die E-Learning-Angebote nutzen, ist daher unumgänglich.

Die bisherigen Angebote, die im weitesten Sinne geographische Inhalte vermitteln, sind mittlerweile vielfältig. Die zunehmend häufiger zu beobachtende Tendenz, Skripte „ins Netz zu stellen", reicht allerdings unter didaktischen Gesichtspunkten nicht aus, um sich mit dem Label „E-Learning" zu schmücken.

Das didaktische Konzept

Die langjährige Erfahrung mit E-Learning-Angeboten, u. a. anderem mit webgeo.de (Abb. 7.23) sowie pemo.de, und die von verschiedenen Seiten erfolgte Evaluation haben einige fachdidaktische Aspekte und Konsequenzen für die neuen Medien ergeben (Saurer et al. 2004):

1. Das **selbstorganisierte Lernen** in vernetzten Systemen ist dem reinen Wissenskonsum vorzuziehen, weil durch eigene Transferleistungen Strukturen und Zusammenhänge besser erkannt werden.
2. Den verschiedenen persönlichen Stärken und Neigungen von Studierenden kann durch verschiedene Zugangswege zum Lernstoff besser begegnet werden. Damit wird auch **freies Lernen** im Sinne des gemäßigten Konstruktivismus möglich. Mögliche Zugänge sind:
   - guided tours, in denen Lernende – ähnlich einem kleineren Lehrbuchkapitel – durch den Stoff geführt werden und sich auch mit komplexen Strukturen auseinandersetzen müssen
   - Fragen, die zu bestimmten Lerninhalten führen und nach Interesse und Bedarf der Studierenden beantwortet werden
   - zusammenfassende Grafiken, die mit den entsprechenden Lehrmodulen verlinkt sind und damit den Aufbau einer individuellen Lernsequenz erlauben
3. Die **multimediale Vielfalt** kann die Lernmotivation steigern und den Wissenstransfer bereichern.
4. Die Abfolge von Stoffvermittlung einerseits sowie Übungen und Tests als Möglichkeit zur **Eigenkontrolle** des Lernfortschrittes sind – in Zusammenhang mit interaktiven Texten, Grafiken, Animationen und einem Glossar – besonders stimulierend.

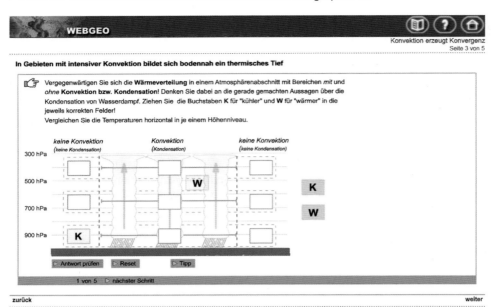

Abb. 7.23 Screenshot aus dem WEBGEO-Modul „Konvektion erzeugt Konvergenz" (Quelle: www.webgeo.de).

Diese Sachverhalte erfordern einen konsequent modularen Aufbau der Lerninhalte bei gleichzeitiger Betonung interaktiver Elemente. Der inhaltliche Kernbereich sollte sich auf sog. vermittlungsresistente Grundeinsichten konzentrieren. Damit sind vor allem komplexe, sehr detailliert zu vermittelnde Thematiken gemeint, die dem Lernenden über die klassischen Lernmaterialien oder die Präsenzlehre nur schwierig näher gebracht werden können (Gossmann et al. 2003). Der schon viele Jahre verfolgte Ansatz in WEBGEO (www.webgeo.de) ist aus didaktischer Sicht immer noch modern, da in den einzelnen Modulen eine konsequente didaktische Reduktion auf einen oder wenige Inhalte erfolgt und auf Interaktion mit den Lernenden Wert gelegt wird. Die Lerneinheiten sind jeweils in kurzer Zeit zu erledigen und bauen Ermüdungserscheinungen damit vor. Durch die konsequente Modularisierung können die Angebote in unterschiedlichen Lernsituationen genutzt werden. Entsprechend hohe Zugriffszahlen aus dem Bereich der schulischen Oberstufe und der Grundstufe der universitären Ausbildung belegen Nutzen und Flexibilität des Angebots.

Perspektiven

E-Learning wird durch die neuen Anforderungen der modularisierten Lehre einen festen Stellenwert in modernen und aktuellen Lehrprogrammen haben. Dabei ist die weitere didaktische Begleitung unabdingbar, insbesondere auch die Evaluation durch die Nutzer. Damit gehen neue Möglichkeiten der Lern- und Wissenskontrolle einher, die klarmachen, an welchen Stellen Lernende die größten Probleme bei der Erarbeitung des Stoffs haben. Neben diesen didaktischen und pädagogischen Elementen werden die Einbeziehung der technischen Entwicklung im hoch dynamischen IT-Bereich sowie die Stärkung der Geoinformatikkompetenz im Fach Geographie eine wichtige Rolle einnehmen. E-Learning muss sich auf die Bereiche konzentrieren, bei denen durch klassische Lehrformen Grenzen

der Wissensvermittlung erkennbar sind. Von besonderem Interesse sollte die Einbindung skalenbezogener Darstellungen oder auch die Aufarbeitung regionaler Inhalte sein. Gefordert werden muss auch die Langzeitsicherung in Netzwerken mit der entsprechenden Bereitstellung von Kompetenz sowie von Hardware, Software und letztlich Finanzmitteln, da die technische Entwicklung eine dauernde Anpassung der Software erfordert, die nur mit hohem Aufwand zu leisten ist. Fachwissenschaftlich ergibt sich aus der Aufbereitung von Lerninhalten für Module im E-Learning ein wissenschaftlicher Mehrwert über die inhaltliche Vertiefung, insbesondere bei der Darstellung von Themen, die durch die klassischen Medien nur schwer vermittelbar sind. Bei der Umsetzung müssen Fachwissenschaftler gewissermaßen Farbe bekennen, wodurch sich vorhandene Kenntnisdefizite und damit Forschungsbedarf identifizieren lassen (Glaser et al. 2006).

Heritage interpretation

Patrick Lehnes und Rüdiger Glaser

Ob Besucherzentren in Großschutzgebieten, Museen in Städten, Natur- und Themenführungen, Erlebnispfade oder Themenrouten mit Smartphone-App – fast überall trifft man heute auf Angebote, die Interessierten das natürliche, kulturelle, technische oder geschichtliche Erbe in seiner Eigenart nahebringen möchten. Entsprechende Angebote werden häufig von den jeweiligen Fachexperten erarbeitet. Das kann allerdings an Grenzen stoßen, wenn diese keine spezielle Zusatzqualifikation haben, um fachliche Inhalte für Fachfremde zu kommunizieren.

Ein Grundproblem besteht darin, dass Interesse, Staunen und Begeisterung der Gefühlsebene angehören. Wissenschaftler sind

Abb. 7.24 Das mittlerweile außer Dienst gestellte Space-Shuttle „Atlantis" wird im *John F. Kennedy Space Center* (Florida, USA) spektakulär inszeniert: Nach einem einführenden informativen Film lichtet sich die Großleinwand und das originale Space-Shuttle Atlantis scheint den Besuchern entgegenzuschweben. Wer möchte, kann an weiteren zum Teil interaktiven Stationen sein Wissen vertiefen oder an Schalteinheiten Manöver und Fahrsituationen simulieren. In einem abgetrennten Raum wird der Opfer der tödlichen Havarien gedacht (Foto: R. Glaser 2015).

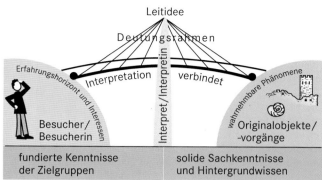

Abb. 7.25 *Heritage interpretation* als Bildungsaktivität schlägt die Brücke zwischen Besuchern und Originalobjekten bzw. Originalschauplätzen geschichtlicher Ereignisse.

jedoch trainiert, genau diese Gefühlskomponente in ihren Forschungsmethoden und ihrer Kommunikation auszublenden – obgleich viele Wissenschaftler persönlich durchaus eine emotionale Beziehung zu ihrem Forschungsgegenstand haben.

Das **Bildungskonzept der *heritage interpretation*** vermittelt zwischen dem Fachwissen, indem es Interessierte oder auch Passanten ganzheitlich, das heißt intellektuell und emotional, anspricht und an neue Themen heranführt (Abb. 7.24). Dabei bündelt es spezielles Planungs- und Kommunikations-Know-how. Der englische Ausdruck *heritage interpretation* findet auch im deutschen Sprachraum immer häufiger Verwendung. Übersetzungen wie „Natur- und Kulturinterpretation" sind sprachlich zu sperrig; andere wie „Kulturvermittlung" treffen den Kern des Ansatzes nicht.

Ganz allgemein spricht man von **Interpretation**, wenn man zu einem Kunstwerk oder einem faktischen Sachverhalt jene Aspekte herausarbeitet, die unter einem bestimmten Gesichtspunkt bedeutsam sind. Auch in der Geographie wird interpretiert, man denke nur an die Karteninterpretation oder an die Interpretation von Strukturen im Gelände auf Exkursionen. Beim Interpretieren schwingt immer die Frage mit, inwiefern konkrete Phänomene, Daten und Fakten im Kontext eines übergeordneten Sinnzusammenhangs von Bedeutung sind. Bei wissenschaftlichen Interpretationen werden Sachverhalte hinsichtlich ihrer Bedeutung für wissenschaftliche Hypothesen und übergeordnete Theorien eingeordnet. Die große Mehrzahl der Besucherinnen und Besucher von Museen, Nationalparks oder historischen Stätten kommt jedoch nicht mit einer fachwissenschaftlichen Fragestellung. Für diese Menschen sind andere Deutungsrahmen relevant: die eigene Lebenserfahrung, die eigenen Überzeugungen und subjektiven Wertepräferenzen.

Der Vorgang des Interpretierens ist zwar eine rationaler Argumentation zugängliche **Denkaktivität**, jedoch gleichzeitig eng mit der subjektiven **Gefühlsebene** verwoben. Wahrgenommene Phänomene und neue Informationen werden begrifflich erfasst und verarbeitet, indem sie mit vorhandenen Begriffen und Ideen verknüpft werden. Bei vielen Begriffen und Ideen schwingen jedoch Nebenbedeutungen mit, die sich bei verschiedenen Menschen unterscheiden können. Solche Nebenbedeutungen stellen Verbindungen zu individuell tief verankerten Deutungsrahmen (*deep frames*; Lakoff 2006) her, die letztlich über Gedankenketten oder Narrative mit persönlichen Überzeugungen und Werten verbunden sind und deshalb Gefühle hervorrufen können. Der Kern der *heritage interpretation* im eigentlichen Wortsinn besteht in dieser individuellen mentalen Verarbeitung von sinnlich wahrnehmbaren, konkreten Phänomenen des Natur- bzw. Kulturerbes, um deren tiefere Bedeutsamkeit zu erfassen (Lehnes 2016).

Brücke zwischen Subjekten und Originalobjekten

Bloße Informationsvermittlung durch Daten und Fakten ist noch keine Interpretation. Auch „Wahrnehmungen mit allen Sinnen" garantieren kein Erlebnis. Im Rahmen von *heritage interpretation* werden die zu thematisierenden Inhalte und Phänomene sorgfältig ausgewählt und so strukturiert, dass sich den Besuchern ein Sinnzusammenhang erschließt (Lehnes 2008). Dieses Deutungsangebot wird so gestaltet, dass es die Brücke schlägt zwischen den vor Ort wahrnehmbaren Phänomenen bzw. der Thematik einerseits und dem Vorwissen sowie den Interessen der Besucher andererseits (Abb. 7.25).

Natur- und Kulturinterpreten sind sozusagen die Architekten dieser Verbindung zwischen den Besuchern und den authentischen Originalobjekten bzw. Originalschauplätzen bedeutsamer Ereignisse. Während ein Fachpublikum zumindest teilweise **extrinsisch motiviert** ist, sich mit einer für die berufliche Karriere relevanten Thematik zu befassen, fehlt eine solche Motivation bei Fachfremden. Besucher von Erlebniswegen, Ausstellungen oder Führungen lassen sich auf die jeweilige Thematik nur dann und nur so lange ein, wie es gelingt, sie **intrinsisch zu moti-**

vieren, das heißt ihr persönliches Interesse zu wecken. Die persönliche Bereicherung, die ein neues Thema den Besuchern bietet, muss die damit verbundene Anstrengung rechtfertigen (Ham 1992). Entsprechende Interpretationsangebote müssen deshalb so kurzweilig gestaltet werden, dass sie ohne große Anstrengung aufgenommen werden können.

Die Kunst der *heritage interpretation* besteht darin, jene Gesichtspunkte zu finden, die für das jeweilige Publikum eine Bereicherung darstellen können, die gegebenenfalls den Horizont erweitern und je nach Thema auch Anstöße geben, Klischees und Vorurteile zu überwinden. Damit dies gelingen kann, arbeiten Interpreten mit einem Projektteam zusammen. Sie fungieren dabei oft als „Anwalt der Besucher". Solide ortsbezogene Sachkenntnis bildet jedoch das Fundament. Sie wird von entsprechenden Experten beigesteuert, die mit den lokalen Gegebenheiten vertraut sind. Das sind in der Regel Fachwissenschaftler aus Universitäten, Behörden oder wissenschaftlichen Vereinigungen, aber auch interessierte Einheimische und Zeitzeugen. Im Team werden beispielsweise die landschaftstypischen Themen mit den vor Ort wahrnehmbaren konkreten Phänomenen in Beziehung gesetzt. Sorgfältig werden jene Daten, Fakten und Hintergrundinformationen in einem iterativen Prozess ausgewählt, die im Hinblick auf das Interpretationsthema relevant sind.

Eine Herausforderung für Interpreten ist es, auch jene zu erreichen, die zunächst davon überzeugt sind, dass die jeweilige Thematik für sie uninteressant ist. Hierfür stützen sie sich auf ein detailliertes **Kommunikations-Know-how**. Die Kunst der Interpretation besteht zunächst darin, durch die Überschrift oder eine Abbildung Aufmerksamkeit zu erregen und erstes Interesse zu wecken. Dann muss die Einleitung schnell die Brücke zum Erfahrungshorizont der Besucher schlagen.

Systematische Interpretationsplanung

Mit dem Einsatz der *heritage interpretation* über den Bereich des Natur- und Denkmalschutzes hinaus ist die Interpretationsplanung dabei, zu einer wichtigen Komponente der **nachhaltigen Regionalentwicklung** zu werden.

Die Ermittlung der Interpretationspotenziale umfasst zunächst die sinnlich wahrnehmbaren Phänomene sowie dahinterliegende Bedeutungen, Zusammenhänge, Geschichten und Symbolgehalte – gegebenenfalls in Relation zu unterschiedlichen soziokulturellen Gruppen. Darüber hinaus müssen in einem frühen Planungsstadium die Zielsetzungen eines Interpretationsvorhabens sowie die prioritären Hauptzielgruppen, z. B. Ausflügler aus der Region, internationale Touristen, bestimmte Aktivitätsgruppen oder Familien mit Kindern, bestimmt werden (Brochu 2003). Des Weiteren werden die vorhandene Infrastruktur im Hinblick auf ihre Eignung für diese Zielgruppen sowie die Tragfähigkeit und ggf. gebotene Nutzungseinschränkungen aus Natur- und Denkmalschutzgründen überprüft.

Selbst wenn Interpretationsangebote für Besucher selten kostendeckend bzw. meist kostenlos angeboten werden, dürfte ihr Stellenwert innerhalb der Freizeit- und Tourismuswertschöpfungsket-

ten künftig weiter zunehmen. Denn eine gelungene Interpretation prägt ein **unverwechselbares Image** der Destination und bietet ein Freizeitangebot, das nicht nur kurzweilig ist, sondern für die Besucher eine echte Bereicherung darstellt. Von der steigenden Zufriedenheit und Begeisterung der Besucher profitieren nicht nur Gastronomie und Übernachtungsgewerbe, sondern auch nachgelagerte Umsatzstufen. Über das erhöhte Steueraufkommen fließt schließlich auch ein gewisser Teil zurück in die öffentlichen Haushalte, aus denen solche Projekte oft gefördert werden.

Neuere Entwicklungen

Vor dem Hintergrund der neuen kulturwissenschaftlichen Paradigmen der Freizeit- und Tourismusgeographie greift die *heritage interpretation* aktiv in die Sinnzuschreibungen ein und (re-) produziert selbst Symbolgehalte im Zuge von Inszenierungen für ein Freizeitpublikum. Solche Inszenierungen müssen bewusst und verantwortungsbewusst erfolgen. Aufgrund der mächtigen Kommunikationstechniken, die in der *heritage interpretation* zum Einsatz kommen, muss einem Missbrauch durch Verfälschung aufgrund einseitiger Darstellungen zur Förderung von Partikularinteressen entgegengewirkt werden. Brochu (2003) spricht von *interpreganda*, wenn sich Interpretation mit Propaganda vermischt. Schutz der authentischen Kultur, auch in ihrer lebendigen Weiterentwicklung, fachliche Richtigkeit sowie Ausgewogenheit bei kontroversen Themen sind wichtige ethische Anforderungen an eine professionelle Interpretation. In diesem Sinne hat ICOMOS (*International Council of Museums and Sites*) im Oktober 2008 eine *Charta for the Interpretation and Presentation of Cultural Heritage Sites* verabschiedet.

Mit dem Aufschwung populistischer Bewegungen und damit einhergehenden Fake-News, „alternativen Fakten", *scripted reality*, virtuellen Echokammern und Versuchen, die Geschichte umzudeuten, steht die *heritage interpretation* vor neuen Herausforderungen. Eine ihrer ganz großen Stärken ist die **unmittelbare Wirklichkeitserfahrung**, die sie Besuchern bietet. Es geht um konkrete Hinterlassenschaften von Personen und Geschehnissen in ihrer Besonderheit, die aus einem konkreten Raumausschnitt zu einer bestimmten Zeit stammen. Idiographische Disziplinen wie die Geographie, Geschichte oder Archäologie arbeiten das Besondere dieser „Erbstücke" heraus und erlauben Einblicke in andere Lebenswelten. Interpretation kann auf populistische Vereinfachungen antworten, indem sie Denkanstöße gibt, vorgefasste Begriffe und Ideen anhand der realen Vielfalt zu hinterfragen. Interpretation im 21. Jahrhundert sollte vorsichtig sein, allzu einfache, eingängige Narrative zu verstärken. Stattdessen sollten Interpreten unterschiedliche Perspektiven aufzeigen und Fragen aufwerfen, die Stereotypen entgegenwirken. Auf diese Weise kann sie dazu beitragen, Pluralität zu erleben und die Bedeutung europäischer Grundwerte wie Nichtdiskriminierung, Solidarität und Toleranz anhand der Geschichte auszuleuchten (Lehnes 2017). Das emanzipatorische und kritische Potenzial der *heritage interpretation* als Bildungsansatz ist bislang noch nicht annähernd ausgeschöpft.

Für die Geographie der dritten Säule (Kap. 3) stellt die *heritage interpretation* einen weiteren Mosaikstein dar, zumal fachdidaktische und pädagogische Elemente integrativer Bestandteil des Faches sind. Hinzu treten der Aspekt des Arbeitsmarktes und die Notwendigkeit einer Wissenschaftskommunikation, die für eine breitere Öffentlichkeit, aber auch die Politik von Relevanz ist.

Literatur

Ash J, Kitchin R, Leszczynski A (2016) Digital turn, digital geographies? Progress in Human Geography 42/1: 25–43

Bauder M (2016) Thinking about measuring Auges non-places with Big Data. Big Data & Society 3/2: 1–5

Bauder M (2017) Using social media as a Big Data source for research – The example of Ambient Geospatial Information (AGI) in tourism geography. In: Felgenhauer T, Gäbler K (eds) Geographies of digital culture. Routledge

Belward AS, Skøien JO (2015) Who launched what, when and why; trends in global land-cover observation capacity from civilian earth observation satellites. ISPRS Journal of Photogrammetry and Remote Sensing 103: 115–128

Bienert M (1996) Standortmanagement – Methoden und Konzepte für Handels- und Dienstleistungsunternehmen. Gabler, Wiesbaden

Bittner C (2014) Reproduktion sozialräumlicher Differenzierungen in OpenStreetMap: das Beispiel Jerusalems. Kartographische Nachrichten 64/3: 136–144

Bittner C, Glasze G, Turk C (2013) Tracing contingencies: analyzing the political in assemblages of web 2.0 cartographies. GeoJournal 78/6: 935–948

Boeckler M (2014) Neogeographie, Ortsmedien und der Ort der Geographie im digitalen Zeitalter. Geographische Rundschau 66/6: 4–11

Brochu L (2003) Interpretive Planning. The 5-M Model for Successful Planning Projects

Brown B, Laurier E (2008) Rotating maps and readers: praxiological aspects of alignment and orientation. Transactions of the Institute of British Geographers 33: 201–216

Buisseret D (ed) (1992) Monarchs, ministers, and maps. The emergence of cartography as a tool of government in early modern Europe. Univ. of Chicago Press, Chicago

Burrough PA (1985) Principles of geographical information systems. Oxford University Press, Oxford

Butt N, Glaser R, Kahle M, Hologa R (2017) Vegetables Go to School – Collaborative Research Environment (VGtS-CRE) VGtS-CRE series edition 1. DOI: https://doi.org/10.6094/UNIFR/13099

Buziek G (2003) Eine Konzeption der kartographischen Visualisierung. Fachbereich Bauingenieur- und Vermessungswesen Hannover, Leibniz Universität (Habilitation)

Clauss K, Ottinger M, Kuenzer C (2017) Mapping rice fields with Sentinel-1 time-series and superpixel segmentation. International Journal of Remote Sensing 39/5: 1399–1420

Crampton JW (2010a) Mapping: A Critical Introduction to Cartography and GIS. Wiley-Blackwell Publishing, Malden

Crampton JW (2010b) Cartographic calculations of territory. Progress in Human Geography 35/1: 92–103

Crutzen PJ (2002) Geology of Mankind: the Anthropocene. Nature 415: 23

Devictor V, Whittaker R, Beltrame C (2010) Beyond scarcity: citizen science programmes as useful tools for conservation biogeography. 16/3: 354–362

Dietz A, Kuenzer C, Dech S (2015) Global SnowPack: a new set of snow cover parameters for studying status and dynamics of the planetary snow cover extent. Remote Sensing Letters 6/11: 844–853

Dodge M, Kitchin R, Perkins C (2009) Rethinking Maps. New frontiers in cartographic theory. Routledge, London, New York

Edney MH (1993) Cartography without progress: Reinterpreting the nature and historical development of mapmaking. Cartographica 30/2-3: 54–68

Elwood S, Schuurman N, Wilson MW (2008) Critical GIS. In: Nyerges TL, Couclelis H, MacMaster R (eds) The Sage Handbook of GIS and Society. Sage, London. 87–106

Esch T, Heldens W, Hirner A, Keil M, Marconcini M, Roth A, Zeidler J, Dech S, Strano E (2017) Breaking new ground in mapping human settlements from space – The Global Urban Footprint. ISPRS Journal of Photogrammetry and Remote Sensing 134: 30–42

Fatt Siew T (2009) Scientific decision support for decision makers in practice through collaborative knowledge management. Faculty of Forest and Environmental Sciences, Albert-Ludwigs-Universität, Freiburg (PhD Thesis)

Felgenhauer T (2015) Technik, Digitalität und Raum – Konzeptionelle Überlegungen zu den Geographien alltäglichen Technikgebrauchs. Geogr. Helv. 70/2: 97–107

Gao F, Masek J, Schwaller M, Hall F (2006) On the blending of the Landsat and MODIS surface reflectance: Predicting daily Landsat surface reflectance. IEEE Transactions on Geoscience and Remote Sensing 44/8: 2207–2218

Gerhard O, Wolf N, Siegmund A (2017) Einsatz in Citizen Science im phänologischen Monitoring der Apfelblüte in Deutschland. In: Wink M, Funke J (Hrsg) Wissenschaft für alle: Citizen Science. Heidelberger Jahrbücher online, Bd. 2: 123–146

Glaser R, Jung M et al (2006) Geography goes Cyberspace? Landschaftsvisualisierung als Teil einer virtuellen Geographie. Berichte zur Deutschen Landeskunde

Glaser R, Kahle M, Hologa R (2016a) The tambora.org data series edition. tambora.org data series. DOI: https://doi.org/10.6094/tambora.org/2016/seriesnotes.pdf

Glaser R, Schliermann E, Hologa R, Kahle M, Vogt S, Riemann D (2016b) From Data to Climatological Indices – The Case of the Grotzfeld Data Set. tambora.org data series vol. I, 2016: 1–7. DOI: https://doi.org/10.6094/tambora.org/2016/c156/article.pdf

Glasze G (2009) Kritische Kartographie. Geographische Zeitschrift 97/4: 181–191

Glasze G (2017a) Digitale Geographien. In: Freiburg R (Hrsg) Datenflut 61/75. FAU University Press, Erlangen

Glasze G (2017b) Geoinformation, Cartographic (Re) Presentation and the Nation State: A Co-Constitutive Relation and Its Transformation in the Digital Age. In: Kohl U (ed) The Net and the Nation Sate. Multidisciplinary Perspectives on the Internet Governance. Cambridge University Press, Cambridge. 218–240

Gohil U, Carrillo P, Ruikar K, Anumba C (2011) Value-enhanced collaborative working: case study of a small management advisory firm. Construction Innovation 11(1): 43–60. DOI: https://doi.org/10.1108/14714171111104628

Goodchild MF (2007) Citizens as sensors: The world of volunteered geography. GeoJournal 69: 211–221

Gossmann H, Fuest R, Albrecht V, Baumhauer R, Gläßer C, Glaser R, Glawion R, Nolzen H, Ries J, Saurer H, Schütt B (2003) Online-Lernmodule zur Physischen Geographie. Das Projekt WEBGEO. Geographische Rundschau 55/2: 6–61

Graham M (2014) Internet Geographies: Data Shadows and Digital Division of Labor. In: Graham M, Dutton WH, Castells M (eds) Society and the internet. How networks of information and communication are changing our lives. Oxford University Press, Oxford, New York, NY. 99–125

Graham M, Zook M, Boulton A (2013) Augmented reality in urban places: contested content and the duplicity of code. Transactions of the Institute of British Geographers 38/3: 464–479

Graham S (2005) Software-sorted geographies. Progress in Human Geography 29/5: 562–580

Hake G, Grünreich D (1994) Kartographie. Walter de Gruyter, Berlin

Haklay M (2013) Neogeography and the delusion of democratisation. Environment and Planning A 45/1: 55–69

Ham S (1992) Environmental Interpretation – A practical guide for people with big ideas and small budgets. Golden Colorado Fulcrum

Hansen MC, Potapov PV, Moore R, Hancher M, Turubanova SA, Tyukavina A, Thau D, Stehman SV, Goetz SJ, Loveland TR, Kommareddy R, Egorov A, Chini L, Justice CO, Townshend JRR (2013) High-Resolution Global Maps of 21st-Century Forest Cover Change. Science: 850–853

Harley JB (1988) Silences and Secrecy: The Hidden Agenda of Cartography in Early Modern Europe. Imago Mundi 40: 57–76

Harris L, Harrower M (2006) Critical Interventions and Lingering Concerns: Critical Cartography/GISci, Social Theory, and Alternative Possible Futures. ACME 4/1: 1–10

Hettner A (1910) Die Eigenschaften und Methoden der kartographischen Darstellung. Geographische Zeitschrift Jg. 16: 12–28 und 73–82

Jönsson P, Eklundh L (2004) TIMESAT – a program for analyzing time-series of satellite sensor data. Computers & Geosciences 30/8: 833–845

Justice CO, Townshend JRG, Vermote EF, Masuoka E, Wolfe RE, Saleous N, Roy DP, Morisette JT (2002) An overview of MODIS Land data processing and product status. Remote Sensing of Environment: 3–15

Kerres M (2013) Mediendidaktik. Konzeption und Entwicklung mediengestützter Lernangebote. De Gruyter Oldenbourg, München

Kitchin R (2014) The data revolution. Big data, open data, data infrastructures & their consequences. SAGE, Los Angeles

Kitchin R, Lauriault TP (2014) Towards Critical Data Studies: Charting and Unpacking Data Assemblages and Their Work. The Programmable City Working Paper

Kitchin R, McArdle G (2016) What makes Big Data, Big Data? Exploring the ontological characteristics of 26 datasets. In: Big Data & Society 3/1: 1–10

Klein I, Gessner U, Dietz A, Kuenzer C (2017) Global Water-Pack – A 250 m resolution dataset revealing the daily dynamics of global inland water bodies. Remote Sensing of Environment 198: 345–362

Knauer K, Gessner U, Fensholt R, Kuenzer C (2016) An ESTARFM fusion framework for the improved generation of large scale time series in cloud prone and heterogeneous landscapes. Remote Sensing 8: 425

Kraak MJ, Brown A (2000) Web cartography: developments and prospects. Taylor & Francis, New York

Kuenzer C, Dech S (2013) Thermal Infrared Remote Sensing: Sensors, Methods, Applications, Remote Sensing and Digital Image Processing Series, Volume 17. Springer, The Netherlands

Kuenzer C, Dech S, Wagner W (2015) Remote Sensing Time Series revealing Land Surface Dynamics, Remote Sensing and Digital Image Processing Series, Volume 17. Springer, The Netherlands

Kuenzer C, Guo H, Leinenkugel P, Huth J, Li X, Dech S (2013) Flood mapping and flood dynamics of the Mekong Delta: An ENVISAT-ASAR-WSM based Time Series Analyses, Remote Sensing 5: 687–715

Laba A (2014) Das Kartenbild bleibt. Landkarten als Visualisierungsstrategien im Ost-Diskurs der Weimarer Republik. In: Eder FX, Kühschelm O, Linsboth C (Hrsg) Bilder in historischen Diskursen. Springer VS, Wiesbaden. 221–240

Lakoff G (2006) Thinking Points: Communicating our American Values and Vision. Farrar, Straus and Giroux, New York

Lary DJ, Alavi AH, Gandomi AH, Walker AL (2016) Machine learning in geosciences and remote sensing. Geoscience Frontiers 7: 3–10

Laxton P (ed) (2001) J. B. Harley. The New Nature of Maps. Essays in the History of Cartography. John Hopkins University Press, Baltimore

Lehnes P (2008) Landschaftsinterpretation für Touristen und Ausflügler oder: das Erlebnis entsteht (auch) im Kopf. In: Schindler R, Stadelbauer J, Konold W (Hrsg) Points of View. Landschaft verstehen – Geographie und Ästhetik, Energie und Technik. modo Verlag, Freiburg. 125–135

Lehnes P (2016) It's philosophy, Tim, but we love the world – Why the world's diversity is so precious for meaning-making. In: Lehnes P, Carter J (eds) Digging Deeper: Exploring the Philosophical Roots of Heritage Interpretation. Bilzen. 21–56

Lehnes P (2017) What do populist victories mean for heritage interpretation? Interpret Europe Spring Event 2017. Witzenhausen. 68–92. http://www.interpret-europe.net/fileadmin/news-tmp/ie-events/2017/Prague/ieprague17_proceedings.pdf (Zugriff 5.10.2017)

Lin YW, Bates J, Goodale P (2016) Co-observing the weather, co-predicting the climate: Human factors in building infrastructures for crowdsourced data. Science and Technology Studies 29/3: 10–27

Ludwig T (2008) Kurshandbuch Natur- und Kulturinterpretation. Bildungswerk interpretation, Werleshausen

MacEachren AM (1995) How maps work: representation, visualization, and design. Guilford Press, New York, London

Mack B, Leinekugel P, Kuenzer C, Dech S (2016) A semi-automated approach for the generation of a new land use and land cover product for Germany based on Landsat time series and LUCAS in situ data. Remote Sensing Letters: 244–253

Meigs GW, Kennedy RE, Cohen WE (2011) A Landsat time series approach to characterize bark beetle and defoliator impacts on tree mortality and surface fuels in conifer forests. Remote Sensing of Environment 115: 3707–3718

Minass E (2002) Dimensionen des E-Learning. SmartBooks

Mose J, Strüver A (2009) Diskursivität von Karten – Karten im Diskurs. In: Glasze G, Mattissek A (Hrsg) Handbuch Diskurs und Raum. Transcript, Bielefeld. 315–326

Niforatos E, Vourvopoulos A, Langheinrich M (2017) Understanding the potential of human-machine crowdsourcing for weather data. International Journal of Human Computer Studies 102: 54–68. DOI: https://doi.org/10.1016/j.ijhcs.2016.10.002

O'Reilly T (2005) What is web 2.0. http://www.oreilly.com/pub/a/web2/archive/what-is-web-20.html (Zugriff: 8.8.2017)

Olbrich G, Quick M, Schweikart J (2002) Desktop Mapping. Springer, Heidelberg

Orlove BS (1993) The Ethnography of Maps: The Cultural and Social Contexts of Cartographic Representation in Peru. Cartographica 30/1: 29–46

Ottinger M, Clauds K, Kuenzer C (2017) Large-Scale Assessment of Coastal Aquaculture Ponds with Sentinel-1 Time Series Data. Remote Sensing 9: 1–23

Pickles J (2004) A History of Spaces: Cartographic Reason, Mapping, and the Geo-Coded World. Routledge, London

Riemann D, Glaser R, Kahle M, Vogt S (2015) The CRE tambora.org – new data and tools for collaborative research in climate and environmental history. Geoscience Data Journal 2/2: 63–77. DOI: https://doi.org/10.1002/gdj3.30/abstract

Riesch H, Potter C (2014) Citizen science as seen by scientists: Methodological, epistemological and ethical dimensions. Public Understanding of Science 23/1: 107–120. DOI: https://doi.org/10.1177/0963662513497324

Rundstrom R (1991) Mapping, Postmodernism, Indigenous People And The Changing Direction Of North American Cartography. Cartographica 28/2: 1–12

Saurer H, Fuest R, Gossmann H (2004) WEBGEO: Geographie Online lernen! Die nachhaltige Integration neuer Medien in die Grundausbildung. In: Plümer L, Asche H (Hrsg) Geoinformation – Neue Medien für eine neue Disziplin. 167–178

Scassa T (2013) Legal issues with volunteered geographic information. Canadian Geographer 57/1: 1–10. DOI: https://doi.org/10.1111/j.1541-0064.2012.00444.x

Schönbein J, AlDyab G, Yuan L, Vogt S, Weintritt O, Kahle M, Hologa R, Glaser R (2016) The chronicle of Ibn Tawq – over 7000 climate and environmental records from Damascus, Syria, AD 1481 to 1501. In: tambora.org data series vol. II, 2016: 1–558. DOI: https://doi.org/10.6094/tambora.org/2016/c157/serie.pdf

Sheppard E (1995) GIS and Society. Towards a Research Agenda. Cartography and Geographic Information Science 22/1: 5–16

SWR (2017) Apfelblütenaktion. www.swr.de/apfelbluete (Zugriff 26.02.2018)

Verbesselt J, Hyndman R, Newnham G, Culvenor D (2010) Detecting trend and seasonal changes in satellite image time series. Remote Sensing of Environment 114: 106–115

Wagner W, Hahn S, Kidd R, Melzer T, Bartalis Z, Hasenauer S, Figa-Saldaña J, de Rosnay P, Jann A, Schneider S, Komma J, Kubu G, Brugger K, Aubrecht C, Züger J, Gangkofner U, Kienberger S, Brocca L, Wang Y, Blöschl G, Eitzinger J, Steinnocher K, Zeil P, Rubel F (2013) The ASCAT soil moisture product: A review of its specifications, validation results and emerging applications. Meteorologische Zeitschrift 22/1: 5–33

Wood D, Fels J (1992) The power of maps. Guilford Press

Wood D, Krygier J (2009) Critical Cartography. In: Kitchin R, Thrift N (eds) International Encyclopedia of Human Geography. Elsevier, Amsterdam, London, Oxford. 340–344

Woodcock CE, Allen RG, Anderson M, Belward A, Bindschadler R, Cohen WB, Wynne R (2008) Free access to Landsat imagery. Science 320: 1011

www.beevolve.com (2012) An Exhaustive Study of Twitter Users Across the World – Social Media Analytics | Beevolve. http://www.beevolve.com/twitter-statistics/ (Zugriff: 8.1.2018)

Zeng B, Gerritsen R (2014) What do we know about social media in tourism? A review. Tourism Management Perspectives 10: 27–36. DOI: https://doi.org/10.1016/j.tmp.2014.01.001

Zhang Y, Song C, Lawrence E, Sun G, Li J (2017) Reanalysis of global terrestrial vegetation trends from MODIS products: Browning or greening? Remote Sensing of Environment 191: 145–155

Weiterführende Literatur

Albertz J (2019) Einführung in die Fernerkundung. Wissenschaftliche Buchgesellschaft, Darmstadt

Bertuch M, Loewe CA (2005) Welten schaffen. In: c't 2005/12: 156–163

Bill R (2016) Grundlagen der Geoinformationssysteme. 6. Aufl. Wichmann, Karlsruhe

Bratt S, Booth B (2004) Using ArcGIS 3D Analyst. ArcGIS 8. ESRI, Redlands

Burrough PA, McDonnel R, Lloyd CD (2015) Principles of geographical information systems. Oxford University Press, Oxford

de Lange N (2013) Geoinformatik: In Theorie und Praxis. Springer, Berlin

Fu P, Sun J (2010) Web GIS: Principles and Applications. ESRI-Press, Redmont

Ham S (2015) Interpretation – Making a Difference on Purpose. Golden Colorado Fulcrum

Heywood I, Cornelius S, Carver S (2011) An Introduction to Geographical Information Systems. Pearson, Essex

Interpret Europe (2017) Engaging citizen with Europe's cultural heritage. How to make the best use of the interpretive approach. Interpret Europe, Witzenhausen

Lake R, Burggraf D, Trninic M, Rae L (2004) Geography Mark-Up Language – Foundation for the Geo-Web. John Wiley & Sons

Lange E (2001) The limits of realism: perceptions of virtual landscapes. Landscape and Urban Planning 54/1-4: 163–182

Lehmkühler S (2001) Landscape planning and visualization – World Construction @ Frankfurt. In: Schrenk M (Hrsg) Computergestützte Raumordnung

Lillesand TM, Kiefer RW, Chipman JW (2015) Remote Sensing and Image Interpretation. New York

Longley PA et al (eds) (2015) Geographical Information Science and Systems. Wiley, Chichester

Parker CJ (2014) The Fundamentals of Human Factors Design for Volunteered Geographic Information. Springer

Sobel D (1997) Längengrad – Darmstadt. Wissenschaftliche Buchgesellschaft, Darmstadt

Sui D, Elwood S, Goodchild MF (eds) (2013) Crowdsourcing geographic knowledge. Volunteered Geographic Information (VGI) in Theory and Practice. Springer

Wise S (2014) GIS Fundamentals. Taylor & Francis, Boca Raton

Kapitel 7

Physische Geographie

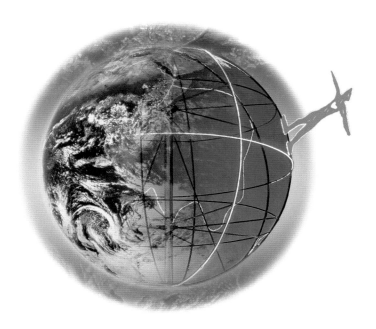

Klimageographie

Imposanter Wolkencluster über dem „Art Déco District" in Miami, Florida, USA im August 2015. Kurze Zeit später setzte der Starkregen weite Teile des historischen Stadtviertels unter Wasser. Überschwemmungen durch Starkregen, Hurrikane und der Meeresspiegelanstieg zählen zu den besonderen Bedrohungen der im Schnitt nur 1,2 m über dem heutigen Meeresspiegel gelegenen Stadt (Foto: R. Glaser).

© Springer-Verlag GmbH Deutschland, ein Teil von Springer Nature 2020
H. Gebhardt et al. (Hrsg.), *Geographie*, https://doi.org/10.1007/978-3-662-58379-1_8

Kaum ein geographischer Themenkreis ist aktuell so im öffentlichen und politischen Diskurs verankert wie der anthropogene Klimawandel und seine Folgen. Neben der Frage nach den zukünftigen Trends von Temperatur und Niederschlag interessiert vor allem die nach der Entwicklung von Extremen wie Stürmen, Überschwemmungen und Dürren, die in den letzten Jahren gehäuft aufgetreten sind. In Gremien wie dem IPCC (*Intergovernmental Panel on Climate Change*) und in Klimazentren weltweit forschen Wissenschaftlerinnen und Wissenschaftler an Klimaszenarien und modellieren unsere klimatische Zukunft. Diese interessiert neben Klimatologen nicht nur die breite Öffentlichkeit, sondern auch Ökonomen und Politiker, die versuchen, Lösungsstrategien abzuleiten, um die Folgen bewältigen zu können. Andere Inhalte des Klimadiskurses umfassen die globale Verantwortung und deren Konsequenzen, aber auch die Fragen nach den technischen Möglichkeiten im Rahmen von *Climate Engineering*. Breiten Raum nehmen Aspekte des Risikomanagements ein, sei es im Zusammenhang mit Hochwasserereignissen oder im Küstenschutz. Was ist dabei spezifisch geographisch? Während sich die Meteorologie als Physik der Atmosphäre versteht, beschäftigt sich die Klimageographie explizit mit den Wirkungen des Klimas auf die Erdoberfläche und den Menschen sowie mit den räumlichen Mustern. Nicht zuletzt wegen ihrer übergreifenden natur- und geisteswissenschaftlichen Struktur ist die Geographie besonders geeignet, die gesellschaftliche Kontextualisierung inhaltlich zu füllen. Als ein weiteres Spezifikum der Geographie kann die skalenbezogene Perspektive angesehen werden. Neben der Ableitung globaler Klimaklassifikationen und Beiträgen zur allgemeinen planetarischen Zirkulation und Zirkulationsdynamik werden explizit regionale und lokale Klimaphänomene sowie die Auswirkungen des Klimawandels thematisiert. Weitere Spezifikationen sind die Paläoklimatologie und die Arbeiten zur Stadt- und Umweltklimatologie. Neue Forschungsfelder stellen Untersuchungen zu sozialen Netzwerken und innovative Formen und Formate der Digitalisierung dar. Somit bildet die Klimageographie wohl in einigen Bereichen eine Schnittmenge mit der Meteorologie, sie konnte dabei aber schon immer eigene Akzente und weiterführende Facetten entwickeln.

8.1 Einführung

Rüdiger Glaser

Bereits prähistorischen Kulturen war bekannt, dass das Klima mit der Sonne bzw. mit den im Jahresverlauf wechselnden Einfallswinkeln der Sonnenstrahlen in Zusammenhang steht. Offensichtlich fanden die Beobachtung der Sonnenbahn und die Kenntnisse um bestimmte Fixpunkte des Jahres bereits früh Interesse. Aus ihnen konnten wichtige Termine, z. B. für das Ausbringen der Saat, und andere Bearbeitungsphasen bestimmt werden, was für agrare Gesellschaften überlebensnotwendig war und oft als göttliches Wissen angesehen wurde. So finden sich in Stonehenge oder in den Gräbern von Newgrange in Großbritannien, ebenso wie in Casa Grande (Abb. 8.1) im Südwesten der USA, entsprechende bauliche Einrichtungen. In Sachsen-Anhalt wurde das 1991 entdeckte, über 7000 Jahre alte Sonnenobservatorium Goseck rekonstruiert, nicht weit von dem Sensationsfund der Himmelsscheibe von Nebra, die sich ebenfalls in diesen Kontext einordnen lässt. Weiterhin ist die besondere Bedeutung klimatologischen Wissens für die seefahrenden Nationen und deren imperiale Großreiche naheliegend.

Von Hippokrates (460–370 v. Chr.) wurde der Begriff Klima aus dem Griechischen für „sich neigen" abgeleitet. Aus dem frühen antiken Klimabegriff entwickelte man nach und nach griffigere Definitionen. Alexander von Humboldt (1769–1859) vermerkte unter Klima: „Alle Veränderungen in der Atmosphäre, von denen unsere Organe merklich affiziert werden […] Die Temperatur, die Feuchtigkeit, die Veränderungen des barometrischen Druckes, der ruhige Luftzustand oder die Wirkungen ungleichnamiger Winde, die Ladung oder die Größe der elektrischen Spannung, die Reinheit der Atmosphäre oder ihre Vermengung mit mehr oder minder ungesunden Gasaushauchungen." In dieser stark auf den Menschen bezogenen Definition kommen schon mehrere Aspekte zum Tragen, die auch Joakim Frederik Schouw (1789–1852) für die Unterscheidung von Meteorologie und Klimatologie anführte. Danach versteht man unter **Meteorologie** „die Lehre von den Beschaffenheiten der Atmosphäre im Allgemeinen" und weist sie als Teilgebiet der Geophysik aus. Unter **Klimatologie** wird hingegen eine „geographische Meteorologie" verstanden, die „als Lehre von den Beschaffenheiten der Atmosphäre in den verschiedenen Erdteilen" Teil der Physischen Geographie ist (Exkurs 8.1).

Im Laufe der Zeit hat sich eine ganze Kaskade von Begrifflichkeiten herausgebildet. Zu den wesentlichen zählt dabei die viel zitierte Trilogie „Wetter, Witterung und Klima". Unter **Wetter** wird dabei der augenblickliche Zustand der Atmosphäre als Zusammenwirken meteorologischer Messgrößen verstanden. Im Begriff **Witterung** spiegelt sich der allgemeine Charakter des Wetterablaufs über eine längere Beobachtungszeit von wenigen Tagen bis Monaten. Dies kommt in umgangssprachlichen Begriffen wie „milde Frühjahrswitterung" oder „heiße Sommerwitterung" zum Ausdruck. Dieser Begriff ist damit bereits geprägt durch einen mittleren vorherrschenden Grundcharakter über einen längeren Zeitraum. Dem gegenüber betont der Begriff **Klima** in der klassischen Klimatologie den mittleren Zustand und gewöhnlichen Verlauf der Witterung an einem Ort. Wladimir Köppen (1846–1940) hat bereits sinnigerweise vermerkt: „Die Witterung ändert sich, während das Klima bleibt." Daran angelehnt ist heute eine sog. **Normalperiode** oder auch **Klimareferenzperiode** von der Weltorganisation für Meteorologie (WMO) auf 30 Jahre definiert. Die aktuelle Normalperiode begann 1991 und dauert bis 2020. Die allgemein verbindliche Referenzperiode ist die von 1961–1990. Frühere Normalperioden waren 1901–1930 und 1931–1960.

Neben dieser Mittelwertsklimatologie wird auch von einer **Synoptischen Klimatologie** gesprochen. Darunter versteht man die Abfolge typischer Witterungslagen während eines längeren Zeitraums. Als synoptische Grundeinheiten werden Luftmassen, Fronten, Druckgebilde und Großwetterlagen herangezogen.

Im Zusammenhang mit der numerischen Behandlung wird auch von „klimatischen Gegebenheiten" (*climatic state*) gesprochen. Klimatische Größen werden dabei in definierten Zeiteinheiten innerhalb eines langfristigen Bezugsrahmens mit Größen wie Streuung, Häufigkeitsverteilung, Extremwerten, aber auch Sturmfluten und Hochwassern in Beziehung gebracht.

Abb. 8.1 Das vier Stockwerke hohe „Große Haus" in Casa Grande in Arizona bildet das Zentrum einer Anlage, die in die späte Hohokam-Periode (vermutlich 14. Jahrhundert) datiert wird. Wahrscheinlich diente dieses Haus als Observatorium, da seine Wände nach den Himmelsrichtungen ausgerichtet sind und verschiedene Öffnungen in den Mauern mit markanten Mond- und Sonnenstellungen übereinstimmen (Foto: R. Glaser, 2012).

Zu den heute zentralen Begriffen der **Klimaschwankungen** und **Klimaänderungen** lieferte bereits Victor Conrad (1876–1962) folgende Definition: „Unter Klima verstehen wir den mittleren Zustand der Atmosphäre über einem bestimmten Erdort, bezogen auf eine bestimmte Zeitepoche mit Rücksicht auf die mittleren und extremen Veränderungen, denen die zeitlich und örtlich definierten atmosphärischen Zustände unterworfen sind." Oft werden Klimaschwankungen und Klimaänderungen mit Normal- und Standardperioden in Beziehung gesetzt. Überschreiten die beobachteten Werte definierte Grenzwerte dieser Bezugsperioden, beispielsweise mehrfache Standardabweichungen, dann wird von einer Klimaänderung gesprochen.

In der Klimatologie lassen sich verschiedene Arbeitsgebiete unterscheiden: Während in der **Allgemeinen Klimatologie** Klima als statische Größe mit separativer (d. h. getrennter) Betrachtung der Einzelelemente behandelt wird, finden sich in der **Speziellen Klimatologie** viele angewandte Bereiche, etwa die Bio- oder Agrarklimatologie, sowie eine synoptische und dynamische Sicht des Klimas. Die **Regionale Klimatologie** thematisiert hingegen individuelle Erdräume und die regionale Differenzierung globaler Prozesse und Phänomene (Abb. 8.2).

Auch die räumlichen Dimensionen finden sich in verschiedenen Begrifflichkeiten wieder. Im Rahmen der **Mikroklimatologie** werden kleinräumige Wirkungen an der Erdoberfläche analysiert, wobei vor allem das Klima der bodennahen Luftschicht von Interesse ist (Geiger 1961). Demgegenüber behandelt die **Mesoklimatologie** Hang- und Tal-Windsysteme, Land-See-Windsysteme sowie das Stadtklima – letztlich Vorgänge und Erscheinungsformen, die stark von der Geländetopographie und der Beschaffenheit der Erdoberfläche geprägt sind. Die **Makroklimatologie** hat hingegen großräumige Bewegungsvorgänge in der Atmosphäre zum Gegenstand. Hier sind vor allem die allgemeine Zirkulation sowie globale und zonale Betrachtungsweisen

angesiedelt (Abb. 8.3). In zeitlicher Hinsicht kann zwischen der gegenwartsbezogenen Betrachtung und der auf zukünftige Entwicklungen abstellenden Klimaprognose sowie der auf die Rekonstruktion der Vergangenheit abzielenden Paläoklimatologie und der Historischen Klimatologie unterschieden werden.

Die gesellschaftliche Kontextualisierung, der vor allem aufgrund des anthropogenen Klimawandels eine immer größere Rolle zukommt, lässt sich differenzieren in die Themenkomplexe Klimapolitik und Klimafolgenforschung. Während in der **Klimapolitik** der politische und normative Rahmen sowie Fragen der Governance und der globalen Verantwortung aufgegriffen werden, werden im Bereich der **Klimafolgenforschung** die **Klimavulnerabilität**, Klimaanpassungs- und Mitigationsmaßnahmen im Rahmen des **Klimaschutzes** sowie die Möglichkeiten des *climate engineering* diskutiert.

Als **Klimaelemente** werden die physikalisch messbaren Erscheinungen der Atmosphäre wie Temperatur, Luftdruck oder Niederschlag bezeichnet, während **Klimafaktoren** das Klima beeinflussende Größen sind, wie die Erdbahnparameter, Solarstrahlung, aber auch die Höhenlage oder Luv- und Leelagenwirkungen.

8.2 Klimasystem

Die gescheiterten Versuche des amerikanischen Militärs, in den 1950er-Jahren mit dem Vorhaben *„Cirrus"* Klima künstlich zu steuern und als strategische Waffe einzusetzen, und unsichere Klimaprognosen selbst in jüngster Zeit machen deutlich, wie komplex Klima ist. Es weist eine chaotische Struktur auf und oft sind Zusammenhänge und Folgewirkungen nicht klar ersichtlich.

Exkurs 8.1 Die Entwicklung der Klimageographie

Die Entwicklung der Klimageographie, ihr Stellenwert innerhalb der Geographie sowie die im Lauf der Jahre wechselnden Themenschwerpunkte erschließen sich u. a. aus den Analysen von Lehrstühlen, Forschungsprojekten, Publikationen und den Aktivitäten der einschlägigen Gremien. Inwieweit diese als Ausdruck wissenschaftlichen Erkenntnisgewinns gedeutet werden können oder aber durch die Schwerpunkte von Förderprogrammen der Geldgeber gesteuert sind oder gar den Zeitgeist reflektieren, soll hier nicht weiter hinterfragt werden.

Einen guten Überblick zur Entwicklung der Themen innerhalb der Geographie erhält man durch die Analyse der Tagungsbeiträge des regen Arbeitskreises „Klima" der Deutschen Gesellschaft für Geographie, der 1981 durch die Professoren Eriksen und Weischet gegründet wurde. Zunächst offenbaren die in den 1980er-Jahren abgehaltenen Tagungen eine große thematische Vielfalt, die von klassischen regionalen Fragestellungen bis zu bioklimatischen Betrachtungen und zum Einsatz von Fernerkundungsdaten reicht. Zu diesem Spektrum traten neben den Klassikern wie Klimaklassifikationen und angewandten Fragen der Agrarklimatologie neue Themen wie das Waldsterben. Mitte der 1980er-Jahre kamen die Themenkreise „Klimaänderungen", „Energie und Klima" sowie bioklimatische Fragestellungen auf. Fragen des Paläoklimas, Untersuchungen zum Ozon und zu Klimaextremen reicherten den breiten Themenkanon weiter an. In den nächsten Jahren wurden Aspekte der allgemeinen planetarischen Zirkulation, der Gelände- sowie der Stadtklimatologie aufgegriffen. Fragen von Messtechniken und Datenerfassung sowie Arbeiten zur regionalen Klimageographie mit stärkerem Planungsbezug folgten.

Weitere Forschungsleistungen wurden – nicht zuletzt durch das Mitte der 1980er-Jahre initiierte Paläoklimaprogramm der Bundesregierung – im Bereich der Paläoklimatologie erzielt. Diese Arbeiten beziehen sich auf Zeithorizonte von Jahrhunderten bis Jahrmillionen und basieren auf einem breiten Methodenspektrum von Klimazeigern wie Warven, Dendrodaten, aber auch chronikalische Aufzeichnungen.

Die Wertigkeit der Klimageographie innerhalb der Geographie kommt auch in der Ausrichtung der Lehrstühle zum Ausdruck: Einschlägige Lehrstühle bestehen in Augsburg, Basel, Berlin, Bern, Bonn, Essen, Freiburg, Göttingen, Mainz, Marburg und Würzburg.

Ein weiterer Gradmesser ist die Zahl der bewilligten Forschungsvorhaben. Die Klimatologie stellt nach der Geomorphologie den zweitgrößten Anteil an den bewilligten Vorha-

ben, die von der Deutschen Forschungsgemeinschaft (DFG) gefördert wurden. Als weiterer Beleg für die Kreativität geographischer Forschungsleistungen steht die Zahl der Publikationen: Neben der entsprechenden Präsenz im Nationalatlas Deutschland konnte immer wieder in allen namhaften geowissenschaftlichen Zeitschriften durch einzelne Sonderhefte das aktuelle Forschungsspektrum der geographischen Klimaanalyse vorgestellt werden. Schwerpunkte lagen dabei in den Bereichen Klimawandel sowie Klimaextreme und bei regionalen Fallbeispielen.

Besondere Beachtung verdienen die neueren Untersuchungen zu den regionalen Auswirkungen des Klimawandels, in denen sowohl natur- als auch sozialwissenschaftliche Ansichten und Zugangswege zusammengeführt werden. Die Geographie als Brückenfach ist besonders geeignet, die wichtigen Fragen des *climatic change* im regionalen Kontext zu entschlüsseln. In diesem Kontext stand auch die 2010 durchgeführte internationale Tagung „*Continents under Climate Change*" in Berlin (Endlicher & Gerstengarbe 2010). Größeren Raum nehmen in den letzten Jahren Ansätze zur gesellschaftlichen Kontextualisierung ein, in denen u. a. Fragen der Klimapolitik eine immer größere Rolle zukommt, wodurch der Schnittmengencharakter der Klimageographie besonders betont wird. Weitere neuere Schwerpunkte sind die der Klimafolgenforschung.

Darüber hinaus gewinnen neue Austauschformate im Rahmen der Bürgerwissenschaften und der damit gekoppelten Digitalisierung zunehmend an Bedeutung. Eine weitere Facette der klimabezogenen Wissenschaftslandschaft bilden die einschlägigen Institutionen: Das Potsdam-Institut für Klimafolgenforschung (PIK), das Deutsche Klimarechenzentrum (DKRZ), der Deutsche Wetterdienst (DWD), das Alfred-Wegener-Institut (AWI), das Deutsche Klimaportal oder das Oeschger-Zentrum für Klimawandelforschung (OCCR) sind international sichtbare Adressen im deutschsprachigen Raum. Daneben haben sich vor allem im Rahmen der Digitalisierung neue Portale, Netzwerke und Datenrepositorien etabliert (z. B. pangea.de, PAGES2k, tambora.org).

Zusammenfassend kann festgehalten werden, dass die Klimageographie innerhalb des Faches einen hohen Stellenwert besitzt. In jüngster Zeit sind eine zunehmende Quantifizierung und eine verstärkte Hinwendung zu Modellierungen sowie zu Fragen der gesellschaftlichen Kontextualisierung festzustellen. Ihrem didaktischen Auftrag wird sie im besonderen Maße durch E-Learning-Portale (z. B. www.webgeo.de) gerecht, die das Verständnis von klimatologischen Sachverhalten in moderner Form erleichtern.

Kapitel 8

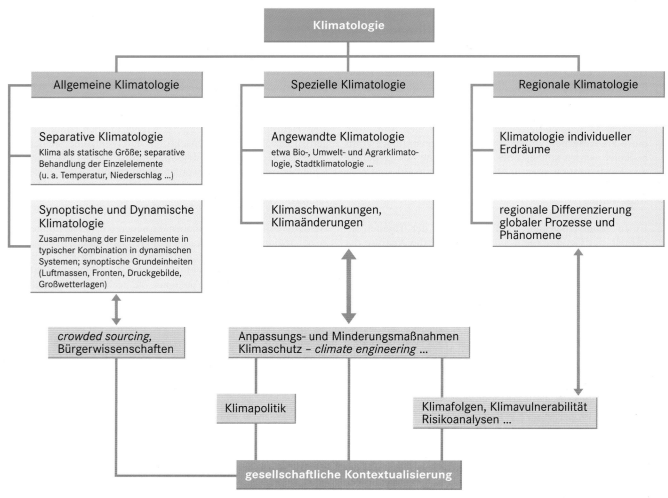

Abb. 8.2 Arbeitsgebiete der Klimatologie.

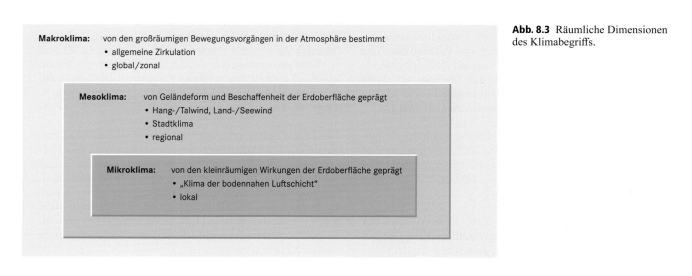

Abb. 8.3 Räumliche Dimensionen des Klimabegriffs.

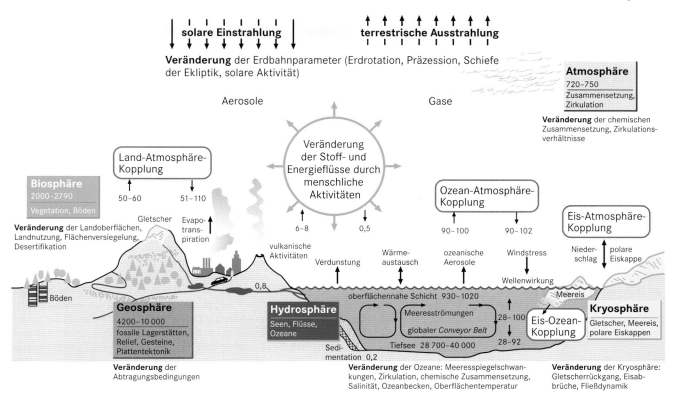

Abb. 8.4 Schematisierte Darstellung des Klimasystems der Erde mit Angabe der CO_2-Reservoire in Gt und der Kohlenstoffflüsse in Gt pro Jahr für die 1990er-Jahre (Entwurf: R. Glaser und H. Saurer).

Das ist ein Grund, warum viele Modelle und Prognosen mit Unsicherheiten behaftet sind. Trotzdem ist durch die Anstrengungen der letzten Jahrzehnte das Wissen um das System „Klima" rapide angewachsen. Die Modelle und Szenarien wurden im gleichen Maße zuverlässiger.

Das Klimasystem besteht aus den Teilsystemen Atmo-, Bio-, Hydro-, Geo- und Kryosphäre. Angetrieben wird dieses System von den sog. *forcings*. Als wesentliche Steuerungsgröße müssen alle Veränderungen der **solaren Aktivität** angesehen werden. Sie haben entscheidenden Einfluss auf die bedeutendste Eingangsgröße des Klimasystems, die **Strahlung**. Grundlegende Variationen erfährt die Strahlung durch alle Änderungen der Erdbahnparameter, also der **Erdrotation**, der **Präzession** und der **Schiefe der Ekliptik**. Eine wesentliche Rolle spielt auch die **Zusammensetzung der Atmosphäre**, insbesondere die Menge der Spuren- und der Treibhausgase sowie Wasserdampf. Für uns heute einsichtige Grundtatsachen wie die globale Wolkenbedeckung wurden vor der Verfügbarkeit der Satellitentechnologie völlig unterschätzt. Dass Vulkanaktivitäten Einfluss auf das Klimasystem haben, konnte in den letzten Jahren immer wieder eindrucksvoll nachempfunden werden. Der Ausbruch des Mount Pinatubo Anfang 1991 führte zu einer Injektion von 17 Mio. t SO_2 in die Stratosphäre, die nicht nur zu beeindruckenden Sonnenunter- und Sonnenaufgängen, sondern auch zu einem durchschnittlichen Temperaturabfall von 0,5–0,6 °C in der nördlichen Hemisphäre führten.

Es ist ein Charakteristikum des Klimasystems und zugleich eine Erklärung für die Schwierigkeit seiner Entschlüsselung, dass die einzelnen Elemente internen Veränderungen unterliegen, die ihrerseits auf unterschiedlichen Zeitskalen ablaufen.

Zu den längerfristigen Einflussgrößen zählen die geotektonischen Änderungen im Zusammenhang mit der Plattentektonik. Diese führen zu verschiedenen Konstellationen der Kontinente und bestimmen beispielsweise das Land-Meer-Verhältnis oder, wie durch das Schließen des Isthmus von Panama, die Ausbildung spezifischer Meeresströmungen wie des Golfstroms.

Die Salinität, aber auch die Form der einzelnen Ozeanbecken, die Oberflächentemperaturen, der Gehalt an Biomasse, vor allem aber die Ozeanströmungen steuern die Teilsysteme mit. Große Aufmerksamkeit hat in den letzten Jahren das weltweite „Förderband" der Meeresströmungen, der *Conveyor Belt*, erhalten. Eine besondere Rolle kommt dabei der sog. **thermohalinen Tiefenwasserzirkulation** im Nordatlantik zu, die auch mit dem Golfstrom in Verbindung steht. Das kalte salzhaltige und damit auch besonders dichte Wasser sinkt im Nordatlantik an der Südspitze von Grönland auf den Ozeanboden ab und fließt von dort Richtung Äquator. Als Ausgleichsströmung wird dabei warmes Wasser aus dem karibischen Raum über den Golfstrom nach Norden transportiert, was letztlich eine wichtige Energie- und Wärmeschaukel gerade für das europäische Klima darstellt. Offensichtlich hängt dieses System an einem sehr engen Temperatur- und Salinitätsbereich, das bei geringen Änderungen zum Erliegen kommen könnte. Als mögliche Folge eines derartigen Szenarios vermutet man einen Temperaturrückschlag, wie er bereits in der frühen Dryas durch das Ausfließen von großen Wassermassen der proglazialen Seen auf dem nordamerikanischen Kontinent schon einmal stattgefunden hat.

Auch die **Landoberflächen** und **Landnutzungsänderungen** sind wesentliche Elemente des Klimasystems. Ihre Veränderung, insbesondere die Transformation der natürlichen Vegetation in agrare Nutzflächen, machte sich u. a. über eine Änderung der Albedo bemerkbar, führte zur Freisetzung von Staub- und im Falle der Brandrodung von Rußpartikeln und zu Veränderungen des terrestrischen Wasserhaushalts. Zudem wurden dadurch die Kohlenstoffbilanzen verändert.

Die Interaktionen zwischen den einzelnen Teilsystemen werden oftmals mit eigenen Begrifflichkeiten belegt. Besondere Beachtung erfährt dabei die **Ozean-Atmosphäre-Kopplung**. In sie spielt die Eisbedeckung der Meere hinein, aber auch die sog. ozeanischen Aerosole und Spurengase, die beispielsweise durch die Spraywirkung von der Meeresoberfläche in die Atmosphäre abgegeben werden.

Was in bildhaften Darstellungen (Abb. 8.4) mit vielen Kästchen und Wechselpfeilen abgebildet ist und zunächst sehr einfach und überschaubar wirkt, hat einen äußerst komplexen biochemischen sowie physikalischen und geographischen Hintergrund. Ein Teil der Grundlagen wird in den nachfolgenden Kapiteln inhaltlich vermittelt. Für einige Wechselwirkungen werden Kreisläufe bzw. kreislaufartige Abläufe und Strukturen angenommen, die beispielsweise im Abschn. 13.3 für den Kohlenstoff oder den Stickstoff im Detail beschrieben sind. Zunehmend werden die Speicher und Bezüge auch quantifiziert. Dabei existieren jedoch große Unschärfen. So ist die Abschätzung der terrestrischen Biomasse, die Freisetzung durch Verbrennungsprozesse und Nutzungssysteme des Menschen, mit einer Unschärfe von über 140 % behaftet.

Besondere Bedeutung erhalten Quantifizierungen des Klimasystems im Zusammenhang mit dem Klimawandel. Wie werden diese Systeme reagieren? Um nur ein Beispiel zu geben: In den letzten Jahrhunderten wirkte die boreale Vegetationszone als eine wesentliche Kohlenstoffsenke, die sich u. a. neben dem Baumbestand selbst aus über Jahrzehnte hinweg akkumulierter Streu sowie aus Mooren und Böden zusammensetzt. Unter der Annahme einer Verdopplung der Treibhausgase und einer entsprechenden Erwärmung wird von einem raschen Zersatz und einer Freisetzung von Methan ausgegangen, sodass sich diese Landschaftszone zu einer signifikanten Quelle verändern würde. Gerade das so anschaulich wirkende Klimasystem birgt noch viele offene Fragen.

8.3 Zusammensetzung und Aufbau der Atmosphäre

Wilfried Endlicher

Die Atmosphäre ist die durch die Gravitationskraft festgehaltene Gashülle der Erde. Alle Wetter- und Klimaprozesse finden in ihr statt. Sie kann vertikal nach verschiedenen Gesichtspunkten gegliedert werden (Abb. 8.5). Hinsichtlich der Zusammensetzung unterscheidet man die gut durchmischte **Homosphäre** von der **Heterosphäre**, in der die Gase nach ihrem Molekulargewicht ausgeschichtet sind. Nach der elektrischen Ladung der Atome und Moleküle, das heißt der Ionenkonzentration, gliedert man die **Ionosphäre** mit der dort schon starken elektrischen Ladung aus, die in der **Protonosphäre** bereits so stark ist, dass dort die Wasserstoffatomkerne (Protonen) die überwiegenden Teilchen sind. Aus klimatologischer Sicht ist aber eher die durch unterschiedliche Temperaturen und den Reibungseinfluss bedingte Stockwerksgliederung relevant. Danach wird das unterste Stockwerk der Atmosphäre als **Troposphäre** bezeichnet. In ihr nimmt die Lufttemperatur mit zunehmender Höhe ab. Sie wird über den Polen in 6–8 km, über dem Äquator bei ca. 16–17 km durch eine gleichbleibende Temperaturschicht, die **Tropopause**, nach oben abgegrenzt. Die Troposphäre lässt sich noch weiter einteilen in die laminare Unterschicht, das heißt die untersten Millimeter, z. B. über einer Straße oder einem Blatt, die bodennahe Grenzschicht bis ca. 2 m über Grund – viele Klimamessungen werden mit Instrumenten an ihrer oberen Begrenzung durchgeführt – und die untersten ca. 50 m, die bodennahe Luftschicht (*canopy layer*), der am meisten untersuchte Bereich (Abb. 8.6). Die untersten 0,5–3,0 km der Troposphäre werden planetarische Grenzschicht (*boundary layer*), Reibungsschicht oder **Peplosphäre** genannt. Sie wird nach oben durch die **Peplopause** von der „freien Atmosphäre" getrennt. Im Herbst und Winter ist die Peplopause gelegentlich an der Obergrenze einer Hochnebeldecke zu erkennen. Auf die Tropopause folgt die **Stratosphäre**, die durch eine bis ca. 50 km zunehmende Temperatur gekennzeichnet ist. Oberhalb der Isothermie der **Stratopause** nimmt die Temperatur in der **Mesosphäre** wieder ab. Bei 80–90 km liegt die Mesopause und darüber nimmt die Lufttemperatur in der **Thermosphäre** wieder zu. Oberhalb ca. 1000 km ist die Gravitationskraft der Erde dann so gering, dass in der **Exosphäre** die Diffusion in den Weltraum überwiegt.

Die Troposphäre enthält ungefähr drei Viertel der Luftmasse, darunter nahezu den gesamten Wasserdampf. Deswegen spielen sich in ihr auch alle Vorgänge ab, für die Wasserdampf erforderlich ist, wie Wolkenbildung und Niederschlag. Damit ist die Troposphäre die eigentliche „Wettersphäre". Wie geringmächtig die Troposphäre ist, lässt sich in einer Modellvorstellung im Maßstab 1:10 000 000 verdeutlichen: Die Erde hat dann einen Durchmesser von 1,27 m, die Mesopause liegt 8 mm über der Erdoberfläche, die Stratopause 5,5 mm und die Tropopause 0,8–1,7 mm.

Die Atmosphäre setzt sich aus verschiedenen Gasen, Hydrometeoren (Wassertröpfchen und Eiskristalle) und Aerosolen

Abb. 8.5 Vertikalgliederung der Atmosphäre nach Temperatur, Zusammensetzung, Ionisierung und Reibung (verändert nach Liljequist & Cehak 2006, Schönwiese 2013).

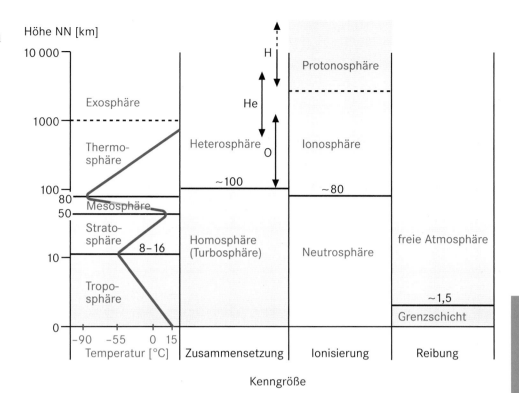

Abb. 8.6 Vertikalgliederung der Troposphäre (verändert nach Schönwiese 2013 u. a.).

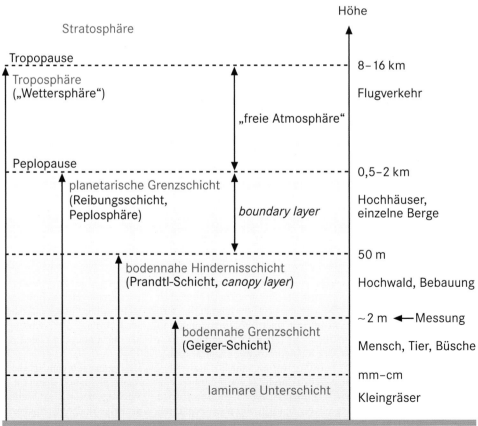

Kapitel 8

Tab. 8.1 Zusammensetzung trockener (wasserdampffreier) und reiner (aerosolfreier) Luft bis ca. 100 km Höhe, geordnet nach Volumenanteil (% bzw. ppm = 10^{-6}, ppb = 19^{-9} bzw. ppt = 10^{-12}; a = Jahr, m = Monat, d = Tag; Quelle: IPCC, Houghton et al. 1996, 2001, Umweltbundesamt, ergänzt).

Gas	chemische Formel	Volumenanteil V	Molekulargewicht M [10 kg/mol]	Verweilzeit τ (mittl. molekulare)
Hauptbestandteile				
Stickstoff	N_2	78,08%	28,02	> 1000 a
Sauerstoff	O_2	20,95%	32,01	> 1000 a
Argon	Ar	0,93%	39,95	> 1000 a
Kohlendioxid	CO_2	0,04% = 403 ppm[1]	44,02	5–15 a[2]
trockene Luft		100%	28,97	–
Spurengase (invariable)				
Neon	Ne	18 ppm	20,18	> 1000 a
Helium	He	5 ppm	4,00	> 1000 a
Krypton	Kr	1,1 ppm	83,80	> 1000 a
Wasserstoff	H_2	0,5 ppm	2,02	2 a
Xenon	Xe	0,09 ppm = 90 ppb	131,30	> 1000 a
Spurengase (variable in Auswahl)				
Methan	CH_4	1,86 ppm[1]	16,04	15 a
Distickstoffoxid (Lachgas)	N_2O	328 ppb[1]	44,01	120 a
Kohlenmonoxid	CO	50–100 ppb[3]	28,01	60 d
Ozon	O_3	15–50 ppb[4]	48,00	< 4 m
Stickstoffdioxid	NO_2	0,5–5 ppb[3]	44,01	~ 1 d
Schwefeldioxid	SO_2	0,2–4 ppb[3]	64,06	1–4 d
Ammoniak	NH_3	0,1–5 ppb	17,03	~ 5 d
Dichlordifluormethan	CF_2Cl_2 (CFC-12)	~0,5 ppb	120,91	100 a
Trichlorfluormethan	$CFCl_3$ (CFC-11)	~0,3 ppb	137,37	50 a

[1] Konzentration ansteigend, angegeben ist der Schätzwert für 2016
[2] kein einheitlicher Wert angebbar, Verweilzeit des anthropogenen Anteils ca. 120 Jahre (50–200)
[3] räumlich-zeitlich stark variabel, in Ballungsgebieten bodennah bis um den Faktor 10 höhere Werte möglich
[4] wie [1] und [3], in der unteren Stratosphäre jedoch wesentlich höhere Konzentrationen von 5–10 ppm („Ozonschicht"); dort in den letzten Jahrzehnten abnehmend („Ozonloch"), inzwischen jedoch stabilisiert, aber noch nicht wieder ansteigend

zusammen, das heißt vorwiegend festen (Lithometeore), zum Teil auch flüssigen Schwebepartikeln. Die trockene, chemisch reine Atmosphäre ist in Bodennähe gut durchmischt. Ihre Hauptbestandteile sind Stickstoff mit einem Volumenanteil von 78,08 % und Sauerstoff von 20,94 % (Tab. 8.1). Argon hat einen Volumenanteil von 0,93 %. Die Kohlendioxidkonzentration betrug um 1800 noch 0,028 % (280 ppm), im Jahr 2017 aber bereits 403 ppm und sie nimmt weiter durch die Verbrennung von fossilen Energieträgern um 2–3 ppm pro Jahr zu. Stickstoff wird aus organischen Verbindungen von denitrifizierenden Bakterien freigesetzt und von anderen, Stickstoff bindenden Bakterien und Algen wieder in chemische Verbindungen zurückgeführt. Der vergleichsweise kleine Sauerstoffanteil wird von der Pflanzenwelt bei der Photosynthese produziert und bei Oxidationsprozessen (Atmung, Verbrennung) wieder gebunden. Argon entstammt als Zerfallsprodukt der Erdkruste.

Besonders relevant ist das **Kohlendioxid**, da sein Anteil in der Atmosphäre seit ungefähr 200 Jahren stetig ansteigt (Abb. 8.7). Wichtige natürliche Quellen sind Vulkanausbrüche, Verwesungsprozesse und Atmungsvorgänge. Vor allem wird es aber bei der Verbrennung von Kohle, Öl, Holz und Gas in die Atmosphäre

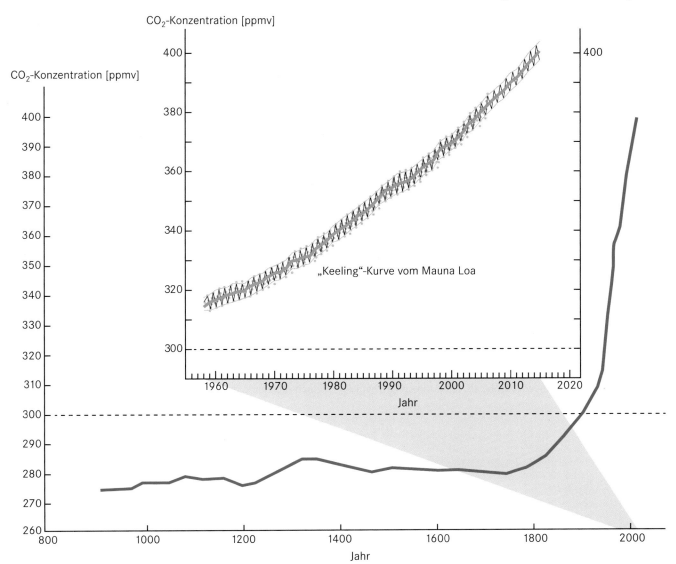

Abb. 8.7 Konzentration von CO_2 in der Erdatmosphäre in den letzten 1000 Jahren rekonstruiert nach Eisbohrkernmessungen in der Antarktis, seit 1958 auf der Basis von direkten Messungen („Keeling-Kurve") auf dem Mauna Loa, Hawaii (verändert und ergänzt nach Houghton et al. 1996, 2001).

eingebracht. Wichtigste Senke ist der Ozean. Außerdem enthält die Atmosphäre eine ganze Reihe von mehratomigen Spurengasen, die in ihrer Gesamtmenge zwar nicht mehr als 1 Promille des Volumenanteils der Atmosphäre ausmachen, aber in ihrer Qualität von großer Bedeutung für das gesamte Klimageschehen der Erde sind. Wichtige Spurengase sind Methan (ca. 1,86 ppm) und Distickstoffoxid (ca. 0,33 ppm), die beide wie CO_2 eine steigende Tendenz aufweisen. Sie werden auch als klimawirksame Spurengase bezeichnet, da sie zusammen mit dem Kohlendioxid über den sog. **Treibhauseffekt** der Atmosphäre eine schleichende Klimamodifikation verursachen. Ozon weist in der Troposphäre nur eine Konzentration von etwa 0,03 ppm auf. Dies ist ein günstiger Umstand, da Ozon eine hohe Toxizität für alles Leben besitzt. In der untersten Stratosphäre zwischen 20 und 30 km ist das Ozon aber mit 5–10 ppm in der sog. **Ozonschicht** angereichert.

Es wird dort über photochemische Prozesse, das heißt unter Einfluss der direkten Sonnenstrahlung über Dissoziation von O_2 und Neukombination zu O_3, gebildet und abgebaut. Dabei wird der extrem kurzwellige und deshalb lebenszerstörende, ultraviolette Anteil der Sonnenstrahlung mit Wellenlängen zwischen 0,2 und 0,3 µm absorbiert. An der Erdoberfläche beträgt die ultraviolette Strahlung deswegen nur 4 % der gesamten an der Obergrenze der Atmosphäre ankommenden UV-Strahlung. Auf diese Weise bildet die Ozonschicht für alles Leben auf der Erde einen „lebensrettenden Sonnenschirm". Auch er wird aber durch menschliche Einflüsse bedroht; seit Mitte des 20. Jahrhunderts nahm die Ozonkonzentration in der Stratosphäre ab. Drastische Ausmaße nimmt dies regelmäßig im südhemisphärischen Frühling über der Antarktis als sog. **Ozonloch** an. Die stratosphärische Ozonzerstörung wird vor allem auf **Fluorchlorkohlenwasserstoffe** (FCKW, auch

Chlorfluormethane genannt) und Halone (Bromverbindungen) zurückgeführt, die beispielsweise als Kühlmittel in Kühlschränken Verwendung fanden, bis ihre Produktion mit dem Montrealer Protokoll seit 1987 eingeschränkt wurde, was nun glücklicherweise zu einer Stabilisierung der Ozonschicht zu führen scheint.

Außerdem enthält die Atmosphäre einen wechselnd großen Anteil an **Wasserdampf**, der im Mittel 2,6 Volumenprozent der Atmosphäre ausmacht. Der unsichtbare Wasserdampf ist ein ganz besonderer Stoff, denn er ist das einzige Gas, das in der Atmosphäre auch noch in den beiden anderen Aggregatzuständen vorkommt. Der Anteil der vorwiegend festen Schwebpartikel in der Atmosphäre, der **Aerosole**, beträgt bei starken räumlichen und zeitlichen Schwankungen im Mittel 1,6 ppm. Beim Aerosol kann es sich um Staub, Rauch, Mikroorganismen, aber auch um Salzpartikel handeln, wobei als Quellen auf der Erde die großen Trockengebiete (Wüstenstaub), die Vulkane (Vulkanasche) und die anthropogene Aktivität (Heizung, Verkehr) zu nennen sind.

Das Gewicht einer Luftsäule in unserer Atmosphäre pro definierte Flächeneinheit wird als **Luftdruck** bezeichnet:

Druck = Dichte · Volumen · Schwerebeschleunigung / Fläche

Er wird in Hektopascal gemessen (hPa, früher Millibar [mb], 1 hPa = 100 Pascal = 100 Newton pro Quadratmeter). Der Luftdruck nimmt mit zunehmender Höhe ab. Die Atmosphäre hat je-

doch keine feste Obergrenze. In 800 km Höhe kommt noch etwa 1 Luftmolekül pro cm^3 vor. Das Gewicht einer Luftsäule pro Flächeneinheit beträgt in Meereshöhe im Mittel 1013,25 hPa.

8.4 Strahlungs- und Wärmehaushalt der Erde

Astronomische und physikalische Grundlagen

Die Erde erhält ihre gesamte Energie von der Sonne, die damit auch die einzige Energiequelle für die Motorik der Atmosphäre darstellt. Die **Sonnenenergie** gelangt durch Strahlung (Energietransport ohne Materie) auf die Erde. Diejenige Energie, die bei einer mittleren Entfernung von der Sonne außerhalb der Atmosphäre pro Zeit- und Flächeneinheit senkrecht zum Strahlengang auftrifft, wird als Solarkonstante (*S*) bezeichnet. Sie ist über größere Zeiträume hinweg nahezu konstant und unterliegt nur langfristigen Schwankungen. Sie beträgt nach der Weltorganisation für Meteorologie 1367 W/m^2 (zum Vergleich: Der Jahresbedarf an Strom einer Wohnung beträgt bei uns zirka 3500 kWh, an Heizung und Warmwasseraufbereitung 25 000 kWh). Die eingestrahlte Sonnenenergie differiert auf der Erde räumlich und zeitlich sehr stark, da das Energieangebot unter Vernachlässigung

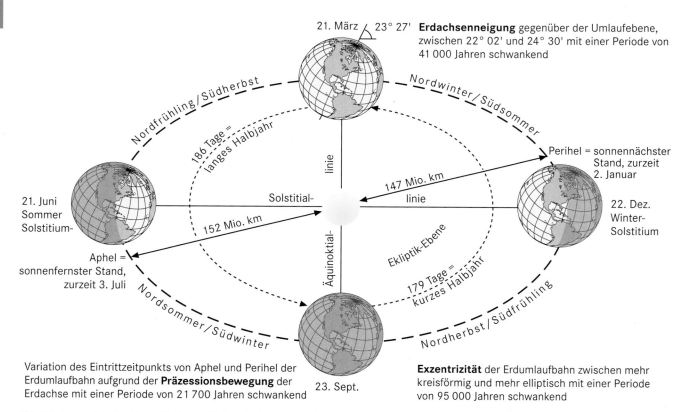

Abb. 8.8 Umlauf der Erde um die Sonne (Erdrevolution) mit um 23,5° gegen die Ekliptikebene geneigter Erdachse, Entstehung der Jahreszeiten sowie sonnenfernster und -nächster Punkt (Aphel und Perihel; verändert nach Weischet & Endlicher 2018).

der Atmosphäre (sog. solares oder Beleuchtungsklima) von der Bestrahlungsdauer und dem Einstrahlungswinkel abhängt. Beide werden bestimmt durch die Drehung der Erde in 24 h um die eigene Achse, die Erdrotation als Ursache für Tag und Nacht, und den Umlauf der Erde um die Sonne, die Erdrevolution mit um 23,5° geneigter Erdachse.

Der Umlauf der Erde um die Sonne ist aus heliozentrischer Sicht in Abb. 8.8 festgehalten. Für einen Beobachter auf der Erde ergeben sich dabei aus geozentrischer Sicht scheinbare Sonnenbahnen, die je nach geographischer Breite und Jahreszeit variieren und in Abb. 8.9 dargestellt sind. Aus der Überlagerung von Erdrevolution und Erdrotation können je nach Tageslänge und Sonnenhöhe in einer theoretischen Klassifizierung **solare** oder **Beleuchtungsklimazonen** abgeleitet werden. Diese lassen sich wie folgt resümieren:

- In den **Polargebieten** (zwischen Polarkreis 66,5° und Pol 90° N/S) bestehen extreme Unterschiede in den Jahreszeiten zwischen Polarsommer und Polarwinter. Die Sonne geht im Polarwinter über längere Zeit nicht auf (Polarnacht) und im Polarsommer nicht unter (Polartag). Im Extremfall (am Pol) kann dies ein halbes Jahr dauern, an den Polarkreisen jeweils an einem Tag im Jahr (Mitternachtssonne). Der Begriff „Tag" ist irreführend, da der den Lebensrhythmus bestimmende Tag-Nacht-Gegensatz aufgehoben ist. Expositionsunterschiede können in den Polargebieten weitgehend vernachlässigt werden, da der Tagbogen der Sonne mit 360° um den Horizont führt. Die Dämmerung dauert viele Tage.
- In den **hohen Mittelbreiten** (zwischen Polarkreis und 45° N/S) steht die Sonne im Sommer bei langer Tagesdauer hoch über dem Horizont, bei kurzer Tagesdauer im Winter nur tief bis mittelhoch. Es gibt deswegen große Unterschiede in den strahlungsklimatischen Jahreszeiten. Charakteristisch sind im Gegensatz zum Polargebiet die langen Übergangsjahreszeiten Herbst und Frühling zur Zeit der Äquinoktien (Tag-und-Nacht-Gleiche). Deswegen spricht man vom Jahreszeitenklima der Außertropen. Die Expositionsunterschiede nehmen mit wachsender Entfernung vom Polarkreis zu. Die Dämmerung ist ganzjährig lang.
- Für die niederen Mittelbreiten bzw. die **Subtropen** (zwischen den Wendekreisen 23,5° und 45° N/S) ist ein **steiler Tagbogen der Sonne** charakteristisch. Die Dämmerung ist im Vergleich zu den hohen Mittelbreiten kurz. Zur Zeit des Sommersolstitiums (Sommersonnenwende) erreicht die Mittagssonne bei einer relativ kurzen Tageslänge von 14 h einen sehr hohen Mittagssonnenstand von über 80°, beim Wintersolstitium (Wintersonnenwende) bei relativ langer Tagesdauer von 9 h immerhin noch eine mittägliche Sonnenhöhe von ca. 35°. Daraus resultiert eine schwächere jahreszeitliche Differenzierung des Strahlungsklimas. Die Expositionsunterschiede erreichen ihr Maximum bei 40–45° N/S und nehmen dann in Richtung auf die Tropen hin wieder ab.
- In den **Tropen** (zwischen den beiden Wendekreisen 23,5° N/S) wird bei ganzjährig hohem bis sehr hohem Sonnenstand und ebenfalls ganzjährig mittlerer Einstrahlungsdauer (10,5 bis 13,5 h am Tag) eine große Energiemenge zugestrahlt, wobei es nur zu geringen Unterschieden im Laufe des Jahres kommt. Deshalb gibt es in den Tropen keine strahlungsklimatischen

Jahreszeiten, sie haben – im Gegensatz zu den Außertropen – ein Tageszeitenklima. Am Äquator steht die Sonne je nach Jahreszeit zur Mittagszeit im Norden oder im Süden, Expositionsunterschiede gleichen sich im Laufe eines Jahres aus und sind deshalb nicht vorhanden. Aufgrund des sehr steilen Tagbogens gibt es fast keine Dämmerung.

Strahlungshaushalt

Die Sonnenenergie erreicht den Planeten Erde in Form von Strahlung. Dies ist elektromagnetische Wellenenergie. Jeder Körper, also die Sonne, die Erde und die Atmosphäre, emittiert Strahlung. Die von einem Körper ausgehende Energie- oder Strahlungsflussdichte folgt im Idealfall eines physikalisch absolut Schwarzen Körpers dem **Strahlungsgesetz von Planck**. Eine Teilaussage davon, das **Gesetz von Stefan und Boltzmann**, besagt, dass die von einem physikalisch Schwarzen Strahler ausgesandte Energieflussdichte Q proportional der 4. Potenz der absoluten Temperatur des Strahlers ist:

$$Q = \varepsilon \sigma T^4$$

(T = Oberflächentemperatur in Kelvin; σ = konst. = 5,6697 $\cdot$ 10^{-8} W / m^2 $\cdot$ K^{-4}; ε = Emissionsvermögen, das bei einem idealen Schwarzen Körper = 1 ist, bei der Erde ca. 0,95).

Die Intensität der ausgesandten Strahlung wächst also proportional der 4. Potenz der Oberflächentemperatur des Strahlers. Vergleicht man die Oberflächentemperaturen von Sonne (5700 K) und Erde (288 K = 15 °C), so wird deutlich, dass die Energieflussdichte der Sonne um ein Vielfaches höher ist als die Ausstrahlung der Erde.

Ebenfalls aus dem Planck'schen Strahlungsgesetz abgeleitet ist das Strahlungsgesetz von Wien. Das **Wien'sche Verschiebungsgesetz** beinhaltet, dass bei einem Schwarzen Strahler das Produkt aus der Wellenlänge des Strahlungsmaximums und der absoluten Temperatur konstant ist:

$$\lambda_{\max} [\mu m] \cdot T \ [K] = 2898 \ [\mu m \cdot K]$$

Das heißt, dass Schwarze Körper mit hohen Oberflächentemperaturen, wie die Sonne, ihr Strahlungsmaximum in einem relativ kurzwelligen Bereich des elektromagnetischen Spektrums haben, Schwarze Körper mit niedrigen Oberflächentemperaturen, wie die Erde, dagegen in einem relativ langwelligen Bereich. Das Ausstrahlungsmaximum der Sonne liegt demnach bei ungefähr 0,48 μm, dasjenige der Erde bei ungefähr 10 μm. Die Aussagen des Stefan-Boltzmann-Gesetzes und des Wien'schen Verschiebungsgesetzes sind in Abb. 8.10 in Diagrammform dargestellt. Den Spektralbereich von 0,38–0,78 μm des elektromagnetischen Spektrums nehmen wir mit unseren Augen als **sichtbares Licht** wahr. Genau in seiner Mitte, im grünen Bereich, liegt das Strahlungsmaximum der Sonne. Vereinbarungsgemäß werden Wellenlängen kleiner als 3 μm als **kurzwellig** bezeichnet, Wellenlängen größer 3 μm als **langwellig**. In der

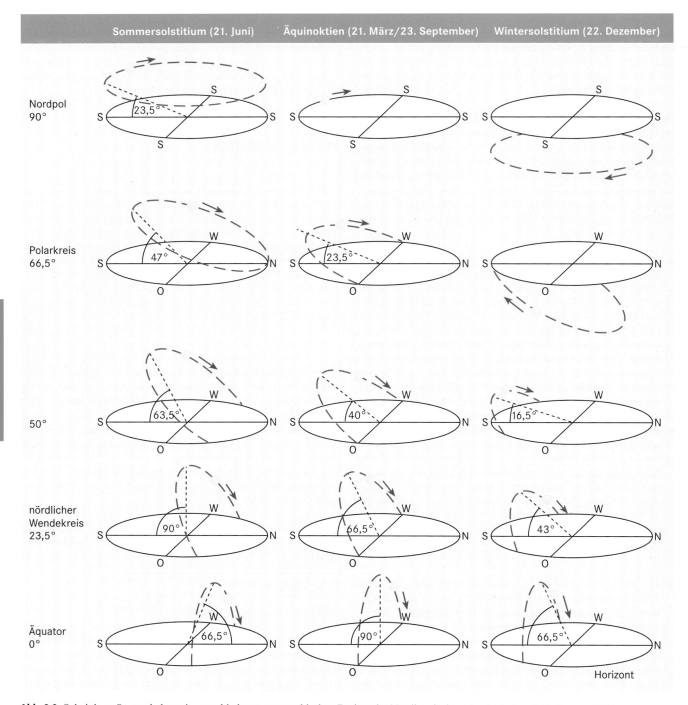

| Sommersolstitium (21. Juni) | Äquinoktien (21. März/23. September) | Wintersolstitium (22. Dezember) |

Abb. 8.9 Scheinbare Sonnenbahnen in verschiedenen geographischen Breiten der Nordhemisphäre (verändert nach Goßmann 1989).

Klimatologie werden diese beiden verschiedenen Strahlungen deutlich unterschieden, denn die von der Sonne ausgehende Strahlung ist im Wesentlichen kurzwellig. Alle mit der Sonnenstrahlung zusammenhängenden Vorgänge in der Atmosphäre wie Reflexion und Streuung dieser Strahlung an Luftmolekülen und Aerosolteilchen liegen ebenfalls im kurzwelligen Bereich. Die vom Erdboden und der Atmosphäre ausgehende Strahlung ist dagegen wegen der niedrigeren Temperaturen beider Strahler langwellig und damit unsichtbar mit einem Maximum jenseits von Rot, im Infrarot.

Die Sonnenstrahlung erleidet auf ihrem Weg durch die Atmosphäre Veränderungen und einen Energieverlust. Er betrifft die verschiedenen Spektralbereiche unterschiedlich, die von ca. 0,1 μm, das heißt von ultraviolettem Licht, über den blauen, grünen und roten Bereich des Sichtbaren bis in den langwelligen Bereich bei 5 μm reichen. Das kurzwellige ultraviolette Licht von 0,1–0,3 μm wird durch die photochemischen Prozesse in der Ozonschicht nahezu vollständig absorbiert und erreicht deshalb die Erdoberfläche nicht. Die dabei frei werdende Wärmeenergie führt zur Aufheizung der Stratosphäre mit einem entsprechenden, in der atmosphärischen Temperaturkurve sichtbaren Maximum (Abb. 8.5). Weiter wird die Sonnenstrahlung an den Luftmolekülen der Atmosphäre diffus nach allen Richtungen reflektiert. Der kurzwelligere Anteil der Sonnenstrahlung, also der blaue Spektralbereich, ist davon stärker betroffen als der langwelligere rote. Aufgrund dieser **Rayleigh-Streuung** sehen wir den Himmel blau und ist die Erde vom Weltraum aus gesehen der „Blaue Planet". Beim **Abendrot** und **Morgenrot** sehen wir die Sonne rot, weil beim dann langen Durchgang des Lichts durch die Atmosphäre der blaue Anteil durch diffuse Reflexion an den Luftmolekülen herausgenommen wird. Alle Wellenlängen des sichtbaren Lichts zusammengenommen ergeben die weiße Farbe. Ein weiterer Teil der verbleibenden Solarstrahlung wird an den kleinen Aerosol- und Wolkentröpfchen reflektiert, und schließlich unterliegt auch noch ein geringer Anteil der Absorption an Wasserdampfmolekülen. Derjenige Anteil der solaren Strahlung, der schließlich die Erdoberfläche erreicht, wird als **Globalstrahlung** (engl. *insolation = incoming solar radiation*) bezeichnet. Sie setzt sich dementsprechend aus der direkten Sonnenstrahlung und dem diffusen Himmelslicht, dem Streulichtanteil aus der Atmosphäre, zusammen. Gemittelt über die gesamte Erde beträgt die Globalstrahlung etwa die Hälfte der extraterrestrischen Sonnenstrahlung an der Obergrenze der Atmosphäre. Die Globalstrahlung auf der Erde wird im Wesentlichen durch die Bewölkungsverhältnisse gesteuert. Die höchsten Werte werden dabei in den kontinentalen Subtropen gemessen. Dies ist auf den dort hohen bis sehr hohen Sonnenstand und den niedrigen Bewölkungsgrad zurückzuführen. Die Wüstengebiete dieser Zone eignen sich deshalb besonders für die Energieerzeugung mit Solarzellen. Die wolkenreiche Äquatorialzone verzeichnet dagegen ein relatives Minimum. Die absoluten Minima liegen in den Polargebieten.

Da die Erde im sichtbaren Bereich kein physikalisch Schwarzer Körper ist, reflektiert sie einen Teil der Globalstrahlung. Während Absorption von Strahlung einen Energiegewinn für den absorbierenden Körper und damit seine Erwärmung bedeutet, stellt Reflexion nur eine Umlenkung der Strahlung ohne Energieaufnahme dar. Eine frische Schneedecke reflektiert nahezu 95 % und absorbiert nur 5 %, ein dunkler Nadelwald absorbiert dagegen 95 % und reflektiert nur 5 % der einfallenden Globalstrahlung. Das Verhältnis zwischen Reflexion und Einstrahlungswerten wird als **Albedo** bezeichnet. Die Albedo landwirtschaftlicher Kulturen beträgt 15–30 %, von Wasser bei hoch stehender Sonne nur 5–10 %. Die Albedo des Planeten Erde, also des Gesamtsystems Erdoberfläche und Atmosphäre, beläuft sich auf 30 %.

Trotz der permanenten Zustrahlung von der Sonne nimmt die Temperatur des Erde-Atmosphäre-Systems – einmal abgesehen vom aktuellen Prozess der globalen Erwärmung – nicht zu. Daraus ist zu schließen, dass die Erde selbst wieder Energie ab-

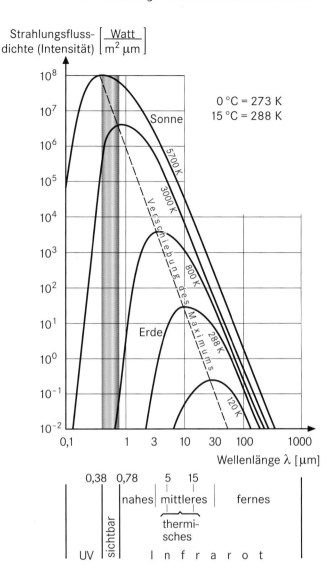

Wien'sches Verschiebungsgesetz:

$$\lambda_{max} \cdot T = 2898 \; \mu m \, K$$

$\lambda_{max} \; [\mu m]$
$T \; [K]$

Stefan-Boltzmann-Gesetz:

$$S = \sigma \cdot T^4$$

$S \; [Wm^{-2}]$
$\sigma = 5{,}670 \cdot 10^{-8} \; [Wm^{-2} K^{-4}]$
$T \; [K]$

Abb. 8.10 Verdeutlichung der Gesetze von Stefan und Boltzmann sowie Wien: Energieflussdichte (Ordinate in doppelt logarithmischem Maßstab) von idealen Schwarzen Körpern in Abhängigkeit von der Wellenlänge (Abszisse) bei unterschiedlicher Temperatur (Planck'sche Kurvenschar mit Verbindung der Maxima; verändert nach Goßmann 1989, Kraus 2004 u. a.).

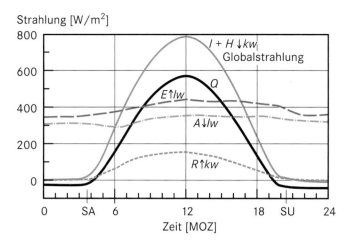

Abb. 8.11 Tagesgang der verschiedenen Strahlungsströme über einem Wiesenboden an einem wolkenlosen Sommertag in Hamburg. Q = Strahlungsbilanz, I = direkte Sonnenstrahlung, H = diffuses Himmelslicht, R = reflektierte Sonnenstrahlung, E = Ausstrahlung der Erdoberfläche, A = atmosphärische Gegenstrahlung; kw = kurzwellig, lw = langwellig (verändert nach Dirmhirn 1964 aus Kraus 2004).

strahlen muss. Nach dem Wien'schen Verschiebungsgesetz liegt dabei das Maximum der Erdstrahlung im Bereich des fernen Infrarots. Dies ist nun gerade derjenige Spektralbereich, in dem einige Gase der Atmosphäre eine starke Absorptionswirkung haben. Hier ist vor allem der Wasserdampf zu nennen, der die langwellige Erdausstrahlung nur in den Bereichen von 3–5 und 7–13 μm durchlässt. Die Absorptionsbande des Wasserdampfs wird also durch ein kleines und ein größeres „Infrarotfenster" unterbrochen. Von den weiteren Gasen sind vor allem Kohlendioxid, Methan, Distickstoffoxid, das Ozon der Troposphäre und verschiedene Fluorchlorkohlenwasserstoffe zu nennen. Sie besitzen ebenfalls spezifische Absorptionsbanden und schließen die Infrarotfenster noch weiter. Von der langwelligen Ausstrahlung der Erdoberfläche wird also ein überwiegender Teil bereits wieder in der Atmosphäre absorbiert, wodurch sich diese erwärmt. Dieser Sachverhalt wird als natürlicher **Treibhauseffekt** der Erdatmosphäre bezeichnet, die betreffenden Gase als **Treibhausgase**. Die Atmosphäre selber strahlt entsprechend ihrer Temperatur ebenfalls im langwelligen Bereich. Ein Teil dieser atmosphärischen Strahlung geht in den Weltraum und ist für das Gesamtsystem Erde-Atmosphäre verloren. Ein anderer Teil gelangt aber als **atmosphärische Gegenstrahlung** zurück auf die Erde. Ihr Energie-Input für die Erdoberfläche ist etwa doppelt so groß wie derjenige der Globalstrahlung.

Die einzelnen kurz- und langwelligen Strahlungsströme können für ein Erdoberflächenelement, das man sich masselos vorzustellen hat, in der **Strahlungsbilanzgleichung** wie folgt zusammengefasst werden:

$$Q^* = (I + H - R) - (E - A)$$

(Q^* = Strahlungsbilanz aus solarer und terrestrischer Ein- bzw. Ausstrahlung, I = direkte Sonnenstrahlung [Transmission durch Atmosphäre], H = diffuses Himmelslicht [kurzwellige Streustrah-

lung], R = an der Erdoberfläche reflektierter Anteil der Solarstrahlung (kurzwellig), E = langwellige Ausstrahlung der Erde [Eigenemission], A = langwellige Gegenstrahlung der Atmosphäre).

Der Tagesgang der einzelnen Strahlungsflussdichten über einer Rasenfläche ist für einen wolkenlosen Sommertag in Hamburg in Abb. 8.11 festgehalten.

Für das Gesamtsystem Erde-Atmosphäre können nun die einzelnen Energieflüsse in einer Zusammenschau betrachtet werden. Hierbei sind Einnahmen und Ausgaben ebenso zu unterscheiden wie die drei Ebenen Erdoberfläche, Atmosphäre und von der Sonne her bzw. in den Weltraum hinaus (Abb. 8.12). Die Zahlenwerte beziehen sich auf die Größe der extraterrestrischen Sonnenstrahlung pro m² Kugeloberfläche, das heißt ein Viertel der Solarkonstante oder ca. 342 W/m², die 100 % gesetzt wird. Es sind dabei die kurzwelligen und langwelligen Energieströme auseinanderzuhalten. Tages- und Jahresgänge der Strahlungsbilanz für das Äquatorialgebiet, die äußeren Tropen, die Subtropen, die höheren Mittelbreiten und das Nordpolgebiet sind in Isoplethendarstellungen in Abb. 8.13 zusammengestellt.

Der Energiehaushalt von Erdoberfläche und Atmosphäre

Nach der Aufsummierung aller Energiezu- und -abfuhren bleibt an der Erdoberfläche ein Energieüberschuss übrig. Dieser wird für zwei Prozesse verbraucht: Zum einen wird Luft durch Kontakt mit der Erdoberfläche erwärmt, wodurch der Atmosphäre Energie zugeführt wird. Man bezeichnet dies als **fühlbaren Wärmestrom oder -fluss** Q_H, der, allerdings seltener, auch umgekehrt zur Erwärmung der Erdoberfläche führen kann. Dieser Energiefluss kann durch Messung des Energieinhaltes der Luft, das heißt der Lufttemperatur, erfasst werden. Zum anderen wird an der Erdoberfläche Wasser in Wasserdampf umgewandelt. Für diesen Prozess der Verdunstung ist eine Energie von etwa 2500 J pro g H_2O notwendig. Sie wird bei der Kondensation in der Atmosphäre wieder frei. Dieser versteckte Energietransport von der Erdoberfläche in die Atmosphäre – bei der Taubildung aber auch umgekehrt – wird **latenter Wärmestrom** Q_L genannt. Die Sonnenenergie gelangt also nicht nur durch Absorption der direkten Sonnenstrahlung in die Atmosphäre, sondern in einem viel größeren Maße auf indirektem Weg über die Erdoberfläche, also durch die Absorption der langwelligen Erdausstrahlung, durch den latenten und den fühlbaren Wärmestrom.

Strahlungsbilanz, fühlbarer und latenter Wärmestrom gehören zu den Komponenten des Wärme- oder Energiehaushaltes der Erdoberfläche. Wie die einzelnen Strahlungsströme können auch sie für eine masselose Grenzfläche dargestellt werden. Als vierte Komponente kommt hierbei der **Bodenwärmestrom** oder **Speicherterm** Q_S hinzu, das heißt die Energieleitung von der Erdoberfläche in den Boden – aber auch in einen Pflanzenbestand, einen Baukörper oder ein Wasservolumen – hinein oder aus ihnen heraus. Zusammengefasst lautet die **Wärmehaushalts-**

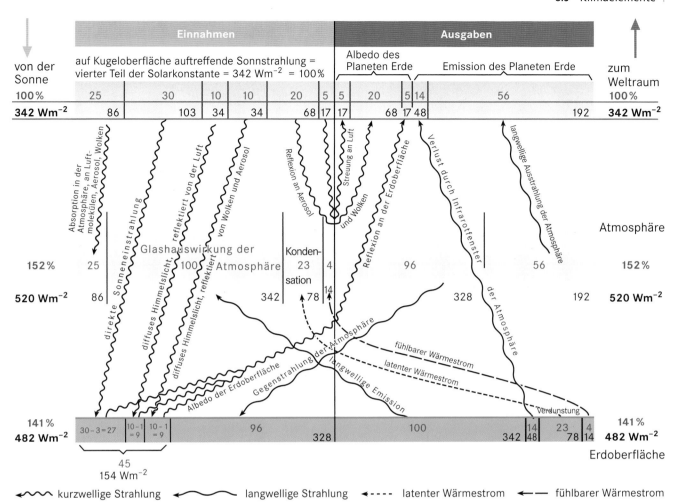

Abb. 8.12 Globaler mittlerer Energiehaushalt von Atmosphäre und Erdoberfläche mit Energieflüssen (extraterrestrische Einstrahlung auf die Erdkugeloberfläche = 10 %; Datenquelle: Houghton et al. 1996); bei der Darstellung wird nicht berücksichtigt, dass aufgrund der steigenden Konzentration an Treibhausgasen in der Atmosphäre ein steigender Energieüberschuss von zwischenzeitig über 2 W/m² besteht, der zu einer globalen Erwärmung der Erdatmosphäre führt.

gleichung (Energiebilanz), in der alle Energieströme im Gleichgewicht sind, wie folgt:

$$Q^* + Q_H + Q_L + Q_S = 0$$

Q^* ist die Strahlungsbilanz aus solarer und terrestrischer Ein- bzw. Ausstrahlung, Q_H ist der fühlbare Wärmefluss, Q_L der latente Wärmefluss und Q_S der Bodenwärmefluss, der oft auch Speicherterm genannt wird.

8.5 Klimaelemente

Als Klimaelemente werden alle zur Beschreibung des Klimas verwendeten meteorologischen Erscheinungen bezeichnet. Die wichtigsten, im Folgenden näher erläuterten Klimaelemente sind Lufttemperatur, Niederschlag, Luftfeuchtigkeit und Bewölkung. Daneben werden auch Wind, Luftdruck und Strahlungsgrößen sowie ozeanische Größen, beispielsweise die Meeresoberflächentemperatur, als Klimaelemente betrachtet.

Lufttemperatur

Aus den astronomischen Grundlagen, dem Strahlungs- und dem Wärmehaushalt der Erdoberfläche lassen sich für die Tages- und Jahresgänge der Lufttemperatur in verschiedenen Erdregionen wichtige Schlüsse ableiten.

In Abb. 8.14 ist der Tages- und Jahresgang der Lufttemperatur an den Stationen Pará (Amazonasmündung), Quito (Hochanden), Oxford (England), Irkutsk (Sibirien) sowie Macquarie

Kapitel 8

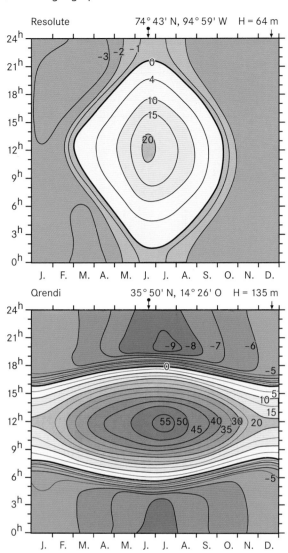

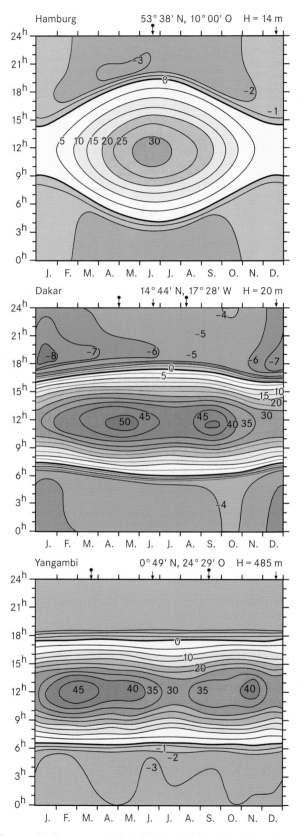

Strahlungsbilanz Q^* nach Kessler

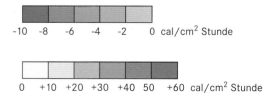

höchster Sonnenstand

niedrigster Sonnenstand
(oder sekundäres Minimum in den Tropen)

-10 -8 -6 -4 -2 0 cal/cm² Stunde

0 +10 +20 +30 +40 50 +60 cal/cm² Stunde

Abb. 8.13 Tages- und Jahresgang der Strahlungsbilanz in Isoplethendarstellung für verschiedene geographische Breiten; für Resolute (Baffin Island, Kanada), Qrendi auf Malta, Dakar im Senegal und Yangambi in der Demokratischen Republik Kongo (verändert nach Kessler 1985).

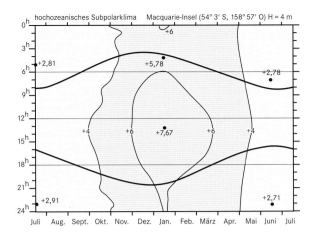

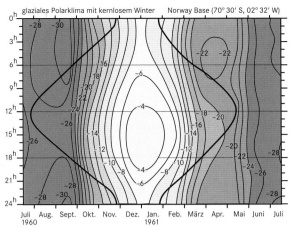

Macquarie-Insel. Hochozeanisches Subpolarklima mit fast fehlender Tages- und Jahresschwankung.

Norway Base (Antarktis). Glaziales Polarklima mit kernlosem Winter (Hauptminimum im September, Nebenminimum im April), fehlendem Tagesgang während der winterlichen Polarnacht, geringem Tagesgang im Südsommer. Der Temperaturanstieg im Oktober ist steiler als der Temperaturabfall im März. Beobachtungswerte 1960/61 der South African Antarctic Expedition I.

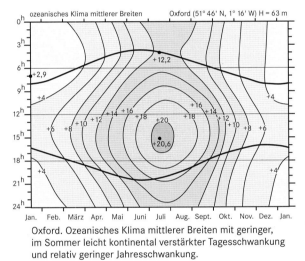

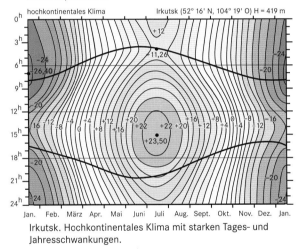

Oxford. Ozeanisches Klima mittlerer Breiten mit geringer, im Sommer leicht kontinental verstärkter Tagesschwankung und relativ geringer Jahresschwankung.

Irkutsk. Hochkontinentales Klima mit starken Tages- und Jahresschwankungen.

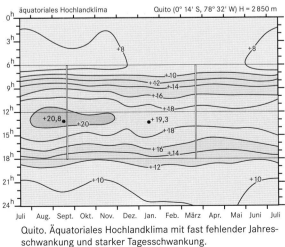

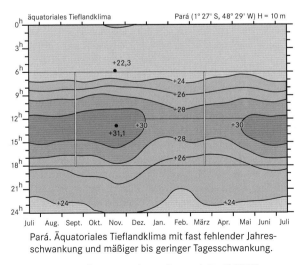

Quito. Äquatoriales Hochlandklima mit fast fehlender Jahresschwankung und starker Tagesschwankung.

Pará. Äquatoriales Tieflandklima mit fast fehlender Jahresschwankung und mäßiger bis geringer Tagesschwankung.

Abb. 8.14 Tages- und Jahresgänge der Lufttemperatur in Isoplethendarstellung in verschiedenen Klimazonen (verändert nach Troll 1943).

Kapitel 8

(Subpolarmeer) und Norway Base (Antarktis) in **Thermoisoplethendiagrammen** zusammengestellt. Wie in Abschn. 8.4 ausgeführt wurde, weisen die Strahlungsverhältnisse in den Tropen im Jahresgang nur geringfügige Variationen auf. Dies gilt auch bei Berücksichtigung der Atmosphäre. Daraus ergibt sich für die Lufttemperaturverhältnisse der Tropen die Konsequenz einer nur geringen jahreszeitlichen und sehr viel größeren tageszeitlichen Schwankung. Carl Troll (1943) spricht vom thermischen **Tageszeitenklima** der Tropen. Auch andere Klimaelemente zeigen ein entsprechendes Verhalten. Mit wachsender Breite werden die jahreszeitlichen Unterschiede in der Strahlungsbilanz größer. Für die hohen Mittelbreiten ist deswegen eine mittlere Jahresschwankung von 12–18 °C normal. Lange Übergangsjahreszeiten sind dazwischengeschaltet. Die beiden Stationen Oxford und Irkutsk besitzen das typische **Jahreszeitenklima** der Außertropen. Extrem stellen sich die thermischen Verhältnisse im Polarsommer bzw. -winter dar. Außerdem schlagen sich die Einflüsse des hochozeanischen Südpazifiks und der antarktischen Landmasse deutlich im Temperaturverlauf nieder.

Vergleicht man die beiden Stationen der Tropen, so sieht man, dass sie beide ein Tageszeitenklima besitzen. Der geringe Wasserdampfgehalt der Atmosphäre und ihre Wolkenarmut führen jedoch an der Hochandenstation Quito dazu, dass die atmosphärische Gegenstrahlung in der Nacht nur verhältnismäßig geringe Werte erreicht. Die Strahlungsbilanz ist deswegen stark negativ, was zu einer kräftigen nächtlichen Abkühlung führt. Konsequenz ist die große tageszeitliche Temperaturamplitude. Die Station Pará liegt dagegen im wasserdampf- und wolkenreichen Amazonastiefland. Die nächtliche Gegenstrahlung der Atmosphäre ist hoch, die Strahlungsbilanz auch in der Nacht nur schwach negativ (Abb. 8.12). Außerdem liefern Kondensationsvorgänge (Taubildung) der Erdoberfläche Energie aus dem latenten Wärmestrom. Demzufolge kann die Lufttemperatur im äquatorialen Tiefland nachts nur wenig absinken und die Tagesamplitude nur gering sein.

Der Vergleich der beiden außertropischen Stationen Oxford und Irkutsk zeigt die Unterschiede zwischen einem **maritimen** und einem **kontinentalen Klima** auf. Dem Jahresgang der Temperatur ist der Einfluss großer Wasser- bzw. Kontinentmassen überlagert. Wie aus der Abbildung zum Exkurs 8.2 zum Wärmehaushalt abzulesen ist, geht ein Großteil der Strahlungsbilanz über den Ozeanen in den Speicherterm. Außerdem hat Wasser eine fünfmal so hohe spezifische Wärme wie etwa Fels, das heißt, es wird die fünffache Energie benötigt, um ein Wasserquantum auf dieselbe Temperatur zu erwärmen. Die kurzwellige Sonnenstrahlung kann mehrere Dekameter tief in das Wasser eindringen und verteilt sich so auf eine größere Masse. Besonders effektiv ist schließlich die turbulente Einmischung des an der Oberfläche erwärmten Wassers. Sie ist tausendfach wirkungsvoller als die molekulare Wärmeleitung des Bodenwärmestroms auf dem Land. Dies alles führt dazu, dass selbst bei hoher Einstrahlung am Tage nur wenig Energie für den fühlbaren Wärmestrom, das heißt zur Erwärmung der Luft zur Verfügung steht. Nachts und in den Wintermonaten wird hingegen die am Tage und im Sommer im Wasser gespeicherte Energie langsam wieder an die Atmosphäre abgegeben. Ihr hoher Wasserdampfgehalt

bedingt auch noch eine hohe atmosphärische Gegenstrahlung. Diese Zusammenhänge führen zu der thermisch ausgleichenden Wirkung großer Wassermassen: Tages- und Jahresgänge der Temperatur weisen in maritim geprägten Klimaten nur eine schwache Amplitude auf. Im Einflussbereich außertropischer Kontinentmassen sind die Verhältnisse dagegen ähnlich wie in den Hochgebirgen der Tropen, nur dass darüber hinaus noch der Jahresgang der Temperatur hinzukommt. Kontinentale Klimate fernab von großen Wassermassen zeigen eine große Jahres- und Tagesschwankung der Temperatur. Sie zeichnen sich durch sehr kalte Winter und warme Sommer aus.

Das Wasser in der Atmosphäre: Wasserdampf und Relative Feuchte

Wasser findet man in der Erdatmosphäre in allen drei Aggregatzuständen. Der unsichtbare **Wasserdampf**, ein variables Gas mit einem Volumenanteil an der Atmosphäre im Mittel von 2,6 bis max. 4 %, wird als **Dampfdruck** e [hPa], das heißt als derjenige Anteil am Gesamtluftdruck, der nur von den Wasserdampfmolekülen ausgeübt wird, gemessen. Der maximale oder **Sättigungsdampfdruck** E bezeichnet den maximal möglichen Gehalt an Wasserdampfmolekülen in der Atmosphäre. Er ist streng exponentiell abhängig von der Lufttemperatur und besitzt in Meereshöhe bei 30 °C den hohen Wert von 42,43 hPa, bei 0 °C dann 6,11 hPa und bei −20 °C nur noch 1,254 hPa. Das bedeutet, dass kalte Luftmassen, wie sie in den Polargebieten oder in großen Höhen auftreten, extrem arm an Wasserdampf sind und damit auch keine ergiebigen Niederschläge auftreten können. Das Verhältnis von tatsächlichem zu maximal möglichem Dampfdruck (e/E) ist als **Relative Feuchte** definiert. Sind aktueller und maximal möglicher Dampfdruck gleich ($e = E$), dann ist die Luft gesättigt und die Relative Feuchte beträgt 100 %. Die dabei herrschende Temperatur wird **Taupunkt** bzw. Taupunkttemperatur genannt. Fällt die Lufttemperatur unter den Taupunkt, dann ist die Luft übersättigt und der Wasserdampf muss in den flüssigen Aggregatzustand überführt werden. Bei diesem Zustandswechsel wird je nach Temperaturniveau eine Umwandlungsenergie von ungefähr 2500 Ws (Joule) pro Gramm Wasser frei (Abb. 8.15). Auch beim Gefriervorgang, das heißt dem Übergang vom flüssigen in den festen Aggregatzustand, wird Umwandlungsenergie freigesetzt. Sie ist mit 335 Ws/g H_2O jedoch weniger bedeutend.

Auf die Relevanz der **Umwandlungsenergien** wurde schon bei der Behandlung des latenten Wärmestroms hingewiesen (Abschn. 8.4). Sie ermöglichen über den latenten Wärmestrom einen viel größeren Energietransport, als dies allein durch den Austausch von fühlbarer Wärme in unterschiedlich temperierten Luftmassen der Fall wäre. Energieabgabe- bzw. Heizfläche ist dabei die Erdoberfläche, wo Wasser von Land- und Meeresflächen verdunsten kann oder von der Vegetation transpiriert wird. Die entstehenden Energieströme sind sowohl vertikaler (von der Erdoberfläche in die Atmosphäre gerichtet) als auch horizontaler Art (Transport latenter Wärme mit den Luftströmungen von den Tropen in die Außertropen).

Exkurs 8.2 Verschiedene Tagesgänge der Energiebilanzkomponenten

Über einem Kiefernwald am Oberrhein stellen sich die Energie- bzw. Wärmehaushaltskomponenten an einem Apriltag wie folgt dar (Abb. Aa): Die Strahlungsbilanz Q^* ist bei weitgehend wolkenlosem Strahlungswetter tagsüber positiv, nachts natürlich negativ, die Amplitude am Tag groß und in der Nacht klein. Der schwache Speicherterm Q_S ist am Tag in den Bestand hinein und ab Nachmittag und in der Nacht aus ihm heraus gerichtet. Der große latente Wärmestrom Q_L zeigt am Tag eine starke Energieabfuhr, die aber nicht nur von der Strahlungsbilanz bestimmt, sondern auch durch die Verdunstung der Pflanzen gesteuert wird. Der Rückgang am frühen Nachmittag geht auf die Reduktion der Transpiration durch Schließen der Stomata zurück. Der fühlbare Wärmestrom Q_H zeigt tagsüber eine Energieabfuhr von der Erdoberfläche, das

heißt, die Luft wird von unten erwärmt; besonders deutlich ist dies gegen 13 Uhr, da mehr Energie aufgrund des Rückgangs des latenten Wärmestroms zur Verfügung steht. Insgesamt ist der fühlbare Energiefluss jedoch deutlich niedriger als der latente. Über einer Wüstenoberfläche stellt sich dies jedoch ganz anders dar (Abb. Ab). Der latente Energiefluss ist wegen der fehlenden Bodenfeuchtigkeit sehr niedrig, sodass die meiste Energie für den fühlbaren Wärmestrom und somit zur Erwärmung der Luft zur Verfügung steht. Ganz anders stellt sich die Situation über dem Ozean dar, wo fast die gesamte Strahlungsenergie in den Speicherterm des Wassers geht, dagegen ein eher geringer Teil für den latenten Verdunstungswärmestrom verbraucht wird und der fühlbare Wärmestrom ganz vernachlässigbar ist (Abb. Ac).

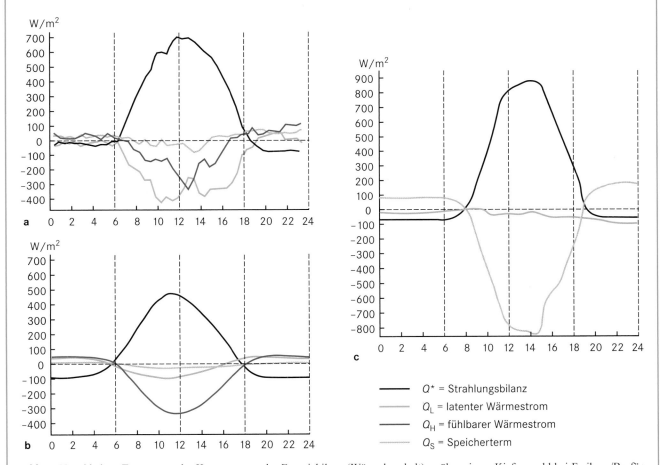

Abb. A Verschiedene Tagesgänge der Komponenten der Energiebilanz (Wärmehaushalt): **a** über einem Kiefernwald bei Freiburg/Br. für die Tage 28.–30. April 1976; **b** für einen Wüstenboden in Ikengüng, Gobi vom 11.–31. Mai 1931; **c** für den tropischen Atlantik bei ruhigem Strahlungswetter am 6. Juli 1974 (verändert nach Kessler, et al. 1979; Albrecht in Kraus 2004, Gate in Kraus 2004).

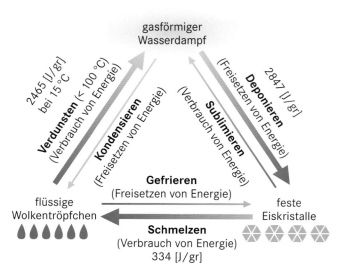

Abb. 8.15 Aggregatzustände des Wassers mit Umwandlungsenergien (verändert nach Schönwiese 2013 u. a.).

Aus diesen Sachverhalten resultieren wichtige klimatologische Folgen:

0) Alle Kältegebiete der Erde, wie die Polargebiete, sind absolute Sperrgebiete für den Wasserdampftransport in der Atmosphäre. Kältegebiete sind aber auch alle Hochgebirge.
1) Da warme Luft wesentlich mehr Wasserdampf enthalten kann als kalte, ist auch die nach seiner Kondensation mögliche Niederschlagsergiebigkeit unterschiedlich. Niederschläge in warmer, wasserdampfreicher Tropenluft sind meist kräftige Schauer. In den Mittelbreiten sind die Sommergewitter von größerer Niederschlagsintensität als winterlicher Schneefall.
2) Im Klimawandel wird durch die steigenden Temperaturen potenziell auch der Wasserdampfgehalt der Atmosphäre größer. Damit steigt auch die Gefahr intensiver Starkregen, beispielsweise bei tropischen Stürmen.
3) Bei der Niederschlagsbildung spielen Aerosole, z. B. Salzkristalle oder Staub, als Kondensationskerne eine wichtige Rolle, da sie den Wasserdampfmolekülen als Ansatzpunkte beim Aggregatswandel zu Wolkentröpfchen dienen.

Wolken- und Niederschlagsbildung

Wolken sind in der Atmosphäre schwebende **Hydrometeore** und bestehen aus Wassertröpfchen oder Eispartikeln. **Wasserwolken** sind einem unteren Wolkenstockwerk zuzuordnen, bestehen ausschließlich aus Tröpfchen und bilden sich bei Temperaturen bis −2 °C (Abb. 8.16). In den **Mischwolken** des mittleren Wolkenstockwerks befinden sich bei Temperaturen zwischen −12 und −35 °C Wolkentröpfchen und Eiskristalle nebeneinander, wobei die Letzteren auf Kosten der Ersteren wachsen, da der maximale Dampfdruck über Eis- geringer als über Wasseroberflächen ist. Das obere Wolkenstockwerk wird von reinen **Eiswolken** bei

Temperaturen unter −35 °C gebildet. Physiognomisch können Eiswolken durch ihre faserige Struktur und eine nach allen Seiten unscharfe Begrenzung von den fest umrissenen Wasserwolken unterschieden werden. Letztere sind in vertikaler Richtung scharf abgegrenzt und durch eine, von ihrem Eigenschatten hervorgerufene, dunkle Unterseite gekennzeichnet.

Folgende **zehn Wolkengattungen** (Abb. 8.17) werden unterschieden: *Cirrus* (Ci = hohe Federwolke), *Cirrocumulus* (Cc = hohe Schäfchenwolke) und *Cirrostratus* (Cs = hohe Schleierwolke) sind Eiswolken des oberen Stockwerks, *Altocumulus* (Ac = grobe Schäfchenwolke) und *Altostratus* (As = mittelhohe Schichtwolke) bilden das mittlere und *Stratus* (St = niedrige Schichtwolke), *Cumulus* (Cu = Haufenwolke) sowie *Stratocumulus* (Sc = Haufen-Schichtwolke) das untere Stockwerk. Die Regen-Schichtwolke *Nimbostratus* (Ns) reicht vom unteren bis ins mittlere Stockwerk und die Schauer- und Gewitterwolke *Cumulonimbus* (Cb) durch alle drei Stockwerke bis an die Tropopause. An der Erdoberfläche aufliegende Schichtwolken bilden den Nebel.

Wird ein Luftquantum zum Aufsteigen gezwungen, so dehnt es sich aus. Die Energie für diesen Vorgang nimmt es dabei aus seinem eigenen Energieinhalt, der Vorgang erfolgt unter sog. adiabatischen Bedingungen. Diese Dilatation führt zur Abnahme der Temperatur der aufsteigenden Luft. Erfolgt bei diesen Hebungsvorgängen keine Kondensation, so verliert die Luft pro 100 Höhenmeter 1 K (1 °C; **trockenadiabatische Abkühlung**). Handelt es sich jedoch um ein mit Wasserdampf gesättigtes Luftpaket, so muss dieses beim Aufstiegsvorgang so viel Wasserdampf in Wassertröpfchen umwandeln, dass sein maximaler Sättigungsgrad nicht überschritten wird. Bei der Kondensation des Wasserdampfes wird aber Umwandlungsenergie freigesetzt. Diese verringert den Abkühlungsbetrag je nach dem Ausgangsniveau der Temperatur bzw. dem vorhandenen Wasserdampf auf nur noch 0,5 bis 0,9 K pro 100 Höhenmeter (**feuchtadiabatische Abkühlung**). Diese **Hebungskondensation** kann beispielsweise beim Überqueren eines Hochgebirges eintreten. Der freigesetzte Wasserdampf fällt dabei auf der Luvseite in Form von Stauniederschlag aus. Nach Erreichen des Gipfelniveaus und Auflösung der Wolken steigt die Luft wieder ab, was zu einer trockenadiabatischen Erwärmung von 1 K pro 100 m Abstieg führt. Da sich der Wassergehalt nun nicht mehr ändert, nimmt die Relative Feuchte immer mehr ab und die Luftströmung erreicht als warmer, trockener Föhnwind die Täler (Abschn. 8.9). Bekannte Föhngebiete finden sich neben dem Voralpengebiet auch im Lee der amerikanischen Kordillere (Chinook der nordamerikanischen Prärien, Zonda von West-Argentinien).

Die aktuelle Temperaturverteilung in der Troposphäre kann mit Ballonsonden gemessen werden. Nimmt die Temperatur mit wachsender Höhe z. B. mehr als 1 K pro 100 Höhenmeter ab (hypsometrischer Temperaturgradient), dann ist ein aufsteigendes und sich feucht- oder trockenadiabatisch abkühlendes Luftquantum in allen Höhen immer wärmer und damit leichter als die Umgebungsluft. Seinem weiteren Aufstieg steht damit nichts im Wege, und es sind große, oft mit Niederschlagsprozessen verbundene vertikale Austauschvorgänge in der Troposphäre möglich. Eine derartige Luftschichtung, bei welcher der hypsometrische

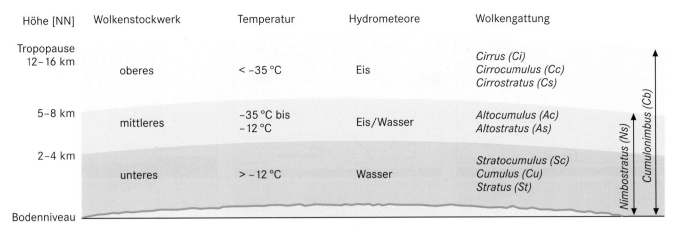

Höhe [NN]	Wolkenstockwerk	Temperatur	Hydrometeore	Wolkengattung	
Tropopause 12–16 km	oberes	< –35 °C	Eis	*Cirrus (Ci)* *Cirrocumulus (Cc)* *Cirrostratus (Cs)*	
5–8 km	mittleres	–35 °C bis –12 °C	Eis/Wasser	*Altocumulus (Ac)* *Altostratus (As)*	
2–4 km	unteres	> –12 °C	Wasser	*Stratocumulus (Sc)* *Cumulus (Cu)* *Stratus (St)*	*Nimbostratus (Ns)* / *Cumulonimbus (Cb)*
Bodenniveau					

Abb. 8.16 Wolkenstockwerke und -gattungen (verändert nach Deutscher Wetterdienst 1987).

Temperaturgradient größer als einer der adiabatischen ist, wird als **labile Luftschichtung** bezeichnet. Bei **stabiler Schichtung** ist dagegen der hypsometrische Temperaturgradient kleiner als einer der adiabatischen. Ein aufsteigendes Luftquantum wird deswegen in allen Höhen immer kälter und damit schwerer als die Umgebungsluft sein, es muss in seine Ausgangsposition zurücksinken. Damit sind atmosphärische Austauschprozesse unterbunden. Nimmt die Lufttemperatur mit wachsender Höhe gar zu, dann ist die Schichtung extrem stabil und man spricht von einer **Temperaturinversion**. Bei solchen „austauscharmen Wetterlagen" kann es zu einer erheblichen Anreicherung von Luftschadstoffen wie Feinstaub oder Stickoxiden in der atmosphärischen Grundschicht kommen.

Für den Wasserhaushalt spielt es eine große Rolle, ob der Niederschlag in fester oder flüssiger Form den Erdboden erreicht. In **fester Form** kann dies als Schnee (zusammengeballte Eiskristalle), Graupel (weiche Eiskugeln mit < 5 mm im Durchmesser) oder Hagel (harte, glatte Eiskugeln mit > 5 mm im Durchmesser) erfolgen. Im Gegensatz zu flüssigem Niederschlag versickert Schnee weder sofort noch verdunstet er rasch und fließt auch nicht direkt ab. Er bildet somit einen ausgezeichneten Zwischenspeicher, der den Abfluss verzögert. In den Gipfellagen des Schwarzwaldes oder des Harzes erreicht der Anteil des Schnees am Gesamtniederschlag 30 %, in den deutschen Alpen fallen in 2000 m Höhe ungefähr 60 %, in 3000 m Höhe 90 % des Niederschlags in fester Form. Von besonderer Bedeutung ist der Schnee in den Gebirgen der Winterregen-Subtropen wie dem italienischen Apennin, der spanischen und kalifornischen Sierra Nevada oder den Anden Chiles. Dadurch, dass bei den niedrigen Temperaturen des Winterhalbjahres ein Großteil des Niederschlags als Schnee niedergeht, wird der Abfluss bis weit in den Hochsommer hinein verzögert. Die hohe Albedo des Schnees spielt dabei ebenso eine Rolle wie der Schuttreichtum der subtropischen Gebirge, wodurch die Schmelzwässer dem Verdunstungsprozess entzogen werden. Nicht nur die künstliche Bewässerung der subtropischen Fruchtkulturen im kalifornischen und mittelchilenischen Längstal basiert auf diesen Zusammenhängen, sondern auch die Trink- und Brauchwasserversorgung von Weltstädten wie Rom, Los Angeles oder Santiago de Chile.

Beim **flüssigen Niederschlag** kann Nieselregen oder Sprühregen mit einem Tropfendurchmesser bis 0,5 mm vom eigentlichen Regen (Tropfendurchmesser 0,5–5 mm und mehr), der Nebeltraufe (bis 4 mm/h) oder dem Tau (0,1–1 mm pro Nacht) getrennt werden. Niederschläge können aus genetischer Sicht verschiedenen Typen zugeordnet werden. Für die Außertropen sind an Fronten von Tiefdruckgebieten gebundene advektive Niederschläge charakteristisch. Die Aufgleitvorgänge an **Warm-(luftaufgleit-)fronten** führen zu feintropfigem Niesel-, Staub- oder Sprühregen, der aus Schichtwolken flächenhaft niedergeht. Da das Aufgleiten gegen eine stabile Schichtung erfolgt, geht dieser Prozess nur langsam vor sich, sodass es sich oft um lang anhaltenden Landregen bzw. Schneefall handelt. Die Niederschläge an der nachfolgenden **Kalt-(lufteinbruchs-)front** sind dagegen kurzzeitige, großtropfige Schauer oder Gewitter. Der außertropisch advektive Niederschlagstyp ist insbesondere in den Winterhalbjahren der Mittelbreiten beider Halbkugeln verbreitet. Beim tropisch konvektiven Niederschlagstyp gehen dagegen aus hoch reichenden Haufen- oder Konvektionswolken heftige Regengüsse in Form von Platzregen nieder. In solchen Wolkenbrüchen können Tropfendurchmesser von 4–8 mm erreicht werden. Dieser großtropfige Schauerniederschlag ist nur durch die in den Wolken stattfindenden, vertikalen Umlagerungen möglich. Eiskristalle und Regentropfen werden dabei durch Aufwinde mehrfach in große Höhen getragen. Sie können schließlich so groß sein, dass sie bis zum Erdboden nicht mehr auftauen und als Graupel- oder Hagelkörner ausfallen. Idealtypisch sind örtlich eng begrenzte, kurzzeitige Gewitter, die in den Außertropen verbreitet im Sommerhalbjahr, in den Tropen ganzjährig den charakteristischen Niederschlagstyp darstellen.

Für die Frage, welcher Anteil des Niederschlags in den Abfluss geht, ist die Intensität des Niederschlags besonders wichtig. Dabei sind als **Starkregen** Intensitäten von mindestens 5 mm/5 min, 10 mm/20 min oder 17,1 mm/60 min definiert. Bei gleicher Niederschlagshöhe liefern derartige Regengüsse dem Abfluss viel und dem Grundwasser wenig, feintropfige Landregen und Dauerregen dem Abfluss dagegen weniger und dem Bodenwasser mehr. Die hohen Fallgeschwindigkeiten von 3–8 m/s eines normal großtropfigen Regens (Tropfendurch-

Abb. 8.17 Wolkengattungen und -arten (Skizzen: Deutscher Wetterdienst 1990, Fotos: A. Pagenkopf).

hohe Schäfchenwolke

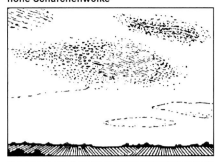

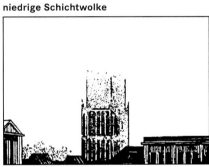

Cirrocumulus

grobe Schäfchenwolke

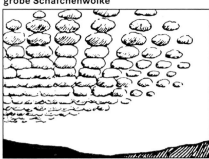

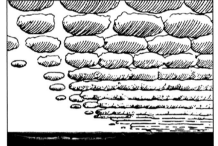

Altocumulus

linsenförmige Schäfchenwolke

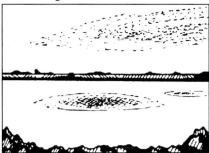

Altocumulus lenticularis

niedrige Schichtwolke

Stratus

Haufenschichtwolke

Stratocumulus

hohe Federwolke

Cirrus

Abb. 8.17 (*Fortsetzung*)

messer 0,7–4 mm) führen bei vegetationslosem Boden darüber hinaus zur Ver- und Abschlämmung der obersten Bodenhorizonte. Je nach ökologischer Stabilität einer Region und dem Ineinanderwirken der verschiedensten klimatologischen, pedologischen, geobotanischen und anthropogenen Faktoren können schwere Erosionsschäden die Folge sein, wie sie aus dem Mittelmeerraum oder den Winterregen-Subtropen Chiles oder Kaliforniens bekannt sind.

Als **orographischer Niederschlag (Stauniederschlag)** wird derjenige Niederschlag bezeichnet, der an quer zur dominierenden Windrichtung verlaufenden Gebirgshindernissen auftritt. Im Bereich der außertropischen Westwinddrift ist dies insbesondere an den Westflanken der Skanden, der nordamerikanischen Rocky Mountains, der mittel- und südchilenischen Anden, der Südalpen Neuseelands, aber auch an Mittelgebirgszügen wie den Vogesen, dem Schwarzwald, der Eifel oder dem Harz der Fall.

Die zeitliche Verteilung der Niederschläge, ihr Jahresgang, kann zu **Niederschlagsregimen** zusammengefasst werden. Das tropische Regime besteht aus dem äquatorialen Typ der inneren immerfeuchten Tropen mit ganzjährigen Niederschlägen ohne Trockenzeit (Amazonasgebiet, Kongobecken, Indonesischer Archipel). Polwärts schließt sich daran ein Übergang zum tropischen Typ mit zwei Regenzeiten während des Sonnenhöchststandes (Äquinoktialregen) an, die in den Randtropen zu einer einzigen Regenzeit verschmelzen (Solstitialregen), der eine ausgedehnte Trockenzeit gegenübersteht. Das außertropische Regime wird vom tropischen durch die niederschlagsarme, subtropisch-randtropische Trockenzone getrennt. Beim außertropischen Regime sind ein maritimes und ein kontinentales Subregime zu unterscheiden. Beim maritimen Subregime ist ein spätsommerlich-herbstliches Niederschlagsminimum und ein winterliches Niederschlagsmaximum auszumachen. Beide werden durch den Einfluss der Wassermassen, das heißt die stabilisierende Wirkung ihrer relativ niedrigen Sommer- und die labilisierende ihrer relativ hohen Wintertemperaturen verursacht. Das kontinentale Subregime führt aufgrund der strahlungsmäßig verstärkten Sommerkonvektion zu einem Sommermaximum im Inneren der Kontinente. In den Winterregen-Subtropen stehen einem trockenen Sommerhalbjahr die periodischen Niederschläge des Frühjahrs (Anatolien), des Herbstes (Ostspanien, Norditalien) und des Winters (südliches Mittelmeergebiet, Portugal, Kalifornien, Mittelchile, Kapland, Südwest-Australien) gegenüber. Die periodisch feuchten Sommerregen-Subtropen von Korea, China und dem Südosten der USA haben ebenfalls zyklonale Niederschläge, die jedoch in Verbindung mit maritim feuchten Sommermonsun-Luftmassen gesehen werden müssen. Der polare Niederschlagstyp weist aufgrund der niedrigen Temperaturen und der damit verbundenen geringen Wasserdampfaufnahmekapazität der Luft ganzjährig nur geringe Niederschläge von 20–40 mm pro Monat auf. Die Maßeinheit mm-Niederschlagshöhe entspricht dabei l/m².

8.6 Thermische Schichtung der Atmosphäre, Luftbewegungen und Drucksysteme

Jucundus Jacobeit

Thermische Schichtung der Atmosphäre

Die thermische Schichtung der Atmosphäre spielt für viele vertikale und horizontale Austauschprozesse eine wesentliche Rolle. Sie bestimmt beispielsweise, ob ein durch äußere Kräfte initial gehobenes Luftpaket weiter aufsteigt (**labile Schichtung**) oder wieder in seinen Ausgangszustand zurückkehrt (**stabile Schichtung**). Bezugsgrößen für die thermische Schichtung sind die **trocken- und feuchtadiabatischen Temperaturgradienten** (Exkurs 8.3). Ist die vertikale Temperaturabnahme in einer Luftmasse größer als der adiabatische Gradient, wird ein initial gehobenes Luftpaket, das sich gemäß dieses Gradienten abkühlt, im Zuge der Hebung relativ wärmer und damit spezifisch leichter als seine Umgebungsluft, es erfährt also eine freie Auftriebsgröße und setzt seinen Aufstieg fort. Ist dagegen die vertikale Temperaturabnahme in einer Luftmasse kleiner als der adiabatische Gradient, wird ein dementsprechend sich abkühlendes Luftpaket im Zuge einer Hebung relativ kälter und damit spezifisch schwerer als seine Umgebungsluft, es sinkt folglich ab und nimmt wieder seinen ursprünglichen Zustand an. Die labilen bzw. stabilen Schichtungsverhältnisse führen also zu einer Fortsetzung oder Intensivierung bzw. einer Abbremsung oder Unterbindung vertikaler Aufwärtsbewegungen mit dementsprechenden Konsequenzen (große bzw. geringe Vertikaldurchmischung, bei hinreichender Mächtigkeit verstärkte bzw. fehlende Konvektionsbewölkung). Entspricht die vertikale Temperaturabnahme in einer Luftmasse dem adiabatischen Gradienten, sprechen wir von einer neutralen oder indifferenten Schichtung. Die Abb. 8.18 zeigt darüber hinaus den Sonderfall einer besonders intensiven stabilen Schichtung, bei der die Temperatur mit der Höhe sogar zunimmt (sog. **Inversion**). Weiterhin wird erkennbar, dass durch die notwendige Unterscheidung trocken- und feuchtadiabatischer Gradienten feuchtespezifische Schichtungen entstehen (trockenlabil und -stabil in nicht wasserdampfgesättigter Luft, feuchtlabil und -stabil nach Erreichen des Kondensationspunktes) und dass ein bemerkenswerter Übergangsbereich existiert, in dem bei ungesättigten Bedingungen noch stabile, bei Wasserdampfsättigung jedoch bereits labile Schichtungsverhältnisse vorliegen (trockenstabil bis feuchtlabil).

Horizontale Luftbewegungen

Bei den horizontalen Luftbewegungen unterscheidet man kleinräumige und großräumige. Die kleinräumigen Luftbewegungen sind von einer Erstreckung über einige Zehner von Kilometern gekennzeichnet und folgen weitgehend der Richtung ihrer antreibenden Gradientkraft *G*. Die zugrunde liegenden horizontalen

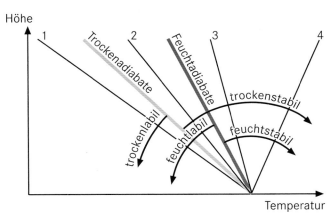

Abb. 8.18 Bereichsabgrenzung thermischer Schichtungen der Atmosphäre und verschiedene Fallbeispiele: 1 = trocken- und feuchtlabil, 2 = trockenstabil und feuchtlabil, 3 = trocken- und feuchtstabil, 4 = Inversion (verändert nach Hupfer & Kuttler 2006).

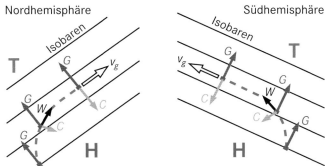

Abb. 8.19 Entstehung des geostrophischen Windes v_g auf der Nord- und Südhemisphäre (G = Gradientkraft, C = Corioliskraft, W = Windvektor, H = Hochdruckgebiet, T = Tiefdruckgebiet).

Druckunterschiede sind dabei zumeist thermischer Natur und werden in Abschn. 8.9 erklärt.

Bei Luftbewegungen über Entfernungen von mehr als einigen Hundert Kilometern spricht man von großräumigen Luftbewegungen. Bei ihnen beginnt sich der **Ablenkungseffekt durch die Erdrotation** bemerkbar zu machen. Hier werden die Folgen für den einfachen Fall einer unbeschleunigten Strömung konstanter Geschwindigkeit betrachtet; weitergehende Effekte bei beschleunigter und abgebremster Luftbewegung werden im Abschn. 8.7 behandelt. Zu unterscheiden ist jedoch danach, ob weitere Kräfte wie Zentrifugal- und Reibungskraft zu berücksichtigen sind.

Im ersten betrachteten Fall seien geradlinige Isobaren und nahezu reibungsfreie Verhältnisse oberhalb der Peplosphäre unterstellt, die einzigen wirksamen Kräfte seien also **Gradientkraft** G und **Corioliskraft** C (Exkurs 8.3). Die Abb. 8.19 geht von existenten Hoch- und Tiefdruckgebieten aus, deren Entstehung in Abschn. 8.7 beleuchtet wird. Die zugehörige, vom Hoch zum Tief gerichtete Gradientkraft löst eine Luftbewegung aus, die allmählich der Coriolisablenkung unterliegt (nach rechts auf der Nord-, nach links auf der Südhalbkugel). Ein Gleichgewichtszustand ist erreicht, wenn Gradient- und Corioliskraft gleich groß und entgegengerichtet sind, die entsprechende isobarenparallele Strömung wird **geostrophischer Wind** genannt. Er ist in der reibungsfreien Höhenströmung ein häufig zutreffendes Modell und lässt sich aufgrund der Übereinstimmung $G = C$ angeben als (Exkurs 8.3):

$$v_g = 1/\rho \cdot dp/dn \cdot 1/f$$

Dies impliziert, dass bei gleichem Druckgradienten und gleicher Luftdichte in niederen Breiten ein stärkerer geostrophischer Wind resultiert als in höheren Breiten. Wesentlich ist überdies, dass im Unterschied zu kleinräumigen Luftbewegungen geostrophische Winde aufgrund ihrer isobarenparallelen Strömungsrichtung keinen Druck- und Temperaturausgleich zu leisten vermögen.

Sind die Isobaren nicht geradlinig, sondern gekrümmt wie im Einflussbereich von Hoch- und Tiefdruckgebieten, kommt als

weiterer Faktor die **Zentrifugalkraft** hinzu ($Z = v^2 / r$ mit v = Umströmungswindgeschwindigkeit und r = Drehradius). Sie addiert sich als vom Rotationszentrum weg gerichtete Kraft beim Umströmen eines Tiefdruckgebiets (Gegenuhrzeigersinn) mit der Corioliskraft zum Gegengewicht der Gradientkraft ($G = C + Z$), beim Umströmen eines Hochdruckgebiets (Uhrzeigersinn) mit der Gradientkraft zum Gegengewicht der Corioliskraft ($G + Z = C$). Diese als Gradientwind bezeichnete Luftströmung auf gekrümmten Bewegungsbahnen ist bei gleichem Druckgradienten und gleicher Luftdichte also schwächer (stärker) als ein geradliniger geostrophischer Wind, wenn ein Tief (Hoch) umströmt wird.

In der reibungsbeeinflussten unteren Atmosphäre (Peplosphäre) entsteht der sog. **geotriptische Wind** (Abb. 8.20). Hier wird die Gradientkraft ausbalanciert durch die Resultierende aus Corioliskraft (senkrecht zur Bewegungsrichtung) und abbremsender Reibungskraft (entgegengesetzt zur Bewegungsrichtung). Das Gleichgewichtsergebnis ist ein Wind, der eine ageostrophische Komponente zum tiefen Druck hin aufweist; damit wird ein partieller Druckausgleich möglich. Allerdings hängt der Ablenkungswinkel gegenüber der geostrophischen Windrichtung von der Größe der Reibungskraft und der geographischen Breite ab: In den Mittelbreiten beträgt er über dem reibungsarmen Meer nur 15 bis 20°, über dem raueren Festland 25 bis 45°. In niedrigeren Breiten, wo die Corioliskraft geringere Werte annimmt, steigt der Ablenkungswinkel und kann schon über dem Meer Werte über 40° erreichen.

Die Abb. 8.21 zeigt überdies, wie sich der Ablenkungswinkel innerhalb der reibungsbeeinflussten Atmosphäre mit der Höhe ändert: In Bodennähe ist er am größten, um mit zunehmender Höhe sukzessive abzunehmen und die tatsächliche Windrichtung allmählich der geostrophischen anzunähern. Diese charakteristische Winddrehung, gepaart mit einer Geschwindigkeitszunahme unter nachlassendem Reibungseinfluss (vertikale Scherung), beschreibt eine sog. **Ekman-Spirale** (Abb. 8.21), die für die Windverhältnisse der Reibungsschicht kennzeichnend ist.

Zusammenfassend ergibt sich im bodennahen Strömungsfeld zwischen Hoch- und Tiefdruckkernen folgendes Kräftespiel (Abb. 8.22): Luftmassen, die dem Druckgradienten vom Hoch zum Tief folgend aus dem Hochdruckgebiet ausströmen,

Kapitel 8

Exkurs 8.3 Klimatologische Grundbegriffe zu Austauschprozessen

Trocken- und feuchtadiabatische Temperaturgradienten: Sie geben an, wie sich die Temperatur eines vertikal bewegten Luftpakets ohne Wärmezufuhr und -entzug von außen allein aufgrund des variierenden Luftdrucks verändert. Bei vertikalem Aufstieg dehnt sich Luft wegen des sinkenden Außendrucks aus, die dafür erforderliche Arbeit wird der inneren thermischen Energie des aufsteigenden Luftpakets entnommen, das entsprechend abkühlt. Bei Absinken wird Luft unter steigendem Außendruck komprimiert, die dafür aufgewendete Arbeit wird in innere thermische Energie des absinkenden Luftpakets umgewandelt, das sich entsprechend erwärmt. Aus dem ersten Hauptsatz der Thermodynamik lässt sich herleiten, dass der trockenadiabatische Gradient ohne Phasenänderungen des Wasserdampfes ca. 1 K/100 m beträgt (Hupfer & Kuttler 2006). Bei Wasserdampfsättigung verringert sich im feuchtadiabatischen Gradienten dieser Wert aufgrund freigesetzter Kondensations- oder Sublimationswärme auf ca. 0,4–0,8 K/100 m in Abhängigkeit von der in die Phasenübergänge involvierten Wasserdampfmenge.

Gradientkraft: Antriebskraft horizontaler Luftbewegungen, die auf horizontale Druckunterschiede zurückgeht. Sie ergibt sich aus dem Produkt der invertierten Luftdichte ρ mit dem horizontalen Luftdruckgradienten dp/dn (Luftdruckänderung dp pro Streckeneinheit dn in senkrechter Richtung zu den Isobaren):

$$G = 1/\rho \cdot dp/dn$$

Corioliskraft und Coriolisparameter: Aufgrund der Erdrotation unterliegen großräumige Luftbewegungen einer Rechtsablenkung auf der Nord-, einer Linksablenkung auf der Südhalbkugel. Ursache dafür ist bei einer meridionalen (längenkreisparallelen) Strömung die sich mit der geographischen Breite verändernde Mitführungsgeschwindigkeit der Erde (z. B. 1670 km/h am Äquator, 835 km/h in 60° Breite), an die sich bewegte Luftpakete aufgrund ihrer Massenträgheit erst mit zeitlicher Verzögerung anzupassen vermögen, sodass sie beim Transport in niedrigere (höhere) Breiten hinter der Erdrotation zurückbleiben (der Erdrotation vorauseilen). Bei zonaler (breitenkreisparalleler) Strömung resultieren ähnliche Ablenkungen, da die bei Westwinden

(Ostwinden) verstärkte (abgeschwächte) Zentrifugalkraft eine zusätzliche Horizontalkomponente beinhaltet, die senkrecht zur Strömungsrichtung orientiert ist (nach rechts auf der Nord-, nach links auf der Südhalbkugel). Quantitativ bestimmt sich die auf die Masseneinheit bezogene ablenkende Corioliskraft der Erdrotation zu

$$C = 2\omega \cdot \sin\phi \cdot v$$

(ω = Winkelgeschwindigkeit der Erde; ϕ = geographische Breite; v = Windgeschwindigkeit).

Als Coriolisparameter f wird der von v unabhängige Term

$$f = 2\omega \cdot \sin\phi$$

bezeichnet. Er verdeutlicht die Breitenabhängigkeit der Coriolisablenkung (gleich null am Äquator und ansteigend mit zunehmender Breite).

Relative Vorticity: Die primär bedeutsame vertikale Komponente ζ der relativen Vorticity beschreibt Umdrehungssinn und Intensität horizontaler Drehbewegungen um vertikale Rotationsachsen relativ zum rotierenden Erdkörper. Sie setzt sich aus einem Krümmungs- und einem Scherungsanteil zusammen: Ersterer ergibt sich aus der Abweichung der Strömungsrichtung von der Tangentialrichtung an einem bestimmten Stromlinienpunkt (zyklonal bei Links-, antizyklonal bei Rechtsabweichung), Letzterer aus der Geschwindigkeitsänderung senkrecht zur Strömungsrichtung (zyklonal bei rechts-, antizyklonal bei linksseitiger Zunahme). Konventionsgemäß hat zyklonale Vorticity ein positives Vorzeichen, antizyklonale ein negatives. ζ lässt sich mittels der zonalen (u) und meridionalen (v) Windkomponenten auch darstellen als Veränderung (partielle Ableitung δ) von v in zonaler Richtung x und von u in meridionaler Richtung y:

$$\zeta = \delta v/\delta x - \delta u/\delta y$$

Die partiellen Differenzialquotienten lassen sich durch endliche Differenzen approximieren und erlauben somit eine näherungsweise Bestimmung von ζ aus Gitternetzdaten der horizontalen Windkomponenten (Jacobeit 1989).

---

unterliegen einerseits der Coriolisablenkung, woraus ein Ast antizyklonaler Umströmung des Hochdruckkerns resultiert (im Uhrzeigersinn auf der Nord-, entgegengesetzt auf der Südhalbkugel); andererseits ergibt sich aus dem bodennahen Reibungseinfluss eine zum Tief gerichtete Bewegungskomponente, die dort zum Einströmen führt und unter zyklonale Rotation gelangt (jeweils invertierter Umdrehungssinn zum antizyklonalen Fall). Bodennah sind also Hochdruckgebiete durch divergentes Ausströmen, Tiefdruckgebiete durch konvergentes Einströmen gekennzeichnet; beides verbindet sich mit entsprechenden Ver-

tikalbewegungen (abwärts gerichtet im Hoch, aufwärts gerichtet im Tief).

Vertikale Luftbewegungen

Abgesehen von Gewitterzellen, in denen Vertikalgeschwindigkeiten bis zu 15 m/s auftreten können, sind vertikale Luftbewe-

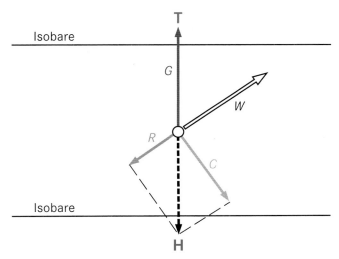

Abb. 8.20 Kräftegleichgewicht beim geotriptischen Wind (G = Gradientkraft, C = Corioliskraft, R = Reibungskraft, W = Windvektor, H = Hochdruckgebiet, T = Tiefdruckgebiet).

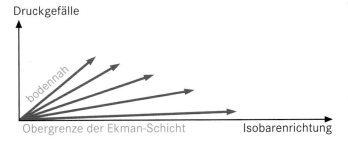

Abb. 8.21 Ekman-Spirale in der reibungsbeeinflussten Atmosphäre (verändert nach Malberg 2007).

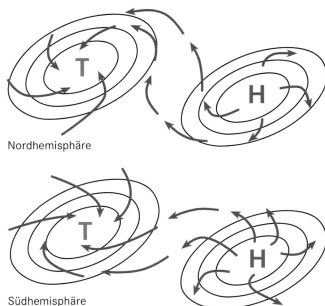

Abb. 8.22 Strömungsverhältnisse im bodennahen Luftdruckfeld.

gungen vergleichsweise klein (einige cm/s) gegenüber horizontalen Winden (bei Jetstreams bis zu mehreren Hundert km/h). Wichtig sind sie dennoch wegen ihres erheblichen Vertikalaustauschs und der thermodynamischen Zustandsänderungen etwa im Zusammenhang mit **Bildung und Auflösung von Wolken**. Es lassen sich verschiedene Ursachengruppen benennen:

1) **Einfluss der Orographie:** Quer zur horizontalen Strömungsrichtung angeordnete Gebirgszüge bewirken im Luv eine orographisch erzwungene Hebung, im Lee orographische Fallwinde. Damit gehen häufig markante Witterungsphänomene einher (Steigungsniederschlag bzw. Föhneffekte).

2) **dynamische Turbulenz:** Durch vertikale Änderung von Windrichtung (Drehung) und Windgeschwindigkeit (Scherung) – z. B. bei nachlassendem Reibungseinfluss oder im Bereich von Starkwindzonen – bilden sich verschiedenartige Wirbel, die insbesondere auch vertikale Bewegungskomponenten beinhalten.

3) **Advektion unterschiedlich temperierter Luftmassen:** Wird wärmere Luft gegen kältere geführt (Warmfront), gleitet Erstere als spezifisch leichtere auf Letztere auf, wobei selbst bei kleinem Steigungsverhältnis (unter 1 %) eine Vertikalkom-

ponente von einigen cm/s resultiert. Wird kältere Luft gegen wärmere geführt (Kaltfront), bricht Erstere als spezifisch Schwerere in Letztere ein, wobei diese zum konvektiven Aufsteigen mit einigen m/s veranlasst wird.

4) **labile Schichtung:** Diese Art der thermischen Schichtung kann unterschiedliche Gründe haben: zum einen die Aufheizung von der Unterlage (z. B. bei starker Sonneneinstrahlung), wobei bodennah erwärmte und spezifisch leichtere Luftpakete aufsteigen (thermische Konvektion) und in ihrer Umgebung kompensatorische Absinkbewegungen entstehen, zum anderen Kaltluftadvektion in der Höhe (z. B. auf der Rückseite von Frontalzyklonen), wodurch vor allem im Sommer ein reger Vertikalaustausch induziert werden kann.

5) **Vergenzen im horizontalen Strömungsfeld:** Konvergenz (Massengewinn) in der unteren Troposphäre und Divergenz (Massenverlust) in der oberen Troposphäre führen zu aufwärts gerichteter Vertikalbewegung, die umgekehrten Konstellationen zu Absinkprozessen. In welchem dynamischen Kontext derartige Vergenzen zur Ausbildung gelangen, wird in Abschn. 8.7 behandelt.

6) **Advektion relativer Vorticity:** Wird im horizontalen Strömungsfeld positive (negative) Vorticity herangeführt, führt dies zu aufsteigender (absinkender) Luftbewegung, wie sie für voll entwickelte Zyklonen (Antizyklonen) kennzeichnend ist.

Drucksysteme

Hoch- und Tiefdrucksysteme lassen sich gemäß ihrer Entstehung in thermische und dynamische Druckgebilde einteilen. Bei Ersteren erzeugt die jeweilige Temperatur einer Luftmasse über die damit gekoppelte Luftdichte einen typischen Druckunterschied

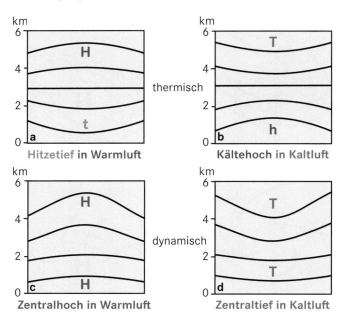

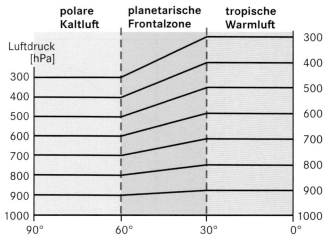

Abb. 8.24 Generalisierte Druckverteilung in der Troposphäre (verändert nach Flohn 1960).

Abb. 8.23 Schematischer Aufbau thermischer und dynamischer Drucksysteme. Die schwarzen Linien indizieren Flächen gleichen Luftdrucks (verändert nach Barry & Chorley 2010).

zur Umgebung: So bildet Warmluft geringer Dichte gegenüber der kälteren Umgebung ein relatives Tiefdruckgebiet aus, das bei entsprechender Intensität als **Hitzetief** bezeichnet wird. Umgekehrt entsteht mit Kaltluft hoher Dichte gegenüber der wärmeren Umgebung ein relatives Hochdruckgebiet, das bei kräftiger Ausbildung als **Kältehoch** bezeichnet wird. Beide thermischen Drucksysteme haben allerdings nur eine begrenzte Vertikalerstreckung, da nach der barometrischen Höhenformel der Luftdruck in einer kalten Atmosphäre mit zunehmender Höhe schneller abnimmt als in einer warmen Atmosphäre, also über einem Kältehoch ein Höhentief und über einem Hitzetief ein Höhenhoch zur Ausbildung gelangt (Abb. 8.23).

Anders verhält es sich bei **dynamischen Drucksystemen**, auf deren Entstehung in Abschn. 8.7 eingegangen wird. Ein dynamisches Bodenhoch in Warmluft verstärkt sich sogar mit zunehmender Höhe und bildet ein vertikal mächtiges Zentralhoch, entsprechend intensiviert sich ein dynamisches Bodentief in Kaltluft nach oben und formt ein Zentraltief (Abb. 8.23). Entstehungsbedingt sind allerdings die dynamischen Drucksysteme vertikal geneigt, sodass die Bodendruckgebiete jeweils an der Vorderseite des entsprechenden Höhendruckregimes zu finden sind.

Eine weitere bedeutsame Abwandlung tritt in Gestalt der **außertropischen Frontalzyklonen** in Erscheinung. Sie sind nicht ausschließlich in Kaltluft ausgebildet, sondern beinhalten einen Warmsektor, an dessen Begrenzungen unterschiedliche Luftmassenfronten wetterwirksam sind: zum einen die gegen die Vorderseitenkaltluft vorrückende Warmfront, gekennzeichnet durch großräumige Aufgleitbewegungen, stratiforme Wolkenbildung und Landregen, zum anderen die durch nach-

rückende Rückseitenkaltluft entstandene Kaltfront, geprägt von erzwungener Konvektion, cumuliformer Wolkenbildung und Schauerniederschlägen. Frontalzyklonen sind mit dem mäandrierenden Polarfront-Jetstream der Höhenströmung verbunden, der ein wesentliches Glied der Planetarischen Zirkulation ist (Abschn. 8.7).

Tropische Zyklonen sind dagegen frontenlose Tiefdrucksysteme, bei denen die latente Energie eine wichtige Rolle spielt. Unter speziellen Bedingungen können sie intensitätsgesteigert als tropischer Wirbelsturm ausgebildet sein (Borchert 1993). Daneben gibt es eine Reihe **sekundärer Drucksysteme**, die hier lediglich benannt seien: Zwischenhoch, Randtief, Leedepression, Polartief.

8.7 Planetarische Zirkulation

Der großräumige Austausch von Masse, Wärme und Drehimpuls in der Atmosphäre wird ausgelöst durch den mittleren Temperatur- und Druckgegensatz zwischen niederen und höheren Breiten. Wie die Abb. 8.24 schematisch verdeutlicht, sind die Tropen durch relativ homogene Warmluft, die Polargebiete durch relativ homogene Kaltluft gekennzeichnet, während sich das hemisphärische Temperaturgefälle jeweils auf die Mittelbreiten konzentriert (**planetarische Frontalzone**). Dieser Temperaturverteilung entspricht eine großräumige Druckverteilung, bei der die isobaren Flächen in der tropischen Warmluft mit der Höhe zunehmend angehoben sind und folglich in der Frontalzone ein nach oben sich verstärkendes Druckgefälle zu den Polargebieten ausgebildet wird (Abb. 8.24). In der reibungsfreien höheren Troposphäre entsteht daraus unter Berücksichtigung der ablenkenden Corioliskraft nach den geostrophischen Gleichgewichtsbedingungen in beiden Hemisphären eine **außertropische Westwinddrift**, die zunächst

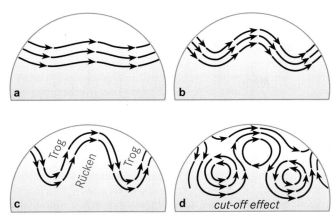

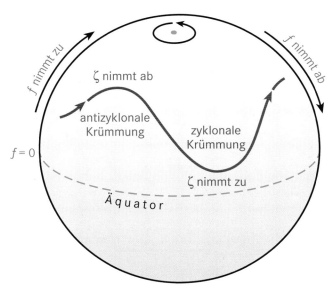

Abb. 8.25 Zirkulationsformen in der Höhenströmung der außertropischen Westwinddrift: **a** Zonalzirkulation, **b** gemischte Zirkulation, **c** Meridionalzirkulation, **d** zelluläre Zirkulation (verändert nach Barry & Chorley 2010).

näher betrachtet werden soll, bevor auf die Zirkulation in den Tropen eingegangen wird.

Außertropische Zirkulation

Die zunächst abgeleitete zonale Höhenströmung vermag den meridionalen Temperatur- und Druckgegensatz nicht auszugleichen, er wird sich sogar weiter verschärfen (bedingt durch den unterschiedlichen Strahlungs- und Wärmehaushalt verschiedener Breitenzonen). Nach Weischet & Endlicher (2012) geht allerdings ab einem meridionalen Temperaturgradienten im 500-hPa-Niveau von 6 °C/1000 km – bei Freisetzung latenter Energie (Wolkenbildung) sogar schon ab 3,5 °C/1000 km – die Zonalzirkulation in eine **Wellenzirkulation** über, deren unterschiedliche Stadien verschiedenartige Zirkulationsformen konstituieren (Abb. 8.25): So kann man bei vorherrschend diagonal verlaufenden Strömungsästen von einer gemischten Zirkulation sprechen, während die amplitudenverstärkte Variante mit weit äquatorwärts vorstoßenden zyklonalen **Kaltlufttrögen** und weit polwärts vorstoßenden antizyklonalen **Warmluftrücken** als Meridionalzirkulation bezeichnet wird. Werden periphere Teile dieser unterschiedlich temperierten Luftmassen von ihrem Ursprungsgebiet abgeschnürt (*cut-off effect*), resultieren zyklonale Kaltlufttropfen bzw. antizyklonale Warmluftinseln, die insgesamt eine zelluläre Zirkulation konstituieren (Abb. 8.25). Dabei kann die Westwinddrift für längere Zeit blockiert bleiben, bevor sich nach Auflösung der **cut-off-Zellen** erneut eine Zonalzirkulation herausbildet und ein weiterer, allerdings sehr variabler Zyklus der Zirkulationsformen durchlaufen werden kann. Kennzeichen der nicht zonalen Formen ist dabei ihre gesteigerte Austauschleistung zwischen niederen und höheren Breiten, vor allem in den Varianten meridionaler und zellulärer Zirkulation.

Abb. 8.26 Mechanismus der Rossby-Wellen-Entwicklung in der Höhenströmung der außertropischen Westwinddrift (f = Coriolisparameter, ζ = relative Vorticity; verändert nach Barry & Chorley 2010).

Die großskaligen Rücken und Tröge der Höhenströmung werden als planetare Wellen oder **Rossby-Wellen** bezeichnet, der Mechanismus ihrer Entwicklung geht aus Abb. 8.26 hervor: Da gezeigt werden kann, dass bei großräumigen Luftbewegungen die absolute Vorticity (Summe aus Coriolisparameter f und relativer Vorticity ζ) erhalten bleibt, erfährt ein polwärts verfrachteter Luftkörper, für den f größer wird, ein abnehmendes ζ, das heißt, die Krümmung seiner Zugbahn wird antizyklonal und er kehrt in niedrigere Breiten zurück. Umgekehrt wird für einen äquatorwärts verfrachteten Luftkörper f kleiner, sodass mit zunehmendem ζ die Krümmung seiner Zugbahn zyklonal wird und er in höhere Breiten zurückkehrt. Nicht berücksichtigt in diesem vereinfachten Modell sind Scherungsanteile bei ζ und die erst in die sog. potenzielle Vorticity invers eingehende variable Vertikalerstreckung des Luftkörpers.

In der **barotropen Rossby-Gleichung** wird ein Zusammenhang zwischen der Rossby-Wellenlänge L und der Geschwindigkeit U des zonalen Grundstroms hergestellt:

$$c = U - \beta \cdot (L/2\pi)^2$$

mit c als Phasengeschwindigkeit der Welle und β als meridionaler Änderung des Coriolisparameters. Speziell für stationäre Wellen ($c = 0$) ergibt sich:

$$L = 2\pi \cdot (U/\beta)^{1/2},$$

woraus für typische U-Werte von einigen m/s Wellenlängen von einigen Tausend Kilometern resultieren. Bedeutsam wird dies angesichts der Tatsache, dass quer zur Grundstromrichtung aufragende Hochgebirgszüge ortsfixiert immer wieder **Rossby-Wellen** auslösen (Borchert 1993). Im Mittel ergibt sich damit

Kapitel 8

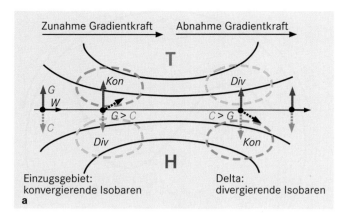

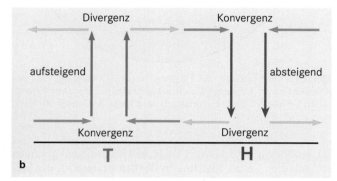

Abb. 8.27 a Entstehung von Konvergenz- (*Kon*) und Divergenzgebieten (*Div*) im Höhenströmungsfeld eines Jetstreams bei variabler Gradientkraft und Windgeschwindigkeit (*G* = Gradientkraft, *C* = Corioliskraft, *W* = Windvektor). **b** Zusammenhang von Massendivergenzen und -konvergenzen mit Bodenluftdruck und Vertikalbewegung (verändert nach Lauer & Bendix 2006).

z. B. im Lee der Rocky Mountains über Nordostamerika ein quasistationärer Höhentrog, dem als Sekundärschwingung über dem östlichen Mitteleuropa ein weiterer Höhentrog folgt. Ähnliche Effekte bewirken die zentralasiatischen Hochgebirge (ostasiatischer Höhentrog), während sie in der zum größten Teil über Meeresflächen ausgebildeten Westdrift der Südhemisphäre auf den zirkum-andinen Raum beschränkt bleiben.

Innerhalb der planetarischen Frontalzone wird der Gegensatz zwischen warmer und kalter Luft weiter zusammengedrängt zu nur mehr 100–200 km breiten, polwärts geneigten baroklinen Zonen, in denen sich (anders als in barotropen Luftmassen) die isothermen und die isobaren Flächen schneiden und die Windgeschwindigkeit mit der Höhe bis zu Strahlstromintensität zunimmt. Man spricht bei diesem frontgebundenen Starkwindfeld vom **Polarfront-Jetstream** (Exkurs 8.4), der mit der Höhenströmung mäandriert und dabei Zonen unterschiedlicher Druckgradienten durchläuft. Die Abb. 8.27a zeigt den Bereich eines Gradientmaximums mit Einzugsgebiet (konvergierende Isobaren bei zunehmender Gradientkraft) und Delta (divergierende Isobaren bei abnehmender Gradientkraft). Diese Situation führt zu Beschleunigung und Abbremsung der Luftbewegung und damit zu folgenträchtigen ageostrophischen Massenverlagerungen, die

in die Bildung dynamischer Drucksysteme münden. Hintergrund dafür ist die Massenträgheit, aufgrund derer sich im Einzugsgebiet die Windgeschwindigkeit erst mit zeitlicher Verzögerung an die zunehmende Gradientkraft G anpasst; da die Corioliskraft C von der hier noch zu geringen Windgeschwindigkeit abhängt, wird $G > C$ und es resultiert eine Massenverlagerung zur polwärtigen Seite, die dort zur Konvergenz, auf der äquatorwärtigen Seite zur Divergenz führt. Umgekehrt wird im Deltabereich bei abnehmendem G trägheitsbedingt noch eine größere Windgeschwindigkeit beibehalten, die zum Ungleichgewicht $C > G$ und damit zu Massenverlust (Divergenz) auf der polwärtigen, zu Massengewinn (Konvergenz) auf der äquatorwärtigen Seite führt. Mit welchen Konsequenzen diese Vergenzen der Höhenströmung verbunden sind, wird schematisch in der Abb. 8.27b verdeutlicht: Divergenz in der Höhe bedeutet Luftdruckfall am Boden, das dynamisch erzeugte Tief erfährt dort konvergentes Einströmen und vertikal aufsteigende Luftbewegung. Konvergenz in der Höhe dagegen führt zu Luftdruckanstieg am Boden, das dynamisch erzeugte Hoch unterliegt dort divergentem Ausströmen und vertikal absteigender Luftbewegung. Dieser als **Ryd-Scherhag-Effekt** bezeichnete Prozess wird weiterhin überlagert von der Advektion relativer Vorticity, die je nach ihrem Vorzeichen die Bildung von Hochs und Tiefs verstärkt bzw. abschwächt. So entstehen gerade an der Vorderseite zyklonaler Höhentröge mit positiver Vorticity-Advektion auf der polwärtigen Seite des Jetstream-Deltas dynamische Tiefdruckgebiete, während auf der äquatorwärtigen Seite bei negativer Vorticity dynamische Hochdruckgebiete generiert werden. Zusätzlich zu dieser breitendifferenzierten Entstehung scheren die Drucksysteme bei ihrer weiteren ostwärtigen Verlagerung noch etwas aus: Tiefdruckgebiete polwärts, Hochdruckgebiete äquatorwärts. Grund dafür ist der mit der geographischen Breite zunehmende Coriolisparameter, der an der polwärtigen Flanke der Drucksysteme etwas größer ist als an ihrer äquatorwärtigen. Da die Corioliskraft beim zyklonalen Umströmen von Tiefdruckgebieten nach außen, beim antizyklonalen Umströmen von Hochdruckgebieten aber nach innen gerichtet ist, resultiert ein leichtes Übergewicht in die genannten unterschiedlichen Richtungen. Als Folge häufen sich die dynamischen Tiefs in höheren Breiten an und bilden die **subpolare Tiefdruckrinne**, während sich die dynamischen Hochs in niedrigeren Breiten anhäufen und die **subtropische Hochdruckzone** bilden. Beide flankieren also gewissermaßen die außertropische Westwinddrift und grenzen sie zu benachbarten Zirkulationssystemen ab (polare und tropische Zirkulation), wobei aufgrund ihres zellulären Aufbaus jedoch vielfältige Austauschprozesse zwischen diesen Systemen stattfinden.

Da vor allem auf der Nordhemisphäre eine orographisch verankerte Anregung von Rossby-Wellen zu beobachten ist, gibt es überdies auch bevorzugte Regionen der Entstehung dynamischer Drucksysteme. Dies ist im Delta des Polarfront-Jetstreams stromabwärts der quasistationären Höhentröge im Lee von Rocky Mountains und zentralasiatischen Hochgebirgen, also in zentralen Teilen von Atlantik und Pazifik, der Fall. Die entsprechenden, häufig neu gebildeten oder regenerierten Drucksysteme sind als **Island-Tief** und **Azoren-Hoch** bzw. **Aleuten-Tief** und **Hawaii-Hoch** bekannt und werden als Aktionszentren des Luftdruckfelds bezeichnet.

Exkurs 8.4 Jetstreams

Jetstreams sind Starkwindfelder in der höheren Atmosphäre mit Geschwindigkeiten > 30 m/s. Sie besitzen Dimensionen von 100–500 km in der Breite, 1–4 km in der Vertikalen und mehrere Tausend km in der Länge. Besonders wichtig ist der Polarfront-Jetstream, der sich den verschärften Druckgegensätzen im Bereich barokliner Zonen der planetarischen Frontalzone verdankt. Der subtropische Jetstream oberhalb der subtropischen Hochdruckzellen ist dagegen nicht an Fronten gebunden und geht primär auf die Erhaltung des Gesamtdrehimpulses G bei polwärtiger Massenverlagerung zurück:

$$G = m \cdot v \cdot R \cdot \cos \phi$$

mit Masse m, Windgeschwindigkeit v, Erdradius R und geographischer Breite ϕ. Wird mit zunehmender Breite der Radiusabstand $R \cdot \cos\phi$ zur Rotationsachse geringer, muss v entsprechend größer werden. In den Tropen wird zwischen Südostasien und Afrika im Nordsommer der *tropical easterly jet* (TEJ) ausgebildet, der sich dem verschärften Druckgefälle vom tibetanischen Höhenhoch in Richtung Äquator verdankt.

An ihrer Rückseite existieren konvergierende Luftströmungen, die subpolare Kaltluft und subtropische Warmluft gegeneinanderführen und so erneute Frontogenese begünstigen, womit ein dynamischer Prozesskreislauf geschlossen wird.

Abschließend zu erwähnen bleiben räumliche und zeitliche Unterschiede in der Ausprägung der Westwinddrift. So ist sie auf der Südhalbkugel intensiver als im Norden, da das troposphärische Temperatur- und Druckgefälle (Abb. 8.24) von den Tropen zur inlandvereisten Antarktis größer ist als zum arktischen Polargebiet. Analog ist die Westdrift beider Hemisphären im jeweiligen Winter intensiver als im Sommer, da sich die meridionalen Gradienten entsprechend jahreszeitlich ändern. Damit ist auch eine Breitenverlagerung verbunden, bei der sich die winterlich intensivere Westdrift äquatorwärts ausdehnt.

Tropische Zirkulation

Der Einflussbereich der tropischen Zirkulation erstreckt sich über das weite Gebiet zwischen den subtropischen Hochdruckzonen beider Hemisphären, in dem zwangsläufig ein Bereich relativen Druckminimums ausgebildet sein muss, der stark generalisiert als **äquatoriale Tiefdruckrinne** bezeichnet wird. In der reibungsfreien höheren Troposphäre erwächst aus dieser äquatorwärts gerichteten Gradientkraft unter Berücksichtigung der unterschiedlichen Coriolisablenkung auf beiden Hemisphären ein zonaler Grundstrom von Osten nach Westen, der Anlass für die Sprechweise von der **tropischen Ostwindzone** ist. Unter Reibungseinfluss wird bodennah daraus der zum tieferen Druck hin abgelenkte geotriptische Wind, der hier die Bezeichnungen **NE-Passat** bzw. **SE-Passat** trägt. Entsprechend seiner Herkunft aus dem Einflussbereich der subtropischen Hochdruckzone ist er von einer dynamischen Absinkinversion (Passatinversion) begleitet, die abseits von gebirgsbedingtem Stau für niederschlagsfreie Verhältnisse sorgt. Allerdings steigt sie mit zunehmender Äquatorannäherung an, bis es im Bereich der **Innertropischen Konvergenzzone (ITC)** zu aufsteigender Luftbewegung und konvektiven Niederschlägen kommt.

Wie die Abb. 8.28 zeigt, ist diese Konvergenz allerdings selten durch das unmittelbare Aufeinandertreffen der Passate beider Hemisphären bedingt, vielmehr findet sich in den kontinental geprägten Bereichen eine **Zone tropischer Westwinde** eingelagert, die mit einer Aufspaltung der ITC in einen nördlichen und einen südlichen Ast einhergeht. Dabei ist der auf der jeweiligen Sommerhalbkugel gelegene Ast der primäre (meteorologischer Äquator), während der sekundäre in Nähe des mathematischen Äquators zu finden ist. Die Abb. 8.29 zeigt die Ausdehnung der tropischen Westwindzone, wobei die nördlichen und südlichen Begrenzungen den Extremalpositionen des primären ITC-Astes entsprechen. Man erkennt zum einen, dass über großen Teilen des Pazifiks und Atlantiks diese Westwindzone gänzlich fehlt, während sie zum anderen in einem äquatornahen Streifen der übrigen Gebiete sogar ganzjährig ausgebildet ist. Hintergrund ist das monsunale Zirkulationssystem der Tropen, das nach Flohn (1960) nicht etwa als kontinental vergrößertes Land-See-Windsystem verstanden werden darf, sondern auf die jahreszeitliche Verlagerung der großräumigen Druck- und Windsysteme zurückzuführen ist. So bildet sich in den kontinental geprägten Bereichen im jeweiligen Hemisphärensommer aufgrund eines dominanten Druckgefälles zu den markanten, in Nähe des Ze-

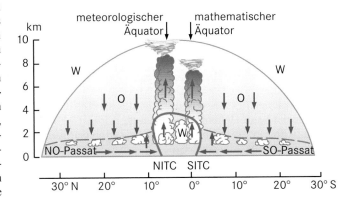

Abb. 8.28 Tropische Ostwindzone in kontinental geprägten Sektoren mit eingelagerter Westwindzone und zweigeteilter ITC (verändert nach Flohn 1960).

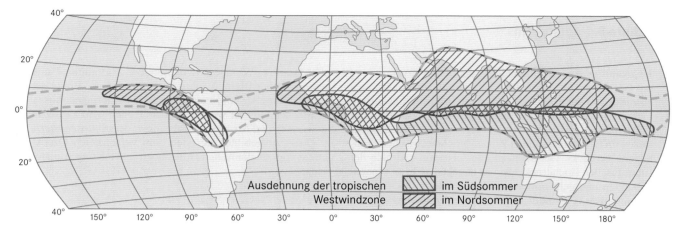

Abb. 8.29 Ausdehnung der tropischen Westwindzone (verändert nach Flohn 1971).

nitstands der Sonne gelegenen randtropischen Hitzetiefs nach geostrophischen Regeln die genannte tropische Westwindzone, in der unter Reibungseinfluss bodennah die nordhemisphärischen **SW-Monsune** bzw. südhemisphärischen **NW-Monsune** entstehen. An den Rändern dieser Zone ergeben sich Konvergenzzonen mit den Passatströmungen der beiden Hemisphären, die die beiden oben erwähnten Äste der ITC bilden. Da die randtropischen Hitzetiefs jedoch vertikal nur geringmächtig sind, erreicht auch die tropische Westwindzone meist nur eine bescheidene Vertikalerstreckung von 1–3 km. Lediglich im indischen Monsungebiet werden 5–7 km erreicht; dies geht vor allem auf die großdimensionierte hochgelegene Heizfläche des Himalaya und des Hochlandes von Tibet zurück, wodurch die tropische Westwindzone in dieser Region auch ihre maximale polwärtige Ausdehnung entfaltet (Abb. 8.29). Gleichzeitig unterliegen die monsunalen SW-Winde an der Südflanke des Himalaya orographisch erzwungener Hebung, wodurch Spitzenwerte der latenten Energiefreisetzung erreicht werden und ein außergewöhnlich niederschlagsergiebiges Monsunregime entwickelt wird.

Immer aber ist bei der tropischen Monsunzirkulation auch die überlagernde Ostströmung zu berücksichtigen, in der sich entscheidende Prozesse für das monsunale Niederschlagsgeschehen abspielen. Dies umfasst beispielsweise Höhendivergenz- und Höhenkonvergenzgebiete, die fördernd bzw. hemmend auf die Konvektionsaktivität einwirken und analog zu Abb. 8.27 in Beschleunigungs- wie Abbremsbereichen von Jetstreams aufgrund trägheitsbedingter ageostrophischer Massenverlagerungen entstehen. Prominentes Beispiel dafür ist der durch das sommerliche tibetanische Höhenhoch induzierte *tropical easterly jet* (TEJ), in dessen Einzugsbereich sich auf der polwärtigen Seite eine Höhendivergenz ausbildet, die mit dem asiatischen Monsuntrog der unteren Troposphäre in Zusammenhang steht und über Nordost-Indien sowie den östlich anschließenden Gebieten die Hauptzone der asiatischen Sommerniederschläge entstehen lässt. Im Delta des TEJ über Afrika kehren sich die Verhältnisse um, jetzt liegt die Höhendivergenz auf der äquatorwärtigen Seite mit dem Maximum monsunaler Niederschläge in deutlich südlicherer Lage als über Vorder- und Hinterindien, während die Höhen-

konvergenz auf der polwärtigen Seite die Konvektionsaktivität im Umfeld der bodennahen ITC wirkungsvoll unterdrückt (ergiebige Niederschläge hier erst einige Hundert km weiter südlich).

Als weiteres Organisationsmoment tropischer Konvektionsaktivität sind östliche Wellenstörungen (*easterly waves*) von Bedeutung, die sich vor allem im unteren Teil der Troposphäre entwickeln und mit einem Großteil der tropischen Niederschläge in Zusammenhang stehen. Sie können sich beispielsweise bei vorübergehend verschärften Temperaturgradienten oder bei horizontalen wie vertikalen Windscherungen bilden. Riehl (1979) unterscheidet verschiedene Varianten nach dem Verhältnis von Windgeschwindigkeit und Phasengeschwindigkeit der Welle sowie nach dem vertikalen Aufbau (mit oder ohne eingelagerte monsunale Westströmung). Dementsprechend differiert auch die Lage des Hauptniederschlagsgebietes; bei der häufigsten Form liegt es – umgekehrt wie bei außertropischen Wellen – hinter der Trogachse, wo bei polwärtiger Strömungskomponente sowohl f als auch ζ größer werden (durch wachsende Breite bzw. zyklonale Krümmung) und die potenzielle Vorticity ($(f + \zeta) / h$) nur dadurch erhalten werden kann, dass die Vertikalerstreckung h des transportierten Luftkörpers zunimmt, also eine Konvektionsbelebung eintritt. An der Vorderseite der *easterly wave* dagegen nehmen bei äquatorwärtiger Strömungskomponente f und ζ ab, kompensatorisch also auch h bei vorherrschender Absinktendenz. *Easterly waves* können sich zu geschlossenen Störungssystemen wie **Monsundepressionen** oder tropischen Zyklonen weiterentwickeln.

Die gesamte Zone organisierter Konvektion, in der der Hauptteil der tropischen Niederschläge fällt, verlagert sich in den kontinental geprägten Bereichen der Tropen bei rund einmonatiger Verzögerung mit der sonnenstandsbedingten Breitenverschiebung der Zirkulationszellen und verursacht in den äquatorferneren Gebieten den charakteristischen Wechsel von monsunaler Regenzeit im Sommer und passatischer Trockenzeit im Winter; in den äquatornäheren Gebieten, die nicht mehr vom stabilen Passat erreicht werden und lediglich Intensitätszyklen der Konvektionsaktivität durchlaufen, resultieren meist immerfeuchte Verhältnisse mit zweigipfligem Niederschlagsjahresgang. Über

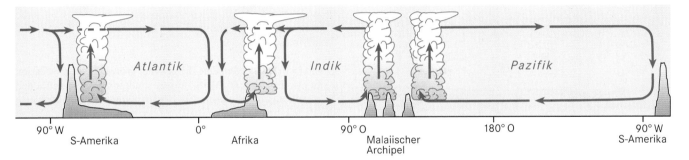

Abb. 8.30 Schema der mittleren zonalen Walker-Zirkulation in den Tropen (verändert nach Flohn 1975).

großen Teilen des Pazifiks und Atlantiks reicht dagegen die geringe jahreszeitliche ITC-Verschiebung nicht mehr aus, um überhaupt tropische Westwinde und eine monsunale Zirkulation zu erzeugen (Abb. 8.29). Der Konvektionsbereich in der äquatorialen Tiefdruckrinne ist aber dennoch häufig zweigeteilt, da über den zentralen und östlichen Teilen dieser Ozeane normalerweise kühle Auftriebswässer in Äquatornähe atmosphärische Absinkbewegungen induzieren (pazifische El-Niño-Ereignisse verändern dies allerdings wieder grundlegend).

Konzeptionelle wie pragmatische Erwägungen legen es nahe, die tropische Zirkulation in einen mittleren meridionalen und einen mittleren zonalen Bestandteil zu zerlegen. Ersterer wird als **Hadley-Zirkulation** bezeichnet und kann aus Abb. 8.28 erschlossen werden: Ihr absteigender Ast findet sich im Bereich der subtropischen Hochdruckzellen, die Meridionalkomponente der bodennahen Passatwinde bildet den äquatorwärts gerichteten Ast, die hoch reichende Konvektion im ITC-Bereich den aufsteigenden Ast und die Meridionalkomponente der Höhenströmung oberhalb der tropischen Ostwindzone (hier handelt es sich um hochtroposphärische Ausläufer der Westwinddrift) den schwach ausgebildeten polwärtigen Ast.

Die zonale **Walker-Zirkulation** (Abb. 8.30) hat ihre aufsteigenden Äste im Bereich kontinentaler Wärmequellen, ihre absteigenden Äste im Bereich ozeanischer Kaltwassergebiete und unterschiedliche zonale Äste je nach Orientierung der be-

treffenden Walker-Zelle: So bildet über Afrika und im Indik die Zonalkomponente der Monsune den bodennahen Horizontalast, die östliche Höhenströmung den hochtroposphärischen. Die entgegengerichteten Walker-Zellen des Pazifiks und Atlantiks werden vervollständigt von der Zonalkomponente der bodennahen Passate und von Ausläufern der Westwinddrift in der Höhe. Die in den Tropen häufig diagonal verlaufenden Strömungsäste der passatischen und monsunalen Windsysteme ergeben sich wieder aus der Überlagerung der meridionalen und zonalen Zirkulationszellen.

Planetarischer Überblick

Die Abb. 8.31 erweitert das Zellenkonzept auf die gesamten Hemisphären, wobei hier nicht ganz zutreffend die Tropen nur durch die Hadley-Zelle repräsentiert werden. In den Mittelbreiten der planetarischen Frontalzone ist kaum eine vertikale Zirkulationszelle auszumachen, hier dominieren horizontale Wellen und Wirbel, die man zur **Ferrel-Zirkulation** zusammenfasst. Polwärts schließt sich noch eine flache **Polarzelle** an, bei der mit östlichen Komponenten Luft aus einem thermischen Polarhoch in Richtung dynamisches Subpolartief geführt wird. In Tropopausennähe gehören noch die Jetstreams im Bereich der Polar-

Abb. 8.31 Generalisiertes Modell der planetarischen Zirkulation (verändert nach hamburger-bildungsserver.de).

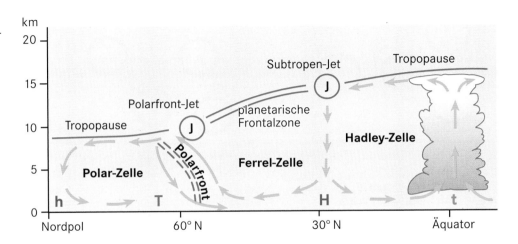

Abb. 8.32 Mittlere Bodenluftdruckverteilung im Januar (oben) und Juli (unten) sowie Lage der ITC und der wichtigsten thermischen (Klein-buchstaben) und dynamischen (Großbuchstaben) Luftdruckzentren (verändert nach Malberg 2007, Weischet & Endlicher 2012).

front bzw. oberhalb des Subtropenhochs zu den konstituierenden Elementen des allgemeinen Zirkulationsmodells.

Außerdem zeigt die Abb. 8.32 die mittlere Bodenluftdruck-verteilung im Januar und Juli sowie die Lage der ITC und der wichtigsten thermischen und dynamischen Druckzentren. Man erkennt den zellulären Aufbau der Drucksysteme und den Ein-fluss der Land-Meer-Verteilung etwa auf den ITC-Verlauf oder die Ausbildung wichtiger thermischer Druckgebiete. Für Europa ist dabei das winterliche Kältehoch über Russland von beson-

derer Bedeutung, das gelegentlich seinen Einfluss weit nach Westen ausdehnen kann und dort dann für streng winterliche Verhältnisse sorgt.

Damit ist bereits angedeutet, dass bei der großskaligen Zirkulation nicht nur die mittleren Verhältnisse, sondern auch die zeitlichen Schwankungen bedeutsam sind. Man kann sie beispielsweise durch geeignete Druckindizes erfassen, die charakteristische Teilsysteme der planetarischen Zirkulation repräsentieren. Die Abb. 8.33 zeigt einige der wichtigsten, wobei jeweils immer eine Fernkopplung (Telekonnektion) zwischen weit entfernten Regionen wirksam ist. Die global bedeutsamste Zirkulations-schwankung liegt mit dem **ENSO-System** (*El Niño Southern Oscillation*) vor: In unregelmäßigen Abständen kommt es im zen-tralen und östlichen Äquatorialpazifik zu anomal erhöhten Mee-resoberflächentemperaturen (El-Niño-Ereignis), sodass sich das sonst über dem malaiischen Archipel positionierte Konvektions-gebiet über diese Meeresflächen verlagert, während jene Region Niederschlagsdefizite erlebt. Ein einfacher Zirkulationsindex, der diese Schwankung beschreibt, ist der *Southern-Oscillation*-Index. Er misst die Druckdifferenz zwischen Pazifik und Nordaustralien und indiziert bei stark negativen Werten ein El-Niño-Ereignis. Für Europa besonders wichtig ist die **Nordatlantische Oszillation** (NAO). Sie beschreibt die Variation des Druckgegensatzes zwi-schen Azoren-Hoch und Island-Tief, wobei stark positive Werte eine kräftige Westströmung indizieren (milde Winter und kühle Sommer in Mitteleuropa!), während stark negative Werte eine abgeschwächte Westdrift oder nichtzonale Zirkulationsformen implizieren. Die Abb. 8.34 zeigt den Verlauf eines rekonstruierten NAO-Index über die letzten 500 Jahre und lässt erkennen, dass es immer wieder längerfristige Phasen unterschiedlichen Zirkulati-onsgepräges gegeben hat (z. B. vorwiegend negative NAO-Werte zwischen Mitte des 16. und Ende des 17. Jahrhunderts, vorwie-gend positive Werte etwa zwischen 1840 und 1930). Ein weiteres Einflussmoment in Europa ist durch das *Eurasian Pattern* (EU) gegeben, das über den Druckgegensatz zwischen Westeuropa und Südwestrussland die Variation der meridionalen Strömungs-komponente darzustellen gestattet. Weltweit lassen sich einige Dutzend derartiger Zirkulationsschwankungen identifizieren, die den Komplexitätsgrad des Gesamtsystems unterstreichen.

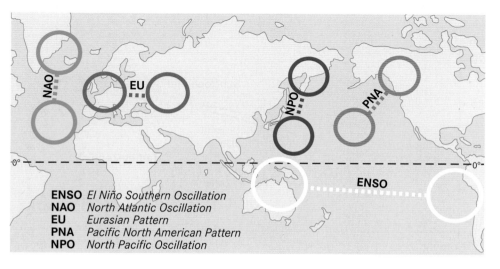

Abb. 8.33 Wichtige Zirkulations-schwankungen mit Darstellung ihrer ferngekoppelten Regionen (ver-ändert nach Wanner et al. 2000).

ENSO *El Niño Southern Oscillation*
NAO *North Atlantic Oscillation*
EU *Eurasian Pattern*
PNA *Pacific North American Pattern*
NPO *North Pacific Oscillation*

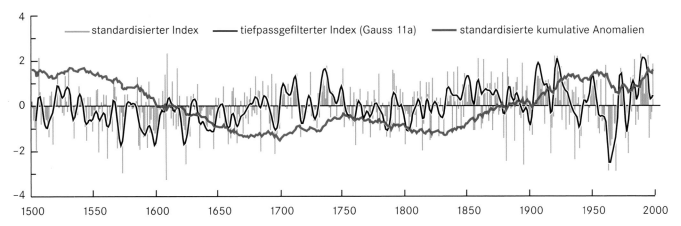

Abb. 8.34 Verlauf eines standardisierten Index der winterlichen (Dezember bis Februar) NAO über die letzten 500 Jahre, berechnet auf der Basis der von Luterbacher et al. (2002) rekonstruierten monatlichen bzw. saisonalen Bodenluftdruckfelder im nordatlantisch-europäischen Großraum.

8.8 Klimaklassifikationen

Christoph Beck

Aus den räumlichen Variationen der wesentlichen Klimasteuerungsmechanismen – externe Einflüsse und interne Wechselwirkungen – und der jeweils modifizierend wirksam werdenden **Klimafaktoren** (z. B. geographische Breite, Entfernung zum Ozean und Orographie) ergibt sich auf der Erdoberfläche ein sehr weites Variationsspektrum der einzelnen **Klimaelemente** und in der Folge aus deren vielfältigen Kombinationsmöglichkeiten eine Vielzahl unterschiedlicher Klimate.

Das Ziel von Klimaklassifikationen besteht darin, diese verschiedenen lokal ausgeprägten Einzelklimate in geeigneter Weise zu typisieren, die räumliche Lage und Ausdehnung der resultierenden Klimatypen zu ermitteln und in übersichtlicher Weise kartographisch darzustellen. Die Zusammenfassung ähnlicher Klimate zu übergeordneten, eindeutig voneinander abgrenzbaren Einheiten soll dabei unter Verwendung geeigneter, objektiv nachvollziehbarer Klassifikationskriterien erfolgen.

Da die räumlichen Variationen der verschiedenen klimatischen Variablen unterschiedlich geartet sind, ist es unmöglich, innerhalb einer Klassifikation Klimatypen zu ermitteln, die bezüglich aller klimarelevanten Größen die geforderte interne Homogenität und eindeutige gegenseitige Abgrenzbarkeit aufweisen.

Daher, aber auch entsprechend der vielfältigen zugrundeliegenden Fragestellungen werden im Rahmen der klassifikatorischen Zuordnung innerhalb verschiedener Klassifikationsansätze unterschiedliche klimarelevante Parameter bzw. Parameterkombinationen betrachtet. So können etwa pflanzenphysiologisch begründete lufttemperaturbezogene Schwellen- oder Andauerwerte wesentliche Abgrenzungskriterien innerhalb vegetationsökologisch ausgerichteter Klassifikationsansätze sein, während eine humanbioklimatologisch motivierte Klimaklassifikation eher solche Variablen berücksichtigt, die für das menschliche Wohlbefinden von entscheidender Bedeutung sind.

Wie allgemein bei der Klassifikation geowissenschaftlicher Sachverhalte, stellt sich auch im Rahmen der Klimaklassifikation die Frage nach der **optimalen Anzahl von Klassen** (Klimatypen). Zum einen sollen die einzelnen Klimatypen möglichst homogen sein und sich möglichst deutlich von den übrigen Klimatypen unterscheiden. Zum anderen sollte angestrebt werden, ihre Anzahl möglichst gering zu halten, um die Übersichtlichkeit und Anschaulichkeit der Klassifikationsergebnisse zu gewährleisten. Es muss folglich ein Kompromiss zwischen maximaler Trennschärfe und größtmöglicher Übersichtlichkeit der Klassifikationsergebnisse gefunden werden.

Auch wenn innerhalb der meisten Klimaklassifikationsansätze objektiv erfassbare Grenzdefinitionen – meist in Form von **Schwellenwerten** – herangezogen werden, sind die Definition derselben und damit auch die Entscheidung über die Anzahl der resultierenden Klimatypen letztlich immer stark von subjektiv geprägten Entscheidungen des Bearbeiters abhängig. In jüngster Zeit wurden allerdings Ansätze zur Klimaklassifikation unter Verwendung statistischer Methoden entwickelt, die zum einen eine objektive Abgrenzung der verschiedenen Klimatypen ermöglichen und zum anderen über die Optimierung der statistisch erfassbaren Trennschärfe zwischen den Klimatypen zu einer optimalen Anzahl von Klimatypen gelangen (Gerstengarbe & Werner 1997).

Idealerweise sollten Klimaklassifikationen auf den Daten einer ausreichend langen, einheitlich bestimmten **Referenzperiode**, z. B. auf den von der WMO (*World Meteorological Organization*) vorgeschlagenen 30-jährigen Bezugszeiträumen, beruhen und damit ein Bild der regionalen Differenzierungen der über einen längeren Zeitraum ermittelten mittleren klimatischen Zustände liefern. Aufgrund der regional unterschiedlichen zeitlichen Verfügbarkeit klimatologischer Daten kann dieser Anspruch allerdings nicht immer erfüllt werden.

Kapitel 8

Effektive und genetische Klimaklassifikationen

Klimaklassifikationen können für verschiedene räumliche Dimensionen des Klimas erstellt werden. Im Weiteren sollen aber nur Klassifikationen auf der globalen Maßstabsebene näher erläutert werden.

Seit dem Ende des 19. Jahrhunderts wurden zahlreiche Ansätze zur globalen Klimaklassifikation publiziert. Dabei kristallisierten sich im Wesentlichen zwei prinzipiell zu unterscheidende Herangehensweisen zur Klassifikation heraus: zum einen die effektiven Klimaklassifikationen und zum anderen genetische Klassifikationsansätze.

Die sog. **effektiven Klimaklassifikationen** orientieren sich in erster Linie an den Auswirkungen des Klimas auf die natürlichen Systeme, vor allem die Vegetation. Bevorzugt werden dabei räumliche Verbreitungsgrenzen der potenziellen natürlichen Vegetation als Grundlage für die Herleitung klimatisch definierter Abgrenzungskriterien in Form von Schwellen- oder Andauerwerten herangezogen. Eine thermische Charakterisierung der Tropen, die das Erreichen oder Überschreiten einer Mitteltemperatur von 18 °C im kältesten Monat fordert, beruht z. B. auf der damit verbundenen Verbreitungsgrenze zahlreicher kälteempfindlicher tropischer Pflanzen, wie etwa der Kokospalme

(**Palmengrenze**). Als weiteres wichtiges vegetationsbezogenes Abgrenzungskriterium sei die **Baumgrenze** genannt, die in verschiedenen Klassifikationsansätzen durch das in mindestens einem Monat zu verzeichnende Überschreiten einer Mitteltemperatur von 10 °C angenähert wird.

Eine der ältesten und die wohl bekannteste effektive Klimaklassifikation ist die von **Wladimir Köppen** (1900, 1918, 1936). Sie wurde inzwischen von verschiedenen Autoren (Geiger & Pohl 1954, Trewartha 1968) mehrfach modifiziert und erweitert. Eine äußerst gelungene und sehr viel detailliertere Darstellung des Klassifikationsschemas nach Köppen findet sich beispielsweise bei Kraus (2004). Eine auf räumlich hochaufgelösten Temperatur- und Niederschlagsdaten für den Zeitraum 1951 bis 2000 beruhende Weltkarte der Köppen'schen Klimaklassifikation erarbeiteten Kottek et al. (2006).

Auf Grundlage meist vegetationsbezogener Schwellen- und Andauerwerte der Lufttemperatur und des Niederschlages werden in der Klassifikation nach Köppen in fortschreitender räumlicher Differenzierung Klimazonen, Klimatypen und Klimauntertypen bestimmt und durch entsprechende Buchstabenkombinationen gekennzeichnet. Einen Überblick der beiden höchsten Hierarchieebenen der Klassifikation gibt Tab. 8.2. Die räumliche Verbreitung der Klimatypen ist in Abb. 8.35 dargestellt. Der erste Buchstabe der Köppen'schen Klimaformel bezeichnet hierbei die

Tab. 8.2 Klimazonen und Klimatypen sowie Abgrenzungskriterien der globalen Klimaklassifikation nach Köppen (1936).

	Klimazone		Klimatypen	
A	tropische Regenklimate $Tm_{min} \geq 18\,°C$	Af	feuchtheiße Urwaldklimate	$Rm_{min} \geq 6\,cm/mon$
		Aw	periodisch trockene Savannenklimate	$Rm_{min} < 6\,cm/mon$
B	Trockenklimate $R < RD$	BS	Steppenklimate	$R \geq RD/2$
		BW	Wüstenklimate	$R < RD/2$
C	warmgemäßigte Regenklimate $-3\,°C < Tm_{min} < 18\,°C$	Cs	warme, sommertrockene Klimate	$Rw_{max} \geq 3\,Rs_{min}$
		Cf	feuchttemperierte Klimate	$Rw_{max} < 3\,Rs_{min}$ und $Rs_{max} < 10\,Rw_{min}$
		Cw	warme, wintertrockene Klimate	$Rs_{max} \geq 10\,Rw_{min}$
D	boreale subarktische Klimate $Tm_{min} \leq -3\,°C$, $Tm_{max} > 10\,°C$	Df	winterfeucht-kalte Klimate	$Rs_{max} < 10\,Rw_{min}$
		Dw	wintertrocken-kalte Klimate	$Rs_{max} \geq 10\,Rw_{min}$
E	Schneeklimate $Tm_{max} < 10\,°C$	ET	Tundrenklimate	$0\,°C \leq Tm_{max} < 10\,°C$
		EF	Klimate des ewigen Frostes	$Tm_{max} < 0\,°C$

Erläuterungen zur Tabelle:

Tm_{min} = Temperatur-Monatsmittel des kältesten Monats
Tm_{max} = Temperatur-Monatsmittel des wärmsten Monats
T = Temperatur-Jahresmittel (in °C)
R = jährliche Niederschlagssumme (in cm)
Rm_{min} = Niederschlagssumme des niederschlagsärmsten Monats (in cm)
RD = 2T + 28 (bei Sommerregen)
RD = 2T + 14 (ohne deutliche jahreszeitliche Differenzierung)
RD = 2T (bei Winterregen)
Rw_{max} = Niederschlagssumme des niederschlagsreichsten Wintermonats (in cm)
Rw_{min} = Niederschlagssumme des niederschlagsärmsten Wintermonats (in cm)
Rs_{max} = Niederschlagssumme des niederschlagsreichsten Sommermonats (in cm)
Rs_{min} = Niederschlagssumme des niederschlagsärmsten Sommermonats (in cm)

Abb. 8.35 Schematische Darstellung der räumlichen Verteilung der Klimatypen nach Köppen (links) und der Klimazonen nach Flohn (rechts) auf einem Ideal-kontinent (Bezeichnung der Klimatypen bzw. Klimazonen wie in Tab. 8.2 und 8.3; ver-ändert nach Barry & Chorley 2010).

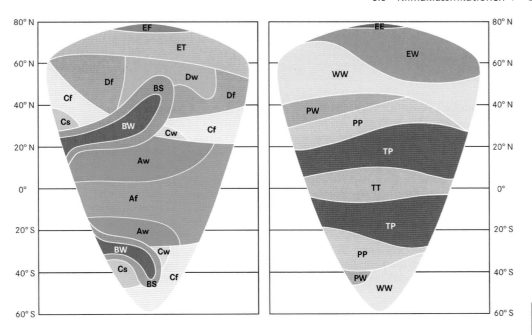

Klimazonen, die mit einer Ausnahme (Trockenklima B) jeweils über die Lufttemperatur abgegrenzt werden. Die weitere Diffe-renzierung in Klimatypen erfolgt in erster Linie unter Berück-sichtigung von Jahressumme und jahreszeitlicher Verteilung des Niederschlags (zweiter Buchstabe), während die Abgrenzung der in Tab. 8.2 und Abb. 8.35 nicht mehr aufgeführten Klimaunter-typen (dritter Buchstabe) wiederum mithilfe der Lufttemperatur geschieht. Diese dritte Unterteilung wird aufgrund der nur dort vorhandenen bedeutsamen jahreszeitlichen Temperaturunter-schiede lediglich für die Klimazonen B, C und D durchgeführt. Für die Klimazone C ergibt sich so beispielsweise letztlich eine weitere Differenzierung der drei Klimatypen Cs, Cf und Cw in vier, jeweils durch heiße, warme oder kühle Sommer bzw. ex-trem kalte Winter charakterisierte Klimauntertypen.

Allerdings existieren nicht alle theoretisch möglichen Buchsta-benkombinationen auch in der Realität, so treten kühle Sommer im C-Klima beispielsweise nicht in Verbindung mit sommer-licher Trockenzeit auf.

Neben der besprochenen Klimaklassifikation nach Köppen und den verschiedenen darauf aufbauenden Ansätzen, existieren zahlreiche weitere effektive Klimaklassifikationen, von denen nur einige ausgewählte erwähnt werden sollen. Eine vegeta-tionsbezogene Klassifikation wurde etwa von Thornthwaite (1933) vorgelegt, eine ökophysiologisch-strahlungsklima-tische von Lauer & Frankenberg (1985). Einen neuen Ansatz verfolgt die Klimaklassifikation von Siegmund und Franken-berg (Siegmund 1995, Siegmund & Frankenberg 1999, 2008), der auf einem integrativen „Baukastensystem" basiert und moderne klimaökologische Erkenntnisse (z. B. Humiditäts-begriff) sowie didaktische Überlegungen mit einbezieht. Die Klassifikation von Siegmund und Frankenberg wird im Ex-kurs 8.5 ausführlicher vorgestellt. Troll & Paffen (1963) er-arbeiteten eine Klimaklassifikation, die sich ebenfalls an den Beziehungen zwischen Klima und Vegetation orientiert, wobei

die jahreszeitlichen Variationen von Lufttemperatur und Nie-derschlag ein maßgebliches Klassifikationskriterium darstellen. Eine stark an hydrogeographischen Aspekten ausgerichtete Klassifikation schließlich stammt von Penck (1910). Auf der Grundlage der kombinierten Betrachtung der wesentlichen, zur Klassifikation herangezogenen Variablen Niederschlagsmenge, Niederschlagsform und Verdunstung in ihrer jahreszeitlichen Differenzierung werden Klimatypen mit charakteristischen hydrogeographischen Merkmalen ermittelt.

Ein Nachteil effektiver Klassifikationen besteht darin, dass sie keine Rückschlüsse auf die Ursachen räumlicher Klimadiffe-renzierungen erlauben. Genau diese verursachenden Faktoren bilden hingegen die Grundlage **genetischer Klimaklassifika-tionsansätze**, die die räumliche Ausprägung unterschiedlicher klimagenetischer Größen zu einer Systematisierung der Klimate heranziehen. Verschiedene genetische Klimaklassifikationen, die in sehr viel geringerer Zahl als die oben erwähnten effektiven Ansätze vorliegen, beziehen sich im Rahmen der Klassifikation auf den Strahlungs- und Wärmehaushalt der Erdoberfläche oder die großräumige atmosphärische Zirkulationsdynamik.

Das grundlegende Zuordnungskriterium im Rahmen des gene-tischen Klassifikationsansatzes von **Hermann Flohn** (1950) ist die Lage eines Raums in Bezug zu den in zonaler Richtung orien-tierten Hauptwindgürteln der unteren Troposphäre (Abschn. 8.6). Es resultieren dementsprechend insgesamt sieben großräumige Klimate (Abb. 8.35, Tab. 8.3), von denen vier durch das ganz-jährige Vorherrschen einer zonalen Strömungskomponente gekennzeichnet sind (stetige Klimate), während drei, räumlich betrachtet, zwischen den vier erstgenannten ausgeprägten Klima-zonen einen jahreszeitlichen Wechsel der klimabestimmenden hauptsächlichen Anströmungsrichtung aufweisen (alternierende Klimate).

Exkurs 8.5 Klimaklassifikation nach Siegmund und Frankenberg – moderne Klimageographie im „Baukastensystem"

Alexander Siegmund

Gängige Klimaklassifikationen wie von Köppen & Geiger (1928) oder Troll & Paffen (1963) basieren auf einem klimageographischen Forschungsstand, der inzwischen zum Teil mehr als 100 Jahre alt ist. Aus diesem Grund wurde von Siegmund & Frankenberg (1999) eine neue Klimaklassifikation entwickelt, die sowohl aktuellen fachlichen Ansprüchen als auch modernen methodisch-didaktischen Grundsätzen genügt. Die Klimakarte geht auf einen Ansatz von Siegmund (1995) zurück, der auf einem „Baukastensystem" beruht. Dadurch lassen sich die Klimate der Erde sukzessive, adressaten- und problemspezifisch differenziert klassifizieren.

Den Ausgangspunkt für sämtliche Klassifikationskriterien stellen die drei Klimaelemente Temperatur, Niederschlag und potenzielle Landschaftsverdunstung dar. Im Gegensatz zu bestehenden Ansätzen, bei denen die Abgrenzungen zwischen den einzelnen Klimatypen mitunter nicht eindeutig definiert oder „überlappend" sind, lässt sich bei der Klimaklassifikation nach Siegmund und Frankenberg durch den konsequenten Bezug auf diese Klimaelemente jedes Klima zweifelsfrei einer bestimmten Klimazone und einem spezifischen Klimatyp zuordnen. Die Klimakarte stellt dabei klimaökologische Gesichtspunkte in den Mittelpunkt der Klassifikation und basiert in ihrer aktuellen Fassung (Siegmund & Frankenberg 2008; Abb. A) auf langjährigen homogenisierten Messwerten der aktuellen Standardperiode 1961–1990 von bis zu 27 000 Klimastationen weltweit.

1. Klimaschlüssel „Die Klimazonen": Wärme- und Wasserhaushalt stellen die wesentlichen klimaökologischen Steuerungsgrößen der natur- und kulturräumlichen Gegebenheiten eines Raums dar. Sie stehen deshalb im Mittelpunkt des Klassifikationsansatzes nach Siegmund und Frankenberg. So bildet zunächst die Einteilung des irdischen Klimas in fünf thermisch definierte Klimazonen (A, C–F) die Basis der Klimagliederung. Als einfaches und dennoch aussagekräftiges Einteilungskriterium dient dabei die Jahresdurchschnittstemperatur (T_D) einer Station.

Der für unser Klima in bisherigen Klimaklassifikationen oft noch verwendete Begriff der „gemäßigten Zone" geht bis zur Antike zurück, ist inzwischen aber aus klimageographischer Sicht fachlich überholt und verursacht didaktische Fehlvorstellungen. Die D-Klimate unserer Breiten werden daher in der Klimakarte, wie inzwischen gängig, als „Mittelbreiten" bezeichnet.

Ein besonderes fachliches und didaktisches Problem stellt die Zuordnung der Höhenklimate dar, die in bisherigen Ansätzen

missverständlicherweise oft entsprechenden Tieflandklimaten höherer Breiten zugeordnet wurden (Köppen & Geiger 1928). In der Klimaklassifikation nach Siegmund und Frankenberg werden die Höhenklimate hingegen als gesonderter Klimatyp der entsprechenden Tieflandklimate ausgewiesen. Dazu findet die Höhenlage einer Station Berücksichtigung, wobei vereinfachend von einem einheitlichen vertikalen Temperaturgradienten von 0,5 °C pro 100 m ausgegangen wird, um die Jahresdurchschnittstemperatur auf Meeresniveau zu reduzieren. In der Karte werden diese Bereiche des Höhenklimas ab dem 2. Klimaschlüssel grafisch durch eine Schraffur hervorgehoben.

In den Wüsten- und Halbwüstengebieten der Erde prägt im Sinne des Liebig'schen Prinzips des Minimums die Trockenheit als klimaökologischer „Mangelfaktor" den Raum und die menschliche Ökumene deutlich stärker als die Temperatur. Daher werden in der Klimakarte nach Siegmund & Frankenberg (2008) bereits auf der ersten Klassifikationsebene durch die 250-mm-Isohyete der jährlichen Niederschlagsmenge die Trockenklimate (B) von den übrigen Klimaten abgegrenzt. Dies gilt jedoch nur für die Tropen, Subtropen und die Mittelbreiten, um polare und subpolare Kältewüsten auszuschließen, bei denen trotz der geringen Niederschläge vor allem die Temperatur die entscheidenden naturräumlichen Grenzen setzt. Die azonalen Trockenklimate werden den fünf thermischen Klimazonen halbtransparent überlagert – so wird der Begriff der tropisch-subtropischen Trockengebiete als Übergangsräume zwischen den beiden thermischen Klimazonen erstmals in einer Klimakarte erkennbar.

2. Klimaschlüssel: „Hygrische Klimatypen": Auf der zweiten Klassifikationsebene wird bei der Klimaklassifikation nach Siegmund & Frankenberg mithilfe der Anzahl humider Monate der Wasserhaushalt durch verschiedene Humiditäts- bzw. Ariditätsgrade differenziert. Der dazu bei anderen Klimakarten oft zugrunde liegende Ausweis arider und humider Monate durch ein definiertes Verhältnis von Temperatur und Niederschlag (z. B. Walter-Lieth-Klimadiagramme T:N = 1:2, Walter & Lieth 1960; Köppen & Geiger 1928; Troll & Paffen 1963) ist physikalisch aber falsch und liefert auch inhaltlich zumeist falsche Ergebnisse. Nur durch die Gegenüberstellung von Niederschlag und Verdunstung lässt sich die klimatische (aerische) Wasserbilanz fachlich fundiert bestimmen.

Aus diesem Grund greift die Klimaklassifikation nach Siegmund und Frankenberg auf den fachlich genaueren Humiditätsbegriff nach Lauer & Frankenberg (1981, 1988) zurück. Dieser setzt den monatlichen Niederschlägen (N) die entsprechende Summe der potenziellen Landschaftsverdunstung (pLV) gegenüber. Die pLV lässt sich hierbei auf der

Abb. A Klimate der Erde (nach Siegmund & Frankenberg 2008).

Basis der potenziellen Verdunstung freier Wasserflächen (pV) und einem vom Vegetations- und Landnutzungstyp abhängigen Umrechnungsfaktor (Uf) nach der Gleichung pLV = pV × Uf berechnen (Lauer & Frankenberg 1988, Siegmund 2006). Durch die Gegenüberstellung von Niederschlagsmenge und potenzieller Landschaftsverdunstung lässt sich so die Anzahl arider (N < pLV) und humider Monate (N ≥ pLV) ermitteln, auf deren Grundlage in der Klimakarte nach Siegmund & Frankenberg vier hygrische Klimatypen unterschieden werden. In entsprechenden Klimadiagrammen nach Siegmund (Abb. B) sind daher neben den monatlichen Durchschnittstemperaturen und Niederschlagsmengen als zusätzliche Säulen die Werte der potenziellen Landschaftsverdunstung dargestellt (Siegmund 2006).

3. Klimaschlüssel: „Thermische Klimatypen": Auf der dritten Klassifikationsebene wird der Wärmehaushalt durch die thermische Kontinentalität differenziert. Diese basiert auf der Jahresamplitude der monatlichen Durchschnittstemperaturen (T_A), durch die vier Kontinentalitäts- bzw. Maritimitätsgrade unterschieden werden.

Dieses Unterscheidungskriterium wird jedoch nur im Bereich der außertropischen Klimazonen angewandt. Innerhalb der Tropen werden aufgrund der fehlenden thermischen Jahreszeiten durch die 24-°C-Isotherme der Jahresdurchschnittstemperatur Warm- und Kalttropen voneinander unterschieden – unterhalb dieser Schwelle können auch in den Tropen episodisch Fröste auftreten. In der Karte entspricht die Verbreitung der Kalttropen derjenigen der grafisch hervorgehobenen Höhenklimate innerhalb der tropischen Zone.

Durch eine Kombination der drei Gliederungsebenen ergibt sich ein dreigliedriger Klimaschlüssel. Weite Teile Mitteleuropas liegen hierbei in einem semihumiden, maritimen Klima der Mittelbreiten, das mithilfe des Klimaschlüssels als Dsh2-Klimate abgekürzt werden kann. Ein speziell entwickelter „Entscheidungsbaum" kann bei der systematischen Zuordnung von Klimadaten oder -diagrammen zu bestimmten Klimazonen und Klimatypen Hilfestellung bieten (Siegmund 2008). Mithilfe des „Klimagraph" (www.diercke.de/Klimagraph) können entsprechende Klimadiagramme auf der Grundlage einheitlicher Datensätze von weltweit über 500 Klimastationen (Siegmund 2006) selbst erstellt und mithilfe des Diercke WebGIS (www.diercke.de/diercke-webgis) weitergehende Abfragen zur Klimaklassifikation nach Siegmund & Frankenberg (2008) sowie Darstellungen entsprechender Klimadiagramme durchgeführt werden.

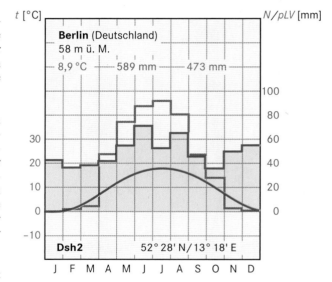

Abb. B Klimadiagramm nach Siegmund mit zusätzlichen monatlichen Verdunstungswerten (pLV; graue Linie).

Tab. 8.3 Genetisch begründete Klimazonen der Erde nach Flohn (1950). Heller hinterlegt sind stetige Klimate, dunkler hinterlegt alternierende Klimate.

Klimazone		vorherrschende Windrichtung	
TT	innertropisches Klima	ganzjährig innertropische westliche Winde	
TP	randtropisches Klima	innertropische westliche Winde im Sommer,	tropische östliche Winde (Passate) im Winter
PP	subtropisches Trockenklima	ganzjährig tropische östliche Winde (Passate)	
PW	subtropisches Winterregenklima	tropische östliche Winde (Passate) im Sommer,	außertropische westliche Winde im Winter
WW	feuchtgemäßigtes Klima	ganzjährig außertropische westliche Winde	
EW	subpolares Klima	polare östliche Winde im Sommer,	außertropische westliche Winde im Winter
EE	hochpolares Klima	ganzjährig polare östliche Winde	

Ebenfalls unter Bezugnahme auf die großräumige atmosphärische Zirkulation führte Alissow (1950) eine genetische Systematisierung der Klimate nach dem vorherrschenden, jahreszeitlich variierenden Einfluss unterschiedlich charakterisierter Luftmassen durch.

Sehr viel komplexer verläuft die klassifikatorische Zuordnung innerhalb der von Hendl (1960) vorgeschlagenen Klassifikation. Neben verschiedenen Elementen der großräumigen Zirkulationsstruktur werden hier weitere relevante Parameter, wie etwa atmosphärische Schichtungscharakteristika oder orographische Luv- und Lee-Effekte jeweils in ihrer jahreszeitlichen Variabilität, als zusätzliche Klassifikationskriterien herangezogen.

Als weiterer wichtiger Vertreter genetischer Klimaklassifikationen sei abschließend die Klassifikation in **Energie-Input-Output-Klimate**, auf der Grundlage des räumlich differenzierten Wärmehaushalts der Erdoberfläche, von Terjung & Louie (1972) genannt.

Klimaklassifikationen und Klimawandel

Die Ergebnisse aller Klimaklassifikationen, wie auch die ihnen zugrunde liegenden klimatischen Kenngrößen, unterliegen zeitlichen Veränderungen. So zeigt beispielsweise die Anwendung eines objektiven Klimaklassifikationsverfahrens für Deutschland auf zeitlich gleitende 15-jährige Zeiträume (beginnend mit dem Zeitraum 1901–1915 bis 1986–2000, jeweils verschoben um ein Jahr) innerhalb des 20. Jahrhunderts teilweise deutliche Veränderungen hinsichtlich der Lage und der Flächenanteile der verschiedenen regionalen Klimatypen zwischen Anfang und Ende des 100-jährigen Betrachtungszeitraums (Abb. 8.36). Aus der zeitlich variierenden räumlichen Verteilung und Ausdehnung der verschiedenen Klimatypen lassen sich demzufolge zum einen beobachtete **Klimaschwankungen** nachvollziehen und bezüglich ihrer räumlichen Wirksamkeit erfassen (Gerstengarbe & Werner 2003, Beck et al. 2006, Chen & Chen 2013, Spinoni et al. 2014). Zum anderen können objektiv nachvollziehbare Klimaklassifikationen aber auch zur räumlich differenzierten Diagnose möglicher zukünftiger **Klimaveränderungen** und zur Abschätzung von deren Auswirkungen auf verschiedene Kompartimente des Geoökosystems – je nach Klassifikationsansatz – herangezogen werden (Lohmann et al. 1993, Cramer & Solomon 1993, de Castro et al. 2007, Rubel & Kottek 2010, Gallardo et al. 2013, Mihailović et al. 2015, Rubel et al. 2017).

Die Abb. 8.37 zeigt ein Beispiel für solche zeitlichen Variationen der Ergebnisse globaler Klimaklassifikationen auf der Grundlage der oben skizzierten Einteilung in Klimazonen nach Köppen. Für die zweite Hälfte des 20. Jahrhunderts zeigen sich deutliche langfristige Flächenzunahmen der trockenen B-Klimate und – ab Mitte der 1960er-Jahre – der warmgemäßigten C-Klimate. Abnehmende Flächenanteile weisen hingegen die kalten bzw. Schneeklimate D und E auf. Für die tropischen A-Klimate ist kein eindeutiger Trend auszumachen. Der Vergleich der räumlichen Verteilung der Klimazonen in den beiden 15-jährigen Zeiträumen 1951–1965 und 1986–2000 verdeutlicht die räumlichen Schwerpunkte dieser langfristigen Veränderungen. Ausbreitungen der trockenen B-Klimate sind insbesondere in Afrika und in Ostasien festzustellen. Die C-Klimate weiten sich, auf Kosten der D-Klimate, in die kontinentaleren Bereiche Eurasiens und Nordamerikas aus. Die resultierenden Flächenverluste der D-Klimate werden durch deren gleichzeitige polwärtige Verschiebung, insbesondere in Nordamerika, zwar abgemildert, aber nicht vollständig kompensiert. Für die E-Klimate schließlich ergibt sich als Konsequenz der beschriebenen Ausweitungs- und Verschiebungstendenzen eine deutliche Reduzierung des Flächenanteils.

Aus der Anwendung effektiver Klimaklassifikationen auf die Ergebnisse globaler und regionaler Klimamodellprojektionen ergeben sich für den Europäischen Raum bis zum Ende des 21. Jahrhunderts für etwa 50 % der Fläche Veränderungen der klimazonalen Zuordnung (de Castro et al. 2007, Gallardo et al. 2013). In erster Linie beinhalten die projizierten Anteilsverschiebungen Zunahmen der wärmeren und trockeneren auf Kosten der kühleren und feuchteren Klimazonen, wobei die ausgeprägtesten Veränderungen in Mitteleuropa und in Fennoskandien zu erwarten sind.

8.9 Regional- und lokalklimatische Besonderheiten

Unter **Regionalklima** und **Lokalklima** sollen im Folgenden die besonderen Klimaausprägungen verstanden werden, die sich in erster Linie in Abhängigkeit von den räumlich variierenden Erdoberflächeneigenschaften für Betrachtungsräume mit den typischen horizontalen Größenordnungen zwischen etwa 100 m und 100 km ergeben und die damit eine Abwandlung der übergeordneten großklimatischen Verhältnisse darstellen, wie sie etwa im Rahmen globaler Klimaklassifikationen (Abschn. 8.8) zum Ausdruck kommen. Die vielfältigen regional- und lokalklimatischen Strukturen existieren hierbei nicht isoliert, sondern vielmehr eingebettet in die großräumigen klimatischen Gegebenheiten.

Sowohl bezüglich gegenseitiger Abgrenzung und interner Differenzierung der verschiedenen klimatologischen Betrachtungsmaßstäbe als auch hinsichtlich ihrer Nomenklatur bestehen teils deutliche Unterschiede zwischen den Gliederungsansätzen verschiedener Autoren (Tab. 8.4). Die im Weiteren besprochenen regional- und lokalklimatischen Besonderheiten werden häufig auch mit den Begriffen **Landschaftsklima** bzw. **Standortklima** bezeichnet und können beide der raumzeitlichen Skala des Mesoklimas zugeordnet werden.

Von entscheidender Bedeutung für die Herausbildung regional- und lokalklimatischer Besonderheiten sind zum einen räumliche Differenzierungen des Strahlungs-, Wärme- und Wasserhaushalts an der Erdoberfläche, die verursacht sind durch Variationen der Erdbodeneigenschaften, der Bodenbedeckung und des

Kapitel 8

Kapitel 8

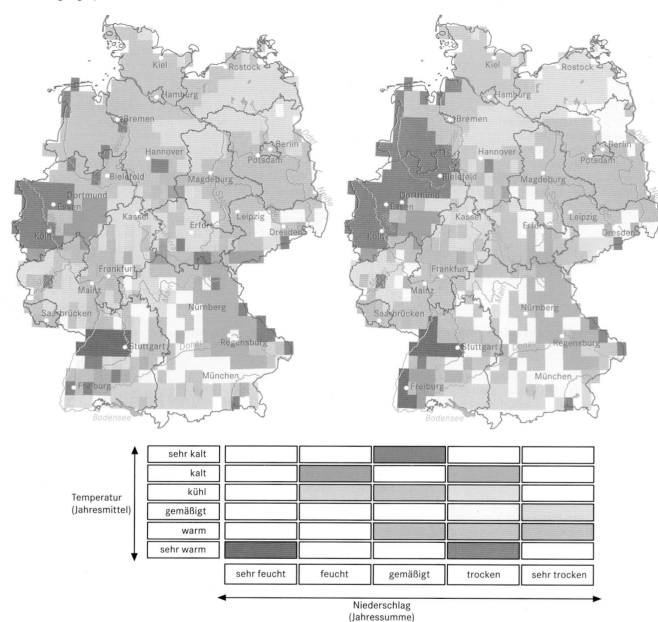

Abb. 8.36 Objektiv ermittelte regionale Klimatypen für Deutschland 1901–1915 (links) und 1986 bis 2000 (rechts; verändert nach Gerstengarbe & Werner 2003).

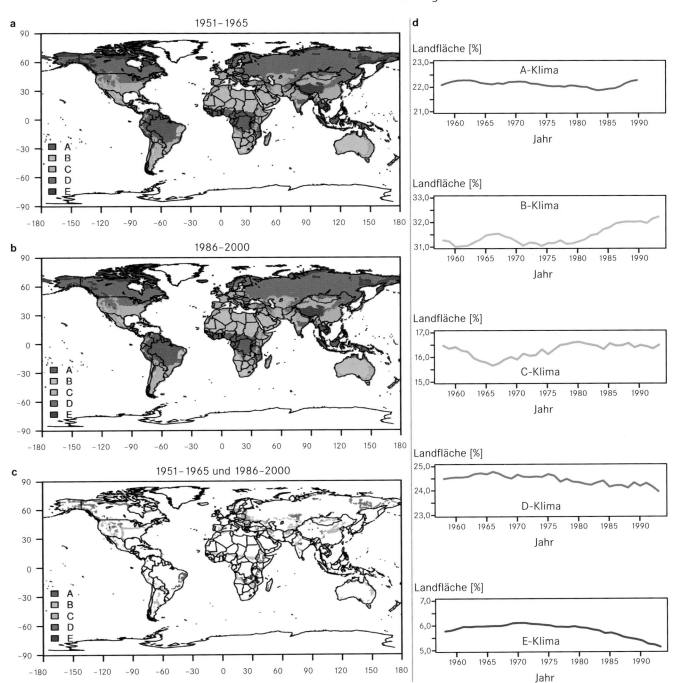

Abb. 8.37 Räumliche Verteilung der Klimazonen nach Köppen für die Zeitintervalle 1951–1965 (**a**) bzw. 1986–2000 (**b**). Veränderungen der räumlichen Verteilung der Klimazonen nach Köppen zwischen 1951 bis 1965 und 1986 bis 2000. Dargestellt ist die Klimazonenzuordnung im Zeitraum 1986–2000 für Flächen, die einen Wechsel der Klimazone aufweisen. Flächen, für die sich keine Veränderungen zwischen den beiden Zeiträumen ergeben, sind grau hinterlegt (**c**). Änderungen der Flächenanteile der Klimazonen nach Köppen im Zeitraum 1951–2000 (in % der globalen Landflächen; ohne Grönland und Antarktis). Ermittelt für zeitlich gleitende 15-jährige Teilzeiträume, jeweils verschoben um ein Jahr (**d**). Aus Gründen der Datenverfügbarkeit und -qualität sind Grönland und Antarktis nicht berücksichtigt (verändert und ergänzt nach Beck et al. 2006).

Tab. 8.4 Einteilung der Klimate in Abhängigkeit vom raumzeitlichen Maßstab nach verschiedenen Autoren (verändert nach Hupfer 1989).

Maßstab räumlich	zeitlich		Hupfer (1989)	Kraus (1983)	Mörikhofer (1948)	Beispiele
mm bis cm	Sekunden bis Minuten	M I K R O	Grenzflächenklima			Blatt, Einzelpflanze
m bis 10^2 m	Minuten bis Stunden		Kleinklima	Topobereich		Feld, Baumgruppe, Ufer
10^2 m bis km	Stunden bis Tage	M E S O	Standortklima	Mikrobereich	Lokalklima	Insel, Waldgebiet, Dorf, Flugplatz
km bis 10^2 km	Tage bis Monate		Landschaftsklima	Mesobereich	Regionalklima / Landschaftsklima	Großstadt, Küstengebiet, Mittelgebirge, Thüringer Becken
10^2 km bis 10^3 km	Monate, Jahreszeiten, Jahre	M A K R O	Klimahaupttyp Klimatyp	synoptischer Bereich	Großraumklima	Mittelmeerklima, Passatwechselklima, feucht-gemäßigtes Klima
10^3 km bis 10^4 km	Jahrzehnt und länger		Zonenklima	Makrobereich	Zonenklima	Polarklima, Tropenklima, Trockenklima
hemisphärisch, global			Globalklima			Klima der Erde

Georeliefs. Diesbezügliche räumliche Unterschiede und daraus resultierende klimatische Effekte erfahren ihre maximale Ausprägung insbesondere dann, wenn bei Vorherrschen autochthoner Wetterlagen und dementsprechend minimierten großräumigen atmosphärischen Austauschvorgängen die solare Einstrahlung zum maßgeblichen Steuerungsfaktor klimatischer räumlicher Differenzierungseffekte wird. Zum anderen kommt es in erster Linie unter dem Einfluss verschiedener Geländestrukturen aber auch unter allochthonen Witterungsbedingungen zu regionalen und lokalen Effekten, vor allem aufgrund von Modifikationen des großräumigen Druck- und Windfeldes (z. B. Luv-Lee- und Düseneffekte).

Die materialabhängigen spezifischen Eigenschaften des Untergrunds, wie Albedo, spezifische Wärmekapazität oder Wärmeleitfähigkeit, beeinflussen maßgeblich den Strahlungs- und Wärmehaushalt der Erdoberfläche und damit die thermischen Verhältnisse in der bodennahen Luftschicht. Deutlich unterschiedliche Temperaturverhältnisse entwickeln sich dementsprechend beispielsweise über Wasser- und Landoberflächen. Aber auch in Abhängigkeit von Vorhandensein und Art der Bodenbedeckung mit Pflanzen entwickeln sich charakteristische thermische und auch hygrische Klimaausprägungen, die etwa als vielfältig differenzierte **Waldklimate** in Erscheinung treten. Die regional und lokal bedeutsame Klimarelevanz des Georeliefs, das sich durch die Parameter Hangneigung, -exposition und -wölbung charakterisieren lässt, besteht zum einen in der Modifikation des Strahlungs- und Wärmehaushalts (z. B. stärkere kurzwellige Einstrahlung auf südexponierten Hängen, verminderte effektive Ausstrahlung in Tälern) und zum anderen in der Beeinflussung der

großräumigen atmosphärischen Dynamik (z. B. Stau- und Düseneffekte). Schließlich erfahren die regional- und lokalklimatischen Verhältnisse eine starke Beeinflussung durch anthropogene Eingriffe in den Naturhaushalt. Diese umfassen Modifikationen der Erdoberfläche durch spezifische Flächennutzungsformen (Bebauung, Bodenversiegelung) sowie Veränderungen der Zusammensetzung der Atmosphäre und direkte Energiezufuhr. In besonderem Maße spürbar werden diese anthropogenen Einflussfaktoren innerhalb des **Stadtklimas** als einem typischen Vertreter regionalklimatischer Strukturen, der aufgrund seiner herausgehobenen Bedeutsamkeit für den Menschen in einem gesonderten Teilkapitel behandelt wird (Abschn. 8.11).

Aus dem Zusammenspiel der großklimatischen Gegebenheiten und der genannten kleinräumig differenziert modifizierend wirkenden Einflussfaktoren resultiert eine Vielzahl regional- und lokalklimatischer Besonderheiten (Abb. 8.38), von denen im Weiteren nur einige wenige kurz erläutert werden können. Die Analyse und Bewertung dieser Strukturen und gegebenenfalls die Abschätzung diesbezüglicher Veränderungen ist nicht allein von wissenschaftlichem Interesse, sie besitzen darüber hinaus auch gesellschaftliche Relevanz, z. B. im Rahmen der Planung und Durchführung von Flächennutzungsänderungen. Das im Rahmen regional- und lokalklimatologischer Untersuchungen verwendete methodische Instrumentarium umfasst u. a. Kartenauswertungen, Geländebeobachtungen, meteorologische Messungen und insbesondere im Rahmen der Bewertung von Planungszuständen auch unterschiedliche Modellierungsansätze.

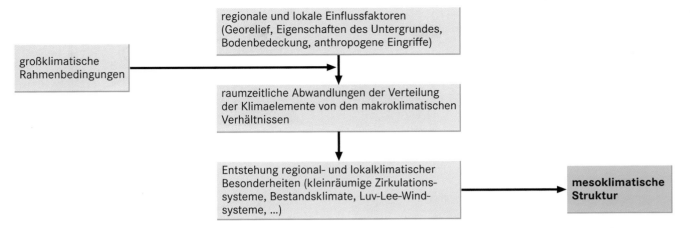

Abb. 8.38 Schema zur Herausbildung mesoskaliger klimatischer Strukturen (verändert nach Hupfer 1989).

Kleinräumige Zirkulationssysteme

Als Konsequenz des raumzeitlich variierenden Strahlungs- und Wärmeumsatzes infolge unterschiedlicher Erdoberflächengestaltung (Untergrund, Bodenbedeckung, Georelief) und daraus resultierender räumlicher Unterschiede der thermischen Verhältnisse der bodennahen Luftschicht entstehen kleinräumige Zirkulationssysteme, die als Ausgleichsströmungen zwischen thermisch bedingten regional ausgeprägten Hoch- und Tiefdruckgebieten verstanden werden können.

Tagesperiodisch ausgeprägte **Land-See-Windsysteme** entwickeln sich infolge unterschiedlicher Erwärmung von Land- und Wasseroberflächen im Küstenbereich (Abb. 8.39). Aufgrund der gegenüber Wasser geringeren spezifischen Wärmekapazität und damit rascheren Erwärmung des Untergrunds und der bodennahen Luftschichten kommt es bei starker Sonneneinstrahlung und großskalig ungestörten Witterungsbedingungen über Land tagsüber zu aufsteigender Luftbewegung. In der Höhe führt die aufsteigende Luft über Land zu einem Druckanstieg, der eine Ausgleichsströmung in Richtung Wasserfläche bewirkt, wo sich oberflächennah durch absinkende Luft ein Druckanstieg ergibt, über Land resultiert hingegen ein bodennah ausgeprägtes, thermisch bedingtes Tief. Das Zirkulationssystem wird geschlossen durch eine oberflächennahe Luftströmung vom Wasser zum Land, den Seewind. Nachts kehren sich die Druckunterschiede und damit das Zirkulationssystem aufgrund der schnelleren Abkühlung der Landoberfläche um und es entwickelt sich oberflächennah ein Landwind. Der Seewind ist im Allgemeinen stärker ausgeprägt als der Landwind. Darüber hinaus bestehen in Abhängigkeit von den herrschenden Temperaturunterschieden ausgeprägte Unterschiede bezüglich vertikaler Mächtigkeit und horizontaler Reichweite der Windsysteme. Bei sehr ausgeprägten Tagesgängen der Lufttemperatur in den randtropischen Trockengebieten kann der Seewind bis in 2 km Höhe reichen und eine horizontale Reichweite von bis zu 100 km aufweisen, während in den mittleren Breiten maximal 500 m bzw. 3 km erreicht werden. Ihre stärkste Ausprägung erfahren Land- und Seewinde an

Meeresküsten, vergleichbare Windsysteme treten aber auch an großen Binnenseen (z. B. Bodensee) auf.

Bezüglich ihrer zugrunde liegenden Prozesse mit dem Land-See-Windsystem vergleichbar, aber sowohl von geringerer vertikaler und horizontaler Ausdehnung als auch von schwächerer

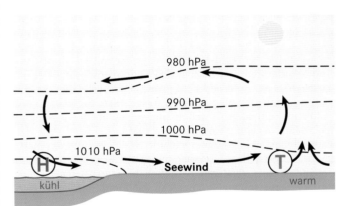

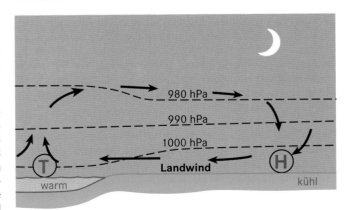

Abb. 8.39 Entstehung des Land-See-Windsystems (oben tagsüber, unten nachts; verändert nach Barry & Chorley 2010).

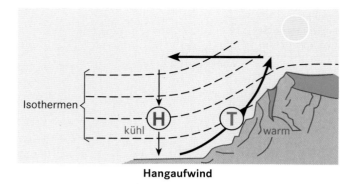

Hangaufwind

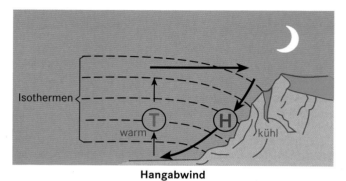

Hangabwind

Abb. 8.40 Schema des Hang-Windsystems (oben tagsüber, unten nachts; verändert nach Schönwiese 2013).

Intensität sind das **Wald-Feld-Windsystem** und das **Stadt-Umland-Windsystem**. Verursacht durch die thermischen Gegensätze zwischen Wald und Feld (Wald tagsüber kühler, nachts wärmer) kann sich eine schwach ausgeprägte Strömung vom Wald zum Feld tagsüber und in entgegengesetzter Richtung in der Nacht einstellen. Eine solche Tagesperiodizität weist das Stadt-Umland-Windsystem nicht auf. Vielmehr führt das meist ganztägig feststellbare Temperaturgefälle zwischen Stadt und Umland zu einer ständigen, bezüglich ihrer Intensität sehr stark variierenden seichten Strömung in Richtung Stadt, dem sog. **Flurwind**.

Sind die bisher genannten kleinräumigen Windsysteme in erster Linie durch unterschiedliche physikalische Eigenschaften des Untergrunds bzw. der Bodenbedeckung bedingt, so spielen für die Entstehung von Hangwind- und **Berg-Tal-Windsystemen** unterschiedliche Strahlungs- und Wärmeumsätze an unterschiedlich geneigten und exponierten Oberflächen in stark reliefiertem Gelände eine wesentliche Rolle.

Hangwinde entstehen als Folge der unterschiedlich starken Erwärmung der auf Hängen auflagernden Luftschicht und der in gleicher Höhe befindlichen Luftmassen der freien Atmosphäre (Abb. 8.40). Aufgrund der starken Erwärmung im Hangbereich – variierend je nach Hangneigung und -exposition – entwickelt sich dort tagsüber ein thermisches Tief, in größerer Entfernung vom Hang, in kühlerer Luft hingegen ein thermisches Hoch. Aus dieser Konstellation resultieren ein tagsüber ausgeprägter Hangaufwind, eine absinkende Luftbewegung in einiger Entfernung

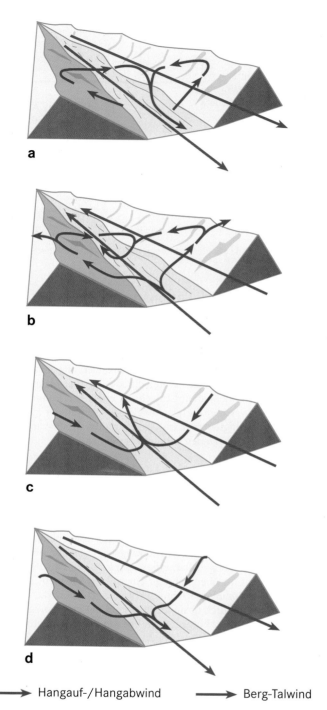

→ Hangauf-/Hangabwind → Berg-Talwind

Abb. 8.41 Schema des Hang- und Berg-Tal-Windsystems zu verschiedenen Tageszeiten: **a** Sonnenaufgang, **b** Mittag, **c** gegen Abend, **d** Mitternacht (verändert nach Defant 1949).

vom Hang und eine horizontale, vom Hang weg gerichtete Ausgleichsströmung in der Höhe. Bei nächtlicher Abkühlung kehrt sich dieses Zirkulationssystem um, es setzt ein auf hangabwärts fließende Kaltluft zurückzuführender Hangabwind ein, der in Tal- und Muldenlagen zum einen zu gesteigerter Frostgefährdung führen kann, zum anderen aber gerade auch für besiedelte Bereiche eine wesentliche und wünschenswerte Frischluftzufuhr darstellt. Aus den geschilderten Prozessen ergibt sich in komplex strukturierten Gebirgslandschaften ein übergeordnetes tagesperiodisches System von Berg- und Talwinden, das modellhaft in Abb. 8.41 dargestellt ist. Bei beginnender frühmorgendlicher Einstrahlung entwickelt sich das bereits besprochene System von Hangaufwinden, das zunächst noch durch einen kaltluftbedingten Bergwind ergänzt wird (Abb. 8.41a). Mit intensivierter Einstrahlung kehrt sich diese Strömungsrichtung im Laufe des Vormittags um und es bildet sich ein Talwind aus (Abb. 8.41b), der auch noch anhält, nachdem am frühen Abend die Hangwindzirkulation ihre Bewegungsrichtung ändert und sich Hangabwinde durchsetzen (Abb. 8.41c). In der Nacht ist schließlich ein durch die Strömungsrichtung der Kaltluft verursachtes System von Hangabwinden und Bergwinden zu beobachten (Abb. 8.41d). In der Höhe ist eine dem Berg- bzw. Talwind jeweils entgegengesetzte Ausgleichsströmung zu beobachten.

Fallwinde

Während die bisher angesprochenen kleinräumigen tagesperiodischen Lokalwindzirkulationen ihre deutlichste Ausprägung unter autochthonen Witterungsbedingungen (gradientschwache Strahlungswetterlagen) erfahren, setzt die Ausbildung sog. orographischer **Fallwinde** eine großräumige, quer zur Verlaufsrichtung eines orographischen Hindernisses (Gebirgszug) orientierte Luftmassenströmung voraus. Je nach thermischer Charakteristik der leeseitig ankommenden Luftmassen werden warme und kalte Fallwinde unterschieden. Typische Vertreter warmer Fallwinde sind u. a. der **Föhn** in den Alpen oder der **Chinook** in den Rocky Mountains. Als Beispiel für einen kalten Fallwind sei die **Bora** im Lee des dalmatinischen Küstengebirges genannt. Am Beispiel des Alpenföhns (Abb. 8.42) sollen die großräumigen Voraussetzungen, die wesentlichen atmosphärischen Prozesse und die regionalen Auswirkungen solcher **Luv-Lee-Windsysteme** kurz erläutert werden.

Konstituierend für die Ausbildung des Alpenföhns ist ein großräumiger Luftdruckgradient zwischen Luftdruckanomalien gegensätzlichen Vorzeichens nördlich und südlich der Alpen und eine daraus resultierende Luftströmung quer zum Alpenhauptkamm, die den erzwungenen Aufstieg der herangeführten Luftmassen an der Luvseite bedingt. Bei angenommener südlicher Anströmung kühlt sich die Luft beim Aufstieg an der Alpensüdseite zunächst trockenadiabatisch um 1 K/100 m ab. Nach Überschreiten des Kondensationsniveaus reduziert sich die Abkühlungsrate aufgrund freiwerdender Kondensationswärme. Der weitere Aufstieg erfolgt feuchtadiabatisch mit einer Abkühlung von etwa 0,5 K/100 m, es entsteht Bewölkung und gegebenenfalls Niederschlag. Auf der Alpennordseite steigen die Luftmassen mit nun deutlich reduziertem Luftfeuchtegehalt wieder ab und erwärmen sich dabei größtenteils trockenadiabatisch. Aus der Kombination feuchtadiabatisch dominierten Aufsteigens und im Wesentlichen trockenadiabatischen Absinkens resultieren in gleicher Höhe über NN Temperaturunterschiede zwischen Luv- und Leeseite, die bis zu 10 K betragen können. Neben ihrer relativ hohen Temperatur zeichnen sich Föhnluftmassen durch geringe Feuchtigkeit aus, die eine gute Fernsicht bedingt. Die leeseitig häufig zu beobachtende Lenticularisbewölkung ist das Ergebnis einer wellenartigen Strömung ausgelöst durch die Überströmung des Gebirges. Ursächlich nur teilweise geklärt sind häufig mit dem Auftreten von Föhnlagen verbundene nachteilige humanbioklimatologische Auswirkungen.

In Ergänzung zu den orographischen Fallwinden lediglich erwähnt werden sollen auch regionale Windfeldmodifikationen, die – entsprechende großräumige Luftdruckkonstellation vorausgesetzt – beispielsweise als durch Düseneffekte in Tälern verursachte Winde in Erscheinung treten (z. B. Mistral im Rhônetal).

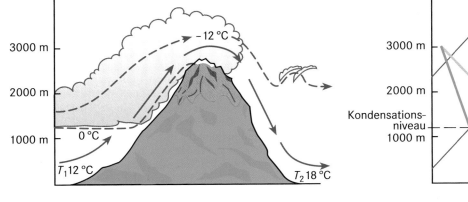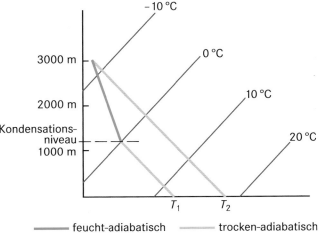

Abb. 8.42 Schematische Darstellung des Föhneffekts (verändert nach Barry & Chorley 2010).

8.10 Atmosphärische Gefahren

Wilfried Endlicher

Schon immer waren die Menschen atmosphärischen Gefahren wie Frost und Hitze, Sturzfluten und Dürren ausgesetzt. Seit aber das *Intergovernmental Panel on Climate Change* (IPCC), der „Weltklimarat", in seinem 3. Statusbericht 2001 einen Zusammenhang zwischen der globalen Erwärmung und der Häufigkeitszunahme bzw. Intensivierung atmosphärischer Extremereignisse hergestellt hat, stellt sich diese Thematik in ganz neuer Relevanz. So klagt die Versicherungswirtschaft seit mehreren Jahrzehnten über steigende Schadensbelastungen durch Naturkatastrophen, die zu zwei Drittel auf atmosphärische Phänomene wie Stürme, Überschwemmungen oder Unwetter zurückgehen (Berz 2010). Im Folgenden werden einige dieser Extremwetterereignisse näher beschrieben.

Gewitter- und Hagelstürme sind an feuchtlabile Luftschichtung, konvektive Prozesse und meist auch an den Einbruch von polarer Kaltluft gebunden. Der großtropfige Niederschlag bildet sich in den Wolkentürmen der *Cumulonimben* über die Eisphase. Beispielsweise kamen bei lokalen Unwettern in Franken und Württemberg im Mai 2016 vier Menschen ums Leben. In wenigen Stunden fiel örtlich so viel Regen wie sonst in mehreren Monaten. Sintflutartige Sturzfluten ließen kleine Bäche zu reißenden Flüssen anschwellen. Die Wassermassen rissen Autos mit, Straßen und Ortsdurchfahrten mussten wegen Erdrutschen gesperrt und Dutzende von Kellern ausgepumpt werden.

Hagel entsteht dann, wenn die Regentropfen in Aufwindschläuchen in große Höhen gerissen werden und gefrieren. An die Eiskörner lagert sich eine Schale von Schneekristallen an, die wiederum in wärmeren Luftschichten auftauen kann. Schmelz- und Gefrierprozesse können sich durch Auf- und Abwinde mehrfach wiederholen, bis schließlich Hagelkörner ausfallen. Im Mittel sind diese etwa 1 cm groß. Am 23. Juli 2010 soll in South Dakota ein „Hagelstein" von 20 cm Durchmesser und 875 g Gewicht gefunden worden sein. Bei den oben erwähnten Unwettern im Mai 2016 musste die Autobahn bei Heidenheim wegen einer teilweise knöchelhohen Hagelschicht gesperrt werden. Hagelschläge sind besonders im Sonderkulturbau gefürchtet. Am 8. Juli 2004 verursachte ein 250 km langer Hagelzug an der Vorderseite einer Kaltfront in der schweizerischen Landwirtschaft Schäden in einem Gesamtumfang von etwa 100 Mio. Schweizer Franken. Hinzu kamen noch Schäden an 30 000 Autos (Fraefel et al. 2005). Deshalb versucht man in den Weinbaugebieten der österreichischen Steiermark oder des argentinischen Cuyo bedrohliche Gewitterwolken von Kleinflugzeugen aus – oder gar mit Raketen – mit Silberjodid zu impfen, um diese früher – vor der Hagelkornbildung – zum Ausregnen zu bewegen. Möglicherweise ist aber ein Schutz der Rebkulturen durch Netze eine wirksamere Methode. Der teuerste Hagelsturm Deutschlands war mit 1,5 Mrd. Euro derjenige vom 12. Juli 1984 in München.

Unterschiedliche elektrische Ladungen innerhalb der Gewitterwolke – positive im oberen und negative im unteren Teil –

Abb. 8.43 Tornado über dem Starnberger See am 17. September 2005 (Foto: Walter Stieglmair).

werden durch **Blitze**, das heißt Entladungen bis 100 Mio. Volt, ausgeglichen. Weltweit verzeichnet man ca. 44 000 Gewitterstürme pro Tag und 100–300 Blitze pro Sekunde. Blitze können Haus- und Waldbrände hervorrufen, Treibstofftanks zur Explosion bringen, Flugzeuge abstürzen lassen, elektronisches Gerät zerstören, zur Unterbrechung der Stromversorgung führen und Menschen erschlagen. Die von einem Blitz erhitzte Luft erreicht Temperaturen von 30 000 K – fünfmal höher als die Sonne an ihrer Oberfläche! Die Umgebungsluft dehnt sich in Millionstel Sekundenschnelle um einige Milli- bis Zentimeter aus; die entstehende Schockwelle nehmen wir als Donnerschall war.

Tornados entwickeln sich in extremen Fällen aus Gewitterstürmen. Sie sind an den rotierenden Wolkenrüsseln zu erkennen, die von der Wolkenbasis bis zum Erdboden reichen, aus kondensiertem Wasserdampf bestehen und einen Durchmesser von zirka 10–1000 m haben. Hier können Windgeschwindigkeiten von bis zu 500 km/h auftreten. Die Schadenswirkung ist zwar auf die relativ schmale Zugschneise des Tornados beschränkt, jedoch bedingen die sehr hohen Windgeschwindigkeiten und die Windscherung – rasche Richtungs- oder Geschwindigkeitsänderungen – im Inneren des Rüssels selbst für Massivbauten ein hohes Risiko: Autos werden wie Spielzeuge herumgeschleudert, Glasscherben werden zu tödlichen Geschossen. Voraussetzung für die Entstehung von Tornados ist die Konvergenz von Luftmassen mit extremen Temperatur- und Feuchteunterschieden – also kalte und trockene Arktisluft aus Norden und feuchtwarme Subtropenluft aus Süden. Die beim Kondensationsprozess frei werdende Energie, die extrem feuchtlabile Luftschichtung und die hohe Windscherung – schwache Südwinde in der Grenzschicht und kräftige Nordwinde in der freien Atmosphäre – sind Voraussetzungen für die Entstehung eines Tornados. Durch die Fliehkraft der rotierenden Luftmassen wird der Luftdruck schließlich soweit erniedrigt, dass ein **Rüssel** durch den kondensierenden Wasserdampf sichtbar wird. Der extrem niedrige Luftdruck von unter 900 hPa im Rüssel und die damit verbundenen Windgeschwindigkeiten und Sog-

Tab. 8.5 Wetterrekorde (verändert und ergänzt nach www.dwd.de).

	Deutschland	weltweit
Lufttemperatur[1]		
höchste Temperatur	40,3 °C Kitzingen in Franken 2015	56,7 °C Greenland Ranch/USA 1913
niedrigste Temperatur	−37,8 °C Hüll/Niederbayern 1929	−89,2 °C Wostock/Antarktis 1983
Niederschlag[2]		
höchste 24stündige Niederschlagshöhe	312,0 mm Zinnwald/Osterzgeb. 2002	1825 mm Foc-Foc/La Réunion 1966
größte jährliche Niederschlagshöhe	3503,1 mm Balderschwang/Allgäu 1970	26 467 mm Cherrapunji/Indien 1860/61
Luftdruck[3]		
höchster Luftdruck	1060,8 hPa Greifswald 1907	1083,8 hPa Agata/NW-Sibirien 1968
niedrigster Luftdruck	954,4 hPa Emden 1983	870 hPa Taifun „Tip" 1979
Wind		
stärkste Böe	335 km/h Zugspitze 1985	408 km/h Barrow Is./Australien 1996

[1] Schattentemperatur gemessen 2 m über dem Erdboden
[2] 1 mm Niederschlag entsprechen 1 Liter/m²
[3] Luftdruck auf Meereshöhe reduziert

kräfte können Flachdächer wie Flugzeugtragflächen anheben. In der Tornadohäufigkeit steht das pol- und äquatorwärts nicht von Gebirgen geschützte Nordamerika an erster Stelle; die großen Ebenen des amerikanischen Mittelwesten zwischen dem Felsengebirge und den Appalachen sind besonders gefährdet mit einem Maximum im Staat Oklahoma. Dort treten Tornados gehäuft im späten Frühjahr mit einem Tagesgang auf, der ein deutliches Maximum am Nachmittag und frühen Abend zeigt. Man geht von etwa 800–1000 Tornados pro Jahr allein in den USA aus. Berüchtigt ist der 31. Mai 1985, der „Schwarze Freitag"; an diesem Tag forderten nicht nur die 14 Tornados in der kanadischen Provinz Ontario zwölf Opfer, sondern es kamen in den US-Bundesstaaten Ohio und Pennsylvania noch 83 Opfer hinzu, die von weiteren 28 Tornados verursacht wurden. Auch in Argentinien und Australien sind Tornados relativ häufig. Die Pionierleistung in der Tornadoerforschung in Europa ist Alfred Wegener (1917) zuzuschreiben, dessen sorgfältige Analyse seinerzeit 100 europäische Tornados pro Jahr ergab. In der Tornadodatenbank für Deutschland (www.tornadoliste.de) sind seit dem Jahr 855 bereits über 900 Tornados registriert. In Deutschland geht man aktuell von etwa 30 bis 40, in ganz Europa von ungefähr 300 Tornados pro Jahr aus. Am 24. Mai 2010 beschädigte ein Tornado im sächsischen Großenhain 3000 Gebäude schwer und auch im Mai 2015 wurden in Bayern, Mecklenburg-Vorpommern und Baden-Württemberg signifikante Tornados beobachtet. Dieses Phänomen ist also keineswegs so selten, wie man gemeinhin annimmt (Dotzek 2002, 2003; Abb. 8.43). Am 27. März 2006 richtete ein Tornado in Hamburg in wenigen Minuten große Schäden an und kostete zwei Kranführern das Leben.

Tab. 8.6 Unterschiede zwischen einem tropischen Wirbelsturm und einer außertropischen Zyklone (Quelle: Schweizerische Rückversicherungsgesellschaft 1969).

	außertropische Zyklone	tropischer Wirbelsturm
Energiequelle	Nord-Süd Temperaturkontrast	Kondensation von Wasser
Sturmsaison (Nord-Halbkugel)	Oktober–März	Sommer/Herbst
Sturmregion	mittlere Breiten	Tropen/Subtropen
Sturmdurchmesser	1000–2000 km	500–1000 km
Windböenspitzen	20–50 m/s	33–90 m/s
Sturmdauer an einem Ort	3–24 Stunden	2–6 Stunden
Niederschlag	mäßig	stark
zusätzliche Phänomene	Sturmflut	Sturmflut, Tornado
Schadensbild	viele Kleinschäden	Klein- und Großschäden

Tropische Wirbelstürme werden in der Karibik und dem Westatlantik als **Hurrikan**, im Westpazifik als **Taifun** und im Nordindik und Zentralpazifik als **Zyklon** bezeichnet. Sie sind im Gegensatz zu den lokalen Tornados großräumige Phänomene mit einem Durchmesser von 500–1000 km. Diese riesigen Wolkenspiralen setzen sich aus einer Vielzahl von Gewittern zusammen, deren *Cumulonimben* sich bis an die tropische Tropopause in 16 km Höhe auftürmen. Vorausset-

Exkurs 8.6 „Katrina" – der verheerendste Hurrikan in der Geschichte der USA

Am 29.8.2005 traf der Hurrikan „Katrina" (Abb. A) auf die Küste der US-Staaten Louisiana und Mississippi. Die Wasseroberflächentemperaturen von ca. 30 °C im Golf von Mexiko lieferten die latente Energie für die darüber streichenden Luftmassen. Sintflutartige, tagelang anhaltende Niederschläge, extreme Luftdruckgegensätze sowie Windgeschwindigkeiten von bis zu 230 km/h waren die Folge. Im Zentrum eines solchen Tiefdrucksystems führt der durch die Rotation zusätzlich abgesenkte Luftdruck in der Höhe zum Absinken von Luftmassen und zur Wolkenauflösung („Auge des Zyklons"). An Küsten wird das Meereswasser durch die Orkanwinde zu mehrere Meter hohen Brechern aufgepeitscht. Bei „Katrina" erreichte die Sturmflut bis zu 7 m Höhe und ließ die Dämme des nördlich von New Orleans gelegenen Pontchartrain-Sees brechen. Einige unter dem Meeresniveau im Mississippi-Delta gelegene, eingedeichte Stadtteile wurden großflächig überflutet. Trotz der angeordneten Evakuierung entlang von *Hurricane Escape Ways* waren über 1000 Opfer zu beklagen und das Ausmaß der Katastrophe übertraf alle Vorstellungen. Ganze Ortschaften, wie z. B die Stadt Biloxi, wurden durch die Gewalt der Windböen oder durch Überflutungen zerstört. In der Jazzmetropole musste zur Unterbindung von Plünderungen gar das Kriegsrecht verhängt werden. Die Beschädigung zahlreicher Bohrplattformen im Golf von Mexiko ließ den Rohölpreis innerhalb von einer Woche um 30 % auf bisher unbekannte Höhen steigen.

Beim Auftreffen auf die Küste war „Katrina" bereits zu einem Hurrikan der Kategorie 4 (Tab. A) abgeflaut. Nur wenige Wochen später, am 24. September, erreichte „Rita" als Hurrikan der Kategorie 3 westlich von New Orleans bei Port Arthur die texanische Golfküste. Erneut brachen in New Orleans die gerade geflickten Dämme; in Galveston kam es durch zerstörte Stromleitungen und Kurzschlüsse zu Großbränden. Etwa ein Viertel der US-amerikanischen Raffineriekapazität war durch vorsorgliche Schließung der Werke lahmgelegt. Vorausgegangen war die mit 3 Mio. Personen größte Evakuierungsaktion der amerikanischen Geschichte; denn „Rita" war im Golf von Mexiko zum drittstärksten seit 1851 beobachteten tropischen Zyklon angewachsen. Wenig später zerstörte Hurrikan „Wilma" die mexikanische Touristenmetropole Cancún. Noch nie wurden in der Karibik so viele Hurrikane gezählt wie im Jahr 2005. Die Hurrikansaison dauerte bis in den Dezember hinein und die Anfangsbuchstaben des lateinischen Alphabets reichten für die Namensgebung nicht aus.

Abb. A Hurrikan „Katrina" am 28. August 2005 um 17 Uhr UTC (Image courtesy of MODIS Rapid Response Project at NASA/GSFC).

Kategorie	Maximale Windgeschwindigkeit [m/s]	km/h	Druck im Zentrum des tropischen Zyklons [hPa]	Höhe der Sturmflutwelle [m]
1	33–42	120–153	≥980	1,0–1,7
2	43–49	154–178	979–965	1,8–2,6
3	50–58	179–210	964–945	2,7–3,8
4	59–69	211–248	944–920	3,9–5,6
5	>69	>248	<920	>5,6

Tab. A Windstärken ab 20 m/s werden als Sturm, ab 33 m/s (ca. 120 km/h) als Orkan bezeichnet. Zur weiteren Kategorisierung der Intensität von tropischen Zyklonen dient die Saffir-Simpson-Hurrikanskala.

Kapitel 8

zungen für die Bildung eines Wirbelsturms sind Meeresoberflächentemperaturen von über 26 °C bis in Tiefen von 50 m. Die darüber liegenden Luftmassen werden angewärmt und angefeuchtet, wobei die Sättigungsfeuchte exponentiell mit der Temperatur zunimmt: Luftmassen mit einer Temperatur von 35 °C können vier Mal so viel Wasserdampf aufnehmen wie solche von 10 °C. Hauptentstehungszeit der Wirbelstürme ist der Spätsommer und Herbst, da dann die Wasseroberflächentemperatur ihre höchsten Werte erreicht. Die Entstehung der Wirbelstürme ist auf die Meere der äußeren Tropen beschränkt, da zu ihrer Genese die Coriolisbeschleunigung, die ablenkende Kraft der Erdrotation, benötigt wird; als Scheinkraft ist diese am Äquator gleich null. Die inneren Tropen in einem etwa 5° breiten Streifen beiderseits des Äquators sind deshalb frei von Wirbelstürmen, da Druckgegensätze bei fehlender Coriolisbeschleunigung rasch ausgeglichen werden. Kommt es dagegen in der Passatströmung der äußeren Tropen in einer Wellenstörung zu Konvergenz und Konvektion und wird die Passatinversion durchbrochen, dann führt die Kondensation des reichlich vorhandenen Wasserdampfs zu Erwärmung der mittleren und oberen Troposphäre, wodurch ein **Selbstverstärkungseffekt** des Tiefdruckgebietes durch Divergenz („Auspumpen") in der Höhe und Konvergenz („Einströmen") im Bodenniveau eintritt. Den bisherigen Tiefdruckrekord verzeichnete am 12. Oktober 1979 der Taifun „Tip" mit einem Bodenluftdruck von 870 hPa (Tab. 8.5). Im Inneren eines Wirbelsturms, im „Auge", lösen sich die Wolken durch Absinkprozesse auf und es tritt kurzzeitig Windstille ein. Tropische Wirbelstürme ziehen nach ihrer Entstehung mit der Passatströmung mit einer Zuggeschwindigkeit von 20–60 km/h westwärts. Sie können an der Ostseite der Subtropenhochs sogar in eine parabelförmige Bahn in die außertropische Westwindströmung einbiegen. Solange sich der Sturm über warmen Meeresoberflächen bewegt, funktioniert er als thermodynamische Wärmemaschine und kommt auf eine Lebensdauer von mehreren Tagen bis wenigen Wochen. Sobald er jedoch Festland erreicht, versiegt die Energiequelle, er wird abgebremst und schwächt sich rasch zu einem einfachen tropischen Sturm oder Tiefdruckgebiet ab (Tab. 8.6). Von im Jahresmittel etwa 80 Wirbelstürmen treten ca. 26 im Nordwestpazifik (Taifune), 17 jeweils im Nordostpazifik (Cordonazos) und Südindik (Mauritius-Orkane), 10 im Nordatlantik (Hurrikane; Exkurs 8.6), 9 im Südwestpazifik und 5 im Nordindik (Bengalen-Zyklon) auf.

Von Wirbelstürmen gehen dreierlei Gefahren aus: Sie sind mit extremen Windgeschwindigkeiten von 120–300 km/h, sintflutartigen Niederschlägen und Sturmfluten mit Wellenhöhen von 10 m und mehr verbunden. Hurrikan „Katrina" (2005; Exkurs 8.6) gilt als eine der verheerendsten Naturkatastrophen, die jemals über die USA hereingebrochen ist. 1800 Menschen kamen ums Leben und die Schäden werden auf über 100 Mrd. US-Dollar geschätzt. Hurrikan „Sandy" (22.–29.10.2012) war der zehnte Hurrikan der Saison 2012. Nach seiner Bildung in der Karibik zog er über Kuba und Jamaika nordwärts und erreichte auf einer noch nie dagewesenen Bahn nordwärts bei New Jersey das nordamerikanische Festland. Mehrere US-Bundesstaaten riefen den Notstand aus, der Bürgermeister von New York ordnete die Evakuierung niedrig liegender Küstenabschnitte von Manhattan und Brooklyn an. Brücken und Flughäfen wurden geschlossen,

der öffentliche Personennahverkehr eingestellt, der Börsenhandel an der Wall Street ausgesetzt, das Kernkraftwerk Oyster Creek heruntergefahren und der New York Marathon abgesagt. Der Sturm verursachte 7 m hohe Wellen und wurde an der Küste durch eine Springflut verstärkt, sodass in Manhattan der bisher höchste jemals gemessene Pegelstand registriert wurde. Ganze Straßenzüge wurden überschwemmt und erhebliche Schäden durch Küstenerosion verursacht. Insgesamt waren 285 Opfer zu beklagen, darunter die meisten in den USA. Hurrikan „Sandy" trug in den USA aber auch wesentlich zum Bewusstsein für die Gefahren des Klimawandels bei.

Außergewöhnlich verlief auch die Hurrikan-Saison 2017. Ohne einen El-Niño-Einfluss, der mäßigend auf die Hurrikan-Genese wirkt, fiel sie mit 17 tropischen Tiefs, 16 tropischen Stürmen und 10 Hurrikanen, darunter 6 schweren, besonders aktiv aus. Hurrikan „Harvey" (17.8.–1.9.2017) setzte große Teile der texanischen Küste bei Corpus Christi und Houston unter Wasser. Zahlreiche Gebäude wurden schwer beschädigt, bei 250 000 Haushalten fiel die Energieversorgung aus und 83 Menschen kamen zu Tode. Die Schadenssumme soll mit 150–180 Mrd. US-Dollar sogar diejenige von „Katrina" übertroffen haben. Aufgrund der langsamen Zuggeschwindigkeit dieses Wirbelsturms fielen örtlich in kurzer Zeit ca. 400 mm Niederschlag – eine gewaltige Menge. Mit Hurrikan **„Irma"** (30.8.–12.9.2017) folgte kurz darauf ein Wirbelsturm der höchsten Kategorie 5, der auf den Karibikinseln Barbuda, Kuba und den Florida Keys wütete. Auf den Inseln St. Martin und St. Barthélémy wurden 95 % der Gebäude beschädigt, Wasserversorgung, Telefon- und Stromleitungen waren unterbrochen. „Irma" war der stärkste Hurrikan außerhalb des Golfs von Mexiko und der Karibik seit Beginn der Aufzeichnungen 1898. Er war ein typischer „Kap-Verde-Hurrikan", der sich bei dieser Inselgruppe aus einer westafrikanischen Wellenstörung gebildet hatte. Erstmals bei einem Wirbelsturm hielt die Spitzengeschwindigkeit von 295 km/h über 37 h lang an. Die angerichteten ökonomischen Schäden werden gar auf 300 Mrd. US-Dollar geschätzt. Gleichzeitig mit „Irma" waren auch die Hurrikane „Katia" und „Jose" im Golf von Mexiko aktiv. **Hurrikan „Ophelia"** (9.–16.10.2017) war bereits der zehnte, aufeinanderfolgende Hurrikan der Saison 2017. Er war der bisher östlichste, jemals beobachtete größere Wirbelsturm, der südlich der Azoren zu einem Kategorie-3-Hurrikan herangewachsen war und auf einer Bahn über Irland und Schottland und von dort weiter als außertropischer Herbststurm zur Nordsee zog. Außergewöhnlich warmes Atlantikwasser ermöglichte diese Zugbahn. Bei der im Zuge des Klimawandels fortschreitenden Meereserwärmung könnten derartige Wirbelstürme Europa immer häufiger erreichen (Abb. 8.44).

Taifun „Haiyan" (3.–11.11.2013) war ein Super-Taifun der Kategorie 5 und einer der stärksten Wirbelstürme weltweit. Er verursachte große Schäden auf den Philippinen, wo 6000 Todesopfer zu beklagen waren und über 4 Mio. Menschen obdachlos wurden. Die Inseln Leyte und Samar wurden völlig verwüstet (Abb. 8.45). Das nur 3 km² große Atoll Kayangel, ein Teilstaat der pazifischen Inselrepublik Palau, war während des Durchzugs des Taifuns vollständig überflutet, alle Behausungen wurden zerstört. Aufgrund des Meeresspiegelanstiegs wird die Bewohnbarkeit derartiger Korallenriffe, die kaum über die Wasseroberfläche hinaus ragen, immer prekärer.

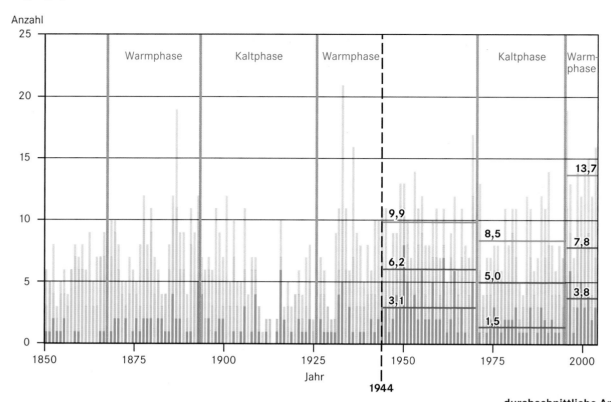

Anzahl

Mittlere Anzahl tropischer Zyklone pro Jahr entsprechend den atlantischen Warm- und Kaltphasen *(Atlantic Multidecedal Mode)*. Der Beginn der Zeitreihe (1944) markiert den routinemäßigen Einsatz von Flugzeugen zur Beobachtung von Wirbelstürmen über dem Atlantik.

Hurrikane und tropische Stürme
Hurrikane (SS 1–5)
Hurrikane (SS 3, 4, 5)

durchschnittliche Anzahl
Hurrikane und tropische Stürme
Hurrikane (SS 1–5)
Hurrikane (SS 3, 4, 5)

Abb. 8.44 Jährliche Anzahl von tropischen Stürmen und Hurrikanen unterschiedlicher Stärke im Atlantik (SS 1–5; SS = Saffir-Simpson-Hurrikanskala, bei der die Stürme nach ihrer maximalen Windgeschwindigkeit in fünf Klassen eingeteilt werden; ergänzt nach NOAA).

Der **Zyklon „Sidr"** (11.–16.11.2007) bildete sich in der Mitte des Golfs von Bengalen und entwickelte sich zu einem Wirbelsturm der zweitstärksten Kategorie. Er brachte Bangladesch Tod und Verwüstung. Die Gezeitenwellen der Sturmflut lagen bis zu 5 m über dem Normalstand, was in der flachen Deltaregion zu Panik führte. Große Teile des Mangrovenwaldes der Sundarbans, ein Weltnaturerbe, wurden beschädigt. Über 3000 Menschen fanden den Tod, darunter viele Fischer, Hunderttausende von Hütten wurden zerstört und große Teile der Ernte vernichtet. Der südhemisphärische Zyklon „Winston" (7.2.– 3.3.2016) war ein Kategorie-5-Wirbelsturm im südwestlichen Pazifik, der auf die Fidschi-Inseln traf. Die Wasseroberflächentemperaturen lagen bei 30–31 °C. Beim Zug über die Insel Vanua Balava wurden Windböen von 325 km/h gemessen. Der angerichtete Schaden betrug drei Fünftel des Staatshaushaltes. Auch in diesem Inselstaat dürften durch den Anstieg des Meeresspiegels mittelfristig Atolle und Riffe unbewohnbar werden. Die Fidschi-Inseln hatten deswegen 2017 in Bonn die Präsidentschaft der 23. COP-Konferenz zum Klimawandel inne, auf der ca. 25 000 Teilnehmer die weitere Eindämmung des Klimawandels diskutierten.

Europäische Herbst- und Winterstürme, also außertropische Zyklonen, waren in den 1990er-Jahren ungewöhnlich häufig. Die Orkane „Daria" (25./26.1.1990), „Herta" (3./4.2.1990), „Vivian" (25.–27.2.1990) und „Wiebke" (28.2./1.3.1990) bildeten die erste, „Anatol" (3./4.12.1999), „Lothar" (26.12.1999) und „Martin" (27./28.12.1999) die zweite Serie heftiger Stürme. In Deutschland wurden dabei maximale Windgeschwindigkeiten von 151 km/h in Karlsruhe, 184 km/h auf Sylt und 212 km/h auf dem Feldberg im Schwarzwald gemessen. Der europaweit versicherte Gesamtschaden von 2,4 Mio. Einzelschäden allein des „Weihnachtsorkans Lothar" belief sich dabei auf 5,9 Mrd. Euro. Der Gesamtschaden dürfte doppelt so groß gewesen sein. 110 Todesopfer waren zu beklagen. Die Hauptschäden traten an Dächern, Fassaden, Baugerüsten und -kränen, Wäldern, Freileitungen (Störung der Stromversorgung) sowie beim öffentlichen Verkehr (u. a. Schließung von Flughäfen) auf. Das bei „Lothar" in Frankreich angefallene Schadholz belief sich auf 140 Mio. m³, was 300 % der jährlichen Nutzung entspricht. Die versicherten Schäden, die der bisher stärkste Orkan „Kyrill" im Januar 2007 allein in Deutschland verursachte, beliefen sich auf ungefähr 3 Mrd. Euro. Sturmtief „Herwart" (27.–29.10.2017) war nach

Kapitel 8

Abb. 8.45 Taifun „Haiyan" zerstörte im November 2013 die philippinische Stadt Tacloban fast vollständig (Foto: Trocaire from Ireland/Wikipedia, CC BY 2.0).

Abb. 8.46 Durch den Sturm „Xavier" im Oktober 2017 im Hafen von Wilhelmshaven zerstörter 1000 t schwerer Verladekran (Foto: Wikipedia/Jacek Rużyczka, CC BY SA 4.0).

Kapitel 8

„Sebastian" (13.–14.9.) und „Xavier" (4.–6.10.; Abb. 8.46) in Deutschland bereits der dritte schwere Herbststurm des Jahres. Er führte an der Nord- und Ostseeküste zu Sturmfluten, Verkehrsbehinderungen und Stromausfällen. Der Frachter „Glory Amsterdam" lief im Sturm vor Langeoog auf Grund. Auch wenn „Herwart" nicht ganz so stark wie „Xavier" ausfiel, wurden wiederum zahlreiche Bäume entwurzelt. Mehrere Menschen wurden von ihnen erschlagen. Erneut musste der gesamte Schienenverkehr in Norddeutschland eingestellt werden. Freilich wurde auch bei der Stromerzeugung aus Windenergie mit 39 Gigawatt ein neuer deutscher Rekord aufgestellt.

Bei diesen Sturmereignissen handelt es sich um besonders intensive Tiefdruckgebiete mit einem extrem niedrigen Kerndruck. Es sind Randzyklonen des zentralen Island-Tiefs, die über dem Nordatlantik an der Polarfront entstehen (Tab. 8.6). Die Luftdruckdifferenz zwischen dem subtropisch-randtropischen Azoren-Hoch einerseits und dem subpolaren Island-Tief andererseits ist dabei von entscheidender Bedeutung. Aufgrund der Strahlungs-, Temperatur- und Luftdruckverhältnisse ist diese im Winter größer als im Sommer. Sturmzyklonen sind also fast ausschließlich auf das Winterhalbjahr beschränkt. Diese jahresperiodische Schwankung der Luftdruckdifferenz wird von einer

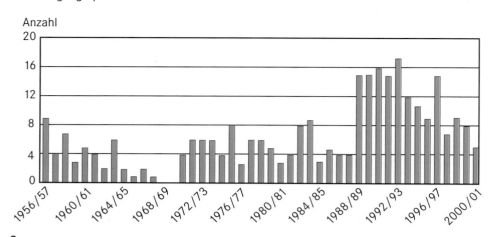

a

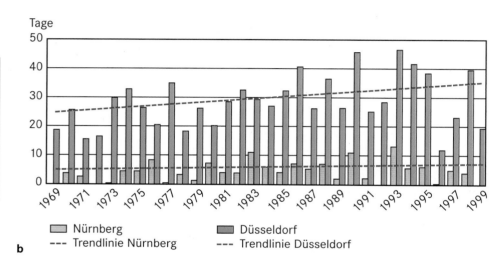

b

Nürnberg
--- Trendlinie Nürnberg

Düsseldorf
--- Trendlinie Düsseldorf

Abb. 8.47 a Entwicklung von Sturmtiefs (< 950 hPa) über dem Nordatlantik und Europa und **b** Starkwindtagen mit mindestens Beaufort 8 (ca. 20 m/sec oder 70 km/h) in Nürnberg und Düsseldorf (Quelle: DWD).

weiteren in der Größenordnung von 5–25 Jahren, der sog. **Nordatlantischen Oszillation** (NAO), überlagert. Ist der NAO-Index hoch bzw. positiv, dann ist die Entwicklung von Sturmzyklonen bei verstärkter, zonaler Westzirkulation eher wahrscheinlich als bei einem niedrigen bzw. negativen Index, der ein Ausdruck für eine meridionale, ausgetrogte und windschwache Zirkulation mit Tendenz zu Blockaden der Westwinddrift und Kaltluftvorstößen aus dem kontinentalen Russland-Hoch ist. Die künftige Entwicklung des NAO-Index ist für die Häufigkeit, Intensität und Zugbahn winterlicher Sturmzyklonen über Europa sehr wichtig. Es ist unbestritten, dass die Winter in Mitteleuropa in den letzten Jahrzehnten durch eine Zunahme der Westwetterlagen gekennzeichnet und damit milder und feuchter geworden sind. Aus der Abb. 8.47 geht hervor, dass Starktiefs über dem Atlantik und Nordeuropa (a) und Starkwindtage im Binnenland (b) in den letzten Jahrzehnten häufiger aufgetreten sind. Die Untersuchung der Zusammenhänge zwischen NAO und globaler Klimaerwärmung ist derzeit ein wichtiges Forschungsthema.

Großflächige Dauerregen, Starkniederschläge und Sturzfluten, die zu Überschwemmungen führen, treten in Mitteleuropa oft im Zusammenhang mit besonderen Witterungsregelfällen

und Großwetterlagen auf. So ist das **Weihnachtstauwetter** ein statistisch signifikanter Warmlufteinbruch in den letzten Tagen des Jahres, der mit zonalen Westlagen und maritimen, milden Luftmassen verbunden ist. Die Niederschläge gehen in den Mittelgebirgen bis ins Gipfelniveau in Regen über, der bei gefrorenem Boden nicht versickern kann und in den oberflächlichen Abfluss geht. Verbunden mit der Schmelze des im Frühwinter gefallenen Schnees kann es so zu Hochwasser kommen. Bei besonders lang anhaltender atlantischer Witterung mitten im Winter sind Überschwemmungen an Mosel und Rhein nicht ausgeschlossen. In Erinnerung sind noch die beiden „Jahrhunderthochwasser" in den Jahren 1993 und 1995, bei denen der Rhein in Köln neue Rekordhöchststände erreichte und zahlreiche Stadtteile am Niederrhein unter Wasser standen (Abschn. 12.2). Auch beim Pfingsthochwasser im Mai 1999 an der Donau spielten Schneeschmelze und Alpenstau eine große Rolle. Verbreitet fielen in diesem Monat über 300 mm Niederschlag (höchster Mai-Niederschlag am Hohenpeißenberg seit Beginn der Messreihe 1879). Die im Winter in Deutschland beobachtete Zunahme der zyklonalen Westlagen stimmt mit Modellberechnungen über die regionalen Auswirkungen des globalen Klimawandels überein. Auch sind in Deutschland in den letzten 40 Jahren des 20. Jahrhunderts Häufigkeit und Intensität von **Starkniederschlägen** – und deshalb auch die Hochwasser und Überschwemmungen – angestiegen. Das zufällige Eintreten zweier Jahrhunderthochwasser innerhalb eines Jahrzehnts wie in den 1990er-Jahren am Rhein ist zudem äußerst unwahrscheinlich (DWD 1998). Derartige Einzelereignisse sind in einem wärmeren Klima mit einem höheren Wasserdampfgehalt der Atmosphäre häufiger zu erwarten.

Die sommerliche Oderflut im Juni 1997 und das **Hochwasser** an Donau und Elbe im August 2002 stehen dagegen im Zusammenhang mit seltenen, aber höchst wetterwirksamen sog. Vb-Wetterlagen (retrograde Zyklonen mit ungewöhnlicher Zugbahn und Anströmrichtung aus Südosten). Ein abgeschnittener „Kaltlufttropfen" bzw. das über Österreich und Tschechien stationäre Tief „Ilse" saugte auf seiner Vorderseite warm-feuchte Mittelmeerluft aus Süden an, die aufgrund ihres hohen Wasserdampfgehaltes über den Randgebirgen des Böhmischen Beckens zu lang anhaltenden Starkregen führte. Hinzu kam noch auf seiner Rückseite der orographische Staueffekt des Erzgebirges auf die Nordwestströmung (DWD 2002). So wurde an der Station Zinnwald-Georgenfeld im Osterzgebirge mit 312 mm am 12.8.2002 der bisher mit Abstand größte Tagesniederschlag Deutschlands gemessen. Die Weißeritz, ein Nebenfluss der Elbe, übertraf den bisher nur einmal in 100 Jahren zu erwartenden Hochwasserabfluss von 350 m³/s fast um das Doppelte, kehrte in ihr altes Bett zurück und floss durch den Dresdener Hauptbahnhof. Dämme brachen an zahlreichen Flüssen des Elbeeinzugsgebietes und ganze Ortsteile verschwanden in Sachsen und Sachsen-Anhalt in den Fluten. 20 Menschen kamen ums Leben. Die volkswirtschaftlichen Schäden der Elbeflut wurden allein in Deutschland auf 9,2 Mrd. Euro geschätzt. Eine ähnliche Vb-Wetterlage verursachte Ende Mai bis Anfang Juni 2013 tagelange Regenfälle, Hochwasser und schwerste Überschwemmungen in Bayern, der Schweiz, Österreich, Tschechien, Ungarn, Kroatien und der Slowakei. Passau am Zusammenfluss von Inn und Donau verzeichnete die schwersten Überschwemmungen seit 500 Jahren. Die Schäden beliefen sich allein in Deutschland auf mehrere Milliarden Euro.

Die **Hitzewellen** im Sommer 2003 verursachten in Europa eine der größten Naturkatastrophen der letzten Jahrhunderte. Niemals seit Beginn der Temperaturmessungen 1761 wurden derart hohe Monatsmitteltemperaturen in Deutschland gemessen. Deutschlandweit lagen die Temperaturen in diesem Sommer (Juni–August) 3,4 K über dem Durchschnittswert von 1961–1990. Wochenlang überstiegen dabei die Extremtemperaturen vielerorts 30 °C. Der bisherige Temperaturmaximalwert für ganz Deutschland in Höhe von 40,2 °C wurde am 9.8. in Karlsruhe und erneut am 13.8.2003 in Karlsruhe und Freiburg eingestellt. Am Oberrhein wurden insgesamt 53 „heiße Tage" (Temperaturmax. mind. 30 °C) und 83 „Sommertage" (Temperaturmax. mind. 25 °C) registriert. Beeindruckend neben der Länge der Hitzeperiode war vor allem die riesige Fläche, die zwischen Portugal und Rumänien betroffen war. Eine extreme Blockadesituation führte dazu, dass sich ein stabiles, dynamisches, das heißt durch die ganze Troposphäre reichendes Hochdruckgebiet wochenlang über Europa etablieren konnte. Hitzebedingt hat dieser Sommer in ganz Europa vermutlich 70 000 zusätzliche Menschenleben gekostet (Koppe et al. 2004, Robine et al. 2008), denn hohe

Temperaturen, verbunden mit intensiver Globalstrahlung, niedrigen Windgeschwindigkeiten und exzessiver Luftfeuchtigkeit überfordern das Thermoregulationssystem insbesondere älterer Menschen (Abschn. 8.12). Dabei sind nicht nur die extremen Tagesmaxima, sondern die hohen nächtlichen Minima – „Tropennächte" mit Temperaturen über 20 °C in den Wärmeinseln der Großstädte – von Bedeutung. Scherber et al. (2013) und Scherber (2014) konnten in diesen Hitzesommern in Berlin und Brandenburg eine signifikante Zunahme von Todesfällen und Patienteneinlieferungen nachweisen.

Der „Jahrhundertsommer" 2003, der sonnenscheinreichste seit 1951 und fünfttrockenste seit 1901, war auch ein **Dürresommer**. Verbunden mit der Hitze war ein erhebliches Niederschlagsdefizit, das aufgrund der gesteigerten Verdunstung zu erheblichen Schäden in der Land- und Forstwirtschaft führte. Weitere gravierende Auswirkungen waren die Ausfälle bei der Binnenschifffahrt wegen Niedrigwasser, die Kühlprobleme bei den Kraftwerken und die deutlich verminderte Leistungsfähigkeit der Arbeitnehmer; nicht zuletzt sind auch die Belastungen durch hohe Ozonwerte anzuführen.

Hitzewellen wurden in Deutschland auch 2006, 2010, 2015 und 2018 verzeichnet. Am 5.7. und am 7.8.2015 wurde im fränkischen Kitzingen mit 40,3 °C ein neuer Temperaturrekord für Deutschland aufgestellt. Derartige thermische Extreme passen sehr gut zu den Ergebnissen, die numerische Klimamodelle als Folgen des Klimawandels errechnen. Auch der Weltklimarat hält es für sehr wahrscheinlich, dass überall auf der Erde Hitzewellen noch intensiver ausfallen und häufiger eintreten werden (IPCC 2013/2014). Rahmstorf & Coumou (2011) und Coumou & Robinson (2013) rechnen bereits für das Jahr 2025 mit ihrer Vervierfachung.

Auf der anderen Seite der Temperaturskala sind **Schadfröste** in Mitteleuropa im Frühjahr trotz des Klimawandels immer noch eine Gefahr für Obst- und Weinbau. Spätfröste verursachten 2011 und 2017 in deutschen und schweizerischen Sonderkulturen Millionenschäden; denn von Mitte Februar bis Mitte April 2017 war die Witterung überdurchschnittlich warm, sodass Rebstöcke und Obstbäume in ihrer phänologischen Entwicklung weit fortgeschritten waren. Die Frostnächte zwischen dem 18. und dem 24.4.2017 führten dann zum Erfrieren der jungen Triebe insbesondere an den Unterhängen und in Senken, in denen sich Kaltluftseen mit Temperaturen unter dem Gefrierpunkt gebildet hatten.

ENSO (*El Niño Southern Oscillation*), die bedeutendste natürliche Klimaschwankung der Erde und eindrucksvolles Beispiel für die enge Koppelung der Teilsysteme Atmosphäre und Hydrosphäre im Gesamtklimasystem, ist zuerst als regionales **Warmwasserereignis** an der Pazifikküste des tropischen Südamerikas bekannt geworden. Die Auswirkungen eines *Niño* auf die Ökologie des Humboldt-Stromes – Versiegen des Kaltwasserauftriebs – und den Lebensraum an der peruanisch-chilenischen Küstenwüste – Starkregen und Überschwemmungen – sind schon seit Jahrtausenden nachzuweisen (Caviedes 2005). Die „Luftdruckschaukel" der *Southern Oscillation* – hoher Luftdruck über dem tropischen Ostpazifik ist mit tiefem in der gleichen geographischen Breite über dem tropischen Westpazifik verbunden und umgekehrt – löst auch im austral-indonesischen Sektor

Kapitel 8

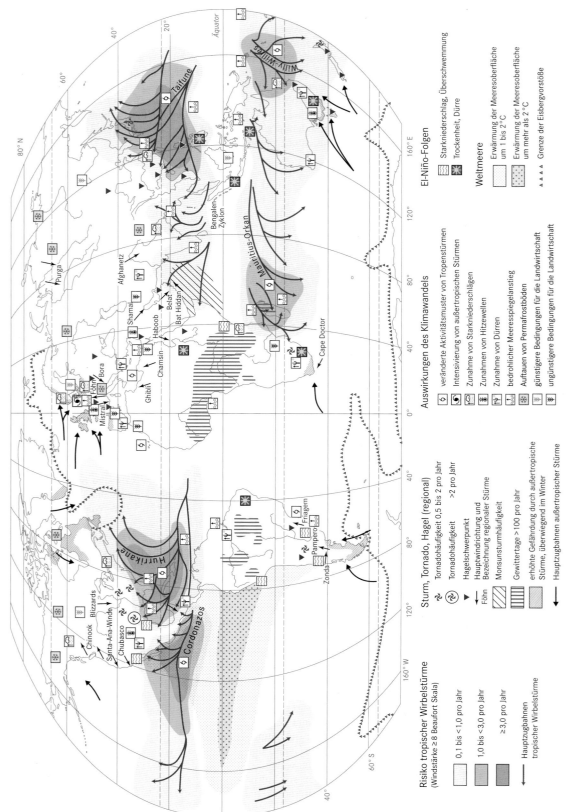

Abb. 8.48 Weltkarte atmosphärischer Gefahren (Entwurf: W. Endlicher unter Verwendung der Weltkarte der Naturgefahren der Münchener Rückversicherungs-Gesellschaft 2011).

Tab. 8.7 Wahrscheinlichkeitslevel beobachteter und prognostizierter Veränderungen extremer Wetter- und Klimaereignisse (wahrscheinlich: 66–90 %; sehr wahrscheinlich: 90–99 %; Quelle: Cubasch 2002).

Phänomen	Wahrscheinlichkeitsstufe beobachteter Veränderungen (2. Hälfte 20. Jahrhundert)	Wahrscheinlichkeitsstufe prognostizierter Veränderungen (21. Jahrhundert)
■ höhere Maximaltemperaturen und mehr heiße Tage in nahezu allen Landgebieten	wahrscheinlich	sehr wahrscheinlich
■ höhere Minimumtemperaturen, weniger kalte Tage und Frosttage in nahezu allen Landgebieten	sehr wahrscheinlich	sehr wahrscheinlich
■ stärkere Hitze	wahrscheinlich, in vielen Gebieten	sehr wahrscheinlich, in den meisten Gebieten
■ häufigere Starkregen	wahrscheinlich, in vielen Landgebieten der mittleren und höheren Breiten der Nordhalbkugel	sehr wahrscheinlich, in den meisten Gebieten
■ Zunahme kontinentaler Trockenheit und Dürrerisiken im Sommer	wahrscheinlich, in wenigen Gebieten	wahrscheinlich, in den meisten kontinentalen Gebieten der mittleren Breiten (Fehlen konsistenter Prognosen für andere Gebiete)
■ Zunahme der Windgeschwindigkeitsspitzen in Hurrikanen	in den wenigen vorliegenden Analysen noch nicht beobachtet	wahrscheinlich, in einigen Gebieten
■ Zunahme der mittleren und extremen Niederschlagsstärken bei Hurrikanen	noch zu wenige Daten für eine Beurteilung	wahrscheinlich, in einigen Gebieten

Kapitel 8

des Pazifik tief greifende Änderungen im Witterungsgeschehen aus, nur mit umgekehrten Vorzeichen: Bei ENSO-Ereignissen verringern sich die Niederschläge über Ostaustralien, Neuguinea und dem indonesischen Inselarchipel drastisch bis hin zur Dürre (Endlicher 2001). Diese Klimastörung am südhemisphärischen Pazifik ist über atmosphärisch-ozeanische **Telekonnektionen** mit anderen, oft weitab gelegenen Regionen der Erde verknüpft und kann dort katastrophale Witterungsanomalien auslösen, etwa Dürre in Nordostbrasilien, Abschwächung des Sommermonsuns in Indien oder Zunahme der Niederschläge in Kalifornien. Aber auch eine besondere Verstärkung des Humboldtstroms, das **Kaltwasserereignis** einer *La Niña*, führt zu ähnlich gravierenden, nahezu weltweiten Klimastörungen wie *El Niño*. Ein Beispiel ist die Überflutungskatastrophe 2011 in Australien. Inwieweit sich der Klimawandel auch auf Genese und Häufigkeit von ENSO auswirkt und ob in Zukunft bei wärmerer Atmo- und Hydrosphäre gar mit einem permanenten Warmwasserereignis zu rechnen ist, ist Gegenstand intensiver Forschungen.

Der **weltweite Klimawandel**, das globale Experiment mit den klimawirksamen Spurengasen, ist eine Schicksalsfrage der Menschheit. Der anthropogene Zusatztreibhauseffekt hat aber regional sehr unterschiedliche Auswirkungen. Sicher wird aufgrund der Ausdehnung des erwärmten Oberflächenwassers, des weltweiten Rückschmelzens der Gebirgsgletscher und sogar des möglichen Abtauens der großen Eisschilde von Grönland und der Westantarktis der Spiegel des Weltmeeres in den nächsten Jahrhunderten kontinuierlich ansteigen (Abb. 8.48). Weit weniger

klar sind die Auswirkungen des globalen Wandels im regionalen Maßstab, beispielsweise auf die bodennahe Lufttemperatur oder den Niederschlag. Für Europa wird sogar der eher unwahrscheinliche Fall eines **Temperaturrückgangs** diskutiert, der durch ein Abreißen der thermohalinen Zirkulation im Nordatlantik ausgelöst werden könnte. Ob, wo und wann eine global höhere Lufttemperatur und damit verbunden ein größerer Wasserdampfgehalt zur regionalen Modifikation einzelner Klimaelemente führen wird, kann durch Berechnungen verschiedener Szenarien immer nur bis zu einem gewissen Grad an Genauigkeit prognostiziert werden, da der Wandel mit sozialen, demographischen, ökonomischen und technologischen Veränderungen verknüpft ist. Das IPCC rechnet aber mit einer Zunahme von Extremwetter und -witterung, das heißt mit einer Steigerung der atmosphärischen Gefahren (Tab. 8.7; IPCC 2013/2014). Forzieri et al. (2017) befürchten, dass durch den Klimawandel gegen Ende des Jahrhunderts jährlich zwei Drittel der europäischen Bevölkerung von Extremwetterkatastrophen, insbesondere Hitzewellen, betroffen sein könnten und dass sich die dadurch hervorgerufenen Todesfälle im Vergleich zum Zeitraum 1981–2010 verfünfzigfachen könnten. Der neue Wissenschaftszweig der *„attribution science"* versucht den Anteil des Klimawandels an Extremereignissen wie Hurrikanen oder Hitzewellen zu quantifizieren (Otto 2017). Der derzeit ablaufende Klimawandel wird größer sein als irgendein anderer in den letzten 100 000 Jahren und die daraus resultierenden Veränderungen ökologischer Beziehungen und biogeochemischer Systeme wird die Menschheit noch viele Jahrzehnte, wahrscheinlich Jahrhunderte beschäftigen.

8.11 Besonderheiten des Stadtklimas

Eberhard Parlow und Christoph Schneider

Der Begriff Stadtklima bezeichnet das durch den Menschen stark modifizierte Klima urbaner Räume. Dies kann die luftchemischen Eigenschaften der städtischen Atmosphäre oder auch die durch die Bebauung veränderten physikalischen Randbedingungen für den Energieaustausch zwischen der urbanen Oberfläche und der Grenzschicht der Atmosphäre betreffen.

Generell unterscheidet sich das Klima von Städten gegenüber dem des meist ruralen Umlandes durch folgende wichtige Eigenschaften:

- Städte sind Gebiete erhöhter aerodynamischer Rauigkeit, was Konsequenzen für die Windgeschwindigkeit und deren Vertikalverteilung hat.
- Städte setzen sich aus einem Mosaik von Oberflächen aus unterschiedlichen Materialien und mit verschiedenem Versiegelungsgrad zusammen. Dies und die dreidimensionale Stadtstruktur verändern den Strahlungs- und Wärmehaushalt, insbesondere die Aufteilung der aus der Strahlungsbilanz zur Verfügung stehenden Energie auf den Speicherwärmefluss und die beiden turbulenten Wärmeflüsse des latenten und sensiblen Wärmetransports.
- Die verwendeten Baumaterialien besitzen gegenüber natürlichen Oberflächen unterschiedliche physikalische Eigenschaften bzgl. Wärmeleitfähigkeit und Wärmekapazität, was zusammen mit der großen Vertikalerstreckung der Gebäude Auswirkungen auf das Wärmespeichervermögen hat und maßgeblich für den städtischen Wärmeinseleffekt verantwortlich zu machen ist.
- Städte sind eine wichtige Quelle für Luftschadstoffe und Gasemissionen aller Art, auch wenn sich in den vergangenen Jahren hier durch gesetzgeberische Auflagen und technische Entwicklungen die Situation für einige der bedeutendsten Schadstoffe wie Schwefeldioxid (SO_2) im Allgemeinen verbessert hat. Bei anderen Schadstoffen wie Stickstoffdioxid (NO_2) oder Feinstaub (*Particulate Matter*, PM) liegen die Konzentrationen an einigen Standorten immer noch zu hoch.
- Ein Großteil der anthropogen bedingten globalen Emissionen des Treibhausgases Kohlendioxid (CO_2) ist auf urbane Standorte zurückzuführen.

- Im Gegensatz zu ruralen Gebieten muss man in den Städten auch den sog. anthropogenen Wärmefluss berücksichtigen, der sich aus Verkehr, industrieller Produktion, Heizen/Kühlen und zu einem geringen Teil aus dem Metabolismus der Bevölkerung generiert. Dieser lässt sich nicht direkt messen und blieb daher bisher meistens unberücksichtigt.

Der städtische Wärmeinseleffekt

Ein Kennzeichen des Klimas von Städten ist die Ausbildung eines städtischen Wärmeinseleffektes (*Urban Heat Island*, UHI). Dieser bezieht sich auf die Lufttemperaturdifferenz zwischen einem urbanen und einem in der Nähe gelegenen ruralen Standort. Neben diesem UHI gibt es weitere Indizes, die sich auf andere meteorologische Elemente beziehen. Weit bekannt ist der *Surface-Urban-Heat-Island*-Effekt (SUHI), der die z. B. von Satelliten messbare Oberflächentemperaturverteilung nutzt (Voogt & Oke 2003). Städte sind in diesen Thermalinfrarotdaten immer wärmer als das rurale Umland. Es ist jedoch falsch daraus abzuleiten, dass die entsprechenden Lufttemperaturen diesem Oberflächentemperaturmuster folgen (Parlow et al. 2014). Zumindest am Tage ist dies nicht immer der Fall, auch wenn es fälschlicherweise viele Publikationen gibt, die diesen Unterschied zwischen UHI und SUHI nicht sorgfältig genug machen. Außerdem gibt es über sehr lange Zeiträume hinweg auch einen *Subsurface-Urban-Heat-Island*-Effekt (UHI$_{SUB}$) durch den Wärmetransport in den städtischen Boden. Auch unter der Oberfläche liegende anthropogene Quellen (z. B. Kanalnetze, Fernwärmeanlagen etc.) tragen dazu bei. In den Bodentemperaturtrends ist allerdings auch immer der globale Temperaturanstieg durchgepaust und lange Messreihen sind außerdem sehr selten (Oke et al. 2017).

Bezüglich des **klassischen Wärmeinseleffektes** (UHI) kann man festhalten, dass die städtische Lufttemperatur im Mittel um einige Grade (2–6 K) höher ist als im städtischen Umland. Dies ist nicht auf den Sommer beschränkt, sondern für das ganze Jahr gültig. Die Wärmeinselintensität, das heißt die Größe des Temperaturunterschieds, korreliert positiv mit der Größe der Stadt und der Bevölkerungsdichte, wobei Unterschiede zwischen Städten verschiedener Kontinente bestehen (Oke 1983, Mills 2006). Dies hängt mit unterschiedlichen Gebäudestrukturen und insbesondere mit der intensiven Nutzung von Klimaanlagen in

---

Exkurs 8.7 *Urban Heat Island*

Dieses Phänomen wurde erstmals durch Luke Howard (1772–1864) beschrieben, der in den Jahren 1818–1819 in zwei Bänden „*The Climate of London*" publizierte und dabei feststellte, dass die Lufttemperaturen in London nachts höher waren als im Umland, am Tage hingegen die Stadt London geringere Temperaturen aufwies. Somit gilt Howard als der Begründer der Stadtklimatologie und der Entdecker des städtischen Wärmeinseleffekts. Howard war kein Meteorologe und hatte nie Meteorologie studiert, sondern ein Geschäftsmann, der pharmazeutische Chemikalien herstellte. Er interessierte sich jedoch seit Jugendjahren für das Wetter, entwickelte als seine wohl wichtigste meteorologische Leistung die noch heute gültige Klassifikation der Wolken und wurde 1821 zum *Fellow of the Royal Society* ernannt.

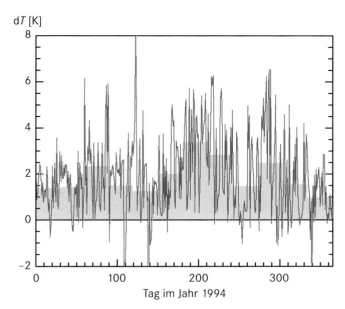

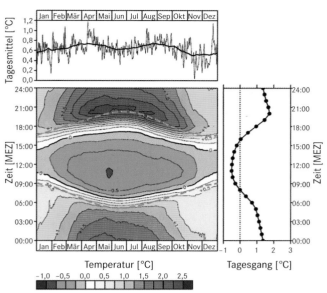

Abb. 8.49 Differenzen der Monatsmittel- und Tagesmitteltemperaturen zwischen einer Innenstadtstation (Basel Spalenring) und einer Messstation in ländlicher Umgebung (Basel Lange Erlen) für das Jahr 1994.

Abb. 8.50 Isoplethen der Lufttemperaturdifferenzen zwischen Basel Innenstadt (Station Basel-Klingelbergstraße) und einer Messstation in ländlicher Umgebung (Basel Lange Erlen) als Mittelwert für die Jahre 2003–2012 auf der Basis von 10-minütigen Messungen. Die graue gestrichelte Linie im Isoplethendiagramm repräsentiert die Zeit des Sonnenauf- bzw. -untergangs (Feigenwinter 2013).

öffentlichen und privaten Gebäuden in Nordamerika und Ostasien und somit der Menge anthropogen erzeugter Wärme zusammen, welche der städtischen Atmosphäre in diesen Regionen zusätzlich zugeführt wird und diese damit aufheizt.

Die spannende Frage ist jedoch, ob die Städte immer Lufttemperaturwärmeinseln sind. Howard (1820), der Entdecker der städtischen Wärmeinsel (Exkurs 8.7), hat ausdrücklich berichtet, dass die Lufttemperatur in London am Tage und im Sommer niedriger war als im benachbarten Umland – also doch ein städtischer Kälteinseleffekt? Nähern wir uns zunächst der Beantwortung dieser Frage in der zeitlichen Dimension, das heißt, indem wir die Lufttemperatur in verschiedenen zeitlichen Auflösungen betrachten, also die Jahres-, Monats- und Tagesmitteltemperaturen und dann die Stunden- oder Minutenwerte. Faktum ist, dass alle Städte bezüglich ihrer Jahresmitteltemperatur deutlich erhöhte Werte aufweisen als deren rurale Umgebung. In Abb. 8.49 sind die Differenzen der Monatsmitteltemperaturen (grüne Balken) und der Tagesmitteltemperaturen (rote Linien) zwischen zwei Messstationen in Basel Innenstadt (Station Basel-Spalenring) und ca. 5 km entfernt in ländlicher Umgebung über einer Grasfläche (Station Basel Lange Erlen) für das Jahr 1994 dargestellt. In allen Monaten des Jahres liegen die Mitteltemperaturen in der Innenstadt zwischen 1,5 und 3 K höher, mit der größten Differenz vorrangig während der Sommermonate. Betrachtet man die über 24 h integrierten Tagesmitteltemperaturen, so ist die Situation von einigen Tagen abgesehen grundsätzlich ähnlich. Die Werte können auf Tagesbasis sogar bis zu 8 K höher liegen als in der ländlichen Umgebung. Man sieht aber auch, dass die Unterschiede von Tag zu Tag erheblich sein können. Lediglich an ungefähr 30 Tagen des Jahres war die Tagesmitteltemperatur in der Innenstadt niedriger als in der Umgebung, was meist auf spezielle Wetterlagen zurückzuführen ist.

Anders wird die Sache bei zeitlich hochaufgelöster Betrachtung, wenn also Tagesgänge analysiert werden. Abb. 8.50 zeigt ein Isoplethendiagramm, das auf der X-Achse den Jahresgang und auf der Y-Achse den entsprechenden Tagesgang darstellt. Wiedergegeben ist die Temperaturdifferenz zwischen der Stadtstation Basel Klingelbergstraße (Dachniveau) und der ruralen Station Basel Lange Erlen (2 m über Grund). Durch die Mittelung der Jahre 2003–2012 wird das Diagramm etwas geglättet und Messdatenausfälle oder einzelne witterungsbedingte Ausreißer werden eliminiert. Man sieht, dass die Stadt in den Nachtstunden, insbesondere in den Abendstunden, um mehrere Grade wärmer ist, dass sich aber während des Tages die Situation umkehrt und die Stadt bis zu 1 K kühler ist als das Umland. Man erkennt auch, dass der Wechsel von positiven zu negativen Werten im Laufe des Jahres mit dem Sonnenaufgang bzw. Sonnenuntergang korreliert. Diese tageszeitlich das Vorzeichen wechselnde Temperaturdifferenz lässt sich in vielen Städten weltweit belegen und entspricht genau dem, was Howard vor knapp 200 Jahren für London bereits festgestellt hatte. Vergleicht man Temperaturen in gleicher Messhöhe (2–3 m über Grund) derselben Stationen, dann liegen die Lufttemperaturen am Tage in sehr ähnlicher Größenordnung: Die Stadt ist dann zwar ca. 0,25–0,5 K wärmer als das rurale Umland, aber bei diesem sehr geringen Temperaturunterschied sollte man dennoch nicht von einem Wärmeinseleffekt der Stadt am Tage sprechen (Vogt & Parlow, 2011).

Wie lassen sich diese am Tage nicht oder nur sehr gering erhöhten Lufttemperaturen physikalisch erklären, obwohl wir doch aus zahlreichen Publikationen der vergangenen Jahrzehnte wissen, dass Städte immer höhere Oberflächentemperaturen

Exkurs 8.8 Strahlungsbilanz und Oberflächentemperatur

Die Strahlungsbilanz Q^* ist eine Größe, die bestimmt, ob und in welchem Maße die aus dem Strahlungshaushalt verbleibende Energie in die Wärmehaushaltsglieder, also den sensiblen (Lufttemperatur) und latenten Wärmefluss (Verdunstung/Kondensation) sowie in den Speicherterm (Bodentemperaturen) partitioniert werden kann. Die langwellige Emission als Teil der Strahlungsbilanz ist direkt abhängig von der Oberflächentemperatur. Diesen Zusammenhang beschreibt das Gesetz von Stefan-Boltzmann, das lautet:

$$E_{lu} = \varepsilon \sigma T^4$$

Hierbei ist ε der Emissionskoeffizient, der bei natürlichen Oberflächen zwischen 0,9 und 0,98 schwankt, σ die Stefan-Boltzmann-Konstante ($5,67 \cdot 10^{-8}$ Wm^{-2} K^{-4}) und T die Oberflächentemperatur in Kelvin. Strahlungsflüsse mit negativem Vorzeichen sind von der Erdoberfläche aufwärts gerichtet (Verlustgrößen), die mit positivem Vorzeichen als Gewinngrößen zur Oberfläche gerichtet. Ist die Strahlungsbilanz positiv, so steht Energie für den Wärmehaushalt, das heißt Erhöhung der Lufttemperatur oder Verdunstung oder Erhöhung der Bodentemperaturen, zur Verfügung. Ist die Strahlungsbilanz negativ, das heißt, sind die Verlustterme größer als die Gewinnterme, so muss dies zur Absenkung der Luft- oder Bodentemperatur, zur Kondensation von Wasserdampf oder zur Reifbildung an der Oberfläche führen.

aufweisen als das Umland (Vogt & Parlow 2011)? Wie lässt sich dies zusammenbringen: deutlich erhöhte Oberflächentemperaturen in den Städten am Tage bei gleichzeitig niedrigeren oder nur marginal erhöhten Lufttemperaturen? Um diese Frage zu beantworten, muss man sich mit dem Strahlungs- und Wärmehaushalt einer urbanen Oberfläche etwas ausführlicher auseinandersetzen.

Zunächst ist es wichtig, die **Strahlungsbilanz der Oberfläche** zu kennen, um darauf aufbauend die Glieder der Wärmehaushaltsgleichung zu berechnen. Die Strahlungsbilanz Q^* setzt sich aus folgenden Teilgliedern zusammen: die Globalstrahlung E_{sd}, die kurzwellige Reflexion E_{su}, die langwellige atmosphärische Gegenstrahlung E_{ld} als Folge des Treibhauseffektes und die über die Oberflächentemperatur entsprechend des Stefan-Boltzmann-Gesetzes geregelte langwellige Emission E_{lu} (Exkurs 8.8). Die Gleichung lautet dann:

$$Q^* = E_{sd} - E_{su} + E_{ld} - E_{lu}$$

Wegen der deutlich höheren Oberflächentemperatur städtischer Oberflächen ist auch deren langwellige Emission und damit der langwellige Verlustterm der Bilanzgleichung erhöht. Als Faustregel gilt: Pro 1 K höhere Oberflächentemperatur steigt die langwellige Emission um 5–6 W/m^2 an. Falls dies nicht durch eine geringere Albedo und damit eine kleinere kurzwellige Reflexion überkompensiert wird, gilt also: Städte haben am Tage eine geringere positive Strahlungsbilanz als deren vegetationsbedecktes Umland. Während der Nacht ist die Strahlungsbilanz in der Stadt und im Umland negativ. Wegen ihrer deutlich erhöhten Oberflächentemperatur und dem damit verbundenen erhöhten Strahlungsenergieverlust während der Nachtstunden erreicht die Strahlungsbilanz in der Stadt jedoch noch negativere Werte als im ruralen Umland.

Für die Erhöhung der Lufttemperatur ist demnach nicht die Strahlungsbilanz, sondern der sensible (fühlbare) Wärmefluss verantwortlich, der ein Term der Wärmehaushaltsgleichung ist. Die Wärmehaushaltsgleichung lautet:

$$Q^* + Q_F = Q_H + Q_L + Q_S$$

Q^* ist wiederum die aus der vorherigen Gleichung bekannte Strahlungsbilanz und Q_F der anthropogene Wärmefluss. Q_H ist der fühlbare Wärmefluss, Q_L der latente Wärmefluss und Q_S der Bodenwärmefluss, der oft auch Speicherterm genannt wird. Man erkennt aus der Gleichung, dass die Strahlungsbilanz zusammen mit dem messtechnisch nicht erfassbaren anthropogenen Wärmefluss die Energie bereitstellt, welche durch die turbulenten Wärmeflüsse Q_H und Q_L sowie den Speicherwärmefluss Q_S umgesetzt werden, das heißt, dass im Falle positiver Strahlungsbilanz Energie zur Verfügung steht, um die Lufttemperatur zu erhöhen, um zu verdunsten oder um die Bodentemperatur zu erhöhen. Bei negativer Strahlungsbilanz, wie es in der Regel nachts der Fall ist, müssen diese drei Komponenten zusammen mit dem anthropogenen Wärmefluss die Strahlungsbilanz vollständig ausgleichen. Dies geschieht durch Lufttemperaturabsenkung, Kondensation von Wasserdampf oder Auskühlen des Bodens. Während man in früheren Arbeiten den anthropogenen Wärmefluss in der Regel unberücksichtigt ließ, da er nicht direkt messbar ist, kommen in den letzten Jahren durchgeführte Studien zu dem Ergebnis, dass gerade in Großstädten dieser vom Menschen verursachte Wärmefluss doch so groß ist, dass man ihn berücksichtigen muss (Chrysoulakis et al. 2017).

Der **anthropogene Wärmefluss** setzt sich zusammen aus den Komponenten des Verkehrs ($Q_{F,T}$), der Gebäudeabwärme ($Q_{F,B}$) und des Metabolismus der städtischen Bevölkerung ($Q_{F,M}$; Lamarino et al. 2012, Lindberg et al. 2018). Der Anteil dieser Komponenten des anthropogenen Wärmeflusses ist regional sehr unterschiedlich und weist tages- und jahreszeitliche Variationen auf. Lindberg et al. (2018) haben die Komponenten von Q_F für die „*Greater London Area*" modelliert. In der mit Hochhäusern und Bürokomplexen ausgestatteten Londoner Innenstadt kann der Anteil von $Q_{F,B}$ mehrere Hundert W/m^2 betragen und ist damit ein wichtiger Energiebeitrag zum städtischen Wärmeinseleffekt UHI. Bei dem durch den menschlichen Metabolismus erzeugten Wärmefluss $Q_{F,M}$ muss zwischen einer urbanen Tages- und Nachtbevölkerung unterschieden werden. Die

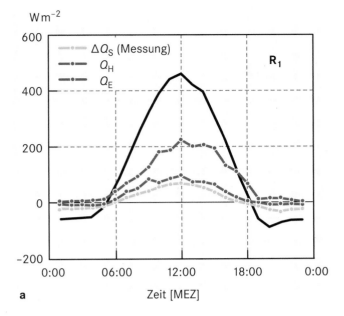

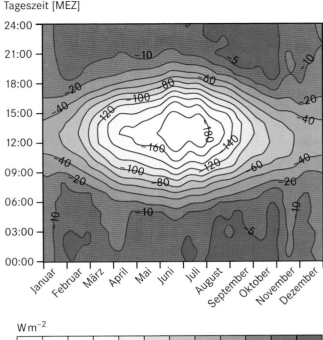

Abb. 8.52 Isoplethendarstellung des sensiblen Wärmeflusses an der Messstation Basel-Spalenring (Innenstadt), Mittelwert der Jahre 1994–2002 auf der Basis von 10-minütigen Messungen.

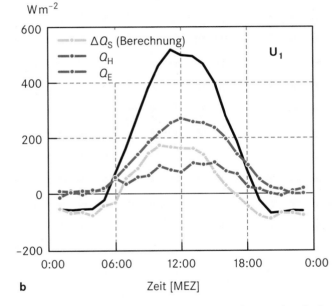

Abb. 8.51 Partitionierung der Wärmeflüsse an einer ruralen Station (R1) und einer urbanen Station (U1) im Raum Basel. Das Vorzeichen der Wärmeflüsse deutet die Richtung des Flusses an. Positive Flüsse sind von der Oberfläche weg, negative zur Oberfläche hin gerichtet. Die Strahlungsbilanz ist als schwarze Linie angegeben.

dafür notwendigen Daten stehen in zahlreichen Städten heute zur Verfügung und man ist daher in der Lage, dieses zu berücksichtigen. Den größten Beitrag zum anthropogenen Wärmefluss trägt die mit den Gebäuden zusammenhängende Komponente ($Q_{F,B}$) bei, gefolgt vom Verkehr ($Q_{F,T}$) und zu einem kleinen Teil vom menschlichen Metabolismus ($Q_{F,M}$). Insbesondere in Ländern, in denen die Nutzung von Klimaanlagen sehr verbreitet ist (z. B. USA oder Japan) oder sehr viel Wärme aus dem Fahrzeugverkehr der städtischen Atmosphäre zugeführt wird, kann das mehrere Hundert W/m² betragen. Dies erklärt, warum in solchen Fällen der städtische Wärmeinseleffekt auch am Tage deutlich ausfällt.

Wie sieht nun die Aufteilung (Partitionierung) der Strahlungsbilanz in die verschiedenen Wärmeflüsse in einer Stadt aus? Durch den hohen Versiegelungsgrad städtischer Oberflächen verbunden mit anderen Materialeigenschaften künstlicher Baumaterialen (z. B. Wärmekapazität und Wärmeleitfähigkeit) gestaltet sich der Speicherterm, das heißt die Wärmeleitung in Straßen, Dächern und Hauswänden, völlig anders als dies bei natürlichen Flächen der Fall ist. Ein markanter Unterschied ist der in den Städten immer deutlich höhere Speicherterm (Abb. 8.51). Er macht mindestens 30 % der Strahlungsbilanz aus, kann aber auch Werte bis zu 55 % erreichen, während er in ruralen Systemen im Bereich von 10 % liegt. Was hat dies für Konsequenzen? Die städtischen Baumaterialien wirken wie eine Batterie, die am Tag vollgeladen wird, somit sehr viel Energie aufnimmt und diese daher dem direkten turbulenten Austausch, das heißt dem sensiblen und latenten Wärmefluss am Tage entzieht. Liegt der Speicherterm über 40 %, gemessen an der Strahlungsbilanz, verbleibt deutlich weniger Energie für den sensiblen und latenten Wärmefluss als im ländlichen Umland. Das Verhältnis der beiden turbulenten Wärmeflüsse (Q_H/Q_L) wird **Bowen-Verhältnis** genannt. Dieses liegt typischerweise bei 2 in der Stadt und bei 0,5 im ländlichen Umland, was bedeutet, dass die Verdunstung im ländlichen Umland doppelt so hoch, in den Innenstädten aber nur halb so hoch wie der sensible Wärmestrom ist.

Typischerweise gibt es trotz verringerter Vegetationsbedeckung in europäischen Städten durch Straßenbegleitgrün und Vorgärten dennoch einen so großen Rest an Verdunstung, dass der sensible Wärmefluss in der Stadt geringer ist als im Umland und die Lufttemperaturen in den Städten nicht so hohe Werte erreichen. Dies erklärt, warum Städte am Tage oftmals keine Wärmeinseln, sondern eher, wenn auch schwach ausgeprägte *„urban cooling islands"* sind. Hinzu kommt der Effekt, dass enge Straßenschluchten über viele Zeiten hinweg zumindest teilweise verschattet sind, und so – ähnlich wie im Wald – die Umsatzfläche der von der Sonne eingestrahlten Energie gar nicht im Straßenraum, sondern im Dachniveau liegt. Die Überlegungen müssen aber noch einen letzten Schritt weitergehen: So muss die Frage beantwortet werden, was mit der am Tage gespeicherten Energie passiert, denn sie kann aufgrund des Energieerhaltungsgesetzes nicht einfach verschwinden. Es wurde bereits darauf hingewiesen, dass während der Nacht die Strahlungsbilanz einer Stadt negativere Werte als über ruralen Flächen annimmt. Diese negative Strahlungsbilanz muss durch die Wärmeflüsse ausgeglichen werden. In Abb. 8.51 ist zu sehen, dass sich im Falle der ruralen Station R1 alle Wärmeflüsse daran beteiligen. Es werden also Luft und Boden abgekühlt und eventuell kommt es auch zur Kondensation in Form von Tau- oder Nebelbildung, wenn durch die Abkühlung die Taupunkttemperatur erreicht wird und die relative Luftfeuchte auf Werte um 100 % steigt. Anders verhält es sich bei der urbanen Station U1: Trotz negativer Strahlungsbilanz ändern weder sensibler noch latenter Wärmefluss die Richtung (Vorzeichen). Dies bedeutet, dass in der Stadt während der Nachtstunden Energie nicht nur für die Kompensation der negativen Strahlungsbilanz, sondern auch für die Aufrechterhaltung der von der Oberfläche weiterhin in die Atmosphäre gerichteten sensiblen und latenten Wärmeflüsse bereitgestellt wird. Man erkennt in Abb. 8.51, dass allein der Speicherterm diese Energie aufbringt. Auch

in Abb. 8.52 wird dies deutlich. Sie zeigt die Isoplethen des sensiblen Wärmeflusses der Innenstadtstation Basel-Spalenring im Mittel der Jahre 1994–2002. Es fällt auf, dass fast ganztägig und ganzjährig der sensible Wärmefluss negativ bleibt, was entsprechend der hier verwendeten mikrometeorologischen Vorzeichenkonvention einem von der Oberfläche in die Atmosphäre gerichteten Wärmefluss entspricht. Anders ausgedrückt: Die städtische Atmosphäre trägt in der Nacht nicht zur Kompensation der negativen Strahlungsbilanz bei, sondern es bleibt einzig dem Speicherterm überlassen, für den Ausgleich des Wärmehaushalts zu sorgen. Folge ist, dass die städtischen Lufttemperaturen in der Nacht nicht soweit absinken wie im Umland und sich daher während der Nachtstunden die Situation der städtischen Wärmeinsel ausbilden kann.

Aspekte des Stadtklimas sind im Zusammenhang mit der Anpassung an den anthropogenen Klimawandel von hoher strategischer Bedeutung für die übergeordnete **Stadtplanung** und müssen aufgrund der großen Relevanz für das Wohlbefinden der Menschen in Städten auch bei individuellen Bebauungsvorhaben berücksichtigt werden (Exkurs 8.9). Die thermischen Gegebenheiten sind dabei außer von den oben ausgeführten unterschiedlichen Energiebilanzcharakteristika auch von der Belüftung entlang von **Frischluftschneisen** aufgrund lokaler Flurwinde oder mesoskaliger Berg-Tal-Windsysteme abhängig (Sachsen et al. 2013). Insbesondere die in der Regel positiven Effekte auf das Stadtklima durch blaue (Wasser) und grüne (Vegetation) „Infrastruktur" in der Stadt stehen deshalb im Zentrum aktueller Forschungs- und Anwendungsprojekte (Endlicher et al. 2016). Neben thermischen Aspekten müssen auch der potenzielle äolische Diskomfort durch Düseneffekte und Windböen aufgrund dreidimensionaler Baukörperstruktur bei der Stadtplanung berücksichtigt werden.

Mit dem Stadtklima eng verwoben sind Forschungs- und Anwendungsaspekte der **Luftqualität** (Exkurs 8.9 und Abb. 8.53). Die Exposition gegenüber Luftschadstoffen (Immission) hängt dabei in komplexer Art und Weise von den Emissionen, dem

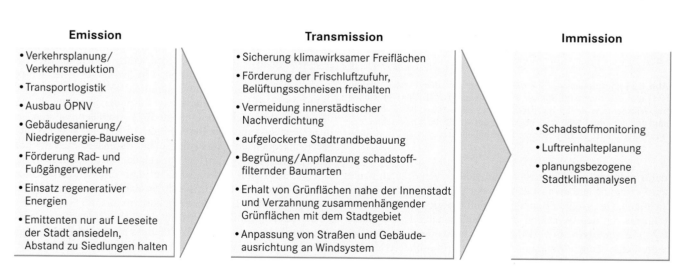

Abb. 8.53 Handlungsfelder zur Luftqualitätssicherung (verändert aus Merbitz & Schneider 2012).

Exkurs 8.9 Nachhaltige Stadtentwicklung und Anpassung an den Klimawandel

Christoph Schneider und Bastian Paas

Die Entwicklung urbaner Räume im Hinblick auf Stadtklima und Luftqualität erfordert eine vielschichtige Betrachtung, die bisher aufgrund einer fehlenden integrativen Methodik nicht in ausreichendem Umfang umgesetzt ist. Insbesondere die Berücksichtigung von Situationen mit kombinierten Belastungen, z. B. hervorgerufen durch Lärm, erhöhte Schadstoffkonzentrationen in der Außenluft und Hitzestress, stellt eine wichtige Herausforderung dar, um zusätzliche negative Kopplungseffekte, die aus der Kombination von Belastungsfaktoren resultieren, zu erkennen (Merbitz et al. 2012, Maras et al. 2016, Paas et al. 2016). Wurden in der Vergangenheit Aspekte des Stadtklimas in der Stadtplanung berücksichtigt, die beispielsweise auf eine Minderung der städtischen Wärmeinsel insbesondere im Hinblick auf sommerliche Hitzewetterlagen ausgerichtet waren oder die einen möglichst optimalen Luftaustausch zur Verringerung von Schadstoffkonzentrationen in der Stadtatmosphäre sicherstellten, rückten in jüngster Zeit vor allem bei mittelfristigen und stadtteilübergreifenden Planungen zunehmend auch die Anpassung der Städte an den anthropogenen Klimawandel und ihr Beitrag zur Minderung von Treibhausgasemissionen in den Fokus der Stadtplanung. Der stadtklimatische und lufthygienische Fragenkomplex ist dabei eingebettet in das Wechselspiel mit einer Vielzahl weiterer Fachplanungen, sodass eine zielführende Behandlung einer insbesondere klimatisch nachhaltigen Stadtentwicklung zwin-

gend zu interdisziplinären Ansätzen führt. In Forschungskontexten wird deshalb die Zusammenarbeit mit Expertinnen und Experten aus dem Bauingenieurwesen, der Umweltforschung, der technischen und medizinischen Akustik, der Meteorologie, der Stadtplanung sowie der Sozial- und Kommunikationswissenschaften forciert (Abb. A). Verbundforschungsprojekte, die solche interdisziplinären Fragenkomplexe fokussieren, sind in den vergangenen Jahren oft unter Beteiligung der Geographie initiiert worden (Schneider et al. 2011, Ziefle et al. 2014, uc2-program.org 2017). Im Zentrum der Überlegungen in Bezug auf den anthropogenen Klimawandel steht die Aussicht auf um 1–2 °C höhere Mitteltemperaturen zur Mitte des Jahrhunderts gegenüber der Normalperiode 1960–1989, die im Sommer mit einem möglicherweise vermehrten Auftreten mehrtägiger niederschlagarmer und windschwacher Hitzeperioden verknüpft sind (Buttstädt & Schneider 2014). Neben der Hitzebelastung zeichnen sich diese Witterungsperioden durch erhöhte Feinstaub- und Ozonbelastung aus, sodass sich negative gesundheitliche Konsequenzen ergeben, die zu Leistungsminderung und bei Personen mit Vorerkrankungen auch zu einer bedeutenden Übersterblichkeit führen können. Andererseits führt der demographische Wandel zu zunehmend größeren Anteilen älterer Menschen. Fragen der Umweltmedizin, der Lebensweise und sozialen Vernetzung insbesondere älterer Menschen, wie sie in der Sozialgeographie behandelt werden, sind hier eng mit klimageographischen Fragestellungen verknüpft (Maras et al. 2013).

STADTKLIMA
STÄDTISCHE ATMOSPHÄRE

Stadtklima
Hitzestress

Luftqualität
Luftschadstoffe

Akustik
Lärm

Stadtökologie
- Frischluftzufuhr
- Durchmischung
- Grüne Infrastruktur
- Blaue Infrastruktur

Stadtsoziologie
- Stadtplanung
- *Governance*
- Stadtgesellschaft
- Gesundheit
- *Public health*
- Verwundbarkeit
- Resilienz

Stadtökonomie
- Wirtschaftsprozesse
- Bebauungsstruktur
- Gebäudetechnik
- Stadtverkehr

Abb. A Aspekte nachhaltiger Stadtplanung und -entwicklung in interdisziplinären Forschungskontexten im Hinblick auf das Stadtklima und basierend auf den drei Säulen der Nachhaltigkeit Ökologie, Ökonomie und Soziales.

Kapitel 8

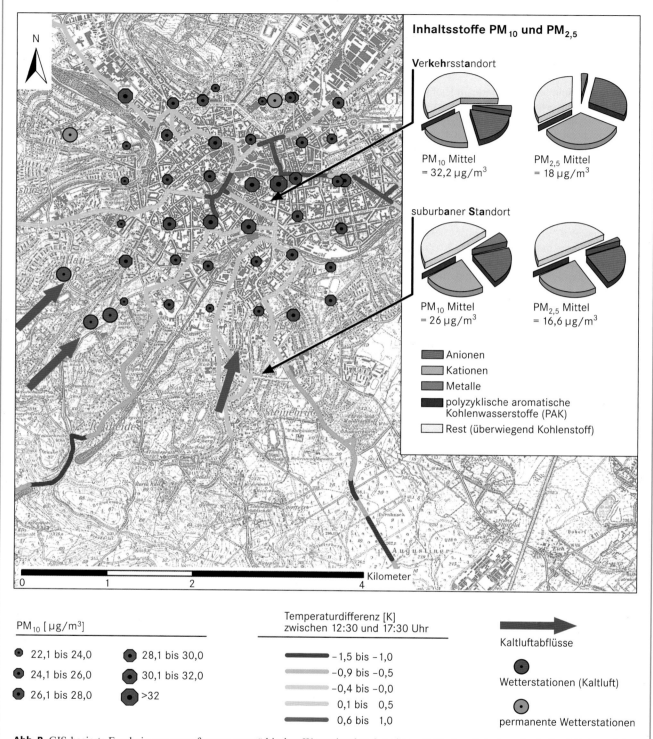

Abb. B GIS-basierte Ergebniszusammenfassung zur städtischen Wärmeinsel und zur innerstädtischen Belastung der Luft mit Feinstaub im Projekt City2020+ (PM = *Particulate Matter* für Feinstaub, $PM_{2,5}$ steht für Stäube kleiner 2,5 µm Durchmesser, PM_{10} für Stäube kleiner 10 µm Durchmesser; Bearbeitung: M. Buttstädt, H. Merbitz, S. Michael und T. Sachsen, Projekt City2020+, RWTH Aachen 2010).

Viele Stadtplaner befürworten unter sozial- und verkehrsgeographischen Aspekten die sog. „kompakte Stadt" der kurzen Wege. Dieses Konzept führt aus stadtklimatischer Sicht allerdings zu einer negativen Verstärkung der Überwärmung der Innenstädte und zur Verringerung des Luftaustauschs, sodass weiterführende Planungskonzepte sowohl notwendige Belüftungsschneisen als auch attraktive Elemente der kompakten Stadt auf Quartiersebene kombinieren müssen. Grünstrukturen als Gestaltungselemente müssen ebenso in einem multiplen Wirkungskomplex betrachtet werden. Einerseits können Pflanzen mit ihrer Blattoberfläche Luftschadstoffe abscheiden, durch Transpiration und Beschattung zu Abkühlungseffekten beitragen und die Lärmbelastung mildern. Weiterhin gelten Grünelemente bei einem Großteil der Bevölkerung als gestalterisch attraktiv (Daniels et al. 2018). Andererseits jedoch können Grünstrukturen auch den Luftaustausch mindern und so zu einer erhöhten Schadstoffkonzentration der bodennahen Luftschicht beitragen (Janhäll 2015, Endlicher et al. 2016).

Die Wahrnehmung der kombinierten klimatischen und sozioökonomischen Problemlagen durch Akteure aus Politik, Verwaltung und Wirtschaft und die Frage partizipativer Gestaltung und vorausschauender Stadtentwicklung sind ein zentrales Element erfolgreicher interdisziplinärer Ansätze zur Anpassung von Städten an den Klimawandel. Verschiedene Forschungsprojekte zeigen, dass die der Thematik inhärente Interdisziplinarität in der Praxis insbesondere auf der Basis Geographischer Informationssysteme realisiert werden kann, ergänzt um spezielle empirische Methoden der beteiligten Einzeldisziplinen. So kombinieren Beiträge aus Sozialgeographie, Stadtplanung, Umweltmedizin, Soziologie und Kommunikationswissenschaften Methoden der Befragung auf der Basis von Interviews mit der Analyse statistischer Daten. Ökologie, Toxikologie, Klimatologie und Akustik sind wiederum auf Datenerfassung im Gelände angewiesen. Fast alle Datenebenen können GIS-basiert räumlich dargestellt und verschnitten werden, sodass ein zentrales Werkzeug geographischen Arbeitens zum Zentrum interdisziplinärer Zusammenarbeit wird. Abb. B zeigt beispielhaft die Kombination von Temperaturmessungen entlang von Stadtbuslinien, die innerstädtische Feinstaubkonzentration an Einzelmesspunkten, die Inhaltsstoffe von Feinstaubproben unterschiedlicher Standorte und die Talachsen, entlang derer kühle und saubere Luft von den südlichen Randhöhen während der Abend- und Nachtstunden hinab in den Stadtkessel von Aachen strömt. Die Impulse aus solch angewandter Stadtklimaforschung befördern die Entwicklung von Anpassungskonzepten an die Folgen des Klimawandels im Rahmen von Kooperationen mit Stadtverwaltungen und den von ihnen beauftragten Planungsbüros (Hinzen et al. 2014). Die Geographie liefert so durch ihre umfassende Forschungsperspektive einen maßgeblichen Beitrag zur ganzheitlichen nachhaltigen Stadtentwicklung.

Kapitel 8

Transport und den chemischen Reaktionen in der Luft ab (Merbitz & Schneider 2012). Trotz erheblicher Fortschritte bezüglich der Luftqualität in den vergangenen Jahrzehnten sind nach wie vor auch im europäischen Kontext vor allem überhöhte Feinstaub- und Stickoxidkonzentrationen gesundheitlich bedenklich, wobei insbesondere die räumlich und zeitlich sehr hohe Varianz der **Feinstaubkonzentration** eine planerische Herausforderung darstellt (Paas et al. 2016). Während in der Europäischen Union die Grenzwerte für die Massenkonzentration von Feinstaub mit einem aerodynamischen Durchmesser von weniger als 10 μm (*Particulate Matter*, PM10) und weniger als 2,5 μm (PM2,5) gesetzlich geregelt sind, ist dies für den sog. **Ultrafeinstaub**, nämlich die Partikelanzahlkonzentration mit einem aerodynamischen Teilchendurchmesser bis max. 100 nm nicht gegeben. Aufgrund der viel höheren Lungengängigkeit und der damit verbundenen gesundheitlichen Relevanz ist die anhaltende Exposition gegenüber hohen Konzentrationen von Ultrafeinstaub eine akute Gesundheitsbedrohung. Ultrafeinstaubquellen sind zuvorderst Verbrennungsprozesse in Kraftwerken, Heizungsanlagen und Verbrennungsmotoren. Da die Ultrafeinstaubkonzentration mit zunehmender zeitlicher (durch chemische Umwandlungsprozesse und Verklumpung in der Luft) und räumlicher (durch Dispersion) Entfernung von der Quelle rasch abnimmt, sind insbesondere verkehrsnahe Standorte in Städten wie Kreuzungsbereiche und viel befahrene, enge Straßenschluchten durch hohe, gesundheitsbedenkliche Konzentrationen von Ultrafeinstaub gekennzeichnet (Birmili et al. 2013).

Die hohe Stickoxidbelastung in urbanen Räumen bringt neben den direkten Gesundheitsgefahren zusätzlich überhöhte, gesundheitsrelevante **Ozonkonzentrationen** mit sich – aufgrund des photochemischen Reaktionsgleichgewichts mit der Ozonneubildung unter Strahlungsbedingungen vor allem tagsüber im Sommer. Während in der Nacht aufgrund der Anwesenheit von Stickoxiden das Ozon in urbanen Räumen ohne Sonneneinstrahlung weitgehend wieder abgebaut wird, verbleibt es außerhalb der Städte länger in der Atmosphäre, sodass die höchsten Ozonkonzentrationen während langer Schönwetterperioden im Sommer außerhalb der Städte auftreten.

8.12 Perspektiven der Umwelt- und Biometeorologie

Andreas Matzarakis

Die **Umweltmeteorologie** beschäftigt sich mit Zuständen und Prozessen, die durch anthropogene Eingriffe in die atmosphärische Umwelt bedingt sind und entsprechende Auswirkungen auf Organismen, Stoffe und Materialien haben. Hauptinhalt ist neben der Diagnose, Prognose und Bewertung anthropogen bedingter atmosphärischer Umweltbedingungen auf verschiedenen räumlichen und zeitlichen Skalen (Reuter & Kuttler 2003) die Entwicklung von Strategien zur Vor- und Nachsorge, um negative Auswirkungen nach Möglichkeit zu reduzieren oder zu vermeiden (Mayer & Matzarakis 2003). Zu den Leitthemen dieses Forschungs- und Anwendungsbereichs zählte in der Vergangenheit das **Waldsterben**, zu den aktuellen Themenkreisen gehören die erhöhten **Feinstaubkonzentrationen** in Städten und die erhöhten **Ozonkonzentrationen** in der unteren Troposphäre, die ihre Ursachen hauptsächlich im verstärkten Energie- und Landschaftsverbrauch sowie in der unverminderten Zunahme des Kfz-Verkehrs haben. Weitere Themen sind aktuell die durch den Treibhauseffekt verstärkten Auswirkungen der urbanen Wärmeinsel auf das Wohlbefinden der Menschen und ebenso ganz allgemein die Verbesserung der Luftqualität (Matzarakis et al. 2008, Mayer & Matzarakis 2003). Die Kenntnisse über den Verbleib von Schadstoffen, die in die Luft gelangen, sowie über die Veränderungen der durch den Menschen gestalteten Erdoberfläche mit ihren vielfältigen und folgenreichen Auswirkungen auf alle Klimaelemente bilden eine wichtige Voraussetzung für effektiv gegensteuerndes Handeln. Mit der reinen Ergebnisfindung ist die Bearbeitung eines umweltmeteorologischen Problems allerdings noch nicht abgeschlossen. Entsprechende Qualitätsstandards und auch Grenzwerte für die verschiedenen Wirkungsfaktoren (z. B Stickoxide oder auch Feinstaub) sollten definiert, rechtlich verankert und eingehalten werden. Darüber hinaus sollte die Ergebnispräsentation verständlich erfolgen und nicht nur in einer komplizierten Fachsprache abgefasst sein (Reuter & Kuttler 2003).

Insgesamt ist die Umweltmeteorologie durch den ständigen Wandel und die Beeinflussung der Umwelt, in dem Fall der Atmosphäre, auch in ihren Untersuchungsmethoden und Fragestellungen nicht nur immer aktuell, sondern auch mit neuen Herausforderungen konfrontiert – vor allem in Zeiten des anthropogenen Klimawandels. Die aktuelle Feinstaubdebatte und mögliche Fahrverbote in Städten sind das beste Beispiel dafür (Exkurs 1.3).

Die **Biometeorologie**, die als Teilgebiet der Umweltmeteorologie angesehen werden kann, ist mit vielen anderen Disziplinen verzahnt. Gegenstand der Biometeorologie ist es, Reaktionen von Organsimen und Auswirkungen auf sie durch Änderungen des physikalischen und chemischen Zustands der Atmosphäre zu analysieren (Becker & Jendritzky 2007, Mayer & Matzarakis 2003). Um den Einfluss der atmosphärischen Umweltbedingungen auf Menschen, Tiere und Pflanzen zu verstehen, muss die rein meteorologische Information zunächst in eine biologisch relevante und anwendergerechte transformiert werden (Becker & Jendritzky 2007). Somit kann die Biometeorologie in die Teilgebiete Forst-, Agrar- und Human-Biometeorologie unterteilt werden.

Da ein großer Bereich der Erdoberfläche mit Wäldern bedeckt ist, ist die Erforschung des Klimas an Waldstandorten im Rahmen der **Forst-Biometeorologie** sinnvoll. Wälder stellen eine dreidimensionale Oberfläche dar, mit einem spezifischen Energie- und Wasserhaushalt. Die Erfassung des Klimas an Waldstandorten ist im Bereich der Forstwirtschaft für waldbauliche Zwecke und Ertragsstudien von großer wissenschaftlicher Bedeutung und wirtschaftspolitischer Relevanz. Die **Agrar-Biometeorologie** dagegen setzt sich mit dem komplexen Wirkungszusammenhang zwischen Klima, Wetter, Luft, Boden und Anbaupflanzen

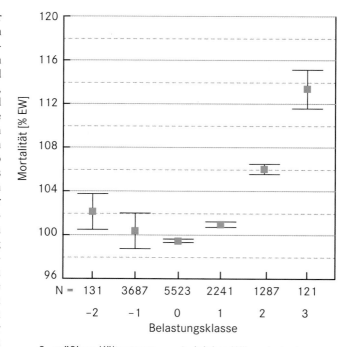

Abb. 8.54 Mittlere relative Mortalität im Zeitraum 1968–2003 in Baden-Württemberg. EW = Erwartungswert, N = Anzahl der Fälle, Balken: 95 %-Konfidenzintervall des Mittelwerts (verändert nach Koppe 2005).

auseinander. Ziel ist es, durch die Berücksichtigung des Wetters optimale Erträge in der Landwirtschaft zu erzielen und die Landwirtschaftsproduktion zu schützen (McGregor et al. 2009). Somit sind Prognosen des Wetters bzw. der regelmäßig zu erwartenden Witterungsbedingungen von entscheidender Bedeutung. Darauf basierend können Termine für Aussaat und Ernte sowie Bewässerungs- und Pflanzenschutzmaßnahmen sinnvoll geplant werden. Ebenso können rechtzeitig Schutzmaßnahmen ergriffen werden, falls z. B. stärkere Nachtfröste bzw. Hagel- oder Sturmschäden zu erwarten sind.

Die **Human-Biometeorologie** hat sich zum Ziel gesetzt, die Ursache-Wirkungs-Beziehungen bei der Reaktion des Menschen auf Änderungen in Eigenschaft und Zusammensetzung der Atmosphäre zu untersuchen. Hierbei werden die atmosphärischen Umweltbedingungen bezüglich ihrer Wirkpfade und in Bezug auf die Gesundheit von Menschen in folgende Wirkungskomplexe unterteilt:

- aktinischer Wirkungskomplex mit den direkten Wirkungen der solaren Strahlung, insbesondere im sichtbaren und im UV-Bereich
- thermischer Wirkungskomplex, der die Bedingungen des Wärmeaustauschs beschreibt
- Lufthygiene (überwiegend Gegenstand des staatlichen Immissionsschutzes) einschließlich Allergene, Pollen und Sporen

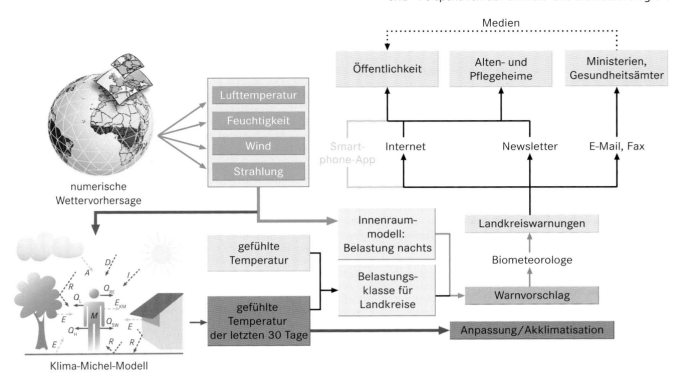

Abb. 8.55 Flussdiagramm des Hitzewarnsystems und der Kommunikationswege. Energieflüsse (in Watt): I = Direkte Sonnenstrahlung, D = Diffuse Strahlung, R = Reflektierte Sonnenstrahlung, A = Atmosphärische Gegenstrahlung, E = Infrarotstrahlung von der Oberfläche des Menschen, M = Metabolismus (Energieumsatz), E_{KM} = Ausstrahlung Klima-Michel, Q_{RE} = Wärmefluss über Atmung (fühlbar und latent), Q_H = turbulenter Fluss fühlbarer Wärme, Q_L = turbulenter Fluss latenter Wärme (Diffusion von Wasserdampf durch die Haut), Q_{SW} = turbulenter Fluss latenter Wärme (Verdunstung von Schweiß; verändert nach Matzarakis 2016).

Die Umwelt- und Biometeorologie weist einen engen Kontext zu Fragestellungen der **Umweltmedizin** auf, z. B. zu Auswirkungen von Hitze, Kälte, UV-Strahlung, Luftbelastung und Wetteränderungen auf Morbidität (Krankheitsstatistik) und Mortalität (Sterberate), wobei sozioökonomische Effekte, Demographie und Lebensführung bei der Aufklärung der Zusammenhänge und der Bereitstellung von Schwellenwerten berücksichtigt werden müssen.

Ein gutes Beispiel ist das in den letzten Jahren entwickelte **Hitzewarnsystem** in Deutschland. Es hat sich als sehr brauchbar erwiesen, da es dazu geführt hat, dass auf der Basis von Erfahrungen und mithilfe der Leitfäden zur Erstellung von Hitzeaktionsplänen vielfältige kurz- und langfristige Maßnahmen zum Schutz der Menschen in Deutschland ergriffen worden sind (Matzarakis 2016, Matzarakis & Zielo 2017). Beim Hitzewarnsystem wird berücksichtigt, dass die **Mortalität bei Hitzewellen** zunimmt (Abb. 8.54), z. B. bei extremer Hitzebelastung über 10 %. Es existieren Schwellenwerte, bei denen die Bevölkerung gewarnt wird (Abb. 8.55). Sie basieren für die Tagsituation auf der gefühlten Temperatur, die wiederum auf der Energiebilanz des Menschen beruht und die Wirkungen der Lufttemperatur, Luftfeuchte, des Windes und der Sonnenstrahlung berücksichtigt. Für die Nachtsituation wird die Innenraumtemperatur mit einem Model errechnet. Diese dient dann als zusätzlicher Entscheidungsfaktor für die Herausgabe von Warnungen. Zusätzlich wird auch die Anzahl der Tage mit Hit-

zewarnung angegeben. Die Informationen können direkt über das Internet abgerufen werden. Die Warnungen des Hitzewarnsystems führen dazu, dass sich die Menschen, insbesondere bestimmte Bevölkerungsgruppen (u. a. Altenheime, Pflegedienste und Rettungsdienste), besser auf Hitzebelastungen und Hitzeimplikationen vorbereiten und entsprechend reagieren können (Matzarakis 2016).

Von großer Bedeutung innerhalb der Human-Biometeorologie ist außerdem die **Pollenflugproblematik**, weil es allein in Deutschland Millionen Betroffene gibt und das mit steigender Tendenz, ebenso die allgemeine **Feinstaubproblematik**. Grundsätzlich ist die Human-Biometeorologie mit ihren aktuellen Warnungen und Prognosen bezogen auf gesundheitliche Belastungen der Menschen in vielen Bereichen relevant. Die Information der Öffentlichkeit und besonders vulnerabler Gruppen sowie der Entscheidungsträger in Politik und Verwaltung spielen eine große Rolle in diesem angewandten Bereich.

Generell geht es in der Umwelt- und Biometeorologie aber nicht nur um belastende Situationen und Entwicklungen, sondern auch um die positiven Effekte des Wetters und des Klimas auf uns Menschen, etwa im Kurwesen und in der Rehabilitation. Die Bedeutung der Umwelt- und Biometeorologie ist in den letzten Jahrzehnten auch wegen des Einflusses des anthropogenen Klimawandels immens gestiegen.

8.13 Klimaänderungen

Christian-D. Schönwiese

Seit die Erde existiert – also seit ca. 4,6 Mrd. Jahren – ändert sich das Klima und das in unterschiedlicher Art und aus unterschiedlichen Gründen. Da die Menschheit und mit ihr die gesamte Biosphäre (Leben) von günstigen Klimabedingungen abhängig ist, haben Klimaänderungen ökologische und sozioökonomische Folgen, die sehr gravierend sein können. Dies sowie die Tatsache, dass der Mensch seit der neolithischen Revolution, ganz besonders aber seit Beginn des Industriezeitalters, zu einem zusätzlichen Klimafaktor geworden ist, erklärt die große Aufmerksamkeit – in der Wissenschaft und Öffentlichkeit – für das Problem der Klimaänderungen.

Die Informationsquellen, die uns Erkenntnisse über das Klima und seine Änderungen in der Vergangenheit liefern, lassen sich in drei Bereiche einteilen (Schönwiese 2013):

- direkt gewonnene Messdaten – **instrumentelle Periode, Neoklimatologie**
- Informationen aus historischen Quellen, die direkt oder auch indirekt Rückschlüsse auf das Klima erlauben – **historische Periode**
- indirekte Rekonstruktionen mithilfe der Methoden der Paläoklimatologie – **paläoklimatologische Periode**, die sich aber durchaus mit der neoklimatologischen überschneidet, was für die Anwendung der Rekonstruktionstechniken wichtig ist

Dabei beträgt die maximale Reichweite bei der instrumentellen Periode regional ca. 350 Jahre (Temperatur im mittleren England seit 1659), in einigermaßen globaler Abdeckung aber nur ca. 150 Jahre (Temperatur seit 1850), bei der historischen Periode ca. 5000 Jahre (Höhlenmalereien in Nordafrika, die im Gegensatz zu heute auf ein relativ regenreiches Klima schließen lassen) und bei der paläoklimatologischen Periode ca. 3,8 Mrd. Jahre (älteste erhaltene Sedimente). Details dazu können der Spezialliteratur entnommen werden (z. B. Endlicher & Gerstengarbe 2007, Frakes 1979, Glaser 2013, Huch et al. 2001, Rahmstorf & Schellnhuber 2007, Schönwiese 2013, Stocker et al. 2014).

Informationen, die uns Einblicke in die Klimaänderungen der Vergangenheit erlauben, werden zumindest neoklimatologisch meist in **Zeitreihenform** dargestellt (Abb. 8.56), das heißt, die Daten der Klimaelemente (Abschn. 8.5), wie sie jeweils an einer bestimmten Station erfasst werden, beziehen sich der Reihe nach auf feste Zeitpunkte bzw. Zeitintervalle, z. B. als Monats-, Jahres- oder vieljährige Mittelwerte. Daraus können dann Flächenmittelwerte bis hin zu global gemittelten Daten abgeschätzt werden. Andererseits dienen die an den einzelnen Stationen erhobenen Daten auch dazu, mithilfe geeigneter Interpolationsverfahren regionale Änderungsstrukturen darzustellen, im Allgemeinen in **Kartenform** (Abb. 8.57, 8.58). Historische Informationen, die mehr oder weniger direkt das Klima betreffen, liegen nicht selten nur verbal vor, wobei es nicht einfach ist, sie in quantitative Aussagen umzusetzen. Die Paläoklimatologie liefert zum Teil wie die Neoklimatologie Zeitreihen, z. B. aufgrund von Sediment- oder Eisbohrungen.

Zeitlich gesehen lassen sich gegebenenfalls nicht lineare oder näherungsweise auch lineare Trends über relativ lange Zeitspannen erkennen, die aber immer von Fluktuationen verschiedener Art (d. h. mit unterschiedlicher Zykluslänge und Amplitude) überlagert sind. (Die Zykluslänge ist der mittlere Abstand von relativen Maxima bzw. Minima; periodische Schwankungen, bei denen beides konstant ist, kommen im Klimageschehen nicht vor.) Abweichungen der Einzeldaten vom Mittelwert (ggf. von einem definierten „Normalwert") bzw. Trend heißen **Anomalien**. Sie können ein extremes Ausmaß besitzen, das heißt relativ stark vom Mittelwert bzw. Trend abweichen, mit jeweils Unterschieden in der Dauer, dem regionalen Bezug und sonstigen Ausprägungen und somit gefährlich sein (Abschn. 8.10).

Nordhemisphärischer Überblick und globale Klimaänderungen

Ausgehend von der Frühzeit der Erde hat zunächst eine markante Abkühlung stattgefunden, bis vor ca. 1 bis 2 Mrd. Jahren in etwa das heutige Temperaturniveau erreicht war, das derzeit mit einer global gemittelten bodennahen Lufttemperatur von zirka 15 °C angegeben wird. In Abb. 8.59 ist, aus Gründen der Informationsverfügbarkeit auf die Nordhemisphäre begrenzt, ein Überblick der mittleren Variationen der bodennahen Lufttemperatur zusammengestellt, beginnend mit der letzten Jahrmilliarde bis zum letzten Jahrtausend. Man erkennt zunächst die relativ kalten Epochen der **Eiszeitalter** von jeweils einigen Jahrmillionen Dauer und die wesentlich längeren, erheblich wärmeren Epochen: **akryogenes Warmklima** (d. h. ohne Eisvorkommen in den Polarregionen und Gebirgen).

Innerhalb der Eiszeitalter existiert ein Wechselspiel zwischen relativ kalten Epochen, den **Kaltzeiten** oder **Eiszeiten** im engeren Sinn (Glazialen) und relativ wärmeren Epochen, den **Warmzeiten** (Interglazialen), deren auffälligstes Unterscheidungsmerkmal die variierende Eisbedeckung der Erdoberfläche ist. Dies gilt wahrscheinlich für alle Eiszeitalter, ist aber für das noch andauernde quartäre Eiszeitalter (Abschn. 8.14) am besten erforscht. Während frühere Epochen, zuletzt die Würm-Kaltzeit bzw. -Eiszeit, die bis ungefähr 11 000 Jahre v. h. angedauert hat, sehr wahrscheinlich durch eine ausgeprägte Klimavariabilität gekennzeichnet waren, ist die nachfolgende Warmzeit – genannt Neo-Warmzeit, Postglazial oder **Holozän** –, in der wir leben, bisher relativ stabil gewesen, was die kulturelle Entwicklung der Menschheit sicherlich begünstigt hat.

In den letzten ein bis zwei Jahrtausenden ist – unter relativ geringen, aber durchaus effektiven Fluktuationen – ein Abkühlungstrend zu erkennen, der uns nach gängigen Klimamodellrechnungen in die nächste Kaltzeit (Eiszeit der Zukunft, Präglazial) führen wird (mit Tiefpunkt in grob 60 000 Jahren, eiszeitähnlichen Gegebenheiten aber schon in einigen Jahrtausenden). Obwohl die letzten Jahrtausende – in paläoklimatologischer Perspektive – zur jüngsten Klimavergangenheit gehören und ob-

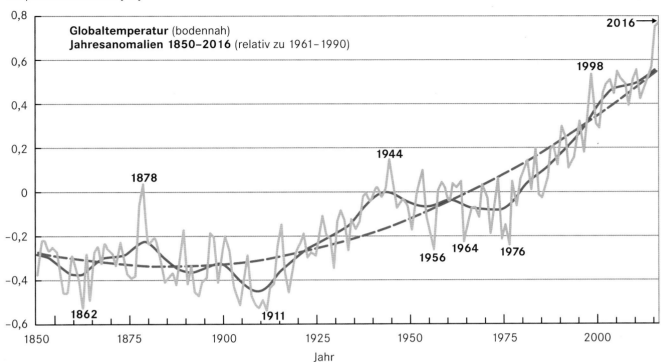

Abb. 8.56 Jährliche Anomalien 1850–2016 (Abweichungen vom Referenzmittelwert 1961–1990) der bodennahen Lufttemperatur in globaler Mittelung (braun) mit polynomialem Trend (rot gestrichelt) und 20-jähriger Glättung (blau; verändert und aktualisiert nach Morice et al. 2012).

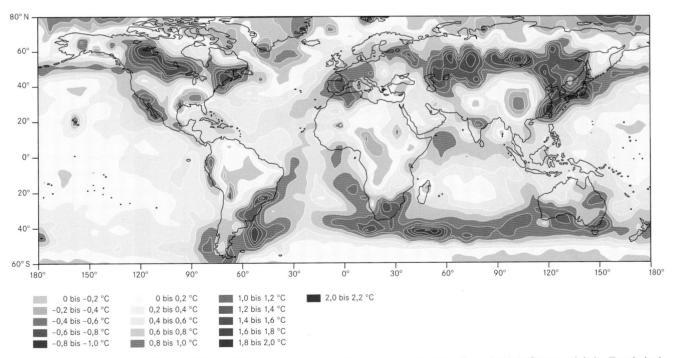

Abb. 8.57 Beobachtete lineare Trends 1901 bis 2000 der bodennahen Lufttemperatur in °C, Globalkarte in 5°-Auflösung, globaler Trendmittelwert: +0,65 °C (Datenquelle: Jones et al. 2012, Morice et al. 2012).

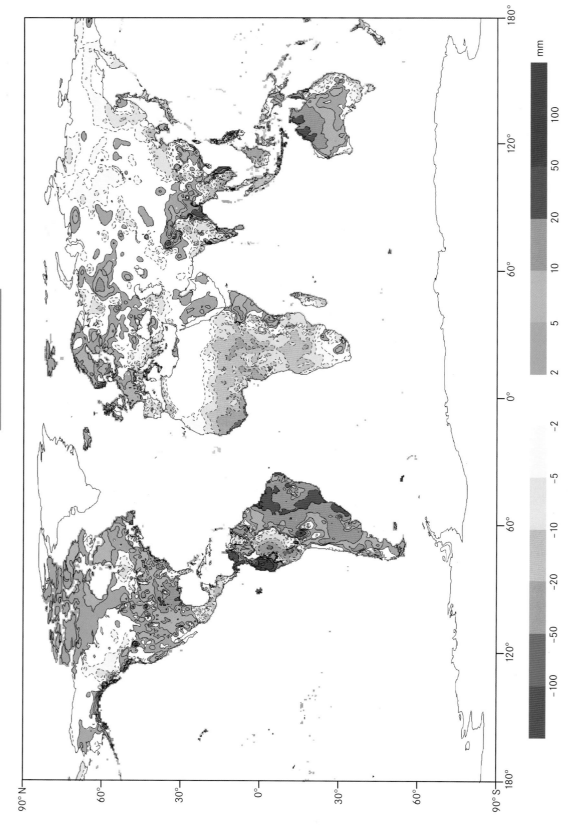

Abb. 8.58 Beobachtete lineare Niederschlagtrends 1951–2000 in mm, Landgebiete (ausgenommen Grönland und Antarktis; verändert nach Beck et al. 2007).

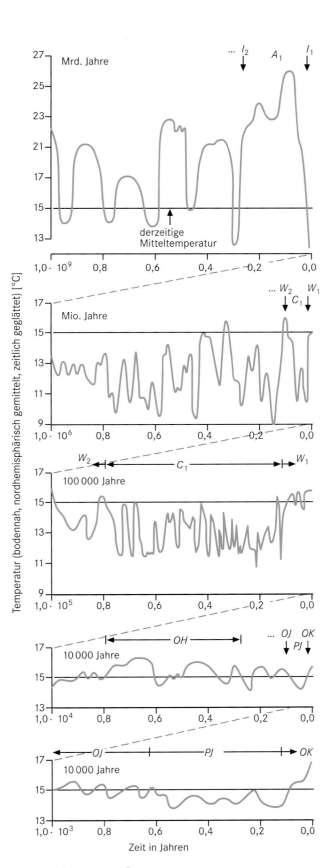

I_1 Quartäres Eiszeitalter

A_1 akryogenes Warmklima, hier Trias bis Teriär

I_2 Permokarbonisches Eiszeitalter

     usw.

W_1 Neo-Warmzeit (Holozän, „Postglazial")

C_1 Würm-Kaltzeit
       (Weichsel-Kaltzeit, Wisconsin-Kaltzeit, …, „Glazial")

W_2 Eem-Warmzeit („Interglazial")

     usw.

OK Modernes „Optimum"

PJ Kleine „Eiszeit"

OJ Mittelalterliches „Optimum"

OH Holozänes „Optimum" (Altithermum, „Hauptoptimum")

     usw.

Abb. 8.59 Übersicht der Änderungen der nordhemisphärisch gemittelten bodennahen Lufttemperatur in der letzten Jahrmilliarde (ganz oben) der letzten Jahrmillion (darunter) usw. bis zum letzten Jahrtausend (ganz unten; verändert nach Schönwiese 2013).

wohl die bodennahe Lufttemperatur mit Abstand das am verlässlichsten rekonstruierbare Klimaelement ist, bestehen bei solchen Rekonstruktionen erhebliche quantitative Unsicherheiten, sodass es für das letzte Jahrtausend (unterste Kurve in Abb. 8.59) mehrere Alternativen gibt (Stocker et al. 2014). Daraus geht hervor, dass das sog. **Mittelalterliche Klimaoptimum** (Höhepunkte vermutlich um 900(?), 1000, 1200 und zuletzt um 1350 n. Chr.; Abschn. 8.14) zumindest regional ähnlich warm gewesen ist wie unser heutiges Klima (mit einer auffälligen Häufung extremer Ereignisse wie beispielsweise Sturmfluten an den Nordseeküsten; Glaser 2013).

Nach einer Übergangszeit folgte die etwas übertrieben „**Kleine Eiszeit**" genannte kühle Epoche (Tiefpunkte zuletzt um etwa 1600/1650 und 1850), die zum Teil von Missernten und Hungersnöten begleitet war (Glaser 2013, Lamb 1989), bevor dann im Industriezeitalter eine markante Erwärmung einsetzte, die oft als *global warming* bezeichnet wird. Da sie in die neoklimatologische (instrumentelle) Epoche fällt, ist sie in ihren zeitlichen und räumlichen Strukturen auch im Detail gut bekannt und mit einem weitaus geringeren Unsicherheitsausmaß belastet als die indirekten Rekonstruktionen. Zudem sind für diese Zeit außer der bodennahen Lufttemperatur auch relativ genaue Informationen über andere Klimaelemente verfügbar, wobei hier aber im Wesentlichen nur noch auf den Niederschlag eingegangen werden soll.

Zunächst aber zur bodennahen Lufttemperatur: Im globalen Mittel ist sie seit ca. 1850 um ungefähr 0,9 °C angestiegen (Abb. 8.56). Dieser Trend ist, wie bei jeder klimatologischen Zeitreihe, jedoch von Fluktuationen und Anomalien überlagert, sodass die wesentliche Erwärmung in die Zeit 1911 bis 1944 und seit 1976 fällt. Die Bezeichnung *global warming* ist insofern zu relativieren, als sie offenbar von regional begrenzten Abkühlungen überlagert ist (Abb. 8.57), hinsichtlich 1901 bis 2000 z. B. im Bereich des Nordatlantiks. Insgesamt überwiegt aber die Erwärmung – auf der Nordhalbkugel insbesondere in Kanada, Europa sowie dem nördlichen und östlichen Asien. Diese räumlichen Klimaänderungsstrukturen variieren jedoch von Zeitintervall zu Zeitintervall und von Jahreszeit zu Jahreszeit, sodass sich insgesamt ein sehr kompliziertes Bild ergibt. Das gilt in noch höherem Maß für den Niederschlag (Abb. 8.58). Wegen der – global gesehen – vor 1950 sehr unsicheren Datensituation ist hier nur das Zeitintervall 1951 bis 2000 erfasst. Dabei zeigen sich die deutlichsten Niederschlagszunahmen im östlichen Südamerika, dem südlichen und westlichen Nordamerika sowie dem nordwestlichen Australien (Europa siehe unten). Niederschlagsrückgänge finden sich vor allem in Afrika, dem Mittelmeergebiet sowie Teilen Ostasiens und Indonesiens.

Die zwar nicht global einheitliche, aber doch im globalen Mittel festzustellende Erwärmung der unteren Atmosphäre (Industriezeitalter) ist von einem Meeresspiegelanstieg begleitet, der im globalen Mittel seit 1901 auf rund 20 cm geschätzt wird, teilweise verursacht durch die thermische Expansion des oberen (Mischungsschicht-)Ozeans, aber auch durch das Rückschmelzen vieler Gebirgsgletscher (Stocker et al. 2014). Während sich die antarktische Landeisbedeckung im Industriezeitalter nur wenig verändert hat, ist in der Arktis in jüngster Zeit nicht nur ein deutlicher Rückgang der Meereisbedeckung feststellbar (ohne Auswirkung auf die Meeresspiegelhöhe), sondern auch ein beginnendes Rückschmelzen des Grönlandeisschilds. Für Windtrends, insbesondere was die Häufigkeit von tropischen Wirbelstürmen, Sturmtiefs in gemäßigten Breiten und Tornados betrifft (Abschn. 8.10), gibt es keine eindeutigen bzw. einheitlichen Indizien (Stocker et al. 2014), obwohl die Versicherungswirtschaft angesichts des enormen Schadensanstiegs durch Stürme, Überschwemmungen, Hitzewellen und Dürren alarmiert ist (Berz 2008, 2010). Dazu gehören auch die Waldbrände in trocken-heißen Sommern (z. B. im Mittelmeerraum, USA und Kanada).

Klimaänderungen in Europa und Deutschland

In Europa ist bei der bodennahen Temperatur die winterliche Erwärmung (in der Zeitspanne 1951 bis 2000) Nordskandinaviens (ca. 3 °C) sowie Osteuropas und der Alpen (jeweils ca. 2 °C) am auffälligsten, beim Niederschlag die Abnahme im Mittelmeerraum und die Zunahme in Skandinavien (in der Zeitspanne 1951 bis 2000 jeweils bis zu 20 %; Schönwiese & Janoschitz 2008). In Deutschland lag 1901 bis 2000 die Erwärmung mit rund 1 °C etwas über dem globalen Mittel. Sie hat sich in der zweiten Hälfte des 20. Jahrhunderts intensiviert, insbesondere im Winter, verbunden mit einem sich ebenfalls verstärkenden Anstieg des Niederschlags, während im Sommer mit ähnlicher Tendenz ein Rückgang des Niederschlags festzustellen ist (Tab. 8.8). In den letzten Jahrzehnten waren jedoch beim Niederschlag aufgrund der dekadischen Variabilität teilweise Trendumkehrungen zu beobachten, wozu im Sommer wohl auch häufigere Starkniederschlagsereignisse beitragen. Die Gebirgsgletscher der Alpen, die überwiegend thermisch gesteuert sind, haben sich im Gegensatz zu den südskandinavischen spektakulär zurückgezogen (Volumenverlust seit 1850 ca. 50 %; Häberli et al. 2001).

Klimaelement	Zeitspanne	Frühling	Sommer	Herbst	Winter	Jahr
Temperatur	1901–2000	+0,8 °C	+1,0 °C	+1,1 °C	+0,8 °C	+1,0 °C
	1951–2000	+1,4 °C	+0,9 °C	+0,2 °C	+1,6 °C	+1,0 °C
Niederschlag	1901–2000	+13 %	–3 %	+9 %	+19 %	+9 %
	1951–2000	+14 %	–16 %	+18 %	+19 %	+6 %

Tab. 8.8 Übersicht der Klimatrends für das Flächenmittel Deutschland.

Ursachen von Klimaänderungen

Noch komplizierter und vielfältiger als das globale bzw. regionale Erscheinungsbild der Klimaänderungen sind deren Ursachen. Prinzipiell wird zwischen internen Wechselwirkungen im Klimasystem (Abschn. 8.2) und externen Einflüssen darauf unterschieden. Die internen Wechselwirkungen umfassen zunächst die gesamte Zirkulation der Atmosphäre (Abschn. 8.7) einschließlich der Prozesse, die u. a. zur Wolken- und Niederschlagsbildung führen, sodann deren Wechselwirkungen mit dem Ozean (insbesondere *El Niño/Southern Oscillation*, zusammenfassend als ENSO-Mechanismus bezeichnet, und Umstellungen der ozeanischen Strömungen), dem Land- und Meereis, der Erdoberfläche und der Vegetation. Ein für Europa besonders wichtiger weiterer atmosphärischer Zirkulationsvorgang ist die Nordatlantische Oszillation (NAO; Abschn. 8.7).

Davon sind die externen Einflüsse auf das Klimasystem zu unterscheiden, die man am besten als Nichtwechselwirkungen definiert, obwohl das im konkreten Fall manchmal problematisch sein kann bzw. von der betrachteten zeitlichen Größenordnung (*scale*) abhängt. Ihr Einfluss wird stets von internen Wechselwirkungen modifiziert. Der wichtigste externe Einfluss ist die **Sonneneinstrahlung**, die als primärer Antrieb des gesamten atmosphärischen Strahlungshaushalts anzusehen ist (*radiative forcing*; Abschn. 8.4). Dabei sind im Zusammenhang mit Klimaänderungen weniger der Tages- und Jahresgang als vielmehr die Effekte der Variationen der Erdbahnparameter (Abschn. 8.14) und die Sonnenaktivität mit mittleren Zykluslängen von ca. 11, 22, 76 usw. Jahren von Interesse. Auch der **Vulkanismus** gehört zu den externen Einflüssen und zwar sowohl hinsichtlich einzelner explosiver Ausbrüche, die jeweils für wenige Jahre die Stratosphäre erwärmen und die untere Atmosphäre abkühlen, als auch längerer Episoden mit mehr oder weniger Aktivität. Ein weiteres Beispiel ist die Kontinentaldrift, welche über extrem lange Zeiträume (viele Jahrmillionen) die Randbedingungen der Land-/Meerverteilung und somit der ozeanischen und atmosphärischen Zirkulation verändert. Außerdem haben kosmische Ereignisse wie Einschläge großer Meteoriten (Abschn. 9.4) in geologischen Zeiträumen wiederholt drastische Folgen für das Klima und Leben auf der Erde gehabt.

Schließlich muss gegenüber diesen vielen natürlichen Ursachen von Klimaänderungen der Mensch genannt werden, der seit der neolithischen Revolution Natur- in Kulturlandschaften umgewandelt hat und dadurch klimarelevant die Stoff- und Energieflüsse an der Grenzfläche Erde/Atmosphäre verändert, besonders wirkungsvoll durch Waldrodungen. Auch das Stadtklima (Abschn. 8.11) ist hier einzuordnen. Viel Aufmerksamkeit hat dabei der **anthropogene Treibhauseffekt** erlangt, der darin besteht, dass der natürliche Treibhauseffekt (Abschn. 8.4) durch die zusätzliche Emission von Kohlendioxid, Methan, Lachgas, FCKW usw. – im Zusammenhang mit Energienutzung, Verkehr und landwirtschaftlicher sowie industrieller Produktion – die Zusammensetzung der Atmosphäre und dadurch wiederum den Strahlungshaushalt verändert (Cubasch & Kasang 2000, Schönwiese 2013, Stocker et al. 2014). Folglich wird insbesondere die im Industriezeitalter beobachtete Erwärmung (Abb. 8.56) darauf zurückgeführt, aber u. a. auch der Meeresspiegelanstieg und Niederschlagsumverteilungen. Dem anthropogenen Treibhauseffekt wirkt der ebenfalls anthropogene kühlende Sulfateffekt entgegen und zwar durch die Anreicherung von Sulfatpartikeln (Sulfataerosol) in der unteren Atmosphäre aufgrund der Emission von Schwefeldioxid, ohne ihn allerdings kompensieren zu können, insbesondere nicht in den letzten Jahrzehnten.

Im Einzelnen ist die ursächliche Interpretation der Klimaänderungen mithilfe von **Klimamodellen** (Abschn. 8.13, 8.14) zwar möglich und sinnvoll, aber quantitativ und insbesondere auch in den regional-jahreszeitlichen Ausprägungen unsicher. Das gilt in erhöhtem Maß für Zukunftsprojektionen anthropogener Effekte, die auf alternativen Szenarien der Bevölkerungsentwicklung, Energienutzung usw. beruhen (Abschn. 8.16). Derzeit werden aufgrund des anthropogenen Treibhauseffektes (ohne Berücksichtigung des im letzten IPCC-Bericht [Stocker et al. 2014] definierten untersten Szenarios mit nur sehr geringer und daher unwahrscheinlicher anthropogener Klimabeeinflussung) bis 2100 gegenüber 2000 u. a. eine weitere Erhöhung der global gemittelten bodennahen Lufttemperatur der unteren Atmosphäre um 1,1–4,8 °C, ein ebenfalls global gemittelter Meeresspiegelanstieg um rund 20 bis 80 cm (eventuell unterschätzt, da sich die Grönland-Eisschmelze verstärken könnte) und weitere Niederschlagsumverteilungen erwartet (Stocker et al. 2014). Wahrscheinlich muss – allerdings regional sehr unterschiedlich – auch mit häufigeren und intensiveren Extremereignissen gerechnet werden.

8.14 Vom wechselvollen Takt der Kalt- und Warmzeiten im Quartär

Ulrich Radtke und Gerhard Schellmann

Der mehrmalige signifikante Wechsel von Warm- und Kaltzeiten ist das prägende Element des globalen Klimasystems im Quartär. Das Quartär umfasst dabei das Pleistozän mit seiner Folge von mindestens vier global nachgewiesenen Kaltzeiten und dazwischenliegenden Warmzeiten sowie das Holozän, die aktuelle Warmzeit.

Da der Gang des Paläoklimas eng verbunden ist mit der Entwicklung der Menschheitsgeschichte (Exkurs 8.10) und mit ausgedehnten Vereisungen der polnahen Gebiete, widmet sich ein multidisziplinär ausgerichteter Forschungszweig, die Quartärforschung, dieser jüngsten Periode der Erdgeschichte.

Der Übergang von der letzten Kaltzeit zur aktuellen Warmzeit, dem **Holozän,** vollzog sich nicht kontinuierlich, sondern wurde durch markante **Kälterückschläge** unterbrochen. Die letzte deutliche Kälteschwankung lag um ca. 12 900 bis 11 750 Jahren cal BP, also ca. 10 950 bis 9800 Jahren BC (Angabe in kalibrierten [cal] Jahren vor heute [BP = Before Present, wobei als Gegenwart das Jahr 1950 festgelegt wurde, bzw. BC = Before

Exkurs 8.10 Die Naturgeschichte der Menschheit

Jürgen Richter

Die Diskussion um die Einzigartigkeit des Menschen in der Natur hatte um die Mitte des 20. Jahrhunderts zu der heute überholten Vorstellung geführt, dem Menschen sei keine näher bestimmte ökologische Nische eigen. Die Geowissenschaften haben seitdem einen großen Beitrag dazu geleistet, dass man den geographischen Ort (Ostafrika) und den geologischen Zeitabschnitt (Oberes Miozän) des ersten Auftretens der Gattung *Homo* heute besser kennt: Die ökologische Nische der Frühmenschen als werkzeugnutzende und Huftierfleisch verzehrende, laufstarke Steppenbewohner kann heute über einige Jahrmillionen verfolgt werden (Abb. A).

Seit etwa 8 Mio. Jahren entwickelten sich in Ostafrika Hominiden mit kombiniert bipeder-quadrupeder Lokomotion (die Australopithecinen) und sogar mit überwiegend bipeder Lokomotion (*Orrorin tugenensis*). Limnische Archive aus dieser Zeit belegen eine Landschaftsentwicklung, die durch vielfachen klimatischen Wechsel, durch insgesamt immer stärkere Aridisierung und damit durch die Ausbreitung von offener, grasreicher Vegetation geprägt waren. Relativ alt datierte Fossilien stammen von *Australopithecus anamensis* aus Allia Bay und Kanapoi/Kenia (4,1 und 3,9 Mio. Jahre). Den frühen Australopithecinen ist der *Sahelanthropus chadensis* an die Seite zu stellen, der ebenfalls zur Vorfahrenschaft des Menschen gehören könnte. Die grazilen Australopithecinen wurden in drei Regionen des afrikanischen Kontinentes gefunden, in Süd- und Ostafrika und im Tschad. Die Paranthropinen sind robuste Australopithecinen. Sie waren physiologisch auf eine rein vegetabile Ernährungsweise adaptiert und schieden damit aus der Ahnenreihe der Menschen aus.

Der zunehmende Monsuneinfluss im Osten Afrikas verstärkte die Gliederung der Jahreszyklen in ausgeprägte Trockenzeiten und Regenzeiten. Es entstanden die afrikanischen Savannenlandschaften. In diese Zeit fällt das Auftreten der ersten Mitglieder der Gattung *Homo* und die Schwelle ist überschritten zu demjenigen Lebewesen, das zweifelsfrei als vollentwickelter Mensch anzusehen ist: zum frühen *Homo erectus*. Die höhere Bioproduktion in den entstandenen Graslandschaften vervielfachte die verfügbare Huftierbiomasse und machte Fleischnahrung leichter zugänglich. In der Folge bildeten manche Homininenarten einen karnivoren Ernährungsschwerpunkt heraus. Hierbei wurden einfache Steinartefakte (älteste Werkzeuge seit 3,3 Mio. Jahren) genutzt. Man könnte sagen, dass der Mensch im Paläolithikum zumeist als kultureller Karnivor überlebt hatte. In die Zeit des paläomagnetischen Olduvai-Event (1,8 Mio. Jahre v. h.) fallen die ältesten Lagerplätze der Menschheitsgeschichte. Es handelt sich allerdings hierbei um Fundakkumulationen, an denen Homininen beteiligt waren, außerdem auch große Karnivoren sowie fluviale Prozesse.

Weil die unmittelbaren Vorfahren der Frühmenschen bislang nur in Afrika gefunden worden sind, ihre Nachkommen jedoch sowohl in Afrika als auch in Eurasien, muss es irgendwann eine erste interkontinentale Wanderungsbewegung (Migration) von Afrika nach Eurasien gegeben haben. Diese Wanderung nennt man das „Out-of-Africa-I-Ereignis", das durch menschliche Fossilien und Werkzeugfunde von Dmanisi/Georgien und Ain-al-Fil/Syrien auf 1,8 Mio. Jahre v. h. datiert ist. Die Ausdehnung des Habitats der frühen Menschen geschah offensichtlich innerhalb der gegebenen ökologischen Nische. Auch die frühen Menschenfunde des *Homo erectus* aus Südostasien (Sangiran, Mojokerto/Indonesien) sind an offene, savannen- und steppenartige Landschaften gebunden.

Wann erfolgte aber die Besiedlung der nördlicheren, gemäßigten Zonen? Sie konnte nur während der Warmzeiten erfolgen und setzt deshalb voraus, dass die einwandernden Menschen ihr Verhalten auf das Überleben in Waldlandschaften umgestellt hatten. Der älteste, stratigraphisch einigermaßen gesicherte Nachweis für diese fundamentale Verbreiterung der ökologischen Nische des Menschen kommt aus Gongwangling/China (1,5 Mio. Jahre v. h.). Im Westen Eurasiens beschränkte sich die menschliche Besiedlung (*Homo erectus*) Jahrhunderttausende lang auf die Zone südlich der großen Gebirge und ist durch Fundplätze im Jordangraben (Ubeidiya), auf der iberischen Halbinsel (Atapuerca), auf der Apeninn-Halbinsel (Ceprano) und in Anatolien (Kocabas) bezeugt. Die Besiedlung der gemäßigten Zonen Europas nördlich der großen Gebirge setzte erst seit 800 000 Jahren v. h. ein und war auf die Waldlandschaften der Warmzeiten beschränkt (Cromer Forest Beds/Ostengland, später Mauer/Heidelberg). Es muss mindestens fünf innereuropäische Migrationen gegeben haben (fünf Wiedererwärmungen zwischen 800 000 und 290 000 v. h.), die in einem kalt-warmzeitlichen Rhythmus von den Refugien der Gattung *Homo* in Südeuropa bzw. Südeurasien in die Expansionsräume der gemäßigten Zonen Eurasiens führten.

Wenig später taucht – gleichermaßen in Afrika wie im westlichen Eurasien – ein besonderes Steinbearbeitungskonzept erstmals auf, das Levalloiskonzept, das wahrscheinlich mit der Einführung hölzerner Werkzeugschäfte einhergeht. Das Levalloiskonzept weist auf Kontakte zwischen Afrika und Eurasien in dieser Zeit hin. In diese Zeit vor etwa 400 000 bis 300 000 Jahren datiert die Ablösung des *Homo heidelbergensis* durch die Aufspaltung der Abstammungslinien (1) der frühen Neandertaler in Europa (Funde aus der Sima de los Huesos, Atapuerca/Spanien; 2), des frühen *Homo sapiens* in Afrika (Florisbad/Südafrika, Djebel Irhoud/Maghreb) und der Vorfahrenlinie des Denisova-Menschen in Mittel- und Ostasien.

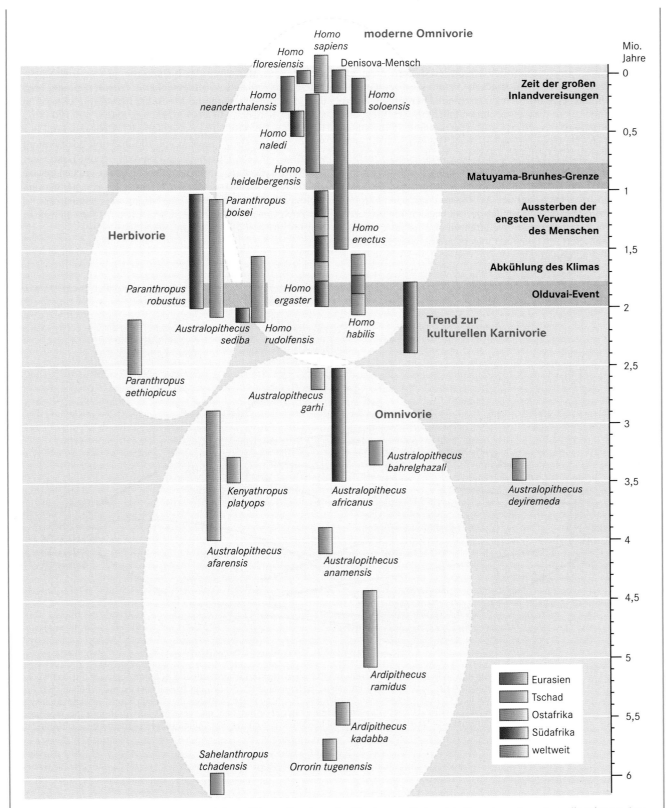

Abb. A Entwicklungsgeschichte der Homininen. Die grazilen Australopithecinen ernährten sich überwiegend omnivor, die robusten Australopithecinen (Paranthropus) waren dagegen an Pflanzennahrung angepasst (Herbivorie). Die Gattung Mensch ging zur Carnivorie über, ohne die Nutzung von Pflanzennahrung ganz aufzugeben. In dieser Gruppe vollzog sich die Entwicklung komplexer Werkzeuge und die mehrfache Migration aus Afrika nach Eurasien (verändert nach Picq & Coppens 2001).

Kapitel 8

Mit dem Auftreten der frühen Neandertaler geht eine weitere Überschreitung der bisherigen ökologischen Nische der Gattung *Homo* einher: Sie waren nun in der Lage, die gemäßigten Zonen West-Eurasiens nördlich der großen Gebirge nicht nur während der Warmzeiten, sondern – zumindest teilweise – auch während der Kaltzeiten zu besiedeln. Hierdurch wurden den Neandertalern die ausgedehnten kaltzeitlichen Steppenlandschaften mit ihren riesigen Huftierbeständen (vor allem Pferden und Rentieren, daneben auch Wisenten, Wildeseln und Saiga-Antilopen) zugänglich. Das Vorkommen von Neandertaler-Fossilien ist auf Europa und den Vorderen Orient beschränkt. Ihre östlichen Nachbarn waren jenseits des Ural weiterhin Menschen von der Art *Homo erectus* und *Homo heidelbergensis*, deren Population in Ostasien bis zu ihren spätesten, kleinwüchsigen Nachfahren *(Homo floresiensis)* fortbestand. Seit 2010 kennen wir noch eine weitere fossile, menschliche Population in Asien: den nach einer Fundstelle im Altai-Gebirge benannten Denisova-Menschen.

Die südlichen Nachbarn der frühen Neandertaler lebten in Afrika als späteste Vertreter der Art *Homo ergaster* und vielleicht *Homo heidelbergensis* sowie als archaischer *Homo sapiens*, aus dem dann der bislang nur in Ostafrika nachgewiesene früheste, vollentwickelte *Homo sapiens*, also der „Anatomisch Moderne Mensch", hervorging (Fossilien aus Omo-Kibish und Herto/Äthiopien, datiert auf 190 000–160 000 v. h.). Von hier aus erfolgte die Auswanderung des *Homo sapiens* nach Eurasien vor 100 000 und noch einmal vor rund 70 000 Jahren (Fossilien von Manot/Israel, um 55 000 v. h., weitere Fossilien im westlichen Eurasien erst ab 42 000 v. h.). Genetische Befunde führen die gesamte heutige Weltbevölkerung auf dieses eine Migrationsereignis zurück, das nach der molekularen Uhr vor etwa 70 000 Jahren in Nordostafrika seinen Ausgang genommen hatte.

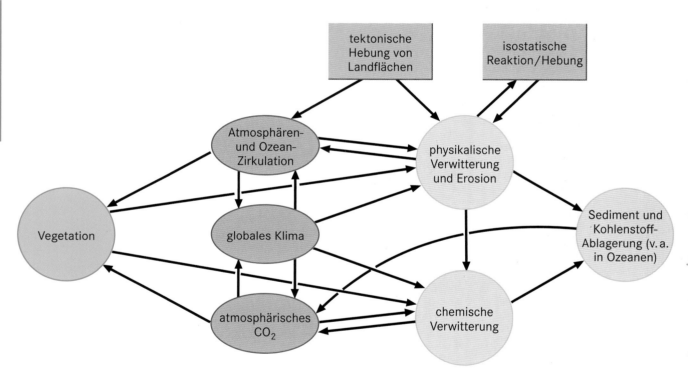

Abb. 8.60 Der Einfluss der Heraushebung von Gebirgen auf das Klima äußert sich in mannigfacher Form und ist durch eine Vielzahl von Wechselbeziehungen und Rückkopplungsmechanismen der verschiedenen Parameter gekennzeichnet. So bedingt beispielsweise die Erhöhung der Landfläche um 1000 m eine Abkühlung von ca. 6,5 °C. Eine verstärkte und verlängerte Schneeauflage verändert die Albedo derart, dass die intensivierte Rückstrahlung zur Abkühlung führt. Die Bereitstellung unverwitterten Gesteinsmaterials ermöglicht und verstärkt Verwitterungsprozesse, die zum Entzug von CO_2 aus der Atmosphäre und somit zur Verringerung des Treibhauseffektes und zur Abkühlung führen (verändert nach Ruddiman & Warren 1997).

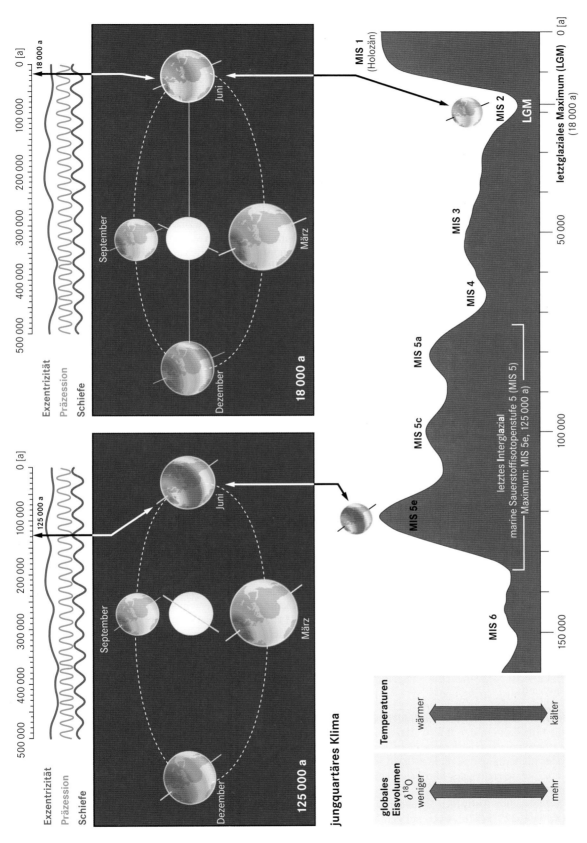

Abb. 8.61 Zeitliche Veränderung der Erdbahnparameter. Der Zustand während des letztinterglazialen Wärmemaximums vor ca. 125 000 Jahren ist durch eine relativ hohe Exzentrizität, eine niedrige Präzession und eine hohe Schiefe der Ekliptik gekennzeichnet, zur Zeit des letztglazialen Temperaturminimums vor ca. 18 000 Jahren lagen umgekehrte Bedingungen vor. Die Sonnenferne und die geringe Schiefe bedingten, dass beispielsweise die für die Entstehung großer landfester Eismassen wichtige Nordhalbkugel während der Sommermonate weniger Strahlung erhielt, die winterlichen Schneedecken langsamer abtauten, wodurch somit eine Akkumulation von Schneemassen und dann Gletscherbildung auf der Nordhalbkugel ermöglicht wurden. Das höhere Eisvolumen während des letztglazialen Maximums (LGM, *Last Glacial Maximum*) spiegelt sich auch in der marinen Sauerstoffisotopie: hohe δ¹⁸O-Werte während der Kaltzeit (MIS 2 [LGM], MIS 4 und MIS 6), niedrige δ¹⁸O-Werte während der Warmzeiten (MIS 1 [Holozän] und MIS 5 [letztes Interglazial]).

Christ]; Abschn. 5.3) und brachte insbesondere in Nordwesteuropa Abkühlungen von 10–15 °C im Winter und 5–7 °C im Sommer. Diese sog. **Jüngere Dryas-Zeit** (von der Tundrapflanze *Dryas octopetela,* Silberwurz) wird mit der Entleerung des riesigen spätglazialen Agassiz-Eisstausees im Zentrum Nordamerikas erklärt, dessen Wässer teilweise auch über das Gebiet des heutigen St.-Lorenz-Stromes in den Atlantik südwestlich von Grönland flossen und durch die dadurch bedingte oberflächennahe Versüßung des Meerwassers die thermohaline Zirkulation (Abschn. 12.8) eine bestimmte Zeit unterbrachen. Dies führte zu einem zeitweiligen Aussetzen des Wärmetransportes nach Nord- und Westeuropa durch den Golfstrom.

Entstehung der Eiszeiten

Ursächlich verantwortlich für die Entstehung des quartären Eiszeitalters mit seinen häufigen Wechseln von **Glazial- und Interglazialzyklen** war höchstwahrscheinlich die Drift des antarktischen Kontinents nach dem Zerfall des Urkontinents Gondwana in Richtung Südpol. Mit der Abspaltung von den Südkontinenten und dem Entstehen des zirkumantarktischen Meeresstromes wurde dort seit ungefähr 30–20 Mio. Jahren der Aufbau eines mächtigen kontinentalen Eisschildes von mehr als 3 000 m Mächtigkeit möglich.

Es gibt eine Vielzahl von Theorien über den Ursprung der klimatischen Instabilität im Quartär und seine Glazial- und Interglazialzyklen, wie beispielsweise verstärkter Vulkanismus mit Abkühlungseffekten aufgrund erhöhten atmosphärischen Aerosoleintrags oder verstärkte Hebung großer Gebirgszüge bis oberhalb der Schneegrenze mit klimatischen Effekten, wie erhöhter Albedo von Schnee- und Eisflächen (u. a. Tibet-Plateau) und dadurch induzierter Abkühlung. Die tektonische Heraushebung von Gebirgen wirkt auf das Klima u. a. aber auch durch die verstärkte Freisetzung unverwitterten Gesteins mit nachfolgender Silikatverwitterung (Oxidation) und Entzug von Kohlenstoff (CO_2) aus der Atmosphäre und den Abtransport der im Boden gebildeten Kohlensäure (H_2CO_3) in die Ozeane (Abb. 8.60). Durch den CO_2-Entzug aus der Atmosphäre wird der „Treibhauseffekt" verringert und es kommt zur Abkühlung.

Weitestgehend akzeptiert als Ursache für die Entstehung der Klimazyklen sind die **Schwankungen der Erdbahnparameter** und die Auswirkungen auf die Solarstrahlung (Abb. 8.61). Zyklen von ungefähr 25 700 Jahren, 41 000 Jahren und 100 000 Jahren lassen sich zurückführen auf:

- **Änderung der Präzession** von Tag- und Nachtgleiche: Die Kreisbewegung der Erdachse um den Pol (0–360°) und die Rotation der Bahnellipse um die Sonne bestimmen den Zeitpunkt im Jahr, wann die Erde der Sonne am nächsten ist; aktueller Wert ist 102°30′, letztglaziales Maximum vor zirka 18 000 Jahren war 164°.
- **Änderung der Schiefe der Ekliptik:** Veränderung der Lage der Erdachse von 22°–24°28′ während der letzten 800 000 Jahre; aktuell: 23°27′; vor ca. 18 000 Jahren: 22°30′.

- **Änderung der Exzentrizität:** Veränderung von einer mehr elliptischen zu einer mehr kreisförmigen Umlaufbahn, Änderung von 0,0607 (mehr elliptisch) bis 0,0005 (mehr kreisförmig) in den letzten 800 000 Jahren; aktuell: 0,0167; vor 18 000 Jahren: 0,0195.

Herrschten zu Beginn des Quartärs noch Amplituden von 41 000 Jahren mit relativ geringer klimatischer Variabilität, gab es vor ca. 1,5 Mio. bis 900 000 Jahren eine Verstärkung der Perioden von 21 000 und 41 000 Jahren, danach dominierten 100 000-Jahres-Zyklen (Williams et al. 1998). In der Summe wird die Strahlungsbilanz durch die Veränderung der Orbit-Parameter kaum betroffen, entscheidend ist aber die Veränderung der **globalen Verteilung der Strahlung**; eine niedrigere Einstrahlung im Sommer in höheren Breiten reduziert z. B. die Möglichkeit, den Winterschnee zu schmelzen und verstärkt somit die Gletscherbildung. Einen wesentlichen Beitrag zur Etablierung der astronomischen Theorie zur Entstehung der Eiszeiten lieferte Milutin **Milankovitch** zu Beginn des 20. Jahrhunderts. Er berechnete die Veränderungen der Erdbahnparameter für 65° N, die er als entscheidend für die Genese kontinentaler Eismassen ansah (auf der Südhalbkugel liegen zwischen 45° und 65° kaum Landflächen). Der Durchbruch seiner Theorie in der zweiten Hälfte des 20. Jahrhunderts ist eng mit den Ergebnissen der Sauerstoffisotopenanalyse karbonatischer benthischer Foraminiferen aus Tiefseebohrkernen (Abschn. 5.3) verknüpft. Da die maximale Differenz der Gesamteinstrahlung durch die Veränderung der Umlaufparameter aber kleiner als 0,6 % ist, wird vielfach ein einfacher Zusammenhang zwischen Umlaufzyklen und Klimaschwankungen bestritten. Auch wenn man verstärkende Rückkopplungsmechanismen heranzieht, lassen sich viele Phänomene des Klimawandels mit der astronomischen Theorie allein nicht erklären (Williams et al. 1998).

Zeugen des Klimawandels im Quartär

Der zu Beginn des Quartärs einsetzende Wandel im Ökosystem Erde kündigte sich den ersten Menschen durch die Zunahme der Eismassen und das Absinken des Meeresspiegels an. Diesen Ablauf kann man in verschiedenen sog. Geo-Archiven (Exkurs 8.11) nachweisen, sei es im litoralen und marinen Bereich, im Eis oder in limnischen, glazialen, fluvialen und äolischen Sedimenten (Ehlers 1994). Da den letztgenannten Sedimentationsprozessen eigene Abschnitte gewidmet sind (Abschn. 9.4), wird im Folgenden nur auf litorale, marine und kryogene Archive eingegangen.

Litorale Sedimente als Anzeiger von Meeresspiegelschwankungen

Das große Interesse an quartären Meeresspiegelveränderungen liegt u. a. darin begründet, dass von ihnen unmittelbar auf das Eisvolumen geschlossen werden kann. Die Existenz mariner Terrassen (Abschn. 9.5) wurde schon früh mit Schwankungen des Meeresspiegels in Verbindung gebracht. Ging man bei der Er-

Exkurs 8.11 Archive in Geographie und Geowissenschaften

Jürgen Wunderlich

Die Klimaänderungen des Quartärs hatten massive Auswirkungen auf die kontinentalen Eismassen, den Meeresspiegel sowie die terrestrischen Ökosysteme. Seit dem mittleren Holozän werden die klimatischen Einflüsse durch erhebliche Eingriffe des Menschen in den Naturhaushalt überlagert. Die längerfristigen quartären Klimaschwankungen sowie die Mensch-Umwelt-Interaktionen der Vergangenheit sind durch direkte Messungen nicht mehr quantifizierbar. Sie können jedoch durch die Auswertung geeigneter natürlicher Archive aus sog. Proxies (Stellvertreterdaten) rekonstruiert werden. Natürliche Archive sind Sedimente aus dem marinen wie auch aus dem terrestrischen Bereich. Ferner sind Umweltinformationen u. a. in den kontinentalen Eisschilden, in Korallenriffen, Tropfsteinen oder Baumringen gespeichert. Da derartige Archive Informationen sehr unterschiedlicher Qualität und zeitlicher Auflösung bergen, ergibt sich ein umfassendes, kohärentes Bild erst mit einem Multi-Proxy-Ansatz, das heißt durch die Einbeziehung und Verknüpfung möglichst vieler Proxies.

Untersuchungen mariner Sedimente haben in den letzten Jahrzehnten grundlegende Erkenntnisse über den Ablauf globaler Klimaveränderungen in sehr hoher zeitlicher Auflösung geliefert. Durch methodische Fortschritte der Isotopengeochemie wurde es beispielsweise möglich, aus den in den Kalkschalen von Foraminiferen fixierten $^{18}O/^{16}O$-Verhältnissen die Schwankungen der Ozean- und Lufttemperatur während des Quartärs und des Pliozäns abzuleiten. Die Verhältnisse der Sauerstoffisotopen geben so zugleich Auskunft über Phasen des Auf- und Abbaus der kontinentalen Eismassen während der Glaziale bzw. Interglaziale und damit indirekt über Schwankungen des Meeresspiegels. Die in den Tiefseesedimenten eingebetteten Mikroorganismen, wie Foraminiferen und Ostrakoden, enthalten jedoch weit mehr Informationen über Umweltparameter in der Vergangenheit. Sie geben beispielsweise Auskunft über den CO_2-Gehalt im Meerwasser und aus der Artenzusammensetzung lassen sich mittels Transferfunktionen Rückschlüsse auf die Nährstoffverhältnisse oder die biologische Aktivität ziehen.

Die kontinentalen Eisschilde der Erde stellen ebenfalls bedeutende Klima- und Umweltarchive dar. Bohrungen in den zentralen Bereichen des antarktischen und grönländischen Inlandeises und die Analyse von im Eis eingeschlossenen Gasen, Spurenstoffen und Stäuben haben zeitlich hochaufgelöste Informationen über Eisbildungsraten, Sauerstoffisotopenverhältnisse (Temperatursignal) sowie Veränderungen der Zusammensetzung und der Zirkulation der Atmosphäre geliefert. Die jahreszeitliche Schichtung des Eises ermöglicht zudem hoch genaue Datierungen.

Die in marinen Sedimenten und Eiskernen analysierten Proxies lassen sich unmittelbar in die für numerische globale Klimamodelle erforderlichen Klimadaten transformieren. Ein vertieftes Verständnis der Dynamik des Mensch-Umwelt-Systems erfordert jedoch Informationen darüber, wie beispielsweise die Vegetation oder das fluviale System auf klimatische Veränderungen und menschliche Eingriffe reagierte und welche Konsequenzen dies für die Stoffflüsse im terrestrischen Bereich hatte. Hinweise hierauf finden sich in limnischen Sedimenten, fluvialen Ablagerungen in Flussauen oder Deltas, in Kolluvien, Moorbildungen, Bodenbildungen oder Jahrringsequenzen von Bäumen. Diese können mit den Methoden der Sedimentologie, Geomorphologie, Pedologie, Palynologie und Dendroökologie ausgewertet, mithilfe der Geochronologie datiert und mit archäologischen Befunden in Beziehung gesetzt werden.

Laminierte Seesedimente sind dabei von besonderer Bedeutung (Exkurs 8.12). Die im Jahresverlauf variierende Sedimentation von organischem oder klastischem Material in Seen ermöglicht eine hohe zeitliche Auflösung und lässt Rückschlüsse auf die klimatischen Bedingungen sowie die Morphodynamik im Einzugsgebiet zu. In den Sedimenten konservierte Pollen liefern zudem Hinweise auf die regionale Vegetationsentwicklung. Diese spiegelt nicht nur den klimatischen Einfluss, sondern auch die Eingriffe des Menschen wider. Aussagen zur Vegetationsgeschichte lassen sich zudem aus den durch gute Pollenerhaltung gekennzeichneten organogenen Ablagerungen in Mooren ableiten.

Fluviale Sedimente und Kolluvien sind Ausdruck der fluvialen Geomorphodynamik, welche ebenfalls von den klimatischen Bedingungen und anthropogenen Einflüssen (z. B. Landnutzung) gesteuert wird. Als Geoarchive sind fluviale Sedimente aber nur bedingt geeignet, da fluviale Systeme zusätzlich durch unterschiedliche systemimmanente Faktoren beeinflusst werden, wodurch eine klare Differenzierung der wirksamen Steuergrößen erschwert wird.

---

klärung litoraler Terrassentreppen jedoch zuerst noch von einem sinkenden Meeresspiegel durch sich erweiternde Ozeanbecken aus, erkannte man in der 2. Hälfte des 20. Jahrhunderts zunehmend, dass tektonische Prozesse zur Heraushebung der früheren Strandlinien geführt hatten. Mit der Kenntnis der Hebungsrate (R) ist es möglich, den Paläomeeresspiegel (L) zur Bildungszeit der Terrasse oder des Korallenriffs zu berechnen. Um aber die Hebungsrate zu bestimmen, benötigt man neben der aktuellen Höhenlage (E) das Alter (T) der Terrasse, welches beispielsweise mittels der Th/U- oder der ESR-Methode (Abschn. 5.3) an Mollusken oder Korallen bestimmt werden kann:

$$L = E - (R \cdot T)$$

Kapitel 8

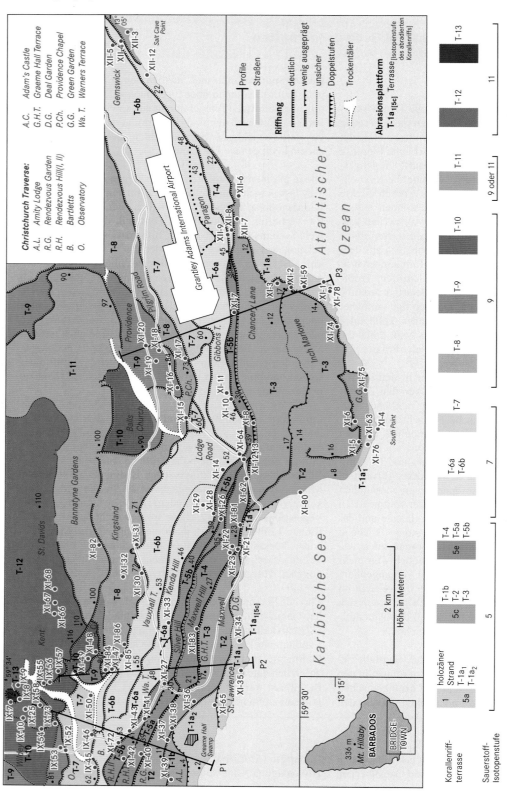

Abb. 8.62 Quartäre Korallenriffterrassen im Süden von Barbados (W. I., West Indies). Zwischen dem Meeresniveau und ca. 120 m Höhe befinden sich 13 fossile Korallenriffterrassen mit Unterstufen aus den vergangenen vier Interglazialen seit ca. 400 000 Jahren (MIS 11, Hebungsrate ca. 0,27 m/1000 a). Das Alter der Terrassen wurde durch die ESR-Datierung der Korallen ermittelt (verändert nach Schellmann & Radtke 2004).

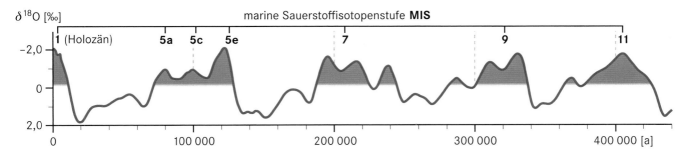

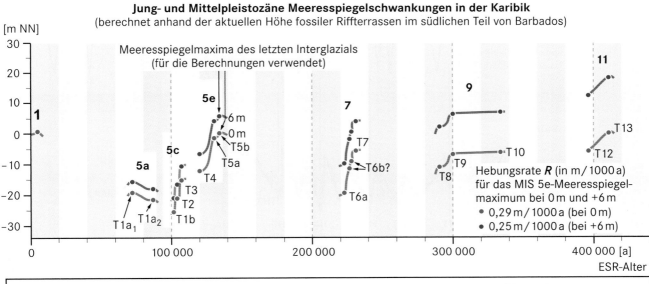

Hebungsrate: $R = \dfrac{\text{aktuelle Höhe des MIS 5e-Riffes } (E_{\text{5e aktuell}}) - \text{ehemalige Meeresspiegelhöhe von MIS 5e } (E_{\text{5e paläo}})\ (\text{0 m bzw. 6 m})}{\text{Alter } (A) \text{ der 5e-Terrasse}}$

Paläomeeresspiegel: $L = E_{\text{Tx}} - (R \times A_{\text{Tx}})$

L = Paläomeeresspiegel [m] E = aktuelle Höhe der Terrasse Tx [m] R = Hebungsrate [m/1000 a] A = Alter [1000 a]
A_{Tx} = Terrassenalter [1000 a]

Abb. 8.63 Auf der Basis der Riffkartierung (Abb. 8.62) kann unter Kenntnis der Hebungsrate und dem Alter der Terrassen die Paläomeeresspiegelkurve für die vergangenen vier Interglaziale errechnet werden (verändert nach Schellmann & Radtke 2004).

Als Fixpunkt bei der Berechnung dient die Höhenlage des Meeresspiegels während des letzten Interglazials (MIS 5). An weitgehend stabilen Küsten erhält man hierzu Angaben von ungefähr 0 m bis +6 m über dem heutigen Niveau, das heißt, zum Maximum des letzten Interglazials um 128 000 Jahre (MIS 5e) war wahrscheinlich mehr Eis abgeschmolzen als heute.

Die Abb. 8.62 zeigt eine Verbreitungskarte 13 **fossiler Riffterrassen** mit Unterstufen auf der für die marine Quartärforschung sehr wichtigen Insel Barbados (Schellmann & Radtke 2004). Alle Riffe wurden in den letzten ca. 400 000 Jahren in den Isotopenstufen 11, 9, 7, 5 und 1 gebildet. Aus der ungenauen Kenntnis der Höhenlage des letztinterglazialen Meeresspiegels (zirka 0 m bis +6 m) ergibt sich die Darstellung von zwei Paläomeeresspiegelkurven (Abb. 8.63) für die letzten ca. 400 000 Jahre. Geht

man von 0 m letztinterglazialer Meereshöhe vor 128 000 Jahren aus, dann wäre der Meeresspiegel vor etwa 400 000 Jahren in ähnlicher Höhenlage wie heute gewesen, bei +6 m Meereshöhe wären alle vorhergehenden Interglaziale signifikant wärmer, und der Meeresspiegel hätte im viertletzten Interglazial sogar ca. +20 m erreicht.

Es wird deutlich, dass es zurzeit noch problematisch ist, exakte Angaben über die Höhenlage früherer interglazialer Meeresspiegelstände zu erhalten. Der Tiefstand von zirka −120 m im Maximum des letzten Glazials vor ungefähr 18 000 Jahren scheint gut belegt, über Tiefstände während vorangegangener Glaziale weiß man jedoch bisher nur wenig, wahrscheinlich reichten sie aber nicht tiefer als −150 m.

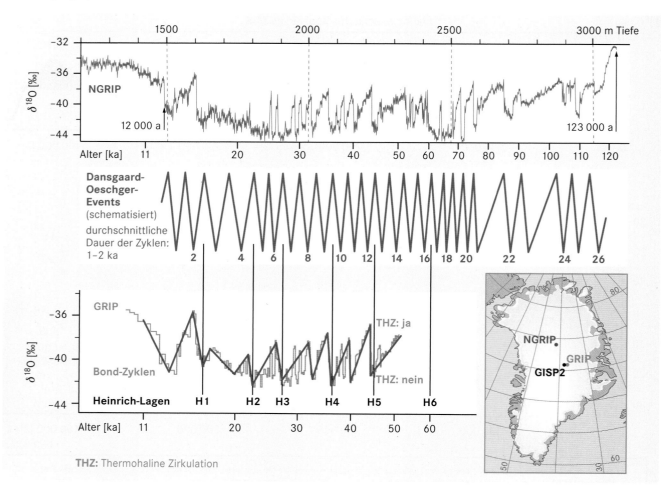

Abb. 8.64 δ18O-Werte für die letzten 123 000 Jahre im Kern der Bohrung NGRIP (*North Greenland Ice Core Project*) sowie Dansgaard/Oeschger-(D/O-)Events, Bond-Zyklen und Heinrich-Lagen (H). Jedes D/O-Event startet mit einer abrupten Erwärmung. Darauf folgt eine allmähliche Abkühlung über einige Jahrhunderte, die mit einem Rückfall in stadiale Verhältnisse endet. Sequenzen von D/O-Events können zu längerperiodischen Bond-Zyklen von etwa 7000 bis 15 000 Jahren Dauer zusammengefasst werden, wobei jeder Bond-Zyklus mit einem starken (relativ warmen) D/O-Ereignis beginnt, dem dann zunehmend schwächere folgen. Die Heinrich-Lagen wurden auf zirka 14 000 (H1), 20 500 (H2), 27 000 (H3), 35 000 (H4), 52 000 (H5) und 69 000 Jahre (H6) datiert und markieren besonders kalte Phasen mit starker Eisbergablösung von den grönländischen und ostkanadischen Gletschern. Bei starken Abschmelzvorgängen wird die thermohaline Zirkulation (THZ) des Meereswassers unterbrochen, da das leichte „süße" Schmelzwasser über dem schweren „salzigen" Meerwasser liegt und somit die Tiefenwasserbildung, der Motor für die nordatlantischen Meeresströmungen, unterbunden wird. Bohrprogramme: GISP (*Greenland Ice Sheet Project*), GRIP (*Greenland Ice Core Project*), NGRIP (*North GRIP*; verändert nach Andersen et al. 2004).

Marine Sedimente

Die Untersuchung mariner Bohrkerne ist ein wichtiger Bestandteil geowissenschaftlicher, paläoklimatologischer und paläoozeanographischer Forschung geworden. So trennt beispielsweise die Sauerstoffisotopenanalyse (Abschn. 5.3) deutlich Interglaziale und Glaziale; Warmzeiten werden mit ungeraden Zahlen versehen, Glaziale mit geraden. Deutlich ausgeprägte Glazial- und Interglazialzyklen mit einer Dauer von etwa 100 000 Jahren existieren nur in den letzten ca. 900 000 Jahren seit MIS 21/22 (ungefähr zehn bis elf Glazial- und Interglazialzyklen). Die Berechnung des Paläomeeresspiegels aus diesen Kurven ist aber problematisch, zumal das 18O/16O-Isotopenverhältnis (δ18O-Wert) im Meerwasser

nicht nur von der globalen Wasser- und Eisverteilung (glazialisotopisches Signal), sondern u. a. auch von der Wassertemperatur und dem Salzgehalt abhängig ist. Da 16O in größerem Maße in Eis eingebaut wird als 18O, steigt die Konzentration von 18O im Meerwasser in Relation zu 16O mit zunehmender Eisausdehnung auf der Erde, also mit Abnahme globaler Temperaturen, an. Die **Datierung der Bohrkerne** geschieht durch die Extrapolation einer als konstant angenommenen Sedimentationsrate und über einen Abgleich mit den Milankovitch-Zyklen (*orbital tuning*).

Hinweise auf Klimaschwankungen während der letzten Kaltzeit lieferten Bohrkerne aus dem Nordatlantik, die dort sechs Sedimentlagen mit einem hohen Gesteinsschuttanteil (Detri-

Exkurs 8.12 Seesedimente als Umwelt- und Klimaarchive

Bernd Zolitschka

Seen sind junge und wassergefüllte Hohlformen der Kontinente, in denen mineralische und organische Sedimente abgelagert werden. Sie stellen zeitlich hochauflösende natürliche Archive zur Verfügung und helfen, aktuelle Fragen zur Paläoumweltforschung (Eutrophierung, Schadstoffbelastung, Bodenerosion) und Paläoklimatologie zu beantworten. Zusätzlich handelt es sich bei diesen Sedimenten, anders als bei kolluvialen, fluviatilen und äolischen Ablagerungen, um kontinuierliche Archive (Zolitschka et al. 2003). Die fortlaufende Akkumulation macht Seesedimente vergleichbar mit marinen Sedimenten, allerdings mit um eine Größenordnung höherer Sedimentationsraten. Der jährliche Sedimentzuwachs variiert zwischen 0,1 mm/a in sehr kleinen Seen ohne Zufluss und bis zu mehr als 100 mm/a in proglazialen Seen, während er bei marinen Sedimenten bei ca. 50 mm/ka (0,05 mm/a) liegt. Sedimentationsraten von unter 0,1 mm/a weisen bei Seen auf Datierungsprobleme oder auf erosionsbedingte Sedimentationslücken hin (Webb & Webb 1988).

Die Sedimentgenese in Seen wird primär durch Klima und Ausgangsgestein im Einzugsgebiet gesteuert (Abb. A). Beide Faktoren kontrollieren Bodenbildungsprozesse, Vegetationsentwicklung ebenso wie Wasserchemie und davon abhängige limnische Lebensgemeinschaften. Da das Ausgangsgestein während der geologisch kurzen Lebenszeit von Seen eine konstante Größe darstellt, stehen die im Sediment registrierten Variationen überwiegend in komplexer Beziehung zum Klima (Abb. A). Allerdings wurden sie während der letzten Jahrtausende zunehmend durch den Menschen beeinflusst. Die Einführung von Ackerbau im Neolithikum (seit ca. 5000 v. Chr.) führte zu einzelnen Erosionsereignissen, was sich seit der Eisenzeit (ca. 800 v. Chr.) steigerte und zu markant erhöhten Bodenerosionsraten beitrug (Zolitschka 2002). Mit Einsetzen der Industrialisierung im 19. Jahrhundert kamen erhöhte Schad- und Nährstoffe hinzu, die über die limnischen Ökosysteme auch die Sedimente veränderten (Jenny et al. 2016). Natürliche (klimatische) Prozesse wurden so zum Teil überprägt. Es zeigte sich aber auch, dass kulturelle Entwicklungen durch Klimavariationen mitbeeinflusst worden sind.

Kapitel 8

steuernde Faktoren	Geologie (stabil)		Klima (variabel)	menschlicher Einfluss (sehr variabel)
Parameter	• Chemismus des Ausgangsgesteins • Geomorphologie des Einzugsgebietes • Seebeckenmorphologie	• Vegetation	• Insolation • Niederschlag • Evaporation	• Eutrophierung • Schadstoffbelastung • Versauerung • Landnutzung • Baumaßnahmen
Prozesse	• atmosphärische Ablagerungen			• fluvialer Eintrag • Hangabtrag

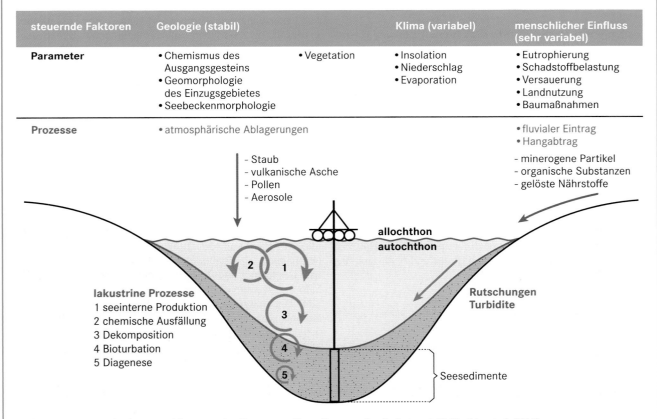

Abb. A Kontrollmechanismen und Prozesse der Genese von Seesedimenten (verändert nach Zolitschka et al. 2015).

Minerogene und organogene Sedimentkomponenten werden sowohl aus dem Einzugsgebiet in Seen eingetragen (allochthones Sediment) als auch in deren Wassersäule gebildet (autochthones Sediment). Die vorherrschende klimatische Steuerung der Sedimentationsprozesse spiegelt sich in drei Ablagerungstypen wider:

- **Klastische Sedimente:** Sie bestehen aus minerogenen Partikeln, die über Zuflüsse (fluvial) oder Wind (äolisch) in den See eingetragen werden. Diese Sedimente dominieren unter kalten polaren und hochalpinen Bedingungen mit vorherrschender physikalischer Verwitterung und gleichzeitig geringerer Vegetationsbedeckung. Bei dichter Vegetationsbedeckung unter temperierten Klimabedingungen werden klastische Komponenten im Einzugsgebiet zurückgehalten und deutlich reduziert in den See eingetragen.
- **Biogene Sedimente:** Intensive biologische Produktivität eines Sees unter humiden Klimabedingungen führt zur Bildung von organischen Ablagerungen. Ursache ist die chemische Verwitterung im Einzugsgebiet. Dadurch werden Nährstoffe freigesetzt und in den See eingetragen, die die Primärproduktion (natürliche Eutrophierung) steigern. Dieser Prozess erfordert einen Zufluss in den See und setzte in Mitteleuropa bereits mit Beginn des Spätglazials ein.
- **Evaporitische Sedimente:** Chemische Ausfällung von im Wasser gelösten Kationen und Anionen führt in Seen mit starker Evaporation (semiaride bis aride Klimabedingungen) zu erhöhter Salinität und zur Ablagerung von Mineralen wie Kalzit, Gips oder Halit.

Obwohl diese Prozesse definierten klimatischen Faktoren unterliegen, bestehen Seesedimente häufig aus einer Kombination von Ablagerungstypen, da sich die steuernden und klimaabhängigen Umweltbedingungen (limnische Produktion, Vegetationsbedeckung, Zufluss aus dem Einzugsgebiet) saisonal verändern können.

Für aussagekräftige Interpretationen müssen limnische Sedimentarchive präzise datiert werden. Diesem Zweck dienen relative Alterseinstufungen anhand der Vegetationsentwicklung (Pollenstratigraphie), Variationen des Erdmagnetfeldes (Magnetostratigraphie) oder des Auftretens vulkanischer Aschelagen (Tephrochronologie), absolute Altersbestimmungsverfahren wie radiometrische (^{137}Cs, ^{210}Pb, ^{14}C) und Lumineszenzdatierungen sowie die Warvenchronologie (Zolitschka et al. 2015). Letztere basiert auf der Auszählung von sedimentären Jahresschichten vergleichbar mit Baumringen (Dendrochronologie). Idealerweise werden diese Datierungsverfahren kombiniert eingesetzt, um die bestmögliche Chronologie erstellen zu können (Tylmann et al. 2013). Die dadurch verfügbaren Rekonstruktionen der Dynamik vergangener Klima- und Umweltsysteme auf lokalen, regionalen und globalen räumlichen Skalen ergänzen instrumentelle und historische Daten um viele Jahrtausende. Die aus solchen natürlichen Archiven abgeleiteten Daten werden als Stellvertreter- oder Proxydaten bezeichnet, da sie nur indirekt Aufschluss über vergangene Zustände von Klima und Umwelt zulassen und ein weitergehendes Prozessverständnis zur Interpretation erfordern.

Die Untersuchung lakustriner Sedimentarchive erfolgt interdisziplinär im Zusammenspiel von sedimentologischen, geochemischen, geophysikalischen (Gesteins- und Paläomagnetik) und biologischen Untersuchungsmethoden (Last & Smol 2001). Zu den biologischen Parametern zählen Zuckmückenlarven (Chironomiden zur Rekonstruktion der regionalen Temperatur), Kieselalgen (Diatomeen zur Rekonstruktion von limnischen Parametern wie pH Wert und Trophiegrad) und Blütenstaub (Pollen zur Rekonstruktion der regionalen Vegetationsgeschichte mit Rückschlüssen auf klimatische und menschliche Einflüsse).

tus) und wenig Foraminiferen vorfanden. Der Detritus stammt von driftenden Eisbergen, die beim Abschmelzen das in ihnen eingeschlossene Material verloren (IRD, *Ice Rafted Debris*), auch **Heinrich-Lagen** genannt nach ihrem Entdecker Hartmut Heinrich vom Bundesamt für Seeschifffahrt und Hydrographie Hamburg (Abb. 8.64).

Grönland- und Antarktis-Eis

Die in Bohrkernen gespeicherten Paläoklimainformationen haben eine große Bedeutung für die Quartärforschung. Zwar ist eine jährliche Auflösung nur in den obersten, einige Tausend Jahre umfassenden Schichten möglich, durch eine komplexe Extrapolation des Akkumulationsgeschehens sind aber auch die tiefer liegenden Schichten datierbar. Im Kontaktbereich von Eis und Fels wird die Interpretation der Kerne durch die Druckverflüssigung des Eiskörpers wie auch durch das Aufschmelzen in Folge der Erdwärme verhindert. Gleiches gilt für Bereiche mit Scherstörungen im Eis.

Zwei ambitionierte Bohrprogramme (Abb. 8.64) haben in den 1990er-Jahren das ca. 3000 m mächtige Grönlandeis durchteuft. Zwar wurde hierbei weder das letzte noch das vorletzte Interglazial (MIS 5 und MIS 7) erreicht, wie anfangs angenommen (Williams et al. 1998), doch hat die Auswertung der Klimasignale der letzten 90 000 Jahre deutlich gemacht, dass es innerhalb von wenigen Jahrzehnten bis Jahrhunderten zu abrupten Klimaänderungen kam. Schnelle Wechsel der chemischen, der Isotopenzusammensetzung und der Gas- und Staubeinschlüsse belegen zwischen dem Beginn des letzten Glazials und dem Holozän 25 Wärme- und 26 dazugehörige Kälteschwankungen, sog. Dansgaard/Oeschger-Events (D/O; Abb. 8.64).

Eine neue Bohrung (NGRIP = *North Greenland Ice Core Project*) auf Grönland liegt ca. 350 km nordwestlich von GRIP (*Greenland Ice Core Project*) und GISP (*Greenland Ice Sheet Project*) und weist erstmals Eisschichten des letzten Interglazials bis ca. 123 000 Jahre in 3085 m Tiefe nach (Andersen et al. 2004, Rasmussen et al. 2014; Abb. 8.64). Bis dato war nicht aus-

Kapitel 8

geschlossen worden, dass Grönland während des letzten Interglazials eisfrei war.

Von besonderem Interesse für die Paläoklimaforschung ist der Vergleich mit den Eisbohrkerndaten der Antarktis, um u. a. die Existenz oder Nichtexistenz einer Parallelität zwischen dem (Paläo-)Klimageschehen von Nord- und Südhalbkugel zu überprüfen. Zwar ist aufgrund der geringeren Niederschlagsmenge in der Antarktis die in ca. 3000 m Eis gespeicherte Information zeitlich umfangreicher, die Auflösung ist dafür aber dementsprechend geringer, sodass Vergleiche schwieriger werden. Im Jahr 2004 gelangte man mit der Bohrung *Dome C* der EPICA-Gruppe (*European Project for Ice Coring in Antarctica*) in 3260 m Tiefe auf 800 000 Jahre altes Eis, welches somit acht Glazial-Interglazial-Zyklen mit einer Periodizität von 100 000 Jahren umfasst. Wichtige Erkenntnisse sind beispielsweise, dass der CO_2-Gehalt in den Warmzeiten im Bereich von etwa 270 ppm lag, in den Kaltzeiten bei ca. 190 ppm, wobei der Methangehalt zwischen 800 und 350 ppb schwankte. Zukünftig will man versuchen, Eiskerne zu erhalten, die in Grönland bis vor das letzte Interglazial und in der Antarktis bis vor etwa 1,5 Mio. Jahre zurückreichen (Jouzel 2013).

Zukünftige klimatische Entwicklung des Quartärs

Vor dem Hintergrund des Wissens um die hohe Variabilität des quartären Klimas ist die Frage, ob eine nächste Eiszeit „kurz" (im geologischen Sinn) bevorsteht, nicht unberechtigt. Die heutige orbitale Situation ist vergleichbar mit der, die vormals in Richtung Eiszeit führte: Die Erde ist nahe dem Perihel im nordhemisphärischen Winter (102° 30′), Exzentrizität (0,0167) und Schiefe der Ekliptik (23,27°) sind relativ groß. Würde man auf Basis der Milankovitch-Theorie eine Vorhersage wagen, wäre in den nächsten 6000 Jahren eine **Abkühlung** zu verzeichnen, eiszeitliche Temperaturen würden in zirka 55 000 Jahren erreicht werden (Williams et al. 1998). Nicht abzuschätzen ist aber der **anthropogene Einfluss**, vor allem durch die Verbrennung fossiler Rohstoffe. Der CO_2-Gehalt der Atmosphäre hat sich von 270–280 ppm in vorindustrieller Zeit auf mehr als 410 ppm erhöht, auch der Gehalt an anderen klimarelevanten Gasen ist stark angestiegen (Methan von 700 auf > 1800 ppm) und wird die nächsten Jahre weiter wachsen. Insbesondere positive Rückkopplungsmechanismen durch beispielsweise das Auftauen der Permafrostgebiete und dem damit verbundenen Austreten von weiterem Methan sind zurzeit noch nicht berechenbar.

8.15 Klima hat Geschichte

Rüdiger Glaser und Dirk Riemann

Für die Einschätzung der heutigen und zukünftigen Veränderung des Klimas ist es sehr wichtig, nicht nur den aktuellen Verlauf zu kennen, sondern auch die **historische Klimaentwicklung**, worunter in Mitteleuropa insbesondere der Zeitraum vor der Etablierung der amtlichen und damit standardisierten Messperiode vor 1881 zu verstehen ist. Sie bietet zum einen Vergleichsmöglichkeiten mit Phasen natürlicher bzw. quasinatürlicher Klimaschwankungen und -extreme, wie sie in den vorangegangenen Jahrhunderten ohne den direkten Einfluss des Menschen geherrscht haben. Zum anderen greifen die historischen Quellenangaben sehr häufig den **gesellschaftlichen Kontext**, wie Auswirkungen des Witterungsverlaufs auf die Ernte und Preisgestaltung, aber auch den Umgang mit Extremen auf. Zudem schafft die Analyse des historischen Klimas lebensnahe Vergleiche und erlaubt damit ein besseres Verständnis für historische Vorgänge, aber auch für viele Facetten unserer modernen Gesellschaft (Behringer 2010, 2016, Behringer et al. 2005).

Viele unserer Vorstellungen, Wahrnehmungen, aber auch Irrungen und Mythen sind historisch verwurzelt, selbst die Frage der Vorhersagbarkeit, wie sie – fälschlicherweise – in der Astrologie aus der Konstellation von Sternen gedeutet wurde oder im zum Teil empirischen Erfahrungsschatz der Bauernregeln und Lostage zum Ausdruck kommt. Klima unterlag immer schon spannenden **Diskursen** zwischen einem früher „Gottgegebenen" und dem heute stereotyp „Menschgemachten". Gerade in den letzten Jahren ist zudem die Frage nach der Klimaabhängigkeit bzw. -sensitivität von Gesellschaften aufgekommen. Sie hat sich, wie auch die regionale Klimavulnerabilität, immer wieder gewandelt (Exkurs 8.13).

Als eigenständiger Forschungsbereich hat sich die **Historische Klimatologie** seit den 1960er-Jahren mit den Arbeiten von Le Roy Ladurie (1966), Lamb (1977), Pfister (1985, 1999), Bradley & Jones (1995), Alexandre (1987) und Glaser (2013) etabliert. Im letzten IPCC-Bericht (2013/2014) ist der historischen Dimension ein eigenes Kapitel gewidmet (Masson-Delmotte et al. 2013), was die Bedeutung dieser Forschungsrichtung unterstreicht. Die Zahl der einschlägigen Publikationen ist in den letzten Jahren erfreulich gestiegen. Besonders reichhaltig sind die Ausarbeitungen zu Hochwasserrekonstruktionen (Herget 2012), zu extremen Hitze- und Dürrejahren (Wetter et al. 2014) oder zu ausgewählten Phasen wie dem frühen Spörer-Minimum in Mitteleuropa (Camenisch et al. 2016). Einen weiteren Schwerpunkt in der neueren Forschung bilden Arbeiten über Zusammenhänge zwischen Klimawandel und gesellschaftlicher Entwicklung (Büntgen et al. 2011, Sirocko 2012, Behringer 2016, Gerste 2016, Wanner 2016, Hildebrandt 2016). Auch die Medien sind auf diesen spannenden Mix aus Klima, Umwelt und Gesellschaft eingestiegen. So folgen in dem 2015 ausgestrahlten TerraX-Zweiteiler „Klima macht Geschichte" die Macher in spektakulären Animationen dieser Klimakausalität.

Kapitel 8

Exkurs 8.13 Raum-zeitliche Struktur der Klimavulnerabilität in Mitteleuropa

Tab. A Änderung der regionalen Klimavulnerabilität in Mitteleuropa nach ausgewählten Indikatoren.

	um 1000 Mittelalterliches Wärmeoptimum → Temperaturzunahme	um 1600 Kleine Eiszeit → Temperaturrückgang	um 2050 Klimawandelszenario → prognostizierter Temperaturanstieg
Mittelgebirge	niedrig • Verlängerung der Vegetationsperiode → steigende Ertragssicherheit → Bevölkerungszunahme und Siedlungsverdichtung → Ausbauphase, zunehmende Rodungen → Ausweitung der Anbauflächen	hoch • Verkürzung der Vegetationsperiode → Häufung von Missernten → Aufgabe von Höhenstandorten und Ungunstlagen in schattreichen Talungen oder auf ertragsschwachen Böden	niedrig • Verlängerung der Vegetationsperiode um bis zu 20 Tage • Rückgang der Schneedeckendauer • mögliche Zunahme von Unwettern und Stürmen → Änderung der Baumartenzusammensetzung, größerer Hitze- und Dürrestress einzelner Baumarten, Zunahme von Schädlingskalamitäten → tendenzielles Überwiegen der positiven Ausgleichswirkungen waldreicher Höhenstandorte im Sommer
Beckenlandschaften	mittel bis niedrig • Verlängerung der Vegetationsperiode → regionale Zunahme von Ernteausfällen infolge von Dürren und Unwettern → starke Bevölkerungszunahme und Siedlungsverdichtung, Phase der „Stadtneugründungen"	niedrig bis mittel • Verkürzung der Vegetationsperiode • Häufung kalter Winter und nasser Sommer • Häufung von Extremjahren → voranschreitende Umweltdegradation, insbesondere Entwaldung, Bodendegradation und Verlust an „Natürlichkeit" → allgemeine Verschlechterung der Ernährungssicherung durch Ernteausfälle	hoch • Verlängerung der Vegetationsperiode • Zunahme von Hitzestress und Schwülebelastung • Zunahme *vector born diseases* (Tigermücke etc.) • Zunahme von Extremen, insbesondere von schweren Hochwasserereignissen und Unwettern • Zunahme sommerlicher Hitze- und Dürreperioden • saisonale Zuschärfung
Hochgebirge	mittel • Anstieg der Höhenstufen, Anstieg der Waldgrenze • Änderung der Biodiversität • Gletscherrückgang • Zunahme der Hanginstabilität	hoch • Absinken der Höhenstufen • Vorrücken der Gletscher und Andauern der Schneedecke → Missernten → Aufgabe der Höhenstandorte → Beeinträchtigung der Infrastruktur durch Schnee und Eis	hoch • Anstieg der Höhenstufen • Gletscherrückgang, Rückgang der perennierenden Schneeflächen • Änderung der Biodiversität • zunehmende Hanginstabilität durch austauenden Permafrost • Änderung der Hochwassergefahren • Zunahme von Massenbewegungen
Küstenlandschaften	hoch • Meeresspiegelanstieg • Beginn der Zunahme von Überflutungen und Ingressionen → Ausweitung der Kulturlandschaft, Moorkultivierung, Landgewinnungsmaßnahmen → Beginn des Deichbaus	hoch • Zunahme von extremen Sturmfluten • maximale Einbrüche, Bildung der Großbuchten → Verstärkung der Deiche	mittel • Meeresspiegelanstieg • Zunahme von Sturmfluten (durch bereits eingeleitete technische Maßnahmen kompensiert) → Verstärkung der Deiche und Schutzbauten → modernes Küstenschutzmanagement

Im Laufe der letzten 1000 Jahre haben sich die Muster klimavulnerabler Regionen Mitteleuropas mehrfach und mehrdimensional geändert. In Tab. A wird eine an den Landschaftstypen orientierte, regional differenzierte Abschätzung der allgemeinen Klimavulnerabilität in den drei Klimaphasen „Mittelalterliches Wärmeoptimum", „Kleine Eiszeit" und

„Prognose 2050" vorgestellt. Grundlage der Einschätzung ist die mittlere Temperaturveränderung und die damit einhergehende Verlängerung bzw. Verkürzung der Vegetationsperiode sowie die daran gekoppelten Auswirkungen auf die Ernteertragslage und die Ernährungssicherung. Ergänzt wird dieser Wirkungspfad um weitere ökologische Faktoren wie Änderung der Biodiversität oder Gletscherrückgang. An gesellschaftlichen Indikatoren wurden Hinweise auf Hungersnöte, Teuerungen, Migration, Deichbau aber auch gesellschaftliche Exzesse wie Hexenverfolgungen, wie sie in der kollaborativen Datenbank tambora.org in zahlreichen Quellen belegt sind, herangezogen. Die tabellarische Übersicht kann jedoch nur eine Auswahl dieser komplexen gesellschaftlichen Kontextualisierungen wiedergeben.

Der Brückenschlag in die Moderne kann darin gesehen werden, dass die historischen Reaktions- und Anpassungsstrategien auf die Ernährungs- und Lebenssicherung und letztlich den Erhalt der Gesundheit abzielten. Heute ist Mitteleuropa mehr von Hitzestress, Schwülebelastung, Dürre und Hochwasser bedroht. Die Bezugnahme auf *human-well-being und lifelihood*-Ansätze erlaubt es, historische Zusammenhänge mit modernen Einschätzungen zu verknüpfen und zu bewerten.

Exkurs 8.14 Tambora.org – eine virtuelle Forschungsumgebung für die Klima- und Umweltanalyse

Rüdiger Glaser, Rafael Hologa und Michael Kahle

Die virtuelle Forschungsumgebung tambora.org ist eine offene webbasierte Plattform, die es Wissenschaftlern und Interessierten ermöglicht, Informationen zu Wetter-, Witterungs-, Klima- und sonstigen Umweltereignissen sowie deren Auswirkungen auf die Gesellschaft digital und nachhaltig zu sichern, zu analysieren und zu publizieren. Nach Veröffentlichung in der eigens dafür etablierten Online-Reihe „*tambora data series*" stehen die Informationen allen frei zur Verfügung (Glaser et al. 2016a, b, Schönbein et al. 2016).

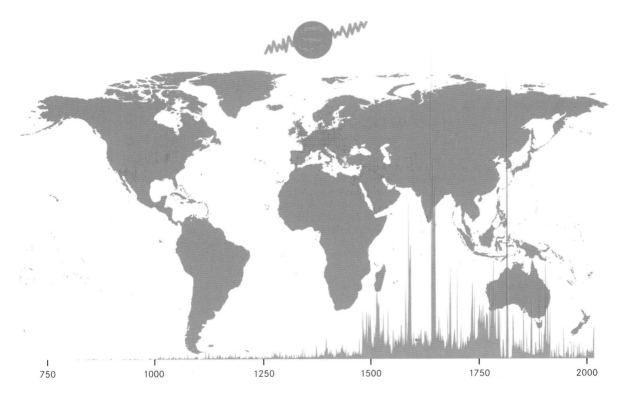

Abb. A Relative Anzahl der Einträge auf tambora.org bezogen auf den Zeitraum 750–2015. Die rund 400 000 Einträge weisen einen spezifischen Quellentrend auf. Ihre Zahl steigt zunächst von einem niedrigeren Niveau ausgehend kontinuierlich an, um dann nach 1500 mit der Erfindung der Buchdruckkunst und der starken Zunahme von Papierproduktion und Schriftlichkeit sprunghaft zuzunehmen. Die einzelnen Peaks sind auf Tagebuchveröffentlichungen mit einer entsprechend großen Zahl von Einträgen zurückzuführen. Der moderne Anstieg mit der Verbreitung des Internets ab 1990 zeigt sich noch nicht, weil sich die bisherigen Bemühungen auf den Zeitraum vor Beginn der Etablierung der amtlichen Messnetze 1881 konzentrieren.

Kapitel 8

Die Plattform enthält derzeit ca. 400 000 Einträge mit regionalen Schwerpunkten in Mitteleuropa, dem Vorderen Orient, Indien sowie Nordamerika (Abb. A). Das Gros der Informationen bezieht sich auf den Zeitraum vor Beginn der Etablierung amtlicher Messnetze vor 1881. Die derzeit laufende, stärkere Einbindung aktueller Daten und die neuen Möglichkeiten der Bürgerwissenschaften stellen eine wesentliche Erweiterung und einen signifikanten Zuwachs an aktuellen Informationen dar. Damit bietet sich die einzigartige Möglichkeit, langfristige Bewertungen z. B. zur Hochwasserentwicklung oder anderen Extremen und Katastrophen vorzunehmen.

Da in der Regel von der Quellenerschließung über die Kodierung (Abb. B) bis hin zur Publikation und von der Paläographie über die Transkription bis zur statistischen Auswertung jeder Arbeitsschritt eine eigene Expertise erfordert, ist es sinnvoll, diese durch entsprechende Experten arbeitsteilig umzusetzen. Somit eröffnet die kollaborative Vorgehensweise von tambora.org vielfältige Vorteile gegenüber klassischen Arbeitsweisen. Zudem lassen sich viele Fragestellungen erst aus der Synopsis von Informationen lösen. Die virtuelle Forschungsumgebung stellt ein einheitliches sprachunabhängiges Format für die nachhaltige Sicherung von räumlich, zeitlich und inhaltlich kodierten Ereignissen bereit. Alle eingepflegten Informationen werden, wenn möglich, im Originalzitat mit den jeweiligen bibliographischen Angaben geführt und mit den entsprechenden zeitlichen, räumlichen und inhaltlichen Kodierungen in Bezug gesetzt. Dieser Vorgang erfolgt mittels geeignet skalierter Indizes und Einheiten.

Auch die Ursachen und Folgen eines Ereignisses lassen sich auf diese Weise dokumentieren. Die Qualität der abgeleiteten klimatologischen Parameter wird dadurch transparent und kann stetig konsolidiert werden (Riemann et al. 2016).

Tambora.org bietet die Möglichkeit, eigene Projekte und daran angepasste arbeitsteilige Strukturen zu definieren. Sie fördert damit die interdisziplinäre Kooperation und schafft vielversprechende Formen der Kollaboration, sodass auf der Grundlage einer gemeinsamen Fragestellung neue Forschungsnetzwerke stimuliert werden können (Wetter et al. 2014).

Zur Verbreitung und Publikation von Daten, Informationen und Forschungsergebnissen werden entsprechende Funktionalitäten angeboten. Die Projektdaten können mit einer gewünschten Creative-Commons-Lizenz mittels DOI (*digital object identifier*) in der dafür geschaffenen Publikationsreihe *tambora.org data series* zitierfähig veröffentlicht werden und sind auch über eine API (*application programming interface*) für statische Analysen außerhalb von tambora.org abrufbar. Damit kann die aufwendige wissenschaftliche Leistung der einzelnen Beteiligten gewürdigt und der breiten Fachgemeinschaft zur Verfügung gestellt werden. Neben der Möglichkeit tambora.org zur Suche umfangreicher vorhandener Forschungsdaten zu verwenden, können auch neue Datenbestände hinzugefügt und verbreitet werden. In die Forschungsprozesse der Klimageographie und angrenzender Fachbereiche können durch die Plattform auch neue Nutzergruppen, beispielsweise aus den Bürgerwissenschaften eingebunden werden.

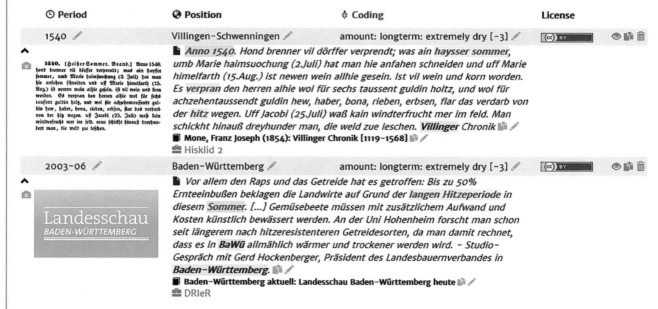

Abb. B In tambora.org ist die ursprüngliche Quelle mit dem transkribierten und ggf. übersetzten Originalzitat – bei vollständiger Kodierung – nachvollziehbar verknüpft mit einer zeitlichen, räumlichen und inhaltlichen Information. Die abgebildeten Beispiele – ein historischer Beleg für die extreme Dürre im Sommer 1540 und ein aktuellerer Hinweis zum Hitzesommer 2003 in Baden-Württemberg – zeigen diese Struktur und ihre Übertragbarkeit. Zeitangaben sind grün, inhaltliche Wetter- und Witterungshinweise blau und Ortsangaben rot, die internen Projektnamen beige hinterlegt. Die Kodierungen sind aus den hierarchisch strukturierten Wertungen der Quellenangaben abgeleitet. Das umfassende Kodierschema liegt in www.tambora.org vor (Quelle: www.tambora.org).

Die inhaltliche Konzeption und technische Entwicklung von tambora.org wurde mit Forschungsgeldern der Deutschen Forschungsgemeinschaft (DFG) gefördert. Die langfristige und nachhaltige Wartung der Webpräsenz sowie der zugrundeliegenden Datenbank- und Serverinfrastruktur ist durch die Universitätsbibliothek Freiburg sichergestellt. Die virtuelle Forschungsumgebung ist für Interessierte unter www.tambora.org erreichbar. Nach kostenfreier Registrierung steht der volle Funktionsumfang bereit.

Deskriptive Witterungsaufzeichnungen

Die Historische Klimatologie nutzt die zahlreichen klimatischen Hinweise, die in schriftlichen Quellen enthalten sind. Hier ein Beispiel, das den strengen Winter des Jahres 1709 beschreibt:

1709 war der grosse Winter, der in die 4. Monath gedauret, und seines gleichen seit [...] 1608 nicht gehabt. [...] Den 6. Januar erhob sich die Kälte wieder zu einer ausserordentlichen Strenge, die bis zum 23. fortgieng, allwo bey einigem Nachlaß eine ungemeine Menge Schnee fiel [...]. Es hat dieser harte Winter in gantz Europa unsäglichen Schaden gethan, viel hundert Menschen sind hier und dar, auch so gar in Frankreich erfrohren, andere haben Nasen, Ohren, Hände und Füsse eingebüsset; das Wild in den Wäldern, die Vögel in der Lufft, die Fische im Wasser [sind] erfrohren [...]. [Auch der] Zürcher See, ja so gar alle Canäle zu Venedig und der Ausfluß des Tagus zu Lissabon war mit harten Eyß belegt [...] (Dreyhaupt 1749, aus tambora.org).

Derartige Quellen vermitteln direkte Wettereinschätzungen und Witterungsbeschreibungen von **Zeitzeugen**, aber auch die Folgewirkungen und Reaktionen von Gesellschaften. Dabei lassen sich beobachtete, realitätsnahe Darlegungen ebenso erschließen wie die mentalen Vorstellungen und Erklärungsmuster, die den jeweiligen Zeitgeist widerspiegeln. Neben allgemeinen Aussagen zur Temperatur, dem Niederschlag und dem Zustand der Atmosphäre finden sich häufig Angaben zu Wetter- und Klimaextremen wie Hochwasser, Unwetter und Stürmen. Aufgrund der besonderen Bedeutung der Ernährungssicherung sind die Angaben sehr häufig mit Hinweisen auf die Agrarproduktion und die Phänologie verbunden. Es handelt sich – anders als bei sonstigen Proxies – um direkte und unmittelbare **Wetter- und Witterungsinformationen**, die oft mit phänologischen und anderen Bewertungen und vor allem den Folgewirkungen verknüpft dargestellt sind. Zudem sind sie hoch, zum Teil sogar täglich oder stündlich aufgelöst und liefern Informationen zu allen Jahreszeiten.

War die Recherche von Quellen bisher ein sehr mühevolles Unterfangen, wird dies mittlerweile durch die voranschreitende Digitalisierung von Archivbeständen erleichtert. Beispiele sind die digitalisierten Bestände der *Monumenta Germaniae Historica*, kurz MGH (dmgh.de). Auch einschlägige Werke von archive.org bieten leicht zugängliche Informationen. Besonders weit gediehen sind die **Crowdsourcing-Aktivitäten** zur Erfassung von historischen klimarelevanten Informationen aus den unzähligen Schiffstagebüchern, etwa im Projekt oldweather.org. Diese stehen im Zusammenhang mit dem *International Comprehensive Ocean-Atmosphere Data Set* (ICOADS; Freeman et al. 2017). In diesen Projekten werden die handschriftlichen und daher nur schwer automatisch auswertbaren Aufzeichnungen von Schiffstagebüchern durch interessierte Bürgerwissenschaftler transkribiert und damit einer weiterführenden Auswertung zugänglich gemacht. Von den „Wetterdetektiven" konnten, unterstützt von den öffentlichen Medien, bis Oktober 2015 mehr als 400 000 Einträge von 11 000 Bürgerwissenschaftlern transkribiert werden.

Ein Teil des historischen Quellenmaterials wurde in Form von **Kompilationen** zugänglich gemacht und schon früh für erste Klimarekonstruktionen herangezogen (Hellmann 1883, Henning 1904, Weikinn 1958). Inzwischen existieren mehrere Datenbanken und -repositorien wie die virtuelle Forschungsumgebung *tambora.org* (Exkurs 8.14) und *EuroClimHist* (euroclimhist.ch), in denen eine beeindruckende Quellenfülle dokumentiert ist.

Die Ableitung der Klimainformation: Zeitreihen und Synopsis

Die Historische Klimatologie hat mittlerweile weitreichende **Standards** der im Wesentlichen hermeneutisch begründeten Quellenkritik, der Indexbildung und statistischen Analyse und vor allem der Kalibrierverfahren zur Ableitung quantitativer Zeitreihen über Transferfunktionen entwickelt (Bradley & Jones 1995, Brázdil et al. 2005, Glaser & Riemann 2009, Masson-Delmotte et al. 2013). Ergebnis sind z. B. Temperatur- und Niederschlagsreihen für verschiedene Regionen und Jahreszeiten.

Aus der Zusammenführung historischer Klimaerkenntnisse konnten ab 1500 saisonale, ab 1659 sogar monatlich aufgelöste Druckdatenfelder für den Ausschnitt 30° W bis 40° E, 30° N bis 70° N abgeleitet werden, die Aussagen über zirkulationsdynamische Prozesse zulassen (Abb. 8.65; Jacobeit et al. 2002, 2003, Luterbacher et al. 2004, 2002). Von Pauling et al. (2006) stammt eine entsprechende Rekonstruktion saisonaler Niederschlagsfelder.

Der Temperaturverlauf der letzten 1000 Jahre nach der Rekonstruktion von Glaser & Riemann (2009) offenbart markante Änderungen der Jahresmitteltemperatur für Mitteleuropa, die insgesamt in der Größenordnung von bis zu 2,5 °C für die dekadischen Mitteltemperaturen liegen. Neben den säkularen Änderungen lassen sich dekadische Schwankungen erkennen. Sie belegen u. a. gleich mehrfach schnelle Temperaturstürze, aber auch markante Erwärmungsphasen, oft mehrfach in rascher Folge. Im Vergleich mit der

Kapitel 8

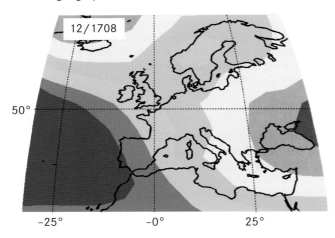

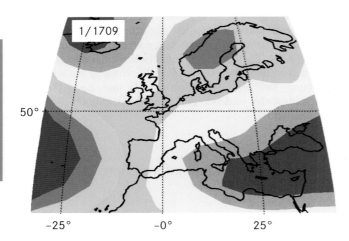

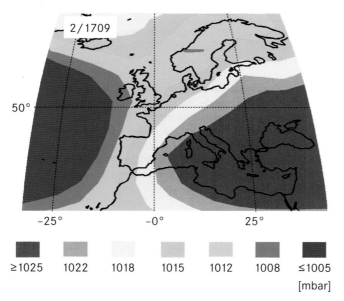

≥1025   1022   1018   1015   1012   1008   ≤1005
[mbar]

Abb. 8.65 Rekonstruierte monatliche Druckfelder für den Winter 1708/09 (Luterbacher et al. 2002).

Temperaturentwicklung des 20. Jahrhunderts fällt auf, dass der Temperaturanstieg seit den 1970er-Jahren das Niveau des mittelalterlichen Wärmeoptimums überschritten hat. Im Kontext der jahreszeitlichen Betrachtung wird zudem deutlich, dass das moderne Treibhausklima und seine herausragende Erwärmung in den Wintermonaten durch eine Zunahme zonaler Zirkulationsformen entstanden sind. Das mittelalterliche Wärmeoptimum stellt also sowohl was das Niveau der Jahresmitteltemperaturen angeht als auch hinsichtlich der Zirkulationsform keinen historischen Vergleichsfall des modernen Treibhausklimas dar (Glaser 2013).

Klimasimulationen und Klimamodellierungen

Neben den Klimazeitreihen auf der Basis chronikalischer Aufzeichnungen wurden im Laufe der letzten Jahre zahlreiche **Klimarekonstruktionen** vorgelegt, die auf naturwissenschaftlichen Daten wie Eisbohrkernuntersuchungen, Korallen oder Dendrodaten basieren (Fischer 2004, PAGES2K Consortium 2017). In sog. **Multiproxy-Ansätzen** werden diese verschiedenen Datentypen kombiniert. Hinzu kommen **Klimamodellierungen**, welche anhand von Rekonstruktionen externer Antriebmechanismen wie Bahnparametern, solarer Einstrahlung und Treibhausgaskonzentrationen den Klimagang der letzten 1000 Jahre simulieren. Ein wesentlicher Vorteil der Klimamodelle ist zweifelsfrei, dass sie Prognosen für die Zukunft erlauben. Für die Validierung der Simulationen ist jedoch der Vergleich mit möglichst langen, hochaufgelösten Zeitreihen unabdingbar.

In Abb. 8.66 ist der Vergleich verschiedener Rekonstruktionen zur Temperaturentwicklung des letzten Jahrtausends dargestellt. Alle Reihen weisen einen weitgehend ähnlichen übergeordneten Verlauf auf: bis etwa 1400 Temperaturen im und oberhalb des Jahrtausendmittels, anschließend der Übergang in die Kleine Eiszeit, welche bis etwa 1850 andauert und der anschließende Anstieg in die moderne Erwärmungsphase. In den dekadischen Schwankungen, aber auch in der Höhe der Amplituden weisen die Reihen hingegen Unterschiede auf, welche teilweise als Folge der unterschiedlichen **räumlichen Bezüge** gesehen werden müssen. So rekonstruieren Mann & Jones (2003) und Moberg et al. (2005) die Mitteltemperaturen der nördlichen Hemisphäre, van Engelen et al. (2000) und Glaser & Riemann (2009) liefern Rekonstruktionen aus historischen Quellen für die Niederlande bzw. Deutschland und das Klimamodell ECHO-Erik2 (González-Rouco et al. 2006) liefert großräumig aufgelöste Daten für Mitteleuropa.

Diese Arten der Klimarekonstruktion genießen **hohe Akzeptanz** bis in politische Gremien hinein. Gründe für eine solch hohe Autorität mögen darin liegen, dass naturwissenschaftliche Daten von renommierten Institutionen als belastbar gelten. Zunehmend werden jedoch auch die Vorteile der Historischen Klimatologie in der internationalen paläoklimatologischen Forschung wahrgenommen, da die Aussagen auf direkten und unmittelbaren Beobachtungen zum Witterungsgeschehen beruhen, höher aufgelöst sind und meist eindeutig datiert werden können. Daher ermöglicht gerade der Vergleich mit natürlichen Archiven eine wechselseitige Kontrolle und kann so helfen, die Aussagekraft

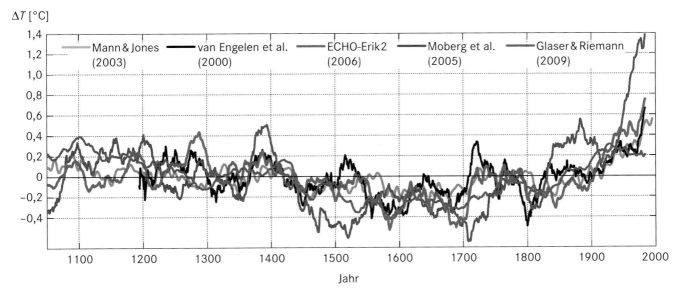

Abb. 8.66 Klimaverlauf seit dem Jahr 1000 aus verschiedenen Rekonstruktionen bzw. nach einem Klimamodell. Dargestellt ist das 31-jährig gleitende Mittel der Temperaturabweichungen vom Jahrtausendmittel.

Abb. 8.67 Zeitgenössische Darstellung der Zerstörung einer Brücke durch Eisgang in Bamberg im Winter 1784.

der jeweiligen Klimazeiger einzuschätzen. Zudem lassen sich die Klimafolgen und die Reaktionen der Gesellschaften auf die Klimaentwicklungen ergründen und tragen so zum besseren Verständnis des Mensch-Umwelt-Verhältnisses bei.

Hydrologische Extreme

Das klimatische Geschehen der historischen Vergangenheit weist neben den lang- und mittelfristigen Änderungen immer wieder auch Anomalien und Extreme auf. Die Frage nach deren Wiederkehrzeiten sowie den Trends und Häufungen impliziert geradezu eine historische Rückschau. Ein hydrologisches Extrem stellen **Dürren** dar – beispielsweise der Dürresommer von 1540, der in etwa den Verhältnissen von 2003 entsprach (Wetter et al. 2014). Neben den bekannten Phänomenen von Ernteertragseinbußen, Niedrigwasserständen selbst in den großen Flüssen, dem Versiegen von Quellen und Brunnen und Waldbränden wuchs ein Jahrtausendwein, den man in Schmuckfässern aufbewahrte.

Eine beachtliche Fülle von Befunden liegt jedoch vor allem zu den **historischen Hochwassern** vor (Brázdil et al. 1999, 2006, Glaser & Stangl 2004, de Kraker 2006, Demarée 2006, Böhm et al. 2015 und Himmelsbach et al. 2015). Für deren Rekonstruktion sind Hinweise auf die sozialen und ökonomischen Auswirkungen be-

HW/31a

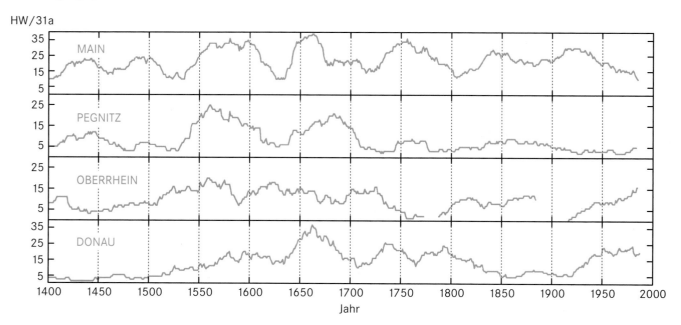

Abb. 8.68 Entwicklung der Hochwassersituation an der Donau bei Ulm, an der Pegnitz in Nürnberg, am Oberrhein und am Main. Dargestellt sind 31-jährige gleitende Häufigkeiten (HW/31a). In der Zeitreihe von Ulm sind die Daten vor 1500 lückenhaft, weshalb es für diese Zeit zu abnehmenden Häufigkeiten kommt. Die Reihe des Oberrheins weist vor allem im Übergang zu den modernen Pegelmessungen Lücken auf.

sonders ergiebig. Alle schadenbringenden Hochwasser bedingten administrative Maßnahmen, die in Ratsprotokollen oder Akten der Steuerbehörden und Bauämter niedergelegt sind und über die Art und Schwere der Schäden Rückschlüsse auf die Intensität ermöglichen (Abb. 8.67). Aus ihnen lassen sich Schemata zur **Intensitätsklassifizierung** historischer Hochwasser entwerfen. Generell waren schwere historische Hochwasser oftmals verbunden mit drastischer Lebensmittelverknappung, Problemen bei der Trinkwasserversorgung aufgrund verschmutzter Brunnen sowie Notständen in der Energieversorgung durch beschädigte Mühlen. Zu den sich hieraus ergebenden langfristigen Folgen zählten etwa Auswanderungen oder die Konkurse kleinerer Betriebe. Als absolutes Extrem gilt der hydrologische GAU von 1342, der nach Bork et al. (1998) das Oberflächenbild Mitteleuropas komplett veränderte. Die Ackerflächen wurden durch tiefe Erosionsrinnen zerfurcht und selbst unter Wald kam es zum Schluchtenreißen, ganze Hänge rutschten ab. In anderen Gegenden konnte man meterhohe Aufsedimentationen nachweisen.

Ähnlich wie für die Temperaturen können auch für Hochwasser **lange Reihen** abgeleitet werden. Besonders wertvoll sind Zeitreihen, die mit heutigen Wasserstandsmessungen in Bezug gesetzt werden können (Glaser & Stangl 2003, Böhm et al. 2015 und Himmelsbach et al. 2015). Alle historischen Reihen weisen markante Schwankungen auf verschiedenen Zeitskalen auf. Einige lassen sich auch großräumig verfolgen, was auf eine übergeordnete klimatische Steuerung hindeutet. Bemerkenswert ist die Häufung von Hochwassern, die bereits Mitte des 14. Jahrhunderts einsetzte (Abb. 8.68). An vielen Flüssen weisen auch die Abschnitte 1300 bis 1500, 1500 bis 1550, 1550 bis 1700 und 1700 bis 1995 signifikant unterschiedliche Hochwasserhäufigkeiten auf, die sich mit Zirkulationsumstellungen im Rahmen der Klei-

nen Eiszeit erklären lassen (Jacobeit et al. 2003). Interessanterweise lassen sich in vielen Reihen alle 70 bis 80 Jahre fast schon zyklisch zu nennende Häufungen erkennen. Mittlerweile werden Angaben zu historischen Hochwasserereignissen im Rahmen des **Hochwasserrisikomanagements** genutzt (Abschn. 12.7).

Fazit und Perspektive

Historische Aufzeichnungen ermöglichen **quantitative Rekonstruktionen** zum Gang des Klimas und seiner Extreme und erweitern damit den klimatischen Erkenntnisraum. Neben Einzeldarstellungen liegen mittlerweile weltweit Klimazeitreihen zu Temperatur und Niederschlag vor. Ab 1500 können für weite Teile Europas Druck-, Temperatur- und Niederschlagsdatenfelder rekonstruiert werden. Der Bezug zur **aktuellen Klimadiskussion** ist vielfältig gegeben, indem beispielsweise die langfristigeren Vergleichsdaten zu Klimaextremen und deren Variation präsentiert werden können.

Betrachtet man die Ergebnisse, so wird zunächst offensichtlich, dass es zu allen Zeiten klimatische Extremereignisse gab. Immer wieder war die Bevölkerung von Hitzewellen und Dürren, Frostperioden und Starkniederschlägen betroffen. In manchen Regionen übertrafen einzelne Hochwasserereignisse die „Jahrhunderthochwasser" des vergangenen Jahrzehnts deutlich. Ein Blick auf die langen Reihen offenbart die hohe Veränderlichkeit. Weitergehende Untersuchungen sollen die Bedeutung der verschiedenen Einflussfaktoren erhellen und so eine wichtige Grundlage für gesellschaftliche Bewertungen und die Ableitung möglicher Handlungsszenarien liefern.

In Zukunft wird sich die Frage nach den Handlungsstrategien, der Mitigation und der Klimadeutung vor allem auch im historischen Kontext in den Mittelpunkt stellen. In diesem Zusammenhang spielen Fragen zur regionalen Klimavulnerabilität als Beitrag zur Risikoabschätzung eine besondere – geographische – Rolle. Eine neue Dimension erfährt dieser Forschungsbereich durch die Digitalisierung über die Etablierung virtueller Forschungsumgebungen und die Verfügbarkeit von umfassenden Digitalisaten, aber auch durch die Einbindung sozialer Netzwerke, der Bürgerwissenschaften und neue Formen der kollaborativen Datenvorhaltung und -verarbeitung. Perspektivisch wird der Brückenschlag von der historischen Hermeneutik in die Moderne neue Erkenntnisse zur gesellschaftlichen Kontextualisierung von Wetter, Witterung und Klima bringen.

8.16 Klimaszenarien und mögliche Entwicklungen in Deutschland

Insa Meinke und Hans von Storch

Es ist nicht möglich, klimatische Zukünfte der kommenden Jahrzehnte im Sinne einer Wettervorhersage zu beschreiben, denn **Wettervorhersagen** liefern nur für wenige Tage belastbare Aussagen. Diese Vorhersagen starten vom aktuellen Zustand und werden mit physikalischen Prinzipien in die Zukunft extrapoliert. Dabei lässt die interne Variabilität, die ihren Ursprung in der Gegenwart praktisch unendlich vieler nicht linearer Interaktionen in der atmosphärischen Dynamik hat, die zukünftige Entwicklung zusehends diffus escheinen. Deshalb haben einfachere, triviale Vorhersagen nach spätestens zehn Tagen vergleichbare Validität wie anspruchsvolle Extrapolationen. Diese einfacheren Vorhersagen sind beispielsweise langjährige Mittelwerte für die entsprechende Jahreszeit (Klimatologien) oder ein zufälliger atmosphärischer Zustand aus der entsprechenden Jahreszeit. Aus dieser Tatsache wird zuweilen gefolgert, dass „Klimavorhersagen" keine verlässlichen Informationen liefern können, da es nicht einmal möglich sei, das Wetter der nächsten 14 Tage vorherzusagen. In diesem Zusammenhang muss zwischen Wetter (atmosphärischer Zustand) zu einem bestimmten Zeitpunkt und Klima (Wetterstatistik eines 30-jährigen Zeitraums) unterschieden werden. Eine Wettervorhersage für die ferne Zukunft ist in der Tat nicht möglich. Jedoch können künftige Entwicklungen der Wetterstatistik abgeschätzt werden. So kann beispielsweise unstrittig abgeschätzt werden, dass es in Hamburg in den nächsten Jahrzehnten im Januar bedeutend kühler und meist veränderlicher als im August sein wird. Dies empfindet niemand als eine signifikante Vorhersageleistung, aber es demonstriert recht klar, dass man offenbar doch über längere Zeit Aussagen über die Veränderlichkeit der Statistik des Wetters machen kann. Die Ursache dieser Fähigkeit der **Klimavorhersage** liegt an der Variation der Erdbahnparameter und den damit verbundenen Schwankungen der empfangenen Sonnenstrahlung. Diesen „Antrieb" verarbeiten die Klimamodelle. Zusätzlich verarbeiten sie weitere „Antriebe". Im Hinblick auf die Klimaentwicklung ist hier vor allem die Veränderung der Konzentration strahlungsaktiver Gase und Substanzen in der Atmosphäre zu nennen.

Das Wissen über die klimatischen Wirkungen dieser Gase und Substanzen wird regelmäßig vom **IPCC-Klimarat** bewertet und zusammengefasst. Bis dato gab es fünf Hauptberichte, in den Jahren 1990, 1995, 2001, 2007 und 2014. Wenn der IPCC von „Wissen" spricht, dann ist damit wissenschaftlich konstruiertes Wissen gemeint, das in geeigneten Publikationen dokumentiert ist, in der Regel nach einer unabhängigen fachlichen Begutachtung. Dieses ist – wie jedes wissenschaftlich konstruierte Wissen – nicht mit einem absoluten Wahrheitsanspruch verbunden, sondern stellt die derzeitig „besten" Erklärungen dar, die konsistent sind mit Beobachtungsdaten und wissenschaftlicher Theorie (einschließlich Modellen). Zu allen Berichten des IPCC gibt es stark zusammenfassende „Hauptaussagen". Bezüglich der Rolle anthropogener Treibhausgasemissionen auf das Klima wird folgendes dokumentiert (IPCC 2013/2014):

- **Beobachtete Veränderungen und ihre Gründe:** Der menschliche Einfluss auf das Klimasystem ist klar. Die derzeitigen anthropogenen Emissionen von Treibhausgasen sind die höchsten in der Geschichte. Die jüngsten Klimaänderungen haben weit verbreitete Wirkungen auf Menschen und natürliche Systeme.
- **Ursachen des Klimawandels:** Die anthropogenen Treibhausgasemissionen sind seit der vorindustriellen Zeit angestiegen, hauptsächlich angetrieben durch Wirtschafts- und Bevölkerungswachstum, und sind nun höher als jemals zuvor. Dies hat zu atmosphärischen Konzentrationen von Kohlendioxid, Methan und Lachgas geführt, wie sie seit mindestens 800 000 Jahren noch nie vorgekommen sind. Ihre Auswirkungen wurden, in Kombination mit denen anderer anthropogener Treiber, im gesamten Klimasystem nachgewiesen und es ist äußerst wahrscheinlich, dass sie die Hauptursache der beobachteten Erwärmung seit Mitte des 20. Jahrhunderts sind.
- **Zukünftiger Klimawandel, Risiken und Wirkungen:** Fortgesetzte Emissionen von Treibhausgasen werden eine weitere Erwärmung und anhaltende Änderungen aller Komponenten des Klimasystems bewirken. Dabei erhöht sich die Wahrscheinlichkeit für erhebliche, allgegenwärtige und unumkehrbare Wirkungen für Mensch und Ökosysteme. Die Begrenzung des Klimawandels erfordert substantielle und anhaltende Minderungen in der Freisetzung von Treibhausgasen. Zusammen mit Anpassungsmaßnahmen können diese Minderungen die Risiken des Klimawandels begrenzen.

Demnach findet derzeit ein Klimawandel statt, der aus „nicht natürlichen" Faktoren resultiert („Detektion"). Dieser Wandel ist mit unserem heutigen Wissen nicht erklärbar, wenn die erhöhten Treibhausgaskonzentrationen aus anthropogenen Quellen unberücksichtigt bleiben. Bei dieser „Attribution" haben unsere quasi-realistischen, prozessbasierten Klimamodelle erfolgreich vergangene Änderungen rekonstruiert. Deshalb ist es plausibel anzunehmen, dass diese Klimamodelle auch zukünftige Änderungen als Folge solcher menschlicher Aktivitäten beschreiben können. Somit wird in der Klimaforschung davon ausgegangen, dass über die dynamisch trivialen jahrzeitlichen Veränderungen hinaus auch Klimaänderungen aufgrund veränderlicher Treibhausgaskonzentrationen antizipiert werden können. Zusammenfassend lassen sich also zwei verschiedene Ansätze konstruieren,

Kapitel 8

mit denen Ausblicke für künftige Entwicklungen ermöglicht werden: Vorhersagen und Szenarien.

Vorhersagen sind die wahrscheinlichste Beschreibung von der Zukunft des Klimas, die von einem Anfangszustand ausgehend sowohl das Erinnerungsvermögen des Systems (insbesondere der thermischen Struktur der Ozeane sowie der Böden) als auch die Antriebe berücksichtigen. Die Vorhersagefähigkeit nimmt über die Zeit ab. Die Ursache hierfür ist der stochastische Charakter des Systems. Nach einiger Zeit wird eine Vielzahl Trajektorien ermöglicht, deren Wahrscheinlichkeiten sich über die Zeit verändern, da diese durch die Antriebe konditioniert werden. Nach einiger Zeit kann die Entwicklung des Klimas nicht mehr im Sinne einer wahrscheinlichsten Trajektorie angegeben werden. Vielmehr verbleibt ein Ensemble von möglichen Entwicklungen. Die Frage, für welchen Zeitraum derartige Vorhersagen möglich sind, ist Gegenstand aktueller Forschung. Der anfängliche Optimismus scheint einer eher pessimistischen Einschätzung von höchstens zwei Dekaden gewichen zu sein.

Szenarien sind Ensembles möglicher Entwicklungen. Diese werden durch die Grundbedingungen konditioniert, wobei den einzelnen Mitgliedern des Ensembles keine Wahrscheinlichkeit zugewiesen werden kann. Wenn alle Szenarienrechnungen über die Zeit eine Erwärmung des Klimasystems beschreiben, so kann dies natürlich als qualitative Vorhersage gemerkt werden. Dabei kann jedoch quantitativ keine solche Genauigkeit erreicht werden, wie sie für die derzeitige Beantwortung von vielen Anpassungsfragen wünschenswert wäre. Szenarien sind mögliche Entwicklungen, die dynamisch konsistent, plausibel, aber nicht notwendigerweise wahrscheinlich sind. Sie eignen sich für Politik- und Managementberatung, indem sie erlauben, mögliche Anpassungs- und Vermeidungsstrategien auf ihre Eignung und Effizienz hin zu untersuchen (Schwartz 1991). Diese so konstruierten Emissionspfade werden dann in Szenarien – oder Projektionen – von Wetterabläufen übertragen, die üblicherweise bis zum Ende des 21. Jahrhunderts reichen. Da die Klimamodelle realistischerweise interne Wettervariabilität erzeugen, unterscheiden sich zwei Szenariensimulationen mit gleichen Antrieben und gleichem Modell, sobald eine insignifikante Störung eingebracht wird (etwa im Anfangszustand). So stehen dann die meisten Szenarien als „Ensembles" mehrerer verschiedener, aber der Sache nach äquivalenter Simulationen zur Auswertung und Weiterverarbeitung bereit. Technisch gesehen sind Klimaänderungsszenarien also bedingte Vorhersagen von Verteilungen, konditioniert durch die Vorgabe von Emissionsszenarien.

Die Unterscheidung zwischen Vorhersagen als *most probable developments* und Szenarien als *possible developments* ist auch so im Rahmen des IPCC-Prozesses als Sprachregelung festgelegt. Dennoch werden in der wissenschaftlichen Gemeinschaft die beiden Begriffe häufig verwechselt bzw. falsch eingesetzt. Eine Umfrage unter Klimawissenschaftlern ergab, dass etwa ein Drittel der Befragten den Begriff Szenarien im Sinne von Vorhersagen verwendet und ebenso etwa ein Drittel von Vorhersagen spricht, wenn es Szenarien meint (Bray & von Storch 2009).

Emissionsszenarien

Im hier behandelten Kontext sind nur Szenarien von Belang, zum einen, weil die Vorhersagen weiterhin in einer experimentellen Phase sind und bisherige Resultate nur eingeschränkt überzeugen, zum anderen, weil der Zeithorizont für solche Vorhersagen für viele Klimaänderungsanwendungen unzureichend ist. Mit Szenarien wird häufig das Ziel verfolgt, Verantwortungsträger mit möglichen zukünftigen Situationen zu konfrontieren, damit diese planbar werden. Oft ermöglicht der Einsatz von Szenarien **rechtzeitige Entscheidungen**. Diese müssen frühzeitig getroffen werden, damit künftige Entwicklungen mit unerwünschten Folgen vermieden oder die Wahrscheinlichkeiten für wünschenswerte Entwicklungen erhöht werden können. Im täglichen Leben planen wir laufend mit Szenarien. Ein Beispiel ist der sommerliche Kindergeburtstag, den wir im Frühjahr planen. Wir überlegen uns, wie wir den Tag gestalten könnten, falls schönes Wetter ist. Falls es kalt und regnerisch ist, kommt eine andere Planung zum Tragen. Auf Schneefall bereiten wir uns nicht vor, weil dies für den Sommer kein plausibles Szenario ist.

Im eigentlichen Sinne können Szenarienrechnungen nicht „verifiziert" werden, weil hier Entwicklungen eines offenen Systems beschrieben werden, die so bisher nicht beobachtet wurden (Oreskes et al. 1994). Um sich sicher zu sein, dass die Modelle realistische Perspektiven beschreiben, müsste man einige Jahrzehnte warten.

In der Klimaforschung werden Szenarien seit dem Beginn des IPCC-Prozesses Ende der 1980er-Jahre intensiv genutzt (IPCC 1990, 1995, 2001, 2007, 2014). Bis zum 4. IPCC Bericht wurden zumeist **SRES-Szenarien** eingesetzt. Die SRES-Szenarien wurden im *„IPCC Special Report on Emissions Scenarios"* (SRES) von Wirtschaftswissenschaftlern und Sozialwissenschaftlern vorbereitet. Die SRES-Szenarien beruhen auf *story boards* über gesellschaftlich-wirtschaftliche Entwicklungen, aus denen hervorgeht, wie viel Treibhausgase und Aerosole bzw. Vorstufen davon wann freigesetzt werden. Vier Hauptgruppen von Szenarien

Tab. 8.9 Die vier Hauptszenarien der repräsentativen Konzentrationspfade RCPX (Moss et al. 2010).

Name	Strahlungsantrieb	Konzentration [ppm]	Pfad
RCP8.6	>8,5 Wm^{-2} in 2100	>1370 CO$_2$-equivalent in 2100	Anstieg
RCP6.0	~6 Wm^{-2} Stabilisierung ab 2100	~850 CO$_2$-equivalent, Stabilisierung ab 2100	Stabilisierung ohne Überschreitung
RCP4.5	~4,5 Wm^{-2} Stabilisierung ab 2100	~650 CO$_2$-equivalent, Stabilisierung ab 2100	Stabilisierung ohne Überschreitung
RCP2.6	Maximum ~3 Wm^{-2} vor 2100, danach Abnahme	Maximum ~490 CO$_2$-equivalent vor 2100, danach Abnahme	Anstieg, Maximum und Abnahme

wurden konstruiert, in denen verschiedene Emissionspfade für Treibhausgase und Aerosole sowie veränderliche Landnutzungen antizipiert wurden. Sie wurden als A1, A2, B1 und B2 bezeichnet, und können so zusammengefasst werden: A1 ist eine Welt mit starkem Wirtschaftswachstum und einer schnellen Einführung von neuen und effizienten Technologien. A2 ist eine sehr heterogene Welt, in der Familienwerte und lokale Traditionen betont werden. B1 ist eine Welt der „Dematerialisierung" und der Einführung umweltgerechter Technologien. B2 ist eine Welt, in der lokale Ansätze der wirtschaftlichen und ökologischen Nachhaltigkeit realisiert werden. Diese Entwicklungen enthielten keine expliziten klimapolitischen Eingriffe beispielsweise zur Verminderung von Treibhausgasemissionen. Die Autoren betonen: *„no explicit judgments have been made by the SRES team as to their desirability or probability"*. Die auf diese Weise durchgeführten Modellsimulationen ermöglichen Abschätzungen der statistischen Veränderungen praktisch aller Wetterelemente in Atmosphäre und Ozean. Ein Nachteil der SRES-Szenarien war der relativ lange Vorlauf, bevor die Szenarien schlussendlich in die Untersuchung von Wirkungen von in Szenarien beschriebenen Klimaänderungen eingebracht werden konnten.

Seit dem fünften IPCC-Bericht von 2014 stehen die *Representative Concentration Pathways* (**RCPs**) im Vordergrund. Hier werden mögliche Entwicklungen der „Strahlungsantriebe" (die Folge menschlicher Treibhausgasemissionen sind) im Laufe des Jahrhunderts beschrieben. Diese werden dann in gehabter Weise in Klimamodellen verarbeitet, um mögliche Klimaänderungen und deren Wirkungen zu bestimmen. Ebenso gibt es Bemühungen, gesellschaftliche Entwicklungen zu beschreiben, die zu diesen Strahlungsantrieben führen würden. Die vier RCP-Hauptszenarien sind in Tab. 8.9 skizziert. Sie werden als RCPX bezeichnet, wobei X für die angenommene Strahlungsanomalie zum Ende des 21. Jahrhunderts steht – das Szenario RCP8.6 beschreibt sehr starke Zuwächse, wie sie bei Treibhausgaskon-

zentrationen von 1370 ppm und mehr zu erwarten sind, RCP6.0 und RCP4.5 beschreiben mittlere Anstiege samt Stabilisierung im 22. Jahrhundert, und RCP2.6 kleinste Zuwächse, die konsistent sind mit einem Maximum von 490 ppm Treibhausgaskonzentrationen. Die dazu konsistenten zeitlichen Verläufe der Emissionen sind in der Arbeit von Moss et al. (2010) angegeben.

Der wesentliche Unterschied zwischen den SRES- und den RCP-Ansätzen ist daher, dass man bei Ersteren linear in der Ursachenkette von Gesellschaft über Emissionen und Treibhausgaskonzentrationen auf die Wetterstatistik schließt. Im RCP-Ansatz hingegen werden veränderliche Antriebe vorgegeben und damit stimmige Folgen des Klimas aber auch der menschlichen Aktionen verbunden. Der Weg von der Vorgabe der RCP-Szenarien zu Klimaänderungen und Wirkungen ist also in RCP ungleich kürzer als in SRES. Während in SRES keine Klimaschutzmaßnahmen berücksichtigt wurden, werden in den RCPs Entwicklungen beschrieben, die verschieden wirksame Klimaschutzpolitiken voraussetzen. In Abb. 8.69 sind die anthropogenen Strahlungsantriebe auf Basis der SRES- und RCP-Szenarien gemeinsam dargestellt.

Globale Klimaänderungsszenarien

Globale Klimaänderungsszenarien werden mit globalen dreidimensionalen Zirkulationsmodellen der Atmosphäre erstellt, die größtenteils mit Ozeanmodellen gekoppelt sind. Auf Basis der oben beschriebenen Szenarien berechnen globale Klimamodelle eine oft 100-jährige Folge meist stündlichen Wetters. Ergebnisse der Klimamodellrechnungen sind eine große Anzahl von Wetterelementen und anderen Variablen. Hierzu zählen beispielsweise Lufttemperatur, Niederschlag, Windgeschwindigkeit, Meeresoberflächentemperatur, Salzgehalt im Ozean oder Meereisbedeckung. Aufgrund verschiedener numerischer Lösungsmethoden und physikalischer Parametrisierungen reagieren die Modelle unterschiedlich auf veränderte Treibhausgaskonzentrationen in der Atmosphäre. Zudem unterscheiden sich die Sensitivitäten der verschiedenen Modelle auf bestimmte Wechselwirkungen und ihre Fähigkeit, bestimmte meteorologische Prozesse darzustellen, ist unterschiedlich. Klimamodellrechnungen enthalten **systematische Fehler**. Deshalb können Klimaänderungen nicht in Form von absoluten Werten aus Simulationen mit sich erhöhenden Treibhausgaskonzentrationen abgeleitet werden. Stattdessen wird das Klimaänderungssignal durch die Differenz ausgedrückt, die ein „Kontrolllauf" zu einem „Szenariolauf" aufweist. Während der Kontrolllauf das gegenwärtige Klima mit unveränderten Treibhausgaskonzentrationen beschreibt, liegen den Szenarioläufen die oben beschriebenen Emissionsszenarien zugrunde.

Um die unterschiedlichen Klimasensitivitäten der Klimamodelle zu berücksichtigen, werden Klimaprojektionen mit vielen Klimamodellen in **Multi-Modell-Ensembles** auf Basis mehrerer Emissionsszenarien erstellt. Der Einfluss der internen Variabilität auf die zukünftige Klimaentwicklung unter veränderten äußeren Randbedingungen wird berücksichtigt, indem Kontroll- und Szenarienläufe auf der Basis desselben Emissionsszenarios mehr-

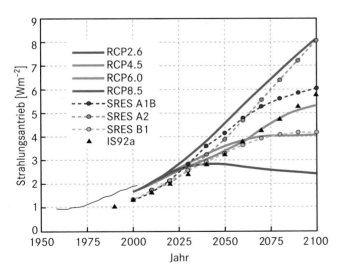

Abb. 8.69 Historischer und projizierter anthropogener Strahlungsantrieb (W/m²) relativ zum vorindustriellen Wert um 1765 für 1950 bis 2100. Dargestellt sind die Werte auf Basis der SRES-Emissionsszenarien im Vergleich zu den RCPs (verändert nach IPCC 2013/2014).

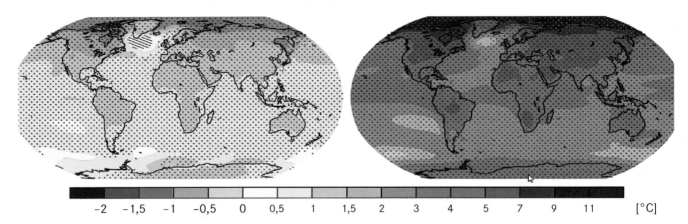

RCP2.6   RCP8.5

Änderung der mittleren Erdoberflächentemperatur
(2081–2100 gegenüber 1986–2005)

-2   -1,5   -1   -0,5   0   0,5   1   1,5   2   3   4   5   7   9   11   [°C]

Abb. 8.70 CMIP5-Multimodell-Mittel-Projektionen (das heißt der Durchschnitt der verfügbaren Modellprojektionen) für den Zeitraum 2081–2100 unter den RCP2.6-Szenarien (**links**) und RCP8.5-Szenarien (**rechts**) für die Änderung der mittleren jährlichen Oberflächentemperatur. Änderungen sind bezogen auf den Zeitraum 1986–2005 wiedergegeben. Punktiert sind Regionen, in denen die projizierte Veränderung im Vergleich zu der natürlichen internen Variabilität groß ist (das heißt größer als zwei Standardabweichungen der internen Variabilität in den 20-Jahres-Mitteln) und für die mindestens 90 % der Modelle mit den Vorzeichen der Änderung übereinstimmen. Schraffierungen (diagonale Linien) zeigen Regionen, in denen die projizierte Veränderung weniger als eine Standardabweichung der natürlichen internen Variabilität in den 20-Jahres-Mitteln beträgt.

mals durchgeführt werden. Die Simulationen weisen geringe Unterschiede im Ausgangszustand des Klimasystems auf und bilden daher jeweils unterschiedliche zeitliche Verläufe der Klimaentwicklung ab. So ergeben sich aus den Ensemble-Simulationen Bandbreiten möglicher Reaktionen des Klimasystems für jedes der betrachteten Emissionsszenarien.

Die Abb. 8.70 zeigt die erwarteten Änderungen der mittleren jährlichen Lufttemperatur auf Basis der Szenarien RCP2.6 und RCP8.5 für die letzten 20 Jahre des 21. Jahrhunderts im Vergleich zum Kontrolllauf des Referenzzeitraumes 1986 bis 2005. Die Darstellung basiert auf dem Durchschnitt der Modellsimulationen, die für das jeweilige Szenario zur Verfügung standen. In beiden Szenarien steigen die Lufttemperaturen überall an. Im RCP8.5-Szenario ist der Anstieg stärker als im RCP2.6. Beide Szenarien deuten darauf hin, dass sich das Gebiet der Arktis weiterhin schneller erwärmen wird als das globale Mittel. Zudem ist zu erwarten, dass die mittlere Erwärmung über Land größer sein wird als über dem Meer und somit über der mittleren globalen Erwärmung liegt (Abb. 8.70).

Regionale Klimaänderungsszenarien – Beispiel Deutschland

Mit regionalen Klimamodellen sind diverse globale Klimaänderungssimulationen durch die Methode des dynamischen Downscalings u. a. für Europa und Deutschland realisiert worden. Auch Regionalmodelle unterscheiden sich durch ihre jeweiligen physikalischen Parametrisierungen und numerischen Lösungsmethoden. Deshalb werden Simulationen verschiedener Globalmodelle mit verschiedenen regionalen Klimamodellen kombiniert. Solche **Multi-Global-/Regionalmodell-Kombinationen** wurden für Europa zunächst im Rahmen der EU-Projekte PRUDENCE (Christensen et al. 2002) und ENSEMBLES (van der Linden & Mitchell 2009) auf der Basis der SRES-Szenarien erstellt. Im Rahmen der internationalen Initiative EURO-CORDEX sind Simulationen basierend auf den RCPs durchgeführt worden (Jacob et al. 2014). Somit liegen inzwischen auch für Deutschland zahlreiche regionale Klimaänderungsszenarien für das 21. Jahrhundert vor. Sie unterscheiden sich in den verwendeten globalen und regionalen Klimamodellen, in den zugrundeliegenden Emissionsszenarien und in den Startbedingungen der Simulationen. Aus den Modellsimulationen können Spannbreiten möglicher zukünftiger Änderungen der verschiedenen Klimaelemente und den daraus abgeleiteten Größen in Deutschland ausgewertet werden.

Im **regionalen Klimaatlas Deutschland** (www.regionaler-klimaatlas.de, Meinke et al. 2010) werden die regionalen Klimaprojektionen aus den bisherigen europäischen Multi-Model-Ensemble-Initiativen PRUDENCE, ENSEMBLES und EURO-CORDEX sowie aus nationalen Initiativen zur Erstellung regionaler Klimaprojektionen auf Basis der SRES-Szenarien (A2, A1B, B2 und B1) und RCP-Szenarien (EUR-11 und EUR-44) mit regionalem Fokus ausgewertet. Ziel dabei ist es, Spannbreiten möglicher künftiger Klimaänderungssignale von Wetterelementen und daraus abgeleiteten Größen für Deutschland und für die Bundesländer darzustellen (Meinke et al. 2010). Die Datenbasis bilden derzeit 123 regionale Klimaprojektionen, die Deutschland räumlich abdecken und öffentlich verfügbar

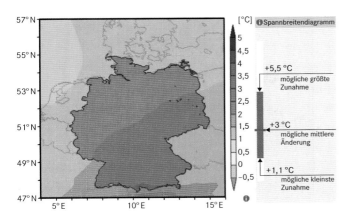

Abb. 8.71 Mögliche zukünftige Erwärmung bis Ende des 21. Jahrhunderts (2071–2100) im Vergleich zu heute (1961–1990; www.regionaler-klimaatlas.de, Meinke et al. 2010).

sind (Datengrundlage im regionalen Klimaatlas). Neben den Auswertungen für Deutschland werden für alle Bundesländer Spannbreiten möglicher Änderungen angegeben.

Für jede Klimarechnung werden Gebietsmittel für unterschiedliche Wetterelemente und daraus abgeleitete Größen berechnet. Dabei wird der Zeitraum von 2011–2100 in dreizehn 30-jährigen Perioden ausgewertet, die überlappend jeweils um fünf Jahre zueinander versetzt liegen (2011–2040, 2016–2045, 2021–2050 usw.). Zwischen diesen Gebietsmitteln der Szenarienläufe und den Gebietsmitteln der Kontrollläufe während der WMO-Klimanormalperiode (1961–1990) werden Differenzen gebildet. Diese stellen die Klimaänderungssignale dar. Die Spannbreite der Klimaänderungssignale wird durch die regionale Klimaprojektion mit dem jeweils kleinsten und dem jeweils größten Änderungssignal für das jeweilige Zeitfenster abgebildet. Auf diese Weise werden auf Basis von RCP- und SRES-Szenarien (nach heutigem Wissensstand) robuste Spannbreiten möglicher künftiger Klimaänderungen in Deutschland abgeschätzt.

Temperatur

Wie in Abschn. 8.14 beschrieben, betrug der durchschnittliche Temperaturanstieg zwischen 1901 und 2000 in Deutschland etwa 1 °C. Bereits in den letzten Jahrzehnten zeigte sich jedoch eine beschleunigte Erwärmung. Die Szenarien weisen darauf hin, dass bis Ende des 21. Jahrhunderts (2071–2100) aufgrund anthropogener Treibhausgasemissionen in Deutschland im Vergleich zu heute (1961–1990) eine Erwärmung von 1,1–5,5 °C möglich ist (Abb. 8.71).

Innerhalb dieser Spannbreite sind alle Änderungen aus heutiger Sicht plausibel. Die mögliche mittlere Änderung beträgt +3 °C. Dies ist die Klimarechnung, deren Ergebnis dem Mittel aller 123 Klimarechnungen am nächsten ist. Die mögliche mittlere Änderung ist nicht wahrscheinlicher als andere Werte innerhalb der Spannbreite. Sie wird jedoch häufig als Richtwert für **Anpassungsstrategien** verwendet. Trotz der großen Spannbreite

stimmen alle derzeit für Deutschland verfügbaren Klimaszenarien bzgl. einer künftigen Erwärmung überein. Es handelt sich hierbei also um ein robustes Klimasignal (Meinke 2013). Die Erwärmung in Deutschland scheint sich künftig bestenfalls so wie im vergangenen Jahrhundert weiter fortzusetzen. Je nach zukünftiger Treibhausgaskonzentration kann sie sich bis zum Jahr 2100 jedoch auch deutlich beschleunigen (verfünffachen).

Die über 120 ausgewerteten Klimaszenarien ergeben für Deutschland in allen Jahreszeiten künftig deutliche Erwärmungen. Stärkste **Erwärmungen** lassen die Szenarien in den Sommer- und Herbstmonaten vermuten. In diesen Monaten könnte es in Deutschland bis Ende des 21. Jahrhunderts (2071–2100) etwa bis zu 6–7 °C wärmer werden als heute (1961–1990). In den Winter- und Frühlingsmonaten kann die Erwärmung in Deutschland im selben Zeitraum bis 5–5,5 °C erreichen. Diese größten möglichen Änderungen werden jeweils von Szenarien mit hohen künftigen Treibhausgasemissionen abgebildet (A2 und RCP8.5). Die kleinsten möglichen Erwärmungen liegen für Deutschland bis Ende des Jahrhunderts (2071–2100) in allen Jahreszeiten etwa bei 1 °C. Diese kleinsten möglichen Erwärmungen werden in allen Jahreszeiten durch das Szenario RCP 2.6 projiziert. Charakteristisch für den Verlauf des Strahlungsantriebs des RCP 2.6 ist, dass ein Höchstwert von etwa 3 W/m² vor 2100 erreicht wird, welcher bis Ende des Jahrhunderts wieder auf etwa 2,6 W/m² zurückgeht. Um derartige Strahlungsantriebe zu erreichen, müssten Treibhausgasemissionen erheblich reduziert werden.

Auf Ebene der Bundesländer weisen die nördlicheren Bundesländer Schleswig-Holstein und Hamburg, Niedersachsen und Bremen, Mecklenburg-Vorpommern, Brandenburg und Berlin, sowie Nordrhein-Westfalen in allen Jahreszeiten mögliche maximale Erwärmungen auf, die unterhalb des deutschlandweiten Klimasignals liegen. Die möglichen größten künftigen Erwärmungen liegen in Baden-Württemberg und Bayern am deutlichsten über dem deutschlandweiten Wert. In Baden-Württemberg ist im Sommer die größte Erwärmung bis Ende des Jahrhunderts innerhalb Deutschlands zu erwarten. Die Szenarien lassen hier bis Ende des Jahrhunderts (2071–2100) im Vergleich zu heute (1961–1990) eine mögliche größte Erwärmung von bis knapp 9 °C erwarten.

Auch Tage, an denen die Temperatur bestimmte Schwellenwerte überschreitet, können zunehmen. Hierzu zählen sog. Sommertage, an denen es wärmer als 25 °C wird und heiße Tage, an denen die Temperatur 30 °C überschreitet. Insgesamt kann es in Deutschland bis Ende des Jahrhunderts (2071–2100) im Vergleich zu heute (1961–1990) etwa 3 bis 69 zusätzliche **Sommertage** und bis 48 zusätzliche heiße Tage geben. Auch die möglichen Änderungen dieser Kenntage weisen deutliche regionale Unterschiede auf. So können beispielsweise heiße Tage in Baden-Württemberg bis Ende des Jahrhunderts (2071–2100) mit etwa 60 zusätzlichen Tagen doppelt so stark zunehmen wie in Schleswig-Holstein, wo die mögliche größte Häufigkeitszunahme heißer Tage bis Ende des 21. Jahrhunderts bei knapp 30 zusätzlichen Tagen pro Jahr liegt. Die Szenarien weisen außerdem darauf hin, dass diese Zunahmen vor allem in den Sommermonaten stattfinden werden. Auch die Anzahl

Kapitel 8

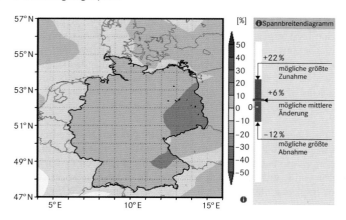

Abb. 8.72 Mögliche mittlere Änderung des Niederschlags im Jahresmittel bis Ende des 21. Jahrhunderts (2071–2100) im Vergleich zu heute (1961–1990; www.regionaler-klimaatlas.de; Meinke et al. 2010).

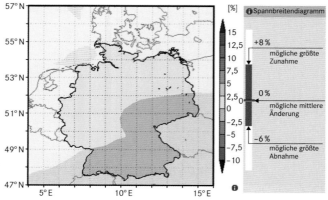

Abb. 8.73 Mögliche mittlere Änderung der mittleren Windgeschwindigkeit im Jahresmittel bis Ende des 21. Jahrhunderts (2071–2100) im Vergleich zu heute (1961–1990; www.regionaler-klimaatlas.de, Meinke et al. 2010).

der **Frost- und Eistage** kann sich bis Ende des Jahrhunderts in Deutschland stark verändern. So kann es bis Ende des Jahrhunderts (2071–2100) verglichen mit heute (1961–1990) im deutschlandweiten Mittel etwa 16–73 Tage weniger geben, an denen es kälter als 0 °C wird, und 4–33 Tage weniger, an denen es nicht wärmer als 0 °C wird (regionaler Klimaatlas, Meinke et al. 2010).

Niederschlag

Auf Basis der über 120 derzeit verfügbaren regionalen Klimaszenarien ist unklar, wie sich der Niederschlag in Deutschland im Jahresmittel bis Ende des 21. Jahrhunderts (2071–2100) im Vergleich zu heute (1961–1990) ändern wird. Einige der regionalen Klimaszenarien zeigen eine Zu-, andere eine Abnahme. Die Spannbreite dieser Änderungen liegt auf Basis der verfügbaren regionalen Klimaszenarien zwischen −12 und +22 % (Abb. 8.72). Innerhalb dieser Spannbreite sind alle Änderungen aus heutiger Sicht plausibel. Die Änderung der Klimasimulation, die dem Ensemblemittel der 123 Simulationen am nächsten ist, beträgt +6 %. Auch diese „mögliche mittlere Änderung" ist nicht wahrscheinlicher als die anderen Klimaänderungssignale. Jedoch zeigt sie, dass die derzeit 123 verfügbaren regionalen Klimaszenarien mehrheitlich positive Änderungen der mittleren jährlichen Niederschlagsmenge im deutschlandweiten Mittel zeigen. In den einzelnen Bundesländern weisen die Szenarien ähnliche Spannbreiten wie im deutschlandweiten Mittel auf. Die möglichen maximalen Änderungen werden jeweils von Szenarien mit hohen künftigen Treibhausgasemissionen abgebildet (RCP8.5).

Auch in den verschiedenen Jahreszeiten weisen die regionalen Klimaszenarien unterschiedliche Vorzeichen in den Niederschlagstrends auf, sodass auch die künftigen jahreszeitlichen Niederschlagsentwicklungen weitgehend unklar erscheinen. Eine Ausnahme stellt hier die winterliche Niederschlagsentwicklung dar. So weist keines der über 120 regionalen Klimaszenarien bis Ende des Jahrhunderts auf eine deutschlandweite Niederschlagsabnahme im Winter hin. Bis Ende des 21. Jahrhunderts ist in den Wintermonaten mit einer deutlichen Nieder-

schlagszunahme von bis zu 42 % in Deutschland zu rechnen. Aufgrund der Erwärmung ist davon auszugehen, dass dieser Niederschlag hauptsächlich in Form von Regen fallen wird. Zudem kann die Häufigkeit von regenreichen Tagen (> 10 mm) und Starkniederschlagstagen (> 20 mm) in den Wintermonaten bis Ende des 21. Jahrhunderts in Deutschland zunehmen (www. regionaler-klimaatlas.de, Meinke et al. 2010). Auch die mögliche maximale Niederschlagszunahme im Winter wird jeweils von Szenarien mit hohen künftigen Treibhausgasemissionen abgebildet (RCP8.5). Mit stärksten winterlichen Niederschlagszunahmen (bis knapp 50 % zum Ende des Jahrhunderts) ist in Sachsen-Anhalt, Hessen und Thüringen zu rechnen.

Stärkste Niederschlagsänderungen (Zu- und Abnahmen) innerhalb der Jahreszeiten weisen die regionalen Klimaszenarien im Sommer auf. Bis Ende des Jahrhunderts (2071–2100) sind deutschlandweit im Vergleich zu heute (1961–1990) sommerliche Niederschlagsabnahmen von bis −51 % möglich. Im selben Zeitraum können die sommerlichen Niederschläge in Deutschland jedoch auch bis +33 % zunehmen. Da bei künftig hohen Treibhausgasemissionen (RCP8.5) beide Entwicklungspfade aus heutiger Sicht plausibel erscheinen, stellt dies vor allem eine Herausforderung für niederschlagssensitive Bereiche (z. B. Landwirtschaft) dar, in denen geeignete Anpassungsstrategien entwickelt werden müssen. Sofern es gelingt, Klimaschutzmaßnahmen erfolgreich umzusetzen und sich eine Entwicklung entsprechend des RCP-2.6-Szenarios abzeichnet, würden mögliche sommerliche Niederschlagsänderungen in Deutschland mit einer Spannbreite von −6 bis +11 % bis Ende des Jahrhunderts wesentlich moderater ausfallen.

Wind

Auch die künftige Entwicklung der mittleren Windgeschwindigkeiten im Jahresmittel bis Ende des 21. Jahrhunderts ist in Deutschland unklar, da auch hier die über 120 ausgewerteten regionalen Klimaszenarien Trends mit unterschiedlichen Vorzeichen aufweisen. Die Spannbreite dieser Änderung kann zwischen −6 und +8 % liegen. Innerhalb dieser Spannbreite sind alle Änderungen aus heutiger Sicht plausibel (Abb. 8.73). Ebenfalls unklar erweist sich die zukünftige Entwicklung der Sturmintensitäten, der Sturmhäufigkeiten sowie die Häufigkeitsentwicklung windstiller Tage. Stärkste Änderungen der Windgeschwindigkeiten (mittlere und maximale) erscheinen bis Ende des Jahrhunderts in den Winter- und Sommermonaten plausibel. So kann im Winter bis Ende des 21. Jahrhunderts (2071–2100) die mögliche größte Zunahme der mittleren Windgeschwindigkeit im Vergleich zu heute (1961–1990) bis zu 14 % betragen. Im selben Zeitraum lassen die Szenarien jedoch auch eine Abnahme der mittleren Windgeschwindigkeit von bis −8 % plausibel erscheinen. Ähnliche Spannbreiten zeigen die regionalen Klimaszenarien bei der Entwicklung der Sturmintensitäten. Diese liegt zwischen +11 und −9 %. Im Sommer kann die mittlere Windgeschwindigkeit in Deutschland bis Ende des 21. Jahrhunderts (2071–2100) im Vergleich zu heute (1961–1990) um bis zu 13 % abnehmen, aber auch hier sind Zunahmen von bis zu +9 % möglich. Ähnliche Entwicklungen zeichnen sich auch hier bei den Sturmintensitäten ab. Ebenfalls unklar ist die Häufigkeitsentwicklung von Stürmen. Neben einer leichten Abnahme von vier Sturmtagen kann die Sturmhäufigkeit in Deutschland bis Ende des Jahrhunderts auch deutlich zunehmen – bis zwölf zusätzliche Sturmtage pro Jahr sind möglich. Diese Häufigkeitszunahme könnte sich vor allem in den Wintermonaten ausprägen. Die beschriebenen Entwicklungen weisen für alle Bundesländer ähnliche Merkmale auf.

Impaktszenarien – Beispiel Sturmfluten an der deutschen Nordseeküste

Mögliche Auswirkungen regionaler Klimaänderungen, beispielsweise auf Wasserstände, können mit zusätzlichen Impakt- bzw. Wirkmodellen berechnet werden. Dazu wird die sechsstündige Abfolge der Wind- und Luftdruckfelder verschiedener regionaler Klimaszenarien in ein hydrodynamisches Modell der Nordsee eingespeist (Woth 2005). Auf diese Weise kann das Sturmflutgeschehen an der Nordseeküste realitätsnah simuliert werden.

Bisher hat sich der vom Menschen verursachte Klimawandel kaum auf die Nordseesturmfluten ausgewirkt. Wie stark sich Sturmfluthöhen an der deutschen Nordseeküste ändern, hängt in erster Linie vom Meeresspiegelanstieg und vom Windklima in der Deutschen Bucht ab (Abb. 8.74). Die Windverhältnisse haben sich über der Nordsee mit dem Klimawandel bisher nicht systematisch verändert. Sowohl Wind- als auch Luftdruckmessungen zeigen vielmehr, dass Stärke und Häufigkeit der Nordseestürme im letzten Jahrhundert **starken Schwankungen** unterlagen. Diese liegen jedoch bisher im normalen Bereich. Eine Sturmsaison bringt heute weder heftigere noch häufigere Stürme in der Deutschen Bucht hervor als zu Beginn des letzten Jahrhunderts. Dementsprechend laufen Sturmfluten heute windbedingt nicht höher auf als vor 100 Jahren. Der Meeresspiegel ist in den letzten 100 Jahren weltweit durchschnittlich etwa 20 cm angestiegen. Der Meeresspiegel der Nordsee hat mit dieser Entwicklung ungefähr Schritt gehalten. Durch das höhere Ausgangsniveau des mittleren Meeresspiegels laufen auch die Sturmfluten in der Nordsee durchschnittlich etwa 20 cm höher auf als vor 100 Jahren. Künftig können sie jedoch noch höher auflaufen. Klimarechnungen für die Zukunft weisen darauf hin, dass der Meeresspiegel weltweit künftig stärker ansteigen kann als bisher. So ist er in den letzten Jahrzehnten durchschnittlich bereits stärker angestiegen als zu Beginn des letzten Jahrhunderts. Würde man die derzeitige Anstiegsrate auf 100 Jahre linear fortschreiben, läge der Meeresspiegelanstieg bei etwa 30 cm. Der UN-Klimarat IPCC (2013/2014) erwartet bis Ende des 21. Jahrhunderts einen Meeresspiegelanstieg von etwa 30–80 cm.

Das bedeutet, dass sich die durchschnittliche bisherige Anstiegsrate des letzten Jahrhunderts (20 cm) im nächsten Jahrhundert vervierfachen kann, bestenfalls aber nur leicht ansteigt. Obwohl sich das Windklima über der Nordsee bisher nicht systematisch geändert hat, weisen die regionalen Klimaszenarien für die Zukunft darauf hin, dass die **Nordseestürme** im Winter stärker werden können (siehe oben). Modellrechnungen weisen dazu konsistent darauf hin, dass Sturmflutwasserstände bis zum Ende des Jahrhunderts auch windbedingt höher auflaufen können (Abb. 8.75; Woth 2005).

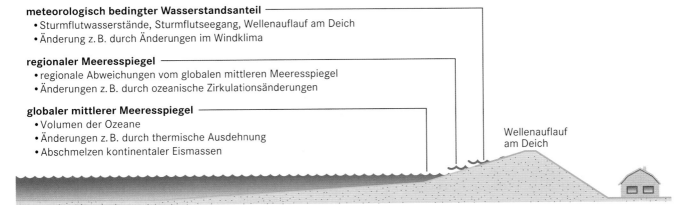

meteorologisch bedingter Wasserstandsanteil
- Sturmflutwasserstände, Sturmflutseegang, Wellenauflauf am Deich
- Änderung z. B. durch Änderungen im Windklima

regionaler Meeresspiegel
- regionale Abweichungen vom globalen mittleren Meeresspiegel
- Änderungen z. B. durch ozeanische Zirkulationsänderungen

globaler mittlerer Meeresspiegel
- Volumen der Ozeane
- Änderungen z. B. durch thermische Ausdehnung
- Abschmelzen kontinentaler Eismassen

Wellenauflauf am Deich

Abb. 8.74 Schematische Darstellung der Faktoren, die Sturmflutwasserstände beeinflussen können. Änderungen im globalen und regionalen Meeresspiegel beeinflussen sowohl die mittleren als auch die Sturmflutwasserstände. Änderungen im Windklima und Wellenauflauf sind dagegen nur für Sturmflutwasserstände von Bedeutung.

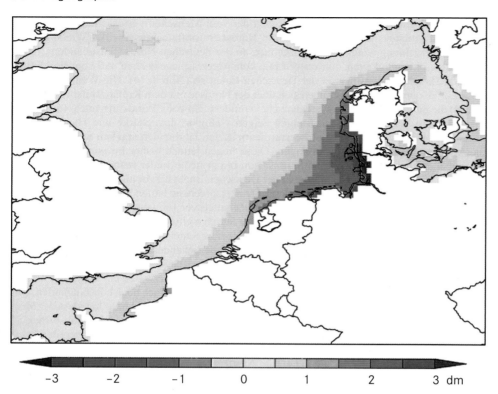

Abb. 8.75 Erwartete Unterschiede in den jährlichen 99-Prozentilen des Windstaus in der Nordsee. Dieses Szenario wurde konstruiert mit den A2-Emissionen, dem globalen Modell HadAM3 und dem regionalen Modell RCAO (verändert nach Woth 2005).

Geht man nun davon aus, dass der Meeresspiegelanstieg an der deutschen Nordseeküste auch künftig etwa dem durchschnittlichen globalen Meeresspiegelanstieg entspricht, wird auch das Ausgangsniveau der Nordseesturmfluten in Zukunft weiter ansteigen. Zusammen mit einem veränderten Windklima können Nordseesturmfluten bis zum Ende des Jahrhunderts dann insgesamt etwa 30–110 cm höher auflaufen als heute. Bis 2030 ist der aktuelle Küstenschutz an der Nordsee ungefähr noch so wirksam wie heute, denn bis dahin werden Sturmfluten voraussichtlich „nur" 10–30 cm höher auflaufen als heute. Bis Ende des Jahrhunderts kann durch die dann möglicherweise deutlich erhöhten Sturmflutwasserstände allerdings Handlungsbedarf entstehen. Bis dahin müssten **Küstenschutzmaßnahmen** angepasst werden. Küstenbewohnern muss das Sturmflutrisiko bewusster werden, damit sie ihre Lebensbereiche vor möglichen Beeinträchtigungen schützen können.

8.17 Klimavulnerabilität

Rüdiger Glaser, Nicolas Scholze und Stefan Jergentz

Klimavulnerabilität beschreibt die Verwundbarkeit und Anfälligkeit von Umwelt und Gesellschaft gegenüber dem Klimawandel bzw. klimatischen Stressoren, während **Klimaresilienz** die Widerstandskraft gegenüber negativen Klimawirkungen meint. Die „Deutsche Anpassungsstrategie an den Klimawandel" zielt darauf ab, die Vulnerabilität relevanter Sektoren gegenüber den

Folgen des Klimawandels zu mindern bzw. die Anpassungsfähigkeit natürlicher, ökonomischer und gesellschaftlicher Systeme zu optimieren. Als theoretische Grundlage zur **Bewertung von Klimavulnerabilität** haben sich anwendungsorientierte Risikokonzepte bewährt (z. B. Füssel 2017, adelphi/PRC/EURAC 2015, IPCC 2013/2014). Klimavulnerabilität wird dabei als Funktion von Exposition, Sensitivität und Anpassungsfähigkeit bzw. Resilienz gegenüber klimatischen Stressoren (Hazards) aufgefasst (Kap. 30). In der Umsetzung besteht die Herausforderung darin, Parameter zu definieren und mit entsprechenden Daten zu hinterlegen, welche diese Teilkomponenten abbilden. Da Vulnerabilität als komplexes Multi-Ebenen-Phänomen nicht direkt messbar ist, wird bei der Bewertung von Vulnerabilität häufig auf Indikatoren zurückgegriffen (Birkmann 2013). Oft sind eine Gewichtung der einzelnen Indikatoren und eine Aggregation der Einzelwerte zu einem **Vulnerabilitätsindex** hilfreich. Die Gewichtung erfolgt unter Einbindung von Expertenwissen und auf Grundlage statistischer Verfahren. Sie bleibt jedoch zumindest teilweise subjektiv bzw. „normativ", sodass die Bewertungsmethodik stets nachvollziehbar und transparent gemacht werden sollte (Fekete & Hufschmidt 2016).

Die Tab. 8.10 verdeutlicht, wie das eher abstrakt-theoretische Klimavulnerabilitätskonzept in einem regionalen Kontext operationalisiert werden kann. Das vorliegende Beispiel ist dem in der Trinationalen Metropolregion Oberrhein (TMO) durchgeführten Forschungsvorhaben „Clim'Ability" entnommen, in welchem eine mesoskalige Klimavulnerabilitätsanalyse mit Fokus auf die regionale Wirtschaft umgesetzt wird. Wie in vielen Bereichen wird der globale Klimawandel als langfristiges und schleichend fortschreitendes Phänomen gerade auch von Unternehmen in seinen lokalen Auswirkungen unterschätzt und individuelle Betroffenheit abseits von Extremereignissen oft nicht wahrgenommen. Viele Unternehmen haben keine klare Vorstellung davon, inwieweit sie von künftigen Klimarisiken betroffen sind und welche Anpassungsmaßnahmen vonnöten sind (Abb. 8.76). Vor diesem Hintergrund sollen Projekte wie „Clim'Ability" dazu beitragen, den Unternehmen konkrete, lokal verortete Vulnerabilitätsanalysen zu ermöglichen und Handlungsoptionen im Sinne der Anpassung an den Klimawandel aufzuzeigen.

Für die **Operationalisierung der Klimavulnerabilität**, die im vorliegenden Beispiel für die regionale Wirtschaftsstruktur der TMO ermittelt werden soll, werden zunächst **Parameter** identifiziert, welche die Komponenten Hazard, Exposition, Sensitivität und Resilienz abbilden. Anschließend werden die Parameter mit

Daten hinterlegt. Gegebenenfalls können mehrere Parameter zu einem **Indikator** oder aggregierten **Index** zusammengefasst werden. In der Realität stellen Verfügbarkeit, Auflösung und Homogenität von Daten limitierende Faktoren dar. So konnten im vorliegenden Fall von anfangs über 100 identifizierten Parametern nur rund 40 mit validen Daten hinterlegt werden. Von Bedeutung ist darüber hinaus eine stringente Verwendung der Begriffe Parameter (Variable, Nebenmaß), Indikator (Zeigergröße) und Index (Kennzahl, dimensionslos, aus mehreren Teilwerten berechnet), die in der Fachliteratur zum Teil unterschiedlich verwendet werden.

Die Abb. 8.77 zeigt beispielhaft, wie die mithilfe eines Index errechnete sozio-ökonomische Sensitivität kartografisch umgesetzt werden kann. Der Index setzt sich dabei aus den **Indikatoren** Bevölkerungsdichte, Siedlungsfläche, Industrie- und Gewerbegebiete, Beschäftigte am Arbeitsort, Anzahl der Unternehmen sowie Gewerbesteuereinnahmen nach Kommune zusammen.

Tab. 8.10 Operationalisierung von Klimavulnerabilität anhand ausgewählter Parameter und Indikatoren (Auszug).

Risiko =	Hazard x Vulnerabilität (Exposition x Sensitivität) – Resilienz			
	Hazard	**Exposition**	**Sensitivität**	**Resilienz**
Definitionen	klimatische Gefahr bzw. Klimasignal	dem Hazard ausgesetzte Elemente	Empfindlichkeit der exponierten Elemente	Widerstandsfähigkeit der exponierten Elemente
Parameter	Hochwasser	Bevölkerung	Bevölkerungsdichte, Alter, Bildungsgrad	technische Einrichtungen wie Dämme, Rückhaltebecken, Klimaanlagen etc.
	Starkregen	Siedlungsflächen	Bebauungsdichte, Versiegelungsgrad	sozio-kulturelle Aspekte wie Risikowahrnehmung, *preparedness*
	Hagel	Industrie- und Gewerbeflächen	Beschäftigte, Steueraufkommen	ökonomische Aspekte wie Versicherungsschutz, finanzielle Ressourcen etc.
	Dürren	kritische Infrastruktur (z. B. Schiffsverkehr)	Störungsanfälligkeit (z. B. bei Niedrigwasser)	Governance-Aspekte: zuständige Einrichtungen, rechtliche Strukturen, Warnsysteme, Notfallversorgung, Katastrophenschutzpläne etc.
	Hitzewellen	Höhe ü. NN.	städtische Wärmeinseln	Verhaltensanpassung, Lernen aus vergangenen Ereignissen, *long-term-memory*
	…	…	…	…
Indikatoren	Änderung des Winterniederschlags in %	Bevölkerung in HQ100-Gebieten	Anteil der Bevölkerung >65 Jahre	Dämme in km Flusslänge
	Anzahl der Tage mit Starkregen pro Jahr	Siedlungsfläche in % pro Kommune	nicht versicherte Anteile	funktionierende Kommunikation (Medien, soziale Netzwerke)
	Anzahl der Hageltage pro Jahr	Gewerbegebiete in HQ-100-Gebieten	Gewerbesteuereinnahmen pro Kommune	Anzahl der Betriebe mit Versicherungsschutz
	Anzahl der Trockenperioden pro Jahr	schiffbare Flüsse und Kanäle	Transportleistung in t/a	Einsatzkräfte pro Bev. Existenz eines erprobten Warnsystems
	Anzahl der heißen Tage pro Jahr	Bevölkerung <500 m ü. NN	Anzahl der Bevölkerung >65 Jahre in städtischen Wärmeinseln	Dokumentation von und Erfahrung mit Ereignissen
	…	…	…	…

Kapitel 8

Abb. 8.76 Im Rheinhafen Karlsruhe wird u. a. Kohle aus Kolumbien verfeuert und Schrott aus weiten Teilen Osteuropas gesammelt und sortiert. Er wird immer wieder sowohl durch Niedrig- als auch Hochwasser in seinem Betrieb beeinträchtigt und ist damit klimavulnerabel (Foto: R. Glaser 2017).

Bezogen ist er auf das 1-km²-Bevölkerungsgitter von Eurostat. Bei der Siedlungsfläche und den Industrie- und Gewerbegebieten wurde über eine Verschneidung mit dem Bevölkerungsraster der Prozentsatz der Siedlungsfläche und der Gewerbegebiete pro km² berechnet. Die Parameter Beschäftigte am Arbeitsort, Anzahl der Unternehmen und Gewerbesteuereinnahmen wurden auf die Ortsgemeindeebene übertragen. So wurde aus der Addition der Prozentangaben zu Bevölkerung, Siedlungsfläche, Beschäftigten, Anzahl der Unternehmen und Gewerbesteuer pro km² ein Index berechnet und als standardisierte Größe abgebildet.

Die **Ergebniskarte** (Abb. 8.77) stellt die sozio-ökonomische Dichte in fünf Klassen dar. Je dunkler der Farbwert ausfällt, desto höher ist die Sensitivität, sodass Hotspots der Sensitivität gegenüber den klimatischen Stressoren ebenso sichtbar werden wie weniger empfindliche Bereiche. Der Index wurde nur für Rasterzellen mit > 30 % Siedlungsfläche errechnet, da in schwächer besiedelten Gebieten keine relevante sozio-ökonomische Sensitivität vorhanden ist.

Als vorbereitender Analyseschritt sollte ein syntheseartiges regionales **Wirkungsschema des Klimawandels** identifiziert werden – hier beispielhaft für das Oberrheingebiet (Abb. 8.78). Die wesentlichen klimatischen Stressoren werden dabei sowohl in einen sozio-ökonomischen als auch ökologischen Kontext gestellt. Deren Wirkungen auf die Kompartimente des Ökosystems und die wesentlichen menschlichen Aktivitäten werden hinsichtlich ihrer Entwicklung im Sinne einer Hypothesenbildung spezifiziert.

Darüber hinaus wird an dem Wirkungsschema deutlich, dass eine regionale Klimavulnerabilitätsanalyse einen **integrativen Analyserahmen** erfordert, in den sowohl natur- als auch gesellschaftswissenschaftliche Methoden eingehen. Bei der Umsetzung von Klimavulnerabilitätsanalysen ist somit eine methodische Dif-

ferenzierung in einen quantitativen und einen qualitativen Pfad sinnvoll. Im quantitativen Pfad werden numerische Daten insbesondere zu klimatischen und weiteren physisch-geographischen Aspekten, aber auch ökonomische und sozio-demographische Parameter, die zur Bewertung der Exposition und der Gefahrenabschätzung erforderlich sind, integriert und analysiert. Ziel ist die Herausarbeitung eines regionalen, mesoskaligen Raummusters in Bezug auf den Klimawandel und die damit assoziierten klimatischen Stressoren (Abb. 8.77). Die Umsetzung dieses Pfades unter Verwendung von GIS und statistischen Methoden dient der konkreten, regionalen Gefahrenbewertung. Über den qualitativen Pfad werden mittels Interviews von Unternehmensvertretern die individuellen Wahrnehmungen, Betroffenheiten und Reaktionsmechanismen in Erfahrung gebracht. Die Inhalte der Interviews werden dabei einheitlich kodiert und interpretiert. Zusammen mit weiteren Erkenntnissen aus der Fachliteratur können so Wirkpfade identifiziert werden, die wiederum für die Ableitung aussagekräftiger Indikatoren essentiell sind.

Nachfolgend wird eine Auswahl von Klimawandelszenarien zu regional relevanten klimatischen Stressoren im Oberrheingebiet vorgestellt. Diese werden mit branchenspezifischen Einschätzungen zu den exponierten Bereichen der Unternehmen, den individuellen Sensitivitäten sowie möglichen Risiken und Anpassungsoptionen in Beziehung gesetzt, um daraus eine Einschätzung der Klimavulnerabilität geben zu können.

Klimavulnerabilität in der Logistikbranche

Die aus Interviews abgeleitete Klimavulnerabilität der Logistikbranche ist in Form von **Wirkpfaden** (*impact chains*) dargestellt (Abb. 8.79). Diese Darstellungsform orientiert sich an der konzeptionellen Struktur der Klimavulnerabilitätsanalyse: In der ersten Spalte steht als Ausgangspunkt ein klimatischer Stressor, der sich auf verschiedene exponierte Bereiche des Unternehmens auswirkt. In den Unternehmensbereichen treten wiederum konkrete Problematiken auf, welche die Sensitivität widerspiegeln. Schließlich werden in der vierten Spalte die möglichen Folgen und Risiken für das Unternehmen dargestellt. Wenn für jeden relevanten klimatischen Stressor ähnliche Wirkpfade abgeleitet werden, entsteht ein modellhaftes, praxisnahes Bild der Klimavulnerabilität einer Branche, das Grundlage für konkrete unternehmerische Entscheidungen sein kann. Diese synthetisierende Darstellungsform hat in der Evaluation durch die interviewten Unternehmen eine sehr positive Bewertung erfahren.

Ganz konkret weist die Logistikbranche eine hohe Vulnerabilität gegenüber Hitze und Luftfeuchte auf, insbesondere bei Betrieben, die auch Kühllagerhaltung anbieten. Der Klimawandel führt zu einer Erhöhung des Kühlenergiebedarfs in den Lagerhallen, bauliche Anpassungsmaßnahmen hingegen mitunter zu Konflikten mit geltenden Brandschutzgesetzen. Hinzu kommen die physiologische Belastung der Beschäftigten während der Hitzewellen, vor allem beim häufigen Wechsel zwischen Kühllager und Außenbereich, und Kapazitätsengpässe aufgrund veränderter Produkteinführungstermine (z. B. frühere Weinlese).

Abb. 8.77 Index-basierte Karte der sozio-ökonomischen Sensitivität in der Trinationalen Metropolregion Oberrhein (TMO; Ausschnitt Karlsruhe und Umgebung).

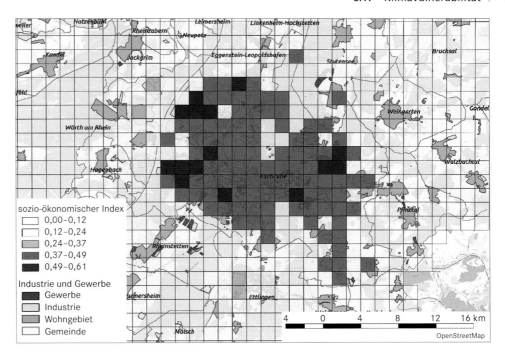

sozio-ökonomischer Index
- ☐ 0,00–0,12
- ☐ 0,12–0,24
- ☐ 0,24–0,37
- ☐ 0,37–0,49
- ☐ 0,49–0,61

Industrie und Gewerbe
- ☐ Gewerbe
- ☐ Industrie
- ☐ Wohngebiet
- ☐ Gemeinde

Kapitel 8

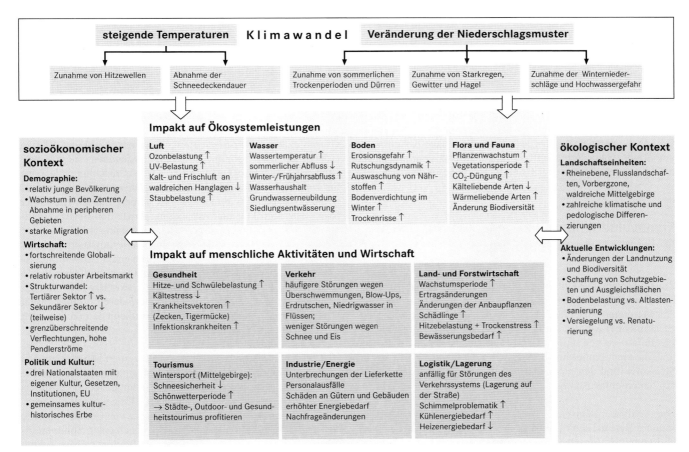

Klimawandel

steigende Temperaturen   **Veränderung der Niederschlagsmuster**

- Zunahme von Hitzewellen
- Abnahme der Schneedeckendauer
- Zunahme von sommerlichen Trockenperioden und Dürren
- Zunahme von Starkregen, Gewitter und Hagel
- Zunahme der Winterniederschläge und Hochwassergefahr

Impakt auf Ökosystemleistungen

sozioökonomischer Kontext

Demographie:
- relativ junge Bevölkerung
- Wachstum in den Zentren/ Abnahme in peripheren Gebieten
- starke Migration

Wirtschaft:
- fortschreitende Globalisierung
- relativ robuster Arbeitsmarkt
- Strukturwandel: Tertiärer Sektor ↑ vs. Sekundärer Sektor ↓ (teilweise)
- grenzüberschreitende Verflechtungen, hohe Pendlerströme

Politik und Kultur:
- drei Nationalstaaten mit eigener Kultur, Gesetzen, Institutionen, EU
- gemeinsames kulturhistorisches Erbe

Luft
Ozonbelastung ↑
UV-Belastung ↑
Kalt- und Frischluft an waldreichen Hanglagen ↓
Staubbelastung ↑

Wasser
Wassertemperatur ↑
sommerlicher Abfluss ↓
Winter-/Frühjahrsabfluss ↑
Wasserhaushalt
Grundwasserneubildung
Siedlungsentwässerung

Boden
Erosionsgefahr ↑
Rutschungsdynamik ↑
Auswaschung von Nährstoffen ↑
Bodenverdichtung im Winter ↑
Trockenrisse ↑

Flora und Fauna
Pflanzenwachstum ↑
Vegetationsperiode ↑
CO_2-Düngung ↑
Kälteliebende Arten ↓
Wärmeliebende Arten ↑
Änderung Biodiversität

ökologischer Kontext

Landschaftseinheiten:
- Rheinebene, Flusslandschaften, Vorbergzone, waldreiche Mittelgebirge
- zahlreiche klimatische und pedologische Differenzierungen

Aktuelle Entwicklungen:
- Änderungen der Landnutzung und Biodiversität
- Schaffung von Schutzgebieten und Ausgleichsflächen
- Bodenbelastung vs. Altlastensanierung
- Versiegelung vs. Renaturierung

Impakt auf menschliche Aktivitäten und Wirtschaft

Gesundheit
Hitze- und Schwülebelastung ↑
Kältestress ↓
Krankheitsvektoren ↑ (Zecken, Tigermücke)
Infektionskrankheiten ↑

Verkehr
häufigere Störungen wegen Überschwemmungen, Blow-Ups, Erdrutschen, Niedrigwasser in Flüssen;
weniger Störungen wegen Schnee und Eis

Land- und Forstwirtschaft
Wachstumsperiode ↑
Ertragsänderungen
Änderungen der Anbaupflanzen
Schädlinge ↑
Hitzebelastung + Trockenstress ↑
Bewässerungsbedarf ↑

Tourismus
Wintersport (Mittelgebirge): Schneesicherheit ↓
Schönwetterperiode ↑
→ Städte-, Outdoor- und Gesundheitstourismus profitieren

Industrie/Energie
Unterbrechung der Lieferkette
Personalausfälle
Schäden an Gütern und Gebäuden
erhöhter Energiebedarf
Nachfrageänderungen

Logistik/Lagerung
anfällig für Störungen des Verkehrssystems (Lagerung auf der Straße)
Schimmelproblematik ↑
Kühlenergiebedarf ↑
Heizenergiebedarf ↓

Abb. 8.78 Wirkungsschema zu Impakt und Kontext des Klimawandels im Oberrheingebiet (Pfeilrichtung bedeutet Verstärkung oder Zunahme bzw. Verschlechterung oder Abnahme).

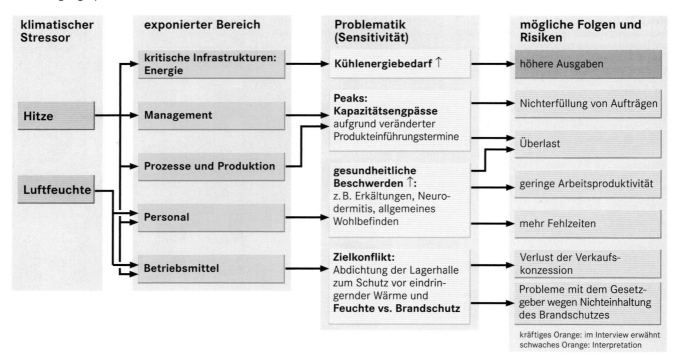

klimatischer Stressor	exponierter Bereich	Problematik (Sensitivität)	mögliche Folgen und Risiken
Hitze	**kritische Infrastrukturen: Energie**	**Kühlenergiebedarf** ↑	höhere Ausgaben
	Management	**Peaks: Kapazitätsengpässe** aufgrund veränderter Produkteinführungstermine	Nichterfüllung von Aufträgen
	Prozesse und Produktion		Überlast
Luftfeuchte		**gesundheitliche Beschwerden** ↑: z. B. Erkältungen, Neurodermitis, allgemeines Wohlbefinden	geringe Arbeitsproduktivität
	Personal		mehr Fehlzeiten
	Betriebsmittel	**Zielkonflikt:** Abdichtung der Lagerhalle zum Schutz vor eindringender Wärme und **Feuchte vs. Brandschutz**	Verlust der Verkaufs- konzession
			Probleme mit dem Gesetz- geber wegen Nichteinhaltung des Brandschutzes

kräftiges Orange: im Interview erwähnt
schwaches Orange: Interpretation

Abb. 8.79 Wirkpfade als Visualisierungsform der Auswirkungen von Hitze und Luftfeuchte auf die Logistikbranche mit Kühllagerhaltung.

Andererseits wird es künftig weniger Störungen durch Straßenglätte bei Frost und starken Schneefällen geben, wovon die „klassische" Straßenlogistik im Winter profitieren wird. Niedrigwasserstände infolge von länger anhaltenden Dürren und Hochwasserperioden setzen hingegen der Schiffslogistik vermehrt zu. Insgesamt erweist sich die Logistik mit ihren vielfältigen **multimodalen Formen** gleich als mehrfach klimavulnerabel. Gerade die perspektivisch gesehene punktgenaue Abstimmung von Straße, Bahn, Schifffahrt, Flugverkehr und Kommunikation erscheint wegen möglicher Dominoeffekte besonders sensibel.

Klimavulnerabilität und Anpassungsoptionen in der Wintertourismusbranche

Zur Bewertung der Klimavulnerabilität in der Wintertourismusbranche in den Vogesen und im Südschwarzwald wurden die Auswertungen verschiedener Interviews mit Branchenvertretern zusammengefasst, um daraus allgemeine und generalisierte Erkenntnisse zu gewinnen (Tab. 8.11). Den Interviewten wurde jeweils eine einheitliche Risikocheckliste mit klimatischen Stressoren und den potenziell betroffenen Bereichen innerhalb des Unternehmens vorgelegt.

Die Analyseergebnisse zeigen für beide Teilräume eine besondere Betroffenheit durch Starkregen, extreme Kälte, Sturm und Gewitter. Innerhalb der Unternehmen sind vor allem die Bereiche Betriebsmittel, Bilanz und Management exponiert. Insgesamt herrscht aufgrund der **Wetterabhängigkeit** des Winter-

sports eine hohe Sensitivität gegenüber klimatischen Stressoren, die sich auch in einem hohen Risikobewusstsein der Interviewten ausdrückt. Allerdings verweisen viele der Befragten auf die langjährigen Erfahrungen mit der hohen natürlichen Variabilität des Klimas: Schneereiche und schneearme Winter werden als Teil des unternehmerischen Risikos verstanden.

Grundsätzlich gelten Einrichtungen zwischen 800 und 1000 m Höhenlage als besonders vulnerabel gegenüber einem Rückgang der Schneedeckendauer. Die darüber anschließende Zone bis zur Gipfelregion bei nicht ganz 1500 m wird als weniger gefährdet eingestuft. Zudem gibt es große Unterschiede in der finanziellen Struktur und Ausstattung sowie den Besitzverhältnissen und den daraus resultierenden Anpassungsmöglichkeiten: Neben größeren Resorts mit hoher finanzieller Ausstattung, komplexen Besitzverhältnissen und weitreichenden Abstimmungsmöglichkeiten, die insbesondere die Beteiligung von Gemeinden und anderen offiziellen Trägern vorsehen, existieren eher finanzschwache, privat organisierte Anbieter, deren Vulnerabilität höher einzuschätzen ist. Nationale Unterschiede machten sich hingegen nicht signifikant bemerkbar.

Bei den **Anpassungsstrategien** wird derzeit im höher gelegenen „schneesicheren" Segment über 1000 m vor allem auf technische Lösungen gesetzt, insbesondere Beschneiung. Jedoch erfordert auch diese eine Temperatur um die 0 °C. Eine wesentliche technische Anpassung ist der vermehrte Einsatz von Gondeln anstelle der klassischen Skilifte. Diese erlauben auch einen Sommereinsatz, sodass die Investitionen durch eine breitere saisonale Auslastung amortisiert werden können. Allerdings sehen sich viele Betreiber dann oft mit erweiterten Umweltauflagen konfrontiert.

Tab. 8.11 Klimatische Stressoren und betroffene Bereiche in Unternehmen des Wintertourismus. Addierte Anzahl der Nennungen aus sieben Experten- und Expertinneninterviews (Mehrfachnennungen waren möglich; verändert nach Daus 2017).

klimatische Stressoren/ exponierte Bereiche	Betriebs-mittel	Lagerung	Logistik	Bilanz	Manage-ment	Gesundheit	Energie	Netzwerk	gesamt
Starkregen	3		1	5	4	1			**14**
Hochwasser	2		1	1	1	1	1		**7**
Massenbewegungen	2		1	1	1	1	1		**7**
extreme Kälte	3	1	2	3	3	2	1	1	**16**
Schnee	2		3	2	2	1	2		**12**
Hagel									**0**
Dürre	1		2	2	2				**7**
Hitze(wellen)	1		1	2			1		**5**
Starkwind/Sturm	6	1	3	6	2	1	2		**21**
Gewitter	5		1	2	1	1	3	3	**16**
gesamt	**25**	**2**	**15**	**24**	**16**	**8**	**11**	**4**	**105**

Überhaupt ist ein breiteres saisonales Angebot vor allem für die größeren Einrichtungen eine gängige Strategie. Dennoch werden in beiden Regionen durch einen Rückgang des Skitourismus Veränderungen im Image, zu dem der Skitourismus ganz erheblich beiträgt, erwartet. Viele Unternehmen und Gemeinden befürchten finanzielle Einbußen auch im Sommertourismus, da der Skitourismus eine Art Flaggschifffunktion erfüllt. Daher werden vor allem in kleineren Gemeinden, die wirtschaftlich in hohem Maße vom Tourismus abhängen, Subventionen als weitere Option gesehen.

Die Ausweitung des Sommertourismus dank einer klimatisch bedingt verlängerten Saison geht einher mit besseren Bedingungen für verschiedene, bereits heute sehr populäre Outdoor-Aktivitäten und wird ergänzt durch neue, wetterunabhängige Angebote in Spaßbädern oder Freizeitparks. Allerdings werden Befürchtungen geäußert, dass die steigenden Temperaturen auch einen negativen Einfluss auf andere Attraktoren wie Moore oder das Auerhuhnvorkommen haben und zudem die Verbuschung aufgegebener Weideflächen beschleunigen.

Klimavulnerabilität und Anpassungsoptionen in der Metallindustrie

Ein anderes Bild zeigte sich in der Fallstudie zur Metallindustrie im Schweizer Jura (Blaser 2017). Die meisten der befragten Unternehmen fühlten sich zunächst nicht durch den Klimawandel betroffen. Der Klimawandel wurde überwiegend als globales Phänomen bejaht, im unternehmerischen Kontext hingegen oftmals verneint. Verweise auf und Erfahrungen mit der hohen jährlichen Variabilität finden sich häufig, aber nur selten werden sie in eine längerfristige Unternehmensstrategie eingebunden. So verwundert es nicht, dass staatlichen und supranationalen Minderungsmaßnahmen eine größere Beachtung zukommt als

konkreten lokalen und unternehmensbezogenen Anpassungsmaßnahmen. Dem gegenüber wird gerade von offizieller Seite die regionale Infrastruktur als besonders klimavulnerabel eingestuft: Im Fokus stehen Gebäude, Energieversorgung und die erwartete Wasserhaushaltsproblematik sowie die Logistik. Andererseits werden für die metallverarbeitenden Betriebe grundsätzlich Potenziale und verbesserte Marktchancen gesehen, wenn beispielsweise auf **Innovationen** wie klimaresistente, energieeffiziente Metalle gesetzt wird. Auch werden die Auswirkungen eines wärmeren Klimas auf Arbeitsprozesse und -bedingungen diskutiert.

Die Analyse der Betriebe hinsichtlich verschiedener Klimastressoren zeigt ein differenziertes Bild. Alle befragten Betriebe waren in der Vergangenheit unterschiedlich stark von den Stressoren betroffen. Trotz der eher geringen Einschätzung der Selbstbetroffenheit äußerten alle Befragten **Produktionsrückgänge** und eine verminderte Leistungsfähigkeit an heißen Tagen. Noch stärker bewerteten sie jedoch die negativen Folgen von Starkregen, Schnee und extremer Kälte, da diese zu Unterbrechungen auf Baustellen und somit zu Verzögerungen im häufig zeitgebundenen Betriebsablauf führen. Die prognostizierte Abnahme winterlicher Kältephasen erklärt auch die eher positive Wahrnehmung des Klimawandels durch die Befragten in einer von einem Mittelgebirgsklima geprägten Region. In Bezug auf die exponierten Bereiche sticht vor allem das Management heraus, da die im Fall von klimatischen Extrembedingungen auftretenden Verzögerungen immer Umplanungen und damit einen zusätzlichen Aufwand erfordern.

Insgesamt deuten die Ergebnisse aber an, dass die Klimavulnerabilität des metallverarbeitenden Sektors im Schweizer Jura eher gering einzuschätzen ist. Perspektivisch wird der Klimawandel wohl Berücksichtigung finden, seine Bedeutung wird jedoch meist geringer eingeschätzt als diejenige anderer Faktoren wie Marktentwicklung, Kundenverhalten oder Konkurrenzsituation.

Kapitel 8

Fazit zur Klimavulnerabilität

Klimavulnerabilität ist ein komplexes und vielschichtiges Thema, das sowohl physisch-geographische als auch human-geographische Aspekte umfasst und nur in einem **integrativen Ansatz** mit einem **Methodenmix** aus naturwissenschaftlichen, geisteswissenschaftlichen und technischen Elementen mit entsprechend großen Datenmengen zielführend konkretisiert werden kann. Während in der Zwischenzeit eine Vielzahl an theoretischen Analysekonzepten zur Klimavulnerabilität entwickelt wurde, stellt die Operationalisierung dieser Ansätze mittels geeigneter Parameter und Indikatoren in einem konkreten regionalen Kontext nach wie vor eine Herausforderung dar. Die hier vorgestellten Beispiele der Oberrheinregion zeigen einen Ansatz, wie das komplexe Thema sowohl möglichst umfassend als auch praxisnah umgesetzt werden kann. Ein vollständiges Bild entsteht letztlich nur dann, wenn Klimavulnerabilität einerseits mithilfe möglichst objektivierbarer Daten analysiert und andererseits mit individuellen Wahrnehmungen und Betroffenheiten hinterlegt wird.

Darüber hinaus zeigen die Beispiele, dass Klimavulnerabilität auch innerhalb einer Region je nach Branche höchst unterschiedlich eingeschätzt werden kann und von den Betroffenen plausibel bewertet wird, da sie ihre spezifische lokalklimatische Situation meist richtig reflektieren. Um Klimavulnerabilität zu reduzieren bzw. die Resilienz zu stärken, ist es auch im mitteleuropäischen Kontext wichtig, die komplexen und differenzierten wissenschaftlichen Aussagen zum Klimawandel gut zu didaktisieren und in der Kommunikation mit Betroffenen auf griffige Kernbotschaften zu verdichten. Auch die unterstützende Visualisierung komplexer Sachverhalte in hochaufgelösten Karten mithilfe von Parametern oder Indizes wird von den betroffenen Unternehmen als hilfreich angesehen. In einer solchen **„Kartographie der Klimavulnerabilität"** könnte sich in Zukunft für angehende Geographinnen und Geographen ein spannender und relevanter Arbeitsbereich ergeben.

Literatur

adelphi/PRC/EURAC (2015) Vulnerabilität Deutschlands gegenüber dem Klimawandel. Umweltbundesamt. Climate Change 24/2015, Dessau-Roßlau

Alexandre P (1987) Le climat en Europe au Moyen Âge. Éditions de l'Ecole des Hautes Études en Sciences Sociales, Paris

Alissow BP (1950) Klimatitscheskije oblasti sarubeshnych starn. Moskau. In deutscher Sprache: Die Klimate der Erde (1954) Dt. Verl. der Wiss., Berlin

Andersen KK et al (2004) High-resolution record of Northern Hemisphere climate extending into the last interglacial period. Nature 431: 147–151

archive.org, Internet Archive, https://archive.org/ (Zugriff 13.11.2017)

Barry RG, Chorley RJ (2010) Atmosphere, Weather and Climate. 9. Aufl. Routledge, London

Beck C, Grieser J, Kottek M, Rubel F, Rudolf B (2006) Characterizing Global Climate Change by means of Köppen climate classification. Klimastatusbericht 2005, Deutscher Wetterdienst: 139–149

Beck C, Rudolf B, Schönwiese C-D, Staeger T, Trömel S (2007) Entwicklung einer Beobachtungsdatengrundlage für DEKLIM und statistische Analyse der Klimavariabilität. Bericht Nr. 6. Inst. Atmosphäre Umwelt, Univ. Frankfurt a. M.

Becker P, Jendritzky G (2007) Biometeorologie. Promet 33: 81–82

Behringer W (2010) Kulturgeschichte des Klimas: Von der Eiszeit bis zur globalen Erwärmung. Beck

Behringer W (2016) Tambora und das Jahr ohne Sommer: Wie ein Vulkan die Welt in die Krise stürzte. 2. Aufl. Beck

Behringer W, Lehmann H, Pfister C (2005) Kulturelle Konsequenzen der „Kleinen Eiszeit". Vandenhoeck & Ruprecht, Göttingen

Berz G (2008) Versicherungsrisiko Klimawandel. Promet 34: 3–9

Berz G (2010) Wie aus heiterem Himmel? Naturkatastrophen und Klimawandel. dtv, München

Birkmann J (2013) Data, indicators and criteria for measuring vulnerability: Theoretical bases and requirements. In: Alexander D, Birkmann J, Kienberger S (eds) Assessment of vulnerability to natural hazards. A European perspective. Elsevier, Amsterdam, Boston. 80–106

Birmili W et al (2013) Variability of aerosol particles in the urban atmosphere of Dresden (Germany): Effects of spatial scale and particle size. Meteorologische Zeitschrift 195–211. DOI: https://doi.org/10.1127/0941-2948/2013/0395

Blaser S (2017) Climate change and the metalworking industry in the Swiss Jura. A regional vulnerability analysis. Masterarbeit, Universität Freiburg

Böhm O, Jacobeit J, Glaser R, Wetzel (2015) Flood sensitivity of the Bavarian Alpine Foreland since the late Middle Ages in the context of internal and external climate forcing factors. Hydrol Earth Syst Sci 2015/19: 4721–4734

Borchert G (1993) Klimageographie in Stichworten (Hirt's Stichwortbücher). 2. Aufl. Berlin, Stuttgart

Bork HR, Bork H, Dalchow C, Faust B, Prior HP, Schatz T (1998) Landschaftsentwicklung in Mitteleuropa. Stuttgart

Bradley RS, Jones PD (1995) Climate since A.D. 1500. Routledge, London, New York

Bray D, von Storch H (2009) Prediction or Projection? The nomenclature of climate science. Sci. Comm. 30: 534–543. DOI: https://doi.org/10.1177/1075547009333698

Brázdil R, Glaser R, Pfister C, Dobrovolny P, Antoine JM, Barriendos M, Camuffo D, Deutsch M, Enzi S, Guidoboni E, Kotyza O, Rodrigo FS (1999) Flood events of selected European rivers in the sixteenth century. Climatic Change 43: 239–285

Brázdil R, Pfister C, Wanner H, von Storch H, Luterbacher J (2005) Historical Climatology in Europe – the state of the art. Climatic Change 70: 363–430

Brázdil R, Kundzewicz ZW, Benito G (2006) Historical hydrology for studying flood risk in Europe. Hydrological Sciences Journal 51: 739–764

Bundesministerium für Umwelt, Naturschutz, Bau und Reaktorsicherheit (2016) Klimaschutzbericht 2050

Büntgen U et al (2011) 2500 Years of European Climate Variability and Human Susceptibility. ScienceExpress

Buttstädt M, Schneider C (2014) Climate change signal of future climate projections for Aachen, Germany, in terms of temperature and precipitation. Meteorologische Zeitschrift 23: 63–74

Camenisch C et al. (2016) The early Spörer Minimum – a period of extraordinary climate and socio-economic changes in Western and Central Europe. Clim Past 2016: 1–33: http://www.clim-past-discuss.net/cp-2016-7/ (Zugriff 14.3.2018)

Caviedes CN (2005) El Niño. Klima macht Geschichte. Darmstadt

Chen D, Chen HW (2013) Using the Köppen classification to quantify climate variation and change: An example for 1901–2010. Environmental Development 6: 69–79

Christensen JH, Carter T, Giorgi F (2002) PRUDENCE Employs New Methods to Assess European Climate Change. EOS 83: 147

Chrysoulakis N et al (2017) Anthropogenic Heat Flux Estimation from Space: Results of the second phase of the URBANFLUXES Project. Joint Urban Remote Sensing Event. DOI: https://doi.org/10.1109/JURSE.2017.7924591

Coumou D, Robinson A (2013) Historic and Future Increase in the Frequency of Monthly Heat Extremes. Environmental Research Letters 8, 034018

Cramer WP, Solomon AM (1993) Climatic classification and future global redistribution of agricultural land. Clim. Res. 3: 97–110

Cubasch U (2002) Perspektiven der Klimamodellierung. In: Hauser W (Hrsg) Klima. Das Experiment mit dem Planeten Erde. Stuttgart. 151–159

Daniels B, Zaunbrecher BS, Paas B, Ottermanns R, Ziefle M, Roß-Nickoll M (2018) Assessment of urban green space structures and their quality from a multidimensional perspective. Science of The Total Environment 615: 1364–1378. DOI: https://doi.org/10.1016/j.scitotenv.2017.09.167

Daus M (2017) Winter tourism in the Vosges Mountains and the Black Forest in a changing climate: Vulnerability assessment and adaptation measures. Masterarbeit, Universität Freiburg

de Castro M, Gallardo C, Jylha K, Tuomenvirta H (2007) The use of a climate-type classification for assessing climate change effects in Europe from an ensemble of nine regional climate models. Climatic Change 81/1: 329–341

de Kraker A (2006) Flood events in the southwestern Netherlands and coastal Belgium, 1400–1953. Historical Hydrology 51: 913–929

Defant F (1949) Zur Theorie der Hangwinde, nebst Bemerkung zur Theorie der Berg- und Talwinde. Archiv für Meteorologie, Geophysik und Bioklimatologie Serie A1: 421–450

Demarée GR (2006) The catastrophic floods of february 1784 in and around Belgium. A Little Ice Age event of frost, snow, river ice and floods. Hydrological Sciences Journal 51: 878–898

Deutscher Wetterdienst (1987) Allgemeine Meteorologie (Leitfaden Nr. 1 für die Ausbildung). Offenbach

Deutscher Wetterdienst (1990) Internationaler Wolkenatlas. Offenbach

Dirmhirn I (1964) Das Strahlungsfeld im Lebensraum. Frankfurt a. M.

dmgh.de, Monumenta Germaniae Historica (MGH), http://www.dmgh.de/ (Zugriff 13.11.2017)

Dotzek N (2002) Tornados in Deutschland. In: Fiedler F et al (Hrsg) Naturkatastrophen in Mittelgebirgsregionen. Proceedings zum Symposium am 11. und 12. Oktober 1999 in Karlsruhe. Berlin. 29–51

Dotzek N (2003) An updated estimate for tornado occurence in Europe. Atmos. Res. 67/68: 153–161

DWD (Deutscher Wetterdienst) (seit 1997) Jährliche Klimastatusberichte (https://www.dwd.de/DE/leistungen/klimastatusbericht/klimastatusbericht.html) (Zugriff 11.5.2018)

Ehlers J (1994) Allgemeine und historische Quartärgeologie. Stuttgart

Endlicher W (2001) Terrestrial Impacts of the Southern Oscillation and the Related El Niño and La Niña Events. In: Lozan J, Grassl H, Hupfer P (Hrsg) Climate of the 21st Century – Changes and Risks. Hamburg. 52–55

Endlicher W, Gerstengarbe F-W (2007) Der Klimawandel. Einblicke, Rückblicke und Ausblicke. PIK (Eigenverlag), Potsdam

Endlicher W, Gerstengarbe F-W (Hrsg) (2010) Continents under Climate Change. Nova Acta Leopoldina NF 384, Bd 112

Endlicher W, Scherer D, Blüter B, Kuttler W, Mathey J, Schneider C (2016) Stadtnatur fördert gutes Stadtklima. In: Kowarik I, Bartz R, Brenck M: Naturkapital Deutschland – TEEB DE. Ökosystemleistungen in der Stadt – Gesundheit schützen und Lebensqualität erhöhen. Technische Universität Berlin, Helmholtz-Zentrum für Umweltforschung – UFZ, Berlin, Leipzig

euroclimhist.unibe.ch, http://www.euroclimhist.unibe.ch/de/ (Zugriff 13.11.2017)

Feigenwinter I (2013) Eine klimatologische Übersicht des Standorts Basel-Lange Erlen. BSc-Arbeit, Universität Basel

Fischer H (2004) The Climate in Historical Times. Towards a Synthesis of Holocene Proxy Data and Climate Models

Fekete A, Hufschmidt G (Hrsg) (2016) Atlas der Verwundbarkeit und Resilienz – Pilotausgabe zu Deutschland, Österreich, Liechtenstein und Schweiz

Flohn H (1950) Neue Anschauungen über die allgemeine Zirkulation der Atmosphäre und ihre klimatische Bedeutung. Erdkunde 4: 141–162

Flohn H (1960) Zur Didaktik der Allgemeinen Zirkulation der Atmosphäre. Geographische Rundschau 5: 129–142 u. 189–195

Flohn H (1971) Arbeiten zur Allgemeinen Klimatologie. Wissenschaftliche Buchgesellschaft, Darmstadt

Flohn H (1975) Tropische Zirkulationsformen im Lichte der Satellitenaufnahmen. Bonner Met. Abh. 21

Forzieri G, Cescatti A, Batista e Silva F, Luc Feyen L (2017) Increasing risk over time of weather-related hazards to the European population: a data-driven prognostic study. Lancet Planetary Health 1: e200–e208

Fraefel M, Jeisy M, Hegg C (2005) Unwetterschäden in der Schweiz im Jahre 2004. Eidg. Forschungsanstalt für Wald, Schnee und Landschaft Birmensdorf

Frakes LA (1979) Climates Throughout Geologic Time. Elsevier, Amsterdam

Freeman E, Woodruff SD, Worley SJ, Lubker SJ, Kent EC, Angel WE, Berry DI, Brohan P, Eastman R, Gates L, Gloeden W, Ji Z, Lawrimore J, Rayner NA, Rosenhagen G, Smith SR (2017) ICOADS Release 3.0: a major update to the historical marine climate record. Int. J. Climatol., 37: 2211–2232. DOI: https://doi.org/10.1002/joc.4775

Füssel H-M (2017) Climate change, impacts and vulnerability in Europe 2016. An indicator-based report. European Environment Agency (EEA), Luxembourg

Gallardo C, Gil V, Hagel E, Tejeda C, de Castro M (2013) Assessment of climate change in Europe from an ensemble of regional climate models by the use of Köppen–Trewartha classification. International Journal of Climatology 33: 2157–2166

Geiger R (1961) Das Klima der bodennahen Luftschicht. Vieweg, Braunschweig

Geiger R, Pohl W (1954) Eine neue Wandkarte der Klimagebiete der Erde nach W. Köppens Klassifikation. Erdkunde 8: 58–61

Gerste, RD (2016) Wie das Wetter Geschichte macht: Katastrophen und Klimawandel von der Antike bis heute. 3. Aufl. Klett-Cotta

Gerstengarbe F-W, Werner PC (1997) Eine objektive Klimaklassifikation für Deutschland. Ann. Met. (Offenbach) 34: 73–74

Gerstengarbe F-W, Werner PC (2003) Klimaänderungen zwischen 1901 und 2000. In: Deutsches Institut für Länderkunde (Hrsg) Nationalatlas Bundesrepublik Deutschland – Bd. 3 Klima, Pflanzen- und Tierwelt. Spektrum Akademischer Verlag, Heidelberg

Glaser R (2013) Klimageschichte Mitteleuropas. 1200 Jahre Wetter, Klima, Katastrophen. 3. Aufl. Primus Verlag, Darmstadt

Glaser R, Kahle M, Hologa R (2016a) The tambora.org data series edition. In: tambora.org data series, DOI: https://doi.org/10.6094/tambora.org/2016/seriesnotes.pdf

Glaser R, Schliermann E, Hologa R, Kahle M, Vogt S, Riemann D (2016b): From Data to Climatological Indices – The Case of the Grotzfeld Data Set. In: tambora.org data series vol. I, 2016, 1–7, DOI: https://doi.org/10.6094/tambora.org/2016/c156/article.pdf

Glaser R, Riemann D (2009) A thousand-year record of climate variations for Germany and Central Europe based on documentary data. Journal of Quaternary Science 24: 437–449

Glaser R, Stangl H (2003) Historical floods in the Dutch Rhine Delta. Natural Hazards and Earth System Sciences 3: 605–613

Glaser R, Stangl H (2004) Floods in Central Europe since AD 1300 and their regional context. Houille Blanche 5: 43–49

González-Rouco JF, Beltrami H, Zorita E, von Storch H (2006) Simulation and inversion of borehole temperature profiles in surrogate climates: Spatial distribution and surface coupling. Geophysical Research Letters 33, L01703

Grünewald U (2010) Zur Nutzung und zum Nutzen historischer Hochwasseraufzeichnungen. Hydrologie und Wasserbewirtschaftung 54/2: 85–92

Häberli W et al (2001) Glaciers as key indicator of global climate change. In: Lozan JL et al (eds) Climate of the 21th Century: Changes and Risks. Wissenschaftliche Auswertungen & GEO, Hamburg. 212–220

hamburger-bildungsserver.de, http://bildungsserver.hamburg.de/atmosphaere-und-treibhauseffekt/2069060/atmosphaere-zirkulation/ (Zugriff 24.11.2017)

Hellmann G (1883) Repertorium der deutschen Meteorologie: Leistungen der Deutschen in Schriften, Erfindungen und Beobachtungen auf dem Gebiete der Meteorologie und des Erdmagnetismus von den ältesten Zeiten bis zum Schlusse des Jahres 1881. Engelmann, Leipzig

Hendl, M (1960) Entwurf einer genetischen Klimaklassifikation auf Zirkulationsbasis. Zeitschrift für Meteorologie 14: 46–50

Henning R (1904) Katalog bemerkenswerter Witterungsereignisse von den ältesten Zeiten bis zum Jahre 1800. Abhandlungen des Preußischen Meteorologischen Instituts 2

Herget, M (2012) Am Anfang war die Sintflut: Hochwasserkatastrophen in der Geschichte. Primus

Hildebrandt H (2016) Spurensuche zur Kleinen Eiszeit in der Region Mainz. Witterungsextreme und ihre Auswirkungen auf die Lebenswelt vornehmlich im Winterregime zwischen 1658 und 1740. Mainzer Zeitschr. Mittelrhein./Jb. f. Archäolog., Kunst u. Gesch. 110/111: 3–26

Himmelsbach I, Glaser R, Schönbein J, Riemann D, Martin B (2015) Reconstruction of flood events based on documentary data and transnational flood risk analysis of the upper Rhine and its French and German tributaries since AD 1480 Hydrology and Earth System Sciences, 19: 4149–4164. https://doi.org/10.5194/hess-19-4149-2015 (Zugriff 13.11.2017)

Hinzen A, Kranefeld A, Simon A, Ketzler G, Paffen M, Sachsen T, Schneider C (2014) Anpassungskonzept an die Folgen des Klimawandels im Aachener Talkessel. http://www.aachen.de/DE/stadt_buerger/energie/konzepte_veranstaltungen/klimafolgenanpassungskonzept/ (Zugriff 23.12.2017)

Houghton JT et al (Hrsg) (1996) Climate Change 1995. The Science of Climate Change. Contribution of the Working Group I to the Second Assessment Report of the Intergovernmental Panel on Climate Change (IPCC). Cambridge University Press, Cambridge

Houghton JT et al (eds) (2001) Climate change 2001: The scientific basis. Contribution of Working Group I to the Third Assessment Report of the Intergovernmental Panel on Climate Change (IPCC). Cambridge University Press, Cambridge

Howard L (1820, Nachdruck 2016) The Climate of London. Vol. 1 + II. 2. International Association for Urban Climate (IAUC)

Hupfer P (1989) Klima im mesoräumigen Bereich. Abh. Meteorol. Dienst DDR 141: 181–192

Hupfer P, Kuttler W (2006) Witterung und Klima (begründet von E. Heyer). 12. Aufl. Teubner, Stuttgart

IPCC (2013/2014) Klimaänderung 2013/2014. Zusammenfassungen für politische Entscheidungsträger. Beiträge der drei Arbeitsgruppen zum Fünften Sachstandsbericht des Zwischenstaatlichen Ausschusses für Klimaänderungen (IPCC). Deutsche Übersetzung: Deutsche IPCC-Koordinierungsstelle et al (2016) Bonn & Wien & Bern. https://www.ipcc.ch/pdf/reports-nonUN-translations/deutch/AR5-SPM_Anhang.pdf (Zugriff 16.3.2018)

Jacob D, Petersen J, Eggert B, Alias A, Christensen OB, Bouwer LM, Braun A, Colette A, Déqué M, Georgievski G, Georgopoulou E, Gobiet A, Menut L, Nikulin G, Haensler A, Hempelmann N, Jones C, Keuler K, Kovats S, Kröner N, Kotlarski S, Kriegsmann A, Martin E, van Meijgaard E, Moseley C, Pfeifer S, Preuschmann S, Radermacher C, Radtke K, Rechid D, Rounsevell M, Samuelsson P, Somot S, Soussana J-F, Teichmann C, Valentini R, Vautard R, Weber B, Yiou P (EURO-CORDEX) (2014) New high-resolution climate change projections for European impact research Regional Environmental Changes. Vol. 14, Issue 2: 563–578. DOI: https://doi.org/10.1007/s10113-013-0499-2

Jacobeit J (1989) Zirkulationsdynamische Analyse rezenter Konvektions- und Niederschlagsanomalien in den Tropen. Augsburger Geographische Hefte 9

Jacobeit J et al (2003) Atmospheric circulation variability in the North-Atlantic-European area since the mid-seventeenth century. Climate Dynamics 20: 341–352

Jacobeit J, Glaser R, Luterbacher J, Wanner H (2002) Links between flood events in Central Europe since AD 1500 and large-scale atmospheric circulation modes. Geophysical Research Letters 30: 21.21–21.24

Janhäll S (2015) Review on urban vegetation and particle air pollution – Deposition and dispersion. Atmospheric Environment 105: 130–137. DOI: https://doi.org/10.1016/j.atmosenv.2015.01.052

Jenny J-P, Normandeau A, Francus P, Taranu ZE, Gregory-Eaves I, Lapointe F, Jautzy J, Ojala AEK, Dorioz J-M, Schimmelmann A, Zolitschka B (2016) Urban point sources of nutrients were the leading cause for the historical spread of hypoxia across European lakes. Proceedings of the National Academy of Sciences (PNAS) 113: 12655–12660

Jones PD et al (2012) Hemispheric and large-scale land surface air temperature variations: an extensive revision and update to 2010. J Geophys Res Atmos 117: D05127. DOI: https://doi.org/10.1029/2011JD017139

Jouzel J (2013) A brief history of ice core science over the last 50yr. Clim. Past 9: 2525–2547

Kessler A (1985) Heat Balance Climatology. World Survey of Climatology, Vol. 1 A. Amsterdam, London

Kessler A, Jäger L, Schott R (1979) Auswirkungen der Sonnenfinsternis am 29. April 1976 auf die Energieströme an der Erdoberfläche. Meteorologische Rundschau 32: 109–115

Koppe C (2005) Gesundheitsrelevante Bewertung von thermischer Belastung unter Berücksichtigung der kurzfristigen Anpassung der Bevölkerung an die lokalen Witterungsverhältnisse. Berichte des Deutschen Wetterdienstes Nr. 226, Offenbach am Main

Koppe Ch, Jendritzky G, Pfaff G (2004) Die Auswirkungen der Hitzewelle 2003 auf die Gesundheit. In: Deutscher Wetterdienst (Hrsg) Klimastatusbericht 2003. Offenbach

Köppen W (1900) Versuch einer Klassifikation der Klimate vorzugsweise nach ihren Beziehungen zur Pflanzenwelt. Geogr. Zeitschr. 6: 593–611 u. 657–679

Köppen W (1918) Klassifikation der Klimate nach Temperatur, Niederschlag und Jahreslauf. Petermanns Geographische Mitteilungen 64: 193–203 u. 243–248

Köppen W (1936) Das geographische System der Klimate. In: Köppen W, Geiger R (Hrsg) Handbuch der Klimatologie Bd. 1 Teil C. Borntraeger, Berlin

Köppen W, Geiger R (1928) Erläuterungen zur Ergänzungskarte der Erde. In: Haack H (Hrsg) Physikalischer Wandatlas. Eine Sammlung von Karten und Tafeln zur allgemeinen Erdkunde für den Unterricht, Gotha

Kottek M, Grieser J, Beck C, Rudolf B, Rubel F (2006) World Map of the Köppen-Geiger climate classification updated. Meteorol. Z. 15: 259–263

Kraus H (2004) Die Atmosphäre der Erde. Springer, Berlin

Lamarino M, Beevers S, Grimmond CSB (2012) High-resolution (space, time) anthropogenic heat emissions: London 1970–2025. Int. J. Climatol. 32: 1754–1767

Lamb HH (1977) Climate: Present, past and future. Methuen, London

Lamb HH (1989) Klima und Kulturgeschichte. Rowohlt, Reinbek

Last WM, Smol JP (Hrsg) (2001) Tracking environmental change using lake sediments. Developments in Paleoenvironmental Research, Bd. 1–4. Kluwer Academic Publishers, Dordrecht

Lauber V, Jacobsson S (2016) The politics and economics of constructing, contesting and restricting socio-political space for renewables – The German Renewable Energy Act. In: Environmental Innovation and Societal Transitions 18: 147–163. https://doi.org/10.1016/j.eist.2015.06.005

Lauer W, Bendix J (2006) Klimatologie. Das Geographische Seminar. Braunschweig

Lauer W, Frankenberg P (1981) Untersuchungen zur Humidität und Aridität in Afrika. Das Konzept einer potentiellen Landschaftsverdunstung. Bonner Geographische Abhandlungen, Bd. 66, Bonn

Lauer W, Frankenberg P (1985) Versuch einer geoökologischen Klassifikation der Klimate. Geographische Rundschau 37: 359–365

Lauer W, Frankenberg P (1988) Klimaklassifikation der Erde. Erläuterungen zur Klimakarte im Diercke-Atlas. Geographische Rundschau 6: 55–59

Le Roy Ladurie E (1966) Les paysans de Languedoc. Flammarion

Liljequist GH, Cehak K (1984) Allgemeine Meteorologie. Vieweg, Braunschweig

Lindberg FS et al. (2018) Urban Multi-scale Environmental Predictor (UMEP): An integrated tool for city-based climate services. Environmental Modelling & Software 99: 70–87

Lohmann U, Sausen R, Bengtsson L, Cubasch U, Perlwitz J, Roeckner E (1993) The Köppen climate classification as a diagnostic tool for general circulation models. Clim. Res. 3: 177–193

Luterbacher J, Dietrich D, Xoplaki E, Grosjean M, Wanner H (2004) European seasonal and annual temperature variability, trends, and extremes since 1500. Science 303: 1499–1503

Luterbacher J, Xoplaki E, Dietrich D, Rickli R, Jacobeit J, Beck C, Gyalistras D, Schmutz C, Wanner H (2002) Reconstruction of sea level pressure fields over the Eastern North Atlantic and Europe back to 1500. Climate Dynamics 18

Malberg H (2007) Meteorologie und Klimatologie – eine Einführung. 5. Aufl. Springer, Berlin

Mann ME, Jones PD (2003) 2,000 Year hemispheric multi-proxy temperature reconstructions. IGBP PAGES/World Data Center for Paleoclimatology Data Contribution Series 2003–051. NOAA/ NGDC Paleoclimatology Program, Boulder CO, USA

Maras I, Buttstädt M, Hahmann J, Hofmeister H, Schneider C (2013) Investigating public places and impacts of heat stress in the city of Aachen, Germany. Die Erde – Journal of the Geographical Society of Berlin, Vol. 144, No. 3-4: 290–303. DOI: https://doi.org/10.12854/erde-144-20

Maras I, Schmidt T, Paas B, Ziefle M, Schneider C (2016) The impact of human-biometeorological factors on perceived thermal comfort in urban public places. Meteorologische Zeitschrift 25(4): 407–420, DOI: https://doi.org/10.1127/metz/2016/0705

Maslin MA, Shultz S, Trauth MH (2015) A synthesis of the theories and concepts of early human evolution. Philosophical Transactions R.Soc. B 370: 20140064

Masson-Delmotte V et al. (2013) Information from Paleoclimate Archives. In: Climate Change 2013: The Physical Science Basis. Contribution of Working Group I to the Fifth Assessment Report of the Intergovernmental Panel on Climate Change

Matzarakis A (2013) Stadtklima vor dem Hintergrund des Klimawandels. Gefahrstoffe – Reinhaltung der Luft 73: 115–118

Matzarakis A (2016) Das Hitzewarnsystem des Deutschen Wetterdienstes (DWD) und seine Relevanz für die menschliche Gesundheit. Gefahrstoffe – Reinhaltung der Luft 76: 457–460

Matzarakis A, Zielo B (2017) Maßnahmen zur Reduzierung von Hitzebelastungen für Menschen – Bedeutung von Hitzeaktionsplänen. Gefahrstoffe – Reinhaltung der Luft 77: 316–320

Matzarakis A, Röckle R, Richter C-J, Höfl H-C, Steinicke W, Streifeneder M, Mayer H (2008) Planungsrelevante Bewertung des Stadtklimas – Am Beispiel von Freiburg im Breisgau. Gefahrstoffe – Reinhaltung der Luft 68: 334–340

Mayer H, Matzarakis A (2003) Zukunftsperspektiven der Umweltmeteorologie. Promet 30: 61–70

McGregor GR, Burton I, Ebi K (eds) (2009) Biometeorology for Adaptation to Climate Variability and Change. Springer, Dordrecht

Meinke I (2013) Übereinstimmungskarten im Klimaatlas. RE-KLIM Newsletter Nr. 3, Oktober 2013

Meinke I, Gerstner E-M, von Storch H, Marx A, Schipper H, Kottmeier C, Treffeisen R, Lemke P (2010) Regionaler Klimaatlas Deutschland der Helmholtz-Gemeinschaft informiert im Internet über mögliche künftigen Klimawandel. DMG Mitteilungen 2-2010: 5–7

Merbitz H, Buttstädt M, Michael S, Dott W, Schneider C (2012) GIS-based identification of spatial variables enhancing heat and poor air quality in urban areas. Applied Geography 33/4: 94–106. DOI: https://doi.org/10.1016/j.apgeog.2011.06.008

Merbitz H, Schneider C (2012) Stadtplanung und Luftreinhaltung. In: Böhme C et al (Hrsg) Handbuch Stadtplanung und Gesundheit. Bern. 139–150

Mihailović DT, Lalić B, Drešković N, Mimić G, Djurdjević V, Jančić M (2015) Climate change effects on crop yields in Serbia and related shifts of Köppen climate zones under the SRES-A1B and SRES-A2. International Journal of Climatology 35: 3320–3334

Mills G (2006) Progress toward sustainable settlements: a role for urban climatology. Theor. Appl. Climatol. 84: 69–76

Moberg A, Dmitry M, Sonechkin K, Holmgren N, Datsenko M, Wibjörn K (2005) Highly variable Northern Hemisphere temperatures reconstructed from low- and high-resolution proxy data. Nature 433: 613–617

Morice CP et al. (2012) Quantifying uncertainties in global and regional temperature change using an ensemble of observational estimates: the HadCRUT4 data set. J Geophys Res Atmos 117: D08101. DOI: 10.129/2011JD017187

Moss RH, Edmonds JA, Hibbard KA, Manning MR, Rose SK, van Vuuren DP, Carter TR, Emori S, Kainuma M, Kram T, Meehl GA, Mitchell JFB, Nakicenovic N, Riahi K, Smith SJ, Stouffer RJ, Thomson AM, Weyant JP, Wilbanks TJ (2010) The next generation of scenarios for climate change research and assessment. Nature 463: 747–756

Münchener Rückversicherungs-Gesellschaft (2011) NATHAN Weltkarte der Naturgefahren. https://www.munichre.com/site/touch-naturalhazards/get/documents_E-887763139/mr/assetpool.shared/Documents/0_Corporate_Website/Publications/302-05971_de.pdf (Zugriff 6.12.2017)

Oke T (1983) Boundary Layer Climates. London

Oke T, Mills G, Christen A, Voogt J (2017) Urban climates. Cambridge University Press

oldweather.org, Old Weather, https://www.oldweather.org/ (Zugriff 13.11.2017)

Oreskes N, Shrader-Frechette K, Beltz K (1994) Verification, validation, and confirmation of numerical models in earth sciences. Science 263: 641–646

Otto FEL (2017) Attribution of Weather and Climate Events. Ann. Rev. Weather and Resources 42: 627–646

Paas B, Schmidt T, Markova S, Maras I, Ziefle M, Schneider C (2016) Small-scale variability of particulate matter and perception of air quality in an inner-city recreational area in Aachen, Germany. Meteorologische Zeitschrift, 25/3: 305–317. DOI: https://doi.org/10.1127/metz/2016/0704

PAGES2K Consortium (2017) A global multiproxy database for temperature reconstructions of the Common EraA global multiproxy database for temperature reconstructions of the Common Era. Scientific Data 4. DOI: https://doi.org/10.1038/sdata.2017.88

Parlow E, Vogt R, Feigenwinter C (2014) The urban heat island of Basel – seen from different perspectives. Die Erde 145/1-2: 96–110

Pauling A, Luterbacher J, Casty C, Wanner H (2006) Five hundred years of gridded high-resolution precipitation reconstructions over Europe and the connection to large-scale circulation. Climate Dynamics 26: 387–405

Penck A (1910) Versuch einer Klimaklassifikation auf physiogeographischer Grundlage. Sitzungsberichte der Kgl. Preußischen Akademie der Wissenschaften, Physikal.-Math. Klasse, Berlin. 236–246

Pfister C (1985) Klimageschichte der Schweiz 1525–1860. Bern, Stuttgart

Pfister C (1999) Wetternachhersage. Haupt, Bern

Picq P, Coppens Y (2001) Aux Origines de l'Humanité. Vol. 1: De l'apparition de la vie à l'homme moderne. Fayard, Paris

Rahmstorf S, Coumou D (2011) Increase of extreme events in a warming world. Proc. Nat. Ac. Sci. 108: 17905–17909

Rahmstorf S, Schellnhuber HJ (2007) Der Klimawandel. 4. Aufl. C.H. Beck, München

Rasmussen SO, Bigler M, Blockley SP, Blunier Th, Buchardt SL, Clausen HB, Cvijynovic I, Dahl-Jensen D, Johnsen SJ, Fischer H, Gkinis V, Guillevic M, Hoek WZ, Lowe JJ, Pedro JB, Popp T, Seierstad IK, Steffensen JP, Svensson AM, Vallelonga P, Vinther BM, Walker MJC, Wheatley JJ, Winstrup M (2014) A stratigraphic framework for abrupt climatic changes during the Last Glacial Period based on three synchronized Greenland ice-core records: refining and extending the INTIMATE event stratigraphy. Quaternary Science Reviews 106: 14–28

Reuter U, Kuttler W (2003) Umweltmeteorologie. In: Umweltmeteorologie. Promet 30: 1

Riehl H (1979) Climate and weather in the tropics. London, New York, San Francisco

Kapitel 8

Riemann D, Glaser R, Kahle M, Vogt S (2016) The CRE tambora.org – new data and tools for collaborative research in climate and environmental history. Geoscience Data Journal. DOI: https://doi.org/10.1002/gdj3.30

Robine JM, Cheung SLK, Le Roy S, Van Oyen H, Griffiths C, Michel JP, Herrmann FR (2008) Death toll exceeded 70,000 in Europe during the summer of 2003. Comptes Rendus Biologies 331: 171–178

Rubel F, Kottek M (2010) Observed and projected climate shifts 1901–2100 depicted by world maps of the Köppen-Geiger climate classification. Meteorol. Z. 19: 135–141

Rubel F, Brugger K, Haslinger K, Auer I (2017) The climate of the European Alps: Shift of very high resolution Köppen-Geiger climate zones 1800–2100. Meteorologische Zeitschrift 26/2: 115–125

Rudimann WF, Warren LP (1997) Introduction to the Uplift-Climate Connection. In: Rudimann WF (ed) Tectonic Uplift and Climate Change: 3–15. Springer, Boston, MA

Sachsen T, Ketzler G, Knörchen A, Schneider C (2013) Past and future evolution of nighttime urban cooling by suburban cold air drainage in Aachen. Erde 144/3-4: 274–289

Schellmann G, Radtke U (with contributions by Whelan F) (2004) The Marine Quaternary of Barbados. Kölner Geographische Arbeiten 81. Köln

Schellnhuber HJ (2015) Selbstverbrennung: Die fatale Dreiecksbeziehung zwischen Klima, Mensch und Kohlenstoff. Berthelsmann

Schenk GJ (2012) Politik der Katastrophe? Wechselwirkungen zwischen gesellschaftlichen Strukturen und dem Umgang mit Naturrisiken am Beispiel von Florenz und Straßburg in der Renaissance. Stadt und Stadtverderben, Stadt in der Geschichte Bd. 37: 33–76

Scherber K (2014) Auswirkungen von Wärme- und Luftschadstoffbelastungen auf vollstationäre Patientenaufnahmen und Sterbefälle im Krankenhaus während Sommermonaten in Berlin und Brandenburg. Diss. Math.-Nat. Fak. II, Humboldt-Universität zu Berlin

Scherber K, Langner M, Endlicher W (2013) Spatial analysis of hospital admissions for respiratory diseases during summer months in Berlin taking bioclimatic and socio-economic aspects into account. In: Die Erde 144: 217–237

Schneider C, Balzer C, Buttstädt M, Eßer K, Ginski S, Hahmann J, Ketzler G, Klemme M, Kröpelin A, Merbitz H, Michael S, Sachsen T, Siuda A, Weishoff-Houben M, Brunk M, Dott W, Hofmeister H, Pfaffenbach C, Roll C, Selle K (2011) City 2020+: Assessing climate change impacts for the city of Aachen related to demographic change and health – a progress report. Advances in Science and Research 6: 261–270. DOI: https://doi.org/10.5194/asr-6-261-201

Schönbein J, alDyab G, Yuan L, Vogt S, Weintritt O, Kahle M, Hologa R, Glaser R (2016) The chronicle of Ibn Tawq – over 7000 climate and environmental records from Damascus, Syria, AD 1481 to 1501. In: tambora.org data series vol. II, 2016, 1–558, DOI: https://doi.org/10.6094/tambora.org/2016/c157/serie.pdf

Schönwiese C-D (2013) Klimatologie. 4. Aufl. Ulmer (UTB), Stuttgart

Schönwiese C-D, Janoschitz R (2008) Klima-Trendatlas Europa 1901–2000. Bericht Nr. 7. Inst. Atmosphäre Umwelt, Univ. Frankfurt a. M.

Schwartz P (1991) The art of the long view. John Wiley & Sons

Siegmund A (1995) Die Klimatypen der Erde – ein computergestützter Klassifikationsentwurf. Materialien zur Geographie, H. 28, Mannheim

Siegmund A (2006) Angewandte Klimageographie, Klimatabellen und ihre Auswertung. Diercke Spezial, Westermann, Braunschweig

Siegmund A (2008) Erde – Klima. In: Diercke Handbuch. Westermann, Braunschweig. 415–418

Siegmund A, Frankenberg P (1999) Die Klimatypen der Erde – ein didaktisch begründeter Klassifikationsversuch. Geographische Rundschau 51: 494–499

Siegmund A, Frankenberg P (2008) Erde – Klima. Diercke-Weltatlas. Westermann, Braunschweig. 226–229 (Ausgabe 2015: 244–245)

Sirocko F (Hrsg) (2012) Wetter, Klima, Menschheitsentwicklung. Von der Eiszeit bis ins 21. Jahrhundert. WBG, Darmstadt

Spinoni J, Vogt J, Naumann G, Carrao H, Barbosa P (2014) Towards identifying areas at climatological risk of desertification using the Köppen–Geiger classification and FAO aridity index. International Journal of Climatology 35: 2210–2222

Stocker TF et al (eds) (2014) Climate Change 2013. The Physical Science Basis. Contribution of WG1 to the Fifth Assessment Report of the Intergovernmental Panel on Climate Change (IPCC). Cambridge University Press, Cambridge

tambora.org, The climate and environmental history collaborative research environment, https://www.tambora.org/ (Zugriff 13.11.2017)

Terjung WH, Louie SSF (1972) Energy input-output climates of the world: a preliminary attempt. Arch. Met. Geoph. Biokl. Ser. B 20: 129–166

Thornthwaite CW (1933) The climates of the earth. Geographical Review 23: 433–440

Trewartha GT (1968) An introduction to climate. 4. Aufl. McGraw-Hill, New York

Troll C (1943) Thermische Klimatypen der Erde. Petermanns Geogr. Mitt. 89: 81–89

Troll C, Paffen KH (1963) Jahreszeitenklimate der Erde. In: Rodenwaldt E, Jusatz HJ (Hrsg) Weltkarten zur Klimakunde. Berlin. 7–28

Tylmann W, Enters D, Kinder M, Moska P, Ohlendorf C, Poreba G, Zolitschka B (2013) Multiple dating of varved sediments from Lake Lazduny, northern Poland: Toward an improved chronology for the last 150 years, Quaternary Geochronology 15: 98–107

uc2-program.org (2017) Projekt Stadtklima im Wandel. http://www.uc2-program.org/ (Zugriff 23.12.2017)

van der Linden P, Mitchell JFB (eds) (2009) ENSEMBLES: Climate Change and its Impacts: Summary of research and results from the ENSEMBLES project. Met Office Hadley Centre, UK

van Engelen AF, Buisman J, Ijnsen F (2000) Reconstruction of the Low countries temperature series AD 764–1998. In: Mikami T (Hrsg) International Conference on Climate Change and Variability – Past, Present and Future. Tokyo Metropolitan University. 151–157

Vogt R, Parlow E (2011) Die städtische Wärmeinsel von Basel – tages- und jahreszeitliche Charakterisierung. Regio Basiliensis 52/1: 7–15

Voogt JA, Oke TR (2003) Thermal remote sensing of urban climates. Remote Sensing of Environment 86: 370–384

Walter H, Lieth H (1960) Klimadiagramm-Weltatlas, Jena

Wanner H (2016) Klima und Mensch – eine 12.000-jährige Geschichte. Haupt

Wanner H et al (2000) Klimawandel im Schweizer Alpenraum. VDF Hochschulverlag, Zürich

Webb RS, Webb T (1988) Rates of sediment accumulation in pollen cores from small lakes and mires of eastern North America. Quaternary Research 30: 284–297

Wegener A (1917) Wind- und Wasserhosen in Europa. Braunschweig

Weikinn C (1958) Quellentexte zur Witterungsgeschichte Europas von der Zeitenwende bis zum Jahre 1850. Berlin

Weischet W, Endlicher W (2018) Einführung in die Allgemeine Klimatologie. 9. Aufl. Teubner Studienbücher, Stuttgart

Wetter O, Pfister C, Werner JP, Zorita E, Wagner S, Seneviratne S, Herget J, Grünewald U, Luterbacher J, Alcoforado MJ, Barriendos M, Bieber U, Brázdil R, Burmeister KH, Camenisch C, Contino A, Dobrovolný P, Glaser R, Himmelsbach I, Kiss A, Kotyza O, Labbé T, Limanówka D, Litzenburger L, Nordl Ø, Pribyl K, Retsö D, Riemann D, Rohr C, Siegfried W, Söderberg J, Spring J L (2014) The year-long unprecedented European heat and drought of 1540 – a worst case Climatic Change, 2014; 125: 349–363. DOI: https://doi.org/10.1007/s10584-014-1184-2

Williams M, Dunkerley D, De Decker P, Kershaw P, Chappell J (1998) Quaternary Environments. London

Woth K (2005) Projections of North Sea storm surge extremes in a warmer climate: How important are the RCM driving GCM and the chosen scenario? Geophys Res Lett: 32, L22708. DOI: https://doi.org/10.1029/2005GL023762

Ziefle M, Schneider C, Vallée D, Schnettler A, Krempels K-H, Jarke M (2014) Urban Future outline (UFO). A roadmap on research for livable cities. ERCIM News, No. 98, Special Isse, Smart Cities: 9–10

Zolitschka B (2002) Late Quaternary sediment yield variations – natural versus human forcing. Zeitschrift für Geomorphologie N. F., Suppl.-Bd. 128: 1–15

Zolitschka B, Behre K-E, Schneider J (2003) Human and climatic impact on the environment as derived from colluvial, fluvial and lacustrine archives – Examples from the Bronze Age to the Migration period, Germany. Quaternary Science Reviews 22: 81–100

Zolitschka B, Francus P, Ojala AEK, Schimmelmann A (2015) Varves in lake sediments – a review. Quaternary Science Reviews 117: 1–41

Zorita E et al. (2010) European temperature records of the past five centuries based on documentary/instrumental information compared to climate simulations. Climatic Change 101: 143–168

Zumbühl HJ (1980) Die Schwankungen der Grindelwaldgletscher in den historischen Bild- und Schriftquellen des 12. bis 19. Jahrhunderts: Ein Beitrag zur Gletschergeschichte und Erforschung des Alpenraumes. Birkhäuser Verlag, Basel

Weiterführende Literatur

Bendix J (2004) Geländeklimatologie. Borntraeger, Berlin

Brasseur GP et al (2017) Klimawandel in Deutschland. Springer-Spektrum, Berlin & Heidelberg

Buhofer S (2017) Der Klimawandel und die internationale Klimapolitik in Zahlen. oekom, München

Brönnimann S (2018) Klimatologie. Haupt (UTB), Bern

Christen A, Vogt R (2004) Energy and radiation balance of a central European city. International Journal of Climatology 24/11: 1395–1421

Cubasch U, Kasang D (2000) Anthropogener Klimawandel. Klett-Perthes, Gotha, Stuttgart

Endlicher W (1991) Klima, Wasserhaushalt, Vegetation. Wissenschaftliche Buchgesellschaft, Darmstadt

Geiger R (1961) Das Klima der bodennahen Luftschicht. 4. Aufl. Vieweg, Braunschweig

Gerstengarbe F-W et al (Hrsg) (2013) Zwei Grad mehr in Deutschland. Wie der Klimawandel unseren Alltag verändern wird. Fischer, Frankfurt a. M.

Glaser R (2013) Klimageschichte Mitteleuropas. 1200 Jahre Wetter, Klima, Katastrophen. 3. Aufl. Primus/WBG, Darmstadt

Goßmann H (1989) Die Atmosphäre. In: Nolzen H (Hrsg) Handbuch des Geographieunterrichts. Darmstadt. Band 10/I: 97–193

Huch M et al (Hrsg) (2001) Klimazeugnisse der Erdgeschichte. Springer, Berlin u. a.

Hupfer P, Kuttler W (2006) Witterung und Klima (begründet von E. Heyer). 12. Aufl. Teubner, Stuttgart

IPCC (2013/2014) Klimaänderung 2013/2014. Zusammenfassungen für politische Entscheidungsträger. Beiträge der drei Arbeitsgruppen zum Fünften Sachstandsbericht des Zwischenstaatlichen Ausschusses für Klimaänderungen (IPCC). Deutsche Übersetzung: Deutsche IPCC-Koordinierungsstelle et al (2016) Bonn, Wien, Bern. https://www.ipcc.ch/pdf/reports-nonUN-translations/deutch/AR5-SPM_Anhang.pdf (Zugriff 16.3.2018)

Kraus H (2004) Die Atmosphäre der Erde. Springer, Berlin

Kuttler W (2009) Klimatologie. Schöningh, Paderborn

Latif M (2009) Klimawandel und Klimadynamik. Ulmer, Stuttgart

Liljequist GH, Cehak K (2006) Allgemeine Meteorologie. 3. Aufl. Springer, Berlin

Quattrochi DA, Ridd M K (1994) Measurement and analysis of thermal energy responses from discrete urban surfaces using remote sensing data. International Journal of Remote Sensing 15: 1991–2022

Rahmstorf S, Schellnhuber HJ (2007) Der Klimawandel. 4. Aufl. C.H. Beck, München

Richter J (2017) Altsteinzeit. Wege der frühen Menschen von Afrika bis in die Mitte Europas. Kohlhammer, Stuttgart

Schönwiese C-D (2013) Klimatologie. 4. Aufl. Ulmer (UTB), Stuttgart

Schönwiese C-D (2019) Klimawandel kompakt. Borntraeger, Stuttgart

Wanner H (2016) Klima und Mensch. Eine 12 000-jährige Geschichte. Haupt, Bern

Kapitel 8

Weischet W (1996) Regionale Klimatologie Teil 1: Die Neue Welt. Teubner, Stuttgart

Weischet W, Endlicher W (2000) Regionale Klimatologie Teil 2: Die Alte Welt. Teubner, Stuttgart

Weischet W, Endlicher W (2018) Einführung in die Allgemeine Klimatologie. 9. Aufl. Teubner Studienbücher, Stuttgart

Kapitel 8

Geomorphologie

Das Monument Valley auf dem Colorado-Plateau im Südwesten der U.S.A. ist ein Paradebeispiel für eine Strukturlandschaft, in der morphologisch widerständige Schichten Felswände bilden (Stufenbildner) und morphologisch weniger widerständige Schichten ausgeräumt werden (Sockelbildner, Ausraumzone). Die Tafelberge im Monument Valley werden auch als *buttes* bezeichnet. Im semiariden Klima können Schichtstufensockel ganz oder teilweise im Felsschutt ertrinken, der durch Verwitterung des Felsbildners von oben nachgeliefert wird (Foto: A. Vött).

© Springer-Verlag GmbH Deutschland, ein Teil von Springer Nature 2020
H. Gebhardt et al. (Hrsg.), *Geographie*, https://doi.org/10.1007/978-3-662-58379-1_9

Die Geomorphologie ist die Wissenschaft von den Formen und Prozessen der festen Landoberfläche. Sie beschäftigt sich also mit demjenigen Bereich des Systems Erde, welcher in weiten Teilen einer direkten Beobachtung zugänglich ist, im Gegensatz zur Geologie, die sich mit tieferen Erdschichten und der gesamten Erdgeschichte befasst. Das Relief der Erde ändert sich permanent, z. B. durch den Einfluss von Heraushebung und Abtragung. Die Reliefdynamik wird seitens der Geomorphologie erforscht, meistens im interdisziplinären Verbund mit anderen Erdwissenschaften wie Geologie, Geophysik und Geochemie. Mittels geodätischer Methoden lässt sich z. B. die aktuelle Hebung der Alpen bestimmen, durch Isotopenmessungen ihre Abtragungsrate. Ökologisch gesehen bildet das Relief das Gerüst der Landschaft und beeinflusst maßgeblich Stoffflüsse der Atmo-, Bio- und Hydrosphäre, sodass Meteorologen, Biologen und Hydrologen die Zusammenarbeit mit Geomorphologen suchen. Aber auch vorzeitliche Umweltveränderungen sind von Interesse und werden unter Auswertung von Sedimenten von Flüssen, Seen, Wind oder Meer rekonstruiert. Viele Umweltprobleme der heutigen Zeit können mit Methoden der Geomorphologie bearbeitet werden, z. B. die Unterscheidung zwischen natürlichen und vom wirtschaftenden Menschen ausgelösten Landschaftsveränderungen. Im Zuge der *global-warming*-Forschung werden darüber hinaus auch geomorphologische Auswirkungen eines veränderten Klimas untersucht. Nicht nur der beschleunigte Meeresspiegelanstieg und die Gefährdung von Küstenregionen, sondern z. B. auch das Auftauen des Dauerfrostbodens mit Zunahme von Felsstürzen und verstärkter Freisetzung des klimawirksamen Methans spielen hier eine Rolle.

9.1 Einführung

Definition und Entwicklung der Geomorphologie

Richard Dikau und Reinhard Zeese

Die Wissenschaftsdisziplin Geomorphologie hat das Ziel, die Entstehung (Genese) der Erdoberflächenformen, ihre geometrisch-topologischen und stofflichen Eigenschaften und die dafür verantwortlichen Erdoberflächenprozesse in Gegenwart und Vergangenheit zu beschreiben und zu erklären. Die zweidimensionale Erdoberfläche ist eine der Hauptenergieumsatzflächen im Erdsystem. Sie bildet die Grenzfläche zum dreidimensionalen lithosphärischen Fest- und Lockergestein unterschiedlicher Zusammensetzung und Entstehung. Sie wird durch räumlich und zeitlich variierende Energie- und Materialflüsse verändert. Die Geomorphologie ist mit einem Phänomen der Oberfläche des Erdsystems befasst, das auch als **Reliefsphäre** bezeichnet wird.

Bereits der Geologe Ferdinand von Richthofen stellte 1886 in seinem „Führer für Forschungsreisende" (von Richthofen 1886) Beziehungen zwischen Formen und Prozessen her, deren Entwicklung durch **Geofaktoren** (Relief, Klima, Gestein, Boden, Wasserhaushalt, Pflanzendecke) gesteuert wird und die Teil des Erdsystems sind. Er gilt deshalb als Begründer der modernen Geomorphologie. Fast ein Jahrhundert zuvor (1795) beschrieb James Hutton, der die Grundlagen der modernen Geologie entwickelte, bereits den Gesteinskreislauf (Abb. 9.15). Ver-

witterung, **Abtragung**, **Transport** und **Ablagerung** bilden in diesem Kreislauf die geomorphologischen Prozesskomponenten. Das von Hutton begründete **Aktualitätsprinzip** basiert auf der Vorstellung, dass Prozesse, die durch innenbürtige (**endogene**; Abschn. 9.2.) und außenbürtige (**exogene**; Abschn. 9.4) Kräfte gesteuert werden und heute beobachtbar sind, in der Vergangenheit nach gleichen Gesetzmäßigkeiten abliefen, wenn vergleichbare Rahmenbedingungen vorlagen. Dementsprechend resultieren aus ihrem Wirken vergleichbare Erdoberflächenformen. **Formenanalyse**, **Materialanalyse** (synonym **Substratanalyse**) und **Prozessanalyse** sind deshalb bis heute Grundlagen geomorphologischer Arbeitsmethoden.

Ein weiterer Meilenstein in der Entwicklung des Faches war das im Jahr 1894 veröffentlichte zweibändige Werk „Morphologie der Erdoberfläche" des deutschen Geomorphologen Albrecht Penck (Penck 1894). Mit seiner **Formensystematik**, ergänzt durch eine quantitative Analytik der Oberflächengeometrie der Formen (**Geomorphometrie**), setzte er wichtige, bis heute wirksame Impulse für die geomorphologische Disziplin. Er entwickelte die Hypothese der globalen Verschiebung von Klimazonen, dem daraus resultierenden Wandel geomorphologischer Prozesse und ihrer Konsequenzen für die Entstehung von Reliefformen. In seinem mit Eduard Brückner veröffentlichten dreibändigen Hauptwerk „Die Alpen im Eiszeitalter" (Penck & Brückner 1909) stellte er mit der **glazialen Serie** (Abb. 9.81) eine naturgesetzliche Abfolge von Formen dar, die unter dem Gletscher, an seinem Rand und in seinem Vorfeld durch jeweils charakteristische „glazigene" (vom Gletscher bewirkte) Formungsprozesse zu erklären sind.

Bis in die Mitte des 20. Jahrhunderts hatten nicht nur im anglo-amerikanischen Sprachraum die Arbeiten des amerikanischen Geomorphologen William Morris Davis paradigmatische Bedeutung. Er publizierte 1899 die Hypothese einer **zyklischen Reliefentwicklung**, wonach ein zyklisches, zeitliches Nacheinander von rascher Hebung der Erdkruste und nachfolgender lang anhaltender Abtragung für die Erdoberflächenformung verantwortlich sei (Davis 1899). Am Ende eines vollständig ablaufenden Zyklus soll nach Davis durch zunehmende Hangabflachung eine „Fastebene" (**Peneplain**) entstanden sein (Exkurs 9.11). Alternative Modelle der Hangentwicklung und Einrumpfung (Abtragung eines Gebirges bis auf seinen Rumpf) entwickelte Walther Penck in dem 1924 posthum veröffentlichten Werk „Die morphologische Analyse" (Penck 1924). Seine Annahmen, dass **endogene Prozesse** von Hebung und Senkung (Abschn. 9.2) **reliefbildend** und vor allem durch Klimaparameter gesteuerte **exogene Prozesse** (Abschn. 9.4) **reliefzerstörend** wirken, sind im Prinzip bis heute akzeptierte Vorstellungen der Geomorphologie. Danach ist „für die Gestaltung der Erdoberfläche [...] das Intensitätsverhältnis der endogenen zu den exogenen Massenverlagerungen maßgeblich" (Penck 1924). Die Abtragung setzt mit Beginn der Hebung ein. Halten sich Hebung und Abtragung die Waage, bleibt trotz Abtragung die in Hebung begriffene Fläche erhalten (**Primärrumpf**). Eilt als Folge kräftiger Hebung die Eintiefung der Gerinnebetten durch Flusserosion dem allgemeinen Hangabtrag voraus, entstehen konvexe Talhänge (aufsteigende Entwicklung). Infolge geringer Hebung kommt es bei abgeschwächter Eintiefung zur Abflachung der Unterhänge und Ausweitung der Talsohlen und damit zur Entstehung konkaver Hänge (absteigende Entwicklung). Die Rückverlegung und weitere Abflachung dieser Hänge bei weiter nachlassender Hebung erfolgt bis zum Erlahmen der Abtragungstätigkeit und der Bildung einer **Endrumpffläche**. Walther Pencks Vorstellungen wurden durch den südafrikanischen Geomorphologen Lester C. King (King 1962) dahingehend verändert, dass durch die planparallele Rückverlegung eines Steilhanges der flache Hangfuß (Pediment) bis zum Endstadium der **Pediplain** ausgeweitet wird. Dieses Pediplanationsmodell (Exkurs 9.11) wurde durch den deutschen Geomorphologen Heinrich Rohdenburg (Rohdenburg 1971) weiterentwickelt.

Allen früheren Arbeiten ist gemeinsam, dass geomorphologische Reliefformen vor allem das Ergebnis endogener Einwirkungen durch tektonische (Abb. 9.11) und vulkanische Prozesse sind und auf Struktur, Typ, Lagerung und Klüftung des Untergrundgesteins steuernd wirken. Für die **Strukturgeomorphologie** gelten Klimaeinflüsse daher als zweitrangig. Wichtiger sei vielmehr die Dauer der exogenen Einflüsse. Nach 1920 gewann die Vorstellung zunehmend an Bedeutung, dass die Reliefformung durch exogene, vor allem klimatisch gesteuerte Prozesse bewirkt wird, die aus der „endogenen Rohform" die „exogene Realform" herausbilden. Die **Klimageomorphologie** setzt die Formenvielfalt einer Region in Beziehung zum dort herrschenden Klima und zieht vor allem exogen gesteuerte aktuelle Formungsprozesse zur Erklärung heran. Klimaspezifische Prozesskombinationen und Formen dienen dabei zur Abgrenzung klimageomorphologischer Zonen.

Unbestritten ist, dass Klimaschwankungen und Klimaveränderungen in langen Zeitskalen ablaufen und Konsequenzen für die geomorphologische Formung hatten. Mehrfache Wechsel von Kalt- und Warmzeiten bestimmten und bestimmen das globale Klimasystem im Quartär (Abschn. 8.14). In Oberkreide und Alttertiär (Abb. 9.7) war die „Treibhauserde" eisfrei und weltweit wärmer. So findet man in Mitteleuropa Kappungsflächen mit Verwitterungsprofilen, deren Bildung einem feuchtheißen Klima zugeordnet wird (Exkurs 9.7). Diese Formen sind vergesellschaftet mit Formen, die in den Kaltzeiten des Quartärs unter Einfluss des Permafrostes und durch Gletschereis entstanden sind. In allen Fällen erklärt das heutige Klima weder die Geometrie noch die Materialeigenschaften der Form, da diese aus vorzeitlichen Prozessen resultieren. Die **Klimageomorphologie** (Büdel 1981) setzt deshalb die Formen einer Region in Beziehung zur zeitlichen Abfolge von Klimaten und erklärt sie als Ergebnis zeitlich variierender exogen gesteuerter Formungsprozesse. Dabei wird vorausgesetzt, dass der spezifische Klimaeinfluss über einen so langen Zeitraum wirksam war, dass sich an das Klima angepasste Reliefformen entwickeln konnten.

Parallel zur Entwicklung der historischen Geomorphologie bildete sich in Deutschland die von Carl Troll begründete Landschaftsökologie als eigenständige Wissenschaftsdisziplin (Kap. 13), die Ökosysteme untersucht und in der die geomorphologischen Prozesse und die oberflächennahen Materialien der Formen ein zentrales Teilsystem darstellen. Die Entwicklung der **Prozessgeomorphologie** geht bis in die Zeit des Zweiten Weltkriegs zurück. Ihre Grundlage bildete das Prinzip des dyna-

mischen Gleichgewichts, das durch den amerikanischen Geomorphologen Grove Karl Gilbert bereits 1877 in der Publikation *„Geology of the Henry Mountain"* (Gilbert 1877) anhand physikalischer Erosionsprozesse eingeführt wurde. Es konnte sich jedoch gegen die mächtige, paradigmatische Davis'sche Zyklentheorie nicht durchsetzen. Ein wichtiger Motor der Entwicklung der Geomorphologie lag in den angloamerikanischen Ländern in zivilen und militärischen Anforderungen der **quantitativen Erkundung** der Erdoberfläche und der sie aufbauenden Materialien in den 1930er- und 1940er-Jahren (Burt et al. 2008). Dabei stand das Verständnis der geomorphologischen **Materialtransportprozesse** an erster Stelle.

In enger Verbindung mit den Erkenntnissen der Ingenieurwissenschaften setzte in den Vereinigten Staaten eine rege geomorphologische Forschungstätigkeit ein, die sich rasch zum neuen Paradigma der Geomorphologie entwickelte. Hydrogeomorphologische und geomorphologische Schlüsselpublikationen wurden von Bagnold (1941), Horton (1945) und Strahler (1952) vorgelegt. Ihr Ziel war die direkte Beobachtung und Messung der Transportprozesse und ihre physikalische Erklärung mithilfe der klassischen Mechanik und Strömungsdynamik. Die Konsequenz dieser grundlegenden Veränderung der Forschungsinhalte war eine massive Verkleinerung der Raum- und Zeitskalen der untersuchten Objekte. Während die Historische Geomorphologie vor 1950 Erkenntnisse der Reliefformung zu erlangen versuchte, die Millionen Jahre in die Vergangenheit zurückreichen und ganze Kontinente umfassen konnten, wurden nun Labor- und Feldmessungen bis in den Bereich weniger Sekunden oder Minuten und weniger Meter oder Kilometer notwendig. Nur dadurch war es möglich, ausreichend definierte Randbedingungen für **deterministische Prozessstudien** zu erhalten.

Die Einführung physikalischer Gesetze in die Geomorphologie hatte weitreichende Einflüsse auf eine neue Generation von Geomorphologen und Geomorphologinnen und war eine wichtige Voraussetzung für den Wendepunkt in der Entwicklung der Ideengeschichte der Geomorphologie. Er führte schließlich nicht nur zu einer Ablösung der beherrschenden Zyklentheorien der ersten Hälfte des 20. Jahrhunderts (Rhoads & Thorn 2011), sondern auch zu einem bis heute nicht überwundenen Dualismus zwischen Historischer Geomorphologie und Prozessgeomorphologie.

In Deutschland erfuhr die Prozessgeomorphologie seit etwa 1970 eine verstärkte Aufmerksamkeit. Der Heidelberger Geomorphologe Dietrich Barsch initiierte Forschungsprogramme in den Themenfeldern der Periglazial- und Hochgebirgsgeomorphologie, der Bodenerosion und des Sedimenthaushalts geomorphologischer Systeme. Auf dieser Basis wurde in Deutschland die **prozessorientierte und quantifizierende** geomorphologische Forschung und Lehre ausgebaut. Die heutige Geomorphologie ist eine Disziplin der Erdsystemwissenschaften (*Earth System Science*). Sie beschäftigt sich mit den Erdoberflächenprozessen Gesteinsverwitterung, Abtrag, Transport und Deposition und ist mit zahlreichen Nachbardisziplinen verbunden (Abb. 9.1). Geomorphologische Prozesse spielen in Erdoberflächensystemen eine zentrale Rolle, da sie für die **Veränderung der Erdoberfläche** selbst verantwortlich sind. Dies gilt für alle Zeitskalen der

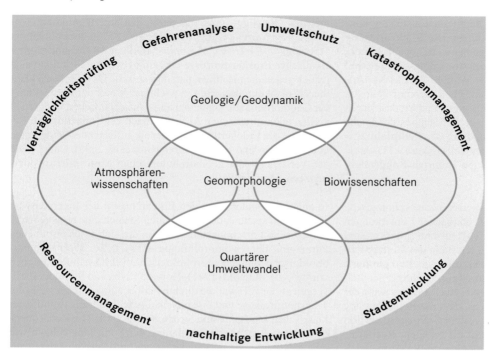

Abb. 9.1 Stellung der Geomorphologie an der Schnittstelle zu anderen Disziplinen der Erdsystemwissenschaften. Geomorphologische Expertisen sind in zahlreichen gesellschaftlich relevanten Themenfeldern erforderlich und anwendbar.

Systementwicklung, das heißt für frühere und heutige Systeme. Um diesen Fragestellungen nachgehen zu können, setzt die heutige Geomorphologie moderne analytische Methoden und Messverfahren ein (Kap. 5). Durch die **Quantifizierung des Massenversatzes** an der Erdoberfläche (z. B. die Bewegung von Hangrutschungen oder die tektonische Hebung von Gebirgen) können sehr große Objektflächen erfasst werden. Es bieten sich neue Möglichkeiten bei der Identifikation und Kartierung geomorphologischer Objekte auf Basis hochaufgelöster, digitaler Höhen- und Bilddaten mit hohen Potenzialen einer modernen digitalen Kartographie der Erdoberfläche (Kap. 7). Numerische Modelle bilden eine zentrale Grundlage für disziplinübergreifende Prozessstudien.

Mit ihrer Erklärungskompetenz von Reliefformen und Prozessen an der Oberfläche des Erdkörpers ist die Geomorphologie im interdisziplinären Verbund mit den zukunftsrelevanten Geowissenschaften angesiedelt (Abb. 9.1). Da die menschlichen Gesellschaften immer stärker in dieses System eingreifen und Wechselwirkungen zwischen Natur und Gesellschaft hervorrufen, erhält die Geomorphologie eine zunehmend wichtige Bedeutung für das Verständnis des Anthropozäns.

Grundlagen der Geomorphologie

Richard Dikau

Seit der griechischen Antike bezeichnet ein System ein aus Teilen zusammengesetztes, gegliedertes und geordnetes Ganzes. Darunter können Phänomene der biotischen und abiotischen

Natur, wie der Kosmos, die Erde oder Pflanzengesellschaften, verstanden werden. Systeme sind geistige Konstrukte und Abstraktionen, das heißt Idealisierungen und Modelle der realen Welt, die aus **Elementen** oder **Komponenten**, **Attributen** (Variablen und Werte) und **Beziehungen** (Relationen) zwischen Komponenten und Attributen bestehen. Ein wichtiges Kriterium ist die Abgrenzbarkeit gegen ihre Umwelt, das heißt gegen andere Phänomene, die nicht als Bestandteil des Systems angesehen werden. In den modernen Wissenschaften der globalen Stoff- und Energiekreisläufe und ihrer Beeinflussung durch die gesellschaftlichen Systeme spielen **systemische Ansätze** (das heißt Ansätze, die sich mit den Eigenschaften und Mechanismen von Systemen beschäftigen) eine zentrale Rolle. Geomorphologische Systeme sind mit anderen Erdsystemen durch **Energie- und Materialflüsse** verbunden. Dazu sind die Systeme der Lithosphäre, der Hydrosphäre, der Atmosphäre oder der Biosphäre zu zählen (Tab. 3.1). Das **geomorphodynamische Hauptsystem** (Ahnert 2015) umfasst die Oberfläche und das Baumaterial der Formen und die geomorphologischen Prozesse. Angetrieben durch die intra- und extraterrestrische Energiezufuhr wird das geomorphologische Hauptsystem einerseits von den erdinnenbürtigen Kräften der endogenen Dynamik, der Tektonik, des Magmatismus und der Metamorphose gesteuert (Abschn. 9.2). Diese Kräfte wirken in der Regel reliefaufbauend und -erhöhend. Ihre Gegenspieler bilden die erdaußenbürtigen Prozesse und Kräfte der Verwitterung (Abschn. 9.3) sowie von Materialabtragung, -transport und -deposition. Sie haben in der Regel eine reliefvermindernde Wirkung, werden durch Agenzien gesteuert (z. B. Wasser, Eis oder Luft), können damit bestimmten Prozessgruppen zugeordnet werden und bilden charakteristische Formen und Formengesellschaften (Abschn. 9.4). Zwischen exogenen und endogenen Prozessen bestehen **Wechselwirkungen**. Sie führen zur endogen gesteuerten Reliefformung, z. B. der Bildung von

Faltengebirgen, Gräben, Schichtstufen oder Horsten. Die exogenen Abtragungsprozesse führen zur Entlastung und Hebung der Kruste, was isostatische Ausgleichsbewegungen (Exkurs 9.3) nach sich zieht.

Die geomorphologischen Phänomene

Geomorphologische Formen

Die geomorphologischen Formen bilden den zentralen Untersuchungsgegenstand der Geomorphologie. Sie weisen zwei- und dreidimensionale Eigenschaften auf. Die Oberfläche des Erdkörpers bildet eine Grenzfläche zwischen der Lithosphäre und den erdexternen Komponenten der Atmosphäre, Hydrosphäre, Kryosphäre und Biosphäre. Diese Fläche hat einen zweidimensionalen Charakter. Sie bildet die externe Begrenzung des Erdkörpers, der aus Locker- oder Festgesteinsmaterial aufgebaut ist. Grenzfläche und Materialkörper bilden die geomorphologische Form, für die synonym auch die Begriffe Relief, Georelief, Reliefform oder Reliefsphäre verwendet werden. Die geomorphologische Form kann geometrisch und topologisch beschrieben werden. Diese Beschreibung und Messung ist Aufgabe der **Geomorphometrie** (Dikau et al. 2004). Eine ihrer Aufgaben liegt in der Systematisierung der Oberfläche der Reliefformen und ihrer Eigenschaften. Danach kann das Relief als Assoziation von Reliefeinheiten unterschiedlicher Geometrie, Topologie, Struktur und Größe quantitativ beschrieben werden (Kugler 1974). Eine Weiterentwicklung der Aufgaben der Geomorphometrie umfasst die Quantifizierung des **Baumaterials** der geomorphologischen Form, das heißt den dreidimensionalen Materialkörper. Beschreibende Eigenschaften sind etwa das Volumen von Sedimentkörpern oder ganzen Hochgebirgen, die Kluftdichte eines Festgesteinskörpers, die lithologische Zusammensetzung oder die Geometrie einer Scherfläche. Geomorphologische Formen werden durch die Oberflächeneigenschaften der Exposition, Neigung, Wölbung (konvex, konkav, gestreckt) charakterisiert, die neben Grundriss und Aufriss ihre Gestalt definieren. Erfasst wird weiterhin die Größe (Länge, Breite, relative Höhe), die Umgebung und Nachbarschaft der Form (Topologie) sowie ihre vertikale Anordnung im Hangsystem (Toposequenz). Mithilfe dieser Eigenschaften können Reliefformen unterschiedlich geometrisch-topologischen Charakters gegeneinander abgegrenzt werden, wie Täler, Hänge, Berge, Terrassen, kontinentale Schilde, Ebenheiten etc.

Geomorphologische Prozesse

Unter einem geomorphologischen Prozess versteht man physikalische, chemische und biologische Vorgänge an der Erdoberfläche und in den Baumaterialien der Reliefform, die gelöste und ungelöste Stoffe und Materialien der Lithosphäre abtragen, transportieren und deponieren. Dieser prozessual-dynamische Ansatz der Geomorphologie wurde in den bahnbrechenden Arbeiten des amerikanischen Geomorphologen Arthur Strahler Anfang der 1950er-Jahre (Strahler 1952, 1957) auf Basis des Prinzips des **dynamischen Gleichgewichts** von Grove Karl Gilbert (Gilbert 1877)

in die Geomorphologie eingeführt. Er bezeichnet damit Prozesse, die auf die elastischen, plastischen und viskosen Materialien des Erdsystems einwirken, dabei charakteristische Beanspruchungen und Störungen erzeugen und zu bestimmten Reliefformen führen. Diese Beanspruchungen erkennen wir als Prozesse der Verwitterung und Abtragung sowie des Transports und der Deposition. Geomorphologische Prozesse können auf Basis der angreifenden physikalischen, chemischen oder biologischen Prozesse klassifiziert werden (z. B. fluviale, glaziale, gravitative, periglaziale, geochemische oder biogeomorphologische Prozesse).

Geomorphologische Formen können als Ausdruck der Beziehung zwischen den **physikalischen Kräften** an der Erdoberfläche und der **Widerstandsfähigkeit des Materials** aufgefasst werden. Die Energie, die in geomorphologischen Systemen die Kräfte erzeugt, wird durch das atmosphärische System, die Gravitation und den geothermischen Wärmefluss geliefert. Die Widerstandsfähigkeit des Materials der Form basiert auf den Eigenschaften des Fest- und Lockergesteins. Erst wenn diese Widerstandsfähigkeit überwunden wird, das heißt ein Schwellenwert überschritten ist, kann eine Formveränderung eintreten. Ein geomorphologischer Prozess ist daher ein physikalisch-chemisch-biologischer Vorgang, bei dem ein **Systemzustand** in einen anderen überführt wird.

Geomorphologische Disziplinen

Die Geomorphologie nähert sich den Form- und Prozessphänomenen mit unterschiedlichen Zielsetzungen, Theorien, Methoden, Techniken und empirischen Datentypen. Die Disziplin lässt sich auf Basis dieser Prinzipien und Kategorien in Teildisziplinen gliedern.

Prozessgeomorphologie

Das Ziel der Prozessgeomorphologie besteht in der **physikalisch-chemisch-biologischen Erklärung** geomorphologischer Formen, Prozesse und kausaler Form-Prozess-Beziehungen. Das methodische Ziel besteht in der Messung, Beschreibung und Modellierung der Prozesse und ihrer Steuergrößen sowie der Prozessprodukte. Dazu zählen z. B. die Messung der Erosions-, Transport- und Depositionsraten, die auf die Form einwirkenden Kräfte, die Quantifizierung der Einflussfaktoren (z. B. Niederschlag, Temperatur und Gesteinsfestigkeit) und die prozessual erzeugten Formeigenschaften (z. B. Hangneigung und Taltiefe). Messungen werden im Gelände (z. B. die Sedimentfracht eines Flusses) und im Labor (z. B. die Korngröße eines Sediments) durchgeführt. Beziehungen zwischen geomorphologischen Formen und den Prozessen werden durch naturwissenschaftliche **Gesetze** beschrieben und mathematisch formuliert. Mit Beginn der 1950er-Jahre wurde die Prozessgeomorphologie in den angloamerikanischen Ländern zur zentralen Forschungsrichtung der Disziplin. Die Raumskalen bewegten sich in den Bereichen der Mikro- und Mesoskalen, die bevorzugte Zeitskala war das letzte Jahrtausend. Damit verlor sie den theoretischen, empirischen und methodischen Zugang zur Erklärung geomorphologischer Langzeitprozesse, das heißt zur Historischen Geomorphologie. Ohne Zweifel wird eine Holistische Geomorphologie eine Integration der Prozessgeomorphologie und der Historischen Geomorphologie entwickeln müssen.

Historische Geomorphologie

Die Historische Geomorphologie beschäftigt sich mit der Gewinnung von Erkenntnissen über die **historischen Prozesse** von Verwitterung, Abtragung, Transport und Deposition und ihre Beziehung zu den Reliefformen (Brown 1980, Summerfield 1991). Das bedeutet, dass sie Erkenntnisse über Phänomene der **erdgeschichtlichen Vergangenheit** zu gewinnen versucht, die nicht direkt beobachtet und gemessen werden können. Sie nutzt das **aktualistische Prinzip**, dass die Gegenwart als den Schlüssel für das Verständnis der Vergangenheit nutzt. Damit wird ausgedrückt, dass Erkenntnisse der heute beobachteten Prozesse, Formen und ihre Beziehungen dazu verwendet werden, um die nicht mehr beobachtbare Formung der Erdoberfläche in der Vergangenheit zu rekonstruieren. Die Historische Geomorphologie lässt sich in verschiedene Teildisziplinen gliedern, die spezifischen Hypothesen der Reliefentwicklung folgen und besonders hervorheben, z. B. die Klima-Geomorphologie, die Evolutionäre Geomorphologie, die Quartärgeomorphologie, die Neue Historische Geomorphologie oder die Geomorphologie des Anthropozäns.

Das bevorzugte Themenfeld der Historischen Geomorphologie bilden Reliefformen mit hohen **Persistenzzeiten** von Tausenden bis zu mehreren Millionen oder Hundertmillionen Jahren, wie fluviale Terrassen, glaziale Moränenkörper, Hochgebirge, kontinentale Schilde oder Kontinente. Die Historische Geomorphologie entwickelte sich im 19. Jahrhundert und umfasst heute ein breites Spektrum an Themenfeldern und Reliefentwicklungstheorien (Huggett 2017). Ihr Schwerpunkt liegt in regionalen Studien, das heißt in der Rekonstruktion der Reliefentwicklung unter spezifischen regionalen Rahmenbedingungen, z. B. dem Klima, der Lithologie oder der tektonischen Prozesse.

Die zentrale **Methode** der Historischen Geomorphologie bildet die **Retrodiktion**. Allgemein wird Retrodiktion als die Erklärung eines zeitlich zurückliegenden Prozesses oder spezifischen Sachverhaltes definiert. Der Retrodiktion liegen spezielle Gesetzmäßigkeiten zugrunde, die aus Hypothesen und Theorien der Beziehungen einer Reliefform und ihren Eigenschaften mit den auf- und abbauenden Prozessen abgeleitet worden sind. Dazu zählen z. B. die empirische Beobachtung und Gesetzmäßigkeit, dass sandige Sedimente (Formmaterial) in Gestalt der Geomorphometrie einer Düne (Formgeometrie- und -topologie) durch äolische Prozesse (formende Kräfte des Windfeldes) erzeugt werden. Retrodiktionen erfordern verschiedene Schließmethoden, wobei das abduktive Schließen (Inkpen & Wilson 2013) einen Schwerpunkt bildet. Retrodiktive Methoden basieren auf aktuell beobachtbaren Evidenzen der geomorphologischen Vergangenheit:

- Reliefformen (Vorzeitformen)
- korrelate Sedimente (bei Verwitterungs-, Erosions-, Transport- und Depositionsprozessen entstandene Lockergesteine)

- Verwitterungsreste von Locker- und Festgesteinen (Exkurs 9.7)
- relative und absolute Alter von vorzeitlichen Reliefformen, korrelaten Sedimenten und Verwitterungsresten (Abschn. 5.3)

Das aktualistische Prinzip der Historischen Geomorphologie bleibt nicht unwidersprochen. Es wären, so die Einwände, Zweifel daran angebracht, dass die Vergangenheit lediglich „vergangene Gegenwart" sei (von Engelhardt & Zimmermann 1982). Die Argumente sind auf verschiedenen Ebenen angesiedelt. Erstens: Es ist häufig unklar, was unter Gegenwart überhaupt zu verstehen ist. Zweitens: Die Entwicklung von Reliefformen in langen Zeitskalen sei pfadabhängig, irreversibel und historisch kontingent, so Ollier (1981, 1991) und Phillips (2007). Die Singularität der lokalen Randbedingungen und der singulär-individuelle Entwicklungspfad, der darüber hinaus von dynamischer Instabilität gekennzeichnet sein kann, erfordere es, von **nicht analogen Reliefformen** zu sprechen (Bloom 2002). Die analytische Rekonstruktion einer derartigen Systemgenese wird damit erheblich erschwert, da die variable Raumkonfiguration für jeden Zeitschritt bzw. für jede Zeitscheibe rekonstruiert werden muss, was hohe Anforderungen an geeignete Daten und die rekonstruktive Modellierung stellt oder prinzipiell nicht möglich ist. Drittens: Der Analogieschluss einer heutigen klimatischen Situation, z. B. der subpolaren Breiten, mit einer Situation der Vergangenheit, z. B. des kaltzeitlichen (periglazialen) Klimas Mitteleuropas, sei problematisch. Dies gelte auch für die Analogie der mitteltertiären Warmklimate mit den tropischen und subtropischen Klimaten der Gegenwart (Bloom 2002). Viertens: Darüber hinaus besteht die Anwendung des Aktualismus in der unabdingbaren Voraussetzung des Wissens über beobachtbare Prozesse der Gegenwart. So muss z. B. die historische Erforschung der periglazialen Solifluktionsprozesse in Mitteleuropa während der letzten Kaltzeit auf Erkenntnissen der Solifluktionsforschung der Gegenwart basiert sein. Dies setzt voraus, dass die geomorphogenetische Erforschung der Solifluktionssedimente (Deckschichten) auf die neuesten Erkenntnisse der aktuellen Prozesse aufbauen muss. Dies erfordert von der Historischen Geomorphologie höchste Aufmerksamkeit, Aktualität und explizite Prozesskenntnisse der periglazialen Forschungsfront.

Geomorphologische Systeme

Geomorphologische Systemtypen

Die Konzeption geomorphologischer Systeme basiert auf den Arbeiten des britischen Geomorphologen Richard Chorley, der in den 1960er- und 1970er-Jahren die **Allgemeine Systemtheorie** in die Physische Geographie transformiert hat (Chorley & Kennedy 1971, Elverfeldt 2012). Die prozessualen Beziehungen zwischen Teilen des Systems entstehen durch die Material- und Energieflüsse innerhalb des Systems. Physisch-geographische Systeme sind offen, das heißt, von der Systemumwelt wird Material und Energie aufgenommen (**Input**) und an sie abgegeben (**Output**). Die Funktion eines Systems erfordert daher Kräfte und Energiequellen. Ein geomorphologisches System bezeichnet eine räum-

Abb. 9.2 Schematische Darstellung der Reaktion eines fluvialen Systems auf externe Störungen. Bei einer gleichbleibenden Höhe der Flusssohle befindet sich das System in einem Gleichgewicht aller einwirkenden Kräfte. Nach einer externen Störung wird an der Flusssohle akkumuliert oder erodiert. Das System strebt, gesteuert durch negative Rückkopplungsprozesse, einem neuen Gleichgewichtszustand zu (verändert nach Bull 1991).

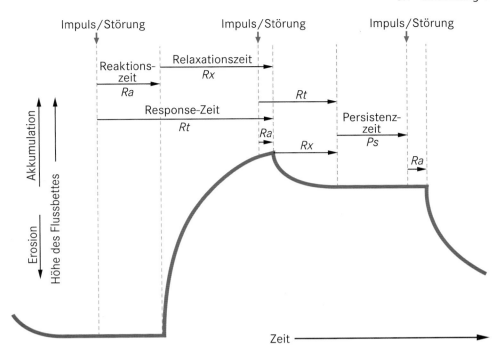

lich-materielle Struktur von in Wechselwirkung stehenden **Reliefformen** und formverändernden **Prozessen**. Ein Hochgebirge, ein Hang, ein Flusstal oder eine Erosionsrinne und die sie formenden Prozesse bilden in diesem Sinne geomorphologische Systeme.

In geomorphologischen Systemen stehen immer die Oberfläche der Form, das Material des Formkörpers und die einwirkenden Prozesse in **Wechselwirkung**. Es ist sinnvoll, geomorphologische Systeme unter diesen Gesichtspunkten zu klassifizieren. Die Erdoberfläche systemisch zu betrachten, bedeutet ihren Kontinuumcharakter aufzulösen und die Reliefformenassoziation analytisch in Systemelemente zu zerlegen (Disaggregation). Die Elemente können einerseits separat (Form und Prozess) und andererseits in ihren gegenseitigen Wechselwirkungen (kausale Form-Prozess-Rückkopplung) untersucht werden. Weitere Systemkategorien ergeben sich aus der Betrachtung der langfristigen Reliefentwicklung (Geomorphogenese), aus beabsichtigten oder unbeabsichtigten menschlichen Eingriffen in die Systeme oder aus der Systemkomplexität.

Folgende **Klassifikationskategorien** sind sinnvoll:

- Typ und räumlicher Wirkungsbereich des dominanten geomorphologischen Prozesses (z. B. fluviale, äolische, glaziale, tektonische, geochemische oder biogeomorphologische Prozesse)
- Größe und Alter der geomorphologischen Form (Raum- und Zeitskale)
- Geomorphometrie und materielle Zusammensetzung der geomorphologischen Form (z. B. steile oder flache Formen, Fest- oder Lockergestein).

Die klassische Klassifikation geomorphologischer Systeme beruhte auf den physikalischen Ansätzen des dynamischen Gleichgewichts. Es besagt, dass das System nach einer Störung in ein neues **Gleichgewicht** zurückkehren will und dies durch die Wirkung negativer **Rückkopplungen** erreicht wird (Abb. 9.2).

Diese Ansätze haben seit 1990 eine Erweiterung durch Theorien komplexer, nichtlinearer Systeme erfahren. Im Unterschied zu Gleichgewichtssystemen, die nach einer Relaxationszeit in einen neuen Gleichgewichtszustand zurückkehren, reagieren **Nichtgleichgewichtssysteme** völlig anders. Hier reagiert das System auf anhaltende kleine Störungen mit **dynamischer Instabilität** und, im Verhältnis zum Ausmaß der Störung, mit unverhältnismäßig großen und langanhaltenden Reaktionen (Exkurs 9.1). Gleichgewichtssysteme sind insofern prinzipiell vorhersagbar, als dass eine veränderte Randbedingung, z. B. in Form einer Klimaveränderung, zu einer gleichen Reaktion, z. B. einer Flusseinschneidung, führt. In dynamisch instabilen Systemen können dagegen gleiche Einflüsse räumlich und zeitlich unterschiedliche Formen der Anpassung hervorrufen. Ihre **Prognose** ist daher mit größten Problemen verbunden.

Geomorphologische Systeme können zusammenfassend in sechs Typen klassifiziert werden (Tab. 9.1). Es sind Systembeschreibungen auf Basis unterschiedlicher statischer und dynamischer Kategorien. Sie umfassen die zweidimensionale Oberfläche und den dreidimensionalen Körper der geomorphologischen Form, den geomorphologischen Prozess und ihre gegenseitigen Wechselwirkungen.

Als **Formsysteme** werden statische Systeme bezeichnet, die ohne Zeitbezug betrachtet werden. Das Formsystem besteht aus dem dreidimensionalen Formkörper, der durch eine zweidimensionale Formoberfläche begrenzt wird. Das Formsystem wird durch Variablen beschrieben, die die Geometrie und Topologie

Kapitel 9

Exkurs 9.1 Komplexe nichtlineare Systeme

Die in der zweiten Hälfte des 20. Jahrhunderts in der Physik und Chemie entwickelte Komplexitätstheorie hat zu einer Erweiterung der Erklärung der geomorphologischen Form-Prozess-Beziehung geführt (Dikau 2006). In komplexen nichtlinearen geomorphologischen Systemen besteht eine Unproportionalität zwischen den das System beeinflussenden Inputfaktoren oder Störungen und der Systemreaktion (Abb. A).

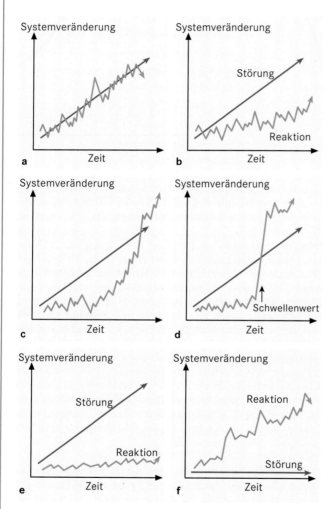

a   Zeit
b   Zeit
c   Zeit
d   Zeit   Schwellenwert
e   Zeit
f   Zeit

Abb. A In komplexen nichtlinearen Systemen bestehen zwischen einer Störung (System-Input) und der Systemreaktion komplizierte und häufig nicht vorhersagbare Beziehungen. Werden bestimmte Schwellenwerte („Kippschalter") erreicht (Fall **d**), können extreme Veränderungen in kürzester Zeit auftreten.

Das Systemverhalten ist durch komplexe Wechselwirkungen zwischen geomorphologischen Prozessen, Reliefformen und ihren Einflussfaktoren in unterschiedlichen Raum- und Zeitskalen charakterisiert. Sie befinden sich fernab thermodynamischer Gleichgewichte. Theorie und Analytik der Eigenschaften derartiger Systeme gelten als Weiterentwicklung der klassischen geomorphologischen Systemtheorie. Phillips (2003) benennt mehrere phänomenologische Ursachen für komplexes nichtlineares Systemverhalten:

- Schwellenwerte (*thresholds*)
- Masse- und Energiespeicher (*storages*)
- Sättigung und Entleerung (*saturation and depletion*)
- Selbstverstärkung durch positive Rückkopplung (*selfreinforcing by positive feedback*)
- Abschwächung durch negative Rückkopplung (*self-limitation by negative feedback*)
- konkurrierende Wechselwirkungen (*competitive relationships*)
- mehrfache Formen der Anpassung (*multiple modes of adjustment*)
- Selbstorganisation (*self-organization*)
- Hysterese (*hysteresis*)

Diese Ursachen werden häufig mit instabilen, chaotischen, fraktalen und selbstorganisierten Systemeigenschaften in Verbindung gebracht. Es soll betont werden, dass nicht alle nichtlinearen Eigenschaften von Systemen komplexer Natur sind. Nichtlineare Systeme können einfach und vorhersagbar sein, was für komplexe Systeme nicht zutreffen muss. Das heißt, dass die Nichtlinearität von Systemen und ihre Nichtdeterminierbarkeit nur eine von zahlreichen Eigenschaften dieser Systeme darstellen. Dieser Schnittbereich wird von Phillips (2003) als *complex nonlinear dynamics* (CND) bezeichnet.

Die Folgerungen aus dem komplexen nichtlinearen Verhalten von Systemen sind für die Geomorphologie höchst bedeutsam. Bereits Stanley Schumm beschreibt in seinem wichtigen Lehrbuch „*To Interpret the Earth – Ten ways to be wrong*" (Schumm 1991) nichtlineare Reaktionen eines fluvial-geomorphologischen Systems durch gleichzeitige, aber räumlich unterschiedliche Reaktionen auf einen externen Störungsimpuls. So kann am Oberlauf Einschneidung stattfinden und gleichzeitig am Unterlauf oder im Deltabereich alluviales Sediment akkumuliert werden. Unter Verallgemeinerung dieser Aussage kann eine kausal lineare Beziehung zwischen Ursache (Klima- und Landnutzungsänderung) und Reaktion (Sedimentation oder Einschneidung) des Systems nicht mehr für das Gesamtsystem gefunden werden. Ein Grund für diese Nichtlinearität liegt in der internen Systemkonfiguration, das heißt im internen Systemaufbau, der die Ursache-Wirkungs-Beziehung maßgeblich steuert und zeitlichen Veränderungen unterliegt. Es ist daher sinnvoll, eine Unterscheidung zwischen systeminternen und -externen Einflüssen und Schwellenwerten vorzunehmen und das System in seine Komponenten zu zerlegen. Auch die Interpretation von Sedimentarchiven wird durch derartige Prozesse extrem erschwert. Falls das System chaotischen Gesetzen folgt, genügen bereits kleinste Störungen geringster Magnitude von kurzer Dauer, um zu massiven Veränderungen der Systemreaktion zu gelangen. Auch hier ist eine einfach kausale Beziehung zwischen Ursache und Wirkung nicht mehr erkennbar.

Tab. 9.1 Klassifikation von geomorphologischen Systemtypen nach Chorley & Kennedy (1971) und Phillips (2003).

Systemtyp	Prozesse/Attribute/Eigenschaften	Beispiele
Formsystem (statisches System)	• zweidimensionale Oberfläche (Grenzfläche) der Reliefform (Erdoberfläche) • dreidimensionaler Körper der Reliefform	• Neigung des Hanges • Abgrenzung eines Einzugsgebiets • Volumen eines Sedimentkörpers • Korngröße eines Sediments
Kaskadensystem (Prozesssystem)	• sequenzielle Anordnung von Reliefelementen entlang einer Kaskade (Toposequenz)	• Hangsystem (Kopplung von Felswand und Schuttkegel) • fluviales System mit Kopplung der Hänge (Quellen) mit Senken (Flussauen, Ozean)
Prozess-Response-System	• Form-Prozess-System mit Rückkopplungen zwischen Form und Prozess	• Hangsystem (freie Felswand und Schuttkegel) mit negativer Rückkopplung zwischen Form und Prozess
geomorphogenetisches System	• Prozess-Response-System, das sich in mehreren Entwicklungsphasen gebildet hat und das als geomorphologisches Formen-Palimpsest bezeichnet wird	• glaziales Talsystem im Hochgebirge • Hoch- und Mittelgebirge • kontinentale Schilde mit glazigener Überprägung
geomorphologisches Kontrollsystem	• Prozess-Response-System, in das der Mensch beabsichtigt oder unbeabsichtigt eingreift	• Bodenerosion durch landwirtschaftliche Nutzung • Küstenverbau zur Verhinderung der Küstenerosion • Mäanderdurchstich eines Flusslaufes
komplexes nichtlineares System	• Unproportionalität zwischen den System-Input-Faktoren und der Systemreaktion • Selbstorganisation • Chaos	• Steinringe im Periglazial • Hangrutschung • Bodenerosion • Gerinnenetze

Kapitel 9

(z. B. Hangneigung, Wölbung, Höhe, Lage im Hang, Größe), den Baukörper der Form (z. B. Gesteinstyp, Korngröße, Wassergehalt, Volumen) und ihre Beziehungen (z. B. Zusammenhang zwischen Hangneigung und Gesteinsklüftung) betreffen.

In **Kaskadensystemen** erfolgen die Energie- und Materialflüsse kaskadenartig entlang gekoppelter Transportwege (Toposequenzen). Sie werden auch als Prozess- oder Fluss-(Flux-)systeme bezeichnet. Durch die gekoppelten Transportwege wird der Output eines Teilsystems zum Input des benachbarten Teilsystems. Kaskadensysteme verfügen über Energie- und Materialspeicher (z. B. in Form der Geländehöhe oder eines Talauensediments). Kaskadensysteme berücksichtigen den Zeitbezug, das heißt, dass die Formveränderung in der Zeit eine Systemkategorie darstellt.

Prozess-Response-Systeme werden auch als Prozessformsysteme bezeichnet. Sie kombinieren statische Formsysteme und Kaskadensysteme. Es sind geomorphologische Materialflusssysteme, in die als weitere Systemkategorie Rückkopplungen zwischen Form und Prozess (Abtrag, Transport, Deposition) eingeführt werden. Von zentraler Bedeutung ist, dass die veränderte geomorphologische Form Veränderungen der zeitlich folgenden Prozesse hervorruft, was als **Pfadabhängigkeit** oder **Historizität** des Systems bezeichnet wird. Die Pfadabhängigkeit eines geomorphologischen Systems bedeutet, dass die Veränderung des Systems als Reaktion auf ein externes Ereignis, z. B. der Einfluss einer tektonischen Hebung, von der Geschichte des Systems und der Anordnung seiner Komponenten im Raum abhängig ist. Das System entwickelt sich entlang von Trajektorien, welche die Richtung seiner raum-zeitlichen Entwicklung bezeichnen.

Unter einem **geomorphogenetischen System** wird ein Prozess Response System verstanden, das sich in längeren Zeitskalen der **geomorphologischen Vergangenheit** entwickelt hat. Die Formgenese (griech. *génesis* = Zeugung, Schöpfung) kann mehrere Entwicklungsphasen durchlaufen (Mehrphasigkeit), in denen wechselnde Randbedingungen der Prozesse vorherrschen oder gänzlich neue Prozesse auftreten, die die Reliefform der Präphase modifizieren. Die entstehende Reliefform erhält dadurch zunehmend Oberflächen- und Materialeigenschaften mehrerer Bildungsprozesse (Polygenese), sodass ein Reliefformen-Palimpsest entsteht (Abb. 9.5). Es wird als eigener Systemtyp ausgewiesen, weil die geomorphologische Form aus Bestandteilen mehrerer **Entwicklungsphasen** (morphogenetische Sequenzen; Zeese 1983) zusammengesetzt sein kann, was bedeutet, dass die Form immer noch Bestandteile von Bildungsprozessen aufweist, die heute nicht mehr auftreten (z. B. Moränenbildung durch Gletscher der Eiszeiten). Dieser Reliefaufbau wird als Formen-Palimpsest bezeichnet.

Als **geomorphologische Kontrollsysteme** werden Prozess-Response-Systeme bezeichnet, in die der Mensch beabsichtigt oder unbeabsichtigt eingreift oder eingegriffen hat. Eine Böschungsverstellung (Straßenbau), eine Flussbegradigung (Mäanderdurchstich), eine Küstenbefestigung oder die historische und heutige Bodenerosion sind zu diesem Systemtyp zu rechnen. Diese Thematik ist ein Bestandteil der Angewandten Geomorphologie und ihrer Nachbardisziplinen, z. B. der Ingenieurgeologie oder des Wasserbaus. Weitere Anwendungsgebiete liegen in der Naturgefahrenbewertung und dem Risikomanagement (Kap. 30). Die Kopplung geomorphologischer Systeme mit den Systemen der menschlichen Gesellschaften wird als **Geomorphologie im Anthropozän** bezeichnet.

In **komplexen nichtlinearen geomorphologischen Systemen** bestehen keine kausalen Beziehungen zwischen Ursache (z. B. Niederschlag) und Wirkung (Bodenerosion). Derartige Systeme können sich fernab des thermodynamischen Gleichgewichts befinden, äußerst instabil sein und auf kleinste Einflüsse (ein einziges auftreffendes Sandkorn) stark reagieren (zahlreiche Rutschungen; Exkurs 9.1). In komplexen Systemen bewirkt die nichtlineare Dynamik jedoch nicht nur chaotisches Verhalten, sondern kann auch durch Selbstorganisation zur Ordnung, das heißt zu geordneten Strukturen, führen. Prigogine & Stengers (1981) wählen dafür die Bezeichnung dissipative Strukturen. Unter **Dissipation** versteht die klassische Thermodynamik, dass ein offenes Gleichgewichtssystem laufend Energie in Form von Wärmeenergie verliert. In offenen Nichtgleichgewichtssystemen dagegen entsteht Stabilität, also eine dissipative Struktur, durch den Energie- und Materialaustausch mit der Außenwelt des Systems. Das bedeutet, dass aus ungeordneten Zuständen des komplexen chaotischen Systems wohlorganisierte raumzeitliche Strukturen gebildet werden, z. B. konvektiv erzeugte atmosphärische Bénard-Zellen. Zu erklären sind diese Prozesse durch systeminterne **Zirkelkausalitäten** zwischen Systemelementen, bei denen die Wirkung einer Ursache als neue Ursache einer folgenden Wirkung auftritt. Entscheidend ist, dass sich die Elemente selbstständig zu funktionsfähigen und wohlgeordneten höherskaligen Objekten zusammenfügen. Die sich mit diesen Prozessen befassende Lehre nennt der deutsche Physiker Hermann Haken Synergetik (Haken 1982).

Eigenschaften geomorphologischer Systeme

Die systemische Geomorphologie hat nach den Arbeiten von Richard Chorley vor allem in den USA und Großbritannien zahlreiche Erweiterungen und Konkretisierungen erfahren. Zu nennen sind hier der amerikanische Geomorphologe Stanley Schumm (Schumm 1991) und der britische Geomorphologe Denys Brunsden (Brunsden 1990, 1996). Von ihnen wurden die beschreibenden Kategorien geomorphologischer Systeme weiterentwickelt bzw. aus anderen naturwissenschaftlichen Disziplinen in die Geomorphologie importiert.

Die in einem geomorphologischen System transportierten Materialmengen werden von zahlreichen Eigenschaften der Form und der auf sie einwirkenden Prozesse gesteuert und limitiert. Von einem **verwitterungslimitierten System** sprechen wir dann, wenn die Transportprozesse (z. B. Fallen, Bodenerosion, Solifluktion) eine höhere Rate aufweisen als die Verwitterungsprozesse (Abschn. 9.3), die das Festgestein chemisch, physikalisch und biologisch in eine Verwitterungsdecke umwandeln. In diesem Fall kann auf dem anstehenden Festgestein keine Verwitterungsdecke akkumuliert und damit auch keine Grundlage für die Bodenbildung (Kap. 10) gelegt werden. Von einem **transportlimitierten System** sprechen wir dann, wenn die Verwitterungsrate des Festgesteins die Transportrate der Abtragsprozesse übersteigt. Hier kann sich eine Verwitterungsdecke bilden, in der sich ein Boden entwickeln kann.

Die Raten geomorphologischer Abtrags-, Transport- und Depositionsprozesse (Materialmenge pro Zeiteinheit) treten in hoher Variabilität auf. Empirische Studien zeigen die generelle Tendenz, dass höhere Abflussmengen, stärkere Windgeschwindigkeiten, größere Bergstürze und höhere Sedimenttransporte seltener auftreten als kleinere Ereignisse, das heißt, dass Ereignisse höherer **Magnitude** auch eine geringere Frequenz aufweisen. Unter **Frequenz** verstehen wir die Anzahl der Prozesse pro Zeiteinheit. Offenbar besteht zwischen diesen beiden Größen ein Zusammenhang, der für die Wirkungsweise geomorphologischer Systeme von hoher Bedeutung ist. Dabei erhebt sich die Frage, welche Ereignisse des Frequenz-Magnituden-Spektrums für die Reliefformung besonders effektiv sind. Für diesen Sachverhalt wurde der Begriff der **geomorphologischen Effizienz** eingeführt (Schumm 1991). Man geht häufig davon aus, dass ein höherer Energieaufwand auch zu einer größeren Reaktion des Systems in Form einer größeren verrichteten Arbeit führt. Wenn jedoch in einem System die höchsten Frequenzen der unabhängigen Variable (z. B. die Abflussrate eines Flusses) bei den mittelgroßen Magnituden auftreten, kann ein Effizienzmaximum (**geomorphologisches Wirkungsmaximum**) unter mittelgroßen Einflussbedingungen auftreten. Dieses Frequenz-Magnituden-Konzept geht auf die amerikanischen Geomorphologen Wolman & Miller (1960) zurück, die festgestellt haben, dass die bei geomorphologischen Ereignissen verrichtete Arbeit nicht notwendigerweise gleichbedeutend ist mit der relativen Bedeutung dieser Ereignisse für die Formung der Erdoberfläche.

Unter **Schwellenwerten** werden Zustandsvariablen des geomorphologischen Systems verstanden, bei deren Überschreiten Veränderungen auftreten. Diese Veränderungen können plötzlich und mit hoher Magnitude ablaufen (z. B. ein Bergsturz mit mehreren Kubikkilometern Volumen innerhalb weniger Minuten), aber auch langsam und kontinuierlich verlaufen (z. B. die „schleichenden" Prozesse der Bodenerosion im Zeitraum von Jahrtausenden). Die Hangneigung stellt einen solchen Schwellenwert dar. Wird ein bestimmter Wert überschritten, kann ein plötzlicher gravitativer Prozess in Form einer Hangrutschung ausgelöst werden, der den Zustand des gesamten Hangsystems verändert. Ähnliche Schwellenwerte liegen in fluvialen Systemen vor, in denen das Bettmaterial des Flusses erst bei einer bestimmten Kraft der Strömung in das Fluid aufgenommen und transportiert wird. Bei der Steuerung von geomorphologischen Prozessen und in Rückkopplungsmechanismen spielen Schwellenwerte eine wichtige Rolle. Deshalb können Schwellenwerte auch allgemeiner als Regulatoren von Systemen bezeichnet werden. In geomorphologischen Systemen können **externe und interne Schwellenwerte** unterschieden werden, was der amerikanische Geomorphologe Stanley Schumm beschrieben hat (Schumm 1991). Externe Schwellenwerte werden durch die **Regulatoren** der Systemumwelt erzeugt. Bei einem Hangsystem sind dies beispielsweise der Niederschlag, die tektonische Hebung oder die Solarstrahlung. Systeminterne Schwellenwerte liegen etwa als Zustandsvariablen der bodenmechanischen Eigenschaften oder der Sedimentspeicherung vor. Je näher sich die Werte der Zustandsvariablen an den Schwellenwerten des Systems befinden, desto höher ist seine **Sensitivität**. Sie ist definiert als die Empfindlichkeit gegenüber einer externen oder internen Störung. Hoch sensitive Systeme reagieren selbst auf geringe Störungen mit Veränderungen, das heißt mit der Auslösung eines formverändernden Prozesses. Die Systemsensitivität ist zeitlich variabel. So kann z. B. ein Hang durch Verwitterungsprozesse im Festgestein (Tonmineralbildung durch Saprolitisierung) im Laufe seiner Entwicklung seine bodenmechanische Stabilität verlieren und eine Voraussetzung für Hangrutschungen entwickeln.

Unter **Reduktion** wird verstanden, wenn zwei verschiedene Sachverhalte vorliegen, von denen der eine (B-Ebene) auf den anderen (A-Ebene) zurückgeführt werden kann (Hoyningen-Huene 2009). Eine heute intensiv diskutierte Fragestellung lautet z. B., ob das menschliche Bewusstsein auf die physikalischen und chemischen Prozesse des Gehirns zurückgeführt werden kann oder ob das Mentale ein gänzlich anderes, naturwissenschaftlich nicht erklärbares Phänomen darstellt. In der Geomorphologie erhebt sich die Fragestellung, ob höherskalige Reliefformen, z. B. Hochgebirge oder Kontinente, als Ergebnisse von subskaligen Phänomenen (z. B. Täler, Hänge, Grate, Ebenen und ihre formbildenden Prozesse) verstanden werden müssen, ob also ihre Eigenschaften und Funktionen aus den Systemelementen und ihren räumlichen Mustern erklärt werden können oder ob sie eigenständige Phänomene darstellen. Grundsätzlicher formuliert erhebt sich die Fragestellung, ob die Geomorphologie auf die Disziplinen der Physik, Chemie und Biologie reduziert werden kann (geomorphologischer Reduktionismus), das heißt auf den naturwissenschaftlichen Determinismus aufgebaut werden muss oder ob sie eigene Zugänge zum geomorphologischen Phänomen (geomorphologischer Anti-Reduktionismus) benötigt.

Unter **Emergenz** wird der Zusammenschluss von Elementen eines Systems (A-Ebene) zu einem anderen System (B-Ebene) verstanden, dessen Eigenschaften gänzlich neuartig und unerwartet sind. Diese Eigenschaften sind aus Sicht der A-Ebene grundsätzlich unverständlich, unableitbar und unvorhersehbar (Hoyningen-Huene 2009). Grundsätzlich können unterschiedliche Sachverhalte emergent sein. Dazu zählen z. B. die Eigenschaften des Systems und seiner Teile oder die Vorstellung, dass auf der B-Ebene neuartige Gesetze wirken, die auf der A-Ebene nicht gelten. Auch wären die Gesetze der B-Ebene nicht auf die Gesetze der A-Ebene re-

duzierbar. Die Emergenz scheint auch für die geomorphologische Erkenntnisgewinnung in unterschiedlichen Raum- und Zeitskalen von Bedeutung zu sein (Meßenzehl 2018). So existiert die Hypothese, dass die felsmechanischen Eigenschaften und Gesetze der Elemente einer Felswand (ca. 10 m²) einen anderen Charakter aufweisen als die Eigenschaften und Gesetze auf der höheren Raumskale der gesamten Felswand (ca. 4 · 10⁴ m²) oder der Hänge großer alpiner Talsysteme (> 100 km²).

Skalen geomorphologischer Systeme

Ein Ansatz geomorphologischer Skalen geht davon aus, dass empirische Beziehungen zwischen der Formgröße und der Bildungs- sowie Existenzdauer der Form bestehen. Es können zwar Ausnahmen von dieser Regel auftreten, da z. B. sehr große Bergstürze oder Megafluten innerhalb weniger Minuten oder Monate Relieformen beträchtlicher Größe aufbauen oder sehr kleine Formen, wie Gletscherschliffe in geschützten Erosionslagen, sehr lange Zeiträume überleben können, ohne zerstört zu werden. Jedoch scheint dies nicht die aus empirischen Beobachtungen abgeleitete generelle Regel der **Existenzdauer-Größen-Beziehung** von geomorphologischen Prozessen und Formen zu widerlegen (Abb. 9.3). Auch scheint es plausibel zu sein, dass höhere Volumina von Lithosphärenmaterial auch höhere Energiemengen und Zeiträume benötigen, um durch endogene und exogene Prozesse auf- oder abgebaut zu werden. Dieser traditionelle Skalenansatz wird durch die geomorphologische Komplexitätsforschung erweitert. Es besteht die Fragestellung, ob und wie stark geomorphologische Prozesse der unterschiedlichen Raum- und Zeitskalen in gegenseitiger Abhängigkeit stehen. Skalenkopplungen würden zu prozessualen Interaktionen zwischen Formen und Prozessen beispielsweise der Mikro-, Meso- und Makrosysteme führen (Exkurs 9.1). Daneben erhebt sich die Frage, ob das Verständnis gekoppelter Systeme, z. B. **biogeomorphologische Hochgebirgssysteme**, spezielle Skalengesetze erfordern (Eichel 2016) und auf welche Art und Weise die Skalen der Phänomene verbunden sind.

Geomorphologische Prozesse erzeugen Formen und Formenmuster, die empirisch zu beschreiben und in **Skalentheorien und -modelle** abzubilden sind. Sie müssen explizite Aussagen zur geomorphologischen Reduktion und Emergenz beinhalten. Erste Ansätze lieferte der deutsche Geomorphologe Albrecht Penck. Er publizierte im Jahre 1894 das Modell einer hierarchischen Reliefgliederung (Penck 1894), das auf der Vorstellung beruht, dass sämtliche Formen der Reliefsphäre bestimmten Basistypen zugeordnet werden können und dass größere Reliefeinheiten aus kleineren Einheiten aufgebaut werden können. Das darauf aufbauende **Skalenmodell** des deutschen Geomorphologen Hans Kugler (Kugler 1974) ist eine Weiterentwicklung dieses Ansatzes und **polyhierarchisch** aufgebaut. Es basiert auf einer Definition von Raumskalen unterschiedlicher Größe, die im Kern das Mikro-, Meso- oder Makrorelief bilden. Das Entscheidende dieses Ansatzes ist, dass die Reliefformen auf jeder dieser Ebenen als voneinander weitgehend unabhängig betrachtet werden (Abb. 9.4).

Das Georelief bildet somit ein Formenmuster, das durch geomorphologische Prozesse in unterschiedlichen erdgeschicht-

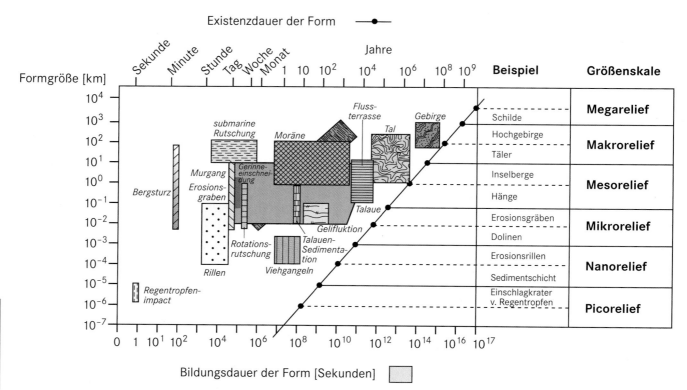

Abb. 9.3 Existenzdauer-Größen-Beziehung geomorphologischer Prozesse und Formen. Die Klassifikation erfolgt nach den Kriterien der Formgröße sowie der Bildungs- und Existenzdauer der Form (verändert nach Brunsden 1996, Kugler 1974).

lichen Epochen bis in die Gegenwart gebildet wurde und das als **Formen-Palimpsest** bezeichnet wird (Chorley et al. 1984). Unter einem Palimpsest wird ursprünglich eine aus Papyrus bestehende Manuskriptseite verstanden, die durch Abschaben mehrfach wiederverwendet wurde und nach den neuerlichen Verwendungen noch Teile der älteren Texte enthielt. In Übertragung auf geomorphologische Formen wird damit ausgedrückt, dass ältere Formungsprozesse bereits abgeschlossen sind und Vorzeitformen erzeugt haben, die unter bestimmten Umständen im heutigen Georelief noch mehr oder weniger stark vorhanden sind. Sie bilden eine **Reliefformenhierarchie**. Ein alpines Beispiel wird in Abb. 9.5 dargestellt.

Das heutige Relief trägt also ein **geomorphologisches Erbe**. Die Reliefformen sind durch Wirkung mehrerer unterschiedlicher geomorphologischer Prozesse entstanden, die gleichzeitig, z. B. tektonische Hebung und gleichzeitige Abtragung, aber auch in zeitlicher Folge, z. B. glaziale Leerung eines Trogtales und anschließende Füllung des Trogtales durch nicht glazigene Prozesse, wirken können. Eine Folge derartiger Entwicklungen geomorphologischer Formen führt dazu, dass in jeder Phase der Reliefentwicklung auch Reliefformen vorhanden sein können, die durch ältere Prozesse geschaffen wurden und in den zeitlich späteren Phasen durch andere Prozesse verändert oder gänzlich zerstört wurden. Man bezeichnet diesen Vorgang als **Überformung**. So werden beispielsweise die Moränenkörper des Alpenvorlandes, die während der letzten Kaltzeit gebildet wurden, im Spätglazial und Holozän durch solifluidale, gravitative oder bodenerosive Prozesse überformt, sodass ihre Geometrie

und materielle Zusammensetzung deutlichen Veränderungen unterworfen war und ist. Dagegen sind die ehemaligen hochalpinen Ufermoränen der mächtigen Talgletscher weitgehend verschwunden, da sie seit dem Eisabbau nach dem Gletscherhöchststand starken erosiven Hangabtragsprozessen unterworfen gewesen sind. Ihre Sedimente befinden sich heute in den großen alpinen Tälern und in den Sedimentsenken der alpinen Vorländer.

Eine für Mitteleuropa typische Reliefformung erklärt sich aus **Klimaveränderungen** (Kalt- und Warmzeiten des Quartärs), Veränderungen der **tektonischen Hebungs- oder Senkungsimpulse** (Graben- und Horstbildung) und den menschlich verursachten **Bodenerosionsprozessen** (Rinnen- und Kolluvienbildung). Ein derartiges Phänomen bilden beispielsweise die deutschen Mittelgebirge, die aus Tälern, Talauen, Terrassen, Hängen und Verflachungen bestehen, deren Bildung, Überformung sowie völlige oder teilweise Zerstörung in mehreren Formungsphasen bis in die jüngste Phase der quartären Kaltzeiten reichen. Mit diesen Formengemeinschaften sind kleinere Formen verschachtelt, wie Erosionsgräben, Kolluvienkörper oder Flussterrassen, die den jüngeren bzw. aktuellen Formungsphasen des Holozäns zugeordnet werden. Reliefformen aus einer älteren Formungsphase bleiben allerdings nur dann erhalten, wenn die nachfolgenden Prozesse nicht in der Lage waren, die Vorzeitform vollständig zu zerstören und die formbildenden Materialien abzutransportieren, was der deutsche Geomorphologe Heinrich Rohdenburg als **Intensitäts-Auslese-Prinzip** bezeichnet hat (Rohdenburg 1989).

Abb. 9.4 Hierarchisches Reliefformenmodell nach Kugler (1974). Das Modell ist polyhierarchisch aufgebaut, was bedeutet, dass auf jeder Ebene eigenständige Reliefformen mit ihren spezifischen Komponenten, Attributen und Relationen auftreten. So besteht der mesoskalige Hang (Objekt B) aus den Komponenten Oberhang und Unterhang. Ihm aufgesetzt sind mikroskalige Erosionsrillen (Objekt A). Der Hang ist Bestandteil eines makroskaligen Mittelgebirges (Objekt C), das neben Hängen aus zusätzlichen Komponenten (z. B. Flussauen) und Relationen (z. B. Hang-Gerinne-Kopplungen) aufgebaut ist. Aus diesen Gründen ist es gemäß dieses Ansatzes nicht möglich, eine höherskalige Form durch einfaches Heraufskalieren aus niederskaligen Formen zu erzeugen.

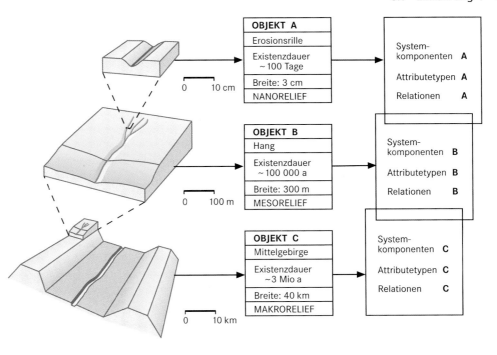

Kapitel 9

Abb. 9.5 Formen-Palimpsest des Talschlusses eines alpinen Tales in den Walliser Alpen, Schweiz. Das mesoskalige Tal (obere Bildbreite: ca. 7 km) wurde durch den mehrmaligen Eisaufbau und -abbau des Pleistozäns geschaffen (glazial, gravitativ, fluvial). Mit Beginn des Holozäns wird die kaltzeitliche Prozessgruppe durch eine warmzeitliche Prozessgruppe abgelöst. Sie überarbeitet die Vorformen, z. B. durch Sackung, Bergsturz oder Felssturz, und erzeugt neue Formen, z. B. Moränen, Blockgletscher, Schutthalden, fluviale Gerinne und Terrassen oder Schwemmfächer. Es ist eine Reliefformenhierarchie entstanden (Foto: Simon Dikau, 2017).

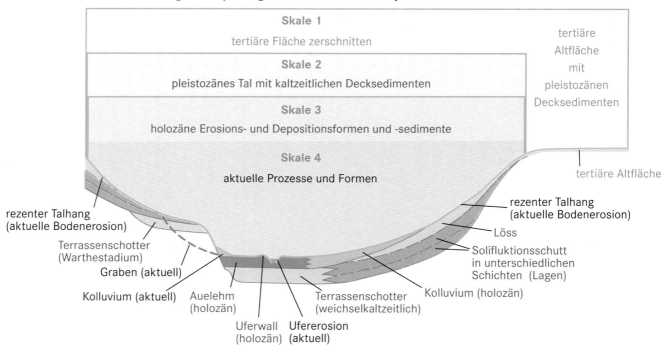

geomorphologisches Formen-Palimpsest

Skale 1
tertiäre Fläche zerschnitten

tertiäre Altfläche mit pleistozänen Decksedimenten

Skale 2
pleistozänes Tal mit kaltzeitlichen Decksedimenten

Skale 3
holozäne Erosions- und Depositionsformen und -sedimente

Skale 4
aktuelle Prozesse und Formen

tertiäre Altfläche

rezenter Talhang (aktuelle Bodenerosion)

rezenter Talhang (aktuelle Bodenerosion)

Löss

Terrassenschotter (Warthestadium)

Graben (aktuell)

Solifluktionsschutt in unterschiedlichen Schichten (Lagen)

Kolluvium (aktuell) Auelehm (holozän)

Terrassenschotter (weichselkaltzeitlich)

Kolluvium (holozän)

Uferwall (holozän) Ufererosion (aktuell)

Abb. 9.6 Geomorphologisches Formen-Palimpsest (nach Kugler 1974). Die tertiäre Altfläche, die in Resten erhalten geblieben ist (Skale 1), wurde in der jüngeren Reliefentwicklungsphase des Pleistozäns zerschnitten (Skale 2) und durch jüngere holozäne (Skale 3) und aktuelle (Skale 4) Prozesse überformt. Auf diese Weise entstand eine verschachtelte Hierarchie von Reliefformen unterschiedlichen Alters und unterschiedlicher Geometrie, Topologie und stofflicher Zusammensetzung.

Ein Beispiel für ein derartiges geomorphologisches Formen-Palimpsest ist in Abb. 9.6 dargestellt. Sie zeigt einen idealisierten Ausschnitt eines Mittelgebirgstales in Mitteleuropa. Die Formung dieser Reliefeinheit setzte im Tertiär mit Flächenbildungsprozessen ein. Die tiefgründigen Gesteinsverwitterungen (Saprolitisierung) waren in bestimmten Regionen bereits ein Erbe des Mesozoikums und erfuhren im Tertiär eine Fortsetzung (Felix-Henningsen 1991). Im Pleistozän erfolgt ein Wechsel des Prozessgefüges mit Taleintiefung, Lössakkumulation und periglazialer Hangabtragung, die das tertiäre Relief überformt und verändert haben. Im Holozän erfolgten weitere Überformungen durch Bodenerosion, Kolluvienbildung und Talauensedimentation. Als Ergebnis liegt heute ein hierarchisches, mehrskaliges System vor, in dem sich mehrere Phasen und Prozesse der Reliefentwicklung erkennen lassen und dessen Entschlüsselung eine anspruchsvolle Aufgabe der Geomorphologie darstellt.

9.2 Endogene Voraussetzungen, Prozesse und Formen der Reliefentwicklung

Oberflächenformen entstehen und vergehen aus dem Zusammenspiel endogener und exogener Prozesse, deren Antrieb endogen vor allem aus dem Abfluss von Wärmeenergie sowie der Gra-

vitation und exogen aus der Eingabe, Umsetzung und Abgabe solarer Energie resultiert. Es sind Prozesse, die seit Hunderten von Jahrmillionen die Evolution der Erde mitbestimmen.

Geologische Grundlagen

Gerhard Schellmann

Geologische Zeitskala

Die zeitliche Ordnung geologischer und geomorphologischer Prozesse, Ablagerungen und Formen geschieht mithilfe der seit der ersten Hälfte des 19. Jahrhunderts entwickelten und wiederholt modernen Erkenntnissen angepassten geologischen Zeitskala. Da bisher nur wenige Kenntnisse aus den ersten 4,6 Mrd. Jahren Erdgeschichte, dem Präkambrium, vorliegen, ist erst die jüngste, 541 Mio. Jahre alte Erdgeschichte in der geologischen Zeitskala sehr detailliert gegliedert und in zahlreiche erdgeschichtliche Perioden, Epochen und so weiter eingeteilt. Die Abb. 9.7 zeigt eine stark gekürzte geologische Zeitskala sowie einige wichtige erdgeschichtliche Ereignisse aus globaler und mitteleuropäischer bzw. deutscher Perspektive. Mit der Quartärforschung (Exkurs 9.2) widmet sich eine interdisziplinäre Forschungsrichtung dem jüngsten Abschnitt, der Periode des Eiszeitalters.

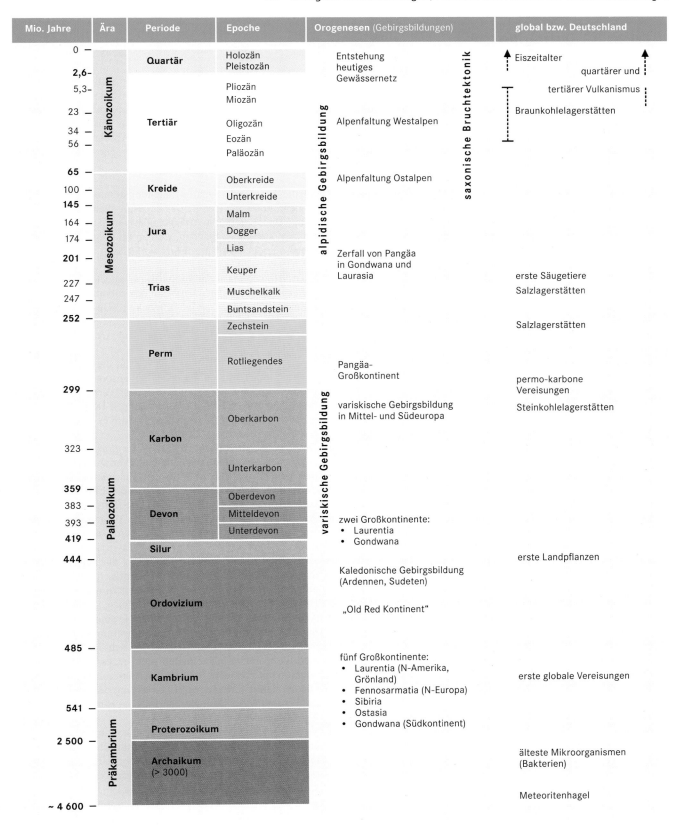

Mio. Jahre	Ära	Periode	Epoche	Orogenesen (Gebirgsbildungen)		global bzw. Deutschland
0 —	Känozoikum	Quartär	Holozän / Pleistozän	Entstehung heutiges Gewässernetz		↑ Eiszeitalter ↑
2,6-						quartärer und
5,3-		Tertiär	Pliozän / Miozän			tertiärer Vulkanismus
23 —				Alpenfaltung Westalpen		Braunkohlelagerstätten
34 —			Oligozän		saxonische Bruchtektonik	
56 —			Eozän / Paläozän			
65 —	Mesozoikum	Kreide	Oberkreide	Alpenfaltung Ostalpen	alpidische Gebirgsbildung	
100 —			Unterkreide			
145 —		Jura	Malm			
164 —			Dogger			
174 —			Lias			
201 —		Trias	Keuper	Zerfall von Pangäa in Gondwana und Laurasia		erste Säugetiere
227 —			Muschelkalk			Salzlagerstätten
247 —			Buntsandstein			
252 —		Perm	Zechstein			Salzlagerstätten
			Rotliegendes	Pangäa-Großkontinent		permo-karbone Vereisungen
299 —	Paläozoikum	Karbon	Oberkarbon	variskische Gebirgsbildung in Mittel- und Südeuropa		Steinkohlelagerstätten
323 —			Unterkarbon		variskische Gebirgsbildung	
359 —		Devon	Oberdevon			
383 —			Mitteldevon	zwei Großkontinente: • Laurentia • Gondwana		
393 —			Unterdevon			
419 —		Silur				erste Landpflanzen
444 —		Ordovizium		Kaledonische Gebirgsbildung (Ardennen, Sudeten) "Old Red Kontinent"		
485 —		Kambrium		fünf Großkontinente: • Laurentia (N-Amerika, Grönland) • Fennosarmatia (N-Europa) • Sibiria • Ostasia • Gondwana (Südkontinent)		erste globale Vereisungen
541 —	Präkambrium	Proterozoikum				
2 500 —		Archaikum (> 3000)				älteste Mikroorganismen (Bakterien)
~ 4 600 —						Meteoritenhagel

Abb. 9.7 Vereinfachte geologische Zeitskala mit einigen globalen oder für Mitteleuropa bedeutsamen Ereignissen.

Kapitel 9

Exkurs 9.2 Quartärforschung

Ulrich Radtke, Gerhard Schellmann

Das besondere Interesse an der Quartärforschung beruht vor allem auf dem Phänomen der Klimaschwankungen, beispielsweise mit ausgedehnten Vereisungen der polnahen Gebiete, und dem Umstand, dass diese Epoche sehr eng mit der Menschheitsentwicklung verbunden ist.

Arduino (1714–1795) war der Erste, der durch die ursprüngliche Aufteilung der Erdschichten in „Primär" (später Paläozoikum), „Sekundär" (Mesozoikum), „Tertiär" und „Quartär" (zusammen Känozoikum) den Begriff „Quartär" verwendete; nachhaltig in die Wissenschaft eingeführt wurde der Begriff durch Desnoyers 1829. Lyell gab 1839 dem Post-Tertiär den Namen „Pleistozän", 1873 trennte er hiervon das Nacheiszeitalter (Rezent) ab; parallel dazu ersetzte Gervais (1867) den Begriff „Rezent" durch den Terminus „Holozän". Somit umfasst das Quartär in heutiger Gliederung Pleistozän und Holozän. Die Bezeichnung „Tertiär" soll auf Empfehlung der Internationalen Stratigraphischen Kommission zugunsten der Begriffe „Paläogen" für das ältere und „Neogen" für das jüngere bisher vom Tertiär abgedeckte Zeitalter nicht mehr als System bzw. Periode klassifiziert werden. In der Praxis sowie in der Lehre und in der Forschung ist der Begriff „Tertiär" nach wie vor gebräuchlich. Die Deutsche Stratigraphische Kommission hat sich mit großer Mehrheit dafür ausgesprochen, das Tertiär im Sinne einer Periode bzw. eines Systems weiter zu verwenden (www.stratigraphie.de).

Der Beginn des Quartärs wurde im 19. und 20. Jahrhundert dort gesucht, wo Fossilien erstmalig eine deutliche Abkühlung des Klimas anzeigten, wie z. B. kälteliebende Mollusken oder Foraminiferen in marinen oder Pollen in terrestrischen Ablagerungen. Die Suche konzentrierte sich auf Süditalien, und schließlich einigte man sich 1948, die Lokalität Vrica in der italienischen Neogen-Formation als Tertiär-Quartär-Grenze festzulegen. Sie wurde auf 1,64 Mio. Jahre, später 1,81 Mio. Jahre datiert (Pillans & Nash 2004). Da aber nachgewiesen wurde, dass die Klimaverschlechterung weltweit nicht einheitlich verlief, stützen sich viele Wissenschaftler heute auf eine paläomagnetische Grenze am Übergang von der normal magnetisierten Gauss- zur reversen Matuyama-Epoche vor 2,6 Mio. Jahren (Abb. 5.9). Die Pleistozän-Holozän-Grenze, das heißt der Wechsel von der marinen Sauerstoffisotopenstufe 2 (MIS 2 [*Marine Isotope Stage*] = jüngste Stufe im letzten Glazial) zu MIS 1, der aktuellen Warmzeit, wird konventionell auf zirka 10 000 Radiokarbonjahre festgelegt. Legt man Auszählungen grönländischer Eisbohrkerne, kalibrierte ^{14}C-Daten (Abschn. 5.3) oder laminierte Seesedimente (Warven; Exkurs 8.12) zugrunde, verschiebt sich die Grenze auf ca. 11 300–11 700 Jahre.

Die Quartärforschung beschäftigt sich intensiv mit den zeitweise abrupten klimatischen Wechseln und den Folgen für die Menschheitsentwicklung (Exkurs 8.10). Sie versucht, die Klimazyklen u. a. über Schwankungen der Erdbahnparameter (Abb. 8.61) zu erklären und nutzt zur Rekonstruktion der Paläoklimate die unterschiedlichsten Archive (Exkurs 8.11), so auch tief reichende Kernbohrungen im „ewigen" Eis (Abb. 8.64). Die paläoklimatischen Untersuchungen (Abschn. 8.14) sollen Grundlagen geben für eine vorsichtige Prognose der Klimaentwicklung in naher Zukunft.

Nicht alle Aspekte der Quartärforschung können im Rahmen eines Lehrbuches der Geographie angesprochen werden. Um aber die Besonderheit und Eigenständigkeit der Quartärforschung deutlich zu machen, werden im Folgenden einige Kernaussagen in kompakter Form vorgestellt:

- Quartärforschung ist multidisziplinär angelegt, in ihr arbeiten u. a. Geographen (insbesondere Geomorphologen), (Quartär-)Geologen, (Geo-)Physiker, (Geo-)Chemiker, (Paläo-)Bodenkundler, (Paläo-)Klimatologen, (Paläo-)Biologen, (Paläo-)Anthropologen und Archäologen intensiv zusammen.
- 1837 stellte Agassiz seine Theorie vor, die die Existenz von Findlingen allein auf Gletschertransport zurückführt und der Glazialtheorie zum Durchbruch verhalf. In Norddeutschland wurde diese Theorie erst seit 1875 allgemein akzeptiert, als Torell Gletscherschrammen eindeutig als solche identifizierte.
- Das ausgehende Pliozän ist durch eine globale Klimaverschlechterung und eine zunehmende Variabilität des Klimas gekennzeichnet. In arktischen marinen Sedimenten findet sich vor ca. 2,8 Mio. Jahren verstärkt durch Eisberge verfrachtetes Material (IRD, *Ice Rafted Debris*).
- Als Beginn des Quartärs wird die paläomagnetische Grenze bei 2,6 Mio. Jahren zwischen Gauss (normal) und Matuyama (revers magnetisiert) favorisiert. Sie stellt zwar keine biostratigraphische Grenze dar, die den ökologischen Wandel von warm zu kalt repräsentiert, ist dafür aber weltweit auffindbar und fällt zudem mit wichtigen Ereignissen des Klimawandels zusammen.
- Auslöser für die Klimaverschlechterung sind wahrscheinlich das zeitliche Zusammentreffen bestimmter Zustände von Erdbahnparametern (Milankovitch-Theorie, u. a. niedrige Exzentrizität, Zunahme der Präzession) in Kombination mit z. B. dem Schließen des Isthmus von Panama und der damit verbundenen Entwicklung des Golfstroms, der Vertiefung der Beringstraße und dem Herausheben des Tibetplateaus.
- Vor ca. 2,8 Mio. Jahren begann eine kontinuierliche Zunahme des marinen $\delta^{18}O$-Wertes in benthischen Foraminiferen. Dies dokumentiert eine zunehmende Eisakkumulation mit einem ersten Vergletscherungsmaximum vor ca. 2,6 Mio. Jahren (Pillans & Nash 2004).
- Vor zirka 2,6 Mio. Jahren begann sich ein Muster von Glazial- und Interglazialzyklen einzustellen, die wahrscheinlich zuerst im Wesentlichen durch die Schwankungen in der Schiefe der Ekliptik (41 000-Jahre-Rhythmus)

und später, ab ca. 1,2–0,8 Mio. Jahre vor heute, durch Schwankungen der Exzentrizität (100 000-Jahre-Rhythmus) gesteuert wurden.

- Die verschiedenen kontinentalen Vereisungen werden im marinen Bereich durch Meeresspiegelschwankungen begleitet. Minimale Werte während der glazialen Tiefstände liegen bei ca. −150 m, Hochstände während der interglazialen Maxima erreichen in den vergangenen 1 Mio. Jahre ca. + 2 bis + 10 m. Die Meeresspiegelstände manifestieren sich an Hebungsküsten in Terrassentreppen (oben alt, unten jung), in Senkungsgebieten (z. B. Po-Ebene) in Sedimentstapeln (oben jung, unten alt).

- Basierend auf Sauerstoffisotopenmessungen in marinen Sedimenten (MIS = *Marine Isotope Stage*) aus Tiefseebohrkernen werden die Glaziale mit geraden Zahlen, die Interglaziale mit ungeraden Zahlen durchnummeriert. Das letzte Interglazial erhält die Zahl 5, die aktuelle Warmzeit (Holozän, Beginn vor etwa 10 000 [^{14}C-Jahren, s. o.] bzw. 11 700 Jahren) die Zahl 1. MIS 3 stellt ein Interstadial in der letzten Kaltzeit – MIS 2 und 4 – dar. Das Maximum von Temperatur wie Meeresspiegelniveau der letzten Warmzeit (MIS 5e), die wärmer als heute war, lag bei ca. 130 000–116 000 Jahren, das Minimum der letzten Kaltzeit lag bei ca. 20 000–18 000 Jahren (MIS 2). Das Quartär beginnt mit dem Isotopenstadium 103, und MIS 102 und 100 stellen die ersten Glaziale des Quartärs dar.

- In Mitteleuropa findet man eiszeitliche Sedimente von Gletschervorstößen als Zeugen verschiedener Glaziale im Alpenvorland, in Norddeutschland und in einigen Mittelgebirgen. Es werden in der Regel vier bis fünf Hauptvereisungsphasen ausgegliedert: in Norddeutschland Elster, Saale (mit Drenthe und Warthe-Stadium) und Weichsel, in Süddeutschland Günz, Haslach, Mindel, Riß und Würm. Alle fallen wahrscheinlich in den Zeitraum der Brunhes-Epoche (< 780 000 Jahre), aber allein für die jüngsten, letztglazialen Gletschervorstöße, Weichsel bzw. Würm, ist die zeitliche Zuordnung unstrittig (ca. 90 000–16 000 Jahre). Während das jüngere Riß und Warthe wohl MIS 6 (ca. 180 000–140 000 Jahre) entsprechen, ist eine Einordnung der älteren brunheszeitlichen Vorstöße

MIS 8 bis 18 aufgrund des weitestgehenden Fehlens datierbaren Materials sehr problematisch. Über altquartäre (2,6–0,8 Mio. Jahre) Gletschervorstöße in Mitteleuropa (z. B. Tegelen-, Menap-, Eburon- und Waal-Kaltzeiten in den Niederlanden oder die Biber- und Donau-Kaltzeiten im Alpenvorland) ist bisher wenig bekannt. Die Temperaturen während der Eiszeiten lagen in Mitteleuropa etwa 5–12 °C unter den heutigen Jahresmittelwerten.

- Aktuell sind ca. 15 Mio. km^2 der Erde mit Eisschilden oder Gletschern mit einem Volumen von ungefähr 29 Mio. km^3 bedeckt; während des letztglazialen Maximums betrug das Eisvolumen dagegen ca. 72 Mio. km^3. Würde das Grönlandeis (heute 3 Mio. km^3) abschmelzen, erhöhte sich der Meeresspiegel um ca. 5–6 m, beim Abschmelzen des antarktischen Eises (ca. 26 Mio. km^3) würde der Anstieg bei ca. 60 m liegen. Eine ungefähr 180 m mächtige Lössablagerung mit 33 fossilen Böden in China stellt das wohl vollständigste terrestrische Archiv des Quartärs dar. An der Basis markiert eine Verdreifachung des Staubeintrags den Übergang von warmen humiden zu windreichen ariden Klimabedingungen.

- Je jünger der untersuchte Zeitabschnitt im Quartär ist, umso besser wird die Auflösung der Archive. In laminierten Seesedimenten (Exkurs 8.12) ist für die letzten Jahrtausende eine jährliche Auflösung möglich. Auch die Jahresringe von Bäumen (Dendrochronologie, bis ca. 12 460 Jahre) oder Korallen lassen eine jahresgenaue Auflösung zu. Durch die Untersuchung der jeweiligen Lagen mit geochemischen Methoden können anhand verschiedener Proxies (Stellvertreterdaten), wie z. B. das ^{13}C/^{12}C- bzw. ^{14}C/^{12}C-, das ^{18}O/^{16}O- oder das Sr/Ca-Verhältnis, sehr exakte Aussagen über den Verlauf des Paläoklimas gemacht werden.

- Die praxisorientierte Quartärforschung ist für die ehemals vereisten und die ehemaligen Periglazialgebiete von erheblicher wirtschaftlicher Bedeutung; Beispiele finden sich bei der Grundwassererkundung, der Anlage von Deponien, der Entnahme von Baustoffen, der Baugrunderkundung oder der Agrarwirtschaft.

Der Schalenbau der Erde

Informationen über die Zusammensetzung des Erdinneren liefern u. a. Bohrungen mit einer Reichweite von bisher max. 12 200 m innerhalb der obersten Erdkruste, regional differierende geothermische Wärmeflüsse, regionale Unterschiede in der Schwereverteilung auf der Erde, Vulkane bzw. deren Magmen und vor allem seismische Wellen.

Aufzeichnungen von Erdbebenwellen (Exkurs 9.5), die als Raumwellen durch die Erde laufen, belegen einen schalenartigen Aufbau der Erde (Abb. 9.8). So findet man im Bereich der Kontinente eine Aufteilung der **Erdkruste** in eine obere und eine untere Schale. Im Bereich der Ozeane besteht die Erdkruste nur aus einer Schale der ozeanischen Erdkruste. Die Erdkruste wird im kontinentalen und ozeanischen Bereich vom oberen **Erdman-**

tel unterlagert, nach unten schließen sich der untere Erdmantel sowie der äußere und innere **Erdkern** an.

Die einzelnen Schalen der Erde sind durch sog. **seismische Diskontinuitätssprünge** getrennt, an denen sich die Ausbreitungsgeschwindigkeiten von seismischen Wellen und damit die Dichte, der Aggregatzustand und/oder die mineralogische Zusammensetzung des Erdinneren signifikant ändern (Abb. 9.8). Die Conrad-Diskontinuität trennt in einer Tiefe von etwa 10–20 km die obere von der unteren kontinentalen Erdkruste. In der kontinentalen Oberkruste dominieren relativ leichte kieselsäurereiche Gesteine wie Granite, Granodiorite, Metamorphite und Sedimentite. In der kontinentalen unteren Erdkruste und in der ozeanischen Erdkruste überwiegen basische, kieselsäurearme Gesteine wie Basalte und Gabbros. Die **Mohorovicic-Diskontinuität**, kurz Moho-Diskontinuität genannt, begrenzt die Erd-

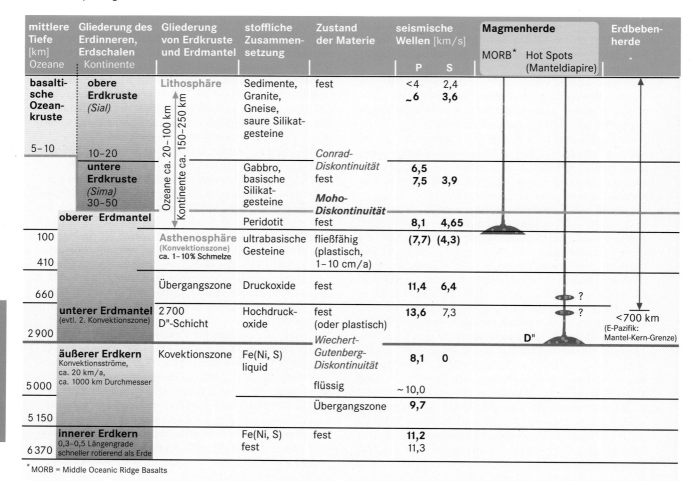

mittlere Tiefe [km] Ozeane	Kontinente	Gliederung des Erdinneren, Erdschalen	Gliederung von Erdkruste und Erdmantel	stoffliche Zusammensetzung	Zustand der Materie	seismische Wellen [km/s] P	S	Magmenherde MORB*	Hot Spots (Manteldiapire)	Erdbebenherde
basaltische Ozeankruste 5–10	obere Erdkruste (Sial) 10–20		Lithosphäre	Sedimente, Granite, Gneise, saure Silikatgesteine	fest	<4 ~6	2,4 3,6			
					Conrad-Diskontinuität					
	untere Erdkruste (Sima) 30–50			Gabbro, basische Silikatgesteine	fest	6,5 7,5	3,9			
		oberer Erdmantel			*Moho-Diskontinuität*					
100				Peridotit	fest	8,1	4,65			
410			Asthenosphäre (Konvektionszone) ca. 1–10 % Schmelze	ultrabasische Gesteine	fließfähig (plastisch, 1–10 cm/a)	(7,7)	(4,3)			
660			Übergangszone	Druckoxide	fest	11,4	6,4			
2900		unterer Erdmantel (evtl. 2. Konvektionszone)	2700 D"-Schicht	Hochdruckoxide	fest (oder plastisch)	13,6	7,3			<700 km (E-Pazifik: Mantel-Kern-Grenze)
					Wiechert-Gutenberg-Diskontinuität					
5000		äußerer Erdkern Konvektionsströme, ca. 20 km/a, ca. 1000 km Durchmesser	Konvektionszone	Fe(Ni, S) liquid		8,1	0			
					flüssig	~10,0				
5150					Übergangszone	9,7				
6370		innerer Erdkern 0,3–0,5 Längengrade schneller rotierend als Erde		Fe(Ni, S) fest	fest	11,2 11,3				

(Lithosphäre: Ozeane ca. 20–100 km, Kontinente ca. 150–250 km)

*MORB = Middle Oceanic Ridge Basalts

Abb. 9.8 Der Schalenbau der Erde.

kruste gegen den oberen Erdmantel. Sie liegt unter den Kontinenten häufig in 20–30 km Tiefe, im Bereich der Hochgebirge wie im Himalaja bis in 50–80 km Tiefe. Unter den Ozeanen tritt sie bereits in einer Tiefe von 10 km auf, bereichsweise auch in noch geringerer Tiefe.

Im Erdmantel ist auffällig, dass sowohl P- als auch S-Wellen in einer Tiefe von etwa 45–150 km, an anderen Orten zwischen 100–400 km Tiefe, ein ausgeprägtes Geschwindigkeitsminimum erreichen. Man geht daher davon aus, dass in diesem Bereich des oberen Erdmantels, der sog. Asthenosphäre, die Gesteinsviskosität deutlich niedriger ist als ober- und unterhalb dieser Schicht und dass dort sehr langsame vertikale und horizontale Fließbewegungen in Form von **Konvektionsströmungen** existieren (Abb. 9.9). Unklar ist, inwieweit auch der untere Erdmantel einen eigenen Konvektionskreislauf besitzt und wie stark ein Materialaustausch zwischen unterem und oberem Erdmantel stattfindet. Es wird auch diskutiert, ob der gesamte Erdmantel ein einziges großes Konvektionssystem besitzt. Die über der Asthenosphäre liegenden Schalen, der oberste feste Erdmantel und die Erdkruste, bilden die starre, bis zu 100 km mächtige **Lithosphäre**. Die Lithosphäre schwimmt auf der Asthenosphäre und

wird von deren Konvektionsströmungen in Bewegung gehalten. Zusätzlich können isostatische Ausgleichsbewegungen (Exkurs 9.3) zu großräumig wirksamen Hebungen und Senkungen (**Epirogenese**) führen. Der feste bis zäh-plastische untere Erdmantel grenzt an der Wiechert-Gutenberg-Diskontinuität in etwa 2900 km Tiefe an den flüssigen äußeren Erdkern. Durch die Aufheizung am heißen äußeren Erdkern entstehen in dieser Mantel-Kern-Grenzschicht, die auch „D"-Schicht" genannt wird, zahlreiche Mantelschmelzen. Sie können bis an die Erdoberfläche aufsteigen und dort Hotspot-Vulkane ernähren (Abb. 9.8). Erst der aus Eisen und Nickel bestehende innere Erdkern ab etwa 5100 km Tiefe ist wieder fest.

Plattentektonik

Bereits Alfred Wegener hatte im Jahre 1912 in Frankfurt am Main eine langsame Bewegung der Kontinente (**Kontinentaldrift**) postuliert. Aber erst durch die intensive Untersuchung der Ozeane und Ozeanböden seit Anfang der 1960er-Jahre mit der Entdeckung der **Mittelozeanischen Rücken**, mit der Kartierung der Magnetisierung des Ozeanbodens (paläomagnetische Streifung

Abb. 9.9 Plattentektonische Zusammenhänge, Schalenbau und Konvektionsströmungen (verändert nach Wyllie 1976).

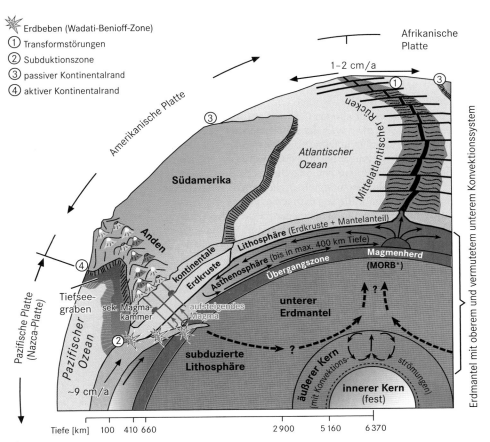

* MORB = Mittelozeanische Rücken-Basalte

der Ozeankruste; Abschn. 5.3) und mit dem Kenntnisgewinn zur Altersverteilung der ozeanischen Kruste entstand eine völlig neue Theorie der Plattentektonik, die man auch als Theorie des *seafloor spreading* bezeichnet. Danach sind im Laufe der Erdgeschichte wiederholt Ozeane neu entstanden und aufgezehrt worden, Kontinente zusammengedriftet, verschweißt und wieder auseinandergebrochen. Beispielsweise entstand der heutige Atlantik erst in den letzten 200 Mio. Jahren, seit am Ende der Trias der Superkontinent Pangäa zerbrach und auseinanderdriftete (Abb. 9.7). Im gleichen Zeitraum lief die alpidische Orogenese (= Gebirgsbildung) ab. Alpen und Himalaja wurden in der Knautschzone zusammenstoßender Kontinentschollen komprimiert.

Wichtige Aspekte der **modernen Theorie der Plattentektonik** sind:

- Die Lithosphäre ist zerstückelt in mehrere größere und viele kleinere Stücke, die Platten (*plates*) genannt werden. Neben den **sechs Großplatten** (Eurasische, Afrikanische, Nord- und Südamerikanische, Pazifische, Indo-Australische, Antarktische Platte) existieren noch eine Reihe kleinerer Platten (Abb. 9.10). Abgesehen von der Pazifischen Platte besitzen die Großplatten auf der Erde sowohl kontinentale als auch ozeanische Krustenbereiche. So besteht die Südamerikanische Platte aus der kontinentalen Erdkruste Südamerikas und der ozeanischen Kruste des westlichen Südatlantiks bis zum Mittelatlantischen Rücken.

- Die Ränder der Platten werden **Plattengrenzen** genannt. Die Platten werden begrenzt durch divergente (oder konstruktive) Plattenränder, mehr oder weniger aktive konvergente (oder destruktive) Plattenränder und flächenneutrale (oder konservative) Plattenränder mit Parallelverschiebungen (Transform-Verwerfungszonen).

- In der Vertikalen umfassen die Platten die Lithosphäre, also die kontinentale oder ozeanische Erdkruste sowie darunter liegende Teile des festen oberen Erdmantels.

- Die Großplatten der Erde wachsen durch Neubildung von Erdkruste in den **Spreizungszonen** der Ozeane, den Mittelozeanischen Rücken. Andererseits sinkt ozeanische Lithosphäre an den **Subduktionszonen** in die Tiefe (Abb. 9.9, Exkurs 9.4). An konvergenten (destruktiven) Plattenrändern wird Kruste komprimiert, gefaltet, überschoben und verdickt (**Orogenese = Gebirgsbildung**).

- Die Platten bewegen sich relativ zueinander als feste mechanische Einheiten. Die Horizontalgeschwindigkeiten variieren von 1 bis etwa 18 cm pro Jahr. Die höchsten Spreizungsraten findet man im Pazifik (Abb. 9.10).

- **Erdbeben** und **vulkanische Eruptionen** (Abb. 9.12) sind in einem schmalen Gürtel nahe den Plattengrenzen konzentriert und belegen die dort ablaufenden starken tektonischen

Exkurs 9.3 Isostasie – Eustasie

Frank Lehmkuhl

Großräumige Vertikalbewegungen auf der Erde sind in den im Pleistozän vergletscherten Gebieten auf Ausgleichsbewegungen (Abb. A), die wegen der abnehmenden Eisauflast einsetzten, zurückzuführen. Diese als glazialisostatische Hebung bezeichnete Bewegung erreicht in den Zentren der ehemaligen Inlandeise Nordamerikas und Skandinaviens Beträge von bis zu 10 mm pro Jahr. Geomorphologische Indikatoren sind Küstenterrassen, Strandwälle und marine Sedimente. Der nacheiszeitliche, durch das Abschmelzen der pleistozänen Gletscher bedingte Meeresspiegelanstieg, das heißt der eustatische Meeresspiegelanstieg um mehr als 100 m, erschwert eine Ab-

schätzung der Hebungsraten über längere Küstenabschnitte. Zugleich senken sich aufgrund der elastischen Eigenschaften der Lithosphäre angrenzende Regionen, z. B. die deutsche Ostseeküste oder das Norddeutsche Tiefland.

Veränderungen der Auflast werden nicht nur durch das Abschmelzen der Gletscher hervorgerufen. In Nordamerika löste das Austrocknen von Teilen des im Pleistozän wesentlich ausgedehnteren Lake Bonneville (Utah) ebenfalls eine isostatische Hebung (Hydroisostasie) aus. Darüber hinaus können auch durch Abtragung oder Ablagerung von mächtigen Gesteinsserien isostatische Bewegungen hervorgerufen werden (Bahlburg & Breitkreuz 2004, Ollier 1981).

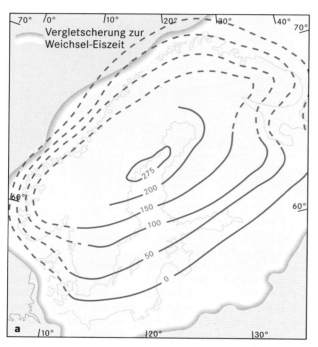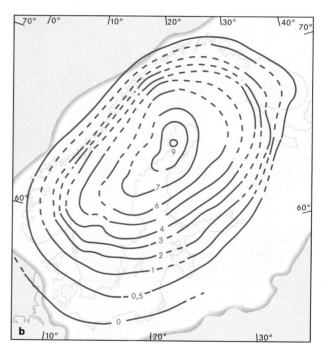

Abb. A Glazialisostatische Ausgleichsbewegungen in Skandinavien. **a** Kumulative Hebung in m seit der letzten Eiszeit. **b** Hebung bzw. Absenkung in mm pro Jahr (verändert und 2017 aktualisiert nach Ahnert 2015).

Aktivitäten. Das Innere der Platten ist dagegen tektonisch relativ ruhig oder stabil. Verglichen mit den Plattenrändern findet man dort Gebiete mit viel weniger Erdbeben und vulkanischen Aktivitäten. Nur wenige lang gestreckte Graben- und Bruchzonen, wie die kontinentalen Rift-Zonen (z. B. Ostafrikanisches Grabensystem), sind tektonisch sehr aktiv.

Aus globaler Sicht bilden die Mittelozeanischen Rücken, die Subduktionszonen und die sich seitlich aneinander vorbeibewegenden Plattengrenzen die geodynamisch aktivsten Zonen auf der Erde. Dort treten nicht nur Vulkanismus und Erdbeben gehäuft auf, auch das Großrelief der Erde mit Hochgebirgen und Tiefseegräben, Tiefseebecken und ausgedehnten submarinen Ge-

birgszügen sowie imposanten innerkontinentalen Grabensystemen sind ein sichtbares Zeichen der im Erdinneren ablaufenden Prozesse. Spuren aktiver und vergangener **Krustendynamik** lassen sich aus den Deformationen der Gesteine ableiten.

Krustendeformationen

Tektonische Kräfte können Gesteine verformen, räumlich verschieben und zerbrechen. Schnelle Verformung findet innerhalb weniger Zehner Sekunden statt und kann sich in Erdbeben äußern. Langsame tektonische Verformung von Gesteinen dauert mehrere Hunderttausend oder sogar Millionen Jahre an. Sie ist

Exkurs 9.4 Divergente, konvergente und flächenneutrale Plattenränder

Divergente Plattenränder (Abb. A) besitzen unterschiedliche Ausbreitungsgeschwindigkeiten: im Mittel zwischen 1–10 cm pro Jahr, im Extremfall bis zu 18 cm pro Jahr. Neben Plattendivergenz bei großen Grabenbrüchen auf den Kontinenten (intrakontinentales Rifting), wie beispielsweise dem Ostafrikanischen Graben, liegt der überwiegende Teil aller divergenten Plattengrenzen in Ozeanen. Dort bilden sie ein häufig mehr als 100 km breites und 2000–3000 m hohes, weltumspannendes ozeanisches Gebirgsrückensystem, das eine Länge von etwa 70 000 km besitzt. Der dynamisch aktive Teil dieses Systems liegt im Bereich seines axialen Rifttals. Es ist zugleich die eigentliche Plattengrenze. Zwischen den dort divergierenden Platten werden die sog. „Mittelozeanischen-Rücken-Basalte" (MORB) gefördert. Die Magmen stammen von aufgeschmolzenen Mantelperidotiten.

Die ozeanischen Rücken werden von Einkerbungen, die etwa rechtwinklig zum Rücken verlaufen, zerschnitten und versetzt. Diese Einkerbungen bezeichnet man als Transformverschiebungen, Transformstörungen oder *transform faults*. Sie können mehrere Zehner bis mehrere Hunderte von Kilometern Länge haben und dabei weit in Kontinente hineingreifen. Bekannteste Transformstörung ist die etwa 1300 km lange San-Andreas-Verwerfungszone in Kalifornien mit einem gegenläufigen Verschiebungsbetrag zwischen der Pazifischen und der Nordamerikanischen Platte von 30–50 mm pro Jahr.

Konvergente Plattenränder sind alle Subduktionszonen sowohl an Kontinentalrändern als auch innerhalb ozeanischer Platten und zwischen zwei Kontinentalplatten. Subduktionszonen wurden zuerst als geneigte Zone ausgeprägter Erdbebentätigkeit erkannt, die sog. „Wadati-Benioff-Zone". Die abtauchende Platte wird aufgeheizt und vom Erdinneren absorbiert, während die überfahrende Platte verdickt wird. Konvergente Plattengrenzen sind Bereiche komplexer geologischer Prozesse, einschließlich magmatischer Aktivität, krustaler Deformation und Gebirgsbildung. Bei Plattenkonvergenz entlang von Kontinentalrändern, die zu einer Kontinent-Kontinent-Kollision führen, haben alle kontinentalen Platten zu viel Auftrieb, um über längere Distanzen in den dichteren, unter ihnen liegenden Mantel subduziert zu werden. Stattdessen werden beide zusammengepresst und zu einem einzigen Kontinentblock verschweißt. Dabei ist die Krustenverkürzung eng verbunden mit Krustenverdickung, intensiver Metamorphose und Überschiebungstektonik. Die Verdickung der Erdkruste und die nachfolgende Hebung schaffen letztlich

einen Faltengebirgsgürtel. Die Ursache seiner Heraushebung sind isostatische Ausgleichsbewegungen. Ein morphologisches Gebirge entsteht daher erst, nachdem das Gebirge geologisch durch Orogenese schon weitgehend entstanden ist.

Inwiefern ein Hoch- oder nur ein Mittelgebirge entsteht, ist abhängig von der Stärke der isostatischen Hebungsrate und der begleitenden Abtragungsdynamik. Ein hervorragendes Beispiel ist der Alpen-Himalaja-Faltengebirgsgürtel, der seit dem ausgehenden Mesozoikum als Folge der Kollision von Eurasia im Norden mit Afrika und Indien im Süden entstanden ist.

Abb. A Zerrspalte (Plattendivergenz) des Mittelatlantischen Rückens im isländischen Thingvellier-Nationalpark, wo europäische und nordamerikanische Platte mit etwa 1,8 cm/Jahr auseinanderdriften (Foto: U. Radtke).

für die menschliche Wahrnehmung kaum feststellbar, aber viele Gesteinsformationen enthalten Beweise für solche sehr langsam ablaufende Deformationen. So besitzen viele Gebirgsketten heute steil stehende oder in Falten gelegte sedimentäre Gesteinsschichten, die ursprünglich horizontal am Meeresboden abgelagert wurden. Geologische Schichten können durch seitliche Scherkräfte aneinander vorbeigleiten, durch kompressive Kräfte

zusammen gedrückt und verkürzt oder durch Dehnungskräfte auseinandergerissen werden.

Resultate tektonischer Verformung sind u. a. **Falten, Verwerfungen** und **Überschiebungen**. Geologische Falten variieren von kleinen Fältelungen im Gestein bis hin zu ausgedehnten Faltenzügen in Gebirgszügen. Lang gezogene Faltensysteme im regionalen

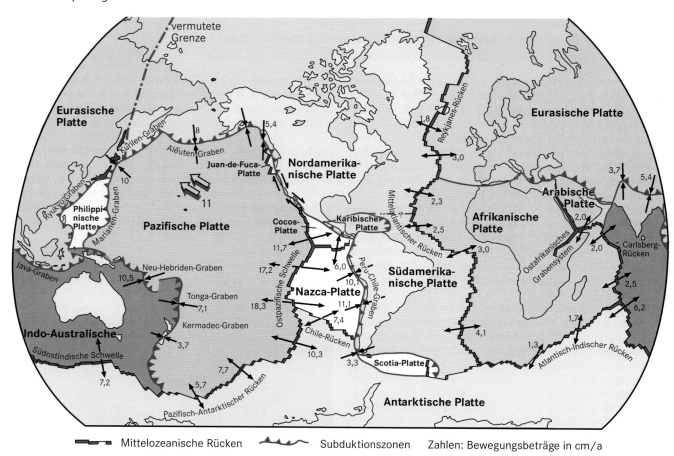

Abb. 9.10 Plattentektonische Gliederung der Erde (verändert nach Bahlburg & Breitkreuz 2004, Bolt 1995 u. a.).

Maßstab werden als Faltengürtel bezeichnet und kennzeichnen die Faltengebirge. Verwerfungen sind Brüche, an denen Gesteinsschichten in horizontaler und/oder vertikaler Richtung verschoben werden. Gleichsinnig verlaufende Störungen mit treppenartig gegeneinander versetzten Schollen bezeichnet man als Staffelbruch (z. B. Oberrheingraben). Die Sprunghöhe bezeichnet den Hebungsunterschied zwischen zwei vertikal versetzten Gesteinspaketen. Bei Abschiebungen handelt es sich um Dehnungsbrüche mit Raumdehnung, bei Aufschiebungen um kompressive Brüche mit Raumeinengung (Abb. 9.11). Überschiebungen sind durch flach einfallende Aufschiebungen begrenzt. Überschiebungsdecken gelangen dadurch über den ortsfesten (autochthonen) Untergrund, der in tektonischen Fenstern sichtbar wird. **Deckengebirge** sind aus solchen Überschiebungsdecken aufgebaut.

Bruchtektonische Formen sind außerdem **Horste** und **Gräben**. Ein Horst ist eine nach oben geschobene Gesteinsscholle, ein Graben eine durch Abschiebungen begrenzte Gesteinsscholle. Geologische Gräben können morphologisch aber durchaus Bergrücken sein, was dann als Reliefumkehr bezeichnet wird.

Erdbeben

Keine Naturgewalt kann so plötzlich so viel Energie freisetzen und so viele Opfer und hohe Sachschäden verursachen wie ein

Erdbeben. Im Laufe eines Jahres werden auf der Erde etwa 170 000 Erdbeben mit einer Magnitude von > 2 gemessen, von denen im letzten Jahrzehnt etwa 140–200 Erdbeben eine Magnitude von >6 besaßen (nach Daten des *United States Geological Survey*, USGS). Sie waren damit potenzielle **Schadensbeben**. Fast jedes Jahr bringt ein Erdbeben katastrophale Zerstörungen (Kap. 30) und allein in den Jahren 2000–2015 sind über 800 000 Menschen ums Leben gekommen (nach Daten des *United States Geological Survey*, USGS).

Erdbeben ermöglichen aber auch Einblicke in das tektonische Spannungsfeld der Erde, in aktiv ablaufende Verschiebungs- und Deformationsprozesse. Erdbebengebiete sind nicht zufällig über die Erde verteilt, sondern treten zu etwa 95 % an **tektonischen Plattengrenzen** auf. Flachbeben mit Herdtiefen von 0–70 km kennzeichnen vor allem divergente Plattengrenzen und Transformverschiebungen, mitteltiefe Beben mit Herdtiefen zwischen 70–300 km treten gehäuft an Konvergenzzonen im kontinentalen Bereich auf und Tiefbeben in 300–720 km Tiefe sind weitgehend auf Subduktionszonen (Wadati-Benioff-Zone; Abb. 9.9) begrenzt.

Erdbeben entstehen durch die Speicherung von Verformungsenergie in Gesteinsschichten beiderseits einer Bruchfläche, so lange bis die Festigkeitsgrenze erreicht ist. Wird diese überschritten, kommt es zum Bruch, die Energie wird schlagartig freigesetzt und in seismische Wellen bzw. Erdbebenwellen (Ex-

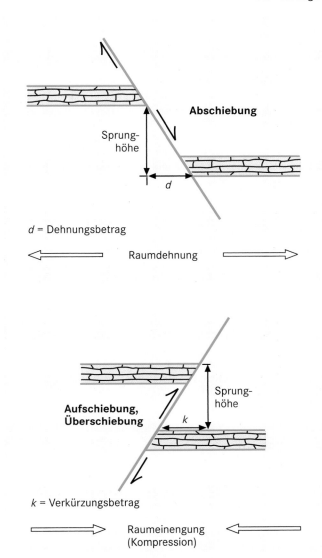

Abschiebung

Sprung-
höhe

d

d = Dehnungsbetrag

Raumdehnung

Aufschiebung,
Überschiebung

Sprung-
höhe

k

k = Verkürzungsbetrag

Raumeinengung
(Kompression)

Abb. 9.11 Tektonische Auf- und Abschiebungen.

kurs 9.5) umgewandelt. Die überwiegende Zahl aller Erdbeben ist tektonischen Ursprungs, wobei Vulkanismus (vulkanische Beben), Einsturz von Hohlräumen (Gebirgsschläge, Bergschlag), Einschlag von Meteoriten (Impaktbeben) oder starke unterirdische Explosionen ebenfalls Beben auslösen können.

Komplizierte Erdbebenwellen entstehen durch Überlagerungen, Reflexionen und Refraktionen (Brechung) an Gesteinsgrenzen (Bolt 1995). Durch Reflexionen und Refraktionen können sich Wellen gleicher Phase kreuzen, überlagern und damit verstärken (positive Interferenz). Durch wiederholte Reflexionen und Refraktionen können Erdbebenwellen in einem Tal hin und her wandern und je nach Wellenphase an Energie gewinnen oder sich auch abschwächen.

Bei einem Erdbeben treffen zuerst die **P-Wellen** in Form vertikaler Bodenstöße ein, die im Allgemeinen nicht so große Zerstö-

rungen anrichten. Einige Zeit später folgen dann die langsameren **S-Wellen**. Es kommt zu einem kräftigen Rütteln des Untergrunds als Folge heftiger vertikaler und horizontaler Scherbewegungen. Kurz nach oder auch gleichzeitig mit den S-Wellen folgen die **Love-Wellen** mit weit ausladenden Bodenschwingungen quer zur Laufrichtung der Wellen. Als Nächstes erzeugen die durchlaufenden **Rayleigh-Wellen** kräftige rollende Bodenerschütterungen sowohl in Laufrichtung als auch in der Vertikalen.

Das **Gefahrenpotenzial** von Erdbeben ist vor allem abhängig von der Tiefenlage, Magnitude (Exkurs 9.6) und Nähe des Erdbebens. Besonders gefährlich sind **Nachbeben** mit hoher Magnitude. Der geologische Untergrund modifiziert den lokalen Ausbreitungsprozess von Erdbebenwellen eventuell mit Verstärkungs- und Abschwächungseffekten. Diese Gefahren können bisher nur über die lokale Erfahrung historischer Beben in einem Gebiet abgeschätzt werden. Die Schadenshöhe ist weiterhin von vielen anthropogenen Faktoren wie der Bauweise von Gebäuden und dem Bauuntergrund abhängig. Direkte Schäden entstehen vor allem über die seismisch ausgelösten Bodenerschütterungen, wobei sich im Extremfall ein Untergrund, der aus wenig komprimierten Tonen und Sanden besteht und eine hohe Porenwassersättigung besitzt, verflüssigen kann. Zudem kann eine Reihe von indirekten Folgeschäden auftreten wie Hangrutschungen, Schlammlawinen, Bodensetzungen oder Feuer als Folge zerstörter Strom- und Gasleitungen. **Submarine Beben** können Tsunamis auslösen, die sich mit Geschwindigkeiten von bis zu 800 km/h durch das Meer bewegen und im flachen Küstenbereich Wellen von bis zu 30 m Höhe erzeugen können (Kap. 30).

Die nahezu apokalyptischen Zerstörungspotenziale ließ das Beben von Tōhoku am 11. März 2011 erkennen. Um 14:46:23 Uhr Ortszeit setzte vor der Ostküste der japanischen Hauptinsel Honshū ein Seebeben ein, das die Stärke 9,0 der Momentmagnitudenskala erreichte. Seine Primärwellen zerstörten u. a. die Stromversorgung mehrerer Kernkraftwerke, so auch im 163 km südwestlich gelegenen **Fukushima**. Der nachfolgende Tsunami riss mehr als 15 000 Menschen in den Tod, überrannte mit seinen 13–20 m hohen Wellen den lediglich 5 m hohen Sicherungsdamm des Kernkraftwerks und setzte die 10–13 m hoch über dem Meer errichteten Reaktorblöcke unter Wasser. Der daraus resultierende Ausfall der Notstromdieselgeneratoren, die fehlende Kühlung und die aus logistischen Gründen stark zeitverzögerten Gegenmaßnahmen bedingten eine partielle Kernschmelze in mehreren Reaktorblöcken und den massiven Austritt hoch radioaktiven Materials. Das Ausmaß der Folgen für die Natur und die Gesundheit und Psyche der Menschen wird erst mittelfristig absehbar sein.

Vulkanismus

Von den in historischer Zeit (seit Christi Geburt) etwa 694 aktiven Vulkanen auf der Erde brechen pro Jahr ca. 5–40 Vulkane aus (nach Daten des *Global Volcanism Program, Smithonian Institution* 2017). Etwa jeder sechste Vulkanausbruch fordert Menschenleben. Das **Gefahrenpotenzial** von Vulkanen liegt vor allem in der komplexen Natur von Vulkaneruptionen zwischen friedlich exhalativ und bedrohlich explosiv sowie in dem unvorhergesehenen Wiedererwachen vermeintlich erloschener

Kapitel 9

Exkurs 9.5 Erdbebenwellen

Bei den Erdbebenwellen bzw. seismischen Wellen unterscheidet man zwischen Rayleigh-Wellen und Love-Wellen, die an der Erdoberfläche laufen, sowie P-Wellen (*primae undae*, Longitudinalwellen oder Kompressionswellen) und S-Wellen (*secundae undae*, Transversalwellen oder Scherwellen), die als Raumwellen durch das Erdinnere laufen. P-Wellen sind von beiden Raumwellen die schnelleren und benötigen etwa 20 min, um die Erde zu durchlaufen (Abb. 9.7). Das Gestein wird bei deren Ausbreitung abwechselnd in Fortpflanzungsrichtung der Welle, also longitudinal zusammengedrückt und gedehnt.

P-Wellen verhalten sich damit ähnlich wie Schallwellen und werden an der Erdoberfläche als Stoß wahrgenommen. Da Flüssigkeiten, Gase und Gesteine komprimiert werden können, wandern P-Wellen sowohl durch feste als auch flüssige Medien.

S-Wellen treffen bei Erdbeben in der Regel als zweite seismische Wellenfront ein. Sie scheren und biegen das Gestein quer (transversal) zur Ausbreitungsrichtung. Das Gestein erfährt beim Durchlaufen einer S-Welle eine sinusförmige Vertikalbewegung verbunden mit einer hin- und zurück-

schwingenden Horizontalbewegung. S-Wellen können sich nur im festen Medium ausbreiten und nicht in Flüssigkeiten oder Gasen. Da deren Ausbreitung im Erdinneren an der Grenze vom Erdmantel zum äußeren Erdkern endet, weiß man, dass der äußere Erdkern flüssig ist. P- und S-Wellen breiten sich zudem in Gesteinen unterschiedlicher mineralogischer Zusammensetzung und unterschiedlicher Dichte verschieden rasch aus. Aus den Ausbreitungsgeschwindigkeiten können daher physikalische Informationen über das Erdinnere gewonnen werden (Abb. 9.8).

Oberflächenwellen sind Interferenzen von P- und S-Wellen. Rayleigh-Wellen erzeugen Bodenschwingungen ähnlich der Wirkung einer Wellengruppe, die über den Wasserspiegel läuft (retrograde elliptische Wellenbahn). Dabei können starke Rayleigh-Wellen die Erdoberfläche in wellenförmige Bewegungen mit Höhen von bis zu 0,5 m und Längen von 8 m versetzen, wodurch bei Erdbeben große Zerstörungen erzeugt werden können. Love-Wellen sind horizontale Querschwingungen des Gesteins und zählen wegen ihrer häufig großen Schwingungsamplitude zu den gefährlichsten Erdbebenwellen. Bei beiden Oberflächenwellen nimmt die Amplitude mit der Tiefe ab.

Exkurs 9.6 Maßzahlen für die Erdbebenstärke und -intensität

Die Erdbebenmagnitude (M) ist eine Maßzahl für die maximale Energie, die in Form der seismischen Wellen abgestrahlt wird. Sie wird aus instrumentellen Aufzeichnungen als maximaler Wellenausschlag auf einem Seismogramm und unter Berücksichtigung der Entfernung des Seismographen vom Erdbebenherd bestimmt und häufig mithilfe der Richter-Skala dargestellt. Den arabischen Zahlen der Richter-Skala liegt der dekadische Logarithmus des Messwertes der seismischen Amplitudenmaxima zugrunde. Auf der Richter-Skala entspricht eine Zunahme der Erdbebenmagnitude um 1 einer Verzehnfachung der maximalen Amplituden der Bodenschwingungen, wobei die gesamte beim Beben freigesetzte Energie um das 31,6-Fache zunimmt. Die Richter-Skala ist theoretisch nach oben offen, aber der Höchstwert, der je gemessen worden ist, lag bei 9,5 (Chile 22. Mai 1960). Dabei riss die Erdkruste bis in eine Tiefe von 40 km und auf einer Länge von fast 1000 km auf mit vertikalen Verschiebungen von bis zu 10 m.

Seit Ende der 1970er-Jahre wurde als weiteres Maß für die Erdbebenstärke die Moment-Magnitude (Mw) eingeführt. Vor allem bei stärkeren Erdbeben erlaubt sie eine genauere Bestimmung der freigesetzten Energie, da seismische Wellen zu Sättigungseffekten neigen. Daher werden zur Berechnung von Moment-Magnituden neben dem in Seismogrammen

aufgezeichneten Amplitudenspektrum der seismischen Wellen tektonische Effekte an der Störung wie Scherwiderstand (Schermodul), Bruchfläche (Herdlänge, Herdbreite) und Verschiebung mitberücksichtigt (Schneider 2004). Auch die Moment-Magnitude verwendet eine logarithmische Skala von 0–10, wobei ein Anstieg des Wertes um den Faktor 1 mit einer Verzehnfachung der Bruchfläche verbunden ist (Grotzinger & Jordan 2017). Richter- und Moment-Magnitude kommen häufig zu ähnlichen Werten. So besaß das Chile-Beben von 1960 eine Richter- und eine Moment-Magnitude von 9,5.

Die Intensität eines Erdbebens, das heißt die Stärke, mit der sich ein Beben an der Erdoberfläche bemerkbar macht, wird über die Auswirkungen eines Erdbebens auf Menschen, Gebäude und Landschaftsformen erfasst. Sie hängt von der Magnitude, der Herdtiefe und den Untergrundverhältnissen ab und wird häufig mithilfe der Mercalli-Skala oder der Europäischen Makroseismischen Skala (EMS-98) dargestellt. Intensitäten werden mit römischen Ziffern von I (nicht fühlbar) bis XII (katastrophale Schäden und starke Landschaftsveränderungen) unterschieden. Selbst bei gleicher Magnitude auf der Richter-Skala können sich die Schadenswirkungen eines Erdbebens u. a. je nach Herdtiefe, Geologie des Untergrunds und anthropogenen Faktoren deutlich unterscheiden.

Vulkane. Direkte Bedrohungen können sich u. a. durch die Förderung mächtiger vulkanischer Aschen oder giftige Gasemissionen ergeben, durch mehrere Hundert Kilometer pro Stunde schnelle und sehr heiße pyroklastische Ströme oder durch Auslösung vulkanischer Schuttlawinen, vulkanischer Schlammströme (Lahare), Rutschungen und Bergstürze, durch den Einbruch von Magmakammern im Untergrund und die Entstehung ausgedehnter Einbruchsbecken (Calderen; Abb. 9.19). Indirekte Vulkangefahren resultieren u. a. aus dem Kollaps eines küstennahen oder submarinen Vulkans, wodurch mächtige Flutwellen, sog. Tsunamis (Kap. 30), ausgelöst werden können. Langlebige vulkanische Aerosolwolken in der Stratosphäre können zudem weltweit Klimaabkühlungen hervorrufen und zu 1–2 Jahre andauernden globalen Temperaturabsenkungen um bis zu 1–2 °C führen. Insgesamt werden die direkten und indirekten Bedrohungen durch Vulkanismus aufgrund der wachsenden Siedlungsdichte in Vulkangebieten in Zukunft zunehmen.

Vulkanismus hat aber auch viele positive Folgen. Dazu zählen beispielsweise die Förderung von juvenilem, also **nährstoffreichem Gesteinsmaterial** (fruchtbare vulkanische Böden), eine **erhöhte Erdwärme** (geothermische Energie), die **Bildung von Lagerstätten** (Schwefelabbau an Sulfarolen, aber auch hydrothermale Erzlagerstätten oder vulkanische Baustoffe) und nicht zuletzt der **Tourismus** (Schönheit von Vulkanlandschaften mit Fumarolen, Mofetten, Geysiren, Lavaströmen und Lavafontänen, Stratovulkanen usw.). Auch aus diesen Gründen sind viele Vulkangebiete dicht besiedelt.

Vulkane sind nicht gleichmäßig über die Erde verteilt, sondern folgen tektonischen Schwächezonen (Abb. 9.12). Fast 85 % der bekannten historischen Vulkaneruptionen und fast alle großen

explosiven Ausbrüche stammen von **Vulkanen über Subduktionszonen** (Schmincke 2013), wie z. B. die hochexplosiven Vulkane Tambora (Sumbawa, 1815), Krakatau (Sundastraße, 1883), Mt. St. Helens (Washington, 1980), El Chichón (Mexiko, 1982), Nevado del Ruiz (Kolumbien, 1985), Pinatubo (Philippinen, 1991) oder Cerro Hudson (Chile, 1991).

Vulkane treten aber auch an divergierenden ozeanischen und kontinentalen Plattengrenzen auf. Dazu zählen die Mittelozeanischen Rücken mit zahlreichen submarinen Vulkanen und der Vulkaninsel Island sowie einige Vulkane entlang kontinentaler Grabensysteme wie des Ostafrikanischen Grabens (z. B. Kilimandscharo). Weiterhin findet man regellos verteilt **Intraplattenvulkane** oder **Hotspot-Vulkane**. Intraplattenvulkane umfassen alle ozeanischen (*seamount* und *guyots*) und kontinentalen Vulkane, die nicht an konvergierenden oder divergierenden Plattengrenzen liegen. Beispiele in den Ozeanen sind die Hawaii-Emperor-Inselkette und zahlreiche weitere Inselketten im Pazifik mit überwiegend dunklen basaltischen Laven (Basalte) oder die Kanarischen Inseln mit Förderung überwiegend heller saurer Laven (Rhyolithe, Trachyte, Phonolithe), Tephren und Ignimbriten. Ein Beispiel für kontinentalen Intraplattenvulkanismus sind die etwa 340 quartären West- und Osteifel-Vulkane (Schmincke 2009). Auch kontinentale Intraplattenvulkane können hochexplosiv, ultraplinianisch (Abb. 9.13) ausbrechen. Das war z. B. beim alleröddzeitlichen Laacher-See-Ausbruch vor etwa 11 200 ^{14}C-Jahren (12 880 limnische Warven-Jahre; Abschn. 5.3) der Fall. Die bimsreiche Eruptionswolke wurde durch süd- und nordwestliche Winde in zwei breiten Sektoren bis zur Ostsee bzw. bis südlich des Bodensees verteilt. In den Verbreitungsgebieten ist die Laacher-See-Tephra heute eine wichtige Zeitmarke in spätglazialen See- und Auenablagerungen.

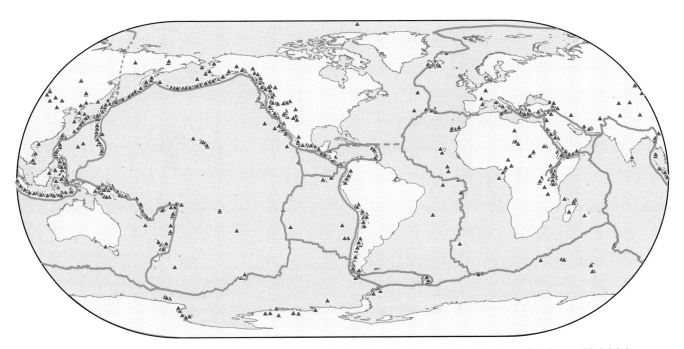

Abb. 9.12 Verbreitung der im Holozän aktiven Vulkane auf der Erde mit deutlicher Häufung an aktiven Kontinentalrändern und Subduktionszonen (*n* = 1318; verändert nach NOAA, *National Geophysical Data Center* 2004).

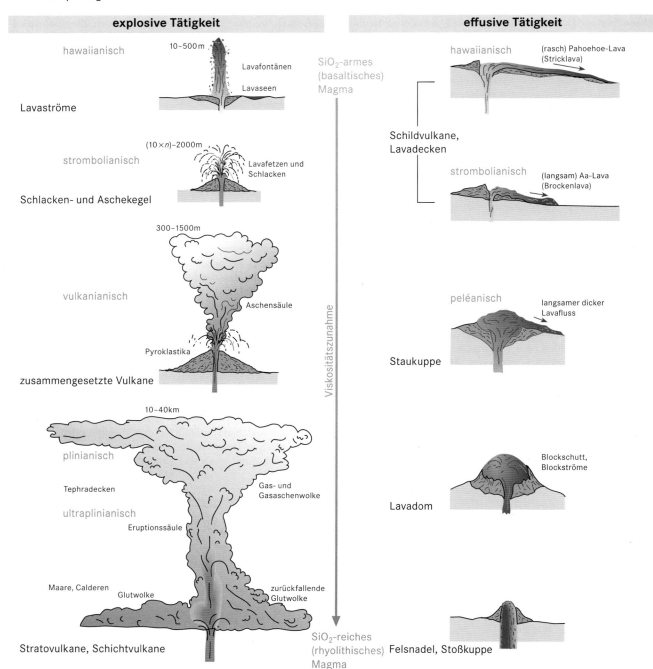

Abb. 9.13 Vulkanische Eruptionsarten, Vulkanformen und vulkanische Förderprodukte (verändert nach Schmincke 2013, Schmincke et al. 1993 u. a.).

Durch Vulkanismus können feste und gasförmige Bestandteile gefördert werden. Die Gasabgabe nennt man **Exhalation**, die Abgabe fester und flüssiger Bestandteile **Effusion** und das Auswerfen glutflüssiger und/oder fester Partikel **Ejektion** oder **Explosion**. Diese Förderarten sind ebenso wie die resultierenden vulkanischen Reliefformen und Ablagerungen sehr stark vom Gasgehalt und der Viskosität des Magmas abhängig. Die Viskosität, die u. a. vom SiO_2-Gehalt abhängt, steuert das Fließverhalten einer Lava vom schnellen Strömen bis zum langsamen, zähen Gleiten. Der Gasgehalt beeinflusst dagegen vor allem die Förderart der Lava. Die Stärke einer Vulkanexplosion kann bedeutend gesteigert werden durch Kontakt der Lava mit Grund- oder Oberflächenwasser bzw. Eis. Explosives Verdampfen des Wassers kann dann eine heftige phreatomagmatische Reaktion auslösen. Generell gilt, dass basische, SiO_2-arme, basaltische Magmen, die heiß (1000–1200 °C), dünnflüssig und gasarm sind, überwiegend effusiv gefördert werden. Dagegen werden SiO_2-reiche, saure rhyolithische Magmen, die kühler (ca. 700–900 °C), zähflüssig und gasreich sind, häufig explosiv gefördert (Abb. 9.13). Vulkanismus kann rein effusiv hawaiianisch, gemischt effusiv und explosiv strombolianisch, schwach explosiv vulkanianisch, hochexplosiv plinianisch und extrem explosiv ultraplinianisch sein (Abb. 9.13). Das Ergebnis effusiver Förderungen von Lava sind Lavaströme (Strick- bzw. Pahoehoe-, Brocken- bzw. Aa- sowie Kissen- bzw. Pillow-Laven) und Lavadecken, aber auch relativ kleine Stau- und Stoßkuppen, größere Lavadome und mächtige Schildvulkane (Abb. 9.13). Explosive Vulkaneruptionen können flächenhaft ausgebreitete pyroklastische Ablagerungen (Tephradecken, Ignimbrite) erzeugen, aber auch stärker dem Relief angepasste Ablagerungen vulkanischer Schutt- und Schlammströme (Lahare). Je nach Stärke und Dauer der Eruptionen können relativ kleine, wenige Zehner bis wenige Hunderte von Metern hohe **Tephravulkane** und **Schlackenkegel** oder auch hohe und komplex aufgebaute **Stratovulkane** (Schichtvulkane) entstehen. Explosionskrater, Maare und Calderen (Abb. 9.19) sind weitere signifikante Formen eines explosiven Vulkanismus. Befindet sich ein Vulkan in einer längeren Ruhephase oder ist er am Erlöschen, zeugen häufig nur noch ausströmende Gas- und Dampfexhalationen (bis zu 1000 °C heiße Fumarolen, schwefelhaltige Solfataren, CO_2-reiche Mofetten, Geysire, Thermen) von der ruhenden magmatischen Aktivität im Untergrund.

Gesteine und der Kreislauf der Gesteine

Unter den in der Erdkruste anstehenden Gesteinen dominieren mit etwa 65 % magmatische Gesteine, gefolgt von metamorphen Gesteinen (etwa 27 %). Zwar ist der Massenanteil der sedimentären Gesteine in der Erdkruste mit rund 8 % relativ gering, aber sie bedecken etwa 75 % der Erdoberfläche. Gesteine bestehen in der Regel aus einem Mineral, mehreren Mineralen, Mineral- und Gesteinsbruchstücken oder aus einer natürlichen Ansammlung tierischer oder pflanzlicher Reste. Ein Gestein ist zudem immer auch ein Archiv, in dem Informationen über vergangene geologische Prozesse gespeichert sind.

Die meisten Gesteine bestehen aus Mineralen, also aus festen, homogenen anorganischen Verbindungen. **Primäre Minerale** entstehen überwiegend durch Kristallisation aus einem Magma, aber auch durch Umwandlung existierender Minerale bei der Gesteinsmetamorphose unter veränderten Druck- und Temperaturbedingungen, durch chemische Ausfällung aus Dämpfen und Lösungen (u. a. Kalzite, Dolomite, Salzmineralien) oder durch biogene Skelettbildungen (u. a. Kieselskelette, karbonatische Gerüst- und Schalenbildungen). Als Folge von Verwitterungsprozessen können zudem neue **sekundäre Minerale** gebildet werden wie z. B. Tonminerale, Eisenoxide und Eisenhydroxide. Minerale können kristallin sein, also ein Kristallgitter besitzen, oder amorph. Die Mineralzusammensetzung eines Gesteins bestimmt nicht nur das Aussehen, sondern viele seiner chemischen und physikalischen Eigenschaften.

Etwa 91 % der häufigsten Minerale in der Erdkruste sind **Silikate** (inkl. Quarz, SiO_2), daneben existieren u. a. Karbonate, Sulfate, Sulfide und Chloride (NaCl), Oxide und Hydroxide und Phosphate (Apatit).

Wichtige silikatische Minerale sind beispielsweise Quarze, Feldspäte (Orthoklase, Plagioklase), Glimmer (u. a. Muskovit, Biotit), Pyroxene, Amphibole, Olivine oder amorphe Varietäten wie Opal. Die Verwitterungsstabilität nimmt bei ihnen im Allgemeinen von den dunklen Mineralen Olivin < Pyroxen < Amphibol < Biotit zu den hellen Mineralen Feldspat < Muskovit < Quarz zu.

Oxide und **Hydroxide** sind zu etwa 4 % am Aufbau der Erdkruste beteiligt. Viele braune und rote Farben in der Natur stammen von verschiedenen Eisenoxiden und -hydroxiden wie dem braunfärbenden Goethit (α-FeOOH) oder dem rotfärbenden Hämatit (Fe_2O_3).

Eine besondere morphologische Bedeutung besitzen leicht lösliche karbonatische Minerale wie Kalzit ($CaCO_3$) sowie verschiedene Sulfate (Gips, Anhydrit) und Salze (z. B. Steinsalz). Aufgrund ihrer besonderen Fällungs- und Lösungseigenschaften trifft man in Gebieten, in denen sie anstehen, besondere morphologische Formen an, die sog. Karstformen (Abschn. 9.4).

Anhydrit wird bei Kontakt mit Grundwasser unter Quellung zu Gips umgewandelt. Dieser Quellungsdruck kann zum Verbiegen und Verstellen der umgebenden Gesteinschichten (**Gipstektonik**) führen. Salzgesteine besitzen die Fähigkeit, viskos zu fließen, und sind zudem leichter als viele andere Gesteine. Bei einer Überlagerung von Salzgesteinen durch andere, dichtere Gesteine kommt es häufig zum viskosen Fließen und zum Aufstieg des Salzes.

Es können sich mächtige Salzkissen, Salzstöcke und Salzdome (Diapire) bilden. Darüberliegende hangende Schichten werden verdrängt, verstellt und verbogen (**Salztektonik**, halokinetische Tektonik). Salze werden zudem bei Kontakt mit dem Grundwasserspiegel leicht gelöst und es entstehen Subrosionssenken, Erdfälle und andere Lösungshohlformen. Magmatische Gesteine (**Magmatite**) entstehen durch Kristallisation während der Abkühlung aus einer silikatischen Gesteinsschmelze, dem Magma. Sein Chemismus hängt vom Entstehungsort ab und kann sich auf dem Weg zur Erdoberfläche vor allem durch gravitative Kristallisationsdifferenzierung und die Assimilation von Nebengesteinen ändern. Die Folge ist eine große Bandbreite saurer (> 63 Gewichtsprozent SiO_2), intermediärer (52–63 Gewichtsprozent SiO_2), basischer (mit 45–52 Gewichtsprozent SiO_2) und ultrabasischer (< 45 Gewichtsprozent SiO_2) Magmatite (Abb. 9.14). Die Gesteinsgruppen der **Plutonite** (Tiefengesteine), **Subvulkanite** und **Vulkanite** (Ergussgesteine) repräsentieren verschiedene Abkühlungs- und Erstarrungsorte des Magmas, woraus unterschiedliche Erscheinungsbilder und physikalische Eigenschaften resultieren. Fast jeder Plutonit hat einen vom Mineralbestand her ähnlichen vulkanischen Vertreter (Abb. 9.14), z. B. bestehen der Plutonit Granit und der Vulkanit Rhyolith überwiegend aus den hellen Mineralen Feldspat, Quarz und Glimmer. Während aber die Minerale des Granits grobkristallin und damit mit dem Auge erkennbar sind, sind sie beim Vulkanit Rhyolith bis auf wenige Mineraleinsprenglinge in seiner hellen feinkristallinen

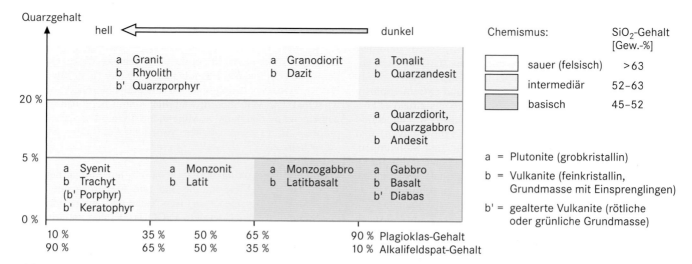

Abb. 9.14 Auswahl häufiger magmatischer Gesteine (verändert nach Okrusch & Matthes 2014 u. a.).

Grundmasse verborgen. Die schnelle Abkühlung des Magmas verhindert bei den vulkanischen Gesteinen ein entsprechend großes Mineralwachstum. Erkaltet eine Lava sehr plötzlich, wie es beim explosionsartigen Ausschleudern von Lava der Fall sein kann, können amorphe vulkanische Gläser wie Bims und Obsidian entstehen.

Sedimente und Sedimentgesteine (**Sedimentite**) bestehen manchmal aus organischen Substanzen, überwiegend aber aus Gesteinsmaterial, das abgetragen und wieder abgelagert und/ oder aus wässerigen Lösungen ausgefällt wurde. **Lockersedimente** können durch verschiedene Prozesse verfestigen, die man unter dem Begriff Diagenese zusammenfasst.

Klastische (mechanische) Sedimente (Sedimentgesteine) bestehen aus eckigen oder gerundeten Fragmenten von Gesteinen oder Mineralen und werden aufgrund ihrer **Korngröße** in Ton (< 0,002 mm), Silt oder Schluff (0,002–0,63 mm), Sand (0,63–2 mm), Kies und Schutt (2–63 mm) sowie Blöcke und Steine (> 63 mm) unterteilt. Durch Kompaktion und Zementation von karbonatischen, kieselsäurehaltigen oder tonigen Bindemitteln kann aus Lockersedimenten ein **Festgestein** entstehen.

Chemische Sedimentgesteine werden nach ihrer stofflichen Zusammensetzung unterteilt in Kieselgesteine, Karbonate und Dolomite, Evaporite (Salzgesteine), Phosphatgesteine und eisenreiche Gesteine. Biogene Sedimentgesteine sind u. a. Diatomite (Kieselskelett von Diatomeen), Fossilkalksteine (Korallenkalksteine u. a.), Torfe und Kohlen, Harze und Bitumengesteine.

Metamorphe Gesteine (**Metamorphite**, Umwandlungsgesteine) entstehen durch Gesteinsmetamorphose: a) bei Versenkung von Gesteinen in tiefere Krustenbereiche (**Regionalmetamorphose**), b) durch Intrusion eines Magmas in die Erdkruste (**Kontaktmetamorphose**) oder c) durch Verschiebungen von Gesteinen an tektonischen Störungen (**Dislokationsmetamorphose**). Metamorphose setzt in H_2O-reichen Gesteinen bei etwa 200–300 °C ein, die obere Grenze der Metamorphose liegt je nach Druck-

verhältnissen bei ungefähr 600–1000 °C. Bei Temperaturen von über 800 °C beginnen Sedimentgesteine und SiO_2-reiche Magmatite teilweise aufzuschmelzen (Anatexis). Metamorphose ist also eine temperatur- und/oder druckbedingte Umwandlung von Gesteinen unterhalb der Erdoberfläche, wobei neue metamorphe Minerale gebildet werden und dem Gestein häufig ein neues Aussehen, ein metamorphes Gefüge gegeben wird. Typische metamorphe Gesteinsgefüge sind das Schiefer-, Phyllit-, Glimmerschiefer-, Fels- und Gneisgefüge.

Metamorphe Gesteine können aus Sedimenten und Metamorphiten (Paragesteine) oder auch aus Magmatiten (Orthogesteine) hervorgegangen sein. Dabei bestimmen das Ausgangsgestein und der Metamorphosegrad wesentlich das Aussehen und die Zusammensetzung des metamorphen Gesteins. Einige häufige metamorphe Gesteine sind die im Folgenden beschriebenen: **Schiefer** ist ein Sammelname für fein- bis mittelkörnige metamorphe Gesteine, die leicht trennbare Schieferungsflächen besitzen und deren Feldspatgehalte unter 20 % liegen. **Phyllite** sind dünnschiefrig-blätterig (mm- bis cm-starke Absonderung) mit seidig glänzenden Schieferungsflächen (Seidenglanz vom Serizit). **Glimmerschiefer** besitzen zahlreiche mit dem Auge erkennbare Glimmer (Muskovit und/oder Biotit) sowie Quarz und Feldspat (Feldspatanteil < 20 %). **Fels** ist ein metamorphes Gestein mit ungerichtetem Gefüge. **Gneise** sind quarz- und feldspatreiche (Feldspatanteil > 20 %) Gesteine mit einem Parallelgefüge aus hellen und dunklen Mineralbändern. Bei der metamorphen Umwandlung von Sandstein in Quarzit oder von Kalkstein in Marmor findet sogar nur eine Vergrößerung und dichtere Verzahnung der Kristalle statt, was aber dennoch mit deutlichen Änderungen der physikalischen Eigenschaften und des Aussehens verbunden ist. So z. B. glitzern Marmore und Quarzite auf ihren Bruchflächen.

Magmatische, sedimentäre und metamorphe Gesteine sind durch einen **ständigen Kreislauf** miteinander verbunden (Abb. 9.15), der aus alten Gesteinen neue schafft. Verwitterung, Abtragung und Transport können mächtige Lockersedimente erzeugen,

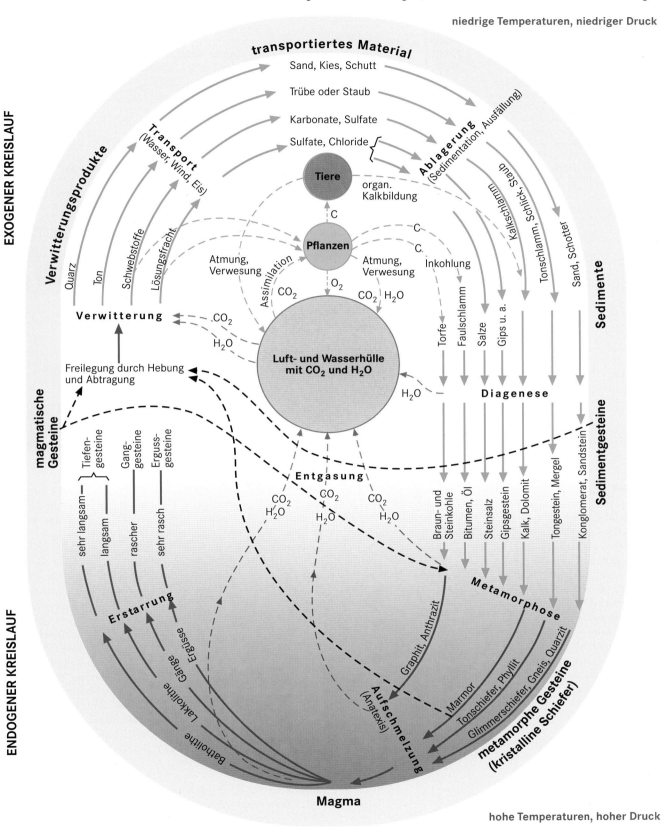

Abb. 9.15 Kreislauf der Gesteine (verändert nach Schwegler et al. 1969).

Abb. 9.16 Tektonischer Graben des Death Valley (USA). Die Verschneidung von digitalen Höhendaten (SRTM) mit Landsat-7-EMT-Daten (Kanäle 7-4-1) zeigt deutlich einen Halbgraben. Die einseitige Kippung des Grabens resultiert in einer unterschiedlichen relativen Hebung der Gebirge im Osten und Westen. Diese bedingt verschiedene Grabenflanken, Einzugsgebietsgrößen und Schwemmfächerformen (Entwurf: F. Lehmkuhl, R. Löhrer; Kartographie: H.-J. Ehrig, R. Löhrer).

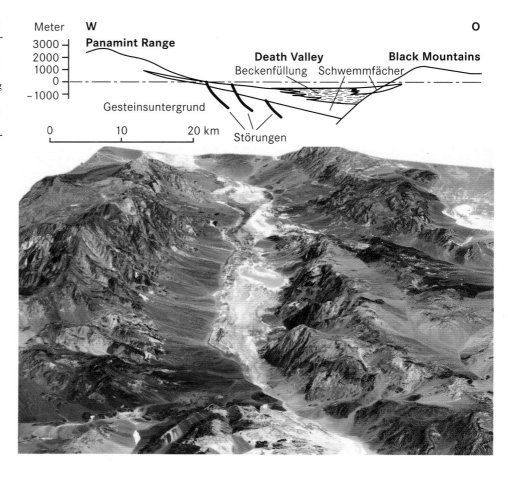

die durch Diagenese (Kompaktion und Zementation) verfestigt werden. Bei anschließender Versenkung in größere Tiefe oder bei Intrusion eines Plutons verändern sich das Gefüge und die Mineralzusammensetzung der Sedimentgesteine, sie werden zu metamorphen Gesteinen. Bei hohen Temperaturen kann die Metamorphose von partieller Aufschmelzung begleitet sein. Die Teilschmelzen (sekundäre Magmen) steigen vom Ort ihrer Entstehung in flachere Niveaus der Erdkruste, teilweise bis zur Erdoberfläche auf. Es entstehen je nach Lage des Erstarrungsortes verschiedene magmatische Gesteine. Durch langsame Hebungsvorgänge können Plutonite, Metamorphite und Sedimentgesteine bis an die Erdoberfläche gelangen, und der Kreislauf der Gesteine beginnt erneut. Durch Hebungsvorgänge und andere endogene Prozesse werden Formen gebildet oder in ihrer Entwicklung beeinflusst.

Formenbildung durch endogene Prozesse: Neotektonik

Frank Lehmkuhl und Wolfgang Römer

Die Neotektonik befasst sich mit der Analyse der jüngsten tektonischen Vorgänge und der damit assoziierten Deformationsstrukturen und Oberflächenformen der Erdkruste. Zeitlich wird der Begriff Neotektonik für Bewegungen verwendet, die im Quartär einsetzten und bis in die Gegenwart reichen. Allerdings gibt es hier unterschiedliche Auffassungen über die zeitliche Reichweite. Nach einer allgemeineren Definition handelt es sich bei neotektonischen Bewegungen um Deformationen der Erdkruste, die durch die gegenwärtig vorherrschenden Spannungen ausgelöst werden. Die dabei auftretenden Verschiebungen können kontinuierlich oder ruckartig, beispielsweise während eines Erdbebens, erfolgen.

Tektonische Bewegungen bilden Bruch- und Bruchlinienstufen, tektonische Gräben, Horste und Falten. Die Dimensionen reichen von mehreren Tausend Kilometer langen Störungssystemen mit oft Kilometer großen Versatzbeträgen bis hin zu kleineren Bruchstufen oder Falten im Meter- und Dezimeterbereich, die im Gelände als Kleinformen sichtbar sind. Die Größe und Ausprägung der Formen ist von der Dauer, Häufigkeit und Intensität der Bewegungen abhängig. Der Erhaltungszustand dieser Strukturformen wird vom Material und von der Intensität der Abtragungsprozesse bestimmt.

Neotektonische Bewegungen sind aus nahezu allen Gebieten der Erde bekannt und werden selbst auf den alten Schilden beobachtet. Die gegenwärtig tektonisch besonders aktiven Gebiete liegen an Plattengrenzen oder in jüngeren Gebirgen. Darüber hinaus treten tektonisch aktive Gebiete auch in Bereichen auf, in denen

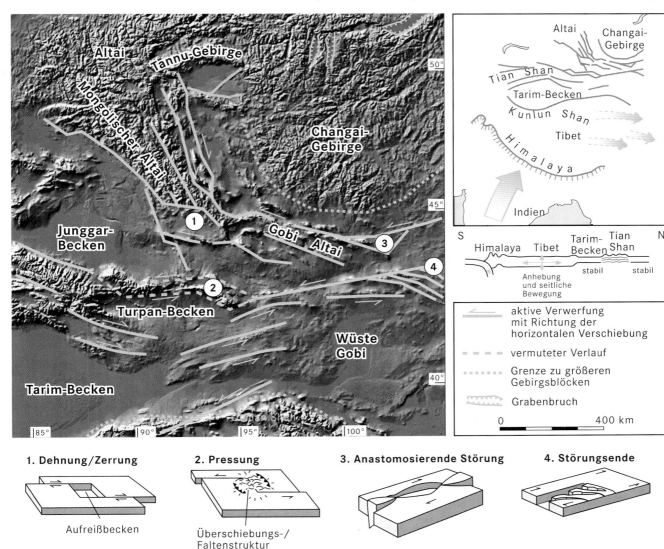

Abb. 9.17 Die Kollision Indiens mit dem asiatischen Kontinent bewirkt die Hebung Tibets und die Bildung unterschiedlicher Gebirgssysteme in Innerasien. Die stabilen Platten im Norden Asiens und das variskische Changai-Gebirge wirken als Widerlager und lenken die Hauptbewegung Tibets an Blattverschiebungen entlang nach Osten. Dadurch entsteht ein komplexes, neotektonisches Muster mit Aufreißbecken (*pull-apart*-Becken) und Aufpressungsgebirgen (1 und 2). Teilweise sind diese Störungen anastomosierend (3) und diese fächern sich in der Gobi (4) und im Altai-Gebirge auf (*horse tail structure*; Entwurf: F. Lehmkuhl; Kartographie: H.-J. Ehrig, R. Löhrer).

es in der Vergangenheit zu einer Umverteilung der Spannungen in der Erdkruste gekommen ist. Beispiele aus Deutschland sind der Oberrheingraben, Teile des Alpenvorlandes oder die Niederrheinische Bucht.

Zu den deutlichsten Indikatoren neotektonischer Aktivität gehören **Erdbeben**, die oft mit katastrophalen Folgen verbunden sind. In den Ozeanen entstehen die durch **Seebeben** ausgelösten **Tsunamis** (Kap. 30). Bei größeren Ereignissen sind horizontale und vertikale Verschiebungen von mehreren Metern keine Seltenheit. Dabei können Flüsse vor den gehobenen Bereichen aufgestaut werden oder in tiefere Zonen abgelenkt werden. Veränderungen in der Lage des Grundwasserspiegels sind ebenfalls häufige Begleiterscheinungen. In der Vergangenheit

mögen solche Vorgänge am Untergang älterer Kulturen, wie beispielsweise der Harappa-Kultur in Pakistan, beteiligt gewesen sein (Jorgensen et al. 1993). Rutschungen, auch submarine, und **Bergstürze** werden nicht nur durch die Erschütterungen selbst ausgelöst, sondern können auch später noch durch neu gebildete Trennflächen oder als Folge der Verschiebung von Schollen auftreten.

Während eines Bebens sind in der Regel nur kurze Segmente einer Störung aktiv. Neuere Untersuchungen haben gezeigt, dass an einzelnen Störungssegmenten Erdbeben und Verschiebungen sich offensichtlich zeitlich konzentrieren und von Intervallen geringerer Aktivität unterbrochen werden, in denen es an anderen, zum Teil weit entfernten Segmenten zu Bewegungen kommt (Burbank & Anderson 2012). In manchen Fällen haben sich Krustenbewegungen und die Erdbebentätigkeit während des Quartärs verlagert. Dies gilt auch für die seit etwa 20–30 Mio. Jahren existierende San-Andreas-Blattverschiebung im Westen der USA. Erdbeben und tektonisches Kriechen haben hier zu einer mittleren Verschiebung von 5–6 cm pro Jahr beigetragen (Burbank & Anderson 2012). Zur San-Andreas-Störung gehört eine etwa 100 km breite Zone mit zahlreichen Zweigverschiebungen. In Kalifornien trifft dieses Verschiebungssystem auf ein von Ost nach West verlaufendes Störungssystem, das sich bei der Dehnung der *Basin-and-Range*-Provinz bildete. Dabei entstand ein komplexes Bewegungsmuster aus aufeinander zulaufenden und divergierenden Schollen, zu dem u. a. auch der tektonische Graben des Death Valley gehört (Abb. 9.16).

In Zentralasien ist ein ähnlich aktives und komplexes Störungsmuster bei der Kollision Indiens und Asiens entstanden (Abb. 9.17). Obwohl die meisten Störungen als Blattverschiebungen angesprochen werden können, treten an ihnen Ab- und Aufschiebungen, Überschiebungen und Falten auf. Falten und Auf- und Überschiebungen entstehen vor allem dann, wenn Schollen konvergieren (Cunningham et al. 1996). Bei divergierenden Schollenbewegungen bilden sich durch die Zerrung der Kruste tektonische Gräben und *pull-apart*-Becken (Abb. 9.17).

Die morphologischen Anzeichen für neotektonische Aktivitäten sind vielfältig. Zu den auffälligsten gehören kaum zerschnittene oder in Dreiecksfacetten zerlegte, geradlinige Bruch- und Bruchlinienstufen. **Anomalien im Gewässernetz** oder an einzelnen Flussläufen, z. B. Anzapfungen, scharfe Umbiegungen, lange gerade Flusssegmente, versumpfte Talabschnitte, Knickpunkte, Wasserfälle im Flusslängsprofil oder verschiedene Schwemmfächergenerationen, können jüngere tektonische Bewegungen anzeigen. Verschiebungen, die nicht bis an die Oberfläche reichen, sog. blinde Störungen, zeichnen sich in deformierten oder versetzten Sedimentschichten oder in Falten ab. Beim El-Asnam-Erdbeben (M 7,3) 1980 in Algerien hob sich der Scheitelbereich eines über einer Störung gelegenen Sattels um fast 5 m (Abb. 9.18). Bis zu 6000 Jahre alte Seeablagerungen und hochgelegene, den Sattel querende Talkerben, sprechen für einen häufigeren Aufstau des Chéliff-Flusses und eine durch die Hebung des Sattels verursachte Umlenkung eines seiner Nebenflüsse (Meghraoui et al. 1988).

Morphostrukturelle Großeinheiten der Festländer

Reinhard Zeese

Die geomorphologischen Großformen (Megaformen) der Erde werden unterschieden nach ihren strukturellen Eigenschaften und nach Ausmaß und Dauer der subaerischen Einflüsse (Verwitterung und Abtragung/Aufschüttung).

So können die **jungen Falten- und Deckengebirge** (z. B. Alpen) als Produkte der alpidischen Orogenese (spätes Mesozoikum, Tertiär und teilweise bis in die Gegenwart an-

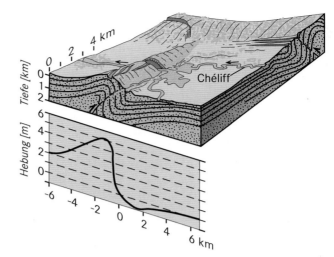
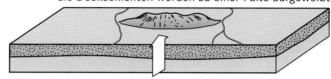
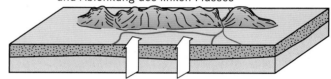

Abb. 9.18 Durch neotektonische Bewegungen gebildete Falte bei El Asnam in Algerien (oberer Teil der Abbildung). Die Hebung während des 1980 (M 7,3) erfolgten Erdbebens ist in einer Kurve skizziert. Im Vorfeld der Falte wurde dabei ein See aufgestaut. Im unteren Teil der Abbildung ist die Ablenkung eines Flusses vor einer sich ausdehnenden Falte schematisch dargestellt. Ein vergleichbarer Vorgang hat bei El Asnam offensichtlich mehrfach während des Quartärs stattgefunden (Entwurf: W. Römer; Kartographie: H.-J. Ehrig).

haltend) von den **alten Falten- und Deckengebirgen** (z. B. Appalachen) unterschieden werden, die im Erdaltertum orogen geprägt wurden und im frühen Mesozoikum bereits weitgehend eingerumpft (Exkurs 9.11) waren. Faltungsstrukturen in den **Kratonen** und **Schilden** (z. B. Fennoskandischer Schild) liegen mit ihrer Bildung zeitlich noch weiter zurück. Sie sind Ergebnis präkambrischer Orogenesen. Oft liegen bei den Kratonen die kristallinen Gebirgswurzeln an der Oberfläche. Es waren vor allem isostatische Ausgleichsbewegungen (Exkurs 9.3) als Folge von Reliefreduktion, die in den Schildregionen Hebungsimpulse und damit weitergehende Abtragung möglich machten.

Bruchtektonische Beanspruchungen durch die Bewegungen der Platten ließen regional die Gebirgsrümpfe in Schollen zerbrechen, es entstanden **Rumpfschollengebirge** (z. B. Rheinisches Schiefergebirge). Auch die großen **Grabenzonen** (z. B. Mittelmeer-Mjøsen-Zone mit dem Oberrheingraben) gehören zu den Megaformen.

Daneben finden sich große **sedimentäre Ebenen** (z. B. Norddeutsches Tiefland als Küstentiefland und Alpenvorland als Saumtiefe), in denen überwiegend känozoische, noch wenig verfestigte Ablagerungen einen unterschiedlich gestalteten Untergrund verhüllen. Des Weiteren treten großräumig **sedimentäre Plateaus** (z. B. Süddeutsches Schichtstufenland) in flachlagernden bis wenig geneigten Sedimentgesteinen und **vulkanische Plateaus** (z. B. Hochland von Dekkan) im Bereich mächtiger Deckenergüsse (Flutbasalte) mit Mächtigkeiten von über 1000 m auf.

Formenbildung durch endogene Prozesse: Vulkanformen

Gerhard Schellmann

Viskosität, Gasgehalt und Temperatur sind wichtige Parameter, die Formenbildung durch Vulkanismus steuern. Ist das Magma sehr zähflüssig (rhyolithisch bis andesitisch) und erkaltet nahe der Oberfläche, dann kann es zur Aufwölbung des Deckgebirges (Magmendom) und zur Bildung steilböschiger **Quellkuppen** oder bei Austritt der Laven zur Entstehung von **Staukuppen**, **Lavadomen** und **Felsnadeln** kommen (Abb. 9.13). Großflächiger wirksam sind dünnflüssige (basische bis ultrabasische) Laven.

An **Linearvulkanen** mit lang anhaltender Lieferung dünnflüssiger basaltischer Lava (**Flutbasalte**), die meist von einer heißen Mantelaufwölbung (Hotspot) beliefert wird, entstehen ausgedehnte **Deckenbasalte** (Flutbasalte, Trappbasalte). Bekannte Beispiele kontinentaler Flutbasaltprovinzen mit mehreren Hundert bis mehreren Tausend Metern Mächtigkeit sind u. a. die Dekkan-Basalte Indiens, die Columbia-River-Basalte der USA, die Karroo-Basalte Südafrikas oder die Paranáflut-Basalte Brasiliens. Regionen mit aktiven Linearvulkanen sind die ozeanischen und intrakontinentalen Riftzonen auf der Erde.

Zentralvulkane besitzen einen zentralen Förderschlot, der über ein Magmenzufuhrsystem von einer in der Erdkruste liegenden sekundären Magmenkammer genährt wird. Bei intensiver effusiver Tätigkeit entstehen breit ausladende **Schildvulkane** (Abb. 9.13). Sie sind im Wesentlichen aus zahlreichen, wenige Meter mächtigen basaltischen Lavadecken aufgebaut, die überwiegend von Pahoehoe-Lavaströmen abgelagert wurden. Innerhalb der Lavadecken treten wiederholt **Lavatunnel** auf, das sind röhrenförmige Hohlräume mit oft mehreren Metern Durchmesser. In diesem Röhrensystem konnte die Lava ohne wesentlichen Wärmeverlust über weite Strecken bis an die Lavafront fließen. Da basaltische Lava relativ dünnflüssig und selbst bei geringen Oberflächenneigungen von 1° fließfähig ist, haben Schildvulkane einen großen Basisdurchmesser bei vergleichsweise geringer Höhenerstreckung.

Eindrucksvolle **Reliefformen** eines **explosiven Vulkanismus** sind mächtige Stratovulkane, Calderen (Abb. 9.19), Maare und Explosionskrater. **Stratovulkane** oder Schichtvulkane sind Hunderte bis Tausende von Metern hoch, besitzen relativ steile Hänge (bis ca. 33° Hangneigung) und einen mehr oder minder symmetrisch gebauten Vulkankegel aus überwiegend vulkanischen Lockerprodukten (explosive Tätigkeit) und einzelnen Lavadecken (effusive Tätigkeit), die gegenüber Verwitterung und Abtragung unterschiedlich reagieren. Stratovulkane sind typische Vulkane der Subduktionszonen.

Von einem vulkanischen Krater unterscheiden sich Calderen (spanisch „Kessel"; Abb. 9.19) schon durch ihre wesentlich größeren Dimensionen mit Durchmessern von bis zu mehreren Kilometern. Explosionscalderen entstehen bei gasreichen Magmen häufig in Verbindung mit extremen phreatomagmatischen Eruptionen. Dagegen entstehen **Einbruchscalderen** unabhängig von den Eigenschaften des Magmas allein durch Entleerung und den anschließenden Einsturz einer darunterliegenden Magmenkammer.

Neben Vulkankratern und Calderen sind **Maare** rundliche, häufig wassergefüllte vulkanische Hohlformen mit einem Durchmesser von meist wenigen Hundert Metern. Sie sind Explosionstrichter und entstanden durch eine phreatomagmatische Eruption. Anders als bei vulkanischen Kratern besitzen Maare einen niedrigen Ringwall, der überwiegend aus Nebengesteinsfragmenten besteht. Die Maare der West- und Osteifel sind eine weltweit bekannte Typuslokalität für dieses vulkanische Phänomen (Schmincke 2009).

Die häufigsten Zentralvulkane auf der Erde sind allerdings relativ kleine, im Mittel wenige Zehner bis wenige Hundert Meter hohe **Tuff-** (Tephra-) **und Schlackenvulkane**. Sie besitzen einen zentralen Krater, umgeben von einem meist geschlossenen Ringwall aus vulkanischem Lockermaterial.

Formbestimmende endogene Prozesse: strukturbedingte Formen

Reinhard Zeese

Neben endogen gebildeten Formen (Strukturformen im eigentlichen Sinne) gibt es eine Fülle von Formen, die zwar durch exogene Formungsprozesse entstehen, deren Gestalt jedoch in unterschiedlichem Maße von den Strukturen des Untergrunds beeinflusst wird. Es sind strukturbedingte oder zumindest strukturangepasste Skulpturformen. Sie resultieren aus der unterschiedlichen Auswirkung der Gesteinsstrukturen auf die Prozesse der Aufbereitung durch Verwitterung und aus der unterschiedlichen Abtragungswirkung bei unterschiedlicher Resistenz der Gesteine. Wesentliche strukturelle Vorgaben lassen sich deshalb ableiten aus der Litho- und Petrofazies (Ausprägung des Gesteins) und der Lagerung des Gesteins sowie aus den Deformationen, die es erfahren hat, und der Klüftung, die aus unterschiedlicher Beanspruchung resultiert.

Die petrofazielle (gesteinsabhängige) Steuerung der Reliefentwicklung wird besonders deutlich im Zusammenhang mit **dem Aufdringen und Erkalten von Magmen**. Diese können nicht nur an der Erdoberfläche als Vulkanite, sondern auch in der Erdkruste als plutonischer und nahe der Erdoberfläche als subvulkanischer Intrusionskörper erstarren und nachfolgend

Kapitel 9

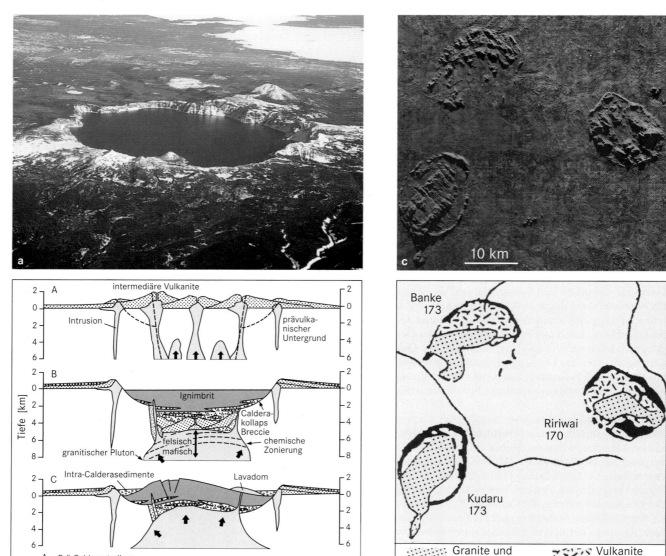

Abb. 9.19 Von der Caldera zum Inselgebirge. **a** Crater Lake, Caldera des Mount Mazama, Ausbruch 6850 Jahre v. h. (aus Schmincke 2013, Foto: Mike Douglas, U.S. Geol. Surv.). **b** Tertiäre Calderaentwicklung im westlichen Nordamerika (verändert nach Lipman 1984 aus Schmincke 2013). **c** Inselgebirge durch Freilegung von Subvulkanen in Nordnigeria (SLAR *south looking*). **d** Gesteine der Subvulkane; Quarzporphyre betonen die Ringstrukturen (nach Bowden & Kinnaird 1984).

durch Abtragung freigelegt werden. Oft sind sie morphologisch deutlich resistenter als die Gesteine, in die der Glutfluss eingedrungen ist und werden deshalb zu Vollformen herausgearbeitet. Plutonische Intrusionskörper, die in Tiefen von mehr als 3–5 km erkalteten (Batholith), bilden oft mehrere Zehner Kilometer breite kuppelförmig gewölbte Erhebungen wie der Brocken im Harz oder mächtige Gebirgszüge wie die patagonischen Anden (Andenbatholith). Morphologisch auffällige Ringstrukturen ehemaliger Vulkanwurzeln (Subvulkane) kennzeichnen viele Inselgebirge des ehemaligen Gondwana-Kontinentes (Abb. 9.19). Magmatische Gangfüllungen (Dykes),

die als lang gestreckte, vertikal verlaufende Spaltenfüllungen in der Erdkruste auftreten, können als bizarre mauerartige Erhebungen freigelegt werden. Schlotfüllungen werden, sofern sie abtragungsresistenter sind als das Umgebungsgestein, zu oft steilwandigen Härtlingen umgestaltet. In Täler abgeströmte und dort erkaltete Lava wird, sofern das Nachbargestein leicht ausgeräumt werden kann, Sporne und Plateaus vor rascher Abtragung schützen (Abb. 9.20).

Wechsellagernde, unterschiedlich widerständige Gesteine führen je nach Einfallen der Gesteine zur Entwicklung von **Schichttafeln**,

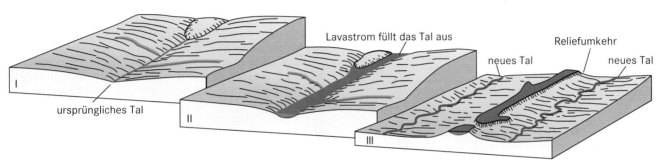

Abb. 9.20 Basaltplateau durch Reliefumkehr: Montagne de la Serre, Blick vom Plateau von Gergovie, Zentralmassiv, Frankreich (Foto: R. Zeese). Die Limagne im nordwestlichen Zentralmassiv ist ein Halbgraben zwischen den Monts du Forez im Osten und der Auvergne im Westen, der vom Obereozän bis zum Untermiozän einsank und mit Seesedimenten verfüllt wurde. Im Untermiozän aktive Vulkane schickten ihre Lavaströme in die zur Senke führenden Täler und bedeckten die unterlagernden Lockersedimente mit Basalt (Phase II). Eine im Pliozän einsetzende Hebung des Massivs führte zur teilweisen Ausräumung der Tertiärfüllung. Die abtragungsresistenten Basalte wurden zu Plateaus und lang gestreckten Rücken umgewandelt (Reliefumkehr; Phase III). So auch das Plateau von Gergovie und die Montagne de la Serre, ein lang gestreckter Höhenzug im Bildmittelgrund, der links mit einem Basalt-Zeugenberg endet.

Schichtstufen (Abb. 9.70a) und **Schichtkämmen** (Abb. 9.70b und 9.71).

Deformationen sind oft Hunderte von Millionen Jahren nach den Deformationsprozessen noch steuernd wirksam. So können aus einem Faltenrumpf die alten Faltenstrukturen wieder herausgearbeitet werden wie z. B. in den Appalachen.

Klüfte sind ebenfalls von großer Bedeutung bei der exogenen Morphodynamik, da sie als Leitbahnen für das Wasser Verwitterung (Abschn. 9.3) und Abtragung beeinflussen (Abschn. 9.3). Das entlang der Klüfte verwitterte Material (Grus, Lehm, Saprolit) kann herausgespült und der Gesteinsrest zu bizarren Formen gestaltet werden (franz. *relief ruiniforme*). So entstehen Felsenstädte („Verzauberte Städte"; Lehmann 1970) in klüftigen Sedimentgesteinen wie Sandstein und Dolomit oder Felsburgen (Abb. 9.74) und andere Formen der **Wollsackverwitterung** (Abb. 9.21 und 9.26) bevorzugt in Plutoniten wie dem Granit.

9.3 Verwitterung als Voraussetzung für Bodenbildung, Pflanzenwuchs und Relieformung

Dominik Faust und Arno Kleber

Die Oberfläche der Erde unterliegt durch endogene und exogene Prozesse einem kontinuierlichen Wandel. Der Verwitterung kommt in diesem Prozessgefüge eine Schlüsselstellung zu, denn durch sie werden Festgesteine in Lockermaterialien bzw. grobkörnige Substrate in feinere zerlegt. Diese wiederum bilden die Voraussetzung für Bodenbildung und Pflanzenwuchs, aber auch für die Abtragung. Die dabei wirkenden Prozesse verändern Gesteine an der Erdoberfläche in ihren physikalischen, chemischen und/oder mineralogischen Eigenschaften.

Die Agenzien der Verwitterung sind im Wesentlichen **Luft**, **Wasser** und **Lebewesen**, die mit dem Gestein in Kontakt treten. Hauptangriffsflächen bieten neben bloßliegenden Gesteinsoberflächen besonders Klüfte – wie sie z. B. durch tektonische Be-

Abb. 9.21 Kernsprung in Namibia. Die Form des Blocks, der als Kern-block (Wollsack) im Saprolit durch Tiefenverwitterung entstand, för-dert Zugspannungen und erleichtert damit die Spaltung entlang meist vorgegebener Schwächeflächen (hier vor allem Salzsprengung, in käl-teren Klimaten auch Frostsprengung). Die Oberflächen der Blöcke im Bild zeigen Desquamation (Abschuppung), hier durch die Kombination von Insolations- und Salzverwitterung (Foto: O. Bubenzer).

anspruchung, Druckentlastung oder bereits bei der Abkühlung der Erstarrungsgesteine entstehen. Weitere Angriffspunkte sind Schichtfugen in Festgesteinen sowie Porenhohlräume in Locker-gesteinen.

Physikalische Verwitterung

Die physikalische Verwitterung führt zur Zerkleinerung von Ge-steinen – im Extremfall bis zur Grobtonfraktion. Die physika-lische Verwitterung bewirkt durch den **mechanischen Gesteins-zerfall** eine Vergrößerung der spezifischen Oberfläche und leistet somit der chemischen Verwitterung Vorschub. Außerdem schafft sie Hohlräume und fördert die Wasserwegsamkeit. Die physika-lische Verwitterung kann in verschiedene parallel oder nach-einander ablaufende Teilprozesse untergliedert werden.

Insolationsverwitterung

Voraussetzung für die Insolationsverwitterung (auch Tem-peratursprengung genannt) sind starke tageszeitliche Tem-peraturschwankungen von idealerweise mehr als 50 °C bzw. der Wechsel zwischen starker Sonneneinstrahlung und nach-folgender starker Abkühlung. In Wüsten kann die Temperatur während der Dämmerung innerhalb einer Stunde um mehr als 25 °C abfallen. Auch starker Regen kann zu einer raschen Ab-kühlung der Gesteinsoberfläche führen. Kurzwellige Sonnenein-strahlung wird teilweise durch das Gestein, insbesondere durch dunkles, wenig reflektierendes, absorbiert, welches sich bis zu 2,5-mal stärker erwärmt als die umgebende Luft. Der Grad der Erwärmung ist dabei abhängig von der Gesteins- und Mineral-art (Farbe, Wärmeleitfähigkeit usw.). Generell haben Gesteine eine geringe Wärmeleitfähigkeit. Deshalb erhitzen sich die Fest-gesteine oder einzelne Gesteinstrümmer tagsüber auch beson-ders an ihrer Oberfläche. Dadurch kommt es zu Unterschieden in der Ausdehnung zwischen der Gesteinsoberfläche und dem Gesteinsinneren. Besonders bei heterogenen Gesteinen wie Granit dehnen sich bei Sonneneinstrahlung auch die einzelnen Minerale ungleich aus und es kommt zu Spannungen nahe der Gesteinsoberfläche, was das Gesteinsgefüge lockert und neue Fugen im Gestein bildet. Bei Erwärmung dehnen sich besonders auch Salze weit stärker aus als umliegende Silikate. In tropischen und subtropischen Bergländern kommt es außerdem bei tief stehender Sonne zu starken Temperaturunterschieden zwischen Sonnen- und Schattenseiten der Gesteinsblöcke. Besonders wirk-sam wird der Vorgang der Insolationsverwitterung in schon vor-handenen Schwächezonen, wie Kluft- und Schichtflächen oder den Grenzflächen zwischen einzelnen Mineralen.

Das Gestein kann sich schalen- bis schuppenförmig ablösen (**Desquamation**; Abb. 9.21) oder in einzelne Mineralkörner zerfallen (**Abgrusung**). Jedoch muss man die Insolationsver-witterung immer im Kontext mit anderen Verwitterungsformen wie der Hydratation oder auch der Salz- und Frostsprengung sehen, da sonst viele beobachtete Verwitterungsergebnisse nicht hinreichend begründbar sind. Deshalb spielt die Insolationsver-witterung in der heutigen komplexen Betrachtungsweise eine eher untergeordnete Rolle.

Frostverwitterung

Flüssiges und gasförmiges Wasser, das sich in feinen Haar-rissen, Poren, Kapillarräumen, Fugen und Klüften im Gestein anreichert, dehnt sich beim Gefrieren aus. Das Gefrieren von Wasser ist mit einer Volumenzunahme von 9 % verbunden. Vor allem tritt dieser Vorgang bei wiederholtem Temperaturwechsel um die Null-Grad-Grenze auf. Nach beginnendem Gefrieren setzt das Auseinanderdrücken durch das Wasser bzw. Eis erst bei ca. −0,5 °C ein, da erst der Druckerwärmungseffekt über-wunden werden muss. In den Kapillaren gefriert das Wasser deshalb erst bei noch viel tieferen Temperaturen. Das Maxi-mum der Ausdehnung wird bei −25 °C erreicht. Bei noch tie-feren Temperaturen nimmt das spezifische Volumen wieder ab, weil das Eis dann einer Kontraktion unterliegt. Die Intensität der Frostverwitterung bzw. deren Produkte sind von der Art der Gesteine abhängig, wobei als besonders anfällig grobkörnige Sandsteine, geschichtete Kalksteine und auch einige Granite gelten.

Durch Frostverwitterung entstehen vorwiegend **eckiger Schutt**, **Grus** und **Sand**, aber auch feinere Korngrößen bis hin zum **Grobton**. Auch die Frostverwitterung wirkt meist nahe der Ober-fläche (ca. 0,2–2 m tief) am stärksten.

Salzverwitterung

Dringen salzhaltige Lösungen in Gesteinshohlräume, kann aus diesen in ariden und semiariden Klimaregionen häufig das Was-

Abb. 9.22 Tafoni in Granit in der Mojave-Wüste, Kalifornien (Foto: A. Kleber).

ser verdunsten und es kommt zur Entstehung von Salzkristallen, deren Wachstum zu einer Druckwirkung auf das umgebende Gestein führt. Bei erneuter Befeuchtung der Salze spielt die Hydratation eine wichtige Rolle. Dabei kann eine Anlagerung von Wassermolekülen an Oberflächen oder deren Einlagerung in das Kristallgitter zur Volumenzunahme führen, wie beispielsweise bei der Umwandlung von Anhydrit zu Gips, die mit einer Volumenänderung um etwa 60 % einhergeht.

$$CaSO_4 + 2H_2O \rightarrow CaSO_4 \cdot 2H_2O$$

Diese Verwitterungsform gehört der physikalischen wie auch der chemischen Verwitterung an, da einerseits die mechanische Wirkung des Kristallwachstums entscheidend ist, andererseits dabei aber auch neue chemische Substanzen entstehen. Die bei der Salzverwitterung entstehenden Verwitterungsprodukte sind mit denen der Frostverwitterung vergleichbar.

Insbesondere in wechselfeuchten Gebieten kommt es dazu, dass Gesteinsoberflächen schnell austrocknen, während das Wasser im Inneren der Gesteine länger verbleiben und damit auch verwitternd (durch Salz-, möglicherweise auch durch chemische Verwitterung) wirken kann. Dadurch kommt es zu einer inneren Auflösung äußerlich noch intakt wirkender Gesteine. Entstehen Öffnungen in der äußeren Kruste solcher Formen, so kann das verwitterte Material ausgeräumt werden und es entstehen Hohlräume, sog. **Tafoni** (Abb. 9.22).

Druck von Pflanzenwurzeln

Pflanzen dringen mit ihren Wurzeln in Klüfte und Spalten des Gesteinsverbands ein. Durch das **Dickenwachstum** entsteht ein Druck, der auf Dauer das Gefüge des umgebenden Materials lockern kann (Tab. 9.2).

Tab. 9.2 Druckwirkung physikalischer Verwitterungsprozesse (durchschnittliche Belastungsfähigkeit von Gestein: ca. 25 MPa).

Verwitterungsprozess	maximale Druckwirkung [MPa]
Insolationsverwitterung	50
Frostsprengung	200
Salzsprengung	30
Pflanzenwurzeln	1,5

Druckentlastung

Mit zunehmender Tiefe in der Erdkruste erhöht sich der Druck auf die Gesteine. Wenn hangende Gesteinspakete durch Abtragung entfernt werden und die Auflast und damit der Druck auf das Gestein nicht mehr gegeben ist, können sich die oberen Bereiche des entlasteten Materials ausdehnen. Hierbei entstehen oberflächenparallele Kluftsysteme, an denen sich Gesteinsschalen (**Exfoliation**) ablösen (Abb. 9.23). Druckentlastungsklüfte treten bevorzugt in massigen Gesteinen (besonders in Plutoniten mit oberflächenparallelen Lager- und Druckentlastungsklüften) auf. In diesen Klüften können weitere Verwitterungsprozesse ansetzen.

Zerkleinerung durch Transport, Tiere und menschliche Aktivitäten

Steine oder Blöcke werden durch gravitative Massenbewegungen, Wind, Wasser und Eis verlagert. Im Zuge des Transports kommt es durch **Kollision und Abrieb** zur Verkleinerung der mitgeführten Materialien. Das Transportgut kann dabei auch schleifend auf festen Untergrund wirken. Hinzu kommt die Wirkung des **Unterdrucks** (Kavitation), der an Wasserfällen oder Brandungsküsten beim Auf- und Rückprall des Wassers an festen Oberflächen angreifen kann.

Abb. 9.23 Schalenförmige Ablösung von Felspartien (Exfoliation) im Wesentlichen durch Frostwirkung. Granodiorit im Yosemite-Nationalpark, Kalifornien (Foto: A. Kleber).

Kapitel 9

Auch Tiere können zur mechanischen Zerkleinerung von Gestein beitragen. Ein Beispiel sind **Bohrschnecken** in Küstenregionen, die auf der Suche nach Algen unter der Gesteinsoberfläche das Gestein mit ihren Kauwerkzeugen bearbeiten (Abb. 9.56).

Seitdem der Mensch Werkzeuge herstellt, schafft er Artefakte und Gesteinstrümmer. Im Zuge des **Pflügens**, zunehmend mit schweren Landmaschinen, kommt es z. B. zur Zerkleinerung von festen Gesteinsfragmenten und zur Lockerung des oberflächennahen Untergrunds.

Chemische Verwitterung

Der Begriff der chemischen Verwitterung fasst alle gesteinsumwandelnden Prozesse zusammen, bei denen sich die chemische Mineralzusammensetzung ändert. Eine intensive chemische Umwandlung von Mineralen erfordert eine große Oberfläche, Gase wie CO_2 und O_2 und ausreichend Wasser, versetzt mit Lösungen sowie organischen und anorganischen Säuren. In Gebieten mit niedrigen Temperaturen (Arktis) oder geringen Niederschlägen (aride Gebiete) ist die chemische Verwitterung deshalb wenig bedeutsam. Ganz anders in humid-tropischen Regionen. Dort kann die Verwitterungsfront Dekameter unter die Geländeoberfläche reichen.

Eine Grundvoraussetzung für die Effizienz der chemischen Verwitterung ist, dass sich keine Sättigung einstellen darf, das heißt, die Produkte der Verwitterung müssen entweder mit dem Sickerwasserstrom weggeführt werden oder im Boden in neue Verbindungen (Oxide, Hydroxide, Tonminerale) überführt werden.

Hydratation und Lösungsverwitterung

Unter Hydratation versteht man die Lockerung des Gesteins durch **Anlagerung von Wassermolekülen**. Voraussetzung hierfür ist lediglich das Vorhandensein frei beweglicher Wassermoleküle in gasförmiger oder flüssiger Phase sowie Risse und Spalten im Gestein, damit die Wassermoleküle eindringen können. Beide Voraussetzungen sind in nahezu allen Klimazonen gegeben und somit wenig vom Klima abhängig.

Aufgrund des Dipolcharakters von Wasser neigen Grenzflächenkationen zur Anlagerung von Wassermolekülen. In der Folge umschließt eine Hydrathülle freiliegende Ionenoberflächen. Die angelagerten Wassermoleküle an den Grenzflächen verändern die chemischen Bindungen im Kristall. Eine Lockerung des Gesteins ist die Folge. Andere Verwitterungsarten wie Hydrolyse oder Salzsprengung können dann problemlos ansetzen. Ionisch gebundene, leicht lösliche Salze (z. B. Steinsalz, Gips) können alleine durch Hydratation gänzlich in Lösung überführt werden (**Lösungsverwitterung**), weil die Anziehung durch die Wasserdipole ausreicht, die Ionenbindung zu überwinden (Dissoziation); in der Lösung umhüllen die Wasserdipole die Ionen und verhindern dadurch, dass sich Kationen und Anionen wieder zu einem Gitterverband zusammenfügen.

Hydrolyse, Kohlensäureverwitterung und Tonmineralneubildung

Bei der Hydrolyse werden Silikate und Karbonate durch dissoziiertes Wasser chemisch umgewandelt. Da die hydrolytische Verwitterung der wichtigste Prozess bei der Silikatzersetzung ist, wird sie auch als **Silikatverwitterung** bezeichnet. Dabei findet eine stoffliche Veränderung im Kristallgitter des Gesteins statt. Die H^+-Ionen des dissoziierten Wassers sind bestrebt, die Kationen der Grenzflächen (K^+, Na^+, Ca^{2+}, Mg^{2+}) am Mineral auszutauschen. Somit gehen die Kationen in die Bodenlösung über. Bei fortschreitender Verwitterung werden nicht nur die Grenzionen, sondern auch tiefer im Mineral gebundene Kationen ersetzt. Auf diese Weise verliert das Mineral seinen Zusammenhalt, und Kieselsäure und Al-Ionen lösen sich aus dem Verband (Abb. 9.24). Die ausgetauschten Kationen aus dem Mineralverband, die sich dann in der Sickerwasserlösung befinden, werden in der Regel in das Grundwasser abgeführt.

Säuren beschleunigen die hydrolytische Verwitterung, da sich bei ihrer Anwesenheit die Konzentration der H^+-Ionen erhöht. Das wegen der ubiquitären Verfügbarkeit von Kohlendioxid (CO_2) bedeutendste Beispiel ist die Lösung von CO_2 in Wasser, bei der (schwache) **Kohlensäure** entsteht. Das CO_2 wird zu einem Teil aus der freien Atmosphäre bereitgestellt, der weitaus größere Teil stammt jedoch aus der Bodenluft, wo die Atmung der Bodenorganismen den CO_2-Gehalt um ein Vielfaches ansteigen lässt. (Zum Vergleich: Der CO_2-Partialdruck in der Bodenluft kann den der freien Atmosphäre um das 300-Fache überschreiten.) Da Feldspäte einen bedeutenden Teil der die Erdkruste bildenden Minerale ausmachen, soll hier genauer auf ihre Verwitterung eingegangen werden: Feldspat (hier: Orthoklas) reagiert mit Kohlensäure und Wasser zu Kaolinit, Kieselsäure, Kalium und Hydrogenkarbonat. Letzteres geht dabei in Lösung und wird meist abgeführt. Die anderen Produkte werden ausgefällt bzw. in die Synthese weiterer Tonminerale eingebunden.

$$2KAlSi_3O_8 + 2H_2CO_3 + H_2O$$
$$\rightarrow Al_2Si_2O_5(OH)_4 + 4SiO_2 + 2K + 2HCO_3$$

Aus den gesteinsbildenden Mineralen, den sog. Primärmineralen, entstehen durch die chemische Verwitterung **Tonminerale**. Bei den Schichtsilikaten wie Glimmer und Chlorit lässt die chemische Verwitterung Tonminerale entstehen, die strukturell dem Ausgangsmineral ähnlich sind. Auch können strukturverwandte Teile wie z. B. das oktaedrisch angeordnete Eisen (Fe) eines Olivins bei einer Neubildung übernommen werden. Bei Primärmineralen mit komplexer Struktur (z. B. Feldspat als Gerüstsilikat) muss diese erst aufgelöst werden, bevor sich Tonminerale bilden können, weil bei deren Umwandlung beispielsweise tetraedrisches Aluminium (Al) in oktaedrisches umgebaut werden muss.

Welche Tonminerale letztlich entstehen, hängt vom pH-Wert (Maß für die Stärke der sauren bzw. basischen Wirkung) der Lösung, von den in ihr bereits gelösten Stoffen sowie von der Löslichkeit der Minerale ab. Auch spielt die Zeit eine wichtige Rolle, da fortschreitende Verwitterung in der Regel mit einer kontinuierlichen Entbasung (Versauerung) des Milieus ein-

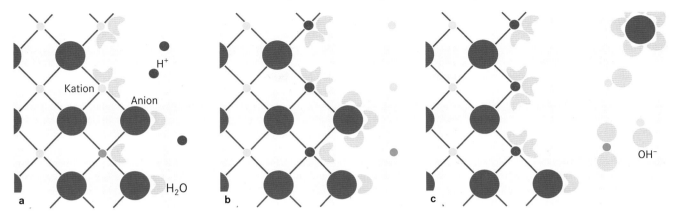

Abb. 9.24 Schema der Hydrolyse. **a** H⁺-Ionen kommen in Kontakt mit einem Kristall, das an seiner Oberfläche Kationen besitzt, die nicht komplett ins Gitter eingebunden sind (hellgrün) bzw. die sich nicht im Gleichgewicht innerhalb des Kristallgitters befinden (dunkelgrün). **b** Die H⁺-Ionen ersetzen Kationen, welche in Lösung gehen. **c** Anionen, deren Bindung im Gitter damit weiter verschlechtert ist, gehen ebenfalls in Lösung. Die Kationen gehen neue Bindungen, z. B. mit OH⁻-Ionen, ein.

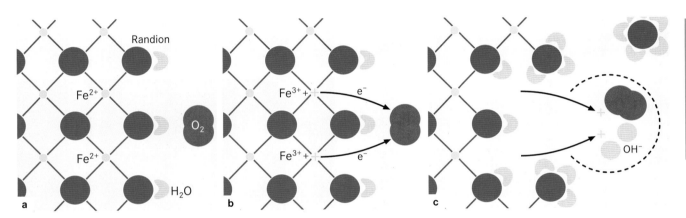

Abb. 9.25 Schema der Oxidationsverwitterung. **a** Zweiwertiges Eisen (Fe^{2+}) im Gesteinsverband kommt in Kontakt mit Sauerstoff (O$_2$). **b** Durch Elektronenabzug (e⁻) ändern sich Größe und insbesondere Wertigkeit des Fe; es wird dreiwertig (Fe^{3+}) und damit aus dem Kristall abgestoßen. **c** Das Fe verbleibt nicht mehr im Kristallgitter und geht mit dem Sauerstoff und den OH-Ionen des dissoziierten Wassers eine Reaktion zu Goethit (Strukturformel FeOOH) ein (gestrichelter Kreis). Die verbleibenden H⁺-Ionen fördern die weitere Hydrolyse (nicht dargestellt). Durch das Herauslösen des Fe aus dem Verband werden weitere Rand-Ionen angreifbar, die mit einer dickeren Hülle aus Wasserdipolen umgeben sind und zum Teil abgeführt werden.

hergeht. So kann aus dem **Dreischicht-Tonmineral** Smectit durch Lösung und Abfuhr von Silizium (Si) bei lang anhaltender tropischer Verwitterung Kaolinit (**Zweischicht-Tonmineral**) entstehen. Aus der Tonmineralzusammensetzung eines Bodens kann grob auf den Grad der Bodenbildung und somit auf dessen Bildungsalter geschlossen werden.

Oft wird die **Verwitterung von Karbonaten** als eigenständige Verwitterungsart angesprochen. Chemisch liegt jedoch der gleiche Grundprozess vor wie bei der Hydrolyse unter Beteiligung von Kohlensäure – mit dem einzigen Unterschied, dass alle entstehenden Reaktionsprodukte hochgradig wasserlöslich sind und damit meist abgeführt werden:

$$CaCO_3 + H^+ + HCO_3^- \leftrightarrow Ca^{2+} + 2HCO_3^-$$

Kalkstein reagiert mit Kohlensäure zu Kalziumhydrogenkarbonat. (Die hier benutzte Ionenschreibweise belegt, dass die Reaktionsprodukte in der Regel dissoziieren und damit bis zur Sättigung in Lösung bleiben.) Zwar nehmen die Karbonatgesteine nur einen kleinen Teil der Erdkruste ein, wegen ihrer starken Anfälligkeit gegenüber der Hydrolyse haben sie weltweit jedoch überproportionalen Anteil an der chemischen Verwitterung. Eine weitere Besonderheit geht auf diese Anfälligkeit zurück: In Mischsedimenten mit karbonatischen und silikatischen Anteilen neutralisiert die Hydrolyse der Karbonate die Säuren, bis die Karbonate aufgebraucht sind; erst dann kann in wesentlichem Maß auch silikatisches Material durch Hydrolyse angegriffen werden.

Oxidationsverwitterung

Bei Mineralen, die bestimmte Metalle (insbesondere Eisen und Mangan) in reduzierter Form im Kristallgitter enthalten, können diese Elemente in Kontakt mit Luftsauerstoff kommen und oxidiert werden. Durch die Elektronenabgabe nimmt ihre Wertigkeit zu, was einen Ladungsausgleich innerhalb des Kristallgitters unmöglich macht, ihren Ionenradius verringert und somit das Kristallgitter mechanisch destabilisiert. Beides führt zur Lockerung und zur Absonderung der oxidierten Metalle aus dem Kristallgitter (Abb. 9.25). Sie werden in der Regel als braun, schwärzlich oder rötlich gefärbte **Oxide** oder **Hydroxide** ausgeschieden. Werden sie abgeführt, ist diese Verwitterungsart eine sehr effektive Ergänzung der Hydrolyse, denn die Hydrolyse kann diese Metalle in der Regel nur schwer angreifen. Verbleiben Metalloxide auf der Mineral- bzw. Gesteinsoberfläche, umgeben sie Minerale mit einer schwer löslichen Hülle bzw. bilden auf Gesteinsoberflächen schwache Krusten, was die Minerale und Gesteine vor weiterem Verwitterungsangriff schützt.

Vergrusung, Saprolitisierung, Desilifizierung und Ferralitisierung

Reinhard Zeese

Grus ist das überwiegend feinkiesige, kantige Verwitterungsprodukt körniger Gesteine durch unterschiedliche Gefügelockerung. Absanden und **Abgrusen** erfolgt durch das Zusammenspiel verschiedener Prozesse der physikalischen Verwitterung (Halo-, Thermo-, Cryoklastik) an Felswänden und liefert abspülbares Material. Bei der **Vergrusung** wird unter einer Verwitterungsdecke das Gestein durch Hydratation gelockert und in sandig-kiesige Komponenten in Abhängigkeit von Mineralgröße und Rissbildungen zerkleinert. Vergrusung führt bei Gesteinen mit quaderförmigen Kluftmustern zur Zurundung der Ecken. Lediglich der Kern des ehemaligen Quaders bleibt als Wollsack (engl. *core stone*) unverwittert (Abb. 9.26). Vergrusung ist Wegbereiter für weitere Prozesse der chemischen Verwitterung, die bis zur nahezu vollständigen Umgestaltung des Gesteins und Verlehmung der Verwitterungsdecke führen kann.

Abb. 9.26 Vergrusung und Wollsackverwitterung in Quarzdiorit; römischer Steinbruch, Felsberg, Odenwald (Foto: R. Zeese).

Saprolit ist das oft mehrere Dekameter (bis > 150 m) tief reichende Produkt intensiver chemischer Gesteinsverwitterung (**Tiefenverwitterung**), das aus verwitterungsresistenten Schwermineralen, neugebildeten Tonmineralen und Sesquioxiden besteht. Im feuchten Zustand lässt sich der Saprolit mit dem Messer schneiden. Im Unterschied zum Gefüge des Bodens (Solum), das durch Bioturbation, Durchwurzelung, Quellung und Schrumpfung geprägt wurde, zeigt der Saprolit das unveränderte Gesteinsgefüge (Abb. 9.27), da ausschließlich chemische Verwitterung und Auswaschung wirksam wurden. Bei grobklüftigen Gesteinen ist der Übergang zum unverwitterten Anstehenden durch das Auftreten von Wollsäcken gekennzeichnet. Saprolit ist immer autochthon, also an Ort und Stelle entstanden. Oft ist er von umgelagertem Material unterschiedlichster Herkunft (**Regolith**, Exkurs 9.7) überdeckt.

Die Hydrolyse in einem feucht-warmen Milieu (vor allem tropische bis suptropische Regenwaldklimate) geht mit der Auswaschung von basischen Kationen K⁺, Na⁺, Ca²⁺ und Mg²⁺ (**Entbasung**) und freigesetzter Kieselsäure einher (**Desilifizierung**). Lediglich verwitterungsresistente Schwerminerale bleiben erhalten. Als neu gebildete Tonminerale entstehen neben Kaolinit vor

Abb. 9.27 Saprolit aus Metamorphit, Makroreliktgefüge der Faltenstrukturen, Färbung: weiß durch Kaolinit, rot bis violett durch Hämatit; Jos-Plateau, Zentralnigeria (Foto: R. Zeese)

Exkurs 9.7 Regolith

Reinhard Zeese

Als Regolith wird die Lockermaterialdecke über dem anstehenden Gestein bezeichnet (Merrill 1897, zit. nach Ollier & Pain 1996), die mehrere Hundert Meter mächtig sein kann. Regolith besteht aus dem in situ durch Verwitterung gebildeten Saprolit einschließlich der Vergrusungszone und den darüberliegenden Deckschichten, die unterschiedlich aufbereitete, unterschiedlich weit und durch unterschiedliche Medien transportierte, vor Ort oft mehrschichtig abgelagerte und dort durch Verwitterung und Bodenbildung überprägte Komponenten enthalten. Der Boden selber ist ebenfalls Teil des Regolith und aus diesem entstanden. Grundsätzlich ist davon auszugehen, dass die Bodenbildung das jüngste Teilglied einer Kette von Prozessen ist, durch die Regolith, Deckschichten und Boden gebildet wurden und die unterschiedlich lange Zeiträume dokumentieren. Der Regolith ist somit ein wichtiges Archiv der jüngeren Erd- und Landschaftsgeschichte. Mit der Verfeinerung der Analysemethoden wurde in den letzten Jahrzehnten deutlich, dass die Zusammensetzung des oberflächennahen Regolith ganz wesentlich Abtragung und/oder Bodenbildung (Lorz 2008) steuert. Trotz der großen Vielfalt an vorzeitlichen Umwelteinwirkungen lassen sich in Regolithen regionaltypische Abfolgen erkennen. Während der Regolith in Mitteleuropa vor allem durch kaltzeitlich gebildete Deckschichten über teilweise saprolitisiertem Anstehenden (Abb. A) gekennzeichnet ist (Völkel et al. 2002, Sauer & Felix-Henningsen 2006), sind es in den Schildregionen der wechselfeuchten Tropen unterschiedlich stark gekappte Saprolite mit auflagernden spülaquatisch-fluvialen oder äolischen Sedimenten und/oder Reliktböden (Abb. Ba). Häufig markiert eine *stoneline* die Grenze zwischen Saprolit und stark bioturbat beeinflussten Böden (Abb. Bb).

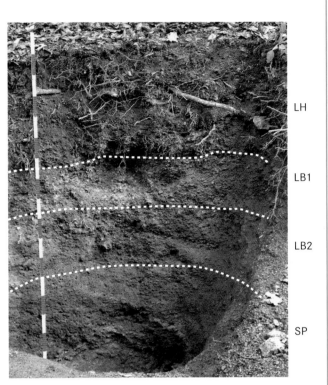

Abb. A Saprolite (SP) bilden in vielen Mittelgebirgen nahezu flächendeckend den oberflächennahen Untergrund und werden von periglazialen Deckschichten überlagert. Sie steuern die Materialeigenschaften insbesondere der Basislage (LB) und nehmen Einfluss auf die Zusammensetzung der Lösslehme in Mittel- (LM) und Hauptlage (LH; Foto: J. Völkel).

Abb. B a Saprolit aus Granit mit Wollsack überlagert von geringmächtigen Sandlagen (Abspülprodukte), in denen die Eisenkruste (*ferricrete*) eines Reliktbodens entwickelt ist (Foto: R. Zeese). **b** Vereinfachtes Regolith-Profil über Granit in den wechselfeuchten Tropen (verändert nach Ollier & Pain 1996).

allem Eisen- und Aluminiumoxide und -hydroxide (**Ferralitisie-rung**, synonym **Ferralisation**) und werden durch Auswaschung der löslichen Elemente angereichert (relative Anreicherung). Bei fortschreitender Desilifizierung wird selbst Kaolinit zerstört und Primärquarz korrodiert. In der **Oxidationszone** des Saprolit (Abb. 9.27) und vor allem im sich daraus entwickelnden Boden (Ferralsol; Abb. 10.13) bewirkt die relative Anreicherung von Hämatit eine intensive Rotfärbung (**Rubefizierung**). Absolute Anreicherung (d'Hoore 1954) von Eisen resultiert aus der Verlagerung von mobilem Fe^{2+}, das im Grundwasser (vadose Zone) bei tiefem Redoxpotenzial über große Strecken lateral und vertikal transportiert werden kann. Im Kontakt mit Sauerstoff wird es dann an oder nahe der Geländeoberfläche ausgefällt und umhüllt Festpartikel in oft konzentrisch-schaligen Ausfällungsrinden (Pisoide, Pisolith) oder verfüllt Poren (Gley-Dynamik; Kap. 10). Im Wechsel von Durchfeuchtung und Austrocknung entsteht **Plinthit** (Pseudogley-Dynamik). Er stellt ein Gemenge aus meist kaolinitischem Ton und Sesquioxiden dar, das im feuchten Zustand plastisch ist und bei Austrocknung irreversibel verhärtet. Aus einem Plinthosol kann dadurch eine **Eisenkruste** (Petroplinthit, engl. *ferricrete*) entstehen, die dank ihrer hohen Porosität und Festigkeit den darunterliegenden Saprolit vor verstärkter Abtragung schützt (Abb. 9.89). Die Reduktionszone, aus der das leicht mobilisierbare Fe^{2+} abwanderte, ist entsprechend verarmt und besteht überwiegend aus Kaolinit, das den Saprolit leuchtend weiß färbt (**Bleichzone**). Kaolinitreiche, eisenarme Tone sind u. a. der Rohstoff für die Porzellanherstellung.

Biologisch-chemische Verwitterung

Dominik Faust und Arno Kleber

Durch die Aktivität von Bodenflora und Pflanzenwurzeln werden die meisten chemischen Verwitterungsprozesse intensiviert. Oft bedecken **Pilzhyphen** oder **Algen** die Mineraloberflächen, wobei es in diesem engen Kontaktbereich durch Ausscheidung von organischen Säuren zur verstärkten Zersetzung des Gesteins kommt. Auch Pflanzen scheiden an ihren Feinwurzelspitzen organische Säure aus, um besser in Spalten und Klüfte vorzudringen. Weiterhin sondern Wurzeln sog. Siderophore an ihre unmittelbare Umgebung ab. Diese eisenkomplexierende Ausscheidung löst dreiwertiges Eisenoxid und unterstützt somit die Pflanzenernährung.

Aus Wüstengebieten wird eine Verwitterungsform beschrieben, die durch **Cyanobakterien** hervorgerufen wird. Dabei dringen etappenweise Mikroorganismen in den Gesteinsverband ein. Ihre Stoffwechselprodukte produzieren Säuren und lösen Eisen und Mangan. Als Folge kommt es zur oberflächenparallelen Abschuppung (Desquamation) des Gesteins oder zur Anreicherung von Krusten (Wüstenlack) an seiner Oberfläche. Diskutiert wird auch eine mikrobielle Anreicherung der genannten Metalle aus der Luft. Der Nachweis der Bakterien ist bisher meist gescheitert.

Außerdem können Huminsäuren, die durch den Streuabbau des abgestorbenen Pflanzenmaterials entstehen, für die chemische Verwitterung bedeutsam werden. Darüber hinaus sind Huminsäuren auch im Rahmen bodenbildender Prozesse wichtig.

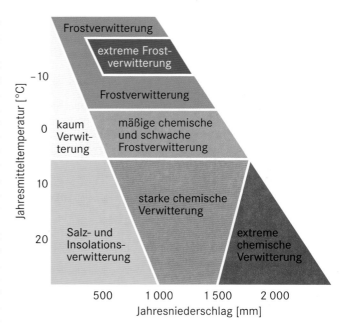

Abb. 9.28 Schema der Abhängigkeit der Verwitterung vom Klima.

Klimaabhängigkeit der Verwitterung

Bei sehr grober Betrachtung lassen sich Verwitterungsregionen auf der Grundlage klimatologischer Basisdaten (Niederschlag und Temperatur) ausgliedern (Abb. 9.28). In Frostklimaten herrscht die Frostverwitterung vor, solange ein Mindestmaß an Wasser verfügbar ist. Die größte Intensität tritt jedoch nicht in den kältesten Regionen auf, da dort seltener Frostwechsel um den Gefrierpunkt vorkommen. Die feucht-gemäßigten Breiten sind sowohl noch durch Frost als auch durch chemische Verwitterung charakterisiert. Letztere nimmt zu warm-feuchten Zonen hin zu, um ihr Maximum in den humiden Tropen zu erreichen. In trocken-warmen Räumen überwiegen Salz- und Insolationsverwitterung.

Durch Verwitterung geprägte geomorphologische Formen

Die Verwitterung ist indirekt an der geomorphologischen Formenbildung beteiligt, indem sie Substrate für den Transport aufbereitet. Darüber hinaus lassen sich jedoch auch Formen in wesentlichen Teilen direkt auf die Verwitterung zurückführen. Am bedeutendsten ist dabei der **Karstformenschatz** (Abschn. 9.4), welcher weitgehend durch die Lösungsverwitterung von Salzen oder Gips bzw. durch die Hydrolyse von Karbonatgesteinen geprägt ist. Bereits vorverwitterte Substrate können durch weitere Einwirkung insbesondere physikalischer Verwitterungsprozesse markante Veränderungen ihrer Struktur erfahren. Prominentestes Beispiel sind die Formen der Kryoturbation. Die Formen der Exfoliation wurden bereits erwähnt (Abb. 9.23). Wird durch diesen Prozess ein schmaler, freistehender Gesteinskörper von zwei Seiten angegriffen, können Gesteinsbögen (Abb. 9.29) entstehen.

Abb. 9.29 Gesteinsbogen als Folge der Exfoliation. Delicate Arch, Arches-Nationalpark, Utah (Foto: A. Kleber).

Verwitterung ist ein wichtiges Steuerungselement im Klimasystem, da sie den Kohlenstoffdioxid-Haushalt der Atmosphäre beeinflussen kann. Eine besondere Rolle spielt dabei die Hydrolyse von Ca-haltigen Silikatmineralen, wie z. B. Anorthit:

$$CaAl_2Si_2O_8 + H^+ + HCO_3^- \leftrightarrow H_2Al_2Si_2O_8 + CaCO_3$$

Bei dieser Reaktion entsteht Kalkstein neu, indem Kohlenstoffdioxid aus der Verwitterungslösung gebunden wird. Findet dieser Prozess in großem Maßstab und über längere Zeiträume statt, wie z. B. während Gebirgsbildungsphasen, bei denen großflächig frische Gesteine in Erdoberflächennähe gelangen, oder bei großen vulkanischen Ereignissen, so verringert sich die Konzentration dieses Gases in der Atmosphäre, was zu einer globalen Abkühlung führen kann (Raymo & Ruddiman 1992).

9.4 Exogene Voraussetzungen, Prozesse und Formen der Reliefentwicklung

Einführung

Reinhard Zeese

Verwitterung ist eine wesentliche Voraussetzung, damit Abtragung, Transport und Ablagerung ablaufen können, denn nur wenige endogen bereitgestellte Materialien, wie etwa vulkanische Aschen, sind direkt transportfähig. Der Transport erfolgt durch verschiedene Medien (Wasser, Luft), deren Antrieb (kinetische Energie) vor allem von der Erdanziehung (Gravitation) und der umgesetzten Strahlungsenergie der Sonne gespeist wird. Die Wirkung der Medien wird durch zahlreiche **Geofaktoren** (Gestein, Reliefenergie, Vorform, Klima, Boden, Wasserhaushalt,

Pflanzendecke) beeinflusst. Daraus resultieren unterschiedliche geomorphologische Prozess-Response-Systeme mit charakteristischen Prozesskombinationen und Formengesellschaften. In nahezu allen Systemen ist Wasser in unterschiedlicher Ausprägung und Bedeutung an den Prozessen beteiligt. Bei **gravitativen Prozessen** wirkt die Schwerkraft oft unter Beteiligung von Wasser, bei **spülaquatisch-hangfluvialen Prozessen** trägt Wasser ab, ohne sich linear bedeutend einzutiefen, bei **fluvialen Prozessen** können sich Eintiefung und Aufschüttung abwechseln. **Lösungsprozesse** schaffen einen eigenständigen Karstformenschatz, bei **glazialen Prozessen** ist Wasser in fester und flüssiger Phase wirksam, wobei die Auflast des Gletschereises für die Formung von besonderer Bedeutung ist. **Periglaziale Prozesse** sind gebunden an Bodenfrost mit häufigen Frostwechseln; sie werden gefördert durch einen dauernd gefrorenen Untergrund (Permafrost) mit einer maximal wenige Meter tiefen sommerlichen Auftauzone. Bei **marin-litoralen Prozessen** wirken die Gezeiten, Meeresströmungen und Wellen, wobei Letztere überwiegend durch den Wind erzeugt werden. **Äolische Prozesse** sind windabhängig, während **anthropogene Prozesse** durch den Einsatz unterschiedlichster technischer Medien gekennzeichnet sind. Diese in der Abstraktion getrennten Prozessgruppen sind auf unterschiedliche Weise miteinander verkoppelt und können sich gegenseitig beeinflussen. Unabhängig vom Gesamtsystem Erde sind **kosmogene Prozesse** (Meteoriteneinschläge).

Bei der Darstellung der Abtragungsprozesse ist man mit einem terminologischen Problem konfrontiert. Während in franko- und anglophonen Ländern Abtragung als Erosion bezeichnet wird, unterscheidet man im deutschen Sprachraum zwischen linearem Abtrag durch Fließgewässer, der als Erosion bezeichnet wird und der flächenhaft wirksamen Denudation. Dieser Begriff ist per se nicht unproblematisch, da damit Freilegung (lat. *denudatio* = Entblößung) gemeint ist, auch im Englischen (*denudation*) und Französischen (*dénudation*). Im Verlauf des internationalen Gedankenaustausches wird flächenhaft wirksamer Bodenabtrag durch spülaquatisch-hangfluviale Prozesse auch in Deutschland mittlerweile als Erosion (Bodenerosion, Abschn. 10.7) bezeichnet. Die Begriffe Gletschererosion und Winderosion bürgern sich ebenfalls immer mehr ein. Dennoch wird der Begriff „Denudation" weiter im Gebrauch bleiben.

Formbildung durch gravitative Massenbewegungen

Thomas Glade

Gravitative Massenbewegungen sind hangabwärts gerichtete, der Schwerkraft folgende Verlagerungen von Fels, Schutt und Feinsubstrat. Die Verlagerungsprozesse beinhalten das Kippen, Fallen/Stürzen, Rutschen/Gleiten, Fließen und die kombinierte, komplexe Bewegung (Dikau et al. 1996, Cruden & Varnes 1996, Hungr et al. 2014). In Abb. 9.30 ist beispielhaft eine komplexe gravitative Massenbewegung dargestellt. Detailliertere Beschreibungen und Darstellung der einzelnen Typen finden sich bei Dikau et al. (1996).

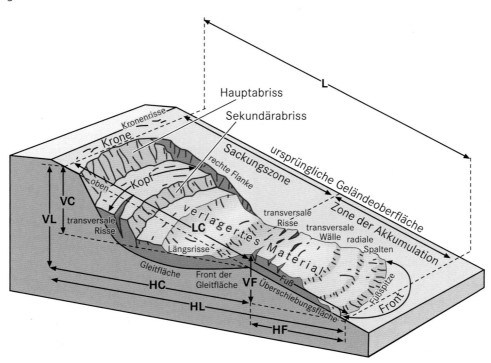

Abb. 9.30 Eine schematische gravitative Massenbewegung mit Sackungs- und Akkumulationszonen und typischen Strukturen wie Krone, Stre-ckungs- und Stauchungszonen, Spalten, Rissen und Wällen (L = Schrägdistanz, LC = Schrägdistanz der Sackungszone, HL = Horizontale Gesamt-länge, HF = Horizontale Fußlänge, HC = Horizontale Sackungslänge, VL = Vertikale Gesamtlänge, VF = Vertikale Fußlänge, VC = Vertikale Sackungslänge; verändert nach Cruden & Varnes 1996, Übersetzung in Anlehnung an WP/WLI 1993).

Die Größe des einzelnen Objektes variiert zwischen einigen Kubikmetern und mehreren Kubikkilometern. Gravitative Mas-senbewegungen sind an distinkte Lokalitäten gebunden, können aber auch bei entsprechenden natürlichen Dispositionen (z. B. Hangneigung, schwach bindiges Substrat, Änderung der Vege-tation durch Entwaldung) und einem auslösenden Ereignis zu Zehntausenden Auftreten. Auslöser sind meist **Erdbeben** (z. B. Chi-Chi-Erdbeben in Taiwan 2001, Pakistan 2005, China 2008, Italien 2009 und 2016) und **Niederschläge** mit entweder ex-tremer Intensität (z. B. Extremniederschläge in Venezuela 1999 oder bei Rio de Janeiro 2011; Netto et al. 2013) oder in lang anhaltenden Feuchteperioden. Häufig bedingen sich die Aus-löser gegenseitig, beispielsweise reduziert zwar ein Erdbeben die Hangfestigkeit, die eigentliche Bewegung wird aber erst durch das darauffolgende Niederschlagsereignis ausgelöst, bzw. lang anhaltende Feuchtigkeit vermindert die Hangstabilität, die Ini-tiierung der Bewegung erfolgt erst durch ein Erdbeben. Neben den natürlichen Bedingungen sind besonders die **menschlichen Eingriffe** in das Hangsystem durch Hangunterschneidung, Ver-änderung der Hanggeometrie oder der Vegetationsbedeckung, hydrologische Eingriffe wie Wassereinleitung oder Verhin-derung des Wasseraustritts durch Verbauung wichtig für die Landschaftsentwicklung. Diese Eingriffe bedingen eine erhöhte Empfindlichkeit der betroffenen Hangsegmente gegenüber dem auslösenden Ereignis. Auch der Auslöser kann direkt vom Men-schen gesteuert sein, z. B. über Explosionen. Je nach natürlichen

Dispositionen und Typ der Massenbewegung und des Auslösers variieren die Bewegungsraten zwischen mm/a bis cm/a (krie-chende, schleichende Bewegung) und m/sec (extrem schnelle Bewegung).

Viele Untersuchungen weisen auf die Bedeutung der gravitati-ven Massenbewegungen für die Formgebung hin (Hovius et al. 1997). Bedeutend ist der Einfluss gravitativer Massenbewegun-gen auf das fluviale Prozesssystem beispielsweise im Sinne einer **Sedimentaufbereitung** für das fluviale System, der Einfluss auf die Talformen und die Tallängsprofile oder im Hinblick auf eine langfristige Beeinflussung des fluvialen Netzes (Abb. 9.31). Zu-sätzlich ist davon auszugehen, dass die Bedeutung der gravita-tiven Massenbewegungen für die Formgebung in den gleichen Räumen zu den unterschiedlichen Zeiten sehr stark variierte (Cendrero & Dramis 1996). Die starke Prägung der kaltzeitlichen und postglazialen Hangformung durch die gravitativen Massen-bewegungen ist nicht nur für alpine Gebiete wichtig, sondern wird auch für die deutschen Mittelgebirge betont, beispielsweise für das Rheinhessische Tafel- und Bergland, die Schwäbische und Fränkische Alb oder die Wellenkalk-Schichtstufe in Thürin-gen (Dikau & Schmidt 2001; Damm & Klose 2015).

Ein zentrales Problem bei der Untersuchung der Bedeutung der gravitativen Massenbewegungen für die Reliefentwicklung ist der sich ständig ändernde Systemzustand eines Hanges. Viele

Abb. 9.31 Das extreme Niederschlagsereignis am 6. August 2002 löste in Gisborne (Neuseeland) eine komplexe Massenbewegung aus, die das Tal blockierte und zur Bildung eines Sees führte. Die gestrichelte Linie zeigt die Flanke und den Fuß der Massenbewegung, der Pfeil weist auf den Versatz des Feldweges von zirka 200 m hin (Foto: M. J. Crozier).

Analysen gehen von einem statischen, das heißt sich nicht verändernden Hangsystem aus (Schmidt & Preston 2003). Jedoch wird das **Systemverhalten des Hanges** nicht ausschließlich von rutschungsauslösenden Ereignissen (z. B. Niederschläge, Erdbeben) gesteuert, sondern auch über sich verändernde interne Eigenschaften (z. B. Materialveränderung durch Verwitterung). Damit ist ein **Prozess-Response-System** beschrieben, das im Sinne von Schumm (1979) an systeminterne Schwellenwerte gebunden ist (Abschn. 9.1). Dies bewirkt, dass ein Hang nicht immer gleich auf externe Störungen reagiert, das heißt, dass der identische Niederschlag oder das gleiche Erdbeben zu zwei verschiedenen Zeiten nicht immer linear zu gleichen Folgen führen. Dies ist besonders bei der Modellierung der Auswirkungen des Klimawandels auf Massenbewegungen von zentraler Bedeutung (Schmidt & Glade 2003, Dietrich & Krautblatter 2017). Bei Modellansätzen zur Reliefentwicklung werden die gravitativen Massenbewegungen meist entweder als flachgründige Rutschungen mit hangparallelen Scherflächen, als Rotationsrutschungen oder als Bewegungen des Festgesteins berücksichtigt (Hergarten & Neugebauer 1999).

Zusammenfassend ist festzustellen, dass bei der Bedeutung der gravitativen Massenbewegungen für die Reliefentwicklung und die Formbildung strikt zwischen vorbereitenden, auslösenden und prozesskontrollierenden Faktoren unterschieden werden muss (Crozier 1986). Hierbei spielen natürlich die unterschiedlichen Prozesstypen der Bewegungen (Fallen, Kippen, Gleiten, Fließen), das transportierte Substrat und die verschiedenen Auslöser eine entscheidende Rolle. Zentrale offene Fragen für das Zusammenspiel der Massenbewegungen und der Reliefentwicklung und Formbildung sind die Bedeutung der Lithologie und Geomorphometrie für die Ausprägung des Ereignisses, der Zusammenhang zwischen dem Hangsystem und dem fluvialen System mit all den Zwischenspeichern, die Zeitverzögerung

im Ursache-Wirkungsgefüge im Sinne eines Kaskadeneffektes sowie der Einfluss des Umwelt- und des Klimawandels und des Menschen auf diese natürlichen Geosysteme (Crozier 2010). Da gravitative Massenbewegungen über die Zeit weite Hangbereiche umgestalten, werden sie zu den hangdenudativen Prozessen gerechnet.

Formbildung durch hangfluviale und spülaquatische Prozesse

Lothar Schrott

An Hängen erfolgt durch Niederschlag und oberflächlich abfließendes Wasser eine wirksame flächenhafte (Denudation) und linienhafte (Erosion) **Abtragung von Sedimenten** (Abb. 9.32). Diese Prozesse führen zu einer Vielzahl von Formen im Ober-, Mittel- und Unterhang, die auch unter **Toposequenz** (Abfolge charakteristischer Prozesse und Formen am Hang) zusammengefasst werden kann. Der erste Abtragungsprozess bei Starkregen wird durch den Effekt der auftreffenden Regentropfen verursacht. Bodenpartikel werden zerschlagen und weggeschleudert (Regentropfenabtrag, engl. *splash erosion*). Besonders in ariden und semiariden Gebieten kommt es bei hohen Niederschlagsintensitäten und spärlicher Vegetationsbedeckung aufgrund der reduzierten Infiltrationskapazität des fehlenden oder geringmächtigen Bodens meist rasch zu Schichtfluten (engl. *sheet wash*), und die gelockerten Bodenpartikel werden flächenhaft bei einem geschlossenen Wasserfilm abgespült (Abb. 9.33). Hierbei werden große Flächenareale eingenommen ohne einem definierten Gerinne zu folgen. Tatsächlich variiert die Wassertiefe, weshalb weiter hangabwärts Rillenspülung oder Rillenerosion (engl. *rill erosion*) einsetzen kann und schließlich große Erosionsrinnen, auch Runsen genannt (meist > 40 cm bis mehrere Meter tief), zur Gully-Bildung führen (Abb. 10.20 und 12.10). Die Rillen- und Gully-Erosion als Form des linearen Abflusses an Hängen ist auch in unseren Breiten auf landwirtschaftlichen Flächen und an Böschungen zu beobachten und muss nicht in Verbindung mit Schichtfluten auftreten.

Der Übergang zwischen spülaquatischen und hangfluvialen Prozessen ist meist fließend und wird vor allem durch die Hangneigung und das Substrat bestimmt. Spülaquatische und hangfluviale Prozesse können große Mengen von Bodenpartikeln und Sedimenten erodieren, sodass an der Erdoberfläche nur noch der Saprolit oder das anstehende Festgestein zu sehen sind. Die bizarren, mitunter kerbtalförmig zerschnittenen Landschaften werden als **Badlands** bezeichnet (Abb. 9.34). Die Entstehungsursachen von Badlands sind in semiariden und ariden Zonen natürlich, können aber auch auf schlechte landwirtschaftliche Praktiken zurückzuführen sein. In Italien werden diese Erosionsformen *calanchi* genannt. Weitere Hangerosionsformen sind Erdpfeiler oder Erdpyramiden, die beispielsweise in mächtigen Moränenablagerungen inneralpiner Trockentäler (Oberengadin, Vinschgau, Wallis) oder im Monument Valley der USA anzutreffen sind. Große aufliegende Blöcke schützen das

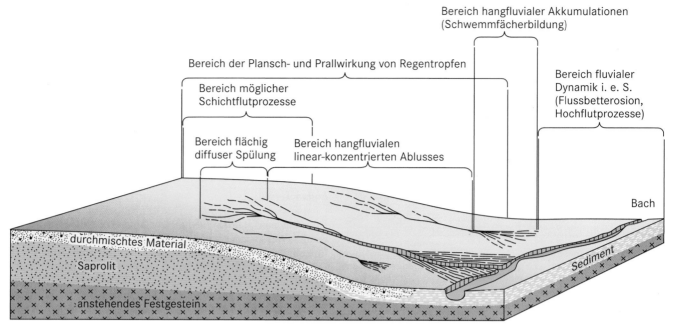

Bereich hangfluvialer Akkumulationen
(Schwemmfächerbildung)

Bereich der Plansch- und Prallwirkung von Regentropfen

Bereich fluvialer
Dynamik i. e. S.
(Flussbetterosion,
Hochflutprozesse)

Bereich möglicher
Schichtflutprozesse

Bereich flächig
diffuser Spülung

Bereich hangfluvialen
linear-konzentrierten Ablusses

Bach

durchmischtes Material

Saprolit

Sediment

anstehendes Festgestein

Abb. 9.32 Spülaquatische und hangfluviale Prozesse (verändert nach Leser 2009).

Abb. 9.33 Schichtfluten (engl. *sheet wash*) auf den Fußflächen der argentinischen Andenkordillere nach torrentiellen Starkniederschlägen (Foto: L. Schrott, März 2015).

Abb. 9.34 Badlands (obere Bildhälfte) in der Provinz San Juan, Argentinien (30°S, 69°W). Die Fußflächen im intramontanen semiariden Becken sind erosiv angeschnitten. In den bräunlichen Sandsteinen sind zahlreiche kerbtalartige Schluchten und Erosionsrillen ausgebildet (Foto: L. Schrott, März 2018).

darunterliegende Material vor der Abspülung bei gleichzeitiger Tieferlegung der umgebenden Hangflächen. Die Ausbildung von Erdpfeilern setzt eine große Standfestigkeit des verfesteten Substrates voraus.

Zonal treten spülaquatische und hangfluviale Prozesse in ariden und semiariden Regionen auf, in denen es zu keiner ganzjährig geschlossenen Vegetationsdecke kommen kann. Gravitative Massenbewegungen, wie Hangrutschungen, oder starke anthropogene Aktivitäten können die schützende Vegetationsdecke zerstören und somit azonale hangfluviale Prozesse auslösen.

Formbildung durch fluviale Prozesse

Flusseinzugsgebiet, Charakteristika

Flusseinzugsgebiete sind gebräuchliche Raumeinheiten zur geomorphologischen Analyse fluvialer Systeme. Einzugsgebiete werden durch oberirdische Wasserscheiden abgegrenzt und umfassen je nach Fragestellung sowohl große Flusssysteme als

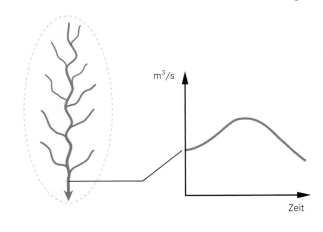

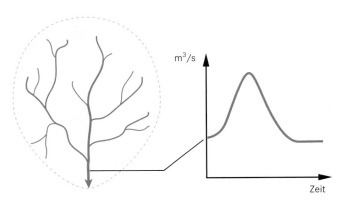

Abb. 9.35 Die Form des Einzugsgebiets und die Gewässernetzdichte beeinflussen den Verlauf und die Steilheit der Abflussganglinie.

auch kleine Tributäre. Hierbei handelt es sich um offene Systeme, das heißt, es findet ein Massenaustausch von Energie und Materie (Input und Output) mit der Umgebung statt. Die Formbildung durch fluviale Prozesse setzt – zumindest zeitweise – einen Abfluss in Gerinnen, Tiefenlinien oder Hauptgewässern voraus. Dieser wird durch Niederschlagswasser (Quellbildung), Seeausflüsse, Schnee- oder Gletscherschmelze verursacht. In Abhängigkeit von Klimazonen und subterranen Verhältnissen (Zwischenspeicher) kommt es zu perennierenden, periodischen oder episodischen Abflüssen. Die **Abflussmenge** Q ermöglicht Aussagen zur Abtrags- und Transportleistung von Fließgewässern und wird an Pegeln als Wasservolumen pro Zeiteinheit ($m^3\ s^{-1}$) gemessen und registriert (Exkurs 12.2). Zur Vergleichbarkeit von verschieden großen Flusseinzugsgebieten wird die **Abflussspende** q ($m^3\ s^{-1}\ km^{-2}$) herangezogen. Mithilfe verschiedener morphometrischer Parameter können Flusseinzugsgebiete und Subsysteme charakterisiert werden (Tab. 9.3). Neben dem gesamten Einzugsgebiet kann ferner zwischen dem Gewässernetz, dem Gewässerabschnitt und dem Gerinnequerschnitt differenziert werden. Die **Fläche des gesamten Einzugsgebiets** (F_E) wird in der Regel durch oberirdische Wasserscheiden abgegrenzt. Fehler bei der Bestimmung der Flächen können sich durch unterirdisch anders verlaufende Schichtgrenzflächen ergeben, die jedoch meist nicht berücksichtigt werden. Zur Vereinfachung wird daher die Fläche des Niederschlaggebiets innerhalb der oberirdischen Was-

serscheide herangezogen. Die **Länge des Einzugsgebiets** (L_E) wird bestimmt durch die Entfernung zwischen dem entferntesten Punkt auf der Wasserscheide und dem Ausgang des Einzugsgebiets. Dieser Parameter wird beispielsweise zur Berechnung des Streckungsindex benötigt. Die quantitative Form des Einzugsgebiets (gestreckt, kreisförmig, komplex) kann mithilfe von Indizes bestimmt werden. Zu den gebräuchlichsten gehören der **Streckungsindex** (engl. *elongation ratio*; Schumm 1956) und der **Kreisförmigkeitsindex** (engl. *circularity*; Miller 1953, Schmidt 1984). Die Form des Einzugsgebiets hat auch einen wesentlichen Einfluss auf die **Abflussganglinie** (Abb. 9.35; Kap. 12). Des Weiteren beeinflussen die **Flussnetz- bzw. Talnetzdichte**, Böden, Vegetation, Relief und menschliche Nutzung oder Bebauung die Abflussganglinie. Diese Faktoren führen zu großen regionalen Unterschieden bei ähnlichem Wasserangebot. So zeichnet sich das Rheinische Schiefergebirge oder der Bayerische Wald aufgrund der geringeren Löslichkeit der Gesteine durch hohe Gewässernetzdichten aus. Die Kalksteine der Schwäbischen und Fränkischen Alb weisen hingegen eine hohe Löslichkeit auf und führen zu geringen Flussnetzdichten sowie zur Ausbildung von Trockentälern, in denen kein rezenter Abfluss zu beobachten ist.

Das Gesamtsystem eines Gewässernetzes innerhalb eines Einzugsgebiets kann nach **Ordnungszahlen** (engl. *stream order*) gegliedert werden. Das gebräuchlichste Ordnungsschema geht auf Horton (1945) zurück und wurde später von Strahler (1957) weiterentwickelt. Hierbei nimmt die Flussordnung zu, wenn zwei Flüsse gleicher Ordnung zusammenfließen. So ergeben beispielsweise zwei Flüsse erster Ordnung einen Fluss zweiter Ordnung, zwei Flüsse zweiter Ordnung ergeben beim Zusammenfließen einen Fluss dritter Ordnung usw. Bei der alternativen Klassifikation nach Shreve (1966) erhöht sich die Ordnungszahl nach jedem Zufluss um dessen Ordnungszahl. Hierbei ergeben beispielsweise zwei Zuflüsse zweiter Ordnung einen Fluss vierter Ordnung und ein Fluss vierter Ordnung nach dem Zufluss eines Tributärs erster Ordnung einen Fluss fünfter Ordnung. Die Ordnungszahl gibt wichtige Hinweise auf die Entwässerungsstruktur eines Flusseinzugsgebiets. Es besteht ein positiver Zusammenhang zwischen der Anzahl der Flussläufe einer Ordnungszahl und der Flusslauflänge eines Einzugsgebiets.

Die Verzweigung eines Gewässernetzes kann mit dem dimensionslosen **Gabelungsfaktor** (engl. *bifurcation ratio*) ausgedrückt werden. Er kann als Quotient aus der Anzahl der Flussläufe einer Ordnungszahl und der Anzahl der nächsthöheren Ordnung berechnet werden. Der Gabelungsfaktor gibt Hinweise zur Hochwasseranfälligkeit. Lang gestreckte Flussnetze haben höhere Gabelungsfaktoren, was zu geringeren Scheitelwerten bei Hochwasserganglinien führt. Im Vergleich dazu weisen kreisförmige Einzugsgebiete kleinere Gabelungsfaktoren auf, was höhere Scheitelabflüsse bei Hochwasser zur Folge hat (Abb. 9.35; Schmidt 1988). Neben dem Gabelungsfaktor spielt auch die **Fluss- bzw. Talnetzdichte** bei der Charakterisierung von Flusseinzugsgebieten eine Rolle. Sie kann als Quotient aus der Gesamtlänge aller Gewässer bzw. Täler und der Einzugsgebietsfläche berechnet werden (Tab. 9.3).

Gewässer können ferner nach ihren **Grundrissformen** (Laufmustern, engl. *channel pattern*) unterschieden werden (Abb. 9.36).

Tab. 9.3 Häufig verwendete morphometrische Parameter in der fluvialen Geomorphologie (nach Miller 1953, Schumm 1956, Gregory & Walling 1973, Knighton 1999, Schmidt 1984).

Parameter, Index	Beschreibung des Parameters	Formel, Einheit
Fläche	Fläche des Einzugsgebiets (oberirdisch/unterirdisch)	F_E [ha, km^2]
Relief		
Reliefindex	Höhendifferenz zwischen höchstem und tiefsten Punkt	$H_E = Z - z$ [m]
Relatives Relief	Höhendifferenz im Verhältnis zur Gesamtlänge des Einzugsgebiets	H_E/L_E [m]
Länge		
	Länge des Einzugsgebiets	L_E [m]
Gewässerdichte	Länge der Fließgewässer im Verhältnis zur Einzugsgebietsfläche	$D_F = L_F/F_E$ [km/km^2]
Taldichte	Länge der Täler im Verhältnis zur Einzugsgebietsfläche	$D_T = L_T/F_E$ [km/km^2]
Form, Gestalt		
Umfang	Umfang des Einzugsgebiets	U_E [m, km]
Streckungsindex	Länge des Einzugsgebiets im Verhältnis zum Durchmesser (d, $2r$) eines Kreises der Einzugsgebietsfläche (flächenäquivalent)	$E_R = L_E/d$ wobei $d = 2r$, Radius $= \sqrt{(F_E/\pi)}$
Kreisförmigkeitsindex	Fläche des Einzugsgebiets im Verhältnis zur Fläche eines Kreises gleichen Umfanges (F_K). Der Index beschreibt die Annäherung an einen Kreis.	$C = F_E/F_K$
Gabelungsfaktor	Charakterisiert die Gestalt des Gewässernetzes. Quotient aus der Anzahl der Gerinne einer Ordnung zur Anzahl der Gerinne der nächst höheren Ordnung. Der Gabelungsfaktor zeigt den durchschnittlichen Faktor an, um den die Anzahl der Gewässerabschnitte einer Ordnung zur nächsthöherer Ordnung abnimmt.	$R_b = n_k/n_{k+1}$ wobei n_k = Flusszahl der Ordnung k
Grundrissform des Gewässers		
Sinuositätsindex	Länge des Fließgewässers im Verhältnis zur Tallänge (beschreibt das Ausmaß von Mäanderschlingen, Windungsgrad)	$S_I = L_F/D_T$

gestreckt
Sinuosität < 1,3

mäandrierend
Sinuosität > 1,5

verwildert
unbewachsene Schotterbänke

anastomisierend
Inseln mit Vegetation

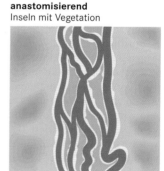

Abb. 9.36 Grundrissformen und typische Sinuositätszahlen bei gestreckten und mäandrierenden Flüssen. Verwilderte Flüsse wechseln häufig die Abflussbahnen zwischen den Schotterbänken, wobei anastomisierende Flüsse stabile Vegetationsinseln bei sehr geringem Gefälle ausbilden. Verwilderte bzw. verzweigte (*braided*) und anastomisierende Flüsse nehmen meist den gesamten Talboden ein und zeichnen sich durch ein geringes Gefälle aus.

Gestreckte (gerade), **gewundene** bis **mäandrierende**, **verwilderte** (verzweigte, engl. *braided*) und **anastomisierende** Formen bilden sich in Abhängigkeit von Gefälle, Sedimentverfügbarkeit und Transportkraft des Fließgewässers aus. Gestreckte Flussver-

läufe sind relativ selten und haben meist eine tektonische Ursache. Gestreckte Flüsse zeichnen sich im Gegensatz zu mäandrierenden Flüssen durch kleinere **Sinuositätszahlen** aus (Abb. 9.36). Der Sinuositätsindex beschreibt den Windungsrad der Flussschlingen

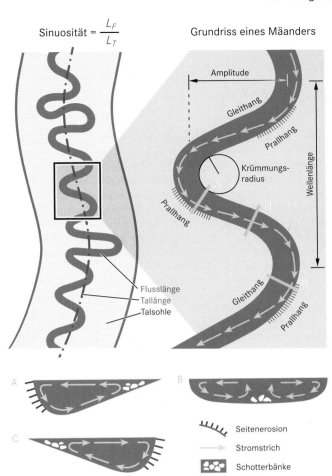

Sinuosität = $\frac{L_F}{L_T}$ Grundriss eines Mäanders

Abb. 9.37 Grundriss eines Mäanders mit ausgeprägten Prall- und Gleithängen sowie Querschnittsformen in unterschiedlichen Flussabschnitten. Mäandrierende Flüsse sind durch hohe Sinuositätszahlen (Verhältnis von Flusslänge zu Tallänge) gekennzeichnet. Wellenlänge und Amplitude bestimmen die Mäandergeometrie und den Krümmungsradius (nach Bierman & Montgomery 2014).

Abb. 9.38 Das verzweigte Flussnetz des Rio Toro, Provinz Salta, Argentinien. Deutlich ist die hohe Sedimentfracht (Suspension) an der Trübung zu erkennen (Foto: L. Schrott, Feb. 2012).

und ist der Quotient aus der Länge des Fließgewässers und der Tallänge. Gewundene und mäandrierende Laufmuster sind hingegen sehr häufig und bei vielen Flüssen im Unterlauf aufgrund des stark abnehmenden Gefälles anzutreffen. Bei gewundenen Laufmustern ist die Krümmung schwächer und unregelmäßiger als bei stark mäandrierenden Flüssen. In beiden Fällen kommt es zur Ausbildung von typischen **Prall- und Gleithängen**, mit einhergehender Seitenerosion an den Prallhängen und Aufschotterung an den Gleithängen (Abb. 9.37). Mäanderschlingen können bei fortschreitender Seitenerosion dazu führen, dass sie vom Hauptgerinne abgeschnitten werden und **Altwasserarme** (engl. *oxbow*) daraus hervorgehen. Sie sind ein charakteristisches Merkmal von Auelandschaften großer Ströme.

Verwilderte und **anastomisierende** Flüsse zeigen ein breit verzweigtes Laufmuster, das häufig durch Schotterbänke bzw. Vegetationsinseln durchbrochen ist. Sie sind vielfach in schwach geneigten proglazialen Abschnitten in Periglazialräumen und Hochgebirgen anzutreffen, die durch hohe Sedimentverfügbarkeiten und stark schwankende Abflussmengen charakterisiert

sind. Verwilderte Flusssysteme sind transportlimitierend, das heißt sie verfügen über eine hohe Bereitstellung an Sedimenten (meist Sand und Schotter), die durch die Abflussmengen nur teilweise abtransportiert werden. Es findet in diesen Abschnitten eine Aufschotterung statt, da die Sedimentanlieferung die Transportkapazität übersteigt (Abb. 9.38). Eine Sonderform stellt das **anastomisierende** Laufmuster dar. Ähnlich dem verwilderten Laufmuster werden breite Bereiche der flachen Talsohle eingenommen, jedoch bilden sich stabile Vegetationsinseln aus, die nur selten bei Hochwasser überströmt werden (Abb. 9.36). Diese Laufmuster zeigen ein höheres Breite-Tiefe-Verhältnis als gestreckte oder mäandrierende Flüsse (Rosgen 1996).

Des Weiteren werden auch **Fluss-** bzw. **Talnetzmuster** unterschieden. Am häufigsten tritt das **dendritische** oder baumartig verzweigte Flussnetzmuster auf. Radiale Flussnetze bilden sich an Berghängen mit konzentrischen Gipfeln (z. B. Vulkane). Im Gegensatz dazu konvergieren **zentripetale** Flussnetze im Bereich von Becken an Küsten (z. B. Golf von Carpentaria, Nordaustralien) oder im Binnenland. **Spalierartige** Flussnetze sind typisch für tektonisch angelegte Strukturen (z. B. Appalachen, USA) und **ringförmige** Flussnetze können sich an Kuppen und in Becken mit wechselnden harten und weichen Gesteinsschichten ausbilden. **Chaotische** Flussnetze folgen keinem Muster und sind häufig in Gebieten mit unregelmäßigem Relief, wie in Moränenablagerungen der kontinentalen pleistozänen Vergletscherungen, anzutreffen (Ahnert 2015).

Talformen

Flusssysteme sind durch vielfältige **Talformen** gekennzeichnet und erzeugen dadurch ein charakteristisches Relief. Ein Tal stellt eine Reliefform dar, in der ein Drainagesystem mit perennierendem, periodischem, episodischem oder nicht mehr stattfindendem Abfluss (Trockental) ausgebildet ist. Ein Tal umfasst in der Regel den Talboden, die Tiefenlinie – auch Talweg genannt – und die seitlich begrenzenden Talhänge, die in

Kapitel 9

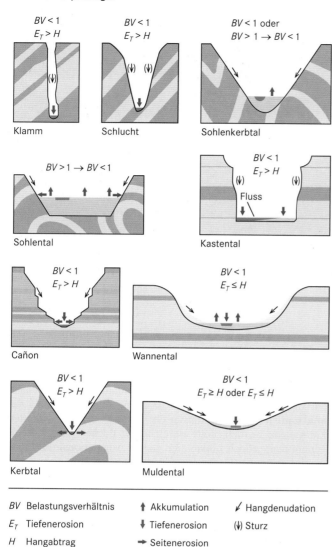

$BV < 1$	$BV < 1$	$BV < 1$ oder
$E_T > H$	$E_T > H$	$BV > 1 \rightarrow BV < 1$
Klamm	Schlucht	Sohlenkerbtal

$BV > 1 \rightarrow BV < 1$	$BV < 1$
	$E_T > H$
	Fluss
Sohlental	Kastental

$BV < 1$	$BV < 1$
$E_T > H$	$E_T \leq H$
Cañon	Wannental

$BV < 1$	$BV < 1$
$E_T > H$	$E_T \geq H$ oder $E_T \leq H$
Kerbtal	Muldental

BV Belastungsverhältnis   ⬆ Akkumulation   ↙ Hangdenudation

E_T Tiefenerosion   ⬇ Tiefenerosion   (↓↓) Sturz

H Hangabtrag   → Seitenerosion

Abb. 9.39 Schematische Darstellung von Talquerprofilen mit zugehörigen Belastungsverhältnissen (Last/Schleppkraft), Tiefenerosion und Hangabtrag. Mithilfe des Belastungsverhältnisses eines Flusses kann der Materialabtrag ($BV < 1$) oder die Materialakkumulation ($BV > 1$) ausgedrückt werden (nach Leser 2009).

unterschiedlicher Neigung bis zur Kammlinie reichen können. Diese Reliefelemente sind – bedingt durch unterschiedliche Lithologien, Bodensubstrate, Abflussmengen und Sedimentfrachten sowie Topographien – verschiedenartig entwickelt, wodurch sich vielfältige Talquerschnitte ergeben (Abb. 9.39). Im Extremfall grenzt das Flussbett direkt an senkrecht abfallende Hänge, charakteristisch für eine Klamm (Abb. 9.40a). Auch bei einer Schlucht oder einem Kerbtal ist der Talboden meist vollständig vom Flussbett eingenommen (Abb. 9.40c). Täler entwickeln sich über lange Zeiträume (häufig Jahrtausenden) durch das Zusammenwirken von Hangdenudation und fluvialer Erosion. Das Breite-Tiefe-Verhältnis und die Steilheit der angrenzenden Hänge spiegeln dies wider. Tiefenerosion findet statt, wenn die Transportkapazität größer ist als die Menge des zu transportierenden Materials. Umgekehrt findet bei Flüssen

Sedimentakkumulation statt, wenn die Sedimentmenge die Transportkapazität des Flusses übersteigt. Das **Belastungsverhältnis** beschreibt das Verhältnis zwischen der Last (Sedimentfracht) und der zur Verfügung stehenden Schleppkraft, die auf ein an der Sohle wirkendes Sedimentteilchen einwirkt. Die Schleppkraft vergrößert sich im Quadrat zur Fließgeschwindigkeit (Leser 2009).

Täler können auch durch nicht fluviale Prozesse umgestaltet werden. Ein Beispiel hierfür stellt das **glazial überprägte Trogtal** dar, das in der Querschnittsform ein Sohlenkerbtal darstellt, welches meist aus einem fluvialen Kerbtal hervorging. Die Bildung großer Trogtäler ist somit nicht nur mit fluvialen Prozessen zu erklären, denn die glaziale Erosion hat die ehemaligen Kerb- in Trogtäler umgestaltet. Der Talboden eines Trogtales ist gewöhnlich mit mächtigen glazifluvialen Sedimenten verfüllt, weshalb sich eine flache und breite Talsohle ausbildet. Außerdem können tektonische Faltungen die Anlegung und Ausgestaltung von Talquerschnitten beeinflussen. Asymmetrische Täler werden durch Gleit- und Prallhänge, aber auch durch lithologische Unterschiede, tektonische Strukturen oder hangdenudative Prozesse verursacht. Bei Canyons wird durch die unterschiedliche Widerstandsfähigkeit der vorwiegend horizontal gelagerten Gesteinsschichten ein gestufter Talquerschnitt ausgebildet (Abb. 9.40b). Hierbei wechseln wandartige Versteilungen in den widerstandsfähigen Gesteinen mit Abschnitten mäßiger Neigung in weniger resistenten Gesteinen miteinander ab. Viele Täler eines Flusses weisen im Verlauf des Längsprofils wechselnde Querprofile auf, die durch Gesteinsunterschiede, variierendes Gefälle und Abflussmengen oder tektonische Strukturen (Falten, Brüche) bedingt sind.

Flusslängsprofil und Knickpunkte

Das **Flusslängsprofil** – auch die Gefällskurve oder Gefällslinie genannt – ist der zweidimensionale Verlauf eines Gewässers von der Quelle bis zur Mündung. Im Idealfall ist ein konkaver Kurvenverlauf, ähnlich einer Exponentialfunktion, mit starkem Gefälle im Oberlauf, gemäßigtem Gefälle im Mittellauf und schwachem Gefälle im Unterlauf ausgebildet. Viele Flusslängsprofile und Flussabschnitte weichen von dieser Idealkurve ab und sind durch **Knickpunkte** (engl. *knickpoints*), das heißt abrupte Gefällsunterschiede im Längsprofil, gekennzeichnet. Diese lokale Verstärkung oder Verminderung des Gefälles, abweichend von der ausgeglichenen konkaven Längsprofilkurve, kann durch tektonische Störungen, lithologische Wechsel oder rückschreitende Erosion verursacht werden (Ahnert 2015). Bei vielen schnell fließenden Gewässern zeigen sich Gefälleunterschiede auch in der Abfolge von Schwellen (engl. *riffles*) und Kolken (engl. *pools*; Abb. 9.40c).

Sedimenttransport

Das von Flüssen und Bächen mitgeführte Material wird als Flussfracht bezeichnet und setzt sich im Wesentlichen aus drei Fraktionen zusammen, die von den Hängen zugeführt und aus dem Gerinne aufgenommen werden (Kap. 12). Die **Lösungsfracht** (engl. *dissolved load*) als Produkt der chemischen Ver-

Abb. 9.40 a Die Partnachklamm an der Zugspitze nahe Garmisch-Partenkirchen, Oberbayern (Foto: Joachim Götz). **b** Der tief eingeschnittene Yellowstone River im Canyon des gleichnamigen Nationalparks, Wyoming/USA. Deutlich ist die Abfolge von Schwellen (engl. *riffles*) und Kolken (engl. *pools*) im Flussverlauf zu sehen (Juli 2005). **c** Kerbtal des Venner Bachs, Bonn-Bad Godesberg (März 2018; Fotos: L. Schrott).

witterung umfasst die gelösten Anionen und Kationen, Umweltschadstoffe sowie sonstige gelöste Stoffe aus biotischen Aktivitäten. Die elektrische Leitfähigkeit ($\mu S\ cm^{-1}$) ist ein guter Indikator zur Abschätzung der Konzentration gelöster Stoffe im Gewässer. Die **Schweb- oder Suspensionsfracht** (engl. *suspended load*) bilden Feststoffpartikel (hauptsächlich Ton- und Schluffteilchen), die schwebend in Suspension transportiert werden. Besonders nach starken Niederschlägen kann an vielen

Abb. 9.41 Mächtige pleistozäne Flussterrassen (Pfeile) flankieren den Snake River vor den Berggipfeln der Grand-Tetons, Wyoming/USA. Der Snake River hat sich tief in die glazifluvialen Ablagerungen nahe des Jackson Lake eingeschnitten. Deutlich sind die flachen Gleit- (vorwiegend Akkumulation) und steilen Prallhänge (Seitenerosion) ausgebildet. Der rund 1700 km lange Snake River entspringt im Yellowstone Nationalpark und mündet im Bundesstaat Washington in den Columbia River (Foto: L. Schrott, Juli 2005).

Flüssen der Eintrag von kleinen Bodenpartikeln an der Trübung der Gewässer erkannt werden. Bei Gletscherbächen ist der hohe Schwebfrachtanteil nahezu ganzjährig durch die Gletschererosion gegeben und führt zu starker, meist gräulicher Trübung, die auch Gletschermilch genannt wird. Die Schwebstoffkonzentrationen können über die Wägung der Trockensubstanz, Laserverfahren oder durch geeichte Trübungswerte bestimmt werden. Im Gegensatz zur Lösungsfracht ist die Schwebstofffracht nicht gleichmäßig im Gerinnequerschnitt verteilt, weshalb Proben aus Ufer- und Stromstrichbereichen entnommen werden sollten. Die **Geröll- oder Geschiebefracht** (engl. *bedload*) aus Schottern wird am Flussbett schiebend, rollend oder bei starkem Gefälle und Strömung auch saltierend transportiert. Messungen der Geschiebefracht mit Helley-Smith-Sampler (spezielles Fangnetz), Tracermethoden oder durch im Flussbett eingebrachte Geschiebesammler sind möglich, unterliegen jedoch größeren Ungenauigkeiten (Schmidt & Ergenzinger 1992). Der Flusstransport über weite Strecken führt bei den eingetragenen Gesteinen zu typisch gerundeten Flussschottern. Der Anteil von Lösungs- und Schwebfracht hängt stark von der Lithologie und Bodenbedeckung ab. Bei vielen Flüssen überwiegt die Schwebfracht, jedoch kann in Kalkgebieten der Anteil der Lösungsfracht an der Gesamtfracht auf über 50 % ansteigen. In den Unterläufen und landwirtschaftlich genutzten Flussabschnitten dominiert die Schwebfracht gegenüber der Geschiebe- und Lösungsfracht. Die Geschiebefracht ist vor allem in Flussoberläufen bei hohen Fließgeschwindigkeiten und starkem Gefälle wirksam. Naturbelassene Flussläufe können auch einen hohen Anteil an Totholz mit sich führen.

Lösungs- und Schwebfrachtkonzentrationen lassen sich im Vergleich zur Geröllfracht gut messen und werden mithilfe der Abflussmenge hochgerechnet. Die **Sedimentfracht** wird als Masse pro Zeiteinheit (kg s^{-1} oder t a^{-1}) erfasst, wobei zwischen Sedimentfracht (engl. *sediment load*; t a^{-1}) und spezifischer Sedimentfracht (eng. *specific sediment load*; t km^{-2} a^{-1}) unterschieden wird. Wie beim Abfluss ist auch hier die Vergleichbarkeit unterschiedlich großer Einzugsgebiete nur über die **spezifische Sedimentfracht** möglich. Die verschiedenen Methoden der Erfassung von Sedimentfrachten sind in Barsch et al. (1994) beschrieben.

Im Zusammenhang mit der Sedimentfacht werden in der fluvialen Geomorphologie zwei Konzepte herangezogen: die **Kompetenz** und die **Transportkapazität**. Die Kompetenz wird über die maximale Korngröße (Durchmesser) bestimmt, die bei einer bestimmten Fließgeschwindigkeit und Abflussmenge transportiert werden kann. Die Transportkraft des Flusses nimmt mit dem Quadrat der Fließgeschwindigkeit zu, sodass bei Fluten große Gesteinsblöcke an der Sohle transportiert werden. Flussterrassen mit abgelagerten großen Geröllen belegen solche Hochwasserstände – sie sind Zeugnisse ehemaliger Landoberflächen (Abb. 9.41). Die Transportkapazität ist hingegen ein Maß für die Gesamtmenge an Sedimentpartikeln, die ein Fließgewässer bei einer gegebenen Fließgeschwindigkeit und Abflussmenge zu transportieren vermag.

Sedimentaustragsverhältnis

Um Rückschlüsse auf die Wirksamkeit von Erosions- und Denudationsprozessen in Einzugsgebieten zu erhalten, wird häufig die Sedimentfracht bzw. der -austrag im Vorfluter gemessen (Summerfield 1991). Die Sedimentfracht eines Vorfluters spiegelt jedoch nur ungenügend die Sedimentumlagerungsprozesse in einem Einzugsgebiet wider. Landnutzungsänderungen oder Extremereignisse können zu hohen Erosionsmengen im Einzugsgebiet führen, ohne bedeutsame Änderungen im Sedi-

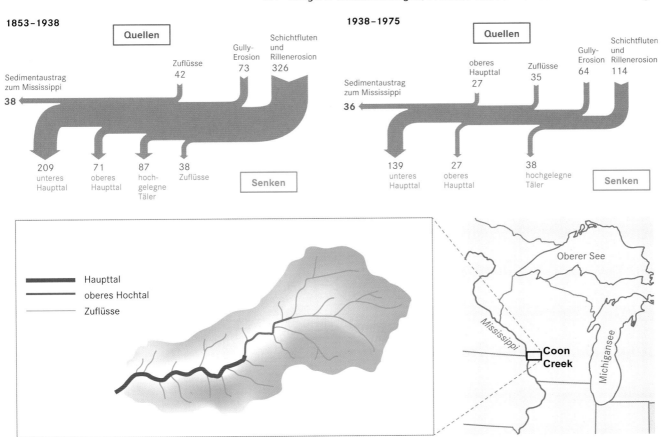

Abb. 9.42 Das Sedimentaustragsverhältnis des Coon Creek im Vergleich zweier Zeitperioden, Wisconsin/USA (Einheiten in 10^3 Mg/Jahr). Dargestellt ist der Sedimentaustrag zum Mississippi im Verhältnis zum Sedimenteintrag aus den unterschiedlichen Sedimentquellen (Schichtfluten, Gully-Erosion, sonstige Zuflüsse) und zu den temporären Sedimentsenken im Einzugsgebiet. Der nahezu unveränderte Sedimentaustrag zum Mississippi mit 38 bzw. 36×10^3 Mg/Jahr innerhalb der beiden Zeitscheiben macht deutlich, dass Sedimentfrachtkonzentrationen im Vorfluter nicht die Erosionsvorgänge im Einzugsgebiet widerspiegeln. Das geringe Sedimentaustragsverhältnis zeigt ferner, dass im Einzugsgebiet große Sedimentmengen umgelagert bzw. zwischengespeichert werden können ohne erkennbare Auswirkungen auf den Sedimentaustrag des fluvialen Systems (nach Trimble 1999).

mentaustrag des Vorfluters nach sich zu ziehen. Die Disparität zwischen Erosions- und Denudationsraten einerseits und Sedimentaustragsraten andererseits ist auf die unterschiedlichen Pufferungskapazitäten und Hang-Gerinne-Kopplungen in Einzugsgebieten zurückzuführen. Durch das **Sedimentaustragsverhältnis** (engl. *sediment delivery ratio*, SDR), das sich als Quotient des Sedimentaustrags eines Einzugsgebiets durch den Vorfluter und der Sedimentanlieferung zum Vorfluter berechnet, ist es jedoch möglich, die Wirksamkeit interner Sedimentumlagerungsprozesse und -speicher abzubilden (Walling 1983, Trimble 1999). Einzugsgebiete mit kleinem Sedimentaustragsverhältnis haben eine große Pufferungskapazität, das heißt eine große interne Sedimentspeicherkapazität, hingegen zeigen Einzugsgebiete mit großem Sedimentaustragsverhältnis, dass ein großer Anteil der umgelagerten Sedimente durch den Vorfluter ausgetragen und nicht intern gespeichert wird. In diesen Fällen liegt auch meist eine aktive Hang-Gerinne-Kopplung vor. In einer klassischen Studie am Coon Creek in Wisconsin konnte Trimble (1999) diesen Zusammenhang nachweisen (Abb. 9.42). Mit dem Sedimentaustragsverhältnis können somit interne Sedimentspeicher und Sedimentflüsse quantitativ ausgedrückt

und Fehlinterpretationen, nur basierend auf Sedimentkonzentrationen im Vorfluter, vermieden werden. Die Anwendbarkeit des Sedimentaustragsverhältnisses ist jedoch limitiert, da es vielfach an empirischen Daten zu Erosionsprozessen in Einzugsgebieten mangelt.

Sedimentbudget und Sedimentkaskaden

Die Erfassung von Sedimentflüssen in, durch und aus einem Einzugsgebiet kann mithilfe eines **Sedimentbudgets** erfolgen (Jäckli 1957, Rapp 1960). Dabei wird zwischen dem Sedimenteintrag, der Zwischenspeicherung und dem Sedimentaustrag unterschieden. Bilanzierungen umfassen daher die Lokalisierung und Quantifizierung von Sedimentquellen, Sedimentspeichern und Transportwegen. In einer **Sedimentkaskade** können die wirksam werdenden Prozesse und Sedimentspeicher funktional miteinander verknüpft werden. Gekoppelte Sedimentkaskaden sind durch einen Fluss von Energie und Materie von einem Subsystem zum jeweils Nachfolgenden gekennzeichnet (Chorley & Kennedy 1971, Götz et al. 2010). Wechselnde Hangneigungen,

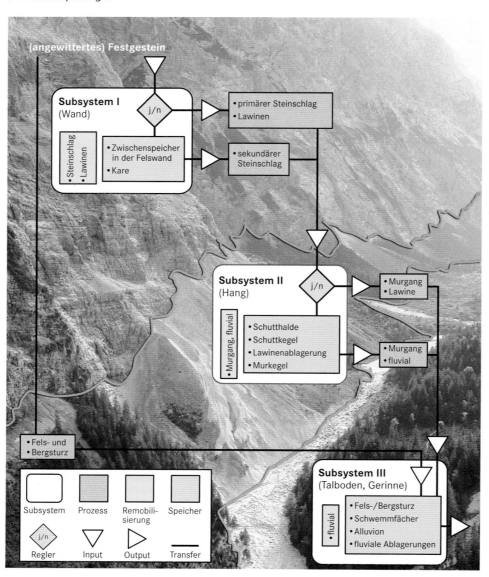

Abb. 9.43 Alpine Sedimentkaskade am Beispiel des Reintals (Bayerische Alpen) mit Hang-Gerinne-Kopplung zur Partnach. Drei Subsysteme sind durch unterschiedliche Sedimenttransportprozesse gekoppelt und weisen unterschiedliche Sedimentspeicher auf. Im Subsystem I (Felswand) existieren mehrere kleine Zwischenspeicher, die durch Steinschlag aufgebaut werden. Der Eintrag in das nachfolgende Subsystem II (Hangfuß) erfolgt durch Steinschlag, hangaquatische Prozesse und Lawinen. Das Hangsystem setzt sich aus Schutthalden, Schutt-, Mur- und Lawinenkegeln zusammen. Während das Hangsystem über gravitative Prozesse meist mit dem Wandsystem gekoppelt ist, besteht zwischen dem Hang- und Talbodensystem nur an besonders aktiven Abschnitten (Bildmitte) eine Sediment-Konnektivität. Der Talboden mit dem aktiven Gerinne stellt den letzten Zwischenspeicher dar, bevor die Sedimente mit der Flussfracht aus dem Einzugsgebiet transportiert werden (nach Götz et al. 2010).

der Grad der Vegetationsbedeckung und Oberflächeneigenschaften wirken als Regler abschwächend oder verstärkend auf Sedimenttransportprozesse ein (Abb. 9.43). Bei einer Hang-Gerinne-Kopplung werden über Sturz-, Kriech- und Fließprozesse Sedimente in das fluviale System eingetragen. Die Verknüpfung von Flächen und Sedimentmächtigkeiten ermöglicht die Quantifizierung (Volumen in m³ oder km³) einzelner Sedimentspeicher, wie beispielsweise einer Schutthalde oder gesamter Talverfüllungen. Der Einsatz neuer Techniken (LiDAR, geophysikalische Methoden) ermöglicht hierbei die Erfassung von Oberflächenveränderungen und gespeicherten Sedimentvolumina mit hoher Genauigkeit (Schrott et al. 2013). Mathematisch kann das Sedimentbudget in einer einfachen Gleichung zusammengefasst werden:

$$S_I - S_O = \Delta S$$

S_I ist der Sedimenteintrag, S_O ist der Sedimentaustrag und ΔS ist die Veränderung der Sedimentspeicher.

Formbildung durch Lösungsprozesse

Denis Scholz

Landformen, welche durch **Lösung**, **Verwitterung** und **Abfuhr** von löslichem Gestein, wie Kalkstein, Marmor oder Gips entstehen, bezeichnet man als **Karst**. Karstgebiete zeichnen sich durch das Vorkommen weiträumiger unterirdischer Wassersysteme und Höhlen aus. Weite Teile der eisfreien Erde sind von Karst bedeckt (Abb. 9.44), und ca. 20–25 % der Weltbevölkerung sind direkt abhängig von Grundwasser, das in Karstgebieten gebildet wird (Ford & Williams 2007).

Man unterscheidet verschiedene Arten von Karst, je nach dem verkarsteten Gestein:

- Die wichtigste Gruppe der Karstgesteine sind die **Karbonate**, wie Kalzit, Aragonit (jeweils $CaCO_3$), Dolomit ($CaMg(CO_3)_2$)

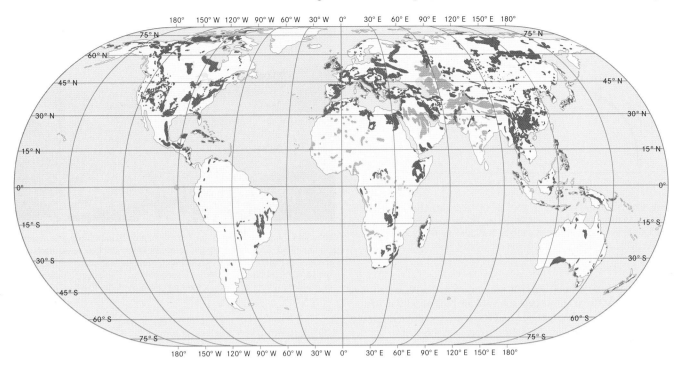

Abb. 9.44 Globale Verteilung von Karbonatgestein an der Erdoberfläche. Reines Karbonatgestein bedeckt ca. 12,5 % der kontinentalen Erdoberfläche (ohne Berücksichtigung der Antarktis, Grönland und Island). Dunkelgrau eingefärbte Bereiche zeichnen sich durch zusammenhängende Karbonatvorkommen mit hoher Reinheit aus, während hellgrau eingefärbte Bereiche Regionen kennzeichnen, die zwar reich an Karbonatgestein sind, allerdings eine geringere Reinheit aufweisen.

und Magnesit ($MgCO_3$). Diese kommen in weiten Teilen der Erde vor.

- Salzgesteine (**Evaporite**), wie Anhydrit ($CaSO_4$) oder Gips ($CaSO_4 \cdot 2H_2O$), sind verkarstungsfähige Sulfate (Klimchouk et al. 1996). Ausgedehnte Gips-Karstgebiete findet man z. B. in China oder Südspanien.
- **Halite**, wie Steinsalz (NaCl) und Kalisalz (KCl), weisen eine sehr hohe Löslichkeit auf. An der Erdoberfläche kommt **Salinarkarst** daher nur in sehr trockenen Regionen vor. Wo Halite vergesellschaftet mit Karbonaten vorkommen, werden sie bevorzugt gelöst, was zur Bildung von Hohlräumen im zurückbleibenden Gestein führt.
- Auch in **Silikaten**, wie Quarz oder Opal (SiO_2) und insbesondere silifiziertem Sandstein (Mainguet 1972), können sich kleinräumige bis mittelgroße Karstgebiete (das heißt mit einer Ausdehnung von einigen 10 bis max. 1000 m) ausbilden. Der bekannteste **Silikatkarst** ist der Roraima-Karst in Brasilien und Venezuela (Correa Neto 2000).

Generell werden Karstgebiete in eine **Lösungs-** bzw. **Erosionszone** sowie eine **Ablagerungs-** bzw. **Depositionszone** unterteilt (Ford & Williams 2007). Während in der Erosionszone hauptsächlich Lösung von Karstgestein stattfindet, wird das gelöste Gestein in der Depositionszone wieder abgelagert. Die Depositionszone liegt in der Regel in Küstenrandgebieten. Vorübergehend kann auch Deposition in der Erosionszone stattfinden, beispielsweise in Form von Tropfsteinen in Höhlen.

Lösung von Karstgestein in der Erosionszone findet hauptsächlich an oder nahe der Oberfläche des anstehenden Karstgesteins, dem sog. **Epikarst**, und entlang von Grundwasserleitern statt. Die Hauptquellen des Grundwassers in Karstgebieten sind Niederschlagswasser und allochthoner Zufluss, welche diffus oder konzentriert in Schlucklöchern versickern, in relativ geringer Tiefe zirkulieren und nur eine kurze Aufenthaltszeit im Aquifer aufweisen. Für eine effiziente Verkarstung muss stets ausreichend Wasser im Karstsystem vorhanden sein bzw. nachgeliefert werden. Weiterhin ist eine hohe Reinheit des Gesteins entscheidend (Klimchouk & Ford 2000). Bei geringerer Reinheit reichern sich weniger leicht lösliche Minerale als Residualtone bzw. -lehme an und blockieren die Entstehung bzw. Erweiterung von Karstwasserbahnen (White 1988). Karstgebiete werden unterirdisch entwässert. Die Karsthohlräume bilden ein System kommunizierender Röhren, in denen Druckunterschiede das Fließen des Wassers modifizieren.

Wasser in einem Karstaquifer versickert aufgrund der Schwerkraft bis zum Karst- oder Grundwasserspiegel, in dem der Wasserdruck in den Karsthohlräumen gerade dem atmosphärischen Druck entspricht. Unterhalb des Grundwasserspiegels liegt die vollständig mit Wasser gefüllte **phreatische** oder **gesättigte Zone**. In der darüberliegenden **vadosen Zone** sind die Hohlräume im Karstgestein nur teilweise oder gar nicht mit Wasser gefüllt. Die vadose Zone wird vom Sickerwasser von oben nach unten durchflossen. Das Fließverhalten von Karstwässern kann mithilfe von Farbstoffen, fluoreszierenden oder schwach radioaktiven Tracern nachvollzogen werden. Karstquellen reagieren

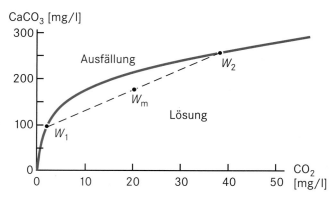

Abb. 9.45 Sättigungskurve bzgl. CaCO₃ und Mischungskorrosion. Die Mischung der beiden mit W_1 bzw. W_2 bezeichneten gesättigten Kalklösungen ergibt die ungesättigte Kalklösung W_m, sodass weitere Kalklösung möglich ist (verändert nach Bögli 1964).

Abb. 9.46 Das Vatos-Polje im Hochland von Akarnanien, Nordwestgriechenland. Das Polje ist als intramontanes Becken tektonisch angelegt. Für Poljen typische Karsterscheinungen, wie etwa Schluck- und Speilöcher (griech. Katavothre), liegen hier am Fuße der im linken Hintergrund zu sehenden Kalksteinberge (Foto: A. Vött, 2005).

in der Regel sehr schnell auf Schwankungen in der Wasserzufuhr, und ihre Schüttung kann stark schwanken. Aufgrund von häufig hohen Fließgeschwindigkeiten und Karstwassersystemen ist die Filterung von Karstwässern sehr gering, was Probleme bei der Nutzung als Trinkwasser wegen Verunreinigungen im Einzugsgebiet, z. B. durch Düngung von Ackerflächen oder den Eintrag von Fäkalien, bedingen kann.

Die Lösung von Kalkstein erfolgt in erster Linie durch Wechselwirkung von CO_2 mit Wasser, was zur Bildung von Kohlensäure (H_2CO_3) führt. Die Lösung von Kalziumkarbonat wird durch folgende Reaktionsgleichung beschrieben, aus der deutlich wird, dass zur Kalklösung CO_2 benötigt bzw. verbraucht wird:

$$CaCO_3 + CO_2 + H_2O \leftrightarrow Ca^{2+} + 2HCO_3^-$$

Im Detail laufen bei der Kalklösung mehrere komplexe chemische Reaktionen gleichzeitig ab (Plummer et al. 1978).

Die Lösungsintensität bei der Verkarstung von Kalkstein hängt von vielen verschiedenen Faktoren ab. Von großer Bedeutung ist der CO_2-Partialdruck (pCO_2) im Boden und Epikarst, der wiederum von der Vegetationsdichte und mikrobakteriellen Aktivität abhängt. CO_2-Partialdrücke von bis zu 100 000 ppmV sind – vor allem in tropischen Gebieten – nicht ungewöhnlich (Smith & Atkinson 1976). Ein weiterer wichtiger Faktor ist die Temperatur, da die Löslichkeit von CO_2 in Wasser temperaturabhängig ist, wobei bei kälteren Bedingungen mehr CO_2 in Lösung geht (Sander 2015). Weiterhin ist entscheidend, ob die Kalklösung im offenen oder geschlossenen System stattfindet (Ford & Williams 2007). Während im offenen System eine Verbindung zur Quelle des CO_2 (Boden bzw. Epikarst) besteht und somit ständig CO_2 nachgeliefert werden kann, wird im geschlossenen System das vorhandene CO_2 zur Kalklösung verbraucht (siehe Gleichung). Daher kann im offenen System deutlich mehr Kalk gelöst werden als im geschlossenen System.

Ein weiteres wichtiges Phänomen bei der Verkarstung ist die **Mischungskorrosion** (Bögli 1964). Diese beschreibt die Mischung zweier Wässer verschiedenen Ursprungs, die unterschiedlichen CO_2-Partialdrücken ausgesetzt waren (z. B. einem hohen pCO_2 in der Bodenzone und atmosphärischem CO_2). Selbst wenn beide Lösungen für sich jeweils kalkgesättigt sind und somit nicht weiter Kalk lösen können, kann die Mischung der beiden Wässer untersättigt sein und weiter Kalk lösen (Abb. 9.45).

Karst tritt sowohl an der Erdoberfläche (**Oberflächenkarst**) als auch im Untergrund (**Tiefenkarst**) auf. Beim bedeckten Karst ist das Gestein von Boden und meist auch Vegetation bedeckt. Fehlt diese Auflage, spricht man von nacktem Karst. Überdeckter Karst bezeichnet eine nachträglich mit Sediment bezogene Karstfläche. Unterirdischer Karst umfasst die Gesamtheit aller unterirdischen Karstphänomene. Häufig treten die verschiedenen Karstformen vergesellschaftet auf.

Es gibt zahlreiche Formen von Karst. Diese bilden sich hauptsächlich in feuchten Gebieten durch die Lösung von Karstgestein aus, können aber auch in sehr trockenen, heißen Gebieten und sehr kalten Gebieten angetroffen werden. Die Dimension dieser Formen kann von weniger als einem Zentimeter (Mikrokarren) bis hin zu mehreren Kilometern (Poljen) reichen.

Karren sind eine **Kleinform** des Karsts. Man unterscheidet länglich ausgeformte Rillen-, Rinnen- oder Wandkarren und eher rundliche Loch-, Napf- oder Spritzwasserkarren im unmittelbaren Küstenbereich. Karren haben eine typische Ausdehnung (Länge, Breite, Tiefe oder Durchmesser) von 1 cm bis maximal 10 m, während **Mikrokarren** Dimensionen von weniger als einem Zentimeter aufweisen. **Karrenfelder** (Anordnung vieler einzelner Karren) können sehr viel größere Ausmaße annehmen.

Die in nahezu allen außertropischen Karstgebieten anzutreffende Leitform des Oberflächenkarsts ist die **Doline**. Dolinen sind typischerweise rundlich und können Durchmesser von einigen Metern bis zu einem Kilometer aufweisen. Sie können durch verschiedene Prozesse entstehen, wie Einstürze über Hohlräumen im Untergrund (Einsturzdolinen, z. B. auf der Schwäbischen

Abb. 9.47 Dem Formenschatz des tropischen Karsts zuzurechnende Karstkegel und -türme, die aufgrund des Meeresspiegelanstiegs seit der ausgehenden Weichsel-Kaltzeit im Bereich der heutigen Küste liegen. Phang Na-Bucht, Thailand (Foto: A. Vött, 2008).

Abb. 9.48 Verschiedene Arten von Speläothemen (Stalagmiten, Stalaktiten, Sinterröhrchen, Wandsinter) im Herbstlabyrinth bei Breitscheid im Westerwald (Foto: I. Dorsten).

Alb) oder Gesteinslösung mit in der Tiefe abnehmender Lösungsintensität (Lösungsdolinen, z. B. in den Eifel-Kalkmulden und zahlreichen Gipskarstgebieten, wie dem südlichen Harzvorland). Sie finden sich häufig an besonders lösungsanfälligen Stellen wie beispielsweise Kluftkreuzungen. **Poljen** (Abb. 9.46) sind die größten geschlossenen Hohlformen des Karsts. Sie zeichnen sich durch einen ebenen Boden aus, der häufig etwa auf dem Niveau der Karstwasserfläche liegt und von Residualien und allochthonem Material bedeckt ist. Dolinen und Poljen sind typische Großformen des dinarischen oder ektropischen Karsts.

Mit fortschreitender Verkarstung vergrößern sich Dolinen und Poljen, bis sie sich schließlich gegenseitig berühren und die gesamte Landschaft durchziehen. Aus der Luft betrachtet ergibt sich hieraus eine polygonale Struktur (**polygonaler Karst**), die man hauptsächlich in tropischen Gebieten findet (Abb. 9.47). Zwischen den Senken im polygonalen Karst bleiben Reste der gelösten Karstgesteine, sog. Karstkegel oder Karsttürme zurück (z. B. Kegel- oder Turmkarst in Südost-China und auf Kuba).

Die Leitform des Tiefenkarsts ist die **Höhle**. Höhlen bilden sich bevorzugt auf dem Niveau des Karstwasserspiegels, weshalb man auch von epiphreatischen Höhlen spricht. In Folge von Niederschlägen strömt frisches, CO_2-reiches und daher lösungsaktiveres Wasser nach, was zu fortschreitender Lösung und einer Vergrößerung der Höhle führt. Außerdem wirkt die Mischungskorrosion. Durch tektonische Hebung eines Karstgebietes und/oder die Eintiefung des Vorfluters können sich auch mehrere Höhlenstockwerke oder -niveaus ausbilden.

Wenn bzgl. Kalziumkarbonat gesättigtes Wasser in einen Hohlraum mit einem geringeren CO_2-Partialdruck gelangt (z. B. in Klüften oder Höhlen), entgast CO_2, die Lösung wird übersättigt bzgl. Kalziumkarbonat, und es kommt zur **Kalkausfällung** und Bildung sekundärer Karbonate. Sekundäre Karbonate in Höhlen werden unter dem Begriff **Speläotheme** zusammengefasst (Moore 1952). Die bekanntesten Speläotheme sind Tropfsteine (Abb. 9.48), wie Stalagmiten (vom Boden aufwachsend) und Stalaktiten (von der Decke herabwachsend), und sog. Flow-

stones. Speläotheme bilden sich vor allem in aktuell nicht mehr der Verkarstung unterliegendem Karst.

In den letzten ca. 20 Jahren finden Speläotheme auch vermehrte Anwendung als **Klimaarchiv** zur Rekonstruktion von Klimaschwankungen in der Vergangenheit. Insbesondere Stalagmiten, die gleichmäßig vom Höhlenboden in die Höhe wachsen, bieten zahlreiche Vorteile als Klimaarchiv. Zum einen kommen sie in nahezu allen Karstgebieten und somit in fast allen Gebieten der Erde vor (Abb. 9.44). Dies ist ein großer Vorteil gegenüber anderen terrestrischen Klimaarchiven, wie z. B. Eisbohrkernen, die nur in polaren Regionen und Gletschergebieten vorkommen. Weiterhin kann ihr Alter mit der ^{230}Th/U-Methode im Bereich von bis zu ca. 650 000 Jahren v. h. mit unvergleichbarer Präzision absolut bestimmt werden (Scholz & Hoffmann 2008). Dies ist ein enormer Vorteil gegenüber allen anderen Klimaarchiven in diesem Zeitbereich, die häufig nur durch Vergleich mit anderen Archiven datiert werden können. Sie liefern kontinuierliche und lange zurückreichende (einige Tausend bis Hunderttausend Jahre) Zeitreihen. Dies unterscheidet sie deutlich von z. B. Baumringen, welche maximal einige Hundert Jahre in die Vergangenheit zurückreichen. Schließlich können verschiedene Indikatoren für das Klima der Vergangenheit, sog. **Klimaproxys**, wie stabile Sauerstoff- und Kohlenstoffisotope oder Spurenelementkonzentrationen, mit sehr hoher Auflösung (Monate bis Jahrhunderte) gemessen werden (Fairchild & Baker 2012).

Formbildung durch glaziale Prozesse

Gerhard Schellmann

Außerpolare Gebirgsgletscher und Eiskappen nehmen zwar gegenwärtig nur etwa 4 % der gesamten vergletscherten Fläche auf der Erde ein, aber während der Hochstände quartärer Kaltzeiten waren deren Ausdehnungen um ein Mehrfaches größer. Daher können glaziale Formen und Ablagerungen durchaus das

Landschaftsbild gegenwärtig nur wenig oder gar nicht mehr vergletscherter Gebirge und ihrer Gebirgsvorländer auf der Erde auch außerhalb der Polargebiete prägen.

Die Formung eines Gebiets durch glaziale Prozesse resultiert aus der Wechselwirkung zwischen dem sich bewegenden, mehr oder minder stark schuttbelasteten **Gletschereis** und der **Erosionswiderständigkeit** (u. a. abhängig von der Petrographie, Klüftung, geologischen Gesteinslagerung, präglazialen Verwitterung), der **Topographie** (z. B. Hindernisse und Steilstrecken), dem **Reibungswiderstand** und dem **Gefälle** des Gesteinsuntergrunds. Dabei wird das Erosions- und Akkumulationsvermögen eines Gletschers wesentlich beeinflusst von der Fließgeschwindigkeit und der Zeitdauer der Gletscherbewegung, der Art der Fließbewegung (plastisches Fließen, basales Gleiten sowie Blockschollenbewegung), der Eismächtigkeit und Eistemperatur, dem Erreichen oder Nichterreichen des Druckschmelzpunktes an der Gletscherbasis (temperierter, kalter sowie polythermaler Gletscher), der Schuttführung sowie dem Auftreten subglazialer Schmelzwässer (Menge, Fließgeschwindigkeit, hydrostatischer Druck).

Gletscher wirken abtragend durch das sich bewegende Eis (basales Gleiten, Blockschollenbewegungen), das mitgeführte Gestein (Korngröße und Petrographie) und die subglazialen Schmelzwässer (Menge, Fließgeschwindigkeit, Strömungsturbulenzen, hydrostatischer Druck). Beim temperierten Gletscher kommt es an der Gletschersohle zur Druckverflüssigung und damit zur Bildung eines saisonalen Schmelzwasserfilms (Regelationsschicht). Dieser ermöglicht ein Gleiten der Gletscherbasis über den festen Gesteinsuntergrund. Dabei wirken Gesteinspartikel, die zwischen der Gletschersohle, an der sie angefroren sein können, und dem Gletscherbett mitgeführt werden, abtragend auf den Untergrund. Die Abtragung erfolgt schleifend-polierend (Gletscherschliff, engl. *polishing*) oder kritzend-schrammend (Gletscherschrammen, engl. *striation*). Beide Prozesse umfasst der Begriff **Detersion** (synonym: glaziale Abrasion oder Gletscherschliff). Feinkörniges Gesteinsmehl wird als Gletschertrübe (Gletschermilch) durch subglaziale Schmelzwasser abtransportiert.

Starke Druckänderung an der Gletscherbasis führt zu Spannungsunterschieden im Gestein und dadurch zu einer subglazialen Zerrüttung von Festgestein. Zunächst entstehen Risse und Klüfte, an denen nachfolgend Gesteinsfragmente durch Temperaturschwankungen um den Druckschmelzpunkt (Frostwechsel, Regelation) gelockert werden, die dann als subglazialer Schutt (engl. *debris*) abtransportiert werden können. Besonders leicht geschieht dies, wenn der Schutt an der Gletscherbasis anfriert. Der Gletscher zieht dann das gelockerte Bruchstück heraus und nimmt es mit. Dieser Vorgang wird als **Detraktion** bezeichnet (lat. *detrahere* = herausziehen) und setzt Rissbildung, Zerrüttung und Lockerung des Untergrundgesteins voraus. An der Gletschersohle dominiert die Detraktion im Lee von Hindernissen (z. B. auf der Leeseite von Rundhöckern). Dort ist der Auflastungsdruck des Eises geringer, wodurch basale Gefrierund Auftauprozesse möglich werden. Ergebnisse der Detraktion sind steile und kantige Felsoberflächen im Gegensatz zu den geglätteten Detersionsformen. Eine verstärkte Detraktion erfolgt an den Gletscherrändern und am Bergschrund, weil dort gehäuft

Frostwechsel mit entsprechend erhöhter Frostverwitterung und damit Lockerung des Gesteinsverbandes auftritt.

Gesteinsbruchstücke an der Gletscherbasis können nicht nur kritzen, sondern durch den Druck auf das Gestein des Gletscherbettes auch Risse (Reibungsrisse, engl. *friction cracks*) hervorrufen. Nachfolgende Druckentlastung zerrüttet das Gestein, das dann herausgebrochen werden kann.

Exaration (lat. *exarare* = herauspflügen) bezeichnet die Abtragung von Lockersedimenten und wenig widerständigem Gestein, wodurch vor allem Zungenbecken und Stauchmoränen, aber auch rückläufige Gefällsabschnitte mit wannenartigen Vertiefungen im Bereich von Gebirgstälern entstehen. Dies erfolgt vor allem an der Gletscherzunge durch Auflastungsdruck sowie Vorwärts- und häufig auch Aufwärtsbewegung des Gletschereises. Dabei kommt es neben einfachem Ausschürfen und Anfrieren von Lockermaterial an der Gletscherbasis, vor allem zur Deformation von nicht gefrorenem Lockermaterial sowie zum Abscheren von gefrorenem Gesteinsmaterial und ganzen Gesteinspaketen (**glazitektonisch**).

Die **subglaziale Schmelzwassererosion** ist ein Phänomen temperierter und polythermaler Gletscher. Ihre Intensität ist neben der Lithologie und Durchlässigkeit des Gesteinsuntergrunds vor allem abhängig von der Menge und der Fließgeschwindigkeit des Wassers, der Intensität von Strömungsturbulenzen sowie der Menge der mitgeführten Sedimentfracht. Die unter hydrostatischem Druck stehenden subglazialen Schmelzwässer können quer und sogar bergauf entgegen dem Untergrundgefälle strömen. Subglazialen Schmelzwasserrinnen und -tälern fehlt ein Quellgebiet, sie enden manchmal abrupt und besitzen häufiger ein unausgeglichenes Längsprofil.

Insgesamt ist das Ausmaß der Glazialerosion (Detersion, Detraktion, Exaration, subglaziale Schmelzwassererosion) am effektivsten und am weitflächigsten verbreitet unter temperiertem Gletschereis.

Das Zusammenspiel von glazialen und fluvioglazialen Erosionsprozessen erzeugt für eine Glaziallandschaft typische Formen unterschiedlicher Größe. Sie reichen von Kleinformen (< 1m Größe) wie Kritzungen, Gletscherschrammen, Sichelbrüchen bzw. Sichelwannen oder Parabelrissen auf Gesteinsoberflächen bis hin zu größeren, meso- bis makroskaligen Formen (1 m bis mehrere Kilometer Größe). Großformen der Glazialerosion sind u. a. abgeschliffene Felsoberflächen mit glatt polierten Felswannen und Felsrücken, Rundhöcker und Felsdrumlins, Kare, Trogtäler und Fjorde, Zungenbecken und subglaziale Rinnen oder Tunneltäler.

In Fließrichtung eines Gletschers können Felsrücken durch eine Kombination von Detersion und Detraktion glazialerosiv zu länglichen **Rundhöckern** (franz. *roches moutonnées*) umgestaltet werden, die häufig in Gruppen auftreten. Meistens sind sie nur wenige, manchmal aber auch über 100 m hoch. Ihre Längsachsen liegen in der Bewegungsrichtung des Eises. Sie besitzen an ihrer Luvseite (das ist die der Bewegungsrichtung des Eises zugewandte Seite) als Folge ausgeprägter Detersion eine weniger steile und geglättete Felsoberfläche. Dagegen hat die Leeseite (die der Bewegungsrichtung abgewandte Seite) durch starke Detraktion eine raue Felsoberfläche, die dabei in der Regel zusätzlich versteilt worden ist.

Ein **Kar** (engl. *cirque*) ist idealtypisch betrachtet eine lehnstuhlartige glazialerosive Hohlform im Festgestein. Es besitzt im Längsschnitt eine steile Karrückwand und einen beckenartig eingetieften Karboden (Karwanne), der oft durch einen rundhöckerartig überschliffenen Felsriegel, die Karschwelle (Karriegel), vom Vorland getrennt ist. Die glazialerosive Übertiefung des Karbodens resultiert vor allem aus der dort größeren Eismächtigkeit. Die laterale Vergrößerung eines Kars geschieht im Zusammenspiel von glazialerosiver Tieferlegung des Karbodens sowie periglazialer Hangabtragung der Karrückwand unter Beteiligung intensiver Frostverwitterung und gravitativer Massenbewegungen vor allem in Form von Steinschlägen und Felsstürzen.

Trogtäler (engl. *glacial troughs*) oder U-Täler (Abb. 9.49) und ebenso die beim postglazialen Meeresspiegelanstieg überfluteten Fjorde sind durch Glazialerosion übertiefte und verbreiterte präglaziale Kerbtäler und Kerbsohlentäler. Trogtäler besitzen einen ebenen Talboden aus glazifluvialen und fluvialen Ablagerungen und steile, bis an die ehemalige Schliffgrenze vom Gletschereis glazialerosiv beanspruchte Trogwände als Talflanken. Oberhalb der Schliffgrenze sind die Talhänge durch periglaziale Formungsprozesse gestaltet, besitzen raue Felsoberflächen, scharfkantige Grate und mächtige Felssturz- und Steinschlagkegel. Seitentäler münden in der Regel mit Gefällsbrüchen als sog. **„Hängetäler"** (engl. *hanging valleys*) ins Haupttal ein (Abb. 9.49). Geringere Eismächtigkeiten der Seitengletscher in diesen Tälern sind die Ursache für ihre verminderte glazialerosive Eintiefung.

Fjorde (engl. *fjords*) unterscheiden sich von Trogtälern sowohl durch deren Überflutung im Laufe des spätglazialen und holozänen Meeresspiegelanstiegs als auch durch die normalerweise geringere glazialerosive Eintiefung an der ehemaligen Kalbungsfront des Gletschers. Dort schwamm das Eis auf und konnte nicht mehr erodierend wirksam werden.

Im Bereich der Gletscherzungen erstrecken sich als Teil der glazialen Serie (Abb. 9.81) lang gestreckte, oft wassererfüllte Becken (**Zungenbecken**, **Zungenbeckenseen**), bei deren Entstehung Exaration und subglaziale Schmelzwassererosion zusammenspielten.

Gletscher hinterlassen verschiedene glaziale, glazifluviale und glazilimnische Sedimente und Akkumulationsformen. Sedimente nehmen sie subglazial (basal) im Zuge der glazialen Erosion und supraglazial auf. Die supraglaziale Sedimentaufnahme erfolgt überwiegend durch Steinschlag, Fels- und Blockstürze oder Lawinen, die von Nunatakkern (Singular: **Nunatak**), aus dem Eis herausragenden und der Frostverwitterung ausgesetzten Bergen (Abb. 9.49), oder von den Gletscherflanken auf das Eis niedergehen.

Die Rekonstruktion des Einzugsgebiets einer ehemaligen Vergletscherung ist u. a. anhand charakteristischer **Leitgeschiebe**

(Gesteine, deren Ursprungsort eng begrenzt ist) möglich, die als Findlinge (erratische Blöcke) in der Landschaft besonders auffällig sind. Sie erlauben Aussagen über die Eishöhe und die Reichweite der Vergletscherung (z. B. Feuerstein- bzw. Flintlinie in Norddeutschland).

Am Rande eines Gletschers häuft sich durch die Fließbewegung und das Abschmelzen (Ablation) des Eises der mitgeführte Schutt zu **Moränenwällen** auf. Je nach der Lage zum Gletscher werden sie als Seiten- oder Ufermoränen (engl. *lateral moraine*; Abb. 9.50) bzw. als End- oder Stirnmoränen (engl. *terminal moraine*) bezeichnet. Die Moräne als Sediment (engl. *till*) besteht in der Regel aus ungeschichtetem Material mit einem breitem Korngrößenspektrum (Blockmoräne, Geschiebemergel, Geschiebelehm, glaziale Diamikte), in dem häufig leicht kantengerundete, polierte, vereinzelt auch gekritzte Geschiebe eingelagert sind (Abb. 9.51). Die Rekonstruktion früherer Eisrandlagen gründet sich insbesondere auf der Kartierung altersgleicher End- und Seitenmoränenwälle. Grundmoränen bestehen aus den beim Abschmelzen des Gletschers frei werdenden Schuttablagerungen oder aus dem an der Basis des Gletschers transportierten und dabei deformierten Schutt. Als kuppige Grundmoränenlandschaft bezeichnet man das Gebiet im Hinterland ehemaliger Eisrandlagen, das durch den Wechsel von Hügeln und Senken, von Mooren und Seen sowie durch ein unregelmäßiges Gewässernetz gekennzeichnet ist.

Weitere vom Gletscher und seinen Schmelzwässern geschaffene Relieformen sind vor allem in Richtung der Eisbewegung sich erstreckende Drumlinscharen und Oser (Esker) sowie beim Abschmelzen am Außenrand von Gletschern entstandene Kamesterrassen und Toteislöcher (Sölle). Ein **Drumlin** (von gälisch *druim* = Hügel) ist ein stromlinienförmiger Rücken aus Lockermaterial mit steilerer, der Eisbewegung zugewandter Luv- und flach auslaufender Leeseite. Drumlins treten meist vergesellschaftet als Drumlinscharen oder Drumlinschwärme innerhalb des ehemaligen Vereisungsgebiets auf. Es sind subglaziale Formen, die im Zehrgebiet von temperierten Gletschern gebildet werden.

Oser (schwedisch *Åsker*) bzw. **Esker** (irisch *eiscir*) sind extrem lang gestreckte, im Grundriss oft geschwungene wallartige Rücken mit steilen Hängen. Sie sind Akkumulationsformen aus geschichteten Sanden und Kiesen, die von Schmelzwässern in Tunnelröhren an der Basis (subglazial) – oder seltener in Tunnelsystemen im Eis (englazial) – in Schmelzwasserrinnen auf dem Gletscher (supraglazial) oder subaquatisch abgelagert wurden.

Kames (schottisch *kaim*) sind Formen aus geschichteten Schmelzwassersanden und -kiesen (glazifluvial), die zwischen Talhang und Außenrand des Gletschers (Kamesterrasse, Kamesplateau) oder auf und zwischen Toteis (Kameshügel und -rücken) abgelagert wurden.

Die Oberflächen von Sedimentkörpern, die auf Toteis abgelagert wurden, besitzen häufig kreisförmige bis längliche abflusslose Hohlformen, die als **Toteislöcher** (engl. *kettle holes*; Abb. 9.81), **Sölle** (Singular: „Soll") oder „Kessel" bezeichnet werden. Sie können wenige bis einige Hundert Meter Durchmesser und Tie-

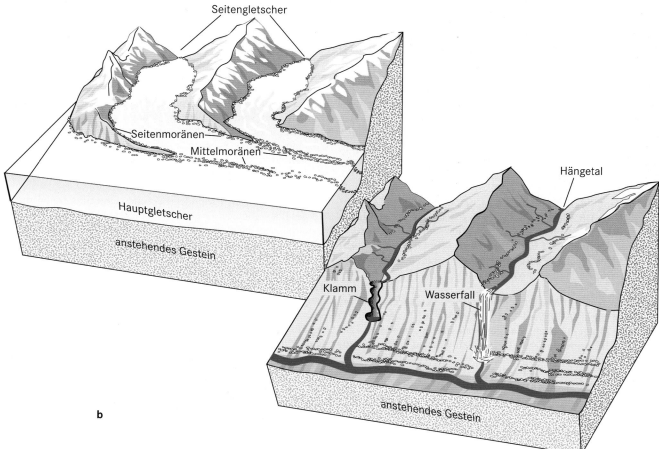

Abb. 9.49 **a** Trogförmige glaziale Hängetäler, Athabasca Lookout, Jasper NP, Kanada. Ehemals nicht von Eis bedeckte Berge (Nunatakker) bilden scharfkantige Felsformen (Foto: R. Zeese). **b** Schema der glazialen Hängetalbildung (nach Grotzinger & Jordan 2017).

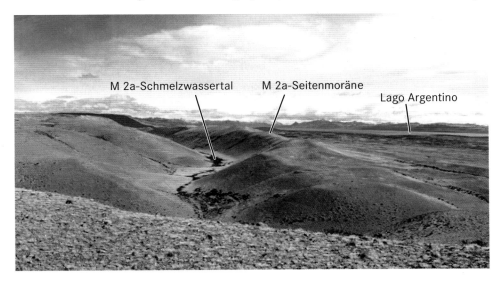

Abb. 9.50 Markante mittelpleistozäne Seitenmoräne des M 2a-Glazials am südöstlichen Rand des Lago-Argentino-Zungenbeckens (Patagonien/Argentinien; zur Vergletscherungsgeschichte in Patagonien: Schellmann 1998; Foto: G. Schellmann).

Abb. 9.51 Mittelpleistozäne Grundmoräne (Ablationsmoräne) des M 4a-Glazials aus überwiegend ungeschichtetem Material aller Korngrößen am Nordrand des Rfo-Santa-Cruz-Tales (Patagonien, Argentinien; zur Vergletscherungsgeschichte in Patagonien: Schellmann 1998; Foto: G. Schellmann).

fen von wenigen bis einigen Zehnern von Metern erreichen und sind sekundär erst im Laufe des langsamen Abtauens von Toteis im Untergrund entstanden.

Vor einem Gletscher erstrecken sich als Schmelzwasserablagerungen zum Teil ausgedehnte Sanderflächen und Schotterfelder (Abb. 9.81). Zudem prägen das Vorland zahlreiche kleinere und größere proglaziale Schmelzwassertäler und bei einer Ablenkung der präglazialen Entwässerung parallel zum ehemaligen Eisrand verlaufende Urstromtäler (Abb. 9.80).

Formbildung durch periglaziale Prozesse

Wilfried Haeberli und Jörg Völkel

Periglaziale Formen entstehen unter der Wirkung von **Frost im Untergrund** (French 2007). Die Dynamik solch frostgesteuerter Prozesse hängt besonders stark von klimatischen Bedingungen ab. In tropischen Hochgebirgen dominieren Effekte des Tageszeitenfrostes, in höheren Breiten dagegen des Jahreszeitenfrostes und des Dauerfrostes (Permafrost). Die Tiefenwirkung liegt beim Tageszeitenfrost im Zentimeter- bis Dezimeterbereich, beim Jahreszeitenfrost im Dezimeter- bis Meterbereich, während Permafrost bei marginalen Existenzbedingungen mit mittleren jährlichen Oberflächentemperaturen um 0 °C einige Meter, in sehr kalten Gebieten (Sibirien, Hochgebirgsgipfel) aber bis über 1000 m mächtig sein kann. Im Permafrost bildet sich während der warmen Jahreszeit bis zu einer Tiefe von einigen Dezimetern bis Metern eine Auftauschicht an der Oberfläche aus. Jahreszeitliche Temperaturschwankungen dringen rund 15–20 m tief in den Untergrund ein. Darunter steigt die Temperatur als Folge des Wärmeflusses aus dem Erdinnern im Fall eines thermischen Gleichgewichts mit etwa 3 °C/100 m an. Als Folge des atmosphärischen Temperaturanstiegs seit etwa 100 Jahren ist allerdings vielerorts eine thermische Anomalie (Wärmeflussreduktion oder sogar -inversion) bis in Tiefen von rund 50–100 m zu beobachten.

Der Verteilung der Landmassen auf der Erde entsprechend ist Permafrost primär ein Phänomen der **Nordhalbkugel** und der **Hochgebirge**. Entscheidend für die geomorphologischen Prozesse wie auch für die klimarelevanten Auswirkungen sind die thermischen Verhältnisse (Nähe zur Schmelztemperatur) sowie der Eisgehalt der gefrorenen Schichten im Untergrund. Letzterer kann das ursprüngliche Porenvolumen des Ausgangsgesteins weit übersteigen (Eisübersättigung) und bestimmt das mechanische Verhalten des gefrorenen Materials (Hebung/Setzung, Festigkeit, Kriechen, Rissbildung). Kalte Gebirge mit komplexer Topographie und ausgedehnte Flachländer subpolarer Breiten

Kapitel 9

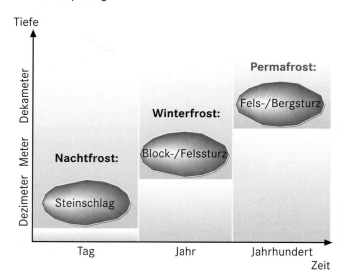

Abb. 9.52 Zeitskalen und Tiefenwirkungen der Frostverwitterung in periglazialen Felswänden und entsprechender Sturzphänomene.

werden durch unterschiedliche Prozessketten charakterisiert (Romanovsky et al. 2007).

Die Volumenexpansion beim Gefrierprozess spielt sich vor allem im Oberflächenbereich (Tageszeitenfrost) ab und führt zur Bildung von Verwitterungsprodukten kleiner Korngrößen (Silt, Sand, Steine). In größerer Tiefe (Jahreszeiten- und Permafrost) bilden sich bei negativen Temperaturen und genügend Wassernachschub **Eislinsen**, die umfangreichere Gesteinspakete zerstören und größere Komponenten freisetzen (Blöcke, Felspartien). Entsprechende Sturzvorgänge in Felswänden (Steinschlag, Block- und Felsstürze; Abb. 9.52) bauen Schutthalden und -kegel auf mit typischen Oberflächenneigungen (25–35°) und charakteristischer Korngrößensortierung (Feinmaterial oben, grobe Blöcke vorwiegend unten).

In dauernd gefrorenem Schutt mit hohem Eisgehalt ist die innere Reibung (Kontakte zwischen den Gesteinskomponenten) reduziert, der innere Zusammenhalt (Kohäsion) jedoch erhöht und die Übertragung von Spannungen dadurch über große Distanzen möglich. Auf Berghängen kriechen solch eisreiche Schuttmassen mit typischen Geschwindigkeiten von Zentimetern bis Metern pro Jahr talwärts. Über Zeiträume von Jahrtausenden (Holozän) führt die kumulative Verformung gefrorener Schutthalden zur Bildung von lavastromartigen Schuttströmen (Blockgletscher; Abb. 9.53; Haeberli et al. 2006). Diese sind Archive der holozänen Verwitterungs- und Steinschlaggeschichte. Auch permanent gefrorene Moränen zeigen vergleichbare Verformungen, oft als Resultat komplexer Interaktionen zwischen Gletschern und Permafrost.

Im Gegensatz zu solchen Phänomenen des Permafrostes führen Frier-Tau-Prozesse im Tages- und Jahreszeitenrhythmus zu frostgesteuerten Fließprozessen (**Solifluktion**) der Oberflächenschichten (Exkurs 9.7) an Steilhängen und zu auffälliger Materialsortierung in flacheren Gebieten (Strukturböden). Murgänge

Abb. 9.53 Kriechender Permafrost (Blockgletscher) am Piz Albana, Engadin, Schweizer Alpen. Die heutige Landschaftsform ist durch fortgesetzte Kriechverformung des eisreichen Schutts im Verlauf des Holozäns entstanden. Charakteristisch für die Grenzzone des Gebirgspermafrostes sind auch die verschiedenen beidseits des Blockgletschers erkennbaren Formen von periglazialen Murgängen (Foto: W. Haeberli, 1990).

aus Steilhängen treten unter periglazialen Bedingungen gehäuft auf (Abb. 9.53). Zusammen mit der oft kargen Vegetation erlaubt der auf die kurze Jahreszeit mit positiven Temperaturen konzentrierte Wasserabfluss in gestreckten (meist murfähigen) Gerinnen an Steilhängen und vorwiegend verzweigten Gerinnen in flachen Talsohlen eine effiziente Sedimentumlagerung in gebirgiger Topographie.

In den ausgedehnten kalten Flachländern vor allem Nordamerikas und Eurasiens sind die Abtragsraten gering und große Mengen von Feinmaterial aus der Frostverwitterung werden abgelagert. Die Siltfraktion ist dabei intensiven äolischen Transportprozessen (Löss; Exkurs 9.8) unterworfen. Beim Gefrierprozess solcher feinkörniger Sedimente mit optimaler Kombination aus Durchlässigkeit und Kapillareffekt entstehen große Eisgehalte (Eislinsen, Eisgehalt insgesamt oft 60–90 % Volumenanteil). Bei geringer Schneebedeckung und rascher Abkühlung

Abb. 9.55 Pingos im Permafrost bei Tuktoyktuk, Mackenzie-Delta, Kanada (Foto: W. Haeberli).

Abb. 9.54 Teilweise ausgeschmolzene Eiskeilnetze im Mackenzie-Delta, Kanada (Foto: W. Haeberli).

bilden sich in solchen Materialien Kontraktionsrisse, die sich vor allem im Frühjahr mit Eis füllen, das durch Wiederholung des Vorgangs in der Dicke über Jahre wächst. Es entstehen großräumig orthogonale Netze von vertikalen Eiskeilen (Abb. 9.54).

Wo Ansammlungen von Wasser an der Oberfläche das Eindringen des Winterfrostes verhindern, schmilzt das Eis im Untergrund. Bei entsprechender Volumenabnahme setzt sich dieser und vergrößert die anfänglichen Tümpel zu Thermokarstseen. Entleert oder verfüllt sich ein solcher Thermokarstsee, dringt der Permafrost von der Oberfläche her wieder in den oberflächlich aufgetauten Untergrund ein. Dessen unter Druck geratenes Porenwasser wird gegen die Oberfläche gedrückt, bildet an der Gefrierfront massives Eis und wölbt die Oberfläche zu auffälligen Hügeln (**Pingos**) in der Tundra (Abb. 9.55). Eisbildung bei der Frosthebung kann auch zu kleineren Hügeln führen (z. B. **Palsen** als gefrorene Partien von Torfmooren).

Ein fortgesetzter atmosphärischer Temperaturanstieg führt zu einer Erwärmung des Permafrostes (Romanovsky et al. 2010), verstärkt Thermokarstprozesse in Tiefländern hoher Breiten und reduziert die Stabilität dauernd gefrorener Berghänge (Krautblatter et al. 2013; Exkurs 9.9). Besonders kritische Stabilitätsbedingungen hinsichtlich größerer Sturzereignisse ergeben sich in Steilflanken mit warmen Permafrostbedingungen (ca. 0 bis −2 °C), da dort reibungsarme Eis-/Wasser-/Felskontakte existieren (Gruber & Haeberli 2007). Im Zusammenhang mit dem Gletscherschwund und der Bildung neuer Seen am Fuß solcher Steilflanken mit degradierendem Permafrost steigen die Risiken von weitreichenden Flutwellen im Hochgebirge (Haeberli et al. 2017).

Periglaziale Prozesse und Phänomene waren eiszeitlich auch in niedrigeren Breiten weit verbreitet (z. B. Mitteleuropa) und liefern wichtige Indikationen über die damaligen Klimaverhältnisse wie etwa trockenkalte Bedingungen aufgrund von Eiskeilrelikten im Löss.

Das periglaziale Erbe aus den Kaltzeiten ist für die Reliefgestaltung, aber auch für den wirtschaftenden Menschen in den mittleren Breiten von enormer Bedeutung. Die bis mehrere Dekameter

mächtigen **Lössdecken** aus den trockenkalten Abschnitten der Glaziale verhüllen in den Lössebenen (Börden in Norddeutschland, Gäue in Süddeutschland) und Lösshügellandschaften (z. B. der Kaiserstuhl im Oberrheingraben) ältere Reliefelemente. Mit ihren Schwarzerden und basenreichen Parabraunerden wurden sie dank hervorragender Standorteigenschaften früh vom Steinzeitmenschen besiedelt. Andererseits sind sie anfällig gegen Bodenerosion (Abschn. 10.7) und nach Jahrtausenden agrarischer Nutzung oft bis zum Rohlöss abgetragen.

Mächtige Schotterlagen in den Tiefländern und entlang der Flüsse, abgelagert durch die verwilderten Periglazialflüsse, sind dank ihres großen Porenraums sehr ergiebige Grundwasserträger. Sie sind aber auch wichtiges Rohmaterial für die Baustoffindustrie.

Durch periglaziale Auswehung, Solifluktion und Abspülung wurden ältere Böden weitgehend abgetragen und durch unterschiedlich frisches Material ersetzt.

Flächendeckend ausgebildet und von herausragender Bedeutung sowohl für die Hangentwicklung als auch für die Talentwicklung der Mittelgebirge sind die kaltzeitlichen periglazialen Hangsedimente (Exkurs 9.10). Mehrere Meter mächtige **Fließerden** und -schutte kleiden als gelisolifluidal laminar bewegte Deckschichten das Hangrelief aus und begleichen es. Sie werden Basislagen genannt, liegen entweder dem Festgestein auf oder konservieren die saprolitische Verwitterungszone (Exkurs 9.7). Die hohe Wasserwegsamkeit der Basislagen steuert den Hangwasserabfluss und begründet die geringe Dichte von Gerinnen sowie das geringe Ausmaß der Zerschneidung und Ausräumung der Hangsedimente. Den stets lösslehmfreien Basislagen sitzen geringer mächtige Mittel- und Hauptlagen auf, die kryoturbat durchmischt sind, Löss oder Lösslehm führen und im kalt-ariden Klima vor allem des Hochglazials gebildet wurden.

Lössdecken, Schotterfluren und Hangsedimente bestimmen den oberflächennahen Untergrund im ehemaligen Periglazialraum, sind als oberster Teil des Regolith (Exkurs 9.7) Ausgangsmaterial für die holozäne Bodenbildung und wirken somit in die Gegenwart.

Kapitel 9

Exkurs 9.8 Löss

Ludwig Zöller

Löss ist die am weitesten verbreitete quartäre Ablagerung auf den Kontinenten. Es handelt sich um äolischen Schluff mit geringen Anteilen von Ton und Sand. Nach Pécsi & Richter (1996) bildet sich aus Staubablagerungen erst unter bestimmten ökologischen Bedingungen das Lockergestein Löss durch diagenetische Prozesse, u. a. die Bildung feinster Kalkbrücken zwischen den Körnchen (*loessification*). Lockergesteine, die einige, aber nicht alle Kriterien von Löss erfüllen, nennen sie Lössderivate. Lössbildung erfordert demnach ein recht enges „ökologisches Fenster" mit gewisser Aridität sowohl im Liefer- als auch im Ablagerungsgebiet. Nach Kukla (1977) versteht man unter Löss einen gelblichen, kalkhaltigen, porösen, windtransportierten Schluff.

Typischer Löss gilt als äolisches Sediment des Periglazialbereichs, aber bei seiner Ablagerung herrschte nicht notwendigerweise Dauerfrostboden. Lokal wurden auch interglaziale äolische Schluffe beobachtet. Als Auswehungsgebiete des Lösses werden oft nur die glazialen Sander- und Schotterflächen genannt. Die Verbreitungsmuster und Mächtigkeitsverteilungen von Löss, in China bis über 300 m mächtig, zwingen aber zur Annahme weiterer Liefergebiete. Dazu zählen auch verwilderte periglaziale Flusstäler (*braided rivers*), Frostböden, Pedimente und Schwemmfächer arider bis semiarider Gebiete, intramontane Becken der Trockengebiete und glazialeustatisch trockengefallene Schelfe in ehemaligen Periglazialgebieten. Kältewüsten wie z. B. die Wüste Gobi sind auf jeden Fall auch als Liefergebiete zu nennen, während dieses für die heißen Wüsten noch diskutiert wird. In der jüngeren Forschung wird der Begriff Wüstenlöss bzw. Wüstenrandlöss (*desert loess* bzw. *desert margin loess*) zunehmend gebraucht. Trotz vieler Gemeinsamkeiten unterscheiden sich Wüstenlösse – in der Regel Wüstenrandlösse, wo eine Strauch-, Kraut- und Grasvegetation den Staub auskämmen und fixieren kann – vor allem durch eine schlechtere Sortierung der Korngrößen von „typischen" Lössen.

Heute ist die Sahara der größte Staubexporteur der Erde, Staubfahnen können bis in die Karibik und ins Amazonasbecken nachgewiesen werden, wo sie zur natürlichen Düngung der Böden beitragen. Die Gliederung von Lössen ist wegen ihrer oft fehlenden Schichtung und häufiger – zum Teil sehr schwer erkennbarer – Erosionslücken oftmals schwierig. Als gebräuchlichste Gliederungsprinzipien haben sich eingeschaltete Paläoböden (Pedostratigraphie) und vulkanische Tephren (Tephrostratigraphie) erwiesen, in jüngster Zeit dienen gesteinsmagnetische Verfahren (u. a. magnetische Suszeptibilität) als hochauflösende Hilfsmittel; die Interpretation als Paläoumwelt-Proxydaten ist aber noch nicht vollständig erforscht und eng verknüpft mit dem Problem der Datierung von Lössen (Abschn. 5.3). Die ältesten Lösse, beispielsweise im Chinesischen Lössplateau, reichen bis ca. 2,6 Mio. Jahre

zurück (paläomagnetische Datierung). Die ^{14}C-Methode stößt auf methodische Schwierigkeiten (Abschn. 5.3), die Lumineszenzdatierung kann bis ca. 100 000 Jahre zuverlässige Lössalter liefern teilweise auch bis ca. 300 000 Jahre. Die Standard-Chronostratigraphie des Chinesischen Lössplateaus, deren Gliederungsschema weltweit mehr und mehr übernommen wird, zeigt die Abb. A.

Die enormen Fortschritte der Paläoklimatologie durch die Untersuchung zeitlich hochauflösender Tiefsee- und Eisbohrkerne hat in jüngster Zeit auch die **Lössforschung** stimuliert. Lumineszenzdatierungen belegen, dass die Lössbildung während der letzten Eiszeit in Mitteleuropa in kurzen, heftigen Pulsen erfolgte, welche durch Phasen interstadialer Bodenbildungen unterbrochen wurden. Sehr stark variierende Staubeinträge in grönländischen Eisbohrkernen erweisen sich als gesteuert durch Stadial-Interstadial-Abfolgen (Dansgaard-Oeschger-Zyklen) und korrelieren mit dem Wechsel von relativ kurzen Phasen starker Lössbildung im eurasiatischen Lössgürtel und interstadialen Bodenbildungen (Rousseau et al. 2017, Zöller 2017). Auch in Jahresschichten von Seesedimenten in Eifelmaaren spiegeln sich die kurzen heftigen Staubeinträge (Sirocko 2009). Diese Archive erlauben eine exaktere Rekonstruktion vorzeitlicher Zirkulationsmuster und Klimagradienten. Vollständige Lössprofile werden damit zu bedeutenden kontinentalen, regionalisierbaren Klima- und Umweltarchiven, insbesondere im Hinblick auf aktuelle Herausforderungen in Bezug auf *rapid climate change* (Zöller 2010, 2017). Laufende Studien zu ökologischen Auswirkungen von austauendem Permafrost (Thermokarst) in Lössen ehemaliger Permafrostgebiete (Abb. B) erlangen zunehmend Bedeutung für Prognosen über die Auswirkungen aktuell austauenden Permafrostes in Sibirien und der nordamerikanischen Arktis.

Lössböden werden aufgrund hoher nutzbarer Feldkapazität, Nährstoffreichtums, hoher Basensättigung und leichter Bearbeitbarkeit seit dem Neolithikum als gute bis sehr gute Ackerböden (Abschn. 10.6) geschätzt. Daraus resultiert aber auch eine hohe Gefährdung von Lössböden durch Übernutzung und – begünstigt durch die Korngrößenzusammensetzung – durch Bodenerosion über lange Zeiträume bis hin zur Degradierung postglazialer Parabraunerden zu Acker-Pararendzinen. Die Bodenerosion stellt eine große Gefahr für das Naturraumpotenzial von Lössgebieten dar. Lössschluchten, wie sie für kontinentale Lössgebiete Osteuropas sowie Innerasiens charakteristisch sind, werden in West- und Mitteleuropa als *on-site*-Schäden kaum beobachtet, dennoch verlangt unter dem Aspekt der Nachhaltigkeit auch die „schleichende Bodenerosion" (Richter 1998) unter Bedingungen der industrialisierten Landwirtschaft verstärkte Bodenschutzmaßnahmen. Die *off-site*-Schäden der Bodenerosion manifestieren sich in Kolluvien an Unterhängen, in Aufhöhung und Vernässung der Talauen, zeitlicher Drängung und erhöhter Amplitude von Hochwassern bis hin zur Verschlammung von Siedlungsgebieten.

Hohlwege, die ihre Existenz der hohen Standfestigkeit von Löss und ihrer jahrhundertelangen Nutzung verdanken, gelten als kulturlandschaftliche Besonderheit in Lössgebieten. Da sie zudem aufgrund ihrer extremen Expositionsunterschiede ökologische Nischen für seltene Pflanzen- und Tierarten darstellen, werden sie vielfach unter Schutz gestellt.

Geotechnische Probleme von zertalten Lössplateaus stellen, begünstigt durch episodisch sehr starke Durchfeuchtung oder mechanische Beanspruchung, Kollapserscheinungen von Lössen dar. Sie können große wirtschaftliche Schäden verursachen und sind daher Gegenstand angewandter Lössforschung

Abb. A Löss-Paläoboden-Sequenz und Chronostratigraphie des Profils Baoji im chinesischen Lössplateau. „L" in der zweiten Spalte steht für (kaltzeitlichen) Löss und entspricht den (kaltzeitlichen) geraden marinen Sauerstoff-Isotopenstufen (linke Spalte); „S" steht für (warmzeitlichen) Boden und entspricht den ungeraden (warmzeitlichen) Isotopenstufen. Diese Korrelation, die durch die magnetische Polaritätsskala (rechte Spalte) gestützt wird, kann eine Datierung ermöglichen (Abschn. 5.3; verändert nach Porter in Derbyshire 2001)

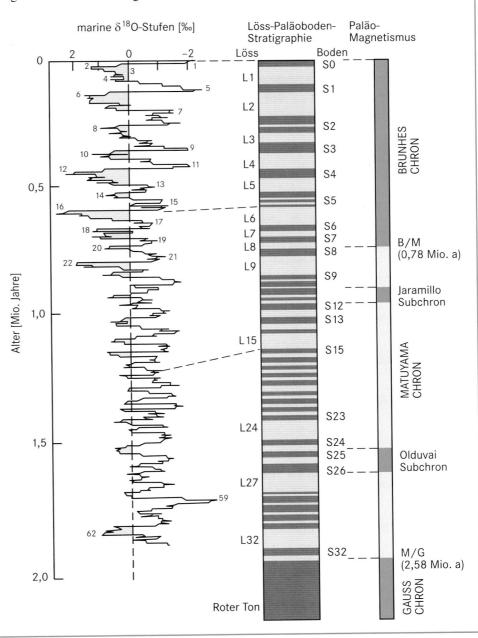

Kapitel 9

Abb. B Verfüllte ehemalige Thermokarstsenke bei Nussloch (südlich Heidelberg), überwiegend aus interstadialen dunklen, organischen Schluffen mit Holzresten, etwa 37 500 Jahre alt (Foto: Pierre Antoine).

Exkurs 9.9 Permafrost an der Zugspitze

Michael Krautblatter

Zu den wenigen aktuellen Permafrostvorkommen in Deutschland zählt die Zugspitze, die mit 2962 m NHN Deutschlands höchster Berg ist. Direkt neben dem Gipfel hat sich vor 3700 Jahren ein 300–400 Mio. m³ großer Bergsturz gelöst. Das Volumen entspricht einem 66 000 km langen Güterzug (bei 80 m³ pro Güterwaggon). Der Bergsturz hat sich als Sturzstrom im heute dicht besiedelten Becken von Garmisch-Partenkirchen auf 16 km² ausgebreitet. Einige Autoren gehen davon aus, dass die Erwärmung des Permafrosts mit einiger Reaktionszeit nach dem holozänen Klimaoptimum den Bergsturz ausgelöst haben könnte (Gude & Barsch 2005, Jerz & Poschinger 1995). Auch beim Bau der Zahnradbahn 1928–1930, dem Bau der Seilbahn vom Eibsee 1960–1962 und der Erweiterung der Zahnradbahn 1985 wurde immer wieder Permafrost auf dem Gipfel und auf dem Zugspitzplatt angetroffen, was die Bauarbeiten behinderte und z. B. aufgrund von Wassereinbrüchen auch zu Unterbrechungen führte. 1990 stürzte eine 30 m tiefe eisgefüllte Höhle in der Nähe des Gipfels ein (Überblick in Krautblatter et al. 2010, Ulrich & King 1993).

Heute wird der Permafrost auf der Zugspitze intensiv überwacht. Das Bayerische Landesamt für Umwelt hat im August 2007 direkt unter der Seilbahnstation am Zugspitzgipfel ein 43,5 m langes Bohrloch quer durch den Gipfel bohren lassen, das mit mehr als 20 Temperatursensoren ständig den Permafrost überwacht. Daneben wurde versucht, das räumliche Vorkommen von Permafrost an der Zugspitze mithilfe von thermischen Untergrundmodellen zu simulieren (Noetzli et al. 2010). Die Überprüfung der Aussagen einer solchen Modellierung im steilen Felsgelände der Zugspitze erweist sich allerdings als schwierig, weil die lokale Topographie der Felshänge, die stark variable Schneebedeckung und Wasserflüsse entlang der Trennflächen und der Karstgefäße im Fels starken Einfluss auf die Verbreitung von Permafrost haben.

Deshalb wurde das geophysikalische Verfahren der elektrischen Resistivitätstomographie weiterentwickelt, um räumliche Verbreitungsmuster und Veränderungen des Permafrostes detektieren zu können (Krautblatter & Hauck 2007). An 140 Stahlelektroden werden entlang eines 300 m langen Ganges, der vor mehr als 80 Jahren nahe der Zugspitze-Nordwand angelegt wurde (Abb. A), mehr als 1000 Widerstandskombinationen gemessen (Krautblatter et al. 2010). Aus den Widerstandswerten wird mithilfe von sog. Inversionsverfahren eine zweidimensionale Tomographie des gefrorenen Felsens erstellt, die bis an die 30 m vom Gang entfernte Außenwand reicht. Die spezifischen Widerstandswerte einer solchen Tomographie können mit Laborwerten von gefrorenem Zugspitzdolomit verglichen werden. Dabei zeigt sich auf 2800 m NN eine reliktische Permafrostlinse mit Kerntemperaturen (Temperaturlogger siehe Abb. A) von −0,5 bis −1,5 °C, die sich mit dem steilen Felsbereich bei Gangfenster 2 deckt, der im Winter schneefrei bleibt und dadurch viel Wärme abgeben kann. In den im Winter schneebedeckten Nordwandbereichen ist der Permafrost weitgehend verschwunden – auch von den ehemals Hunderten von Metern des ganzjährig vereisten Ganges sind nur 50 m geblieben.

Monatliche Wiederholung der tomographischen Messungen zeigen die Veränderungen der Permafrostlinse, die sensitiv auf warme Sommer reagiert. Nach dem warmen Winter 2006/2007 mit einer mehr als 2 Grad zu warmen Periode von November bis Februar im Vergleich zu 1991–2007 konnte sich im folgenden Sommer nur ein kleiner Restbestand Permafrost halten. Während die Jahresmitteltemperaturen an der Zugspitze 1991–2007 (−3,9 °C) lediglich um ca. 1 °C gegenüber 1901–1930 (−5,0 °C), 1931–1960 (−4,7 °C) und 1961–1990 (−4,8 °C) zugenommen haben, zeigen die Messungen im Kammstollen die hoch sensitive Reaktion des Permafrostes, der an der Zugspitze heute gerade noch in den steilsten nordexponierten Bereichen überdauern kann.

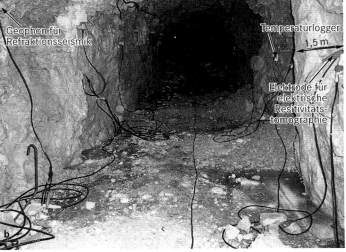

Abb. A a Die Ausbruchsnische (punktiert) des 300–400 Mio. m³ großen Eibsee-Bergsturzes, der vor 3700 Jahren zum Teil aus Permafrostfelsen an der Zugspitze abbrach. **b** Heutiges Testtransekt in einem Stollen von 1926 an der Zugspitz-Nordwand in 2800 m Höhe, an dem mithilfe elektrischer Resistivitätstomographie, Refraktionsseismiktomographie und Temperaturmessungen der Zustand der Permafrostfelsen überwacht wird.

Exkurs 9.10 Geoökologische Bedeutung periglazialer Hangsedimente

Arno Kleber

Von den vielen verschiedenartigen Sedimenten, die den oberflächennahen Untergrund unserer Mittelgebirge bis weit in die Tal- und Beckenlagen hinein prägen, haben solche, die während der Kaltzeiten unter periglazialen Klimabedingungen entstanden, bei Weitem die größte Verbreitung (Abb. A). Sie können differenziert werden in a) rein äolische, in den Mittelgebirgen allenfalls lokal auftretende, b) ausschließlich den am Ort und hangaufwärts anstehenden Gesteinen entstammende, vorwiegend durch Gelifluktion und Kryoturbation entstandene Formen und c) Mischformen.

Die Typen b und c werden gewöhnlich unter den Begriffen Deckschichten oder Lagen zusammengefasst (Exkurs 9.7).

Es lassen sich vereinfacht drei Grundtypen der Beziehung zwischen Deckschichtenfolgen und ihren Böden (Kap. 10) erkennen: Zweischichtprofile (Haupt- über Basislage) zeigen eine Tendenz zur Verbraunung, wenn die Hauptlage in maßgeblichem Umfang Löss enthält. Ist dies nicht der Fall und sind auch die autochthonen Komponenten von geringer Pufferfähigkeit, tendiert die Pedogenese hingegen zur Podsolierung. In Dreischichtprofilen dominiert in nahezu allen Fällen die Tonverlagerung. Allen Böden aus Deckschichten ist gemeinsam, dass sich ihre Horizontgrenzen an die präexistierenden Schichtgrenzen anlehnen. Die genannten Tendenzen können insbesondere bei geringer Geländeneigung durch Pseudovergleyung, die meist von wenig durchlässigen Basislagen ausgeht, überlagert sein.

Die Deckschichten haben wesentlichen Einfluss auf die mineralogischen und chemischen Eigenschaften des oberflächennahen Untergrunds. Hier sind vor allem zwei Fälle von Bedeutung:

Löss entspricht nach der Entkalkung geochemisch meist annähernd dem Erdkrustendurchschnitt; somit mäßigt er vom Gestein her gegebene große und erhöht geringe Massenanteile an bestimmten Stoffen, z. B. an Schwermetallen. Starke Schwankungen in der Zusammensetzung des Untergrunds treten auf, wenn Hangsedimente Material aus hangaufwärts anstehenden, stark wechselnden Gesteinen rekrutieren.

Die Deckschichten steuern darüber hinaus den Hangwasserhaushalt, da sich die beteiligten Sedimente in ihren hydraulischen Eigenschaften erheblich unterscheiden, was insbesondere im geneigten Relief laterale Abflüsse gegenüber der

Versickerung zum Grundwasser begünstigt. Hierbei spielen nicht nur Schichtgrenzen eine steuernde Rolle, sondern auch richtungsabhängige Unterschiede in den Wasserleitfähigkei-

ten innerhalb einzelner Sedimentpakete. Dies hat Einfluss auf das Zustandekommen von Hochwassern und auf den Transport von Schadstoffen in der Umwelt.

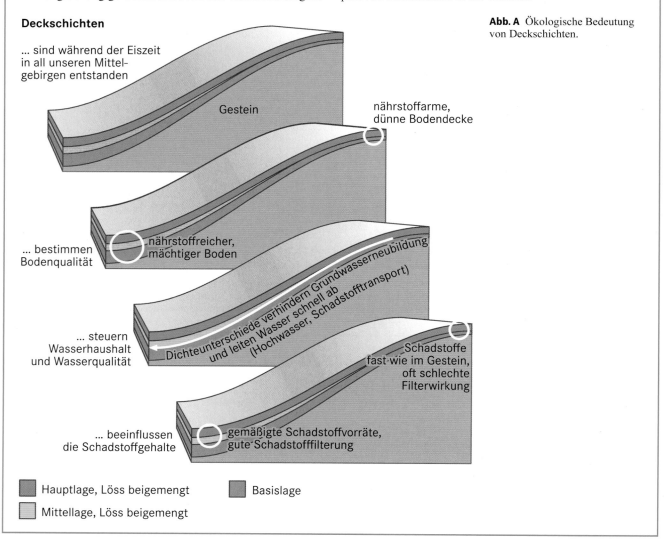

Deckschichten

... sind während der Eiszeit in all unseren Mittelgebirgen entstanden

Gestein

nährstoffarme, dünne Bodendecke

nährstoffreicher, mächtiger Boden

... bestimmen Bodenqualität

Dichteunterschiede verhindern Grundwasserneubildung und leiten Wasser schnell ab (Hochwasser, Schadstofftransport)

... steuern Wasserhaushalt und Wasserqualität

Schadstoffe fast wie im Gestein, oft schlechte Filterwirkung

... beeinflussen die Schadstoffgehalte

gemäßigte Schadstoffvorräte, gute Schadstofffilterung

■ Hauptlage, Löss beigemengt   ■ Basislage

■ Mittellage, Löss beigemengt

Abb. A Ökologische Bedeutung von Deckschichten.

Formbildung durch litorale Prozesse

Dieter Kelletat und Helmut Brückner

Küsten sind Grenzräume zwischen Land, Meer und Atmosphäre. Es gibt sie in allen geographischen Breiten und Klimaten. Da 71 % der Erdoberfläche vom Weltmeer eingenommen werden, verwundert es nicht, dass Küsten mit einer Länge von mindestens 1 Mio. km die am weitesten verbreiteten Geo- und Ökosysteme unserer Erde sind. Wegen der raschen Veränderungen des Meeresspiegelniveaus sind die heutigen Küstenkonfigurationen nur eine Momentaufnahme. Geologisch gesehen sind sie ohnehin höchstens 6000–7000 Jahre alt, denn nach dem Tiefstand von etwa −120 m vor ca. 20 000 Jahren erreichte der

Meeresspiegel erst im Atlantikum in etwa sein heutiges Niveau. Allerdings können in den holozänen Küstenformen auch Relikte aus früheren Meeresspiegelhochständen abgebildet sein, da das Meeresspiegelniveau in den meisten Interglazialen ähnlich war wie heute (Exkurs 9.3).

An der Formbildung von Küsten wirken Komponenten aus fünf verschiedenen Bereichen mit:

- **Lithosphäre** mit allen Locker- und Festgesteinstypen und jeder erdenklichen geodynamischen Situation (z. B. aktive Tektonik oder stabile Schilde; Hebung, Senkung oder Kippung)
- **Atmosphäre** mit Einfluss von Temperaturen (einschließlich Boden- und Permafrost), Niederschlägen und Starkwinden
- **ozeanische Hydrosphäre** mit chemischen (Salz- und Kalkgehalt) und physikalischen (Wellen, Gezeiten, Strömungen,

Tab. 9.4 Vereinfachte Systematik der genetischen Küstengestalttypen (verändert nach Kelletat 2013).

aufgetauchte Küsten	Meeresbodenküsten				
aufgebaute Küsten	organisch gestaltet	phytogen		Mangroven-, Seetangküsten, Kalkalgenbiohermata	
		zoogen		Korallenriffe, Vermetidensäume, Bryozoen- und Serpulidenriffe	
	anorganisch gestaltet	thalassogen	schwache *Gezeitenwirkung*	Haff-Nehrungsküsten	Strandhaken, Standwälle, Tomboli
			starke *Gezeitenwirkung*	Watten und Nehrungsinseln	
		potamogen		Deltas, Schwemmlandküsten	
		vulkanische Küsten		Lavazungen-, Vulkaninsel- und Krateriinselküsten	
untergetauchte Küsten (Ingressionsküsten)	tektonisch gestaltet			Bruchküsten	
	glazial und fluvio-glazial gestaltet	erosiv	dirigierte *Glazialerosion*	Fjord-Schären-Küsten	
			freie *Glazialerosion*	Förden-, Bodden- und Fjärd-Schären-Küsten	
		akkumulativ		Moränen-, Boddenküsten	
	fluvial gestaltet			Canale-, Riaküsten	
	äolisch gestaltet			Dünentalküsten	
	denudativ und korrosiv gestaltet			Dolinen- und Kegelkarstküsten, Rumpfflächen- und Inselbergküsten, Thermoabrasionsküsten	
zerstörte Küsten	anorganisch			Kliffe, Schorren, Thermoabrasionsküsten	
	organisch			Bioerosionsküsten	

Kapitel 9

Temperaturen) Eigenschaften sowie absoluten und relativen Meeresspiegelschwankungen ganz unterschiedlicher Ursache (eustatische durch Volumenveränderung des Meerwassers infolge Gletscherbildung, Sedimenteintrag und Temperaturschwankungen, isostatische durch Be- und Entlastung von Festland und Meeresboden im Verlauf von Kalt- und Warmzeiten, durch Delta- und Vulkanbelastung sowie durch Vertikalbewegungen der Erdkruste)

- **Biosphäre** aufgrund von Aufbau, Schutz und Zerstörung durch pflanzliche und tierische Organismen
- **Anthroposphäre** durch direkte (Deichbau, Landgewinnung) oder indirekte (Meeresverschmutzung, Rückhaltung von Sedimenten in Flusssystemen, Dünenbepflanzung u. a.) Einflüsse des Menschen

Die Tab. 9.4 zeigt eine **Systematik der Küstentypen**, die Abb. 9.56 eine Auswahl häufig vorkommender Formen. Die wesentlichen **geomorphodynamischen Prozesse** basieren auf Wellen und Gezeiten. Sie steuern Abtragungs- und Akkumulationsvorgänge, doch ist ihre Wirkgröße weitgehend abhängig von den vorgegebenen Formen, der Resistenz der Gesteine und der im Wesentlichen vom Wind gesteuerten Wellenenergie. Es gibt eine Reihe von Küstenformen, bei denen praktisch keine litorale Veränderung nach dem relativen Auf- oder Untertauchen stattgefunden hat, beispielsweise bei Schären und Fjorden in hartem Festgestein (Abb. 9.56a). Außerordentlich vielgestaltig sind Ertränkungs- oder Ingressionsküsten. Hierbei handelt es sich um terrestrische Reliefeinheiten (Täler, Karstgebiete, Fußflächen, Dünenfelder, Glaziallandschaften usw.), die im Zuge des postglazialen Meeresspiegelanstiegs partiell geflutet wurden, jedoch ihre Grundform noch weitgehend erhalten haben. Im angelsächsischen Sprachgebrauch werden sie *primary coasts* genannt, im Gegensatz zu den *secondary coasts*, die überwiegend eigenständigen litoralen Prozessen wie Brandung, Küstenversatz oder Aufbau durch Organismen ihre Gestalt verdanken.

Brandungswellen können sowohl zerstörende Wirkung (Kliffe, Brandungshohlkehlen, Abrasionsplattformen; Abb. 9.56b) als auch aufbauende Wirkung haben (Strandwälle, Strandhaken; Abb. 9.56c). Dabei erfolgt die Zerstörung im Wesentlichen mithilfe von Brandungswaffen (Sand, Schotter, Blockwerk) in der Zone der Wellenbrechung, während die Aufbauformen abhängig sind von der Verfügbarkeit von Lockermaterial des nahen Meeresbodens oder des Festlandes (über Flüsse bzw. durch Abbau nahe gelegener Kliffe) sowie vom Küstenlängstransport. Die Höhe des Tidenhubs (0 bis max. 16 m) ist zusammen mit dem Gefälle des küstennahen Unterwasserhangs entscheidend für die Ausdehnung der **Gezeitenzone**, das sog. **Watt**, sowie für die Intensität der Gezeitenströmungen. Sie entscheiden darüber, ob Nehrungen kontinuierlich zusammenwachsen können (Frische und Kurische Nehrung an der Ostseeküste) oder als Nehrungsinselreihen bzw. Barriereinseln ausgebildet sind (West- und Ostfriesische Inseln). Aufbauende Organismen an den Küsten sind u. a. Muscheln, Austern, Wurmschnecken (Abb. 9.56d) oder Kalkalgen mit Schutzfunktion (Bioprotektion), vor allem aber riffbildende Korallen (Saumriffe, Barriereriffe, Atolle; **Biokonstruktion**). Diese erfordern neben einer Mindesttemperatur von ungefähr 18 °C auch klares Wasser mit viel Lichteinfall und ausreichender Nährstoffversorgung am Ort, wobei kräftige Brandung hilfreich sein kann. Trübung des Meerwassers durch Sedimenteintrag (etwa aufgrund von Abholzung oder Landwirtschaft) ist ebenso schädlich wie eine Erwärmung über 30 °C. Tropische und subtropische Gezeitenlandschaften tragen oft ausgedehnte **Mangrovenwälder** mit Stelz-, Stütz- und Atemwurzeln (Abb. 9.56e), deren Geflecht Sedimente einfängt und Kinderstube für eine große Zahl von Organismen ist. Mangroven sind

Abb. 9.56 Häufig vorkommende Formenelemente an Küsten:
a Fjord an der Südküste Neuseelands, **b** Kliff und Felsschorre in
Neufundland, **c** Strandhaken durch seitlichen Materialtransport auf
Tasmanien, **d** riffähnliche Plattform und Wülste durch Wurmschnecken im Westen Kretas, **e** Stelz- und Stützwurzeln der Mangrovenart
Rhizophora sp. (Australien), **f** durch Organismen im Kalkgestein
eingefressene Hohlkehle (Curaçao, Karibik; Fotos: D. Kelletat).

ein wesentlicher Schutzfaktor dieser Küsten vor extremen Wellenereignissen (Sturmwellen, Tsunamis). Eine ähnliche Funktion können in Kaltwassergebieten Riesentangwälder haben.

Chemische Prozesse an Küsten sind im Wesentlichen auf Salzsprengung begrenzt. Diese wirkt auch mechanisch ebenso wie Treibeis. Keinesfalls ist Meerwasser wegen seiner Übersättigung mit gelösten Karbonaten (pH-Wert von ungefähr 8) zur Kalklösung in der Lage, wie fälschlicherweise häufig angegeben (sog. Lösungshohlkehlen). Hohlkehlenbildung im Bereich der Tideschwankungen (Abb. 9.56f) und stark „zerfressene" Oberflächen in der Spritzwasser- und Sprayzone (*rock pools*) an Kalkküsten, die an Karstformen erinnern und auch **Salzwasserkarst** genannt werden, sind das Ergebnis der bohrenden Tätigkeit endolithisch lebender Mikroorganismen (*Cyanophyceen* und *Chlorophyceen*) und vor allem der diese mitsamt der obersten Gesteinsschicht abraspelnden Schnecken (**Bioerosion**). Ob singuläre Ereignisse großer Formungskraft wie tropische Wirbelstürme oder Tsunami eine größere Formungsintensität an den Küsten der Erde entfaltet haben als die Ereignisse mit hoher Frequenz, aber geringer Magnitude (z. B. der ständige Wellenschlag), hängt von dem Küstentyp, der Exposition und der Region ab.

Besonders in Regionen mit Hebung – etwa durch glazialisostatische Entlastung oder infolge von Tektonik – sind frühere Küstenablagerungen wie Strandwallfolgen, Meeresterrassen oder Korallenriffsequenzen (Abb. 9.82–9.84, Exkurs 9.3) erhalten. Sie stellen wichtige Geoarchive zur Entschlüsselung der lokalen und regionalen Landschaftsgeschichte dar, insbesondere der Tektogenese, zur Analyse der früheren Meeresspiegelschwankungen und ggf. auch zur Feststellung ehemaliger Wassertemperaturen. Günstigenfalls erlauben sie Aussagen über weltweite paläoklimatische und paläoozeanographische Veränderungen.

Küsten sind für die Menschheit **Lebens-, Wirtschafts- und Erholungsräume**. Sie sind daher einem starken Konflikt der Interessen ausgesetzt. Oft ist es der Konflikt zwischen Ökologie und Ökonomie. Gefährdung und Stress werden zunehmen. In vielen Gebieten hat sich die Küstenbevölkerung in den letzten 50 Jahren verzehnfacht bis verdreißigfacht (z. B. in der Karibik oder in China). Mehrere Hundertmillionen Touristen zieht es jedes Jahr als temporäre Bewohner in diese Landschaften, oft ohne dass Vorsorge für die Bewahrung der litoralen Ökosysteme vor Zerstörung, Verschmutzung oder anderweitiger Schädigung getroffen wird. Hinzu kommen Belastungen aus dem offenen Meer (z. B. Öl von Tankerunfällen) und aus dem Landesinnern (z. B. Öl- und Schwermetalleinträge aus Industrie und Verkehr). Die Gefahr eines **steigenden Meeresspiegels** infolge der Klimaerwärmung wird in zahlreichen Veröffentlichungen diskutiert. Der Anstieg des Meeresspiegels betrug zwischen 1901 und 2010 im Mittel 1,7 (1,5–1,9) mm/Jahr. Allerdings war er in den letzten Jahren (1993–2010) mit 3,2 (2,8–3,6) mm/Jahr fast doppelt so hoch (2002–2011 ist sechsmal so viel Grönlandeis abgeschmolzen wie im Jahrzehnt davor). Für das höchste Emissionsszenario (ohne Beschränkung der Emissionen) wird ein Meeresspiegelanstieg von 45–82 cm für den Zeitraum 2081–2100 prognostiziert (vgl. IPCC 2013/14), doch wird gleichzeitig nicht ausgeschlossen, dass der Meeresspiegelanstieg noch deutlich höher ausfallen könnte. Für tief liegende Küstenareale wie Deltas und Koralleninseln werden die Folgen verheerend sein. Das betrifft insbesondere Staaten wie Bangladesch und die Malediven sowie viele Korallenarchipele der Südsee. In jedem Falle werden Landschaften beschädigt oder vernichtet, die – im Gegensatz zu einer weitverbreiteten Ansicht – noch nicht ausreichend erforscht sind.

Formbildung durch äolische Prozesse

Olaf Bubenzer

Gegenüber Wasser und Eis tritt der **Wind** in der unmittelbaren Formungsstärke zurück. Trotzdem gibt es weite Regionen, in denen äolische Formung (von altgriechisch *aeolus* für Gott des Windes) dominiert oder ausschließlich wirkt. Dies sind vor allem die semiariden und ariden Gebiete, in denen Wasser ganzjährig oder phasenweise einen Mangelfaktor darstellt, die zumindest zeitweise eine lückenhafte Vegetationsdecke aufweisen und in denen trockenes transportables Material die Oberfläche bildet. Außer in den Wüsten, die weltweit etwa ein Drittel der Festlandsfläche umfassen, herrschen solche Bedingungen an Sandstränden, in zeitweise austrocknenden Flussbetten oder im Umfeld von Gletschern. So zeugen beispielsweise Binnendünen in den humid-gemäßigten Breiten als Vorzeitformen von spätglazialer äolischer Morphodynamik im Bereich von Sanderflächen und Urstromtälern. Schließlich sind noch jene Areale zu nennen, die der Mensch gewollt, z. B. durch Ackernutzung, oder ungewollt, z. B. infolge Überweidung, ihrer schützenden Vegetationsdecke beraubt hat und wo der Wind dann Bodenmaterial austragen kann.

Die äolische Aufnahme von Oberflächenlockermaterial hängt vor allem von der Windgeschwindigkeit, dem Relief, der Vegetationsdichte sowie der Korngrößenverteilung und dem Feuchtigkeitsgehalt des Untergrundes ab. Diesen flächenhaften Vorgang bezeichnet man als **Deflation**. Für Luftströmungen gelten dieselben physikalischen Gesetzmäßigkeiten wie für fließendes Wasser. Die Dichte der Luft beträgt jedoch nur etwa ein Tausendstel der Dichte von Wasser und die Viskosität etwa nur ein Fünfzigstel. Dies führt bereits in schwachen Luftströmungen zu Turbulenzen und erklärt, warum Wind generell nur kleinere Partikel bewegen kann (Abb. 9.57). Ausnahmen bilden extreme Windstärken wie sie etwa in Wirbelstürmen auftreten. Analog zum fließenden Wasser benötigen auch die Körner der Ton- und Schlufffraktion höhere Geschwindigkeiten als Sand, um deflatiert zu werden. Dies ist in der geringeren aerodynamischen Rauigkeit und einer mit sinkenden Korndurchmessern wachsenden Bedeutung interpartikulärer kohäsiver und, bei Durchfeuchtung, kapillarer Kräfte begründet. Eine weitere Besonderheit ist, dass Luft größere Strecken bergauf gegen die Schwerkraft strömen kann. So erklärt sich die Ausblasung von geschlossenen Hohlformen, sog. Deflationspfannen oder -wannen, aber auch die Akkumulation von freien Dünen.

Um Partikel aufnehmen und transportieren zu können, muss die kritische Schubspannungsgeschwindigkeit als Tangentialgeschwindigkeit der Luftwirbel erreicht werden. Da nur bestimmte

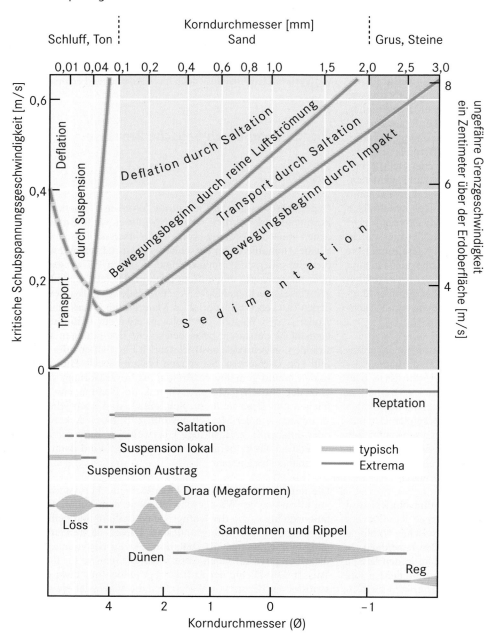

Abb. 9.57 Kritische Schubspannungsgeschwindigkeiten für Deflation, äolischen Transport und Sedimentation in Abhängigkeit von den Korngrößen sowie typische Formungsbeispiele. Neben komplexen Formeln zu Quantifizierung äolischer Prozesse, die auf einer Vielzahl von Messparametern beruhen (Kok et al. 2012), lässt sich nach Lancaster (1988) mit der Formel $M = W/(N/V_{pot})$ mit M = Mobilitätsindex, W = Prozentualer Anteil mit Windstärken über der kritischen Schubspannungsgeschwindigkeit, N = Mittlerer Jahresniederschlag, V_{pot} = Potenzielle jährliche Verdunstung z. B. abschätzen, ob Sanddünen aktiv ($M > 200$) oder inaktiv, das heißt fixiert ($M < 50$) sind (verändert nach Bagnold 1941, Mabbutt 1977).

Korngrößen verblasen werden, kann der Wind Felsmassive alleine nicht abtragen. Ist das Gestein jedoch bereits verwittert oder durch andere morphodynamische Prozesse aufbereitet, können Teilchen aufgenommen werden. Die selektive Deflation kann die relative Anreicherung gröberer Komponenten fördern, wodurch z. B. Steinpflaster entstehen. Die Genese von Steinpflastern wird jedoch noch kontrovers diskutiert, da es auch Hinweise gibt, dass diese durch die Einblasung und Verspülung von Feinmaterial unter und zwischen präexistente Steine entstehen können (Grotzinger & Jordan 2017). Man unterscheidet Hamada- (kantiger Felsschutt; Abb. 9.94) von Serirflächen (gerundetes Kiesmaterial; Abb. 9.95). Mischungen werden als Reg bezeichnet. Sandtennen entstehen ebenfalls durch Deflation, wobei die schützende Deck-

schicht hier aus einer Grobsand- bis Feinkieslage besteht. Ist die Oberfläche mit gröberen Komponenten abgepflastert, kann ungestört keine weitere Auswehung mehr stattfinden.

In der Luftströmung werden Schluff- und Tonpartikel überwiegend in Suspension und über weite Strecken befördert, Sandpartikel gehen nur ab Sturmstärke kurzzeitig in Suspension und werden im Allgemeinen springend (**Saltation**), rollend oder stoßweise (**Reptation**) bewegt. Bei der Saltation wirken Windschub, Windsog und Auftrieb, vor allem aber die Aufprallenergie bereits zuvor aufgewirbelter Körner. Es ergeben sich parabelförmige Flugbahnen von einigen Zenti- bis Dezimetern, in Extremfällen 1–3 m Höhe (Abb. 9.58). Das Höhen-Weiten-Verhältnis beträgt

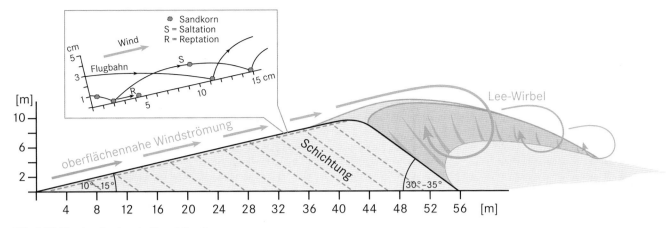

Abb. 9.58 Barchan im Anschnitt und Sandbewegung.

dabei etwa 1:6 (Besler 1992). Trifft ein Sandkorn beim Aufprall ein anderes, geht dieses in Saltation oder kann durch den Impuls vorwärts geschoben werden. Hinzu kommen elektrostatische Kräfte. Bagnold (1941) zeigte, dass Sandbewegung erst ab einer Windgeschwindigkeit von 4,4 m/s (in 1 m Höhe) einsetzt und exponentiell mit dieser zunimmt.

Trifft das transportierte Material auf anstehendes Gestein, kann es dieses, je nach Härte, im Luv durch Windschliff (**Korrasion**) formen. So entstehen Oberflächenpolituren und aus einzelnen Steinen Windkanter. An exponierten Felsen können in Bodennähe, wo der stärkste Sandtrieb auftritt, Hohlkehlen geformt werden. Im Extremfall bilden sich Pilzfelsen. Bei unidirektionalem Wind können im Zusammenwirken von Deflation und Korrasion aus ehemaligen Seesedimenten oder gar Festgesteinen tropfen- bis seehundförmige, sich zum Lee hin stromlinienförmig verjüngende Vollformen, sog. Yardangs, mit Höhen von ungefähr 1–2 m (max. 10 m) und Längen von 5–10 m (max. mehrere Hundert Meter) entstehen. Mit bis zu mehreren Kilometern Länge sind schließlich als größte Korrasionshohlformen die Windgassen zu nennen.

Verringert sich der Luftdruckgradient, wird der Untergrund feuchter oder stellen sich der Luftströmung Hindernisse in den Weg, verringert sich infolge erhöhter Reibung und der Leewirkung die Windgeschwindigkeit und Sedimentation wird möglich. Nach Thomas (1997) bedecken äolische Sande etwa 20 % der ariden Gebiete.

Windrippel sind mit Höhen von max. 0,5 m die kleinsten äolischen Akkumulationsformen. Wie am Meeresboden entstehen sie durch Reibung und Turbulenzen an Grenzflächen unterschiedlich stark bewegter Substrate, hier zwischen der Luftströmung und den Sandkörnern. Sie verlaufen quer zur vorherrschenden Windrichtung, besitzen Wellenlängen (λ) von weniger als 5 m, haben wie alle äolischen Akkumulationsformen steilere Lee- als Luvseiten, bilden sich in kurzer Zeit und helfen so, die aktuelle äolische Morphodynamik zu untersuchen.

Größere Akkumulationsformen aus Sand werden als Dünen ($\lambda = 5$–500 m), Megaformen als Draa ($\lambda > 500$ m) bezeichnet.

Dünen erreichen Höhen bis zu etwa 100 m, weisen charakteristische Korngrößen und eine zum Leehang parallele Schichtung aus Fein- und Grobsandlagen auf. Aktive Dünen sind luvseitig mit Rippeln bedeckt. Ihre Leehänge haben meist Neigungen von 30–35°, bis zu denen loser Sand standfest bleibt (Grenzneigungswinkel). Bei höheren Neigungen kommt es zu den für aktive Leehänge typischen Rutschungen. Nach ihrer Lage werden Strand- oder Küstendünen von Binnendünen unterschieden. Morphodynamisch unterscheidet man freie von gebundenen Dünen, Querdünen (Transversaldünen) von Längsdünen (Longitudinaldünen) sowie komplexe von Einzeldünen. Gebundene Dünen entstehen an Hindernissen. Fangen und durchwurzeln Pflanzen den Sand, entstehen Kupsten (oder Nebkas; Abb. 9.59 und 9.60). Im Luv von Erhebungen können sich Sandrampen oder, bei steilen Hindernissen (> 45° Neigung mit Wirbelbildung), Echodünen bilden. **Leedünen** können mehrere Kilometer lang werden, haben ca. 20° geneigte Flanken und einen zentralen Dünenkamm (Abb. 9.61). *Lunettes* (franz. für Bogendünen) entstehen am Leerand von Deflationswannen durch Akkumulation an Ufervegetation. Parabeldünen bilden sich nur auf gras- oder krautbewachsenem Untergrund. Im Gegensatz zu den Barchanen eilt ihr zentraler Hauptteil den Enden (Hörnern) voraus, da diese von Vegetation zurückgehalten werden.

Einzelne **freie Dünen** treten als Quer- oder Längsdünen auf. Der Barchan (auch Sicheldüne, Abb. 9.62) gilt als einzige echte Wanderdüne, da seine gesamte Sandmasse umgewälzt und in Windrichtung verlagert wird. Am Luvhang werden die Sandkörner aufwärts transportiert, um dann am Leehang abwärts zu rutschen, wodurch die innere Schichtung und der scharfe Dünenkamm entstehen. Neben einer nur mäßigen Sandzufuhr sind für die Bildung von Barchanen ein unimodales Windsystem (Windrichtungsdrehung bis max. 20°) und ein fester, vegetationsfreier Untergrund Voraussetzung. Sie entstehen zumeist aus isolierten Sandflecken oder durch „Abspalten" im distalen Bereich von Längsdünen. Da die umzuwälzende Sandmasse an den Hörnern geringer ist als im zentralen Teil, eilen diese dem Wind in Bewegungsrichtung voraus. Die Wanderungsgeschwindigkeit von Barchanen ist umgekehrt proportional zu ihrer Höhe (1–30 m, max. 80 m) und liegt zwischen einigen und bis zu etwa 30 m pro Jahr. Ist bei sonst gleichen Bedingungen die Sandzufuhr stärker,

Kapitel 9

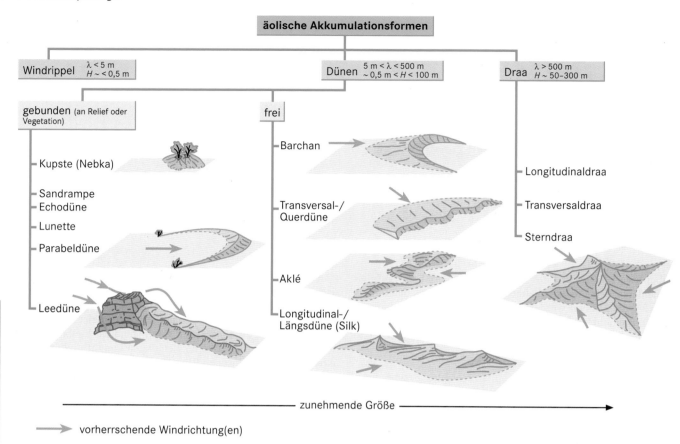

Abb. 9.59 Klassifikation äolischer Akkumulationsformen (nicht maßstäblich; verändert nach Thomas 1997).

Abb. 9.60 Kupste (Nebka), Ägypten (Foto: O. Bubenzer).

Abb. 9.61 Leedüne, Ägypten (Foto: O. Bubenzer).

entstehen Transversaldünen. Komplexere Querdünen, sog. Aklé, bilden sich bei jahreszeitlich etwa gegenläufigen Winden, die die Hänge umkehren. Die einfachste Längsdüne ist der S(e)if (von *seif,* arabisch für Säbel). Sie ist nur leicht gekrümmt und entsteht durch jahreszeitlich wechselnde, mit einem Winkel schräg aufeinander zulaufende Winde (20° bis < 180°). Da sich dieser Dünentyp in die resultierende Gesamtrichtung verlängert, treten häufig mehrere Sif hintereinander auf und werden dann als Silk bezeichnet.

Megaformen, das heißt Sandakkumulationen von 50 bis max. 300 m Höhe, werden als Draa bezeichnet. Diese kommen im Gegensatz zu Dünen nur in den großen Dünenmeeren (Ergs) vor und sind stets Paläoformen. Typisch sind Hunderte Kilometer lange Sandrücken (*whalebacks*), die gleiche Abstände von mehr als 500 m, meist 1–2 km, aufweisen und von Gassen getrennt werden. Die Genese dieser Längsdraa resultierte vermutlich aus helikalen (korkenzieherartigen) gegenläufigen Wirbelbewegungen in einer lang andauernden und starken unimodalen Wind-

Abb. 9.62 Barchane, Ägypten (Foto: O. Bubenzer).

strömung, wie sie für das Pleistozän angenommen wird. Die Entstehung von Quer- und Sterndraa ist noch unklar.

Untersucht man Draa- und Dünensande bezüglich verschiedener Parameter (z. B. Korngrößenverteilung, Oberflächenstrukturen, Sedimentationsalter) lassen sich Erkenntnisse zur Klima- und Landschaftsgeschichte ableiten (Lancaster et al. 2016). Hochauflösende Satellitenbilder und digitale Geländemodelle ermöglichen eine detaillierte und flächendeckende Untersuchung der riesigen unbewohnten Wüstengebiete. In Kombination mit prozessbasierten Modellsimulationen sind in den kommenden Jahren neue Erkenntnisse zur äolischen Morphodynamik, aber auch zu ehemaligen, aktuellen und zukünftigen Nutzungspotenzialen zu erwarten.

Formbildung durch den Menschen

Stefan Harnischmacher

„Der Mensch ist heute das dominierende geomorphologische Agens auf dem Planeten Erde." Diese Aussage entstammt einer Veröffentlichung des bekannten britischen Geomorphologen Michael Church zum menschlichen Einfluss auf das Relief, der sich indirekt – über Veränderungen der Vegetationsbedeckung, des Wasserhaushalts und deren jeweilige Wechselwirkungen mit der Reliefsphäre – oder als direkter Eingriff äußert (Church 2010). Es erscheint gar berechtigt, den Menschen als reliefprägende Kraft in die Diskussion um die Einführung eines Erdzeitalters namens „Anthropozän" (Zalasiewicz et al. 2011) einzubeziehen. Auch aus diesem Grund trägt ein neues Lehrbuch von Goudie & Viles (2016) den Titel „*Geomorphology in the Anthropocene*".

Der Einfluss des Menschen auf reliefbildende Prozesse

Doch welche reliefbildenden Prozesse vermag der Mensch derart zu beeinflussen, dass hieraus seine Rolle als dominantes reliefprägendes Agens zu rechtfertigen ist? Die folgende Übersicht

soll in Anlehnung an Brown et al. (2016) helfen, diese Frage zu beantworten.

Der Mensch nimmt auf **äolische Prozesse** Einfluss, indem er die Anfälligkeit von Sedimenten gegenüber der äolischen Erosion erhöht und damit die Masse vom Wind bewegter Sedimente verändert. Dies geschieht vor allem über eine Auflichtung der Vegetationsdecke als Folge einer ackerbaulichen oder weidewirtschaftlichen Nutzung. Bei einer Erhöhung der Erosionsraten um das Fünffache können Staubstürme ausgelöst werden, wie es Beispiele aus China zeigen (Li et al. 2009, Wang et al. 2013, Shia et al. 2004). Auch die Gestalt und Dynamik kontinentaler pleistozäner Binnendünen spiegelt den anthropogenen Einfluss auf äolische Prozesse wider: Sie scheinen dank der holozänen Vegetationsbedeckung stabil zu sein, werden jedoch nach einer Zerstörung des schützenden Pflanzenkleids leicht remobilisiert (Barchyn & Hugenholtz 2013) und bezeugen nicht selten anthropogene Eingriffe, die etwa in Schleswig-Holstein bis in die späte Römerzeit zurückreichen (Mauz et al. 2005). Die Mobilität von Dünen kann als Folge eines anthropogenen Eingriffs auch vermindert werden, etwa wenn der Sedimentnachschub aus einem Flussbett fehlt, das vom Bau eines Staudamms im Oberlauf betroffen ist (Draut 2012).

Auf das **fluviale Prozessgeschehen** nimmt der Mensch indirekt über die Landnutzung und damit die Abflussbildung sowie die Sedimentfracht Einfluss (Notebaert et al. 2011). Direkte Eingriffe erfolgen z. B. durch den Rohstoffabbau oder den Wasserbau (Hudson et al. 2008). Zahlreiche Beispiele zeigen, dass anthropogene Eingriffe in die Reliefsphäre fluviale Prozesse zu beschleunigen vermögen, aber auch das Gegenteil bewirken. Die Sedimentarchive zahlreicher Flussauen etwa deuten global auf eine Erhöhung der Sedimentfrachten als Folge der Bodenerosion hin (Brown 1997). Zugleich ist der Sedimenttransfer von Flüssen in die Weltmeere trotz einer erhöhten Bodenerosion rückläufig, da ein Teil der Sedimentfracht in Stauseen zurückgehalten wird (Syvitski et al. 2005). Schwierig ist die eindeutige Identifizierung des anthropogenen Beitrags zum Sedimentrückhalt in großen Flusseinzugsgebieten mit hohem Sedimentumsatz und einem komplexen System natürlicher Speicherkaskaden (z. B. Schutthalden, Talfüllungen), etwa des Brahmaputras oder Ganges (Blöthe & Korup 2013). Das anthropogene Signal scheint sich im Formenschatz und in Sedimenten kleiner Einzugsgebiete wesentlich deutlicher zu zeigen als in großen Flusseinzugsgebieten, wenngleich die im Allgemeinen hohe Komplexität fluvialer Systeme eine eindeutige Identifizierung erschwert (Parsons et al. 2006).

Das **glaziale Prozessgeschehen** wird vor allem indirekt durch den Klimawandel beeinflusst (Vaughan et al. 2013). Der Rückzug von Gletschern hinterlässt sowohl im Gletschervorfeld als auch weit davon entfernt Spuren: Im vormals eisbedeckten Gletschervorfeld kommen glaziale und glazifluviale Formen sowie Sedimente zum Vorschein, die nun dem paraglazialen Prozessgeschehen ausgesetzt sind und eine Ausweitung des proglazialen Systems dokumentieren (Ballantyne 2002, Evans 2003). Die Fernwirkung des Gletscherrückzugs macht sich vor allem im Abflussregime und langfristig in einer Verringerung der Sedimentfracht ursprünglich schmelzwassergespeister Flüsse bemerkbar. Eine Veränderung des Sedimentnachschubs und der

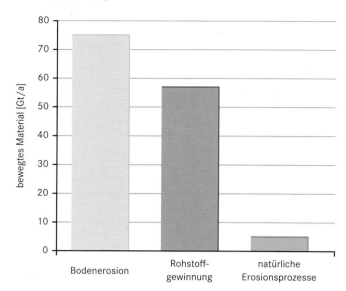

Abb. 9.63 Weltweit vom Menschen bewegtes Material im Vergleich mit natürlichen Erosionsprozessen (verändert nach Douglas & Lawson 2000, Wilkinson & McElroy 2007).

Meeresspiegelanstieg nehmen wiederum Einfluss auf litorale Prozesse. Im Periglazialraum äußert sich der Klimawandel vor allem im Schwund des Permafrosts, der sich in den höheren Breiten durch eine Ausbreitung des Thermokarsts bemerkbar macht (Murton 2009), während in den Hochgebirgen der mittleren und niederen Breiten die Anfälligkeit gegenüber Massenschwerebewegungen zunimmt (Krautblatter et al. 2013). Auf der lokalen bis regionalen Ebene nimmt der Mensch direkt und indirekt Einfluss auf den Rückzug des Permafrosts und kann ihn auslösen, beschleunigen oder auch verzögern, etwa durch eine Zerstörung der Vegetationsdecke bzw. den Auftrag von Bodenmaterial.

Der Einfluss des Menschen auf das **litorale Prozessgeschehen** erfolgt sowohl indirekt durch eine Verminderung der Sedimentfracht von Flüssen und damit des Sedimentangebots an Küsten (Syvitski et al. 2005) als auch direkt, etwa als Folge des Hafenbaus, des Hochwasserschutzes, der Schifffahrt oder des Tourismus. Direkte Eingriffe wie der Bau von Buhnen oder Sandaufspülungen wiederum nehmen indirekt Einfluss auf Küstenströmungen und damit den Sedimenttransport mit Auswirkungen an Küstenabschnitten fernab des eigentlichen Eingriffs (Zepp & Kasielke 2012). Dort, wo es an einer Küste zu einer Sedimentverarmung kommt – sei es als Folge indirekter oder direkter anthropogener Eingriffe – muss mit einer verlangsamten seewärtigen Verschiebung der Küstenlinie oder gar einer Küstenerosion gerechnet werden, wie im Nildelta zu beobachten (Fornos 1995). Untersuchungen zur langfristigen Küstenformung im späten Holozän bezeugen auch gegenteilige Entwicklungen: Das Ebrodelta in Nordostspanien etwa konnte nur deswegen mit dem postglazialen Meeresspiegelanstieg Schritt halten und sich gar vergrößern, da es seit der Römerzeit von der anthropogen ausgelösten Bodenerosion und einem entsprechenden Sedimentnachschub aus dem Landesinneren profitierte (Xing et al. 2014). Auch direkte anthropogene Eingriffe tragen zur seewärtigen Ver-

schiebung einer Küstenlinie bei, etwa durch Maßnahmen zum Küstenschutz und zur Neulandgewinnung wie an der niederländischen und deutschen Nordseeküste (Behre 2004, Charlier et al. 2005).

Das Ausmaß der anthropogenen Reliefüberprägung

Der amerikanische Geologe Roger L. Hooke beschreibt in seinen Veröffentlichungen das Ausmaß der anthropogenen Reliefüberprägung als Folge der genannten direkten und indirekten Eingriffe im historischen Kontext (Hooke 1994, 1999, 2000). Auf Basis einer qualitativen Kennzeichnung der anthropogenen reliefverändernden Prozesse in einzelnen Epochen der Menschheitsgeschichte schätzt Hooke (2000) das pro Jahr als Folge direkter Eingriffe bewegte Gesteins- und Bodenmaterial auf ca. 35,5 Mrd. t. Nach Angaben von Douglas & Lawson (2000) sind es aktuell sogar 57 Mrd. t. Die durch Bodenerosion mobilisierten Sedimentmassen beziffert Hooke (2000) mit ca. 88,5 Mrd. t pro Jahr. Andere Abschätzungen beruhen auf Hochrechnungen des gemessenen oder modellierten Bodenabtrags lokaler und regionaler Studien. Wilkinson & McElroy (2007) etwa geben die derzeit auf landwirtschaftlichen Nutzflächen pro Jahr abgetragene Sedimentmasse mit 75 Mrd. t an und stellen fest, die Bodenerosion sei aufgrund ihres Ausmaßes mit keinem natürlichen Vorgang in der gesamten Erdgeschichte vergleichbar. Insgesamt werden heute bis zu 132 Mrd. t Gesteins- und Bodenmaterial pro Jahr vom Menschen direkt oder indirekt verlagert (Abb. 9.63).

Wilkinson & McElroy (2007) konnten nach einer Auswertung von Sedimentgesteinen unterschiedlicher Epochen der Erdgeschichte die mittlere, unter dem Einfluss ausschließlich natürlicher Kräfte verlagerte Gesteinsmasse mit 5 Mrd. t pro Jahr berechnen. Der Einfluss des Menschen macht sich demnach in einer alljährlich 15-mal größeren Masse von Gestein und Boden bemerkbar, die nur als Folge der Bodenerosion bewegt wird. Ein Teil der mobilisierten Sedimente wird heute hinter mehr als 48 000 großen Staudämmen zurückgehalten. Trotz verstärkter Bodenerosion transportieren daher alle Flüsse der Erde etwa 15 % weniger Sediment in die Ozeane als noch vor dem anthropozänen Zeitalter (Syvitski & Kettner 2011).

Fallbeispiel Ruhrgebiet: Bergsenkungen und die Folgen

Bereits in den 1880er-Jahren wurden Bergsenkungen von bis zu 5 m im Emscherraum zwischen Herne und Gelsenkirchen festgestellt (Bleidick 1999). Ihre Ursachen gehen auf einen flächenhaften Abbau der **Steinkohle im Tiefbau** zurück, der etwa ab Mitte des 19. Jahrhunderts mit dem Einsatz der Dampfmaschine zur Grubenwasserhaltung begann. Damit konnten erstmals Steinkohlenvorräte unterhalb des nach Norden zunehmend mächtigeren Deckgebirges erschlossen werden. Das infolge des unterirdischen Abbaus entstandene Volumendefizit paust sich bis zur Geländeoberfläche durch, wo es eine großräumige Absenkung verursacht, die als Bergsenkung bezeichnet wird und

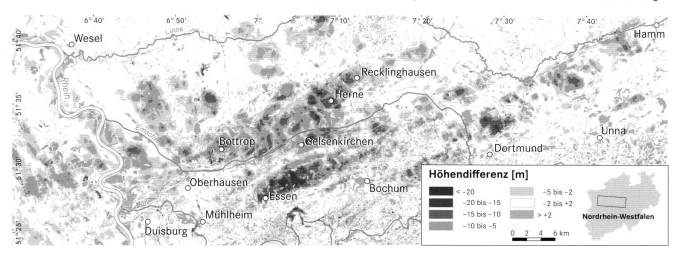

Abb. 9.64 Veränderung der Geländehöhen im Ruhrgebiet seit 1892 (eigene Darstellung).

deren Vertikalbetrag 90–95 % der ursprünglichen Flözmächtigkeit ausmacht (Kratzsch 2008).

Besonders stark von Bergsenkungen betroffen sind die Emscherniederung, Teile der Hellwegzone sowie vereinzelt der linke Niederrhein und die Lippezone. Da hier entlang der großen Hauptmulden im Steinkohlengebirge über einen langen Zeitraum auf mehreren Abbausohlen Kohle im Tiefbau gefördert wurde, hat sich die Geländeoberfläche stellenweise um mehr als 25 m abgesenkt. Flächendeckend sind im zentralen Ruhrgebiet Senkungsbeträge von mindestens 5 m festzustellen (Abb. 9.64; Harnischmacher 2012).

Die Folgen der Bergsenkungen betreffen sowohl die Gebäude-, Verkehrs- und Versorgungsinfrastruktur als auch die Oberflächengewässer und das Grundwasser. Insbesondere bei einer Lage von Gebäuden, Verkehrswegen und Versorgungsleitungen am Rande einer Senkungsmulde kommt es zu Zerrungen, Pressungen und Schieflagen, die mit zum Teil erheblichen Schäden, den sog. **Bergschäden** verbunden sind (Kratzsch 2008). Nach dem Bundesberggesetz ist der Verursacher der Bergschäden, der Bergbaubetreiber, für den Ausgleich der Schäden verantwortlich (§ 114 ff. BbergG). Zur Deckung der anfallenden Kosten bilden die Bergbaubetreiber Rückstellungen, mit denen Bergschäden reguliert werden. Im Jahre 2017 wurden allein von der Ruhrkohle AG rund 22 000 Schäden registriert und dabei den Betroffenen im Schnitt knapp 5000 Euro gezahlt (wdr.de 2017).

Während die Folgen der Bergsenkungen für die Infrastruktur grundsätzlich reparabel sind, haben die **Vorfluterverhältnisse** im Ruhrgebiet eine irreversible Veränderung erfahren. Der natürliche Abfluss der Fließgewässer wurde behindert und im Extremfall trat eine Umkehr des Gefälles ein (Abb. 9.65). Zur Wiederherstellung des Abflusses in einem Senkungsgebiet mussten daher die Gewässersohlen angehoben und Ufer eingedeicht werden. Damit auch der Abfluss aller Nebengewässer möglich und der Grundwasserflurabstand ausreichend groß bleibt, ist darüber hinaus die künstliche **Entwässerung** der Senkungsgebiete durch Pumpwerke erforderlich (Peters 1999). Insgesamt

Abb. 9.65 Senkungsmulde im Groppenbach an der Stadtgrenze Waltrop/Dortmund (Foto: Emschergenossenschaft).

betreiben Emschergenossenschaft und Lippeverband sowie die Linksrheinische Entwässerungsgenossenschaft annähernd 500 Entwässerungspumpwerke (Emschergenossenschaft & Lippeverband 2008, Linksniederrheinische Entwässerungs-Genossenschaft 2016). Würden die Pumpwerke ausfallen, stünde ein Teil des Ruhrgebiets unter Wasser. Die Aufwendungen für den dauerhaften Betrieb der Pumpwerke und die künstliche Entwässerung der Poldergebiete betragen ca. 55 Mio. Euro pro Jahr und werden bis zum Jahr 2036 auf 87 Mio. Euro pro Jahr steigen (Landtag Nordrhein-Westfalen 2007). Sie bilden eine **Ewigkeitslast**, die von der Stiftung der Ruhrkohle AG als Bergbaubetreiber dauerhaft zu übernehmen ist – auch nach Stilllegung der letzten Zeche im Jahre 2018 und solange Menschen im Ruhrgebiet leben.

Kapitel 9

Formbildung durch Meteoriteneinschläge

Dieter Kelletat

Im Vergleich zu anderen Himmelskörpern (Erdmond, Merkur, Mars) ist die Erdoberfläche wenig geeignet, Einschläge von Objekten aus dem Weltraum (Asteroiden, Meteoriten, Kometen) geomorphologisch zu bewahren. Die beiden wichtigsten Gründe dafür sind Verwitterung mit Abtragung oder Sedimentation und die Bewegung von Krustenteilen mit Subduktion und Aufschmelzung. Dennoch wurden **Impaktspuren** von mehr als 1 Mrd. Jahre zurückliegenden Ereignissen gefunden. Ihre Erhaltung ist in alten herausgehobenen Schilden besonders gut gewährleistet, da hier eine Verschüttung erschwert ist. Selbst bei einem Alter von > 200 bis ca. 300 Mio. Jahren und nach mehreren glazialen Erosionsphasen des Eiszeitalters sind u. a. die Zwillingseinschlagkrater Clearwater West und East (Québec, Kanada, 36 und 26 km Durchmesser; Abb. 9.66) und der Manicouagan-Krater (100 km Durchmesser, Abb. 9.67) zweifelsfrei

zu identifizieren. Sie gehören damit zu den ältesten geomorphologischen Erscheinungen auf der Erdoberfläche.

Unsere Erde wird pausenlos von **extraterrestrischen Körpern** getroffen, doch verglühen die meisten bereits in der Atmosphäre. Erst ab einem Durchmesser von mehreren Metern können sie die Erdoberfläche mit einer Geschwindigkeit von 10–20 km/sec erreichen. Beim Einschlag verwandelt sich der größte Teil der Masse in Energie, was eine gewaltige Explosion zur Folge hat, die auch dann einen kreisrunden **Krater** erzeugt, wenn das Objekt – Asteroid, Meteorit oder Komet – unter sehr flachem Winkel einfliegt. Die Kraterränder sind aufgebogen, teilweise auch mit ausgeworfenem Schutt bedeckt. Das führt zu einer Abschirmung gegenüber Verfüllung. Der bekannteste Meteorkrater liegt in Arizona (Barringer-Krater, Abb. 9.68). Er entstand vor 49 000 Jahren durch den Einschlag eines 50 m großen Nickel-Eisen-Meteoriten von rund 4 Mio. t Gewicht, hat einen Durchmesser von etwa 1,2 km und eine Tiefe von 175 m. Damit ist das Volumen des Kraters etwa 1500-mal so groß wie das des Einschlagkörpers. Kleine Krater haben eine Relation von Durchmesser zu Tiefe von 5:1 bis 7:1, große von etwa 10:1 bis 20:1. Bei sehr großen Einschlagkratern ist das Zentrum als Reaktion der Erdkruste auf den Einschlag aufgewölbt, sodass eine ringförmige Vertiefung unterhalb der Kraterränder entsteht (Abb. 9.66 und 9.67).

Wir stehen erst am Anfang unserer Kenntnis über die wirkliche **Verbreitung von Einschlagkratern** auf der Erde. Im Jahre 1972 waren gerade einmal 42 bekannt, heute fast 200 (Abb. 9.69), darunter das Nördlinger Ries mit 24 km Durchmesser und das Steinheimer Becken mit 3,8 km Durchmesser, beide etwa 15 Mio. Jahre alt. Von diesen Kratern auf dem Festland sind 32 im Quartär und davon 14 im Holozän entstanden. Die veröffentlichten Listen unterscheiden sich nur geringfügig und sind aber nicht immer ganz korrekt. So findet sich oft der „Upheaval Dome" im Canyonlands National Park von Utah (USA) auf der Liste, bei dem es sich jedoch um eine aufgebrochene Salzbeule handelt.

Die auf Weltkarten dargestellte Verbreitung bekannter Einschlagkrater lässt Zweifel daran aufkommen, dass alle (auf dem Festland) bisher gefunden wurden. Verbreitungslücken fallen

Abb. 9.66 Die Impaktkrater Clearwater East (ca. 465 Mio. Jahre alt, 26 km sichtbarer Durchmesser) und Clearwater West (ca. 290 Mio. Jahre alt, 36 km sichtbarer Durchmesser) in Québec, Kanada.

Abb. 9.67 Der über 200 Mio. Jahre alte Manicouagan-Krater in Québec (Kanada) mit einem sichtbaren Durchmesser von 62 km.

Abb. 9.68 Der Barringer-Meteorkrater in Arizona mit einem Alter von etwa 49 000 Jahren und einem Durchmesser von 1,2 km.

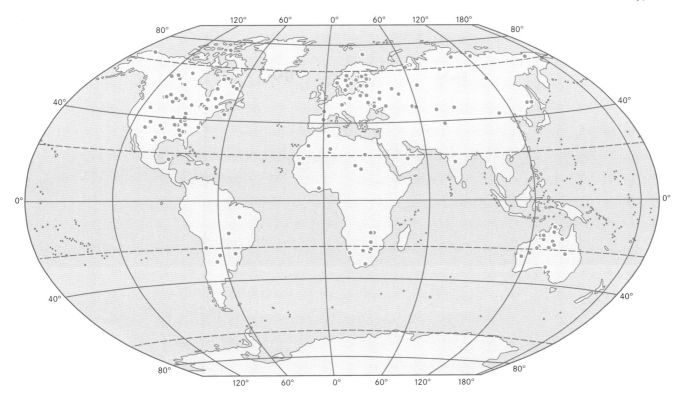

Abb. 9.69 Verbreitung von Meteoriteneinschlagkratern auf den Landflächen der Erde.

auf für arktische und hocharktische Gebiete (Nordwesten von Nordamerika, Nord- und Nordost-Sibirien), große aktuelle Vereisungszentren (Grönland und Antarktis), innertropische und mit Regenwald bedeckte Regionen (Amazonien, Zentral-Afrika, südostasiatische Inselwelt) und junge Faltengebirge. Kaum betroffene Großregionen sind wahrscheinlich noch nicht hinreichend bekannt bzw. schlecht durch Fernerkundungsmethoden zu bearbeiten, und viele Einschläge auf einen dicken Eispanzer während der Glaziale dürften kaum Spuren hinterlassen haben. Das Gleiche trifft wohl zu für Einschläge in die Ozeane, da nur größere Objekte und solche mit hoher Dichte mehrere Tausend Meter Wasserschicht durchschlagen und am Meeresgrund Spuren hinterlassen können.

Eine Gefahr mit besonderer Fernwirkung besteht beim **Einschlag in die Ozeane**, weil sich dadurch Tsunamis mit großer Höhe und Reichweite entwickeln können. Bei einem Eisenmeteoriten der Dichte 7,9 und mit einem Durchmesser von 1000 m ist die theoretische Wellenhöhe bei 5000 m tiefem Wasser in 50 km Entfernung vom Einschlagort über 1100 m, in 500 km noch 112 m und in 2000 km um 28 m. Bei einem Steinmeteoriten gleicher Größe (Dichte 3,0) lauten die Werte für die anzunehmende Wellenhöhe 336 m, 33,6 m und 8,4 m. Die Wahrscheinlichkeit, dass diese *impacts* innerhalb des Quartärs zu Zeiten hoher Meeresspiegelstände stattgefunden haben und die heute bekannten Küstenkonturen beeinflussen konnten, liegt bei mehreren Dutzend, davon wohl einige von küstenmorphologisch relevanten Ausmaßen, doch fehlt bisher dazu jeder unzweifelhafte Feldnachweis.

Heute ist man in der Lage, die Gefahr bzw. Häufigkeit möglicher Meteoriteneinschläge durch die zunehmende Kenntnis über sog. *Near Earth Objects* (NEO) besser abzuschätzen. Im Jahre 1900 kannte man erst einen (und dazu 17 erdnahe Kometen). Heute sind die Bahnelemente von mehr als 600 000 Asteroiden in unserem Sonnensystem bekannt. Davon gelten > 12 000 als erdnah (NEO), etwa 650 haben einen Durchmesser von über 1 km. Fast 500 werden als Risikokandidaten bezeichnet und 30–40 als potenzielle Kollisionsobjekte mit der Erde. Aus diesen Daten wurde eine potenzielle Einschlaghäufigkeit von etwa alle 10 Jahre für ein Objekt von 10 m Durchmesser, alle 1000–5000 Jahre für ein solches von 100 m Durchmesser und alle 300 000–400 000 Jahre für einen Meteoriten von 1 km Durchmesser errechnet.

9.5 Landschaftstypen

Einführung

Ernst Brunotte und Andreas Vött

Grundsätzlich unterscheidet man zwischen **Strukturlandschaften** und **Skulpturlandschaften**. Erstere werden prioritär durch die Gesteinsbeschaffenheit, die Gesteinslagerung und tektonische Beanspruchung gesteuert. Hierdurch ergibt sich eine enge Abhängigkeit des Reliefs von der endogenen Struktur

Abb. 9.70 **a** Ausschnitt aus dem südwestdeutschen Schichtstufenland bei Reutlingen zwischen Rossberg und Burg Hohenzollern. Vordergrund mit unterer Filderfläche (Lias α), dahinter Abfolge aus oberer Filderstufe (rechts, Lias ε), Braunjurasockel (links) und Weißjurastufe; Trauf-Schicht-stufe ausgebildet in den Wohlgebankten Kalken des Weißjura β; Rossberg als Zeugenberg des Weißjura-Massenkalks in höherer Position. **b** Abfolge aus Schichtkämmen mit *flat irons*, ausgebildet in der Halgaito-Formation nahe Mexican Hat, Utah, Colorado-Plateau. Den Raplee-Sattel nachzeichnend verwandeln sich die *flat irons* im Mittelgrund in eine Schichttafel (Fotos: A. Vött).

der Erdkruste. Die Reliefformung basiert auf ubiquitären, meist schwerkraftgesteuerten und gesteinsspezifischen Verwitterungs- und Abtragungsmechanismen. Strukturell bedingtes Relief gibt es in unterschiedlichen Klimaten. Im Gegensatz dazu entstehen Skulpturlandschaften in erster Linie durch exogene Einflüsse. Hierzu gehören vor allem klimatisch gesteuerte, reliefgebundene Prozesse. Diese gehorchen sowohl der zonalen klimatischen Gliederung der Erde als auch der Höhenstufung im Gebirge. Regional spielen auch azonale und extrazonale Klimabedingungen eine Rolle. Sowohl Strukturlandschaften als auch Skulpturland-schaften enthalten in der Regel Reliefformen aus unterschiedlichen Phasen der Landschaftsentwicklung.

In diesem Kapitel werden Schichttafeln, Schichtstufen, Schicht-kämme und Schichtrippen als Beispiele für Strukturlandschaften vorgestellt. Rumpfflächen, Rumpfstufen und Inselberge hinge-gen stehen stellvertretend für Skulpturlandschaften, wenngleich auch hier selektiv wirkende Gesteinsverwitterung eine große Rolle spielt. Eine Übergangsstellung nehmen **Pedimente** ein. Sie dokumentieren die klimatisch gesteuerte planierende Abtragung am Rande von tektonisch gehobenen Bergländern und Gebirgen unter Einfluss der gebirgsspezifischen Höhenstufung als alloch-thone Formung. Akkumulationsterrassen des fluvialen und lito-ralen Formenschatzes wie auch glazial bedingte Aufschüttungen gehören eher zur Skulpturlandschaft, während Erosionsterrassen und glazial gebundene Abtragung auch strukturellen Einflüssen unterliegen können.

Schichttafeln, Schichtstufen, Schichtkämme und Schichtrippen

Schichtgebundene Vollformen, zu denen Schichttafeln, Schichtstufen, Schichtkämme und Schichtrippen gehören, gibt es in allen Klimazonen der Erde. Sie entwickeln sich vorwiegend im Ausstrich des Deckgebirges, wie es z. B. an den Rändern älterer Grundgebirgskörper, der alten Festlandskerne und in Hochgebirgsbecken weit verbreitet ist. In ihrem Grund- und Aufriss spiegeln sie die Schichtabfolge, also die geologische Struktur des Untergrunds wider. Großartige Beispiele in Mittel- und Westeuropa liefern das niedersächsische Bergland, die süddeutsche Schichtstufenlandschaft, das Pariser Becken wie auch der Süden Englands.

In ihrem Aufriss zeichnen sich typische **Schichtstufen** (Abb. 9.70a, 9.71) durch ein deutlich asymmetrisches Querprofil aus. Entsprechend der Sinnbedeutung des Begriffs Stufe sind sie durch den Gegensatz von annähernd ebenen Stufenflächen (Stufendachfläche, Landterrasse) und steilen, meist scharf davon abgesetzten Stufenhängen (Stirn) gekennzeichnet. Die Bildung von Schichtstufen setzt einen Wechsel schwach geneigt lagernder Schichtfolgen (ca. 2–7°) unterschiedlicher Verwitterungsresistenz voraus. Da schwach resistente, meist tonhaltige und dadurch wasserstauende sowie kluftarme Schichtglieder leichter abtragbar sind, entsteht durch selektive Ausräumung eine Stufe mit dem stark resistenten Gestein als Stufenbildner und dem schwach resistenten Gestein als Sockelbildner. Der **Stufenbildner** bedingt, dass die erhabenen Teile der Schichtstufe, also die stufenrandnahe Stufenfläche und der obere, zumeist steilste Abschnitt des Stufenhangs an der Stirnseite der Stufe, weniger stark abgetragen werden. Der **Sockelbildner** unterlagert den Stufenbildner und tritt im mittleren und unteren Teil des Stufenhangs zutage. Die petrographische Grenze wird in Trockengebieten regelhaft durch einen Hangknick, in humiden Gebieten eher durch Quellaustritte entlang des sog. Quellhorizonts und eine schwach konkave Hangabflachung markiert. Höhe und Erscheinung der Schichtstufe sind primär von der Mächtigkeit und Schichtneigung ihrer Sockel- und Stufenbildner (und deren Relationen), sekundär von der Eintiefung der subsequenten, das heißt parallel zum Stufenhang verlaufenden Fließgewässer des Stufenvorlandes wie auch von der flächenhaften Abtragung des Stufenbildners abhängig. Stufenflächen können mit Schichtflächen zusammenfallen und werden als Strukturflächen bezeichnet, oder sie verlaufen spitzwinklig zu den Schichten und werden dann Schnittflächen (synonym Kappungsflächen, Skulpturflächen) genannt. Nach ihrem Querprofil werden drei Schichtstufentypen unterschieden: Bei der **Walmstufe** vermittelt eine konvexe Übergangsböschung vom First, dem höchsten Punkt im Querprofil, zum sigmoidalen Stufenhang. Bei der **Traufstufe mit Walm** verschneidet sich der konkave Stufenhang mit dem Walm zu einer scharfen Stufenkante. Fällt diese Kante mit dem First (Verbindungslinie der orographisch höchsten Punkte am Stufenrand) zusammen, liegt eine **reine Traufstufe** (ohne Walm) vor (Abb. 9.71).

Bezüglich des geologischen Baus unterscheidet man Achter- und Frontstufen. In den allermeisten Fällen treten Schichtstufen als Frontstufen auf. Frontstufen sind entgegen dem Schichteinfallen (konträr) ausgerichtet, während bei Achterstufen die Schichten zum (konformen) Stufenhang hin einfallen.

Der Grundriss von Schichtstufen zeichnet sich häufig dadurch aus, dass die Stufenstirn durch Stufenrandbuchten gegliedert und oft auch durch kilometerweit in die Stufenfläche eingreifende Stufenrandtäler in Sporne und Vorsprünge aufgelöst ist. Die Rückverlegung der Stufenstirn (**Stufenrückverlegung**) durch Taleintiefung und Hangabtrag kann zur Ausbildung von Zeugenbergen und Ausliegern führen. Letztere sind durch den Sockelbildner mit der Stufe verbunden.

Die Entwicklung von Schichtstufen lässt sich unterschiedlich weit in die Vergangenheit zurückverfolgen. Nach Eberle et al. (2010) kann für die besonders gut untersuchte süddeutsche Schichtstufenlandschaft davon ausgegangen werden, dass seit dem Oligozän Schichtstufen als Folge deutlicher Hebungsimpulse entstanden sind. Im Pleistozän sind eigentlich wasserdurchlässige

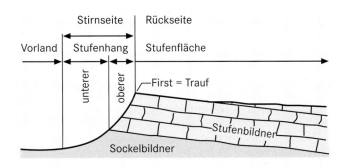

Schichtstufe

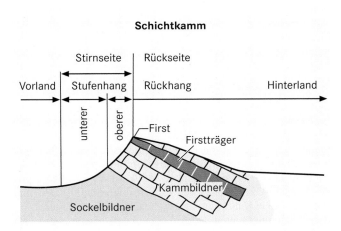

Schichtkamm

Abb. 9.71 Morphographisches Schema für Schichtstufen und Schichtkämme.

Kapitel 9

Stufenflächen aufgrund der oberflächennahen Plombierung durch Periglazialprozesse überprägt worden. Zu Zeiten abtauenden Permafrostes muss mit einer intensiveren gravitativen Abtragung an den Stufenhängen gerechnet werden. Die holozäne Formung umfasst an den Stufenstirnen sowohl Quellerosion als auch zumeist lokale Rutschungen, Schollengleitungen und Bergstürze.

Neben dem klassischen Typ der Schichtstufe in wechselnd widerständigen Sedimentgesteinen, gibt es Stufen, die im Aufriss Schichtstufen gleichen, aber andere geologische Voraussetzungen haben. Unverwitterter Basalt kann über Aschen oder Saprolit als Stufenbildner wirken, das unterlagernde Material als Sockelbildner. Saprolit ist ebenfalls Sockelbildner bei vielen krustengebundenen Stufen (Blume 1994), bei denen der Stufenbildner aus einer Kalkkruste (*calcrete*), Kieselkruste (*silcrete*) oder Eisenkruste (*ferricrete*) besteht.

Obwohl die Ausbildung von Schichtkämmen denselben Grundprinzipien folgt, hebt sich der Habitus des **Schichtkammreliefs** deutlich von jenem der Schichtstufen ab (Abb. 9.70b, 9.71). Als Ausdruck besonders enger Bindung an die strukturellen Gegebenheiten des geologischen Untergrunds folgen Schichtkämme streng dem Ausstrich stark resistenter Gesteine, deren Schichten in der Regel mit mehr als etwa 7° einfallen. Im Grundriss verlaufen sie – in deutlichem Unterschied zu Schichtstufen – weitgehend geradlinig (Brunotte 1978). Schichtstufen und Schichtkämme folgen in Syn- und Antiklinalen dem umlaufenden Streichen der stufen- bzw. kammbildenden Gesteine, wie beispielsweise in der Hils-Mulde in Südniedersachsen (Lehmeier 1981). Der Grundriss von Schichtstufen und -kämmen wird regional unterschiedlich stark durch tektonische Faktoren beeinflusst (Brunotte & Garleff 1980). Analog zu den petrographischen Verhältnissen der Schichtstufen unterscheidet man stark resistente Kamm- und gering resistente Sockelbildner. Bei Schichtkämmen fehlen Zeugenberge und Auslieger ebenso wie große Stirnseitentäler. Der Aufriss der Schichtkämme ist durch eine kammartige Zuschärfung des Querprofils gekennzeichnet: Stirn- und Rückhang verschneiden sich zumeist in einem **First**. Lokal kann es Kappungsflächen als Relikte älterer Landober-

flächen geben. Das Schichtkammquerprofil kann sowohl symmetrisch als auch asymmetrisch sein.

Der untere Stirnhang geht über eine Hangfußzone in die vor dem Schichtkamm gelegene konträre Fußfläche über. Der **Schichtkammrückhang** leitet in die konforme Fußfläche des Hinterlandes über. Er schneidet in der Regel die Gesteinsschichten. Wo diese aus einer untergeordneten Wechselfolge von gering und stark resistenten Schichten bestehen, können infolge engständiger Rückhangzertalung kleinere Stufen mit dreieckigem Grundriss auftreten (Abb. 9.70b), sog. *chevrons* oder *flat irons*.

Bei nahezu waagrechter Gesteinslagerung (0–2°) entstehen Tafelländer, bei nahezu senkrecht gestellten Sedimentgesteinen **Schichtrippen**.

Pedimente

Bei der Entstehung von Pedimenten geht es um den Formungseffekt der planierenden Abtragung am Rande von Bergländern und Hochgebirgen (Brunotte 2002, Rohdenburg 2006; Abb. 9.72). Dieser Effekt ist eine weitgehende, sowohl tieferlegende als auch rückschreitende Abtragung von Erhebungen (*downwearing* und *backwearing*). Diese Erhebungen werden letztlich zu einem Pedimentscheitelrelief aufgezehrt, die man auch als **Restberge** bezeichnen kann.

Hierbei spielen verschiedene Prozesse und Prozesskombinationen unter räumlicher und zeitlicher Variation eine entscheidende Rolle. Am proximalen, also bergnahen Teil der Fußfläche sind dies einerseits eine flächenhafte Abtragung und Zerschneidung der Hänge, die je nach Klimabereich intensiver (semi-aride Gebiete) oder weniger intensiv (periglaziale Gebiete) ausfällt. Am Hangfuß selbst setzt eine mehr flächenhafte Verspülung ein. Auf dem daran anschließenden Teil der Fußfläche gibt es im räumlich wechselnden Muster sowohl flächenhafte Abtragung

Abb. 9.72 Reste einer breiten Gebirgsfußfläche (Mittelgrund), die zwischen einem Gebirgsrand (Hintergrund) und einem tiefer liegenden Vorland (Vordergrund) vermittelt. Das Bild zeigt sowohl Reste eines Abtragungspediments, das engständig zerschnitten ist, als auch einen vorgelagerten Schwemmfächer, der einerseits Teile des Pediments mit Sedimenten überdeckt hat, andererseits bereits selbst durch einen weit in den Gebirgsrand zurückgreifenden Fluss zerschnitten ist. Randliches Colorado-Plateau, Moapa Valley, nahe Valley of Fire, Südwesten der U.S.A. (Foto: A. Vött).

als auch weitreichende Akkumulation, wobei abgelagerte Sedimente immer wieder umgelagert werden können. Eine strikte Trennung zwischen einem reinen Abtragungspediment (Festgesteinspediment) und einem reinen Akkumulationspediment (Glacis-Fläche), wie sie in der Vergangenheit oft vorgenommen wurde, existiert nur in wenigen Ausnahmefällen.

Beobachtbar ist die Formung von Pedimenten gegenwärtig in **semi-ariden Gebieten** mit ihren typischen Starkniederschlägen. Die dadurch kurzfristig, impulsiv hervorgerufenen starken Abflüsse mit ihrer großen Transportenergie können flächenhaft Verwitterungsmaterial unterschiedlichster Größe und Rundungsgrade aufnehmen (*sheet flood erosion*). Dies erklärt, warum Ablagerungen im proximalen Bereich schlecht bis nicht sortiert sind und runde wie kantige Klasten umfassen können. Im Gegensatz dazu weisen Sedimente im distalen, also bergfernen Bereich nach längerem Transport und bei nachlassender Transportenergie einen deutlich besseren Sortierungsgrad auf. Bei Pedimenten in geschlossenen, zumeist tektonisch angelegten Becken der Trockengebiete können Starkniederschlagsereignisse letztlich temporäre **Endseen** mit dem Charakter von Salztonebenen speisen.

Bei gering resistenten Gesteinen, die leichter abtragbar sind, beschränkt sich die Ausbildung von Pedimenten auf die Tieferlegung. Eine nennenswerte bergwärtige Verlagerung des proximalen Teils kommt nicht zustande. Meist beschränkt auf weit zurückliegende Klimaperioden und von Becken ausgehend haben sich Pedimente auch gegen Erhebungen mit stark resistenten Gesteinen deutlich zurückgeschnitten und damit das jeweilige Höhengebiet randlich oder auch weitgehend aufgezehrt (*pediplains*). Im Verlauf der jüngeren Erdgeschichte hält die Pedimentation in diesen Gebieten zwar an, beschränkt sich aber auf den Ausstrich gering resistenter Gesteine. Daraus resultiert eine Tieferlegung der Bergvorländer, sodass die Reliefspanne zum Vorfluter, respektive dem Endsee im Becken, wächst. Die Pedimentation führt damit zur Erhöhung der Reliefspanne, also der lokalen Reliefenergie zwischen Vorland und Ausgangsrelief. Die Berge werden also (relativ) höher, obwohl sie zunehmend älter werden. Die Tatsache, dass es Unterschiede in der raum-zeitlichen Ausprägung der Pedimentation in älteren und jüngeren Phasen der Erdgeschichte gibt, ist auf allen Kontinenten zu beobachten. Sie ist vermutlich klimatisch bedingt. Allerdings spielt die Dauer der jeweiligen Formungsphasen auch eine beträchtliche Rolle.

In **periglazialen Gebieten** zeigen sich häufig flache Rücken auf den Pedimenten, die vom Hang weg zum distalen Teil führen. Diese Rücken kommen durch den Einfluss kleiner Gerinne zustande, welche die unterlagernden wenig resistenten Gesteine leichter ausräumen als dies in den benachbarten Teilen des Pediments (*interfluves*) Solifluktion und Verspülung vermögen.

Mit dem Ziel, das Phänomen der Pedimentation vollständig zu erfassen, sodass auch beispielsweise die Reliefkappung bis hin zur Ausbildung von *pediplains* einerseits und die Reliefverstärkung durch Fußflächentieferschaltung andererseits mit berücksichtigt werden, wird folgende terminologische Differenzierung vorgeschlagen. Grundlage hierfür sind die Kriterien Morphographie, Morphogenese, petrographische Unterschiede sowie Differenzierung nach großräumigem Formungseffekt. Der Begriff Fußfläche wird nur in rein deskriptivem, morpho-

graphischem Sinne verwendet und meint Akkumulations- als auch Abtragungsflächen am Fuße höheren Geländes. Unter dem Aspekt der Morphogenese werden Abtragungsfußflächen als Pedimente im weitesten Sinne bezeichnet. Petrographisch wird zwischen Pedimenten, die über Festgesteine mit höherer Verwitterungsresistenz hinwegschneiden, und Glacis, die in Gesteinen mit geringer Verwitterungsresistenz angelegt sind, unterschieden. Hinsichtlich einer Differenzierung nach großräumigem Formungseffekt versteht man unter einem Pediment *sensu stricto* nur solche Formen, die sich deutlich und mittels Pediplanation gegen die Gebirgsumrahmung erweitert haben. Alle anderen Abtragungsfußflächen werden als **Para-Pedimente** bezeichnet (Brunotte 1986). Das Para-Pediment schaltet also den Teil des Pediments tiefer, der aus geringer resistenten Gesteinen besteht; sein proximaler Teil, also die Pedimentwurzel, macht an der Grenze zum resistenten Festgestein halt.

Akkumulationsfußflächen unterscheiden sich von schlichten Schwemmfächern dadurch, dass Erstere stets an Abtragungspedimente anschließen und Letztere meistens an schluchtartige Taleintiefungen, Kasten- oder Kerbtäler gebunden sind, in denen fluvial transportiertes Sediment aus einem Bergland heraustransportiert und jenseits eines markanten Gefälleknicks fächerartig abgelagert wird.

Die regelhafte, typische Sequenz vom Bergland (*range*) über ein (Festgesteins-)Pediment zu einem Akkumulationspediment (Glacis) und schließlich einem Endbecken mit Salztonebene, wie sie in Lehrbüchern oft schematisch gezeigt wird, ist stark abstrahiert und kommt in dieser Form nur regional vor. Der Begriff **Glacis** für ein Akkumulationspediment ist unscharf, da er – aus dem Französischen kommend – sowohl für Akkumulations- als auch für Abtragungspedimente (*glacis d'accumulation*, *glacis d'érosion*) verwendet wird.

Pedimente sind meist tektonisch angelegte, durch Störungen bedingte Übergänge zwischen Bergländern und ihren Vorländern. Besonders deutlich wird dies in intramontanen Becken, wo sich die Hebung der Randbereiche heute noch fortsetzt (Stingl et al. 1983). Solche Störungen können sowohl graduell als auch episodisch aktiv sein. Eine etappenweise Hebung des Berglandes hat mehrere Pedimentationsflächen auf unterschiedlichen Niveaus zur Folge, führt also zu einer **Treppung**. Die vertikale Staffelung von Pedimentresten an der Grenze von tektonischen Becken zu deren Umrahmung ist also deutliches Zeugnis von tektonischen Hebungen des Gebirges.

Rumpfflächen, Rumpfstufen und Inselberge

Helmut Brückner

Rumpfflächen sind Endstadien einer Entwicklung, in der exogen gesteuerte Formungsprozesse (Verwitterung und Abtragung) langfristig dominieren. Das erfordert tektonische Ruhe – eine Prämisse für die Einrumpfung eines Gebirges, die von W. M. Davis bereits 1899 erhoben wurde. Rumpfflächen im ursprünglichen Sinn des Begriffs sind zu verstehen als die tieferen Teile

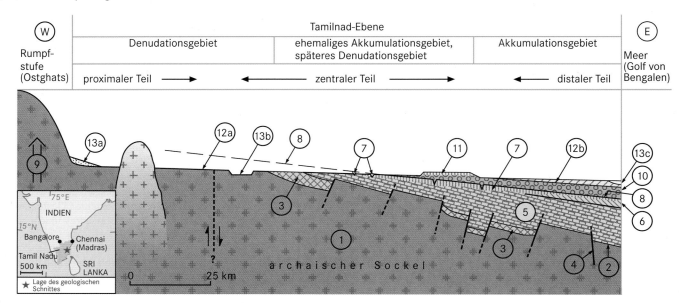

Abb. 9.73 Generalisierter geologischer Schnitt durch die Tamilnad-Ebene in Südindien bei Ariyalur (etwa 11°10′ nördliche Breite) mit Abfolge der geologischen und geomorphologischen Ereignisse (Einfallen der Schichten stark überhöht): 1–2 = Bildung der archaischen Sockelgesteine vor etwa 2500 Mio. Jahren, danach viele Phasen unbekannter Orogenese, Tektogenese und Morphogenese (u. a. Rumpfflächenbildung durch Zyklen von Verwitterung und Abtragung), 3 = Ablagerung der Gondwana-Schichten (Oberjura bis Unterkreide), 4 = Beginn des *rifting* von Gondwana vor etwa 150 Mio. Jahren und der Drift Indiens (dabei Bildung von Horsten und Gräben sowie Kippung), 5–6 = Sedimentation kretazischer und paläozäner Schichten (vorwiegend Kalke), dann vermutlich Einrumpfung vor etwa 50 Mio. Jahren (*Indian Cycle*), 7 = feucht-tropische Verwitterung mit Bauxitisierung des Basements und Verkarstung der Kalke (Eozän bis Oligozän?), 8 = Einrumpfung, dabei teilweise Zerstörung der Bauxitkruste, korrelate Sedimente in den Karstdepressionen (Unter- und Mittelmiozän), 9 = tektonisches Ereignis revitalisiert Reliefenergie (Miozän?), 10 = Ablagerung der Cuddalore-Sandstein-Formation (Obermiozän bis Unterpliozän), 11 = Verwitterung (Oberpliozän), 12–13 = letzte Phase der Genese der Tamilnad-Ebene *sensu stricto*: flächenhafte Abtragung des saprolitischen Zersatzes (12a) mit korrelater Akkumulation in Küstennähe und auf dem Schelf (12b; Alt- und Mittelquartär), 13 = Ende der aktiven Phase der Einebnung: Akkumulation von Schwemmfächern in Bergfußregionen mindestens seit 100 000 Jahren (13a), Zertalung im Zentralteil der Ebene (13b), Akkumulation der letztinterglazialen Meeresterrasse im distalen Teil (13c; verändert nach Brückner 1989).

eines Gebirges („Rumpfgebirge" nach Ferdinand von Richthofen 1886), das bis auf seinen Rumpf aus Kristallingesteinen (Plutonite und Metamorphite; Abb. 9.15) abgetragen wurde. Inzwischen werden von vielen Autoren alle **Skulpturflächen** (synonym Schnittflächen, Kappungsflächen), die über Gesteine unterschiedlicher morphologischer Härte hinweggreifen und durch Relief reduzierende (planierende) Prozesse entstanden, als Rumpfflächen bezeichnet und nicht als Einebnungsflächen (*planation surfaces*), was terminologisch korrekt wäre. Diese „Aufweichung" des Begriffs ist nicht unproblematisch, obwohl ein Grundgedanke, der für Rumpfflächen zutrifft, auch für Skulpturflächen in Sedimentgesteinen gilt. Damit eine diskordant die Gesteine kappende Abtragungsfläche entstehen kann, müssen alle Gesteine durch die Verwitterung in abtragbare Korngrößen aufbereitet sein. Das ist am ehesten durch intensive **chemische Verwitterung** zu erreichen, deren Produkt, der **Saprolit** (Abb. 9.27, 9.73), auf Kappungsflächen im Grund- wie auch im Deckgebirge zu finden ist. Während tiefgründige Saprolitisierung (Tiefenverwitterung) viel Feuchtigkeit und Wärme benötigt und deshalb unter Regenwaldbedeckung am effektivsten ist, erfolgt großflächige Abtragung durch Schichtfluten (*sheet wash*) dort, wo der Schutz durch Vegetationsbedeckung weitgehend fehlt. Das sind die tropisch-subtropischen Trockengebiete, in denen die episodischen Niederschläge meist als Starkregen fallen. Sehr kontrovers wird bis heute diskutiert, unter welchen weiteren

Bedingungen Rumpfflächen entstehen beziehungsweise trotz Hebung und Abtragung erhalten bleiben (Exkurs 9.11).

In der deutschen Geomorphologie ist die Forschung über diesen Themenkomplex durch das „Modell der doppelten Einebnungsflächen" von Julius Büdel (zuletzt 1981) stark belebt worden. Prototyp einer aktiven Rumpffläche war für Büdel die Tamilnad-Ebene in Südindien. Detaillierte geomorphologische, sedimentologische und paläopedologische Untersuchungen haben jedoch gezeigt (Brückner 1989, Brückner & Bruhn 1992): Die mit dem extrem flachen Gefälle von nur 0,1–0,3 % meerwärts abdachende Tamilnad-Ebene (Abb. 9.73) – und das gilt wohl für viele ausgedehnte Einebnungsflächen – ist eine sowohl zeitlich als auch räumlich polygenetische Ausgleichsfläche, die nur in ihrem proximalen, das heißt bergwärtigen Bereich und zum Teil auch im zentralen Bereich aus dem eingeebneten kristallinen Grundgebirge besteht. Im bergwärtigen Teil herrschen Prozesse der **Pedimentation** vor, im Zentralteil erfolgt **Flächenspülung** und im distalen Teil in Meernähe dominieren **Akkumulationsprozesse**. Der Zentralteil gliedert sich geomorphologisch in Spülmulden und Spülscheiden (Büdel 1981) bzw. in Flachmuldentäler (Louis & Fischer 1979). Anhand der *on-* und *offshore* (Schelfprofile) abgelagerten Sedimente lässt sich die Entstehung der Ebene nachvollziehen (Brückner 1989, Brückner & Bruhn 1992). Die Genese einer Rumpffläche kann weder monokausal noch monoklimatisch erklärt werden. Vielmehr haben viele Zy-

Exkurs 9.11 Modelle zur Erklärung flacher Abtragungslandschaften

Reinhard Zeese

Die Entstehung flacher Abtragungslandschaften zu erklären, ist seit dem rasch verworfenen Versuch Ferdinand von Richthofens (1886), sie als Abrasionsplattformen zu verstehen und die Wellen des Meeres für die Entstehung verantwortlich zu machen, eine reizvolle Aufgabe geomorphologischer Forschungen geblieben (Abb. A). Es wurden Modelle entwickelt, um die Abtragung und Einebnung von Faltengebirgen bis auf ihren Rumpf (Rumpfflächenbildung) oder die Tieferlegung bereits existierender Flächen zu erklären.

Flächenbildung durch Reliefabflachung bis hin zur Peneplain (Fastebene) wird meist durch den Formungszyklus (engl. *cycle of erosion*) von W. M. Davis (1899) erläutert. Der Formungszyklus (Abb. B) setzt nach einer Hebungsphase einen langen Zeitabschnitt tektonischer Ruhe voraus. Nach der Hebung führt die einsetzende Zerschneidung zu zunehmender Reliefierung (dem Jugend- und frühen Reifestadium) und nachfolgender Abflachung (spätes Reife- und Altersstadium) bis hin zur Peneplain (Greisenstadium). Je flacher die Landschaft wird, umso geringer ist die Abtragung. Um das Greisenstadium zu erreichen, ist eine sehr lange

Zeitdauer erforderlich. Strahler & Strahler (2005) haben das Modell eines Denudationssystems entwickelt, bei dem tektonische Hebung, isostatische Kompensation und Denudation in die Berechnungen einfließen. Sie errechnen daraus für einen Block von etwa 100 km Breite, der innerhalb von 5 Mio. Jahren um 6000 m gehoben wurde, einen Zeitraum von mindestens 60 Mio. Jahren, bis in einem feuchten Klima mit hohem Wasserüberschuss eine Peneplain entstanden ist.

Eine extreme Reliefabflachung durch Abtragung aller Gesteine setzt deren Aufbereitung bis in kleine Korngrößen voraus. In feucht-heißem Klima ist selbst im Hügelrelief das anstehende Gestein von einer mächtigen Saprolitdecke überzogen, aus der wenige isolierte Felsen herausragen. Eine Reliefminderung erfolgt hier nicht durch Oberflächenabtrag, sondern durch extreme Verwitterungs- und Lösungsprozesse, die bis zur Desilifizierung und Ferrallitisierung führen. Durchspülung ist an den höheren Reliefteilen am stärksten. Darauf hat Wirthmann seit 1965 hingewiesen. Eine durch Lösungsabtrag (Korrosion) entstandene Ebene kann als Korrosionsebene (Demangeot 1975) oder *etchplain* (Thomas 1994) bezeichnet werden.

Kapitel 9

Abtragungsflächen entstehen					
	1. aus reliefiertem Gelände durch			2. aus einer Fläche durch	
Vorgang	**Einebnung**			**Tieferlegung**	
Begriff	*planation surface*, Einebnungsfläche				
	Einebnung erfolgt durch			Tieferlegung erfolgt durch	
Vorgang	1. Talsohlenausweitung	2. Hangabflachung	3. Hangrückverlegung	1. *etching & stripping*[1]	2. doppelte Einebnung[2]	3. Parapedimentation
		dynamic etchplanation				
Begriff	*panplain*	a) Peneplain Fastebene b) *plaine de corrosion*	Pediplain	*etchplain*	Rumpffläche i.S.v. BÜDEL	Parapediment
			THOMAS & THORP			
Hauptautoren	CRICKMAY ROHDENBURG	a) DAVIS[3] b) DEMANGEOT WIRTHMANN[4]	W. PENCK L.C. KING ROHDENBURG	WAYLAND THOMAS	BÜDEL BREMER	BRUNOTTE

[1] Wechsel von intensiver chemischer Verwitterung (= *etching*) und Abtragung (= *stripping*)
[2] planparallele Tieferlegung von Spülfläche und Verwitterungsbasisfläche
[3] durch subaerische Abtragung
[4] Reliefreduzierung vorwiegend durch Lösungsabtrag

Abb. A Entstehung von Abtragungsflächen.

Dem Konzept einer Abflachung von Talhängen bis zur Entstehung einer Fastebene steht die Beobachtung entgegen, dass bereits bei nachlassender Eintiefungstendenz der Flüsse von Talsohlen ausgehend durch Hangrückverlegung (Pedimentation) Fußflächen (Pedimente) entstehen (Penck 1924, King 1962, Rohdenburg 1969). Bei lang anhaltender Pedimentation bewirkt das Zusammenwachsen der Hangpedimente die Entstehung einer weitgespannten Pediplain. Solche Pediplains (Abb. B) dachen zu den Vorflutern hin ab, die Abdachung von Rumpfebenen jedoch ist dem Gefälle der Vorfluter gleichgerichtet. Dies erklärt Rohdenburg (1983) durch Seitenerosion der Flüsse (Talbodenpedimentation). Nach Crickmay (1933) entsteht durch laterale Ausweitung der Flussbettränder eine *panplain*. Großräumig wirksame Pediplanationsprozesse werden semiariden Klimaräumen zugeordnet, wo Spüldenudation ohne Vorflutereintiefung ablaufen soll.

Auf Fußflächen in wenig widerständigen Gesteinen ist die korradierende Wirkung des durchtransportierten Schuttes weitaus effizienter als auf morphologisch hartem Gestein. Lithofaziell gesteuert kann dadurch eine Steilstufe im widerständigen Gestein herausgebildet werden, während im „weichen" Gestein durch flächenhaften Oberflächenabfluss eine Tieferlegung der Fußfläche erfolgt. Diese sollte nach Brunotte (1986) als Para-Pediment bezeichnet werden.

Rund ein halbes Jahrhundert wurde zunächst national, dann international das Konzept zur flächenhaft wirksamen Tieferlegung von flachen Abtragungslandschaften durch den Mechanismus der doppelten Einebnungsfläche (Büdel 1957) diskutiert. In den Savannenlandschaften der wechselfeuchten Tropen, der „Zone exzessiver Flächenbildung" (Büdel 1981), soll demnach eine derartig starke chemische Aufbereitung aller Gesteine erfolgen, dass bei langsamer epirogener Heraushebung die Verwitterungsbasis, die Büdel (1981) als „untere Einebnungsfläche" bezeichnet, genauso rasch tiefergelegt wird wie die Spüloberfläche (Abb. B). Gegen Begriff und Konzeption gibt es gravierende Einwände (siehe auch Wirthmann 1987, Brückner 1989):

- Es ist keine Einebnung, sondern eine Tieferlegung gemeint. Der Begriff ist falsch gewählt.
- Bei der „unteren Einebnungsfläche" handelt es sich in Abhängigkeit von der Lithofazies oft um ein kryptogenes Grundhöckerrelief (Büdel 1981).
- Eine großräumige planparallele Tieferlegung von Verwitterungsbasis und Landoberfläche über Jahrmillionen erfordert einen synchronen Ablauf von Aufbereitung und Abtransport. Sie setzt zudem ein lang anhaltendes Gleichgewicht zwischen endogenen und exogenen Bedingungen voraus – eine unrealistische Annahme (Wirthmann 1987).
- Die Mächtigkeit des Regolith vieler Rumpfflächenlandschaften ist Folge tiefgreifender Saprolitisierung. Die Entstehung über 100 m mächtiger Verwitterungsprofile benötigt je nach Gestein bis Jahrmillionen subaerischer

Abtragungsruhe (Nahon & Lappartien 1977),vor allem dann, wenn es sich überwiegend um relative Anreicherung durch Abtransport der löslichen Komponenten einschließlich der Kieselsäure handelt (Desilifizierung). Noch erhaltene Ferralsol-Relikte in den wechselfeuchten Tropen sind zudem zweifelsfrei unter Regenwald gebildet worden.

Aus der Diskussion über die Gültigkeit der verschiedenen Erklärungsversuche wurde ein Konzept entwickelt, bei dem Veränderungen paläoklimatischer Rahmenbedingungen berücksichtigt werden. Von Wayland (1933) erstmalig formuliert geht es von einem Alternieren verstärkter chemischer Verwitterung (engl. *etching*) und verstärkter Abtragung (engl. *stripping*) aus. Nach Thomas (1994) wechselten in den Tropen im Quartär Tieferlegung der Verwitterungsbasis durch chemische Verwitterung (engl. *continuous etching*) in feuchtem Klima, Hangpedimentation mit Aufschüttung am Hangfuß in (semi-)aridem Klima und Taleintiefung in einem Pluvial miteinander ab. Er bezeichnet dies als *dynamic (episodic) etchplanation* (Thomas & Thorp 1985), eine Prozesskombination, mit der die jüngere (quartäre) Überformung der Inselberg- und Rumpfflächenlandschaften erklärt werden kann. Allerdings sollte man die Wirkung quartärer feuchtklimatischer Einflüsse (Saprolitisierung), aber auch das Ausmaß der Abtragung in den Schildregionen der wechselfeuchten Tropen nicht zu hoch einstufen. Auf Rumpfflächen sind im Regolith im und über dem Saprolit pedogene Erze aus dem Tertiär erhalten (Zeese et al. 1994). Nur dort, wo durch Krustenverstellung ein erhöhter Abtragungsimpuls wirksam wurde (Zeese 1996), sind sie als Krustenstufen (Zeese 1998) aus ihrer Umgebung herausgearbeitet worden. Der Saprolit wirkt dabei als Sockelbildner. Weit verbreitet sind, auch in Rumpfebenen, Umlagerungsprodukte im Vorfluterbereich. Rumpfebenen sind somit in Teilen auch Ausgleichsflächen (Abb. 9.73).

Rumpfflächen sind polygenetische Formen, deren Entwicklung vom Bergland zum Flachrelief so weit in die Vergangenheit zurückreicht, dass sich nicht so sehr die Frage stellt „Wie ist diese Fläche entstanden?", sondern „Wie ist diese Fläche trotz Hebung und Abtragung erhalten geblieben?".

Fußflächen sind – in geologischen Zeiträumen betrachtet – dagegen jüngere Formen. Sie bestehen aus dem Pediment im Festgestein und dem Schuttpediment (Akkumulationspediment), das zum Vorfluter überleitet, und sind Folge von Abtrag und Rückverlegung des Steilhanges, aber auch von Teilen der Fußfläche selbst. Diesen Pedimentationsvorgang sollte man jedoch nicht mit der Bildung von „Mikropedimenten" im Regolith gleichsetzen, deren begrenzende Stufe oft nur wenige Meter hoch ist. Und es gilt zu berücksichtigen, dass in den wechselfeuchten Tropen, wo diese Mikropedimentation weit verbreitet auftritt, die initiale Zerschneidung meist auf vom Menschen verursachte Systemstörungen zurückzuführen ist und es sich um Formen der Bodenerosion handelt (Abschn. 10.7).

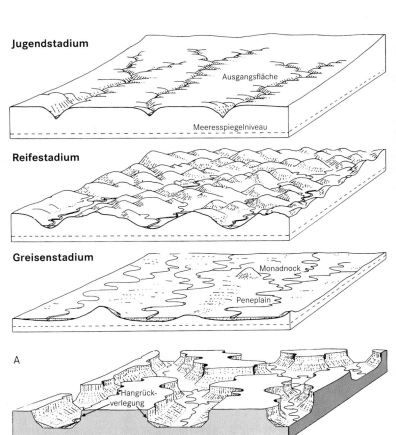

Jugendstadium

Ausgangsfläche

Meeresspiegelniveau

Reifestadium

Greisenstadium

Monadnock

Peneplain

Zyklenmodell

W. M. DAVIS

Peneplain (Fastebene)
entsteht durch Hangabflachung
nach Hebung und Taleintiefung.

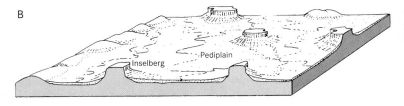

A

Hangrück-
verlegung

B

Inselberg

Pediplain

Pediplanationsmodell

W. PENCK
L. C. KING
H. ROHDENBURG

Pediplain (Fußebene)
entsteht durch hangparallele Rückverlegung
von Geländestufen (Talhängen) nach Hebung
und Taleintiefung.

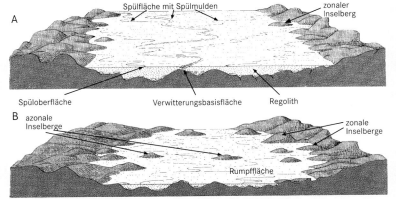

A

Spülfläche mit Spülmulden

zonaler
Inselberg

Spüloberfläche   Verwitterungsbasisfläche   Regolith

B   azonale
Inselberge

zonale
Inselberge

Rumpffläche

Modell der doppelten Einebnung

E. J. WAYLAND
J. BÜDEL
M. F. THOMAS

etchplain (Rumpffläche)

A. Verstärkte chemische Verwitterung
   (etching) legt die Verwitterungsbasisfläche tiefer.

B. Verstärkte subaerische Abtragung
   (stripping) legt die Spülfläche tiefer.

Abb. B Peneplain – Pediplain – *etchplain* (nach Pritchard 1979).

Kapitel 9

Abb. 9.74 Inselberg am Ostrand der Namib: Im Zuge der jungtertiä-ren und quartären Aridisierung Südwestafrikas wird durch dominant (semi-)arid geomorphodynamische Prozesse die präexistente Verwit-terungsdecke (Saprolit) entfernt und die ehemalige Verwitterungsbasis freigelegt. Deutlich erkennbar ist der Einfluss des Kluftgitters auf die vorzeitliche chemische Tiefenverwitterung (Wollsackverwitterung). Das aktuelle Trockenklima bewirkt vor allem physikalische Verände-rungen an der Gesteinsoberfläche (Abgrusung, Desquamation, Hart-rindenbildung; Foto: W. D. Blümel).

Abb. 9.75 Südliche Tamilnad-Ebene bei Panaikkudi: Im Vorder- und Mittelgrund sind Schildinselberge zu erkennen, die aus dem teilwei-se erodierten saprolitischen Zersatz „herauswachsen". Es kommt zu einem Selbstverstärkungseffekt: Nach Niederschlägen trocknet die nackte Gesteinsoberfläche rasch ab, weshalb hier die physikalische Verwitterung langsamer voranschreitet als die chemische in der länger durchfeuchteten Umgebung mit Boden und Saprolit. Der wesentliche Grund für die starke flächenhafte Abtragung ist die Beseitigung der Vegetation durch den Menschen. Im Hintergrund erheben sich die Ost-ghats (Foto: H. Brückner).

klen von **Tiefenverwitterung** (Saprolitisierung, *etching*) – vor-zugsweise unter feuchttropischem Klima – und nachfolgender **flächenhafter Abtragung** (Denudation, *stripping*) – vorzugs-weise unter (semi-)aridem Klima – zu ihrer Entstehung beige-tragen (Zeese 1983, Brückner 1989, Brückner & Bruhn 1992).

Die Ausdehnung einer Rumpffläche lässt sich etwa mit dem Hangrückzugsmodell durch **Pedimentation** erklären (Rohden-burg 1969). Dieses Modell impliziert, dass die Fläche in ihrem proximalen, also bergwärtigen Teil bedeutend jünger ist als in ihrem distalen. Man spricht dann von metachronen Flächen (Ahnert 2015), bei denen es schwierig ist, ein Alter anzugeben.

Häufig treten Rumpfflächen stockwerkartig angeordnet in meh-reren Höhenniveaus auf. Bei derartigen Rumpftreppen ist be-zeichnend, dass der Zerschneidungsgrad mit der Höhe zunimmt. Das gilt übrigens auch in Südindien für die mit einer Rumpfstufe gegen die Tamilnad-Ebene abgegrenzte höher gelegene Banga-lore-Fläche. Dies ist ein Hinweis darauf, dass die aktive Ein-ebnung in Meernähe geschieht, da viele Abtragungsprozesse – außer bei endorheischer Entwässerung – letztlich auf das Meer als absolute Erosionsbasis eingestellt sind. Auch im Rheinischen Schiefergebirge scheint das Zusammenspiel zwischen Tiefen-verwitterung einerseits und Denudationsprozessen in Meernähe andererseits wesentlich für die Formung der Verebnungsflächen gewesen zu sein (Semmel 1996).

Große Rumpfflächenlandschaften finden sich auf den Kratonen und Schilden der Urkontinente Gondwana und Laurasia (Wirth-mann 1994). Das bezeugt schon ihre lange Entwicklungs-geschichte. Aber auch im Rheinischen Schiefergebirge gibt es mindestens zwei prominente Rumpfflächen. Wenn ihnen alt- bzw. mitteltertiäre Alter zugewiesen werden, so kann sich dies nur auf die letzte Formungsphase beziehen. Denn bereits im Mesozoikum

unterlagen die devonisch abgelagerten und jungpaläozoisch (va-riszisch) gefalteten Gesteine der subaerischen Verwitterung und Abtragung, sodass Felix-Henningsen (1991) zu Recht von der **mesozoisch-tertiären Verwitterung** (MTV) spricht. Dass es sich heute bei diesen Rumpfflächen um vorzeitliche Formen handelt, belegt ihre Zerschneidung vor allem durch die quartärzeitliche Taleintiefung (Semmel 1996 zur komplexen Entwicklungsge-schichte der Verebnungsflächen im Rheinischen Schiefergebirge).

Inselberge und Rumpfflächen bilden eine Formengemeinschaft. In Karstlandschaften lassen sich Karstkegel bzw. -türme und Karstrandebenen als analoges Formenensemble deuten. Generell unterscheidet man zwischen hohen, monolithisch erscheinenden Inselbergen, Inselbergen mit durch Verwitterung geweiteten Klüften und Wollsäcken (Felsburg, engl. *tor*; Abb. 9.74) und flachen, nur wenig die Ebene überragenden Schildinselbergen (Abb. 9.75). Petrographischen Analysen zufolge sind viele Inselberge lithologisch oder strukturell bedingt. Aufgrund ih-rer Gesteinshärte (z. B. Großer Feldberg im Taunus) oder ihrer Struktur (z. B. Ayers Rock in Zentralaustralien) widersetzen sie sich der Einebnung (Wirthmann 1994). Auf den Gondwanaker-nen handelt es sich oft um ehemalige Granitintrusionen in den archaischen Gneissockeln (Abb. 9.19), die im Zuge der Abtra-gung freigelegt wurden (Petrovarianz). Ein berühmtes Beispiel ist der sog. Zuckerhut von Rio de Janeiro. Dabei setzt offenbar ein Selbstverstärkungseffekt ein, der bei den gerade erst aus der Ebene „herauswachsenden" Schildinselbergen studiert werden kann: Die nackte Gesteinsoberfläche trocknet nach Niederschlä-gen schnell ab, während der umgebende saprolitische Zersatz aufgrund der lange anhaltenden Durchfeuchtung weiter in die Tiefe verwittert. Bei folgenden Niederschlägen wird ein Teil des Zersatzes abgespült, während die Oberfläche des Schildinsel-

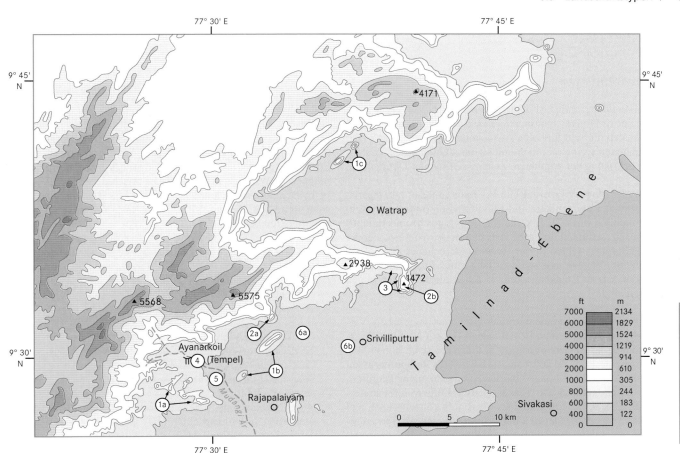

Abb. 9.76 Tamilnad-Ebene in der Umgebung von Rajapalaiyam. Die topographische Karte zeigt einen Ausschnitt des proximalen und zentralen Teils dieser Rumpffläche sowie ihren Übergang zu den Varushanad Hills (Höhen dort in Fuß). Deutlich erkennt man den Kontrast im Relief zwischen der ausdruckslosen Rumpffläche und dem reliefierten Bergland. Die Zerlappung der Randstufe deutet auf Hangrückverlegung hin. Dabei bleiben Inselberge als Härtlinge zurück, was ihre Scharung in Stufennähe (z. B. 1a, 1b, 1c) und ihr weitgehendes Fehlen im Zentralteil belegen. Noch mit der Stufe verbundene heißen Auslieger-Inselberge (2a, 2b). Auffällig ist die NO-SW-Ausrichtung vieler Inselberge, die die Streichrichtung des Gebirges nachzeichnen. Die meisten von ihnen verdanken als ehemalige Intrusionskörper der Petrovarianz ihre Genese. Dass die Morphodynamik räumlich unterschiedlich verläuft, belegt der Gebirgsfuß: Felspedimente existieren bei 3, während im Bereich der aus dem Gebirge austretenden Flüsse Schwemmfächer (4) und etwas weiter entfernt Flussterrassen (5) akkumuliert wurden. Bei Srivilliputtur gibt es Spülmulden (6a, 6b), in denen der im Zuge der Flächenspülung sedimentierte Ton für die Herstellung von Ziegeln und Keramik abgebaut wird (verändert nach Brückner 1989).

bergs praktisch kaum verändert erhalten bleibt (divergierende Verwitterung und Abtragung; Bremer 1989; Abb. 9.75).

Vergleicht man die Verteilung von Inselbergen auf großen Rumpfflächen, so fallen Regelhaftigkeiten auf. Nicht selten sind sie linear angeordnet, was ihre Herkunft aus Intrusionskörpern entlang ehemaliger Schwächezonen im Sockelgestein unterstreicht. Die Mehrzahl der Inselberge liegt im proximalen Teil, ein Argument für das Rückwandern der Rumpfstufe, da sich die Inselberge als Härtlinge offenbar diesem Prozess widersetzen und erst viel später abgetragen werden (Abb. 9.76).

Bekanntlich ist es schwierig, Erosionslandschaften zu datieren. Das ist wohl der Hauptgrund für die zahlreichen Spekulationen über das Alter und die Genese von Rumpfflächen und Inselbergen. Hier wird die Forschung neue Impulse erhalten durch die noch junge Methode der **Oberflächenaltersdatierung** (Abschn. 5.3) mittels kosmogener Nuklide, beispielsweise mit in situ produziertem ^{26}Al und ^{10}Be. An Granit-Inselbergen der zentralen Namib wurden mit der kombinierten ^{26}Al/^{10}Be-Methode sehr niedrige durchschnittliche Abtragsraten für die Gipfel von $5,07 \pm 1,1$ m pro Million Jahre für mindestens die letzten 500 000 Jahre ermittelt (Cockburn et al. 1999).

Flussterrassen

Gerhard Schellmann

Mittel- und langfristige Abschätzungen zukünftiger flussdynamischer Entwicklungen benötigen, ebenso wie die Rekonstruktion der Entstehung und fluvialen Ausformung unserer Täler in der Vergangenheit, eine räumlich und altersmäßig möglichst detaillierte Erfassung der erhaltenen Zeugnisse fluvialer Dynamiken.

Das morphologisch-geologische Ergebnis mittel- und langfristiger fluvialer Dynamiken sind Flussterrassen (morphologisch) einschließlich ihrer Terrassenkörper (geologisch) und fluviatilen Fazies (sedimentologisch). Aus den Zeiten vorherrschender Talausräumung fehlen in der Regel entsprechende (korrelate) Sedimente. Ebenso existieren entlang eines Flusslaufes Laufstrecken, wie in Engtalstrecken, in denen ältere Ablagerungen erodiert sind.

Eine Flussterrasse ist eine morphologisch klar abgrenzbare Verebnung, die durch steilere Böschungen begrenzt ist. Flussterrassen können als **Terrassentreppe** in unterschiedlich hohen Verebnungsniveaus im Tal auftreten, sie können als **Reihenterrassen** im annähernd gleich hohen Oberflächenniveau aneinandergrenzen oder als geologische **Terrassenstapelungen** aufeinanderliegen (Abb. 9.77). Entlang eines Flusslaufs können gleich alte Terrassen in verschiedenen Talabschnitten einmal als Terrassentreppe, ein anderes Mal als Reihenterrassen aneinandergrenzen.

Eine Flussterrasse *sensu strictu* ist der Rest eines alten Talbodens, der nach weiterer Eintiefung des Flusslaufs als höher gelegene Verebnung erhalten geblieben ist. Eine Mäanderterrasse ist der Rest eines verlassenen Mäanderbogens, der nach fluvialer Durchschneidung des Mäanderbogens als morphologisch klar abgrenzbare Verebnung zurückbleibt.

Genetisch gesehen existieren zwei Haupttypen von Flussterrassen: Erosions- und Akkumulationsterrassen. **Erosionsterrassen** resultieren aus extremer fluvialer Erosion, wie sie nur bei hohen Strömungsgeschwindigkeiten und damit hohem Transportvermögen des Wassers, z. B. als Folge hoher Reliefenergie, oder beim Brechen von Dämmen, möglich ist. Sie erzeugen Felssohlenterrassen, die nur mit relativ dünner Schotterdecke oder Schotterstreu bedeckt sind.

Akkumulationsterrassen sind das Ergebnis fluvialer Sedimentablagerungen. Abgesehen von den stark litoral beeinflussten Deltaterrassen, können Akkumulationsterrassen vereinfacht in zwei genetisch und sedimentologisch unterschiedliche Haupttypen unterteilt werden:

■ vertikal aufgehöhte, überwiegend horizontal geschichtete Terrassen verwilderter (*braided river*) und verzweigter Flüsse (*wandering* oder *island braided river*), V-(Vertikal-) Schotter (Schirmer 1983), denen häufig eine flussbegleitende Aue fehlt
■ lateral gewachsene, großbogig schräg geschichtete Terrassenkörper (Gleithangschichtung) mäandrierender Flüsse, deren Terrassenoberflächen von Altarmen und Aurinnen

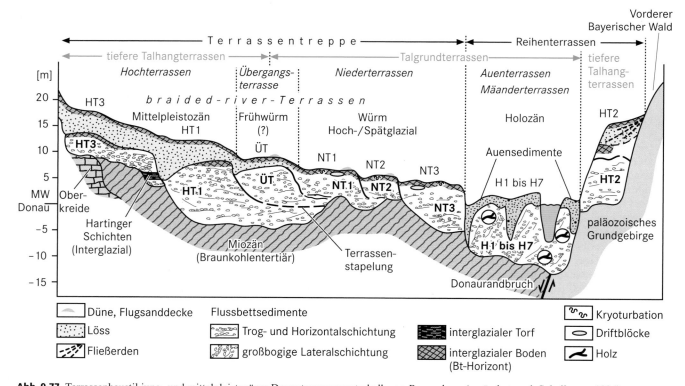

Abb. 9.77 Terrassenbaustil jung- und mittelpleistozäner Donauterrassen unterhalb von Regensburg (verändert nach Schellmann 1994).

durchzogen sind (Mäanderterrassen), L-(Lateral-)Schotter (Schirmer 1983)

Braided-river-Terrassen (Abb. 9.77) entstehen bei kräftiger Sedimentation von Flussbettsedimenten in zahlreichen, sich häufig verlagernden Abflussrinnen. Verwilderte Abflussverhältnisse findet man aktuell vor allem in vielen warmen und kalten Trockenklimaten mit jahreszeitlich stoßweise erhöhtem Abflussgang und in Gebieten mit hohem Talgefälle (meist > 1 ‰). Hohe Schuttbelastung und insgesamt geringer, jahreszeitlich konzentrierter Abfluss bedingen eine starke Verschüttung und Aufhöhung des Talbodens.

Mäanderterrassen (Abb. 9.77) werden von perennierenden Flüssen in humiden und semihumiden Regionen bei stabilen Uferverhältnissen und relativ geringer Bodenfracht gebildet, sofern nicht extremes Flussgefälle oder Talengen ein Mäandrieren des Flusslaufes verhindern. Die horizontale und vertikale Ausdehnung von Mäanderterrassen wird vor allem von folgenden flussinternen Faktoren beeinflusst: von der fluvialen Seitenerosionsleistung am Prallhang, vom Tiefenerosionsvermögen und von der Höhenlage des Wasserspiegels bei bordvollem Abfluss.

Es gibt vier wichtige **externe Steuerungsmechanismen**, die eine Bildung ausgedehnter Flussterrassen verursachen können:

- **Tektonik bzw. Krustenbewegungen:** Tektonische Hebung verursacht Erhöhungen des Gefälles und damit eine Steigerung der fluvialen Transportkraft, wodurch es verstärkt zur Tiefenerosion und damit zu rückschreitender Einschneidung des Flusses in die bestehende Talsohle kommt. Langsame tektonische Hebungen sind in vielen Gebieten der Erde die Ursache für die Existenz von Terrassentreppen an den Talhängen (Abb. 9.77). Die generelle Eintiefungstendenz mit Bildung relativ schmaler Engtäler in vielen deutschen Mittelgebirgen ist z. B. das Ergebnis ihrer stärkeren Heraushebung vor allem seit dem älteren Mittelpleistozän. Tektonische Senkungsgebiete sind dagegen Sedimentfänger mit mächtigen Stapelungen von Terrassenkörpern, wie es beispielsweise im Niederrhein- und Oberrheingebiet der Fall ist. In solchen Gebieten sind an der Oberfläche überwiegend nur relativ junge Flussterrassen verbreitet.
- **eustatische oder isostatische Meeresspiegelschwankungen:** Die relativ kurze Zeitdauer von einigen 10^3–10^4 Jahren extremer eustatischer oder isostatischer Hoch- oder Tiefstände des Meeresspiegels (Exkurs 9.3) im Quartär reicht nicht aus, um sich rückschreitend über den küstennahen Unterlauf der Flüsse hinweg flussaufwärts bis in den Mittel- oder Oberlauf auszuwirken. Im Mündungsbereich, inklusive eines eventuell vorgelagerten Schelfes, und eventuell auch noch im Unterlauf führt ein fallender Meeresspiegel zu einer ausgeprägten fluviatilen Tiefenerosionsphase, sofern diese Tendenz nicht durch hohen Sedimenteintrag aus dem Einzugsgebiet kompensiert wird. Bei einem Meeresspiegelanstieg bildet sich bei starker Sedimentführung ein Delta.
- **Klimaschwankungen und Vegetationsveränderungen:** Sie wirken sich direkt auf Abflussverhältnisse und Schuttbelastungen von Flüssen und damit auf deren Erosions- und Akkumulationsverhalten aus. Flussterrassen in den größeren Tälern der ehemaligen Periglazialgebiete Mitteleuropas sind überwiegend ein Ergebnis des wiederholten Wechsels von

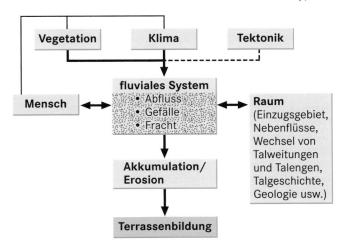

Abb. 9.78 Wesentliche Einflussfaktoren auf die fluviale Dynamik und Terrassenbildung bei Betrachtung mittel- und langfristiger Zeiträume (10^2–10^4 Jahre).

Kaltzeiten mit Permafrost sowie von Warmzeiten mit dichter Waldvegetation. In den Kaltzeiten kam es zur Verwilderung der Flüsse (*braided river*) und zur kräftigen Aufschotterung der Talböden als Folge von hohen solifluidalen und abluativen Sedimenteinträgen aus den Einzugsgebieten. Mit der Wiedererwärmung und Wiederbewaldung im Spätglazial führten das Auftauen des Dauerfrostbodens und die Ausbreitung einer dichten Waldvegetation zu einem stark verringerten Frachtaufkommen. Gleichzeitig kam es warmzeitlich bedingt zur Erhöhung des Abflusses bei nun ganzjährigem Abflussgang und zu einer Stabilisierung der Flussufer durch Bäume. Verringerte Bodenfracht, erhöhter ganzjähriger Abfluss und stabilere Uferverhältnisse führten zur Konzentration des Abflusses auf einen mäandrierenden Flussarm, der sich in wenigen Jahrhunderten in den kaltzeitlich stark aufgehöhten Talboden eintiefte und in der Folgezeit eine aus Mäanderterrassen bestehende flussbegleitende Aue schuf. Eine starke Eintiefung der Gerinne ist außerdem für die feucht-kalten Abschnitte der Kaltzeiten anzunehmen (Rohdenburg 1989).
- **Flussanzapfungen:** Durch sie wird die Abflusshöhe von Flüssen verändert und damit auch deren Erosions- und Akkumulationsleistung. Eine Erhöhung des Abflusses erhöht das Transportvermögen, wodurch es zur Tiefenerosion und damit zur Tieferlegung der Flussbett- bzw. der Talsohle kommt. Umgekehrt kommt es in dem angezapften Flusssystem als Folge nun verringerter Abflussmengen zu einem Erlahmen der Transportkraft und damit zur Verschüttung der ehemaligen Talsohle.

Externe fluviale Steuerungsmechanismen oder Impulsgeber wirken sich direkt auf die flussinternen Größen Abfluss, Gefälle und Sedimentfracht und deren innere Rückkoppelungen aus (Abb. 9.78).

In wenigen Jahrtausenden können dann in einem Talabschnitt vom sedimentologischen, morphologischen und geologischen Baustil her unterschiedliche Flussterrassenkörper entstehen. Der individuelle Terrassenbaustil eines Tals wird dabei wesentlich

Kapitel 9

von den dort abgelaufenen flussinternen (*autogenic*) Rück-koppelungen zwischen Abfluss, Gefälle und Fracht (*complex responses, process-response model*; Abschn. 9.1) und der Raumsituation bestimmt (Schellmann 1994). Unter Raumsituation sind Einflüsse zu verstehen, die u. a. aus der Geologie des Tals, seiner Lage oberhalb, innerhalb oder unterhalb einer Engtalstrecke, im Bereich einmündender Nebentäler, aus der Talgeschichte, der Verfügbarkeit von Sedimenten oder aus menschlichen Eingriffen in den Naturhaushalt des Tals und seiner Einzugsgebiete resultieren. Insofern ist es nicht verwunderlich, dass nicht nur verschiedene Täler, sondern auch jeder größere Talabschnitt einen eigenen Baustil der dort verbreiteten Flussterrassen und Terrassenkörper besitzt.

Der auslösende Mechanismus, der flussdynamische Impuls für die Bildung neuer ausgedehnter Flussterrassen in den größeren Tälern der Erde stammt in der Regel von externen (*allogenic*) Einflussfaktoren wie Klima- und Vegetationsveränderungen, tektonische Bewegungen oder Meeresspiegelschwankungen.

Glazial geprägte Landschaften

Konrad Rögner

Glazial geprägte Landschaften sind und werden im weitesten Sinne durch **Gletscherwirkung** geschaffen. Die Gletschervorstöße können und konnten vielfach, mehrfach oder nur ein einziges Mal erfolgen. Glazial geprägte Landschaften bestehen sowohl aus Erosions- als auch aus Akkumulationsformen, wobei es oftmals schwierig ist, einen größeren Landschaftsausschnitt exakt dem einen oder dem anderen Formungsmechanismus zuzuschreiben, da beide sich räumlich stark abwechseln können und daher vergesellschaftet nebeneinander existieren.

In glazial geprägten Landschaften treten aber auch Bereiche auf, die von **Schmelzwasser** und **periglazialen Prozessen** geformt wurden, da bereits mit dem Abschmelzen des Eises ein prozessualer Wandel einsetzt. Es sind geomorphogenetische Systeme (Tab. 9.1). Und in den meisten Fällen, besonders bei den Inlandvereisungen wie auch bei den Vorlandvergletscherungen, sind die Landschaften nicht während eines einzigen Gletschervorstoßes mit nachfolgendem einmaligem Abschmelzen geschaffen worden. Zum einen haben die Gletscher auch während einer einzigen Eiszeit bei ihren Vorstößen oszilliert, das heißt, dass der Vorstoß bis zur Lage der Maximalmoränen von Phasen des Abschmelzens unterbrochen war. Andererseits haben die Gletscher – wie es in beispielhafter Weise für die jüngste Vereisung, die Würm-/Weichseleiszeit, zu zeigen ist – neben einem markanten Maximalwall, welcher oft den weitesten Eisvorstoß dokumentiert, mehrere nahezu ebenso gut ausgeprägte Endmoränenwälle (Em2 in Abb. 9.81), die sog. Rückzugsstadien (Wiedervorstoß während eines langfristig betrachteten allgemeinen Abschmelzens), hinterlassen.

Heute machen die zwei großen Areale der Vergletscherung, der Kontinent Antarktika und die größte Insel der Erde, Grönland (jeweils mit benachbarten Inseln), fast 99 % der **aktuell vergletscherten Erdoberfläche** aus. Etwas mehr als 1 % entfallen auf die vergletscherten Hochgebirge. Trotz einer kontinentweiten Erstreckung umfassen das antarktische und grönländische Eis nur einen kleinen Teil derjenigen Eismassen, die im Verlaufe des Pleistozäns die Kontinente (vor allem auf der Nordhemisphäre; Abb. 9.79) bedeckten. Während im Eiszeitalter etwa 45 Mio. km² von Gletschern bedeckt waren, sind es heute nur noch 15 Mio. km². Die Gletscherzone war damals die am weitesten verbreitete Geozone, da mit 45 Mio. km² etwa ein Drittel der gesamten Festlandsfläche (149 Mio. km²) vergletschert war; heute sind es nur 10 %. Allein schon deshalb kommt den glazial geprägten Landschaften ein hoher Stellenwert zu, denn sie repräsentieren einen sehr großen Bereich der Erdoberfläche.

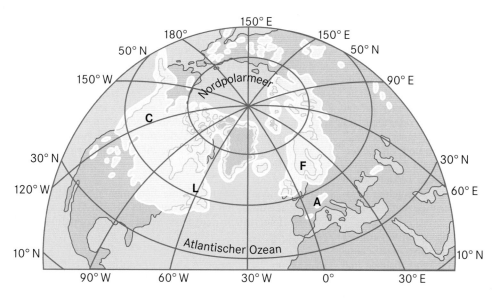

Abb. 9.79 Die wahrscheinliche maximale Ausdehnung der pleistozänen (weiß) und der heutigen (grün) Vergletscherung auf der Nordhalbkugel. Bei der heutigen Vergletscherung sind die Gebirgsgletscher nicht dargestellt. C = Kordilleren-Vergletscherung, L = Laurentisches Inlandeis, F = Fennoskandische oder Nordische Vereisung, A = Alpine Vereisung (verändert nach Goudie 2002, Grotzinger & Jordan 2017).

Kapitel 9

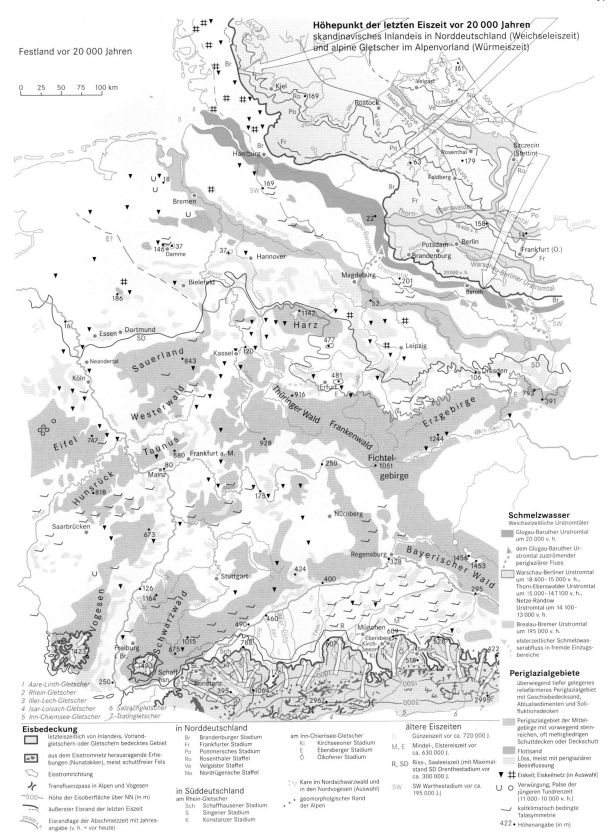

Abb. 9.80 Deutschland zur letzten Eiszeit (verändert nach Liedtke 2003).

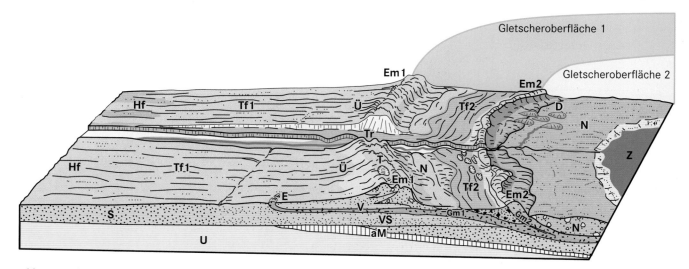

Abb. 9.81 Die glaziale Serie. aM = Moräne einer vorangegangenen Eiszeit, D = Drumlin, E = Moräne des weitesten Vorstoßes, Em = Endmoränenwall, Gm = Grundmoräne, Hf = Hauptfeld, N = Niedertaulandschaft, S = Schotter/Sander, T = Toteisloch, Tf = Teilfeld, Tr = Trompetental/-tälchen, U = Untergrund meist präquartär, Ü = Übergangskegel, V = Grundmoräne des weitesten Vorstoßes, VS = Vorstoßschotter, Z = Zungenbecken mit See und Verlandung an den Ufern. Die Zahlen 1 und 2 geben zusammengehörende glaziale Komplexe an. Die beiden Teilfelder der Komplexe Tf 1 und Tf 2 vereinigen sich zu einem einzigen Hauptfeld = Hf (Entwurf basierend auf Penck & Brückner 1909, German 1973, Schreiner 1992).

Während des Pleistozäns waren große Teile des norddeutschen Tieflands, der deutschen Alpen sowie ihres Vorlands und in weit geringerem Umfang einige der Mittelgebirge (Harz, Schwarzwald, Bayerischer Wald) mehrfach vergletschert (Abb. 9.80). Die Tatsache, dass heute die ehemaligen Nährgebiete der Gletscher nahezu vollkommen eisfrei sind, zeigt, dass Klimaänderungen für die nord- und süddeutschen Vereisungen verantwortlich waren; das die Vergletscherungen begünstigende Klima war deutlich kälter als heute. Für die Gegend um Memmingen, das heißt für die Region, in welcher Penck das System der glazialen Serie (Abb. 9.81) entwickelte, kann eine Absenkung der Jahresdurchschnittstemperatur von 8 °K angenommen werden.

Die von den Inlandvereisungen in Norddeutschland und den Vorlandvergletscherungen am Alpennordrand hinterlassenen Formen können idealtypisch mit dem Begriff **„glaziale Serie"** (Abb. 9.81) beschrieben und geordnet werden. Die glaziale Serie (im Sinne Albrecht Pencks) ist ein Modell, das die regelhafte Abfolge von glazialen Erosions- und Akkumulationsformen sowie von glazialen und fluvioglazialen Typen der Sedimentation zeigt, die am Rande der Eisschilde, aber auch anderer kleinerer Gletscher bzw. Eismassen im Idealfall zu beobachten sind.

Im süddeutschen Alpenvorland bildet in der Regel ein durch Exaration übertieftes Gletscherbecken den gebirgsnächsten Bereich. Heute werden einige dieser Gletscherbecken von Seen eingenommen. Im Bereich der nordischen Vereisungen bildet die Ostsee ein derartiges übertieftes Becken. Etliche der ehemaligen **Zungenbecken** sind heute ausgelaufen, verfüllt oder verlandet.

An die Zungenbecken, die sich teilweise auch deshalb erhalten haben, weil beim Schwinden des Eises längere Zeit dort noch Toteismassen lagen, schließt sich entsprechend der Angaben

Pencks die **Grundmoränenlandschaft** an. Deren Sedimente bestehen direkt an der Oberfläche aber weniger aus Grundmoränenmaterial im Sinne von Geschiebemergel, als vielmehr aus Ablagerungen, die beim Niedertauen der Gletscher entstanden sind (N in Abb. 9.81). Erst unterhalb dieser aus dem schmelzenden Eis abgesetzten Sedimente findet sich die Grundmoräne. Diesem Bereich sind auch die **Drumlins** zuzurechnen, deren Genese kontrovers diskutiert wird. Sie scheinen sowohl auf glaziale Erosion wie auch auf Akkumulation zurückzuführen zu sein. Charakteristisch ist, neben ihrer walfischartigen Form, ihr Aufbau aus Lockermaterial und ihr schwarmartiges Vorkommen am Rande der Zungenbecken.

Weiter distal zu den Zungenbecken gelegen und anfangs noch entgegen dem zum Vorfluter gerichteten allgemeinen Gefälle ansteigend, findet man zuerst den Innensaum der **Endmoränen**, dann zumeist einen ausgeprägten Endmoränenwall und an diesen zum Vorfluter hin anschließend einen Übergangskegel. Auf dem Endmoränenwall ändert sich das Gefälle, die Moränensedimente gehen im Idealfall in eine ausgewaschene Schottermoräne und letztlich dann in die fluvioglazialen/glazifluvialen **Schotter** oder **Sander** über. In Schottern und Sandern fehlen dann als Folge des fluvialen Transports die feineren Komponenten (Schluff und Ton). Sander und Schotterfelder sind auch infolge des anders gearteten Transportmediums an ihren Oberflächen eben, da sie ehemalige Abflussgerinnebetten widerspiegeln.

Die Zerschneidung eines Schotterkegels durch die Schmelzwässer eines jüngeren, schwächeren Eisvorstoßes konnte in Süddeutschland zur Bildung von **Trompetentälchen** führen.

In Norddeutschland werden die Sanderflächen von **Urstromtälern** begrenzt, die sowohl das Schmelzwasser der Gletscher als auch aus dem nach Norden abdachenden Periglazialraum (Abb. 9.80) die sommerlichen Zuflüsse sammelten, da deren Weg zum Vorfluter Ostsee durch das Eis blockiert war. Der Verlauf der Urstromtäler zeichnet deshalb die ehemaligen Eisrandlagen nach.

Da in fast allen Fällen die pleistozänen **Gletschervorstöße** unterschiedliche Reichweiten hatten, können entsprechend der räumlichen Anordnung verschiedene glaziale Serien nachgewiesen werden. Weder im Bereich der nordischen Inlandvereisung noch im Bereich der süddeutschen Alpenvorlandvergletscherung ist es möglich, den weitesten Gletschervorstoß der gleichen Vereisung zuzuordnen. Je nach Gletschervorland schwankt z. B. in Süddeutschland die „Maximalvereisung" zwischen Riß und Mindel (Abb. 9.80), in Österreich sogar bis Günz. Die letzte Vereisungszeit, Würm oder Weichsel, scheint aber in nahezu allen Gebieten kleiner als die jeweilige Maximalvereisung geblieben zu sein.

Im Landschaftsbild zeigen sich die Moränenwälle der älteren Vergletscherungen im Vergleich mit denen der jüngeren als weniger markant. Die **älteren Ablagerungen** sind „verwaschen", sie zeigen stärker abgeflachte Böschungen, in ihnen fehlen Toteishohlformen. All das wird auf die Wirkung der periglazialen Prozesse zurückgeführt, die beispielsweise durch Solifluktion die markanteren Formen ausgeglichener gestaltet oder Hohlformen verfüllt haben.

Marine Terrassen und Atolle

Gerhard Schellmann und Ulrich Radtke

Marine Terrassen (Strandterrassen und Korallenriffterrassen) sind Verebnungen an Land, die durch Heraushebung des Landes und/oder durch eustatische Meeresspiegelabsenkungen (Exkurs 9.3) trockengefallen sind und nicht mehr im Einflussbereich des Meeres liegen. Genetisch können sie Akkumulations- oder Abrasionsformen sein. Verebnungen im Bereich von Schwemmlandebenen und Deltas sind dagegen primär durch fluviale Vorgänge gestaltet.

Marine Akkumulationsterrassen bestehen überwiegend aus litoralen Sedimentablagerungen in Form sandiger oder kiesiger Strandwallsequenzen oder aus biokonstruktiven Formen, wie den aus Steinkorallen aufgebauten Korallenriffterrassen.

Strandwälle sind sandige oder kiesige Sturmablagerungen, die in der Auslaufzone von Sturmwellen oberhalb der Hochwasserlinie an Lockermaterialküsten gebildet werden. Dabei variiert die Höhenlage von Strandwalloberflächen über dem aktuellen Meeresspiegel je nach Wellenexposition der Küste häufig um etwa 1–3 m. Dadurch wird die Rekonstruktion von Meeresspiegelveränderungen mithilfe der Höhenlage fossiler Strandwallsysteme in ihrer Aussagequalität sehr eingeschränkt (Schellmann & Radtke 2007). Landwärts absteigende Strandwälle sind ein Indikator für einen steigenden Meeresspiegel, meerwärts treppenartig absteigende Strandwälle für einen fallenden Meeresspiegel.

Strandwälle sind wallartige Formen, die manchmal dammartig ein tiefer gelegenes Hinterland vor den Sturmwellen des Meeres schützen. Eine geschlossene Strandwallbarriere vor einer abge-

Kapitel 9

Abb. 9.82 Gehobene Korallenriffterrassen an der Küste der Huon-Halbinsel, Papua Neuguinea.

ca. 200 000 Jahre (MIS 7) alte T6b-Korallenriffterrasse

ca. 117 000 Jahre (MIS 5e-1) alte
T4[7]-Abrasionsplattform, eingeschnitten in das
ca. 200 000 Jahre alte T-6b-Korallenriff

Abb. 9.83 Etwa 117 000 Jahre alte (MIS 5e-1) Abrasionsplattform angelegt in einem 200 000 Jahre (MIS 7) alten Korallenriffkörper an der Südostküste von Barbados (MIS = *Marine Isotope Stage*; verändert nach Schellmann & Radtke 2004).

schnürten Meeresbucht bzw. Lagune bezeichnet man auch als **Nehrung**.

Voraussetzung für die Bildung von Strandwällen sind küstenparallele Strömungen, die im Überschuss sandige oder kiesige Sedimente in der Strandzone ablagern. Bei günstigen Bildungsbedingungen können dann ausgedehnte Strandwallsysteme aus Hunderten von Einzelwällen in ähnlicher Höhenlage entstehen. Gruppen von Einzelwällen verlaufen häufiger winkeldiskordant zueinander und belegen dadurch deutliche Veränderungen küstennaher Strömungsverhältnisse und Wellenrichtungen. Ein einzelner Strandwall kann bereits während weniger Sturmereignisse innerhalb eines Jahres gebildet werden (Schellmann 1998). Strandwallsysteme mit mehreren Hundert Einzelwällen benötigen dagegen selbst an sehr sturmreichen und lockermaterialreichen Küsten einige Jahrhunderte Bildungsdauer.

Korallenriffterrassen entstehen meist durch Heraushebung von Saumkorallenriffen (Abb. 9.82), die nur durch eine flache Lagune vom Festland getrennt sind. Sie gelangen bereits bei leichter tektonischer Hebung über den Meeresspiegel und vergrößern die Küstenzone. Korallenriffterrassen bestehen aus abgestorbenen Organismen schnellwüchsiger und riffbildender Steinkorallen, deren Verbreitung als Riffbildner auf die warmen Meeresgebiete der Erde mit ganzjährigen Wassertemperaturen von mehr als 18 °C begrenzt ist (Kelletat 2013). Das morphologische Erscheinungsbild und auch der Riffkörper gehobener Korallenriffterrassen spiegeln die ehemalige submarine Riffmorphologie und Riffzonierung wider. Handelt es sich bei der Korallenriffterrasse um ein gehobenes Saumriff, dann wird die meerwärts gelegene ehemalige Riffkrone aus sturmresistenten Korallenarten in der Regel landwärts von einer tiefer gelegenen ehemaligen Lagune begleitet, die überwiegend mit feinklastischem Riffschutt verfüllt ist. Diese Paläolagune grenzt landwärts entweder an den früheren Strand oder an ein Kliff, an dem manchmal eine Hohlkehle (Abb. 9.56f) im Bereich der früheren

Wasserlinie erhalten ist. Bioerosiv entstandene Hohlkehlen sind auf einige Dezimeter genaue Indikatoren für die Rekonstruktion des ehemaligen Tidenhochwassers, wobei allerdings deren Altersdatierung oft nicht möglich ist (Schellmann & Radtke 2004). Gehobene Korallenriffkronen sind ausgezeichnete, auf wenige Dezimeter genaue Indikatoren für die Rekonstruktion des ehemaligen Niedrigwasserspiegels. Zudem kann das Alter von Steinkorallen mithilfe des Elektronenspinresonanz-(ESR-)Verfahrens und des Thorium/Uran-(Th/U-)Datierungsverfahrens bis max. 700 000 Jahre v. h. bestimmt werden (Abschn. 5.3).

Abrasionsterrassen (Abrasionsflächen, Brandungsplattformen) sind schmale, im Extremfall wenige 100 m breite Verebnungen. Sie sind destruktiv durch mechanische und/oder bioerosive Kliffrückverlegung als Schnittflächen in das anstehende Küstengestein angelegt worden. An der Südostküste von Barbados existiert ein schönes Beispiel für die abrasive Überprägung eines Korallenriffes aus dem vorletzten Interglazial (Abb. 9.83). Durch Heraushebung der Küste gelangte dort ein etwa 200 000 Jahre alter Riffkörper vor etwa 120 000 Jahren, also im letzten Interglazial, für einige Jahrtausende unter Brandungswirkung. Dadurch konnte eine bis zu 200 m breite Abrasionsplattform eingeschnitten werden. Die Abrasionsplattform ist bedeutend jünger als der unterlagernde Korallenriffkörper, was bei der Datierung und Rekonstruktion von Meeresspiegelveränderungen zu berücksichtigen ist (Schellmann & Radtke 2004).

Atolle sind eine Spezialform von Korallenriffen, vor allem entstanden aus der Wechselwirkung von vertikalem Korallenriffwachstum (biokonstruktive Form) und tektonischem Absinken des Meeresgrundes. Wie bereits von Darwin angenommen kann bei absinkendem Meeresboden und vertikalem Riffwachstum über ein Saumriff- und Barriereriff-Stadium ein Atoll entstehen (Abb. 9.84). Atolle können daher mehrere 100 m mächtige Riffkörper besitzen (Kelletat 2013).

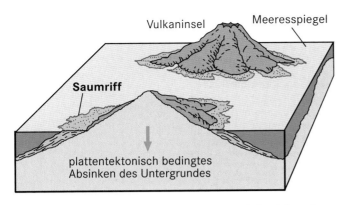

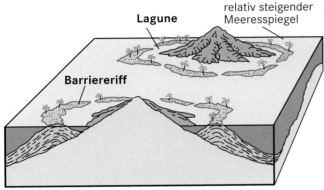

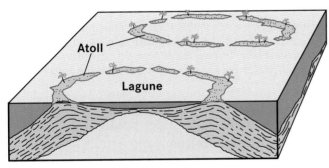

Abb. 9.84 Entwicklung vom Saumriff über das Barriereriff zum Atoll im Sinne von Darwin (verändert nach Kelletat 2013).

9.6 Geomorphodynamische Zonen und Höhenstufen

Andreas Vött und Christoph Schneider

Für die Ausbildung des Reliefs in Raum und Zeit sind in erster Linie tektonische und orogenetische, also endogene, Prozesse maßgeblich. Die so determinierte Gesteinslagerung und die ebenfalls durch die geologischen und tektonischen Vorgänge bedingten petrographischen Eigenschaften, welche die Verwitterung und Erodibilität beeinflussen, schaffen die **Ausgangssituation** für die weitere exogene Ausformung (Wagner 1960, Dongus 1980). Auf das in dieser Form endogen begründete Relief wirken exogene Faktoren, die vornehmlich an klimatische Prozesse gekoppelt

sind, in unterschiedlichem Maße ein. Daraus ergeben sich für die verschiedenen Klimazonen und Höhenstufen typische Formenkomplexe, die in diesem Teilkapitel näher erläutert werden.

Modifiziert wird die durch das Klima induzierte exogene Formung auch anthropogen durch Entwaldung, agrarwirtschaftliches Landmanagement, Flussverbauungen und andere Landschaftseingriffe, wie z. B. Lawinenverbauungen, Skisportanlagen, aber auch jedwede Verkehrsinfrastruktur und die urbane Überprägung ganzer Landschaftsteile. Auch im Laufe der Erdgeschichte sich ändernde endogene Randbedingungen etwa durch Lithosphärenplattenbewegungen, Vulkanismus und Gebirgsbildung sowie das Klima der Vorzeit prägen das vorgefundene Relief, an dem die weitere exogene Formung ansetzt. Zu guter Letzt ist zu beachten, dass endogene, exogene und anthropogene Formung sowie morphologisch wirksame Gesteinseigenschaften immer in einem gemeinsamen transienten Kontext stehen und ein **gekoppeltes System** bilden, das nicht rein additiv ist (Abb. 9.85).

Entscheidend für die exogene Formung selbst ist, inwiefern morphologische Wirkmechanismen der Verwitterung und glazial, fluvial und äolisch bedingte Abtragungs- sowie Akkumulationsprozesse vom Klima abhängen. Grundsätzliche Bedeutung ist in diesem Zusammenhang den Faktoren Niederschlag und Temperatur zuzumessen. Eine hohe Verfügbarkeit von Wasser in flüssigem Aggregatzustand, z. B. in den feuchten Tropen, impliziert bei entsprechender Präsenz morphologisch wenig widerständiger Gesteine (z. B. Mergel, Tonschiefer) einen hohen Oberflächenwasserabfluss, was mit einem beträchtlichen Abtragungs- und damit **Reliefierungseffekt** verbunden ist. Im Gegensatz dazu können identische Niederschlagsbedingungen in morphologisch resistenten Gesteinen (z. B. stark zerklüfteten Kalksteinen) durchaus eine deutlich eingeschränkte Erosionswirkung mit sich bringen und eine verstärkte unterirdische Entwässerung bedingen. Verblüffend ist dabei z. B. der ähnliche, maßgeblich fluvial bedingte Formenschatz verursacht durch lediglich episodische Abflüsse aufgrund seltener Niederschläge in heißen, subtropischen Wüsten einerseits und saisonaler Schneeschmelze in Arktis und Subarktis andererseits. Die **Formkonvergenz** drückt sich in diesem Falle in ähnlicher Hangmorphologie, der Ausbildung von Pedimenten, Spülflächen und Deflationserscheinungen während der Trocken- bzw. Frostzeiten aus.

Wasser in festem Aggregatzustand (Schnee, Gletschereis) bringt in seiner Abtragungseffizienz hingegen deutlich weniger kleinräumige, wenn auch weithin markante Unterschiede in der Formungskraft hervor. Dies ist angesichts teilweise mehrere Hundert Meter tief in morphologisch resistente Gesteine eingetiefte und ausgeschürfte Trogtäler offensichtlich.

Auch der Faktor **Temperatur** spielt eine bedeutende Rolle. Chemische und biochemische Verwitterungsprozesse laufen in warm gemäßigten und vor allem tropischen Breiten mit deutlich größerer Effizienz ab – zu berücksichtigen ist eine Verdoppelung von Reaktionsgeschwindigkeiten chemischer Prozesse bei Temperaturzunahmen um 10 K – und stellen dadurch potenziellen Abtragungsagenten ausreichend Transportmaterial zur Verfügung. In Zonen hoher Frostwechselhäufigkeit spielt die starke Ausdehnung beim Gefrieren des Wassers um ca. 10 % eine entscheidende Rolle, insbesondere hinsichtlich der Bildung

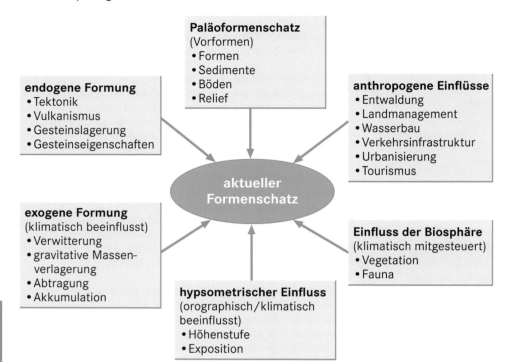

Abb. 9.85 Schema klimatisch beeinflusster und vom Klima unabhängiger reliefbildender Faktoren.

von Frostschuttmaterial durch **Frostverwitterung**, wenngleich auch in diesem Zusammenhang deutliche gesteinsbedingte Unterschiede existieren, z. B. zwischen porösen Sandsteinen und Marmor. In Abhängigkeit von Niederschlag und Temperatur sind auch prägende Einflüsse der Biosphäre, vor allem seitens der Vegetation zu berücksichtigen.

Grundsätzlich gibt es also einen deutlichen, das Relief prägend gestaltenden Einfluss klimatischer Faktoren in Abhängigkeit der in etwa breitenkreisabhängigen Klimazonen, der bereits von Alexander von Humboldt beschrieben worden war (von Humboldt 1845–1858, Kortum 1999).

Für die Hochgebirge der Erde lässt sich – ebenfalls nach Alexander von Humboldt (von Humboldt & Bonpland 1807, Huber 1999) – eine vertikale Klimaabhängigkeit des Reliefs ausgliedern, die der Veränderlichkeit der Faktoren Niederschlag und Temperatur mit der Höhe folgt, aber ebenfalls vor dem Hintergrund der breitenkreisabhängigen Klimazonierung betrachtet werden muss. So wird beispielsweise für die Alpen, von oben nach unten, zwischen der nivalen, der subnivalen/periglazialen, alpinen, subalpinen, hochmontanen, montanen, submontanen und kollinen Höhenstufe unterschieden (Abschn. 11.5., Abb. 11.30 Vegetationsprofil durch Mitteleuropa). In den lateinamerikanischen Tropen ist entsprechend von der *Tierra nevada*, der *Tierra helada,* der *Tierra fria*, der *Tierra templada* und der *Tierra caliente* die Rede, wobei in allen Fällen die Höhenlagen der Grenzen zwischen den einzelnen Stufen wiederum breitenkreisabhängig und expositionsabhängig variieren (Endlicher 2006). Außerdem ist zu beachten, dass der hypsometrisch bedingte Klima- und Formenwandel mitunter nicht kontinuierlich

ist, da die geologischen Verhältnisse nicht einheitlich sind (Rathjens 1982).

In den folgenden Abschnitten werden Formengemeinschaften vorgestellt, die für die polaren und subpolaren Breiten, die wechselfeuchten Tropen, für aride und semiaride Gebiete und für Hochgebirge der Erde als typisch betrachtet werden.

Formengemeinschaften der polaren und subpolaren Breiten

Christoph Schneider

Die Polargebiete haben auf den beiden Hemisphären völlig unterschiedliche großräumige Gegebenheiten. Während die Arktis im Zentrum ein polständiges **Meeresbecken** mit einer teilweise permanenten Meereisdecke umfasst, liegt in der Antarktis ein ausgedehnter **Kontinent** knapp doppelt so groß wie Australien in zentraler Lage, welcher von einem Eisschild mit durchschnittlich über 2000 m Mächtigkeit und einer maximalen Eisdicke von über 4700 m zu 99,8 % von Eis bedeckt ist (Burton-Johnson et al. 2016). Abgegrenzt wird das Südpolargebiet durch die thermische Sprungschicht zwischen kälterem antarktischem und wärmerem Oberflächenwasser des Südozeans der mittleren Breiten, der sog. Antarktischen Konvergenz, ungefähr bei 50° Süd.

Die kontinentale Eismasse der Antarktis gliedert sich in den mächtigen Ostantarktischen Eisschild, den deutlich kleineren Westantarktischen Eisschild und die ebenfalls teilweise reliefübergeordnete Inlandvereisung der Antarktischen Halbinsel. Die Akkumulation findet durch Schneefall statt, der am Rande der Antarktis durch die Nähe zum Meer bis zu 1 m Wasseräquivalent jährlich ausmachen kann, während das Innere des Kontinents eine Kältewüste mit geringen Akkumulationsraten von durchschnittlich nur 250 mm pro Jahr ist. Der **Massenverlust** erfolgt maßgeblich durch das Abkalben von Tafeleisbergen an den ausgedehnten Schelfeisen und durch submarine Schmelze an der Front und Unterseite der schwimmenden Schelfeise. Da das Inlandeis während der Kaltzeiten – bei mindestens 100 m niedrigerem Meeresspiegel – deutlich weiter auf die Schelfe hinaus reichte, gibt es ein kaltzeitliches eisdynamisch geprägtes submarines Großrelief vor den Küsten, das bis an den Kontinentalabhang reicht.

Die wenigen eisfreien Gebiete rund um die Antarktische Halbinsel und auf den subantarktischen Inselgruppen sind durch periglaziale Formung, vor allem **Frostverwitterung** und **Gelisolifluktionsprozesse** in der Auftauschicht geprägt. Obwohl es nur zwei Gefäßpflanzenarten in Antarktika gibt, ist auf den Südshetlandinseln außerdem eine ausgeprägte, durch Vogelexkremente und biogene Entwicklung ausgelöste flache Bodenbildung zu finden. Dagegen sind in der Ostantarktis trockenbedingte eisfreie „Oasen" wie z. B. die Dry Valleys in der Nähe von McMurdo anzutreffen, die neben der tiefwirkenden kryogenen Verwitterung auch durch Insolations- und Salzverwitterung sowie äolische Transportprozesse gekennzeichnet sind. Entlang des Gebirgsrückens der Antarktischen Halbinsel und des Transatlantischen Gebirges treten an den höchsten Bergspitzen und entlang der glazigenen Talungen der großen Eisströme **Nunataker**, also vom Eis umschlossene eisfreie Bergflanken oder Gipfel, auf, die der Frost- und Insolationsverwitterung ausgesetzt sind und an denen, wie in vergletscherten Hochgebirgen, sich eine aktive Wandentwicklung, Talushänge und entlang der im Laufe der Vereisungsgeschichte höhenvariablen Eisbedeckung Schliffbords ausbilden.

Die Polargebiete der Nordhemisphäre werden in der Regel durch die maximale nördliche Verbreitung des geschlossenen Waldes, die ungefähr mit der 10-Grad-Juli-Isotherme zusammenfällt, von den hohen Mittelbreiten der borealen Zone abgegrenzt. Vergletscherte Gebiete nehmen in der Arktis im Gegensatz zur Antarktis abgesehen von Grönland geringe Flächenanteile in der nordöstlichen kanadischen Arktis, in Alaska, auf den nördlich der sibirischen Küste vorgelagerten Inselgruppen, auf Svalbard und in Island ein. In der Arktis von einer „Polkappe" zu sprechen ist im Gegensatz zur Antarktis irreführend, da in polarer Lage lediglich eine mehrere Meter dicke Meereisdecke schwimmt, während das kontinentale Inlandeis Grönlands sich von 60° Nord bis lediglich 82° Nord zwar über ungefähr 2500 km erstreckt, aber doch nicht polständig liegt. Der gewaltige reliefübergeordnete Eisdom Grönlands ist an den Rändern zerlappt und endet randlich teils in flachen Eisrampen auf dem anstehenden Fels, wo in den tieferen und südlichen Gebieten des Inlandeises im Sommer große reliefgestaltende **Schmelzwassermengen** anfallen. Die Hälfte der Eisablation wird allerdings dynamisch über steile Auslassgletscher, die mit teilweise schwimmenden Eiszungen in den Fjorden und entlang der Küste einige kleine Eisschelfe ausbilden, über Kalbungsprozesse in Form von Eisbergen, submariner Schmelze und Abbrüchen di-

rekt an den Kalbungsfronten dem Meer zugeführt. Die weiteren arktischen Gletscher sind imposante, teils viele Zehnerkilometer Durchmesser umfassende reliefübergeordnete Eiskappen, wie z. B. die Devon Icecap auf Baffin Island im Nordosten Kanadas, die Eiskappen Islands oder im Nordosten Svalbards die Eiskappen Vestfonna und Austfonna (Braun et al. 2011). Diese Eiskappen bilden am Rand flache, im Sommer schneefreie Eisrampen, die ganzjährig durch kaltes Eis am Untergrund geprägt sind, und so, da sie festgefroren sind, mangels Gleiten über den Felsuntergrund morphologisch wenig wirksam sind. In den zentralen immer schneebedeckten Teilen der Eiskappen dagegen wird durch das Freiwerden latenter Wärme wiedergefrierenden sommerlichen Schmelzwassers, das in die Schneedecke perkoliert ist, die Temperatur im Untergrund bis an den Druckschmelzpunkt angehoben. Deshalb sind die zentralen Teile und die mächtigen Auslassgletscher, über die der größte Teil der Ablation dynamisch dem Meer zugeführt wird, warmbasiert. Die in längeren Zyklen und klimatisch mitgesteuert räumlich und zeitlich veränderlichen Anteile warm- und kaltbasierten Gletschereises dieser polythermalen Eiskappen führen episodisch zu raschen eisdynamisch bedingten Vorstößen, sog. *glacial surges*, die innerhalb von ein bis zwei Jahren mehrere Kilometer betragen können (Pettersson et al. 2011, Pohjala et al. 2011).

Eisstromnetze mit der typischen morphologischen Überprägung der Gebirge in Trogtäler und Fjorde mit tiefliegenden Transfluenzpässen, Kon- und Diffluenzstufen, Trogschultern, Schliffbords und Nunataker prägen das Svalbard-Archipel, die Randbereiche Grönlands sowie Teile der Vergletscherung der russischen und kanadischen Inseln im Polarmeer (Abb. 9.86). Da fast überall die Vergletscherung in den Kaltzeiten ausgedehnter war, sind die umgebenden Landschaften in ihren Großformen durch diese glaziale Formung determiniert. Dieses Vorrelief wird rezent durch gravitative Massenverlagerung in den Hän-

Abb. 9.86 Blick von der Gletscherzunge eines Talgletschers auf der Insel Prinz-Karl-Vorland über den Forlandsund auf einen der großen Auslassgletscher des Eisstromnetzes in Westspitzbergen. Moränensysteme sind als flache Inseln beiderseits im Sund erkennbar. Das Großrelief ist durch Kare, Trogtäler, Fjorde und die Herauspräparierung ehemaliger Nunataker geformt (Foto: Christoph Schneider).

Kapitel 9

Abb. 9.87 Ehemals von der Eiskappe des Vestfonna glazial übersteilte und durch rezente gravitative Bewegung und Solifluktion überformter südexponierter Hang einer Talflanke am Murchisonfjord, Nordaustlandet (Svalbard) sowie durch Frostverwitterung und Frostmusterbildungen geprägte Schuttflur im Vordergrund (Foto: Marco Möller).

Abb. 9.88 Verzahnung verschiedener geomorphologischer Formen in einem Hang an der Fjordküste Westspitzbergens. Neben Talusbildung und Rinnenerosion in den Oberhängen und Pedimenten im Hangfuß finden sich im Uferbereich gehobene Strandterrassen und rechts der Mitte ein junger Schwemmfächer. Die im Englischen *ravines* genannten engen Kerbtäler sind eine typische Bildung in durch episodisch hohe Abflüsse während der Schneeschmelze geprägten Landschaften der Arktis. Eine ausladende Kamesterrasse als Reliktform aus der Zeit, als der Fjord noch teilweise durch einen Gletscher ausgefüllt war, nimmt die Hangmitte am rechten Bildrand ein (Foto: Christoph Schneider).

gen, Frostverwitterung, Talusbildung und fluviale Transporte mit der Ausbildung ausgedehnter Schotterfluren und Terrassen entlang verwilderter Flusstäler mit im Sommer hoher Schleppkraft aufgrund der reichlich abfließenden Schmelzwässer überformt (Abb. 9.87). Die isostatische Landhebung im Randbereich der heutigen Restgletscher führt zu herausgehobenen markanten Strandterrassen entlang der Küsten (Abb. 9.88). Vielfach zerlegt die intensive Frostwechselverwitterung die Gesteine vor Ort in Scherben. In der Auftauschicht bilden sich in flachen und vor fluvialer Überprägung geschützten Lagen ausgedehnte Polygonmusterrohböden bzw. flache durch Polygonmuster charakterisierte Ranker oder Rendzinen mit Polstervegetation und durch Gräser und arktische Blütenpflanzen gebildete Extremstandorte. In den talusartigen Unterhängen unterhalb von Felswänden mit Vogelkolonien bilden sich durch biogene Akkumulation teils erstaunlich tiefgründige Böden, die stellenweise dichte Grasvegetation in ansonsten nahezu vegetationsfreiem Gelände erlauben.

Den größten Flächenanteil der Arktis nehmen allerdings ausgedehnte **Flachlandschaften** in Sibirien, Kanada und Alaska ein. Ehemals durch den skandinavischen und laurentidischen Eisschild bedeckte Flächen sind durch flache Wannen im anstehenden Gestein und einen Firnis aus Grundmoräne gekennzeichnet, sodass sich heute eine seenreiche Flachlandschaft mit an Stellen markanten glazialen Ablagerungen findet, die durch periglaziale und auch biogene Prozesse zu einer weitläufigen, formenreichen Tundra mit teilweiser Unterlagerung durch Permafrost umgestaltet ist.

Die in den Kaltzeiten mangels Akkumulation eisfreien Gebiete unterliegen dagegen seit vielen Hunderttausend Jahren anhaltendem Dauerfrost, sodass sich bis zu 1500 m tiefer Permafrost ausbilden konnte. Dies führt im Zusammenspiel mit intensivem Bewuchs in der Gras- und Strauchtundra zum typischen periglazialen Formengefüge mit der Ausbildung von Blankeiskörpern in Form von

Eiskeilen und Eislinsen und Vollformen wie Pingos, Palsen und Thufure. Die Auftau-Gefrier-Zyklen führen durch Frosthub und Kryoturbation zu polygonartigen Landschaftsstrukturen mit einer Vielzahl von flachen Seen an deren Rändern thermisch bedingte Ufererosion die Periglaziallandschaft umgestaltet. In erhöhten und hängigen Lagen prägen Gelisolifluktion und andere kryoklastische Prozesse mit der Ausbildung von Steinstreifen und Polygonmusterböden das Landschaftsbild. Mäandrierende Flüsse in den Tieflagen sind an ihren Prallhängen durch Permafrost stabilisiert.

Aufgrund des verstärkten Klimawandels in der Arktis (*arctic amplification*; Serreze & Barry 2011) ergibt sich rezent und absehbar in den kommenden Dekaden ein gravierender **Landschaftswandel** in der Arktis, der durch sich verkleinernde Eismassen überall in der Arktis zu immensem Schmelzwasseranfall führen muss. Das teilweise Abtauen von Permafrost bzw. die tiefgründigere Auftauschicht werden eine verstärkte Morphodynamik auslösen, die die u. a im Permafrost verankerte Infrastruktur in Mitleidenschaft ziehen wird.

Erwärmung und Albedorückkopplung führen zu **erhöhter Ablation** durch Schmelzprozesse und durch die eisdynamische Rückkopplung zu einer stark negativen Massenbilanz des Grönlandeises. In der Antarktis wird es vor allem im westlichen Teil durch höhere Luft- und Ozeantemperatur zur fortschreitenden Verkleinerung von Eisschelfen sowie durch die eisdynamische Rückkopplung zu einem rascheren Ausfließen des Eises zur Küste hin und einer Rückverlagerung der Aufsetzlinie (*grounding line*, der Grenze zwischen am Felsboden aufsitzenden Inlandeis und aufschwimmendem Schelfeis) in Richtung des Inneren des Kontinents kommen (Hulbe 2017). Die absehbaren Veränderungen der großen kontinentalen Eisschilde der Polargebiete haben das Potenzial, den **Meeresspiegel** weltweit deutlich rascher ansteigen zu lassen, als sich nur aus der Oberflächenmassenbilanz der weltweiten Vergletscherung und der Thermodynamik im Ozean ergeben würde. Ein Meeresspiegelanstieg von mehr als 1 m bis zum Ende des Jahrhunderts scheint aufgrund dieser Prozesse in Arktis und Antarktis deshalb möglich (Mengel et al. 2016). Über kommende Jahrhunderte hinweg ist mit mindestens mehreren Metern Meeresspiegelanstieg zu rechnen (Clark et al. 2016). Klimatisch ausgelöste morphologische bzw. glaziologische Änderungen in den Polargebieten im Anthropozän führen so zu global relevanten Wirkungen.

Formengemeinschaften der wechselfeuchten Tropen

Jürgen Runge und Reinhard Zeese

Das morphogenetische System der wechselfeuchten Tropen ist in den Grundgebirgsregionen (Schilde, Kratone) der als Gondwana-Kontinente bezeichneten Gebiete in Südamerika, Afrika, Indien und Australien durch ein Formen-Palimpsest gekennzeichnet, dessen Genese sich häufig sehr weit in die Vergangenheit zurückverfolgen lässt. Der Großformenschatz wird von **Rumpfflächen**, **Rumpfstufen** und **Inselbergen** beherrscht. Wichtige relief-

bestimmende Parameter sind, neben dem Faktor Zeit und der tektonischen Ruhe, die intensive chemische Tiefenverwitterung (Saprolitisierung, Abb. 9.27) des Anstehenden (*etching*) unter feuchtwarmen Vorzeitklimaten und die zu Beginn der Regenzeit dominierende Spüldenudation (*stripping*). Büdel (1981) sprach deshalb von der randtropischen exzessiven Flächenbildungszone (Exkurs 9.11). Innerhalb dieser Zone sind für das Quartär deutliche Klimaschwankungen mit erheblichen Veränderungen der Savannen- und Regenwaldökosysteme und deren Verbreitung nachweisbar. Besonders gut dokumentiert sind die hochglazialzeitliche Aridisierung und das Klimaoptimum im Holozän (Neolithisches Pluvial, ca. 8000–5000 Jahre BP). Auch der heute ausgedehnte Regenwald im Kongobecken Zentralafrikas war während des „letztglazialen Maximums" vor ca. 18 000 Jahren (Abb. 8.61) fast vollständig durch Savannen verdrängt (Runge 2001). Innerhalb des erdgeschichtlich älteren Rumpfflächen- und Inselbergreliefs haben diese Klima- und Umweltveränderungen durch das daran gekoppelte morphodynamische Prozessgefüge zahlreiche Spuren hinterlassen. Neben geomorphologischen Kleinformen wie Runsen, Gräben (*gullies*) und Hangpedimentationsstufen lässt sich eine vorzeitlich modifizierte Morphodynamik auch über Diskontinuitäten in der Zusammensetzung des oberflächennahen Untergrundes nachweisen, beispielsweise durch Steinlagen (*stone-lines*) und Deckschichten (*hillwash*; Thomas 1994, Runge 2001). Trockenere Zeiträume sind in Westafrika über fossile Schwemmlösse (Zeese 1991), feuchtere über strukturmorphologisch bedeutende Eisenkrusten (Lateritkrusten, engl. *ferricrete*, franz. *cuirasse*) dokumentiert.

Abb. 9.89 Rumpfstufe und Rumpfbergland (Ganawuri-Berge) mit aufsitzendem Eisenkrusten-Tafelberg am Rand des Jos-Plateaus, Zentralnigeria. Am Hang des Tafelbergs sind etwa 90 m der tertiären fluviovulkanischen Serie aufgeschlossen, einer Wechsellage aus überwiegend basischen vulkanischen Gesteinen mit zwischengeschalteten quarzsandreichen Ablagerungen. Die Gesteine sind vollständig zu einem kaolinitisch-ferralitischen Saprolit verwittert. Das Dach bildet ein kompakter Eisenpanzer (franz. *carapace*), dessen Entstehung mindestens ins Pliozän zurückdatiert. Bis zur abschließenden absoluten Eisenanreicherung liefen die Prozesse in orographisch tiefer Position ab (Tal oder Hangfuß). Solche Tafelberge kennzeichnen weite Teile des Jos-Plateaus. Die fluviovulkanische Serie am Hang der Tafelberge dokumentiert ein im Tertiär wirkendes geomorphogenetisches System mit häufigen Vulkanausbrüchen, vor allem hygrisch wechselnden Klimaten bei insgesamt deutlich höheren Durchschnittstemperaturen als im Quartär und deshalb intensiverer chemischer Verwitterung in den feuchten Paläoklimaten. Als Folge einer sukzessiven Hebung des Plateaus im Jungtertiär und Quartär und einer damit verbundenen großflächigen Abtragung des Regolith wurden nicht nur die Tafelberge gebildet, sondern mit der Freilegung subvulkanischer Granitintrusionen Rumpfstufen (Resistenzstufen) herauspräpariert. Die Wollsackformen machen eine ehemalige Regolithbedeckung des Steilhanges wahrscheinlich (Foto: R. Zeese).

Abb. 9.90 Ausgedehnte und tischebene bis leicht geneigte, lateritverkrustete und deshalb weitgehend vegetationsfreie Rumpffläche mit einzelnen breccienartigen Lateritblöcken nördlich von Bambari in der Zentralafrikanischen Republik. Der mehrere Meter mächtige Eisenpanzer wird von einem stark ferruginisierten Saprolit unterlagert. Diese topographisch höchstgelegene Lateritkruste kann als Verwitterungsresiduum wie auch als Umlagerungsprodukt einer älteren Krustengeneration (Eozän) interpretiert werden (Foto: J. Runge).

Abb. 9.91 Hangpedimentation und Stufenrückverlegung im Akagera-Nationalpark zwischen Ruanda und Tansania, Ostafrika. Unter wechselfeuchtem Tropenklima erfolgt hangaufwärts durch rückschreitende Erosion die Zurückverlegung und „Aufzehrung" von oberflächennahen Lockermaterialdecken (*hillwash*). Im Vorfeld dieser kleinen Geländestufen akkumulieren sich gröbere Quarze; das sandig-lehmige Feinmaterial wird bei denudativen Starkregen in Richtung Vorfluter ausgeschwemmt. In der abgebildeten Deckschicht aus dem Osten Ruandas entdeckte man zahlreiche Mikrolithe; das sind Artefakte wie kleine Klingen und Schaber, die auf eine frühe menschliche Besiedlung dieses Raums zu Beginn des Holozäns hindeuten (Foto: J. Runge).

Aufgrund ihrer ausgeprägten morphologischen Härte (Petrovarianz) können die Krusten Tafelberge (Abb. 9.89), kuppenartige Hügel oder kleine Geländestufen hervorrufen, die die Eintönigkeit der fast ebenen Rumpfflächen unterbrechen. Es herrscht weitgehende Einigkeit, dass absolute Eisenanreicherung durch vertikale und vor allem laterale Verlagerung zu Tiefenlinien und Hangfüßen erfolgt. Dazu ist Sickerwasser notwendig, das Fe^{2+} durch Verwitterung freisetzt und im Regolith bis zum Kontakt mit Sauerstoff transportiert. Eine absolute Anreicherung kann lokal bei günstigen Bedingungen in wenigen Jahrhunderten erfolgen, erfordert aber meist eine länger anhaltende Biostasie (subaerische Formungsruhe unter Vegetationsbedeckung), wie sie in den Feuchtwäldern der wechselfeuchten Tropen ohne Einfluss des Menschen gegeben war. Bei Dominanz der Spüldenudation, die eine weitgehende Vegetationsfreiheit voraussetzt,

werden die ursprünglich in den Tiefenbereichen gebildeten Eisenkrusten im Sinne einer Reliefumkehr als Vollformen in der Landschaft herauspräpariert. Im frankophonen Westafrika werden drei an Eisenkrusten gebundene quartäre Flächenniveaus bzw. **Krustenstufen** unterschieden, die als *haut glacis* (Altquartär), *moyen glacis* (Mittelquartär) und *bas glacis* (Jungquartär) bezeichnet werden (Michel 1973, Grandin 1976). Sie werden überragt von Tafelbergen, deren Krustenbildung ins Pliozän (Eisenpanzer, franz. *carapace*) und Eozän (bauxitische Kruste) gestellt wird (Grandin 1976). Aus Zentralnigeria werden von Zeese et al. (1994) mehrere tertiäre Eisenkrusten und -panzer aus der wahrscheinlich oligo-miozänen fluviovulkanischen Serie

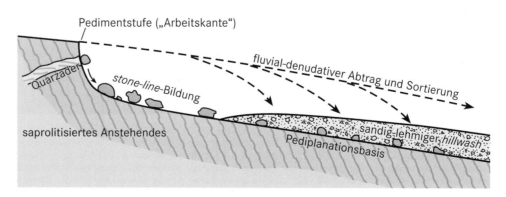

Abb. 9.92 Schema der Hangpedimentation nach Fölster (1969) und Rohdenburg (1969). In einer Savannenlandschaft mit jahreszeitlich stark schwankender Vegetationsbedeckung (Trocken- und Regenzeit) wird das saprolitisierte Anstehende durch Hangpedimentation entlang einer flachen Geländestufe hangaufwärts zurückverlegt. Widerständige Quarzadern innerhalb des Verwitterungsmantels liefern das Ausgangsmaterial für die *stone-lines*. Fluvial-denudative Prozesse sorgen für die hangabwärtige Verteilung und Sortierung des Feinmaterials (Abb. 9.91; verändert nach Fölster 1969).

des Jos-Plateaus beschrieben (Abb. 9.89). Relikte von eisenver-krusteten Rumpfflächen und deren räumlich-zeitliche Korrelation beschreibt Runge (1993) aus Nord-Togo. Über den gold-führenden Grünsteingürteln der Nordäquatorialschwelle in der Zentralafrikanischen Republik treten gleichfalls ausgedehnte, von mehreren Geländestufen unterbrochene Eisenkrustenniveaus auf, die wahrscheinlich im Pliozän und im Altquartär gebildet wurden (Abb. 9.90).

Die Tatsache, dass auch unter heutigen Regenwäldern Eisen-krusten gefunden wurden, für deren Aushärtung ein Klima mit mehrmonatiger Trockenzeit oder eine Rodung des Waldes erfor-derlich, ist ein weiteres Indiz dafür, dass Klima- und Vegetations-wandel tatsächlich stattgefunden haben (Runge 2001).

Im heutigen wechselfeuchten Tropenklima sind in den Rumpf-flächen Mikropedimentationsstufen verbreitet, die die Hänge rückschreitend bis zur flachen Wasserscheide hinaufwandern (Abb. 9.91). Dieser Vorgang unterstreicht die mehrphasige und vor allem klimamorphologisch gesteuerte Entwicklungs-geschichte der Rumpfflächen. Das von Rohdenburg (1969) und Fölster (1969) in Nigeria entwickelte Pedimentationsmodell erklärt sowohl die Entstehung der Stufen, als auch den wenig sortierten Hangschutt (*stone-line*) mit dem darüberliegenden Feinmaterial auf den flachen Hängen (Abb. 9.92). Der oberflä-chennahe Untergrund in den wechsel- und immerfeuchten Tro-pen wird oft von allochthonen, mehrschichtigen Pedisedimenten gebildet. Meist liegen diese über unterschiedlich stark abge-tragenem Saprolit. Steinlagen werden jedoch nicht nur durch das Pedimentationsmodell erklärt. Sie können auch als ober-flächliche Residualablagerungen von verwitterungsresistenten Quarzen (*palaeopavements*) aufgefasst werden, die im Laufe der Landschaftsgeschichte durch feinkörniges Material überdeckt wurden. Dabei spielt die zoogene Materialaufbringung durch Bioturbation eine nicht zu unterschätzende Rolle. Die Mächtig-keiten der durch Termiten akkumulierten Deckschichten im Re-golith Afrikas und Australiens schwanken zwischen 5 und 75 cm je Jahrtausend (Runge & Lammers 2001).

In stärker reliefiertem Gelände, wie im ostafrikanischen Ruanda, muss auch Bodenkriechen (*creep*) während des Holozäns in Be-tracht gezogen werden (Moeyersons 2001). In unmittelbarer Umgebung gegenwärtiger und früherer fluvialer Systeme können Steinlagen auch als Schotterfluren von Altarmen und als terras-senartige Sedimente verstanden werden, die in der weiteren Ent-wicklung durch alluviales und kolluviales Feinmaterial bedeckt wurden (Runge 2001). Die Frage, was von dem geschilderten Inventar auf wechselnde Entwicklungsphasen (geomorphoge-netische Systeme), was auf den Menschen (geomorphologisches Kontrollsystem) und was auf das klimazonale Prozess-Response-System zurückzuführen ist, lässt sich (noch) nicht befriedigend beantworten.

Formengemeinschaften der ariden und semiariden Gebiete

Bernhard Eitel

Typische Formengesellschaften treten sowohl in den trocke-nen Mittelbreiten als auch in den subtropisch-tropischen Tro-ckengebieten auf. In den Steppen und benachbarten (Halb-) Wüsten der Erde fällt der Niederschlag vorwiegend advektiv durch auslaufende (innerkontinentale Lage) oder sehr abge-schwächte Tiefdruckausläufer (z. B. durch Lee-Lage) inner-halb der Westwindzone. Kennzeichnend für die Niederschläge in den niederen Breiten sind die mit zunehmender Trockenheit wachsende raumzeitliche Variabilität und die überwiegend kon-vektiv, das heißt im Zuge von Gewitter, fallenden Starkregen. Die Landoberflächen unterliegen in den Trockengebieten einem komplexen **Wirkungsgefüge aus fluvialer und äolischer Geo-morphodynamik** und sind vielfach Übergangslandschaften zwischen den Feuchtklimaten einerseits und den ariden Land-schaften (Halbwüsten und Wüsten) andererseits. Der Wechsel von Feucht- und Trockenphasen über größere Zeiträume hin-weg (Klima- und Umweltwandel im Verlauf der Erdgeschichte) hat die Formen-Palimpseste unter semiaridem Klima ebenso geprägt wie jahreszeitliche Wechsel zwischen Regen- und Trockenzeit. Das Zusammenspiel von Niederschlag und Ab-fluss mit äolischer Dynamik wird besonders am Beispiel der Pfannen und Lunette-Dünen deutlich, die für viele sehr **flache semiaride Landoberflächen** typisch sind – besonders, wenn feinkörnige Sedimentgesteine anstehen. Der Auslöser für die Entstehung von Pfannen ist eine Vegetationsschädigung z. B. durch die Konzentration von Weidetieren an einer kleinen Wasserstelle nach der Regenzeit. Die Tiere zerstören nicht nur die Vegetation, sondern lösen vor allem durch Huftritte auch Feinmaterial aus dem Boden- oder Sedimentverband, sodass die Auswehung in der nachfolgenden Trockenzeit sehr effizient ansetzen kann. Die allmähliche Tieferlegung verstärkt ihrer-seits den Oberflächenzufluss in der nächsten Regenzeit und die Abspülung der flachen Hänge, sodass sich immer mehr Wasser und etwas Feinmaterial in der entstehenden Deflationswanne sammeln können. Dies erhöht wiederum die Attraktivität für Wildtiere oder Nutztiere, führt zu beschleunigter Vegetations-zerstörung, vermehrter Auswehung und Tieferlegung. Ein sich selbst verstärkender Formungsprozess kommt in Gang, der durch intensivierte Verwitterungsprozesse am Boden der Hohlform vor allem über Salzverwitterung und Hydratation noch beschleunigt wird. Sobald sich in der Regenzeit ein flacher See ausbilden kann, entsteht die Pfanne. Ihr flacher Boden ist vegetationslos, da er saisonal geflutet ist und in der Trocken-zeit den Hauptauswehbereich darstellt. Nun entwickelt sich die Pfanne nur noch langsam in die Tiefe, aber umso effizienter in die Breite. Durch Abspülung der Hänge und Deflation des eingetragenen Materials dehnt sich die Pfanne immer stärker aus. Unterstützt durch eine bevorzugte Windrichtung (z. B. im Wirkungsfeld quasistationärer Hochdruckgebiete) erfolgt zudem die Auswehung vor allem auf der windabgewandten Pfannenseite. Während die staubigen Partikel der Schluff- und Tonfraktion in Suspension weit fortgetragen werden, wird der

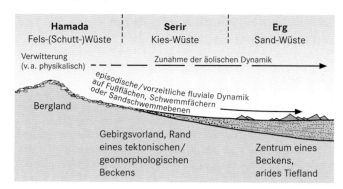

Hamada	**Serir**	**Erg**
Fels-(Schutt-)Wüste	Kies-Wüste	Sand-Wüste

Verwitterung (v. a. physikalisch) — Zunahme der äolischen Dynamik →

Bergland

episodische/vorzeitliche fluviale Dynamik auf Fußflächen, Schwemmfächern oder Sandschwemmebenen →

Gebirgsvorland, Rand eines tektonischen/ geomorphologischen Beckens

Zentrum eines Beckens, arides Tiefland

Abb. 9.93 Modellhafte Darstellung der wichtigsten Großformengesellschaften des ariden Dreiklangs: Hamada, Serir und Erg sind letztlich polyklimatische Formengesellschaften und stehen in einer gesetzmäßigen Abfolge, die aus dem Wechsel von Feucht- (früher auch Pluvialzeit genannt) und Trockenzeiten im Laufe der jüngeren Erdgeschichte (vor allem im Quartär) hervorgegangen ist. Die Hamada stellt ein dauerhaftes Abtragungsgebiet dar. Unterschiedlichste Verwitterungsprozesse haben hier residualen, groben Verwitterungsschutt produziert, während kleinere Verwitterungsmaterialien fluvial und äolisch abgetragen wurden. Die Formengenese unter feuchtklimatischem Einfluss führte vor allem zu den weiten Serirflächen, die meist aus ehemaligen Schwemmfächern gebildet werden. Die äolische Geomorphodynamik dominiert in den Ergs, wo die ehemals fluvial antransportierten Sande zu Dünen akkumuliert wurden oder werden.

Sand saltierend aus der Pfanne geweht und auf ihrem Rand zu Dünen (*lunette dunes*) akkumuliert. Die Formengesellschaft der Pfannen und ihrer Randdünen ist damit – typisch für semiaride Gebiete – fluvio-äolisch entstanden.

Semiaride (Mittel-)Gebirgsreliefs sind vor allem durch die fluviale Dynamik geprägt. In heute sehr trockenen, aber ehemals feuchteren Gebirgsländern sind Wüstenschluchtenreliefs typisch. Die heftigen, aber oft räumlich eng begrenzten, regenzeitlichen Niederschläge führen bei hoher Reliefenergie zu starken Abtragungsereignissen und zum Transport nicht nur des feinen, sondern auch des groben Verwitterungsmaterials. Die lokalen Niederschlagsereignisse erzeugen aber nur begrenzten Abfluss. Bereits nach kurzer Distanz versickert oder verdunstet das Wasser, sodass nicht nur in der Trockenzeit die Flussbetten immer wieder trockenfallen. Binnensedimentation ist damit häufig. Dies kann zur Verfüllung weiter Becken ebenso wie zur Akkumulation in engen Talzügen und Schluchten führen. Enden die Abflussereignisse immer wieder im gleichen Talabschnitt, können viele Meter mächtige feinkörnige Flutauslaufsedimente (*river-end deposits*) akkumuliert werden. Aber auch kurzzeitige hoch turbulente Hochflutereignisse mit viel Suspensionsfracht sind in der Lage, hinter Felshindernissen oder in tributär einmündenden Talweitungen Feinsedimente abzulagern (*slackwater deposits*). Hygrische Oszillationen führen so zu ausgeprägten Terrassen, die sehr viel Feinmaterial enthalten, das wieder äolisch umgelagert werden kann. Besonders die ausgewehten Schluffe können in umgebenden semiariden Landschaften mit ihrer dichten Grasvegetation (Trockensteppen bzw. Savannen) ausgedehnte Lösslandschaften bilden (Trockengebietslöss).

An **Steilstufen** oder **Gebirgsrändern mit flachem Vorland** sind häufig Fußflächen entwickelt. Derartige Großformen bilden durch wiederholte Klimawechsel in semiariden Gebieten oft komplexe Fußflächensysteme. Bereits geringe Schwankungen hin zu feuchteren Bedingungen ermöglichen die Zerschneidung bzw. Zertalung der Fußflächen. Anschließender Klimawandel wieder zurück zu trockeneren Verhältnissen mit raumzeitlich punktuellen Starkregen fördert dagegen erneut die Schichtflutendynamik und damit die Pedimentation. Ineinander geschachtelte Fußflächen sind die Folge derartiger Klimaschwankungen. In vielen semiariden Gebieten münden diese Flächen in Seen,

Abb. 9.94 Hamada im Hochland von Nordjemen: Grober basaltischer Verwitterungsschutt prägt hier die Abtragungslandschaft (Foto: B. Eitel).

Viele **Wüsten** der Erde waren vormals semiarid und besitzen reliktisch Formengesellschaften wie sie oben skizziert wurden. Den größten Teil nimmt der sog. aride Dreiklang ein (Abb. 9.93), Landschaftstypen, die genetisch eng mit der Formung in Gebirgen und den zu den angrenzenden tektonischen Becken gerichteten Vorländern verknüpft sind. Die felsigen Hochgebiete mit ihrem groben Verwitterungsschutt werden als Hamada (arabisch für „die Unfruchtbare"; Abb. 9.94) bezeichnet. Die zu den Becken überleitenden Flächen sind meist ehemalige Fußflächen oder Schwemmfächer, die abhängig von ihrem Alter mehrere 100 km Längserstreckung haben können. Da die feineren Sedimente längst aus den Oberflächensedimenten ausgeweht wurden, hat sich oft ein Wüstenpflaster aus Schotter und Kies gebildet (Exkurs 9.12). Dieser Wüstentyp wird auch als Serir (arabisch für „die Kleine"; Abb. 9.95) bezeichnet. Diese Flächen dachen in Richtung großer Tiefländer und Becken ab, in denen unter feuchteren Bedingungen einst Seen oder weite Flussauen entstanden. Das fluvial herangebrachte Feinmaterial wurde und wird unter ariden weitestgehend vegetationslosen Bedingungen äolisch verfrachtet. Diese ariden Tiefländer sind bedeutende Quellen für Mineralstaub, der in Suspension weiträumig verweht wird (z. B. Saharastaub bis ins Amazonasbecken). Die Sande dagegen werden über kürzere Distanzen zusammengetragen und bilden dann große Dünenfelder, die sich bis zu einem Erg (arabisch für „Sandwüste"; Abb. 9.96) entwickeln können. Alte stationäre Großdünen (Draa-Dünen), die sich an das regionale Windfeld angepasst haben, bilden hier zusammen mit verschiedensten Typen von Wanderdünen eine eigenständige Formengesellschaft (Abb. 9.59).

Abb. 9.95 Serir in der Südwest-Kalahari, Namibia: Die Schotter und Kiese belegen die fluviale Formung der Landoberfläche, aus der viel Feinmaterial ausgeweht wurde, sodass die gröberen Komponenten häufig ein dichtes Wüstenpflaster bilden (Foto: B. Eitel).

Salzseen (z. B. Bolsone, Schotts) oder große Flusstäler, in denen die Schichtfluten auslaufen und zuletzt viel Feinsediment ablagern.

Abb. 9.96 Erg in der nördlichen Atacama, Peru: Der Dünensand, der über Fußflächen und ephemere Abflusssysteme fluvial in die Wüste transportiert und zusammengeweht wurde, bildet eine Landschaft aus Dünen unterschiedlicher Genese und Dynamik (Foto: B. Eitel).

Kapitel 9

Exkurs 9.12 Wüstenpflaster

Arno Kleber

Steinpflaster oder Wüstenpflaster (engl. *desert pavements*) sind verbreitete Oberflächenformen insbesondere der vollariden Gebiete. Sie bestehen aus einer meist einlagigen Anreicherung von Gesteinsfragmenten, unter denen feineres Material folgt. Klassisch werden sie als Residualbildungen gedeutet, also als ehemaliges Mehrkomponentengemisch, aus welchem das feinere Substrat durch Auswehung oder Auswaschung abgeführt wurde. Vielfach kann diese Erklärung jedoch widerlegt werden, da sich unter den Steinen keine weiteren Steine finden lassen bzw. sogar in größeren Tiefen begrabene Steinpflaster auftauchen können, und weil Datierungen ein relativ junges Alter des Feinmaterials unter den Steinen ergeben, wogegen der residuale Anreicherungsvorgang viel Zeit in Anspruch nehmen und das Substrat demgemäß viel älter sein müsste (Dietze et al. 2016).

Dieses Feinmaterial ist in beinahe allen genauer erforschten Fällen äolischen Ursprungs, meist Wüstenlöss. In der Mojave-Wüste, Kalifornien, wurde ein komplexer Erklärungsansatz entwickelt: Die als Verwitterungsprodukte des anstehenden Gesteins auf der (ehemaligen) Erdoberfläche liegenden Gesteinsfragmente erhöhen die Oberflächenrauigkeit. Dies führt zu verstärkter Akkumulation durch den Wind, sodass sich Feinmaterial im Windschatten der Steine ablagert. Beim nächsten Regenereignis wird es unter die Steine oder in Trockenrisse des sich bildenden Sedimentpolsters gespült (McFadden et al. 1986). So bleiben die Steine an der Oberfläche, während der Wüstenlöss unter ihrem Schutz immer weiter anwächst. Dies kann in der Nähe von ergiebigen Auswehungsgebieten – in der Mojave ist das ein episodisch trockenfallender See – sehr schnell vonstattengehen (Dietze et al. 2016). Aufgrund der Bedeutung der globalen atmosphärischen Staubbilanz für die Modellierung des Klimawandels erhält die Frage, ob Wüstenpflaster eher Quellen oder Senken von Staub sind, aktuelle Relevanz.

Über diesen Anreicherungseffekt hinaus zeigen Wüstenpflaster, gleichgültig ob sie begraben sind oder an der Oberfläche liegen, bei ca. 75 % der Messungen bevorzugte, im Einzelnen komplexe Einregelungsmuster ihrer Steinlängsachsen. Einregelung entsteht durch laterale Bewegungen; die Steine sind also nicht nur an Ort und Stelle aufgewachsen, sondern darüber hinaus einem – wenn auch noch so geringen – Gefälle folgend transportiert worden. Die dahinterstehenden Prozesse sind erst zum Teil verstanden – Schichtfluten und aus dem Boden aufsteigende Luft scheinen daran beteiligt zu sein. Jedoch kann als gesichert gelten, dass die Struktur des Bodens dabei eine wesentliche Rolle spielt und dass sich zerstörte Wüstenpflaster im Laufe der Zeit regenerieren können (Dietze & Kleber 2011) – wichtig zu verstehen, wenn solche Landschaften genutzt und dabei gestört werden, z. B. beim Bau solarthermischer Anlagen.

Formengemeinschaften der Gebirge

Heinz Veit

Das Gebirgsrelief ist sehr komplex und in seiner Ausprägung von einer Vielzahl von Faktoren abhängig. Neben dem Klima zählen hierzu vor allem der geologisch-tektonische Baustil und das Alter der Gebirge. Das Alter steuert die mögliche Anzahl an Reliefgenerationen, die sich unter unterschiedlichen Klimabedingungen der Vergangenheit und durch unterschiedlich starke tektonische Heraushebung entwickeln konnten. Alte kaledonische und variskische Gebirge, wie beispielsweise das schottische Hochland oder der Ural sind in der Regel stark abgetragen und zeigen ein

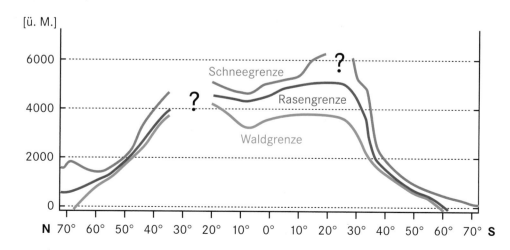

Abb. 9.97 Ausgewählte Höhengrenzen der Gebirge entlang eines Meridionalprofils durch Nord- und Südamerika. Im subtropischen Nordamerika reichen die Gebirgshöhen nicht aus, um die Wald-, Rasen- oder Schneegrenzen zu erreichen. In den südamerikanischen Subtropen ist es zu trocken für die Ausbildung von Gletschern (verändert nach Richter 1996).

Abb. 9.98 Formengemeinschaften der Hochgebirge: **a** alpines Relief an der Südflanke des Aconcagua (argentinische Anden), **b** Glatthang-Relief in den eiszeitlich weitgehend unvergletscherten Abschnitten der subtropischen Anden (Nordchile), **c** Schutthalden an den Drei Zinnen in den Dolomiten (Alpen) und **d** Rutschung unter dichtem tropischem Bergwald (Bolivien, Fotos: H. Veit).

eher weiches Relief mit Hochflächen, in die stellenweise tiefe Täler eingeschnitten sind. Größere Höhen werden bei diesen alten Gebirgen nur erreicht, wo durch jüngere Reaktivierungen, beispielsweise durch postglaziale Glazial-Isostasie (Skanden; Exkurs 9.3), Heraushebung stattfand. Känozoische Gebirge ragen oft bis über die Wald- und Schneegrenze hinaus. Sie sind in der Regel rezent vergletschert, oder wiesen in den Eiszeiten – je nach Klimazone – eine mehr oder weniger starke Vergletscherung auf. Ganz jungen vulkanischen Hochgebirgen wie auf Hawaii oder in Teilen der südamerikanischen Anden fehlen die glazialen Überprägungen und ein typisch „alpines" Relief dagegen vollständig.

Hochgebirge weisen aufgrund ihrer großen Vertikalerstreckung einen **hypsometrischen Formenwandel** auf. Je höher die Gebirge sind und je näher sie sich den Tropen befinden, umso mehr geomorphologische Höhenstufen sind entwickelt. In den Polargebieten reicht die nivale bzw. periglaziale Höhenstufe bis auf das Meeresniveau hinab, während in äquatorialen Breiten über der oberen Waldgrenze noch mehrere Höhenstufen folgen (Abb. 9.97).

Als älteste Formenelemente treten in den Hochlagen der Gebirge **Flächenstockwerke** auf, die durch eine Kombination von tropisch-randtropischen Klimaten im Tertiär und phasenhafter

tektonischer Heraushebung entstanden sind. Häufig tragen diese Flächen noch Reste der ursprünglichen Verwitterungsdecke, wie tropische Rotlehme oder Saprolite. In subtropisch-randtropischen Trockenklimaten, wie in den zentralen Anden, und auf durchlässigen Gesteinen, wie in den ostalpinen Kalkalpen, sind die Flächenstockwerke häufig noch gut erhalten, während sie in den humiden Gebirgen der Tropen und Ektropen auf undurchlässigen Gesteinen stärker abgetragen und teilweise bis zur Unkenntlichkeit zerschnitten sind.

Höhenstufen reagieren sensitiv auf **Klimaschwankungen** mit Änderungen der Höhenlage und der vertikalen Ausdehnung sowie Intensitätsschwankungen der Formungsprozesse innerhalb einer Höhenstufe. Im Wechsel von quartären Eis- und Warmzeiten erreichten diese Höhenänderungen in vielen Gebirgen der Erde Dimensionen von deutlich mehr als 1000 m (Schneegrenze, Waldgrenze), was Spuren im Relief hinterließ. In humiden Gebirgen der Ektropen reichten eiszeitlich die Gletscher und die periglaziale Höhenstufe häufig bis weit in die Vorländer bzw. bis auf das Meeresniveau und ließen den typischen Formenschatz der glazialen Serie mit Sandern, Endmoränen, Zungenbeckenseen und Grundmoränen zurück (Abb. 9.81). In den Hochlagen bildeten sich Erosionsformen wie Kare, Trogschultern, Trogtäler, Rundhöcker, Hängetäler (Abb. 9.49) und Talübertiefungen

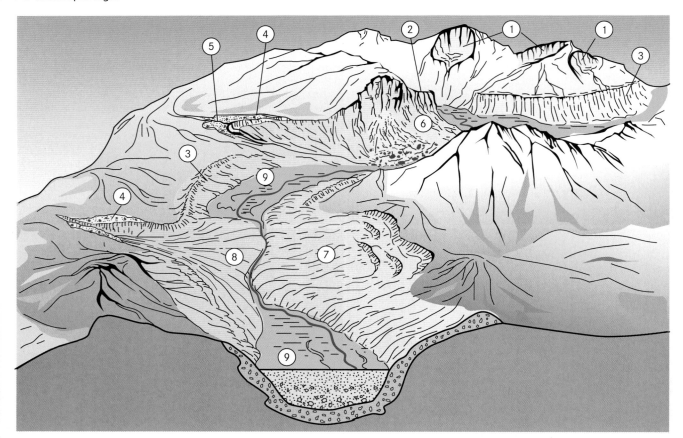

Abb. 9.99 Formenschatz und Ablagerungen eines glazial überprägten Tales. 1 = Kar, 2 = Trogschulter, 3 = Moräne, 4 = Kamesterrasse, 5 = Hängetal, 6 = Bergsturz, 7 = Bergzerreißung und Talzuschub, 8 = Schwemmkegel, 9 = Talboden mit holozänen und quartären Lockersedimenten (verändert nach van Husen 1987).

(Abb. 9.98a und 9.99). In den trockenen Subtropen und Tropen dagegen blieben die Gletscher in der Regel auch während der Maximalvergletscherung in den Gebirgstälern stecken, was sich – neben einem meist weniger intensiv ausgebildeten glazialen Formenschatz (Abb. 9.98b) – im Wechsel von typischen glazial geprägten Trogtälern in den Hochlagen zu fluvial geformten Kerbtälern in den unteren Höhenstufen widerspiegelt. Am Ende der letzten Eiszeit setzten mit dem massiven Abschmelzen der Gletscher verstärkt Prozesse der Massenverlagerung (Schutthalden, Bergstürze, Rutschungen) an den übersteilten Hängen ein (Abb. 9.99). Auch in eiszeitlich unvergletscherten Gebirgen sind die gravitativen Prozesse wegen der Steilheit der Hänge in Abhängigkeit vom geologischen Untergrund und von der Gesteinslagerung bis heute sehr aktiv (Abb. 9.98c und d). Wir erleben aktuell, wie durch den verbreiteten Anstieg der Schneegrenze, durch den Rückgang der Gletscher, das Abtauen des Permafrostes und durch die damit einhergehende Zunahme der Massenverlagerungen, selbst relativ kleine Klimaänderungen gravierende Auswirkungen auf die geomorphologischen Prozesse im Hochgebirge haben können (Veit 2002).

Die rezenten Höhenstufen und damit die aktuelle geomorphologische Formung zeigen einen typischen globalen Verlauf (Abb. 9.97). Die **Schneegrenze** erreicht nicht am Äquator,

sondern in den subtropischen Trockengebieten ihre höchsten Lagen. Bei extremer Aridität, wie in den chilenischen Anden, ist überhaupt keine Schneegrenze ausgebildet, weil es kein Höhenstockwerk gibt, in dem die Akkumulation die Ablation überwiegt. Hier vermisst man trotz Gebirgshöhen von mehr als 6000 m ü. M. den typisch alpinen Formenschatz (Abb. 9.98b). Es dominieren relativ glatte, unzerschnittene Hänge. Der alpine „Hochgebirgscharakter" ist dagegen in polaren Breiten bereits direkt oberhalb des Meeresspiegels ausgebildet. Die Schneegrenze trennt die nivale von der periglazialen Höhenstufe, die ihrerseits nach unten hin meist bis an die **Waldgrenze** stößt. Die periglaziale Höhenstufe ist in der Regel zweigeteilt in eine untere (alpine) Höhenstufe mit Vegetationsbedeckung (alpine Rasen, Puna, Páramo) und in die von Polsterpflanzen dominierte bzw. weitgehend vegetationsfreie Frostschuttstufe (subnivale Höhenstufe) oberhalb der **Rasengrenze**. Die periglaziale Höhenstufe erreicht ihre maximale vertikale Ausdehnung von bis zu mehr als 2000 Höhenmetern in den trockenen Gebirgen der Subtropen. Es dominieren flachgründige Solifluktion und die Ausbildung von periglazialen Kleinformen (Steinstreifen, Polygone) sowie Blockgletscher. In extrem ariden Abschnitten der Anden können wegen Wassermangels sogar die Blockgletscher fehlen. In den Gebirgen der feuchten hohen Breiten schrumpft die periglaziale Höhenstufe auf ein schmales Band zusammen und Waldgrenze und Schneegrenze haben nur eine geringe Vertikaldistanz von wenigen Hundert Höhenmetern. Innerhalb der periglazialen Höhengrenze ändert sich die frostbedingte Dynamik vom Jahreszeitenklima der Ektropen zum Tageszeitenklima der Tropen, was sich vor allem im unterschiedlichen Tiefgang des Bodenfrosts, der Anzahl der Frostwechsel und in der Intensität der Frostsprengung bemerkbar macht. Unterhalb der Waldgrenze dominieren schwerkraftbedingte Prozesse und fluviale Formung.

Aus der Summe dieser kurz skizzierten Faktoren haben sich in den unterschiedlichen Gebirgsräumen der Erde **typische Formengemeinschaften** gebildet, die man grob in eine Abfolge von tertiären Flächensystemen und quartären, glazigenen, periglazialen, fluvialen und durch Massenverlagerungen bedingten Formen gliedern kann. Die Komplexität der vertikalen Gliederung in geomorphologische Höhenstufen und die Ausbildung der einzelnen Formen variiert je nach Breitenlage, Geologie, Gebirgsalter und den klimatischen Verhältnissen (Rathjens 1982).

9.7 Geoarchäologie – von der Vergangenheit in die Zukunft

Einführung

Helmut Brückner und Renate Gerlach

Geoarchäologie ist die Beantwortung archäologischer Fragen mit geowissenschaftlichen Konzepten, Methoden und Kenntnissen. Im Kontext einer Grabung sind wichtige Aufgaben der Geoarchäologie die Klärung der Stratigraphie sowie der Entstehung, Veränderung und Erhaltungsbedingungen eines Fundplatzes bzw. von Befunden. Eine weitere Kernaufgabe ist die Rekonstruktion der früheren Umgebung einer archäologischen Stätte in Raum und Zeit. Dabei kommt den **Geofaktoren** Relief, Boden und Wasser besondere Bedeutung zu (Butzer 1982, Rapp & Hill 2006, Goldberg & Macphail 2006, Gilbert 2017; Abb. 9.100).

Aus geographischer Perspektive betrachtet, vereint diese noch junge Wissenschaftsdisziplin Inhalte und Methoden der modernen Physischen Geographie und der Humangeographie mit denen von Geowissenschaften, Biologie, Geschichtswissenschaften, Archäologie, Alter Geschichte sowie Vor- und Frühgeschichte. Zu den physisch-geographischen Disziplinen gehören u. a. Geomorphologie, Bodenkunde und Geoökologie, zu den kulturgeographischen vor allem die Historische Geographie, Siedlungs-, Stadt- und Agrargeographie sowie Landeskunde. Moderne Methoden der Fernerkundung fließen ebenso ein wie solche der Geochronologie. Darüber hinaus lebt die geoarchäologische Forschung von einer breit gefächerten Kooperation mit Nachbardisziplinen, etwa Paläobotanik und Paläoklimaforschung, aber auch Geophysik und Paläontologie. Sie ist damit insgesamt eine interdisziplinäre Wissenschaft par excellence und leistet einen wesentlichen Beitrag zur Vernetzung von kultur- und naturwissenschaftlichen Forschungsrichtungen (Brückner & Vött 2008).

Heute liegt eine starke Betonung auf der Betrachtung der **Gesamtheit der Naturfaktoren** und ihrer **Wechselbeziehung zum Menschen**. Die Geoarchäologie befasst sich daher mit der geowissenschaftlichen Dimension des Mensch-Umwelt-Beziehungsgeflechts. In einem interdisziplinären Ansatz werden einerseits Kulturentwicklungen vor dem Hintergrund des jeweiligen Naturraums sowie naturbedingter Umweltveränderungen untersucht, andererseits gilt es, die anthropogenen Faktoren des **Landschaftswandels** zu analysieren. Insgesamt werden unter Anwendung sowohl kultur- als auch naturwissenschaftlicher Methoden archäologisch-historische Fragestellungen im geographisch-geowissenschaftlichen Kontext betrachtet.

Die historischen Dimensionen der landschaftsprägenden Umwelt-Mensch-Beziehungen sind innerhalb der Geographie schon lange Gegenstand verschiedener Teildisziplinen. Entsprechende Arbeiten wurden früher unter Kategorien wie „Landschafts- und Umweltgeschichte" veröffentlicht (z. B. Jäger 1994, Denecke 1994, Goudie 1994, Bork et al. 1998). So wurzeln auch große Teile der heute als Geoarchäologie bezeichneten Forschungen in diesem Kontext.

Der Terminus **Landschaftsarchäologie** ist im deutschsprachigen Raum noch relativ jung. Im angloamerikanischen Raum wurde *landscape archaeology* seit Ende der 1970er-Jahre zunehmend populärer. Allerdings ist das Konzept, die archäologische Siedlungsgeschichte eines größeren Raums unter Berücksichtigung paläoökologischer Bedingungen zu betrachten, auch der Archäologie schon länger unter Begriffen wie Landesaufnahme, Siedlungsarchäologie oder Umweltarchäologie vertraut. Das Ziel landschaftsarchäologischer Arbeiten ist die Rekonstruktion von Siedlungslandschaften in ihrer natur- und kulturräumlichen Gesamtheit und mit ihren Wechselbeziehungen. Hierbei kommt der Einbeziehung geowissenschaftlicher Methoden und Ergebnisse ein hoher Stellenwert zu (Steuer 2001, Zimmermann et al. 2004, Haupt 2012). Basis und Mittelpunkt aller archäologischen wie auch geoarchäologischen Forschungen sind die im Gelände erhobenen Daten. Die drei Schritte einer archäologischen Maßnahme – Prospektion, Ausgrabung und Interpretation – werden von entsprechenden geoarchäologischen Themenkomplexen unterstützt.

Die **Erfassung und Bewertung von Fundstellen** gehört zur Grundlagenarbeit der Archäologie und insbesondere der archäologischen Denkmalpflege (*archaeological heritage management*). Für die Europäische Union verlangt die 1992 beschlossene Konvention von Malta einen weitgehenden Schutz des archäologischen Erbes vor Zerstörung und Überbauung – ein schwieriges Unterfangen, da die meisten archäologischen Fundplätze im Boden versteckt liegen. Stete Prospektionsmaßnahmen wie Feldbegehungen, geophysikalische Messungen, Interpretation von Fernerkundungsdaten (z. B. Orthofotos, LiDAR-Daten) müssen daher die vorhandenen Fundstellenarchive ergänzen. Hierbei spielt die quellenkritische Frage nach den Überlieferungsbedingungen archäologischer Substanz in der Pedosphäre eine zentrale Rolle.

Die Erkennbarkeit und Erhaltung einer archäologischen Fundstelle hängt ganz wesentlich von der **Unversehrtheit der heu-**

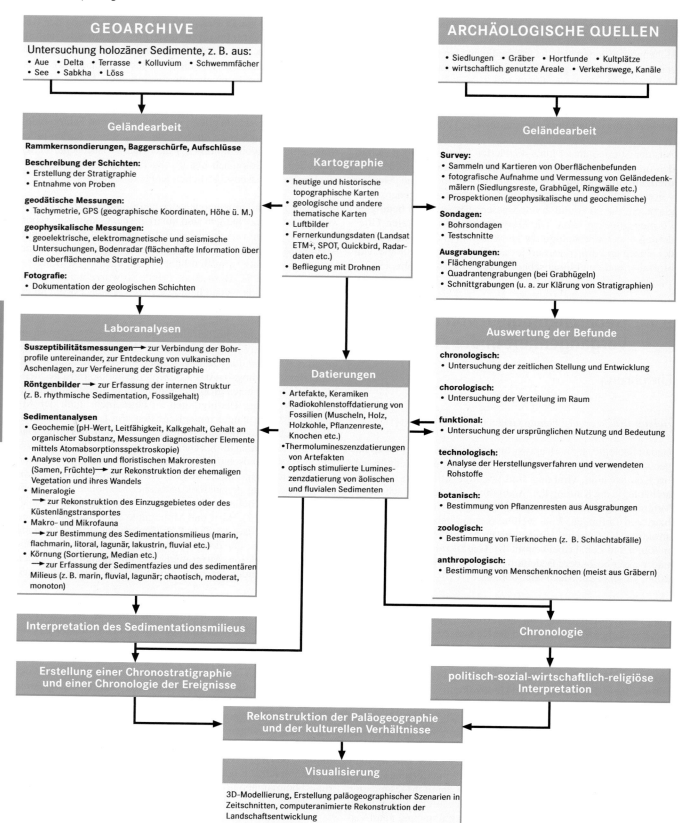

GEOARCHIVE

Untersuchung holozäner Sedimente, z. B. aus:
- Aue • Delta • Terrasse • Kolluvium • Schwemmfächer
- See • Sabkha • Löss

Geländearbeit

Rammkernsondierungen, Baggerschürfe, Aufschlüsse

Beschreibung der Schichten:
- Erstellung der Stratigraphie
- Entnahme von Proben

geodätische Messungen:
- Tachymetrie, GPS (geographische Koordinaten, Höhe ü. M.)

geophysikalische Messungen:
- geoelektrische, elektromagnetische und seismische Untersuchungen, Bodenradar (flächenhafte Information über die oberflächennahe Stratigraphie)

Fotografie:
- Dokumentation der geologischen Schichten

Laboranalysen

Suszeptibilitätsmessungen → zur Verbindung der Bohrprofile untereinander, zur Entdeckung von vulkanischen Aschenlagen, zur Verfeinerung der Stratigraphie

Röntgenbilder → zur Erfassung der internen Struktur (z. B. rhythmische Sedimentation, Fossilgehalt)

Sedimentanalysen
- Geochemie (pH-Wert, Leitfähigkeit, Kalkgehalt, Gehalt an organischer Substanz, Messungen diagnostischer Elemente mittels Atomabsorptionsspektroskopie)
- Analyse von Pollen und floristischen Makroresten (Samen, Früchte)→ zur Rekonstruktion der ehemaligen Vegetation und ihres Wandels
- Mineralogie
  → zur Rekonstruktion des Einzugsgebietes oder des Küstenlängstransportes
- Makro- und Mikrofauna
  → zur Bestimmung des Sedimentationsmilieus (marin, flachmarin, litoral, lagunär, lakustrin, fluvial etc.)
- Körnung (Sortierung, Median etc.)
  → zur Erfassung der Sedimentfazies und des sedimentären Milieus (z. B. marin, fluvial, lagunär; chaotisch, moderat, monoton)

Kartographie

- heutige und historische topographische Karten
- geologische und andere thematische Karten
- Luftbilder
- Fernerkundungsdaten (Landsat ETM+, SPOT, Quickbird, Radardaten etc.)
- Befliegung mit Drohnen

Datierungen

- Artefakte, Keramiken
- Radiokohlenstoffdatierung von Fossilien (Muscheln, Holz, Holzkohle, Pflanzenreste, Knochen etc.)
- Thermolumineszenzdatierungen von Artefakten
- optisch stimulierte Lumineszenzdatierung von äolischen und fluvialen Sedimenten

ARCHÄOLOGISCHE QUELLEN

- Siedlungen • Gräber • Hortfunde • Kultplätze
- wirtschaftlich genutzte Areale • Verkehrswege, Kanäle

Geländearbeit

Survey:
- Sammeln und Kartieren von Oberflächenbefunden
- fotografische Aufnahme und Vermessung von Geländedenkmälern (Siedlungsreste, Grabhügel, Ringwälle etc.)
- Prospektionen (geophysikalische und geochemische)

Sondagen:
- Bohrsondagen
- Testschnitte

Ausgrabungen:
- Flächengrabungen
- Quadrantengrabungen (bei Grabhügeln)
- Schnittgrabungen (u. a. zur Klärung von Stratigraphien)

Auswertung der Befunde

chronologisch:
- Untersuchung der zeitlichen Stellung und Entwicklung

chorologisch:
- Untersuchung der Verteilung im Raum

funktional:
- Untersuchung der ursprünglichen Nutzung und Bedeutung

technologisch:
- Analyse der Herstellungsverfahren und verwendeten Rohstoffe

botanisch:
- Bestimmung von Pflanzenresten aus Ausgrabungen

zoologisch:
- Bestimmung von Tierknochen (z. B. Schlachtabfälle)

anthropologisch:
- Bestimmung von Menschenknochen (meist aus Gräbern)

Interpretation des Sedimentationsmilieus

Chronologie

Erstellung einer Chronostratigraphie und einer Chronologie der Ereignisse

politisch-sozial-wirtschaftlich-religiöse Interpretation

Rekonstruktion der Paläogeographie und der kulturellen Verhältnisse

Visualisierung

3D-Modellierung, Erstellung paläogeographischer Szenarien in Zeitschnitten, computeranimierte Rekonstruktion der Landschaftsentwicklung

tigen Oberfläche ab. Dabei sind zunächst die quasinatürlichen Prozesse von Erosion und Akkumulation bedeutsam. „Die Reliefenergie als innere Gültigkeitsgrenze der Fundkarte" lautet daher auch der Titel einer landschaftsarchäologischen Arbeit (Saile 2001). Geoarchäologische Beiträge zur Prospektion nutzen in erster Linie Techniken und Kenntnisse aus der landwirtschaftlich-bodenkundlichen **Erosionsforschung**; das geoarchäologisch Besondere liegt in der landschaftsgeschichtlichen Zielrichtung und in der Verknüpfung mit archäologischen Fundplätzen. Beispielsweise lässt sich bei rezenten A-C-Böden, etwa Pararendzinen aus Löss oder Regosolen aus Sand, aufgrund bodenkundlicher Diagnose feststellen, ob die Erosion gegenwärtig anhält. Aber wann sie begann und wann welcher Fundhorizont zerstört wurde, wird nur im Zusammenhang mit archäologischen Befunden deutlich (wenn man z. B. aufgrund gesicherter Kenntnisse über die potenzielle Eintiefung von Fundamenten eine Kappung älterer Befunde erkennt, während jüngere Befunde weit weniger erodiert sind). Im Gegensatz dazu stehen Fundplätze, die durch die korrelaten Sedimente der Erosion (Kolluvien, Auenlehme) bestens geschützt, dafür aber im klassischen Oberflächenfundbild nicht sichtbar sind. Kolluvien selber sind (geo-)archäologische Befunde; sie belegen eine Rodungs- bzw. Nutzungsphase und damit eine ehemalige anthropogene Aktivität. Sie können datiert und analysiert werden, woraus sich zum Teil detaillierte Rückschlüsse auf ihre Entstehung und den originären Bodenzustand der jeweiligen Epoche ziehen lassen.

Umgestaltet wurden die Oberfläche und der ursprüngliche Boden auch massiv durch eine Vielzahl historischer Bodeneingriffe. Lehmentnahme für Ziegeleien (s. u.) oder Düngung mit diversen Bodenaufträgen (z. B. Plaggen-, Erd- oder Mergeldüngung) waren noch bis in die erste Hälfte des letzten Jahrhunderts in Mitteleuropa gängige Praxis (Gerlach 2017, Gerlach & Eckmeier 2012). Sie haben zu einer großflächigen, im Relief und Bodenaufbau aber nur schwer erkennbaren Veränderung der Pedosphäre geführt. Dadurch wurden Fundplätze abgedeckt und zerstört bzw. Funde an anderer Stelle angeschüttet (Scheinfundplätze). Aus der Notwendigkeit, diese Störungen der Fundverteilung zu detektieren, hat sich ein geoarchäologisches Forschungsfeld entwickelt, welches das Konzept der **anthropogenen Relieformung** ergänzt.

Eine Herausforderung ist ferner die **Archäoprognose** (*predictive modelling*). Es wird geschätzt, dass man in Mitteleuropa deutlich weniger als ein Drittel der vorhandenen Fundstellen kennt. Vorhersagemodelle können der Bodendenkmalpflege, deren Aufgabe es ist, das archäologische Erbe zu schützen, ebenso wie der Landschaftsarchäologie dabei helfen, Kenntnislücken zu überbrücken. Daher wird seit Jahren an der Möglichkeit einer Archäoprognose gearbeitet, die ganz wesentlich von der Annahme geleitet wird, dass die Wahl eines Siedlungsplatzes rational auf der Grundlage geographischer Fakten – wie Entfernung zu Wasserläufen, Hangneigung, Exposition, Bodengüte – geschieht.

Mittels Geographischer Informationssysteme (GIS) können spezifische **Umweltsteckbriefe** für bekannte Fundplätze ermittelt werden, die dabei helfen, die potenziellen Standorte bislang unentdeckter Fundplätze zu modellieren (Westcott & Brandon 2000, Kunow & Müller 2004, Münch 2006). Problematisch ist dabei, dass sich die geomorphologischen, pedologischen, hydrologischen und klimatologischen Verhältnisse je weiter zeitlich zurückliegend, desto stärker von den heutigen unterscheiden können. Berücksichtigt man dies, so ergibt sich dennoch aus der Kombination von archäologischen und paläogeographischen Datensätzen ein originäres Aufgabenfeld für die anwendungsorientierte Geoarchäologie.

Zusammenfassend kann man sagen, dass die auf einer Synopse aller geowissenschaftlichen und archäologischen Erkenntnisse basierte Erstellung von raumzeitlichen **Landschaftsszenarien** ein Hauptziel moderner geoarchäologischer Forschung ist. Dabei wird die jeweilige archäologische Stätte mit ihrem Umfeld in Zeitschritten rekonstruiert. Die 3D-Visualisierung dieser paläogeographischen Rekonstruktionen hilft der Präzisierung der Aussagen, macht den raumzeitlichen Wandel deutlich und ermöglicht es, die wissenschaftlichen Ergebnisse einem breiten Publikum nahezubringen.

Im Folgenden soll anhand von Beispielen aus Mitteleuropa, dem Mittelmeerraum, dem ariden Afrika und Südamerika (Peru) die Bandbreite und das Potenzial geoarchäologischer Forschungen verdeutlicht werden.

Evaluierung von Fundplätzen anhand geomorphologischer Kleinformen in Mitteleuropa

In dem durch Löss-, Sand- und Flusslandschaften dominierten Rheinland existierte früher eine Vielzahl ehemaliger Materialentnahmegruben, die heute weder auf topographischen noch auf bodenkundlichen Karten verzeichnet sind. In erster Linie wurden dort vor allem ab der frühen Neuzeit kalkhaltiges Material für die Mergeldüngung, später auch Lehm für die **Ziegelproduktion** gewonnen. Waren es zu Beginn des 19. Jahrhunderts noch die bäuerlichen Feldziegeleien, die den Rohstoff in relativ kleinen, dafür aber äußerst zahlreichen Lehmkuhlen gewannen und verarbeiteten, konnte der enorme Bedarf ab der Industrialisierung nur noch mithilfe der Ringofenziegeleien (seit 1858) befriedigt werden. Da die Ziegelei bis weit in das 20. Jahrhundert hinein ein Lokalgewerbe blieb, gibt es in allen dicht besiedelten mitteleuropäischen Regionen ausgeziegelte Landschaften in größerem Umfang (Doege 1997, Momburg 2000). Den Äckern, die sich später über Abbaufeldern und Lehmentnahmegruben ausbreiteten, sieht man die Zerstörung nicht mehr an, da das Loch mit dem

Abb. 9.100 Geoarchive und archäologische Quellen werden nach den Methoden der jeweiligen Disziplinen möglichst umfassend untersucht. Das zeitliche Gerüst liefern Datierungen (^{14}C, OSL), diagnostische Keramik und historische Quellen. Eines der Ziele ist die Rekonstruktion der raumzeitlichen Entwicklung der Paläogeographie und der kulturellen Verhältnisse, möglichst einschließlich einer computeranimierten Visualisierung (verändert nach Brückner 2011). ◀

verbliebenen Mutterboden und Bodenmaterial aus der Umgebung inklusive verlagerter Artefakte rasch wieder verfüllt wurde. Derartig angeschüttetes Bodenmaterial ist mit den Methoden der archäologischen Oberflächenprospektion, aber auch in bodenkundlichen Bohrungen nur schwer von echten Fundplätzen und einem natürlichen Bodenaufbau unterscheidbar.

Es gibt aber die Möglichkeit, wenigstens einen Teil dieser Bodenstörungen kartierbar zu machen. Der Schlüssel dazu sind **abflusslose Hohlformen**, die sich bei näheren Untersuchungen in den mitteleuropäischen Löss- und Sandlandschaften als unzureichend verfüllte bäuerliche Lehm-, Mergel- oder Sandgruben erwiesen haben (Gerlach 2017, Gillijns et al. 2005). In Grundmoränenlandschaften ist die rein geomorphologische Methode zwar nur bedingt anwendbar, da Toteislöcher (Sölle) und Pingos einen ähnlichen Kleinformenschatz wie die anthropogenen Gruben hinterließen; allerdings zeigten auch dort historische

Recherchen und Bohrungen, dass rund die Hälfte der Sölle auf anthropogene Materialentnahme zurückgeht (sog. Kultursölle; Klafs et al. 1973).

Am deutlichsten lassen sich die abflusslosen Hohlformen in digitalen Geländemodellen, die auf LiDAR-Daten beruhen, erkennen. Die historische Dimension wird durch die Hinzuziehung alter Kartenstände, Luftbilder und Archivdaten ergänzt. Die mithilfe dieser Reliefmerkmale ermittelbaren Bodenstörungen stellen allerdings nur einen Teil der tatsächlich vorhandenen dar. Es ist im rheinischen Tiefland damit zu rechnen, dass über 20 % der Oberfläche infolge von Plaggen- und Erddüngung, diversen historischen Materialentnahmegruben sowie durch Kolluviation anthropogen gestört sind.

Tab. 9.5 Grundzüge der geoarchäologischen Landschaftsgeschichte in den nordwesteuropäischen Löss-, Sand- und Flusslandschaften am Beispiel des Rheinlandes.

Zeitraum	Land-schaft	Boden	Relief	Wasser
Mesolithikum (9600–5300 v. Chr.)	Löss	Parabraunerden, Braunerden	Konservierung des Reliefs unter Wald	bis Boreal: Verlandung vieler kaltzeitlicher Gewässer
	Sand	reiner Sand: Podsol, ab 10 % Lehmgehalt: Braunerde		
	Aue	lückenhafte Auelehmdecke	holozäne Umlagerungs-terrassen	Mäanderfluss
Neolithikum bis ältere Bronzezeit (5500–1300 v. Chr.)	Löss	Parabraunerden, anthropogene „Schwarzerden" (mit pyrogenem Kohlenstoff)	erste lokale Reliefeinebnungen	Mäanderfluss
	Sand	reiner Sand: Podsol, ab 10 % Lehmgehalt: Braunerde	kaum Reliefveränderungen	
	Aue	lückenhafte Auelehmdecke	holozäne Umlagerungs-terrassen	Mäanderfluss
jüngere Bronzezeit bis Römerzeit (1300 v. Chr. –450 n. Chr.)	Löss	Bodenerosion, lokale Pseudovergleyung von Parabraunerden	1. Phase großräumiger Reliefeinebnungen	GW-Anstieg infolge Rodungen: neue Bäche entstehen
	Sand	Podsolierung infolge Rodungen und Übernutzungen	lokale Neuanwehung von Dünen	GW-Anstieg infolge Rodungen
	Aue	flächige Auelehmdecke	holozäne Umlagerungs-terrassen	ab Eisen-/Römerzeit: anastomosierende Flüsse, GW-Anstieg
Mittelalter bis 19. Jh. (500 n. Chr.–19. Jh.)	Löss	Bodenerosion, lokale Pseudovergleyung von Parabraunerden, Störungen durch Lehm- und Mergelabbau	2. Phase großräumiger Reliefeinebnungen, Runsenbildungen (SMA/FNZ)	kolluviale Verschüttung kleinerer Bäche
	Sand	Podsolierung durch Verheidung, Plaggenesche und Plaggenhieb	intensive Neuanwehungen (Wehsande; SMA/FNZ)	
	Aue	flächige Auelehmdecke	Steigerung der Bildung holozäner Terrassen	furkative Flüsse, Versandungen, GW-Anstieg
ab 19. Jh.	Löss	z.T. finaler Bodenabtrag, Störungen durch Lehm- und Mergelabbau	3. Phase großräumiger Reliefeinebnungen ab der 2. Hälfte des 20. Jh.	Gewässerregulierung GW-Absenkungen
	Sand	Störungen durch Sandabbau	Neuanwehungen (Wehsande)	GW-Absenkungen
	Aue	Störungen durch Lehm-, Sand-, Kiesabbau	Ende der Bildung von Umlagerungsterrassen	Flusskorrekturen, einbettiger Fluss, Kanalisierung

SMA = Spätmittelalter, FNZ = Frühe Neuzeit, GW = Grundwasser

Erkennung, Stratifizierung und Erklärung

Das Erkennen, Datieren und Erklären archäologischer Befunde während einer Ausgrabung ist zunächst eine Kernaufgabe der Archäologie. Die Notwendigkeit geowissenschaftlicher Begleitung von Ausgrabungen ergibt sich aus der Tatsache, dass auf mitteleuropäischen Fundplätzen die Mehrzahl der Befunde aus mit Bodenmaterial verfüllten Strukturen wie Gräben, Gruben und Pfosten besteht, deren Artefaktinhalt nicht immer eine eindeutige Datierung zulässt, da auch eine jüngere Verfüllung verlagerte ältere Artefakte enthalten kann. Zu einem geschlossenen Befund gehören aber nicht nur die Artefakte, sondern auch das umgebende Einfüllungssubstrat, welches zumeist aus ehemaligem Oberboden besteht. Eine Jahrhunderte oder gar Jahrtausende alte Verfüllung weist immer auch unterschiedlich ausgeprägte Verwitterungserscheinungen auf, die sich in Humusabbau, Aggregatbildung, redoximorphosen Erscheinungen, zum Teil Entkalkung, Verbraunung, Versauerung und Tonverlagerung manifestieren können. Mit paläopedologischen Kenntnissen sind alte und neue Befunde unterscheidbar. Daneben gibt es eine Vielzahl natürlicher Erscheinungen wie Pseudogleyfahnen und Kryoturbationen, die fälschlicherweise Pfosten oder Gruben suggerieren können. Das Erkennen und Bewerten dieser Befunde bedarf des geowissenschaftlichen Blicks.

Rekonstruktion der Geofaktoren Relief, Boden und Wasser

Drei Fragen sollten bei einer geoarchäologischen Analyse der Landschaft im Vordergrund stehen:

- Wie sahen die Geofaktoren im Umkreis eines archäologischen Platzes aus, als er besiedelt war?
- Wodurch und in welchem Ausmaß haben sich diese Faktoren seither verändert?
- Welche Standorte (Mesorelief, Bodentypen, Anschluss an Gewässer etc.) haben die verschiedenen Kulturepochen bevorzugt?

Bei der **geoarchäologischen Standortanalyse** wird teilweise auf den „Naturdeterminismus" zurückgegriffen, welcher Siedeln und Wirtschaften hauptsächlich aufgrund natürlicher Faktoren erklärte, da die vom Neolithikum bis zur Industrialisierung dominante agrarische Lebensweise eine Auswahl der Siedlungsplätze nach ihrem natürlichen Potenzial begünstigte. Seit der ersten Beackerung werden die Geofaktoren aber stetig verändert, sodass die Landschaft selbst inzwischen zum Artefakt wurde. Für die Löss-, Sand- und Flusslandschaften des Rheinlandes gibt Tab. 9.5 die Grundzüge der Standortänderungen wieder.

Wesentliche Fakten zur Landschaftsgeschichte liefert die Untersuchung terrestrischer (z. B. Kolluvien, Auensedimente), limnischer oder mariner Sedimentarchive. Die Korrelation mit archäologisch belegten Siedlungs- und Aktivitätsphasen, die Anbindung der Geoarchive an Fundplätze und die Einbettung archäologischen Fundgutes im Sediment helfen, die Prozesse zu datieren und zu deuten. Die Integration der daraus rekonstruierten Entwicklung der Geofaktoren Boden, Relief und Wasser in das Konzept der Landschaftsarchäologie ist Aufgabe der Geoarchäologie.

Der Beitrag der Geoarchäologie zur Erforschung archäologischer Stätten im Mittelmeerraum

Der Mittelmeerraum ist aufgrund seiner langen Besiedlungsgeschichte und der deutlichen Interdependenzen zwischen Mensch und Natur geradezu prädestiniert für geoarchäologische Forschungen. Schon früh wurde hier Fragen der Mensch-Umwelt-Interaktionen, fokussiert auf unterschiedliche Zeitebenen und meist lokalisiert an berühmten archäologischen Stätten, nachgegangen. Wegweisende Arbeiten befassten sich mit Küstenlandschaften und Hafenstädten in Griechenland und der Westtürkei, die durch den Vorbau von Deltas verlandet waren. Spektakuläre Beispiele sind Troia, Ephesus und Milet (Kraft et al. 1980, 2000, 2003a, b, 2007; Brückner et al. 2006, 2014, 2017; Stock et al. 2016).

Rekonstruktion der Landschaftsgeschichte

Ein Schwerpunkt der Geländearbeiten liegt in der Erschließung der **Geoarchive** durch Bohrsequenzen, da dies in Deltas und Flussauen bei dem in der Regel hoch liegenden Grundwasserspiegel die geeigneste und kostengünstigste Form der direkten Untergrunderforschung ist. Die Bohrkerne werden vor allem nach sedimentologischen und mikrofaunistischen Kriterien untersucht. Damit werden am besten die Übergänge vom marinen zum lagunären, limnischen und schließlich fluvialen Milieu – und damit der Deltavorbau – erkannt. In der Regel erfasst eine bis zu den präholozänen Schichten abgeteufte Bohrung den Transgressionskontakt, der durch die Überflutung der küstennahen Gebiete im Zuge des postglazialen Meeresspiegelanstiegs im Spätpleistozän bis Alt- und Mittelholozän (bis etwa 7000 Jahre v. h.) entstand. Auf diesen ersten Stranddurchgang folgen flachmarine Sedimente. Der anschließende Deltavorbau kündigt sich durch eine Zunahme der Sedimentationsrate an und dokumentiert sich im Übergang von flachmariner zu litoraler oder lagunärer Fazies (zweiter Stranddurchgang). Den Abschluss des Profils bilden in der Regel Alluvionen (Deltadeckschichten und Auenlehme). Gerade im Bereich ehemaliger Siedlungen sind die Geoarchive reich an Artefakten.

Die **Chronostratigraphie** der Bohrkerne basiert auf diagnostischen Keramikfunden und der ^{14}C-Datierung von organischem Material; dies wird durch weitere archäologische Evidenz und ggf. die historische Überlieferung ergänzt. Um die Landschaftsentwicklung möglichst genau zu rekonstruieren, bedarf es einer Vielzahl von Bohrungen bzw. Aufschlüssen. Im angeführten Beispiel eines Deltavorbaus ist die Datierung des zweiten Stranddurchgangs entscheidend. Zwei Probleme treten auf:

- In diesem ökologisch sensiblen Übergangsmilieu von flachmariner zu litoraler bzw. lagunärer Fazies gibt es aufgrund des seinerzeitigen Stresses bzgl. Temperatur, Salinität und Trübe nur wenige Fossilien.
- Die ^{14}C-Datierung von marinen Karbonaten (z. B. Muscheln, Ostracoden) ist wegen des nicht bekannten (Paläo-)Reservoireffekts problematisch, da alle Alter aufgrund des archäologischen Kontextes in siderische Jahre umgerechnet werden müssen.

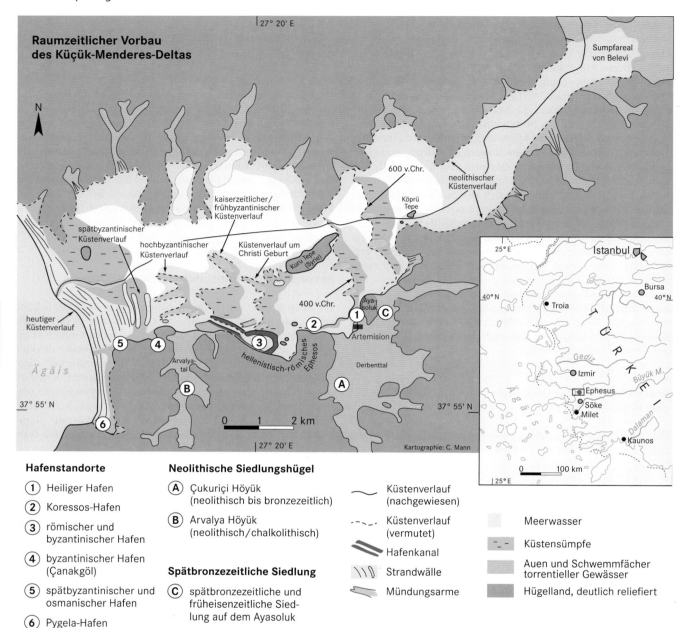

Abb. 9.101 Deltavorbau des Kleinen Mäanders („Küçük Menderes", in der Antike: Kaystros) in der Westtürkei. Dieses Szenario der Verlandung des ehemaligen Meeresgolfs mit Ephesus als berühmter archäologischer Lokalität basiert auf geoarchäologischer Evidenz. Grundlage für die Rekonstruktion ist die Auswertung von Bohrsequenzen in dem im Text beschriebenen Sinne. Im Zuge der postglazialen Meerestransgression entstand der bis zu dem heutigen Sumpfareal von Belevi reichende ephesische Golf. Danach hat der Fluss mit seinen Nebenflüssen diese Meeresbucht fast vollständig verfüllt. Ehemalige Inseln sind längst Teil der Flussaue geworden. Syrie (Kuru Tepe) ist das berühmteste Beispiel, dessen Verlandungsprozess Plinius d. Ä. (23–79 n. Chr.) bereits im 1. Jahrhundert n. Chr. in seiner „Naturgeschichte" treffend beschreibt (Naturalis historia). Spätestens seit der spätbyzantinischen Zeit trug auch die Küstenströmung durch den Aufbau eines Strandwallsystems zur Verlandung bei. Der andauernde westwärtige Deltavorbau machte eine mehrfache Verlagerung des Hafens unumgänglich. Durch den Bau eines Kanals versuchten die Epheser die Schiffbarkeit ihres Hafens zu erhalten – ein letztendlich vergebliches Unterfangen (verändert nach Brückner et al. 2017).

Besser geeignet sind in der Regel terrestrische Makroreste (z. B. Samen). Das in Abb. 9.101 wiedergegebene neueste Szenario für die Deltaentwicklung des Kleinen Mäanders (Küçük Menderes, in der Antike: Kaystros) in der Westtürkei wurde nach den oben genannten Kriterien erstellt. Durch die ständige meerwärtige Wanderung der Strandlinie musste der Hafen von **Ephesus** mehrfach nach Westen verlegt werden. Jahrhunderte lang kämpfte die Stadt gegen die Verlandung des römischen Hafens, was auch der lange Kanal verdeutlicht. Der Verlust der Hafenfunktion war ein Grund für den Niedergang dieser einst blühenden Hauptstadt der römischen Provinz Asia. Ähnliche Verlandungsszenarien gibt es für viele Hafenstädte der Antike.

Neuere Arbeiten haben gezeigt, dass Häfen exzellente **Geo-Bio-Archive** für die Landschafts- und Siedlungsgeschichte sein können. Günstigenfalls lassen sich anorganische und organische Kontaminationen ebenso nachweisen wie etwa Eier von Darmparasiten (für den römischen Hafen von Ephesus siehe Delile et al. 2015, Stock et al. 2016, Schwarzbauer et al. 2018; für Pergamons Hafenstadt Elaia siehe Shumilovskikh et al. 2016). Vorsicht ist allerdings geboten, weil es durch das Reinigen (Dredschen) der Häfen und das Lichten der Anker zu Erosionsdiskordanzen bzw. Turbationen gekommen sein kann. Unter Umständen lassen sich auch Aussagen über die Zeitdauer der Hafennutzung für unterschiedliche Schiffstypen machen (Seeliger et al. 2017).

Die holozäne Meeresspiegelentwicklung

Ein weiteres wichtiges Feld der geoarchäologischen Forschung im Mediterranraum ist die Rekonstruktion der **Meeresspiegelentwicklung** für das Holozän. Dies spielt vor allem für die Besiedlungsgeschichte der Küstenräume eine bedeutende Rolle. Der Verlauf der Meeresspiegelkurve lässt sich mit archäologischen (z. B. Schiffshäuser, römische Fischteiche), geomorphologischen (z. B. biogene Hohlkehlen, *beachrock*) und sedimentologischen (Küstentorfe) Kriterien eingrenzen (Brückner et al. 2010). Gestört wird das Bild durch die aktive Tektonik der Mediterraneis, was nicht zuletzt die in vielen archäologischen Stätten historisch belegten Erdbeben bezeugen. Letztlich lassen sich daher nur lokal gültige Meeresspiegelkurven aufstellen. Vor etwa 6000 Jahren transgredierte das Meer in vielen Gebieten am weitesten landeinwärts. Erst seitdem haben sich die meisten Küstenzonen und alle Deltas entwickelt.

Mensch oder Klima?

Neben diesen Forschungen wurde und wird insbesondere im Mittelmeerraum der Frage nachgegangen, inwieweit der Mensch oder das Klima der entscheidende Faktor des **holozänen Landschaftswandels** war. Vita-Finzi (1969) stieß diese Diskussion durch sein Werk „*The Mediterranean Valleys*" an. Darin vertritt er die These, dass auch der holozäne *younger fill* in den Flusstälern eine klimatische Ursache habe. In ihrem umfangreichen Werk über den europäischen Mediterranraum favorisieren Grove & Rackham (–) ebenfalls den klimatischen Faktor. Mittels geoarchäologischer Evidenz lässt sich aber eine diachrone Entwicklung deutlich machen: Geomorphodynamische Aktivitätsphasen mit Erosionsvorgängen und korrelaten Akkumulationsvorgängen lassen sich nämlich häufig mit Phasen der Siedlungsprogression korrelieren, während Stabilitätsphasen des Ökosystems zur Erosionsruhe und Bodenbildung aufgrund von Siedlungsregression führten (Brückner 1986, Brückner & Hoffmann 1992). Aufschlussreich ist in diesem Zusammenhang der palynologische Befund: Die Klimaxvegetation der östlichen Mediterraneis, der lichte laubwerfende Eichenwald, degradierte schon früh unter dem Einfluss des Menschen zu den Sukzessionsgesellschaften Macchie und Garrigue (z. B. Shumilovskikh et al. 2016).

Geoarchäologie und Landschaftswandel im ariden Afrika

Olaf Bubenzer, Michael Bollig und Heiko Riemer

In vielen Trockengebieten der Erde haben der Klimawandel, ein überdurchschnittlich hoher Bevölkerungsdruck und eine zunehmende Ressourcen-, Nahrungsmittel- und Energienachfrage zu Landnutzungsänderungen, Migration, Ausweitung von Bewässerungsflächen oder zunehmender Verstädterung und damit einhergehenden Prozessen der Bodendegradation oder gar Desertifikation sowie zu physischem oder ökonomischem Wassermangel geführt. Während in prähistorischer Zeit das menschliche Handeln von den naturräumlichen Bedingungen dominiert wurde, werden heute viele Stoffkreisläufe vom Menschen stark beeinflusst. Ein Verständnis der komplexen Mensch-Umwelt-Wechselwirkungen auf verschiedenen räumlichen und zeitlichen Maßstabsebenen erfordert ein interdisziplinäres Vorgehen und die Untersuchungen verschiedenster Archive. Wüstenränder bieten sich als sensitive Übergangsräume für solche Untersuchungen besonders an.

Für eine interdisziplinäre Untersuchung von **Interdependenzen zwischen ökologischem Wandel und kulturellen Prozessen** in einer einerseits durch Aridität und andererseits durch Instabilität geprägten Umwelt mit großen Schwankungen in der räumlichen und zeitlichen Ressourcenverfügbarkeit eignen sich insbesondere die Trockengebiete in Afrika (Abb. 9.102 und 9.105). Ein grundlegender Gedanke ist, dass menschliche Gesellschaften Anpassungsstrategien an eine in vielen Belangen instabile Umwelt immer wieder überprüfen und innovativ verändern. Zahlreiche Fallstudien zeigen, dass der Mensch selbst aktiv zum Wandel der Umwelt beiträgt, langfristig häufig im Sinne einer Degradation zentraler Ressourcen, oft aber auch mit Versuchen, Systemstabilität und nachhaltige Nutzung von Ökosystemen zu garantieren.

Seit Mitte des letzten Jahrhunderts sind die ariden Zonen Afrikas zunehmend im Zusammenhang eines umfassenden **Globalisierungsprozesses** zu sehen. Durch das Auftreten des kolonialen Staates und später des unabhängigen Nationalstaates wurden alternative Managementkonzepte entworfen, in denen dem Staat eine wesentliche Funktion beim Schutz der Ressourcen zukam und lokale Gemeinschaften weitgehend die Fähigkeit zur nachhaltigen Nutzung der Umwelt abgesprochen wurde. Zahlreiche Natur- und Nationalparks sowie die internationale Finanzierung von Schutzmaßnahmen zeugen heute davon, dass insbesondere die Savannen- und Wüstenregionen Afrikas in einer globalen Vision von Umweltschutz als unbedingt erhaltenswert gelten.

Holozäne Umwelt- und Besiedlungsgeschichte in der Ostsahara

In der Ostsahara wurde untersucht, wie der Mensch während der letzten 10 000 Jahre Wirtschaftsweisen und Lebensformen den dortigen hoch dynamischen ökologischen Bedingungen an-

Kapitel 9

Abb. 9.102 Landsat-5-Satellitenbild (etwa aus dem Jahr 1990) von Nordost-Afrika. Das Falschfarbenbild (Kanalkombination 7-4-2, RGB) gibt vor allem die Sandbedeckung, z. B. die Große Sandsee, das Niltal, das Nildelta, und die großen Schichtstufen, z. B. zwischen den Oasen Dakhla und Kharga, wieder (Bearbeitung: SFB 389, Teilprojekt E1).

Exkurs 9.13 Wüstenränder – sensitive ökologische, ökonomische und soziale Räume

Olaf Bubenzer

Während die Kernräume der sog. Landschafts- oder Öko-zonen gegenüber Veränderungen relativ stabil reagieren, weil sie z. B. Klimaschwankungen gut puffern können, sind deren Ränder vergleichsweise labil (Eitel 2007c). Dies gilt insbesondere für die Ränder der Trockengebiete, wo vor allem die Feuchteverhältnisse (Niederschlagsmenge, -ver-teilung und -intensität) zeitlich und räumlich stark variieren können. Als Faustregel gilt: Je geringer das langjährige Niederschlagsmittel eines Raums, desto variabler, also un-sicherer, ist die raum-zeitliche Verteilung (Warner 2004). In anderen Worten: je geringer die Frequenz, umso größer die Magnitude von Niederschlagsereignissen. In Wüstenrand-gebieten, die nicht über (fossiles) Grundwasser oder Fremd-wasser aus feuchteren Gebieten verfügen, ist Wasserknapp-heit ein weitverbreitetes Problem. Als Übergangsräume bilden Wüstenränder aber auch sensitive ökonomische und soziale Räume, in denen Konkurrenz um Ressourcen, über-durchschnittlich starkes Bevölkerungswachstum, Differen-zen zwischen verschiedenen Volksgruppen, Zuwanderung, Migration und Unterschiede zwischen globalen und regiona-len marktwirtschaftlichen Interessen Konflikte, Armut aber auch Innovationen erzeugen und erzeugt haben. Heute ist die Lebensqualität der in Trockengebieten lebenden Menschen im Mittel geringer als die der Bevölkerung anderer Öko-systeme. Dies wird z. B. durch eine geringe Wirtschaftskraft (weltweit geringstes Bruttosozialprodukt) und durch im Mittel höchste Kindersterblichkeitsraten deutlich (UNDDD 2010). Trockengebiete weisen allgemein ganzjährig oder periodisch aride Verhältnisse auf. Wasserknappheit und Dürren entstehen aber nicht nur infolge von kurzfristigen klimatischen Fluktuationen (Trocken- und Feuchtjahre) und Klimawandel, sondern auch durch die oben genannten Fak-toren, insbesondere durch Bevölkerungszunahme und auf-grund von Landnutzungsänderungen (z. B. Umwandlung von Weide- in Bewässerungsland) und Übernutzung. So erzeugen Desertifikation und Degradation weltweit jähr-liche Einkommensverluste von etwa 42 Mrd. US-Dollar. Vor diesem Hintergrund haben die Vereinten Nationen im Jahr 2010 die „Dekade für Wüsten und die Bekämpfung der Wüstenausbreitung" ausgerufen (UNDDD 2010).

Als Maß für die Aridität und deren Abgrenzung wird meist der sog. Ariditätsindex als Verhältniswert zwischen Niederschlag (N) und potenzieller Verdunstung (V_{pot}) angegeben (Thomas et al. 1997; Tab. A, Abb. A). Dieser Definition folgend leben mehr als 35 % der Weltbevölkerung in Trockengebieten, 90 % davon in Entwicklungsländern. Als grobe Faustregel können als Grenzen zwischen hyperariden und ariden Bedingungen etwa mittlere Jahresniederschlagssummen von 100 mm, zwischen semiariden und ariden Bedingungen etwa 250 mm (agronomische Trockengrenze) und zwischen semiariden und trocken subhumiden Bedingungen etwa 500 mm angenom-men werden. Für genauere regionale Betrachtungen von Tro-ckengrenzen müssen jedoch weitere Größen (Strahlungs- und Temperaturverhältnisse, Niederschlagsverteilung, Bodenart, Bodentyp etc.) herangezogen werden.

Mit Eitel (2008) lassen sich Wüstenränder definieren als Ge-biete, in denen Wechsel von semiariden (Savanne/Steppe) hin zu ariden Bedingungen (Wüste) oder umgekehrt auftreten können. Dieser Wechsel findet sowohl zeitlich (in Zeiträumen bis zu Jahrtausenden) als auch räumlich (über Entfernungen bis zu Hunderten von Kilometern) statt. Wüstenränder sind besonders geeignet, hydrologische Fluktuationen und deren Einfluss auf den Menschen zu erfassen. Die vorliegenden Stu-dien verdeutlichen aber auch den zunehmenden Einfluss des Menschen. Im Holozän dominierten noch zunächst die natür-lichen Verhältnisse und deren Veränderungen das Handeln des Menschen („reaktiv"; van der Leuuven & Redman 2002). In der weiteren Entwicklung führten Anpassungsstrategien und Vorratsbewirtschaftung zu einem immer stärkeren Voraushan-deln („proaktiv"; ebd.). Interessant ist, dass in verschiedenen Wüstenrandgebieten der Erde vergleichbare Kulturentwick-lungen stattgefunden haben. Die zunehmende anthropogene Einflussnahme führte zu Veränderungen in wichtigen Stoff-flüssen. Diese Mensch-Umwelt-Wechselwirkungen lassen sich dort für verschiedene Maßstabsebenen (global, regional, lokal) gut untersuchen. Umgekehrt führt die Sensitivität dazu, dass in nahezu allen Wüstenrandgebieten die Erhaltung, Ver-besserung oder das Erreichen politischer Stabilität und öko-logischer, ökonomischer und sozialer Nachhaltigkeit zu den größten Herausforderungen unserer Zeit zählen.

Tab. A Kennwerte von Trockengebieten (nach Thomas et al. 1997, MEA 2005, UNDDD 2010).

	Ariditätsindex [N/V_{pot}]	Fläche [Mio. km²]	globaler Anteil [%]	Bevölkerungsanteil [%]
trocken subhumid	0,5 bis < 0,65	12,8	8,7	15,5
semiarid	0,2 bis < 0,5	22,6	15,2	14,4
arid	0,05 bis < 0,2	15,7	10,6	4,1
hyperarid	< 0,05	9,8	6,6	1,7
Summe		60,9	41,1	35,7

Um das komplexe Zusammenwirken der verschiedenen Faktoren sowie deren Wechselwirkungen auf unterschiedlichen Skalenebenen untersuchen zu können, ist das Zusammenwirken von Natur-, Geistes-, Wirtschafts-, Rechts- mit Ingenieurswissenschaften und der Praxis gefragt. Dies zeigt sich z. B. auch im Ansatz des *Global Environmental Outlook* der Vereinten Nationen (UNEP 2007, 2012), in dem die Vulnerabilität der Trockengebiete anhand einer systematischen Clusteranalyse repräsentativer sozio-ökonomischer und naturräumlicher Indikatoren beschrieben wird (Abb. B):

- Kindersterblichkeit als Maß für die Lebensqualität
- Wasserstress, um die Beziehung zwischen Wasserbedarf und Wasserverfügbarkeit zu verdeutlichen
- Bodendegradation als Maß für die Intensität der landwirtschaftlichen (Über-)Nutzung
- landwirtschaftliches Nutzungspotenzial als Maß für die klimatischen Bedingungen und das Bodenpotenzial
- Straßendichte als Maß für die Infrastruktur

Forschungsbedarf besteht, neben dem jeweiligen grundlegenden Prozessverständnis, vor allem bezüglich einer realistischen Einschätzung der Dimensionen der bevorstehenden Veränderungen, etwa der Biodiversität, der Wasserressourcen, der Landnutzungs- und Siedlungsaktivität. Hierfür wurde z. B. im Dezember 2010 der Förderschwerpunkt „Nachhaltiges Landmanagement" vom Bundesministerium für Bildung und Forschung ins Leben gerufen (http://nachhaltiges-landmanagement.de/startseite/). Auch in verschiedenen „Megacity"-Forschungsprogrammen (DFG, BMBF, Helmholtz) wurden Städte in Wüstenrändern interdisziplinär untersucht (Fricke et al. 2009). Aufgrund der großen raumzeitlichen Variationsbreite der wirkenden ökologischen, ökonomischen und sozialen Faktoren, ihres komplexen Zusammenwirkens und der Dringlichkeit der geschilderten Probleme, sind weitere interdisziplinäre vergleichende Regionalstudien in repräsentativen Wüstenrandgebieten dringend erforderlich.

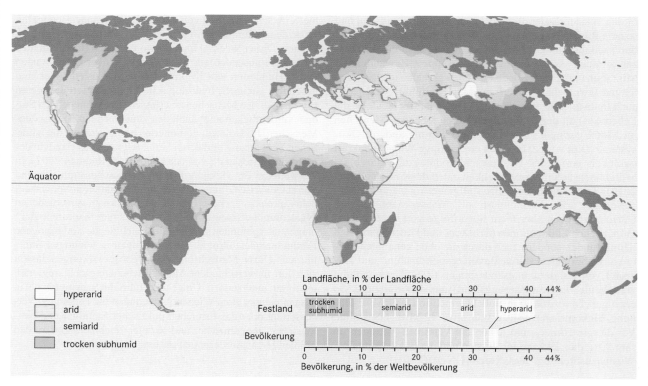

Abb. A Klassifikation der Trockengebiete der Erde (MEA 2005).

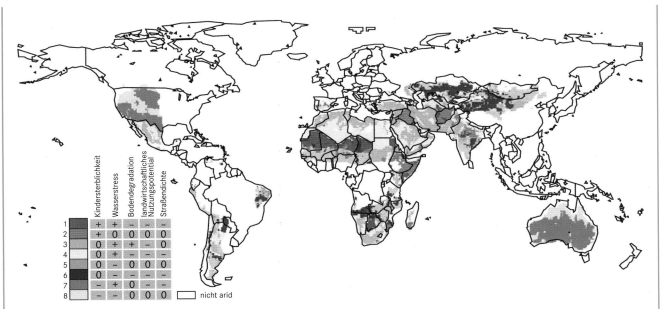

Abb. B Vulnerabilität von Trockengebieten. Qualitative Bewertung der repräsentativen Indikatoren: + hoher, − geringer, 0 mittlerer Wert für den spezifischen Indikator (nach UNEP 2007). In der Zusammenschau ergeben sich acht Konstellationen oder „Cluster" sozioökonomischer und natürlicher Bedingungen in Trockengebieten, die durch Farben dargestellt werden: von kräftigen Rottönen für stärkste Vulnerabilität bis zu neutralen Grautönen für geringste Vulnerabilität. Humide Gebiete sind in Weiß dargestellt. Cluster 1 und 2 sind die problematischsten. Sie kennzeichnen Gebiete mit großem Wasserstress, starker Bodendegradation, geringem landwirtschaftlichem Nutzungspotenzial, hoher Kindersterblichkeit und mittlerer Infrastruktur. Cluster 3 und 4 umfassen weite Gebiete mit gegenüber den Clustern 1 und 2 besseren Lebensbedingungen und ähnlichem Niveau der Wassererschließung. In einigen Regionen werden die Bodenressourcen stark übernutzt. Dies zeigt, dass die stärkste Vulnerabilität nicht zwangsläufig als Schicksal betrachtet werden muss. Cluster 5 und 6 verdeutlichen, dass eine verbesserte Wassernutzung allein nicht eine verbesserte Lebensqualität garantiert. Cluster 7 und 8 geben im Gegensatz zu Cluster 5 und 6 die Regionen geringster Vulnerabilität wieder.

Kapitel 9

gepasst hat. Dabei konnte durch die Verwendung kontrollierter Analogien die Vergangenheit helfen, die Gegenwart zu erklären und umgekehrt. Der betrachtete Raum erstreckt sich entlang eines über mehr als 1 500 km verlaufenden Nord-Süd-Profils von der ägyptischen Mittelmeerküste bis ins sudanesische Wadi Howar (Abb. 9.102). In der Kernzone, der Western Desert Ägyptens, herrschen heute hyperaride Bedingungen mit weniger als 5 mm Jahresniederschlag. Das Landschaftsbild prägen – neben einzelnen, durch fossiles Grundwasser gespeisten Oasen – Kalk- und Sandsteinwüsten sowie große Dünengebiete.

Die Zusammenarbeit von Wissenschaftlern zahlreicher Disziplinen (z. B. Archäologie, Botanik, Zoologie, Ökologie, Geowissenschaften und Geographie) ermöglichte, langfristige, über Jahrtausende dauernde Entwicklungen zu verfolgen. Aktualistische Vergleiche spielen dabei eine wichtige Rolle, um die Quellen der Vergangenheit zu interpretieren. So wurden z. B. Gebiete untersucht, die auch heute noch günstigere ökologische Bedingungen aufweisen und damit ehemals großräumiger vorhandene klimatische Bedingungen spiegeln (Exkurs 9.13). Für die Untersuchung großräumiger Verhältnisse wurde ein geoarchäologischer Ansatz gewählt, der eine Vorgehensweise auf mehreren räumlichen Ebenen und mit verschiedenen Methoden einschließt. **Archäologische Ausgrabungen** liefern detaillierte Einblicke in die menschliche Lebensweise, doch können sie aufgrund des großen Arbeitsaufwands nur an ausgewählten Plätzen erfolgen. Großräumige Kartierungen, bei denen stichprobenhaft oder flächendeckend Fundstellen nach bestimmten Schlüsselkriterien ohne detaillierte Ausgrabungen aufgenommen werden, liefern darüber hinaus Informationen „in der Breite". Beide Ansätze ergänzen sich, sodass die Repräsentanz der Ergebnisse überprüft werden kann. Archäologische Quellen sind aber auch für die Auswertung geowissenschaftlicher Archive von Bedeutung. Sie können mittels numerischer Datierungsverfahren, stratigraphischer Sequenzen oder chronologischer Vergleiche von Artefakttypen hoch auflösende Daten liefern. Weitere bedeutende Quellen zur Rekonstruktion der Umweltverhältnisse stellen Pflanzen- und Tierreste dar, die an Lagerplätzen der prähistorischen Menschen zurückgeblieben sind. Ihre Untersuchung obliegt der Archäobotanik und Archäozoologie mit Subdisziplinen wie der Anthrakologie (Holzkohlenanalyse) und der Pollenanalyse. In der Physischen Geographie spielen sedimentologische und geochronologische Untersuchungen von Aufschlüssen (z. B. Bestimmung von Korngröße, pH-Wert, Eisengehalt, ^{14}C- und Lumineszenzdatierungen) eine wichtige Rolle.

Die Auswertung der geomorphologischen Geländebefunde und die Analyse der digitalen Geländemodelle lässt die flächendeckende Auffindung von aktuellen und vorzeitlichen Reliefpositionen mit günstigen ökologischen Verhältnissen, das heißt mit einer höheren Wasserverfügbarkeit an der Oberfläche, zu

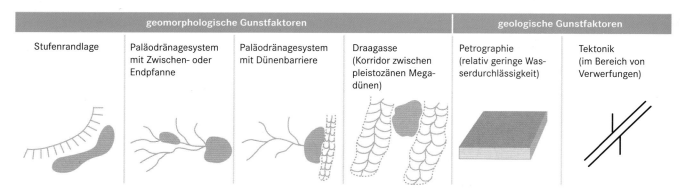

Abb. 9.103 Schematische Übersicht geomorphologisch und geologisch bedingter ökologischer Gunsträume in der Western Desert Ägyptens. Geomorphologische und archäologische Geländebefunde sowie flächendeckende Analysen mittels digitaler Geländemodelle einschließlich der Berechnung von Paläodrainagesystemen erbrachten, dass sich in der Western Desert außerhalb der Oasen archäologische Fundplätze der holozänen Feuchtphase (Abb. 9.104) bevorzugt in Reliefpositionen finden, die aufgrund geologischer und/oder geomorphologischer Gunstfaktoren nach Niederschlagsereignissen ein verstärktes Maß an Oberflächenwasser erhalten. Da mit Ausnahme der von stärkeren Abtragungs- und Aufschüttungsbeträgen betroffenen Reliefbereiche, beispielsweise in Dünengebieten oder in größeren Wadis, davon ausgegangen werden kann, dass sich die derzeitigen Reliefverhältnisse auf das gesamte Holozän übertragen lassen, ist hier ein aktualistischer Ansatz anwendbar (verändert nach Bubenzer & Riemer 2007).

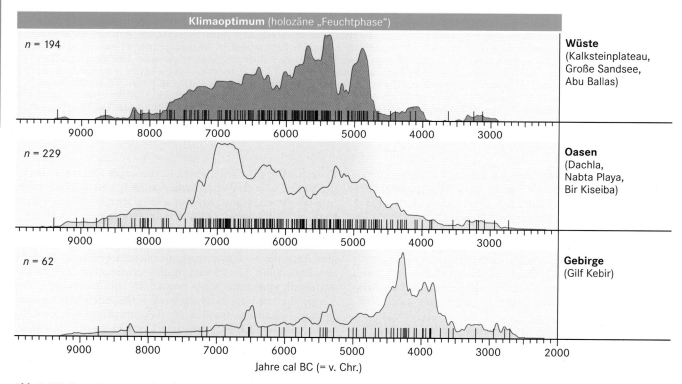

Abb. 9.104 Besiedlungsintensität als Anzeiger klimatischen Wandels in der Ostsahara: Annähernd 500 ^{14}C-Daten aus archäologischen Fundstellen unterschiedlicher Landschaftseinheiten belegen die holozäne „Feuchtphase" zwischen etwa 9000 und 4000 BC (Abb. 9.102). Die Daten sind in Kalenderjahren angegeben und als kumulative Kurven aufgetragen. Die Striche auf der Abszisse kennzeichnen die kalibrierten Mittelwerte der Einzeldaten. Im Gegensatz zu den Wüstenregionen, wo Menschen sehr rasch auf klimatische Verschlechterungen reagierten, zeigen sich in den eher klimaunabhängigen Landschaftseinheiten der Oasen oder in den Gebirgsregionen verzögerte Reaktionen auf den Klimawandel.

(Abb. 9.103). Folglich weisen solche Reliefpositionen häufig auch archäologische und geowissenschaftliche Archive auf, die eine Rekonstruktion des Kultur- und Landschaftswandels ermöglichen. Die Kombination der Erkenntnisse erlaubt schließlich für die jeweiligen Besiedlungszeiträume Aussagen zum Nutzungs-

potenzial verschiedener Landschaftseinheiten, z. B. von Hochflächen, Becken oder Stufenrändern.

Der holozäne Klimawandel in der Ostsahara lässt sich durch **Betrachtung von Besiedlungsveränderungen** in den Wüstengebieten über mehrere Jahrtausende besonders gut verfolgen. Die Oasen und das Niltal sowie die Gebirgsregionen sind für solche Untersuchungen eher ungeeignet, da sie durch ihre klimaunabhängige Versorgung durch Fremd- oder fossiles Grundwasser azonale Habitate bzw. Räume mit höheren Niederschlags- und Abflussmengen darstellen, die auch in längeren Trockenphasen besiedelt wurden. In den Wüstengebieten, wo menschliche Existenz auf durch Regenfälle episodisch gebildete Wasserstellen angewiesen ist, führt ein längerfristiges Ausbleiben der Niederschläge jedoch zur schnellen Bevölkerungsabnahme. Für die östliche Sahara geben etwa 500 ^{14}C-Datierungen aus archäologischen Fundstellen ein recht präzises Bild von der Besiedlungsdynamik und der ihr zugrunde liegenden Niederschlagsentwicklung im Holozän (Abb. 9.104). Früheste Besiedlungsspuren sind ab etwa 9000 cal BC belegt und korrespondieren unmittelbar mit dem Einsetzen von Sedimentationseinträgen, z. B. in Endpfannen. Im ägyptischen Teil der Ostsahara dauern die Besiedlungsvorgänge über einen Zeitraum von etwa 4000 Jahren an (holozäne „Feuchtphase"), bevor um etwa 5000 cal BC ein rapider Rückgang der Kurve als Folge einsetzender hyperarider Bedingungen und einer vollständigen Entvölkerung der Wüstengebiete zu erkennen ist, was wiederum mit dem Aussetzen von aquatischen Sedimentationsvorgängen korreliert.

Für die ägyptischen Arbeitsgebiete konnten für die **holozäne Feuchtphase** aus Resten der natürlichen Wildflora durchschnittliche jährliche Niederschlagsmengen von etwa 50–100 mm rekonstruiert werden. Gestützt werden diese Befunde durch Tierknochenbestimmungen, die eine überwiegend an eine aride Umwelt angepasste Fauna mit beispielsweise Gazellen und Antilopen belegen. Zum anderen wird deutlich, welche Ressourcen die Menschen nutzten. Felsmalereien und -gravuren, in denen Jagd- oder Wirtschaftstiere dargestellt sind, liefern weitere Informationen. Artenzusammensetzung, Tötungsalter der Tiere oder Jahresringzuwächse an Muschelschalen lassen schließlich Erkenntnisse über die Saisonalität der menschlichen Aktivitäten zu. Die Ergebnisse legen nahe, dass der Übergang von einer hoch mobilen wildbeuterischen zu einer sesshaften agrarischen und/ oder mobilen viehhalterischen Lebensweise keineswegs abrupt war. Vielmehr zeigen sich zahlreiche Übergangsformen. So wurde die überwiegend wildbeuterische Lebensweise der Menschen in den Wüstengebieten der Ostsahara in vielen Fällen durch eine viehhalterische Komponente mit Schafen, Ziegen oder Rindern ergänzt. Spätestens im 3. Jahrtausend v. Chr. ist in den Wüstengebieten des Sudans eine rein pastoralnomadische Lebensweise belegt, während früheste Kulturpflanzen im Niltal ab etwa 5000 v. Chr. aus dem Vorderen Orient eingeführt wurden.

Von den durch die **Klimaverschlechterung** in Gang gesetzten Bevölkerungsbewegungen gingen wesentliche Impulse zur Herausbildung der folgenden pharaonischen Hochkultur (ab etwa 3100 v. Chr.) des Niltales aus. So kann man die Austrocknung der Sahara auch als einen „Motor" der Geschichte Afrikas bezeichnen. Die interdisziplinären Untersuchungen erbrachten zudem ein erweitertes Verständnis der aktuellen naturräumlichen Wirkungszusammenhänge, des anthropogenen Nutzungs-, aber auch des Gefährdungspotenzials.

Umwelt- und Nutzungsgeschichte im Kaokoland Namibias

Im ariden bis semiariden Nordwesten Namibias wurde auf zwei Zeitebenen die Dynamik von **Mensch-Umwelt-Beziehungen** studiert (Abb. 9.105). Das etwa 50 000 km^2 umfassende Gebiet ist durch verschiedene Umweltfaktoren und Charakteristika der dort lebenden hirtennomadischen Bevölkerung gekennzeichnet. Es wird im Norden durch den Grenzfluss Kunene, im Westen durch die vollaride Namib-Wüste und im Osten durch das Cuvelai-Binnendelta sowie die Etosha-Pfanne begrenzt. Die Südgrenze wurde politisch mehrfach im Laufe der letzten 100 Jahre verschoben und wird heute durch einen Veterinärzaun markiert, der den gesamten Norden Namibias vom kommerziellen Farmgebiet im Landeszentrum trennt. Die Niederschläge nehmen von etwa 300 mm im Jahresmittel im Nordosten und Zentrum des Gebietes bis auf 50 mm im Grenzgebiet zur Namib-Wüste ab und weisen eine hohe Variabilität von über 30 % auf. Das Gebiet wird von hererosprachigen Hirtennomaden (Himba und Herero) genutzt. Die Viehwirtschaft ist aufgrund jahrzehntelanger politisch gewollter Isolation der Region unter dem südafrikanischen Apartheidsregime, aber auch aufgrund weiter Anfahrtswege zu den wenigen urbanen Zentren des Landes nur wenig in die nationale Ökonomie integriert und daher im Kern subsistenzorientiert. Ziel der interdisziplinären SFB-Studien war eine Analyse der natürlichen und/oder anthropogen bedingten Prozesse, die auf **Degradation** oder aber auf **Systemstabilität** hinwirken. Wirkzusammenhänge konnten qualifiziert, wo eben möglich quantifiziert und historisch verortet werden. Bedingt durch die Vielfalt der beteiligten Disziplinen konnten neben komplexen Beschreibungen etwa von Bodenbildungsprozessen und pflanzensoziologischen Dynamiken auch anthropogene Faktoren, wie beispielsweise die Dokumentation demographischer Trends oder die Beschreibung von Vorstellungen und Perzeptionen lokaler Akteure von Strukturen und prozesshaften Veränderungen der Umwelt, eingebracht werden.

Die **Rekonstruktion prähistorischer Nutzungsregime** beruht auf archäologischen, archäobotanischen, geographischen und auch linguistischen Arbeiten. Geographische Studien ermöglichen dabei sowohl die Ausgliederung unterschiedlicher Landschaftsräume als auch die Rekonstruktion der Paläoumwelt. Darüber hinaus liefern geoarchäologische Arbeiten unmittelbare Informationen zum Aufbau und zur Chronologie von Schichtabfolgen. Detaillierte geographische Studien analysieren Nutzungspotenziale einzelner Räume und deren Dynamik. Archäobotanische Arbeiten geben ebenfalls Auskunft über die endpleistozäne und holozäne Umwelt.

Auf einer zweiten Zeitschiene wurden **Mensch-Umwelt-Interaktionen** in den letzten 100 Jahren untersucht. In diesem Zeitraum lebte die Bevölkerung durchweg von mobiler, subsistenzorientierter Viehwirtschaft. Während sich die prähistorisch orientierten Arbeiten vor allem auf die Interdependenzen von Ökosystemvariablen und menschlichem Handeln konzentrierten, konnte für die jüngsten Zeiträume zum einen die Perspektive einer Politischen Ökologie eingenommen werden und zum anderen konnten Eigenansichten der beteiligten Akteure mit einbezogen werden. Deutlicher als in den prähistorischen Projekten konnte hier die Vulnerabilität von Haushalten und Individuen

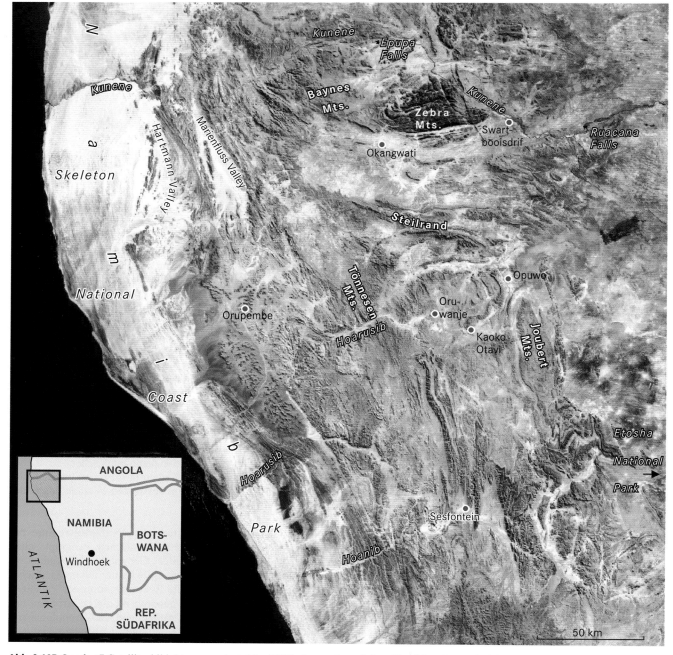

Abb. 9.105 Landsat7-Satellitenbild (etwa aus dem Jahr 2000) des nordwestlichen Namibias. Das Falschfarbenbild (Kanalkombination 7-4-2, RGB) gibt u. a. die Sandbedeckung der Namib, die Durchbruchstäler, z. B. von Kunene und Hoanib, und das Arbeitsgebiet Oruwanje wieder (Abb. 9.106; Bearbeitung: SFB 389, Teilprojekt E1).

bearbeitet werden. Insbesondere die Untersuchung von lokaler **Problemwahrnehmung** und **Handlungsmotivation** ist notwendig, um anwendungsnahe Forschung in einen weiteren Kontext der regionalen Planung und Entwicklungszusammenarbeit einzubringen. Zudem hielten Botaniker Degradationsprozesse detailliert fest und erfassten gemeinsam mit Geographen irreversible Schäden, beispielsweise den Verlust von Pflanzentaxa, oder Schäden infolge von Bodenerosion. Weitere geographische Projekte stellten mithilfe von Fernerkundungsdaten das räumli-

che Ausmaß der Veränderungen fest und konnten Angaben zum Tempo des Vegetationswandels infolge menschlicher (Über-)Nutzung und zu klimatischen Veränderungen machen.

Die archäobotanischen Ergebnisse belegen für den prähistorischen Untersuchungszeitraum eine hohe Konstanz in der Zusammensetzung der Gehölztaxa, sodass davon auszugehen ist, dass die Vegetation der Region und damit auch das Klima offenbar über einen langen Zeitraum stabil waren (Abb. 9.106). Die

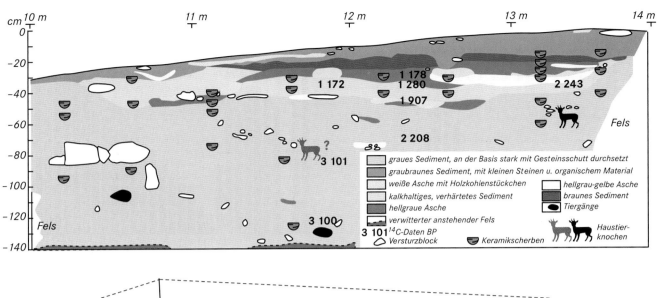

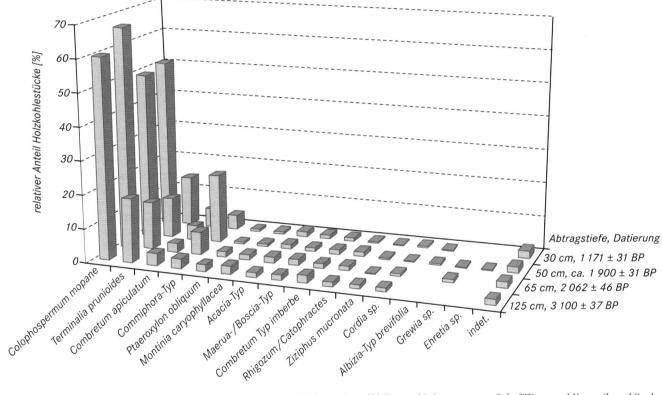

Abb. 9.106 Fundplatz Oruwanje 95/1 (Kaokoland): Grabungsprofil (West-Ost), ^{14}C-Daten, Vorkommen von Schaf/Ziege und Keramik und Spektrum der Holzkohlenfunde. Die Fundstelle befindet sich unter einem Felsüberhang (Abri). Ihre Stratigraphie deckt überwiegend das Jungholozän seit etwa 3000 BP (ca. 1000 Jahre v. Chr.) ab. Die Zusammensetzung der Gehölztaxa weist eine hohe Konstanz auf, sodass die Vegetation der Region und damit auch das Klima offenbar über einen langen Zeitraum stabil waren. Die Ablagerungen lassen sich in zwei große Sedimenteinheiten unterteilen: ein homogenes Schichtpaket (graues Sediment) über dem Anstehenden, das etwa zwei Drittel des Profils ausmacht, und eine darüberliegende heterogene Einheit, die aus dünnen Asche-, Holzkohle- und Sedimentlagen besteht. Die Zusammenschau der Funde und Befunde deutet auf eine ansässige Wildbeuterpopulation hin, die in Kontakt mit einwandernden Hirten stand (verändert nach Vogelsang et al. 2002).

in den rezentorientierten ökologischen Arbeiten beschriebenen Vegetationsveränderungen lassen sich vermutlich aufgrund ihres jungen Datums archäobotanisch nicht nachweisen. Archäologische Arbeiten hatten ursprünglich das Ziel, den Übergang von wildbeuterischer Wirtschaftsform zu der heute dominanten hirtennomadischen Ökonomie zu dokumentieren und Konsequenzen dieses Wandels für die Umwelt festzustellen. Die Analyse verschiedener Grabungsbefunde deutet allerdings auch in diesem

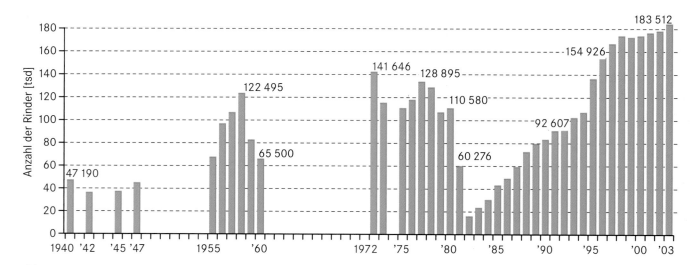

Abb. 9.107 Der Viehbestand des Kaokolandes zwischen 1940 und 2003. Mortalität, die nicht altersbedingt ist, ist im nordwestlichen Namibia vor allem durch die Auswirkungen von Dürren und weniger durch Viehkrankheiten geprägt: Von 1958–1960 nahm der Rinderbestand um 46,5 % ab. Noch drastischer zeichnet sich die Jahrhundertdürre von 1980/81 ab, als der Rinderbestand um 85,8 % zurückging.

Bereich auf **Systemstabilität** hin: Während die Nutzung von Schafen und/oder Ziegen bereits vor etwa 2000 Jahren einsetzte, blieb die Ökonomie doch für weitere 1500–800 Jahre durch wildbeuterische Strategien dominiert.

Zwischen ca. 1850 und 2000 sind die unmittelbaren Vorfahren der heutigen Hirtennomaden zunächst als Kriegsflüchtlinge im Süden Angolas oder als Wildbeuter in der Region anzutreffen und werden dann seit den 1920er-Jahren in das südafrikanische Mandatsgebiet integriert. Die Durchsetzung kolonialer Grenzen bringt den Verlust von Handelsbeziehungen, und die Viehhalter der Region werden auf eine reine Subsistenzwirtschaft festgelegt: Dies führt langfristig zu gesteigerter Vulnerabilität. Zwischen etwa 1900 und den 1950er-Jahren werden wildbeuterische Strategien fast flächendeckend von hirtennomadischen Subsistenzstrategien abgelöst: Zum einen ist die einst wildreiche Region schließlich vollkommen überjagt, zum anderen wird eine hirtennomadische Subsistenz von allen Einwohnern als erstrebenswert erachtet. Die Spezialisierung auf nomadische Viehhaltung bringt allerdings auch Probleme: Mehrfach führen Dürren zum Zusammenbruch des Herdenbestandes, zu Hunger und Verarmung. Parallel zum Verlust von Handelsmöglichkeiten ist eine deutliche Zunahme der Bestockung insbesondere seit den 1950er-Jahren festzustellen (Abb. 9.107). Während einerseits Brunnenbohrungen auch bislang nicht oder wenig genutzte Weiden erschließen, muss andererseits eine wachsende Bevölkerung versorgt werden. Die ökosystemaren Konsequenzen der **Nutzungsintensivierung** sind komplex und keineswegs mit der Diagnose „Degradation infolge Überweidung" abzudecken. Während sich allenthalben eine Verlagerung von perennierenden hin zu annuellen Gräsern abzeichnet und eine deutliche Abnahme an Biodiversität innerhalb der Gras- und Krautschicht zu vermerken ist, können durch entsprechendes lokales Management (indigene Schutzmaßnahmen, entsprechende Regeln der Beweidung) doch hohe Besatzdichten gehalten werden.

Insbesondere die letzten Dekaden haben für den Beobachtungsraum wesentliche Veränderungen gebracht: Während einerseits die Nutzungsintensität weiterhin deutlich zunahm, war gleichzeitig eine Abnahme von Niederschlägen zu konstatieren. Parallel wurden durch Landreform und politische Öffnung des Gebietes seit der Unabhängigkeit Namibias 1990 wesentliche Konstituenten der Agrarverfassung grundlegend verändert. In sog. *conservancies* (Hegegemeinschaften) wird nicht nur der Versuch unternommen, Wildschutz und lokale Entwicklung zu verbinden, sondern es werden auch Maßnahmen ergriffen, mobile Viehhaltung trotz sehr hoher Besatzdichten nachhaltig zu gestalten. Gleichzeitig werden Großprojekte geplant: Neben einem Großdamm zur Gewinnung von Elektrizität sollen Rohstoffe erschlossen und ein weiterer Hochseehafen in der Küstenregion aufgebaut werden. Die Entwicklung der Infrastruktur (Straßennetz, Kommunikation aber auch Banken usw.) führt zu einem raschen Anschluss dieser ehemals marginalen Region an die Wirtschaft Namibias und des gesamten südafrikanischen Wirtschaftsraums.

Geoarchäologie und spätholozäne Umwelt- und Kulturdynamik in Südperu

Bertil Mächtle und Bernhard Eitel

Analog zu den beschriebenen Verhältnissen in Afrika stand der Mensch wiederholt auch in den Trockengebieten der Neuen Welt vor der Herausforderung, sich an **Veränderungen der Ressourcenverfügbarkeit** anzupassen. Dies soll anhand eines prominenten Beispiels, der Kultur- und Naturdynamik im Umfeld der Nasca-Kultur, aufgezeigt werden.

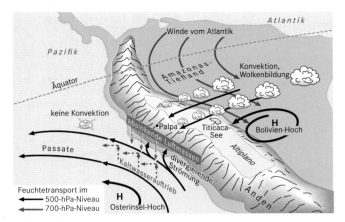

Abb. 9.108 Ursachen der Trockenheit des peruanischen Küstenstreifens: Der Luftmassenabstieg an der Andenwestflanke sowie die vom Osterinsel-Hoch ausgehenden, an der Küste divergierenden Winde führen zu einem küstennahen Absinken der Luftmassen und so zu einer stabilen Atmosphärenschichtung. Diese wird durch die Abkühlung der Luftmassen über dem kalten Auftriebswasser der Humboldt-Zirkulation vor der Küste noch verstärkt. Konvektionserscheinungen und Niederschläge vom Pazifik her werden so wirksam unterbunden. Angetrieben vom Bolivien-Hoch erreichen feuchte Luftmassen das Gebiet nur von Osten her über die Anden.

Naturräumliche Verhältnisse

Als Teil des sich von Zentral-Chile bis zur peruanisch-ecuadorianischen Grenze erstreckenden pazifischen Küstenwüstenstreifens gehören die peruanische Küstenwüste in Verlängerung der chilenischen Atacama sowie die angrenzende Andenwestflanke um Palpa (14,5° S) zu den trockensten Gebieten der Erde. Niederschläge erreichen diese Region mit Ausnahme örtlich eng begrenzter Nebelniederschläge an der Küste nur monsunal von Osten her über die Anden (Abb. 9.108). Eine Feuchtezufuhr vom Pazifik durch konvektive Niederschläge wird durch das Zusammenwirken verschiedener Faktoren unterbunden:

- Das kühle Oberflächenwasser der Humboldt-Auftriebszirkulation sorgt vor der Küste für die Ausbildung der Passatinversion und damit für eine stabile Luftmassenschichtung, die selbst unter El-Niño-Bedingungen Bestand hat.
- Diese wird noch verstärkt durch stabile, aus dem Osterinsel-Hoch in Passatrichtung wehende küstenparallele Winde.
- Die Absinktendenz der Luftmassen wird noch durch die Strömungsdivergenz zwischen Land und Meer unterstützt.

Schwankungen dieses Feuchtetransportes bestimmen die ökologischen Verhältnisse der **Küstenwüste** und führten in der Vergangenheit zu wiederholten Oszillationen des Wüstenrandes (Exkurs 9.13). Entlang weniger Flussoasen, die von den Niederschlägen im Hochland versorgt werden, entwickelten sich in der Küstenwüste während feuchterer Phasen verschiedene präkolumbische Kulturen.

Präkolumbische Siedlungsgeschichte

Während der Paracas- und Nasca-Kultur (800 v. Chr. bis 650 n. Chr.) konnte es entlang der küstennahen Flussoasen zur eigenständigen Kulturentwicklung kommen. Deren Bodenzeichnungen (Geoglyphen) gehören heute zum Unesco-Weltkulturerbe (Abb. 9.110e). Das angrenzende andine Hochland war funktional nachrangig und dünn besiedelt, wie Archäologen rekonstruierten (Reindel 2009). Der Zeitraum des Mittleren Horizontes (650 n. Chr. bis 1200 n. Chr.) war dagegen durch eine Entvölkerung der Flussoasen gekennzeichnet, nur noch wenige kleine Siedlungen, die dann zu Vorposten der Hochlandkulturen wurden, konnten sich dort halten (Abb. 9.109).

Betrachtet man die Chronologie der Kulturen im benachbarten Hochland, so verläuft hier die Entwicklung genau umgekehrt: Im Gebiet um Ayacucho blühte erst zu Beginn des Mittleren Horizontes die Kultur der Huari auf, weiter südlich entwickelte sich im Gebiet des Titicaca-Sees die Tiwanaku-Kultur von einer zuvor eher pastoralen Wirtschaftsweise zu einer Ackerbau betreibenden, gut organisierten und prosperierenden Gesellschaft (Abb. 9.108; Owen 2005). Mit dem Übergang in die Späte Zwischenperiode (1200–1400 n. Chr.) verlagerte sich der Hauptsiedlungsraum dann erneut an den Andenfuß und es entstanden in den Flussoasen neue, **eigenständige arbeitsteilige Gesellschaften**. Das Hochland verlor wieder an Bedeutung. Wie populationsgenetische Untersuchungen belegen waren diese kulturellen Schübe mit Migrationsbewegungen verbunden. Während die Oasenbewohner zur Paracas- und Nascazeit noch weitgehend isoliert waren, so deuten humangenetische Muster darauf hin, dass in der Späten Zwischenperiode massiv Hochlandbewohner in die Flussoasen zuwanderten (Fehren-Schmitz et al. 2010).

Geoökologie der Küstenwüste und der Andenwestkordillere

Eine Erklärung für derart ausgeprägte **Kulturwechsel** liefert die geoökologische Bewertung der jeweiligen Naturraumpotenziale. Da die Produktivität agrarischer Systeme hauptsächlich von der Verfügbarkeit der Faktoren Wasser und Wärme abhängt, ist deren Verfügbarkeit auch für die Lebensgrundlagen der Bewohner des zentralen Andenraums bestimmend:

- In den Flussoasen (Abb. 9.110c) herrscht aufgrund ihrer tropischen Tieflandslage stets ein üppiges Wärmeangebot bei hoher Einstrahlung. Kommt noch ein reichhaltiges Wasserangebot hinzu, so herrschen in den breiten, leicht zu bewässernden Talböden der Oasen Optimalbedingungen für die landwirtschaftliche Produktion. Unter solchen Bedingungen können sich bevölkerungsreiche, arbeitsteilige Kulturen entwickeln. Fehlt das Wasser, so wandeln sich die Oasen jedoch schnell zum Ungunstraum und die Kulturen geraten in eine schwere existenzielle Krise. Die geringe Resilienz des Wüstenrandgebietes bestimmt hier unmittelbar die Vulnerabilität bzw. die Adaptionsprozesse der Gesellschaften (Eitel 2007a, b).

Kapitel 9

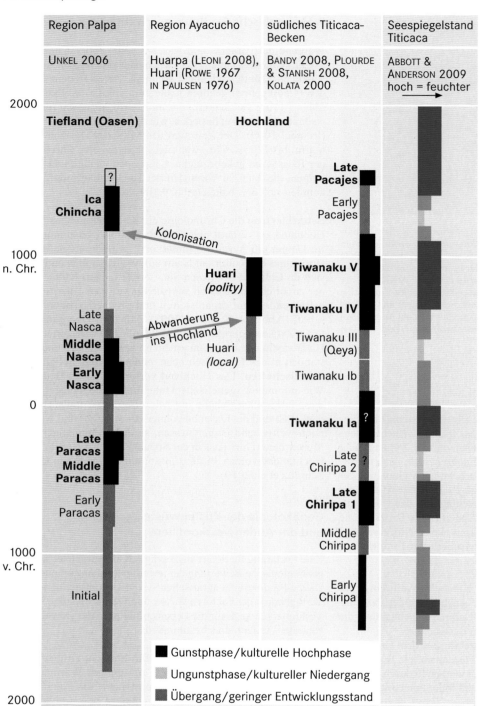

Region Palpa	Region Ayacucho	südliches Titicaca-Becken	Seespiegelstand Titicaca
UNKEL 2006	Huarpa (LEONI 2008), Huari (ROWE 1967 IN PAULSEN 1976)	BANDY 2008, PLOURDE & STANISH 2008, KOLATA 2000	ABBOTT & ANDERSON 2009 hoch = feuchter →

Tiefland (Oasen)

Hochland

Abb. 9.109 Die Hochphasen der kulturellen Entwicklung in Südperu (schwarze Balken) wechselten systematisch zwischen den tief gelegenen Flussoasen der Küstenwüste und dem andinen Hochland. Die zeitliche Koinzidenz zu hygrischen Schwankungen der Titicaca-Region (blaue Balken) belegt eine enge Kopplung des Menschen an klimatisch bedingte Naturraumveränderungen.

■ Gunstphase/kulturelle Hochphase
■ Ungunstphase/kultureller Niedergang
■ Übergang/geringer Entwicklungsstand

Im Hochland der Anden herrschen dagegen völlig andere Verhältnisse: Kühle Temperaturen, kleinteilige terrassierte Parzellen, jedoch auch stärkere, stets ausreichende Niederschläge sind hier bestimmend für eine verlässliche landwirtschaftliche Nutzbarkeit bei grundsätzlich geringeren Erträgen. Agronomische Höhengrenzen lassen in weiten Teilen der andinen Puna nur Weidewirtschaft zu (Abb. 9.110a), der Ackerbau muss sich überwiegend auf steile, tiefere bis auf etwa 3300 m

Höhe gelegene Hänge beschränken. Landwirtschaftlich relativ günstiger ist das Hochland also nur dann, wenn es zu trocken wird, sodass die Flüsse der Tieflandsoasen kein Wasser mehr führen.

Hier am trockenen Rand der Ökumene wirken sich scheinbar geringe annuelle Schwankungen der Niederschlagsmengen von unter 100 mm N/J – diese spielen in humiden Klimaten

Abb. 9.110 Landschaften in Südperu: **a** die Weidelandschaft der Puna mit Ichu-Gräsern und *corral* (Viehpferch; Mitte rechts) im andinen Hochland auf etwa 4000 m ü. M. **b** Lösslandschaft der Andenwestflanke, während feuchterer Phasen entwickelte sich hier eine Graslandschaft und es kam zur Lössablagerung (1500 m ü. M.). **c** Die fruchtbaren Flussoasen am Andenfuß sind bei ausreichender Wasserversorgung ein ausgesprochener agrarischer Gunstraum, ringsum erstreckt sich die Wüste (300 m ü. M.). **d** Siedlungsreste der Ciudad Perdida de Huayurí im heute hyperariden Andenvorland. Zur Zeit der Späten Zwischenperiode (1200–1400 n. Chr.) versorgten sich die Bewohner durch *water harvesting* mit Trinkwasser. **e** Bodenzeichnung eines Baums und weitere Linien, die im Wüstenpflaster des Andenvorlands angelegt wurden. Der Aussichtsturm für Touristen oben rechts befindet sich unmittelbar an der Panamericana (Fotos: B. Mächtle, S. Hecht).

nur eine kaum bemerkbare Rolle – tiefgreifend und unmittelbar aus. Kulturelle Veränderungen sind in Wüstenrandgebieten also tatsächlich hygrisch determiniert, wie im Folgenden belegt wird.

Geoarchäologische Befunde zum Zusammenhang zwischen Natur- und Kulturentwicklung

Die **Paläoumweltforschung** liefert zum Zusammenhang zwischen Natur- und Kulturentwicklung die entsprechenden Indizien durch die Untersuchung von Geoarchiven: So sind die bewässerten Flussterrassen in der Region Palpa bis zum Ende der Nasca-Kultur durch eine Feinmaterial- und Humusakkumulation gekennzeichnet, was auf ein Abflussverhalten mit stets wenig turbulenten monsunalen Hochflutereignissen schließen lässt. Der Vergleich mit den Nilfluten in Unterägypten drängt sich auf. Während des Mittleren Horizontes (650 n. Chr. bis 1200 n. Chr.) fehlen dagegen solche Ablagerungen und wenige katastrophale Abflussereignisse sind anhand grobklastischer Lagen zu identifizieren (Unkel et al. 2007) – ansonsten herrschte Formungsruhe. Solche starken Fluten sind eine typische Erscheinung in Trockengebieten, in denen aridere Phasen durch episodische, katastrophale Niederschlagsereignisse unterbrochen werden (Prinzip von Magnitude und Frequenz; Wolman & Miller 1960; Exkurs 9.13). Der Rückgang der Verlässlichkeit der jahreszeitlichen Hochfluten in Verbindung mit heftigen, hoch turbulenten Überschwemmungen führte zwangsweise zur Aufgabe großer Anbauflächen. Dies steht im Einklang mit einem starken Zurücktreten der Siedlungsdichte. In der anschließenden Späten Zwischenperiode (1200–1400 n. Chr.) lässt sich anhand ausgedehnter Siedlungen wieder auf einen ausgeglicheneren Verlauf der jahreszeitlichen Hochfluten infolge einer deutlichen Steigerung der Niederschläge schließen, also auf eine erneute stabile Feuchtphase an der Andenwestflanke (Abb. 9.110d). Es war so feucht, dass sogar bis ins Andenvorland, der heutigen Küstenwüste, gelegentlich Regen fiel, worauf Bauten zum *water harvesting* (Mächtle et al. 2009) klar hinweisen. Erst im 15.–17. Jahrhundert n. Chr. wurde es wieder trockener, was zeitgleich mit der *conquista* und der spanischen Kolonisation zum Zusammenbruch der indigenen Kulturen führte. Pollenanalysen an Torfen im obersten Einzugsgebiet der Andenwestabflüsse belegen die kurzfristigen, sehr dramatischen hygrischen Oszillationen des Wüstenrandklimas in Südperu (Schittek et al. 2015).

Die großräumige Zirkulation über den Zentralanden

Die geomorphologisch-geoarchäologischen Arbeiten in Peru führten zu neuen Erkenntnissen über die großräumige Paläoklimageschichte des Andenraums. Betrachtet man die Seespiegelstände des Titicaca-Sees (Abb. 9.109; Abbott & Anderson 2008), so fällt auf, dass während der Feuchtphasen in den Flussoasen des Palpa-Gebietes am Titicaca-See die niedrigsten Seespiegelstände zu verzeichnen waren – in dieser Region herrschte also eine ausgeprägte Trockenheit. Dieser scheinbare Widerspruch zeigt, dass die Vorstellung von großräumig einheitlichen Feuchteschwankungen in den Zentralanden nicht aufrechterhalten werden kann, sondern diese regional sogar ein gegenläufiges Verhalten zeigen.

Die Ursachen hierfür sind mit **Veränderungen der atmosphärischen Zirkulation** erklärbar: So entwickelt sich im Süd-Sommer durch die hohe Sonneneinstrahlung südlich der Titicaca-Region ein sommerliches bodennahes Hitzetief, welches in der mittleren und oberen Troposphäre zur Ausbildung eines korrespondierenden Hochs, des sog. „Bolivien-Hochs" führt. Auf dessen Vorderseite wird heute feuchte Luft aus dem östlichen Vorland der Anden ins Hochland und weiter in Richtung der Küstenwüste transportiert (Vuille 1999). Dieser Feuchtetransport ist in der Titicaca-Region am stärksten, nur wenig nördlich davon jedoch

schon abgeschwächt (Abb. 9.108). Eine Nordwärtsverschiebung dieses „Feuchteförderbandes" um nur wenige Hundert Kilometer verhinderte in der Titicaca-Region die Feuchtezufuhr, während die weiter nördlich gelegenen Einzugsgebiete der Flussoasen des Palpa-Gebietes mehr Niederschlag erhielten (Mächtle et al. 2010). Damit lassen sich die Trockenheit der Titicaca-Region und ein gleichzeitig erhöhtes Wasserangebot im Palpa-Gebiet in Einklang bringen sowie mit einem schwachen meridionalen Oszillieren der Lage des Bolivien-Hochs auch die hygrischen Fluktuationen am Wüstenrand in Südperu sehr gut erklären (Abb. 9.111). Die Ursachen für die veränderte Lage des Bolivien-Hochs dürften in großräumigen atmosphärischen Telekonnektionen zu suchen sein, das heißt in der Dynamik des globalen Energietransports, welcher die Lage der innertropischen Konvergenz, den südamerikanischen Sommermonsun und das ENSO-System unmittelbar beeinflusst (Mächtle et al. 2016).

Holozäne Klimageschichte der Region Palpa

Angesichts des nur kurzen Beobachtungzeitraums von 2000 Jahren könnten diese Zusammenhänge auch zufällig sein. Die Arbeiten in der Palpa-Region haben jedoch auch paläoklimatische Erkenntnisse für das frühe und mittlere Holozän geliefert. So konnte sich zwischen 11 000 und 4500 Jahren v. h. aufgrund höherer Niederschläge in der heutigen Wüste ein offenes Grasland etablieren, wie **Lössfunde** am Wüstenrand belegen (Abb. 9.110b). Diese Ablagerungen wurden erstmals näher beschrieben und über die Methode der Optisch Stimulierten Lumineszenz datiert (Eitel et al. 2005). Auch der Mensch war in dieser Landschaft schon früh aktiv. Vor ungefähr 6000 Jahren v. h. kam es im Löss zu Verwitterungsprozessen und leichter Bodenbildung. Damals muss es also feuchter gewesen sein. Vergleicht man diese Befunde mit den Ergebnissen aus der Ariden Diagonale Chiles und der Titicaca-Region, so war der dortige Raum zwischen 9000 und 4500 Jahren v. h. kaum besiedelt (sog. *silencio arqueológico*, Nuñez et al. 2002). Der Titicaca-See erfuhr zwischen 6000 und 5000 Jahren v. h. sogar seinen tiefsten Stand (Rowe & Dunbar 2004). Dies zeigt, dass die Niederschlagsgeschichte in der Palpa-Region und der Titicaca-Region während des gesamten Holozäns offenbar diachron verlaufen ist.

Geoarchäologie *at its best*: Naturraumveränderungen und Reaktion des Menschen

Veränderungen in der atmosphärischen Zirkulation sorgten also für eine Verschiebung der agrarischen Gunsträume und die Entstehung bzw. den Untergang regionaler Kulturen: Während der Paracas- und Nascazeit (800 v. Chr. bis 650 n. Chr.) führten weiter nördlich transportierte feuchte Luftmassen zu einer optimalen Wasserversorgung der warmen Flussoasen im Andenvorland bei Palpa (Abb. 9.111a). Die kühlen, weniger günstigen Gebiete im Hochland waren nur dünn besiedelt und in der Titicaca-Region zusätzlich durch eine Trockenphase benachteiligt, wie der Seespiegel zu dieser Zeit zeigt. Eine Verschiebung des Feuchtetransports während des Mittleren Horizontes (650–1200 n. Chr.) in die Titicaca-Region (Abb. 9.111b) sorgte umgekehrt für Trockenheit in der Palpa-Region und für eine Verlagerung der kulturellen Zentren in das zeitgleich feuchtere, archäologisch derzeit noch

Abb. 9.111 Verschiebung der regionalen Feuchtezufuhr während der drei letzten Hauptkulturphasen Südperus. Bedingt durch eine Nordverschiebung des Bolivien-Hochs führte eine humidere Phase im nördlichen Siedlungsgebiet zu optimalen agrarischen Bedingungen entlang der Flussoasen des Andenvorlandes (**a**). Während des Mittleren Horizontes fielen die Flussoasen trocken, und im kühleren Hochland dehnten sich die Huari aus, während das Zentrum des Bolivien-Hochs in eine südlichere Position rückte und die Titicaca-Region feuchter wurde (**b**). Während der Späten Zwischenperiode kehrten sich die Verhältnisse wieder um, die Flussoasen um Palpa/Nasca waren wieder der bevorzugte Siedlungsraum (**c**).

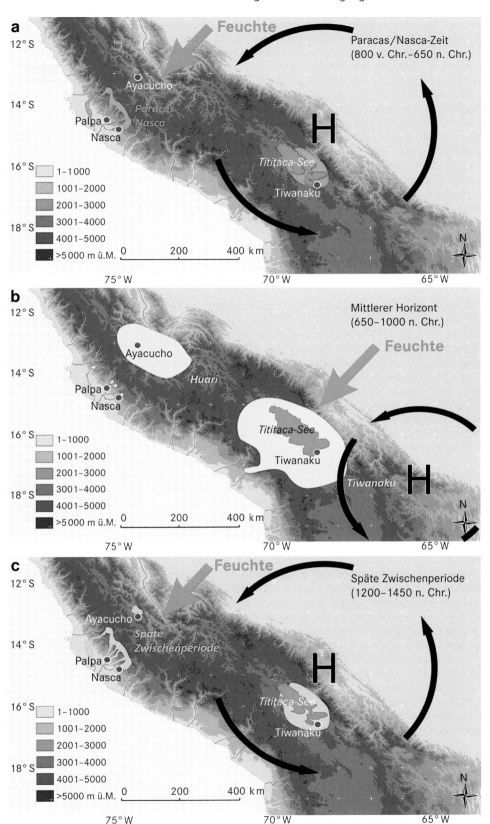

Kapitel 9

wenig erforschte angrenzende Hochland (Huari-Kultur) bzw. in die dann feuchtere Titicaca-Region (Tiwanaku-Kultur). Eine erneute Verlagerung des Feuchtetransports nach Norden ließ die Oasen im Palpa-Gebiet in der Späten Zwischenperiode wieder aufleben (Abb. 9.111c), während das Hochland aufgrund seiner agrarischen Benachteiligung von einer starken **Abwanderung** betroffen war. Hygrische Fluktuationen führten also zu Oszillationen des Wüstenrandes und prägten damit die Kulturentwicklung in Südperu tiefgreifend. Trotz aller Klimaschwankungen und des Risikos für das Überleben hat der Mensch die geoökologisch hoch sensiblen Wüstenrandgebiete in Feuchtphasen immer wieder besiedelt – ein deutliches Signal, wie positiv die agrarökologischen Gunstfaktoren von den präkolumbischen Agrargesellschaften bewertet wurden.

9.8 Schlussbetrachtung

Ulrich Radtke

Die Darstellung der Themenbereiche geomorphologischer Forschung folgt einer Struktur, die von Grundvorstellungen und Grundbegriffen der Geomorphologie ausgeht, über die geologischen Grundlagen und die Verwitterung hinleitet zur Schilderung der verschiedenen Formungsprozesse und der morphologischen Einzelformen und abschließt mit der Betrachtung wichtiger polygenetischer und mehrphasiger Formen und Formengemeinschaften und ihren Abhängigkeiten von klimatischen und tektonischen Bedingungen.

Die Separierung der Geomorphologie in form- und prozessorientierte Forschung ist aber nicht unproblematisch – noch die jüngere Vergangenheit hat gezeigt, dass dieses nicht im gewünschten Ausmaß zu den erwarteten Synergien geführt hat. Die früher stärker qualitativ arbeitende formorientierte morphogenetische Forschung hat gelernt, die beteiligten Prozesse stärker zu berücksichtigen, dagegen hat die Prozessgeomorphologie die Pflicht, neben der quantitativen Erfassung von Prozessen und deren Formwirksamkeit, die Entwicklung von geomorphologischen Formen über längere Zeiträume im Auge zu behalten. Die integrative Betrachtung der Genese der Formen wie der aktuell wirkenden Prozesse muss das Ziel einer „kompletten" Geomorphologie sein. Dieses Ziel ist heute eher zu verwirklichen, als noch vor wenigen Jahren, da es bedeutende wissenschaftliche und methodische Fortschritte gegeben hat. Dieses gilt insbesondere für die Untersuchung von Sedimentarchiven und Sedimentflüssen, der Messung geomorphologischer Prozesse und deren Modellierung wie auch der Optimierung digitaler Geländemodelle und Geographischer Informationssysteme (GIS). Große Erfolge hat die Archivforschung durch die Anwendung neuer Altersbestimmungsmethoden erzielt, u. a. mittels der „Optisch Stimulierten Lumineszenz" oder der Oberflächendatierung anhand der Messung kosmogener Nuklide. Durch diese Methoden können Formen in ihren räumlichen Kontexten datiert werden und Sedimentsequenzen direkt in die Interpretation geomorphogenetischer Abläufe eingebunden werden. Auch in der Prozessforschung sind große Fortschritte

auf dem Gebiet der qualitativen wie quantitativen Analyse längerfristiger Landschaftsentwicklungen gemacht worden. Zentrale Themen geomorphologischer Forschung sind, neben der Rekonstruktion geomorphologischer Formen und der Landschaftsentwicklung, die Untersuchung der rezenten Formung der Erdoberfläche sowie aktuelle Mensch-Umweltinteraktionen und ihre direkten Einflüsse auf die Reliefsphäre, wie aber auch der Einfluss des Menschen in historischer und prähistorischer Zeit. Hier stehen sog. „Reaktive Räume" wie Hochgebirge, Periglazialgebiete oder Wüstenränder, die besonders sensibel auf Veränderungen im Ökosystem reagieren, im Zentrum der Untersuchungen. Selbst kleinere hygrische oder thermische Schwankungen können sehr schnell zu sichtbaren Landschaftsveränderungen führen. Zunehmend wichtig werden auch Analyse und Bewertung von Naturrisiken auf der Basis geomorphologischer Prozessuntersuchungen; in diesem Bereich entstehen bei der Gefahrenabschätzung und der Katastrophenvorsorge neue Aufgabenfelder für die Geomorphologie.

Es lässt sich festhalten, dass die Geomorphologie eine wichtige Funktion im Kanon der Erdwissenschaften einnimmt. Neben ihrer Rolle als reine Erdwissenschaft ist sie aber auch eine integrative Disziplin an der Schnittstelle natur- und kulturwissenschaftlicher Fachrichtungen. Ohne die Kenntnis der Entstehung der Oberflächenformen der Erde wie auch der Prozesse, die zu ihrer Umgestaltung führten und führen, ist eine sinnvolle Prognose der in vielen Teilen der Erde ablaufenden anthropogen intensivierten reliefverändernden Prozesse nicht möglich. Für die Zukunft der Menschheit gewinnt das Verständnis um die Dynamik der Erde zunehmend überlebenswichtige Bedeutung, denn geomorphologische Prozesse sind irreversibel, einmal veränderte Lebensräume können nicht wiederhergestellt werden. Auf der Grundlage dieser Erkenntnis erwächst der Geomorphologie eine wichtige Aufgabe in der Vermittlung von Kenntnissen und Fähigkeiten für eine nachhaltige Entwicklung der Erde und damit für die Zukunftssicherung.

Literatur

Abbott MB, Anderson L (2009) Lake-Level Fluctuations as an Indicator of Hydrological and Climatic Change. In: Gornitz V (ed) Encyclopedia of Paleoclimatology and Ancient Environments, Encyclopedia of Earth Science Series. Springer, Dordrecht

Ahnert F (2015) Einführung in die Geomorphologie. 5. Aufl. UTB, Ulmer, Stuttgart

Bagnold RA (1941) The physics of blown sand and desert dunes. London

Bahlburg H, Breitkreuz C (2004) Grundlagen der Geologie. München

Ballantyne CK (2002) Paraglacial geomorphology. Quaternary Science Reviews 21: 1935–2017

Barchyn TE, Hugenholtz CH (2013) Dune field reactivation from blowouts: Sevier Desert, UT, USA. Aeolian Research 11: 75–84

Barsch D, Mäusbacher R, Pörtke K-H, Schmidt K-H (1994) (Hrsg) Messungen in fluvialen Systemen. Feld- und Labormethoden zur Erfassung des Wasser- und Stoffhaushaltes. Springer, Heidelberg

Behre K-H (2004) Coastal development, sea-level change and settlement history during the later Holocene in the Clay District of Lower Saxony (Niedersachsen), northern Germany. Quaternary International 112: 37–53

Besler H (1992) Geomorphologie der ariden Gebiete. Erträge der Forschung Bd. 280. Wissenschaftliche Buchgesellschaft, Darmstadt

Biermann PR, Montgomery DR (2014) Key concepts in Geomorphology. Freeman, New York

Bleidick D (1999) Wirtschaft und Umwelt im Emscherraum im 19. Jahrhundert. In: Peters R (Hrsg) 100 Jahre Wasserwirtschaft im Revier. Die Emschergenossenschaft 1899–1999. Bottrop, Essen. 22–32

Bloom AL (2002) Teaching about relict, no-analog landscapes. Geomorphology 47: 303–311

Blöthe JH, Korup O (2013) Millennial lag times in the Himalayan sediment routing system. Earth and Planetary Science Letters 382: 38–46

Blume H (1994) Das Relief der Erde. Stuttgart

Bögli A (1964) Mischungskorrosion – Ein Beitrag zum Verkarstungsproblem. Erdkunde 18: 83–92

Bolt BA (1995) Erdbeben. Spektrum, Heidelberg

Bork HR, Bork H, Dalchow C, Faust B, Piorr HP, Schatz T (1998) Landschaftsentwicklung in Mitteleuropa. Wirkungen des Menschen auf Landschaften. Klett-Perthes, Gotha, Stuttgart

Bowden P, Kinnaird JA (1984) Geology and mineralization of the Nigerian anorogenic Ring Complexes. Geol. Jb. Reihe B, Heft 56

Braun M, Pohjola VA, Pettersson R, Möller M, Finkelnburg R, Falk U, Scherer D, Schneider C (2011) Changes of glacier frontal positions of Vestfonna (Nordaustlandet, Svalbard). Geografiska Annaler, Series A, Physical Geography, 93/4: 301–310

Bremer H (1989) Allgemeine Geomorphologie. Berlin, Stuttgart

Brown AG (1997) Alluvial Geoarchaeology: Floodplain Archaeology and Environmental Change, Cambridge Manuals in Archaeology. Cambridge

Brown AG, Tooth S, Bullard JE, Thomas DSG, Chiverrell RC, Plater AJ, Murton J, Thorndrycraft VR, Tarolli P, Rose J, Wainwright J, Downs P, Aalto R (2016) The geomorphology of the Anthropocene: emergence, status and implications. Earth Surface Processes and Landforms 42: 71–90

Brown EH (1980) Historical Geomorphology – principles and practice. Z. f. Geomorph. Suppl.-Bd. 36: 9–15

Brückner H (1986) Man's impact on the evolution of the physical environment in the Mediterranean region in historical times. GeoJournal 13/1: 7–17

Brückner H (1989) Küstennahe Tiefländer in Indien – ein Beitrag zur Geomorphologie der Tropen. Düsseldorfer Geographische Schriften 28. Düsseldorf

Brückner H (2011) Geoarchäologie – in Forschung und Lehre. In: Bork H-R, Meller H, Gerlach R (Hrsg) Umweltarchäologie – Naturkatastrophen und Umweltwandel im archäologischen Befund. Tagungen des Landesmuseums für Vorgeschichte Halle (Saale) 6: 9–20

Brückner H, Bruhn N (1992) Aspects of weathering and peneplanation in Southern India. Z. f. Geomorph. N. F. Suppl.-Bd. 91: 43–66

Brückner H, Hoffmann G (1992) Human-induced erosion processes in Mediterranean countries – Evidence from archeology, pedology and geology. Geoöko-Plus 3: 97–110

Brückner H, Vött A (2008) Geoarchäologie – eine interdisziplinäre Wissenschaft par excellence. In: Kulke E, Popp H (Hrsg) Umgang mit Risiken. Katastrophen – Destabilisierung – Sicherheit. Tagungsband Deutscher Geographentag 2007. Herausgegeben im Auftrag der Deutschen Gesellschaft für Geographie. Bayreuth, Berlin

Brückner H, Müllenhoff M, Gehrels R, Herda A, Knipping M, Vött A (2006) From archipelago to floodplain – geographical and ecological changes in Miletus and its environs during the past six millennia (Western Anatolia, Turkey). Zeitschrift f. Geomorphologie N. F. Suppl.-Vol. 142: 63–83

Brückner H, Kelterbaum D, Marunchak O, Porotov A, Vött A (2010) The Holocene sea level story since 7500 BP – lessons from the Eastern Mediterranean, the Black and the Azov Seas. Quaternary International 255/2: 160–179

Brückner H, Herda A, Müllenhoff M, Rabbel W, Stümpel H (2014) On the Lion Harbour and other harbours in Miletos: recent historical, archaeological, sedimentological, and geophysical research. Proceedings of the Danish Institute at Athens 7: 49–103

Brückner H, Herda A, Kerschner M, Müllenhoff M, Stock F (2017) Life cycle of estuarine islands – From the formation to the landlocking of former islands in the environs of Miletos and Ephesos in western Asia Minor (Turkey). Journal of Archaeological Science, Reports 12: 876–894

Brunotte E (1978) Zur quartären Formung von Schichtkämmen und Fußflächen im Bereich des Markoldendorfer Beckens und seiner Umrahmung (Leine-Weser-Bergland). Göttinger Geographische Abhandlungen 72

Brunotte E (1986) Zur Landschaftsgenese des Piedmont an Beispielen von Bolsonen der Mendociner Kordilleren (Argentinien). Göttinger Geographische Abhandlungen 82

Brunotte E (2002) Pedimente. In: Brunotte E, Gebhardt H, Meurer M, Meusburger P, Nipper J (Hrsg) Lexikon der Geographie in vier Bänden. Band 3: 30

Brunotte E, Garleff K (1980) Tectonic and climatic factors of landform development on the northern fringe of the German Hill Country (Deutsche Mittelgebirge) since the Early Tertiary. Z. f. Geomorph. Suppl. 36: 104–112

Brunsden D (1990) Tablets of stone: toward the Ten Commandments of Geomorphology. Z. f. Geomorph. N. F. Suppl.-Bd. 79: 1–3

Brunsden D (1996) Geomorphological events and landform change. Z. f. Geomorph. N. F. 40: 273–288

Bubenzer O, Riemer H (2007) Holocene Climatic Change and Human Settlement between the Central Sahara and the Nile Valley – Archaeological and Geomorphological Results. Geoarchaeology 22: 607–620

Büdel J (1957) Die „Doppelten Einebnungsflächen" in den feuchten Tropen. Z. f. Geomorph. N. F. 1: 209–228

Büdel J (1981) Klima-Geomorphologie. Berlin, Stuttgart

Bull WB (1991) Geomorphic Responses to Climate Change. Oxford University Press, Oxford

Burbank DW, Anderson RS (2012) Tectonic Geomorphology. Blackwell Science, Chichester

Burt TP, Chorley RJ, Brunsden D, Cox NJ, Goudie AS (2008) The History of the Study of Landforms or the Development of Geomorphology. Volume 4: Quaternary and Recent Process and Forms (1890–1965) and the Mid-Century Revolutions. The Geological Society, London

Burton-Johnson A, Black M, Fretwell PT, Kaluza-Gilbert J (2016) An automated methodology for differentiating rock from snow, clouds and sea in Antarctica from Landsat 8 imagery: a new rock outcrop map and area estimation for the entire Antarctic continent. The Cryosphere 10: 1665–1677

Butzer KW (1982) Archaeology as human ecology. Cambridge University Press

Cendrero A, Dramis F (1996) The contribution of landslides to landscape evolution in Europe. Geomorphology 15/3-4: 191–211

Charlier RH, Chaineux MCP, Morcos S (2005) Panorama of the history of coastal protection. Journal of Coastal Research 21: 79–111

Chorley RJ, Kennedy BA (1971) Physical Geography – a system approach. Prentice Hall International, London

Chorley R, Schumm SA, Sugden DE (1984) Geomorphology. Methuen, London

Church M (2010) The trajectory of geomorphology. Progress in Physical Geography 34: 265–286

Clark PU, Shakun JD, Marcott SA et al. (2016) Consequences of twenty-first-century policy for multi-millennial climate and sea-level change. Nature Climate Change 6: 360–369

Cockburn HAP, Seidl MA, Summerfield MA (1999) Quantifying denudation rates on inselbergs in the central Namib Desert using in situ-produced cosmogenic 10Be and 26Al. Geology, 27/5: 399–402

Correa Neto AV (2000) Speleogenesis in quartzite in south-eastern Minas Gerais, Brazil. In: Klimchouk AV et al (eds) Speleogenesis – Evolution of Karst Aquifers. National Speleological Society of America, Huntsville (USA): 452–457

Crickmay H (1933) The later stages of the cycle of erosion. Geological Magazine 70: 337–347

Crozier MJ (1986) Landslides: Causes, consequences and environment. Croom Helm, London

Crozier MJ (2010) Deciphering the effect of climate change on landslide activity: A review. Geomorphology 124/3-4: 260–267

Cruden DM, Varnes DJ (1996) Landslide types and processes. In: Turner AK, Schuster RL (eds) Landslides: investigation and mitigation. National Academy Press

Cunningham WD, Windley BF, Dorjnamjaa D, Badamgarov G, Saadar MA (1996) Structural transect across the Mongolian Western Altai: Active transpressional mountain building in central Asia. Tectonics 15: 142–156

Damm B, Klose M (2015) The landslide database for Germany: Closing the gap at national level. Geomorphology 249: 82–93

Davis WM (1899) The geographical cycle. Geographical Journal 14: 481–504

Delile H, Blichert-Toft J, Goiran J-Ph, Stock F, Arnaud-Godet F, Bravard J-P, Brückner H, Albarède F (2015) Demise of a harbor: a geochemical chronicle from Ephesus. Journal of Archaeological Science 53: 202–213

Demangeot J (1975) Sur la genèse des pédiplaines de l'Inde du Sud. Bulletin de l'Association de géographes francais 423: 292–309

Denecke D (1994) Interdisziplinäre historisch-geographische Umweltforschung: Klima, Gewässer und Böden im Mittelalter und in der frühen Neuzeit. Siedlungsforschung 12: 235–263

Derbyshire E (Hrsg) (2001) Recent Research on Loess and Paleosols, Pure and Applied. Earth Sci. Rev. 54

D'Hoore J (1954) L'accumulation des sesquioxides libres dans les sols tropicaux. Publ. INEAC, Bruxelles, Sér. Sci. 62

Dietrich A, Krautblatter M (2017) Evidence for enhanced debris-flow activity in the Northern Calcareous Alps since the 1980s (Plansee, Austria). Geomorphology 287: 144–158

Dietze M, Kleber A (2011) Contribution of lateral processes to stone pavement formation in deserts inferred from clast orientation patterns. Geomorphology 139: 172–187

Dietze M, Dietze E, Lomax J, Fuchs M, Kleber A, Wells SG (2016) Environmental history recorded in aeolian deposits under stone pavements, Mojave Desert, USA. Quaternary Research 85. DOI: https://doi.org/10.1016/j.yqres.2015.11.007

Dikau R (2006) Komplexe Systeme in der Geomorphologie. Mitt. Österr. Geogr. Ges. 148: 125–150

Dikau R, Schmidt K-H (eds) (2001) Mass movements in south and west Germany. Z. f. Geomorph. 192, Schweizerbart, Stuttgart

Dikau R, Brunsden D, Schrott L, Ibsen M (eds) (1996) Landslide Recognition. Identification, movement and causes. John Wiley & Sons, Chichester

Dikau R, Rasemann S, Schmidt J (2004) Hillslope, Form. In: Goudie A (ed) Encyclopedia of Geomorphology. London

Doege C (1997) Bauhandwerker und Ziegler im Rheinland. Rheinland Verlag, Köln

Dongus H (1980) Die geomorphologischen Grundstrukturen der Erde. Teubner-Verlag, Stuttgart

Douglas I, Lawson N (2000) The human dimensions of geomorphological work in Britain. Journal of Industrial Ecology 4: 9–33

Draut AE (2012) Effects of river regulation on aeolian landscapes, Colorado River, southwestern USA. Journal of Geophysical Research – Earth Surface 117: F02022

Eberle J, Eitel B, Blümel WD, Wittmann P (2010) Deutschlands Süden vom Erdmittelalter zur Gegenwart. 2. Aufl. Heidelberg

Eichel J (2016) Biogeomorphic dynamics in the Turtmann glacier forefield, Switzerland. Dissertation Universität Bonn, Bonn

Eitel B (2007a) Kulturentwicklung am Wüstenrand – Aridisierung als Anstoß für frühgeschichtliche Innovation und Migration. In: Wagner GA (Hrsg) Einführung in die Archäometrie. Springer, Heidelberg, Berlin, New York. 297–315

Eitel B (2007b) Wüstenrandgebiete in Zeiten globalen Wandels. In: Hüser K, Popp H (Hrsg) Ökologie der Tropen. Bayreuther Kontaktstudium Geographie. Bayreuth. 143–158

Eitel B (2007c) Reaktive Räume. In: Deutscher Arbeitskreis für Geomorphologie (Hrsg) Die Erdoberfläche – Lebens- und Gestaltungsraum des Menschen. Forschungsstrategische und programmatische Leitlinien zukünftiger geomorphologischer Forschung und Lehre. Z. f. Geomorph. Suppl.-Bd. 148: 78–80

Eitel B (2008) Wüstenränder. Brennpunkte der Kulturentwicklung. Spektrum der Wissenschaft 5/08: 70–78

Eitel B, Hecht S, Mächtle B, Schukraft G, Kadereit A, Wagner G, Kromer B, Unkel I, Reindel M (2005) Geoarchaeological evidence from desert loess in the Nazca-Palpa region, southern Peru: Palaeoenvironmental changes and their impact on Pre-Columbian cultures. Archaeometry 47/1: 137–158

Elverfeldt Kv (2012) Systemtheorie in der Geomorphologie. Problemfelder, erkenntnistheoretische Konsequenzen und praktische Implikationen. Steiner, Stuttgart

Emschergenossenschaft und Lippeverband (2008) Wo nichts mehr fließt, hilft nur noch pumpen – Pumpwerke – Schrittmacher der Wasserwirtschaft. Essen

Endlicher W (2006) Hochgebirge der Anden. In: Glaser R, Kremb K (Hrsg) Nord- und Südamerika. Wissenschaftliche Buchgesellschaft, Darmstadt. 148–152

Evans DJA (ed) (2003) Glacial Landsystems. London

Fairchild IJ, Baker A (2012) Speleothem Science: From Process to Past Environments. John Wiley & Sons, Chichester

Fehren-Schmitz L, Reindel M, Tomasto Cagigao E, Hummel E, Hermann B (2010) Pre-Columbian population dynamics in Coastal Southern Peru: A diachronic investigation of mtDNA patterns in the Palpa region by ancient DNA analysis. American Journal of Physical Anthropology 141: 208–221

Felix-Henningsen P (1991) Die mesozoisch-tertiäre Verwitterungsdecke (MTV) im Rheinischen Schiefergebirge. Relief, Boden, Paläoklima 6: 1–192

Fölster H (1969) Slope development in SW-Nigeria during Late Pleistocene and Holocene. Gießener Geogr. Schriften 20: 3–56

Ford D, Williams PD (2007) Karst hydrogeology and geomorphology. John Wiley & Sons, Chichester

Fornos AM (1995) The impact of human activities on the erosion and accretion of the Nile Delta coast. Journal of Coastal Research 11: 821–833

French HM (2007) The Periglacial Environment. Longman, Essex

Fricke K, Sterr T, Bubenzer O, Eitel B (2009) The oasis as a Megacity: Urumqi's Fast Urbanization in a Semiarid Environment. Die Erde 140: 449–463

Gerlach R (2017) Plaggenesch, „Humusbraunerde" und Erdesch. Archäologie im Rheinland 2016. Theiss-Verlag, Darmstadt

Gerlach R, Eckmeier E (2012) Prehistoric Land Use and Its Impact on Soil Formation since Early Neolithic Examples from the Lower Rhine Area. In: Bebermeier W, Hebenstreit R, Kaiser E, Kraus J (eds) Landscape Archaeology. Proceedings of the International Conference Held in Berlin, 6th–8th June 2012, eTopoi. Journal for Ancient Studies, Special 3: 11–16

German R (1973) Sedimente und Formen der glazialen Serie. Eiszeitalter und Gegenwart 23/24: 5–15

Gilbert AS (2017) Encyclopedia of Geoarchaeology. Springer, Heidelberg

Gilbert GK (1877) Report on the Geology of the Henry Mountains. Washington

Gillijns K, Poesen J, Deckers J (2005) On the characteristics and origin of closed depressions in loess-derived soils in Europe – a case study from central Belgium. Catena 60: 43–58

Goldberg P, Macphail RI (2006) Practical and theoretical Geoarchaeology. Blackwell Publishing

Götz J, Geilhausen M, Schrott L (2010) Zur Interpretation rezenter Sedimentflüsse in einem paraglazialen Kontext mit einem Vorschlag zur Inwertsetzung geomorphologischer Forschung. Salzburger Geographische Arbeiten 46: 43–63

Goudie A (1994) Mensch und Umwelt. Spektrum Akademischer Verlag, Heidelberg

Goudie A (2002) Physische Geographie – Eine Einführung. Spektrum Akademischer Verlag, Heidelberg

Goudie A, Viles HA (2016) Geomorphology in the Anthropocene. Cambridge

Grandin G (1976) Aplanissement cuirassés et enrichment des gisements de manganèse dans quelques régions d'Afrique de l'Ouest. Mémoire de l'ORSTOM Série Géologie 1: 11–16

Gregory KJ, Walling D (1973) Drainage Basin. Form and Process. Arnold, London

Grotzinger J, Jordan Th (2017) Press/Siever Allgemeine Geologie. Springer Spektrum, Heidelberg

Gruber S, Haeberli W (2007) Permafrost in steep bedrock slopes and its temperature-related destabilization following climate change. Journal of Geophysical Research 112. F02S18. DOI: https://doi.org/10.1029/2006JF000547

Gude M, Barsch D (2005) Assessment of the geomorphic hazards in connection with permafrost occurrence in the Zugspitze area (Bavarian Alps, Germany). Geomorphology 66/1–4: 85–93

Haeberli W, Hallet B, Arenson L, Elconin R, Humlum O, Kääb A, Kaufmann V, Ladanyi B, Matsuoka N, Springman S, Vonder Mühll D (2006) Permafrost creep and rock glacier dynamics. Permafrost and Periglacial Processes 17/3: 189–214. DOI: https://doi.org/10.1002/ppp

Haeberli W, Schaub Y, Huggel C (2017) Increasing risks related to landslides from degrading permafrost into new lakes in deglaciating mountain ranges. Geomorphology 293: 405–417. DOI: https://doi.org/10.1016/j.geomorph.2016.02.009

Haken H (1982) Synergetik. Springer-Verlag, Berlin

Harnischmacher S (2012) Bergsenkungen im Ruhrgebiet – Ausmaß und Bilanzierung anthropogeomorphologischer Reliefveränderungen. Forschungen zur deutschen Landeskunde Bd. 261. Leipzig

Haupt P (2012) Landschaftsarchäologie. Eine Einführung. Theiss-Verlag, Stuttgart

Hergarten S, Neugebauer HJ (eds) (1999) Process Modelling and Landform Evolution. Springer-Verlag

Hooke RL (1994) On the Efficacy of Humans as Geomorphic Agents. GSA Today 4: 223–225

Hooke RL (1999) Spatial distribution of human geomorphic activity in the United States. Earth Surface Processes and Landforms 24: 687–692

Hooke RL (2000) On the history of humans as geomorphic agents. Geology 28: 843–846

Horton RE (1945) Erosional development of streams and their drainage basins. Hydrophysical approach to quantitative morphology. Bull. Geol. Soc. Am. 56: 275–370

Hovius N, Stark CP, Allen PA (1997) Sediment flux from a mountain belt derived from landslide mapping. Geology 25: 231–234

Hoyningen-Huene P (2009) Reduktion und Emergenz. In: Bartels A, Stöckler M (Hrsg) Wissenschaftstheorie. Mentis, Paderborn. 177–197

Huber O (1999) Die Geographie der Pflanzen. In: Kunst- und Ausstellungshalle der Bundesrepublik Deutschland GmbH

(Hrsg) Alexander von Humboldt. Netzwerke des Wissens. Ostfildern-Ruit/Berlin. 101–104

Hudson PF, Middelkoop H, Stouthamer E (2008) Flood management along the Lower Mississippi and Rhine Rivers (The Netherlands) and the continuum of geomorphic adjustment. Geomorphology 101: 209–236

Huggett RJ (2017) Fundamentals of Geomorphology. Routledge, London

Hulbe C (2017) Is ice sheet collapse in West Antarctica unstoppable? Science 356/6341: 910–911

Humboldt A von (1845–58) Kosmos: Entwurf einer physischen Weltbeschreibung. JG Cotta'scher Verlag, Stuttgart, Augsburg

Humboldt A von, Bonpland A (1807) Ideen zu einer Geographie der Pflanzen nebst einem Naturgemälde der Tropenländer. FG Cotta, Tübingen

Hungr O, Leroueil P, Picarelli L (2014) The Varnes classification of landslide types, an update. Landslides 11/2: 167–194

Husen D v (1987) Die Ostalpen in den Eiszeiten. Geologische Bundesanstalt, Wien

Hutton J (1795) Theory of the earth with proofs and illustrations. Edinburgh

Inkpen R, Wilson G (2013) Science, Philosophy and Physical Geography. London

Jäckli H (1957) Gegenwartsgeologie des bündnerischen Rheingebietes: ein Beitrag zur exogenen Dynamik alpiner Gebirgslandschaften. Kuemmerly und Frey, Bern

Jäger H (1994) Einführung in die Umweltgeschichte. Wissenschaftliche Buchgesellschaft, Darmstadt

Jerz H, Poschinger A (1995) Neuere Ergebnisse zum Bergsturz Eibsee-Grainau. Geologica Bavarica 99: 383–398

Jorgensen WD, Harvey MD, Schumm SA, Flam L (1993) Morphology and dynamics of the Indus River: implications for the Mohen jo Daro site. In: Shroder JF Jr. (ed) Himalaya to the sea. Routledge, London. 288–326

Kelletat D (2013) Physische Geographie der Meere und Küsten. 3. Aufl. Bornträger Verlag, Stuttgart

King LC (1962) Morphology of the Earth. Edinburgh

Klafs G, Jeschke L, Schmidt H (1973) Genese und Systematik wasserführender Ackerhohlformen in den Nordbezirken der DDR. Arch. Naturschutz u. Landschaftsforsch. 13: 287–302

Klimchouk A et al (1996) Dissolution of gypsum from field observations. International Journal of Speleology 25: 37–48

Klimchouk A, Ford DC (2000) Types of Karst and Evolution of Hydrogeologic Settings. In: Klimchouk AV et al (eds) Speleogenesis – Evolution of Karst Aquifers. National Speleological Society of America, Huntsville (USA): 45–53

Knighton D (1999) Fluvial Forms and Processes. Edward Arnold, London

Kok JF, Parteli EJR, Michaels TI, Karam DB (2012) The physics of wind-blown sand and dust. Rep. Prog. Phys. 75: 1–72

Kortum G (1999) Die mathematische Betrachtung der Klimate – Humboldt und die Klimatologie. In: Kunst- und Ausstellungshalle der Bundesrepublik Deutschland GmbH (Hrsg) Alexander von Humboldt. Netzwerke des Wissens. Ostfildern-Ruit/Berlin. 95–97

Kraft JC, Kayan I, Erol O (1980) Geomorphic reconstructions in the environs of ancient Troy. Science 209: 776–782

Kraft JC, Kayan I, Brückner H, Rapp G (2000) A geological analysis of ancient landscapes and the harbors of Ephesus and the Artemision in Anatolia. Jahreshefte des Österreichischen Archäologischen Institutes 69: 175–232

Kraft JC, Kayan I, Brückner H, Rapp G (2003a) Sedimentary facies patterns and the interpretation of paleogeographies of ancient Troia. In: Wagner GA, Pernicka E, Uerpmann HP (eds) Troia and the Troad. Scientific approaches. Springer Series: Natural Science in Archaeology. Berlin, Heidelberg, New York. 361–377

Kraft JC, Rapp G, Kayan I, Luce JV (2003b) Harbor areas at ancient Troy: Sedimentology and geomorphology complement Homer's Iliad. Geology 31/2: 163–166

Kraft JC, Brückner H, Kayan I, Engelmann H (2007) The geographies of ancient Ephesus and the Artemision in Anatolia. Geoarchaeology 22/1: 121–149

Kratzsch H (2008) Bergschadenkunde. Bochum

Krautblatter M, Hauck C (2007) Electrical resistivity tomography monitoring of permafrost in solid rock walls. Journal of Geophysical Research – Earth Surface 112/F2: F02S20

Krautblatter M, Verleysdonk S, Flores-Orozco A, Kemna A (2010) Temperature-calibrated imaging of seasonal changes in permafrost rock walls by quantitative electrical resistivity tomography (Zugspitze, German/Austrian Alps). Journal of Geophysical Research-Earth Surface 115/F02003

Krautblatter M, Funk D, Günzel FK (2013) Why permafrost rocks become unstable: a rock-ice-mechanical model in time and space. Earth Surface Processes and Landforms 38: 876–887. DOI: https://doi.org/10.1002/esp.3374

Kugler H (1974) Das Georelief und seine kartographische Modellierung. Dissertation B. Martin Luther Universität Halle, Wittenberg

Kukla G (1977) Pleistocene Land-Sea Correlations. Earth Sci. Rev. 13: 307–344

Kunow J, Müller J (2004) (Hrsg) Landschaftsarchäologie und geographische Informationssysteme: Prognosekarten, Besiedlungsdynamik und prähistorische Raumordnung. Forschungen zur Archäologie im Land Brandenburg 8

Lancaster N (1988) Development of linear dunes in the southwestern Kalahari, southern Africa. J. Arid Environments 14: 233–244

Lancaster N, Wolfe S, Thomas D, Bristow C, Bubenzer O, Burrough S, Duller G, Halfen A, Hesse P, Roskin J, Singhvi A, Tsoar H, Tripaldi A, Yang X, Zarate M (2016) The INQUA Dune Atlas chronological database. Quaternary International 410/B: 3–10

Landtag Nordrhein-Westfalen (2007) Antwort der Landesregierung auf die Kleine Anfrage 1922 des Abgeordneten Reiner Priggen (Grüne). Drucksache 14/5328, Düsseldorf

Lehmann H (1970) Über verzauberte Städte in Carbonatgesteinen Südwesteuropas. Sitzungsbericht der Wiss. Ges. an der Johann Wolfgang Goethe Universität, Frankfurt a. M.

Lehmeier F (1981) Regionale Geomorphologie des nördlichen Ith-Hils-Berglandes auf der Basis einer großmaßstäbigen geomorphologischen Kartierung. Göttinger Geographische Abhandlungen 77

Leser H (2009) Geomorphologie. Das Geographische Seminar. Westermann, Braunschweig

Li P, Chen J, Ji J, Yang J, Conway TM (2009) Natural and anthropogenic sources of East Asian dust. Geology 37: 727–730

Liedtke H (2003) Deutschland zur letzten Eiszeit. In: Liedtke H, Mäusbacher R, Schmidt K-H (Hrsg) Nationalatlas Bundes-republik Deutschland, Relief, Boden und Wasser. Spektrum-Verlag, Heidelberg, Berlin. 66–67

Linksniederrheinische Entwässerungs-Genossenschaft (2016) LINEG 2016 – Natürlich Niederrhein. Kamp-Lintfort

Lorz C (2008) Ein substratorientiertes Boden-Evolutions-Konzept für geschichtete Böden. Relief Boden Paläoklima, Band 23. Stuttgart

Louis H, Fischer K (1979) Allgemeine Geomorphologie. Berlin, New York

Mabbutt JA (1977) Desert Landforms. Cambridge, Massachusetts

Mächtle B, Eitel B, Schukraft G, Ross K (2009) Built on sand – climatic oscillation and water harvesting during the Late Intermediate Period. In: Wagner G, Reindel M (eds) New Technologies for Archaeology: Multidisciplinary Investigations in Palpa and Nasca, Peru. Springer, Heidelberg. 39–46

Mächtle B, Schittek K, Eitel B (2016) Synchronous environmental and cultural dynamics in pre-hispanic Southern Peru, controlled by the South American Summer Monsoon. In: Reindel M, Bartl K, Lüth F, Benecke N (eds) Palaeoenvironment and the Development of Early Societies. Menschen – Kulturen – Traditionen. Forschungscluster 1, Bd. 14, Verlag Marie Leidorf, Rahden/Westf.

Mächtle B, Unkel I, Eitel B, Kromer B, Schiegl S (2010) Molluscs as evidence for a Late Pleistocene and Early Holocene humid period in the northern Atacama desert, southern Peru (14.5° S). Quaternary Research 73: 39–47

Mainguet M (1972) Le modelé des grès: problèmes généraux. Institut Géographie National, Paris

Mauz B, Hilger W, Müller MJ, Zöller L, Dikau R (2005) Aeolian activity in Schleswig-Holstein (Germany): landscape response to Late Glacial climate change and Holocene human impact. Z. f. Geomorph. 49: 417–431

McFadden LD, Wells SG, Dohrenwend JC (1986) Influences of Quaternary climatic changes on processes of soil development on desert loess deposits of the Cima Volcanic Field, California. Catena 13: 361–389

MEA (Millennium Ecosystem Assessment) (2005) Ecosystems and Human Well-being: Opportunities and Challenges for Business and Industry. World Ressources Institute, Washington D. C.

Meghraoui M, Jaegy R, Lammali K, Albarede F (1988) Late Holocene earthquake sequences on the El Asnam (Algeria) thrust fault. Earth and Planetary Science Letters 90: 187–203

Mengel M, Levermann A, Frieler K, Robinson A, Marzeion B, Winkelmann R (2016) Future sea level rise constrained by observations and long-term commitment. PNAS 113/10: 2597–2602

Merrill GP (1897) A treatise on rocks, rock weathering and soils. New York

Meßenzehl K (2018) Rock slope instability in alpine geomorphic systems, Switzerland. Dissertation Universität Bonn

Michel P (1973) Les bassins du fleuve Sénégal et Gambie: étude géomorphologique. Mém. ORSTOM 63: 1–752

Miller VC (1953) Quantitative geomorphic study of drainage basin characteristics in the Clinch Mountain area, Virginia and Tennessee. Technical report. Columbia University. Department of Geology

Moeyersons J (2001) The palaeoenvironmental significance of Late Pleistocene and Holocene creep and other geomorphic processes, Butare, Rwanda. Palaeoecology of Africa 27: 37–50

Momburg R (2000) Ziegeleien überall. Die Entwicklung des Ziegeleiwesens im Mindener Lübbecker Land. Mindener Beiträge Bd. 28

Moore GW (1952) Speleothem – a new cave term. National Speleological Society of the USA News 10: 2

Münch, U (2006) Archäoprognose – Ein Verfahren zur Einschätzung des archäologischen Potenzials in Entwicklungsräumen mit Beispielen aus Brandenburg und Nordrhein-Westfalen im Vergleich. Archäologische Informationen 29/1&2: 141–150. DOI: https://doi.org/10.11588/ai.2006.1

Murton JB (2009) Global warming and thermokarst. In: Margesin R (ed) Permafrost Soils. Soil Biology 16: 185–203

Nahon D, Lappartient JR (1977) Time factor and geochemistry in iron crust genesis. Catena 4: 249–254

Netto ALC, Sato AM, de Souza Avelar A, Vianna LGG, Araújo IS, Ferreira DLC, Lima PH, Silva APA, Silva RP (2013) January 2011: The Extreme Landslide Disaster in Brazil. In: Margottini C, Canuti P, Sassa K (eds) Landslide Science and Practice 6: Risk Assessment, Management and Mitigation. Springer, Berlin u. Heidelberg. 377–384

Noetzli J, Gruber S, Poschinger Av (2010) Modellierung und Messung von Permafrosttemperaturen im Gipfelgrat der Zugspitze, Deutschland. Geographica Helvetica 65/2: 113–123

Notebaert B, Verstraeten G, Ward P, Renssen H, Van Rompaey A (2011) Modelling the sensitivity of sediment and water runoff dynamics to Holocene climate and land use changes at the catchment scale. Geomorphology 126: 18–31

Nuñez L, Grosjean M, Cartajena I (2002) Human Occupations and Climate Change in the Puna de Atacama, Chile. Science 298: 821–824

Okrusch M, Matthes S (2014) Mineralogie. Eine Einführung in die spezielle Mineralogie, Petrologie und Lagerstättenkunde. Springer Spektrum, Heidelberg

Ollier C (1981) Tectonics and landforms. London, New York. Longman

Ollier C, Pain C (1996) Regolith, soils and landforms. Wiley & Sons, Chichester

Ollier C (1991) Ancient Landforms. Belbaven Press, London

Owen BD (2005) Distant colonies and explosive collapse: the two stages of the Tiwanaku diaspora in the Osmore drainage. Latin American Antiquity 16/1: 45–80

Parsons AJ, Brazier RE, Wainwrigh J, Powell DM (2006) Scale relationships in hillslope runoff and erosion. Earth Surface Processes and Landforms 31: 1384–1393

Pécsi M, Richter G (1996) Löss. Z. Geom. N. F. Supplbd. 98. Berlin, Stuttgart

Penck A (1894) Morphologie der Erdoberfläche, Bd. 1 und 2. Stuttgart

Penck A, Bückner E (1909) Die Alpen im Eiszeitalter. Leipzig

Penck W (1924) Die morphologische Analyse, ein Kapitel der physikalischen Geologie. Stuttgart

Peters R (1999) Die Erhaltung der Vorflut. In: Peters R (Hrsg) 100 Jahre Wasserwirtschaft im Revier. Die Emschergenossenschaft 1899–1999, Bottrop, Essen

Pettersson R, Christoffersen P, Dowdeswell JA, Pohjola VA, Hubbard A, Strozzi T (2011) Ice thickness and basal conditions of Vestfonna Ice Cap, Eastern Svalbard. Geografiska Annaler: Series A, Physical Geography 93: 311–322

Phillips JD (2003) Sources of nonlinearity and complexity in geomorphic systems. Progress in Physical Geography 27: 1–23

Phillips JD (2007) The perfect landscape. Geomorphology 84: 159–169

Pillans B, Nash T (2004) Defining the Quaternary. Quaternary Science Reviews 23: 2271–2282

Plummer LN et al. (1978) The kinetics of calcite dissolution in CO2-water systems at 5 degrees to 60 degrees C and 0.0 to 1.0 atm CO2. American Journal of Science 278: 179–216

Pohjala VA, Christoffersen P, Kolondra L, Moore JC, Pettersson RS, Schäfer M, Strozzi T, Reijmer CH (2011) Spatial distribution and change in the surface ice-velocity field of Vestfonna ice cap, Nordaustlandet, Svalbard, 1995–2010 using geodetic and satellite interferometry data. Geografiska Annaler: Series A, Physical Geography 93: 323–335

Prigogine I, Stengers I (1981) Dialog mit der Natur. Neue Wege naturwissenschaftlichen Denkens. Piper, München

Pritchard JM (1979) Landform and Landscape in Africa. London

Rapp A (1960) Recent development of mountain slopes in Kärkevagge and surroundings, northern Scandinavia. Geografiska Annaler 42/2-3: 65–200

Rapp GR, Hill CL (2006) Geoarchaeology: The Earth science approach to archaeological interpretation. Yale University Press, New Haven, London

Rathjens C (1982) Geographie des Hochgebirges. Der Naturraum. Teubner-Verlag, Stuttgart

Raymo ME, Ruddiman WF (1992) Tectonic forcing of late Cenozoic climate. Nature 359: 117–122

Reindel M (2009) Life at the edge of the desert – archaeological reconstruction of the settlement history in the valleys of Palpa, Peru. In: Wagner G, Reindel M (eds) New Technologies for Archaeology: Multidisciplinary Investigations in Palpa and Nasca, Peru. Springer, Heidelberg. 439–462

Rhoads BL, Thorn CE (2011) The role and character of theory in geomorphology. In: Gregory KJ, Goudie AS (eds) The SAGE Handbook of Geomorphology. SAGE, Los Angeles

Richter G (Hrsg) (1998) Bodenerosion. Analyse und Bilanz eines Umweltproblems. Darmstadt

Richter M (1996) Klimatologische und pflanzenmorphologische Vertikalgradienten in Hochgebirgen. Erdkunde 50: 205–238

Rohdenburg H (1969) Hangpedimentation und Klimawechsel als wichtigste Faktoren der Flächen- und Stufenbildung in den wechselfeuchten Tropen an Beispielen aus Westafrika. Gießener Geogr. Schriften 20: 57–152

Rohdenburg H (1971) Einführung in die klimagenetische Geomorphologie. Gießen

Rohdenburg H (1983) Beiträge zur allgemeinen Geomorphologie der Tropen und Subtropen. Catena 10: 393–438

Rohdenburg H (1989) Landschaftsökologie – Geomorphologie. Cremlingen

Rohdenburg H (2006) Einführung in die klimagenetische Geomorphologie anhand eines Systems von Modellvorstellungen am Beispiel des fluvialen Abtragungsreliefs. 3. Aufl. Stuttgart

Romanovsky VE, Gruber S, Instanes A, Jin H, Marchenko SS, Smith SL, Trombotto D, Walter KM (2007) Frozen ground. In: UNEP (ed) Global Outlook for Ice & Snow. UNEP/GRID, Arendal. 181–200

Romanovsky VE, Smith SL, Christiansen HH (2010) Permafrost thermal state in the polar northern hemisphere during the international polar year 2007–2009: A synthesis. Permafrost and Periglacial Processes 21: 181–200

Rosgen D (1996) Applied River Morphology. Wildland Hydrology, Fort Collins

Rousseau D-D, Boers M, Sima A, Svensson A, Bigler M, Lagrois F, Taylor S, Antoine P (2017) (MIS3 & 2) millennial oscillations in Greenland dust and Eurasian aeolian records – A paleosol perspective. Quaternary Science Reviews 169: 99–113

Rowe HD, Dunbar RB (2004) Hydrologic-energy balance constraints on the Holocene lake-level history of lake Titicaca, South America. Climate Dynamics 23: 439–454

Runge J (1993) Lateritic crusts as climate-morphological indicators for the development of planation surfaces – possibilities and limits. Z. Geomorph., N. F., Suppl.-Bd. 92: 201–216

Runge J (2001) Landschaftsgenese und Paläoklima in Zentralafrika. Relief, Boden, Paläoklima 17: 1–294

Runge J, Lammers K (2001) Bioturbation by termites and Late Quaternary landscape evolution on the Mbomou plateau of the Central African Republic (CAR). Palaeoecology of Africa 27: 153–169

Saile T (2001) Die Reliefenergie als innere Gültigkeitsgrenze der Fundkarte. Germania 79/1: 93–120

Sander R (2015) Compilation of Henry's law constants (version 4.0) for water as solvent. Atmospheric Chemistry & Physics 15: 4399–4981

Sauer D, Felix-Henningsen P (2006) Saprolite, soils, and sediments in the Rhenish Massif as records of climate and landscape history. Quaternary International 156/157: 4–12

Schellmann G (1994) Wesentliche Steuerungsmechanismen jungquartärer Flussdynamik im deutschen Alpenvorland und Mittelgebirgsraum. Düsseldorfer Geogr. Schr. 34: 123–146

Schellmann G (1998) Jungkänozoische Landschaftsgeschichte Patagoniens (Argentinien). Andine Vorlandvergletscherungen, Talentwicklung und marine Terrassen. Essener Geographische Arbeiten 29

Schellmann G, Radtke U (2004) The marine Quaternary of Barbados. Kölner Geographische Schriften 81

Schellmann G, Radtke U (2007) Neue Befunde zur Verbreitung und chronostratigraphischen Gliederung holozäner Küstenterrassen an der mittel- und südpatagonischen Atlantikküste (Argentinien) – Zeugnisse holozäner Meeresspiegelveränderungen. Bamberger Geogr. Schr. 22: 1–91

Schirmer W (1983) Die Talentwicklung an Main und Regnitz seit dem Hochwürm. Geol. Jb. A 71: 11–43

Schittek K, Forbriger M, Mächtle B, Schäbitz F, Wennrich V, Reindel M, Eitel B (2015) Holocene environmental changes in the highlands of the southern Peruvian Andes (14° S) and their impact on pre-Columbian cultures. Clim. Past 11: 27–44. DOI: https://doi.org/10.5194/cp-11-27-2015

Schmidt J, Preston NJ (2003) Towards quantitative modelling of landform evolution through frequency and magnitude of processes: a model conception. In: Evans IS, Dikau R, Tokunaga E, Ohmori H, Hirano M (eds) Concepts and Modelling in Geomorphology: International Perspectives. Terrapub, Tokyo. 115–129

Schmidt KH (1984) Der Fluß und sein Einzugsgebiet. Hydrogeographische Forschungspraxis. Steiner, Wiesbaden

Kapitel 9

Schmidt KH (1988) Einzugsgebietsparameter für die hydrologische Vorhersage. Geoökodynamik 9: 1–16

Schmidt KH, Ergenzinger P (1992) Bedload entrainment, travel lengths, step lengths rest periods – studiedwith passive (iron, magnetic) and active (radio) tracer techniques. Earth Surface Processes and Landforms 17: 147–165

Schmidt M, Glade T (2003) Linking global circulation model outputs to regional geomorphic models: a case study of landslide activity in New Zealand. Climate Research 25/2: 135–150

Schmincke H-U (2009) Vulkane der Eifel. Aufbau, Entstehung und heutige Bedeutung. Heidelberg

Schmincke H-U (2013) Vulkanismus. 4. Aufl. Darmstadt

Schmincke H-U, Behncke B, Dehn J, Ippach P (1993) Vulkanismus. In: Platte E (Hrsg) Naturkatastrophen und Katastrophenvorbeugung. Weinheim. 252–407

Schneider G (2004) Erdbeben. Eine Einführung für Geowissenschaftler und Bauingenieure. Springer Spektrum, Heidelberg

Scholz D, Hoffmann D (2008) ^{230}Th/U-dating of fossil corals and speleothems. Quaternary Science Journal 57: 52–76

Schreiner A (1992) Einführung in die Quartärgeologie. Schweizerbarth, Stuttgart

Schrott L, Otto J-C, Götz J, Geilhausen M (2013) Fundamental classic and modern field techniques in geomorphology – an overview. In: Shroder J, Switzer AD, Kennedy D (eds) Treatise on Geomorphology. Academic Press 14: 6–21

Schumm SA (1956) Evolution of drainage systems and slopes in badlands at Perth Amboy, New Jersey. Geological Society of America Bulletin, 67/5: 597–646

Schumm SA (1979) Geomorphic thresholds: the concept and its applications. Transactions Institute of British Geographers. New Series 4/4: 485–515

Schumm SA (1991) To Interpret the Earth – Ten ways to be wrong. Cambridge

Schwarzbauer J, Stock F, Brückner H, Dsikowitzky L, Krichel M (2018) Molecular organic indicators for human activities in the Roman harbor of Ephesus, Turkey. Geoarchaeology. DOI: https://doi.org/10.1002/gea.21669

Schwegler E, Schneider P, Heissel W (1969) Geologie in Stichworten. Hirts Stichwortbücher, Kiel

Seeliger M, Pint A, Frenzel P, Feuser S, Pirson F, Riedesel S, Brückner H (2017) Foraminifera as markers of Holocene sea-level fluctuations and water depths of ancient harbours – A case study from the Bay of Elaia (W Turkey). Palaeogeography, Palaeoclimatology, Palaeoecology 482: 17–29

Semmel A (1996) Geomorphologie der Bundesrepublik Deutschland. Erdkundliches Wissen 30. Stuttgart

Serreze MC, Barry RG (2011) Processes and impacts of Arctic amplification: A research synthesis. Global and Planetary Change 77: 85–96

Shia P, Yana P, Yuana Y, Nearing M (2004) Wind erosion research in China: past, present and future. Progress in Physical Geography 28: 366–386

Shreve RL (1966) Statistical law of stream numbers. Journal of Geology 74: 17–37

Shumilovskikh LS, Seeliger M, Feuser S, Novenko E, Schlütz F, Pint A, Pirson F, Brückner H (2016) The harbour of Elaia: A palynological archive for human environmental interactions during the last 7500 years. Quaternary Science Reviews 149: 167–187

Sirocko F (Hrsg) (2009) Wetter, Klima, Menschheitsentwicklung. WBG, Darmstadt

Smith D I, Atkinson T C (1976) Process, landforms and climate in limestone regions. In: Derbyshire E (ed) Geomorphology and climate. John Wiley & Sons, Chichester: 369–409

Steuer H (2001) Landschaftsarchäologie. Reallexikon der Germanischen Altertumskunde 17: 630–634

Stingl H, Garleff K, Brunotte E (1983) Pedimenttypen im westlichen Argentinien. Z. f. Geomorph. Suppl. Bd. 48: 213–224

Stock F, Knipping M, Pint A, Ladstätter S, Delile H, Heiss AG, Laermanns H, Mitchell PD, Ployer R, Steskal M, Thanheiser U, Urz R, Wennrich V, Brückner H (2016) Human impact on Holocene sediment dynamics in the Eastern Mediterranean – the example of the Roman harbour of Ephesus. Earth Surface Processes and Landforms 41: 980–996

Strahler AN (1952) Dynamic basis of geomorphology. Bull. Geol. Soc. Am. 63: 923–938

Strahler AN (1957) Quantitative analysis of watershed geomorphology. Transactions of the American Geophysical Union 38: 913–920

Strahler A, Strahler A (2005) Introducing Physical Geography. Wiley & Sons, Chichester

Summerfield MA (1991) Global Geomorphology. An introduction to the study of landforms. John Wiley & Sons, Chichester

Syvitski JPM, Kettner A (2011) Sediment flux and the Anthropocene. Philosophical Transactions of the Royal Society A 369: 957–975

Syvitski JPM, Vörösmarty CJ, Kettner AJ, Green P (2005) Impact of humans on the flux of terrestrial sediment to the global ocean. Science 308: 376–380

Thomas DSG (1997) Arid zone geomorphology. Wiley & Sons, Chichester

Thomas DSG, Middleton NJ, United Nations Environment Programme (1997) World atlas of desertification. Arnold, London

Thomas MF (1994) Geomorphology in the tropics – a study of weathering and denudation in low latitudes. Chichester, New York, Brisbane

Thomas MF, Thorp MB (1985) Environmental change and episodic etchplanation in the humid tropics of Sierra Leone: the Koidu etchplain. In: Douglas I, Spencer T (eds) Environmental change and tropical geomorphology: 239–267

Trimble SW (1999) Decreased rates of alluvial sediment storage in the Coon Creek Basin, Wisconsin, 1975–93. Science 285/5431: 1244–1246

Ulrich R, King L (1993) Influence of mountain permafrost on construction in the Zugspitze mountains, Bavarian Alps, Germany, 6th Int. Conf. on Permafrost, Bejing. 625–630

UNDDD (United Nations Decade for Deserts and the Fight against Desertification) (2010) http://www.un.org/en/events/desertification_decade/ (Zugriff 1.11.2017)

UNEP (United Nations Environment Programme) (2007) Global Environmental Programme – Environment for Development, Geo-4. https://sustainabledevelopment.un.org/index.php?page=view&type=400&nr=546&menu=35 (Zugriff 1.11.2017)

UNEP (United Nations Environment Programme) (2012) Global Environmental Programme – Environment for Development. Geo-5. https://www.unenvironment.org/resources/global-environment-outlook-5index.php?page=view&type=400&nr=-546&menu=35 (Zugriff 23.3.2019)

Unkel I, Kadereit A, Mächtle B, Eitel B, Kromer B, Wagner G, Wacker L (2007) Dating methods and geomorphic evidence of palaeoenvironmental changes at the eastern margin of the South Peruvian coastal desert (14° 30′ S) before and during the Little Ice Age. Quaternary International 175: 3–28

Van der Leuuven S, Redmen CL (2002) Placing archaeology at the center of socionatural studies. American Antiquity 67: 597–605

Vaughan DG, Comiso JC, Allison I, Carrasco J, Kaser G, Kwok R, Mote P, Murray T, Paul F, Ren J, Rignot E, Solomina O, Steffen K, Zhang T (2013) Observations: cryosphere. In: Stocker, TF et al (eds) Climate Change 2013: The Physical Science Basis, Contribution of Working Group I to the Fifth Assessment Report of the Intergovernmental Panel on Climate Change. Cambridge. 317–382

Veit H (2002) Die Alpen – Geoökologie und Landschaftsentwicklung. Ulmer, Stuttgart

Völkel J, Leopold M, Mahr A, Raab T (2002) Zur Bedeutung kaltzeitlicher Hangsedimente in zentraleuropäischen Mittelgebirgslandschaften und zu Fragen ihrer Terminologie. Petermanns Geogr. Mitt. 146: 50–59

Vogelsang R, Eichhorn B, Richter J (2002) Holocene Human Occupation an Vegetation History in Nothern Nambia. Die Erde 133: 113–132

von Engelhardt W, Zimmermann J (1982) Theorie der Geowissenschaft. Paderborn

von Richthofen F (1886) Führer für Forschungsreisende. Berlin

Vuille M (1999) Atmospheric circulation over the Bolivian altiplano during dry and wet periods and extreme phases of the southern oscillation. International Journal of Climatology 19: 1579–1600

Wagner G (1960) Einführung in die Erd- und Landschaftsgeschichte mit besonderer Berücksichtigung Süddeutschlands. 3. Aufl. Verlag der Hohenlohe'schen Buchhandlung F. Rau, Öhringen

Walling DE (1983) The sediment delivery problem. Journal of hydrology, 65/1-3: 209–237

Wang T, Yan CZ, Song X, Li S (2013) Landsat images reveal trends in the aeolian desertification in a source area for sand and dust storms in China's Alashan plateau (1975–2007). Land Degradation and Development 24: 422–429

Warner T (2004) Desert Meteorology. Cambridge University Press

Wayland EJ (1933) Peneplains and some other erosional platforms. Annual Report Bulletin, Protectorate of Uganda Geological Survey, Department of Mines. Note 1: 77–79

wdr.de (2017) https://www1.wdr.de/nachrichten/ruhrgebiet/bergschaeden-im-ruhrgebiet-100.html (Zugriff 2.1.2018)

Westcott KL, Brandon RJ (2000) Practical applications of Gis for archaeologists. A predictive modeling kit. Taylor & Francis, London

White WB (1988) Geomorphology and hydrology of karst terrains. Oxford University Press, Oxford

Wilkinson BH, McElroy BJ (2007) The impact of humans on continental erosion and sedimentation. Bulletin of the Geological Society of America 119: 140–156

Wirthmann A (1987) Geomorphologie der Tropen. Darmstadt

Wirthmann A (1994) Geomorphologie der Tropen. Erträge der Forschung 248. Darmstadt

Wolman MG, Miller JP (1960) Magnitude and frequency of forces in geomorphic processes. J. Geol. 68: 54–74

WP/WLI (International Geotechnical Societies' UNESCO Working Party on World Landslide Inventory) (1993) Multilingual Landslide Glossary. Bitech, Richmont, B.C.

Wyllie P (1976) The way the earth works: an introduction to the new global geology and its revolutionary developments. New York

Xing F, Kettner AJ, Ashton A, Giosan L, Ibáñez C, Kaplan JO (2014) Fluvial response to climate variations and anthropogenic perturbations for the Ebro River, Spain in the last 4000 years. Science of the Total Environment 473/474: 20–31

Zalasiewicz J, Williams M, Haywood A, Ellis M (2011) The Anthropocene: a new epoch of geological time? Philosophical Transactions of the Royal Society A 369: 835–841

Zeese R (1983) Reliefentwicklung in Nordost-Nigeria – Reliefgenerationen oder morphogenetische Sequenzen. Z. f. Geomorph. Suppl. Bd. 48: 225–234

Zeese R (1991) Äolische Ablagerungen des Jungquartär in Zentral- und Nordostnigeria. Sonderveröff. Geol. Inst Univ. Köln 82

Zeese R (1996) Oberflächenformen und Substrate in Zentral- und Nordostnigeria. Ein Beitrag zur Landschaftsgeschichte. Aachen

Zeese R (1998) Schichtstufen und analoge Formen in Nigeria. Paderborner Geographische Studien 11: 105–122

Zeese R, Schwertmann U, Tietz GF, Jux U (1994) Mineralogy and stratigraphy of three deep lateritic profiles of the Jos plateau (Central Nigeria). Catena 21: 195–214

Zepp H, Kasielke T (2012) Der anthropogene Einfluss auf die Sedimentdynamik der Ostfriesischen Insel Wangerooge. Geographische Rundschau 1/2012: 12–19

Zimmermann A, Richter J, Frank T, Wendt KP (2004) Landschaftsarchäologie II. Überlegungen zu Prinzipien einer Landschaftsarchäologie. Berichte der Römisch-Germanischen-Kommission 85: 37–95

Zöller L (2010) New approaches to European loess: a stratigraphic and methodical review of the past decade. Cent. Eur. J. Geosci. 2: 19–31. DOI: https://doi.org/10.2478/v10085-009-0047-y

Zöller L (Hrsg) (2017) Die Physische Geographie Deutschlands. WBG, Darmstadt

Weiterführende Literatur

AG Boden (2005) Bodenkundliche Kartieranleitung. Schweizerbart, Hannover

Bennet MR, Glasser NF (1996) Glacial Geology. Ice sheets and landforms. Wiley & Sons, Chichester

Bird EC (2011) Coastal geomorphology: an introduction. John Wiley & Sons, Chichester

Birkeland PW (1999) Soils and Geomorphology. Oxford Univ. Press, Oxford, New York

Bland W, Rolls D (1998) Weathering. An introduction to the scientific principles. Oxford

Blümel WD (2013) Wüsten. UTB, Ulmer Verlag, Stuttgart

Bobrowsky PT, Rickman H (eds) (2007) Comet/asteroid impacts and human society: an interdisciplinary approach. Springer, New York

Bögli A (1980) Karst Hydrology and Physical Speleology. Springer, Berlin

Burga CA, Klötzli F, Grabherr G (Hrsg) (2004) Gebirge der Erde. Landschaft, Klima, Pflanzenwelt. Ulmer, Stuttgart

Coudé-Gaussen G (1991) Les poussières sahariennes. John Libbey Eurotext, Paris

Earth Impact Database (University of New Brunswick, Canada) http://www.passc.net/EarthImpactDatabase (Zugriff 23.5.2018)

Ehlers J (1994) Allgemeine und historische Quartärgeologie. Enke Verlag, Stuttgart

Ehlers J (2011) Das Eiszeitalter. Springer Spektrum, Heidelberg

Fairchild IJ, Baker A (2012) Speleothem Science: From Process to Past Environments. John Wiley & Sons, Chichester

Ford D, Williams PD (2007) Karst hydrogeology and geomorphology. John Wiley & Sons, Chichester

Füchtbauer H (Hrsg) (1988) Sedimente und Sedimentgesteine. Stuttgart

German Quaternary Association (ed) (2011) Glaciations and periglacial features in Central Europe. Eiszeitalter und Gegenwart/Quaternary Science Journal 60/2-3. Greifswald

Goudie AS (2013) Arid and Semi-arid Geomorphology. Cambridge University Press

Grotzinger J, Jordan T (2017) Press/Siever: Allgemeine Geologie. Springer Spektrum, Heidelberg

Haeberli W, Whiteman C (eds) (2015) Snow and ice-related hazards, risks and disasters. Elsevier

Huggel C, Carey M, Clague JJ, Kääb A (eds) (2015) The High-Mountain Cryosphere. Environmental Changes and Human Risks. Cambridge University Press, Cambridge

Kelletat D (2013) Physische Geographie der Meere und Küsten. 3. Aufl. Bornträger Verlag, Stuttgart

Kleber A, Terhorst B (eds) (2013) Mid-latitude slope deposits (cover beds). Developments in Sedimentology 66, Amsterdam

Mattauer M (1999) Berge und Gebirge. Werden und Vergehen geologischer Großstrukturen. Schweizerbart, Stuttgart

Okrusch M, Matthes S (2014) Mineralogie. Eine Einführung in die spezielle Mineralogie, Petrologie und Lagerstättenkunde. Springer Spektrum, Heidelberg

Owens PN, Slaymaker O (2004) Mountain Geomorphology. Arnold, London

Parsons AJ, Abrahams AD (2009) Geomorphology of Desert Environments. Springer

Pfeffer K-H (2010) Karst. Stuttgart

Rathjens C (1979) Die Formung der Erdoberfläche unter dem Einfluss des Menschen. Teubner Studienbücherei Geographie, Stuttgart

Scheffer F, Schachtschabel P, Hartge KH, Blume H-P, Brümmer G, Schwertmann U, Horn R, Kögel-Knabner I, Wilke B-M, Stahr K (2002) Scheffer/Schachtschabel: Lehrbuch der Bodenkunde. Spektrum Akad. Verlag, Heidelberg, Berlin

Scheffers A, Scheffers S, Kelletat D (2012) The Coastlines of the World with Google Earth – Understanding our Environment. Coastal Research Library 2. Springer

Scheidegger AE (2004) Morphotectonics. Springer-Verlag, Berlin, Heidelberg, New York

Schultz J (2002) Die Ökozonen der Erde. Stuttgart

Schumm SA, Dumont JF, Holbrook JM (2002) Active Tectonics and Alluvial Rivers. Cambridge University Press, Cambridge

Spalding M, Kainuma M, Collins L (2010) World Atlas of Mangroves. Earthscan, GBR

Stahr A, Hartmann T (1999) Landschaftsformen und Landschaftselemente im Hochgebirge. Springer, Berlin

Strahler A, Strahler A (2005) Introducing Physical Geography. Wiley & Sons, Chichester

Summerfield MA (2000) Geomorphology and Global Tectonics. Wiley & Sons, Chichester

Thomas DSG (2011) Arid Zone Geomorphology: Process, Form and Change in Drylands. Wiley & Sons, Chichester

Vinx R (2015) Gesteinsbestimmung im Gelände. 4. Aufl. Springer Spektrum, Heidelberg

Wagner HG (2001) Mittelmeerraum. Darmstadt

Wang Y (ed) (2017) Remote Sensing of Coastal Environments. CRC Press

Yardley BWD (1997) Einführung in die Petrologie metamorpher Gesteine. Stuttgart

Kapitel 9

Bodengeographie

Tiefgründige Bodenentwicklung eines Podsols über Taunusquarzit auf dem westlichen Taunuskamm bei Hallgarten (Rheingau) auf 530 m NN gelegen. Unter der mächtigen Humusauflage ist ein sehr stark gebleichter Oberboden zu sehen. Als dominierender pedogener Prozess ist eine starke chemische Verwitterung anzutreffen mit bereits stark ausgeprägter Mineralneubildung (Oxide, Sesquioxide; Foto: K. Emde).

© Springer-Verlag GmbH Deutschland, ein Teil von Springer Nature 2020
H. Gebhardt et al. (Hrsg.), *Geographie*, https://doi.org/10.1007/978-3-662-58379-1_10

Die Böden der Erde überziehen nahezu flächendeckend die Landoberfläche der Erde. Auf die Bodendecke wirken alle Faktoren ein, die an der Erdoberfläche zusammentreffen, von der Sonneneinstrahlung bis hin zur menschlichen Tätigkeit. Die Pedosphäre bildet daher eine bedeutende Energieumsatzfläche und kann als Reaktor (Richter 1986) bezeichnet werden. Die Bodenbildung aus (Locker-)Gesteinen geht mit einer Nährstofffreisetzung aus Mineralen bzw. einer Nährstoffspeicherung für die Pflanzendecke einher. Böden bilden die Grundlage für die Ernährung und nehmen eine zentrale Stellung im Landschaftsökosystem ein. Sie bilden ein Bindeglied zwischen Forschungsgegenständen der Vegetationsgeographie, Geomorphologie, Hydrogeographie, Klimageographie und der Humangeographie, und sie sind äußerst vielfältig. Sie spiegeln nicht nur die aktuellen landschaftsökosystemaren Zusammenhänge wider, sondern sie sind mitunter über Jahrhunderte und Jahrtausende entstandene Phänomene. Damit sind Böden auch Archive der Erd- und Landschaftsgeschichte, die ein historisches Erbe in sich tragen. Besorgniserregend sind die Geschwindigkeit und die Radikalität, mit der der Mensch in die Pedosphäre eingegriffen hat und eingreift. So wurden, ausgelöst durch Vegetationsdegradation und Ackerbau, beispielsweise im Mittelmeergebiet, die Böden degradiert und abgetragen bzw. umgelagert. In Mitteleuropa hat die Bodenerosion seit der Bronzezeit nicht nur die Tragfähigkeit der Ackerflächen reduziert, sondern auch zu beschleunigter Auensedimentation geführt. Historische Beispiele zeigen, wie durch Bodendegradation ganzen Gesellschaften die Existenzgrundlage entzogen werden kann. Neue Belastungen der Pedosphäre hat der „Landschaftsverbrauch" im 19. und 20. Jahrhundert gebracht, nicht nur durch Überbauung, sondern auch durch Schad- und Giftstoffeinträge und durch Überdüngung. Das Bewusstsein von den Böden als endliche Ressource hat inzwischen den Gesetzgeber veranlasst, die Nutzung der Böden zu steuern, Böden zu schützen und Bodendenkmäler auszuweisen.

10.1 Definition und Bodenbildungsfaktoren

Dominik Faust

Für den Begriff Boden gibt es mehrere Definitionen – meist in Abhängigkeit seiner Funktion, die er für die unterschiedlichen Arbeitsrichtungen besitzt. Für die Geographie ist der Boden der extrem dünne, oberste belebte Bereich der Erdoberfläche von der Streu bis zum unverwitterten Lockermaterial oder dem anstehenden Gestein. Vielfältige Wechselwirkungen zwischen Organismen, Wasser und Luft in diesem dynamischen System führen mit der Zeit zu **Abbau**, **Umbau** und **Verlagerung** von organischen und anorganischen Stoffen im Boden. Grundsätzlich entstehen Böden nach folgendem Ablauf: Das Zusammenwirken **bodenbildender Faktoren** löst **bodenbildende Prozesse** aus, die im Bodenmaterial Merkmale hervorrufen, nach denen die Böden differenziert werden können.

Welcher Boden bzw. welche Bodenmerkmale entstehen, hängt von dem Produkt der Faktoren der Bodenbildung ab, die in ihrer Stärke variieren. Unter Berücksichtigung der Faktoren kann folgende Gleichung aufgestellt werden:

$$B = f(K, G, R, W, FF, M, Z, \ldots)$$

Hierbei steht K für Klima, G für Gestein, R für Relief, W für Zuschusswasser, FF für Flora und Fauna, M für menschliche Wirtschaftsweise und Z für die Zeit. Für die Pünktchen können unspezifizierte Faktoren eingesetzt werden, die lokal oder regional von besonderem Interesse sind, wie beispielsweise Meerwassersalze.

Das Klima wird häufig als die stärkste Kraft der **Bodenentwicklung** angesehen. Temperatur, Niederschlag und Wind und die daraus resultierende Verdunstung sind die wichtigsten **Klimagrößen**. Ihre Intensität und jahreszeitliche Verteilung haben Einfluss auf alle bodenbildenden Prozesse. So bestimmt die von der Sonnenstrahlung abhängige Bodentemperatur die Geschwindigkeit der Zersetzung organischen Materials stark mit. Die chemischen Verwitterungsprozesse werden durch steigende Temperaturen im Boden erheblich intensiviert. Weniger die absolute Menge des Niederschlags, sondern der Anteil, der als Sickerwasser tatsächlich in den Boden eindringt und ihn passiert, ist ausschlaggebend für die Stoffverlagerung im Boden. Der Wind ist einer der bestimmenden Faktoren der Verdunstung. Übersteigt die Verdunstungs- die Niederschlagshöhe, stellen sich aride Zustände ein. Das hat zur Folge, dass die chemische Verwitterung nahezu unterbleibt, dass Salze nicht ausgewaschen, sondern im Boden angereichert werden können. Gerade in den vegetationsarmen ariden Zonen fördern starker Wind und die seltenen extrem starken Niederschläge die Bodenerosion, ein Vorgang, der die gesamte Bodenlandschaft stark verändert. Bodenprofile werden durch Erosion verkürzt, und am Hangfuß oder in Senken werden Böden von dem Erosionsmaterial (Kolluvium) überdeckt (fossilisiert). In diesen Kolluvien können sich dann neue Böden entwickeln. Neben der Zeitdauer der Bodenbildung dominiert das Klima die Bodenentwicklung großflächig stärker als alle anderen Faktoren. Ein Vergleich der Karte der Klimazonen mit der Weltbodenkarte zeigt auffällige Übereinstimmung zwischen Klima und Bodentyp.

Das **Gestein** bzw. das **Sediment** ist der bodenbildende Faktor, der die Bodenart (Korngrößenzusammensetzung), den Mineralbestand und damit den Bodenchemismus, das Bodengefüge und die Bodenfarbe maßgeblich beeinflusst. Für physikalische und chemische Verwitterungsprozesse ist die Beschaffenheit des Gesteins von besonderer Bedeutung (Abschn. 9.3). So hängt die Verwitterungsstabilität des Gesteins davon ab, ob es sich um lockeres (z. B. Löss) oder festes (Gneis), um schiefriges (Phyllit) oder massiges (Eklogit), um grobkristallines (Granit) oder feinkristallines (Basalt) Gestein handelt. Hinzu kommt die tektonische Vorbelastung der Gesteine. Die Struktur der gesteinsbildenden Minerale beeinflusst ebenso die Geschwindigkeit der Mineralverwitterung. Je komplexer die Struktur, desto verwitterungsresistenter ist das Mineral. In festen Sedimentgesteinen hängt die Verwitterung sehr stark von der Art des Bindemittels ab. So ist die Tiefenentwicklung des Bodens z. B. bei karbonatischem Bindemittel verzögert, weil der Boden erst entkalkt sein muss, um eine Silikatverwitterung zu bewerkstelligen. Grundsätzlich entstehen Böden aber in Materialdecken, die durch Vorlaufprozesse entstanden sind. In Mitteleuropa sind es vor allem die mehrfach geschichteten periglazialen Umlagerungsdecken, die weit verbreitet als Ausgangsmaterial der Bodenbildung anzusehen sind.

Das **Relief** ist insofern einer der wichtigsten bodenbildenden Faktoren, da es durch seine Lage die Gesteinsbeschaffenheit, die kleinklimatischen Verhältnisse und damit die Lebewelt sowie die Bewegungsrichtung des Wassers vorzeichnet. Bergländer sind überwiegend durch einen Festgesteinsuntergrund gekennzeichnet, während Becken- und Tiefländer weitverbreitet neben Sedimentgesteinen aus Lockergestein bestehen können. Die absolute Höhenlage im Relief gibt die klimatischen Bedingungen vor (Höhenstufen). Kleinklimatische Verhältnisse werden durch die Berg-Tal-Verteilung und die Hangexposition bedingt. So sind Südhänge durch höhere Sonneneinstrahlung und trockenere Verhältnisse mit den jeweiligen Konsequenzen für die Umwelt gekennzeichnet. Die Geländegeometrie – insbesondere im Hangbereich – wirkt auf die Bewegungsrichtung des Wassers auf und in dem Boden. In tiefer gelegenen Talpositionen spielt stagnierendes Grundwasser eine wichtige Rolle. Der Hang ist im konvexen Oberhangbereich gekennzeichnet durch Oberflächenabfluss und Bodenerosion, im gestreckten Mittelhang durch Transport und laterale Stoffverlagerung, während der konkave Unterhang bereits als Akkumulations- bzw. Anreicherungsbereich mit vermehrt vertikaler Wasserbewegung im Boden anzusehen ist. Konvergente und divergente Wasserbewegung sind an komplexe Formen (z. B. Hangmulden oder Sporne) gebunden.

Das **Wasser im Boden** und im oberflächennahen Untergrund kann in Sickerwasser, Haftwasser, Kapillarwasser, Stauwasser und Grundwasser unterschieden werden. An den meisten Bodenbildungsvorgängen ist Sickerwasser, Haftwasser und Kapillarwasser beteiligt. Im Gegensatz zu Sickerwasser, das ausschlaggebend für die Stoffverlagerung und Horizontdifferenzierung im Boden ist, wird das Haft- und Kapillarwasser gegen die Schwerkraft im Boden gehalten. Wird Wasser zum bestimmenden Faktor, dann stellen sich im Boden sog. hydromorphe Merkmale ein, die in einer besonderen Bodenbleichung (Reduktionsmerkmal) und Rostfleckung (Oxidationsmerkmal) erkennbar werden. Dies ist vor allem der Fall, wenn das Wasser im Überangebot vorhanden ist, sei es als Stauwasser über einem dichten, tonreichen Bodenhorizont oder als Grundwasser in Tiefenlagen.

Die **Flora und Fauna** eines Bodens ist sehr stark klima- und gesteinsabhängig. Die Pflanzenrückstände (**Streu**) sind das organische Ausgangsmaterial des Bodens, das von Bodentieren und Mikroorganismen einerseits in **Huminstoffe** umgewandelt und andererseits in seine mineralischen Ausgangsstoffe wieder abgebaut wird. Die Vegetation schützt den Boden vor Abtragung und beeinflusst den Bodenwasserhaushalt, sie entzieht dem Boden Nährstoffe und trägt mit den Wurzelsäuren zur Verwitterung bei. Bodentiere und Mikroorganismen haben bei der Bodenbildung wichtige Funktionen. Einerseits wirken sie bei der Schaffung stabiler Bodengefügeformen mit (z. B. Wurmlosungen) und andererseits mischen sie durch ihre wühlende Tätigkeit organisches Material in den Boden ein.

Der **Mensch** rodet Vegetation, pflügt Böden um, bearbeitet sie, düngt sie und be- oder entwässert landwirtschaftliche Nutzfläche. Er trägt Bodenmaterial und Streu auf und entnimmt sie an anderer Stelle. Damit greift er in die natürlich ablaufenden Bodenprozesse ein. Die negativen Folgen dieser direkten Eingriffe zeigen sich in **Degradationserscheinungen** wie Bodenerosion und Nährstoffverlust. Indirekt fördern Emissionen einerseits die Versauerung der Böden und kontaminieren andererseits Böden mit schädigenden Schwermetallen. Auch ist der Mensch ein Faktor des globalen Klimawandels, wodurch bis in die regionale Ebene bodenbildende Prozesse modifiziert werden können (Exkurse 10.6 und 10.7).

Mit **Zeit** ist die Dauer der Bodenbildung gemeint. Sie übt als solche keine energetische Wirkung auf den Boden aus. Dennoch können die bodenbildenden Prozesse in schnell verlaufende (Horizontdifferenzierung, Humifizierung) und langsam verlaufende (Mineralneubildung) untergliedert werden. Da sich im Laufe der Zeit die Bedingungen und damit die Faktoren der Bodenbildung oft verändert haben, finden wir vielfach Böden vor, die unterschiedliche Entwicklungsphasen durchlaufen haben und als polygenetische Bildungen anzusehen sind. Grundsätzlich entwickelt sich ein Boden bis zu einem gewissen „Reifezustand" erst langsam, dann beschleunigt und zum Ende hin wieder verlangsamt. Dieser Verlauf kann bei nahezu sämtlichen bodenbildenden Prozessen angenommen werden (Abb. 10.1).

10.2 Bodenbestandteile

Durch Verwitterungsprozesse werden die Gesteine in Bruchstücke unterschiedlicher Korngröße zerlegt. Durch biochemische Prozesse wird das zerkleinerte Gestein stofflich verändert und in Tonminerale umgewandelt. Auch das abgestorbene Pflanzenmaterial unterliegt einer mechanischen und biochemischen Zerkleinerung. Die Lagerung der einzelnen Körner im Boden lässt Hohlräume und Poren, aber auch größere Zwischenräume entstehen. Sie sind mit Wasser und Luft gefüllt oder werden von Bodentieren und Wurzeln eingenommen.

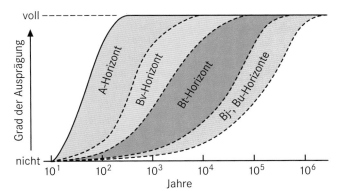

Abb. 10.1 Geschätzte Zeitdauer für die Ausprägung charakteristischer Bodenhorizonte (verändert nach Birkeland 1999).

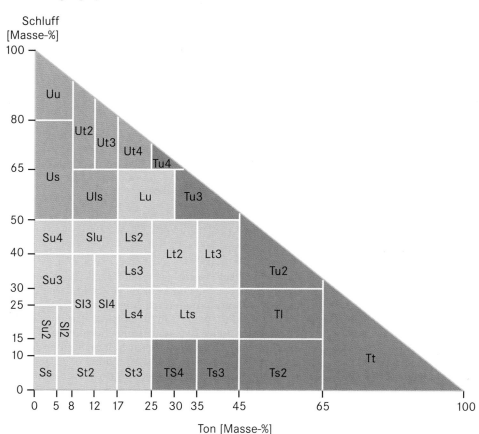

Abb. 10.2 Bodenartendiagramm der 31 Bodenartenuntergruppen des Feinbodens (U = Schluff, S = Sand, T = Ton, Us = sandiger Schluff usw.). Der Sandanteil errechnet sich wie folgt: x % S = 100 % − (y % U + 2 % T) (verändert nach AG Boden 2005).

Mineralische Bodenbestandteile

Mineralische Bodenbestandteile ergeben sich aus der Art und Zusammensetzung des Ausgangsgesteins und den herrschenden Verwitterungsbedingungen. Bei geringer Verwitterung und Bodenbildung spiegelt der Mineralbestand des Bodens den des Ausgangsgesteins wider, während Mineralneubildungen, die aus der Bodenentwicklung entstehen, umso mehr in Böden angetroffen werden, je intensiver und länger anhaltend diese Verwitterungsvorgängen ausgesetzt waren. Die Sand- und Schlufffraktion eines Bodens besteht daher überwiegend aus den schwer verwitterbaren, stabilen Mineralen wie einigen Feldspäten, Quarz und Glimmer und einigen Schwermineralen (z. B. Disthen, Turmalin oder Zirkon). Die aus der Verwitterung und Bodenbildung entstandenen Tonminerale und Oxide sind oft aus den leichter verwitterbaren Mineralen und Schwermineralen (z. B. einige Plagioklase, Amphibole, Olivin, Pyroxene, Granat) gebildet. Aus diesem Grunde kann der Anteil der leicht verwitterbaren Minerale im Bodenprofil als **Gradmesser der Verwitterung** angesehen werden. Doch nicht immer weist ein hoher Gehalt an Tonmineralen und Oxiden im Boden auf eine intensive Verwitterung hin. Gerade in Sedimentgesteinen kann man davon ausgehen, dass die Tonminerale bei der Sedimentation abgelagert wurden und somit „ererbt" sind. Aber auch innerhalb der Familie der Tonminerale gibt es unterschiedliche Spektren, die auf den Verwitterungsgrad im Boden hinweisen. Eine genaue Tonmine-

ralanalyse lässt eine Unterscheidung zwischen Tonmineralen aus geringerer Verwitterungsintensität (**Wechsellagerungsminerale, Smectit, Vermiculit** und **Illit**) und Tonmineralen wie **Kaolinit** sowie dem Al-Hydroxid **Gibbsit** zu, die, sofern sie nicht direkt aus dem Gestein stammen, auf intensive Verwitterungsvorgänge schließen lassen.

Im Hinblick auf die Bodenfruchtbarkeit kommt der Korngrößenzusammensetzung eines Bodens eine wichtige Rolle zu. Einerseits fungiert im Wesentlichen die Schlufffraktion im Verlauf des Verwitterungsprozesses als „Nährstoffpool" und andererseits bestimmt die Zusammensetzung der Tonfraktion das Sorptionsvermögen und die Nährstoffverfügbarkeit eines Bodens entscheidend mit. Eine quantitative Aussage über die Korngrößenzusammensetzung eines Bodens erfolgt durch eine Korngrößenanalyse (Abschn. 5.2).

Körnung und Bodenart

Normalerweise sind die Körner (Primärteilchen) eines Bodens durch Humus, Karbonate, Fe- und Al-Oxide und durch Tonsubstanz zu Aggregaten verkittet. Die Zerlegung der Aggregate in einzelne Kornfraktionen (Dispergierung) ist der erste Schritt für die Ermittlung der **Korngrößenverteilung** im Boden. Die Primärteilchen des Bodens haben aufgrund spezifischer Verwitterungsvorgänge unterschiedliche Durchmesser, die als Maß

Abb. 10.3 Zusammenstellung und Unterscheidung der wichtigsten organischen Substanzen im Boden (verändert nach Eitel & Faust 2013).

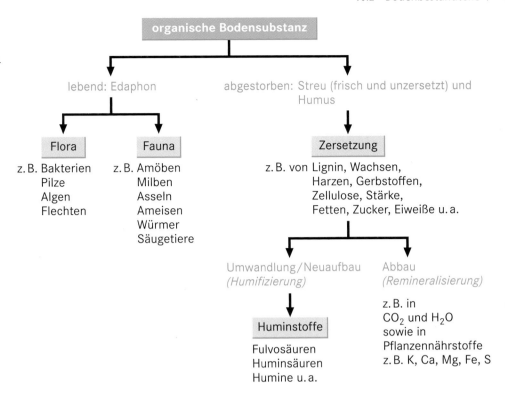

für die Korngröße betrachtet werden. Die Korngrößenverteilung oder Körnung eines Bodens beschreibt somit die auf die Teilchengröße bezogene Zusammensetzung (Abschn. 5.2).

Die mineralischen Bestandteile eines Bodens setzen sich aus Körnern unterschiedlicher Größe zusammen und bilden somit ein Gemisch. Für diese Körnungsmischung des Feinbodens hat sich der Begriff **Bodenart** durchgesetzt. Hauptbodenarten sind **Sand**, **Schluff**, **Ton** und **Lehm**, wobei Lehm ein Dreikorngemisch ist, bei dem die Fraktionen Sand, Schluff und Ton in erkennbaren Gemengeanteilen auftreten. Aus den Ergebnissen einer Korngrößenanalyse kann mithilfe eines Dreieckdiagramms (Abb. 10.2) direkt die Bodenart ermittelt werden.

Organische Bestandteile

Die organischen Bodenbestandteile eines Bodens setzen sich in ihrer Gesamtheit aus der abgestorbenen organischen Substanz (Humus), dem Bodenleben (Edaphon) sowie aus lebenden Pflanzenwurzeln zusammen. Davon entfallen auf die organische Substanz ca. 80–85 %, auf das Edaphon ca. 5–10 % und auf die lebende Wurzelbiomasse etwa 10 %. Organische Bodenbestandteile sind im oberen Bodenprofilbereich angereichert und für eine charakteristische Dunkelfärbung des obersten Bodenhorizontes (Ah-Horizont) verantwortlich (Abb. 10.3).

Die lebenden pflanzlichen und tierischen Bodenorganismen bilden eine Lebensgemeinschaft und werden als **Edaphon** bezeichnet. Das Edaphon ist durch bodenbiologische Umsetzungsprozesse direkt an der Bodenentwicklung beteiligt. Die Geschwindigkeit des Abbaus und Umbaus der organischen Substanz hängt maßgeblich von der Zusammensetzung und der Quantität und Aktivität der Bodenorganismen ab. Zusammensetzung, Quantität und Aktivität des Edaphons variieren raum- und zeitbezogen in Abhängigkeit des Ausgangsmaterials und seiner Mächtigkeit, der Reliefsituation, der Jahreszeit, des Geländeklimas und der Vegetationsdecke. Das Edaphon kann in **Bodenfauna** und **Bodenflora** untergliedert werden. Die Bodenfauna wird anhand unterschiedlicher Körpergrößen in Megafauna (z. B. Regenwurm, Maulwurf), Makrofauna (z. B. Käferlarven, Asseln), Mesofauna (z. B. Springschwanz) und Mikrofauna (z. B. Flagellate, Amöben) eingeteilt. Die Mikrofauna zählt hierbei schon zu der Gemeinschaft der Mikroorganismen, die durch die Bodenflora (z. B. Bakterien, Pilze, Algen) komplettiert wird.

Die Gesamtheit der **organischen Substanz** eines Bodens wird als **Humus** bezeichnet, darin sind alle abgestorbenen pflanzlichen und tierischen Stoffe und deren Umwandlungsprodukte enthalten. Für die Umwandlung und Zersetzung der organischen Substanz ist überwiegend das Edaphon verantwortlich. Nach dem Zersetzungsgrad lässt sich die organische Substanz in **Streu** (schwach umgewandelte und kaum zersetzte Pflanzenreste und abgestorbene Bodenorganismen) und **Huminstoffe** (stark umgewandelte Substanz, Pflanzenrückstände nicht mehr erkennbar) untergliedern. Der Abbau oder die Zersetzung der organischen Substanz vollzieht sich in unterschiedlichen Schritten. Der Zersetzungsprozess beginnt meist mit einer mechanischen Zerkleinerung des Bestandsabfalls. Den vollständigen Abbau der organischen Ausgangsstoffe durch Mikroben (mikrobiell) nennt

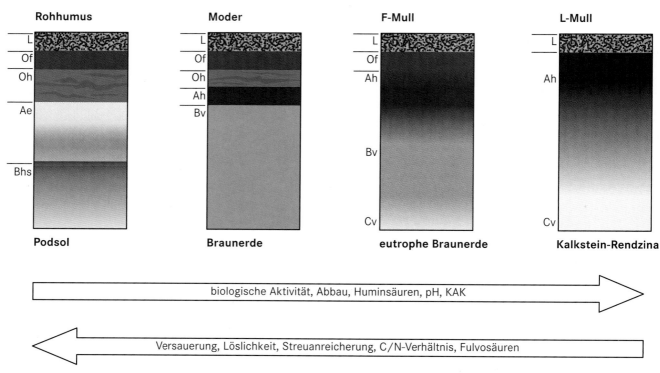

Abb. 10.4 Wichtige Merkmale der Humusformen und entsprechende charakteristische Bodenhorizontierungen (verändert nach AG Boden 2005).

man **Mineralisierung**. Endprodukte der Mineralisierung sind Wasser, CO_2 und Pflanzennährstoffe. Der geringere Teil der organischen Substanz wird während des Zersetzungsprozesses humifiziert. Bei der **Humifizierung** handelt es sich um einen Umbau bzw. Neuaufbau, bei dem Huminstoffe mit unterschiedlichen ökologischen Eigenschaften entstehen.

Die unterschiedlichen Abbaubedingungen der organischen Substanz zeigen sich in der Ausbildung bestimmter **Humusformen** mit unterschiedlichen charakteristischen Merkmalen. Sind die Rahmenbedingungen für mikrobielle Aktivität günstig, vollzieht sich der Abbau und Umbau der organischen Substanz rasch und es bildet sich die Humusform **Mull** aus. Bei stark gehemmtem Abbau entwickelt sich in der Regel ein **Rohhumus**, der durch eine hohe Anreicherung organischen Materials gekennzeichnet ist. Die Humusform Moder nimmt eine Zwischenstellung ein (Abb. 10.4).

Bodenwasser

Niederschläge und Tau führen dem Boden Wasser zu. Dieses Wasser kann auf und in dem Boden sehr unterschiedliche Funktionen wahrnehmen. Als **Oberflächenwasser** wird das an der Oberfläche abfließende Wasser bezeichnet, das nicht vom Boden aufgenommen werden kann. Sein Anteil ist umso höher, je intensiver die Niederschläge fallen. Auch Verdichtungen an der Bodenoberfläche hindern das Niederschlagswasser am Eindrin-

gen in den Boden. Nach lang anhaltenden Niederschlägen kann ein Boden bereits mit Wasser gesättigt sein. Er ist dann nicht mehr in der Lage, weiteres Niederschlagswasser aufzunehmen. Das Oberflächenwasser ist wesentlich verantwortlich für Bodenerosionsvorgänge. Da es nicht in den Boden eindringt, gehört es streng genommen nicht zum Bodenwasser.

Das in den Boden eindringende Wasser hat als Nährstoffträger eine für den Pflanzenwuchs herausragende ökologische Funktion. Außerdem ist das Wasser im Boden als Bodenbildungsfaktor an fast allen pedogenetischen Prozessen beteiligt. Je nach der Art, wie sich das Wasser im Boden bewegt und wie es den Bodenzustand beeinflusst, ist eine Unterteilung des Bodenwassers möglich. Das Wasser, das sich unter der Schwerkraft in den größeren Hohlräumen im Boden abwärts bewegt, wird als **Sickerwasser** bezeichnet. Es ist im Boden frei beweglich und wird bei ausreichender Menge dem **Grundwasser** zugeführt. Mit dem Sickerwasserstrom werden Stoffe innerhalb des Bodenprofils transportiert. Bei geringen Niederschlägen kann die Sickerwasserfront bereits vor Erreichen des Grundwasserspiegels zum Erliegen kommen. Dies kann vor allem in stark sandigen Böden beobachtet werden, in denen die Sickerwasserfront durch eine Farbbänderung im Unterboden zu erkennen ist. Das frei bewegliche Sickerwasser füllt entweder den Grundwasserspeicher auf oder kann von einem wasserundurchlässigen Bodenhorizont gestaut werden. **Stauwasser** und Grundwasser verursachen im Bodenprofil Reduktions- und Oxidationsmerkmale.

Ein weiterer Teil des Bodenwassers ist nicht frei beweglich und wird gegen die Schwerkraft im Boden als **Haftwasser** festgehalten. Die Wasserbindung beruht auf der Wirkung verschiedener Kräfte zwischen den festen Bodenpartikeln und den Wassermolekülen (Adhäsionskräfte) sowie zwischen den Wassermolekülen untereinander (Kohäsionskräfte). Das Haftwasser wird je nach Art der Bindung daher in **Adsorptionswasser** und **Kapillarwasser** unterteilt.

Das Adsorptionswasser umhüllt die festen Bodenpartikel in mehreren Schichten. Die dem Bodenteilchen am nächsten liegende Schicht wird mit der höchsten Wasserspannung an die Teilchenoberfläche gebunden. Ausgetrocknete Böden haben aus diesem Grunde eine extrem hohe Saugkraft (Wasserspannung) und können auch Wasser aus der Luft (Luftfeuchte) binden. Je höher die spezifische Oberfläche der Bodenpartikel, desto höher ist die Saugspannung. Die Wasserbindung steigt demnach mit abnehmender Korngröße. Höchste Wasserbindung herrscht in Tonböden vor. Bei den Tonmineralen steigt die Wasserbindung mit der spezifischen Oberfläche des Tonminerals, vom Kaolinit über Illit zu den aufgeweiteten Dreischichttonmineralen wie beispielsweise Vermiculit. Adsorptionskräfte sind Van-der-Waal'sche Kräfte und elektrostatische Anziehungskräfte, denn feste Bodenpartikel besitzen an ihren Oberflächen nicht abgesättigte elektrische Ladungen, welche die dipolaren Wassermoleküle an die feste Bodensubstanz binden.

Das Kapillarwasser wird im Boden über Menisken gehalten. Menisken entstehen an der Berührungsstelle zwischen Wasser und Feststoff (Eitel & Faust 2013) und werden durch das Zusammenwirken von Adhäsionskräften und Kohäsionskräften gebildet. In Klimaten mit hohen Verdunstungsraten kann das in Kapillaren gebundene Wasser im Boden aufsteigen. Die Wasserbindung steigt mit der Feinkörnigkeit des Bodens an, denn damit ist eine Abnahme des Porendurchmessers verbunden. Je feiner die Poren, desto mehr Energie wird benötigt, um das Wasser den Pflanzen verfügbar zu machen. Die Beweglichkeit des Kapillarwassers steigt somit mit Zunahme der Porendurchmesser.

Der überwiegende Teil des Bodenwassers wird durch Kapillar- und Adsorptionskräfte gegen die Schwerkraft im Boden gehalten. Je höher der Wassergehalt im Boden ist, desto höher ist der Anteil an Kapillarwasser gegenüber dem Adsorptionswasser. Die Wassermenge, die ein wassergesättigter Boden gegen die Schwerkraft festhalten kann, wird als **Feldkapazität** bezeichnet. Hierbei ist das Totwasser der Anteil des Haftwassers, den Pflanzenwurzeln mit der Saugkraft ihrer Wurzeln nicht mehr erschließen können.

Bodenluft

Etwa 50 % des Bodenkörpers werden durch Poren gebildet. Unter feuchten Bedingungen sind die Mittel- und Feinporen mit Haftwasser gefüllt. Der Luftgehalt des Bodens steigt mit Zunahme des Anteils an Grobporen. Der Sauerstoff der Bodenluft setzt in erster Linie Oxidationsprozesse in Gang, die im Boden durch Eisenoxide und -hydroxide eine charakteristische Rot- und Braunfärbung verursachen. Die gleichmäßige Brauntönung bei der Braun-

erde weist auf eine gleichmäßige, immer während Belüftung des Bodens hin. Ausreichende Luftversorgung zeigt sich auch in reger Edaphontätigkeit und raschem Ab- und Umbau des organischen Bestandsabfalls. **Luftmangel** führt dagegen zu Reduktion und anaeroben Bedingungen im Boden. Indikatoren hierfür sind die graugrünlichen Reduktionshorizonte der Grundwasserböden (Gleye) und die Humusakkumulation der Anmoorböden.

Die Bodenluft enthält aufgrund der Atmung der Organismen und Pflanzenwurzeln wesentlich mehr CO_2 als die Luft der Atmosphäre. Mit zunehmender Bodentiefe steigt der **CO_2-Gehalt** des Bodens relativ an, da CO_2 schwerer ist als Luft. Durch Diffusion findet ein regelmäßiger Austausch zwischen Bodenluft und Luft der freien Atmosphäre statt.

10.3 Bodenkörper

Christian Opp

Böden bzw. Bodenkörper stellen ein Vierphasensystem dar, das aus den folgenden Systemelementen bzw. Bodenbestandteilen besteht:

1. Festsubstanz (mineralische und organische Bodenbestandteile bzw. Stoffneubildungen)
2. Bodenwasser (Teil des Bodenhohlraumsystems)
3. Bodenluft (Teil des Bodenhohlraumsystems)
4. Bodenlebewelt bzw. Edaphon

Zwischen den vier Phasen bestehen vielfältige **Wechselwirkungen**. Je größer das Festsubstanzvolumen ist, desto geringer ist das Hohlraum- bzw. Porenvolumen. Je höher der Füllungsgrad der Bodenporen mit Wasser, desto geringer das Luftvolumen. Im wassergesättigten Zustand reduziert sich das Luftvolumen auf nahezu 0 %. Deshalb verlassen Regenwürmer bei Wassersättigung den Bodenkörper. Zu berücksichtigen ist auch, dass im Bodenwasser suspendierte Festsubstanz und in den Mineralpartikeln Kristallwasser enthalten sein kann.

Kenntnisse allein über die Korngrößenzusammensetzung – die sog. Textur – der mineralischen Festsubstanz und über den Humuskörper, die meist in Form der Bodenart und des Humusgehalts angegeben werden, erlauben nur eine sehr eingeschränkte Kennzeichnung von Bodeneigenschaften. Diese kann erst durch Kenntnisse über das Bodengefüge erweitert werden.

Bodengefüge

Unter Bodengefüge versteht man die Anordnung der festen Bodenbestandteile in Beziehung zu dem daraus resultierenden wasser- und luftgefüllten Bodenhohlraumsystem (dessen Größe, Form und Anordnung). Auf die Herausbildung des Bodengefüges nehmen viele Faktoren Einfluss, z. B. Gefrieren und Tauen,

Durchfeuchten und Austrocknen, Quellen und Schrumpfen, die Wurzelwirkung der Pflanzen, die Aktivität der Bodentiere (vor allem durch Graben und Fressen), Regentropfenaufprall (*splash*), Abspülung (*wash*), Windwirkung, einschließlich Verdunstungssog, sowie die Bodenbearbeitung.

Die Faktoren der **Gefügebildung** sind abhängig von der Lage im Profil bzw. zur Bodenoberfläche, aber auch von der Textur, der organischen Bodensubstanz, dem Kalziumkarbonat- und Eisenhydroxydgehalt sowie dem Edaphon.

Daraus folgt, dass der Bodenkörper auch dynamischen Veränderungen unterliegt. Es kann zwischen bodenkörperinterner und bodenkörperexterner Dynamik unterschieden werden. **Bodenkörperinterne Veränderungen** laufen in der Regel kurzzeitig ab. Es kommt z. B. infolge von Witterungseinflüssen zu unterschiedlichen Füllungsgraden des Bodenhohlraumsystems mit Wasser und Luft. Damit können bei sehr tonhaltigen Böden Prozesse des Quellens und Schrumpfens einhergehen. Bodenkörperinterne Veränderungen führen meist nicht zur Bildung einer neuen Bodengefügeform.

Bodenkörperexterne Veränderungen sind hingegen oft eine Folge mittel- und langfristiger Einwirkungen auf den Bodenkörper, z. B. durch Klimawandel oder kontinuierliche („schleichende") Profilüberdeckung und damit Zunahme der Dichte bzw. des Eigengewichts des überdeckten Profilbereichs. Auch sukzessive Profilkappung und damit Reduzierung der Dichte bzw. der Auflast können Bodenkörperveränderungen hervorrufen. Dadurch bildet sich eine neue Bodengefügeform. Allerdings können auch sog. seltene Ereignisse wie außergewöhnlich intensive Niederschläge, intensives Bodenfließen oder menschliche Einflussnahmen kurzzeitig zu bodenkörperexternen Veränderungen führen.

Die Lagerungsweise und Form der Gefügekörper haben großen Einfluss auf alle an das Bodenwasser gebundenen Prozesse, z. B. auf vertikale und laterale Wasserbewegung, auf die Luftdiffusion, auf Nährstofftransport und -auswaschung, auf die Festigkeit und die mechanische Belastbarkeit von Böden. Dies macht deutlich, dass eine genaue Kennzeichnung des Bodengefüges von großer Bedeutung ist. Obwohl die **Bodengefügeansprache** ohne Messwertermittlung durchgeführt wird, kann damit die Dichte, die Festigkeit und die Wasserwegsamkeit im Boden abgeschätzt werden. Die Kennzeichnung des Bodengefüges gestattet auch Rückschlüsse auf die Bodengenese und auf die Standortbedingungen in Vergangenheit und Gegenwart.

Becher (2000) unterscheidet Bodengefüge auf der Makro-, Meso- und Mikroebene. Am häufigsten wird jedoch zwischen dem visuell sichtbaren **Makrogefüge** (mm-, cm- und dm-Bereich) und dem mikroskopisch aus Dünn- oder Anschliffen identifizierbaren **Mikrogefüge** (< mm-Bereich) unterschieden (Amelung et al. 2018). Im Folgenden wird nur das Makrogefüge behandelt.

Grundsätzlich gibt es gegliederte Makrogefüge, deren Gefügekörper im Gefügeverband unterschieden werden können. Sie liegen als Aggregate, Segregate und Fragmente vor. Zudem existieren ungegliederte Makrogefüge aus kompakten oder losen Gefügekörpern. Drei Hauptgefügeform-Typen werden unterschieden: Einzelkorn-, Kohärent- und Aggregatgefüge. Eine lose Lagerung der Körner und daraus resultierende geringe Lagerungsdichten sind für das ungegliederte **Einzelkorngefüge** kennzeichnend. Es tritt vor allem in Böden mit ton- und eisenoxydarmen Sanden und Kiesen sowie vereinzelt in frisch abgelagerten Schluffen und Schlicken auf, deren Profilwände nur eine geringe Stabilität aufweisen. **Kohärentgefüge** gehören zu den ungegliederten Bodengefügeformen, deren Bodenbestandteile durch Kohäsion und Kontraktion der Meniskenwirkung zusammengehalten werden. Eine Sonderform des Kohärentgefüges stellt das sog. Kittgefüge dar, bei dem die Sandkörner, z. B. von Ortsteinhorizonten, durch Eisenoxyd- und ggf. durch organische Hüllen verkittet sind. Aus Einzelkorngefügen können sich infolge von bodenbildenden Prozessen (z. B. Humusanreicherung und Mineralneubildung) Kohärentgefüge entwickeln. Aber auch umgekehrt ist ein Übergang vom Kohärent- zum Einzelkorngefüge möglich, z. B. durch Podsolierung.

Haben sich durch Mineralneubildung oder -verlagerung Tongehalte > 15 % akkumuliert (Kuntze et al. 1994), können sich aus Einzelkorn- und Kohärentgefügen infolge von Wechselfeuchte durch Quellungs- und Schrumpfungsprozesse Aggregate entwickeln (Abb. 10.5). **Aggregatgefüge** sind die am häufigsten vorkommenden Gefüge. Grundsätzlich kann zwischen Absonderungsgefügen, die auf Schrumpfungsprozessen basieren, und Aufbaugefügen, die sich aus einer Zusammenballung der Bodenteilchen durch bodenbiologische Prozesse ergeben, unterschieden werden. Zu den im Gelände am deutlichsten erkennbaren Aggregat- und Absonderungsgefügen gehören das Prismen-, das Säulen- und das Plattengefüge. **Prismengefüge** bestehen aus senkrecht orientierten, fünf- oder sechsseitigen Gefügekörpern, die häufig Tonüberzüge aufweisen. Die einzelnen Prismen können in Polyeder oder Subpolyeder zerlegbar sein; bzw. aus Prismengefügen können sich Polyeder- oder Subpolyedergefüge entwickeln. Sie treten oft in Verbindung mit Bt-Horizonten auf. **Säulengefüge** weisen gegenüber Prismengefügen meist glattere, stärker gerundete Gefügekörper auf. Sie kommen in Pelosol-Pseudogleyen, Knickmarschen und Solonetzböden vor. Für **Plattengefüge** ist die laterale Lagerung der Gefügekörper charakteristisch. Sie können sowohl durch natürliche Sackungsverdichtung (z. B. infolge von Tonverlagerung aus dem Al-Horizont) als auch durch Pflugsohlenverdichtung entstehen. Je nach Größe der Gefügekörper kann zwischen den > 20 mm großen Platten und den 3–20 mm großen Lamellen unterschieden werden.

Subpolyedergefüge und **Polyedergefüge** stellen ebenfalls Absonderungsgefüge dar. Die zum Teil porösen Gefügekörper der Ersteren weisen stumpfe Kanten auf, die meist durch raue Flächen begrenzt sind. Polyedergefüge haben hingegen scharfe Kanten, häufig Tonüberzüge und in der Regel größere Gefügekörper als Subpolyedergefüge. Krümelgefüge und Wurmlosungsgefüge gehören zu den Aufbaugefügen. **Krümelgefüge** kommen überwiegend in Ah- und zum Teil in Ap-Horizonten vor. Die Krümel sind meist rau, rundlich und porös. Durch organomineralische Komplexe sind die Krümel miteinander verbunden und verfügen trotz geringer Lagerungsdichte über eine hohe Stabilität. **Wurmlosungsgefüge** weisen ähnliche Eigenschaften auf; allerdings mit deutlichen, meist länglichen Spuren von Tierkot-Aggregaten.

Abb. 10.5 Grundformen des Bodengefüges: Bodengefüge liegen ungegliedert (Einzelkorn- und Kohärentgefüge) sowie gegliedert (Aggregatgefüge) vor. Neben diesen drei Grundformen wird das Aggregatgefüge weiter untergliedert: Natürliche Gefüge bildende Prozesse erzeugen entweder Absonderungsgefüge (insbesondere durch Schrumpfung bzw. Kontraktion) oder Aufbaugefüge (durch biogene Aggregierung). Fragmentgefüge stellen durch anthropogene Einwirkungen, insbesondere durch Bodenbearbeitung, erzeugte Bodengefüge dar (verändert nach Becher 2000).

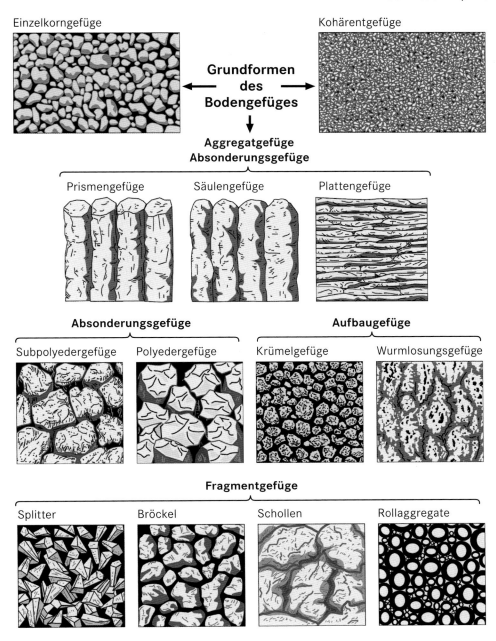

Kapitel 10

Dies geht auf einen höheren Edaphonbesatz und intensivere Umsatzprozesse der organischen Substanz zurück.

Rollaggregate, Splitter-, Bröckel- und Schollengefüge sind demgegenüber typische durch anthropogene Eingriffe entstandene Bodengefüge (Becher 2000).

Physikalische Eigenschaften des Bodenkörpers

Der **Verfestigungsgrad** von Böden, der meist horizontbezogen ermittelt wird, dient auch zur Kennzeichnung der Übergänge zwischen Einzelkorn- und Kittgefüge sowie zur Beurteilung des Aggregierungsgrades bei Übergängen zwischen Kohärent- und Aggregatgefügen. Es handelt sich dabei um den vom Wassergehalt mehr oder weniger unabhängigen Zusammenhalt von Bodenhorizonten oder -schichten durch verkittende Substanzen, wie Eisenverbindungen (AG Boden 2005).

Die **Festigkeit** des Bodens, das heißt dessen Widerstand gegenüber mechanischen Eingriffen, wird außer durch den Verfestigungsgrad insbesondere durch die Porosität und den Bodenfeuchtegehalt ermittelt. Qualitativ wird die Festigkeit durch den Eindringwiderstand eines Messers oder Spachtels an der Profilwand horizontbezogen bestimmt. Mit einem Penetrometer kann der **Eindring- und Durchdringungswiderstand** auch kon-

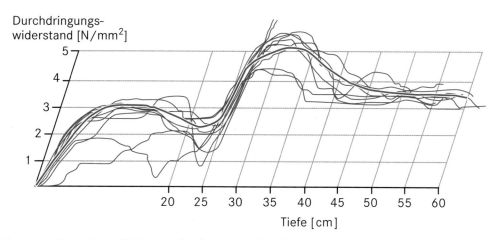

Durchdringungs-
widerstand [N/mm²]

Abb. 10.6 Durchdringungswiderstand einer Fahlerde aus Sandlöss über saalezeitlichem Moränenkieslehm bei Schkeuditz, Sachsen. Aus ungefähr 10 bis 15 Parallelmessungen wurde der mittlere Verlauf (rot) der Kurven des Durchdringungswiderstandes ermittelt. Der deutliche Anstieg des Durchdringungswiderstandes zwischen 25 und 35 cm geht mit der in diesem Tiefenbereich vorhandenen Pflugsohlenverdichtung einher. Hier ist der Boden so stark verdichtet, dass bei einigen Messungen der maximale Messwertbereich von 5 N/mm² deutlich überschritten wurde. Unterhalb der Pflugsohlenverdichtung im Bereich des Moränenmaterials verläuft der Durchdringungswiderstand auf relativ hohem Niveau (zwischen 3 und 4 N/mm²).

tinuierlich über die Profiltiefe gemessen werden (Abb. 10.6). Noch stärker als beim Durchdringungswiderstand wird die Abhängigkeit von der Bodenfeuchte bei der Konsistenz deutlich.

Die Konsistenz des Bodens beruht auf Kohäsion (Anziehung zwischen Teilchen gleicher Art, z. B. Moleküle) und Adhäsion (Anziehung zwischen Teilchen unterschiedlicher Art, z. B. Bodenteilchen und Fahrzeugreifen). Sie beschreibt den Widerstand des Bodens gegenüber Formveränderungen. Die Konsistenz wird vor allem durch die Textur, den Bodenfeuchtegehalt (vor allem die Meniskenwirkung), den Gehalt an organischer Bodensubstanz, das Bodengefüge und zum Teil durch den Kationenbelag bestimmt. Die vier **Konsistenzbereiche** (fest, halbfest, plastisch und flüssig) werden durch die folgenden Grenzwertparameter voneinander getrennt: Haftgrenze (Wassergehalt, bei dem Gefügekörper beginnen zusammenzuhaften), Plastizitätsgrenze oder Ausrollgrenze (Wassergehalt, bei dem eine 3–4 cm dicke Rolle nicht mehr in 1–2 cm große Bröckel zerfällt), Klebegrenze (Wassergehalt, bei dem das Kleben des Bodens an einem Metallstab gerade beginnt) sowie Fließgrenze (Wassergehalt, bei dem der Boden ohne Druckanwendung zu fließen beginnt). Welcher Wasser- bzw. Bodenfeuchtegehalt vorliegt, hängt ursächlich vom Porensystem ab.

Das mit Wasser und Luft gefüllte Bodenhohlraum- oder Porensystem kann nach Größe (Durchmesser), Gestalt (Verteilung), Form und Vernetzung (Kontinuität) der Poren gekennzeichnet werden. Das Gesamtvolumen eines betrachteten Bodenausschnitts, z. B. einer Stechzylinderprobe, setzt sich aus dem **Feststoffvolumen** und dem **Porenvolumen** zusammen (Abb. 10.7), welches sich wiederum aus Grob-, Mittel- und Feinporen aufbaut. Nach dem Porendurchmesser unterscheidet man schnell dränende Grobporen (GP1 > 50 μm, meist luftgefüllt, weil Wasser schnell versickert), langsam dränende Grobporen (GP2 > 10–50 μm, Wasser versickert langsam), Mittelporen 1 (MP1 < 10–3 μm) und Mittelporen 2 (MP2 < 3–0,2 μm), in de-

nen Wasser gegen die Schwerkraft festgehalten werden kann, das aber noch beweglich und für Wurzeln verfügbar ist, sowie Feinporen (FP < 0,2 μm, Wasser wird mit > 15 at [1 at = 980,66 hPa] festgehalten, das für Pflanzenwurzeln nicht mehr verfügbar ist und deshalb als „totes Wasser" bezeichnet wird).

Je kleiner der Porendurchmesser, desto größer ist die Wasserbindung (Saugspannung), die von Pflanzenwurzeln überwunden werden muss, um Wasser aufzunehmen. Darüber hinaus beeinflussen die Porengrößen die mikrobielle Aktivität, den Wasser- und Gasaustausch mit der bodennahen Luftschicht sowie das Wurzel- und Pilzmyzelwachstum. Ein sog. ausgeglichenes **Porengrößenverhältnis**, das heißt mit mehr oder weniger gleichen Anteilen an Grob-, Mittel- und Feinporen, wie es die meisten Schluff-, Lehm- und Mergelböden haben, ist für das Pflanzenwachstum sowie die meisten anderen Funktionen des Bodens günstiger zu bewerten als die Konzentration des Porenvolumens auf wenige Risse und Spalten. Vorwiegend senkrecht orientierte Mittelporen weisen eine große Porenkontinuität auf. Sie sind für das Pflanzenwachstum günstiger zu bewerten als waagerecht orientierte Mittelporen. Tonböden weisen im Durchschnitt die größten Porenvolumina auf, allerdings meist mit einem sehr hohen Feinporenanteil. Sand- und Moorböden sowie Böden aus vulkanischen Aschen sind für ihren hohen Grobporenanteil bekannt. Je niedriger das Porenvolumen, desto höher ist die **Lagerungsdichte** des Bodens.

Die Dichte des Bodens spiegelt den Lagerungs- bzw. Verdichtungszustand von Böden wider. Es gilt: Je höher die Auflast, desto dichter ist die Lagerung von Böden. Lagerungsdichten unterliegen aber – wie das Bodengefüge – auch Veränderungen. Durch mechanische Belastungen, z. B. durch die Landtechnik oder Viehtritt, kommt es bei Überschreiten der überwiegend konsistenzabhängigen Tragfähigkeit von Böden zu **Bodenverdichtungen**, mit denen erhebliche Folgen ökologischer und wirtschaftlicher Art einhergehen (Opp 1998, 1999). Boden-

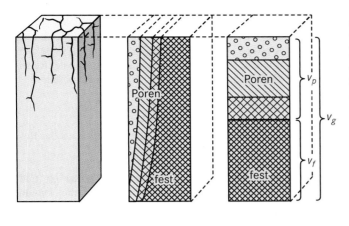

 Grobporen   Mittelporen   Feinporen

Abb. 10.7 Porenvolumen (V_p), Porengrößen (Grob-, Mittel- und Feinporen) und Festsubstanzvolumen (V_f) in idealisierten Anteilen am Gesamtbodenvolumen (V_g). Der Anteil des Porenvolumens am Gesamtbodenvolumen ist von der Textur (Korngrößenzusammmensetzung), der Kornform, vom Gehalt an organischer Bodensubstanz und von der Bodenentwicklung abhängig. Sanddominierte Böden, organogene Böden und Horizonte sind meist grobporenreich, tondominierte Böden und Horizonte sind meist feinporenreich, schluff- und lehmdominierte Böden sind meist mittelporenreich (verändert nach Amelung et al. 2018).

verdichtungen sind stets das Ergebnis aus der Vorverdichtung (Verdichtungszustand) und dem Verdichtungsimpuls (z. B. Überfahrt) sowie aus der Verdichtbarkeit und der plastischen, das heißt bleibenden, sowie der elastischen, das heißt zum Teil reversiblen, Verformbarkeit von Böden.

Physikalisch-chemische Eigenschaften des Bodenkörpers

Natürliche und anthropogene Stoffeinträge in den Boden, Mineralisierungs-, Humifizierungs- und Remineralisierungsprozesse einerseits sowie Ionenaustauschprozesse zwischen den Oberflächen der festen Bodenpartikel, den im Bodenwasser gelösten Ionen und der Bodenluft andererseits, bestimmen die **Zusammensetzung der Bodenlösung**. Der pH-Wert und die elektrische Leitfähigkeit stellen zwei wichtige Summenparameter zur qualitativen Kennzeichnung der Bodenlösung dar. Die **elektrische Leitfähigkeit** (in μS/cm oder mS/cm) ist eine Maßzahl für den Gesamtgehalt gelöster Ionen in der Bodenlösung. Sie gilt als Indikator für den Salzgehalt, die Intensität des Stoffumsatzes (Ionenaustausch) und für anthropogene Stoffeinträge in den Boden. Der **pH-Wert** (dekadischer negativer Logarithmus der Wasserstoffionen-Konzentration) ist eine Maßzahl für die Bodenreaktion (basisch, neutral, sauer) bzw. das biochemische Reaktionsmilieu. Er gibt zugleich den Azidätsgrad (Säuregrad) – entscheidend für die meisten mitteleuropäischen Böden – oder den Basizitätsgrad eines Bodens an. Zu einer pH-Wert-Absenkung kommt es durch sauren Regen, Atmung

der Wurzeln und der Bodentiere sowie bei der Mineralisierung und Remineralisierung der organischen Bodensubstanz. Durch Bindung von H-Ionen an Tonminerale und Huminstoffe, durch Abtransport der H-Ionen mit dem Bodenwasser sowie durch neutralisierend wirkende Puffersubstanzen kommt es hingegen zur pH-Wert-Erhöhung. Der pH-Wert kann als ein Indikator der Migrationsfähigkeit von Stoffen zum Grundwasser sowie für die Pflanzenverfügbarkeit von Nähr- und Schadstoffen verstanden werden. Zudem zeigt er die Pufferkraft von Böden gegenüber Säureeinträgen an.

Das Vermögen des Bodens, trotz Säureeinträgen und Versauerungsprozessen, den pH-Wert konstant zu halten, bezeichnet man als **Pufferung**. Die Pufferkraft eines Bodens wird außer von der H^+-Nachlieferung vor allem von seiner **Säureneutralisationskapazität** (SNK) bestimmt. Die Pufferreaktionen laufen im Zuge der zunehmenden Versauerung an sog. Puffersubstanzen in sich überlappenden pH-Wert-Bereichen ab. Blume et al. (2010) unterscheiden Erdalkalikarbonate, Austauscher mit variabler Ladung, Silikate sowie Oxide/Hydroxide/Hydroxysulfate als Puffersubstanzen mit jeweils weiten pH-Wert-Bereichen. Nach Hintermaier-Erhard & Zech (1997) kommt unterhalb des Karbonat-Pufferbereichs (< pH 5,6) vor allem dem pH-Bereich, unter dem austauschbares Al in der Bodenlösung auftritt (ca. 4,8–4,5 ph($CaCl_2$-)Bereich), eine erhöhte Bedeutung zu. Pufferreaktionen sind Bestandteil von Bodenbildungsprozessen. Sie beeinflussen auch die Nährstoffverarmung und Schadstofffreisetzung.

In der Bodenlösung vorhandene Ionen können an die Austauscheroberflächen der Bodenkolloide (Tonminerale, Huminstoffe, Sesquioxide) adsorbiert (angelagert) werden. Die Adsorption erfolgt im Austausch gegen adäquate Mengen an Ionen, die dafür in Lösung gehen (Desorption). Dies geschieht im Bereich von Millisekunden und Sekunden. Je nach Ladung der Austauscher wird zwischen Kationenaustausch und Anionenaustausch unterschieden. Die größere Bedeutung für Böden hat der **Kationenaustausch**. Er basiert auf der Menge der austauschbar gebundenen Kationen (vor allem Ca^{2+}, Mg^{2+}, K^+, Na^+, NH_4^+, H^+, Al^{3+}). Wichtige bodenbildende Prozesse wie Verwitterung, Verlehmung und Tonverlagerung werden durch den Kationenaustausch gesteuert. Beispielsweise kommt es durch Kationenaustausch im Zuge der Bodenbildung auf eingedeichten, ehemals marinen Sedimenten zur Bildung einer Kalkmarsch. Dabei ändert sich die Kationenbelegung der Austauscheroberflächen (vom Schlick zur Kalkmarsch) nach Brümmer (1968) wie folgt:

- Ca^{2+} 18 → 85 %
- Mg^{2+} 42 → 9 %
- K^+ 10 → 5 %
- Na^+ 30 → < 1 %

Tonminerale (vor allem im Unterboden) und Huminstoffe (vor allem im Oberboden) weisen aufgrund des negativen Ladungsüberschusses eine hohe **Kationenaustauschkapazität** (KAK) auf. Daraus folgt, dass der Gehalt an Tonmineralen, Huminstoffen sowie die Größe der zugänglichen Austauscheroberflächen und deren Ladung die Größenordnung des Kationenaustauschs bestimmen. 2:1-Tonminerale (z. B. Smectite und Vermiculite) besitzen eine hohe KAK, weil ihre spezifische Oberfläche auf-

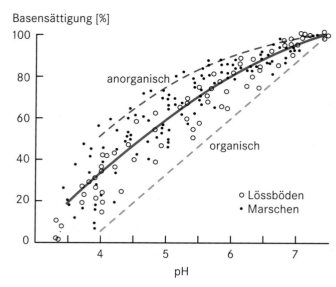

Basensättigung [%]

Abb. 10.8 Beziehung zwischen der Summe an austauschbarem Ca²⁺, Mg²⁺, K⁺ und Na⁺ in Prozent der KAK_pot und dem pH-Wert von Lössböden und Marschen. Der Anteil der einzelnen Kationen am Ionenaustausch kann sehr unterschiedlich sein. Er ist vor allem pH-abhängig. Mit sinkendem pH-Wert nimmt der Al³⁺- und H⁺-Anteil zu, bei steigendem pH-Wert nimmt hingegen der Ca²⁺-, Mg²⁺-, K⁺- und Na⁺-Anteil an der Kationenbelegung der Austauscheroberflächen zu. Effektive Düngung und Beregnung erfordern Kenntnisse über den pH-Wert und die Kationenaustauschkapazität der Böden (verändert nach Blume et al. 2010).

grund ihrer starken Quellfähigkeit und ihr negativer Ladungsüberschuss groß sind. Je „besser" die Humusqualität, das heißt je enger das C/N-Verhältnis des Humuskörpers, desto höher ist die KAK. Nach AG Boden (2005) kann zwischen effektiver (auf den aktuellen pH-Wert bezogener) und potenzieller (auf pH 7 bis 7,5 bezogener) KAK unterschieden werden.

Die **Basensättigung** (BS) bezeichnet den prozentualen Anteil der Summe der austauschbaren Ca²⁺-, Mg²⁺-, Na⁺- und K⁺-Ionen an der KAK (Abb. 10.8). Je höher der pH-Wert, desto größer die Basensättigung. Höherwertige Kationen werden in der Regel fester an die Austauscheroberflächen gebunden, das heißt:

$$Al^{3+} > Ca^{2+} > Mg^{2+} > NH_4^+ > K^+ > H_3O^+ > Na^+$$

In die gleiche Richtung nimmt die Eintauschstärke aus der Bodenlösung zu.

Der **Anionenaustausch** kennzeichnet die Adsorption und Desorption von Anionen an feste Bodenbestandteile. Davon betroffen sind negativ geladene Ionen und Verbindungen von Salzen wie Sulfate und Phosphate oder andere umweltrelevante Stoffe (z. B. Fluorid und Arsenat). Der Anionenaustausch nimmt mit sinkendem pH-Wert zu (Abb. 10.9), da an den Austauschern mehr positiv geladene Teilchen (H⁺, NH₂⁺, OH₂⁺) gebunden sind. Die **Anionenaustauschkapazität** bezeichnet die Summe der austauschbaren Anionen. In der Regel gilt: Der Kationenaustausch ist im Oberboden größer als im Unterboden, aber der Anionenaustausch ist im Unterboden größer als im Oberboden.

10.4 Bodenentwicklung

Jörg Völkel

Im Kontaktbereich von Atmosphäre, Hydrosphäre und Biosphäre verändern sich Minerale und Gesteine. Dieser Vorgang wird Verwitterung genannt (Abschn. 9.3) und ist neben der Humifizierung der wichtigste stoffverändernde Prozess im Boden. Mit der Verwitterung von Locker- und Festgesteinen setzt unter Beteiligung

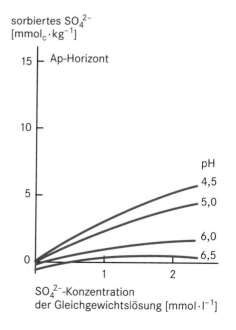

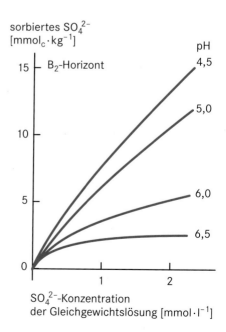

Abb. 10.9 Sulfat-Adsorption des Ap- und B-Horizonts eines Oxisols (nach *Soil Taxonomy*) in Abhängigkeit von der SO₄-Gleichgewichtskonzentration bei unterschiedlichen pH-Werten. Der Anionenaustausch nimmt mit sinkendem pH-Wert zu. Im humusarmen bis humusfreien Unterboden (z. B. B-Horizonte) kann bei noch relativ hohen pH-Werten bei gleicher Lösungskonzentration mehr SO₄ adsorbiert werden als im humusreichen Oberboden (z. B. A-Horizonte; verändert nach Blume et al. 2010).

biologischer Umsetzungsprozesse die Bodenentwicklung ein. Sie ist neben der Zersetzung mineralischer und biotischer Komponenten zuvorderst ein aufbauender sowie trennender Vorgang unter Bildung bodeneigener Stoffe und Gefüge. Diese Vorgänge finden eine räumliche Differenzierung sowohl innerhalb der bodeneigenen Gefügestrukturen als auch in Form einer vertikalen Gliederung bestimmter Reaktionsbereiche. Es entstehen die Bodenhorizonte. Die Geschwindigkeit der Bodenbildung wird von den Standortfaktoren, der Zeit und nicht zuletzt vom geomorphodynamischen Umfeld gesteuert.

Transformationsprozesse

Sowohl Lockergesteine als auch Festgesteine weisen spezifische Strukturen und Lagerungsverhältnisse auf, die mit einsetzender Bodenbildung in Form von Transformationsprozessen zunehmend aufgelöst werden. Man unterscheidet Prozesse überwiegend physikalischer Natur unter Stoffdesintegration von Prozessen chemischer Umsetzung mit Stoffdekomposition. Sichtbarer Vorgang der Transformationsprozesse im Rahmen der Bodenbildung ist die Verwitterung der mineralischen Bestandteile unter Korngrößenverkleinerung, damit einhergehender Oxidation und färbender Wirkung von Metallen, insbesondere Eisen. Verlehmung und Verbraunung sind die wesentlichen Transformationsprozesse im Rahmen der Bodenentwicklung.

Mechanische Gesteinsaufbereitung

Die mechanische Aufbereitung des oberflächennahen Untergrundes und der Substrate der Bodenbildung muss nicht zeitgleich mit der eigentlichen Bodenbildung erfolgen. Insbesondere in den mittleren Breiten nahmen die quartären Klimawechsel von Kalt- und Warmzeiten auch in erdgeschichtlich jüngster Zeit erheblichen Einfluss auf die mechanische Gesteinsaufbereitung und auf die Bereitstellung bodenbildender Substrate. Beispiele dafür sind glazigene Sedimentationsräume, äolische Überdeckung des oberflächennahen Untergrundes mit Flugsanden und Lössen, vor allem aber die von Gefrier- und Auftauprozessen gesteuerte periglaziale Dynamik in den nicht vergletscherten Gebieten. Es bildeten sich von Solifluktion, Kryoturbation und Solimixtion getragene Fließerden und Schutte, die in direkter Abhängigkeit von zeitlich und räumlich differierenden geomorphodynamischen Bedingungen von unterschiedlichster Ausprägung sein können, letztendlich aber einem überregional gültigen Merkmalskatalog und Gliederungsschema zuzuordnen sind. Diese Form der mechanischen Gesteinsaufbereitung wird unter dem Begriff der kaltzeitlich gebildeten periglazialen Hangsedimente zusammengefasst (Exkurs 9.10). Mit Mächtigkeiten von wenigen Dezimetern bis hin zu mehreren Metern stellen sie in den mittleren Breiten die bedeutsamste Form der mechanischen Gesteinsaufbereitung dar und bilden die Substrate für die nachfolgende Bodenbildung. Rezent laufen diese Prozesse sowohl in den eisfreien polaren sowie subpolaren Zonen der hohen Breiten als auch oberhalb der Waldgrenze der Hochgebirge ab.

Die physikalisch gesteuerte Gesteinsaufbereitung findet im Verbund mit oder auch losgelöst von geomorphodynamischen Prozessen vor allem über mechanischen Stress statt, der von Volumenveränderungen des Locker- oder Festgesteins entlang dessen innerer Unstetigkeitsflächen getragen wird. Diese können durch gegenseitige mechanische Beanspruchung der Gesteine, ausgelöst vor allem durch **Druckentlastung** und direkte **Temperaturwechsel** im Gesteinsverband, durch das Eindringen wässriger Lösungen und nachfolgender **Eis- und Salzsprengung** sowie durch **Wurzeldruck** insbesondere in Form des Dickenwachstums von Haltewurzeln hervorgerufen werden.

Minerale haben infolge ihrer unterschiedlichen Färbung und ihres mineralspezifisch differenzierten Baus variierende Absorptionseigenschaften des Sonnenlichts und unterschiedliche Ausdehnungskoeffizienten. Die erzeugten Spannungen von bis zu 500 kg/cm^2 können zu einer Zerstörung des Mineralverbands führen, wobei tägliche Temperaturschwankungen z. B. des Tageszeitenklimas in ariden Gebieten und Hochgebirgen der Tropen größere Wirkung haben als jährliche. Das Gefrieren von Wasser ist mit einer Volumenzunahme von etwa 9 % verbunden. Bei −22 °C übt Wasser einen Druck von 2100 kg/cm^2 aus. Damit die sog. Frostsprengung wirken kann, muss der Poren- und Kapillarraum eines Gesteins oder Bodens mindestens zu 91 % mit Wasser gefüllt sein. Die Kristallisation von Salzen in Haarrissen des Gesteins erzeugt einen Druck von ungefähr 1000 kg/cm^2. Hydratisierte Kristalle mancher Salze nehmen gegenüber ihrer wässrigen Lösung ein bis zu 300 % größeres Volumen ein (u. a. $CaSO_4$, Na_2CO_3). Der Turgordruck pflanzlicher Zellen, z. B. eines in Haarrisse eingewachsenen Feinwurzelgeflechts, kann das Gesteinsgefüge mit Drücken von über 10 kg/cm^2 angreifen. Das Dickenwachstum der Haltewurzeln dikotyler Pflanzen arbeitet diesem Effekt erheblich zu. Diese beiden Prozesse werden auch **physikalisch-biologische Gesteinsaufbereitung** genannt.

Chemische Gesteinsaufbereitung

Die **chemische Verwitterung** setzt sich zusammen aus den Prozessen der **Hydratation**, der **Hydrolyse** bzw. **Protolyse** sowie der **Oxidation** und **Komplexierung**. Unter Hydratation versteht man die Anlagerung von Wasserdipolen unter Aufbau einer Hydrathülle als Folge des Hydratationsbestrebens der Minerale aufgrund negativer Oberflächenladung. Dabei beginnen randständige und innere Bestandteile der Minerale mit dissoziiertem Wasser zu reagieren. Hydrolytisch zersetzt werden Verbindungen, die aus schwacher Säure und schwacher Base bestehen wie Silikate und Karbonate als Hauptbestandteile der gesteinsbildenden Minerale. Im humiden Klima erfolgt überwiegend eine Reaktion mit Protonen, weshalb der Vorgang auch Protolyse genannt wird. Mit steigender Konzentration an H^+-Ionen steigt der Umfang der Reaktion. Ein wesentlicher Vorgang chemischer Gesteinsaufbereitung ist die **Karbonatverwitterung**. Schwer löslicher Dolomit wird durch die leicht flüchtige Kohlensäure zu leicht löslichen Hydrogenkarbonaten des Ca und Mg zersetzt (Abb. 10.10). Im Gegensatz dazu steigt die **Silikatverwitterung** sowohl zum sauren als auch zum alkalischen Bereich hin an. Das ist die Grundvoraussetzung für Verlehmung und Verbraunung als bodenbildende Prozesse im alkalischen Bodenmilieu warmarider Klimate. Die im Zuge der Protolyse freigesetzten Metalle werden oxidiert. Auch das in primären Mineralen zumeist in zweiwertiger, reduzierter Form enthaltene Fe und Mn wird bereits im Kontakt mit der Atmosphäre zu Oxiden und Hydroxiden umgesetzt. Die gebildeten Fe(III)-Oxide sind meist braun, gelb oder rot. Sie stehen für die Verbraunung im Zuge der Verwitterung und Bodenbildung. Freigesetztes Si kann mit H_2O wässrige Lösungen eingehen. Diese sog. Kieselgele sind Grundbausteine für den Aufbau bodeneigener Minerale. Mit der Hydrolyse verbunden ist der Umbau primärer Minerale zu sekundären (Ton-) Mineralen.

Humusbildung

Humus ist ein unspezifischer Überbegriff für die postmortale organische Substanz tierischer und pflanzlicher Herkunft sowie für deren Umwandlungsprodukte in und auf dem Mineralboden. Dem gegenüber steht die lebende Flora und Fauna im Boden, das Edaphon sowie die lebende Wurzelmasse. Die **organische Bodensubstanz** wird durch Zersetzung, nachfolgende Humifizierung und letztlich Mineralisierung abgebaut. Dabei spielen enzymatische Reaktionen zur Zerlegung hoch polymerer Verbindungen in Einzelbausteine unter Auswaschung und Verlust mineralischer Nährstoffe wie K und Mg eine Rolle, begleitet von der mechanischen Zerkleinerung und Einarbeitung in den Boden durch die bodeneigene Makro- und Mesofauna bis hin zur stofflichen Umsetzung und Oxidation durch Pilze und Bakterien, welche die organische Bodensubstanz zu CO_2, H_2O und Mineralstoffen abbauen.

Im Zuge der **Humifizierung** bilden sich über Aufbauprozesse neuerlich höher bis hoch molekulare Strukturen. Kaum umgewandelte, noch schlecht zersetzte organische Substanzen werden als Streustoffe oder Nichthuminstoffe bezeichnet, stark umgewandelte Stoffe ohne erkennbare Gewebestrukturen sowie hoch molekulare Verbindungen als Huminstoffe. Letztere zeigen sich gegenüber Mineralisierung stabil und haben im Gegensatz zu den Streustoffen eine hohe Verweildauer im Boden. Die Mineralisierung stellt den vollständigen mikrobiellen Abbau der organischen Bodensubstanz dar, über welchen die in der organischen Substanz angereicherten Nährelemente wieder freigesetzt werden. Die organische Substanz setzt sich stofflich zusammen aus (Hemi-)Zellulose, Lignin, Stärke, Eiweißen, Fetten, Wachsen und Harzen. Kohlenstoff (C) ist im Mittel mit 50 % an der chemischen Zusammensetzung beteiligt, ferner N, H, O, S, P und verschiedene Metalle. Von den Metallen liegen vor allem K, Ca und Mg als sog. Makronährelemente in leicht austauschbarer Form vor, während Al, Fe, Cu, Mn und Zn komplex gebunden und nur schwer verfügbar sind. Art und Menge von Huminstoffen und organischer Streu sowie ihre Anordnung in Humuskörper und Humusprofil sind von den Standortfaktoren abhängig, einerseits von der stofflichen Zusammensetzung der Biomasse selbst und ihren Anteilen an Nährstoffen für die Zersetzer und an Hemmstoffen, andererseits von der Temperatur, der Bodenfeuchte, der Sauerstoffverfügbarkeit und weiteren Standortparametern.

Streustoffe und Huminstoffe bilden gemeinsam den **Humuskörper**, dessen jeweiliger morphologischer Aufbau in Form einer Horizontierung das Humusprofil des Bodens ergibt. Streustoffe können sich als Auflagehorizonte mit jeweils unterschiedlichem Umwandlungsgrad auf dem Mineralboden anreichern. Die Abfolge dieser Auflagehorizonte ergibt die Zuordnung zu unterschiedlichen Humusformen variierender bodenökologischer Gunst. Die ungünstigste **Humusform** aeromorpher Ausprägung ist der Rohhumus, der sich bei geringer biotischer Aktivität und behinderter Remineralisation des jeweiligen Bestandsabfalls bildet. Insbesondere die Of-Horizonte als typische Bereiche gebremsten Stoffumsatzes können mehrgliedrig sein und Abbaujahrgänge darstellen. Im Falle der Humusform Moder gehen die vollständig entwickelten Auflagehorizonte bereits unscharf ineinander über und es bildet sich darunter ein deutlich ausgeprägter humoser mineralischer Oberboden in Form eines Ah-Horizontes aus. Beim Mull als der bodenökologisch günstigsten Humusform wird der Streufall in der folgenden Vegetationsperiode vollständig umgesetzt. Ein Auflagehumus fehlt weitgehend. Die organische Substanz wird im Ah-Horizont angereichert und bildet mächtige organische Oberböden. In Form von Ton-Humus-Komplexen sowie von Metall-Humus-Verbindungen (Chelaten) geht sie hoch reaktive Verbindungen mit der mineralischen Bodensubstanz ein. Diese sind im Rahmen des Gefügeaufbaus, der Stoffsorption und der Wasserhaltefähigkeit der Böden von besonderer Bedeutung.

Translokationsprozesse

Unter Translokationsprozessen versteht man alle bodenbildenden Vorgänge, mit deren Hilfe Stoffe vertikal oder lateral im Boden verlagert werden. Derartige Stoffverlagerungen sind entscheidend für die Ausbildung von Bodenhorizonten und diagnostischen Merkmalen, die für die Bodentypisierung bzw. die Bodenansprache eine große Rolle spielen (Abschn. 10.5).

Entbasung

Entbasung ist ein Begriff, der für den Verlust des Bodens an basisch wirkenden Kationen wie Ca, K, Mg und Na steht, wie er im Zuge der natürlichen Bodenversauerung bei abwärts gerichteter Bodenwasserbewegung in humiden Klimaten entsteht. Sauer wirkende Kationen wie Al und Fe geraten in erhöhtem Maße in die Bodenlösung und in den Kationenbelag der Bodentauscher. Diesem Prozess steht die Alkalisierung der Böden bis

(1) $H_2O + CO_2 \rightleftharpoons H_2CO_3 \rightleftharpoons H^+ + HCO_3^- \rightleftharpoons 2H^+ + CO_3^{2-}$

(2) $CaCO_3 + H_2CO_3 \rightleftharpoons Ca(HCO_3)_2$

(3) $CaMg(CO_3)_2 + 2H_2CO_3 \rightleftharpoons Ca(HCO_3)_2 + Mg(HCO_3)_2$

Abb. 10.10 Kohlendioxid der Bodenluft verbindet sich mit Wasser zur leicht flüchtigen Kohlensäure (1). Kohlensäure überführt schwerer lösliches Kalziumkarbonat in leichter lösliches Kalziumhydrogenkarbonat (2). Auch Dolomit, ein Kalzium-Magnesium-(Bi)Karbonat, unterliegt der Karbonatverwitterung (3).

hin zur Krustenbildung entgegen, die insbesondere in tropischen Trockenklimaten auftritt. **Bodenversauerung** ist fester Bestandteil der natürlichen Pedogenese und beruht auf dem Gehalt der Böden an gelösten Feststoffsäuren. Sie läuft unter Schüben ab durch Zufuhr von Protonen, die nicht mehr neutralisiert und abgepuffert werden können. Auf die Kapazität des Bodens, Säuren zu neutralisieren, folgt bei zunehmender Versauerung die Fähigkeit, Basen zu neutralisieren. Bodenversauerung ist daher im weiteren Sinne der Verlust des Bodens an Säureneutralisationskapazität. Die jeweiligen Stufen des Azidiätsmilieus werden Pufferbereiche genannt. Auf karbonathaltigen Gesteinen wie Löss, Mergeln, Kalksandsteinen und Massenkalken ist ein saures Bodenmilieu Voraussetzung für einsetzende Verlehmung und Verbraunung als ein wesentliches Ergebnis der Silikatverwitterung. Silikatverwitterung ist nur im sauren Milieu, gegebenenfalls erst nach Lösung der Karbonate und Auswaschung der entsprechenden Kationen möglich. Alle nachfolgenden Translokationsprozesse in Böden, wie Tonverlagerung oder Podsolierung, setzen in jeweils unterschiedlichem Maße den natürlichen Verlust basisch wirkender Kationen im pedochemischen Milieu des jeweiligen Horizontes voraus.

Tonverlagerung

Die pedogene Tonverlagerung (**Lessivierung**) umschreibt den komplexen Prozess der vertikalen Verlagerung von Bestandteilen der Tonfraktion (v. a. Feinton < 0,2 µm) in festem Zustand. Verlagert werden grundsätzlich alle mineralischen und organo-mineralischen Komponenten, vor allem aber Phyllosilikate, feinkörnige Fe-, Al- und Si-Oxide sowie Ton-Humus-Komplexe. Bodentypologisch entstehen dabei Parabraunerden, die einen an Bestandteilen der Tonfraktion (< 2 µm) verarmten – das heißt lessivierten – Oberboden (Al-Horizont) und einen mit diesen Stoffen angereicherten Unterboden (Bt-Horizont) aufweisen. Infolge des Verlusts von färbenden Metalloxiden, insbesondere der aus der Silikatverwitterung unter Verlehmung und Verbraunung freigesetzten pedogenen Eisenoxide, sowie der dispers verteilten organischen Substanz, erfährt der lessivierte Oberboden eine charakteristische **fahlgelbe Aufhellung**. Dem Unterboden geben die Oxide und Hydroxide, die Ton-Humus-Komplexe sowie die Minerale der Tonfraktion selbst eine rotbraune Färbung. In den typischen nativen Löss-Parabraunerden Niederbayerns mit etwa 40 % Karbonat im Ausgangssubstrat weisen die lessivierten Oberböden ungefähr 14–18 % Ton auf, während sich in den tonangereicherten Unterböden ungefähr 35–40 % Ton finden. Auf Löss und Geschiebemergeln erreicht die Tonverlagerung Mengen von 40–110 kg Ton pro m².

Die Prozesse der Tonverlagerung setzen mit der Dispergierung der zu verlagernden Stoffe bei niedriger Salz- und Elektrolytkonzentration der Bodenlösung ein – unter erhöhter hydrophiler Reaktion insbesondere der Tonteilchen. Abnehmende Ca-Sättigung unter vorheriger Auflösung vorhandener Primärkarbonate ist Voraussetzung (pH < 7), während eine Na-Sättigung den Dispergierungsgrad fördert, insbesondere im Falle Na-haltiger Böden wie Solonetzen. Quellfähige Phyllosilikate leisten der Dispergierungsneigung der Tonfraktion Vorschub und werden bevorzugt verlagert. Dispergierung und Verlagerung erfolgen op-

timal in einem pH-Bereich zwischen 6,5 und 5, während im stark sauren Bereich von pH < 5 der Dispergierungsgrad wegen der koagulierenden Wirkung austauschbarer und freier Ionen, insbesondere Al, stark abnimmt. Die Tonverlagerung kommt dann zum Erliegen. Schnell bewegliches Sickerwasser in Form des Makroporenflusses entlang feiner Schrumpf- und Trockenrisse sowie entlang der Grenzflächen der Bodengefüge ist der Träger der Lessivierung.

Podsolierung

Podsolierung ist die abwärts gerichtete Verlagerung organischer Stoffe aus dem Oberboden in den Unterboden, oft zusammen mit Al und Fe. Sie wird begünstigt durch ein saures Bodenmilieu (pH < 5), kühlfeuchtes Klima, schwer zersetzbare, nährstoffarme Streu, wasserdurchlässiges Ausgangsgestein und niedrige Fe-Gehalte der das Substrat der Pedogenese bildenden Minerale. Im Zuge der Verlagerung reduzieren organische Säuren Fe und Al und komplexieren beide aus pedogenen Oxiden. Es entstehen metallorganische Komplexe, sog. **Chelate**, die insbesondere bei einem hohen Kohlenstoff-Metall-Verhältnis (C/M) wasserlöslich und verlagerungsfähig sind. Der erste Schritt im Oberboden ist in Form einer **Kornpodsoligkeit** zu erkennen, die zur Entwicklung eines gebleichten Horizonts führt, dem **Eluvialhorizont** (Ae-Horizont). Im Unterboden als dem **Illuvialhorizont** lassen sich die Anreicherungen oftmals in Bereiche trennen, in denen die organischen Komplexe in Form eines markant dunkel gefärbten, humosen Horizonts (Bh-Horizont) hervortreten, unterlagert von einem rötlich gefärbten Bereich mit ausgefällten Sesquioxiden (Bs-Horizont). Podsolierung ist ein natürlicher Prozess, der allerdings in übernutzten Kulturlandschaften der humid-gemäßigten Breiten eine Verstärkung und teils auch Initialisierung erfahren hat. Sie kann in sog. **Ortsteinbildung** enden, mit massiv entwickelten Bs-Horizonten auf Sandböden, die zuvor Braunerden oder Bänderparabraunerden trugen. Allein ein Bestockungswechsel vermag am selben Standort infolge nutzungsbedingt gesteigerter Bodenversauerung Podsolierung zu provozieren. So initialisieren Fichtenmonokulturen den Prozess auch auf gut gepufferten Böden wie Lössparabraunerden unter Ausbildung markanter Aeh-Horizonte.

Hydromorphierung

Unter Hydromorphierung werden Prozesse verstanden, welche durch Grund-, Stau-, Quell- oder Sickerwassereinwirkung die Ver- und Umlagerung färbender Metalloxide bedingen. Meist geschieht dies infolge O_2-Mangels, was einzelne Horizonte oder das gesamte Bodenprofil mit redoximorphen Merkmalen überzieht, hervorgerufen durch Wassersättigung im Bodenprofil. Nur im Falle von Quell- und stark strömenden Sickerwässern herrscht vordergründig kein O_2-Mangel. Allerdings stellt sich aufgrund der ganzjährigen Durchnässung mittelfristig ebenfalls ein reduzierendes Bodenmilieu ein. Die färbenden pedogenen Metalloxide werden durch sog. **Nassbleichung** fortgeführt, der betreffende Horizont dadurch punktuell oder auch entlang des Sickerwasserstroms charakteristisch aufgehellt und gebleicht. Bei Wassersättigung des Porenraums im Boden besteht indes eine

O$_2$-Diffusionsblockade zur atmosphärischen Luft. Die im Boden befindlichen Mikroorganismen benötigen beim oxidativen Abbau von organischer Substanz ständig Sauerstoff. Aufgrund dieser Bodenatmung ist bereits wenige Tage nach Eintreten der Wassersättigung das restliche O$_2$ weitgehend verbraucht. Infolge der Elektronenabgabe bei Oxidationsprozessen muss stets ein Reduktionsprozess in Gang gesetzt werden, welcher als Elektronenakzeptor dient. Wenn in der Bodenluft frei verfügbarer Sauerstoff als Elektronenakzeptor nicht mehr vorhanden ist, werden andere Verbindungen reduziert, u. a. Fe- und Mn-Oxide. Diese **Redoxreaktionen** verursachen Lösungs-, Verlagerungs- und Ausfällungserscheinungen färbender Bodenmetalloxide und hinterlassen charakteristische Merkmalsausprägungen.

Das Maß für die Redoxbedingungen sind die **Redoxpotenziale** (*Eh*, Potenzialdifferenz in Volt). Diese geben das Verhältnis zwischen der oxidierten Stufe und der reduzierten Stufe wieder, wobei ein hohes Redoxpotenzial oxidierende Bedingungen, ein niedriges Redoxpotenzial reduzierende Bedingungen anzeigt. Bei welchem Redoxpotenzial eine jeweilige Verbindung reduziert bzw. oxidiert wird, hängt vom Standardpotenzial der Verbindung selbst und vom pH-Wert der Bodenlösung ab. Je niedriger der pH-Wert, desto eher findet eine Reduktion statt, bei welcher die Verbindungen meist in Lösung gehen und mit dem Sickerwasser im Boden lateral sowie vertikal verlagert werden können. Ferner wandern gelöste Verbindungen über Diffusion zu Bereichen mit einem höheren Redoxpotenzial, wo sie wieder oxidieren und erneut als Metalloxide bzw. -hydroxide auskristallisieren. Solche diffusionsbedingten Verlagerungen können innerhalb von Bodenaggregaten erfolgen oder horizontübergreifend wirken. Die Verlagerung der reduzierten Verbindungen schafft hellgrau gebleichte Bereiche, sowohl auf Aggregatebene als auch ganze Horizonte betreffend. Besonders ausgeprägt ist die Weißbleichung beim Stagnogley. Reduzierte Fe(II)-Hydroxide wiederum ergeben eine charakteristisch blaugrüne Reduktionsfärbung. Weitere Reduktionsfarben sind Schwarz und Blau. Sie entstehen, wenn die reduzierten Fe-Ionen eine Verbindung mit Sulfiden oder Phosphaten eingehen.

Man differenziert aufgrund unterschiedlicher Bodenwasserbedingungen und entsprechend abweichender redoximorpher Bodenbildungsprozesse zwei hydromorphe Merkmalsausprägungen. Der unter Grundwassereinfluss ablaufenden **Vergleyung** (semiterrestrischer Bodentyp Gley) steht die nur zeitweilige Wassersättigung stauwasserbeeinflusster Horizonte in Form der sog. **Pseudovergleyung** mit Wechseln zwischen Nass- und Trockenphase bzw. zwischen oxidierenden und reduzierenden Bedingungen gegenüber (terrestrischer Bodentyp Pseudogley). Im Falle des grundwasserbeeinflussten Gleys ist der stets wassergesättigte Horizont charakteristisch grau gefärbt und gebleicht (Gr-Horizont). Nicht zuletzt aufgrund des jahreszeitlich schwankenden Grundwassersaums geraten reduzierte Verbindungen in darüberliegende Bereiche mit mehr Sauerstoff (Go-Horizont). Es entstehen stark kristalline Eisenoxide wie Lepidokrokit und Goethit oder auch gering kristallisierte Formen wie Ferrihydrit. Merkmalsprägend ist daher eine sehr kleinräumige und punktuelle Ausbildung von gebleichten Zonen und rotorange bis schwarz gefärbten Zonen innerhalb des Go-Horizonts. Sie führt

zur charakteristischen hydromorphen Fleckung und zur Marmorierung, die über Rostflecken hinaus auch Konkretionen entstehen lassen können. Das gilt gleichermaßen für den Stauwasser leitenden Sw-Horizont im Falle der Pseudovergleyung. Dieser wird vom dichten, Wasser stauenden Sd-Horizont des Pseudogleys unterlagert, der andere Hydromorphiemerkmale aufweist. Aufgrund ständiger Wechsel zwischen Feucht- und Trockenphase verbleibt im Inneren der Aggregate der Sd-Horizonte während der Wassersättigungsphase Restsauerstoff, sodass sich ein Diffusionspotenzial vom reduktomorphen Milieu entlang der Aggregataußenflächen in deren Inneres aufbaut. Die Oxidation und Wiederausfällung der Metallverbindungen schafft eine charakteristische oxidative Rostfleckung innerhalb der Aggregate.

Turbation

Die Pedogenese wird von unterschiedlichen solimixtiven Prozessen beeinflusst. Dazu gehören die Kryoturbation, die Bioturbation und die Peloturbation. **Kryoturbation** erfolgt im Verbund mit der Substrat aufbereitenden Kryoklastik auf Basis von Gefrier- und Tauprozessen. Sie findet prinzipiell mit jeder Bodengefrornis statt und ist u. a. verantwortlich für das sog. Steinewachsen auf Ackerflächen. Von besonderer Bedeutung war sie für alle Böden der mittleren Breiten im Zuge der Genese periglazialer Hangsedimente (Abschn. 9.4) der jüngsten Kaltzeit. Sie findet ihren Ausdruck insbesondere in der ubiquitären Verbreitung der kryoturbat und solimixtiv entstandenen Hauptlage. Von ebenso hoher Bedeutung ist die **Bioturbation**, getragen vom Edaphon (Lumbriciden, Termiten und bodenwühlende Nager) und vor allem auch durch Windwürfe mit Reißen der Wurzelteller. Bodenwühler transportieren Unterbodenmaterial an die Oberfläche und können die Böden in wenigen Jahrzehnten bis Jahrhunderten bis in Tiefen über 1 m komplett durchmischen. Schrumpfen und Quellen stark tonhaltiger Böden mit gut quellfähigen Phyllosilikaten unter wechselndem Bodenwasserregime ist für die **Peloturbation** (Selbstmulchprozess) verantwortlich. Sie findet vor allem in den wechselfeuchten Tropen statt. Während der Trockenzeiten entstehen Risse von über 2 m Tiefe, in welche Bodenmaterial hineinfällt. Während der Regenfallzeiten und unter feuchtem Bodenregime quillt der Boden infolge der Dominanz smectitischer Tonminerale stark. Das in Form eines Absonderungsgefüges entwickelte Bodengefüge vergrößert sein Volumen, bildet charakteristische Scherflächen aus und wird durch den Quellungsvorgang sogar ganz aufgelöst. Peloturbation kann einen regelrechten Selbstmulcheffekt der Böden bewirken wie bei den Vertisolen.

Versalzung, Krustenbildung

Insbesondere in warm-ariden Klimaten kann infolge aszendenter Bodenwasserbewegung eine Anreicherung wasserlöslicher Salze in den oberen Bereichen terrestrischer Böden oder an deren Oberfläche erfolgen. Im humiden Klima finden sich Versalzungserscheinungen natürlicherweise nur in Meeresnähe und in den Flussmarschen. Salzhaltige Böden können schwach sauer bis stark alkalisch sein. Im Falle von Alkalisierung mit hohem Anteil an Na-Ionen an den Bodentauschern wird das bodeneigene Gefüge destabilisiert, was Verschlämmung und Tonverlagerung begünstigt (Solonetze). Insbesondere bei einer grundwassergestützten Versalzung der Böden und niedrigen Jahresniederschlägen entstehen in den Unter- und Oberböden Verkrustungen. Salzkrusten finden sich zumeist in den oberen Profilteilen, müssen aber keineswegs eine Oberflächenverkrustung bewirken. Vielmehr reißt der von hoher Evaporation provozierte Kapillarwasseraufstieg in Folge Verdunstung einige cm bis wenige dm unter der Bodenoberfläche ab. In Form einer Löslichkeitsreihe finden sich Karbonate vor allem in den **lCv-Horizonten**, gefolgt von Gips, Soda und Natriumsulfat, während leicht lösliche Chloride und Nitrate mit dem Kapillarwassersog bis in die Oberböden oder an die Bodenoberfläche verfrachtet werden können.

Ferrallitisierung, Lateritisierung

Bei besonders hohem Wirkungsgrad der Silikatverwitterung, wie sie u. a. im feuchten Tropenklima ablaufen kann, wird nach Verlust der Alkali- und Erdalkali-Ionen in zunehmendem Maße Kieselsäure abgeführt. Mit der Desilifizierung geht die relative Anreicherung kristallisierter Sesquioxide, insbesondere Fe und Al, einher. Typische Vertreter der Fe-Oxide sind neben dem gelbbraun färbenden Goethit der bereits in geringen Mengen stark rot färbende **Hämatit** sowie **Maghemit**. Ihre hohe Präsenz drückt sich in der Rubefizierung der B-Horizonte aus (Bu-Horizonte). Die Spektren der sekundären Tonminerale als pedogene Produkte der Silikatverwitterung werden von Kaolinit und Al-Chlorit dominiert, wobei das Alumohydroxid Gibbsit als Endprodukt der Desilifizierung hinzukommt. Typische Böden als Folge der Ferrallitisierung sind Roterden bzw. Ferralsole. Sie treten auch außerhalb der Bodenzonen rezenter Ferrallitisierung als reliktische oder fossile Paläoböden auf und werden Ferrallite genannt. Bei starker Anreicherung von Fe-Oxiden kann unter Bildung von Konkretionen in den Bu-Horizonten der Ferralsole eine Fe-Verkrustung entstehen. Infolge eines Wechsels im Bodenwasserregime, etwa durch Unterschneidung eines Hanges oder aufgrund eines Klimawechsels, können diese plinthitischen Horizonte irreversibel verhärten. Es entstehen Plinthosole, auch **Laterite** genannt, die typisch für alte Landoberflächen mit Bodenbildungen etwa aus dem Tertiär sind. Lateritisierung schützt vor Erosion, weshalb sie vielfach in erhabenen Reliefpositionen anzutreffen ist, stellt bodenökologisch jedoch eine der größten Ungunstformen dar.

Bodenhorizonte als Ergebnis der Bodenentwicklung

Merkmale und Eigenschaften der Böden sind das Ergebnis geogener sowie pedogener Prozesse. Geogene Vorgänge verursachen Schichten. Bodenhorizonte (Exkurs 10.1) sind das Ergebnis pedogenetischer Prozesse, die das Ausgangsgestein verändern. Sie werden von charakteristischen Merkmalen gekennzeichnet, wie Gefüge, Bodenart, Farbe oder Fleckung. Bodenhorizonte verlaufen zumeist oberflächenparallel und daher mit dem Gefälle. Sie zeigen über ihre vertikale Abfolge im Bodenprofil die Pedogenese auf und bestimmen die typologische Zuordnung der Böden. Innerhalb der Pedosphäre sind die Gesteine sowohl an der Oberfläche als auch in vertikaler Abfolge in der Regel nicht einheitlich. Ungeschichtete Bodenprofile sind eher die Ausnahme als die Regel. Im Falle der Bodenentwicklung auf jüngeren, vor allem auf holozänen fluvialen und äolischen Sedimenten fehlt die Schichtung. Auch im Falle von mächtigeren Lösssedimenten fällt eine stets gleichartige Entwicklungstiefe der lessivierten **Al-Horizonte** auf. Neben der Annahme der nachhaltigen Wirkung einer spätkaltzeitlichen Kryoturbationszone im sommerlichen Auftaubereich des Permafrostes bietet sich auch die Hypothese einer thermischen Sprungschicht an, welche die warmzeitliche, aktuelle Eindringtiefe der Tagestemperaturwechsel in den humid-gemäßigten Breiten und auch die der maximalen Gefrornis über die Wintermonate markiert. Schichtverläufe können insbesondere im Bereich der Unterböden die Ausbildung der Horizonte beeinflussen und wirken häufig als physikochemische Barrieren innerhalb eines Bodenprofils. Das gilt vor allem in den Verbreitungsbereichen der periglazialen Hangsedimentation, die durch gelisolifluidale, solimixtive und äolische Prozesse des kaltzeitlichen periglazialen Milieus unter teils markanten Wechseln der paläoklimatisch gesteuerten Geomorphodynamik entstanden und in Haupt-, Mittel- und Basislagen unterschieden werden. Zusammensetzung und Aufbau der periglazialen Hangsedimente legten weitgehend deren pedogene und bodentypologische Entwicklung fest.

Horizontmerkmale erschließen sich zuvorderst am feldfrischen Profil im Gelände. Eine umfassende Kennzeichnung der Böden ist in Form der Ansprache definierter pedogener und lithogener Merkmale möglich. Die Verwendung entsprechender Symbole richtet sich nach den anzuwendenden Bodenklassifikationen und -systematiken (Abschn. 10.5). In genetisch basierten Kartier- und Klassifikationssystemen werden die auf dem Mineralboden befindlichen Humusauflagen in bis zu drei verschiedene Auflagehorizonte unterteilt. Der **L-Horizont** steht für die unzersetzte Blattstreu und den jährlich anfallenden biotischen Detritus. Im **Of-Horizont** finden Fermentationsprozesse statt. Die organische Substanz wird zerkleinert, wobei Gewebestrukturen noch erkennbar sind. Im humifizierten **Oh-Horizont** ist die organische Substanz zu einer feindispersen schwarzen Masse umgebaut. Darunter folgt der mit humoser Substanz angereicherte **Ah-Horizont**, der als mineralischer Oberboden bezeichnet wird. Seine Mächtigkeit hängt vom Bodentyp und der Humusform ab und beträgt im Falle von mitteleuropäischen Braunerden nur wenige Zentimeter. Die Humusform Mull bedingt Mächtigkeiten der Ah-Horizonte von wenigen Dezimetern. Im Falle von Mull-Moder-Rendzinen im Gebirge sowie von Schwarzerden kann der humose Mineraloberboden noch größere Mächtigkeiten einnehmen. Auch die mineralischen Oberböden von Lössparabraunerden erreichen als Al-Horizonte Mächtigkeiten von über 40 cm. Die Unterbodenhorizonte werden als **B-Horizonte** bezeichnet, das Ausgangssubstrat in Form von Locker- oder Festgestein als **C-Horizont**. Die genaueren Merkmalsausprägungen werden unter präziser Definition mittels Präfixen und Suffixen angegeben und sind in den jeweiligen Kartierschlüsseln festgelegt (Abschn. 10.5).

10.5 Bodenklassifikationssysteme

Sabine Fiedler, Thomas Gaiser und Reinhold Jahn

Seitdem der Mensch begann, den Boden zu nutzen, hat er versucht, die in seinem Umfeld vorhandene Vielfalt der Böden in Kategorien zu ordnen. Dabei stand ursprünglich die Bewertung der Böden bezüglich ihrer Nutzungspotenziale im Vordergrund. Auf regionalem und nationalem Niveau werden daher häufig sog. effektive Systeme verwendet. Die **effektiven Klassifikationssysteme** orientieren sich an Effekten wie z. B. der Ertragsfähigkeit eines Bodens bzw. Standorts. Da diese jedoch nur für die jeweilige in Betracht gezogene Nutzung Aussagen zulassen und oft nur regionale Gültigkeit besitzen, haben sich zur systematischen Gliederung der Bodendecke der Erde genetische und morphologische bzw. morphogenetische Klassifikationssysteme durchgesetzt. Die **genetische Klassifikation** richtet sich hauptsächlich nach abgelaufenen Prozessen der Bodenentwicklung (Deutsche Bodenklassifikation; z. B. Verbraunung → Braunerde, Podsolierung → Podsol). International gebräuchliche Systeme wie z. B. die *World Reference Base for Soil Resources* (WRB) oder die *Soil Taxonomy* sind eher **morphologische Klassifikationssysteme**, das heißt, sie beruhen vor allem auf quantifizierbaren Auswirkungen der Bodenbildung in charakteristischen und diagnostischen Bodenhorizonten.

Klassifikationssysteme in der Bundesrepublik Deutschland

Unter den effektiven Klassifikationssystemen wird am häufigsten die **Bodenschätzung** (Bodenschätzungsgesetz [BodSchätz] 2007, aus der Reichsbodenschätzung von 1934 hervorgegangen) für die Bewertung der Ertragsfähigkeit von Acker- und Grünlandböden zur Besteuerung landwirtschaftlicher Betriebe in der Bundesrepublik Deutschland angewendet. Nutzungsunabhängige Klassifikationssysteme orientierten sich historisch gesehen zuerst an den Wirkungen der bodenbildenden Faktoren und führten zur Definition von Gesteins-, Vegetations- oder Reliefbodentypen. Das zurzeit in Deutschland verwendete System hat eine lange Tradition und geht auf den Ansatz von Kubiena (1953) und Mückenhausen (1977) zurück. Es klassifiziert die Böden nach ihrem Profilaufbau, insbesondere nach dem Vorhandensein bzw. der Abfolge charakteristischer Bodenhorizonte die durch bestimmte bodenbildende Prozesse entstanden sind (AG Boden 2005).

Die Klassifizierung der Böden hängt von der vertikalen Abfolge bestimmter **Bodenhorizonte** ab. Bodenhorizonte sind mehr oder weniger parallel zur Erdoberfläche verlaufende Bereiche, die sich durch eines oder mehrere Merkmale voneinander unterscheiden. Die Ausdifferenzierung solcher Bodenhorizonte ist das Ergebnis bodenbildender Prozesse, die wiederum von Art und Intensität der bodenbildenden Faktoren Klima, Ausgangsmaterial, Relief, biotische Faktoren und der Zeit abhängen (Abschn. 10.4). So führt beispielsweise der Prozess der Humus-

Tab. 10.1 Bodensystematische Einheiten der hierarchisch aufgebauten deutschen Bodensystematik.

Hierarchische Kategorie	Kriterium | *Beispiel*	Anzahl
1. Abteilung	Wasserregime, Moorböden | *terrestrische Böden*	4
2. Klasse	Entwicklungsstand und Grad der Horizontdifferenzierung (unter Berücksichtigung der bodenbildenden Prozesse) | *Lessivés*	21
3. Typ	Unterscheidung nach charakteristischen Horizonten und Horizontfolgen (Ergebnis spezifischer pedogener Prozesse) | *Parabraunerde*	56
4. Subtyp	Unterscheidung nach spezifischer Horizontfolge | *Humusparabraunerde*	>220
5. Varietät	qualitative Modifikationen der Subtypen, das heißt die Horizontfolge weicht durch zusätzliche Merkmal vom Subtyp ab | *pseudovergleyte Humusparabraunerde*	>1600
6. Subvarietät	Berücksichtigung untergeordneter quantitativer Merkmale (z. B. Tiefenlage der Pseudovergleyung | *flach pseudovergleyte Humusparabraunerde*	nicht festgelegt

Informationsgehalt zunehmend

anreicherung in mineralischem Ausgangsmaterial zur Ausbildung von mineralischen Oberbodenhorizonten, die mehr oder weniger starke Anreicherung von organischer Substanz zeigen. Im Exkurs 10.1 werden ausgewählte Horizonte beschrieben, die nach der deutschen Bodensystematik für die Klassifikation von Böden auf dem Niveau des Bodentyps von Bedeutung sind.

Die Klassifikation von Böden nach der Deutschen Bodensystematik (AG Boden 2005) ist hierarchisch aufgebaut und gliedert sich in die Kategorien: Abteilungen, Klassen, Bodentypen, Subtypen, Varietäten und Subvarietäten (Tab. 10.1). Das System ist nach unten offen, das heißt, es ist möglich neue, in der Systematik noch nicht spezifizierte, Sub- oder Übergangstypen mit ihren Varietäten und Subvarietäten zu bilden.

Die **Bodenform** ist die Verknüpfung einer bodensystematischen mit einer substratsystematischen Einheit für eine umfassende und systematische Charakterisierung eines Bodenkörpers. Substrate charakterisieren nach der deutschen Substratsystematik (eingehende Darstellung in AG Boden 2005) die bodenbildenden Ausgangsgesteine mit deren Verwitterungs-, Umlagerungs- und Verlagerungszustand und werden mittels bodenkundlich relevanter Merkmale beschrieben. Die Substratsystematik ist ebenfalls hierarchisch aufgebaut und enthält je nach Hierarchiestufe Angaben über die Substratgenese (z. B. periglazial),

Exkurs 10.1 Bodenhorizonte der deutschen Systematik (Auswahl)

Böden bestehen aus Horizonten, welche sich aus organischen oder geologischen Schichten entwickelt haben und besitzen unter Wald häufig organische Auflagen. Bodenhorizonte werden mit einem Großbuchstaben (Hauptsymbole, z. B. A, B, C …) gekennzeichnet. Zur Kennzeichnung der Horizontmerkmale werden Kleinbuchstaben (Zusatzsymbole) verwendet. Vor die Hauptsymbole gestellte Zusatzsymbole (z. B. a für Auendynamik) charakterisieren geogene und anthropogene Eigenschaften, nachgestellte charakterisieren pedogene Eigenschaften (z. B. h für Humusanreicherung). Schichtungen des Substrats werden durch vorangestellte römische Ziffern (I, II …) gekennzeichnet. Horizonte mit mehreren Eigenschaften (z. B. Übergangshorizonte) werden durch eine Kombination von Hauptsymbolen und Zusatzsymbolen gekennzeichnet, wobei die Betonung stets auf dem jeweils letzten Symbol liegt (z. B. Ah-P, Betonung liegt auf P). Horizonte welche aus einer Kombination unterschiedlicher Horizonte bestehen werden mit + gekennzeichnet (z. B. Axh + lC).

Organische Horizonte – Torfe (H) und organische Auflagen (O)

Sie besitzen ≥ 30 Masse-% organische Substanz in Ober- oder Unterbodenhorizonten, wobei die O-Horizonte immer an der Bodenoberfläche auftreten.

- hH = H-Horizont (Torf), der ausschließlich aus Resten von Hochmoorpflanzen unter Wasserüberschuss entstand; wenn ≥ 3 dm mächtig, dann diagnostisch für Hochmoore
- nH = H-Horizont (Torf), der vorwiegend aus Resten von Niedermoortorf bildenden Pflanzen unter Wasserüberschuss entstand; wenn ≥ 3 dm mächtig, dann diagnostisch für Niedermoore
- L = organischer Auflagehorizont über dem Mineralboden oder über Torf oder über anderen O-Horizonten aus wenig zersetzter Pflanzensubstanz (< 10 Vol.-% organische Feinsubstanz)
- Of = organischer Auflagehorizont über dem Mineralboden oder über Torf oder über anderen O-Horizonten mit meist ≥ 10–70 Vol.-% fermentierter organischer Feinsubstanz
- Oh = organischer Auflagehorizont mit meist > 70 Vol.-% humifizierter organischer Feinsubstanz

Mineralische Oberbodenhorizonte (A)

- Ai = initiale Bodenbildung mit geringer Akkumulation organischer Substanz, geringe Mächtigkeit (< 2 cm) oder lückig entwickelt, wenn nur C-Horizont vorliegend diagnostisch, dann für Syroseme; wenn im tidal beeinflussten Küstenbereich vorkommend, dann diagnostisch für Strände
- Ah, Ap = je nach Bodenart mindestens 0,6–1,2 und maximal bis zu 30 Masse-% organische Substanz und ≥ 2 cm mächtig (Ah); wenn regelmäßig bearbeitet, dann Ap (h von humos, p von pflügen)

- Axh, Axp = geprägt von intensiver Bioturbation (x von gemixt z. B. durch Regenwurmtätigkeit) und stabilem Aggregatgefüge, ≥ 10 cm mächtig und Basensättigung ≥ 50 %; wenn regelmäßig bearbeitet, dann Axp; wenn ≥ 4 dm mächtig, dann diagnostisch für Schwarzerden
- Aa, Aap = 15–30 Masse-% organische Substanz; unter Grund- oder Stauwassereinfluss entstanden (a von anmoorig); wenn regelmäßig bearbeitet, dann Aap

Unterbodenhorizonte terrestrischer Böden (z. B. B, P, T, M, R, E, Y, S)

Bodenbildende Prozesse führen in Abhängigkeit bodenbildender Faktoren zur Ausbildung von unterschiedlichen mineralischen Unterbodenhorizonten:

- Bv = durch Verwitterung verbraunt (Eisenoxidation) und verlehmt (Tonbildung bzw. residuale Akkumulation eines Lösungsrückstandes); wenn < 4 dm unter MOF (Mineralbodenoberfläche) auftretend und tieferreichend, dann diagnostisch für Braunerden
- P = (von Pelosol) aus Ton- oder Tonmergelgestein mit einem durch ausgeprägte Quellungs- und Schrumpfungsdynamik entstandenem Polyeder- oder Prismengefüge und einem Tongehalt ≥ 45 Masse-%; wenn < 3 dm unter MOF auftretend und tieferreichend, dann diagnostisch für Pelosole
- T = (von *terra*) aus dem Lösungsrückstand von Karbonatgesteinen (≥ 75 % Karbonat) entstanden, ≥ 65 Masse-% Ton, ausgeprägtes Polyedergefüge und in der Feinerde frei von Primärkarbonaten; wenn < 4 dm unter MOF auftretend und tieferreichend, dann diagnostisch für Terrae calcis
- M = (von lat. *migrare*) im Holozän entstanden aus fortlaufend sedimentiertem Solummaterial; das Material kann fluviatilen (aM) oder äolischen Ursprungs sein oder kann durch Abspülung an Hängen oder durch Bodenbearbeitung verlagert worden sein; wenn < 4 dm unter MOF auftretend und tieferreichend als aM, dann diagnostisch für Vegen bzw. als M für Kolluvisole

Vertikale Translokationsprozesse führen in Böden zu einer Umverteilung mineralischer oder organischer Substanzen, die im Bodenprofil in Verarmungs- bzw. Anreicherungshorizonten (Ober-/Unterbodenhorizonte) ihren Ausdruck finden:

- Al/Bt = durch Verarmung (Al) und Anreicherung von Tonpartikeln (Bt) entstanden (Tonverlagerung, Lessivierung); wenn < 4 dm unter MOF auftretend und tieferreichend, dann diagnostisch für Parabraunerden
- Ael/Bt = durch Verarmung (Ael) und Anreicherung von Tonpartikeln (Bt) und gleichzeitiger starker Bodenversauerung entstanden (Tonverlagerung und Sauerbleichung); wenn < 4 dm unter MOF auftretend und tieferreichend, dann diagnostisch für Fahlerden

- Ae/Bhs = durch Verarmung (Ae) und Anreicherung an Huminstoffen (Bh) und Sesquioxiden (Bs) oder beidem (Bhs, Bsh) entstanden (Podsolierung oder Sauerbleichung); diagnostisch für Podsole

Mineralbodenhorizonte, die durch spezielle **anthropogene Eingriffe** entstanden sind:

- R = (von rigolen) durch regelmäßiges Tiefpflügen oder Rigolen (Umgraben) entstandener Mischhorizont mit $\geq$ 4 dm Mächtigkeit; diagnostisch für Rigosole und bei einmaligem Tiefumbruch für Treposole
- E = (von Esch) durch Auftragen großer Mengen an Plaggen- oder Kompostmaterial entstandener Horizont, in der Regel mit Kulturresten und/oder stark erhöhtem Phosphorgehalt; wenn A + E $\geq$ 4 dm mächtig, dann diagnostisch für Plaggenesche; wenn E als Ex (bioturbat) vorliegend, dann diagnostisch für Hortisole
- Y = durch die Anwesenheit von Reduktgasen (CH_4, CO_2, H_2S) charakterisierter Horizont, die durch anthropogene Einflüsse (Gasleckagen, künstliche Böden bzw. Abfallaufträge) oder natürlicherweise in vulkanischen Mofetten in höheren Konzentrationen ($\geq$ 10 Volumen-%) in der Bodenluft auftreten; diagnostisch für Reduktosole

Eine besondere Stellung nehmen **Unterbodenhorizonte** ein, die unter paläoklimatischen Verhältnissen entstanden sind und die trotz veränderter Klimabedingungen ihre Eigenschaften erhalten haben (reliktische Bodenhorizonte mit rB gekennzeichnet) bzw. die sich dem Einfluss der Bodenbildung durch Bedeckung entzogen haben (fossile Bodenhorizonte mit fB gekennzeichnet):

- rBj, fBj = weitgehend kaolinitisierter fersiallitischer Unterbodenhorizont, diagnostisch für Fersiallite
- rBu, fBu = ferrallitischer Unterbodenhorizont mit extrem geringen Gehalten an verwitterbaren Mineralen, einer potenziellen Kationenaustauschkapazität der Tonfraktion < 16 cmol$_c$kg^{-1} und einer effektiven Kationenaustauschkapazität der Tonfraktion < 10 cmol$_c$kg^{-1}; diagnostisch für Ferrallite

Unterbodenhorizonte mit **Stauwassereinfluss** sind diagnostisch für Stauwasserböden (Pseudogleye, Haftpseudogleye und Stagnogleye) und können folgende Bezeichnungen haben:

- Sw = Stauwasser leitender Horizont, mit höherer Wasserleitfähigkeit als der darunterliegende Stauhorizont, daher nur zeitweise wassergesättigt; Sw/Sd-Abfolge ist diagnostisch für Pseudogleye
- Srw = Sw-Horizont mit lang anhaltender Vernässung und deutlichen Reduktionsmerkmalen; Srw/Sd-Abfolge ist diagnostisch für Stagnogleye
- Sd = wasserstauender Horizont mit geringerer Wasserleitfähigkeit als der darüber liegende Horizont, in der Regel 50–70 Flächen-% Rost- und Bleichflecken (Marmorierung)

- Sg = Horizont mit $\geq$ 80 Flächen-% Nassbleichungs- und Oxidationsmerkmalen sowie Sd-Merkmalen, Luftmangel bereits bei Feldkapazität wegen geringer Luftkapazität und hohem Anteil an haftwassererfüllten Mittelporen („haftnass"); wenn < 4 dm unter MOF auftretend und tieferreichend, dann diagnostisch für Haftpseudogleye

Unterbodenhorizonte semiterrestrischer Böden

Horizonte, die unter dem Einfluss von Grundwasser (G) stehen, sind diagnostisch für Grundwasserböden, werden u. a. folgendermaßen bezeichnet:

- Go = oxidierter Horizont, das heißt im Jahresverlauf überwiegend oxidierende Verhältnisse; Horizont im Grundwasserschwankungsbereich mit $\geq$ 5 Flächen-% Rost- oder Karbonatflecken
- Gr = reduzierter Horizont, der an über 300 Tagen im Jahr wassergesättigt ist; morphologisch ist der Reduktionszustand an gräulichen bis schwarzen Farben der Bodenmatrix zu erkennen
- Marschenböden weisen ebenfalls Go- und Gr-Horizonte auf, welche < 4 dm unter MOF auftreten; die Horizonte der Marschen werden mit den vorangestellten Kurzzeichen tm für tidal-marin oder tb für tidal-brackisch oder tp für tidal-fluviatil (perimarin) und ggf. weiteren Kurzzeichen für geogene Merkmale (z. B. für salzhaltig, mergelig) gekennzeichnet
- Strandböden weisen eine Ai/lC/G-Abfolge auf, ihre Horizonte werden wie bei den Marschen mit Kurzzeichen für geogene Merkmale gekennzeichnet
- Auenböden weisen G-Horizonte erst in größerer Tiefe auf, ihre Horizonte werden mit dem vorangestellten Kurzzeichen a für Aue gekennzeichnet

Horizonte von semisubhydrischen und subhydrischen Böden

Böden, die unter dem mittleren Hochwasser an der Meeresküste oder am Grund von Binnengewässern liegen, sind durch F-Horizonte gekennzeichnet:

- Fi = initiale Bodenbildung, ohne sichtbaren Humus, jedoch von Mikroorganismen besiedelt; diagnostisch für Protopedon
- Fh = humoser Horizont, häufig nährstoffarm und schlecht durchlüftet; diagnostisch für Dy
- Fw = zeitweilig mit Wasser erfüllt, nicht gezeichnet durch Oxidations- oder Reduktionsmerkmale; Fw/Fr-Abfolge diagnostisch für Nassstrand
- Fo = mit deutlichen Oxidationsmerkmalen; diagnostisch für Gyttja und als Fo/Fr-Abfolge im tidal beeinflussten Küstenbereich diagnostisch für Watt
- Fr = mit Reduktionsmerkmalen, meist schwarze bis dunkelgraue Farbe; diagnostisch für Sapropel

Mineralische Untergrundhorizonte (C) zur Charakterisierung des Ausgangsmaterials

- mC = im feuchten Zustand mit dem Spaten nicht grabbares Material (Festgestein, massiv)
- lC = mit dem Spaten grabbar (Lockergestein)
- aC = aus Fluss- oder Bachablagerungen (von Aue)

- iC = silikatisches (< 2 % Karbonat) Ausgangsmaterial
- eC = mergeliges (≥ 2 bis < 75 % Karbonat) Ausgangsmaterial
- cC = karbonatisches (≥ 75 % Karbonat) Ausgangsmaterial
- Cv = angewittertes bis verwittertes Ausgangsmaterial meist im Übergang zum frischen Gestein

die Bodenart (z. B. Lehm), zum Ausgangsmaterial (z. B. Geschiebemergel) sowie zu ggf. vorhandener Schichtung in der Vertikalabfolge. Eine vollständige Angabe der Bodenform bestehend aus Bodensubtyp und Substrattyp wäre z. B. „Pseudogley-Braunerde aus Kies führendem Sand (aus Geschiebedecksand) über tiefen Kies führendem Lehm (aus Geschiebelehm)". Tab. 10.2 gibt einen vereinfachten Überblick über die in der deutschen Systematik definierten Abteilungen, Klassen und Bodentypen.

Klassifikation von Böden in der EU und auf internationaler Ebene

Da es lange Zeit kein international einheitliches Klassifikationssystem für die Bodendecke der Erde gegeben hat (obgleich die Diversität der Böden keinesfalls der Vielfalt anderer Naturkörper nachsteht), haben sich in einzelnen Ländern sehr unterschiedliche Vorgehensweisen entwickelt. Seit den 1960er-Jahren ist es das Bestreben der FAO (*Food and Agriculture Organisation* der Vereinten Nationen) bzw. der UNESCO, die zahlreichen nationalen Klassifikationssysteme in einer international anerkannten Bodensystematik zu harmonisieren. Die Vorteile eines globalen Klassifikationssystems liegen auf der Hand: Erleichterung der Verständigung und des Datenaustauschs und die Vereinheitlichung der nationalen Bodenkarten zu einer **Weltbodenkarte**. Die Bemühungen führten 1974 zur ersten internationalen Bodennomenklatur, auf deren Grundlage die FAO die Weltbodenkarte im Maßstab 1:5 000 000 veröffentlichte (FAO 1974). Diese erste Annäherung umfasste 26 Bodengruppen (*soil groups*) mit insgesamt 106 Bodeneinheiten (*soil units*). Eine weitere Kennzeichnung mit sog. *soil phases*, welche Einschränkungen für die landwirtschaftliche Nutzung zum Ausdruck bringen, ist möglich. So wird Steinbedeckung auf der Bodenoberfläche durch das Adjektiv *stony* oder eine leichte Versalzung des Bodens durch das Adjektiv *saline* spezifiziert. Die Weltbodenkarte enthält zudem noch Informationen über die vorherrschende Körnungsklasse (*coarse, medium, fine textured*) des Oberbodens (0–30 cm) und die Hangneigungsstufe (0–8, 8–30, > 30 % Hangneigung). Weitere Verbesserungen und Verfeinerungen dieser ersten Annäherung wurden 1988 und 1994 veröffentlicht (FAO 1994), bis schließlich 1998 die **World Reference Base for Soil Resources** (**WRB**; FAO 1998) durch die Internationale Bodenkundliche Union (*International Union of Soil Sciences*, IUSS) als Terminologie zur Benennung von Böden offiziell empfohlen wurde. In der EU wird ebenfalls die Klassifikation nach WRB verwendet (European Communities 2005).

In ihrer aktuellen Fassung unterscheidet die WRB (IUSS Working Group WRB 2015) weltweit 32 *Reference Soil Groups* (RSG, Referenzbodengruppen), die je nach Auftreten von diagnostischen Horizonten, Eigenschaften oder Materialien differenziert werden (Tab. 10.3). Die weitere Unterteilung der Bodengruppen erfolgt durch sog. *qualifiers,* die dem Namen der Bodengruppe vor- oder nachgestellt werden, wobei die vorgestellten *qualifiers* (*principal qualifier*) Vorrang vor den Nachgestellten (*supplement qualifier*) haben. Erstere beziehen sich auf Merkmale die typischerweise mit der jeweiligen Referenzbodengruppe assoziiert sind oder zu anderen Referenzbodengruppen überleiten. Die Nachgestellten beziehen sich auf diagnostische Horizonte, Eigenschaften oder Materialien, auf chemische, physikalische und mineralogische Merkmale, auf Oberflächenmerkmale, auf die Bodenart, inklusive Skelettmerkmale, auf die Farbe und schließlich auf sonstige Merkmale. Die Namen der *principal qualifier* werden immer vor Namen der RSG gestellt; die Namen der *supplement qualifier* werden immer in Klammern hinter den Namen der RSG angefügt. Nicht erlaubt sind *qualifier*-Kombinationen, die ähnliche Merkmale oder Redundanzen ausdrücken, also Kombinationen wie *thionic* und *dystric, calcaric* und *eutric* oder *rhodic* und *chromic*.

Ähnlich wie bei der Deutschen Klassifikation erfolgt die Klassifikation nach WRB (IUSS Working Group WRB 2015) durch einen hierarchisch aufgebauten Bestimmungsschlüssel. Der Bestimmungsschlüssel der WRB basiert auf diagnostischen Horizonten, Merkmalen oder Materialien, die genau definiert sind (Tab. 10.4 und 10.5). Der Schlüssel regelt strikt die Abfolge der Bestimmung, wobei das erste positive Ergebnis diagnostischer Kriterien über die *Reference Soil Groups* (RSG, Referenzbodengruppen) entscheidet. Ein stark vereinfachter Schlüssel ist in Abb. 10.11 dargestellt, dessen Anwendung an einem Beispiel in Exkurs 10.2 erläutert wird. Für die Bodenansprache im Gelände werden die *guidelines for soil description* der FAO (FAO 2006) empfohlen.

Die Parallelen zwischen der deutschen Systematik und der WRB sind zwar vielfältig, jedoch bestehen auch eine Reihe von prinzipiellen Unterschieden, sodass eine Korrelation zwischen den Bodengruppen der WRB und den Bodentypen der deutschen Bodensystematik nur eingeschränkt möglich ist. Die Übertragung der Bodenansprache von einem System in das andere muss im Einzelfall anhand von konkreten Böden geprüft werden. Besondere Schwierigkeiten bei der Übertragbarkeit bereiten u. a. unterschiedliche Tiefenstufen, die für die Abgrenzung junger, flachgründiger Böden angegeben werden. So darf der Ah-Horizont von A/C-Böden aus Festgestein (z. B. Rendzina) per Definition der AG Boden (2005) eine Mächtigkeit von < 40 cm aufwei-

Kapitel 10

Tab. 10.2 In der deutschen Systematik definierte Abteilungen, Klassen und Bodentypen mit ihren wichtigsten Eigenschaften.

Klasse	Beschreibung der Klasse *(Bodentypen)*
Abteilung: Terrestrische Böden *(Böden ohne Grundwassereinfluss)*	
O/C-Böden	Der O-Horizont steht in unmittelbarer Verbindung mit Fels- oder Skelettsubstraten und zwar in Form von Auflagehumus über Festgestein *(Felshumusboden)* oder als Füllung von Hohlräumen in Grobskelett oder als Kluft- und Spaltenfüllung im festen Fels *(Skeletthumusboden)*
Terrestrische Rohböden	stellen Initialstadien der Bodenbildung mit schwacher (geringmächtiger) Humusakkumulation (Ai-Horizont) über Fest- *(Syrosem* mit Ai/mC) oder Lockergestein *(Lockersyrosem* mit Ai/IC) dar
Ah/C-Böden	mit einem vollentwickelten Ah-Horizont über silikatischem Festgestein *(Ranker)* oder stark karbonatischem/sulfatischem Fest- oder Lockergestein *(Rendzina)* oder silikatischem Lockergestein *(Regosol)* oder karbonatischem Lockergestein *(Pararendzina)*. Der Ah-Horizont ist beim *Ranker* < 3 dm und bei *Rendzina, Regosol* und *Pararendzina* < 4 dm mächtig
Schwarzerden	mit schwarzgrauem und bioturbat entstandenen Axh-Horizont, der meist aus einem mergeligen Lockergestein (z. B. Löss) hervorgegangen ist; der Axh-Horizont ist ≥ 4 dm mächtig; es werden *Tschernosem* (mit Axh) und *Kalktschernosem* (mit Acxh) unterschieden; bioturbate Entstehung manifestiert sich meist in einem Verzahnungs-(Axh+IC)-Horizont
Pelosole	weisen durch ausgeprägte Schrumpfungs- und Quellungsdynamik entstandenes Prismen- und/oder Polyedergefüge auf, aus tonigem Ausgangsgestein entstanden *(Pelosol)*; charakteristischer tonreicher und stark aggregierter P-Horizont beginnt innerhalb 3 dm unter MOF
Braunerden	mit einem durch chemische Verwitterung verbraunten und in der Regel verlehmten Bv-Horizont: *Braunerde*; charakteristischer Bv-Horizont beginnt innerhalb 4 dm unter MOF
Lessivés	durch vertikale Tonverlagerung (Lessivierung) verursachter Al-(Ael)-Horizont und Anreicherung von Ton (Bt-Horizont); *Parabraunerde* mit …/Al/Bt…-Horizonten; *Fahlerde* mit …/Ael/Ael+Bt/Bt…-Horizonten; Al- bzw Ael-Horizont beginnt innerhalb 4 dm und der Bt-Horizont innerhalb 8 dm unter MOF
Podsole	geprägt durch Verlagerungsprozesse, d. h. extremer Verarmung des Oberbodens (Ae) und Anreicherung von Sesquioxiden (Oxide des Fe, Al und Mn) mit organischen Stoffen im Unterboden (Bh, Bs): *Podsol*
Terrae calcis	tonreiche Böden, die vorwiegend aus dem Lösungsrückstand von Kalksteinen entstehen; tonreicher T-Horizont beginnt innerhalb 4 dm unter MOF. Es werden die gelblich braune *Terra fusca* (mit Tv-Horizont) und die rötlich gefärbte *Terra rossa* (mit Tu-Horizont) unterschieden
Fersiallitische und Ferrallitische Paläoböden	auf alten Landoberflächen treten verschiedentlich Reste tropisch-subtropischer Verwitterungsbildung aus dem Tertiär (oder älter) auf. Es werden *Fersiallite* (mit kaolinisiertem r-, fBj-Horizont) und *Ferrallite* (mit einem erdig aggregiertem r-, fBu-Horizont) unterschieden; sie sind günstigstenfalls als Unterbodenhorizonte erhalten und kommen unter jüngeren Böden (z. B. Braunerde über *Fersiallit*) vor
Stauwasserböden	Böden mit redoximorphen Merkmalen, die durch oberflächennah gestautes Niederschlagswasser verursacht werden. Die dafür charakteristischen S-Horizonte beginnen in < 4 dm unter MOF; es werden *Pseudogley* (mit Sw/Sd-Horizonten), *Haftpseudogley* (mit Sg-Horizont) und *Stagnogley* (Srw/Srd-Horizonte) unterschieden
Reduktosole	sind geprägt durch reduzierend wirkende bzw. Sauerstoffmangel verursachende Gase (CH_4, CO_2, H_2S) mit einem Y-Horizont, der innerhalb < 4 dm unter MOF beginnt; Gasquellen können z. B. (post-)vulkanische Mofetten, Leckagen von Gasleitungen oder mikrobielle Umsetzungen in Deponien sein
Terrestrische anthropogene Böden	Böden, die durch unmittelbaren Einfluss des Menschen eine starke Umgestaltung im Profilaufbau erfahren haben, sodass die ursprüngliche Horizontabfolge (weitgehend) verloren ging: *Hortisole* (infolge langjähriger, intensiver Gartenkultur), Böden die sehr tief umgegraben oder gepflügt wurden *(Rigosole*, wie z. B. im Weinbau turnusmäßig 4 bis > 10 dm tief umgegraben; *Treposol*, einmalig, ≥ 4 dm umgebrochen), *Plaggenesch* (infolge langandauernde Plaggenwirtschaft), *Kolluvisole* (aus verlagertem humosen Bodenmaterial infolge von Bodenerosion im Ackerbau); Böden aus anthropogenen Ablagerungen werden wie natürliche Böden entsprechend ihrem Horizontaufbau klassifiziert und auf der Substratebene differenziert
Abteilung: Semiterrestrische Böden (Grundwassereinfluss reicht zeitweilig bis mindestens 4 dm unter MOF)	
Auenböden	sind aus holozänen, fluviatilen Sedimenten in Tälern mit zum Teil periodischer Überflutung und in der Regel stark schwankendem Grundwasser entstanden; unterschieden werden: *Rambla* (Rohböden mit aAi-Horizont), *Paternia* (aus karbonatfreien oder -armen Sedimenten mit aAh-Horizont), *Kalkpaternia* (aus karbonathaltigen Sedimenten mit aAh-Horizont), *Tschernitza* (mit ≥ 4 dm mächtigem aAxh-Horizont) und *Vega* (mit aAh/aM-Horizonten ≥ 4 dm mächtig)
Gleye	sind im Gegensatz zu den Auenböden unter nachhaltig höher stehendem Grundwasser mit geringeren Schwankungsamplituden entstanden; besitzen daher ausgeprägte G-Horizonte, welche innerhalb 4 dm unter MOF beginnen: *Gley* (Gr ≥ 4 dm MOF), *Nassgley* (Gr < 4 dm MOF), *Anmoorgleye* (Aa-Horizont < 4 dm mächtig), *Moorgley* (H-Horizont 1 bis < 3 dm mächtig)
Marschen	Böden aus Sedimenten des See-, Brack- oder Flusswasser beeinflussten Gezeitenbereichs, die durch Grundwasser (G-Horizonte < 4 dm unter MOF beginnend, *Rohmarsch, Kalkmarsch, Kleimarsch, Organomarsch*), Stauwasser (Sd- bzw. Sq-Horizonte < 4 dm unter MOF beginnend, *Dwogmarsch, Knickmarsch*) oder Haftnässe (Sg-Go-Horizont < 4 dm unter MOF beginnend, *Haftnässemarsch*) beeinflusst werden
Strandböden	Rohböden (mit Ai-Horizont) aus Sandablagerungen im tidal beeinflussten Bereich *(Strand)*
Abteilung: Semisubhydrische und subhydrische Böden (Böden der Tideregion der Meeresküste und Böden am Grund von Binnengewässern)	
Semisubhydrische Böden	Böden aus reinsandigen Küstenströmungssedimenten *(Nassstrand* mit Fw-Horizont) und Böden aus marinen Gezeitensedimenten *(Watt* mit Fo-Horizont)
Subhydrische Böden	entstehen am Grund von (Binnen-)Gewässern; unterschieden werden *Protopedon* (Rohboden mit Fi-Horizont), *Gyttja* (nährstoffreich, gut durchlüftet mit Fo-Horizont), *Sapropel* (nährstoffreich und schlecht durchlüftet mit Fr-Horizont) und *Dy* (nährstoffarm und schlecht durchlüftet mit Fh-Horizont)
Abteilung: Moore (alle Böden, die an der Oberfläche Torfe [≥ 30 Masse-% organische Substanz] von ≥ 3 dm Mächtigkeit aufweisen; zusätzliche mineralische Überdeckungen dürfen nur < 2 dm mächtig sein)	
Naturnahe Moore	nach Bildungsbedingungen (Wasserhaushalt) bzw. nach der durch die jeweilige Pflanzengesellschaft geprägten Streu werden *Niedermoore* (durch Grundwasser gespeist, basenreich [aus nH-Horizonten] bis basenarm [aus uH-Horizonten] und *Hochmoore* (durch Niederschlagswasser gespeist, sehr basenarm [aus hH-Horizonten]) unterschieden
Erd- und Mulmmoore	durch Entwässerung und Nutzung veränderte Niedermoore mit vererdeten *(Erdniedermoor)* oder vermulmten Torfen *(Mulmniedermoor)* oder Hochmoore *(Erdhochmoor)*; in Summe müssen alle H-Horizonte ≥ 3 dm mächtig sein

Tab. 10.3 Kurzcharakterisierung der Referenzbodengruppen nach der *World Reference Base for Soil Resources* (IUSS Working Group WRB 2015). Die Tabelle ersetzt nicht den Anspracheschlüssel (nach IUSS Working Group WRB 2015).

1. Böden mit mächtigen organischen Lagen	Histosole
2. Böden mit starkem menschlichem Einfluss	
- Böden mit langer und intensiver ackerbaulicher Nutzung	Anthrosole
- Böden aus technogenen Materialien und/oder mit vielen Artefakten	Technosole
3. Böden mit eingeschränktem Wurzelraum	
- durch Permafrost und Eis beeinflusste Böden	Cryosole
- flachgründige oder extrem skelettreiche Böden	Leptosole
- Alkaliböden	Solonetze
- Böden geprägt durch alternierende Nässe und Trockenheit, reich an quellfähigen Tonen, starke Gefügebildung	Vertisole
- Böden mit Anreicherung leicht löslicher Salze	Solonchake
4. Böden, die durch die Fe/Al-Chemie geprägt sind	
- Grundwasserbeeinflusste Böden und Marschböden	Gleysole
- Böden mit amorphen Substanzen wie Allophane oder Al-Humus-Komplexe	Andosole
- Verlagerung von organischen Verbindungen zusammen mit Fe und Al, Anreicherung im Unterboden	Podzole
- Böden mit starker Akkumulation von Fe unter hydromorphen Bedingungen	Plinthosole
- Böden mit Tonmineralen geringer Aktivität, P-Fixierung, gut entwickeltes Bodengefüge	Nitisole
- Böden mit Dominanz von Kaolinit und Sesquioxiden	Ferralsole
- Böden mit Wasserstau durch abrupten Bodenartenwechsel	Planosole
- Böden mit Wasserstau durch Wechsel in der Struktur oder mäßiger Wechsel in der Bodenart	Stagnosole
5. Böden mit deutlicher Akkumulation organischer Substanz im Oberboden	
- Böden mit sehr dunklem Oberboden, Bioturbation, Anreicherung von sek. Karbonat, hohe Basensättigung	Chernozeme
- Böden mit dunklem Oberboden, Anreicherung von sek. Karbonat, hohe Basensättigung	Kastanozeme
- Böden mit dunklem Oberboden, keine Anreicherung von sek. Karbonat, hohe Basensättigung	Phaeozeme
- Böden mit dunklem Oberboden, niedrige Basensättigung	Umbrisole
6. Böden mit Akkumulation von löslichen und kaum löslichen Stoffen	
- Böden mit Akkumulation von Siliziumdioxid	Durisole
- Böden mit Akkumulation von Gips	Gypsisole
- Böden mit Akkumulation von Kalziumkarbonat	Calcisole
7. Böden mit Tonanreicherung im Unterboden	
- Böden mit netzartiger Verzahnung von Ton-Aus- und Einwaschungshorizont	Retisols
- Böden mit Tonmineralen niedriger KAK und geringer Basensättigung	Acrisole
- Böden mit Tonmineralen niedriger KAK und hoher Basensättigung	Lixisole
- Böden mit Tonmineralen hoher KAK und geringer Basensättigung	Alisole
- Böden mit Tonmineralen hoher KAK und hoher Basensättigung	Luvisole
8. Relativ junge Böden oder Böden mit geringer oder keiner Profildifferenzierung	
- mäßig entwickelte Böden	Cambisole
- sandige Böden	Arenosole
- Böden ohne markante Profildifferenzierung	Regosole
- Böden mit stratifizierten fluviatilen, marinen und lacustrinen Sedimenten	Fluvisols

Kapitel 10

sen. In der WRB (IUSS Working Group WRB 2015) hingegen wird sehr früh im Bestimmungsschlüssel abgefragt, ob der zu klassifizierende Boden einen A-Horizont ≤ 25 cm mächtig über Festgestein aufweist. Hinsichtlich der Übertragbarkeit bedeutet dies, dass eine Rendzina mit > 25 cm entwickeltem Ah-Horizont nicht der *reference soil group* Leptosol zugeordnet werden kann, sprich es entscheiden andere diagnostische Kriterien an anderer Stelle des Bestimmungsschlüssels. Hinzu kommt, dass eine endgültige Klassifikation der Böden nach der WRB aufgrund der Ansprache im Gelände häufig nur vorläufig erfolgen kann, da vielfach erst eine Bestimmung chemischer und physikalischer Parameter im Labor erforderlich ist. Eine Auswahl relevanter Labormethoden behandelt Exkurs 10.3.

10.6 Bodenverbreitung

Bernhard Eitel

Überblick zur Verbreitung der wichtigsten Böden der Erde

Die unterschiedlichen Wechselwirkungen zwischen den Bodenbildungsfaktoren führen zu sehr verschiedenartigen Böden. Man unterscheidet grundsätzlich zwischen der Gruppe der **Pedocale,** den Trockengebietsböden mit Anreicherung von Kalziumsalzen

(v. a. $CaCO_3$, $CaSO_4$) und anderen Salzen (z. B. NaCl), und den **Pedalferen**, den Böden der humiden Klimate mit intensiver Aluminium- und Eisendynamik (Al + Fe). Mit verschiedenen Bodennomenklaturen und -systematiken (Abschn. 10.5) wurden diese beiden Gruppen in Bodentypen bzw. Hauptbodengruppen gegliedert. Erstmals wurde dies in der FAO-UNESCO-Weltbodenkarte weltweit kartographisch umgesetzt, die vor allem in den 1970er- und 1980er-Jahren erstellt wurde. Die Abb. 10.12 basiert auf diesem umfangreichen Werk und illustriert die Abhängigkeit der Bodenbildung besonders vom geoökozonalen Wandel mit der Breitenlage (Strahlungszone) bzw. mit der Distanz von den Küsten (Kontinentalität/Maritimität). Zusätzlich modifizieren selbst auf dieser kleinen Maßstabsebene noch erkennbar die Gebirgsregionen und Küstenwüsten sowie das unterschiedliche Alter der Böden die Bodenzonierung.

Ein Boden ist ein vierdimensionales, das heißt in Raum und Zeit „lebendiges" Naturphänomen mit einer eigenen Geschichte. Ein Pedon (auch Bodenindividuum) gleicher Form bildet kleine geschlossene Pedotope. Dagegen treten Böden auf größeren Flächen fast immer als komplexes Mosaik aus Bodenformen auf, das als Bodengesellschaft bezeichnet wird. Schnitte durch derartige repräsentative Bodengesellschaften und die räumlich gesehen zugehörigen Bodenlandschaften sind ein wichtiges geographisches Darstellungsmittel. Eine typische Abfolge von Leitböden in einem Landschaftsquerschnitt stellt eine Bodentoposequenz dar. Stehen die Böden darüber hinaus in einer, meist reliefgesteuerten genetischen Beziehung zueinander, dann spricht man von einer **Catena** (lat. = Kette).

Tab. 10.4 Begriffliche Herleitung, Kurzcharakterisierung und Zusammenfassung dominierender Merkmale sowie Grenzwerte für Horizontmächtigkeiten diagnostischer Horizonte nach der *World Reference Base for Soil Resources* (IUSS Working Group WRB 2015). Die Tabelle ersetzt nicht die Originalliteratur und enthält nur eine Auswahl.

Diagnostische Horizonte	Begriffliche Herleitung, Charakterisierung und Definition	Mächtigkeit [cm]	
anthraquic	(von griech. *anthropos* = Mensch und lat. *aqua* = Wasser) beim Reisanbau anthropogen entstanden, bestehend aus *puddled layer* und Pflugsohle; Ap mit hue 7,5YR bzw. gelber bzw. Farbklassen GY, B oder BG; *value* ≤4 feu, *chroma* ≤2 feu; verdichtete Pflugsohle: Platten- oder Kohärentgefüge, d_B ≥ 1,1 des bearbeiteten Horizonts, Fe/Mn-Flecken oder –Überzüge.	≥15	mineralische anthropogene Horizonte
hortic	(von lat. *hortus* = Garten) anthropogen durch langjährige intensive Bewirtschaftung überprägter OB-Horizont; *value* und *chroma* ≤3 feu; ≥1% SOC; P_2O_5 (0,5 M NaHCO₃) ≥ 100 mg kg⁻¹; BS ≥50%; ≥ 25 Vol.-% Hohlräume, Kot oder andere Spuren der Aktivität von Bodentieren	≥20	
hydragric	(von griech. *hydor* = Wasser und lat. *ager* = Acker) anthropogen durch Wasserüberstau entstandener UB-Horizont; unter *anthraquic horizon*; mit Fe/Mn-Anreicherung oder Fe_d ≥ 1,5 und/oder Mn_d ≥3 gegenüber Oberboden, oder rostfleckig, oder Nassbleichung	≥10	
irragric	(von lat. *irrigare* = bewässern und *ager* = Acker) anthropogen durch Bewässerung mit sedimentreichem Wasser entstandener OB-Horizont; höherer Tongehalt als darunterliegender Horizont des Originalbodens; ≥0,5% SOC; ≥ 25 Vol.-% Hohlräume, Kot oder andere Spuren der Aktivität von Bodentieren	≥20	
plaggic	(von niederdt. *Plaggen* = Soden) anthropogener durch langjährigen Auftrag von Plaggendung entstandener OB-Horizont; S, LS, SL oder L; enthält *artefacts*; *value* ≤4 feu und ≤5 tro und *chroma* ≤4 feu; ≥0,6% SOC; BS <50%; in lokal erhöhtem Gelände	≥20	
pretic	(von griech. *petros* = Gestein) *value* ≤ 4 feu und *chroma* ≤3; ≥ 1% SOC; Ca_{aust} + Mg_{aust} ≥2 cmol$_c$ kg⁻¹; ≥30 mg kg⁻¹ extrahierbarer Phosphor (Mehlich-1); ≥ 1% *artefacts*; ≥ 1% Holzkohle; < 25 Vol.-% Hohlräume, Kot oder andere Spuren der Aktivität von Bodentieren	≥20	
terric	(von lat. *terra* = Erde) anthropogen durch Auftrag von mineralbodenhaltigem Dünger, Kompost, Küstensanden oder Schlamm entstandener OB-Horizont; Farbe ähnlich dem Auftragsmaterial; BS ≥50%; lokal erhöhtes Gelände, keine Schichtung	≥20	
cryic	(von griech. *kryos* = Kälte, Eis) ständig gefrorener Bodenhorizont, permanent über mindestens zwei aufeinanderfolgende Jahre: massives Eis oder Eisverfestigung oder Eiskristalle oder durchschnittliche Bodentemperatur ≤0 °C, wenn sehr trocken	≥5	organische oder mineralische Horizonte
calcic	(von lat. *calx* = Kalk) mit sekundärem Kalziumkarbonat ($CaCO_3$) angereicherter Horizont; ≥ 15% Kalk und ≥5% sekundärer Kalk bzw. mehr als folgender Horizont	≥15	
fulvic	(von lat. *fulvus* = dunkelgelb) dunkel gefärbter OB-Horizont der typischerweise Minerale mit Nahordnung (meist Allophan) oder Aluminium-Humus-Komplexe enthält; *andic* (s. u.), *value* oder *chroma* >2 feu oder *melanic index* ≥ 1,7; ≥6% SOC	≥30	
melanic	(von griech. *melas* = schwarz) mächtiger schwarzer OB-Horizont, der typischerweise Minerale mit Nahordnung (meist Allophan) oder Aluminium-Humus-Komplexe enthält; *andic* (s u.); *value* und *chroma* ≤2 feu und *melanic index* < 1,7; ≥6% SOC	≥30	
salic	(von lat. *sal* = Salz) mit Salz sekundär angereicherter Horizont; EC d. GBL ≥ 15 dS m⁻¹ oder ≥8 bei pH ≥8,5; Produkt aus Mächtigkeit (cm) und EC (dS m⁻¹) >450 irgendwann im Jahr	≥15	
thionic	(von griech. *theion* = Schwefel) durch Oxidation von Sulfiden extrem saurer UB-Horizont; pH (H_2O) <4,0; Flecken mit Fe- oder Al-(Hydroxy-)Sulfat oder über *sulphidic material* oder ≥0,05% Sulfat	≥15	
chernic	(von russ. *chorniy* = schwarz) mächtiger, dunkel gefärbter, gut biologisch strukturierter OB-Horizont mit hoher Basensättigung; Ah mit *value* ≤3 feu, ≤5 tro; *chroma* ≤2 feu; Krümel- oder feines Subpolyedergefüge; ≥ 1% SOC; ≥ 50% BS	≥25	mineralische OB-Horizonte
mollic	(von lat. *mollis* = weich) mächtiger, dunkel gefärbter OB-Horizont mit gut ausgebildetem Gefüge und hoher Basensättigung; Ah mit *value* und *chroma* ≤3 feu, *value* ≤5 tro; ≥0,6% SOC; nicht hart und kohärent wenn trocken; BS ≥50%	≥20	
umbric	(von lat. *umbra* = Schatten) mächtiger, dunkel gefärbter OB-Horizont mit niedriger Basensättigung; Ah wie *mollic*, aber BS <50%	siehe *mollic*	
folic	(von lat. *folium* = Blatt) organische Auflage, d. h. ≥20 Masse-% SOC; in den meisten Jahren nass an <30 aufeinanderfolgenden Tagen	≥10	organische Horizonte
histic	(von griech. *histos* = Gewebe) faserige organische Auflage; in den meisten Jahren nass an ≥30 aufeinanderfolgenden Tagen	≥10	
argic	(von lat. *argilla* = Ton) UB-Horizont mit Texturklasse LS oder feiner und ≥ 8% T; hat deutlich höheren Tongehalt als der darüberliegende Horizont; weitere Merkmale können sein: Tonbeläge, COLE ≥0,04	≥7,5	mineralische Horizonte mit Stoffanreicherung infolge von Verlagerungsprozessen
duric	(von lat. *durus* = hart) UB-Horizont mit schwach bis stark durch SiO_2 verhärteten Knollen oder Konkretionen; ≥ 10 Vol.-% *silcrete* (Si-verfestigte) Aggregate mit ≥ 1 cm Ø, <50% zerfallen in 1M HCl, ≥50% zerfallen in konzentrierter KOH oder NaOH	≥10	
ferric	(von lat. *ferrum* = Eisen) UB-Horizont mit starker Umverteilung von Fe (und teilweise auch Mn); ≥ 15 Flächen-% Rostflecken mit Farbe röter als 7,5 YR und *chroma* ≥5 feu oder ≥5 Vol.-% rötlich bis schwarze Konkretionen ≥2 mm	≥15	
gypsic	(von griech. *gypsos* = Gips) nicht verkitteter Horizont, der sekundäre Anreicherungen von Gips aufweist; ≥5% Gips, davon ≥ 1 Vol.-% Pseudomycelien, Kristalle oder Puder; Produkt aus cm-Mächtigkeit und Gips-% ≥150	≥5	
natric	(von arab. *natrun* = Salz) dichter UB-Horizont mit deutlich höherem Tongehalt als in den darüberliegenden Horizonten; hohe Gehalte an austauschbarem Na und/oder Mg; LS oder feiner und ≥8% T; säulige oder prismatische Struktur; Na_{aust} ≥ 15% oder Na_{aust} + Mg_{aust} ≥Ca_{aust} + Säurekationen$_{aust}$ (bei pH 8,2); sonst wie *argic*	≥7,5	
petrocalcic	(von griech. *petros* = Fels und lat. *calx* = Kalk) durch Karbonate verhärteter und verkitteter UB-Horizont (*calcrete*); starkes Aufschäumen mit 10% HCl; nicht grabbar (≥ 1 cm, wenn direkt auf Festgestein)	≥10	
petroduric	(von griech. *petros* = Fels und lat. *durus* = hart) UB-Horizont (Duripan) von meist rötlicher oder rötlichbrauner Farbe; vorwiegend durch sekundäres Siliziumdioxid verkittet; ≥50% zementiert; sichtbare Si-Anreicherungen; <50% zerfallen in 1 M HCl, ≥50% zerfallen in konzentrierter KOH oder NaOH; nicht durchwurzelbar außer in vertikalen Rissen	≥1	
petrogypsic	(von griech. *petros* = Fels und *gypsos* = Gips) verkitteter Horizont mit sekundären Gipsanreicherungen; ≥5% Gips und ≥ 1 Vol.-% sichtbare sekundäre Gipsausfällungen; verhärtet und nicht durchwurzelbar außer in vertikalen Rissen	≥10	
petroplinthic	(von griech. *petros* = Fels und *plinthos* = Ziegelstein) Lagen aus verbundenen, stark mit Fe (teilw. auch Mn) zementierten oder verhärteten a) Konkretionen oder b) plattig, polygonal oder retikulär orientierten Rostflecken; Eindringwiderstand ≥4,5 MPa in ≥ 50 Vol.-%; Fe_o/Fe_d <0,1; oder ≥ 10% in den Konkretionen oder Rostflecken; nicht durchwurzelbar außer in vertikalen Rissen	≥10	
plinthic	(von griech. *plinthos* = Ziegelstein) UB-Horizont; humusarm und Fe-reich; mit Kaolinit, Gibbsit und Quarz angereichert; ≥ 15 Vol.-% a) Konkretionen oder b) plattig, polygonal oder retikulär orientierten Rostflecken; bei Austrocknung irreversibel hart oder > 2,5% Fe_d oder >10% Fe_d in Konkretionen oder Rostflecken; Fe_o/Fe_d <0,1	≥15	
pisoplinthic	(von lat. *pisum* = Erbse und griech. *plinthos* = Ziegelstein) mit Fe (teilw. auch Mn) zementierten oder verhärteten Konkretionen; ≥40 Vol.-% stark zementierte oder verhärtete, rötliche bis schwarze Konkretionen mit ≥2 mm Ø	≥15	

Tab. 10.4 (*Fortsetzung*)

Diagnostische Horizonte	Begriffliche Herleitung, Charakterisierung und Definition	Mächtigkeit [cm]	
sombric	(von frz. *sombre* = dunkel) dunkel gefärbter UB-Horizont mit eingewaschenem Humus, jedoch keine Al- oder Na-Verlagerung; *value* oder *chroma* niedriger als im darüberliegenden Horizont; mehr SOC als dieser oder mit sichtbar eingeschlämmtem Humus; keine *lithic discontinuity* an der Obergrenze; nicht Teil eines *spodic* oder *natric horizon*	≥15	
spodic	(von griech. *spodos* = Holzasche) UB-Horizont mit illuvialen amorphen Substanzen; bestehend aus organischem Material und Al oder illuvialem Fe; pH (H$_2$O) <5,9 (außer wenn kultiviert); ≥0,5% SOC oder ODOE ≥0,25; Farbe (feu) 5YR oder stärker rot oder 7,5YR mit *value* ≤5 und *chroma* ≤2 oder 10YR mit *value* und *chroma* ≤2 oder 10YR 3/1 oder N; zementiert durch organische Substanz und Al ≥50 Vol.-% oder Al$_o$ + ½ Fe$_o$ ≥0,5% und mind. doppelt so viel wie der niedrigste Wert in einem darüberliegenden Mineralbodenhorizont oder ODOE ≥0,25% und mind. doppelt so viel wie der niedrigste Wert in einem darüberliegenden Mineralbodenhorizont (wenn darüber Horizont aus *albic* Material, reichen die ersten drei Bedingungen)	≥2,5	
cambic	(von ital. *cambiare* = ändern) UB-Horizont, der im Vergleich zu darunterliegenden Horizonten Verwitterungsmerkmale aufweist; SL oder feiner; intensiver gefärbt oder tonreicher als darunterliegender Horizont oder heller als darüberliegender Horizont, dann aber mit Aggregatgefüge, oder Karbonat- oder Gipsauflösung; kein Teil eines Pflughorizonts und nicht aus *organic material* bestehend	≥15	
ferralic	(von lat. *ferrum* = Eisen und *alumen* = Alaun) UB-Horizont der durch langanhaltende und intensive Verwitterung entstanden ist; SL oder feiner; <80 Vol.-% Steine + Kies + Konkretionen; KAK$_{Ton}$ <16 cmol$_c$ kg^{-1} (pH 7) und <10% verwitterbare Minerale im Feinsand, nicht *andic* oder *vitric*	≥30	
fragic	(von lat. *frangere* = brechen) nicht verkitteter UB-Horizont, dessen Aggregierung und Porensystem das Eindringen von Wurzeln und Sickerwasser nur entlang der Aggregatoberflächen erlaubt; ≥50 Vol.-% in Wasser zerfallende Klumpen mit 5–10 cm Ø; verhärtet nicht bei wiederholtem Austrocknen und Befeuchten; kein Aufschäumen mit 10% HCl; <0,5% SOC	≥15	
nitic	(von lat. *nitidus* = glänzend) tonreicher, gut aggregierter UB-Horizont; Polyeder, die in vieleckige, flache oder nussförmige Aggregate mit glänzenden Oberflächen zerfallen; ≥30% T und Schluffgehalt geteilt durch Tongehalt <0,4; Fe$_o$/Fe$_d$ ≥0,05; Fe$_d$ ≥4%; Fe$_o$ ≥0,2%	≥30	
protovertic	(von griech. *protou* = vor und lat. *vertere* = wenden) toniger UB-Horizont mit Quellungs- und Schrumpfungsdynamik; ≥30% T; Schrumpffrisse oder *slicken sides* auf ≥5% der Aggregatoberflächen oder ≥10% der Aggregate keilförmig	≥15	
vertic	(von lat. *vertere* = wenden) toniger UB-Horizont der infolge von Quellung und Schrumpfung *slicken sides* und keilförmige Aggregate aufweist; >30% T; Schrumpffrisse; *slicken sides* auf ≥10% der Aggregatoberflächen oder ≥20% der Aggregate keilförmig	≥25	

(rechter Seitenrand, vertikal:) alle anderen mineralischen Horizonte

OB = Oberboden, UB = Unterboden

Farbe = nach Munsell-Farbtafel, *value* = Farbhelligkeit, *chroma* = Farbtiefe bestimmt im angefeuchteten (feu) und trockenen (tro) Boden

Texturklassen: S = *sand*, Si = silt, L = *loam*, LS = *loamy sand*, SL = *sandy loam*, T = Ton

SOC = *soil organic carbon* (organischer Bodenkohlenstoff, der nicht zu Artefakten gehört)

Al$_p$, Al$_o$ = pyrophosphat-, oxalatlösliches Aluminium

Mn$_d$ = dithionitlösliches Mangan

Fe$_d$, Fe$_o$ = dithionit-, oxalatlösliches Eisen

EC = elektrische Leitfähigkeit, GBL = Gleichgewichtsbodenlösung

BS = Basensättigung, KAK$_{Ton}$ = Kationenaustauschkapazität (1 M NH$_4$OAc) der Tonfraktion

Ca$_{aust}$, Mg$_{aust}$, Na$_{aust}$ = austauschbare Kationen

melanic index = Verhältnis der Absorption bei 450 nm und 520 nm eines 0,5 M NaOH-Boden-Extrakts

ODOE = *optical density of oxalate extract*

COLE = *coefficient of linear extensibility* (Koeffizient der linearen Ausdehnbarkeit)

d$_B$ = Lagerungsdichte (g cm^{-3})

slicken sides = polierte und geriefelte Scherflächen auf Aggregaten

(rechter Seitenrand:) **Kapitel 10**

Tab. 10.5 Kurzcharakterisierung und Zusammenfassung dominierender Merkmale diagnostischer Eigenschaften und Materialien nach der *World Reference Base for Soil Resources* (IUSS Working Group WRB 2015). Die Tabelle ersetzt nicht die Originalliteratur und enthält nur eine Auswahl.

diagnostische Eigenschaften	begriffliche Herleitung, Charakterisierung und Definition
abrupt textural differences	(von lat. *abruptus* = jäh) abrupter Bodenartenwechsel von ≥ 8 % T in der unteren Lage und binnen 7,5 cm eine Verdopplung des T-Gehalts, wenn obere Lage ≤ 20 % T besitzt, oder T-Zunahme von 20 %, wenn obere Lage ≥ 20 % T besitzt
albeluvic glossae	(von lat. *albus* = weiß, *eluere* = auswaschen und griech. *glossa* = Zunge) zungenförmiges Hineinragen von an Ton und Fe verarmtem Material in einen *argic horizon*; Farbe wie *albic*; ≥ 10 Vol.-% im Tonanreicherungshorizont
andic	(von jap. *an* = dunkel und *do* = Boden) charakteristisch sind Minerale mit Nahordnung *(short-range-order minerals)* und/oder organo-metallische Komplexe; $Al_o + \frac{1}{2} Fe_o \geq 2\%$; $d_B \geq 0,9$ kg dm^{-1}; $P_{ret} \geq 85\%$
anthric	(von lat. *anthropos* = Mensch) durch lange Nutzung (Pflügen, Kalken, Düngen etc.) entstanden; *mollic* oder *umbric horizon* mit Hinweisen anthropogener Tätigkeit (z. B. ≥ 1,5 g kg^{-1} P_2O_5 gelöst in 1 %-iger Zitronensäure, Durchmischung humusreicher und humusarmer Horizonte)
aridic	(von lat. *aridus* = trocken) Zusammenfassung von Merkmalen, die in OB-Horizonten (20 cm) arider Gebiete auftreten; geringe Humusanreicherung; bei Textur LS oder feiner < 0,6 % SOC, bei Textur S < 0,2 % SOC; mit Flugsand gefüllte Spalten oder Steine der Oberfläche mit Windschliff oder Flugsandüberdeckung bzw. Erosionsspuren; BS ≥ 75 %; *value* ≥ 3 feu oder 4,5 tro; *chroma* ≥ 2 feu
continuous rock	(von lat. *continuare* = weitergehen) durchgehendes Festgestein unter dem Solum; ausgenommen zementierte, durch Bodenbildung entstandene Horizonte (z. B. *petrocalcic*); Risse ≤ 20 Vol.-%
geric	(von griech. *geraios* = alt) stark verwittertes Bodenmaterial mit $KAK_{Ton} < 1,5$ cmol$_c$ kg^{-1}; Δ pH (pH$_{KCl}$–pH$_{H2O}$) ≥ 0,1
gleyic	(von russ. *gley* = sumpfiges Bodenmaterial) unter hoch anstehendem Grundwasser durch Reduktion entstanden; Grundwasser zumindest zeitweilig vorhanden; ≥ 5 % Rostflecken oder ≥ 90 % gebleicht (Farbklassen N1, N8, 2,5Y, 5Y, 5G, 5B)
lithic discontinuity	(von griech. *lithos* = Stein und lat. *continuare* = weitergehen) Diskontinuität des Ausgangsgesteins; bei Auftreten eines der folgenden Merkmale: 1) abrupte Veränderung der Körnung, die sich nicht aus der Bodenentwicklung erklären lässt oder 2) Verhältnis zwischen Grobsand, Mittelsand und Feinsand ändert sich um ≥ 20 % oder 3) Gesteinsreste, die nicht mit dem Festgestein übereinstimmen, oder 4) unverwitterte Gesteinsbruchstücken im Hangenden über einer Schicht mit angewittertem Gestein oder 5) kantige Gesteinsbruchstücke im Hangenden über einer Schicht mit angerundeten Gesteinsresten oder 6) abrupte Veränderung der Farbe ohne Beziehung zur Bodengenese oder 7) deutliche Unterschiede in der Größe und Form von verwitterungsresistenten Mineralen
protocalcic	(von griech. *protou* = vor und von lat. *calx* = Kalk) sekundäre CaCO₃-Anreicherung (Kalkaugen oder Kalküberzüge oder Pseudomycelien)
reducing conditions	(von lat. *reducere* = zurückziehen) anaerobe Verhältnisse (rH ≤ 20) oder freies Fe²⁺ oder Auftreten von Fe-Sulfiden oder von Methan
retic	(von lat. *rete* = Netz) netzartige Verzahnung von Tonanreicherungs- und Tonabreicherungshorizont
shrink-swell cracks	Schrumpfrisse, durch Schrumpfungs- und Quellungsdynamik entstanden; > 30 % T über eine Mächtigkeit von ≥ 15 cm; *slicken sides* oder *wedge-shaped*-Aggregate oder Schrumpfrisse ≥ 1 cm breit oder COLE ≥ 0,06 gemittelt über 100 cm Tiefe
sideralic	(von griech. *sideros* = Eisen und lat. *alumen* = Alaun) mineralisches Bodenmaterial mit $KAK_{Ton} < 24$ cmol$_c$ kg^{-1}; *chroma* ≥ 5 feu
stagnic	(von lat. *stagnare* = stehen) Ausbildung eines charakteristischen Farbmusters *(mottling*, Fleckung) durch reduzierende und oxidierende Bedingungen infolge zeitweiliger Sättigung durch oberflächennahes Stauwasser 1) Fleckenmuster hat ≥ 2 Farben: Aggregatinneres (oder entsprechende Bodenmatrix) zeigt oxidative Merkmale und ist deutlich röter als die Aggregatoberflächen (oder entsprechende Bodenmatrix), Aggregatoberflächen mit reduktiven Merkmalen sind heller *(value* ≥ 1 feu) und fahler *(chroma* ≥ 1 feu) als die Aggregatinneren oder 2) Schicht mit dem *albic material* zeigt reduktive Merkmale oberhalb eines abrupten Texturwechsels oder 3) Schicht mit *albic material* mit reduktiven Merkmalen liegt auf einer Schicht mit deutlichem Fleckenmuster) auf
takyric	(von turksprachig *takyr* = Ödland) OB-Horizont mit schwerer Bodenart unter ariden Bedingungen durch periodische Regenfälle in Senken entstanden; plattig oder dicht; Oberbodenkruste mit Rissgefüge und sehr hart wenn trocken und Textur SCL, CL, SiCL oder feiner; EC d. GBL < 4 dS m^{-1} oder geringer als in dem darunterliegenden Horizont
vitric	(von lat. *vitrum* = Glas) Lagen, die vulkanische Gläser und andere Primärmaterialien aus vulkanischen Auswurfprodukten enthalten; ≥ 5 % vulkanische Gläser in der Sand- oder in der Grobschluff-Fraktion; $Al_o + \frac{1}{2} Fe_o \geq 0,4\%$; $P_{ret} \geq 25\%$
yermic	(von span. *yermo* = Wüste) OB-Horizont; unter ariden Bedingungen entstanden; *aridic properties* und Steinpflaster mit Wüstenlack oder Windschliff oder Steinpflaster, mit Schicht mit Schwammgefüge oder plattige Kruste über Schicht mit Schwammgefüge

diagnostische Materialien	
albic	(von lat. *albus* = weiß) hell gefärbtes Material, aus dem Ton und freie Eisenoxide abgeführt wurden, wenn 1. die Feinerde ≥ 90 % folgende Kombinationen aus Farbhelligkeit *(value)* und Farbton *(hue)* aufweist: a) *value* 7 oder 8 und *chroma* ≥ 3 tro oder b) *value* 5, 6 und *chroma* ≥ 2 tro oder 2. die Feinerde ≥ 90 % folgende Kombinationen aufweist: a) *value* 6, 7 oder 8 und *chroma* ≤ 4 feu oder b) *value* 5 feu und *chroma* ≤ 3 feu oder c) *value* 4 tro und *chroma* ≤ 2 feu oder d) *value* 4 feu und *chroma* 3 feu, wenn das Ausgangsgestein 5YR (oder röter) gefärbt ist
artefacts	(von lat. *ars* = Kunst und *facere* = machen) feste oder flüssige Substanzen (weitgehend unverändert), die industriellen oder handwerklichen Ursprungs sind oder durch menschliche Aktivitäten aus größeren Tiefen an die Oberfläche gebracht wurden
calcaric	(von lat. *calcarius* = enthält Kalk) Material, das mit 1M HCl aufschäumt; enthält ≥ 2 % CaCO₃
colluvic	(von lat. *colluvio* = Gemisch) sedimentiertes Bodenmaterial aus anthropogen bedingter Erosion; Körnung, Farbe, pH ähnlich dem umliegenden Oberboden; enthält oft *artefacts*
dolomitic	(vom Mineral Dolomit) Material, welches nach Behandlung mit heißer 1M HCl stark schäumt, nach Behandlung mit kalter HCl hingegen nur verzögert und wenig schäumt
fluvic	(von lat. *fluvius* = Fluss) frische fluviale, limnische und marine Sedimente, die rezent abgelagert werden oder bis in die jüngste Zeit abgelagert wurden
gypsiric	(von griech. *gypsos* = Gips) Material mit ≥ 5 % Gips
hypersulfidic	(von griech. *hyper* = über, oberhalb und lat. *sulphur* = Schwefel*)* *sulfidic* Material, welches infolge der Oxidation anorganischer sulfidischer Komponenten stark zur Versauerung beiträgt
hyposulfidic	(von griech. *hypo* = unter und lat. *sulphur* = Schwefel) *sulfidic* Material mit hoher „Selbstneutralisierung", d. h. nach Oxidation anorganischer sulfidischer Komponenten kommt es nicht zu einer Versauerung
limnic	(von griech. *limnae* = Teich) subaquatische Ablagerungen bestehend aus vorwiegend organischem Material, Kieselalgen, Mergel oder einem Gemisch aus mineralischem und humifiziertem organischem Material
mineral material	(von keltisch *mine* = Erz) mineralisches Material mit < 20 % SOC
organic material	(von griech. *organon* = Werkzeug) organisches Material mit ≥ 20 % SOC
soil organic carbon	organischer Bodenkohlenstoff (SOC), der nicht zu Artefakten gehört
ornithogenic	(von griech. *ornithos* = Vogel und *genesis* = Erzeugung) Rückstände von Vögeln (Exkremente, Knochen, Federn) und P_2O_5 (in 1 % Zitronensäure) ≥ 0,25 %
sulphidic	(von lat. *sulphur* = Schwefel) Material mit ≥ 0,01 % anorganischer sulfidischer Schwefel; pH (H₂O) ≥ 4,0
technic hard	(von griech. *technikos* = kunstgemäß) verfestigtes Material industriellen Ursprungs
tephric	(von griech. *tephra* = Asche) lockeres Material aus Vulkanausbrüchen; ≥ 30 % vulkanische Gläser in der Sand- und Grobschluff-Fraktion und weder *andic*- noch *vitric*-Eigenschaften

OB = Oberboden, UB = Unterboden
Farbe = nach Munsell-Farbtafel, *value* = Farbhelligkeit, *chroma* = Farbtiefe bestimmt an angefeuchtetem (feu) und trockenem (tro) Boden

Texturklassen:
S = *sand*, SL = *sandy loam*, SCL = *sandy clay loam*, SiCL = *silt clay loam*, CL = *clay loam*, T = Ton
SOC = *soil organic carbon* (organischer Bodenkohlenstoff, der nicht zu Artefakten gehört)
Al_o = oxalatlösliches Aluminium
Fe_o = oxalatlösliches Eisen

P_{ret} = Phosphat-Retention
EC = elektrische Leitfähigkeit, GBL = Gleichgewichtsbodenlösung
BS = Basensättigung, KAK_{Ton} = Kationenaustauschkapazität (1 M NH₄OAc) der Tonfraktion
rH = (2Eh/59) + 2 pH (Eh bei 25 °C), Eh = Redoxpotenzial (mV), rH = negativer dekadischer Logarithmus des Wasserstoffpartialdrucks in der Bodenlösung
COLE = *coefficient of linear extensibility* (linearer Ausdehnungskoeffizient)
d_B = Lagerungsdichte (g cm^{-3})
slicken sides = polierte und geriefelte Scherflächen auf Aggregaten
wedge-shaped-Aggregate = keilförmige Aggregate

Exkurs 10.2 Beispiel einer Klassifikation nach der *World Reference Base for Soil Resources*

Der betrachtete Boden (Abb. A) hat sich aus tonreichem Gestein entwickelt. Die tondominierte Bodenart führt im Unterboden zu typischen scharfkantigen Aggregaten. Im Bodenprofil sind deutliche, vertikale Schrumpfungsrisse zu erkennen. Durch Durchfeuchtungs-/Austrocknungszyklen sind die Aggregate im oberen Unterboden noch relativ klein (Polyeder), ihre Länge nimmt jedoch im tieferen Unterboden in vertikaler Richtung zu (Prismen). Der C-Horizont zeigt ein kohärentes Gefüge. Im Übergangsbereich zwischen Prismen und kohärentem Gefüge sind redoximorphe Merkmale (Marmorierung) gut sichtbar, die auf einen Stauwassereinfluss hinweisen.

Ebene 1: Festlegung der Referenzbodengruppe (*Reference Soil Group*, RSG) anhand des WRB-Schlüssels zur Bodenansprache: Der Bestimmungsschlüssel (Abb. 10.11) fragt hierarchisch diagnostische Horizonte, Merkmale oder Materialien (Tab. 10.4 und 10.5) ab. Im Ausschlussverfahren geht man im Schlüssel bis zur Referenzbodengruppe, in der übereinstimmende Merkmale auftreten.

Der zu klassifizierende Boden:

- ist durch starke Anreicherung von organischem Bodenkohlenstoff (SOC; ≥ 20 %) geprägt (*organic material*) → Histosol? Nein, trifft nicht zu.
- zeigt Anzeichen einer starken menschlichen Beeinflussung (wie z. B. infolge von Plaggenwirtschaft oder Aufbringung von Bauschutt; (z. B. *plaggic horizon, artefacts*) → Anthrosol oder Technosol? Nein, treffen nicht zu.
- zeigt einen langjährigen Frosteinfluss (*cryic horizon*) → Cryosol? Nein, trifft nicht zu.
- zeigt in ≤ 25 cm Festgestein (*continous rock, technic hard material*) → Leptosol (flachgründiger Boden)? Nein, trifft nicht zu.
- zeigt eine Na-Anreicherung (≤ 100 cm; *natric horizon*) → Solonetz? Nein, trifft nicht zu.
- hat einen Tonanteil > 30 % (≤ 100 cm; *vertic horizon*), zeigt typische Quell- und Schrumpfungsdynamik (*skrink-swell cracks*) → Vertisol? Ja, trifft zu.

Ebene 2: Festlegung der Untereinheiten innerhalb einer RSG (*soil unit, soil sub-unit*): Für jede RSG existiert eine Liste mit zulässigen *qualifier.*

Ebene 2.1: Hauptqualifier (*principal qualifier*) → *soil unit*

Für einen Vertisol kommen in der WRB (IUSS Working Group WRB 2015) 14 *principal qualifier* (d. h. der RSG vorgestellt) infrage. In diesem Fall zeigt der zu klassifizierende Boden im A-Horizont im feuchten Zustand ein *value* ≥ 3 und ein *chroma* ≥ 2 (→ *pellic*). Alle anderen möglichen Präfixe treffen nicht zu, also → *Pellic Vertisol*.

Ebene 2.2: Nebenqualifier (*supplementary qualifiers*) → *soil sub-unit*

Für einen Vertisol kommen in der WRB (IUSS Working Group WRB 2015) 27 *supplementary qualifiers* (d. h. der RSG in Klammer nachgestellt) infrage. Im gegebenen Fall kann ein charakteristisches Farbmuster durch reduzierende Bedingungen infolge von Sättigung durch Oberflächenwasser (*stagnic*) im Unterboden (50–100 cm, *endo*) beobachtet werden.

Die Klassifikation des Bodens im Gelände ist: *Pellic Vertisol (endostagnic)*

Wenn die nachfolgenden Laboranalysen (Exkurs 10.3) zeigen, dass der Gehalt an organischem Kohlenstoff im Oberboden ≥ 1 % und die effektive Basensättigung, das heißt austauschbares (Ca+Mg+K+Na)/austauschbares (Ca+Mg+K+Na+Al) in den ersten 20 cm < 75 % ist, dann lautet die endgültige Bezeichnung: *Pellic Vertisol (humic, mesotrophic, endostagnic)*

Beachte: Die *supplementary qualifiers* werden durch Kommas in der nachgestellten Klammer in der Reihenfolge aufgeführt, wie sie in der Liste der für die RSG möglichen *qualifier* aufgeführt sind (IUSS Working Group WRB 2015).

Abb. A Zu klassifizierender Boden (Foto: P. Kühn).

Kapitel 10

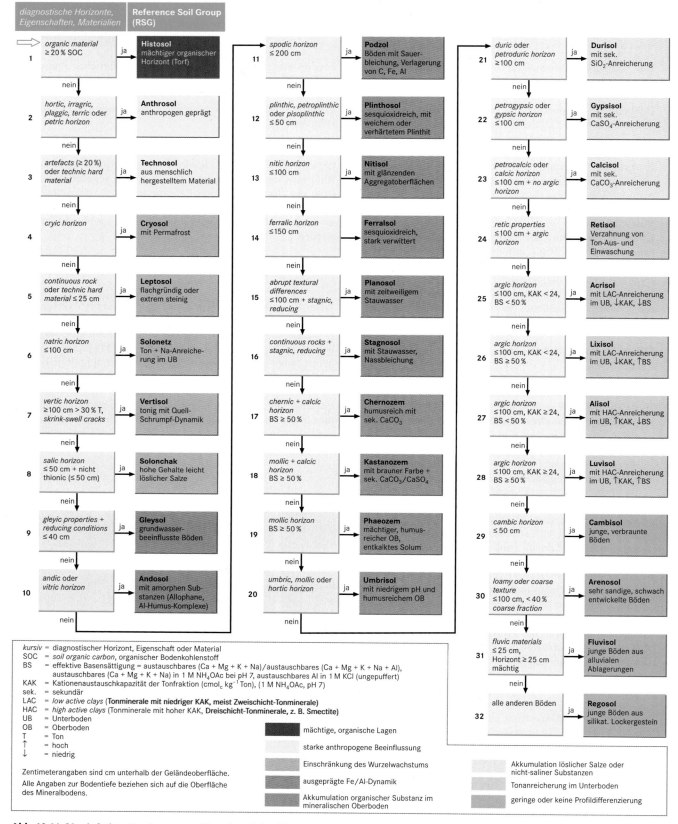

Abb. 10.11 Vereinfachter Bestimmungsschlüssel zur Klassifikation von Böden nach der *World Reference Base for Soil Resources* (IUSS Working Group WRB 2015).

Exkurs 10.3 Ausgewählte Methoden zur Bodenklassifikation nach der *World Reference Base for Soil Resources*

Die Bodenfarbe geht bei einer Vielzahl diagnostischer Horizonte, Eigenschaften und Materialien in die Klassifikation ein (Tab. 10.4 und 10.5). Sie liefert wichtige Informationen über den Gehalt an SOC (organischer Bodenkohlenstoff) sowie an Eisen- und Manganoxiden in Böden und lässt sich sehr einfach im Gelände bestimmen. Hierzu wird angefeuchteter Boden (teilweise auch trockener) mit Farbtafeln aus der *Munsell Soil Color Chart* verglichen und der Farbton (*hue*, z. B. 10R), die Farbhelligkeit (*value*, z. B. 7) und die Farbsättigung (*chroma*, z. B. 8) bestimmt. Die Farbe wird dann als Symbolkombination (z. B. 10R 7/8) angegeben.

Anders als beim deutschen Bodenklassifikationssystem (AG Boden 2005) kann bei der Anwendung der WRB in vielen Fällen keine endgültige Klassifizierung im Gelände erfolgen. So ist etwa für die Differenzierung der Böden mit Tonverlagerung (*agric horizon*) also Acrisol, Lixisol, Alisol und Luvisol die Bestimmung der Basensättigung (BS) und der Kationenaustauschkapazität (KAK) nötig. Die hierzu erforderliche analytische Prozedur sowie die Bestimmung weiterer Differenzierungsparameter werden teilweise in Kap. 5 beschrieben.

Der *melanic index* dient zur Differenzierung von Andosols auf der Ebene der *supplementary qualifiers* (*fulvic, melanic*). Zu dessen Bestimmung wird Bodenmaterial in 0,5 M NaOH geschüttelt. Mittels Photometer wird die Adsorption bei einer Wellenlänge von 450 (Fulvosäuren) und 520 nm (Huminsäuren) ermittelt und ins Verhältnis gesetzt. Ebenfalls photometrisch wird der Parameter ODOE (*optical density of oxalat extract*) ermittelt (*spodic horizon*), indem bei einer Wellenlänge von 430 nm in einer Boden-Ammonium-Oxalatlösung (pH 3) die optische Dichte gemessen wird.

Böden aus vulkanischen Gläsern (Andosole) enthalten Minerale (Allophane, Imogolit) mit hoher Anionenaustauschkapazität (*vitric, andic*). Diese Eigenschaft kann durch die P-Retention (P_{ret}) nach Blakemore et al. (1987) beschrieben werden. Der Boden wird in einer Phosphatlösung definierter Konzentration bei pH 4,6 ins Gleichgewicht gebracht. Der P-Gehalt, der nicht vom Boden sorbiert wurde und sich noch in der Lösung befindet, wird photometrisch bestimmt.

Pedogene (Hydr-)Oxide können als Indikator (z. B. *plinthic, spodic*) für die Intensität bodenbildender Prozesse (z. B. Rubefizierung, Podsolierung) herangezogen werden. Zur

Kennzeichnung der teils mikrokristallinen und kristallinen (Hydr-)Oxide des Fe, Mn, und Al haben sich chemische Extraktionsverfahren (NH_4-Oxalat, N-Dithionit-Citrat, und Na-Pyrophosphat) bewährt. Hierbei lassen sich zwischen den Fraktionen Fe_o („freies" Eisen), Fe_d (nicht silikatisch gebundenes Eisen) und Fe_p (organisch gebundenes Eisen) unterscheiden. Das dithionitlösliche Mn kennzeichnet gut die „freien" Mn-Oxide (Mn_d). Oxalat löst Al aus organischen Komplexen, nicht (oder wenig) kristallinen Oxiden und allophanähnlichen Bestandteilen (Al_o).

rH (*reducing conditions*) gibt den Redoxzustand eines Bodens an und kann durch Messung des Redoxpotenzial (Eh) und des pH-Wertes ermittelt werden: rH = (2Eh/59) + 2 pH (Eh bei 25 °C). Die Eh-Messung wird mittels einer Pt-Elektrode in Kombination mit einer Referenzelektrode über ein Voltmeter direkt im Boden (nach Gleichgewichtseinstellung) gemessen. Der gemessene Wert wird auf die Normalwasserstoffelektrode durch Addition von 204 mV (25 °C) normiert. Die pH-Bestimmung erfolgt an feldfrischen Proben im Labor.

Die Textur (z. B. *abrupt textural differences, argic horizon*) gibt die prozentualen Anteile der Sand-, Schluff- und Tonfraktionen des Feinbodens ($\leq$ 2 mm) einer Probe an. Nach Vorbehandlung (Entfernung von organischem Bodenkohlenstoff und Karbonat, ggf. auch Oxidzerstörung) wird die Probe mit einem Dispersionsmittel geschüttelt und über ein Sieb (63 µm, Sandfraktion) gegeben. Durch Nasssiebung kann die Sandfraktion weiter in Grob-, Mittel- und Feinsand differenziert werden. Zur Bestimmung kleiner Partikel (< 63 µm) werden mit der Pipettenmethode unter Nutzung des Stokes'schen Gesetzes, welches die Sinkgeschwindigkeit eines Partikels in Abhängigkeit von seiner Größe beschreibt, bestimmt.

dB (Lagerungsdichte, z. B. *anthraquic horizon, andic properties*): Hierzu werden, mittels Stechzylinder definierten Volumens, Bodenproben entnommen und bei 105 °C getrocknet. dB (g cm^{-3}) = Trockengewicht/Volumen.

COLE (*coefficient of linear extensibility*, Koeffizient der linearen Ausdehnbarkeit) gibt Anhaltspunkte über die Fähigkeit eines Bodens zu reversibler Schrumpfung und Quellung (*shink-swell cracks*). Der Koeffizient ergibt sich aus der Lagerungsdichte bei Trockenheit und bei einer Wasserspannung von 33 kPa.

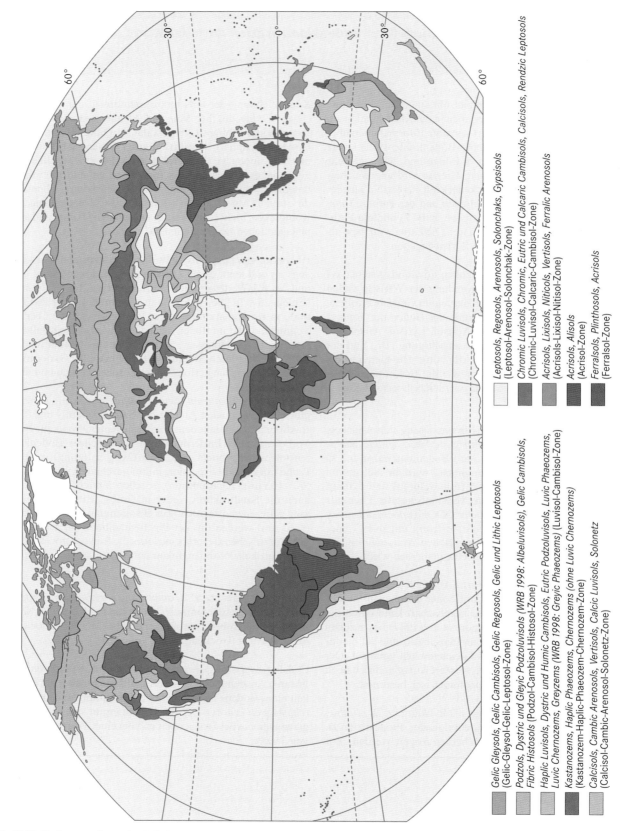

Leptosols, Regosols, Arenosols, Solonchaks, Gypsisols
(Leptosol-Arenosol-Solonchak-Zone)

Chromic Luvisols, Chromic, Eutric und Calcaric Cambisols, Calcisols, Rendzic Leptosols
(Chromic-Luvisol-Calcaric-Cambisol-Zone)

Acrisols, Lixisols, Niticols, Vertisols, Ferralic Arenosols
(Acrisols-Lixisol-Nitisol-Zone)

Acrisols, Alisols
(Acrisol-Zone)

Ferralsols, Plinthosols, Acrisols
(Ferralsol-Zone)

Gelic Gleysols, Gelic Cambisols, Gelic Regosols, Gelic und Lithic Leptosols
(Gelic-Gleysol-Gelic-Leptosol-Zone)

Podzols, Dystric und Gleyic Podzoluvisols (WRB 1998: Albeluvisols), Gelic Cambisols,
Fibric Histosols (Podzol-Cambisol-Histosol-Zone)

Haplic Luvisols, Dystric und Humic Cambisols, Eutric Podzoluvisols, Luvic Phaeozems,
Luvic Chernozems, Greyzems (WRB 1998: Greyic Phaeozems) (Luvisol-Cambisol-Zone)

Kastanozems, Haplic Phaeozems, Chernozems (ohne Luvic Chernozems)
(Kastanozem-Haplic-Phaeozem-Chernozem-Zone)

Calcisols, Cambic Arenosols, Vertisols, Calcic Luvisols, Solonetz
(Calcisol-Cambic-Arenosol-Solonetz-Zone)

Abb. 10.12 Bodenzonenkarte der Erde (verändert nach Eitel & Faust 2013).

Böden in den feuchten Mittelbreiten

Während in den borealen Waldgebieten (von griech. *boreas* = der Norden) Podsole, Gleye und Moore dominieren (Podzol-Gleysol-Histosol-Zone), gehören die Böden Mitteleuropas stellvertretend für die feuchten Mittelbreiten bodenzonal zur Parabraunerde/Braunerde-Zone (Luvisol-Cambisol-Zone). Die **Braunerden** (*Cambisols*) sind typische Verwitterungsböden, in denen sich die einsetzende Silikatverwitterung in rostbraunen Farben (Verbraunung) und in Tonmineralbildung (Verlehmung) zeigt. **Parabraunerden** (*Luvisols*) unterscheiden sich von ihnen vor allem durch die Lessivierung, also die vertikale Tonmineralverlagerung, was dazu führt, dass die Parabraunerden auf gut durchlässigen, jungen Substraten vorherrschen (Abb. 10.13).

Beide Bodentypen sind überwiegend Waldböden und sind an Lockersedimente bzw. Verwitterungsdecken gebunden. Braunerden (*Cambisols*) treten vorzugsweise an Hängen und besonders in gröberen silikatreichen Solifluktionsdecken der Mittelgebirge und in Teilen der Deckgebirgslandschaften in den Vordergrund, während die Parabraunerden (*Luvisols*) vor allem in den süd- und westdeutschen Lösslandschaften und auf Sand-Kies-Gemischen der Beckenlandschaften vorherrschen.

Während in den Jungmoränenlandschaften Nord- und Süddeutschlands Parabraunerden (*Luvisols*) und Pseudogleye dominieren, treten in den Altmoränenlandschaften Norddeutschlands und auf den Sandsteinflächen Süddeutschlands **Podsole** (*Podzols*) und **podsolige Böden** häufig auf. Podsole haben einen gebleichten Oberboden, der durch fast vollständige Silikatzerstörung, Oxidlösung und Nährstoffabfuhr infolge sehr saurer Bedingungen (silikatarme Lockersubstrate, gerbstoffreiche Streu) in feuchtem Klima entstand (verbreitet auch in den borealen Nadelwaldgebieten und in quarzsandreichen innertropischen Becken). Es sind zusammen mit den *Ferralsols* die unfruchtbarsten Böden der Erde. Diesen Böden an gut dränierten Standorten stehen in den Niederungen überwiegend semiterrestrische Böden wie Aueböden (z. B. *Fluvisols*), Gleye und Marschen sowie semisubhydrische Böden (Watt, *Gleysols*) und Moore (*Histosols*) entgegen. Diese mehr oder weniger hydromorphen Böden sind durch besondere Bodenbildungsprozesse im Zuge reduzierender (Sauerstoffabschluss) und/oder oxidierender (mit Sauerstoff) Bedingungen gekennzeichnet.

Die Böden Mitteleuropas sind überwiegend in Substraten entstanden, die aus dem Spätglazial (ca. 15 000 bis 11 700 Jahre v. h.) stammen. Diese Böden sind zwar mehr oder weniger reife, aber in globalem Vergleich noch keine besonders alten Böden. Die chemische Verwitterung und Stoffabfuhr haben, mit Ausnahme besonders der podsolierten Böden, die Silikate (vor allem Feldspäte, Glimmer) und die Nährstoffträger (vor allem Tonminerale, Ton-Humus-Komplexe, Huminstoffe) noch nicht zerstört, sondern durch die Verwitterungsprozesse meist nur verändert. Nährstoffe, z. B. wichtige Basen (K, Mg, P, N usw.), werden damit im Boden gehalten und pflanzenverfügbar gemacht. (Para-)Braunerden sind daher vergleichsweise fruchtbar, zumal in dem gemäßigten Mittelbreitenklima auch die organische Auflage relativ schnell humifi-

ziert oder remineralisiert wird, wodurch den Böden und letztlich auch den Pflanzen die Nährstoffe wieder zugeführt werden.

Die landschaftliche Kleinkammerung, die in Mitteleuropa besonders ausgeprägt ist, führt zu vielen **Übergangsbodentypen** und zu einem sehr differenzierten Bodenmosaik, da sich das Zusammenwirken der Bodenbildungsfaktoren häufig kleinräumig stark verändert. Böden „wachsen" zudem nicht auf Festgesteinen, sondern fast immer in Sedimenten. Dies macht ihre enge genetische Bindung an die Reliefentwicklung und Landschaftsgeschichte deutlich. Typische Bodentoposequenzen und Catenen verdeutlichen diese kleinräumigen Wechsel. Im norddeutschen Jungmoränengebiet sind beispielsweise häufig Parabraunerden (*Luvisols*), Podsols (*Podzols*) und Moore (*Histosols*) miteinander vergesellschaftet (Abb. 10.14a). Typische catenare, vom Relief geprägte Beziehungen bestehen auch oft zwischen den Böden einer Lösshügellandschaft. Hier werden zudem die menschlichen Eingriffe in die Bodenlandschaft und die damit verbundene Erosion der Böden deutlich (Abb. 10.14b).

Böden in den feuchten Subtropen und Tropen

Viele der (sub-)tropischen Böden sind von intensiverer Bodenfarbe bis hin zu leuchtenden Rottönen gekennzeichnet. Dies ist eine Folge periodisch-episodischer Austrocknung, wobei dann aus den Fe-Hydroxiden (braun bis gelb), die aus der Silikatverwitterung oder aus Eisenkarbonaten bei Kalksteinen entstehen, Fe-Oxide (v. a. Hämatit, rot) gebildet werden. Hämatit ist sehr stabil und wird daher kaum noch umgewandelt. Diese Rotfärbung (**Rubefizierung**) wird durch die Anwesenheit von verkarsteten Kalkgesteinen, verbreitet z. B. im Mittelmeergebiet, noch gefördert. Sie ist aber auch ein Zeichen höheren Alters der Böden, da sich das Verhältnis von mesostabilen Hydroxiden zu sehr stabilen Oxiden mit der Häufigkeit der Bodenaustrocknung zunehmend verschiebt. *Terrae rossae,* also rötliche Braunerden (*Chromic Cambisols*) und rötliche Parabraunerden (*Chromic Luvisols*), können so entstehen.

In den immerfeuchten Gebieten der Subtropen und Tropen ist zudem die Effizienz der chemischen Verwitterung der Minerale besonders hoch. Bei guter Dränage der Böden wirkt vor allem die Hydrolyse und zerstört die Silikate. Hinzu kommt die beschleunigte Zersetzung und Remineralisierung der organischen Auflage, was sich vielerorts in dünnen Humusauflagen und wenig humosen Oberböden zeigt. Alles zusammen genommen charakterisiert dies eine beschleunigte Tiefenverwitterung mit Entkalkung und Basenabfuhr, was mit der Verlagerung der Tonminerale (Lessivierung) einhergeht. Bei starker Wasserperkolation über lange Zeitspannen wird zudem die **Desilifizierung** wirksam, also die Lösung und Abfuhr von Si, womit die Silikate und letztlich sogar die Quarze (Siliziumdioxid) zerstört werden. Aus Si-reichen Dreischichtsilikaten mit hoher Kationenaustauschkapazität (KAK = Summe aller austauschbaren Kationen) entstehen so Si-arme Zweischicht-Tonminerale (Kaolinit) mit geringer KAK. Die Kationenaustauschkapazität

(deutsch)

Braunerde

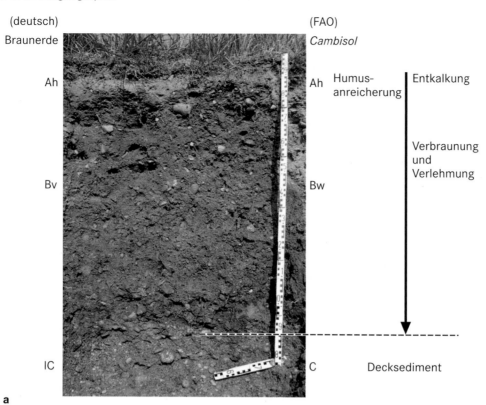

(FAO)

Cambisol

Ah — Ah Humus-anreicherung

Entkalkung

Bv — Bw

Verbraunung und Verlehmung

IC — C Decksediment

a

Abb. 10.13 **a** Braunerde (WRB: *Cambisol*) auf den Inn-Terrassen im bayerischen Alpenvorland. **b** Parabraunerde (WRB: *Luvisol*) im Kraichgau/Südwestdeutschland mit waldwirtschaftlich degradiertem humosem Oberboden (Fotos: B. Eitel).

Parabraun-erde

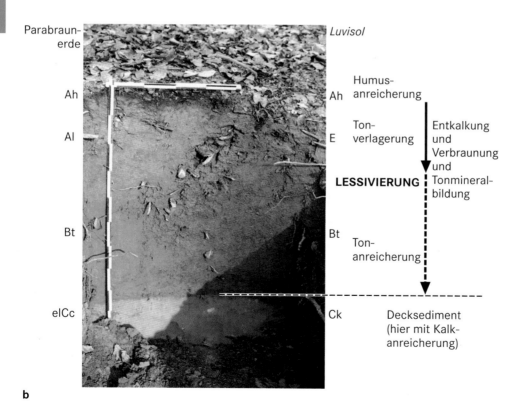

Luvisol

Ah — Ah Humus-anreicherung

Al — E Ton-verlagerung

Entkalkung und Verbraunung und Tonmineral-bildung

LESSIVIERUNG

Bt — Bt Ton-anreicherung

elCc — Ck Decksediment (hier mit Kalk-anreicherung)

b

Abb. 10.14 Beispiele für eine Bodentoposequenz der norddeutschen Jungmoränenlandschaft (**a**) und eine Bodencatena in einer süddeutschen Lösslandschaft (**b**). Beide Landschaften sind mehr oder weniger anthropogen überprägt. Im zweiten Fall hat dies zu besonders starken Erosionsprozessen geführt, die die catenare Bodenentwicklung überprägten.

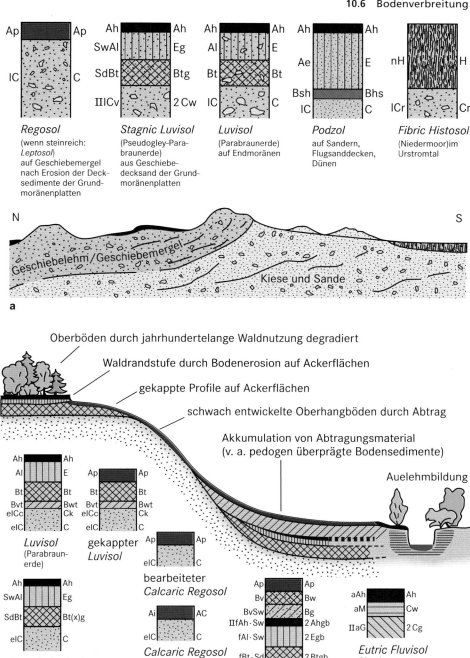

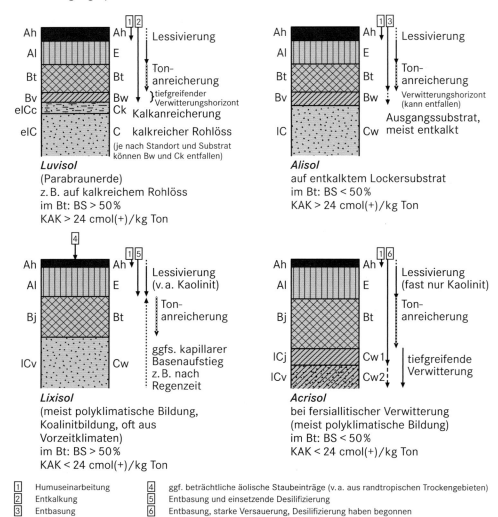

Abb. 10.15 Die lessivierten Böden der Erde (nach FAO-UNESCO Weltbodennomenklatur, Eitel & Faust 2013). Im Gelände sind die Böden oft schwer unterscheidbar (die Bodenfarbe ist hierzu kaum verwendbar). Lessivierte Böden sind abhängig von der Kationenaustauschkapazität (KAK) und der Basensättigung (BS) unterschiedlich fruchtbar und nutzbar. Bei hoher KAK, aber niedriger BS sind sie beispielsweise mit Düngemitteleinsatz (Basenzufuhr) vergleichsweise einfach zu verbessern, da genügend Nährstoffadsorbenten (v. a. Dreischicht-Tonminerale) vorhanden sind. Umgekehrt ist Düngung bei Böden mit niedriger KAK wenig wirkungsvoll.

1 Humuseinarbeitung	4 ggf. beträchtliche äolische Staubeinträge (v.a. aus randtropischen Trockengebieten)
2 Entkalkung	5 Entbasung und einsetzende Desilifizierung
3 Entbasung	6 Entbasung, starke Versauerung, Desilifizierung haben begonnen

und die Basensättigung (BS = Anteil von Ca, Mg, Na und K an der gesamten KAK) sind wichtige bodentypisierende Kennzeichen (Abb. 10.15).

Letztlich werden mit zunehmender Verwitterung und wachsendem Bodenalter die residualen Oxide angereichert, wodurch zunächst **fersiallitische Böden**, also vor allem Böden mit Fe- und Al-Oxiden sowie mit Si-armen Zweischicht-Tonmineralen wie Kaolinit (z. B. *Acrisols* und *Lixisols*), und letztlich **ferallitische Böden** entstehen, die fast ausschließlich aus übriggebliebenen Fe- und Al-Oxiden aufgebaut sind. Diese *Ferralsols* sind sehr nährstoffarm. Auch eine Düngung (z. B. durch Brandrodung und Asche oder mit Kunstdünger) bringt keine nachhaltige Verbesserung, da die Tonminerale und Huminstoffe und damit die potenziellen Nährstoffspeicher in diesen Böden weitestgehend verwittert sind.

Die **Ferralsol-Zone** ist bodengeographisch auf diejenigen Tropenregionen konzentriert, in denen alt verwitterte kristalline Schilde die Landoberfläche bilden (Äquatorialafrika, Amazonasbecken) und die Böden > 10^5 bis > 10^6 Jahre alt sind. Verschiedene Klimate wirkten dabei auf die Böden (polyklimatische

Böden) und führten in ihrer Summe zu den oxidischen, nährstoffarmen Bildungen (Ferralsol-Zone). Diese Ferralsol-Acrisol-Bodengesellschaften sind damit ein besonders altes Erbe dieser Landschaften. Auf jüngeren Substraten in den feuchten (Sub-) Tropen dominieren dagegen die tief verwitterten lessivierten Böden (Acrisol-Zone).

Demgegenüber gibt es aber auch in den Tropen **Gunsträume**, in denen die Pflanzenproduktion von jungen, nährstoffreichen Böden sowie großzügigem Feuchte-, Wärme- und Lichtangebot profitiert. Beispiele hierfür sind die großen Schwemmländer Süd- und Südostasiens, die Vulkangebiete auf Java oder in Teilen Ostafrikas, tropische Vulkaninseln und letztlich auch viele Gebirgsregionen in den niederen Breiten. Die landwirtschaftliche Produktion ist hoch und eine große Zahl von Menschen kann hier ernährt werden.

Wie in den Mittelbreiten sind auch in den Subtropen und Tropen besondere Böden in den Tiefenlinien, Mulden und Talzügen anzutreffen. *Gleysols* und *Fluvisols* sind weltweit zu finden. Eine Besonderheit der Randtropen, vor allem der Savannen, stellen die *Vertisols* dar. Sie sind durch besonders hohe Anteile quellfähiger Dreischicht-Tonminerale (Smectite) gekennzeichnet, die entweder durch Lösungszufuhr aller dafür benötigter Stoffe entstanden und/oder durch Abtrag aus höheren Geländepartien in den Tiefenlinien akkumuliert wurden. Durch das Quellen und Schrumpfen der Tonminerale im Zuge regenzeitlicher Durchfeuchtung und trockenzeitlicher Austrocknung entsteht ein Selbstmulcheffekt (**Peloturbation**), durch den immer wieder frisches Material und Humus tiefgründig in den Boden eingearbeitet werden. Die Folge des fein verteilten Humus ist die Bildung stabiler Ton-Humus-Komplexe, die den Boden intensiv schwarz färben (**Melanisierung**), ohne dass der Humusgehalt besonders hoch wäre. Die anhaltende Stoffzufuhr einerseits und die hohe KAK der Smectite andererseits machen die *Vertisols* zu besonders fruchtbaren, aber auch sehr schweren, nur aufwendig zu bearbeitenden Böden. In den immerfeuchten Tropen treten in besonders flachen und schlecht dränierten Bereichen *Plinthosols* zu den Ferralsol-Acrisol-Gesellschaften. *Plinthosols* sind kaolinitische oxidische Böden, deren Fe-Al-Reichtum gesteigert wird, indem weiteres Al und Fe in reduzierter Form und damit in Lösung mit dem Bodenwasser zugeführt wird. Werden *Plinthosols* dräniert oder durch Erosion exhumiert und trocknen sie aus, können sich aus dem Ton-Oxid-Gemisch (Plinthit) ziegelartige Krusten bilden (früher auch Laterit). Dieser Effekt hat häufig zur Nutzung von *Plinthosols* (griech. *plinthos* = Ziegel) als Baustein geführt.

Böden in den Trockengebieten der Erde

Die Böden der Trockengebiete zeichnen sich im Gegensatz zu denen der humiden Gebiete durch Basenanreicherung aus. Dies ist vor allem eine Folge mangelnder Durchfeuchtung, weil nicht ausreichend Sickerwasser zur Verfügung steht, um die gelösten Stoffe abzutransportieren. Andererseits kann eine oberflächennahe Basenanreicherung auch die Folge aszendenter Bodenlösung sein, wenn der Grundwasserspiegel hoch liegt und genügend Feinmaterial für einen starken Kapillarsog sorgt. Diese Anreicherung erlaubt sogar die Bildung fester Bodenkrusten aus Kalk, Gips oder anderen Salzen. Treten in den Trockengebieten ältere, unter einst feuchteren Klimabedingungen gebildete Böden auf (Exkurs 10.4), so können durch diese Anreicherungsprozesse neue Bodenmerkmale und -typen entstehen. Beispielsweise können ehemals entkalkte Braunerden wieder aufgekalkt (*Calcaric Cambisols*) oder saure *Acrisols* wieder mit Basen gesättigt werden (*Lixisols*). Dies ist überwiegend in den Übergangsgebieten zwischen Feucht- und Trockengebieten der Fall.

In den subtropisch-tropischen Trockengebieten und Wüsten bilden die vom Substrat gekennzeichneten, humusarmen Böden die größten Flächen. Steinige Rohböden (*Leptosols*) formen somit zusammen mit den Sandböden (*Arenosols*) und den Salzböden (*Solonchaks*) die **Leptosol-Arenosol-Solonchak-Zone**. Dem hygrischen Gradienten und der Löslichkeit der Salze folgend dominieren in der Dornstrauchsavanne (maximal 500 mm Jahresniederschlag) die Kalkanreicherungsböden (*Calcisols*),

die mit zunehmender Aridität in den Wüsten von Gipsböden (*Gypsisols*) und Salzböden (*Solonchaks*) abgelöst werden und mit den Rohböden eigene Bodengesellschaften bilden. In karbonatischem Mg-reichem Milieu der trockenen Semiarid-Landschaften ist die pedogene Bildung besonderer Tonminerale wie Palygorskit und Sepiolit möglich, die nur unter den herrschenden Trockenklimaten stabil sind und damit als Klimazeiger in der Paläoumweltforschung dienen. In den Wüsten sind viele Böden durch ein **Wüstenpflaster** aus Grobmaterial gekennzeichnet, das aus der Auswehung feinerer Komponenten residual erhalten blieb. Unter dem Wüstenpflaster befindet sich häufig noch ein feinmaterialreicher **Vesikularhorizont**, der schwach zementiert eine Bläschenstruktur aufweist, die auf das plötzliche Entweichen der Bodenluft bei episodischen Regengüssen zurückzuführen ist.

In den trockenen Mittelbreiten mit weniger als zirka 400 mm Jahresniederschlag, den Steppen, ist die Biomasseproduktion besonders groß. Da die sommerliche Trockenheit und die Winterkälte einen schnellen Abbau der toten pflanzlichen Substanz verhindern, reichert sich viel Humus an, der durch die Bodentiere (**Bioturbation**) in den Mineralboden eingearbeitet wird. Sehr fruchtbare Böden mit mächtigen humusreichen Oberböden (bis > 1 m) sind die Folge. Auch hier sind Veränderungen der Bodengesellschaften mit dem hygrischen Gradienten zu beobachten. Während die schwarzgefärbten Tschernoseme (*Chernozems*) der Langgrassteppen gegen die feuchten Mittelbreiten in Parabraunerden übergehen, werden sie in trockeneren Gebieten von braunen Kastanozems (Kurzgrassteppe) abgelöst. In den Übergangsgebieten zum borealen Nadelwald treten immer mehr Merkmale der Bleichung und Podsolierung auf (*Greyzems*, WRB seit 1998: *Greyic Phaeozems/Albeluvisols*).

10.7 Bodenerosion

Johannes Ries

Bodenerosion ist die bei Weitem problematischste Form der **Bodendegradation**. Sie vermindert alle Bodenfunktionen, insbesondere Bodenfruchtbarkeit, Puffer- und Speichervermögen und kann zur Vernichtung der gesamten Bodensubstanz führen.

Der aus dem Amerikanischen *soil erosion* ins Deutsche übertragene Begriff gilt in der Geomorphologie und Bodengeographie nur für die vom Menschen ausgelöste oder verstärkte Abtragung von Boden-/Lockermaterial. Diese beschleunigten Abtragungsprozesse übersteigen das natürliche Maß der Abtragung meist deutlich. Der Mensch ist durch Verminderung und/oder Auflockerung der Vegetationsbedeckung durch Rodung oder durch Überweidung sowie durch nicht angepasste landwirtschaftliche Nutzung Auslöser und als Landnutzer auch Betroffener. Bodenerosion wird heute als geomorphologischer **Prozesskomplex** von Ablösung, Transport und Ablagerung der Bodenteilchen verstanden, dessen landschaftshaushaltliche Wirkungen über das Nutzungspotenzial des Bodens hinausgreifen und weitreichende negative Auswirkungen auf Wasser- und Stoffkreisläufe haben.

Exkurs 10.4 Böden als Klimaarchive

Thomas Scholten

Spätestens seit Dokuchaev (1898, zitiert in Jenny 1980) geht man davon aus, dass Eigenschaften des Klimas, neben den anderen bodenbildenden Faktoren Gestein, Relief, Biota und Zeit maßgeblichen Einfluss auf die Bodenbildung ausüben. So bewirken z. B. die regelmäßigen Niederschläge in den kühl-gemäßigten, maritim geprägten norwegischen Küstengebieten oder auch im Norden von Schottland eine stetige Durchspülung des Bodens. Gekoppelt an eine sehr hohe Bodenazidität geht damit eine Abwärtsverlagerung bzw. Auswaschung von Huminstoffen und pedogenen Oxiden einher. Dadurch bilden sich Podsole, die auch als typische klimazonale Böden für den borealen Raum (D-Klimate nach Köppen) angesehen werden können. Ähnlich verhält es sich mit charakteristischen Böden anderer Klimate der Erde, etwa die hämatitreichen roten Ferralsole der feuchten Tropen. Gemäß der Kausalkette der Pedogenese stellen sich also bestimmte Merkmalskombinationen ein. Wenn das Klima der dominierende bodenbildende Faktor ist, können diese Merkmale als diagnostisch für definierte klimatische Bedingungen angesehen werden (Retallack 1990).

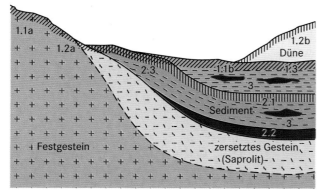

1. holozäne Böden

1.1 a rezente Böden auf Festgestein
　　b rezente Böden in quartären Sedimenten
1.2 a rezente Böden auf Erosionsflächen
　　b rezente Böden in jungen holozänen Sedimenten
1.3　　fossile Böden unter holozänen Sedimenten bzw. anthropogenen Aufträgen

2. Paläoböden

2.1　　fossile Böden, pleistozän
2.2　　fossile Böden, präpleistozän
2.3　　Reliktboden, rezenter Boden mit reliktischen Merkmalen

3. umgelagerte Paläobodenrelikte

Abb. A Vorkommen von Böden unterschiedlichen Alters in einer Landschaft (verändert nach Felix-Henningsen 1994).

Die Pedogenese benötigt zur Ausbildung derartiger diagnostischer Merkmale im Allgemeinen Zeiträume von einigen Hundert Jahren bis zu Jahrmillionen, je nach Ausprägung der bestimmenden klimatischen Faktoren und nach Intensität der Bodenbildung (Heimsath et al. 2001, Baumann et al. 2014). Im Vergleich mit schnell reagierenden biologischen Systemen und eher langsamen geologischen Systemen nimmt die Bodenentwicklung bezüglich ihres zeitlichen Ausmaßes also eine Mittelstellung ein. Die dabei entstandenen pedogenetischen Merkmale sind in der Regel sehr stabil und bleiben über Tausende bis Millionen von Jahren erhalten. Lediglich leicht oxidierbare Komponenten, wie beispielsweise die organische Substanz, unterliegen einem relativ raschen Abbau im Laufe von Jahrhunderten bis Jahrtausenden (Trumbore 2000). Man kann also die Schlussfolgerung ziehen, dass Böden in aller Regel die Bildungsbedingungen in Form von diagnostischen Merkmalen konservieren.

Wenn sich nun das aktuelle Klima von demjenigen zur Zeit der Bildung eines bestimmten Bodens unterscheidet, werden die zuvor geprägten Eigenschaften des Bodens erhalten und gegebenenfalls überformt, man kann also sagen, dass dieser die klimatischen Bedingungen zur Zeit seiner Entstehung archiviert hat. Der Archivierungsfunktion des Bodens wird auch im deutschen Bundesbodenschutzgesetz (BBodSchG) Rechnung getragen, wo dem Boden u. a. die Funktion als **Archiv der Natur- und Kulturgeschichte** (§ 2 Abs. 2) zugeordnet ist.

Vom rezenten Klima ausgehend hat es die letzte einschneidende Klimaänderung an der Grenze vom Pleistozän zum Holozän gegeben. Böden mit klimatischer Archivfunktion entstanden also in Bodenbildungsphasen vor dem Holozän. Sie werden in der Bodenkunde als Paläoböden bezeichnet. In Deutschland sind die meisten Paläoböden quartären bis tertiären Alters. Die quartären Böden sind in der Regel während der pleistozänen Interglaziale und Interstadiale entstanden. Typisch sind Tundragleye, Nassböden, Parabraunerden, Podsole, Braunerden oder Humuszonen. Tertiäre Böden wie Plastosole und Latosole, die nach Bodenkundlicher Kartieranleitung (AG Boden 2005) in der Klasse der fersiallitischen und ferrallitischen Paläoböden zusammengefasst werden, zeichnen sich durch eine kaolinitische, häufig ton- und eisenreiche rote Matrix aus, die auf lange Bildungszeiträume unter warm-humiden, tropischen Klimabedingungen hindeutet. Paläoböden in älteren Gesteinen des Mesozoikums und Paläozoikums sind in Deutschland nur selten anzutreffen, da die Sedimentgesteine aus diesen Zeiträumen größtenteils marinen Ursprungs sind. Erst nach der Meeresregression im Tertiär setzte eine Bodenbildung im dann terrestrischen Milieu ein.

Entsprechend ihres Vorkommens in der Landschaft (Abb. A) kann man zwischen fossilen Böden und Reliktböden unterscheiden. Fossile Böden liegen vor, wenn Paläoböden von jüngeren Sedimenten bedeckt und damit begraben (lat. *fossilis* = begraben) sind. Je nach ihrer Tiefenlage waren diese dann von einer Überprägung durch die aktuelle Pedogenese weitgehend entkoppelt. Befindet sich der Paläoboden dagegen an der heutigen Landoberfläche, unterliegt er dem Einfluss der rezenten Pedogenese. Die archivierten klimarelevanten Merkmale werden je nach ihrer Stabilität mehr oder minder stark verändert und durch die aktuelle Bodenbildung überprägt. Man bezeichnet diese Paläoböden daher als Reliktböden (Abb. B).

Abb. B Paläobodensequenz auf der Riß-Hochterrasse am Standort Trindorf südwestlich von Linz, Österreich (Foto: T. Scholten).

Neben der Schädigung durch Verlust auf den direkt betroffenen Flächen (*on site*) sind die durch Bodenein- und -auftrag entstehenden **Schäden** außerhalb (*off site*) zu beachten. Bodenerosion betrifft vorrangig Ackerflächen, auch Wiesen und Weideland, und ist sogar unter Wald zu finden. Wasser und Wind, aber auch Bodenbearbeitung (*tillage erosion*) und Weidetiere (*sheep erosion*) verursachen die Ablösung und Verlagerung von Bodenteilchen. Im Gegensatz zu anderen Bodenschädigungen muss die Bodenerosion als weitgehend irreversibel betrachtet werden, da die Abtragsraten die Bodenneubildungsraten um das 10- bis 100-Fache übersteigen.

Verbreitung von Bodenerosion

Betroffen sind nahezu alle landwirtschaftlich genutzten Regionen der Erde. Die Schwerpunkte liegen in den wechselfeuchten Tropen und Subtropen, den immerfeuchten Subtropen und den trockenen Mittelbreiten. Sehr stark betroffen sind der Mittelmeerraum, Osteuropa, wo Getreide- und Hackfruchtbau meist ohne bodenschützende Maßnahmen agro-industriell betrieben werden, Südosteuropa und Vorderasien vorrangig durch Überweidung sowie die dicht besiedelten Regionen Süd- und Südostasiens durch nicht angepasste ackerbauliche Nutzung. Im Mittleren Westen der USA und in den Steppenprovinzen Kanadas sind die hoch technisierte Agrarwirtschaft, in Mexiko, ganz Mittelamerika, Nordost- und Südostbrasilien und Südafrika nicht angepasste Landwirtschaftssysteme infolge unzureichender Einkommensverhältnisse der Bevölkerung und in der Sahelzone die unsichere Ernährungssituation als hauptsächlich anzusehen. Weite Teile der landwirtschaftlich genutzten Gebirgsräume der Erde sind aufgrund des Reliefs gefährdet. Einen groben Überblick gibt die in Abb. 10.16 dargestellte Karte der weltweiten Bodendegradation.

Bodenerosion ist kein neuzeitliches Phänomen. Landschaften wie der Mittelmeerraum und der Vordere Orient sind in ihrem heutigen Erscheinungsbild und ihrem eingeschränkten landwirtschaftlichen Nutzungspotenzial das Ergebnis einer sechs- bis achttausendjährigen Nutzungs- und **Erosionsgeschichte**. Schon Autoren der Antike betonen, wie der Boden in einigen Regionen (z. B. Attika und Ionische Inseln) vollständig degradiert war, und verwenden das drastische Bild eines bis auf das Skelett entblößten Körpers. Dagegen sind die *badland*-Landschaften im Mittleren Westen der USA infolge nicht angepasster ackerbaulicher Nutzung, die starke Bodendegradierung in Mittelchile und die Zerschluchtung in der Provinz Sichuan/Südwestchina infolge von Rodung während weniger Jahrzehnte in jüngerer und jüngster Vergangenheit entstanden (Bork 2006; Exkurs 10.5).

Typen der Bodenerosion

Wassererosion

Bodenerosion durch Wasser ist mit Abstand am weitesten verbreitet und in vielen Ländern, z. B. in Deutschland, auch der wichtigste Bodenerosionstyp (Auerswald 1998, Auerswald et al. 2009). Hauptauslöser großer Erosionsereignisse sind Starkregen mit hoher Intensität (> 10 mm h^{-1}), welche auf spärlich bedeckte oder unbedeckte Bodenoberfläche, z. B. auf Ackerflächen nach der Saatbettbereitung, auftreffen. Durch die **Regentropfenschlagwirkung** (*splash*) werden die Bodenaggregate zerschlagen, die Partikel von der Bodenoberfläche abgelöst und für den Abtransport bereitgestellt. Übersteigt die Niederschlagsintensität die aktuelle Infiltrationsrate, kommt es zu oberflächlichem Abfluss, welcher weitere Bodenbestandteile ablöst. Das Feinmaterial wird verspült (flächenhafte Erosion, *sheet wash*). Entscheidend für diesen Prozess ist der Zustand der Bodenoberfläche:

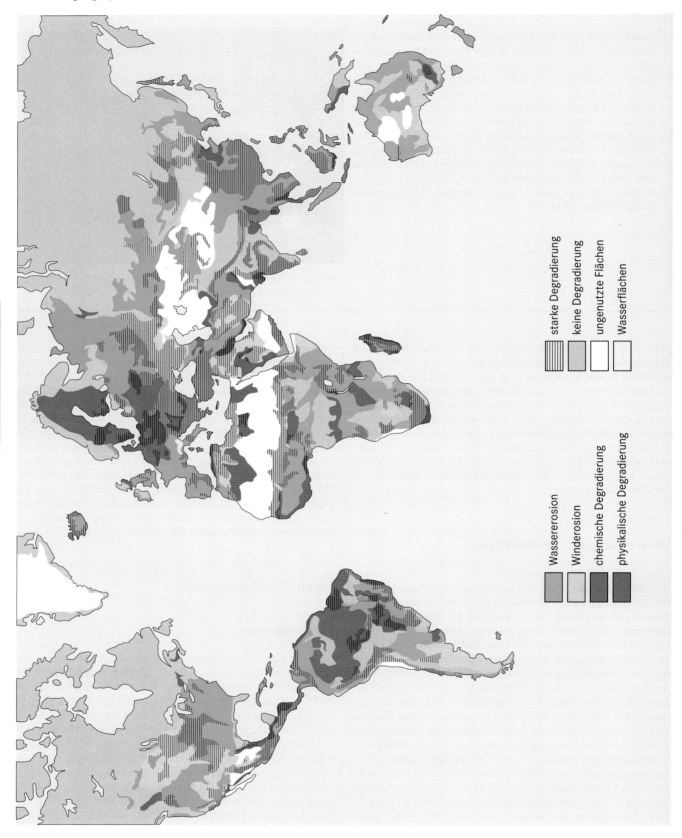

starke Degradierung

keine Degradierung

ungenutzte Flächen

Wasserflächen

Wassererosion

Winderosion

chemische Degradierung

physikalische Degradierung

Exkurs 10.5 Der Boden als gefährdete Ressource

Rupert Bäumler

Als fundamentaler Bestandteil terrestrischer Ökosysteme ist die Pedosphäre mit ihrer Vielfalt an Böden an der Schnittstelle zwischen Atmosphäre, Lithosphäre, Hydrosphäre und Biosphäre eng mit diesen Sphären über Wasser-, Energie- und Stoffflüsse verknüpft. Die dadurch bedingten multiplen **Regulations-, Puffer-, Transformator- und Speicherfunktionen** sind Lebensgrundlage und Lebensraum für alle Lebewesen in und auf dem Boden. Böden gehören daher neben Wasser und Luft zu unseren kostbarsten natürlichen Ressourcen. Ihr Vorkommen ist allerdings im globalen Durchschnitt auf die obersten 60 cm der Erdoberfläche beschränkt. Dadurch und aufgrund ihrer langen Entwicklungsdauer stellen sie ein begrenztes, kurzfristig nicht erneuerbares Gut dar mit einem Langzeitgedächtnis, das sie zu einem ausgezeichneten Archiv der Landschafts-, Kultur- und Umweltgeschichte macht. Auf der anderen Seite unterliegen Böden aber auch vielfältigen, insbesondere anthropogenen Nutzungsansprüchen. Diese haben sich im Laufe der menschlichen Entwicklung von der ursprünglich reinen Ernährungssicherung hin zu einem ständig steigenden Bedarf an Siedlungs-, Verkehrs-, Deponierungs- und Erholungsflächen stark verändert und erweitert. In gleicher Weise stieg bis heute die Bedeutung von Böden als Rohstoffquelle über die Bereitstellung (und Aufbereitung) von Wasser, von nachwachsenden Rohstoffen und von Bodenmaterialien wie Sand, Ton oder Torf.

Im wahrsten Sinne des Wortes bilden Böden die Grundlage der meisten wirtschaftlichen und nicht wirtschaftlichen Nutzungsaktivitäten des Menschen. Dies kann aber auch zu erheblichen Belastungen bis hin zu **irreversiblen Schädigungen** der Ressource Boden führen. Durch Fehl- oder Übernutzung sind aktuell weltweit etwa 2 Mrd. ha Bodenfläche in ihren natürlichen Funktionen stark gefährdet. Allein in Deutschland gehen derzeit bei einer Gesamtbodenfläche von 357 031 km^2 pro Tag etwa 100 ha, also 1 ‰ pro Jahr, natürlich gewachsener Boden durch Umwandlung in Siedlungs- und Verkehrsflächen verloren.

Durch fortlaufende Bodendegradation steigt zudem der Druck auf Böden mit ungünstigen Standortbedingungen hinsichtlich des Klimas, des Reliefs oder des Nährstoffnachlieferungsvermögens insbesondere in Regionen mit hoher Bevölkerungsdichte und hohen Geburtenraten. Dies erhöht wiederum das Gefährdungspotenzial und bedingt teils kostenintensive, Ressourcen schonende Investitionen und Schutzmaßnahmen, um nicht nur die Böden selbst, sondern über den Bodenpfad auch andere Schutzgüter wie den Menschen oder das Grundwasser nicht zu gefährden. Angesichts der Tatsache, dass Böden die Grundlage für die Ernährung einer ständig wachsenden Weltbevölkerung bilden, ergibt sich dringender Handlungsbedarf. Umweltpolitisches wie erzieherisches Ziel des 21. Jahrhunderts sollte es daher sein, die begrenzte, lebensnotwendige natürliche Ressource Boden viel stärker ins öffentliche Bewusstsein zu bringen und über Bodeninformationssysteme und intelligentes Ressourcenmanagement einer zunehmenden Degradierung und Zerschneidung der Landschaft und Naturräume im Sinne einer nachhaltigen Bodennutzung entgegenzuwirken, um das Gleichgewicht zwischen der Rate der Erneuerung über die Prozesse der Bodenbildung und der Rate der Belastung über die Bodennutzung aufrechtzuerhalten.

Die bodenartbedingte Verschlämmungsneigung und die Anzahl der bis an die Oberfläche reichenden schnell dränenden Grobporen (durch die letzte Bearbeitung, Trocken-, Frostrisse, Regenwurm-, Wurzelgänge) steuern jetzt das Prozessgeschehen. Bei schluffreichem und damit verschlämmungsanfälligem Substrat verschließen die losgelösten Bodenpartikel die Poreneingänge (*soil sealing*), die Infiltrationsrate sinkt auf < 20 % der Niederschlagsmenge und die Abflussmenge erhöht sich drastisch. Mehr Bodenteilchen werden verspült und lagern sich als oft nur millimeterdünne Schlämmschichten auf der Bodenoberfläche ab. Mit dem Aushärten entstehen **Schlämmkrusten** (*crusting*), welche beim nächsten Niederschlagsereignis die Infiltrationsrate weiter sinken und die Oberflächenabflussrate schnell ansteigen lassen. Ohne merklichen Übergang im Prozessgeschehen entstehen im Wasserfilm kleine Rillen von < 2 cm (*rill-interrill flow*).

Konzentriert sich der Abfluss, entstehen Rillen (Tiefe 2–10 cm), Rinnen (Tiefe 10–40 cm; Abb. 10.17) und bei entsprechender Abflussmenge Erosionsgräben (*gullys*, ab 40 cm Tiefe; Abb. 10.18). Entscheidende Faktoren hierfür sind neben der Erodibilität des Substrats die Hangneigung und die Hanglänge und damit die Größe des lokalen Einzugsgebiets sowie die Nutzung. Grundsätzlich gilt: Je steiler und länger der Hang, desto erosionsanfälliger ist er. In der Realität erhöhen das Sekundärrelief durch Wölbung des Hangs, die Stufung (z. B. durch Terrassierung) und das Mikrorelief durch die letzte Bearbeitung die Komplexität des Prozessgeschehens. Zusätzlich verändern sich während des Prozessgeschehens die Bedingungen durch die Wiederablagerungen von abgetragenem Bodenmaterial und die Reinfiltration von oberflächlichem Abfluss oder durch die Wasseraustritte von Zwischenabfluss (*sub surface flow*).

Abb. 10.16 Karte der weltweiten Bodenerosionsgefährdung und physikalischer sowie chemischer Degradierung. Es gilt zu beachten, dass die Datenlage sehr unterschiedlich ist und bereits aus den späten 1980er-Jahren stammt. Die Autoren selbst betrachten die Studie kritisch. Trotzdem liegt sie bis heute nahezu allen überregional vergleichenden Darstellungen zur Verbreitung und Stärke der Bodenerosion zugrunde (verändert nach Oldeman et al. 1991). ◄

Abb. 10.17 Verspülung von Feinmaterial und Rinnenerosion auf einer Mandelplantage in Andalusien. Auf diesem frisch gepflügten Boden lösten starke Regenfälle Verspülung von Feinmaterial aus, wodurch Rinnen in die Sedimente eingeschnitten wurden (Foto: J. B. Ries).

Lineare Erosionsformen setzen sich durch rückschreitende Erosion hangaufwärts fort. Infolge Strudelbildung (*head cut retreat*) werden schon in Rillen kleinste Stufen herauspräpariert und wandern durch Unterschneidung der Stufe und Nachbrechen nach oben. Piping-Prozesse können unterhalb der Bodenoberfläche durch Subrosion Material abführen. Nicht selten brechen *pipes* ein und zeichnen den Verlauf von Rinnen und *gullys* vor. **Gully-Erosion** zerstört die Flächen unwiederbringlich für die landwirtschaftliche Nutzung. Dieser spektakuläre Erosionsprozess liefert die größten Abtragsraten (Iserloh et al. 2017) und bietet das Bild einer hochgradig durch Bodenerosion geschädigten Landschaft (Abb. 10.18). Für die mechanisierte Bearbeitung stellen die *gully*-Ränder eine Gefährdung dar.

Ein vorrangig in Osteuropa, Westasien und Kanada weit verbreiteter Erosionstyp ist die **Schneeschmelzerosion**. Durch rasches Abschmelzen der Schneedecke kommt es auf Ackerflächen zu erheblichen Bodenverlusten durch starke Rinnenerosion. Neben Relief, Nutzung und Bodenbearbeitung sind die lokale Schneeverteilung, Frosttiefe, Temperaturentwicklung und Auftaugeschwindigkeit die entscheidenden Formungsparameter (Schmidt 2003).

Obwohl die Erosionsraten je nach Niederschlagsgeschehen, Hangneigung, -form und -länge, Grad und Art der Bodennutzung, insbesondere der Bodenbedeckung (Vegetationsbedeckung, -struktur, Steinbedeckung) erheblich variieren, kann von folgenden Größenordnungen ausgegangen werden: Durch *splash* werden etwa 10- bis 40-mal mehr Bodenbestandteile bewegt als durch den flächenhaften Abtrag und die Rillenerosion auf Ackerflächen. Diese wird mit Größenordnungen von 0,03 bis max. 740 Mg ha^{-1} a^{-1} angegeben, wobei von einer mittleren Abtrags-

rate von 25–35 Mg ha^{-1} a^{-1} auf Ackerflächen, z. B. in den USA, unter ungünstigen Verhältnissen wie in Zimbabwe auch von bis zu 80 Mg ha^{-1} a^{-1} ausgegangen werden kann (Schwertmann et al. 1987, Risse et al. 1993, Elwell 1984). Kommen die stärker linear wirksamen Erosionsprozesse Rinnenerosion und *gully*-Erosion hinzu, so erhöht sich der Abtrag um etwa eine Größenordnung.

Als **off-site-Schäden** sind die Überschüttung von Nutzpflanzen, von Infrastruktur, wie Straßen, Wege und Kanäle, die Sedimentationsproblematik in Speicherbecken (*siltation*) und die Eutrophierung durch Nährstoffeintrag sowie die Kontamination durch Schadstoffeintrag in die Gewässer zu betrachten. Oft übersteigen diese Schäden monetär die *on-site*-Schäden. Für das nachhaltige Wassermanagement in Trockengebieten ist der Verlust an Staukapazität durch den Eintrag von erodiertem Boden ein ernstes Problem.

Winderosion

Die zweite weltweit verbreitete Form ist die Bodenerosion durch Wind (Winderosion oder Bodenverwehung; Hassenpflug 1998). Betroffen sind aufgrund der schütteren Vegetationsbedeckung vorrangig die **Trockengebiete** und deren Randbereiche sowie Flächen mit fein- bis mittelsandigem Substrat. Winderosion ist korngrößenabhängig: 0,05–0,3 mm große Partikel werden am leichtesten in Bewegung gesetzt, größere sind zu schwer, kleinere oft durch Kohäsionskräfte gebunden. Die Prozesse gliedern sich in Deflation, Transport und Akkumulation. Die Ablösung, der eigentliche Erosionsprozess, erfolgt durch tangential an der Oberfläche wirksamen Windschub (*fluid impact*; Bagnold 1941; Abb. 10.18). Für die Ablösung sind die maximalen Wind-

Abb. 10.18 *Gully*-Erosion im Zentralen Ebrobecken. Auf diesem groß-maßstäbigen Luftbild ist die hangaufwärtige Entwicklung des *gullys* an der Zerschneidung der Ackerterrassen und der Verlegung des Weges (Ausbuchtung) gut nachzuvollziehen. Die *head-cut*-Entwicklung wird durch *piping*-Prozesse gesteuert. *Pipe*-Eingänge sind auf der obersten linken Terrasse zu erkennen. Dieses Foto wurde aus 150 m Höhe von einem ferngesteuerten Heißluftzeppelin aufgenommen. Die mit Wiederholungsaufnahmen abgeschätzte Wachstumsgeschwindigkeit liegt mit 0,5 m a^{-1} im Bereich vieler *gullys* im Mediterranraum (Foto: B. Ries).

geschwindigkeiten (Böen) ursächlich, welche die kritische Schubspannungsgeschwindigkeit überschreiten, oberhalb derer einzelne Bodenpartikel in Bewegung gesetzt werden können. Der Transport erfolgt bei den gröberen Bestandteilen (0,5–2 mm) kriechend und wird als **Reptation** (Abb. 9.58) bezeichnet. Die Bodenpartikel werden durch kleinere springende (saltierende) Körner angestoßen. Die Transportstrecken sind gering, meist nur wenige Meter. Der bei Weitem wichtigste Prozess ist die **Saltation** (Abb. 9.58). Die von der Bodenoberfläche aufgenommenen Bodenpartikel gelangen in Schichten größerer Windgeschwindigkeiten, werden beschleunigt und fallen in parabelförmiger Bahn zur Bodenoberfläche zurück. Dort übertragen sie ihre kinetische Energie auf ruhende Partikel, die ebenfalls wegspringen, oder, wenn sie dafür zu groß sind, weitergeschoben oder gerollt werden (*particle impact*). Dadurch werden auch zunächst nicht

erodierbare Aggregate und Krusten zerschlagen und Material für den Transport bereitgestellt. Die Flugbahnen erreichen mehrere Dezimeter Höhe und mehrere Meter Länge. Von Saltation betroffen sind vorrangig die Korngrößen von 0,06–1 mm. Die Reichweite variiert von wenigen bis einigen Hundert Metern. In Schwebe gehalten und über weite Strecken (regional bis transkontinental) transportiert werden Korngrößen bis ca. 0,07 mm. Dieser Fraktion gehören auch die wichtigen organischen Bestandteile an, welche durch ihr geringes Gewicht, einmal abgehoben, sehr weit verfrachtet werden können. Weitere wichtige Faktoren sind neben der Windgeschwindigkeit die Rauheit, der Feuchtegrad und die Bearbeitung der Oberfläche. Experimentelle Untersuchungen zur Anfälligkeit von Ackerflächen zeigen, dass quer zur Windrichtung bearbeitete Ackerflächen nur rund die Hälfte gegenüber solchen mit Längsfurchen liefern. Am anfälligsten sind geeggte und gewalzte abgetrocknete Oberflächen, welche um etwa eine Zehnerpotenz höhere Abträge als gepflügte auslösen (Fister & Ries 2009). Angaben zum Ausmaß sind weit schwieriger zu treffen als bei der Wassererosion. Hassenpflug (1998) gibt 16–99 Mg ha^{-1} Verlust durch Suspension bei einem Starkwindereignis in Norddeutschland an. Saltationsverluste kommen in der gleichen Größenordnung hinzu. Auf den Flächen ist neben dem Substrat- und Nährstoffverlust auch der Sandschliff an Pflanzen als Schädigung von Bedeutung.

Völlig unbeachtet war bis vor Kurzem die Interaktion zwischen Wind und fallendem Niederschlag. Die junge *wind-driven-rain*-Forschung zeigt, dass windbeeinflusster Regen höhere Fallgeschwindigkeiten, größere Tropfen und in der Konsequenz höhere kinetische Energie appliziert und zusammen mit dem schrägen Aufschlagswinkel der Tropfen höhere Ablösungsraten erzeugt als senkrecht fallender Regen (Iserloh et al. 2013a, Ries et al. 2014a). Hinzukommen stark erhöhte Verlagerungsraten durch *wind-driven splash* (Marzen et al. 2016). Nach ersten experimentellen Untersuchungen ist von einer Erhöhung des Bodenabtrags um rund ein Drittel gegenüber windlosem Regen auszugehen (Marzen et al. 2017).

Als *off-site*-**Schäden** sind bedeutsam: Überschüttung von Nutzpflanzen, Anhaften von Bodenpartikeln an Feldfrüchten auch in weiterer Entfernung, Überdeckung von Infrastruktur wie Straßen, Wege und Kanäle und der Ferntransport von Partikeln in Siedlungen. Letzteres führt in Dörfern und Städten in der Umgebung großer Trockengebiete, z. B. im Norden Chinas, zu einer Verminderung der Wohnqualität und zu einer ernsthaften gesundheitlichen Gefährdung der Bevölkerung.

Erosion durch Pflügen (*tillage erosion*)

Durch wiederholtes Pflügen mit Wendepflug oder Scheibenegge werden beträchtliche Bodenmengen hangabwärts bewegt. Die Raten liegen bei konventionellen Wendepflügen zwischen 280 kg m^{-1} (bei hangauf- und -abwärtigem Pflügen) und 140 kg m^{-1} (bei hangparallelem Pflügen; Poesen et al. 1997) und summieren sich über die Jahre zu problematischen Beträgen. Ackerrandstufen am oberen Feldrand und mächtige Kolluvien am unteren sind ein deutliches Anzeichen für die Wirksamkeit dieses Prozesses über Jahrzehnte bis Jahrhunderte. Viele unbefestigte Ackerterrassen entstanden durchaus gewollt auf diese Weise. In jüngster Zeit haben die Beträge in den intensiv ackerbaulich genutzten Regionen durch tiefer greifende Pflugscharen zugenommen. Zur *tillage erosion* gehört auch die **harvest erosion.** Hackfrüchten, wie Zucker-/Futterrüben und Kartoffeln, haften bei der mechanisierten Ernte beträchtliche Mengen Bodenmaterial an. Sie werden bis zum Feldrand, in Teilen aber auch bis in die Verarbeitungsbetriebe transportiert. Da es sich hier um sich jährlich wiederholende Vorgänge handelt, ist der direkte Bodenverlust, welcher in den Lösslandschaften Mitteleuropas mit 8–12 Mg ha^{-1} pro Ernte angeben wird (Poesen et al. 2001), als beträchtlich anzusehen. Nicht zu vernachlässigen sind die Auswirkungen menschlicher Fußtritte auf Anbauflächen, auf denen wesentliche Arbeitsschritte noch von Hand durchgeführt werden (z. B. Weinbergsböden). Schon Quinn et al. (1980) zeigen, dass die **Tritterosion** durch Bearbeiter einer der Schlüsselfaktoren für die Bodenerosion darstellen kann. Unabhängig von der Regenmenge und -intensität zeigen Studien von Rodrigo-Comino et al. (2017) die höchsten Abtragswerte während der Erntephase.

Erosion durch Weidetiere (*sheep erosion*)

Ein bisher zu wenig beachtetes Phänomen ist der direkte Einfluss von Weidetieren auf die Bodenverlagerung. Zwar werden Ziegen und Schafe in den Trockenregionen für die weitverbreitete Vegetationsdegradation als Voraussetzung für Abtrag durch Wasser und Wind (Überweidungsproblematik, Desertifikation) als hauptsächlich gesehen, und Rinder mit Bodenverdichtung und erhöhtem Abfluss in humiden Regionen in Verbindung gebracht, jedoch gibt es kaum Vorstellungen über das Ausmaß der Verlagerung von Bodenmaterial und Steinen durch die Tiere selbst. Als Grund hierfür ist die schwierige Erfassung solcher Raten anzusehen. Experimentelle Messungen mit Ziegen auf In-situ-Flächen (Zwergstrauchbestände in Südspanien und Südmarokko) lassen darauf schließen, dass hier von beträchtlichen Raten auszugehen ist. Entscheidende Faktoren sind die Anzahl der Tiere, deren **Laufgeschwindigkeit** und die Neigung der beweideten Flächen. Zuerst wird Feinmaterial mobilisiert, danach können auch größere Steine bewegt werden. Steine und Feinmaterial werden ganz überwiegend vorwärts/hangabwärts gestoßen, aber auch Bewegungsrichtungen entgegen der Laufrichtung und hangaufwärts können beobachtet werden (Ries et al. 2014b). Auf ebenen, schluffigen, stark verschlämmten Oberflächen konnte eine **Bodenmaterialablösung** von 66 Mg ha^{-1} pro 600 Ziegen und entlang von Ziegenpfaden auf einem 20° steil geneigten Hang eine Bodenverlagerungsrate von 62 Mg ha^{-1} pro 600 Ziegen erfasst werden. Je nach *trail*-Dichte und Überlaufhäufigkeit pro Zeiteinheit ergeben sich Werte weit oberhalb einer als unproblematisch einzustufenden Größenordnung für solche extensiv genutzten Weideflächen. Auch die Winderosion wird durch das Laufen der Weidetiere verstärkt. Fister & Ries (2009) konnten mit experimentellen Versuchen eine Verfünffachung des Austrags während simulierter Beweidung erfassen. Grund hierfür ist das Aufbrechen von Bodenkrusten und der Bewegungsimpuls für das Abheben von Material von der Oberfläche, welches dann vom Wind leicht aufgenommen und verfrachtet werden kann.

Tolerierbarer Bodenabtrag

Aus prozessmorphologischer und bodengeographischer Sicht kann nur eine Bodenerosionsrate im Bereich der Bodenneubildungsrate als akzeptabel eingestuft werden. Diese ist unter vielen Nutzungssystemen jedoch so gering, dass grundsätzlich Nutzungs- und Bearbeitungssysteme ohne nennenswerte Abtragsraten anzustreben sind. Hiervon gilt es Landnutzer und Entscheidungsträger zu überzeugen. Als realistischer **Zwischenschritt** wären Abtragsraten in Kauf zu nehmen, welche das Ertragspotenzial in einem Zeitraum von 300–500 Jahren nicht entscheidend schwächen (Schwertmann et al. 1987). In Regionen mit eingeschränkter Nahrungssicherheit und hohem Selbstversorgungsgrad (z. B. Äthiopisches Hochland) mögen übergangsweise Abtragsraten bis 10 Mg ha^{-1} a^{-1} akzeptabel sein. In Industrienationen mit hohem Technisierungsgrad in der Landwirtschaft und vielfachen Möglichkeiten des Erosionsschutzes müssen Werte deutlich unter 3 Mg ha^{-1} a^{-1} (tolerierbarer Bodenabtrag) erreicht werden (Exkurs 10.6).

Gegenmaßnahmen

Die effektivste Maßnahme gegen Wasser- und Winderosion ist die Erhöhung bzw. Erhaltung einer möglichst dichten **Bodenbedeckung** durch Vegetation, Ernterückstände oder aufgebrachten Mulch bzw. durch geeignete **Weiderotation.** Dies gilt besonders für die Zeit mit erhöhter Starkniederschlags- und/oder -windhäufigkeit. Vegetation und Mulch verringern durch Interzeption die *splash*-Wirkung, reduzieren die Abflussgeschwindigkeit und die Windgeschwindigkeit an der Bodenoberfläche, halten Bodenpartikel fest und fangen transportierte Partikel wieder ein, fördern die Infiltration entlang von Wurzeln, welche den Boden fixieren, erhöhen die Aggregatstabilität und beeinflussen die mikroklimatischen Bedingungen positiv. Auf Ackerflächen wird dies als *conservation tillage* heute vielfach propagiert und praktiziert. Das Pflügen mit dem Wendepflug unterbleibt, stattdessen erfolgt Direkteinsaat. Die Überfahrhäufigkeit wird reduziert, Ernterückstände und Wurzeln verbleiben so weit möglich im Boden. Auch eine dichte Steinbedeckung (*stone cover*) kann positive Effekte haben; sie reduziert die *splash*-Wirkung und erhöht die Infiltrationsraten. Im Steillagenweinbau an der Mosel ist sie seit Jahrhunderten verbreitet und führt zu vergleichsweise geringen Abtragsraten (Rodrigo-Comino et al. 2015).

Terrassierung stellt eine sehr wirkungsvolle Verminderung der Hangneigung auf den Terrassenflächen dar; dafür erhöht sich die Neigung an den neu geschaffenen Terrassenstufen. Auch die Hanglänge wird deutlich verkürzt. Seit Jahrtausenden werden deshalb Ackerterrassen erstellt, die Terrassenstufen mit Steinen oder dichter Vegetation stabilisiert und so selbst steile Hänge nutzbar gemacht, allerdings unter großen Bodenmaterialbewegungen fast ausschließlich hangabwärts und unter großem Aufwand für die Erhaltung dieses künstlichen Reliefs. Deshalb gilt Terrassierung heute nur eingeschränkt als sinnvolle Gegenmaß-

Exkurs 10.6 Bodenschutz

Rupert Bäumler

Wie kein anderes Medium nehmen Böden als nach allen Richtungen offene Systeme mit ausgeprägter Quellen- und Senkenfunktion jede noch so kleine Veränderung oder Verunreinigung auf, können diese über längere Zeiträume speichern, können dabei teils irreversibel geschädigt oder degradiert werden oder können Stoffe wieder an umgebende Medien wie das Grundwasser und die Atmosphäre abgeben. Zu den Belastungsursachen gehören insbesondere lokale bis diffuse Einträge von umweltrelevanten Stoffen anthropogener Herkunft, nutzungsinduzierte Erosion, mechanische Verdichtung, Überdüngung, Bodenversalzung, Versauerung, Nährstoffverarmung sowie Überbauung und Flächenversiegelung. Allerdings sind Böden erst Ende des 20. Jahrhunderts unter dem Druck der Befriedigung der Lebensbedürfnisse einer ständig wachsenden Weltbevölkerung und der Diskussionen über Ursachen und Folgen globaler Umweltveränderungen als schützenswert ins Blickfeld von Politik und Öffentlichkeit geraten. 1972 wurden Böden in der Bodencharta des Europarates als Schutzgut eingestuft, wonach alle erdenklichen Anstrengungen unternommen werden müssen, die vielfältigen Funktionen von Böden zu erhalten und Bodenzerstörung sowie jegliche Art von Belastung zu vermeiden oder zu beheben. Heute besteht darüber grundsätzlich breiter gesellschaftlicher wie politischer Konsens. Den natürlichen Funktionen, z. B. einer Ernährungssicherung über die Böden als Pflanzenstandort und Nährstoffspeicher, stehen allerdings menschliche Nutzungsansprüche gegenüber. Sie sind ebenso berechtigt, ihre Umsetzung geht aber häufig mit Interessenskonflikten und rechtlichen Problemen einher und beinhaltet wiederum ein erhebliches Gefährdungspotenzial für die natürlichen Funktionen. Ein Beispiel hierfür ist die Nutzung des Bodens als Fläche zur Deponierung von Abfällen. Dabei ist allein die weltweite Vielfalt an natürlich gewachsenen Böden an sich als fundamentaler Bestandteil unseres Ökosystems bereits schützenswert.

All diesen Forderungen und Konflikten muss Bodenschutz in ausreichender Form gerecht werden. Auf der einen Seite sind dazu präventive Maßnahmen erforderlich, um Beeinträchtigungen zu vermeiden und die vorhandene Ressource in ihrer Substanz und Fläche mit ihren natürlichen Funktionen nachhaltig zu sichern. Dabei muss es sich nicht zwangsläufig um primäre Schutzmaßnahmen für den Boden selbst handeln. Auch indirekte Maßnahmen zu Luftreinhaltung und Gewässerschutz oder die Ausweisung von Schutzgebieten zum Schutz seltener Pflanzen und Tiere und damit automatisch auch ihres dazugehörigen Lebensraumes Boden können dazu beitragen. Auf der anderen Seite beinhaltet Bodenschutz Sanierung und Rekultivierung, falls schädigende Bodenveränderungen bereits vorliegen (Exkurs 10.7). In Deutschland ist dazu am 1. März 1999 das Bundesbodenschutzgesetz in Kraft getreten. Die Umsetzung erfordert neben einer Integration auf administrativer, planerischer wie geographisch lokaler bis länderübergreifender Ebene eine vorausschauende Bodennutzung über den Aufbau von Bodeninformationssystemen und Datenbanken, die Erarbeitung von Schutz-, Sanierungs- und Finanzierungskonzepten bei unsachgemäßer Nutzung, die Bewertung des Nutzungs- und Gefährdungspotenzials oder bereits erfolgter Schädigungen, Nutzungsbeschränkungen, um irreparable Schädigungen des Schutzgutes Boden selbst oder die Gefährdung anderer Schutzgüter einschließlich des Menschen zu vermeiden, Maßnahmen zur Wiederherstellung der natürlichen Funktionen, die Vermittlung guter fachlicher Praxis und nicht zuletzt Forschungsförderung. Bodenschutz und nachhaltige Bodennutzung gehören national wie international zu den großen Herausforderungen und Prioritäten des 21. Jahrhunderts.

Kapitel 10

nahme. Vorhandene Ackerterrassen und dicht begrünte Ackerraine sollten jedoch erhalten werden. Dies gilt besonders, wenn im Rahmen von Flurzusammenlegungen für Maschineneinsätze die Hanglängen vergrößert werden.

Herausforderungen der Bodenerosionsforschung

Bis heute gibt es kein zuverlässiges Inventar weltweiter Bodenerosionsraten. Die Zusammenstellung für Deutschland zeigt erschreckende Lücken von Messwerten in vielen Regionen und für viele Landnutzungen, z. B. für Weideflächen und unter Wald (Auerswald et al. 2009). Nach einer Phase mit aufwendigen Testflächenmessungen in der zweiten Hälfte des letzten Jahrhunderts wurden in den zwei vergangenen Jahrzehnten die Hoffnungen auf die **Modellierung** gesetzt. Die Ergebnisse sind nur teilweise befriedigend. In Zukunft müssen Messreihen gezielt in Regionen und unter Landnutzungen mit geringer und/oder schlechter Datenlage, dies sind vorrangig Weideflächen und Wald in Mittelgebirgslandschaften sowie Flächen mit Energiepflanzen, hinzugewonnen werden. Die prozessorientierte Modellierung gilt es zu intensivieren. Hierzu bedarf es experimenteller Forschung zur Partikelablösung und zum -transport. Methoden und Messtechniken müssen weiterentwickelt und unter den Arbeitsgruppen besser abgestimmt werden (Iserloh et al. 2013b, Ries et al. 2009, Ries et al. 2013). Die rasante technische Entwicklung bei Aufnahme- und Dokumentationsverfahren, z. B. zeitlich hochauflösendes großmaßstäbiges Luftbildmonitoring mit Flugdrohnen, *structure-from-motion*-Verfahren und „intelligente" Bewegungssensoren wie der *smartstone,* gilt es zu nutzen und zielführend in die Bodenerosionsforschung zu implementieren (Kaiser et al. 2014, Becker et al. 2015, Gronz et al. 2016). Der engen Verzahnung von Experiment und Modell kommt die größte Bedeutung zu.

Exkurs 10.7 Anthrosole – das Sündenregister der Industriegesellschaft

Martin Sauerwein, Thomas Scholten

Anthrosole oder anthropogene Böden sind in erster Linie geprägt durch menschliche Einflussnahme. Grundsätzlich kann man dabei zwei Kategorien unterscheiden. Zunächst kann es sich um natürliche Böden handeln, die in ihrem Aufbau sehr stark umgestaltet wurden, sodass die ursprüngliche Horizontabfolge weitgehend verloren ging (Meuser & Blume 2005). Dieses ist der Fall, wenn Oberbodenmaterial durch Wasser- und Winderosion oder durch Bearbeitungsmaßnahmen umgelagert wurde. Durch Erosion oder die Anhäufung von Ackerbergen bilden sich Kolluvien, durch Plaggenwirtschaft entstehen Plaggenesche, die intensive Gartenkultur sowie der Weinbau bringen Hortisole hervor und nach einem Tiefumbruch oder nach turnusmäßigem tiefem Rigolen entwickeln sich Treposole und Rigosole als neue Böden (AG Boden 2005).

Die zweite Kategorie umfasst Böden, die auf anthropogenen Ablagerungen entstehen. Es können Ablagerungen aus natürlichen und aus technogenen Substraten unterschieden werden. Zu den erstgenannten gehören Ablagerungen im Zusammenhang mit dem Lagerstättenabbau wie Ton-, Lehm-, Mergel-, Sand- und Kiesgewinnung, Torfaubbau, Kohleabbau, Uran-, Salz- und Erzbergbau. Technogene Substrate sind dagegen Materialien, die erst durch den Menschen entstanden sind wie beispielsweise Bauschutt, Schlacken, Aschen, Müll und Klärschlämme.

Weltweit nimmt der städtische Verdichtungsraum oder urbane Raum und die damit verbundene Flächeninanspruch-nahme stetig zu. In Deutschland werden zurzeit etwa 70 ha Fläche pro Tag versiegelt. Stellt man die Frage, welche Bedeutung Böden im städtischen Ökosystem haben, so stehen die Standortfunktion für die Vegetation, die Funktion für den städtischen Wasserhaushalt und die Klimaregulationsfunktion im Vordergrund (Breuste et al. 2016). Gleichzeitig unterliegt die städtische Pedosphäre quantitativen und qualitativen stofflichen Beeinflussungen, die zu entsprechenden Änderungen der urbanen Böden beitragen (Tab. A; Burghardt 1996, Levin et al. 2017) und die urbane Bodenbildung somit auf unterschiedliche Art und Weise beeinflussen (Tab. B).

Zusammenfassend kann man die Eigenschaften urbaner Böden wie folgt charakterisieren (Sauerwein 2011): Es handelt sich um ein kleinräumiges Bodenmosaik der städtischen Siedlungsfläche, das von Meter zu Meter sehr stark differieren kann. Bei fortschreitender Urbanisierung nehmen die Eingriffe in die Bodenstruktur besonders durch bauliche Maßnahmen, mechanische Belastungen sowie Fremd- und Schadstoffeinträge zu, und es kommt zum Rückgang der oberflächenbildenden Böden bzw. offenen Freiflächen.

Auf den offenen Freiflächen (Vor-, Haus-, Kleingärten, Grünanlagen) ist die Spannbreite von humusarmen Schütt- und Aufschüttungsböden bis zu dunklen humus- und nährstoffreichen Substraten (durch intensive, künstliche Düngung) sehr hoch. Dabei ist die Mehrzahl der Stadtböden humusarm, was durch die Beseitigung des Laubs und der Streu (Humusbildner) durch intensive Pflegemaßnahmen auf den Grünflächen (insbesondere der Parkanlagen) begründet ist.

Stoffbestand	• Feststoffaufträge von natürlichen und technogenen Substraten oder Gemengen aus diesen • Stoffeinträge, gasförmig, gelöst oder fest aus der Atmosphäre, Produktions- und Siedlungsstätten, Verkehr, Infrastruktureinrichtungen • Schadstofftransfer • Humusbildung und Grundwasserabsenkung
Stoffaustausch zwischen den Sphären	• Klimaveränderung • Bodenverdichtung und Versiegelung • Wassereinzugsgebietsveränderungen • Veränderungen des Abstandes Bodenoberfläche/Grundwasser
Überprägung natürlicher Merkmals- und Prozessstrukturen	• anthropogene Raummuster • vertikale und horizontale Heterogenisierung • anthropogen gesteuerter Reliefwandel
Zeitraum ihrer Bildung und der Häufigkeit des Flächennutzungswandels	
Veränderung der Speicher- und Transferfunktionen der Böden für Schadstoffe	

Tab. B Art und Weise der Beeinflussung der urbanen Bodenbildung.

Humusanreicherung	Regosole (kalkfrei) und Pararendzinen (kalkhaltig)
Karbonatanreicherung	vorwiegend aus Bauschutt, Entstehung von Pararendzinen
Mischung von Substraten technischen Ursprungs mit natürlichem Boden	Phyrolithe
Ablagerungen von Substraten technischen Ursprungs (Bauschutt, Aschen etc.)	Technolithe
Stauwasserbildung über künstlichen Stausohlen	Pseudogleye
reduktomorphe Prozesse infolge Sauerstoffzehrung, z. B. durch Methanbildung	Methanosole, Reduktosole
Partikeleinlagerung	zwischen das Skelett (Gestein)

Die wichtigste physiko-chemische Kenngröße – der pH-Wert – liegt bei der Mehrzahl der Stadtböden als Folge von kalkreichen Bauschuttresten und aufgewehtem Staub im neutralen Bereich, Werte über 7,5 findet man beispielsweise in den Pararendzinen der Ruderalflächen auf Trümmerschutt.

Die Reduktion des Porenvolumens senkt zugleich die Wasserspeicherkapazität der Böden, sodass plötzlich auftretende große Wassermengen (durch Starkregen und aufgrund der Versiegelung erhöhten Oberflächenabfluss) nur zum Teil im Boden versickern können. Die feinmaterialreichen, oberflächlich abfließenden Wässer verschlämmen zusätzlich den Oberboden.

Die Belastung der Stadtböden kann erfolgen durch Schadstoffeinträge aus der Luft, durch Regen- und Taufall, durch Hochwässer (insbesondere bei Auenböden), durch Altlasten, Auftausalze, Leitungsleckagen, Havarien, unsachgemäße Lagerung von umweltgefährdenden Stoffen oder Überdüngung. Belastungsarten können dabei eine erhöhte Säurebelastung durch sauren Regen sein oder eine Stoffbelastung durch stadttypische Schwermetalle (Blei, Kupfer, Zink, Nickel, Mangan, Cadmium) und organische Schadstoffe (PAK, PCB), die sich über Jahre zu erheblichen Mengen anreichern. Die Gruppe der persistenten, das heißt im Boden nicht oder nur in langen Zeiträumen abbaubaren, problematischen Stoffe bildet so ein wachsendes Gefahrenpotenzial. Die Anreicherung kann zu latenten, bei Überschreiten bestimmter Belastungsgrenzen deutlichen Beeinträchtigungen von Bodenflora und Bodenfauna und bis hin zu akuten Gefährdungen auch des Menschen durch direkten Kontakt bzw. über die Nahrungskette und das Grundwasser führen. Gefährdungspfade für Bodenschadstoffe zum Mensch sind (Abb. A):

- Belastungspfad Boden-Luft-Mensch (pulmonale/direkte Aufnahme)
- Belastungspfad Boden-Mensch (orale/direkte bzw. kutane/direkte Aufnahme)
- Belastungspfad Boden-Grundwasser-Trinkwasser-Mensch (orale/indirekte Aufnahme)
- Belastungspfad Boden-Pflanzen-Nahrung-Mensch (orale Aufnahme über die Nahrungskette)

Hinsichtlich der Funktionen städtischer Böden im urbanen Ökosystem ist es von entscheidender Bedeutung, dass eine Stadt den Boden nicht nur als Standort für Infrastruktureinrichtungen benötigt. Der Boden bildet als offenes System den Durchsatzraum für eine Vielzahl von Stoffen, und der urbane Wasserhaushalt ist eng mit dem des Bodens verknüpft. Insgesamt können urbane Böden als stark gestört angesehen werden, die lediglich eingeschränkte Bodenfunktionen erfüllen.

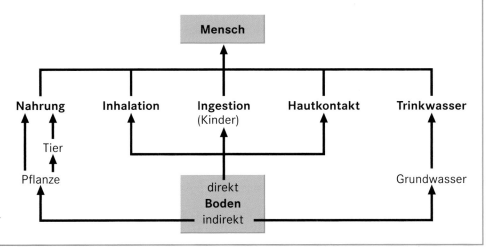

Abb. A Urbane Böden als Belastungsquelle für den Menschen.

Die Interaktion zwischen Wind- und Wassererosionsprozessen ist noch zu wenig verstanden. Experimentelle Studien weisen auf eine deutliche Zunahme von Erosionsraten durch windbeeinflussten Regen im Gegensatz zu windlosem Regen hin (Marzen et al. 2017). Auch die Oberflächenabflussrate wird leicht erhöht. Unklar ist, inwieweit sich die Interaktion zwischen windbeeinflusstem Oberflächenabfluss und windbeeinflusstem Regentropfen auf das Prozessgeschehen und die Erosionsraten auswirkt.

Die Ablösungsprozesse am Hang und die Verbindung zu den Gerinnen sind noch zu wenig verstanden (Seeger et al. 2009). Viele Arbeiten der vergangenen Jahre deuten darauf hin, dass viel mehr Material abgetragen und auf den Hängen umgelagert als in das fluviale System eingetragen wird (Bork 2006). Dieser Anteil des Sedimentaustrags hängt in großem Maße von der **Konnektivität** zwischen Sedimentquellen und den -senken bzw. den dorthin führenden Transportpfaden ab (Bracken & Croke 2007). Die Verknüpfung zwischen diesen unterschiedlichen Einheiten kann sowohl struktureller als auch funktionaler Art sein, wobei die strukturelle Konnektivität die Verknüpfung zwischen den unterschiedlichen Einheiten darstellt, (z. B. über Topographie) und die funktionale Konnektivität sich aus den prozessbegleitenden Veränderungen von Vegetation, Bodeneigenschaften etc. ergibt (Masselink et al. 2016, Poeppl & Parsons 2017). So erhalten die Verknüpfungen zwischen den Sedimentquellen, -transportpfaden und -senken sowie deren jeweilige Effektivität eine herausragende Bedeutung für die skalenübergreifende Betrachtung der **Sedimentdynamik** (Masselink et al. 2017, Poeppl et al. 2017).

Die Rolle der Bodenerosion im Kohlenstoffkreislauf ist unklar. Das Monitoring größerer Erosionsformen (Rinnen, *gullys*) zur Bestimmung der Prozessdynamik hat gerade erst begonnen (Peter et al. 2014, Aber et al. 2010, Marzolff & Ries 2007). Durch den aktuellen Landnutzungswandel (Zunahme erosionsfördernder Nutzungen) und den erwarteten **Klimawandel** (Zunahme an Starkregenereignissen) werden sich die Bodenerosionsraten vielerorts tendenziell erhöhen, in welchem Ausmaß ist unklar. Nur, wenn durch experimentelle und modellierende Forschung unser Wissen vergrößert wird, können erosionsvermindernde Maßnahmen effektiv eingesetzt werden.

Literatur

Aber J, Marzolff I, Ries JB (2010) Small-Format Aerial Photography – Principles, Techniques and Geoscience Applications. Elsevier, Amsterdam

AG Boden (2005) Bodenkundliche Kartieranleitung. 5. Aufl. Schweizerbart, Stuttgart

Amelung W, Blume H-P, Fleige H, Horn R, Kandeler E, Kögel-Knabner I, Kretzschmar R, Stahr K, Wilke B-M (Hrsg) Scheffer/Schachtschabel. Lehrbuch der Bodenkunde. 17. Aufl. Springer Spektrum, Berlin

Auerswald K (1998) Bodenerosion durch Wasser. In: Richter G (Hrsg) Bodenerosion. Analyse und Bilanz eines Umweltproblems. Wissenschaftliche Buchgesellschaft, Darmstadt

Auerswald K, Fiener P, Dikau R (2009) Rates of sheet and rill erosion in Germany – A meta-analysis. Geomorphology 111: 182–193

Bagnold RA (1941) The physics of blown sand and desert dunes. London

Baumann F, Schmidt K, Dörfer C, He JS, Scholten T, Kuehn P (2014) Pedogenesis, permafrost, substrate and topography: Plot and landscape scale interrelations of weathering processes on the central-eastern Tibetan Plateau. Geoderma 226: 300–316

Becher HH (2000) 2.6.2.1 Morphologie. In: Handbuch der Bodenkunde. 8. Erg. Lfg. Landsberg a. L.

Becker K, Gronz O, Wirtz S, Seeger M, Brings C, Iserloh T, Casper MC, Ries JB (2015) Characterization of complex pebble movement patterns in channel flow – A laboratory study. Cuadernos de Investigación Geográfica 41/1: 63–85

Birkeland PW (1999) Soils and Geomorphology. New York, Oxford

Blakemore LC, Searle PL, Daly BK (1987) Methods for chemical analysis of soils. Scientific report 80. New Zealand soil bureau, Lower Hutt, New Zealand

Blume H-P, Brümmer GW, Horn R, Kandeler E, Kögel-Knabner I, Kretzschmar R, Stahr K, Wilke B-M (Hrsg) Scheffer/Schachtschabel. Lehrbuch der Bodenkunde. 16. Aufl. Spektrum Akademischer Verlag, Heidelberg

Bodenschätzungsgesetz (BodSchätzG) (2007) Gesetz zur Schätzung des landwirtschaftlichen Kulturbodens. https://www.gesetze-im-internet.de/bodsch_tzg_2008/BJNR317600007.html (Zugriff 2.10.2018)

Bork H-R (2006) Landschaften der Erde unter dem Einfluss des Menschen. Wissenschaftliche Buchgesellschaft, Darmstadt

Bracken LJ, Croke J (2007) The concept of hydrological connectivity and its contribution to understanding runoff-dominated geomorphic systems. Hydrological Processes 21: 1749–1763

Brümmer G (1968) Untersuchungen zur Genese der Marschen. Diss. Univ. Kiel

Burghardt W (1996) Boden und Böden in der Stadt. In: Arbeitskreis Stadtböden der Deutschen Bodenkundlichen Gesellschaft (Hrsg) Urbaner Bodenschutz. Springer, Berlin u. a.

Eitel B, Faust D (2013) Bodengeographie. Westermann, Braunschweig

Elwell HA (1984) Sheet erosion from arable lands in Zimbabwe: prediction and control. Challenges in African Hydrology and Water Resources. IAHS Publ. 144: 429–438

European Communities (2005) Soil Atlas of Europe. Office for Official Pulications of the European Communities, Luxembourg

FAO (1974) Soil map of the world. FAO, Rome, Italy

FAO (1994) Soil map of the world (überarb. Legende). ISRIC, Wageningen, Niederlande

FAO (1998) World reference base for soil resources. Rome, Italy

FAO (2006) Guidelines for soil description. Hg. v. FAO. Rome, Italy. Online verfügbar unter http://www.fao.org/docrep/019/a0541e/a0541e.pdf (Zugriff 20.2.2018)

Felix-Henningsen P (1994) Paläoböden. In: Kunze H, Roeschmann G, Schwertfeger H (Hrsg) Bodenkunde. Ulmer, Stuttgart

Fister W, Ries JB (2009) Wind erosion in the Central Ebro Basin under changing land use management. Field experiments with a small, portable wind tunnel. Journal of Arid Environments 73/11: 996–1004

Gronz O, Hiller PH, Wirtz S, Becker K, Iserloh T, Seeger M, Brings C, Aberle J, Casper MC, Ries JB (2016) Smartstones: A small 9-axis sensor implanted in stones to track their movements. Catena 142: 245–251

Hassenpflug W (1998) Bodenerosion durch Wind. In: Richter G (Hrsg) Bodenerosion. Analyse und Bilanz eines Umweltproblems. Wissenschaftliche Buchgesellschaft, Darmstadt

Heimsath AJ, Dietrich WE, Nishiizumi K, Finkel RC (2001) Stochastic processes of soil production and transport: erosion rates, topographic variation and cosmogenic nuclides in the Oregon coast range. Earth Surf. Process. Landforms 26: 531–552

Hintermayer-Erhard G, Zech W (1997) Wörterbuch der Bodenkunde. Enke, Stuttgart

Iserloh T, Fister W, Marzen M, Seeger M, Kuhn NJ, Ries JB (2013a) The role of wind-driven rain for soil erosion – an experimental approach. Zeitschrift für Geomorphologie 57/1: 193–201

Iserloh T, Ries JB, Arnáez J, Boix-Fayos C, Butzen V, Cerdà A, Echeverría MT, Fernández-Gálvez J, Fister W, Geißler C, Gómez JA, Gómez-Macpherson H, Kuhn NJ, Lázaro R, León FJ, Martínez-Mena M, Martínez-Murillo JF, Marzen M, Mingorance MD, Ortigosa L, Peters P, Regüés D, Ruiz-Sinoga JD, Scholten T, Seeger M, Solé-Benet A, Wengel R, Wirtz S (2013b) European small portable rainfall simulators: a comparison of rainfall characteristics. Catena 110: 100–112

Iserloh T, Wirtz S, Seeger M, Marzolff I, Ries JB (2017) Erosion processes on different relief units – the relationship of form and process. Cuadernos de Investigación Geográfica 43/1: 171–187

IUSS Working Group WRB (2015) World reference base for soil resources – International soil classification system for naming soils and creating legends for soil maps. http://www.fao.org/3/a-i3794e.pdf (Zugriff 3.1.2018)

Jenny H (1980) The Soil Resource. Springer

Kaiser A, Neugirg F, Rock G, Müller C, Haas F, Ries JB, Schmidt J (2014) Small-Scale Surface Reconstruction and Volume Calculation of Soil Erosion in Complex Moroccan Gully Morphology using Structure from Motion. Remote Sensing 6/8: 7050–7080

Kubiena WL (1953) Bestimmungsbuch und Systematik der Böden Europs. Enke, Stuttgart

Kuntze H, Roeschmann G, Schwertfeger G (1994) Bodenkunde. 5. Aufl. Stuttgart

Marzen M, Iserloh T, De Lima JLMP, Ries JB (2016) The effect of rain, wind-driven rain and wind on particle transport under controlled laboratory conditions. Catena 145: 47–55

Marzen M, Iserloh T, De Lima JLMP, Fister W, Ries JB (2017) Impact of severe rain storms on soil erosion: Experimental evaluation of wind-driven rain and its implications for natural hazard management. Science of the Total Environment 590/591: 502–513

Marzolff I, Ries JB (2007) Gully monitoring in semi-arid landscapes. Z. Geomorph. 51/4: 405–425

Masselink RJH, Keesstra SD, Temme AJAM, Seeger M, Giménez R, Casalí J (2016) Modelling Discharge and Sediment Yield at Catchment Scale Using Connectivity Components. Land Degradation & Development 27: 933–945

Masselink RJH, Heckmann T, Temme AJAM, Anders NS, Gooren HPA, Keesstra SD (2017) A network theory approach for a better understanding of overland flow connectivity. Hydrological Processes 31: 207–220

Meuser H, Blume H-P (2005) Anthropogene Böden. In: Blume H-P (Hrsg) Handbuch des Bodenschutzes. Ecomed. 573–592

Mückenhausen E (1977) Entstehung, Eigenschaften und Systematik der Böden der Bundesrepublik Deutschland. DLG-Verlag

Oldeman LR, Hakkeling RTA, Sombroek WG (1991) World Map of the Status of Human-induced Soil Degradation (revised ed.) Three maps and explanatory note. ISRIC, Wageningen, and UNEP, Nairobi

Opp C (1998) Geographische Beiträge zur Analyse von Bodendegradationen und ihrer Diagnose in der Landschaft. Bodenkundlich-geoökologische und geographisch-landschaftsökologische Beiträge zur Umweltforschung. Leipziger Geowissenschaften 8. Leipzig

Opp C (1999) Bodenverdichtungen. In: Bastian O, Schreiber KF (Hrsg) Analyse und ökologische Bewertung der Landschaft. 2. Aufl. Heidelberg, Berlin. 225–231

Peter KD, d'Oleire-Oltmanns S, Ries JB, Marzolff I, Aït Hssaïne A (2014) Soil erosion in gully catchments affected by land-levelling measures in the Souss Basin, Morocco, analysed by rainfall simulation and UAV remote sensing data. Catena 113: 24–40

Poeppl RE, Parsons AJ (2017) The geomorphic cell: a basis for studying connectivity. Earth Surface Processes and Landforms. DOI: https://doi.org/10.1002/esp.4300

Poeppl RE, Keesstra SD, Maroulis J (2017) A conceptual connectivity framework for understanding geomorphic change in human-impacted fluvial systems. Geomorphology 277: 237–250

Poesen J, van Wesemael B, Govers G, Martinez-Fernandez J, Desmet P, Vandaele K, Quine T, Degraer G (1997) Patterns of rock fragment cover generated by tillage erosion. Geomorphology 18: 183–197

Poesen J, Verstraeten G, Seynaeve L, Soenens R (2001) Soil losses caused by Chicory root and sugar beet harvesting in Belgium: Importance and Implications. In: Stott DE, Mohtar RH, Steinhardt GC (eds) Substaining the Global Farm. Selected papers from the 10th International Soil Conservation Organization Meeting held May 24–29, 1999 at Purdue University and the USDA-ARS National Soil Erosion Research Laboratory. 312–316

Quinn NW, Morgan RPC, Smith AJ (1980) Simulation of soil erosion induced by human trampling. Journal of Environmental Management 10: 155–165

Retallack EJ (1990) Soil of the Past, an Introduction to Paleopedology. Harper Collins Academic. London

Richter J (1986) Der Boden als Reaktor. Modelle für Prozesse im Boden. Stuttgart

Ries JB, Seeger M, Iserloh T, Wistorf S, Fister W (2009) Rainfall simulation experiments – drop size distribution, fall velocity and distribution pattern of artificial rainfall evaluated by different methods. Soil and Tillage Research 106: 109–116

Ries JB, Iserloh T, Seeger M, Gabriels D (2013) Rainfall simulations – constraints, needs and challenges for a future use in soil erosion research. Zeitschrift für Geomorphologie 57/1: 1–10

Kapitel 10

Ries JB, Marzen M, Iserloh T, Fister W (2014a) Soil erosion in Mediterranean landscapes – Experimental investigation on crusted surfaces by means of the Portable Wind and Rainfall Simulator. Journal of Arid Environments 100–101: 42–51

Ries JB, Andres K, Wirtz S, Tumbrink J, Wilms T, Peter KD, Burczyk M, Butzen V, Seeger, M (2014b) Sheep and goat erosion – experimental geomorphology as an approach for the quantification of underestimated processes. Zeitschrift für Geomorphologie 58/3: 023–045

Risse LM, Nearing MA, Nicks AD, Laflen JM (1993) Error Assessment in the Universal Soil Loss Equation. Soil Science Society of America Journal 57/3: 825–833

Rodrigo-Comino J, Brings C, Lassu T, Iserloh T, Senciales JM, Martínez-Murillo JF, Ruiz-Sinoga JD, Seeger M, Ries JB (2015) Rainfall and human activity impacts on soil losses and rill erosion in vineyards (Ruwer valley, Germany). Solid Earth 6: 823–837

Rodrigo-Comino J, Brings C, Iserloh T, Casper M.C, Seeger M, Senciales JM, Brevik EC, Ruiz Sinoga JD, Ries JB (2017) Temporal changes in soil water erosion on sloping vineyards in the Ruwer-Mosel Valley. The impact of age and plantation works in young and old vines. Journal of Hydrology and Hydromechanics 65/4: 402–409

Sauerwein M (2011) Urban Soils. In: Niemelä J (ed) Urban Ecology. Patterns, Processes and Applications. Oxford University Press. 45–58

Schmidt R-G (2003) Vorgänge und Formen der Bodenerosion durch Schneeschmelze. J. Plant Nutr. Soil Sci. 166 (1): 131–133

Schwertmann U, Vogl W, Kainz M (1987) Bodenerosion durch Wasser – Vorhersage des Abtrages und Bewertung von Gegenmaßnahmen. Ulmer, Stuttgart

Seeger M, Marzolff I, Ries JB (2009) Identification of Gully-development Processes in Semi-arid Landscapes. Z. Geomorph. N. F. 53: 417–431

Trumbore S (2000) Age of soil organic matter and soil respiration: radiocarbon constraints on belowground C dynamics. Ecological Applications 10/2: 399–411

Ulrich B (1981) Ökologische Gruppierung von Böden nach ihrem chemischen Bodenzustand. Zeitschr. Pflanzenernähr. Bodenk. 144: 289–305

Weiterführende Literatur

AG Boden (2005) Bodenkundliche Kartieranleitung. 5. Aufl. Schweizerbart, Stuttgart

Amelung W, Blume H-P, Fleige H, Horn R, Kandeler E, Kögel-Knabner I, Kretzschmar R, Stahr K, Wilke B-M (Hrsg) Scheffer/Schachtschabel. Lehrbuch der Bodenkunde. 17. Aufl. Springer Spektrum, Berlin

Auerswald K, Fiener P, Dikau R (2009) Rates of sheet and rill erosion in Germany – A meta-analysis. Geomorphology 111: 182–193

Bachmann J, Horn, R und Peth S (2014) Die physikalische Untersuchung von Böden. 3. Aufl. Enke, Stuttgart

Blume H-P, Felix-Henningsen P, Frede H-G, Guggenberger G, Horn R, Stahr K (2009) Handbuch der Bodenkunde. Wiley-VCH, Weinheim

Blume H-P, Horn R, Thiele-Bruhn S (Hrsg) (2010) Handbuch des Bodenschutzes: Bodenökologie und -belastung. Vorbeugende und abwehrende Schutzmaßnahmen. 4. Aufl. Wiley-VCH, Weinheim

Breuste J, Haase D, Pauleit S, Sauerwein M (2016) Stadtökosysteme: Funktion, Management und Entwicklung. Springer

Bundesanstalt für Geowissenschaften und Rohstoffe (BGR) (Hrsg) (2016) Bodenatlas Deutschland. Böden in thematischen Karten. Schweizerbart, Stuttgart

Bundesbodenschutzgesetz (1998) Gesetz zum Schutz vor schädlichen Bodenveränderungen und zur Sanierung von Altlasten. BGB II vom 17.03.1998. 502–510

Driessen J, Nachtergaele F, Spaargaren O (1991) World Reference base for Soil Resources – introduction. Acco, Leuven, Niederlande

Driessen PM, Dudal R (1991) The major soils of the world. Agric. Univ. Wageningen, Niederlande

Eberle J, Eitel B, Blümel WD, Wittmann P (2017) Deutschlands Süden – vom Erdmittelalter zur Gegenwart. Springer, Heidelberg

Eitel B, Faust D (2013) Bodengeographie. Westermann, Braunschweig

Felix-Henningsen P (1990) Die mesozoisch-tertiäre Verwitterungsdecke (MTV) im Rheinischen Schiefergebirge. Aufbau, Genese und quartäre Überprägung. Relief, Boden, Paläoklima 6. Borntraeger, Stuttgart

Fiedler HJ (2001) Böden und Bodenfunktionen in Ökosystemen, Landschaften und Ballungsgebieten. Expert Verlag, Renningen-Malmsheim

Hartge KH (1992) Bodennutzung und Bodenschutz. Die Geowissenschaften 10/1: 4–9

Henkner J, Ahlrichs JJ, Downey S, Fuchs M, James BR, Knopf T, Scholten T, Teuber S, Kühn, P (2017) Archaeopedology and chronostratigraphy of colluvial deposits as a proxy for regional land use history (Baar, southwest Germany). Catena 155: 93–113

Hiller DA, und Meuser H (1998) Urbane Böden. Springer, Berlin

Hintermayer-Erhard G, Zech W (1997) Wörterbuch der Bodenkunde. Enke, Stuttgart

Levin MJ, Kim KHJ, Morel JL, Burghardt W, Charzynski P, Shaw RK (2017) Soils within cities. Catena Soil Sciences, Schweizerbart, Stuttgart

McBratney AB, Mendonca Santos ML, Minasny B (2003) On digital soil mapping. Geoderma 117: 3–52

Pietsch J, Kamieth H (1991) Stadtböden. Entwicklungen, Belastungen, Bewertung und Planung. Blottner, Taunusstein

Richter G (1998) Bodenerosion. Analyse und Bilanz eines Umweltproblems. Wissenschaftliche Buchgesellschaft, Darmstadt

Scholten T, Goebes P, Kühn P, Seitz S, Assmann T, Bauhus J, Bruelheide H, Buscot F, Erfmeier A, Fischer M, Härdtle W, He JS, Ma K, Niklaus PA, Scherer-Lorenzen M, Schmid B, Shi XZ, Song ZS, von Oheimb G, Wirth C, Wubet T, Schmidt K (2017) On the combined effect of soil fertility and topography on tree growth in subtropical forest ecosystems – a study from SE China. J Plant Ecol 10/1: 111–127

Scull P, Franklin J, Chadwick OA, McAthur D (2003) Predictive soil mapping: a review. Progress Physical Geography 27: 171–197

Semmel A (1993) Grundzüge der Bodengeographie. 3. Aufl. Teuber, Stuttgart

Shary PA, Sharaya LS, Mitusov AV (2002) Fundamental quantitative methods of land surface analysis. Geoderma 107: 1–35

Summer ME (1999) (ed) Handbook of Soil Science. London

Winkel H (1991) Historische Entwicklung der Vorstellung von der Bodenfruchtbarkeit und ihr Bezug zu den produktionstechnischen, ökonomischen und gesellschaftlichen Rahmenbedingungen. Berichte über Landwirtschaft, Sonderheft 203: 14–28

Kapitel 10

Biogeographie

Eine Brutkolonie von 10 000 Königspinguinen (*Aptenodytes patagonicus*) liegt auf einer Sanderfläche in Gold Harbour vor den zurückweichenden Gletschern von Südgeorgien, die mit zunehmender Klimaerwärmung den Zugang zu den Nestern für invasive Ratten und Mäuse freigeben.

Als der schiffbrüchige Polarforscher Sir Ernest Shackleton am 20. Mai 1916 die Walfangstation „Stromness" auf der subantarktischen Insel Südgeorgien sichtete, lag eine vierwöchige Odyssee in einem offenen Rettungsboot über das stürmischste Meer hinter ihm. Endlich konnte er Hilfe für seine gestrandeten Kameraden holen, die er 800 Seemeilen entfernt vor der Antarktischen Halbinsel zurücklassen musste, nachdem sein Expeditionsschiff „Endurance" vom Packeis des Weddell-Meeres zerdrückt worden und untergegangen war. Damals konnte er nicht ahnen, welche Folgen die Entdeckungsfahrten seiner Zeitgenossen für die indigene Tier- und Pflanzenwelt der Antarktis haben würden: In den sechs Jahrzehnten bis zu ihrer Schließung im Jahr 1965 verarbeiteten die Walfangstationen auf Südgeorgien allein 175 000 erlegte Wale; in der gesamten Antarktis wurden 1 500 000 Wale und Millionen von Robben abgeschlachtet, von denen sich die meisten Populationen bis heute nicht erholt haben. Ebenso konnte er nicht vorhersehen, dass die friedlich grasenden Rentiere, die er auf den Tussockwiesen vor der Walverarbeitungsstation beobachtete und die zur Fleischversorgung der Arbeiter der Walfabriken aus Skandinavien eingeführt worden waren, die sensiblen subantarktischen Ökosysteme schädigen und die darin gelegenen Nistplätze der Vögel zerstören würden. Auch war ihm wohl nicht bewusst, dass die Tradition der norwegischen Walfänger, nach ihrem Tod eine Schaufel Muttererde aus Norwegen auf ihr Grab schütten zu lassen, zu einer Invasion von Neophyten über die subantarktischen Inseln führen würde, die die konkurrenzarme indigene Vegetation immer weiter verdrängt. Mit den Schiffen auf die subantarktischen Inseln eingeschleppte Ratten und Mäuse dezimieren zudem die flugunfähige Vogelwelt, indem sie ihre Gelege plündern und die Küken fressen. Waren die Verbreitungsgebiete der eingeschleppten Raubsäuger bisher auf wenige eisumschlossene Buchten in der Nähe der Häfen begrenzt, so sorgt der Klimawandel heute dafür, dass die Bedrohung der indigenen Tierwelt dramatisch zunimmt: Die schnell zurückschmelzenden Gletscherzungen verlieren den Kontakt zum Meer und geben Landbrücken frei, über die die invasiven Arten weitere Habitate besiedeln können, die bisher als Rückzugsräume der gefährdeten endemischen Fauna durch das Eis geschützt waren. Heute versucht der Mensch die Folgen seines Handelns unter Kontrolle zu bringen und die indigene Lebewelt auf Südgeorgien durch Bekämpfung der invasiven Arten vor dem Aussterben zu bewahren. – Fragestellungen der Angewandten Biogeographie reichen von den ökologischen Folgen historischer Ausbeutung biotischer Ressourcen bis zu den rezenten Auswirkungen des Klimawandels auf die Pflanzen- und Tierwelt sowie auf Mensch und Umwelt. Problemlösungsansätze werden u. a. aus den Konzepten und dem Methodenspektrum des Arten- und Naturschutzes sowie der Bewertung von Ökosystemleistungen der biologischen Vielfalt erarbeitet.

11.1 Grundlagen

Rainer Glawion

Was ist Leben?

Was unterscheidet Lebewesen von leblosen Systemen oder Gebilden? Die klassischen **Lebensmerkmale**, die in ihrer Summe eine Abgrenzung zu leblosen Systemen ermöglichen, sind (nach Bresinsky et al. 2008):

- **stoffliche Zusammensetzung:** In der Trockenmasse aller Lebewesen dominieren organische Moleküle (Proteine, Nucleinsäuren, Polysaccharide, Lipide), die nur von Lebewesen synthetisiert werden (Biosynthese).
- **Bewegung:** Jeder aktiv lebende Organismus und jede Zelle lassen Bewegungen erkennen (Motilität).
- **Reizaufnahme und -beantwortung:** Alle Organismen und Zellen empfangen Umweltsignale mit Rezeptoren (Perzeption) und setzen sie in geeignete Reaktionen um.
- **Ernährung und Stoffwechsel:** Lebewesen müssen zur Aufrechterhaltung ihrer hohen strukturellen und funktionellen Ordnung Energie zuführen. Sie nehmen energiereiche Stoffe bzw. Photonen (bei grünen Pflanzen) auf und geben energiearme Stoffe ab (Stoffwechsel).
- **Wachstum und Entwicklung:** Vielzellige Organismen beginnen ihre Individualentwicklung meist mit einer einzigen Zelle. Sie wachsen unter Zellvermehrung zu ihrer Endgröße heran. Dabei verändert sich – im Gegensatz zu wachsenden Kristallen – auch ihre Gestalt. Gleichzeitig differenzieren sich die zunächst ähnlichen Zellen des Keims.
- **Fortpflanzung:** Die Generationenfolge besteht aus zeitlich aneinander gereihten Lebens- oder Fortpflanzungszyklen. Dadurch wird das Leben einer Sippe fortgesetzt.
- **Vermehrung:** Fortpflanzung ist normalerweise mit Vermehrung verbunden, um den Fortbestand einer Sippe trotz Verlusten durch äußere Einflüsse zu sichern. Eine Bakterienzelle teilt sich unter Optimalbedingungen alle 20 min. Bei ungehemmter Vermehrung würde die Zellmasse ihrer Nachkommen schon in knapp zwei Tagen das Volumen der Erde ausfüllen.
- **Vererbung:** Durch Vervielfältigung und Weitergabe einer genetischen Information verläuft die Individualentwicklung in aufeinanderfolgenden Generationen im Wesentlichen gleich.
- **Evolution:** Bei längeren Generationenfolgen kommt es in der genetischen Information zu Veränderungen, die vererbt werden (Mutationen). Unter dem Selektionsdruck der Umwelteinflüsse etablieren sich neue Arten, die an die Umweltbedingungen besser angepasst sind.

Als übergeordnetes Lebenskriterium erscheint bei allen Organismen ihre Fortpflanzungsfähigkeit. Bei allen Organismen enthält die genetische Information den Entwicklungsplan für eine komplexe molekulare Maschinerie, deren Hauptfunktion ihre eigene Reproduktion ist (Glawion et al. 2019).

Gegenstand und Fragestellungen der Biogeographie

Das Arbeitsfeld der Biogeographie umfasst nicht nur die Vegetation und Tierwelt, sondern auch die Wechselwirkungen mit den Umweltfaktoren Mensch, Boden, Klima, Relief und Gestein, die auf das Pflanzen- und Tierleben einwirken. Sämtliche Umweltbereiche bilden zusammen mit ihren direkten bzw. indirekten ökologischen Wechselwirkungen ein Beziehungsgefüge, das als Ökosystemmodell darstellbar ist (Abb. 11.1). Der von Or-

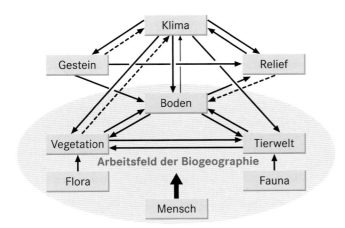

Abb. 11.1 Das Arbeitsfeld der Biogeographie im Beziehungsgefüge der Umweltbereiche, dargestellt als einfaches Ökosystemmodell.

ganismen bewohnbare Raum der Erde, der die Gesamtheit der Ökosysteme umfasst, wird als Biosphäre bezeichnet. Die **Biosphäre** wird von Lebensgemeinschaften (**Biozönosen**) bewohnt. Teildisziplinen der Biogeographie sind die Pflanzengeographie (Vegetationsgeographie) und die Tiergeographie.

In der Biogeographie werden folgende Fragestellungen verfolgt, aus denen sich einzelne Arbeitsrichtungen ergeben:

- Wie sind die einzelnen Tier- und Pflanzensippen auf der Erde verbreitet? Hiermit beschäftigt sich die **Arealkunde** (Abschn. 11.2).
- Welche Beziehungen bestehen zwischen den Tieren und Pflanzen untereinander und zu ihrem Lebensraum? Diese Fragestellung bearbeitet die **Ökologie der Pflanzen und Tiere** (Abschn. 11.3).
- Welche erd- und stammesgeschichtlichen Ursachen führten zur Entwicklung und heutigen Verbreitung der Tiere und Pflanzen? Welcher zeitlichen Dynamik und welchem zeitlichen Wandel unterliegen die Lebensgemeinschaften? Auf diese Fragen versucht die **Paläobiogeographie** mit speziellen Methoden Antworten zu finden (Abschn. 11.4).
- Welche Lebensgemeinschaften bilden Tiere und Pflanzen heute und wie sind diese verbreitet? Lassen sich bestimmte Raummuster von Biozönosen erkennen und wie können diese klassifiziert werden? Mit diesen systematischen Fragestellungen beschäftigt sich die **Biozönologie** (Abschn. 11.5).
- Welche Ökosystemleistungen erbringt die biologische Vielfalt für den Menschen? Welche Auswirkungen hat der rezente Klimawandel auf Pflanzen und Tiere sowie auf Mensch und Umwelt? Diesen Fragestellungen und ihren Problemlösungsansätzen widmet sich die **Angewandte Biogeographie** (Abschn. 11.6), die das Methodenspektrum und die Erkenntnisse der Allgemeinen Biogeographie in die Naturschutz-, Landschafts- und Umweltplanung einbringt.

Kausal betrachtet ist die heutige Verbreitung der Pflanzen- und Tiersippen im Raum (Arealkunde) und ihrer Vergesellschaftungen (Biozönologie) das Resultat von rezenten Umweltfaktoren

(Ökologie) sowie paläogeographischen und evolutionsgenetischen Vorgängen (Paläobiogeographie).

Sippensystematik der Pflanzen und Tiere

Bis heute sind etwa 1,7 Mio. lebende Organismenarten weltweit beschrieben (IUCN 2018). Drei Viertel gehören dem Reich der Tiere an (1 275 000 Arten), rund ein Sechstel dem Pflanzenreich (275 000 Arten), und die verbleibenden 150 000 Arten werden den **Protobionten** zugeordnet, zu denen die Algen, Flechten und Pilze zählen. Von den 275 000 lebenden Pflanzenarten gehören rund 240 000 zu den **Samenpflanzen** (*Spermatophyta*). Bis auf etwa 800 Nacktsamer (*Gymnospermae*), zu denen unsere Nadelgehölze zählen, werden sie der Gruppe der bedecktsamigen Blütenpflanzen (*Angiospermae*) zugeordnet, zu denen u. a. unsere Laubgehölze, krautigen Pflanzen und Gräser gehören. Auf etwa 10 000 Arten werden die **Farnpflanzen** und auf rund 24 000 die **Moose** geschätzt (Klink 1998). Das Tierreich wird von den Insekten dominiert, die mit rund 925 000 Arten zwei Drittel aller Tierarten bzw. die Hälfte aller Organismenarten der Erde stellen. Dagegen sind die Wirbeltiere nur mit etwa 69 000 Arten vertreten (4 % aller Organismenarten).

Die tatsächliche Anzahl der auf der Erde lebenden Tier- und Pflanzenarten wird um ein Vielfaches höher geschätzt (bis zu 20 Mio. Arten). Allerdings zerstört der Mensch die Lebensräume in heutiger Zeit weltweit mit so großer Geschwindigkeit, dass der anthropogen bedingte **Artenschwund** auf rund 100 Arten pro Tag geschätzt wird. Somit werden jährlich 30 000 bis 40 000 Arten ausgerottet, von denen die meisten nicht bekannt sind und deren potenzieller Wert für die Ernährung oder die Medizin niemals erfasst werden konnte (Abschn. 11.6).

Um die Vielfalt der Arten überschaubarer zu machen, wurde ein hierarchisches taxonomisches System entwickelt, das den natürlichen phylogenetischen Verwandtschaftsbeziehungen folgt. Eine Sippe (Taxon, Plural: Taxa) bezeichnet eine Individuengruppe gleicher Abstammung innerhalb einer beliebigen systematischen Kategorie dieses Systems. Sippen niederen Ranges setzen sich zu umfassenderen Sippen höheren Ranges zusammen. Sämtliche systematischen Einheiten werden mit lateinischen Namen belegt, um die internationale Verständlichkeit zu erleichtern. Die Art (Spezies) ist die Grundeinheit im System der Pflanzen und Tiere. Sie umfasst die Gesamtheit der Individuen, die sich auf natürliche Weise untereinander uneingeschränkt fortpflanzen und in allen typischen Merkmalen untereinander und mit ihren Nachkommen übereinstimmen. Arten, die sich durch bestimmte gemeinsame Merkmale von anderen unterscheiden, werden zu einer Gattung zusammengefasst. Mehrere verwandtschaftlich ähnliche Gattungen bilden eine Familie, mehrere Familien werden zu Ordnungen zusammengefasst und so weiter (Tab. 11.1 und 11.2).

Die Arten werden nach der **binären Nomenklatur** von Carl von Linné (1753) benannt. Der Artname besteht aus einem Sub-

Tab. 11.1 Sippensystematik der Pflanzen am Beispiel des Gänseblümchens (*Bellis perennis*).

taxonomische Kategorien	taxonomische Einheiten (Beispiel)
Reich	Pflanzen
Unterreich	*Cormobionta* = Gefäßpflanzen
Abteilung	*Spermatophyta* = Samenpflanzen
Unterabteilung	*Angiospermae* = Bedecktsamer
Klasse	*Dicotyledonae* = Zweikeimblättrige
Ordnung	*Asterales*
Familie	*Asteraceae* = Korbblütler
Gattung	*Bellis*
Art (species, spec.)	*Bellis perennis* = **Gänseblümchen**
Unterart (subspecies, ssp.)	
Varietät (varietas, var.)	
Form (forma, f.)	*hortensis* (gefüllt)

Tab. 11.2 Sippensystematik der Tiere am Beispiel der Stubenfliege (*Musca domestica*).

taxonomische Kategorien	taxonomische Einheiten (Beispiel)
Reich	Tiere
Unterreich	*Metazoa* = vielzellige Tiere
Stamm	*Arthropoda* = Gliederfüßler
Unterstamm	*Tracheata* = Tracheenatmende
Klasse	*Hexapoda* = Insekten
Unterklasse	*Pterygota* = geflügelte Insekten
Ordnung	*Diptera* = Zweiflügler
Unterordnung	*Brachycera* = Fliegen
Familie	*Muscidae* = echte Fliegen
Gattung	*Musca*
Art	*Musca domestica* = **Große Stubenfliege**

stantiv, das die Zugehörigkeit zur Gattung, beispielsweise *Bellis* angibt, und einem nachgestellten Substantiv oder Adjektiv, dem Artepithet (z. B. *perennis*). Es folgt der Name des Erstbeschreibers (z. B. L. für Carl von Linné). Der vollständige Artname für das Gänseblümchen in diesem Beispiel lautet also *Bellis perennis* L. (Tab. 11.1). Die Große Stubenfliege als Beispiel aus der Tierwelt trägt den Artnamen *Musca domestica* (Tab. 11.2).

11.2 Arealkunde

Elisabeth Schmitt und Thomas Schmitt

Arealsysteme

Systematische Einheiten (z. B. Arten, Gattungen, Familien) und Lebensgemeinschaften des Pflanzen- und des Tierreichs sind nicht einheitlich und gleichmäßig auf dem Globus verteilt, sondern zeigen alle ein sehr spezifisches Verbreitungs-

gebiet, ihr Areal. Im Laufe ihrer Evolution und der damit einhergehenden Eroberung von Lebensraum hat jede Art besondere Eigenschaften hinsichtlich ihrer Gestalt, Struktur und Physiologie entwickelt, die es ihr erlauben, unter bestimmten Umweltbedingungen leben, sich fortpflanzen und verbreiten zu können. Vor allem durch diese entwicklungsgeschichtlichen Anpassungen bestimmen, gestalten und begrenzen physikalische und biotische Umweltfaktoren und ihre geographische Anordnung das Verbreitungsgebiet von Lebewesen und Lebensgemeinschaften. Arten bemächtigen sich ihres Areals mithilfe unterschiedlicher verbreitungsökologischer Mechanismen und in zahlreichen Ausbreitungsschritten. Die Ausbreitung erfolgt aktiv aus eigener Kraft wie bei vielen Tierarten (**Autochorie**) oder wie bei den meisten Pflanzenarten passiv (**Allochorie**) mithilfe von Ausbreitungsmedien beispielsweise durch Wind (Anemochorie), Wasser (Hydrochorie), Tiere (Zoochorie) oder durch den Menschen (Hemerochorie). Die theoretisch erreichbare äußerste Ausbreitungsgrenze und damit die **potenzielle Arealgröße** ist in der Regel von der ökologischen Valenz, konkurrierenden Sippen und der Ausbreitungsfähigkeit abhängig. Ihr Erreichen setzt eine ausreichend große Zeitspanne voraus. Doch selbst wenn diese gegeben ist, gelangen die meisten Arten nicht zwangsläufig und überall an die Grenzen ihres potenziellen Areals, da sich der Ausbreitung immer wieder sog. Ausbreitungsbarrieren – das sind für die jeweilige Art unbesiedelbare Räume – entgegenstellen können. Dabei kann die Barrierefunktion dieser Räume klimatischen Ursprungs (z. B. kühles Höhenklima für eine wärmeliebende Flachlandart) oder geomorphologischer Art (z. B. Gebirge, Meere) sein. Um als Ausbreitungshindernis wirken zu können, muss die Ausdehnung in jedem Fall größer sein als der mit den natürlichen Ausbreitungsmechanismen der Art noch überbrückbare Raum. Aber auch in den erreichbaren Teilen des potenziellen Areals gelingt der Art eine hundertprozentige Arealausfüllung nicht, da das vorhandene Standortmosaik auch solche Standorte beinhaltet, die aufgrund ungünstiger edaphischer Bedingungen (Bodenfeuchte, Nährstoffsituation, Bodenreaktion) oder beeinträchtigender biotischer Faktoren (übermäßige Konkurrenz, Fressfeinde) eine dauerhafte Ansiedlung nicht erlauben. Aufgrund solcher Ausbreitungs- und Ansiedlungshindernisse schrumpft das potenzielle Areal einer Art auf das in der Regel eine deutlich kleinere Fläche umfassende reale Areal zusammen. So wird beispielsweise das reale Areal der Rotbuche (*Fagus sylvatica*) in Europa nach Norden durch zu kalte Winter, nach Osten durch zu geringe Niederschläge, in Südeuropa durch Sommerdürre in den Tieflagen und auf den britischen Inseln durch eine unvollständige Einwanderung begrenzt (Abb. 11.2). Aber selbst in ihrem Hauptverbreitungsgebiet Mitteleuropa gibt es Standorte wie Moore oder Felshänge, die aufgrund der edaphischen Bedingungen nicht besiedelt werden können.

Die Darstellung der Verbreitungsmuster von Pflanzen- und Tierarten erfolgt in **Arealkarten**. Grundlage hierfür sind topographische Karten, in die jeder Fundort der jeweiligen Art mit einem Punkt eingetragen wird (Punktkarte). Bei genauer Kenntnis der ökologischen Ansprüche einer Art lassen sich Lücken zwischen Fundorten auf ihr dortiges Vorkommen bzw. Fehlen hin interpretieren. Aus der Verbindung aller Fundorte, inklusive der positiv beurteilten Lücken, mit einer Linie ergibt sich eine Umrisskarte als Abgrenzung des Areals.

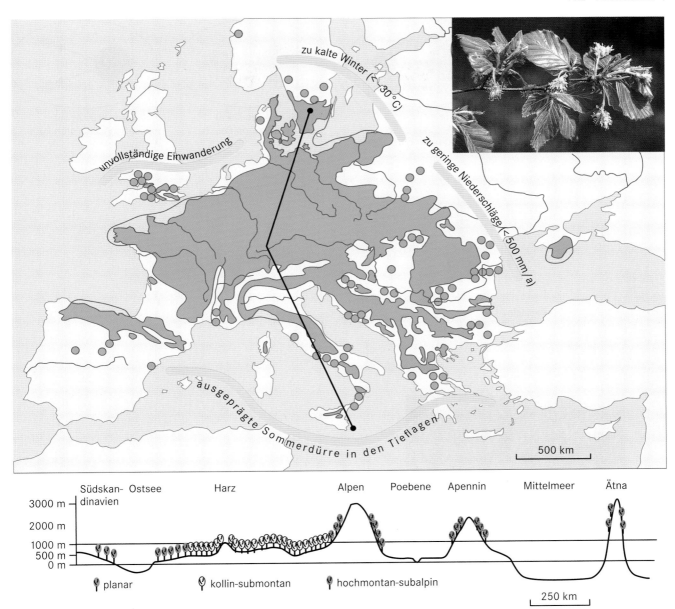

Abb. 11.2 Areal der Rotbuche (*Fagus sylvatica*) in Europa (verändert nach Schroeder 1998, Foto: T. Schmitt).

Die Ermittlung von Artarealen und die Erstellung von Arealkarten erfolgt auf der Basis von umfangreichen Literatur- und Herbarauswertungen sowie auf sehr zeitaufwendigen Geländekartierungen. Ein umfassendes Beispiel hierfür ist die **floristische Kartierung Mitteleuropas**, bei der die Rasterflächen der topographischen Karten 1:25 000 systematisch auf das Inventar ihrer Gefäßpflanzen hin untersucht wurden. Als Ergebnis entstanden für die einzelnen Arten Punktrasterkarten, zusammengestellt in Florenatlanten (Haeupler & Schönfelder 1989). Die eingesetzte standardisierte und jederzeit wiederholbare Methodik entspricht bei regelmäßiger Anwendung einem **Biomonitoring**. Auf der Basis der Ersterhebung liefert sie wichtige Informationen über einen eventuellen Artenverlust und geeignete Maßnahmen des Artenschutzes.

Entsteht bei der Anfertigung einer Umrisskarte aufgrund der Anordnung der Fundorte eine einzige Fläche, so wird von einem **geschlossenen Areal** gesprochen. Einzelne außerhalb der geschlossenen Fläche liegende Fundorte, sog. Exklaven, können auf eine potenzielle Ausweitung des Areals hindeuten. Bei einer Zersplitterung des Areals in mehrere gleich große oder häufiger ungleich große Teilareale handelt es sich um ein **disjunktes Areal** (Abb. 11.3). Eine Arealdisjunktion liegt dann vor, wenn zwischen den Teilgebieten ein natürlicher Genaustausch ausgeschlossen ist. Disjunktionen lassen sich vielfach durch die Veränderung von Umweltbedingungen (z. B. Klimaänderung) erklären, wenn physiologische Kälte- oder Hitzegrenzen erreicht werden oder konkurrenzstärkere Arten einen Verdrängungspro-

Kapitel 11

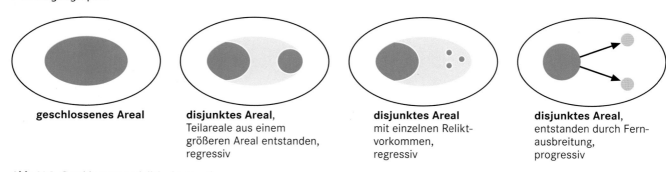

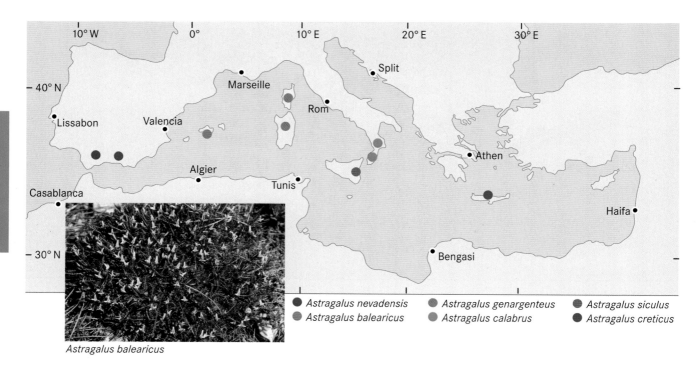

Abb. 11.3 Geschlossene und disjunkte Areale.

Abb. 11.4 Areal endemischer *Astragalus-Arten* im Mittelmeerraum (Foto: T. Schmitt).

zess verursachen. Auf diese Weise kann ein geschlossenes Areal in Teilareale zerfallen, und isolierte Vorkommen abseits des Hauptareals bilden Reliktstandorte. So treten etwa in den Alpen oder einigen Mittelgebirgen Europas (z. B. Harz, Bayerischer Wald, Schwarzwald, Tatra) Glazialrelikte, z. B. Zwergbirke (*Betula nana*), Silberwurz (*Dryas octopetala*), Alpen-Bärlapp (*Lycopodium alpinum*) auf, die in der letzten Eiszeit deutlich weiter verbreitet waren und heute ihr Hauptverbreitungsgebiet in Skandinavien oder Sibirien besitzen. Neben dieser durch klimatische Veränderungen bedingten Form der Disjunktion kann es aber auch aufgrund geologisch-tektonischer Prozesse zur Bildung disjunkter Areale kommen. Ein Beispiel hierfür ist die Gattung Südbuche (*Nothofagus*) mit ihren zwei Teilarealen in Südaustralien/Neuseeland und Südamerika. Dies zeigt, dass Areale keine statischen Gebilde sind, sondern ständigen Änderungen unterliegen. Generell sind zwei Richtungen der Arealveränderung denkbar: eine Arealverkleinerung (regressives Areal) wie bei **Glazialrelikten** oder Baumarten, die im Tertiär über die gesamte Nordhemisphäre verbreitet waren und sich heute auf

kleine Areale in Ostasien (z. B. Ginkgobaum *Ginkgo biloba*) oder Nordamerika (z. B. Mammutbaum *Sequoia sempervirens et gigantea*) beschränken, oder eine Arealausweitung (progressives Areal) in bislang unbesiedeltes Gebiet aufgrund veränderter Umwelt- und Lebensbedingungen bzw. durch die Überwindung bestehender Ausbreitungsbarrieren mithilfe des Menschen (z. B Neophyten und Neozoen).

Gerade Sippen, deren Vorkommen stark an menschliche Einflüsse gebunden sind, treten weltweit, auf fast allen Kontinenten auf. Sie zählen zur Gruppe der **Kosmopoliten**. Neben der engen Bindung an den Menschen (z. B. Löwenzahn *Taraxacum officinale*, Brennnessel *Urtica dioica*, Einjähriges Rispengras *Poa annua*) sind eine breitere ökologische Toleranz und effiziente Ausbreitungsfähigkeiten (z. B. Schilf *Phragmites communis*, Adlerfarn *Pteridium aquilinum*, Rauchschwalbe *Hirundo rustica*, Wanderfalke *Falco peregrinus*, Distelfalter *Vanessa cardui*) wichtige Voraussetzungen für ein globales Areal. Im krassen Gegensatz zu den Kosmopoliten stehen Sippen, deren Verbreitung auf ein räumlich

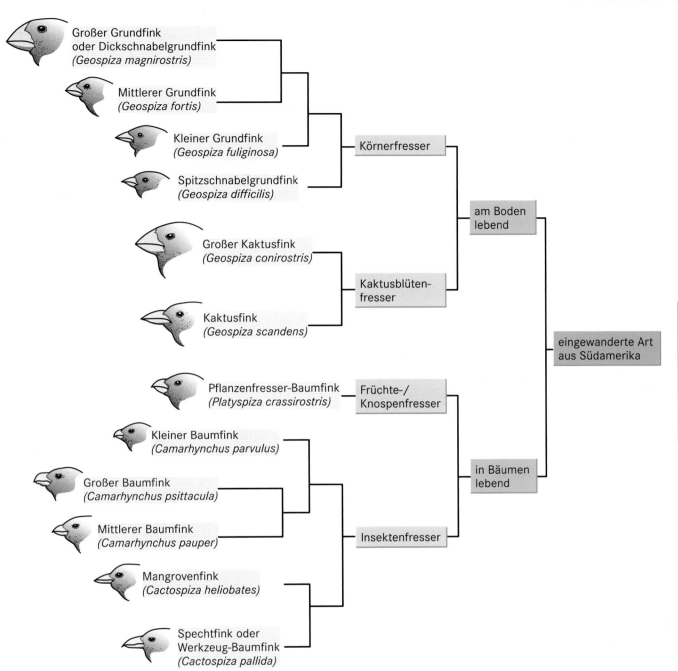

Abb. 11.5 Darwin-Finken auf den Galapagos-Inseln als Beispiel einer adaptiven Radiation (verändert nach Odum 1991).

eng begrenztes Gebiet beschränkt ist. Diese sog. **Endemiten** (Abb. 11.4) sind bevorzugt auf Inseln oder in Gebirgen zu finden, das heißt in isolierten Lebensräumen, in denen ein floristischer bzw. faunistischer Austausch mit Nachbargebieten weitgehend fehlt und sich so eine eigenständige evolutionäre Entwicklung vollzieht. Man unterscheidet **Paläoendemiten** (Reliktendemiten) und **Neoendemiten**. Bei den Paläoendemiten handelt es sich um ehemals weiter verbreitete Sippen, die sich über geologische Zeiträume hinweg in isolierten Lebensräumen erhalten konnten, während sie in Regionen mit floristischem Austausch durch Kon-

kurrenzdruck und evolutionäre Prozesse ausgestorben sind (z. B. Arten der Pflanzengattung Tragant *Astragalus* in mediterranen Gebirgen). Neoendemiten sind dagegen Sippen in Gattungen, die sich in isolierten Räumen durch eine intensive Artbildung auszeichnen. Auf der Zeitskala der Evolution „gerade" neu entstanden fehlen ihnen geeignete Ausbreitungsmechanismen, um die **Isolation** ihrer Lebensräume zu überwinden. Klassisches Beispiel hierfür sind die Darwin-Finken auf den Galapagos-Inseln, wo sich aus einer Elternart insgesamt 13 verschiedene Finkenarten entwickelten (Abb. 11.5). Möglich wurde diese intensive Artaufspaltung durch die Erschließung und Besetzung unterschiedlicher ökologischer Nischen (adaptive Radiation). Forciert wurde sie durch die fehlenden räumlichen Entfaltungsmöglichkeiten der ursprünglichen Sippe. Weitere Beispiele der Neoendemismenbildung finden sich bei den hawaiianischen Kleidervögeln bzw. im Pflanzenreich in den West- und Südalpen (z. B. Steinbrech *Saxifraga*, Primel *Primula*) und auf den Kanarischen Inseln (z. B. Natternkopf *Echium*, Hauswurz *Aeonium*). Die durch adaptive Radiation erzielte extreme Spezialisierung auf bestimmte Nahrungsquellen oder Standortbedingungen erhöht das ursprüngliche Verbreitungshindernis zusätzlich.

Auf Inseln sind neben der Entfernung zum Festland letztlich die Standortvielfalt (Inselgröße, Reliefausbildung) und die damit verbundene **Anzahl ökologischer Nischen** für den Endemitenreichtum verantwortlich. Zwischen den beiden angesprochenen Extremen, Kosmopoliten einerseits und Endemiten andererseits, gibt es alle vorstellbaren **Übergänge** im Raummuster von Arten.

Vergleicht man die Areale von zwei Sippen miteinander, so werden diese nicht völlig identisch sein, da der gegenseitige Konkurrenz- und Selektionsdruck zu groß wäre. In Lage, Größe und Form lassen sich aber vielfach Übereinstimmungen erkennen, die beispielsweise auf vergleichbaren ökologischen Ansprüchen oder ähnlicher Ausbreitungsgeschichte beruhen. Gruppen von Pflanzen- oder Tiersippen mit annähernder Gleichheit ihrer Areale werden zu **Arealtypen** zusammengefasst, die eine biotische Gliederung und ökologische Bewertung eines Raums erlauben (Meusel et al. 1965, Walter & Straka 1970).

Floren- und Faunenreiche

Die Zusammenfassung von Sippen mit einer ähnlichen Verbreitung zu Arealtypen ist die Basis für eine hierarchische biogeographische Ordnung der Erde. Als ranghöchste Einheiten werden in diesem Ordnungssystem sog. Floren- und Faunenreiche ausgegliedert. Die Einteilung und Abgrenzung der einzelnen Floren- und Faunenreiche beruht auf empirischen Werten zur Ähnlichkeit von Flora und Fauna bzw. zu ihrem Wandel im Raum. So sind für die Grenzziehung zwischen zwei Reichen die Stärke des Floren- oder Faunenkontrastes und das floristische bzw. faunistische Gefälle verantwortlich. Der Kontrast ergibt sich aus der Summe der Sippen a, die in einem Gebiet A vorkommen und im Gebiet B fehlen, und den Sippen b, die im Gebiet B vorkommen und im Gebiet A fehlen. Bei vollständiger Verschiedenheit entspricht dies der Gesamtzahl der Sippen aus beiden Gebieten, bei Gleichheit dem Wert Null. Das Gefälle markiert den Kontrast, der sich auf 100 km Entfernung zwischen den beiden Gebieten vollzieht. Warum dieser Kontrast bzw. das Gefälle besteht, ob aus rezenten ökologischen Gründen oder aufgrund von entwicklungsgeschichtlichen Ursachen, spielt für die Aufteilung des Globus in die verschiedenen Floren- oder Faunenreiche keine Rolle. Mit dieser Vorgehensweise lässt sich die Erde in **sechs Florenreiche** bzw. **sieben Faunenreiche** gliedern (Abb. 11.6), die sich jeweils durch einen großen biologischen Kontrast verbunden mit einem

steilen Gefälle an ihren Grenzen auszeichnen (Schroeder 1998, Sedlag 1995).

In ihren geographischen Grundzügen sind sich die beiden Ordnungssysteme, Florenreiche auf der einen Seite und Faunenreiche auf der anderen, sehr ähnlich. Ursache hierfür ist, dass ihre Einteilungen nicht auf der Gesamtheit von Flora und Fauna, sondern auf Blütenpflanzen und Säugetieren beruhen, die sich am Ende der Kreide ausbreiteten und deren Ausbreitung durch vergleichbare Barrieren begrenzt wurde. Dies wird am **holarktischen Florenreich** sehr deutlich, das sich über die gesamte Nordhalbkugel erstreckt. Insbesondere Zoogeographen nehmen eine Untergliederung in **Nearktis** und **Paläarktis** vor, doch ist der Kontrast zwischen beiden aufgrund der erst späten Trennung von Nordamerika und Eurasien im Alttertiär relativ gering. Die vorhandenen Gegensätze sind vornehmlich durch die pleistozänen Kaltzeiten bedingt. Zwischen Südamerika (**Neotropis**) und Afrika (**Paläotropis**), die sich bereits in der Unterkreide trennten, bestehen weitaus geringere biogeographische Bezüge. So sind nur 13 % der tropischen Blütenpflanzengattungen in beiden tropischen Florenreichen vertreten. Die **Australis** unterlag durch die frühe Abtrennung vom Urkontinent einer langen Eigenentwicklung. Mit 86 % endemischen Blütenpflanzen und durch das einzigartige Vorkommen von Beutelsäugern besitzt sie sowohl unter den Floren- als auch den Faunenreichen eine isolierte Stellung.

Trotz vieler Gemeinsamkeiten lassen sich auch deutliche Unterschiede in der Einteilung und geographischen Anordnung zwischen den Floren- und Faunenreichen erkennen, die sich u. a. in einer Aufspaltung des paläotropischen Florenreichs in jeweils zwei Faunenreiche manifestieren. Auch besteht zwischen den Floren der verschiedenen Kontinente größere Ähnlichkeit als in der Säugetierfauna. Begründet liegt dies:

- in der erdgeschichtlich früheren Ausbreitung von Blütenpflanzen, zu einer Zeit, als die Trennung der Kontinente noch nicht so weit fortgeschritten war,
- in den deutlich höheren Aussterberaten bei Säugetieren und
- in der größeren Fähigkeit zur Ausbreitung bei Blütenpflanzen.

Ein weiterer wesentlicher Unterschied ist die Ausdifferenzierung eines eigenen Florenreichs an der Südspitze Afrikas (**Capensis**), das mit über 6000 Blütenpflanzen einen großen Artenreichtum besitzt. Neben der Fülle an Endemiten, in denen sich die eigenständige Entwicklung widerspiegelt, zeigen mehrere Pflanzenfamilien (z. B. *Proteaceae, Restionaceae*) floristische Beziehungen zum australischen und **antarktischen Florenreich**. Nicht immer sind die Grenzen zwischen den einzelnen Floren- und Faunenreichen scharf, was Biogeographen dazu veranlasste, Übergangsgebiete auszugliedern. Das wohl bekannteste Beispiel diesbezüglich ist die Überlappung der Faunen der Orientalis und Australis in der indomalaiischen Inselwelt Südostasiens, die von einigen Zoogeographen sogar als eigenständiges Reich „Wallacea" ausdifferenziert wird (Abb. 11.6). Die schon im 19. Jahrhundert von Russel Wallace gezogene Linie (**Wallace-Linie**) zwischen asiatischer und australischer Avifauna bildet dabei die westliche Grenze, die auch gleichzeitig die Verbreitungsgrenze von Beuteltieren darstellt. Nach Osten wird die Wallacea durch die **Lydekker-Linie** (benannt nach Richard Lydekker) begrenzt. Die

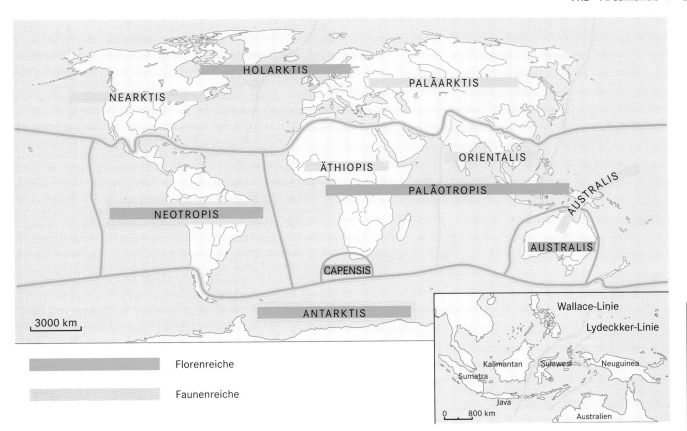

Abb. 11.6 Floren- und Faunenreiche der Erde (verändert nach Schroeder 1998, Sedlag 1995).

beiden benachbarten, zur Orientalis gehörenden Inseln Java und Bali besitzen ein zu 97 % gleiches Vogelartenspektrum, wogegen die östlich von Bali und jenseits der Wallace-Linie liegende Insel Lombok mit Bali nur zu 50 % die gleichen Vogelarten besitzt.

Neophyten und Neozoen

Viele Pflanzen- und Tierarten mit progressiven Arealen überwinden bestehende Ausbreitungshindernisse mithilfe des Menschen, indem sie unbeabsichtigt eingeschleppt oder bewusst eingeführt werden. In Mitteleuropa fand die erste anthropogene Einbringung und Ausbreitung von ursprünglich hier nicht heimischen Arten bereits im Neolithikum mit der Rodung von Wäldern und der Einführung des Ackerbaus statt. Arten, die von diesem Zeitpunkt an bis zur Neuzeit nach Mitteleuropa gelangten, werden als Alteinwanderer (**Archäophyten** bzw. **Archäozoen**) bezeichnet. Diese vielfach aus dem Mittelmeerraum stammenden, kulturbedingten Adventivarten sind heute fester Bestandteil der mitteleuropäischen Flora und Fauna. Demgegenüber stehen Pflanzen- und Tierarten, die erst nach der Entdeckung Amerikas 1492 (Beginn der Neuzeit) von anderen Kontinenten nach Mitteleuropa gelangten. Diese gebietsfremden Sippen, sog. **Neobiota** (Abb. 11.7), sind Pflanzen- (Neophyten) oder Tierarten (Neozoen), die vorsätzlich oder unabsichtlich durch direkte oder indirekte Mitwirkung des

Menschen in ein unter natürlichen Ausbreitungsbedingungen für sie nicht zugängliches Gebiet gelangt sind und dort wildlebende Populationen aufbauen (Geiter et al. 2002).

Betrachtet man die unterschiedlichen **Einbringungs- und Ausbreitungswege** der Neobiota, so lassen sich drei Hauptformen ausgliedern:

- bewusste Einführung zur Kultivierung und Zucht (Auswilderung, z. B. durch Flucht aus Pelztierfarmen, Zierpflanzen aus Gärten)
- absichtliche Einbürgerung (z. B. Ausbringung von Pflanzen als Wild- und Bienenfutter, Ansiedlung von jagdbarem Wild)
- unbeabsichtigte Verschleppung (z. B. von Pflanzensamen in Saatgut oder Wolle, von Tieren im Ballastwasser von Schiffen)

Auch in Deutschland treten fast überall Neophyten und Neozoen auf, wobei jedoch nur ein Bruchteil der Arten in ihrer dritten Generation innerhalb der einheimischen Pflanzen- und Tierwelt noch fest etabliert ist (Agriophyten, Agriozoen), sich vermehrt und seine Vorkommen ausdehnt. Von den ca. 12 000 nach Deutschland eingebrachten Gefäßpflanzen (Neophyten und Archäophyten) sind 1000 unbeständig (Ephemerophyten) und nur 400 können als etabliert eingestuft werden, was etwa 13 % der Gesamtflora entspricht (Klingenstein et al. 2005). Neophyten erweisen sich gegenüber einheimischen Pflanzenarten

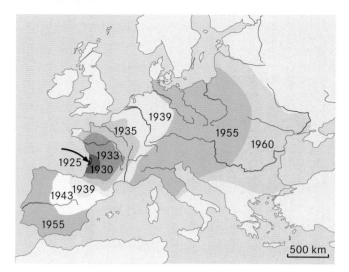

Abb. 11.7 Ausbreitung des Kartoffelkäfers in Europa (verändert nach Sedlag 1995).

an Standorten mit häufiger anthropogener Störung (z. B. Siedlungsflächen, Ruderalfluren, Äcker) als sehr konkurrenzstark, da sie an das dort herrschende warm-trockene Mikroklima besser angepasst sind. In Verbindung mit einer meist sehr hohen fertilen oder generativen Reproduktionsrate sind viele Arten typische **Pionierbesiedler**. Die Ausbreitungszentren von Neophyten in Deutschland (z. B. Rhein-Main-Neckar-Raum, Rheinschiene und Ruhrgebiet, Berlin, Region Halle-Leipzig) sind hierfür ein eindeutiger Beleg. Dabei dienen vor allem lineare Landschaftsstrukturen (z. B. Fließgewässer, Verkehrsachsen) als Expansionsbahnen, wie die Beispiele des Indischen Springkrauts (*Impatiens glandulifera*) entlang von Flussufern oder des Schmalblättrigen Greiskrautes (*Senecio inaequidens*) an Straßen und Bahngleisen belegen. Von den derzeit in Deutschland bekannten 1123 Neozoen sind 262 (23 %) etabliert. Es handelt sich hierbei meist um Tierarten, die durch hohe Mobilität oder Fertilität in der Lage sind, sich mit hohem Raumgewinn sehr rasch geeignete Lebensräume zu erschließen. Beispiele hierfür sind der Kartoffelkäfer (*Leptinotarsa decemlineata*), der sich in Europa innerhalb von 35 Jahren von der Westküste Frankreichs bis zum Schwarzen Meer ausbreitete (Abb. 11.7), oder das Wildkaninchen (*Oryctolagus cuniculus*) mit einer Ausbreitungsgeschwindigkeit von bis zu 100 km pro Jahr in Australien (Sedlag 1995). Vielfach besitzen die Arten ein breites Nahrungsspektrum (z. B. Waschbär *Procyon lotor*) oder sind auf häufig angebaute Pflanzen (z. B. Kartoffelkäfer, Reblaus *Viteus vitifolii*) spezialisiert.

Das Auftreten von Neobiota ist meist die Folge der Störung und Zerstörung naturnaher Lebensgemeinschaften. Dabei können sie selbst ebenfalls zu einer Verdrängung der einheimischen Flora und Fauna beitragen; in welchem Ausmaß dies geschieht, ist artspezifisch und somit sehr unterschiedlich. Arten mit einer solchen Schadwirkung werden als **biologische Invasoren** oder **invasive Arten** bezeichnet. Für die biologische Vielfalt können invasive Arten eine Bedrohung darstellen und werden deshalb zum Teil aktiv bekämpft. In Deutschland gelten etwa 30 Blütenpflanzen als ökologisch problematisch (Kowarik 2010), weil sie einheimische

Pflanzenarten, vornehmlich entlang von Flussufern, verdrängen oder wie beispielsweise der Riesen-Bärenklau (*Heracleum mantegazzianum*) eine direkte Gefahr für die menschliche Gesundheit darstellen (Abb. 11.8). Auch die **Hybridisierung** ist ein Aspekt des Biodiversitätsverlustes: Kommt es zwischen indigenen Arten und neu eingewanderten Arten zu einer zwischenartlichen Fortpflanzung und sind die Nachkommen ihrerseits fortpflanzungsfähig, bewirkt dies einen Verlust an indigener genetischer Information und langfristig den Verlust einheimischer Arten. Belegt ist ein solcher Prozess bei Enten, Gänsen, Großfalken und Finkenvögeln (Geiter et al. 2002). Nicht zuletzt können vor allem Neozoen als Schadorganismen ein hohes ökonomisches Risiko in der Landwirtschaft sein (z. B. Reblaus, Kartoffelkäfer). Die Ausbreitung und Etablierung gebietsfremder Arten ist ein globales Phänomen, das in Mitteleuropa mit seiner langen menschlichen Nutzungsgeschichte ein weit geringeres Problem darstellt als in anderen Erdteilen. Weltweit wird die Überfremdung der autochthonen Pflanzen- und Tierwelt durch Neobiota neben der direkten Lebensraumzerstörung als wichtigste Ursache für den Verlust an Biodiversität angesehen (Brown & Lomolino 1998). Insbesondere auf ozeanischen Inseln (z. B. Hawaii- und Galapagos-Inseln, Polynesien) wird die indigene Pflanzen- und Tierwelt durch Neubürger sehr geschädigt, da Rückzugsräume für die Indigenen fehlen und die Neubürger freie ökologische Nischen bei fehlender Regulation ihrer Populationen durch Konkurrenten und Fressfeinde besetzen können. Das Einschleppen von Ratten, Aussetzen und Verwildern von Haustieren führte hier nachweislich zur Vernichtung von endemischen Arten, insbesondere in der Vogelfauna. So etablierten sich auf den Hawaii-Inseln 63 % der eingeführten Vögel und über 90 % der Säugetiere und Reptilien und bewirkten das Aussterben von 34 % der endemischen Vogelarten (Loope & Mueller-Dombois 1989).

Inseln als Forschungsobjekte der Arealdynamik

Inseln sind isolierte Räume von limitierter Größe, die mit scharfen Grenzen in eine für ihre Tier- und Pflanzenarten lebensfeindliche Umwelt eingebettet sind. Gerade deshalb sind sie ein bevorzugtes und zentrales Objekt der biogeographischen Forschung. Ihre klare Abgegrenztheit und Überschaubarkeit erlauben es, so grundlegende biogeographische Prozesse und Faktoren wie Besiedlungsgeschichte, Ausbreitungsverhalten und Anpassungsprobleme von Arten, die Wirkung von Konkurrenzfaktoren sowie Verdrängungsmechanismen und Aussterberaten (Müller 1980) exakt zu verfolgen. Ihre räumliche und daher **genetische Isolation** ist ein Schlüsselfaktor für den evolutionären Wandel von Arten, die oft eingeschränkte Ausbreitungs- bzw. Flugunfähigkeit (z. B. Kiwis *Apteryx*, Kakapo *Strigops habroptilus* und Takahe *Notornis manteilli* auf Neuseeland) und Endemismus bewirkt. Eine Besonderheit des Insellebens sind Sippen, die sich in ihrer Größe von verwandten Artgenossen auf dem Festland sehr deutlich unterscheiden. Gigantismus findet man z. B. bei dem Komodowaran (*Varanus komodensis*) auf Komodo, den Riesenschildkröten auf Galapagos und den Seychellen oder bei den mittlerweile ausgerotteten Laufvögeln Moa (*Dinornis maximus et giganteus*) von Neuseeland und Dodo (*Raphus cucullatus*) von

Abb. 11.8 Beispiele für Neophyten in Deutschland: **a** Schmalblättriges Greiskraut (*Senecio inaequidens*), **b** Indisches Springkraut (*Impatiens glandulifera*), **c** Riesen-Bärenklau (*Heracleum mantegazzianum*) und Beispiele für Archäophyten in Deutschland: **d** Klatschmohn (*Papaver rhoeas*), **e** Esskastanie (*Castanea sativa;* Fotos: T. Schmitt).

Mauritius. Als Begründung für die Größe kann Konkurrenzarmut und das Fehlen natürlicher Feinde herangezogen werden. Als gegenläufige Entwicklung können Inselformen aber auch kleiner (Nanismus) als verwandte Formen auf dem Festland sein (z. B. Zwergelefanten im Pleistozän auf Mittelmeerinseln, Sikahirsch *Sika nippon* in Japan, Sumatratiger *Panthera tigris sumatrae* auf Sumatra), was an den begrenzten Nahrungsressourcen auf Inseln liegen kann. So verwundert es auch nicht, dass die 1859 von Charles Darwin und Alfred Russel Wallace unabhängig voneinander formulierte **Evolutionstheorie** zur Entstehung von Arten das Ergebnis umfangreicher Arbeiten, Untersuchungen und Beobachtungen auf Inseln ist.

In den zentralen Überlegungen der Arealkunde zum Vorkommen und zur Ausbreitung von Arten ist weiterführend auch ihr Fort-

bestand im Raum und die Artenzahl eines Gebietes von Interesse sowie die Faktoren, die hierauf entscheidenden Einfluss nehmen. Die Artenzahl ist eine wichtige und gleichzeitig wohl die einfachste Kenngröße einer Artengemeinschaft. MacArthur und Wilson (1967) untersuchten in den 1960er-Jahren sehr eingehend die auf Inseln herrschenden Beziehungen zwischen ausbreitungsökologischen Prozessen, Ansiedlung von Organismen, Artenzahl und Flächengröße (Art-Areal-Beziehungen) und erarbeiteten die **Inseltheorie** (*theory of island biogeography*). Ihre herausragenden Arbeiten zur Inselbiogeographie belegen einen eindeutigen Zusammenhang zwischen Artenzahl und Flächengröße einer Insel dahingehend, dass mit Zu- bzw. Abnahme der Fläche die Artenzahl ebenfalls zu- bzw. abnimmt. MacArthur & Wilson (1967) fanden ein exponentielles Wachstum der Artenzahl auf Inseln mit deren Größe und schlussfolgerten, dass die Zahl der Arten in

Inselräumen auch von der dortigen Habitatvielfalt abhängt. Die Ergebnisse ihrer umfangreichen Forschungsarbeiten zur Inselbiogeographie münden in der sog. **Gleichgewichtstheorie.** Sie besagt, dass die Entwicklung der Artenzahl einer Insel von der Besiedlungs- und Aussterberate bestimmt wird. Entspricht die Zahl der neu einwandernden Spezies der Zahl der abwandernden (aussterbenden), dann sind ein stabiles Gleichgewicht und eine konstante Zahl an Inselbewohnern erreicht. Zu- und Abwanderung bedingen jedoch weiterhin eine permanente Änderung in der Artenzusammensetzung. Bei dieser stetigen Artenverschiebung, die auch als Umsatzrate (*species turn over*) bezeichnet wird, handelt es sich um ein dynamisches Fließgleichgewicht. Für die Besiedlungsrate einer Insel ist ihre Entfernung zum Diasporen liefernden Festland von entscheidender Bedeutung: Je größer die Distanz zwischen beiden ist, umso größer ist der Besiedlungswiderstand. Eventuell zwischen einer Insel und dem Festland gelegene weitere Inseln, sog. **Trittsteine,** können ihren Isolierungsgrad jedoch mildern und so die Besiedlungswahrscheinlichkeit günstig beeinflussen. Auch der Artenpool des Festlandes und die darin enthaltenen zur Besiedlung geeigneten Sippen spielen eine Rolle für die Einwanderung neuer Arten. Die Aussterberate wird hingegen überwiegend von der Größe der Insel determiniert. Je größer die Inselfläche umso größer ist in der Regel ihre Habitatvielfalt, ihr Ressourcen- und Energieangebot und umso mehr Individuen einer Art finden in dem vorhandenen Raum Platz und Auskommen, sodass mit zunehmender Ausdehnung der Insel auch größere Populationen entstehen können, die mit einer deutlich geringeren Aussterbewahrscheinlichkeit behaftet sind als kleinere Populationen. Daraus leitet sich ab, dass kleine Inseln üblicherweise höhere Aussterberaten, höhere Umsatzraten und eine geringere Artenzahl aufweisen als große und dass kontinentnahe Inseln einen größeren Artenreichtum und höhere Umsatzraten haben als weit entfernt liegende und aufgrund ihres geringeren Isolierungsgrades nach eventuellen Störeinflüssen auch schneller als diese wieder in ihr Gleichgewicht zurückfinden.

Moderne Untersuchungen stützen die ausgeführte Inseltheorie in ihren Kernaussagen, zeigen jedoch auch **Einschränkungen** in ihrer Gültigkeit auf (Nentwig et al. 2017). Speziell die der Theorie zugrunde liegenden Annahmen geben Anlass zur Kritik. Beispielsweise berücksichtigt die klassische Inseltheorie bei der Besiedlung von Inseln nur die Einwanderung, nicht aber die Evolution von Arten. Gerade die Evolution hat aber auf Inseln einzigartige, nur dort vorkommende Tier- und Pflanzenarten entstehen lassen. Beispiele hierfür sind die Darwin-Finken auf Galapagos (Abb. 11.5) und die Kleidervögel auf Hawaii.

11.3 Ökologie der Pflanzen und Tiere

Rainer Glawion

Der ökologische Standortbegriff

Ökologie ist die Wissenschaft von den Wechselwirkungen der Lebewesen untereinander und mit ihrer abiotischen Umwelt.

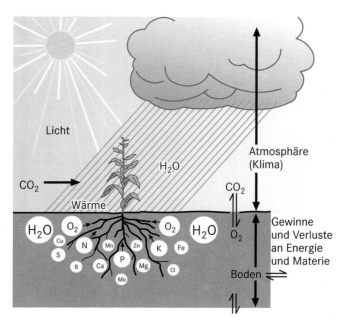

Abb. 11.9 Der ökologische Standort als Summe der auf die Pflanze einwirkenden Umweltfaktoren. Die Pflanze benötigt Licht (Sonnenstrahlung), Wärme, Wasser, Kohlendioxid, Sauerstoff sowie Nährstoffe und Spurenelemente des Bodens (primäre Standortfaktoren). Die jeweilige Verfügbarkeit der Umweltfaktoren charakterisiert den individuellen Standort. Zur Wirkung der Umweltfaktoren auf die Pflanze siehe Abb. 11.10 (verändert nach Klink 1998, Blum 2007).

Zentraler Forschungsgegenstand der Ökologie ist das **Ökosystem** (Abb. 11.1) als Wirkungsgefüge aus Lebewesen, unbelebten natürlichen und vom Menschen geschaffenen Bestandteilen, die untereinander und mit ihrer Umwelt in energetischen, stofflichen und informatorischen Wechselwirkungen stehen (ANL 1994). Ein abiotischer bzw. biotischer Ökosystembestandteil einschließlich der von ihm ausgehenden Wirkungen auf Organismen oder Lebensgemeinschaften wird als Standortfaktor (Umweltfaktor, ökologischer Faktor) bezeichnet (Abb. 11.9). Somit umfasst der ökologische Standort die Gesamtheit der am ständigen Aufenthalts- oder Wuchsort eines Organismus oder einer Biozönose (Lebensgemeinschaft) auf diese einwirkenden physikalischen und chemischen Bedingungen (reale Lebensstätte). Einige Autoren der Pflanzenökologie (Pfadenhauer 1997, Schmithüsen 1968) betrachten den Standort unabhängig von den ihn aktuell besiedelnden Lebewesen als Gesamtheit aller naturgegebenen, für das Leben wichtigen Eigenschaften einer bestimmten Stelle im Gelände (Raumqualität, potenzielle Lebensstätte). Dieser Standort drückt einen bestimmten agrar- oder forstwirtschaftlichen Produktionswert aus.

Teilsysteme des Ökosystems wie Klima, Relief, Boden und die biotische Umwelt (Mitbewerber um Raum, Licht, Wasser, Nährstoffe) sind in Hinblick auf den einzelnen Organismus ökologisch nur indirekt wirksam und werden als **sekundäre Standortfaktoren** bezeichnet (Abb. 11.10). Sie steuern oder beeinflussen die Ausprägung der ökophysiologisch direkt wirksamen **primären Standortfaktoren** Licht, Wärme, Wasser, chemische Faktoren (insbesondere Nährstoffe) und mechanische Einwir-

Abb. 11.10 Beziehungen zwischen den mittelbar wirksamen Gegebenheiten des Geländes (sekundäre Standortfaktoren) und den unmittelbar auf die grüne Pflanze einwirkenden Umweltfaktoren (primäre Standortfaktoren; verändert nach Klink 1998).

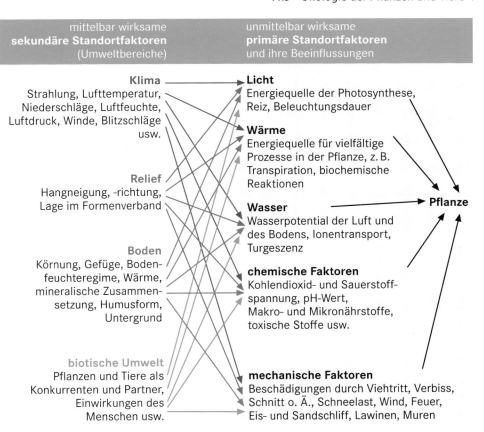

Kapitel 11

kungen (Tierfraß, Wind, Feuer usw.), die die Lebensprozesse der Pflanzen und Tiere bestimmen. So beeinflusst das Relief die Ausbildung des Geländeklimas und damit die Licht-, Wärme- und Wasserverhältnisse am Standort.

Die Wirkung der primären Standortfaktoren

Licht und Wärme

Die kurzwellige Einstrahlung der Sonne als primärer Energielieferant des globalen Wärme-, Wasser- und Biomassehaushalts schafft die Voraussetzungen für eine belebte Umwelt (Abb. 11.11). Die **Photosynthese** ist ein biochemisch-physiologischer Prozess, bei dem aus anorganischen Stoffen unter katalytischer Mitwirkung des Blattgrüns (Chlorophyll) und unter Ausnutzung der Sonnenenergie Kohlenhydrate aufgebaut werden. Diese **Assimilation** des Kohlendioxids und Wassers verläuft nach der Gleichung:

$$6CO_2 + 6H_2O \rightarrow C_6H_{12}O_6 + 6O_2$$

Die Photosynthese ermöglicht primär das Leben der autotrophen Pflanzen und sekundär das aller heterotrophen Organismen (z. B. Tiere). Da das zur Photosynthese benötigte Licht (Wellenlän-

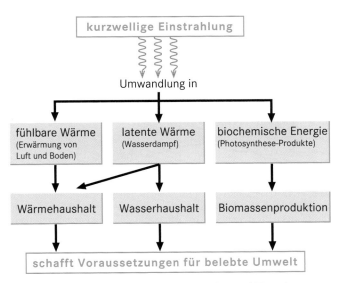

Abb. 11.11 Funktion des Sonnenlichts für Leben und Umwelt.

genbereich von ungefähr 340–680 nm, mit Extinktionsmaxima des Chlorophylls bei 430–450 und 640–660 nm) beim Durchdringen von Pflanzenbeständen zunehmend reflektiert und absorbiert wird (Abb. 11.12), haben die Pflanzen morphologische

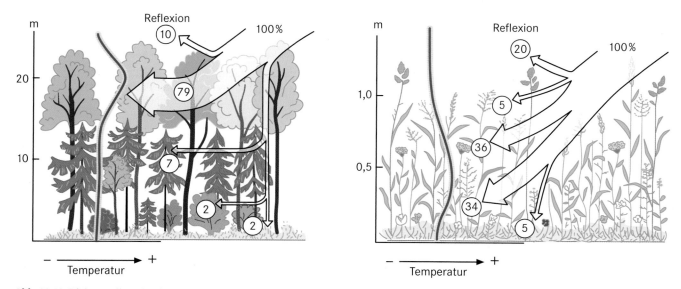

Abb. 11.12 Lichtverteilung in einem stockwerkartig aufgebauten Laub-Nadel-Mischwald und in einer Hochgraswiese (Angaben in Prozent der an der Bestandesoberfläche einfallenden kurzwelligen Einstrahlung). Die roten Kurven kennzeichnen den Temperaturverlauf in den Pflanzenbeständen (verändert nach Klink 1998, Larcher 1984).

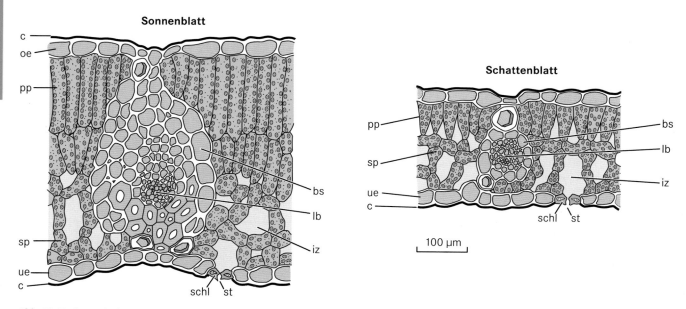

Abb. 11.13 Querschnitt durch ein Sonnen- und ein Schattenblatt der Rotbuche (*Fagus sylvatica*). C = Cuticula, oe = obere Epidermis, pp = Palisadenparenchym, sp = Schwammparenchym, ue = untere Epidermis, schl = Schließzelle, st = Stoma (Spaltöffnung). In der Mitte ist ein Leitbündel (lb) in einer Bündelscheide (bs) dargestellt. Nur die Parenchym- und Schließzellen (grün dargestellt) enthalten Chlorophyll. Der Gasaustausch (CO_2, O_2, H_2O) zwischen Blattgewebe und Atmosphäre findet über die Interzellularen (iz) statt (verändert nach Lerch 1991).

und physiologische Anpassungsformen an die unterschiedlichen Beleuchtungsverhältnisse entwickelt:

- Die **Sonnenpflanzen** der Offenlandstandorte (z. B. Ruderal- und Schlagfluren) sowie die Sonnenblätter (Abb. 11.13) von Laubbäumen im oberen Kronenbereich haben einen größeren Blattquerschnitt zur effektiveren Nutzung des Lichts und eine verstärkte Cuticula (Schutzschicht) zur Verminderung

der cuticulären Transpiration als die **Schattenpflanzen** bzw. Schattenblätter, die in den unteren Vegetationsschichten mit teilweise weniger als 2 % des vollen Sonnenlichts auskommen müssen (Abb. 11.12). Die Lichtversorgung einer Pflanze für die Photosynthese wird durch die relative Beleuchtungsstärke als Quotient aus Lichtstärke am Wuchsort (z. B. am Waldboden) und der Lichtstärke des vollen Tageslichts ausgedrückt. Sie ist u. a. vom Blattflächenindex (*Leaf*

Abb. 11.14 Die Veränderung von Primärproduktion, Bestandszuwachs, Abfall und Atmung in einer gleichaltrigen Waldformation mit fortschreitendem Bestandsalter. Die Biomassezunahme (Bestandszuwachs) ergibt sich aus der Bruttoprimärproduktion abzüglich der Verluste aus der Atmung (Respiration), dem Bestandsabfall (Abwurf von Blättern, Ästen, Früchten) und dem Tierfraß. Der Bestandszuwachs ist in der frühen Reifephase am größten. Nach Ende dieser maximalen Zuwachsphase ist der Forstbestand schlagreif (verändert nach Schultz 2000).

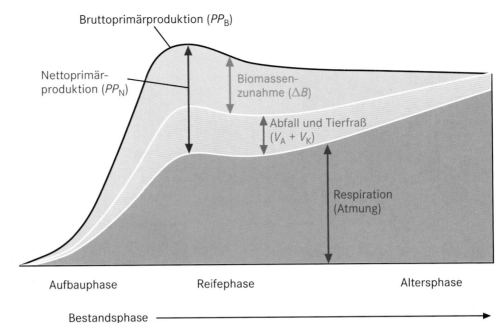

Area Index, LAI) als Maßzahl für die Belaubungsdichte der Pflanzendecke abhängig. Der LAI gibt an, wie groß die Oberfläche sämtlicher Blätter der Pflanzen über einer bestimmten Bodenfläche ist.

- **Epiphyten** sind nichtparasitäre Aufsitzerpflanzen, die auf ihrem pflanzlichen Wirt zur Erlangung günstiger Lichtverhältnisse siedeln (zahlreiche Flechten- und Moosarten, aber auch höhere Pflanzen).
- **Frühjahrsgeophyten** sind Lebensformen mit Überdauerungsorganen im Boden (Exkurs 11.4), die im zeitigen Frühjahr unter Ausnutzung des vollen Sonnenlichts vor der Laubentfaltung der Bäume austreiben, blühen und fruchten (z. B. Bingelkraut *Mercurialis perennis*, Waldmeister *Galium odoratum*, Bärlauch *Allium ursinum*).
- Bestimmte Baumarten zeigen eine unterschiedliche **Schattentoleranz** in ihren Entwicklungsstadien. Während etwa die Keimlinge der Rotbuche (*Fagus sylvatica*) und der Stieleiche (*Quercus robur*) schattentolerant sind (Keimung auf dem dunklen Waldboden), entwickeln die adulten Bäume Sonnenblätter im oberen Kronenbereich.
- **Pflanzensukzessionen** (Vegetationsdynamik; Abschn. 11.4) beginnen meist mit einem lichtholzdominierten Pionierstadium, während die Folgestadien und insbesondere das Schlussstadium aus Schattenholzarten aufgebaut sind.

In der Biogeographie bezeichnet Produktion die Erzeugung und Umformung von Biomasse in Organismen und Biozönosen. **Primärproduktion** ist die autotrophe Erzeugung von Biomasse durch Photo- oder Chemosynthese, **Sekundärproduktion** die heterotrophe Erzeugung von Biomasse durch Assimilation von autotroph erzeugter Biomasse. Hierbei kann jeweils die Bruttoproduktion als die gesamte Erzeugung von der Nettoproduktion als den vom Produzenten nicht verbrauchten Anteil unterschieden werden. Bei der Bestandsentwicklung eines gleichaltrigen Waldes (z. B. Fichtenaufforstung nach Kahlschlag) wird die höchste

Nettoprimärproduktion (PP_N) beim Übergang von der Aufbau- zur Reifephase erreicht; dann ist auch der Bestandszuwachs (ΔB) am größten (Abb. 11.14). Danach nimmt die Atmung, da das Verhältnis von produktiven Blättern zu unproduktiven Achsen und Wurzeln immer ungünstiger wird, relativ schneller zu und somit die PP_N wieder ab. Da zugleich auch der Abfall anteilig ansteigt, fällt der Rückgang des Bestandszuwachses noch schärfer als der der PP_N aus. In der Altersphase übersteigt die Abfallrate die Nettoproduktionsrate, das heißt die Phytomasse schrumpft. Alle beschriebenen Veränderungen können abgemildert oder aufgehoben sein, wenn parallel zur Alterung eine kontinuierliche Verjüngung vor sich geht (z. B. durch Plenterschlag).

Die kurzwellige Einstrahlungsenergie wird am Boden oder in der Pflanzendecke in langwellige Wärmestrahlung (fühlbare Wärme) und in latente Wärme (Wasserdampf) umgewandelt (Abb. 11.11). Während in einem mehrschichtigen Waldbestand der vertikale Bereich maximaler Strahlungsumwandlung („aktive Oberfläche") im oberen Kronenraum liegt, verteilt er sich in einem Hochgrasbestand auf 0,1–1 m Höhe (Abb. 11.12). In Wüsten oder vegetationsarmen Formationen findet der gesamte Strahlungsumsatz am Erdboden statt, sodass hier durch hohe Tageserwärmung und starke nächtliche Abkühlung maximale Temperaturamplituden zu verzeichnen sind, die für Pflanzen einen großen Hitze- und Kältestress verursachen (Abb. 11.15).

Hitzestress bedeutet Membranschädigung und Eiweißdenaturierung, die schon bei Temperaturen > 40 °C zum Hitzetod führen können. Wüstenpflanzen schützen sich durch Ummantelung mit isolierenden Luftpolstern (Haare, Korkschichten, abgestorbene Teile). Eine Transpirationskühlung ist nur bei ständigem Wasserzustrom möglich. Da die Kugelform die geringste der Strahlung ausgesetzte Oberfläche im Verhältnis zu einem gegebenen Volumen aufweist, besitzen viele Sukkulenten (Kakteen, Euphorbiaceen) eine Kugel- oder Säulengestalt. Die

Lufttemperatur 32 °C

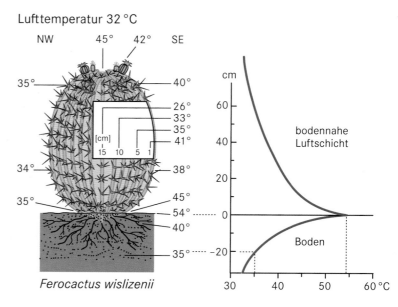

Ferocactus wislizenii

Abb. 11.15 Temperaturverteilung in einem subtropischen Kaktus(*Ferocactus wislizenii*) in Arizona auf 900 m NN am Vormittag (10–11 Uhr). Graphik rechts: Schematischer Temperaturverlauf im Boden und in der bodennahen Luftschicht bei Einstrahlung an einem Sommertag in der Wüste. Die höchsten Gewebetemperaturen mit 45 °C werden in diesem Beispiel am Scheitelpunkt des Kaktus und am Wurzelhals (Kontaktpunkt mit der 54 °C heißen Bodenoberfläche) erreicht (verändert nach Lerch 1991; Foto: R. Glawion).

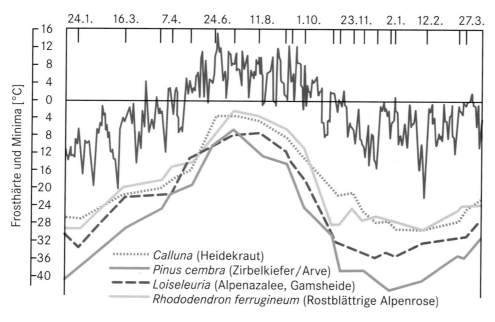

Abb. 11.16 Jahresgang der Temperaturminima (obere Kurve) und Jahresgang der Frosthärte alpiner Pflanzen. Der Abhärtungsvorgang wird durch die ersten frühherbstlichen Frostereignisse ausgelöst. Als Frosthärte wird die Temperatur bezeichnet, bei der nach zweistündiger Behandlung 50 % der Pflanzen absterben (verändert nach Schmidt 1969).

Temperatur des Pflanzengewebes nimmt von außen nach innen rasch ab (Abb. 11.15).

Auch auf Kältestress reagieren die Pflanzen, je nach Wuchsgebiet und physiologischer Konstitution, unterschiedlich:

■ **Erkältungsempfindliche Pflanzen** (tropische Pflanzen) werden schon bei niederen Temperaturen über dem Gefrierpunkt geschädigt.

■ **Gefrierempfindliche Pflanzen** (meist subtropische Pflanzen) werden bei Temperaturen unter dem Gefrierpunkt geschädigt.

■ **Gefrierbeständige Pflanzen** (arktische und viele temperate Pflanzen) überleben das extrazelluläre Ausfrieren und die damit verbundene Dehydratation des Protoplasmas.

Der Abhärtungsvorgang der gefrierbeständigen Pflanzen beginnt mit den ersten kühlen Nächten im Frühherbst (Abb. 11.16). Durch Umbau der Biomembranstrukturen und Enzyme werden

Abb. 11.17 Gebirgskamm der High Divide (1670 m NN) in den Olympic Mountains an der Pazifikküste des US-Bundesstaates Washington. Der südexponierte Hang (S) ist bis zum Grat mit *Abies-lasiocarpa-Tsuga-mertensiana*-Gebirgsnadelwald bestanden. Dagegen ist der nordexponierte Hang aufgrund der kurzen Vegetationsperiode (hier Aperzeit) waldfrei. Jeder Pfeil symbolisiert eine gleiche Energiemenge kurzwelliger Einstrahlung. Die vom gleichen Strahlenbündel mit Energie versorgte Fläche ist am Nordhang in diesem Beispiel um das Mehrfache größer als am Südhang, das heißt die Energiemenge pro Quadratmeter ist entsprechend geringer. Sie reicht nicht mehr aus, um den Schnee im Sommer vollständig abzuschmelzen (Foto: R. Glawion).

die Zellen auf den Wasserentzug des Protoplasmas bei extrazellulärem Gefrieren des Pflanzengewebes (z. B. Wasserleitungsbahnen) vorbereitet. Der Protoplast selber gefriert nicht, da er durch Zellsaftkonzentration unterkühlbar wird. Bei Tauwetter verlieren die Pflanzen schnell ihre winterliche Frosthärte. Während die Frosthärte von Nadelbäumen an der Waldgrenze (z. B. Arve *Pinus cembra*) im Winter bei −40 °C liegt, erreicht sie im Sommer nur −7 °C (Abb. 11.16). Bei großer Kälte kann die **Frosttrocknis** zum Tod führen, wenn die Pflanze bei gefrorenem Boden kein Wasser für die Transpiration mehr aufnehmen kann.

Pflanzen schützen sich gegen Hitze, Kälte und Trockenheit durch ähnliche morphologische und physiologische Anpassungsmerkmale, da bei Auftreten eines dieser drei Stressfaktoren stets Gewebeschäden durch Wasserverlust drohen. Hierzu gehören die Isolation der Oberfläche (dichter Haarfilz, dicke Borke usw.), die Ausbildung konvergenter Gestalttypen (Sukkulenz und Polsterwuchs bei Wüsten- und Hochgebirgspflanzen, Hartlaubigkeit und Skleromorphie in Mediterran- und Borealklimaten) und der Rückzug der Überdauerungsorgane unter schützende Oberflächen (Boden, Wasser, Schneedecke; Exkurs 11.4).

Abhängig von Breitenlage, Meereshöhe, Exposition und Hangneigung, atmosphärischer Trübung und Oberflächenstruktur stehen den Ökosystemen unterschiedliche Energiemengen zum Betrieb ihres Wärmehaushalts und zum Pflanzenwachstum zur Verfügung. Auf der Nordhemisphäre liegt die Waldgrenze in gemäßigten und borealen Klimaten an südexponierten Hängen teilweise mehrere Hundert Höhenmeter über der Waldgrenze des nordexponierten Hangs (Abb. 11.17). Der Wärmemangel verhindert nicht nur das Baumwachstum, sondern auch die frühzeitige Schneeschmelze, sodass die Vegetationsperiode (entspricht hier der Aperzeit, also der schneefreien Zeit des Jahres) stark verkürzt wird.

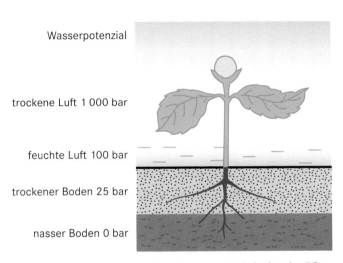

Abb. 11.18 Wasserpotenzialgefälle (Saugspannung), in das eine Pflanze zwischen Boden und Atmosphäre eingebunden ist. Das Wasserpotenzial eines Körpers (gemessen in Druckeinheiten, 1 bar = 0,1 MPa) ist sein Saugvermögen, Wasser aus der Umgebung bis zur Sättigung aufzunehmen. Je höher der Wert, desto stärker die Bindungskraft (verändert nach Larcher 1984).

Wasser und Nährstoffe

Die Wasseraufnahme der höheren Pflanze erfolgt nur durch die Wurzel aus dem Boden bzw. einem wässrigen Medium. Eine direkte Aufnahme von Feuchtigkeit aus der Luft durch die Oberfläche der oberirdischen Organe ist nur bei bestimmten niederen Pflanzen möglich. Der Bodenwasserspeicher wird durch Niederschläge (Regen, Schnee, Kronentraufe, Nebel, Tau) oder durch kapillaren Aufstieg von Grund- bzw. Stauwasser aufgefüllt.

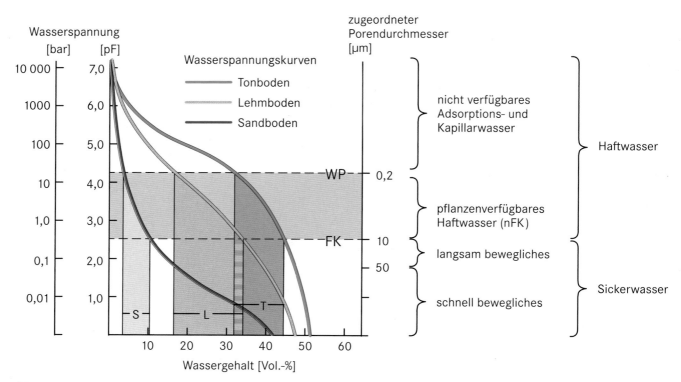

Abb. 11.19 Wasserspannungskurven eines Sandbodens, eines Lehmbodens und eines Tonbodens (logarithmische Darstellung). Der Anteil des pflanzenverfügbaren Wassers (nFK) zwischen den Grenzwerten WP (Welkepunkt) und FK (Feldkapazität) liegt in diesem Beispiel für einen Sandboden (S) bei ca. 7 Vol.-%, für einen Tonboden (T) bei ca. 11 Vol.-% und für einen Lehmboden (L) bei ca. 16 Vol.-% (verändert nach Klink 1998, Blum 2007).

Der **Wasserhaushalt** der Pflanze (Abb. 11.18) ist erklärbar aus:

- dem Wasserpotenzial im Boden (abhängig von Bodenart, Porengröße usw.),
- dem Wasserpotenzial der Pflanze (als Bilanz aus osmotischem und Wanddruck-Potenzial) und
- dem Wasserpotenzial der Atmosphäre (abhängig von Temperatur und Luftfeuchte).

Das **Wasserpotenzial** (Wasserspannung) eines Körpers (gemessen in Druckeinheiten, 1 MPa = 10 bar) ist sein Saugvermögen, Wasser aus der Umgebung bis zur Sättigung aufzunehmen (Lerch 1991). Die Pflanze ist zwischen Boden und Atmosphäre in ein Wasserpotenzialgefälle eingebunden.

Landpflanzen müssen mit ihren Saugkräften die Wasserspannung des Bodens überwinden. Das pflanzenverfügbare Bodenwasser wird durch Welkepunkt (WP) und Feldkapazität (FK) bestimmt (Abb. 11.19). Der **Welkepunkt** kennzeichnet den Grenzwert der Saugkraft einer Pflanze, bei dessen Überschreiten die Pflanze kein Wasser mehr aus dem Boden zu entnehmen vermag und infolgedessen welkt. Die **Feldkapazität** gibt die maximale Haftwassermenge an, die am natürlich gelagerten Boden mit freiem Wasserabzug gemessen wird (ml H_2O /100 ml Boden). Der Feldkapazität entspricht eine bestimmte Wasserspannung. Wird diese durch weitere Wasserzufuhr unterschritten, so gelangt das überschüssige Wasser in den abwärts gerichteten Sickerwasserstrom und geht damit der Pflanze verloren. Der pflanzenverfügbare Teil des Haftwassers im Bereich zwischen WP und FK wird als **nutzbare Feldkapazität** (nFK) bezeichnet. Oberhalb des Welkepunkts ist das Wasser in Bodenporen < 0,2 μm zu fest gebunden, unterhalb der Feldkapazität in Poren >10 μm so locker, dass es versickert (Abb. 11.19). Wegen ihres hohen Anteils an Mittelporen (0,2–10 μm) besitzen Lehmböden gegenüber Sand- und Tonböden den höchsten pflanzenverfügbaren Wassergehalt und weisen daher in der kühl-gemäßigten immerfeuchten Zone die besten Wasserversorgungseigenschaften für Nutzpflanzen auf.

Die Wasserspannung wird wegen des weiten Spannungsbereichs durch den logarithmischen **pF-Wert** angegeben:

pF = log cm Wassersäule (WS)

Die Wasserspannung beträgt bei Feldkapazität 0,3 bar = $10^{2,5}$ cm WS = pF 2,5 und beim Welkepunkt 15 bar = $10^{4,2}$ cm WS = pF 4,2 (ungefährer Wert für Kulturpflanzen). Zur Überwindung des hohen Wasserpotenzials in versalzten oder trockenen Böden liegt die Saugspannung bei Salzpflanzen bei 30–55 bar, bei Wüstensträuchern sogar bei 55–90 bar.

Durch das Wasserpotenzialgefälle zwischen Boden und Atmosphäre entsteht ein Transpirationsstrom (Abb. 11.18), durch den das Wasser und die darin gelösten Nährsalze durch die Spross-

a normal **b versenkt** **c ausgestülpt**

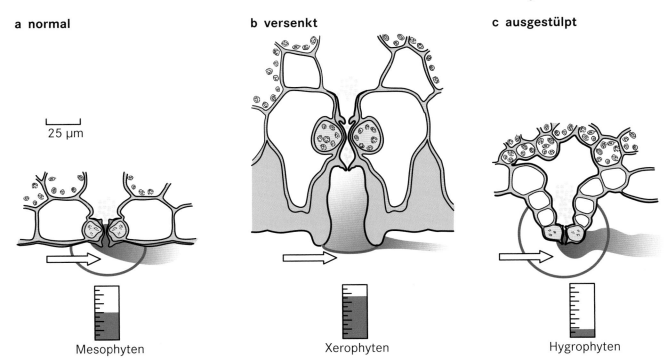

25 µm

Mesophyten Xerophyten Hygrophyten

Abb. 11.20 Ökologische Spaltöffnungstypen: **a** „normal": typisch für Mesophyten (Pflanzen frischer bis mäßig feuchter Standorte, z. B. Waldbodenpflanzen und Wiesengräser gemäßigter immerfeuchter Breiten). **b** „versenkt": typisch für Xerophyten (Pflanzen trockener, warmer Standorte, oft Sukkulenten mit Wasserspeichergewebe). **c** „ausgestülpt": typisch für Hygrophyten (Pflanzen dauernd feuchter Standorte). Je nach Spaltöffnungstyp bilden sich kleine bis große, überfeuchtete Dampfglocken an der Außenseite der Spaltöffnung. Der Wind trägt die Dampfglocke fort und bringt neue trockene Luft an die verdunstende Blattoberfläche. Ein gleichartiger Windstoß führt bei den versenkten Spaltöffnungen die geringste Wasserdampfmenge fort, bei den ausgestülpten Stomata die größte (vgl. Messzylinder mit nicht verdunsteter Wassermenge in ursprünglich vollen Behältern). Somit können Pflanzen durch ihren Spaltöffnungsbau die Transpiration fördern oder einschränken und sich so Standorten mit verschiedenen Feuchtigkeitsverhältnissen anpassen (grün = verdickte cuticuläre Leisten im Bereich der Stomata, gelb ausgefüllt = Schließzellen, braun umrandet = Epidermiszellen bzw. [mit Chloroplasten] Schwammparenchym-Zellen; verändert nach www.webgeo.de).

achse in die Blätter transportiert werden. Bei der Wasserabgabe der Pflanze an die Atmosphäre (Transpiration) wird zwischen **cuticulärer** – durch die Cuticula von Blättern oder Sprossen erfolgende – und **stomatärer** – durch Spaltöffnungen (Stomata) der Blätter erfolgende – **Transpiration** unterschieden. Während Erstere durch passive Schutzeinrichtungen (Behaarung, Wachsschichten usw.) weitgehend unterdrückt wird, kann Letztere durch aktive Regulation der Stomata von der Pflanze kontrolliert werden (Abb. 11.13). Der aus der Spaltöffnung entweichende Wasserdampf bildet eine überfeuchtete Dampfglocke, die vom trockenen Wind weggetragen und sofort durch eine neue Dampfglocke ersetzt wird (Abb. 11.20). Wenn die Pflanze diesen Wasserverlust durch Schließen der Stomata einschränkt, kann sie kein CO_2 für die Photosynthese mehr aufnehmen. Die Pflanze steht also vor dem Dilemma, zu verhungern (keine CO_2-Aufnahme bei geschlossenen Spaltöffnungen) oder zu verdursten (Wasserverlust bei geöffneten Stomata). Einige Pflanzengruppen haben die Aufnahme und Vorfixierung des CO_2 in die kühlen Nachtstunden verlagert, um tagsüber bei geschlossenen Stomata zu assimilieren (CAM-Pflanzen). Viele Wüstenpflanzen haben eingesenkte Spaltöffnungen, um die Transpiration einzuschränken. Pflanzen feuchter Standorte besitzen ausgestülpte Stomata, um den Transpirationsstrom zu fördern (Abb. 11.20). Auf der Grundlage von Anpassungsmerk-

malen werden bestimmte Wasserhaushaltstypen von Pflanzen unterschieden (Exkurs 11.1).

Mit dem Bodenwasser nehmen die Pflanzen die darin gelösten **Nährelemente** (Abschn. 13.3) in unterschiedlichen Mengen auf, die teils als Kationen (z. B. Kalium, Kalzium, Magnesium) und teils als Anionen (z. B. Stickstoff, Phosphor, Schwefel) vorliegen (Tab. 11.3). Nur CO_2 wird aus der Luft aufgenommen. Bei einigen Pflanzen erfolgt eine mikrobielle Stickstoffbindung aus der Luft. Ist ein Nährelement in zu geringen Mengen vorhanden, treten Mangelsymptome auf (z. B. Nekrosen, Chlorosen), in zu hoher Konzentration kann es toxisch wirken. Nährelemente werden durch Verwitterung der Minerale und Gesteine bzw. Verwesung der abgestorbenen organischen Substanz langsam freigesetzt (Abb. 11.21). Enthält der Boden genügend Bodenkolloide (Tonminerale, Huminstoffe; Abschn. 10.3), wie dies bei tonigen, lehmigen und humusreichen Böden der Fall ist, so werden die freigesetzten Ionen nicht direkt mit dem Bodenwasserstrom ausgewaschen, sondern reversibel an die Bodenkolloide (Austauscher) gebunden. Die Wurzel gibt nun Säuren (H^+- und HCO_3^--Ionen) und niedermolekulare organische Verbindungen in die Bodenlösung ab, wodurch die basischen Kationen (mineralische Nährstoffe) von den Austauschern mobilisiert und über die Bodenlösung von den Wurzeln aufgenommen werden.

Exkurs 11.1 Wasserhaushaltstypen der Pflanzen

Poikilohydre Pflanzen (Thallophyten, ohne Abschlussgewebe): Wasserzustand („Hydratur") des Plasmas passt sich der Umgebung an. Pflanzen verhalten sich wie Quellkörper. Hierzu gehören fast ausschließlich niedere Pflanzen (Moose, Pilze, Algen, Flechten).

Homoiohydre Pflanzen (Kormophyten, mit Wurzel- und Leitungssystem und Abschlussgewebe): Wasserzustand des Plasmas ist gegen das erhebliche Potenzialgefälle Pflanze/Atmosphäre regelbar. Pflanzen haben große Vakuolen. Hierzu gehören fast alle Gefäßpflanzen (Schachtelhalme, Farne, Blütenpflanzen). Bei den homoiohydren Pflanzen unterscheidet man:

- **Xerophyten** (Pflanzen trockener, warmer, meist besonnter Standorte): Kennzeichnend sind xerophytische Merkmale wie sklerenchymreiche Organe, gerollte, gefaltete oder stark reduzierte Blätter, Behaarung, gestauchte Sprossachsen. Eine Untergruppe bilden die Sukkulenten mit Wasserspeichergewebe (Abb. 11.15).

- **Mesophyten** (Pflanzen mäßig feuchter bis mäßig trockener Standorte): Sie haben weder xero- noch hygrophytische Merkmale. Stomataregelung meist nur schwach ausgebildet. Hierzu zählen viele Waldbodenpflanzen, Wiesengräser und -kräuter.
- **Hygrophyten** (Pflanzen dauernd feuchter, meist schattiger Standorte): Sie sind angepasst an immer ausreichend mit verfügbarem Wasser ausgestattete Böden und haben meist große, weiche, leicht welkende Blätter, sklerenchymarme Organe.
- **Helophyten** (Sumpfpflanzen): Sie sind angepasst an Wasserüberschuss im Wurzelraum. Typisch ist Aerenchym (Luftgewebe) im Spross. Viele Grasartige (*Juncus-*, *Carex-Arten*) gehören dazu.
- **Hydrophyten** (Wasserpflanzen): Sie sind ganz oder größtenteils untergetaucht oder Schwimmblattpflanzen.

(nach Larcher 1984, Pfadenhauer 1997)

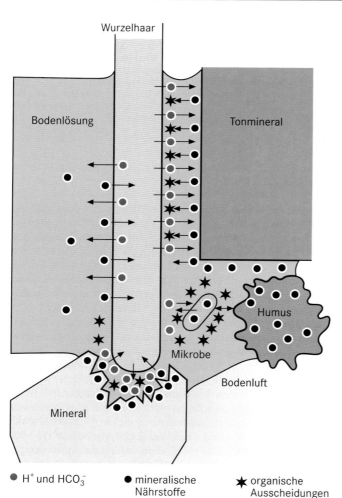

● H⁺ und HCO₃⁻   ● mineralische Nährstoffe   ★ organische Ausscheidungen

Mechanische Einflüsse

Mechanische Einflüsse wirken hauptsächlich verformend oder zerstörend auf den pflanzlichen Organismus ein. Bei anhaltender, gleichförmiger Beanspruchung rufen sie bestimmte Wuchsformen hervor und führen zu einer Auslese unter den Pflanzen. Wind, Eisschliff, Schneebruch, Blitzschlag und Feuer, Bodenkriechen, Steinschlag, Tierverbiss und -tritt, Holzeinschlag und Mahd sind die wichtigsten natürlichen und anthropogenen pflanzenökologisch wirksamen mechanischen Einflüsse.

Durch die Einwirkung beständiger Starkwinde aus einer vorherrschenden Richtung entstehen an Meeresküsten und im Hochgebirge Bäume und Sträucher mit winddeformierten Kronen (**Windschurformen**). Die luvseitigen Zweige bleiben im Wachstum zurück oder sterben ganz ab, sodass die Baumkronen in Leerichtung verformt erscheinen. Waldränder an der Küste erscheinen als Folge der dauernden Windschur rampenförmig aufgebaut (Abb. 11.22). Die Oberseite solcher windgeschorener Gehölze besteht aus sehr dichtem, undurchdringlichem Geäst, das den Wind nach oben ablenkt.

Besonders zerstörend wirkt die Kraft des Windes, wenn er Eiskristalle über eine Schneeoberfläche treibt, die aus dem Schnee

Abb. 11.21 Mobilisierung mineralischer Nährstoffe im Boden und Mineralstoffaufnahme durch die Wurzel. Mineralische Nährstoffe werden durch die Verwitterung der Minerale und Gesteine (Reserve-Fraktion) langsam freigesetzt und an den Bodenkolloiden (Tonminerale, Huminstoffe) zwischengespeichert (als austauschbare Fraktion). Geben die Wurzelhaare Säuren und organische Ausscheidungen in die Bodenlösung ab, werden die mineralischen Nährstoffe von den Bodenkolloiden verdrängt und über die Bodenlösung (als lösliche Fraktion) von den Pflanzenwurzeln aufgenommen (verändert nach Larcher 2001).

Tab. 11.3 Die Haupt- und Spurennährelemente des Bodens. Wichtige Quellen sind Minerale und Gesteine sowie organische Substanzen. Durch Verwitterung bzw. Verwesung werden sie freigesetzt (vgl. Abb. 11.21; verändert nach Klink 1998, Blum 2007).

	Elemente	Ionen-Form bei der Aufnahme	wichtige Quellen	häufige Gesamtgehalte
Hauptnährelemente	Stickstoff N	NO_3^- NH_4^+	organische Substanzen, N_2 der Atmosphäre (nur über symbiontische Mikroorganismen)	0,03–0,3 %
	Phosphor P	$H_2PO_4^-$ HPO_4^{2-} (PO_4^{3-})	Ca-, Al-, Fe-Phosphate	0,01–0,1 %
	Schwefel S	SO_4^{2-}	Fe-Sulfide, Ca-Sulfat	0,01–0,1 %
	Kalium K	K^+	Glimmer, Illit, K-Feldspäte	0,2–3,0 %
	Kalzium Ca	Ca^{2+}	Ca-Feldspäte, Augite, Hornblenden, Ca-Carbonate, Ca-Sulfat	0,2–1,5 % [1]
	Magnesium Mg	Mg^{2+}	Augite, Hornblenden, Olivin, Biotit, Mg-Carbonate	0,1–1,0 % [2]
Spurennährelemente	Bor B	$H_2BO_3^-$ (HBO_3^{2-}) $(B(OH)_4^-)$	Turmalin, akzessorisch in Silikaten und Salzen	5–100 ppm
	Molybdän Mo	MoO_4^{2-}	akzessorisch in Silikaten, Fe-, Al-Oxiden und Al-Hydroxiden	0,5–5 ppm
	Chlor Cl	Cl^-	diverse Chloride	50 bis > 1000 ppm
	Eisen Fe	Fe^{2+} Fe^{3+}	Augite, Hornblenden, Biotit, Olivin, Fe-Oxide, Fe-Hydroxide	0,5–4,0 % [3]
	Mangan Mn	Mn^{2+} (Mn^{3+})	Manganit, Pyrolusit, akzessorisch in Silikaten	200–4000 ppm
	Zink Zn	Zn^+	Zn-Phosphat, Zn-Carbonat, Zn-Hydroxid, akzessorisch in Silikaten	10–300 ppm
	Kupfer Cu	Cu^{2+} (Cu^+)	Cu-Sulfid, Cu-Sulfat, Cu-Carbonat, akzessorisch in Silikaten	5–100 ppm

(grün: kationische Nährelemente, gelb: anionische Nährelemente)

[1] mit Ausnahme von Kalk-Böden

[2] mit Ausnahme von Dolomit-Böden

[3] mit Ausnahme von Fe-Anreicherungshorizonten

herausragende Pflanzenteile abschleifen. Das **Eisgebläse** im Hochgebirge ist ein waldgrenzbestimmender Faktor. Es tötet die Pflanzenteile an der dem Wind zugekehrten Seite, die aus der Schneedecke herausragen (Abb. 11.23). Gelingt es einzelnen Sprossen dennoch, über den Hauptwirkungsbereich des Eisgebläses an der Schneedeckenoberfläche hinauszuwachsen, so kann der Baum oberhalb seine Entwicklung weitgehend ungestört fortsetzen. Auf diese Weise entstehen die charakteristischen Wipfeltisch- und Fahnenformen im alpinen und polaren Waldgrenzbereich.

In semiariden Graslandschaften (Steppe, Savanne) und Hartlaubformationen der Winterregengebiete, aber auch in borealen Nadelwäldern mit sommerlichen Trockenperioden ist **Feuer** durch Blitzschlag ein natürlicher Standortfaktor. Die meisten Waldbrände sind heute aber anthropogenen Ursprungs. In den

Abb. 11.22 Windschurrampe aus Sitkafichten (*Picea sitchensis*) an der Pazifikküste des Olympic National Park im US-Bundesstaat Washington. Die dicht gewachsene Gehölzoberfläche lenkt die starken Westwinde über den dahinter liegenden temperierten Regenwald ab (Foto: R. Glawion).

Savannen der Randtropen wird das trockene Gras regelmäßig abgebrannt, um den als Weidegras benötigten Jungwuchs zu fördern und um in den feuchteren Regionen eine Wiederbewaldung zu verhindern. Einige Gehölzarten (z. B. die nordamerikanischen Kiefernarten *Pinus ponderosa* und *P. contorta* oder australische Eukalyptusarten) verdanken ihre weite Verbreitung dem Feuer, da sich ihre Zapfen erst nach Hitzeeinwirkung eines Brandes öffnen (**Pyrophyten**).

Tritt und Verbiss durch Tiere veränderten die Vegetationsdecke weltweit schon vor der Domestikation von Wildtieren durch den Menschen. Herbivore Großwildherden in den Savannenlandschaften Afrikas oder Bisonherden in den Prärien Nordamerikas schufen charakteristische Biome (Pflanzenformationen mit den darin lebenden Tiergemeinschaften), die ohne natürliche Beweidung so nicht entstanden wären. Heute sind es hauptsächlich die Weidetiere des Menschen, die das Vegetationsbild der natürlichen Waldlandschaften der Erde zusätzlich stark verändert haben. Waldvernichtung, Artenverdrängung durch selektive Beweidung und Trittschädigung, Bodenerosion und Verhagerung sind einige Merkmale der Vegetations- und Standortveränderungen, die weltweit durch Überweidung auftreten.

Biotische Einflüsse

Thomas Schmitt

Außer von der artspezifischen Anpassung von Tieren und Pflanzen an abiotische Umweltbedingungen hängt ihr Vorkommen und Überleben im Raum von einer Vielzahl biotischer Einflüsse und Wechselwirkungen ab, unter denen die **inner- und zwischenartliche Konkurrenz** um begrenzte Ressourcen die entscheidende Größe darstellt. Jede Art besitzt genetisch festgelegt gegenüber exogenen Faktoren (z. B. Feuchte, Licht, Nährstoffe) einen optimalen Lebensbereich (**physiologisches Optimum**, Potenzoptimum). Dies bedeutet in der freien Natur aber in der Regel nicht, dass eine Art hier zwangsläufig auch ihr Existenzoptimum (**ökologisches Optimum**) findet, da dabei die

Abb. 11.23 Wipfeltischform und vorherrschende Umwelteinflüsse am Beispiel einer 3 m hohen Fichte auf dem Feldberg im Schwarzwald (1493 m NN; Foto: R. Glawion).

Konkurrenz von anderen Arten mit ähnlichem physiologischem Optimum außer Acht bleibt. So besitzen die meisten mitteleuropäischen Baumarten bezogen auf Bodenfeuchte oder -reaktion das gleiche physiologische Optimum, unterscheiden sich aber sehr stark in ihrem ökologischen Optimum (Abb. 11.24). Nur bei der Rotbuche (*Fagus sylvatica*) sind aufgrund ihrer hohen Konkurrenzkraft beide Optima identisch. Andere weniger konkurrenzstarke Arten (z. B. Waldkiefer *Pinus sylvestris,* Stieleiche *Quercus robur*) werden durch sie in die Randbereiche ihrer ökophysiologischen Amplitude (Potenzbereich) gedrängt. Hier sind die Wachstumsbedingungen zwar nur noch suboptimal, dafür kommt die Rotbuche hier aber nicht mehr vor. Am Beispiel der Waldkiefer wird deutlich, dass mit zunehmender Konkurrenzschwäche einer Art ihr Existenzoptimum mehr und mehr vom Potenzoptimum abweicht.

Arten mit einem sehr breiten Potenzbereich werden als **euryök** (Generalisten), solche mit einer engen Amplitude idealer Voraussetzungen als **stenök** (Spezialisten) bezeichnet. Generalisten fügen sich mühelos in ein breites Spektrum von Umweltbedin-

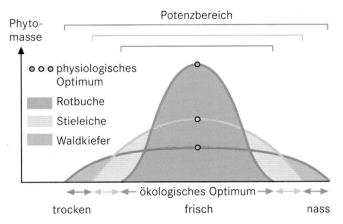

Abb. 11.24 Physiologisches und ökologisches Optimum von Rotbuche, Stieleiche und Waldkiefer in Mitteleuropa (verändert nach Pfadenhauer 1997).

gungen ein. Sie tolerieren eine große Schwankungsbreite in den Licht-, Temperatur- oder Feuchtebedingungen, können eine große Zahl unterschiedlicher Ressourcen als Nahrungsquelle nutzen (Tiere) bzw. sehr verschiedene Nährstoffsituationen akzeptieren (Pflanzen) und finden somit in der Regel eine weite Verbreitung (z. B. Kohlmeise *Parus major*, Rotbuche *Fagus sylvatica*). Spezialisten sind dagegen eng an eine spezielle Ausprägung und Kombination von Umweltfaktoren gebunden, wie dies beispielsweise bei Arten von Hochmooren und Trockenrasen der Fall ist, oder sind monophag an eine Nahrungspflanze gebunden (z. B. Apollofalter *Parnassius apollo*). Ist das von einer spezialisierten Art benötigte Faktorengefüge an einem Standort nicht exakt ausgeprägt, fällt er als Lebensraum für sie aus. Die Verbreitung von Spezialisten ist im Vergleich zu Generalisten daher sehr stark eingeschränkt. Zu beachten bleibt, dass Arten bezüglich eines Umweltfaktors einen engen Potenzbereich, hinsichtlich eines anderen Faktors aber durchaus einen weiten Potenzbereich besitzen können. Das **Existenzoptimum** einer Art ist letztlich ein Kompromiss zwischen den miteinander in Wechselwirkung stehenden Umweltfaktoren (Kratochwil & Schwabe 2001).

Bezogen auf die unterschiedlichen Konkurrenzmechanismen haben sich in der Pflanzen- und Tierwelt auch reproduktionsbiologische Strategietypen herausgebildet, die in der Zahl der Verbreitungseinheiten und der Länge des Lebenszyklus differieren. Gleichzeitig stellen diese Typen auch eine Anpassung an Umweltstress und -störungen dar. Man unterscheidet zwischen **Konkurrenz-(K-)Strategen** und **Ruderal-(r-)Strategen**: Die langlebigen K-Strategen (z. B. Baumarten, Großsäuger, Greifvögel) besitzen eine nur geringe Reproduktionsrate und besiedeln stabile Lebensräume, die kaum Störung erfahren. Dort entwickeln sie mit ihrer Fähigkeit, das Ressourcenangebot gleichmäßig und intensiv zu nutzen, eine starke Konkurrenzkraft, maximale Populationsgrößen und eine hohe Überlebensdauer in Raum und Zeit. Die r-Strategen (z. B. Ackerwild- und Ruderalpflanzen, Feldmaus *Microtus arvalis*, Wanderheuschrecke) hingegen sind in der Lage, mit ihrer sehr hohen Reproduktionsrate neu entstehende oder gestörte, instabile Lebensräume rasch, aber mit geringer Konkurrenzkraft zu besiedeln. Aufgrund ihrer hohen Reproduktionsrate und Kurzlebigkeit ertragen sie Störungen ihrer Standorte nicht nur, sondern ihr Überdauern ist vielfach an solche gebunden, da diese sie vor der übermächtigen, verdrängenden Konkurrenz der K-Strategen schützen. Bei K- und r-Strategen handelt es sich um die Endpunkte eines Kontinuums.

Betrachtet man die **Wechselwirkungen** zwischen zwei Arten, so können diese positiv, negativ oder neutral sein. Konkurrenz bedeutet zumindest für eine der beiden Arten eine negative Wirkung, das Gleiche trifft auf Räuber-Beute- und Wirt-Parasit-Beziehungen zu. Räuber-Beute-Beziehungen kennzeichnen Nahrungsketten und enden in der Regel mit dem Tod der Beute und dem Energiegewinn des Räubers. Zwischen beiden Gruppen besteht eine koevolutive Entwicklung dahingehend, dass Beutetiere geeignete Strategien entwickeln, um die letale Begegnung mit einem Räuber zu verhindern (z. B. Ausweichen, Tarnen, Verteidigen). Andererseits versuchen Räuber durch entsprechende Vorkehrungen diese Gegenmaßnahmen zu umgehen bzw. zu überwinden. Im Rahmen einer natürlichen Auslese setzen sich die Individuen durch, die dies am besten beherrschen. Von diesen „echten" Räuber-Beute-Beziehungen müssen Pflanzen fressende **Konsumenten** getrennt betrachtet werden, da sie in der Regel nicht zum Tod der Pflanze führen. Gleichwohl besteht für die Pflanzen ein enormer Selektionsdruck, der dazu führt, dass sich Pflanzen durch unterschiedliche Anpassungen (z. B. Ausbildung von Dornen oder Stacheln, Bitter- und Giftstoffe, hohe vegetative Regeneration) gegen Fraß schützen und sich an Standorten mit hohem Fraßdruck nur speziell angepasste Arten durchsetzen.

Parasiten sind Organismen, die in den Stoffkreislauf von Wirtsindividuen eindringen und von diesen Nährstoffe für ihr eigenes Wachstum beziehen. Dies ist meist mit einer Schädigung des Wirtes, vor allem durch die Abgabe von Stoffwechselgiften, verbunden, führt aber nicht zu dessen unmittelbarem Tod. Die Wirkung des Parasiten auf den Wirt ist dichteabhängig, das heißt sie steigt mit der Anzahl der Parasiten pro Wirt und reduziert so dessen Überlebenswahrscheinlichkeit. Unter den pflanzlichen Parasiten sind Bakterien und Pilze die häufigsten, aber es existieren weltweit auch rund 3000 parasitische höhere Pflanzen. Bei Letzteren wird unterschieden zwischen **Hemiparasiten** (z. B. Mistel *Viscum* spec., Klappertopf *Rhinanthus* spec., Wachtelweizen *Melampyrum* spec.), die Photosynthese betreiben können, und **Holoparasiten** (z. B. Sommerwurz *Orobanche* spec., Seide *Cuscuta* spec.), die nicht zur Photosynthese befähigt sind. Sowohl bei den Hemi- als auch den Holoparasiten gibt es Artengruppen, die mit Ihren Saugorganen (Haustorien) entweder in die Wurzeln oder die Sprossachse eindringen. Teilweise sind die Beziehungen wie bei den Sommerwurz-Arten so eng, dass die Parasiten auf nur eine Wirtspflanze spezialisiert sind. Tierische Parasiten treten in vielen Faunengruppen auf (z. B. Zecken, Bandwürmer, Nematoden, Blattläuse) und können sowohl Pflanzen als auch Tiere befallen.

Spezies können aber auch ohne negative Wirkungen nebeneinander existieren (Koexistenz), wobei dies häufig sogar für einen der beiden Partner positiv ist:

- Eiderenten nisten in Brutkolonien von Möwen (Schutz vor Räubern).

Kapitel 11

- Farne oder Moose wachsen auf Bäumen (höherer Lichtgenuss).
- Früchte oder Samen werden im Gefieder oder Fell von Tieren verbreitet.

Als **Symbiose** werden Wechselbeziehungen zwischen zwei Organismen bezeichnet, aus denen beide einen Vorteil ziehen. Die aus einem Pilz und einer Alge bestehenden Flechten sind hierfür ein klassisches Beispiel. Der Pilz profitiert von der Kohlenhydratproduktion der Alge, verbessert aber gleichzeitig deren Wasser- und Nährstoffversorgung und dient ihr als Stützgerüst. Weitere Beispiele sind die bei der Mehrzahl der Landpflanzen zu findenden Symbiosen aus Pilz und Wurzeln (**Mykorrhiza**) oder Luftstickstoff fixierende **Knöllchenbakterien** bei den Leguminosen. Auch der Blütenbesuch und der Verzehr von Früchten ist für beide Seiten, das heißt sowohl für die Pflanze (Bestäubung, Ausbreitung) als auch das Tier (Nahrung) positiv. Dieser gegenseitige Nutzen ist meist für beide Partner lebensnotwendig.

11.4 Zeitliche Dynamik und zeitlicher Wandel

Arne Friedmann

Methoden der Altersdatierung

Es gibt zahlreiche physikalische, chemische, biologische und stratigraphische Methoden zur Altersdatierung biogeographisch relevanter Ereignisse, Prozesse und Materialien (Abschn. 5.3). Welche Datierungsmethode angewandt wird, hängt von dem zu datierenden Ausgangsmaterial, dem zu erwartenden Alter und dem Grad der angestrebten Datierungsgenauigkeit ab. Man unterscheidet absolute, radiometrische und relative Datierungsmethoden (Geyh 2005). Absolute Methoden der Altersdatierung ermöglichen die direkte Bestimmung von Kalenderaltern, die radiometrischen Methoden liefern Jahresangaben mit unterschiedlich großem Fehlerbereich und die relativen Methoden ermöglichen eine relative zeitliche Einordnung eines Horizonts im Vergleich zu einem anderen, woraus eine zeitliche Reihenfolge abgeleitet werden kann.

Eine Methode der **absoluten Altersbestimmung** ist die Dendrochronologie, bei der die Gehölz-Jahresringe gezählt und analysiert werden. Die Warvenchronologie bestimmt anhand jährlich geschichteter Seesedimente das Alter. Beide Methoden eignen sich zur Altersdatierung von maximal spätglazialen Ablagerungen. Die Lichenometrie benutzt die Maximaldurchmesser ausgewählter Flechtenarten mit bekannten lokalen Wachstumsraten zur Berechnung des Erstbesiedlungsjahres des exponierten Ausgangsmaterials. Hiermit können wenige Jahrhunderte alte Oberflächen datiert werden.

Die **radiometrischen Methoden** basieren auf dem Zerfall radioaktiver Elemente mit konstanter Halbwertszeit. Aus der relativen Konzentration des radioaktiven Elementes und seines Zerfallsproduktes lässt sich dann das Probenalter mit unterschiedlich großem Fehlerbereich berechnen. Dabei eignet sich die Uran-Thorium-Methode (^{230}Th/^{234}U) zur Altersbestimmung von Sedimenten und Gesteinen, die ein Alter von 1000 bis 500 000 Jahre aufweisen, die Kalium-Argon-Methode deckt eine Zeitspanne von etwa 10 000 bis über 1 Mio. Jahre hinaus ab und wird häufig zur Datierung von Fossilien eingesetzt. Die Radiokohlenstoff-/^{14}C-Methode ist zur Datierung von max. 70 000 Jahre alten organischen Materialien anwendbar. Mit der Radiokarbonmethode wird der radioaktive Kohlenstoffgehalt einer organischen Substanz bestimmt. Die Altersbestimmung toten Gewebes wird möglich, da der ^{14}C-Gehalt nach dem Absterben der Organismen durch radioaktiven Zerfall gesetzmäßig innerhalb der physikalischen Halbwertszeit von 5730 ± 40 Jahren abnimmt. Zur Altersdatierung wenige Jahrzehnte alter Ablagerungen wird unter anderem die ^{210}Blei-Methode angewendet.

Als **relative Altersdatierungsmethode** verwendet die Tephrochronologie Ablagerungen von Vulkanausbrüchen (z. B. Aschen) als Zeitmarker. Auf die Umpolung des Erdmagnetfeldes stützt sich die paläomagnetische Datierung. Mithilfe der Pollen- und Sporenanalyse können lokale und regionale Biozonen ausgewiesen werden und zur relativen Altersabschätzung eingesetzt werden. Die Einordnung mithilfe archäologischer Artefakte (z. B. Keramik) ist in besiedelten Gebieten mit großem Fundreichtum möglich.

Zur Altersdatierung jungquartärer Ablagerungen wird heutzutage überwiegend die Radiokohlenstoffmethode eingesetzt, deren konventionelle Radiokarbonalter (^{14}C-Alter BP = Jahre vor 1950) dendrochronologisch korrigiert werden in kalibrierte ^{14}C-Alter (cal BP).

Florenevolution bis zum Tertiär

Die historische Pflanzengeographie versucht mit verschiedenen Methoden, die Evolutions- und Ausbreitungsgeschichte der Pflanzen nachzuzeichnen (Florengeschichte), die Umweltbedingungen vergangener Zeiten zu rekonstruieren (Paläoökologie) und daraus Hinweise auf das damalige Klima abzuleiten (Paläoklimatologie). Ältere Floren bis zum Tertiär werden paläontologisch durch Pflanzenreste aus geologischer Vergangenheit (Versteinerungen, Pflanzenabdrücke, inkohlte Pflanzenteile), fossile Pollenkörner und Sporen (Pollen- und Sporenanalyse) sowie durch vegetationskundlich-systematische Untersuchungen rekonstruiert. Die Florengeschichte ist dabei immer im Zusammenhang mit der plattentektonischen Veränderung der Landmassen und dem Klima zu sehen.

Erste Spuren von Leben lassen sich vor 3,8–4 Mrd. Jahren nachweisen (Oschmann 2016, Elicki & Breitkreuz 2016). Daraus entwickelten sich die Sauerstoff produzierenden Prokaryoten (Stromatolithen) und schließlich die Eukaryoten (**Archäophytikum**, Algenzeit; Tab. 11.4). Erste Cryptosporen von primitiven

Tab. 11.4 Die Pflanzenzeitalter (verändert nach Frey & Lösch 2010).

Zeit [Mio. Jahre vor heute]	Ära	Pflanzen- zeitalter	geologische Periode
100–0	Käno-(Neo-) phytikum	Angio- spermenzeit	Kreide bis Quartär
260–100	Mesophytkum	Gymno- spermenzeit	Perm bis Kreide
440–260	Paläophytikum	Farnzeit	Silur bis Perm
3500–440	Archäo- phytikum	Algenzeit	Präkambrium bis Silur

Embryophyta (frühe Moose) sind ab 475 Mio. Jahren im unteren Ordovizium nachweisbar. Trilete Sporen von frühen Gefäßpflanzen können ab dem oberen Ordovizium belegt werden (Boenigk & Wodniok 2014). Im **Paläophytikum** (vor 440–260 Mio. Jahre, Farnzeit) erfolgte die erstmalige Besiedlung terrestrischer Lebensräume durch frühe Landpflanzen. Die weltweite Ausbreitung von Landpflanzen setzte am Übergang zwischen Silur und Devon ein (Willis & McElwain 2014). Eine primäre Flora aus niederwüchsigen Gefäßpflanzen (z. B. Cooksonia) wurde durch die Evolution höherwüchsiger Bärlapp-, Schachtelhalm- und Farnpflanzen (Pteridophyta) abgelöst. Die ersten Wälder auf der Erde entwickelten sich daraus vor 360 Mio. Jahren im Karbon. Diese sog. Steinkohlewälder besaßen bereits einen hohen Grad an Biodiversität und wurden auf feuchten Torfböden unter tropischen Klimabedingungen von hochwüchsigen immergrünen Schachtelhalm- und Bärlappgewächsen (Schuppen- und Siegelbäume), Baumfarnen sowie frühen Nacktsamern (Cordaiten) gebildet.

Synchron entwickelte sich in der südlichen Hemisphäre bei kühlgemäßigtem Klima die Gondwana-Flora. Charakteristische Leitformen sind Samenfarne (z. B. *Glossopteris*) und Koniferen, deren Holz bereits Jahresringe aufweist (Klaus 1986). Pollenkörner von Gymnospermen (Nacktsamer: Ginkgo-Gewächse, Koniferen, Cycadeen, Bennettiteen u. a.) dominierten ab dem **Mesophytikum** von der Oberen Trias über den Jura bis zur Unteren Kreide (260–100 Mio. Jahre). Eine formenreiche und weltweite Radiation erlebten die Ginkgo-Gewächse mit elf Gattungen. Heute findet sich die einzige überlebende Art, *Ginkgo biloba*, als Wildform in einem Reliktareal in China; es handelt sich bei dieser Pflanze um ein klassisches „lebendes Fossil" (Thenius 2000). Neben Palmfarnen (Cycadales) bildeten im Mesophytikum Farne und Schachtelhalme weiterhin wichtige Florenelemente. Ein völlig neues Florenbild entstand im älteren **Neophytikum** (ab Mittlerer Kreide: 100 Mio. Jahre bis heute) mit der besonders formenreichen Evolution der Angiospermen (Bedecktsamer). Die Dominanz von Gymnospermen und Farnpflanzen fand ein Ende; in einem Großteil der terrestrischen Lebensräume formten sich Biozönosen aus Bedecktsamern. Eine weite Verbreitung erfuhren im Paläogen die Gräser (*Poaceae*). Diese niederwüchsigen monokotylen Angiospermen bildeten die Basis für die Entwicklung von Steppen und Savannen. Zu Beginn des Paläogens existierte bereits eine formenreiche Diversität an Bedecktsamern mit den meisten der rezenten Familien und Gattungen (Mai 1995). Im Paläo-

gen (Paläozän bis Oligozän, 65–25 Mio. Jahre) entfaltete sich auf dem damaligen europäischen Festland unter subtropischhumiden Klimabedingungen eine immergrüne Gehölzflora, die erst an der Wende zwischen Miozän/Pliozän aus Mitteleuropa verschwand. Als Reliktformen dieser Sippen sind bis heute die Gattungen *Buxus* (Buchsbaum *B. sempervirens*), *Hedera* (Efeu *H. helix*), *Ilex* (Stechpalme *I. aquifolium*) sowie *Rhododendron* (Alpenrosen) und andere in Europa anzutreffen. In der Arktis dagegen formten sich am Übergang zwischen Kreide und Paläogen sommergrüne Wälder, die im Miozän und Pliozän als arktotertiäre Elemente ganz Mitteleuropa eroberten. Die rezenten Falllaubfloren in Europa, Ostasien und im östlichen Nordamerika finden ihren Ursprung in diesen arktotertiären Waldsystemen (Lang 1994). Im Neogen konnte sich durch die Hebung der Alpen eine Hochgebirgsflora entwickeln, und die Einengung des Tethys-Meeres ermöglichte den Zustrom westasiatischer Sippen.

Klima- und Vegetationsentwicklung in Mitteleuropa im Quartär

Arne Friedmann und Frank Schäbitz

Als natürliche Archive zur Rekonstruktion der quartären Vegetationsgeschichte eignen sich besonders Torf- und Seesedimente. Dabei werden pflanzliche Großreste (Makroreste/ Makrofossilien) und Mikrofossilien (Mikrofazies, bis 1 mm Größe) genutzt, die sich bei Luftabschluss in den Sedimenten über längere Zeiträume gut erhalten. Makrofossilien aus ehemaligen Vegetationsbeständen sind in entsprechenden Sedimentproben mit dem bloßen Auge oder einer Lupe erkennbare Reste meist höherer Pflanzen (z. B. Samen, Blätter, Nadeln, Früchte, Wurzeln, Hölzer, Holzkohle). Sie können oftmals bis zur Artebene bestimmt werden und geben Informationen über die lokale Vegetation am Untersuchungsort. Zu den Mikrofossilien pflanzlichen Ursprungs gehören Blütenstaub und Sporen, Holzkohle, Phytolithe (mikroskopisch kleine, verkieselte Gewebepartikel höherer Pflanzen) und Diatomeen (Kieselalgen). Für die Rekonstruktion der Paläoumwelten werden aber auch Fossilien tierischer Lebewesen (unterschiedlicher Größe) in Sedimenten mit untersucht: so z. B. Ostracoden (Muschelkrebse), Mollusken (Schnecken und Muscheln) sowie die Chitinpanzer von Chironomiden (Zuckmücken) und Käfern (Coleoptera). Hinzu kommen Biomarkerverfahren, die auf der geochemischen Analyse spezifischer organischer Stoffe beruhen (z. B. Lipide aus Blattwachsen) die u. a. Aussagen über die Organismen zulassen, die sie hergestellt haben sowie über die Umweltbedingungen (z. B. Niederschläge und/oder Temperaturen), unter denen die Organismen sie produzierten.

Als besonders geeignete Methode zur Rekonstruktion der Vegetationsgeschichte hat sich die **Pollen- und Sporenanalyse** (**Palynologie**, Exkurs 5.5) kombiniert mit der Makrorestanalyse erwiesen (Faegri & Iversen 1989, Moore et al. 1991). Schwierigkeiten bei der Anwendung dieser paläobotanischen Methoden bereiten häufig die nicht immer eindeutige Identifikation der Fossilien bis auf die Artebene sowie eine statistisch abgesicherte Aussage über die Vegetationszusammensetzung oder -dichte. Bei ausreichender Pollenerhaltung gelingt die Rekonstruktion vergangener Vegetationszustände und man kann mithilfe des Aktualismusprinzips entweder qualitativ oder quantitativ auf die Paläoklimabedingungen zurückschließen. Während für qualitative Aussagen Kenntnisse der allgemeinen ökologischen und klimatischen Rahmenbedingungen benötigt werden, unter denen sich bestimmte Vegetationszustände einstellen, erfordern quantitative Verfahren die Entwicklung von Transferfunktionen. Diese werden in der Regel mithilfe komplexer statistischer Methoden (u. a. multiple Regressionsanalysen, Wahrscheinlichkeitsdichtefunktionen) auf Basis GIS-gestützter Auswertungen rezenter Klimabedingungen sowie der gegenwärtigen Verbreitung von Pflanzentaxa in den fraglichen Untersuchungsräumen ermittelt (Kühl et al. 2002, Bartlein et al. 2011, Litt et al. 2012, Ohlwein & Wahl 2012, Schäbitz et al. 2013).

Mithilfe der skizzierten Methoden wurden die häufigen Wechsel von Kalt- und Warmzeiten im Quartär nachgewiesen, wobei sich die Klima- und Vegetationszonen in Europa räumlich veränderten (Frenzel et al. 1992, Lang 1994). Zudem verschwand dadurch nach und nach die tertiäre Waldvegetation Mitteleuropas: Während der quartären Kaltzeiten herrschten baumlose Offenlandschaften mit Tundren- und Steppencharakter vor. Bäume überlebten in diesen Phasen nur noch in Refugien z. B. südlich der Alpen, im heutigen Mediterrangebiet, aber auch im Südosten Europas. In den Warmzeiten breiteten sich die Bäume in Abhängigkeit der jeweiligen Standortansprüche mit unterschiedlicher Geschwindigkeit in den vorab verlassenen Gebieten wieder aus. Die Einwanderungsgeschwindigkeit der Pflanzenarten hing im Wesentlichen von der Samenproduktion und -verbreitung sowie den zu überwindenden topographischen Barrieren ab. Während das Altpleistozän zunächst noch durch eine geringere klimabedingte Vegetationsdynamik gekennzeichnet ist, spielten die geschilderten Ausbreitungsvorgänge der Pflanzen nach lang andauernden Kaltzeiten mit extrem niedrigen Temperaturen ab dem mittleren Quartär eine größere Rolle. Diese großen, periodisch auftretenden **Arealveränderungen** überstanden nicht alle Sippen gleich gut, was zu einer allmählichen Verarmung der Gehölzflora in Mitteleuropa führte (arktotertiäre Reliktflora).

Die Wiederbewaldung in den jüngeren Interglazialen erfolgte nach Lang (1994) in vier Schritten: Einer noch kaltzeitlichen **kryokratischen Phase** mit Dominanz arktisch-alpiner Sippen folgt zu Beginn einer Warmzeit die **protokratische** Anfangsphase mit Steppenelementen und Pioniergehölzen. Daran schloss sich die **mesokratische** Phase an, in der sich ein thermophiler Wald entwickelte, während sich in der **telo-** oder **oligokratischen** Endphase Schattholzarten mit geringerer Ausbreitungsgeschwindigkeit durchsetzten.

Dieses Modell hat jedoch nur Gültigkeit für die sommergrünen Laubwälder West- und Mitteleuropas, wobei hinsichtlich des zeitlichen Erscheinens und der taxonomischen Zusammensetzung der Wälder in den verschiedenen Interglazialen deutliche Unterschiede festzustellen sind. Für das Holozän ist mithilfe pa-

läobotanischer Methoden auch der menschliche Einfluss auf die Pflanzenwelt rekonstruierbar, der in Mitteleuropa mit der Ausbreitung jungsteinzeitlicher Kulturen einhergeht. Damit befasst sich die **Archäobotanik**, meist in enger Kooperation mit der Archäologie, sodass beispielsweise die Geschichte der Kulturpflanzen oder Angaben zum Pflanzenbau und damit der Ernährung vergangener Kulturen abgeleitet werden können (Jacomet & Kreuz 1999).

Vegetationsentwicklung im Spät- und Postglazial Mitteleuropas

Arne Friedmann

Der raumzeitliche Ablauf der spät- und postglazialen Vegetationsgeschichte (Tab. 11.5 und 11.6) zeigt zwischen verschiedenen Landschaften Mitteleuropas deutliche Unterschiede (Firbas 1952, Lang 1994, Berglund et al. 1996, Küster 1996). Ganz grob lassen sich das Norddeutsche Tiefland mit den Küstengebieten, die Mittelgebirge mit deutlichen Unterschieden zwischen West (z. B. Schwarzwald) und Ost (z. B. Bayerischer Wald), die warm-trockenen klimatischen Gunsträume wie Thüringer Becken und Oberrheintiefland, das Alpenvorland und der in sich stark differenzierte Alpenraum unterscheiden.

Die spätglaziale Vegetationsgeschichte Süddeutschlands wird im Folgenden anhand eines Beispiels aus dem bayerischen Alpenvorland (Profil Unterer Inselsee/Allgäu, 703 m NN) erläutert (Stojakowits et al. 2014). Die holozäne Vegetationsentwicklung eines südwestdeutschen Mittelgebirgsraums soll ein Pollendiagramm (Abb. 11.25) aus dem Schwarzwald (Profil Schurtenseekar, 830 m NN) verdeutlichen, welches mit der Vegetationsentwicklung in einem edaphisch-klimatischen Gunstraum (Oberrheintiefland) verglichen wird (Friedmann 2000).

Tab. 11.5 Chronostratigraphische Spät- und Postglazialgliederung in Mitteleuropa (Daten nach Stebich 1999, Andres & Litt 1999).

	Zeitabschnitt [Chronozone]	Zeitdauer [cal BP]
Holozän	Subatlantikum	2800– 0
	Subboreal	5100– 2800
	Atlantikum	8200– 5100
	Boreal	9800– 8200
	Präboreal	11 590– 9800
Spätglazial	Jüngere Dryas	12 680–11 590
	Alleröd	13 370–12 680
	Ältere Dryas	13 535–13 370
	Bölling	13 670–13 535
	Älteste Dryas	13 810–13 670
	Meiendorf	14 446–13 810
	Hochglazial	>14 446

Tab. 11.6 Spät- und postglaziale Vegetations- und Klimaentwicklung mittlerer Lagen in Süddeutschland (verändert nach Friedmann 2000).

Zeitabschnitt	Klimatrend	Vegetation	archäologische Kulturstufen
Subatlantikum		Forste, Kulturlandschaftszeit	Neuzeit, Mittelalter Römerzeit Eisenzeit
Subboreal	feuchter, kühler	Mischwälder aus Buchen und Tannen, teilweise Fichten	Bronzezeit Neolithikum
Atlantikum	warm-feucht	Mischwälder mit Eiche, Ulme, Linde, Esche, Ahorn und Hasel	
Boreal	warm-trocken	haselreiche Wälder mit Kiefer, Eiche, Ulme, Linde und Esche	Mesolithikum
Präboreal	warm-trocken	geschlossene Kiefernwälder mit Birken	
Jüngere Dryas (bis 11 590 cal BP)	Abkühlung	sehr lichte Kiefernwälder mit Weiden, Birken, Wacholder und höheren Offenlandanteilen (Kältesteppe)	Paläolithikum
Alleröd	deutliche Erwärmung	lichte Kiefernwälder	
Ältere Dryas	Abkühlung	sehr lichte Kiefernwälder mit Birken	
Bölling	stärkere Erwärmung	lichter Kiefernwald mit Birken	
Älteste Dryas	wieder kälter	Strauchvegetation mit Birken, Wacholder, Weiden und höheren Offenlandanteilen	
Meiendorf	erste Erwärmung	Strauchvegetation mit Birken, Sanddorn, Wacholder und Weiden	
Würmhochglazial (vor 14 446 cal BP)	trocken-kalt	baumlose Tundrenvegetation	

Die **spätglaziale Vegetationsentwicklung** (Tab. 11.6) ist durch die von Klimaschwankungen geprägte diskontinuierliche Erwärmung nach der letzten Kaltzeit charakterisiert. Die Tundren- und Kältesteppenvegetation wird unter anderem durch einen hohen Anteil von Süß- und Sauergräsern, dem Beifuß (*Artemisia*) und der Silberwurz (*Dryas octopetala*) aufgebaut. Durch die Erwärmung im frühen Spätglazial erfolgt die Einwanderung erster Strauch- und Baumarten, die die Licht liebende Tundrenvegetation zurückdrängen. Auch die Höhengrenze der Baumverbreitung in den Gebirgen (Wald- und Baumgrenze) steigt an. Ab dem Bölling kann sich ein lichter Kiefernwald etablieren, der sich, unterbrochen durch Kälterückschläge und sich wieder ausbreitende Kältesteppenvegetation, bis ins Präboreal mit der einsetzenden dauerhaften Erwärmung halten kann.

Die **holozäne Vegetationsgeschichte** (Abb. 11.25, Tab. 11.6) beginnt im Präboreal. Im Schwarzwald herrscht zu dieser Zeit ein Kiefern-Birkenwald vor, in den die Hasel erfolgreich einwandert und nachfolgend zur Dominanz gelangt. Eiche, Ulme und Linde wandern langsam ein, und Kiefer und Birke werden seltener. Im Boreal herrschen haselreiche Wälder mit Kiefer, Eiche und Ulme vor. Ab Mitte des Boreals breiten sich Linde, Ulme und Eiche weiter aus, und die Kiefer verliert weiter an Bedeutung. Im frühen Atlantikum geht der Haselpollenanteil langsam zurück, da zuerst Ulme, dann Linde und schließlich die Eiche die Waldgesellschaften beherrschen (*Quercetum mixtum*). In den Mittelgebirgen setzt eine Differenzierung der Vegetation nach Höhenstufen ein (Friedmann 2000, 2002). Im späten Atlantikum

wandern Buche und Tanne ein und kommen im frühen Subboreal zur Massenausbreitung. Vorherrschende Waldgesellschaft ist nun der Buchen-Tannenwald, wobei Eiche, Linde und Ulme langsam an Bedeutung verlieren. Die Fichte wandert ab dem Subboreal von Osten kommend in den zentralen Hochschwarzwald ein und kann sich danach weiter ausbreiten. Mit dem Beginn des Subatlantikums (Eisen- und Römerzeit) kommt es zu den ersten menschlichen Eingriffen in den Wald. Auch ist Pollen von *Cerealia* (Getreide) erstmals vereinzelt seit der Bronzezeit nachweisbar. Durch großflächige Rodungen kommt es im jüngeren Subatlantikum (Mittelalter) zur Zurückdrängung des Waldes, besonders der Buche und Tanne. *Cerealia*-Pollen tritt seit dem frühen Mittelalter kontinuierlich auf. Durch neuzeitliche Aufforstungen erhöht sich in den Wäldern der Anteil von Fichte und Kiefer.

Im Schwarzwald ist der Ablauf der holozänen Vegetationsgeschichte gut mit der **Grundfolge der mitteleuropäischen Waldentwicklung** nach Rudolph (1930) und Firbas (1949, 1952) zu parallelisieren. Es zeigt sich die holozäne Vegetationsabfolge (regionale Pollenzonen): Kiefern-Birkenzeit – Hasel-Kiefernzeit – Eichenmischwald-Haselzeit – Buchen-Tannenzeit – Fichten-Kiefern-Tannen-Nichtbaumpollen-Zeit. Die Vegetationsentwicklung im Oberrheintiefland passt jedoch nicht in dieses Schema. Die holozäne Vegetationsabfolge sieht dort wie folgt aus: Kiefernzeit – Kiefern-Haselzeit – Kiefern-Eichenmischwald-Haselzeit – Eichenmischwald-Kiefernzeit – Kulturlandschaftszeit. Die unterschiedliche Vegetationsabfolge hat klimatische und standörtliche Ursachen, wodurch sich die Kiefer im

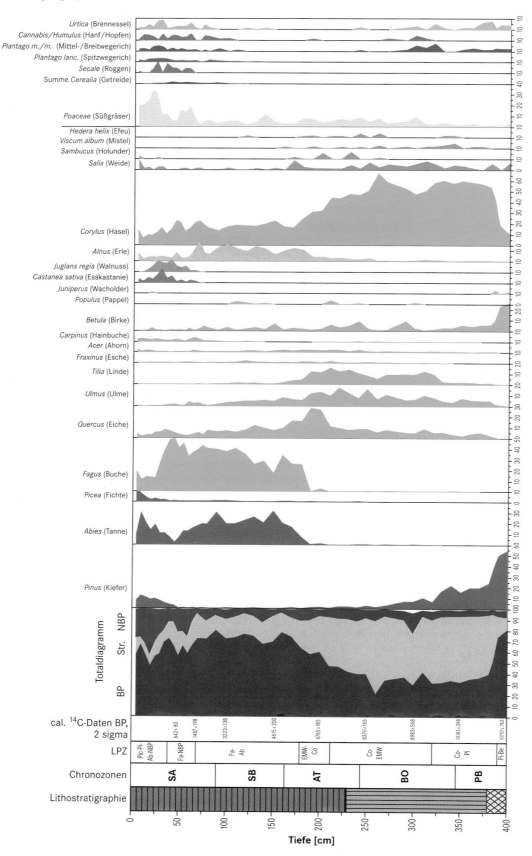

Tab. 11.7 Hemerobiegrade der Vegetation (verändert nach Pfadenhauer 1997).

Hemerobiegrad	anthropogener Einfluss	Beispiele	Neophyten-anteil [%]
H 0 natürlich *(ahemerob)*	vom Menschen unbeeinflusst	ungestörte Hochmoore, Urwälder	0
H 1 naturnah *(oligohemerob)*	durch den Menschen gering beeinflusst	standortgerechte Steilhangwälder	<5
H 2 nalbnatürlich *(mesohemerob)*	durch extensive Nutzung mäßig beeinflusst	Niederwälder, Magerwiesen	5–12
H 3 naturfern *(euhemerob)*	starke Veränderung durch intensive Nutzung	Intensivgrünland, Gärten, Äcker, Monokultur-Forstplantagen	13–20
H 4 naturfremd *(polyhemerob)*	vom Menschen geschaffene Vegetation	Zierrasen, Pioniervegetation an anthropogenen Standorten (Deponien, Bahndämme etc.)	21–80
H 5 künstlich *(metahemerob)*	Vegetation vernichtet bzw. versiegelt	Straßen, Gebäudeüberbauung	–

Holozän viel länger behaupten kann und Tanne und Buche sich nicht ausbreiten können. Als weiterer bedeutender Unterschied ist die frühe Besiedlung dieses Gunstraums ab dem Neolithikum zu nennen.

Umwandlung der Vegetation durch den Menschen

Deutschland ist ein natürliches Waldland und wäre ohne menschliche Eingriffe zu ungefähr 95 % bewaldet. Nur Moore, Felsgebiete und Küsten sind natürlich waldfrei.

Die **aktuelle oder reale Vegetation** ist das Resultat der vegetationsgeschichtlichen Entwicklung Europas und der seit über 7000 Jahren durch den Menschen verursachten nachhaltigen Veränderungen. Dies entspricht der realen Vegetation unter den heutigen Umwelt- und Nutzungsverhältnissen (Kowarik 1987), die stark geprägt ist durch anthropogene Ersatzgesellschaften (sekundäre Vegetation). Im Unterschied dazu bezeichnet der Begriff **ursprüngliche natürliche Vegetation** (primäre Vegetation) die Vegetationsverhältnisse an einem Ort ohne jemalige menschliche Eingriffe. Der Begriff der **potenziell natürlichen Vegetation** (pnV) bezeichnet den Vegetationszustand, der sich einstellen würde, wenn die menschlichen Eingriffe in die Natur aufhören würden, diejenigen der Vergangenheit aber mitberücksichtigt werden (Gedankenexperiment: Was wäre, wenn …).

Der Mensch beeinflusst die Standortbedingungen, die Diasporenverbreitung und führt neue Pflanzenarten ein. Durch die anthropogenen Eingriffe ist die heutige Pflanzendecke in Mitteleuropa jedoch nicht mehr natürlich, sondern verändert (hemerob). Unter Hemerobie versteht man den Grad der beabsichtigten und unbeabsichtigten menschlichen Beeinflussung

von Ökosystemen (Wittig & Streit 2004). Der Hemerobiegrad richtet sich unter anderem nach dem Anteil der Neophyten, der Therophyten und dem Artenverlust der natürlichen Flora. Der Grad der Veränderung wird in verschiedene Stufen (Tab. 11.7) eingeteilt (Sukopp 1972).

Mit dem Beginn des Ackerbaus und der Sesshaftwerdung des Menschen in den lössbedeckten Gunsträumen (Altsiedelland) im Neolithikum veränderte der Mensch die Landschaft. Die Mittelgebirgsräume wurden erst ab dem Frühmittelalter im Zuge des Erzbergbaus und der klösterlichen Erschließung besiedelt (Jungsiedelland). Im ausgehenden Neolithikum begann die Umwandlung der Naturlandschaft in eine Kulturlandschaft. Die anthropogenen Eingriffe waren anfänglich punkthaft und lokal wirksam, weiteten sich infolge der Bevölkerungszunahme immer mehr aus, bis sie zu regionalen und schließlich globalen Veränderungen führten. Der Verlauf der Vegetationsentwicklung ist in Mitteleuropa in den letzten 7000 Jahren eng mit der Siedlungsgeschichte verknüpft (Exkurs 11.2).

Vegetationsdynamik

Die Pflanzendecke ist nicht statisch oder konstant, sondern ständigen Veränderungen unterworfen. Die Vegetationsdynamik umfasst jede zeitliche Veränderung der Pflanzendecke nach Art der Zusammensetzung, Textur und Struktur sowie im Raum in horizontaler und vertikaler Erstreckung. Nach Art, Dauer und Richtung der Veränderung lassen sich drei Typen der Dynamik unterscheiden:

- **saisonale Veränderungen (Symphänologie):** Dabei handelt es sich um kurzzeitige, gesetzmäßig sich jährlich wiederholende Veränderungen, die sich am klimatischen Jahresrhythmus orientieren (Periodizität).

Abb. 11.25 Prozent-Pollendiagramm Schurtenseekar, Mittlerer Schwarzwald, 830 m NN. Die Lithostratigraphie umfasst von unten nach oben Schilf-, Seggen- und Sphagnumtorf. BP = Baumpollen, NBP = Nichtbaumpollen, Str. = Sträucher, LPZ = Lokale Pollenzonen, PB = Präboreal, BO = Boreal, AT = Atlantikum, SB = Subboreal, SA = Subatlantikum. Die 14 C-Daten sind als kalibrierte Daten BP mit einer Standardabweichung von 2 sigma dargestellt. Die Kurven der Taxa *Populus, Juniperus, Castanea, Juglans, Salix, Sambucus, Viscum, Hedera, Cerealia, Secale, Plantago, Cannabis/Humulus* und *Urtica* sind zehnfach überhöht dargestellt (Analyse: A. Friedmann).◄

Exkurs 11.2 Phasen der holozänen Vegetationsveränderung durch den Menschen

Bedeutende historische Eingriffe des Menschen in die Landschaft mit Auswirkungen auf die Vegetation sind u. a. die Rodung von Wald zur Gewinnung von Offenland, die Waldweide, Nutzholzgewinnung für Bau-, Werk- und Feuerholz, Erzverhüttung und Salzsiederei, die Aufforstung mit standortfremden Baumarten, Ackerbau und Grünlandnutzung, Drainage von Feuchtgebieten und die Einschleppung neuer Pflanzenarten (Neophyten). Die holozänen Vegetationsveränderungen durch den Menschen in Mitteleuropa lassen sich in mehrere Phasen einteilen (Lang 1994, Pfadenhauer 1997, Friedmann 2000):

- natürliche Waldentwicklung: in Siedlungsgunsträumen bis ca. 7000 BP, in Mittelgebirgsräumen teilweise bis ca. 1000 BP

- Beginn des Ackerbaus: Entstehung von Ackerflächen, Waldweide, Einführung neuer Pflanzenarten (u. a. Kulturpflanzen), Artenzunahme
- Veränderung der Wälder durch Rodung, Nutzung und Beweidung (Rinder, Schweine u. a.), Sekundär- und Nutzwälder entstehen, Entstehung einer Kulturlandschaft
- ab dem Mittelalter (ca. 1000 BP) vollständige und nachhaltige Veränderung fast aller natürlichen Vegetationsgebiete in Deutschland durch menschliche Nutzung
- ab dem 18. Jahrhundert Einsetzen der Aufforstung marginaler Flächen mit standortfremden Baumarten, Entstehung der fichtenreichen Kulturforste
- Ausräumung der historischen Kulturlandschaft im 20. Jahrhundert im Zuge der Mechanisierung der Landwirtschaft, Artenverarmung, Entstehung einer flurbereinigten Produktionslandschaft

Exkurs 11.3 Sukzessionstypen

Die Sukzession zeigt sich in einer gesetzmäßig aufeinanderfolgenden Serie von Stadien und Phasen. Man unterscheidet natürliche und anthropogene Sukzessionen. Es können alle genannten Sukzessionstypen in Kombination miteinander, nebeneinander und zeitlich gestaffelt auftreten. Die Sukzessionstypen lassen sich nach verschiedenen Kriterien untergliedern (Dierschke 1994, Richter 1997):

- primäre und sekundäre Sukzession: Primäre Sukzession erfolgt auf bisher unbesiedelten Standorten (Rohböden), wie beispielsweise frisch freigegebene Gletschervorfelder, Kiesflächen in Wildflussauen, oder nach Vulkaneruptionen auf jungen vulkanischen Aschen (Fesq-Martin et al. 2004). Sekundäre Sukzession erfolgt auf bereits von Pflanzen besiedelten Standorten, z. B. auf Ackerbrachen. Sie läuft schneller ab als die primäre Sukzession.
- autogene und allogene Sukzession: Untergliederung der Sukzession nach den wirkenden internen und externen Kräften. Autogene Sukzession beschreibt eine Vegetationsveränderung, die vor allem durch die Lebenstätigkeit des Pflanzenbestandes selbst verursacht wird, wie beispielsweise Konkurrenzverhalten, Schattentoleranz, Bodenver-

änderungen. Dies sind Bedingungen, die bei einer von außen ungestörten Entwicklung der Pflanzengesellschaft ablaufen. Allogene Sukzession erfolgt bei einer Pflanzenbestandsentwicklung unter von außen einwirkenden Störungen, wie beispielsweise Klimaveränderungen, Grundwasserschwankungen, Feuer oder menschliche Eingriffe.

- progressive und regressive Sukzession: Hier wird die Sukzession nach der Entwicklungsrichtung unterteilt. Dies ist abhängig vom Zustand und den Kräften, die auf den Standort wirken. Bei der progressiven Sukzession entwickelt sich die Pflanzengesellschaft hin zu einer Schlussgesellschaft. In Mitteleuropa stellt die Schlussgesellschaft überwiegend einen geschlossenen Wald dar. Bei der regressiven Sukzession (Retrogression) wird die Entwicklung durch natürliche oder anthropogene Faktoren gestört und verläuft rückwärts, z. B. vom geschlossenen Wald durch Kahlschlag, Windbruch oder Waldbrand zu einem offenen Standort mit geringer Vegetation. Als Beispiel für eine sekundäre regressive Sukzession ist die Brandrodung von tropischem Regenwald zu nennen. Das Auftreten von primärer regressiver Sukzession ist fraglich und definitionsabhängig.

- **Vegetationsschwankungen (Fluktuationen)**: über einige Jahre verlaufende, teilweise rhythmische und räumlich ablaufende Veränderungen innerhalb einer oder zweier benachbarter Pflanzengesellschaften. Diese sind abhängig von jährlich wechselnden Witterungsverhältnissen oder externen fluktuierenden Ereignissen wie beispielsweise Überschwemmungen.
- **Vegetationsentwicklung (Sukzession/Syndynamik)**: Dabei handelt es sich um längerfristige gerichtete, azyklische Veränderungen, die mehrere Pflanzengesellschaften betreffen.

Diese werden von einmaligen Ereignissen oder langfristigen Standortveränderungen ausgelöst und gesteuert (Exkurs 11.3).

Die Sukzession läuft in verschiedenen Sukzessionsstadien (Sukzessionsreihe) so lange ab, bis die Vegetation wieder im Einklang mit den herrschenden Umweltverhältnissen steht (Gleichgewichtszustand). Beim **Ausgangsstadium** (Pionierstadium, Erstbesiedlung) treten kurzlebige Licht liebende Pioniergesellschaften (z. B. Steinschuttgesellschaften) auf, die an extreme Umweltverhältnisse angepasst sind. Sie sind die Wegbereiter für weitere Pflanzen z. B. durch Bodenverbesserung und Düngung. Darauf folgen in den Zwischen- oder Übergangsstadien **Folgegesellschaften** (wie z. B. Verbuschungsstadien) bis schließlich ein Endstadium (Schluss-gesellschaft/Klimax oder Subklimax) erreicht wird, das mit seiner Umwelt im Gleichgewicht steht. Wird als Schlussgesellschaft eine Klimax erreicht, endet die Sukzessionsserie. Die **Schlussgesell-schaft** unterliegt aber weiterhin einer inneren Dynamik der zy-klischen Regeneration und ist nicht statisch.

Die zyklische Regeneration umfasst endogene Vorgänge einer fortlaufenden Artenreproduktion im Rahmen eines dynamischen Gleichgewichts (Richter 1997), bei der in aufeinanderfolgenden Schritten der Ausgangszustand wieder hergestellt wird. Es han-delt sich also um einen wiederholten Wechsel von regressiver und sekundär progressiver Entwicklung. Ein Beispiel ist die natürliche Waldverjüngung: natürliches Absterben alter Bäume und neues Aufwachsen von Jungwuchs Jahr für Jahr, wobei sich Jugend-, Optimal-, Alters- und Zerfallsphase der Wälder raum-zeitlich nebeneinander vollziehen (**Mosaik-Zyklus-Konzept**; Remmert 1991).

Jedoch kann es auch zur katastrophischen Verjüngung kommen, wenn die Baumschicht auf größerer Fläche durch exogene Stö-rungen wie Windwurf, Feuer, Schädlinge usw. zerstört wird. Es läuft dann eine sekundäre progressive Sukzession ab, die von einem Verjüngungsstadium (Pioniergebüsch, Pionierwald) über Folgestadien (Übergangswald) wieder zu einer Schlussgesell-schaft führt.

Beide Prozesse führen bei Primärwäldern zu einem Nebeneinan-der von verschiedenen Altersstadien und bedingen die Hetero-genität des Lebensraums, die Artenvielfalt und damit die dyna-mische Stabilität des Ökosystems.

11.5 Klassifikation und Raummuster von Biozönosen

Elisabeth Schmitt und Thomas Schmitt

Wesentliche Merkmale des Lebens sind seine Vielfalt, seine hierarchische Ordnung und die Tatsache, dass Organismen nie alleine vorkommen. Individuen der gleichen Art bilden in einem Raumausschnitt Fortpflanzungsgemeinschaften (**Populationen**), um den langfristigen Erhalt ihrer Art zu sichern. Aber auch Popu-lationen sind keine solitären Phänomene, sondern fügen sich mit Populationen anderer Arten zu Lebensgemeinschaften (**Biozöno-sen**) zusammen. Eine Biozönose besteht stets aus **Phytozönose** (Pflanzengemeinschaft) und **Zoozönose** (Tiergemeinschaft), die aufgrund von intensiven Wechselwirkungen untrennbar miteinander verflochten sind. Beide zusammen bilden jedoch nur einen, wenn auch den optisch dominierenden Ausschnitt der Biozönose, zu der auch die große Gruppe der Mikroorga-nismen (Pilze, Bakterien) zu rechnen ist, ohne die ökologische Prozesse und Funktionen nicht denkbar wären. Betrachtungen von Lebensgemeinschaften zeigen, dass unter ähnlichen Um-weltbedingungen einzelne Arten oder Artengruppen gemeinsam vorkommen (**Koinzidenz**), das heißt, es treten vergleichbare Artenkombinationen auf. Hierin liegt der Schlüssel, um die große Vielfalt an Biozönosen zu ordnen, wobei Phytozönosen aufgrund ihrer Ortsbindung deutlich einfacher zu untersuchen und zu identifizieren sind als mobile, nicht immer sicht- bzw. auffindbare Tierarten. Typisierung und Ordnung dienen der Ver-einheitlichung komplexer Sachverhalte im wissenschaftlichen Diskurs. Wie bei vielen komplexen Sachverhalten ist die Ab-grenzung von Lebensgemeinschaften weniger durch klare, scharfe Grenzen als durch fließende Übergänge charakterisiert (Kontinuum). Eine Klassifikation von Biozönosen ist nur unter Verwendung umfangreicher Datensätze und Informationen über ihre Artenzusammensetzung und Standortbedingungen möglich sowie unter Einsatz standardisierter Verfahren bei der Stichpro-benauswahl, Datenerhebung und Typisierung (Dierschke 1994, Kratochwil & Schwabe 2001).

Methoden der Vegetationsklassifikation

Bei der Klassifikation und räumlichen Analyse von Phytozöno-sen werden in Abhängigkeit vom Maßstab grundsätzlich zwei unterschiedliche Ansätze verfolgt. Auf kleiner Maßstabsebene erfolgt eine Gliederung und Typisierung nach physiognomisch-ökologischen Kriterien, auf großer Maßstabsebene stehen dage-gen floristisch-ökologische Verfahren im Vordergrund. Der phy-siognomisch-ökologische Ansatz der Vegetationsklassifikation geht in seinen Ursprüngen auf Alexander von Humboldt mit sei-nen „Ideen zu einer Physiognomik der Gewächse" (1807) zurück und versucht, die Vegetation eines fremden Raumausschnittes über die **Wuchs- oder Lebensformen** der dominanten Sippen zu deuten. Grundgedanke ist, dass das äußere Erscheinungsbild der Pflanzen (Physiognomie) wie etwa Wuchshöhe, Blattbau oder -ausdauer eine Anpassung an die vorherrschenden, insbesondere großklimatischen Umweltbedingungen ist. Physiognomisch ein-heitliche Pflanzenbestände sind somit der Ausdruck bestimmter ökologischer Bedingungen und lassen unter weitgehender Ver-nachlässigung des taxonomischen Systems eine Typisierung in unterschiedliche Pflanzenformationen zu. Nomenklatorisch wird meist zwischen den beiden Begriffen Wuchs- und Lebensformen nicht klar getrennt, obwohl die Wuchsform eigentlich nur mor-phologische Merkmale charakterisiert und genetisch vorgegeben ist. Die Lebensform ist ein umfassenderer Begriff, der neben ähnlicher morphologischer Ausprägung auch einen ähnlichen Lebensrhythmus einschließt, insbesondere die Anpassung an besondere Lebensbedingungen. Vor allem bei geographischen Fragestellungen hat das Lebensformen-System nach Raunkiaer (Exkurs 11.4) große Akzeptanz gefunden, da hier leicht zu er-kennende und mit dem Makroklima in Verbindung stehende Kriterien Anwendung finden. Dementsprechend weisen die Kli-mazonen der Erde (Abschn. 8.8), teilweise aber auch kleinere Raumeinheiten, wesentliche Unterschiede im Anteil der einzel-nen Lebensformen an der Flora auf, was in **Lebensformenspek-tren** dokumentiert werden kann. Überwiegen aufgrund der güns-tigen klimatischen Bedingungen in den immerfeuchten Tropen die Phanerophyten, so treten diese mengenmäßig in allen ande-

Exkurs 11.4 Lebensformen nach Raunkiaer

Dem ursprünglich für Gebiete mit Kälteruhe entwickelten Lebensformensystem nach Raunkiaer liegen Anpassungsmerkmale der Pflanzen an ungünstige Jahreszeiten (Winterkälte, Trockenzeit) zugrunde, die durch eine jahreszeitliche Dynamik der Umweltfaktoren Licht, Temperatur und Feuchtigkeit bestimmt werden. Für die zentrale Frage, wie Pflanzen die ungünstige Jahreszeit überdauern, bietet die Lage der Erneuerungsknospen (Überdauerungsorgane) eine Antwort. Auf dieser Basis wurden von Raunkiaer fünf Hauptgruppen an Lebensformen unterschieden:

- Phanerophyten: Knospen befinden sich in beträchtlicher Höhe über dem Erdboden an langlebigen, häufig verholzten Sprossachsen (Bäume, Sträucher); je nach Höhe wird zwischen Makro- (über 2 m) und Nanophanerophyten (bis 2 m) unterschieden
- Chamaephyten: Zwergsträucher oder auch krautige Pflanzen, deren Knospen nur wenig über dem Erdboden ange-

ordnet sind (25 cm) Hemikryptophyten: krautige Pflanzen (z. B. Gräser, Rosettenpflanzen) mit eng dem Erdboden anliegenden Knospen und einem weitgehenden Absterben der oberirdischen Teile in der ungünstigen Jahreszeit
- Kryptophyten: Pflanzen, deren oberirdische Teile periodisch völlig absterben und deren Überdauerungsorgane sich im Boden (Geophyten) oder Wasser (Hydrophyten) befinden
- Therophyten: einjährige Pflanzen, deren Überdauerung in Form von Samen erfolgt

Dieses System kann durch die Einbeziehung weiterer Merkmale wie Verholzungsgrad, Blattausdauer, oder Verzweigungstyp erweitert werden (Dierschke 1994). Erst diese Verfeinerung des Systems ermöglicht seine sachgemäße Anwendung auch außerhalb von Gebieten mit Kälteruhe und damit eine weltweite Vergleichbarkeit.

ren Zonen zurück. An Trockenheit sind Therophyten am besten angepasst, wogegen in kühleren Regionen Hemikryptophyten und Chamaephyten durch den Kälteschutz, den abgeworfenes Laub oder Schnee gewähren, Vorteile haben. Der Zusammenhang zwischen pflanzlichen Lebensformen und Klima kommt auch darin zum Ausdruck, dass sich in unterschiedlichen Erdteilen unter vergleichbaren klimatischen Bedingungen in taxonomisch nicht verwandten Sippen häufig analoge Lebensformen ausgebildet haben (**Konvergenz**). Beispiele hierfür finden sich in den Trockengebieten der Erde mit den stammsukkulenten Kakteen (*Cactaceen*) der Neotropis und den sehr ähnlich aussehenden Wolfsmilchgewächsen (*Euphorbiaceen*) der Paläotropis oder in den tropischen Hochgebirgen mit den weltweit dort beheimateten Schopfblattgewächsen. Andererseits kann es bei verwandten Sippen durch veränderte Umweltbedingungen zur Ausbildung unterschiedlicher Lebensformen kommen. So sind die Arten der Gattung Weiden (*Salix*) in der gemäßigten Zone überwiegend den Phanerophyten zuzurechnen, in der Arktis dagegen handelt es sich um niedrige Chamaephyten.

Bei der Vegetationsanalyse auf einer größeren Maßstabsebene gelangt das System der Lebensformen relativ schnell an seine Grenzen. Der Versuch in einem mitteleuropäischen Waldgebiet (z. B. Schwarzwald, Eifel, Taunus), die einzelnen, standortökologisch unterschiedlichen Waldbestände mithilfe des Systems Raunkiaers zu typisieren, wird aufgrund des vielfach identischen Lebensformenspektrums weitgehend scheitern. In diesem Fall helfen nur **floristisch-ökologische Klassifikationsverfahren** weiter. Sie basieren auf dem taxonomischen System und typisieren Pflanzenbestände anhand ihres Arteninventars, weshalb sehr gute Artenkenntnisse eine wesentliche Voraussetzung für die Anwendung dieser Klassifizierung sind. Über die konkreten Kriterien, nach denen das Arteninventar analysiert und typisiert wird, existieren unterschiedliche Auffassungen. Die entscheidende Grundlage aller eingesetzten Verfahren ist jedoch die

Annahme, dass die Artenzusammensetzung an einem Standort nur selten rein zufällig besteht, sondern bestimmte Artenkombinationen sich unter vergleichbaren Standortbedingungen wiederholen. Phytozönosen, die eine ähnliche Artenkombination und vergleichbare Standortbedingungen besitzen, können so zu einem Typus zusammengefasst werden (**Pflanzengesellschaft**). Die in Europa vorherrschenden Verfahren zur Ausgliederung von Pflanzengesellschaften können in folgender Weise gegliedert werden:

- Klassifikation nach **dominanten Arten**: Dieses Verfahren findet vor allem bei artenärmeren Pflanzengemeinschaften Skandinaviens und Osteuropas seine Anwendung und typisiert Phytozönosen als Soziationen nach der vorherrschenden Art in jeder Schicht (Baum-, Strauch-, Kraut-, Moosschicht).
- Klassifikation nach **Charakterarten** (soziologische Artengruppen): In Gebieten mit einer artenreicheren Flora hat sich das Soziationskonzept nicht durchgesetzt, da Dominanzstrukturen hier eher selten sind und standörtliche Unterschiede durch dominante Arten mit einer häufig weiten ökologischen Amplitude verdeckt werden könnten. Eine Typisierung erfolgt hier über sog. Charakterarten (Kennarten), die ein gleiches oder ähnliches Verhalten gegenüber einer komplexen Standort- und Nutzungsausprägung besitzen und dadurch ihren Verbreitungsschwerpunkt (hohe Stetigkeit) in einer bestimmten Pflanzengesellschaft haben. Diese durch floristischen Vergleich von Vegetationsaufnahmen gefundenen soziologischen Artengruppen grenzen die betreffende Gesellschaft gegen alle übrigen bekannten Gesellschaften ab. Eine solche Pflanzengesellschaft mit bestimmter floristischer Zusammensetzung (Charakterarten, stete Begleiter), einheitlichen Standortbedingungen und einheitlicher Physiognomie wird Assoziation genannt und bildet die Grundeinheit des pflanzensoziologischen Klassifikationssystems (Exkurs 11.5).
- Klassifikation nach **Zeigerarten** (ökologische Artengruppen): Die Zuhilfenahme von Zeigerarten, die ein bestimmtes Ver-

Exkurs 11.5 Methodik der Pflanzensoziologie

Zu Beginn einer jeglichen raumbezogenen wissenschaftlichen Datenaufnahme steht die Auswahl geeigneter Stichprobenflächen, denn die Qualität des Ergebnisses wird maßgeblich von der Qualität der Stichprobe bestimmt. Bezogen auf die Analyse und Beschreibung von konkreten Pflanzenbeständen im Gelände bedeutet dies: Für die Inventarisierung des floristischen Artenbestandes (Vegetationsaufnahme) müssen Flächen mit einem physiognomisch einheitlichen Pflanzenbewuchs und einheitlichen Standortbedingungen ausgewählt werden (Prinzip der Homogenität), das heißt, speziell von Grenzbereichen oder Störstellen (z. B. Randstrukturen, Windwurf oder Wege im Wald) sollte ein großer Abstand gehalten werden. Ein zweiter wichtiger Grundsatz ist das Prinzip der Vollständigkeit, das heißt, für eine Typisierung und ökologische Charakterisierung des Pflanzenbestandes ist eine möglichst komplette Erfassung aller diagnostisch wichtigen Arten notwendig. Hierfür muss die Probefläche in Abhängigkeit von der Struktur des Bestandes und der Artenvielfalt eine gewisse Mindestgröße (Minimumareal) besitzen. Auch wenn die Auswahl der Probeflächen unter Berücksichtigung der genannten drei Kriterien sorgfältig erfolgt, bleibt sie jedoch nicht völlig frei von der subjektiven Einschätzung des Bearbeiters. Dieser gewisse Grad an Subjektivität und die anscheinend damit verbundene, fehlende Reproduzierbarkeit der Ergebnisse sind ein wesentlicher

Kritikpunkt an der Methode nach Josias Braun-Blanquet. Dem ist zu entgegnen, dass vermeintlich objektivere Auswahlverfahren (gleichmäßige Verteilung nach einem Raster oder zufällige Verteilung) meist schlechtere Ergebnisse bei kleinräumig wechselnden Pflanzenbeständen bringen. Es besteht dabei in hohem Maße die Gefahr, dass inhomogene Aufnahmeflächen bearbeitet werden, die eine Typisierung zum Teil unmöglich machen.

Nach der Auswahl geeigneter Probeflächen gliedert sich die Vorgehensweise der pflanzensoziologischen Methodik in drei Arbeitsschritte (Dierschke 1994):

- Durchführung der Vegetationsaufnahme
- Bearbeitung der Vegetationsaufnahmen und Ausgliederung von Vegetationstypen mittels Tabellenarbeit
- Einordnung der ausdifferenzierten Vegetationstypen in das pflanzensoziologische System

Die Vegetationsaufnahme wird durch ein Aufnahmeprotokoll dokumentiert und enthält neben allgemeinen Standortangaben als wesentlichen Bestandteil eine Artenliste mit Angaben zur Artmächtigkeit (Kombination aus Individuenzahl und Deckungsgrad), getrennt nach den Schichten des Pflanzenbestandes.

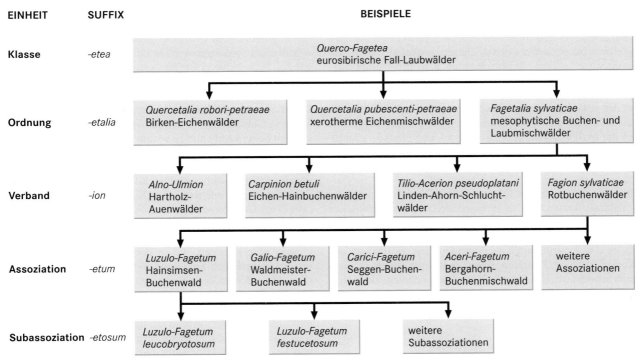

EINHEIT	SUFFIX	BEISPIELE
Klasse	-etea	*Querco-Fagetea* eurosibirische Fall-Laubwälder
Ordnung	-etalia	*Quercetalia robori-petraeae* Birken-Eichenwälder / *Quercetalia pubescenti-petraeae* xerotherme Eichenmischwälder / *Fagetalia sylvaticae* mesophytische Buchen- und Laubmischwälder
Verband	-ion	*Alno-Ulmion* Hartholz-Auenwälder / *Carpinion betuli* Eichen-Hainbuchenwälder / *Tilio-Acerion pseudoplatani* Linden-Ahorn-Schluchtwälder / *Fagion sylvaticae* Rotbuchenwälder
Assoziation	-etum	*Luzulo-Fagetum* Hainsimsen-Buchenwald / *Galio-Fagetum* Waldmeister-Buchenwald / *Carici-Fagetum* Seggen-Buchenwald / *Aceri-Fagetum* Bergahorn-Buchenmischwald / weitere Assoziationen
Subassoziation	-etosum	*Luzulo-Fagetum leucobryotosum* / *Luzulo-Fagetum festucetosum* / weitere Subassoziationen

Abb. A Syntaxonomie mitteleuropäischer Laubwaldgesellschaften.

Im Anschluss werden die einzelnen Vegetationsaufnahmen in Tabellen zusammengestellt und nach ökologischen oder strukturellen Merkmalen vorsortiert. Im Rahmen der weiteren Auswertung der Geländedaten durch Tabellenarbeit erfolgt in mehreren Schritten eine Ordnung mit der Zielsetzung, floristisch ähnliche Bestände herauszuarbeiten. Dabei kommt es vor allem darauf an, Arten zu erkennen, die sich gegenseitig ausschließen und mit hoher Bindungsstärke nur in bestimmten Vegetationsaufnahmen auftreten, die dann aufgrund dieser Charakterarten eine Pflanzengesellschaft bilden. Neben Charakterarten treten als zweite wichtige Gruppe Differenzialarten auf, die meist einen hohen ökologischen Indikatorwert besitzen und zur Untergliederung von Pflanzengesellschaften in verschiedene Ausbildungen (z. B. feuchte oder trockene Ausbildung) dienen. Da sich die Ordnung nicht automatisch ergibt, findet eine Steuerung durch die Kenntnisse und Präferenzen des Bearbeiters statt. Diese subjektive Komponente kann durch den Einsatz computergestützter Verfahren minimiert werden.

In der Regel werden die erzielten Ergebnisse in einem dritten Arbeitsschritt mithilfe regionaler und überregionaler Literatur- und Tabellenvergleiche einer exakten Benennung zugeführt. Derartig ermittelte und benannte Pflanzengesellschaften (z. B. *Luzulo-Fagetum, Galio-Carpinetum, Arrhenatheretum elatioris*) sind als Assoziation, das heißt als kleinste Einheit mit eigenen Charakterarten im hierarchisch gegliederten pflanzensoziologischen System, einzuordnen. Vergleichbar der Pflanzentaxonomie werden auch in der pflanzensoziologischen Taxonomie „verwandte" Assoziationen zu höheren syntaxonomischen Einheiten gruppiert. Dies geschieht über den Grad der floristischen Ähnlichkeit, das heißt, Assoziationen mit gemeinsamen Arten, die anderen Assoziationen fehlen, können zu einer Einheit höheren Ranges zusammengefasst werden: Assoziationen zu Verbänden, Verbände zu Ordnungen und Ordnungen zu Klassen. Hieraus ergibt sich ein hierarchisches System, in dem die Einheiten jeder Ebene durch Charakterarten gekennzeichnet sind, die wiederum aber auch in den taxonomisch nachrangigen Einheiten für die Typisierung wichtig sind (Abb. A). Basierend auf den ausgegliederten Assoziationen können nun weitergehende Analysen wie großmaßstäbige Vegetationskartierungen oder Standortcharakterisierungen erfolgen.

halten gegenüber einem Standortfaktor (z. B. Kalk-, Trockenheits- oder Staunässezeiger) aufweisen, oder das umfassende Konzept der ökologischen Artengruppen sind weitere Möglichkeiten der floristischen Typisierung. Ökologische Artengruppen werden aus dem empirischen Vergleich von Vegetation und Standort (z. B. Vegetationsaufnahmen entlang ökologischer Gradienten, Bezüge zu ökologischen Messdaten) abgeleitet und umfassen Pflanzensippen mit annähernd gleicher ökologischer Potenz. Derartige ökologische Artengruppen existieren in Mitteleuropa u. a. für Waldboden-, Ackerwildkraut-, Grünland sowie Fließgewässerpflanzen und sind ein wichtiger Indikator bei der Standortcharakterisierung in den jeweiligen Vegetationseinheiten. Ein Instrumentarium, das weit über die ökologischen Artengruppen hinausgeht und in der ökologischen, aber auch agrar- und forstwirtschaftlichen Standortbeurteilung nicht mehr wegzudenken ist, sind die Zeigerwerte nach Ellenberg (Exkurs 11.6).

Neben diesen qualitativ-semiquantitativen Verfahren zur Vegetationsklassifikation werden insbesondere im angelsächsischen Sprachraum **numerische** und **multivariate Klassifikationsverfahren** eingesetzt. Sie haben das Ziel, charakteristische Artengruppen und Typisierungen nach vermeintlich „objektiven und reproduzierbaren" Kriterien sowie mathematischen Berechnungsverfahren (z. B. Cluster-, Hauptkomponenten- oder Korrespondenzanalyse) auszugliedern (Dierschke 1994).

Zonale Gliederung der Biosphäre

Auf der globalen Maßstabsebene bietet sich aus Gründen der Übersicht und der Praktikabilität eine Gliederung der Vegetation nach dem äußeren Erscheinungsbild der Pflanzen und der von ihnen gebildeten Bestände an (physiognomisch-ökologischer Ansatz). Dabei orientiert sich die Einteilung an den optisch vorherrschenden Wuchs- und Lebensformen, die sich in physiognomisch unterschiedliche Formationen gliedern lassen. Der Begriff „Formation" wurde bereits 1838 von August Grisebach eingeführt und als eine Gruppe von Pflanzen mit einheitlichem physiognomischem Charakter definiert. Im modernen wissenschaftlichen Sprachgebrauch ist der Begriff **Pflanzenformation** gängig. Entscheidend für die Ausweisung von Pflanzenformationen sind gleiche Lebensformengemeinschaften in größeren Landschaftsräumen. In der ökologischen Aussagekraft von Lebensformen und ihrer raschen und leichten Erfassbarkeit, vor allem in Gebieten, in denen der Artenbestand nur sehr schwer und mit hohem Aufwand zu ermitteln wäre (z. B. tropischer Regenwald) liegt der Vorteil der Erfassung von solchen physiognomisch-ökologischen Vegetationseinheiten. Das System der physiognomisch-ökologischen Klassifizierung der Pflanzenformationen der Erde wurde von Ellenberg & Mueller-Dombois (1967) als Grundlage für eine weltweite Vegetationskartierung im Maßstab 1 : 10 000 000 erarbeitet. In diesem hierarchischen System werden als ranghöchste Kategorie sieben Formationsklassen unterschieden, die in Formationsgruppen, Formationen im eigentlichen Sinne und Subformationen unterteilt sind (Tab. 11.8). Neben den Wuchs- und Lebensformen als oberstes Gliederungskriterium sind die Dichte der Vegetation und ökologische Aspekte weitere Kriterien der Klassifikation. Je niedriger das Gliederungsniveau ist, umso stärker werden ökologische Faktoren zur Einteilung herangezogen (Schroeder 1998) und die ökologische Bedingtheit in der Benennung der Einheiten zum Ausdruck gebracht. Da Pflanzenformationen in der Regel in Beziehung zu großklimatischen Faktoren stehen, zeigen sie eine globale, annähernd breitenkreisparallele Zonierung, die mit den Klimazonen der Erde übereinstimmt. Sie formen also

Exkurs 11.6 Zeigerwerte – Pflanzen als Indikatoren für eine ökologische Standortbewertung

Der Einsatz von Pflanzen als (An-)Zeiger für standörtliche Bedingungen hat in der forst- und agrarökologischen Praxis eine recht lange Tradition. 1965 entwickelte Heinz Ellenberg für Mitteleuropa das Konzept der Zeigerwerte, das bis heute einer stetigen Erweiterung und Ergänzung unterliegt. Darin werden Pflanzen, die ein spezifisches Verhalten gegenüber wichtigen klimatischen und/oder edaphischen Faktoren erkennen lassen, sog. Zeigerwerte zugeordnet. Es handelt sich hierbei nicht um gemessene oder experimentell ermittelte Werte, sondern um Erfahrungswerte aus der Vegetationskunde, Forst- und Agrarökologie. Als Zeigerwerte werden bei Gefäßpflanzen unterschieden (Ellenberg et al. 1991):

- L = Lichtzahl, von 1 (Tiefschattenpflanze) bis 9 (Volllichtpflanze)
- T = Temperaturzahl, von 1 (Kältezeiger) bis 9 (extreme Wärmezeiger)
- K = Kontinentalitätszahl, von 1 (hochozeanische Art) bis 9 (hochkontinentale Art)
- F = Feuchtezahl, von 1 (Starktrockniszeiger) bis 9 (Nässezeiger), 10 (Wechselfeuchtezeiger), 11 (Wasserpflanze) und 12 (submerse Wasserpflanze)
- R = Reaktionszahl, von 1 (Starksäurezeiger) bis 9 (Basen- und Kalkzeiger)
- N = Stickstoffzahl, von 1 (stickstoffärmste Standorte) bis 9 (stickstoffreichste Standorte)

- S = Salzzahl, von 0 (kein Salz ertragend) bis 9 (auf extrem salzhaltigen Substraten wachsend)

Die Zeigerwerte der Pflanzen sind abgeleitet aus ihrem ökologischen Verhalten unter Konkurrenzbedingungen im Freiland. Die tatsächlichen physiologischen Ansprüche der Pflanzen können daraus ebenso wenig entnommen werden wie exakte quantitative Angaben über den jeweiligen Standortfaktor. Da es sich um ordinal skalierte Daten handelt, müssen Berechnungen für einzelne Vegetationsaufnahmen oder ganze Pflanzengesellschaften (z. B. Mittelwert, Median) sehr vorsichtig interpretiert werden. Die vielfach geübte Kritik an den Zeigerwerten, nämlich dass sie komplexe Zusammenhänge zu stark vereinfachen, die ökologische Amplitude nicht erkennbar ist, die genetische und ökologische Variabilität von Arten fehlt oder ihnen keine exakten Messdaten zugrunde liegen, ist zu einem gewissen Grad berechtigt. Allerdings erlaubt die Kenntnis der Zeigerwerte von Pflanzen im Gelände eine rasche, aufwandslose, während der Vegetationsperiode jederzeit vorzunehmende und annähernd zuverlässige qualitative Einschätzung der Standorteigenschaften. Es gibt kein anderes methodisches Verfahren in der Vegetationskunde, das die komplexen Standortbeziehungen auf eine so leicht verständliche Weise erschließt wie die Zeigerwerte. Aufgrund der guten räumlichen und zeitlichen Auflösung sind sie auch für einen qualitativen, räumlichen Vergleich der Standorteigenschaften geeignet.

Vegetationszonen (Abb. 11.26 und 11.27), die durch ein eigenes Spektrum an Vegetationstypen gekennzeichnet sind.

Die auf mittleren Standorten charakteristischen und flächenmäßig dominierenden Vegetationstypen einer Vegetationszone stehen mit dem dort herrschenden Makroklima in Einklang und bilden die **zonale Vegetation.** Ihre floristische Zusammensetzung wandelt sich nur über große Distanzen und meist in Zusammenhang mit der Änderung des Klimas. Beispiele für zonale Pflanzenformationen sind die sommergrünen Laub- und Mischwälder der feuchten Mittelbreiten (z. B. Mitteleuropa), die Nadelwälder der borealen Zone (z. B. Sibirien) oder die Hartlaubvegetation der winterfeuchten Subtropen (z. B. Mittelmeerregion). Unter natürlichen Bedingungen wird die zonale Vegetation nur an Sonderstandorten mit edaphischen oder mikroklimatischen Extrembedingungen verdrängt. An edaphischen Sonderstandorten wird sie ersetzt von Vegetationstypen, deren Vorkommen nicht an eine bestimmte Vegetationszone gebunden ist, sondern allein von einer besonderen bodenkundlich-morphologischen Faktorenkonstellation bedingt wird (**azonale Vegetation**). Es ist diese spezifische standörtliche Merkmalskombination, die die Artenzusammensetzung der azonalen Vegetationstypen bestimmt, weshalb sie über die Grenzen von Vegetationszonen hinweg floristisch viele Gemeinsamkeiten und große Ähnlichkeit haben. Charakteristische Beispiele für azonale Vegetation in Mitteleuropa sind Vegetationstypen auf

Tab. 11.8 Klassifikation der Pflanzenformationen (verändert nach Ellenberg & Mueller-Dombois 1967).

Einheit	Bezeichnung
Formationsklasse I	geschlossene Wälder
Formationsunterklasse 12	Laub werfende Wälder
Formationsgruppe 121	winterkahle Wälder
Formation 1211	temperierte winterkahle Wälder
Formationsklasse II	offene Wälder
Formationsklasse III	Gebüsch-Formationen
Formationsklasse IV	Zwergstrauch-Formationen
Formationsklasse V	Kräuter- und grasreiche Fluren
Formationsklasse VI	Wüsten und edaphische Trockenstandorte
Formationsklasse VII	Wasserpflanzenformationen

nassen Standorten (Hochmoorgesellschaften, Auenwälder) oder salzhaltigen Substraten (Salzwiesen). Bei starker, meist reliefbedingter Abweichung der mikroklimatischen Bedingungen von den durchschnittlichen klimatischen Verhältnissen treten anstelle der zonalen Vegetation sog. extrazonale Vegetationstypen auf. Ihr eigentliches Verbreitungsgebiet liegt – wie der Name bereits

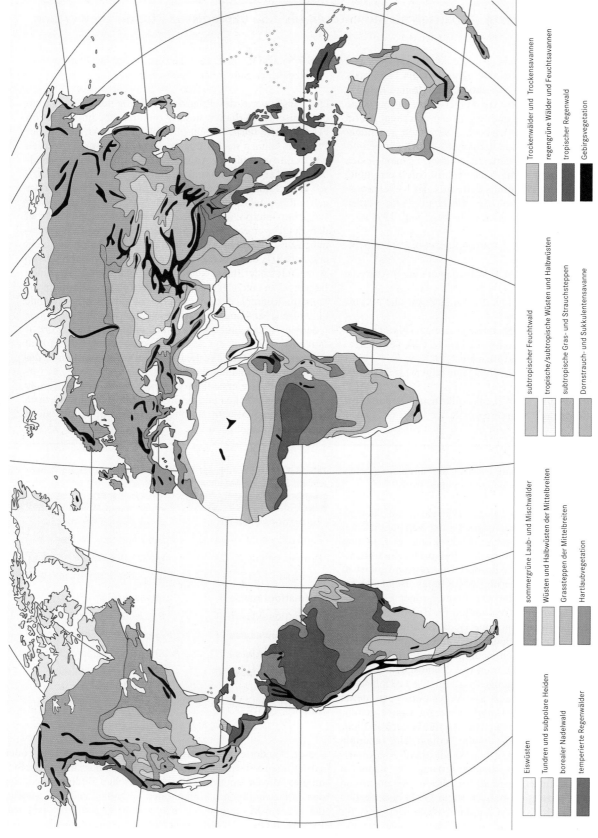

Abb. 11.26 Vegetationszonen der Erde (verändert nach Goudie 2002).

Eiswüsten

Tundren und subpolare Heiden

borealer Nadelwald

temperierte Regenwälder

sommergrüne Laub- und Mischwälder

Wüsten und Halbwüsten der Mittelbreiten

Grassteppen der Mittelbreiten

Hartlaubvegetation

subtropischer Feuchtwald

tropische/subtropische Wüsten und Halbwüsten

subtropische Gras- und Strauchsteppen

Dornstrauch- und Sukkulentensavanne

Trockenwälder und Trockensavannen

regengrüne Wälder und Feuchtsavannen

tropischer Regenwald

Gebirgsvegetation

Kapitel 11

Abb. 11.27 Beispiele für Pflanzenformationen der Erde: **a** tropischer Regenwald auf Sumatra, **b** Trockensavanne in Somalia, **c** Halbwüste in Namibia, **d** mediterraner Hartlaubwald in Andalusien, **e** sommergrüner Laubwald in der Eifel, **f** borealer Nadelwald in Nordwest-Kanada und **g** Strauchtundra in Lappland (Fotos: B. Hendel, U. Scholz, E. Schmitt).

andeutet – in einer Vegetationszone, deren großklimatische Verhältnisse den mikroklimatischen Bedingungen der Sonderstandorte entsprechen. Typische Beispiele für **extrazonale Vegetation** in Mitteleuropa sind subkontinentale Steppen-Rasen oder submediterrane Flaumeichenwälder an trocken-warmen Südhängen.

Wird die Tierwelt in die Gliederung der Biosphäre mit einbezogen, dann muss der Begriff Pflanzenformation ersetzt werden durch den Begriff Bioformation bzw. den gebräuchlicheren Ausdruck **Biom**. Der Terminus Biom bezieht sich auf die gesamte Lebewelt (einschließlich des Menschen) in einer ökologisch homogenen Region. Biome sind zonale Pflanzenformationen mit den in ihnen vorkommenden tierischen Lebensgemeinschaften. Gelegentlich werden aber auch extreme Standortkomplexe wie die Mangrove an subtropisch-tropischen Küsten als Biome gefasst, obwohl sie durch sehr spezielle edaphische Standortbedingungen (aquatische Schlickstandorte im Gezeiteneinfluss) und nicht großklimatisch bedingt sind. Solche Sonderfälle – eigentlich azonale Ökosysteme – werden von Walter & Breckle (1983) als Pedobiome klassifiziert. Die den Biomen entsprechenden zonalen Landschaftsräume werden von Walter und Breckle als

Zonobiome bezeichnet. Es handelt sich dabei um Großlebensräume mit homogenem Klimacharakter, einheitlicher Vegetation (einschließlich landwirtschaftlicher Nutzformen) und eigener spezieller Tierwelt. Hochgebirge kommen in allen Zonobiomen vor und nehmen eine Sonderstellung ein. Ihre verschiedenen Höhenstufen sind von klimatisch-ökologischen Besonderheiten geprägt, die nicht in das „normale" Standortspektrum ihres jeweiligen Zonobioms passen. Aufgrund ihrer räumlichen Ausdehnung erscheint es sinnvoll, Hochgebirge als eigenständige ökologische Einheiten, sog. Orobiome, zu fassen. Aufbauend auf der Biom-Gliederung teilt Schultz (2000) die Erde in neun **Ökozonen** ein. In ihrer Abgrenzung und dem damit verfolgten Anliegen, nämlich ein naturräumliches Ordnungsmuster der Erde aufzuzeigen, sind die Ökozonen den als Zonobiomen bezeichneten Großlebensräumen sehr ähnlich. Die Kriterien, die zu ihrer Charakterisierung führen, beschränken sich jedoch nicht nur auf die Betrachtung qualitativer Merkmale wie beispielsweise Vegetationsstruktur oder Bodeneinheiten. Vielmehr werden weiterführend Stoff- und Energievorräte in den verschiedenen Systemkompartimenten (z. B. Biomasse, Mineralstoffe in Vegetation und Boden) sowie Stoff- und Energieumsätze zwischen

Kapitel 11

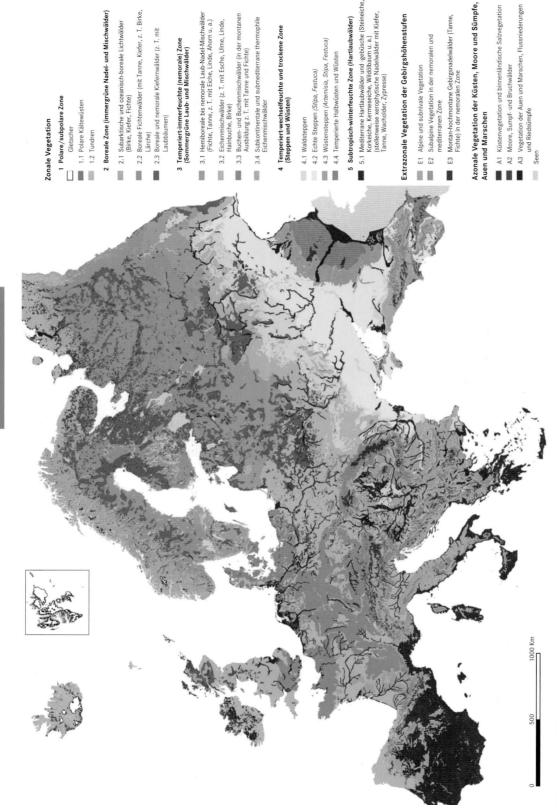

Zonale Vegetation

1 Polare/subpolare Zone
Gletscher
1.1 Polare Kältewüsten
1.2 Tundren

2 Boreale Zone (immergrüne Nadel- und Mischwälder)
2.1 Subarktische und ozeanisch-boreale Lichtwälder (Birke, Kiefer, Fichte)
2.2 Boreale Fichtenwälder (mit Tanne, Kiefer, z. T. Birke, Lärche)
2.3 Boreale und nemorale Kiefernwälder (z. T. mit Laubbäumen)

3 Temperiert-immerfeuchte (nemorale) Zone (Sommergrüne Laub- und Mischwälder)
3.1 Hemiboreale bis nemorale Laub-Nadel-Mischwälder (Fichte, Tanne, z. T. mit Eiche, Linde, Ahorn u. a.)
3.2 Eichenmischwälder (z. T. mit Esche, Ulme, Linde, Hainbuche, Birke)
3.3 Buchen- und Buchenmischwälder (in der montanen Ausbildung z. T. mit Tanne und Fichte)
3.4 Subkontinentale und submediterrane thermophile Eichenmischwälder

4 Temperiert-wechselfeuchte und trockene Zone (Steppen und Wüsten)
4.1 Waldsteppen
4.2 Echte Steppen (*Stipa, Festuca*)
4.3 Wüstensteppen (*Artemisia, Stipa, Festuca*)
4.4 Temperierte Halbwüsten und Wüsten

5 Subtropisch-winterfeuchte Zone (Hartlaubwälder)
5.1 Mediterrane Hartlaubwälder und -gebüsche (Steineiche, Korkeiche, Kermeseiche, Wildölbaum u. a.), (stellenweise xerophytische Nadelwälder mit Kiefer, Tanne, Wacholder, Zypresse)

Extrazonale Vegetation der Gebirgshöhenstufen
E1 Alpine und subnivale Vegetation
E2 Subalpine Vegetation in der nemoralen und mediterranen Zone
E3 Montan-hochmontane Gebirgsnadelwälder (Tanne, Fichte) in der nemoralen Zone

Azonale Vegetation der Küsten, Moore und Sümpfe, Auen und Marschen
A1 Küstenvegetation und binnenländische Salzvegetation
A2 Moore, Sumpf- und Bruchwälder
A3 Vegetation der Auen und Marschen, Flussniederungen und Riedsümpfe
Seen

Abb. 11.28 Natürliche Vegetation Europas (aus Glawion 2013, verändert nach Bohn & Neuhäusl 2000/2003).

den Kompartimenten (z. B. Primärproduktion, Mineralstoff- und Wasserkreislauf) quantitativ erfasst und zur ökologischen Kennzeichnung der Zonen herangezogen. Des Weiteren fließen sehr viel stärker agrar- und forstwirtschaftliche Aspekte in die Gliederung und Charakterisierung der Ökozonen der Erde ein als dies in der Biom-Gliederung der Fall ist.

Welche der angeführten biogeographischen Gliederungen der Erde auch immer herangezogen wird, sie alle gliedern Landschaftsräume aus, die sich durch gemeinsame Merkmale und Merkmalskombinationen auszeichnen. Ihre Kenntnis erlaubt es, jeden Ort auf dem Globus in seinen ökologischen Rahmenbedingungen zu charakterisieren sowie Nutzungspotenziale und -grenzen abschätzen zu können. Gleichzeitig ist sie Basis und Einstieg für weiterführende Detailuntersuchungen. Denn die großen biogeographischen Zonen der Erde – ganz gleich, ob es sich um Vegetationszonen, Zonobiome oder Ökozonen handelt – sind durch eine enorme standörtliche, ökologische und biozönologische Vielfalt in sich stark gegliedert, was jedoch nicht im Widerspruch zu ihrer Abgrenzung steht. Für die Aneignung zonaler Kenntnisse sei auf das Studium folgender Literatur verwiesen: Richter (2001), Schultz (2000), Walter & Breckle (1983).

Natürliche Vegetation Europas

Rainer Glawion

Der europäische Kontinent weist eine große Fülle von unterschiedlichen Pflanzenformationen und Ökozonen auf, da er sich von der hochpolaren Klimazone bei Spitzbergen bis zur subtropischen Zone am Mittelmeer und von hochozeanischen Klimaten am Atlantik bis zu kontinentalen Ausprägungen am Ural und Kaspischen Meer erstreckt. Wie auf keinem anderen Kontinent der Erde ist jedoch die natürliche Vegetation Europas während einer mehrere Tausend Jahre andauernden Nutzungsgeschichte überprägt und umgewandelt worden (Abschn. 11.4). Die landwirtschaftlichen Gunststandorte wurden schon früh agrarisch genutzt, die Ungunststandorte später durch Drainage, Bewässerung und Düngung melioriert und die Wälder zu Nutzforsten umgebaut. Somit finden wir nur noch kleine Reste der natürlichen Vegetation in Europa (Glawion 2013).

Die Vegetationskarte Europas (Abb. 11.28) wurde aus den Karten der natürlichen Vegetation Europas im Maßstab 1 : 2 500 000 (Bohn & Neuhäusl 2000/2003) entwickelt. Dazu wurden die dort dargestellten 700 pflanzensoziologischen Kartierungseinheiten Europas aggregiert und teilweise hierarchisch neu gegliedert, um dem stark verkleinerten Kartenmaßstab in diesem Buch gerecht zu werden und um eine deutlichere klima- und ökozonale Zuordnung der Vegetationseinheiten zu erreichen (Glawion 2013). Die natürliche Vegetation Europas ist in dieser Karte daher folgendermaßen gegliedert (Legende in Abb. 11.28):

- Die **erste Gliederungsebene** unterscheidet die **zonale, extrazonale und azonale Vegetation** als drei Hauptgruppen. Die extrazonale Vegetation findet sich in dieser Karte in den

Gebirgshöhenstufen wieder. In der azonalen Vegetation sind z. B. Dünen und Salzwiesen, Moore und Sümpfe sowie Flussauen vertreten.
- Die **zweite Gliederungsebene** unterscheidet fünf **Ökozonen** Europas in der Hauptgruppe der zonalen Vegetation. Die ökozonale Gliederung in die polare/subpolare, boreale, temperiert-immerfeuchte, temperiert-wechselfeuchte/trockene sowie die subtropisch-winterfeuchte Zone lässt sich gut in Karten und Klassifikationssysteme der Ökozonen der Erde einfügen (z. B. Glawion & Klink 2008, Glawion et al. 2019, Schultz 2008, Schmithüsen 1976).
- In der **dritten Gliederungsebene** werden die Ökozonen in 14 **Pflanzenformationen** unterteilt; bei der extrazonalen Vegetation werden drei Formationen der Gebirgshöhenstufen und bei der azonalen Vegetation drei Formationen der hydrologisch geprägten Standorte (Küsten, Moore, Auen) unterschieden.

Die Pflanzenformationen sind nach physiognomisch-ökologischen Merkmalen und dominanten Arten charakterisierte Vegetationstypen, die in der Karte von Bohn & Neuhäusl (2000/2003) aus Pflanzengesellschaften der **potenziell natürlichen Vegetation** (pnV) aufgebaut sind. Die pnV gibt einen (gedachten) Vegetationszustand wieder, der sich unter den heutigen Standortbedingungen ohne den Einfluss des Menschen einstellen würde (Abschn. 11.4). Karten der potenziell natürlichen Vegetation geben das **ökologische Potenzial** der Räume wieder, das heißt das Vermögen des Landschaftshaushalts, bestimmte **Leistungen der Ökosysteme** zu ermöglichen und für eine Nutzung bereitzustellen, z. B. für Zwecke der naturschutzfachlichen, agrar-, weide- und forstwirtschaftlichen Inwertsetzung (Glawion 2002, Glawion et al. 2019). Während in den peripheren Räumen Nord- und Osteuropas die tatsächlich vorhandene (reale) Vegetation noch naturnah ist und damit weitgehend der pnV entspricht, weichen reale und potenzielle Vegetation in den seit mehreren Tausend Jahren besiedelten Regionen Mittel- und Südeuropas erheblich voneinander ab. So sind im dichtbesiedelten und agrarisch intensiv genutzten Mitteleuropa als pnV überwiegend Waldformationen kartiert.

Vegetationsgliederung und -erfassung in Mitteleuropa

Elisabeth Schmitt und Thomas Schmitt

Die Vegetation Mitteleuropas gehört zonal gesehen zu den sommergrünen Falllaubwäldern der nemoralen Zone. Mit zunehmender Meereshöhe ändern sich jedoch die klimaökologischen Grundbedingungen, somit auch die Vegetations- und Lebensgemeinschaften und es kommt zur Ausbildung von **Höhenstufen** der Vegetation (Abb. 11.29).

Die planar-kolline Stufe (0–300 m NN) des westlichen Mitteleuropas ist von Eichen-Rotbuchenwäldern geprägt, die in ausgesprochen trockenen Leelagen von Mittelgebirgen (z. B. herzynisches und rheinhessisches Trockengebiet) bei Jahresniederschlagssum-

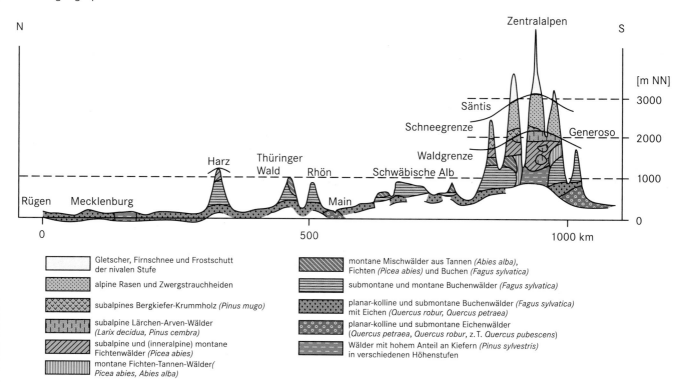

Abb. 11.29 Vegetationsprofil durch Mitteleuropa (verändert nach Ellenberg 1996).

men von etwa 500 mm in reine Eichenwälder übergehen. Diese kommen ebenso mit zunehmender Kontinentalität gemeinsam mit Hainbuchen- und Kiefernwäldern zur Dominanz. In der submontan-montanen Stufe (300–800 m NN) herrschen Rotbuchenwälder vor. In den höheren Lagen einiger Mittelgebirge (z. B. Harz, Schwarzwald, Bayerischer Wald), oberhalb von 800 m, und in den Alpen werden diese von Nadelwäldern aus Fichte (*Picea abies*) und Tanne (*Abies alba*) abgelöst. Eine deutliche, auf die Verkürzung der Vegetationszeit zurückzuführende höhenbedingte Waldgrenze ist nur in den Alpen (Nordalpen: 1700–1800 m, Zentralalpen: 2100–2200 m) und den Sudeten (1200 m) ausgebildet. Vereinzelt wird in den windexponierten höchsten Gipfellagen der Mittelgebirge, etwa auf dem Brocken im Harz oder dem Feldberg im Schwarzwald, die Kampfzone des Waldes erreicht. Die Trockengrenze des Waldes ist in Mitteleuropa edaphisch bedingt und tritt eher selten, z. B. an sehr steil geneigten, südexponierten, feinerdearmen Hängen von großen Flusstälern (Mittelrhein-, Mosel-, Donautal), in Erscheinung. Häufiger anzutreffen sind dagegen aufgrund von Vernässungen entstehende waldfreie Standorte wie beispielsweise Hochmoore, Niedermoore oder Verlandungsbereiche von Seen. Bis auf diese Sonderstandorte wäre Mitteleuropa ohne den Einfluss des Menschen unter den heutigen Standortverhältnissen durchgehend bewaldet (potenziell natürliche Vegetation). Die Waldbestände der potenziell natürlichen Vegetation würden nur von einigen wenigen Baumarten dominiert, wobei **Rotbuchenwälder** aufgrund ihrer Konkurrenzstärke bestimmend wären (Abb. 11.30). Nur an feuchten oder trockenen Standorten fände ein Verdrängungsprozess, vor allem durch Eichenwälder (*Quercus robur, Quercus petraea*), statt. Im Gegensatz zur potenziell natürlichen Vegetation ist die heutige reale Vegetation durch ein vielfältiges und differenziertes

Mosaik der unterschiedlichsten Vegetationstypen (z. B. naturnahe Wälder, Forste, Heiden, Wiesen, Weiden, Moore) geprägt, die in den Arbeiten von Ellenberg (1996) und Pott (1995) umfassend beschrieben werden. Eine detaillierte Analyse und Klassifizierung der bestehenden großen Vielfalt an Pflanzenbeständen erfolgt auf der Grundlage ihres floristischen Inventars mithilfe von soziologischen Artengruppen (Charakterarten) gemäß der seit den 1920er-Jahren

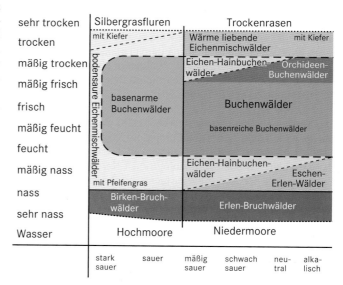

Abb. 11.30 Ökogramm mitteleuropäischer Laubwälder (verändert nach Ellenberg 1996).

gebräuchlichen Methodik nach Braun-Blanquet. Bei dieser Methodik handelt es sich um ein standardisiertes Verfahren, das die Erfassung von konkreten Pflanzenbeständen im Gelände und die anschließende Auswertung der erhobenen Daten und Informationen bis hin zur **Typisierung von Pflanzengesellschaften** in Form sog. Assoziationen umfasst (Exkurs 11.5). Gemäß diesem pflanzensoziologischen System werden in Mitteleuropa zur Zeit etwa 700–800 Assoziationen unterschieden, die in 160 Verbänden, 80 Ordnungen sowie 50 Klassen hierarchisch gegliedert sind. Neben dem Axiom, dass sich in einem floristisch einheitlichen Gebiet unter ähnlichen Standortbedingungen bestimmte Artenkombinationen wiederholen, ist das Diskontinuitätsprinzip eine wesentliche Grundannahme der pflanzensoziologischen Methodik. Es postuliert, dass sich die Vegetation im Gelände sehr plötzlich ändert, das heißt, dass unvermittelt und auf kleinstem Raum ein plötzliches Einsetzen (oder Aufhören) von vielen Sippen erkennbar ist. Von dieser Voraussetzung ausgehend werden konkrete Pflanzenbestände zu abstrakten pflanzensoziologischen Einheiten zusammengefasst (typisiert), als solche kartiert und so mit scharfen (abstrakten) Grenzen versehen und gegeneinander getrennt.

Methoden der Klassifikation von Tiergemeinschaften

Vergleichbar der Klassifikation von Phytozönosen können auch Zoozönosen auf recht unterschiedliche Weise erfasst und typisiert werden. Jedoch bestehen hierbei einige grundsätzliche Probleme, die vor allem die räumliche Konkretisierung von Tiergemeinschaften deutlich erschweren:

- Die meisten Tierarten besitzen keine feste Ortsbindung, sondern nutzen unterschiedliche Lokalitäten für ihre spezifischen Ansprüche (z. B. Nahrung, Nistplätze, Schlafstätten).
- Zoozönosen sind wesentlich artenreicher als Phytozönosen.
- Kurze Lebensdauer, versteckte Lebensweise und Nachtaktivität erfordern spezielle Erfassungsmethoden.
- Viele Tierarten durchlaufen in ihrem Leben verschiedene Entwicklungsstadien (z. B. Ei, Larve, Imago), die unterschiedliche Ansprüche besitzen.
- Das biotische Beziehungsgefüge ist deutlich komplexer als in Phytozönosen.
- Meist sind keine Dominanzstrukturen ausgebildet.

Diese Aspekte sind dafür verantwortlich, dass zur Beschreibung und Typisierung von Zoozönosen nicht die gesamte Artenkombination identifiziert werden kann, sondern eine erfassungsmethodische Beschränkung erfolgen muss auf Leit- und Indikatorarten, taxonomische Artengruppen (**Taxozönosen**) oder funktionelle Artengruppen (Gilden).

Da für die meisten Tierarten der pflanzliche Teil der Biozönose eine wichtige Ressource und Struktur für ihre eigene Existenz bildet, sind vegetationskundlich definierte Lebensraumtypen eine wichtige Bezugsbasis für die Festlegung der auszuwählenden faunistischen Arten oder Gruppen (Trautner 1992, Kratochwil & Schwabe 2001).

Für die Koinzidenz zwischen Pflanzen und Tieren auf der Ebene von Pflanzenformationen gibt es vielfältige Beispiele wie Großherbivoren in Savannen oder Tundren, Menschenaffen in tropischen Regenwäldern oder Bläulinge in Trockenrasen. Eine vergleichbare Beziehung zwischen Tiergemeinschaft und Pflanzengesellschaft ist dagegen selten herstellbar, da weniger floristische als strukturelle Eigenschaften der Vegetation für das Vorkommen bestimmter Tierarten verantwortlich sind. Koinzidenzen lassen sich aus diesem Grund viel eher mit Vegetationskomplexen (z. B. Verlandungsbereich eines Sees, Hudelandschaften, Xerothermstandorte) finden.

Aufgrund der genannten Probleme gelangt bei der Erfassung und Klassifizierung von Tiergemeinschaften vielfach das **Konzept der Leitarten** zur Anwendung. Leitarten sind Spezies, die ähnlich wie die Charakterarten in der Pflanzensoziologie, signifikant hohe Treuegrade und Häufigkeitswerte in einem bestimmten Lebensraum besitzen, weil nur dieser die lebensnotwendigen Ressourcen und Strukturen in optimaler Weise bereitstellt. Auch gilt hier einschränkend, dass faunistische Leitarten nur eine begrenzte räumliche Gültigkeit für ein faunistisch einheitliches Gebiet besitzen. Für die Bindung von Leitarten, aber auch von Tierarten allgemein, an bestimmte Lebensraumtypen lassen sich in etwas generalisierender Weise drei unterschiedliche Gründe erkennen:

- **trophische Bindung** – Benötigte Futterpflanzen oder -tiere sind stenök (z. B. Hochmoor- oder Trockenrasenpflanzen).
- **mikroklimatische Bindung** – Entwicklung von Eiern oder Larven erfolgt nur bei bestimmten Temperatur- und Feuchtewerten (z. B. bei Insekten und Reptilien).
- **strukturelle Bindung** – Gewisse Vegetationsstrukturen (z. B. Gebüsch in einer Wiese, offene Bodenstellen in der Krautschicht, Höhlen in Bäumen) sind unentbehrlich für die Jagd, als Versteck oder Nistplatz, zur Thermoregulation und vieles mehr.

Diese drei Bindungsformen dürfen jedoch nicht isoliert betrachtet werden, da sie zu komplexen Beziehungen miteinander verknüpft sein können.

Die Vielfalt innerhalb von Tiergemeinschaften wird über das Konzept der Leitarten nur sehr eingeschränkt wiedergegeben und kann durch die Betrachtung von Teilzoozönosen deutlich erweitert und substanziell verbessert werden. Einzelne, gut sichtbare Verwandtschaftsgruppen (Taxozönosen) als Typisierungselemente heranzuziehen, wie beispielsweise die Vogel-, Tagfalter- oder Heuschreckengemeinschaft einer Wacholderheide, ist für einen ersten Eindruck hilfreich. Eine ökologisch und biozönotisch größere Aussagekraft haben aber funktionelle Artengruppen (Gilden), deren Mitglieder in einer Biozönose die gleiche Funktion ausüben (z. B. Blütenbesucher als Bestäuber, Fruchtfresser als Samenverbreiter, Räuber als Regulatoren).

Die Ausgliederung von Gilden ist daher eines der gängigsten Verfahren zur Typisierung von Teilzoozönosen, das heißt von Tierartengruppen, die Umweltressourcen in ähnlicher Weise nutzen (Tab. 11.9). Bei der Nutzung von Umweltressourcen durch Tierarten spielt die Nahrungsaufnahme eine besondere Rolle, weshalb die Erfassung von **Ernährungsgilden** (z. B. Blüten-

Kapitel 11

Tab. 11.9 Gilden zentraleuropäischer Vogelarten des Binnenlandes (verändert nach Kratochwil & Schwabe 2001).

Gilde	Beispiele
überwiegend carnivore Bodenvögel	Heidelerche, Kiebitz, Singdrossel, Amsel, Grünspecht
überwiegend herbivore Bodenvögel	Haussperling, Goldammer, Birkhuhn, Stieglitz
Stamm- und Felskletterer	Buntspecht, Schwarzspecht, Kleiber
überwiegend carnivore Baum- und Gebüschvögel	Blaumeise, Kohlmeise, Buchfink, Pirol
überwiegend herbivore Baum- und Gebüschvögel	Tannenhäher, Kernbeißer
Ansitzjäger auf Wirbeltiere	Mäusebussard, Waldohreule, Raubwürger
Ansitzjäger auf Insekten	Neuntöter, Hausrotschwanz, Rotkehlchen
Flugjäger, Suchflieger	Steinadler, Wanderfalke, Rauchschwalbe
Wasservögel mit Pflanzen- und/oder Kleintiernahrung	Stockente, Höckerschwan, Teichralle
Fischfresser	Haubentaucher, Eisvogel, Graureiher

besucher, Carnivore, Herbivore, Substratfresser) die häufigste Anwendung findet. Aber auch eine Differenzierung nach Neststandorten, Fortbewegungsweise oder einer kombinierten Faktorenkonstellation (z. B. carnivore Höhlenbrüter) ist denkbar. Im Gegensatz zu den ökologischen Artengruppen bei Pflanzen sind die ökologischen Ansprüche von Arten einer Gilde nicht identisch. Sie finden ihre Nahrung durchaus in unterschiedlichen Kleinhabitaten oder bevorzugen z. B. als carnivore Baumvögel unterschiedliche Insektenarten. Bei exakter Übereinstimmung der Ressourcennutzung wäre der Konkurrenzdruck so stark, dass zwangsläufig ein Verdrängungsprozess stattfinden würde. Zum Studium von konkreten Beispielen zur Typisierung von faunistischen Gilden sei auf weiterführende Literatur hingewiesen: zu zentraleuropäischen Vogelarten des Binnenlandes (Kratochwil & Schwabe 2001), Insekten an Disteln (Redfern 1995), Kleinsäugern der mitteleuropäischen Kulturlandschaft (Schröpfer 1990).

Raummuster von Tiergruppen

Die Erfassung und Darstellung faunistischer Raummuster stellt in Anbetracht der oben dargelegten Probleme eine besondere methodische Herausforderung dar. Im Allgemeinen orientieren sich diese Raummuster nach drei Grundprinzipien:

- durch die Vegetation bedingte räumlich-strukturelle Ausstattung (z. B. Schichtung und Höhe der Vegetation)
- physikalisch-chemische Umweltbedingungen (z. B. Kleinklima, Bodentextur)
- biotische Interaktionen und Netzwerke (z. B. Konkurrenz, Räuber-Beute-Beziehungen, Symbiose, soziales Verhalten, Vorkommen von Futterpflanzen)

Betrachtet man die Raummuster von Tiergruppen auf chorischer Ebene, so lassen sich bei der Bindung an Biotope (Lebensraum einer Biozönose) recht unterschiedliche Strategien erkennen:

- **Mono-Biotopbewohner** besiedeln mit allen ihren Entwicklungsstadien nur ein einziges Biotop.
- **Verschieden-Biotopbewohner** besiedeln recht unterschiedliche Biotope (z. B. Trockenrasen und Feuchtwiese), aber ohne diese zu verlassen.
- **Biotopkomplexbewohner** besitzen unterschiedliche Ansprüche bei einzelnen Lebensvorgängen (z. B. Nahrungsaufnahme, Paarung, Eiablage) oder in verschiedenen Entwicklungsstadien (z. B. Ei, Larve, Imago) und nutzen deshalb unterschiedliche Biotope (Doppel- und Mehrfachbiotopansprüche).

Diese Doppel- und Mehrfachbiotopansprüche stehen in Zusammenhang mit der **Mobilität** der Arten und erfordern häufig einen engen räumlichen Kontakt der benötigten Biotope. So führen u. a. Amphibien einen sehr markanten **Biotopwechsel** durch. Sie benötigen für ihre Existenz die räumliche Kombination einer aquatischen Lebensstätte zur Entwicklung vom Laich zum Individuum mit einer terrestrischen Lebensstätte für die adulten Tiere. Nur wenn beides in ausreichender Qualität vorhanden ist und zusätzlich der dazwischen liegende, saisonal genutzte Migrationsraum überwindbar bleibt, ist ein Überleben im Raum gewährleistet. Eine besondere Form des aktiven Biotopwechsels findet sich bei Tieren, die ökologisch oder genetisch bedingt Wanderungen zur Überwinterung, Nahrungssuche oder Fortpflanzung in regionaler oder geosphärischer Dimension leisten. Wanderungen über große Entfernungen führen Zugvögel zwischen Sommer- und Winterquartier (z. B. die Küstenseeschwalbe *Sterna paradisaea* von der Arktis in die Antarktis), Großsäuger der Savannen und Steppen (z. B. Zebra *Equus,* Gnu *Connochaetes,* Bison *Bison bison*) oder auch Wanderfische (z. B. Atlantischer Lachs *Salmo salar*) durch. Dieses Phänomen tritt in Regionen mit einem ausgeprägten jahreszeitlichen Wechsel und einem damit verbundenen Nahrungsengpass auf und fehlt in den immerfeuchten Tropen. Bei hohen Reproduktionsraten kann es bei manchen Sippen (z. B. Wüstenheuschrecke *Schistocera gregaria,* Lemming *Lemmus*) zu kurzfristigen, expansionsartigen Massenwanderungen kommen.

Eine langfristige Erweiterung des Lebensraums ist damit jedoch nur in den seltensten Fällen verbunden (Müller 1977).

Selbst auf der topischen Ebene besiedeln Tierarten vielfach nicht ein Biotop, sondern einen Ausschnitt oder sogar nur charakteristische Elemente desselben (z. B. Blüten in einer Wiese, Altholz im Wald). In der Tierökologie werden auf der topischen Ebene aus diesem Grund weitere Untereinheiten ausgegliedert, um die für die Tiere lebensnotwendigen, spezifischen Teillebensräume methodisch in den Griff zu bekommen. Man unterscheidet:

- **Stratotope:** die Schichtung eines Biotops gibt die horizontalen Strukturen wieder (Baum-, Strauch-, Kraut-, Streu-, Bodenschicht)
- **Choriotope:** klar abgrenzbare vertikale Strukturen innerhalb eines Biotops oder Stratotops (z. B. Einzelbaum, Baumstumpf, Ameisenhaufen)
- **Merotope:** kleinste Strukturelemente innerhalb eines Strato- oder Choriotops (z. B. Blatt, Blüte, Rinde)

Für jeden dieser Teillebensräume existieren charakteristische Teilzoozönosen, wobei je nach Entwicklungsstadium und Mobilitätsgrad von derselben Art durchaus unterschiedliche Teillebensräume genutzt werden. Das heißt, das Prinzip der Mehrfachansprüche besteht nicht nur auf chorischer, sondern auch auf topischer Ebene. Wesentliche Voraussetzung für das Vorkommen einer bestimmten Tierart ist also die Ausstattung eines Biotops (Art, Qualität, Menge) mit notwendigen, spezifischen Kleinstrukturen sowie deren Anordnung und Gruppierung zu Raum- und Strukturmustern. In diesem Zusammenhang spielen vor allem auch Übergangsbereiche zwischen unterschiedlichen Lebensräumen (Ökotone) eine wichtige Rolle (z. B. Waldränder, Hecken), da hier Teillebensräume in enger räumlicher Nachbarschaft vorliegen. Aber auch die hohe Pflanzendiversität, die Vielzahl an Kleinhabitaten und das große Ressourcenangebot bedingen eine hohe Tierdichte und das Vorkommen spezieller Ökotonbewohner.

11.6 Biogeographie als Grundlage nachhaltiger Biosphärenpolitik

Das Aussterben (Extinktion) von Arten ist ein natürlicher Prozess in der Evolution des Lebens und der Erdgeschichte. Sog. Massensterben beschreiben jedoch einen weit überproportionalen Artenverlust, der unvergleichlich viel größer ist als in den Zeiten davor und danach. In der Geschichte der Erde gab es höchstwahrscheinlich viele Massenextinktionen unterschiedlichen Ausmaßes. Als wissenschaftlich gesichert gelten in den vergangenen 440 Mio. Jahren vor dem Auftreten des Menschen bislang fünf große **Massensterben**, die sog. Big Five. Bei jedem einzelnen dieser fünf Aussterbeereignisse verlor die Erde Schätzungen zufolge mehr als 75 % ihres vermuteten damaligen Artenbestandes (Jablonski 1994). Ausgelöst wurden diese Massensterben immer durch drastische Veränderungen der atmosphärischen, klimatischen und/oder geologischen Umweltbedingungen, weshalb sie zur Untergliederung der Erdgeschichte in Erdzeitalter

herangezogen werden, wo sie sozusagen die Endpunkte einer Ära festsetzen.

Aktuell deutet eine große Zahl von Studien zur globalen **Biodiversität** darauf hin, dass die Erde am Beginn des sechsten großen Massensterbens ihrer Geschichte stehen könnte. Das Novum daran ist, dass zum ersten Mal ein solch massives Artensterben durch eine der auf dem Globus lebenden Arten selbst verursacht werden würde. Verantwortlich dafür wäre unsere Spezies. Dabei ist sich der Mensch des rücksichtslosen Umgangs mit seiner Umwelt wohl bewusst. Mit der Industrialisierung erlangten Nutzung, Veränderung und Zerstörung von Natur und Landschaft Ende des 19. Jahrhunderts ein bis dahin ungekanntes Ausmaß. Kritische und verantwortungsbewusste Beobachter dieser Zeit begannen, sich für den Schutz ihrer unmittelbaren Lebensumwelt einzusetzen. Dieser **frühe Naturschutz** fand aus rein ästhetischen und romantischen Beweggründen statt. Es ging dabei hauptsächlich um den Schutz der Heimat mit ihren Identität stiftenden, vertrauten Landschaftsbildern. Dazu zählten prägende Landschaftsformen wie der bereits 1836 unter Schutz gestellte Drachenfels bei Bonn (erstes und ältestes Naturschutzgebiet Deutschlands), aber auch beeindruckende Naturelemente wie besonders alte, große oder bizarre Bäume. Auch die Geschichte des Artenschutzes beginnt im 19. Jahrhundert, z. B. mit dem 1899 gegründeten „Deutschen Bund für Vogelschutz". Seither haben sich anthropogene Umwelteingriffe und -veränderungen sowohl in ihrer Zahl und Intensität als auch in der Reichweite ihrer Auswirkungen potenziert. Im Zuge der Globalisierung und mit dem vom Menschen (mit)verursachten aktuellen Klimawandel ist eine völlig neue, den gesamten Globus umspannende Dimension anthropogener Umweltwirkungen erreicht. So wird als wahrscheinlich angenommen, dass von den gegenwärtigen und zukünftig noch zu erwartenden Veränderungen im Klima der Erde eine massive Bedrohung der Biodiversität unseres Planeten ausgeht. Der anthropogene **Klimawandel** wird die Welt, in der wir leben, und damit die Rahmenbedingungen für die menschliche Gesellschaft tiefgreifend verändern.

Mit der wachsenden Vielfalt und Intensität der Umwelteingriffe haben im Laufe der Zeit auch die Objekte, Beweggründe und Weltanschauungen im Naturschutz drastischen Wandlungen unterlegen. Aus dem eher zufälligen, hobbybasierten Arten- und Naturschutz wurde ein wissenschaftlich fundierter Naturschutz, über dessen Zielrichtung immer wieder heftig und kontrovers diskutiert wurde und auch heute noch wird. Während die Diskussion über kurz-, mittel- und langfristige Ziele des Naturschutzes und mögliche Wege zur Zielerreichung eine überwiegend akademische ist, dreht sich die nicht selten polemische Auseinandersetzung mit Naturschutz in der breiten Öffentlichkeit eher um die Frage: Naturschutz – warum und wozu?

Obwohl Umfragen zum **Naturbewusstsein** in Deutschland zeigen, dass 90 % der Befragten Natur und ihre Vielfalt sehr schätzen und 80 % den sorglosen Umgang mit der Natur missbilligen (BMUB 2015), entflammt die **Diskussion** hierum dennoch immer wieder neu, wenn auf lokaler, regionaler, aber auch überregionaler Ebene zwischen Naturschutz und anderen Formen der Landnutzung (Landwirtschaft, Verkehr, privates und industrielles Bauwesen) Interessenskonflikte entstehen. Dann

versorgende Leistungen
- Holz- und Biomasse-produktion
- Nahrungspflanzen und -tiere
- Trinkwasser

regulierende Leistungen
- Feinstaub- und Schadstofffilterung
- Lärmschutz
- Wasserretention
- CO_2-Speicherung
- Erosionsschutz
- Bestäubung

kulturelle Leistungen
- Umweltbildung
- Erholung
- Gesundheits-förderung

unterstützende Leistungen
- Primärproduktion
- Bodenbildung und Nährstoffkreisläufe
- biologische Vielfalt

Abb. 11.31 Wohlfahrtswirkungen (= Ökosystemleistungen) des Waldes.

wird schnell deutlich, dass in der Öffentlichkeit der Gedanke noch immer weit verbreitet ist, Naturschutz solle sozusagen als Akt menschlicher Großzügigkeit gegenüber der Natur freiwillig und eine Kann-Bestimmung (keine gesetzlich festgeschriebene Muss-Bestimmung) sein, die jederzeit anderen, vermeintlich wichtigeren gesellschaftlichen Interessen und Bedarfen (z. B. Wirtschaft, Arbeitsplätze, Infrastruktur, Mobilität, Wohnraum) unterzuordnen ist. Diese Sichtweise ist nicht nur aus ethischen Gründen mehr als bedenklich. Sie erweist sich auch im Hinblick auf das menschliche Wohlergehen als falsch, denn der Mensch ist nicht die unabhängige Spezies, die wir gerne glauben zu sein. Es zeigt sich im Gegenteil mittlerweile sehr deutlich, dass der Mensch Natur und Umwelt nicht allein an seinem Bedarf orientiert (um)formen und dabei den Untergang von Mitlebewesen herbeiführen oder billigend in Kauf nehmen kann, ohne damit nachteilige Konsequenzen für die eigene Existenz zu provozieren. Trotz besonderer Fähigkeiten, die der *Homo sapiens* anderen Arten voraus hat und die ihn als einziges höheres Lebewesen dazu befähigten, sich auf dem gesamten Globus auszubreiten und in nahezu allen Erdräumen zu behaupten, ist und bleibt er ein Teil seiner Umwelt und ihres Artengefüges. Er kann ohne seine Mitlebewesen – allen voran die pflanzlichen – nicht existieren.

Pflanzen produzieren den Sauerstoff, ohne den es ein Leben für Mensch und Tier auf der Erde wohl nicht gäbe. Sie sind Speicher für Klimagase (z. B. CO_2), Energieträger, Werkstoff (z. B. Holz) und Produzent von handwerklich relevanten Stoffen (z. B. Farb-, Gerb- und Duftstoffe). Pflanzen wie Tiere sind Lieferanten von Lebens-, Arznei- und Genussmitteln und tragen auf vielfältige Weise zu unserer psychosozialen Gesundheit bei. Die Liste ließe sich um viele Aspekte verlängern, aber bereits in ihrer Kurzform zeigt sie: Pflanzen und Tiere sind die Grundlage menschlichen Lebens. Die Tatsache, dass dieser Umstand in unserem Expansions- und Gestaltungsdrang vergessen oder zumindest viel zu wenig berücksichtigt wurde und wird, beginnt sich seit einiger Zeit immer deutlicher – fast möchte man sagen – zu rächen.

Da die Natur aber menschliche Wertmaßstäbe wie „gut/schlecht bzw. böse" oder „Belohnung/Rache" nicht kennt, sondern nur Aktion und Reaktion, zeitigt diese Ignoranz schlicht Konsequenzen – allerdings mit zunehmend nachteiligen Auswirkungen für das menschliche Wohlergehen.

An immer mehr Beispielen wird deutlich, wie existentiell eng Mensch und Natur miteinander verbunden sind. Nicht die Natur braucht den Menschen, sondern der Mensch die Natur. Ein nachhaltiges Handeln erscheint dringender geboten denn je – die biogeographische Forschung und ein daran orientierter wissenschaftlicher Naturschutz spielen dabei eine gewichtige Rolle wie die nachfolgenden Beispiele und Aspekte zeigen.

Ökosystemleistungen von Pflanzengemeinschaften und deren Gefährdung

Das hochaktuelle und wichtige Thema der Ökosystemleistungen ist nicht brandneu. Es fand unter dem ursprünglich in der Forstwirtschaft geprägten Begriff „Wohlfahrtswirkungen" in der deutschen Geographie der 1970er- und 1980er-Jahre partiell bereits intensive Beachtung. Die damaligen Arbeiten konzentrierten sich auf die (seinerzeit bekannten) **Wohlfahrtswirkungen**, die von Wäldern auf allen Maßstabsebenen für die menschliche Gesellschaft ausgehen: z. B. in ihrer Eigenschaft als globale Sauerstoffproduzenten und „grüne Lungen der Erde" (überregionale Ebene) oder als Frischlufterzeuger in Ballungsgebieten, aber auch in ihrer Funktion als Erosions- und Lawinenschutz (regionale bis lokale Ebene) und in ihrer Bedeutung für die psychosoziale Gesundheit von Menschen (individuelle Ebene). In der heutigen Terminologie werden die verschiedenen Waldfunktionen als bereitstellende, regulierende, kulturelle und unterstützende Ökosystemleistungen klassifiziert (Abb. 11.31).

Der Begriff „Ökosystemleistungen" (engl. *ecosystem services*) wird im Rahmen des *Millennium Ecosystem Assessment* der Vereinten Nationen definiert als „die Vorteile, die Menschen aus Ökosystemen beziehen" („*the benefits people obtain from ecosystems*") (MEA 2005). Demzufolge sind darunter alle Güter, Leistungen und Beiträge von Ökosystemen, zu verstehen, die direkt oder indirekt dem materiellen, wirtschaftlichen, psychosozialen und gesundheitlichen menschlichen Wohlergehen dienen. Die von der UN 2001 in Auftrag gegebene Großstudie mit einer Laufzeit von vier Jahren und der Beteiligung von mehr als 1300 Mitarbeitenden aus 95 Ländern hatte zum Ziel, den Zustand der Ökosysteme weltweit zu erfassen sowie ihre zukünftige Entwicklung und die daraus resultierenden Konsequenzen für das Wohlergehen der Menschen zu prognostizieren. Damit sollte ein Bewusstsein für die kostenlosen Leistungen der Natur geschaffen werden als Anreiz zu ihrem Schutz und zur Vermeidung einer immer weiter zunehmenden Überbeanspruchung und Zerstörung der Ökosysteme.

Ökosystemleistungen sind das Ergebnis von komplexen ökologischen Wirkungsnetzen aus einer großen Zahl von bislang eher nur bruchstückhaft bekannten bzw. verstandenen ökologischen Faktoren, Prozessen und Systemen. Die Funktionsweise dieser Wirkungsnetze ist auch deshalb so schwer zu erkennen und nachzuvollziehen, weil ihre Elemente maßstabsübergreifende Wechselwirkungsgefüge bilden. Entsprechend „risikoreich" sind menschliche Eingriffe in Natur und Landschaft, weil sie in ihren Konsequenzen, die der menschlichen Wahrnehmung durchaus lange Zeit verborgen bleiben können, nicht abschätz- und vorhersehbar sind. Letztendlich werden Ökosystemleistungen von bestimmten Arten bzw. Artengruppen (z. B. Bäumen, Insekten) ausgeführt. Die Vielfalt der Ökosystemleistungen ist daher untrennbar an die **biologische Vielfalt** gebunden. Der aktuell festzustellende Rückgang von immer mehr Ökosystemleistungen wird verursacht durch die Summe einer Vielzahl von menschlichen Verhaltensweisen und direkten bzw. indirekten Eingriffen in Natur und Landschaft, die in der Reduzierung der Biodiversität münden (z. B. direkte Lebensraumzerstörung, Verinselung der Landschaft, intensive Landwirtschaft). In den **Roten Listen** der gefährdeten Pflanzen- und Tierarten wird der anhaltende Schwund der Biodiversität sehr deutlich. Manche der nachlassenden Ökosystemleistungen offenbaren schon jetzt das dramatisch negative Potenzial, das ihr völliger Wegfall für die Lebensbedingungen des Menschen haben kann.

Einmal zerstörte oder verloren gegangene Ökosystemleistungen sind nicht zuletzt aufgrund unseres mangelnden ökosystemaren Verständnisses kaum mehr wieder herzustellen und falls doch, dann erfordert dies sehr hohe volkswirtschaftliche Investitionen. Seit 2007 verfolgt die weltweite Initiative „*The Economics of Ecosystems and Biodiversity*" (TEEB) das Ziel, Wert und Bedeutung von Ökosystemen und Biodiversität für die Gesellschaft sichtbar zu machen und Entscheidungsträgern auf den verschiedensten Hierarchieebenen zu kommunizieren. Damit soll die Chance erhöht werden, dass der Natur künftig in öffentlichen und privaten Planungen eine ähnlich gleichberechtigte Position wie ökonomischen und sozialen Belangen zukommt. Auf nationaler Ebene wird die TEEB-Initiative (offiziell) seit 2012 unter dem Namen **„Naturkapital Deutschland"** fortgeführt. Diese Ini-

tiative will wissenschaftlich fundierte ökonomische Argumente für den Schutz der Biodiversität erarbeiten und aufzeigen, um sie ethischen Begründungen verstärkend an die Seite zu stellen. Ein wichtiger wissenschaftlicher Arbeitsschritt der nahen Zukunft bleibt in diesem Zusammenhang, bereits vorhandenes Wissen zu Ökosystemleistungen aus der biogeographischen Forschung und der Forschung verwandter Fachgebiete durch Sichtung der einschlägigen Literatur zu sammeln, zusammenzustellen und zusammenfassend auszuwerten.

Das Insekten- und Bienensterben und seine Folgen

Insekten stellen im Tierreich die mit Abstand artenreichste Klasse dar. Bislang sind weltweit etwa 925 000 Arten bekannt und wissenschaftlich beschrieben, jährlich kommen etwa 10 000 „neue" Arten hinzu. Ihre Gesamtzahl wird auf 6,8 Mio. geschätzt (Larson et al. 2017). Das Verhältnis von Menschen zu Insekten ist zwiespältig und nicht selten von Angst geprägt. Wir empfinden sie als schädlich und belästigend (z. B. Krankheitsüberträger und Parasiten wie Stechmücken oder Zecken), gleichzeitig sehen wir sie aufgrund ihrer vielen wertvollen Funktionen für Mensch und Ökosysteme als nützlich an. Tatsächlich haben Insekten unverzichtbare **Funktionen** für das Leben auf der Erde. Ihr positiver Beitrag umfasst u. a.:

- die Zersetzung von organischen (pflanzlichen und tierischen) Abfällen, ohne die alle Ökosysteme binnen kürzester Zeit darin ersticken würden
- die Bildung eines elementaren Teils der Nahrungskette und damit der Ernährung wildlebender Tiere (z. B. von Fischen, Vögeln, Reptilien, Amphibien, aber auch von Säugetieren wie Igel und Maulwurf). In mehr als 140 Ländern spielen eiweißreiche Insekten auch in der menschlichen Ernährung bereits eine wichtige Rolle. Mehr als 1900 Insekten gelten als essbar und werden weltweit (vor allem in Teilen Asiens, Afrikas und Lateinamerikas) verzehrt. Geht es nach dem Willen der FAO, dann soll zur Deckung des Nahrungsbedarfs der Anteil von Insekten an der menschlichen Ernährung überall auf der Welt – auch in den westlichen Industrienationen – zukünftig gezielt gesteigert werden.
- Produktion wichtiger Stoffe (z. B. Farbstoffe, Wachs, Schellack, Honig, Gelee royal, Seide)

Eine weitere, überaus wichtige und dabei leicht sicht- und erkennbare Bedeutung der Insekten für Natur und Mensch liegt in ihrer **Bestäubungsleistung**. 84 % der europäischen Nutzpflanzen und 78 % der Wildpflanzen (weltweit jeweils ca. 75 %) sind auf die Bestäubung durch Insekten angewiesen. Obwohl auch andere Insektenarten daran beteiligt sind, wird der größte Teil der Leistung von Honigbienen (*Apis mellifera*) und etwa 2000 weiteren Wildbienen- und Schwebfliegenarten erbracht. Ein kleinerer Beitrag wird von Schmetterlingen, Käfern und Fliegenarten geleistet. Diese Leistung ist nicht nur von weitreichender ökologischer, sondern auch von wirtschaftlicher Bedeutung. Geschätzte ungefähre 10 % des gesamtwirtschaftlichen Wertes der

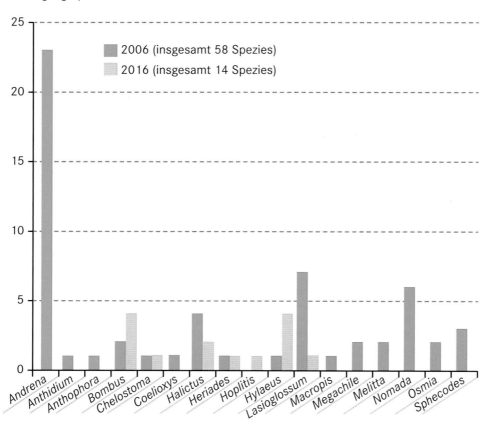

Abb. 11.32 Rückgang der Artenzahl von Wildbienen in den Isar-Auen bei Goben/Niederbayern (nach Schwenninger & Scheuchl 2016).

europäischen **Nahrungsmittelproduktion** für die menschliche Ernährung basierte im Jahr 2005 auf der Bestäubungsleistung von Insekten, was einem wirtschaftlichen Wert europaweit von 22 Mrd. Euro und in der Europäischen Union von 14,2 Mrd. Euro entspricht (Potts et al. 2015). Weltweit wird der ökonomische Wert der Insektenbestäubung mit 153 Mrd. US-Dollar beziffert (Gallai et al. 2009). Sogar bei Arten, die zur Selbstbefruchtung befähigt sind, trägt die Befruchtung durch Bienen zu einer Ertragssteigerung bei. Werden z. B. die Kaffeepflanzen in Panama von Bienen befruchtet, entwickeln sich wesentlich mehr und gleichzeitig auch schwerere Früchte, sodass die Kaffeeernte um bis zu 50 % steigt (Roubik 2002). Die Bestäubungsleistung im Kaffeeanbau korreliert dabei – wie Klein (2003) in Tief- und Hochlandkaffeeplantagen auf Sulawesi feststellte – mit der Diversität der Bienen.

Aber die Bestäubung ist eine für Pflanzengemeinschaften in freier Natur und Agrarökosysteme gleichermaßen bedrohte Ökosystemleistung. Das seit Jahren zu beobachtende Insekten- und Bienensterben wird von immer mehr systematisch durchgeführten wissenschaftlichen Studien für alle Maßstabsebenen und über unterschiedliche Zeiträume hinweg belegt und quantifiziert (z. B. Potts et al. 2010). In Deutschland sind bereits mehr als die Hälfte der Bienenarten in ihrem Fortbestand gefährdet und stehen auf der Roten Liste (Westrich et al. 2011). Langjährige Untersuchungen zur Schmetterlingsfauna in südwestdeutschen Kalkmagerrasen zeigen, dass die Artenvielfalt der Schmetterlinge dort zwischen 1972 und 2001 um mehr als 50 %

abgenommen hat (Abb. 11.32; Schwenninger & Scheuchl 2016). Von diesem Verschwinden betroffen sind (noch) keine ubiquitären, sondern euryöke Arten mit sehr speziellen Nahrungs- und Biotopansprüchen. Aber die Autoren belegen in einem Naturschutzgebiet auf der Schwäbischen Alb auch den Rückgang einer weitverbreiteten und bislang häufigen Schmalbienenart (*Lasioglossum calceatum*) um 95 % in 40 Jahren.

Auch in Südostdeutschland bezeugen Langzeitstudien (Habel et al. 2015) in Naturschutzgebieten bei Regensburg eine deutliche Verarmung der Schmetterlingsfauna. Im Zeitraum zwischen 1840 und 2013 verringerte sich die Artenzahl von ehemals 117 auf 71 Arten. Die wohl eindrücklichste Dokumentation des Insektensterbens liefert die sog. **Krefelder Studie**. Sie belegt für 63 Naturschutzgebiete Deutschlands einen Rückgang der Insektenbiomasse um 75 % in nur 27 Jahren (Hallmann et al. 2017).

Die Ursachen für das Insektensterben und den Rückgang der Bestäubungsleistung sind vielfältig. Als Hauptursache sind derzeit der fortschreitende **Lebensraumverlust** und die Lebensraumfragmentierung anzuführen, gefolgt vom hohen **Pestizideinsatz** in der konventionellen Landwirtschaft. Im Fokus der Verantwortlichkeit stehen dabei insbesondere **Neonicotinoide**, also eine Gruppe systemisch wirkender Insektizide. Auch die zunehmende allgemeine Umweltverschmutzung sowie der Klimawandel und die Globalisierung tragen zum Sterben der Insekten bei. Die beiden letztgenannten fördern z. B. die Ausbreitung von

Krankheitserregern wie der Varroamilbe, die für das Sterben der Honigbienenvölker mitverantwortlich gemacht wird.

Jeder einzelne Faktor hat für sich bereits ein beträchtliches Schadpotenzial auf die Insektenfauna, aber in ihrer Summenwirkung entfalten sie eine breit angelegte tödliche Wirkung. Eine in dieser Hinsicht klare Sprache sprechen die Ergebnisse einer 120 Jahre umfassenden Studie zu Pflanzen-Bestäuber-Interaktionen im amerikanischen Illinois. Im ausgehenden 19. Jahrhundert führte C. Robertson in natürlichen Lebensräumen bei Carlinville eine detaillierte Inventarisierung bestäubender Insekten sowie Untersuchungen zur Phänologie von Bestäubern und Pflanzen durch. 120 Jahre später nahmen Burkle et al. (2013) an denselben Standorten die gleichen Untersuchungen noch einmal vor. Gegenüber den Anfangserhebungen war die Zahl der **Wildbienenarten** auf die Hälfte geschrumpft und es konnte nur noch etwa ein Viertel der damaligen Bestäubungsakte beobachtet werden. Auch die Befruchtungsraten waren geringer. Die Autoren führen das Artensterben auf die in der Zwischenzeit stattgefundenen gravierenden **Änderungen in der Landnutzung** und die damit einhergehende intensive Lebensraumveränderung und -zerstörung zurück, aber auch auf die im vergangenen Jahrhundert erfolgte **Klimaerwärmung** um 2 °C im Winter und Frühling. Letztere bedingt weitreichende Veränderungen in der Phänologie der Pflanzen und der Bestäuber bis hin zum zeitlichen Auseinanderdriften ihrer Entwicklungszyklen. Die damit verbundene Auflösung von biotischen Interaktionen ist direkt mitverantwortlich für den Rückgang der qualitativen und quantitativen Bestäubungsleistung und partiell auch für den Verlust an Bestäuberarten (z. B. durch Hungertod mangels Nektarangebot zur Flugzeit).

Entfällt die Bestäubungsleistung von Insekten in einer Region völlig, so muss ihre „kostenfreie" Arbeitsleistung von Menschen in teuren Arbeitsstunden in Handarbeit übernommen werden. Dies ist beispielsweise im Apfelanbau in Sichuan der Fall, wo ein übermäßiger Insektizideinsatz mit acht bis zehn Besprühungen pro Saison die Bestäuberfauna völlig vernichtete (Partap & Ya 2012). Auf diese Weise können sich Lebens- und Genussmittel, die nicht zuletzt durch eine intensivierte Landwirtschaft zu leicht erschwinglichen Waren wurden (zumindest in der westlichen Welt), nun wieder in die teuren (vielleicht sogar noch viel teureren) Mangelwaren und Luxusgüter rückverwandeln, die sie vor der Intensivierung der Landwirtschaft einmal waren (z. B. Kaffee, Obst, Honig).

Der weltweit enorme Rückgang von Arten- und Individuenzahl der Insekten ist in ethischer, ökologischer und wirtschaftlicher Hinsicht dramatisch. Vertreter von Landwirtschaft und Pflanzenschutzindustrie bestreiten wie viele andere ihre Mitverantwortung solange diese nicht durch eine ausreichende Zahl an Studien wissenschaftlich belegt sei. Ohne Zweifel sind weitere biogeographische Untersuchungen und Fallstudien zu den konkreten Ursachen des Insektensterbens das dringende Gebot der Stunde, um möglichst **passgenauen Maßnahmen** entwerfen zu können, die diese Entwicklung rasch und effizient stoppen. Allerdings können deutliche Kursänderungen in unserer bisherigen Form der Landnutzung nicht bis zur Vorlage der Untersuchungsergebnisse warten, da es für viele weitere Insektenarten bis dahin

zu spät sein kann. Schon 1962 befasste sich Rachel Carson in ihrem Buch „Der stumme Frühling" mit den tödlichen, nicht überschaubaren biologischen Auswirkungen des rigorosen Pestizideinsatzes und beschrieb als Folge davon bereits vor über 55 Jahren warnend genau jenes Sterben der Insekten und seine Konsequenzen, das wir heute erleben.

Naturschutz ist Angewandte Biogeographie

Warum eine Art X im Raum Y vorkommt bzw. im Raum Z fehlt, das ist das ureigene Interessensgebiet der Biogeographie (Müller 1980). Für diese Muster gibt es Ursachen, die zu ergründen eine wesentliche Aufgabe der Biogeographie ist. Vorübergehend wurden diese Themen- und Fragestellungen innerhalb der Geographie ebenso als *oldfashioned* angesehen wie die taxonomische Ausbildung an den Universitäten und beides im laufenden Wissenschaftsbetrieb eher stiefmütterlich behandelt. In der aktuellen alarmierend negativen Entwicklung unserer natürlichen Umwelt erweist sich, dass diese Fragestellungen wie auch Artenkenntnisse nie ihre Bedeutung verloren hatten und ihre Bearbeitung nicht nur von besonderer Aktualität, sondern auch von hoher Dringlichkeit sind. Neuere Forschungs- und Arbeitsgebiete der Biogeographie sind die Ursachen- und Folgenforschung nicht nur auf dem Gebiet der Ökosystemleistungen, sondern z. B. auch in Zusammenhang mit der (z. T. invasiven) Ausbreitung gebietsfremder Arten, mit den vom Klimawandel provozierten Umwelt- und Arealveränderungen sowie dem rasanten Verlust an Tier- und Pflanzenarten als Summenwirkung aller anthropogenen Eingriffe und Wirkungsweisen.

In den letzten 500 Jahren wurde vom Menschen eine Aussterbewelle von Pflanzen- und Tierarten in Gang gesetzt, die sich in Richtung Gegenwart unaufhaltsam immer schneller vergrößert. Sie umfasst die völlige Ausrottung von Arten ebenso wie die von lokalen Populationen und den alarmierenden Rückgang der Individuenzahl. Rate und Ausmaß des **Biodiversitätsverlustes**, der zwar alle taxonomischen Gruppen, aber nicht alle gleichermaßen stark betrifft, sind vergleichbar mit jenen der fünf großen erdgeschichtlichen Aussterbeereignisse (Barnosky et al. 2011). Ähnlich wie in diesen sind auch im gegenwärtigen, sechsten Massenaussterbeprozess, zu dessen Zeugen wir gerade werden, bestimmte Artengruppen und Regionen besonders betroffen. Gerade die negativen Auswirkungen menschlichen Handelns auf die faunistische Biodiversität werden oft unterschätzt und sind dabei so gravierend, dass Dirzo et al. (2014) den anthropogenen Aussterbeprozess im Tierreich mit dem Begriff *defaunation* belegen.

Ihre besondere ökologische Relevanz und Dramatik entfalten die Auswirkungen des Tierartenverlustes weniger über den absoluten Biodiversitätsverlust als vielmehr über lokale Veränderungen in der Artenzusammensetzung und den funktionalen Gruppen innerhalb der Lebensgemeinschaften. In einer Art **Dominoeffekt** verändern sie die Funktionsweise und Leistungen der Ökosysteme und können auf diese Weise den Fortbestand weiterer Pflanzen- und Tierarten gefährden.

Neuere Analysen haben gezeigt, dass sich die Rate des Biodiversitätsverlustes trotz internationaler und nationaler Anstrengungen im Zuge der Biodiversitätskonvention von 1992 nicht verringert hat – im Gegenteil: Zukunftsprojektionen haben gezeigt, dass die Aussterberaten terrestrischer Arten in kommenden Zeiten die gegenwärtige Rate noch übersteigen könnten. Am Fehlen ehrgeiziger Naturschutzprogramme und -ziele liegt das nicht. Auch in Deutschland wächst die Gefährdung von Tier- und Pflanzenarten trotz der 2007 im Bundeskabinett beschlossenen „Nationalen Biodiversitätsstrategie" (NBS) durch den anhaltenden Rückgang bzw. die schleichende Veränderung und Denaturierung natürlicher und naturnaher Lebensräume stetig an.

Der Naturschutz hat hierzulande durchaus positive Effekte gezeigt, z. B. in den **Wiederansiedlungsprogrammen** vom Aussterben bedrohter Arten (u. a. Steinbock in den Alpen oder Biber an heimischen Fließgewässern) oder auch in lokalen **Artenschutzprogrammen**. Auch die Ausweisung großer **Schutzgebiete** ist ein Erfolg. Leider konnten und können diese Maßnahmen den Lebensraum- und Artenverlust aber nicht bremsen. Naturschutzmanagement und -politik stehen vor neuen Herausforderungen. Dazu zählen vor allem die Phänomene des Klimawandels und der ultramodernen, naturfeindlichen Landwirtschaftsindustrie, denen es mit geeigneten Maßnahmen zu begegnen gilt, die einen weiteren Naturverlust verhindern können. Dazu muss die **Naturschutzpolitik** ihre traditionell eher engen Grenzen ausweiten und den Fokus nicht mehr nur auf Schutzgebiete, Lebensräume und Arten richten, sondern als Leitgedanke die Bewahrung und nachhaltige Gestaltung der Biosphäre führen. Dies beinhaltet dann auch ein entsprechend intensives politisches Engagement für eine biosphärenschonende Landnutzung, die als Leitlinie auch die Erhaltung des Naturkapitals des Raums verfolgen muss.

Naturschutz ist eine angewandte Disziplin und als solche auf Erkenntnisse und Beiträge der biogeographischen Grundlagenforschung angewiesen. Mit der Komplexität der Problemstellung werden auch die Forschungsfragen zunehmend komplex. Das große Problem bei der Sicherung der biologischen Ressourcen ist der trotz bisheriger umfangreicher biogeographischer Forschungsleistungen noch immer enorme Wissensmangel über die Funktion von Arten in Ökosystemen und die vielschichtigen und weitreichenden Auswirkungen, die menschliche Eingriffe in Natur- und Umwelt haben. Sehr erschwerend wirkt sich die in Anbetracht des rasanten Artenverlustes und der rasch voranschreitenden Schwächung der Naturfunktionen nur noch geringe Zeit aus, die für Forschung, Erkenntnisgewinn und die Überführung desselben in politische Handlungsrichtlinien zur Verfügung steht.

In der biogeographischen Forschung müssen daher Prioritäten gesetzt werden, die je nach Maßstabsebene voneinander abweichen können.

Weltweit gesehen ist nur ein kleiner Teil des Artenspektrums bekannt. Schätzungen in der Literatur weichen so weit voneinander ab, dass nicht einmal die Gesamtzahl der Arten in ihrer Größenordnung verlässlich zu beziffern ist. Arbeiten, die zur **Vervollständigung des weltweiten Arteninventars** beitragen sind daher nach wie vor von wissenschaftlicher und naturschutz-

praktischer Relevanz. Die Entdeckung und Beschreibung neuer Arten wird gemeinhin mit fernen, meist tropischen Gefilden in Verbindung gebracht, ist aber auch in Europa noch möglich wie das Beispiel von *Gadoria falukei* zeigt. Mit dieser zu den Plantaginaceae gehörenden Pflanze, wurde 2012 in sehr unzugänglichen Felsbereichen der Sierra Gádor in Almería (Spanien) eine völlig neue Art und Gattung entdeckt und beschrieben.

In Deutschland ist dagegen ein fortlaufendes flächendeckendes **Biodiversitätsmonitoring** vonnöten. Die kontrollierende und bewertende Bestandserhebung von Verbreitung und Zustand von Lebensgemeinschaften und Arten schafft eine unverzichtbare Wissensvoraussetzung für Naturschutzinitiativen in Politik und Praxis. Allerdings ist ein solches Monitoring sehr zeitaufwendig und personalintensiv und daher nur mit Experten nicht umfänglich zu leisten. In diesem Zusammenhang wird es wohl eine zunehmend wichtige gesellschaftliche Aufgabe der biogeographischen Wissenschaft werden, neben der taxonomischen Ausbildung von Studierenden auch im Rahmen des Wissenstransfers von der Hochschule in die Gesellschaft ein entsprechendes Ausbildungsangebot für interessierte Laien aller Altersklassen zu entwickeln.

Im Unterschied zu vielen anderen Ländern und Regionen begann der Naturschutz hierzulande schon in den 1980er-Jahren einen gesamträumlichen Anspruch zu stellen: Als Ergebnis intensiver biogeographischer Forschungsarbeiten zu Entwicklung, Bedrohung und Überlebenschancen von Natur in Raum und Zeit wurde die präventive Forderung nach einem Schutz der Natur auf der ganzen Landesfläche und nicht nur auf kleinen „Restflächen" erhoben. Die Errichtung eines vernetzten Schutzgebietssystems mit abgestufter Landnutzung und eines die Gesamtlandschaft durchziehenden Biotopverbundsystems waren zur Umsetzung dieser Forderung entwickelte erfolgversprechende **naturschutzfachliche Raumkonzepte**. Ihre Umsetzung in adäquatem Maße verlangt allerdings auf der gesamten, sich unter Landnutzung befindlichen Fläche Beschränkungen in der räumlichen und technischen Intensität der Landnutzung (allen voran der agrarischen) und scheiterte bislang am politischen und gesellschaftlichen Wille. Diese Konzepte sind bei richtiger und konsequenter Umsetzung noch immer geeignet, die noch vorhandenen Lebensräume und Arten langfristig zu erhalten. Voraussetzung dafür ist ein Paradigmen- und Politikwechsel in der Form unserer Landnutzung: Es kann zukünftig nicht mehr als Fortschritt deklariert zugelassen oder gar gefördert werden, was Natur zerstört. Nur ein ausgewogenes Verhältnis von Ökologie, Ökonomie und Gesellschaft kann zum Fortbestand unserer natürlichen Umwelt und Lebensgrundlage beitragen. Naturschutz ist eine kulturelle, wissenschaftliche und politische Aufgabe höchster Priorität.

11.7 Schlussbetrachtung

Rainer Glawion

Die Biogeographie beschäftigt sich mit der Verbreitung, der erdgeschichtlichen Entwicklung und den landschaftlichen Umweltbeziehungen der Tier- und Pflanzengemeinschaften in den verschiedenen Erdräumen. Sie betrachtet die Lebewesen als funktionale Bestandteile der Ökosysteme, versteht sie als Elemente bzw. Ausstattungsmerkmale der Landschaften und verwendet sie als Bioindikatoren zur Kennzeichnung der Erdräume und der dort auftretenden Veränderungen. Demnach umfasst das Arbeitsfeld der Biogeographie nicht nur die Vegetation und Tierwelt, sondern auch die Wechselwirkungen mit den Umweltfaktoren Mensch, Boden, Klima, Relief und Gestein innerhalb der Biosphäre als dem von Organismen und Biozönosen bewohnbaren Raum der Erde. Die Problemstellungen der Biogeographie werden in folgenden Arbeitsrichtungen mit unterschiedlichen methodischen Ansätzen behandelt:

- Die **Arealkunde** klassifiziert auf der Basis der Sippensystematik Arealsysteme nach ihrer Form, Lage, Größe und Dynamik. Wichtige Methoden stellen die Arealdiagnose und die Florenanalyse dar. Als ranghöchste Einheit von Arealen spiegeln die Floren- und Faunenreiche Resultate erdgeschichtlicher Vorgänge wider. Besondere Aufmerksamkeit schenkt die Arealkunde den durch den Menschen verbreiteten Neophyten und Neozoen. Wichtige Forschungsobjekte zur Aufklärung der Arealdynamik stellen Inseln dar.
- Die Wechselwirkungen der Lebewesen untereinander und mit ihrer abiotischen Umwelt werden von der **Tier- und Pflanzenökologie** untersucht. Als wichtige Methoden zur Aufklärung der Leben-Umwelt-Beziehungen dienen die Standortanalyse und die Ökosystemmodellierung. Dabei kommt der Wirkung der primären Standortfaktoren Licht, Wärme, Wasser und Nährstoffe sowie den mechanischen und biotischen Einflüssen auf Pflanzen und Tiere eine besondere Bedeutung zu. Angewandte Fragestellungen zur Biomassenproduktivität, zu den Anpassungsmechanismen gegen Hitze, Kälte, Trockenheit, Feuer, Überweidung, Parasiten und andere Schädigungen sowie spezialisierte Formen des Zusammenlebens zwischen Tieren und Pflanzen verdienen besondere Beachtung.
- Die Lebewelt ist einem beständigen zeitlichen Wandel unterworfen. Die **Paläobiogeographie** versucht, die Evolutions- und Ausbreitungsgeschichte der Pflanzen nachzuzeichnen (Florengeschichte) und die Umweltbedingungen vergangener Zeiten zu rekonstruieren (Paläoökologie). Als wichtige Methoden zur Altersdatierung biogeographisch relevanter Ereignisse, Prozesse und Materialien werden u. a. die Pollenanalyse, die Dendrochronologie, die Radiokarbonanalyse und die Warvenchronologie verwendet. Wegen der unterschiedlichen zeitlichen Einsatzbereiche dieser Methoden ist die Klima- und Vegetationsentwicklung in Mitteleuropa im Quartär am genauesten dokumentiert. Es hat sich herausgestellt, dass der Mensch bereits seit dem mittleren Holozän die Vegetation Mitteleuropas massiv umgewandelt hat.
- Die **Biozönologie** klassifiziert Lebensgemeinschaften (Biozönosen) und ihre Raummuster. Zu den Methoden der Vegetationsklassifikation gehören physiognomisch-ökologische Verfahren, die die Pflanzenwelt nach Lebensformen und Gestalttypen ordnen, und floristisch-ökologische Verfahren, die auf dem taxonomischen System basieren und die Pflanzenbestände anhand ihres Arteninventars typisieren. Während die zonale Gliederung der Biosphäre aufgrund der globalen Maßstabsebene nur mit dem physiognomisch-ökologischen Ansatz

gelingt, kann die Vegetationsgliederung Mitteleuropas aufgrund ihres bekannten Arteninventars mithilfe pflanzensoziologischer Methoden vorgenommen werden. Im Vergleich zu den vegetationsgeographischen Arbeitsweisen ist die Klassifikation von Tiergemeinschaften und ihrer Raummuster ungleich problematischer. Wegen der geringeren Ortsbindung, der größeren Artenvielfalt und Komplexität von Zoozönosen lässt sich ihre Typisierung nur auf der Basis von ausgewählten Indikatorarten oder funktionellen Artengruppen vornehmen. Die Darstellung faunistischer Raummuster muss sich weitgehend an floristisch-strukturell abgegrenzten Biotopen orientieren.

- Die **Angewandte Biogeographie** bringt das in der Allgemeinen Biogeographie entwickelte Methodenspektrum sowie die dort erzielten Erkenntnisse in die Landschafts- und Umweltplanung ein. Sie entwickelt beispielsweise Arten-, Landschafts- und Naturschutzkonzepte zur langfristigen Erhaltung der natürlichen Ressourcen, betreibt Landnutzungsplanungen und erarbeitet Monitoring-Programme zur Umweltüberwachung.

Literatur

Andres W, Litt T (1999) Termination I in Central Europe. Quarternary International 61: 1–4

ANL (Bayerische Akademie für Naturschutz und Landschaftspflege) (Hrsg) (1994) Begriffe aus Ökologie, Landnutzung und Umweltschutz. Informationen 4

Barnosky AD, Matzke N, Tomiya S, Wogan GOU, Swartz B, Quental TB, Marshall C, McGuire JL, Lindsey EL, Maguire KC, Mersey B, Ferrer EA (2011) Has the earth's sixth mass extinction already arrived. Nature 471: 51–57

Bartlein PJ, Harrison SP, Brewer S, Connor S, Davi, BAS, Gajewski K, Guiot J, Harrison-Prentice TI, Henderson A, Peyron O, Prentice IC, Scholze M, Seppä H, Shuman B, Sugita S, Thompson RS, Via, AE, Williams J, Wu H (2011) Pollen-based continental climate reconstructions at 6 and 21 ka: a global synthesis. Climate Dynamics 37 (3/4), 775–802. DOI: https://doi.org/10.1007/s00382-010-0904-1

Berglund B, Birks H, Ralska-Jasiewiczowa M, Wright H (eds) (1996) Palaeoecological events during the last 15000 years. Wiley, Chichester

Blum (2007) Bodenkunde in Stichworten. 6. Aufl. Hirt, Berlin u. Stuttgart

BMUB (Bundesministerium für Umwelt, Naturschutz, Bau und Reaktorsicherheit) (2015) Naturschutz-Offensive 2020. Berlin

Boenigk J, Wodniok S (2014) Biodiversität und Erdgeschichte. Springer Spektrum, Berlin

Bohn U, Neuhäusl R (2000/2003) Karte der natürlichen Vegetation Europas. Landwirtschaftsverlag, Münster

Bresinsky A et al (2008) Strasburger. Lehrbuch der Botanik. Spektrum Akademischer Verlag, Heidelberg

Brown JH, Lomolino MV (1998) Biogeography. Sunderland

Burkle LA, Marlin JC, Knight TM (2013) Plant Pollinator Interactions over 120 years: Loss of species, Co-occurrence and Function. Science 339: 1611–1615

Dierschke H (1994) Pflanzensoziologie. Ulmer, Stuttgart

Dirzo R, Young HS, Galetti M, Ceballos G, Isaac NJB, Collen, B (2014) Defaunation in the Anthropocene. Science 345: 401–406

Elicki O, Breitkreuz C (2016) Die Entwicklung des Systems Erde. Springer Spektrum, Berlin

Ellenberg H (1996) Vegetation Mitteleuropas mit den Alpen. 4. Aufl. Ulmer, Stuttgart

Ellenberg H, Mueller-Dombois D (1967) A key to Raunkiaer plant life forms with revised subdivisions. Ber Geobot Inst ETH Stiftung Rübel 37: 56–73

Ellenberg H, Weber HE, Düll R, Wirth V, Werner W, Paulissen D (1991) Zeigerwerte der Pflanzen in Mitteleuropa. Scripta Gebotanica 18. Göttingen

Faegri K, Iversen J (1989) Textbook of Pollen Analysis. Wiley, Chichester

Fesq-Martin M, Friedmann A, Peters M, Behrmann J, Kilian R (2004) Late-glacial and holocene vegetation history of the Magellanic rainforest in southwestern Patagonia, Chile. Veget. Hist. Archaeobot. 13: 249–255

Firbas F (1949/52) Spät- und nacheiszeitliche Waldgeschichte Mitteleuropas nördlich der Alpen. Band 1, 2. Gustav Fischer, Jena

Frenzel B, Pesci M, Velichko A (1992) Atlas of paleoclimates and palaeoenvironments of the Northern Hemisphere. Late Pleistocene-Holocene. Gustav Fischer, Stuttgart

Frey W, Lösch R (2010) Geobotanik. Spektrum Akademischer Verlag, Heidelberg

Friedmann A (2000) Die spät- und postglaziale Landschafts- und Vegetationsgeschichte des südlichen Oberrheintieflands und Schwarzwalds. Freiburger Geogr H 62. Freiburg

Friedmann A (2002) Die Wald- und Landnutzungsgeschichte des Mittleren Schwarzwalds. Ber. Dt. Landeskunde 76 (2/3): 187–205

Gallai N, Salles JM, Settele J, Vaissiere BE (2009) Economic valuation of the vulnerability of world agriculture confronted with pollinator decline. Ecological Economics 68/3: 810–821

Geiter O, Homma S, Kinzelbach R (2002) Bestandsaufnahme und Bewertung von Neozoen in Deutschland. Texte des Umweltbundesamtes 25/02. Berlin

Geyh M (2005) Handbuch der physikalischen und chemischen Altersbestimmung. Wissenschaftliche Buchgesellschaft, Darmstadt

Glawion R (2002) Ökosysteme und Landnutzung. In: Liedtke H, Marcinek J (Hrsg) Physische Geographie Deutschlands. 3. Aufl. Klett-Perthes, Gotha. 289–319

Glawion R (2013) Bio- und Vegetationsdimensionen. In: Gebhardt H, Glaser R, Lenz S (Hrsg) Europa – eine Geographie. Springer Spektrum, Heidelberg. 89–102

Glawion R & Klink HJ (2008) Erde – potenzielle natürliche Vegetation. In: Diercke Weltatlas, Westermann, Braunschweig. 236–237

Glawion R, Glaser R, Saurer H, Gaede M, Weiler M (2019) Physische Geographie. Westermann, Braunschweig

Goudie A (2002) Physische Geographie. 4. Aufl. Spektrum Akademischer Verlag, Heidelberg

Habel JC, Segerer A, Ulrich W, Torchyk O, Weiser WW, Schmitt T (2015): Butterfly community shifts over two centuries. Conservation Biology 30/4: 754–762

Haeupler H, Schönfelder P (1989) Atlas der Farn- und Blütenpflanzen der Bundesrepublik Deutschland. Ulmer, Stuttgart

Hallmann CA, Sorg M, Jongehans E, Siepel H, Hofland N, Schwan H, Stenmanns W, Müller A, Sumser H, Hörren T, Goulson D, Kroon de H (2017) More than 75 % decline over 27 years in total flying insect biomass in protected areas. PLoS ONE 12/10: e0185809

Humboldt A (1807) Ideen zu einer Physiognomik der Gewächse. Tübingen

IUCN (2018) The IUCN Red List of Threatened Species. Version 2018-2. www.iucnredlist.org (Zugriff 4.4.2019)

Jablonski D (1994) Extinctions in the fossil record. Philosophical Transaction of Royal Society B 344: 11–17

Jacomet S, Kreuz A (1999) Archäobotanik: Aufgaben, Methoden und Ergebnisse vegetations- und agrargeschichtlicher Forschung. Ulmer, Stuttgart

Klaus W (1986) Einführung in die Paläobotanik. Band II: erdgeschichtliche Entwicklung der Pflanzen. Deuticke, Wien

Klein AM (2003) Bienen, Wespen und ihre Gegenspieler in Kaffee-Anbausystemen auf Sulawesi: Bestäubungserfolg, Interaktionen, Habitatbewertung. Dissertation Universität Göttingen

Klingenstein F, Kornacker PM, Martens H, Schippmann U (2005) Gebietsfremde Arten. BfN-Skript 128. Bonn

Klink HJ (1998) Vegetationsgeographie. 3. Aufl. Westermann, Braunschweig

Kowarik I (1987) Kritische Anmerkungen zum theoretischen Konzept der potenziellen natürlichen Vegetation mit Anregungen zu einer zeitgemäßen Modifikation. Tuexenia 7: 53–67

Kowarik I (2010) Biologische Invasionen: Neophyten und Neozoen in Mitteleuropa. 2. Aufl. Ulmer, Stuttgart

Kratochwil A, Schwabe A (2001) Ökologie der Lebensgemeinschaften. Ulmer, Stuttgart

Kühl N, Gebhard C, Litt T, Hense A (2002) Probability density functions as botanical-climatological transfer functions for climate reconstruction. Quat. Res. 58: 381–392

Küster H (1996) Geschichte der Landschaft in Mitteleuropa. Von der Eiszeit bis zur Gegenwart. Beck, München

Lang G (1994) Quartäre Vegetationsgeschichte Europas. Gustav Fischer, Jena

Larcher W (1984) Ökologie der Pflanzen auf physiologischer Grundlage. 4. Aufl. Ulmer, Stuttgart

Larcher W (2001) Ökophysiologie der Pflanzen. 6. Aufl. Ulmer, Stuttgart

Larson BB, Miller EC, Rhodes MK, Wiens JJ (2017) Inordinate fondness multiplied and redistributed: the number of species on earth and the new pie of life. The Quaterly Review of Biology 92/3: 229–265

Lerch G (1991) Pflanzenökologie. Akademie-Verlag, Berlin

Litt T, Ohlwein C, Neumann F, Hense A, Stein M (2012) Holocene climate variability in the Levant from the Dead Sea pollen record. Quaternary Science Reviews 49: 95–105. DOI: https://doi.org/10.1016/j.quascirev.2012.06.012

Loope LL, Mueller-Dombois D (1989) Characteristics of invaded islands, with special reference to Hawaii. In: Drake JA et al (eds) Biological invasions: a global perspective. John Wiley and Sons, New York. 257–280

MacArthur RH, Wilson EO (1967) The theory of island biogeography. Princeton Univ. Press, Princeton

Mai HD (1995) Tertiäre Vegetationsgeschichte Europas. Gustav Fischer, Jena

MEA (Millennium Ecosystem Assessment) (2005) Ecoystems and Human Well-being: Synthesis. Island Press, Washington

Meusel H, Jäger E, Weinert E (1965) Vergleichende Chorologie der zentraleuropäischen Flora. Jena

Moore P, Webb J, Collinson M (1991) Pollen Analysis. Blackwell, Oxford

Müller P (1977) Tiergeographie. Teubner, Stuttgart

Müller P (1980) Biogeographie. Ulmer, Stuttgart

Nentwig W, Bacher S, Brandl R (2017) Ökologie kompakt. Springer Spektrum, Berlin

Odum EP (1991) Prinzipien der Ökologie. Spektrum Akademischer Verlag, Heidelberg

Ohlwein C, Wahl ER (2012) Review of probabilistic pollen-climate transfer methods. Quaternary Science Reviews 31: 17–29

Oschmann W (2016) Evolution der Erde. UTB basics, Haupt Verlag, Bern

Partap U, Ya T (2012) The human pollinators of fruit crops in Maoxian County, Sichuan, China. Mountain Research and Development 32/2: 176–186

Pfadenhauer J (1997) Vegetationsökologie. Ein Skriptum. 2. Aufl. IHW Verlag, Eching

Pott R (1995) Die Pflanzengesellschaften Mitteleuropas. 2. Aufl. Ulmer, Stuttgart

Potts S, Roberts S, Dean R, Marris G, Brown M (2010) Declines of managed honey bees and beekeepers in Europe. Journal of Agricultural Research 49:15–22

Potts S, Biesmeijer K, Bommarco R, Breeze T, Carvalheiro L, Franzen M, Gonzalez-Varo JP, Holzschuh A, Kleijn D, Klein AM, Kunin B, Lecocq T, Lundin O, Michez D, Neumann P, Nieto A, Penev L, Rasmont P, Ratamaki O, Riedinger V, Roberts SPM, Rundlof M, Scheper J, Sorensen P, Steffan-Dewenter I, Stoev P, Vila M, Schweiger O (2015) Status and trends of European pollinators. Pensoft Publishers, Sofia

Redfern M (1995) Insects and thistles. Richmond Publ. Comp., Richmond

Remmert H (1991) Das Mosaik-Zyklus-Konzept und seine Bedeutung für den Naturschutz: Eine Übersicht. Laufener Seminarbeiträge 5/91: 5–15

Richter M (1997) Allgemeine Pflanzengeographie. Teubner, Stuttgart

Richter M (2001) Vegetationszonen der Erde. Klett-Perthes Verlag, Gotha

Roubik DW (2002) The value of bees to the coffee harvest. Nature 417: 708

Rudolph K (1930) Grundzüge der nacheiszeitlichen Waldgeschichte Mitteleuropas. Beih. Bot. Cbl. 47/2: 11–176

Schäbitz F, Wille M, Francois JP, Haberzettl T, Quintana F, Mayr C, Lücke A, Ohlendorf C, Mancini MV, Paez MM, Prieto AR, Zolitschka B (2013) Reconstruction of palaeoprecipitation based on pollen transfer functions – the record of the last 16 ka from Laguna Potrok Aike, southern Patagonia. Quaternary Science Reviews, Special Iss. PASADO, V.71: 175–190. DOI: https://doi.org/10.1016/j.quascirev.2012.12.006

Schmidt G (1969) Vegetationsgeographie auf ökologisch-soziologischer Grundlage. Leipzig

Schmithüsen J (1968) Allgemeine Vegetationsgeographie. Berlin

Schmithüsen J (Hrsg) (1976) Atlas zur Biogeographie. Meyers großer Physikalischer Weltatlas 3, Mannheim

Schroeder FG (1998) Lehrbuch der Pflanzengeographie. Quelle & Meyer, Heidelberg

Schröpfer R (1990) The structure of European small mammal communities. Zool. Jb. Syst. 117: 355–367

Schultz J (2000) Handbuch der Ökozonen. Ulmer, Stuttgart

Schultz J (2008) Die Ökozonen der Erde. 4. Aufl. Ulmer, Stuttgart

Schwenninger HR, Scheuchl E (2016) Rückgang von Wildbienen, mögliche Ursachen und Gegenmaßnahmen. Mitteilungen des entomologischen Vereins Stuttgart 51/1: 21–23

Sedlag U (1995) Tiergeographie. Urania Tierreich, Leipzig

Stebich M (1999) Palynologische Untersuchungen zur Vegetationsgeschichte des Weichsel-Spätglazial und Frühholozän an jährlich geschichteten Sedimenten des Meerfelder Maares (Eifel). Diss. Bot. 320: 1–127

Stojakowits P, Friedmann A, Bull A (2014) Die spätglaziale Vegetationsgeschichte im oberen Illergebiet (Allgäu/Bayern). E&G Quaternary Science Journal, 63 (2): 130–142

Sudhaus D, Friedmann A (2015) Holocene Vegetation an Land Use History in the Northern Vosges (France). E & G Quaternary Science Journal 64/2: 55–66

Sukopp H (1972) Wandel von Flora und Vegetation in Mitteleuropa unter dem Einfluss des Menschen. Ber. Landwirtschaft 50: 112–139

Thenius E (2000) Lebende Fossilien. Pfeil, München

Trautner J (Hrsg) (1992) Arten- und Biotopschutz in der Planung. Methodische Standards zur Erfassung von Tierartengruppen. Ökologie in Forschung und Anwendung 5. Weikersheim

Walter H, Breckle SW (1983) Ökologie der Erde. 4 Bände, Fischer, Stuttgart

Walter H, Straka H (1970) Arealkunde. 2. Aufl. Ulmer, Stuttgart

Westrich P, Frommer U, Mandery K, Riemann H, Ruhnke H, Saure C, Voith J (2011) Rote Liste und Gesamtartenliste der Bienen (Hymnoptera, Apidae) Deutschlands. Naturschutz und Biologische Vielfalt 70/3: 373–416

Willis KJ, McElwain JC (2014) The evolution of plants. Oxford Univ. Press

Wittig R, Streit B (2004) Ökologie. Ulmer, Stuttgart

Weiterführende Literatur

Beierkuhnlein C (2007) Biogeographie. Ulmer, Stuttgart

Beug HJ (2004) Leitfaden der Pollenbestimmung. F. Pfeil Verlag, München

Cox CB, Moore PD (1987) Einführung in die Biogeographie. Fischer, Stuttgart

Cox CB, Moore PD, Ladle R (2016) Biogeography: An Ecological and Evolutionary Approach. John Wiley & Sons

Ellenberg H, Leuschner C (2010) Vegetation Mitteleuropas mit den Alpen. 6. Aufl. Ulmer, Stuttgart

Glavac V (1996) Vegetationsökologie. Fischer, Stuttgart

Kloft W, Gruschwitz M (1998) Ökologie der Tiere. 2. Aufl. Ulmer, Stuttgart

Lomolino MV, Riddle BR, Whittaker RJ (2017) Biogeography. 5th ed. Sinauer Ass., Sunderland

Kapitel 11

Nentwig W, Bacher S, Brandl R (2017) Ökologie kompakt. Springer Spektrum, Berlin

Pfadenhauer J, Klötzli F (2014) Vegetation der Erde. Springer Spektrum, Berlin

Poschlod P (2017) Geschichte der Kulturlandschaft. Ulmer, Stuttgart

Schmitt E, Schmitt T, Glawion R, Klink HJ (2012) Biogeographie. Westermann, Braunschweig.

Schulze ED, Beck E, Müller-Hohenstein K (2002) Pflanzenökologie. Spektrum Akademischer Verlag, Heidelberg

Smith TM, Smith RL (2009) Ökologie. 6. Aufl. Pearson, München

Wittig R, Niekisch M (2014) Biodiversität: Grundlagen, Gefährdung, Schutz. Springer Spektrum, Heidelberg

Hydrogeographie

Etwa 30 km östlich seines Ausflusses aus dem Tana-See erreicht der Blaue Nil die Tis-Issat-Wasserfälle (äthiopisches Hochland) mit einer Fallhöhe von 45 m, wo seit 2001 die Tis-Abay-II-Hydroelektrizitätsanlage in Betrieb ist. Während noch vor dem Bau des Assuan-Staudamms die aus dem äthiopischen Hochland stammenden Nilschlämme wertvolle Nährstoffträger für den Ackerbau im Niltal waren, führt heute die starke Bodenerosion im äthiopischen Hochland zu einer zunehmenden Verschlammung des Blauen Nils und damit zu Einschränkungen bei der Gewinnung von Hydroelektrizität (Foto B. Schütt).

In weniger als zehn Jahren werden die Menschen in weiten Teilen der Erde erheblich unter Wasserknappheit leiden. So ergeben es die Szenarien der Klimaänderung und des Bevölkerungswachstums bis zum Jahr 2025. Sie zeigen, dass in weiten Teilen der Welt das verfügbare Wasser nicht mehr ausreichen wird, um den steigenden Bedarf zu decken (IWMI 2000). Schon heute gibt es viele Regionen auf der Erde, in denen der Wasserverbrauch größer ist als die natürliche Verfügbarkeit von Wasser, so beispielsweise im Nordwesten Chinas in den Oasen am Rand der Wüste Gobi. Der hohe Wasserverbrauch für die Bewässerungslandwirtschaft ließ hier in den letzten Jahrzehnten den Grundwasserstand kontinuierlich sinken. Man ist dazu übergegangen, Wasser aus dem südlich angrenzenden Gebirge über weite Strecken heranzuleiten. In den letzten Jahren reicht jedoch auch dieses Wasser nicht mehr aus, weil die scheinbar unbegrenzte Verfügbarkeit von Wasser die Menschen zur Ausweitung der Bewässerungsflächen verleitet hat – mit der Folge, dass man immer weiter entfernte Wasserquellen sucht. Solche nicht nachhaltigen Wasserbewirtschaftungsstrategien lassen sich derzeit in vielen Trockengebieten der Erde beobachten. Aber auch in den gemäßigten Klimaten ist Trinkwasser zu einem knappen Gut geworden. In Deutschland gibt es Regionen, in denen Fernwassertransport unerlässlich ist, so werden beispielsweise weite Teile Baden-Württembergs mit Bodenseewasser versorgt und das Ruhrgebiet mit Wasser aus dem Sauerland. Das folgende Kapitel behandelt u. a. diese Themen.

12.1 Themenfelder der Hydrogeographie

Achim Schulte, Brigitta Schütt, Steffen Möller und Christian Reinhardt-Imjela

Mit den Phänomenen des Wassers auf der Erde beschäftigt sich die Hydrologie als „Lehre von den physikalisch, chemisch und biologisch bedingten Erscheinungsformen des Wassers über, auf und unter der Erdoberfläche, speziell seiner Verteilung nach Raum und Zeit sowie seiner Wirkungen einschließlich der anthropogenen Einflüsse" (Wilhelm 1997). Auf diesen Grundlagen basierend beschäftigt sich die **Hydrogeographie** speziell mit dem Wasserhaushalt, den räumlichen und zeitlichen Veränderungen der Speicherinhalte (z. B. Oberflächen- oder Grundwasser) und dem Abflussverhalten hinsichtlich Quantität (z. B. Niedrig- und Hochwasserabfluss) und Qualität (z. B. Gewässergüte; ebd.). Das ist die Grundlage für die folgenden Ausführungen, in denen zunächst die Wasser- und Stoffkreisläufe und der Wasserhaushalt hinsichtlich **Wasserverfügbarkeit und -bedarf** in unterschiedlichen Regionen der Erde behandelt werden. Grundsätzlich zeichnen sich die Fließgewässer durch stark wechselnde Abflusszustände aus, auch mit den entsprechenden Risiken für den Menschen. Aus den Abflussdaten werden die charakteristischen Abflussregime abgeleitet. In der **Europäischen Wasserrahmenrichtlinie** (EU-WRRL) wird der ökologische Zustand der Gewässer betrachtet. Interessant dabei ist, dass manche der Bewertungskriterien nicht europaweit angewendet werden können. So gilt die „ganzjährige Durchgängigkeit" von Fließgewässern (Mindestwasserabfluss) für die perennierenden Gewässer Mittel- und Nordeuropas, in den Mittelmeerländern jedoch trocknen kleinere Flüsse im Sommer aus, eine Durchgängigkeit ist natürlicherweise nicht gegeben. Durch Staustufen

geregelte Fließgewässer sind stehenden Gewässern sehr ähnlich, was zu den **Seen** und zur Thematik Seeökologie überleitet. Die **marinen Ökosysteme** stellen die Vorflut für die terrestrischen Fließgewässer und damit das Ende der Speicherkaskade für Wasser und Inhaltsstoffe dar.

Thematisch ist die Hydrogeographie eng mit den Phänomenen der Klimageographie (Kap. 8) verbunden. Daher wird hier auf einzelne meteorologische Prozesse nicht näher eingegangen, z. B. die Evapotranspiration (Verdunstung von Oberflächen und Transpiration durch Pflanzen), die in Kap. 8 näher behandelt wird. Ähnlich verhält es sich mit Themen der Geomorphologie (Kap. 9) bzw. Bodengeographie (Kap. 10), zu denen ebenfalls enge Verknüpfungen bestehen (z. B. Morphologie von Flussgebieten oder Bodenwasserkreislauf).

12.2 Wasserkreislauf und Wasserhaushalt

Wasserkreislauf

Der Weg des Wassers beschreibt mit Niederschlag, Abfluss und Verdunstung einen kontinuierlichen Kreislauf. Unter Verwendung erheblicher Energiemengen verdunstet das Wasser über Land- und Meeresflächen, der Wasserdampf in der Luft speichert diese Energie als latente Wärme. Diese wird wieder freigesetzt, wenn die Luft aufsteigt, sich dabei abkühlt und das in ihr enthaltene Wasser kondensiert. Die Wassertropfen bzw. Eiskristalle wachsen und fallen schließlich als Niederschlag in unterschiedlicher Form (z. B. Regen, Schnee, Hagel) auf Meeres- und Landflächen.

Wenn der Niederschlag die Erdoberfläche erreicht, kann er dort unterschiedlich lange verweilen (in Vegetation, Boden, Grundwasser, Fluss, See, Gletscher), bis er schließlich durch Verdunstung wieder in die Atmosphäre gelangt oder in Flüssen dem Meer zufließt und dort verdunstet. Die genannten Speicher können ober- oder unterirdisch lokalisiert sein. Gletscher, Flüsse, Seen und Meere bilden die oberirdischen Speicher, Boden und Gestein stellen die unterirdischen Speicher dar. Im Meer schließt sich der Kreislauf endgültig (Abb. 12.1). Derjenige Teil des Wasserkreislaufs, der ausschließlich die Festlandsflächen umfasst, wird als **kleiner Wasserkreislauf** oder terrestrischer Wasserkreislauf bezeichnet. Es handelt sich um ein offenes System mit Input- und Output-Größen, welche die Systemgrenzen überschreiten. Werden sowohl das Festland als auch das Meer in die Betrachtung einbezogen, spricht man vom **großen Wasserkreislauf**. Bei globaler Betrachtung läuft der Wasserkreislauf in einem geschlossenen System.

Der **globale Wasserkreislauf** wird in Abb. 12.1 in Form von Werten dargestellt, die der Höhe einer Wassersäule in cm entsprechen. Dabei entspricht 1 mm – auf eine Fläche bezogen – 1 l/m^2. Da die Meeresflächen mit 361 Mio. km^2 etwa 2,42-mal so groß sind wie die Festlandsflächen (149 Mio. km^2), vergrößern

Abb. 12.1 Schematische Darstellung des Wasserkreislaufs. V_M = Verdunstung über dem Meer, N_M = Niederschlag über dem Meer, Z_M = Zufluss zum Meer, A_L = Abfluss von den Landflächen, N_L = Niederschlag auf das Land, V_L = Verdunstung vom Land. Entsprechend der globalen Land-Meer-Flächenanteile wird beim Übergang vom Meer zum Land mit einem Faktor von 2,42 gerechnet (entsprechend umgekehrt; verändert nach Wilhelm 1997).

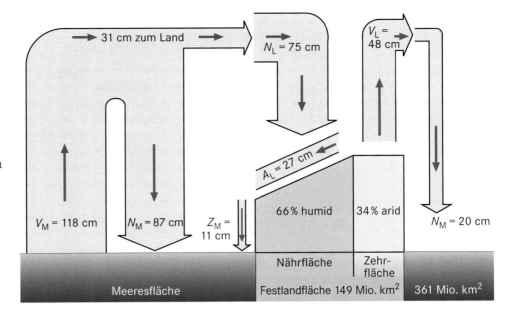

sich die Angaben um diesen Faktor, wenn von der Meeresfläche auf die Festlandsfläche gewechselt wird. Beim Übergang von der Festlands- zur Meeresfläche ist es umgekehrt. Die Darstellung verdeutlicht den grundsätzlichen Unterschied zwischen humiden und ariden Gebieten (66 bzw. 34 % der Festlandsflächen). Humide Gebiete, in denen der Niederschlag grundsätzlich höher als die Verdunstung ist, führen dem Meer überschüssiges Wasser in Form von Oberflächen- und Grundwasserabfluss zu (27 cm bzw. 11 cm). Ariden Gebieten fehlt der Abfluss bis zum Meer; sie sind durch starke Verdunstung gekennzeichnet. Eine Ausnahme sind Fremdlingsflüsse, wie beispielsweise der Nil, die zwar durch aride Zonen fließen, ihre Quellen aber in humiden Regionen haben. Da es sich um eine vereinfachte, schematische Darstellung handelt, wurde außer Acht gelassen, dass auch in humiden Gebieten Verdunstung stattfindet und in ariden Gebieten Niederschlag fällt.

Wasserhaushalt

Die Bilanzierung des Wasserhaushalts kann für zwei verschiedene Arten von Gebieten vorgenommen werden, entweder für eine politische Raumeinheit, beispielsweise das Staatsgebiet der Bundesrepublik Deutschland, oder für ein natürlich abgegrenztes Gebiet, in der Regel ist das das **Einzugsgebiet eines Flusses**. Im Einzugsgebiet strömt alles Oberflächen- und Grundwasser an einem Punkt zusammen. So fließt beispielsweise im Einzugsgebiet der Elbe das Wasser, ob aus dem tschechischen Riesengebirge und Böhmerwald, dem Erzgebirge oder dem Havelland stammend, zur Elbemündung bei Cuxhaven. Einzugsgebiete werden durch die Wasserscheide abgegrenzt, wobei zwischen dem oberirdischen Einzugsgebiet (durch Relief abgegrenzt) und dem unterirdischen Einzugsgebiet (z. B. durch

das Einfallen geologischer Schichten im Untergrund abgegrenzt) unterschieden wird.

Für eine Bilanzierung der Wasserverhältnisse in einem natürlichen Einzugsgebiet werden in der **allgemeinen Wasserhaushaltsgleichung** die Input-Größen den Output-Größen gegenübergestellt. Dieses einfache Modell berücksichtigt als einzige Input-Größe den Niederschlag (N) und als Output-Größen die Verdunstung (V) und den Abfluss (A).

$$N = V + A$$

Bei kurzfristigen Bilanzierungen (z. B. über ein einzelnes Jahr) müssen zusätzlich Speicher (S) bzw. die Änderung des zwischengespeicherten Wasservolumens (ΔS) berücksichtigt werden. Solche Speicher können natürliche oder künstliche Seen, Boden- und Grundwasservorräte, Schneedecken oder Gletscher sein. Die Wasserhaushaltsgleichung lautet dann:

$$N = V + A + \Delta S$$

Da die Speicheränderung, das heißt die Differenz aus Auffüllung und Zehrung, über längere Zeiträume betrachtet jedoch natürlicherweise konstant bzw. gleich null ist, kann diese bei einer langfristigen Betrachtung vernachlässigt werden.

Wird ein politisch abgegrenztes Gebiet anstelle eines natürlichen Einzugsgebiets betrachtet, so muss berücksichtigt werden, dass als Input-Größen nicht nur der Niederschlag, sondern auch der ober- und unterirdische Zufluss aus den benachbarten Staaten in die Bilanzierung einbezogen werden. Im Falle eines natürlichen Einzugsgebiets ist dies in der Regel nicht nötig, sofern das unterirdische Einzugsgebiet mit dem oberirdischen Einzugsgebiet identisch ist. Ist dies nicht der Fall, wie beispielsweise in Karstlandschaften, so muss ein unterirdischer Zustrom in den

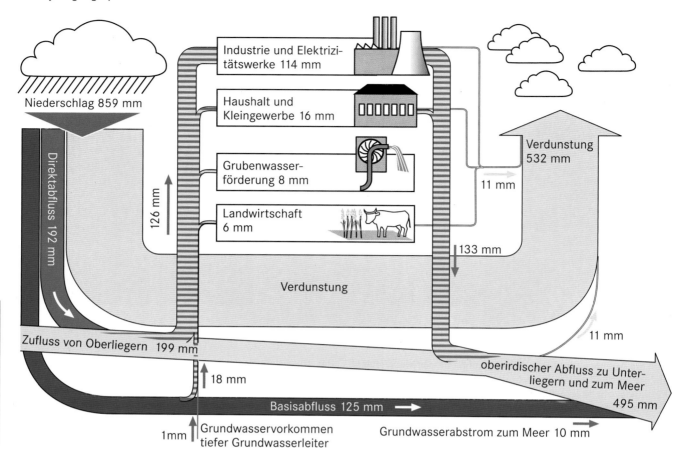

Abb. 12.2 Langjährige Wasserbilanz der Bundesrepublik Deutschland. 859 mm Niederschlag + 199 mm Zufluss von Oberliegern + 1 mm tiefes Grundwasser = 1059 mm Input, 532 mm Verdunstung + 11 mm aus Industrie etc. + 11 mm aus oberirdischem Abfluss + 495 mm oberirdischer Abfluss + 10 mm Grundwasserabstrom = 1059 mm Output (Wasserbilanz ausgeglichen; verändert nach Jankiewicz & Krahe 2003).

Input und ein unterirdischer Abstrom in den Output eingerechnet werden.

Als Beispiel kann die in Abb. 12.2 gezeigte Wasserbilanz der Bundesrepublik Deutschland auf Jahresbasis herangezogen werden, bei der der Oberflächenzustrom (Z) und Grundwasserzustrom (GwZ) von den Oberliegern und der Grundwasserabstrom (GwA) an die Unterlieger einzubeziehen ist:

$$N + Z + GwZ = V + A + \Delta S + GwA$$

Die **Input-Größen** der jährlichen Wasserhaushaltsrechnung für Deutschland sind:

- Niederschlag: 859 mm
- Zufluss von den Oberliegern, das heißt von Flüssen, die Deutschland aus den angrenzenden Ländern erreichen (u. a. die Elbe aus Tschechien, die Oder aus Polen, der Rhein aus der Schweiz): 199 mm
- Grundwasserzustrom: 1 mm

Die **Output-Größen** sind:

- Verdunstung aus dem Niederschlag: 532 mm
- Verdunstung aus oberirdischen Speichern (Flüsse, Seen, Talsperren): 11 mm
- Verdunstung aus Speichern der Wassernutzung (Industrie, Landwirtschaft, Gewerbe, Haushalte): 11 mm
- oberirdischer Abfluss zum Meer (Nordsee und Ostsee) und oberirdischer Abfluss zu den Unterliegern (u. a. über den Rhein in die Niederlande): 495 mm
- Grundwasserabstrom zum Meer: 10 mm

In der Summe stehen damit aus den Input-Größen Niederschlag und Zustrom aus Oberliegern und Grundwasser 1059 mm zur Verfügung. Die Summe der Output-Größen Verdunstung, oberirdischer und unterirdischer Abstrom ergibt ebenfalls 1059 mm. Deutschland verfügt demnach über eine **ausgeglichene Wasserbilanz**. Die berechneten Werte gelten jedoch nur für längere Zeiträume, das heißt ohne die Veränderung interner Speichergrößen. Vergleicht man kürzere Zeiträume miteinander, beispielsweise Monate, Jahre oder einzelne Jahreszeiten, so macht sich

Abb. 12.3 Der Wasserhaushalt der Schweiz im Durchschnitt der Jahre 1901–1980. Aus der Bilanz (318 mm Zufluss + 1456 mm Niederschlag) − (484 mm Verdunstung + 1296 mm Gesamtabfluss) ergibt sich eine Speicheränderung von −6 mm. Unter Berücksichtigung der deutlich zugenommenen Gletscherschmelze in den Sommer- und Herbstmonaten dürfte diese Speicheränderung gegenwärtig deutlich höher sein. Zu ergänzen ist, dass es auch Phasen positiver Vorratsänderungen gibt, so 1961–1980 mit +7,5 mm/a, die auf eine positive Massenbilanz der Gletscher und zu einem kleinen Teil auf das Auffüllen neu erstellter Speicherbecken zurückzuführen sind (BAFU 2001).

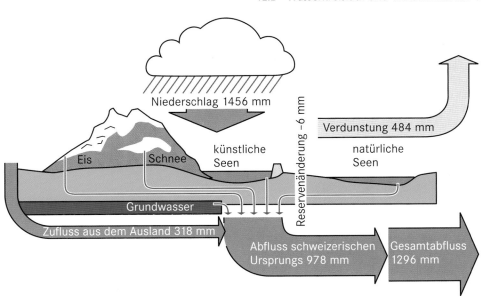

Niederschlag 1456 mm

Verdunstung 484 mm

Reservenänderung −6 mm

Eis   Schnee

künstliche Seen

natürliche Seen

Grundwasser

Zufluss aus dem Ausland 318 mm

Abfluss schweizerischen Ursprungs 978 mm

Gesamtabfluss 1296 mm

die Änderung von Speichern deutlicher bemerkbar. Im Winter wird der Niederschlag in den höheren Lagen Mitteleuropas oft in einer Schneedecke zwischengespeichert. Ein Skigebiet in Deutschland hätte daher im Winter eine negative, im Frühjahr eine positive Wasserbilanz. Um derartige Effekte auszuschließen, wird bei der Betrachtung kurzer Zeiträume aufseiten der Output-Größen die Speicheränderung hinzugefügt. In besonderen Fällen können die Speichergrößen die Wasserbilanz auch über längere Zeiträume beeinflussen, wie es beispielsweise die Wasserbilanz der Schweiz sehr eindrücklich zeigt (Abb. 12.3). Die langjährige Zunahme der Lufttemperatur führt zu einer zunehmenden Gletscherschmelze, die in erster Linie dafür verantwortlich ist, dass es in dem Zeitraum 1901–1980 einen Massenverlust (negative Speicheränderung) von 6 mm pro Jahr gab.

Niederschlag und Verdunstung

Die wichtigste Input-Größe der Wasserbilanz ist der Niederschlag. Neben der Verdunstung stellt er das zweite Bindeglied zwischen der Atmosphäre und der Erdoberfläche dar. Während die Verdunstung jedoch die Bewegung von Wasserdampf zur Atmosphäre beinhaltet, besteht der Niederschlag aus Wasser in flüssigem oder festem Aggregatszustand, das der Schwerkraft folgend zur Erdoberfläche fällt. Die Prozesse, die zum Übergang des Wasserdampfes in der Atmosphäre zu flüssigem Wasser oder festem Eis führen, werden unter dem Begriff **Niederschlagsbildung** zusammengefasst (Abschn. 8.5).

Wasserdampf, der sich an den bodennahen Oberflächen (z. B. Vegetation, Häuser) als **Tau oder Reif** absetzt, ist dabei von so geringer Menge (in manchen Nächten bis zu 0,2–0,3 mm), dass er von den Messinstrumenten in der Regel nicht erfasst wird. In den Trockengebieten bildet er allerdings häufig die

einzige Quelle der Wasserversorgung (Baumgartner & Liebscher 1996).

Nicht der gesamte aus einer Wolke fallende Niederschlag erreicht die Erdoberfläche (Abb. 12.4). Ein Teil des Niederschlags verdunstet bereits im Fallen, ein anderer Teil bleibt im Blätterdach der Vegetation oder auf der am Boden liegenden Streu hängen (**Interzeption**) und verdunstet von dort (E_P = Interzeptionsevaporation von Pflanzen, E_L = Interzeptionsevaporation von Streu). Niederschlagswasser, welches nicht auf den Vegetationsoberflächen haften bleibt, erreicht als **Bestandniederschlag** (N_B) den Boden. Dabei handelt es sich um Wasser, welches direkt durch das Kronendach der Bäume fällt, parallel dazu tropft auch Wasser von Blattflächen ab oder fließt den Stamm hinab. Die Summe aus dem interzeptierten Anteil des Niederschlags und dem Bestandsniederschlag wird als **Freilandniederschlag** bezeichnet.

Ein Teil des Niederschlagswassers gelangt über die Verdunstung zurück in die Atmosphäre. Die Verdunstung vom Boden, von der Pflanzenoberfläche (Interzeptionsverdunstung) und von offenen Wasserflächen wird als **Evaporation** bezeichnet (E). Im Gegensatz dazu steht das Wasser, welches Pflanzen dem Boden über ihre Wurzeln entziehen und über Spaltöffnungen an den Blattunterseiten an die Atmosphäre abgeben. Dieser Prozess wird als **Transpiration** (T) bezeichnet. Evaporation und Transpiration ergeben zusammen die **Evapotranspiration**. Dabei muss jedoch zwischen potenzieller und tatsächlicher Evapotranspiration unterschieden werden. Die potenzielle Evapotranspiration ist die Wassermenge, die unter aktuellen atmosphärischen Bedingungen (z. B. Temperatur, Sonneneinstrahlung, Wind, Luftfeuchte) theoretisch verdunsten könnte, wenn ausreichend Wasser zur Verfügung stehen würde. Nach längeren niederschlagsfreien Phasen oder in ariden Gebieten kommt es jedoch vor, dass die Böden stark ausgetrocknet sind und damit nur wenig Wasser für die Evapotranspiration zur Verfügung steht. Die Wassermenge, die unter

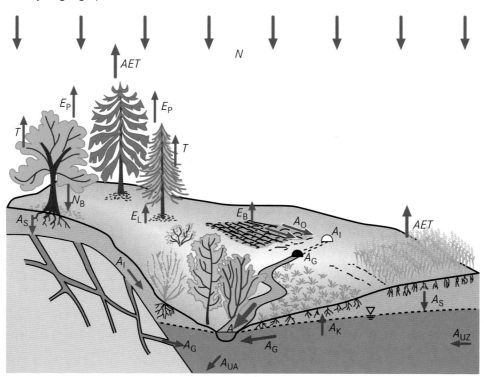

Abb. 12.4 Der räumliche Zusammenhang zwischen den einzelnen Komponenten des Wasserkreislaufs eines Einzugsgebiets, das von der schwarzen Linie als oberirdische Wasserscheide abgegrenzt wird. N = Niederschlag, AET = Aktuelle Evapotranspiration (tatsächliche Verdunstungshöhe), E_P = Pflanzeninterzeptionsevaporation (Verdunstung von Pflanzenoberflächen), T = Transpiration (Verdunstung aus Spaltöffnungen der Pflanzen), N_B = Bestandsniederschlag (Teil des Freilandniederschlags, der durch die Vegetation auf die Bodenoberfläche gelangt, inklusive Stammablauf), E_L = Streuinterzeptionsevaporation (Verdunstung von der Streuoberfläche), E_B = Bodenevaporation (Verdunstung von der Bodenoberfläche), A = Abfluss, A_O = Oberflächenabfluss, A_I = Zwischenabfluss, A_G = Grundwasserabfluss, A_S = Sickerwasserabfluss, A_K = Kapillarer Wasseraufstieg, A_{UZ} = unterirdischer Zustrom, A_{UA} = unterirdischer Abstrom (verändert nach Wohlrab et al. 1992).

dem gegebenen Wasserdargebot tatsächlich verdunstet, wird als aktuelle oder tatsächliche Evapotranspiration (AET) bezeichnet.

Der Niederschlag weist zeitliche und räumliche Strukturen auf, die für die Wasserhaushaltsbilanzierung bedeutsam sind. Eine wichtige räumliche Differenzierung in Gebirgsräumen unterscheidet zwischen Luv und Lee. Im Luv eines Gebirges muss die heranströmende feuchte Luftmasse aufsteigen (orographisch bedingte Konvektion). Der Wasserdampf kondensiert und es kommt zu ergiebigen Regenfällen, die sich durch ihre hohe Intensität auszeichnen. Im Lee, auf der von der Strömung abgewandten Seite des Gebirges, sinkt die Luft wieder ab. Dabei erwärmt sie sich und die noch nicht abgeregneten Wassertropfen können verdunsten. Im Lee fällt daher deutlich weniger Niederschlag als im Luv. **Luv- und Leelagen** können sich in der Jahresniederschlagssumme deutlich widerspiegeln, wenn die Frontalzyklonen (Abschn. 8.5) eine bevorzugte Anströmungsrichtung aufweisen. In Deutschland überwiegen westliche Windrichtungen und damit Luftmassen, die vom Atlantik heranströmen. Sie weisen eine hohe Feuchtigkeit auf und bringen den nach Westen exponierten Gebirgslagen höhere Niederschlagssummen. Auf der nach Westen exponierten Seite des Harzes in Seesen beispielsweise fallen 845 mm Niederschlag im Jahr, während es im Lee in Harzgerode nur 635 mm sind (Hendl 2002). Einer der stärksten hypsometrischen Gradienten in Mitteleuropa herrscht zwischen dem Gipfelbereich der Vogesen und dem westlichen Oberrheingraben im Lee der Vogesen.

Die niederschlagsreichsten Monate in Deutschland sind Juli und August. Zwar sichern die Frontalzyklonen über das ganze Jahr hinweg eine relativ gleichmäßige Niederschlagsverteilung, doch in den Sommermonaten treten zusätzlich konvektive Niederschläge auf, die das jährliche Niederschlagsmaximum erzeugen (Lauer 1993). Dennoch führen viele Flüsse in diesen Monaten Niedrigwasser, was durch die hohe sommerliche Evapotranspiration begründet ist und sich auch auf die Grundwasserneubildung auswirkt (Exkurs 12.1).

Neben der jahreszeitlichen Niederschlagsverteilung spielt die **Niederschlagsintensität** eine große Rolle für die Abflussbildung. Sie wird als Quotient aus Niederschlagsmenge und betrachteter Zeiteinheit angegeben (z. B. mm/Stunde). Bei konvektiven Niederschlagsereignissen entstehen Eiskristalle durch das sofortige Gefrieren von Wasserdampf an Kondensationskernen. Im Fallen schmelzen sie und bilden Regentropfen mit großem Durchmesser. Wenn Wasserdampf dagegen kondensiert und kleine Wassertröpfchen bildet, die durch Zusammenstoßen anwachsen können (Koagulation), entsteht nur Niederschlag mit geringem Tropfenradius, sodass auch die Intensität des Niederschlags geringer ausfällt. Insbesondere die Niederschläge an der Warmfront einer Zyklone weisen geringe Tropfengrößen und Niederschlagsintensitäten auf, zeichnen sich aber durch relativ lange Dauer aus und erstrecken sich über ein großes Gebiet (Landregen, Dauerregen). Die sommerlichen konvektiven Niederschlagszellen erreichen dagegen nur geringe räumliche Ausdehnung und decken häufig auch kleine Einzugsgebiete nicht vollständig ab. In einem Gewitterregen kann eine Niederschlagsintensität von 100 mm/h und mehr erreicht werden. In einem Nieselregen sind es nur 0,5 mm/h (Auerswald 1998).

Exkurs 12.1 Grundwasserneubildung

Niederschlagswasser, das in den Boden infiltriert, kann kapillar wieder aufsteigen und an der Erdoberfläche verdunsten (Evaporation, A_K in Abb. 12.4), über die Pflanzen wieder verdunsten (Transpiration), über den Bodenwasserstrom dem Vorfluter zugeführt werden (Zwischenabfluss) oder bis zum Grundwasserspiegel versickern und den Grundwasserspeicher auffüllen (Grundwasserneubildung).

Für die Grundwasserneubildung sind zwei Faktoren entscheidend: Am effektivsten kann sie stattfinden, wenn Niederschlag mit geringer Intensität fällt und außerdem die Evapotranspiration eingeschränkt ist. Eine hohe Niederschlagsintensität unterstützt den Oberflächenabfluss, da in einer bestimmten Zeit mehr Niederschlag fällt, als infiltrieren kann. Bei geringer Niederschlagsintensität hingegen kann ein größerer Teil des Wassers infiltrieren und eventuell bis zur wassergesättigten Zone im Boden – dem Grundwasserspiegel – vordringen. Der zweite Faktor, der die Grundwasserneubildung bestimmt, ist die Evapotranspiration. Laubbäume weisen sehr hohe Evapotranspirationsraten auf, weil sie durch die Blätter über eine große zur Verdunstung beitragende Oberfläche verfügen. Im Frühjahr und Sommer erreicht die Evapotranspiration daher ihr Maximum. Da in diesen Jahreszeiten auch der Anteil konvektiver Niederschläge mit größeren Intensitäten am höchsten ist, findet im Frühjahr und Sommer kaum Grundwasserneubildung, sondern Grundwasserverbrauch statt. Im Herbst und Winter dagegen füllt sich der Grundwasserspeicher aufgrund der vielen advektiven Niederschläge geringerer Intensität und der aufgrund der niedrigen Lufttemperatur eingeschränkten Evapotranspiration wieder auf.

Die ökologische Bedeutung der Grundwasserneubildung liegt darin, dass der Grundwasserspeicher den Basisabfluss des Vorfluters speist, sodass auch in trockenen Zeiträumen ein Mindestabfluss gewährleistet ist und die Lebensbedingungen für die Pflanzen und Tiere im Ökosystem Bach bzw. Fluss aufrechterhalten bleiben.

Die Grundwasserneubildung hat jedoch auch eine ökonomische Komponente: die Trinkwassergewinnung. In den Bundesländern, die sich über die Region des Norddeutschen Tieflands erstrecken, liegt der Anteil der Grundwasserförderung für die Trinkwassergewinnung zwischen 35,8 % in Nordrhein-Westfalen und 100 % in Schleswig-Holstein, Hamburg und Berlin (Busskamp 2003). In den Flächenländern Brandenburg und Mecklenburg-Vorpommern werden mehr als drei Viertel des Trinkwassers aus den Grundwasservorräten gewonnen.

Die mittlere Grundwasserneubildung liegt in Deutschland bei etwa 135 mm pro Jahr (Neumann & Wycisk 2003). Vom mittleren Niederschlag in Höhe von 859 mm pro Jahr erreichen also nur 16 % das Grundwasser und tragen zur Auffüllung des Speichers bei. Die regionale Differenzierung zeigt jedoch, dass die Mittelgebirge, das Alpenvorland sowie der nordwestliche Teil des Norddeutschen Tieflands eine jährliche Grundwasserneubildung aufweisen, die über dem Mittelwert für Deutschland liegt. Ungunsträume sind dagegen in den Leelagen der Mittelgebirge, insbesondere in den Bördelandschaften vom Rheinland bis nach Sachsen-Anhalt, im Thüringer Becken und im Osten Deutschlands zu finden (Neumann & Wycisk 2003). Die Ursache für die geringere Grundwasserneubildung in diesen Regionen ist zum einen der geringere Jahresniederschlag aufgrund der Leelage. Zum anderen nimmt die Kontinentalität in Richtung Osten zu. Da sich die kontinentalen Gebiete durch einen größeren Anteil sommerlicher Konvektionsniederschläge am Gesamtjahresniederschlag auszeichnen, im Sommer jedoch die Evapotranspiration ihr Maximum erreicht, kann nur wenig Niederschlagswasser bis zum Grundwasserspiegel vordringen.

Gerade die Trinkwasserversorgung der Gemeinden Nordostdeutschlands, die stark auf Grundwasserförderung basiert, muss daher dringend die minimale Grundwasserneubildung berücksichtigen, um diese Ressource vor Übernutzung zu schützen.

Abflussbildung und Abflusskonzentration

Wasserkreislauf und Wasserhaushalt beschreiben quantitativ die Austauschvorgänge zwischen den Komponenten Niederschlag, Verdunstung und Abfluss, je nach betrachtetem Zeitraum auch die Änderungen von Speichergrößen. Nachdem sich der vorangegangene Abschnitt mit Niederschlag und Verdunstung auseinandergesetzt hat, soll im Folgenden näher auf die Prozesse der Abflussbildung und -konzentration eingegangen werden, da sie den Abflussverlauf (Hoch-, Mittel- und Niedrigwasserabfluss) in den Bächen und Flüssen (Vorflutern) steuern. Das abfließende Wasser transportiert zudem Sedimente und formt so die Gewässerlandschaft. Auch die **Grundwasserneubildung** hängt unmittelbar von der Versickerung auf den Flächen des Einzugsgebiets bzw. von der Abflussbildung ab (Abb. 12.4 und 12.5).

Für hydrologische Fragestellungen ist bedeutsam, wie viel Niederschlag direkt an der Bodenoberfläche abfließt, also ohne vorher in den Boden und eventuell weiter bis zum Grundwasser zu versickern. Dieser sog. **effektive Niederschlag** (N_{eff}) bestimmt in kleinen Einzugsgebieten die Höhe einer Hochwasserwelle, da das Wasser besonders von versiegelten Flächen (Straßen, Wege), verdichteten oder gefrorenen Ackerböden oder mit Wasser gesättigten Böden schnell in das Gewässernetz abfließt. In großen Einzugsgebieten spielen zusätzliche Faktoren eine bedeutende Rolle, beispielsweise die Überlagerung von Hochwasserwellen verschiedener Zuflüsse.

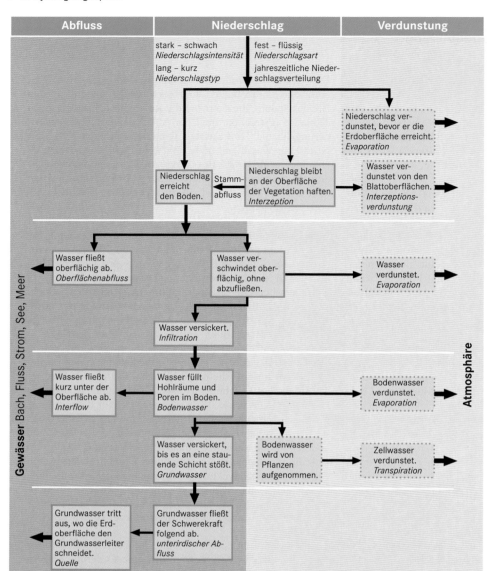

Abb. 12.5 Der systemare Zusammenhang zwischen den einzelnen Komponenten des Wasserhaushaltes. Fett umrandet sind die beobachtbaren Erscheinungen und Prozesse, gestrichelt umrandet sind erschließbare Erscheinungen und Prozesse (Böhn & Schütt 2002).

Die Menge an Wasser, die in den Boden infiltrieren kann, hängt dabei zunächst von der Intensität der Niederschläge ab, also der Menge Niederschlagswasser, die pro Zeiteinheit fällt. Ist die Niederschlagsintensität gering, verdunstet das Wasser an der Oberfläche oder versickert in den Porenraum zwischen den einzelnen Körnchen des Bodensubstrats (Matrixinfiltration) und nur ein sehr geringer Teil fließt oberflächlich ab. Die **Infiltrationsrate** ist dabei von zahlreichen Faktoren abhängig, wie beispielsweise Hangneigung, Substrat und Bedeckung bzw. Bewuchs (Wald, Wiese, Acker). Im Verlauf des Regens nähert sich die Infiltrationsrate einem konstanten Wert, der für verschiedene Substrate unterschiedlich ist: Bei ebenen Flächen infiltriert Wasser beispielsweise in Ton mit einer Geschwindigkeit von 0–4 mm/h, in Schluff mit 2–8 mm/h und Sand mit 3–12 mm/h (Kirkby 1969). Bei gleichem Substrat erhöht sich der Einfluss der Hangneigung, denn mit steigendem Gefälle steigt auch der Anteil des Nieder-

schlags, der oberflächlich abfließt (Hendrichson et al. 1963 in Wilhelm 1997).

Vollkommen versiegelte Flächen (z. B. asphaltierte Straßen) infiltrieren kein Wasser, Siedlungsflächen haben einen Versiegelungsgrad von durchschnittlich 30 %. Auf landwirtschaftlichen Brachflächen versickert weniger Wasser als in bewachsenem Boden. Für Maispflanzen auf schluffig-lehmigem Substrat werden 3,2 mm/h, für Grasflächen auf gleichem Substrat 11,0 mm/h angegeben (Musgrave & Holtan 1964). Waldboden hat durch die organische Auflage und die humus- und porenreichen Substrate die besten Infiltrationseigenschaften.

Ist die Niederschlagsintensität wiederum höher als die Infiltrationsrate der Bodenmatrix, erfolgt auch eine Versickerung in gröberen Porensystemen, den sog. **Makroporen** (z. B. Wurzelgänge, Regenwurmgänge usw.). In den Makroporen kann Wasser unter Umgehung der Bodenmatrix sehr schnell in größere Tiefen verlagert werden. Steigt die Niederschlagsintensität weiter an, kommt es bei ausreichend Gefälle zur Bildung von Landoberflächenabfluss.

Eine Niederschlagsmenge von 5 mm (entspricht 5 l/m²) in 30 min wird als Mindestintensität angesehen, um die maximale Infiltrationskapazität zu erreichen und **Oberflächenabfluss** auszulösen (Auerswald 1998; A_O in Abb. 12.4). Im Durchschnitt können auf einer Weidefläche nur ca. 20 mm/h, auf ebenem Waldboden 60–75 mm/h versickern, ohne dass es zu Oberflächenabfluss kommt (VDG 2003). Die genannten Werte sind als externe Schwellenwerte (Niederschlagsintensität) oder interne, standortspezifische Schwellenwerte (z. B. Substrat) anzusehen (Schulte 2006).

Das infiltrierte Wasser füllt zunächst den Oberboden auf und sickert bei ausreichender Menge in die unteren **Bodenhorizonte oder -schichten** (A_S in Abb. 12.4). Deren hydraulische Wasserleitfähigkeiten können sehr unterschiedlich sein, abhängig u. a. von der Lagerungsdichte und der Porosität der Bodenmatrix. Durch weite Grobporen mit einem Äquivalenzdurchmesser > 50 µm perkoliert das Sickerwasser relativ schnell, durch enge Grobporen (50–10 µm) wesentlich langsamer (zum Vergleich: Menschenhaar hat einen mittleren Durchmesser von etwa 40–60 µm). Mittel- und Feinporen (< 10 µm) sind nicht am dränierenden Prozess beteiligt (AG Boden 1994, Wohlrab et al. 1992).

Dort, wo das Regenwasser in den Boden infiltriert, erfolgt der weitere Transport des Wassers in den Untergrund nicht ungehindert. Natürlicherweise gibt es Bodenhorizonte oder Bodenschichten, die unterschiedliche Lagerungsdichte oder Porosität aufweisen, beispielsweise der tonreiche Bt-Horizont bei der Parabraunerde, der Stauhorizont Sd beim Pseudogley (Kap. 10) oder die Bodenschichten eines Schwemmfächers, die aus Wechsellagerungen von Sedimenten unterschiedlicher Korngrößen bestehen. Das hat zur Folge, dass das von oben einsickernde Wasser gestaut wird. Ein Teil fließt parallel zwischen Bodenoberfläche und Grundwasserspiegel hangabwärts und wird daher als **Zwischenabfluss** bezeichnet (Interflow, A_I in Abb. 12.4). Dieser wird in schnellen und langsamen Zwischenabfluss unterteilt, der auch wieder an die Bodenoberfläche treten kann (*return flow*). Schnelle Zwischenabflüsse treten dabei entlang sog. präferentieller Fließwege auf, das heißt in hangparallelen Makroporensystemen wie z. B. den Wurzelsystemen von flachwurzelnden Baumarten (z. B. Fichten; Abb. 12.6) oder grobmaterialreichen Bodenschichten (z. B. periglazialen Deckschichten). Langsame Zwischenabflüsse erfolgen hingegen im Porensystem der Bodenmatrix. Entsprechend ihrer Geschwindigkeit tragen diese Komponenten unterschiedlich schnell zur Entstehung einer Hochwasserwelle bei.

Fällt in einer bestimmten Zeitspanne mehr Niederschlag als in Bodenmatrix und Makroporen infiltrieren kann, muss das Wasser oberflächig abfließen, auch wenn unter der Bodenoberfläche noch luftgefüllter Porenraum zur Verfügung steht (Infiltrationsüberschuss oder **Oberflächenabfluss nach Horton**, *Horton overland flow*). Oberflächenabfluss entsteht aber auch, wenn sich der Oberboden mit Wasser sättigt bzw. der Grundwas-

Abb. 12.6 Zwischenabfluss entlang von präferentiellen Fließwegen, sichtbar gemacht in einem Beregnungsversuch mit blau eingefärbtem Wasser bei Seiffen im Erzgebirge. Der simulierte Niederschlag (16 mm in 5 min) entspricht dort nach der KOSTRA-Starkniederschlagsstatistik des Deutschen Wetterdienstes einem 100-jährlichen Ereignis. Im Versuch versickert das Niederschlagswasser auf dem am oberen Bildrand erkennbaren Beregnungsfeld in den Makroporen (Wurzelkanäle u. Ä.), fließt darin als Zwischenabfluss hangabwärts und tritt an der Wand der angelegten Profilgrube wieder aus. Die erste Reaktion ist in diesem Versuch nach nur 1 min zu beobachten; das Bild zeigt den Zustand zwei Minuten nach Beregnungsbeginn. Der Versuch veranschaulicht, wie schnell präferentielle Fließwege bei Starkregen aktiviert werden (Foto: C. Reinhardt-Imjela).

serspiegel ansteigt und der Boden daher kein weiteres Wasser mehr aufnehmen kann (Sättigungsüberschuss oder **Sättigungsflächenabfluss nach Dunne**, *Dunne saturation overland flow*). Während im ersten Fall der Oberflächenabfluss durch die zu große Niederschlagsintensität bzw. eine zu geringe Infiltrationskapazität hervorgerufen wird, ist der Sättigungsflächenabfluss auf Bodeneigenschaften und den ansteigenden Grundwasserspiegel zurückzuführen und wird durch eine Sättigung „von unten" bedingt (Abb. 12.7; Peschke 2001). In der Realität sind die beiden Abflussarten eng miteinander verbunden (Symader 2004) und führen beide dazu, dass ein großer Teil des Niederschlagswassers den Grundwasserspeicher nicht erreicht und damit für das Auffüllen des Grundwasserkörpers nicht zur Verfügung steht. Als vollständig mit Wasser gefüllter Porenraum garantiert der Grundwasserkörper den Niedrigwasserabfluss der Flüsse, demnach ist die Grundwasserneubildung überaus wichtig (Exkurs 12.1).

Im Einzugsgebiet eines Flusses sind die genannten Abflusskomponenten Oberflächen-, Zwischen- und Basisabfluss räumlich und zeitlich stark variabel, je nach Großwetterlage, Jahreszeit und anderen Faktoren. Dennoch lassen sich in einem Einzugsgebiet abflusswirksame Flächen erkennen, die überproportional zum Oberflächenabfluss beitragen. Sie vernässen gegenüber anderen Flächen relativ schnell und zeigen damit an, dass kein weiteres Niederschlagswasser infiltrieren kann. International bezeichnet man diese Flächen gegenwärtig als *variable source areas,* um ihre zeitlich und räumlich variable Abflusswirksamkeit zu unterstreichen (Symader 2004).

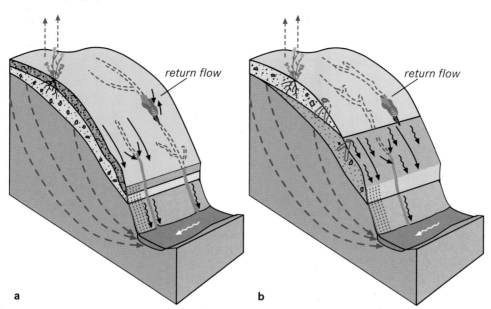

return flow

return flow

a

b

Abb. 12.7 Bildung von Landoberflächenabfluss am Hang: **a** infolge Infiltrationsüberschusses (*Horton overland flow*), **b** infolge Sättigungsüberschusses (*Dunne saturation overland flow;* verändert nach Kölla 1987 in Baumgartner & Liebscher 1996).

Bemerkenswert ist, dass unter dem Eindruck der **Hochwasserkatastrophen** der letzten etwa 20 Jahre (Oder 1997, Elbe 2002) die sächsische Landesregierung den Hochwasserentstehungsgebieten eine besondere Bedeutung beimisst: „Hochwasserentstehungsgebiete sind Gebiete, insbesondere in den Mittelgebirgs- und Hügellandschaften, in denen bei Starkniederschlägen oder bei Schneeschmelze in kurzer Zeit starke oberirdische Abflüsse eintreten können, die zu einer Hochwasserwelle in den Fließgewässern und damit zu einer erheblichen Gefahr für die öffentliche Sicherheit und Ordnung führen können. Die höhere Wasserbehörde setzt die Hochwasserentstehungsgebiete durch Rechtsverordnung fest" (Neufassung des Sächsischen Wassergesetzes vom 12.07.2013, § 76, 1).

Global betrachtet gibt es zwei Zonen, in denen Oberflächenabfluss (Exkurs 12.2) verstärkt auftritt. Dies sind zum einen die **polaren und subpolaren Bereiche**, in denen das Schneeschmelzwasser nicht in den Untergrund versickern kann, da dieser durch ständige Bodengefrornis (Permafrost) nicht in der Lage ist, das Wasser aufzunehmen. Zum anderen handelt es sich um die **wechselfeuchten Tropen**. Hier fällt der Regen mit hoher Intensität direkt auf feinkörniges Bodensubstrat, da die Bodenbedeckung nicht geschlossen ist (Trockensavanne). Der Aufprall der Regentropfen führt dazu, dass die Bodenpartikel aus ihrem Aggregatverband gelöst werden, kleine Vertiefungen auffüllen und so die Bodenoberfläche verschlämmen. Das hat zur Folge, dass die Infiltration in den Boden gehemmt wird und die Infiltrationsrate wesentlich kleiner ist als die Niederschlagsintensität (**Infiltrationsüberschuss**; Wilhelm 1997). Die knappe Ressource Wasser fließt zu großen Teilen oberflächlich ab und verdunstet häufig aus versalzenden Endseen. Um in größerem Maße für die menschliche Nutzung zur Verfügung zu stehen, müsste ein größerer Teil des Wassers in den Grundwasserkörper versickern, was aber nicht dem natürlichen Prozessgefüge dieser Ökozone entspricht. Benachteiligt ist diese Zone zusätzlich dadurch, dass die Oberfläche der Landschaft grundsätzlich durch **Flächen** gekennzeichnet ist. Das sehr flache Relief bietet kaum Möglichkeiten, Stauanlagen zu errichten. Die geringe Infiltration zusammen mit fehlenden oberirdischen Speichermöglichkeiten gefährden die gegenwärtige und zukünftige Wasserverfügbarkeit in diesen Räumen (Weischet 1984).

Abflussganglinie

Die angeführten Komponenten Oberflächen-, Zwischen- und Grundwasserabfluss (A_O, A_I und A_G in Abb. 12.4) bilden den **Abfluss in einem Gerinne**. Quantitativ ist darunter das Wasservolumen zu verstehen, das unter Einfluss der Schwerkraft in einer bestimmten Zeiteinheit einen definierten, oberirdischen Fließquerschnitt durchfließt und einem Einzugsgebiet zugeordnet werden kann (DIN 4049 1992). Er wird mit dem Formelzeichen Q abgekürzt und in m³/s oder l/s angegeben. Wird diese Wasserführung unabhängig von der Zuordnung zu einem Einzugsgebiet betrachtet, spricht man von Durchfluss. Wird die Abflussmenge auf die Einzugsgebietsfläche bezogen, so wird sie entweder als Abflussspende (l/s · km²) oder als Abflusshöhe h_A (mm/Zeiteinheit) angegeben (Baumgartner & Liebscher 1996). Die Abflussspende (Quotient aus Abfluss und Fläche des zugehörigen Einzugsgebiets) ist ein häufig verwendeter Parameter, wenn es darum geht, die Abflusswirksamkeit von unterschiedlichen bzw. unterschiedlich großen Einzugsgebieten oder deren Teilflächen zu vergleichen.

Exkurs 12.2 Bestimmung des oberirdischen Abflusses

Die Abflussmenge eines Fließgewässers ist einer der wichtigsten hydrologischen Parameter, um beispielsweise den Wasserhaushalt eines Einzugsgebiets oder die mitgeführten Frachten (Lösungs-, Schweb- und Bettfracht) zu bestimmen. So ist z. B. auch für die Gewässergüte die abfließende Wassermenge von entscheidender Bedeutung, da sie – neben der Menge des zufließenden Stoffs – über dessen Konzentration im Fluss entscheidet. Zur Berechnung des Abflusses gibt es verschiedene Methoden, am exaktesten wird er jedoch mit folgender Formel bestimmt:

Abfluss = Fließquerschnitt · Durchflussgeschwindigkeit

Der Wasserstand [cm, m] ist eine Hilfsgröße, um den Fließquerschnitt des durchflossenen Gerinnes zu bestimmen. Er wird in der Regel an einem fest installierten Lattenpegel abgelesen oder mit einem registrierenden Pegel kontinuierlich aufgezeichnet (z. B. Schwimmerpegel, Druckpegel). Die kontinuierliche Aufzeichnung ermöglicht die Erstellung einer Wasserstandsganglinie, die zur weiteren Verarbeitung beispielsweise auf Stundenwerte reduziert wird. Der gewählte Zeittakt dieser Daten ist abhängig von der Größe des Flusseinzugsgebiets (kleiner Bach: schnelle Wasserstandsänderungen bei Ereignissen; großer Fluss, z. B. der Rhein bei Köln: langsame Wasserstandsänderungen).

Die Durchflussgeschwindigkeit [cm/s, m/s] ist die Geschwindigkeit des Wassers, das durch eine bestimmte Querschnittsfläche abfließt. Diese Fließgeschwindigkeit kann z. B. mit einem hydraulischen Messflügel entlang von Messlotrechten gemessen werden, das heißt an senkrecht verlaufenden Messlinien, die den durchflossenen Querschnitt gleichmäßig unterteilen.

Bei kleinen Bächen kann die Abflussmenge [l/s] unterhalb eines Wehres direkt durch Füllen eines Gefäßes pro Zeiteinheit bestimmt werden. Verwendet man ein gleichschenkliges, rechtwinkliges Durchflussprofil (z. B. das Thompsonwehr), so kann die Durchflussmenge mithilfe der folgenden Gleichung (h = Wasserstand im Dreieckswehr) bestimmt werden (Wilhelm 1997):

$$Q = 0{,}0146\, h^{2{,}5}$$

Bei sehr turbulentem Fließen empfiehlt es sich, ein Tracer-Verfahren zu verwenden. Dabei werden partikuläre oder gelöste Inhaltsstoffe, beispielsweise Salz, in das abfließende Wasser künstlich eingebracht, die sich während des Fließprozesses entsprechend der Wassermenge verdünnen. Über die Konzentrationsänderung lässt sich die Abflussmenge berechnen.

Bei größeren Bächen, Flüssen oder Strömen kann die Abflussmenge über einen Zeitraum hinweg nicht direkt bestimmt werden. Das weltweit am häufigsten angewendete Verfahren erfolgt hier über den „Umweg" der kontinuierlichen Aufzeichnung des Wasserstands und die Erstellung einer Wasserstandsganglinie. Nun werden bei unterschiedlichen Wasserständen die Abflussmengen gemessen und daraus eine mathematisch formulierte Beziehung erstellt. Mit dieser Abflusskurve kann jedem Wasserstand eine Durchflussmenge zugeordnet werden. Mithilfe der Abflusskurve lässt sich aus der Wasserstandsganglinie eine Abflussganglinie erzeugen.

Die Abb. 12.8 zeigt beispielhaft die Abflussganglinie der Saar am Pegel Fremersdorf im hydrologischen Jahr 1994. Während im hydrologischen Winterhalbjahr (1. November 1993 bis 30. April 1994) ein hoher Basisabfluss mit mehreren aufgesetzten Hochwasserwellen – darunter das „Jahrhunderthochwasser" vom 22. Dezember 1993 – zu sehen ist, dominiert im Sommerhalbjahr (1. Mai 1994 bis 31. Oktober 1994) ein geringer Basisabfluss, der auch nur selten von Hochwasserwellen erhöht wird. Das **hydrologische Jahr** setzt sich aus dem hydrologischen Winterhalbjahr (grundwasserneubildende Winterniederschläge) und dem hydrologischen Sommerhalbjahr (grundwasserzehrende Vegetationsperiode) zusammen. Da diese natürliche saisonale Wasserbilanz zum Kalenderjahr zeitlich vorverschoben ist, beginnt das hydrologische Jahr zwei Monate früher.

Die Beziehung zwischen Niederschlag und Abflussereignis kann nach DIN 4049 schematisch gegliedert werden (Abb. 12.9). Es ist zu erkennen, dass Niederschlag zu Oberflächen-, Zwischen- und einem leicht steigenden Grundwasserabfluss (Basisabfluss) führt. Das Hochwasser beginnt mit dem Anstieg der Ganglinie bis zum Hochwasserscheitel. Er wird durch den maximalen Oberflächen-

abfluss im Einzugsgebiet gebildet, entsprechend der Fließwege zur Messstelle zeitlich verzögert. Der Zwischenabfluss erreicht sein Maximum später als der Oberflächenabfluss, da der Abflussprozess durch den Untergrund verlangsamt stattfindet. Oberflächen- und Zwischenabfluss bilden den Direktabfluss.

Auffallend ist, dass die Fläche des **Zwischenabflusses** unter der Hochwasserganglinie einen größeren Anteil hat als der Oberflächenabfluss. Das bedeutet, dass das in den Untergrund einsickernde und oberflächenparallel abfließende Wasser, trotz des langsameren Fließens, einen größeren Anteil an der Hochwasserwelle hat als der Oberflächenabfluss. Große Bedeutung kommt daher den oben genannten stauenden Horizonten oder Schichten im Untergrund zu. Auch die Pflugsohle eines Ackers (Abb. 12.10) kann einen Beitrag zur Verschärfung der Hochwasserwelle beitragen.

Der nur leicht steigende **Basisabfluss** (hauptsächlich Wasser aus dem Grundwasserkörper) erreicht sein Maximum mit dem Ende der Hochwasserdauer. Ab hier bleibt er die einzige Abflusskomponente, die den Basisabfluss in den Bächen und

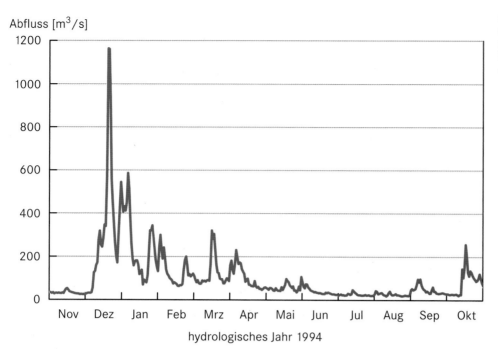

Abb. 12.8 Abflussganglinie der Saar am Pegel Fremersdorf im hydrologischen Jahr 1994 (1. November 1993 bis 31. Oktober 1994) mit dem „Weihnachtshochwasser" 1993.

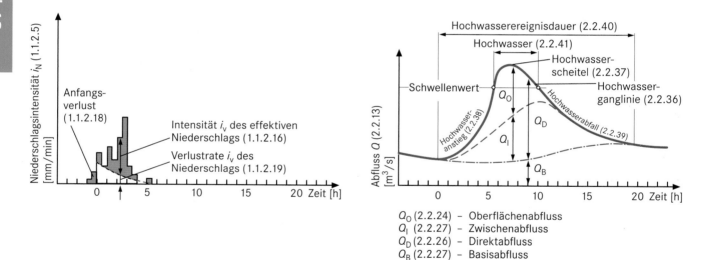

Q_O (2.2.24) – Oberflächenabfluss
Q_I (2.2.27) – Zwischenabfluss
Q_D (2.2.26) – Direktabfluss
Q_B (2.2.27) – Basisabfluss

Abb. 12.9 Schematischer Ablauf einer Hochwasserwelle nach DIN 4049 (1992). Die zeitlich später auftretenden Maxima des Zwischen- (Q_I) und Basisabflusses (Q_B) formen den abfallenden Ast der Hochwasserwelle flacher als den Anstieg. Die Zahlen in Klammern verweisen auf die Definition der Begriffe in der DIN 4049-3.

Flüssen über einen längeren, niederschlagsfreien Zeitraum aufrechterhält, wie das für Vorfluter in Klimazonen mit ganzjährigem Niederschlagsüberschuss gegenüber Verdunstung charakteristisch ist (z. B. gemäßigte Breiten, immerfeuchte Tropen). Das zeitlich verzögerte Eintreffen der Maxima der Abflusskomponenten sorgt für den typischen Verlauf der Hochwasserganglinie mit steilem Anstieg und flachem Hochwasserabfall. Daraus folgt, dass der Schwerpunkt unter der Hochwasserganglinie später auftritt als der Hochwasserscheitel, was der Modellfunktion der Pearson-III-Verteilung entspricht, die bei

der Hochwassermodellierung und -vorhersage eine wichtige Rolle spielt.

Neben den Einzelereignissen werden in der Hydrologie und Hydrogeographie **Abflussdaten** über eine längere Zeitspanne benötigt, um mittlere Zustände über eine Saison oder ein bis mehrere Jahre wiederzugeben. Der „verregnete" Sommer mit hohen Abflusswerten in 2002 (mit Extremhochwasser im August 2002 an der Elbe) und der trockene, heiße Sommer 2003 mit entsprechend geringen Abflusswerten (Presse-Schlagzeile: „Spree – Fluss auf

Abb. 12.10 Die Erosionsrinne auf einem Feld im Kraichgau (SW-Deutschland) dokumentiert linienhaften Abfluss und Bodenerosion durch einen Starkniederschlag. Durch die landwirtschaftliche Bearbeitung wird der Ap-Horizont (p von Pflughorizont) aufgelockert, der Unterboden aber durch das Befahren mit schweren Maschinen über die Jahre so stark verdichtet, dass selbst oberflächlich abfließendes Wasser diese Pflugsohle nicht aufreißen kann. Es ist leicht vorstellbar, dass durch diese „Sohle" nur wenig Wasser in den Untergrund versickern kann, sondern als Oberflächen- bzw. Zwischenabfluss im Ap-Horizont abfließen muss. Eine pfluglose, konservierende Bodenbearbeitung würde dieses Problem beheben (Foto: A. Schulte).

dem Trockenen" und „Versteppung Brandenburgs") sind sehr anschauliche Beispiele. Auch um die außergewöhnlichen Abflusszustände nach ihrer statistischen Eintrittswahrscheinlichkeit einzustufen, sind die im Folgenden genannten **Mittelwerte** notwendig (nach DIN 4049, 1992):

- HHQ: höchster Hochwasserabfluss – der höchste jemals gemessene Wert (an vielen Pegelstationen im Einzugsgebiet der Elbe beim Hochwasser 2002 erreicht)
- HQ: Hochwasserabfluss, das heißt der in einer längeren Zeitspanne gemessene höchste Abflusswert
- HQ_x: der Abfluss mit einer statistischen Wiederkehrperiode von x Jahren, z. B. HQ_{10} (10-jährlicher Hochwasserabfluss), HQ_{50} oder HQ_{100}. Meist wird das HQ_{100} als Bemessungshochwasser verwendet, das heißt, nach dem entsprechenden Wasserstand (HW_{100}) wird z. B. die Deichhöhe oder das maximale Durchflussprofil unter Brücken bemessen. Ein höheres Bemessungshochwasser (HQ_{200} oder HQ_{500}) wird aus Kostengründen nur bei besonders zu schützenden Objekten verwendet (z. B. neue Oderdeiche auf HQ_{200} ausgebaut). Die Bemessung von Deichen und anderen Bauten an Fließgewässern wird durch Normen und Regelwerke vorgeschrieben (DIN, ehemaliger DVWK = Deutscher Verband für Wasserwirtschaft und Kulturbau, heute DWA = Deutsche Vereinigung für Wasserwirtschaft, Abwasser und Abfall e. V.).
- MHQ: mittlerer Hochwasserabfluss, das heißt die höchsten Abflusswerte arithmetisch gemittelt über eine bestimmte Zeitspanne (z. B. die Jahresreihe 1970–2005)
- MQ: mittlerer Abfluss, das heißt arithmetisches Mittel aller Hauptbeobachtungen innerhalb einer festgelegten Zeitspanne, z. B. einer Reihe von Jahren
- MNQ: mittlerer Niedrigwasserabfluss, das heißt die niedrigsten Abflusswerte arithmetisch gemittelt über eine bestimmte Zeitspanne (z. B. eine Jahresreihe)

- NQ: Niedrigwasserabfluss, das heißt der in einer längeren Zeitspanne beobachtete niedrigste Abflusswert
- NQ_x: Niedrigwasserabfluss mit einer statistischen Wiederkehrperiode von x Jahren. Dieser Abflusswert hat als Mindestwasserabfluss große Bedeutung für das Ökosystem Fließgewässer, so beispielsweise um die Abwassereinleitungen in abflussarmen Jahreszeiten zu begrenzen. Entsprechend der Bedeutung ist die Abwassereinleitung im WHG (Wasserhaushaltsgesetz) geregelt.
- NNQ: niedrigster Niedrigwasserabfluss, das heißt der niedrigste jemals gemessene Abflusswert

Hydrologische Modellierung

Wenn Aussagen über das Abflussverhalten von Flüssen gemacht werden sollen, um beispielsweise den Verlauf von Hochwasserereignissen genauer vorherzusagen, wird eine große Anzahl an Daten über das Einzugsgebiet benötigt. So sind u. a. Gebietsniederschlag, Relief (digitales Geländemodell), Bodenart und Flächennutzung wesentliche Parameter, die in die Betrachtung der hydrologischen Prozesse eingehen. Viele dieser Parameter liegen nicht flächenhaft vor bzw. können durch Messungen nicht flächenhaft erfasst werden. Daher wurden Modelle entwickelt, die als vereinfachtes Abbild der Realität die Komplexität der Natur reduzieren und dadurch eine Simulation natürlicher Vorgänge ermöglichen.

Am Anfang der hydrologischen Modellierung standen Modelle, die aus dem Verlauf eines Niederschlagsereignisses die Abflussganglinie zu rekonstruieren versuchten, z. B. der *Unit Hydrograph*, der von LeRoy K. Sherman bereits 1932 entwickelt wurde. Dort werden statistische Informationen der Niederschlagsverteilung als Input verwendet, um eine Abflussganglinie als Output zu generieren, ohne dass die dazwischen geschalteten

Prozesse der Abflussbildung betrachtet werden. Solche Modelle, die nur den Input analysieren, um einen Output zu modellieren, werden als **Black-Box-Modelle** bezeichnet.

Eine zweite Modellgruppe stellen die **konzeptionellen Modelle** dar, die physikalische Prozesse durch einfache Näherungen oder empirische Ansätze beschreiben und damit die Komplexität der Natur stark reduzieren. Die Anzahl der zu messenden Parameter wird gering gehalten und damit Aufwand und Rechenzeit im Vergleich zu komplexeren Modellen reduziert (**Grey-Box-Modelle**). Vertreter der Gruppe konzeptioneller Modelle sind u. a. PRMS (*Predicted Runoff Modelling System*) oder NASIM (Niederschlag-Abfluss-Simulation).

Die dritte Gruppe stellen **physikalisch basierte Modelle** dar. Sie bauen auf physikalischen Grundlagen auf, welche die ablaufenden hydrologischen Prozesse mathematisch beschreiben. Dazu gehört beispielsweise das Darcy-Gesetz über die Wasserbewegung im Boden. Da sich das Wasser in verschiedenen Bodenarten mit unterschiedlicher Geschwindigkeit bewegt, ist es ratsam, Flächen verschiedener Bodenarten in einem Einzugsgebiet abzugrenzen und auch im Modell zu unterscheiden. Flächendifferenzierte Modelle geben die räumliche Verteilung von Gebietseigenschaften und Prozessen als kleinste definierte Flächeneinheiten wieder. Dadurch kann eine räumliche Differenzierung der Input- und Output-Daten vorgenommen werden.

Derartige Modelle berücksichtigen die Komplexität der zu modellierenden Natur am besten. Jedoch muss zum einen eine Vielzahl von Input-Größen gemessen werden und zum anderen ist die Rechenzeit länger als bei Black-Box- oder Grey-Box-Modellen und damit der Aufwand für die Modellanwendung sehr groß. Zur Gruppe der physikalischen Modelle gehört u. a. das auf der Richards-Gleichung für Wasserbewegung in der gesättigten Zone des Bodens basierende Modell WaSiM-ETH Version 2 (Wasserhaushalts-Simulationsmodell der Eidgenössischen Technischen Hochschule Zürich), das entwickelt wurde, um den Einfluss von Klimaänderungen auf den Wasserhaushalt zu simulieren.

Die Anwendbarkeit von Modellen richtet sich nicht ausschließlich nach der Frage des bestmöglichen Abbildes der komplexen Realität, sondern nach Anwendbarkeit, Rechenzeit, Kosten und hauptsächlich nach der zu untersuchenden Fragestellung und der Größe des Einzugsgebiets. Für die **Hochwasservorhersage** in kleinen Einzugsgebieten spielen beispielsweise Niederschlags-Abfluss-Modelle, die auf physikalischen Gesetzen der Abflussbildung beruhen, eine große Rolle, während in größeren Fließgewässern Modelle eingesetzt werden können, welche die Laufzeit und die Veränderung der Hochwasserwelle auf dem Weg von einem Pegel zum nächsten berücksichtigen.

Abflussregime

Weniger bedeutsam für die Darstellung von einzelnen Hochwasserereignissen, sondern mehr für die langfristige Wasserhaushaltsbetrachtung und -bilanzierung ist die Frage nach dem mittleren Abflussverhalten eines Flusses an einer Pegelstation. Entsprechend der Umweltfaktoren Klima, Relief, Vegetation, Geologie und so weiter lässt sich für jeden Fluss ein charakteristischer **Abflussgang** beschreiben. Hierbei kommen nicht einzelne Hochwasserereignisse oder kurzzeitige Trockenphasen zum Ausdruck, wie in der Abflussganglinie, sondern mittlere Abflusszustände im Verlauf eines Jahres. Nach den grundlegenden Arbeiten von Pardé (1960, später auch Keller 1968, Grimm 1968, Nippes 1970) werden sie als Abflussregime bezeichnet. Dabei wird der Quotient aus den langjährigen Monatsmitteln (MQ_{Monat}) und dem Jahresmittel (MQ_{Jahr}) gebildet. Diese Art der Darstellung hat wesentliche Vorteile:

- Der so ermittelte monatliche Abflusskoeffizient ist dimensionslos und ermöglicht, das charakteristische Abflussverhalten unterschiedlich großer Flussgebiete oder von Flussgebieten unterschiedlicher naturräumlicher Ausstattung zu vergleichen.
- Das Abflussjahr kann in abflusswirksame Niederschlagszeiten und abflussreduzierende Verdunstungszeiten unterschieden werden, was besonders für die Planung der Wassernutzung in wechselfeuchten Klimaten von Bedeutung ist.
- Große Grundwasservorkommen oder Seeflächen (ebenfalls für die Nutzung von großer Bedeutung) dämpfen wegen der Speicherwirkung die Amplitude.

Folgende **Abflussregime** werden unterschieden (Abb. 12.11):

- **einfache Regime:** Der Abflussgang wird lediglich durch einen variablen Faktor (z. B. Niederschlag oder Verdunstung) gesteuert. Entsprechend der jahreszeitlichen Ausprägung ist das Abflussregime eingipfelig. In den Tropen kann der Verlauf auch zweigipfelig sein, wenn es zwei ausgeprägte Regenzeiten gibt.
- **komplexe Regime 1. Grades:** Folgen zwei abflusswirksame Prozesse im Verlauf des Abflussjahrs aufeinander, wie z. B. Schneeschmelze im Frühjahr und Regen im Herbst, kann es zwei Abflussmaxima geben.
- **einfache und komplexe Regime 1. Grades:** Sie werden für einen definierten Abflussmesspunkt am Fluss angegeben.
- **komplexe Regime 2. Grades:** Auch sie sind durch zwei Abflussmaxima pro Jahr gekennzeichnet, allerdings verändern sich die Amplituden der beiden Maxima im Verlauf des Flusses. Wesentlich ist, dass sie auf ihrer Laufstrecke den Regimetyp wechseln.

Einfache Regime können durch Gletscherschmelze (glazial), Schneeschmelze (nival) oder Regenniederschlag (pluvial) gesteuert sein. Glaziale Regime treten in den Polargebieten und Hochgebirgen auf, wo Einzugsgebiete ganzjährig mindestens zu 15–20 % mit Schnee oder Eis bedeckt sind. Das Abflussmaximum liegt in der warmen Jahreszeit, die übrigen Niederschläge über das Jahr kommen ebenso wenig zur Geltung wie die Verdunstung in den Sommermonaten. Nivale Regime treten in den winterkalten Bergregionen und Tiefländern auf. Gelegentlich wird das nivale Regime des Berglandes von dem des Tieflandes unterschieden, da im Tiefland die Schneeschmelze früher und ausgeprägter auftritt, was in starken Hochwassern des Tieflandes zum Ausdruck kommt (z. B. Wolga, Ob). Das pluviale oder ozeanische Regime spiegelt die winterlichen Regenniederschläge wieder, die beispielsweise das Regime der Seine prägen (Abb. 12.12). In Mitteleuropa ist der Jahresgang

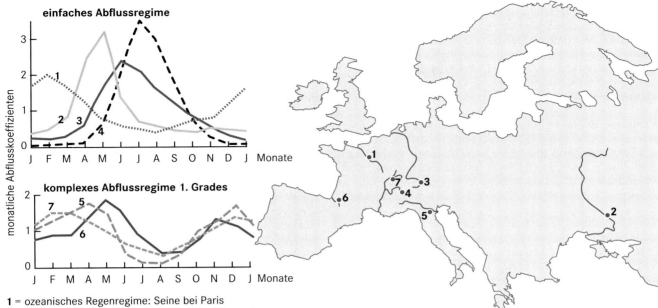

1 = ozeanisches Regenregime: Seine bei Paris
2 = Schneeregime des Tieflandes: Dnepr bei Kamenka
3 = Schneeregime des Berglandes: Rhein bei Felsberg
(Chur/Schweiz)
4 = glaziäres Regime: Rhône bei Gletsch

5 = mediterranes Regen-Schnee-Regime: Secchia (Apennin) bei Sassuolo
6 = Schnee-Regen-Regime der Pyrenäen: Gave d'Aspe bei Bidos
7 = ozeanisches Regen-Schnee-Regime: Doubs bei Neublans

Abb. 12.11 Abflussregime verschiedener europäischer Flüsse (verändert nach Baumgartner & Liebscher 1996).

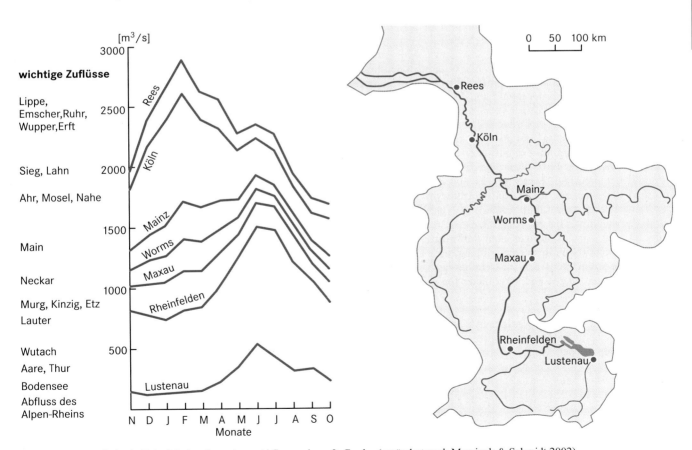

Abb. 12.12 Der Rhein als Beispiel eines komplexes Abflussregimes 2. Grades (verändert nach Marcinek & Schmidt 2002).

Kapitel 12

der Niederschläge relativ ausgeglichen, dennoch liegt der mittlere Abfluss in den Sommermonaten deutlich unter dem der Wintermonate. Hierbei spielt der Jahresgang der Evapotranspiration eine wichtige Rolle, die durch die niedrigen Temperaturen und die spärlichere Laubbedeckung der Bäume im Winter geringer ist, sodass mehr Niederschlag in Abfluss umgesetzt werden kann.

Komplexe Regime 1. Grades sind beispielsweise die nivo-pluvialen Regime, die durch die zeitliche Aufeinanderfolge von Schneeschmelze und Regen zwei Maxima im Jahr zeigen (Abb. 12.11). Das Maximum durch die Schneeschmelze ist höher, weshalb das „nivo" vorangestellt wird. Das pluvio-nivale Regime hat entsprechend ein höheres Maximum durch Regenniederschlag.

Ein gutes Beispiel für ein **komplexes Regime 2. Grades** ist der Rhein (Abb. 12.12). Die vergletscherten Flächen in den Quellflüssen Vorder- und Hinterrhein umfassen beim Pegel Domat/Ems lediglich 2,3 % (BAFU 2001), weshalb der nivale Charakter ausschlaggebend ist. Vor der Mündung in den Bodensee hat daher auch der Alpenrhein ein einfaches nivales Regime mit dem Abflussmaximum im Juni. Das bleibt am Hochrhein bis Basel bestehen, da die Zuflüsse (z. B. Aare) ebenfalls nivale Regime haben. Bis Mainz münden zahlreiche Flüsse, deren Abflussmaxima durch winterlichen Regen gekennzeichnet sind, wodurch sich im Februar ein zweites Maximum entwickelt. Der Rhein bei Mainz wechselt dadurch in ein nivo-pluviales Regime. Der Winterregen gewinnt flussabwärts immer mehr an Bedeutung und übertrifft bei Köln das nivale Maximum, ab hier herrscht also ein pluvio-nivales Regime.

Normalerweise verweilt das Niederschlagswasser in den Sommermonaten aufgrund der hohen potenziellen Verdunstung nur kurz im Boden. Entsprechend gering sind der Anteil des Wassers, das bis zum Grundwasserkörper versickert, und somit auch die Grundwasserneubildung. Am Ende des Sommers ist der Grundwasserspeicher nur wenig gefüllt und es kann in Regionen mit Trinkwassergewinnung aus Grundwasserschichten zu **Wasserknappheit** kommen. Im Winter dagegen ist die Evaporation aufgrund der niedrigen Temperaturen und die Transpiration aufgrund der geringen Vegetationsbedeckung eingeschränkt. Das Niederschlagswasser infiltriert zu einem größeren Anteil in den Boden und dringt bis zur gesättigten Zone des permanenten Grundwassers vor und führt zu einer **Auffüllung des Grundwasserspeichers** (Grundwasserneubildung). Der Grundwasserspeicher wiederum speist den Basisabfluss auch in Zeiten mit geringen Niederschlägen und sorgt daher für eine ganzjährige Wasserführung.

Gewässer mit einem ganzjährigen Abfluss werden als perennierend bezeichnet. Ihr Hauptverbreitungsgebiet sind die immerfeuchten Tropen (Tageszeitenklima) und humiden Außertropen. Einen Fluss, der mindestens einen Monat im Jahr trockenfällt, bezeichnet man als periodisch wasserführenden Fluss (v. a. in wechselfeuchten Klimaten Nordamerikas und Australiens). In extremen Trockengebieten, in denen über mehrere Jahre nur gelegentlich Niederschlag fällt, treten episodisch wasserführende Gerinne auf, zu denen die Wadis in Nordafrika zählen (Wilhelm 1997). Besonders kritisch stellt sich

diesbezüglich das Sahelgebiet Nordafrikas dar, das am Übergang zwischen wechselfeuchten Tropen und Wüstengebieten über Niederschlag verfügt, der aber mit so hoher zeitlicher Variabilität fällt, dass sich das entsprechend im episodischen Abflussverhalten ausdrückt.

Hinsichtlich des Wasserdargebots und des Verlaufs unterscheidet man folgende **Flusstypen**:

- **endorhëisch:** Die Flüsse entspringen im humiden Randbereich einer Trockenregion, verlieren das Wasser beim Durchfließen der ariden Region (Verdunstung > Niederschlag) und münden in einen Endsee, aus dem das verbleibende Wasser gänzlich verdunstet. Die im Wasser enthaltenen Salze bleiben zurück und bilden landwirtschaftlich schwer oder nicht nutzbare Salzkrusten (z. B. Wolga, viele Flüsse am Rand der Wüste Gobi in N-China und der Mongolei).
- **arhëisch:** Die Flüsse entspringen und enden in ariden Gebieten (z. B. Wadis in Nordafrika, Humboldt-Fluss im Großen Becken der USA).
- **diarhëisch:** Diese Flüsse haben ihr Quell- und Mündungsgebiet in humiden Regionen (Niederschlag > Verdunstung), durchfließen aber unter erheblichem Wasserverlust aride Gebiete (z. B. Nil, Niger). Sie werden auch als Fremdlingsflüsse oder allochthone Flüsse bezeichnet, da ihre Wasserführung in der ariden Region nicht den dortigen klimatischen Bedingungen entspricht.

Eine sehr heterogene Wasserführung, beispielsweise bei periodischen Flüssen, führt oft zu **ökologischen Problemen**. Die Flora und Fauna des Ökosystems hat sich zwar auf die stark schwankenden Abflüsse eingestellt, aber durch den Eingriff des Menschen treten Probleme bei der Wasserqualität auf. Oft werden Fließgewässer als Vorfluter für Abwässer aus Industrie, Landwirtschaft und Haushalten genutzt. Eine ganzjährig hohe Wasserführung sorgt für einen Verdünnungseffekt bei der Einleitung des Abwassers. Doch in Flüssen mit schwankender Wasserführung steht in Niedrigwasserzeiten nicht ausreichend Wasser zur Verfügung, um eine effektive Verdünnung der zufließenden Abwässer hervorzurufen, sodass Nähr- und Schadstoffe in größeren Konzentrationen vorliegen und das Ökosystem beeinträchtigen. Die Kenntnis von Wasserführung und Stoffkreisläufen in Gewässern bietet somit die Möglichkeit, Gefahrenpotenziale für das Ökosystem besser abschätzen und rechtzeitig Gegenmaßnahmen ergreifen zu können.

12.3 Stoffhaushalt im Wasser

Stoffe können im Wasser in unterschiedlicher Form vorkommen. Sie können gelöst sein (z. B. Salze) und sind in der Regel optisch nicht wahrnehmbar. Die schwimmend oder schwebend im Fluss transportierten Komponenten sind deutlich sichtbar, Letztere führen zur schlammfarbenen Eintrübung des Wassers. Der Gerölltransport an der Flusssohle ist wiederum schwer zu beobachten, da Schweb- und Gerölltransport häufig gemeinsam während Hochwasser stattfinden.

Die Bilanzierung von Stoffkreisläufen in Geosystemen basiert auf der Erfassung von Stoffeinträgen und Stoffausträgen. Dementsprechend gibt die Stoffbilanz Massengewinne und Massenverluste für einzelne Stoffe wieder. Bezugszeitraum ist jeweils das hydrologische Jahr vom 1. November bis 31. Oktober des Folgejahres.

Haushalt gelöster Stoffe

Die enge Beziehung zwischen Bodenwasserhaushalt und dem Haushalt gelöster Stoffe ermöglicht auf der Grundlage des Wasserhaushaltes und der Modellvorstellungen des Linearspeichers (Abb. 12.5) auch die Darstellung gelöster Stoffe in einem Flusseinzugsgebiet.

Stoffquellen

Die gelösten Stoffe im Abfluss eines Flusses können natürlichen oder anthropogenen Ursprungs sein. Die **atmosphärischen Stoffeinträge** erfolgen auf Pflanzenoberflächen, auf unbewachsenen Böden oder direkt ins Gewässer. Sie sind in drei Gruppen zu unterteilen: 1. Neutralstoffe und Nährstoffe, 2. Säuren und 3. potenzielle Giftstoffe.

Der Eintrag von Stoffen in Fließgewässer wird als **Immission** bezeichnet. Er kann in Form einer feuchten oder trockenen Deposition erfolgen. Bei der Niederschlagsbildung fungieren Aerosolpartikel häufig als Kondensationskerne, an die sich Wasserdampf anlagert und zu Wasser kondensiert oder zu Eiskristallen sublimiert. Gelangen die Partikel dann mit dem Niederschlag zur Erdoberfläche, spricht man von *rainout*. Werden Gase und Aerosole nicht in die Niederschlagsbildung einbezogen, sondern von fallenden Regentropfen adsorbiert, wird dieser Prozess als *washout* bezeichnet. Sedimentieren die Aerosole bzw. Gase ohne den Einfluss des Niederschlags, wird dies als trockene Deposition bezeichnet. Die **Aerosole** setzen sich zusammen aus Staub, Rauch, Dämpfen und Mikroorganismen. Anorganische Partikel werden als Staub angesprochen. Vegetationslose oder vegetationsarme Gebiete und Vulkanausbrüche sind natürliche Staubquellen. In dicht besiedelten Gebieten gewinnen Emittenten (Abgabe von Stoffen) für die Suspension anorganischer Partikel in der Troposphäre an Bedeutung. Staubemittenten sind die Industrie (96,2 %), Hausbrand und Kleingewerbe (3,4 %) und der Kfz-Verkehr (0,4 %).

Dem atmosphärischen Stoffeintrag steht der **anthropogene Stoffeintrag** in Form von Düngung gegenüber. Neben einem Ausgleich des Nährstoffentzugs durch die Bewirtschaftung verfolgt insbesondere die Forstwirtschaft mit der Düngung eine Pufferung des atmosphärischen Säureeintrags (Rehfuess 1990).

In einem Flusseinzugsgebiet entstehen gelöste Stoffe darüber hinaus beim Zersatz organischer Substanz bzw. bei der chemischen Verwitterung von mineralischen Feststoffen. In beiden Fällen ist Wasser das unverzichtbare Agens. Während der Zersatz organischer Substanz vornehmlich durch bakterielle Tätigkeit gesteuert wird (Humifizierung), führen in Abhängigkeit von Umgebungstemperatur und Milieu die chemischen Verwitterungsprozesse der Hydrolyse, Hydratation und Oxidation (Abschn. 9.3) in Boden und Untergrund zu einer Aufbereitung des mineralischen Materials.

Das **Bodenwasser** ist sowohl „Reaktionsmedium" für chemische Umwandlungsprozesse im Boden als auch Transportmedium, das die Verlagerung gelöster Stoffe bis hin zu ihrem Export aus dem System ermöglicht. Die physikalischen Bedingungen für den Transport gelöster Stoffe im Boden ergeben sich aus den Eigenschaften des fließenden Mediums (Dichte, Viskosität und Kompressibilität) und der Permeabilität des Bodens. Diese Eigenschaften werden im Durchlässigkeitsbeiwert (DIN 4049, 4.59) ausgedrückt. Im Boden wird zwischen immobilem und mobilem Bodenwasser unterschieden. Das immobile Bodenwasser setzt sich aus dem Adsorptionswasser und dem Kapillarwasser der Mikroporen zusammen. Es enthält die aus der Bodenmatrix gelösten Ionen und entspricht dem Reaktionsmedium Bodenwasser. Das Transportmedium Bodenwasser (mobiles Wasser) liegt überwiegend als Kapillarwasser in den Makroporen vor. Bei relativ geringen Kohäsions- und Adhäsionskräften geht es als Sickerwasser ins Grundwasser über oder fließt als Interflow in den Vorfluter. Bei Wassersättigung wird das immobile Bodenwasser nicht bewegt. Erst mit zunehmender Wasserspannung können bei langsamer Wasserbewegung Ionen und Moleküle aufgenommen werden.

Der **Lösungsaustausch** der verschiedenen Bodenwasserphasen lässt sich über drei aus der chemischen Verfahrenstechnik bekannte Mechanismen beschreiben:

- **Diffusion:** Zwischen zwei Wasserkörpern mit unterschiedlicher Ionenkonzentration entstehen ungerichtete Molekularbewegungen, die einem Ausgleich des Konzentrationsgefälles dienen.
- **Konvektion:** Gelöste Stoffe werden aufgenommen und mit dem Bodenwasser durch den Boden transportiert, ohne dass es zu Vermischungseffekten kommt.
- **hydrodynamische Dispersion:** Infolge von Reibung an den Porenwandungen und der Ausrichtung des Wasserstroms entlang der Kapillaren entstehen Unterschiede in der Fortbewegungsgeschwindigkeit der Wasserteilchen. Durch konvektiv mitgeführte Stoffe entstehen lokale Konzentrationsunterschiede, die über die Molekulardiffusion ausgeglichen werden.

Transport im Boden

Über trockene und feuchte Deposition in einem Flusseinzugsgebiet abgelagerte Stoffe werden vom Oberflächenabfluss abgewaschen und gelangen somit ohne große zeitliche Verzögerung direkt in den lokalen Vorfluter oder mit dem Sickerwasser in den Untergrund.

Das Sickerwasser gelangt zunächst in den **organischen Bodenspeicher**, wo die Humifizierung zur Zersetzung ober- und unterirdischer Streu führt. Hierbei werden durch Mikroorganismen Cellulose, Hemicellulose und Lignin abgebaut. Degradationsprodukte neben Humus sind Huminstoffe (u. a. Polysaccharide, Alkylverbindungen), also kohlenstoffreiche Verbindungen. Im Wasser organischer Böden und organischer Bodenauflagen ist somit gelöster organischer Kohlenstoff in hohen Konzentrationen vorhanden. Jedoch wird im Sickerwasser gelöster organischer Kohlenstoff mit zunehmender Bodentiefe mikrobiell abgebaut (Albertsen et al. 1980), sodass bei Erreichen der wassergesättigten Zone der gelöste organische Kohlenstoff vollständig abgebaut ist. Auch das Bodenwasser, das dem Vorfluter lateral aus dem an organischer Substanz reichen Oberboden direkt zufließt (Interflow), weist im Allgemeinen nur noch geringe Konzentrationen an gelöstem organischem Kohlenstoff auf.

Im **mineralischen Bodenspeicher** erfolgen in Abhängigkeit insbesondere von den Eigenschaften des Ausgangsgesteins, von der Temperatur, Wasserverfügbarkeit und dem pH-Wert des Sickerwassers chemische Verwitterungsprozesse und Pufferreaktionen, sodass aus dem mineralischen Boden- und Gesteinskörper Stoffe freigesetzt werden und in gelöster Phase vom Sickerwasser mitgeführt werden können.

Hohe Konzentrationen an Huminstoffen im Sickerwasser führen zu einem stark sauren Milieu, in dem der Aluminium-, Eisen- und Manganpufferbereich aktiv wird (Ziechmann & Müller-Wegener 1990). Alle drei Metalle werden bevorzugt in metallorganischen Komplexverbindungen (Chelate) gebunden und verlagert (Prietzel et al. 1989). Im Bodenwasser gelöstes und an metallorganische Komplexe gebundenes Aluminium, Eisen und Mangan werden mit mikrobiellem Abbau der Huminstoffe und damit Zerstörung der Chelate immobil und in Folge ausgefällt. In der wassergesättigten Zone (phreatische Zone) kann insbesondere Eisen in reduzierter Form im anaeroben Milieu in geringem Umfang in gelöster Form vorliegen (Heikkinen 1990).

Silizium ist ein im Boden häufig vorkommendes chemisches Element. Die Konzentrationen gelösten Siliziums nehmen im mineralischen Bodenspeicher mit zunehmender Bodentiefe zu. Die Mobilisierung von Silizium ist dabei abhängig von der Intensität der Hydrolyse der Silikate. Je höher die Temperaturen und Niederschlagsmengen sind, desto intensiver läuft die Hydrolose ab. In Mitteleuropa reichen die vorherrschenden Temperatur- und Niederschlagsbedingungen jedoch nur für einen eingeschränkten Ablauf der Hydrolyse aus.

Alkalimetalle (z. B. Na, K) und Erdalkalimetalle (z. B. Mg, Ca) können in allen Profiltiefen freigesetzt werden. Die Konzentrationen gelöster **Alkali- und Erdalkalimetalle** in den einzelnen Speicherzuflüssen unterscheiden sich in der Regel nur geringfügig voneinander. Bei den in verschiedenen Milieus aktiven Verwitterungsprozessen und Pufferreaktionen werden Alkali- und Erdalkalimetalle mobilisiert und sowohl durch laterale Bodenwasserbewegungen als auch mit dem Sickerwasser ausgewaschen.

Diese Vorstellungen zu Ausmaß und Art der Freisetzung und des Transportes gelöster Stoffe im Boden sind jedoch nur eingeschränkt gültig, wenn anthropogene Eingriffe in den Stoffhaushalt vorliegen. Mit der **Fäkaliendüngung** in landwirtschaftlich genutzten Gebieten werden dem Boden hohe Konzentrationen an Phosphor- und Stickstoffverbindungen zugeführt, die außerdem in leicht auswaschbarer Form vorliegen (Aigner 1983).

Gelöste Stoffe in Fließgewässern

Auf der Grundlage des Chemismus von Fließgewässern und ihres Abflussverhaltens werden eine Abschätzung der chemischen Denudationsraten im Einzugsgebiet und eine Bewertung der prozesssteuernden Faktoren möglich. So ist der Chemismus eines Fließgewässers zunächst Ausdruck der chemischen Beschaffenheit des Ausgangsgesteins in seinem Einzugsgebiet und der Intensität, mit der die Prozesse der chemischen Gesteinsaufbereitung erfolgen. Darüber hinaus sind Relief und Boden steuernde Faktoren des natürlichen Gewässerchemismus, da die Verweil- bzw. Reaktionszeit des infiltrierten Wassers in Boden oder Gestein durch das hydraulische Gefälle, die Fließstrecke und die Porosität des durchflossenen Mediums bestimmt wird. In landwirtschaftlich genutzten und besiedelten Gebieten ist der anthropogene Einfluss auf den Gewässerchemismus dominierend. Nur etwa 6,5 % der Stickstoffverbindungen und 2 % der Phosphorverbindungen in den Gewässern stammen aus natürlichen Quellen (Hamm et al. 1991), die Restbeträge ergänzen sich aus anthropogenen diffusen oder punktförmigen Quellen.

Die **Lösungskonzentration** ebenso wie die chemische Zusammensetzung der Lösung während eines Abflussereignisses ist unmittelbarer Ausdruck der einzelnen Abflusskomponenten, die den Abfluss zusammensetzen: Der überwiegend aus dem Grundwasser gespeiste Basisabfluss weist in der Regel die höchsten Lösungskonzentrationen auf, wobei die absoluten Werte ebenso wie die chemische Zusammensetzung in Abhängigkeit von der Zusammensetzung der Ausgangsgesteine im Einzugsgebiet unterschiedlich sind. Mit ansteigender Hochwasserwelle kommt es zu einem sog. Verdünnungseffekt, da nun zunächst vornehmlich Oberflächenabfluss in den Vorfluter gelangt, der hauptsächlich detritische Stoffe (Gesteinsschutt oder zerriebene Organismenreste) mit sich führt, aufgrund der kurzen Reaktionszeit bei hohen Fließgeschwindigkeiten jedoch nur vergleichsweise geringe Konzentrationen gelöster Stoffe aufweist. Mit dem Zufluss des Interflows aus dem Boden steigt dann die Gesamtlösungskonzentration im Abfluss leicht an. In Abhängigkeit von der Herkunft des Interflows tragen gelöste organische Stoffe (organischer Bodenspeicher) und gelöste anorganische Stoffe (mineralischer Bodenspeicher) zur Erhöhung der Lösungskonzentration bei. Mit Auslaufen der Hochwasserwelle und entsprechend abnehmendem Einfluss zunächst des Oberflächenabflusses, dann des Interflows, kommt es zu einer sukzessiven Zunahme der Lösungskonzentration, die schließlich bei Erreichen des Basisabflusses wieder maximale Werte erreicht.

Schwebstoffhaushalt

Schwebstoffe sind in Wasser oder eventuell einem anderen Umgebungsmedium enthaltene mineralische oder organische Stoffe, die nicht in Lösung gehen. Im Abwasser bestehen die Schwebstoffe meist aus kleinen Schlammflocken. Die Entfernung aus dem Abwasser ist in Kläranlagen durch beispielsweise Absetzbecken (Absetzen von Feststoffteilchen aufgrund von Schwer- oder Zentrifugalkraft), chemische Fällung, Flotation (Trennen von Stoffen durch die selektive Anlagerung feiner Luftblasen, die künstlich eingeblasen werden) oder Filterung zu 95 % möglich.

Im Allgemeinen unterliegt der **Schwebstofftransport** in natürlichen Gewässern einer größeren Variabilität als der Transport gelöster Stoffe (Schmidt 1981). Der größte Teil der Schwebstoffe wird während weniger extremer Hochwasserereignisse aus dem Einzugsgebiet ausgetragen (Nippes 1986–1989, Schulte 1995). Daraus resultiert das Problem, die während relativ kurzer Messperioden erhobenen Werte zum Schwebstoffhaushalt in Abtragungsraten hochzurechnen (Reneau & Dietrich 1991, Barsch et al. 1998).

Durch Oberflächenabtrag in den Einzugsgebieten mobilisiertes Material gelangt entweder unmittelbar oder nach Zwischenablagerung in den Vorfluter (Seiler 1980). Dort wird es gemeinsam mit dem durch Erosion und Resuspension aus Bachbett und Ufer zur Verfügung gestellten Material als Schwebstoff transportiert (Schulte 1995). Dieser wird als Auelehm oder im Flussbett im Lee von Hindernissen sedimentiert oder mit dem Abfluss aus dem Einzugsgebiet exportiert. Eine Hochrechnung der Schwebstofffrachten des Vorfluters auf Abtragsleistungen in seinem Einzugsgebiet ist nur als grobe Schätzung zulässig. Die Erfassung der tatsächlichen Abtragungsraten erfordert eine zusätzliche Berücksichtigung von Zwischendepositionen im Einzugsgebiet, ebenso wie die Einbeziehung der Abtragungsraten durch den Austrag gelöster Stoffe.

Die **Analyse des Schwebstoffhaushaltes** erfolgt in der Regel in Zusammenhang mit Untersuchungen zum Wasserhaushalt. Eine positive Korrelation von Schwebstoffkonzentration und Abfluss ist allgemein anerkannt. Die Maxima der Schwebstoffkonzentrationen und des Abflusses treten in der Regel gleichzeitig bzw. mit geringem zeitlichen Versatz auf, da der Oberflächenabfluss das Abflussmaximum herbeiführt und über ihn die Schwebstoffe aus dem Einzugsgebiet in den Vorfluter eingetragen werden. Wenn ein Großteil der transportierten Schwebstoffe aus dem Gerinnebett stammt, kann das Maximum der Schwebstoffkonzentration auch zeitlich vor dem Scheitelabfluss des Hochwassers liegen.

Menge und Verlauf der Schwebstofffrachten werden durch die Einzugsgebietseigenschaften gesteuert. In vielen Fallstudien wurde versucht, den Einfluss einzelner Einzugsgebietsparameter auf den Schwebstoffhaushalt zu bewerten, wobei neben Niederschlagsmenge und -verteilung die Vegetationsbedeckung besonderes Interesse fand. Rogers & Schumm (1991) postulieren, dass die Zunahme der Schwebstofffracht sich nicht linear oder exponentiell zur abnehmenden Vegetationsbedeckung verhält, sondern bei Vegetationsbedeckungen von weniger als 15 % langsamer ansteigt. Darüber hinaus besteht eine direkte Beziehung zwischen Schwebstofffrachten und baulichen Maßnahmen im Einzugsgebiet, insbesondere durch Drainagemaßnahmen.

Der Schwebstoffhaushalt unterliegt weiterhin einer **Saisonalität**, die im Wesentlichen Ausdruck jahreszeitlich variierender Hangabtragungsprozesse ist, welche wiederum durch die jahreszeitlichen Charakteristika der Niederschlagsereignisse, die saisonal schwankende Vegetationsbedeckung und in landwirtschaftlich genutzten Gebieten durch den Stand der Feldbearbeitung gesteuert werden.

Gerölltransport an der Gerinnesohle

Gerölle sind Komponenten, die an der Gerinnesohle gleitend, rollend, springend und sich einander anstoßend transportiert werden. Die Größe der Steine liegt überwiegend im Bereich zwischen 2 und 20 mm, aber selbst in deutschen Mittelgebirgsflüssen können bei Hochwasser Blöcke mit einigen Dezimetern Größe transportiert werden. Der Transportprozess ist abhängig von einer Reihe von Faktoren, u. a. von der Fließgeschwindigkeit des Flusses. Wenn der Abfluss gering ist, ist dies in der Regel mit geringen Fließgeschwindigkeiten verbunden, welche die Aufnahme oder den Transport von Sediment an der Gerinnesohle natürlich belassener Fließgewässer häufig nicht erlauben. Bei auflaufendem Hochwasser steigt der Wasserstand und die Fließgeschwindigkeit nimmt zu, sodass einzelne Partikel von der Sohle aufgenommen werden. Dieser Moment wird mit der **kritischen Schubspannung** beschrieben. Allgemein beschreibt die Schubspannung (τ) bei laminarem Fließen die auf eine Flächeneinheit bezogene Reibungskraft. Sie wird durch die Dichte des Wassers, das Sohlgefälle und die Abflusshöhe bestimmt. Die kritische Schubspannung (τ_{crit}) ist zusätzlich abhängig von der Masse sowie der Form und Lagerung der Gerölle an der Gewässersohle.

Ist das granulare Material erst einmal in Bewegung, werden an der Gewässersohle ähnliche Formen gebildet, wie man es von äolischen Prozessen kennt (Rippeln, Dünen, Antidünen). In extremen Fällen werden Gerölle in Dezimetergröße selbst auf die Vorländer gespült, was erhebliche Schäden an der dortigen Infrastruktur verursachen kann. Das Hochwasser im August 2002 hat das beispielsweise in den engen Tälern des Erzgebirges deutlich gezeigt.

Unter künstlichen Bedingungen, z. B. in hydraulischen Teststrecken, können die Prozesse des Gerölltransports mit Klarwasser und im Maßstab reduziertem Granulat nachgestellt, beobachtet und gemessen werden. In der Natur ist die Beobachtung oder Messung des Gerölltransports dagegen schwierig. Daher verwendet man häufig Erosions- und Akkumulationsformen, die nach einem Hochwasser Hinweise auf diese Prozesse geben. So dokumentieren auch die Erosionsstrecken an der Elbe zwischen Torgau und der Saalemündung und am Oberrhein unterhalb der Staustufe Iffezheim eine langjährige Tiefenerosion, der man in den stark durch den Menschen veränderten Gerinnen wiederum nur durch die künstliche Geschiebezugabe entgegenwirken kann.

12.4 Seen

Die **Limnologie** beschäftigt sich mit den Seen und den darin ablaufenden physikalischen, chemischen, biochemischen und biologischen Prozessen. Seen haben mit 1,8 % (1,5 Mio. km²) einen vergleichsweise geringen Flächenanteil an der Hydrosphäre. Weltweit sind nur 16 Seen größer als 10 000 km² (Tab. 12.1) und nur zwei Seen sind tiefer als 1000 m: der Lake Tanganyika mit ungefähr 1500 m Tiefe und der Baikalsee mit ungefähr 1620 m Tiefe.

Genese von Seen

Seen werden auch als **stehende Gewässer** bezeichnet und bilden sich in Hohlformen. Die Genese dieser Hohlformen kann natürlichen Ursprungs oder durch den Menschen geschaffen sein. In der Regel werden die Seen durch Oberflächen- und Grundwasserzufluss mit Wasser gespeist. Haben die Seen auch einen oberirdischen Abfluss, sind sie exorëisch, fehlt ihnen ein oberirdischer Abfluss, sind sie endorëisch.

Natürliche Prozesse, die zur Ausbildung von Hohlformen führen, in denen sich Seen entwickeln, können einerseits **exogen gesteuert** sein durch:

- lokale glaziale und glazifluviale Übertiefung des Untergrunds (Karseen, Zungenbeckenseen, Rinnenseen)
- Korrosion in Kalkgebieten (Höhlenseen, Dolinenseen, Poljeseen)
- Abdämmung von Tälern durch Bergsturzmassen, Moränen, Kalksinterausfällungen, Lavaströme (Bergsturzstausee, randglaziale Seen, Moränenstausee, Surgegletschersee, Kalksinterbarrierensee, Lavastromstausee)
- Deflation (Endseen)

Andererseits können Hohlformen durch **endogene Prozesse** gebildet werden, wie:

- tektonische Bewegungen (Synklinaltalseen oder Grabenseen)
- Vulkanismus (Kraterseen, Maare und Calderen)
- in seltenen Fällen auch infolge von Meteoriteneinschlägen

Darüber hinaus gibt es eine Vielzahl **künstlicher, durch den Menschen geschaffener Seen**, die der Vorratshaltung des Wassers sowohl für die Trink- und Brauchwassernutzung wie für die Umsetzung in Hydroelektrizität dienen. Hierzu gehören einerseits Talsperren, die durch die künstliche Abdämmung von Tälern geschaffen werden. Seen in vollständig künstlich geschaffenen Hohlformen sind sog. Teiche. Sie haben und hatten verschiedene Funktionen, wie beispielsweise die Bereithaltung von Lösch- und Bewässerungswasser. Häufig dienen sie aber auch der reinen Zierde (z. B. Gartenteiche).

Tab. 12.1 Seen mit mehr als 10 000 km² Fläche (Quelle: Schwoerbel 1984).

See	Kontinent	Fläche [km²]	Volumen [km³]
Kaspisches Meer	Asien	436 400	79 319
Lake Superior	Nordamerika	83 300	12 000
Lake Victoria	Afrika	68 800	2700
Lake Huron	Nordamerika	59 510	4600
Lake Michigan	Nordamerika	57 850	5760
Lake Tanganyika	Afrika	34 000	23 100
Baikalsee	Asien	31 500	23 000
Lake Malawi	Afrika	30 800	8400
Großer Sklavensee	Nordamerika	30 000	7000
Großer Bärensee	Nordamerika	29 500	?
Lake Erie	Nordamerika	25 300	470
Lake Winnipeg	Nordamerika	24 530	3100
Lake Ontario	Nordamerika	18 760	1720
Ladogasee	Europa	18 734	920
Balchaschsee	Asien	17 575	112
Tschadsee	Afrika	16 500	24

Horizontale und vertikale Zonierung von Seen

In einem See wird zwischen dem **Pelagial** (Freiwasserbereich eines Stillgewässers) und dem **Benthal** (Boden- bzw. Sedimentbereich eines Gewässers) unterschieden (Abb. 12.13). Das Benthal ist von einem Unterwasserboden aus meist mit organischen limnischen Sedimenten bedeckt. Ist dieser Unterwasserboden durch das Vorkommen von Faulschlämmen gekennzeichnet, nährstoffreich, schlecht durchlüftet und reich an Metallsulfiden, spricht man hier auch von **Saprobel**. Das Benthos wird unterschieden in das **Litoral**, den Benthalbereich oberhalb der Kompensationsebene, in dem Licht bis auf den Grund dringt (Uferzone) und das **Profundal**, das unterhalb der Kompensationsebene liegt. Innerhalb des Litorals wird darüber hinaus noch das **Eulitoral** als Zone zwischen Hoch- und Niedrigwasserlinie, in der Organismen wechselnde Wasserstände überstehen können müssen, dem dauernd wasserführenden **Sublitoral** gegenübergestellt, das ein rein aquatischer Siedlungsraum ist. Das Vorhandensein bzw. Fehlen von Lichtenergie teilt den Lebensraum See darüber hinaus in die trophogene Zone (Aufbauzone), in der Licht für die Photosynthese vorhanden ist und die unbeleuchtete tropholytische Zone (Abbauzone).

Innerhalb des Pelagials kommt es zu regelhaften Durchmischungen des Wasserkörpers, die in tages- und jahreszeitlichen Rhythmen auftreten können und im Wesentlichen eine Folge der Dichteanomalie des Wassers sind. In einem geschichteten Wasserkörper ist die obere, erwärmte Wasserschicht (Epilimnion) durch die Sprungschicht (Metalimnion) von der unteren Wasserschicht (Hypolimnion) getrennt.

Abb. 12.13 Zonierung eines eutrophen Sees (verändert nach Bick 1998).

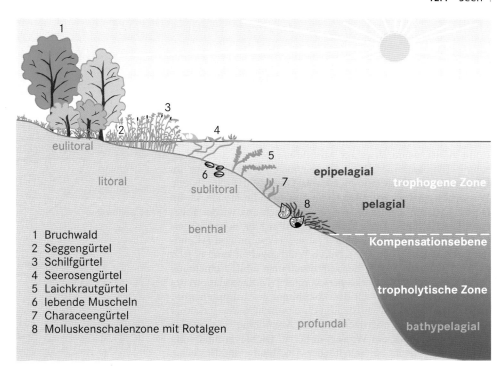

1 Bruchwald
2 Seggengürtel
3 Schilfgürtel
4 Seerosengürtel
5 Laichkrautgürtel
6 lebende Muscheln
7 Characeengürtel
8 Molluskenschalenzone mit Rotalgen

Das **Epilimnion** ist in der Regel vom Tageslicht durchleuchtet, gut durchlüftet und den Lufttemperaturen angepasst. Das **Hypolimnion** ist dagegen vergleichsweise sauerstoffarm und durch deutlich niedrigere Temperaturen gekennzeichnet. Die Temperaturen in einem geschichteten See verändern sich von oben nach unten, vom Epilimnion zum Hypolimnion, im Allgemeinen nicht kontinuierlich. Vielmehr liegt zwischen beiden Zonen das **Metalimnion**, die Sprungschicht, die durch eine große Temperaturdifferenz gekennzeichnet ist. Jeder, der in den Sommermonaten in einem See zum Baden geht, kennt diesen Tiefenbereich der schnellen Temperaturabnahme mit der Tiefe aus eigener Erfahrung. Aufgrund der großen Dichteunterschiede zwischen kaltem und warmem Wasser kommt es im Sommer kaum zu einem vertikalen Austausch des Wassers zwischen Epi- und Hypolimnion (Stagnation). Der Prozess der Durchmischung eines Seewasserkörpers, auch als **Seezirkulation** bezeichnet, ist abhängig von den klimatischen Bedingungen und dem Wärmeaustausch mit der Atmosphäre, ebenso wie von der Tiefe des Seekörpers. Die Durchmischung wird vor allem durch Massenaustausch infolge Dichteveränderungen des Wassers bei Veränderung von dessen Temperatur angetrieben. Darüber hinaus können durch Wind hervorgerufene Wellenbewegungen eine Durchmischung anregen.

Klassifikation von Seen in Abhängigkeit von der Durchmischung

Entsprechend dem Maß und der Häufigkeit der Durchmischung eines Seewasserkörpers werden verschiedene **Durchmischungstypen** unterschieden:

- **holomiktisch:** Der Seewasserkörper wird mindestens einmal jährlich vollständig durchmischt.
- **amiktisch:** Eine Durchmischung ist aufgrund des permanent festen Aggregatzustands nicht möglich. Dies tritt bei Seen mit permanenter Eisbedeckung in Arktis und Antarktis sowie in extremen Höhenlagen auf.
- **kalt monomiktisch:** Polare und subpolare Seen, die im Sommer auftauen, können in dieser Zeit vollständig zirkulieren. Aufgrund der kurzen Sommer kann sich hier jedoch keine Sommerstagnation einstellen.
- **dimiktisch:** Es kommt zweimal jährlich zur Vollzirkulation (Herbst, Frühjahr) und zweimal jährlich zur Stagnation (Sommer, Winter). Dieser Durchmischungstypus ist im nördlichen Nordamerika und in weiten Bereichen Mittel- und Osteuropas verbreitet.
- **warm monomiktisch:** In den warmen Mittelbreiten und den Subtropen ist die Sommerstagnation sehr ausgeprägt. Nur während der Wintermonate führt die Auskühlung des Epilimnions zu einer einheitlichen Temperatur im gesamten Wasserkörper (Homothermie), sodass durch Winde angeregt eine winterliche Vollzirkulation erfolgen kann (z. B. Gardasee, Lago Maggiore).
- **oligomiktisch:** Eine regelmäßige Vollzirkulation fehlt vielfach. Seen dieses Typs findet man in den tropischen Tiefländern.
- **polymiktisch:** Ein ausgeprägtes Tageszeitenklima führt zu einer nahezu ständigen Vollzirkulation. Man trifft diesen Typ vor allem in tropischen Hochgebirgslagen an.
- **meromiktisch:** Hierbei werden ausschließlich die oberflächennahen Bereiche durchmischt, während sich tiefe Schichten nicht mischen.

Kapitel 12

Mitteleuropäische Seen sind in der Regel dimiktisch (Abb. 12.14). Für sie kann der Jahresgang der Durchmischung folgendermaßen aussehen: Im Frühjahr (Abb. 12.14a) hat der gesamte Wasserkörper eine einheitliche Temperatur von 4 °C (Homothermie). Durch Wind angeregte Wasserbewegungen erfassen den gesamten Wasserkörper (Vollzirkulation). Im Sommer (Abb. 12.14b) führt starke Einstrahlung zur Schichtbildung. Das Epilimnion ist sonnendurchflutet und erwärmt sich, Windbewegungen führen zu einer Durchmischung des Epilimnions, wodurch es zur Ausbildung des durch einen abrupten Temperaturabfall gekennzeichneten Metalimnions im Übergang zum Hypolimnium kommt. Durch Wind initialisierte Wasserbewegungen betreffen Hypo- und Metalimnion nicht. Im Herbst wird die Stabilität der Sommerschichtung wieder abgebaut. Die Abkühlung des Epilimnions führt hier zu einer Temperatur- und Dichteangleichung an das Hypolimnion (Homothermie wie in Abb. 12.14a). Durch Wind angeregt kann es jetzt zu einer Durchmischung des nun durch eine labile Schichtung gekennzeichneten Wasserkörpers kommen (Vollzirkulation). Im Winter (Abb. 12.14c) hält die Abkühlung der Lufttemperatur an. Es kommt in dem vollständig durchmischten Wasserkörper ebenfalls zu einer oberflächennahen Abkühlung, die infolge der Dichteanomalie des Wassers mit einer Dichteverminderung einhergeht. Entsteht bei anhaltender Abkühlung eine Eisdecke, verhindert diese jede weitere Einwirkung durch Wind. Erst mit Auftauen der Eisschicht im Frühjahr wird die Voraussetzung für eine erneute Vollzirkulation geschaffen.

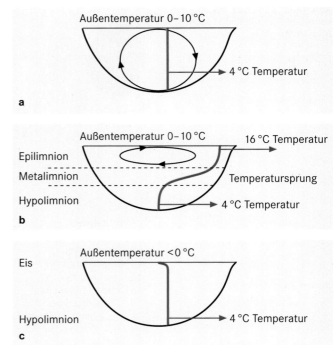

Abb. 12.14 Zirkulationsverhältnisse in einem dimiktischen See im Frühjahr (**a**), im Sommer (**b**; Sommerstagnation) und im Winter (**c**; Winterstagnation).

Klassifikation von Seen in Abhängigkeit vom Nährstoffhaushalt

Betrachtet man den Stoffhaushalt eines Sees, ist zwischen dem Wasserhaushalt, dem Sedimenthaushalt und dem biogenen Stoffhaushalt zu differenzieren. Der **Wasserhaushalt** beinhaltet im Wesentlichen Stoffflüsse zwischen Atmosphäre und Hydrosphäre, das heißt den Input von Wasser durch Niederschläge und Zuflüsse und den Output von Wasser durch Verdunstung und Abfluss. Der **biogene Stoffhaushalt** zeichnet sich vor allem durch Stoff- und Energiekreisläufe aus, mit den Prozessen der Pro-

duktion, Konsumption und Destruktion. Der **Sedimenthaushalt** umfasst sowohl organische als auch anorganische Sedimente. Er umfasst neben dem Eintrag gelöster und partikulärer Stoffe in ein Seesystem und ihrer Akkumulation im Benthos die Ad- und Desorption gelöster Stoffe an organischen und anorganischen Feststoffen, ebenso wie den Austausch gelöster Stoffe zwischen Wasser- und Sedimentkörper durch chemischen und organismischen Stoff- und Energietransport (Schwoerbel 1984).

Der Nährstoffhaushalt eines Sees wird auch in seinem **Trophiegrad** (Tab. 12.2) zusammengefasst, der die Intensität photoautotropher Primärproduktion beschreibt.

Tab. 12.2 Trophiegrade von Seen (verändert nach Mauch 1998).

Trophiegrad	allgemeine Charakterisierung	ges. P [mg/m³]	Chlorophyll a (Mittel der trophogenen Zone) [mg/m³]	Sauerstoffsättigungs-index im Hypolimnion [%]
oligotroph	nährstoffarm, gering produktiv, Sichttiefe meist > 5 m	< 14	< 3	> 70
mesotroph	mäßig produktiv, mittlere Sichttiefe > 2 m	14–45	3–8	30–70
eutroph	nährstoffreich, hochproduktiv, zeitweise starke Algenentwicklung mit Wassertrübung, Sauerstoffübersättigung im Epilimnion, mittlere Sichttiefe < 2 m	> 45–160	> 8–25	0–30
hypertroph (polytroph)	übermäßig nährstoffreich, stark produktiv, geringe Sichttiefe infolge häufigen Massenwuchses von Algen, Entwicklung von Faulschlamm und H_2S, mittlere Sichttiefe < 1 m	> 160	> 25	0 (bereits im Frühsommer)

Die Eutrophierung des Bodensees

In Mitteleuropa ist Nährstoffreichtum von Seen vielfach eine Folge menschlichen Eingriffs in den Landschaftshaushalt. Eines der bekanntesten Beispiele hierfür ist der Bodensee, der in den 1960er-Jahren starke Anzeichen der Eutrophierung zeigte und durch aufwendige Sanierungsmaßnahmen heute wieder in einen quasi natürlichen Zustand zurückgeführt wurde. Worin der menschliche Einfluss besteht und welche negativen Rückwirkungen hierdurch wiederum für den Menschen entstehen können, kann hier an einigen Rückkopplungsmechanismen gezeigt werden:

In mitteleuropäischen Seen ist der als Phosphat gelöste **Phosphor** Minimumfaktor für das Wachstum von Algen und Wasserpflanzen (Primärproduktion). Wird dem See durch einmündende Oberflächenabflüsse Phosphor, der in allen menschlichen und tierischen Fäkalien vorkommt, in erhöhtem Maße zugeführt, kommt es zu verstärkter Primärproduktion im See. Während sich an der Oberfläche durch die Aktivität der Algen in erhöhtem Maße **Sauerstoff** ansammelt (Nährzone oder trophogene Zone), fehlt der Sauerstoff in der Tiefe des Sees (Zehrzone oder tropholytische Zone; Abb. 12.13 und 12.15). Die abgestorbene Biomasse sinkt ab und wird während des Absinkprozesses ebenso wie im Sedimentkörper mikrobiell abgebaut. Dieser Abbauprozess geht mit einem Verbrauch von Sauerstoff einher. Fällt mehr tote, abzubauende organische Substanz an, als über den verfügbaren Sauerstoff im Wasser durch aerobe Bakterien abgebaut werden kann, werden nach vollständiger Aufzehrung des Sauerstoffs anaerobe Bakterien aktiv. Hierdurch entsteht in den obersten Zentimetern des Benthos ein sauerstoffarmes, lebensfeindliches Milieu, das zweierlei gravierende Folgen für das Ökosystem hat. Zum einen ist das Benthos der Laichplatz der Fische, der Fischlaich wird jedoch unter anaeroben Bedingungen nicht überleben, womit die Fischbestände sukzessive dezimiert werden. Zum anderen bedeuten anaerobe Bedingungen im Benthos eine erhöhte Mobilität und eventuelle Remobilisierung von organischen und anorganischen Schadstoffen (z. B. *persistant organic pollutants,* Schwermetalle), die bisher im Sediment adsorbiert waren.

Da der Bodensee aber nicht nur ein wichtiger Fischereistandort ist, sondern auch über die Bodenseewasserversorgung in Sipplingen einer der wichtigsten Trinkwasserspeicher Südwestdeutschlands (Abb. 12.16 und 12.17), hatten beide ökologische Folgen wiederum direkte Auswirkungen auf die Qualität des menschlichen Lebensraums und besonders seiner Nahrungsmittel. Zur Bewältigung der Eutrophierung des Bodensees wurde in den **Kläranlagen** des gesamten Bodenseeeinzugsgebiets die **Phosphorfällung** in die sog. 3. Klärstufe integriert (1. Klärstufe: mechanische Reinigungsverfahren für Schwebstoffe, Sinkstoffe und Schwimmstoffe; 2. Klärstufe: biologische bzw. mikrobielle Abwasserreinigung für Kohlehydrate, Eiweiß und Fette; 3. Klärstufe: Eliminierung der Pflanzennährstoffe, das heißt chemische Phosphorfällung, mikrobielle Denitrifikation, Abbau von Nitrat zu Stickstoff und Sauerstoff durch bestimmte Mikroorganismen). Die Koordinierung dieser Maßnahmen, die deutlichen Erfolg zeigten, ebenso wie die Koordinierung des Monitorings der Gewässerqualität obliegt bis heute der 1959 gegründeten Internationalen Gewässerschutzkommission für den Bodensee (IGKB).

12.5 Die EU-Wasserrahmenrichtlinie

Am 17. Juli 2005 begingen mehrere Hunderttausend Menschen den ersten europäischen Flussbadetag. Gebadet wurde in den einstmals schmutzigsten Flüssen des Kontinents: in der Seine, der Rhône, dem Po und vor allem in der Elbe. Diese Aktion, die in den Jahren 2010 und 2015 wiederholt wurde, soll die verbesserte Wasserqualität der Gewässer feiern, zugleich aber auch auf Versäumnisse aufmerksam machen und die Gewässer-

Abb. 12.15 Typische Tiefenprofile der hydrologischen Summenparameter Kohlendioxid, pH-Wert, Temperatur und Sauerstoffgehalt für einen oligotrophen und einen eutrophen See. Besonders Kohlendioxid und Sauerstoff machen den Unterschied deutlich.

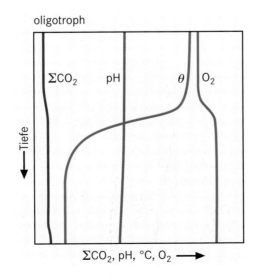

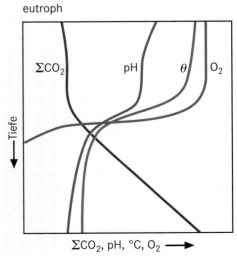

politik, speziell die Europäische Wasserrahmenrichtlinie in den Fokus rücken.

Im Dezember 2000 verabschiedeten die Mitgliedsstaaten der Europäischen Union eine einheitliche EU-Wasserrahmenrichtlinie. Ihr Ziel ist die Einführung europaweiter **Standards in der Flussgebietsbewirtschaftung**. Bislang wurden die Wassergesetze von den einzelnen Mitgliedsstaaten erlassen und waren auf die Bewirtschaftung politisch administrativer Einheiten ausgerichtet. Mit der ganzheitlichen Bewirtschaftung eines Flusseinzugsgebiets von den Quellen bis zur Mündung besteht die Chance, einheitlich definierte ökonomische und ökologische Rahmenbedingungen, unabhängig von Staats- oder Verwaltungsgrenzen, umzusetzen.

Mithilfe der Richtlinie soll für Oberflächengewässer und Grundwasser ein sog. „guter ökologischer Zustand" erreicht werden, welcher für Oberflächengewässer über chemische, biologische und morphologische Parameter definiert wird, während für Grundwasser chemische und Mengenparameter gelten. Um den ökologischen Zustand eines Oberflächengewässers zu bewerten, wurden Referenzgewässer ausgewählt, die als Leitbilder eines natürlichen Gewässerzustands ohne menschlichen Einfluss dienen und das Prädikat „sehr guter Zustand" erhalten. Für die Beurteilung des **chemischen Gewässerzustands** wurden einerseits die Grenzwerte der europaweiten oder nationalen Rechtsnormen herangezogen, andererseits wurden 33 prioritäre Gefahrenstoffe benannt, deren Einleitung in die Gewässer begrenzt oder komplett unterbunden werden soll. Zu diesen prioritären Stoffen gehören u. a. die Schwermetalle Quecksilber, Nickel, Blei und Cadmium. Da sie auch in der natürlichen Umwelt vorkommen, beschränkt sich die Umsetzung der Wasserrahmenrichtlinie darauf, das Vorkommen dieser Stoffe im Oberflächen- und Grundwasser auf die natürlich bedingte Hintergrundkonzentration zu begrenzen.

Der Zeitplan für die **Umsetzung der Richtlinie** sah zunächst eine Bestandsaufnahme des Ist-Zustands bis Dezember 2004 vor. Bis zum Jahr 2006 sollten Überwachungsprogramme eingerichtet werden, welche die Entwicklung des Ist-Zustands insbesondere für die biologischen, chemischen und Mengenparameter kontrollieren. Maßnahmenprogramme und Bewirtschaftungspläne für die Erreichung des „guten ökologischen Zustands" sollten bis Dezember 2009 erstellt und bis 2012 umgesetzt werden. Der „gute ökologische Zustand" sollte spätestens bis Ende 2015 erreicht sein. Danach werden die Bewirtschaftungspläne im Sechs-Jahres-Zyklus aktualisiert. Eine permanente Überwachung der Entwicklung der Qualitätsparameter garantiert die langfristige Sicherung.

Das Novum dieser Wasserrahmenrichtlinie war der Wechsel von einer administrativen Bewirtschaftungsebene auf die Ebene der Flussgebiete, die mit den Einzugsgebieten identisch sind bzw. bei kleineren Flüssen mehrere Einzugsgebiete beinhalten. Die für Deutschland relevanten Flussgebiete sind Eider, Schlei/ Treene, Warnow/Peene, Ems, Weser, Elbe, Oder, Maas, Rhein und Donau. Die Aufstellung der Bewirtschaftungspläne für grenzüberschreitende Flussgebiete geschieht in Kooperation mit den jeweiligen Anrainerstaaten, wie beispielsweise Polen und Tschechien für das Flussgebiet der Oder. Die EU-Wasserrahmenrichtlinie kann damit eine Vorbildfunktion für das *watershed management* in Entwicklungsländern erfüllen.

12.6 *Watershed management*

Nur 2,5 % des Wassers auf der Erde ist Süßwasser. Davon sind mehr als zwei Drittel in Gletschern und ständigen Schneedecken gebunden und nur ein Drittel der Süßwasservorräte ist

Abb. 12.16 Der Bodensee mit der Aufbereitungsanlage Sipplinger Berg im Vordergrund (Foto: Zweckverband Bodensee-Wasserversorgung).

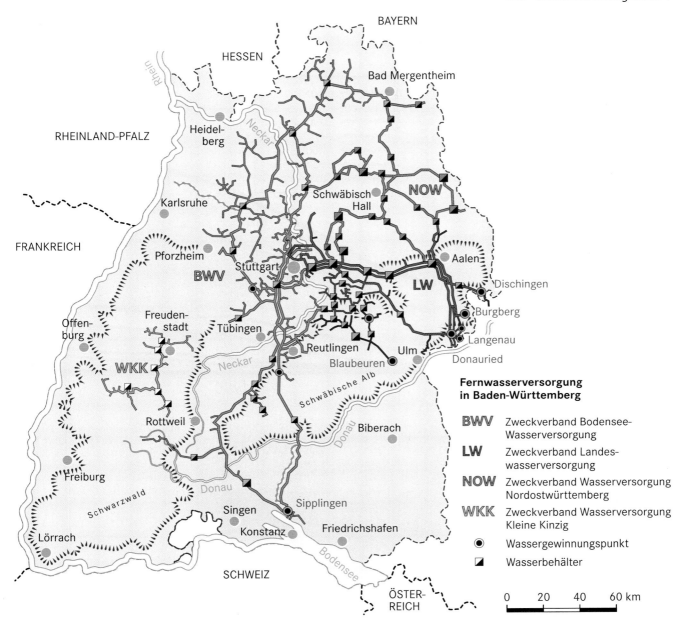

Abb. 12.17 Die Fernwasserversorgung in Baden-Württemberg wird von den Zweckverbänden Landeswasserversorgung (Ostwürttemberg), Nordostwürttemberg, Kleine Kinzig und der Bodensee-Wasserversorgung betrieben. Letztere leistet die größte Fernwasserversorgung in Deutschland mit einer Jahresabgabe von 135 Mio. m³ Wasser und über 1700 km Leitungen. Rund 4 Mio. Menschen erhalten ihr Trinkwasser täglich aus dem Bodensee (nach Umweltministerium Baden-Württemberg 2005).

Grund- oder Oberflächenwasser und damit für die Trinkwassergewinnung nutzbar (Dyck & Peschke 1995). **Wasserknappheit** stellt daher ein globales Problem dar, vor allem für Menschen in semiariden und ariden Gebieten. Rund 1,2 Mrd. Menschen haben heute keinen Zugang zu sauberem Trinkwasser (Trittin 2003). In den Industrieländern herrscht zwar ein hoher **Pro-Kopf-Wasserverbrauch**, jedoch ist er in den letzten Jahren nur noch gering angestiegen (Stiftung Entwicklung und Frieden 1999) und in Deutschland sogar von durchschnittlich knapp 140 Liter pro Einwohner und Tag zu Beginn der 1990er-Jahre auf etwa 122 Liter pro Einwohner und Tag im Jahr 2007 gesunken. Der Pro-Kopf-Wasserverbrauch wird in den Ländern der Dritten Welt, in denen ein starker Bevölkerungszuwachs zu verzeichnen ist, in den kommenden Jahren und Jahrzehnten stetig zunehmen (Abb. 12.18). Nicht allein die steigende Bevölkerungszahl vergrößert den Wasserbedarf, auch steigender Wohlstand treibt den Wasserverbrauch in die Höhe. Dabei stellt weniger der Trinkwasserverbrauch, der technisch leicht kontrolliert werden kann, ein Problem dar, sondern vielmehr die Landwirtschaft, die global den größten Wasserverbrauch aufweist.

Abb. 12.18 Weltweiter Wasserverbrauch 1940–2020 (Quelle: Aktuelle Ergänzungen zum Medienpaket Umweltschutz in Wirtschaft und Gesellschaft 1995).

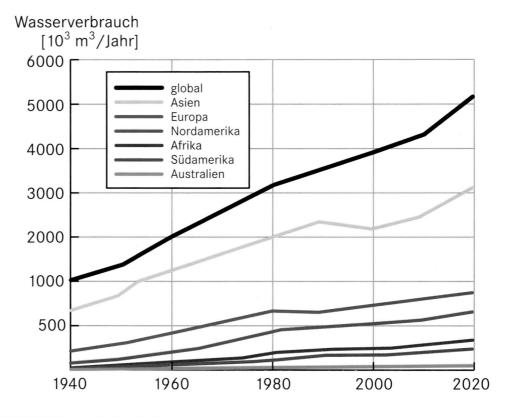

Wasserverbrauch [10^3 m^3/Jahr]

- global
- Asien
- Europa
- Nordamerika
- Afrika
- Südamerika
- Australien

Abb. 12.19 Dürre in Niger. Das Land leidet bereits heute unter Wassermangel. Bis zum Jahr 2025 werden sich die Probleme noch verschärfen (Foto: Jan Krause).

Im Jahr 2025 werden viele Länder der Dritten Welt infolge der angestiegenen Bevölkerungszahlen unter **ökonomischer Wasserknappheit** leiden (Abb. 12.19 und 12.20). Für das Jahr 2050 besagen Schätzungen, dass ungefähr 4 Mrd. Menschen nicht über ausreichend Wasser verfügen werden (Lal 2000). In vielen Regionen Afrikas und Asiens wird das Problem der begrenzten Wasservorräte zusätzlich durch deren Verschmutzung verschärft, womit Beeinträchtigungen der

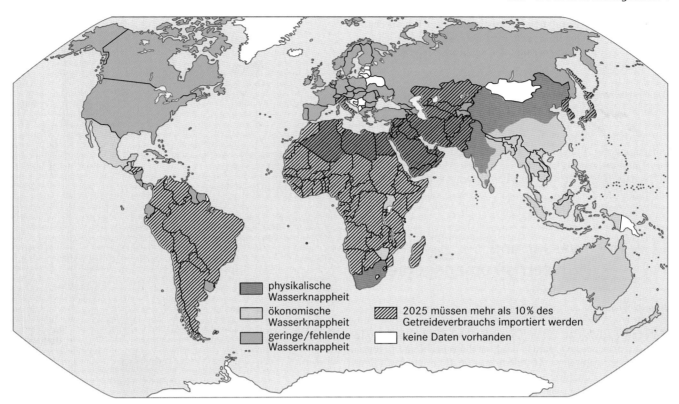

Abb. 12.20 Die Karte zeigt die Länder, die 2025 unter physikalischer und ökonomischer Wasserknappheit leiden werden (verändert nach IWMI 2000).

Gesundheit, Lebensbedingungen und Artenvielfalt einhergehen (Heathcote 1998). Nach Schätzungen der WHO sterben jährlich etwa 3,3 Mio. Menschen an Durchfallerkrankungen (FAO 2003). Ein Schutz der natürlichen Ressource Wasser muss daher neben der Wasserverfügbarkeit auch die Wasserqualität sichern.

Die Nutzung der Ressource Wasser soll nach internationalen Maßstäben der heutigen Zeit **nachhaltig und umweltverträglich** erfolgen. Seit der Konferenz für Umwelt und Entwicklung 1992 in Rio de Janeiro wird hierfür der Begriff *watershed management* verwendet. *Watershed management* als Entwicklungsinstrument besagt, dass die in einem definierten Flusseinzugsgebiet (*watershed*) verfügbaren Ressourcen im Interesse der dort lebenden Bevölkerung sowie im Einklang mit der natürlichen Umwelt zu nutzen sind. Ähnlich wie in der EU-Wasserrahmenrichtlinie wird das gesamte Flusseinzugsgebiet als ökologisches System in die Betrachtung und Bewirtschaftung einbezogen. Eine Ressourcennutzung soll nur in dem Rahmen erfolgen, in dem sich die Ressource auch regenerieren kann, damit diese Lebensgrundlage für die zukünftigen Generationen der Menschen im Einzugsgebiet erhalten bleibt.

Nach den Grundsätzen des *watershed management* soll die Produktivität der **Ressourcennutzung** auf eine ökologisch, ökonomisch und auch institutionell nachhaltige Art und Weise vergrößert werden (Farrington et al. 1999). Dieses Prinzip entstand aus

der Erkenntnis, dass Wasser nicht mehr nur sektoral betrachtet werden kann, sondern den Kern von nachhaltiger Entwicklung und Armutsbekämpfung bildet. Da Wasser auch mit Fragen von Gesundheit, Landwirtschaft, Bodenschutz, Energiegewinnung und Artenvielfalt verknüpft ist, stellt es einen zentralen Teil der Ziele der Umweltkonferenz von „Rio 1992" dar (BMU 2003). Der Schutz der Ressource Wasser geht einher mit dem Schutz anderer Ressourcen, beispielsweise des Bodens oder der Wälder. Um der einheimischen Bevölkerung Wege zu einer langfristigen und umweltschonenden Ressourcennutzung aufzuzeigen, sollen Kenntnisse im nachhaltigen Ressourcenmanagement vermittelt werden. Die Bevölkerung soll an Planung, Nutzung und Überwachung partizipieren, wobei traditionelle Sozialstrukturen und traditionelles Wissen genutzt werden. Dies ermöglicht zusätzlich einen Aufbau und die Etablierung demokratischer Strukturen in Entwicklungsländern.

Gegenwärtig basiert die Definition des *watershed management* auf zwei verschiedenen Denkansätzen: Die ländliche Regionalentwicklung zielt auf die Verbesserung der Lebensqualität der Bevölkerung, bei der die Gesundung der natürlichen Ressourcen als Mittel zum Zweck angesehen wird. Auf der anderen Seite steht die Ansicht, Wasser als Grundelement allen Lebens zu betrachten. Hierbei wird ein integriertes Maßnahmenpaket entwickelt, um das Wasser für die Steigerung der Biomassenproduktion verfügbar zu machen und gleichzeitig seine zerstörende Wirkung durch Erosion zu verringern. Aus diesen Maßnahmen folgt eine **Verbesserung der Lebensqualität der Bevölkerung**. Zentraler Ansatz der Intervention ist aber die nachhaltige Nutzung der Ressource Wasser und der Schutz anderer Ressourcen im Einzugsgebiet.

Die Umsetzung des *watershed management* in Projekten der Technischen Zusammenarbeit integriert verschiedene Arbeitsschritte: die Bestandsaufnahme (Monitoring), die Bewertung des aktuellen Zustands (*assessment*), die Entwicklung und Umsetzung von Planungsmaßnahmen (*environmental management*) und die Ausbildung der regionalen Akteure im Hinblick auf eine nachhaltige Umsetzung der Planungskonzepte (*capacity building*).

12.7 Hochwasser und Hochwasserrisikomanagement

Annette Bösmeier und Rüdiger Glaser

Während weltweit an vielen Orten der Mangel an Wasser oder seine unzureichende Qualität fundamentale Probleme bereiten, wird für weite Bereiche Mitteleuropas im Rahmen des Klimawandels eine Zunahme von Hochwasserereignissen prognostiziert (Abb. 12.21). Als Reaktion auf das verheerende Hochwasser an Elbe und Donau in Mitteleuropa im Jahr 2002 hat die europäische Kommission ein Programm zur Verbesserung der Hochwasservorsorge vorgelegt. Im Oktober 2007 wurde die Richtlinie vom europäischen Parlament verabschiedet und bis 2009 mussten entsprechende nationale Gesetze und Zuständigkeiten angepasst werden (European Commission 2016).

Die **Bewertung des Hochwasserrisikos** folgt dabei den klassischen Ansätzen, in denen Risiko als Funktion von Gefahr und Vulnerabilität definiert wird. Hochwassergefahr wird dabei als Wahrscheinlichkeit des Eintretens eines Ereignisses mit einer bestimmten Intensität verstanden und Vulnerabilität als die Verwundbarkeit des Menschen und der Gesamtheit seiner Handlungen, Güter und Werte. Die Vulnerabilität wird aus Exposition (Ausgesetztsein) und Sensitivität (Anfälligkeit) bestimmt.

Das **Hochwasserrisikomanagement** zielt darauf ab, negative Auswirkungen schwerer Hochwasserereignisse so gering wie möglich zu halten bzw. zu vermeiden (Merz et al. 2011). Dazu muss nicht nur das mögliche Ausmaß von Hochwasserereignissen bestimmter Eintrittswahrscheinlichkeiten abgeschätzt werden, sondern auch das damit verbundene gesellschaftliche Gefährdungspotenzial erfasst und bewertet werden. Hochwasserrisikomanagement bezieht außerdem die **Resilienz** und damit das Vorhandensein beziehungsweise die Entwicklung von Anpassungs- und Umgangsstrategien mit ein. Hierzu zählen Fachwissen, die Bereitstellung von Vorhersage- und Frühwarnsystemen und die Durchführung finanzierbarer technischer Möglichkeiten. Zudem ist eine transparente Darstellung und Risikokommunikation notwendig, die über kollektive Erinnerung hinaus Wissen um Prävention vermittelt und ein Risikobewusstsein schafft (Glaser et al. 2013).

Abb. 12.21 Hochwassermarken am Rathausturm von Passau. Die verheerende Katastrophe von 2013 mit Milliardenschäden und Toten in Mitteleuropa ist zum Zeitpunkt der Aufnahme nur provisorisch vermerkt. Die Sichtbarkeit derartiger Ereignisse in Form von Hochwassermarken an exponierter Stelle trägt zur Entstehung eines „Langzeitgedächtnisses" und damit zur Risikokultur bei. Zugleich können Ereignisse in den langfristigen Kontext gebracht werden, was bei einer Abschätzung des Hochwasserrisikos eine wichtige Rolle spielen kann, auch wenn im vorliegenden Fall ein Teil der älteren Marken nachträglich und nicht immer fehlerfrei aus dem Stadtgebiet übertragen wurden. Das Hochwasser von 1501 lag, anders als im Bild, noch über dem von 2013 (Foto: R. Glaser 2013).

Hochwasserrisikomanagement auf EU-Ebene

Aktuell wird das Hochwasserrisikomanagement auf EU-Ebene weitgehend durch die „Richtlinie über die Bewertung und das Management von Hochwasserrisiken" (2007/60/EG, **Hochwasserrisikomanagementrichtlinie**, HWRM-RL) bestimmt. Diese hat hauptsächlich zum Ziel, hochwasserbedingte negative Auswirkungen auf die menschliche Gesundheit, das Leben, aber auch Kulturgüter, Infrastruktur und wirtschaftliche Tätigkeiten zu verringern. Die HWRM-RL kann als herausragendes Beispiel für eine international abgestimmte Vorgehensweise zur

Stärkung von Hochwasserschutz, -prävention und Mitigation betrachtet werden. Sie bezieht sich auf alle Hochwassertypen und schreibt den Mitgliedsstaaten grundsätzlich ein dreistufiges Vorgehen vor:

- vorläufige Risikoabschätzung (bis Dezember 2011)
- Hochwassergefahrenkarten und -risikokarten (bis Dezember 2013)
- Hochwasserrisikomanagementpläne (bis Dezember 2015)

Letztere haben auch die Aufgabe, die Nachhaltigkeit und Effizienz sämtlicher Maßnahmen zu überprüfen. Dies ist insbesondere in Anbetracht längerfristiger Klimaänderungen, des Landnutzungswandels und anderer sozioökonomischer Entwicklungen unerlässlich. Aus diesem Grund müssen sämtliche Maßnahmen und Ergebnisse, die mit der Umsetzung der HWRM-RL verbunden sind, regelmäßig – alle sechs Jahre – überprüft werden (European Environment Agency 2010). Die aktuelle Strategie zur Bewältigung und Verringerung von Hochwasserschäden innerhalb der EU ist demnach besonders durch ihren einheitlichen gesetzlichen Rahmen gekennzeichnet, während sich die konkrete Umsetzung, etwa die Methodik, mit der hochwassergefährdete Flächen ermittelt werden, auf nationaler und teilweise auch auf Bundesländerebene unterscheidet.

In Baden-Württemberg wurden z. B. **Hochwassergefahrenkarten** für sämtliche Gewässer ab einer Einzugsgebietsgröße von über 10 km^2 und mit entsprechender Gefährdungslage erstellt: Nach einer vorläufigen Risikobewertung unter Berücksichtigung der unterschiedlichen Hochwasserarten und der Bewertung vergangener Ereignisse wurden zunächst die Gewässerabschnitte mit potenziell signifikantem Risiko bestimmt. Für jene Gewässerabschnitte wurden anschließend, basierend auf hydrologischen und hydraulischen Modellen und Bemessungsereignissen, Hochwassergefahrenkarten erstellt. Die Karten stellen die Ausdehnung der Überflutungsflächen beziehungsweise die Überflutungstiefen dar, die sich jeweils bei 10-jährlichen, 50-jährlichen, 100-jährlichen und extremen Hochwasserereignissen ergeben würden und können als interaktive Karten abgerufen werden (MU Baden-Württemberg 2016).

Damit stellen die Karten eine Grundlage für den Hochwasserschutz dar und sind zudem für die Kommunal- bzw. Regionalplanung ausschlaggebend. So sind beispielsweise die Flächen, die bei 100-jährlichen Ereignissen überschwemmt werden, als „Überschwemmungsgebiete" definiert, für deren Nutzen bestimmte Vorschriften gelten, die Nutzungseinschränkungen mit sich bringen. Basierend auf den Gefahrenkarten wurden Hochwasserrisikokarten erstellt, auf welchen die **Gefährdung besonderer Schutzgüter**, nämlich der menschlichen Gesundheit, der Umwelt, der Kulturgüter und der wirtschaftlichen Tätigkeiten dargestellt sind. Außerdem existieren auf kommunaler Ebene sog. Steckbriefe, die gefährdete Objekte explizit benennen. Die Hochwasserrisikomanagementpläne bilden schließlich die Informationen zu Hochwassergefahr und -risiko sowie die definierten Ziele und zu ergreifende Maßnahmen ab. Die Koordination innerhalb des Rheineinzugsgebiets erfolgt dabei auf verschiedenen Ebenen, wobei die höchste Ebene von der internationalen Flussgebietseinheit Rhein eingenommen wird.

Hochwasserrisikobewertung und Bemessungsgrundlagen

Naturwissenschaftliche Modellierungen und ingenieurtechnische Berechnungen besitzen heute – zu Recht – eine große „Deutungshoheit", insbesondere für konkrete technische Umsetzungen wie Dammhöhen und Rückhaltemaßnahmen oder die Bau- und Flächenvorsorge. Gleichzeitig kommt dem **technischen Hochwasserschutz** ein großes Vertrauen entgegen. Dies hat sich jedoch erst im Laufe der Zeit entwickelt. Jahrhundertelang waren die Strategien zur Bewältigung der Naturkatastrophe Hochwasser im mitteleuropäischen Raum geprägt von einem Nebeneinander von religiösen oder mythologischen Deutungen einerseits und naturwissenschaftlichen Erklärungsansätzen andererseits (Twyrdy 2010, Glaser 2013). Auch wenn dies bereits von der Entstehung einer Erinnerungs- und Risikokultur zeugt, hat sich die technisch orientierte Katastrophenbewältigung erst seit dem Ende des 19. Jahrhunderts etablieren können. Dabei erfolgten Verbesserungen des Hochwasserschutzes anfangs gerade als Reaktion auf große Hochwasserereignisse, wie das Jahrhunderthochwasser am Rhein im Dezember 1882, welche dazu geführt haben, dass das Risiko besser eingeschätzt werden konnte (Masius 2014). Inzwischen wird, beeinflusst von der Umweltbewegung der letzten Jahrzehnte, zunehmend versucht, im Rahmen von **Renaturierungsmaßnahmen** wieder „Raum für den Fluss" im Sinne natürlicher Überschwemmungsflächen zu schaffen. Dies lässt sich u. a. am Integrierten Rheinprogramm erkennen, welches einen umweltverträglichen Hochwasserschutz durch den Bau mehrerer großer Hochwasserrückhalteräume und durch eine Wiederbelebung naturnaher Auenlandschaft erreichen will.

Von wissenschaftlicher Seite ist in den letzten Jahren immer wieder die Frage nach dem Restrisiko aufgekommen. Dabei spielt vor allem die Datengrundlage, wie die Länge verlässlicher Messreihen, und die sich daraus ergebenden Unsicherheiten der Bemessungswerte eine wichtige Rolle. Die instrumentellen Reihen reichen in vielen Einzugsbereichen nur wenige Jahrzehnte zurück. Längere, aus frühen instrumentellen Messungen oder gar aus deskriptiven Quellen abgeleitete Zeitreihen weisen eine andere Variabilität und ein anderes Trendverhalten auf und reichen mitunter in andere klimatische Phasen wie die Kleine Eiszeit zurück.

Die Integration von **historischem Wissen** in die aktuelle Bewertung der Hochwassergefahr kann eine wichtige Rolle spielen, wie bereits Grünewald (2010) anhand des Elbehochwassers von 2002 zeigte. Damals wurde in Dresden ein Scheitelabfluss von 4500 m^3/s gemessen. Das Wiederkehrintervall, das diesem Ereignis zugewiesen werden kann, ist allerdings stark von der Referenzperiode abhängig, die zugrunde gelegt wird: Wird der von den zuständigen Behörden benutzte Zeitraum zwischen 1930 und 2006 als Referenz benutzt, befindet sich die Wiederkehrperiode des Hochwasserereignisses in einer Größenordnung von etwa 450 bis 600 Jahren. Diese sinkt auf 250 bis 400 Jahre, wenn der Zeitraum von Abflussmessungen, der zur Berechnung verwendet wird, auf 1900 bis 2006 erweitert wird. Eine Berücksichtigung historischer Informationen ab 1878 verringert die Jährlichkeit sogar auf lediglich 130 bis 160 Jahre. Dies veranschaulicht, dass

Wiederkehrzeiten – immerhin einer der zentralen Parameter des aktuellen Hochwasserrisikomanagements – ein statistisches Konstrukt sind, das durch die Einbeziehung weiter zurückreichender Daten eine neue Gewichtung bekommen kann.

Die Analyse und Modellierung des extremen Hochwasserereignisses von 1824 im Neckareinzugsgebiet konnten belegen, dass der generierte Abfluss des rekonstruierten Niederschlagereignisses mit einer Dauer von 36 Stunden sogar über dem bisher angenommen HQ_{extrem} lag (Bürger et al. 2006). Dieses Beispiel veranschaulicht, wie sich durch eine Einbindung historischer Ereignisse in die aktuelle Risikobewertung neue Bemessungsgrundlagen für das Hochwasserrisiko und schließlich auch Konsequenzen für das Hochwasserrisikomanagement ergeben können (Glaser et al. 2013).

Neben der detaillierten Analyse der Entstehung und des Verlaufs einzelner Extremereignisse kann ein großer Nutzen historischer Informationen darin bestehen, die Dimension vergangener Hochwasserereignisse quantitativ besser einschätzen zu können. Durch die Integration einzelner Hochwasserspitzenabflüsse in die Zeitreihe jährlicher Abflussmaxima wird die Datengrundlage, die für statistische Auswertungen zur Verfügung steht, erweitert. Diese Daten stellen dann aber keine zufällige „Stichprobe" mehr dar, weil der Anteil der Extremwerte überrepräsentiert ist. Während der vergangenen Jahrzehnte konnten allerdings **komplexe Algorithmen** entwickelt werden, die eine Auswertung der Daten mit bayesscher Statistik und Markov-Chain-Monte-Carlo-Verfahren ermöglichen (Payrastre et al. 2011). Werden nun historische Ereignisse in Analysen der Hochwassergefahr integriert, zeigt sich oft, dass sich dies sowohl auf die Ergebnisse, als auch auf deren Unsicherheit erheblich auswirkt.

Diesen Erkenntnisgewinn veranschaulicht ein weiteres Beispiel aus dem transnationalen und interdisziplinären Forschungsvorhaben TRANSRISK2 (Himmelsbach et al. 2015). Zunächst wurden sämtliche Informationen zum Einzugsgebiet der Kinzig, dem größten Zufluss des südlichen Oberrheins aus dem Schwarzwald, recherchiert. Diese beinhalten u. a. offizielle, systematische Pegel- und Abflussmesswerte ab Anfang des 20. Jahrhunderts, frühinstrumentelle Daten zu Hochwasserständen im 19. Jahrhundert und weitere schriftliche Quellen aus Berichten, Tageszeitungen und Chroniken, die bis in das 16. Jahrhundert zurückreichen (www.tambora.org; Glaser et al. 2016). Nach einer kritischen Analyse der Quellen wurden die Hochwasserereignisse nach ihrer Intensität, den Schadensbildern, ihrer zeitlichen und räumlichen Ausdehnung und den getroffenen Mitigationsmaßnahmen (Maßnahmen zur Verminderung der Folgen) nach einem dreistufigen Schema klassifiziert. Dabei steht die Klasse 1 für kleine, Klasse 2 für mittlere und Klasse 3 für die größten Ereignisse (Glaser 2013; Abb. 12.22). Eine Quantifizierung der historischen Ereignisse erfolgte anschließend über Verfahren, die es ermöglichen, systematische Messwerte der instrumentellen Zeit mit den deskriptiven, unscharfen Informationen vergangener Jahrhunderte zu verbinden. Mit einzelnen Angaben von maximalen Wasserständen an Pegeln, historischen Aufzeichnungen zu den jeweiligen Profilen und einfachen hydraulischen Berechnungen konnten einzelne Hochwasserspitzenabflüsse rekonstruiert werden. Zudem lassen örtliche Informationen, wie Hochwassermarken oder bestimmte

Punkte, die während eines vergangenen Hochwasserereignisses von Wasser erreicht oder überschwemmt wurden, einen Bezug zu rezenten Ereignissen herstellen. Damit kann beispielsweise auf obere und/oder untere Grenzen von historischen Ereignissen geschlossen werden. Darüber hinaus wurde auf Basis der verfügbaren Abflussdaten eine Validierung der Hochwasserklassifikation mithilfe statistischer Tests vorgenommen. Die Ergebnisse deuten darauf hin, dass auch die Hochwasserklassifizierung im Fall des Kinzig-Einzugsgebiets als signifikanter Indikator des maximalen Hochwasserabflusses betrachtet werden kann und somit eine ungefähre quantitative Einordnung ermöglicht (Abb. 12.22).

In einer **Hochwassergefahrenanalyse**, hier auf Basis bayesscher Statistik (Viglione 2014), lässt sich nun der Einfluss der zusätzlichen Informationen zu historischen Ereignissen veranschaulichen: Werden abgeleitete Werte bzw. Intervalle von Hochwasserabflüssen historischer Ereignisse in die Analyse der Hochwassergefahr integriert, so zeigt sich, dass dies die Ergebnisse auch im Fall der Kinzig signifikant erhöht. Für ein HQ_{100}, also ein Hochwasserereignis, das statistisch einmal in 100 Jahren auftritt, ist der ermittelte Wert im Vergleich zu einer Analyse, die nur auf systematischen Messwerten beruht, beispielsweise um über 10 % höher. Außerdem verringert sich der Unsicherheitsbereich der Ergebnisse, hier das Intervall, in dem 90 % der Werte liegen, sogar um etwa 30 % (Abb. 12.23). Die meisten Hochwassergefahrenanalysen dieser Art beruhen jedoch auf der Annahme der Stationarität, welche meist aufgrund klimatischer Veränderungen oder Veränderungen an den Flüssen selbst nicht aufrechterhalten werden kann. Allerdings können die Einflüsse bestimmter Änderungen oft grob abgeschätzt werden und zusätzlich in die Analyse mit einfließen, sodass die Resultate dennoch zur Validierung aktueller Berechnungen benutzt werden können. Außerdem lässt sich beispielsweise die Sensitivität der Ergebnisse bezüglich Unsicherheiten in den Eingangsdaten testen, was ebenfalls aufschlussreich bezüglich der verwendeten Methodik und Datenlage ist.

Landnutzungswandel als Steuergröße

Veränderungen der Landnutzung in den Einzugsgebieten können je nach Region und anthropogener Aktivität sehr unterschiedlich sein. Bezüglich ihres Einflusses auf die Entstehung von Hochwasser sind zudem die betrachteten Skalen entscheidend. So kann sich beispielsweise ein Zuwachs an Siedlungsflächen durch die damit verbundene Flächenversiegelung und Verringerung der Infiltrationsrate kleinräumig extrem auf die Oberflächenabflussbildung auswirken. Bei meso- bis makroskaliger Betrachtung sind diese Unterschiede allerdings unter Umständen vernachlässigbar gering. Außerdem wirken bei vielen Ereignissen auch natürliche Oberflächen durch Wassersättigung infolge von intensivem Vorregen oder durch Bodenfrost quasi „versiegelt".

Die **Auswirkungen bestimmter Veränderungen** auf hydrologische Prozesse können beispielsweise mittels Simulationen bestimmter Szenarien auf Basis multitemporaler Analysen nach-

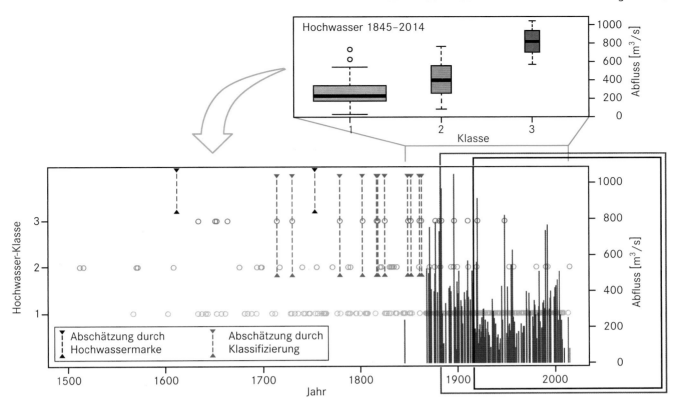

Abb. 12.22 Synopse von rezenten Abflussdaten und klassifizierten historischen und aktuellen Ereignissen sowie Abschätzung extremer historischer Ereignisse über Hochwassermarken und Klassifizierung am Beispiel der Kinzig (Pegel Schwaibach, Pegeldaten der Landesanstalt für Umwelt, Messungen und Naturschutz Baden-Württemberg [LUBW]). Die Zeiträume systematischer Messungen und Abflusskonstruktionen, die der Gefahrenanalyse (Abb. 12.23) zugrunde liegen, sind zudem mit einem schwarzen bzw. violetten Rahmen markiert.

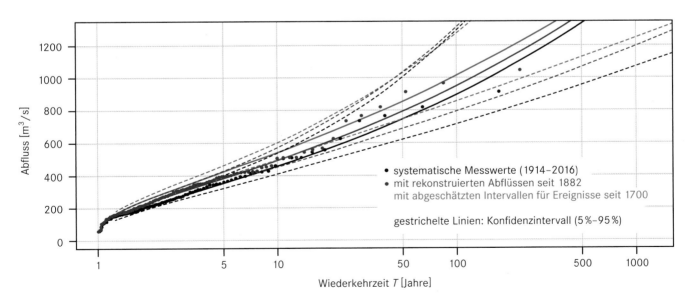

Abb. 12.23 Analyse der Wiederkehrzeiten und dazugehörigen Abflusswerte für den Pegel Schwaibach, Kinzig. Die Berechnungen basieren auf systematischen Messwerten der Landesanstalt für Umwelt, Messungen und Naturschutz Baden-Württemberg (LUBW) ab 1914 (schwarz) sowie zusätzlichen Rekonstruktionen seit 1882 (violett) und schließlich zusätzlichen Schätzwerten für große historische Hochwasserereignisse (rot; vgl. Abb. 12.22).

gebildet werden, wie das Beispiel der Kinzig zeigt: Für das Gebiet der Kinzig sind im Zeitraum der letzten Jahrhunderte vor allem der Landnutzungswandel und die Flussbegradigung sowie die Eindämmung zu nennen. Letztere haben hauptsächlich im 19. Jahrhundert stattgefunden. Während diese Eingriffe jedoch nur stellenweise durch historische Dokumente exakt nachvollziehbar sind, ermöglichen historische Kartenwerke eine flächendeckende und überraschend genaue Analyse der Änderung der Landnutzung. Um deren Auswirkungen auf die Hochwassergefahr und die Vulnerabilität zu untersuchen, wurden die historischen topographischen Karten digitalisiert, georeferenziert sowie verschiedene Nutzungsarten klassifiziert und mit aktuellen Landsat-Daten abgeglichen (Abb. 12.24). Die Resultate zeigen eindrücklich, wie der Waldanteil – gerade in den etwas höheren Lagen des Schwarzwalds – seit Ende des 19. Jahrhunderts auf Kosten von Wiesenflächen und sonstigem Offenland um etwas mehr als 10 % der Gesamtfläche angewachsen ist. Dies reflektiert die umfassenden Strukturwandlungen in der Agrar- und Forstwirtschaft im 19. Jahrhundert, u. a. das Ende der intensiven historischen Waldnutzungsformen und vor allem der Flößerei, die

erst 1896 aufgegeben wurde. Gleichzeitig hat sich der Anteil von Siedlungs- und Gewerbeflächen mehr als verfünffacht. Gerade in den Talzügen und im Bereich des Oberrheins haben Siedlungen einen starken Zuwachs erfahren. Wo Siedlungsflächen in hochwassergefährdeten Gebieten stark gewachsen sind, trägt dies zu einer erhöhten Vulnerabilität und somit zu einem Anstieg des Hochwasserrisikos bei.

In welcher Größenordnung sich die Landnutzungsänderungen auf die Abflussbildung, -konzentration und letztlich auf die Hochwassergefahr auswirken, wurde über Simulationen mit dem **Flussgebietsmodell FGM** (Ihringer 2003) von Mitarbeitern des Karlsruher Instituts für Technologie bewertet: Zunächst wurde eine ereignisbasierte Kalibrierung des Modells mit Daten des großen Hochwassers im Dezember 1991 vorgenommen. Anschließend wurden Niederschlags-Abfluss-Simulationen einerseits für die Landnutzung von 1991, und andererseits für die Landnutzungsdaten von 1887 durchgeführt. Ein Vergleich der simulierten Abflussganglinien zeigt, dass die Spitzenabflüsse des extremen Hochwasserereignisses unter den früheren Land-

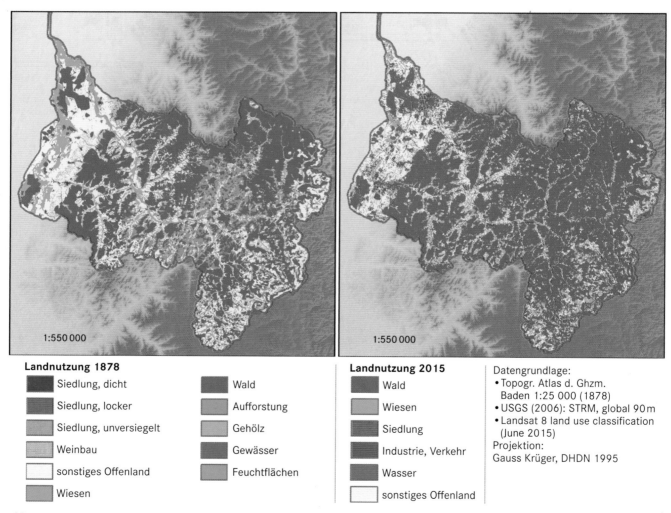

Landnutzung 1878
- Siedlung, dicht
- Siedlung, locker
- Siedlung, unversiegelt
- Weinbau
- sonstiges Offenland
- Wiesen
- Wald
- Aufforstung
- Gehölz
- Gewässer
- Feuchtflächen

Landnutzung 2015
- Wald
- Wiesen
- Siedlung
- Industrie, Verkehr
- Wasser
- sonstiges Offenland

Datengrundlage:
- Topogr. Atlas d. Ghzm. Baden 1:25 000 (1878)
- USGS (2006): STRM, global 90 m
- Landsat 8 land use classification (June 2015)

Projektion:
Gauss Krüger, DHDN 1995

Abb. 12.24 Landnutzung im Einzugsgebiet der Kinzig 1878 und 2015 (Hermanns 2015).

nutzungsbedingungen etwas höher ausgefallen und zudem der Anstieg des Abflusses etwas schneller erfolgt wäre (Abb. 12.25). Diese Unterschiede sind vermutlich vor allem auf den Zuwachs an Waldflächen und die damit verbundenen Bodeneigenschaften zurückzuführen: Der absolute Zuwachs an Waldflächen seit dem Ende des 19. Jahrhundert ist wesentlich größer als der Zuwachs an Siedlungsflächen, welche allgemein mit schlechteren Infiltrationseigenschaften und einem Anstieg des Oberflächenabflusses verbunden sind. Dennoch war die Vegetationsbedeckung während des simulierten Ereignisses jahreszeitlich bedingt gering, wodurch landnutzungsbedingte Unterschiede in Interzeption und Evapotranspiration zwischen den beiden Szenarien vermutlich weniger stark ausgeprägt waren. Letzteres und das Ausmaß des Ereignisses an sich lassen die geringe Größe der Unterschiede plausibel erscheinen. Wären die Unterschiede in der Waldbedeckung allerdings noch größer gewesen, wären stärkere Effekte wahrscheinlich. Das Fallbeispiel zeigt insgesamt, dass der häufig diskutierte Einfluss von großflächigen Abholzungen auf die Hochwassergefahr differenziert betrachtet werden sollte, insbesondere in Hinblick auf das Einzugsgebiet selbst und das Ausmaß des Ereignisses.

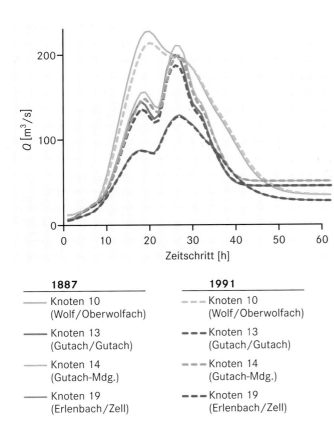

Abb. 12.25 Simulierte Abflussganglinien für Teileinzugsgebiete bzw. Abschnitte (Knoten) der Kinzig während des Hochwasserereignisses im Dezember 1991, für das Szenario mit der historischen Landnutzung (1887) sowie für die tatsächlichen Bedingungen des Jahres 1991 (Helms & Ihringer 2016).

Fazit: Die heutige Bewertung der Hochwassergefahr und die Einschätzung der entsprechenden Vulnerabilitäten erfolgt in der Regel auf der Basis von aufwendigen Modellsimulationen und statistischen Verfahren. Diesen wird insgesamt ein großes Vertrauen entgegengebracht, insbesondere dann, wenn sie mit technischen Vorsorgemaßnahmen gekoppelt sind. Dies gilt grundsätzlich auch für das Hochwasserrisikomanagement, das neben Melde- und Informationsketten sowie den Einrichtungen des Katastrophenschutzes auch Facetten der Hochwasserrisikokultur umfasst.

Infolge des Klimawandels und der prognostizierten Auswirkungen auf das Hochwassergeschehen, aber auch durch eine mehr an ökologischen Inhalten ausgerichtete Planung, werden aktuell viele Aspekte neu bewertet bzw. überdacht. Dabei kann die Einbeziehung von historischen Ereignissen und Zuständen einen Mehrwert für ein umfassenderes regionales Hochwasserrisikomanagement darstellen.

12.8 Marine Regime

Helmut Brückner und Dieter Kelletat

Im Gegensatz zum Festland gestaltet sich eine dreidimensionale Gliederung der Ozeane wegen der Unsicherheit der Grenzziehung bzw. deren ständiger Veränderung in einem mobilen Medium schwierig. Am ehesten und präzisesten ist sie im Küstengebiet möglich, wo man den Gürtel dauernder Wellen- und Gezeitenbewegung und damit sicherer Benetzung das **Eulitoral** nennt. Der landwärts anschließende Saum mit Spritzwasser und Salzspray sowie seltenen Überflutungen wird als **Supralitoral** bezeichnet, der meerwärtige mit ständiger Wasserbedeckung bei gleichzeitigem Einfluss starker Wellenbewegung und Gezeitenströmungen als **Sublitoral**. An diesen schließt sich weiter meerwärts ein Flachwassergebiet mit relativ hohem Nährstoffangebot und Lichteinfluss an, die **neritische Zone**. Sie ist im Wesentlichen identisch mit dem Schelfmeer (Abb. 12.26). Das Gebiet des freien Wassers der Ozeane wird unterteilt in das **hemipelagische Areal** bzw. in weiter Küstenferne und tiefem Wasser das **pelagische Areal**. Der Meeresboden selbst mit den darauf und darin lebenden Organismen ist das **Benthos**. Die Geologie unterteilt zudem – je nach Wassertiefe – den Meeresboden in das **Bathyal** bis zum Fuß des Kontinentalabhangs, das **Abyssal** der Tiefseeebenen (die flächenmäßig größte morphologische Einheit unserer Erde) und das **Hadal** der größten Meerestiefen in den Tiefseerinnen.

Im Vertikalschnitt der Wassersäule des Ozeans müssen weitere Räume voneinander unterschieden werden, und zwar mindestens die oberen noch durchlichteten Bereiche (euphotische Zone), in denen Photosynthese stattfinden kann – sie können je nach Klarheit des Wassers wenige Meter bis über 100 m tief reichen –, und die tiefen lichtlosen (aphotischen) Stufen. Mit dem Eindringen von Licht und Strahlung geht natürlich auch eine Erwärmung der oberen Wasserschichten einher, die damit spezifisch leichter auf kälterem tieferem Wasser liegen. Die Grenze

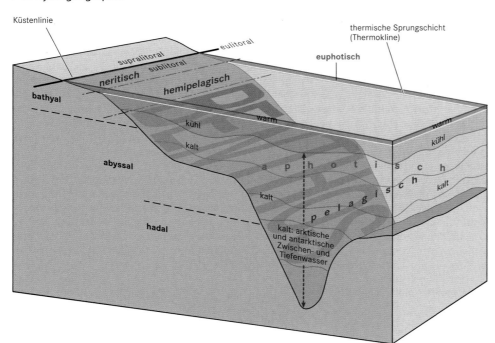

Abb. 12.26 Dreidimensionale Gliederung der Meeresregionen.

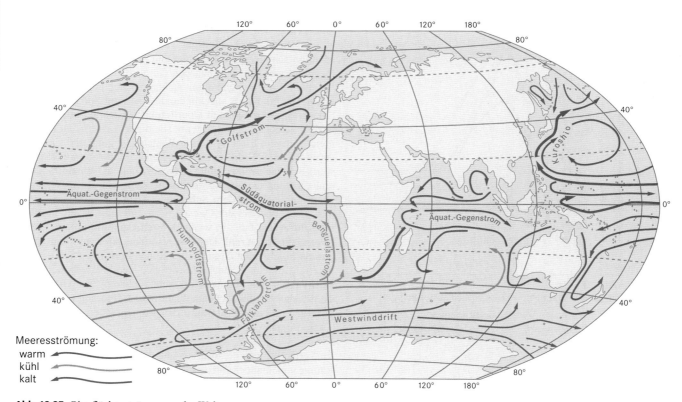

Abb. 12.27 Oberflächenströmungen der Weltmeere.

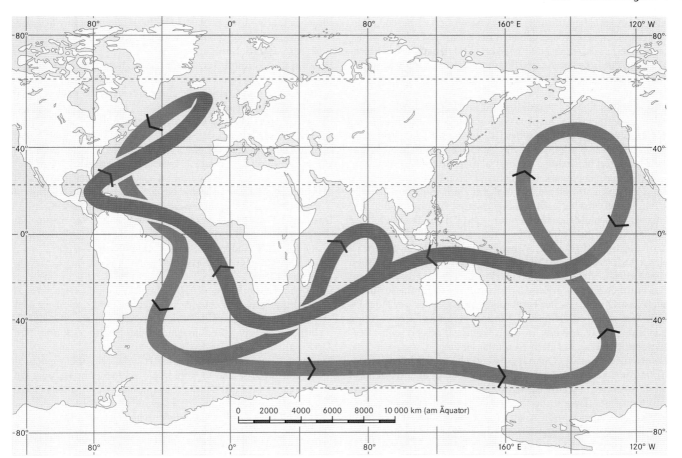

Abb. 12.28 *Conveyor belt,* das zusammenhängende Band der Oberflächen- und Tiefenströmungen der Weltmeere (rot = Oberflächenzirkulation, blau = Tiefenzirkulation).

zwischen beiden Bereichen ist meist durch eine deutliche und scharf markierte **thermische Sprungschicht** gekennzeichnet, an der die Temperatur auf kurzer Vertikaldistanz um viele Grad abnimmt. Natürlich werden die Lage dieser Sprungschicht und die Temperaturdifferenz dort auch vom Grad der Durchmischung aufgrund von Wellen und Strömungen bestimmt. Sie ist deshalb weder lagestabil noch waagerecht ausgebildet, sondern zeigt gewöhnlich ein stärkeres Relief mit ständigen Schwankungen. Betrachtet man die gesamte ozeanische Wassersäule von oft vielen Tausend Metern, so zeigen sich weitere Unterschiede in der Zusammensetzung, Temperatur und damit auch Dichte: In den größten Meerestiefen sammeln sich nämlich die kältesten und damit spezifisch schwersten Wassermassen im Verlaufe von Jahrzehnten bzw. Jahrhunderten als sog. ganz kalte antarktische Tiefenwasser oder arktische Zwischenwasser, deren Temperatur selbst im Bereich des Äquators nur wenig über dem Gefrierpunkt liegt. Aufgrund dieser thermisch bedingten hohen Dichte sind sie sehr lagestabil und werden nur ganz langsam in den gesamten Wasserkreislauf einbezogen. Ergänzt werden sie durch die absinkenden Oberflächenwasser bei winterlicher Abkühlung in den hohen geographischen Breiten. In Regionen mit starken ablandigen Winden können sie als Kompensationsströmungen wieder an die Oberfläche gelangen.

Erheblich dynamischer verhalten sich die **Oberflächenströmungen der Weltmeere**, die im Wesentlichen durch die planetarischen Windsysteme angetrieben werden (Abb. 12.27). Zunächst erscheint es so, als existierten in den Ozeanen getrennte Strömungssysteme auf der Nord- und Südhalbkugel, die auf der Nordhalbkugel im Uhrzeigersinn und auf der Südhalbkugel entgegen dem Uhrzeigersinn kreisen. Wichtigster Motor sind dabei die äquatornahen Passate aus östlichen Richtungen, die das Wasser westwärts treiben. Infolge der Erdrotation bewirkt die **Corioliskraft** im Norden eine Ablenkung nach rechts und im Süden nach links. Wenn das Wasser in den höheren geographischen Breiten auf beiden Halbkugeln in die Westwinddrift gerät, wird es nach Osten zurückgetrieben. Erneut nach rechts bzw. links abgelenkt kehrt es dann in Richtung Äquator an den Anfang des Kreises zurück. Dabei werden die Ostseiten der Kontinente von polwärts strömendem warmem Wasser aus niederen Breiten begleitet, welches seine Wärme noch über den Ozeanen bis an die Westküsten der höheren Breiten transportiert (Golfstrom im Atlantik, Kuroshio im Pazifik). Die Entfernung von den Westküsten in niederen Breiten bei ablandigen Passatwinden veranlasst gleichzeitig das Aufsteigen von kaltem Tiefenwasser. Es kann aufgrund seiner geringen Temperatur viel Sauerstoff aufnehmen und ist gewöhnlich wegen der Bewegung über den

Meeresgrund nährstoffreich. Daher konnte sich in diesen kalten, strahlungsreichen Meeresgebieten der niederen Breiten ein üppiges Leben mit langer Nahrungskette und den reichsten **Fischgründen** der Erde entwickeln (Humboldtstrom vor Südamerika, Benguelastrom vor SW-Afrika).

Mittlerweile haben langfristige und umfangreiche Untersuchungen über die Ozeanzirkulation näheren Aufschluss über die Zusammenhänge von Oberflächen- und Tiefenzirkulation erbracht und vor allem über die Schlüsselstellen, welche das System aufrechterhalten. Es sind u. a. die Absinkgebiete von kaltem Oberflächenwasser südlich von Grönland, die sozusagen den Golfstrom an sich ziehen. In Form eines sog. *conveyor belt* (Abb. 12.28) sind alle Meeresregionen strömungsmäßig miteinander verbunden. Temperatur- und Salinitätsänderungen infolge von Klimaschwankungen an der Oberfläche oder auf dem Festland (Eiszeiten, Warmzeiten, vermehrter Schmelzwasseranfall usw.) sind dabei die Motoren der **thermohalinen Zirkulation**. Sie wirken sich direkt und relativ kurzfristig auf den Wärmetransport in den Ozeanen aus und beeinflussen daher auch das Klima in weiter Entfernung vom Ort der Veränderungen. Wie stark das Klima in Europa vom Golfstrom abhing und abhängt, wurde erst in den letzten Jahren erkannt. Tiefseesedimentkerne aus dem Nordatlantik zeigen, dass Ver- und Enteisungsphasen des Quartärs wesentlich von der Intensität des Golfstroms gesteuert wurden. Ein mögliches Zukunftsszenario prognostiziert ein relativ baldiges Abschwächen des Golfstroms und damit den Beginn der nächsten Eiszeit, wenn etwa südlich von Grönland durch einen größeren Anfall von spezifisch leichtem süßem Schmelzwasser (infolge Klimaerwärmung) die winterliche Absenkung des Oberflächenwassers entfällt und damit die wichtigste Antriebsursache für den Golfstrom ausgeschaltet wird.

Der **Meeresspiegel** ist eine Ausgleichsfläche zwischen der Erdanziehungskraft auf der einen und der Fliehkraft aufgrund der Erdrotation auf der anderen Seite. Da Erstere an jedem Punkt der Erde genau genommen unterschiedlich groß ist, hat der Meeresspiegel ein Relief mit Wasserbergen und Wassertälern. Der Unterschied beträgt absolut gesehen etwa 190 m. Dies trägt ebenfalls zur Wasserdynamik in den Weltmeeren bei.

Literatur

AG Boden (1994) Bodenkundliche Kartieranleitung. Stuttgart

Aigner H (1983) Organische Düngung. In: Ruhr-Stickstoff AG (Hrsg) Faustzahlen für die Landwirtschaft. 10. Aufl. Bochum. 207–221

Albertsen M, Matthes G, Pekdeger A, Schulz HD (1980) Quantifizierung von Verwitterungsvorgängen. Geologische Rundschau 69/2: 532–545

Auerswald K (1998) Bodenerosion durch Wasser. In: Richter G (Hrsg) Bodenerosion – Analyse und Bilanz eines Umweltproblems. Darmstadt. 33–42

BAFU (Bundesamt für Umwelt der Schweiz) (Hrsg) (2001) Hydrologischer Atlas der Schweiz. Bern

Baumgartner A, Liebscher H-J (1996) Allgemeine Hydrologie. Quantitative Hydrologie. Lehrbuch der Hydrologie, Band 1. 2. Aufl. Berlin, Stuttgart

Bick H (1998) Grundzüge der Ökologie. Stuttgart, Jena

BMU (2003) Das Internationale Jahr des Süsswassers. Herausforderung und Chance für einen bewussteren nachhaltigen Umgang mit Wasser

Böhn D, Schütt B (2002) Von der Beobachtung zur Modellbildung. Das Beispiel des Wasserhaushaltes. Geographie und ihre Didaktik 30/2: 57–71

Bürger K, Dostal P, Seidel J, Imbery F, Barriendos M, Mayer H, Glaser R (2006) Hydrometeorological reconstruction of the 1824 flood event in the Neckar River bassin (Southwest Germany). Hydrological Sciences Journal 51: 864–877

Busskamp R (2003) Unsere Wasserversorgung. In: Institut für Länderkunde (Hrsg) Nationalatlas Bundesrepublik Deutschland. Relief, Boden und Wasser. Heidelberg, Berlin

Dyck S, Peschke G (1995) Grundlagen der Hydrologie. 3. Aufl. Berlin

European Commission (2016) The EU Floods Directive. A Communication on Flood risk management; Flood prevention, protection and mitigation. European Union, 1995–2017. http://ec.europa.eu/environment/water/flood_risk/com.htm (Zugriff 9.3.2018)

European Environment Agency (2010) Mapping the impacts of natural hazards and technological accidents in Europe. An overview of the last decade. Luxembourg: Publications Office of the European Union. EEA technical report 13

FAO (ed) (2003) Water and people: whose right is it?

Farrington J, Turton C, James AJ (1999) Participatory watershed development. Oxford

Glaser R (2013) Klimageschichte Mitteleuropas. 1200 Jahre Wetter, Klima, Katastrophen (mit Prognosen für das 21. Jahrhundert) Sonderausgabe. 3. Aufl. Primus, Darmstadt

Glaser R, Drescher AW, Riemann D, Martin B, Himmelsbach I, Murayama S (2013) Transnationale Hochwasserrisikogeschichte am Oberrhein. In: Gebhardt H, Glaser R, Lentz S (Hrsg) Europa – eine Geographie. Springer-Spektrum, Berlin, Heidelberg. 82–88

Glaser R, Kahle M, Hologa R (2016) The tambora.org data series edition Freidok, https://doi.org/10.6094/tambora.org/2016/seriesnotes.pdf (Zugriff 2.3.2018)

Grimm FD (1968) Zur Typisierung des mittleren Abflussganges (Abflussregime) in Europa. Freiburger Geographische Hefte 6: 51–64

Grünewald U (2010) Zur Nutzung und zum Nutzen historischer Hochwasseraufzeichnungen. In Hydrologie und Wasserbewirtschaftung 2: 85–91

Hamm A, Gleisberg D, Hegemann W, Krauth KH, Metzner G, Sarfert F, Schleypen P (1991) Stickstoff- und Phosphoreintrag aus punktförmigen Quellen. In: Hamm A (Hrsg) Studie über Wirkung und Qualitätsziele von Nährstoffen in Fließgewässern. St. Augustin. 765–805

Heathcote IW (1998) Integrated watershed management. New York

Heikkinen K (1990) Seasonal changes in iron transport and nature of dissolved organic matter in a humic river in Northern Finland. Earth, Surface, Processes and Landforms 15: 583–596

Helms M, Ihringer J (2016) „Historisch-progressive" Modellierung von extremen Hochwasserereignissen. Unveröffentlichter Arbeitsbericht zu Workpackage 6, Transrisk2

Hendl M (2002) Klima. In: Liedtke H, Marcinek J (Hrsg) Physische Geographie Deutschlands. 3. Aufl. Gotha, Stuttgart. 17–126

Hermanns F (2015) Landnutzungswandel im Kinzigtal: Eine multitemporale Analyse historischer und satellitengestützter Daten. Unveröffentlichte Bachelor-Arbeit, Physische Geographie, Universität Freiburg

Himmelsbach I, Glaser R, Schoenbein J, Riemann D, Martin B (2015) Reconstruction of flood events based on documentary data and transnational flood risk analysis of the Upper Rhine and its French and German tributaries since AD 1480. Hydrol. Earth Syst. Sci. 19/10: 4149–4164. DOI: https://doi.org/10.5194/hess-19-4149-2015

Ihringer J (2003) Softwarepaket: Hochwasseranalyse und -berechnung. Anwenderhandbuch. Universität Karlsruhe

IWMI (International Water Management Institute) (2000) Water Issues for 2025: A research perspective. The contribution of the International Water Management Institute to the World Water Vision for food and rural development. IWMI, Colombo, Sri Lanka

Jankiewicz P, Krahe P (2003) Abflussbilanz und Bilanzierung der Wasserströme. In: Institut für Länderkunde (Hrsg) Nationalatlas Bundesrepublik Deutschland. Relief, Boden und Wasser. Leipzig. 148–149

Keller R (Hrsg) (1968) Flußregime und Wasserhaushalt. 1. Bericht der IGU – Commission on the International Hydrological Decade. Freiburger Geographische Hefte 6

Kirkby MJ (1969) Infiltration, throughflow, and overlandflow. In: Chorley RJ. (ed) Water, Earth and Man. London. 215–229

Lal R (2000) Integrated watershed management in the global ecosystem. Boca Raton et al

Lauer W (1993) Klimatologie. Das Geographische Seminar. Braunschweig

Marcinek J, Schmidt K-H (2002) Gewässer und Grundwasser. In: Liedtke H, Marcinek J (Hrsg) Physische Geographie Deutschlands. 3. Aufl. Gotha, Stuttgart. 157–182

Masius P (2014) Risiko und Chance. Das Jahrhunderthochwasser am Rhein 1882/1883. Eine umweltgeschichtliche Betrachtung. Niedersächsische Staats- und Universitätsbibliothek, Göttingen

Mauch E (1998) Kartierung der Trophie von Fließgewässern in Bayern. Münchener Beiträge zur Abwasser-, Fischerei- und Flußbiologie. 51. Integrierte ökologische Gewässerbewertung: Inhalte und Möglichkeiten. München, Wien. 412–434

Merz B, Bittner R, Grünewald U, Piroth K (2011) Management von Hochwasserrisiken. Mit Beiträgen aus den RIMAX-Forschungsprojekten. Schweizerbart, Stuttgart

MU Baden-Württemberg (Ministerium für Umwelt, Klima und Energiewirtschaft Baden-Württemberg) (Hrsg) (2016) Hochwassergefahrenkarten in Baden-Württemberg. Leitfaden

Musgrave GW, Holtan HN (1964) Infiltration. In: Chow VT (eds) Handbook of applied hydrology. A compendium of water-resources technology. New York

Neumann J, Wycisk P (2003) Mittlere jährliche Grundwasserneubildung. In: Institut für Länderkunde (Hrsg) Nationalatlas Bundesrepublik Deutschland. Relief, Boden und Wasser. Heidelberg, Berlin

Nippes KR (1970) Die Abflussverhältnisse Spaniens unter besonderer Berücksichtigung des Duerogebietes. Geographisches Taschenbuch 1970/1972: 31–44

Nippes KR (1986–1989) Dynamik der Schwebstofführung im Schwarzwald. Beiträge zur Hydrologie 11/1: 39–49

Pardé M (1960) Les facteurs des regimes fluviaux. Norris Poitiers 7

Payrastre O, Gaume E, Andrieu H (2011) Usefulness of historical information for flood frequency analyses: Developments based on a case study. Water Resour. Res. 47/8. DOI: https://doi.org/10.1029/2010WR009812

Peschke G (2001) Bodenwasserhaushalt und Abflussbildung. Geogr. Rundschau 53/5: 18–23

Prietzel J, Baur S, Feger K-H (1989) Al-Spezierung im Sickerwasser von Schwarzwaldböden – Berechnung von Löslichkeitsgleichgewichten. Mitt. Dtsch. Bodenkundl. Gesellsch. 59/I: 453–458

Rehfuess KE (1990) Waldböden. Entwicklung, Eigenschaften und Nutzung. Pareys Studientexte 29. Hamburg, Berlin

Reneau SL, Dietrich WE (1991) Erosion rates in the southern Oregon Coast Range: evidence for an equilibrium between hillslope erosion and sediment yield. Earth, Surface, Processes and Landforms 16: 307–322

Rogers RD, Schumm SA (1991) The effect of spoose vegetation cover on erosion and sediment yield. Journal of Hydrology 123: 19–24

Schmidt K-H (1981) Der Sedimenthaushalt der Ruhr. Z. f. Geomorphologie N. F. Suppl.-Bd. 39: 59–70

Schulte A (1995) Hochwasserabfluß, Sedimenttransport und Gerinnebettgestaltung an der Elsenz im Kraichgau. Heidelberger Geographische Arbeiten 98

Schulte A (2006) Schwellenwerte in der Geomorphologie. In: Deutscher Arbeitskreis für Geomorphologie (Hrsg) Oberfläche der Erde – Lebens- und Gestaltungsraum des Menschen. Forschungsstrategische und programmatische Leitlinien zukünftiger geomorphologischer Forschung und Lehre. Zeitschrift für Geomorphologie

Schwoerbel J (1984) Einführung in die Limnologie. Stuttgart

Seiler W (1980) Messeinrichtung zur quantitativen Bestimmung des Geoökofaktors Bodenerosion in der topologischen Dimension auf Ackerflächen im Jura (Südöstlich Basel). Catena 7: 233–250

Stiftung Entwicklung und Frieden (Hrsg) (1999) Globale Trends 2000. Fakten, Analysen, Prognosen. Frankfurt a. M.

Symader W (2004) Was passiert, wenn der Regen fällt? Eine Einführung in die Hydrologie. Stuttgart

Trittin J (2003) Das Internationale Jahr des Süßwassers. Editorial der BMU-Zeitschrift „Umwelt" 4/2003

Twyrdy V (2010) Die Bewältigung von Naturkatastrophen in mitteleuropäischen Agrargesellschaften seit der Frühen Neuzeit. In: Mackowiak E, Masius P, Sprenger J (Hrsg) Katastrophen machen Geschichte. Umweltgeschichtliche Prozesse im Spannungsfeld von Ressourcennutzung und Extremereignis: Universitätsverlag Göttingen. 13–30

VDG (Vereinigung Deutscher Gewässerschutz e. V.) (2003) Hochwasser. Naturereignis oder Menschenwerk? Schriftenreihe der Vereinigung Deutscher Gewässerschutz 66. Bonn, Kassel

Kapitel 12

Viglione A (2014) nsRFA: Non-supervised Regional Frequency Analysis. R package version 0.7-12 (Stand: 22.01.2018). http://CRAN.R-project.org/package=nsRFA (Zugriff 23.02.2018)

Weischet W (1984) Agrarwirtschaft in den feuchten Tropen. Geographische Rundschau 7: 344–351

Wilhelm F (1997) Hydrogeographie. Das Geographische Seminar. 3. Aufl. Braunschweig

Wohlrab B, Ernstberger H, Meuser A, Sokollek V (1992) Landschaftswasserhaushalt. Hamburg, Berlin

Ziechmann W, Müller-Wegener U (1990) Bodenchemie. Mannheim, Wien, Zürich

Weiterführende Literatur

Barsch D, Schukraft G, Schulte A (1998) Der Eintrag von Bodenerosionsprodukten in die Gewässer und seine Reduzierung – das Geländeexperiment „Langenzell". In: Richter G (Hrsg) Bodenerosion – Analyse und Bilanz eines Umweltproblems

Böhm HR, Deneke M (Hrsg) (1992) Wasser. Eine Einführung in die Umweltwissenschaften. Darmstadt

Deutsches Institut für Normung (1994) DIN 4049 – Hydrologie. Berlin

Fohrer N, Bormann H, Miegel K, Casper M, Bronstert A, Schumann A, Weiler M (Hrsg) (2016) Hydrologie. Bern

Gerlach SA (1994) Spezielle Ökologie: Marine Systeme. Springer

Hölting B, Coldewey WG (2009) Hydrogeologie: Einführung in die Allgemeine und Angewandte Hydrogeologie. 7. Aufl. Heidelberg

Institut für Länderkunde (Hrsg) Nationalatlas Bundesrepublik Deutschland. Relief, Boden und Wasser. Heidelberg, Berlin

Liedtke H, Marcinek J (Hrsg) (2002) Physische Geographie Deutschlands. 3. Aufl. Gotha, Stuttgart

Mendel HG (2000) Elemente des Wasserkreislaufs. Eine kommentierte Bibliographie zur Abflußbildung. Berlin

Morgenschweis G (2010) Hydrometrie – Theorie und Praxis der Durchflussmessung in offenen Gerinnen. Heidelberg

Ott J (1996) Meereskunde. Einführung in die Geographie und Biologie der Ozeane. 2. Aufl. UTB Ulmer Verlag

Patt H, Jüper R (Hrsg) (2013) Hochwasserhandbuch: Auswirkungen und Schutz. 2. Aufl. Heidelberg

Richter G (Hrsg) (1998) Bodenerosion – Analyse und Bilanz eines Umweltproblems. Darmstadt

Stow D (2009) Encyclopädie der Ozeane. Delius Verlag, Bielefeld

Trujillo AP, Thurman HV (2013) Essentials of Oceanography. Pearson

van Dam JC (2005) Impacts of climate change and climate variability on hydrological regimes. Cambridge

Winton M (2003) On the climatic impact of ocean circulation. J. Climate 16: 2875–2889

Landschafts- und Stadtökologie

Der Blick von der Baderwiese im Lainzer Tiergarten in Wien nach Nordosten Richtung Stadtmitte verdeutlicht die Ansprüche des Menschen an die Ökosysteme am Rande der Großstadt: Ursprünglich als Futterwiese zur Heugewinnung angelegt suchen die Bürger heutzutage Erholung und einen freien Blick, und auch für die Jagd werden derartige Freiflächen benötigt. Die natürliche Vegetation wäre jedoch ein Buchenwald, der auch die Luftqualität in der Großstadt verbessern und sommerliche Hitzewellen abmildern würde. Am Übergang zum besiedelten Raum (in der linken bzw. westlichen Bildmitte) treffen der Wunsch nach stadtnahem Wohnen im Grünen mit dem das Image Wiens prägenden Weinbau und der genannten positiven Rolle des Waldes für das Stadtklima aufeinander (Foto: S. Glatzel).

© Springer-Verlag GmbH Deutschland, ein Teil von Springer Nature 2020
H. Gebhardt et al. (Hrsg.), *Geographie*, https://doi.org/10.1007/978-3-662-58379-1_13

Die beiden Disziplinen Landschafts- und Stadtökologie untersuchen zwar physiognomisch deutlich unterscheidbare Gebilde, es gelten jedoch in beiden die gleichen biologischen, chemischen und physikalischen Gesetzmäßigkeiten. Die Beschäftigung mit der Ökologie ist seit dem 19. Jahrhundert die Domäne biologischer Wissenschaften. Da von diesen aber zuvorderst die biotischen und nicht die abiotischen Komponenten betrachtet wurden, füllt die integrativ angelegte geographisch geprägte Landschafts- und Stadtökologie diese Lücke. Das Hauptproblem ökologischer Untersuchungen, die sich mit dem Gesamthaushalt von Landschaften bzw. Städten auseinandersetzen, ist die Tatsache, dass dieser als Ganzes für die Forschung nicht so einfach zu erfassen ist: Man kann weder Teilkomponenten in das Labor transportieren und dort analysieren, noch ist der Versuch geglückt, erfolgreich autark funktionierende Ökosysteme anzulegen. Bei den ersten landschaftsökologischen Studien Mitte des 20. Jahrhunderts stand die Auswertung von Luftbildern, Kartierungen oder Landkarten im Vordergrund. Darüber hinaus werden heute verstärkt biologische, physikalisch-chemische, geowissenschaftliche und auch zunehmend gesellschaftswissenschaftliche Methoden zur Analyse herangezogen. Erst aus der Synthese der in den Einzelwissenschaften gewonnenen Ergebnisse erschließen sich Funktions- und Wirkungsweisen der Systeme. In der Geographie haben die Forschungsbereiche Landschafts- und Stadtökologie deshalb ihren Platz vor allem als interdisziplinäre und raumbezogene Umweltwissenschaften mit jeweils hohem Anwendungsbezug gefunden. Die im Neolithikum begonnene und sich immer noch beschleunigende anthropogene Umgestaltung erfordert die Entwicklung von problemadäquaten Handlungsstrategien: Stadt und Landschaft sollen nachhaltig wirtschaftlich nutzbar und vom Menschen bewohnbar sein.

13.1 Einführung in die Landschaftsökologie: der ökologische Blick auf die Landschaft

Stephan Glatzel

Der Fachbereich Landschaftsökologie

Der Begriff Landschaftsökologie klingt in den Ohren vieler Menschen vertraut und vor allem Nichtfachleute verbinden mit ihm etwas, das „auf Umweltschutz bezogen" ist – auch wenn das nicht richtig ist. Der Begriff Ökologie wurde 1866 von dem Biologen Ernst Haeckel geprägt, der die **Ökologie** als die Wissenschaft von den Beziehungen des Organismus zur umgebenden Außenwelt, einschließlich der organischen und anorganischen Existenzbedingungen, beschrieb (Haeckel 1866). Der Begriff wurde vielfach erweitert und unterteilt: zunächst in die Teilbereiche der **Autökologie**, die sich auf die Beziehungen einzelner Arten zu den verschiedenen Umweltfaktoren konzentriert, und der **Synökologie**, die sich mit dem Beziehungsgefüge der Organismengemeinschaften (Biozönosen) innerhalb eines Lebensraums (Biotop/Ökosystem) befasst. Später wurde die **Populationsökologie** oder Demökologie ergänzt, welche die in Populationen bestehenden Gesetzmäßigkeiten untersucht. Das zentrale Element der Ökologie ist Walter & Breckle (1991)

folgend immer „eine integrale Behandlung, die zu einer Synthese führt". Auf Grundlage dieser Synthesefunktion und des Bezugs zur Umwelt ging die ursprüngliche Konzentration auf den Organismus verloren und es entstanden, nicht zuletzt unter dem Einfluss der aufkommenden Umweltbewegung, viele „Bindestrich-Ökologien" (Leser 1991) mit natur- und sozialwissenschaftlicher Konnotation. Dazu zählen beispielsweise die Paläo- oder die Hydroökologie, aber auch die Kultur-, Sozial-, Stadt-, Dorf- oder Landschaftsökologie.

In diesem Kontext ist es wichtig, zwei häufig in der Landschaftsökologie verwendete Begriffe zu klären: Das **Ökotop** ist „der Grundbaustein der Landschaft mit einer innerhalb definierter Grenzen einheitlichen abiotischen und biotischen Struktur (Gestein, Substrat, Bodendecke, Humusform, Pflanzendecke, Zoozönose, Technostrukturen), einheitlichen geoökologischen Prozessbedingungen sowie typischen Größenordnungen und Richtungen von Energie-, Wasser- und Stoffumsätzen" (Lexikon der Geographie 2001). Das Ökotop ist also eine räumliche Einheit – im Gegensatz zum **Ökosystem**, das definiert ist als „ein Wirkungsgefüge von Lebewesen und deren anorganischer Umwelt, das zwar offen, aber bis zu einem gewissen Grad zur Selbstregulation befähigt ist" (Ellenberg 1973). Das **Biotop** schließlich ist der Lebensraum der Lebensgemeinschaft, der Biozönose (Dahl 1908). Sinnvollerweise erwartet man angesichts der Tatsache, dass (und sei es von Bakterien) belebte Räume überall und in beliebiger Kleinheit zu finden sind, eine gewisse räumliche Ausdehnung, um von einem landschaftsökologisch relevanten Biotop sprechen zu können.

Der vorwissenschaftliche Landschaftsbegriff ist viel älter als das Wort Ökologie. Er kommt aus der Landschaftsmalerei (Haber 1995) und wird für ein ganzheitliches und ästhetisch-harmonisches Bild von der durch den Menschen gestalteten Natur verwendet. Eine ausführliche Diskussion dieses Landschaftsbegriffs liefern Steinhardt et al. (2005). In der (deutschsprachigen) Wissenschaft wird der Begriff **Landschaft** seit Alexander von Humboldt verwendet (er sprach vom „Totaleindruck einer Gegend", von Humboldt 1847). Man tut den Beiträgen vieler Wissenschaftler, vor allem aus der Geographie, sicher nicht unrecht, wenn man feststellt, dass sich bis heute keine einheitliche Definition von Landschaft entwickelt hat. Leser & Löffler (2017) stellen fest, dass Landschaft im Kopf „konstruiert" wird und daher aus naturwissenschaftlicher Perspektive nicht hinreichend definiert werden kann.

Der Begriff **Landschaftsökologie** wurde von Carl Troll 1939 unter Bezugnahme auf die damals sehr neue Möglichkeit, mithilfe von Luftbildern fremde Gegenden zu erkunden, eingeführt und in der Folge von Wissenschaftlern aus verschiedenen Fächern weiterentwickelt. Im deutschen Sprachraum wird Landschaftsökologie daher am besten als Fachbereich angesehen, der sich mit Wechselwirkungen zwischen Faktoren beschäftigt, die im Landschaftsökosystem zusammenwirken und sich funktional in der Landschaft repräsentieren (Leser 1997b).

Die Landschaftsökologie wird aus sehr verschiedenen Blickwinkeln und ausgehend von unterschiedlichsten disziplinären und kulturellen Hintergründen betrieben. Die aktuellen deutsch-

Abb. 13.1 Berühmter „Tunnel View" am Westeingang des Yosemite-Nationalparks, USA. Die gezeigte Landschaft wird von unterschiedlichen lateralen und vertikalen Prozessen geprägt. Die Aufklärung landschaftlicher Strukturen und der zugrunde liegenden Prozesse ist Aufgabe der Landschaftsökologie (Foto: S. Glatzel).

sprachigen Lehrbücher zur Landschaftsökologie (Steinhardt et al. 2005, Gerold 2016, Leser & Löffler 2017) thematisieren diese Differenzen und sprechen von unterschiedlichen Schulen der Landschaftsökologie. So wird eine von der Geographie im deutschen Sprachraum inspirierte Schule, die ein kausalanalytisch-genetisches Landschaftsverständis pflegt, einem pragmatisch räumlich-strukturellen Verständnis im angelsächsischen Raum (Gerold 2016) und in der Biologie gegenübergestellt. Jenseits dieser Gegensätze beschäftigt sich die Landschaftsökologie weltweit und aus allen disziplinären Blickwinkeln mit folgenden Fragestellungen:

- Wie und auf welchen Skalen lassen sich Landschaften räumlich strukturieren?
- Welchen prägenden Einflüssen – inklusive menschlicher Aktivitäten – sind Landschaften ausgesetzt?
- Welche Prozesse prägen das Landschaftsökosystem?
- Wie verändert sich die Struktur von Landschaften in Raum und Zeit und welche Prozesse treiben diese Veränderungen voran?
- Welche Prozesse vermitteln den Transfer von Lebewesen, Stoffen und Erbgutinformation im Raum in horizontaler und vertikaler Richtung?
- Welche Funktion haben räumliche Strukturen und Prozesse?
- Wie nehmen Menschen Landschaften wahr?
- Wie können Landschaften sinnvoll genutzt und gemanagt werden?

Letztendlich ist allen diesen Themen gemeinsam, dass die Kopplung zwischen landschaftlicher **Struktur** und zugrunde liegendem **Prozess** den Kern der Landschaftsökologie ausmacht (Turner 1989). Forman & Godron (1986) definieren Landschaftsökologie als „ ... *the study of structure, function and change in a heterogeneous land area composed of interacting ecosystems* ".

Betrachten wir Abb. 13.1., die den Blick in das Tal des Merced River am westlichen Eingang des Yosemite-Nationalparks in den USA zeigt, erkennen wir den Bezug zu einigen genannten

Themen der Landschaftsökologie. Jedem geographisch geschulten Beobachter wird auffallen, dass die großen Unterschiede im Relief auch die horizontale Struktur prägen. Die Steilheit des Reliefs mit den resultierenden geomorphologischen Prozessen, das Ausgangsgestein und die Exposition sind für die Anwesenheit oder Abwesenheit einer Bodendecke verantwortlich, die die Ausprägung der Vegetationsbedeckung steuert. Doch auch im Talboden ist die Landschaft strukturiert. In einigen Bereichen sind die Nadeln der Bäume verfärbt. Hierfür ist oft Insektenbefall verantwortlich, der besonders häufig Bäume trifft, die bereits unter Stress stehen, z. B. durch Trockenheit. Die zeitliche Komponente ist ebenfalls gut zu erkennen: Am linken (nördlichen) Talhang verhindern alle paar Jahre stattfindende gravitative Massenbewegungen das Aufkommen von Wald. Menschliche Einflüsse – explizit auch Untersuchungsgegenstand der Landschaftsökologie – sind auf dem Foto nicht zu erkennen. Die Abb. 13.2. visualisiert schematisch die horizontalen und vertikalen landschaftsökologisch relevanten Prozesse. Durch Verschneidung der Strukturen der einzelnen Parameterschichten sowie durch laterale und vertikale Prozesse differenziert sich die Struktur des Raums.

Räumliche und zeitliche Skalen

Die Erforschung der Skalenabhängigkeit landschaftlicher Strukturen und Prozesse ist seit Langem ein Forschungsfeld der Geographie. Gliederungen der Erde in landschaftsökologische Zonen erfordern **Generalisierungen**. Andererseits ist es unmöglich, die kleingekammerte Strukturierung der Landschaft in kleinmaßstäbigen Karten abzubilden. Letztendlich gibt es keine landschaftsökologisch irrelevante Raumskala. Sie reicht von der (sub-)atomaren Skala, die viele landschaftsökologisch relevante Prozesse steuert, denn letztendlich bestimmen beispielsweise Ladungsdefizite ökologisch sehr relevante Bodenprozesse, bis zur ganzen Erde, die auch von punktuell emittierten Schadstoffen

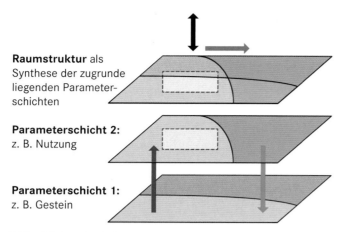

Raumstruktur als Synthese der zugrunde liegenden Parameterschichten

Parameterschicht 2: z. B. Nutzung

Parameterschicht 1: z. B. Gestein

Abb. 13.2 Das Erscheinungsbild der Landschaft wird durch horizontale „Parameterschichten" wie Gestein, Klima, Bodendecke und Vegetation geprägt. Diese sind im Raum differenziert und beeinflussen sich unterschiedlich stark. So beeinflusst das Klima das Ausgangsgestein kaum, den Boden hingegen schon, während Boden und Klima einen immensen Einfluss auf die Vegetation haben. Da menschliche Einflüsse von der Landschaftsökologie ausdrücklich mit einbezogen werden, ist die anthropogene Nutzung in vielen Landschaften eine wichtige Parameterschicht. Die gegenseitige Beeinflussung der Parameterschichten wird durch die vertikalen Pfeile ausgedrückt. So kann beispielsweise Kalziumkarbonat vom Gestein an die Bodenoberfläche transportiert werden (roter Pfeil) und im Wasser gelöste Stoffe werden oft vom Oberboden in das Gestein verlagert (grüner Pfeil). Die Prozesse können im Austausch mit der Atmosphäre und in beiden Richtungen stattfinden (schwarzer Pfeil), wie es beispielsweise beim Wasser der Fall ist. Auch laterale Prozesse (blauer Pfeil) prägen die Landschaftsstruktur; die Bodenerosion ist hierfür ein gutes Beispiel.

beeinflusst wird. Trotzdem findet in der Forschung eine Konzentration auf Räume in einem „mittleren" Skalenbereich statt, der durch das landschaftliche Erscheinungsbild am besten erfahrbar ist. Vor allem dort haben landschaftsökologische Prozessforschung und Ökosystemforschung in den letzten Jahrzehnten große Fortschritte bei der Analyse der Skalenabhängigkeit ökologischer Prozesse gemacht. Unabhängig davon werden landschaftsökologische Raumeinheiten seit den 1930er-Jahren mit unterschiedlichen Begriffen benannt: Für die Einheit, in der die beteiligten Sphären (oder „Parameterschichten"; Abb. 13.2) einen homogenen Raum bilden, hat Löffler (2002) den Begriff „Econ" eingeführt, der von Leser & Löffler (2017) als „Ökon" übersetzt wurde. Im deutschen Sprachraum hat sich die Benennung der folgenden Maßstabsebenen weitgehend durchgesetzt (ebd.):

- Die **topische Dimension** kennzeichnet ein Areal mit gleicher Struktur, einem gleichen Wirkungsgefüge und somit einem einheitlichen Mechanismus des stofflichen und energetischen Inhalts, also gleicher ökologischer Verhaltensweisen, ein **Ökotop**.
- Die **chorische Dimension** kennzeichnet eine Raumeinheit, die sich aus mehreren Ökotopen („Ökotopgefüge") zusammensetzt, die miteinander genetisch und aktual-dynamisch verbunden sind, die Chore.
- Die **regionische Dimension** beschreibt landschaftsökologische **Regionen**, die sich durch landschaftsökologische Raumtypen, also durch Makrorelief, Vegetations- oder Klimaver-

hältnisse kennzeichnen. Regionen dieser Dimension lassen sich allenfalls noch teilweise aus zugrundeliegenden Choren ableiten.
- Die **geosphärische Dimension** beschreibt großräumige Zonen, die sich von den benachbarten Räumen visuell oder ökofunktional unterscheiden. Landschaftsökologische **Zonen** werden in erster Linie vom Klima (und damit auch von der Vegetation) bestimmt.

Gemäß der von Ernst Neef erarbeiteten Theorie der geographischen Dimensionen (Neef 1967, ausführlich aktuell diskutiert in Leser & Löffler 2017) existiert für die genannten Dimensionen eine angepasste Vorgehensweise. Für die Erforschung der landschaftsökologisch relevanten Prozesse in der topischen Dimension existiert eine Methodik, die in vielen Projekten der Ökosystemforschung angewandt wird. Diese Methodik ist natürlich an die jeweilige Fragestellung angepasst, doch im Wesentlichen erfordert sie die Bestimmung vieler Parameter, die im folgenden Abschn. 13.2 genannt sind. Ohne dass der dort verwendete Begriff „Landschaftsökologische Komplexanalyse" (Mosimann 1984) eine breite Verwendung außerhalb der deutschsprachigen Geographie gefunden hätte, gibt es doch einen Konsens, welche Parameter zur Erforschung der Ökotopskala notwendig sind. Diese gelten, etwas eingeschränkt, auch für die chorische Dimension. Für die Gewinnung landschaftsökologischer Daten in der regionischen und geosphärischen Dimension werden hingegen eher reduktionistisch angelegte *top-down*-Ansätze verwendet, die von großräumig modellierten Daten auf kleinere Flächen herunterskalieren. Die Problematik der verwirrenden Begriffsvielfalt, des theoriegeleiteten, aber in der Praxis nicht abgesicherten Übergangs zwischen den skalenspezifischen Ansätzen und der methodischen Unklarheiten wird in Leser & Löffler (2017) diskutiert.

In der Praxis ergibt sich daraus die Notwendigkeit einer sehr gut überlegten Auswahl der Untersuchungsstandorte. Hierbei ist deren Repräsentativität zu beachten, und (mikro-)klimatische oder geomorphologische Besonderheiten sind zu berücksichtigen. Von überragender Bedeutung sind die Lage im Relief und der Wasserhaushalt des Untersuchungsraums. Idealerweise ist ein Untersuchungsgebiet in der topischen Dimension auch ein Wassereinzugsgebiet, oder es wird zumindest versucht, die Wasserbewegung entlang eines Hanges nachzuvollziehen. Die **Übertragbarkeit** der am Punkt gewonnenen Ergebnisse auf größere Flächen ist eine große Herausforderung, weshalb es wichtig ist, abhängig vom Untersuchungsobjekt die richtige räumliche Skala zu wählen. Bei Vegetationsaufnahmen z. B. gilt es, das Minimumareal zu berücksichtigen. Eine adäquate Anzahl von Wiederholungen unter Vermeidung räumlicher Autokorrelation sichert die Repräsentativität der Ergebnisse vor Ort ab. Empfehlenswert ist ebenfalls die Einrichtung von kleinen Bereichen mit weit höherer Dichte an Messstellen und innerhalb dieser „Nester" eine noch kleinere Zone mit noch höherer Dichte an Messstellen. Ein solcher Aufbau wird als „genestet" oder „doppelt genestet" bezeichnet und dient der Generierung von Semivariogrammen, welche die räumliche Abweichung eines Parameters von der Entfernung vom Referenzpunkt beschreiben. Ein Ergebnis einer solchen Analyse per Semivariogramm kann sein, dass der Parameter sich sehr graduell ändert. Bei einer solchen Situation ist es möglicherweise der falsche Ansatz, bei Über- oder Unterschreitung

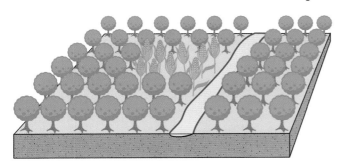

Abb. 13.3 Das Patch-Matrix-Modell sieht die dominante Oberflächenbedeckung als „Matrix", in die sich von der Matrix unterscheidende Flecken (*patches*) eingestreut sein können. Lineare Elemente in der Matrix werden als Korridore (*corridors*) bezeichnet. In der Abbildung bildet ein Wald die Matrix, in der sich ein Fleck mit Maisanbau und ein Fluss als Korridor befinden.

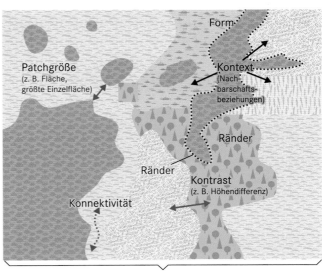

Abb. 13.4 Vereinfachte Landschaft mit einigen Maßen zur Beschreibung der Struktur der Landschaft. Wichtige Landschaftsstrukturmaße sind Patch-Größe, Konnektivität (beschreibt, ob innerhalb einer Landschaftseinheit eine Verbindung besteht), die Form der Ränder (Breite, Linearität, Länge), der Kontext (zur Beschreibung der Nachbarschaftsbeziehungen eines Flächentyps), die Schärfe des Kontrasts zwischen Landschaftseinheiten und deren Form. Reichtum beschreibt die Anzahl der verschiedenen Flächentypen und Gleichmäßigkeit die Gleichwertigkeit der Flächen (verändert nach Walz 2013).

eines Schwellenwerts eine scharfe Grenze im Raum zu ziehen, sondern besser diesen Raum als **Ökoton**, also als Zone des graduellen Übergangs zu beschreiben. Eine ausführliche Auseinandersetzung mit Ökotonen findet sich in Steinhardt et al. (2005).

Auch die enorme Spannweite der für die Landschaftsökologie wichtigen **zeitlichen Dimensionen** ist eine große methodische Herausforderung. Es gibt keinen landschaftsökologisch irrelevanten Zeitraum, denn die Photosynthese variiert innerhalb von Sekunden, während einige geologische Prozesse sich über Jahrmillionen erstrecken können. Da aber sowohl biologische als auch geologische Prozesse für die Prägung des Raums verantwortlich sind, muss die Landschaftsökologie einen Weg finden, zwischen sich räumlich nicht manifestierenden, messbaren und nicht messbaren Prozessen zu unterscheiden. So wird auch das Problem der landschaftsökologischen Zeitskalen zwangsläufig pragmatisch gelöst. Es wird anerkannt, dass ein Jahr der kleinste sinnvolle Untersuchungszeitraum in der Landschaftsökologie ist, da viele ökologische Prozesse fast überall auf der Erde einer saisonalen Steuerung unterliegen. Ebenso wird anerkannt, dass langjährige Untersuchungen anzustreben sind und dass einige ökologische Prozesse sich erst nach Jahren manifestieren (Emergenz). Meist setzen die Finanzierung oder andere menschgemachte Faktoren dem Untersuchungszeitraum Grenzen. Wichtige Fakten zu zeitlichen Skalen in der Ökologie seien im Folgenden genannt (verändert und zusammengefasst nach Chapin et al. 2012):

- Ökosysteme zeigen immer eine Reaktion auf vergangene Änderungen und auf aktuelle Umweltbedingungen.
- In den letzten 50 Jahren haben Menschen Ökosysteme stärker als jemals zuvor verändert.
- Ökosysteme, die wir heute antreffen, hängen nicht nur von den gegenwärtigen Umweltbedingungen ab, sondern erklären sich auch aus ererbten Bedingungen (*legacies*). Daraus ergibt sich, dass sich in einer gegebenen Umwelt unterschiedliche stabile Zustände (*stable state, steady state*) einstellen können.
- Die Reaktion von Ökosystemen auf Umweltwandel wird von deren Beharrungsvermögen (Resilienz) und Schwellenwerten bestimmt.
- Störungen lösen oft den Übergang in völlig neue Ökosystemzustände (*regime shift*) aus.

Aus diesen Punkten ergibt sich, dass die Standortanalyse einer Einschätzung wichtiger Parameter der landschaftsökologisch relevanten zeitlichen Skalen bedarf. Hierzu gehören z. B. die Phase der Vegetation innerhalb der Sukzession, die Frequenz des Auftretens von Feuern oder die Neigung zu geomorphologisch indizierten Störungen. Abhängig von der Fragestellung werden Daten, die in sehr unterschiedlichen Zeitfenstern variieren, aufgenommen.

Landschaftsstrukturmaße

Die Erforschung der Struktur der Landschaft wird durch Fortschritte in der **Fernerkundung** und bei **Geographischen Informationssystemen (GIS)** vorangetrieben. Es ist heute einfach, mithilfe von GIS die Struktur der Landschaft mit quantitativen Maßzahlen zu beschreiben. Dieser Beschreibung liegt das Patch-Matrix-Modell (Turner 2015) zugrunde. Dieses Modell sieht die Landschaft als von einer dominanten Oberflächenstruktur (Matrix) eingenommenen Raum, in den fleckenförmige (*patches*) oder linienhafte (*corridors*) Strukturen eingestreut sind (Abb. 13.3). Diese Sichtweise der Landschaft ist notwendigerweise (und absichtlich) stark vereinfachend und diese Vereinfachung ermöglicht es, mithilfe von Software, diese Strukturen quantitativ zu analysieren (Abb. 13.4). Die gängigste Software zur Landschaftsstrukturanalyse ist das frei verfügbare Programm FRAGSTATS (McGarigal et al. 2012). Mittlerweile können eine

I. Maße für einzelne Landschaftselemente	
Flächenmaße	
Flächengröße	Patchgröße, Standardabweichung der Patchgröße
größte Einzelfläche	Fläche der größten Einzelfläche einer Klasse
Formmaße	
Umfang-Flächen-Verhältnis	Zusammenhang zwischen Fläche und Umfang
Form-Indizes	Vergleich zu einer Standardform
Kantenmaße	
Form der Ränder	Breite (Saum), Kontinuität, Linearität, Länge
Lagebeziehungs- bzw. Nachbarschaftsmaße	
Flächenausrichtung	Position relativ zu einem gerichteten Prozess (z. B. Wasserabfluss, Wanderungslinien)
Kontext	Matrix der Nachbarschaftsbeziehungen eines Flächentyps
Konnektivität	Grad der Vernetzung (z. B. durch Korridore)
Isolation	Distanz zum nächsten Nachbarn
Kernflächenmaße	
Anzahl Kernflächen	Anzahl der Kernflächen
Anteil Kernfläche	Gesamtkernfläche einer Klasse, Kernflächenindex
Abstandsflächenmaße	
Pufferzonen	Analyse der Pufferzonen um Objekte
Kontrastmaße	
Höhendifferenz Differenz Naturnähe	Differenz der Merkmalsausprägung bzw. Wertigkeit benachbarter Flächen
II. Maße für Landschaftsmosaike (Klassen- und Landschaftsebene)	
Grenz-/Kantenmaße	
Randdichte	Häufigkeit bzw. Dichte von Rändern
Diversitätsmaße	
Reichtum	Anzahl der verschiedenen Flächentypen
Shannon-Diversität	Anzahl und Fläche der verschiedenen Flächentypen
Proportion	prozentuale Anteile der Klassen
Verteilungsmaße	
Dispersion	Verteilungsmuster von Flächentypen über einen Raum
Gleichmäßigkeit	Gleichwertigkeit der Anzahl/Flächen von Flächentypen
Zerschneidungsmaße	
Größe, Anzahl	Größe und Anzahl unzerschnittener Flächen
Unterteilung	*Landscape Division Index* (Landschaftszerteilungsindex) *Effective Mesh Size* (effektive Maschenweite)

Tab. 13.1 Gliederung und Beispiele von Landschaftsstrukturmaßen (verändert nach Walz 2013).

Vielzahl von Strukturen in der Landschaft beschrieben werden und es wurde die Datenbank IDEFIX für Landschaftsstrukturmaße eingerichtet (Klug et al. 2003). Tab. 13.1. gibt einen Überblick über derzeit verwendete Landschaftsstrukturmaße.

Die Analyse von Strukturen mithilfe von Landschaftsstrukturmaßen und die sich daraus ergebenden Anwendungen sind für viele, meist in der Biologie sozialisierte Landschaftsökologen Hauptinhalt der landschaftsökologischen Forschung. Es dienen jedoch alle beschriebenen Ansätze dem Ziel, die Strukturen im Raum und die den Strukturen zugrunde liegenden Prozesse zu erklären. Dieses Ziel lässt sich am besten erreichen, wenn die verschiedenen landschaftsökologischen Ansätze parallel verfolgt werden. Hierfür ist ein Verständnis der relevanten Prozesse notwendig.

Landschaftsökologisch relevante Prozesse

Ebenso wie alle räumlichen und zeitlichen Skalen grundsätzlich landschaftsökologisch relevant sind, sind auch alle sich im Landschaftsökosystem abspielenden Prozesse grundsätzlich relevant. Die wichtigsten Prozesse im Ökosystem werden von Lebewesen und unbelebter Materie gesteuert, wobei von Lebewesen gänzlich unbeeinflusste Bereiche an der Erdoberfläche sehr selten sind und die meisten relevanten Prozesse in einem engen Zusammenspiel von lebendiger und unbelebter Materie stattfinden. Die wichtigsten Interaktionen im Ökosystem finden an der Schnittstelle von Atmosphäre, Biosphäre, Pedosphäre, Hydrosphäre und Lithosphäre statt, also in dem Bereich zwischen oberflächennaher Atmosphäre und dem Grundwasserspiegel. Dies ist auch der Raum, dessen Prozesse in der Landschaftsökologie untersucht werden (Abschn. 13.2).

Die **Pedosphäre** kann als der Raum interpretiert werden, in dem sich die genannten Sphären am engsten vernetzen, daher liegt ein besonderes Interesse in der Bestimmung von Prozessen im Boden, die vor allem vom Wassergehalt und der Temperatur des Bodens gesteuert werden. Dies betrifft alle chemisch und biologisch gesteuerten Vorgänge wie die Mineralisierung von organischen Substanzen, die Verwitterung und Tonmineralneubildung, die Nährstoffaufnahme von Pflanzen sowie einige geomorphologische Prozesse. An der oberflächennahen **Atmosphäre** wird das landschaftsökologische Geschehen ebenfalls von Temperatur und Feuchtigkeit, nur diesmal der Luft, gesteuert. Des Weiteren sind Globalstrahlung und photosynthetisch aktive Strahlung sowie der Strahlungshaushalt und die Evapotranspiration der Erdoberfläche und Pflanzendecke ebenfalls wichtige Regulatoren des Stoff- und Energiehaushalts.

Die Bewegung des Bodenwassers lässt sich durch detaillierte Untersuchung des Grundwasserspiegels und der Bodenfeuchtigkeit beschreiben; für die bei einigen Fragestellungen wichtige Untersuchung des Chemismus des Bodenwassers stehen seit Kurzem leistungsfähige Multiparametersonden zur Verfügung, die hierzu zeitlich hochaufgelöste Daten liefern können. Der Weg des Oberflächenwassers über Niederschlag und Oberflächenabfluss reguliert viele Prozesse im Landschaftsökosystem. Partikelgebundene Stoffumlagerungen sind in vielen Agrarlandschaften und Gebirgen wichtige Steuerfaktoren des Ökosystems, die im Ackerland oder bei bewegtem Relief untersucht werden sollten. Neben den hier genannten „dynamischen" Parametern, die laufend mithilfe von Datenloggern aufgezeichnet werden, müssen selbstverständlich zunächst (und ggf. immer wieder) „statische" Parameter aufgenommen werden.

Zu diesen **statischen Parametern** gehören die geologische und klimatische Situation, die Böden mit Bodenprofilbeschreibungen in Toposequenzen und die Analyse der wichtigsten Bodenparameter wie Korngrößenverteilung, gesättigte und ungesättigte Leitfähigkeit, pH-Wert, Kationenaustauschkapazität sowie der Gehalt an organischem Kohlenstoff und Stickstoff und die Humusform. Vegetationsökologische Parameter sind ebenfalls wichtig, denn sie beeinflussen die Dynamik vieler Nährstoffe und der organischen Bodensubstanz sowie das Habitat für viele Tiere. Hierzu sind Vegetationskartierungen zu phänologisch sinnvollen Zeitpunkten notwendig.

Schließlich ist der **Mensch** als entscheidender landschaftsökologischer Akteur zu berücksichtigen. Aufgegebene Landnutzungen können sich noch über Jahrhunderte hinweg als entscheidende ökologische Faktoren herausstellen; so dokumentierten Gleixner et al. (2009) eine erhöhte Kohlenstoffspeicherung von „ungestörten" Wäldern als Konsequenz des historischen Kohlenstoffexports. Die angesprochenen Wälder wurden im Mittelalter und der frühen Neuzeit für Einstreu von Ställen, Tiermast und als Quelle von jungen Trieben genutzt, ohne die großen Bäume zu ernten. Somit hagerte der Wald an Kohlenstoff aus, obwohl die alten Bäume den Eindruck eines ungestörten Ökosystems

vermittelten. Heute, nach Aufgabe der genannten Nutzungen, speichert der Wald große Mengen Kohlenstoff, die sich im Boden wiederfinden. Umso klarer ist die Notwendigkeit, aktuelle Landnutzungen, auch im Umfeld des Untersuchungsraums, zu dokumentieren, da sie über atmosphärische und wassergebundene Nährstoffeinträge die Funktionsweise des Ökosystems beeinflussen können.

Landschaftsökologische Modelle

Aus den hier diskutierten Ausführungen zu Skalen und Prozessen ergibt sich, dass Modelle ein unverzichtbarer Bestandteil der Landschaftsökologie sind. Der Sinn, Modelle zu verwenden, ergibt sich aus folgenden Punkten:

- Nur mithilfe von Modellen kann der Übergang von kleinräumig, also im *bottom-up*-Ansatz in der topischen Dimension gewonnenen Daten zu Daten für größere Räume, die eher mit herunterskalierenden Verfahren (also *top-down*) gewonnen wurden, gelingen.
- Das quantitative Modellieren schult das Systemverständnis. Das Modellieren als iterativer Prozess konfrontiert den Bearbeiter oft mit überraschenden Ergebnissen, die ihn dazu bringen, die eigenen Prämissen zu überarbeiten und das Modell ggf. neu zu konzipieren.
- Die räumliche und zeitliche Extrapolation – auch in der topischen Dimension – ist nur mithilfe der Modellierung zu bewerkstelligen; bereits die Erstellung eines Semivariogramms ist ein Modellierungsvorgang.
- Letztendlich ist das Ergebnis des Modells, also die Zahl nicht das einzige Ziel, denn der Modellierungsprozess schult das Prozessverständnis.

Auf Basis der beschriebenen Komplexität der beteiligten Prozesse und der zu berücksichtigenden Skalen verwundert es nicht, dass umfassende landschaftsökologische Modelle meist nur auf der konzeptionellen Ebene existieren (Leser & Löffler 2017). Nur in wenigen Fällen konnten Projekte zur Ökosystemforschung solch umfassende Modelle realisieren. Leser & Löffler (2017) nennen die Projekte an der Bornhöveder Seenkette in Schleswig-Holstein und am Hubbard Brook in den USA als gelungene Beispiele, während sonst in der Regel nur Subsysteme messend und modellierend umgesetzt werden können. Daher ist es pragmatisch und sinnvoll, sich zunächst auf das Machbare zu konzentrieren und **Teilsysteme** zu untersuchen. Bei deren Messung und Modellierung hat die Ökosystemforschung bereits große Fortschritte hin zum Verständnis unserer Umwelt gemacht. Eine ausführliche Erörterung von Modellen in der Landschaftsökologie inklusive Anwendungsbeispielen findet sich in Gerold (2016).

Ein Modell, das ein solches Teilsystem umfasst, ist der Kohlenstoffumsatz in Hochmooren (Abb. 13.5). Aufgrund seiner Geomorphologie (Oberflächenprozesse spielen keine Rolle), der einfachen hydrologischen Struktur (die Niederschläge sind

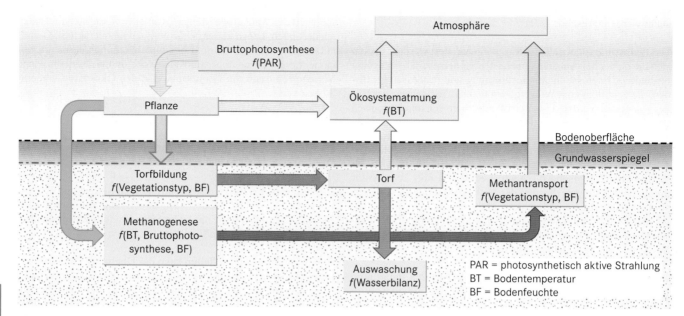

Abb. 13.5 Die Abbildung zeigt Speicher und Prozesse mit Steuerfaktoren der Prozesse ($f(x)$). Es ist erkennbar, dass abiotische und biotische Faktoren den Kohlenstoffumsatz steuern. Rückkoppelungen (z. B. zwischen Bruttophotosynthese und Methanogenese) werden deutlich. Aus diesem Modell ergeben sich auch messtechnische Anforderungen zur Erfassung der Parameter, die für die Modellierung notwendig sind.

die einzige Wasserquelle), seines chemischen Zustands (bei dem niedrigen pH-Wert liegt Kohlenstoff nicht als Kalzium- oder Magnesiumkarbonat vor) und einer überschaubaren Anzahl an beteiligten Artengruppen an Tieren und Pflanzen lassen sich die Parameter für das Modell relativ einfach bestimmen und die Modellstruktur bleibt überschaubar. In der vorliegenden oder einer ähnlichen Struktur wurde das Modell für viele Hochmoore erprobt, und es konnten Daten gewonnen werden, die in globalen Zirkulationsmodellen dazu dienen, den weltweiten Kohlenstoffkreislauf zu beschreiben. Auf angewandter Ebene findet das Modell Verwendung bei der Quantifizierung des Beitrags unterschiedlich genutzter Moore zur Treibhausgasfreisetzung Deutschlands und zur Umsetzung einer bundesweiten klimaschonenden Moornutzung durch die Agrarpolitik.

Anwendungen der Landschaftsökologie

Die weltweiten Umweltprobleme und deren verstärkte Wahrnehmung haben viele Aktivitäten zur Folge, die versuchen, diesen Problemen zu begegnen. Es wurde erkannt, dass es notwendig ist, **Landnutzungsmanagement** zu betreiben. Die Landwirtschaft hat unter der Prämisse der Nachhaltigkeit „biologische/ ökologische" Wege der Bewirtschaftung entwickelt bzw. wiederentdeckt. Landschaftspflege und Naturschutz sind wichtige Instrumente zur Erhaltung einer vielfältigen Kulturlandschaft mit – je nach Region – größeren oder sehr kleinen Inseln der Natur, und auch der Zusammenhang zwischen Landnutzung und Klimawandel wurde erkannt.

Fragen der nachhaltigen Landnutzung stehen somit im Zentrum der politischen Diskussion und bilden ein wichtiges Arbeitsfeld der Angewandten Landschaftsökologie. Landschaftsökologische Ansätze und Methoden wie die GIS-gestützte Landschaftsanalyse, Nähr- und Schadstoffbilanzierungen auf Landschaftsskala und das holistische Landschaftsverständnis sind wichtige Elemente in **Landschaftsplanung** und **Naturschutz**. Schneider-Sliwa et al. (1999) liefern in ihrem Sammelband eine umfassende Basis zur Erkundung des Spektrums der Angewandten Landschaftsökologie, von dem an dieser Stelle nur ausgewählte Felder und Perspektiven angerissen werden können.

Es ist evident, dass die Verwendung von Landschaftsstrukturmaßen der Landschaftsplanung und dem Naturschutz ein weites Feld bietet. Der Begriff „Korridor" ist im Naturschutz üblich und die Erhaltung sowie der Ausbau von linear angeordneten Gehölzstrukturen sind wichtige Faktoren zur Sicherstellung der Biotopvernetzung. Auf übergeordneter Ebene ist die Schaffung derartiger Strukturen ein wichtiges Element im **Konzept der differenzierten Landnutzung** (Haber 1998; Abb. 13.6), das in Naturschutz und Angewandter Landschaftsökologie auf breite Resonanz stößt.

Das Konzept der **Ökosystemdienstleistungen** (*ecosystem services*) ist in den letzten 20 Jahren entstanden. 1997 bezifferte Costanza et al. die Leistung der Ökosysteme der Erde für den Menschen auf mindestens 33 Billionen US-Dollar/Jahr. 2005 wurde das „*Milllenium Ecosystem Assessment*" (MEA) als Synthese publiziert (Millenium Ecosystem Assessment 2005). Das MEA definiert Ökosystemdienstleistungen als Nutzen, den Menschen aus Ökosystemen gewinnen. Aufgrund der durch das Konzept gelieferten umfassenden Bewertung der Ökosysteme

Maismonokultur:
undifferenzierte Landnutzung, verursacht starken Eingriff (Erosion)

differenzierte Landnutzung und Verteilung der Eingriffe

differenzierte Landnutzung kombiniert mit Anreicherung der Landschaft mit natürlichen Strukturen (Erhöhung der biologischen Vielfalt)

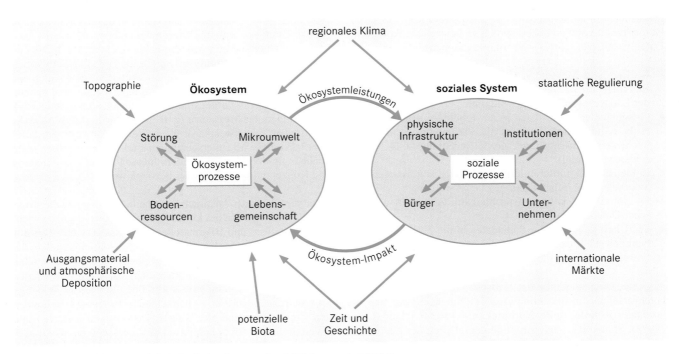

Mais

B

Brache   Kartoffeln   W

B

W

Zuckerrüben   Mais

Brache   Kartoffeln   W

B

W

Zuckerrüben   Mais

H

B

B

B

B = Bach, H = Hecke, W = Wiese

Abb. 13.6 Das Konzept der differenzierten Landnutzung (verändert nach Haber 2007).

Kapitel 13

regionales Klima

Topographie

Ökosystem

Ökosystemleistungen

soziales System

staatliche Regulierung

Störung   Mikroumwelt

Ökosystem-prozesse

Boden-ressourcen   Lebens-gemeinschaft

physische Infrastruktur   Institutionen

soziale Prozesse

Bürger   Unter-nehmen

Ausgangsmaterial und atmosphärische Deposition

Ökosystem-Impakt

internationale Märkte

potenzielle Biota

Zeit und Geschichte

Abb. 13.7 Steuerfaktoren sozial-ökologischer Systeme (nach Whiteman et al. 2004).

für die Menschen (Abb. 13.21) hat es viele weitere Untersuchungen ausgelöst und ist zu einer wichtigen Inspiration für die Angewandte Landschaftsökologie geworden. Ökosystemdienstleistungen werden im MEA direkt mit dem menschlichen Wohlergehen gekoppelt. Die umfassend definierten Leistungen, die auch die ästhetisch-harmonische Komponente des vorwissenschaftlichen Landschaftsbegriffs aufgreift, liefern den Rahmen für landschaftsplanerisches Handeln und eine **Neubewertung** von Landschaften. Gegenwärtig haben internationale Forschungsprojekte dieses Konzept aufgegriffen und bearbeiten

die Zielkonflikte, die zur Erreichung unterschiedlicher Ökosystemdienstleistungen miteinander abgeglichen werden müssen. Letztendlich obliegt es der Gesellschaft, diese im Spannungsfeld der sozial-ökologischen Systeme auszuhandeln und regional optimierte Landnutzungen zu entwickeln (Abb. 13.7). Die Angewandte Landschaftsökologie liefert hierfür räumlich explizite Aussagen. Nur unter Berücksichtigung der landschaftlichen Perspektive, welche die Interaktion zwischen den Ökosystemen beachtet, ist nachhaltige Landnutzung möglich (Chapin et al. 2012).

13.2 Landschaftsökologische Datenerfassung

Gerhard Gerold

Landschaftsökologisches Arbeiten mit dem Anspruch der Analyse des ökologischen Wirkungsgefüges eines Landschaftsausschnittes wie auch der Prognosefähigkeit von Modellanwendungen erfordert einen erheblichen **Mess- und Datenaufwand**. Unter Berücksichtigung der geographischen Dimension, ökosystemarer Untersuchungsmethoden und der Modellvorstellungen vom „Landschaftsökosystem" hat sich eine Vielzahl fachdisziplinärer wie interdisziplinärer Analyse- und Bewertungsmethodiken entwickelt. Einführend zum Kapitel „Grundprobleme landschaftsökologischer Daten" schreibt Leser (1997a): „Ökosysteme sind *per se* nicht messbar, ebenso kann Landschaft nicht gemessen werden."

Problematisch hierbei ist, dass gemessene Einzelgrößen an einem Ort und zu einem Zeitpunkt Aussagen über ökologische Funktionen und räumliche Zusammenhänge liefern und darüber hinaus auch in komplexe Modelle integrierbar sein sollen. Die Besonderheit von und der Anspruch an landschaftsökologische Daten fasst Leser (1997a) wie folgt zusammen:

- Kartier- und Messdaten sind die wesentliche Grundlage, Exaktheit im strengen Sinne ist aufgrund der Komplexität der Landschaft nicht immer möglich.
- Ortsgebundene Basisdaten in der topologischen Dimension (z. B. Klimastation) besitzen als Stützpunktmessungen für flächenhafte Aussagen eine große Bedeutung (z. B. Niederschlagsverteilung).
- In kleinen und mittleren Maßstabsbereichen muss meist mit Sekundär- oder Schätzdaten gearbeitet werden.
- Es gibt eine Verknüpfungsproblematik landschaftsökologischer Daten.
- Die Übertragbarkeit der Punktdaten in die Fläche und deren räumliche Gültigkeit erweisen sich als zentrales methodisches Problem landschaftsökologischer Feldforschung.

Als eine Arbeitsmethode der landschaftsökologischen Grundlagenforschung in der topologischen Dimension hat sich die **landschaftsökologische Komplexanalyse** entwickelt (Leser 1997a). Sie hat das Ziel, Struktureigenschaften der Landschaft und ihr Beziehungsgefüge zu erfassen, um eine Landschaftstypisierung (z. B. Ökotop- oder Biotopdifferenzierung), Landschaftsbewertung (z. B. Biotopwert), prozessgestützte Bilanzierung (z. B. Wasserbilanz) und/oder Modellierung (z. B. Bodenerosion, Wasserhaushalt) zu ermöglichen (Gerold 2016).

Methoden der landschaftsökologischen Komplexanalyse

Wie das Schema der landschaftsökologischen Komplexanalyse zeigt (Abb. 13.8), wird im abstrakten Sinne ein dreidimensionaler Raumausschnitt in eine horizontale und vertikale Betrachtungsrichtung differenziert. Die flächenhafte Arbeitsweise (z. B. Kartierungen, Luft- und Satellitenbildauswertung) dient der Analyse der landschaftlichen Horizontalstruktur und wird durch eine vertikal geschichtete Erfassungsmethodik (z. B. Bodenansprache) ergänzt. Beiden Methoden liegt der ökosystemare Ansatz der **Kompartimentierung** des Landschaftskomplexes zugrunde, welcher Einzelmerkmale (Niederschlag, Temperatur, Bodenart) in ihrer Verbreitung oder vertikalen Abfolge erfasst, um aus der Merkmalskombination typische Landschaftsstrukturen oder Funktionen in der Landschaft charakterisieren zu können.

Während in der wissenschaftstheoretischen und forschungspraktischen Entwicklung der Methodik in Europa (**Geoökologischer Arbeitsgang** = GAG; Leser 1997a, Mosimann 1984) die horizontale Betrachtung auf die flächenhafte Erfassung der Landschaftsstruktur und die vertikale Betrachtung auf lokale Funktionen bis hin zu Stoff- und Energiebilanzen gerichtet ist, wird in Nordamerika in der *landscape ecology* vor allem das Anordnungsmuster der Landschaften (*pattern*) mit ihren ökologischen Funktionen untersucht. Für die landschaftsökologische Methodik und Datenerfassung sind zwei grundlegende Bereiche nach Leser (1997a) und Mosimann (1984) zu definieren: So dient die ausstattungsorientierte **Differenzialanalyse** vielfach der Auswahl der Untersuchungsstandorte für die sich anschließende **komplexe Standortanalyse**, welche die lokalen Funktionen und gegenseitigen Abhängigkeiten erfasst. Dabei sollen die vertikalen Funktionszusammenhänge repräsentativ und anhand der statischen Ausstattungsmerkmale wie auch temporärer und/oder wandernder Messnetze (z. B. Niederschlag) in die Fläche übertragbar sein (Steinhardt et al. 2005). Für konkrete landschaftsökologische Untersuchungen sind beide Verfahren nicht unabhängig voneinander, sondern müssen in der Vorerkundung und Konzeptphase aufeinander bezogen werden.

Es besteht dabei der Anspruch, am Standort/Messplatz die strukturellen Grundgrößen des Landschaftshaushalts mit seinen wichtigsten Prozess- und Bilanzgrößen zu erfassen. Unter **Grundgrößen** versteht man die strukturellen Ausstattungsgrößen, die sich im Normalfall nur langsam verändern und sich aus stabilen Einzelmerkmalen oder Kombinationen von Einzelmerkmalen zusammensetzen (Steinhardt et al. 2005; Tab. 13.2). Wichtige im Landschaftshaushalt zu betrachtende **Prozesse** beschreiben den Umsatz von Energie, Wasser, gasförmigen, gelösten und festen Stoffen in der Landschaft. Die Prozesse in ihrem Ausmaß (Quantität) und Zeitablauf (Variabilität) bestimmen die **ökologischen Funktionen** wie Lebensraumfunktion (z. B. biotische Produktivität), Regulationsfunktion (z. B. Bodenfilterfunktion gegenüber Schadstoffen) und die Entwicklung (Evolution) von Ökosystemen. Prozesse lassen sich in ihrer Einzelwirkung (z. B. Infiltration/Tiefensickerung und Grundwasserneubildung) oder in ihrem Prozessgefüge (z. B. Nettoprimärproduktivität [NPP] der Pflanze aus Bruttoprimärproduktivität [Photosynthese] und Pflanzenrespiration [CO_2-Abgabe]) betrachten. Bilanzgrößen erfassen das zeitliche Integral ökologischer Prozessgefüge, die Teile des Landschaftshaushalts ausmachen (z. B. NPP des immergrünen Regenwaldes = 2200 g m^{-2} a^{-1}, Nettobiomproduktivität Regenwald = 0, jährliche C-Speicherung des immergrünen Regenwaldes = 0,5 mg C ha^{-1} a^{-1}, vertikale Wasserbilanz des im-

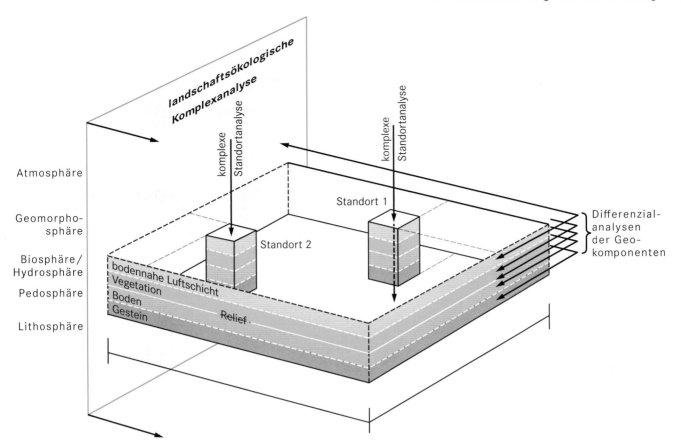

Abb. 13.8 Schema der landschaftsökologischen Komplexanalyse (verändert nach Mosimann 1984).

mergrünen Regenwaldes mit Verdunstung = 1800 mm pro Jahr aus 3000 mm Niederschlag minus 1200 mm Tiefensickerung).

Die komplexe Standortanalyse erfasst am Standort/Messplatz die strukturellen Grundgrößen und analysiert die wichtigsten Prozessgrößen in ihrer zeitlichen Varianz, um daraus Bilanzen zur Charakterisierung des naturhaushaltlichen Wirkungsgefüges des Ökotops abzuleiten. Während die eher statischen Grundgrößen (stabile Merkmale) einmalig erfasst werden können, stellt sich immer bei den Prozessgrößen im Verhältnis von Zeitaufwand und Ergebnisaussage die Frage nach der Messhäufigkeit (Messintervalle) und Messdauer. Aus Gründen der Praktikabilität (Zeitbudget, Finanzierung) muss meist ein Kompromiss zwischen Aussagegenauigkeit und Messgenauigkeit getroffen werden. Es ist jedoch nicht nur eine Frage der Praktikabilität, sondern auch der zeitlichen Dimension der Prozesse mit ihrer Varianz, Intensität, Frequenz und Andauer/Reichweite pro Zeiteinheit. Landschaftshaushaltliche Prozesse sind in Bezug auf die Zeit in eine Hierarchie der Prozesse einzuordnen (kurzfristige oder längerfristige Prozesse), nach der sich die Messhäufigkeit mit bestimmt (**zeitliches Skalenkonzept**; Tab. 13.3).

Für Landschaftsplanung, Landnutzungsplanung und Naturschutz wird vielfach aufgrund des Zeit- und Kostenaufwandes allein die Differenzialanalyse eingesetzt, um aus den Aufnahmen (Kartierungen), digitalen Landschaftsdaten (z. B. NIBIS) oder Kartenwerken (z. B. ATKIS) landschaftsbezogene Aussagen wie Biotop- oder Pedohydrotopdifferenzierung abzuleiten (Bastian & Schreiber 1999).

Horizontalstruktur der Landschaft

Das räumliche Muster der Landschaften setzt sich aus den Merkmalskombinationen der Kompartimente Atmo-, Geomorpho-, Bio-/Hydro-, Pedo- und Lithosphäre zusammen (Abb. 13.8), welche in ihrer Vergesellschaftung das Landschaftsgefüge charakterisieren. Dieses wird in Abhängigkeit von der Betrachtungsdimension (Tope, Chore oder Region) über Inventar, Anordnungsmuster und Nachbarschaftsbeziehungen typisiert.

Zur Erfassung der Horizontalstruktur der Landschaft stehen eine Vielzahl von Methoden, Karten- und Datengrundlagen zur Verfügung. Im Sinne der landschaftsökologischen Differenzialanalyse ist ein **Merkmalsinventar** zu erstellen, welches sowohl die eher stabilen Ausstattungskomponenten (Relief, Substrat, Boden, Vegetation) als auch die dynamischen Komponenten (Klima, Wasser) umfasst (Tab. 13.2). Jede Geokomponente wiederum setzt sich ihrerseits aus einer Vielzahl von Landschaftselementen zusammen. Mit der landschaftsökologischen Komplexanalyse und der Verwendung landschaftsökologischer Daten sind gegenüber den Fachkartierungen von Geologie, Bodenkunde,

Tab. 13.2 Strukturelle Grundgrößen, Prozess- und Bilanzgrößen des Landschaftshaushalts (verändert nach Steinhardt et al. 2005).

strukturelle Grundgrößen	
Relief	Formentyp, Genese, Höhe, Position, Exposition, Neigung, Wölbung
Substrat und Boden	Typ, Gründigkeit, Körnung, Steingehalt, Volumenverhältnisse, Humusgehalt, Humusform, Sorptionskapazität, Karbonatgehalt, Nährstoffgehalt, Bodenfeuchte
Vegetation	Formation, Biotoptyp, Schichtung, Pflanzengesellschaft, ökologische Artengruppen, Zeigerpflanzen, Lebensformen
Klima	Klimatyp, Witterungsablauf, geländeklimatische Besonderheiten
Wasser	Fluss- bzw. Seentyp, Grundwassertiefe, Chemismus von Oberflächen- und Grundwasser
Prozessgrößen mit Kennwertcharakter	
Relief	Denudationsrate, Erosionsrate
Substrat und Boden	Vorrat organischer Substanz, Zersetzungsrate
Klima	Einstrahlung, Ausstrahlung, Niederschlag, Verdunstung, Temperaturgang, dominante Windrichtung
Wasser	Versickerung, Zu- und Abfluss, Chemismus
Bilanzgrößen	
Klima	Energiebilanz
Boden	Nährstoffbilanz, Bodenfeuchtebilanz
Wasser	Wasserbilanz (Oberflächen- und Grundwasser)
Vegetation	pflanzliche Stoffbilanz

Geomorphologie und Geobotanik jedoch andere Zielsetzungen verbunden, die auf eine ganzheitliche Landschaftstypisierung mit Kennzeichnung ökologischer Funktionen abzielen. Dies bedeutet, dass bei landschaftsökologischen Arbeiten eine andere Merkmalsauswahl und -gewichtung vorzunehmen ist.

Die **Differentialanalyse** stellt die Grundmethodik zur Erfassung der Landschaft in ihrer Horizontalstruktur anhand stabiler Grundgrößen dar und kann sowohl in der chorischen wie topischen Dimension angewandt werden (Gerold 2016). Die Arbeitsschritte der Differentialanalyse umfassen damit die klassischen Instrumentarien der Kartierungs- und Geländeaufnahmemethoden der jeweiligen Fachdisziplinen, zunehmend ergänzt oder teilweise ersetzt (z. B. Geländeklima, Reliefmerkmale) durch digitale Fernerkundungs- und GIS-Anwendungen. Eine Zusammenstellung der verschiedenen Methoden zur Erfassung der Kompartimente ist zu finden in Marks et al. (1992), Bastian & Schreiber (1994) und Barsch et al. (2000). So wurde die geoökologische Basiskarte (GÖK 25) aus der Verschneidung der Geokomponenten Boden/Bodenwasser, Vegetation, Topographie und Morphographie und Klima erzeugt. Die zugehörigen Merkmalsdateien wurden nach der Kartieranleitung „Geoökologische Karte 1:25 000" aufgenommen. Ziel der Geoökologischen Kartierung war die Differenzierung der Landschaft über geoökologische Raumeinheiten in der chorischen Dimension, die aufgrund der Kartierung der Geokomponenten, Aggregierung ihrer Einzelparameter und Kennzeichnung von Prozesskennwerten gebildet wurden (Leser & Klink 1988). Bei den **Prozesskennwerten** handelt es sich um klima-, wasser- und stoffhaushaltliche Größen (z. B. Energiedargebot, Wasserversorgung, Nährstoffdargebot, Feststofftransport), mit denen ausgegliederte Ökotoptypen inhaltlich gekennzeichnet sind. Die Raumgliederung kann als Grundlage zur Bewertung des Leistungsvermögens des Landschaftshaushalts eingesetzt werden. Tab. 13.4 gibt einige klassische Arbeitsschritte für die Differentialanalyse an.

Tab. 13.3 Zeitkategorien und Messprinzipien (verändert nach Lang 1984).

Zeitkategorie	Messprinzip	Beispiel	Problematik → Abhilfe
zeitproportionale Veränderung	kontinuierlich mit Intervallen	Temperatur, Niederschlag (0,2 mm Auflösung), 10 min. Messintervall	hohe Datenmenge → Auswerteroutinen programmieren
	diskontinuierlich und periodisch	Temperatur Mannheimer Std., Tagesniederschlag	eingeschränkte Verwendbarkeit, z. B. Tagesniederschlag für physikalisch basiertes Erosionsmodell nicht verwendbar, für Abschätzung Jahreserosion (über ABAG = Allgemeine Bodenabtragsgleichung) möglich
zeitunabhängige Veränderung	diskontinuierliche Messungen, ereignisgesteuerte Messungen	Kaltluftbildung und -abfluss mit Messfahrten/Messgängen, Schwebstofftransport im Gerinne	geeignete Ereignisauswahl → Abhilfe bzgl. Schwebstoff: a) manuelle Beprobung unterschiedlicher Hochwasserstände oder indirekte Ableitung über Trübungsmessung b) Korrelation mit Niederschlag und zeitinvarianten Parametern wie Relief-, Boden-, Nutzungsparametern
langjährige Messreihen	klimatische und hydrologische Messreihen	Temperatur, Niederschlag, Abfluss	Einordnung der eigenen Messperiode → Korrelation mit Langzeitdatenreihe und Differenzverfahren mit zeitlicher Extrapolation

Tab. 13.4 Arbeitsschritte zur Differentialanalyse der horizontalen Landschaftsstruktur (nach Steinhardt et al. 2005, Gerold 2016).

Landschaftsökologische Komplexanalyse – Differentialanalyse	
Floristisch-vegetationskundliche Geländeaufnahme	
physiognomisch-ökologische Vegetationsanalyse (nach Ellenberg & Müller-Dombois 1967)	Kennzeichnung von Biotoptypen (z. B. Kartierschlüssel und Einstufung in Niedersachsen nach Drachenfels 2011, 2012)
floristisch-soziologische Analyse (nach Braun-Blanquet 1964)	Ableitung Pflanzenassoziationen, Diversitätsmaße, pot. nat. Vegetation
floristisch-ökologische Analyse (nach Ellenenberg et al. 1991)	Analyse und Bewertung ökologischer Artengruppen, Zeigerwerte der Pflanzen
floristisch-physiognomische Analyse (nach Raunkiaer 1934)	Analyse und Bewertung von Lebensformspektren
Bodenkundliche Geländeaufnahme	
Bodenprofilanalyse nach bodenkundlicher Kartieranleitung (AG Boden 2005, WRB 2014)	Charakterisierung der Böden und Ableitung der Bodentypen (ggf. Bodenform)
Reliefanalyse und geologisches Substrat	
Aufnahme von Reliefformen	Kennzeichnung von Relieftypen und Reliefparametern (z. B. über SARA = System zur automatischen Reliefanalyse; Köthe et al. 1996)
Aufnahme der oberflächennahen Gesteine	Kennzeichnung von Substrattypen
Erfassung des Geländeklimas	
Aufnahme von Strahlungsgunst, Windoffenheit und Frost-gefährdung	Kennzeichnung des Geländeklimas und seiner Besonderheiten (Abweichung von Klimastation)

Als Grundlage der landschaftsökologischen Erfassung (Differentialanalyse und Kennzeichnung wichtiger geoökologischer Prozesse) kann das Methodenbuch „Landschaftsökologische Erfassungsstandards" herangezogen werden (Zepp & Müller 1999). Wie Tab. 13.4 zeigt, sind es vielfältige Methoden der Kartierung, der digitalen Reliefanalyse und der Luftbild- sowie Satellitenbildauswertung, die zur Kennzeichnung der Landschaftsdifferenzierung wie auch zur Ableitung von Ausstattungsmerkmalen der Geokomponenten (strukturelle Grundgrößen) herangezogen werden. Dabei stellt die digitale Reliefanalyse mit Erzeugung eines digitalen Geländemodells (DGM) wie auch der ständig sich mit höherer Auflösung und Multispektralkanälen erweiternde Satellitenbilddatensatz ein enormes Datenpotenzial zur Ableitung raster- oder vektorbasierter Merkmale von Landschaftspixeln dar (im Sinne von von „*patch*-Analyse"; Albertz 2016, Lillesand & Kiefer 2015).

Landschaftsökologische Kartierungen und Typisierungen unterliegen im mittleren Maßstab einer nicht vereinheitlichten Auswahl ökologischer Hauptmerkmale (z. B. Bodenform, Vegetationstyp, Stoffumsatzindikatoren) oder dominanter Prozessgefüge (Wasser- und Stoffhaushaltsgrößen) sowie einer subjektiven Arealabgrenzung und Bewertung der räumlichen Anordnungen. Einen kurzen Überblick über verfügbare landschaftsökologische Karten in Deutschland geben Steinhardt et al. (2005).

In der jüngeren Entwicklung der geoökologischen Raumgliederung erfolgte eine stärkere Prozessbetonung, insbesondere zum Wasser- und Stoffhaushalt mit digitaler Verarbeitung (Mosimann 1990) bis hin zum Aufbau von **Geoökologischen**

Informationssystemen für eine prozessorientierte Landschaftsanalyse (Duttmann 1993). Geographische Informationssysteme (GIS) ermöglichen eine vielfältige und umfangreiche Datenspeicherung und -verarbeitung im Sinne der Differentialanalyse. In der Landschaftsökologie werden die Geokomponenten vielfach als Attributdaten (Geoökologische Flächendaten) im GIS gespeichert und je nach Fragestellung für die Landschaftsstrukturanalyse (Turner et al. 2001) und für Modellierungen zum Landschaftshaushalt eingesetzt. Dabei bedient man sich vielfach der „GIS-Verschneidungsfunktion" (*overlay*-Verfahren; Abb. 13.9) mit der Erzeugung neuer räumlicher Struktureinheiten, die als **„kleinste gemeinsame Geometrien"** bezeichnet werden. Das Abbild jedes Pixels (Raster- oder Vektorfläche je nach *layer*-Differenzierung) stellt ein additives Bild mit jeweils einheitlicher Merkmalskombination dar. Sie entsprechen aber nicht automatisch dem topologischen Prinzip mit dem Theorem der kleinsten quasi homogenen Fläche als Ökotop, da das Prozessgeschehen zwischen Flächen mit gleicher struktureller Ausstattung unterschiedlich sein kann. In der Anwendung muss je nach Fragestellung sorgfältig ausgewählt werden, welche Geokomponenten mit welchen Merkmalen notwendig sind. Ferner liefert das Vorgehen beim *multi-layer*-Verfahren eine in Kleinsträume zerstückelte Landschaft, sodass wiederum entsprechend der Fragestellung eine Aggregierung zu Landschaftseinheiten notwendig ist (z. B. Pedohydrotop).

Vertikalstruktur der Landschaft

In jeder räumlichen Dimension lässt sich der Landschaftskomplex vertikal in verschiedene **Stockwerke** bzw. Kompartimente

Geoökologische Flächendaten

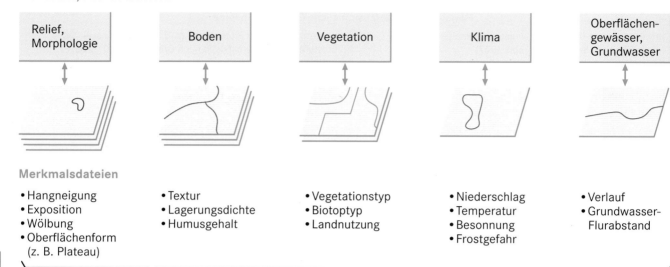

Merkmale/Attributdateien

| Relief, Morphologie | Boden | Vegetation | Klima | Oberflächengewässer, Grundwasser |

Merkmalsdateien

- Hangneigung
- Exposition
- Wölbung
- Oberflächenform (z. B. Plateau)

- Textur
- Lagerungsdichte
- Humusgehalt

- Vegetationstyp
- Biotoptyp
- Landnutzung

- Niederschlag
- Temperatur
- Besonnung
- Frostgefahr

- Verlauf
- GrundwasserFlurabstand

Karte der kleinsten gemeinsamen Geometrien

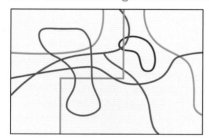

Attributdateien

	Relief	Boden	Vegetation	Klima	Wasser
P1					
P2					
P3					
P4					

Abb. 13.9 GIS-gestützte Verschneidung landschaftlicher Geokomponenten zur Ableitung „kleinster gemeinsamer Geometrien".

unterteilen. Die grundlegenden Kompartimente leiten sich von der Zusammensetzung der Geosphäre ab: Gestein, Boden, Relief, Wasser, Bios (Flora und Fauna) und Klima/Luft (Abb. 13.10). Für den Lebensraum von Pflanze, Tier und Mensch ist die Vernetzung von bodennaher Luftschicht, Vegetation, Boden/Substrat und oberflächennahem Grundwasserkörper der Hauptaktionsraum für den Wasser-, Stoff- und Energieumsatz. Da dieser Schnittstellenbereich vom Menschen stark in Anspruch bzw. verändert wird, wurde im angelsächsischen Raum in jüngerer Zeit der Begriff *earth's critical zone* eingeführt („die Zone, die das Leben auf der Erde bestimmt"; Abb. 13.10), was mit der „landschaftsökologischen Komplexanalyse" in der topologischen Dimension bereits seit den 1980er-Jahren begründet wurde (Leser 1997a).

Um mithilfe landschaftsökologischer Daten zeitlich variable Prozesse zu erfassen, ist im Rahmen der landschaftsökologischen Komplexanalyse eine standörtliche **Analyse der Vertikalstruktur** der Landschaft durchzuführen. Dabei geht es um Prozessgrößen mit Kennwertcharakter (Tab. 13.2), die an repräsentativen Standorten für einen bestimmten Zeitraum aufgenommen werden. Für die Auswahl der Messplätze, sowie die Instrumentierung und zeitliche Auflösung der Messungen kommen je nach Zielsetzung und Landschaft verschiedene Me-

thoden infrage (z. B. Catena-Prinzip). Mittels digitaler Datenerfassung über Datalogger ist heute eine zeitlich hochauflösende Messung mit anschließender statistischer Datenverarbeitung üblich. Allerdings löst diese „Datenflut" nicht das Problem der Ableitung charakteristischer Prozessgrößen und deren Analyse ihrer hinsichtlich des Landschaftshaushalts wichtigen Varianz. So gewonnene Daten werden anhand der Physiotop-/Geotop- oder Ökotopdifferenzierung bzw. anhand GIS-gestützter Ableitungen auf ähnlich ausgestaltete Raumeinheiten übertragen (Leser & Löffler 2017).

Im Zentrum der standörtlichen Erfassung der Vertikalstruktur steht die Dynamik geoökologischer Prozesse (Zepp & Müller 1999) bzw. die Bilanzierung der Energie-, Wasser- und Stoffumsätze. Beispielhafte Prozesse für eine Ökotopklassifikation sind: Kenngrößen des Bodenwasserhaushalts und der Wasserbilanz, Parameter des Nährstoff- und Energiehaushalts und die Transportneigung für Stoffe (Marks et al. 1992).

Mit der landschaftsökologischen Komplexanalyse (Abb. 13.8) kann aus der Kombination von Differenzialanalyse, der flächenhaften Geokomponenten und der vertikalen Prozesse am Standort der Landschaftshaushalt eines Raumausschnitts charakterisiert werden. Da die Landschaft ein offenes System dar-

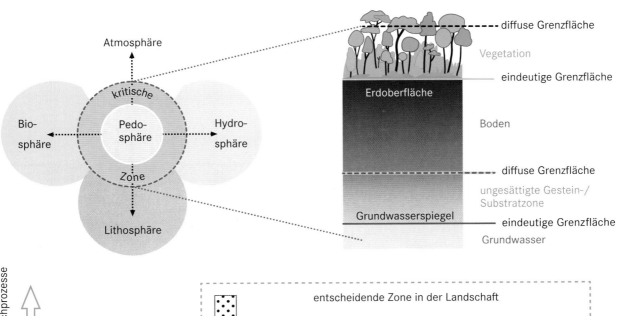

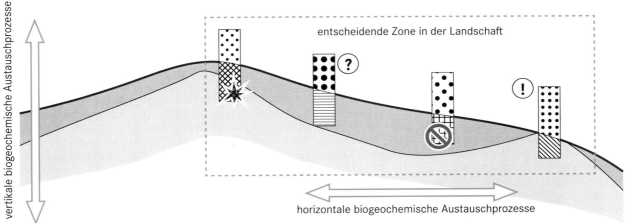

★ intensive biogeochemische Umsatzprozesse (Hotspot)   ⊘ biogeochemische Prozessbarriere

(?) nicht bekannter Hotspot/Barriere   (!) unterschätzter/unbekannter Fluss (Energie-/Wasser-/Stofffluss)

Abb. 13.10 Biogeochemische Austauschprozesse in der „entscheidenden Zone" (*Earth Critical Zone*; verändert nach NRC 2001).

stellt, sind je nach Fragestellung die äußeren Grenzen in der Vertikalstruktur (Atmosphäre bis Lithosphäre) und Horizontalstruktur (z. B. Einzugsgebiet oder Landkreis/Naturschutzgebiet für Fachplanungen) festzulegen. Nach den theoretischen Grundlagen der Landschaftsdynamik sind diejenigen Prozesse zu analysieren, die wesentliche ökologische Funktionen wie beispielsweise Lebensraumfunktion (pflanzliche Stoffproduktion) oder Regulationsfunktion bedingen. Wird etwa ein Regenwald gerodet, verstärkt sich der vertikale und/oder laterale Stoff- und Energiedurchsatz über verstärkte Tiefensickerung und/oder Oberflächenabfluss und damit die Nährstoffauswaschung bei verringerter Nährstoffzufuhr (über Niederschlag und Laubstreu), sodass bei fehlendem Ausgleich durch die Bodennährstoffvorräte über die Zeit das Ökosystem Regenwald seine Fähigkeit zur Selbstorganisation verliert und die Landschaftsstruktur sich hin zu einem „Imperata-Grasland" verändert (Leser & Löffler 2017).

Ökologische Prozesse und vertikale Bilanzierung

Ziel der Komplexen Standortanalyse ist die Erfassung der geoökologischen Prozessgrößen in deren vertikalem Funktionszusammenhang. An entsprechenden Messpunkten oder Messfeldern (Abb. 13.11) werden Stoffeinträge und -austräge sowie die grundlegenden Umgebungsbedingungen (z. B. Bodenprofileigenschaften) und die klimatologischen und hydrologischen Prozesse (Strahlung, Wind, Niederschlag, Verdunstung etc.) gemessen. Die einzelnen Messreihen werden im Hinblick auf wechselseitige Beziehungen und Abhängigkeiten analysiert („korreliert"), um dieses Wirkungsgefüge als **Prozess-Response-System** abbilden zu können. Mittels dieser Modellierung sollen die Ergebnisse auf die repräsentierte räumliche Einheit (**Ökotop**) übertragen werden.

Will man beispielsweise den Nutzungseingriff mit Umwandlung des Regenwaldes in Kakaoplantagen oder Weidenutzung im

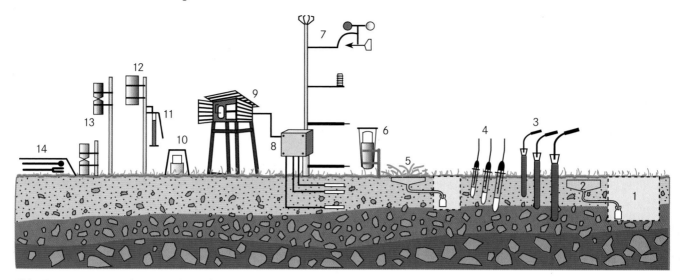

Abb. 13.11 Ausstattung eines Messplatzes für eine komplexe geoökologische Standortanalyse in der Arktis (1 = Bodenprofil; 2 = Bodenlysimeter; 3 = Saugkerzen; 4 = Tensiometer; 5 = Humuslysimeter; 6 = Nebelsammler; 7 = Luftthermistoren, Anemometer, Pyranometer, Bodenthermistoren; 8 = Datalogger; 9 = Thermohygrograph, Max/Min-Thermometer, Temperatur- und Feuchtesensor in Wetterhütte; 10 = Tankevaporimeter; 11 = Piche-Evaporimeter; 12 = Regensammler; 13 = Bulk-Niederschlagssammler; 14 = Bodenoberfläche Max/Min-Thermometer; verändert nach Leser 1997a).

Hinblick auf die Veränderung des Landschaftshaushalts, insbesondere der Regulationsfunktionen und Produktivfunktion, bewerten, so sind im Flachrelief die wichtigsten zugehörigen Wasser- und Stoffumsatzprozesse zu quantifizieren und messtechnisch zu erfassen. Mit der Methodik der **vertikalen Kompartimentierung** müssen die Hauptspeicher (wie Interzeption, Oberflächenspeicher, Bodenwasserspeicher), In-/Outputprozesse (wie Niederschlag, Oberflächenabfluss, Interflow, Tiefensickerung) und Flüsse zwischen den Kompartimenten (Transpiration, Kronendurchlass, Infiltration) erfasst werden (Abb. 13.12). Zugehörige messtechnische Möglichkeiten sind in Abb. 13.13 für eine komplexe Messstation dargestellt. Gekoppelt an die Wasserflüsse kann der Nährstofffluss über die zugehörigen Nährstoffkonzentrationen, beispielsweise im Bestandsniederschlag und Sickerwasser, gemessen werden.

Anhand der Mittel- oder Medianwerte der Messergebnisse können der Wasser- und Nährstoffumsatz charakterisiert und z. B. im standörtlichen Vergleich Merkmale und Unterschiede herausgearbeitet werden (Leser & Löffler 2017). So zeigt Abb. 13.14 die veränderten Wasserflüsse mit starker Erhöhung der Sickerwassermengen aufgrund verringerter oberirdischer Biomasse und damit Evaporationsverlusten von Regenwald, über Kakao und Kaffee bis hin zum Weidesystem.

Sowohl durch natürliche Bedingungen – wie Jahreszeiten/Klimavarianz – als auch durch weltweite menschliche Eingriffe weist der **Landschaftshaushalt** eine große räumliche und zeitliche Heterogenität auf, sodass landschaftsökologische Messdaten zur Erfassung von geoökologischen Prozessen meist nur eine zeitliche Momentaufnahme darstellen.

In der Erforschung des Landschaftshaushalts treten sowohl ökosystemimmanente wie praktisch-messtechnische Probleme auf. Ausgehend von den Fragestellungen, insbesondere in der Angewandten Landschaftsökologie, sind immer Kompromisse aufgrund zeitlicher und finanzieller Restriktionen einzugehen. Nur in großen Forschungsverbundvorhaben können Langzeitstudien mit detaillierten Wasser- und Stoffhaushaltsuntersuchungen durchgeführt werden, wie sie beispielsweise in den Ökosystemforschungszentren in Kiel (Bornhöveder Seenkette, Fränzle et al. 1997–2000, Gerold 2016) sowie Bayreuth und Göttingen (Sollingprojekt; Ellenberg et al. 1986) realisiert wurden.

Vielfach kann die Witterungsabhängigkeit, die jährliche wie innerannuelle und die standörtliche Varianz der Messdaten nur stichprobenhaft oder über Summenindikatoren (z. B. Invertzuckertemperaturmessung, Windweg für den Luftumsatz), indirekte Messwerte (z. B. Zellulosetest für biotische Bodenaktivität) oder Berechnungen erfasst werden. Methodisch ist die Anwendung sog. integrativer **Schlüsselparameter** zur Charakterisierung des Landschaftszustandes oder die Einschätzung der Änderung von landschaftshaushaltlichen Funktionen eine wichtige Aufgabe in der Landschaftsökologie.

Vom Messen zum Modellieren

Landschaftsökologische Daten werden zur Analyse aktueller Landschaftszustände sowie zur Charakterisierung und Typisierung landschaftlicher Ökosysteme erfasst. Sie sind jedoch auch ein unverzichtbarer Bestandteil für die Beschreibung geoökologischer Prozesse und damit Voraussetzung für die Entwicklung oder Anwendung von Modellen. Nach Anpassung, Eichung und Verifikation eines Modells (z. B. Wasserhaushaltsmodell für ein Einzugsgebiet) anhand der Messdaten können Szenarien wie

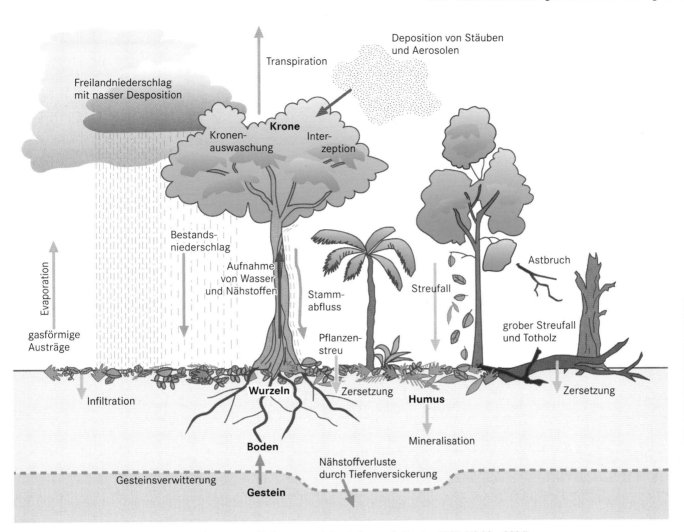

Abb. 13.12 Wasser- und Nährstoffumsatz in Regenwaldökosystemen (verändert nach Proctor 1987, Nicklas 2006).

Auswirkungen von Klima- oder Nutzungsänderungen auf den Wasserhaushalt errechnet und simuliert werden. Allgemeine Schritte der **Modellbildung** sind in Steinhardt et al. (2005) und Gerold (2016) beschrieben.

Praktikabel und in Entwicklung ist die Modellierung von Teilsystemen, die zu **komplexen Modellen** (z. B. Wasser- und Stoffumsatzmodelle mit Produktionsmodellen für die Agroökosystemmodellierung) aggregiert werden. Eine Modellierung der Gesamtlandschaft, die alle darin ablaufenden Prozesse in ihrer Vernetzung quantitativ erfasst, ist allerdings noch in weiter Ferne. Um nicht vor der Größe des Unterfangens zu kapitulieren, sollte sich jeder Landschaftsökologe immer folgende Aussage des deutschen „Altmeisters" der Landschaftsökologie in Erinnerung rufen: „Aber innerhalb eines so kompliziert aufgebauten Systems, wie es die Landschaft darstellt, ist die Ermittlung von Größenordnungen und Trends schon ein gewaltiger Fortschritt der Erkenntnis. Man sollte das erreichbare Ziel ins Auge fassen und nicht einer unerreichbaren und den reellen Verhältnissen nicht entsprechenden Genauigkeit nachjagen" (Neef 1967).

So sind etwa zur Erfassung des Landschaftswasserhaushalts in einem Einzugsgebiet eine Vielzahl von Ausstattungsgrößen und Wasserprozessen für die Modellierung notwendig, will man z. B. Nutzungseinflüsse oder Klimaänderungen in ihrer Wirkung auf Wasserressourcen und Abflussgeschehen prognostizieren. Der Weg von der abstrakten funktionalen Darstellung (Konzeptmodell) zum rechenbaren, auf mathematisch-physikalischen Gleichungen basierenden Simulationsmodell führt über die Zusammenstellung notwendiger und bekannter Gleichungen, Formulierung neuer Gleichungen für die Modellelemente und Relationen zur Programmierung und dem Aufbau eines Simulationsmodells (Gerold 2016).

Um den Wasserhaushalt in Einzugsgebieten detailliert zu erfassen und nutzungsbedingte Unterschiede für die Planung herauszuarbeiten, ist eine Kombination aus einer standörtlichen Analyse der Wasserflüsse, einer Differenzialanalyse struktureller Grundgrößen und einer Prozessanalyse des Niederschlag-Abflussgeschehens (integrale Abflussinformation am Gebietsauslass/Pegelstation) erforderlich (Gerold 2016).

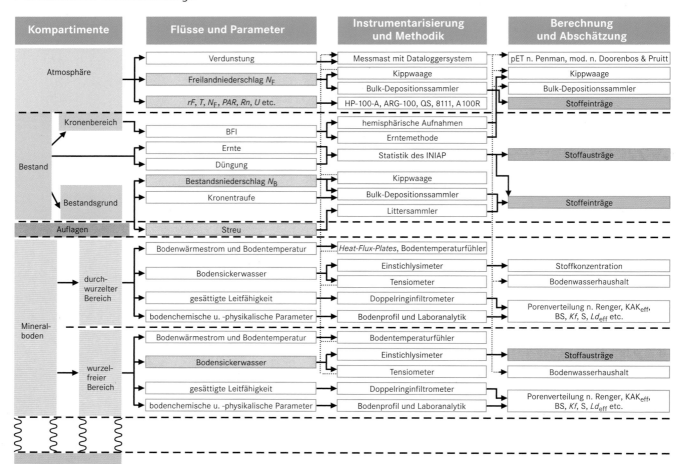

Abb. 13.13 Instrumentierung und Messmethodik im Projekt „Wasser- und Nährstoffumsatz von Agroökosystemen im Amazonasregenwald von Ecuador" (verändert nach Lanfer 2003).

13.3 Stoffkreisläufe

Wasser im Landschaftshaushalt

Wasser besitzt eine grundlegende, existenzielle Bedeutung für das Leben auf der Erde sowie für die meisten biochemischen Prozesse. Als ein Ergebnis komplexer, zeitlich und räumlich hoch variabler Prozesse stellt der Wasserkreislauf der Erde (Kap. 12) eine Grundlage für das Verständnis des Klimasystems der Erde, für den Wasserumsatz und damit die Wasserverfügbarkeit wie auch für die Klimavariabilität, einschließlich der vom Menschen induzierten Klimaveränderungen (Kap. 31), dar. Im Rahmen der globalen Umweltfragen (Lozán et al. 2005, CCSP 2003) besitzen das Verständnis und die Modellierung der Wasserkreislaufprozesse höchste Priorität: *„What are the mechanisms and processes responsible for the maintenance and variability of the water cycle; are the characteristics of the cycle changing and, if so, to what extend are human activities responsible for those changes?"* (CCSP 2003).

Als Wasserkreislauf bezeichnet man die Transportprozesse und den **Weg des Wassers** durch die verschiedenen Aggregatzustände und durch die einzelnen Sphären wie Litho-, Hydro-, Bio- und Atmosphäre der Erde. Dabei zirkulieren die schnellen Komponenten vor allem zwischen den Festländern und Meeren. Langfristig betrachtet geht kein Wasser verloren und es wird immer wieder verwendet.

Die Wassermengen auf der Erde

Die Wassermenge des Wasserplaneten Erde wird mit 1566×10^6 km³ angegeben. 94,2 % davon befinden sich im Weltmeer. Von der Gesamtwassermenge liegen 98,1 % in flüssiger und 1,9 % in fester sowie 0,001 % in dampfförmiger Phase vor. Im Laufe der Erdgeschichte hat sich die Verteilung der Wassermengen auf die drei Aggregatzustände immer wieder verändert. So wurden in den Glazialzeiten dem Wasserkreislauf große Wassermengen für den Aufbau der Eisschilde entzogen. Während der Kaltzeitmaxima dürfte der **Meeresspiegel** um 120 m abgesunken sein. Die Erdoberfläche wird mit den Weltmeeren (361,2 Mio. km² = 70,8 %) vom Wasser dominiert. Zusammen

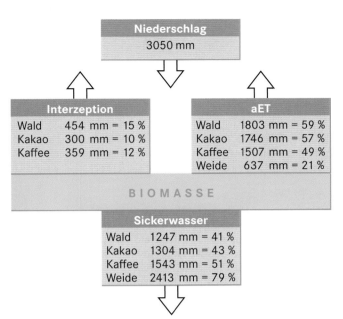

Abb. 13.14 Wasserumsatz im Tieflandregenwald und in Agroökosystemen im Oriente Ecuadors (1997/1998; verändert nach Lanfer 2003).

Tab. 13.5 Wasservorkommen auf der Erde (Quelle: Lozán et al. 2005).

Fläche der Erde (510 · 10⁶ km²)	Volumen [10³ km³]	Volumenanteil [%]	Erneuerung [Jahre]
Ozeane	1 476 000	94,23	2911
Grundwasser	60 000	3,84	5000
Gletscher und Permafrost	30 000	1,92	500
Seen und Sümpfe	290	0,0185	7,4
Flusswasser	2	0,00013	17 Tage
Wasser im Boden/ Bodenfeuchte	16	0,001	390 Tage
Wasser in Lebewesen	2	0,00013	14 Tage
Wasser in der Atmosphäre	14	0,0009	8 Tage

mit den Eisflächen (16,1 Mio. km² = 3,2 %) ergibt sich eine Wasserbedeckung von über 75 %. Von den gesamten Wasservorräten der Erde werden weniger als 6 % auf den Kontinenten gespeichert (Tab. 13.5). Der größte Anteil der gesamten Süßwasservorkommen ist in tiefem Grundwasser oder in Gletschern und Inlandeismassen gebunden (90 × 10⁶ km³ = 95 % der Süßwasservorkommen; Tab. 13.5) und besitzt mit 5000 bis 7500 Jahren eine mittlere bis lange Verweilzeit (Erneuerungsrate gering). Die dem schnellen Wasserkreislauf zugehörigen nutzbaren **Süßwasservorräte** aus den Flüssen und Seen machen nur etwa 0,4 % des gesamten Süßwassers und damit 0,02 % der gesamten globalen Wasservolumina aus (0,29 × 10⁶ km³; Tab. 13.5). Das Oberflächenwasser in Flüssen und Seen und das Grundwasser in der Zone des aktiven Wasseraustauschs (obere Grundwasserleiter) sind aufgrund ihrer häufigen Erneuerung mit geringer Verweilzeit (17 Tage bis 280 Jahre) und Verfügbarkeit die bedeutendsten Wasserressourcen. Ihre Nutzung wie auch Gefährdung (Schadstoffkontamination) unterliegt einer kurzfristigen Dynamik. Aufgrund der schnellen Durchflussraten (kurze Verweilzeit) können Schadstoffgefährdungen schnell erkannt und durch Austausch- und Sanierungsmaßnahmen relativ rasch behoben werden (z. B. Flusswasserqualität). Für die Speicher mit langer Verweilzeit (Meere, Seen, tiefe Grundwasserleiter) werden Verschmutzungen lange nicht erkannt und eine Sanierung ist kaum oder nur mit sehr hohen Kosten möglich. Die Komponenten der Hydrosphäre besitzen somit sehr unterschiedliche Zeit- und Raummaßstäbe und sind für das globale Klima über ein schnelles und ein langsames Wechselwirkungssystem von Atmosphäre, Meeren und Landflächen gekoppelt: Der **schnelle Wasserkreislauf** besteht zwischen Atmosphäre, Landoberfläche und ozeanischer oberer Mischungsschicht. Der **langsame Wasserkreislauf** besteht aus der Tiefenzirkulation der Ozeane, den Inlandeismassen und den Gebirgsgletschern.

Der Landschaftswasserhaushalt

Betrachtet man den Wasserhaushalt konkreter Landschaften, so sind eine Vielzahl von **Speichern** und **Wasserflüssen** zu berücksichtigen. Bei der Analyse und Modellierung des Wasserhaushalts geht man von vertikal gegliederten Einzelstandorten, sog. homogenen kleinsten Landschaftsausschnitten (Ökotop, Physiotop, Pedohydrotop) mit vertikaler zweidimensionaler Flussbetrachtung aus, oder von Fluss- und Bacheinzugsgebieten als hydrologischen Raumeinheiten mit einer dreidimensionalen Betrachtung der vertikalen und lateralen Wasserflüsse (Abb. 12.4). Die Einzugsgebietsdimensionen können zwischen mehreren Tausend Quadratkilometern (Makroskala) und wenigen Hektar (Mesoskala) liegen (Wohlrab et al. 1992). Die Anwendung der allgemeinen Wasserhaushaltsgleichung ist im Prinzip für das Gesamtsystem (z. B. Flusseinzugsgebiet) wie auch für Einzelkompartimente (z. B. Bodenwasserhaushalt) möglich, wobei die Wasserhaushaltskomponenten weiter in einzelne Teilprozesse untergliedert werden können. Bei der Anwendung der Wasserhaushaltsgleichung auf Bodenmonolithe, wie es beispielsweise für Lysimeteruntersuchungen typisch ist, geht es neben der Bilanz vorwiegend um die vertikale Bodenwasserbewegung. Betrachtet man hingegen einen Hang, dann werden Bodenhorizonte oder die unterirdischen Substratschichten wichtiger und laterale Bodenwasserbewegungen dominieren.

Zu der gebietsmäßigen Betrachtung gehört die Analyse und Bilanzierung des **Wasserhaushalts von Einzugsgebieten**, Seen und Grundwasserkörpern. Ziel ist es dabei, den Gebietswasserhaushalt zu quantifizieren und Gebietswasserbilanzen aufzustellen. Dabei stellt der Wasserumsatz die Grundlage für die Betrachtung von Stofftransport und Stoffumsatz dar. Die **Gebietswasserbilanz** ergibt sich aus der Bilanz der Hauptkomponenten Niederschlag (N), Verdunstung (V), und Abfluss (A) sowie der Speicheränderung (ΔS) bezogen auf ein Gebiet und

Tab. 13.6 Wasserhaushaltskompartimente (Speicher) und deren Prozesse.

Kompartiment	Speicher	Prozess
Vegetationsdecke	Interzeptionsspeicher	Benetzung, Evaporation
Bodenoberfläche	Relief (Mulden etc.)	Oberflächenzu- und -abfluss und Durchlässigkeit
Wurzelraum	Ungesättigte Durchwurzelungszone/ Bodenspeicher	Infiltration, Bodenwasserspeicherkapazität, gesättigte Wasserleitfähigkeit
undurchwurzelte Zone	Substratspeicher	Tiefensickerung, Porenraum, gesättigte Wasserleitfähigkeit
Grundwasserraum	Grundwasserleiter	Grundwasserneubildungsrate, Porenwasserleitfähigkeit, Grundwassergefälle, Zu- und Abstrom

einen Zeitraum. Je nach Zeitbezug ergibt sich die Wasserhaushaltsgleichung:

- mehrjährig/langfristig: $N = V + A$ ($R - B$ oder ΔS mehrjährig = 0)
- kurzfristig (z. B. 1 Jahr): $N = E_B + T + E_P + A_O + A_I + A_G + \Delta S^*$

(*für ΔS vielfach auch $\Delta\,Bf$ [Bodenfeuchteänderung] oder [$R - B$; Rücklage – Aufbrauch], Symbollegende siehe Abb. 12.4)

Für das Verständnis der hydrologischen Prozesse ist die Frage zu beantworten, wie die eingetragene Energie (Strahlung) und Feuchte (Niederschlag) zeitlich und räumlich an einem Standort oder in einem Flusseinzugsgebiet durch Relief, Landnutzung und Boden verteilt werden. Die Abb. 12.4 zeigt schematisch ein Einzugsgebiet mit den wichtigsten Teilsystemen und Teilprozessen der Wasserflüsse (Kap. 12).

Diese können zum Teil messtechnisch am Standort direkt erfasst werden, wie Niederschlag, Infiltration, Abfluss; während andere Prozesse wie AET, T, A_I, A_{UZ} und A_{UA} nur mit sehr aufwendigen Verfahren (wie Lysimetermessung für AET) oder physikalischen Berechnungsmethoden (AET über die pET [Penman & Monteith]; A_I aus bodenphysikalischen Modellansätzen) analysiert werden können. Bewährt hat sich die Differenzierung in In-/Output- und Transfergrößen, wie Freiland- und Bestandsniederschlag (Eintrag) und AET und Abfluss (Austrag). Infiltration kann sowohl als **Transfergröße** im Boden wie auch als **Inputgröße** (z. B. bei Betrachtung Tiefensickerung für Grundwasserneubildung) je nach Systemgrenzziehung betrachtet werden. Auch mit umfangreicher Geräteausstattung ist es kaum möglich, alle Prozesse des Wasserumsatzes im Gelände messend zu erfassen. Daher wird bei Wasserhaushaltsuntersuchungen zur Charakterisierung der Wasserbilanz oder einzelner hydrologischer Prozesse (wie Abflussentstehung oder Hochwassergefährdung) vielfach ein Methodenmix mit Messung wichtiger In-/Outputgrößen (Grundgrößen, z. B. Niederschlag und Abfluss), Strukturmerkmale bzw. Speichergrößen (z. B. Bodenwasserspeicherung, Interzeptionsspeicher) und Modellparametern (z. B. Interflowanteil) eingesetzt.

Für den vertikalen (standörtlichen) Wasserumsatz stellt Tab. 13.6 die zeitvarianten Wasserspeicher dar, die jeweils von hydroökologischen Prozessen gesteuert werden (Abb. 12.4, Gerold 2016).

Während in der Hydrologie die Analyse und Modellierung der Abflussprozesse einschließlich der Verweilzeiten und Speicherung des Wassers im Vordergrund stehen, geht es in der Landschaftsökologie um die Analyse landschaftshaushaltlicher Prozesse (hier: Wasserhaushalt), die auf der Grundlage einer bestimmten Raumausstattung (Kompartimente der Differentialanalyse) Raummuster, Landschaftsstrukturen und Landschaftszustände bestimmen. Die Landschaftsökologie beschreibt, analysiert und modelliert Prozesse, die großräumig in Landschaften wie hydrologischen Einzugsgebieten beim Wasser- und Stoffhaushalt ablaufen. Die Nutzung von Detailinformationen/Daten von einer hochauflösenden Raumeinheit (wie Rasterzelle, Hydrotop mit standörtlichem vertikalen Wasserumsatz) für eine größere übergeordnete Raumeinheit (z. B. Einzugsgebiet) ist nicht nur eine Frage der Datenextrapolation, sondern beinhaltet Kernfragen der **Regionalisierung** in der Landschaftsökologie (Steinhardt & Volk 1999, Gerold 2016).

So erfordert die Analyse des Wasserumsatzes am Standort eine bodenhydrologische Bearbeitung mit entsprechenden Kennwerten und Zustandsgrößen (wie Bodenwassergehalt, pF-Charakteristik, gesättigte und ungesättigte Wasserleitfähigkeit) und bei Modellanwendung mathematisch-physikalische Berechnung des vertikalen Bodenwasserflusses über die Darcy- oder Richards-Gleichung (Zepp & Müller 1999). Beim Übergang in die Raumdimension eines Hangs oder gar Einzugsgebiets steigt der Aufwand für die Gewinnung dieser bodenhydrologischen Kenngrößen enorm an, da Zustandsgrößen (Bodenwassergehalt) und bodenhydrologische Prozessgrößen (wie Infiltrationsrate) in Abhängigkeit von Topographie, Nutzung, Bodentyp, Bodenfauna kleinräumig eine hohe Variabilität aufweisen. Daher nutzt man entweder sog. **Pedotransferfunktionen**, die anhand statischer Bodenkennwerte (Textur, Lagerungsdichte, Humusgehalt), z. B. über van Genuchten, wichtige bodenhydrologische Prozessparameter wie die Wasserleitfähigkeit für eine Bodenwasserhaushaltsmodellierung bereitstellen; oder man generiert entsprechend dem Prinzip der horizontalen Differentialanalyse aus der GIS-Verschneidung von Relief, Boden und Vegetation sog. bodenhydrologisch relativ homogen reagierende Flächeneinheiten (**Pedohydrotop, HRUs = *Hydrological Response Units***), für die dann repräsentative Parameterfunktionen zur Berechnung des vertikalen Bodenwasserumsatzes zugeordnet werden können (Flügel 1995; Abschn. 5.6). Ein Bilanzierungsbeispiel zum Wasserumsatz (Landschaftswasserhaushalt) und zur Verknüpfung von Wasser- und Stoffumsatz ist in Gerold (2016) beschrieben.

Veränderungen des Wasserkreislaufs

Der Wasserkreislauf und die damit verbundene Wasserverfügbarkeit bestimmt die hygrische Differenzierung auf der Erde nach Landschaftszonen (z. B. Wüstengebiete, immerfeuchte innere Tropen) und hat über die Verteilung der Süßwasserressourcen unmittelbare Auswirkungen auf Landnutzung und Lebensbedingungen der Bevölkerung. Aufgrund der engen Kopplung des Wasserkreislaufs mit dem Klimasystem Erde, insbesondere über Niederschlag, Verdunstung und den damit gekoppelten Energieumsätzen (Abschn. 8.2), wirken sich natürliche Klimaschwankungen (Abschn. 8.13) wie auch die anthropogenen Klimabeeinflussungen unmittelbar auf den Wasserkreislauf aus. Die direkten **Nutzungseingriffe** des Menschen in die Pedo- und Biosphäre beispielsweise durch Waldrodung, durch Bodenversiegelung (z. B. Megastädte) und Bodenverdichtung werden bisher vor allem in Fallstudien und in ihren regionalen Auswirkungen analysiert und modelliert (z. B. Desertifikationsproblematik). Es ist eine offenes und spannendes Forschungsfeld, im Rahmen der „Global-Change-Thematik" (Kap. 31) diese regionalen Auswirkungen im Wasserhaushalt auf zukünftige globale Klimaänderungen hin zu analysieren. So führt das *Intergovernmental Panel on Climate Change* – kurz IPCC – (CCSP 2003) aus: „*Inadequate understanding of and limited ability to model and predict water cycle processes and their associated feedbacks account for many of the uncertainties associated with our understanding of long-term changes in the climate system and their potential impacts.*"

Für die weitere Klimaentwicklung gehen jüngste Studien, die den langfristigen natürlichen Klimaverlauf ohne Berücksichtigung des anthropogenen Treibhauseffekts auf der Basis der Änderung der Erdbahnparameter untersuchen, davon aus, dass die gegenwärtige „Warmzeit" erst nach etwa 50 000 Jahren von einer Abkühlung abgelöst werden könnte (Berger & Loutre 2002). Der anthropogene Treibhauseffekt hat daher zukünftig einen wesentlich stärkeren Einfluss auf das Klima als die natürliche Variabilität.

Globale Auswirkungen des Treibhauseffekts

Ausgehend von einem Anstieg des CO_2-Gehalts von 370 ppm auf 550–950 ppm am Ende des 21. Jahrhunderts (A2-Szenario) liefern die Modellprognosen eine globale Erwärmung von 1,4–5,8 °C (IPCC 2001). Analysen für den Zeitraum 1958–2001 (Bengtsson et al. 2004) belegen pro °C globaler Temperaturzunahme eine Zunahme des Wasserdampfgehaltes der Atmosphäre um 1,55 mm (+6 %). Für den globalen Wasserhaushalt werden bei +2,3 °C höherer globaler Durchschnittstemperatur bis 2050 jeweils Erhöhungen der Verdunstung und des Niederschlags um 5,2 % – das heißt um 50 mm pro Jahr – prognostiziert (Wetherald & Manabe 2002, Alcamo et al. 2003). Generell verstärken sich nach den Modellrechnungen Verdunstung und Niederschlag mit steigender Temperatur. Die Niederschlagsverteilung auf der Erde ändert sich jedoch regional sehr unterschiedlich und ist nach den verschiedenen Klimaszenarien bisher nicht einheitlich prognostiziert. Nach dem Hamburger ECHAM-Modell nehmen die Nettoniederschläge (N − V) in den Polar- und Subpolargebieten bis über 1 mm/d und in den äquatorialen Gebieten des Pazifiks und Indischen Ozeans bis 5 mm/d zu, während in den Subtropen und Mediterrangebieten gegenüber heute eine stärkere Verdunstung mit höherem Wasserdefizit auftritt (Lorenz et al. 2005). Allgemein muss mit einer Zunahme von Niederschlagsextremen und der Gefahr von Dürren und Hochwasser gerechnet werden (Kap. 31). Eine größere Umverteilung des globalen Wassers vom festen zum flüssigen Zustand hätte erhebliche Rückwirkungen auf das Klima und Leben auf der Erde, wie es für eine anhaltende Temperaturerhöhung von bis zu +3,7 °C (RCP8.5) bis zum Jahre 2100 mit einem Meeresspiegelanstieg von 85 cm (58–131 cm) global modelliert wird (Mengel et al. 2016). Davon entfallen 53 % auf den verstärkten Massenverlust der Gebirgsgletscher und des arktischen Eisschildes und 34 % auf die thermische Meerwasserausdehnung. Betrug nach bisherigen Satellitenradarhöhenmessungen der mittlere Meeresspiegelanstieg 3,4 mm/Jahr (1993–2016), so bestätigen jüngste Auswertungen die pessimistischen Modellprognosen mit 60–90 cm bis 2100 (10 mm/Jahr, Extrapolation bis 2100, NOAA 2017). Globale Klimamodelle liefern jedoch noch immer recht unterschiedliche Informationen auf regionaler Ebene aufgrund der komplexen Rückkopplungen der Wasserflüsse zwischen Landoberflächenbedeckung, Meer und Atmosphäre. So führt die GCM-Modellierung (globale Klimamodellierung) der Entwaldungskonsequenzen auf die langfristigen Wasserhaushaltskomponenten (Niederschlag, Verdunstung, Abfluss) zu teilweise kontroversen Ergebnissen (Tab. 13.7).

Mit der **Entwaldung** (*Szenario business as usual* bis 2050) ist generell eine Abnahme der Verdunstung gegeben. Die je nach GCM-Modell jedoch unterschiedliche Prognose der Niederschlagsänderung von deutlicher Abnahme (−1 mm/d) bis zu deutlicher Zunahme (+1 mm/d) führt in der langjährigen Wasserhaushaltsbilanz zu Zu- wie Abnahmen des Abflusses (Tab. 13.7). So steht mit den jüngeren GCM-Modellsimulationen einer Abflussabnahme von −0,50 mm/d (CCM2-Modell) eine Abflusszunahme von +0,92 mm/d (ECHAM4) gegenüber. Betrachtet man große Einzugsgebiete in Amazonien regional getrennt, so führt eine Entwaldung von 43 % (Rio Purus) bis 61 % (Rio Madeira) bei reiner klimatischer Wasserhaushaltsmodellierung (IBIS-Modell) zu Abflusserhöhungen von 8 und 23 %. Werden terrestrische Rückkopplungseffekte auf den regionalen Wasserhaushalt (geringere Verdunstung, weniger Niederschlag) berücksichtigt, so ergibt sich für den Rio Purus eine Abflussverminderung von 8 % und für den Rio Madeira eine Erhöhung von nur 4 % (CCM3-IBIS-Modell; Coe et al. 2009).

Aufgrund solcher teils widersprüchlicher Prognosen werden regionale **Klimamodelle** in globale Berechnungen eingebettet. Um die Veränderung des Wasserkreislaufs in Europa in seinen regionalen Auswirkungen abzuschätzen, werden im EU-Projekt „*Prudence*" verschiedene Modelle eingesetzt. Für das Klimaänderungsszenario A2 mit einer global mittleren Temperaturerhöhung um etwa 3,5 °C bis 2100 zeigt ein Vergleich zu heute einen Niederschlagsanstieg für das Ostseeeinzugsgebiet um 10 % mit der stärksten Zunahme bis zu 40 % im Winter. Bei ebenfalls ansteigender Verdunstung würde die Abflussmenge in die Ostsee Ende des Winters bzw. Frühjahrs um über 20 % zunehmen.

Tab. 13.7 Entwaldungskonsequenzen in Amazonien für den Wasserhaushalt (Simulationsergebnisse für 2050 mit unterschiedlichen GCMs; verändert nach D'Almeida et al. 2007).

Autoren	GCM	ΔT [°C]	ΔN [mm/d]	ΔAET [mm/d]	ΔA [mm/d]
Lean & Warrilow 1989	UKMO	+2,40	−1,43	−0,85	−0,40
Nobre et al. 1991	NMC	+2,50	−1,76	−1,36	−0,40
Henderson-Sellers et al. 1993	CCM1	+0,60	−1,61	−0,64	−0,90
Lean & Rowntree 1993	UKMO	+2,10	−0,81	−0,55	−0,20
Dirmeyer & Shukla 1994	COLA	+2,00	+0,24	−0,31	+0,02
Polcher & Laval 1994	LMD	+3,80	+1,08	−0,27	+3,70
Sud et al. 1996	GLA	+2,00	−1,48	−1,22	−0,26
Manzi & Planton 1996	EMERAUDE	−0,50	−0,40	−0,31	+0,33
Lean et al. 1996	HC	+2,30	−0,43	−0,81	+0,39
Lean & Rowntree 1997	HC	+2,30	−0,27	−0,76	+0,51
Hahmann & Dickinson 1997	CCM2	+1,00	−0,99	−0,41	−0,50
Costa & Foley 2000	GENESIS	+1,40	−0,70	−0,60	−0,10
Kleidon & Heimann 2000	ECHAM4	+2,50	−0,38	−1,30	+0,92
Voldoire & Royer 2004	ARPEGE	−0,01	−0,40	−0,40	−0,01

ΔT = Temperaturänderung, ΔN = Niederschlagsänderung, ΔAET = Verdunstungsänderung, ΔA = Abflussänderung

Für das Donaueinzugsgebiet wird jedoch eine starke Abnahme der Niederschläge im Sommer prognostiziert, die sich bei Zunahme der Verdunstung insgesamt in der Jahresbilanz in einer Abflussverminderung von ungefähr 20 % auswirkt. Regionale Klimamodelle zeigen somit eine räumlich stark differenzierte Veränderung des Wasserkreislaufs an, zudem sind Änderungen in der Niederschlagsintensitätsverteilung wahrscheinlich (Jacob & Hagemann 2005).

Regionale Auswirkungen auf den Abfluss durch Landnutzungsänderungen

Auswirkungen von Landnutzungsänderungen auf den Abfluss sind vor allem in Zusammenhang mit der Hochwasserproblematik untersucht und modelliert worden (Kap. 12). Bronstert & Engel (2005) fassen die Ergebnisse der **Abflusssimulation** am Beispiel dreier mesoskaliger Rheineinzugsgebiete (115–455 km²) zusammen, die sehr unterschiedliche Flächennutzungen (Wald, landwirtschaftliche Nutzung, Siedlungsanteile) aufweisen. Dabei wurden für die Nutzungsszenarien (Aufforstung, Stilllegung von Anbauflächen, Zunahme Siedlungsfläche um 50 %) zwei Niederschlagstypen (advektiv und konvektiv) zugrunde gelegt. Für das Extremszenario mit 50 % Zunahme der Siedlungsfläche sind sehr unterschiedliche Abflussänderungen mit 4–55 % Abflussvolumenzunahme für das dicht besiedelte Einzugsgebiet zu verzeichnen. Durch Urbanisierung (z. B. Versiegelung) verschärft sich das Abflussmaximum deutlich (Mendel 2000). Die Abflussänderungen im dicht bewaldeten Lenne-Einzugsgebiet sind minimal, wobei jedoch auch in Mittelgebirgslagen die Abflussdämpfung des Waldes vielfach überschätzt wird. Aufgrund der Reliefierung, meist geringmächtiger Böden und gering

durchlässigen Festgesteins sind Waldböden prädestiniert für rasche unterirdische Abflussbildung, was bei lang anhaltenden Niederschlägen zur Hochwasserentwicklung führen kann (z. B. Elbehochwasser im Jahr 2002).

So beschreiben auch Wohlrab et al. (1992) aufgrund der Auswertung von **Mittelgebirgseinzugsgebieten** für den Wechsel von Wald zu Grünland und Acker, dass eine generelle Abflusserhöhung nicht immer gegeben ist. Oberflächenabfluss von landwirtschaftlichen Nutzflächen trägt weniger zur Jahressumme bei, kann jedoch zu singulären Hochwassern einen entscheidenden Beitrag leisten. Für kleine Einzugsgebiete sind mit Zunahme der Versiegelung und Landnutzungsänderung (z. B. Waldrodung) deutliche Abflussänderungen mit Zunahme der Abflussmengen und Abflussspitzen zahlreich belegt. Mit wachsender Einzugsgebietsgröße überlagern sich jedoch zahlreiche ereignisabhängige Abflussbildungsprozesse, sodass der anthropogen verursachte Anteil bei der modellgestützten Quantifizierung nicht immer klar fassbar ist. „Es ist der Mangel an hinreichend quantitativen Nachweisen über alle Maßstabsbereiche, weshalb selbst bei den Wasserwirtschaftlern und den Geowissenschaftlern die Meinungen über das Ausmaß der Hochwasserverschärfung und der Minderungsstrategien auseinandergehen" (Mendel 2000).

Während der globale Wasserkreislauf weiterhin als sich im Gleichgewicht befindender Kreisprozess zwischen Atmosphäre, Land und Meer betrachtet werden kann, verändern sich zeitlich und räumlich die einzelnen Wasserhaushaltskomponenten durch die Nutzungseingriffe, durch den Wandel der terrestrischen Ökosysteme wie auch über die Veränderung der Zusammensetzung der Atmosphäre (Treibhausgase). Sowohl für die zukünftige **Variabilität des Wasserkreislaufs** wie für die Ökosysteme und

Wassernutzungspotenziale sind diese Veränderungen bisher noch nicht exakt quantifizierbar und prognostizierbar. Im Bericht des CCSP (*Strategic Plan for Climate Change Science Program – water cycle*, 2003) wird daher die Frage gestellt: „*What are the consequences over a range of space and time scales of water cycle variability and change for human societies and ecosystems and how do they interact with the earth system to affect sediment transport and nutrient and biogeochemical cycles?*"

Biogeochemische Stoffkreisläufe: Kohlenstoff- und Stickstoffkreislauf

Stephan Glatzel

Die rapide Zunahme der troposphärischen Kohlendioxidkonzentration und der zunehmend als sicher geltende Zusammenhang der Konzentration an **Treibhausgasen** mit der weltweiten **Klimaerwärmung** (Abschn. 8.13) unterstreichen die Relevanz biogeochemischer Stoffkreisläufe für den Menschen. Von besonders großer Bedeutung für den Menschen sind die Kreisläufe des Kohlenstoffs und Stickstoffs.

Kohlenstoff (C) ist Hauptbestandteil lebenden Gewebes und die photosynthetische Kohlenstofffixierung beeinflusst die atmosphärische Sauerstoffkonzentration, die wiederum das Oxidationspotenzial auf der Erde steuert. Über Redoxreaktionen sind die Kreisläufe anderer Elemente an die weltweiten Kohlenstoff- und Sauerstoffkreisläufe gekoppelt (Schlesinger & Bernhardt 2013).

Obwohl **Stickstoff** (N) Hauptbestandteil unserer Luft ist (Abschn. 8.3), werden das Pflanzenwachstum und damit die Nettoprimärproduktion oft durch einen Mangel an pflanzenverfügbarem Stickstoff eingeschränkt. An der Erdoberfläche liegt Stickstoff in mehreren Oxidationsstufen vor, wobei die häufigste Stickstoff-form, der molekulare Stickstoff (N_2), von den meisten Pflanzen nicht direkt aufgenommen werden kann. Seit dem 19. Jahrhundert greift der Mensch massiv in den Stickstoffkreislauf ein.

Im Folgenden werden die Kohlenstoff- und Stickstoffformen, die an der Erdoberfläche auftreten, genannt und die Prozesse, die für die Umsetzungen verantwortlich sind, vorgestellt. Weiterhin werden die Kohlenstoff- und Stickstoffspeicher und deren Umsatzraten auf dem globalen Maßstab aufgezeigt und Mechanismen, die deren regionale Differenzierung bedingen, dargestellt.

Kohlenstoff: Speicher und Flüsse

Die größten **Kohlenstoffspeicher** auf der Erde befinden sich im Erdkern und Erdmantel. Der Erdkern enthält ca. 4 Mrd. Gt C, im Erdmantel werden 240–400 Mio. Gt C vermutet. Der im Erdkern enthaltene Kohlenstoff nimmt an aktuellen Umsatzprozessen an Erdoberfläche und Atmosphäre nicht teil. Im Gegensatz dazu ist Kohlenstoff aus dem Erdmantel über Vulkanismus und andere Pfade zwischen Erdmantel und Erdkruste an rezenten Austauschprozessen beteiligt. Die nächstgrößeren Kohlenstoffspeicher der Erde sind Sedimentgesteine (6–7×10^7 Pg; Petagramm; 1 Pg = 10^{15} g) und die Ozeane (38 000 Pg). Wichtiger als die Größe der Speicher sind aber die Flussraten: Die Rate des durch Sedimentation in Gestein gebundenen Kohlenstoffs beträgt, ebenso wie die des natürlicherweise in die Atmosphäre freigesetzten lithogenen Kohlenstoffs (Vulkanismus) 0,2 Pg. Nur ein kleiner Teil des in Sedimentgesteinen gebundenen Kohlenstoffs (5000 Pg) eignet sich als fossiler Brennstoff, jedoch sind die anthropogenen Freisetzungsraten aus diesem Speicher mit 9 Pg pro Jahr hoch. Der in den Ozeanen gebundene Kohlenstoff liegt zum Großteil (97 %) in organischer Form als Phyto- und Zooplankton vor. Der anorganische Kohlenstoff in den Ozeanen besteht aus CO_2, CO_3^{2-} und $2HCO_3^-$. Gegenwärtig werden jährlich 80 Pg Kohlenstoff in Ozeanen gelöst und nur 78 Pg in die Atmosphäre freigesetzt (IPCC 2013, Abb. 13.15).

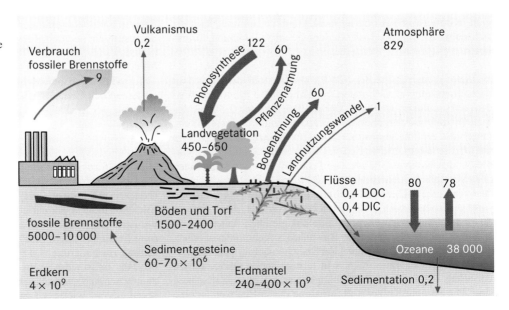

Abb. 13.15 Der heutige globale Kohlenstoffkreislauf. Alle Speicher in 10^{15} g Kohlenstoff und alle Flüsse in 10^{15} g Kohlenstoff pro Jahr (verändert nach DePaolo 2015, IPCC 2013).

Vulkanismus 0,2

Atmosphäre 829

Verbrauch fossiler Brennstoffe 9

Photosynthese 122

60

Pflanzenatmung 60

Bodenatmung

Landnutzungswandel 1

Landvegetation 450–650

Flüsse 0,4 DOC 0,4 DIC

80   78

fossile Brennstoffe 5000–10 000

Böden und Torf 1500–2400

Sedimentgesteine 60–70 × 10⁶

Ozeane 38 000

Erdkern 4 × 10⁹

Erdmantel 240–400 × 10⁹

Sedimentation 0,2

Nettoemission		= Nettoänderung des Kohlenstoffkreislaufs		
Freisetzung durch Verbrennung fossiler Brennstoffe	+ Land-nutzungs-wandel	= Zunahme in der Atmosphäre	+ Aufnahme in den Ozeanen	+ Aufnahme in terres-trischer Biosphäre
34,1 ± 1,7	+ 3,5 ± 1,8	= 16,4 ± 0,4	+ 9,7 ± 1,8	+ 2,4 ± 3,1

Tab. 13.8 Quellen und Senken atmosphärischen Kohlendioxids 2006–2015 in 10^{15} g für den 10 Jahre langen Zeitraum (Quelle: Global Carbon Project 2016).

Böden und Torf speichern 1500–2400 Pg und damit mehr als doppelt so viel wie Atmosphäre (780 Pg) und Pflanzen (550 Pg). Der Kohlenstoffgehalt der Atmosphäre steigt jährlich um 4,1 Pg. Im Vergleich zu Pflanzen (99,9 % der biosphärischen C-Speicherung) spielen Tiere (0,1 % der biosphärischen C-Speicherung) kaum eine Rolle. Die höchsten Flussraten treten im System Pflanze/Boden auf: Über Photosynthese werden 122 Pg Kohlenstoff pro Jahr von Pflanzen in Kohlenhydrate umgewandelt, doch nur ungefähr die Hälfte davon wird in pflanzliches Gewebe eingebaut, da der Rest im Rahmen der Pflanzenatmung (autotrophe Respiration) wieder in die Atmosphäre freigesetzt wird. Die im Pflanzengewebe gespeicherte Energie wird über die Pflanzenfresser (Herbivore) an Fleischfresser (Carnivore) weitergereicht. Das Gewebe der Pflanzen und Tiere nach dem Absterben sowie deren Ausscheidungen werden als Detritus bezeichnet. Die Zersetzung des Detritus durch Bakterien und Pilze (heterotrophe Respiration) setzt die andere Hälfte des assimilierten Kohlenstoffs in die Atmosphäre frei. In Feuchtgebieten wird hierbei unter Sauerstoffabschluss neben CO_2 auch Methan (CH_4), das ebenfalls ein wichtiges Treibhausgas ist, produziert. Mit den Flüssen gelangen je 0,4 Pg gelöster anorganischer Kohlenstoff (DIC = *Dissolved Inorganic Carbon*) und organischer Kohlenstoff (DOC = *Dissolved Organic Carbon*) in die Ozeane. Durch Landnutzungswandel (zurzeit meist die Rodung von tropischem Regenwald) setzt der Mensch zusätzlich 1 Pg Kohlenstoff pro Jahr in die Atmosphäre frei.

Bilanziert man die genannten Flüsse, fällt auf, dass Ozeane und Pflanzen mehr aufnehmen, als sie abgeben, und dass die Zunahme des Kohlenstoffgehalts der Atmosphäre die **anthropogene Kohlenstofffreisetzung** nicht komplett abbildet. Es lässt sich daher die in Tab. 13.8 wiedergegebene Gleichung formulieren.

Weniger als die Hälfte der >10 Pg Kohlenstoff, die jedes Jahr durch menschliche Aktivität in die Atmosphäre freigesetzt werden, akkumulieren sich dort. Der größere Teil des freigesetzten Kohlenstoffs wird in anderen Kompartimenten aufgenommen: Durch die erhöhte atmosphärische CO_2-Konzentration puffern die Ozeane einen großen Teil des nicht in der Atmosphäre verbleibenden Kohlenstoffs ab. Die Probleme bei der Suche nach dem Verbleib der fehlenden ca. 5,7 Pg pro Jahr waren so groß, dass von einer fehlenden **Kohlenstoffsenke** (*missing carbon sink*) gesprochen wurde. Mittlerweile ist bekannt, dass mehr als 50 % des emittierten CO_2 zu ungefähr gleichen Anteilen von Ozeanen und der terrestrischen Biosphäre aufgenommen werden, doch eine genauere Benennung der Speicher ist bis heute schwierig. Man geht davon aus, dass in terrestrischen Ökosystemen vor allem Wälder der Nordhalbkugel starke Kohlenstoffsenken sind. Die erhöhte Kohlenstoffaufnahme durch Pflanzen ist eine Folge einer CO_2-Düngung, denn geht man von der Verfügbarkeit aller anderen Nährstoffe und günstigen Temperatur- und Feuchtebedingungen aus, so führt eine erhöhte CO_2-Verfügbarkeit zu höherer Photosyntheseleistung. Eine genaue geographische Eingrenzung der terrestrischen C-Senke wie auch die Beantwortung der Frage, ob Pflanzen oder Böden den größeren Teil speichern, steht aus, doch es ist klar, dass die Waldökosysteme Eurasiens und Nordamerikas zurzeit bedeutende Kohlenstoffsenken darstellen.

Aufgrund der Größe der Kohlenstoffspeicher und Kohlenstoffumsätze in der Pedo- und Biosphäre haben sich in den letzten Jahrzehnten Boden- und Pflanzenwissenschaftler den Randbedingungen der Kohlenstoffspeicherung gewidmet. So haben sich Untersuchungen zur Stabilität der organischen Bodensubstanz gegenüber mikrobiellem Abbau zu einem eigenen Forschungsfeld entwickelt und die Erforschung der Begrenzung des Pflanzenwachstums und damit auch der Humusbildung durch andere Nährstoffe wie dem Stickstoff hat zunehmend an Bedeutung gewonnen. Hieraus wurden Handlungsanweisungen für humusschonende Landwirtschaft und den Erhalt von Moorböden entwickelt.

Stickstoff: Speicher und Flüsse

Während kohlenstoffhaltige Gase in der Atmosphäre nur in Spuren vorkommen, ist Stickstoff deren Hauptbestandteil (Abschn. 8.3). In der Atmosphäre befinden sich 3 950 000 000 Tg (Teragramm; 1 Tg = 10^{12} g) Stickstoff. Die Lithosphäre speichert in Sedimentgesteinen etwa 10^9 Tg Stickstoff. Im Vergleich dazu sind die anderen Stickstoffspeicher klein: In den Ozeanen befinden sich 20 570 000 Tg und in den Pflanzen und Böden der Welt befinden sich 190 000 Tg. Um zu verstehen, warum trotz des großen atmosphärischen Stickstoffvorrats in vielen Ökosystemen der Stickstoff die Produktion limitiert, müssen einige Prozesse der Stickstoffumsetzung geklärt werden: Molekularer Stickstoff – also N_2 – ist aufgrund einer starken Dreifachbindung, welche die beiden Atome zusammenhält, sehr stabil. Um pflanzenverfügbar zu sein, muss Stickstoff in eine andere Bindungsform überführt (fixiert) werden. Die wichtigsten dieser Bindungsformen sind **organischer Stickstoff**, **Ammoniak** (NH_3), **Ammonium** (NH_4), **Nitrit** (NO_2) und **Nitrat** (NO_3). Stickstofffixierung kann auf abiotischem, biotischem und auf industriellem Wege geschehen. Die abiotische Stickstofffixierung findet vor allem durch Blitze in der Atmosphäre statt. Ihr Beitrag zur Fixierung von Stickstoff beträgt wahrscheinlich 5 Tg pro Jahr. Es ist jedoch sehr schwierig, exakte Angaben hierüber zu machen und generell sind viele Komponenten des Stickstoffkreislaufs schwierig zu quantifizieren (Galloway 2005). Die

Abb. 13.16 Der globale Stickstoffkreislauf (alle Flüsse in 10^{12} g Stickstoff pro Jahr; verändert nach Fowler et al. 2017, Galloway 2005, Schlesinger & Bernhardt 2013).

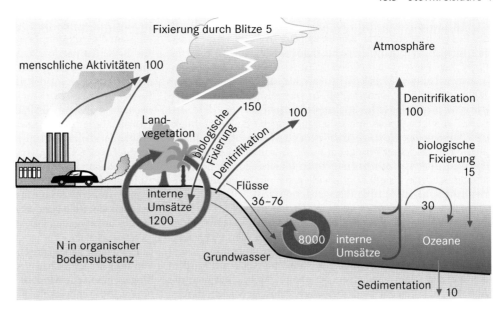

Flussraten in Abb. 13.16 sind daher lediglich Annäherungen. Die biologische Stickstofffixierung erfolgt durch frei lebende Bakterien und solche, die symbiotisch in oder an den Wurzeln bestimmter Pflanzen (Leguminosen) leben (Larcher 2001). Biologisch werden 120 Tg pro Jahr fixiert. Davon stammen 60 Tg pro Jahr aus der Landwirtschaft (vor allem dem Sojaanbau). Die Entwicklung der industriellen Stickstofffixierung durch Fritz Haber und Carl Bosch resultierte (neben der Vergabe des Nobelpreises für Chemie 1918 und 1931) in einem massiven Eingriff in den Stickstoffhaushalt der Erde: Heute werden jährlich (unter hohem Energieaufwand) ca. 120 Tg Stickstoff industriell fixiert und die Verbrennung fossiler Brennstoffe setzt jährlich 40 Tg Stickstoff aus organischer N-Bindung frei. Neben vielen anderen Anwendungen ermöglicht die industrielle Stickstoffsynthese eine Agrarproduktion auf hohem Niveau (Abb. 13.16).

Die Pflanze nimmt fixierten N meist als NO_3 oder NH_4 auf und überführt diesen in organische Formen; die direkte Aufnahme organischen Stickstoffs ist weniger bedeutend. Nach dem Absterben pflanzlichen oder tierischen Gewebes bleibt Stickstoff entweder im Rahmen der Humifizierung (Kap. 10) in organischer Form oder wird durch Mikroorganismen in NH_4 umgewandelt (Ammonifikation). Bei ausreichender Sauerstoffzufuhr wird NH_4 in NO_3 umgewandelt (Nitrifikation). Unter nassen und kalten, aber auch unter sehr heißen Bedingungen verläuft die Ammonifikation schneller als die Nitrifikation, es wird NH_4 angereichert. Das im Gestein enthaltene NH_4 spielt quantitativ keine große Rolle, jedoch kann NH_4 aus Gestein und Ammonifikation in den Zwischenschichten von Tonmineralen enthalten sein (Kap. 10). Bei der Verdunstung von NH_4 entsteht NH_3, dessen stechender Geruch in der Nähe von Ställen auffällt.

Bei ausschließlicher Betrachtung der bisher genannten Speicher und Flüsse müsste der Stickstoffgehalt in den Ozeanen und an Land laufend zunehmen. Dass dem nicht so ist, ist auf die Umwandlung von NO_3 in N_2 (Denitrifikation) zurückzuführen. Man unterscheidet Denitrifikation durch Mikroorganismen und

Denitrifikation bei Verbrennungsprozessen (Pyrodenitrifikation). Denitrifikation durch Mikroorganismen verläuft in mehreren Zwischenschritten und hängt von der Sauerstoffversorgung ab. Wichtige Produkte auf dem Weg zum N_2 sind Stickoxide wie Stickstoffmonoxid (NO) oder Distickstoffmonoxid (N_2O, Lachgas), die zur Schädigung der stratosphärischen Ozonschicht und zum anthropogenen Treibhauseffekt beitragen (Abschn. 8.13). Die beiden letztgenannten Gase können auch im Rahmen der Nitrifikation entstehen. Nur bei sehr niedrigen Redoxverhältnissen, also bei nassem, sauerstoffarmem Milieu entsteht durch Mikroorganismen N_2, daher konzentriert sich die Denitrifikation in Feuchtgebieten. Die Denitrifikation in terrestrischen Ökosystemen beträgt ca. 100 Tg pro Jahr (Fowler et al., 2017).

Da die im oben stehenden Abschnitt geschilderten Prozesse von Temperatur und Feuchte – und damit von der Witterung – abhängen und das Pflanzenwachstum von kontinuierlich guter Stickstoffversorgung, ist es in der landwirtschaftlichen Praxis schwierig, ungewollte **Stickstoffverluste** zu vermeiden. Eines unserer größten Umweltprobleme in Agrarlandschaften ist die Überdüngung; nur ein Bruchteil des ausgebrachten Stickstoffdüngers endet im landwirtschaftlichen Produkt. Der größere Teil verlässt den Boden mit dem Vorfluter als NO_3 oder geht als N_2, Stickoxid oder NH_3 in die Gasphase über. Mit den Flüssen gelangen jährlich ca. 80 Tg Stickstoff in die Ozeane (Fowler et al., 2017) und die Quantifizierung dieses Stickstoffs sowie die Erforschung dessen Verbleibs ist einer der Schwerpunkte biogeochemischer Forschung. Neben der Landwirtschaft produzieren viele Verbrennungsprozesse Stickoxide. Erhöhte sommerliche Ozonkonzentrationen in der Nähe von Ballungsräumen sind auf das Zusammentreffen großer Mengen an Stickoxiden aus Verkehr und Industrie und Sauerstoff durch Photosynthese zurückzuführen.

Die Stickstofffraktion, die als Stickoxid oder NH_3 in die Atmosphäre eingetragen wird, nimmt dort an einer Vielzahl von Reaktionen teil. **Stickoxide** werden in der Atmosphäre in Salpetersäure umgewandelt, die als Bestandteil des **„sauren Regens"** wieder auf die Erdoberfläche trifft. Ammoniak wirkt basisch und ist in der Lage, atmosphärische Säuren zu neutralisieren. Beide Stickstoffformen tragen jedoch zu einer diffusen Düngung der Erdoberfläche bei. Dieser Düngungseffekt ist im Lee von Gebieten mit intensiver landwirtschaftlicher Produktion oder von Industrie- und Ballungsräumen besonders groß. In europäischen Wäldern sind jährliche atmosphärische Stickstoffeintragsraten von >30 kg/ha üblich. In Ökosystemen mit einem niedrigeren Bedarf an Stickstoff führen diese Einträge kurzfristig zu Stickstoffüberschüssen im Boden, Stickstofffreisetzung in die Gasphase, den Vorfluter und das Grundwasser und zu erhöhter Mineralisierung der organischen Auflage. Langfristig bewirken sie eine Veränderung der Humusform (Kap. 11) und Pflanzengesellschaft.

Wie beim Kohlenstoff unterliegt nur eine relativ kleine Menge (10 Tg) des jährlich umgesetzten Stickstoffs der Diagenese. Auch in den Ozeanen wird Stickstoff fixiert, mineralisiert und denitrifiziert und der organisch gebundene Stickstoff wird in den marinen Nahrungsnetzen verarbeitet. Betrachtet man die Abb. 13.16, fällt jedoch auf, dass der ozeanische Stickstoffkreislauf nicht geschlossen ist. Es werden größere Mengen denitrifiziert als fixiert oder mit Flüssen oder atmosphärischer Deposition eingetragen. Trotz großer Unsicherheiten bei der Quantifizierung des ozeanischen Stickstoffkreislaufs und einer möglichen N_2O-Aufnahme in den Ozeanen deutet diese Bilanzlücke auf eine Abnahme des ozeanischen Stickstoffgehalts hin. Die **Ozeane** befinden sich in Bezug auf den Stickstoffkreislauf nicht im Gleichgewicht. Dies liegt beispielsweise an der langen Verweildauer einiger Stickstofffraktionen sowie deren Einbindung in globale Meeresströmungen. Die vergleichsweise kleine Bilanzlücke auf dem Land ist wahrscheinlich auf Ungenauigkeiten bei der Abschätzung der Denitrifikation zurückzuführen. Darüber hinaus geht die erwähnte Zunahme von organisch gebundenem Kohlenstoff mit der Akkumulation von Stickstoff in der terrestrischen oder ozeanischen Senke einher und weist auf eine Kopplung der Kohlenstoff- und Stickstoffkreisläufe hin, die auf allen Skalen vom Molekül bis zur globalen Skala auftritt.

Perspektiven

Die biogeochemischen Kohlenstoff- und Stickstoffkreisläufe sind miteinander und mit den Kreisläufen weiterer Elemente (Eisen, Phosphor, Schwefel und viele andere) gekoppelt. Sie finden außerdem in unterschiedlichen zeitlichen und räumlichen Skalen (<1 Sekunde bis >20 000 Jahre, <mm³ bis >km³) statt. Diese multiskalige **Verknüpfung von biogeochemischen Kreisläufen** verschiedener Elemente erfordert von Forscherinnen und Forschern umfassendes System- und Prozessverständnis und interdisziplinäre Kompetenz. Aus diesem Grund wird biogeochemische Forschung von verschiedenen bio-, geo-, agrar- und forstwissenschaftlichen Disziplinen betrieben.

Auf der Einzugsgebietsebene werden der Kohlenstoff- und der Stickstoffkreislauf vor allem mithilfe von Stoffhaushaltsmessungen untersucht. Diese Messungen sind Basis für ein Prozessverständnis, das die Formulierung von Gesetzmäßigkeiten ermöglicht. Diese Gesetzmäßigkeiten werden als mathematische Gleichungen formuliert und parametrisiert. Die Gleichungen

werden mit neuen Datensätzen validiert oder falsifiziert. Oft müssen die ursprünglichen Gleichungen verändert werden. Auf diese Art und Weise gehen bei der Erforschung von Stoffkreisläufen Messung und Modellierung Hand in Hand. Auf der Makroskala, auf der größere räumliche Einheiten erforscht werden, und bei der Beschreibung ozeanischer und atmosphärischer Prozesse spielt die mathematische Modellierung eine größere Rolle. Immer noch wird das Prozessverständnis durch Probleme bei der Messung bestimmter Flüsse begrenzt. So ist es beispielsweise außerordentlich schwierig, den Fluss von N_2 aus dem Boden in die zum Großteil aus N_2 bestehende Atmosphäre zu messen, denn das Grundrauschen überdeckt das sehr kleine Signal. Moderne Isotopentechniken können diesen Mangel zwar beheben, doch sie verursachen meist Störungen an anderen Stellen des untersuchten Ökosystems.

Eine wichtige geographische Perspektive ist die Regionalisierung von biogeochemischen Prozessen und Funktionen. Es wurden **biogeochemische Modelle** wie DNDC (Li 2000) oder ECOSYS (Grant 2001) entwickelt, in denen auf Grundlage detaillierten Prozessverständnisses der Kohlenstoff- und Stickstoffhaushalt von Ökosystemen modelliert werden kann. Bemühungen, diese an wenigen Orten geeichten Modelle für den gesamten Raum verfügbar zu machen, stoßen oft an durch mangelnde Datenverfügbarkeit gesetzte Grenzen. Hier ist es oft notwendig, Vereinfachungen durchzuführen, die die wichtigsten Stoffflüsse berücksichtigen, und mithilfe von Fernerkundungsdaten und Geographischen Informationssystemen zu flächenhaften Aussagen zu gelangen.

13.4 Stadtökologie

Jürgen Breuste und Wilfried Endlicher

Problemlage und Positionierung der Disziplin

Immer mehr Menschen leben in Städten, in Deutschland derzeit etwa 80 % der Bevölkerung. Die **Urbanisierung** wird sich allen Prognosen zufolge fortsetzen. Die weiter zunehmende Verstädterung der Erde, insbesondere die Ausbildung von **Megacities** (Abschn. 20.7) mit über 10 Mio. Einwohnern, macht integrative Wissenschaftsansätze zu Fragen von Natur und Umwelt in urbanen Räumen notwendig (Kap. 20).

Die Stadtökologie strebt dabei an, die komplexen Wirkungsgefüge, welche die verschiedensten Prozesse in der Stadt steuern, qualitativ und quantitativ aufzudecken. Sie untersucht vorrangig die **Wechselwirkungen** zwischen menschlichem Agieren und physischen Umweltbedingungen und befasst sich dabei auch mit den Handlungsmotiven sowie den Prozessen der Umweltnutzung. Die Stadtökologie führt die immer stärker fragmentierten Spezialdisziplinen, denen nur noch das Untersuchungsobjekt gemeinsam ist, wieder zusammen und schenkt dabei den Grenzbereichen zwischen den traditionellen Forschungsgebieten verstärkte Beachtung. Der Geographie mit ihren natur- und humanwissenschaftlichen Teildisziplinen kommt dabei eine besondere Rolle zu, da Stadtökologie erfolgreich nicht sektoral, sondern – ganz im Sinne der Geographie – nur integral betrieben werden kann. In der Geographie ist die stadtökologische Forschung in den letzten Jahren sowohl national als auch international zu einem wichtigen Arbeitsfeld herangewachsen. Die wichtigsten Fortschritte und Befunde sind zwischenzeitlich umfangreich dokumentiert (Meurer 1997, Marzluff et al. 2008, Niemelä et al. 2011, Endlicher 2012, Breuste et al. 2013, Haase et al. 2014).

Sukopp & Wittig (1998) definieren Stadtökologie wie folgt: „Stadtökologie ist im weiteren Sinne ein integriertes Arbeitsfeld mehrerer Wissenschaften aus unterschiedlichen Bereichen und von Planung mit dem Ziel einer Verbesserung der Lebensbedingungen und einer dauerhaften umweltverträglichen Stadtentwicklung."

Die räumliche Struktur des Stadtökosystems

Unterschiedliche themenbezogene Betrachtungsweisen der „Stadtumwelt" bedürfen einer zusammenführenden gemeinsamen räumlichen Arbeitsgrundlage, der räumlich-ökologischen Gliederung des Stadtökosystems. Anfänglich wurden dabei konzentrische Stadtmodelle entwickelt (Abb. 13.17).

Ausgehend von der Erkenntnis, dass in der Stadt die Nutzung der grundlegende ökologische Einflussprozess ist, wurde die Gliederung der Stadt und die ihres Umlands in vergleichbare, typisierbare Raumausschnitte (Stadtstrukturtypen) in Geographie, Raumplanung und Ökologie als eine praktikable und zweckmäßige Methode der stadtökologischen Raumgliederung entwickelt, um ökologisch unterschiedliche Stadtbereiche zu identifizieren, zu charakterisieren und damit Grundlagen für das Umweltmanagement in Städten zu legen.

Stadtstrukturtypen (Kap. 20) sind Flächen vergleichbarer typischer, deutlich voneinander physiognomisch unterscheidbarer Ausstattung und Konfiguration von Bebauung und Freiflächen. Sie sind weitgehend homogen bezüglich Art, Dichte und Flächenanteilen der Bebauung und der verschiedenen Ausprägungen der Freiflächen (versiegelte Flächen, Vegetationstypen und Gehölzausstattung). Beispiele solcher Stadtstrukturtypen sind:

- geschlossene Blockbebauung mit Baustrukturen in den Blockinnenbereichen
- Einzel- und Reihenhausbebauung mit Hausgärten
- Villenbebauung mit Parkgärten

Flächen mit einer einheitlichen strukturellen Ausstattung und Nutzung weisen vergleichbare Lebensraum- oder Landschaftshaushaltsfunktionen auf. Somit können Befunde zu Physiotop- und Biotopstruktur, zu Klimaverhältnissen, Bodenbeschaffenheit, Versiegelungsintensität oder Grundwasserneubildung erarbeitet werden. Stadtstrukturtypen fassen damit Flächen ähnlicher Umweltverhältnisse zusammen. Durch die Nutzung definierte Hauptstrukturtypen können weiter hinsichtlich ihrer Ausstattungsmerkmale (z. B. Bebauung, Freiflächen, Vegetation) in ökologische Subtypen untergliedert werden.

Stadtstrukturtypen sind Schnittstellen zwischen Wissenschaft und Stadtplanung. Aufgrund der Ausgliederungsmerkmale nach Nutzung und Baustruktur bestehen direkte Bezüge des wissenschaftlichen Ansatzes der Stadtstrukturtypen mit den städtebaulichen Instrumenten der Gebietstypen in der Bauleitplanung und der Biotopkartierung. Wissenschaftlich analytische Erkenntnisse können damit direkt in administrative, politische und legislative Handlungsansätze einfließen und umgesetzt werden. Stadtstrukturtypen bilden daher eine Schnittstelle zwischen Wissenschaft und städtebaulicher Planung (Abb. 13.18).

Die Stadt als gesellschaftsökologisches System

Die beiden Teile des **Stadtökosystems** – das natürliche System Stadt und das gesellschaftliche System Stadt – stehen in einer engen Wechselwirkung (Endlicher & Simon 2005, Breuste et al. 2016). Aus dem Blickwinkel des Leitbildes der Nachhaltigkeit sind dabei in einzelnen urbanen Teilsystemen die im Folgenden beschriebenen Prozesse von besonderer Bedeutung, bei denen der Mensch eine zentrale Akteursrolle einnimmt (Abb. 13.19).

Atmosphäre: Stadtklima und Luftqualität

Das Kompartiment Atmosphäre des städtischen Systems zeichnet sich durch vielfache Veränderungen der regionalklimatischen Rahmenbedingungen aus (Kap. 8). So wird durch die Bausubstanz sowohl eine Modifikation der kurzwelligen Strahlungsströme – mit der Ausbildung spezifischer Schattenzonen am Tage – als auch der langwelligen erreicht, wobei dem Speichervermögen der Baukörper – in der Klimatologie der „Bodenwärmestrom" – eine besondere Rolle zukommt. Überhaupt ist der Energie- bzw. der Wärmehaushalt nicht nur durch eine Veränderung der Strahlungsbilanz, sondern auch durch eine Umkehrung der Bowen-Ratio, des Quotienten zwischen dem fühlbaren und dem latenten Wärmestrom, gekennzeichnet; denn aufgrund des hohen städtischen Versiegelungsgrades und der reduzierten Freiflächen ist der Verdunstungswärmestrom über der Stadt herabgesetzt, sodass mehr Energie für den fühlbaren Wärmestrom und somit zur direkten Erwärmung der Luft zur Verfügung steht. Wirksam wird dieser Umstand vor allem im Sommer, wenn die größten Energiemengen umgesetzt werden, und in der Nacht, wenn Gebäude und Straßen die am Tage gespeicherte Wärme an die Luft abgeben. Dies kann in klaren Nächten zu maximalen Temperaturunterschieden zwischen Innenstädten und Umland von 10 °C und mehr führen. Dieses Phänomen ist als **städtische Wärmeinsel** bekannt (Kuttler 2004). Neben dem veränderten Strahlungs- und Wärmehaushalt spielen auch noch die Immissionen in der Stadtluft eine Rolle. Der Mensch setzt durch Verbrennungsprozesse im Verkehr Partikel (z. B. Ruß) und Gase (z. B. Stickoxide, flüchtige Kohlenwasserstoffe, Kohlendioxid) frei, die zum Sommer- und Wintersmog beitragen oder auch, wie Feinstaub, Stickoxide und

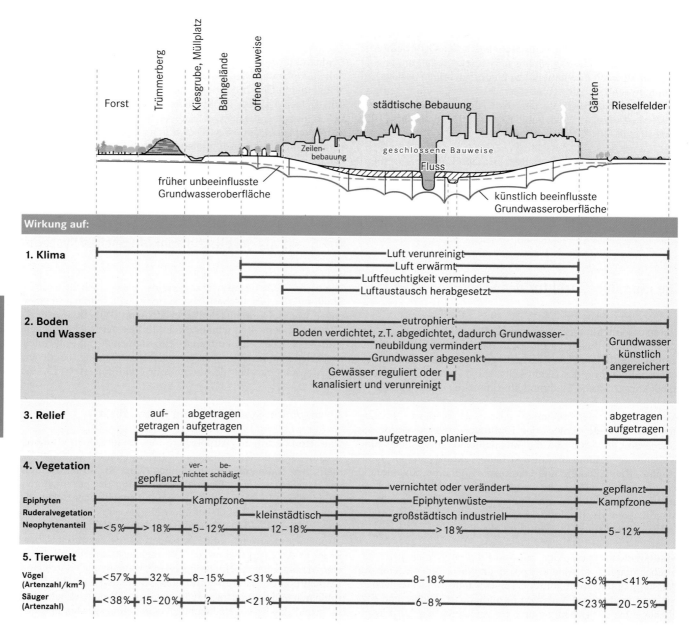

Abb. 13.17 Wirkung der städtischen Bebauung auf Klima, Boden, Relief, Vegetation, Tierwelt (verändert nach Sukopp & Wittig 1998).

Ozon, direkte Auswirkungen auf die Gesundheit haben oder wie CO_2 zum Klimawandel beitragen (Abschn. 8.11).

Pedosphäre: Stadtböden

Der wichtigste Faktor der urbanen Pedosphäre (Abschn. 10.6 und Exkurs 10.7) ist ihr geringer Anteil in der Stadt. Die Versiegelung, die durch die Häuser einerseits, die Verkehrsflächen andererseits hervorgerufen wird, zählt mit zu den wichtigsten Einflüssen auf die anderen Teilsysteme. Umso relevanter sind die in der Stadt verbliebenen nicht versiegelten Flächen, etwa private Stadtgärten oder öffentliche Grünanlagen. Aber auch die Bodeneinträge in die Pflasterritzen und die Bodenaufträge bei Dachbegrünungen stellen kleine Mosaiksteine der urbanen Pedosphäre dar. Physikalische Prozesse, wie die Bodenverdichtung, und chemische Prozesse, wie sie etwa bei der Überdüngung in Schrebergärten auftreten oder im Zusammenhang mit Einträgen von Schwermetallen und polyzyklischen aromatischen Kohlenwasserstoffen entlang von Straßen gemessen werden können, schädigen und belasten die Stadtböden. Vielerorts, etwa an Baumscheiben oder unter Straßen, findet man auch gar keine natürlichen Böden mehr, sondern sog. **Technosole**, die sich in ihren Eigenschaften stark von natürlichen oder kulturell entwickelten Böden unterscheiden.

Abb. 13.18 Stadtstrukturtypen an der Schnittstelle zwischen Wissenschaft und Planung (verändert nach Wickop et al. 1998).

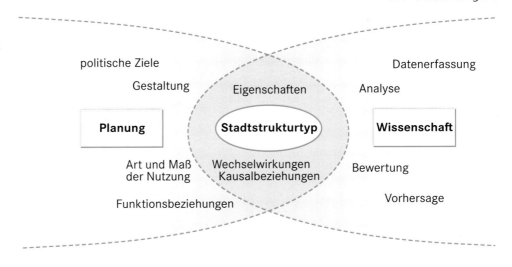

Abb. 13.19 Stadtökologische Teilsphären (verändert nach Endlicher & Simon 2005).

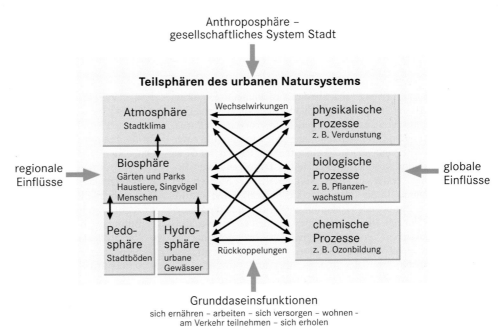

Kapitel 13

Hydrosphäre: Stadtgewässer

Vielfach wirksam sind auch die Wechselbeziehungen zwischen Atmosphäre, Pedosphäre und Hydrosphäre (Kap. 12). Die Niederschläge werden zum Großteil über Leitungssysteme (Dachrinnen, Gullys, Abwasserleitungen) den Vorflutern zugeführt. Man versucht, dem Problem der beeinträchtigten **Grundwasserneubildung** durch ausgewiesene Versickerungsflächen in Neubaugebieten Rechnung zu tragen. Die reduzierte Verdunstung von den wenigen städtischen Wasserflächen, Stadtböden und von der Stadtvegetation hat nicht nur Konsequenzen für die Atmosphäre, sondern führt auch dazu, dass Städte lokal Trockeninseln mit reduzierter Luftfeuchte bilden. Die Flüsse als Vorfluter werden bei Starkregenereignissen durch das Überlaufen der Mischwasserkanalisation immer wieder von Neuem in ihrer Wasserqualität eingeschränkt. Immerhin braucht z. B.

das Wasser der Spree im Mittel einen Monat, um das Berliner Stadtgebiet zu durchqueren. Wird während dieser Zeit aus der Mischwasserkanalisation belastetes Abwasser eingeleitet, führt dies zu lang anhaltender, unerwünschter Wasserverschmutzung.

Biosphäre: Vegetation und Tierwelt

Tier- und Pflanzenwelt spiegeln die besonderen Bedingungen der Stadt wider. Dabei sind die Pflanzen je nach den spezifischen urbanen Standortbedingungen in Zeigerpflanzengruppen (Abschn. 11.5) untergliedert und nach den differenzierten Lebensbedingungen im städtischen Raum typisiert worden. So befinden sich unter den charakteristischen Verbreitungstypen beispielsweise stadtfliehende (urbanophobe) Arten, wie zahlreiche Orchideen und Lilien (Wittig 2002). Im kleinräumig mosaikartig differenzierten städtischen

Abb. 13.20 Gesellschaftliche Bedeutung von Stadtnatur (nach Naturkapital Deutschland – TEEB DE 2016, de Groot et al. 2010, Potschin & Haines-Young, 2011, Ring et al., 2014).

Raum sind sie zum Teil eng benachbart mit urbanoneutralen Arten, wie z. B. dem Breitblättrigen Wegerich oder dem Vogel-Knöterich. Deutliche Dominanz besitzen hingegen stadtbevorzugende (urbanophile) Arten wie die Mäusegerste, aber auch orbitophile Arten (Besiedler von Gleisanlagen und Bahnhöfen) mit ihren besonderen Ansprüchen an den saisonal differenzierten Temperatur- und Bodenfeuchtegang. Zentralen Einfluss nimmt dabei der Mensch, der vielfach verändernd in die Pflanzendecke eingreift. Grad und Intensität dieser anthropogenen Beeinflussung wird durch die **Hemerobieskala** aufgezeigt. Ihr Maß resultiert aus den engen Wechselbeziehungen zwischen Versiegelungsgrad des urbanen Raums und Artenzahl (Sukopp & Wittig 1998). Floristische Analysen belegen, dass ein erheblicher Anteil der urbanen Flora durch Adventivarten gestellt wird (Kowarik 2010). Die städtische Biosphäre ist somit durch besonders viele **Neobiota**, Neophyten und Neozoen, gekennzeichnet, die der Mensch bewusst oder unbewusst eingebracht hat. Städte sind dadurch auch besonders artenreich (Kühn et al. 2004). Auch viele Wildtiere wie Füchse und Waschbären passen sich zunehmend an das Leben in Städten an. Die lokale Wärmeinsel und die globale Erwärmung ermöglichen zudem besonders wärmeliebenden Pflanzen und Tieren das Überleben.

Leistungen der Stadtökosysteme

Viele Leistungen der Stadtnatur für Gesundheit und Wohlbefinden der Stadtbewohner sind zu wenig bekannt bzw. werden nur unbewusst wahrgenommen. Dies führt oft dazu, dass Stadtnatur häufig keine oder nur eine geringe Wertschätzung erfährt oder gar nur als Kostenfaktor gesehen wird (Abb. 13.20).

Deswegen hat die stadtökologische Forschung in den letzten beiden Jahrzehnten den ökonomischen Ansatz von Costanza et al. (1997) zu **Ökosystem(dienst)leistungen** (engl. *ecosystem services*) für urbane Räume weiterentwickelt (Bolund & Hunhammar 1999, Breuste et al. 2013, Haase et al. 2014). Nach dem *Millenium Ecosystem Assessment* (MA 2005) lassen sich urbane Ökosystemleistungen (Abb. 13.21) in vier Kategorien einteilen:

- bereitstellende Leistungen (Nahrung, Wasser, Holz, Fasern, genetische Ressourcen)
- regulierende Leistungen (Regulierung von Klima, Überflutungen, Krankheiten, Wasserqualität, Abfallbeseitigung)
- kulturelle Leistungen (Erholung, spirituelle Erfüllung, ästhetisches Vergnügen)
- unterstützende Leistungen (Bodenbildung, Nährstoffkreislauf

Zwischenzeitig hat ein großes Autorenkollektiv die Leistungen urbaner Ökosysteme in deutschen Städten umfangreich dokumentiert (Kowarik et al. 2016). So ermöglichen etwa unversiegelte Böden bei Starkregen die Versickerung und entlasten die Kanalisation. Städtische Wasserflächen wie Seen, Pfuhle, Teiche, Bäche und Flüsse haben einen hohen Erholungswert und wirken ausgleichend auf die Lufttemperatur. Park- und Alleebäume bewirken durch Schattenwurf und Verdunstung im Sommer Abkühlung und filtern bis zu einem gewissen Maß auch Feinstaub aus der Luft. Die Vielfalt von Pflanzen und Tieren ist in den Städten meist sehr viel größer als in den agrarischen und forstlichen Monokulturen der Umgebung. Die Naturerfahrung der Kinder beginnt zuerst in der Stadt, in Parkanlagen und Hausgärten, auf Abenteuerspielplätzen oder gar in der „städtischen Wildnis" von Brachflächen; dieser Sachverhalt kann gar nicht hoch genug geschätzt werden. Durch gemeinsames Gärtnern wird der soziale Zusammenhalt gefördert und ein Beitrag zur Versorgung mit Obst und Gemüse geleistet. Auch wirken sich „grüne Strukturen" günstig auf die psychische Gesundheit aus, was schon lange in Klinikparks ausgenutzt wird. Nicht zuletzt sind gute Lebensbedingungen in Städten ein wirtschaftlicher Standortfaktor geworden.

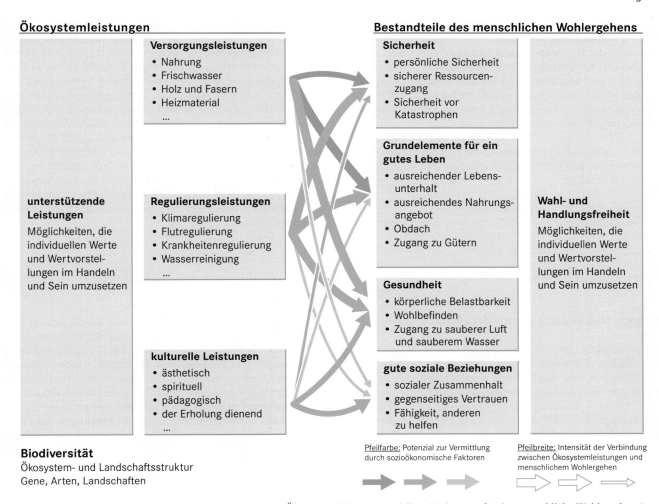

Biodiversität
Ökosystem- und Landschaftsstruktur
Gene, Arten, Landschaften

Abb. 13.21 Ansatz des *Millennium Ecosystem Assessment* zu Ökosystemleistungen und ihrer Bedeutung für das menschliche Wohlergehen (verändert nach Naturkapital Deutschland – TEEB DE 2016, MA 2005, BfN 2012, Walz 2013)

Anwendungsbeispiele stadtökologischer Forschung

Stadtplanung

„Wenn man unter Ökologie die Wissenschaft von den Beziehungen der Lebewesen zu ihrer Umwelt versteht und die ‚Lebewesen‘ nicht nur auf Pflanzen und Tiere beschränkt, sondern die Menschen bewusst einbezieht, so gibt es keinen Zweifel darüber, dass Stadtplanung und Stadtentwicklung ohne Beachtung ökologischer Gegebenheiten und Erfordernisse nicht denkbar sind. Leider wurde dies in der Vergangenheit zu wenig beachtet" (Haber 1992).

Stadtplanung im weiteren Sinne als Raum- und Landschaftsplanung berücksichtigt mit ihren Leitbildern wie **„Ökologischer Stadtumbau"** und **„Ökologische Stadtentwicklung"** die Ansprüche des Menschen an seinen unmittelbaren Lebensraum und die ökologischen Bedingungen des Wirkungsgefüges Stadtökosystem. Trotzdem haben städtebauliche Gestaltungs-

maßnahmen oft deutlich ökologisch negative Auswirkungen. Dazu zählen:

- weitere bauliche Verdichtung der Innenstädte
- Zunahme der Verkehrs- und Gewerbeemissionen in dicht bebauten Kernstädten
- Zerschneidung und Zerstörung von Stadtstrukturen durch Straßenverkehrswege und Flächen des ruhenden Verkehrs
- räumliche Trennung von Arbeits-, Wohn- und Freizeitbereichen verbunden mit dem anwachsenden privaten Kraftfahrzeugverkehr (einschließlich der Pendlerströme)
- Verlust städtischer Vielfalt und Individualität
- unnötiges Beanspruchen von immer mehr Flächen für städtische Nutzungen
- Zunahme der städtischen Lärm- und (teilweise) Abgasbelastungen
- Mangel an nutzergerechten, wohnungsnahen Grün- und Freiflächen

Aus der Erkenntnis heraus, diese Entwicklung in der Zukunft nicht fortsetzen zu können, begannen in den 1980er-Jahren Überlegungen, einen ökologischen Stadtumbau in Angriff zu nehmen. Von der vorhandenen Struktur der Städte ausgehend sollen Verbesserung der Umweltqualität schrittweise ermöglicht werden. Im Rahmen von Einzelprojekten (Niedrigenergiehaus, Wohnen ohne Pkw und begrünte Höfe) konnten erste beispielgebende Erfolge erreicht werden. Ein genereller Umbruch der Stadtplanung hin zu einer echten ökologischen bzw. nachhaltigen Stadtentwicklung blieb trotzdem bisher aus.

Daraus ergibt sich die Forderung nach ökologischen Grundprinzipien bei der Stadtlandschaftsgestaltung (Sukopp & Wittig 1998). Dazu zählen:

- Optimierung des Energieeinsatzes
- Vermeidung unnötiger und Zyklisierung unerlässlicher Stoffflüsse
- Schutz aller Lebensmedien
- kleinräumige Strukturierung und reichhaltige Differenzierung
- allgemeine Erhaltung und Förderung von Natur

Biotop-, Natur- und Landschaftsschutz

Ausgangspunkt einer flächenhaften Einbeziehung von urbanen Grünflächen in Planungskonzepte ist zunächst die Ausweisung von Biotopen, ihre Analyse und Kartierung sowie die darauf basierende Biotopverbundplanung (Jedicke 1994).

Als aussagekräftiges Fallbeispiel kann Luzern als eine Stadt des schweizerischen Mittellandes herangezogen werden, in der seit 1986 umfangreiche floristische und vegetationskundliche Analysen erfolgt sind (Meurer & Müller 1992). Ein auffallendes Resultat dieser Studien ist der Nachweis einer großen Zahl an Pflanzenarten mit insgesamt 855 Gefäßpflanzen, angesiedelt in zahlreichen Biotopen. Dazu zählen zum Beispiel Mikrohabitate, künstliche Felsstandorte, Splittergrün, Industrie- und Gewerbegebiete, Verkehrsflächen und städtische Brachflächen. Hierbei können in der Luzerner Stadtnatur vier Kategorien der Natur, wie sie von Kowarik (1992) definiert wurden, nachgewiesen werden (Abb. 13.22):

- Biotope der Naturlandschaft
- Biotope der ländlich geprägten Kulturlandschaft
- Biotope der Garten- und Parkanlagen
- Biotope der urban-industriellen Stadtlandschaft

Ressourcenschutz

Dem Schutz der natürlichen Ressourcen muss in der Stadt besondere Beachtung geschenkt werden. Der in Gang gesetzte globale Klimawandel wird zukünftig lokal zu vermehrtem Hitzestress mit gesteigerter Morbidität und Mortalität führen, wobei die Jahrhundertsommer 2003 und 2018 keine Einzelfälle bleiben werden. Die Qualität der Stadtluft hat sich zwar in den vergangenen drei Jahrzehnten entscheidend verbessert, wobei jedoch das Problem der hohen Feinstaub- und Stickoxidbelastung durch den Straßenverkehr weiterhin ungelöst ist und eine

erhebliche Gesundheitsgefährdung für die Stadtbevölkerung darstellt. Die Grenzwerte von toxischen Stickoxiden, zudem Ozonvorläufersubstanzen, werden in vielen Städten immer noch nicht eingehalten, so dass sogar Fahrverbote für Diesel-Pkw diskutiert werden. Der zunehmenden Versiegelung der Stadtböden versucht man durch Entsiegelungsprojekte entgegenzuwirken, die eine verbesserte Versickerung des Niederschlagswassers ermöglichen und über eine erhöhte Verdunstung zur Verbesserung des Stadtklimas beitragen. Auch die Sanierung bzw. der Schutz von sich unter den Städten befindenden Grundwasservorräten ist eine hoch komplexe, stadtökotoxikologische Zukunftsaufgabe. Gleiches gilt für die Renaturierung von urbanen Fließgewässern, die vor vielen Jahren verrohrt und kanalisiert wurden und nun wieder in einen naturnahen Zustand umgebaut werden.

Zusammenfassung zur Stadtökologie

Die genannten Sachverhalte zeigen, dass die Strukturen und Prozesse in und zwischen den Teilsystemen des Gesamtsystems „Stadtnatur" in einem weit gefassten, inter- und transdisziplinären Ansatz von Stadtökologie untersucht werden müssen. Besonders wichtig sind dabei die Erforschung von Wechselwirkungen und Rückkoppelungen zwischen den Teilsystemen sowie die Quantifizierung der Stoff- und Energieflüsse als Voraussetzung für **Modellierungen und Bewertungen der Ökosystemleistungen**. Es muss ein ganz besonderes Augenmerk auf die Eingriffe des Menschen in die einzelnen Teilsysteme gelegt werden. Szenarien müssen die mögliche Zukunft der Stadtnatur deutlich machen. Dabei muss sowohl das ökologische wie auch das sozioökonomische System Stadt zum Gesamtverständnis herangezogen werden.

Die moderne Stadtökologie bleibt nicht bei der Bestandsaufnahme und der Aufdeckung stadtökologischer Wirkungszusammenhänge stehen. Sie ist vielmehr handlungsbezogen, indem sie die Konsequenzen des Handelns aufzeigt. Dies gilt sowohl für Prognosen unter der Bedingung unveränderten Handelns – eine Status-quo-Prognose – als auch für spezielle Planungsziele, denn insbesondere aus der Stadtökologie heraus eröffnet sich der Blick für häufig unbeabsichtigte oder unerwünschte Nebeneffekte bei der Optimierung eines Ziels. Gerade kommunales Handeln ist in starkem Maße von der verwaltungstechnischen Fragmentierung geprägt, die sich aus dem Ressortprinzip ergibt. Angewandte Stadtökologie greift hier einerseits bis in die Aufbau- und Ablauforganisation der Verwaltungen ein, indem sie Hinweise auf problemadäquate Organisationsformen liefert. Andererseits beschafft sie in stadtökologischen Analysen die Grundlagen, welche eine integrative Stadtentwicklungspolitik und Stadtplanung benötigt, um die Stadtentwicklung stärker am Ziel der Nachhaltigkeit orientieren zu können. Dazu erarbeitet sie lokale Umweltqualitätsziele, die in örtlichen Satzungen Rechtswirksamkeit erlangen und so auch das Handeln der Menschen beeinflussen (Breuste et al. 2002, 2016).

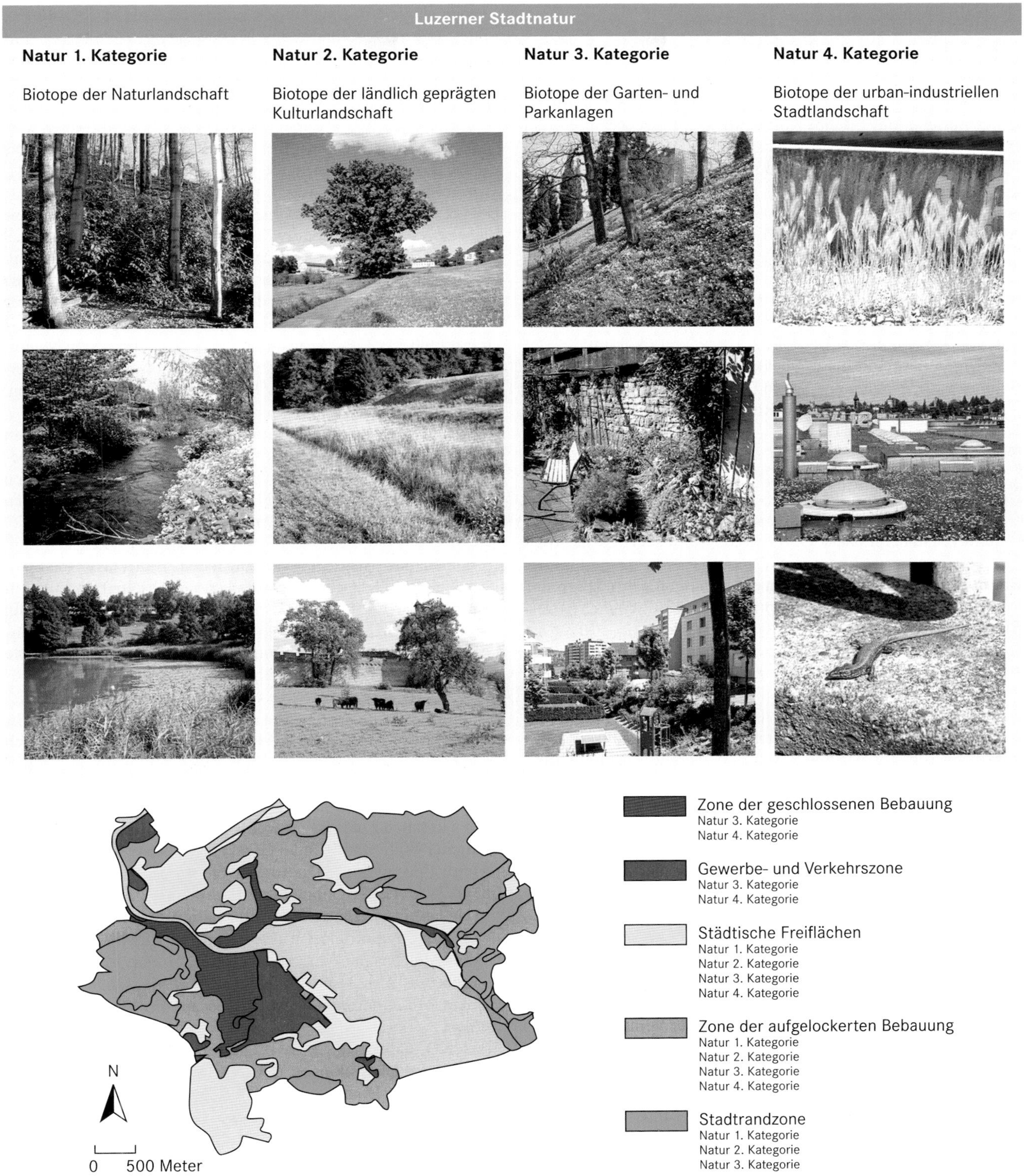

Luzerner Stadtnatur

Natur 1. Kategorie

Biotope der Naturlandschaft

Natur 2. Kategorie

Biotope der ländlich geprägten Kulturlandschaft

Natur 3. Kategorie

Biotope der Garten- und Parkanlagen

Natur 4. Kategorie

Biotope der urban-industriellen Stadtlandschaft

Zone der geschlossenen Bebauung
Natur 3. Kategorie
Natur 4. Kategorie

Gewerbe- und Verkehrszone
Natur 3. Kategorie
Natur 4. Kategorie

Städtische Freiflächen
Natur 1. Kategorie
Natur 2. Kategorie
Natur 3. Kategorie
Natur 4. Kategorie

Zone der aufgelockerten Bebauung
Natur 1. Kategorie
Natur 2. Kategorie
Natur 3. Kategorie
Natur 4. Kategorie

Stadtrandzone
Natur 1. Kategorie
Natur 2. Kategorie
Natur 3. Kategorie

N

0   500 Meter

Abb. 13.22 Die vier Kategorien von Stadtnatur am Beispiel von Luzern (Manfred Meurer in Zusammenarbeit mit Stefan Herfort).

Literatur

AG Boden (Arbeitsgruppe Boden) (2005) Bodenkundliche Kartieranleitung. Bundesanstalt für Geowissenschaften und Rohstoffe. Hannover

Albertz J (2016) Einführung in die Fernerkundung. Grundlagen und Interpretation von Luft- und Satellitenbildern. WBG, Darmstadt

Alcamo J, Märker M, Flörke M, Vassolo S (2003) Water and Climate: A global perspective. Kassel, World Water Series 6. Univ. of Kassel

Barsch H, Billwitz K, Bork HR (Hrsg) (2000) Arbeitsmethoden in der Physiogeographie und Geoökologie. Klett-Perthes, Gotha

Bastian O, Schreiber KF (1994) Analyse und ökologische Bewertung der Landschaft. Spektrum, Heidelberg u. Berlin

Bengtsson L, Hagemann S, Hodges KI (2004) Can Climate Trends be Calculated from Re-Analysis Data? J. Geophys. Res. Vol. 109, No. D11

Berger B, Loutre MF (2002) An exceptionally long interglacial ahead? Science 297: 1287–1288

BfN (Bundesamt für Naturschutz) (Hrsg) (2012) Daten zur Natur 2012. Bundesamt für Naturschutz, Bonn-Bad Godesberg

Bolund P, Hunhammar S (1999) Ecosystem services in urban areas. Ecological Economics 29/2: 293–301

Braun-Blanquet J (1964) Pflanzensoziologie. Grundzüge der Vegetationskunde. 3. Aufl. Springer, Berlin

Breuste J, Meurer M, Vogt J (2002) Stadtökologie – Mehr als nur Natur in der Stadt. In: Leser H, Chorley RJ, Kennedy B (1971) Physical Geography. A systems approach. Prentice-Hall International, London

Breuste J, Haase D, Elmqvist T (2013) Urban Landscapes and Ecosystem Services. In: Wratten S, Sandhu H, Cullen R, Costanza R (eds) Ecosystem Services in Agricultural and Urban Landscapes. Wiley & Blackwell. 83–104

Breuste J, Pauleit S, Haase D, Sauerwein M (2016) Stadtökosysteme. Funktion, Management, Entwicklung. Springer Spektrum Verlag, Berlin/Heidelberg

Bronstert A, Engel H (2005) Veränderung der Abflüsse. In: Lozán JL (Hrsg) Warnsignal Klima: Genug Wasser für alle? Hamburg. 175–181

CCSP (2003) Strategic Plan for the Climate Change Science Program: www.usgcrp.gov/usgcrp/ProgramElements/water (Zugriff 10.02.2018)

Chapin FS, Matson PA, Vitousek P (2012) Principles of Terrestrial Ecosystem Ecology. 2. Aufl. Springer Verlag, New York

Coe MT, Costa MH, Soares-Filho BS. 2009. The influence of historical and potential future deforestation on the stream flow of the Amazon River – Land surface processes and atmospheric feedbacks. Journal of Hydrology 369/1–2: 165–174. DOI: https://doi.org/10.1016/j.jhydrol.2009.02.043

Costanza R, d'Arge R, de Groot R, Farber S, Grasso M, Hannon B, Limburg K, Naeem S, O'Neill R, Paruelo J, Raskin RG, Sutton P, van den Belt M (1997): The value of the world's ecosystem services and natural capital. Nature 387, 253–260. DOI: https://doi.org/10.1038/387253a0

D'Almeida C, Vörösmarty CJ, Hurtt GC, Marengo JA, Dingman SL, Keim BD (2007) The effect of deforestation on the hydrological cycle in Amazonia: a review on scale and resolution. Int. Journal of Climatology 27: 633–647

Dahl F (1908) Grundsätze und Grundbegriffe der biocönotischen Forschung. Zoologische Anzeiger 33: 349–353

de Groot R, Fisher, B, Christie, M (2010) Integrating the ecological and economic dimensions in biodiversity and ecosystem service valuation. In: TEEB – The Economics of Ecosystems and Biodiversity. Ecological and economic foundations. Hrsg. von Kumar P. Earthscan, London, Washington DC

DePaolo DJ (2015) Sustainable carbon emissions: The geologic perspective. MRS Energy & Sustainability. A Review Journal

Drachenfels O v (2011) Kartierschlüssel für Biotoptypen in Niedersachsen unter besonderer Berücksichtigung der gesetzlich geschützten Biotope sowie der Lebensraumtypen von Anhang I der FFH-Richtlinie. Naturschutz Landschaftspfl. Nds. H.A/4

Drachenfels O v (2012) Einstufungen der Biotoptypen in Niedersachsen – Regenerationsfähigkeit, Wertstufen, Grundwasserabhängigkeit, Nährstoffempfindlichkeit, Gefährdung. Inform. d. Naturschutzes Niedersachsen 32/ 1: 1–60

Duttmann R (1993) Prozessorientierte Landschaftsanalyse mit dem Geoökologischen Informationssystem GOEKIS. Experimentelle Untersuchungen und Aufbau des geoökologischen Informationssystems GOEKIS im Repräsentativgebiet Hagen (Nienburger Geest). Geosynthesis. Hannover

Ellenberg H (1973) Ziel und Stand der Ökosystemforschung. In: Ellenberg H (Hrsg) Ökosystemforschung. Ergebnisse von Symposien der Deutschen Botanischen Gesellschaft und Gesellschaft für Angewandte Botanik in Innsbruck, Juli 1971. Berlin

Ellenberg H, Müller-Dombois D (1967) Tentative physiognomic-ecological classification of plant formations of the earth. Ber. Geobot. Inst. ETW Zürich 37: 21–55

Ellenberg, H, Mayer R, Schauermann J (Hrsg) (1986) Ökosystemforschung – Ergebnisse des Sollingprojektes 1966–1986

Ellenberg H, Weber HE, Düll R, Wirth V, Werner W, Paulissen D (1991) Zeigerwerte der Pflanzen in Mitteleuropa. Scripta Gebotanica 18. Göttingen

Endlicher W (2012) Einführung in die Stadtökologie. Grundzüge des urbanen Mensch-Umwelt-Systems. Ulmer, Stuttgart

Endlicher W, Simon U (eds) (2005) Perspectives of urban Ecology. Special Issue. Die Erde 136: 97–202

Flügel WA (1995) Delineating Hydrological Response Units (HRUs) by Geographical Information System analysis for regional hydrological modelling using PRMS/MMS in the drainage basin of the river Bröl, Germany. Hydrological Processes 9: 423–436

Forman RTT, Godron M (1986) Landscape Ecology. Wiley, New York

Fowler D, Coyle M, Skiba U, Sutton MA, Cape JN, Reis S, Sheppard LJ, Jenkins A, Grizzetti B, Galloway JN, Vitousek P, Leach A, Bouwman AF, Butterbach-Bahl K, Dentener F, Stevenson D, Amann M, Voss M (2017) The global nitrogen cycle in the twenty-first century. Philosophical Transactions oft he Royal Society. London

Fränzle O, Müller F, Schröter W (Hrsg) (1997–2000) Handbuch der Umweltforschung. Grundlagen und Anwendung der Ökosystemforschung. Ecomed, Landsberg am Lech

Galloway JN (2005) The Global Nitrogen Cycle. In: Schlesinger WH (eds) Biogeochemistry. Vol. 8 Treatise on Geochemistry. 557–584

Gerold G (2016) Landschaftsökologie. Wissenschaftliche Buchgesellschaft, Darmstadt

Gleixner G, Tefs C, Jordan A, Hammer M, Wirth C, Nueske A, Telz A, Schmidt UE, Glatzel S (2009) Soil Carbon Accumulation in Old-Growth Forests. In: Wirth et al (eds) Old Growth Forests. Ecological Studies 207: 231–261

Global Carbon Project (2016) http://www.globalcarbonproject.org/carbonbudget/16/presentation.htm (Zugriff 29.12.2017)

Grant RF (2001) A review of the Canadian ecosystem model ecosys. In: Shaffer M (ed) Modeling Carbon and Nitrogen Dynamics for Soil Management. CRC Press. Boca Raton. 173–264

Haase D, Larondelle N, Andersson E, Artmann, M, Borgström S, Breuste J, Gomez-Baggethun E, Gren Ä, Hamstead Z, Hansen R, Kabisch N, Kremer P, Langemeyer J, Lorance Rall E, McPhearson T, Pauleit S, Qureshi S, Schwarz N, Voigt A, Wurster, D, Elmqvist T (2014) A Quantitative Review of Urban Ecosystem Service Assessments: Concepts, Models, and Implementation. AMBIO 43/4: 413–433

Haber W (1992) Natur in der Stadt – der Beitrag der Landespflege zur Stadtentwicklung. Vorwort. Gutachterliche Stellungnahme

Haber W (1995) Landschaft. In: Treuner P (Hrsg) Handwörterbuch der Raumordnung. Verlag der ARL, Hannover

Haber W (1998) Das Konzept der differenzierten Landnutzung – Grundlage für Naturschutz und nachhaltige Naturnutzung. Bundesministerium für Umwelt, Naturschutz und Reaktorsicherheit

Haber W (2007) Naturschutz und Kulturlandschaften – Widersprüche und Gemeinsamkeiten. Anliegen Natur 31/2: 3–11

Haeckel E (1866) Generelle Morphologie der Organismen. Allgemeine Grundzüge der organischen Formen-Wissenschaft, mechanisch begründet durch die von Charles Darwin reformirte Descendenztheorie. Georg Reimer Verlag, Berlin

IPCC (2001) Climate Change 2001: The Scientific Basis. Contribution of Working Group I to the Third Assessment Report of the Intergovernmental Panel on Climate Change. Houghton JT, Ding Y, Griggs DJ, Noguer M, van der Linden PJ, Dai X, Maskell K, Johnson CA (eds). Cambridge University Press, Cambridge, United Kingdom and New York

IPCC (2013) http://www.ipcc.ch/pdf/assessment-report/ar5/wg1/WG1AR5_Chapter06_FINAL.pdf (Zugriff 29.12.2017)

Jacob DA, Hagemann S (2005) Verstärkung und Schwächung des regionalen Wasserkreislaufs – wichtiges Kennzeichen des Klimawandels. In: Lozán JL (Hrsg) Warnsignal Klima: Genug Wasser für alle? Hamburg. 167–170

Jedicke E (1994) Biotopverbund – Grundlagen und Maßnahmen einer neuen Naturschutzstrategie. 2. Aufl. Eugen Ulmer, Stuttgart

Klug H, Langanke T, Lang S (2003) IDEFIX – Integration einer Indikatorendatenbank für landscape metrics in ArcGIS 8.x. In: Strobl S, Blaschke T, Griesebner G (Hrsg) Angewandte Geografische Informationsverarbeitung XV. Salzburg

Köthe R, Lehmeier F (1996) SARA, System zur Automatischen Reliefanalyse. Benutzerhandbuch. 2. Aufl. Geographisches Institut Universität Göttingen

Kowarik I (1992) Das Besondere der städtischen Flora und Vegetation. Schriftenreihe des Deutschen Rates für Landespflege 61: 33–47

Kowarik I (2010) Biologische Invasionen: Neophyten und Neozoen in Mitteleuropa, 2. Aufl. Stuttgart

Kowarik I, Bartz R, Brenck M (Hrsg) (2016) Naturkapital Deutschland – TEEB DE: Ökosystemleistungen in der Stadt– Gesundheit schützen und Lebensqualität erhöhen. Technische Universität Berlin, Helmholtz-Zentrum für Umweltforschung – UFZ, Berlin, Leipzig

Kühn I, Brandl, R, Klotz S (2004) The flora of German cities is naturally species rich. Evolutionary Ecology Research 6: 749–764

Kuttler W (2004) Stadtklima. Teil 1: Grundzüge und Ursachen. Teil 2: Phänomene. UWSF-Z Umweltchem Ökotox 16: 187–199, 263–274

Lanfer N (2003) Landschaftsökologische Untersuchungen zur Standortbewertung und Nachhaltigkeit von Agroökosystemen im Tieflandsregenwald Ecuadors. EcoRegio 9. Göttingen

Lang R (1984) Probleme bei der zeitlichen und räumlichen Aggregierung topologischer Daten. Geomethodica: 67–104

Larcher W (2001) Ökophysiologie der Pflanzen. 6. Aufl. UTB, Stuttgart

Leser H (1984) Zum Ökologie-, Ökosystem- und Ökotopbegriff. In: Natur und Landschaft 59: 351–357

Leser H (1991) Landschaftsökologie. 3. Aufl. Verlag Eugen Ulmer, Stuttgart

Leser H (1997a) Landschaftsökologie. Ulmer, Stuttgart

Leser H (Hrsg) (1997b) Wörterbuch der Allgemeinen Geographie. Deutscher Taschenbuch-Verlag

Leser H, Klink HJ (Hrsg) (1988) Handbuch und Kartieranleitung Geoökologische Karte 1:25 000. KA GÖK 25. Forsch. z. dt. Landeskunde 228. Trier

Leser H, Löffler J (2017) Landschaftsökologie. 5. Aufl. UTB, Stuttgart

Lexikon der Geographie (2001) Stichwort „Ökotop". Spektrum Akademischer Verlag, Heidelberg

Li CS (2000) Modeling trace gas emissions from agricultural ecosystems. Nutr. Cycl. Agroecosys. 58: 259–276

Lillesand TM, Kiefer RW (2015) Remote Sensing and Image Interpretation. J. Wiley

Löffler J (2002) Landscape complexes. In: Bastian O, Steinhardt U (eds) (2002) Development and Perspectives of Landscape Ecology. Kluwer, Dordrecht, Boston, London. 58–68

Löffler J (2002) Vertical landscape structure and functioning. In: Bastian O, Steinhard, U (eds) Development and Perspectives of Landscape Ecology. Kluwer Academic Publishers, Dordrecht

Lorenz SJ, Kasang D, Lohmann G (2005) Globaler Wasserkreislauf und Klimaänderungen – eine Wechselbeziehung. In: Lozán JL et al (Hrsg) Warnsignal Klima: genug Wasser für alle? Hamburg. 153–158

Lozán JL, Graßl H, Hupfer P, Menzel L, Schönwiese CD (Hrsg) (2005) Warnsignal Klima: Genug Wasser für alle? Hamburg

MA (Millenium Ecosystem Assessment) (2005) Ecosystems and Human Well-Being: Current State and Trends. Findings of the Condition and Trends Working Group. 1st ed. Island Press, Washington D.C.

Marks R, Müller MJ, Klink HJ, Leser H (Hrsg) (1992) Anleitung zur Bewertung des Leistungsvermögens des Landschaftshaushaltes (BA LVL), Forsch. z. Dt. Landeskunde 229. Trier

Marzluff J, Shulenberger E, Endlicher W, Alberti M, Bradley C, Ryan C, Simon U, Zumbrunnen C (eds) (2008) Urban Eco-

Kapitel 13

logy: An International Perspective on the Interaction Between Humans and Nature. Springer, New York

McGarigal K, Cushman SA, Ene E (2012) FRAGSTATS v4: Spatial Pattern Analysis Program for Categorical and Continuous Maps. Computer software program produced by the authors at the University of Massachusetts, Amherst. http://www.umass.edu/landeco/research/fragstats/fragstats.html (Zugriff 28.12.2017)

Mendel HG (2000) Elemente des Wasserkreislaufs. BfG

Mengel M, Levermenn A, Frieler K, Robinson A, Marzelon B, Winkelmann R (2016) Future sea level rise constrained by observations and long-term commitment. PNAS 113: 2597–2602

Meurer M (1997) Stadtökologie. Eine historische, aktuelle und zukünftige Perspektive. Geographische Rundschau 49/10: 548–555

Meurer M, Müller H-N (1992) Erfassung der Umweltbelastung in einem Stadtökosystem. Das Fallbeispiel Luzern. In: Geographische Rundschau. Braunschweig. 44/10: 562–567

Millenium Ecosystem Assessment (2005) Ecosystems and human well-being: Synthesis. Island Press. Washington, D.C.

Mosimann T (1984) Landschaftsökologische Komplexanalyse. Steiner-Verlag, Wiesbaden

Mosimann T (1990) Ökotope als elementare Prozesseinheiten der Landschaft. Konzept zur prozessorientierten Klassifikation von Geoökosystemen. Geosynthesis. Hannover

Naturkapital Deutschland – TEEB DE (2016) Ökosystemleistungen in der Stadt. Hrsg. von Kowarik I, Bartz R, Brenck M. Technische Universität Berlin, Helmholtz-Zentrum für Umweltforschung – UFZ, Berlin, Leipzig

Neef E (1967) Die theoretischen Grundlagen der Landschaftslehre. Haack, Gotha

Nicklas U (2006) Nährstoffeintrag durch Bestandsniederschlag und Pflanzenstreu in Kakao-Agroforstsystemen in Zentral Sulawesi, Indonesien. Göttingen

Niemelä J, Breuste J, Guntenspergen, G, McIntyre NE, Elmqvist T, James P (eds) (2011) Urban Ecology – Patterns, Processes, and Applications. Oxford University Press, Oxford

Potschin MB, Haines-Young RH (2011) Ecosystem services: Exploring a geographical perspective. Progress in Physical Geography 35: 575–594

Proctor J (1987) Nutrient cycling in primary and old secondary rainforests. In: Applied Geography 7: 135–152

Raunkiaer C (1934) The life forms of plants and statistical plant geography. Oxford

Ring I, Wüstemann H, Biber-Freudenberger L, Bonn A, Droste N, Hansjürgens B (2014) Naturkapital und Klimapolitik: Einleitung. In: Hartje V, Wüstemann H, Bonn A (Hrsg) Naturkapital und Klimapolitik: Synergien und Konflikte. Helmholtz-Zentrum für Umweltforschung – UFZ, Technische Universität Berlin, Leipzig, Berlin

Schlesinger W, Bernhardt E (2013) Biogeochemistry. An Analysis of Global Change. 3. Aufl. Academic Press, San Diego

Schneider-Sliwa R, Schaub D, Gerold G (1999) (Hrsg) Angewandte Landschaftsökologie. Grundlagen und Methoden. Springer Verlag, Berlin

Steinhardt U, Volk M (Hrsg) (1999) Regionalisierung in der Landschaftsökologie: Forschung, Planung, Praxis. Teubner-Verlag, Stuttgart, Leipzig

Steinhardt U, Blumenstein O, Barsch H (2005) Lehrbuch der Landschaftsökologie. Spektrum, Heidelberg

Sukopp H, Wittig R (Hrsg) (1998) Stadtökologie. 2. Aufl. Gustav Fischer, Stuttgart, Jena, Lübeck, Ulm

Troll C (1939) Luftbildplan und ökologische Bodenforschung. Z. d. Ges. f. Erdkunde zu Berlin: 241–298

Turner MG (1989) Landscape Ecology: the effect of pattern on process. Annual Review of Ecology and Systematics 20: 171–187

Turner MG, Gardner RH (2015) Landscape Ecology in Theory and Practice. Springer Verlag, New York. https://doi.org/10.1007/978-1-4939-2794-4_1 (Zugriff 1.4.2019)

Turner MG, Gardner RH, O'Neill RV (2001) Landscape Ecology in Theory and Practice. Pattern and Process. New York

von Humboldt A (1847) Kosmos. Entwurf einer physischen Weltbeschreibung. Bd. 2. Cotta, Stuttgart

Walter H, Breckle SW (1991) Ökologie der Erde Band 1. Ökologische Grundlagen in globaler Sicht. 2. Aufl. Gustav Fischer Verlag, Stuttgart

Walz U (2013) Landschaftsstrukturmaße und Indikatorensysteme zur Erfassung und Bewertung des Landschaftswandels und seiner Umweltauswirkungen. Habilitationsschrift Universität Rostock

Wetherald RT, Manabe S (2002) Simulation of hydrologic changes associated with global warming. Journal of Geophysical Research 107

Wickop E, Böhm P, Eitner K, Breuste J (1998) Qualitätszielkonzept für Stadtstrukturtypen am Beispiel der Stadt Leipzig: Entwicklung einer Methodik zur Operationalisierung einer nachhaltigen Stadtentwicklung auf der Ebene von Stadtstrukturen. UFZ/Bericht 14/98. Leipzig

Wittig R (2002) Siedlungsvegetation. Ulmer, Stuttgart

Wohlrab B, Ernstberger H, Meuser A, Sokollek V (1992) Landschaftswasserhaushalt. Parey, Hamburg

WRB (2014) World Reference Base for Soil Resources. FAO, Rome

Zepp H, Müller MJ (Hrsg) (1999) Landschaftsökologische Erfassungsstandards. Ein Methodenbuch. Forsch. z. dt. Landeskunde Bd. 244. Flensburg

Weiterführende Literatur

Aber JD, Mellillo JM (eds) (2001) Terrestrial Ecosystems. 2. Aufl. Academic Press, San Diego

Bastian O, Steinhardt U (Hrsg) (2002) Development and perspectives of landscape ecology. Kluwer, London

Baumgartner A, Liebscher H-J (1990) Lehrbuch der Hydrologie Bd. 1: Allgemeine Hydrologie – Quantitative Hydrologie. Gbr. Bornträger, Berlin u. Stuttgart

Blumenstein O, Schachtzabel H, Barsch H, Bork HR, Küppers U (Hrsg) (2000) Grundlagen der Geoökologie. Springer

Breuste J, Pauleit S, Pain J (Hrsg) (2013) Stadtlandschaft – vielfältige Natur und ungleiche Entwicklung. Conturec H. 5, Schriftenreihe des Kompetenznetzwerkes Stadtökologie. Darmstadt

Bronstert A, Carrera J, Kabat P, Lütkemeier S (eds) (2005) Coupled models for the Hydrological Cycle. Integrating Atmosphere, Biosphere and Pedosphere. Springer Verlag

Burak A, Zepp H (2003) Geoökologische Landschaftstypen. In: Inst. f. Länderkunde (Hrsg) Nationalatlas Bundesrepublik Deutschland Bd. 2: Relief, Boden und Wasser. Spektrum, Heidelberg

Duttmann R, Mosimann T (1995) Der Einsatz Geographischer Informationssysteme in der Landschaftsökologie. In: Buziek G (Hrsg) GIS in Forschung und Praxis: 43–59

Dyck S, Peschke G (1995) Grundlagen der Hydrologie. Berlin

Endlicher W, Hostert P, Kowarik I, Kulke E, Lossau J, Marzluff J, Mieg H, Nützmann G, Schulz M, Wessolek G, van der Meer E (eds) (2011) Perspectives of Urban Ecology – Studies of ecosystems and interactions between humans and nature in the metropolis of Berlin. Springer, Berlin

Gerold G (2012) Wasserhaushalt in Regenwaldeinzugsgebieten – regionale Folgen von Landnutzungsänderung und „climate change". In: Fassmann H, Glade T (Hrsg) Geographie für eine Welt im Wandel. Wien. 255–282

Gerold G, Sutmöller J, Krüger J-P, Herbst M, Busch G, Peschke G, Zimmermann S, Etzenberg C, Töpfer J (2003) Reliefgestützte und wissensbasierte Regionalisierung in der Hydrologie. Eco Regio 6. Göttingen

Global Carbon Project (2010) Carbon budget 2009. http://www.globalcarbonproject.org/carbonbudget/archive/2010/Carbon-Budget_2010.pdf (Zugriff 2.3.2018)

Goodchild MF, Steyaert LT, Parks BO, Johnston C, Maidment D, Crane M, Glendinning S (eds) (1996) GIS and environmental modelling: progress and research issues. GIS World Books, Ft. Collins

Hörmann G (1998) Wasserhaushalt von Ökosystemen. In: Fränzle O, Müller F, Schröder W (Hrsg) Handbuch der Umweltwissenschaften. Ecomed IV-2.2.1

Kirk G (2004) The Biogeochemistry of Submerged Soils. John Wiley & Sons, Chichester

Leibundgut C, Kern F-J (2003) Die Wasserbilanz der Bundesrepublik Deutschland – Neue Ergebnisse aus dem Hydrologischen Atlas Deutschland. Pet. Geogr. Mitt. 147/6: 6–11

Meynen E, Schmithüsen J (Hrsg) (1953–1962) Handbuch der naturräumlichen Gliederung Deutschland. Remagen

Mosimann T (2002) Modellierung des Landschaftshaushaltes. In: Geographische Rundschau 54/5: 45–50

Tobias K (1991) Konzeptionelle Grundlagen zur angewandten Ökosystemforschung. Beiträge zur Umweltgestaltung, Band A 128. Berlin

Troll C (1968) Landschaftsökologie. In: Tüxen R (Hrsg) Pflanzensoziologie und Landschaftsökologie. Int. Vereinigung für Vegetationskunde. Kunk, den Haag. 1–21

Turner MG, Gardner RH (1991) Quantitative Methods in Landscape Ecology. Springer, New York

Wittig R, Streit B (2004) Ökologie. UTBbasics, Stuttgart

Humangeographie

Humangeographie im Spannungsfeld von Gesellschaft und Raum

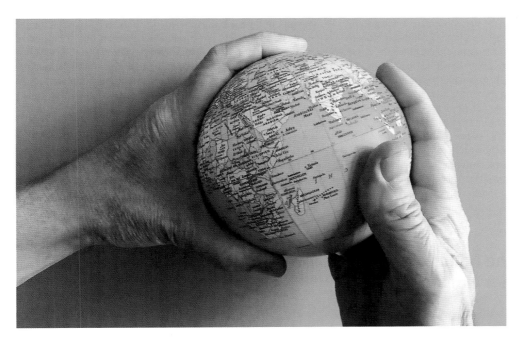

Schaut man sich heute unsere Erde an, dann gibt es fast keinen Raum mehr, den der Mensch nicht „fest im Griff" hat. Die Welt und ihre Teilräume werden auf vielfältige Weise von menschlichen Gesellschaften genutzt, sie werden dabei in spezifischer, durchaus auch widersprüchlicher Weise mit Bedeutung aufgeladen und „in Wert gesetzt". Sie können etwa die Gestalt von Wirtschaftsregionen, politischen Territorien, Identitätsräumen oder ökologischen Schutzzonen annehmen, immer sind sie dabei eingewoben in gesellschaftliche Strukturierungsweisen und ihre machtvollen Ordnungen. Die Humangeographie analysiert diese Vielfalt der Formen gesellschaftlicher Räumlichkeit theoretisch und empirisch (Foto: P. Reuber).

© Springer-Verlag GmbH Deutschland, ein Teil von Springer Nature 2020
H. Gebhardt et al. (Hrsg.), *Geographie*, https://doi.org/10.1007/978-3-662-58379-1_14

Globale Umbrüche und Krisen führen derzeit zu ernsthaften Verschiebungen in den Strukturen und „Geographien" von Weltwirtschaft und internationaler Politik. Diese lassen die wissenschaftlichen Perspektiven der Humangeographie nicht unberührt. Manche der klassischen Themen werden dadurch weniger bedeutsam, während sich gleichzeitig neue Entwicklungen abzeichnen, die zu anderen Formen von Raumproduktionen und Raum-„Ordnungen" führen. Diesen Trends folgen in der dritten Auflage des vorliegenden Lehrbuchs die weitreichenden Aktualisierungen und Überarbeitungen im Teil V „Humangeographie". In Kap. 14 werden die Standortbestimmung der Humangeographie sowie auch die Liste der derzeit teildisziplinübergreifenden Debatten erweitert. In den darauffolgenden Kapiteln, die sich in ihrer Struktur an den gängigen Teildisziplinen der Humangeographie orientieren, sind den gesellschaftlichen Veränderungen entsprechend Aktualisierungen vorgenommen (z. B. in den Bereichen Stadtgeographie, Politische Geographie, Bevölkerungsgeographie, Geographien Ländlicher Räume). Einige Kapitel wurden völlig neu bearbeitet (z. B. Geographische Entwicklungsforschung, Tourismusgeographie) und es wurden ganz neue Kapitel eingefügt (z. B. Migrationsgeographie, Geographien der Gesundheit, der Mobilität). Natürlich bleibt die inhaltliche Darstellung und Systematisierung nach Teildisziplinen in einer hochgradig vernetzten Wissenschaft ein Kompromiss, liegen doch raumbezogene Themen und Probleme nicht selten quer zu den gängigen „Bindestrich-Geographien" (vgl. dazu die Querschnittsdebatten in Abschn. 14.3). Vor diesem Hintergrund bildet die vorliegende Aufteilung eher einen heuristischen Orientierungsrahmen und ein Anspruch auf Allgemeingültigkeit oder Vollständigkeit kann nicht erhoben werden.

14.1 Gesellschaftliche Raumfragen und die Rolle der Humangeographie

Hans Gebhardt und Paul Reuber

In vielfältiger Weise ist die Organisation unserer Gesellschaft mit Raumfragen verbunden. Für die beiden ersten Jahrzehnte des 21. Jahrhunderts gilt das vielleicht sogar in besonderer Weise, man könnte fast sagen, wir leben in **„Jahrzehnten der Geographie"**, weil große Umbrüche hier in starkem Maße auch eine Dynamik in den räumlichen Strukturierungen, Organisationsformen und Identitäten beinhalten. Auf der politischen Ebene verändert sich das Muster der Staaten und Staatenverbünde. Neue Staaten entstehen, alte, oft noch kolonialzeitlich angelegte Raumstrukturen laufen Gefahr zu zerbrechen, wie die Entwicklungen in den Zerfallsstaaten Somalia oder Syrien eindrücklich belegen. Neu ausgehandelt werden aber nicht nur die territorialen Zuschnitte politischer Räume, sondern – an anderen Orten – auch deren wirtschaftliche und politische Rolle. So steht beispielsweise den USA und der sog. „alten Welt" mit ihren Ökonomieblasen und Krisensymptomen das Emporwachsen kraftvoller Staaten in anderen Regionen der Welt gegenüber, allen voran China mit seinen enormen Zuwachsraten, seinem ambitionierten *„Chinese dream of the great rejuvenation of the chinese nation"* (Xi Jinping 2014) und seinen aktuellen geoökonomischen wie geopolitischen Initiativen rund um die „Neue Seidenstraße". Schon für das Jahr 2010 schätzte „Goldman Sachs" in einer Studie, dass die chinesische Mittelschicht (bemessen an der Kaufkraft) größer ist als in allen G7-

Staaten zusammen, für die kommenden Jahre wird sich diese Differenz weiter vergrößern. Die nächsten Jahrzehnte werden uns in veränderte wirtschaftsräumliche Beziehungen und andere (geo-) politische Weltordnungen führen.

Veränderte Geographien stehen aber nicht nur im Zentrum der großen globalen Entwicklungen, sie pausen sich auch auf die **regionalen und lokalen Ebenen** gesellschaftlicher Organisation durch. Ob es um das Arbeiten oder das Wohnen geht, um die Versorgung mit Nahrungsmitteln oder um die vielfältigen Verkehrsströme, all diese Aspekte unseres Lebens haben eine räumliche Dimension, und gerade diese wird nicht selten zum Ansatzpunkt von Verteilungsfragen, Auseinandersetzungen und Konflikten. Auch in diesen Bereichen krempeln die Vernetzungen der Globalisierung seit einigen Dekaden viele Organisationsformen regelrecht um. Sie sprengen z. B. klassische Standortmuster, jagen Arbeitsnomaden auf der Suche nach dem nächsten Job quer über den Globus und halten auf diese Weise breite Ströme transnationaler Arbeitsmigration in Bewegung. Quantitativ bedeutsamer als die „Hightech-Nomaden" sind dabei die Migrationsströme von Arbeitsuchenden aus den Regionen des Globalen Südens. Die Folgen sind bis in den Alltag der Menschen zu spüren, sie führen zu neuen Formen des Umgangs mit Gütern und Waren, verändern das Verhältnis von Arbeit und Freizeit, schüren selbst im Wohlstands-Deutschland Ängste vor einer neuen „Abstiegsgesellschaft" (Nachtwey 2016). Die **Digitalisierung** fügt dieser Dynamik eine weitere Beschleunigung hinzu, wenn Informationen, Finanzströme und Kommunikationsformen fast in Echtzeit um den Globus rasen. Im globalen Raum der Ströme verändern sich auch die regionalen Muster wie die weltweiten Konfigurationen von Zentren und Peripherien, von prosperierenden und „abgehängten" Regionen.

Wie machtvoll gesellschaftliche Raumkonstruktionen und räumliche Ordnungen dabei sein können, zeigt sich neben dem Feld der Ökonomie noch stärker im Bereich „des Politischen". Hier treten Konflikte besonders dann sichtbar hervor, wenn sie ein räumliches Format annehmen, wenn das Eigene und das Fremde der Konstruktion einer „geo"-politischen Logik folgt. Waren dabei in Zeiten der modernen Nationalstaaten Blockbildungen die entscheidenden Grundbausteine politisch-geographischer Machtkonfigurationen, so treten in einer Epoche globalisierter *spaces of flows* **netzwerkartige Formatierungen** stärker hinzu, die die traditionellen Architekturen der Macht herausfordern und modifizieren. Beispiele dafür reichen von transnational agierenden Umwelt- und Bewegungsnetzwerken wie Greenpeace oder Amnesty International über die formell-informellen Netzwerke internationaler Migration bis hin zu internationalen Unternehmens- oder Terrornetzwerken (Exkurs 14.1). Vorboten veränderter Welt(un)ordnungen sind in dieser Hinsicht auch die im letzten Jahrzehnt angestiegenen Flüchtlingsströme. Auch in Deutschland und Europa werden sie das sozialräumliche Gefüge in den nächsten Jahrzehnten verändern, denn in diesen Umbrüchen kommen die politischen Geographien des Eigenen und des Fremden in Bewegung, sie bringen kosmopolitische Weltbürgerinnen und Weltbürger ebenso hervor wie das Wiederstarken reaktionär-identitärer Kräfte, die totgeglaubte geopolitisch-nationalistische Raumkonstruktionen in ihren Gesellschaften reaktivieren.

Exkurs 14.1 *New imagined communities*

Der amerikanische Politikwissenschaftler Benedict Anderson hat den Begriff der *imagined communities* eingeführt und popularisiert, der auch in der Politischen Geographie aufgegriffen worden ist (Reuber 2012). Typische „vorgestellte Gemeinschaften" sind in seinem Verständnis Nationen, deren einzelne Mitglieder sich nicht kennen müssen, sich gleichwohl als Teil einer Gemeinschaft begreifen („wir als Deutsche").

Dass sich solche *imagined communities* in der digitalen Welt auch entlang anderer „Raumformate" entwickeln können, zeigt Diane Davis (2009) in ihrem Beitrag „*Non-State Armed Actors, New Imagined Communities, and Shifting Patterns of Sovereignty and Insecurity in the Modern World*". Sie analysiert darin „neue vorgestellte Gemeinschaften", die sich vor allem auf der Basis moderner sozialer Medien (Facebook, Twitter) bilden: „[…] *in a globalizing world where neoliberal political and economic policies are ascendant, citizens be-*come *less connected to national states as a source of political support and social and economic claim-making, and more tied to alternative ‚imagined communities' or loyalties built either on essentialist identities like ethnicity, race or religion or on spatially circumscribed allegiances and networks of social and economic production and reproduction*" (Davis 2009).

Die Bildung solcher *new imagined communities* wird durch moderne Informationstechnologien mit globaler Vernetzung ermöglicht. Über weite Entfernungen können soziale Verbindungen entstehen, auch gemeinsames Handeln kann von hier aus koordiniert werden. Der sog. „Islamische Staat" und die von ihm instrumentierten Terroranschläge bildeten ein Beispiel für eine solche *imagined community* mit Sympathisanten und Kämpfern aus verschiedenen Regionen und Kulturen, nicht nur im Vorderen Orient, sondern auch in Europa oder den USA.

So unterschiedlich diese Phänomene und Beispiele auf den ersten Blick sein mögen, so haben sie doch eines gemeinsam: Sie adressieren das Spannungsfeld von Gesellschaft und Raum und sie zeigen dabei, wie grundsätzlich und bedeutend „das Räumliche" für die Organisation des Sozialen ist. Es sind diese Raumfragen, die im Kern des Forschungsprogramms der Humangeographie stehen.

Die komplexe Rolle, die „der Raum" für die Formatierung gesellschaftlicher Verhältnisse spielt, hat dabei innerhalb des Fachs zu einer Vielfalt durchaus miteinander zusammenhängender, in sich aber gleichzeitig stabil erkennbarer Teilbereiche geführt, die sich in Form von unterschiedlichen Teildisziplinen abbilden (z. B. Bevölkerungsgeographie, Politische Geographie, Wirtschaftsgeographie etc.). Diese inhaltliche Breite erfordert gleichzeitig im Sinne eines **Multiperspektivenansatzes** eine große Vielfalt theoretischer Zugänge für unterschiedliche Fragestellungen und empirische Zugriffsweisen. Denn was Raum für die Gesellschaft bedeutet, kann von materiellen Ressourcen- und Verteilungsfragen über Formen räumlich-struktureller Differenzierungen des Sozialen und entsprechender (funktions-)räumlicher Planungsfragen bis hin zu identitäts- und machtrelevanten Aspekten gesellschaftlicher Raumproduktionen reichen. Diese Vielfalt inhaltlicher wie theoretisch-konzeptioneller Zugänge macht es notwendig, in einem einleitenden Kapitel nicht nur die entsprechenden Definitionen (direkt nachfolgend), sondern auch die innerfachlichen Differenzierungen, Herangehensweisen und Debatten der Humangeographie zu umreißen (Abschn. 14.2). Die eher als Übersicht angelegten und didaktisch zugeschärften Ordnungsversuche bieten den Leserinnen und Lesern einen Einstieg, um die Rolle unterschiedlicher Perspektiven und Zugänge der in den Folgekapiteln vorgestellten Teildisziplinen angemessen einordnen zu können.

Gleichzeitig soll die Einführung in den humangeographischen Teil des Buches den Blick dafür offenhalten, dass die Segmentie-rung der Humangeographie in Teildisziplinen bezogen auf viele gesellschaftliche Phänomene von mannigfaltigen Verbindungen und Vernetzungen durchkreuzt wird, deren Bearbeitung ebenfalls einen wichtigen Aspekt des Forschungsprogramms der Humangeographie darstellt. Um hier einen Einstieg zu geben, werden im Abschn. 14.3 einige aktuelle Debatten und Strömungen, die die Humangeographie gemeinsam betreffen und ihre unterschiedlichen Teildisziplinen „quer" durchziehen, exemplarisch etwas genauer vorgestellt.

Standortbestimmungen in einem unscharfen Feld

Die oben angesprochene Vielfalt der Humangeographie spiegelt sich bereits in den sehr unterschiedlichen Definitionen aus einigen aktuelleren Lehrbüchern wider:

- „*For us, human geography's take on the world derives from its standing on the ground of the triad of space-place-nature. If there is such a positioning, then it is important to discuss and develop the debates and ideas which are peculiar to it*" (Massey et al. 1999).
- Humangeographie „befasst sich wissenschaftlich mit dem wechselseitigen Zusammenhang zwischen Gesellschaften einerseits und den räumlichen Organisationsmustern und ihren zeitlichen Veränderungen andererseits" (Heiner Dürr in Brunotte et al. 2001).
- Human Geography: „*The study of the interrelationships between people, place, and environment, and how these vary spatially and temporally across and between locations. … Human geography concentrates on the spatial organization and processes shaping the lives and activities of people,*

Kapitel 14

and their interactions with places and nature. Human geography is more allied with the social sciences and humanities, sharing their philosophical approaches and methods" (Castree et al. 2013).

- „Erkenntnisobjekte der Humangeographie sind anthropogen bedingte bzw. bestimmte Sachverhalte in ihrer räumlich-zeitlichen Dimension hinsichtlich ihrer Verbreitungen, Verflechtungen, prozessualen Veränderungen und ihrer materiell-immateriellen Wechselwirkungen" (Heineberg 2003).

- „Die gesellschaftswissenschaftlich ausgerichtete Humangeographie befasst sich mit der Struktur und Dynamik von Kulturen, Gesellschaften und Ökonomien und der Raumbezogenheit des menschlichen Handelns" (Deutsche Gesellschaft für Geographie 2006).

- „Humangeographie handelt von der Beobachtung, der Erklärung und vom Verständnis der Abhängigkeiten und Wechselbeziehungen zwischen Standorten und Räumen, sie sucht dabei nach Regelhaftigkeiten, ohne die Individualität und Einzigartigkeit dieser Räume aus dem Blick zu verlieren" (Knox & Marston 2001).

- *„Human geography has ancient roots in many parts of the world. It became a formal discipline in Europe during the mid-eighteenth century, and has since been dominated by anglophone scholarship. Major debates in the discipline can be understood in the context of the geopolitics of the times, including imperialism and colonialism, capitalism, globalization, and recently neoliberalism, that have written the script of global development. As the environment has been increasingly modified, not always in ways that are beneficial to humans, their progeny, or the Earth itself; and as technology has placed at our disposal increasingly powerful means of writing the Earth, the discipline of human geography has become more diverse, more interesting, and more challenging"* (Kobayashi 2017).

Gemeinsam ist allen Definitionen die zunächst eher allgemeine Vorstellung, dass die Humangeographie mit der Untersuchung des **Zusammenhanges von Gesellschaft und Raum** zu tun hat. Die meisten Wissenschaftler sind sich zusätzlich darin einig, dass „der Raum" dabei sinnvoll nur aus der Perspektive der Gesellschaft, das heißt als gesellschaftliche Raumkonstruktion konzeptualisiert und analysiert werden kann.

Gleichwohl deuten die Definitionen auch auf unterschiedliche Schwerpunktsetzungen hin, die nicht nur vordergründig inhaltlicher Natur sind, sondern teilweise auf tieferliegende Differenzen in den erkenntnistheoretischen und methodologischen Grundhaltungen unterschiedlicher Formen von Humangeographie verweisen. So wird etwa die Frage, welcher Stellenwert dem Raum bei der Strukturierung der Gesellschaft zukommt und in welchem Verhältnis dabei die Bedeutung räumlicher Repräsentationen und der physisch-materiellen Struktur stehen, unterschiedlich beantwortet. Die Meinungen gehen auch bei der Frage auseinander, in welchem Maße sich die Humangeographie zusätzlich zu ihren allgemeinen Fragestellungen auf die Untersuchung und Herausarbeitung regionaler Unterschiede gesellschaftlicher Phänomene konzentrieren sollte. In dieser Hinsicht signalisiert z. B. die Definition von Knox & Marston (2001) eine starke Akzentuierung der regionalen Perspektive, und sie geht dabei stillschweigend

von der Voraussetzung aus, dass sich Gesellschaften je nach ihrer räumlichen Verortung unterscheiden. Bei der Definition der Deutschen Gesellschaft für Geographie (2006) hingegen werden „Kulturen, Gesellschaften und Ökonomien" stärker in den Vordergrund gerückt und deren regional spezifische Ausprägung eher implizit thematisiert. Daneben finden sich aber auch Formen von Humangeographie, die einer regionalen Perspektive explizit kritisch gegenüberstehen und die davon ausgehen, dass die geographische Identifizierung regionaler Unterschiede z. B. von Kulturen eher ein gesellschaftspolitischer Machteffekt als eine wissenschaftlich haltbare Position ist (Gregory 1994; Kap. 16). Massey et al. (1999) verweisen entsprechend angemessen mit dem *„for us"* in ihrer Definition auf den Umstand, dass es keine weltweit verbindliche Vorstellung von Humangeographie gibt, sondern eine unauflösliche Heterogenität, eine *„multiplicity of stories"*.

Dennoch besteht – wie oben bereits erwähnt – jenseits solcher Differenzen eine gewisse Einigkeit, dass sich die Humangeographie mit **raumbezogenen menschlichen Aktivitäten** und entsprechenden räumlichen Mustern, Raumstrukturen, Raumkonstruktionen und/oder Raumproduktionen auseinandersetzt (z. B. Miggelbrink 2002, Belina & Michel 2011). Vereinfacht gesprochen besteht in einer solchen Perspektive die Kernaufgabe der Humangeographie darin, das „Raum-Machen" der Gesellschaft (Werlen 1995, 2010; Kap. 15) und die daraus entstehenden „Geographien" als gesellschaftlich konstruierte, raumbezogene und performativ wirksame Strukturierungen wissenschaftlich zu untersuchen. Das bedeutet, dass nicht das objektive „materielle Substrat" von Räumen der Gegenstand der Analyse sein kann, sondern in erster Linie dessen gesellschaftliche „Bedeutung":

- Was für gesellschaftliche Raumstrukturen (z. B. Nationen, Planungsregionen) unmittelbar einleuchtet, gilt im Prinzip auch für Bestandteile der physisch-materiellen Welt. So wohnt beispielsweise dem gelblich glänzenden Metall, dass man an einigen Stellen aus der Erde graben oder auswaschen kann, nicht von vornherein inne, dass es zum Äquivalent für Wert, Geld und gesellschaftliche Leistung werden konnte. Diese Bedeutung haben ihm die Menschen gegeben. Der Siegeszug des Goldes als Messgröße für Landeswährungen, als Vermögensanlage, als Schmuckstück, allgemein als einer der am höchsten eingeschätzten materiellen Wertgegenstände der Gesellschaft mit fast globaler Gültigkeit liegt nicht im Gold „an sich" begründet. Er liegt in der Bedeutung, die dem Gold von der Gesellschaft zugeschrieben worden ist und die – wenn man die Schwankungen des Goldpreises im Angesicht der globalen Finanzkrise noch einmal Revue passieren lässt – keineswegs objektiv feststeht, sondern immer wieder neu bewertet und austariert wird.

- In ähnlicher Weise ist, um ein zweites Beispiel zu nennen, auch der Kölner Dom nicht in erster Linie als gestapelter Haufen Sandsteine bedeutend, sondern in seiner Rolle als „religiöses Wahrzeichen", das zudem für die Bürgerinnen und Bürger Kölns zu einem unverzichtbaren Teil ihrer kollektiven wie individuellen raumbezogenen Identitäten und Ortsbindungen geworden ist. Wie wirkmächtig solche räumlichen Repräsentationen sein können, zeigt die Zerstörung der „Twin Towers" des World Trade Centers in New York, die nicht in erster Linie wegen ihrer materiellen Synthese aus Stahl, Beton und Glas zum Ziel eines terroristischen Angriffs wurden, sondern weil sie den Attentätern als „Wahr"-Zeichen, als Symbol einer von den USA dominierten marktwirtschaftlich-kapitalistischen Globalisierung galten.

Diese Beispiele sind natürlich plakativ und vereinfacht, sie verweisen gleichwohl gemeinsam darauf, dass von „Bodenschätzen" wie dem Gold bis zu „Kulturschätzen" wie dem Kölner Dom räumliche Ressourcen und Strukturen die Sphäre des Gesellschaftlichen vielfältig durchdringen. Das können sie in der Regel aber nicht „aus sich heraus", sondern nur, indem sie von der Gesellschaft „bezeichnet" und damit „erkannt" werden, das heißt, indem sie als gesellschaftliche Raumkonstruktionen Eingang finden. Gleichzeitig zeigen die Beispiele, dass die Betrachtungsperspektiven der Gesellschaft, die sich auf räumliche Aspekte richten, inhaltlich breit und unterschiedlich sein können. Verfolgt man diesen Gedanken etwas systematischer, so wird schnell deutlich, dass „der Raum" in recht unterschiedlichen „Raumformaten" in verschiedenen Segmenten gesellschaftlicher Strukturierung eine Rolle spielt. Man findet beispielsweise recht häufig und wiederkehrend

- Raum als materielle Ressource ökonomischen Handelns (z. B. in der wirtschaftlichen Ausbeutung gesellschaftlich als „nützlich" interpretierter Ressourcen incl. der Debatten und Konflikte um das begrenzte Vorhandensein von Rohstoffen),
- Raum als funktionale Anordnungsmatrix (z. B. in „Planungsräumen" der Raumordnung, in den Gebiets- und Flächennutzungsplänen der Regional- und Kommunalplanung),
- Raum als Organisationsprinzip politischer Macht und Herrschaft (z. B. im Konzept des Territoriums bzw. territorialer politisch-administrativer Raumgliederungen),
- Raum als Element kollektiver und individueller Identitätskonstruktion (z. B. im Konzept von „Heimat", in geopolitischen Imaginationen wie dem „Kampf der Kulturen", in nationalistischen Weltbildern),
- Raum als ökologische Grundlage des menschlichen Lebens (z. B. in Diskussionen um die Auswirkungen von Umweltveränderungen im Anthropozän [Kap. 29–31]).

Trotz solcher in ihrer Kürze sicher noch unvollständigen ersten Hinweise auf die Bedeutung gesellschaftlicher Raumkonstruktionen und -strukturen zeigen diese, wie breit die Humangeographie inhaltlich aufgestellt sein muss, um einen entsprechenden Kanon bearbeiten zu können. Dies wirft die Frage auf, welche innere Differenzierung die Humangeographie ausgebildet hat, durch welche Debatten und Dynamiken sie sich kennzeichnet und welche unterschiedlichen „Raumkonzepte" sich daraus ableiten.

14.2 Die Humangeographie als Multiperspektivenfach: Leitlinien der Entwicklung und Raumkonzepte

Generell kann die Humangeographie – wie alle Gesellschaftswissenschaften – sich wandelnde gesellschaftliche Herausforderungen nur dann angemessen bearbeiten, wenn sie sich als innovations- und lernfähiges, auf die sozialen, ökonomischen, ökologischen und politischen Erfordernisse ihrer jeweiligen Zeit reagierendes Wissenssystem begreift. Da das Geographie-Machen und die Geographien der Gesellschaft den Gegenstand der Analyse bilden und diese im Lauf der Zeit immer wieder Veränderungen unterliegen, muss sich auch die Forschung diesem Wechsel flexibel und dynamisch anpassen. In diesem Sinne hat sich die Humangeographie in den vergangenen drei Jahrzehnten vermehrt an den großen konzeptionellen und inhaltlichen Debatten in den Gesellschaftswissenschaften beteiligt und dabei eine teilweise stürmische Entwicklung durchlaufen. Jenseits vielfältiger inhaltlicher Einzelaspekte lassen sich in einer etwas zugeschärften Form **vier generellere Trends** erkennen:

- der Trend von einem eher wenig reflektierten empirischen Deskriptivismus zu einer stärker theorie- und methodengeleiteten Forschung
- der Trend von eher naiv-deutenden Erklärungen primär physiognomischer (in der „Landschaft" sichtbarer) Elemente zu einem konzeptionell rückgebundenen Verstehen der Zusammenhänge von Gesellschaft und Raum
- der Trend, neben einer zunehmenden Ausdifferenzierung in Teildisziplinen („Bindestrich-Geographien") gleichzeitig eine stärker problem- und themenzentrierte humangeographische Querschnittsforschung zu entwickeln
- der Trend von der disziplinären Verengung hin zu einer stärker interdisziplinären Öffnung in Richtung der gesellschaftswissenschaftlichen Nachbardisziplinen und einer aktiven Teilnahme an den transdisziplinär verhandelten „großen Debatten"

Diese Trends dürfen nicht primär als Ablösungen des einen durch etwas anderes, sondern eher als Erweiterungen verstanden werden, denn natürlich entwickelte sich das Fach mit seinen vielfältigen Strömungen und seiner auch von der Fachauffassung her differenzierten *scientific community* nicht zielgerichtet. Entsprechend ist es bei einer Skizzierung von Entwicklungslinien angemessener, darauf hinzuweisen, dass hier kein teleologischer Gestus in dem Sinne mitschwingt, wie ihn die Moderne im letzten Jahrhundert zum machtvollen Grundmotiv der Diskurse ihrer Wissensproduktion werden ließ. Aktuellere Reflexionen der Wissenschaftsforschung über die Rolle, den Stellenwert und das Selbstverständnis von Disziplinen machen stattdessen deutlich, dass solche Formen von Geschichtsschreibung nichts anderes sein können als ein kontextabhängiges *writing history*, das auch von breiteren gesellschaftlichen Strömungen und deren zeitweilig hegemonialen Logiken beeinflusst wird. Gerade in dieser Hinsicht verschieben sich auch in der Humangeographie in den letzten Dekaden die Leitmotive. An die Stelle eines „ständigen

Kapitel 14

Fortschrittsgedankens" tritt zunehmend eine Akzentuierung der Pluralität, Differenz und Vielstimmigkeit des wissenschaftlichen Betriebes: *„ One thing is clear, namely that [...] we have entered an era of epistemological relativism and methodological pluralism"* (Gregory et al. 1994).

Der Vorteil dieser „Vervielfältigung des Blicks" besteht zunächst darin, dass sich in der Humangeographie unterschiedliche theoretische und methodologische Perspektiven entwickelt haben, die im Fach parallel existieren, und die das vorliegende Lehrbuch einschließlich der darin enthaltenen Breite und Heterogenität der wissenschaftlichen Grundüberzeugungen sowie der konzeptionellen und methodischen Herangehensweisen dokumentiert. Bezogen auf die gesellschaftliche Relevanz birgt diese Entwicklung hin zu einem **Multiperspektivenfach** den Vorteil, dass die Humangeographie auf diese Weise der Vielfältigkeit und Widersprüchlichkeit gesellschaftlicher Phänomene besser gerecht wird, und dass es ihr auf diese Weise gelingt, deren Problemfelder mit einem breiteren und für verschiedene forschungsleitende Fragestellungen mehr Spielraum eröffnenden Set von Theorien und Methoden bearbeiten zu können. Nur so kann es gelingen, die Humangeographie in sehr unterschiedlichen Feldern der gesellschaftlichen Diskussion als eine Wissenschaft zu positionieren, von der die Menschen entsprechend differenzierte Formen der „Resonanz", das heißt der angemessenen Bearbeitung ihres Problems, erwarten können.

Diese Aspekte treten beispielhaft an der Frage zutage, wie der zentrale Forschungsgegenstand der Humangeographie, der gesellschaftliche Raum, aus der Sicht unterschiedlicher theoretischer Perspektiven entworfen und untersucht wird. Diese Frage wird nicht nur in unserem Fach diskutiert, sie bildet vielmehr den Kern eines breiteren *spatial turn* in den gesamten Geistes- und Gesellschaftswissenschaften, der „dem Raum" – und damit auch der Humangeographie – eine lange nicht mehr dagewesene Aufmerksamkeit beschert.

Der *spatial turn* und die konstruktivistische Raumperspektive

Die Raumkonzepte, die in der Humangeographie heute disziplinprägend sind, haben sich erst in den letzten vier Jahrzehnten differenzierter entwickelt. In den ersten Dekaden nach dem Zweiten Weltkrieg bewegte sich das Fach von seinen theoretischen Ansätzen her eher im Windschatten anderer Gesellschaftswissenschaften. Die Humangeographie betrachtete sich damals zwar als Wissenschaft „vom Raum", ohne allerdings allzu dezidiert darüber nachzudenken, was damit genau gemeint sei, ob es sich z. B. um Realräume, Containerräume, Wahrnehmungsräume oder andere Vorstellungen vom Raum handelte.

Dies hat sich mittlerweile deutlich geändert, nicht zuletzt auch, weil „der Raum" im Zuge des *spatial turn* zu einem der Modeforschungsgegenstände quer durch die Gesellschaftswissenschaften hindurch geworden ist. Dabei hat sich die Humangeographie – zunächst insbesondere im anglophonen Raum – zunehmend von der Rolle einer theorieimportierenden zu einer auch theo-

rieexportierenden Wissenschaft gewandelt, wie. z. B. die interdisziplinäre Anschlussfähigkeit der Raumkonzepte der *Radical Geography* etwa im Sinne von David Harvey (z. B. in Belina & Michel 2011), der *scale*-Ansätze (z. B. Wissen 2008), der im postkolonialen Denken verankerten *geographical imaginations* von Derek Gregory (1994), der geographischen Diskursforschung (Glasze & Mattissek 2009) und der feministischen Ansätze in der Humangeographie (Bauriedl et al. 2010) zeigt (vgl. im Einzelnen auch Abschn. 14.3). Diese Entwicklung soll im Folgenden etwas genauer umrissen werden.

Spätestens seit Mitte der 1990er-Jahre ist „Raum" oder präziser gesagt die Rolle des Raums im Kontext gesellschaftlicher Strukturierungsprozesse stärker in den Fokus einer intensiven Diskussion in den Gesellschaftswissenschaften getreten und eine ganze Reihe von traditionell eher „raumblinden" Wissenschaften haben den „Raum" für sich entdeckt. Diese neue „Raumbegeisterung" hatte sicher anfänglich u. a. damit zu tun, dass die ökonomische und kulturelle Globalisierung nicht, wie zu Beginn der 1990er-Jahre noch häufig vermutet, räumliche Unterschiede im „globalen Dorf" zunehmend einebnete und damit regionale Ausstattungsunterschiede und Spezifika in der **„Netzwerkgesellschaft"** obsolet machte (Castells 2001). Vielmehr wurde das „Regionale" beispielsweise als ökonomischer „Andockungspunkt" im Sinne spezifischer Innovations- oder Produktionsbedingungen oder als Inszenierung kultureller Identität und Differenz erneut zu einem Wert; erdumspannende Kommunikations- und Austauschbeziehungen schienen die Konstruktion regionalisierter Identitäten und einen entsprechenden Rückgriff auf Formen räumlich symbolisierter Wir-Gemeinschaften nachgerade zu beflügeln. Vor diesem Hintergrund ist es nicht verwunderlich, dass sich Soziologen, Ethnologen, Politologen, Kulturanthropologen und viele andere in ihren eigenen Makrotheorien auf die Suche nach der Rolle raumbezogener Strukturierungsprinzipien in dieser gesellschaftlichen Transformation gemacht haben und dabei theoretische Überlegungen aus der Humangeographie rezipiert und eingebaut haben.

Beispiele für solche Importe finden sich an vielen Stellen. Anfang des neuen Jahrtausends war es etwa der Historiker Karl Schlögel, der in seinem Buch „Im Raume lesen wir die Zeit" (2003) auf geographische Autorinnen und Autoren zurückgriff, u. a. auf den US-amerikanischen Geographen Ed Soja (1989), der mit seinen Überlegungen zum *thirdspace* einen wichtigen Impuls für die Suche der Gesellschaftswissenschaften nach Ansätzen einer angemessenen Integration des „Räumlichen" geliefert hat. Auch die Medienwissenschaften bezogen sich in ihren „Medien-Geographien" (Döring & Thielmann 2009) auf geographisch informierte Theorien gesellschaftlicher Räumlichkeit. Doreen Masseys *„Global Sense of Place"* (2015) wurde und wird in der interdisziplinären Globalisierungsforschung vielfältig referenziert, und in aktuellen Gesellschaftsanalysen wie Nachtweys „Abstiegsgesellschaft" (2016) finden sich prominente Verweise auf geographische Ansätze, hier vor allem auf David Harveys geographische Kapitalismuskritik.

Gleichzeitig liegen die Wurzeln dieses „Raumdenkens" tiefer, sie führen in große interdisziplinäre Theoriedebatten hinein, die sich in den gesellschaftlichen Umbrüchen der 1960er- und

1970er-Jahre entwickelt haben, und deren Entwürfe die aktuellen Raumdebatten auch in der Geographie befeuert haben. Als viel zitierte Impulsgeber fungieren vor allem die Franzosen Henri Lefebvre (1974, mit Rückbindung an Marx) und Michel Foucault. Während Lefebvre mit seinen Entwürfen zur Produktion des Raums eine konzeptionelle Grundlage für die neomarxistischen Ansätze in der Humangeographie bereitstellte (Abschn. 14.3 und Kap. 16), wurden Foucaults Ansätze vor allem zur Referenz im Rahmen poststrukturalistischer Raumkonzeptionen (Abschn. 14.3). Dies lag zum einen daran, dass er in vielen seiner Studien auch Aspekte von Räumlichkeit, Körperlichkeit und Materialität diskutiert hat (beispielhaft etwa in „Überwachen und Strafen", 1977), und zum anderen, weil er insbesondere mit den posthum veröffentlichten Vorlesungen zur Gouvernementalität (2004) eine breitere gesellschaftswissenschaftliche Diskussion zur Rolle auch materieller Praktiken als Technologien der Macht und des Regierens anstoßen konnte.

Gemeinsam verweisen all diese Ansätze erneut darauf, dass Raum – wie eingangs dieses Kapitels bereits angedeutet – im Sinne des *spatial turn* weniger als „objektive Struktur", sondern als **gesellschaftliche Räumlichkeit,** das heißt als sozial, ökonomisch und/oder politisch konstruierter Raum bedeutsam wird. Er ist auf diese Weise nicht nur die „Arena" oder die Registrierplatte menschlichen Handelns, sondern in vielfältiger Weise eines der sozialen und politischen Agenzien gesellschaftlicher Organisation, Strukturierung und auch Transformation. Mit räumlichen Chiffren aufgeladene Diskurse werden auf den verschiedensten Maßstabsebenen wirksam. Exemplarisch zeigt dies das neoliberal informierte Imagemarketing von Regionen und Städten, die im Wettbewerb der Standorte sichtbar werden wollen (Mattissek 2008), es zeigt dies das 2001 zerstörte World Trade Center ebenso wie die völkischen Raumproduktionen und -praktiken des wieder erstarkenden, ausgrenzenden Nationalismus der extremen Rechten in den politisch aufgeheizten Auseinandersetzungen um Themen wie Flucht, Migration oder Integration.

Vier gesellschaftstheoretische Betrachtungsperspektiven und ihre Raumkonzepte

Es ist im Rahmen eines einführenden Geographielehrbuchs nicht möglich, diese Ansätze und ihre teilweise überlappenden, teilweise eigenständigen theoretischen Konzeptionalisierungen „des Raums" im Detail nachzuvollziehen (ausführlich z. B. bei Miggelbrink 2002, Weichhart 2008, Werlen 2010). Im Folgenden wird etwas vereinfachend an vier Varianten exemplarisch genauer gezeigt, wie Raum quer durch mehrere Teildisziplinen der Humangeographie konzeptualisiert werden kann. Es handelt sich um klassisch-raumwissenschaftliche, handlungsorientierte, politökonomische und poststrukturalistische Ansätze. Sie sollen hier weniger als „konkurrierende" Perspektiven gesehen werden (obwohl sie teilweise von verschiedenen erkenntnistheoretischen und methodologischen Prämissen ausgehen), sondern als für unterschiedliche Fragestellungen je spezifisch geeignete Fokussierungen.

„Raum" aus einer klassisch raumwissenschaftlichen Perspektive

Die klassische raumwissenschaftliche Perspektive (*spatial approach*) der Humangeographie hat sich im angloamerikanischen Kontext seit den 1960er-Jahren entfaltet, in Deutschland gut ein Jahrzehnt später. Die damalige Unzufriedenheit mit dem deskriptiv-länderkundlichen Arbeiten in der Geographie, das heißt mit einer weitgehend unreflektiert auf Alltagsbeobachtungen (z. B. auf dem vermeintlich intuitiven Beobachtungsgespür des „unbewaffneten Auges des Geographen im Gelände") aufbauenden Wissenschaft, brachte eine Orientierung der Humangeographie am seinerzeit tonangebenden Konzept des **Kritischen Rationalismus**. Einer der Protagonisten dieser Wende in Deutschland wurde Dietrich Bartels (1970). Seine raumwissenschaftliche Geographie ist modellorientiert auf empirischer Basis, die dafür notwendige Bewältigung großer Datenmengen erfolgte mit den damals breiter zugänglich werdenden IT-Möglichkeiten.

Aus der quantitativ-szientistischen Sicht des *spatial approach* ist der Raum eine Art Anordnungsmatrix, deren innere Ordnungen und Regelhaftigkeiten mithilfe standardisierter Verfahren zu analysieren sind. Das bedeutet konkret die Analyse von Verteilungen (Punkten und Linien und deren räumliche Korrelationen), Feldern (räumlichen Anordnungen, in denen sich die Abstufung von Merkmalen als Funktion der Distanz von einer punkt- oder linienförmigen Bezugsbasis erweist), Regionen (Gebieten, die aufgrund der Deckung verschiedener Areale bzw. durch Heranziehung verschiedener Merkmalsdimensionen konstruiert werden) und von deren raumzeitlichen Ausbreitungsprozessen (z. B. Diffusion von Innovationen). Mit einem solchen Programm hat sich die raumwissenschaftliche Perspektive in allen Bereichen der Humangeographie etabliert, eine besondere Rolle spielte sie bei der Entwicklung einer **systematischen Wirtschaftsgeographie** (Schätzl 2003; Kap. 18) sowie bei der „laufenden Raumbeachtung" in der Raumplanung (z. B. im Bereich der funktionalen Planung) und in den Regionalwissenschaften (als statistische Raumanalyse). Ihre Stärken liegen u. a. im Anwendungsbezug sowie in der intersubjektiven Überprüfbarkeit der Verfahren und der Möglichkeit, statistisch begründbare Prognosen zu erstellen. Auf der Basis der raumwissenschaftlichen Perspektive entwickelte sich die Humangeographie seit den 1970er-Jahren zu einer planungsorientierten, auch außerhalb der „Schulerdkunde" gesellschaftlich relevanten Raumwissenschaft. Bei ihren bis heute vielfältigen Dokumentations-, Planungs- und Prognoseaufgaben spielen mittlerweile auch Geographische Informationssysteme (GIS; Kap. 7) aufgrund ihrer vielfältigen Einsatzmöglichkeiten eine zunehmende Rolle.

„Raum" aus handlungsorientierter Perspektive

Die handlungsorientierte Perspektive hat sich in Deutschland seit den 1980er-Jahren entfaltet. Innerhalb der Geographie spielten solche Konzeptionen als „entscheidungsorientierte Ansätze" zunächst vor allem in der **Industriegeographie** eine Rolle (Hamilton 1974), in der das Entscheidungshandeln von Einzelunternehmern oder multinationalen Konzernen zu zentralen

Themen wurden. Eine genauere konzeptionelle Durchdringung und Grundlegung erfuhren handlungsorientierte Ansätze dann vor allem in der **Sozialgeographie** durch Werlen (1995). Werlen geht es, schlagwortartig gesprochen, um die Erschließung des Verhältnisses von Individuum, Gesellschaft und Raum und dabei insbesondere um das alltägliche „Geographie-Machen" verschiedener Akteure (Kap. 16).

Ausgangspunkte handlungsorientierter Analysen des **Geographie-Machens** bilden bei Werlen die Ziele und Motive individueller Akteure sowie die gesellschaftlichen Kontexte ihrer Handlungen. Dazu gehören auch die regionalen physisch-materiellen und gesellschaftlichen Bedingungen, die hier in Form einer konstruktivistischen Konzeption von Raum eingebunden werden. Aus handlungsorientierter Sicht sind die Geographien der Gesellschaft soziale Konstruktionen, die in dieser Form zu materiellen oder symbolischen Ressourcen werden, die einzelne Akteure der Gesellschaft nutzen, um sie ihren eigenen Interessen und Zwecken entsprechend in Wert zu setzen. Dieser Ansatz eröffnet der Humangeographie auch eine differenzierte Thematisierung der Machtkomponente („Geographische Konfliktforschung"; Reuber 1999), welche die Durchsetzungsfähigkeit der Ziele von Gruppen oder Akteuren, z. B. deren Zugriffsmöglichkeiten auf materielle Ressourcen, auf die räumliche Planung, auf unterschiedlich bewertete Immobilienstandorte usw., beeinflusst. Die handlungstheoretische Sozialgeographie ist mit ihren Reflektionen zum Verhältnis von lokalem Handlungskontext und multiskalaren bis globalen Bedingungen auch in der Lage, den zunehmend komplexeren Lebensbedingungen spätmoderner Gesellschaften Rechnung zu tragen.

„Raum" aus politökonomischer Perspektive

Die politökonomische Perspektive betrachtet Raum als Element kapitalistischer Herrschaftsverhältnisse. „*This Marxist approach influenced radical geographers by offering an analysis of the world based on modes of production ... There has been a specific focus on understanding spatialities of power, inequality, and oppression, which has required an understanding of the causes of such inequality and has led to research on power, neoliberalism, political structures, and corporate hegemony*" (Pickerill 2017). Um diesen Kern herum entwickelte sich vor allem im angloamerikanischen Kontext bereits seit den 1970er-Jahren eine breitere, in sich noch einmal in Teilströmungen untergliederte Perspektive als *Radical Geography* oder Kritische Geographie (Abschn. 14.3). Den Startpunkt bildeten hier die Ansätze von David Harvey, der den Grundstein für ein theoretisches Konzept politischer und sozioökonomischer räumlicher Ungleichheit legte. Die konzeptionellen Wurzeln der politökonomischen Perspektive liegen im **Neomarxismus** und in der Kritischen Theorie, sie stellen für die Humangeographie eine Variante strukturalistischer Theorieansätze dar, wie sie auch in anderen Gesellschaftswissenschaften anzutreffen ist (z. B. *International Political Economy*). Die *Radical Geography* beeinflusste die gesamte angloamerikanische Kulturgeographie so stark, dass sie lange Zeit als „*a leading and, for many, the leading school of contemporary geographic thought*" angesehen wurde (Peet & Thrift 1989).

Im deutschen Sprachraum haben sich entsprechende Ansätze weniger unter dem Etikett der *Radical Geography,* sondern zunächst im Bereich der Wirtschaftsgeographie als **Regulationstheorie** und mittlerweile als breites Querschnittsfeld innerhalb der Humangeographie unter dem Label **Kritische Geographie** entwickelt (Abschn. 14.3, Kap. 16). Ihr Raumkonzept wird stark beeinflusst von Henri Lefebvre. Er „versteht ‚Raum' in den Dimensionen von Materialität, Bedeutung und ‚gelebtem Raum' als Produkt sozialer Praxis. Demnach ist auch Raum kein ‚da draußen' einfach vorliegendes Objekt (Materialismus), aber eben auch kein reines Gedankenkonstrukt (Idealismus), sondern das Produkt konkreter sozialer Praxen (historischer Materialismus)" (Belina & Michel 2011). Die gesellschaftlichen „Raumproduktionen" (ebd.) sind Ausdruck und Element der materiellen und institutionellen Rahmenbedingungen sowie der gesellschaftlichen Aushandlungsprozesse und Konflikte in kapitalistischen Gesellschaften. Aus Sicht der Kritischen Geographie treten dabei in einem städtisch ausgerichteten Forschungsschwerpunkt noch einmal die daraus resultierenden Phänomene **sozial-räumlicher Ungleichheit** und **Ausgrenzung** ins Blickfeld sowie die entsprechenden Sicherheits-, Kontroll- und Überwachungspraktiken (Belina et al. 2018). Ein zweiter Forschungsschwerpunkt konturiert sich um die Analyse der Rolle territorialer Gliederungen und *scales* im Kontext der globalen kapitalistischen Ordnung, denn „eine wichtige Dimension dieser Reorganisation ist die ‚skalare' – die räumliche Maßstäblichkeit sozialer Prozesse betreffende – Dimension" (Wissen 2008). Gemeint ist hier, „dass ungleiche räumliche Entwicklung eng mit der Produktion von *scale* verwoben ist" (Brenner 2008). *Scales* sind Teil einer komplexeren und hierarchisch angelegten globalen Ordnung und als solche Ausdruck machtgeladener gesellschaftlicher Kämpfe.

„Raum" aus poststrukturalistischer Perspektive

Poststrukturalistische Perspektiven und entsprechende Raumkonzepte haben sich innerhalb der Humangeographie in mehreren Schritten und in einer die Teildisziplinen überschreitenden Bewegung entwickelt (Abschn. 14.3). Am Anfang stand die Auseinandersetzung mit diskurstheoretischen Ansätzen, welche die Rolle von **Sprache** und der symbolischen Bedeutungen bei der gesellschaftlichen Konstruktion „des Räumlichen" in den Vordergrund stellte. Daraus ergab sich von der inhaltlichen Betrachtung her auch, dass „*poststructuralist geographies were fixated on critiquing representation, deconstructing ideological boundaries, and reading space as a complex plurality*" (Woodward 2017). Diesem *linguistic turn* (im Rahmen eines breiteren *cultural turn*; Exkurs 14.2) liegt die Annahme zugrunde, „dass Sprache jedem individuellen Akt vorangeht, unser Denken und Handeln somit durch die Sprache strukturiert wird [...] Es gibt keine Bedeutung außerhalb von Sprache – Sinn entsteht durch ein relationales Spiel von Differenzen innerhalb einer (sprachlichen) Struktur" (Mattissek 2005, Glasze & Mattissek 2009). Von Bedeutung ist es dabei im Sinne des „post"-strukturalistischen Ansatzes, zu erkennen, dass Sprache kein invariantes, geschlossenes Verweissystem darstellt, sondern vieldeutig, brüchig und offen ist, damit wandelbar und in einem sehr grundsätzlichen Sinne auch politisch.

Exkurs 14.2 *Cultural turn* und Neue Kulturgeographie

„The cultural turn describes a broad set of shifts in the social sciences and humanities, which blossomed from the 1970s to the early 2000s. This shift moved geography's object of study from economic logics, the direct exercise of power (in geopolitics), the quantitative and positivist geography of the early 1970s, and the morphology of landscape, to questions of shared meaning, representation, and the politics of language and consent. Especially in critical geography, modes of explanation shifted from political economy to culture. Culture became an object of study not just in its traditional home of cultural geography but across the gamut of human geography, from economic geography to critical geopolitics to urban geography" (Rosati 2017). Bereits diese kurze Umschreibung macht deutlich, dass der *cultural turn* für zwei starke Impulse steht, die auch die Humangeographie in den vergangenen zwei Dekaden geprägt haben. Es geht hier einerseits um ein konzeptionell-theoretisches Anliegen, insbesondere um die Verbreiterung konstruktivistischer Ansätze in der fachlichen Diskussion, und andererseits um eine inhaltliche (Re-)Akzentuierung, hier speziell um die Rolle kultureller Formatierungen von Gesellschaftlichkeit (z. B. aus Bereichen wie Religion, Musik, Kunst, Identität, gerade auch in Verbindung mit Raumkonstruktionen, raumbezogenen Identitäten etc.) und deren Machtwirkungen.

Im deutschsprachigen Kontext formierten sich diese Ansätze anfangs unter dem Etikett einer Neuen Kulturgeographie, wobei hier vor allem das grundsätzliche Anliegen, zur Weiterentwicklung einer wissenschafts- und gesellschaftstheoretisch reflektierten Humangeographie und zum Anschluss an die konzeptionellen Debatten der gesellschaftswissenschaftlichen Nachbarwissenschaften beizutragen, im Vordergrund stand. „Die dabei gemeinsam eingenommene Perspektive besteht in einem anti-essenzialistischen und konstruktivistischen Blick auf die zu untersuchenden Phänomene; es geht um eine Sichtbarmachung oft unhinterfragt naturalisierter bzw. als *taken-for-granted* angenommener Formen und Regeln gesellschaftlichen Zusammenlebens, um die Dekonstruktion des vermeintlich Offensichtlichen. Machtvolle und in diesem Sinne ‚herrschende' gesellschaftliche Konventionen, Narrative oder Diskurse, die in oft subtiler Art und Weise die Strukturen der Gesellschaft rahmen, sollen in ihrem Wirken transparent gemacht werden. Ein charakteristisches Merkmal dieses Perspektivenwechsels besteht auch darin, darauf hinzuweisen, dass wissenschaftliches Arbeiten nicht die eine und letztgültige Form des Wissens oder gar eine objektive Wahrheit erzeugt" (Gebhardt et al. 2007). Entsprechend geht es einer solcherart positionierten Neuen Kulturgeographie mit Rekurs auf Lyotard, Foucault und viele andere poststrukturalistische Denker „nicht um die Einführung eines neuen, universell gültigen Paradigmas, sondern um eine generelle Dezentrierung des Blicks. Das bedeutet aber auch anzuerkennen, dass unterschiedliche Perspektiven der (wissenschaftlichen) Weltdeutung nebeneinander existie-

ren und gleichberechtigt nebeneinanderstehen, weil sie mit ihren spezifischen Blickwinkeln je unterschiedliche Aspekte der empirischen Welt sichtbar machen" (ebd.).

In dieser konzeptionellen Schwerpunktsetzung liegt ein gewisser Unterschied zur *New Cultural Geography* im anglo-amerikanischen Sprachraum, in der, wie die große Zahl von Readern und Sammelbänden dokumentiert (Anderson et al. 2003, Crang 1998, Mitchell 2000 u. a.), stärker inhaltlich definierte Felder von „Kultur" im Mittelpunkt empirischer Forschungen standen, während die theoretischen Debatten von entsprechend ausgerichteten Kolleginnen und Kollegen in der breiteren Humangeographie geführt wurden (z. B. in Readern wie *Human Geography Today;* Massey et al. 1999).

Obwohl vom Inhalt her die meisten dieser Beiträge zunächst stärker auf eine Analyse der Repräsentationsebene setzten (insbesondere der Sprache, *linguistic turn*), hat sich die Diskussion mittlerweile nach berechtigten Kritiken breitere Perspektiven erschlossen, die auch *more-than-representational*-Aspekten erschließen, indem sie z. B. die Rolle von Emotionen, Affekten und Materialitäten konzeptionell ausleuchten und empirisch untersuchen (Abschn. 14.3). Mit einem solchen Programm „lässt sich prinzipiell unter dem Signum ‚Neue Kulturgeographie' vieles thematisieren, was wir im Zuge der Globalisierung beobachten können: die Zerfaserung fixer Arbeits- und Kapitalbeziehungen, die Semiotisierung und Visualisierung des Wissens, die Kommerzialisierung von Lebensbereichen, einschließlich der Freizeit, die Verwischung und Transversalität lebensweltlicher Identitäten, die Teilung der Welt in Sehende und Übersehene und die interkulturelle (Nicht-)Kommunikation" (Sahr 2005). Von einer solchen Warte aus adressiert die Humangeographie z. B. politisch sehr aktuelle und für die Zukunft der Gesellschaft brisante Entwicklungen wie die Raumproduktionen extremer rechter Bewegungen, die Debatten um Flucht, Migration und Integration, die teilweise zu beobachtenden politisch-identitären Verschiebungen vom Multilateralismus zum Nationalismus oder die vielfältigen *geographies of gender*, insbesondere Feministische Geographie(n). Themenfelder wie diese begegnen auch der anfänglich gegenüber Teilen vor allem der anglophonen empirischen Forschungen zur *New Cultural Geography* geäußerten Kritik, ihr fehle die gesellschaftliche Rückbindung, „soziale Gruppierungen, Klassenlagen, systemische Zusammenhänge auf überindividueller Ebene sowie Macht- und Herrschaftsverhältnisse würden […] in den neuen kulturgeographischen Arbeiten weitgehend ausgeblendet" (Lippuner 2005, Mitchell 1995, 2000, Arnold 2004).

Viele dieser Themen zeichnen sich dadurch aus, dass sie Forschungsperspektiven benötigen, die sich als hybride Felder quer zu den klassischen Segmenten gesellschaftlicher Strukturierung (und damit auch quer zu den gängigen

„Bindestrich-Geographien") organisieren. Für eine solche Erweiterung des Blicks stehen auch die seit mehr als 15 Jahren immer im Januar stattfindenden Tagungen zur Neuen Kulturgeographie, die vor allem vom wissenschaftlichen Nachwuchs in starkem Maße nachgefragt werden. Die Arbeiten und laufenden Diskussionen machen deutlich, dass die Neue Kulturgeographie nicht dabei stehengeblieben ist, lediglich den großen Perspektivwechsel von einer implizit realistischen zu einer konstruktivistischen Sichtweise zu vollziehen, sondern sich theoretisch, methodisch und auch bezogen auf die empirischen Felder kontinuierlich weiterentwickelt.

Der Raum ist aus dieser Perspektive konzeptionell gesehen nicht nur ein vielfältig mit **symbolischer Bedeutung** aufgeladenes Bezugssystem, sondern spiegelt und repräsentiert in sehr differenzierter, teilweise subtiler Art und Weise gesellschaftliche Machtbeziehungen. Eine solche Sichtweise bietet bei der Untersuchung von *geographical imaginations* (Gregory 1994), geopolitischen Repräsentationen und Leitbildern (z. B. Ò Tuathail et al. 2006), raumbezogenen Images und Identitäten sowie vielen anderen verwandten Themen Ansatzpunkte für eine konzeptionell reflektierte und gesellschaftsrelevante raumbezogene Forschung. Für solche Projekte ist insbesondere die generelle Kritik an absoluten Wahrheiten und am Universalismus bzw. Totalitätsanspruch der wissenschaftlichen Moderne hilfreich. Von dieser Basis aus kann auch eine veränderte Konzeptualisierung von Phänomenen wie Macht und Hegemonie abgeleitet werden, die es u. a. möglich macht, eingefahrene Muster von Regionalisierungen und geopolitisch wirksamen Leitbildern auf den unterschiedlichsten Maßstabsebenen durch Dekonstruktionen zu hinterfragen (Reuber 2012) und ein Plädoyer für Differenz und für die Legitimität alternativer Deutungsmuster zu entwickeln (Abschn. 14.3). Mit Bezug auf Foucaults Gouvernementalitätsansätze (2004) gelingt es überdies, Fragen der „Materialität" und darauf gerichteter Praktiken angemessen in entsprechende Technologien der Macht zu integrieren (Kap. 16). Mittlerweile erweitert sich die Debatte auch um Aspekte wie Emotionen und Affekte, es werden die Materialität von Körperlichkeit jenseits textueller und visueller Repräsentationen einbezogen und affirmative und affektive Geographien diskutiert (Schurr & Strüver 2016; Abschn. 14.3).

Die Humangeographie zwischen Teildisziplinen und übergreifenden Forschungsfeldern

Wie in den meisten wissenschaftlichen Disziplinen hat sich auch in der Humangeographie über lange Zeit eine **innere Ordnung** nach inhaltlichen Teildisziplinen herausgebildet. Sie entwickelt (und verändert) sich im Spannungsfeld gesellschaftlicher Problemlagen und der fachlichen Antworten darauf. Von den Anfängen einer breiteren Institutionalisierung der Disziplin im 19. Jahrhundert bis in die ersten Nachkriegsjahrzehnte hinein war entsprechend mit der Erweiterung des inhaltlichen Kanons eine zunehmende Segmentierung und Spezialisierung der Humangeographie kennzeichnend. Vor diesem Hintergrund verwundert es nicht, wenn die Teildisziplinen in der historischen Entwicklung und durchaus auch teilweise in regionalen Fach-Communities (der frankophonen, der anglophonen, deutschsprachigen etc.) unterschiedliche Schwerpunktsetzungen beinhalten.

Insgesamt lassen sich dabei in der Humangeographie sowohl lang etablierte Teildisziplinen mit breit ausgebildeten eigenen Themenfelder und Denkschulen finden (z. B. Wirtschaftsgeographie, Stadtgeographie, Politische Geographie, Bevölkerungsgeographie) als auch junge, sich entwickelnde neue Segmente, die sich möglicherweise künftig zu Teildisziplinen ausdifferenzieren können (z. B. Geographien der Gesundheit, Geographien des Konsums). Die nachfolgenden Kapitel enthalten Beispiele aus beiden Kategorien, um sowohl lang etablierte Fachtraditionen als auch aktuelle Dynamiken abbilden zu können.

Mittlerweile ist parallel zu dieser Segmentierung auch eine Gegenbewegung zu beobachten, die das Denken in den traditionellen Engführungen der Teildisziplinen stellenweise beiseitelässt und zur Bearbeitung komplexer gesellschaftlicher Fragestellungen und Probleme stärker **übergreifende Forschungsdesigns** entwickelt. Diese Entwicklung wird von manchen Autorinnen und Autoren mit dem gesellschaftlichen Wandel in Verbindung gebracht, der die letzten Jahrzehnte gekennzeichnet hat und der durch Schlagworte wie die „neue Unübersichtlichkeit" (Habermas 1987), die „feinen Unterschiede" (Bourdieu 1987), die „Risikogesellschaft" (Beck 1995), Globalisierung und „Netzwerkgesellschaft" (Castells 2001) oder den „Kampf der Kulturen" (Huntington 1996) nur ansatzweise gekennzeichnet werden kann.

Wichtige Beispiele für konvergente Entwicklungen aus theoretischen Diskussionen quer durch alle Disziplinen werden in den folgenden Teilkapiteln aus einer humangeographischen Perspektive näher entfaltet: die Postkolonialismusdebatte (Lossau in Abschn. 14.3), der *linguistic turn* und der Poststrukturalismus (Glasze und Mattissek in Abschn. 14.3), die feministischen Ansätze (Strüver in Abschn. 14.3), *performative Ansätze* (Boeckler und Strüver in Abschn. 14.3) sowie neuere Debatten um Materialität sowie Emotion/Affekt (Wiertz in Abschn. 14.3). Mitunter weisen gerade diese Teile über den vereinfachenden sprachlichen Rahmen eines Lehrbuchs hinaus, doch sie eröffnen damit auch den jüngeren Studierenden sowie den an aktuellen Entwicklungen in der Humangeographie interessierten Leserinnen und Lesern einen Einblick in die gerade aktuellen intellektuellen „Werkbänke" unseres Faches.

14.3 Aktuelle teildisziplinübergreifende gesellschaftswissenschaftliche Ansätze in der Humangeographie

Postkoloniale Ansätze: Kultur, Raum und Identität

Julia Lossau

Im Alltag wird oft ein Bild von der Welt als einem „kulturellen Mosaik" gezeichnet, in dem unterschiedliche Kulturen klar voneinander getrennt über die Erdoberfläche verteilt sind. Gemäß dieser Vorstellung liegt Deutschland im europäischen Kulturraum und hat damit eine andere Kultur als beispielsweise die Staaten des „afrikanischen Kulturerdteils"; Indien unterscheidet sich kulturell von Mexiko, China von Kanada usw. So selbstverständlich uns dieses Mosaik erscheinen mag, wenn wir als Alltagsmenschen auf die Welt schauen – als Wissenschaftlerinnen und Wissenschaftler können wir fragen, warum die Vorstellung vom „kulturellen Mosaik" so überzeugend und wirkungsmächtig ist. Ist die Menschheitsgeschichte nicht auch eine Geschichte der Migration? Gab es nicht immer schon Austausch über kulturelle Grenzen hinweg? Und hat die Globalisierung nicht dazu geführt, dass Kontakte über Grenzen hinweg intensiviert wurden?

In Deutschland leben über 10 Mio. Menschen, die keinen deutschen Pass haben (Pressemitteilung des Statistischen Bundesamts 227 vom 20.06.2017). Obwohl sich die Bundesrepublik lange Zeit nicht als Einwanderungsland begriffen hat, beträgt der sog. „Ausländer"-Anteil an der Gesamtbevölkerung in einigen deutschen Städten über 25 % (Abb. 14.1). Diese Zahlen machen deutlich, dass die Vorstellung vom wohlgeordneten kulturräumlichen Nebeneinander empirisch nicht haltbar ist. Auch theoretisch gibt es gute Gründe, das simplifizierende Denken in kulturräumlichen Einheiten infrage zu stellen. Eine wichtige Referenz für die kultur- und sozialwissenschaftliche Beschäftigung mit dem komplexen Verhältnis von Kultur und Raum bildet die **postkoloniale Theorie**. Ausgehend von den Erfahrungen der kolonialen Vergangenheit und ihres ungleichen Kulturaustauschs bietet sie eine Fülle von Bezugspunkten für geographisches Arbeiten. Die zunächst literaturwissenschaftliche Debatte wurde seit den frühen 1990er-Jahren von englischsprachigen Geographinnen und Geographen wie Derek Gregory (1994) oder Doreen Massey (1999) aufgenommen; heute spielen postkoloniale Inhalte auch in der deutschsprachigen Geographie eine immer größere Rolle. Die Beschäftigung mit der postkolonialen Theorie hat maßgeblich zur Neuausrichtung der Humangeographie im *cultural turn* beigetragen (Exkurs 14.3).

„Schubladen der Identität"

„[...] *identities are rarely fixed or stable because they are always in process of formation*", schreibt der britische Geo-

Abb. 14.1 „Ausländer" in Deutschland. Als „Ausländer" werden in Deutschland Menschen bezeichnet, die in Deutschland registriert sind und nicht die deutsche Staatsangehörigkeit besitzen. Durch die große Zahl von Geflüchteten, die seit 2015 nach Deutschland gekommen sind, hat sich die Zusammensetzung der „ausländischen" Bevölkerungsgruppe in jüngster Zeit verändert. Gleichwohl ist die häufigste nicht deutsche Staatsangehörigkeit, zumindest in den westlichen Bundesländern, nach wie vor die türkische. An die „Ausländer" wird oft der Apell gerichtet, sich in die deutsche Mehrheitsgesellschaft zu integrieren. Es stellt sich jedoch die Frage, inwieweit dies vor dem Hintergrund der simplifizierenden Vorstellung von der Welt als kulturellem Mosaik gelingen kann. In der binären Logik von In- und Ausland muss auch ein „integrierter Ausländer" streng genommen stets ein Fremder bleiben, weil seine Existenz die Vorstellung einer Erdregion voraussetzt, in die er eigentlich gehört, und einer Erdregion, in die er eigentlich nicht gehört (Foto: J. Lossau).

Kapitel 14

graph Peter Jackson (2005). Er wendet sich damit gegen die konventionelle Vorstellung, der zufolge Identität angeboren und von äußeren Einflüssen unabhängig ist. Eine solche Vorstellung finden wir überall dort, wo ganz selbstverständlich von der Existenz eines stabilen Kerns ausgegangen wird, der das Wesen einer Person bzw. einer Gruppe bestimmt. Werden die Mitglieder einer Gruppe als homogen und mit gleichen, quasi biologisch festgelegten Wesenszügen ausgestattet betrachtet, werden sie gewissermaßen in eine **„Schublade der Identität"** gesteckt. Dann heißt es beispielsweise, Frauen seien „besonders sozial", Homosexuelle seien „furchtbar nett" und Schwarze „total musikalisch". In den Kultur- und Sozialwissenschaften geht es darum, solche Essentialismen zu erkennen und auf ihren

Exkurs 14.3 Postkoloniale Theorie

Der Begriff des Postkolonialismus stammt ursprünglich aus der Literaturwissenschaft, wurde aber von anderen Disziplinen aufgenommen und spielt heute in allen Kultur- und Sozialwissenschaften eine Rolle. Die postkoloniale Theorie geht davon aus, dass koloniale Denkmuster und Strukturen auch nach dem formalen Ende des Kolonialzeitalters weiterwirken und zwar sowohl in den ehemaligen Kolonien als auch in den ehemaligen Kolonialstaaten. So können rassistische Wissensformen, eurozentrische Raumordnungen, ungerechte globale Wirtschaftsbeziehungen und (neo-)imperiale Politikformen ebenso als Erbe des Kolonialismus gesehen werden wie der Widerstand, der ihnen entgegengesetzt wird.

Auf dem Grund der asymmetrischen Macht- und Herrschaftsstrukturen zwischen Zentrum und Peripherie liegt – aus postkolonialer Sicht – der (konstruierte) Gegensatz zwischen einem modernen, rationalen „Westen" als Subjekt der Weltgeschichte und einem passiven, rückständigen, außereuropäischen „Rest". Entsprechend richtet sich das postkoloniale Denken gegen binäre Identitätskonzepte, in denen das Eigene klar von einem Fremden abgegrenzt ist. Dem Denken in kulturellen Dichotomien (das Eigene vs. das Fremde) stellt die postkoloniale Theorie das Konzept der „kulturellen Hybridität" entgegen, das sich den gängigen Vorstellungen kultureller Eindeutigkeit oder Authentizität widersetzt.

Zu den bekanntesten postkolonialen Theoretikerinnen und Theoretikern gehören Homi K. Bhabha, Gayatri Chakravorty Spivak, Edward Said und Stuart Hall. Ihnen ist gemeinsam, dass sie – obwohl „nicht westlicher" Herkunft – an angesehenen westlichen Universitäten und Instituten tätig waren oder es noch sind. Stuart Hall etwa leitete bis 1979 das renommierte *Centre for Contemporary Cultural Studies* (CCCS) in Birmingham. Dort wurde u. a. die Frage diskutiert, wie „Kultur" als Modus der sinnhaften „Welt-Deutung" das alltägliche Leben konstituiert und gleichzeitig diszipliniert. In Halls Person zeigt sich die enge Verbindung, die zwischen *cultural studies* einerseits und *postcolonial studies* andererseits besteht.

In Deutschland setzte die Auseinandersetzung mit dem Postkolonialismus vergleichsweise spät ein. Dies wird manchmal mit dem Hinweis begründet, dass Deutschland nicht im großen Stil über Kolonien verfügt und somit den Postkolonialismus gewisser Maßen „nicht nötig" habe. Als Erklärung plausibler erscheint jedoch, dass die deutschsprachigen Kulturwissenschaften erst in jüngerer Zeit den sog. *cultural turn* nachvollzogen und sich von ihrem traditionellen, essenzialistischen Kulturbegriff verabschiedet haben.

homogenisierenden und gleichzeitig diskriminierenden Gehalt hin zu befragen: *„We should not assume"*, schreibt Peter Jackson (2005), *„that all single mothers share any common characteristics beyond their marital and parental status, and we should be particularly wary of categorizations like ,black youth' as such labels are often applied indiscriminately to demonize whole groups of people"*.

Auch die postkoloniale Theorie wendet sich gegen eine Vorstellung, der zufolge Identitäten aus sich selbst heraus entstehen und gleichsam selbstgenügsam sind. Aus postkolonialer Sicht sind Identitäten vielmehr auf Bilder und Vorstellungen von anderen angewiesen, in deren Spiegel sie sich erschaffen und reproduzieren können. Dies gilt für die personale Identität jedes Einzelnen ebenso wie für die kollektiven sozialen Identitäten der Rasse, Klasse, des sozialen Geschlechts und der Nation. Es sind diese kollektiven Identitäten, entlang derer sich die Identitäten von individuellen Subjekten wie in einem Koordinatensystem stabilisieren und positionieren können. Mit dem Politikwissenschaftler Benedict Anderson (1988) kann man die mit den kollektiven Identitäten verbundenen Gruppen – die Schwarzen, die Frauen, die Deutschen usw. – daher als *imagined communities*, als „vorgestellte Gemeinschaften" bezeichnen.

Eine der am meisten diskutierten „Schubladen der Identität" stellt diejenige „des Westens" dar; sie befindet sich gleichsam im Zentrum der postkolonialen Kritik. So hat u. a. Stuart Hall, ein bedeutender Vertreter postkolonialen Denkens, argumentiert,

dass „der Westen" sich nur deshalb als modern und fortschrittlich entwerfen konnte, weil er über den vermeintlich passiven und rückständigen kolonialen „Rest" verfügte (Hall 1994). Trotz seines „vorgestellten", konstruierten Charakters – „den Westen" gibt es nicht – ist die Idee von dessen Überlegenheit mitverantwortlich für die Unterordnung und Marginalisierung „des Rests", der im Rahmen des Kolonialismus zum Objekt europäischer Expansionsbestrebungen wurde. Dabei wurde die sog. „Neue Welt" in westliche Begriffsraster eingebunden, nach westlichen Normen beurteilt und insgesamt westlichen Repräsentationssystemen einverleibt.

Die damit angesprochene gewaltsame Aneignung „des Rests" in den eigenen Kategorien steht im Zusammenhang mit dem widersprüchlichen Ideal des Humanismus: Der **Humanismus**, der sich mit Fragen von Menschlichkeit und Menschenwürde befasst, maßte sich einerseits an, alle Menschen der Welt gleichermaßen zu betreffen. Andererseits musste er das koloniale Andere markieren, weil die Existenz eines Anderen notwendig zum Konstitutionsprozess des Eigenen gehört. Dabei war zu Beginn des kolonialen Projekts noch keinesfalls entschieden, wie mit dem kolonialen Anderen umzugehen sei und ob, so die berühmte Frage des Disputs von Valladolid (1550–1551), es sich bei den Bewohnern der „Neuen Welt" überhaupt um „wirkliche", freie Menschen – und nicht etwa um natürliche Sklaven – handele. Erst im Lauf der Aufklärung wurden „alle Formen des menschlichen Lebens über den universalen Leisten einer einzigen Seinsordnung geschlagen, sodass Differenz dem

Abb. 14.2 Bilder des Fremden. Die Folien des „edlen Wilden" einerseits und des „rohen Wilden" andererseits haben ihre Bedeutung für die Produktion einer „zivilisierten" westlichen Identität nicht verloren. Auch wenn sie uns heute in aktualisierter Form begegnen, sind sie nach wie vor in den Köpfen präsent. So wirbt die Tourismusbranche mit Bildern von „verführerischen Südparadiesen", in denen Reisende die exotischen Sitten und Bräuche der gastfreundlichen Einheimischen „entdecken" können. Nicht weniger populär ist das inverse (Feind-)Bild vom Fremden als dem Unberechenbaren, dem Irrationalen, Wahnsinnigen. Seit dem Ende des Kalten Krieges und vor allem im Anschluss an die Anschläge vom 11. September 2001 ist der Feind des Westens insbesondere im „islamistischen Gotteskrieger" verkörpert.

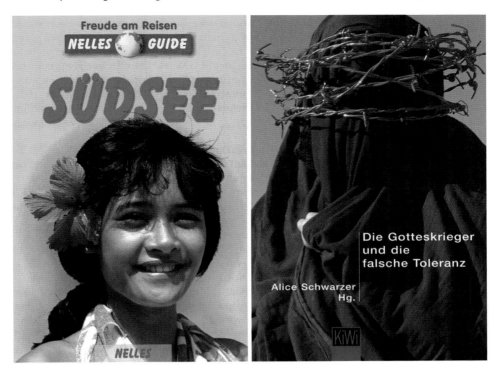

fortwährenden Markieren und Neumarkieren von Positionen innerhalb eines einzigen diskursiven Systems [...] eingepasst werden musste" (Hall 1997). Entsprechend formuliert einer der Begründer der postkolonialen Kritik, Frantz Fanon: „Der westliche bürgerliche Rassismus gegenüber dem Neger oder dem ‚Bicot' [abschätzige Bezeichnung für Nordafrikaner] ist ein Rassismus der Verachtung; es ist ein Rassismus, der abwertet. Aber der bürgerlichen Ideologie, die die Wesensgleichheit der Menschen proklamiert, gelingt es, die ihr eigene Logik zu bewahren, indem sie die Untermenschen auffordert, sich durch die westliche Humanität, die sie verkörpert, zu vermenschlichen" (Fanon 1981).

Ob also „aus Irrtum oder schlechtem Gewissen: Nichts ist bei uns konsequenter als ein rassistischer Humanismus, weil der Europäer nur dadurch sich zum Menschen hat machen können, dass er Sklaven und Monstren hervorbrachte" (Sartre 1981). Anders ausgedrückt: Patriarchalische, koloniale und rassistische Herrschaftsstrukturen stellen keine Schönheitsfehler, sondern integrale Bestandteile des humanistischen und „zivilisierten" Denkens des Westens dar. Der koloniale Blick blendete die Differenz des Fremden gegenüber dem Eigenen aus, „um über das Fremde im eigenen Begriffsschema verfügen zu können" (Hölz 1998). In dieser Form der Selbstidentifikation zeigt sich die „eigentlich moderne Form des Kulturaustausches" (Stauth 1993): Sie „ist machtvoll, weil sie egalistisch ist; sie ist egalistisch, weil sie Verständnis der anderen unterstellt, dabei aber den selbstkonstitutiven Akt der Fremderkenntnis verschleiert" (ebd.).

Dass die Kolonialgeschichte unterschiedliche Blicke auf die „Sklaven", „Monstren" und „Untermenschen" kennt – fundamental ist dabei die Dichotomie zwischen dem „edlem Wil-

den" einerseits und dem „barbarischen" oder „kannibalischen Wilden" andererseits –, tut dieser Argumentation keinen Abbruch (Abb. 14.2). Der edle und der kannibalische Wilde bilden aus postkolonialer Sicht die beiden Seiten ein- und derselben Medaille. So kann man die kulturkritischen Texte Jean-Jacques Rousseaus, die das Stereotyp vom edlen Wilden transportieren, als Spiegelbilder der sog. **Stufentheorien** lesen. Letztere wurden u. a. von Thomas Hobbes sowie John Locke formuliert und beschreiben die Geschichte der Menschheit als kontinuierliche Entwicklung, an deren Ende der „kultivierte" und „zivilisierte" Westen als „das Modell, der Prototyp und der Maßstab" (Hall 1994) steht.

Imaginative Geographien und die Politik der Verortung

In *„Orientalism"*, einem zentralen Werk der postkolonialen Theorie, zeigt Edward Said (1978), wie es Europa gelang, sich im Spiegel des Orients selbst zu erschaffen: Im Zuge der kolonialen Aneignung wurde nicht nur definiert, was orientalisch ist. Im Negativ dieses Bilds erschien auch, was fürderhin als westlich bzw. europäisch gelten sollte. Damit stellen der Orient und Europa nicht mehr einfache geographische Gegebenheiten, sondern voraussetzungsvolle Konstruktionen dar. Said selbst hat diese Konstruktionen als **imaginative Geographien** bezeichnet. Damit meinte er nicht, dass Europa und der Orient Hirngespinste seien, die nur in den Köpfen, nicht aber in Wirklichkeit existieren. Im Gegenteil: Aus einer sozial- und kulturtheoretisch informierten Perspektive wird die Welt überhaupt erst real und verständlich, weil unser Zugang zu ihr symbolischer Natur ist, das heißt weil er aus einer Vielzahl von Deutungen, Sinnzuweisungen und vor allem Grenzziehungen besteht (Lossau 2008). Entsprechend wahr ist daher auch das Wissen, dass es Europa und den Orient wirklich gibt, dass der Orient nicht in Europa liegt und dass er durch eine andere Kultur gekennzeichnet ist. Doch wie kommt es, dass wir dazu neigen, imaginative Geographien als einfache geographische Gegebenheiten zu betrachten – und nicht als komplexe soziale Konstruktionen, die ebenso umstritten wie veränderlich sind?

Eine Antwort auf diese Frage findet sich im **Prinzip der Verortung**. Es besteht darin, Objekte und Identitäten entlang von (vermeintlich) objektiven Unterschieden im Raum festzuschreiben. Zwar bringt dieses Festschreiben unsere komplexe, prinzipiell immer auch anders mögliche Welt in eine augenscheinlich objektive Ordnung und weist uns unseren Platz darin zu. Dabei bleibt aber verborgen, dass erst die Verortung nach dem Muster „hier/dort" die Überzeugung herzustellen vermag, die entstandene Ordnung sei dem Prozess des Verortens vorgängig und die Identitäten seien wirklich unterschiedlich. Dieser Effekt sei anhand eines Zitats aus „*Orientalism*" verdeutlicht: „*It is perfectly possible to argue that some distinctive objects are made by the mind, and that these objects, while appearing to exist objectively, have only a fictional reality. A group of people living on a few acres of land will set up boundaries between their land and its immediate surroundings and the territory beyond, which they call 'the land of the barbarians'. In other words, this universal practice of designating in one's mind a familiar space which is 'ours' and an unfamiliar space beyond 'ours' which is 'theirs' is a way of making geographical distinctions that can be entirely arbitrary. I use the world 'arbitrary' here because imaginative geography of the 'our land-barbarian land' variety does not require that the barbarians acknowledge the distinction. It is enough for 'us' to set up these boundaries in our own minds; 'they' become 'they' accordingly, and both their territory and their mentality are designated as different from 'ours'*" (Said 1978).

Said argumentiert in diesen Zeilen, dass die Wirklichkeit durch den Einsatz einer bestimmten **Unterscheidung** erst geschaffen wird. Die vermeintliche Tatsache, dass die Barbaren anders sind als wir, setzt zunächst den Einsatz der Unterscheidung zivilisiert/barbarisch voraus. In diesem Einsatz vollzieht sich dann, wie im Anschluss an Pierre Bourdieu formuliert werden kann, „eine heimliche Umkehrung von Ursache und Wirkung" (Bourdieu 1997, vgl. Lossau 2002). Dabei wird die Fremdheit der Barbaren zur ideologischen Grundlage für die Errichtung einer Grenze zwischen uns und ihnen – obwohl es doch eigentlich die Grenze zwischen uns und ihnen ist, vermittels der die Barbaren als fremde und homogene Entität erst erschaffen werden. Mit anderen Worten: Wir sehen die Fremdheit der Barbaren, die uns als Legitimation dient, eine Grenze zwischen uns und ihnen zu errichten. Dabei sehen wir nicht, dass die Barbaren uns nur fremd sind, weil wir die Unterscheidung zivilisiert/barbarisch vorgenommen haben.

Der **Prozess der Verortung** wird also entlang einer je spezifischen Unterscheidung vorgenommen, deren Spezifik selbst nicht sichtbar ist. Dass zum Ordnen der Welt auch ganz andere Unterscheidungen eingesetzt und dass die Dinge auch ganz an-

ders verortet werden könnten, wird ausgeblendet. Insofern Said auf den kontingenten Charakter der Verortungspraxis aufmerksam macht, bezieht er Stellung gegen eine Haltung, die man mit Felix Driver als „geographischen Essenzialismus" bezeichnen könnte – „*the notion that there are geographical spaces with indigenous, radically 'different' inhabitants who can be defined on the basis of some religion, culture, or racial essence proper to that geographical space*" (Said 1978).

Herausforderungen für die Humangeographie

Die Überlegungen von Edward Said lassen sich auf die eingangs erwähnte Vorstellung von der Welt als kulturellem Mosaik übertragen. Aus postkolonialer Perspektive können Deutschland und Afrika, Indien und Mexiko, China und Kanada als Elemente einer **imaginativen Geographie der Welt** betrachtet werden, wie sie bei der „Erfindung" vermeintlich stabiler Identitäten entstehen. Da Identitäten ihre Stabilität umgekehrt erst durch ihre Verortung in vermeintlich natürlichen, homogenen Räumen erlangen, kann man sagen, dass Räume und kulturelle Identitäten in einem Verhältnis der wechselseitigen Konstitution stehen. Dennoch, oder gerade deshalb, kann es eindeutig voneinander abgegrenzte (Kultur-)Räume ebenso wenig per se geben wie essenzialistische und exklusive (kulturelle) Identitäten. Diese Einsicht stellt gerade für die Geographie eine große Herausforderung dar. Lange Zeit wurde im Fach davon ausgegangen, dass sowohl Räume als auch Kulturen der Imagination vorgängig sind, also gewissermaßen auf natürliche Weise existieren und einen wesenhaften Charakter haben. So bestand das Ziel der traditionellen Geographie als Landschafts- oder Länderkunde darin, unterschiedliche Kulturräume zu erforschen, in denen das physisch-materielle Substrat und die Kultur vermeintlich zu einer Einheit zusammengewachsen waren (Werlen 2000). Vor dem Hintergrund dieses Forschungsprogramms ist die Geographie zu einer **Kolonialwissenschaft** par excellence geworden. Dies zeigt etwa das Beispiel von Friedrich Ratzel (1844–1904; Abschn. 22.1), dem Begründer der Anthropogeographie, der als Gründungsmitglied des Deutschen Kolonialvereins und später der Deutschen Kolonialgesellschaft dazu beitrug, das traditionelle geographische Paradigma zu dynamisieren und an den zeitgenössischen Imperialismus anzupassen (Schultz 1998).

Die Verwicklungen zwischen Geographie und Kolonialpolitik kommen aber nicht nur im Werk prominenter Fachvertreter zum Ausdruck. Vielmehr wurde geographisches Wissen auf sehr vielfältige Weise dazu genutzt, koloniales Land zu „entdecken" und zu unterwerfen. Hier sind die Praktiken des Kartierens und Kartographierens ebenso zu nennen wie die territoriale Restrukturierung durch die koloniale Raum- und Stadtplanung; mehr oder weniger willkürliche Grenzziehungen ebenso wie Um- und Neubenennungen geographischer Gegebenheiten, die damit der Deutungsmacht der Kolonialherren unterworfen wurden. Das koloniale Projekt beruhte auf einer ganzen Reihe von Akten „geographischer Gewalt" (Edward Said), deren Ziel darin bestand, den annektierten Raum zu ordnen und seine Bevölkerung durch verwaltungstechnische Maßnahmen unter Kontrolle zu bringen (Exkurs 14.4).

Exkurs 14.4 Geographie in Beispielen – ein Elefant in Bremen

Unweit des Bremer Hauptbahnhofs zieht ein riesiger Elefant aus Backsteinen die Blicke von Passantinnen und Passanten auf sich (Abb. A). Die 10 m hohe Tierfigur wird bald 90 Jahre alt: Sie wurde im Jahr 1931 errichtet und ein Jahr später in einer feierlichen Zeremonie zum „Reichskolonialehrenmal" ernannt. In der Folge entwickelte sie sich zum „wichtigsten kolonialen Denkmal der Weimarer Republik" (Maß 2006). Dass das zentrale Denkmal der zwischenkriegszeitlichen Kolonialbewegung ausgerechnet in Bremen zu finden ist, resultiert aus der Bedeutung, die der Überseehandel im letzten Drittel des 19. Jahrhunderts für die Wirtschaft der Hansestadt erlangt hatte. Einflussreiche Bremer Kaufleute machten sich für die deutsche Kolonialbewegung stark. Unter ihnen war Adolf Lüderitz, dessen „Landnahme" an der Westküste von Afrika, im heutigen Namibia, überhaupt erst dazu führte, dass das Deutsche Reich 1884 in die Reihe der Kolonialstaaten eingetreten war.

So erfolgreich die Kolonialbewegung in Bremen gewesen war, so erfolgreich waren auch die kolonialrevisionistischen Bestrebungen nach dem Ende des Ersten Weltkriegs: In den 1920er-Jahren sprachen sich viele Bremer Handelsunternehmen für die Rückgewinnung der Kolonien aus, und im Jahr 1926 beantragte die koloniale Arbeitsgemeinschaft Bremen die Errichtung eines „Reichskolonialehrenmals". Bei der feierlichen Enthüllung des Elefanten im Jahr 1932 sagte der damalige Bürgermeister Theodor Spitta: „Möge es [das Ehrenmal] [...] ein Symbol sein für die unverjährten und unverjährbaren Rechte Deutschlands auf gleichberechtigte koloniale Betätigung in der Welt. Möge es [...] die lebenden und kommenden Geschlechter an den Opfertod unserer Kolonialkrieger erinnern und uns mahnen, bei der Arbeit für Deutschlands Wiederaufbau unseren Gefallenen nachzueifern in Pflichttreue, Opferbereitschaft und Liebe zum Vaterlande" (Bremer Nachrichten vom 7. Juli 1932).

Nach dem Zweiten Weltkrieg geriet der Elefant trotz seiner Größe zunächst in kollektive Vergessenheit. Erst die Politik der Dritte-Welt- sowie der Anti-Apartheid-Bewegung der 1970er- und 1980er-Jahre führte dazu, dass das „Reichskolonialehrenmal" erneut in den Fokus des öffentlichen Interesses geriet und die Frage nach einem zeitgemäßen Umgang mit dem Koloss immer lauter wurde. Beim Namibia-Freiheitsfest des Jahres 1990 wurde der Elefant in „Anti-Kolonial-Denk-Mal" unbenannt. Seitdem fungiert er als Kristallisationspunkt der Erinnerung an die Opfer kolonialer Unterdrückung und Gewalt. Zu seinen Füßen wurde im Jahr 2009 ein Mahnmal für die Herero und Nama errichtet, die ihren Widerstand gegen die deutsche Kolonialmacht in den Jahren 1904–1908 mit ihrem Leben bezahlten. Seit 2014 trägt die Grünanlage, in der der Elefant steht, den Namen Nelson-Mandela-Park.

Der Elefant im Nelson-Mandela-Park gilt als „eines der gelungen Beispiele, in denen sich Politiker, Bürger und Stadtplanerinnen und -planer zusammen mit der Geschichte ihrer Stadt kritisch auseinandersetzen und eine Sensibilität für die Verflechtungen Bremens und Deutschlands mit dem Kolonialsystem und den bis heute andauernden postkolonialen Ordnungen entwickeln" (Eckardt & Hoerning 2012). Das bedeutet aber nicht, dass in Bremen in erinnerungspolitischer Hinsicht „alles in Ordnung" wäre: Zwar ist der Elefant vom Reichskolonialehrenmal zum Anti-Kolonial-Denk-Mal geworden. Aber die Aufarbeitung des kolonialen Erbes der Stadt, ihrer (Kultur-) Institutionen und ihrer Unternehmen steht erst am Anfang. Das machen nicht zuletzt viele Bremer Straßen deutlich, die immer noch die Namen ehemaliger Profiteurinnen und Profiteure des kolonialen Herrschaftssystems tragen. Die bekannteste von ihnen ist die Lüderitzstraße.

Abb. A Der Elefant im Nelson-Mandela-Park in Bremen (Foto: J. Lossau).

Vor diesem Hintergrund bestehen die Herausforderungen der postkolonialen Ansätze zunächst darin, weiter daran zu arbeiten, die kolonialen Dimensionen der geographischen Fachgeschichte aufzuarbeiten. Darüber hinaus ist es aus postkolonialer Sicht aber ebenso wichtig, **(neo-)koloniale Wissensstrukturen** in der heutigen Geographie aufzuspüren und zu überwinden. Gerade die letzte Aufgabe ist sehr schwierig: Eurozentrische Denkmuster und Wissenskategorien sind so fest in unserer Art und Weise, Wissenschaft zu betreiben, verankert, dass es nicht leicht ist, sie überhaupt als solche zu identifizieren. In diesem Zusammenhang hat die Geographin Verena Meier (1998) darauf hingewiesen, dass bereits die auf den ersten Blick harmlosen Bevölkerungsdiagramme in geographischen Lehrbüchern implizite Vorstellungen über die „richtige" Zuordnung von Menschen zu räumlichen Einheiten transportieren und – eingebunden in den Diskurs der „Bevölkerungsexplosion" – unter der Hand Aussagen darüber enthalten, wo Menschen „überzählig" sind und wo nicht. Vergleichbare, nur vermeintlich objektive Wahrheiten werden auch in der Stadtgeographie reproduziert (King 2005). Die Modelle der kulturgenetischen Stadtforschung – allen voran die der orientalischen und der lateinamerikanischen Stadt – zementieren einen westlichen Blick, der die heutigen Städte vor allem als Produkte kolonialer Praktiken betrachtet und lokale, indigene Wissensformen und Widerstände tendenziell unberücksichtigt lässt. Eurozentrische Fallstricke finden sich nicht zuletzt in denjenigen Bereichen der Humangeographie, die sich z. B. mit Migration, der Integration von „Ausländern", ethnischer Segregation oder mit Fragen des Tourismus beschäftigen, sowie in der Geographischen Entwicklungsforschung.

In Anbetracht der Gefahr, **asymmetrische Macht- und Herrschaftsstrukturen** zwischen Zentrum und Peripherie, zwischen dem Eigenen und dem Anderen, zwischen (westlichen) Forschenden und (nicht westlichen) Beforschten zu reproduzieren, ist es aus postkolonialer Sicht notwendig, geographische Forschung in ihren politischen Bezügen zu sehen und zu fragen, wer von welchem Standpunkt aus Wahrheiten über wen produziert, nach wessen Kriterien Wirklichkeiten produziert werden, wer davon profitiert und wessen Wahrheit dadurch marginalisiert wird (Meier 1998). Anstatt auf der Objektivität wissenschaftlicher Aussagen über die postkoloniale Wirklichkeit zu bestehen, muss es darum gehen, Forschungsergebnisse als **strategische Schließungen** mit notwendig partiellem Wahrheitsgehalt anzuerkennen und die eigene Situiertheit bzw. Positioniertheit im Forschungsprozess in Rechnung zu stellen. Auf diese Weise kann daran gearbeitet werden, die (post-)kolonialen Gehalte des eigenen Arbeitens zu reflektieren und geographische Wissensproduktionen kontinuierlich zu „entkolonialisieren"

Postkoloniale Ansätze zwischen Identität und Differenz

Die skizzierten Herausforderungen machen nicht nur den theoretischen Reiz der postkolonialen Ansätze aus. Sie verleihen ihnen auch empirische Relevanz in einer Zeit, in der das wohlgeordnete kulturelle Mosaik der Welt in eine verwirrende Unordnung geraten ist. Wer kann heute noch mit Sicherheit sagen, was eigentlich deutsch oder türkisch, indisch oder mexikanisch ist? In diesem Sinn besteht die vielleicht größte Herausforderung der postkolonialen Theorie darin, das Denken in Identitäten – wir Deutschen vs. die Türken – durch ein Denken in Differenzen zu ersetzen, welches die Vielfalt von Weltbildern, Lebensentwürfen und kulturellen Selbst- und Fremdzuschreibungen innerhalb der alten Identitätskategorien anerkennt.

Zwar kommt auch aus postkolonialer Perspektive niemand ohne **Identität** aus. Ohne Identität gäbe es für uns keine Position, von der aus wir unsere Aussagen treffen könnten, keinen Ort, von dem aus wir sprechen könnten: „Es scheint mir, dass die Menschen der Welt nicht handeln, sprechen, etwas erschaffen […] und reden, über ihre eigene Erfahrung nachdenken könnten, wenn sie nicht von irgendeinem Ort kommen, von irgendeiner Geschichte, wenn sie nicht eine bestimmte kulturelle Tradition erben" (Hall 1999). Identität ist aber nur die eine Seite der postkolonialen Medaille – Differenz die andere. **Differenz** bedeutet, die Vielfalt von Positionen anzuerkennen

und sich die Partialität des eigenen Standpunkts, der eigenen Positioniertheit, der eigenen Perspektive bewusst zu sein: „Das Sprechen muss einen Ort und eine Position haben […]. Erst wenn ein Diskurs vergisst, dass er verortet ist, versucht er für alle zu sprechen" (Hall 1994). Vor diesem Hintergrund zielen die postkolonialen Ansätze darauf ab, Identität nicht mehr im essenzialistischen, sondern im differenten Sinne zu denken. Sie erkennen Differenz als Kennzeichen von Identität an und machen darauf aufmerksam, dass es Unterscheidungen sind, die Identität erst möglich machen.

Poststrukturalismus und Diskursforschung in der Humangeographie

Georg Glasze und Annika Mattissek

Wie lässt sich verstehen, dass die Grenzen Europas in verschiedenen sozio-politischen und historischen Kontexten sehr unterschiedlich gezogen wurden und werden und dabei die „Identität Europas" jeweils ganz anders bestimmt wird? Warum kann ein Taifun als „Naturkatastrophe", als „Strafe Gottes" und als „Konsequenz des anthropogenen Klimawandels" bewertet werden? Poststrukturalistische Ansätze wie insbesondere die poststrukturalistischen Diskurstheorien bieten die Chance, die **Herstellung von Bedeutungen** und damit die Produktion spezifischer sozialer Wirklichkeiten sowie die damit verbundenen Machteffekte zu konzeptualisieren (Kap. 6). Damit kann die Diskursforschung der Humangeographie neue Antworten auf die skizzierten Fragestellungen geben sowie weitere Fragestellungen eröffnen. Gegenstand der Diskursforschung sind überindividuelle Strukturen des Denkens, Sprechens, Sich-selbst-Begreifens und Handelns sowie die Widersprüche, Brüche und Veränderungen dieser Strukturen. Indem bestimmte Diskurse hegemonial und andere marginalisiert werden, werden bestimmte Wahrheiten und letztlich bestimmte soziale Wirklichkeiten hergestellt. Hierin liegt der Machteffekt von Diskursen. Die humangeographische Diskursforschung untersucht dabei insbesondere, welche Rolle die diskursive Herstellung bestimmter Räume (im Sinne der Abgrenzung, Benennung, Kategorisierung, Bewertung und den damit verbundenen materiellen Arrangements) für die Etablierung bestimmter sozialer Wirklichkeiten hat.

Konzeptionelle Grundlagen von Poststrukturalismus und Diskurstheorie

Poststrukturalismus und Diskurstheorie sind aus Sicht der Humangeographie zunächst Theorieimporte. Ihre Wurzeln entstammen dem Theoriegebäude des Strukturalismus. Dabei handelt es sich um eine **Makrotheorie,** die Aussagen darüber macht, wie Bedeutungsmuster und gesellschaftliche Strukturen entstehen. Um den analytischen Mehrwert dieser Perspektiven für humangeographische Anwendungsbereiche zu verstehen, ist es notwendig, zunächst einige Basisannahmen strukturalistischer und poststrukturalistischer Theoriebildung kurz zu umreißen.

Grundsätzlich versteht der Strukturalismus Formen gesellschaftlicher Sinnproduktion, wie etwa die Bedeutung, die bestimmten Kleidungsstücken, Architekturen, Stadtquartieren oder Regionen beigemessen wird, nicht als Ausdruck von deren „inneren Eigenschaften", sondern als Ergebnis von deren Stellung in bestimmten symbolischen Systemen, von denen das wichtigste die Sprache ist. Deshalb spielen für die strukturalistische Theoriebildung die **strukturalistischen Sprachwissenschaften** eine zentrale Rolle. Der Schweizer Linguist Saussure verwirft die Vorstellung, dass (Sprach-)Zeichen die Welt einfach so abbilden können „wie sie ist" (also das Repräsentationsmodell von Sprache). Sprache wird vielmehr als produktives System von Zeichen konzipiert, das erst Bedeutung herstellt. Nach Saussure vereinigt das sprachliche Zeichen das Bezeichnende (den Signifikanten) und das Bezeichnete (das Signifikat). So verweist die gesprochene Laut- bzw. die geschriebene Buchstabenfolge „H u n d" (der Signifikant) auf das Konzept „Hund" (das Signifikat). Kernidee von Saussure ist nun, dass diese Beziehung zwischen Signifikanten und Signifikat arbiträr ist. Isoliert betrachtet, könnte das geschriebene oder gesprochene Wort „H u n d" auch auf irgendein anderes Konzept verweisen.

Aber auch die Konzepte gehen nicht dem Sprachsystem voraus. Wäre dies der Fall, dann müssten in allen Sprachen die gleichen Konzepte existieren, die nur mit jeweils anderen Signifikanten verknüpft wären. **Übersetzung** wäre dann immer einfach und präzise. Viele Konzepte existieren aber nur in bestimmten Sprachen, in anderen jedoch nicht. Übersetzung ist daher immer mit Schwierigkeiten verbunden (Husseini 2009). Das Konzept „Heimat" der deutschen Sprache existiert z. B. in vielen anderen Sprachen überhaupt nicht. Dies zeigt, dass auch die Signifikate nicht dem Sprachsystem vorausgehen, sondern erst im Sprachsystem gebildet werden. Sprache wird gedacht wie ein Netz (Phillips & Jørgensen 2002; Abb. 14.3). Das heißt, im strukturalistischen Denken wird Bedeutung als ein Effekt der Differenzierung von Einheiten gedacht, die für sich alleine ohne Bedeutung sind. Bedeutung wird demnach als analysierbarer und eindeutig identifizierbarer Effekt einer Struktur betrachtet.

Poststrukturalistische Ansätze gehen wie strukturalistische Ansätze davon aus, dass Bedeutung ein Effekt **relationaler Abgrenzungsbeziehungen** ist. Im Gegensatz zum Strukturalismus betonen die poststrukturalistischen Arbeiten jedoch, dass je nach Kontext unterschiedliche Differenzierungen und damit immer wieder neue Bedeutungen möglich sind. So ist auch zu erklären, dass ein und dasselbe Wort in verschiedenen Kontexten immer wieder unterschiedliche Bedeutungen haben kann. Die Wortfolge „elfter September" hat heutzutage beispielsweise andere Bedeutungen als noch in den 1990er-Jahren. Und die Bedeutung des Wortes „Hund" ändert sich je nachdem, ob von Tieren in einem Hundesportverein oder z. B. von Autohändlern die Rede ist – ohne dass aber dann jeweils genau eine Bedeutung feststehen würde. Die Suche des Strukturalismus nach invarianten und ewig gültigen Gesetzen muss daher scheitern. Entsprechend verhält es sich auch mit raumbezogenen Begriffen. Das Wort „Deutschland" bezeichnet zum einen denjenigen Raumausschnitt, der über gesellschaftliche Konventionen, wie etwa politische Grenzziehungen, auf der Erdoberfläche lokalisiert werden kann. Darüber hinaus dienen Bezüge auf „Deutschland"

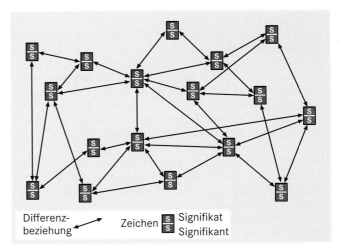

Abb. 14.3 Die Fixierung von Bedeutung in einer strukturalistischen Perspektive.

und „Deutsch-Sein" vielfältigen Formen der Identifikation und Abgrenzung, die sowohl historisch als auch abhängig von den jeweiligen Bezugskontexten variieren und zur Legitimation und Begründung unterschiedlicher Praktiken dienen. Letztlich lässt sich aber auch für solche raumbezogenen Signifikanten keine endgültige Bedeutung festmachen.

Diskurse als machtvolle Stabilisierungen veränderlicher Bedeutungen

Die poststrukturalistisch orientierte **Diskurstheorie** interessiert sich vor diesem Hintergrund für die Frage, wie angesichts der Veränderlichkeit und Flüchtigkeit von Bedeutungen dennoch immer wieder bestimmte Bedeutungen und bestimmte soziale Wirklichkeiten reproduziert werden. Das zentrale Argument der Diskurstheorie ist, dass Bedeutungen und soziale Wirklichkeiten dadurch reproduziert werden, dass regelmäßig bestimmte Elemente in einer bestimmten Art und Weise miteinander verknüpft werden. Diskurse sind demnach als **partielle und temporäre Fixierungen** von Bedeutungen zu sehen.

Wenngleich diskurstheoretische Arbeiten empirisch oftmals auf sprachliche Prozesse fokussieren, lassen sich die Vorstellungen zur sprachlichen Bedeutungskonstitution prinzipiell auch auf nicht sprachliche Zusammenhänge, etwa Bilder, Karten, Filme, Architekturen oder Alltagspraktiken, übertragen. Die Arbeiten der **Kritischen Kartographie** zeigen beispielsweise in Bezug auf dieses zentrale geographische Arbeitsmedium, dass auch Karten sinnvollerweise nicht als „Abbilder der Erdoberfläche" konzipiert werden können, sondern dass Karten benennen, abgrenzen, positionieren, ausrichten usw. und damit bestimmte Weltbilder (re-)produzieren und andere marginalisieren. Arbeiten des Postkolonialismus und der Genderforschung haben deutlich gemacht, dass auch die Wahrnehmung und Konstituierung von Körperlichkeit, Ethnizität und Geschlechtlichkeit als diskursiv hergestellt interpretiert werden kann – als konstituiert durch die regelmäßige Verknüpfung spezifischer nicht sprachlicher und

Kapitel 14

sprachlicher Praktiken (Butler 1990, 2004). Postkolonialismus und Genderforschung machen dabei insbesondere auch die gesellschaftliche Brisanz und die politischen Implikationen einer solchen Perspektive deutlich. Denn sie zeigen auf, dass viele der im Alltag westlicher Gesellschaften als „objektiv wahr" geltenden Annahmen, Identitäts- und Weltkonstruktionen nur spezifische, nämlich euro- bzw. androzentristische soziale Wirklichkeiten sind. Daneben existieren andere soziale Wirklichkeitsentwürfe, die unterdrückt und ausgeschlossen werden.

Besonders eindrücklich zeigen sich die Machteffekte dieser Wirklichkeitskonstruktionen, wenn es um die Konstitution von Subjekten und Identitäten geht, wobei hier aus einer humangeographischen Perspektive vor allem Identitätskonstruktionen in den Fokus rücken, die sich auf bestimmte Räume beziehen. Denn ähnlich wie in Bezug auf sprachliche Bedeutungen gehen poststrukturalistische und diskurstheoretische Ansätze auch in Bezug auf Subjektivität und Identitäten davon aus, dass diese nicht gegeben und quasi im Individuum verankert sind, sondern verstehen diese als permanent veränderbar und in sich widersprüchlich. Damit kritisieren sie grundlegend das Subjektverständnis der westlichen Moderne mit ihrer Vorstellung autonomer und rationaler Akteure mit gegebenen Identitäten und daraus abgeleiteten Intentionen.

Eine solche Perspektive führt zu grundlegend veränderten Fragestellungen in Bezug auf die Alltagspraktiken von Individuen. Steht im Mittelpunkt von **akteurs- und handlungszentrierten Ansätzen** die Frage, durch welche Intentionen und Motivationen Handlungen angetrieben werden (für die Sozialgeographie Kap. 15, für die Politische Geographie Kap. 16), fragen **diskurstheoretische Ansätze** vielmehr danach, wie Individuen in gesellschaftlich machtvollen Wirklichkeitskonstruktionen überhaupt erst auf die Idee gebracht werden, dass bestimmte Praktiken sinnvoll, angemessen oder wünschenswert sind. Aus einer solchen Perspektive kann dann beispielsweise untersucht werden, wie und vor allem in Abgrenzung zu wem sich bestimmte ethnische, geschlechtsbezogene und/oder raumbezogene Identitäten kontextabhängig konstituieren und welche Machtbeziehungen damit reproduziert werden. Für die Humangeographie ist dabei insbesondere von Interesse, wie die Abgrenzung des „Eigenen" und des „Anderen" durch die Verknüpfung mit raumbezogenen Differenzierungen (wir/hier versus die anderen/dort) naturalisiert wird.

Mit der damit einhergehenden Überwindung der Vorstellung allgemeingültiger Wahrheiten in den Sozial- und Kulturwissenschaften verbindet sich eine Absage an die Idee objektiver wissenschaftlicher Beschreibungen. Damit ändert sich auch die gesellschaftliche Rolle von Sozial- und Kulturwissenschaft im Allgemeinen und der Humangeographie im Besonderen – Ziel kann nicht länger sein, vermeintlich universal richtige und objektive Beschreibungen zu liefern. Vielmehr geht es darum zu verdeutlichen, dass vielfach als natürlich und unumstößlich repräsentierte Kategorien und Konzepte diskursiv hergestellt und machtgeladen sind, damit immer kontingent und veränderlich. Die Offenlegung der Strukturprinzipien gesellschaftlicher Sinnproduktion zielt im Sinne einer **„Öffnung des Diskurses"** also darauf ab, die Diskussion um zusätzliche Optionen zu erweitern,

marginalisierte Positionen stärker ins Blickfeld zu rücken und vermeintlich „natürliche" Objektivierungen zu hinterfragen und aufzubrechen.

Humangeographische Diskursforschung

Diskurstheoretische Ansätze haben in einer Vielzahl sozial- und kulturwissenschaftlicher Disziplinen in den letzten Jahren an Bedeutung gewonnen. In der deutschsprachigen Humangeographie ist die Hinwendung zu diskurstheoretischen Ansätzen eng verknüpft mit der Rezeption von Ansätzen des *cultural turn* und damit der konzeptionellen **Neufundierung der Kulturgeographie**. Wichtige Impulse kamen dabei zum einen aus der englischsprachigen *new cultural geography* sowie den poststrukturalistisch orientierten Arbeiten der Postkolonialen und Feministischen Geographie. Die deutschsprachige Debatte zeichnet sich dadurch aus, dass enge interdisziplinäre Kontakte zur sozial-, sprach- und kulturwissenschaftlichen Diskursforschung bestehen, dass auch eine Auseinandersetzung mit den (vielfach französischen) Originalautoren gesucht wird und Fragen der empirischen Operationalisierung eine wichtige Rolle spielen (Kap. 6).

Thematisch ist die humangeographische Diskursforschung durch Schwerpunktsetzungen auf Fragen der Konstruktion von Räumen und der Konstitution von Gesellschaft-Umwelt-Verhältnissen gekennzeichnet (Glasze & Mattissek 2009). Im Folgenden werden beispielhaft vier zentrale Themenfelder humangeographischer Diskursforschung vorgestellt.

Grenzziehungsprozesse, Territorialisierungen und raumbezogene Identitäten: Mit der Abkehr von der Vorstellung gegebener Räume und gegebener Identitäten rücken die diskursiven Prozesse ins Blickfeld, in denen räumliche Grenzen gezogen werden und raumbezogene Identitäten konstituiert werden. Insbesondere eröffnen sie neue Perspektiven darauf, wie räumliche Differenzierungen („hier"/„dort") mit sozialen Differenzierungen verknüpft werden und wie dadurch Bereiche des „Eigenen" und des „Fremden" abgegrenzt werden. Solche Verräumlichungen haben enorme gesellschaftliche Auswirkungen, da sie die (komplexe und widersprüchliche) soziale Welt in vermeintlich homogene Einheiten einteilen und damit Freund- und Feindbilder etablieren, die auf den unterschiedlichsten Maßstabsebenen handlungsrelevant werden (Dzudzek et al. 2012, Mose 2014).

Steuerung von raumbezogenen Praktiken: Die Frage, wie sich Regelmäßigkeiten raumbezogener Praktiken erklären lassen, ist eines der zentralen Themen der Humangeographie. Diskurstheoretische Ansätze erklären diese als Konsequenz von Denk- und Wahrnehmungsmustern, die zu bestimmten Zeiten und in bestimmten Kontexten hegemonial sind, und deren Interaktionen mit materiellen Arrangements (Mattissek 2008). Ein Beispiel hierfür sind Sicherheitspolitiken in deutschen Städten. Diese unterlagen im letzten Jahrzehnt einem diskursiven Wandel, in dem die Grenzen dessen, was als „Sicherheitsrisiko" betrachtet wird, auf Tätigkeiten wie „Herumlungern", „Störungen der öffentlichen Ordnung" und Beeinträchtigungen der Sauberkeit ausgedehnt wurden. Durch diese gewandelten Deutungsmuster wurden Praktiken wie Videoüberwachung und Patrouillen privater Sicherheitsdienste legitimiert (Glasze et al. 2005, Belina 2005, Schreiber 2012).

Kulturelle Geographien der Ökonomie: Die wissenschaftliche Beschäftigung mit dem Verhältnis von Ökonomie und Raum war (und ist) im raumwirtschaftlichen Paradigma von der Suche nach allgemeinen Gesetzmäßigkeiten und optimalen Lösungen, z. B. für Standortentscheidungen, geprägt. So wurde insbesondere in der Wirtschaftsgeographie eine Reihe von Modellen entwickelt, die zum Ziel hatten, allgemeine Gesetzmäßigkeiten raumrelevanter wirtschaftlicher Handlungen aufzuzeigen. Poststrukturalistische Ansätze haben eine andere Perspektive. Sie können in diesem Kontext einen Beitrag sowohl zu wissenschaftlichen als auch zu politisch-planerischen Debatten leisten, indem sie „wirtschaftliche Notwendigkeiten" und „ökonomische Gesetzmäßigkeiten" als gesellschaftliche Konstruktionen verstehen (Diaz-Bone & Hartz 2017). Damit wird es möglich, wirtschaftliche Zusammenhänge – genau wie andere Formen gesellschaftlicher Strukturierung – als sozial hergestellte, das heißt kulturelle und damit veränderliche und hinterfragbare Konstruktionen zu thematisieren (Berndt & Boeckler 2017). Ein empirischer Fokus liegt dabei auf der Herstellung von Märkten, zu deren Entstehung und temporärer Stabilisierung bestimmte Wissensordnungen (z. B. darüber, wie ökonomischer Wert bemessen wird), Dinge (Güter), institutionelle Regelungen und menschliche Praktiken diskursiv zusammengeführt werden müssen.

Konstitution von Gesellschaft-Umwelt-Beziehungen: Aus einer diskurstheoretischen Perspektive lassen sich nicht nur innergesellschaftliche Differenzierungsprozesse, sondern auch Fragestellungen im Bereich der sog. Gesellschaft-Umwelt- bzw. Mensch-Natur-Beziehungen neu interpretieren, indem die vermeintliche Gegebenheit von „Natur" bzw. „Umwelt" aufgebrochen und herausgearbeitet wird, wie jeweils die Grenze zwischen Mensch und Natur bzw. Gesellschaft und Umwelt gezogen wird und wie sich diese Grenzziehungen historisch verändert haben. Die Frage danach, ob Überschwemmungen, Dürren oder andere klimatische Extremereignisse als „natürlich" und damit als außerhalb des Einflusses von Menschen stehend oder aber als Ausdruck des anthropogenen Klimawandels interpretiert werden, lässt sich demnach also nur dann beantworten, wenn herausgearbeitet werden kann, wie „Natur" in einem bestimmten diskursiven Kontext konstituiert wird (Kap. 29; Flitner 1998, Anshelm & Hultman 2014).

Geographie des Performativen

Marc Boeckler und Anke Strüver

Auf den ersten Blick mag es merkwürdig erscheinen, wenn sich Geographinnen und Geographen mit den Choreographien bewegter Körper in Fußgängerzonen, mit den gequälten Gesichtern von Sporttreibenden im Stadtpark oder mit dem räumlichen Arrangement verhaltensökonomischer Feldexperimente beschäftigen. Es mag verwundern, dass sich überhaupt jemand mit diesen

räumlichen Inszenierungen von Alltagspraktiken beschäftigt. Allerdings übersieht man in diesem Fall ein grundlegendes Problem konventioneller Sozialtheorien, für das die Geographien des Performativen fragend nach Lösungen suchen: die Erforschung der Veränderbarkeit gesellschaftlicher Phänomene. Die Sozialwissenschaften sind lange Zeit von einer quasi natürlichen Kontinuität und Stabilität des Sozialen ausgegangen und haben dafür je nach Perspektive die Begriffe Struktur oder Handlung in Anschlag gebracht. Die grundlegende Einsicht des poststrukturalistisch inspirierten *cultural turn* in die Unabschließbarkeit von Bedeutungs- und Sinnzuschreibungen hat diese Ausgangsthese allerdings grundlegend erschüttert. Insbesondere die philosophischen Beiträge von Jacques Derrida (1976) und Gilles Deleuze (1968) konnten einflussreich auf die Unmöglichkeit identischer Wiederholungen hinweisen, von denen man lange unhinterfragt ausgegangen war.

Derridas Konzept der *différance* beschreibt Bedeutungserzeugung als Prozess, der über die Doppelstrategie von Verschiedenheit (Vielfalt) und Verschiebung (Wandel) funktioniert. Jede Wiederholung einer sozialen Praxis ist notwendigerweise anders als die zu wiederholende Praxis selbst, weil sich sonst beide an der identischen Raum-Zeit-Stelle befinden müssten. Selbst scheinbar identische Wiederholungen, wie beispielsweise das Zitieren eines Zeichens, verknüpfen die zeitliche Auf- und die räumliche Verschiebung mit Andersheit und Veränderung. Diese Einsicht löst eine **Revolution des Denkens** aus. Es wird nicht mehr davon ausgegangen, dass der Ausgangspunkt von Gesellschaft in der stabilen Differenz bestehender Identitäten zu suchen ist. Vielmehr ist es der Prozess fortwährender Differenzierung ohne originäres Zentrum oder Fundament, der Gesellschaft als ein instabiles Beziehungsgeflecht hervorbringt. Differenz löst sich in der Bewegung der Differenzierung auf, Identität geht in unabschließbare Identitätsprozesse über (Boeckler 2005, Strüver 2005). Kurz: Fortan steht die Frage nach den **Herstellungsweisen von Gesellschaft** im Mittelpunkt. Das war der Ausgangspunkt für eine poststrukturalistisch verankerte Humangeographie und radikalisiert findet sich der Umgang mit dieser Einsicht in den Geographien des Performativen.

Performanz und Performativität

Der Sprachphilosoph John Austin (2002 [1962]) hat seine Begriffsschöpfung „performatorisch" bzw. „performativ" selbst als ein „garstiges Wort" beschrieben und wollte ihm keine große Bedeutung beimessen. Hier hat er sich geirrt. Mit dem Neologismus **„performative Äußerungen"** bezeichnete Austin die damals verstörende Entdeckung, dass mit Sprache nicht nur Fakten beschrieben oder Sachverhalte behauptet werden, sondern dass eine sprachliche Äußerung die Handlung, die sie benennt, vollzieht, dass sie „konstituiert, was sie konstatiert" (Krämer & Stahlhut 2001; Abb. 14.4): Wenn etwa ein Dozent im universitären Seminar vor den Versammelten stehend die Worte „Ich darf Sie herzlich zur ersten Stunde in diesem Semester begrüßen" ausspricht, dann wird die Begrüßung nicht nur behauptet, sondern die Handlung der Begrüßung wird vollzogen. Gleichzeitig wird mit dieser sprachlichen Platzierung

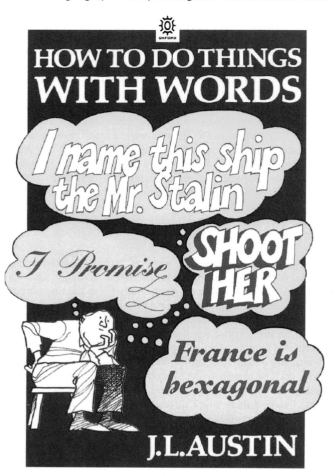

Abb. 14.4 *„How to do things with words"* – Titelseite der englischen Taschenbuchausgabe (Austin (2002 [1962]).

eine sozial-räumliche Differenzierung zwischen sitzenden Studierenden und stehenden Lehrenden einzogen, aktualisiert und vorübergehend stabilisiert.

Austins garstige Neuschöpfung sollte sich als äußerst produktiv erweisen. Austin (2002 [1962]) hatte bei seiner Diskussion von Performativität noch „unernste", vor allem zitatförmige Äußerungen als nicht handlungsrelevant ausgeschlossen. Insbesondere diese Behauptung hat die dekonstruktivistische Lektüre des Begriffs durch Derrida (1976) und andere stimuliert und schließlich deutlich gemacht, dass alle performativen Aussagen, um gelingen zu können, notwendigerweise als Zitat identifizierbar sein müssen.

Heute zeigt sich das Performative als eine **kulturtheoretische Grundperspektive,** die in so unterschiedlichen Disziplinen zur Anwendung kommt wie Sprachphilosophie und Soziologie, Linguistik und *Gender Studies,* Ethnologie und Theaterwissenschaften, Germanistik und Geographie. Humangeographisch wird von der Performativität von Immobilienmärkten gesprochen, die Performativität ökonomischer Modelle wird genauso thematisiert wie die von Landkarten oder die performative Konstruktion von Identität, Körper und Geschlecht. Stadt wird zu

einer Performanz, und die Symbolik von Räumen ist ein performatives Event. Die Rekonstruktion der Performativität von touristischen Räumen und Erinnerungsorten ist unter dem Label des Performativen ebenso ein Thema wie Tanz, Country-Musik, Oper, Urlaubsfotografie oder die Analyse von Praktiken des Wartens, Gehens, Hörens, Sehens und Fühlens.

Die vielfältigen Anwendungsfelder deuten an, dass Austins spezifisches Begriffsverständnis in der sozial- und kulturwissenschaftlichen Rezeption seit den 1990er-Jahren eine Ausweitung zu **allgemeinen Begriffen des Performativen** erfahren hat, die trotz ihrer Vielfalt und mitunter auch Widersprüchlichkeit über die polyseme adjektivische Ableitung (performativ) der beiden Begriffe „Performativität" und „Performanz" verbunden bleiben. Während Performativität auf den wirklichkeitskonstituierenden Aspekt sozialer Praktiken zielt, nimmt Performanz stärker den Auf- und Ausführungscharakter dieser Praktiken in den empirischen Blick. Beide Positionen stehen gemeinsam im Zentrum einer praxistheoretischen Neubestimmung allgemeiner Sozialtheorie und teilen als Ausgangspunkt den Vollzugscharakter sozialer Wirklichkeit. Radikalisiert findet man diese Ontologie schon in den frühen Arbeiten der *Science Studies*. Andrew Pickering (1995) beispielsweise hat anstelle des dominanten repräsentationalen Paradigmas ein „performatives Idiom" gefordert, mit dem sich Wirklichkeit als andauernder *dance of agency* besser fassen lässt. Daraus folgen weitere konzeptionelle Verschiebungen, die trotz sehr unterschiedlicher Schwerpunktsetzung von performativen Ansätzen geteilt werden und die in sehr vielfältiger und unterschiedlicher Weise auch für entsprechend ausgerichtete Forschungen aus humangeographischer Sicht Bedeutung besitzen.

Zunächst werden Materialität im Allgemeinen und menschliche Körper im Besonderen jenseits der sprachlichen Bedeutungszuschreibung ernst genommen. Allerdings nicht in essentialistischer Absicht. Vielmehr wird gefragt, wie menschliche Körper in diskursive Subjektivierungsprozesse eingelassen sind. **Geschlechtsidentität** beispielsweise wird dann nicht einem vorgängig biologisch definierten männlichen oder weiblichen Körper eingeschrieben, sondern die Materialisierung des geschlechtlichen Körpers selbst ist untrennbar verknüpft mit der „Macht des Diskurses, das hervorzubringen, was er benennt" (Butler 1997).

Performative Ansätze sind aber auch für eine **Materialität sozialer Prozesse** sensibilisiert, die über den menschlichen Körper hinausgeht. Schließlich sind an der praktischen Verwirklichung von Gesellschaft auch zahlreiche nicht menschliche, sozio-technische Akteure mit handlungsgenerierenden Kompetenzen beteiligt. Das „Handy" hat nicht nur sprachlich die Hand zum Telefon und das Telefon zur Hand gemacht. Versteht man Gesellschaft als eine praktische Versammlung von Assoziationen, dann wird die klug gewordene Mobiltelefon-Mensch-Software-Assemblage (Smartphone) zu einem elementaren Bestandteil eines neu aufgelegten *survival of the fittest*. Die „natürliche Selektion" überleben im digitalen Zeitalter nur jene menschlichen „Individuen" die sich am geschicktesten mit kalkulierenden Apparaturen des „Internets der Dinge" verbinden.

Außerdem beabsichtigen performative Geographien, die Beschäftigung mit sozialen Phänomenen auch methodisch wieder zum Leben zu erwecken. Hat man sich bis vor Kurzem vor allem mit in Texten, Bildern, Fragebögen, Interviewtranskripten, Statistiken usw. geronnenen, gewissermaßen verstorbenen Praktiken beschäftigt – *„dead geographies – and how to make them live"* (Thrift & Dewsbury 2000, Thrift 2008) –, zelebrieren Geographien des Performativen die Kunst der **Herstellung von Gegenwart**: *„the world is always in process, becoming and thereby encountering"* (Thrift 1997). Wenn Gesellschaft in alltäglichen Praktiken auf- und ausgeführt wird, dann gilt es auch für Projekte aus Sicht einer alltagsweltlich ausgerichteten Humangeographie, sich diesen körperlichen Performanzen methodisch selbst zu nähern, teilzunehmen und den lebhaften Inszenierungen so nahezukommen wie nur möglich (Schurr 2014, Schurr & Strüver 2016).

Weiterhin und als direkte Folge dieser methodischen Reorientierung stellen sich die theoretische Frage nach der Referentialität von Praktiken und die epistemologische Frage nach Darstellungsweisen jenseits des engen Spektrums textlicher Repräsentation. Hier bietet sich eine Art *„more-than-representational" theory* im Sinne Lorimers (2005) an, die zwar ebenfalls der Ebene des Textes bei der Darstellung wissenschaftlicher Ergebnisse nicht entkommen kann, aber zumindest mit poetischeren und dramatischeren Stilmitteln beobachtete Praktiken lebendig wiederzugeben versucht (Anderson & Harrison 2010).

Identität

Geographien des Performativen haben durch ihre Beschäftigung mit den Herstellungs- und Veränderungsprozessen sozialer und räumlicher Wirklichkeiten insbesondere zur Auseinandersetzung mit Identität, Identitätsarbeit und Identitätspolitiken beigetragen. „Identität" macht das „Selbst" in der Eigen- und Fremdwahrnehmung verständlich, ist aber niemals „selbstverständlich". **Subjektidentität** ist weder naturgegeben noch unveränderlich, vielmehr ist sie Ausdruck individualisierender Identifikationsprozesse innerhalb herrschender Gesellschaftsordnungen und diese Identifikationsprozesse bestehen maßgeblich aus der sprachlichen Platzierung entlang sozioökonomischer und räumlicher „Kenn-Zeichen".

Vor diesem Hintergrund hat sich insbesondere Judith Butler (1997, 1998) auf die identitätskonstituierenden Funktionen von performativen Sprechakten bzw. deren Wiederholungen und Verschiebungen konzentriert. Sie verdeutlicht dies anhand ihrer Anmerkungen über das biologische Geschlecht. Aber auch die Praxis, einen Namen zu erhalten, gehört nach Butler zu den Bedingungen, durch die sich Subjektidentität performativ konstituiert und auf „ihren Platz verwiesen" wird (Abb. 14.5). Die Benennung wiederum ist kein rein sprachlicher Akt, sondern immer auch eine performative Praxis der Hervorbringung und temporären Fixierung von Normen und Formen: „Tatsächlich besteht die Norm nur in dem Ausmaß als Norm fort, in dem sie in der sozialen Praxis durchgespielt und durch die täglichen sozialen Rituale des körperlichen Lebens" (re)produziert wird (Butler 2009).

Damit konzentriert sich Butler auf den ritualisierten, zitierenden und sich wiederholenden Charakter von **Sprechakten** und deren Effekte für die Identitätskonstitution, die häufig als scheinbar natürliche Ausdrucksformen unhinterfragt bleiben, ein Aspekt, der aus Sicht der Humangeographie auch für raumbezogene Elemente von Identitätskonstruktionen gilt und beispielsweise an räumlich organisierten Alters- oder Gender-Regimen untersucht werden kann (Wucherpfennig & Strüver 2014). Butler selbst hat dies in jüngerer Zeit um Überlegungen zur Hervorbringung von materiellen Räumen durch eine performative Theorie der Versammlungen von Körpern erweitert (als soziale Bewegungen, auf Demonstrationen, während revolutionärer Umbrüche etc.). Sie arbeitet dabei heraus, wie menschliche Körper durch die performative Kraft des Versammelns als materielles Arrangement ihren Protest zum Ausdruck bringen und (an)erkannt werden (Butler 2015). Derartige Geographien des Performativen – als „Politik der Straße" – werden nicht länger nur in links interventionistischen Zusammenhängen praktiziert (z. B. G-8-, G-20-Proteste), sondern auch von der neuen Rechten „kopiert" (z. B. der Identitären Bewegung in Europa).

Ökonomisierung

Auf performative Ansätze trifft man in jüngerer Zeit auch in Feldern, die sich gegenüber kulturtheoretischen Reflexionen als widerständig erweisen. Als vielversprechend hat sich hier die Beschäftigung mit wirtschaftsgeographischen Gegenständen erwiesen. Betrachtet man die Ökonomie als **Vollzugswirklichkeit** im oben skizzierten Verständnis, dann stellt sich nicht nur die Frage nach Inszenierungen ökonomischer Rollen und performativen Subjektivierungsprozessen, die beispielsweise Manager, Unternehmer oder Börsenmakler hervorbringen (Thrift 2002). Auch Märkte, Unternehmen, Netzwerke oder Regionen werden nun nicht länger als selbstverständlich vorgängige Entitäten betrachtet. Vielmehr richtet die performative Perspektive der „Ökonomisierung" den Blick auf konstruktive Herstellungs- und Klassifikationsprozesse: Welche Dinge, Handlungen, Menschen und Prozesse werden wann, wie und wozu der Sphäre der Ökonomie zugeordnet? Die gängige Vorstellung einer mess- und steuerbaren „nationalen Ökonomie" ist beispielsweise eng mit der Erfindung neuer Kalkulationsapparaturen in der ersten Hälfte des 20. Jahrhunderts verbunden (Mitchell 1998). Auch Märkte entwickeln sich nicht einfach durch den Rückzug des Staates aus dem Wirtschaftsgeschehen. Märkte sind zarte, zerbrechliche Geschöpfe. Sie bedürfen der ständigen Pflege, müssen hervorgebracht und ausgeführt werden. Dies zeigen insbesondere empirische Arbeiten, die sich kritisch mit marktorientierten Entwicklungsprogrammen im Globalen Süden auseinandersetzen (Berndt & Boeckler 2017). Konsequenterweise wird im Gegensatz zur Annahme „natürlich" verlaufender wirtschaftlicher Prozesse von der „provozierten Ökonomie" gesprochen (Muniesa 2014).

Eine besondere Rolle nimmt in diesem praktischen Ausführungsprozess die wissenschaftliche Disziplin der **Ökonomik** ein. Mit seiner weitreichenden Einsicht, dass „die Ökonomie nicht in die Gesellschaft eingebettet ist, sondern in die Disziplin der Ökonomik" hat Michel Callon (1998) gezeigt, wie Ökonomen die ökonomische Wirklichkeit nicht nur erklären und beschreiben,

Abb. 14.5 Vornamen als Beispiel für sozioökonomische, körperliche und räumliche „Platzierungen" im Prozess der performativen Fremd- und Selbstidentifikation – einschließlich ihrer Veränderbarkeit.

sondern im performativen Vollzug selbst herstellen. Vertreter der *Science and Technology Studies* haben gezeigt, dass diese Realisierung ökonomischen Wissens auf eine Transformation von Gesellschaft in der Weise angewiesen ist, dass auch in freier Wildbahn der Gesellschaft die gleichen Modellbedingungen gelten wie im wissenschaftlichen Labor. Dabei mutieren so scheinbar unbedeutende Dinge wie Supermarktregale und Einkaufswagen zu mikrogeographisch relevanten Kalkulationsapparaturen, die über den evaluatorischen Vergleich und das räumliche Arrangement von Produkten nicht nur eine Individualisierung der Konsumierenden ermöglichen, sondern eben jenen *Homo oeconomicus* als distribuierte Handlungsfigur hervorbringen, von dem ökonomische Modelle abhängig sind. Jüngere verhaltensökonomische Arbeiten gehen hier mit dem Instrument des *nudgings* sogar einen Schritt weiter. Verhalten sich Subjekte nicht den Modellannahmen entsprechend perfekt rational, werden sie mit kleinen „Stupsern" korrigiert (Berndt & Boeckler 2016).

Um die Rekursivität und Materialität des Verhältnisses von Ökonomik und Ökonomie zu betonen, hat Callon (2007) den Begriff **Performation** in Abgrenzung zur stärker sprachwissenschaftlich verstandenen Performativität vorgeschlagen. Der Begriff hebt hervor, dass beispielsweise ökonomische Modelle ohne Interventionen in Gesellschaft keinerlei Effekt haben – und dass es ohne Interventionen auch keinerlei effektive Modelle gibt. So sollte die Black-Scholes-Gleichung zur finanzmarktbezogenen Bewertung von Optionen ihren Schöpfern zwar auch den Nobelpreis sichern, in erster Linie war es aber ein theoretisches Modell, das Optionen-Märkte erst hervorbrachte. Die Gleichung legitimierte den Handel mit Derivaten und gab den Marktteilnehmern eine Anleitung, um ihre Praktiken so zu gestalten, dass sie sich immer mehr den abstrakten Modellen der Finanzmarktmathematik annäherten (MacKenzie 2006).

Einen wichtigen Bestandteil des performativen Ökonomisierungsprozesses stellen auch jene Ökonomen dar, die außerhalb des akademischen Betriebs an der marktförmigen Gestaltung gesellschaftlicher Praktiken mitwirken. So können Wirtschaftsberater die Einrichtung anonymisierter, auktionsgesteuerter Produktmärkte entlang ihres akademisch vermittelten Lehrbuchwissens vorantreiben (Garcia-Parpet 2007) oder als Entwicklungsexperten das wissenschaftliche Konzept der *Global Commodity Chains* in ein entwicklungspolitisches Instrument für die marktorientierte Förderung von Agrarökonomien des Globalen Südens übersetzen. Ökonomik, so könnte man zusammenfassen, wird unter der Perspektive des Performativen zu einem grundlegend kulturalisierten Projekt, das mit Nachdruck daran arbeitet, die Welt, in der wir leben, den Bedingungen des neoklassischen Labors anzupassen.

Zusammenfassung

Zusammenfassend auf den Punkt gebracht interessieren sich Geographien des Performativen im Anschluss an grundlegende poststrukturalistische Positionen im weitesten Sinn für die vielfältigen und flüchtigen, intentionalen und kontingenten, geplanten und ungeplanten, rationalen und emotionalen **Herstellungsweisen sozialer Wirklichkeit** jenseits von handlungs- oder strukturorientierten Zugängen zu räumlichen Bezügen sozialer Beziehungen. Kurz: „Performativität" hat das sprachwissenschaftliche Labor verlassen, und „Performanzen" findet man nicht länger nur auf Theaterbühnen: Performt werden die verkörperten Geographien sozialer Wirklichkeit, nicht mehr und nicht weniger.

Der kleine Unterschied und seine großen Folgen – feministische Perspektiven in der Humangeographie

Anke Strüver

Seit mehr als 40 Jahren ist die politische Geschlechterfrage eng mit der Wissenschaftsfrage verknüpft. Dabei ging es zunächst um die Situation von Frauen in den Wissenschaften, das heißt um ihre **Unsichtbarkeit** sowie die Einführung der Analysekategorie Geschlecht – um die Integration von Frauen als Forschungssubjekte und -objekte. Später wurde auch berücksichtigt, dass die erkenntnistheoretischen, ethischen und politischen Implikationen der Wissenschaften androzentristisch sind, das heißt männerdominiert und -zentriert. Die feministische Kritik der damit verbundenen Konzeptionen von Wissen, Wahrheit, Realität und Objektivität entlarvt das Selbstverständnis der neuzeitlichen Wissenschaftskultur als ein männliches. Ziel der Arbeiten im Rahmen der feministischen Erkenntnistheorien ist jedoch nicht, „falsche Wissenschaften" durch neue, bessere, „weibliche" Erkenntnistheorien zu ersetzen. Vielmehr bemühen sie sich um eine feministische Grundperspektive für eine gerechte Erneuerung der Wissenschaften.

In diesem Beitrag wird der „kleine Unterschied" der Kategorie Geschlecht über feministische Ansätze aus der sog. Frauenbewegung und Genderforschung hergeleitet. Mit Letzterem deutet sich bereits die Verschränkung von politischen und wissenschaftlichen Anliegen an, die dem Thema zugrunde liegt – und die auch in den nun folgenden Ausführungen im Zusammenhang mit geographischen Betrachtungsweisen immer wieder an die Oberfläche drängt. Da darüber hinaus feministische Ansätze, insbesondere die poststrukturalistische Dekonstruktion und aktuell die posthumanistische Rekonstruktion, die theoretisch-konzeptionellen Debatten in den Sozial- und Kulturwissenschaften (einschließlich der Humangeographie) entscheidend geprägt haben, sind die weiteren Ausführungen vergleichsweise theoriebezogen angelegt.

Entwicklungsphasen von Gender-Theorien in Feminismus und Geographie

Das zentrale Anliegen der Berücksichtigung der Kategorie Geschlecht in der Humangeographie ist die Offenlegung und Dekonstruktion der Beziehungen zwischen räumlichen und geschlechtlich kodierten Unterschieden. Der wissenschaftliche Aspekt ist dabei eng mit dem Alltagsleben von Menschen unterschiedlichen Geschlechts sowie mit gesellschaftspolitischen Gerechtigkeitsansprüchen verknüpft.

Seit Anfang der 1970er-Jahre wurden parallel zu den Arbeiten der *Radical Geography* (Kap. 16), die sich mit sozialer Ungleichheit bzw. sozialer Gerechtigkeit auseinandersetzten, auch in der Geographie erste Untersuchungen über soziostrukturelle Formen der systematischen Benachteiligung von Frauen in verschiedenen gesellschaftlichen Bereichen durchgeführt. Dabei handelte es sich vor allem um Arbeiten im Sinne eines feministischen Empirismus, um sog. Situationsanalysen, die die Benachteiligung von Frauen in verschiedenen Lebensbereichen erfassen. Geforscht wurde dabei beispielsweise innerhalb der Stadtgeographie zu städtebaulichen Strukturen, dem Wohnumfeld, den Mobilitätschancen und der räumlichen Verteilung von öffentlichen Einrichtungen sowie deren Erreichbarkeit unter geschlechterdifferenzierten Gesichtspunkten. Dies geschah vor dem Hintergrund der Feststellungen, dass gebaute Raumstrukturen und die sich daraus für Männer und Frauen ergebenden Nutzungsbedingungen und Aneignungsmöglichkeiten unterschiedlich sind und dass diese unterschiedlichen Aneignungsformen wiederum auch das Geschlechterverhältnis beeinflussen. Vergeschlechtlichte Ungleichheiten in der Raumnutzung und -aneignung spiegeln sich z. B. darin, dass Frauen symbolisch wie faktisch über weniger „öffentlichen" Raum und seltener über einen Pkw verfügen sowie viel öfter mit Kind(-ern) unterwegs sind als Männer (Buschkühl 1989, Frank 2010, Wucherpfennig 2010, Zibell 1993).

Zeitgleich entstanden Studien und kartographische Darstellungen über regionale Unterschiede in den Lebensbedingungen von Frauen (Seager 2009, Bühler 2001) sowie wissenschaftssoziologische Arbeiten über die fehlende Präsenz von Frauen als Forschungsobjekte und -subjekte innerhalb der Disziplin (Binder 1989, Wastl-Walter 1989, Baasch 2015). Ein weiterer Schwerpunkt lag in dieser Zeit auf der Untersuchung der räumlichen und geschlechtsspezifischen Trennung von Arbeitsplätzen bzw. von Erwerbs- und Haushaltsarbeit – und damit von öffentlichen und privaten Räumen (Massey 1984).

Im Laufe der folgenden Jahre verschob sich der Fokus von der Idee der universellen Gleichheit und der damit verbundenen Forderung nach Gleichberechtigung auf die Betonung der **Differenzen zwischen Frauen und Männern** sowie auf die Erforschung von spezifisch weiblichen Erfahrungen und auch auf die geschlechtsspezifische Konstruktion von Wissen. Ausgangsprämissen waren, dass die Identität des Erkenntnissubjekts nicht vom Erkenntnisprozess zu trennen sei und dass Erkenntnis auf theoretisierter Erfahrung beruhe. Bekannt geworden sind diese stark epistemologisch orientierten Ansätze zur Wissenschaftskritik und Theoriebildung als „feministische Standpunkttheorien" (Harding 1990, 1994).

Feministische Erkenntnistheorien verstehen Wissenschaften als kulturelle Praktiken der Erzeugung von Bedeutungen und der Konstruktion von Wahrheit und Wirklichkeit. Die Aneignung und Produktion von Wissen ist damit ein politischer Prozess, der durch die Machtverhältnisse, in denen sich die Akteure befinden, ermöglicht bzw. beschränkt wird. Zur Dekonstruktion der universalisierenden Wahrheitsansprüche der Wissenschaft sowie der dadurch erzeugten Bedeutungen hat die Wissenschaftshistorikerin Donna Haraway (1995) das **Konzept des situierten Wissens** als eine Form der „verkörperten Objektivität" entwickelt. An die Stelle der herkömmlichen Auffassung von Objektivität als distanzierte, transzendentale und totalisierende „Wahrheit" setzt sie die partiale Perspektive als lokalisierbare und verkörperte Wissensform. Ziel ist dabei nicht ein hoffnungsloser Relativismus, sondern partielles, situiertes Verantwortungsbewusstsein (Haraway 2016).

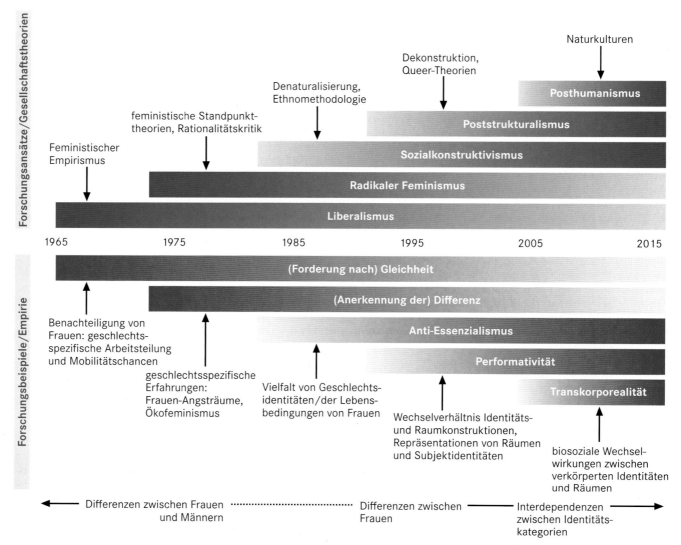

Abb. 14.6 Entwicklung feministischer Forschung in der Geographie.

Im Gegensatz zu der bis dahin wichtigen Differenz zwischen Männern und Frauen geht es seit den 1990er-Jahren hauptsächlich um die **Differenzen unter Frauen** sowie die Vielfalt der Lebensbedingungen von Frauen. Die Kategorie Geschlecht wird dadurch als eine neben vielen anderen gesellschaftlichen Distinktionen wie Hautfarbe, Religion, Sexualität, soziokulturelle und -ökonomische Herkunft betrachtet (s. u.). Damit einher geht die Thematisierung der sozialen Konstruktion von Geschlecht(sidentität) sowie der vielfältigen gesellschaftlichen Machtverhältnisse, die das gesellschaftliche Zusammenleben prägen und innerhalb derer die Beziehungen zwischen Frauen und Männern bedeutungsvoll werden. Diese Verschiebung ist – neben der Berücksichtigung der Differenzen zwischen Frauen – auf die Entwicklung konstruktivistischer und vor allem poststrukturalistischer Ansätze in der feministischen Theorie und deren Orientierung auf Subjektivität und Identität zurückzuführen (Bauriedl et al. 2010, Oberhauser et al. 2018, Wastl-Walter 2010; Abb. 14.6).

Im Kontext dieser neueren Ansätze konzentrieren sich die Forschungsthemen auf

- die Analyse der sozialen Konstruktion von Identitäten in unterschiedlichen Räumen und damit auch auf die Analyse der Rolle des Raums bei der Konstruktion von geschlechterdifferenzierten Subjekten und
- gesellschaftliche Distinktionsprinzipien, die neben der Kategorie Geschlecht wirksam sind (z. B. Sexualität, Ethnizität, Behinderung, Religion, Alter).

Die im Rahmen geschlechtsspezifischer Perspektiven bereits etablierten Fragen zu Arbeitsteilung und Stadtraumnutzungen wurden dadurch mittlerweile um post- und dekoloniale, transnationale und weitere sozialstrukturelle und kulturelle Aspekte ergänzt. Zudem gewinnen Themen wie Männlichkeit, Kindheit, Krankheit und Gesundheit an Bedeutung (Bauriedl et al. 2010).

Auch der Feminismus als politische Bewegung hat sich von einer eher separatistischen Bewegung in den 1970er-Jahren hin zu einem integrativen Konzept entwickelt, das auch die Belange unterschiedlichster Frauen bzw. weiblicher Lebenszusammenhänge berücksichtigt. Während in der frühen Phase in enger Verbindung zu den sog. „neuen sozialen Bewegungen" der Kampf gegen Sexismus, Androzentrismus und Heteronormativität im Vordergrund stand, wurde im Laufe der 1990er-Jahre Identitätspolitik zum übergeordneten Thema.

Die soziale Konstruktion von Geschlecht

Feministische Theorien spielen in der konstruktivistischen und diskurstheoretischen Wende in den Gesellschaftswissenschaften (*cultural turn*) eine zentrale Rolle, insbesondere im Hinblick auf ein tieferes Verständnis gesellschaftlicher Strukturen und Differenzen sowie auf die Dekonstruktion aller essenzialisierenden und normierenden Identitätskategorien wie z. B. Geschlecht und des Anspruchs auf Wahrheit, Objektivität und Universalität. Diese Wende basiert auf der These, dass Zweigeschlechtlichkeit sowie Weiblich- und Männlichkeit gesellschaftlich hergestellt werden – und nicht von der Natur vorgegeben sind.

Die Vorstellung von der natürlichen Zweigeschlechtlichkeit als unmittelbar erlebbare, körperlich begründete und nicht weiter zu hinterfragende „objektive Realität" wird somit als **soziales Konstrukt und generatives Muster** zur Herstellung einer gesellschaftlichen Ordnung entlarvt, die die grundlegende Ebene der Herstellung sozialer Wirklichkeit ist. Die „Alltagstheorie der Zweigeschlechtlichkeit", die lange Zeit die nicht hinterfragte Grundlage feministischer, aber auch allgemeiner sozialwissenschaftlicher Kategorienbildung darstellte, besteht aus vier Annahmen, die zunehmend infrage gestellt wurden:

- Es gibt nur zwei Geschlechter.
- Die Zugehörigkeit zum einen oder anderen Geschlecht ist über körperliche Merkmale festgelegt.
- Geschlechtszugehörigkeit ist exklusiv, das heißt es gibt keine doppelte Zugehörigkeit oder Mischungen.
- Geschlechtszugehörigkeit ist invariant, das heißt sie wird bei der Geburt festgelegt und ein Wechsel ist ausgeschlossen (Heintz 1993).

Zentral an dieser Infragestellung ist dabei nicht, zu belegen, dass es keine Frauen oder Männer gäbe. Vielmehr geht es um ein erweitertes Verständnis von Geschlecht als gesellschaftlich binär produzierte Kategorien. Dieses Verständnis setzt an der vorgenommenen Trennung von „Geschlecht" in die Dimensionen Sex und Gender und an der „Natürlichkeit" der Zweigeschlechtlichkeit an. Der Begriff „Gender" entstammt der feministischen Diskussion um geschlechterdifferente Ungerechtigkeiten und bezieht sich auf das soziale Geschlecht, auf die Geschlechtsidentität. Dem gegenübergestellt ist „Sex" als biologisches Geschlecht, das durch Anatomie, Physiologie, Gene, Hormone usw. bestimmt wird. Die analytische Trennung von Sex und Gender wird seit den 1960er-Jahren vorgenommen und hat die Funktion, auf die sozial eigentlich unbedeutende Differenz körper-

lich-biologischer Geschlechtsmerkmale hinzuweisen sowie die liberale Forderung nach sozialer Gleichberechtigung von Frauen zu untermauern. Der **Sex-Gender-Dualismus** dient zudem als Nachweis, dass geschlechtsspezifische Unterschiede als historisches Ergebnis zu betrachten sind, das heißt, dass sich die soziale Ungleichheit zwischen den Geschlechtern nicht aus ihrer „natürlichen" Ordnung ergeben hat, sondern soziokulturell und variabel ist (Becker-Schmidt & Knapp 2003).

Die Denaturalisierung der Geschlechterdifferenz

Im Rahmen der Dekonstruktion der Annahme der reinen Zweigeschlechtlichkeit wird auch das (begriffliche) Verhältnis bzw. die Trennung von Sex und Gender problematisiert. Denn die „Alltagstheorie der Zweigeschlechtlichkeit" behandelt den Körper als einen außerkulturellen Tatbestand und nimmt eine scharfe Trennung zwischen Körper und Geist bzw. Natur und Kultur vor. Diese Trennung bezieht sich allerdings nicht auf voneinander unabhängige Bereiche, sondern beschreibt eine Abhängigkeit: Die Geschlechtsidentität („Kultur") wird durch die körperlichen Geschlechtsmerkmale („Natur") bestimmt – Gender gilt somit als soziokulturelle Aneignung einer biologisch sexuellen Differenz. Durch die Unterscheidung in Sex und Gender in Form eines Kausalzusammenhangs (Geschlechtsidentität als kohärente Repräsentation des Geschlechts) bleiben daran anschließende Ansätze tendenziell biologistisch und schreiben essenzialisierende und normierende Vorstellungen von „männlich" und „weiblich" fort.

Durch die **Denaturalisierung der Geschlechterdifferenz** wiederum gilt Zweigeschlechtlichkeit nicht länger als biologisch definiert, sondern als Effekt der gesellschaftlichen Ordnung, die sich in Subjekte und auch in ihre Körperlichkeit einschreibt. In diesem Zusammenhang verlieren die „natürlichen" Geschlechtsmerkmale von Subjekten im Vergleich zu den ihnen zugeschriebenen sozialen Bedeutungen zunächst an Gewicht. Diese Verschiebung zielt darauf ab, zu verdeutlichen, dass Menschen durch und durch gesellschaftliche Wesen sind, deren Geschlechtlichkeit Ergebnis soziokultureller Prozesse und institutionalisierter Machtverhältnisse ist.

Die Annahme vom weiblichen Körper als biologischem Schicksal und die damit verbundenen essenzialistischen Vorstellungen der Kategorie „Frau" wurden bereits Mitte des letzten Jahrhunderts von Simone de Beauvoir widerlegt. Anhand ihres programmatischen Ausspruchs *„on ne naît pas femme, on le devient"* („Man wird nicht als Frau geboren, man wird zur Abweichung [Frau] gemacht") rekonstruiert sie, wie Frauen die Rolle des „anderen Geschlechts" zugewiesen bekommen – und zwar in Abgrenzung zum bzw. Abhängigkeit vom Mann (de Beauvoir 1992). Trotz dieses frühen Bewusstseins über die soziale Konstruktion von Geschlecht beschränkten sich daran anschließende feministische Ansätze ausschließlich auf die Erörterung des sozialen Geschlechts (Gender) – das biologische Geschlecht (Sex) und seine Konstruktionsweisen blieben außen vor bzw. wurden als materielle Basis weiblicher Erkenntnis und Erfahrung thematisiert. Dies ist umso erstaunlicher, als dass schon de Beauvoir den „Leib

Kapitel 14

als eine (kulturelle) Situation" – und nicht als eine (natürliche) Gegebenheit beschrieben hat (de Beauvoir 1992, Butler 1990).

Wieder aufgegriffen wurde die These von Leib bzw. Körper und Geschlecht als kultureller Situation vor allem in den 1990er-Jahren. Im Zusammenhang mit der Thematisierung der sozialen und diskursiven Konstitution von körperlicher Zweigeschlechtlichkeit und der Fokussierung auf poststrukturalistische Ansätze richtet sich das Interesse somit nicht länger auf das, was Subjekte haben, sondern auf das, was sie tun *(doing gender, performing identity).*

Poststrukturalistische Gender-Theorien

Poststrukturalistische Ansätze sind im Wesentlichen Weiterentwicklungen der **strukturalistischen Linguistik** und damit der Auffassung, dass sich Wirklichkeit erst durch Sprache konstituiert. Die heterogenen Positionen innerhalb des Poststrukturalismus teilen gewisse Grundannahmen zur Bedeutung von Sprache, zur Dezentrierung des Subjekts, zur Rationalitätskritik, zur Ablehnung von Universaltheorien sowie zur Betonung von Heterogenität und Vielfalt. Der Fokus der Ansätze richtet sich dabei auf die Beziehungen zwischen Sprache, Gesellschaftsordnung, Subjektivität und Macht bzw. darauf, wie in gesellschaftlichen Diskursen Macht ausgeübt wird und wie über Sprache als Zeichen- bzw. Repräsentationssystem symbolische wie faktische Zuschreibungen konstruiert werden, z. B. Geschlechtsmerkmale und -rollen (Weedon 2001). Das diesen Ansätzen zugrunde liegende Subjektverständnis ist weder ein humanistisches, noch ein zweckrationales, sondern eines, in dem das Subjekt durch Sprache und gesellschaftliche Praktiken konstituiert wird; in dem das Subjekt Ausdruck der individualisierten Identifikationsprozesse innerhalb der herrschenden Gesellschaftsordnung ist.

Sprache als Zeichensystem zu verstehen, beinhaltet ein Verständnis von Zeichen, das in sich ein Bezeichnendes (Laut- oder Schriftbild, z. B. F-r-a-u) und ein Bezeichnetes (Vorstellung bzw. Bedeutung z. B. der weiblichen Anatomie oder „typisch weiblicher Rollenmuster") vereint. Das Verhältnis zwischen den beiden basiert dabei nicht auf einem inhärenten Zusammenhang, sondern auf dem Gebrauch bestimmter Konventionen (z. B. der – wechselnden – weiblichen Schönheits-„Ideale"). Damit wird die gesellschaftliche Konstruktion des Zeichens deutlich und die Auffassung, dass Bedeutungen originär seien, widerlegt. An die Stelle der Vorstellung von Sprache als Abbild der Wirklichkeit tritt die Auffassung von Sprache als Konstruktionsprinzip der Wirklichkeit, einschließlich der Geschlechtlich- und der Körperlichkeit. Ein Sprachzeichen konstituiert sich darüber hinaus nicht als selbstständige Einheit, welche an sich Bedeutung hat. Vielmehr erhält es sie durch die Relationen bzw. Abgrenzungen zu anderen Zeichen: Ein Mann ist ein Mann, weil er keine Frau ist – und umgekehrt.

Durch die genannten Beispiele wird bereits deutlich, dass Geschlecht Teil eines komplexen Zeichensystems ist, das die Geschlechter, ihre Bedeutungen und Rollenzuschreibungen konstruiert. Das Zeichen(-System) vereint dabei in sich das materiell-biologische Geschlecht einerseits und gesellschaft-

liche Vorstellungen davon andererseits. Dies beinhaltet, dass Geschlechtsidentitäten ihre Bedeutungen nicht durch die biologische Körperlichkeit erhalten, sondern durch die mit ihnen assoziierten Vorstellungen von beispielsweise „weiblich" oder „männlich" und die ihnen zugrunde liegende Differenz bzw. Abgrenzung vom jeweilig Anderen (zur allgemeinen Bedeutungskonstruktion durch Zeichensysteme Derrida 1976).

Zentral ist in den poststrukturalistischen Ansätzen die **Dekonstruktion.** Damit wird im Allgemeinen die Infragestellung aller normierenden Identitätskategorien und des Anspruches auf Wahrheit, Objektivität und Universalität bezeichnet. Ziel der Dekonstruktion ist das Aufbrechen der Bedeutungen hierarchischer Dualismen (wie z. B. Frau/Mann oder Natur/Kultur; Exkurs 14.5) durch Pluralisierung sowie die Anerkennung von Differenzen im Allgemeinen und die der vielfältigen und veränderlichen Lebensrealitäten im Besonderen.

Die Dekonstruktion ermöglicht die Infragestellung aller Kategorien, die das abendländische Denken prägen und die für die moderne Rationalität von Bedeutung sind. Dadurch werden Begriffe wie Wahrheit, Objektivität, Essenzialität bzw. Universalität sowie die Prozesse, die das handlungsfähige Subjekt konstituieren und kategorisieren, dekonstruiert. Diese Vorgehensweise verdeutlicht, dass Identitäten immer in Abgrenzung zu einem anderen definiert werden, beispielsweise weiblich/männlich, homosexuell/heterosexuell, alt/jung, schwarz/weiß oder krank/gesund. Ziel der Dekonstruktion ist eine über die Ansätze des Relativismus hinausgehende Erfassung der Herstellung und Wirkung von einander widersprechenden und sich verändernden Bedeutungen, das heißt die Erläuterung und Anerkennung von Differenzen.

Als wissenschaftliche und politische Strategie fragt die Dekonstruktion, warum Binaritäten als Gegensätze verstanden werden, in welchen Herrschaftsverhältnissen sie (re-)produziert werden und wie sie aufzubrechen sind. Sie wird dadurch zu einem Versuch, die Machtstrukturen aufzuspüren, in denen sich Bezeichnungs- und Bedeutungspraktiken ereignen, und sie eröffnet den Blick auf die Komplexität der gesellschaftlichen Verhältnisse, in denen sich soziale Kategorien wie etwa Geschlecht einfügen.

Geschlecht als „Zeichen" gesellschaftlicher Machtbeziehungen

Vor diesem Hintergrund und in Radikalisierung des Sozialkonstruktivismus wird im Rahmen feministisch-poststrukturalistischer Ansätze die Essenzialisierung und normierende bzw. universalisierende Vorstellung von Geschlecht kritisiert. Es wird gezeigt, dass die Bestimmung der Geschlechtsidentität von einer kohärenten Beziehung zwischen Sex und Gender ausgeht und dass diese Kohärenz auf der unkritischen Voraussetzung einer biologisch-anatomisch gegebenen Zweigeschlechtlichkeit beruht. Folge dieser vermeintlichen Kohärenz wiederum ist zum einen die Ausblendung der Vielfalt von soziokulturellen und -ökonomischen Realitäten, in denen unterschiedlichste Geschlechtsidentitäten konstruiert und gelebt werden. Zum anderen

Exkurs 14.5   Dualismen

Dualistisches Denken in der Geographie findet sich in der Trennung und Gegenüberstellung beispielsweise von Natur und Kultur, von Orient und Okzident, von Globalem Süden und Globalem Norden, von privatem und öffentlichem Raum, von Frauen und Männern sowie von schwarzen und weißen Menschen wieder. Abstraktere Beispiele sind:

- Subjektivität/Objektivität
- Emotionalität/Rationalität
- Privatheit/Öffentlichkeit
- Primitivität/Zivilisation
- Imagination/Realität

In all diesen Dualismen stehen sich binär verfasste Kategorien gegenüber, die das Denken in Alltag und Wissenschaft (vor-)strukturieren, den Eindruck von Ordnung und Stabilität generieren, dabei hierarchisch eine Abhängigkeit produzieren und immer eine Seite des Dualismus positiv bewerten und die andere abqualifizieren.

Die Überwindung des dualistischen Denkens stellt ein wichtiges Moment feministischer Forschungsansätze dar. Wie u. a. Gillian Rose (1993) betont hat, basiert die traditionelle Geographie auf männlichen Erfahrungen und Lebensrealitäten, die generalisiert bzw. als universell gültig verstanden wurden. Als Folge davon war beispielsweise der Themenkomplex „Arbeit" lange Zeit auf Lohn- bzw. Erwerbsarbeit beschränkt. Die überwiegend von Frauen geleistete häusliche Sorge- und Reproduktionsarbeit sowie die mit den beiden Arbeitsformen verbundene Trennung in private und öffentliche Räume blieben unberücksichtigt. Ein weiteres klassisches Beispiel findet sich in der Politischen Geographie: Durch die anhaltend männliche Dominanz in der Regierungs-, Führungs- und Institutionenarbeit bleibt auch der dort geregelte Zugang zu Ressourcen ungleich verteilt und es werden auf Regierungs- bzw. Institutionenebene überwiegend männliche Interessen vertreten – im Namen „der Allgemeinheit" oder „der Öffentlichkeit". Beiden Bereichen liegt die assoziative Verbindung „Frauen und privater Raum" zugrunde (WGSG 1997, Oberhauser et al. 2018).

bleiben die Interdependenzen verschiedener Identitätspositionen im einzelnen Subjekt unberücksichtigt. Die Erfassung dieser Interdependenzen geschieht in jüngerer Zeit mithilfe **intersektionaler Forschungsansätze,** die sich auf die Wechselwirkungen ungerechtigkeitsgenerierender Gesellschaftsstrukturen und die Durchkreuzung bzw. das Ineinandergreifen und gleichzeitige Wirken unterschiedlicher sozialer Identitäts- und Differenzkategorien (wie Geschlecht, Alter, soziokulturelle und -ökonomische Herkunft und vieler mehr) im verkörperten Subjekt konzentrieren und alle Formen normierender Universalisierungen und reifizierender Identitätspolitiken kritisieren (Walgenbach et al. 2011, Winker & Degele 2009).

In diesem Zusammenhang geht es auch um das „Und-viele-mehr": So kritisiert beispielsweise die poststrukturalistisch arbeitende Feministin Judith Butler (1990) an vielen Theorien zur Subjektkonstitution, dass der Reihung von Identitätskategorien wie Geschlecht, Sexualität, Ethnizität, Klasse und Gesundheit stets ein „verlegenes usw." am Ende der Liste folgt. Butler selbst begreift in ihrer Analyse der Geschlechterdifferenz die Kategorien Geschlecht und Geschlechtsidentität als Effekte vielfältiger gesellschaftlicher Machtformationen (Butler 1997, 1998, 2009). Anhand der Kategorie Geschlecht verdeutlicht sie, dass die Geschlechterdifferenz häufig mit biologischen Unterschieden begründet wird und dass dabei der normative Charakter der Kategorie Geschlecht unberücksichtigt bleibt. Dadurch wird die Kategorie zu einem „regulierenden Ideal", das heißt, die Kategorie Geschlecht ist Produkt und zugleich Produzent einer regulierenden Praxis, die Geschlechter und Identitäten herstellt. Anstelle der Vorstellung einer natürlich-originären (Geschlechts-)Identität setzt Butler das **Konzept des Geschlechts als kulturelle Performanz**, das auf der Annahme basiert, dass Geschlechtsidentität die wiederholte Inszenierung (Performanz) derselben erfordert. Geschlechtsidentität rein-

szeniert bereits etablierte Bedeutungskomplexe von Männlich- und Weiblichkeit und stellt damit die bekannten Formen gesellschaftlicher Regulation dar. Diese Inszenierungen sind dabei so wirkungsvoll, dass die Regulierungen von den Wirkungen nicht zu unterscheiden sind: Geschlecht ist in diesem Sinne nicht etwas rein Biologisches, Gegebenes, dem die Geschlechtsidentität auferlegt ist, sondern eine kulturelle Norm bzw. eine kulturell-materialisierte Situation. Eine kulturelle Norm wiederum bedarf der körperlichen Alltagsrituale der sozialen Praxis: einerseits, um sich als Norm(ierung) durch Wiederholungen gesellschaftlich zu reproduzieren, und andererseits, um durch die Inkorporierung dieser Normen identifizierbare Subjekte zu konstituieren (*performing identity*; Butler 2009). Dabei werden Normen nicht über autonome Entscheidungen angenommen oder verworfen, sondern durch das Platzieren und Platziertwerden entlang gesellschaftlich definierter Subjektpositionen bzw. Identitäts- und Differenzkategorien.

Zugleich fand durch den feministischen Poststrukturalismus eine kritische Überprüfung der Legitimationsmuster feministischer Theoriebildung statt. Aus diesem Blickwinkel kann weder mit einer unreflektierten Kategorie Frau noch mit der des Geschlechts gearbeitet werden. Vielmehr geht es um die Konstitutionsbedingungen und -prozesse der politischen Kategorienbildung sowie deren Repräsentationen in der Gesellschaft. Damit erschließt sich die feministische Gesellschaftstheorie eine neue Analyseebene: die Dimension der hegemonialen Machtverhältnisse bzw. die der diskursiv-kulturellen Praktiken einer Gesellschaft. Darüber hinaus ermöglichen diese Ansätze die Erfassung der über Zeit, Raum und Kultur variierenden gesellschaftlichen Diskurse, die verschiedene Normen von Weiblichkeit und Männlichkeit hervorgebracht haben, einschließlich ihrer Interdependenzen zu anderen Identitätskategorien sowie ihren jeweiligen Veränderbarkeiten.

Kapitel 14

Feministisch-poststrukturalistische Reflexionen über Subjektidentitäten haben geographische Debatten über die Bedeutungen („Identitäten") von Räumen und die sie nutzenden Personengruppen maßgeblich beeinflusst. Und auch jenseits der explizit feministischen Perspektive steht der Poststrukturalismus in enger Verbindung zum sog. *cultural turn* in der Humangeographie sowie zum *spatial turn* in den Sozial-, Kultur- und Geisteswissenschaften – der die Rolle von Räumlichkeit für gesellschaftliche Prozesse adressiert. Zentral sind dabei die Konstruktionsweisen und Bedeutungen von Räumen bzw. die räumlichen Bedingungen als Teil gesellschaftlicher Praktiken – basierend auf der Annahme, dass Bedeutungen wie Bedingungen durch die Wechselbeziehungen zwischen Subjektidentitäten und Raumstrukturen konstituiert werden. In diesem Kontext konzentrieren sich **Feministische Geographien** als wissenschaftliches und politisches Projekt auf die Konstitutionsprinzipien von Subjektidentitäten und gesellschaftlichen Unterschieden – nicht nur die zwischen Männern und Frauen – sowie auf die machtvollen Wirkungen von Identitätskategorisierungen und ihren Verbindungen zu Raumstrukturen (Bauriedl et al. 2010, Oberhauser et al. 2018).

In kritischer Weiterentwicklung der Ansätze des *cultural turns* haben sich in der letzten Dekade zwei weitere Dimensionen Feministischer Geographien etabliert, die die bisherigen Forschungsgegenstände und Theoriebestände durch transhumane und transkorporeale Überlegungen herausfordern: zum einen der Fokus auf die emotionalen und affektiven Dimensionen von Raumerfahrung und -nutzung jenseits textueller und visueller Repräsentationen (Thien 2005, Schurr & Strüver 2016). Zum anderen wird das Anliegen verfolgt, biologisch-materielle Prozesse in humangeographische Analysen zu reintegrieren. Dem liegt ein posthumanistisches Verhältnis zwischen Natur und Kultur jenseits von rein biologistischen oder kulturalistischen Annahmen zugrunde; die Körperlichkeit des Subjekts etwa ist dann biosozial, das heißt gleichermaßen biophysisch und soziokulturell (Alaimo 2016, Haraway 2008, 2016). In dieser radikal-relationalen feministischen Perspektive kann die klassische Frage „Wie wird eine biologische Differenz zwischen vergeschlechtlichten Subjekten sozial wirkmächtig?" erweitert werden um die Frage „Wie wird eine soziale Differenz körperlich-biologisch wirkmächtig?" (Marquardt & Strüver 2018). Im Hinblick auf das zentrale humangeographische Thema der Wechselwirkungen zwischen Subjektidentitäten und Räumen kommt Letzteren – im Sinne der Inkorporierung von materiellen Umweltstressoren im Raum (in Luft, Böden, Wasser etc.) – eine erweiterte Wirkmächtigkeit jenseits des Diskursiven und Repräsentationellen zu, da diese Stressoren im Körper des Subjekts (re-)agieren und sozialräumliche Ungleichheiten sich als Ungerechtigkeiten somatisieren.

Feministische Überlegungen zum Raumkonzept

Die oben ausgeführten Überlegungen zur Konstitution von vergeschlechtlichten Identitäten werden in der feministischen Forschung nicht nur in Beziehung zu Raumstrukturen gesetzt, sondern auch auf das Raumverständnis übertragen, sodass Räume ebenfalls als materialisierte Effekte gesellschaftlicher Machtverhältnisse konzipiert werden. Ähnlich der Konstruktionsprinzipien von Identitäten basieren auch die der Bedeutungen von Räumen auf dem Sinn stiftenden System der Sprache sowie dem Prinzip der Differenz (z. B. öffentliche und private Räume) und werden als dualistische Konzeption dementsprechend kritisiert. Feministische Ansätze in der Geographie verstehen Raum hingegen relational. Gillian Rose (1993) hat in diesem Zusammenhang ein Konzept von offenem und veränderbarem Raum entwickelt, das kritisch gegenüber allen Formen von gesellschaftlichen Machtbeziehungen und Ausschlussmechanismen ist und damit Dualismen und Ausschlüsse nicht reproduziert. Und auch Doreen Massey plädiert für ein **relationales Raumkonzept,** das auf ähnlichen Prinzipien basiert wie feministisch-poststrukturalistische Identitätskonzepte. Ihr Konzept forcierte das Anliegen „*to conceptualize space as constructed out of interrelations*" (Massey 1994, 2005). Dies beinhaltet die Anerkennung, dass auch Räume **keine inhärenten Bedeutungen** und Nutzungsformen in sich tragen, sondern diese durch die Relationen bzw. Abgrenzungen zu anderen Räumen erhalten (neben der bereits erwähnten Gegenüberstellung von öffentlichen und privaten Räumen z. B. auch Zentrum/Peripherie, Stadt/Land usw.). Darüber hinaus hat Massey herausgearbeitet, dass Räume materialisierte Bedeutungen durch die Nutzung durch unterschiedliche Gesellschaftsgruppen und deren Machtverhältnisse untereinander erhalten und dass sich Subjektidentitäten und Raumstrukturen wechselseitig bedingen.

Im Anschluss an feministische Ansätze legt Massey dar, dass zum einen die Strukturen und Bedeutungen von Räumen geschlechtlich kodiert sind und dass es zum anderen räumliche Unterschiede in der Konstruktion von Weiblichkeit und Männlichkeit gibt. Schließlich betont sie, dass sowohl geschlechtlich kodierte Raumstrukturen als auch vergeschlechtlichte Identitäten durch gesellschaftliche Machtverhältnisse bestimmt sind. Ihre Überlegungen zeigen, dass „Räume und Orte und die Art und Weise, wie wir sie erfassen, durch und durch geschlechtsspezifisch bestimmt sind" (Massey 1993), dass diese Arten zudem historisch und kulturell variabel sind und dass gesellschaftlich kodierte Räume im Konstitutionsprozess der Kategorie Geschlecht eine Rolle spielen.

Geschlechtsidentitäten und Räume werden demnach nicht unabhängig voneinander konstituiert, sondern stehen in einem Wechselverhältnis. Das heißt, dass sich sowohl Raumstrukturen als auch unterschiedliche Geschlechtsidentitäten mit spezifischen Rollenzuschreibungen gegenseitig produzieren und tendenziell die dominanten Normen und Strukturen reproduzieren. An die Stelle der Feststellung und damit Reifizierung geschlechterdifferenzierter Raumnutzungsstrukturen tritt somit die Konzentration auf die gesellschaftliche Co-Konstitution geschlechtlich kodierter Räume und intersektionaler Identitäten – und diese Identitäten werden zu dem Ort, an dem sich soziale und räumliche Strukturen materialisieren und für Subjekte „spürbar" werden (Strüver 2005, Wucherpfennig & Strüver 2014, Mollett & Faria 2018).

Feministische Perspektiven als Querschnittsanalysen

Die vorherigen Ausführungen haben deutlich gemacht, dass sich die Berücksichtigung der Kategorie Geschlecht und ihrer Konstitutionsprinzipien in der Geographie sowohl auf wissenschaftstheoretische und methodische als auch auf inhaltliche und institutionelle Aspekte bezieht, dass „die Kategorien Raum und Geschlecht einander bedingen und bestätigen" (Wastl-Walter 2010). Feministische Ansätze thematisieren geschlechtlich kodierte Ungleichheiten in allen Lebensbereichen und in verschiedenen räumlichen Kontexten sowie insbesondere die Wechselwirkungen von interdependenten ungerechten Gesellschaftsverhältnissen einerseits und Raumnutzungsstrukturen andererseits. Anhand der wechselseitigen Bedingtheiten wird darüber hinaus deutlich, dass räumliche Strukturen nicht Abbild sozialer (Ungleichheits-)Strukturen sind, sondern **Räumlichkeit als Medium sozialer Zusammenhänge** (Massey 2005) zu erfassen ist. Und schließlich wird dadurch auch ersichtlich, dass die Fokussierung auf geschlechtlich kodierte Gesellschafts- und Raumverhältnisse in der Humangeographie keine Teildisziplin darstellt, die beispielsweise neben Sozial- oder Wirtschaftsgeographie steht. Vielmehr sollte sie alle geographischen Teilbereiche durchziehen, wenn auch mit unterschiedlichsten Schwerpunktsetzungen und im Rückgriff auf verschiedene theoretisch-konzeptionelle Ansätze.

Der Fokus **feministischer Perspektiven** hat sich dabei im Laufe der Jahre von der Kategorie „Frau" auf die gesellschaftlichen Verhältnisse zwischen den Geschlechtern und die ihnen zugrunde liegenden Konstruktionsmechanismen verschoben sowie um das Konzept der **Intersektionalität**, das heißt um die Berücksichtigung der Durchkreuzung von unterschiedlichen sozialen Identitätskategorien im verkörperten Subjekt, erweitert. Dies wirkt zum einen gesellschaftspolitisch der meist unhinterfragten Vorstellung der „natürlichen" Unterschiede zwischen Männern und Frauen (und ihren gesellschaftlichen Rollen) sowie wissenschaftlich der Herstellung eines „Sonderforschungsgegenstandes Frau" entgegen. Zum anderen wird den Tatsachen Rechnung getragen, dass Geschlecht nur eine von vielen – interdependenten – gesellschaftsstrukturierenden Identitätskategorien darstellt und dass Geschlechterverhältnisse als gesellschaftliche und auch räumliche Strukturmerkmale Teil der sozialen Realität aller Menschen darstellen, da es keine geschlechtsneutrale Wirklichkeit gibt.

Kritische Geographie

Bernd Belina

Die Bezeichnung „Kritische Geographie" ist im deutschsprachigen Raum erst seit einigen Jahren gebräuchlich und in ihrer Bedeutung nicht exakt festgelegt. Im Folgenden wird in einem ersten Teil eine Variante vorgestellt, wie das Kritische an „Kritischer Geographie" bestimmt werden kann, und in einem zweiten Teil skizziert, was hieraus für die Geographie folgt. Dieser Vorschlag steht in der Tradition kritischer Theorie, die sich auf die Arbeiten von Karl Marx (1818–1883) bezieht und die von Autoren wie David Harvey (geboren 1935), Doreen Massey (1944–2016) und Neil Smith (1954–2012) für geographische Forschung fruchtbar gemacht wurde und wird. Andere Varianten „Kritische Geographie" zu bestimmen, die (leicht) andere theoretische Zugänge und Schwerpunkte wählen, finden sich etwa bei Best (2009) oder Blomley (2006). Zahlreiche Verbindungen und Gemeinsamkeiten existieren zudem zur Feministischen Geographie, zu poststrukturalistischen Ansätzen sowie zur Politischen Geographie (Kap. 19).

Kritik und Kritische Geographie

Die Formulierung „Kritische Geographie" ist unglücklich. Keine akademische Wissensproduktion versteht sich als „unkritisch", auch keine geographische. Mindestens, so Harvey (2006), kritisieren alle Geographen andere Geographen. Wenn also von „Kritischer Geographie" die Rede ist, so muss näher bestimmt werden, was mit „Kritik" gemeint ist.

Mit Max Horkheimer (1895–1973), einem der „Väter" der **Frankfurter Schule der Kritischen Theorie**, zeichnet „kritische Theorie" im Gegensatz zu „traditioneller Theorie" aus, dass sie „die Menschen als die Produzenten ihrer gesamten historischen Lebensformen zum Gegenstand [hat]" (Horkheimer 1988). Alles, was unser Leben beeinflusst, ist demnach von Menschen gemacht. Dies ist der Ausgangspunkt der Bestimmung von Kritik, die hier vertreten werden soll. Vier Aspekte sind zu spezifizieren.

Erstens ist der Plural von „die Menschen" entscheidend: Alles, was Individuen tun, tun sie **in gesellschaftlichen Kontexten und Strukturen** (Exkurs 14.6). David Harvey (2011) benutzt das Beispiel der letzten Mahlzeit um zu zeigen, dass jede individuelle Tätigkeit in mannigfaltige soziale Beziehungen eingebettet ist, die insbesondere Herstellung, Transport und Kauf der Bestandteile der Mahlzeit betreffen. Am selben Beispiel verdeutlicht er, dass diese komplexen Beziehungen in dem Moment, in dem wir unsere Mahlzeit zu uns nehmen, keine Rolle spielen. Das ist völlig unproblematisch, wenn man einfach nur essen will. Sich kritisch mit der Mahlzeit zu befassen hingegen bedeutet, sich für eben die ausgeblendeten gesellschaftlichen Aspekte ihrer Herstellung und ihres Weges auf den Esstisch zu interessieren. Kritisch vorzugehen heißt dann: ernst nehmen, dass in jede individuelle Praxis und in jedes Phänomen gesellschaftliche Verhältnisse eingehen, die es zu untersuchen gilt, will man die Praxis bzw. das Phänomen verstehen. Kritischer Theorie erscheinen „die Verhältnisse der Wirklichkeit, von denen die Wissenschaft ausgeht, [...] nicht als Gegebenheiten" (Horkheimer 1988), sondern als gesellschaftlich produziert. Kritisch geographisch vorzugehen bedeutet dementsprechend: ernst nehmen, dass in jede individuelle Praxis komplexe gesellschaftliche Geographien eingehen. Denn für die Kritische Geographie sind die räumlichen Verhältnisse, in denen wir leben, nichts Gegebenes, sondern gleichermaßen etwas gesellschaftlich Produziertes.

Zweitens will Horkheimer, wenn er betont, dass alles von Menschen gemacht ist, keineswegs die **Existenz einer äußeren Natur** mit eigenen Gesetzen leugnen. Er schreibt: „Was jeweils gegeben ist, hängt nicht allein von der Natur ab, sondern auch davon, was der Mensch über sie vermag" (Horkheimer 1988). Was Horkheimer aber – wie viele andere – betont, ist, dass diese Natur niemals an sich und unvermittelt auf gesellschaftliches Leben einwirkt, sondern dass Natur durch Menschen in sozialer Praxis angeeignet wird. Die Aneignung von Natur unter Nutzung der Naturgesetze kann planvoll geschehen, etwa in Form von Landwirtschaft oder Wasserkraftwerken. Sie kann aber auch, etwa bei Naturkatastrophen, eine nie vollständig planbare Notwendigkeit darstellen, die scheinbar „von außerhalb" der Gesellschaft auf sie einwirkt, deren jeweilige Wirkungsweise aber erst durch ihre gesellschaftliche Aneignung bestimmt wird. Zur „Katastrophe" wird das Naturereignis erst durch seine gesellschaftliche Aneignung. Der Schriftsteller Max Frisch (1981) formuliert diesen Zusammenhang so: „Katastrophen kennt allein der Mensch, sofern er sie überlebt; die Natur kennt keine Katastrophen." Der Geograph Neil Smith (2006) zeigt am Beispiel des Hurrikans Katrina, durch den 2005 große Teile von New Orleans verwüstet wurden, dass bei dieser „Naturkatastrophe" „Gründe, Verwundbarkeit, Vorbereitet-Sein, Resultate, Reaktionen und Wiederaufbau" (ebd.) durch und durch gesellschaftlich sind. An einer Naturkatastrophe, so seine zugespitzte Formulierung, ist demnach nichts „natürlich". Derselbe Autor hat auch die Formulierung von der „Produktion der Natur" geprägt (Smith 1984), womit gemeint ist, dass Natur gesellschaftlich nicht nur reaktiv angeeignet, sondern auch aktiv in sozialer Praxis hergestellt wird. Die materielle Welt wird in gesellschaftlicher Tätigkeit immer umgeformt, im Kapitalismus geschieht dies nach Maßgabe des Zwecks „Profit" (etwa bei gentechnisch manipuliertem Saatgut). Weil auch diese profitorientierte „Produktion der Natur" die komplexen Naturgesetzlichkeiten nicht umgehen kann, ist stets mit unintendierten Folgen zu rechnen, die dann wiederum gesellschaftlich angeeignet werden müssen (etwa in Form des Handels mit Verschmutzungsrechten als – selbst neue Profitmöglichkeiten eröffnende – Form der Aneignung der Folgen des anthropogenen Treibhauseffektes).

Drittens verweist die eben getroffene Unterscheidung, nach der einerseits die Produktion von Natur allgemein bei jeder tätigen Aneignung der materiellen Welt vonstattengeht, dies aber andererseits im Kapitalismus wegen der Profitorientierung auf spezifische Weise erfolgt, darauf, dass der Bezug auf „Gesellschaft" nicht allgemein bleiben kann. Er ist immer auf die je **vorliegende Gesellschaftsformation zu beziehen.** Sozialräumliche Segregation etwa ist grundsätzlich ein gesellschaftliches Phänomen, ihre genauen Gründe unterscheiden sich aber in deutschen, chinesischen oder brasilianischen Städten, und erst recht in jenen im real existierenden Sozialismus, im Mittelalter oder der Antike. Weil die Gesellschaft, in der wir leben, geprägt ist von sozialen Verhältnissen wie Privateigentum, staatlichem Gewaltmonopol, Zweigeschlechtlichkeit und Nationalismus und weil all diese Verhältnisse **Machtverhältnisse** sind, wird man bei der Erklärung so ziemlich jedes sozialen Phänomens, bei der letzten Mahlzeit ebenso wie beim Hurrikan Katrina oder bei der städtischen Segregation, auf eben diese und andere gesell-schaftlichen Verhältnisse stoßen. Mit dem Philosophen Michel Foucault (1926–1984) gilt es den „strikt relationalen Charakter der Machtverhältnisse" (Foucault 1997) zu betonen. Macht ist nicht ausschließlich als Repression „von oben nach unten" zu verstehen, sondern als Zusammenhang „einer komplexen strategischen Situation in einer Gesellschaft" (ebd.). Nur indem die gesellschaftliche Produktion der Lebensumstände, von der Horkheimer spricht, in die jeweilige gesellschaftliche Situation eingebettet wird, das heißt, erst wenn zu ihrer Erklärung auf die verschieden wirkenden Machtverhältnisse Bezug genommen wird, ist eine Untersuchung tatsächlich kritisch.

Viertens gilt das Bisherige, demzufolge alles gesellschaftlich produziert ist, auch für die **Subjekte der tätigen Praxis,** also für uns alle, und zwar nicht nur im biologischen Sinn, sondern auch im Bezug darauf, was ein tätiges Subjekt ausmacht. Die Art und Weise, sich als Subjekt auf die Welt zu beziehen, hat seinen Grund, so Marx, nicht im „menschlichen Wesen", sondern dieses ist selbst „in seiner Wirklichkeit […] das Ensemble der gesellschaftlichen Verhältnisse" (Marx 1969). Und dies gilt selbstverständlich auch für kritische Wissenschaftler und Geographen.

Wer kritische Wissenschaft auf der Basis des Skizzierten betreibt und sich mit sozialen – und nach dem Bisherigen ist klar, dass dies auch beinhaltet: geographischen – Phänomenen beschäftigt, sollte stets bedenken: „Die Tatsachen, welche die Sinne uns zuführen, sind in doppelter Weise gesellschaftlich präformiert: durch den geschichtlichen Charakter des wahrgenommenen Gegenstands und den geschichtlichen Charakter des wahrnehmenden Organs" (Horkheimer 1988). Mit „geschichtlich" ist hier gemeint, dass beide in gesellschaftlichen Verhältnissen geworden, mithin „durch menschliche Aktivität geformt" (ebd.) sind. Im Gegensatz zur „traditionellen Theorie", die das Gegebene nicht als Produziertes begreift und hinterfragt und deshalb ausschließlich Fragen stellt, „die sich mit der Reproduktion des Lebens innerhalb der gegenwärtigen Gesellschaft ergeben" (ebd.), betreibt „kritische Theorie" eine „rücksichtslose Kritik alles Bestehenden", die „sich nicht vor ihren Resultaten fürchtet" (Marx 1970). Ihre Fragen weisen über die „gegenwärtige Gesellschaft" hinaus, weil sie die bestehenden gesellschaftlichen und Machtverhältnisse zur Erklärung des infrage stehenden Phänomens heranzieht, womit sie diese selbst als gesellschaftlich hergestellt und damit veränderbar versteht. Eben dies zu tun, schickt sich die Kritische Geographie in Bezug auf geographische Gegenstände an.

Geographie und kritische Theorie

Geographische Themen und Fragestellungen gehen von räumlichen Unterschieden aus. Diese gilt es im Sinne der Kritischen Geographie als Voraussetzung, Mittel und Resultat sozialer Praxis zu begreifen. Zentral hierfür ist ein Verständnis von „Raum" als etwas in seiner Dinglichkeit und Bedeutung Hergestelltem. Dieser Gedanke wurde beginnend in den 1970er-Jahren unter der Formulierung „Produktion des Raums" ausgearbeitet. Neben den bereits erwähnten geographischen Autoren Harvey (1973, 2011) und Smith (1984) ist in diesem

Exkurs 14.6 Soziale Praxis und räumliche Praxis

Der zentrale philosophische Ausgangspunkt von Karl Marx (1818–1883) und vielen Theoretikern, die in seiner Tradition arbeiten, ist in Marx' erster These zu Feuerbach enthalten: „Der Hauptmangel alles bisherigen Materialismus […] ist, dass der Gegenstand, die Wirklichkeit, Sinnlichkeit, nur unter der Form des Objekts oder der Anschauung gefasst wird; nicht aber als menschliche sinnliche Tätigkeit, Praxis; nicht subjektiv. Daher die tätige Seite abstrakt im Gegensatz zu dem Materialismus von dem Idealismus – der natürlich die wirkliche, sinnliche Tätigkeit als solche nicht kennt – entwickelt" (Marx 1969).

Mit dem „bisherigen Materialismus" bezieht sich Marx auf den Philosophen Ludwig Feuerbach (1804–1872), für den die materielle Welt den Ausgangspunkt alles Gesellschaftlichen bildet. Ihm wirft Marx hier vor, diese materielle Welt getrennt von ihrer gesellschaftlichen Aneignung zu betrachten, so als wirke sie unmittelbar und direkt auf Menschen ein. Demgegenüber räumt Marx ein, dass im Idealismus, womit er die Philosophie von Georg Wilhelm Friedrich Hegel (1770–1831) meint, die tätigen Individuen weit wichtiger sind, weil sie in ihrem Denken und Handeln Ideen verwirklichen und auf diese Weise die Welt erschaffen. Dieser Idealismus, der von Ideen, vom Denken und vom Geist ausgeht (und nicht von der Materie), kennt aber, so Marx, keine „wirkliche, sinnliche Tätigkeiten", weil er alles Materielle auf die Verwirklichung von Ideen reduziert und das Geistige absolut setzt. Marx hingegen betont, dass gerade das Verhältnis und die Vermittlung von Materie und Geist in sozialer Praxis das Entscheidende ist, dass also indem Menschen tätig sind, sie sich die materielle Welt aneignen, und zwar in einer Art und Weise, über die sie sich zuvor – mehr oder weniger ausführ-

liche – Gedanken gemacht haben. Diesen Zusammenhang illustriert Marx in „Das Kapital" folgendermaßen: „Was aber von vornherein den schlechtesten Baumeister vor der besten Biene auszeichnet, ist, dass er die Zellen im Kopf gebaut hat, bevor er sie in Wachs baut. Am Ende des Arbeitsprozesses kommt ein Resultat heraus, das beim Beginn desselben schon in der Vorstellung des Arbeiters, also schon ideell vorhanden war. Nicht dass er nur eine Formveränderung des Natürlichen bewirkt; er verwirklicht im Nützlichen zugleich seinen Zweck, den er weiß, der die Art und Weise seines Tuns als Gesetz bestimmt und dem er seinen Willen unterordnen muss" (Marx 1971).

Die Zwecke und Ideen des Baumeisters entstammen wie jene des Kritischen Geographen zwar zunächst dem eigenen Kopf, dort hineingekommen sind sie aber nur im Austausch mit anderen, durch Tätigkeit also, die immer und notwendig gesellschaftlich ist. An anderer Stelle fasst Marx dieses Verhältnis von individueller Tätigkeit und Gesellschaft folgendermaßen: „Die Menschen machen ihre eigene Geschichte, aber sie machen sie nicht aus freien Stücken, nicht unter selbstgewählten, sondern unter unmittelbar vorgefundenen, gegebenen und überlieferten Umständen" (Marx 1972).

Zu diesen selbst gesellschaftlich produzierten „Umständen" zählt auch die räumliche Organisation der Welt, z. B. Grundstücke mit Privateigentümern oder Nationalstaaten mit Grenzen, mit der sich jede neue Raumproduktion auseinandersetzen muss. Wie „die Menschen" ihre eigene Geographie machen, wer dies jeweils genau tut, zu welchen Zwecken und mit welchen Erfolgen, das interessiert die Kritische Geographie.

Zusammenhang vor allem der Sozialphilosoph Henri Lefebvre (1901–1991) zu nennen, dessen Buch *„La production de l'espace"* (Lefebvre 1974), insbesondere seit einer Übersetzung ins Englische als *„The Production of Space"* im Jahr 1991, als wichtige Quelle gilt.

Nach Lefebvre besteht „Raum" aus **drei Dimensionen,** die gleichermaßen aus sozialer Praxis hervorgehen: die Materialität des Raums, seine Bedeutung und schließlich der im Alltag von Nutzern „gelebte Raum". Raum gilt ihm – ganz im Sinne der ersten Feuerbachthese (Exkurs 14.6) – weder als „an sich" und außerhalb der Gesellschaft existente „Sache" noch als reine Idee ohne Verbindung zur Materialität der Welt. Raum ist demnach kein „da draußen" einfach vorliegendes Objekt (Materialismus), aber auch kein reines Gedankenkonstrukt (Idealismus), sondern das **Produkt konkreter sozialer Praxen** (historischer Materialismus). „Die räumliche Praxis einer Gesellschaft sondert ihren Raum ab" (Lefebvre 1974). Wie auch Harvey, der betont, dass es „keine philosophischen Antworten gibt auf philosophische Fragen, die das Wesen des Raums betreffen – die Antworten liegen in der menschlichen

Praxis" (1973), geht es Lefebvre nie um „den Raum". Dieser ist vielmehr „nur Medium, Umgebung und Mittel, Werkzeug und Zwischenstufe. […] Er existiert niemals ,an sich', sondern verweist auf ein Anderes" (Lefebvre 1972). Von Interesse ist damit die Rolle und Relevanz der Produktion des Raums in sozialer Praxis. Diese Rolle kann für das Verständnis von Gesellschaft wichtig sein, weil sich **im sozial produzierten Raum** abstrakte soziale Prozesse und Gesetzmäßigkeiten ausdrücken, weil sie in ihm konkret und damit, so Lefebvre, erst wirklich werden: „Die sozialen Beziehungen, konkrete Abstraktionen, haben keine echte Existenz außer im und durch den Raum. Ihre Grundlage ist räumlich" (Lefebvre 1974). Die tatsächliche Rolle, die dem produzierten Raum dabei zukommt, hängt damit von den jeweiligen sozialen Prozessen ab, innerhalb derer er auf die eine oder andere Weise relevant wird. Dies gilt es dann jeweils *in concreto* zu untersuchen: „Die Verbindung ,Grundlage – Verhältnis' bedarf in jedem Einzelfall der Analyse" (ebd.). Wie dies in der Praxis aussehen kann, wie also eine kritisch geographische Untersuchung auf der Basis des bisher Ausgeführten vorgeht, sei abschließend anhand eines Beispiels angedeutet: der Griechenland-Krise.

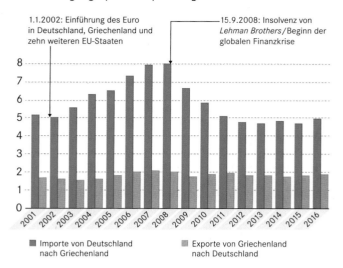

Abb. 14.7 Außenhandel Griechenlands mit Deutschland in Mrd. Euro (Quelle: statista.com).

Seit 2010 herrscht in **Griechenland eine Krise**, durch die Millionen von Menschen ihre Arbeit, ihre Gesundheitsversorgung, ihre Ersparnisse und ihre Zukunft verloren haben. Viele sprechen diesbezüglich von einer humanitären Katastrophe (Hadjimichalis 2016, Vaiou & Kalandides 2016). Der Raum „Griechenland", so könnte man sagen, ist seit nunmehr acht Jahren ein Raum der Krise, weil der griechische Staat infolge seiner hohen Verschuldung auf finanzielle Unterstützung durch die Troika aus EU-Kommission, Europäischer Zentralbank und Internationalem Währungsfonds angewiesen ist, die diese Unterstützung an umfangreiche Spar- und Privatisierungsprogramme gebunden hat. So korrekt diese Formulierung ist, so sehr verdeckt sie doch die sozialen Beziehungen, die zu dieser Situation geführt haben und die in Griechenland und außerhalb Griechenlands entstanden sind. Viele dieser Beziehungen sind wesentlich räumlich. Zu einem kritisch-geographischen Verständnis der Griechenlandkrise wären insbesondere die beiden folgenden Aspekte zu berücksichtigen.

Erstens resultieren die Staatsschulden Griechenlands zu einem großen Teil aus der spezifischen Konstruktion der **europäischen Gemeinschaftswährung**, dem Euro (Belina 2013). Der Zusammenhang wird besonders deutlich, wenn man das Verhältnis zwischen der griechischen und der deutschen Ökonomie betrachtet. Deutschland ist traditionell eine Exportwirtschaft, das heißt, es werden viele Waren hergestellt, die in anderen Ländern gekauft werden – u. a. in Griechenland. Im Jahr 2016 hat Deutschland Waren im Wert von 4,97 Mrd. Euro nach Griechenland verkauft, von Griechenland wurden Waren im Wert von 1,91 Mrd. Euro nach Deutschland importiert. Der Außenhandelsüberschuss Deutschlands beträgt also über 3 Mrd. Euro. Waren in diesem Wert konnten Staat, Unternehmen und Privatkonsumenten in Griechenland nicht aus den Einnahmen aus Exporten nach Deutschland finanzieren. Über viele Jahre waren Schulden eine zentrale Quelle, um importierte Waren zu bezahlen. Die Abb. 14.7 zeigt, wie die griechischen Importe aus Deutschland seit Einführung des Euro 2002 bis zur globalen Finanz- und Wirt-

schaftskrise im Jahr 2008 deutlich angestiegen sind, während die Exporte nach Deutschland auf in etwa demselben, niedrigen Niveau verblieben sind. Der Euro hat diese Entwicklung aus zwei Gründen befördert. Zum einen profitiert von der Gemeinschaftswährung die produktivere Volkswirtschaft, was im Vergleich (mit fast allen europäischen und mit allen südeuropäischen) eindeutig die deutsche ist. Produktivität bedeutet, wie viel die Produktion der Waren kostet. Diese Kosten sind in Deutschland niedrig, weil hier effektivere Technologien genutzt werden, aber auch aufgrund der massiven Lohnkürzungen als Folge der Agenda 2010. Zum anderen können Länder wie Griechenland seit der Einführung des Euro ihre Währung nicht mehr abwerten, was Exporte billiger und Importe teurer machen und deshalb Erstere ansteigen und Letztere zurückgehen lassen würde. Dieses Problem wird dadurch verstärkt, dass die Deutsche Mark in unterbewerteter Form in die Konstruktion des Euro eingegangen ist. Die hohen Staatsschulden Griechenlands sind also u. a. eine Folge der Konstruktion des Euro, deutscher Exporterfolge und der Reallohnabsenkung hierzulande.

Zweitens finden die Menschen in Griechenland aus der Not geborene **solidarische Wege**, um mit der humanitären Katastrophe umzugehen (Arampatzi 2017, Vaiou & Kalandides 2016). Überall im Land gibt es etwa Suppenküchen (Essensausgaben an Bedürftige), organisierte Direktmärkte, die Landwirte unmittelbar mit Verbrauchern zusammenbringen und die Kosten für Zwischenhändler einsparen, und Sozialkliniken. In Letzteren werden Patienten behandelt und mit Medikamenten versorgt, die sich das normale Gesundheitssystem nicht leisten können. Weil bis vor Kurzem die Krankenversicherung an die Arbeitsstelle gebunden war, betraf dies zunächst Millionen von Arbeitslosen. Aber auch seitdem dieser Zusammenhang 2016 gesetzlich geändert wurde, übersteigen die im Rahmen der Sparauflagen stark angestiegenen Zuzahlungen für Behandlungen und Medikamente die Möglichkeiten vieler Rentner, Geflüchteter und anderer Armer. Wie der Leiter der Solidaritätsklinik in Ellinikon (Abb. 14.8) stets betont, ist die Hilfe für Bedürftige immer verbunden mit dem Aufruf, sich politisch zu engagieren und gegen die Sparpolitik zu protestieren. Ausgelöst durch die Krise entstehen in Griechenland neue Räume der Solidarität und des politischen Kampfes.

Diese und viele weitere Aspekte der Krise in Griechenland untersucht eine Kritische Geographie, indem sie die konkreten Raumproduktionen als Moment von gesellschaftlichen Machtverhältnissen versteht und erklären will. Der Blick richtet sich dann auf die Art und Weise, in der durch den Euro oder seitens Solidaritätsbewegungen Raum produziert wird. Dazu ist es notwendig, die komplexen sozialen Verhältnisse mit ihren ökonomischen, politischen und rechtlichen Dimensionen in den Blick zu nehmen, innerhalb und wegen derer die Raumproduktionen betrieben werden.

Kritische Geographie? Einfach machen!

Der Autor des vorliegenden Beitrages hat sich bemüht, in dieser Skizze einige Grundlegungen einer Variante von „Kritischer Geographie" zu diskutieren und zu illustrieren. Damit liegt

Abb. 14.8 Eindrücke aus griechischen Solidaritätskliniken: Vorräte gespendeter Medikamente (**a**), Behandlungsraum (**b**) und Solidaritätsplakate (**c**) in der Klinik K.I.F.A. in Athen sowie das Schild an der Sozialklinik im Vorort Elliniko (**d**), auf dem u. a. auf die Unterstützung durch die Gemeinde Elliniko-Argyroupoli hingewiesen wird (Fotos: B. Belina, 2014 und 2017).

selbstverständlich keine „Gebrauchsanleitung" vor – nicht nur, weil das in der Kürze nicht leistbar ist, sondern vor allem, weil das den hier vorgestellten Grundlegungen von der Sache her widersprechen würde. Wenn gilt, dass die Gegenstände der Wissenschaft „in doppelter Weise gesellschaftlich präformiert [sind]" (Horkheimer 1988), dann ist auch der Gegenstand „Kritische Geographie" nicht als gegeben anzusehen, sondern als einerseits im Werden begriffen, andererseits von jeder und jedem Einzelnen mittels des eigenen „wahrnehmenden Organs" (ebd.) aktiv anzueignen. Die beste Art, etwas über „Kritische Geographie" zu erfahren, ist dann sie zu betreiben, sich also an geographischen Gegenständen kritisch abzuarbeiten und an den Debatten um „Kritische Geographie" zu beteiligen. Sie wird im hier skizzierten oder ähnlichen Sinn in verschiedenen institutionalisierten Formen betrieben. Im internationalen Kontext seien die Zeitschriften „ACME" (Online-Zeitschrift unter www.acme-journal.org), „Human Geography" und „Antipode" genannt, in Deutschland der bundesweite „AK Kritische Geographie" mit verschiedenen lokalen Arbeitskreisen sowie die aus diesem Kreis heraus organisierte, regelmäßig stattfindende „Forschungswerkstatt Kritische Geographie" (www.kritische-geographie.de).

Der „Neue Materialismus" in der humangeographischen Forschung

Thilo Wiertz

Wer sich mit aktuellen humangeographischen Diskussionen befasst, wird früher oder später dem Begriff der „Materialität" begegnen. Meist im Zusammenhang mit anderen Fachtermini, wie etwa Akteursnetzwerktheorie, *assemblage*-Theorie oder *Non-Representational Theory*. Wird der theoretische Hintergrund in diesem Zusammenhang etwas genauer erläutert, dann steht dort möglicherweise auch etwas von einem Neuen Materialismus und dass technische Objekte, Körper, die gebaute Umwelt oder ökologische Prozesse wieder stärker in der humangeographischen Forschung berücksichtigt werden sollten. Was ist das Anliegen dieser theoretischen Perspektiven? Wie verändern sie die Perspektive der humangeographischen Forschung und welche Fragen werfen sie auf?

Dass die Humangeographie materiellen Phänomenen in den vergangenen Dekaden wenig Aufmerksamkeit geschenkt hat,

Kapitel 14

liegt nicht zuletzt an der Ausrichtung vieler konstruktivistischer Ansätze, die viele spannende und politisch relevante Fragen aufwerfen und ein breites Spektrum an neuen Forschungsfeldern hervorgebracht haben, gleichzeitig jedoch am ehesten für einen „Verlust" der Materialität in der Humangeographie verantwortlich sind. Denn indem sie das Augenmerk darauf richten, wie Gegenstände und Prozesse mit Bedeutung versehen werden und wie über sie diskutiert wird, weichen sie der Frage aus, ob und wenn ja wie „materielle", also biologische, physikalische, körperliche oder technologische Gegenstände und Prozesse in Erklärungen gesellschaftlicher und geographischer Prozesse mit einbezogen werden sollten (Wiertz 2018). Angesichts globaler und lokaler ökologischer Veränderungen sowie der Omnipräsenz von materiellen Dingen in unserem alltäglichen Leben erscheint dies auf Dauer etwas unbefriedigend, insbesondere für ein Fach wie die Geographie, das sich die Verbindung von Natur- und Gesellschaftswissenschaften auf die Fahnen schreibt.

Neue Materialismen

Um die materiellen Facetten gesellschaftlicher Prozesse herauszuarbeiten, beziehen sich viele jüngere Arbeiten in der Humangeographie auf theoretische Überlegungen aus den Bereichen der *assemblage*-Theorie (DeLanda 2006), der Akteursnetzwerktheorie (Law 2008) und auf feministische Theorien (Haraway 1991). Entsprechende Ansätze werden unter dem Begriff des „Neuen Materialismus" zusammengefasst, denn sie heben hervor, dass Gesellschaft nicht nur aus Menschen besteht und die Erklärung gesellschaftlicher Prozesse nicht bei der Betrachtung sprachlich-symbolischer Ordnungen stehen bleiben sollte. Vielmehr gilt es, die Heterogenität gesellschaftlicher Wirklichkeit und die **Relevanz von Natur, Technik oder Körpern** im gesellschaftlichen Zusammenleben herauszustellen. Im Unterschied zu historisch-materialistischen Ansätzen, die strukturelle ökonomische Verhältnisse in den Vordergrund ihrer Betrachtung stellen, verweisen Arbeiten des Neuen Materialismus auf die Vielschichtigkeit, Dynamik und Komplexität körperlicher, technischer und ökologischer Prozesse. Diese Prozesse laufen jedoch nicht „außerhalb" von Gesellschaft ab, sie sind ein integraler Bestandteil menschlichen Zusammenlebens. Erklärungen gesellschaftlicher und geographischer Phänomene können daher weder, im Sinne diskurstheoretischer Ansätze, allein auf Sprache und Bedeutung zurückgeführt werden, noch auf intentionale Handlungen menschlicher Individuen, wie es handlungsorientierte Ansätze vorschlagen. Vielmehr gilt es nachzuzeichnen, wie unterschiedliche materielle und nicht materielle, menschliche und nicht menschliche Dinge und Prozesse zusammenwirken.

Vor diesem Hintergrund sind eine Reihe unterschiedlicher Perspektiven entstanden, zwischen denen es durchaus substantielle Unterschiede gibt. Anderson et al. (2012) folgern aus ihrem Überblick über *assemblage*-Theorien und den Neuen Materialismus in der Geographie, dass sich die Akteursnetzwerktheorie eher auf die Beschreibung von Netzwerken aus menschlichen und nicht menschlichen Komponenten konzentriert, während ein *assemblage*-theoretischer Ansatz im Anschluss an die Phi-

losophie von Deleuze & Guattari (1992) dynamische Veränderungsprozesse hervorhebt. Orientiert man sich an der Arbeit von Donna Haraway, würden ethische Aspekte stärker hervortreten. Anstatt im Folgenden jedoch auf die Unterschiede genauer einzugehen, seien einige verbindende Konzepte der Ansätze dargestellt und Themenfelder skizziert, die sich daraus für die humangeographische Forschung ergeben.

Wissen und Wissenschaft als heterogene Netzwerke

Was haben Wissen und Wissenschaft mit Materialität zu tun? Ist Wissen nicht etwas, dass sich in unseren Köpfen abspielt und das vor allem über Sprache vermittelt und verhandelt wird und gerade deshalb „diskursiv konstruiert" ist? Viele Ansätze des Neuen Materialismus sind aus der Auseinandersetzung mit eben dieser Frage hervorgegangen (Barad 2007, Haraway 1988, Latour 1999). Denn Wissen als bloße sprachliche Konstruktion zu betrachten macht eine ernsthafte Auseinandersetzung mit Ergebnissen naturwissenschaftlicher Forschung unmöglich. Diskurstheoretisch lässt sich streng genommen z. B. nicht zwischen der Gültigkeit fadenscheiniger „Wahrheiten" selbsternannter Klimaskeptiker einerseits und fundierten Erkenntnissen der wissenschaftlichen Klimaforschung andererseits unterscheiden. Ansätze des Neuen Materialismus bieten eine Alternative zum Gegensatz zwischen „Wissen als Abbild der Natur" und „Wissen als diskursive Konstruktion". Anstatt Materie/Natur/Wissenschaft und Sinn/Kultur/Diskurs als grundlegend unterschiedliche Seinsbereiche gegenüberzustellen, suchen sie nach den Verknüpfungen und Interaktionen zwischen ihnen. Die Akteursnetzwerktheorie, eine der theoretischen Strömungen des Neuen Materialismus, ist eng mit Arbeiten aus dem interdisziplinären Feld der *Science and Technology Studies* (STS) verknüpft (Law 2008). Autorinnen und Autoren in diesem Feld befassen sich mit der Frage, wie Wissen produziert wird und wer oder was, das heißt welche Personen und nicht menschlichen Gegenstände, an der Herstellung von Wissen beteiligt sind. Anstatt sich auf die sprachliche Aushandlung zu konzentrieren, beschreiben sie die Arrangements in Laboren und die praktischen Tätigkeiten von Wissenschaftlerinnen und Wissenschaftlern. Dabei wird deutlich, dass an diesem Prozess nicht nur Menschen, sondern vielfältige weitere technische und materielle Gegenstände beteiligt sind. Allgemeiner lässt sich dies auch auf Gesellschaft übertragen: Was wir „wissen", was wir für wahr halten und wie wir Entscheidungen treffen ist eine Konstruktion, aber eine Konstruktion, die nur zum Teil durch Interaktionen zwischen Menschen und nur zum Teil über Sprache stattfindet. Wissen selbst ist das Ergebnis heterogener Verbindungen und das Ziel der Analyse ist es, diese Verbindungen zu erfassen und zu beschreiben.

Das ist insbesondere für die Geographie eine spannende Perspektive, nicht zuletzt, weil es nicht nur Geographinnen und Geographen sind, die Wissen über räumliche Zusammenhänge produzieren. Wie die Diskursforschung herausgearbeitet hat, entstehen geographische Weltbilder in allen Bereichen von Politik, Wirtschaft, Kultur sowie in alltäglichen Praktiken und beeinflussen unser Handeln. Ansätze des Neuen Materialismus streiten dies nicht ab, aber sie fragen nach den Praktiken und heterogenen Verbindungen, in denen dieses Wissen entsteht. Das schließt auch die Techniken der **Wissensproduktion** ein (Mattissek & Wiertz 2014). So untersucht Wiertz (2016) beispielsweise, wie die Klimamodellierung Ideen über die Regierung von Gesellschaft-Umwelt-Verhältnissen verändert und wie es die Funktionsweise der Computermodelle ermöglicht, mit Ideen für Geoengineering zu experimentieren. Und Bittner (2017) zeigt, wie die partizipative Kartographie auf OpenStreetMap von israelischen und internationalen Beiträgen dominiert wird und so bestehende soziale Differenzen verstärkt.

Affekt und Performance

Ein wichtiges Konzept, dass im Kontext von Ansätzen des Neuen Materialismus Aufmerksamkeit erhalten hat, ist „Affekt". Konstruktivistische und diskurstheoretische Ansätze fragen, wie etwas repräsentiert wird und welche Logiken oder Rationalitäten die Produktion von Wissen und Bedeutung charakterisieren. Dahinter steht die Annahme, dass unser Denken wesentlich durch Sprache und Kommunikation geprägt ist und dass daher gesellschaftliche Veränderung mit Sprache beginnt. Im Unterschied dazu verweist der Begriff „Affekt" darauf, dass Interaktionen eine Wirkung jenseits von Sprache oder Bedeutung haben können: Eine Äußerung, eine Begegnung, ein Kontakt können ein (körperliches) Empfinden oder eine intuitive Reaktion auslösen, die sich nicht ohne Weiteres in Worte fassen lässt und die wir gar nicht unbedingt kognitiv-sprachlich verarbeiten (Schurr 2014). Im Unterschied zu Emotionen, die in ein recht starres Raster gesellschaftlicher Konventionen und Kategorien eingeteilt sind, meint Affekt also einen kognitiv und sprachlich (noch) nicht zu begreifenden Moment in einer Interaktion, in dem etwas ausgelöst oder angestoßen wird.

Für die Forschung folgt daraus, dass man sich weniger – oder zumindest nicht allein – auf sprachliche oder symbolische Artikulationen konzentriert, sondern unterschiedliche Praktiken untersucht und fragt, welche Affekte sie auslösen. Raum und räumliche Arrangements treten dann stärker unter dem Gesichtspunkt des **körperlichen Erlebens** und dessen Produktion hervor, beispielsweise durch Tanz, Performances, Musik oder auch durch Literatur und in alltäglichen Praktiken. Ein Beispiel für die Anwendung des Konzepts in der humangeographischen Forschung ist die Rolle von Affekt für das Entstehen nationaler Identität und Zugehörigkeit (Merriman & Jones 2016). Während nationale Identität und Nationalismus meist unter dem Gesichtspunkt sprachlicher Äußerungen („wir" Europäer, „die" Amerikaner) oder symbolischer Praktiken (das Schwenken einer Fahne) betrachtet wurden, sprechen Militz & Schurr (2016) von **„affective nationalism"**. Sie zeigen, wie Tänze, Musik, auch einzelne Hand- oder Körperbewegungen im Kontext eines nationalen Feiertags oder Events die Idee von einer Nation mit einem körperlichen und emotionalen Erleben verbinden. Neben der Frage nach dem körperlichen Erleben impliziert das Konzept des Affekts dabei auch einen neuen Blick auf Sprache und Kommunikation. Denn man kann auch in der Untersuchung sprachlicher und symbolischer Äußerungen den Fokus von der Suche nach Argumentationsmustern und Begründungslogiken hin zu der Frage verschieben, welche Affekte und emotionalen Reaktionen Äußerungen produzieren, beispielsweise in der politischen Kommunikation in sozialen Medien. Um Affekt in diesem Sinne zu erforschen, sind umfangreiche Textsammlungen hingegen nur eingeschränkt geeignet. Vielmehr wird es für Forscherinnen und Forscher wichtig, am Geschehen teilzunehmen und auch eigene Reaktionen und Beobachtungen festzuhalten. Für die Forschungspraxis bieten sich daher teilnehmende und ethnographische Methoden an.

Agency als „Handlungsfähigkeit" heterogener Verbindungen

Eine weitere wichtige Fokusverschiebung des Neuen Materialismus besteht darin, dass *„agency"*, das heißt die Fähigkeit, Veränderungen zu bewirken, nicht mehr allein Menschen zugerechnet wird. Schließlich leben wir in einer Welt, die aus heterogenen oder hybriden Verbindungen zwischen Menschen, Tieren, Pflanzen und Technik besteht. Für die Betrachtung von *agency* ergeben sich daraus zwei wichtige Konsequenzen: Erstens können technische Apparate, Lebewesen oder natürliche Prozesse aufgrund ihrer Eigendynamik **gesellschaftliche Veränderungen** anstoßen, auch wenn sie Art und Richtung der Veränderung nicht determinieren. Ein Bezug auf Natur oder Materialität ist also nicht dazu geeignet, Erklärungen zu vereinfachen und die Frage nach Kommunikation oder Sinnproduktion durch den Verweis auf vermeintlich natürliche oder materielle Gegebenheiten auszuklammern. Im Gegenteil, denn indem Ansätze des Neuen Materialismus der Betrachtung eine weitere Dimension und potenzielle Quelle für Veränderungen hinzufügen, erscheint das Geschehen nicht einfacher, sondern komplexer (Mattissek & Wiertz 2014). Mindestens ebenso wichtig ist, zweitens, dass menschliches Handeln selbst ohne heterogene Verknüpfungen kaum vorstellbar ist. Mobilität, Handel, Kultur, Wissenschaft, Kommunikation – welcher Bereich gesellschaftlicher Aktivität kommt eigentlich ohne eine Vielzahl materieller und technischer Komponenten aus? An so gut wie jeder unserer Handlungen sind andere Dinge beteiligt, die sie ermöglichen und ihren Verlauf sowie Ausgang mitbestimmten (Latour 1993). Menschliche Handlungen und Praktiken sind also selbst das Produkt **heterogener Verbindungen**. Folglich reicht es also nicht, handelnde Individuen zum Ausgangspunkt wissenschaftlicher und geographischer Analysen zu machen. Vielmehr gilt es zu fragen, welche Komponenten Veränderungsprozesse auslösen können, wie durch die Verknüpfung heterogener Komponenten *agency* entsteht und sich verändert und wie dieses Zusammenspiel mehr oder weniger stabile gesellschaftliche Ordnungen hervorbringt.

Aus geographischer Sicht lässt sich vor diesem Hintergrund fragen, welche Rolle heterogene Verknüpfungen für die Entstehung und Veränderung raumbezogener Praktiken spielen. Digitale Medien und Technologien verändern beispielsweise unsere Mobilität und unser Konsumverhalten grundlegend und bringen gleichzeitig neue Möglichkeiten staatlicher Kontrolle und Überwachung hervor. So greift das Europäische Grenzregime zunehmend auf zentralisierte Datenbanken und biometrische Informationen zurück, um gegen nicht autorisierte Migration vorzugehen (Sontowski 2017). Gleichzeitig bieten soziale Netzwerke und Messanger-Dienste Menschen auf der

Kapitel 14

Flucht neue Möglichkeiten der Kommunikation und des Informationsaustauschs und ermöglichen es, mit entfernten Freunden und Verwandten in Kontakt zu bleiben. Auch für die kritische Beschäftigung mit Außenpolitik und Militär bieten sich neue Perspektiven. Gregory (2011) zeigt, wie ferngesteuerte Drohnen die Kriegsführung verändern, wenn ein Soldat wie in einem Videospiel das Geschehen auf einem Bildschirm bestimmt und mit einem Knopfdruck Menschenleben in Tausenden Kilometer Entfernung auslöschen kann. Und Jason Dittmer betrachtet in seinem Buch „*Diplomatic Material*" (Dittmer 2017), wie wichtig Technik und materielle Bedingungen im Bereich der internationalen Diplomatie und Geopolitik sind.

Literatur

Alaimo S (2016) Exposed: Environmental Politics and Pleasures in Posthuman Times. University of Minnesota Press, Minneapolis

Anderson B (1988) Die Erfindung der Nation. Zur Karriere eines folgenreichen Konzepts. Campus, Frankfurt a. M.

Anderson B, Kearnes M, McFarlane C, Swanton D (2012) On assemblages and geography. Dialogues in Human Geography 2/2: 171–189

Anderson K, Domosh M, Pile S, Thrift N (eds) (2003) Handbook of Cultural Geography. London

Anderson B, Harrisson P (eds) (2010) Taking-Place: Non-Representational Theories and Geography. Ashgate, Aldershot

Anshelm J, Hultman M (2014) Discourses of Global Climate Change: Apocalyptic Framing and Political Antagonisms. Routledge, New York

Arampatzi A (2017) The spatiality of counter-austerity politics in Athens, Greece: Emergent 'urban solidarity spaces'. Urban Studies 54: 2155–2171

Arnold H (2004) Rezension „Kulturgeographie. Aktuelle Ansätze und Entwicklungen". Geographische Revue 6/2: 99–102

Austin JL (2002) Zur Theorie der Sprechakte (How to do things with Words). Reclam, Ditzingen [1962]

Baasch S (2015) Geschlechterverhältnisse an geographischen Instituten deutscher Hochschulen. https://vgdh.geographie.de/wp-content/docs/2016/01/Ergebnisse-Studie-Geschlechterverh%C3%A4ltnisse-VGDH.pdf (Zugriff 17.10.2018)

Barad KM (2007) Meeting the universe halfway: quantum physics and the entanglement of matter and meaning. Durham University Press, Durham, London

Bartels D (1970) (Hrsg) Wirtschafts- und Sozialgeographie. Neue Wissenschaftliche Bibliothek 35. Kiepenheuer & Witsch, Köln, Berlin

Bauriedl S, Schier M, Strüver A (Hrsg) (2010) Geschlechterverhältnisse, Raumstrukturen, Ortsbeziehungen: Erkundungen von Vielfalt und Differenz im spatial turn. Münster

Beauvoir S, de (1992) Das andere Geschlecht. Rowohlt, Reinbek [1949]

Beck U (1995) Risikogesellschaft. Auf dem Weg in eine andere Moderne. Suhrkamp, Frankfurt a. M.

Becker-Schmidt R, Knapp GA (2003) Feministische Theorien zur Einführung. Junius, Hamburg

Belina B (2005) Räumliche Strategien kommunaler Kriminalpolitik in Ideologie und Praxis. In: Glasze G, Pütz R, Rolfes M (Hrsg) Stadt – (Un-)Sicherheit – Diskurs. Urban Studies. Transcript, Bielefeld. 137–166

Belina B (2013) What's the matter with Germany? On Fetishizations of the Euro Crisis in Germany's public discourse, and their basis in social processes and relations. Human Geography 6: 26–37

Belina B, Michel B (Hrsg) (2011) Raumproduktionen: Beiträge der Radical Geography. Eine Zwischenbilanz. 3. Aufl. Verlag Westfälisches Dampfboot, Münster

Belina B, Naumann M, Strüver A (Hrsg) (2018) Handbuch Kritische Stadtgeographie. 3. Aufl. Verlag Westfälisches Dampfboot, Münster

Berndt C, Boeckler M (2016) Behave, global south! Economics, experiments, evidence. In: Geoforum 70: 22–24

Berndt C, Boeckler M (2017) Märkte in Entwicklung: Zur Ökonomisierung des Globalen Südens. In: Diaz-Bone R, Hartz R (Hrsg) Dispositiv und Ökonomie. Diskurs- und dispositivanalytische Perspektiven auf Organisationen und Märkte. Springer VS, Wiesbaden. 349–370

Best U (2009) Critical Geography. In: Kitchin B, Thrift N (eds) International Encyclopedia of Human Geography. Band 2. Oxford. 345–357

Binder E (1989) Männerräume – Männerträume. Ebenen des Androzentrismus in der Geographie. Institut für Gegographie, Wien

Bittner C (2017) OpenStreetMap in Israel and Palestine – Game changer or reproducer of contested cartographies? Political Geography 57: 34–48

Blomley N (2006) Uncritical critical geography? Progress in Human Geography 30: 87–94

Boeckler M (2005) Geographien kultureller Praxis. Syrische Unternehmer und die globale Moderne. Transcript, Bielefeld

Bourdieu P (1987) Die feinen Unterschiede: Kritik der gesellschaftlichen Urteilskraft. Suhrkamp, Frankfurt a. M.

Bourdieu P (1997) Männliche Herrschaft revisited. Feministische Studien 15: 8–99

Brenner N (2008) Tausend Blätter. Bemerkungen zu den Geographien ungleicher räumlicher Entwicklung. In: Wissen M, Röttger B, Heeg S (Hrsg) Politics of Scale. Räume der Globalisierung und Perspektiven emanzipatorischer Politik. Westfälisches Dampfboot, Münster. 57–84

Brunotte E, Gebhardt H, Meurer M, Meusburger P, Nipper J (Hrsg) (2001) Lexikon der Geographie. Springer Spektrum, Heidelberg, Berlin

Bühler E (2001) Frauen- und Gleichstellungsatlas Schweiz. Seismo, Zürich

Buschkühl A (1989) Frauen in der Stadt: räumliche Trennung der Lebensbereiche, Mobilität von Frauen, veränderte Planung mit Frauen. In: Bock S et al (Hrsg) Frauen(t)räume in der Geographie. Gesamthochschulbibliothek, Kassel. 101–115

Butler J (1990) Gender trouble. Feminism and the subversion of identity. New York

Butler J (1997) Körper von Gewicht. Suhrkamp, Frankfurt a. M.

Butler J (1998) Hass spricht. Zur Politik des Performativen. Berlin Verlag, Berlin

Butler J (2004) Undoing gender. Routledge, New York

Butler J (2009) Die Macht der Geschlechternormen und die Grenzen des Menschlichen. Suhrkamp, Frankfurt a. M.

Butler J (2015) Notes Toward a Performative Theory of Assembly. Harvard University Press, Cambridge

Callon M (1998) Introduction: The embeddedness of economic markets in economics. In: Callon M (eds) The Laws of the Markets. Blackwell, Oxford. 1–57

Callon M (2007) What does it mean to say that economics is performative? In: MacKenzie D, Muniesa F, Siu L (eds) Do Economists Make Markets? On the Performativity of Economics. Princeton University Press, Princeton. 311–357

Castells M (2001) Das Informationszeitalter. Bd. 1. Die Netzwerkgesellschaft. Opladen

Castree N, Kitchin R, Rogers A (2013) Human geography. In: A Dictionary of Human Geography. Oxford University Press, Oxford

Crang M (1998) Cultural Geography. Routledge, London, New York

Davis DE (2009) Non-State Armed Actors, New Imagined Communities, and Shifting Patterns of Sovereignty and Insecurity in the Modern World. Contemporary Security Policy. Publication details, including instructions for authors and subscription information. http://www.tandfonline.com/loi/fcsp20 (Zugriff 13.7.2018)

DeLanda M (2006) A New Philosophy of Society: Assemblage Theory and Social Complexity. Bloomsbury, London, New York

Deleuze G & Guattari F (1992) Tausend Plateaus. Berlin

Deleuze G (1968) Différence et Répétition. Presse Universitaires de France, Paris

Derrida J (1976) Randgänge der Philosophie. Ullstein, Frankfurt a. M.

Deutsche Gesellschaft für Geographie (2006) Was ist Geographie? https://geographie.de/studium-fortbildung/was-ist-geographie-kurzfassung/ (Zugriff 18.8.2018)

Diaz-Bone R, Hartz R (Hrsg) (2017) Dispositiv und Ökonomie: Diskurs- und dispositivanalytische Perspektiven auf Märkte und Organisationen. Springer VS, Wiesbaden

Dittmer J (2017) Diplomatic material: affect, assemblage, and foreign policy. Duke University Press, Durham

Döring J, Thielmann T (Hrsg) (2009) Mediengeographie. Theorie – Analyse – Diskussion. Transcript-Verlag, Bielefeld

Dzudzek I, Reuber P, Strüver A (Hrsg) (2012) Die Politik räumlicher Repräsentationen – Beispiele aus der empirischen Forschung. Forum Politische Geographie. Bd. 6. LIT, Münster

Eckardt F, Hoerning J (2012) Postkoloniale Städte. In: Eckardt F (Hrsg) Handbuch Stadtsoziologie. Springer, Wiesbaden. 263–287

Fanon F (1981) Die Verdammten dieser Erde. Suhrkamp, Frankfurt a. M.

Flitner M (1998) Konstruierte Naturen und ihre Erforschung. Geographica Helvetica 53/3: 89–95

Foucault M (1977) Überwachen und Strafen. Die Geburt des Gefängnisses. Suhrkamp, Frankfurt a. M.

Foucault M (1997) Der Wille zum Wissen. Sexualität und Wahrheit 1. Suhrkamp, Frankfurt a. M. [1976]

Foucault M (2004) Sicherheit, Territorium, Bevölkerung: Geschichte der Gouvernementalität I. Suhrkamp, Frankfurt a. M.

Frank S (2010) Gentrifizierung und Suburbanisierung im Fokus der Urban Gender Studies. In: Bauriedl S, Schier M, Strüver A (Hrsg) Geschlechterverhältnisse, Raumstrukturen, Ortsbeziehungen: Erkundungen von Vielfalt und Differenz im spatial turn. Westfälisches Dampfboot, Münster. 26–49

Frisch M (1981) Der Mensch erscheint im Holozän. Suhrkamp, Frankfurt a. M.

Garcia-Parpet MF (2007) The Social Construction of a Perfect Market: The Strawberry Auction at Fontaines-en-Sologne. In: MacKenzie D, Muniesa F, Siu L (eds) Do Economists Make Markets? On the Performativity of Economics. Princeton University Press, Princeton. 20–53

Gebhardt H, Mattissek A, Reuber P, Wolkersdorfer G (2007) Neue Kulturgeographie? Perspektiven, Potentiale und Probleme. Geographische Rundschau 59 (7/8): 12–20

Glasze G, Mattissek A (Hrsg) (2009) Handbuch Diskurs und Raum. Theorien und Methoden für die Humangeographie sowie die sozial- und kulturwissenschaftliche Raumforschung. Transcript, Bielefeld

Glasze G, Pütz R, Rolfes M (Hrsg) (2005) Diskurs – Stadt – Kriminalität. Städtische (Un-)Sicherheiten aus der Perspektive von Stadtforschung und Kritischer Kriminalgeographie. Transcript, Bielefeld

Gregory D (1994) Geographical imaginations. Blackwell, Cambridge

Gregory D (2011) The everywhere war. Geographical Journal 177/3: 238–250

Gregory D, Martin R, Smith G (eds) (1994) Human Geography. Society, Space and Social Science. Macmillian Education UK, London

Habermas J (1987) Die Neue Unübersichtlichkeit. Suhrkamp, Frankfurt a. M.

Hadjimichalis C (2016) Schuldenkrise und Landraub in Griechenland. Westfälisches Dampfboot. Münster

Hall S (1994) Rassismus und kulturelle Identität. Ausgewählte Schriften 2. Argument, Hamburg

Hall S (1997) Wann war „der Postkolonialismus"? Denken an der Grenze. In: Bronfen E, Marius B, Steffen T (Hrsg) Hybride Kulturen. Beiträge zur anglo-amerikanischen Multikulturalismusdebatte. Stauffenburg, Tübingen. 219–246

Hall S (1999) Ethnizität: Identität und Differenz. In: Engelmann J (Hrsg) Die kleinen Unterschiede. Der Cultural Studies-Reader. Campus, Frankfurt a. M.

Hamilton FEJ (eds) (1974) Spatial Perspectives on Industrial Organization and Decision-Making. Wiley, London, New York

Haraway D (1988) Situated Knowledges: The Science Question in Feminism and the Privilege of Partial Perspective. Feminist Studies 14: 575–599

Haraway D (1991) Simians, cyborgs, and women: the reinvention of nature. Routledge, New York

Haraway D (1995) Die Neuerfindung der Natur. Primaten, Cyborgs und Frauen. Campus, Frankfurt a. M.

Haraway D (2008) When Species Meet. University of Minnesota Press, Minneapolis

Haraway D (2016) Staying with the Trouble: Making Kin in the Chthulucene. Duke University Press, Durham

Harding S (1990) Feministische Wissenschaftstheorie. Zum Verhältnis von Wissenschaft und sozialem Geschlecht. Argument, Hamburg

Harding S (1994) Das Geschlecht des Wissens: Frauen denken die Wissenschaft neu. Campus, Frankfurt a. M.

Harvey D (1973) Social Justice and the City. Edward Arnold, London

Harvey D (2006) The geographies of critical geography. Transactions of the Institute of British Geographers 31: 409–12

Harvey D (2011) Zwischen Raum und Zeit: Reflektionen zur Geographischen Imagination. In: Belina B, Michel B (Hrsg) Raumproduktionen: Beiträge der Radical Geography. 3. Aufl. Münster. 36–60

Heineberg H (2003) Einführung in die Anthropogeographie/Humangeographie. UTB, Paderborn

Heintz B (1993) Die Auflösung der Geschlechterdifferenz. Entwicklungstendenzen in der Theorie der Geschlechter. In: Bühler E, Mayer H, Reichert D (Hrsg) Ortssuche. Zur Geographie der Geschlechterdifferenz. Efef, Zürich. 17–48

Hölz K (1998) Das Fremde, das Eigene, das Andere. Die Inszenierung kultureller und geschlechtlicher Identität in Lateinamerika. Schmidt, Berlin

Horkheimer M (1988) Traditionelle und kritische Theorie. Gesammelte Schriften Bd. 4. Frankfurt a. M. 162–225 [1937]

Huntington S (1996) Der Kampf der Kulturen. Die Neugestaltung der Weltpolitik im 21. Jahrhundert. Europa Verlag, München, Wien

Husseini S (2009) Die Macht der Übersetzung. Konzeptionelle Überlegungen zur Übersetzung als politische Praktik am Beispiel kulturgeographischer Forschung im arabischen Sprachraum. Social Geography 5: 145–172

Jackson P (2005) Identities. In: Cloke P, Crang P, Goodwin M (eds) Introducing Human Geographies. Second Edition. Routledge, London

Jinping X (2014) The Chinese Dream of the Great Rejuvenation of the Chinese Nation. Foreign Language Press, Beijing

King AD (2005) Postcolonial Cities/Postcolonial Critiques: Realities and Representations. Soziale Welt Sonderband 16: 67–83

Knox PL, Marston S (2001) Humangeographie. Spektrum Akademischer Verlag, Heidelberg

Kobayashi A (2017) Human Geography. In: Richardson D, Castree N, Goodchild MF, Kobayashi A, Liu W, Marston RA (eds) The International Encyclopedia of Geography. John Wiley & Sons, New York

Krämer S, Stahlhut M (2001) Das „Performative" als Thema der Sprach- und Kulturphilosophie. Paragrana: Internationale Zeitschrift für Historische Anthropologie 10: 35–64

Latour B (1993) We have never been modern. Harvard University Press, Cambridge

Latour B (1999) Pandora's hope: essays on the reality of science studies. Harvard University Press, Cambridge

Law J (2008) Actor Network Theory and Material Semiotics. In: Turner BS (eds) The New Blackwell Companion to Social Theory. Wiley-Blackwell, Chichester. 141–158

Lefebvre H (1972) Die Revolution der Städte. List, München [1970]

Lefebvre H (1974) La Production d l'Espace. Éditions Anthropos, Paris

Lippuner R (2005) Reflexive Sozialgeographie. Bourdieus Theorie der Praxis als Grundlage für sozial- und kulturgeographisches Arbeiten nach dem cultural turn. Geographische Zeitschrift 93/3: 135–147

Lorimer H (2005) Cultural geography: the busyness of being more-than-representational. Progress in Human Geography 29: 83–94

Lossau J (2002) Die Politik der Verortung. Eine postkoloniale Reise zu einer anderen Geographie der Welt. Transcript, Bielefeld

Lossau J (2008) Kulturgeographie als Perspektive. Zur Debatte um den cultural turn in der Humangeographie – eine Zwischenbilanz. Berichte zur Deutschen Landeskunde 82: 317–334

MacKenzie D (2006) An Engine, Not a Camera: How Financial Models Shape Markets. MIT Press, Cambridge

Marquardt N, Strüver A (2018) Körper. Machtgeladene Intra-aktionen zwischen Biologischem und Sozialem. In: Vogelpohl A, Michel B, Lebuhn H, Hoerning J, Belina B (Hrsg) Raumproduktionen II. Theoretische Kontroversen und politische Auseinandersetzungen. Westfälisches Dampfboot, Münster. 38–59

Marx K (1969) Thesen über Feuerbach. In: Marx-Engels-Werke. Karl Dietz Verlag, Berlin. Band 3: 5–7 [1844]

Marx K (1970) Brief an Ruge. In: Marx-Engels-Werke. Karl Dietz Verlag, Berlin. Band 1: 343–346 [1843]

Marx K (1971) Das Kapital. Band 1. In: Marx-Engels-Werke. Karl Dietz Verlag, Berlin. Band 23 [1867]

Marx K (1972) Der achtzehnte Brumaire des Louis Bonaparte. In: Marx-Engels-Werke. Karl Dietz Verlag, Berlin. Band 8: 115–123 [1852]

Maß S (2006) Weiße Helden, schwarze Krieger. Zur Geschichte kolonialer Männlichkeit in Deutschland 1918–1964. Böhlau, Köln, Weimar, Wien

Massey D (1984) Spatial Divisions of Labour. Sage, London

Massey D (1993) Raum, Ort und Geschlecht. In: Bühler E et al (Hrsg) Ortssuche. Zur Geographie der Geschlechterdifferenz. Efef, Zürich. 109–122

Massey D (1994) Space, Place and Gender. Polity Books, Cambridge

Massey D (1999) Power-Geometries and the Politics of Space-Time. Hettner Lectures 2. Department of Geography, Heidelberg

Massey D (2005) For Space. Sage, London

Massey D (2015) A Global Sense of Place. In: Escher A, Petermann S (Hrsg) Raum und Ort. Basistexte Geographie, Band 1. Steiner, Stuttgart. 191–200

Massey D, Allen J, Sarre P (Hrgs) (1999) Human geography today. Polity Books, Cambridge

Mattissek A (2005) Kasten: Strukturalismus – Poststrukturalismus. In: Reuber P, Pfaffenbach C (2005) Methoden der empirischen Humangeographie. Das Geographische Seminar. Braunschweig

Mattissek A (2008) Die neoliberale Stadt. Diskursive Repräsentationen im Stadtmarketing deutscher Großstädte. Transcript, Bielefeld

Mattissek A, Wiertz T (2014) Materialität und Macht im Spiegel der Assemblage-Theorie: Erkundungen am Beispiel der Waldpolitik in Thailand. Geographica Helvetica 69: 157–169

Meier V (1998) Jene machtgeladene soziale Beziehung der „Konversation"… Poststrukturalistische und postkoloniale Geographie. Geographica Helvetica 53: 107–112

Merriman P & Jones R (2016) Nations, materialities and affects. Progress in Human Geography 41/5: 600–617

Miggelbrink J (2002) Der gezähmte Blick. Zum Wandel des Diskurses über „Raum" und „Region" in humangeographischen Forschungsansätzen des ausgehenden 20. Jahrhunderts. Institut für Länderkunde, Leipzig

Militz E, Schurr C (2016) Affective nationalism: Banalities of belonging in Azerbaijan. Political Geography 54: 54–63

Mitchell D (1995) There's no such thing as culture: Towards a reconceptualization of the idea of culture in geography. Transactions of the Institute of British Geographers, New Series 20: 102–116

Mitchell D (2000) Cultural Geography: a critical introduction. Blackwell, Oxford

Mitchell T (1998) Fixing the Economy. Cultural Studies 12: 82–101

Mollett S, Faria C (2018) The spatialities of intersectional thinking: fashioning feminist geographic futures. Gender, Place and Culture 25/4: 565–577

Mose J (2014) Katalonien zwischen Separatismus und Transnationalisierung. Zur Konstruktion und Dynamik raumbezogener Identitäten. Forum Politische Geographie. Bd. 10. LIT, Münster

Muniesa F (2014) The Provoked Economy. Economic Reality and the Performative Turn. Routledge, London and New York

Nachtwey O (2016) Die Abstiegsgesellschaft. Über das Aufbegehren in der regressiven Moderne. Suhrkamp, Berlin

Ó Tuathail J, Dalby S, Routledge P (eds) (2006) The geopolitics reader. 2. Aufl. Routledge, London

Oberhauser A, Fluri J, Whitson R, Mollett S (2018) Feminist Spaces: Gender and Geography in a Global Context. Routledge, London

Peet R, Thrift N (1989) Political economy and human geography. In: Thrift N, Peet R (eds) New models in geography. Bd. 1. London. 3–27

Phillips L, Jørgensen MW (2002) Discourse analysis as theory and method. Sage, London

Pickerill J (2017) Radical Geography. In: Richardson D, Castree N, Goodchild MF, Kobayashi A, Liu W, Marston RA (eds) The International Encyclopedia of Geography. New York, John Wiley & Sons

Pickering A (1995) The Mangle of Practice: Time, Agency, and Science. University of Chicago Press, Chicago

Reuber P (1999) Raumbezogene politische Konflikte. Geographische Konfliktforschung am Beispiel von Gemeindegebietsreformen. Erdkundliches Wissen 131. Stuttgart

Reuber P (2012) Politische Geographie. Schöningh, UTB, Paderborn

Rosati C (2017): Cultural Turn. In: Richardson D, Castree N, Goodchild MF, Kobayashi A, Liu W, Marston RA (eds) The International Encyclopedia of Geography. New York, John Wiley & Sons

Rose G (1993) Feminism & Geography. The Limits of Geographical Knowledge. Sage, Oxford

Sahr WD (2005) Neues vom Fliegenden Holländer. Gedanken zu Eckhard Ehlers und Helmut Klüters Buchkritik von „Kulturgeographie. Aktuelle Ansätze und Entwicklungen" und ihren Anmerkungen zu einer „babylonischen" bzw. „feuilletonistischen" Geographie. Berichte zur deutschen Landeskunde 79/4: 501–516

Said E (1978) Orientalism. Vintage, New York

Sartre J-P (1981) Vorwort. In: Fanon F (Hrsg) Die Verdammten dieser Erde. Suhrkamp, Frankfurt a. M.

Schätzl L (2003) Wirtschaftsgeographie. Bd 1: Theorie. UTB, Paderborn

Schlögel K (2003) Im Raume lesen wir die Zeit: Über Zivilisationsgeschichte und Geopolitik. Carl Hanser Verlag, München

Schreiber V (2012) Das Quartier als Therapie. Die kommunale Kriminalprävention und ihre Vervielfältigung städtischer Räume. Geographische Zeitschrift 100/4: 228–246

Schultz H-D (1998) Herder und Ratzel: Zwei Extreme, ein Paradigma? Erdkunde 52: 127–143

Schurr C (2014) Emotionen, Affekte und mehr-als-repräsentationale Geographien. Geographische Zeitschrift 102: 148–161

Schurr C, Strüver A (2016) „The Rest": Geographien des Alltäglichen zwischen Affekt, Emotion und Repräsentation. Geographica Helvetica 71/2: 87–97

Seager J (2009) The Atlas of Women in the World. Routledge, London

Smith N (1984) Uneven Development. Sage, Oxford

Smith N (2006) There's No Such Thing as a Natural Disaster. http://understandingkatrina.ssrc.org/Smith (Zugriff: 27.12.2017)

Soja EW (1989) Postmodern Geographies. The Reassertion of Space in Critical Social Theory. Verso, London

Sontowski S (2017) Speed, timing and duration: contested temporalities, techno-political controversies and the emergence of the EU's smart border. Journal of Ethnic and Migration Studies 44/2: 1–17

statista.com, https://de.statista.com/statistik/daten/studie/156263/umfrage/aussenhandel-mit-griechenland (Zugriff 27.12.2017)

Stauth G (1993) Islam und westlicher Rationalismus. Der Beitrag des Orientalismus zur Entstehung der Soziologie. Campus, Frankfurt a. M., New York

Strüver A (2005) Macht Körper Wissen Raum? Ansätze für eine Geographie der Differenzen. Beiträge zur Bevölkerungs- und Sozialgeographie, Bd. 9. Universität Wien Institut für Geographie und Regionalforschung, Wien

Thien D (2005) After or beyond feeling? A consideration of affect and emotion in geography. Area 37: 450–454

Thrift N (1997) The still point. In: Pile S, Keith M (eds) Geographies of Resistance. Routledge, London. 124–151

Thrift N (2002) Performing cultures in the new economy. In: du Gay P, Pryke M (eds) Cultural Economy: Cultural Analysis and Commercial Life. Sage, London. 201–234

Thrift N (2008) Non-Representational Theory: Space, Politics, Affect. Routledge, London, New York

Thrift N, Dewsbury JD (2000) Dead geographies – and how to make them live. Environment and Planning D: Society and Space 18: 411–432

Vaiou D Kalandides A (2016) Practices of collective action and solidarity: reconfigurations of the public space in crisis-ridden Athens, Greece. Journal of Housing and the Built Environment 31: 457–470

Walgenbach K, Dietze G, Hornscheidt A, Palm K (Hrsg) (2011) Gender als interdependente Kategorie. Neue Perspektiven auf Intersektionalität, Diversität und Heterogenität. Opladen

Wastl-Walter D (1989) Geographie – eine Wissenschaft der Männer? Eine Reflexion über die Frau in der Arbeitswelt der wissenschaftlichen Geographie und über die Inhalte der Disziplin. Klagenfurter Geographische Schriften 6: 157–169

Wastl-Walter D (2010) Gender Geographien. Geschlecht und Raum als soziale Konstruktionen. Franz Steiner Verlag, Stuttgart

Weedon C (2001) Wissen und Erfahrung. Feministische Praxis und poststrukturalistische Theorie. Efef, Zürich

Weichhart P (2008) Entwicklungslinien der Sozialgeograpie. Von Hans Bobek bis Benno Werlen. Franz Steiner Verlag, Stuttgart

Werlen B (1995) Sozialgeographie alltäglicher Regionalisierungen. Band 1: Zur Ontologie von Gesellschaft und Raum. Franz Steiner Verlag, Stuttgart

Werlen B (2000) Sozialgeographie. Eine Einführung. UTB, Stuttgart

Werlen B (2010) Gesellschaftliche Räumlichkeit 2. Konstruktion geographischer Wirklichkeiten. Franz Steiner Verlag, Stuttgart

WGSG (Women and Geography Study Group) (1997) Feminist Geographies. Explorations in Diversity and Difference. Longman, Essex

Wiertz T (2016) Visions of Climate Control: Solar Radiation Management in Climate Simulations. Science, Technology & Human Values 41/3: 438–460

Wiertz T (2018) Diskurs und Materialität. In: Mattissek A, Glasze G (Hrsg) Handbuch Diskurs und Raum. Transcript, Bielefeld

Winker G, Degele N (2009) Intersektionalität. Zur Analyse sozialer Ungleichheiten. Transcript, Bielefeld

Wissen M (2008) Zur räumlichen Dimensionierung sozialer Prozesse. Die Scale-Debatte in der angloamerikanischen Radical Geography – eine Einleitung. In: Wissen M, Röttger B, Heeg S (Hrsg) Politics of Scale. Räume der Globalisierung und Perspektiven emanzipatorischer Politik. Westfälisches Dampfboot, Münster. 8–33

Woodward K (2017) Poststructuralism/Poststructural Geographies. In: Richardson D, Castree N, Goodchild MF, Kobayashi A, Liu W, Marston RA (eds) The International Encyclopedia of Geography. New York, John Wiley & Sons

Wucherpfennig C (2010) Geschlechterkonstruktionen und öffentlicher Raum. In: Bauriedl S, Schier M, Strüver A (Hrsg) Geschlechterverhältnisse, Raumstrukturen, Ortsbeziehungen: Erkundungen von Vielfalt und Differenz im spatial turn. Westfälisches Dampfboot, Münster. 48–74

Wucherpfennig C, Strüver A (2014) „Es ist ja nur ein Spiel" – Zur Performativität geschlechtlich codierter Körper, Identitäten und Räume. Geographische Zeitschrift 102: 175–189

Zibell B (1993) Frauen in der Raumplanung – Raumplanung von Frauen. In: Bühler E et al (Hrsg) Ortssuche. Zur Geographie der Geschlechterdifferenz. Efef, Zürich. 145–172

Cox K R (2014) Making Human Geography. New York

Freytag T, Gebhardt H, Gerhard U, Wastl-Walter D (Hrsg) (2016) Humangeographie kompakt. Berlin, Heidelberg

Freytag T, Lippuner R, Lossau J (Hrsg) (2013) Schlüsselbegriffe der Kultur- und Sozialgeographie. Ulmer, Stuttgart

Gebhardt H, Mattissek A, Reuber P, Wolkersdorfer G (2007) Neue Kulturgeographie? Perspektiven, Potentiale und Probleme. Geographische Rundschau 59,7/8: 12–20

Glasze G, Mattissek A (Hrsg) (2009) Handbuch Diskurs und Raum. Theorien und Methoden für die Humangeographie sowie die sozial- und kulturwissenschaftliche Raumforschung. Bielefeld

Kitchin R, Thrift N (eds) International Encyclopedia of Human Geography. Elsevier, Oxford

Lossau J (2002) Die Politik der Verortung. Eine postkoloniale Reise zu einer anderen Geographie der Welt. Transcript, Bielefeld

Weiterführende Literatur

Belina B, Michel B (Hrsg) (2011) Raumproduktionen: Beiträge der Radical Geography. Eine Zwischenbilanz. 3. Aufl. Westfälisches Dampfboot. Münster

Cloke P, Crang P, Goodwin M (2013) Introducing Human Geographies. London, New York

Sozialgeographie

Benno Werlen und Roland Lippuner

In seinem berühmten Lehrbuch „*Geography – A Global Synthesis*" zeigt der englische Geograph Peter Haggett, wie sich ein Strand im Verlauf eines Sonnentags nach bestimmten räumlichen und sozialen Regeln füllt: Zunächst werden die besten Plätze besetzt und auf genügend Abstand zum Nachbarn geachtet, dann werden die freien Räume aufgefüllt und Familien oder Cliquen rücken enger zusammen. Liegestühle oder Strandkörbe werden mit Handtüchern belegt und Reviere mit Sandburgen markiert. Am Strand, wie hier an der mecklenburgischen Küste bei Heringsdorf, zeigt sich also im Kleinen, wie der „Mensch als sozialer Akteur" seinen Alltag organisiert, wie mit sozialen Regeln Geographie „gemacht" wird (Foto: H. Gebhardt).

© Springer-Verlag GmbH Deutschland, ein Teil von Springer Nature 2020
H. Gebhardt et al. (Hrsg.), *Geographie*, https://doi.org/10.1007/978-3-662-58379-1_15

Menschen machen nicht nur, wie Karl Marx schreibt, ihre Geschichte selbst, sie machen auch ihre eigene Geographie – oder besser: ihre eigenen Geographien. Diese Einsicht bildet den Ausgangspunkt der zeitgenössischen Sozialgeographie. Als Ergebnis von Tätigkeiten sind die räumlichen Bedingungen in einem ständigen Wandel. Damit stellen sich auch die Herausforderungen für das Fach Sozialgeographie immer wieder neu. Aktuell betrifft dies vor allem die Veränderung der geographischen Bedingungen durch die Digitalisierung bzw. die Globalisierung der Alltagswelten. Ein besonderes Merkmal der neuen räumlichen Verhältnisse besteht in der Möglichkeit, über Distanz zu handeln. Damit sind tiefgreifende Veränderungen des gesellschaftlichen Zusammenlebens verbunden, die eine neue sozialgeographische Weltsicht notwendig machen. – Im sozialgeographischen Verständnis ist „Raum" nicht vorgegeben. Räume werden vielmehr über menschliche Tätigkeiten gemacht. Sie sind die Folge vergangener Tätigkeiten und gleichzeitig Bedingung aktuellen Handelns. Das Zusammenspiel von räumlichen Bedingungen und gesellschaftlichem Zusammenleben zu erforschen, ist eine wichtige Zielsetzung der wissenschaftlichen Sozialgeographie. Sie zu gestalten ist eine Aufgabe der Angewandten Sozialgeographie. Im folgenden Kapitel werden sozialgeographische Perspektiven zunächst in historischer Abfolge vorgestellt. Eine Auseinandersetzung mit der Entwicklung des Fachs ist wichtig, um erstens beurteilen zu können, welche Ansätze überhaupt geeignet sind, die aktuellen Problemlagen zu erfassen. Zweitens soll damit eine Sensibilisierung für die Besonderheit der aktuellen räumlichen Bedingungen des Handelns erzielt werden. Erst vor diesem Hintergrund können Lösungsansätze für gegenwärtige Problemlagen angemessen beurteilt werden.

das menschliche Handeln erst in kulturell, gesellschaftlich, wirtschaftlich und politisch geprägter Interpretation relevant sind. Dieser Perspektivenwechsel findet beispielsweise auch im Verständnis von Staatsgrenzen seinen Ausdruck. Nahm man früher an, dass Staaten von „natürlichen Grenzen" umgeben seien bzw. sein sollten, begreift man Staatsgrenzen heute als Ausdruck von politisch erreichten Festlegungen, die dazu dienen, die Zuständigkeiten von Staaten zu regeln (Kap. 16).

Dementsprechend wird heute die Aufgabe der Sozialgeographie in der wissenschaftlichen Untersuchung der geographischen Praktiken – des **alltäglichen „Geographie-Machens"** – gesehen. Die aktuellen Forschungsfragen richten sich auf die Analyse jener Geographien, welche die Menschen als soziale Akteure mittels ihrer Tätigkeiten schaffen: Geographische Praktiken sollen wissenschaftlich rekonstruiert und erklärt werden. Darüber hinaus gehen Sozialgeographinnen und -geographen der Frage nach, welche Bedeutung veränderte geographische Bedingungen für das gesellschaftliche Zusammenleben haben.

Für ein genaueres Verständnis der sozialgeographischen Weltbetrachtung ist es notwendig, zwei zentrale humangeographische Begriffspaare zu präzisieren und auf neue Weise miteinander in Beziehung zu setzen: das Begriffspaar „Bevölkerung und Gesellschaft" (Kap. 23) einerseits sowie „Mensch und sozialer Akteur" anderseits.

15.1 Die Welt mit sozialgeographischen Augen sehen

Das Kernthema der Sozialgeographie – die wissenschaftliche Erforschung des Verhältnisses von Gesellschaft und (Erd-) Raum – beinhaltet die beiden folgenden Grundfragen: Wie ist das gesellschaftliche Zusammenleben in räumlicher Hinsicht organisiert? Welche Rolle spielen die räumlichen Bedingungen für das Ent- und Bestehen gesellschaftlicher Wirklichkeiten? Beiden Kernfragen geht die sozialgeographische Forschung in verschiedenen Theoriehorizonten und einem breit gefächerten Themenfeld nach.

Am historischen Anfang der sozialgeographischen Forschung – Ende des 19. Jahrhunderts – ging es vor allem darum, den wissenschaftlichen Nachweis zu erbringen, dass die (natur-) räumlichen Bedingungen für das menschliche Handeln verantwortlich sind. Man vermutete, dass die Wirkkräfte der Natur für menschliche Kulturen und Gesellschaften dieselbe Bedeutung haben wie beispielsweise jene des Klimas für die Pflanzenwelt (bzw. die Pflanzengesellschaften) einer bestimmten Erdgegend. Vor dem Hintergrund dieser Zielsetzung schien es sinnvoll, die Geographie der menschlichen Gesellschaften analog zur Geographie der Natur zu erforschen.

Im Vordergrund stand so zuerst die Annahme, dass der Raum die Gesellschaft prägt. Die Forschungsergebnisse der Sozialgeographie konnten diese Hypothese jedoch nicht bestätigen. Deshalb geht man heute davon aus, dass die räumlichen Bedingungen für

Bevölkerung und Gesellschaft

Die Begriffe „Bevölkerung" und „Gesellschaft" werden in der Alltagssprache häufig gleichgesetzt. Der Bedeutungsunterschied ist jedoch gerade in geographischer Hinsicht wichtig und deshalb hervorzuheben. Der Begriff der **Population** (Bevölkerung) weist primär einen biologischen, nicht aber einen sozialen Bezug auf. Er bezeichnet die Zahl der Organismen einer spezifischen biologischen Gattung innerhalb bestimmter geographischer Grenzen. Als **Bevölkerung** bezeichnet man dementsprechend die menschliche Population eines Staates, einer Region oder einer Ortschaft. Diese kann mit weiteren Merkmalen spezifiziert werden – beispielsweise wenn von der Wohnbevölkerung oder der arbeitenden Bevölkerung die Rede ist. Kurz, der Begriff „Bevölkerung" bezieht sich primär auf die organische Einheit „Mensch" und in den genannten Zusammenhängen auf eine Mehrzahl von Menschen. Entsprechend interessieren unter dem Gesichtspunkt der Bevölkerungsforschung auch die primär biologischen Aspekte wie das Wachstum oder die Schrumpfung einer Bevölkerung sowie deren räumliche Verteilung.

Gesellschaft rückt dagegen die Beziehungen der Individuen untereinander ins Zentrum. Grundsätzlich ist auch unter Gesellschaft das Zusammenleben einer größeren Zahl von Lebewesen (Pflanzen, Tieren, Menschen) über längere Zeit hinweg in einem räumlichen Kontext zu verstehen. In den Sozial- und Kulturwissenschaften ist die Begriffsverwendung aber auf den menschlichen Bereich begrenzt. Allen sozialwissenschaftlichen Begriffsverständnissen ist außerdem gemeinsam, dass Gesellschaft nicht

Exkurs 15.1   Geographie, Sozialgeographie und Soziologie

Geographie und Soziologie im Vergleich

Geographie:

- wissenschaftliche Disziplin der Erforschung räumlicher Konstellationen
- Beschreibung und Erklärung von Erscheinungsformen der Erdoberfläche

Soziologie:

- Wissenschaftsbereich der Gesellschaftsforschung
- Analyse der gesellschaftlichen Dimension menschlicher Lebensformen

Sozialgeographie und Soziologie im Vergleich

Soziologie:

- körperlose Akteure und raumlose Gesellschaft
- soziales Handeln und soziale Strukturen
- Natur weitgehend aus Betrachtung ausgeschlossen

Sozialgeographie:

- Gesellschaft – Erdraum – Natur
- soziale Akteure sind körperliche Wesen
- soziale Akteure stehen in Beziehung zur und im „Austausch" mit der Natur

---

bloß eine bestimmte Menge von Menschen bezeichnet, sondern insbesondere den Zusammenhang, der aus dem Handeln, Kommunizieren, dem Tauschen von Waren und so weiter resultiert. Wird mit „Bevölkerung" der Akzent also auf die menschlichen Organismen und deren Zahl gelegt, bezieht sich „Gesellschaft" auf Beziehungen sowie die Bedingungen, Mittel und Folgen des Handelns sozialer Akteure.

„Mensch" und sozialer Akteur

Während die Anthropogeographie und die Bevölkerungswissenschaften den Menschen „als solchen" ins Zentrum stellen, thematisieren die Sozialgeographie und die Sozialwissenschaften die Menschen als soziale Akteure. Das heißt, dass Menschen als sozialisierte Persönlichkeiten betrachtet werden, die nur dann handlungsfähig sind, wenn sie sich in Kooperation mit anderen Personen Sprache, gesellschaftliche Regeln und Gepflogenheiten angeeignet haben. Aufgrund dieser Aneignungsprozesse, welche die gesamte Lebensspanne umfassen, wird es ihnen beispielsweise möglich, den allgemeinen Erwartungen anderer zu entsprechen oder diese Erwartungen sogar an die eigene Person zu stellen (und sich ihnen zu widersetzen). Demzufolge wird das Gestaltungspotenzial, über das ein sozialisierter Mensch bzw. ein sozialer Akteur verfügt, immer durch **gesellschaftliche Normen und Regeln** begrenzt. Gleichzeitig wird die Handlungsfähigkeit der Akteure durch die Sozialisation aber auch erst ermöglicht.

Im Vergleich zu anderen sozialwissenschaftlichen Disziplinen (Exkurs 15.1) zeichnet sich die Sozialgeographie seit ihren Anfängen dadurch aus, dass bei der Erforschung menschlicher Tätigkeiten die erdräumlichen Bedingungen in die Untersuchung einbezogen werden. Andere sozialwissenschaftliche Forschungsrichtungen haben den physisch-materiellen Lebensgrundlagen in der Vergangenheit wenig Beachtung geschenkt oder den Umgang

Abb. 15.1 Max Weber wurde 1864 in Erfurt geboren. Er war der Begründer der verstehenden Soziologie und soziologischen Handlungstheorie und neben Karl Marx und Émile Durkheim der einflussreichste Gesellschaftstheoretiker des 19. und frühen 20. Jahrhunderts. Er starb 1920 in München.

mit „Natur" und „Raum" nicht näher reflektiert. Nach Max Weber (1980) – einem Klassiker der Soziologie (Abb. 15.1) – sind dies bloße „Daten, mit denen zu rechnen ist". Ihre Erforschung sei aber nicht das Ziel der Sozialwissenschaften. Konsequenterweise sind in den Sozialwissenschaften die sozialen Akteure bis in die jüngere Vergangenheit auch nicht als körperliche Wesen thematisiert worden.

Exkurs 15.2 Gesellschaft und Raum in Sozialwissenschaft und Sozialgeographie

Gesellschaft

- allgemeine Sichtweisen: Zusammenleben einer größeren Zahl von Lebewesen (Pflanzen, Tieren, Menschen) über längere Zeit hinweg auf einem bestimmten Gebiet
- sozialwissenschaftliche Sichtweisen: Regelungen, die aus dem Zusammenleben hervorgegangen und die für die Beziehungen zwischen den Mitgliedern einer Gesellschaft aktuell verpflichtend sind

Raum

- allgemeine Sichtweisen: erdoberflächliche Konstellationen und Anordnungen physisch-materieller Gegebenheiten
- sozialgeographische Sichtweisen: eine soziale Konstruktion, die das Ergebnis und Mittel alltäglicher geographischer Praktiken darstellt

---

In sozialgeographischer Betrachtung hingegen werden Akteure als Wesen thematisiert, die aufgrund ihrer Körperlichkeit in einem Austausch mit der natürlichen Umwelt stehen. Diese Beziehung zwischen Natur und menschlichem Körper wurde in der naturdeterministischen Sichtweise der traditionellen Geographie allerdings überinterpretiert. Man sah in dieser Beziehung eine kausale Determiniertheit der Menschen durch die Natur. Daraus wurde die Behauptung abgeleitet, dass alle beobachtbaren Kultur- und Wirtschaftsformen durch die natürlichen Grundlagen kausal vorbestimmt sind. „Wie die Natur, so Kultur und Wirtschaft" lautete die entsprechende Parole.

Von der Natur- zur Gesellschaftsforschung

Die naturdeterministischen Hypothesen, die vor allem durch Friedrich Ratzel, dem Begründer der Anthropogeographie, verbreitet wurden und die geographische Forschung über fast ein Jahrhundert prägten, konnten letztlich jedoch nicht bestätigt werden. Sozialgeographische Forschungen zeigten, dass die gesellschaftlichen, kulturellen und wirtschaftlichen Bedingungen für die Art der Naturnutzung viel entscheidender sind als die natürlichen Bedingungen für die vorherrschenden sozial-kulturellen und ökonomischen Verhältnisse. Damit kann der lange Zeit dominierende Erklärungsanspruch des geographischen **Natur- oder Geodeterminismus** als widerlegt betrachtet werden. Festzuhalten bleibt, dass die traditionelle Geographie die Bedeutung der natürlichen Bedingungen für die Konstitution gesellschaftlicher Wirklichkeiten überbetont hat. Von der sozialwissenschaftlichen Forschung wurde sie hingegen lange Zeit ignoriert. Während die traditionelle Geographie dem Raum eine eigene Wirkkraft beigemessen hat, schenkte die sozialwissenschaftliche Forschung der räumlichen Dimension des gesellschaftlichen Lebens wenig Beachtung – Gesellschaften wurden als raumlose Gegebenheiten gesehen.

Mit der sozialgeographischen Fokussierung des Verhältnisses von Gesellschaft und Raum kann die entstandene Lücke zwischen der „Raumversessenheit" der traditionellen Geographie einerseits und der „Raumvergessenheit" der Sozialwissenschaften andererseits geschlossen werden. In der Zentrierung des Interesses auf die Bedeutung der räumlichen Dimension für

das gesellschaftliche Zusammenleben vereinen sich der geographische und der sozialwissenschaftliche Tatsachenblick zu einem besonderen Erfahrungsstil. Die Sozialgeographie stellt in diesem Sinne das Brückenfach zwischen Geographie und Soziologie dar (Exkurs 15.2).

Unter welchen Bedingungen konnte die Überwindung der disziplinären Einseitigkeiten mit der Begründung der Sozialgeographie gelingen? Bevor in die vielfältigen Forschungsperspektiven der Sozialgeographie eingeführt wird, soll eine Antwort auf diese Frage gegeben werden. Dies ermöglicht es, sowohl auf einige grundlegende Aspekte der Wissenschaftsgeschichte einzugehen, als auch einige zentrale gesellschafts- und wissenschaftspolitische Probleme in der Auseinandersetzung mit dem **Gesellschafts-Natur-Verhältnis** anzusprechen.

15.2 Die Wegbereiter der Sozialgeographie

Die ersten Umrisse einer wissenschaftlichen Sozialgeographie sind in der zweiten Hälfte des 19. Jahrhunderts im intellektuellen Umfeld von **Élisée Reclus** (1911) in Frankreich entstanden. Reclus (Abb. 15.2) war in wesentlichem Maße durch *„Man and Nature: Physical Geography as Modified by Human Action"* von George P. Marsh (1864) beeinflusst, einem der grundlegenden Texte der Ökologie. Mit der übergeordneten Zielsetzung seiner Forschungen – *„to indicate the character and, approximately, the extent of the changes produced by human action in the physical conditions of the globe we inhabit"* – stellt Marsh (1864) die in der Geographie zu dieser Zeit vorherrschende natur- und geodeterministische Fragerichtung auf den Kopf. Ihn interessierten die Art und das Ausmaß der Veränderungen physischer Bedingungen durch das menschliche Handeln.

Zwei andere wichtige Inspirationsquellen für Reclus waren die Arbeiten der katholisch-konservativen **Le-Play-Schule der Soziologie** und die Gedankenwelt der anarchistischen Bewegung. Der Begründer der Familiensoziologie Frédéric Le Play erforschte die Veränderung der Lebensbedingungen von Familien durch die Industrielle Revolution. Seine Analysen gingen von den drei Schlüsselbegriffen „Ort", „Arbeit" und „Familie" aus.

Abb. 15.2 Élisée Reclus wurde 1830 in Saint-Foy-la-Grande geboren und starb 1905 in Brüssel (Belgien). Er ist der Verfasser des Monumentalwerkes *„Géographie Universelle"* und Begründer der Sozialgeographie.

Da die Familienbudgets Ausdruck der Arbeit sind und die Arbeit in traditionellen Agrargesellschaften unmittelbar auf die natürlichen Lebensbedingungen gerichtet ist, wurden bei diesen Untersuchungen konsequenterweise immer auch die geographischen Verhältnisse in die Analyse einbezogen. Auf diese Weise wurde die *social-survey*-Methode mit einer Regionalanalyse verbunden.

Die Beziehung zur anarchistischen Bewegung, in der die utopische Sichtweise von Reclus begründet war, bestand vor allem durch die enge Zusammenarbeit mit dem russischen Geographen **Peter Kropotkin**. Kropotkin vertrat grundsätzlich Darwins Evolutionstheorie. Er wandte sich aber gegen dessen These, wonach die Menschheitsgeschichte nichts anderes sei als der Ausdruck des Kampfes aller gegen alle. Diese Behauptung wurde von ihm durch die Idee der gegenseitigen Hilfe ersetzt. Danach kann zwar ein Kampf zwischen den Arten bestehen, doch innerhalb der Arten hat das Solidaritäts- und nicht das Feindschaftsprinzip vorzuherrschen, falls die Art überleben will. Daraus leitete Kropotkin die Folgerung ab, dass die Geselligkeit und das Leben in Gemeinschaft die fundamentalen Grunderfordernisse des gesellschaftlichen Zusammenlebens wären. Die Verwirklichung dieser Grundprinzipien verlangt auch nach einer besonderen Geographie des Sozialen: Die Gesellschaft sollte, nach Ansicht von Kropotkin, darauf ausgerichtet sein, „das lokale unabhängige Leben in kleinsten Einheiten zu schaffen, in Straße, Haus, Viertel und Gemeinde" (Kropotkin 1896). Daran sollte sich u. a. die Siedlungsweise industrialisierter Gesellschaften orientieren.

Der Ausgangspunkt der Sozialgeographie, wie er von Reclus und seinem intellektuellen Umfeld konzipiert wurde, bestand somit

aus der Verbindung der Frage nach der Mensch-Umwelt-Beziehung (Marsh) mit der räumlichen Ordnung des gesellschaftlichen Zusammenlebens (Le-Play-Schule und Anarchisten). Diese beiden Grundfragen sind im Zusammenhang mit der Industriellen Revolution und dem damit einhergehenden **Wandel der geographischen Lebensbedingungen** zu sehen. Dieser Wandel zeigt sich beispielsweise in der Ablösung einer vorwiegend ländlich-dörflichen Siedlungsstruktur durch die urban-städtische. Bewohnte in der vorindustriellen bzw. vormodernen Zeit der größte Teil der Weltbevölkerung dörfliche Siedlungen (Kap. 21), nahm der Anteil der städtischen Bevölkerung im Verlaufe der Industrialisierung rasant zu (Kap. 20). Heute – in der nachindustriellen Zeit – lebt mehr als die Hälfte der Weltbevölkerung in städtischen Agglomerationen (Abb. 15.3).

15.3 Forschungsorientierungen im 20. Jahrhundert

Von der Entwicklung der ersten Ansätze eines sozialgeographischen Forschungsprofils Ende des 19. Jahrhunderts in Frankreich bis zur Etablierung der Sozialgeographie an deutschsprachigen Universitäten dauerte es etwa 50 Jahre. Dies hat im Wesentlichen damit zu tun, dass die Gesellschafts-Raum-Debatte bereits vor dem Ersten Weltkrieg zunehmend von der **Blut-und-Boden-Ideologie** vereinnahmt und schließlich von der nationalsozialistischen Geopolitik bis zum Ende des Zweiten Weltkrieges beherrscht wurde. Für das Verständnis der Entwicklung der Sozialgeographie in Deutschland ist außerdem wichtig zu sehen, dass diese vom System der klassischen Geographie geprägt ist und in der Landschaftsforschung ihre historischen Wurzeln hat. Diese Zusammenhänge werden in der Zeittafel der Entwicklungsgeschichte der deutschen Sozialgeographie erkennbar (Abb. 15.4).

Landschaft und Gesellschaft

Die Erklärung der Kulturlandschaft bildet nach dem Ende des Zweiten Weltkrieges das oberste Ziel der Sozialgeographie. Deren Aufgabe wird von **Hans Bobek** (1948) in der Identifizierung jener sozialen Kräfte gesehen, welche der Herstellung von Kulturlandschaften zugrunde liegen. Der Begriff der „Landschaft" bezeichnet dabei den „Gesamtinhalt eines Teilstücks der Erdoberfläche" (Bobek & Schmithüsen 1949). Die frühe Sozialgeographie interessierte sich also vornehmlich für den Zusammenhang zwischen sozialer Wirklichkeit und kulturlandschaftlichen Verhältnissen. Sie ging davon aus, dass sich die Vielfalt der Kulturen und Gesellschaften in der Vielfalt der Kulturlandschaften äußert. Jede Kulturlandschaft wird somit als Spiegelbild der Umgestaltung der Natur durch die Gesellschaft begriffen. Als **Sozialgeographische Landschaftsforschung** sollte die Sozialgeographie nach Bobek klären, welches die landschaftsprägenden Daseinsgrundfunktionen bzw. Kräfte sind, von wem sie verwirklicht werden und wie sie verwirklicht werden (Werlen 2008). So

Abb. 15.3 Der Wandel geographischer Lebensbedingungen zu Zeiten der Industrialisierung wird deutlich an der Ablösung der Dominanz der ländlich-dörflichen Siedlungsstruktur durch die urban-städtische. Den Gegensatz zwischen Dorf und Stadt zeigen hier die Bilder von einem Hof im Schwarzwald (oben) und der chinesischen Stadt Jilin (unten; Fotos: H. Gebhardt).

wichtig dieser Ausgangspunkt für die Sozialgeographie war – und für den Landschaftsschutz immer noch ist – so wenig konnte er zur Gesellschaftsforschung ausgebaut werden.

Zielte die Forschungskonzeption der Bobek-Schule auf die Erklärung der Kulturlandschaft, so ging es dem **Indikatorenansatz** von **Wolfgang Hartke** um die sozialgeographische Erklärung von Gesellschaft und sozialem Wandel. Hartke begriff die Kulturlandschaft als „Registrierplatte" der Spuren vergangener sozialer Aktivitäten. Diese Spuren werden als Anzeiger (Indikatoren) sozialer Prozesse verstanden. Die sozialgeographische Landschaftsforschung wird von Hartke also in Richtung einer geographischen Gesellschaftsforschung gelenkt (Werlen 2008). Sie fokussiert die Rekonstruktion sozialer Prozesse auf der Basis kulturlandschaftlicher Spuren bzw. Indikatoren.

Der Ausgangspunkt für diese Ausrichtung des sozialgeographischen Forschens ist die Einsicht, dass nicht nur Wissenschaftler Geographie machen, sondern auch Landwirte, Unternehmer und Politiker. Auch sie sind *„geography-makers"*, wie Hartke sich ausdrückt. Das Spurenlesen in der Kulturlandschaft soll somit Einblicke in die vielfältigen Formen der „alltäglichen" geographischen Praktiken eröffnen. Die **Analyse geographischer Praktiken** setzt zunächst die Freilegung der Gründe der entsprechenden Tätigkeiten voraus. Da jeder Mensch nicht nur an einer bestimmten Stelle der Erde, sondern „auch in eine bestimmte Sozialgruppe" (Hartke 1959) hineingeboren wird, ist jede Person mit den Erwartungen der anderen Gruppenmitglieder konfrontiert. Eingriffe in die natürlichen Bedingungen sind sowohl von den in der Gruppe vorherrschenden Werten und Normen als auch von subjektiven Erwägungen mitbestimmt. Für die Transformation der Natur sind somit nicht primär die physischen Konstellationen einer Gegend, sondern „die ständig sich wiederholenden Bewertungsprozesse" (Hartke 1959) der natürlichen Tatsachen durch die Akteure ausschlaggebend. Welche Rolle die natürlichen Faktoren für die geographischen Praktiken spielen „wird bestimmt von der jeweils gültigen Wertordnung der betreffenden sozialen Gruppen" (Hartke 1959).

Die Rekonstruktion der geographischen Praktiken soll aber nicht nur auf den Naturbezug eingehen, sondern vor allem angemessene wissenschaftliche Regionalisierungen ermöglichen. Jede Form von **Regionalisierung** steht vor dem Problem, ein bestimmtes Kriterium für die Begrenzung zu wählen. Die traditionelle Geographie geht dabei von naturräumlichen Gegebenheiten bzw. „natürlichen Grenzen" aus. Diese lehnte Hartke (1948) nicht zuletzt deswegen ab, weil er hier „eine der Wurzeln der missverstandenen ‚Blut-und-Boden'-Beziehungen" sah. Eine richtig verstandene Sozialgeographie solle nicht nach den natürlichen Grenzen von sozialen Gebilden suchen, sondern stattdessen fragen: „Welche Raumbeziehung des täglichen Lebens wünscht man sich am wenigsten durch eine Grenze getrennt?" (Hartke 1948). Und zur Abgrenzung administrativer, politischer oder anderer Regionen sollen nicht physische Kriterien verwendet werden, sondern die Reichweiten der Aktionskreise. Was aktionsräumlich zusammengehört, solle nicht durch administrative Grenzen getrennt werden. Die Aufgabe der von Hartke erstmals geforderten **„Angewandten Geographie"** sei demzufolge, „Gesetze menschlichen Zusammenlebens" (Hartke 1959) aufzudecken und daraus die wissenschaftlichen Maßgaben für die Raumplanung sowie regionalpolitische Maßnahmen für verschiedene Maßstabsstufen – von der Gemeinde bis zu den Kontinenten – abzuleiten.

Aktionsräume, räumliche Strukturen und Gesellschaft

Die Entwicklung der Industrie- und Dienstleistungsgesellschaft in der zweiten Hälfte des 20. Jahrhunderts schließt eine starke Differenzierung der Gesellschaft ein. Das machte es notwendig, die Analyse und Erforschung der geographischen Aktionsräume

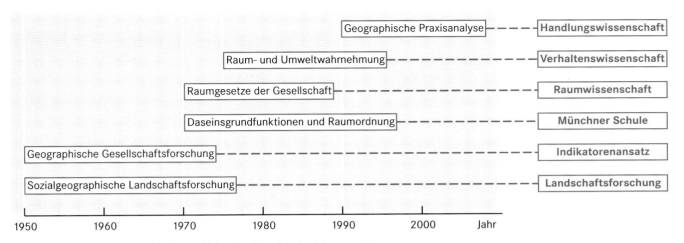

Abb. 15.4 Zeittafel der Entwicklungsgeschichte der deutschen Sozialgeographie.

gruppenspezifisch zu erforschen. Zu diesem Zweck wurden im Programm der **Münchner Schule** der Sozialgeographie Aktionsräume (Hartke) in Bezug auf Daseinsfunktionen (Bobek) erhoben. Sieben **Daseinsgrundfunktionen** (auch Grunddaseinsfunktionen genannt) bildeten in diesem Ansatz das Grundgerüst für die sozialgeographische Forschung. Man ging davon aus, dass alle verorteten Einrichtungen der Infrastruktur, um die sich die Aktionsräume der Menschen aufspannen, der Befriedigung der sieben Grundbedürfnisse „Wohnen", „Arbeiten", „Sich-Versorgen", „Sich-Bilden", „Sich-Erholen", „Verkehrsteilnahme" und „In-Gemeinschaft-Leben" dienen. Die wissenschaftlich erhobenen Aktionsräume wurden als Grundlage der Raumplanung, einem wichtigen Anwendungsbereich der Sozialgeographie, fruchtbar gemacht.

In Bezug auf diese sieben Daseinsgrundfunktionen wurden durch die Vertreter der Münchner Schule zwei Zielsetzungen sozialgeographischer Forschung formuliert. Erstens soll die bestehende räumliche Ordnung durch die Darstellung ihrer Herstellungsprozesse erklärt werden (rekonstruktiv-analytische Perspektive). Zweitens soll die Angewandte Sozialgeographie (Raumplanung) für die Bereitstellung von Nutzflächen für die Möglichkeit einer ausgewogenen Befriedigung menschlicher Bedürfnisse sorgen (konstruktiv-planerische Perspektive). Mit diesem doppelten Auftrag wird die Sozialgeographie zur „Wissenschaft von den räumlichen Organisationsformen und raumbildenden Prozessen der Daseinsgrundfunktionen menschlicher Gruppen und Gesellschaften" (Ruppert & Schaffer 1969). Die räumlichen Muster der Daseinsgrundfunktionen sind dabei als Ausdruck der Prozesse entsprechender Bedürfnisbefriedigung zu betrachten. Kurz: Sie stellen „geronnene Durchgangsstadien früher abgelaufener Prozesse" dar (Maier et al. 1977, Abb. 15.5).

Mit der Verschränkung der rekonstruktiv-analytischen und der konstruktiv-planerischen Aufgaben hat die Münchner Sozialgeographie (Werlen 2008) eine große praktische Relevanz erlangt. Eine strengere wissenschaftstheoretische Begründung der Erforschung des Gesellschafts-Raum-Verhältnisses findet hingegen durch die **raumwissenschaftliche Fachorientierung** statt. Die

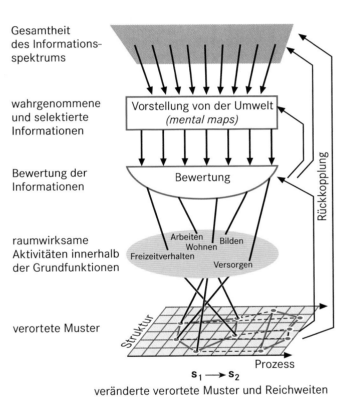

Abb. 15.5 Die räumlichen Reaktionsketten nach Ruppert.

Sozialgeographie wird hier als eine „handlungsorientierte Raumwissenschaft" verstanden.

Im Sinne seines kritisch-rationalen Wissenschaftsverständnisses forderte **Dietrich Bartels** (1968), dass es die vorrangige Aufgabe des Faches sein soll, **Raumgesetze** aufzudecken. Diese Aufgabe umfasst im Rahmen quantitativer Raumforschung laut Bartels (1970) die „Erfassung und Erklärung erdoberflächlicher Verbreitungs- und Verknüpfungsmuster im Bereich menschlicher Handlungen und ihrer Motivationskreise". Damit ist gemeint, dass die sozialgeographische Forschung einerseits die Strukturmuster der räumlichen Verbreitung von sozialen Gegebenheiten wie Normen, Werten, Motiven, Verhaltensweisen usw. aufdecken und andererseits räumliche Verknüpfungen über Pendler-, Warenaustausch-, Geld- und Informationsströme erklären soll.

Dieses Ziel ist auf der Grundlage eines dreistufigen Forschungsprozesses zu erreichen. In einer ersten Forschungsetappe ist die erdräumliche Verteilung der sozialen Gegebenheiten aufzuzeichnen und kartographisch darzustellen. In einer zweiten Etappe soll untersucht werden, wo gleichförmige Aktivitäten, gleiche Interaktionsmuster, Werthaltungen, Normen usw. auftreten. Die Grundmuster der erdräumlichen Verteilung sind bei Feststellung „chorischer Korrelationen dann im Sinne einer Theorie des Zusammenhangs als empirische Gesetzmäßigkeiten zu interpretieren" (Bartels 1970). Derart sollen Regionalzusammenhänge zwischen den verschiedenen Aspekten des Handelns aufgedeckt werden; Bartels nennt etwa den Zusammenhang zwischen der Berufsstruktur einer Region und dem dortigen Verkehrsaufkommen.

Nachdem die unterschiedlichen Verteilungen begrifflich erfasst sind, soll es in einer dritten Etappe von Bartels' Forschungsprogramm darum gehen, die Verteilung der Elemente „in ihrer erdräumlichen Distanzabhängigkeit" (Bartels 1970) zu erklären. Dabei ist zwischen einer mikro-analytischen und einer makro-analytischen Forschungsebene zu unterscheiden. Der mikro-analytische Zugang erforscht Aktionsräume einzelner Akteure bzw. die „status- und zweckabhängigen Aktionsreichweiten" (Bartels 1970). Die makro-analytische Untersuchung beschäftigt sich mit den von Menschen hervorgebrachten Strukturmustern. Dabei ist eine Erklärung der Verteilung und des Zusammenhangs der Systemelemente zu leisten. Die Wirkkraft der räumlichen Distanz wird dadurch hypothetisch zum zentralen Erklärungsfaktor für erdräumliche Verteilungen sozialer Gegebenheiten und infrastruktureller Einrichtungen erhoben.

Raumwahrnehmung und Image – verhaltenswissenschaftlicher Ansatz

Während der raumwissenschaftliche Ansatz die Aufdeckung objektiver räumlicher Gesetzmäßigkeiten zum Ziel hat, richtet sich die Aufmerksamkeit in der **verhaltenswissenschaftlichen Sozialgeographie** auf die subjektive Raumwahrnehmung. Ihre Zielsetzung besteht zwar auch in der Erklärung von Raumstrukturen, doch die Forschungsanstrengungen richten sich hier auf die menschlichen Tätigkeiten, aus denen die Raumstrukturen hervorgegangen sind. Dabei geht man davon aus, dass die räumliche Umwelt nur in der Form verhaltensrelevant ist, wie sie von den Individuen wahrgenommen wird. Daraus werden die drei Leitfragen und die drei zentralen Forschungsfelder des wahrnehmungs- und verhaltenstheoretischen Ansatzes abgeleitet (Tab. 15.1).

Tab. 15.1 Fragestellungen und sich daraus ergebende Forschungsfelder.

Frage	Untersuchungsfeld
Was halten die Individuen in ihrer Umwelt für wichtig?	• subjektive Raumwahrnehmung
Wie gewichten sie die verschiedenen Umweltfaktoren?	• Bewertungsverhalten
Wie beeinflussen diese Faktoren die Verhaltensweisen?	• Entscheidungsverhalten

Thematisch umfasst die Erforschung der subjektiven Wahrnehmung von Räumen, das heißt die **geographische Perzeptionsforschung**, vor allem die folgenden drei Teilbereiche:

- kognitive Karten *(mental maps)*
- Distanzwahrnehmung
- Objektwahrnehmung

Die Erhebung und Auswertung von ***mental maps*** ist auf die Klärung der Frage ausgerichtet, wie Individuen die räumliche Umwelt subjektiv in ihrem Bewusstsein abbilden. Dazu wird untersucht, welche Beziehungen zwischen den subjektiven Repräsentationen und den objektiven Verhältnissen bestehen. Die Erforschung der **Distanzwahrnehmung** zeigt u. a., dass Entfernungen von individuell weniger bevorzugten zu bevorzugten Orten in der Regel kürzer eingeschätzt werden, als in umgekehrter Richtung. Das heißt, von bevorzugten zu weniger bevorzugten Orten werden die Distanzen größer geschätzt, als sie objektiv sind. Die Analyse der **Wahrnehmung von Objekten** zeigt, dass jede Objekt- und Problemwahrnehmung selektiv ist und dass die Selektivität durch die vorherrschenden Motive gesteuert ist. Die Intensität der Objektwahrnehmung hängt somit davon ab, ob man dem gegebenen Objekt gegenüber eine eher aufsuchende oder meidende Einstellung einnimmt.

Bei der verhaltenstheoretischen Auseinandersetzung mit Umweltfaktoren steht die Frage im Vordergrund, wie die selektiv wahrgenommenen Objekte und Sachverhalte bewertet werden. Im Zusammenhang mit der **Bewertung von Naturrisiken** präzisiert Geipel (1977) die Frage dahingehend, dass man daran interessiert ist zu wissen, wie die Bewohner eines Gebiets ihre Aktivitäten auf das Gefahrenpotenzial abstimmen (Kap. 30). Folglich ist zu untersuchen, ob und wie beispielsweise der Siedlungsbau den potenziellen Gefahren Rechnung trägt (Abstände von Lawinenzügen, Bebauungsweisen in Überschwemmungs- und Erdbebengebieten usw.). Die Forschungsergebnisse tragen dazu bei, dass angemessene Maßnahmen ergriffen werden können. In der verhaltenswissenschaftlichen Stadtforschung fragt man, wie die Präferenzbildung bezüglich bestimmter Stadtquartiere als Wohnstandorte zustande kommt. Zudem will man wissen, auf welchen Wertestandards Image-Attribuierungen beruhen und welche symbolischen Gehalte Objekte oder Regionen aufweisen.

„Standortwahrnehmung" fokussiert die räumliche Festlegung der Wohnstandorte (Weichhart 1987) und jene von Produktions- und Dienstleistungsstätten. Beide Bereiche sind von denselben

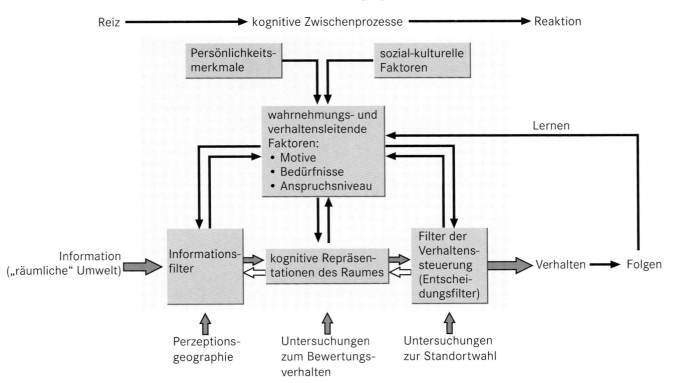

Reiz ⟶ kognitive Zwischenprozesse ⟶ Reaktion

Abb. 15.6 Verhaltensmodell behavioristischer Geographie (verändert nach Werlen 1987).

Fragestellungen geleitet: „Aufgrund welcher erdräumlich differenzierten Informationen (Informationsfelder) wählen die Individuen zwischen Alternativen aus?" und „Welche Bedeutung kommt dabei den **Images von Orten** und dem individuellen Anspruchsniveau zu?". Bei jeder Standortwahl – so die These – sind die subjektive Distanzeinschätzung, das Image der verschiedenen Orte sowie das individuelle Anspruchsniveau und die erwarteten Standortnutzenvorteile entscheidende Faktoren.

Mit der verhaltenswissenschaftlichen Sozialgeographie wurde die **„kognitive Wende"** (Wirths 2001) der Sozialgeographie eingeleitet. Das Interesse richtete sich nun stärker auf die kognitive Repräsentation des Raums statt auf dessen „objektive Wirkkraft". Diese Neuorientierung wurde jedoch auf Kosten einer Psychologisierung der Akteure erlangt, bei der gesellschaftliche und ökonomische Aspekte in den Hintergrund treten. Dadurch wurde die Kernthematik der Sozialgeographie, die Erforschung des Verhältnisses von Gesellschaft und Raum, in die Frage nach dem Verhältnis von Individuum und Raum überführt. Mit anderen Worten: Die verhaltenswissenschaftliche Geographie ist weniger eine Sozial- als vielmehr eine „Psychogeographie".

Wenn die gesellschaftliche Wirklichkeit jedoch als hergestellte und veränderbare Wirklichkeit tätigkeitszentriert erforscht werden soll, kann sie nicht – wie es im Verhaltensmodell (Abb. 15.6) geschieht – als Umwelt vorausgesetzt werden. Sie muss vielmehr als eine „Mitwelt" (Schütz 1981) begriffen werden, die auf sozialem Handeln unter bestimmten räumlichen Bedingungen aufbaut. Vor diesem Hintergrund kann dann die Konstitution und Reproduktion gesellschaftlicher Verhältnisse erschlossen wer-

den. Die handlungstheoretische Sozialgeographie ist ein Ansatz, der dies beansprucht.

15.4 Sozialgeographie heute: raumbezogene Gesellschaftsforschung

Erforschung geographischer Praktiken – die handlungstheoretische Sozialgeographie

Die handlungstheoretische Sozialgeographie stellt sich die Aufgabe, alltägliche Formen des Geographie-Machens auf wissenschaftliche Weise zu untersuchen. Dieser Ansatz geht nicht nur davon aus, dass die Menschen ihre eigenen Geographien machen, er berücksichtigt auch, dass sie dies nicht unter selbst gewählten, sondern zum größten Teil unter gesellschaftlich auferlegten Umständen tun. Diese gesellschaftlich auferlegten Umstände führen dazu, dass nicht alle Menschen über dieselbe Macht bzw. dasselbe Gestaltungspotenzial geographischer Wirklichkeiten verfügen.

Bei der Erforschung geographischer Praktiken wird **Handlung** als intervenierende (anstatt als reaktive) Tätigkeit begriffen. Handlungen werden ausgeführt, um eigene Vorstellungen, Erwartungen, Ziele usw. zu erreichen oder um die eigene Situation vor Veränderung zu bewahren – sie basieren also auf „Umzu-Motiven". Dabei sind sowohl soziale, kulturelle, subjektive als auch physisch-materielle und biologische Komponenten bedeutsam. Die Situation des Handelns wird gemäß dieser Auffassung von den Subjekten in Bezug auf ihre Intention bzw. das Ziel, die Vorstellung, Erwartung usw. definiert, kurz in Bezug auf das, was intervenierend erreicht oder verhindert werden soll. Einige der Situationselemente werden als Mittel der Ermöglichung der Zielerreichung erkannt, nicht verfügbare zielrelevante Elemente bilden Zwänge, die einzelne Ziele ausschließen können. Die Folgen einer Handlung können beabsichtigt oder unbeabsichtigt sein und sich im Rahmen zeitgenössischer Lebensbedingungen auf lokaler, regionaler oder globaler Ebene äußern (Abb. 15.7).

Für die Analyse der geographischen Praktiken fragt man zuerst, was jemand tut, bevor man nach den räumlichen Bedingungen und den räumlichen Konsequenzen Ausschau hält. Nicht die Erforschung regionaler Lebensformen steht im Zentrum des Interesses, wie dies beispielsweise bei der sozialgeographischen Landschaftsforschung der Fall ist. Es geht vielmehr um die Erforschung der **Weltbezüge bzw. Weltbeziehungen** von persönlich definierten Lebensstilen. Dabei ist zu fragen, wie Subjekte in ihren Handlungen – ihrem Geographie-Machen – die Welt auf sich beziehen. Die Einbettungen ihrer Tätigkeiten in globale Handlungszusammenhänge sind zu rekonstruieren, und die Subjekte sind auch mit jenen Folgen ihres Tuns zu konfrontieren, die sich außerhalb ihres unmittelbaren Erfahrungsbereichs äußern.

Jede Handlung setzt eine handelnde Person voraus. Über die Fähigkeit des Handelns verfügt immer nur eine individuelle Person, nicht aber ein Kollektiv, ein Staat oder eine soziale Gruppe. Zwar können Personen im Namen eines Kollektivs handeln oder ihre Tätigkeit auf die Handlungen der anderen Mitglieder der Gruppe abstimmen. Handeln können jedoch immer nur einzelne soziale Akteure.

Tab. 15.2 Bewusstseinsformen und Handeln nach Giddens.

Bewusstseinsform	Bezug zum Handeln
Unterbewusstsein	allgemeine Orientierung
praktisches Bewusstsein	Routine
diskursives Bewusstsein	reflexive Steuerung

Die Fähigkeit des Handelns setzt bestimmte Eigenschaften und Fähigkeiten auf der Seite des handelnden Subjekts voraus. Die wichtigste davon ist die **Reflexivität**, das heißt die auf dem Bewusstsein beruhenden Fähigkeiten des Überlegens und Vorstellens. Damit wird nicht behauptet, dass alles, was wir tun, immer wohlüberlegt und an einer klaren Vorstellung orientiert ist. Es wird aber davon ausgegangen, dass wir über diese Möglichkeit verfügen und dass diese Möglichkeit bei der wissenschaftlichen Thematisierung menschlicher Tätigkeiten berücksichtigt werden soll. Mit Anthony Giddens (1992) kann man drei Ebenen des Bewusstseins unterscheiden, die je unterschiedliche Voraussetzungen menschlicher Tätigkeiten beinhalten (Tab. 15.2).

Das **Unterbewusstsein** besteht, ähnlich wie in der Theorie von Sigmund Freud, aus nicht bewussten Motiven, Bedürfnissen und Wünschen der Handelnden. Diese bestimmen jedoch nicht per se das Handeln. Aus der Tatsache, dass wir bestimmte Bedürfnisse und Wünsche haben, folgt keinesfalls, dass unser Handeln von diesen auch vollständig determiniert wird. Bedürfnisse und Wünsche geben vielmehr eine allgemeine Richtung des Handelns an.

Vieles von dem, was Handelnde über die Welt und ihre Handlungsbereiche wissen, ist Bestandteil des **praktischen Bewusstseins**. Das heißt, dass die Akteure es auf unartikulierte Weise wissen. Die meisten alltäglichen Aktivitäten sind Routinen und beruhen auf diesem praktischen Bewusstsein. Wir sind in der Lage, Dinge zu tun, die dieses Wissen voraussetzen, sind aber

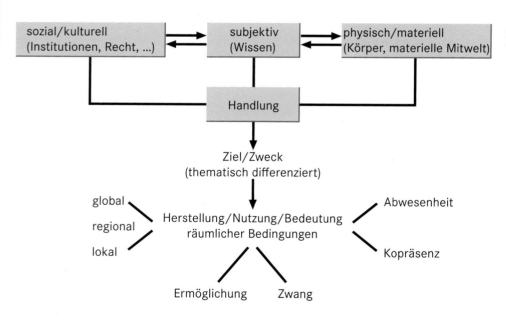

Abb. 15.7 Handlungstheoretische Konzeption (verändert nach Werlen 1993).

Exkurs 15.3 Typen von Regeln und Ressourcen

Regeln

- Deutungsschemata: semantische Regeln der Interpretation
- Normen: Sanktionsregeln, nach denen Handlungen beurteilt werden
  - formell/juristisch: Verfassung und Gesetz (sozial-politisch)
  - informell/moralisch: Benimmregeln (sozial-kulturell)

Ressourcen

- allokative: Vermögensgrade der Kontrolle physisch-materieller Bedingungen und Güter (Herrschaftsverhältnisse beim Zugang zu Rohstoffen, Wasser, Produktionseinrichtung usw.)
- autoritative: Vermögensgrade der Kontrolle von Personen über die raumzeitliche Organisation des gesellschaftlichen Lebens und entsprechender Territorialisierungen

---

oft nicht unmittelbar in der Lage, darüber Auskunft zu geben. Praktisches Bewusstsein umfasst ein Wissen, über das man verfügt, ohne genauer darüber nachzudenken (bzw. nachdenken zu müssen).

Diskursives Bewusstsein umfasst hingegen jene Wissensbestände, die im Handeln nicht nur zur Anwendung gebracht werden, sondern von der handelnden Person auch artikuliert werden können. Das diskursive Bewusstsein bildet gemäß Giddens die Grundlage für eine reflexive und kontrollierte Steuerung des Handelns. Während die Grenze zwischen praktischem und diskursivem Bewusstsein fließend ist, ist das **Unterbewusstsein** von den Letzteren beiden durch Verdrängungsmechanismen getrennt.

Was Subjekte zu tun vermögen, hängt aber nicht nur von deren Bewusstsein und von individuellen Merkmalen ab, sondern auch von den ökonomischen, sozialen und kulturellen Bedingungen. Welche intendierten Tätigkeiten tatsächlich realisierbar sind, ist nicht zuletzt eine Frage der verfügbaren **Macht**. Für den Einbezug der Machtkomponente in die Analyse menschlicher Tätigkeiten ist es hilfreich, diese als strukturierte und strukturierende Praktiken zu begreifen. Etwas vereinfacht formuliert könnte man sagen, dass eine Tätigkeit in höherem Maße strukturiert ist, je geringer die Machtkomponente eines Handelnden ausgeprägt ist, und umso strukturierender wirkt, je umfassender dessen Handlungsmacht ist. Unabhängig davon, in welcher Form die Machtkomponente ausgeprägt ist, nimmt jede menschliche Praxis immer auf strukturelle Bedingungen Bezug. Als Hauptelemente der **sozialen Strukturen** werden im Rahmen der handlungstheoretischen Sozialgeographie – unter Bezugnahme auf Giddens (1992) – Regeln und Ressourcen betrachtet (Exkurs 15.3, Tab. 15.3).

Sozial und kulturell vorgegebene **Regeln** liegen der symbolischen Repräsentation, dem Interpretieren sowie dem Verstehen und dem bewertenden Beurteilen (Sanktionieren) menschlichen Handelns zugrunde. Sie sind Bestandteil von „Deutungsmustern", die typische Regelmäßigkeiten der Sinnzuweisung zu natürlichen wie sozialen Bedingungen des Handelns hervorrufen. Laut Oevermann (2001) besitzen diese „voreingerichteten Interpretationsmuster" einen „hohen Grad der Verallgemeinerungsfähigkeit" und kommen in einer Vielzahl von Situationen zur Anwendung. Sie äußern sich im habituellen Tun und umfassen

Regeln darüber, wie Praktiken und Situationen zu gestalten sind. Zusammen mit den Normen (Sanktionsregeln) legen sie fest, was von anderen erwartet werden kann und was Symbole bedeuten. Deutungsmuster können religiös begründet sein. Sie sind aber in jedem Fall historisch entstanden und somit wandelbar. Sie beruhen oft auf einem stillschweigenden, impliziten Wissen *(tacit knowledge)* und sind Bestandteil des praktischen Bewusstseins.

Unter **Ressource** wird, anders als in der Wirtschaftsgeographie (Kap. 18), nicht ein Rohstoff für die wirtschaftliche Produktion verstanden, sondern vielmehr der Vermögensgrad der Kontrolle natürlicher und sozial-kultureller Bedingungen des Handelns. Der Begriff der Ressource verweist also auf die Gestaltungsfähigkeit des eigenen Handelns und die Möglichkeiten des Einbezugs natürlicher und sozial-kultureller Wirklichkeitsbereiche (Werlen 1997). Das Kontroll- und Transformationspotenzial der natürlichen Bedingungen sowie die dazu notwendigen Mittel (technisches Gerät, Maschinen usw.) werden als **allokative Ressourcen** bezeichnet. Das Vermögen, über die sozialen Akteure bestimmen zu können, ist dagegen mit der Bezeichnung **autoritative Ressourcen** gemeint. Das Maß, in dem z. B. die Produzenten den Zugang zu Rohstoffen und die dafür notwendigen Produktionseinrichtungen kontrollieren können, ist Ausdruck ihrer allokativen Ressourcen. Aufseiten der Konsumenten äußert sich die Kontrollfähigkeit in unterschiedlicher Kaufkraft. Die Verfügbarkeit autoritativer Ressourcen zeigt sich im Kontrollpotenzial über Personen, wie es beispielsweise durch Arbeitsverträge festgelegt wird. Sie betrifft auch das Gestaltungspotenzial der raumzeitlichen Organisation der Handlungsabläufe.

Unter Bezugnahme auf die klassischen Handlungstheorien (Werlen 1987) und Giddens' (1992) Theorie der Strukturierung können drei Analysefelder alltäglichen Geographie-Machens unterschieden werden (Tab. 15.4).

Der erste Bereich bezieht sich auf die Handlungskontexte der Produktion und Konsumtion. **„Geographien der Produktion"** umfassen Standortentscheidungen für Produktions- und Verkehrseinrichtungen sowie die damit verbundenen Festlegungen der Aktionsräume und Warenströme. Bei ihrer Analyse interessieren zuerst die Herstellungs- bzw. Entscheidungsprozesse, die den räumlichen Anordnungsmuster der Produktionseinrichtun-

Tab. 15.3 Macht: Regeln und Ressourcen.

Regeln	Ressourcen
Deutungsschemata (semantische Regeln)	allokative Ressourcen
Normen (Sanktionsregeln)	autoritative Ressourcen

Tab. 15.4 Typen alltäglichen Geographie-Machens.

Haupttypen	Forschungsbereiche
produktiv-konsumtiv	• Geographien der Produktion • Geographien der Konsumtion
normativ-politisch	• Geographien normativer Aneignung • Geographien politischer Kontrolle
informativ-signifikativ	• Geographien der Information • Geographien symbolischer Aneignung

gen zugrunde liegen. Von besonderer Bedeutung sind hier die unterschiedlichen Gestaltungspotenziale und die mit ihnen verbundenen Möglichkeiten des Handelns über Distanz im Rahmen des Globalisierungsprozesses der Wirtschaft.

Mit zunehmender Reflexivität und fortschreitender Globalisierung steigt auch das Gestaltungspotenzial der Konsumtion. Lokaler Konsum hat, wie Meier (1994), Ermann (2005) und Schmid & Gäbler (2013) zeigen, Einfluss auf die Geographien der in die Produktion involvierten Subjekte – selbst an weit entfernten Orten. Sozialgeographisch interessieren die alltäglichen **„Geographien der Konsumtion"** vor allem durch den Einfluss, den unterschiedliche Lebensstile auf die Warenströme haben. Diese Lebensstile sind es, die anstelle landschaftlicher Einheiten einer ökologischen Beurteilung unterworfen werden können (Exkurs 15.4). Dabei erlaubt die Rekonstruktion der räumlich-zeitlichen Muster sowohl von Produktions- als auch Warenketten im Sinne von *„follow the thing"* höchst aufschlussreiche Einsichten in die tätigkeitsbasierten globalen Geographien (Cook 2004, Ermann 2012).

Unter einem normativ-politischen Gesichtspunkt besteht das alltägliche Geographie-Machen aus präskriptiven Regionalisierungen, welche sowohl auf staatlicher als auch auf privater Ebene vorzufinden sind. Damit sind einerseits Territorialisierungen gemeint, die Zugang und Ausschluss von Nutzungen normativ regeln und bei deren Missachtung mit Sanktionen zu rechnen ist. Andererseits sind aber auch solche Territorialisierungen angesprochen, die eine Kontrolle von Personen und Mitteln der Gewaltanwendung beinhalten. Der erste Subbereich bezieht sich auf die alltäglichen **„Geographien der Allokation"**, das heißt auf die Herrschaft über natürliche Ressourcen, materielle Objekte und Artefakte. Dies umfasst auch die Erforschung der Einbezugsmöglichkeiten von materiellen Artefakten in Handlungsverwirklichungen, die über Eigentums- und Nutzungsrechte geregelt sind.

Alltägliche **„Geographien autoritativer Kontrolle"** als zweiter Subbereich des normativ-politischen Geographie-Machens sind politische Regionalisierungen im Sinne der nationalstaatlichen Organisation der Gesellschaft. Sie sind als Mittel der (demokratisch legitimierten) Herrschaft über Personen zu interpretieren. Die Kernbereiche sind die territoriale Überwachung der Mittel der Gewaltanwendung, aber auch staatliche Territorialisierungen zur Aufrechterhaltung des nationalen Rechts und der politischen Ordnung. Regionalistische und nationalistische Bewegungen (Schwyn 2007) werden als Kräfte alltäglichen Geographie-Machens gesehen, die gegen aktuelle autoritative Kontrollen gerichtet sind. Weitere normative Regionalisierungen beziehen sich auf alters-, status-, rollen- und geschlechtsspezifische Regelungen des Zugangs und Ausschlusses von alltagsweltlichen Lebensbereichen. Dabei erlangten die Erforschung der geschlechtsspezifischen Regionalisierungen (Scheller 1995, Werlen & Reutlinger 2005) und die Geographien Jugendlicher (Reutlinger 2003, Kessl & Reutlinger 2013) besondere Beachtung.

Informativ-signifikative Regionalisierungen der Lebenswelt bezeichnen symbolische Aneignungen auf der Basis des verfügbaren Wissens. Vom Wissen der Subjekte sind, wie die phänomenologische Philosophie und die interpretative Sozialwissenschaft zeigen, alle Arten der Bedeutungskonstitution abhängig. Umgekehrt bilden subjektspezifische **„Geographien der Information"** den Rahmen für die Aneignung des subjektiven Wissensvorrates. Deshalb betrifft der erste Untersuchungsaspekt das Verhältnis von globaler Kommunikation und lokal fixierten Face-to-face-Beziehungen. Kopräsenz (Anwesenheit) ist für Sozialisationsprozesse bzw. die Sozialgeographie der Kinder (Monzel 1995, Werlen 1995, Benke 2005) besonders bedeutsam. Die Ermöglichung potenzieller Informationsaneignung ohne körperliche Anwesenheit erfolgt hingegen über analoge, elektronische und digitale Medien (Presse, Bücher, TV, Social Media usw.) und Kanäle (Programme). Organisationen und Programme der Medien sind in diesem Sinne wichtige Faktoren der informativen Regionalisierung der Alltagswelt.

Das Analysefeld der signifikativen Regionalisierungen umfasst zudem das alltägliche Geographie-Machen in sprachlicher Praxis einschließlich der damit verbundenen gesellschaftlichen Implikationen (Harendt 2018). Dabei geht es u. a. darum, zu verstehen, wie räumliche Strukturierungsmuster auf kulturelle Sachverhalte übertragen und somit für Prozesse der Integration und Diskriminierung bedeutsam werden. Emotionale Bezüge in Form von „Heimatgefühl" und „Regionalbewusstsein" (Blotevogel et al. 1987, Pohl 1993) bzw. „raumbezogener Identität" (Weichhart 1990, Felgenhauer et al. 2005, Weichhart et al. 2006) sind die offensichtlichsten Ausprägungen von alltäglichen **„Geographien symbolischer Aneignung"**. Auf symbolischen Aneignungen beruhen aber auch die Bedeutungen von regionalen Wahrzeichen (Richner 2007) oder die Images von Orten und Regionen, an die vielfältige „Identitätspolitiken" (Helbrecht 2004) anschließen.

Mit der handlungstheoretischen Konzeption vollzieht die Sozialgeographie die **Wende** von der raum- hin zu einer sozialwissen-

Exkurs 15.4 Lebensstile

Spätmoderne Gesellschaften können durch die Unterteilung in soziale Schichten oder Klassen nicht mehr hinreichend beschrieben werden. Neben dieser sozio-ökonomischen Gliederung spielt das kulturelle Muster der „feinen Unterschiede" eine wesentliche Rolle (Bourdieu 1982). Seit den 1980er-Jahren hat daher das Lebensstilkonzept an Bedeutung gewonnen. Darunter lassen sich raumzeitlich strukturierte Muster der alltäglichen Lebensführung verstehen, welche von materiellen Ressourcen, der Haushalts- und Familienform und Werthaltungen abhängen.

Es geht um typische Formen alltäglicher Lebenspraxis wie die Art, sich zu kleiden, zu essen oder die Wahl bevorzugter Aufenthaltsorte (Werlen 2004). Das nächtliche Ambiente im angesagten römischen Stadtteil Trastevere zeigt beispielhaft den Lebensstil der dortigen Restaurantbesucher (Abb. A).

Abb. A Restaurantbesucher im römischen Stadtteil Trastevere (Foto: H. Gebhardt).

schaftlichen Disziplin (Werlen 2012). Mit dem Ausgangspunkt, dass geographische Wirklichkeiten hergestellte Wirklichkeiten sind, wird mit der sozialgeographischen Handlungstheorie das geographische Denken in anderen Sozial- und Geisteswissenschaften gefördert. Insbesondere mit der Soziologie, die in Anlehnung an die Konzepte der handlungstheoretischen Sozialgeographie eine „Soziologie des Raums" (Löw 2001, Schroer 2006) hervorbrachte, entstand eine enge Kooperation. Aber auch in Bereichen wie Stadt- (Löw 2008), Sozialraum- (Deinet et al. 2006) oder Erziehungsforschung (Glaser et al. 2018) sowie in der Jugend- und Geschlechterpolitik (Kessl & Reutlinger 2013) wird diese Zusammenarbeit umgesetzt. Die mit ihr vollzogene kognitive Wende eröffnet der Geographie gleichzeitig eine nahtlose Kooperation mit den Geisteswissenschaften, die beispielsweise mit den Geschichts- (Jureit 2012, Rau 2013, Leipold 2018), den Literatur- (Felgenhauer 2007, Eibl & Rosenthal 2009, Dünne 2011) und Kulturwissenschaften (Bachmann-Medick 2006, Günzel 2017) bereits umgesetzt ist. Diese Entwicklung hat sicher maßgeblich dazu beigetragen, dass sich die Sozialgeographie im Bereich der fächerübergreifenden Thematisierung von Raum in sozialer Praxis als „Leitwissenschaft" (Bachmann-Medick 2006) etablieren konnte.

Steht am Anfang ihrer Entwicklungsgeschichte die soziale Erklärung von erdräumlichen Konstellationen wie „Kulturlandschaften" oder „Raumstrukturen" im Zentrum des Interesses, verlegt sich der Fokus der Sozialgeographie im Verlaufe der Zeit immer stärker auf die sozialgeographische Erforschung menschlicher Tätigkeiten. Dabei wird immer offensichtlicher, dass die Geographie der Gesellschaften und Kulturen nicht vorgegeben ist. Geographien im Plural werden vielmehr von sozialen Akteuren mit unterschiedlichen Machtpotenzialen produziert und aufrechterhalten oder verändert. An diese Ausrichtung des Forschungsinteresses schließen auch die jüngeren Versuche an, auf

der Basis anderer sozialwissenschaftlicher Theorien weitere Erklärungen der gesellschaftlichen Produktion und Bedeutung geographischer Wirklichkeiten zu finden.

Ein verbreiteter Einwand gegenüber der klassischen Handlungstheorie betrifft die idealistische Annahme, dass handelnde Akteure stets bewusst und zielorientiert agieren. Ein großer Teil der täglichen Aktivitäten entspricht nicht dieser Vorstellung – Menschen handeln vielfach nicht wie rationale Akteure auf der Basis nüchterner Kalküle. Sie führen ihre Vorhaben oft nicht nach klar durchdachten Plänen aus, sondern gehen Gewohnheiten nach und tun (auf erstaunlich zuverlässige Weise) das, was von ihnen erwartet wird. Außerdem, so die weiterführenden Einwände, würden strukturelle Zwänge und körperliche Grenzen menschlichen Handelns von handlungstheoretischen Ansätzen nur indirekt berücksichtigt.

Die **handlungstheoretische Sozialgeographie** (Werlen) entkräftet diese Einwände durch den Einbezug der **Strukturationstheorie** (Giddens). Ein anderer Ansatz, der ebenfalls blinde Flecken klassischer Handlungstheorien aufgreift und versucht, den Gegensatz von strukturzentrierter objektivistischer und subjektzentrierter individualistischer Erklärung menschlichen Handelns aufzulösen, ist der „Entwurf einer Theorie der Praxis" des französischen Soziologen Pierre Bourdieu (1976). Obwohl Bourdieus Werk seit Ende der 1970er-Jahre auch auf Deutsch übersetzt wird, wurde seine Theorie in der deutschsprachigen Geographie mit wenigen Ausnahmen (Helbrecht & Pohl 1995) erst in den letzten Jahren für die Konzeption einer sozialgeographischen Perspektive verwendet (Dörfler et al. 2003, Lippuner 2005, 2009, Dirksmeier 2009, Gäbler 2015). Einen Überblick über die Rezeption in der angelsächsischen Theoriedebatte geben die Beiträge von Joe Painter (2000) und Gary Bridge (2010).

Kapitel 15

Abb. 15.8 Die Gegenstände, mit denen wir uns im Alltag umgeben, haben einen symbolischen Wert und zeigen soziale Positionen an. Sie bilden laut Bourdieu eine regelrechte Sprache. Eine „Harley" ist in diesem Sinne nicht bloß ein Motorrad, sondern das Emblem eines Lebensstils, wie der üppige Goldschmuck oder ein aufgemotzter Jeep eventuell Ausdruck der Zugehörigkeit zu einer bestimmten Gruppe sind (Fotos: H. Gebhardt).

Sozialer und angeeigneter Raum – Sozialgeographie im Sinne einer Theorie der Praxis

In Bourdieus Entwurf einer Theorie der Praxis steht der Begriff des **Habitus** an zentraler Stelle. Damit bezeichnet Bourdieu Wahrnehmungs-, Denk- und Handlungsschemata, mit denen die Akteure sich und ihre Umgebung begreifen und bewerten (Abb. 15.8). Diese Schemata kommen routinemäßig, das heißt ohne reifliche Überlegung und ohne explizites Abwägen, zur Anwendung. Sie beinhalten handlungsleitende Orientierungsmuster und erzeugen ein intuitives Verständnis für die mit sozialen Situationen verbundenen Notwendigkeiten. Dass die mit dem Begriff des Habitus bezeichneten Einstellungen bei Individuen mit gleicher sozialer Herkunft ähnlich ausfallen, erklärt Bourdieu damit, dass der Habitus in der sozialen Welt erworben und gemäß den dort herrschenden Konventionen konfiguriert wird. Das geschieht in Form eines subtilen Lernprozesses, bei dem die Logik der sozialen Praxis verinnerlicht wird. Die Akteure „inkorporieren" dabei die jeweils geltenden Unterscheidungsprinzipien, nach denen Akteure, Dinge und Praktiken interpretiert und bewertet werden. Der Habitus ist deshalb nicht nur eine subjektive Handlungsgrundlage, sondern repräsentiert zugleich die objektiven Strukturen der sozialen Welt.

Für die Beschreibung der sozialen Welt verwendet Bourdieu häufig die Metapher des **sozialen Raums**. Damit will er deutlich machen, dass die soziale Welt ein relationales Geflecht von Positionen darstellt, in dem Personen und Dinge aufgrund ihrer Beziehung zu anderen, das heißt durch ihre Nachbarschaftsverhältnisse, definiert sind (Bourdieu 1998). Der soziale Raum stellt also kein Gefäß (Container) dar, sondern vielmehr eine Art „soziale Topologie" (Lippuner 2007a). Das Maß der Entfernung zwischen den verschiedenen Punkten im Raum und damit die „Koordinatenachsen" des sozialen Raums sind verschiedene Formen von Kapital. Neben dem ökonomischen Kapital berücksichtigt Bourdieu auch soziales und kulturelles Kapital. Als **soziales Kapital** werden (ähnlich wie in der Strukturationstheorie von Giddens mit dem Begriff der

autoritativen Ressourcen) Verfügungsrechte bezeichnet, die sich aus sozialen Beziehungen wie Verwandtschaft, Freundschaft, Vertrag usw. ergeben. **Kulturelles Kapital** meint hingegen Handlungspotenziale, die auf Bildung, Bildungstiteln und besonderen Fähigkeiten beruhen (z. B. sog. *soft skills;* Exkurs 15.5). Diese drei Kapitalsorten sind die hauptsächlichen Determinanten der Bestimmung von Positionen im sozialen Raum.

Aus sozialgeographischer Sicht besonders interessant ist die Annahme, dass sich die Struktur des sozialen Raums im physischen Raum abzeichnet. Die Verteilung des ökonomischen, sozialen und kulturellen Kapitals im sozialen Raum findet, wie man z. B. am Sozialstatus von Stadtteilen ablesen kann, auch in der Geographie einer Stadt ihren Niederschlag. Deshalb sei in einer hierarchischen Gesellschaft auch der „bewohnte Raum" hierarchisch gegliedert (Bourdieu 1991). Umgekehrt kann der Ort, den ein sozialer Akteur (oder eine Gruppe) im Raum einnimmt bzw. sich angeeignet hat, selbst wiederum **„Raumprofite"** abwerfen. Solche Raumprofite bestehen beispielsweise in der Verfügungsmacht über Raum, die es ermöglicht, störende oder unerwünschte Dinge und Personen auf Distanz zu halten. Raumprofite ergeben sich aber auch aus der Nähe zu seltenen oder begehrten Gütern und Einrichtungen. Die „gute Adresse" (Hermann & Leuthold 2002) wertet die Bewohner eines angesehenen Stadtteils symbolisch auf und verschafft ihnen damit Vorteile, die sich eventuell in der Verteilung des sozialen und ökonomischen Kapitals äußern. Dieser „Klub-Effekt" wirkt freilich auch in seiner Umkehrung als „Ghetto-Effekt", z. B. als **Stigmatisierung** aufgrund einer bestimmten Herkunft (Bourdieu 1997). Signifikative Praktiken der Abgrenzung und „Be-Deutung" von Orten können deshalb als symbolischer Kampf um die legitime Sicht der Welt betrachtet werden. Stadtgeographische Forschungen im Sinne von Bourdieus Theorie zeigen außerdem, welche Inklusionen und Exklusionen damit einhergehen (Exkurs 15.6; Haferburg 2007, Dirksmeier 2009, Janoschka 2009).

In jüngerer Zeit werden Bourdieus Arbeiten auch in der Geographischen Entwicklungsforschung vermehrt rezipiert (Rothfuß 2006, Deffner 2010). Vor allem das Konzept der **Vulnerabilität**

Exkurs 15.5 Bildung und Wissen im Fokus humangeographischer Forschung

Tim Freytag

Das Forschungsinteresse der Humangeographie hat durch die Auseinandersetzung mit Bildung und Wissen vielfältige Anknüpfungspunkte und Impulse erhalten. Denn bildungsbezogene Strukturen und Prozesse sind grundsätzlich gebunden an die jeweils vorherrschenden gesellschaftlichen Verhältnisse und geographischen Kontexte. Bildungszugang und Bildungserwerb erfolgen also in Verbindung mit demographischen, kulturellen, politischen und wirtschaftlichen Aspekten. Im Bildungswesen werden soziale Positionen ausgehandelt, Integration und Exklusion gleichermaßen praktiziert und berufliche Perspektiven vermittelt. Vor diesem Hintergrund nimmt Bildung eine gesellschaftliche Schlüsselstellung ein und verbindet als Querschnittsthema verschiedene Teilbereiche der Humangeographie und benachbarter Disziplinen. Dies gilt in ähnlicher Weise auch für Wissen, dessen aktuelle Bedeutung in den Bezeichnungen von Wissensökonomie und Wissensgesellschaft zum Ausdruck kommt.

Bildung ist ein mehrdimensionaler Begriff, der in humanistischer Tradition vor allem die zweckfreie Entfaltung von Individuen bezeichnet, in ökonomischen Zusammenhängen oft als Ressource gefasst und in den Erziehungswissenschaften üblicherweise mit Kompetenzen in Verbindung gebracht wird (Freytag et al. 2015). Während die schulische und berufliche Bildung in der Regel als „formale Bildung" bezeichnet wird, bezieht sich „non-formale Bildung" auf außerhalb des formalen schulischen Curriculums angesiedelte Angebote zur persönlichen und sozialen Bildung junger Menschen. Als die am Weitesten gefasste Bezeichnung richtet sich „informelle Bildung" auf lebenslange Lernprozesse, während derer Menschen aus ihrer alltäglichen Umgebung und Erfahrung vielfältige Haltungen, Werte, Fähigkeiten und Wissen erwerben (Autorengruppe Bildungsberichterstattung 2018). Im Unterschied zu Informationen, die als weitgehend frei verfügbar angesehen werden, spielt bei Wissen die Gebundenheit an bestimmte Personen, die über dieses Wissen verfügen bzw. es in sich tragen, eine wichtige Rolle. Im Einzelnen lassen sich in Anlehnung an Meusburger (2002) verschiedene Arten von Wissen voneinander unterscheiden und für die humangeographische Forschung nutzbar machen.

Abb. A Entwicklungslinien der Bildungsgeographie im deutschsprachigen Raum (verändert nach Freytag & Jahnke 2015).

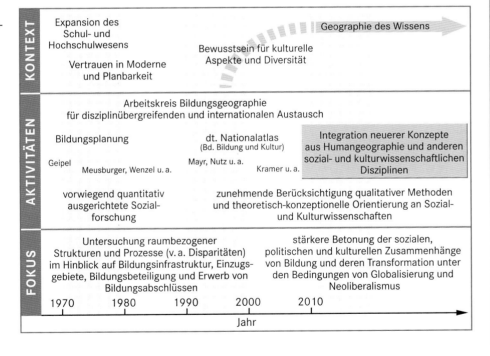

Die Anfänge der Bildungsgeographie reichen im deutschsprachigen Raum zurück bis in die 1960er-Jahre (Abb. A). Die damalige Zeit war durch einen Ausbau des Bildungs- und Hochschulwesens geprägt, der eine Steigerung von Bildungsbeteiligung und Bildungschancen der Bevölkerung zum Ziel hatte und sich volkswirtschaftlich durch einen Zuwachs des Humankapitals auszahlen sollte. In diesem Zusammenhang erhoffte man sich von der Bildungsgeographie, die auf Initiative von Robert Geipel begründet wurde, dass bildungsplanerische wie auch wissenschaftliche Beiträge u. a. für die Standortwahl und die Einzugsgebiete von Bildungseinrichtungen geleistet werden könnten. Neben der Bildungsversorgung richtete sich das Forschungsinteresse auch auf die Teilhabe an Bildung und den Bildungserfolg. In Kooperation mit Vertreterinnen und Vertretern anderer Disziplinen hat sich in den nachfolgenden Jahrzehnten eine raumbezogene Bildungsforschung etabliert (Freytag et al. 2015), und zahlreiche Forschungsbeiträge zu gesellschaftlichen und räumlichen Disparitäten im Hinblick auf Bildung und Qualifikation entstanden (Institut für Länderkunde et al. 2002; Abb. B). Während sich in den benachbarten Disziplinen unter dem Einfluss des *spatial turn* ein zunehmendes Interesse an raumbezogenen Fragen und Konzepten abzeichnete, öffnete sich die Bildungsgeographie zusehends gegenüber qualitativ ausgerichteten methodischen Ansätzen sowie den aktuellen Veränderungen des Bildungs- und Hochschulwesens im internationalen Rahmen.

Angesichts eines vielerorts immer stärker durch ökonomisch geleitete Vorstellungen geprägten Bildungs- und Hochschulwesens wurden in den vergangenen Jahren vermehrt auch politische Zusammenhänge in der bildungsgeographischen Forschung aufgegriffen und aus einer kritischen Perspektive beleuchtet. Dies betrifft z. B. die Reproduktion gesellschaftlicher Ungleichheiten infolge unterschiedlicher Zugangsmöglichkeiten zu Bildungsangeboten, die durch finanzielle Gebühren, die Wahl des Wohnstandorts und andere Kriterien erheblich eingeschränkt werden können. An dieser Stelle wird deutlich, in welchem Maße bildungspolitische Aushandlungsprozesse in Macht- und Interessenskonflikte eingebettet sind. Dies gilt nicht nur für Entscheidungen über die Standorte von und den Zugang zu Bildungseinrichtungen, sondern z. B. auch für die Gestaltung von Lehrplänen sowie die Ausbildung und Einstellung von Lehrkräften.

Bildungsgeographische Themen sind eng verknüpft mit verschiedenen Aspekten der Stadt- und Quartiersforschung, der Stadt- und Raumplanung sowie der Geographie ländlicher Räume. Dies zeigt sich im Bereich von Bildungsversorgung und Bildungsplanung ebenso wie z. B. hinsichtlich der Wohnstandorte von Bildungsteilnehmern und deren Eltern. So spielen etwa die Verfügbarkeit und das Renommee von Schulen im Kontext von Prozessen der Gentrifizierung eine Rolle, während an einigen Hochschulstandorten eine fortschreitende „Studentifizierung" städtischer Wohnquartiere beobachtet wird (Smith et al. 2014). Ein weiteres Forschungsfeld, das zunehmende Beachtung erfährt und einige Querbezüge zur Bildungsgeographie aufweist, sind die Geographien der Kindheit (Holloway & Valentine 2000). Im Mittelpunkt steht dabei die Untersuchung der Lebenswelten von Kindern und Jugendlichen, die auch Lernumgebungen und Lernorte im schulischen und außerschulischen Kontext umfassen (Kraftl 2013) und die im Kontext politischer und gesellschaftlicher Fragen untersucht werden können (Schreiber et al. 2016).

Im Bereich der Geographien des Wissens werden bestehende Anknüpfungspunkte zu anderen humangeographischen Teilbereichen wie auch zu benachbarten Disziplinen ebenfalls sehr deutlich. Die Geographie des Wissens befasst sich mit der Produktion, Verbreitung und Anwendung verschiedener Arten von Wissen (Jahnke 2014). Nachdem dieses Forschungsfeld zunächst vor allem im Rahmen der *science studies* und der Bildungsgeographie aufgegriffen wurde (Meusburger 1998, Jöns 2003, Livingstone 2003), erfolgt eine intensivere Auseinandersetzung mit Wissen seit einigen Jahren verstärkt auch in Beiträgen aus der Wirtschaftsgeographie, geographischen Entwicklungsforschung, Migrationsforschung und anderen humangeographischen Teilbereichen. Dabei zeigt sich, dass sowohl verschiedene Aspekte von Wissen durch humangeographische Forschungsbeiträge erklärt als auch umgekehrt verschiedene humangeographische Forschungsfragen durch eine Mobilisierung von Wissen als Konzept untersucht werden können.

Gegenwärtig ist das Bildungs- und Hochschulwesen durch tiefgreifende Transformationsprozesse gekennzeichnet. Im deutschsprachigen Raum und stärker noch in einigen anderen Staaten und Regionen der Erde kommt es zu einer Restrukturierung, die einem Trend zur Ökonomisierung, Privatisierung, Internationalisierung und Flexibilisierung folgt. Demnach wird Bildung nicht allein als Bestandteil der Daseinsvorsorge angesehen, sondern vor allem als ein Warenangebot verstanden, das im Wettbewerb von privaten und öffentlichen Akteuren bereitgestellt und vermarktet wird. Weiterhin entstehen neuartige Konstellationen der Bildungsgovernance mit vielfältigen Kooperationsmöglichkeiten. Vor diesem Hintergrund entfalten sich neue Perspektiven für die bildungsgeographische Forschung (Freytag & Jahnke 2015), die an aktuelle theoretisch-konzeptionelle Debatten der Humangeographie anknüpfen.

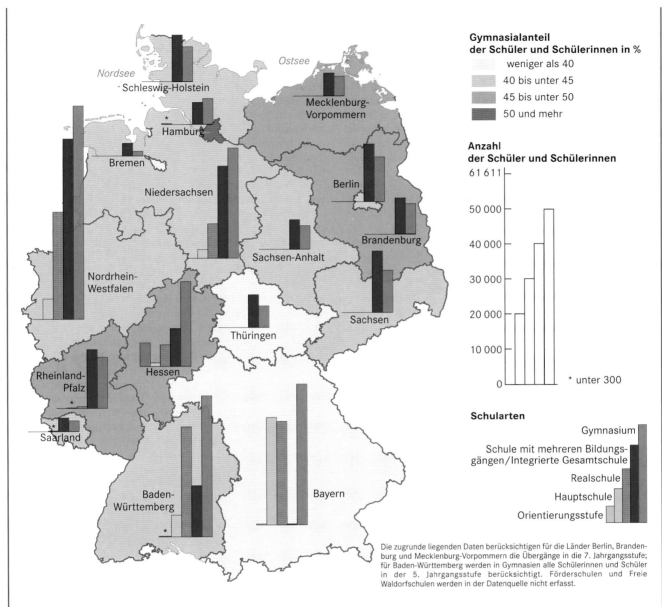

Die zugrunde liegenden Daten berücksichtigen für die Länder Berlin, Brandenburg und Mecklenburg-Vorpommern die Übergänge in die 7. Jahrgangsstufe; für Baden-Württemberg werden in Gymnasien alle Schülerinnen und Schüler in der 5. Jahrgangsstufe berücksichtigt. Förderschulen und Freie Waldorfschulen werden in der Datenquelle nicht erfasst.

Abb. B Übergang von der Grundschule auf die weiterführenden Schularten 2012/13 (verändert nach Freytag et al. 2015).

(Verwundbarkeit) kann mithilfe der Theorie Bourdieus in einem größeren sozialtheoretischen Rahmen dargestellt und als Problem der Ausstattung mit verschiedenen Sorten von Kapital differenziert beschrieben werden (Bohle 2005, Sakdapolrak 2007). Darüber hinaus ist Bourdieus Theorie der Praxis aber auch eine Theorie der Produktion von Wissen, das heißt eine Theorie der wissenschaftlichen Praxis. Als solche lenkt sie die Aufmerksamkeit auf die Bedingungen, unter denen wissenschaftliche Beobachtungen vorgenommen und Erklärungen angefertigt werden. Sozialgeographische Forschung, die sich auch für die Art und Weise interessiert, wie ihre eigenen Erkenntnisse produziert werden, kann in Anlehnung an Bourdieu & Wacquant (1996) als **„reflexive Sozialgeographie"** (Lippuner 2006) bezeichnet werden.

Diskurse und Zeichenpraktiken – Sozialgeographie im Sinne der Sprach- und Kulturtheorie

Eine andere Möglichkeit, die mit dem Subjektivismus klassischer Handlungstheorien verbundenen Schwierigkeiten zu entschärfen, bietet die **Diskurstheorie** (Abschn. 6.4). Als Diskurs wird in den Sozial- und Kulturwissenschaften eine Verflechtung von Signifikationen bezeichnet, im Rahmen derer Objekte mit Bedeutungen versehen, (Subjekt-)Positionen festgeschrieben und Weltbilder erzeugt werden. Erste Vorschläge für die Verwendung von zeichen- und diskurstheoretischen Ansätzen wurden in der deutschsprachigen Sozialgeographie Mitte der 1990er-Jahre u. a. von Richner (2007) und Arber (2007) unterbreitet. Lossau (2001) zeigte anschließend aus poststrukturalistischer Sicht, wie die Produktion politischer Weltordnungen als diskursive Praxis der **Verortung kultureller Differenzen** begriffen werden kann. Dabei wird u. a. deutlich, welche Machtverhältnisse durch solcherart symbolisches Geographie-Machen erzeugt und aufgrund der Verräumlichung buchstäblich festgeschrieben bzw. der Verfügbarkeit entzogen werden. Auf der Basis solcher Überlegungen entstand im Überschneidungsbereich von Sozialgeographie, Kulturgeographie und Politischer Geographie ein diskurstheoretisches Forschungsfeld (Glasze & Mattissek 2009). Die Anwendung diskurstheoretischer Methoden erstreckt sich u. a. auf so unterschiedliche Themen wie Stadtmarketing (Mattissek 2008), kommunale Kriminalitätsprävention (Schreiber 2005), nachhaltige Entwicklung (Bauriedl 2007) oder die Folgen des Klimawandels (Rham 2010).

Während die diskurstheoretische Forschung in der Geographie stark an den (post-)strukturalistischen Theorien französischer Provenienz orientiert ist, schließt ein anderer Zweig sprachtheoretisch informierter Sozialgeographie stärker an Traditionen aus der deutschen sowie der angelsächsischen Philosophie an. Ausgehend von der handlungstheoretischen Sozialgeographie (Werlen) zeigen Schlottmann (2005) und Felgenhauer (2007), wie alltägliches Geographie-Machen als Ergebnis von **Sprechakten** begriffen werden kann und welcher Begründungslogik dieses raumbezogene Sprechen folgt. Felgenhauer bezieht sich dabei auf die Theorie des kommunikativen Handelns (Habermas) und Konzepte der Argumentationstheorie (Toulmin und Brandom). Schlottmann dagegen zeigt, wie handlungstheoretische Überlegungen mit sprachphilosophischen Gedanken von Searle kombiniert und mit methodischen Verfahren nach Lakoff und Johnston forschungspraktisch umgesetzt werden können.

Raumsemantiken und strukturelle Kopplungen – Sozialgeographie im Sinne der Theorie sozialer Systeme

Systembegriffe und systemisches Denken haben in der Geographie eine lange Tradition. So ist z. B. der raumwissenschaftliche Ansatz stark von der allgemeinen Systemtheorie geprägt. Die in den Sozialwissenschaften seit den 1970er-Jahren dominierende Theorie sozialer Systeme von Niklas Luhmann tritt in der Sozialgeographie jedoch erst 1986 in Erscheinung. Klüter (1986) verwendet Luhmanns Theorie als Grundlage für einen sozialgeographischen Ansatz, der nach der Funktion von Raumbegriffen – sog. „Raumabstraktionen" – in der gesellschaftlichen Kommunikation fragt. Mit **Kommunikation** ist dabei nicht nur das Sprechen oder Schreiben gemeint, sondern auch das Handeln in verschiedenen Tätigkeitsfeldern des täglichen Lebens. Klüter zeigt, dass vor allem Organisationen (Behörden oder Firmen) die mit der Verwendung von Raumbegriffen und räumlichen Darstellungen (z. B. Karten) einhergehenden Möglichkeiten nutzen, komplizierte Abläufe einfacher darzustellen (Komplexitätsreduktion) und in die gewünschte Richtung zu lenken (Steuerung). Die von Klüter entworfene Konzeption einer systemtheoretischen Sozialgeographie wurde zunächst jedoch nur wenig beachtet.

Erst vor einigen Jahren wurde die **Systemtheorie** für die sozialgeographische Theorie und Forschung wiederentdeckt. Ausgangspunkt für die aktuelle Rezeption der Systemtheorie ist der für Geographen zunächst eher enttäuschende Befund, dass die Gesellschaft (aus systemtheoretischer Sicht) nichts anderes ist als ein Kommunikationssystem und als solches keine räumlichen Grenzen hat (Luhmann 1997). Die Grenzen der Gesellschaft sind nach Ansicht der Systemtheorie die Grenzen der Kommunikation im Gegensatz zu Nichtkommunikation (Außengrenzen der Gesellschaft) oder Differenzen zwischen unterschiedlichen Modi bzw. Medien des Kommunizierens (innere Differenzierung der Gesellschaft). Vor dem Hintergrund dieser Feststellung zeigt sich jedoch, dass die Kommunikation fortwährend „**Raumsemantiken**" produziert, mit denen kommunikative Prozesse geordnet und koordiniert werden. Solche Raumsemantiken können Einheit suggerieren, wo (funktionale) Differenzierung und Fragmentierung vorherrschen. Sie erlauben die symbolische Wiederherstellung einer aus den Fugen geratenen Welt und werden deshalb in politischen Diskussionen häufig verwendet (Redepenning 2006). Auch in anderen Themenfeldern trifft man fortwährend auf Raumsemantiken: Im Tourismus dienen sie z. B. dazu, die Erwartungen der Touristen mit den Angeboten der Touristiker kompatibel zu machen (Pott 2007); von der Wissenschaft werden sie eingesetzt, um Evidenz und Verständnis in der Alltagswelt zu erzeugen (Lippuner 2005).

Darüber hinaus erstreckt sich die Anwendung systemtheoretischer Grundlagen auf Fragen der Migrationsforschung (Goeke 2007) oder auf die sozialgeographische Analyse von (Natur-)Risiken (Egner & Pott 2010, Mayer & Pohl 2010). Außerdem kann mithilfe der Systemtheorie das Verhältnis von Gesellschaft und Umwelt neu konzeptualisiert werden. Dieses Verhältnis wurde in der Geographie traditionell als Beziehung von Mensch und Natur behandelt. Die Systemtheorie zielt dagegen auf eine sozialwissenschaftliche Beschreibung von Gesellschaft und Umwelt ab. Dabei zeigt sie, dass die Gesellschaft nur durch Kommunikation auf Umweltprobleme reagieren und sich völlig unangepasst verhalten kann (Luhmann 1986, Egner 2008). Gleichwohl ist die Gesellschaft auf eine funktionierende Umwelt angewiesen, sodass man es mit der paradoxen Situation eines Systems zu tun hat, das sich völlig autonom verhalten kann und gleichzeitig von seiner Umwelt abhängig ist. Diesen Zusammenhang beschreibt die Systemtheorie als eine **strukturelle Kopplung** (Luhmann 1997). Sie liefert damit einen Ausgangspunkt für die Auseinandersetzung mit den ökologischen Problemen der Gegenwart im Rahmen einer „Geographie sozialer Systeme" (Lippuner 2007b, 2009).

Gesellschaftskritik und Geschlechterdifferenz – Sozialgeographie im Sinne der marxistischen und der feministischen Theorie

Lange Zeit bestand der Anwendungsbezug der (deutschen) Sozialgeographie vornehmlich darin, Grundlagen für die (Raum-) Planung bereitzustellen. Dementsprechend stand das Fach in der zweiten Hälfte des 20. Jahrhunderts hauptsächlich im Dienste der etablierten Politik. Nur ganz vereinzelt machten sich Stimmen bemerkbar, die eine Hinterfragung gesellschaftlicher Zusammen-

Exkurs 15.6 Die Räumlichkeit sozialer Ungleichheit

Ulrike Gerhard

Nicht alle Menschen sind gleich – das ist mehr als eine Binsenweisheit. Denn die Herausforderung liegt in deren Umsetzung: alle Menschen sind gleichberechtigt, sollten also die gleichen Rechte haben, gerade weil oder obwohl sie verschieden sind. Das Postulat der Gleichheit ist demnach stark normativ aufgeladen und ist kein Ziel, sondern ein Effekt oder Prozess, dem politisches Handeln zugrunde liegt (Rancière 2002). Es legt nahe, dass alle Menschen die entsprechenden Chancen oder Zugangsmöglichkeiten erhalten. Dies zu gewährleisten ist allerdings eine Herkulesaufgabe, die sich auf theoretischer wie praktischer Ebene stellt, die aber auch eine stark räumliche Dimension besitzt. Denn dort, wo die Möglichkeiten des Zugangs zu allgemein verfügbaren sozialen Gütern und Positionen dauerhaft eingeschränkt sind und die Lebenschancen von Gruppen oder Individuen beeinträchtigt werden, herrscht soziale und/oder räumliche Ungleichheit vor (Kreckel 2004).

Kritische Raumtheorie sollte also jene Elemente aufdecken, durch die die Strukturen von Ungleichheit – in der Sozialgeographie auch als sozialräumliche Differenzierungen bezeichnet (Freytag & Mössner 2016) – reproduziert werden (Barnett 2018). Begriffe wie Segregation und Fragmentierung beschreiben das Ausmaß ungleicher Verteilung in einem Untersuchungsraum bzw. den Prozess der Verinselung oder des Zerfalls, der als „ungerecht" empfunden wird, wenn die Ungleichheiten nicht „zu jedermanns Vorteil" verteilt sind (Rawls 1971). So kann die Konzentration gesellschaftlich benachteiligter Gruppen in bestimmten Teilräumen die Stabilität des gesellschaftlichen Zusammenhalts bedrohen und zu sozialer Ausgrenzung bzw. Isolation führen (Heeg 2014).

In den hierarchisch vertikalen Gesellschaftsmodellen galten Klasse und Schicht als die strukturbestimmenden Determinanten von Ungleichheit. In jüngerer Zeit steht jedoch die horizontale Dimension von Ungleichheit in zunehmendem Maße im Brennpunkt sozialer Konflikte – und somit auch sozialgeographischer Betrachtung. Es geht um die Ungleichheit zwischen den Geschlechtern, zwischen Erwerbstätigen und Nichterwerbstätigen, zwischen Alten und Jungen, zwischen bildungsnahen und bildungsfernen Bevölkerungsgruppen, zwischen Wohlfahrtsempfängern und Selbstständigen sowie um die Ungleichverteilung sozialer Lasten und Aufgaben, die wie unsichtbare Mauern die Zugangs- und Handlungsmöglichkeiten einschränken. Dabei verlaufen die Kriterien nicht unabhängig voneinander, sondern überlagern und kreuzen sich, was zu einer besonderen Form von Diskriminierung und Ausgrenzung führen kann und insbesondere in der Intersektionalitätsforschung thematisiert wird (Winker & Degele 2009).

Soziale Ungleichheit ist immer auch ein Ergebnis sozialer Praktiken, da die Unterschiede nicht naturgegeben sind, sondern gesellschaftlich produziert werden. Aus neomarxistischer Perspektive wird den kapitalistischen Märkten grundsätzlich die Fähigkeit abgesprochen, gerechte Verteilungsstrukturen zu schaffen (Harvey 1973, Soja 2010). Aber auch die Arbeiten des französischen Soziologen Pierre Bourdieu zu Habitus und den dadurch erzeugten Strategien und Praktiken im sozialen Raum (Bourdieu 1998, Deffner & Haferburg 2014) sowie des US-amerikanischen Sozialphilosophen und Geographen Theodore Schatzki zur Praktikentheorie (Knorr Cetina et al. 2000) haben für die Erforschung von Ungleichheit in der sozialwissenschaftlichen Geographie der letzten Jahre eine bedeutsame Rolle gespielt. Soziale Differenzierungen sind also nicht statisch, sondern einem ständigen, wechselseitigen Einwirken und Beeinflussen von Individuen im Prozess der Vergesellschaftung unterworfen. Und schließlich ist der Raum als eine strukturbedingende Variable zu berücksichtigen, da er ein bestimmtes Milieu bzw. eine Räumlichkeit schafft, die Handlungen bedingt und Wahrnehmungen beeinflusst. Dabei sind jedoch die Individuen als tätige Subjekte ernst zu nehmen, da sie sich in ihren sozialen Praxen mit ihrer von Konflikten durchzogenen Umwelt auf sehr unterschiedliche Art und Weise auseinandersetzen (Belina 2008).

Soziale Ungleichheit oder räumlich gesprochen Ungleichverteilung lässt sich auf verschiedenen Maßstabsebenen und mit unterschiedlichen Methoden messen bzw. analysieren. Die wohl Bekannteste ist die Sozialraumanalyse der Chicagoer Schule der Sozialökologie, die ganze Generationen von Sozialwissenschaftlern seit den 1920er-Jahren geprägt hat (Shevky & Bell 1955, Murdie 1969). Es handelt sich um eine makroanalytische, quantitative Methode, welche die räumliche Verteilung bestimmter Bevölkerungsgruppen einer Raumeinheit der „restlichen" Bevölkerung gegenüberstellt, meist mit dem Segregationsindex oder Dissimilationsindex beschrieben (Basten & Gerhard 2016). Auch wenn dieser Ansatz sinnvoll ist, um räumliche Disparitäten aufzuzeigen, birgt die Visualisierung und Verräumlichung sozialer Phänomene Gefahren: So kann es zu Stigmatisierungen ganzer Raumeinheiten (meist Stadtteile) als „arm", „prekär" oder „benachteiligt" kommen, was durch die Zuschreibung bestimmter Merkmale und deren angenommener Kausalität bzw. Korrelation erfolgt: z. B. die Megastadt als Ort der Armut und Unterentwicklung, die französischen Banlieus als Horte arbeitsloser Jugendlicher und junger Menschen aus Nordafrika, die „Soziale-Stadt-Quartiere" in Deutschland als Stadtteile mit „besonderem Entwicklungsbedarf". Die Zuschreibungen erfolgen aber auch auf einer entgegengesetzten Skala der Hierarchisierung: Die *master-planned communities* vor den Toren von Johannesburg gelten als Wohnorte einer neuen afrikanischen Mittel- oder Oberschicht (Murray 2015), in den *gated communities* von Delhi wohnt die urbane Mittelklasse der emporstrebenden *world-class-city* (Brosius 2017).

Untersuchungen zu sozialer Ungleichheit müssen also vielschichtiger angegangen werden, insbesondere wenn sie die Räumlichkeit sozialer Ungleichheit im Blick haben. Es ist eine gesellschaftstheoretische Perspektive anzuwenden, bei der soziale Ungleichheiten über Prozesse wie Exklusion (Bude & Willisch 2008), Verdrängung (Smith 1996, Slater 2009), Diskriminierung (McDowell & Dyson 2011, Wilson 2007) und staatliche Intervention (Wacquant 2008) untersucht werden. Ebenso ist eine international vergleichende Perspektive angebracht, die soziale Ungleichheiten durch eine Vielzahl räumlich-sozialer Kontexte beobachtet und analysiert (Rothfuß & Gerhard 2014). Erst dann können die intransparenten Machtbedingungen, die nicht zuletzt mit Globalisierung, Neoliberalisierung und Megapolisierung (Roy 2011) einhergehen und Ungleichheiten verfestigen, offengelegt werden.

Denn grundsätzlich nimmt die soziale Ungleichheit seit Jahren trotz allgegenwärtiger Diskurse von Nachhaltigkeit, Kreativität, Mobilität und Wissensgesellschaft zu, und dies auf sehr unterschiedlichen Maßstabsebenen. Auch wenn die Polarisierung in deutschen Städten gemäß „Segregationscheck" vom DIFU (2012) vergleichsweise gering ist, haben selbst wohlhabende Städte wie z. B. Heidelberg mit einer überdurchschnittlich gebildeten Bevölkerung gegen eine wachsende Armuts-

bevölkerung zu kämpfen, die sich in bestimmten Stadtteilen konzentriert und auf der Mikroebene zu starken Disparitäten führt. So variiert nicht nur die Arbeitslosenrate zwischen den Stadtteilen um das Fünffache, auch der Bildungserfolg weicht bereits bei den Grundschülern ganz erheblich voneinander ab (Gerhard & Hoelscher 2017). Um ein anderes Beispiel zu nennen: Ein durchschnittliches Haus, das in Palo Alto – dem Herzen des Silicon Valleys – dem Käufer im Schnitt 2,9 Mio. US-Dollar abverlangt, ist in Gary (Indiana) bereits für 50 900 Dollar zu haben (Zillow Real Estate 2019). Zwar setzen Ungleichheiten – wie insbesondere ökonomische Ansätze argumentieren – durchaus Wachstumspotenziale frei (Glaeser et al. 2009) und werden von Bewohnern und Bewohnerinnen zum Teil erwünscht (Lees 2008), sie besitzen jedoch ein erhebliches Potenzial, das soziale Gleichgewicht einer Gesellschaft zu sprengen. Dies gilt insbesondere dann, wenn bestimmten Gruppen die oben genannten Zugänge verwehrt werden (z. B. weibliche Führungskräfte oder Unternehmerinnen in Wachstumsmärkten wie dem Silicon Valley; Mayer 2008). Diese Liste der ungleichen Zugangsbedingungen zu Ressourcen lässt sich fortführen und in verschiedene Kontexte übertragen. Die Räumlichkeit sozialer Ungleichheit bildet somit ein bedeutsames Forschungsfeld, das besondere gesellschaftliche Relevanz besitzt und durch die vielseitigen Methoden und Perspektiven der Geographie weitergeführt werden sollte.

hänge im Sinne der „Kritischen Theorie" marxistischer Prägung forderten. Die Vorstellung, dass es die Aufgabe der Sozialwissenschaften sei, bestehende Herrschaftsverhältnisse auf ihre Legitimität hin zu überprüfen und Ungleichheiten beim Zugang zu Ressourcen oder Räumen zu thematisieren, wurde z. B. in Teilen der Geographischen Entwicklungsforschung vertreten (Exkurs 15.6; Schmidt-Wulffen 1987). Außerdem orientierten sich einzelne Autoren bei der kritischen Diskussion der traditionellen Geographie an der **marxistischen Theorie** (Leng 1973, Eisel 1980, Belina et al. 2009).

In den letzten Jahren hat die Auseinandersetzung mit der marxistischen Theorie an Popularität gewonnen und zur Etablierung einer Diskussionsgemeinschaft junger Forscherinnen und Forscher geführt, die sich in Anlehnung an die angelsächsische *critical geography* (Harvey 1982) als **„Kritische Geographie"** bezeichnet (Schmid 2005). Die wichtigsten theoretischen Bezugsquellen für diese Diskussion sind neben den Schriften von Marx und Beiträgen aus der angelsächsischen Debatte vor allem Henri Lefebvres Werke über die „Produktion des Raumes" (Lefebvre 1974) und die „Revolution der Städte" (Lefebvre 1972).

Die Thematisierung von **Geschlechterdifferenzen** als einer zentralen Strukturierung gesellschaftlicher Praxis gehört heute zum Standardprogramm der Sozialwissenschaften. Die theoretischen Grundlagen dazu lieferten Autorinnen wie Simone de Beauvoir, Luce Irigaray oder Judith Butler. In der Sozialgeographie sind feministische Theorien und Ansätze der **Genderforschung** seit Ende der 1980er-Jahre verbreitet. Vorreiterinnen dieser Theorie- und Forschungsrichtung waren angelsächsische Fachvertreterinnen wie Gillian Rose (1993), Gill Valentine (1989) oder Linda McDowell (1993a, 1993b). Sie machten

darauf aufmerksam, dass die Wahrnehmung und die Aneignung von Orten durch geschlechtsspezifische Dispositionen geprägt sind und dass der Zugang zu bestimmten Räumen gemäß den Rollenerwartungen an die beiden Geschlechter unterschiedlich gewährleistet bzw. sanktioniert wird. Seit die Sozialgeographie Mitte der 1980er-Jahre eine sozialwissenschaftliche Ausrichtung bekommen hat, konnten auch deutschsprachige Arbeiten immer wieder zeigen, wie gewinnbringend eine geschlechtersensitive Forschung gerade für ein Fach ist, das in seinem Mainstream eher „geschlechtsblind" ist (Fleischmann & Meyer-Hanschen 2005, Bauriedl et al. 2010).

Quer zu den verschiedenen theoretischen Zugängen hat sich in der Sozialgeographie in den letzten Jahren ein thematisches Forschungsfeld herausgebildet, in dem die **ökologische Problemstellung** wieder stärker als Herausforderung erkannt wird. Zwar bildeten die Umweltbezüge des menschlichen Handelns durch Reclus' Rezeption von Marsh schon den zentralen Ausgangspunkt für die Entstehung der Sozialgeographie, sie werden hier jedoch unter dem Gesichtspunkt der Nachhaltigkeit (und des Globalen Wandels) von unterschiedlichen Standpunkten aus für veränderte Bedingungen anwendbar gemacht.

15.5 Aktuelle Herausforderungen und Möglichkeiten der Sozialgeographie: neue Nachhaltigkeitsforschung und -politik

Die Erreichung von Nachhaltigkeit ist mit dem rasanten Wachstum der Weltbevölkerung, ungebremster globaler Urbanisierung und den sich im Vergleich dazu nur schleppend verändernden Produktions- und Transporttechnologien seit der Industriellen Revolution zu einer der größten Herausforderungen der Menschheitsgeschichte geworden. Mit **Nachhaltigkeit** wird damit aktuell die Forderung verbunden, dass Güter und Dienstleistungen so produziert und verbraucht bzw. genutzt werden sollen, dass dabei keine endlichen Ressourcen verwendet werden und ohne dass die Umwelt geschädigt wird. So sollen fossile Energieträger durch erneuerbare Energien ersetzt werden. Trotz jahrzehntelanger Anstrengungen sind wir jedoch weit von der Erreichung dieses Zielzustands entfernt. Dementsprechend richtet die Politik auch spezifische Anforderungen an die Wissenschaft.

Aufgrund der weiterhin unbefriedigenden Situation wird in jüngerer Zeit immer deutlicher, dass es nicht ausreicht, die Anstrengungen im Rahmen der bisherigen Nachhaltigkeitspolitik und -forschung zu intensivieren. Es wird vielmehr auch die Notwendigkeit erkannt, dass auf zwei Ebenen eine Identifizierung von Schwachstellen erforderlich ist. Auf politischer Ebene wird deutlich, dass auch eine Vielzahl von internationalen Vereinbarungen, vom Rio-Gipfel 1992 über das Kyoto-Protokoll 1997 bis hin zum Pariser Abkommen 2016, nicht ausreicht, um gehaltvolle Fortschritte zu erzielen. In wissenschaftlicher Hinsicht wird die Forderung nach **Interdisziplinarität** laut. Neben ökologischen Ansätzen wird dabei jenen wissenschaftlichen Disziplinen besondere Kompetenz zugewiesen, welche – wie die Geographie – die Integration von Natur und Gesellschaft zur Kernkompetenz zählen. So wie in der Geographie wird auch ganz allgemein davon ausgegangen, dass weiterhin auf der Basis der naturwissenschaftlichen Ergebnisse eine bessere Adaptation gesellschaftlicher Wirklichkeiten an die Natur erreicht werden kann. Integration bedeutet dementsprechend – und dies ganz ähnlich wie in der geodeterministischen Geographie – die Einbettung des Gesellschaftlichen in das Natürliche.

Angesichts dieser Konstellation besteht die wichtigste Einsicht auf politischer wie auf wissenschaftlicher Ebene vielleicht darin, dass für die Diagnose der wichtigsten Äußerungsformen von mangelnder Nachhaltigkeit – wie Klimawandel, Luft- und Wasserverschmutzung etc. – eine höchst beeindruckende wissenschaftliche Datenlage besteht, es aber nicht gelingt, diese gesellschaftlich zu vermitteln. Da sich dieses Problem trotz größter medialer und politischer Anstrengungen offensichtlich nicht beheben lässt, ist eine Rekonstruktion des Werdegangs dieser Situation angezeigt. Hierfür kann die Geschichte der Überwindung des Natur- und Geodeterminismus durch die Sozialgeographie eine hilfreiche Wegleitung abgeben.

Die Entstehung des heute wissenschaftlich relevanten Nachhaltigkeitskonzepts geht auf Hans Carl von Carlowitz (1713) zurück. Anfang des 18. Jahrhunderts hatte von Carlowitz den Auftrag, die berg- und forstwirtschaftliche Produktion Sachsens dauerhaft zu sichern. Sein Lösungsvorschlag bestand darin, jährlich dem Wald nur so viel Holz zu entnehmen, wie in diesem Zeitraum nachwachsen konnte. Referenzeinheit und Ausgangsgröße bildete dabei der (Container)-Raum Sachsen. Wie in den naturdeterministischen Ansätzen der traditionellen Geographie bildet deshalb seit den Anfängen auch in der Nachhaltigkeitsforschung und -politik die geo-ökologische Datenlage (hier: Überrodung) den Ausgangspunkt; sozial-kulturelle Wirklichkeiten werden damit ins zweite Glied der Argumentationskette geschoben oder gar auf biologische Komponenten zurückgeführt. Das heißt, Gesellschaft wird auf Bevölkerung reduziert und an Stelle von sozialen Akteuren mit spezifischen kulturellen Kontexten steht „der Mensch" mit seinen organischen Bedürfnissen (hier: in Sachsen) im Zentrum.

Ganz ähnlich verhält es sich mit der Entstehung der **wissenschaftlichen Ökologie**. Die bio- und geowissenschaftliche Umweltforschung hat hier ihre Basis. Der theoretische Ausgangspunkt wurde Ende des 19. Jahrhunderts von Ernst Haeckel (1866, 1878/9) im Rahmen der ökologischen Untersuchung von Lebensräumen entwickelt. Lebensräume werden dabei als die Selektionsinstanz für die Evolution verschiedener Lebensformen gesehen. Alle Arten, die sich nicht ausreichend an ihren Lebensraum – so die These Haeckels – anpassen, verschwinden, sterben aus. Friedrich Ratzel (1882), ein Schüler von Haeckel, übertrug die Lebensraumforschung zur Begründung der Anthropogeographie auf den Menschen. Damit wurden Raumdeterminismus (Container) und Biologismus (Rasse) zur konzeptionellen Grundlage der Anthropogeographie. Naturraum, Ökotop oder Geosphäre („Planet Erde") wurden nicht nur zu Forschungsgegenständen erklärt, sondern auch zur Referenzgröße für die umweltorientierte Gesellschaftspolitik gemacht.

Die Entwicklung der Nachhaltigkeits- und Umweltkonzeptionen waren im 18. und 19. Jahrhundert ein großer Fortschritt. Es ist aber wichtig zu erkennen, dass sich das Nachhaltigkeitskonzept von von Carlowitz und die Übertragung der Ökologie Haeckels auf die Anthropogeographie an „traditionellen Lebensformen" (Werlen 2008) orientieren. Diese zeichnen sich durch räumlich eng gekammerte, regionale Gesellschaftsformationen aus sowie durch die beinahe ausschließliche Angewiesenheit auf lokal verfügbare natürliche Ressourcen. Doch an die Stelle traditioneller Lebensformen sind in der Zwischenzeit weitgehend „spät-moderne Lebensformen" (Werlen 2008) getreten. Demzufolge sind die Anwendungsbedingungen dieser Nachhaltigkeits- und Umweltkonzeptionen nicht mehr oder zumindest nicht mehr in gleichem Maße gegeben wie zum Zeitpunkt ihrer Entwicklung. Mit den technischen und politischen Entwicklungen der Modernisierung und Globalisierung haben sich die geographischen Bedingungen des Handelns zu sehr verändert, als dass man weiterhin versuchen sollte, die Probleme mit Lösungsstrategien zu bewältigen, die für die Rahmenbedingungen des 18. und 19. Jahrhunderts entwickelt wurden. Geodeterministische Schlüsse von der Natur auf Gesellschaft und Kultur sind weder wissenschaftlich noch politisch haltbar. Normative Schlüsse von der Natur auf die Kultur sind unter den veränderten geographischen Bedingungen

Kapitel 15

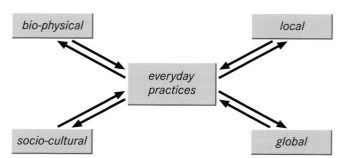

Abb. 15.9 Dimensionen alltäglichen Geographie-Machens und geographischer Weltbeziehungen (verändert nach Werlen et al. 2016).

nicht nur überholt, sondern ebenso problematisch wie die Biologisierung der Kultur als Rasse.

Doch die aktuelle, international vorherrschende Nachhaltigkeitspolitik (Enders et al. 2015) beruht in weiten Teilen weiterhin auf jenem Ansatz, den die Pioniere regionaler ökologischer und lokaler Nachhaltigkeitskonzepte entwickelt haben (Hauff 1987). Das gilt insbesondere für die Umweltpolitik der Vereinten Nationen und die UN-Dekade der „Bildung für nachhaltige Entwicklung" (www.unesco.org/education/desd). Natürliche und räumliche Bedingungen, die allen menschlichen Handlungen vorausgehen, bilden hier die Ausgangspunkte ökologischer Untersuchungen und entsprechender Forderungen (Werlen & Weingarten 2003, 2005, Grober 2010, Grunwald & Kopfmüller 2012).

Aufgrund der veränderten geographischen Bedingungen des Handelns ist heute primär **globale Nachhaltigkeit** (Werlen 2015) gefordert. Deren Etablierung setzt das Verstehen der globalen Zusammenhänge des Handelns und der verschiedenen praktizierten Lebensstile voraus, denn ohne ein besseres Verständnis davon, wie sich unsere täglichen Aktivitäten auf globaler Ebene auswirken, kann globale Nachhaltigkeit nicht erreicht werden. Ein vertiefter Einblick in die Geographie globalisierter Lebensformen und -stile ist somit eine Grundvoraussetzung für die Erreichung von Nachhaltigkeit bzw. für die Etablierung von nachhaltigeren alltäglichen Praktiken.

Da der Körper der Handelnden Teil der bio-physikalischen Welt ist, braucht mit diesem Ausgangspunkt erstens nicht mehr von „Umwelt" die Rede zu sein, sondern vielmehr von der bio-physikalischen Mitwelt. Gleichzeitig steht auch nicht „Umweltschutz" im Fokus, sondern die Pflege der bio-physikalischen Grundlagen für alle Organismen, der menschliche Körper miteingeschlossen. Zweitens wird es in dieser Perspektive, bei der erst vom Handeln ausgegangen wird, um dann die natürlichen Bedingungen in die Betrachtung einzuschließen, möglich, den sozial-kulturellen Bedingungen Rechnung zu tragen. Damit wird der Weg frei zur Entwicklung von kulturell differenzierten Pfaden zur Etablierung **nachhaltiger Gesellschaftsformen**. Ohne die Umkehrung der naturalistischen Argumentationsrichtung (aus Natur die Gesellschaftspolitik ableiten), wäre diese höchst erforderliche Option kaum realisierbar.

Wie sich dieser alternative Zugang zu Nachhaltigkeit auch in der Nachhaltigkeitspolitik umsetzen lässt, zeigt die auf sozialgeo-

graphischen Grundlagen entwickelte und von der *International Geographical Union* initiierte UNESCO-Resolution von 2013 zum *International Year of Global Understanding* (Werlen 2012). Geht man davon aus, dass die großen Herausforderungen der Gegenwart (Reid et al. 2010) in sozialen Praktiken und Handlungsweisen begründet sind und den ganzen Planeten betreffen, dann haben entsprechende Lösungsansätze auch bei den „Machern" und deren Handeln, deren Praktiken anzusetzen.

Um die Defizite der derzeit vorherrschenden ökologischen Ansätze zu überwinden, ist bei der Beurteilung der Nachhaltigkeit von geographischen Praktiken bzw. von den Weltbindungen/-beziehungen in spezifischen Handlungsfeldern wie Ernährung (essen/trinken), Urbanisierung (arbeiten/wohnen), Interagieren (kommunizieren/netzwerken), Erhalten (verschwenden/recyceln) etc. auszugehen. Konsequenterweise ist es dringend erforderlich, von einer (lebens-)raumzentrierten zu einer praxiszentrierten Perspektive überzugehen. Von den Gründen für und Umständen von problematische(n) Lebensstile(n) ist auszugehen, um zu sozial und kulturell abgestimmten Strategien der Nachhaltigkeitspolitik zu gelangen.

Zu einer Umkehrung dieser Herangehensweise verhilft unter Umständen die sozialgeographische Praxisforschung (Lippuner 2005, Bauriedl 2007, Gäbler 2015). Im Zentrum der Betrachtung stehen dann nicht mehr primär die nach ökologischen Kriterien definierten (Lebens-)Räume, sondern vielmehr alltägliche Praktiken mit ihren kulturellen, lebensstilspezifischen und sozialökonomischen Akzentuierungen. Besondere Aufmerksamkeit erlangen außerdem die Schnittstellen zwischen dem Globalen und dem Lokalen sowie dem Sozio-kulturellen und dem Bio-Physikalischen (Abb. 15.9).

Neben der integrativen Sicht des Globalen und des Lokalen sowie des Sozialen und des Natürlichen gehört zum globalen Verständnis von Nachhaltigkeit auch die **Integration von Alltag und Wissenschaft**. Um dieses Ziel zu erreichen, sollen auf der Grundlage einer neuen geographischen Weltsicht, in der die Praktiken des Geographie-Machens im Mittelpunkt stehen, durch die Nachhaltigkeitspolitik Veränderungen des sozialen Handelns, genauer gesagt der Gewohnheiten und Routinen, bewirkt, anstatt Länder oder Kontinente verwaltet und Lebensräume oder Ökotope „gerettet" werden.

Literatur

Arber G (2007) Medien, Regionalisierungen und das Drogenproblem. Zur Verräumlichung sozialer Brennpunkte. In: Werlen B (Hrsg) Sozialgeographie alltäglicher Regionalisierungen. Bd 3: Ausgangspunkte und Befunde empirischer Forschung. Steiner, Stuttgart. 251–270

Autorengruppe Bildungsberichterstattung (Hrsg) (2018) Bildung in Deutschland 2018: Ein indikatorengestützter Bericht mit einer Analyse zu Wirkung und Indikatoren von Bildung. Bielefeld. https://www.bildungsbericht.de/de/autorengruppe-bildungsbericht/autorengruppe (Zugriff 24.6.2018)

Bachmann-Medick D (2006) Cultural Turns. Neuorientierung in den Kulturwissenschaften. Reinbek bei Hamburg

Barnett C (2018) Geography and the Priority of Injustice. Annals of the American Association of Geographers 108/2: 317–326

Bartels D (1968) Zur wissenschaftstheoretischen Grundlegung einer Geographie des Menschen. Steiner, Wiesbaden

Bartels D (1970) Einleitung. In: Bartels D (Hrsg) Wirtschafts- und Sozialgeographie. Köln, Berlin. 13–48

Basten L, Gerhard U (2016) Stadt und Urbanität. In: Freytag T, Gebhardt H, Gerhard U, Wastl-Walter D (Hrsg) Humangeographie Kompakt. Springer Spektrum, Heidelberg. 115–139

Bauriedl S (2007) Spielräume nachhaltiger Entwicklung. Die Macht stadtentwicklungspolitischer Diskurse. Oekom, München

Bauriedl S, Schier M, Strüver A (Hrsg) (2010) Geschlechterverhältnisse, Raumstrukturen, Ortsbeziehungen. Erkundungen von Vielfalt und Differenz im spatial turn. Westfälisches Dampfboot, Münster

Belina B (2008) We may be in the slum, but the slum is not in us! Zur Kritik kulturalistischer Argumentationen am Beispiel der Underclass-Debatte. Erdkunde 62/1: 15–26

Belina B, Best U, Naumann M (2009) Critical geography in Germany: from exclusion to inclusion via internationalisation. Social Geography 4: 47–58

Benke K (2005) Geographie(n) der Kinder: Von Räumen und Grenzen (in) der Postmoderne. München

Blotevogel HH, Heinritz G, Popp H (1987) Regionalbewusstsein – Überlegungen zu einer geographisch-landeskundlichen Forschungsinitiative. Informationen zur Raumentwicklung 7/8: 409–418

Bobek H (1948) Stellung und Bedeutung der Sozialgeographie. Erdkunde 2: 118–125

Bobek H, Schmithüsen J (1949) Die Landschaft im logischen System der Geographie. Erdkunde 3: 112–120

Bohle H-G (2005) Soziales oder unsoziales Kapital? Das Konzept von Sozialkapital in der Geographischen Verwundbarkeitsforschung. Geographische Zeitschrift 93/2: 65–81

Bourdieu P (1976) Entwurf einer Theorie der Praxis. Suhrkamp, Frankfurt a. M.

Bourdieu P (1982) Die feinen Unterschiede. Kritik der gesellschaftlichen Urteilskraft. Suhrkamp, Frankfurt a. M.

Bourdieu P (1991) Physischer, sozialer und angeeigneter physischer Raum. In: Wentz M (Hrsg) Stadt-Räume. Campus, Frankfurt a. M.

Bourdieu P (1997) Ortseffekte. In: Bourdieu P et al (Hrsg) Das Elend der Welt. Zeugnisse und Diagnosen alltäglichen Leidens an der Gesellschaft. UVK, Konstanz

Bourdieu P (1998) Praktische Vernunft. Zur Theorie des Handelns. Suhrkamp, Frankfurt a. M.

Bourdieu P, Wacquant LJD (1996) Reflexive Anthropologie. Suhrkamp, Frankfurt a. M.

Bridge G (2010) Pierre Bourdieu. In: Hubbard P, Kitchin R (eds) Key Thinkers on Space and Place. Sage, London

Brosius C (2017) Regulating Access and Mobility of Single Women in a World Class-City: Gender and Inequality in Delhi, India. In: Gerhard U, Hoelscher M, Wilson D (esd) Inequalities in a Creative City. Issues, Approaches, Comparisons. Palgrave Macmillan, New York. 239–260

Bude H, Willisch A (Hrsg) (2008) Exklusion. Die Debatte über die „Überflüssigen". Suhrkamp, Frankfurt a. M.

Carlowitz HC v (1713) Sylvicultura Oeconomica, oder haußwirthliche Nachricht und Naturmäßige Anweisung zur wilden Baum-Zucht. Leipzig

Cook I (2004) Follow the Thing: Papaya. Antipode: 642–664

Deffner V (2010) Habitus der Scham – die soziale Grammatik ungleicher Raumproduktion. Eine sozialgeographische Untersuchung der Alltagswelt Favela in Salvador da Bahia (Brasilien). Passau

Deffner V, Haferburg C (2014) Pierre Bourdieu: Habitus und Habitat als Verhältnis von Subjekt, Sozialem und Macht. In: Oßenbrügge J, Vogelpohl A (Hrsg) Theorien in der Raum- und Stadtforschung. Westfälisches Dampfboot, Münster. 328–347

Deinet U, Gilles C, Knopp R (Hrsg) (2006) Neue Perspektiven in der Sozialraumorientierung. Dimensionen – Planung – Gestaltung. Berlin

DIFU (Deutsches Institut für Urbanistik) (2012) Im Segregations-Check: 19 deutsche Städte. StadtBauwelt 48/196: 62–67

Dirksmeier P (2009) Urbanität als Habitus. Transcript, Bielefeld

Dörfler T, Graefe O, Müller-Mahn D (2003) Habitus und Feld. Anregungen für eine Neuorientierung der geographischen Entwicklungsforschung auf der Grundlage von Bourdieus „Theorie der Praxis". Geographica Helvetica 58/1: 11–23

Dünne J (2011) Die kartographische Imagination. Paderborn

Egner H (2008) Gesellschaft, Mensch, Umwelt – beobachtet. Ein Beitrag zur Theorie der Geographie. Steiner, Stuttgart

Egner H, Pott A (2010) Risiko und Raum. Das Angebot der Beobachtungstheorie. In: Egner H, Pott A (Hrsg) Geographische Risikoforschung. Zur Konstruktion verräumlichter Risiken und Sicherheiten. Steiner, Stuttgart

Eibl D, Rosenthal C (2009) Space and Gender. Spaces of Difference in Canadian Women's Writing/Espaces de différence dans l'écriture canadienne au feminin. Innsbruck

Eisel U (1980) Die Entwicklung der Anthropogeographie von einer „Raumwissenschaft" zur Gesellschaftswissenschaft. Kassel

Enders JC, Reming M (eds) (2015) Theories of Sustainable Development. London, New York

Ermann U (2005) Regionalprodukte. Vernetzungen und Grenzziehungen bei der Regionalisierung von Nahrungsmitteln. Steiner, Stuttgart

Ermann U (2012) Follow the Thing! Ein Überblick über einige Geographien der Warenwelt. GEOGRAZ: Grazer Mitteilungen der Geographie und Raumforschung. Graz. 6–11

Felgenhauer T (2007) Geographie als Argument. Eine Untersuchung regionalisierender Begründungspraxis am Beispiel „Mitteldeutschland". Steiner, Stuttgart

Felgenhauer T, Mihm M, Schlottmann A (2005) The making of „Mitteldeutschland". On the function of implicit and explicit symbolic features for implementing regions and regional identity. Geografiska Annaler 87/1: 45–60

Fleischmann K, Meyer-Hanschen U (2005) Stadt Land Gender. Einführung in Feministische Geographien. Königstein/Taunus

Freytag T, Jahnke H (2015) Perspektiven für eine konzeptionelle Orientierung der Bildungsgeographie. Geographica Helvetica 70/1: 75–88

Freytag T, Jahnke H, Kramer C (2015) Bildungsgeographie. Wissenschaftliche Buchgesellschaft, Darmstadt

Freytag T, Mössner S (2016) Mensch und Gesellschaft. In: Freytag T, Gebhardt H, Gerhard U, Wastl-Walter D (Hrsg)

Humangeographie Kompakt. Springer Spektrum, Heidelberg. 67–88

Gäbler K (2015) Gesellschaftlicher Klimawandel. Stuttgart

Geipel R (1977) Friaul. Sozialgeographische Aspekte einer Erdbebenkatastrophe. Münchener Geographische Hefte, Nr. 40. Kallmünz, Regensburg

Gerhard U, Hoelscher M (2017) Knowledge Makes Cities: Education and Knowledge in Recent Urban Development. In: Gerhard U, Hoelscher M, Wilson D (eds) Inequalities in Creative Cities: Issues, Approaches, Comparisons. Palgrave Macmillan, New York. 129–163

Giddens A (1992) Die Konstitution der Gesellschaft. Grundzüge einer Theorie der Strukturierung. Campus, Frankfurt a. M.

Glaeser EL, Resseger M, Tobio K (2009) Inequality in Cities. Journal of Regional Science 49/4: 617–646

Glaser E, Koller H-C, Thole W, Krumme, S (Hrsg) (2018) Räume für Bildung – Räume der Bildung. Leverkusen

Glasze G, Mattissek A (Hrsg) (2009) Handbuch Diskurs und Raum. Theorien und Methoden für die Humangeographie sowie die sozial- und kulturwissenschaftliche Raumforschung. Transcript, Bielefeld

Goeke P (2007) Transnationale Migrationen. Post-jugoslawische Biografien in der Weltgesellschaft. Transcript, Bielefeld

Grober U (2010) Die Entdeckung der Nachhaltigkeit. Kunstmann, München

Grunwald A, Kopfmüller J (2012) Nachhaltigkeit. Campus, Frankfurt a. M.

Günzel S (2017) Raum: Eine kulturwissenschaftliche Einführung. Bielefeld

Haeckel E (1866) Generelle Morphologie der Organismen. Bd. 2: Allgemeine Entwicklungsgeschichte der Organismen. Reimer, Berlin

Haeckel E (1878/9) Gesammelte populäre Vorträge aus dem Gebiete der Entwicklungslehre. Strauss, Bonn

Haferburg C (2007) Umbruch oder Persistenz? Sozialräumliche Differenzierungen in Kapstadt. Hamburger Beiträge zur Geographischen Forschung 6. Hamburg

Harendt A (2018) Gesellschaft. Raum. Narration. Geographische Weltbilder im Medienalltag. Steiner, Stuttgart

Hartke W (1948) Gliederungen und Grenzen im Kleinen. Erdkunde 2: 174–179

Hartke W (1959) Gedanken über die Bestimmung von Räumen gleichen sozialgeographischen Verhaltens. Erdkunde 13/4: 426–436

Harvey D (1973) Social Justice and the City. Arnold, London

Harvey D (1982) Limits to Capital. Oxford

Hauff V (1987) Unsere gemeinsame Zukunft – Der Brundtland-Bericht der Weltkommission für Umwelt und Entwicklung. Greven

Heeg S (2014) Fragmentierung. In: Lossau J, Freytag T, Lippuner R (Hrsg) Schlüsselbegriffe der Kultur- und Sozialgeographie. Utb, Stuttgart. 67–80

Helbrecht I (2004) Stadtmarketing. Vom Orakel zum Consulting – Identitätspolitiken in der Stadt. In: Hilber ML, Ergez A (Hrsg) Stadtidentität. Zürich

Helbrecht I, Pohl J (1995) Pluralisierung der Lebensstile: Neue Herausforderungen für die sozialgeographische Stadtforschung. Geographische Zeitschrift 83, 3/4: 222–237

Hermann M, Leuthold H (2002) Die gute Adresse. Divergierende Lebensstile und Weltanschauungen als Determinanten der innerstädtischen Segregation. In: Mayr A, Meurer M, Vogt J (Hrsg) Stadt und Region – Dynamik von Lebenswelten. Tagungsbericht und wissenschaftliche Abhandlungen 53. Deutscher Geographentag 2001 in Leipzig: 236–250

Holloway S L, Valentine G (2000) Spatiality and the new social studies of childhood. Sociology 34/4: 763–783

Institut für Länderkunde, Mayr A, Nutz M (Hrsg) (2002) Nationalatlas Bundesrepublik Deutschland: Bildung und Kultur, Bd. 6. Spektrum, Heidelberg

Jahnke H (2014) Bildung und Wissen. In: Lossau J, Freytag T, Lippuner R (Hrsg) Schlüsselbegriffe der Kultur- und Sozialgeographie. Ulmer UTB, Stuttgart. 153–166

Janoschka M (2009) Konstruktion europäischer Identitäten in räumlich-politischen Konflikten. Steiner, Stuttgart

Jöns H (2003) Grenzüberschreitende Mobilität und Kooperation in den Wissenschaften: Deutschlandaufenthalte US-amerikanischer Humboldt-Forschungspreisträger aus einer erweiterten Akteursnetzwerkperspektive. Dissertation. Heidelberger Geographische Arbeiten, Bd. 116. Selbstverlag des Geographischen Instituts der Universität Heidelberg

Jureit U (2012) Das Ordnen von Räumen. Territorium und Lebensraum im 19. und 20. Jahrhundert. Hamburg

Kessl F, Reutlinger C (2013) Urbane Spielräume. Bildung und Stadtentwicklung. Springer, Wiesbaden

Klüter H (1986) Raum als Element sozialer Kommunikation. Giessener Geographische Schriften 60. Gießen

Knorr Cetina K, Schatzki T, Savigny E v (2000) The Practical Turn in Contemporary Theory. Routledge, London, New York

Kraftl P (2013) Geographies of alternative education: Diverse learning spaces for children and young people. Policy Press, Bristol

Kreckel R (2004) Politische Soziologie der sozialen Ungleichheit. Campus, Frankfurt a. M., New York

Kropotkin P (1896) L'anarchie, sa philosophie, son idéal. Paris

Lees L (2008) Gentrification and Social Mixing: Towards an Inclusive Urban Renaissance. Urban Studies, 45/12: 2449–2470

Lefebvre H (1972) Die Revolution der Städte. München

Lefebvre H (1974) La production de l'espace. Paris

Leipold R (2018) Erinnerung, Spur und Raum. Geohistorisches Spurenlesen entlang erinnerter DDR-Grenzgeographien. Steiner, Stuttgart

Leng G (1973) Zur „Münchner" Konzeption der Sozialgeographie. Geographische Zeitschrift 61: 121–134

Lippuner R (2005) Raum – Systeme – Praktiken. Zum Verhältnis von Alltag, Wissenschaft und Geographie. Steiner, Stuttgart

Lippuner R (2006) Reflexive Sozialgeographie. Bourdieus Theorie der Praxis als Grundlage für sozial- und kulturgeographisches Arbeiten nach dem cultural turn. Geographische Zeitschrift 93/3: 135–147

Lippuner R (2007a) Sozialer Raum und Praktiken. Elemente sozialwissenschaftlicher Topologie bei Pierre Bourdieu und Michel de Certeau. In: Günzel S (Hrsg) Topologie. Transcript, Bielefeld. 265–277

Lippuner R (2007b) Kopplung, Steuerung, Differenzierung. Zur Geographie sozialer Systeme. Erdkunde 61/2: 174–185

Lippuner R (2009) Hybridität und Differenz. Zur (Neu-)Thematisierung der materiellen Welt in der Humangeographie. Berichte zur deutschen Landeskunde 83/2: 143–161

Livingstone D (2003) Putting science in its place: Geographies of scientific knowledge. University of Chicago Press, Chicago

Lossau J (2001) Die Politik der Verortung. Eine postkoloniale Reise zu einer ANDEREN Geographie der Welt. Transcript, Bielefeld

Löw M (2001) Raumsoziologie. Suhrkamp, Frankfurt a. M.

Löw M (2008) Soziologie der Städte. Suhrkamp, Frankfurt a. M.

Luhmann N (1986) Ökologische Kommunikation: Kann die moderne Gesellschaft sich auf ökologische Gefährdungen einstellen? Opladen

Luhmann N (1997) Die Gesellschaft der Gesellschaft. Zwei Bände. Suhrkamp, Frankfurt a. M.

Maier J, Paesler R, Ruppert K, Schaffer F (1977) Sozialgeographie. Westermann, Braunschweig

Marsh GP (1864) Man and Nature: Physical Geography Modified by Human Action. New York

Mattissek A (2008) Die neoliberale Stadt. Diskursive Repräsentationen im Stadtmarketing deutscher Großstädte. Transcript, Bielefeld

Mayer H (2008) Segmentation and Segregation Patterns of Women-Owned High-Tech Firms in Four Metropolitan Regions in the United States. Regional Studies 42/10: 1357–1383

Mayer J, Pohl J (2010) Risikokommunikation. In: Bell R, Mayer J, Pohl J, Greiving S, Glade T (Hrsg) Integrative Frühwarnsysteme für gravitative Massenbewegungen (ILEWS). Monitoring, Modellierung, Implementierung. Essen

McDowell L (1993a) Space, place and gender relations. Part 1: Feminist empiricism and the geography of social relations. Progress in Human Geography 17/2: 157–179

McDowell L (1993b) Space, place and gender relations. Part 2: Identity, difference, feminist geometries and geographies. Progress in Human Geography 17/3: 305–319

McDowell L, Dyson J (2011) The other side of the knowledge economy: reproductive employment and affective labours in Oxford. Environment and Planning A, 43/9: 2186–2201

Meier V (1994) Frische Blumen aus Kolumbien – Frauenarbeit für den Weltmarkt. Geographica Helvetica 49/1: 5–10

Meusburger P (1998) Bildungsgeographie: Wissen und Ausbildung in der räumlichen Dimension. Spektrum, Heidelberg

Meusburger P (2002) Wissen. In: Brunotte E, Gebhardt H, Meurer M, Meusburger P, Nipper J (Hrsg) Lexikon der Geographie, Bd. 4. Spektrum, Heidelberg. 44–47

Monzel S (1995) Kinderfreundliche Wohnumfeldgestaltung!? Eine sozialgeographische Untersuchung als Orientierungshilfe für Politik und Planung. Anthropogeographische Schriftenreihe 13. Zürich

Murdie RA (1969) Factorial Ecology of Metropolitan Toronto, 1951–1961. An Essay on the Social Geography of the City. University of Chicago, Department of Geography Research Paper No. 116

Murray M (2015) Waterfall City (Johannesburg): Privatized Urbanism in Extremis, Environment & Planning A 47/3: 503–520

Oevermann U (2001) Zur Analyse der Struktur von sozialen Deutungsmustern. Sozialer Sinn 1/1: 35–81

Painter J (2000) Pierre Bourdieu. In: Crang M, Thrift N (eds) Thinking Space. London

Pohl J (1993) Regionalbewusstsein als Thema der Sozialgeographie. Theoretische Überlegungen und empirische Untersuchungen am Beispiel Friaul. Münchner Geographische Hefte 70. Kallmünz, Regensburg

Pott A (2007) Orte des Tourismus. Eine raum- und gesellschaftstheoretische Untersuchung. Transcript, Bielefeld

Rancière J (2002) Das Unvernehmen. Suhrkamp, Frankfurt a. M.

Ratzel F (1882) Anthropogeographie. Stuttgart

Rau S (2013) Räume. Historische Einführungen, Bd. 14. Campus, Frankfurt a. M.

Rawls J (1971) A Theory of Justice. Oxford University Press, Oxford

Reclus É (1911) Correspondence. Schteicher, Paris

Redepenning M (2006) Wozu Raum? Systemtheorie, critical geopolitics und raumbezogene Semantiken. Leipzig

Reid WV, Chen D, Goldfarb E, Hackmann H, Lee YT, Mokhele K, Ostrom E, Raivio K, Rockström J, Schellnhuber HJ, Whyte A (2010) Earth System Science for Global Sustainability: Grand Challenges. Science 12: 916–917

Reutlinger C (2003) Jugend, Stadt und Raum. Springer, Wiesbaden

Rham S (2010) Politische Geographie des Klimawandels. Zur Rekonstruktion der diskursiven Regionalisierungspraxis in den Konflikten um das Abschmelzen des arktischen Eises. Jenaer Sozialgeographische Manuskripte 10

Richner M (2007) Das brennende Wahrzeichen. Zur geographischen Metaphorik von Heimat. In: Werlen B (Hrsg) Sozialgeographie alltäglicher Regionalisierungen. Bd. 3: Ausgangspunkte und Befunde empirischer Forschung. Steiner, Stuttgart. 271–296

Rose G (1993) Feminism and geography. The limits of geographical knowledge. Blackwell, Cambridge

Rothfuß E (2006) Hirtenhabitus, ethnotouristisches Feld und kulturelles Kapital. Zur Anwendung der „Theorie der Praxis" (Bourdieu) im Entwicklungskontext: Himba-Rindernomaden in Namibia unter dem Einfluss des Tourismus. Geographica Helvetica 1: 32–40

Rothfuß E, Gerhard U (2014) Urbane Ungleichheiten in vergleichender Perspektive. Konzeptionelle Überlegungen und empirische Befunde aus den Amerikas. Geographica Helvetica 69/ 67–78

Roy A (2011) Slumdog Cities. Rethinking Subaltern Urbanism. International Journal of Urban and Regional Research 35/2: 223–238

Ruppert K, Schaffer F (1969) Zur Konzeption der Sozialgeographie. Geographische Rundschau 21/6: 205–214

Sakdapolrak P (2007) Water related health risks, social vulnerability and Pierre Bourdieu. Source 6. Bonn

Scheller A (1995) Frau – Macht – Raum. Geschlechtsspezifische Regionalisierungen der Alltagswelt als Ausdruck von Machtstrukturen. Zürich

Schlottmann A (2005) RaumSprache. Ost-West-Differenzen in der Berichterstattung zur deutschen Einheit. Eine sozialgeographische Theorie. Steiner, Stuttgart

Schmid C (2005) Stadt, Raum und Gesellschaft. Henri Lefebvre und die Theorie der Produktion des Raumes. Steiner, Stuttgart

Schmid H, Gäbler K (Hrsg) (2013) Perspektiven sozialwissenschaftlicher Konsumforschung. Steiner, Stuttgart

Schmidt-Wulffen W D (1987) 10 Jahre entwicklungstheoretischer Diskussion. Ergebnisse und Perspektiven für die Geographie. Geographische Rundschau 39/3: 130–135

Schreiber V (2005) Regionalisierungen von Unsicherheit in der Kommunalen Kriminalprävention. In: Glasze G, Pütz R, Rolfes M (Hrsg) Diskurs-Stadt-Kriminalität. Transcript, Bielefeld. 59–103

Schreiber V, Stein C, Pütz R (2016) Governing childhood through crime prevention: the case of the German school system. Children's Geographies 14/3: 325–339

Schroer M (2006) Räume, Orte, Grenzen. Auf dem Weg zu einer Soziologie des Raumes. Suhrkamp, Frankfurt a. M.

Schütz A (1981) Theorie der Lebensformen. Suhrkamp, Frankfurt a. M.

Schwyn M (2007) Regionalistische Bewegungen und politische Alltagsgeographien. Das Beispiel „Rassemblement jurassien". In: Werlen B (Hrsg) Sozialgeographie alltäglicher Regionalisierungen. Bd. 3: Ausgangspunkte und Befunde empirischer Forschung. Suhrkamp, Stuttgart. 185–211

Shevky E, Bell W (1955) Social Area Analysis: Theory, Illustrative Applications and Computational Procedure. Stanford Sociological Series, Bd 1. Stanford University Press, Stanford

Slater T (2009) Missing Marcuse: On Gentrification and Displacement. City 13/2 & 3: 292–311

Smith D P, Sage J, Balsdon S (2014) The geographies of studentification: here, there and everywhere? Geography 99/3: 116–127

Smith N (1996) The New Urban Frontier. Gentrification and the Revanchist City. Routledge, London, New York

Valentine G (1989) The geography of women's fear. Area Vol. 21: 385–390

Wacquant L (2008) Urban Outcasts. A Comparative Sociology of Advanced Marginality. Polity Press, Cambridge

Weber M (1980) Wirtschaft und Gesellschaft. Mohr, Tübingen

Weichhart P (1987) Wohnsitzpräferenzen im Raum Salzburg. Subjektive Dimensionen der Wohnqualität und die Topographie der Standortbewertung. Salzburger Geographische Arbeiten15. Salzburg

Weichhart P (1990) Raumbezogene Identität. Bausteine zu einer Theorie räumlich-sozialer Kognition und Identifikation. Erdkundliches Wissen 102. Steiner, Stuttgart

Weichhart P, Weiske C, Werlen B (2006) Place Identity und Images. Das Beispiel Eisenhüttenstadt. Abhandlungen zur Geographie und Regionalforschung, Bd. 9. Wien

Werlen B (1987) Gesellschaft, Handlung und Raum. Grundlagen handlungstheoretischer Sozialgeographie. Steiner, Stuttgart

Werlen B (1993) Gibt es eine Geographie ohne Raum? Zum Verhältnis von traditioneller Geographie und zeitgenössischen Gesellschaften. Erdkunde 47/4: 241–255

Werlen B (1995) Sozialgeographie alltäglicher Regionalisierungen. Bd. 1: Zur Ontologie von Gesellschaft und Raum. Steiner, Stuttgart

Werlen B (1997) Sozialgeographie alltäglicher Regionalisierungen. Bd. 2: Globalisierung, Region und Regionalisierung. Steiner, Stuttgart

Werlen B (2005) Raus aus dem Container! Ein sozialgeographischer Blick auf die aktuelle (Sozial-)Raumdiskussion. In: Projekt „Netzwerke im Stadtteil" (Hrsg) Grenzen des Sozialraums. Kritik eines Konzepts – Perspektiven für Soziale Arbeit. Wiesbaden. 15–35

Werlen B (2008) Sozialgeographie. Eine Einführung. Bern

Werlen B (2012) True Global Understanding and Pertinent Sustainability Policies. In: Scheunemann I, Osterbeek L (eds) A new paradigm of sustainability. Rio de Janeiro. 163–174

Werlen B (2015) From Local to Global Sustainability: Transdisciplinary Integrated Research in the Digital Age. In: Werlen B (ed) Global Sustainabiltiy. Cultural Perspectives and Challenges for Transdisciplinary Integrated Research. Springer, Dordrecht. 3–16

Werlen B, Oosterbeek L, Heriques M H (2016) 2016 International Year of Global Understanding: Building bridges between global thinking and local actions. In: Episodes 39: 604–611

Werlen B, Reutlinger C (2005) Sozialgeographie. In: Kessel F, Reutlinger C, Maurer S, Frey O (Hrsg) Handbuch Sozialraum. Springer, Wiesbaden. 49–67

Werlen B, Weingarten M (2003) Zum forschungsintegrativen Gehalt der (Sozial-)Geographie: In: Meusburger P (Hrsg) Humanökologie. Steiner, Stuttgart. 197–216

Wilson D (2007) Cities and Race. America's New Black Ghetto. London, New York

Winker G, Degele N (2009) Intersektionalität: Zur Analyse sozialer Ungleichheit. Transcript, Bielefeld

Wirths J (2001) Geographie als Sozialwissenschaft!? Kasseler Schriften zur Geographie und Planung. Band 72. Kassel

Zillow Real Estate (2019) www.zillow.com (Zugriff 24.6.2019)

Weiterführende Literatur

Castree N, Gregory D (eds) (2006) David Harvey: A Critical Reader. Blackwell, Oxford

Döring J, Thielmann T (eds) (2008) Spatial Turn. Das Raumparadigma in den Kultur- und Sozialwissenschaften. Transcript, Bielefeld

Dünne J, Günzel S (Hrsg) (2006) Raumtheorie. Grundlagentexte aus Philosophie und Kulturwissenschaften. Suhrkamp, Frankfurt a. M.

Giddens A (1992) Die Konstitution der Gesellschaft. Grundzüge einer Theorie der Strukturierung. Campus, Frankfurt a. M.

Gregory D (1994) Geographical Imaginations. Blackwell, Oxford

Hard G (2002) Landschaft und Raum. Aufsätze zur Theorie der Geographie, Bd. 1. Osnabrück

Harvey D (2003) The New Imperialism. Blackwell, Oxford

Hubbard P, Kitchin R (eds) (2010) Key Thinkers on Space and Place. Second Edition. Sage, London

Lippuner R (2005) Raum, Systeme, Praktiken. Zum Verhältnis von Alltag, Wissenschaft und Geographie. Steiner, Stuttgart

Lossau J (2002) Die Politik der Verortung. Eine post-koloniale Reise zu einer „anderen" Geographie der Welt. Transcript, Bielefeld

Meusburger P (Hrsg) (1999) Handlungszentrierte Sozialgeographie. Benno Werlens Entwurf in kritischer Diskussion. Steiner, Stuttgart

Meusburger P, Werlen B, Suarsana L (eds) (2017) Knowledge and Action. Springer, Dordrecht

Reuber P (1999) Raumbezogene politische Konflikte. Geographische Konfliktforschung am Beispiel von Gemeindegebietsreformen. Steiner, Stuttgart

Soja E (2010) Seeking Spatial Justice. University of Minnesota Press, Minneapolis

Wastl-Walter D (2010) Gender Geographien. Geschlecht und Raum als soziale Konstruktionen. Steiner, Stuttgart

Werlen B (1997) Sozialgeographie alltäglicher Regionalisierungen. Bd. 2: Globalisierung, Region und Regionalisierung. Steiner, Stuttgart

Werlen B (2008) Sozialgeographie. Eine Einführung. Bern

Werlen B (2010) Gesellschaftliche Räumlichkeit, 1. Orte der Geographie. Steiner, Stuttgart

Werlen B (2010) Gesellschaftliche Räumlichkeit, 2. Konstruktion geographischer Wirklichkeiten. Steiner, Stuttgart

Werlen B (ed) (2015) Global Sustainability, Cultural Perspectives and Challenges for Transdisciplinary Integrated Research. Springer, Dordrecht

Kapitel 15

Politische Geographie

Paul Reuber

Das Graffito aus der Kunstausstellung „Manifesta 12 Palermo, The Planetary Garden, Cultivating Coexistence" zeigt das Aufeinandertreffen von Demonstranten und polizeilichen Sicherheitskräften beim Widerstand gegen Einrichtungen eines weltumspannenden Satellitenkommunikationssystems der US-Navy auf Sizilien (MUOS = *Mobile User Objective System*; Foto: Paul Reuber 2018).

Der zentrale Fokus, den die Politische Geographie in die Analyse des Verhältnisses von Gesellschaft und Raum einbringt, liegt auf der Frage der Macht. Es geht darum, zu erkennen, dass die Verfügbarkeit über räumlich lokalisierte Ressourcen, der Zugriff auf raumbezogene Gestaltungsmöglichkeiten oder der Einfluss auf kollektive raumbezogene Vorstellungsbilder sehr ungleich verteilt sind. Es geht auf dieser Grundlage darum, zu verstehen, in welcher Weise diese Machtungleichgewichte sich auf das gesellschaftliche Zusammenleben auswirken, wie sie als subtile Raumordnungen, Raumkonstruktionen und Weltbilder, aber auch als materielle Machtfaktoren unseren Blick auf die Dinge prägen, unsere Gefühle und Identitäten durchziehen sowie unsere kollektiven und individuellen Praktiken beeinflussen. Von einer solchen Perspektive aus wird deutlich, dass gesellschaftliche Raumverhältnisse in einem grundlegenden Sinne politisch sind und dass deswegen gesellschaftliche Auseinandersetzungen häufig in Form von dezidiert raumbezogenen Gestaltungs-, Verteilungs- und Kontrollkonflikten zutage treten.

16.1 Leitfragen, Definitionen und Entwicklungstrends

Die Zeiten werden nicht ruhiger, es scheint vielmehr, als würden sich gesellschaftliche Spannungen und Fragmentierungen an vielen Stellen eher verschärfen als abschwächen. Bei diesen Entwicklungen stehen **Konflikte um Raum und Macht** häufig im Zentrum, nicht nur weil gerade mit einer räumlichen Konstruktion des „Eigenen" und des „Fremden" soziale Auseinandersetzungen besonders prominent „sichtbar" werden, sondern weil territorial unterlegte Konflikte besonders leicht in eine Spirale kollektiver Gewalt transformiert werden können. Das zeigen die religiös-kulturell aufgeladenen Kämpfe im Mittleren Osten und die mit ihnen verbundenen Formen des islamistischen Terrorismus ebenso wie die bewaffneten Konflikte zwischen Russland und der Ukraine, die regionalen Kriege und Konflikte in Afrika, Asien und Lateinamerika oder die Spuren von Gewalt und Tod, die sich auf den Routen der internationalen Migrationsströme vom Mittelmeer bis nach Deutschland ziehen. Sie werden begleitet von tiefgreifenden Verschiebungen globaler geopolitischer Machtverhältnisse, die in den internationalen Beziehungen und im politischen Feuilleton mit Formeln wie dem „Ende des amerikanischen Jahrhunderts" oder – das neue Selbstbewusstsein Chinas akzentuierend – als Transformation von einem „atlantischen" zu einem „pazifischen Jahrhundert" gerahmt werden. Die sich verdichtenden Verflechtungen der Globalisierung mit ihren *Global Production Networks* (Coe et al. 2008) und die Auswirkungen einer jahrzehntelangen **Neoliberalisierung** induzieren gleichzeitig einen dramatischen gesellschaftlichen Umbruch. Dieser kennzeichnet nicht nur die Länder des Globalen Südens, sondern führt auch in den vermeintlich wohlhabenden Industrie- und Dienstleistungsgesellschaften des Globalen Nordens zu sozialen (Re-)Polarisierungsphänomenen. Sie werden wahlweise als „Abstiegsgesellschaft" (Nachtwey 2016) oder als „Große Regression" (Geiselberger 2017) gedeutet, und in ihrer Folge fühlen sich offenbar zunehmend mehr Menschen „fremd in ihrem Land" (Russell Hochschild 2017). Der Rückzug von Teilen der Gesellschaft in semi-private Überwachungsinseln, die Neuordnungs- und Verdrängungsprozesse im öffentlichen Raum, eine repressive, an das *zero-tolerance*-Modell angelehnte

Stadtpolitik und viele andere Auseinandersetzungen sind weitere sichtbare Anzeichen solcher „Grabenkämpfe" von Gesellschaften, die ebenfalls vielfach als Konflikte um Macht und Raum ausgetragen werden.

All diese Entwicklungen dürfen die Politische Geographie nicht kalt lassen, im Gegenteil, sie müssen als permanenter Auftrag verstanden werden, die sich ständig verschiebenden und neu konfigurierenden Aushandlungsprozesse um räumlich lokalisierte Ressourcen mit einer kritischen Forschung zu begleiten. Welche Theorien und Konzepte können dabei hilfreich sein? Welche Forschungsfelder ergeben sich daraus? Welchen Beitrag kann die Politische Geographie mit ihren Analysen zur politischen Bildung und Beratung einer demokratischen Gesellschaft leisten?

Auf den Spuren dieser Leitfragen gibt das folgende Kapitel einen Überblick über den aktuellen Diskussionsstand im Bereich der Politischen Geographie. Dies ist nicht möglich, ohne zumindest kurz die Entstehungsbedingungen und politischen Verstrickungen der Teildisziplin im Kontext von Imperialismus und Nationalsozialismus zu skizzieren (Exkurs 16.1). Erst vor diesem Hintergrund wird klar, warum in der Nachkriegsphase ein konzeptioneller Neuanfang notwendig war, der in den 1970er-Jahren im anglo-amerikanischen Sprachraum begann und heute zu einer breiten Renaissance politisch-geographischer Forschungen geführt hat. Im Mittelpunkt des Beitrags stehen – im Wesentlichen der Darstellung in Reuber 2012 entlehnt – die aktuellen theoretisch-konzeptionellen Leitlinien der Politischen Geographie. Darauf aufbauend folgt ein stärker empirisch ausgerichteter Teil, der die aktuellen Forschungsfelder und Forschungsthemen der Politischen Geographie systematisiert und an Beispielen verdeutlicht.

Um sich der Teildisziplin und ihren Forschungsperspektiven zu nähern, lässt sich – mit Blick auf die einführenden Beispiele – grundlegend festhalten: *Political Geography „is about the geographical distribution of power, how it concentrates in some hands and some places, the human and environmental consequences of such concentration, and of how it shifts between places over time"* (Agnew 2017). Dabei hat sich das traditionelle Forschungsspektrum der Politischen Geographie in den letzten Jahren deutlich verändert und erweitert. Die alte Zentrierung auf Staaten und deren Interaktionen im Weltgeschehen werden zunehmend aufgehoben. Sie bleiben zwar eine wichtige Säule der Teildisziplin, hinzu treten jedoch Analysen von Macht-Raum-Konflikten in unterschiedlichsten gesellschaftlichen Zusammenhängen und auf unterschiedlichen Maßstabsebenen. Die Politische Geographie adressiert damit Themen, die von lokalen Standort- und Nutzungskonflikten über regionale Geographien der Gewalt und neue soziale Bewegungen bis hin zu politischen und räumlichen Konsequenzen der zunehmenden Neoliberalisierung, Transnationalisierung und Netzwerkorientierung der Gesellschaft (z. B. globale Unternehmensnetzwerke, globale Umwelt- und Hilfsorganisationen, internationaler Terrorismus) reichen.

Die Attraktivität der Teildisziplin speist sich aber nicht nur aus der erweiterten Palette der Forschungsthemen. Sie erklärt sich vor allem auch aus der damit einhergehenden Abkehr von deskriptiven Analysen und einer Hinwendung zur Entwicklung von neuen Theorieansätzen über den **Zusammenhang von Gesell-**

Exkurs 16.1 Die Verstrickung der Politischen Geographie in den Kolonialismus, Imperialismus und Nationalsozialismus

Die Disziplingeschichte ist in der Politischen Geographie mehr als eine historische Reminiszenz, denn sie verweist auf das generelle, vielleicht unauflösliche Dilemma einer politisch ambitionierten Wissenschaft: auf die Balance zwischen gesellschaftlicher Einbindung, Gestaltungsmacht und kritischer Verantwortung. In diesem Zusammenhang stellt das Wissen um die Verstrickung geopolitischer Wissenschaftler in die „Blut-und-Boden"-Ideologie der Nationalsozialisten einen notwendigen Eckstein für das Verständnis der Nachkriegsentwicklung insbesondere der deutschsprachigen Politischen Geographie dar. Tatsächlich verorten die meisten Geschichtsschreibungen der Politischen Geographie deren Anfänge in Deutschland. Als Begründer gilt ihnen Friedrich Ratzel (Abb. A.), der Ende des 19. Jahrhunderts in München und Leipzig lehrte. Es ist alles andere als Zufall, dass sich die Geographie im Allgemeinen und die Teildisziplin der Politischen Geographie im Besonderen in diesem historischen Kontext entwickeln konnten. In dieser ersten Blütezeit der Politischen Geographie entwickelte sie sich als wissenschaftliche Unterstützung für Kolonialismus, Imperialismus und Flottenpolitik, das heißt, ihr fielen durchaus angewandte, teilweise ganz konkret hoheitliche Aufgaben zu. Wichtige Geographen dieser Zeit wurden so zu einflussreichen politischen Beratern.

Abb. A Friedrich Ratzel (1844–1904).

Die Geographie insgesamt übernahm damals die Aufgabe, den Erdraum zu beschreiben, zu vermessen und in Form von politisch anschlussfähigen Regionalisierungen zu unterteilen; die Politische Geographie im Sinne von Protagonisten wie Ratzel oder Halford Mackinder (britischer Geograph und Geopolitiker, 1861–1947, Begründer der *Heartland*-Theorie; Exkurs 16.2) lieferten darauf aufbauend geopolitische Ordnungsvorstellungen und dynamische, oft naturdeterministisch und/oder biologistisch informierte Theorien über die Entstehung globaler Raum-Macht-Gradienten und „natürlicher" Konflikte zwischen bestimmten Räumen. In diesem Sinne gründete Ratzel die Disziplin auf Basis der seinerzeit weit verbreiteten, biologistisch argumentierenden Evolutionstheorie – ein Versuch, der aus heutiger Sicht als überaus problematisch bewertet werden muss. Für Ratzel war der Staat in einer solchen Lesart mit den Eigenschaften eines Lebewesens, eines Organismus ausgestattet, der nur dann Gesundheit und Stärke ausstrahlt, wenn er zu beständigem Wachstum, das heißt auch zur ständigen Territorialexpansion, fähig ist. Entsprechend sah Ratzel in der historischen Bewegung und Gegenbewegung der Völker und Staaten im Raum den Kern politisch-geographischer Betrachtung. Der darwinistischen Grundthese folgend legitimierte eine solche Perspektive auch Politiken wie Imperialismus und kriegerischen Expansionismus. Wiederholt stellte Ratzel einen engen Zusammenhang zwischen „wachsendem Volk" und „wachsendem Raum" her und konkretisierte diesen Anspruch dann bezogen auf das Deutsche Reich im Vorfeld des Ersten Weltkriegs. Auf diese Weise lieferte Ratzel mit vermeintlich wissenschaftlich reputierten Argumenten die Basis für die Kolonien- und Flottenpolitik des Deutschen Kaiserreichs. „Ratzels Theorie war somit nicht nur anschlussfähig an das klassische Konzept der Geographie, sondern auch an die Lebensraumideologie des Dritten Reichs. Die Umorientierung auf die Rasse als die entscheidende Macht der Geschichte ist bei ihm selbst schon angelegt" (Schultz 1998).

Das Grundprinzip einer solchen Konstruktion, bei dem die Welt – entlang verschiedener inhaltlicher Achsen (z. B. Kulturen, Lage im Raum etc.) – in unterschiedliche „Raumcontainer" eingeteilt wurde, kennzeichnet bis heute viele geopolitische Leitbilder und Risikoszenarien, die in politischen *think tanks* und in manchen Feldern der internationalen Beziehungen das politische Handeln anleiten (Exkurs 16.3). Dabei kam (und kommt) es zu einem räumlichen Denken in Gegensätzen (Dichotomien), zu räumlichen Repräsentationen des „Eigenen" und des „Fremden", die mit jeweils mehr oder weniger exakten Grenzen versehen werden. Jede Seite dieses dichotomen Modells konstruierte sich darüber, was sie im Gegensatz zum anderen nicht war. „West gegen Ost", „Nord gegen Süd", „Morgenland gegen Abendland", „Seereich gegen Kontinentalreich" sind nur Beispiele einer viel größeren Zahl solch geopolitischer Denkmuster und Verortungsweisen (Wolkersdorfer 2001).

Wie politiknah und gleichzeitig fatal sich die Konstruktion einer solchen räumlichen Containerlogik des „Eigenen" und des „Fremden" auswirken konnte, zeigt eindringlich die Geschichte der deutschen Geopolitik. Sie war von Anfang an ideologisch eingebettet in die Sonderstellung des Deutschen Reichs, die als „Deutscher Sonderweg" in der Geschichtsschreibung breit besprochen ist. In diesem geistigen Klima entwickelten die deutschen Protagonisten der Geopolitik ihre Ideen (Schultz 1998). Der Weg von den deterministischen und biologistischen geopolitischen Entwürfen der Geographen Ratzel und Haushofer bis zu Hitlers „Blut-und-Boden"-Politik war folglich nicht sehr weit (Rössler 1990, Wolkersdorfer 2001). Nach dieser inhaltlichen und personellen Verwicklung in die Ideologie des Nationalsozialismus waren die Geopolitik und auch die Politische Geographie in Deutschland diskreditiert und in den ersten Nachkriegsjahrzehnten weitgehend nicht existent (Kost 1997). Ein Neubeginn mit Konzepten, die sich dezidiert von der klassischen Geopolitik absetzten, z. B. aus der Kritischen Theorie, der Politischen Ökonomie, aus handlungs- und konfliktorientierten Ansätzen (Oßenbrügge 1983) und später aus dem Bereich des Poststrukturalismus, vollzog sich daher im angelsächsischen Sprachraum deutlich früher als in Deutschland, wo diese Ansätze erst seit Ende der 1990er-Jahre in einer breiten Form präsent werden konnten (z. B. in dem im Jahr 2000 gegründeten Arbeitskreis „Politische Geographie"; Reuber & Wolkersdorfer 2001).

schaft, Macht und Raum, wie sie mittlerweile auf breiterer Ebene, z. B. im Rahmen der Neuen Kulturgeographie (Kap. 14, Exkurs 14.2), in der deutschsprachigen Humangeographie diskutiert werden.

Diese Vielfalt macht es gleichzeitig schwieriger, eine allgemein verbindliche Definition der Politischen Geographie zu entwickeln, die in kurzer Form den breiten Kanon der Teildisziplin repräsentiert. Dabei müssen von vornherein all diejenigen traditionellen Begriffsbestimmungen ausscheiden, die primär auf eine staatenorientierte Perspektive abzielen. Vor diesem Hintergrund verbleiben nur sehr umfassende und allgemeine Definitionen, wie sie beispielsweise John Agnew 2002 vorgeschlagen hat: Politische Geographie ist „*the study of how geography is informed by politics. [...] Whatever the geographical scale or context – urban, regional, national, world-regional or global – as long as power pooled up in some places, political organization privileged some in some places over others elsewhere, and territorial boundaries were used to exclude and include, political geography has research questions of interest*". Die Definition zeigt zum einen die an verschiedenen geographischen *scales* und Netzwerken ausgerichtete Vielfalt der Politischen Geographie, sie deutet zum anderen auch an, was Politische Geographie heute nicht mehr sein will: eine natur- und/oder raumdeterministisch argumentierende Fachrichtung. Dieser Blickwinkel wird in einer weiteren Definition von Agnew noch einmal stärker akzentuiert, wenn er schreibt: „*Political geography is that part of human geography most directly involved with studying politics. It is a field of inquiry concerned with the geographical organization of governance, the ways in which geographical imaginations figure in world politics, and the spatial basis to political identities and associated political movements. [...] (T)he empirical scope of the field has widened from the original focus on the spatial attributes of statehood and global geopolitics to consider questions, for example, about the origins and spread of political movements, the links between places and identities, and geographies of nationalism and ethnic conflict*" (Agnew 2017).

Die Vervielfältigung der Themenpalette über eine staatenorientierte Perspektive hinaus zieht Veränderungen in den politischen Machtbeziehungen nach, die die gesellschaftlichen Transformationen der letzten Dekaden kennzeichnen. Galten die Nationalstaaten lange als unverrückbare Bausteine des geopolitischen Systems, als „selbstverständlich gegebenes und universell gültiges Organisationsprinzip" (Oßenbrügge 1997) mit einer Blütezeit vom 19. Jahrhundert bis in die Phase des Kalten Kriegs hinein, so macht Elden in seiner genealogisch angelegten Rekonstruktion deutlich, dass sich die Konzepte der territorialen Ordnung in historischen Epochen stark gewandelt haben (Elden 2010) und dass auch der Nationalstaat kein quasi natürlicher Bestandteil gesellschaftlicher Ordnung ist, sondern ein Effekt historisch spezifischer Herrschaftsdiskurse und Techniken des Regierens (vgl. auch Dean 2007 mit Rekurs auf Foucaults Geschichte der Gouvernementalität).

Entsprechend muss das gesellschaftliche Denken in Nationalstaaten aus theoretisch-konzeptioneller Sicht sowohl als Verengung des Blicks als auch als Gefahr angesehen werden. Agnew (1994) hat das Kernproblem der Naturalisierung einer solchen Sichtweise mit der griffigen Metapher der **territorial trap** umschrieben. Nach Agnew beruht die „territoriale Falle", verstanden als spezifische Form der territorialen Verfasstheit moderner Gesellschaften, auf drei Grundannahmen, die analytisch zu trennen sind, jedoch breite Überlappungsbereiche besitzen:

- darauf, dass die Souveränität des modernen Staates klar abgegrenzte Gebietskörperschaften schafft, in denen das „Eigene" und das „Fremde" mit klaren räumlichen Grenzlinien versehen werden
- darauf, dass in Form der „Staatsgrenze" eine strikte Trennung zwischen Innen und Außen, zwischen der Innen- und Außenpolitik herrscht
- darauf, dass der Territorialstaat als räumlicher Identitätscontainer der *imagined communities* der Nationalgesellschaften (Anderson 1983) fungiert

Nur weil diese Konstruktionsweise im politischen Alltag und in den gesellschaftlichen Diskursen der Moderne eine hegemoniale Bedeutung erlangen konnte, erscheinen die Nationalstaaten heute wie selbstverständlich als getrennte, abgeschlossene und eigenständige Einheiten, deren Existenz zu vielfältigen politischen Praktiken und gesellschaftlichen Folgen führt, die von den

Kapitel 16

unterschiedlichen Feldern der Innen- und Außenpolitik über Migrations- und Grenzfragen bis zu „inter"-nationalen Konflikten und Kriegen reichen. Gleichzeitig mehren sich die Anzeichen dafür, dass sich diese quasi natürliche Architektur der Macht derzeit im Zuge gesellschaftlicher Wandlungsprozesse verändert: So hat die zunehmende Globalisierung der letzten Jahrzehnte zu sichtbaren Entgrenzungsphänomenen geführt, zu einer **Netzwerkgesellschaft** (Castells 2001), in der die politische Macht längst nicht mehr allein in den Händen der Nationalstaaten konzentriert ist. Die weltweite Neuordnung der politischen Kräfteverhältnisse nach dem Ende des Kalten Kriegs beschleunigt diese Entwicklung; die politischen Gestaltungsansprüche transnationaler Unternehmen und ihrer globalen Produktionsnetzwerke haben ebenso zugenommen wie diejenigen terroristischer Netzwerke. In welcher Weise sich hier ein neues Machtgleichgewicht zwischen territorial basierten und netzwerkbasierten Institutionen einpendeln wird, ist derzeit durchaus offen. Denn heute ertönt zunehmend wieder der Ruf nach einer Rückkehr von „mehr Staat", beispielsweise im Umfeld von Debatten um die innere Sicherheit, im Angesicht der zunehmenden Krisenanfälligkeit deregulierter nationaler und internationaler Finanzmärkte (z. B. Austeritätspolitik) oder im Zuge der populistischen Renaissance nationalistischer Weltbilder und protektionistischer Formen staatlicher Wirtschaftspolitik (z. B. „Schutz"-Zölle; zur Balance zwischen *geoeconomics* und *geopolitics* vgl. Csurgai 2018, Moisio 2018).

Diese Entwicklungen haben auch das Forschungsprogramm der Politischen Geographie in den letzten Jahrzehnten verändert. Die vordringlich auf Nationen gerichtete Forschung verlor ihre traditionelle Basis angesichts der oben angesprochenen Pluralisierungsprozesse und sah sich mit der Frage konfrontiert, wie sich die raumbezogenen Diskurse und Praktiken am Ende des alten und zu Beginn des neuen Jahrtausends neu ordnen. Wenn die Politische Geographie all diese Aspekte sinnvoll untersuchen will, helfen ihr klassische Ansätze ebenso wenig weiter wie ein „realistisches" Raum-Politik-Verständnis. Wer nachvollziehen will, wie die (geo-)politischen Konflikte des neuen Jahrtausends auf unterschiedlichen Maßstabsebenen ablaufen, der muss die gesellschaftspolitische Konstruktion und Produktion von Raum stärker in den Mittelpunkt rücken und deren Wirkungsweisen analysieren. Nur eine solche Perspektive macht angemessen deutlich, wie vielfältig im Raum Macht kodiert ist. Diese äußert sich nicht allein in Sprache, Symbolisierung und Bedeutungszuschreibung, sondern auch in Affekten, Emotionen und Materialitäten. Kernziel einer zeitgemäßen Politischen Geographie ist es deshalb, den Wandel der gesellschaftlichen Raum-Macht-Strukturen auf allen Maßstabsebenen sowohl mit neuen theoretischen Konzepten als auch mit neuen Forschungsfragen und empirischen Ansätzen zu untersuchen (Abschn. 16.8, Abb. 16.8).

16.2 Politische Dimensionen gesellschaftlicher Räumlichkeit

Die Politische Geographie zeichnet sich damit – wie oben bereits angesprochen – durch eine dezidierte Abkehr vom natur- und/oder raumdeterministischen Denken aus. Ihre erkenntnistheoretische Basis ist der **Konstruktivismus**. In dieser Lesart ist nicht der Raum an sich als vermeintlich „reale" Erscheinung für das politische Handeln der Menschen und die Ausbildung politischer Territorien verantwortlich. Was die Menschen vom Raum wahrnehmen und welche Rolle der Raum als strukturierendes Element des sozialen und politischen Handelns für die Gesellschaft spielt, basiert vielmehr auf gesellschaftlichen Raumkonstruktionen oder Raumproduktionen im Sinne von Bedeutungszuschreibungen. Bei einer solchen Betrachtungsweise der politisch-geographischen Rolle „des Raums" lassen sich – eher didaktisch zugeschärft – drei Dimensionen unterscheiden, die sich im Alltag in vielfältiger Weise gegenseitig durchdringen: die Identitätsdimension, die territoriale Dimension und die materielle Dimension gesellschaftlicher Räumlichkeit (Abb. 16.1).

Bezüglich der **Identitätsdimension** geht es in der Politischen Geographie um die Frage, wie sich Formen raumbezogener Identitäten entwickeln und wie sie in politischen Konflikten zum Gegenstand oder Mittel der Auseinandersetzungen werden. Grundsätzlich entstehen *geographical identities* in der Verknüpfung sozialer Differenzierungen (z. B. unterschiedliche Religionen, unterschiedliche kulturelle Ausdrucksformen, unterschiedliches Geschlecht, unterschiedliche Hautfarbe) mit räumlichen Repräsentationen. Eine der bekanntesten Formen ist die oben bereits

Kapitel 16

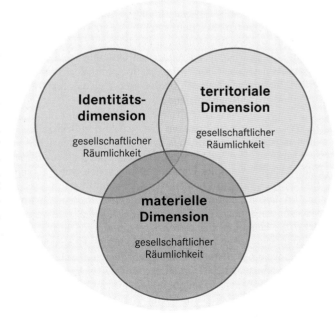

Abb. 16.1 Dimensionen gesellschaftlicher Räumlichkeit.

angesprochene nationale Identität, das heißt, man ist qua Zugehörigkeit zu einer räumlich symbolisierten Wir-Gemeinschaft Sächsin, Italienerin, Kurdin, Katalanin, Türkin etc. Diese Form der gesellschaftlichen Identitätskonstruktion ist insofern „besonders", als dass sie das „Eigene" und das „Fremde" auf eine lokalisierbare, oft sogar mit einer klaren Grenze „im Raum" (de-)markierte Weise herstellt. Der Orient wird zum Gegenstück des Okzidents, die „Länder des Globalen Nordens" stehen denen „des Globalen Südens" gegenüber. Diese Form der gesellschaftlichen Differenzbildung geht ohne ein *othering*, das heißt ohne die Konstruktion eines räumlichen Anderen, nicht auf. Eine Definition als „deutsch" ist nur dann logisch möglich, wenn es daneben auch andere raumbezogene Wir-Gemeinschaften gibt, die sich mit anderen Etiketten kennzeichnen (z. B. französisch, italienisch oder portugiesisch). Vor diesem Hintergrund sind raumbezogene Identitäten im Sinne der oben bereits angesprochenen *imagined commuties* (Anderson 1983) in der politischen Auseinandersetzung besonders empfänglich für emotionale Aufladungen, darauf aufsetzende Identitätspolitiken sowie Praktiken der In- und Exklusion.

Die Identitätsdimension ist nicht selten eng mit der **territorialen Dimension** gesellschaftlicher Räumlichkeit verbunden, wobei Letztere sehr viel stärker institutionalisiert und strukturiert ist. Unter einem (politischen) Territorium versteht man „eine räumliche Einheit, die eine bestimmte Ausdehnung hat, durch eine Grenze gegenüber einem benachbarten Territorium abgegrenzt wird und häufig durch spezifische Formen des Regierens gekennzeichnet ist. In einer solchen Form tritt das Prinzip des Territoriums sehr machtvoll als politisch relevantes Element gesellschaftlicher Differenzierung zutage" (Reuber 2012), denn „obwohl das Territorium nur eines von vielen konstitutiven Elementen der ungleichen räumlichen Entwicklung darstellt, wurde es meist als die wesentliche sozial-räumliche Form behandelt, in deren Rahmen geographische Ungleichheit verstanden und ihr begegnet werden kann" (Brenner 2008). Im Rahmen der gesellschaftlichen Konstruktion und Machtwirkung von Territorien werden drei weitere Basiskonzepte der Politischen Geographie relevant, „die sich aus der territorialen Ordnung fast zwangsläufig ergeben und die für die Organisation politischer Praktiken unter den Bedingungen einer globalisierten Welt aus Territorialstaaten eine große Rolle spielen:

- Es handelt sich zum einen um den Aspekt der **Grenze** [...], die konzeptionell gesehen als das logische Janusgesicht sowohl raumbezogener Identitätskonstruktionen als auch der Entstehung territorialer Ordnungen angesehen werden kann und entsprechend mit beiden Aspekten aufs Engste vernetzt ist. In diesem Zusammenhang sind Grenzziehungen und Grenzen ein spannender Forschungsgegenstand, weil gerade daran die Umkämpftheit territorialer Ordnungen zutage tritt.
- Es handelt sich zum Zweiten um das Konzept der *scales* [...], verstanden als **Maßstabsebenen** ineinander greifender territorialer Ordnungen, die die Grundlage für verzweigte horizontale und vertikale Machtstrukturen im Weltsystem bilden und von der lokalen bis zur globalen Ebene reichen" (Reuber 2012).
- Es handelt sich zum Dritten um das Prinzip der **Netzwerke**, die aus der Perspektive von Territorien und Grenzen gerade in einer globalisierten Welt in gewisser Weise das dialektische

Gegenüber dieser territorialen Ordnung darstellen. Sie stehen z. B. in Form von transnationalen Finanznetzwerken, Unternehmensnetzwerken oder Terrorismusnetzwerken in einem spannungsreichen Wechselverhältnis zur territorialen Ordnung.

Die **materielle Dimension gesellschaftlicher Räumlichkeit** schließlich kann für politisch-geographische Prozesse und Konflikte fallweise ebenfalls eine große Rolle spielen, allerdings nicht in ihrer (vermeintlich) „objektiven", physisch-materiellen Struktur. Stattdessen ist auch hier eine konstruktivistische Betrachtungsweise angemessen, weil „(m)aterielle Artefakte und Ausschnitte der physisch-materiellen Umwelt [...] nur insofern als Gegenstand einer sozialwissenschaftlichen Geographie konzipierbar (sind) als sie in der sozialen Welt mit Bedeutungen, Funktionen und anderen Sinnzuschreibungen belegt werden und damit sind sie nicht mehr Teil der Umwelt, sondern ein gesellschaftliches Produkt" (Miggelbrink 2002). Selbst an Stellen, wo es im Kontext raumbezogener Konflikte um augenscheinlich sehr materielle Aspekte wie Bodenschätze, Land, zu kontrollierende Meerengen oder Ähnliches geht, sind diese in einer Gesellschaft vor allem deshalb ein umstrittenes Gut, weil ihnen unter den konfliktrelevanten gesellschaftlichen Rahmenbedingungen ein besonderer Wert zugesprochen wird. Mit der gebauten Materialität von Städten verhält es sich ähnlich: Auch sie bilden einen materiell-symbolischen Komplex, in dem erst die Verbindung dieser beiden Aspekte die ordnende, disziplinierende und damit auch politisch relevante Kraft der Topographien des Urbanen entstehen lässt, und zwar als eine komplexe Form gesellschaftlicher Räumlichkeit aus materiellen Artefakten und symbolischen Bedeutungen.

16.3 Aktuelle Konzepte im Überblick

In der Politischen Geographie haben sich vor diesem Hintergrund zur angemessenen Ausleuchtung der machtvollen Rolle gesellschaftlicher Raumkonstruktionen derzeit vor allem vier **Forschungsperspektiven** (Abb. 16.2) herausgebildet, die sowohl in der theoretischen Grundlagenforschung als auch bei empirischen Fallanalysen Verwendung finden, jeweils unterschiedliche Akzente setzen und damit auch für unterschiedliche thematische Fragestellungen geeignet sind.

- Die *Radical Geography* und die **Kritische Geographie** (Abschn. 16.4) verorten sich selbst in Abgrenzung zu klassisch staatenorientierten Ansätzen mit einem deutlich breiter angelegten Forschungsfeld als die neomarxistisch ausgerichtete, politisch ambitionierte Geographie mit „kleinem p".
- Die **Geographische Konfliktforschung** (Abschn. 16.5) konzentriert sich auf der Grundlage nutzen- und handlungsorientierter Ansätze auf die Rolle von Akteuren im Kontext von Auseinandersetzungen um „Macht und Raum" in den sich neu formierenden, lokal-globalen Konfliktfeldern des 21. Jahrhunderts.
- Die *Critical Geopolitics* (**Kritische Geopolitik**; Abschn. 16.6) legen den Schwerpunkt ihrer Betrachtung auf die Analyse geopolitischer Leitbilder und Repräsentationen, die insbesondere von Politik und politischer Beratung, aber auch von Wissen-

Strömung	theoretische Grundlagen
Radical Geography / Kritische Geographie	politökonomische Theorieansätze
Geographische Konfliktforschung	handlungs- und konflikttheoretische Ansätze
Critical Geopolitics / Kritische Geopolitik	Kombination Handlungstheorie und konstruktivistische Raumtheorie
poststrukturalistische Politische Geographie	Diskurstheorie Gouvernementalitätsansätze

Abb. 16.2 Aktuelle konzeptionelle Strömungen in der Politischen Geographie.

schaft und Medien produziert werden. Dabei wird herausgearbeitet, dass diese keine quasi objektiven oder realistischen Repräsentationen geopolitischer Kräfteverhältnisse darstellen, sondern als sprachliche bzw. kartographische Konstruktionen an der Konstituierung geopolitischer Machtverhältnisse mitwirken.

- Die **poststrukturalistische Politische Geographie** (Abschn. 16.7) entwickelt ein diskurstheoretisches Verständnis für die Analyse von Konflikten um Raum und Macht, das sich vor allem in konzeptioneller Hinsicht als Weiterentwicklung der Ansätze der Kritischen Geopolitik verstehen lässt. Mit ihrer Hilfe gelingt es, die Wahrnehmungen und politischen Praktiken von Akteuren als Ergebnis überindividueller Deutungsschemata bzw. hegemonialer Diskurse zu analysieren, die darüber entscheiden, was in einer bestimmten Situation als „richtig" oder „falsch" erscheint.

16.4 *Radical Geography* und Kritische Geographie

Einen wesentlichen Impuls (auch) für die Politische Geographie brachte die im angloamerikanischen Sprachraum entwickelte *Radical Geography*, die mittlerweile im deutschsprachigen Raum unter dem Label „Kritische Geographie" ebenfalls eine vielgestaltige Forschungsperspektive ausgebildet hat. Sie sieht sich selbst – wie oben bereits angesprochen – eher als breiter angelegte politische Geographie „mit kleinem p", deren neomarxistisch-kritische Perspektive in viele Teilbereiche der Humangeographie hineinragt und sich dort mit spezifischen Forschungsansätzen wiederfinden lässt (z. B. im Bereich der Wirtschaftsgeographie oder der Stadtgeographie). Vor diesem Hintergrund wird die Kritische Geographie als eine von mehreren querschnittsorientierten Neuentwicklungen genauer im Einführungskapitel zur Humangeographie dargestellt (Abschn. 14.3; Smith 1996, Belina & Michel 2007a, Vogelpohl et al. 2018).

Trotzdem bestehen gerade zwischen der *Radical Geography* und der Politischen Geographie traditionell eine Reihe enger Verbindungen, die nachfolgend kurz skizziert werden sollen. Die Darstellung folgt der Generalthese, dass es im Wesentlichen die

Radical Geography war, die in den 1970er- und 1980er-Jahren die **Neukonzeptualisierung der Politischen Geographie** als eine gesellschaftstheoretisch argumentierende Teildisziplin einleitete. Spätestens ab den 1990er-Jahren verbreitete sich dann die Theoriebasis der Politischen Geographie, sodass kritische Ansätze heute eine von mehreren Analyseperspektiven neben Konfliktforschungsansätzen, *Critical Geopolitics* und poststrukturalistischen Konzeptionen darstellen.

Es war die *Radical Geography*, die damals den Fokus der Analyse politisch-geographischer Phänomene verschob, und ihn von den Nationalstaaten auf generelle Raum-Macht-Asymmetrien erweiterte (z. B. auch im lokalen Kontext von Städten und Gemeinden). Sie setzte sich von einer an statistischen Datenanalysen orientierten Forschung im Sinne des *spatial approach* ab, nicht nur in der Politischen Geographie, sondern, wie oben bereits gesagt, in der Humangeographie generell. Sie verstand sich dabei als Teil einer reformorientierten Gesellschaftstheorie mit Bezug zum **Neomarxismus**, und in dieser Tradition entwickelten Geographen wie David Harvey und seine zahlreichen Schüler und Schülerinnen für die Humangeographie zum ersten Mal ein politisch ambitioniertes, normatives Konzept zur Erforschung sozioökonomischer räumlicher Ungleichheit.

Ausgangspunkt und politische Wurzel der *Radical Geography* war und ist bis heute die Kritik am marktwirtschaftlich-kapitalistischen System. Bereits in „*Social Justice and the City*" arbeitet David Harvey (1975) die dezidiert „linke" politische Perspektive dieses Ansatzes heraus. Die *Radical Geography* macht im wahrsten Sinne des Wortes Schule, denn ein Großteil der in den 1980er- und 1990er-Jahren im angloamerikanischen Kontext bekannt gewordenen Geographinnen und Geographen sind in ihrem Umfeld sozialisiert worden. Mit ihrer konzeptionellen Verwurzelung im Neomarxismus richtet die *Radical Geography* ihren kritischen Blick vor allem auf die gravierenden sozialen Ungleichheiten einer Gesellschaft, in der politische und ökonomische Eliten die Kontrolle über die räumlich lokalisierten Ressourcen ausüben und dabei einen Großteil der Menschen politisch unterdrücken und wirtschaftlich ausbeuten.

Bezogen auf den räumlichen Ansatz übernimmt die *Radical Geography* bzw. die Kritische Geographie zentrale Leitgedanken von Henri Lefebvre (1974), die auch für den Bereich der Politischen Geographie Bedeutung haben. Lefebvre sah, Marx folgend, die Handlungen der einzelnen Menschen vor allem als Ergebnis der gesellschaftlichen Zwänge und Rahmenbedingungen, als Resultat der sie umgebenden Strukturen an (Soja 2007). Im Rahmen dieser gesellschaftlichen Strukturen kommt aus seiner Sicht den räumlich-materiellen Arrangements noch einmal eine besondere Bedeutung zu. Gerade in der Produktion des Raums sieht Lefebvre einen der entscheidenden Erfolgsfaktoren bei der Ausbreitung der kapitalistischen Wirtschaftsweise. „Denn der (soziale) Raum ist nicht eine Sache unter anderen Sachen, irgendein Produkt unter den Produkten, er schließt die produzierten Dinge ein, er umfasst ihre Beziehungen in ihrer Koexistenz und in ihrer Simultanität" (Lefebvre 1974, zit. n. Belina & Michel 2007b). Um dies deutlicher herauszuarbeiten, konzeptualisiert er diesen Raum „in den Dimensionen von Materialität, Bedeutung und ‚gelebtem Raum' als Produkt sozialer Praxis. [...] Demnach

Kapitel 16

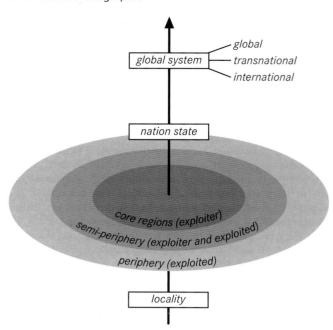

global system — global
— transnational
— international

nation state

core regions (exploiter)
semi-periphery (exploiter and exploited)
periphery (exploited)

locality

Abb. 16.3 Das System politisch-geographischer Maßstabsebenen und Abhängigkeitsbeziehungen aus der Sicht der *Radical Geography.*

ist auch Raum kein ‚da draußen' einfach vorliegendes Objekt (Materialismus), aber eben auch kein reines Gedankenkonstrukt (Idealismus), sondern das Produkt konkreter sozialer Praxen (historischer Materialismus)" (Belina & Michel 2007b). Mit dieser Konzeption dreht sich die Betrachtungsperspektive, denn von Interesse ist nicht der Raum „an sich", sondern seine Rolle in der gesellschaftlichen Praxis, die dann von symbolischen Bedeutungsproduktionen bis zu materiellen Dimensionen reicht (z. B. Analyse von Infrastrukturen als sozio-technische Netzwerke; Höhne & Naumann 2018). Für entsprechende Betrachtungsweisen liegen mittlerweile eine Reihe unterschiedlicher Theorieangebote aus dem Feld der kritisch-materialistischen Raumforschung vor (z. B. Vogelpohl et al. 2018).

Diese Grundperspektive lässt sich auch für politisch-geographische Analysen auf unterschiedlichen Maßstabsebenen nutzen. Mit der *scale*-Debatte und der lokalen Ungleichheitsforschung sollen nachfolgend zwei Felder vorgestellt werden, die die Breite der Herangehensweisen entsprechender Untersuchungen von der Ebene der globalen Geopolitik bis zur lokalen Ebene einzelner Städte und Quartiere deutlich machen.

Die *scale*-Debatte

Die *scale*-Debatte weist auf die politische Bedeutung unterschiedlicher Maßstabsebenen territorialer Organisation im Sinne einer „räumlichen Dimensionierung sozialer Prozesse" (Wissen 2008) hin. Sie zeigt, dass es sich dabei nicht um vermeintlich „neutrale" Kategorien gesellschaftlicher Strukturierung handelt, sondern um Formen von Herrschaft und Kontrolle. Die gesell-

schaftliche Produktion von Maßstabsebenen (*scales*) unterstützt – so die These – die ungleiche räumliche Entwicklung (Brenner 2008). Ihre (herrschafts-)politische Funktion besteht darin, dass sie die sozialen Machtasymmetrien, die sie hervorbringen und beflügeln, gleichsam unter dem Deckmantel der räumlichen Containerlogik kaschieren (Wissen 2008). So abstrahieren z. B. Darstellungen des globalen Klimawandels als Problem der Weltgesellschaft oder als nationale Bedrohung von dem Umstand, dass auf der Mikroebene unterschiedliche Individuen in sehr unterschiedlichem Maße von den Auswirkungen des Klimawandels betroffen sind. Vor diesem Hintergrund ist es nicht verwunderlich, wenn die Machtwirkungen der *scales* von der *Radical Geography* verstärkt untersucht werden. Von besonderem Interesse sind in diesem Rahmen einerseits die Bedingungen, unter denen sie entstehen und sich stabilisieren, andererseits aber – mit Blick auf eine politisch ambitionierte Wissenschaft – auch die Voraussetzungen, unter denen sich die *politics of scale* ändern können. Entsprechend unterscheiden sich stabile Phasen, die als *scalar fixes* bezeichnet werden, von historischen Prozessen des *rescaling,* die als Anzeiger gesellschaftlicher Dynamik besonders intensiv untersucht werden.

Betrachtet man die Formen solcher maßstabsräumlichen Ordnungen genauer, so findet man bei einer bestimmten historischen Konstellation auf jeder Maßstabsebene noch einmal – als Ausdruck ungleicher räumlicher Entwicklung und darauf aufbauender Inklusions- und Exklusionsprozesse – eine Ausdifferenzierung von Kernen und Peripherien, von zentralen und marginalen Räumen (Brenner 2008, Lefebvre 1974, Soja 1985). Bezogen auf die derzeitige Organisation des globalen Systems unterschied Peter Taylor (2000) in Anlehnung an den **Weltsystemansatz** von Immanuel Wallerstein drei Typen von Regionen mit unterschiedlichen Machtpotenzialen (Abb. 16.3):

- *core regions*, wo sich die Ausbeuter im globalen Wirtschafts- und Politiksystem befinden
- *semi-periphery* mit Ausbeutern und Ausgebeuteten
- *periphery* als die von den Zentralregionen ausgebeuteten, randlichen und abgelegenen Regionen

Lokale Ungleichheitsforschung

Neben der globalen Ebene gelten derzeit die großen Städte als weiteres Forschungsfeld der Kritischen Geographie mit deutlichen Dynamiken in den Mustern von Macht und Herrschaft. Vor diesem Hintergrund sind und bleiben „Fragen des Städtischen […] für kritische Wissenschaft und Praxis hochaktuell" (Belina et al. 2018). In konkreten Forschungsprojekten untersucht die *Radical Geography* dabei die *Global Cities* und ihre *Global City Networks* als institutionelles Rückgrat der Globalisierung und als Orte einer schnellen gesellschaftlichen Transformation (Abschn. 20.4). Städte sind aus einer kritisch-geographischen Perspektive „ökonomische Knoten und Verwaltungseinheiten, Orte politischer Auseinandersetzungen, widerständiger Praxen und Bewegungen sowie mannigfaltiger, oft konfliktbeladener bis antagonistischer sozialer Beziehungen, in denen um gesellschaftlichen Reichtum,

Anerkennung und Respekt gerungen wird. Sie sind zugleich Resultat von in Netzwerken organisierten Praxen und territoriale Realitäten, zugleich sozial produziert und materiell, zugleich gefühlte und kapitalistisch verwertete Orte" (Belina et al. 2018). In diesem Kontext finden sich eine Reihe von Fallstudien, die sich auf die daraus resultierenden Phänomene der sozialräumlichen Ungleichheit und Verdrängung in Städten konzentrieren (z. B. Armut, Ausgrenzung, Kriminalisierung, Gentrifizierung).

Aus politisch-geographischer Perspektive ist dabei interessant, dass die Auseinandersetzungen zwischen sozialen Gruppen oft über räumlich-territoriale Repräsentationen und Praktiken ausgefochten werden. Häufig geht es um Fragen der Zugangsberechtigung bzw. Ausgrenzung bestimmter Personen und Gruppen, z. B. in öffentlichen und semiöffentlichen Räumen vor dem Hintergrund zunehmender Städtekonkurrenz. Das Ergebnis ist eine partielle Einschränkung der Zugänglichkeit für traditionell öffentliche Räume sowie die aktive Ausgrenzung bestimmter Personengruppen bis hin zur Durchsetzung von Betretungs- und Aufenthaltsverboten durch öffentliche und private Sicherheitsdienste (Belina 2000). Mit solchen Analysen macht die *Radical Geography* deutlich, wie sehr städtischer bzw. öffentlicher Raum Arena, Gegenstand und Mittel gesellschaftspolitischer Auseinandersetzungen ist (Mitchell 2007).

In diesem Sinne liegt für die *Radical Geography* das zentrale politische Ziel wissenschaftlicher Arbeit nach wie vor darin, das aus ihrer Sicht ungerechte gesellschaftliche System und seine räumliche Ordnung zu überwinden und eine sozial gerechtere Gesellschaft zu schaffen. Mit dieser Programmatik ist eine politisch argumentierende Geographie nicht länger „Erfüllungsgehilfin" der Politik, sondern nimmt mit ihrer Forschung eine kritische Distanz zum politischen Alltagsgeschäft der Mächtigen ein. Etwas zugespitzt kann man vielleicht sagen: Die *Radical*-Schule hat (auch) die Politische Geographie emanzipiert und sie zum Baustein einer demokratischen, partizipativen *civil society* gemacht.

16.5 Geographische Konfliktforschung

Ein großer Teil der Konflikte in unserer Gesellschaft hat einen „räumlichen" Bezug, das heißt, sie drehen sich um **räumlich lokalisierte Ressourcen**. Das gilt auf allen Maßstabsebenen von der lebensweltlichen Mikroebene bis zur globalen Geopolitik. Ob es sich beispielsweise um einen bergbaulichen Konflikt in Kolumbien handelt, um Auseinandersetzungen um die Privatisierung von Wasser in lateinamerikanischen Metropolen, um die Veränderungen europäischer Staaten in Fragen der Grenzkontrolle im Schengen-Raum oder um das pazifische Säbelrasseln alter und neuer Großmächte: In allen Beispielen bilden **physisch-materielle Aspekte** nicht nur die Arena, sondern oft sogar den Dreh- und Angelpunkt sozialer Auseinandersetzungen, die sich damit als Verfügungs-, Gestaltungs- und Kontrollkonflikte über räumlich lokalisierte Ressourcen und symbolische Potenziale entpuppen. Kurzum,

soziale Konflikte sind vielfach Konflikte um Raum und Macht. Darin zeigt sich bereits, wie sehr der Raum nicht nur der Container menschlichen Handelns, sondern in vielfältiger Weise ein Strukturierungsmerkmal sozialer Organisation ist. Vor diesem Hintergrund gehört die Analyse entsprechender Auseinandersetzungen zum Kanon der Politischen Geographie, sie hat hier bereits eine lange Tradition (räumliche Konfliktforschung: Oßenbrügge 1983) und wird angesichts vielfältiger Ressourcenverknappungen auch für die Politikberatung zunehmend wichtiger. Wie oben bereits angesprochen sind aber unter den Bedingungen einer netzwerkartigen Globalisierung raumbezogene Konflikte längst nicht mehr nur auf die Domäne „des Politischen" beschränkt, beispielsweise im Sinne klassisch staatenzentrierter Szenarien. Zwar bestimmen Politik und politische Institutionen durchaus wesentliche „Spielregeln" raumbezogener Auseinandersetzungen (z. B. Planungsleitlinien, Raumordnungs- und Baugesetzgebungen, Umweltgesetzgebung, Gesetze zur Regulation ökonomischer Ansiedlungen und Aktivitäten), gleichzeitig spielen im Konfliktverlauf fallweise auch transnationale Unternehmen, global agierende NGOs, regionale soziale Bewegungen und Medien wichtige Rollen.

Dass für die Beobachtung entsprechend hybrider Konstellationen klassisch segmentierte Vorstellungen gesellschaftlicher Machtverhältnisse zugunsten **flexiblerer Konzepte** zurücktreten müssen, wird in unterschiedlichen Teildisziplinen der Humangeographie ebenso diskutiert wie in den sich mit gesellschaftlichen Machtprozessen beschäftigenden sozial- und politikwissenschaftlichen Nachbardisziplinen. Will man unter diesen Bedingungen die Analyse raumbezogener Konflikte zu einem leistungsfähigen Element der Politischen Geographie im Sinne einer „Geographischen Konfliktforschung" (Reuber 1999) machen, ist eine konzeptionelle Grundlegung erforderlich, die drei Fragenkomplexe in den Blick nimmt und empirisch adressierbar macht (Abb. 16.4):

- Welche Gruppen bzw. Akteurinnen und Akteure beteiligen sich an raumbezogenen politischen Konflikten? Welche Interessen und Ziele leiten sie an?
- Wie beeinflussen die vielfältigen strukturellen Rahmenbedingungen die Verläufe und Spielregeln von Konflikten? Welche Machtpotenziale und Handlungsstrategien bieten sie den unterschiedlichen Konfliktbeteiligten im Verlauf der Auseinandersetzungen?
- In welcher Weise lassen sich räumliche Bezüge konzeptionell angemessen in eine Geographische Konfliktforschung integrieren?

Bausteine einer handlungsorientierten Geographischen Konfliktforschung

Theoriebausteine für die Bearbeitung solcher Fragen bietet eine handlungsorientierte Politische Geographie (Reuber 1999). Sie zeigt die Prinzipien auf, nach denen politische Auseinandersetzungen um räumlich gebundene Ressourcen ablaufen. Eines

soziopolitische Institutionen, gesellschaftliche „Spielregeln" (Zwänge und Möglichkeiten)

Handlung eines Akteurs im Konflikt

individuelle Biographie des Akteurs und die daraus erwachsenen konfliktrelevanten Normen, Ziele und Fähigkeiten

räumlich gebundene Strukturen, Ressourcen, Symbole, Machtpotenziale als Konstruktionen/ Repräsentationen

Abb. 16.4 Komponenten einer handlungsorientierten Politischen Geographie.

ihrer Kernanliegen ist dabei, in der Rekonstruktion und Interpretation von Konflikten auch – wenn möglich – verdeckte Intentionen und Vorgehensweisen offenzulegen. Dabei folgt eine handlungstheoretische Rückbindung der Geographischen Konfliktforschung im Kern der Überlegung, dass raumbezogene Konflikte zunächst nichts anderes sind als eine Variante menschlicher Interaktion bzw. gesellschaftlichen Handelns. Dies hat den Vorteil, dass sie sich in ganz erheblichen Teilen auf die bereits existierenden und sehr gut ausgearbeiteten Entwürfe der **handlungsorientierten Sozialgeographie** (Werlen 1995, 2000) bezieht und diese für den jeweils spezifischen Kontext der Analyse von raumbezogenen Konflikten entsprechend reformulieren und erweitern kann.

Mit den oben formulierten Leitfragen stellt das Konzept die Handlungen einzelner Individuen in den Mittelpunkt und begreift sie als Produkte individueller Präferenzen, gesellschaftlicher Spielregeln und räumlicher Rahmenbedingungen. In Werlens Sozialgeographie klingt das so: „Nur Individuen können Akteure sein. Aber es gibt keine Handlungen, die ausschließlich individuell sind, [...] weil Handlungen immer auch Ausdruck des jeweiligen sozial-kulturellen (und räumlichen) Kontextes sind" (Werlen 1995). Mit Bezug auf Giddens lassen sich die gesellschaftlichen Strukturen als ein System von Ressourcen und Regeln konzeptualisieren, die die in einen Konflikt involvierten Menschen mit situativ sehr unterschiedlichen Macht- und Durchsetzungspotenzialen versehen (Abb. 16.5).

Ziele und Nutzenkalküle von Individuen in raumbezogenen Konflikten

Nach welchen Maximen handeln politische Akteurinnen und Akteure in einer konkreten Konfliktsituation? Es ist sicher nicht nur, aber auch, den auf den eigenen Nutzen ausgerichteten Rationalitäten unseres in vielerlei Hinsicht (neo-)liberalen Zeitgeistes ge-

schuldet, dass in den Sozialwissenschaften bei der theoretischen Antwort auf diese Frage das am eigenen Nutzen ausgerichtete Handeln in den Mittelpunkt tritt. **Nutzenorientierte Ansätze** besitzen vor dem Hintergrund von Politikstilen, die den Bürgerinnen und Bürgern tagtäglich in vielen Varianten aus Medienberichten entgegenschlagen, eine gewisse Aktualität und damit einen gewissen Reiz als Baustein für eine an (geo-)politisch handelnden Gruppen, Akteurinnen und Akteuren ansetzende Form der Analyse: „Es ist klug zu unterstellen und berechtigt zu bejahen, dass die Politiker eigene Ziele verfolgen und diese Ziele von jenen, welche die Bürger im Staat verfolgen, verschieden sind" (Kirsch 1997).

Auch wenn solche Aussagen – gemessen an konkreten politisch-raumbezogenen Konfliktsituationen – durchaus plausibel wirken mögen, muss doch sofort dem einer solchen Konzeptualisierung innewohnenden Determinismus begegnet werden. Wenn man das Handeln von Konfliktbeteiligten mit nutzenorientierten Ansätzen zu verstehen sucht, heißt das nicht, dass man eine solche Form des Handelns als „diesen gleichsam natürlich innewohnend" verstehen darf. Gerade vor dem Hintergrund der in den Gesellschaftswissenschaften verbreiteten Kritik an latent deterministisch klingenden Konzeptualisierungen von Subjekten, Identitäten etc., wie sie z. B. prominent auch Foucault formuliert hat, scheint es sinnvoller, entsprechende Handlungsprinzipien als Ausdruck hegemonialer gesellschaftlicher Diskurse und damit verbundener „positiver" Sanktionierungen entsprechender Handlungsweisen bzw. Praktiken zu verstehen. Was nämlich einzelne Konfliktbeteiligte dann als „nützlich" oder „sinnvoll" in ihrem Sinne definieren, ist ihnen nicht in einem essentialistischen Sinne eingeschrieben, sondern wird wesentlich durch kollektive Rationalitäten geprägt, durch Leitbilder von dem, was „angesagt" ist, was „gut und richtig" erscheint, was als „erstrebenswertes Ideal" über die breit angelegte Ordnungen des Wissens in Subjektidentitäten hineinsozialisiert wird. Dabei geht es nicht nur um Sprache, sondern auch um deren Materialisierung in Praktiken inklusive damit verbundener emotionaler und/oder affektiver Konnotationen, die sich dann insgesamt z. B. in Form bestimmter Vorstellungen einer „richtigen" ökonomischen, sozialen oder politischen Ordnung verdichten.

Vor diesem Hintergrund würde man sich bezogen auf die Nutzenerwägungen der am Konflikt Beteiligten empirisch nicht nur die Frage stellen, welchen Nutzen diese für ihr Handeln angeben, sondern auch, wie sie eigentlich dazu kommen, ihren jeweiligen „besten Nutzen" und ihre darauf ausgerichteten raumbezogenen Zielvorstellungen auf ebendiese Weise und in der vorgefundenen Art zu formulieren. Es geht also auch darum, herauszufinden, aus welchen gesellschaftlichen Diskursen im Sinne von Normen-, Werte- und Zielsystemen sie diese ableiten und legitimieren. Bei einer solchen Form der empirischen Beobachtung unterschiedlicher Nutzenkalküle und Ziele in einem raumbezogenen Konflikt lassen sich dann nicht nur die eigenen Interessen der am Konflikt Beteiligten rekonstruieren, sondern auch die kollektiven Rationalitäten, die diese anleiten, einschließlich Brüchen und Widersprüchen. Auf eine solche Weise kann man sich im Konfliktverstehen von einer nutzenorientierten Vorgehensweise der

Akteurinnen und Akteure anleiten lassen, ohne diese als ontologische Setzung übernehmen zu müssen.

Bezogen auf die Differenziertheit der in einem Konflikt zutage tretenden Sichtweisen machen zeitgemäße Theorien nutzenorientierter Wahl zudem darauf aufmerksam, dass die von den jeweiligen Konfliktbeteiligten wahrgenommene Ausgangslage selektiv ist, dass sie „nur eine unvollständige Beschreibung (der) tatsächlichen Handlungssituation ist" (Zintl 1994). Entsprechend fließen in die Beobachtung im Sinne einer *bounded rationality* auch deren unterschiedliche konfliktbezogene Verortungen, Affiziertheiten, Sichtweisen, (Vor-)Informationsgrade und die sich daraus ergebenden Konflikt- und Raumkonstruktionen in die Untersuchungen ein.

Der gesellschaftliche Kontext als struktureller Rahmen für das Handeln im Konflikt

Wenn bereits die Vorstellung, was ein sinnvoller „eigener" Nutzen für konfliktbeteiligte Akteurinnen und Akteure ist, von übergeordneten gesellschaftlichen Leitbildern, Normen und Wertvorstellungen gerahmt wird, so gilt die ordnende Kraft kollektiver Strukturen und Regeln mindestens ebenso stark für den Anlass, den Verlauf und die Machtstrukturen in entsprechenden raumbezogenen Auseinandersetzungen. Dazu gehören beispielsweise Einschränkungen (und Möglichkeiten), die sich durch die politische Stellung definieren. Dazu gehören genauso juristische Verfahrensregeln bei raumbezogenen Entscheidungsprozessen, das gesellschaftlich akzeptierte Normen- und Wertesystem (z. B. raumplanerische Leitbilder, gesellschaftspolitische Vorstellungen über den Umgang mit ökologischen Ressourcen) und viele andere. Die Menschen handeln eben nicht unter selbstgewählten, sondern unter vorstrukturierten Umständen. Im Rückgriff auf *public-choice*-Ansätze lässt sich verstehen, wie solche Spielregeln in vielfacher Weise (bis hin zu verinnerlichten sozialen Normen in Form des eigenen Gewissens) dafür sorgen, dass sich einzelne Nutzenkalküle möglichst weitgehend innerhalb gesellschaftlicher Leitbilder und Regeln entwickeln. Vor diesem Hintergrund kann man auch demokratisches Handeln verstehen, ohne Politikerinnen und Politiker als idealistische Gutmenschen ansehen zu müssen. „Politiker sind nicht ‚benevolent' […]. Die […] Demokratie ist in dieser Optik eine Einrichtung, die zwischen sich misstrauenden Menschen Vertrauen ermöglicht" (Kirsch 1997).

In welcher konkreten Weise gesellschaftspolitische Strukturen das raumbezogene Handeln bestimmen, lässt sich – erneut dem Vorschlag von Werlen (1995) folgend – im Rückgriff auf Teilaspekte aus Giddens' **Strukturationstheorie** (1992) verstehen. Giddens beschreibt, sehr stark vereinfacht, die Gesellschaft als ein System aus Regeln und Ressourcen, in das man auch räumliche Aspekte flexibel und angemessen integrieren kann. Dieser Ansatz enthält auch einen Vorschlag, mit dem man die für Raumnutzungskonflikte entscheidende Frage der unterschiedlichen Machtpotenziale von Konfliktbeteiligten thematisieren kann. Giddens sagt dazu, dass Macht zum einen auf autoritativen Res-

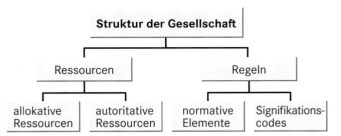

Abb. 16.5 Die Struktur der Gesellschaft in Anlehnung an Giddens Strukturationstheorie.

sourcen beruht (konkret z. B. politische Position im Entscheidungssystem, persönliche Kontakte zu wichtigen Entscheidungsträgern, Kenntnis der formellen und informellen „Spielregeln", Bildungsausbildung und -qualifikationen usw.). Zum anderen beruht sie auf allokativen Ressourcen (z. B. Verfügbarkeit über Grund und Boden, über materielle und finanzielle Güter und vieles mehr; Giddens 1992; Abb. 16.5).

Die Rolle „räumlicher" Strukturen für das Handeln – ein konstruktivistischer Ansatz

Auf der bisher entwickelten Grundlage lassen sich auch die „Geographien" der Gesellschaft, das heißt ihre räumlichen Strukturen, Ordnungen und Repräsentationen angemessen in ein handlungsorientiertes Konzept integrieren. Dabei argumentiert auch die Geographische Konfliktforschung konstruktivistisch (Abschn. 16.2), das heißt, wenn sie das Handeln der Konfliktbeteiligten in raumbezogenen Konflikten untersuchen will, muss klar sein, dass die Grundlage ihres Handelns **kontextbezogene Raumkonstruktionen** darstellen. In dieser Form werden räumliche Aspekte dann aber gleich in zweifacher Weise bedeutsam: Zum einen werden sie – gerade im Falle dezidiert raumbezogener Konflikte – als Ressourcen begriffen, auf die sich unterschiedliche Verwertungsinteressen richten. Bei einer solchen Konstellation stehen sie im Zentrum der Aufmerksamkeit, sie bilden den Dreh- und Angelpunkt des Konflikts, gruppenbezogene und/oder individuell unterschiedliche Sichtweisen und (raumbezogene) Interessen sind explizit einer der Ausgangspunkte der Auseinandersetzungen. Ihre Rekonstruktion bildet dann einen ersten Schwerpunkt empirischer Analysen. Gleichzeitig sind räumliche Strukturen und Repräsentationen in Konflikten aber auch Teil des strukturellen Rahmens, des Regelwerks, und damit – etwas plakativ und vereinfacht gesprochen – Machtmittel. Dies gilt z. B. dann, wenn die am Konflikt Beteiligten über räumlich lokalisierte Potenziale verfügen, die sie in die Auseinandersetzung machtvoll einbringen können. Am offensichtlichsten ist das – wie oben angesprochen – im Falle materieller Ressourcen, die nach der auf Giddens (1992) beruhenden Systematik zu den allokativen Ressourcen gezählt werden können. Subtiler, aber nicht weniger machtvoll, wirken raumbezogene Repräsentationen und Imaginationen als autoritative Ressourcen. Ihre

Kapitel 16

Abb. 16.6 „Was sehen Sie?" fragt die „taz", die das vorliegende Foto im Rahmen einer Anzeigenkampagne im August 2003 verwendete, und schlägt auch gleich zwei Antwortalternativen vor: „a) Befreier, b) Besatzer". Diese Entscheidung steht, wie die „taz" richtig feststellt, nicht von vornherein fest, denn, so lautet der Untertitel des Fotos: „Wie Sie das Weltgeschehen einordnen, hängt von Ihren Informationen ab". Was die „taz" hier als eher reißerischen Aufhänger benutzt, gründet auf einer tieferliegenden Erkenntnis über den eingeschränkten und selektiven Blick, den Menschen von der Welt haben. Dies gilt auch im Bereich politischer Entscheidungen und Handlungen: Weltpolitik und deren Repräsentation in Medien und Öffentlichkeit wird, auch bei Auseinandersetzungen um Raum und Macht, entscheidend geprägt durch tieferliegende, kollektive Begründungsmuster und Wertvorstellungen. Für den konkreten Fall, insbesondere für die neuen regionalen Fragmentierungen und Auseinandersetzungen nach dem Kalten Krieg, spielen geopolitische Diskurse und Leitbilder als „Begründungsargumentationen" in Politik, Medien und Öffentlichkeit eine Schlüsselrolle. Sie erzeugen und festigen Muster der territorialen Verortung, der globalen Topographien des „Eigenen" und des „Fremden" (Quelle: taz – die tageszeitung).

Kraft beruht dann nicht in erster Linie auf der Materialität der Strukturen, sondern auf der **symbolischen Bedeutung**, die ihnen als Ergebnis kollektiver Zuschreibungen, Konventionen und Traditionen innewohnt. In diesem Sinne werden räumliche Repräsentationen von konfliktbeteiligten Akteuren und Akteurinnen als „strategische Raumkonstruktionen" (Reuber 2012) instrumentalisiert, um mit ihrer Hilfe die Durchsetzungsfähigkeit der eigenen Interessen zu erhöhen. „Solche strategischen Raumkonstruktionen haben einen wesentlichen Stellenwert im Verlauf des politischen Konflikt- und Aushandlungsprozesses, sie sind Teil des durch eine Fülle von formellen und informellen Regeln kodifizierten Streitspiels. Dabei werden die Akteure in vielen Fällen ihre Raumkonstruktionen gegenseitig als strategische Argumentation durchschauen, trotzdem erfüllen sie aus der Sicht der Beteiligten wichtige Funktionen, z. B. die Information entscheidungsrelevanter Gremien, die argumentative Auseinandersetzung in den sachbezogenen öffentlichen Diskussionen mit den Konfliktgegnern, die Markierung eigener Positionen im Kontext anstehender Verhandlungs- oder Kompromissfindungsprozesse, die Mobilisierung der Medien und der betroffenen Bevölkerung zur Herstellung von Loyalität für die eigenen Interessen" (ebd.). Deren Analyse bildet den zweiten Schwerpunkt der empirischen Durchdringung der Rolle raumbezogener Aspekte von Konflikten. Es geht z. B. darum, zu zeigen, warum und wie politische Akteurinnen und Akteure raumbezogene Strukturen, Verflechtungen, Leitbilder etc. argumentativ für die Durchsetzung ihrer Interessen ein-

spannen. Allgemeiner gesagt liegt der Fokus darauf, „jene Geographien (zu untersuchen), die täglich von den handelnden Subjekten von unterschiedlichen Machtpositionen aus gemacht und reproduziert werden" (Werlen 1995). Die dabei zutage tretenden, sich im Konfliktverlauf durchaus noch einmal dynamisch verändernden „Gemengelagen" **kollektiver und subjektiver Raumkonstruktionen** sind dabei in einem dynamischen Machtgefüge auf vielfältige Art und Weise miteinander verflochten.

Vergleicht man mit Blick auf die Anwendungsrelevanz die handlungsorientierten Ansätze mit stärker diskursorientierten, poststrukturalistischen Konzepten, so bieten Erstere den Vorteil, dass sie raumbezogene politische Konflikte in einer Betrachtungsform und Begrifflichkeit abbilden, wie sie auch von Politik und Medien tagtäglich reproduziert werden. Diese Kompatibilität mit dem gesellschaftlichen „Alltagsnarrativ" bietet die Grundlage für einen schnellen Transfer der Ergebnisse in Richtung Politikberatung und politische Bildung. Sie bildet gleichzeitig aber auch einen Nachteil der Handlungstheorie, der in der Übertragung ihrer „blinden Flecken" auch ins Auge des wissenschaftlichen Betrachters liegt: Die einzelnen Individuen und die gesellschaftlichen Strukturen sind in dieser Konzeption als duale Struktur der Betrachtung vorgegeben, und die Annahme des eigennutzenorientierten Handelns bildet eine zwar oft plausible Konvention, die aber dennoch normativ gesetzt und erkenntnistheoretisch letztendlich nicht überprüfbar ist.

Exkurs 16.2 Mackinders Land- und Seemächte aus Sicht der *Critical Geopolitics*

Der Antagonismus zwischen Meer und Land, zwischen Kontinentalreich und Seemacht bildet die Grundlage für das in der frühen angelsächsischen Geopolitik zentrale Leitbild Halford Mackinders (Abb. A). Die aus Sicht der *Critical Geopolitics* veraltete, geodeterministisch argumentierende *geopolitical imagination* wurde von ihm 1904 vor der *Royal Geographical Society* vorgestellt. Sie konstruiert eine dichotom in Land- und Seemächte aufgeteilte Welt und lieferte die Basis für eine Weltsicht, die in manchen geopolitischen Denkfiguren noch bis heute durch die Literatur geistert. Russland stellt hier das klassische Machtzentrum des Kontinentalreichs, das sog. Herzland (*Heartland, Pivot Area*), ohne direkten Zugang zur See dar. Rund um dieses herum drapiert findet sich ein Saum von Gebieten, die Zugänge zu den Weltmeeren haben. Sie zeichnen sich durch eine konflikthafte Zwitterstellung aus, in der sich gleichermaßen ozeanische wie kontinentale Einflüsse überlappen und miteinander interagieren. Um diesen Saum herum ist die restliche Welt angeordnet. Diese äußeren Gebiete wie Japan, Großbritannien und die Vereinigten Staaten sind, so Mackinder, rein ozeanisch geprägt. Das Machtgleichgewicht (*Balance of Power*) bzw. die Machtverschiebungen innerhalb dieser dualen Weltstruktur sind für Mackinder Triebfedern jeglicher Entwicklung, wobei die Austragung der Konflikte in der Übergangs- bzw. Saumzone stattfindet. Die innere Region Eurasiens bildet für Mackinder den zentralen Angelpunkt (*Pivot Area*) der Weltpolitik. Die Kontrolle dieses Gebiets ist in der geopolitischen Raumkonstruktion Mackinders der Schlüssel zur Weltherrschaft. Dies führt aus seiner Sicht zur langfristigen Beherrschung des Seereichs durch das kontinentale Machtzentrum. Mit diesem Schreckensszenario konfrontierte Mackinder das seegestützte britische Empire. Ein Großteil des „Erfolgs" seines Modells ist deshalb durch den Aufbau eines für die britische und später US-amerikanische Politik nachvollziehbaren Bedrohungs- und Sicherheitsdiskurses erklärbar.

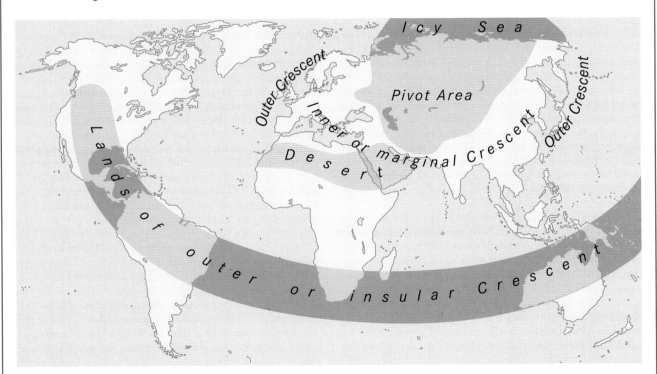

Abb. A *The Natural Seats of Power* nach Mackinder.

Kapitel 16

16.6 *Critical Geopolitics* – Analyse der Geopolitik aus konstruktivistischer Perspektive

Critical Geopolitics (Kritische Geopolitik) untersucht, wie im politischen Alltag, in der Wissenschaft und in den Medien mithilfe von Sprache, Karten und Bildern geopolitische Ordnungsvorstellungen geschaffen werden, die im Falle konkreter politischer Konflikte und Auseinandersetzungen das Denken und Handeln der beteiligten Akteurinnen und Akteure ebenso beeinflussen wie die Rezeption und Beurteilung der Ereignisse in der Bevölkerung (Ó Tuathail 1996, Lossau 2001, 2002, Wolkersdorfer 2001, Dodds et al. 2013). Solche machtvollen räumlichen Ordnungsvorstellungen werden als **geopolitische Leit- bzw. Weltbilder** bezeichnet (Reuber & Wolkersdorfer 2003, 2004; Abb. 16.6). Sie wissenschaftlich zu untersuchen bedeutet vor allem, ihren konstruierten Charakter sichtbar zu machen.

Diese Form des wissenschaftlichen Arbeitens verlangt gerade von der Politischen Geographie einen radikalen erkenntnistheoretischen Bruch mit ihrer Vergangenheit. Fußte sie im 19. und in der ersten Hälfte des 20. Jahrhunderts in ihrer traditionell engen Verbindung mit der Geopolitik auf einem naiv-realistischen, geo- und naturdeterministisch argumentierenden Weltbild (Exkurs 16.1), so bauen heute auch die *Critical Geopolitics* auf einer konstruktivistischen Grundlage auf. Das Wort *„critical"* bedeutet im Kontext der *Critical Geopolitics* somit nicht wie im deutschsprachigen akademischen Raum nur eine gesellschaftskritische (z. B. marxistische) Grundhaltung des Arbeitens. *Critical* bezieht sich vor allem auf eine konzeptionell gesehen andere Art zu denken, „die dazu einlädt, mit vertrauten Denkgewohnheiten zu brechen und vermeintliche Sicherheiten infrage zu stellen" (Lossau 2001).

Geopolitik wird von diesem Blickwinkel aus „als eine diskursive Praxis gefasst, mit deren Hilfe die scheinbar natürliche räumliche Ordnung der internationalen Politik erst produziert wird" (Lossau 2001). Ihr Ziel ist es zu zeigen, wie über raumbezogene Diskurse in geopolitischen Leitbildern das „Eigene" und das „Fremde" konstruiert und mit Grenzen versehen werden (Gregory 1994, Ó Tuathail 1996). Wer solche Formen der Argumentation wissenschaftlich hinterfragt, schafft Raum für ein **Denken in Alternativen**, in Differenzen (Lossau 2002). Mit einer solchen Betrachtungsweise gelingt es der Kritischen Geopolitik, den machtvollen Charakter räumlicher Repräsentation gesellschaftlicher Differenzierungen im Kontext der politischen Krisen und Konflikte unserer Zeit herauszuarbeiten. Sie kann zeigen, dass „der Raum" auch in dieser Hinsicht für die Gesellschaft weit mehr darstellt als eine Art Container oder eine reine Distanzmatrix. Er verkörpert eine Symbolik der Macht, eine Topographie soziopolitischer Bedeutungen, die Form und Verlauf von Konflikten beeinflusst und aus Sicht der politisch-geographischen Analyse damit oft einen wichtigen Schlüssel für das Verständnis der Auseinandersetzungen darstellt. Die Konstruktion geopolitischer Leitbilder ist aus dieser Sicht ein zentrales Mittel der internationalen Politik, es umfasst konkret die sprach-

liche, kartographische und bildliche Inszenierung globaler geopolitischer Gegensätze und Machtblöcke (Ó Tuathail 1996).

Geopolitische Ordnungsvorstellungen und Leitbilder werden in dieser Forschungsrichtung zum zentralen Forschungsgegenstand. Wie entstehen und funktionieren geopolitische Repräsentationen und Leitbilder? Die *Critical Geopolitics* machen auf der Grundlage ihres konstruktivistischen Blickwinkels deutlich, welchen Logiken solche räumlichen Ordnungsvorstellungen folgen. Die Konstruktion von Territorien und Grenzen stellt dabei das wichtigste und immer wiederkehrende Element dar (Dalby 2003). Die am tiefsten verwurzelte Zweiteilung im Raum ist die Differenzierung in „unseren Raum" und „deren Raum"; es geht um die räumliche Trennung des „Eigenen" vom „Fremden", sie ist auf der Ebene der Geopolitik die zentrale Denkfigur. Dieses grundlegende Muster ist immer gleich, egal ob es sich um Mackinders historische Konstruktion eines Gegensatzes zwischen Land- und Seemächten (Exkurs 16.2), um die Bildung von Kulturräumen im Sinne Huntingtons (Exkurs 16.3, zur Kritik Exkurs 16.4) oder um Vorstellungen von einem „pazifischen Jahrhundert" handelt, in dem die geopolitische Rolle Chinas und entsprechende Beziehungen zu anderen globalen Machtzentren eine Rolle spielen.

Die wissenschaftliche Analyse im Sinne der *Critical Geopolitics* arbeitet an solchen Beispielen heraus, dass die Kategorien, die zur Einteilung der Welt jeweils herangezogen werden (wie Kulturen, Nationen, Kulturerdteile) nicht essenziell sind: Sie sind nicht natürlich oder objektiv gegeben, sondern sie werden durch symbolische Repräsentationen und gesellschaftliche Praktiken immer wieder aufs Neue hervorgebracht, es handelt sich also um **Konstruktionen**. Diese verfestigen sich aber durch die ständige Wiederholung (oft über Jahrhunderte) zu geopolitischen Leitbildern, die im Alltag dann teilweise einen quasi-natürlichen Geltungsanspruch erlangen können. Aus dieser Sicht wird deutlich, dass solche Muster in Sprache und Bildern Macht ausüben und konkrete Handlungen und materialisierte Ereignisse (in Form von angegriffenen Nationen, zerstörten Städten, getöteten Menschen usw.) hervorbringen können.

Für die *Critical Geopolitics* ist neben der Dekonstruktion der Diskurse die Suche nach den Akteurinnen und Akteuren, die solche geopolitischen Leitbilder produzieren und verbreiten, ein weiteres Forschungsanliegen. Dabei sehen sie das größte Machtpotenzial bei den ***intellectuals of statecraft***, das heißt bei Schlüsselfiguren aus dem Bereich der internationalen Politik oder auch der politiknahen ***think tanks***. Diese arbeiten als geopolitische *spin doctors* aktiv an aktuellen Formen der geopolitischen Repräsentation des „Eigenen" und des „Fremden" und machen sie dann zur Grundlage z. B. von Richtlinien der Außen- und Sicherheitspolitik des jeweiligen Landes (Ó Tuathail 1996, Dodds & Sidaway 1994). Ó Tuathail et al. führen in ihrem *„Geopolitics Reader"* (2006) eine Reihe von Beispielen aus unterschiedlichen Phasen der internationalen Geopolitik an.

Neben diesen einflussreichen Gruppen sind auch vielfältige **Medien** aus dem Bereich der *popular culture* (Dittmer 2010) an der Verbreitung und Verfestigung geopolitischer Leitbilder beteiligt (***popular geopolitics***: Ó Tuathail 1996). So mancher Leitartikel und Kommentar im politischen Feuilleton, der sich

Exkurs 16.3 Leitbilder der Geopolitik nach dem Ende des Kalten Kriegs

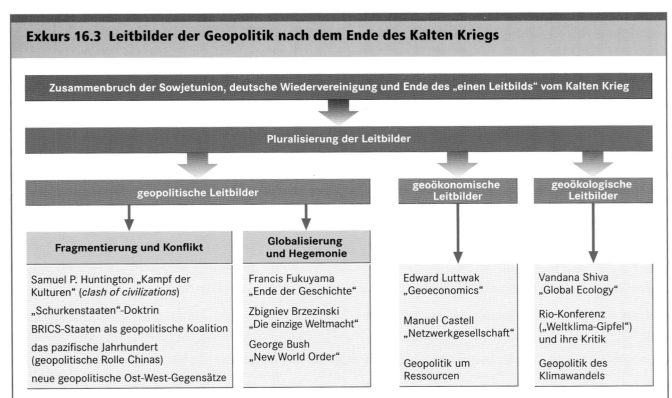

Abb. A Leitbilder der Geopolitik nach dem Ende der Blockkonfrontation.

Das Ende des Kalten Kriegs und die nachfolgenden globalen Krisen und Konflikte seit den 1990er-Jahren markieren einen geopolitischen Epochenwechsel, wie ihn die Welt seit 1945 nicht mehr gesehen hat. Die lange vertrauten Ordnungsmuster globaler geopolitischer Gegnerschaften lösten sich auf und hinterließen eine fragmentierte Welt zwischen national-staatlicher Ordnung und globalisierter Netzwerkgesellschaft mit vielfältigen Konflikten und Krisenherden, die sich in den ersten Jahrzehnten des neuen Jahrtausends eher noch zu dynamisieren und zuzuspitzen scheinen. Nach 1989 war die Nachfrage nach neuen Deutungsmustern zunächst verständlich, brach hier doch eine quasi-stabile geopolitische Großerzählung zusammen, die für mehr als vier Jahrzehnte die Nachkriegsordnung und viele ihrer politischen Spielregeln, Praktiken, Konflikte und Kriege bestimmt hatte. Das Vakuum füllen seit Anfang der 1990er-Jahre eine Vielzahl konkurrierender geopolitischer Leitbilder, die jedes für sich reklamieren, sie könnten zum Verstehen der Muster der neuen Konflikte, Kriege und Terroranschläge einen Beitrag leisten. In diesem Sinne stellen sie auch Argumente bereit, mit denen politische und militärische Praktiken gegenüber der „eigenen" Bevölkerung wie auch den potenziellen Gegnern legitimiert werden. Gerade vor diesem Hintergrund ist es aus Sicht der Politischen Geographie immer wieder neu ein Kernanliegen, das Entstehen und die Wirkung geopolitischer Leitbilder aus wissenschaftlicher Sicht zu verfolgen, transparent zu machen und in die Medien und die Bevölkerung (z. B. über Bildungsinstitutionen wie Schulen

und Hochschulen) zu vermitteln. In diesem Sinne sollen aus diesem Bereich nachfolgend – sehr verkürzt und exemplarisch – die wichtigsten Entwicklungen aufgezeigt werden.

Wie stark der diskursive Bruch mit der alten Ordnung des Kalten Kriegs war, zeigt sich bereits daran, dass in den frühen 1990er-Jahren eine Reihe sehr unterschiedlicher Leitbilder auf der geopolitischen Bühne erschienen, die alle den Anspruch erhoben, neue Begründungsmuster für die Umbrüche der geopolitischen Konstellationen auf der Weltbühne anzubieten (Abb. A; Reuber & Wolkersdorfer 2004). Dazu gehörten neben Angeboten aus der traditionellen Sphäre der Geopolitik auch Leitbilder aus anderen Segmenten, die plötzlich im diskursiven Kontext der Geopolitik Deutungshoheit anmeldeten (Ó Tuathail & Dalby 1998). Hier sind zunächst – und bis in die Gegenwart hinein ungebrochen relevant – geoökologische Leitbilder zu nennen, die mittlerweile in Szenarien wie der Geopolitik des Klimawandels und in den dabei vielfältig heraufbeschworenen Risikoszenarien und Folgen (z. B. internationale Migration, „Klimakriege"; Welzer 2008) eine zunehmende diskursive Macht erhalten. Eine ähnlich implizite Form globaler Geopolitik ging von den ebenfalls Anfang der 1990er-Jahre kursierenden Vorstellungen der Substitution von *geopolitics* durch *geoeconomics* (Luttwak 1990) aus. In der Ära nach dem Ende des Kalten Kriegs – so die damalige Hauptthese – führten in einem „geoökonomischen Zeitalter" zunehmender Globalisierung in erster Linie wirtschaftliche Auseinandersetzungen zu politischen

Konflikten, die dann mit ökonomischen Waffen ausgefochten werden müssten" (ebd.). Auch diese diskursive Verknüpfung zwischen globalisierter Ökonomie und nationalstaatlicher Geopolitik hat bis heute immer wiederkehrende Konjunkturzyklen. Sie scheint angesichts drohender Energie- und Ressourcenengpässe, Weltwirtschafts- und Finanzkrisen und einer damit verbundenen durchaus machtvollen Zunahme des Staatsinterventionismus im Bereich der globalen Ökonomie möglicherweise zukünftig noch an Bedeutung zu gewinnen. Hinweise dafür finden sich nicht nur in den kontroversen politischen Kämpfen um die Rolle internationaler Freihandelsabkommen, sondern auch in der protektionistischen Politik beispielsweise des US-amerikanischen Präsidenten Trump und der chinesischen Regierung.

Neben solchen eher indirekt geopolitisch wirksamen Entwürfen betraten aber auch neue und dezidiert geopolitisch argumentierende Leitbilder Anfang der 1990er-Jahre die Bühne, deren machtvolle Spuren, politischen und militärischen Folgen sich bis in die Gegenwart hineinziehen. Von der grundlegenden Konstruktionsweise her lassen sich dabei in den 1990er-Jahren zunächst zwei Stränge der Argumentation unterscheiden: stärker universalistische und stärker fragmentierende Leitbilder. Den wichtigsten universalistisch argumentierenden Entwurf schuf Francis Fukuyama (1992) mit seiner Vorstellung einer globalen, westlich-demokratischen und marktwirtschaftlichen Ordnung als „Ende der Geschichte". Dieses Leitbild wurde in der Folgezeit konkretisiert und zugeschärft, z. B. durch den Entwurf Brzezinskis. In seiner geopolitischen Konzeption übernehmen die USA die Rolle der globalen Hegemonialmacht. Brzezinski verweist in seinem Buch „Die einzige Weltmacht" (2002; im Original „*Grand Chessboard*") auf persistente, historisch lang angelegte geopolitische Diskurse der Vergangenheit. Darin ist Eurasien für ihn der Ort, an dem den USA in Zukunft je nach Verlauf der Geschichte ein potenzieller Konkurrent um die Weltmacht erwachsen könnte. Für die amerikanische Geostrategie ist es nach solchen Vorstellungen vorrangig, die geopolitischen Interessen der USA in Eurasien langfristig zu sichern. In der Zeit der Bush-Administration führte eine solche auf dem Leitbild des Unilateralismus aufbauende Geostrategie zu politischen Praktiken, die sich an der US-amerikanischen Militärstützpunktpolitik und teilweise auch an Begründungslogiken für die Invasionen in den Irak und den Krieg gegen Afghanistan ablesen lassen: Die nach dem Zusammenbruch der Sowjetunion einzige verbliebene Weltmacht handelte auf der Grundlage ihrer *geopolitical imagination* als global hegemoniale Ordnungsmacht, ohne auf etwaige „Bremser-Nationen" (z. B. Teile der EU oder UN) Rücksicht zu nehmen. Mittlerweile haben die aktuellen Entwicklungen auf der Weltbühne, nicht zuletzt die problematisch verlaufenden militärischen Interventionen im Irak und in Afghanistan, die erheblichen innergesellschaftlichen Probleme der USA sowie insbesondere die neo-nationalistische und teilweise isolationistische Politik der Trump-Administration eine solche Form der Repräsentation fast in ihr Gegenteil verkehrt. „Nach 100 Jahren hat der Präsident die Rolle der USA als Ordnungsmacht für die Welt aufgegeben […] zugunsten von

Abschottung und Aggression", texten Leitkommentatoren wie Stefan Kornelius von der Süddeutschen Zeitung im Jahr 2018, und sind damit Teil einer sich verschiebenden geopolitischen Raumkonstruktion, die das Ende des US-amerikanischen weltpolitischen Führungsanspruchs einläutet.

Vor diesem Hintergrund hat derzeit vor allem die zweite Kategorie geopolitischer Leitbilder Konjunktur, die aus dem Zusammenbruch der geopolitischen Ordnung des Kalten Kriegs erwachsen ist, und die in ihrer Vision stärker auf Fragmentierung und Konflikt setzt. Als wichtigster Impulsgeber ist hier zweifellos der ebenfalls aus der ersten Hälfte der 1990er-Jahre stammende „Kampf der Kulturen" („*Clash of Civilizations*"; Huntington 1996) zu nennen. Auch diese Form der Regionalisierung entlang kulturell-religiöser Differenzen ist nicht neu. Huntington dynamisiert mit seinem Entwurf einer „kulturellen Plattentektonik" (Kreutzmann 1997) lediglich ältere territoriale Ordnungs- und Denkfiguren, die sich aus der Sicht des „modernen Westens" (Gregory 1994) über mehr als zwei Jahrhunderte entwickelt haben, und die bis heute z. B. auch im Erdkundeunterricht an manchen Schulen ein Teil der vermittelten Wissensordnung sind (zur Kritik Exkurs 16.4). Diese auf der Fragmentierungsidee basierende Vorstellung findet ihre Zuschärfung in Michael Klares „Schurkenstaaten-Doktrin", die in der ersten Zeit nach dem 11. September 2001 die Grundlage für George W. Bushs *Axis of the Evil* bildete. Weltbilder kultur-räumlicher Differenzbildung liegen auch dem islamistischen Terrorismus zugrunde, z. B. den zwischenzeitlich gescheiterten Versuchen der Installation eines „Islamischen Staates (IS)" im Mittleren Osten. Mit den neo-nationalistischen Tendenzen in den USA und auch in vielen Ländern Europas erlangen solche Formen kultur-räumlicher Differenz auch „im Westen" ein weiteres Mal prominente Bedeutung, nicht zuletzt in den als Mittel der Ausgrenzung von Menschen eingesetzten „ethnopluralistischen" Weltbildern der extremen Rechten und teilweise auch der in die Parlamente hineinziehenden rechtsnationalistischen Parteien. Die Verbindung zwischen solchen Leitbildern und politischen Praktiken wird in den diesbezüglichen gesellschaftlichen Kämpfen und Konflikten unmittelbar deutlich. Der Kampf der Kulturen ist aber nicht die einzige konfliktorientierte politische Risikokonstruktion für das 21. Jahrhundert. Vor dem Hintergrund einer sich pluralisierenden multilateralen Weltordnung finden sich unterschiedliche regional-globale Machtkonstellationen, die mit jeweils zum Teil eigenen Unsicherheitsdiskursen versehen sind. So wird die neue Rolle Chinas beispielsweise in einem Feld zwischen geoökonomischen Ansprüchen (z. B. die Geopolitik der Neuen Seidenstraße) und einem stärker autoritären Modell gesellschaftlicher Herrschaft vermessen. Im regionalen Ost-West-Konflikt zwischen Russland und der EU wiederum tritt eine spezielle Mischung aus reaktualisierten historischen geopolitischen Diskursen an die Stelle des Kalten-Kriegs-Dualismus von Kapitalismus versus Kommunismus (Creutziger 2017).

Vor diesem Hintergrund ist es für die Politische Geographie und ihre Analyse geopolitischer Leitbilder zunehmend wichtiger, nicht nur die gesellschaftlich relevante Analyse der diskursiven Strukturen und Verschiebungen geopolitischer Leitbilder zu einem permanenten Forschungsauftrag zu machen. Es geht dahinterliegend auch vermehrt darum, Reflexionen über die theoretischen Charakteristika und Regelhaftigkeiten der historisch-geographischen Entwicklung solcher diskursiven Ordnungen inklusive ihrer „Unordnungen" (Verschiebungen, Brüche etc.) anzustellen, um im Sinne einer Genealogie die Verlaufslogiken solcher globaler Raumkonstruktionen des „Eigenen" und des „Fremden" in ihrer regionalen, zeitlichen und inhaltlichen Dimensionierung herauszuarbeiten. Hilfreich sind dabei generelle dis-

kurstheoretische Vorstellungen, die im Rückgriff auf Foucault solche historisch tief in den gesamtgesellschaftlichen Diskurs eingeschriebenen Wissensordnungen als „Archive" bezeichnen. Auf der Grundlage eines tiefergehenden Verstehens der „Archive der Geopolitik" (Reuber 2011) mit ihren verschiedenen diskursiven Konstruktionsmöglichkeiten zur Erzeugung des „Eigenen" und des „Fremden" lassen sich auch die Ansprüche an die gesellschaftliche Relevanz solcher Forschungen, z. B. in Form von politischer Beratung sowie von politischer und/oder schulischer Bildung, angemessen begründen und für zielgruppenorientierte didaktische Umsetzungen bearbeiten.

Exkurs 16.4 Kritik der Anwendung von Kulturraummodellen im Erdkundeunterricht

Generell ist für die Geographie die Einteilung der Welt in Kulturräume alles andere als neu. Vielmehr waren und sind Geographinnen und Geographen bei der Aufteilung der Welt nach kulturellen Kriterien aktiv beteiligt. Die Einteilung Huntingtons weist Ähnlichkeiten mit Kolbs Einteilung der Kulturerdteile aus dem Jahr 1962 auf. Der entscheidende Unterschied zwischen den Entwürfen Huntingtons und Kolbs liegt jedoch in der konfliktorientierten Dynamisierung des ursprünglich auf ein friedliches Miteinander abzielenden Kolb'schen Kulturerdteilkonzepts durch Huntington.

Einen besonderen Anteil an der Verbreitung dieser Form der Regionalisierung hat seit langer Zeit der Geographieunterricht in der Schule. Bei der Umsetzung dieses geopolitischen Leitbilds für Fachdidaktik und Unterricht ist in Deutschland vor allem Newig (Newig & Manshard 1997) zu nennen, der die Vorstellungen Kolbs vereinfacht und in kartographische Repräsentationen umsetzt (z. B. Poster der Kulturerdteile sowie Folienbände zu den Kulturerdteilen). Die Bedeutung der Kulturerdteile lässt sich auch daran ablesen, dass teilweise Lehrpläne ganz explizit auf der Basis des Newig'schen Kulturerdteilmodells aufbauen. Dieser Versuch, Schülerinnen und Schülern eine globale Regionalisierung nach kulturellem Muster als Orientierung an die Hand zu geben, ist aus Sicht der *Critical Geopolitics* problematisch, denn auf diese Weise werden bei den Schülerinnen und Schülern bestimmte Vorstellungen über die Lokalisierung und globale Ordnung des „Eigenen" und des „Fremden" vorgegeben und prägen eine bestimmte Sicht von der Welt, die oft für das ganze Leben Bedeutung behält. Dabei kommt es teilweise zu Vorstellungen, die auch vor Anlehnungen an kultur- oder naturdeterministische Argumentationsweisen nicht haltmachen. In dem von Newig herausgebrachten Folienordner

zur Beschreibung des „Kulturerdteils Schwarzafrika" heißt es beispielsweise: „Uns Europäer erstaunt immer wieder die magische Denkweise, die Schwarzafrika in besonderer Weise beherrscht. Die mag sich ergeben haben aus der starken Verzahnung von Mensch und Natur bis in unsere heutige Zeit hinein. Um sich die Kräfte der Natur geneigt zu machen, betete man die Verkörperungen der unheimlichen Natur an und versuchte so, mit ihnen im Einklang zu leben" (Newig & Manshard 1997). Solche Denkweisen führen – wie oben bereits angesprochen – argumentativ in eine territoriale Falle, denn sie homogenisieren Menschen nach ihrer räumlichen Herkunft und schreiben ihnen aufgrund dessen ähnliche sozial-kulturelle Eigenschaften zu. Diese Sichtweise ist nicht nur raumdeterministisch, sie verkennt auch die hoch differenzierten Gesellschaften, die sich in entsprechenden Regionen der Welt ausgebildet haben. Sie reifiziert damit eher klassische bis koloniale Stereotype „des Anderen", die den vielfältigen hybriden Geographien des Sozialen unter globalisierten Bedingungen häufig nicht gerecht werden. Einer solchen Vorstellung sollte die Schulerdkunde eher entgegenwirken, indem sie frühzeitig und kontinuierlich die Prägekraft solcher Leitbilder und damit auch deren Gefahren an praktischen Beispielen offenlegt und auf diese Weise den Bürgerinnen und Bürgern einer demokratischen Zivilgesellschaft einen kritischen und verantwortungsvollen Umgang mit ihnen ermöglicht. Hier beginnen sich in den letzten Jahren mit didaktischen Ansätzen wie dem Globalen Lernen inklusive einer stärker differenz- und verständigungsorientierten Betrachtungsweise neue Tendenzen abzuzeichnen, die die Politische Geographie sowohl mit ihren theoretischen Konzepten als auch mit ihren reichhaltigen empirischen Befunden aus der Hochschule heraus positiv unterstützen kann.

Kapitel 16

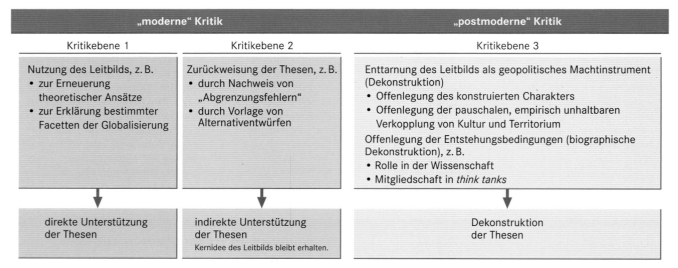

Abb. 16.7 Unterschiedliche Reaktionsformen auf geopolitische Leitbilder.

mit der weltpolitischen Lage oder bestimmten Krisenrhetoriken beschäftigt, nimmt Rekurs auf die Argumentationslogiken geopolitischer Leitbilder und verstärkt auf diese Weise deren Präsenz und Durchsetzungskraft. Ähnlich wirken Hollywood-Blockbuster aus den Sparten der Agenten-, Krisen- und Kriegsfilme, wie etwa Dodds (2005) gezeigt hat. Sie holen das Publikum bei seinen diesbezüglichen Alltagsvorstellungen und -ängsten ab und verstärken damit ein weiteres Mal die gängigen räumlichen Krisen- und Konfliktszenarien. An der Produktion geopolitischer Ordnungsvorstellungen sind aber auch Wissenschaftlerinnen und Wissenschaftler beteiligt. So erscheinen etwa frühe Vertreter der Politischen Geographie wie Ratzel oder Mackinder mit ihren Entwürfen spezifischer Leit- und Weltbilder aus Sicht der *Critical Geopolitics* als Konstrukteure wirkmächtiger geopolitischer Ordnungsvorstellungen, ebenso Vertreter der Internationalen Beziehungen wie Huntington oder Fukuyama, die teilweise noch bis heute in Segmenten der internationalen Politik das Denken bestimmen können.

Vor diesem Hintergrund kann aus Sicht der *Critcal Geopolitics* der wissenschaftliche Umgang mit geopolitischen Leitbildern systematisch gesehen in drei unterschiedlichen Formen ablaufen. Dabei gleichen sich die erste und zweite Form in ihrer Konstruktionsweise vor allem in der Hinsicht, dass sie die existierenden Leitbilder direkt oder indirekt bestätigen, weil sie den Modus der raumbezogenen Konstruktion des „Eigenen" und des „Fremden" als Grundlage der Argumentation beibehalten und damit reifizieren. Nur die dritte Form bietet konzeptionell gesehen einen tiefgründigen Perspektivwechsel und eine entsprechend grundlegendere Möglichkeit der Kritik (Reuber 2012; Abb. 16.7):

- Form 1: Schaffung oder Unterstützung der Thesen eines geopolitischen Leitbilds mit Mitteln wissenschaftlicher Analysen (Zustimmung)
- Form 2: Zurückweisung, Modifikation oder „Verbesserung" der Thesen eines geopolitischen Leitbilds (Ablehnung im Sinne einer „leitbildinternen" Kritik)

- Form 3: kritisch-reflexive Herausarbeitung der impliziten Grundannahmen und diskursiven Denkmuster/Ordnungsvorstellungen, auf denen die Thesen eines geopolitischen Leitbilds aufbauen (Dekonstruktion)

Sowohl die Unterstützung als auch die Kritik und Zurückweisung dieser neuen geopolitischen Modelle tragen in den Augen der *Critical Geopolitics* das Problem in sich, dass sie die Ebene der diskursimmanenten Auseinandersetzung nicht verlassen, sondern das von ihnen positiv oder negativ kritisierte Modell gleichsam stillschweigend verfestigen. „Die Analyse aus Sicht der *Critical Geopolitics* setzt tiefer an. Sie richtet ihr Augenmerk stärker auf die Praktiken der Konstruktion als auf die postulierten Modelle und Projekte" (Reuber & Wolkersdorfer 2003). So entsteht die Chance zu erkennen, dass die beschriebenen Sachverhalte nur konstruierte Ordnungen mit „sprachlichem Gewohnheitsrecht" darstellen, dass diese Ordnungen damit politischen Aushandlungsprozessen unterliegen und prinzipiell bei einem anderen Verlauf der Entwicklung des geopolitischen Diskurses auch anders hätten ausfallen können bzw. in Zukunft prinzipiell auf andere Weise gestaltbar wären. Dieser **Perspektivenwechsel** ermöglicht eine Form der Politischen Geographie, die „die Vielfältigkeit und Komplexität der jeweiligen ‚Anderen' anerkennt und auch die Homogenität des ‚Eigenen' infrage stellt. Und nicht zuletzt sieht sie ihre Aufgabe darin, über Möglichkeiten der Verortung zumindest nachzudenken" (Lossau 2001). Auf diesem Weg wird es möglich, auch in aktuellen politischen Krisen und Konflikten, in der Unmittelbarkeit der laufenden Ereignisse, auf das Wirken und die Gefahren solcher diskursiven geopolitischen Ordnungen aufmerksam zu machen.

Kritik am Ansatz der *Critical Geopolitics*

Obwohl der Ansatz der *Critical Geopolitics* einen wesentlichen Innovationsschub für die Politische Geographie gebracht hat, gibt es auch Kritikpunkte und Einschränkungen, die für eine angemessene Verwendung in empirischen Fallstudien berücksichtigt werden sollten. Die wesentliche Ursache dafür liegt in der konzeptionellen Heterogenität des Ansatzes, die zu **theoretischen Inkonsistenzen** führt (Redepenning 2006, Müller & Reuber 2008). Dies liegt daran, dass der Ansatz Elemente aus unterschiedlichen Großtheorien enthält, die nur teilweise miteinander kompatibel sind. Konkret geht es um die Kombination handlungsorientierter und poststrukturalistischer Theorieansätze. Dieser „Spagat" ist bereits in Teilen der programmatischen Veröffentlichungen Mitte der 1990er-Jahre angelegt und er leitet sich aus den zwei Betrachtungsebenen ab, die den Kern des Forschungsprogramms der *Critical Geopolitics* bilden: Ihnen geht es zum einen um das Verstehen des geopolitischen Handelns von Schlüsselpersonen, zum anderen um die Frage, welchen Einfluss dabei geographische und/oder geopolitische Repräsentationen und Diskurse spielen, die als gesellschaftlich etablierte und daher oftmals unhinterfragte „Scheinwahrheiten" dem Handeln zugrunde liegen.

Die meisten Analysen der *Critical Geopolitics* gehen bei der „Schaffung" geopolitischer Repräsentationen vom Handeln entsprechender *spin doctors* aus, das heißt, soziale Phänomene werden als Aggregation individueller Handlungen erklärt. Dies ist beispielsweise dann der Fall, wenn sich die Analysen historischen oder aktuell relevanten Schlüsselpersonen aus dem Bereich der Geopolitik zuwenden und deren geopolitische Konzeptionen und Leitbilder analysieren (z. B. Ratzel, Haushofer, Huntington, Luttwak, Fukuyama). Auch wenn ein solcher Zugriff bezogen auf die Analyse der Leitbilder selbst einer konstruktivistischen Gesamtperspektive folgt (das heißt, diese Darstellungen nicht als „Wahrheiten", sondern als spezifische Konstruktionen versteht), so stellt er doch die nutzenorientiert handelnden Subjekte als Grundbausteine der Gesellschaft kaum infrage. Entsprechend ist es nachvollziehbar, dass zumindest ein Teil der Politischen Geographie die *Critical Geopolitics* eher als „Zwischenschritt" (Redepenning 2006) bezeichnet und dass in den vergangenen Jahren – zum Teil als Reaktion darauf – poststrukturalistische Ansätze in der Politischen Geographie ein eigenes Profil entwickelt haben, um vor allem mit diskurstheoretischen Ansätzen die Rolle und Machtwirkungen geopolitischer Raumkonstruktionen zu analysieren (Abschn. 16.7).

16.7 Poststrukturalistische Politische Geographie

Die Schule der *Critical Geopolitics* ist zweifelsohne die erste Strömung in der Politischen Geographie gewesen, die sich genauer mit der Analyse geopolitischer Repräsentationen und Leitbilder auseinandergesetzt hat. Sie blieb aber nicht die einzige. Insbesondere im deutschen Sprachraum formierte sich daneben in den letzten Jahren eine poststrukturalistische Politische Geographie, der es darum geht, „zu erfassen, wie […] sowohl politische Strukturen als auch Identitäten, Intentionen und Handlungsrationalitäten diskursiv hergestellt werden" (Glasze & Mattissek 2009). Ihr Forschungsanliegen geht über die Analyse von Raumkonstruktionen hinaus, auch **Fragen der Identitätspolitik und**

des Regierens treten in den Fokus. Damit schließt sie u. a. auch an Debatten um Performativität, Emotionalität und Praxis in der Humangeographie an (Abschn. 14.3). Gleichzeitig erweitert die poststrukturalistische Politische Geographie ihren räumlichen und inhaltlichen Forschungsfokus: Im Gegensatz zu den vor allem auf die internationale Geopolitik ausgerichteten Analysen der *Critical Geopolitics* thematisiert sie Fragen raumbezogener Identitätspolitiken und diskursiver Ordnungen „des Regierens" (im Sinne von Foucault 2004) auch auf regionaler und lokaler Ebene (z. B. im Kontext von Städten und Regionen). Auf der inhaltlichen Ebene erweitert sie im Anschluss an die breiteren Debatten in den Kulturwissenschaften um Gouvernementalität, Governance und Neoliberalisierung ihr Verständnis „des Politischen" über die Bereiche der formalen Politik hinaus. Wie dabei auf der konzeptionellen Ebene raumbezogene Wissensordnungen und politische Praktiken miteinander verknüpft werden, soll nachfolgend kurz skizziert und an Beispielen veranschaulicht werden.

Diskurstheorie als konzeptionelle Grundlage

Waren die Analysen geopolitischer Repräsentationen im Rahmen der *Critical Geopolitics* noch stärker in ein handlungs- und akteursorientiertes Gesellschaftsverständnis eingebunden, so liegt der konzeptionelle Schwerpunkt der poststrukturalistisch ausgerichteten Politischen Geographie auf der Untersuchung übergreifender gesellschaftlicher Bedeutungs- und Handlungsstrukturen. Damit lassen sich eine Reihe von Fragestellungen bearbeiten, die eine mit starken (geopolitischen) Subjekten/Individuen arbeitende Konzeption nicht adressieren kann, die aber gleichwohl für den Zusammenhang von Gesellschaft, Politik, Raum und Macht bedeutsam sind. Auch die gesellschaftlichen Machtverhältnisse, in die geopolitische Leitbilder ebenso wie lokale Sicherheits- und Ordnungspraktiken eingewoben sind, rücken stärker in den Fokus. Es geht darum, zu verstehen, warum bestimmte Vorstellungen hegemonial werden konnten und welche alternativen Deutungsweisen im Zuge dieser Machtentfaltung marginalisiert wurden. Eine solche Perspektive ermöglicht es, Fragen von Hegemonie und Macht differenzierter zu betrachten. Denn Macht wird dann nicht nur als Ressource von Menschen in bestimmten strukturellen Positionen oder als repressive Kraft „von oben" verstanden. Vielmehr betonen poststrukturalistische Ansätze, dass Macht auch in Alltagspraktiken und auch als ermöglichende Kraft in den als selbstverständlich angenommenen Deutungsweisen, Normen und Wertvorstellungen vorhanden ist. Auf diese Weise lassen sich etwa vermeintlich „natürliche" Handlungsrationalitäten der Protagonisten wie die Eigennutzenorientierung als gesellschaftlich gerahmte Anteile (post-)„moderner" Subjekt- und Akteursidentitäten rekonstruieren.

Dazu bieten sich prinzipiell verschiedene Zugriffe an, von denen im Bereich der Politischen Geographie derzeit **diskurstheoretische Ansätze** eine besondere Rolle spielen. Sie machen deutlich, „wie sich der wissenschaftliche Blick verändert, wenn etablierte Territorialisierungen der Welt nicht als gegeben, sondern immer als hergestellt und als Gegenstand politischer Aushandlungen angesehen werden" (Glasze & Mattissek 2009). Hierzu liegen mittlerweile zahlreiche theoretische Entwürfe und empirische Studien vor. Die Fallbeispiele reichen von der Ebene lokaler Identitätsdiskurse und gouvernementaler Praktiken des Regierens im Kontext der Neoliberalisierung der Städte (Mattissek 2008, Schipper 2013, Dzudzek 2016) und städtischer Restrukturierungspolitiken (Füller & Marquardt 2010) bis zur internationalen Geopolitik (Müller 2009, Glasze 2011, Husseini de Araújo 2011). Sie beziehen sich konzeptionell auf Ansätze von Foucault sowie von Laclau & Mouffe (1985) und integrieren gleichzeitig die darauf aufbauende interdisziplinäre Theoriediskussion. Bezogen auf den geographischen Forschungsfokus rückt dabei einerseits die Frage in den Mittelpunkt, wie „mit der Verknüpfung von sozialen Differenzierungen (insbesondere eigen/fremd) mit räumlichen Differenzierungen (hier/dort) die sozialen Differenzierungen objektiviert und naturalisiert werden" (Glasze & Mattissek 2009). Andererseits geht es – über ein solches Programm hinaus – auch um die Analyse der performativen Wirkung solcher Naturalisierungen in Form von politischen und sozialen Praktiken, z. B. um den Umgang mit Migrantinnen und Migranten an internationalen Grenzen, um die Obdachlosenpolitik in Städten oder um *gendered spaces*.

Die besondere Eignung von Diskursansätzen für politisch-geographische Fragestellungen ergibt sich u. a. daraus, dass sie „die Chance bieten, die gesellschaftliche Produktion von Bedeutungen und damit die gesellschaftliche Produktion spezifischer Wahrheiten und spezifischer räumlicher und sozialer Wirklichkeiten sowie die damit verbundenen **Machteffekte** zu konzeptionalisieren" (Glasze & Mattissek 2009). Foucault bezeichnet solche großen Ordnungsmuster gesellschaftlicher Strukturierungen, Konventionen, Leitlinien, Normen und Wertvorstellungen als Diskurse. In seiner Konzeption reichen diese „über die rein sprachliche Ebene des Bezeichnens hinaus. Diskurs bezeichnet demnach die Verbindung von symbolischen Praktiken (Sprach- und Zeichengebrauch), materiellen Gegebenheiten und sozialen Institutionen" (Glasze & Mattissek 2009). Foucault zeigt an vielen gesellschaftspolitisch relevanten Beispielen (z. B. an der Entstehung des modernen Strafvollzugs; Foucault 1975), dass sich entsprechende Repräsentationsweisen, wenn sie hegemonial werden, zu sozialen/politischen Institutionen und materiellen Praktiken „verdichten" können und damit eine „quasi-reale" Grundlage des gesellschaftlichen Miteinanders werden. Aus dieser Sicht sind z. B. Verteidigungsministerien, die Betriebe der Rüstungsindustrie, geopolitische *think tanks*, das Militär und viele andere für die internationale „Geo"-Politik relevante Institutionen als Teile des gesamtgesellschaftlichen Diskurses zu betrachten. Sie sind es, die dann im Falle geopolitischer Auseinandersetzungen im „Ernstfall" bestimmte Handlungsoptionen bzw. -routinen in Gang setzen (wie z. B. Mobilmachungen, Marschbefehle, Schlachtpläne, Raketenabschüsse, Sondereinsatzkommandos, finale Rettungsschüsse; Reuber 2012).

Solche Diskurse sind keine stabilen, allzeit gültigen Formationen, sondern sie befinden sich im Fluss, in dauernder Veränderung. Für die Untersuchung entsprechender Prozesse bietet die Diskurstheorie konzeptionelle Aussagen zur **Dynamik und Veränderbarkeit** an, die sich didaktisch zugeschärft zu zwei

Argumenten verdichten lassen, die sich an Beispielen aus der Politischen Geographie belegen lassen:

- Diskurse repräsentieren keine vorgängige „natürliche Ordnung", sie erschaffen vielmehr die gesellschaftliche Ordnung und insbesondere die Muster der Eigen- und Fremdwahrnehmung, die politisches Handeln anleiten. Charakteristisch für die so konstituierten Wissens- und Wahrheitsstrukturen ist es, dass sie häufig in Form von Dualismen und Differenzbeziehungen strukturiert sind: Identität entsteht nicht aus sich selbst heraus, sondern durch Abgrenzung von einem (oft negativ oder minderwertig konnotierten) „Anderen". Dieser Aspekt tritt bei räumlichen Ordnungsvorstellungen aus dem Bereich der Geopolitik besonders offensichtlich hervor. Said (1979), Gregory (1994) und viele andere haben in dieser Hinsicht aus einer postkolonialen Perspektive gezeigt, wie sehr beispielsweise „der Orient" eine *geographical imagination* darstellt, die sich im Diskurs der beginnenden Moderne als das vormoderne „Andere" des (abendländischen) „Westens" konstituiert hat, und dass die westlich-abendländische Moderne sich eigentlich erst in Abgrenzung zum „Morgenland" als modern, fortschrittlich, humanistisch usw. repräsentieren konnte (vgl. die Ausführungen zur politischen Rolle räumlicher Strukturen in Abschn. 16.2).

- Die Veränderlichkeit diskursiv konstruierter Ordnungen ergibt sich aus ihrer generellen Uneindeutigkeit. Diskurse werden „als offen und prinzipiell unabschließbar verstanden. Das bedeutet, dass z. B. sprachliche Ausdrücke in aller Regel an so viele unterschiedliche diskursive Zusammenhänge Anschluss bieten, dass ihre Bedeutung ‚überdeterminiert' ist, das heißt nicht eindeutig bestimmt werden kann, sondern unterschiedliche Interpretationen zulässt und zudem historisch wandelbar ist" (Glasze & Mattissek 2009). Solche Verschiebungen erfolgen auch im Spannungsfeld von Raum und Politik. Meist verlaufen sie eher gleitend, wie beispielsweise die Diskussionen um die veränderte Rolle des öffentlichen Raums in Städten oder die Neuordnung der geopolitischen Leitbilder nach dem Ende des Kalten Kriegs (Reuber & Wolkersdorfer 2003), sie können sich aber auch plötzlich und bruchartig ergeben. Mit der Wortfolge „elfter September" verbinden die Menschen heute etwas anderes als vor den Terroranschlägen im Jahr 2001. Diese haben zu einer klar erkennbaren Verschiebung geopolitischer Repräsentationen in den darauffolgenden Jahren geführt (Reuber & Strüver 2011).

Beide von der Diskurstheorie angeführten Begründungen für das Entstehen, die Verschiebungen und die Brüche in raumbezogenen politischen Repräsentationen weisen – wie auch die genannten Beispiele zeigen – auf die politische Umkämpftheit entsprechender Ordnungen hin. Sie lenken den Blick auf **Fragen von Hegemonie und Macht**, die für die Diskurstheorie allgemein, aber insbesondere auch für politisch-geographische Analysen in dieser Tradition eine besondere Bedeutung erhalten (Dzudzek et al. 2012).

Eine poststrukturalistische Politische Geographie beinhaltet als weitere wichtige Veränderung gegenüber der Geographischen Konfliktforschung und den *Critical Geopolitics* ein grundsätzlich gewandeltes Verständnis von handelnden Subjekten. Dieses beruht zum einen auf der These, dass deren Wahrnehmungen und Handlungen immer in gesellschaftliche Wissens- und Wahrheitsordnungen eingebettet sind, die ihren Bewertungen und Entscheidungen oft unbewusst und unreflektiert zugrunde liegen. Zum zweiten haben die Ausführungen zu Identität gezeigt, dass auch politische Subjekte ihre eigene Identität immer erst durch permanent ablaufende und veränderliche Abgrenzungsprozesse konstituieren. Entsprechend verabschiedet sich die Sichtweise von der Idee eines selbstbestimmten, nutzenorientiert handelnden Individuums als essenziellem „kleinstem Baustein" der Gesellschaft. Stattdessen geht sie davon aus, dass eine solche Vorstellung selbst Teil der diskursiven Ordnung der Moderne ist, die entsprechende Subjektkonzeptionen erst produziert. Eine solche Vorstellung führt zu differenzierteren Möglichkeiten der Analyse bezogen auf Fragen der Ursachen und der Verantwortlichkeiten. Eine poststrukturalistische Betrachtungsweise macht es beispielsweise sowohl bei der Bewertung internationaler Geopolitik als auch lokaler Sicherheits- und Ordnungspolitik unmöglich, in der Diskussion über Verantwortlichkeiten für bestimmte Leitbilder und Praktiken „einfach" die wirkmächtigen Schlüsselakteurinnen und -akteure der entsprechenden Epoche heranzuziehen. Sie macht mit ihrem **dezentrierten Subjektkonzept** deutlich, dass sich bestimmte Formen der raumbezogenen Wir-sie-Unterscheidungen und entsprechende Umsetzungen in politische Praktiken nur vollziehen, wenn auf breiter Ebene viele einzelne Stimmen in Alltag, Medien und Politik entsprechende Motive immer wieder als „wahr" und „objektiv richtig" darstellen. Damit wird deutlich, dass die Politik raumbezogener Repräsentationen nicht allein das Geschäft einflussreicher Persönlichkeiten ist, sondern dass sich diese in alltäglichen Routinen des Sprechens, der Reifikation entsprechender Konzepte des „Eigenen" und des „Fremden" auf breiter Basis etablieren. Der **alltagspolitischen Verantwortung**, die sich hieraus ergibt, kann sich im Prinzip keine Subjekt- oder Sprechposition entziehen.

Vor diesem Hintergrund wird deutlich, dass sich die diskurstheoretischen Ansätze in der Politischen Geographie sehr gut dafür eignen, sprachliche Repräsentationen, z. B. von geopolitischen Leitbildern, zu analysieren und deren Dynamiken, Machteffekte, Brüche und Verschiebungen konzeptionell rückgebunden offenzulegen. Darüber hinaus sind sie – wie oben angedeutet – in der Lage, die Verbindung zwischen Sprache, Institutionen und materieller Praxis zu beleuchten. Gerade diese Aspekte werden derzeit im Kontext der auf Foucault (2004) zurückgehenden Gouvernementalitätsansätze auch in der Politischen Geographie intensiv bearbeitet, die nachfolgend kurz dargestellt werden sollen.

Gouvernementalitätsansätze zur Untersuchung von Raum-Macht-Fragen

Wie große Teile der Diskurstheorie baut auch der Ansatz der **Gouvernementalität** auf Arbeiten von Michel Foucault auf. Allerdings bezieht sich dieser Ansatz vor allem auf das Spätwerk Foucaults, in welchem er Fragen der Regierung/des Regierens (im Sinne der Fremd- und Selbststeuerung von Individuen) in den Mittelpunkt rückt (Vorlesungen 1977–79 am Collège de France, veröffentlicht 2004). Foucault konzeptualisiert mit seinem Begriff des Regierens (bzw. der Regierung) etwas deutlich anderes als die Alltagssprache, die damit in der Regel eine Machtausübung „von oben nach unten" durch formale politische Funktionsträger beschreibt. Foucault arbeitet hingegen mit einer inhaltlich stark ausgeweiteten Konzeption. **Regierung** heißt für ihn „die Gesamtheit der Institutionen und Praktiken, mittels derer man Menschen lenkt, von der Verwaltung bis zur Erziehung" (Foucault 2005). Hier wird „das Wort ‚regieren' (*govern*) in einem viel weiteren Sinne verwendet, nämlich für jede Art von Handlung, die mehr oder weniger absichtlich den Zweck verfolgt, andere anzuleiten, zu führen oder zu kontrollieren" (Dean 2007). Vor diesem Hintergrund könnte man die Gouvernementalitätsansätze (im anglophonen Kontext *governmentality studies*) als Bausteine einer umfassenderen Theorie des Regierens bezeichnen. Ein solcher Ansatz zum Verstehen gesellschaftlicher Strukturierungs- und Machtverhältnisse ist für die Politische Geographie interessant, weil hier auch Raum-Macht-Fragen in einem umfassenden Sinn eingebunden werden können.

Für eine nähere Bestimmung der Regierungsweise lässt sich diese noch einmal in Technologien und Rationalitäten untergliedern. Auch hier erweitert Foucault für seinen Ansatz wieder die alltagssprachlichen Bedeutungen der Termini. So verwendet er „einen weiten Technologiebegriff, der nicht nur materielle, sondern auch symbolische Techniken, nicht nur politische, sondern auch Selbsttechniken umfasst" (Lemke 2007). Was diesen Begriff trotz der semantischen Problematik analytisch interessant macht, ist die Tatsache, dass im Falle einer solchen Auslegung erneut und produktiv die Trennung zwischen diskursiven und praktischen Aspekten aufgehoben wird. „Akzentuiert wird eine integrale Perspektive, die das dynamische Zusammenspiel der in der Regel systematisch getrennten Pole untersucht" (Lemke 2007). Die **Technologien** bestehen dabei nach Foucault nicht nur aus Regelungen, die gewissermaßen „von oben" auf die Menschen einwirken, sondern auch aus „internalisierten", verinnerlichten Formen. Foucault beschreibt sie als ein komplexes, ineinandergreifendes Setting von **Fremdtechnologien** und **Selbsttechnologien**. Das Set der denkbaren Möglichkeiten umfasst dabei so heterogene Aspekte wie öffentliche und private Überwachungskamerasysteme, Ratgeber zur Optimierung der eigenen Leistung, zur „richtigen" Lebensführung oder zur Erlangung eines gesunden, schlanken Körpers, aber auch gesellschaftlich institutionalisierte statistische Beobachtungssysteme, die überhaupt erst einen Überblick über die „Gesamtheit der Bevölkerung" vermitteln und damit biopolitische Maßnahmen (z. B. zur Steigerung/Senkung von Geburtenraten, zur gesundheitlichen Vorsorge oder Ähnliches) anleiten. Mit einem solchen Ansatz „wird es möglich, zu untersuchen, wie Herrschaftstechniken sich mit ‚Technologien des Selbst' verknüpfen" (Bröckling et al. 2000, Füller & Marquardt 2010). Genau die Wechselwirkungen zwischen übergeordneten Herrschaftstechnologien und Selbsttechnologien sind es, die nach Foucault einen zentralen Teil der Machtarchitektur gesellschaftlicher Phänomene bilden.

Mit dem Begriff der **Rationalitäten** umschreibt Foucault, nach welchen generellen hegemonialen Logiken eine Gesellschaft

Kapitel 16

organisiert ist, welche Grundannahmen sie leitet, wie sie das Gute und das Böse, das Richtige und das Falsche, das Sinnvolle und Sinnlose, das Normale und das Unnormale, das Eigene und das Fremde voneinander trennen. Auch hier gilt, dass diese Kategorien weder natürlich noch objektiv existieren, sondern konstruiert sind. In diesen Bereich fallen aus dem Forschungsfeld der Politischen Geographie z. B. die geopolitischen Leitbilder oder allgemeiner die Arten und Weisen, in denen Handeln durch eine Einteilung der Welt in bestimmte Kategorien des „Eigenen" und des „Fremden" unterschieden wird. Solche Rationalitäten liegen dann auch den Alltagspraktiken von Individuen zugrunde, beeinflussen ihre Logiken und Denkweisen.

Rationalitäten und damit verbundene Technologien verändern sich im Zuge unterschiedlicher historischer oder regionaler gesellschaftlicher Kontexte. Foucault leitet diese These empirisch ab, indem er die politische Geschichte in Europa als eine Geschichte unterschiedlicher, sich gleitend ablösender und überlappender Formen von Macht und Herrschaft analysiert. Dabei unterscheidet Foucault drei Phasen. Sie reichen von einer Periode souveräner Herrschaft über die sich danach ausbildenden Disziplinargesellschaften in Form von formell durchregulierten, bereits mit einem klar abgegrenzten Territorium versehenen Verwaltungsstaaten bis zu den heutigen Gesellschaften, in denen – unter teilweiser Beibehaltung von Technologien des Regierens aus den vorherigen Phasen – in besonderer Weise subtile Formen „der Regierung" wie die auf die Bevölkerung gerichtete „Biopolitik" oder Technologien der Versicherheitlichung und Überwachung zentrale Komponenten bilden.

Was für die Politische Geographie besonders wichtig ist: Im Sinne spezifischer Formen von Wissensordnungen sind Machtfragen für Foucault immer auch „Raumfragen" (z. B. 2004). Entsprechend arbeitet er heraus, in welcher vielfältigen Weise raumbezogene Rationalitäten und Technologien in die Stabilisierung und Reproduktion gesellschaftlicher Machtverhältnisse eingebunden sind. Von einer solchen Warte aus lassen sich aus Sicht der Politischen Geographie beispielsweise diskursive Formen des Wissens wie die Geopolitik oder die Raumordnung noch einmal sehr viel grundlegender einordnen und analysieren. Neben der inneren Struktur solcher Leitbilder und Repräsentationen, die auch aus Sicht der *Critical Geopolitics* (s. o.) bearbeitet werden, lassen sich mit dieser erweiterten Perspektive auch ihre konstitutive Rolle für die räumliche Organisation der Gesellschaft und die Machtwirkungen, die von solchen Rationalitäten und Technologien des Regierens ausgehen, analysieren. Geopolitik (bezogen auf das Außenverhältnis eines Staates) und Raumordnung (bezogen auf die innere Organisation) werden aus einer solchen Perspektive zu zentralen **Macht-Wissens-Komplexen**, die sich mit den Territorialstaaten der Moderne entwickelt haben, und die insbesondere auch für die „Sicherheitsgesellschaften" der Gegenwart eine wichtige Rolle spielen. „Dieser theoretische Zugang erlaubt es […], bestehende Raumdispositive wie etwa die Differenzierung von lokaler, regionaler, nationaler und globaler Ebene als gouvernementale Formen zu begreifen, die nicht vortheoretischer Ausgangspunkt, sondern Gegenstand der Analyse sind" (Lemke 2007). Sie wirken an einer Ordnung mit, in der eine bestimmte Form der räumlichen Organisation der Gesellschaft als „quasi-natürlich" repräsentiert wird, die mit-

hilfe raumbezogener und räumlich wirksamer Rationalitäten und Technologien in vielfältiger Weise performativ wird.

16.8 Forschungsfelder der Politischen Geographie

Die turbulenten Krisen und Konflikte des Politischen auf unterschiedlichen Maßstabsebenen führen auf der empirischen Ebene zu Dynamik in den inhaltlichen Forschungsfeldern und -themen der Politischen Geographie. Diese lassen sich systematisch auf der Grundlage vorhandener und teilweise inhaltlich veränderter Systematisierungen (Agnew 2002, Reuber 2012) mit Blick auf die Entwicklungen der letzten Jahre (u. a. auf Basis einer Analyse der Inhalte der Zeitschriften *Political Geography*, *Geopolitics*, *Antipode*, Geographica Helvetica, Geographische Zeitschrift [Jahrgänge 2013–18] und neuerer Fachbuchliteratur) nach acht inhaltlichen Arbeitsschwerpunkten ordnen, die thematisch vielfach miteinander verknüpft sind und sich überlappen (Abb. 16.8). Obwohl diese Zusammenschau zweifellos arbiträr ist und nachfolgend nur stichwortartig umrissen werden kann, zeigt sie trotz dieser Vorbehalte die breite Palette und die gesellschaftspolitische Dimension politisch-geographischer Forschungen.

Politische Konflikte um Grenzen, territoriale Kontrolle und internationale Migration

Raumbezogene Formen politischer Macht werden – wie oben bereits genauer angesprochen (Abschn. 16.2) – besonders offenkundig, wenn sie die Form von Territorien mit exakten Grenzen annehmen. Forschungen über diese Aspekte bilden daher eines der traditionell etablierten und breit bearbeiteten Felder der Politischen Geographie. Hier finden sich z. B. klassische Studien zu Fragen von Souveränität und Unabhängigkeit (z. B. Sezessionsbewegungen), aber auch Forschungen zu „Wahlgeographie(n)", die angesichts der neueren politischen Verschiebungen von Kräfteverhältnissen bei Wahlen (z. B. „Rechtsruck") ein gesteigertes Interesse erfahren, weil ihre Analysen dahinterliegender regionaler und sozialer Differenzierungsmuster Hinweise auf Teile der gesellschaftlichen Bedingtheiten entsprechender Entwicklungen enthalten. Eine vermehrte Bedeutung erfährt seit dem Ende des Kalten Kriegs auch die Analyse des Wechselspiels der Macht zwischen territorial formatierten Politiken von Nationalstaaten und netzwerkartig ausgerichteten Logiken der Ökonomie in den *spaces of flows* der Globalisierung (vgl. genauer nächstes Forschungsfeld). Hier lassen sich spannende Verschiebungen in der inhaltlichen Strukturierung des Politischen und den daraus resultierenden Formen von Überwachungs-, Kontroll- und Sicherheitsdiskursen beobachten. Sie treten besonders auch in den damit verbundenen Grenzregimen zutage, die mit den gesellschaftlich konstruierten Geographien des „Eigenen" und des „Fremden" auf allen Maßstabsebenen einhergehen. Grenzen sind schon seit Längerem ein zentrales Themenfeld der Politischen Geographie, das insbesondere im Bereich der *border studies* eine

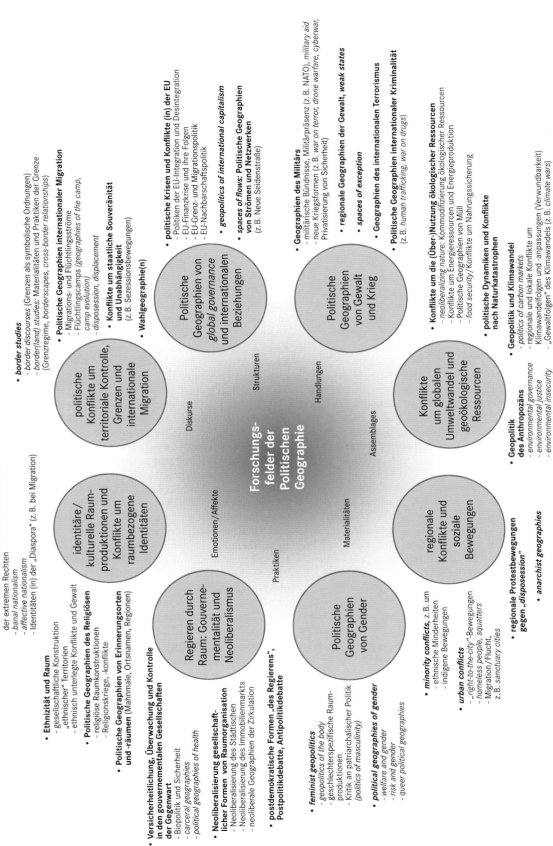

Abb. 16.8 Forschungsfelder der Politischen Geographie.

Exkurs 16.5 Geographien der Gewalt

Benedikt Korf

Der klassische Staatenkrieg scheint zu einem Auslaufmodell geworden zu sein. In den Kriegen des 21. Jahrhunderts treten immer häufiger parastaatliche und private Akteure auf: lokale Kriegsherren (*warlords*), Guerillagruppen, Söldnerfirmen, Taliban und andere terroristische Gruppen, für die der Krieg zu einem Gewaltmarkt geworden ist: Gewalt wird zum Instrument persönlicher Bereicherung. Diese Ökonomisierung des (Bürger-)Kriegs geht mit den folgenden Entwicklungen einher: Erstens kommt es zu einer Entstaatlichung bzw. Privatisierung der Gewalt, die durch die Verbreitung von Schnellfeuerwaffen ermöglicht wird. Zweitens führt die Asymmetrie des Kriegs, der beteiligten Akteure und das Fehlen klarer Fronten dazu, dass sich Gewalt gegen die Zivilbevölkerung richtet. Drittens verschwimmt die Grenze zwischen politisch motiviertem Kampf und organisiertem Verbrechen. Wir erinnern uns an Medienbilder marodierender afrikanischer Söldner und Kindersoldaten oder archaischer Talibankämpfer. Viertens: Dort, wo sich die Interessenssphären der alten und neuen Großmächte überschneiden (z. B. Ukraine, Syrien), kommt es nicht zum offenen Krieg, sondern vielmehr zu sog. „Stellvertreterkriegen", in denen die Großmächte jeweils bestimmte Milizen oder Armeen finanziell, logistisch und mit Waffen unterstützen; teilweise auch mit begrenzten militärischen Interventionen. Mary Kaldor (2000) und Herfried Münkler (2002) fassten dieses Phänomen im Begriff der „Neuen Kriege".

Der in der Politischen Geographie neue Forschungszweig Geographien der Gewalt untersucht das alltägliche Geographiemachen in diesen „Neuen Kriegen" (Korf & Schetter 2015). Im Fokus steht weniger die Militärgeographie dieser Kriege, sondern die gesellschaftliche Bewältigung von Krieg und Gewalt. Geographien der Gewalt werden geprägt von den vielfältigen Praktiken und Diskursen der alltäglichen unterschiedlichen Lebenswelten verschiedener Akteure, die in solchen Kriegswelten (über-)leben. Geographien der Gewalt als Forschungsthema ist mehr als einfach eine Kartographie von Gewalt, mehr als die Kartierung der raumzeitlichen Verteilung von gewalttätigen Ereignissen in einem Kriegsgebiet. Geographien der Gewalt bezeichnet nicht nur die Struktur und Dynamik von Kampfhandlungen, sondern bezieht sich auf die Verbindungslinien zwischen Gewaltausübung und Überlebensstrategien, zwischen Räumen der Unterdrückung und des leisen Widerstands und auf die alltäglichen Überlebenspraktiken und ihre Einbettung in die ökonomischen Strukturen eines Kriegs. In Kriegsgebieten sind klare Abgrenzungen nicht möglich: Abgrenzungen zwischen Kriegsführenden und Zivilisten, zwischen Krieg und Frieden (Wo endet der Krieg, wo beginnt der Frieden?), zwischen Tätern und Opfern. Abgrenzungen werden ausgehandelt und befinden sich aufgrund sich verändernder lokaler und regionaler Macht- und militärischer Konstellationen im Fluss.

Innerhalb dieses noch jungen Forschungszweiges lassen sich vier eng miteinander verbundene Elemente identifizieren:

- *Struggles over geography* zeigen die Beziehungsgefüge zwischen Gewalt, sozialer (Un-)Ordnung und Herrschaft (inklusive ihrer Legitimierung). Selten ist ein Akteur mächtig genug, alleine aufgrund der Ausübung reiner Gewalt ein dauerhaftes Herrschaftsverhältnis zu etablieren. Gewalt als Praktik der Raumaneignung wird meist als Kampf um legitime territoriale und politische Ansprüche – von ethnischen Gruppen, politischen Ideologien, sozialen Klassen – inszeniert und in sich raumzeitlich überlappenden Herrschaftsansprüchen verschiedener Gewaltakteure ausgetragen (Doevenspeck 2015, Korf & Raeymaekers 2012, Schetter 2005, Watts 2000).
- Politische Ökologie der Gewalt untersucht die territoriale Logik von Ressourcenaneignung und Gewaltordnungen in Kriegen – insbesondere in Orten mit abbaubaren Naturressourcen, die zur Finanzierung des Kriegs verkauft werden können – und analysiert die Veränderung der Natur-Gesellschaft-Verhältnisse und der sozialen Aneignungsregime, die sich daraus ergeben (Bohle 2007, Fünfgeld 2007, Korf & Engeler 2007, Le Billon 2001, 2008). Dabei gibt es auch niederschwellige Gewalt an der Schwelle zum Krieg, wie sie sich in vielen Fällen des *land grabbing* zeigt: *Land grabbing* bezeichnet die großflächige Aneignung von Agrarflächen durch Investoren, die oft mit autoritären und korrupten Regimen kooperieren und in einem rechtsfreien Raum Gewalt gegen lokale Gruppen anwenden (Abschn. 21.5; Korf 2015).
- Geographien der Gewalt und Verwundbarkeit spiegeln die Gewaltarenen der Kriegsparteien mit den Alltagsrisiken und Alltagsarenen anderer Akteure, die sich nicht an den Kampfhandlungen beteiligen, aber ihr Überleben im Kriegsgebiet sichern müssen. Erforscht werden das daraus entstehende Gefüge von Unterdrückung, Opportunitäten und Anpassungsstrategien und deren Strukturen und Dynamiken (Bohle 2007, Fluri 2011, Keck 2007, Korf et al. 2010, Korf & Raeymaekers 2012, Korf & Schetter 2015).
- Mit der Gleichzeitigkeit des Ungleichzeitigen wird das gleichzeitige Auftreten „vormoderner" und „hypermoderner" Elemente von Kriegsführung in vielen „Neuen Kriegen" bezeichnet (Korf 2017): Neben „primitiven" Formen der Gewaltanwendung mit oft einfachen Waffen treten Selbstmordattentäter, aber auch „hypermoderne", über Drohnen gesteuerte Waffensysteme (Gregory 2010, Prinz & Schetter 2015). Diese Kriege erscheinen uns teils „archaisch" und „hypermodern" zugleich. Neben das klassische (heroische) Bild des Kampfes zwischen menschlichen Körpern tritt ein (post-heroisches) Bild des Cyborg-Kriegs, in dem die Stadt zu einem neuen Schlachtfeld geworden ist (Graham 2009).

Dabei zeigt die Analyse der Geographien der Gewalt, dass das Bild der „Neuen Kriege" im 21. Jahrhundert differenziert betrachtet werden muss und nicht auf Gewaltmärkte, *warlords* oder Gewaltexzesse gegen Zivilisten reduziert werden kann. Vielmehr findet man in diesen Kriegen ein komplexes Gefüge zwischen politischen und ökonomischen Motiven, zwischen Raub- und Überlebensökonomien, zwischen Exzess und Ordnung, zwischen Gewalt und Herrschaft, das in den Beziehungsgefügen vielfältiger Akteure (Zivilisten, Kombattanten, internationale Unternehmen, Hilfsorganisationen, lokale Machthaber usw.) ausgehandelt wird. Diese Gefüge werden noch einmal verkompliziert durch neue Technologien der Kommunikation und der Kriegsführung (z. B. Drohnen, ideologische Kriegsführung über die neuen Medien).

Geographien der Gewalt sind bislang vor allem in den „Neuen Kriegen" erforscht, doch lässt sich Gewalt auch in anderen Orten und Kontexten finden, z. B. in den Slums der globalen Megacities oder in europäischen Vorstädten (z. B. in den Pariser *banlieues*) in Form von Banden- und Drogenkriegen oder Jugendgewalt (Zirkl 2015). Geographien der Gewalt sind also

nicht auf entfernte Orte beschränkt, wir finden sie auch in Europa. Ein weiteres zukünftiges Forschungsfeld liegt in den Geographien der Gewalt nach der (offiziellen) Beendigung von Kriegen, etwa nach einem Friedensabkommen. Oft zeigt sich, dass Friedensabkommen keinen direkten Bruch mit den Geographien der Gewalt aus Kriegszeiten herstellen, sondern diese fortbestehen, wenn auch meist in anderen Formen als während des Kriegs, da sich die Machtgefüge durch das Abkommen verändern.

Krieg, so schrieb Carl von Clausewitz, sei die Fortsetzung der Politik mit anderen Mitteln. Doch oft, so entgegnete Michel Foucault, scheine Politik lediglich die Fortsetzung des Kriegs mit anderen Mitteln. Kriege standen oft am Anfang der Ausbildung von Staaten und neuen politischen Ordnungen, und es ist zu erwarten, dass uns Geographien der Gewalt auch noch in Zukunft beschäftigen werden – in neuen Kontexten, mit neuen Konstellationen und auch in den möglichen zukünftigen Kriegen, die sich in der Rückkehr klassischer Geopolitik zwischen den alten und neuen Großmächten USA, Russland und China andeuten.

---

konzeptionelle Tiefe und empirische Breite ausgebildet hat. Die Grundperspektive ist dabei konstruktivistisch. Dodds betonte bereits 1994, dass die zentrale Frage nicht lauten darf *„Where is the boundary?"*, sondern *„How, by the way of what practices, and in the face of what resistances is the boundary imposed and ritualized?"*.

Territorien und Grenzen müssen entsprechend – egal aus welcher konzeptionellen Perspektive man sie untersucht – als Ausdruck von Machtbeziehungen gedeutet werden. Vor diesem Hintergrund lenken auch im Bereich der **border studies** und der **borderland studies** der *performative turn* und der *material turn* in den letzten Jahren wieder eine verstärkte Aufmerksamkeit auf die Frage, welche politischen und alltäglichen Praktiken in *borderscapes*, *border zones* und *cross-border relationships* territoriale Ordnungen und Grenzen hervorbringen, stabilisieren oder verändern (z. B. Johnson 2017, Miggelbrink et al. 2016). Bei solchen Analysen geht es z. B. um konkrete Muster von Ein- und Ausgrenzung, um die Legitimationsdiskurse, die Performativität und die damit verbundenen Lebenspraktiken an Grenzen auf unterschiedlichen Maßstabsebenen.

Eines der wichtigsten, auch quantitativ innerhalb der letzten Dekade hervortretenden Themen in diesem Forschungsfeld sind die Politischen Geographien der (internationalen) Migration. In einem breiteren Schnittfeld mit den interdisziplinären **migration studies** richtet sich der Blick auf die von der territorialen Ordnung induzierten und durch regionalisierte Formen von Migrationspolitik, Grenzpolitik und Grenzregimen ins Werk gesetzten internationalen und großräumig angelegten Migrationsbewegungen, zu denen – mit Bezug zu den „Geographien der Gewalt" (vgl. entsprechendes Forschungsfeld und Exkurs 16.5) – auch krisen-, konflikt- und kriegsinduzierte Fluchtbewegungen zählen. Dabei lassen sich drei Schwerpunkte ausmachen:

- Im Sinne einer kritisch-politischen geographischen Migrationsforschung bildet die Analyse der mit Migration und/oder Flucht verbundenen Formen von *displacement* und *dispossession* einen ersten wichtigen Fokus.
- In einem zweiten Kernbereich geht es um (regional unterschiedliche) Politiken und Praktiken der internationalen Migration, die sich insbesondere an den Grenzen äußern. Dabei geht es z. B. um Veränderungen der Durchlässigkeiten von Grenzen in Relation zu Veränderungen der raumbezogenen Machtarchitekturen ebenso wie um alte und neue Sicherheits- und Kontrollregime, von der traditionellen Grenzsicherung bis zur gouvernementalen „Versicherheitlichung". Zu diesem Feld zählen auch Untersuchungen sog. „illegaler" Formen von Immigration mit ihren Mikropraktiken im Kontext konkreter Grenzen und Grenzregime. Regional gesehen besonders intensiv bearbeitet sind dabei im Feld der *border studies* die Grenzen zwischen den westlichen Industriestaaten und ihren Nachbarn (z. B. Grenze zwischen USA und Mexiko, Grenzen zwischen der Schengen-EU und ihren Anrainerstaaten).
- Einen dritten Fokus der Betrachtung bilden vor dem Hintergrund der Aktualität weltweiter Migrations- und Flüchtlingsbewegungen die Lebensbedingungen in den damit verbundenen Lagern, die *geographies of the camp*.

Politische Geographien, *global governance* und Internationalen Beziehungen

Dieses Forschungsfeld beschäftigt sich mit der Entwicklung makropolitisch relevanter, raumbezogener und raumwirksamer Steuerungsformen auf internationaler und globaler Ebene. Lange Zeit wurden solche Themen im Zuge der nationalstaatlichen

Fixierung von Politischer Geographie und IB (Forschungsfeld „Internationale Beziehungen" in den Politikwissenschaften) überwiegend im weiten Bereich der inner- und zwischenstaatlichen Politik verhandelt. Die ökonomische und politische Globalisierung hat die Fragestellungen in den letzten Jahren jedoch stark verändert, hat hier eine Entwicklung eingeleitet, die die Machtverhältnisse im Spannungsfeld von *geopolitics* und *geoeconomics* neu austariert. Wie von verschiedenen Autorinnen und Autoren beschrieben (Castells 2001) untergräbt und relativiert die Globalisierung die alte Rolle der territorialen Ordnung der Moderne. Längst agieren transnationale Konzerne in weitverzweigten, weltumspannenden Netzwerken. Die Daten-Highways des Internets kennen kaum Grenzen, ebenso wenig wie die weltweiten Informationsflüsse der Telekommunikation. Trotzdem sind die fluiden Daten- und Warenströme der Globalisierung weder ortlos noch gleich verteilt. Giddens (1992) versteht unter Globalisierung, dass „entfernte Orte in solcher Weise miteinander verbunden werden, dass Ereignisse an einem Ort durch Vorgänge geprägt werden, die sich an einem viele Kilometer entfernten Ort abspielen, und umgekehrt". Die Globalisierung schreibt neue Geographien, sie polarisiert den Raum sozial, ökonomisch und politisch und schafft neue Muster von Zentren und Peripherien auf allen Maßstabsebenen.

Die daraus resultierende Neuverhandlung des Verhältnisses von Globalisierung, Regionalisierung und Lokalisierung wird in der Literatur mit der Wortschöpfung **Glokalisierung** umschrieben. Der Begriff verweist u. a. darauf, „dass variierende Maßstabsbezüge für politisches und wirtschaftliches Handeln eine zunehmende Rolle spielen" (Gebhardt 2001). Aufgrund der damit verbundenen Relativierung der Rolle des nationalstaatlichen Bezugssystems wird das Augenmerk politisch-geographischer Forschungen nicht mehr so stark wie bisher auf die nationalstaatlichen Institutionen gelegt. Die Aufmerksamkeit gilt zunehmend auch den Zielen, Interessen und Machtwirkungen supranationaler Akteurinnen und Akteure. Deren Bedeutung und Reichweite liegt häufig „quer" zu den alten maßstabsräumlichen Ebenen politisch-territorialer Zuständigkeiten und gewinnt im Zeitalter ökonomischer und wirtschaftlicher Globalisierungsprozesse stetig an geopolitischem Einfluss. Zu dieser Gruppe gehören z. B. die weniger formalisierten Netzwerke transnationaler Nichtregierungsorganisationen (NGOs) ebenso wie transnationale Konzerne (TNCs) und ihre *Global Production Networks* (GPN), die *Global City Networks* ebenso wie die „klassischen", formellen, supranationalen und globalen Institutionen politischer, politökonomischer oder militärischer Art (OECD, Weltbank, IWF, NATO). Auf politischer Ebene wird die zunehmende Hybridisierung und Vernetzung all dieser Institutionen unter dem Oberbegriff ***global governance*** gefasst (Schieder & Spindler 2010).

Ein in diesem Feld empirisch breit bearbeiteter regionaler Kontext sind die politisch-ökonomischen Krisen und Konflikte (in) der EU. Die thematischen Beispiele reichen hier von Fragen der „Vertiefung" der EU (Integration versus Desintegration, z. B. Brexit) über die damit verbundenen politischen Geographien der EU-Finanzkrise (Austeritätspolitik, Rolle der EZB) bis zu großregionalen Fragen der geoökonomischen und geopolitischen Anbindung an andere globale Regionen (EU-Nachbarschaftspolitik, Verhältnis zu Russland). Zunehmende Aufmerksamkeit erhält in der politisch-geographischen Forschung auch die geoökonomische und geopolitische Rolle Chinas.

Politische Geographien von Gewalt und Krieg

Ein Teil der oben beschriebenen Dynamiken und Konflikte führte in den vergangenen Jahrzehnten zu einer Zunahme bewaffneter Auseinandersetzungen, zu regionalen und lokalen „Geographien der Gewalt" (Korf & Schetter 2015; Exkurs 16.5), die häufig nicht mehr als „klassische" kriegerisch-zwischenstaatliche Auseinandersetzungen daherkommen, sondern komplexere Formen **gewaltbasierter Konflikte** darstellen. Beispiele für inhaltliche Felder, die auch aus der Perspektive der Politischen Geographie bearbeitet werden, sind die folgenden:

- die regionalen Gewaltmärkte in Afrika unter den Bedingungen „schwacher Staatlichkeit" (*weak states*)
- die komplexen ethnisch und kulturell unterlegten Konflikte im Nahen und Mittleren Osten sowie der damit vielfältig verknüpfte islamistische Terrorismus (Klosterkamp & Reuber 2017) inklusive des sich daran entzündenden *war on terror*
- Formen des „Ausnahmezustands" (Agamben 2004) in exterritorialen Hochsicherheitsgefängnissen (Gregory 2006)
- die zunehmende Versicherheitlichung (*securitisation;* Oßenbrügge & Korf 2010), die von der internationalen Interventionspolitik über verschärfte Formen von Grenzkontrolle und die *exclusionary politics of asylum* (Squire 2009) bis zur *homeland security* reichen

Im Zuge solcher Veränderungen lassen auch Teile der Politischen Geographie wieder ein vermehrtes Interesse am **Militär** erkennen. Forschungen widmen sich hier dem Folgenden:

- Fragen der Rüstungsindustrie sowie der globalen Militärpräsenz und/oder der militärischen Beratung und Hilfe (in diesem Segment finden sich auch Studien zu neuen Formen der Kriegsführung wie *cyberwar* und/oder *drone warfare*)
- Debatten um normative Verschiebungen in rechtlichen Grauzonen und deren Verknüpfung mit sog. *spaces of exception* wie z. B. die vermeintlich exterritorialen Gefangenenlager für inhaftierte islamistische Terroristinnen und Terroristen oder sog. Foltergefängnisse (z. B. Abu Ghraib)
- Studien, die sich mit der zunehmenden Privatisierung von militärischen und/oder sicherheitsbezogenen Dienstleistungen beschäftigen

In einem erweiterten Kontext lassen sich hierzu auch Analysen zählen, die den internationalen Drogenhandel (z. B. *war on drugs*) oder andere Aspekte der global operierenden organisierten Kriminalität untersuchen wie z. B. *human trafficking*.

Für die konzeptionelle Unterfütterung solcher Arbeiten werden insbesondere theoretische Ansätze herangezogen, die auch Aspekte wie Materialität, Emotionalität und Affekt berücksichtigen, sodass sich eine Reihe von Studien in diesem Kontext auch als Beispiele für *more-than-representational*-Perspektiven der Politischen Geographie im Sinne des *material turn* oder des *affective/emotional turn* verstehen (Abschn. 14.3).

Regieren durch Raum: Gouvernementalität und Neoliberalismus

Aus Sicht der auf Foucault (2004) zurückgehenden **Gouvernementalitätsforschung** (Abschn. 16.7) machen die Veränderungen der gesellschaftlichen Ordnung in den bürgerlichen Disziplinargesellschaften der Moderne auf der theoretischen Ebene eine Erweiterung des Machtkonzepts notwendig. An deren Anfang steht ein erweiterter Begriff „des Politischen", der über das traditionelle Segment der Politik hinausgeht und auch subtile Machtwirkungen in bzw. aus anderen gesellschaftlichen Segmenten sichtbar macht. Dabei spielen auch raumbezogene Technologien und Praktiken der Überwachung und Kontrolle, der In- und Exklusion eine zentrale Rolle. Diesen Zusammenhang arbeitete Foucault in „Überwachen und Strafen" (1975) exemplarisch am modernen Strafvollzug und der Bauweise von Gefängnissen heraus. Solche Formen des „Regierens durch Raum" sind aber deutlich vielfältiger und sie durchziehen verschiedenste gesellschaftliche Bereiche auf allen Maßstabsebenen. Sie zeigen sich beispielsweise in Grenzregimen, in der Repräsentationsarchitektur öffentlicher Bauten und Plätze, in den Grundrissen moderner Städte, in den komplexen *geographies of health* (Kap. 26) mit ihren Institutionen wie Krankenhäusern und Heimen, in Fabriken und Kasernen, Schulen und Universitäten. Eine solche Betrachtungsweise schärft auf einer sehr allgemeinen Ebene den Blick für den Zusammenhang zwischen gesellschaftlichen (Wissens-) Ordnungen, Raum und Macht. Er verbreitet noch einmal das empirische Einsatzfeld der Politischen Geographie, die sich auf dieser Grundlage in erweiterter Weise mit den Machtwirkungen von Raumkonstruktionen, Raumstrukturen und raumbezogenen Praktiken und Technologien (z. B. Kontroll- und Überwachungspolitiken im öffentlichen Raum, *carceral geographies*) beschäftigt, die in den gouvernementalen Sicherheitsgesellschaften der Gegenwart in vielfältiger Weise zutage treten.

Einen weiteren Schwerpunkt der empirischen Arbeiten in diesem Forschungsfeld bilden Untersuchungen zu Auswirkungen der Neoliberalisierung. Gezeigt wird, wie sich die Logiken von Markt, Privatisierung, Leistung und Optimierung auf Bereiche ausweiten, die vorher von anderen Normen und Wertesystemen angeleitet waren. Beispiele finden sich etwa im Kontext **neoliberaler Stadtpolitik** (Mattissek 2008, Schipper 2013, Dzudzek 2016) und den damit verbundenen sozialen Problemen (Füller & Marquardt 2010). Dabei kann mit Blick auf die oben angesprochenen Sicherheitsgesellschaften auch gezeigt werden, wie im Zusammenhang mit der Forderung nach einer immer besseren „Marktgängigkeit" öffentlicher Räume eine verstärkte Notwendigkeit von räumlichen Überwachungs-, Sicherheits- und Kontrollpolitiken abgeleitet wird, die dann sowohl von staatlichen als auch zunehmend von privaten Institutionen gewährleistet werden sollen (Belina 2006).

Foucault hat in seinen Ansätzen darüber hinaus deutlich gemacht, dass die Mitglieder einer Gesellschaft nicht nur durch die „von oben" kommenden vielfältigen Formen der Disziplinierung „regiert" werden, sondern dass sich diese häufig auch in die Identitätskonstruktionen der Subjekte einschreiben. Auf diese Weise werden sie zu entsprechenden Selbsttechnologien, mit denen die Menschen sich quasi eigenständig in einer der hegemonialen Ordnung angemessenen Weise disziplinieren.

Politische Geographien von Gender

In den vergangenen beiden Dekaden sind in der Politischen Geographie Studien zu den *political geographies of gender* und insbesondere auch zu *feminist geopolitics* deutlich stärker sichtbar geworden. Waren frühere Arbeiten hier noch vor allem auf Themenfelder wie politische Repräsentation und Identitätspolitiken orientiert, so haben sich (auch) hier unter Einbeziehung materialistischer und affektiv-emotionaler Ansätze aus dem breiteren Portefeuille feministischer Ansätze die konzeptionellen Fundamentierungen und die empirisch-inhaltlichen Spektren erweitert. Dabei geht es um ein breites Set gesellschaftlicher Rationalitäten, Fremd- und Selbsttechnologien, die sich unmittelbar auf raumbezogene (Alltags-) Praktiken von Individuen auswirken und die immer auch in der Körperlichkeit von Individuen materialisiert und damit verräumlicht sind (Strüver & Wucherpfennig 2009). „Eine feministische Politische Geographie nimmt diese Körper, ihre unterschiedlichen Erfahrungen, Geschichten und Beziehungen zueinander in den Blick und begreift die vielfältigen, asymmetrischen Machtverhältnisse, in denen sie verwoben, positioniert und angerufen sind, als produktive Momente der Wissensgenerierung" (Klosterkamp & Militz 2018). Ein wichtiges Ziel feministischer Ansätze liegt dabei in der „Dekonstruktion von Biologismen [...], die – als Naturalisierung vergeschlechtlichter, sexualisierter und rassifizierter Körper, Formen politischer und staatlicher Gewalt verstanden – die anhaltende Unterdrückung und Ausbeutung marginalisierter Körper, Praktiken und Erfahrungen legitimieren" (ebd., vgl. auch die allgemeinen Ausführungen zu feministischen Ansätzen in der Humangeographie in Abschn. 14.3).

Elemente genderbezogener gesellschaftlicher Ordnungen finden sich in unterschiedlichen Segmenten und auf unterschiedlichen *scales* wieder, sie tauchen in nationalen Identitätspolitiken, in den naturalisierten Normen und Wertesystemen patriarchalisch organisierter Gesellschaften (*politics of masculinity*) oder in den vielfältigen Essenzialismen gesellschaftlicher Familien- und Reproduktionsarbeit auf. In den meisten Fällen führen sie auch zu geschlechterspezifischen „Raum-Ordnungen", deren Machtwirkungen sich vom beruflichen bis in den familiären Alltag, vom öffentlichen Raum bis in die Privatsphäre hinein durchpausen (und vice versa).

Kapitel 16

Abb. 16.9 Zerschossene Häuserruinen in Mostar (**a**) und die Minenfelder in den Bergen um Sarajewo (**b**) sind Mahnmale für die zerstörerische Kraft geopolitischer Konstruktionen des „Eigenen" und des „Fremden". Sie weisen eindringlich darauf hin, dass diese nicht nur als sprachliche *geopolitical imaginations* in den Köpfen der Menschen existieren, sondern dass sie von dort aus die wirkmächtige Grundlage für konkrete Konflikte, Kriege, ethnische Säuberungen und Völkermord bilden können (Fotos: P. Reuber).

Politische Konflikte um raumbezogene Identitäten und kulturelle Differenz

In diesem Forschungsfeld rücken vor allem das *making of identities* und seine geopolitische Bedeutung in den Mittelpunkt der Untersuchungen. Es geht um die Verbindung von Identität, symbolischer Repräsentation und territorialer Macht. Hierbei wirkt „der Raum" nicht in erster Linie über seine „Materialität", sondern über **symbolische Bedeutungszuschreibungen**, die dann aber gerade in ihrer Verknüpfung mit räumlich-territorialen Aspekten zu konkreten sozialen und politischen Praktiken und Materialisierungen führen können. Mit der Erkenntnis der Bedeutung geographischer Strukturen und Anordnungsmuster als Zeichen und Symbole der gesellschaftlichen Strukturierung wird noch einmal klar, dass die Verfügbarkeit über Räume und räumlich lokalisierte Ressourcen ein Machtpotenzial beinhaltet, das über den physisch-materiellen Aspekt weit hinausreichen kann. Macht in diesem Sinne ist „dem Raum eingeschrieben", sie ist über Repräsentationsvorgänge an einzelne Zeichen und Symbole ebenso geknüpft wie an ganze Ensembles und Anordnungen. Im Kontext der internationalen Politik handelt es sich dabei beispielsweise um geopolitische Leitbilder und Ordnungsvorstellungen (Exkurs 16.3), die als *geographical imaginations* (Gregory 1994) oft auf eine lange Diskursgeschichte zurückblicken können und als Archive der Geopolitik (Reuber 2011) auch in aktuellen Krisen und Konflikten mit ihrer je spezifischen Form der Konstruktion des „Eigenen" und des „Fremden" eine wichtige Rolle spielen, indem sie beispielsweise als Rahmung für bestimmte Formen der Konfliktentwicklung dienen. Vor diesem Hintergrund wird aus der Sicht der *Critical Geopolitics* und der poststrukturalistischen Politischen Geographie an konkreten Beispielen untersucht, wie durch die Praxis der Territorialisierung kulturelle und soziale Bedeutungen „verräumlicht" und geopolitische Identitäten konstruiert werden.

In den ersten Jahren nach den Terroranschlägen vom 11. September war beispielsweise die Verkopplung von Raum, Kultur und Identität in dieser Hinsicht besonders bedeutend. Das Beispiel hat gezeigt, dass in einer solchen Verortung des „Eigenen" und des „Fremden" der Keim für aktive Ausgrenzung und territoriale Konflikte liegt. Die (kultur-)räumliche Logik bewirkt auf diesem Wege eine Art doppelte Vereinfachung, eine Reduktion sozialer Komplexität über kulturelle sowie räumliche Chiffren. Zahlreiche Fallbeispiele zu aktuellen Konflikten um raumbezogene Identitäten zeigen, wie sehr diese nach einem prinzipiell ähnlichen Muster „funktionieren", etwa die folgenden:

- Verkopplungen von „Ethnie", „Kultur" und „Nation", die sich in Europa derzeit prominent in nationalistischen Raumproduktionen der extremen Rechten finden, die damit teilweise an Denkfiguren anschließen, die Bezüge zum völkischen Denken im Nationalsozialismus aufweisen. Ethno-kulturell aufgeladene Konflikte finden sich aber auch in anderen Regionen der Welt, wo derzeit etwa religiöse Formatierungen des Kulturellen eine starke Bedeutung haben, z. B. im Hindunationalismus, in ethnisch-religiös unterlegten Verfolgungs- und Vertreibungspolitiken in Myanmar oder im Autonomiekonflikt in Tibet. Auch im Nahen und Mittleren Osten ist die diskursive Verkopplung von Religion und Raum in vielfältiger Weise Grundlage für Formen von *ethnic violence* und/oder ethno-religiös motivierter Gewalt (z. B. in den jüdisch-palästinensischen Konflikten oder in den Kämpfen gegen den sog. „Islamischen Staat").
- Ost-West-Raumkonstruktionen im Zuge eines „Neuen Kalten Kriegs", die geopolitische Dichotomisierungen des Spannungsfeldes zwischen Russland und den westeuropäischen Nationen im Rückgriff auf eine Reihe von historisch etablierten geopolitischen Identitätskonstruktionen rahmen
- aktuelle Identitätskonflikte, in denen sich bis heute Spuren von identitären Raumproduktionen aus den Zeiten von Kolonialismus und Imperialismus wiederfinden lassen

Exkurs 16.6 *Terrains of Resistance*

Die regionale Spezifik von politischen Konflikten steht im Mittelpunkt eines Konzepts mit dem Titel *„Terrains of Resistance"* (Routledge 1997). Mit der konzeptionellen Erweiterung des Blickwinkels um eine solche „regionsspezifische" Perspektive folgt die Politische Geographie einem Trend der Kulturwissenschaften, die Bedeutung regionaler Kultur, Geschichte und Identität stärker für die Herausbildung eigenständiger Politik- und Konfliktstrategien zu berücksichtigen. Die Region bildet dabei nicht länger nur eine Arena, sie ist gleichzeitig Medium und Symbol einer spezifischen Eigenständigkeit der politischen Kultur. Diese Sichtweise bietet eine Ergänzung traditioneller Theoriekonzepte in der Politischen Geographie und in der Entwicklungsländerdebatte, indem sie auf die ortsspezifisch-regionalen Komponenten politisch-geographischer Prozesse hinweist.

Als Beispiel dient hier der Hinweis auf ressourcenbezogene Konflikte im Nordosten Thailands (Abb. A): Der Nordosten Thailands gehört zur ökonomisch am geringsten entwickelten Peripherie des Landes. In dieser ökologisch sensiblen Region hat sich seit Beginn der 1990er-Jahre ein dichtes Netzwerk neuer sozialer Bewegungen gebildet. Sie unterstützen die Betroffenen bei lokalen Raumnutzungskonflikten gegen die Interessen nationaler und internationaler Akteurinnen und Akteure, die ihren ökologischen Schatten auf die Peripherie werfen. Die Auseinandersetzungen drehen sich hauptsächlich um drei Themen: um den Bau von Staudämmen, um umweltschädigende Nutzung vorhandener Ressourcen sowie um Landrechte und Landreformen, besonders im Umfeld illegaler Siedlungstätigkeit in Waldschutzgebieten und Nationalparks. War Anfang der 1990er-Jahre noch offen, ob die Partizipationsbewegungen zu einem *lost cause* werden würden, so verbuchte der Widerstand zwischenzeitlich mit zum Teil spektakulären Protestaktionen deutliche Erfolge und gewinnt an politischem Einfluss. Das liegt nicht zuletzt an dem dichten Netz neuer sozialer Bewegungen, das ungewöhnlich für Asien und erst recht für die buddhistisch geprägte, ansonsten in der öffentlichen Kommunikation eher konfliktvermeidende Gesellschaft in Thailand ist. Dass sich gerade im Nordosten des Landes ein solches *terrain of resistance* herausbilden konnte, liegt u. a. an einer spezifischen, jahrhundertelangen Peripherisierungserfahrung der Region sowie an den zahlreichen, kommunistisch informierten Widerstandsaktivitäten während der US-amerikanischen Militärpräsenz in diesem Landesteil zur Zeit der Indochina-Kriege.

Abb. A Der Protest nordostthailändischer *peoples organisations* gegen verschiedene Formen der Fremdausbeutung regionaler Ressourcen durch nationale und internationale Akteurinnen und Akteure gipfelte in der zweiten Hälfte der 1990er-Jahre in mehreren *village-of-the-poor*-Aktionen (**a**, 1995). Damals errichteten Tausende von Bäuerinnen und Bauern mit ihren Familien ein provisorisches Hüttendorf vor dem Parlamentsgebäude in Bangkok und übernachteten dort mehrere Wochen lang unter freiem Himmel. Mittlerweile finden sich solche Formen des Protests, die sich im Kontext des nordostthailändischen *terrain of resistance* entwickeln konnten, auch bei den großen gesamtthailändischen Auseinandersetzungen um die Regierungsmacht (**b**, 2010), die im Frühjahr 2010 in Bangkok bis zu Ansätzen von Bürgerkrieg und Ausnahmezustand führten. Die stärkere Polarisierung der thailändischen Gesellschaft, die sich in den Folgejahren immer wieder auf den Straßen in Bangkok manifestierenden Großproteste und die dahinterliegenden Machtkonflikte einflussreicher oligarchischer Netzwerke des Landes waren Wegbereiter für den Militärputsch und die derzeitige Transformation des thailändischen Systems in Richtung Militärdiktatur (Fotos: P. Reuber).

Kapitel 16

Exkurs 16.7 Anarchismus und Geographie

Simon Runkel

Anarchismus als politische Philosophie betont, dass Ordnung ohne Herrschaft entstehen kann. Als Herrschaft gilt jede Form von Ausbeutung und unterdrückender Gewalt. Kritisiert werden damit vor allem der Staat, der Kapitalismus, der Kolonialismus, das Patriarchat und die Ausbeutung der Erde durch den Menschen. Die politische Bewegung des Anarchismus formierte sich seit der Französischen Revolution, konnte aber nie für einen längeren Zeitraum anarchistische Selbstorganisation in größeren Zusammenhängen erproben. Historisch bemerkenswert ist zum einen die Pariser Kommune (1871) und die kurze Blüte des Anarchosyndikalismus (gewerkschaftlicher Anarchismus) während des Spanischen Bürgerkriegs (1936–1939). Die politische Praxis des Anarchismus will im Hier und Jetzt Formen einer anarchistischen Gesellschaft aufzeigen (präfigurative Politik). Die anarchistische Bewegung nutzt dazu z. B. direkte Aktionen zur unmittelbaren Herausforderung von Herrschaft oder gewerkschaftlich organisierte Streiks. Da zudem Universitäten und Schulen selten hierarchiefrei organisiert sind, formuliert die anarchistische Pädagogik alternative Formen der Wissensvermittlung und -produktion (Springer et al. 2016).

Neben anarchistischen Autorinnen und Autoren wie Proudhon, Bakunin oder Goldman waren die Geographen Elisée Reclus (1830–1905) und Pjotr A. Kropotkin (1842–1921) von Bedeutung. Sie vereinten Anarchismus und Wissenschaft. Folglich hat der Anarchismus als kritische Perspektive eine lange Tradition in der Geographie, derer man sich – mit Ausnahme der Entstehungsphase der *radical geography* (1970er-Jahre) – erst in den letzten Jahren wieder verstärkt erinnert (Springer 2016). In kritischer Auseinandersetzung mit der heutigen Dominanz (neo)marxistischer Ansätze in der Humangeographie wird für eine Neubelebung anarchistischer Traditionen in der Kritischen Geographie plädiert (Clough & Blumberg 2012, Springer et al. 2012). Im Mittelpunkt steht der Entwurf einer anarchistischen „Politischen Ökologie", die sich positiv auf die frühe Kritik an modernen, eurozentrischen Meta-Erzählungen von linearem Fortschritt im Kapitalismus und Anthropozentrismus durch anarchistische Geographen wie Reclus und Kropotkin bezieht (Ferretti 2017).

Reclus' Universalgeographie bestimmte die Menschheit als „Natur, die sich ihrer selbst bewusst wird". Für ihn war planetarische Solidarität der Lebewesen nur durch die Absetzung jeglicher Formen von Dominanz denkbar (Clark & Martin 2013). Damit formulierte er Antithesen zu den oft ko-

lonialistischen, sozialdarwinistischen und rassistischen Geographien des 19. Jahrhunderts. Im Zentrum stand für ihn die „soziale Frage", weswegen er als Begründer der *géographie sociale* gilt. In einer dekolonialen Haltung beobachtete er soziale Missstände weltweit und machte die Analyse sozioökonomischer Ungleichheiten zur Aufgabe einer politischen Sozialgeographie. In Ergänzung zu seiner feministischen, antirassistischen und antikapitalistischen Haltung richtete sich sein pazifistisches Interesse auf den Natur- und Tierschutz. Dies ergänzte sich mit den Ausführungen Kropotkins (2011 [1902]) zur gegenseitigen Hilfe. Ausgehend von Darwins Evolutionstheorie beschrieb dieser wie in der Tier- und Menschenwelt solidarische Kooperation für das Überleben der Arten wichtig ist. Aktuelle Themen der *animal geography* oder des Veganismus wurden vorweggenommen. In anderen Schriften beschäftigte sich Kropotkin zudem mit dezentralen Wohn- und Produktionsweisen. Seine Ideen inspirierten Stadtplanerinnen und -planer sowie Architektinnen und Architekten (z. B. *garden cities*).

In der Stadtgeographie werden diese Formen alternativer Planung, kommunalistischen Wohnens (*intentional communities*) sowie Geographien anarchistischen Widerstands (z. B. *squatting*) diskutiert (Runkel 2018). Aus wirtschaftsgeographischer Perspektive werden zudem heterodoxe Ökonomien und alternatives Wirtschaften jenseits von Markt und Staat (*commons*; White & Williams 2014), z. B. in basisdemokratischer Selbstverwaltung (*autogestion*), untersucht. In der Politischen Geographie wurden zentrale Konzepte der Geographie wie „Raum" (Springer 2016) und „Territorium" (Ince 2012) aus anarchistischer Perspektive reformuliert. Die Kritik anarchistisch argumentierender Geographinnen und Geographen richtet sich vor allem auf die zentrale Rolle, die der Staat und die Annahme des Gewaltmonopols in der politischen Geographie einnimmt (Springer 2014, Barrera de la Torre & Ince 2016). Bedeutsam ist dabei die Frage nach dem räumlichen Zuschnitt für gelingende Selbstorganisation bzw. inwieweit in der politischen Organisation territoriale Maßstabsebenen hierarchiefrei gestaltet werden können. Interessant ist der Vorschlag des Begründers der *social ecology*, Murray Bookchin (1921–2006), der mit dem libertären Kommunalismus eine Alternative zum Zentralstaat skizzierte. In diesem politischen Modell sind lokale Gemeinschaften föderalistisch in regionalen Netzwerken organisiert und Entscheidungen werden in Räten getroffen. Die politischen Geographien eines daran angelehnten demokratischen Konföderalismus lassen sich aktuell in der de facto autonomen Förderation Rojava (Nord-Syrien) beobachten.

Die Beispiele zeigen, wie raumbezogene Identitäten zu einem Nährboden für die kleinen und großen Auseinandersetzungen um Raum und Macht werden können, die von lokalen Standortkonflikten über regionale Verteilungskonflikte und nationalistisch unterlegte Auseinandersetzungen bis zur internationalen Geopolitik

mit ihren darauf basierenden Kriegen, ethnischen Säuberungen und Völkermorden reichen können (Abb. 16.9). Sie scheinen sich dafür nicht nur deswegen zu eignen, weil sie politische Differenzen entlang territorialer Repräsentationsweisen organisieren, sondern auch, weil sich diese Formen – wie die Geschichte an unzähligen Beispielen zeigt – in besonders eindrücklicher Form im Sirenengesang demagogischer Zuspitzungen zur emotionalen Aufladung anbieten (*affective nationalism*; Militz & Schurr 2016).

Vor diesem Hintergrund muss auch die auf solche Phänomene gerichtete gesellschaftliche **Reflexions- und Erinnerungskultur** Gegenstand politisch-geographischer Forschungen sein. Sie thematisiert etwa den Umgang mit Denkmälern, Mahnmalen und geschichtlich aufgeladenen „Erinnerungsorten", die Auseinandersetzung um kulturell-identitäre Bauten bzw. mit ihnen (am Beispiel von Moscheen, Koch et al. 2018) sowie die historischen Raumproduktionen im Bereich der politischen Bildung oder der Schulbildung, die bedeutende Instanzen bei der Ordnung des kollektiven Wissens über raumbezogene politische Identitätsdiskurse darstellen.

Regionale Konflikte und soziale Bewegungen

Unter den geschilderten Rahmenbedingungen der Netzwerkgesellschaft haben sich in den vergangenen Jahrzehnten auch neue Formen regionaler und lokaler Konflikte um raumbezogene Ressourcen entwickelt. Die Erforschung dieser Konflikte variiert nach Maßstabsebene der Betrachtung und Herangehensweise sehr stark. Die Beispiele reichen von konzeptionell angelegten Reflexionen über die geographische Situiertheit und Kontextualität solcher Bewegungen im Sinne des *cultural turn* (z. B. das Konzept der **Terrains of Resistance**, Exkurs 16.6) über theoretische Rahmungen entsprechender Bewegungen im Rückgriff auf **anarchist geographies** (Exkurs 16.7) bis zu einzelnen Fallanalysen mit lokaler, eher deskriptiver Reichweite. So gibt es Untersuchungen zu den folgenden Feldern:

- Rolle sozialer Bewegungen bei ressourcenbezogenen Konflikten, vornehmlich in Ländern des Globalen Südens (z. B. regionale Protestbewegungen gegen *disposession* und *land grabbing*, Verteilungskonflikte zwischen global ausgerichteten Zentren und wirtschaftlich abhängigen, kulturell aber oft eigenständigen Peripherieregionen)
- soziale und politische Widerstandsbewegungen auf lokaler Ebene in Industrieländern (z. B. bei Konflikten um Flächenrecycling, Kernkraft, bergbauliche Erschließungen wie Großtagebaue, sperrige Infrastruktur)
- soziale Bewegungen und Widerstand im Umfeld von *minority conflicts* (z. B. Konflikte um ethnische Minderheiten und/oder indigene Bewegungen)
- sozial-politische Bewegungen im Umfeld der *right-to-the-city*-Debatten mit teilweise unterschiedlich gelagerten Problemfeldern in den Städten und Verdichtungsräumen des Globalen Nordens und Südens

Ein gemeinsamer Fokus der Konfliktstudien ist es, das Entstehen neuer sozialer Netzwerke und Formen autochthoner Widerstandsbewegungen „von unten" als Reaktion gegen den Zugriff auf die lokalen und regionalen Ressourcen durch ökonomische und politische Akteure der nationalen und transnationalen Ebene zu betrachten. In dieser Lesart bilden sie ein Korrektiv gegen die globalen Netzwerke der multinational vernetzten Ökonomie. Diese neuen sozialen Bewegungen bedienen sich der globalen Kommunikationstechnologie ebenso wie der Wirkungsmacht global verfügbarer Medien und erringen teilweise mit spektakulären Einzelaktionen die Aufmerksamkeit im globalen Dorf und die Durchsetzung ihrer politischen Ziele. Allerdings sind seit Anfang des neuen Jahrtausends weitere vergleichbare Netzwerke auf die politische Bühne getreten, die mit ähnlichen Strategien vorgehen, nämlich mit der Ausbildung globaler Netzwerke des Widerstands und ebenso mit der Verwendung moderner Kommunikationsmittel und spektakulären Einzelaktionen, die immer wieder zu einer weltweiten Medienpräsenz führen: Gemeint sind islamistische Terrornetzwerke, deren Aktionen im Prinzip ähnlichen Mustern folgen, deren Anschläge aber zweifellos an Brutalität wie auch an Wirkungskraft derzeit einzigartig sind. In der Folge hat die teilweise politische Idealisierung neuer sozialer Bewegungen als „Stimme des Volkes und des bürgerschaftlichen Widerstandes" etwas an Glanz verloren.

Politische Konflikte um globalen Umweltwandel und geoökologische Ressourcen

Mit dem Aufkommen der ökologischen Frage in den 1980er-Jahren, spektakulären Umweltproblemen wie dem Waldsterben oder dem Super-GAU in Tschernobyl, neueren Diskussionen um Ozonloch, Klimawandel und Kernkraft wurde die Politische Geographie zunehmend mit ökologischen Fragestellungen konfrontiert. Die **Politische Ökologie** will dabei deutlich machen, dass ökologische Probleme längst nicht allein ein Feld naturwissenschaftlicher Forschung, sondern zutiefst mit der Ebene des politischen Handelns und konkret mit der Frage um Raum und Macht verknüpft sind. Mittlerweile hat sich ein Teil dieser Umweltprobleme auf der globalen Ebene so dramatisch entwickelt, dass Wissenschaftlerinnen und Wissenschaftler wie Simon Dalby und andere eine breit angelegte Analyse und Steuerung dieser umweltbezogenen *„Geopolitics of the Anthropocene"* (O'Lear & Johnson 2018) fordern, wobei es um global relevante Fragen von *environmental governance*, *environmental justice* und *environmental insecurity* geht. Entsprechende Problemlagen treten derzeit wohl am dringlichsten im Feld des *global climate change* in Form vielfältiger „Geopolitiken des Klimawandels" zutage. Aus politisch-geographischer Perspektive drehen sich die Analysen um die gesellschaftliche Bearbeitung inklusive ihrer vielfältigen Konflikte. Studien untersuchen beispielsweise die *politics of carbon markets*, den regional sehr unterschiedlichen Zusammenhang von Klimawandel und Verwundbarkeit sowie die damit verbundenen Konflikte im Zuge von klimawandelinduzierten Veränderungen und notwendigen Anpassungen. Diese können von kommunalen Adaptationspolitiken bis zur Vernichtung von Siedlungs- und/oder Wirtschaftsräumen und möglichen gesellschaftlichen Folgen reichen (großräumige Migrationsprozesse, gewaltorientierte Konflikte etc.).

Die Politische Ökologie behandelt neben diesen globalen Umweltfragen auch eine Reihe spezifischer ökologisch bedingter

Kapitel 16

Konfliktlagen in Abhängigkeit von Armut, Marginalität und Verwundbarkeit. Viele Beispiele entstammen regional den Ländern des Globalen Südens, gleichzeitig sind auch die Industriegesellschaften des Globalen Nordens von ressourcenbezogenen ökologischen Fragen und Konflikten gekennzeichnet. Wichtige Themenfelder für entsprechende Forschungen sind nach dem Stand der Literatur derzeit:

- Privatisierung und Kommodifizierung ökologischer Ressourcen (*neoliberalizing nature*), z. B. von Land (*land grabbing*), Wasser, Wald, Sand oder mineralischen Rohstoffen
- Konflikte um Energieressourcen und Energieproduktion (inkl. erneuerbare Energien)
- Politische Geographien von Müll
- *food security*/Konflikte um Nahrungssicherung

16.9 Fazit und Ausblick

Natürlich gibt es jenseits der hier vorgeschlagenen Systematik von Forschungsfeldern weitere empirisch angelegte politisch-geographische Untersuchungen und Themen, die sich damit nicht angemessen repräsentieren lassen. Solche Fälle zeigen gemeinsam mit den abgebildeten Aspekten, wie sehr das Forschungsfeld der Politischen Geographie in Bewegung ist, wie sehr es sich in seiner Kontingenz der systematischen Erfassung letztlich immer wieder entzieht. Gerade darin wird noch einmal deutlich, wie stark die Politische Geographie – als Teil der Gesellschaftswissenschaften – immer auch untrennbar ein Teil „des Politischen" in der Gesellschaft ist. In ihrer ständigen Beobachtung und kritischen Analyse des Verhältnisses von Gesellschaft, Macht und Raum ist ihre Intervention selbst bereits unvermeidlich politisch. Sie legt hegemoniale Machtverhältnisse und bestehende Ein- und Ausgrenzungen ebenso offen wie eingefahrene Territorialisierungen des „Eigenen" und des „Fremden" und deren Bedeutung für gesellschaftliche Praktiken. Sie versteht ihre Arbeit dabei auch als Beitrag dazu, dass die Geographien des Politischen nicht vorschnell auf Dauer gestellt werden, dass diese offen bleiben für die Ansprüche, Raumkonstruktionen und raumbezogenen Praktiken derer, die in den hegemonialen Ordnungen unserer Tage nicht angemessen repräsentiert werden.

Literatur

Agamben G (2004) Ausnahmezustand. Suhrkamp, Frankfurt a. M.

Agnew JA (1994) The Territorial Trap: The Geographical Assumptions of International Relations Theory. Review of International Political Economy 1: 53–80

Agnew JA (2002) Making Political Geography. Arnold, London

Agnew JA (2017) Political Geography. The International Encyclopedia of Geography. Wiley Online Library. DOI: 10.1002/9781118786352

Anderson B (1983) Imagined Communities: Reflections on the Origin and Spread of Nationalism. Verso, London

Barrera de la Torre G, Ince A (2016) Post-Statist Epistemology and the Future of Geographical Knowledge Production. In: Lopes de Souza M, White RJ, Springer S (eds) Theories of Resistance. Anarchism, Geography and the Spirit of Revolt. Rowman & Littlefield, London, New York. 51–78

Belina B (2000) Kriminelle Räume. Funktion und ideologische Legitimierung von Betretungsverboten. Urbs et Regio 71

Belina B (2006) Raum, Überwachung, Kontrolle. Vom staatlichen Zugriff auf städtische Bevölkerung. Westfälisches Dampfboot, Münster

Belina B, Michel B (Hrsg) (2007a) Raumproduktionen: Beiträge der Radical Geography. Eine Zwischenbilanz. Westfälisches Dampfboot, Münster

Belina B, Michel B (2007b) Raumproduktion. Zu diesem Band. In: Belina B, Michel B (Hrsg) Raumproduktionen: Beiträge der Radical Geography. Eine Zwischenbilanz. Westfälisches Dampfboot, Münster. 7–34

Belina B, Naumann M, Strüver A (Hrsg) (2018) Handbuch Kritische Stadtgeographie. 3. korrigierte und stark erweiterte Aufl. Westfälisches Dampfboot, Münster

Bohle H-G (2007) Geographies of violence and vulnerability. An actororiented analysis of the civil war in Sri Lanka. Erdkunde 61/2: 129–146

Brenner N (2008) Tausend Blätter. Bemerkungen zu den Geographien ungleicher räumlicher Entwicklung. In: Wissen M, Röttger B, Heeg S (Hrsg) Politics of scale. Räume der Globalisierung und Perspektiven emanzipatorischer Arbeit. Westfälisches Dampfboot, Münster. 57–83

Bröckling U, Krasmann S, Lemke T (2000) Gouvernementalität, Neoliberalismus und Selbsttechnologien. Eine Einleitung. In: Bröckling U, Krasmann S, Lemke T (Hrsg) (2000) Gouvernementalität der Gegenwart. Studien zur Ökonomisierung des Sozialen. Suhrkamp, Frankfurt a. M.

Brzezinski Z (2002) Die einzige Weltmacht. Amerikas Strategie der Vorherrschaft. Fischer, Frankfurt a. M.

Castells M (2001) Das Informationszeitalter Bd. 1: Die Netzwerkgesellschaft. Leske & Budrich, Opladen

Clark J, Martin C (2013) Anarchy, Geography, Modernity. Selected Writings of Elisée Reclus. PM Press, Oakland

Clough N, Blumberg R (2012) Toward Anarchist and Autonomist Marxist Geographies. ACME: An International E-Journal for Critical Geographies 11/3: 335–351

Coe NM, Dicken P, Hess M (2008) Global production networks: realizing the potential. Journal of Economic Geography 8/3: 271–295

Creutziger C (2017) Was ist neu am Kalten Krieg? Zur Wiederholung geopolitischer Erzählungen in neuen Strukturen und Grenzen. Ost Journal 2017/2

Csurgai G (2018) The Increasing Importance of Geoeconomics in Power Rivalries in the Twenty-First Century. Geopolitics 23/1: 38–46

Dalby S (2003) Calling 911: geopolitics, security and America's new war. Geopolitics 8/3: 61–68

Dean M (2007) Die „Regierung von Gesellschaften". Über ein Konzept und seine historischen Voraussetzungen. In: Krasmann S, Volkmer M (Hrsg) Michel Foucaults „Geschichte der

Gouvernementalität" in den Sozialwissenschaften. Internationale Beiträge. Transcript, Bielefeld

Dittmer J (2010) Popular Culture, Geopolitics & Identity. Rowman & Littlefield, Plymouth

Dodds KJ, Kuus M, Sharp J (2013) The Ashgate Research Companion to Critical Geopolitics. Ashgate, Farnham

Dodds KJ (2005) Screening Geopolitics: James Bond and the Early Cold War films (1962–1967). Geopolitics 10/2: 266–289

Dodds KJ, Sidaway JD (1994) Locating critical geopolitics. Environment and Planning D: Society and Space (12). Pion, London. 515–524

Doevenspeck M (2015) Die Territorialität der Rebellion: eine Enklave lokalen Friedens im kongolesischen Bürgerkrieg. In: Korf B, Schetter C (Hrsg) Geographie der Gewalt. Teubner Studienbücher der Geographie. Borntraeger, Stuttgart. 216–229

Dzudzek I (2016) Kreativpolitik: Über die Machteffekte einer neuen Regierungsform des Städtischen. Transcript, Bielefeld

Dzudzek I, Kunze C, Wullweber J (Hrsg) (2012) Diskurs und Hegemonie. Gesellschaftskritische Perspektiven. Transcript, Bielefeld

Elden S (2010) Land, terrain, territory. Progress in Human Geography OnlineFirst. http://phg.sagepub.com/content/early/2010/ (Zugriff 17.12.2018)

Ferretti F (2017) Evolution and revolution: Anarchist geographies, modernity and poststructuralism. Environment and Planning D: Society and Space 35/5: 893–912

Fluri JL (2011) Bodies, Bombs and Barricades: Geographies of Conflict and Civilian (In)security. Transactions of the Institute of British Geographers 36/2: 280–296

Foucault M (1975) Überwachen und Strafen. Suhrkamp, Frankfurt a. M.

Foucault M (2004) Sicherheit, Territorium, Bevölkerung: Geschichte der Gouvernementalität I. Suhrkamp, Frankfurt a. M.

Foucault M (2005) Dits et écrits. Schriften Bd. 4. 1980–1988. Suhrkamp, Frankfurt a. M.

Füller H, Marquardt N (2010) Die Sicherstellung von Urbanität. Innerstädtische Restrukturierung und soziale Kontrolle in Downtown Los Angeles. Raumproduktionen: Theorie und gesellschaftliche Praxis Bd. 8. Westfälisches Dampfboot, Münster

Fünfgeld H (2007) Fishing in Muddy Waters: Socio-environmental Relations under the Impact of Violence. Breitenbach Verlag, Saarbrücken

Fukuyama F (1992) Das Ende der Geschichte. Wo stehen wir? Kindler Verlag, München

Gebhardt H (2001) Stichwort Globalisierung. Lexikon der Geographie in vier Bänden. Spektrum, Heidelberg

Geiselberger H (Hrsg) (2017) Die große Regression. Suhrkamp, Berlin

Giddens A (1992) Die Konstitution der Gesellschaft. Campus, Frankfurt a. M.

Glasze G (2011) Politische Räume. Die diskursive Konstitution eines „geokulturellen Raums" – die Frankophonie. Global Studies. Transcript, Bielefeld

Glasze G, Mattissek A (2009) Diskursforschung in der Humangeographie: Konzeptionelle Grundlagen und empirische Operationalisierungen. In: Glasze G, Mattissek A (Hrsg) Diskurs und Raum. Theorien und Methoden für die Humangeographie sowie die sozial- und kulturwissenschaftliche Raumforschung. Transcript, Bielefeld. 11–60

Graham S (2009) Cities as Battlespace: The New Military Urbanism. Cities 13/4: 384–402

Gregory D (1994) Geographical Imaginations. Blackwell, Cambridge

Gregory D (2006) The black flag: Guantánamo Bay and the space of exception. Geografiska Annaler: Series B Human Geography 88/4: 405–427

Gregory D (2010) War and Peace. Transactions of the Institute of British Geographers 35/2: 154–186

Harvey D (1975) Social Justice and the City. Arnold, London

Höhne S, Naumann M (2018) Infrastruktur. Zur Analyse soziotechnischer Netzwerke zwischen altem und neuem Materialismus. In: Vogelpohl A et al (Hrsg) Raumproduktionen II. Theoretische Kontroversen und politische Auseinandersetzungen. Westfälisches Dampfboot, Münster. 16–37

Huntington SP (1996) Der Kampf der Kulturen. Die Neugestaltung der Weltpolitik im 21. Jahrhundert. Europa-Verlag, München

Husseini de Araújo S (2011) Jenseits vom „Kampf der Kulturen". Eine diskursanalytische Untersuchung imaginativer Geographien von Eigenem und Anderem in transnationalen arabischen Printmedien. Transcript, Bielefeld

Ince A (2012) In the Shell of the Old: Anarchist Geographies of Territoralisation. Antipode 44/5: 1645–1666

Johnson C (2017) Competing Para-Sovereignties in the Borderlands of Europe. Geopolitics 2017: 772–793. DOI: https://doi.org/10.1080/14650045.2017.1314962

Kaldor M (2000) Neue und alte Kriege: Organisierte Gewalt im Zeitalter der Globalisierung. Suhrkamp, Frankfurt a. M.

Keck M (2007) Geographien der Gewalt: Der Bürgerkrieg in Nepal und seine Akteure. Tectum, Marburg

Kirsch G (1997) Neue Politische Ökonomie. UTB, Düsseldorf

Klosterkamp S, Militz E (2018) Feministische Georundmail. Informationen rund um feministische Geographie. April 2018 (75)

Klosterkamp S, Reuber P (2017) „Im Namen der Sicherheit" – Staatsschutzprozesse als Orte politisch-geographischer Forschung, dargestellt an Beispielen aus Gerichtsverfahren gegen Kämpfer und UnterstützerInnen der Terrororganisation „Islamischer Staat". Geographica Helvetica 72/3: 255–269

Koch N, Valiyev A, Khairul H (2018) Mosques as monuments: An inter-Asian perspective on monumentality and religious landscapes. Cultural geographies 25/1: 183–199

Kolb A (1962) Die Geographie und die Kulturerdteile. In: Leidlmair A (Hrsg) Hermann v. Wissmann Festschrift. Geographisches Institut der Universität Tübingen, Tübingen. 42–49

Korf B (2015) Zur Politischen Ökologie der Gewalt. In: Korf B, Schetter C (Hrsg) Geographien der Gewalt. Teubner Studienbücher zur Geographie. Borntraeger, Stuttgart. 72–92

Korf B (2017) War. In: Richardson D et al (eds) The International Encyclopedia of Geography. Wiley & Sons, London

Korf B, Engeler M (2007) Geographien der Gewalt. Zeitschrift für Wirtschaftsgeographie 51/3+4: 221–237

Korf B, Engeler M, Hagmann T (2010) The Geography of Warscapes. Third World Quarterly 31/3: 385–399

Korf B, Raeymaekers T (2012) Geographie der Gewalt. Geographische Rundschau 64/2: 4–11

Korf B, Schetter C (2015) Geographien der Gewalt. Kriege, Konflikte und die Ordnung des Raumes im 21. Jahrhundert. Teubner Studienbücher zur Geographie. Borntraeger, Stuttgart

Kornelius S (2018) Trump führt Amerika in die Vergangenheit. Süddeutsche Zeitung vom 11.11.2018. https://www.sueddeutsche.de/politik/trump-usa-grenzen-isolation-multilateralismus-1.4204244 (Zugriff 15.11.2018)

Kost K (1997) Geopolitik und kein Ende. Thesen zur Gegenwart der Politischen Geographie in Deutschland. In: Graafen R, Tietze W (Hrsg) Raumwirksame Staatstätigkeit. Festschrift für Klaus-Achim Boesler. Kollegium Geographicum 23. Dümmler, Bonn. 133–152

Kreutzmann H (1997) Kulturelle Plattentektonik im globalen Dickicht. Internationale Schulbuchforschung 19: 413–423

Kropotkin P (2011 [1902]) Gegenseitige Hilfe in der Tier- und Menschenwelt. Trotzdem Verlag, Frankfurt

Laclau E, Mouffe C (1985) Hegemonie und Radikale Demokratie. Zur Dekonstruktion des Marxismus. Passagen, Wien

Le Billon P (2001) The political ecology of war. Political Geography 20/5: 561–84

Le Billon P (2008) Diamond Wars? Conflict Diamonds and Geographies of Resource Wars. Annals of the Association of American Geographers 98/2: 345–372

Lefebvre H (1974) La production de L'espace. Paris

Lemke T (2007) Gouvernementalität und Biopolitik. Wiesbaden

Lossau J (2001) Anderes Denken in der Politischen Geographie: der Ansatz der Critical Geopolitics. In: Reuber P, Wolkersdorfer G (Hrsg) Politische Geographie – Handlungsorientierte Ansätze und Critical Geopolitics. Heidelberger Geographische Arbeiten 112: 57–76

Lossau J (2002) Die Politik der Verortung. Eine postkoloniale Reise zu einer „anderen" Geographie der Welt. Transcript, Bielefeld

Luttwak E (1990) From Geopolitics to Geoeconomics. The National Interest 17: 17–24

Mattissek A (2008) Die neoliberale Stadt. Diskursive Repräsentationen im Stadtmarketing deutscher Großstädte. Urban Studies. Transcript, Bielefeld

Miggelbrink J (2002) Der gezähmte Blick. Zum Wandel des Diskurses über „Raum" und „Region" in humangeographischen Forschungsansätzen des ausgehenden 20. Jahrhunderts. Beiträge zur Regionalen Geographie 55. Leipzig

Miggelbrink J, Meyer F, Pilz M (2016) Cross-border assemblages of medical practices. Leipziger Universitätsverlag, Leipzig

Militz E, Schurr C (2016) Affective nationalism – banalities of belonging in Azerbaijan. Political Geography. Special Issue: Banal Nationalism 20 years on, 54: 54–63

Mitchell D (2007) Die Vernichtung des Raums per Gesetz: Ursachen und Folgen der Anti-Obdachlosen-Gesetzgebung in den USA. In: Belina B, Michel B (Hrsg) Raumproduktionen: Beiträge der Radical Geography. Eine Zwischenbilanz. Westfälisches Dampfboot, Münster. 256–289

Moisio S (2018) Towards Geopolitical Analysis of Geoeconomic Processes. Geopolitics 23/1: 22–29

Müller M (2009) Making Great Power Identities in Russia. An ethnographic discourse analysis of education at a Russian elite university. Forum Politische Geographie Bd 4. Zürich

Müller M, Reuber P (2008) Empirical Verve, Conceptual Doubts: Looking from the Outside in at Critical Geopolitics. Geopolitics 13/3: 1–15

Münkler H (2002) Die neuen Kriege. Rowohlt, Reinbek

Nachtwey O (2016) Die Abstiegsgesellschaft. Über das Aufbegehren in der regressiven Moderne. Suhrkamp, Berlin

Newig J, Manshard W (1997) Folienordner Kulturerdteile. Band 1 Schwarzafrika. Klett/Perthes, Gotha

Ó Tuathail G (1996) Critical Geopolitics. The Politics of Writing Global Space. Routledge, London

Ó Tuathail G, Dalby S (eds) (1998) Re-Thinking Geopolitics. Towards a critical geopolitics. Routledge, London

Ó Tuathail G, Dalby S, Routledge P (eds) (2006) The Geopolitics Reader. Routledge, London

O'Lear S, Johnson C (2018) Environmental Geopolitics in the Anthropocene: Emerging Research Directions

Oßenbrügge J (1983) Politische Geographie als räumliche Konfliktforschung. Konzepte zur Analyse der politischen und sozialen Organisation des Raumes auf der Grundlage anglo-amerikanischer Forschungsansätze. Hamburger Geographische Studien 40

Oßenbrügge J (1997) Die Renaissance der Politischen Geographie: Aufgaben und Probleme. HGG-Journal 11: 1–18

Oßenbrügge J, Korf B (2010) Geographien der (Un-)Sicherheit. Einführung zum Themenheft. Geographica Helvetica 65/3: 167–171

Prinz J, Schetter C (2015) Unregierte Räume, „kill boxes" und Drohnenkriege: die Konstruktion neuer Gewalträume. In: Korf B, Schetter C (Hrsg) Geographien der Gewalt. Teubner Studienbücher der Geographie. Borntraeger, Stuttgart. 55–71

Redepenning M (2006) Wozu Raum? Systemtheorie, critical geopolitics und raumbezogene Semantiken. Beiträge zur Regionalen Geographie Europas 62. Selbstverlag Leibniz-Institut für Länderkunde e. V., Leipzig

Reuber P (1999) Raumbezogene Politische Konflikte. Geographische Konfliktforschung am Beispiel von Gemeindegebietsreformen. Erdkundliches Wissen 131. Steiner, Stuttgart

Reuber P (2011) Die Archive des geopolitischen Diskurses in ihrer Bedeutung für aktuelle Konflikte, dargestellt an der Medienberichterstattung über die Auseinandersetzungen zwischen Georgien und Russland 2008. In: Dzudzek I, Reuber P, Strüver A (Hrsg) Die Politik der räumlichen Repräsentationen – Fallbeispiele aus der empirischen Forschung. Forum Politische Geographie Bd. 6. Münster

Reuber P (2012) Politische Geographie. Schöningh, Paderborn

Reuber P, Strüver A (2011) Der Anschlag von New York und der Krieg gegen Afghanistan in den Medien. Eine Analyse der geopolitischen Diskurse. In: Dzudzek I, Reuber P, Strüver A (Hrsg) Die Politik der räumlichen Repräsentationen – Fallbeispiele aus der empirischen Forschung. Forum Politische Geographie Bd. 6. Münster

Reuber P, Wolkersdorfer G (2003) Geopolitische Leitbilder und die Neuordnung der globalen Machtverhältnisse. In: Gebhardt H, Reuber P, Wolkersdorfer G (Hrsg) Kulturgeographie. Aktuelle Ansätze und Entwicklungen. Spektrum Lehrbuch, Heidelberg. 47–66

Reuber P, Wolkersdorfer G (2004) Auf der Suche nach der Weltordnung? Geopolitische Leitbilder und ihre Rolle in den

Krisen und Konflikten des neuen Jahrtausends. Petermanns Geographische Mitteilungen 148/2: 12–19

Reuber P, Wolkersdorfer G (Hrsg) (2001) Politische Geographie: Handlungsorientierte Ansätze und Critical Geopolitics. Selbstverlag des Geographischen Instituts der Universität Heidelberg, Heidelberg

Rössler M (1990) Wissenschaft und Lebensraum. Geographische Ostforschung im Nationalsozialismus. Reimer, Berlin

Routledge P (ed) (1997) Terrain of resistance: nonviolent social movements and the contestation of place in India. Greenwood Press, Westport, Connecticut

Runkel S (2018) Anarchismus und die Stadt. In: Belina B, Naumann M, Strüver A (Hrsg) Handbuch kritische Stadtgeographie. 3. Aufl. Westfälisches Dampfboot, Münster. 74–79

Russell Hochschild A (2017) Fremd in ihrem Land. Eine Reise ins Herz der amerikanischen Rechten. Campus, Frankfurt a. M.

Said EW (1979) Orientalism. Vintage Books, New York

Schetter C (2005) Ethnoscapes, National Territorialisation and the Afghan War. Geopolitics 10/1: 50–75

Schieder S, Spindler M (2010) Theorien der internationalen Beziehungen. UTB, Stuttgart

Schipper S (2013) Genealogie und Gegenwart der „unternehmerischen Stadt". Neoliberales Regieren in Frankfurt am Main zwischen 1960 und 2010. Raumproduktionen: Theorie und gesellschaftliche Praxis Bd. 18. Westfälisches Dampfboot, Münster

Schultz H-D (1998) Herder und Ratzel: Zwei Extreme, ein Paradigma? In: Erdkunde 52/2: 127–143

Smith N (1996) The New Urban Frontier: Gentrification and the Revanchist City. Routledge, London, New York

Soja E (1985) Regions in context: spatiality, periodicity, and the historical geography of the regional question. Environment and Planning D: Society and Space 3: 175–190

Soja E (2007) Verräumlichungen: Marxistische Geographie und kritische Gesellschaftstheorie. In: Belina B, Michel B (Hrsg) Raumproduktionen: Beiträge der Radical Geography. Eine Zwischenbilanz. Westfälisches Dampfboot, Münster. 77–110

Springer S (2014) Why a radical geography must be anarchist. Dialogues in Human Geography 4/3: 249–270

Springer S (2016) The Anarchist Roots of Geography. Toward Spatial Emancipation. University of Minnesota Press, Minneapolis

Springer S, Ince A, Pickerill J, Brown G, Barker AJ (2012) Reanimating Anarchist Geographies: A New Burst of Colour. Antipode 44/5: 1591–1604

Springer S, Lopes de Souza M, White RJ (eds) (2016) The Radicalization of Pedagogy. Anarchism, Geography, and the Spirit of Revolt. Rowan & Littlefield, London, New York

Squire V (2009) The exclusionary politics of asylum. Migration, minorities and citizenship. Palgrave Macmillan, Basingstoke, Hampshire

Strüver A, Wucherpfennig C (2009) Performativität. In: Glasze G, Mattissek A (Hrsg) Handbuch Diskurs und Raum. Theorien und Methoden für die Humangeographie sowie die sozial- und kulturwissenschaftliche Raumforschung. Transcript, Bielefeld. 107–127

Taylor P (2000) Political Geography: World-Economy, Nation-State and Locality. Prentice Hall, Harlow

Vogelpohl A, Michel B, Lebuhn H, Hoerning J, Belina B (Hrsg) (2018) Raumproduktionen II. Theoretische Kontroversen und politische Auseinandersetzungen. Westfälisches Dampfboot, Münster

Watts M (2000) Struggles over geography: Violence, freedom and development at the millennium. Hettner-Lectures 1999. Steiner, Stuttgart

Welzer H (2008) Klimakriege. Wofür im 21. Jahrhundert getötet wird. Fischer, Frankfurt a. M.

Werlen B (1995) Sozialgeographie alltäglicher Regionalisierung. Erdkundliches Wissen 116. Steiner, Stuttgart

Werlen B (Hrsg) (2000) Sozialgeographie. Eine Einführung. UTB, Bern et al

White RJ, Williams CC (2014) Anarchist economic practices in a ‚capitalist‘ society: some implications for organisation and the future of work. Ephemera – Theory & Politics in Organization 14/4: 951–975

Wissen M (2008) Zur räumlichen Dimensionierung sozialer Prozesse. Die Scale-Debatte in der angloamerikanischen Radical Geography – eine Einleitung. In: Wissen M, Röttger B, Heeg S (Hrsg) Politics of Scale. Räume der Globalisierung und Perspektiven emanzipatorischer Politik. Westfälisches Dampfboot, Münster. 8–32

Wolkersdorfer G (2001) Politische Geographie und Geopolitik zwischen Moderne und Postmoderne. In: Heidelberger Geographische Arbeiten 111. Heidelberg. Selbstverlag des Geographischen Instituts der Universität Heidelberg

Zintl R (1994) Kooperation kollektiver Akteure: Zum Informationsgehalt angewandter Spieltheorie. In: Nida-Rümelin J (Hrsg) Praktische Rationalität. Grundlagenprobleme und ethische Anwendungen des rational choice-Paradigmas. Berlin

Zirkl F (2015) Gewalt und räumliche Fragmentierung in brasilianischen Großstädten: favelas als exterritoriale Enklaven des Dorgenhandels am Beispiel Rio de Janeiros. In: Korf B, Schetter C (Hrsg) Geographie der Gewalt. Teubner Studienbücher der Geographie. Borntraeger, Stuttgart. 188–201

Weiterführende Literatur

Agnew J, Mitchell K, Ó Tuathail A (2003) Companion to Political Geography. Blackwell, Oxford

Belina B, Michel B (Hrsg) (2007a) Raumproduktionen: Beiträge der Radical Geography. Eine Zwischenbilanz. Westfälisches Dampfboot, Münster

Dodds K, Kuus M, Sharp J (2013) The Ashgate Companion to Critical Geopolitics. Ashgate, Farnham

Dzudzek I, Reuber P, Strüver A (Hrsg) (2011) Die Politik der räumlichen Repräsentationen – Fallbeispiele aus der empirischen Forschung. Forum Politische Geographie 6. Münster

Korf B, Schetter C (2015) Geographien der Gewalt: Kriege, Konflikte und die Ordnung des Raumes im 21. Jahrhundert. Teubner Studienbücher zur Geographie. Borntraeger, Stuttgart

Ó Tuathail G, Dalby S, Routledge P (eds) (2006) The Geopolitics Reader. Routledge, London

Reuber P (2012) Politische Geographie. Schöningh, Paderborn

Wissen M, Röttger B, Heeg S (Hrsg) (2008) Politics of Scale. Räume der Globalisierung und Perspektiven emanzipatorischer Politik. Westfälisches Dampfboot, Münster

Kapitel 16

Geographie der Finanzen

Michael Handke und Hans-Martin Zademach

Straßenszene im Hamburger Karolinenviertel. Das Schild „Straße des kreativen Kapitals" wurde vermutlich während einer Kunstaktion montiert, ähnlich wie dies auch in anderen Städten schon der Fall war. So stellte etwa ein Künstlerkollektiv aus Leipzig im Rahmen eines Festivals 2005 den Straßennamen im dortigen Industrie- und Arbeiterviertel Plagwitz eine ganze Reihe von Schildern zur Seite (z. B. Allee des Gemeinsinns, Straßen des bürgerschaftlichen Engagements, des lebenslangen Lernens, der Globalisierungskritik, der Chancengerechtigkeit, der Nachhaltigkeit), um an gesellschaftliche Fehlentwicklungen zu erinnern bzw. auf entsprechende Gegenpositionen zu verweisen (Foto: H.-M. Zademach).

Kapitel 17

© Springer-Verlag GmbH Deutschland, ein Teil von Springer Nature 2020
H. Gebhardt et al. (Hrsg.), *Geographie*, https://doi.org/10.1007/978-3-662-58379-1_17

Leistungsfähige Finanzmärkte sind wichtig für regionale Entwicklungsprozesse. Doch wie funktionieren Finanzmärkte überhaupt, welche Produkte werden gehandelt, welche Akteure sind beteiligt? Wie lässt sich erklären, dass der Finanzsektor einerseits Wirtschaftswachstum und gesellschaftliche Entwicklung einer Region fördert, andererseits aber ganze Staaten und Staatenverbünde in große Bedrängnis bringen kann? Wie kommt es zu Finanzkrisen und Spekulationsblasen, mit welchen Auswirkungen auf verschiedenen Maßstabsebenen? Und was kann die geographische Forschung mit ihren besonderen Perspektiven zur Analyse und Gestaltung von Finanzflüssen und -märkten beitragen? Die Welt des Geldes und der Finanzdienstleistungen ist ein junges Feld der (Wirtschafts-)Geographie. Anfangs noch als *„new economic geography of money"* (Martin 1999) bzw. *„geography of money and finance"* (Leyshon 2000) bezeichnet hat sich im deutschsprachigen Raum der Ausdruck Finanzgeographie etabliert, im internationalen Kontext spricht man in der Regel von den *geographies of finance*. Allgemein gefasst widmet sich dieses Feld der Erfassung, Analyse und Bewertung von Finanzmärkten, Kapitalflüssen und Finanzsystemen in räumlicher Perspektive. Insbesondere wird untersucht, wie die Praktiken von Finanzmarktakteuren räumliche Entwicklungsprozesse beeinflussen und wie ihrerseits räumliche und institutionelle Strukturen (Marktbedingungen, Regulierung) unterschiedlichen Einfluss auf Finanzbeziehungen und Kapitalbewegungen üben.

17.1 Einführung

Wirtschaften jenseits der Subsistenz- und Tauschwirtschaft benötigt ein Medium, ein Zahlungsmittel, das Wert misst und in dem Wert gelagert werden kann. Diese Funktion übernimmt das **Geld**. Was als Geld gilt, beruht weitgehend auf der gesetzgeberischen Macht des Staates und der kontrollierenden Macht der Zentralbanken. In Form von Währungen, den gesetzlichen Zahlungsmitteln von Nationen, ist Geld geographisch gebettet. Der Wert einer Geldeinheit wird vor allem durch die Menge an Gütern oder Dienstleistungen bestimmt, die man damit an einem konkreten Ort erwerben kann. Im Zeitalter globaler Vernetzungen beeinflusst aber auch das Preisniveau von Leistungen im Ausland den Wert einer nationalen Währung. Über Wechselkurse werden Währungen gehandelt, und als Devisen, das heißt auf fremde Währung lautende Guthaben oder Forderungen, sind sie unabdingbar für den internationalen Warenhandel. Auf diese Art und Weise verbinden Geld- und Kapitalströme Orte der Produktion und Konsumtion, also das, was üblicherweise als Realwirtschaft bezeichnet wird, und ermöglichen räumliche Arbeitsteilung.

Da Geld und Währungen heute zwischen den Marktteilnehmern direkt gehandelt werden, wobei Informations- und Kommunikationstechnologien die weltweiten Arbeitsplätze des Finanzsektors innerhalb von Millisekunden miteinander verbinden (Zook & Grote 2017), lassen sich die Marktplätze des Geldes – im Gegensatz zu den Märkten des realen Sektors – nicht mehr eindeutig geographisch verorten. Geld und Finanzen erscheinen damit uneingeschränkt mobil und ubiquitär verfügbar. Bei genauerer Betrachtung zeigt sich jedoch, dass Geld nur unter bestimmten Bedingungen hoch mobil ist. Und auch was seine geographische Verfügbarkeit angeht, ist es durchaus wählerisch.

Für Clark (2005) ist Geld deshalb eher viskos wie Quecksilber: Einmal in Bewegung gesetzt, zieht es anderes Geld mit sich, z. B. in Richtung der internationalen Finanzplätze, wo es Senken füllt und überflutet und sich schließlich neue Wege in Richtung neuer Investitionsgelegenheiten sucht. Dabei kann es durchaus „giftige Dämpfe" erzeugen und Krisenereignisse auslösen.

Insofern überrascht es nicht, dass sich in der Geographie der Finanzen facettenreiche wissenschaftliche Gesellschafts- und Kapitalismuskritiken entzünden. Als klassisches Beispiel ist hier David Harveys imperialistische Entwicklungstheorie zu nennen, der zufolge die fortwährende Erschließung neuer Investitionsgelegenheiten ohne Rücksicht auf ökologische, menschliche oder geopolitische Konsequenzen eine entscheidende Voraussetzung für den Erhalt und die Reproduktion des Kapitalismus ist (Harvey 2005, Belina 2012; Abschn. 20.3). Ähnlich zielen die Begriffe des „finanzdominierten Akkumulationsregimes" (Boyer 2000, Zeller 2003) und des „Finanzmarktkapitalismus" (Windolf 2005) darauf ab, die Verschiebung der Machtverhältnisse zwischen Real- und Finanzwirtschaft zugunsten Letzterer herauszustellen. Weitverbreitet ist inzwischen auch der Ausdruck **Finanzialisierung** (Epstein 2005), unter dem in einem weiten Verständnis die Beobachtung gefasst wird, dass Finanzen und Finanzdienstleistungen heutzutage in nahezu allen Gesellschaftsbereichen eine immer größere Rolle spielen (Ouma 2016; Abschn. 21.5). So sind beispielsweise die Altersvorsorge oder auch die Energieversorgung samt Bereitstellung der dazu erforderlichen Infrastrukturen heute vorwiegend marktlich organisiert. Die Leistungen werden von privaten, teils börsennotierten Unternehmen erbracht, die den Kräften der Kapitalmärkte unterworfen sind und ihr Augenmerk auf Finanzmarktkennzahlen und Renditevorgaben legen müssen. Ähnlich zeigt der Handel mit CO_2-Emissionrechten die enge Verzahnung von Finanzsystem und natürlicher Umwelt.

Nicht zuletzt führt das zunehmende Ausmaß von Finanzkrisen das Systemrisiko des Finanzsektors und die Notwendigkeit einer kritischeren und tiefgründigen Auseinandersetzung mit Finanzbeziehungen, Finanzsystemen und Finanzzentren deutlich vor Augen. Tatsächlich sind Finanzkrisen gerade in geographischer Perspektive äußerst brisant, wie es z. B. der Titel des Beitrags *„A very geographical crisis: the making and breaking of the 2007–2008 financial crisis"* von French et al. (2009) schön veranschaulicht. So erfordert sowohl die Betrachtung der Ursachen und regionalen Ursprünge von Krisen als auch die Analyse der Wirkungsseite samt der weltweiten Verschiebung von Vermögen und Risiken einen ausgeprägt kontextspezifischen Blick. Auch können Arbeiten in einer Mehrebenenperspektive den Prozess der Suche und Implementierung von Maßnahmen und Strategien zur möglichst dauerhaften Vermeidung von Finanzkrisen konstruktiv begleiten (Exkurs 17.1).

17.2 Perspektivenvielfalt der Finanzgeographie

Stärker noch als andere Bereiche der (Wirtschafts-)Geographie kann man das Finanzwesen nur in einer multiskalaren Perspek-

Exkurs 17.1 Finanzkrisen: Verbreitung und Vermeidungsstrategien

Tab. A Kosten ausgewählter Finanzkrisen seit 1970 auf Länderebene (verändert nach Laeven & Valencia 2013).

	Ausgaben für Rettungspakete [% des BIPs]	Anstieg der Staatsschulden [% des BIPs]	Wachstums-einbußen[1] [% des BIPs]
Argentinien 1980–82	55,1	33,1	58,2
Chile 1981–1985	42,9	87,9	8,6
Indonesien 1997–2001	56,8	67,6	69,0
Thailand 1997–2000	43,8	42,1	109,3
Jamaica 1996–1998	43,9	2,9	37,8
USA 2007	4,5	23,6	31,0
UK 2007	8,8	24,4	25,0
Island 2008	44,2	72,2	43,0
Irland 2008	40,7	72,8	106,0
Deutschland 2008	1,8	17,8	11,0
Österreich 2008	4,9	14,8	14,0
Schweiz 2008	1,1	−0,2	0,0

[1] abgeschätzt aus dem Unterschied zwischen dem tatsächlichen Wachstum der Ökonomie während der Krise und einer Fortschreibung der durchschnittlichen Wachstumsraten vor der Krise

Als Finanzkrisen werden größere, das heißt über herkömmliche konjunkturelle Schwankungen deutlich hinausgehende Verwerfungen im Finanzsektor bezeichnet. Dabei sind Finanzkrisen keine seltenen Ereignisse. So weist eine Datenbank des IWF für den Zeitraum zwischen 1970 und 2011 insgesamt 147 Bankenkrisen, 218 Währungskrisen und 66 Staatsschuldenkrisen nach (Laeven & Valencia 2013). In der Regel geht einer Finanzkrise eine Phase anhaltenden Wirtschaftswachstums voraus, während der Geld- und Kreditmengen stark steigen und auch die Risiken durch spekulative Finanzanlagen zunehmen. Krisenkennzeichen sind gravierende Verschlechterungen zentraler Finanzmarktindikatoren wie Zinssätze, Inflationsraten, Aktienkurse und Bonitätsnoten sowie eine drastische Abwertung von Vermögenswerten in kurzer Zeit (Tab. A).

Aufgrund des spezifischen Gefährdungspotenzials und der Ansteckungsgefahren für andere Wirtschaftszweige können Finanzkrisen weithin spürbare Wirkungen entfalten – auch über Ländergrenzen hinweg. Wichtige Ursachen für die Katalysatorfunktion bei der Übertragung exogener Störungen liegen in den Verflechtungen zwischen Einzelinstituten auf dem Interbanken-Geldmarkt sowie in der inner- und überregionalen Vernetzung von Banken und anderen Finanzinstituten. Wie die globale Finanz- und Wirtschaftskrise eindrücklich offenbart hat, birgt schon die Insolvenz eines einzelnen großen Instituts (im konkreten Fall die Pleite der US-amerikanischen Investmentbank Lehman Brothers) das Potenzial, zu einer allgemeinen Vertrauenskrise in das Bankensystem und einem Zusammenbruch des gesamten Systems zu führen (etwa infolge eines sog. Bank-Runs, also eines breiten Abzugs von Kundeneinlagen). Mit dieser systemischen Bedeutung werden traditionell auch der gesamtwirtschaftliche Sonderstatus und die wettbewerbspolitische Sonderbehandlung des Bankensektors begründet.

Bezüglich der Frage nach Strategien zur Vermeidung von Finanzkrisen wurde in den letzten Jahren einiges unternommen (z. B. *Dodd-Frank-Act* in den USA oder EU-Fiskalpakt). Allerdings sind sich die meisten Beobachter einig, dass die Maßnahmen zur Neuordnung der Finanzmärkte deutlich zu langsam voranschreiten und auch nicht weit genug gehen. Ein zentrales Hindernis bei der Umsetzung weitreichender Reformen liegt darin, dass die Regulierung der Finanzmärkte stark von Partikularinteressen geprägt ist, allen voran derjenigen der beiden dominanten Finanzplätze New York und London. Auch innerhalb von Währungsräumen wie z. B. der Eurozone scheitern Bestrebungen um ein besseres internationales Regelwerk häufig an den Interessen einzelner Staaten. Dabei gilt zu berücksichtigen, dass es sich beim Bemühen um internationale Regeln zur Begrenzung des Schadenspotenzials der Finanzmärkte um ein Multilevel-Governance-Problem mit wechselnden Allianzen handelt. Die Verhandlungspositionen verlaufen dabei entlang mehrerer Linien, also nicht nur zwischen Regierungen einerseits und Finanzindustrie andererseits, sondern auch zwischen der Finanzindustrie eines Staates in Koalition mit der eigenen Regierung gegenüber anderen solchen Koalitionen oder auch zwischen einzelnen Teilmärkten innerhalb des Finanzsektors mit oder ohne Re-

Kapitel 17

gierung. Daraus lässt sich ableiten, dass vielfach zunächst Teillösungen erarbeitet werden müssen. Daneben ist wichtig, noch mehr Gewicht auf die Analyse der Interaktionsprozesse zwischen den verschiedenen involvierten Parteien zu legen.

Schamp (2011) fordert zudem, die Krisenforschung mit einem stärkeren Blick nach vorne zu betreiben, also möglichst frühzeitig systemische Risiken aufzuzeigen.

tive verstehen (Handke & Schamp 2011). Die Herausforderungen liegen darin, die Verhältnisse zwischen den diversen räumlichen Einheiten aufzuklären, in welche Finanzmarktakteure und ihre Beziehungen auf vielfältige Weise (sozial, ökonomisch, politisch usw.) eingebettet sind. Aus der Mikroperspektive interessiert sich Finanzgeographie deshalb für Finanzbeziehungen, in denen Kapitalgeber und -nehmer zeitlich befristete vertragliche Bindungen miteinander eingehen und Verantwortlichkeiten verteilen. Geographische Nähe, aber auch institutionelle, kulturelle oder organisatorische Nähe zwischen den Vertragsparteien beeinflussen das Zustandekommen sowie die Art der Ausgestaltung der Beziehungen.

Auf der Makroebene befasst sich Finanzgeographie mit Finanzsystemen und den ihnen zugrundeliegenden institutionellen Regelsystemen. Auch wenn Finanzsysteme grundsätzlich national verankert und ausgestaltet sind, werden sie im Rahmen regionaler Wirtschaftsräume (z. B. Europäischer Währungsraum) auch international aufeinander abgestimmt. Die Spielregeln (Regulierung) der Finanzmärkte sowie die Art und Weise, wie die Regeln von den Finanzmarktteilnehmern kontextspezifisch umgesetzt werden und sich dabei stabile, wechselseitige Erwartungen herausbilden (Institutionen), setzen Handlungs- und Entscheidungsanreize und bestimmen letztendlich die Richtung und Wirksamkeit von Kapitalflüssen und Investitionen.

Die Mesoebene bezieht sich vor allem auf räumliche Muster von Finanzaktivitäten. Finanzmetropolen bzw. -zentren als Cluster der Finanzindustrie sowie als Orte des konzentrierten Kapitals stehen hierbei besonders im Mittelpunkt. In den Finanzzentren zirkulieren Informationen und spezifisches Wissen, das regelmäßig zu Finanzinnovationen (z. B. Kreditverbriefungen, *mobile banking*) führt. Als Knotenpunkte der internationalen Kapitalflüsse konkurrieren Finanzmetropolen miteinander um Aufmerksamkeit. Zugleich aber sind sie über die Geschäftsbeziehungen der ansässigen Unternehmen auch eng miteinander vernetzt bzw. arbeitsteilig verbunden.

Finanzgeographie verbindet nicht nur unterschiedliche geographische Maßstabsebenen, sondern bringt auch verschiedene **Forschungsperspektiven** zusammen. Ähnlich wie in der Humangeographie insgesamt (Abschn. 14.2) wird in finanzgeographischen Studien neben den eingangs schon erwähnten progressiven (bzw. kritischen/radikalen) polit-ökonomischen Ansätzen auch mit akteurs- bzw. handlungszentrierten Zugängen sowie mit institutionenorientierten, relationalen Perspektiven gearbeitet, um die Praktiken von Finanzmarktakteuren und ihre Wirkungen auf räumliche Entwicklungsprozesse zu analysieren. Dabei sind gegenwärtig in vielen Arbeiten auch starke Einflüsse aus den Sozial- und Kulturwissenschaften bzw. *Social Studies of Finance* (Knorr Cetina & Preda 2004, MacKenzie 2006, Hall 2011, Boeckler & Berndt 2013, Scheuplein & Zademach 2015) sehr zentral, etwa wenn es darum

geht, hegemoniale Strukturen offenzulegen oder eingefahrene Territorialisierungen und Leitbilder (z. B. im Kontext der Internationalen Zusammenarbeit; Kap. 22, Exkurs 22.9) zu hinterfragen.

17.3 Finanzmärkte und Finanzbeziehungen

Auf Finanzmärkten werden Finanzmittel wie Zentralbankgeld, Devisen, Aktien und Anleihen oder Schuldverschreibungen gehandelt, sie bringen Kapitalgeber und -nehmer direkt oder indirekt über Finanzintermediäre zusammen. Anbieter haben so die Möglichkeit, ihr Geld bzw. Vermögen gewinnbringend anzulegen, Nachfragern wird die Finanzierung von Investitionen ermöglicht. In der Regel stehen Finanzmarktgeschäfte in einer engen Beziehung mit güterwirtschaftlichen Transaktionen. Es gibt jedoch auch Finanztransaktionen, die keinen solchen Bezug aufweisen; dies ist insbesondere beim Geldhandel zwischen Banken sowie vornehmlich zu Spekulationszwecken betriebenen Geschäften, also dem oft sehr kurzfristigen Kauf und Wiederverkauf von Finanzmitteln, der Fall (Exkurs 17.2).

Ein wesentlicher Unterschied der Finanzmärkte gegenüber dem Gütermarkt liegt in der ausgesprochenen **Zukunftsbezogenheit** vieler Transaktionen. So erlaubt z. B. ein Kredit die zeitliche Vorwegnahme von Geldzahlungen und ermöglicht auf diese Weise Leistungen und Investitionen, die ansonsten erst nach einer Phase des Sparens getätigt werden könnten. Kennzeichnendes Merkmal des Kreditgeschäfts sind bilaterale Darlehensverträge, in denen Zinszahlungen vereinbart werden, mit denen der Schuldner den Gläubiger entschädigt. Im Vergleich zum weitgehend standardisierten Handel auf dem Geld- sowie dem Renten- und Aktienmarkt werden Kreditverträge individuell ausgehandelt. Daher sind die auf dem Kreditmarkt entstehenden Forderungen an sich auch deutlich weniger fungibel. Dieser wesentliche Unterschied wurde jedoch im Zuge jüngerer Entwicklungen im Finanzsektor mehr und mehr aufgeweicht, insbesondere durch den starken Trend zu sog. Verbriefungen vor Beginn der globalen Finanz- und Wirtschaftskrise ab 2007. Kreditverträge werden heute in Risikoklassen eingeteilt, zu Risikopaketen geschnürt und in standardisierter Form zusammengefasst an den Sekundärmärkten des Finanzsektors gehandelt.

Rein ökonomisch betrachtet steht der Ausdruck Finanztransaktion für die Übertragung von Verfügungsrechten, also in der Regel den Tausch (Realtausch, Kauf bzw. Verkauf) einer Forderung gegen eine andere Forderung. Wie der britische Fachvertreter Ron Martin (1999) pointiert formuliert, greift eine solche Betrachtung jedoch zu kurz. Denn Finanztransaktionen beinhalten immer auch eine soziale Komponente – im Original: „*Money is*

Exkurs 17.2 Finanzderivate

Der Handel mit falsch bewerteten Finanzderivaten, insbesondere Kreditderivaten, gilt als eine der Hauptursachen der globalen Finanz- und Wirtschaftskrise ab 2007. Der bekannte US-Investor Warren Buffet prägte für Derivate bereits 2003 den Begriff der *financial weapons of mass destruction* und warnt seitdem regelmäßig vor ihren Gefährdungspotenzialen.

Allgemein sind Finanzderivate bzw. derivative Finanzinstrumente Anlageformen, die jeweils von einem Basiswert (*underlying*) abgeleitet worden sind. Es werden also nicht Wertpapiere oder Basiswerte, sondern nur die erwarteten Entwicklungen gehandelt. Vereinfacht können drei große Derivate-Gruppen abgegrenzt werden, in jeder davon ist nochmals zwischen standardisierten, das heißt an regulierten Börsen gehandelten Derivaten und nicht standardisierten Derivaten (auch *tailored* oder OTC-Derivate = *over the counter*), die direkt zwischen den Marktteilnehmern gehandelt werden, zu unterscheiden:

- Als Futures (börsengehandelt) bzw. Forwards (außerbörslich) werden Finanztermingeschäfte bezeichnet, die einen Handel zu einem festgelegten Zeitpunkt und Preis zwingend

festlegen und ursprünglich zur Begrenzung von Preisänderungsrisiken dienten. Hierbei lassen sich Commodity-Futures und finanzielle Futures voneinander abgrenzen. Finanzielle Futures beziehen sich z. B. auf Preise von Aktien, Aktien- und Zinsindizes oder Währungen, Commodity-Futures auf Metalle, Energieträger oder landwirtschaftliche Produkte (z. B. Getreide oder Kaffee). Tatsächlich liegen die Wurzeln der Entwicklung von Futures in der Landwirtschaft.

- Die zweite Gruppe sind die sog. Optionen. Hierbei handelt es sich um bedingte Termingeschäfte, bei denen der Käufer das Recht erwirbt, eine bestimmte Menge eines bestimmten Basiswerts (z. B. Aktie) zu einem späteren Zeitpunkt zu einem vereinbarten Preis zu kaufen (Call-Option) oder zu verkaufen (Put-Option). Der Optionsinhaber kann einseitig entscheiden, ob er die Option ausübt oder diese verfallen lässt.

- Die dritte Gruppe bilden die sog. Swap-Geschäfte. Bei diesen Geschäften tauschen Handelspartner Schuldpapiere mit unterschiedlichen Zinsen, Währungen und Laufzeiten. Swap-Geschäfte zielen an sich auf die Senkung von Finanzierungskosten ab.

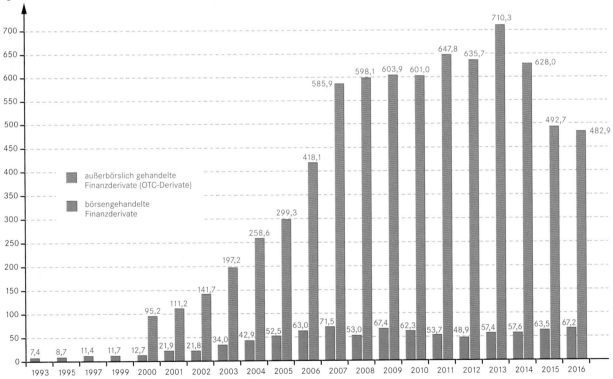

Abb. A Bestand börsengehandelter und außerbörslich gehandelter Finanzderivate, 1993–2016 (verändert nach Bundeszentrale für Politische Bildung 2017, auf Grundlage von Daten der Bank of International Settlement).

Mit Derivaten werden allerdings nicht nur Absicherungsgeschäfte im ursprünglichen, ja durchaus sinnvollen Gedanken des Schutzes vor Wertverlusten gemacht: Da Derivate so konstruiert sind, dass sie die Kurs- bzw. Preisschwankungen der Basiswerte überproportional nachvollziehen, können sie ungeheure (positive und negative) Hebelwirkungen entfalten. Sie werden deshalb insbesondere auch zu Spekulationszwecken erworben. Faktisch hat sich der weltweite Handel mit Finanzderivaten im letzten Jahrzehnt deutlich schneller als der Handel mit allen anderen Finanzinstrumenten entwickelt, also auch nochmals dynamischer als der Währungshandel mit einem Umsatz von mehreren Billionen US-Dollar pro Tag (Abb. A). Der Nominalwert der börsengehandelten Derivate entspricht in etwa dem Bestandswert aller Aktien der Welt (2016 [2007]: 70,0 [60,7] Billionen US-Dollar). Ein vielfach größeres Volumen weist der Bestand an OTC-Derivaten auf. In diese Kategorie fallen neben Zins- und Währungsderivaten auch die Kreditderivate. Durch den unregulierten, häufig hochspekulativen Handel mit diesen Derivaten wurden umfangreiche Kreditrisiken weltweit auf eine Vielzahl von Finanzinstituten verteilt.

Seit der Krise verläuft die Entwicklung weniger expansiv, bei OTC-Derivaten ist sie seit 2013 infolge veränderter rechtlicher Bedingungen rückläufig. In Europa etwa wurde zu diesem Zeitpunkt die EMIR-Verordnung (*European Market Infrastructure Regulation*) umgesetzt, in deren Kern die Verpflichtung der Marktteilnehmer zum Clearing ihrer außerbörslichen Standard-Derivatgeschäfte über eine *Central Counterparty* sowie die Meldung dieser OTC-Geschäfte an ein Transaktionsregister stehen. Nach wie vor zählt die eingehende Regulierung von Derivaten und Marktteilnehmern (z. B. Hedgefonds, die sich durch eine erhöhte Risikobereitschaft auszeichnen), jedoch zu den besonders herausfordernden Aufgaben zur Vermeidung von Finanzkrisen und Herstellung größerer Stabilität im Finanzsystem. Hervorzuheben ist diesbezüglich der auch schon im Vorfeld der Krise hervorgebrachte Vorschlag, eine einheitliche Steuer für sämtliche Finanzmarkttransaktionen einzuführen (Tobin-Steuer); vor allem kurzfristige Spekulationen mit ihren destabilisierenden Wirkungen, speziell bei Optionen und Leerverkäufen, sowie der Hochfrequenzhandel würden so erschwert.

Ebenfalls bemerkenswert: Gerade am Beispiel Finanzderivate lässt sich besonders eindrücklich aufzeigen, wie weit Märkte von Wissenschaftlern und ihren Modellen geprägt sind, sie in anderen Worten performativ hergestellt und gestaltet werden. So haben MacKenzie & Millo (2003) in einer viel beachteten Studie über den Handel mit Optionsscheinen an der Chicagoer Terminbörse schlüssig nachgezeichnet, wie sich aus einem ökonomischen Modell – in dem Fall die Optionspreistheorie nach Black, Scholes und Merton aus dem Jahr 1973, ein später mit dem Wirtschaftsnobelpreis ausgezeichnetes „Kronjuwel" der neoklassischen Ökonomie – eine Marktsituation entwickelte, in der sich die realen Preise stetig denjenigen Preisen annäherten, die diese Theorie prognostizierte. Letztlich waren es also die ökonomische Theorie bzw. ihre Erfinder, die die Preise herstellten oder allgemeiner gefasst: Das Modell formte den Markt, nicht der Markt das Modell.

---

not just an economic entity, a store of value, a means of exchange or even a commodity traded and speculated in for its own sake; it is also a social relation." Dieser Sachverhalt lässt sich anhand der folgenden beiden typischen, auch gut erforschten Formen der Unternehmensfinanzierung illustrieren, nämlich erstens der gerade für die KMU-Finanzierungen in Deutschland nach wie vor so wichtigen Kreditbeziehung und zweitens der im angelsächsischen Raum sehr zentralen Finanzierungsform des Beteiligungs- bzw. Risikokapitals (engl. *Venture Capital,* kurz VC).

Zum ersten Beispiel: In der Forschung zur Unternehmensfinanzierung durch Banken werden idealtypisch zwei Formen von Beziehungen zwischen Kunden und Banken unterschieden (Elsas & Krahnen 2004):

- Von Hausbankbeziehungen (engl. ***relationship banking***) spricht man, wenn Banken und Kunden feste, vertrauensvolle und langfristige Beziehungen aufbauen, die aus Sicht der Bank im Zeitverlauf die Qualität der Informationen erhöhen und es besser erlauben, auch sog. „weiche", das heißt nicht oder nur schwer quantifizierbare Informationen wie etwa die Vertrauenswürdigkeit oder die Kompetenz eines Kunden bei Kreditentscheidungen zu berücksichtigen. Für die Unternehmen ergeben sich daraus tendenziell günstigere Konditionen und möglicherweise auch die Aussicht auf Unterstützung bei temporären Krisen.

- Gegenstück zum Hausbankensystem ist das transaktionsbasierte Bankwesen (*transaction-oriented* oder auch ***arm's length banking***). Die Risiken werden hierbei in der Regel nur anhand von „harten" Informationen (z. B. Jahresabschluss, Zahlungsverhalten) bewertet. Durch Standardisierung und Skaleneffekte lassen sich beim transaktionsbasierten Banking Kostenersparnisse realisieren.

Infolge moderner Informations- und Kommunikationstechnologien und verschiedener regulativer Vorgaben haben sich die Entscheidungsfindungsverfahren im Bankenwesen in den beiden vergangenen Jahrzehnten maßgeblich verändert. Mithilfe computergestützter, standardisierter Instrumente kann heute eine vollkommen automatisierte Kreditprüfung über das Internet vorgenommen werden. Dies ermöglicht es, Entscheidungen aus der Ferne zu treffen; so vergeben verschiedene Anbieter im Privatkundengeschäft schon seit Längerem Darlehen nur noch über elektronischen und Telefonkontakt. Im Firmenkundengeschäft wird der Betreuung vor Ort durch einen persönlichen Ansprechpartner bei der Bank demgegenüber immer noch große Bedeutung beigemessen (Alessandrini et al. 2010, Handke 2011, Flögel 2018).

Die zunehmende Standardisierung von Kreditvergabeentscheidungen ist in vielerlei Hinsicht kontrovers zu diskutieren. Einerseits führt sie zu einer Objektivierung der Bewertungsprozesse und ermöglicht Effizienzsteigerungen, die grundsätzlich auch an die Kunden weitergegeben werden können. Andererseits wird bei stark standardisierten Entscheidungsprozessen die Kompetenz vor Ort verringert bzw. aufgehoben, sodass der Vorteil, auch weiche Informationen einfließen lassen zu können, weitgehend entfällt. Zudem können die finanzmathematischen Bewertungsverfahren manipuliert werden. Stellvertretend sei hier an den Skandal um die Manipulation des wichtigen Leitzinssatzes Libor erinnert. Wer ihn kontrolliert, kann sichere Wetten auf wirtschaftliche Entwicklungen abschließen (Ashton & Christophers 2015). Besonders kritisch ist ferner, dass von den Bewertungsmodellen performative Wirkungen ausgehen können, indem sie z. B. gleichgerichtetes Marktverhalten und Blasenbildung fördern, die, im Falle ihres Platzens, zu Finanzkrisen führen (Shiller 2003, MacKenzie 2011).

Zum zweiten Beispiel: Ein wesentliches Merkmal von VC-Finanzierungen ist, dass die Wagniskapitalgeber nicht lediglich Kapital zur Verfügung stellen, sondern ihre Portfoliounternehmen auch mit umfangreichen Beratungsleistungen unterstützen. Da gerade in forschungsintensiven Wirtschaftszweigen – bevorzugte Beteiligungsbranchen sind die Bereiche Biotechnologie/ Life Sciences, Neue Medien, IT und Software – Firmengründer oftmals Fachexperten mit hochspezifischem technologischem Know-how, aber ohne umfangreiche Erfahrung in der Unternehmensführung sind, greifen VC-Geber teilweise stark in die operativen Prozesse und die Unternehmensentwicklung ein. Das jeweilige Engagement kann von einer beratenden Tätigkeit im Aufsichtsrat über die Vermittlung von Kontakten zu unterstützenden Dienstleistern wie Anwälten bis zum Eingriff in das Recruiting reichen. Für die erfolgreiche Umsetzung einer Geschäftsidee sind die Branchenexpertise und das eigene Fachwissen des Wagnisfinanciers sowie dessen persönliche Netzwerke daher oft ebenso entscheidend wie eine an sinnvollen Meilensteinen orientierte Finanzierung selbst. Dies darf jedoch nicht darüber hinwegtäuschen, dass auch im Fall von **Wagnisfinanzierungen** die Erzielung möglichst hoher Renditen ein wesentliches Handlungsmotiv darstellt.

Geographische Forschungsarbeiten legen unter anderem offen, dass Wagnisfinanciers systematisch mit verschiedenen Partnern sowohl aus dem regionalen Umfeld (Rechtsanwälten, Wirtschaftsprüfern, Aus- und Weiterbildungseinrichtungen) als auch mit überregionalen Partnern (Industrieexperten, Unternehmensberatungen, Investmentbanken) zusammenarbeiten, um zusätzliche Expertise zu erhalten und investitionsrelevantes Wissen auszutauschen. Ferner betonen sie die Bedeutung **informeller Beziehungen** und dabei die Rolle des eigenen sozialen Umfelds (langjährige Geschäftspartner, Studienfreunde) gerade für den *deal flow*, das heißt die Kontaktaufnahme mit möglichen Portfoliounternehmen (Klagge & Peter 2009, Zademach 2011, Wray 2012). Regelmäßig wird der Präsenz von VC-Gesellschaften ein förderlicher Einfluss auf Entrepreneurship und Unternehmensgründungen vor Ort zugesprochen (Abb. 17.1). Auf der anderen Seite offenbaren diese Studien unterschiedliche Vorgehensweisen, Interessenskonflikte, Vorbehalte und auch falsche Erwartungen bei der Zusammenarbeit verschiedener Kapitalgeber untereinander sowie in den Beziehungen zu ihren Portfoliounternehmen. Dies kommt z. B. in von mehreren Kapitalgebern gemeinsam getragenen, sog. syndizierten Engagements zum Ausdruck, ein grundsätzlich beliebtes Instrument, um Risiken zu streuen.

Insgesamt gesehen stellen Beteiligungsfinanzierungen damit nicht nur marktorientierte ökonomische Beziehungen dar; vielmehr sind sie das Ergebnis ganz bestimmter sozialer Praktiken, in denen Informationen und letztlich auch Kapital vor allem innerhalb enger Netzwerke einzelner Mitarbeiter und entlang persönlicher Kontaktpfade diffundieren. Dies macht deutlich, dass eine akteurszentrierte sowie auf Praktiken fokussierte Sichtweise eine vielversprechende Ergänzung zu eher auf Strukturen (z. B. räumliche Ballung von Wagniskapitalgebern) ausgerichteten Analysen bietet. Eine solche Sichtweise eröffnet neue Möglichkeiten, die Wirksamkeit von Maßnahmen der öffentlichen Hand zur Erhöhung des Angebots an Beteiligungskapital differenzierter zu evaluieren. Nach aktuellem Stand der Forschung fällt der Beitrag von Wagnis- und Beteiligungsfinanciers zum Ausgleich regionaler Disparitäten nämlich eher ernüchternd aus (z. B. Fritsch & Schilder 2012). Letztlich sind VC-Finanzierungen entsprechend eher als ein Abbild der Landkarte guter Ideen und vielverheißender Innovation zu verstehen, denn als ein Motor für ihr Entstehen.

Die letzte Beobachtung dürfte sich auch im gegenwärtig sehr dynamischen Segment des **Crowdfunding** (auch *Crowdinvesting*) bewahrheiten. Diese recht junge, auf Online-Portale gestützte Form der Unternehmens- und Projektfinanzierung ermöglicht es Privatanlegern, sich ohne Vermittlung durch Banken oder andere Finanzdienstleister an einem Projektvorhaben oder einer Existenzgründung zu beteiligen. Aus fachlicher Sicht besonders bemerkenswert ist hierbei das Zusammenspiel verschiedener Formen der Nähe, denn die Einbettung in entsprechende virtuelle Gemeinschaften – zur Bekanntmachung von Projekten werden vor allem Social-Media-Kanäle wie spezielle Blogs genutzt – wiegt hier deutlich schwerer als die schiere Nähe zwischen Gründern und Financiers. Sicherlich werden sich aus dieser Finanzinnovation wiederum neue Finanzierungsmodelle ergeben, etwa Kofinanzierungen von *crowd* und größeren Investoren. Jedenfalls ist Crowdfunding eine durchaus ernstzunehmende Form der Projekt- und Unternehmensfinanzierung, die das Spektrum möglicher Finanzierungswege und -beziehungen gerade in der Gründungsphase erweitert und in zukunftsorientierten Ansätzen der regionalen Strukturpolitik entsprechend berücksichtigt werden sollte.

17.4 Finanzsysteme

Die Regulierung des Geldes durch nationale Zentralbanken und die Kontrolle der Finanzinstitute durch eine staatliche Bankenaufsicht haben Finanzsysteme von unterschiedlichem nationalem Charakter entstehen lassen. Finanzsysteme sind normativ gestaltete Funktionsräume, das heißt Regelsysteme, die das Angebot und die Nachfrage nach Finanzdienstleistungen koordinieren, den Transfer von Geld über Raum und Zeit sichern, Transaktionskosten reduzieren und durch stabile Institutionen

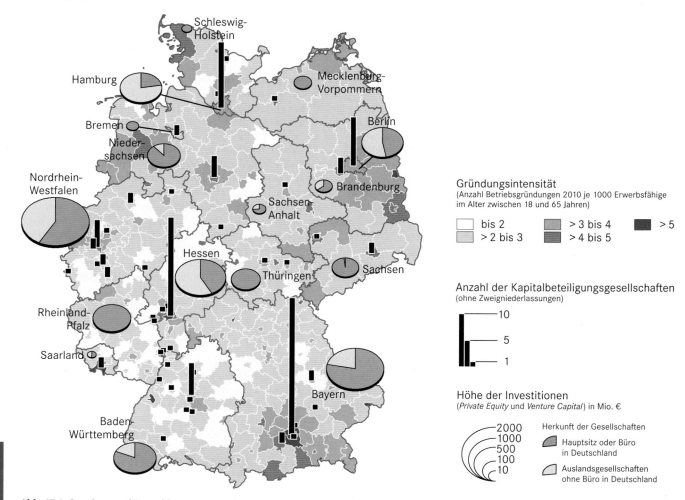

Abb. 17.1 Standorte und Investitionen von Kapitalbeteiligungsgesellschaften in Deutschland 2011 (verändert nach Zademach & Baumeister 2014, auf Grundlage der Statistik des Bundesverbands Deutscher Kapitalbeteiligungsgesellschaften und der Regionaldatenbank Deutschland, Kartographie: A. Kaiser).

langfristig Ordnung schaffen. Die institutionelle Architektur eines Finanzsystems beeinflusst, wie sich Unternehmen finanzieren, welche Finanzbeziehungen sie eingehen und welche Governance-Formen sie beim Management von Unsicherheit und Risiko bevorzugen (Krahnen & Schmidt 2004). Insofern gehen Finanzsysteme über die rein formale Finanzregulierung hinaus. Auch die Art und Weise, wie Finanzmarktakteure die Regeln auslegen und welche wechselseitigen Erwartungen sich durch wiederholte Handlungspraxis in Finanzbeziehungen herausbilden, machen den institutionellen Kern eines Finanzsystems aus.

Idealtypisch werden in der vergleichenden Kapitalismusforschung das markt- bzw. börsengetriebene Finanzsystem der liberalen Marktwirtschaften des angloamerikanischen Raums dem bankenorientierten System der koordinierten Marktwirtschaften Kontinentaleuropas und Japans gegenübergestellt (Hall & Soskice 2001). Deutschland mit seinem auf drei Säulen (Privatbanken, Genossenschaftsbank und Sparkassen) gestütztem Bankensystem, einschließlich des angestrebten Machtausgleichs zwischen Kapitalgebern bzw. Anteilseignern, Manage-

ment, Belegschaft und Gewerkschaften, wird als Prototyp der koordinierten Marktwirtschaft angesehen, die USA als idealtypische liberale Marktwirtschaft. Ein wichtiges Argument ist hierbei, dass ein Typ nicht generell dem anderen überlegen ist, sondern dass grundsätzlich in beiden ein zufriedenstellendes Wachstum und ausreichend Beschäftigung erreicht werden können.

Wie in Exkurs 17.3 anhand des Beispiels Spanien gezeigt, beeinflussen Finanzsysteme die Richtungen und Wirkungen von Finanzflüssen und nehmen auf diese Weise Einfluss auf wirtschaftliche und gesellschaftliche Entwicklungspfade. So unterstützen Finanzsysteme Lernprozesse in der Realwirtschaft und beeinflussen die Selektion von Innovationen auf Märkten (Bathelt & Gertler 2005):

- **Marktbasierte Finanzsysteme** werden dabei als besonders effizient bei der Identifikation und Vermarktung radikaler Innovationen angesehen, also Innovationen, die sich durch einen hohen Grad an Neuerung auszeichnen. Ihnen gehen oft

Exkurs 17.3 Finanzsystem und Pfadentwicklungen in Spanien

Mit der Einführung des Euro im Jahr 2002 übertrug die spanische Zentralbank Banco de España ihre hoheitliche Aufgabe der Geldmarktkontrolle an die Europäische Zentralbank. Im Zuge dessen sanken in Spanien aufgrund der höheren Geldwertstabilität des Euro im Vergleich zur spanischen Peseta die Zinsen, die inländische Privatpersonen und Unternehmen bei der Aufnahme von neuen Krediten zu zahlen hatten. Fremdkapital wurde zum wichtigsten Finanzierungsinstrument für unternehmerische Aktivitäten sowie für regionale Entwicklungsprojekte. Über Kredite finanziert schlug Spaniens Wirtschaft einen bemerkenswerten Wachstumskurs ein. Das Prokopfeinkommen stieg zwischen 1999 und 2007 jährlich um durchschnittlich 6,3 %. Insbesondere der Bausektor hatte daran einen wesentlichen Anteil. Dieser Sektor war es jedoch auch, der Spanien ab 2007 in eine beinahe zehnjährige Wirtschafts- und Schuldenkrise stürzte. Eine lockere Kreditvergabepolitik vor allem vonseiten regionaler Sparkassen hatte einen Bauboom angetrieben, der als geplatzte Immobilienpreisblase endete. Die Relikte der Krise sind weithin sichtbar: Heute steht in Spanien jede siebte Wohnung leer. Es wurden Wohnungen gebaut, die niemand braucht, und sie wurden über Kredite finanziert, die heute niemand mehr zurückzahlen kann. Überproportionierte Wohnsiedlungsprojekte stehen ungenutzt in der suburbanen Landschaft und die spanischen Mittelmeerküsten wurden für touristische Zwecke überbaut. Hinzu kommen überschuldete Haushalte, denen man im Zuge einer Privatinsolvenz nicht selten die Wohnung pfändete, sowie eine Jugendarbeitslosigkeit von mehr als 20 %. Welchen Anteil hatte das spanische Finanzsystem an diesen Entwicklungen?

Zum einen erlaubte die nationale Bankenregulierung den Finanzinstituten in Spanien, Geld in Form von Krediten in großem Stil neu und eigenständig selbst zu schaffen. Möglich wurde dies über die Praxis der Hypothekenkreditbesicherung.

Aufgrund durchschnittlicher jährlicher Immobilienpreissteigerungen von mehr als 20 % galten Wohnimmobilien in Spanien zu dieser Zeit als starke, weil risikolose Kreditsicherheit. Immer mehr Finanztransaktionen im spanischen Finanzsystem wurden mit dem Immobiliensektor gekoppelt. Letztendlich wurden sogar Unternehmenskredite nur noch mit Immobilienwerten besichert vergeben. Zum anderen waren es die spanischen Provinzregierungen sowie die autonomen Regionen, die sich stark für eine lockere Hypothekenkreditmarktregulierung einsetzten. Dafür gab es gleich mehrere Gründe. Erstens profitierten sie als Eigentümer der Sparkassen direkt von den Rekordgewinnen des Finanzsektors und, weil viele Sparkassen ihre eigenen Immobilienfirmen unterhielten, auch von den Gewinnen des Bausektors. Zweitens war es ihnen möglich, ambitionierte regionale Entwicklungsprojekte über „ihre" Sparkassen direkt zu finanzieren. Das dafür nötige Geld konnten sie sich, wie beschrieben, selbst schaffen. Drittens stellten Steuereinnahmen aus Grunderwerb sowie aus Wohneigentum für die Finanzhaushalte der Provinzregierungen lange Zeit die wichtigste Einnahmequelle dar. Insofern ist verständlich, dass sich selbst in der Frühphase der Immobilienkrise niemand politisch für eine veränderte Regulierung einsetzte. Die Finanzsystemzusammenhänge, die in die Krise führten, wurden in der Krise weiter reproduziert. Im Kampf gegen die Krise entschied man sich für einen langsamen regulatorischen Übergang, der z. B. nur schrittweise Wertberichtigungen der Banken bei faulen Immobilienkrediten vorsah. Man erkaufte dem Bankensektor Zeit, verlängerte damit aber zugleich die Krise und riskierte, dass sie sich zu einer Staatsschuldenkrise ausweitete. Denn am Ende war es der Staat, der die Sparkassen mit Milliardensubventionen vor dem Bankrott rettete. Kritiker behaupten, eine solche Rettung sei im spanischen Finanzsystem von Grund auf institutionell verankert gewesen und hätte den Finanzmarktakteuren daher falsche Anreize gesetzt (Handke 2015).

---

aufwendige Entwicklungsprozesse mit einem hohen Finanzierungsbedarf voraus und sie bergen aufgrund von Unwägbarkeiten im Entwicklungsprozess sowie ihrer letztendlichen Marktakzeptanz ein hohes Risiko. Über Kapitalmärkte gelingt es, das Risiko auf mehrere Investoren zu verteilen.

- Im Gegensatz dazu ist in **bankbasierten Systemen** die Innovationsfinanzierung mit einem höheren Grad an Diskretion verbunden. Wichtige Grundlage ist dabei auch Vertrauen in die Stabilität des Finanzsystems, da Geld oft für viele Jahre ausgeliehen wird. Die Kapitalgeber kennzeichnet eine Bereitschaft zu spezifischen Investitionen, die mit langfristigen, inkrementellen Lernprozessen einhergehen. Gleichzeitig bergen die guten Überwachungsmöglichkeiten, welche aus der relativ engen Beziehung zwischen Kreditnehmern und ihren Hausbanken resultieren, aber auch Gefahren des Machtmissbrauchs.

Die relativen Vorzüge unterschiedlicher Finanzsysteme vor dem Hintergrund ihrer Entwicklungspfade herauszuarbeiten, ist ein Gegenstand laufender Forschungen und Fachdebatten. Nach wie vor umstritten ist dabei die Frage nach den Angleichungstendenzen nationaler Finanzsysteme: Manche Wissenschaftler gehen davon aus, dass kaum noch unterschiedliche Finanzsysteme existieren und vermuten eine **Homogenisierung** weltweiter Finanzsysteme nach US-amerikanischem Vorbild. Dabei wird u. a. angeführt, dass die Führungseliten großer Banken nicht mehr national integriert sind und damit kaum mehr Verantwortung für die heimische Wirtschaft übernehmen, mit entsprechend negativen Folgen für den produzierenden Sektor und die Rolle der Arbeit darin (Cassis 2010). Andere Wissenschaftler betonen hingegen die immer noch große Diversität der Systeme und heben trotz aller Veränderungen starke Beharrungstendenzen hervor. Aus fachlicher Sicht besonders hervorzuheben ist dabei das Zusammenspiel und der unterschiedliche Einfluss von Entwicklungen, Handlungen und auch Werthaltungen auf verschiedenen Maßstabsebenen. In dem Sinne zeigt z. B. Klagge (2009) auf, dass Dynamik und Richtung der Veränderungen im

Finanzsystem Deutschlands (konkret besonders die gestiegene Bedeutung kapitalmarktbasierter Finanzierungsinstrumente) vor allem durch internationale Einflüsse und supra- bzw. internationale Akteure bestimmt werden, während regionale Institutionen und räumliche Strukturen wie etwa das Regionalprinzip der Sparkassen eine recht hohe Persistenz aufweisen.

Sowohl aus Sicht der Wissenschaft als auch der Regulierung ist eine wichtige und herausfordernde Aufgabe, mit solchen Mehrebenenproblemen umzugehen. Gerade bei Regulierungsfragen gilt zu berücksichtigen, dass Finanzsysteme über ihren Einfluss auf die Richtung und Wirkung von Finanzflüssen ein wesentliches Instrument der gesellschaftlichen **Verteilung von Reichtum** darstellen (Deutschmann 2002). Die Vorstellungen einer gerechten Verteilung fallen dabei je nach historischem und kulturellem Kontext sowie vorherrschender Gesellschaftsordnung sehr unterschiedlich aus, etwa was die Ausgrenzung von Akteuren, die Frage der Zulässigkeit von Zinsen oder auch moralische Werte in der Geldanlage betrifft (Zademach 2015). Auch kommen jüngere Untersuchungen (Arcand et al. 2012, Beck 2012) unter dem griffigen Label *„Too much finance?"* zu dem Ergebnis, dass sich die positiven Wachstumswirkungen in Volkswirtschaften mit besonders hoch entwickelten Finanzsystemen nach Überschreitung eines Grenzwerts umkehren können, z. B. weil über die Bindung von qualifizierten Arbeitskräften im Finanzsektor das Wachstum in anderen Wirtschaftszweigen gehemmt wird oder gerade in solchen Finanzsystemen – auch als Folge (!) öffentlicher Garantiezusagen und Stützungsmaßnahmen – zu aggressive Risikostrategien gefahren werden.

17.5 Finanzzentren

Banken und andere Finanzdienstleiter weisen im Allgemeinen eine hohe räumliche Konzentration auf. Städte mit einer großen Zahl und Vielfalt von Finanzdienstleistern werden Finanzzentren genannt; sofern die Reichweite der dort wahrgenommenen Funktionen über die eigene Volkswirtschaft hinausgeht, spricht man von internationalen Finanzzentren. Genau genommen bezieht sich der Begriff jedoch nur auf einen, manchmal auch mehrere Ausschnitte einer Stadt, nämlich die **innerstädtischen Bankenviertel**, meist auch mit Sitz der Börse. Diese Stadtteile sind wiederum die wichtigsten Symbole des jeweiligen Finanzplatzes, also der Städte, die Trägerinnen der Reputation sind, ein bedeutender Standort der Finanzwirtschaft zu sein. Gelegentlich finden sich in der Literatur auch Aussagen, die den Finanzplatzbegriff auf größere Regionen beziehen (z. B. Finanzplatz Europa, Finanzplatz Bayern), in vielen Fällen mit dem Zweck verbunden, einen politischen Konsens zu schaffen.

Die Finanzdienstleister und Organisationen an einem Finanzplatz unterhalten arbeitsteilige Beziehungen zueinander. Finanzzentren sind daher hochgradig vernetzte Orte, wobei ihre Vernetzung untereinander in der Regel stärker ausgeprägt ist als ihre Vernetzung mit Städten im eigenen nationalen Kontext. So lässt sich beispielsweise die Entwicklung der Miet- und Bodenpreise in den innerstädtischen Dienstleistungskomplexen dieser Städte

Abb. 17.2 Zeltende Demonstranten auf dem Platz vor der Europäischen Zentralbank (EZB) in Frankfurt a. M. am 16. Oktober 2011.

nur in Relation zu den Bodenpreisen anderer entsprechender Standorte erklären. Allerdings ist zu berücksichtigen, dass nur einzelne Segmente und auch nur Teile der Bevölkerung in die globalen Netzwerke integriert sind. Abgesondert von den im Allgemeinen hochbezahlten Spezialisten leben jene Erwerbspersonen, die einfache Dienstleistungen (z. B. Sicherheitsdienste, Reinigungskräfte) erbringen. Die Folge ist ein Auseinanderfallen der Aktivitäten und Anliegen der global agierenden Eliten mit den Interessen der großen Bevölkerungsteile, deren Arbeits- und Lebenssituation sich durch den Wandel der Städte verschlechtert hat. Nicht zufällig konzentrierten sich die Proteste der Occupy-Bewegung auf die Londoner City, die New Yorker Wall Street oder das Frankfurter Bankenviertel (Abb. 17.2).

Das **Netzwerk der Finanzzentren** wird oft als hierarchisch beschrieben. Demzufolge gelten die wenigen Standorte, die eine unangefochtene Bedeutung als Entscheidungszentren über weltweite Kapitalströme verfügen – allen voran New York und London – als Welt- oder globale Finanzzentren, während *second-tier*-Standorte wie Dubai und Johannesburg als Zentren für mehrere benachbarte Länder fungieren und die große Mehrheit der Finanzzentren nur die Funktion eines nationalen oder regionalen Anbieters von Finanzdienstleistungen erfüllt (Abb. 17.3). Tatsächlich greift ein solch hierarchisches Verständnis von Finanzzentren jedoch zu kurz. Denn zwischen Finanzzentren besteht vielmehr ein vielschichtiges Verhältnis von Konkurrenz und funktionaler Arbeitsteilung mit stetigen Änderungen, die durch die strategischen Handlungen der Akteure (Börsenunternehmen, Finanzinstitute, Regierungen) bewirkt werden. Als sog. *footloose industry* kann der Finanzsektor auch abwandern, ein Finanzzentrum sich also verlagern, möglicherweise auch komplett auflösen. So haben einige ehemalige Weltstädte des Geldes wie etwa Brügge, Antwerpen und Augsburg – in diesen Städten entstanden im späten Mittelalter die ersten Börsen – heute nur noch lokale Bedeutung. Dieses Auf und Ab wird von verschiedensten Faktoren beeinflusst. Allem voran haben Regierungen ein Interesse, „ihr" Finanzzentrum zu erhalten bzw. ein eigenes zu schaffen (Schamp 2008). Deshalb befinden sich die bedeutendsten Finanzzentren eines Landes häufig am Sitz der nationalen Regierungen bzw. deren Zentralbanken. Auch Frankfurt hat in

Folge der Ansiedlung der Bundesbank im Jahr 1948 eine dominante Rolle als nationales Finanzzentrum einnehmen können. Hinzu kamen weitere Faktoren, wie u. a. eine verkehrsgünstige Lage und die Offenheit der hessischen Landesregierung und der Stadtverwaltung gegenüber der Finanzindustrie (Grote 2004). Auch das Image eines Finanzplatzes, seine Selbstdarstellung und Lebensqualität vor Ort beeinflussen, ob sich bedeutende Unternehmen der Finanzindustrie mit Hauptsitzen oder Niederlassungen ansiedeln (Engelen & Glassmacher 2013).

Warum der Finanzsektor national wie international eine so starke Konzentrationstendenz aufweist, kann mit **branchenspezifischen Agglomerationsvorteilen** sowie dem Informationsgehalt von Finanzprodukten erklärt werden. So wirken in Finanzzentren in vielfacher Hinsicht die aus der industriegeographischen Clusterforschung bekannten externen Ersparnisse wie der Zugang zu einem qualifizierten Arbeitsmarkt einschließlich der entsprechenden Aus- und Weiterbildungsangebote und des Vorhandenseins einer leistungsfähigen Verkehrs- und technischen Infrastruktur (Flughäfen, Datennetze). Zudem sind Banken, Versicherungen und sonstige Finanzdienstleister in besonderem Maße auf unterstützende Dienstleister wie Wirtschaftsprüfer, Anwälte oder auch Caterer und Tagungshotels angewiesen. Den Vorteilen der Konzentration stehen Agglomerationsnachteile wie z. B. hohe Lohn- und Immobilienpreise oder weniger Nähe zum Kunden gegenüber, die wiederum eine räumliche Dezentralisierung fördern. Tatsächlich wurden in vie-

len modernen Finanzzentren verschiedene Funktionen, v. a. im sog. Back-Office-Bereich (Tätigkeitsfelder ohne unmittelbaren Kundenkontakt, z. B. Buchhaltung, EDV-Support, daneben Callcenter) aus dem Stadtkern ausgelagert. So sind in Frankfurt und München inzwischen viele unterstützende Funktionen im Umland angesiedelt, etwa in Eschborn und Unterföhring. Vielfach wurden *back offices* auch ins Ausland verlagert, um von niedrigeren Löhnen zu profitieren. Wichtig ist also das Verhältnis zwischen zentripetalen und zentrifugalen Kräften, welches sich durchaus verschieben kann.

Die **informationsbezogene Begründung** der räumlichen Ballung von Finanzdienstleistern geht in ihren Grundzügen auf Clark & O'Connor (1997) zurück, die damit eine starke Gegenposition zu O'Briens (1992) *End-of-Geography*-These entwickelten, der zufolge sich die Finanzwirtschaft infolge der Globalisierung an jedem beliebigen Ort und möglicherweise auch nur an einem einzigen Punkt der Weltwirtschaft lokalisieren könne. Im Kern steht der Gedanke, dass Finanzprodukte für die Marktpartner unterschiedlich transparent sind und ihre Herstellung jeweils transaktionsspezifische Informationen erfordert. Als transparent werden solche Produkte eingestuft, deren Eigenschaften hinlänglich bekannt sind und deren Preisbildung leicht von vielen Marktteilnehmern nachvollzogen werden kann (z. B. Währungshandel). Bei diesen als relativ risikoarm geltenden Produkten bestehen besonders gute Möglichkeiten, (unternehmensinterne) Größeneffekte durch Konzentration auf einen

Kapitel 17

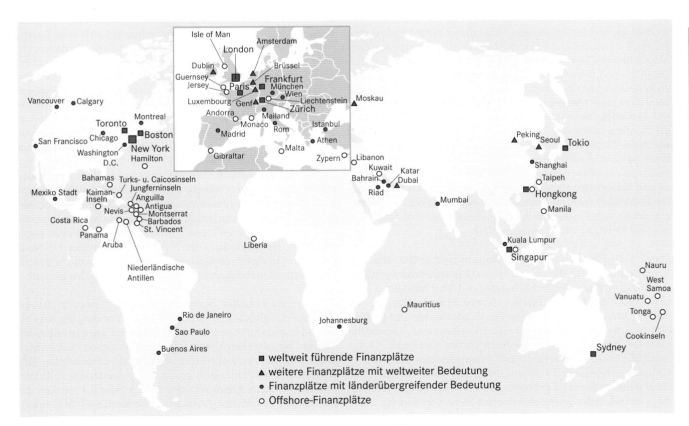

Abb. 17.3 System der internationalen Finanzzentren (verändert nach Zademach 2014).

Markt zu erzielen. Demgegenüber stehen weniger transparente Finanzprodukte (*translucent*, z. B. Derivate und Zertifikate) und für Außenstehende undurchsichtige (*opaque*) Finanzierungslösungen wie Unternehmensbeteiligungen. Beide Produkttypen erfordern eine genaue Kenntnis der gesetzlichen Bestimmungen im jeweiligen Land, im zweiten Fall zusätzlich auch tiefgehendes Wissen über lokale Marktverhältnisse. Clark & O'Connor (1997) begründen mit diesen Produkttypen eine dreigeteilte „Ordnung" von Finanzzentren, gemäß der transparente Produkte auf internationalen/globalen Börsenplätzen gehandelt und hergestellt werden, weniger transparente auf nationalen und intransparente auf subnationalen.

Unstrittig kann diese sehr idealtypische Zuordnung den heutigen komplexen Überlagerungen verschiedenster, selten nur lokaler Wertschöpfungsnetze in Finanzzentren nicht mehr gerecht werden. Sie rückte aber bereits recht früh das Argument in den Vordergrund, dass sich Finanzzentren nicht allein mit Blick auf eine Maßstabsebene, sondern nur in ihrem Zusammenwirken mit anderen Finanzzentren und auch anderen Orten, z. B. den *back-office*-Standorten, verstehen lassen. Dem Rechnung tragend konnte zwischenzeitlich in einer Reihe von Mikroanalysen über die Wertschöpfungsprozesse im Finanzsektor nachgewiesen werden, dass die Herstellung komplexer Finanzierungslösungen in der Regel in Form von kommunikations- und verhandlungsintensiven Projekten organisiert wird, in denen unterschiedliche Dienstleister von verschiedenen Standorten zusammenarbeiten (z. B. Lo 2003, König et al. 2007, Dörry 2015, Hall 2015). Am Finanzzentrum selbst befinden sich oft nur noch die besonders wissensintensiven und mit einem hohen Maß an steuernder Entscheidungsmacht ausgestatteten Teile dieser Netzwerke. Dabei bestehen im lokalen Umfeld weiterhin Vorteile aufgrund besserer Möglichkeiten zum Informationsaustausch im Face-to-Face-Gespräch und dem Aufbau eines gemeinsamen Verständnisses zwischen den verschiedenen involvierten Finanzinstitutionen. So kann das Finanzzentrum auch als ein besonderes soziales Milieu mit speziellen Verhaltensweisen von Finanzdienstleistern (z. B. die Nutzung bestimmter Treffpunkte, die Zugehörigkeit zu bestimmten Netzwerken oder die Aneignung einer bestimmten Berufssprache) beschrieben werden. Für die Finanzdienstleister resultieren aus diesen spezifischen Praktiken Vorteile im Zugang zu und bei der Interpretation von Informationen als Grundlage für Entscheidungen im Finanzsektor. Auch aus diesem Grund entwickeln sich Finanzinstitute zu multinationalen Unternehmen mit Standorten an vielen Finanzzentren.

Durch einige spektakuläre Enthüllungen sind in der jüngeren Vergangenheit auch die sog. **Offshore-Finanzplätze** verstärkt ins Blickfeld der Öffentlichkeit gerückt. Dabei handelt es sich um zumeist auf kleinen Inseln gelegene Finanzplätze, an denen die strengen Regulierungen der Zentralbanken der großen Nationen nicht gelten und die daher (risikoreiche) Geschäfte zulassen, die andernorts nicht durchführbar sind (Abb. 17.4). Auch laden sie Unternehmen und Privatpersonen ein, Steuervorteile zu realisieren. Nicht jede finanzielle Transaktion in Offshore-Finanzplätzen ist grundsätzlich gesetzeswidrig. Vielmehr muss zwischen der gesetzeskonformen Steuervermeidung, auch aggressive Steuerplanung genannt, und der rechtswidrigen, also strafbaren Steuerhinterziehung unterschieden werden. Im Rahmen der rechtlich zulässigen Steuervermeidung versuchen multinationale Unternehmen einfach gesprochen ihre Gewinne zum größten Teil in Niedrigsteuerländern, ihre Verluste hingegen in Hochsteuerländern geltend zu machen. Allen Formen der aggressiven Steuerplanung ist gemein, dass damit keine realwirtschaftlichen Aktivitäten verlagert, sondern lediglich Buchgewinne und -verluste verschoben werden.

Die Praxis der Steuerhinterziehung betrifft Steuerpflichtige außerhalb des unternehmerischen Bereichs, also Privatpersonen. Dazu bieten die in Offshore-Zentren ansässigen Banken ihren in aller Regel sehr vermögenden Kunden maßgeschneiderte Lösungen wie Stiftungen (sog. *trusts*) oder besondere Fonds an, die es den Investoren erlauben, anonym zu bleiben (Exkurs 17.4). Oft fließt das Geld durch mehrere solcher Geschäftseinheiten in verschiedenen Offshore-Zentren, um eine mehrfache Verschleierung der Besitzverhältnisse zu erreichen. Wie hoch dieses Vermögen in Summe ist, kann entsprechend nicht genau beziffert werden. Eine Studie der internationalen Non-Profit-Organisation „Tax Justice Network24" (Henry 2012) schätzte es für das Jahr 2010 auf 21–32 Billionen US-Dollar, andere Schätzungen liegen nochmals deutlich höher (Abb. 17.4). Der damit verbundene jährliche Ausfall an Einkommensteuer in den Ursprungsländern dürfte sich in einer Größenordnung bewegen, die den Jahreshaushalt der Bundesregierung deutlich übersteigt. Die Einnahmeausfälle der Finanzbehörden infolge aggressiver Steuervermeidungsstrategien durch Unternehmen liegen nochmals um ein Vielfaches höher.

Für viele Offshore-Zentren sind die Einnahmen infolge ihrer steuerlichen und regulatorischen Vorzüge zum Garant für **nationalen bzw. regionalen Wohlstand** geworden. Als Konsequenz lässt sich ein Wettbewerb um niedrige Standards feststellen, ein *race to the bottom*, in dessen Zuge die Finanzplätze versuchen, ihre jeweilige Attraktivität nochmals zu erhöhen, und sich mit immer niedrigeren Steuersätzen gegenseitig unter Druck setzen. Viele OECD-Staaten beteiligen sich aktiv an diesen Entwicklungen. So sieht z. B. die britische Regierung ihre Überseegebiete und Kronkolonien auch in offiziellen Berichten als einen wichtigen Teil der heimischen Finanzindustrie. In vielen Firmen seien sie selbstverständlicher Teil der Unternehmenskultur. Zahlreiche Abgeordnete sind Aufsichtsratsmitglieder in Firmen mit Offshore-Konten (Volkery 2013). Das einzigartige Netzwerk der britischen Steueroasen gilt hier als nationaler Standortvorteil. Andere Staaten haben selbst regulatorische Sonderzonen innerhalb der eigenen Hoheitsgebiete zugelassen oder sogar befördert. Beispiele sind die Niederlande oder der US-Staat Delaware, in denen ausländische Investoren ebenfalls mittels Briefkastenfirmen erhebliche Steuervorteile erzielen können.

Im Zuge der aktuellen Bemühungen um Reformen in der Architektur des globalen Finanzsystems stellt der Umgang mit Offshore-Finanzzentren sowie dem schädlichen Steuerwettbewerb und den vielen weiteren Problemen, die von diesen Risiko-Orten ausgehen, nach wie vor eine zentrale Herausforderung dar. Das weitreichendste Potenzial haben dabei grundsätzlich multilaterale Maßnahmen. Ohne ein flächendeckendes Umdenken der führenden Finanzplätze – einschließlich der USA und Großbritannien – wird es jedoch kaum zu wirksamen Lösungen kommen können.

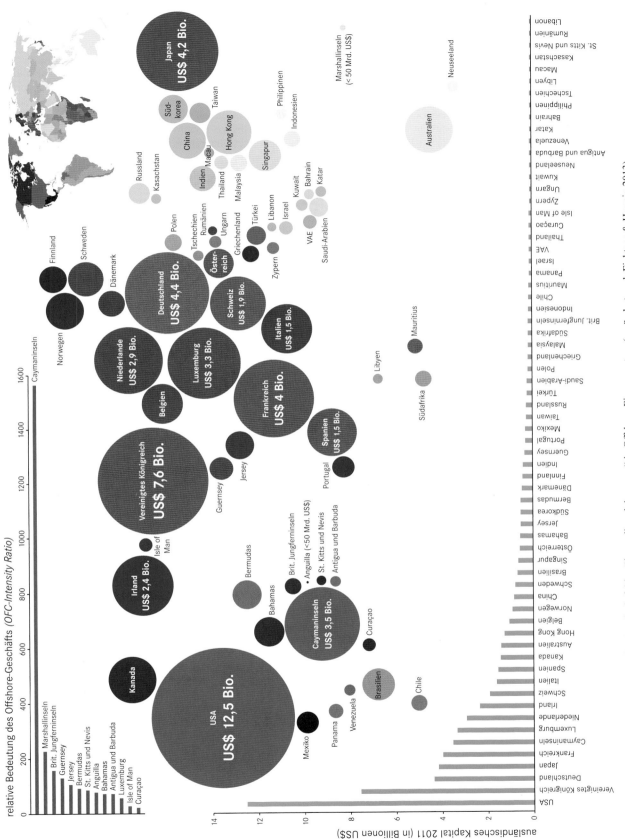

Abb. 17.4 Größe und relative Bedeutung des Geschäftsfelds „Finanzdienstleistungen" in Offshore-Finanzzentren (verändert nach Fichtner & Hennig 2013).

Kapitel 17

Exkurs 17.4 Der Offshore-Finanzplatz Liechtenstein

Im Fürstentum Liechtenstein erwirtschaftet der Finanzsektor ein Drittel des Bruttoinlandsprodukts und ca. 40 % der Staatseinnahmen. Bis vor zehn Jahren kannten liechtensteinische Banken weder gegenüber der nationalen noch den internationalen Steuerbehörden eine Auskunftspflicht. Für eine Zäsur in der Entwicklung des Finanzplatzes sorgte im Jahr 2008 der Verkauf einer CD eines ehemaligen Bankangestellten mit den Namen Hunderter Steuerhinterzieher an die Bundesrepublik Deutschland („Zumwinkel-Affäre"). Seitdem befindet sich Liechtenstein auf einem Weg zur verstärkten internationalen Zusammenarbeit.

Der enorme Aufstieg des Finanzplatzes Liechtenstein nimmt seinen Ausgang bereits in den 1920er-Jahren. Damals wurde als Reaktion auf den wirtschaftlichen Zusammenbruch infolge des Ersten Weltkriegs mit mehreren Gesetzen ein ausgeprägt anlegerfreundliches Gesellschafts- und Stiftungsrecht geschaffen. Dies machte Liechtenstein, verbunden mit extrem niedrigen Steuern, politischer Stabilität, einem nochmals strengeren Bankgeheimnis als demjenigen der Schweiz und der zentralen Lage in Europa, zu einem attraktiven Standort für Holding- und Domizilgesellschaften, viele davon kontrolliert von Stiftungen. Die genaue Anzahl dieser Gesellschaften wird diskret verschwiegen, nach Schätzungen waren Mitte des letzten Jahrzehnts etwa 80 000 Briefkastenfirmen registriert, etwa zweimal so viel wie Einwohner (Laulajainen 2004, Meusburger 2008).

Infolge der Zumwinkel-Affäre zogen zahlreiche private Anleger ihr Vermögen aus Liechtenstein ab, Tausende Stiftungen wurden gelöscht. Seitdem versucht das Fürstentum, sich nicht mehr als Steuer-, sondern als Stabilitätsoase zu positionieren. Heute bekennt sich das Fürstentum zu den OECD-Standards des Informationsaustausches in Steuerfragen und hat mit einer Reihe von Staaten sog. Doppelsteuerabkommen geschlossen, wobei die Umsetzung des Bekenntnisses jedoch eher zögerlich erfolgt.

17.6 Fazit und Ausblick

Bei der Erfassung, Analyse und Bewertung und insbesondere auch der Gestaltung von Kapitalflüssen und Finanzsystemen bestehen nach wie vor viele Herausforderungen. Mehr Transparenz und Stabilität im globalen Finanzsystem sicherzustellen und durchzusetzen, dass sich der Finanzsektor international wieder seiner eigentlichen Aufgabe zuwendet – nämlich der Vermittlung und Bereitstellung von Finanzmitteln für die Realwirtschaft und dabei insbesondere für gesellschaftlich wünschenswerte Vorhaben und Neuerungen (z. B. im Bildungs- und Umweltbereich) – lässt sich allgemein anführen. Aus der Fachperspektive besonders hervorzuheben ist zudem die Aufgabe, auf eine bessere soziale und räumliche Verteilung der aus stabilen und transparenten Finanz- und Wirtschaftssystemen resultierenden Wachstums- und Wohlfahrtsgewinne hinzuwirken. Zweckmäßig ist hier sicher, mit Zugängen zu arbeiten, die Maßnahmen auf Mikro-, Meso- und Makroebene vernetzt denken.

Auch gilt anzuerkennen, ob man es mag oder nicht, dass viele der großen Herausforderungen unserer Zeit – vom Klimaschutz über die Energiewende und das Nahrungsmittelproblem bis hin zur Hinwendung zu ressourcenschonenderen Produktions- und Konsumtionsweisen – ohne Berücksichtigung der Verschränkungen mit Finanzsystemen unterschiedlicher Reichweite nicht zu lösen sein werden. Anders formuliert liegt im Verständnis der Funktions- und Wirkungsweisen von Finanzsystemen also ein entscheidender Schlüssel der **nachhaltigen Entwicklung**. Trotz der im Beitrag aufgezeigten direkten (Kreditvergabe/Beteiligungen, Vermittlung von Geschäftskontakten) und indirekten Bezüge (Stichwort Finanzialisierung) fand das Zusammenspiel zwischen Finanzsektor und gerade der natürlichen Umwelt bisher noch sehr wenig Aufmerksamkeit. Als gesicherte Erkenntnis lässt sich hier nur ansehen, dass Finanzinstitutionen einerseits in der Tat als ein sehr nützlicher Hebel für „mehr Nachhaltigkeit" dienen können (beispielsweise indem sie junge Technologieunternehmen mit innovativen Lösungen im Bereich der erneuerbaren Energien mit Kapital versorgen), andererseits aber im Finanzsystem viele Mechanismen dem Leitbild der Nachhaltigkeit fundamental widersprechen.

Wie schon erwähnt, ist das Feld der Finanzgeographie noch jung. Alle Leserinnen und Leser sind herzlich ermuntert, es durch eigene Arbeiten weiter zu bestellen, gerne im Sinne eines hybriden Feldes, das heißt, quer zu den klassischen Bindestrich-Segmenten der Geographie. Denn wie die Ausführungen gezeigt haben, kommt man bei der Bearbeitung von Fragestellungen, die sich einer Geographie der Finanzen zuschreiben lassen, schnell mit anderen Teildisziplinen wie der Politischen Geographie und der Stadtgeographie, der Geographie der ländlichen Räume und der Geographischen Entwicklungsforschung sowie auch der Physischen Geographie in Berührung. Der Themenkomplex Finanzen-Finanzierung ist also gut geeignet, die Trennwände zwischen verschiedenen fachlichen Schubladen weiter abzutragen.

Literatur

Alessandrini P, Presbitero AF, Zazzaro A (2010) Bank size or distance: What hampers innovation adoption by SMEs? Journal of Economic Geography 10/6: 845–881

Arcand J-L, Berkes E, Panizza U (2012) Too Much Finance? IMF Working Paper 12/161. IMF, Washington

Ashton P, Christophers B (2015) On arbitration, arbitrage and arbitrariness in financial markets and their governance: unpacking LIBOR and the LIBOR scandal. Economy and Society 44/2: 188–217

Bathelt H, Gertler MS (2005) The German variety of capitalism: Forces and dynamics of evolutionary change. Economic Geography 81/1: 1–9

Beck T (2012) Finance and growth: lessons from the literature and the recent crisis. LSE, London

Belina B (2012) Kapitalistische Raumproduktionen und ökonomische Krise. Zeitschrift für Wirtschaftsgeographie 55/4: 239–252

Boeckler M, Berndt C (2013) Geographies of circulation and exchange III: The great crisis and marketization „after markets". Progress in Human Geography 37/3: 424–432

Boyer R (2000) Is a finance-led growth regime a viable alternative to Fordism? A preliminary analysis. Economy and Society 29/1: 111–145

Bundeszentrale für politische Bildung (2017) Online-Dossier Zahlen und Fakten der Globalisierung. http://www.bpb.de/nachschlagen/zahlen-und-fakten/globalisierung (Zugriff: 7.3.2018)

Cassis Y (2010) Capitals of Capital. The Rise and Fall of International Financial Centres 1780–2009. Cambridge University Press, Cambridge

Clark GL (2005) Money Flows Like Mercury: The Geography of Global Finance. Geografska Annaler 87/2: 99–112

Clark GL, O'Connor K (1997) The informational content of financial products and the spatial structure of the global finance industry. In: Cox KR (ed) Spaces of globalization: Reasserting the power of the local. Guilford, New York. 89–114

Deutschmann C (2002) Die gesellschaftliche Macht des Geldes. Leviathan Sonderband 21. Westdeutscher Verlag, Wiesbaden

Dörry S (2015) Strategic nodes in investment fund global production networks: The example of the financial centre Luxembourg. Journal of Economic Geography 15/4: 797–814

Elsas R, Krahnen JP (2004) Universal Banks and Relationships with Firms. In: Krahnen JP, Schmidt R (eds) The German Financial System. Oxford University Press, Oxford. 197–232

Engelen E, Glassmacher A (2013) Multiple Financial Modernities. International Financial Centres, Urban Boosters and the Internet as the Site of Negotiation. Regional Studies 47/6: 850–867

Epstein GA (ed) (2005) Financialization and the World Economy. Edward Elgar, Cheltenham

Fichtner J, Hennig BD (2013) Offshore financial centres. Political Insight 4/3: 38

Flögel F (2018) Distance, Rating Systems and Enterprise Finance. Routledge, London

French S, Leyshon A, Thrift N (2009) A very geographical crisis: the making and breaking of the 2007–2008 financial crisis. Cambridge Journal of Regions, Economy and Society 2/2: 287–302

Fritsch M, Schilder D (2012) The Regional Supply of Venture Capital: Can Syndication Overcome Bottlenecks? Economic Geography 88/1: 59–76

Grote M (2004) Die Entwicklung des Finanzplatzes Frankfurt. Duncker & Humblot, Berlin

Hall PA, Soskice D (eds) (2001) Varieties of Capitalism: The institutional Foundations of Comparative Advantage. Oxford University Press, Oxford

Hall S (2011) Geographies of money and finance I: Cultural economy, politics and place. Progress in Human Geography 35/2: 234–245

Hall S (2015) Financial networks and the globalisation of transnational corporations: the case of educational services. Journal of Economic Geography 15/3: 539–559

Handke M (2011) Die Hausbankbeziehung. Institutionalisierte Finanzierungslösungen für kleine und mittlere Unternehmen in räumlicher Perspektive. Wirtschaftsgeographie. LIT, Münster

Handke M (2015) Die Rolle der Sparkassen in der Spanischen Immobilien- und Finanzkrise. Geographische Rundschau 67/2: 38–45

Handke M, Schamp EW (2011) Finanzgeographie. In: Gebhardt H, Glaser R, Radtke U, Reuber P (Hrsg) Geographie. Physische Geographie und Humangeographie. Springer, Heidelberg. 951–959

Harvey D (2005) The New Imperialism. Oxford University Press, Oxford

Henry JS (2012) The Price of Offshore Revisited. New estimates of „missing" global private wealth, income, inequality, and lost taxes. http://www.taxjustice.net/cms/upload/pdf/Price_of_Offshore_Revisited_120722.pdf (Zugriff: 7.3.2018).

Klagge B (2009) Finanzmärkte, Unternehmensfinanzierung und die aktuelle Finanzkrise. Zeitschrift für Wirtschaftsgeographie 53/1, 2: 1–13

Klagge B, Peter C (2009) Wissensmanagement in Netzwerken unterschiedlicher Reichweite. Das Beispiel des Private-Equity-Sektors in Deutschland. Zeitschrift für Wirtschaftsgeographie 53/1, 2: 69–88

Knorr Cetina K, Preda A (eds) (2004) The Sociology of Financial Markets. Oxford University Press, Oxford

König W, Schamp EW, Beck R, Handke M, Vykoukal J, Prifling M, Späthe SH (2007) Finanzcluster Frankfurt: Eine Clusteranalyse am Finanzzentrum Frankfurt/Rhein-Main. Frankfurt a. M.

Krahnen JP, Schmidt R (2004) The German Financial System. Oxford University Press, Oxford

Laeven L, Valencia F (2013) Systemic Banking Crises Database: An Update. IMF Economic Review 61/2: 225–270

Laulajainen R (2004) Liechtenstein, an inland offshore center. Zeitschrift für Wirtschaftsgeographie 48/3–4: 226–238

Leyshon A (2000) Money and Finance. In: Barnes T, Sheppard E (eds) A Companion to Economic Geography. Blackwell, Oxford. 432–449

Lo V (2003) Wissensbasierte Netzwerke im Finanzsektor. Das Beispiel des Mergers&Acquisitions-Geschäfts. Deutscher Universitätsverlag, Wiesbaden

MacKenzie D (2006) An Engine, not a Camera: How Financial Models Shape Markets. The MIT Press, Cambridge

MacKenzie D (2011) The credit crisis as a problem in the sociology of knowledge. American Journal of Sociology 116/6: 1778–1841

MacKenzie D, Millo Y (2003) Constructing a Market, Performing Theory: The Historical Sociology of a Financial Derivatives Exchange. American Journal of Sociology 109/1: 107–145

Martin R (1999) The New Economic Geography of Money. In: Martin R (ed) Money and the Space Economy. John Wiley & Sons, Chichester, New York. 3–28

Meusburger P (2008) Geographie in Beispielen. Briefkastenfirmen in Liechtenstein. In: Gebhardt H, Meusburger P, Wastl-Walter D (Hrsg) Humangeographie. Spektrum, Heidelberg. 504–505

O'Brien R (1992) Global financial integration: The end of geography. Royal Institute of International Affairs, London

Ouma S (2016) From Financialization to Operations of Capital: Historicizing and Disentangling the Finance-Farmland-Nexus. Geoforum 72: 82–93

Schamp EW (2008) Globale Finanzmärkte. In: Schamp EW (Hrsg) Globale Verflechtungen. Aulis, Köln. 72–84

Schamp EW (2011) Finanzkrise in der Weltwirtschaft – Theoriekrise in der Wirtschaftsgeographie. Anmerkungen zur aktuellen wirtschaftsgeographischen Krisenforschung. Zeitschrift für Wirtschaftsgeographie 55/1-2: 103–114

Scheuplein C, Zademach H-M (2015) (Post-)Konstruktivistische Perspektiven in der Finanzgeographie – Einführung zum Themenheft. Zeitschrift für Wirtschaftsgeographie 59/4: 205–213

Shiller RJ (2003) From efficient markets theory to behavioral finance. Journal of Economic Perspectives 17/1: 83–104

Volkery C (2013) EU-Kampf gegen Steuerflucht: Briten verteidigen ihr Steueroasen-Empire. Spiegel-Online. http://www.spiegel.de/forum/politik/eu-kampf-gegen-steuerflucht-briten-verteidigen-ihr-steueroasen-empire-thread-87822-1.html (Zugriff: 7.3.2018)

Windolf P (2005) Was ist Finanzmarkt-Kapitalismus? In: Windolf P (Hrsg) Finanzmarkt-Kapitalismus. Analysen zum Wandel von Produktionsregimen. Sonderheft 45 der Kölner Zeitschrift für Soziologie und Sozialpsychologie. Wiesbaden. 20–57

Wray F (2012) Rethinking the venture capital industry: relational geographies and impacts of venture capitalists in two UK regions. Journal of Economic Geography 12/1: 297–319

Zademach H-M (2011) Ökonomie(n) der Vielfalt: Wissensvernetzung, Finanzbeziehungen und technologischer Wandel in München, Geographische Zeitschrift 99/2, 3: 143–162

Zademach H-M (2014) Finanzgeographie. Wissenschaftliche Buchgesellschaft, Darmstadt

Zademach H-M (2015) Gutes Tun und Geld verdienen? Ethische Investments und nachhaltige Geldanlagen. Geographische Rundschau 67/2: 46–52

Zademach H-M, Baumeister C (2014) Wagniskapital und Entrepreneurship: Grundlagen, empirische Befunde, Entwicklungstrends. In: Pechlaner H, Doepfer BC (Hrsg) Wertschöpfungskompetenz und Unternehmertum: Rahmenbedingungen für Entrepreneurship und Innovation in Regionen. Springer Gabler, Wiesbaden. 121–144

Zeller C (2003) Innovationssysteme in einem finanzdominierten Akkumulationsregime – Befunde und Thesen, Geographische Zeitschrift 91/3, 4: 133–155

Zook MA, Grote M (2017) The microgeographies of global finance: High-frequency trading and the construction of information inequality. Environment and Planning A: Economy and Space 49/1: 121–140

Weiterführende Literatur

Coe N, Lai K, Wójcik D (2014) Integrating finance into global production networks. Regional Studies 48/5: 761–777

French S, Leyshon A, Wainwright T (2011) Financializing Space, Spacing Financialization. Progress in Human Geography 35/6: 798–819

Gärtner S, Flögel F (2017) Raum und Banken: Zur Funktionsweise regionaler Banken. Nomos, Baden-Baden

Gibson-Graham JK (1996) The End of Capitalism (as we knew it): A feminist critique of political economy. Blackwell, Oxford

Harvey D (1982) The Limits to Capital. Blackwell, Oxford

Klagge B, Zademach H-M (2018) International Capital Flows, Stock Markets, and Uneven Development: The case of Sub-Saharan Africa and the Sustainable Stock Exchanges Initiative (SSEI). Zeitschrift für Wirtschaftsgeographie 62

Knox-Hayes J (2016) The Cultures of Markets: The Political Economy of Climate Governance. Oxford University Press, Oxford

Martin R, Pollard J (eds) (2017) Handbook on the Geographies of Money and Finance. Edward Elgar, Cheltenham

Pike A, Pollard J (2010) Economic geographies of financialization. Economic Geography 86/1: 29–51

Wójcik D, Cassis Y (eds) (2018) International Financial Centres after the Global Financial Crisis and Brexit. Oxford University Press, Oxford

Wirtschaftsgeographie

18

Johannnes Glückler

Die Völklinger Hütte ist ein 1873 gegründetes Eisenwerk in der saarländischen Stadt Völklingen, das 1986 stillgelegt wurde. 1994 erhob die UNESCO die Roheisenerzeugung der Völklinger Hütte in den Rang eines Weltkulturerbes der Menschheit. Die Stilllegung und Musealisierung solcher alten Werke ist in der heutigen Dienstleistungsgesellschaft in Europa ein häufiges Phänomen (Foto: H. Gebhardt).

© Springer-Verlag GmbH Deutschland, ein Teil von Springer Nature 2020
H. Gebhardt et al. (Hrsg.), *Geographie*, https://doi.org/10.1007/978-3-662-58379-1_18

Warum verdient ein Mensch in New York das Hundertfache eines Menschen im ländlichen Sambia? Wieso entwickeln sich Länder mit weniger natürlichen Ressourcen schneller als Staaten mit großem Ressourcenreichtum? Weshalb lohnt es sich, eine Jeans auf einen 50 000 Kilometer langen Produktionsweg durch viele Staaten zu schicken, bevor sie auf der Ladentheke landet? Wie wird aus küstennahem Brachland eines der innovativsten Zentren der Computertechnik in der ganzen Welt? Warum wachsen einige Orte, während andere schrumpfen? Wie können Menschen zusammenarbeiten, die weltweit verteilt sind? Wirtschaftsgeographinnen und -geographen interessieren sich für die räumliche Dimension wirtschaftlicher Beziehungen. Sie fragen nach den geographischen Besonderheiten und Ungleichheiten und danach, wie wir Menschen Bedürfnisse bestimmen, wie wir die Entwicklung und Herstellung von Gütern zu unserer Befriedigung organisieren, wie wir Märkte für Handel und Zuteilung konstituieren und wie wir Regeln akzeptierten Handelns in allen Bereichen des Wirtschaftslebens bilden und verändern. Das vorliegende Kapitel führt in einige der grundlegenden Fragestellungen der räumlichen Organisation von Wirtschaft ein und präsentiert wichtige Grundkonzepte und Theorien auf der Suche nach Antworten auf die hier aufgeworfenen Fragen.

18.1 Einführung

Der Ort, an dem wir leben, beeinflusst in gravierender Weise unsere Lebenschancen. Regionen unterscheiden sich in ihrem Ressourcenreichtum, ihrer Produktivität und ihrem wirtschaftlichen Wohlstand. Der Entwicklungsbericht der Weltbank zeigt, dass ein Mensch, der in den USA geboren wird, ein hundertfach höheres Einkommen erzielen und 30 Jahre länger leben wird als ein Mensch in Sambia. Ein Berufstätiger wird in Bolivien nur ein Drittel des durchschnittlichen Einkommens erzielen, das ihn in den USA erwarten würde (World Bank 2009). Die Geographie ist eine Quelle von spezifischen wirtschaftlichen Vorteilen ebenso wie Nachteilen, die sich in regionalen Ungleichheiten ausdrücken.

Standorte und Regionen stehen darüber hinaus in vielfältigen wirtschaftlichen Beziehungen. Natürliche Ressourcen, Arbeitskräfte, Wissen, Kapital und Konsumenten sind geographisch ungleich verteilt und oft voneinander getrennt. Für den Wirtschaftsprozess, das heißt die Herstellung und Bereitstellung von Gütern zur Befriedigung menschlicher und gesellschaftlicher Bedürfnisse, müssen einerseits Rohstoffe, Vorprodukte und Produktionsfaktoren kombiniert werden. Andererseits bedarf es der Verteilung und Bereitstellung der erstellten Güter an die Endverbraucher, die diese wiederum an ganz anderen Orten konsumieren. Da all diese Faktoren und Güter nicht gleichermaßen mobil sind, besteht eine Herausforderung darin, deren Beschaffung, Kombination und Verteilung geographisch zu organisieren. Regional variierende Standortvorteile und die Ansprüche an die Kombination räumlich verteilter Ressourcen und Güter spielen eine wichtige Rolle für die Organisation weltweiter wirtschaftlicher Aktivitäten (Abb. 18.1).

Die Wirtschaftsgeographie reflektiert dieses **Verhältnis zwischen Territorium und Wirtschaft** und fragt nach der spezifischen räumlichen Organisation wirtschaftlicher Beziehungen im Kontext natürlicher und gesellschaftlicher Bedingungen. In einer vormodernen Gesellschaft war dieses Verhältnis noch relativ einfach: Überwiegend auf landwirtschaftlicher Arbeit basierende Subsistenz und geringe Mobilität für Menschen und Güter begründeten eine lokal strukturierte Lebens- und Wirtschaftsweise. Die geographische Analyse konzentriert sich hier vor allem auf die Vielfältigkeit und lokalen Besonderheiten regional verfasster Wirtschaftsräume. Im Zuge der Modernisierung führen Industrialisierung, Arbeitsteilung und technologische Innovationen wie etwa neue Transport- und Kommunikationstechnologien zu einer zunehmenden geographischen Entankerung und interregionalen Verflechtung der Lebensverhältnisse (Werlen 1999).

Die **Digitalisierung** hat seit den 1990er-Jahren die Häufigkeit, Intensität und Reichweite eines weltumspannenden Verkehrs von Waren-, Kapital- und Kommunikationsflüssen erhöht und deren Austausch verbilligt. Die Möglichkeit, heute von fast jedem Ort der Erde aus über das Internet fast jeden anderen Ort zu erreichen, hat neue Metaphern über die flache Welt (Friedman 2005) und das Ende der Geographie beflügelt. Aber inwieweit entkommt unsere Wirtschaft der **„Tyrannei der Distanz"**? Anstelle überflüssig zu werden, gewinnt das Anliegen der Wirtschaftsgeographie neue Qualität: Wie organisieren Unternehmer, Arbeitskräfte, Politiker und Bürger (als Konsumenten oder als Vertreter zivilgesellschaftlicher Interessengruppen) wirtschaftliche Beziehungen in geographischer Perspektive? Warum konzentrieren sich wirtschaftliche Aktivitäten weiterhin so stark in räumlich hoch verdichteten Zentren? Die Hälfte der globalen Wirtschaftsleistung passt auf 1,5 % der Erdoberfläche. Allein die fünf größten Volkswirtschaften USA, China, Japan, Deutschland und das Vereinigte Königreich erwirtschaften knapp mehr als die Hälfte der globalen Wirtschaftsleistung, die sich im Jahr 2014 auf ein Weltprodukt von 77,4 Billionen US-Dollar belief (Abb. 18.2). Offenbar ist das Verhältnis von Territorium und Wirtschaft nicht nur eine Frage der Kosten zur Überwindung von Entfernung, sondern birgt andere Mechanismen in sich, die es zum Verständnis der Geographie wirtschaftlicher Beziehungen zu klären gilt. Viele Fragen, die unsere gegenwärtige Gesellschaft herausfordern, sind zutiefst geographische Problemstellungen. Die wirtschaftliche Globalisierung bringt auffällige Veränderungen mit sich. Während sich wirtschaftliche Beziehungen weltumspannend immer stärker verflechten, wachsen alte, entstehen neue und schrumpfen altindustrielle Agglomerationen. Disparitäten zwischen armen und reichen Regionen bestehen fort, mancherorts verringern sie sich (z. B. in der Europäischen Union), andernorts verstärken sie sich (Abschn. 18.4).

Die Wirtschaftsgeographie ist eines der größten Forschungsgebiete in der Humangeographie, in dem häufig allgemeine von den speziellen Wirtschaftsgeographien unterschieden werden. Über die letzten 100 Jahre haben sich in der allgemeinen Wirtschaftsgeographie zahlreiche theoretische Perspektiven entwickelt, die jeweils eigene Annahmen und Forschungsziele definieren und sich über lange Zeit als teilweise einflussreiche Grundperspektiven in der Forschung durchgesetzt haben, so die Länderkunde, die Raumwirtschaftslehre (*regional science*) oder kritische Perspektiven einer politökonomischen und neo-marxistischen

Abb. 18.1 Schnittblumen aus Kolumbien. Die Hochebene von Bogotá bietet aufgrund ihrer speziellen Klimagunst einen natürlichen Kostenvorteil für die Schnittblumenwirtschaft. Einerseits herrscht aufgrund der Äquatornähe eine ganzjährig gleichbleibende Lichtintensität, andererseits sind der großen Höhe von über 2500 m optimale Temperaturbedingungen zu verdanken. Der Blumenanbau erlaubt konstante Qualität und außergewöhnliche Blütengrößen. Aufgrund dieses natürlichen Standortvorteils hat sich Kolumbien als zweitgrößter Exporteur von Schnittblumen etabliert und erwirtschaftet über 1 Mrd. US-Dollar aus dem Export. Auf dieser ökologisch zertifizierten Blumenfarm werden Nelken angebaut, deren tägliche Ernten über den nahegelegenen Flughafen der Hauptstadt innerhalb von 48 Stunden ihre weltweiten Zielmärkte, vor allem aber die USA, Japan und Europa erreichen (Fotos: J. Glückler).

Geographie. Spätestens seit 2000 haben sich neue Perspektiven wie zum Beispiel die relationale Wirtschaftsgeographie (Bathelt & Glückler 2018, Storper 1997, Yeung 2005), die evolutionäre Wirtschaftsgeographie (Boschma & Martin 2010) oder die kulturtheoretischen Geographien der Wirtschaft entwickelt. Diese und andere Perspektiven identifizieren jeweils spezifische Forschungsfragen, nutzen spezifische Beschreibungssprachen und entwickeln spezifische Methoden zu ihrer Analyse. Die vorliegende Einführung in das Forschungsfeld der Wirtschaftsgeographie verfolgt vier Grundfragen der territorialen Organisation wirtschaftlicher Prozesse:

- Standortwahl – wie wählen Unternehmen ihre Standorte (Abschn. 18.2)?
- Lokale Cluster – warum konzentrieren sich Unternehmen ähnlicher Tätigkeiten in Standortgemeinschaften (Abschn. 18.3)?

- Regionale Entwicklung – wie wachsen regionale Ökonomien und wie erklären sich interregionale Entwicklungsunterschiede (Abschn. 18.4)?
- Globale Vernetzung – in welchen internationalen wirtschaftlichen Beziehungen stehen Menschen und Unternehmen? Welche Chancen genießen Regionen durch die globale Vernetzung (Abschn. 18.5)?

Die speziellen Wirtschaftsgeographien lassen sich vereinfachend in drei Gruppen unterscheiden. **Sektorale Wirtschaftsgeographien** beforschen traditionell einen der drei großen Wirtschaftssektoren (Agrar-, Industrie- und Dienstleistungsgeographie). Zunehmend aber haben sich spezielle sektorale Wirtschaftsgeographien etabliert, die sich detailliert mit ausgewählten Wirtschaftszweigen befassen, z. B. mit dem Einzelhandel (Kap. 19), der Biotechnologie oder regenerativen Energien (Kap. 17). **Re-**

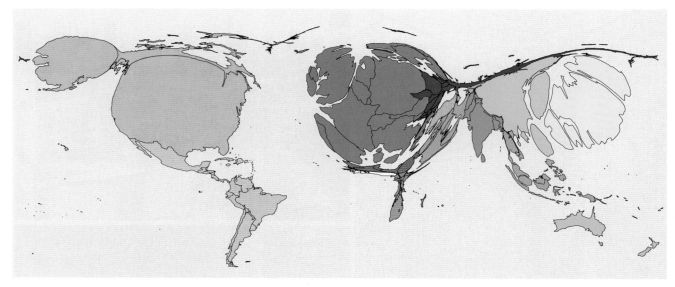

Abb. 18.2 Beitrag der Länder der Erde zum Bruttoweltprodukt (verändert nach World Bank 2009).

gionale Wirtschaftsgeographien fokussieren sowohl konkrete Regionen auf unterschiedlichen Maßstabsebenen (z. B. Europa, Mittelmeerraum, Süddeutschland) als auch spezifische Strukturräume (z. B. periphere Regionen, Metropolen, Küstenräume). Schließlich richten **weitere spezielle Wirtschaftsgeographien** ihr Interesse auf ausgewählte Aspekte wirtschaftlicher Prozesse in räumlicher Perspektive, u. a. auf das Handeln der volkswirtschaftlichen Akteure (z. B. Arbeitsmarktgeographie, Unternehmensgeographie, regionale Wirtschaftspolitik und staatliches Handeln), auf Unternehmensfunktionen (z. B. Produktion, Forschung und Entwicklung, Marketing und Vertrieb) oder auf speziellere Themen (z. B. die soziale Konstitution von Märkten, die Geographie des Wissens und der Innovation, die Geographische Entwicklungsforschung und vieles mehr). Einer der Reize dieses pluralistischen Forschungsfelds besteht darin, intensiven Austausch mit Nachbarwissenschaften zu pflegen, wie den Wirtschaftswissenschaften, der Soziologie, Politologie, Psychologie, Ethnologie, den Organisations- und Verwaltungswissenschaften oder der Geschichte.

18.2 Standort und Standortwahl

Standortfaktoren

Ein **Standort** ist ein territorialer Ausschnitt der Erdoberfläche. Das ökonomische Interesse an geographischen Standorten besteht darin, ihre spezifischen Eigenschaften als wirtschaftliche Gelegenheiten zu nutzen. Die wirtschaftliche Bewertung eines Standorts erfolgt mithilfe sog. Standortfaktoren. Ein **Standortfaktor** ist ein räumlich begrenzter Kosten- oder Ertragsvorteil, das heißt eine Ersparnis an Kosten, die ihrer Art nach räumlich scharf von anderen Standorten abgegrenzt ist.

Diese Definition hat zwei wichtige Konsequenzen. Erstens ist aufgrund des Kriteriums räumlicher Begrenzung nicht jede Standorteigenschaft auch ein Standortfaktor. Erst in Abhängigkeit der gewählten **Maßstabsebene** lassen sich Standortfaktoren bestimmen (Abb. 18.3). So zeichnet sich beispielsweise jeder Standort durch einen Gewerbesteuersatz, Pflichtbeiträge der Arbeitgeber zur Sozialversicherung (Lohnnebenkosten) und viele andere direkte wirtschaftliche Bedingungen aus. Während auf der Maßstabsebene der Kommune die unterschiedlichen Hebesätze auf die Gewerbesteuer die Standortvorteile einer Gemeinde definieren, können die Lohnnebenkosten im Vergleich deutscher Gemeinden nicht als Standortfaktor gelten. Als bundesweite Regelung herrschen an allen Standorten die gleichen Arbeitgeberverpflichtungen, sodass sie im kommunalen Vergleich keiner räumlichen Begrenzung unterliegen. Lohnnebenkosten waren jedoch lange Zeit ein öffentlich wirksam diskutierter Standortfaktor in der Debatte über den Standort Deutschland, da andere nationale Standorte die Unternehmen mit teilweise geringeren Lohnnebenkosten belasten. Standortfaktoren sind folglich abhängig von der geographischen Maßstabsebene des Standortvergleichs, so etwa auf der Ebene eines Stadtviertels (z. B. Flächenmiete), einer Gemeinde (z. B. Hebesatz für Grund- und Gewerbesteuer), einer Region (z. B. Löhne, Subventionen), eines Staats (z. B. Lohnnebenkosten) oder einer supranationalen Wirtschaftsregion wie der EU (z. B. Währungs- oder Zollabkommen).

Zweitens ist aufgrund des Kriteriums der **Kostenwirksamkeit** nicht jede Standorteigenschaft ein Standortfaktor. In der Realität ist es gerade aufgrund der großen Vielfalt unternehmerischer Spezialisierungen schwer, die direkte Kostenwirksamkeit und somit die Bewertung eines Standortfaktors eindeutig zu klären. Aus diesem Grunde hat sich die heuristische Unterscheidung von harten und weichen Standortfaktoren durchgesetzt (Grabow et al. 1995). **Harte Standortfaktoren** erfüllen das Kriterium der für die Betriebstätigkeit eines Unternehmens direkt kostenwirksamen Faktoren, z. B. Gewerbesteuer oder Büromiete (Abb. 18.4). Je-

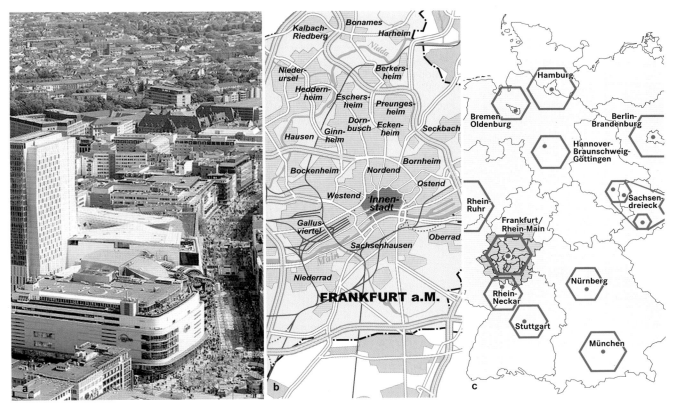

Abb. 18.3 Geographische Maßstabsebenen des Standortbegriffs. **a** Mikrostandort: Die Frankfurter Zeil ist eine der meistbesuchten und umsatzstärksten Einkaufsstraßen Deutschlands. Einzelhändler zahlen Spitzenmieten, um den hohen Passantenstrom von über 10 000 Personen pro Stunde zu erschließen. **b** Lokaler Standort: In der Stadt Frankfurt am Main leben über 730 000 Menschen, die sich auf 46 Stadtteile verteilen. Auf der Ebene der Stadtteile variieren Flächenverfügbarkeit, Erreichbarkeit, Kaufkraft, Publikumsverkehr und somit auch die Gewerbemieten. Die Innenstadt ist ein attraktiver Geschäftsstandort mit moderner Einzelhandels- und Büroinfrastruktur und fordert Spitzenmieten von über 40 Euro pro m². **c** Regionaler Standort: Innerhalb der Metropolregion Rhein/Main variiert die Höhe der Gewerbesteuer zum Teil erheblich. Während Unternehmen in der Stadt Frankfurt am Main einen Hebesatz von 460 % zu zahlen haben, fallen in den Nachbargemeinden wie Eschborn nur 330 % an. Der Zugang zur regionalen Infrastruktur ist aber kaum geringer. Unternehmen, die in Deutschland einen metropolitanen Standort suchen, bewerten die Vor- und Nachteile zwischen elf Metropolregionen. Die einzelnen Metropolregionen unterscheiden sich etwa nach sektoraler Spezialisierung, Arbeitskräftepotenzial und Lohnniveau sowie wirtschaftlicher Produktivität (Foto: Mylius/Wikipedia).

doch ist es nicht immer leicht, den Aufwand bzw. die Ersparnis an Aufwand eines Standortfaktors in Geldwerten auszudrücken. So ist die Nähe von Ausbildungs- oder Forschungseinrichtungen oder der Standortvorteil einer Branchenagglomeration nicht so eindeutig zu monetarisieren, und dennoch wirken diese Faktoren direkt auf die Kostenstruktur eines Betriebs. **Weiche Standortfaktoren** wirken demgegenüber nur mittelbar auf die Kosten eines Betriebs. Sie umfassen etwa den Wohnwert, die Lebensqualität, das soziale Klima, das Kulturangebot oder das Image eines Standorts für die betreffende Branche. Ein Betrieb kann bei hohem Wohnwert und vielfältigem Kulturangebot eines Standorts vermutlich leichter qualifiziertes Personal gewinnen. Erst dadurch wird die Standortbedingung zum Standortfaktor, allerdings ist dessen Bewertung stets abhängig von subjektiven Einschätzungen, wirkt nur mittelbar auf die Kostenstruktur eines Betriebs und lässt sich überdies oft schwer quantifizieren. Harte und weiche Standortfaktoren lassen sich nicht grundsätzlich und allgemeingültig unterscheiden, sodass sie höchstens heuristischen Charakter haben. Denn während sich das Kulturangebot z. B. für einen Automobilhersteller oder ein Unternehmen der chemischen

Industrie als weicher Standortfaktor darstellt, fungiert es für den Schauspielbetrieb, die Eventagentur oder den bühnenbildenden Handwerksbetrieb als harter Standortfaktor des lokalen Absatzmarkts. Und während umgekehrt die Gewerbesteuer für das Chemieunternehmen einen harten Standortfaktor darstellt, ist sie für Rechtsanwälte oder Ärzte überhaupt kein Standortfaktor, da freie Berufe von dieser Steuer befreit sind. Grundsätzlich gelten Standorteigenschaften nur dann als Standortfaktoren, wenn sie als räumlich begrenzte Kosten- oder Ertragsvorteile für ein betrachtetes Unternehmen oder dessen Betriebsstätte unmittelbar (hart) oder mittelbar (weich) relevant werden.

Natürliche Kostenvorteile

Ein traditionelles Erkenntnisinteresse der Wirtschaftsgeographie liegt in der Suche nach optimalen Standorten für wirtschaftliche Tätigkeiten und in der Erklärung der Standortwahl von Unter-

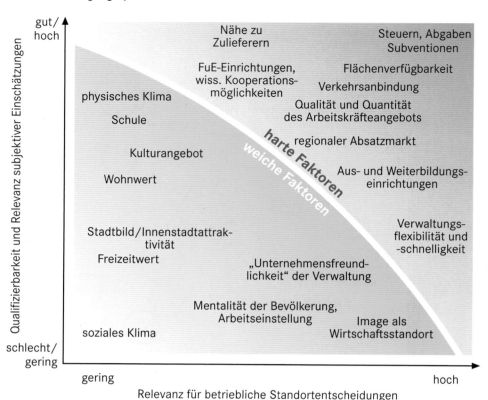

Abb. 18.4 Harte versus weiche Standortfaktoren (verändert nach Grabow et al. 1995).

nehmen. Standorte weisen auf der Erdoberfläche infolge der unterschiedlichen topographischen, klimatischen, vegetativen und anderen naturräumlichen Bedingungen sehr verschiedene natürliche Kostenvorteile auf (Abb. 18.1). Allein aufgrund der Varianz natürlicher Kostenvorteile ist somit ein bestimmter Teil der ungleichen Wirtschafts- und Siedlungsverteilung zu erklären. Auf globaler Ebene lassen sich mindestens zwei prägende Unterschiede der wirtschaftlichen Entwicklung beobachten: Erstens haben fast alle Länder der mittleren und höheren Breiten eine höhere wirtschaftliche Produktivität und einen größeren wirtschaftlichen Wohlstand als fast alle Länder in den Tropen (Gallup et al. 1999). Zweitens erzielen küstennahe Regionen weltweit höhere Einkommen als küstenferne Regionen oder Binnenstaaten. Auch auf regionaler und lokaler Ebene lassen sich räumlich differenzierte Nutzungen und Standortstrukturen erkennen, die aus Unterschieden natürlicher Kostenvorteile resultieren. In zahlreichen Branchen bestimmen natürliche Kostenvorteile oder Beschränkungen die Standortverteilung von Unternehmen. So ist etwa die effiziente Stromgewinnung aus Windenergie und Wasserkraft trotz technologischer Fortschritte auf klimatische und topographische Gunstlagen angewiesen. In der Landwirtschaft nimmt die natürliche Beschaffenheit des Bodens Einfluss auf Bodenrenten bzw. Flächenerträge. Die **Bodenrente** ist hierbei die Ertragsdifferenz zwischen zwei Böden von gleicher Größe und bei gleichem Einsatz an Arbeit und Kapital. Sie ist Ausdruck einer natürlichen Gunst eines Standorts im Vergleich zu einem anderen Standort. Die räumliche Verteilung von Kraftwerken zur Stromgewinnung aus regenerativen Energien ist in Deutschland geradezu idealtypisch auf natürliche Kostenvorteile zurückzuführen (Exkurs 18.1, Abb. 18.5).

Standorttheorie

Die räumliche Verteilung wirtschaftlicher Aktivitäten ist nicht nur eine Folge natürlicher Kostenvorteile, sondern auch relativer Lagevorteile. In der **klassischen Standortlehre** dominieren Transportkosten die Modellierung von Musterlösungen der optimalen Standortwahl. So folgen die Modelle von Johann von Thünen (der isolierte Staat), Alfred Weber (industrielle Standortwahl) oder Walter Christaller (Theorie zentraler Orte) einer Logik, die vor allem die Kosten der Raumüberwindung als zentrales Kriterium geographischer Differenzierung wirtschaftlicher Aktivitäten sowie der Standortwahl von Unternehmen erhebt (von Böventer 1995). Hohe Transportkosten zwingen beispielsweise rohstoffintensive Industriezweige seit jeher in die Nähe von Lagerstätten und Wasserverkehrsstraßen. Als Beispiel zur Modellierung einer transportkostenoptimalen Standortwahl dient die Theorie der industriellen Standortwahl von Weber: Je nach der Kombination der Eigenschaften der eingesetzten Materialien – er unterscheidet zwischen ubiquitären, das heißt überall verfügbaren, und lokalisierten Materialien, die er weiter in Reingewichts- und Gewichtsverlustmaterialien unterteilt – ermittelt er den tonnenkilometrischen Minimalpunkt (Abb. 18.6). Dieser weist unter den jeweiligen Annahmen die geringsten Transportkosten aus. Grundsätzlich ist aus seiner Theorie abzuleiten, dass Gewichtsverlustmaterialien, die nicht in vollem Gewicht in das Endprodukt eingehen (z. B. kanadischer Ölsand), lagerstättennah verarbeitet werden sollten, um möglichst nur das Gewicht des finalen Guts zum Markt zu transportieren. Umgekehrt können Produkte auf Basis von Reingewichtsmaterialien

---

Exkurs 18.1 Wind- und Wasserkraftanlagen

Wind- und Wasserkraftanlagen beschreiben ein nord-süd-geteiltes Standortmuster. Wasserkraft lässt sich im Süden Deutschlands aufgrund ausgeprägter lokaler Reliefunterschiede und hoher jährlicher Niederschlagsmengen deutlich effizienter gewinnen als im norddeutschen Flachland. In den Mittelgebirgen werden Pumpspeicherkraftwerke in Kombination mit künstlichen Stauseen eingesetzt, um Spitzenlasten des Energiebedarfs abzudecken. Windenergiekraftwerke wiederum prägen die Küstenlandschaften Norddeutschlands. Sie kommen außerdem an windstarken Hang- und Berglagen der nördlichen Mittelgebirgszüge zum Einsatz. Aufgrund reibungsbedingter Windstärkeverluste von bis zu 25 % und der vorherrschenden durchschnittlichen West-Ost-Windrichtung sind z. B. Standorte in Friesland besser geeignet als Standorte an der Ostsee-Küste. Ebenso besitzen Standorte in den nördlichen Mittelgebirgen Vorteile gegenüber hoch gelegenen Standorten in den süddeutschen Stufenlandschaften. Dass es vereinzelt auch an Standorten mit niedrigen Windgeschwindigkeiten zu Investitionen in Windkraftanlagen gekommen ist, hat mit politischen Entscheidungen zu tun. Der Markt für regenerative Energie wird staatlich gestützt. Investoren wird durch festgeschriebene Mindestpreise bei der Einspeisung ins Stromnetz Planungssicherheit gegeben. Vergünstigte Kredite setzen weitere Anreize, in den Markt zu investieren (aus Klein 2004, zit. nach Handke & Glückler 2010; Abb. 18.5).

---

marktnah produziert werden, da das Ausgangsmaterial (z. B. Gold in Schmuck) in vollem Gewicht am Markt veräußert wird.

Auch andere traditionelle Standortmodelle stellen die Transportkosten in den Mittelpunkt der Analyse geographischer Austauschprozesse. Während sich Weber noch auf die einzelbetriebliche Standortentscheidung konzentriert, haben Christaller und von Thünen sog. **Standortstrukturtheorien** entwickelt, die nicht nur die optimale Wahl eines Standorts, sondern auch die optimale Aufteilung und Lagerelationen zwischen Standorten bzw. die optimale Nutzungsdifferenzierung einer Landfläche modellieren. Von Thünen geht in seiner Landnutzungstheorie explizit über die Bedeutung natürlicher Kostenvorteile hinaus und leitet eine differenzielle Standortnutzung aus den Lageverhältnissen eines Standorts zum jeweiligen Absatzmarkt ab. Das Schlüsselkonzept der **Lagerente** bezeichnet hierbei den Mehrgewinn einer Fläche, den sie gegenüber einer gleich großen Fläche aufgrund der geringeren Marktentfernung bzw. geringerer Transportkosten erzielt. Je näher ein Gut am Markt produziert wird, desto geringer sind die Transportkosten und desto höher sind folglich bei gleichen Herstellungskosten und Markterlösen die lagebedingten Gewinne. Die von Transportkosten dominierten **normativen Standorttheorien** zeigen immer wieder starke Abweichungen von den **realen Standortentscheidungen** und zwar aus mindestens zwei Gründen. Erstens wählen Unternehmen selten den optimalen Standort. Durch die Einbeziehung des Marginalprinzips und behavioristischer Annahmen über die unvollständige Verfügbarkeit und Verarbeitungsfähigkeit von Informationen gehen spätere Standortmodelle von optimalen Standorten über zu räumlichen Gewinnzonen, innerhalb derer Ansiedlungen noch rentabel sind (Bathelt & Glückler 2018). Allerdings leiden auch diese Modelle darunter, Standortentscheidungen nicht etwa zu rekonstruieren, sondern normative Lösungen zu ermitteln. Zweitens spielen Transportkosten heute eine geringere Rolle als im 19. Jahrhundert. Technologische Innovationen in Logistik und Kommunikationstechnik haben zu einer massiven Verringerung der Transport- und Kommunikationskosten geführt (Abb. 18.7). Im gesamtwirtschaftlichen Durchschnitt macht der Transport heute nur noch zwischen 0,5 und 6 % und zumeist weniger als 2 % der Herstellungskosten von Gütern aus (Deutscher Bundestag 2002). Daher überrascht es wenig, dass empirische Untersuchungen seit den 1960er-Jahren immer wieder zeigen, dass sich die faktischen Entscheidungen von Unternehmen selten mit den theoretischen Annahmen der Transportkostentheorien decken.

Standortwahl

Stattdessen ging die wirtschaftsgeographische Forschung dazu über, tatsächliche Standortstrukturen und dahinterliegende Standortentscheidungen mithilfe von Unternehmensbefragungen und Standortfaktoren zu ergründen. Die Erkenntnisse dieser Studien sind allerdings weniger im Hinblick auf die Identifikation von Standortfaktoren als vielmehr wegen des heuristischen und sozial geprägten Standortverhaltens interessant. Denn die Erforschung von realen Standortentscheidungen über die Auflistung und Bewertung von Standortfaktoren stößt an klare Grenzen: Typischerweise leidet die Bewertung von **Standortfaktorenkatalogen** darunter, dass oft keine klare Unterscheidung der Maßstabsebene des Standorts (siehe oben: innerstädtisch, regional, national etc.) zugrunde liegt. Ferner werden häufig keine realen Standortentscheidungen rekonstruiert, da gerade bei kleinen und mittleren Unternehmen die Gründer typischerweise am Ort ihres Lebensmittelpunkts das Unternehmen gründen. Da die Studien zumeist von jeweils spezifischen Sets von Faktoren ausgehen, sind die Untersuchungen überdies nur schwer vergleichbar. Schließlich bleiben viele Standortansprüche hypothetisch, solange die Unternehmen keinen Beitrag zu deren Erfüllung leisten müssen (z. B. „Wir brauchen einen internationalen Flughafen."). Auch die Niederlassung an internationalen Standorten wird häufig durch aufkommende Gelegenheiten und bestehende Geschäftskontakte und nur in seltenen Fällen durch den strategischen Vergleich von Alternativen induziert (Glückler 2006). Da viele Unternehmen bei ihrer Gründung keine vergleichenden Standortentscheidungen treffen, richteten sich Nachfolgestudien stärker auf die Ursachen von Standortverlagerungen. Standortbedingungen

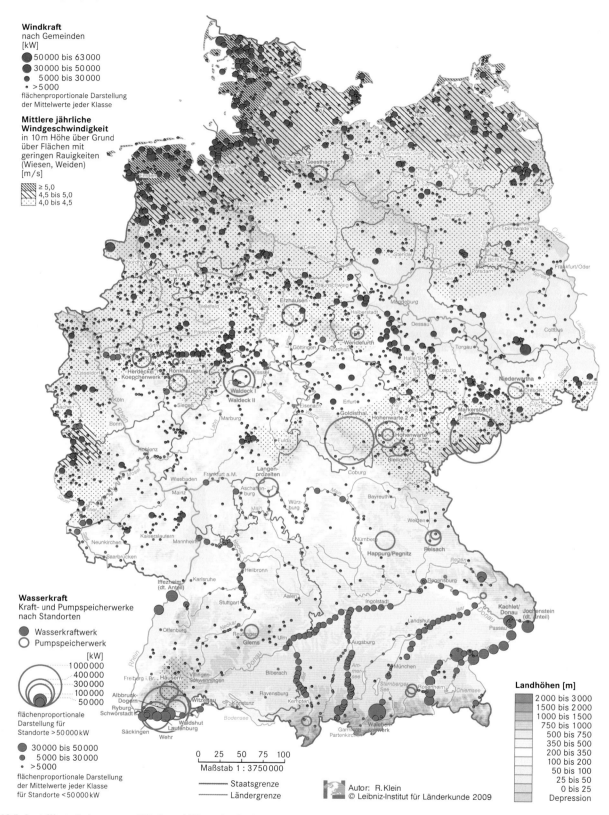

Abb. 18.5 Installierte Leistung von Wind- und Wasserkraftanlagen in Kilowatt (aus Klein 2004, zit. nach Handke & Glückler 2010).

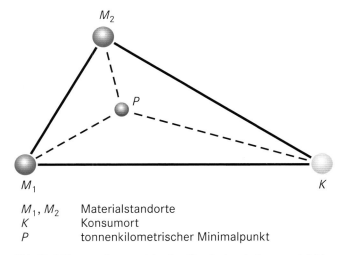

M_1, M_2 Materialstandorte
K Konsumort
P tonnenkilometrischer Minimalpunkt

Abb. 18.6 Transportkostenminimaler Standort zwischen zwei Materiallagerstätten und dem Konsumort (verändert nach Bathelt & Glückler 2018).

bleiben selten konstant, sondern verändern sich mit der Zeit. Das heißt nicht automatisch, dass Unternehmen sogleich ihre Standorte verlagern oder aufgeben. **Versunkene Kosten**, das heißt irreversible Aufwendungen zur Erschließung einer Ansiedlung, binden Unternehmen oftmals langfristig an einen Standort und fördern die Persistenz bestehender Strukturen (Clark & Wrigley 1995). Eine **Standortverlagerung** müsste demnach unter besonderen Kostenabwägungen erfolgen und stellt daher einen adäquaten Kontext zur Ermittlung des Entscheidungsverhaltens dar. Dennoch zeigt sich auch hier, dass Standortverlagerungen selten durch die Wahrnehmung besserer Standortalternativen motiviert sind. Unternehmen wählen ihre Standorte oft nach privaten Umständen und Präferenzen, ohne zukünftige Standortprobleme zu antizipieren, ohne systematischen Standortvergleich und ohne klare Anforderungskataloge. Eine Standortverlagerung wird meistens unter dem Stress zu knapper Büro- bzw. Gewerbeflächen vollzogen, erfolgt meist nur auf kurzer Distanz und zielt auf die Erhaltung gewohnheitsmäßigen Verhaltens: Nur 12 % der verlagernden Betriebe hatten in einer Studie von Unternehmensdienstleistungen zwischen mehreren Standorten verglichen (Enxing 1999). Die durchschnittliche Mobilitätsrate von unternehmensorientierten Dienstleistungen betrug nur 2 %, wobei die meisten Standortverlagerungen innerhalb der gleichen Gemeinde vollzogen wurden und zumeist aus dem Bedarf an Flächenerweiterung resultierten (Exkurs 18.2).

Standortpolitik

Während kleine und mittlere Unternehmen seltener systematische Standortvergleiche durchführen, betreiben große multinationale Unternehmen aufgrund der Häufigkeit von Betriebseröffnungen und -schließungen sehr aufwendige und systematische Standortanalysen, wie das Beispiel der Standortwahl von Mercedes Benz in Tuscaloosa illustriert (Exkurs 18.3). Der **Prozess der**

Standortentscheidung steht in engem Verhältnis zu regionalpolitischen Akteuren an den betroffenen Standorten. Die Analyse zahlreicher Standortsuchprozesse multinationaler Unternehmen begründet typischerweise einen mehrstufigen Auswahlprozess, in dem nicht nur intrinsische Standortfaktoren, sondern auch das Verhandlungsgeschick regionaler **Wirtschaftsförderungen** eine wichtige Rolle spielen (Wins 1995). In den ersten beiden Phasen dominiert die Bedeutung von Informationen über Standortfaktoren, die meist mithilfe von regionalen Standortagenturen und beauftragten Beratungsunternehmen zur vergleichenden Bewertung vieler Standorte zusammengetragen werden. Mit zunehmender Selektion und Verringerung der Zahl alternativer Standorte entsteht eine Wettbewerbssituation zwischen den regionalen Standortagenturen, die von dem Unternehmen durch den Aufbau von Verhandlungsdruck ausgenutzt wird. Je vergleichbarer die intrinsische Ausstattung an Standortfaktoren, desto stärker werden Standortagenturen aufgefordert, finanzielle Anreize, z. B. über Beihilfen oder wirtschaftsnahe Infrastrukturinvestitionen, zu setzen. Standorte, die nur geringe spezifische Standortvorteile bieten, müssen folglich besonders viel investieren, um Ansiedlungsprojekte erfolgreich abzuschließen. Und umgekehrt können Unternehmen, die nur wenige Standortansprüche stellen (sog. *footloose*-Unternehmen), besonders stark finanzielle Vorteile aushandeln. Regionale Standortstrategien sollten sich aufgrund der Verhandlungsmacht mobiler Unternehmen auf die Bildung spezifischer, einzigartiger Standortvorteile konzentrieren, um im Verhandlungsprozess ohne die Gewährung von Ansiedlungsprämien bestehen zu können. Denn finanzielle Beihilfen sichern die Ansiedlung meist nur so lange, bis die Ansiedlungskosten amortisiert sind und das Unternehmen eine neue Verhandlungsrunde beginnt. Kurzfristige finanzielle **Ansiedlungsanreize** bergen ein hohes Verlagerungsrisiko und sind nur dann lohnend,

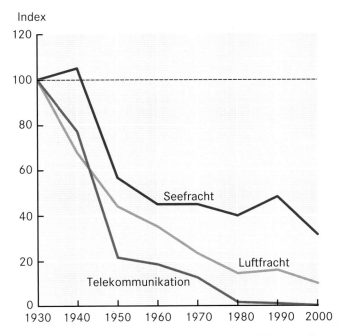

Abb. 18.7 Historische Entwicklung der Transport- und Kommunikationskosten seit 1930 (verändert nach World Bank 2005).

Kapitel 18

Exkurs 18.2 Unternehmensorientierte Dienstleistungen

Johannes Glückler und Anna Mateja Punstein

Weltweit sind mehr als drei Viertel aller Beschäftigten in Dienstleistungen tätig, neun von zehn neuen Jobs sind Dienstleistungsarbeitsplätze (Bryson & Daniels 2007). Der anhaltende Strukturwandel von der industriellen zur Dienstleistungswirtschaft wird seit den 1970er-Jahren als Prozess der Tertiärisierung diskutiert (Kinder 2010). Dabei zeigt sich, dass das Pro-Kopf-Einkommen von Ländern mit wachsendem Anteil der Dienstleistungsbeschäftigung stetig angestiegen ist (Schettkat & Yocarini 2006). Allerdings wird die Tertiärisierung nicht von traditionellen Konsumentendienstleistungen, sondern insbesondere von der Entstehung und Ausbreitung unternehmensorientierter Dienstleistungen getragen (Glückler et al. 2015, Strambach 2004). Die geographische Forschung hat sich daher intensiver den unternehmensorientierten Dienstleistungen gewidmet (Bryson et al. 2004, Cuadrado-Roura 2013, Daniels & Harrington 2006), um deren Vielfalt und Formen räumlich-funktionaler Arbeitsteilung sowie deren Rolle für Standortstrukturen, regionalwirtschaftliche und globale Entwicklung sowie in Innovationsprozessen zu erschließen.

Definition und Typen

Eine Dienstleistung bezeichnet die von einer Wirtschaftseinheit erbrachte Transformation einer Sache, gleich ob Mensch, Objekt oder Idee, welche sich in der Verfügungsgewalt einer anderen Wirtschaftseinheit (Klient) befindet (Gadrey 2000). Dienstleistungen bezeichnen demnach handelbare immaterielle Leistungen, die im Gegensatz zur Produktion keine neuen materiellen Güter hervorbringen. Im Unterschied zu haushaltsnahen Dienstleistungen, die sich wie der Einzelhandel, die Gastronomie oder Erziehung und Unterricht überwiegend an Endverbraucher richten, werden unternehmensorientierte Dienstleistungen vor allem von öffentlichen und privaten Unternehmen nachgefragt. Allerdings ergibt sich diese Abgrenzung nicht automatisch, weil Unternehmen und Konsumenten viele Dienstleistungen wie z. B. Banken- und Versicherungsdienste gleichermaßen in Anspruch nehmen. Mithilfe von Input-Output-Statistiken der volkswirtschaftlichen Gesamtrechnung lässt sich jedoch die Nachfrage- und somit Unternehmensorientierung empirisch bestimmen (Abb. Aa): In Deutschland sind 62 der insgesamt 93 Wirtschaftszweige im Dienstleistungssektor als unternehmensorientiert zu bezeichnen (Glückler & Hammer 2013).

Standorte

Aufgrund ihrer Heterogenität haben Unternehmensdienste unterschiedliche Qualifikations- und Standortansprüche, sodass auch hinsichtlich der Standortansiedlung zwei Typen zu unterscheiden sind. Wissensintensive Unternehmensdienste bzw. *knowledge-intensive business services* (KIBS) zeichnen sich durch einen überdurchschnittlichen Anteil an hochqualifizierten Beschäftigten aus, die spezifische Kompetenzen zur Lösung kundenspezifischer Problemstellungen einsetzen. KIBS umfassen u. a. Dienstleistungsangebote der Forschung, Entwicklung, Beratung, Gestaltung, Kommunikation und Werbung oder Rechts- und Finanzdienstleistungen (Abb. Ab). Da sie kaum zu standardisieren und zumeist von großer Bedeutung für Entscheidungs- und Innovationsprozesse der Kundenunternehmen sind, finden KIBS ihre Standortvorteile vor allem in urbanen Zentren. Dort profitieren sie einerseits von der Nähe zu Universitäten in der Gewinnung hochqualifizierten Fachpersonals, andererseits schöpfen sie die lokale Dichte und zugleich globale Konnektivität von Metropolen für maximale Kundenerreichbarkeit aus (Glückler 2007). Aufgrund ihrer Konzentration und ihres Wachstums in Metropolen gelten KIBS als zentrales Bestimmungsmerkmal von Global Cities, die sich zu herausgehobenen Wissens- und Entscheidungszentralen der Weltwirtschaft entwickelt haben (Sassen 2005).

Weitaus stärker vernachlässigt wurde in der bisherigen Forschung hingegen der zweite Typus, die operativen Unternehmensdienstleistungen bzw. *operational business services* (OBS). Diese umfassen z. B. Logistik und Transportwesen, Sicherheits-, Wach- und Reinigungsdienste oder Gebäudedienstleistungen (Abb. Ab). Operative Unternehmensdienste können über Routinen stärker standardisiert und mit einem geringeren Anteil an hochqualifizierten Beschäftigten erbracht werden. Dank der geringeren Standortansprüche nutzen OBS Kostenvorteile an peripheren Standorten und haben sich im Zuge ihres raschen Wachstums gerade im ländlichen Raum ausgebreitet (Glückler & Hammer 2013). Obwohl OBS vielfach übersehen werden, schaffen sie damit Entwicklungspotenziale gerade in strukturschwachen oder ländlichen Regionen, wie z. B. der Versandhandel in Nordfrankreich (Dörrenbächer & Schulz 2005) oder einfache Bürodienstleistungen (*business processes*), wie z. B. der IT-Kundenservice von IBM in Polen, die an weniger entwickelten Standorten (offshore) in sog. *Shared-Service*-Center angeboten werden (Glückler 2008).

Wachstum, Innovation und regionalwirtschaftliche Entwicklung

Lange galten Dienstleistungen nur als der passive Teil einer Volkswirtschaft, der vor allem Konsum des im industriellen Sektor durch technischen Fortschritt, Innovation und Produktivitätssteigerung gewonnenen Wachstums diente (Illeris 2007). Herkömmliche Modelle stützen sich bis heute auf die industrielle Landwirtschaft und das verarbeitende Gewerbe als Motoren exportorientierten Wachstums. Dieses neo-industrielle Modell muss aufgrund zweier Impulse von Unternehmensdienstleistungen revidiert werden (Illeris 2005): Erstens sind viele Dienstleistungen dank digitaler Technologien längst selbst zum Teil der globalen Exportwirtschaft erwachsen. Medien-, Software- und IT-Dienstleister erbringen vielfältige Leistungen nahezu entfernungsunabhängig und von nahezu beliebigen internetverbundenen Standorten aus und fungieren selbst als Motoren regionaler Entwicklung. Nicht nur Anbieter des sog. Dienstleistungssektors erbringen Dienstleistungen, sondern zunehmend auch Unternehmen aus dem verarbeitenden Gewerbe. So entwickelte sich z. B. das Bauunternehmen Bilfinger Berger durch neue Dienstleistungsangebote für die Gebäudeinstandhaltung zu einem Wettbewerber im Facilitymanagement. Auch Automobilkonzerne erweitern ihre Angebote im After-Sales-Bereich durch Wartungs- und Reparaturdienste, um Kundenbindung und Markentreue zu stärken. Dieser Prozess der Servitization, in dem produzierende Unternehmen zunehmend produktbegleitende Dienstleistungen vermarkten, beschreibt die fortschreitende Hybridisierung von Unternehmen und dient als Quelle der Innovativität für materielle und immaterielle Güter (Glückler 2017). Zweitens liefern Unternehmensdienstleistungen indirekte Wachstumsimpulse für viele andere Wirtschaftszweige im verarbeitenden Gewerbe. Vor allem KIBS fungieren häufig als Innovations- und Entwicklungspartner für ihre Kunden. Entweder beschleunigen sie den Innovationsprozess ihrer Kunden als *carrier*, z. B. durch die Implementierung neuester verfügbarer Software und Organisationsmodelle, oder sie ermöglichen Innovationen als *facilitator* durch die gemeinsame Entwicklung innovativer Lösungen, z. B. von Ingenieurbüros in Zusammenarbeit mit ihren Kunden und zur Steigerung von deren Wettbewerbsfähigkeit (Glückler 2017, Lodefalk 2014, OECD 2007). Die produktive Wechselwirkung zwischen Industrie und Unternehmensdienstleistungen zeigt neue Formen von regionalen Entwicklungspfaden auf (Corrocher & Cusmano 2014). Sie fordert daher die Hinwendung von einem rein sektoralen zu einem funktionalen Verständnis produktiver Verflechtungen im Produktionssystem (Bailly et al. 1987). Am Beispiel Süddeutschlands zeigt sich entsprechend, dass Regionen in Baden-Württemberg und Bayern gewachsen sind, nicht weil etwa der Anteil des gesamten Dienstleistungssektors am Arbeitsmarkt anstieg, sondern weil vor allem die zirkuläre Funktion der Unternehmensdienste gemeinsam mit der produktiven Funktion des verarbeitenden Gewerbes angestiegen ist (Glückler et al. 2015). Emblematisch ist das Beispiel der Wachstumsmetropole München: Als eine der wirtschaftsstärksten und innovativsten Regionen Europas wird ihr überproportionales Wachstum seit über einem Jahrzehnt vom gemeinsamen Anstieg der Beschäftigungsanteile in Unternehmensdiensten und Industrie begleitet (Abb. B).

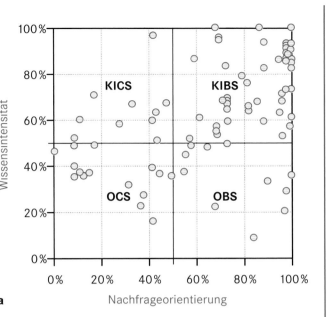

Abb. A Typologie der Dienstleistungen (verändert nach Glückler & Hammer 2013).

Kapitel 18

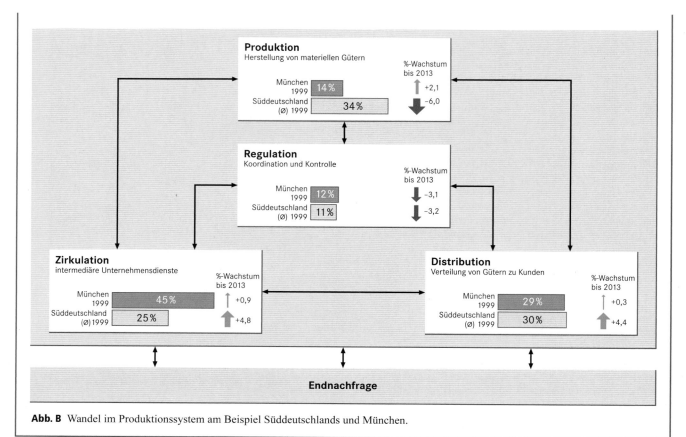

Abb. B Wandel im Produktionssystem am Beispiel Süddeutschlands und München.

Exkurs 18.3 Standortwahl von Mercedes Benz in Tuscaloosa

Die Krise der Automobilindustrie im Zuge der Fordismuskrise der 1970er- und 1980er-Jahre hatte Folgen, die sich vor allem in drei Punkten niederschlugen:

- Der gesellschaftliche Trend zur Individualisierung führte zu einer Segmentierung des Marktes. Neben klassischen Limousinen stieg die Nachfrage nach Kombis, Cabrios, Geländewagen u. a. Mercedes Benz führte unter anderem neben der A-Klasse ein *micro-compact car* (Smart) und den lifestyle-orientierten Roadster SLK ein. Ein sog. *activity vehicle* sollte das Programm ergänzen.
- Durch Produktivitätssteigerungen sollten die bestehenden Defizite im Kosten- und Zeitwettbewerb abgebaut werden (*lean production*).
- Die weltweite Präsenz als Global Player sollte durch eine Internationalisierung der Wertschöpfungskette gefördert werden. Da das *activity vehicle* besonders auf den ame-

rikanischen Markt für Freizeit- und Geländewagen zielte, entschied sich das Unternehmen für den Bau eines Montagewerks in Nordamerika, um die Kunden- und Marktnähe zu erreichen.

Für die Realisierung des letztgenannten Projekts wurde eine eigene Gesellschaft mit voller Kosten- und Marktverantwortung gegründet sowie ein kleines Projektteam von acht Personen aus verschiedenen Funktionsbereichen des Unternehmens. Diese wiederum banden bei der Entwicklung Systemlieferanten und Unternehmensberatungen ein. Die Standortwahl wurde mit dem amerikanischen Tochterunternehmen „Freightliner" und einer amerikanischen Unternehmensberatung durchgeführt, da dafür spezifische Landeskenntnisse notwendig sind. Am Ende stand die Entscheidung zugunsten des Standortes Tuscaloosa im US- Staat Alabama (Abb. A).

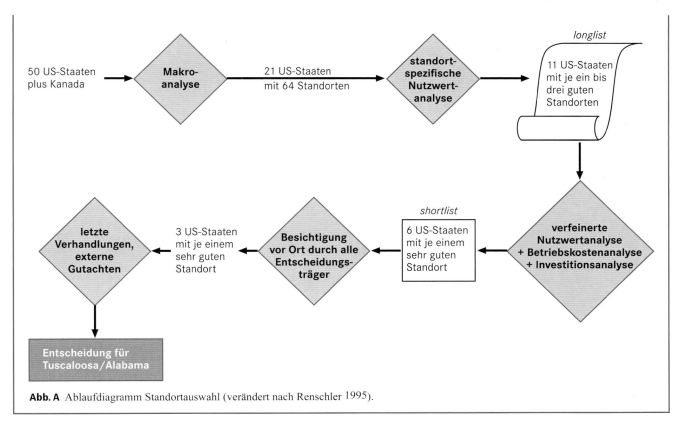

Abb. A Ablaufdiagramm Standortauswahl (verändert nach Renschler 1995).

wenn Unternehmen langfristig an den Standort gebunden und die positiven regionalen Effekte der Ansiedlung nachhaltig höher als die anfänglichen Ansiedlungsanreize sind.

18.3 Agglomeration und regionale Spezialisierung

Agglomerationsvorteile und geographische Cluster

Agglomerationsvorteile sind dynamische Standortfaktoren, die sich anders als natürliche Standortvorteile unabhängig von physischen Gegebenheiten allein aus dem kollektiven Standortverhalten von Unternehmen und anderen Organisationen ergeben. Sie sind räumlich begrenzte Kosten- oder Ertragsvorteile eines Unternehmens infolge des gehäuften Auftretens vieler Unternehmen ähnlicher oder verwandter Tätigkeiten am gleichen Ort. Der betriebliche Vorteil infolge einer Standortgemeinschaft erklärt sich durch die Existenz externer Ersparnisse. Sie sind außerhalb des Einflusses eines Unternehmens und hängen entweder von der Größe der Industrie, der Region oder der Volkswirtschaft ab. **Externe Effekte** sind allgemein Vor- oder Nachteile, die gratis bzw. ohne Kompensation von einem Akteur an einen anderen transferiert werden und führen zu Ergebnissen, die sich nicht in Marktprozessen widerspiegeln. Aus diesem Grund sind externe

Effekte in der ökonomischen Theorie eine der wichtigsten Ursachen für Marktversagen und Ungleichgewichte. Alfred Marshall (1927) illustrierte das Wirken externer Effekte in lokalen Industrieagglomerationen an drei charakteristischen einzelbetrieblichen Vorteilen: durch die gemeinsame Nutzung von Infrastruktur, die flexible Nachfrage in einem Pool spezialisierter und qualifizierter Arbeitskräfte und durch den Genuss sog. Wissens-Spill-over. Diese bezeichnen die Aneignung und Nutzung der Erkenntnis Dritter ohne entsprechende Kompensation der Kosten, die Dritte an der Herstellung dieses Wissens getragen haben. Diese klassischen Agglomerationsvorteile konkretisieren den Vorteil der **„industriellen Atmosphäre"** (Marshall 1927) eines lokalen Produktionssystems, das nachfolgend allgemein als Cluster bezeichnet wird. Hierbei sind eine engere und weitere Fassung des **Clusterbegriffs** zu unterscheiden. Ein Cluster im weiteren Sinne ist eine geographisch konzentrierte Ballung von Unternehmen mit gleichen oder verwandten Produkten, die über eine räumlich konzentrierte Häufigkeitsverteilung an einem Ort erfasst wird (Abb. 18.8). Ein Cluster im engeren Sinne ist darüber hinaus gekennzeichnet durch einen funktionalen Zusammenhang zwischen Unternehmen, z. B. durch lokale Input-Output-Verflechtungen oder durch eine ausgeprägte Kooperation zwischen Unternehmen und anderen Organisationen wie z. B. Verbänden, Kammern oder Forschungseinrichtungen.

Das Phänomen geographischer Cluster ist eines der am meisten beforschten in der Wirtschaftsgeographie der letzten zwei Jahrzehnte. Unzählige empirische Studien und verschiedenste Konzepte lassen sich jenseits natürlicher Kostenvorteile (z. B.

Kapitel 18

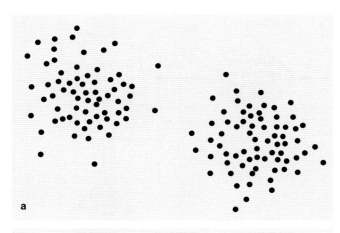

a

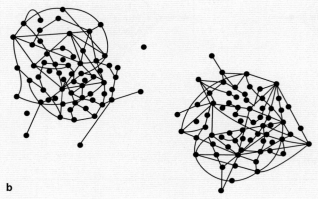

b

Abb. 18.8 Cluster im weiteren (**a**) und im engeren Sinne (**b**).

Rohstoffvorkommen, siehe oben) in vier grundsätzlichen Erklärungslogiken der sog. Clustertheorie repräsentieren: Transportkosten, Transaktionskosten, soziale Institutionen und Wissens-Spill-over durch Beobachtung und Imitation.

Transportkosten und interne Ersparnisse

Die Standortgemeinschaft konkurrierender Unternehmen lässt sich im ersten Schritt aus den Wirkungen der Transportkosten auf den Angebotspreis ableiten. Hotelling (1929) betont in seinem Modell die Interdependenz von Standortentscheidungen durch die Einbeziehung marktstrategischen Verhaltens in eine Wettbewerbssituation. Zwei Produzenten A und B suchen für den Vertrieb eines homogenen Guts einen Standort in einem Marktgebiet mit gleich verteilter Nachfrage. Anfangs teilen sich die beiden Produzenten A und B das Marktgebiet zu gleichen Teilen auf und wählen ihren Standort jeweils im Zentrum des eigenen Marktgebiets, sodass sich monopolistische Marktgebiete für jeden Produzenten ergeben. Grafisch lässt sich mithilfe des sog. **Launhardt'schen Trichters** in einem Preis-Entfernungs-Diagramm darstellen, wie die Stückkosten und damit der Preis einer Produkteinheit – ausgehend vom Produktionsstandort – aufgrund von Transportkosten mit zunehmender Entfernung ansteigen

(Bathelt & Glückler 2018). Die Gesamtkosten setzen sich dabei aus den Produktions- und den Transportkosten zusammen. Zunächst teilen sich Unternehmen A und B das Marktgebiet genau auf. Die Grenze der beiden Marktgebiete ergibt sich aus dem Schnittpunkt der beiden Kostenkurven: Kunden links von dieser Grenze werden von Produzent A, Kunden rechts von der Grenze von Produzent B versorgt, weil dies die geringsten Kosten in dieser Marktsituation verursacht (Abb. 18.9). Wenn in einem zweiten Schritt Unternehmen A seinen Standort in Richtung B verlagert, verschiebt sich auch der Schnittpunkt der Kostenkurven, sodass sich das Marktgebiet von B entsprechend verkleinert. Folglich wird Unternehmen B seinen Standort in Richtung A verlagern, um das frühere Marktgebiet mit nun niedrigeren Gesamtkosten wieder zurückzugewinnen. Dieser Prozess läuft so lange, bis beide Unternehmen denselben Standort wählen, da sie nur von hier aus ihr Marktgebiet nicht mehr zulasten des anderen ausweiten können. Diese Situation ist aber nicht optimal. Da die Kunden nun größere Entfernungen zurücklegen müssen, entstehen an den Rändern des Marktgebiets höhere Kosten als in der Ausgangssituation. Hotellings Modell legt unter Bedingungen unvollständigen Wettbewerbs einen Mechanismus dar, nach dem mit steigenden Transportkosten der Druck zur Standortkonzentration immer größer wird und folglich positive Transportkosten die Agglomeration konkurrierender Unternehmen fördern.

Der amerikanische Ökonom Paul Krugman geht in seinem **Zentrum-Peripherie-Modell** (Krugman 1991) ebenfalls davon aus, dass Transportkosten und unvollständiger Wettbewerb wichtige Bedingungen für den Agglomerationsprozess darstellen. Als zentralen Mechanismus identifiziert er hierbei steigende Skalenerträge, das heißt Stückkostenersparnisse infolge steigender Produktionsmenge. Krugman argumentiert, dass ein Unternehmen seinen Standort immer dann in einer Agglomeration ansiedeln wird, wenn das Unternehmen standortunabhängig ist (z. B. von Lagerstätten), wenn es **interne Größenersparnisse** erzielen kann (eine große Betriebsstätte also geringere Stückkosten impliziert als mehrere kleinere Betriebsstätten) und wenn die Transportkosten niedrig sind (um entfernte Marktgebiete zu geringeren Kosten beliefern zu können). Das Wachstum eines Clusters hängt letztlich von dem Verhältnis zwischen Skaleneffekten und Transportkosten ab, was durch zwei Extrembeispiele verdeutlicht werden kann: Wenn die Skalenerträge konstant sind, das heißt der Stückkostenpreis eines Guts unabhängig von der Produktionsmenge ist, ist es aufgrund hoher Transportkosten unter Umständen preiswerter, in jeder Region eine Betriebsstätte anzusiedeln, um den lokalen Markt zu versorgen. Je mehr jedoch die Skalenerträge ansteigen, desto eher wird der kritische Punkt überschritten, jenseits dessen die Größenersparnisse der Herstellung des Guts in einer einzigen Betriebsstätte die Summe aller Transportkosten zur Belieferung der anderen Regionen übertreffen und somit den Agglomerationsprozess fördern. Insgesamt steigt der Ballungsprozess mit steigenden Skalenerträgen, sinkenden Transportkosten und geringer Bindung an Ressourcenfundorte. Mit steigenden Transportkosten hingegen wird das Standortsplitting immer attraktiver. Beide Theorien – sowohl die von Hotelling als auch die von Krugman – ziehen Transportkosten als zentrale Kriterien zur Formulierung eines interdependenten Standortverhaltens von Unternehmen heran, das einen Clusterprozess fördert.

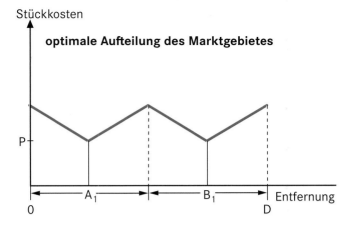

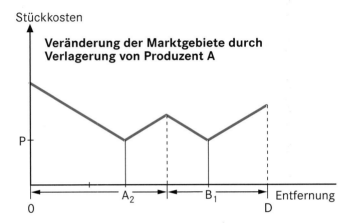

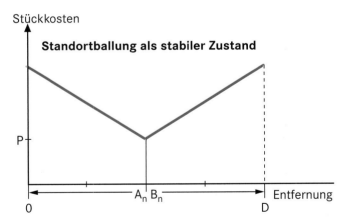

Abb. 18.9 Interdependente Standortwahl nach Hotelling (Bathelt & Glückler 2018).

Transaktionskosten und neue Industrieräume

In den 1980er-Jahren fragte die kalifornische Schule der Wirtschaftsgeographie nach den Ursachen für die Entstehung neuer Industrieräume inmitten einer weltweiten Krise des sog. **Fordistischen Akkumulationsregimes**. Im Anschluss an den Nach-

kriegsaufschwung der 1950er-Jahre erfuhren die meisten Industrieregionen der westlichen Industriestaaten einen strukturellen Niedergang, der mit großen Arbeitsplatzverlusten einherging. Große Konzerne, die interne Ersparnisse auf dem Weg standardisierter Massenproduktion maximiert hatten, stießen an die Grenzen ihrer Absatzmöglichkeiten in umkämpften internationalen und saturierten Heimatmärkten. Steigender internationaler Wettbewerb, ein verlangsamtes Wachstum der Absatzmärkte und eine Differenzierung der Konsummuster mit segmentierter Nachfrage zogen Überkapazitäten in der Produktion nach sich und zwangen viele Konzerne zur Verlagerung von Arbeitsplätzen an Niedriglohnstandorte – eine neue internationale Arbeitsteilung (Fröbel et al. 1977) – und zur Auslagerung von Funktionen und Tätigkeiten in andere Unternehmen. Während etablierte Industrieregionen wie Philadelphia, Birmingham oder Turin schrumpften, wuchsen gleichzeitig neue Regionen mit geringer oder gänzlich fehlender industrieller Tradition empor. Diese **neuen Industrieräume** (Scott 1988) wie zum Beispiel die „Boston Route 128", das „Silicon Valley", die „Île de France" oder die Industriestandorte Baden-Württembergs zeichneten sich gegenüber den alten Industrieräumen durch neue Technologien und eine Struktur kleiner und mittlerer Unternehmen in hoher sozialer Arbeitsteilung und regionaler Konzentration aus.

Dieser historische Übergang von einer auf Massenproduktion, Standardisierung und vertikaler Integration begründeten fordistischen Produktionsweise zu einer flexiblen Spezialisierung in hoch arbeitsteiligen regionalen Produktionssystemen kleinerer und mittlerer Unternehmen lenkt den Fokus der Erklärung von Agglomerationsvorteilen auf das Konzept der **Transaktionskosten**. Diese beschreiben den Aufwand zur Herstellung, Beherrschung und Überwachung einer wirtschaftlichen Austauschbeziehung, und ihre Höhe hängt von der Art des Austauschs und der gewählten Organisationsform ab. Die Transaktionskostentheorie betrachtet das Unternehmen und den Markt als alternative Organisationsformen zur Koordination wirtschaftlichen Austauschs und strebt in sog. *make-or-buy*-**Kalkülen** effiziente Entscheidungen darüber an, ob eine Transaktion preiswerter innerhalb des Unternehmens oder über den Markt besorgt werden soll (Williamson 1985). Die Strukturkrise der 1960er- und 1970er-Jahre zwang Unternehmen zur vertikalen Desintegration, das heißt zur Verringerung der internen technischen Arbeitsteilung zugunsten einer Erhöhung der sozialen Arbeitsteilung durch das Entstehen vieler neuer externer Liefer- und Absatzbeziehungen mit anderen Unternehmen. Den mit der Auslagerung verbundenen Spezialisierungs- und Flexibilitätsvorteilen stehen allerdings erhöhte Transaktionskosten aufgrund des zusätzlichen Abstimmungsbedarfs mit Zulieferern, Abnehmern und Dienstleistern entgegen.

Der geographische Erklärungsansatz der neuen Industrieräume argumentiert, dass die Herstellung räumlicher Nähe zugleich die Transaktionskosten verringere: Eine Standortgemeinschaft in räumlicher Nähe ist für Anbahnung, Aushandlung und Kontrolle von Transaktionsbeziehungen vor allem dann von Vorteil, wenn es sich um nicht standardisierte, spezifische, kreative und technologieintensive Austauschbeziehungen handelt. Da gerade der Austausch in diesen spezifischen Situationen von der Reichhaltigkeit persönlicher Kommunikation von Angesicht zu Angesicht (*face to face*) profitiert, identifiziert der transaktionskostenbasierte Clusteransatz die stärkste Agglomerationsdynamik in drei Wirtschaftsbereichen: erstens in der Hochtechnologie wie etwa Computer- und Elektronikindustrie (im „Silicon Valley", „Boston Route 128" oder „Research Triangle"), zweitens in den designintensiven traditionellen Industriezweigen wie Schuhe, Möbel, Korbwaren, Textilien, Schmuck oder Lederwaren (in den Regionen des „Dritten Italien") und drittens in den wissens-intensiven unternehmensorientierten Dienstleistungen wie etwa Unternehmensberatung, Finanzdienstleistungen, Werbung oder Public Relations (in New York, London, Paris, Frankfurt).

Soziale Institutionen und die Reduktion von Unsicherheit

In den 1990er-Jahren widmeten sich neue Erklärungsansätze den wissensintensiven Clustern und fragten nach den sozialen Voraussetzungen lokaler Lern- und Innovationsprozesse. Ausgangspunkt ist hierbei die Auffassung, dass eine Zunahme an Komplexität in unternehmerischen Handlungsoptionen und technologischen Lernprozessen sowie Erwartungsunsicherheiten in dem Verhalten von Transaktionspartnern eine Analyse jenseits der rein marktlichen Beziehungen erfordern. Aus diesem Grund sind Unternehmen darauf angewiesen, erstens stärker mit ihrer Umwelt zu interagieren und zweitens Institutionen zu bilden, die die Erwartungssicherheit in Austauschbeziehungen erhöhen. Sozialwissenschaftliche Ansätze betonen die Bedeutung **sozialer Institutionen** als stabile Interaktionsmuster, die auf gemeinsam geteilten Erwartungen beruhen und folglich Erwartungssicherheit und Orientierung in wirtschaftlichen Beziehungen schaffen. Institutionen beruhen sowohl auf informellen Konventionen, Vertrauen und Reputation als auch formalen Normen wie z. B. Gesetzen, Verordnungen und anderen präskriptiven Handlungsregeln.

Diese Perspektive macht darauf aufmerksam, dass Unternehmen nicht nur im Austausch von *traded interdependencies*, das heißt bewertbaren und handelbaren Faktoren und Gütern, stehen. Sondern es sind darüber hinaus die *untraded interdependencies* bzw. nicht handelbaren Beziehungen zwischen Unternehmen und Personen in Unternehmen, deren Bedeutung zur Koordinierung und Regelung von Austauschbeziehungen häufig unterschätzt wird (Schamp 2000). Das Konzept der *untraded interdependencies* umfasst hierbei alle Formen von Konventionen, informellen Regeln und Gewohnheiten, die wirtschaftlichen Austausch unter der Bedingung von Unsicherheit regeln (Storper 1997). Dieser Ansatz kritisiert die Marginalisierung sozialer Institutionen in ökonomischen Ansätzen als nichtwirtschaftliche Faktoren, Marktunvollkommenheiten oder begrüßenswerte moralische Puffer des erbarmungslosen Markts. Stattdessen argumentiert er, dass in der heutigen Phase der Wissensökonomie marktwirtschaftliche Prozesse in vielerlei Hinsicht stärker von nichtmarktlichen Einflüssen durchdrungen sind als je zuvor.

Persönliches **Vertrauen** ist ein Beispiel für den wirtschaftlichen Vorteil einer sozialen Institution (Glückler 2004). Es mindert die Erwartungsunsicherheit zwischen Akteuren und ermöglicht

es beispielsweise, implizitere und reichhaltigere Informationen zu transferieren, schnellere kooperative Problemlösungen und Lernprozesse zu entfalten und zeitraubende Regelarrangements einzusparen. Dadurch entstehen den Partnern *economies of time* (Uzzi 1997), die sich z. B. in schnellerem Marktzugang oder rascherer Reaktion auf Umweltveränderungen ausdrücken. Darüber hinaus verleiht Vertrauen eine ausgeprägte Robustheit kooperativen Verhaltens, selbst wenn sich opportunistisches Verhalten für eine Partei besonders lohnen würde. Unternehmensbeziehungen, die aufgrund gemeinsamer Erfahrung in gegenseitigem Vertrauen begründet sind, bestehen häufig ohne vertragliche Regelung. Gerade im Bereich kooperativer Innovations- und Lernprozesse zwischen Unternehmen können sich die Versuche, alle Unwägbarkeiten zukünftiger Zusammenarbeit mit rechtlichen Instrumenten zu regulieren, eher hemmend auf den Innovationsprozess auswirken, signalisieren sie doch eher Skepsis und Übervorsicht als kooperatives Engagement (Nooteboom 2000).

Das Schlüsselargument zur geographischen Bedeutung von Institutionen besteht darin, dass soziale Institutionen nur in wiederholten und häufig reziproken Kommunikationsprozessen langsam gebildet und transformiert werden und daher räumliche Nähe erfordern. Institutionen stabilisieren kollektive Erwartungen und Handlungsmuster, schärfen Interpretationsregeln und erleichtern die Bildung und Pflege sozialer und wirtschaftlicher Transaktionen.

Wissens-Spill-over ohne Kooperation: Beobachtung und Imitation

Agglomerationsvorteile beruhen nicht nur auf lokalen Kooperationsbeziehungen, die durch soziale Institutionen stabilisiert werden. Empirische Studien konnten die These verstärkter lokaler Lern- und Innovationspartnerschaften selten bestätigen (Malmberg & Maskell 2002). Offenbar schöpfen Unternehmen in einem Cluster Wettbewerbsvorteile, die nicht notwendigerweise auf Kooperationsbeziehungen beruhen. Gerade die Beziehungen zwischen Unternehmen der gleichen Wertschöpfungsstufe sind von **Rivalität** und fortwährendem Wettbewerb geprägt und nicht von arbeitsteiligen und komplementären Beziehungen wie im Falle von Zulieferern und Abnehmern (vertikale Dimension). Eine **wissensbasierte Theorie** geographischer Cluster richtet ihr Interesse auf die positiven Effekte der Agglomeration von Wettbewerbern, die ähnliche Produkte und Technologien herstellen und um die gleichen Faktor- und Konsumentenmärkte konkurrieren. Welchen Vorteil eröffnen viele kleinere und mittlere Unternehmen in lokaler Standortgemeinschaft gegenüber einem einzigen integrierten Großkonzern mit der gleichen Menge an Ressourcen? Die wissensbasierte Theorie geht davon aus, dass die vertikale Integration im Grunde geringere Transaktionskosten implizieren würde und daher eine ausschließliche Kostenperspektive nicht ausreiche, um den dynamischen Vorteil eines Clusters von Unternehmen zu erklären. Sie argumentiert stattdessen, dass der permanente Vergleich mit Wettbewerbern und die fortwährende lokale Konkurrenz unter identischen regionalen Rahmenbedingungen den Druck und die Fähigkeit zu beschleunigter Innovation und kontinuierlicher Anpassung in besonderer Weise befördern (Porter 1998).

Lokalisationsvorteile wirken demnach völlig unabhängig von zwischenbetrieblichen Kooperationsbeziehungen. Entscheidend ist, dass viele konkurrierende Unternehmen gleicher Tätigkeit an einem Ort ansässig sind. Der Schlüssel zur erhöhten Innovationsfähigkeit liegt hierbei im Mechanismus lokaler **Wissens-Spill-over**. Dieses „Überschwappen" von Wissen setzt voraus, dass Innovationen die Quellen der Wettbewerbsfähigkeit für Unternehmen sind. Malmberg & Maskell (2002) beschreiben einen neuen Lernprozess, der auf **Variation, Beobachtung und Nachahmung** gründet. Der entscheidende Clustervorteil besteht darin, dass viele Unternehmen im gegenseitigen Wettbewerb viel wahrscheinlicher neue Variationen in Technologien und Produkten hervorbringen werden als ein einziges vertikal integriertes Großunternehmen mit den gleichen Kapazitäten. Die Vielfalt lokaler Organisations- und Produktionsweisen fördert somit die Variation von Forschungs- und Lernerfolgen. Wenn sich die konkurrierenden Unternehmen eines Clusters gegenseitig beobachten und vergleichen, können sie eigene Rückstände schneller feststellen und in kurzer Zeit auf die Veränderungen reagieren. Die Fähigkeit, sich in räumlicher Nähe leichter und genauer beäugen und überwachen zu können, erleichtert entsprechend die Imitation von Neuerungen. Unternehmen ahmen offensichtliche Innovationen im Cluster nach, um den Wettbewerbsvorsprung des Konkurrenten einzuholen und selbst eine bessere Chance für neue Innovationen zu schaffen. Das Cluster fördert somit eine Spirale der Variation, gegenseitiger Beobachtung und Nachahmung und beschleunigt das Entstehen und Überschwappen von Wissen auf konkurrierende Unternehmen (Malmberg & Maskell 2002).

Clusterentwicklung

Eines der auffälligen geographischen Phänomene ist die Persistenz weltweit bedeutender Industrie- und Technologiecluster wie z. B. der Computerelektronik im „Silicon Valley" oder der Filmindustrie in Hollywood. Im Zuge der weltwirtschaftlichen Integration der Märkte scheinen viele regionale Cluster eher an Bedeutung zu gewinnen und dynamische Agglomerationsvorteile die Stellung in globalen Märkten zu stärken. Die vorgestellten Erklärungslogiken begründen im Kern drei verschiedene **Typen von Agglomerationsvorteilen**: erstens eine erhöhte **Effizienz** durch externe Ersparnisse infolge geringer Transport- und Transaktionskosten und infolge gemeinsamer Nutzung von Infrastruktur sowie diversifizierten Arbeits- und Zuliefermärkten; zweitens eine erhöhte **Verlässlichkeit** durch die Reduktion von Erwartungsunsicherheiten infolge sozialer Institutionen, die die Reichhaltigkeit, Häufigkeit und Spontaneität von persönlichen Kontakten sichern; drittens eine erhöhte **Innovativität** durch Wissens-Spill-over infolge einer Konzentration und Vielfältigkeit von Akteuren und Ideen, die kooperativ durch Interaktion zwischen Unternehmen oder kompetitiv durch Beobachten und Nachahmen zirkuliert und rekombiniert werden.

Wenngleich viele geographische Cluster in zahllosen Fallstudien empirisch beforscht wurden, so schuldet die Forschung zumeist noch den Nachweis der Gültigkeit und Wirkmächtigkeit der angebotenen Erklärungsansätze (Malmberg & Maskell 2002, Markusen 2003). So zeigen empirische Arbeiten beispielsweise, wie wichtig gerade interregionale und internationale Beziehungen für Unternehmen in Clustern sind, um nachhaltig innovationsfähig zu sein. Innovationskooperationen werden ebenso häufig über große Entfernung geschlossen wie innerhalb von Clustern und es sind gerade die Kooperationen mit Partnern in anderen Regionen, die in der Informationstechnik oder der Medienwirtschaft als besonders wichtig für die Wettbewerbsfähigkeit erkannt wurden (Bathelt et al. 2004, Nachum & Keeble 2003). So betonen neuere Ansätze vor allem das Wechselverhältnis lokaler Agglomerationsvorteile (*local buzz*) und globaler Kooperationsvorteile in permanenten Beziehungen (*global pipelines*) oder temporären Zusammenkünften (*global buzz*; Bathelt & Glückler 2011).

18.4 Regionale Disparitäten und Wachstum

Sowohl natürliche Kostenvorteile als auch dynamische Agglomerationsvorteile variieren zwischen Standorten und tragen dazu bei, dass wirtschaftliche Aktivitäten nicht gleichförmig territorial verteilt sind. Diese Ungleichheiten konstituieren regionale Disparitäten, die aus wirtschaftsgeographischer Perspektive aufzuklären sind und zum Gegenstand normativ informierten politischen Handelns erhoben werden.

Regionale Disparitäten

Regionale Disparitäten bezeichnen allgemein Abweichungen bestimmter als gesellschaftlich bedeutsam erachteter Merkmale von einer gedachten Referenzverteilung (Biehl & Ungar 1995). Der Zusatz der gesellschaftlichen Relevanz ist hierbei wichtig, um diejenigen regionalen Unterschiede anzusprechen, die sich auf die als notwendig erachtete Lebensqualität und die Lebenschancen der Bevölkerung auswirken. Sowohl im Grundgesetz der Bundesrepublik (Art. 106, Abs. 3) als auch im Vertrag über die Arbeitsweise der Europäischen Union (AEU-Vertrag Art. 4 und 174) bildet die Einheitlichkeit der Lebensverhältnisse bzw. die Stärkung des wirtschaftlichen und gesellschaftlichen Zusammenhalts eine wichtige Norm der Gesellschaftsordnung. Der wirtschaftliche Entwicklungsstand einer Region wird mit zentralen Indikatoren wie etwa dem Bruttoinlandsprodukt pro Einwohner, der Arbeitslosenquote, dem Einkommensniveau und der Qualität der Infrastruktur erfasst. Die Unterschiede des wirtschaftlichen Entwicklungsstands werden mithilfe unterschiedlicher Verfahren, wie etwa dem Gini-Koeffizienten oder dem Variationskoeffizienten, ermittelt.

Die regionalen Disparitäten sind in der **Europäischen Union** stark ausgeprägt. Im Jahr 2014 erzielte London als Region mit

Kapitel 18

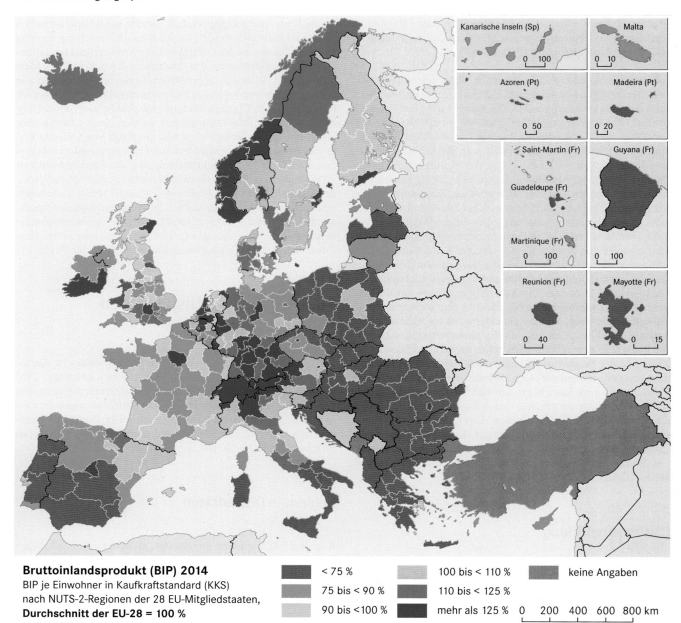

Bruttoinlandsprodukt (BIP) 2014
BIP je Einwohner in Kaufkraftstandard (KKS)
nach NUTS-2-Regionen der 28 EU-Mitgliedstaaten,
Durchschnitt der EU-28 = 100 %

< 75 %   100 bis < 110 %   keine Angaben

75 bis < 90 %   110 bis < 125 %

90 bis <100 %   mehr als 125 %   0   200   400   600   800 km

Abb. 18.10 Abweichung des regionalen Bruttoinlandsprodukts pro Einwohner in Kaufkraftparitäten vom Durchschnitt der Europäischen Union (NUTS-2-Regionen 2014, Datenquelle: Eurostat 2016).

dem europaweit höchsten BIP pro Kopf (539 % des EU-28-Durchschnitts) ein 18-mal so hohes Prokopfeinkommen wie in Severozapaden (Bulgarien), die Region mit dem europaweit geringsten BIP pro Kopf, das nur 30 % des EU-28-Durchschnitts erreicht (Eurostat 2016). Vor allem die Regionen Süddeutschlands, Südenglands und der Niederlande zählen zu den leistungsstärksten Regionen der Union (Abb. 18.10). Wie entwickeln sich regionale Disparitäten? In der Europäischen Union nahmen die Ungleichheiten in der regionalen Verteilung der Wirtschaftsleistung zwischen 1995 und 2006 stetig ab. Wenngleich die Finanz- und Wirtschaftskrise nach 2007 zu zwischenzeitlichen Anstiegen

der Disparitäten führte (European Commission 2017), scheint sich der Konvergenzprozess seit 2014 langsam fortzusetzen (Abb. 18.11). Während sich die 20 % der reichsten und ärmsten Regionen in der EU sukzessive angenähert haben, klafft die Schere der Entwicklung zwischen den reichsten und ärmsten Ländern global weiter auf.

Der europäische Trend ist allerdings nicht auf die **innerdeutsche Entwicklung** zu übertragen. Auch nach mehr als 25 Jahren nach der Wiedervereinigung sind die regionalen Unterschiede des BIP, gemessen pro Einwohner in Kaufkraftparitäten, erheblich und

Abb. 18.11 Entwicklung der regionalen Disparitäten in der Europäischen Union. Dargestellt ist der Variationskoeffizient der Verteilung des Bruttoinlandsprodukts je Einwohner in Kaufkraftparitäten über die NUTS-2-Regionen bezogen auf das Referenzjahr 2000 (= 100; Datenquelle: Eurostat 2016).

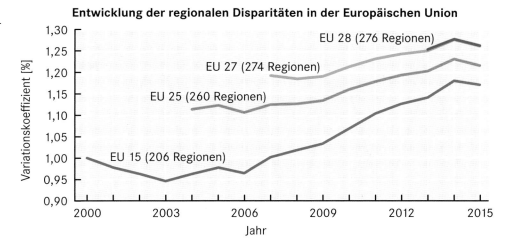

reichten im Jahr 2014 von einem Minimum von 11 300 Euro/ Einwohner im Zwickauer Land bis zum Maximum von über 80 000 Euro/Einwohner im Landkreis München (Destatis 2017). Geographisch drücken sich die Disparitäten in zwei Entwicklungsgefällen aus. Das Niveau der Wirtschaftsleistung sinkt von West nach Ost und weniger stark ausgeprägt von Süd nach Nord. Während der letzten 25 Jahre konnten die Regionen der neuen Länder zwar etwas zu den alten Ländern aufschließen, allerdings scheint das Ungleichgewicht seither stabil. In den Regionen Westdeutschlands nahmen die Disparitäten in den zehn Jahren nach der Wiedervereinigung zunächst zu (Leßmann 2005), um sich seit 2004 wieder sukzessive abzuschwächen (Abb. 18.12).

Konvergenz versus Divergenz regionalen Wachstums

Offensichtlich lässt sich keine natürliche Tendenz der Entwicklung regionaler Disparitäten feststellen. Während einige Wirtschaftsräume historische Phasen der Divergenz (z. B. Westdeutschland zwischen 1992 und 2004) erfahren, nähern sich Regionen in anderen Wirtschaftsräumen oder auf anderen Maßstabsebenen einander an (z. B. Europäische Union). Entsprechend vielfältig und widersprüchlich sind die Erklärungsansätze regionaler Entwicklungstheorien: Konvergieren ungleiche Regionen langfristig auf das gleiche Entwicklungsniveau (Konvergenz) oder entfernen sich die Niveaus im Zeitverlauf immer weiter voneinander (Divergenz)? Regionale Disparitäten sind die Folge ungleichen regionalen Wachstums. Insofern widmen sich regionale Entwicklungstheorien der Frage, worin sich regionalwirtschaftliches Wachstum begründet und warum Regionen unterschiedliche Qualität und Stärke wirtschaftlicher Entwicklung erfahren.

Die **neoklassische Wachstumstheorie** geht in ihrem Grundmodell davon aus, dass wirtschaftliches Wachstum durch technischen Fortschritt und durch erhöhten Kapitaleinsatz aufgrund von Konsumverzicht angetrieben wird. Da der technische Wissensstand als exogen angenommen wird, konzentriert sich das

Modell auf den steigenden Einsatz von Kapital in Form von Investitionen zur Erhöhung der Produktionskapazität. Aufgrund sinkender Grenzerträge findet das Modell seine Wachstumsgrenze in einem Gleichgewichtszustand, bei dem alle aus dem Überschuss zur Verfügung stehenden neuen Investitionen vollständig zum Ersatz abgeschriebenen Kapitals benötigt werden und folglich nicht zur weiteren Erhöhung der Kapazität ausreichen. Das Modell bleibt so lange im stabilen Gleichgewicht, bis erneuter technischer Fortschritt die Produktionsfunktion selbst ändert und weiteres Wachstum ermöglicht. In geographischer Perspektive zeigt diese Wachstumstheorie, dass unter sehr homogenen Bedingungen anfängliche Entwicklungsungleichgewichte stets zum langfristigen Ausgleich tendieren und demnach zur **Konvergenz regionaler Disparitäten** führen. Die Argumentation gründet auf dem Ausgleich der unterschiedlichen Aus-

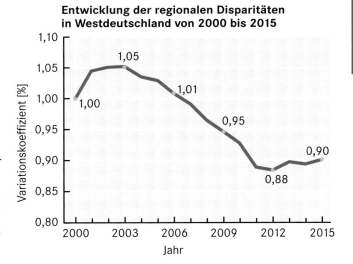

Abb. 18.12 Entwicklung der regionalen Disparitäten in Westdeutschland zwischen 2000 und 2015. Dargestellt ist die Veränderung des Variationskoeffizienten der Verteilung des Bruttoinlandsprodukts je Einwohner in Kaufkraftparitäten in den NUTS-2-Regionen Westdeutschlands gegenüber dem Referenzjahr 2000 (= 100; Datenquelle: Eurostat 2016).

Kapitel 18

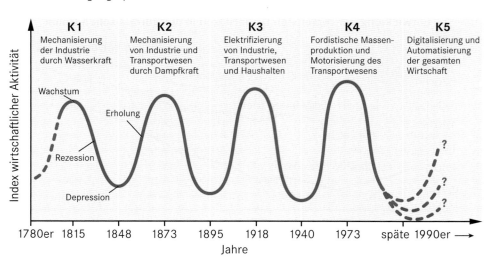

Abb. 18.13 Das Modell der langen Wellen (sog. Kondratieff-[K-]Zyklen) technisch-gesellschaftlichen Wandels (verändert nach Dicken 2015).

stattung mit Produktionsfaktoren durch Faktorwanderung (Arbeit und Kapital) oder im Falle immobiler Faktoren durch die Spezialisierung der Produktion und den interregionalen Handel mit den jeweils spezifischen Gütern (Maier et al. 2006). Der Ausgleichsmechanismus ist in beiden Fällen die Entschädigung der Faktoren nach ihrem Grenzprodukt. Arbeit wird je nach Arbeitsangebot zu einem bestimmten Lohnsatz und Kapital nach dem Zinssatz entschädigt. Je geringer das Kapitalangebot in einer Region, desto größer ist der Zinssatz und somit der Anreiz für Investoren einer Region mit hohem Kapitalangebot, das Kapital in die Region mit dem höheren Zinssatz zu transferieren, bis sich die Zinssätze beider Regionen angleichen. In der Realität sind allerdings fast alle vereinfachenden Annahmen der Theorie verletzt: Vollständiger Wettbewerb, vollständige Information, nicht vorhandene Transaktionskosten (volle Mobilität von Gütern oder Faktoren), flexible Preise und konstante Skalenerträge sind selten vorzufinden, sodass der interregionale Ausgleich keinesfalls natürlich und vollständig verlaufen könnte. An die Wirtschaftspolitik richtet sich daher vor allem die Erwartung, die realen Bedingungen den Annahmen des Modells anzunähern, etwa durch die Reduktion von Handelshemmnissen wie Zölle oder Einfuhrverbote, Subventionen oder interregionale Zugangsbeschränkungen am Arbeitsmarkt.

Die **Polarisationstheorie** stellt die Gleichgewichtsannahme der Neoklassik infrage und argumentiert aufgrund eines kumulativen Entwicklungsprozesses für die natürliche Divergenz regionaler Disparitäten. Sie wurde empirisch auf verschiedene Maßstabsebenen übertragen und geht auf Gunnar Myrdal (1957) zurück, der das Auseinanderdriften der wirtschaftlichen Leistungsfähigkeit von Regionen als Folge von Entzugseffekten (*backwash effects* oder auch Sogeffekte) und von Ausbreitungseffekten (*spread effects*) beschrieb. Die Agglomerationsvorteile des Zentrums locken zusätzliche Investoren an, während die Peripherie noch weiter an endogenem Potenzial verliert. Aufgrund der bestehenden Ungleichgewichte in der Ausstattung mit Produktionsfaktoren wird beispielsweise eine Arbeitskräftewanderung initiiert. Die Wanderung erfolgt in ökonomisch attraktive Gebiete und entzieht aufgrund ihres selektiven Charakters den Abwanderungsregionen Humankapital. Unter Ausnutzung interner und

externer Ersparnisse der Unternehmen sowie aufgrund der Zuwanderung qualifizierter Arbeitskräfte entsteht ein Wettbewerbsvorsprung im Zentrum. Somit werden in der Peripherie ansässige Unternehmen langfristig zurückgedrängt und die Abhängigkeit vom Zentrum verstärkt. Allerdings können auch *spread effects* die Ausbreitung von Wissen oder technischen Standards vom Zentrum in die Peripherie und die gesteigerte Nachfrage des Zentrums nach Produkten oder Dienstleistungen (z. B. Fremdenverkehr) auslösen. In der Regel überwiegen aber nach Myrdal die Entzugseffekte und übertreffen die Ausbreitungseffekte hinsichtlich ihrer Wirkung auf die regionale Entwicklung. Werden also dem freien Spiel der Marktkräfte keine Eingriffe des Staates entgegengesetzt, so führt die Polarisation zu einer ungleichen räumlichen Verteilung von wirtschaftlichen Aktivitäten, wobei die Möglichkeiten der Arbeitsteilung diese räumliche Entmischung von Funktionen fördern. Der wohl prominenteste polarisationstheoretische Ansatz ist das Zentrum-Peripherie-Modell. Aufgrund der kumulativen, verstärkenden Entwicklung stellt die Polarisationstheorie mit dem Konzept der **Wachstumspole** andere Ansprüche an die Wirtschaftspolitik. Anstelle der reinen Absicherung möglichst liberaler Märkte fordert das Konzept der Wachstumspole eine aktive Rolle des Staates in der Entwicklung schwacher oder peripherer Regionen. Im regionalpolitischen Sinn sind Wachstumspole ein Instrument der Industrieansiedlungspolitik. An eigens dafür ausgewiesenen Orten sollen Industriebetriebe angesiedelt werden, die durch Lohnzahlungen Einkommen in der Region schaffen, das weiteres wirtschaftliches Wachstum erzeugen soll. Diese Idee findet sich z. B. im Konzept der dezentralen Konzentration wieder, wie es 1975 im Bundesraumordnungsprogramm formuliert wurde. Auch die Regionalpolitik, wie sie im Rahmen der **Gemeinschaftsaufgabe zur Verbesserung der regionalen Wirtschaftsstruktur** heute noch betrieben wird, fußt auf dieser Idee.

Trotz beobachtbarer Polarisationsmechanismen laufen Polarisationsprozesse nicht endlos ab. Warum beispielsweise hat England als Pionier und Wachstumspol der Industrialisierung im 18. Jahrhundert seine wirtschaftliche Vormachtstellung an die Vereinigten Staaten spätestens im 20. Jahrhundert verloren? Die langfristige historische Betrachtung, die Eingang in die **Theorie**

der langen Wellen fand (Abb. 18.13), belegt eine unregelmäßige Abfolge von Wachstums- und Krisenphasen, in denen zumeist neue geographische Regionen zu Pionieren neuer Wachstumsphasen heranreifen und alte Zentren an Dominanz verlieren – ein Prozess, der in der Polarisationstheorie als *polarisation reversal* bezeichnet wird. Weder die neoklassische noch die Polarisationstheorie können Entwicklungen langfristig vorhersagen. Der Schlüssel zum Problem regional ungleichen Wachstums ist daher viel stärker im permanenten Entstehen von Innovationen und dem Zusammenspiel mit dem institutionellen Wandel zu sehen (Acemoglu & Robinson 2012). Die Bedeutung sozialer Institutionen für die Prosperität einer Volkswirtschaft wird eindrucksvoll durch das Problem des sog. **Ressourcenfluchs** belegt (Exkurs 18.4). Denn wenn der Reichtum an natürlichen Ressourcen das Wachstum eines Landes eher behindert als fördert, so verweist dies auf die gravierenden Mängel der Institutionalisierung von Fragen der Haftung, Zurechenbarkeit, Verfügungsrechten, Erwartungssicherheit und Gleichbehandlung unternehmerischen Handelns.

Regionales Wachstum und Innovation

Während regionales Wachstum durch erhöhten Faktoreinsatz (neoklassisches Modell) stets nur bis zum stabilen Gleichgewicht möglich ist, sind es Innovationen, die über das langfristige Wachstum entscheiden. Im Unterschied zu einer Erfindung, die die Schöpfung bzw. das erstmalige Auftreten einer Neuerung bezeichnet, bezieht sich der Begriff der Innovation auf die wirtschaftliche Nutzung und die kommerzielle Verbreitung einer Erfindung. Eine **Innovation** ist demnach die erste erfolgreiche kommerzielle Transaktion (Akrich et al. 2002) bzw. die Markteinführung einer Neuerung, die gemäß dem Oslo-Handbuch der OECD ein neues Produkt, ein neues Verfahren oder eine neue Organisations- und Marketinglösung sein kann (OECD 2005). Wie laufen Innovationsprozesse ab? Das **lineare Modell des technologischen Wandels** unterscheidet verschiedene Arten von Forschung und Entwicklung: Während die Grundlagenforschung langfristig orientiert ist und versucht, neue wissenschaftlich-technische Erkenntnisse zu erzielen, besteht das Ziel der angewandten Forschung darin, neue wissenschaftlich-technische Erkenntnisse kommerziell zu verwerten und in Produkt- und Prozessinnovationen umzusetzen. Die Produkt- und Prozessentwicklung konzentriert sich schließlich auf den Bereich der verarbeitenden Industrie und hier vor allem auf große Unternehmen, die in der Entwicklungsphase Prototypen an Marktbedürfnisse anpassen, neue Produkte perfektionieren und die erforderlichen Herstellungsverfahren verbessern.

Ein Problem des linearen Modells ist die Ausklammerung von Lernprozessen und somit von kommunikativen *feedbacks* zwischen Produktion und Forschung, die eine schrittweise Produkt- und Prozessverbesserung ermöglichen. Das **interaktive Modell des technologischen Wandels** (Abb. 18.14) entwirft ein stärker an den Kommunikationsflüssen orientiertes Bild des Innovationsprozesses und integriert vielfältige Feedbackschleifen von Lernprozessen (Bathelt & Glückler 2018).

Ein wichtiger Mechanismus des Innovationsprozesses ist die **Gründung neuer Unternehmen**. Phasen tiefgreifenden technologischen Wandels werden begleitet von dem scharenweisen Auftreten neuer Unternehmer. Von Joseph Schumpeter rührt die Auffassung des Unternehmers als einer Person, die neue Kombinationen von Wissen, Technologie und Organisationsstrukturen gegen alte am Markt durchsetzen kann. Die Innovation gleicht einem Prozess schöpferischer Zerstörung, durch den überkommene Praktiken und Lösungen zugunsten neuer aus dem Markt verdrängt werden. Viele andere Ansätze, etwa die Organisationsökologie, gehen ebenfalls davon aus, dass es innerhalb der bestehenden Strukturen großer Unternehmen viel schwerer ist, die Suche nach Neuerungen gegen bestehende Normen und Routinen durchzusetzen. In Deutschland folgt das Gründungsgeschehen dem allgemeinen Muster regionaler Disparitäten entlang eines Süd-Nord- sowie ein West-Ost-Gefälles. Die Gründungstätigkeit konzentriert sich ferner auf die großen Ballungsräume und Metropolregionen (Abb. 18.15). Im internationalen Vergleich sind die Gründungsaktivitäten in Deutschland eher gering einzuschätzen (Brixy et al. 2009): Erstens gründen in Deutschland weniger Unternehmer und zweitens ist das Motiv der Existenzsicherung mangels alternativer Beschäftigung

Kapitel 18

Exkurs 18.4 Der Ressourcenfluch und gute Institutionen: Botswana

Der Ressourcenfluch bezeichnet das scheinbar paradoxe Scheitern ressourcenreicher Länder, aus ihrer günstigen natürlichen Ausstattung wirtschaftliche Vorteile zu erzielen. Mit zunehmendem Ressourcenreichtum reduziert sich statistisch die durchschnittliche Wachstumsrate eines Staates. Allerdings ist der Fluch keineswegs Schicksal. Jüngere empirische Studien argumentieren, dass gut funktionierende Institutionen Ressourcenreichtum auch in wirtschaftliche Wohlfahrt übertragen können (Sachs & Warner 2001). Aus der Menge gescheiterter Staaten, die häufig unter autokratischen Regimen, korrupten Bürokratien und unverlässlichen Gerichtsbarkeiten leiden, tritt Botswana als hoffnungsvolles und erfolgreiches Beispiel hervor: Wenngleich Botswana 40 % des BIP aus dem Handel mit Diamanten erwirtschaftet, hat das Land seit 1965 weltweit die höchste Wachstumsrate erfahren. Einer der Erklärungsansätze für diese positive Entwicklung und gleichzeitige Verletzung der These des Ressourcenfluchs besteht in der Bildung und Wahrung leistungsfähiger Institutionen (Acemoglu et al. 2002). Botswana erzielte die beste Bewertung aller afrikanischen Länder in dem *Groningen Corruption Perception Index* (Mehlum et al. 2006).

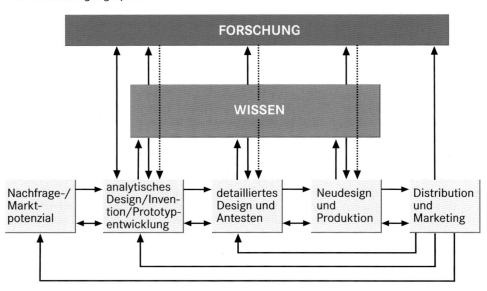

Abb. 18.14 Das interaktive Modell technologischen Wandels (Bathelt & Glückler 2018).

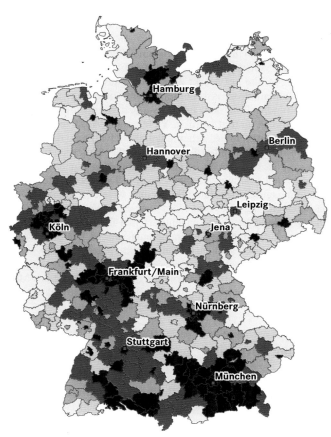

regionales Gründungsgeschehen in Deutschland

- ☐ 1. Quantil (niedrige Gründungsintensität)
- ☐ 2. Quantil
- ☐ 3. Quantil
- ☐ 4. Quantil
- ■ 5. Quantil (hohe Gründungsintensität)

in Deutschland wichtiger als in anderen Ländern, in denen das Motiv der Selbstverwirklichung deutlich dominanter ist. Zur Stärkung der Innovativität setzte die Regionalpolitik im Zeichen einer **endogenen Entwicklungsstrategie** in Deutschland ab den 1980er-Jahren das Instrument der Technologie- und Gründerzentren ein, um werdenden Unternehmern die Gründung zu erleichtern und qualifizierte Arbeitsplätze zu schaffen. **Technologie- und Gründerzentren** bezeichnen eine Standortgemeinschaft von relativ jungen und zumeist neu gegründeten Unternehmen, deren betriebliche Tätigkeit vorwiegend in der Entwicklung, Produktion und Vermarktung technologisch neuer Produkte, Dienstleistungen und Verfahren liegt und die im Technologiepark auf ein mehr oder weniger umfangreiches Angebot an Gemeinschaftseinrichtungen und Beratungsdienste zurückgreifen können (Sternberg 1988). Die Skala reicht dabei vom einfachen Gewerbehof über das Technologie- oder Gründerzentrum bis hin zum Forschungs- oder Wissenschaftspark (*science park;* Abb. 18.16). Das Gründungsgeschehen gilt zwar als möglicher Treiber der Innovativität einer Region, allerdings können empirische Arbeiten den Zusammenhang hoher **Gründungsintensität** und wirtschaftlichen Wachstums nur bedingt unterstützen, denn die Wirkungen einer Gründung sind oft indirekt und langfristig.

Innovation findet nicht nur innerhalb bestehender Unternehmen oder durch Ausgründung neuer Unternehmen statt, sondern vor allem in der Kommunikation und Zusammenarbeit zwischen Unternehmen. Spätestens seit den 1990er-Jahren richtet sich die Forschungsaufmerksamkeit daher auf Formen der interorganisatorischen Zusammenarbeit wie z. B. strategische Allianzen in der Forschungskooperation. Die wirtschaftsgeographische Wissensforschung hat sich hierbei der Bildung, Aneignung und dem Austausch von **Wissen** zugewandt (Bathelt & Glückler 2011,

Abb. 18.15 Gründungsintensitäten (Anzahl der Unternehmensgründungen je 10 000 Erwerbsfähige) in der Hochtechnologie in deutschen Kreisen und kreisfreien Städten 2005 (verändert nach Gottschalk et al. 2007). ◄

Abb. 18.16 Die sog. „Wissenschaftsstadt Ulm" entstand seit Mitte der 1980er-Jahre in enger Verbindung mit Betriebsstätten des Daimler-Chrysler-Konzerns, der Universität Ulm und einem von der Stadt eingerichteten *science park*. Das Bild oben zeigt die Forschungsstätten von Daimler-Chrysler, die untere Abbildung die neu errichteten ingenieurwissenschaftlichen Fachbereiche der Universität Ulm (Fotos: H. Gebhardt).

Meusburger 2008). Denn empirisch zeigt sich immer wieder, wie wenig räumlich mobil innovatives Wissen tatsächlich ist und wie sehr der Innovationsprozess in einem bestimmten Technologiefeld regional „klebrig" ist. Ein messbares Ergebnis von Innovation ist die Anmeldung von Patenten. Eine Analyse der Zahl der Anmeldungen von technischen Patenten zeigt, wie stark Innovationsprozesse regional konzentriert sind. Deutschland ist hierbei ein herausragender Standort für technische Innovationen. Im Jahr 2012 lagen allein 14 der 30 führenden Metropolregionen Europas im Bereich von Patentanmeldungen in Deutschland (Abb. 18.17). Eine Erklärung für die räumliche „Klebrigkeit" dieser Innovation ist die besondere Qualität impliziten Wissens. Im Unterschied zu kodifiziertem Wissen (z. B. Baupläne, Bücher oder Formeln) ist **implizites Wissen** an Personen gebunden und konstituiert sich aus der eigenen Interpretation von Informationen, persönlicher Erfahrung und erworbenen Fähigkeiten. Damit ist implizites Wissen nicht einfach transferierbar wie etwa ein Handbuch, sondern kann nur in interpersoneller Kommunikation übersetzt und reinterpretiert werden (Amin & Cohendet 2004). Die Voraussetzung der interpersonellen Kommunikation schränkt Lernprozesse häufig – nicht notwendigerweise – auf geographische Nähe ein, die wiederholte und spontane Treffen und gegenseitiges Nahahmen leichter ermöglicht als über große

Entfernung. Dieser Vorteil geographischer Spillover begründet die Annahme erhöhter Wettbewerbsfähigkeit regionaler Cluster, wie zuvor in der wissensbasierten Clustertheorie dargestellt (Abschn. 18.3).

Auch die **endogene Wachstumstheorie** (Romer 1990) geht davon aus, dass Wissen nicht nur in der Form handelbarer Güter produziert wird, sondern als Externalität außerhalb des Marktprozesses überschwappen kann. Ziel der Theorie ist es, den Innovationsprozess als ursächlichen Treiber wirtschaftlicher Entwicklung zum integralen Bestandteil des Wachstumsmodells zu erheben. Der Forschungssektor einer Volkswirtschaft setzt das bestehende Humankapital bzw. das Wissen qualifizierter Arbeitskräfte ein, um Innovationen zu entwickeln, die in Form von Patenten an Produzenten verkauft oder lizensiert werden. Zusätzlich zu den Erlösen aus dem Patenthandel erhöht sich gleichzeitig die Qualität des Humankapitals, da die Wissenschaftler mit der Patententwicklung ihre eigenen Forschungskenntnisse weiterentwickeln und ihr Ausgangsniveau für zukünftige Forschungen erhöhen. Darüber hinaus schwappt ein Teil des Wissens über und ist auch für unbeteiligte Wissenschaftlerinnen und Wissenschaftler verfügbar, sodass der Wissensgewinn eines Forschungsprojekts einem großen Teil des Forschungssektors zur Verfügung

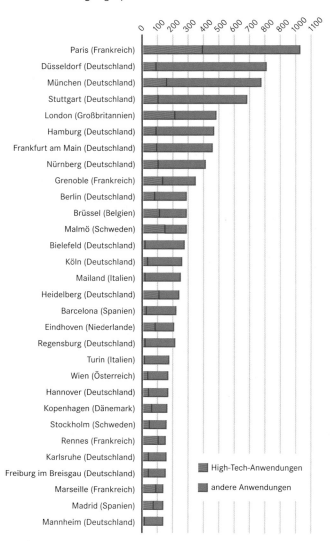

Abb. 18.17 Die führenden 30 Metropolregionen Europas in der Zahl der Patentanmeldungen beim Europäischen Patentamt (verändert nach Eurostat 2016).

Industrien und Technologien oftmals an Standorten entstehen, die zuvor nur schwach industrialisiert waren, und weder über die für eine neue Branche qualifizierten Arbeitskräfte noch die infrastrukturellen Voraussetzungen verfügen (Abb. 18.18). Innovative Unternehmen genießen daher eine hohe Wahlfreiheit, weil sie in dieser Lokalisationsphase noch keine klaren Anforderungen an Standorte stellen bzw. aufgrund der Neuartigkeit der Technologie noch keine geeigneten Infrastrukturen und Wertschöpfungspartner finden. Zulieferungen müssen ohnehin mit vorhandenen Betrieben gedeckt werden, die sich erst an neue Anforderungen anpassen. Die Absatzmärkte sind in dieser Phase noch nicht vorhanden oder unbekannt. Hohe Gewinne in dieser Phase erlauben auch die Beschaffung von Kompetenzen und Vorprodukten von weit her, während in anderen Bereichen eine Vernetzung in der Region stattfindet. Allerdings sind die Chancen der Regionen aufgrund unterschiedlicher Ausstattungen und Potenziale für eine solche Entwicklung durchaus unterschiedlich. In den weiteren Phasen des Entwicklungspfads setzt sich ein neuer Gründungsstandort durch dynamische Agglomerationsvorteile durch und entwickelt sich zu einem Cluster. Mit zunehmender Reife erwachsen aus dem Cluster Wachstumsperipherien in funktionaler Beziehung und im weiteren Verlauf kann der Entwicklungspfad durch eine Verlagerung des Clusters in eine andere Region gebrochen werden. Neue Unternehmen siedeln sich wie anfangs zumeist außerhalb der alten Standorte an, da die institutionellen Voraussetzungen oft nicht günstig und teilweise auf die Verhinderung neuer Unternehmen ausgerichtet sind. Damit leistet das Konzept einen wichtigen Beitrag zum Verständnis der geographischen Veränderlichkeit von Wachstumszentren. Innovative Industrien können sich unter den Bedingungen marktwirtschaftlicher Wirtschaftsordnungen das benötigte regionale Umfeld selbst schaffen und somit neue geographische Zentren bilden, die zur Abschwächung interregionaler Disparitäten beitragen können (Abb. 18.19).

Regionales Wachstum in der Europäischen Union

Empirisch sind die von den einzelnen Theorieansätzen postulierten Einflüsse nicht immer zu trennen. Stattdessen zeigt sich am Beispiel der Entwicklung der europäischen Binnenwirtschaft eine Mischung aus den genannten Ansätzen. Die Forschungsarbeiten der Europäischen Kommission belegen unter vielen möglichen Faktoren vier besonders einflussreiche Bedingungen für regionales Wachstum (European Commission 2010): das **Humankapital** (Anteil der Erwerbspersonen mit Hochschulabschluss) als Ausdruck der Menge hochqualifizierter Arbeitskräfte; der **Kapitalstock** einer Region als Ausdruck der vorhandenen Produktionskapazität und der Fähigkeit, durch neue Technologie Produktivitätsfortschritte zu erzielen; eine **niedrige Arbeitslosenquote** als Ausdruck effektiver und flexibler Arbeitsmärkte sowie die **geographische Nachbarschaft zu prosperierenden Regionen**. In der Europäischen Union geht das Wachstum des BIP pro Einwohner zu 80 % auf Produktivitätsgewinne und somit Innovation in Technologien, Produkten und neuen Managementlösungen zurück. Gerade aber die Innovationsfähigkeit einer Wirtschaft hängt von dem Bildungsniveau und auch dem Unternehmergeist ab.

steht. In jeder Runde erhöht sich somit die Produktivität aller weiterer Forschungsaktivitäten, sodass der Wachstumsprozess nicht zum Stillstand kommt. Wurde die endogene Wachstumstheorie zunächst ohne expliziten geographischen Bezug formuliert, so zeigt sich aufgrund der räumlichen Begrenzung der Spillover-Effekte, dass innovationsbasiertes Wachstum regional unterschiedlich zu erwarten ist.

Das **Modell geographischer Industrialisierung** (Storper & Walker 1989) stellt den Bezug der geographischen Innovationsforschung zur Frage ungleichen regionalen Wachstums her und folgt hierbei einer evolutionären Perspektive. Entgegen der traditionellen Standortlehre, in der die Standortfaktoren über die Ansiedlung der Unternehmen entscheiden, geht das Modell davon aus, dass innovative Unternehmen ihr Umfeld selbst gestalten und die für ihre Entwicklung notwendigen Ressourcen erst schaffen. Diese Auffassung begründet sich in der Beobachtung, dass neue

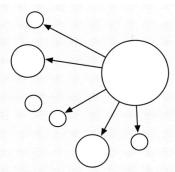

a) Lokalisation: Ein neuer Sektor entsteht an verschiedenen Standorten außerhalb älterer Industriegebiete.

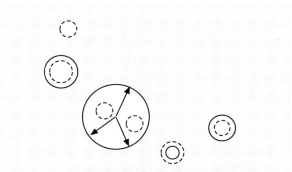

b) Clusterung: Ein Gründungsstandort entwickelt sich schnell, während die anderen nur langsam wachsen oder scheitern.

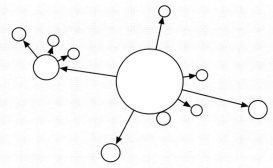

c) Dispersion: Wachstumsperipherien des neuen Sektors entstehen außerhalb der Kernkonzentration des neuen Sektors.

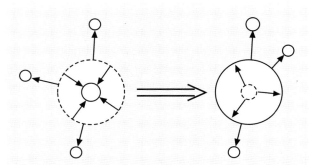

d) Shifting Center: Ein neues Zentrum entsteht und steht im Wettbewerb zu dem bestehenden Zentrum.

Abb. 18.18 Raumwirksame Effekte industrieller Entwicklungspfade (Bathelt & Glückler 2018).

18.5 Geographie wirtschaftlicher Globalisierung

Die arbeitsteilige Herstellung von Waren und Dienstleistungen überträgt sich in eine **räumliche Arbeitsteilung**. Wenngleich der Transfer von Produktionsfaktoren und Gütern mit Kosten verbunden ist, haben in den letzten Jahrzehnten technologische Neuerungen und ein institutioneller Wandel sowohl zur globalen Verbreitung von Ressourcen, Gütern, Wissen, Konsumpräferenzen und kulturellen Einstellungen als auch zu deren Pluralisierung an einem einzigen Ort beigetragen. Entscheidend für die Art und Organisation der Austauschprozesse sind die Transaktionskosten. Während niedrige Transportkosten die Produktionsorganisation eines Guts an unterschiedlichen Orten der Welt prinzipiell erleichtern, kann ihr der Transaktionsaufwand durch Koordination oder Qualitätssicherung der globalen Organisation durchaus entgegenstehen. Der grenzüberschreitende wirtschaftliche Austausch umfasst vielfältige Ströme von Rohstoffen, Zwischengütern, Endprodukten, Kapital, Arbeitskräften, Technologien, Nutzungsrechten, Ideen und Wissen. Die Vielfalt dieses internationalen Verkehrs wird in der Statistik unterschiedlich präzise erfasst (Tab. 18.1).

Es zeigt sich ein Trend zu einer Intensivierung und steigenden Komplexität weltumspannender Beziehungen (Abb. 18.20). Seit 1960 wächst der Export kontinuierlich stärker an als die Produktion von Gütern, das heißt Produkte werden immer weniger dort konsumiert, wo sie hergestellt werden. Auch internationale Direktinvestitionen steigen stärker als die Warenproduktion (UNCTAD 2017), was die Intensivierung der Auslandsaktivitäten international operierender Unternehmen und die weltweite Arbeitsteilung in der Herstellung von Gütern widerspiegelt. Auch in der Struktur des Güterhandels bildet sich diese Transnationalisierung der Wertschöpfung ab: Während traditionell der Handel mit Rohstoffen und Endprodukten vorherrschte, werden heute immer mehr Zwischenprodukte einzelner Wertschöpfungsstufen in andere Länder exportiert und dort weiterverarbeitet. Das Wachstum des Handelsvolumens für Zwischenprodukte ist ein Indiz für die zunehmende internationale Organisation von Wertschöpfungsketten.

Allerdings führt diese Entwicklung nicht zu einer gleichförmigen globalen Vernetzung, sondern stellt sich in geographischer Perspektive eher als **Triadisierung der Weltwirtschaft** dar. Der Außenhandel der drei großen Industrieregionen Europa, Nordamerika und Asien hat sich seit den 1960er-Jahren immer in-

Kapitel 18

Abb. 18.19 Dubai, das Wirtschaftszentrum am Persischen Golf, hat eine rasante Entwicklung vom Erdölstaat über eine internationale Tourismusdestination hin zu einem Finanz- und Dienstleistungszentrum durchlaufen. Inzwischen werden am Stadtrand neue flächengreifende Areale für die Ansiedlung von Büros, Shopping Malls und anderen Infrastruktureinrichtungen erschlossen (**a**). Große Ölkraftwerke und Meerwasserentsalzungsanlagen produzieren die notwendige Energie (**b**). Immer mehr Werke internationaler Hightech-Branchen siedeln sich an (**c**; Fotos: H. Gebhardt).

nerhalb des eigenen Wirtschaftsblocks verstärkt, während sich der Anteil des Gesamthandelsaufkommens mit weniger entwickelten Weltregionen wie Südamerika und Afrika verringerte (Abb. 18.21). Der intraregionale Warenexport stieg von 30 % in

Tab. 18.1 Dimensionen des internationalen wirtschaftlichen Austauschs.

Außenhandel	• intersektoraler vs. intrasektoraler Handel von Waren und Diensten
	• Endprodukte vs. intermediäre Güter
	• Handel innerhalb bzw. zwischen Unternehmen
Kapital	• ausländische Direktinvestitionen (mind. 10 % Kapitalbeteiligung) - *greenfield* (Investition in eigene Unternehmensteile) - *brownfield* (Beteiligung, Fusion oder Übernahme fremder Unternehmen)
	• ausländische Portfolioinvestitionen (<10 % Kapitalbeteiligung)
Technologie und Wissen	• internationale Forschungs- und Entwicklungsaktivitäten (F & E)
	• Transfer von Technologien (Lizenzierung, Patentierung)
	• Transfer von Designs, Marken (Verkauf, Lizenzierung, *franchising*)
Humankapital	• *expatriates* (Migration von hoch Qualifizierten)
	• *global staffing* (Einsatz von Arbeitskräften in globalen Projekten)

den 1950er-Jahren über 40 % 1980 auf 51,4 % des weltweiten Warenexports im Jahr 2013 an. Auch die ausländischen Direktinvestitionen und technologischen Verflechtungen konzentrieren sich auf diese Weltregionen. Umgekehrt bedeutet diese Triadisierung aber keineswegs, dass nicht auch die weniger entwickelten Länder eine veränderte Einbindung in die Weltwirtschaft erfahren. Im Vergleich zu früheren Epochen der Weltwirtschaft, die ebenfalls von einer starken Ausdehnung internationaler Handelsbeziehungen geprägt waren, zeichnet sich die heutige Phase der Globalisierung durch eine neue Qualität aus (Held et al. 1999). So nimmt einerseits die Komplexität der strategischen Entscheidungsspielräume für Unternehmen zu. Andererseits gewinnt die Ausdehnung eines globalen Wettbewerbs zwischen Unternehmen an Bedeutung, in dem nach wie vor auch Nationalstaaten eine zentrale gestalterische Rolle einnehmen.

Das geographische Globalisierungsparadoxon

Welche geographischen Folgen zieht die Intensivierung globaler wirtschaftlicher Vernetzung nach sich? Müssten die globalen Austauschbeziehungen von Gütern, Arbeit und Kapital durch neue Kommunikationstechnologien und den Abbau von Handelshemmnissen nicht zu einer Beseitigung der regionalen ökonomischen Unterschiede führen? Zur Beantwortung der Frage dient ein Gedankenexperiment, das zwei Idealtypen der geographischen Organisation von Wirtschaft gegenüberstellt (Storper 1997). Der erste Typus ist die **lokalisierte Ökonomie**, in der die

Entwicklung des grenzüberschreitenden Warenhandels
Index (1960 = 1), in konstanten Preisen, Entwicklung in Prozent, weltweit 1950 bis 2015

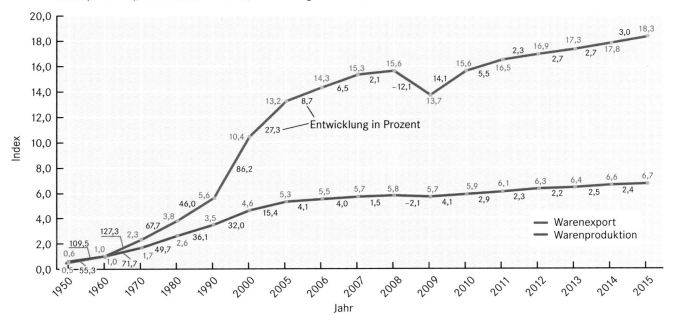

Abb. 18.20 Entwicklung des grenzüberschreitenden Warenhandels weltweit von 1950–2015; Datenquelle: WTO (2016).

wichtigen Ressourcen und Faktoren der Produktion als an konkrete Standorte gebunden und nicht überall verfügbar gedacht sind. Traditionell handelt es sich hierbei um natürliche Ressourcen wie beispielsweise Lagerstätten von Edelmetallen oder fossilen Brennstoffen. Heute rücken vor allem in technologie- und designintensiven Wirtschaftszweigen soziale Ressourcen viel

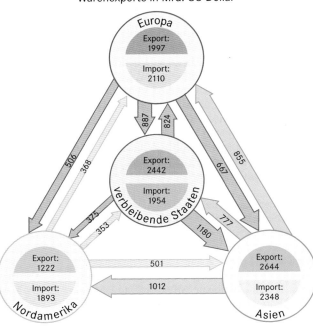

stärker in den Vordergrund. So sind spezifisches Erfahrungswissen, erlernte Fähigkeiten, Normen und Konventionen der Zusammenarbeit in bestimmten Bereichen nur sehr schwer zu transferieren. Standorte und Regionen wären demnach nicht substituierbar, sondern spezifisch und einzigartig. Der zweite Typus ist die **entankerte Ökonomie**. Ihr liegt die Annahme zugrunde, dass vollständige Mobilität und somit eine Ubiquität bzw. Allgegenwärtigkeit der Produktionsfaktoren herrsche. Diese sei eine Folge aus der Verbreitung moderner Kommunikations- und Transporttechnologien, der weltweiten Nutzung von Wissen und der Reduzierung von staatlichen und institutionellen Barrieren. Unternehmen wären nunmehr *footloose,* das heißt, sie hätten vollständige Wahlfreiheit in der Allokation ihrer Ressourcen und somit eine überlegene Position gegenüber Staat und Arbeitsmarkt in der Verhandlung von Produktionsbedingungen (Abschn. 18.2).

In der Gegenüberstellung dieser beiden Extreme definieren zwei Prozesse den Kern des Globalisierungsparadoxons. Der erste Prozess wird als **Ubiquitifizierung** bezeichnet (Maskell & Malmberg 1999). Durch die Senkung der Transaktionskosten zirkulieren und verbreiten sich Unternehmensressourcen theo-

Abb. 18.21 Interregionale Warenausfuhren 2013 in Mrd. US-Dollar. Die Warenimporte entsprechen der Summe der Warenexporte der jeweils anderen drei Staatengruppen. Damit wird von der gängigen Methode abgewichen, nach der Wareneinfuhren „c.i.f." (*costs, insurance, freight*) erfasst werden, also unter Berücksichtigung der entstandenen Transport- und Versicherungskosten. Warenausfuhren werden nach Möglichkeit „f.o.b." (*free on board*) erfasst, das heißt an der Zollgrenze des jeweils exportierenden Landes (UNCTAD versch. Jahrgänge, WTO versch. Jahrgänge). ◄

Kapitel 18

retisch weltweit. Spezifische technologische Wissensvorsprünge eines Ortes werden verbreitet, sodass der Wissensvorsprung erlischt und der Standort seinen Wettbewerbsvorteil verliert. Dieser Prozess würde lokale Unterschiede verringern und Unternehmen zunehmend standortunabhängig werden lassen. Eine reibungslose Ökonomie ist allerdings utopisch. Denn die Bewegung von Gütern und Ressourcen ist immer noch mit Aufwand verbunden. Gerade die kritischen Größen des Wettbewerbs wie Wissen, Fähigkeiten und spezifische institutionelle Bedingungen können nicht ohne Weiteres transferiert werden. Hinzu kommen einerseits Verlagerungskosten und andererseits lokale externe Effekte, das heißt einzelbetriebliche Kostenvorteile infolge der lokalen Ballung einer großen Zahl von Unternehmen der gleichen Wertschöpfungskette. Diese Größenersparnisse schaffen an bestimmten Orten spezifische Standortvorteile, die einer Dekonzentration entgegenwirken. Das Paradoxon besteht aber darin, dass die Ubiquitifizierung zugleich einen zweiten Prozess der **Kontextualisierung** impliziert, der die Bildung neuer lokalisierter Ökonomien gerade fördert. Durch die Fülle und Vielfalt des verbreiteten Wissens entstehen neue Möglichkeiten ihrer Rekombination und somit zusätzliches Innovationspotenzial. Dieses Mehrangebot an verfügbarem Wissen kann durch spezifische Rekombination zur Entwicklung neuer Technologien genutzt und durch die Bildung spezifischer Fähigkeiten und Konventionen lokal verankert werden. Im Schutz spezifischer institutioneller Bedingungen und lokalisierter Fähigkeiten kann die Technologie reifen, bis es schließlich gelingt, sie erneut zu verbreiten: Der zirkuläre Prozess beginnt von Neuem.

Die globale Verflechtung wirtschaftlicher Beziehungen führt keineswegs zu einer globalen Homogenisierung der Standortbedeutung. Vielmehr verändert sich im Zuge weltweiter Austauschbeziehungen die geographische Dynamik des Wirtschaftens. Während sich etwa die Textilwirtschaft aufgrund von Standardisierungsprozessen, geringen Qualifikationsansprüchen, Niedriglohnarbeit sowie der Liberalisierung internationaler Märkte tendenziell entankert, festigen sich die regionalen Agglomerationen in anderen Wirtschaftszweigen, wie beispielsweise der Filmwirtschaft in Los Angeles oder der Computerindustrie im Silicon Valley, in ihrer globalen Bedeutung. Heute befinden sich 75 der weltweit größten 100 digitalen multinationalen Unternehmen in nur drei Ländern: USA, Großbritannien und Deutschland (UNCTAD 2017). Worin bestehen nun die transnationalen Austauschprozesse? Zur Beantwortung dieser Frage verdienen die eigentlichen Treiber der Globalisierung nähere Betrachtung: die transnationalen Unternehmen.

Transnationale Unternehmen

Transnationale Unternehmen sind Unternehmen, die sich aus Muttergesellschaften und internationalen Tochterunternehmen zusammensetzen. Sie fungieren als Antriebskräfte des internationalen Waren-, Leistungs-, Kapital- und Wissenstransfers, der sowohl zur „Fernsteuerung" von Produktions- und Absatzbeziehungen in bestimmten Regionen als auch zur Kristallisierung globaler Vielfältigkeit in den großen Metropolen beiträgt. Ihre

Anzahl ist von 7000 im Jahr 1970 über 40 000 im Jahr 1995 auf über 80 000 im Jahr 2004 angewachsen. Die 100 weltweit größten Unternehmen beschäftigen gemeinsam über 16,1 Mio. Menschen und mit 9,2 Mio. deutlich mehr als die Hälfte davon außerhalb ihrer Heimatmärkte (UNCTAD 2017). Vergleicht man ihre Wertschöpfung mit der großer Volkswirtschaften, so entsteht ein Eindruck von der enormen ökonomischen Bedeutung transnational operierender Organisationen. Demnach waren 29 der 100 größten Ökonomien der Welt Unternehmen. Im Jahr 2000 rangierte „Exxon Mobilcom" als das Unternehmen mit der weltweit größten Wertschöpfung auf Platz 45 der 100 größten Ökonomien. Die Wirtschaftskraft des Konzerns übertraf die Produktionstätigkeit von Pakistan, Neuseeland oder Tschechien (Abb. 18.22). Zwar dominieren Unternehmen aus der Triade, welche mit NAFTA, EU und ASEAN inklusive China, Südkorea und Japan die drei größten Wirtschaftsräume der Welt umfasst, die internationale Organisation der Produktion, aber die Zahl der transnationalen Unternehmen in den weniger entwickelten Staaten steigt stetig an. Im Vergleich mit den Unternehmen der Triade zeichnen sie sich sogar durch eine relativ größere Transnationalisierung aus, da sie im Verhältnis zu den Heimataktivitäten mehr Ressourcen in internationalen Märkten unterhalten. International tätige Unternehmen verfolgen unterschiedliche Ziele bei der Organisation ihrer Aktivitäten. Grundsätzlich dient die internationale Expansion der Erschließung neuer Märkte entweder zur Absatzerweiterung oder zur Verbesserung der Herstellung von Produkten. Eine Verbesserung der Produktion bezieht sich entweder auf eine Effizienzsteigerung durch Kostenersparnisse in bestimmten Unternehmensfunktionen oder aber auf eine Qualitätssteigerung durch die Erschließung wichtiger strategischer oder produktionsspezifischer Ressourcen.

Offshoring

Unternehmen wählen Standorte so aus, dass sie eine optimale Allokation ihrer Ressourcen erzielen. Wenn ein Unternehmen unterschiedliche Standortansprüche für verschiedene Funktionen hat, so kann es zur Senkung der Kosten eine betriebliche **Standortteilung** vollziehen. Die Erforschung neuer Produkte stellt beispielsweise andere Ansprüche an die Qualifikation der Mitarbeiter als die Massenfertigung eines Produkts. Die Erleichterung des Zugangs zu internationalen Märkten eröffnet die Chance, Standortalternativen weltweit abzuwägen. Zugleich zwingt der globale Wettbewerb Unternehmen gerade dazu, Kosten zu minimieren. Eine Möglichkeit der Kostensenkung besteht in der organisatorischen oder technologischen Innovation von Produktionsverfahren, beispielsweise durch Automatisierung der Herstellung oder flexible Arbeitsorganisation. Unternehmen können diese Strategie der Kostensenkung grundsätzlich auch an Hochlohnstandorten der Industrienationen verfolgen.

Eine andere Strategie der Kosteneinsparung ist das Offshoring. Es bezeichnet die Verlagerung von Wertschöpfungsstufen oder unterstützenden Leistungen in ein anderes Land zur Ausnutzung absoluter Lohnkostenunterschiede. Gerade in Bereichen standardisierter Lohnarbeit nutzen transnationale Unternehmen sog. Niedriglohnländer, um große Teile der Produktfertigung auszulagern. Die internationale Arbeitsteilung kann hierbei sehr komplexe Formen annehmen, da die Fertigung nicht etwa an einen

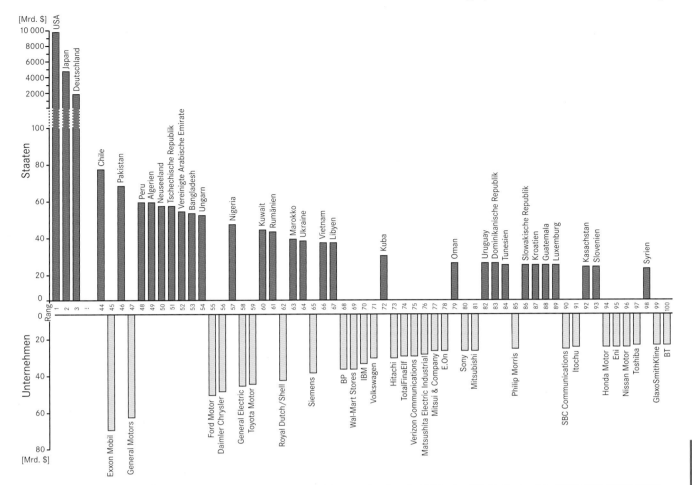

Abb. 18.22 Die 100 größten Ökonomien der Welt, gemessen nach der Wertschöpfung in Milliarden US-Dollar im Jahr 2000 (UNCTAD 2002).

einzigen Ort verlagert wird, sondern viele verschiedene Standorte im Rahmen einer räumlich-funktionalen Arbeitsteilung koordiniert werden (Schamp 2000; Exkurs 18.5). Die internationale Verlagerung dieser Tätigkeiten kann durch Zulieferverträge mit lokalen Unternehmen als **Outsourcing** organisiert sein oder innerhalb des transnationalen Unternehmens erfolgen (*captive offshoring*). Durch die internationale Organisation der Produktion gewinnt auch der grenzüberschreitende Handel zwischen Einheiten des gleichen Unternehmens an Bedeutung. Ein großer Teil des Außenhandelswachstums etwa von Mexiko in den 1990er-Jahren erklärt sich vor allem aus der Einbindung der Maquiladora-Industrie in die Produktionskette US-amerikanischer Unternehmen. Maquiladoras sind Lohnfertigungsbetriebe, in denen Einzelteile angeliefert, meist in Massenfertigung weiterverarbeitet und anschließend als Zwischen- oder Endprodukte wieder an das Auftragsunternehmen zurückgeliefert werden. Sie repräsentieren allein die Hälfte aller mexikanischen Ausfuhren, von denen insgesamt fast 90 % in die USA gerichtet sind (Berndt 2004). Ein großer Teil dieses grenzüberschreitenden Handels erfolgt innerhalb transnationaler Unternehmen. Nach einer Schätzung der Vereinten Nationen beträgt der Anteil des unternehmensinternen Handels etwa ein Drittel des gesamten Welthandels.

Neben der Lohnarbeit in der verarbeitenden Industrie lagern Unternehmen zunehmend unterschiedlichste Dienstleistungen international aus: *back-office*-**Leistungen** wie beispielsweise Dateneingabe und -verwaltung, technischer Support, Callcenter, Telemarketing, Website-Gestaltung und vieles mehr (Exkurs 18.6). Trotz der zunächst ungleichen Einbindung in die Produktionskette ergeben sich auch Entwicklungschancen für weniger entwickelte Länder. Die Attraktion von Offshore-Dienstleistungen ist eine neue Option für periphere und weniger entwickelte Standorte, um sich in globale Wertschöpfungszusammenhänge zu integrieren und durch Wissensakkumulation und Höherqualifizierung zu entwickeln (Exkurs 18.7). Allerdings ist das *service offshoring* für Zielstandorte eine riskante Entwicklungsstrategie, da sich die zur Partizipation wichtigen Standortvorteile bei nachhaltiger Entwicklung selbst zerstören. Lohn- und Kostenanstiege erzwingen eine Entwicklung hin zu werthaltiger Arbeit und machen es erforderlich, in Aus- und Weiterbildung der Bevölkerung zu investieren. Gleichzeitig ist diese Option an kleine Zeitfenster gebunden und zwingt die Standorte zu Aufwertungsprozessen im internationalen Standortwettbewerb. Wenn es allerdings gelingt, Lohnkostenanstiege und allgemeine Preisniveausteigerungen durch Wertschöpfungs-

Exkurs 18.5 Outsourcing der Produktion von Jeans

Das Wort Jeans leitet sich von dem französischen Namen der Stadt Genua ab (französisch Gênes), in der sich bereits im 16. Jahrhundert die Arbeitshosen der Seeleute als Vorläufer der Jeans verbreiteten. Die ersten Bluejeans gab es jedoch erst einige Jahrhunderte später. Der in Deutschland geborene Löb Strauss brachte nach seiner Auswanderung in die USA im Jahr 1853 die erste Jeans auf den Markt und erzielte damit großen Erfolg. Die Jeans wurde schnell zur Standardhose amerikanischer Farmer, Arbeiter und Goldgräber. Bereits um 1900 beherrschten Levi's, Wrangler und Lee den US-Jeans-Markt. Anfang der 1980er-Jahre begannen amerikanische Unternehmen damit, zunehmend Tätigkeiten im Niedriglohnbereich in andere Länder auszulagern (Abb. A). Das Outsourcing diente als eine zentrale Strategie internationaler Produktionsorganisation zur Senkung von Arbeitskosten und Steigerung der Wettbewerbsstellung der Unternehmen. Von 1981 bis 1990 wurden 58 US-Betriebe stillgelegt und über 10 000 Arbeiter entlassen. Etwa die Hälfte der US-Produktion wurde ins Ausland verlegt. 1990 umfasste das Levi's-Imperium allein in Entwicklungs- und Schwellenländern bereits 600 Tochter- und Subunternehmen. Aufgrund der hohen Kosten werden heute gar keine Levi's-Jeans mehr in den USA genäht. Ende des Jahres 2003 schloss das Unternehmen dort die letzte Produktionsstätte. Heute beschäftigt Levi Strauss weltweit 13 200 Arbeitskräfte, von denen nur noch 1000 in San Francisco, dem globalen Hauptsitz arbeiten. Die Jeans wird in über 110 Ländern verkauft. Der Umsatz von Levi Strauss lag im Jahr 2016 bei 4,6 Mrd. Dollar. Eine Jeans, die in Deutschland auf der Ladentheke liegt, hat bereits 50 000 km auf dem Weg der Produktion

hinter sich. So werden unterschiedliche Arbeitsschritte von der Ernte bis zur Endbearbeitung in vielen osteuropäischen und asiatischen Ländern erbracht, um trotz des hohen organisatorischen und logistischen Aufwands die Herstellungskosten möglichst niedrig zu halten.

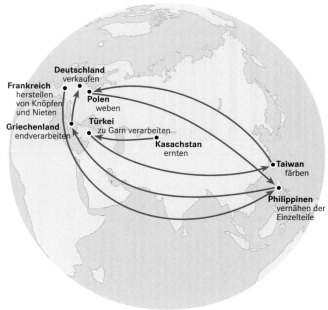

Abb. A Internationale Produktionskette einer Jeans.

Exkurs 18.6 Offshoring von Dienstleistungen

Die Produktion ist heutzutage in globalen Wertschöpfungsketten verteilt, die Standorte einzelner Produktionsschritte sind überwiegend faktorkostenoptimal bzw. lohnkostenminimal gewählt, wie Untersuchungen der globalen Produktionsorganisation zeigen (Schamp 2000). Wo liegen also die organisatorischen Reserven zur Effizienzsteigerung von Unternehmen? Nachdem die meisten Unternehmen ihre Fertigungstiefe, das heißt den Anteil der selbst erstellten Produktionsschritte am Endprodukt, weitgehend minimiert haben und kaum noch weitere Einsparungen durch Auslagerung erreicht werden können, verfolgen viele Unternehmen inzwischen die Minimierung ihrer Leistungstiefe, also des Anteils selbst erbrachter Dienstleistungen im Unternehmensbetrieb. Mit dieser dritten Revolution der Wertschöpfung (Fink et al. 2004) suchen Unternehmen einen neuen Erfüllungsgrad in der Spezialisierung auf ihre Kernkompetenzen. Unabhängig davon, ob Unternehmen Sachgüter produzieren (z. B. Haushaltswaren, Autos) oder

Dienstleistungen anbieten (z. B. Banken, Versicherungen), sind in jedem Unternehmen unterstützende Dienstleistungen erforderlich, um den primären Kernprozess zu ermöglichen (z. B. Personalverwaltung, Finanzierung, Logistik und vieles mehr). Viele erkennen in der zunehmenden internationalen Aus- und Verlagerung dieser Dienstleistungen den Beginn einer neuen internationalen Arbeitsteilung (UNCTAD 2004). Die Neuorganisation der Dienste unterliegt zwei organisatorischen Dimensionen, die untereinander kombinierbar sind: offshore-betriebene Geschäftsprozesse können sowohl unternehmensintern (Verlagerung) als auch im Outsourcing (Auslagerung) organisiert sein. Das Offshoring von Dienstleistungen verändert folglich nicht nur die Organisation von Unternehmen, sondern führt in geographischer Perspektive zu einer Intensivierung der Standortvernetzung und schafft gleichzeitig neue Optionen für ehemals weniger in globale Wertschöpfungszusammenhänge integrierte Standorte (Glückler 2008).

und Spezialisierungsgewinne zu überkompensieren, kann das Dienstleistungsoffshoring eine nachhaltige Strategie zum Aufbau wissensbasierter Standortvorteile eröffnen. Darüber hinaus sind Offshore-Standorte nicht nur Empfänger von Direktinvestitionen der Industrieländer, sondern bringen selbst transnationale Unternehmen hervor, die inzwischen 10 % zu den weltweiten Direktinvestitionen beitragen. Zahlreiche Erfolgsgeschichten belegen die Möglichkeit des Upgrading in Entwicklungsländern. „Tata Consultancy Services" ist eines von 80 Tochterunternehmen des indischen Tata-Konzerns und zugleich Asiens größtes IT-Unternehmen. Nach seiner Gründung 1968 hat sich das Unternehmen als größter Exporteur von IT- und Softwareprodukten zu einem globalen Anbieter für IT-Dienstleistungen entwickelt und ist in über 100 Ländern der Erde präsent. Globale Entwicklungszentren für IT-Produkte in Ungarn, Japan, Australien, USA, England, Uruguay und China bedienen die kontinentalen Märkte (UNCTAD 2004).

Globale Organisation von Wissen und Lernen

Unternehmen transferieren nicht nur Rohstoffe und Zwischenprodukte. Ein wichtiges organisatorisches Problem besteht ferner darin, dass Unternehmen spezifisches technologisches, thematisches oder strategisches Wissen an anderen internationalen Standorten benötigen, als an denen, an denen es entwickelt wurde und vorhanden ist. Die These der **Wissensökonomie** besagt, dass Wissen in vielen Wirtschaftszweigen inzwischen die größte Quelle der Wertschöpfung darstellt. Aufgrund der im Globalisierungsparadoxon begründeten schnellen Verbreitung von Wissen müssen Unternehmen ihre Kompetenzen fortwährend weiterentwickeln. Die internationale Organisation von Lernprozessen und Wissenstransfers stellt daher eine große Herausforderung dar, die Unternehmen nicht mehr allein mit permanenten Organisationsstrukturen sicherstellen können. Daher nutzen sie zunehmend Projekte als **temporäre Organisationsform**, um problembezogen jeweils spezifisches Expertenwissen von unterschiedlichen Orten zu verbinden. **Projekte** sind zweckorientierte, befristete Formen der Organisation von Expertenwissen, die aber gerade bei internationalen Formen der Zusammenarbeit mit erheblichen Ansprüchen an die Mobilisierung von Wissen und Personen verbunden sind.

Im Bereich der Produktentwicklung wird es beispielsweise in vielen Unternehmen immer wichtiger, das geographisch verteilte **Expertenwissen** der Mitarbeiter für bestimmte Projekte zu bündeln, um rasche Produktneuerungen zu verwirklichen. Aufgrund unterschiedlicher Konsumentenbedürfnisse können Unternehmen ihre Produkte nicht als Standardlösungen in allen Märkten anbieten, sondern müssen sie marktspezifischen Präferenzen anpassen. Digitale Technologien ermöglichen die **Virtualisierung** von Zusammenarbeit und den weltweiten Austausch von Informationen in Echtzeit, ohne dass Projektpartner physisch in Verbindung treten müssen. In dem Maße, in dem es Unternehmen gelingt, Expertenkommunikation ohne persönliche Begegnung in einer Arbeitsgruppe zu gestalten, erzielen sie sowohl Kosten- als auch wichtige Zeitersparnisse. Der Kamerahersteller „Eastman Kodak" schaffte es beispielsweise durch eine virtuelle Arbeitsgruppe von Ingenieuren, Entwicklern und Produktgestaltern in verschiedenen Ländern für eine technisch einheitliche Einwegfotokamera unterschiedliche Gehäusedesigns zu entwickeln, um so die Kamera schnell auch auf dem europäischen Markt anbieten zu können (Boudreau et al. 1998).

Nicht alle Probleme des Wissensaustauschs lassen sich durch elektronische Kommunikation bewältigen (Leamer & Storper 2001). Häufig ist es das spezifische implizite Erfahrungswissen von Personen, das nicht ohne Weiteres als Text oder Blaupause versendet werden kann, sondern nur durch die persönliche Zusammenarbeit mit anderen Experten genutzt werden kann (Abschn. 18.4). Daher zählt die Mobilität qualifizierter Mitarbeiter zu einem der wichtigsten Instrumente des Wissensmanagements in transnationalen Unternehmen. Diese Mobilität kann beispielsweise durch Verfahren des *global staffing*, das heißt durch den projektbezogenen, temporären Einsatz von Fachkräften in internationalen Projekten, erreicht werden. Gerade bei wissensintensiven Tätigkeiten, so etwa bei Forschung und Entwicklung oder in der Unternehmensberatung, werden die jeweils am besten qualifizierten Mitarbeiter der Organisation benötigt, um an anderen Stellen des Unternehmens Probleme zu lösen und einen Wissenstransfer zu ermöglichen (Glückler 2013).

Wenngleich Arbeitsmärkte sich keineswegs so intensiv globalisiert haben wie Kapital- und Gütermärkte, so gewinnt der **internationale Austausch von Arbeitskräften** fortwährend an Bedeutung. Neben der kurzfristigen Projektorganisation entsenden Unternehmen qualifizierte Mitarbeiter auch dauerhaft auf internationale Positionen, um den Aufbau neuer oder die Lenkung bestehender Betriebe zu übernehmen (Exkurs 18.8). Aus der Perspektive des Unternehmens sichern sog. *expatriates* die Entwicklung von Kompetenzen bei dem lokalen Personal, ergänzen Kompetenzen aus dem internationalen Zusammenhang und kontrollieren die Führung und Integration der nationalen Operationen im transnationalen Unternehmen (Beaverstock 2004). Der Aufbau einer internationalen Statistik durch die OECD weist auf die wachsende Bedeutung der *expatriates* hin. Über 36 Mio. Menschen in den OECD-Mitgliedsstaaten hatten Anfang 2000 jeweils eine andere Staatsbürgerschaft als das Land ihres Arbeitsorts (Dumont & Lemaître 2004). Davon stammte fast die Hälfte aus einem anderen OECD-Land – ein weiteres Indiz für die starke Konzentration transnationaler Beziehungen auf die entwickelten Industrienationen. Traditionelle Einwanderungsländer nutzen ihre Einwanderungspolitik gezielt zur selektiven Immigration von hochqualifizierten Menschen. Fast die Hälfte aller Nicht-US-Bürger in den USA sind Akademiker. In Spanien, Italien, Portugal oder Griechenland liegt der Anteil zum Teil deutlich unter 20 %.

Globale Stadtregionen und transnationale Elite

Der Trend zur globalen wirtschaftlichen Vernetzung wird begleitet von einer **Metropolisierung der Ökonomie**. Traditionell wird die Bedeutung von Städten anhand eines Ausstattungskatalogs von Einrichtungen bestimmt. Die Größe der Stadtbevölkerung und die Zahl zentraler Einrichtungen wie etwa Regierungs-, Verwaltungs- oder Unternehmenszentralen definieren

Kapitel 18

Exkurs 18.7 Montevideo – Sonderwirtschaftszone für *global services*

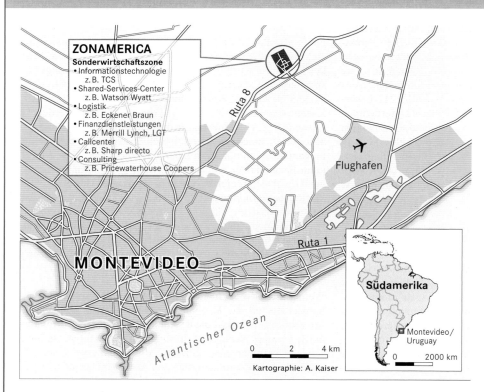

Abb. A Die *Zonamérica* in Montevideo, Uruguay (Glückler 2008).

Uruguay zeichnet sich durch ein hohes Qualifikationsniveau aus, das sich nicht wesentlich von dem in der Europäischen Union unterscheidet. Trotz des Angebots an qualifizierten Fachkräften blieb diese Region Südamerikas zunächst unberücksichtigt von Offshore-Verlagerungen. Uruguay liegt geographisch weit entfernt von den entwickelten Ökonomien, ist mit ungefähr 3 Mio. Einwohnern ein winziger und daher uninteressanter Absatzmarkt und bot lange Zeit keine besonderen Standortvorteile.

Zur Unterstützung der wirtschaftlichen Entwicklung erließ die Regierung 1987 ein Gesetz zur Förderung und Entwicklung von Freihäfen und Freihandelszonen mit dem Ziel, Direktinvestitionen anzulocken sowie Exporte und Beschäftigung zu erhöhen. In den Freihandelszonen können mit Ausnahme von Rüstungstätigkeiten alle Wirtschaftstätigkeiten ausgeübt werden, wobei die Unternehmen von allen nationalen Steuern, den staatlichen Versorgungsmonopolen sowie von Zöllen für Ein- oder Ausfuhren befreit sind. Der *Zonamérica Business & Technology Park* wurde als erste und bisher erfolgreichste Wirtschaftssonderzone Uruguays im Jahr 1990 in der Nähe zum Stadtzentrum Montevideos und des Flughafens gegründet (Abb. A). Die Geburtsstunde Uruguays als Offshoring-Ziel schlug allerdings erst mit einem externen Schock: Die argentinische Schuldenkrise im Jahr 2001/2002 induzierte eine Bankenkrise in Uruguay, bei der der massive Kapitalabzug internationaler Anleger die Re-

gierung dazu zwang, den Wechselkurs freizugeben. Ähnlich wie in Argentinien wurde die Landeswährung gegenüber dem US-Dollar abgewertet, sodass sich die relativen Faktorpreise Uruguays ruckartig änderten: In einem Jahr verbilligte sich der Faktor Arbeit im Verhältnis zum Weltmarkt um etwa zwei Drittel. Mit dieser Abwertung trat Uruguay sogleich in den Kreis der Offshore-Standorte ein, wie die Entwicklung der *Zonamérica* eindrucksvoll belegt.

Nach langer Stagnation gelang es dem Betreiber ab dem Jahr 2002 eine Reihe transnationaler Unternehmen zur Ansiedlung von Backoffice-Aktivitäten zu bewegen, wie zum Beispiel *shared services,* Callcenter oder Softwareentwicklung. Während der Park von 1990–2002 gerade 1000 Arbeitsplätze schuf, stieg die Beschäftigung von 2002–2005 auf 3500 und bis 2016 auf über 10 000 Mitarbeiter an. Die internationale Wettbewerbsstellung der *Zonamérica* beweist sich darin, dass einige der Unternehmen Montevideo den Vorzug vor Indien bei ihrer Standortentscheidung gaben. Aufgrund der intensiveren Flächennutzung und des größeren Beschäftigungspotenzials von Offshore-Dienstleistungen werden nur noch Bürogebäude und keine Lagerhallen mehr gebaut: Heute sind etwa 350 Unternehmen angesiedelt, die sich fast ausschließlich auf Offshore-Aktivitäten wie IT-Dienste (z. B. „Tata Consulting Services"*)*, Callcenter (z. B. „Merrill Lynch"), *shared-services*-Center (z. B. „Philip Morris") und Finanzdienstleistungen (z. B. „Banco Santander") konzentrieren. Der Flughafen in Montevideo wurde erneuert und bietet inzwischen wieder interkontinentale Direktverbindungen an. Uruguay hat es mit einer aggressiven Ansiedlungspolitik und mit dem Zufall einer volkswirtschaftlichen Schuldenkrise geschafft, Zutritt in den Kreis der globalen Offshore-Destinationen für Dienstleistungen zu bekommen. Gleichzeitig beweist das Fallbeispiel Montevideo, wie abhängig die Partizipation eines Standorts an der Offshore-Entwicklung von externen Rahmenbedingungen sein kann (Glückler 2008).

Exkurs 18.8 *Expatriates* in Singapur

Seit der Unabhängigkeit von Malaysia im Jahr 1965 hat Singapur konsequent die Stärkung der internationalen wirtschaftlichen Wettbewerbsstellung verfolgt. Dabei hat die Anwerbung internationalen Humankapitals eine entscheidende Bedeutung. Im Jahr 2000 arbeiteten in Singapur 612 000 *expatriates* bei einer Einwohnerzahl von 2,1 Mio. Menschen (Abb. A). Dies entspricht 29,1 % der Wohnbevölkerung und ist Ergebnis eines massiven Wachstums während der 1990er-Jahre, als der Anteil der Nicht-Staatsbürger fast nur halb so groß war. Aus einer empirischen Studie geht hervor, dass internationale Hochqualifizierte oft erst nach mehreren Stationen ihres geographischen Karrierepfads in Singapur Beschäftigung fanden (Beaverstock 2002). Oft handelt es sich um Personen, die im Rahmen ihrer Beschäftigung in einem transnationalen Unternehmen immer wieder neue Arbeitsstandorte wählen. In diesem Falle handelt es sich um eine globale Arbeitsmigration innerhalb des transnationalen Unternehmens, also um einen unternehmensinternen Arbeitsmarkt. Demgegenüber verbinden viele hochqualifizierte Arbeitskräfte mit dem Standortwechsel auch einen Wechsel des Arbeitgebers. Diese Personen werden somit zu Teilnehmern eines internationalen Arbeitsmarkts. Im Zuge ihrer globalen Mobilität bringen hochqualifizierte Arbeitskräfte einerseits spezifische internationale Kompetenzen in den nationalen Arbeitsmarkt ein. Andererseits entwickeln sie ihre eigenen Karrieren durch den Erwerb neuer Kompetenzen in den lokalen Arbeitsmärkten weiter. Die Zuwanderung und Konzentration von Hochqualifizierten in den Metropolen führt allerdings nicht selbstverständlich zu positiven externen Effekten für die Stadtbevölkerung. Trotz der zum Teil hohen Integration am Arbeitsplatz tendieren die Gemeinden der *expatriates* mitunter zu starker innerstädtischer und sozialer Segregation. So neigen viele britische Arbeitskräfte dazu, sich in speziellen Wohngebieten zu konzentrieren und ihr gesellschaftliches Alltagsleben dominant an der Zugehörigkeit zu Clubs und national geprägten Einrichtungen auszurichten, nicht aber am öffentlichen Leben der Stadt zu partizipieren.

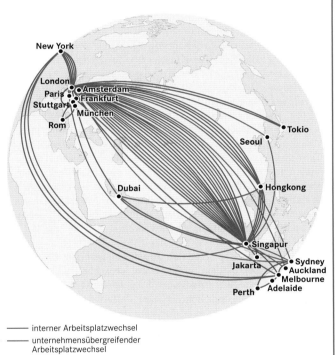

Abb. A Geographische Karrierepfade britischer Manager in Singapur (Beaverstock 2002).

— interner Arbeitsplatzwechsel
— unternehmensübergreifender Arbeitsplatzwechsel

den Rang einer Stadt (Kap. 20). Im Kontext einer vernetzten Weltwirtschaft hingegen tritt weniger die Ausstattung als die geographische Verflechtung einer Stadt mit anderen Regionen in den Vordergrund. In Konzepten der Metropole, wie der World City und der Global City, kommt die Auffassung zum Ausdruck, dass Städte als Knotenpunkte wirtschaftlicher Verflechtungen unterschiedlicher Maßstabsebenen fungieren, aus denen sich die vernetzte Weltwirtschaft konstituiert. Metropolen gewinnen ihre ökonomische Bedeutung nicht mehr aus der Ausstattung von Einrichtungen, sondern aus ihrer Konnektivität als Produktions- und Koordinationszentren internationaler Verflechtungsbeziehungen. Sie stehen aufgrund unterschiedlicher Stärke ihrer Vernetzung in hierarchischer Beziehung zueinander. Als einer der wichtigsten Indikatoren zur Bestimmung der Zentralität wird die Konzentration von spezialisierten Managementfunktionen, wissensintensiven Unternehmensdiensten, Finanzfirmen und Werbefirmen herangezogen (Exkurs 18.9). Empirische Arbeiten über die Verflechtung von Metropolen durch Weisungs- und Austauschbeziehungen zwischen Unternehmensteilen haben gezeigt, dass New York, London und Tokio im hierarchischen System des internationalen Städtenetzes die Weltstädte der ersten Ordnung bilden (Taylor 2004).

Exkurs 18.9 Kreative Klasse versus Kultur- und Kreativwirtschaft

Ivo Mossig

Seit Ende der 1990er-Jahre hat die Kultur- und Kreativwirtschaft zunehmende Aufmerksamkeit erfahren. Die Wachstumsraten der letzten Jahrzehnte haben große Hoffnungen geweckt, die Auswirkungen des Strukturwandels und den Verlust von Arbeitsplätzen in traditionellen Wirtschaftsbereichen des verarbeitenden Gewerbes zu kompensieren. Mittlerweile liegt eine Vielzahl an Publikationen vor, in denen Kreativität, aber auch Kunst und Kultur als wichtige Faktoren im Zuge des Übergangs zur wissensbasierten Ökonomie herausgestellt werden. In der Diskussion über die Bedeutung von Kreativität für regionale Entwicklungsprozesse sind zwei Perspektiven zu unterscheiden: die Kreative Klasse (Florida 2002) und die Kultur- und Kreativwirtschaft.

Die Popularität der Arbeiten von Richard Florida (Florida 2002) über die Kreative Klasse ist eine wichtige Ursache dafür, dass der Begriff der Kreativität sowohl im wissenschaftlichen Diskurs als auch vonseiten der Wirtschaftsförderungspolitik eine große Beachtung erfahren hat (Sternberg 2012). Kreativität wird in diesem Ansatz unterschieden in technologische Kreativität, die Innovationen hervorbringt, ökonomische Kreativität, die sich in Form von *entrepreneurship* entfaltet, sowie die künstlerische oder artistische Kreativität. Diese drei Formen von Kreativität sind eng miteinander verzahnt und fördern die ökonomische Entwicklung. Als Kreative gelten diejenigen Personen, deren Arbeit zu einem wesentlichen Teil darin besteht, Probleme zu identifizieren und dafür neue Lösungen zu entwickeln.

Die Kreative Klasse setzt sich zusammen aus dem *creative core* der Hochkreativen (z. B. Naturwissenschaftler, Mathematiker, Informatiker, Mediziner, Sozialwissenschaftler oder Hochschullehrer und Lehrer), den *creative professionals* (z. B. Unternehmensberater, Juristen, technische Fachkräfte, Finanz- und Verwaltungsfachkräfte, aber auch sozialpflegerische Berufe oder leitende Verwaltungsbeamte) und den Bohemians (z. B. Schriftsteller, bildende oder darstellende Künstler, Fotografen, Mannequins/Dressmen; Fritsch & Stützer 2007). In den ersten beiden Untergruppen ist in der Regel eine qualifizierende Ausbildung die Voraussetzung für die Ausübung des Berufs. Hinter dem Etikett der Kreativen Klasse verbirgt sich also letztlich zum Großteil diejenige Personengruppe, die das qualifizierte Humankapital bildet. Eine empirische Untersuchung in sieben europäischen Ländern hat ergeben, dass nach dieser Abgrenzung 37,7 % der Arbeitskräfte zur Kreativen Klasse zählen (Boschma & Fritsch 2009).

Bezogen auf regionalökonomischen Entwicklungsprozesse wird nach Florida (2002) angenommen, dass sich der (internationale) Wettbewerb um die Personen der Kreative Klasse (oft auch als Talente bezeichnet) zukünftig deutlich verschärfen wird. In einer zunehmend wissensbasierten Ökonomie sind dann jene Regionen begünstigt, die in der Lage sind, die Personengruppe der Kreativen Klasse anzuziehen. Im Hinblick auf die Frage, ob *„jobs follow people"* oder umgekehrt *„people follow jobs"*, bezieht Florida (2002) die klare Position, dass sich zukünftig immer stärker die Unternehmen und damit die Jobs in jenen Regionen ansiedeln werden, in denen die Personen der Kreativen Klasse leben möchten. Bestimmten Annehmlichkeiten, die insbesondere im urbanen Kontext offeriert werden (sog. *urban amenities*), wird diesbezüglich eine Magnetwirkung auf das kreative Talent zugeschrieben. Als *urban amenities* werden die Vielfalt des kulturellen Angebots, ein pulsierendes Nachtleben sowie Aspekte der Offenheit, Toleranz, Vielfalt oder Internationalität herausgestellt, die als Stimulus für kreative Prozesse bei den Personen der Kreativen Klasse fungieren können (Mossig 2011). Entsprechend zeigt sich eine deutliche räumliche Konzentration der zugehörigen Berufsgruppen auf die Kernstädte in den Agglomerationsräumen sowohl in Deutschland (Fritsch & Stützer 2007, Alfken et al. 2017) als auch in vielen anderen europäischen Ländern (Boschma & Fritsch 2009).

Während sich politische Vertreter und Akteure der Wirtschaftsförderung nach wie vor häufig von Floridas Thesen leiten lassen, fällt der akademische Diskurs seit einiger Zeit wesentlich kritischer aus (Peck 2005, Markusen 2006, Storper & Scott 2009, Alfken et al. 2017). Die Kritik bezieht sich erstens auf die Abgrenzung der Kreativen Klasse und die inhaltliche Vermischung von Kreativität und Humankapital. In der Argumentation ist an einigen Stellen von Kreativität die Rede, obwohl lediglich eine spezielle Qualifikation gemeint ist. Ebenso wird bemängelt, dass es sich bei der Kreativen Klasse nicht um eine Klasse im soziologischen Sinne handelt und der Begriff daher in doppelter Hinsicht irreführend sei. Kritisiert werden zweitens die verwendeten Indikatoren (z. B. Bohemian-Index, Gay-Index, Coolness-Index) zur empirischen Messung der von Florida besonders herausgestellten 3 T der Regionalentwicklung (Technologie, Talent und Toleranz). Drittens geht Florida implizit davon aus, dass die reine Ko-Präsenz kreativer Personen auch kreative Interaktionen initiiert. Er blendet somit entgegen der meisten Innovationstheorien wichtige Prozesse aus, die erforderlich sind, um solche Interaktionen zu stimulieren.

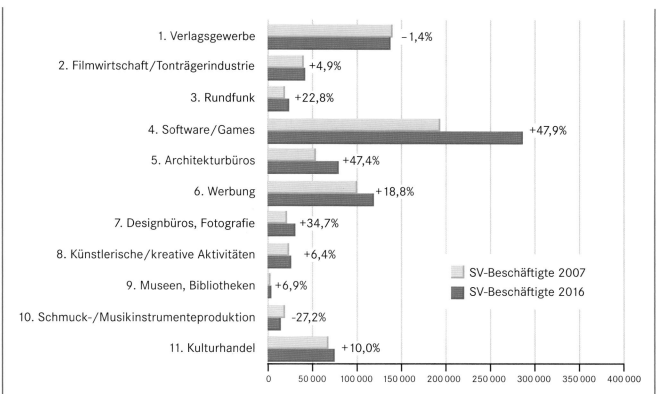

Abb. A Entwicklung der sozialversicherungspflichtig Beschäftigten (SV-Beschäftigte) in den elf Teilgruppen der Kultur- und Kreativwirtschaft 2007 bis 2016 (Quelle: Daten der Bundesagentur für Arbeit).

Wesentlich enger als die Kreative Klasse wird die Kultur- und Kreativwirtschaft abgegrenzt, die ebenso in den Fokus politischer Entwicklungsstrategien gerückt ist (Dirksmeier 2009). So wurde im Jahr 2007 die „Initiative Kultur- und Kreativwirtschaft der Bundesregierung" (www.kultur-kreativ-wirtschaft.de) mit den Zielen ins Leben gerufen, die Wettbewerbsfähigkeit zu steigern und das Arbeitsplatzpotenzial verstärkt auszuschöpfen. Zudem sollte die Kultur- und Kreativwirtschaft als eigenständiges Wirtschaftsfeld etabliert und deren Entwicklung mittels eines regelmäßigen Monitorings (Bundesministerium für Wirtschaft und Energie 2016) beobachtet werden. Die Abgrenzung der Kultur- und Kreativwirtschaft erfolgt anhand von elf Teilmärkten (Söndermann 2009; Abb. A) und nicht wie bei der Kreativen Klasse anhand von Berufsgruppen. Viele Berufsgruppen aus dem Bereich des *creative cores* und der *creative professionals* zählen nicht zu den Teilgruppen der Kultur- und Kreativwirtschaft. Entsprechend umfasst sowohl die Beschäftigtenzahl als auch der Beschäftigtenanteil der Kultur- und Kreativwirtschaft weniger als ein Zehntel der Kreativen Klasse. Insgesamt waren in Deutschland in 2016 rund 963 000 Personen innerhalb der Kultur- und Kreativwirtschaft sozialversicherungspflichtig beschäftigt. Das entspricht einem Beschäftigtenanteil der Kultur- und Kreativwirtschaft von 3,1 %. Trotz dieses erheblichen Unterschieds gegenüber der Kreativen Klassen kommt es gerade im Kontext von regionalwirtschaftlichen Förderpolitiken zu begrifflichen Vermischungen oder konzeptionellen Überschneidungen zwischen Kreativer Klasse und Kultur- und Kreativwirtschaft.

Die Abb. A zeigt, dass sich die sozialversicherungspflichtig Beschäftigten sehr ungleich auf die elf Teilgruppen der Kultur- und Kreativwirtschaft verteilen. Den rund 286 000 Beschäftigten im größten Teilsegment „Software/Games" standen 2016 nur knapp 3000 Beschäftigte aus dem Bereich „Museen, Bibliotheken" gegenüber. Die Beschäftigtenzahl in der Kultur- und Kreativwirtschaft ist zwischen 2007 und 2016 um 20,9 % gestiegen und ist damit stärker gewachsen als die Gesamtbeschäftigung in Deutschland (+16,5 %). Aber wie in Abb. A zu sehen ist, konnten nicht alle Teilbereiche im gleichen Umfang an Beschäftigung zulegen (Müller & Mossig 2018).

Das räumliche Verteilungsmuster der Kultur- und Kreativwirtschaft zeigt eine deutliche Konzentration in den urbanen Zentren. Von allen sozialversicherungspflichtig Beschäftigten in der Kultur- und Kreativwirtschaft sind im Jahr 2016 allein 21,3 % in Berlin (8,1 %), München (6,7 %) und Hamburg (6,5 %) tätig gewesen. Bereits mit deutlichem Abstand zu den drei führenden Zentren, die zugleich die größten Städte in Deutschland sind, folgen auf den weiteren Rangplätzen Köln (4,0 %), Frankfurt (3,1 %) und Stuttgart (2,9 %). Eine Analyse der Entwicklungsdynamik zwischen 2007 und 2016 hat zudem ergeben, dass in diesem Zeitraum die räumliche Konzentration in den urbanen Zentren zugenommen hat (Müller & Mossig 2018).

Kapitel 18

Die Abb. B stellt das räumliche Verteilungsbild anhand von Standortkoeffizienten dar. Der Standortquotient stellt den Beschäftigtenanteil der Kultur- und Kreativwirtschaft an der Gesamtbeschäftigung in einer Region ins Verhältnis zum Anteil aller Beschäftigten dieser Region an der Gesamtbeschäftigung in Deutschland (Meier Kruker & Rauh 2005). Er nimmt den Wert 1 an, wenn in der betreffenden Region anteilig genauso viele Personen in der Kultur- und Kreativwirtschaft beschäftigt sind, wie anhand der Gesamtbeschäftigung für diese Region zu erwarten wäre. Ein Standortquotient größer 1 zeigt an, dass die Kultur- und Kreativwirtschaft in dieser Region überproportional im Vergleich zu allen anderen Wirtschaftszweigen vertreten ist, während ein Standortquotient kleiner 1 auf einen unterdurchschnittlichen Anteil verweist. Der Standortkoeffizient zeigt somit die relative Bedeutung der Kultur- und Kreativwirtschaft innerhalb der regionalen Wirtschaftsstruktur an und hat den Vorteil, dass simple Größeneffekte der großen Städte nicht einfließen. Dennoch geht aus der Abb. B deutlich hervor, dass die urbanen Zentren in Deutschland nicht nur absolut, sondern auch relativ die wichtigsten Standorte der Kultur- und Kreativwirtschaft sind (Müller & Mossig 2018).

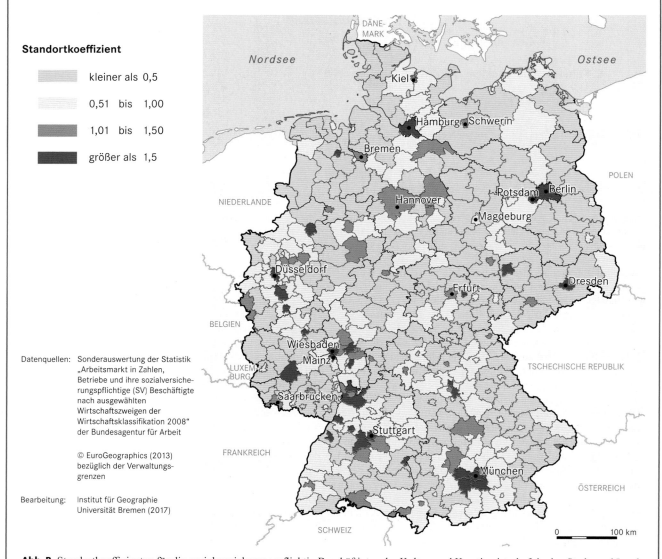

Abb. B Standortkoeffizienten für die sozialversicherungspflichtig Beschäftigten der Kultur- und Kreativwirtschaft in den Stadt- und Landkreisen in Deutschland 2016.

Datenquellen: Sonderauswertung der Statistik „Arbeitsmarkt in Zahlen, Betriebe und ihre sozialversicherungspflichtige (SV) Beschäftigte nach ausgewählten Wirtschaftszweigen der Wirtschaftsklassifikation 2008" der Bundesagentur für Arbeit

© EuroGeographics (2013) bezüglich der Verwaltungsgrenzen

Bearbeitung: Institut für Geographie Universität Bremen (2017)

Kapitel 18

In der traditionellen Perspektive gewinnen Städte ihre Bedeutung für Unternehmen durch **Urbanisationsvorteile**, das heißt durch breite, diversifizierte Angebote an Arbeitskräften, Zulieferern und Abnehmern in unterschiedlichen Branchen. Darüber hinaus halten Städte große infrastrukturelle Einrichtungen vor, die für den Produktionsprozess oder den Absatz wichtig sind. Schließlich bilden die Bewohner einer Stadt einen großen lokalen, wenngleich stark fragmentierten Konsumentenmarkt. In der Perspektive einer Metropole als Knoten der Weltwirtschaft gewinnt jedoch eine weitere Funktion besondere Bedeutung. Metropolen eröffnen vor allem den Zugang zum Netz des weltweiten ökonomischen Austauschs. In einigen Städten wie London oder Frankfurt a. M. wurde bereits empirisch gezeigt, dass Unternehmen durch ihre urbane Präsenz eine deutlich größere Einbindung in internationale Märkte aufweisen als außerhalb der Städte (Glückler 2007, Keeble & Nachum 2002).

Transnationale Unternehmen sind das organisatorische Instrument zur Steuerung internationaler Austauschbeziehungen von Innovations-, Produktions- und Absatzströmen. Die Entscheidungen über diese Ströme werden allerdings von Menschen getroffen. Die zuvor skizzierte globale Migration von *expatriates* konzentriert sich hierbei vor allem auf Metropolregionen und unterstützt den Transfer von spezifischem Wissen und Kompetenzen zwischen den urbanen Knoten der Weltwirtschaft. Um aber globale Aktivitäten steuern zu können, bedarf es ferner eines Transfers übergeordneter Regeln und Interpretationsschemata. Mit den *expatriates* verknüpft sich daher das Konzept der transnationalen Elite (Sklair 2001). Damit wird eine internationale Sphäre von mächtigen Entscheidern aus Wirtschaft, Politik, Medien und Wissenschaft bezeichnet, die sich durch gemeinsam geteilte marktwirtschaftliche Interessen, ökonomische Rhetorik, höhere Bildung und international orientierte Lebensstile auszeichnen und die eine Maxime des Weltbürgers bzw. der *global citizenship* konstruieren. *World best practice* und *global benchmarking* sind Beispiele für die gemeinsam geteilten globalen Interpretationsschemata, die internationales Handeln orientieren und Akteure aller Erdteile in ein globales ökonomisches Symbolsystem einbetten. Diese transnationale Elite orientiert sich daher weniger an lokalen Lebensmustern, sondern kommuniziert und bewegt sich häufig in internationalen Zirkeln. Sie ist zwar stets verortet, weist aber häufig nur eine geringe Einbindung in lokale gesellschaftliche Zusammenhänge auf. Während Metropolen in die transnationale Ökonomie eingebunden werden, trägt die transnationale Elite zu einer fortschreitenden lokalen Fragmentierung bei.

18.6 Fazit und Ausblick

Die zunehmende Ausdehnung und Verflechtung der globalen Marktwirtschaft, die Verbreitung globaler Standards der Unternehmensführung und die Entwicklung eines globalen Arbeitsmarkts mit spezifischen, transnational definierten Qualifikationen und Fähigkeiten bilden erste Dimensionen einer Wirtschaftsverfassung, die nationalstaatliche Grenzen sukzessive überwindet. Das bedeutet nicht, dass der Nationalstaat an

Bedeutung verlöre, sondern dass unser Denken von Wirtschaft einem methodologischen Nationalismus unterworfen ist. Wir begreifen und messen Wirtschaft als Kreislauf national definierter Volkswirtschaften. Unsere Wirtschaftsstatistik basiert auf nationalen Daten einzelner Volkswirtschaften, sie kann aber große Teile der grenzüberschreitenden Koordination von Austauschbeziehungen, wie beispielsweise den unternehmensinternen Handel, erst langsam besser erfassen. Eine Netzwerkperspektive eignet sich besser als eine nationalstaatliche, um die fortschreitende Intensivierung globaler Vernetzung zu verstehen. Metropolen gewinnen ihre Bedeutung nicht nur aus der Beziehung zu ihrem Umland, sondern zunehmend auch durch ihre ökonomische Einbindung in das globale Städtenetz. Entscheidungen über die Aktivitäten in Betrieben an einem Standort werden häufig an Standorten in ganz anderen Ländern getroffen. Transnationale Unternehmen ballen einerseits bestimmte Funktionen an einzelnen Orten, um am dortigen Prozess der Wissensentwicklung zu partizipieren. Andererseits stehen sie vor der Managementherausforderung, diese lokalen Wissensgewinne auch anderen Unternehmensteilen wieder verfügbar zu machen. Aufgrund der zunehmenden Komplexität globaler Vernetzung unterschätzt auch die weltweite Teilung in einen reichen Norden und einen armen Süden die Dynamik globaler Vernetzung. Unternehmen in weniger entwickelten Ländern ergreifen die Chance, durch Lernprozesse, Innovation und Imitation eigene Wettbewerbsvorteile zu entwickeln. Regierungen unterstützen die Möglichkeit zum *upgrading*, das heißt zur Erschließung von Tätigkeiten mit größeren Wertschöpfungsanteilen, etwa im Bereich der Hochtechnologie oder in wissensintensiven Wirtschaftszweigen, mit entsprechenden Wirtschaftspolitiken. Insofern schaffen Globalisierungsprozesse fortwährende territoriale Unterschiede, deren Ursachen in der funktionalen Vernetzung wirtschaftlicher Beziehungen liegen, die national, immer mehr aber auch transnational sein können.

Literatur

Acemoglu D, Johnson S, Robinson JA (2002) An African success: Botswana. In: Rodrik D (eds) Analytic Development Narratives. Princeton University Press, Princeton

Acemoglu D, Robinson J (2012) Why Nations Fail: The Origins of Power, Prosperity, and Poverty. Crown Publishers, New York

Akrich M, Callon M, Latour B, Monaghan A (2002) The key to success in innovation part I: The art of interessment. International Journal of Innovation Management 6: 187–206

Alfken C, Vossen D, Sternberg R (2017) Wieviel Florida steckt in Niedersachsen? Zur empirischen Evidenz der „Kreativen Klasse" in einem deutschen Flächenland. Zeitschrift für Wirtschaftsgeographie 61: 1–22

Amin A, Cohendet P (2004) Architectures of Knowledge: Firms, Capabilities, and Communities. Oxford University Press, Oxford, New York

Bailly A, Boulianne L, Maillat D, Rey M, Theyoz L (1987) Services and Production: For a Reassessment of Economic Sectors. Annals of Regional Science 21: 45–59

Kapitel 18

Bathelt H, Glückler J (2011) The Relational Economy. Geographies of Knowing and Learning. Oxford University Press, Oxford

Bathelt H, Glückler J (2018) Wirtschaftsgeographie. Ökonomische Beziehungen in räumlicher Perspektive. 4. Aufl. Ulmer, UTB, Stuttgart

Bathelt H, Malmberg A, Maskell P (2004) Clusters and knowledge: Local buzz, global pipelines and the process of knowledge creation. Progress in Human Geography 28: 31–56

Beaverstock JV (2002) Transnational elites in global cities: British expatriates in Singapore's financial district. Geoforum 33: 525–38

Beaverstock JV (2004) Managing across borders: transnational knowledge management and expatriation in legal firms. Journal of Economic Geography 4: 157–79

Berndt C (2004) Regionalentwicklung im Kontext globalisierter Produktionssysteme? Das Beispiel Ciudad Juárez, Mexiko. Zeitschrift für Wirtschaftsgeographie 48: 81–97

Biehl D, Ungar P (1995) Regionale Disparitäten. In: ARL (Hrsg) Handwörterbuch der Raumordnung: 185–89. Akademie für Landesforschung und Raumordnung, Hannover

Boschma R, Fritsch M (2009) Creative Class and Regional Growth: Empirical Evidence from Seven European Countries. Economic Geography 85: 391–423

Boschma R, Martin R (eds) (2010) Handbook of Evolutionary Economic Geography. Edward Elgar, Cheltenham

Boudreau M-C, Loch KD, Robey D, Straud D (1998) Going global: Using information technology to advance the competitiveness of the virtual transnational organization. Academy of Management Executive 12: 120–29

Böventer E (1995) Raumwirtschaftstheorie. In: ARL (Hrsg) Handwörterbuch der Raumordnung. Akademie für Raumforschung und Landesplanung, Hannover. 788–99

Brixy U, Hessels J, Hundt C, Sternberg R, Stüber H (2009) Global Entrepreneurship Monitor. Unternehmensgründungen im weltweiten Vergleich. Länderbericht Deutschland 2008. IAB und Universität Hannover

Bryson J, Daniels P, Warf B (2004) Service Worlds: People, Organisations, Technologies. Routledge, Abingdon, Oxon

Bryson J, Daniels PW (eds) (2007) The Handbook of Service Industries. Edward Elgar Celtenham

Bundesministerium für Wirtschaft und Energie (BMWi) (2016) Monitoringbericht 2016: Ausgewählte wirtschaftliche Eckdaten der Kultur- und Kreativwirtschaft. Kurzfassung. Berlin

Clark GL, Wrigley N (1995) Sunk costs: A framework for economic geography. Transactions of the Institute of British Geographers 20: 204–223

Corrocher N, Cusmano L (2014) The „KIBS engine" of regional innovation systems: empirical evidence from European regions. Regional Studies 48: 1212–26

Cuadrado-Roura JR (ed) (2013) Service, Industries and Regions: Growth, Location and Regional Effects. Advances in Spatial Science. Springer, Heidelberg

Daniels P, Harrington JW (eds) (2006) Knowledge-Based Services, Internationalization and Regional Development. Routledge, London

Destatis (2017) Volkswirtschaftliche Gesamtrechnung der Länder: Bruttoinlandsprodukt, Bruttowertschöpfung in den kreisfreien Städten und Landkreisen der Bundesrepublik Deutschland. Deutsches Statistisches Bundesamt, Wiesbaden

Deutscher Bundestag (2002) Schlussbericht der Enquete-Kommission Globalisierung der Weltwirtschaft – Herausforderungen und Antworten. Drucksache 14/9200. Deutscher Bundestag, Berlin

Dicken P (2015) Global Shift: Mapping the Changing Contours of the World Economy. Guilford Press, New York

Dirksmeier P (2009) „Don't believe the hype": Kommunale Förderstrategien für die Creative Industries. disP – The Planning Review 45 (179): 37–45

Dörrenbächer P, Schulz C (2005) Dienstleistungsstandort Nord-Pas-de-Calais. Hoffnungsschimmer im Strukturwandel einer Altindustrieregion. Geographische Rundschau 57: 12–19

Dumont J-C, Lemaître G (2004) Counting immigrants and expatriates in OECD countries. A new perspective. Social Employment and Migration Working Papers. OECD, Paris

Enxing G (1999) Die Standortwahl höherwertiger unternehmensorientierter Dienstleistungsbetriebe. Dortmunder Vertrieb für Bau- und Planungsliteratur, Dortmund

European Commission (2010) Investing in Europe's Future: Fifth Report on Economic, Social and Territorial Cohesion. Luxembourg. Publications Office of the European Union

European Commission (2017) My Region, My Europe, Our Future: Seventh Report on Economic, Social and Territorial Cohesion. Luxembourg. Publications Office of the European Union

Eurostat (2016) BIP auf regionaler Ebene. Eurostat: Statistics Explained. Eurostat. http://ec.europa.eu/eurostat/statistics-explained/index.php/GDP_at_regional_level/de (Zugriff 12.04.2018)

Fink D, Köhler T, Scholtissek S (2004) Die dritte Revolution der Wertschöpfung. Econ, München

Florida R (2002) The rise of the Creative Class – and how it's transforming work, leisure, community and everyday life. New York

Friedman TL (2005) The World is Flat: A Brief History of the Twenty-First Century. Farrar, Straus and Giroux, New York

Fritsch M, Stützer M (2007) Die Geographie der kreativen Klasse in Deutschland. Raumforschung und Raumordnung 65: 15–29

Fröbel F, Heinrichs J, Kreye O (1977) Die neue internationale Arbeitsteilung: Strukturelle Arbeitslosigkeit in den Industrieländern und die Industrialisierung der Entwicklungsländer. Rowohlt, Reinbek

Gadrey J (2000) The characterization of goods and services: An alternative approach. Review of Income & Wealth 46: 369–87

Gallup JL, Sachs JD, Mellinger AD (1999) Geography and economic development. International Regional Science Review 22: 179–232

Glückler J (2004) Reputationsnetze. Zur Internationalisierung von Unternehmensberatern. Eine relationale Theorie. Sozialtheorie. transcript, Bielefeld

Glückler J (2006) A relational assessment of international market entry in management consulting. Journal of Economic Geography 6: 369–393

Glückler J (2007) Geography of reputation: The city as the locus of business opportunity. Regional Studies 41: 949–62

Glückler J (2008) Service Offshoring: globale Arbeitsteilung und regionale Entwicklungschancen. Geographische Rundschau 60: 36–42

Glückler J (2013) The problem of mobilizing expertise at a distance. In: Meusburger P, Glückler J, El Meskioui M (Hrsg) Knowledge and the Economy, Bd. 5. Springer, Berlin. 95–112

Glückler J (2017) Services and innovation. In: Bathelt H, Cohendet P, Henn S, Simon L (eds) The Elgar Companion to Innovation and Knowledge Creation: A Multi-Disciplinary Approach. Edward Elgar. Cheltenham. 258–74

Glückler J, Hammer I (2013) A new service typology: Geographical diversity and dynamics of the German service economy. In: Cuadrado J-R (eds) Service Industries and Regions: Growth, Location and Regional Effects. Springer, Berlin u. Heidelberg. 339–64

Glückler J, Schmidt AM, Wuttke C (2015) Zwei Erzählungen regionaler Entwicklung in Süddeutschland: vom Sektorenmodell zum Produktionssystem. Zeitschrift für Wirtschaftsgeographie 59: 133–49

Gottschalk S, Fryges H, Metzger G, Heger D, Licht G (2007) Start-ups zwischen Forschung und Finanzierung: Hightech-Gründungen in Deutschland Mannheim: Zentrum für Europäische Wirtschaftsforschung

Grabow B, Henckel D, Hollbach-Grömig B (1995) Weiche Standortfaktoren. Kohlhammer, Stuttgart

Handke M, Glückler J (2010) Unternehmen und Märkte. In: Hänsgen D, Lentz S, Tzschaschel S (Hrsg) Deutschlandatlas. Unser Land in 200 thematischen Karten. Wissenschaftliche Buchgesellschaft, Darmstadt. 61–84

Held D, McGrew A, Goldblatt D, Perraton J (1999) Global Transformations. Politics, Economics and Culture. Polity Press, Cambridge

Hotelling H (1929) Stability in competition. The Economic Journal 39: 41–57

Illeris S (2005) The role of services in regional and urban development: A reappraisal of our understanding. Service Industries Journal 25: 447–60

Illeris S (2007) The nature of services. In: Bryson J, Daniels P (eds) The Handbook of Service Industries. Edward Elgar, Cheltenham. 19–33

Keeble D, Nachum L (2002) Why do business service firms cluster? Small consultancies, clustering and decentralization in London and Southern England. Transactions of the Institute of British Geographers 27: 67–90

Kinder S (2010) Unternehmensorientierte Dienstleistungen. In Kulke E (Hrsg) Wirtschaftsgeographie Deutschlands. 2 Aufl. Spektrum, Heidelberg. 265–302

Krugman P (1991) Geography and Trade. Leuven University Press, Leuven

Leamer E, Storper M (2001) The economic geography of the internet age. Journal of International Business Studies 32: 641–65

Leßmann C (2005) Regionale Disparitäten in Deutschland und ausgesuchten OECD-Staaten im Vergleich. Aktuelle Forschungsberichte. ifo Dresden, Dresden

Lodefalk M (2014) The role of services for manufacturing firm exports. Review of World Economics 150/1: 59–82

Maier G, Tödtling F, Trippl M (2006) Regional- und Stadtökonomik, 2. Regionalentwicklung und Regionalpolitik. Wien

Malmberg A, Maskell P (2002) The elusive concept of localization economies: Towards a knowledge-based theory of spatial clustering. Environment and Planning A 34: 429–49

Markusen A (2003) Fuzzy concepts, scanty evidence, policy distance: The case for rigour and policy relevance in critical regional studies. Regional Studies 37: 701

Markusen A (2006) Urban development and the politics of a creative class: evidence from a study of artists. Environment and Planning A 38: 1921–1940

Marshall A (1927) Industry and Trade. A Study of Industrial Technique and Business Organization; and Their Influences on the Conditions of Various Classes and Nations. Macmillan, London

Maskell P, Malmberg A (1999) The competitiveness of firms and regions: Ubiquitification and the importance of localised learning. European Urban and Regional Studies 6: 26

Mehlum H, Moene K, Torvik R (2006) Institutions and the resource curse. The Economic Journal 116: 1–20

Meier Kruker V, Rauh J (2005) Arbeitsmethoden der Humangeographie. WBG, Darmstadt

Meusburger P (2008) The nexus between knowledge and space. In: Meusburger P, Welker M, Wunder E (eds) Clashes of Knowledge. Knowledge and Space 1: 35–90

Mossig I (2011) Regional employment growth in the Cultural and Creative Industries in Germany 2003–2008. European Planning Studies 19: 967–990

Müller A, Mossig I (2018) Räumliche Verteilung und Entwicklungsdynamik der Beschäftigten in der Kultur- und Kreativwirtschaft in Deutschland 2007–2016. In: Wolter K, Schiller D, Hesse C (Hrsg) Kreative Pioniere: Innovative Ansätze (auch) für den ländlichen Raum?

Myrdal G (1957) Economic Theory and Underdeveloped Regions. Duckworth, London

Nachum L, Keeble D (2003) Neo-Marshallian clusters and global networks: The linkages of media firms in Central London. Long Range Planning 36: 459–80

Nooteboom B (2000) Learning and Innovation in Organizations and Economies. Oxford University Press, Oxford

OECD (2005) Oslo Manual. Guidelines for Collecting and Interpreting Innovation Data Paris. OECD

OECD (2007) Globalisation and Structural Adjustment. Summary Report of the Study on Globalisation and Innovation in the Business Services Sector. OECD, Brüssel

Peck J (2005) Struggling with the Creative Class. International Journal of Urban and Regional Research 29: 740–770

Porter ME (1998) Clusters and the new economics of competition. Harvard Business Review 77/90

Renschler A (1995) Standortplanung für Mercedes-Benz in den USA. In: Gassert H, Horvath P (Hrsg) Den Standort richtig wählen. Schäffer-Poeschl, Stuttgart. 37–54

Romer P (1990) Endogenous technological change. Journal of Political Economy 98: 71–102

Sachs JD, Warner AM (2001) The curse of natural resources. European Economic Review 45: 827–38

Sassen S (2005) The global city: Introducing a concept. Brown Journal of World Affairs 11: 27–43

Schamp EW (2000) Vernetzte Produktion. Industriegeographie aus institutioneller Perspektive. Wissenschaftliche Buchgesellschaft, Darmstadt

Kapitel 18

Schettkat R, Yocarini L (2006) The shift to services employment: A review of the literature. Structural Change and Economic Dynamics 17: 127–47

Scott AJ (1988) New Industrial Spaces: Flexible Production Organization and Regional Development in North America and Western Europe. Pion, London

Sklair L (2001) The Transnational Capitalist Class. Blackwell, Oxford, Malden

Söndermann M (2009) Leitfaden zur Erstellung einer statistischen Datengrundlage für die Kulturwirtschaft und eine länderübergreifende Auswertung kulturwirtschaftlicher Daten. Köln

Sternberg R (1988) Fünf Jahre Technologie- und Gründerzentren (TGZ) in der Bundesrepublik Deutschland – Erfahrungen, Empfehlungen, Perspektiven. Geographische Zeitschrift 76: 164–179

Sternberg R (2012) Learning from the Past? Why „Creative Industries" can hardly be Created by Local/Regional Government Policies. Die Erde 143: 293–315

Storper M (1997) The Regional World: Territorial Development in a Global Economy. Guilford Press, New York

Storper M, Scott A J (2009) Rethinking human capital, creativity and urban growth. Journal of Economic Geography 9: 147–167

Storper M, Walker R (1989) The Capitalist Imperative: Territory, Technology, and Industrial Growth. Basil Blackwell, New York

Strambach S (2004) Wissensökonomie, organisatorischer Wandel und wissensbasierte Regionalentwicklung – Herausforderungen für die Wirtschaftsgeographie. Zeitschrift für Wirtschaftsgeographie

Taylor PJ (2004) World City Network: A Global Urban Analysis. Routledge, London u. New York

UNCTAD (2002) World Investment Report 2002: Transnational Corporations and Export Competitiveness. New York, Genf, United Nations

UNCTAD (2004) World Investment Report 2004: The Shift Towards Services. New York, Geneva, United Nations

UNCTAD (2017) World Investment Report 2017: Investment and the Digital Economy. United Nations, New York, Genf

UNCTAD (versch. Jahrgänge) Handbook of Statistics

Uzzi B (1997) Social structure and competition in interfirm networks: The paradox of embeddedness. Administrative Science Quarterly 42: 35–67

Werlen B (1999) Sozialgeographie alltäglicher Regionalisierungen. Franz Steiner Verlag, Stuttgart

Williamson OE (1985) The Economic Institutions of Capitalism. Firms, Markets, Relational Contracting. Free Press, New York

Wins P (1995) The location of firms: an analysis of choice processes. In Cheshire PC, Gordon IR (eds) Territorial Competition in an Integrating Europe. Avebury, Aldershot. 244–266

World Bank (2005) World Development Report 2005: A better Investment Climate for Everyone. The World Bank, Washington

World Bank (2009) World Development Report 2009: Reshaping Economic Geography. The World Bank, Washington

WTO (2016) World Trade Statistical Review 2016. World Trade Organization, New York

WTO (versch. Jahrgänge) World Trade Statistics

www.kultur-kreativ-wirtschaft.de (letzter Abruf vom 03.08.2017)

Yeung HW (2005) Rethinking relational economic geography. Transactions of the Institute of British Geographers 30: 37–51

Weiterführende Literatur

Acemoglu D, Robinson J (2012) Why Nations Fail: The Origins of Power, Prosperity, and Poverty. Crown Publishers, New York

Bathelt H, Cohendet P, Henn S, Simon L (eds) (2017) The Elgar Companion to Innovation and Knowledge Creation. Edward Elgar, Cheltenham

Bathelt H, Glückler J (2018) Wirtschaftsgeographie. Ökonomische Beziehungen in räumlicher Perspektive. 4. Aufl. Ulmer, UTB, Stuttgart

Boschma R, Martin R (eds) (2010) Handbook of Evolutionary Economic Geography. Edward Elgar, Cheltenham

Clark G, Feldman M, Gertler M, Wójcik D (eds) (2018) The New Oxford Handbook of Economic Geography. Oxford University Press, Oxford

Dicken P (2015) Global Shift: Mapping the Changing Contours of the World Economy. Guilford Press, New York

Glückler J, Suddaby R, Lenz R (eds) (2018) Knowledge and Institutions. Knowledge and Space Bd. 13. Springer Heidelberg

Schamp EW (2000) Vernetzte Produktion. Industriegeographie aus institutioneller Perspektive. Wissenschaftliche Buchgesellschaft, Darmstadt

Storper M, Kemeny T, Makarem N, Osman T (2015) The Rise and Fall of Urban Economies: Lessons from San Francisco and Los Angeles Stanford, CA. Stanford University Press

Kapitel 18

Geographien des Handels und des Konsums

Der Einzelhandel ist global geworden; weltweit verbreitete Marken finden sich auf allen Kontinenten. Erst bei genauerem Hinsehen wird deutlich, dass es sich hier um eine Shopping-Mall in einer chinesischen Großstadt handelt (Foto: H. Gebhardt).

© Springer-Verlag GmbH Deutschland, ein Teil von Springer Nature 2020
H. Gebhardt et al. (Hrsg.), *Geographie*, https://doi.org/10.1007/978-3-662-58379-1_19

Handel und Dienstleistungen sind heute zum weltweit wichtigsten Wirtschaftssektor geworden, in dem weitaus mehr Menschen beschäftigt sind als in der Industrie. Sehr unterschiedliche Wirtschaftsbereiche sind es, die der Begriff abdeckt: Groß- und Einzelhandel, unternehmens- und konsumorientierte Dienstleistungen, formelle und informelle Tätigkeiten. Insbesondere Einkaufen und Konsum sind neben dem Versorgungsakt schon längst zu einem Teil des Freizeitverhaltens mit neuen Einrichtungen und Raumstrukturen geworden: Shopping-Center entwickeln sich zu postmodernen Kathedralen mit Kinosälen und Lichtdesign, sie bieten an Ostern blumengeschmückte Wiesen und an Weihnachten Eislaufbahnen und Engel. Früher getrennte Funktionen im Konsum- und Freizeitbereich vermischen sich zu *Urban Entertainment Centern*. Immer häufiger begegnet uns Einzelhandel an Standorten, an denen wir ihn früher nicht erwartet hatten: in den umgebauten Bahnhöfen der Bahn AG, an Flughäfen oder großen Tankstellen. Und wir begegnen ihm zunehmend im Internet, bei Amazon, bei Ebay und Co. Schon heute kaufen rund 70 % der Deutschen im Internet ein. Alibaba aus China dürfte E-Commerce weiter umgestalten. Die Beiträge im folgenden Kapitel nehmen vor allem jüngere Entwicklungen des Einzelhandels vor dem Hintergrund eines „postmodernen" Konsumentenverhaltens in den Blick. Neue Konsumorte und Konsumpraktiken werden ebenso betrachtet wie eine jüngst zu beobachtende Transnationalisierung und Globalisierung des Einzelhandels. Standortentscheidungen für großflächigen Einzelhandel (auf der grünen Wiese, aber auch auf Konversionsflächen der Bahn oder an Innenstadtstandorten) sind in der Öffentlichkeit nicht selten umstritten; der Raumplanung und Regionalpolitik stellt sich somit die Aufgabe, gesellschafts- und umweltverträgliche Standortwahlen steuernd zu begleiten.

19.1 Einführung

Ulrich Ermann, Robert Pütz und Frank Schröder

Je nach Sichtweise schafft Angebot Nachfrage, und Nachfrage sorgt für Angebot. Da das Warenangebot des (Einzel-)Handels und die Nachfrage seitens der Konsumentinnen und Konsumenten sich gegenseitig bedingen, ließe sich vermuten, dass Geographische Handelsforschung und Geographische Konsumforschung eng verbunden sind. Tatsächlich sind beide jedoch zu verschiedenen Zeiten in anderen Kontexten mit unterschiedlichen Erkenntnisinteressen entstanden und haben relativ weit auseinanderliegende theoretische Grundlagen und Methoden sowie Forschungsgegenstände. Diese Trennung zwischen *retail geography* und *geographies of consumption* (ebenso im englischen Sprachraum) folgt auch einer Trennung zwischen Wirtschaftsgeographie und Kulturgeographie bzw. dem geographischen Verständnis von dem „Ökonomischen" und dem „Kulturellen", deren Überbrückung zugleich ein zentrales Motiv manch jüngerer Konsumgeographien bildet (Crewe 2000, Jackson 2002, Ermann 2007).

Wichtige konzeptionelle Grundlagen der **Geographischen Handelsforschung** wurden in den 1930er-Jahren durch die Zentralitätsforschung gelegt. In den 1960er-Jahren erschienen dann in den USA viele Grundlagenwerke, die bis heute relevant sind (z. B. Applebaum 1966, Berry 1963, Huff 1964). In Deutschland wurden diese Arbeiten ab Mitte der 1970er-Jahre rezipiert (z. B. Heineberg 1977, Kulke 1992, Meyer 1978), in der Zeit

des raumwissenschaftlichen Paradigmas in der Geographie. Entsprechend war die geographische Handelsforschung einem szientistischen Wissenschaftsparadigma verpflichtet und suchte mit quantitativen Erhebungsmethoden und statistischen Auswertungsverfahren nach allgemeinen Gesetzen, z. B. über die Wahl der Einkaufsstätte oder über die Anordnung von Einzelhandelsbetrieben im Raum. Bis in die Gegenwart sind der Betriebsformenwandel und die Standortstruktur des Einzelhandels und ihre raumstrukturellen Folgen (z. B. für die Innenstädte) ein wichtiges Forschungsthema. Forschungen über das sich stetig verändernde Einkaufsverhalten (Innenstadt versus Shopping-Center, Online-Handel etc.) und die Standortstrategien der Betriebe werden vermehrt mit Fragen der politisch-planerischen Regulation, z. B. in *Business Improvement Districts* (Pütz et al. 2013), und deren raumstrukturellen Wirkungen verbunden.

Die **geographische Konsumforschung** entstand seit Ende der 1980er-Jahre im Gefolge der *cultural studies* im angloamerikanischen Sprachraum. Sie wurde Leitthema der *new cultural geography* und ist dementsprechend dem interpretativen Paradigma verpflichtet. Die *geographies of consumption* verstehen Konsum als Metanarrativ der modernen und postmodernen Gesellschaft (Jackson & Thrift 1995, Gregson 1995, Crewe 2000). Empirisch arbeiten sie hauptsächlich mit qualitativen, oftmals ethnographischen Methoden. Unter anderem auch mit poststrukturalistischen Ansätzen wird versucht, Zeichensysteme – etwa der Werbung oder der Einzelhandelsarchitektur – in ihrer Bedeutung und Macht zu entschlüsseln. Sie bewegen sich zwischen Perspektiven der Politischen Ökonomie, bei denen vor allem der Warenfetischismus und die Entfremdung des konsumierenden Menschen vom Produktionskontext im Mittelpunkt stehen, und Perspektiven der *cultural studies,* die sich auf die Zeichensysteme der Konsumkultur konzentrieren und entsprechenden „Fetischen" weitaus weniger (ab-)wertend gegenüberstehen.

Die geographische Handelsforschung behandelt Konsum als ein Kernthema, interessiert sich dabei aber vor allem für Einkaufsvorgänge: Wie und unter welchen raumstrukturellen Bedingungen kommen sie zustande und welche räumlichen Auswirkungen gehen von ihnen aus? Die geographische Konsumforschung interessiert sich demgegenüber für den gesamten Prozess des Konsums vom Konsumwunsch über den Erwerb, den Gebrauch bis zur Entsorgung von Waren. Ein Warencharakter wird dabei nicht nur (im Einzelhandel erwerbbaren) Konsumgütern zugeschrieben, sondern z. B. auch im Tourismus konsumierten Landschaften oder vermarkteten Formen von z. B. Bildung, Gesundheit oder Liebe.

Ein weiterer Unterschied liegt in den Verwertungsinteressen. Die Handelsforschung wird immer auch durch **anwendungsbezogene Forschungsfragen** angetrieben: räumliche Strategien der Filialnetzgestaltung von Unternehmen oder planerische Maßnahmen zur Wahrung einer sozial, ökologisch und städtebaulich funktionalen Einzelhandelsstruktur. Die geographische Konsumforschung sieht sich stärker der **Grundlagenforschung** verpflichtet, indem sie durch das Prisma des Konsums (Konsumgesellschaft, -ökonomie und -kultur) moderne bzw. postmoderne Lebenswelten erforscht. Während sie in der angloamerikanischen Geographie schon in den 1990er-Jahren eine so dominante Rolle einnahm, dass Gregson (1995) kritisch fragte, ob denn nun alles Konsum sei, fristet sie in der deutschsprachigen Geographie eher ein Nischendasein. Gleichwohl hat Konsum in vielen anderen geographischen Forschungsbereichen an Bedeutung gewonnen, z. B. bei der Analyse von globalen Produktionsnetzwerken, in der geographischen Technikforschung oder in den Digitalen Geographien.

19.2 Einzelhandel zwischen zentralen Orten und digitaler Enträumlichung

Cordula Neiberger

Die Idee der Ordnung des Einzelhandels: Das Prinzip der zentralen Orte

Die geographische Handelsforschung ist als Teilgebiet der Wirtschaftsgeographie schon seit Langem verankert, wenngleich sich deren Schwerpunkte, theoretische Ansätze und Erkenntnisziele im Laufe der Disziplingeschichte verändert haben. So gelten nach einer Zeit, in der die Deskription von Handelsströmen und die Herausarbeitung der Spezifika von Handelsräumen im Mittelpunkt des Interesses standen, die Bemühungen um eine Theoriebildung in den 1930er-Jahren als ein Meilenstein der geographischen Handelsforschung. Als herausragender Autor gilt hier **Walter Christaller** (1893–1969), der 1933 mit seiner Arbeit „Die zentralen Orte in Süddeutschland" eine Standorttheorie begründete, die bis heute einen großen Einfluss sowohl auf die geographische Forschung als auch die Raumordnung Deutschlands sowie anderer Länder hat (Christaller 1933).

Grundaussage seiner „Theorie der zentralen Orte" ist, dass eine optimale Funktionsverteilung von Dienstleistungen wie Einzelhandel, öffentliche Verwaltung oder Schulen im Raum nur in einer Hierarchie von ebensolchen „zentralen Orten" möglich ist. Dies schloss er aus seinen empirischen Untersuchungen in Süddeutschland, in denen er eine Regelmäßigkeit der Anordnung von Städten unterschiedlicher Größe und Ausstattung mit Dienstleistungen erkannt hatte. Aus diesen Beobachtungen heraus entwickelte er ein Modell der optimalen Aufteilung zentraler Orte im Raum, in der die gesamte Bevölkerung innerhalb ihrer maximal möglichen Transportdistanz versorgt werden kann und gleichzeitig die Absatzgebiete für die Anbieter in den zentralen Orten eine rentable Größe besitzen.

Das System wurde in den 1960er-Jahren in die Raumordnung der Bundesrepublik Deutschland aufgenommen und in einer Stufung von Zentren umgesetzt, festgeschrieben in den jeweiligen Landesentwicklungsplänen. Dabei werden drei bzw. vier Stufen unterschieden: Oberzentren, in der Regel mit mehr als 100 000 Einwohnern, Mittel- und Unterzentren sowie Kleinzentren (Grundzentren). Die zentralen Orte dienen der Bedarfsdeckung der Bevölkerung innerhalb eines bestimmten Gebiets, den sog. zentralörtlichen Verflechtungsbereichen. Es wird davon ausgegangen, dass sich die Bewohnerinnen und Bewohner in den entsprechenden zentralen Orten mit Gütern und Dienstleistungen versorgen.

Christaller versteht unter zentralen Einrichtungen solche mit administrativer, kultureller und sozialer Bedeutung, wie auch Einrichtungen des Handels und Geldverkehrs, also sowohl öffentliche als auch private Einrichtungen (Christaller 1933). In den **Landesentwicklungsplänen** werden die öffentlichen Bereiche wie Kultur und Bildung, Soziales und Sport, Verkehr und Verwaltung den entsprechenden Zentrenkategorien zugewiesen (z. B. LEP Hessen 2000).

Im Unterschied dazu beruht die Standortwahl wirtschaftlicher Bereiche, wie des Einzelhandels, auf unternehmerischen und damit individuellen Entscheidungen. Zur Zeit der Formulierung des Modells in den 1930er-Jahren und bis in die 1950er-Jahre hinein hatten sich diese durchaus mit den Zielen eines zentralörtlichen Prinzips gedeckt. Schon in den 1950er-Jahren setzte jedoch ein rapides wirtschaftliches Wachstum in Deutschland ein, welches mit einem tiefgreifenden gesellschaftlichen Wandel einherging. So veränderten sich in gegenseitiger Wechselwirkung sowohl die Unternehmenslandschaft als auch die Gesellschaft und mit ihr die Ansprüche an einen modernen Einzelhandel.

Diese Entwicklungen wurden in der Geographie ausführlich sowohl hinsichtlich einer theoretischen Diskussion des Konzepts als auch dessen planerischer Umsetzung rezipiert (Gebhardt 1998, Heinritz 1978, Priebs 1999).

Strukturwandel – räumliche Veränderungen

Zentrale Aspekte des Strukturwandels des Einzelhandels waren organisatorische Innovationen, die zur Entwicklung neuer Verkaufsformate führten. Insbesondere die Einführung des **Selbstbedienungsprinzips** in den 1960er-Jahren war von großer Bedeutung. Dies wurde einerseits durch die Erweiterung der Konsumartikelsortimente notwendig und andererseits durch Werbung und konsumgerechte Verpackungen mit Informationsgehalt möglich. Es setzte eine Entwicklung der „Substitution von Personal durch Fläche" ein; Betriebsformen mit immer größeren Verkaufsflächen und stärkerer Rationalisierung aller Arbeitsabläufe wurden entwickelt. Eine weitere weitreichende Innovation im Einzelhandel war die des **Discountprinzips**, also eine Konzentration auf wenige, stark nachgefragte Artikel bei gleichzeitig sehr niedrigen Preisen, welche durch niedrige Einkaufspreise, Einsparung beim Personal sowie eine Verschlankung und Vereinfachung aller Abläufe und einfachste Präsentation der Waren im Laden erreicht werden konnten. Die Abb. 19.1 zeigt den Betriebsformenwandel im Lebensmittelhandel.

Innovationen werden von Unternehmerinnen und Unternehmern getragen, und die erfolgreichen unter ihnen entwickelten aus einzelnen Ladengeschäften **Filialsysteme**, die aufgrund ihrer Nachfragemacht bessere Konditionen im Einkauf erzielen konnten

Kapitel 19

Anteil der Betriebsformen [%]

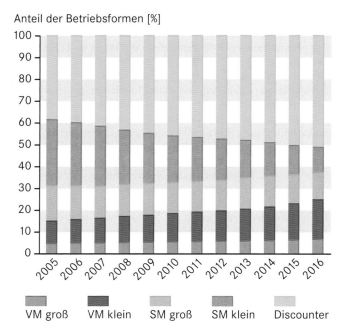

Abb. 19.1 Anteile der Betriebsformen an der Gesamtzahl der Geschäfte (SM klein = Supermärkte von 100–399 m², SM groß = Supermärkte von 400–999 m², VM klein = Verbrauchermärkte von 1000–2499 m², VM groß = > 2500 m²; Quelle: The Nielsen Company verschiedene Jahrgänge).

und damit auch mehr Finanzkraft besaßen, um in weitere organisatorische und technische Neuerungen zu investieren. Dies verstärkte das Wachstum und verschärfte gleichzeitig für den großen Teil des wenig finanzstarken inhabergeführten Einzelhandels den Wettbewerb. Mit steigender Konkurrenz, verbunden mit immer größerem Kapitalbedarf, entstanden seit den 1980er-Jahren durch **Fusionen** und Aufkäufe immer größere Unternehmen in der Branche, die nun verschiedenste Betriebsformen im Filialsystem führten. Die Anzahl der Geschäfte wie auch die Umsatzbedeutung des inhabergeführten Einzelhandels dagegen geht seit Jahrzehnten zurück.

Die Neuerungen in den Angebotsformen des Einzelhandels konnten sich letztlich aber nur durchsetzen, weil aufseiten der Konsumentinnen und Konsumenten eine entsprechende Nachfrage bestand. Insbesondere das hohe **Preisbewusstsein** der Bevölkerung führte zum Erfolg der neuen Betriebsformen. Obwohl über die letzten Jahrzehnte ein großer Einkommensanstieg der Bevölkerung zu verzeichnen ist, besteht dieses bis heute fort.

Im Zuge der steigenden Einkommen nahm auch die Verfügbarkeit von Pkw zu, was den Konsumentinnen und Konsumenten ermöglichte, auch weiter entfernte Einkaufsgelegenheiten wahrzunehmen. Dadurch vergrößerten sich die Aktionsräume der Menschen und es reduzierte sich die Bindung an fußläufig gelegene Versorgungsstandorte. Dies förderte das oben beschriebene Verkaufsflächenwachstum und die damit verbundene notwendige Vergrößerung der Einzugsbereiche. Daraus resultiert eine Abnahme der absoluten Anzahl an Betrieben und eine Ausdünnung des Versorgungsnetzes mit Gütern des täglichen Bedarfs

(Lebensmittelgeschäfte). Vor allem für Einwohnerinnen und Einwohner ländlicher Räume, aber zunehmend auch in städtischen Umgebungen, ist eine Nahversorgung in fußläufiger Nähe nicht mehr gewährleistet (Jürgens 2014). Die Abb. 19.2 verdeutlicht dies am Beispiel der Entwicklung der Anzahl und der Verkaufsflächengröße von Lebensmittelgeschäften in der Eifel.

Der Pkw-Besitz ermöglichte es zudem vielen Menschen, ihren Wohnstandort auch weiter entfernt von Arbeitsplätzen zu wählen. Insbesondere Familien mit Kindern bevorzugten nun die neuen, verkehrlich gut erschlossenen Wohngebiete an den Rändern der Städte, was seit den 1960er-Jahren zum Phänomen der Suburbanisierung führte. Der Bevölkerung folgte der Einzelhandel, neben großflächigen Betriebsformen des Lebensmittelhandels wurden nun auch verstärkt nicht integrierte Standortagglomerationen von den Handelsunternehmen gewählt. Geplante Geschäftszentren, wie **Shopping-Center** und Fachmarktzentren, wurden von Immobilieninvestoren „auf der grünen Wiese" oder an Ausfallstraßen der Städte entwickelt. Diese sind zumeist mit Filialunternehmen besetzt (Kulke 2001).

Zum Erfolg dieser Agglomerationsformen trug auch ein zunehmendes Kopplungsverhalten bei, bei dem möglichst viele Einkäufe mit möglichst wenig einzelnen Versorgungsgängen erledigt werden. Zudem vergrößerte sich mit dem höheren Einkommen auch die Zahl der eingekauften Artikel, wobei die Nachfrage höherwertiger Güter überproportional zunahm. Dies spricht für verkehrlich gut erreichbare Standortagglomerationen, an denen mehrere Anbieter mit kompatiblem Angebot zu finden sind (Gebhardt 2002).

Ebenso kann eine zunehmende Mehrfachorientierung beobachtet werden. Güter werden von Fall zu Fall an verschiedenen Einzelhandelsstandorten gekauft. Das von Christaller unterstellte rationale, stets auf Kostenminimierung bedachte Verhalten der Kundinnen und Kunden trifft offensichtlich so nicht (mehr) zu. Vielmehr sind verschiedenste Standorte in Konkurrenz zueinander getreten (Innenstädte, Stadtteilzentren, Shopping-Center und Fachmarktzentren an nicht integrierten Standorten). Durch die gestiegene Mobilität können darüber hinaus auch weiter entfernte Standorte schnell und unkompliziert erreicht werden (Nachbarstädte, übergeordnete Zentren). Des Weiteren wird das Einkaufen immer häufiger als ein **Freizeiterlebnis** empfunden, weshalb auch historisch-architektonisch besonders attraktive Städte oder solche mit anderen Freizeitangeboten verstärkt in den Fokus der Konsumentinnen und Konsumenten rücken (Gebhardt 2002).

Die **Entstehung neuer Agglomerationen** des Einzelhandels besitzt eine hohe Raumrelevanz. Hier bilden sich neue räumliche Verflechtungsbereiche, die zu veränderten Verkehrsströmen mit entsprechenden Belastungen führen. Auch stehen diese häufig nicht im Einklang mit den in den Landesentwicklungsplänen (LEP) definierten Einzugsgebieten zentraler Orte. Darüber hinaus verlieren die Innenstädte durch die neuen Agglomerationen Kaufkraft, wodurch es zu Geschäftsaufgaben bis hin zur Verödung ganzer Einkaufslagen kommt (Gaebe 1985). Dabei sind allerdings nicht alle Innenstädte gleichermaßen betroffen. Während prosperierende Großstädte mit Bevölkerungswachstum und höchstzentraler Versorgungsfunktion in der Regel ihre At-

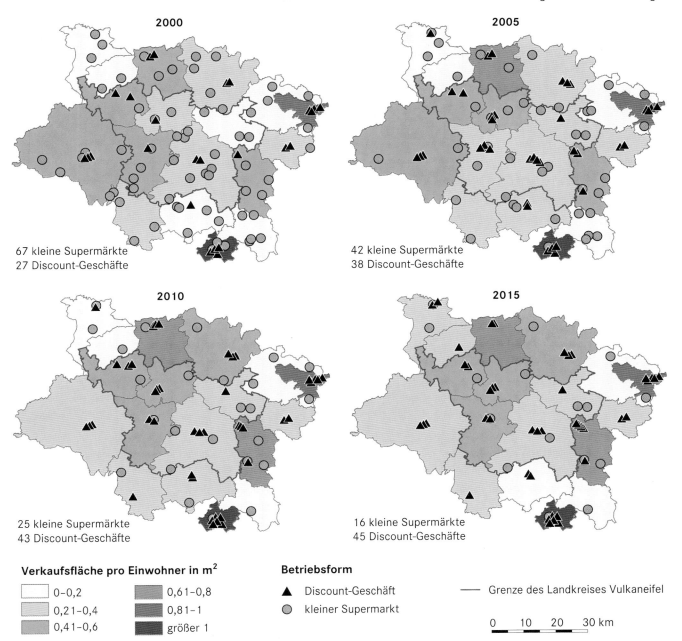

Abb. 19.2 Veränderung von Betriebsform und Anzahl der Lebensmittelgeschäfte in der Eifel (Quelle: The Nielsen Company 2015).

traktivität als Einkaufsort trotz Betriebsformenwandel, Konzentration und Standortkonkurrenz weitgehend halten konnten, sind Mittelzentren durch nicht integrierte Shopping-Center sowie den interkommunalen Wettbewerb durchaus gefährdet. Insbesondere bei abnehmender Bevölkerung, großer Konkurrenz zu benachbarten Städten und architektonisch unattraktiven Innenstädten mit geringer Aufenthaltsqualität nimmt die Zahl der Kundinnen und Kunden ab. Hierdurch schwindet auch das Interesse von Filialunternehmen an einer Ansiedlung, was wiederum den **Attraktivitätsverlust** beschleunigt und auch den inhabergeführten Einzelhandel in eine oftmals bedrohliche Lage bringt. Dagegen

haben Mittelstädte mit architektonisch hochwertigem Stadtkern, touristischen Sehenswürdigkeiten und entsprechenden Marketingmaßnahmen durchaus Chancen, sich zu behaupten (Pesch et al. 2003, Stepper 2016). Eine Einzelhandelsfunktion aufrechtzuerhalten ist für Grundzentren aber besonders schwierig. Sie sind durch nicht integrierte Lagen gefährdet, aber ebenso durch nahe gelegene Mittel- und Oberzentren, die die Kaufkraft abschöpfen. Der hier noch stark vertretene inhabergeführte Handel wie auch das Nahrungsmittelhandwerk können dieser Konkurrenz häufig nicht mehr standhalten, weshalb Grundzentren häufig sogar ihre Funktion als Nahversorgungszentrum verlieren (ebd.).

Umsatz in Mrd. Euro

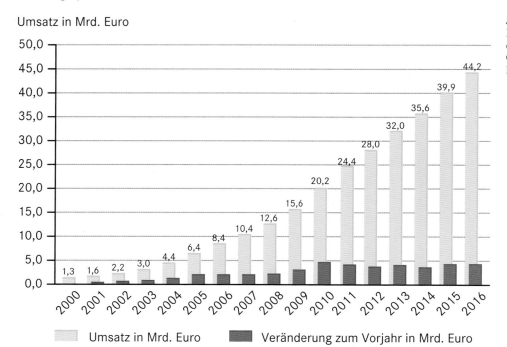

Umsatz in Mrd. Euro   Veränderung zum Vorjahr in Mrd. Euro

Letztlich führten neue Angebotsformen sowie das veränderte Konsumentenverhalten dazu, dass die dem Zentrale-Orte-Modell zugrunde liegende Determinante der Distanzabhängigkeit heute kaum noch eine Rolle spielt. Gänzlich andere Kriterien beeinflussen das Wahlverhalten beim Einkaufen, sodass heute eine Vielzahl verschiedenster Standorte um die Gunst der Kundinnen und Kunden werben. Das hat zu einer Konkurrenzsituation geführt, die in erster Linie über eine ständige Ausweitung der Verkaufsfläche ausgetragen wurde. Heute kann von einem Überbesatz mit Verkaufsfläche gesprochen werden. Damit werden die Grundideen des Zentrale-Orte-Modells obsolet: sein Erklärungsgehalt hat stark abgenommen, und damit lässt sich fragen, ob es sinnvoll ist, ein solches Modell als Planungsgrundlage aufrechtzuerhalten (Gebhardt 1998).

Digitalisierung – digitale Enträumlichung?

Mit der Entwicklung neuer Informations- und Kommunikations-(IuK-)technologien und damit der Möglichkeit einer weltweiten Vernetzung verschiedenster Akteure via Internet ist nun eine neue Möglichkeit des Warenverkaufs hinzugekommen, die eine Konkurrenz zum stationären Handel darstellt. Die Bedeutung des **Online-Handels** wird bei der Betrachtung der Absatzzahlen deutlich. Seit 1999 ist ein starkes Wachstum zu verzeichnen, das heute bei etwas über 10 % pro Jahr liegt. Laut Statistischem Bundesamt betrug der Anteil des Internethandels am Gesamteinzelhandelsumsatz 2016 etwa 9 % (HDE 2017; Abb. 19.3)

Unter E-Commerce wird „die Anbahnung, Verhandlung und Abwicklung von Transaktionen zwischen Anbietern und Nach-fragern mithilfe elektronischer Netzwerke" verstanden (Weiber 2002), wozu sowohl der Verkauf von physischen als auch von virtuellen Gütern, wie Software, Video, Musik, Games und Bücher, zählt (Online-Handel) sowie von Dienstleistungen, wie Reisen und Tickets, und Streaming (HDE 2017). Die Vorteile des Online-Handels sehen die Käuferinnen und Käufer insbesondere in der großen Auswahl an Produkten (488 Mio. in den USA 2015, 237 Mio. in Deutschland allein bei Amazon), der Nichtgebundenheit an Ladenöffnungszeiten sowie der Verfügbarkeit von Zusatzinformationen und Produktbewertungen (Wiegandt et al. 2018).

Gerade die **Informationsbeschaffung** wird zunehmend ins Internet verlegt, weshalb sich auch das Kundenverhalten insgesamt verändert hat. Wurden früher Informationen zu bestimmten Produkten weitgehend in einem stationären Geschäft eingeholt und dort auch gekauft, wird heute nach der Informationssuche entweder direkt online bestellt oder die Verbraucher gehen sehr gut vorinformiert in die Ladengeschäfte. Dort erwarten sie eine entsprechende Informiertheit des Ladenpersonals und ebenso eine Verfügbarkeit der gewünschten Ware (Bullinger 2016).

Ebenso kann beobachtet werden, dass immer neue Sortimente online nachgefragt werden. Ursprünglich waren Studien davon ausgegangen, dass sich der Online-Handel weitgehend auf „Maklerdienste" beschränken würde (z. B. Buchung von Flügen und Reisen, Online-Banking etc.; Schellenberg 2005) und dass ansonsten primär Bücher, CDs und DVDs nachgefragt würden, doch es folgten bald Elektro- und Elektronikartikel. Entgegen der Annahme des stationären Einzelhandels, dass Bekleidung und Schuhe wegen der Prüfung von Qualität und Passform nicht ins Internet abwandern werden, hat diese Warengruppe heute den größten Anteil am Online-Handel (2016: 25,2 %), gefolgt von

Kapitel 19

Abb. 19.4 Multi-Channel-Anbieter in Mönchengladbach (Foto: C. Neiberger, Mai 2017).

Consumer Electronic/Elektro (2016: 24,9 %). Die Wachstumsraten dieser Sortimente haben sich aber bereits abgeschwächt, andere Sortimente dagegen entwickeln in letzter Zeit höhere Dynamiken, wie Wohnen & Einrichten, Uhren & Schmuck und Heimwerken & Garten (HDE 2017). Das lässt darauf schließen, dass die einzelnen Sortimente an eine „Sättigungsgrenze" gestoßen sind bzw. stoßen werden, an der sich das Verhältnis von Online- und Offline-Nachfrage möglicherweise einpendeln wird (GfK 2015). Auf welcher Höhe dies geschehen könnte, ist allerdings schwer vorauszusagen. Zunächst einmal werden die Umsätze im Online-Handel weiter wachsen, wenngleich auch insgesamt mit verringerter Dynamik. Eine Studie des BBSR geht davon aus, dass bis 2025 insgesamt etwa 19 % des Einzelhandelsumsatzes in Deutschland online getätigt werden (BBSR 2017).

In neuester Zeit nimmt der **grenzüberschreitende Online-Handel** zu, was zu einer weiteren Intensivierung des Wettbewerbs führen wird. Dies wird von der EU im Rahmen ihres Zieles eines „virtuellen Binnenmarktes" durch die Angleichung rechtlicher Rahmenbedingungen und dem Verbot des Geoblockings unterstützt. Wie viele Einzelhandelsumsätze dadurch ins Ausland abwandern werden bzw. welche Umsätze deutsche Online-Händler aus dem Ausland generieren können, ist bisher nicht bekannt.

Das Wachstum des Online-Handels hat gleichzeitig die Einzelhandelsbranche weltweit wie auch in Deutschland durch das Aufkommen völlig neuer Anbieter verändert. Schon Mitte der 1990er-Jahre wurden die ersten Online-Handelsunternehmen gegründet, vorwiegend in den USA und überwiegend nicht von Händlern selbst, sondern von jungen Informatikern, die das Potenzial der Öffnung des Internets für die Wirtschaft erkannten. Solche Pioniere, wie Amazon oder Ebay, konnten ihren *„first mover advantage"* stetig ausbauen und gehören heute zu den größten Handelsunternehmen weltweit. Ihnen folgten viele weitere sog. *Internet Pure Player* (IPP), also Handelsunternehmen, die ausschließlich online tätig sind.

Die stationären Händler dagegen sahen das Internet lange überwiegend als Bedrohung, weniger als eine Chance, die sich ihnen bietet. Mittlerweile unterhalten aber sehr viele Filialisten und Franchisegeber eigene Online-Shops, mit deren Hilfe sie ein **vertriebsschienenübergreifendes Angebot** an die Kundinnen und Kunden machen können. Diese können nun zwischen den Einkaufskanälen wechseln und deren Vorteile kombiniert nutzen. So ist es möglich, online zu bestellen und die Ware im Laden vor Ort abzuholen. Oder im Laden online zu bestellen und die Ware nach Hause schicken zu lassen. Im Vergleich mit dem reinen Online-Handel bieten diese Cross-Channel-Konzepte den Kunden einen erfolgversprechenden Mehrwert (Abb. 19.4; Heinemann 2017).

Der inhabergeführte stationäre Einzelhandel tut sich bislang aber sehr schwer, die Chancen von Digitalisierung und Vernetzung zu erkennen und zu nutzen, was insbesondere auf fehlende Ressourcen zurückzuführen ist. So hat eine empirische Untersuchung ergeben, dass lediglich 10 % des inhabergeführten Einzelhandels in Aachen (Sportartikel und Bekleidung) überhaupt einen Online-Auftritt unterhalten, und davon führen nur 25 % einen Online-Shop (2014). Zwar kann Letzteres nicht das Ziel aller stationären Einzelhändler sein, eine Sichtbarkeit über irgendeine Form der Internetpräsenz ist heute aber absolut unerlässlich (Eck & Neiberger 2016).

Der Strukturwandel im Einzelhandel hat schon vor mehr als 60 Jahren eingesetzt und ist bisher nicht abgeschlossen. Vor dem Hintergrund der Zunahme des Online-Handels stellt sich die Frage, inwieweit die neue Wettbewerbssituation die Entwicklung beeinflussen wird. Angenommen wird zunächst, dass Teile der stationären Flächen entfallen werden, da die Kaufkraft ins Internet abwandert. Davon sind insbesondere Warengruppen, die leicht zu digitalisieren sind (z. B. Bücher, Tonträger und Filme), betroffen. In diesem Bereich sind Betriebsaufgaben des inhabergeführten Handels wie auch Flächenreduktionen bei den Filialisten zu beobachten (Wotruba 2016). Ebenso sind verkleinerte Verkaufsflächen von Elektronikmärkten zu verzeichnen, die verstärkt auf einen Cross-Channel-Handel setzen (Jahn 2017). Auch Selbstbedienungswarenhäuser sind betroffen (Schlemper 2014). In anderen Warengruppen ist das bisher weniger der Fall, könnte sich aber mit einer Zunahme des Online-Absatzes noch entwickeln.

Diese Flächenschrumpfung wird nicht alle Handelsstandorte gleichmäßig betreffen; vielmehr wird sich der Strukturwandel deutlich verschärfen, der sich auch weiterhin nicht räumlich gleichmäßig auswirken wird. Es ist zu erwarten, dass die **räumlichen Disparitäten** nochmals verstärkt werden (Bullinger 2016).

Prosperierenden Standorten eröffnen sich durchaus neue Chancen. So entwickeln Anbieter, die bisher großflächige Formate an nicht integrierten Standorten präferierten, zunehmend Kleinflächen, um mit einem Standort in der Innenstadt näher am Kunden zu sein, beispielsweise Ikea in Hamburg und Conrad in verschiedenen anderen Städten. Innenstädte großer Zentren wie auch florierende Shopping-Center sind zudem zunehmend Ansiedlungsziele für *Internet Pure Player*. Eine stationäre Anwesenheit kann das Online-Geschäft unterstützen, indem es die Markenbekanntheit steigert, die Waren den Kundinnen und Kunden näherbringt oder überhaupt erst Bedarfe weckt. So entstehen beispielsweise **Pop-up-Stores** als temporäre Verkaufsräume, die mit dem Mittel von Exklusivität und Verknappung auf hohes Medien- und somit auch Kundeninteresse stoßen. Eine weitere Betriebsform sind **Flagship-Stores**, in denen die neuesten Sortimente präsentiert und gleichzeitig digitale Formen der Warenpräsentation und -information getestet werden (Heinemann & Gaiser 2016; Abb. 19.5). Zudem kann ein Cross-Channel-Handel den Kundenwünschen besser entsprechen als der alleinige Online-Kanal. Beispiele hierfür sind Mymuesli und Rose Bikes, aber auch die Branchenriesen Amazon und Zalando sind zunehmend stationär zu finden (Hover 2017).

Ebenso ist zu erwarten, dass der stationäre Handel neben einem generell höheren Aufwand für Ladenbau und Warenpräsentation nun auch die Möglichkeiten einer verstärkten Digitalisierung nutzen und damit den Freizeit- und Erlebnischarakter des Einkaufens stärken wird. Beispiele sind die **virtuelle Präsentation** von Waren, verbunden mit dezidierten Informationen und einer großen Auswahl an Produkten sowie einer Online-Bestellmöglichkeit. Auch virtuelle Schaufenster können die Nachteile des Stationärhandels, wie restriktive Öffnungszeiten, durch eine Online-Bestellung direkt vor dem Schaufenster mindern. Ein weiteres Beispiel ist die virtuelle Umkleidekabine, in der die Kundinnen und Kunden Kleidung in verschiedenen Farben ausprobieren können, ohne dass diese im Laden vorhanden sein muss. Andere Konzepte setzen auf die Möglichkeiten der sozialen Netzwerke, etwa wenn Produkte mit Empfehlungen aus diesen verbunden sind oder Kundinnen und Kunden sich

Abb. 19.5 Als Flagship-Store wird eine Filiale eines Hersteller- oder Handelsunternehmens bezeichnet, die als exklusives Vorzeigeobjekt fungiert. So soll die Präsenz der Marke im allgemeinen Bewusstsein gestärkt, ihr Image gefördert und die Kundenbindung gefestigt werden. Die Firma Apple verfügt inzwischen über 501 Stores in 24 Ländern, in denen potenzielle Kunden die jeweils aktuellsten Versionen von Macs, IPads, IPhones und IPods ausprobieren können. Die Aufnahme zeigt einen „Apple Store" in Berlin (Foto: H. Gebhardt, 2014).

mit einem anprobierten Kleidungstück fotografieren und direkt ins Netz stellen lassen können, um die Meinung ihrer sozialen Kontakte abzufragen (Heinemann 2015, 2017). Möglicherweise werden teure Standorte für kleinere Anbieter erschwinglich, wenn sie im Laden nur Einzelstücke zur haptischen, optischen oder geschmacklichen Prüfung ausstellen, die gewählten Produkte selbst aber dann direkt aus dem Lager zum Verbraucher liefern (Showrooming).

Verstärkt setzen Stationärhändler in letzter Zeit auch auf die sog. *Location based Services*, also der Möglichkeit, potenzielle Kundinnen und Kunden auf ihrem Smartphone zu erreichen, wenn sie sich in räumlicher Nähe aufhalten. So kann das Auffinden des Ladengeschäfts erleichtert oder über Sonderangebote informiert werden. Zudem kann das Smartphone im Laden selbst genutzt werden, um Waren zu finden oder direkt nach Hause zu bestellen. Die Käufer der Zukunft unterscheiden möglicherweise nicht mehr zwischen stationär und online (Heinemann & Gaiser 2016, Heinemann 2017).

Auch dem stationären Handel bietet die Digitalisierung somit viele Chancen. Der Online-Handel verstärkt aber die Prozesse des Strukturwandels und somit die unterschiedliche räumliche Entwicklung, die letztlich eine weitere Attraktivierung von Innenstädten großer Zentren einerseits, bei gleichzeitigem Verschwinden jeglicher Versorgung in Grundzentren andererseits verstärken wird. Die weitere Entwicklung von mittelgroßen Städten wird eher von ihrer Attraktivität baulicher und kultureller Natur abhängen. Vielleicht können sie durch neue, kleinflächigere Ladenkonzepte großer Filialisten gestützt werden, die durch die Digitalisierung nicht mehr gezwungen sind, sehr große Flächen vorzuhalten und sich so näher zum Kunden bewegen.

Kapitel 19

Der Elektronikanbieter Mediamarkt testet zurzeit solche Formate (Channel Partner 2017).

Politik und Planung stehen somit heute vor alten und neuen Fragestellungen: die Problematik des Strukturwandels besteht weiterhin und wird noch verschärft; es ergeben sich aber insbesondere im rechtlichen Bereich neue Themen, die verhandelt werden müssen, beispielsweise Ladenöffnungszeiten und die Standortbewertung von ehemaligen Einzelhandelsflächen, die heute als Auslieferungslager für den Online-Handel genutzt werden. Ebenso ergeben sich für die geographische Handelsforschung weitreichende Forschungsfelder, die bisher aber kaum angegangen wurden.

19.3 Geographische Konsumforschung

Ulrich Ermann, Robert Pütz und Frank Schröder

Für die zunehmende **Bedeutung des Konsums** in den Sozial- und Geisteswissenschaften gibt es drei Gründe: Erstens hat die Wissenschaft auf den Wandel von der Produktions- zur Konsumgesellschaft reagiert, der sich in fast allen Ländern des Globalen Nordens vollzogen hat. Dabei hat der Konsum zum einen gegenüber der Sphäre der Produktion an Bedeutung gewonnen, zum anderen wandelte sich seine Funktion für Gesellschaft und Individuen. Zweitens rückten spätestens mit dem *cultural turn* (Kap. 14) die kulturellen Aspekte menschlichen Lebens in den Mittelpunkt sozialwissenschaftlicher Forschung. Dahinter steht die Auffassung, dass die Beziehungen der Menschen zur sozialen Welt ausschließlich symbolisch vermittelt sind. Weil sich dies im Akt des Konsums besonders gut nachvollziehen lässt, war Konsum schon in den Anfängen des *cultural turn* ein zentrales Leitthema. Drittens hat sich die herrschende Auffassung davon, was zum Konsum zählt und welche sozialen und ökonomischen Fragen unter konsumtiven Gesichtspunkten betrachtet werden sollten, verändert. Das „Sichtfeld" der (geographischen) Konsumforschung hat sich beträchtlich ausgeweitet.

Der Herausbildung der Konsumgesellschaft

Die zunehmende gesellschaftliche Bedeutung von Konsum ist historisch zunächst darauf zurückzuführen, dass zum einen immer mehr Menschen die finanziellen und zeitlichen Möglichkeiten haben, zu konsumieren, und dass zum anderen immer mehr Güter und Dienstleistungen konsumiert werden können. Wenngleich die Wurzeln der Konsumgesellschaft in Europa bis in die zweite Hälfte des 18. Jahrhunderts zurückreichen (Bocock 1994), war lebensgestaltender Konsum bis zum Zweiten Weltkrieg nur einer Minderheit vorbehalten. Die breite Masse konnte in der Regel nur lebenserhaltend konsumieren, denn die zur Deckung physiologischer und sozialer Grundbedürfnisse nötigen Güter (vor allem Nahrung, Kleidung und Wohnung) ver-brauchten den Großteil der Haushaltsbudgets. Außerdem stand viel weniger Freizeit für Konsum zur Verfügung als heute.

Die (Massen-)Konsumgesellschaft, die in den USA bereits existierte, bildete sich in Westdeutschland in der zweiten Hälfte des 20. Jahrhunderts heraus. Ausschlaggebend hierfür war zunächst ein Zuwachs an finanziellen Möglichkeiten durch ein nahezu ununterbrochenes Wirtschaftswachstum. Die kaufkraftbereinigten **Löhne** verfünffachten sich (Abb. 19.6). Einkommensungleichheiten blieben zwar bestehen, aber ein allgemeiner „Fahrstuhleffekt" (Beck 1986) versetzte nach und nach auch die einkommensschwächeren Schichten der Bevölkerung in die Lage, sowohl mehr als auch anderes als das zum Überleben Notwendigste zu konsumieren.

Neben den finanziellen Kapazitäten für den Konsum verbesserten sich auch die zeitlichen: Die durchschnittliche **Wochenarbeitszeit** je Erwerbstätigem verringerte sich in Westdeutschland seit 1950 um mehr als 20 %. Besonderen Einfluss hatte die Einführung der Fünf-Tage-Woche um 1960, die einen „kompakten wöchentlichen Freizeitblock" (König 2000) entstehen ließ, der zu großen Teilen zu konsumtiven Zwecken verwendet wird.

Die vermehrten finanziellen und zeitlichen Kapazitäten der Nachfrager trafen auf ein ebenso schnell wachsendes Angebot. Denn zum einen wurden einzelne Güter in immer höheren Stückzahlen produziert (Massenproduktion). Zum zweiten erfuhren die angebotenen Produkte eine immer weitere Ausdifferenzierung. Während z. B. in den 1950er-Jahren Seife das wesentliche Mittel zur Körperreinigung war, gibt es heute Gele, Öle, Peelings, Lotionen usw. – und das alles für jede Körperpartie, für jeden Hauttyp, für jedes Alter, für abends oder morgens, konventionell, ökologisch oder vegan produziert (Abb. 19.7).

Ein dritter Teil der Angebotsausweitung geht auf die beständige Erschließung neuer Bereiche des menschlichen Lebens für den Konsum zurück. Dinge, die vorher nicht handelbar waren, werden zur handelbaren Ware – ein Prozess, der als **Kommodifizierung** bezeichnet wird. Eindrucksvolles Beispiel hierfür ist die Schönheit. Bis vor 30 Jahren galt Schönheit den meisten Deutschen als angeborene Eigenschaft, die man allenfalls oberflächlich beeinflussen konnte – beispielsweise durch Frisuren. Seitdem ist eine ganze Armada von Anbietern auf den Markt getreten, die Schönheit als Ware anbieten. Die Palette reicht von Body-Stylern in Fitnessstudios über Piercer und Tätowierer bis hin zu plastischen Chirurgen, deren Dienstleistungen seit einigen Jahren zunehmend nachgefragt werden, und das nicht nur von wohlhabenden Bevölkerungsteilen. So wurden alleine 2015 fast 45 000 „ästhetisch-plastische Eingriffe" in Deutschland durchgeführt, wobei bei Frauen (die 88 % aller Eingriffe durchführen ließen) Brustvergrößerungen vor Fettabsaugung und Oberlidstraffung die häufigsten Eingriffsarten sind (DGÄPC 2017). Ist erst einmal ein neuer Bereich des Lebens kommodifiziert und gewinnt das neue Konsumgut wie Schönheitsoperationen an gesellschaftlicher Akzeptanz, beginnen die beiden anderen Methoden der Angebotsausweitung: Die Stückzahlen werden erhöht, das heißt etablierte Operationen häufiger ausgeführt, und das Angebot wird weiter differenziert, z. B. durch neue Operationstechniken und die Erschließung neuer Zielgruppen.

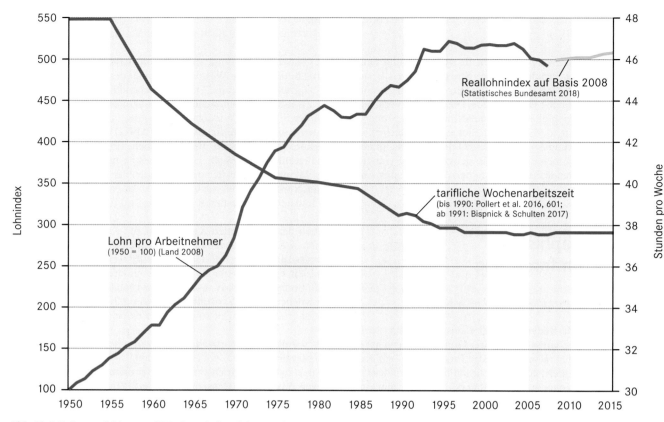

Abb. 19.6 Lohnentwicklung und Wochenarbeitszeit in Westdeutschland seit 1950 (verändert nach Statistisches Bundesamt 2018).

Kommodifizierung beruht aber nicht immer auf Anbieterstrategien oder Konsumwünschen, sondern auch der Rückzug des Staates aus zentralen sozialen Aufgaben trägt dazu bei. So hat die **Neoliberalisierung** des sozialstaatlichen Gesundheitssystems viele Menschen dazu gezwungen, Gesundheitsleistungen individuell am Markt zu erwerben, die vorher als öffentliche Güter „gratis" bereitgestellt wurden.

Der Bedeutungswandel des Konsums

Die Herausbildung der Konsumgesellschaft ist verbunden mit einer Zunahme und einem tiefgreifenden Wandel der individuellen und gesellschaftlichen Bedeutung von Konsum. Hierauf hat früh der französische Soziologe **Pierre Bourdieu** aufmerksam gemacht, der in den 1960er-Jahren die Konsummuster französischer Haushalte studierte. Er analysierte Kühlschrankinhalte, beobachtete Familienmahlzeiten, fragte nach Lieblingsschallplatten, bevorzugten Urlaubsorten und vielem anderen. Er entdeckte dadurch, dass die Gesellschaft nicht nur horizontal (also ökonomisch), sondern auch vertikal segmentiert war: Menschen mit gleichen ökonomischen Ressourcen führten sehr unterschiedliche Leben und legten Wert auf ästhetische Distinktion, auf Abgrenzung durch je eigene Konsumstile und einen eigenen „Geschmack". Bourdieus Arbeit zeigte, dass es für die Sozialwissenschaften nicht mehr ausreichend war, sich die Gesellschaft als eindimensionale „Klassengesellschaft" vorzustellen. Nein, es mussten auch die „feinen Unterschiede" (Bourdieu 1982) bedacht und analysiert werden, die durch den Konsum hergestellt und reguliert werden. Die Sozialwissenschaften haben damit den Konsum als strukturierendes Prinzip der Gesellschaft identifiziert und akzeptiert.

Hierhinter steht, dass die lebenserhaltende Funktion des Konsums im Vergleich zur lebensgestaltenden für die Menschen kaum noch Bedeutung hat. Noch vor sechs Jahrzehnten dominierte eine Lebensorientierung der Pflichterfüllung durch Arbeit – für Männer bezahlte Erwerbsarbeit, für die meisten Frauen unbezahlte Haus- und Sorgearbeit –, bei der Konsum zur Wiederherstellung der Kräfte diente. Heute hat sich dieses Verhältnis ins Gegenteil verkehrt: Konsum ist für viele Lebenszweck, Arbeit dient zur Herstellung der Konsumfähigkeit.

Der amerikanische Ökonom Tibor Scitovsky (1977) hat in seinem Klassiker „Psychologie des Wohlstands" erstmals die These aufgestellt, dass Menschen in **Wohlstandsgesellschaften** vor allem konsumieren, um Langeweile zu bekämpfen. Jedes neu erworbene Konsumgut versetze sie für eine gewisse Zeit in einen Zustand angenehmer Anregung. Bald aber nutze sich bei jedem Gut diese Fähigkeit zur Stimulation ab, sodass wieder neue, „anregendere" Konsumgüter erworben werden müssten. Scitovskys Ansatz steht in einer ganzen Reihe von psychologischen Konzepten, die Konsum als Ersatzbefriedigung sehen, die notwendig wird, weil soziale Beziehungen nicht mehr leisten, was sie – angeb-

Abb. 19.7 Gesundheitsbewusste Ernährung ist in den letzten Jahrzehnten zu einem wichtigen Marktsegment geworden. Aus früheren Naturkostläden sind häufig spezialisierte Geschäfte geworden, welche gluten- und laktosefreie Produkte anbieten und die vegan orientierten Konsumenten und Konsumentinnen bedienen (Foto: Hans Gebhardt).

lich – einmal geleistet haben, nämlich Anregung, Unterhaltung, Anerkennung, Trost oder sexuelle Erregung zu bescheren.

Weniger konsumkritisch und pessimistisch ist das Konzept der **Erlebnisrationalität**, das der Soziologe Gerhard Schulze (1992) in seinem Buch „Die Erlebnisgesellschaft" entwickelte. Seine These ist, dass Menschen heute permanent mit dem „Projekt des schönen Lebens" befasst seien. Sie versuchen, ihr persönliches Wohlbefinden zu maximieren, die Intensität ihres Fühlens zu steigern und sich immer neue „Emotionskicks" zu verschaffen. Dazu benutzen sie Konsumgüter. Anders als die Ersatzbefriedigungskonzepte, die tendenziell davon ausgehen, dass Menschen unbewusst oder gar gegen ihren Willen konsumieren, sieht Schulze den Konsum als bewussten Akt an. Denn er kann für das Subjekt nur dann zum gewünschten Erfolg führen, wenn er von Reflexivität begleitet ist. Ein Bungee-Jump ist kein Erlebnis per se, sondern er wird es nur, wenn das Individuum sich dabei beobachtet und sich bereits im Fluge fragt, wie das aufgenommene Selfie wohl im Freundeskreis ankommen wird. Aus der Erlebnisrationalität des Subjekts entwickelt Schulze in seiner weiteren Argumentation das Konzept der Erlebnismilieus, zu denen sich Menschen mit ähnlichen Erlebnisrationalitäten – bewusst und freiwillig – zusammenschließen. Bei Schulze ist der Konsum also nicht das Ende des Sozialen, sondern gerade dessen Voraussetzung und Medium.

Bis in die Nachkriegszeit hatten Werte wie Arbeit oder Pflichterfüllung einen hohen Stellenwert für die soziale Positionierung von Menschen. Ihre **Identität** wurde sowohl gesellschaftlich als auch auf der subjektiven Ebene sehr stark von der Erwerbsarbeit gebildet. Bis heute hat sich dies entscheidend geändert. Nicht nur die Arbeit, sondern auch andere Institutionen wie Kirche oder Familie, die der Position des Einzelnen in der Gesellschaft früher Ordnung und Stabilität verliehen, verlieren in der Postmoderne und der für sie typischen Individualisierung und Fragmentierung an Bedeutung.

Heute ist Konsum ein ganz entscheidendes Moment für die Herstellung von Identitäten, ihre Gestaltung und ihre Repräsentation. Über Konsum, z. B. die Wahl einer Schuhmarke oder die Art, sich zu kleiden, vergewissern sich Individuen ihrer Zugehörigkeit zu einer spezifischen Gruppe. Gleichzeitig zeigen sie anderen, dass sie zu dieser Gruppe gehören. Die individuelle wie gesellschaftliche Praxis der Markierung von Differenz vollzieht sich heute ganz wesentlich über den Konsum. Die Figur des konsumierenden Menschen ist damit zentral zum Verständnis des Zusammenspiels von Konsum, Identität und Repräsentation. Diese Erkenntnis ist auch ein wesentlicher Grund dafür, dass die Konsumforschung in den Sozialwissenschaften in den vergangenen Jahren so an Bedeutung gewonnen hat.

Dieser Bedeutungswandel des Konsums hat auch Konsequenzen für die Produktion und den Handel mit Konsumgütern. Wenn nämlich der Konsum dem Handelnden in starkem Maße zur Identifikation und Abgrenzung dient, so ist der Gebrauchswert von Gütern und Dienstleistungen nur noch ein schwaches Verkaufsargument; entscheidender ist der **Zeichenwert**. Entsprechende Zeichen müssen von den Anbietern gesendet und von den Konsumentinnen und Konsumenten gedeutet werden. Dieser „kulturelle Akt" des Zeichenaustauschs trifft bei jedem Konsumvorgang auf den „ökonomischen Akt" des Austauschs von Geld. Und dieser Akt ist immer an einen Ort gebunden, der gleichermaßen mitkonsumiert wird. Es ist für Identifikation und Abgrenzung eben nicht nur entscheidend, „was" man kauft oder konsumiert, sondern auch „bei wem" und „wo". Der Einkauf bei C&A oder bei H&M steht für völlig unterschiedliche Lebenswelten, auch wenn die Produkte sich äußerlich vielleicht kaum unterscheiden. Auf diese Weise erlangen die Orte des Konsums eine subjektspezifische, teilweise intersubjektiv geteilte symbolische Bedeutung. Sie sind symbolisch strukturierte Handlungsräume, „signifikative Regionalisierungen" (Werlen 1997) und als solche ein wichtiger Faktor für die Konstitution der Sinnhaftigkeit des Handelns.

Kapitel 19

Konsum in der Geographie

Beim in den 1980er-Jahren einsetzenden Boom der kultur- und sozialwissenschaftlichen Konsumforschung im angloamerikanischen Sprachraum hatte die Geographie eine Vorreiterrolle (Thrift 2002). Allein acht Überblicksbeiträge in der Zeitschrift *„Progress in Human Geography"* zwischen 2000 und 2010 zeugen davon, dass sich die Konsumgeographie in der englischsprachigen Humangeographie fest etabliert hat. Im deutschsprachigen Raum gibt es dagegen nach wie vor nur wenige Geographinnen und Geographen, die sich explizit der Konsumforschung verschrieben haben. Allerdings wird Aspekten des Konsums in verschiedenen Forschungsrichtungen der Geographie mehr Bedeutung geschenkt, auch wenn die entsprechenden Beiträge nicht dezidiert unter „Konsumgeographie" firmieren.

Gerade weil „Geographien des Konsums" quer zu den üblichen Subdisziplinen der Humangeographie liegen, umfassen sie ein relativ breites Spektrum an Forschungsthemen und -ansätzen. Stand anfangs vor allem das konsumistische Spektakel mit seiner materiellen Manifestierung in Form der „Shopping Mall" im Vordergrund (Goss 1993), hat sich der Schwerpunkt in der Folge mehr hin zu alltäglichen sowie alternativen Orten und Praktiken des Konsumierens – z. B. zuhause, auf der Straße, im Trödelladen oder auf Flohmärkten oder auf dem Bauernmarkt – verlagert (Crewe 2000). Zunehmend an Bedeutung gewonnen haben auch Ansätze der Analyse von Warenketten und Wertschöpfungsketten (*commodity chains*, *value chains*), die auf die Vernetzungen von Produktions- und Konsumwelten blicken. Im Folgenden seien fünf Forschungsrichtungen innerhalb der geographischen Konsumforschung skizziert: Orte des Konsums, Konsum und (kulturelle) Globalisierung, Konsum und (alltägliche) Regionalisierung, Verbindungen zwischen Konsum und Produktion sowie Moralischer Konsum.

Orte des Konsums

Die „Mall" – das große amerikanische Einkaufszentrum – bildet so etwas wie den **Kristallisationspunkt** der frühen *geographies of consumption*. Anders als in der Einzelhandelsgeographie, in der die Frage nach der Standortwahl und Standortstruktur entscheidend ist, stehen hier vielmehr das Shopping-Center und andere Einkaufsstätten für den Ausdruck moderner und postmoderner Formen von Konsumgesellschaft, Konsumkultur und Manipulation und bilden den Ausgangspunkt gesellschaftspolitischer Konsumkritik.

Ein bekanntes Beispiel für die Analyse von Inszenierungen von Konsumorten liefert Hopkins (1990). Er beschreibt die Zeichenwelt der „West Edmonton Mall" und analysiert sie mit semiotischen Methoden. Viele Zeichen verweisen auf ferne Orte und vergangene Epochen, wodurch eine komplexe „Landschaft der Mythen und des Anderswo" entsteht, die die Konsumentinnen und Konsumenten das reale Hier und Jetzt (evtl. Geldnöte, schlechtes Gewissen usw.) vergessen lassen soll.

Als Urvater derartiger Studien (z. B. Goss 1993) gilt Umberto Eco, der bereits in den 1970er-Jahren eine semiotische Interpretationsreise durch amerikanische Orte des Konsums (u. a. Museen und Freizeitparks) unternahm und dort auf Inszenierungen traf, die in einer gewissen Weise „perfekter" waren als ihre Vorbilder. Eco prägte für dieses Phänomen den Begriff **Hyperrealität** (1990). Als solche könnte man auch den jährlichen „Almabtrieb" in der Skihalle Neuss im flachen Rheinland ansehen (Abb. 19.8), der viel „alpenländischer" erscheint als die Vorbilder in den Alpen.

Ein gutes Beispiel für die jüngere Variante der geographischen Konsumortforschung ist die Arbeit von Gregson & Crewe (2003). Ihr Interesse gilt den Handlungen der Besucher von Flohmärkten, Wohltätigkeitsbasaren und Secondhand-Läden. Auf der Grundlage von Leitfadeninterviews wird nach dem subjektiven Sinn gesucht, der hinter dem Besuch dieser **„alternativen Konsumorte"** bzw. hinter dem Konsum gebrauchter Güter steht.

Konsum und (kulturelle) Globalisierung

Ein wichtiges Element der Globalisierung ist die stetige Vermehrung globaler Konsumgüter und hegemonialer Marken (Thompson & Arsel 2004). Bekannte Beispiele sind Coca-Cola, McDonalds oder Nike. Schon früh ist in Kultur- und Sozialwissenschaften die Frage aufgetaucht, ob mit der universellen Verfügbarkeit dieser Konsumgüter bzw. Marken eine **kulturelle Homogenisierung** (bzw. Amerikanisierung) der Welt verbunden ist. Dahinter steht die Beobachtung, dass sie weitreichende Veränderungen in der Alltagskultur und dem Wertesystem auslösen können. Die Verbreitung von McDonalds etwa führt nicht nur zu einem Bedeutungsverlust lokaler Speisen, sondern auch dazu, dass weltweit Kindergeburtstage in dem von McDonalds inszenierten Rahmen stattfinden. Auf lange Sicht könnten sich dadurch traditionelle Familienrituale und -werte verändern.

Die These von der kulturellen Homogenisierung der Welt durch Konsumgüter dominierte lange Zeit die Literatur. Inzwischen aber ist durch zahlreiche empirische Analysen der Verbreitung globaler Konsumgüter ein differenzierteres Bild kultureller Globalisierung entstanden, in dem neben dem Prozess der Homogenisierung auch die Prozesse der **Hybridisierung** und der **„Re-Lokalisierung"** von Kulturen eine bedeutende Rolle spielen. Von Hybridisierung spricht man, wenn bei dem Aufeinandertreffen des Lokalen mit dem Globalen durch Vermischung und wechselseitige Beeinflussung neue kulturelle Muster entstehen. So zeigt z. B. Ram (2004), wie sich zum einen McDonalds nach seinem Markteintritt in Israel 1993 an lokale Essgewohnheiten anpassen musste. Zum anderen haben auch die lokalen Fastfood-Anbieter ihre traditionellen Produkte nach dem Vorbild von McDonalds „professionalisiert", aber mit neuen Werten wie „gesunde Ernährung" und „gute alte Zeit" aufgeladen, die der globale Konzern nicht für sich reklamieren konnte. Das Resultat ist eine Fastfood-Szene, die zwar unter dem Stern des Globalen steht, aber gleichwohl einzigartig arabisch-israelisch ist.

Abb. 19.8 Almabtrieb vor der Skihalle Neuss (Foto: JEVER SKIHAL-LE Neuss).

Auch das Wiedererstarken von traditioneller Kultur und nationaler oder regionaler Identität („Re-Lokalisierung" bzw. *defensive localism*) ist eine regelmäßige Begleiterscheinung der globalen Verbreitung von Konsumgütern (Thompson & Arsel 2004, Ram 2004, Winter 2003). Der Eintritt einer „globalen Bedrohung" gibt häufig den Impuls zur Bewahrung des „Eigenen". In Italien wurde beispielsweise 1986 als explizite Reaktion auf die bevorstehende Eröffnung einer McDonalds-Filiale an der Spanischen Treppe in Rom die Slowfood-Bewegung gegründet (Leitch 2003), die inzwischen zu einer internationalen Bewegung angewachsen ist.

Konsum und (alltägliche) Regionalisierungen

Viele Regionalisierungsprozesse werden durch Praktiken und Diskurse des Konsums in Gang gesetzt oder finden ihren Ausdruck im Konsum. Mit Werlen (1997) kann man von konsumtiven (bzw. konsumtiv-produktiven) Regionalisierungen als einer wichtigen Variante alltäglicher Regionalisierungen sprechen. Beim Akt des Konsumierens (Kaufen, Einkaufen/Shoppen, Gebrauchen, Verwenden, Verbrauchen etc.) sowie durch die Vermarktung (Werbung, Markenbildung etc.) finden **Verräumlichungsprozesse** statt: Ob man sich im Restaurant ein Glas Bourdeaux oder ein bayerisches Weißbier bestellt, sich für italienische Schuhmode interessiert, Solinger Messer oder Meißener Porzellan kauft – immer scheinen Herkunftsgebiet und Produktionsort und raumbezogene Bezeichnungen eine

Rolle als „Geographien der Qualifizierung" (Pütz et al. 2018) zu spielen. Es geht dabei aus Sicht der geographischen Forschung nur zum Teil um die Frage, wie konsumierende Menschen „die Welt" mit sich selbst in Verbindung setzen. Vielmehr lässt sich zeigen, wie bei diesen Regionalisierungsprozessen sowohl Produkte als auch Regionen neu konstruiert und verändert werden. Messer aus Solingen haben z. B. den Ruf, eine bestimmte Qualität zu erfüllen, weshalb die Herkunftsbezeichnung auch als **Gütekriterium** fungiert. Die qualitativ hochwertigen Messer aus Solingen machen aus „Solingen" eine weltweit bekannte Marke und sorgen für ein produktbezogenes Image der Stadt. Oft ergeben sich auch erst durch die Herkunftsbezeichnung neue Wirtschaftsverflechtungen und neue Produktionsformen: So dürfen z. B. durch den Schutz der geographischen Angabe durch die Europäische Kommission keine „Nürnberger Bratwürste" mehr außerhalb der Grenzen der Stadt Nürnberg produziert werden. Wenn eine nicht in Nürnberg ansässige Firma solche Würste herstellen und vermarkten will, muss sie einen Zweigbetrieb in Nürnberg unterhalten und die Würste nach einem bestimmten Standard produzieren. Als der „Aischgründer Karpfen" ebenfalls als geographische Angabe geschützt wurde, bedeutete dies u. a., dass die eher unscharf abgegrenzte Region „Aischgrund" genau definiert werden musste und dass Produktionskriterien (wie z. B. die Besatzdichte der Teiche mit Fischen und Bestimmungen bzgl. deren Fütterung) an die Bezeichnung gekoppelt wurden, die vorher nicht eingehalten werden mussten (Ermann 2005). Durch die Regionalisierung eines Produkts – oder anders formuliert durch die Verknüpfung von Produkt und Region – werden Regionen und Produkte verändert. Häufig bilden sich auch Wirtschaftsbeziehungen, die explizit als Reaktion auf die Vorstellungen der (potenziellen) Kundinnen und Kunden entstanden sind. So wird z. B. in Bulgarien hergestellte Damenmode nur deshalb zur „Endfertigung" nach Frankreich transportiert, weil sich die Ware als „französische Mode" in Russland, dem wichtigsten Absatzmarkt, weitaus besser verkaufen lässt (Ermann 2013).

Ein gutes Beispiel für die Herstellung von **„Regionalkultur"** durch konsumorientierte Vermarktung liefert Peñaloza (2000, 2001) mit ihrer Ethnographie einer Rodeo-Show in Denver, Colorado. Dort (wie auf vielen ähnlichen Veranstaltungen in den USA; Abb. 19.9) beteiligen sich die Besucher durch das Tragen von Cowboyhüten und Westernstiefeln, dem Besuchen von Rodeo-Shows und Saloons sowie der (oft nur zuschauenden) Teilnahme an Viehversteigerungen Jahr für Jahr zu Tausenden an der Reproduktion des Mythos vom „Wilden Westen", einer der größten kollektiven Erzählungen der US-amerikanischen Gesellschaft (Pütz 2017). Die Kommodifizierung des „Wilden Westens" als „Regionalisierung im Medium des Konsums" (Siegrist 2001) funktioniert auch in Deutschland, z. B. bei der Vermarktung amerikanischer Wildpferde (Pütz 2019).

Verbindungen zwischen Konsum und Produktion

Fragen der geographischen Konsumforschung, die auf Verbindungen zwischen Konsum und Produktion zielen, haben

Abb. 19.9 Rodeo-Show auf den Cheyenne Frontier Days 2014 (Foto: R. Pütz).

ihren Ursprung in der Analyse von *global commodity chains*, die wiederum aus der „Weltsystemtheorie" hervorgegangen sind (Gereffi & Korzeniewicz 1994). Forschungen zu (globalen) Warenketten und Wertschöpfungsketten werden in der geographischen Konsumforschung oft in Kombination mit anderen Konzepten zur Erforschung von Konsumtions-Produktions-Verhältnissen rezipiert. Damit erfuhren sie eine stärkere Anbindung an die Wirtschaftsgeographie, die ja ihrerseits eine Öffnung für Konsumfragen erfuhr, vor allem im Rahmen von Ansätzen der *cultural economic geography*.

Unter einer **Warenkette** wird eine Gesamtheit von Prozessen verstanden, die zu einer konsumfertigen Ware führen. Das heißt, man versucht, ausgehend von einem Konsumgut in einer „vertikalen" Perspektive alles in den Blick zu nehmen, was von der Rohstoffgewinnung über verschiedene Verarbeitungs- und Distributionsstufen bis hin zum Verbrauch passiert. Was diese „Gesamtheit" und dieses „alles" genau umfasst, variiert stark je nach Forschungsrichtung. Die klassische Analyse von *commodity chains* konzentriert sich vor allem auf die Frage, wie innerhalb einer solchen Kette von bestimmten Akteuren Macht auf andere ausgeübt wird. So sind es im Fall der *buyer-driven commodity chains* vor allem Einzelhandelsketten wie H&M, Ikea oder Aldi sowie Markenfirmen wie Adidas, Zara oder Red Bull, die Macht über die Lieferanten und Produzenten ausüben und die gesamte Waren- bzw. Wertschöpfungskette von der Vermarktung aus kontrollieren.

Waren- und Wertschöpfungsketten (auch) von der Seite des Konsums und der Vermarktung her zu betrachten, drängt sich vor allem bei der Analyse solcher Waren und Märkte auf, bei

denen der Großteil der Wertschöpfung durch Markenbildung und Markenführung realisiert wird (Abb. 19.10).

Ein Beispiel für die Erforschung von Wertschöpfungsketten im Nord-Süd-Kontext bietet Ouma (2010): Neue Konsummuster (steigende Bedeutung von Frischewaren, wachsendes Bewusstsein für ökologische und gesellschaftliche Folgen von Produktion, Bedeutung von Herkunft im Lebensmittelkonsum) stehen am Ausgangspunkt einer Reorganisation von Wertschöpfungsketten für tropische Früchte. Die Ketten werden zunehmend von **Umwelt- und Sozialstandards** international agierender Supermarktketten, aber auch durch technische und logistische Innovationen gesteuert. Dabei werden kleinbäuerlich strukturierte Agrarregionen Afrikas in einen globalen Agrarmarkt integriert und tiefgreifende Transformationsprozesse für das Produktionsgebiet ausgelöst (Abschn. 21.5).

Berndt & Boeckler (2011) zeigen mit ihrer Arbeit zu Nord-Süd-Warenketten am Beispiel von Tomaten in den Grenzregionen Marokko/Spanien sowie Mexiko/Kalifornien, mit welchen Paradoxien sich Erwartungen aufseiten des Konsums im Globalen Norden auf Produktionsstandards im Globalen Süden auswirken und wie umgekehrt Produktionszusammenhänge in konsumbezogene Standards übersetzt werden. Beim Versuch, „perfekte Märkte" nach dem Vorbild ökonomischer Modelle zu realisieren, verschieben sich dabei die Grenzen zwischen Produktion und Konsum in organisatorischer und in räumlicher Hinsicht.

Einen guten Überblick über die konzeptionelle Bandbreite und zentrale empirische Befunde der geographischen *commodity-chain*-Forschung geben die Sammelbände von Hughes & Reimer (2004) sowie von Bair (2009). Entgegen der Vorstellung einer Verbindung von Produktions- und Konsumwelten in Form von Ketten wird in der geographischen Konsumforschung zunehmend auch die Dichotomie zwischen Produktion und Konsum selbst hinterfragt. So wird unter dem Stichwort des *prosumer capitalism* (Ritzer & Jurgenson 2010) gerade betont, wie tradierte Vorstellungen einer Trennlinie zwischen Herstellung und Nutzung, zwischen Arbeit und Konsum etc. in einer Wirtschaftswelt der Open-Source-Technologien, des Coworking usw. immer mehr obsolet werden.

Moralischer Konsum

Die Kettenperspektive ist häufig auch mit einer moralischen Frage nach der Verantwortung von Konsum für Bedingungen und Folgen der Produktion verbunden. Diese Sichtweise korrespondiert mit der gesellschaftlich stark an Bedeutung gewonnenen Idee, durch Konsum „der Welt zu helfen" (Abb. 19.11). Forschungen zu „ethischem", „verantwortlichem" oder „nachhaltigem" Konsum wollen Erkenntnisse darüber gewinnen, welche Konsequenzen Kaufentscheidungen für die vor- und nachgelagerten Stufen der jeweiligen Warenkette haben. Der Fokus kann dabei auf unterschiedliche Aspekte gerichtet sein wie konsumbezogene Umweltprobleme, Arbeitsbedingungen oder die Aufteilung von Wertschöpfung.

Abb. 19.10 Wertschöpfungsanteile eines Sportschuhs.

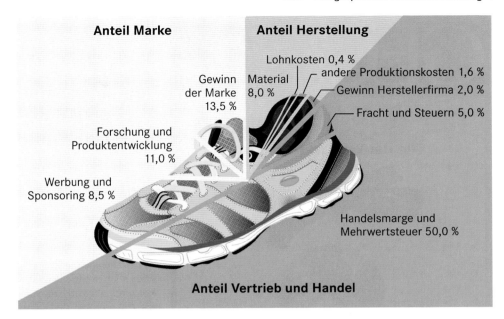

So lassen sich ökologische Folgen des Konsums für ein bestimmtes Produkt in Form eines **„ökologischen Fußabdrucks"** untersuchen. In ähnlicher Weise lassen sich Arbeitsbedingungen bei der Herstellung oder die Fairness des Handels bestimmter Konsumgüter berechnen, beschreiben oder bewerten. Dabei werden Verbindungen hergestellt zwischen dem Konsum alltäglicher Waren (wie z. B. T-Shirts oder Jeans) und den Produktionsbedingungen (z. B. gesundheitsschädigende und gefährliche Arbeitsbedingungen in Bekleidungsfabriken in Bangladesch), die oft auch mit dem Aufruf zum **Konsumboykott** bestimmter Waren verbunden sind.

Eine besondere Rolle bei der Kommunikation zwischen Produktion und Konsum spielen verschiedene Formen von Kennzeichnungen (Marken, Labels, Zertifizierungen und Siegel). Ein Siegel kann helfen, beim Einkauf Informationen über Produktionszusammenhänge zu liefern. Entsprechend kommunizierte Standards (u. a. bzgl. ökologischer, fairer oder nachhaltiger Produktion, Tierwohl und anderer ethischer Aspekte) tragen damit auch zu einer Moralisierung des Konsums bei und können helfen, verantwortliche Formen des Konsums zu ermöglichen und zu etablieren. Sowohl staatliche Gesetzgebung als auch freiwillige Verpflichtungen von Unternehmen und nicht zuletzt die Käuferinnen und Käufer können auf diese Weise Einfluss auf die gesamte Wertschöpfungskette nehmen (Bernzen & Dannenberg 2012). Guthman (2007) gibt allerdings auch kritisch zu bedenken, dass freiwillige Kennzeichnungen des Handels und der Industrie auch als Instrument zur Verlagerung von Verantwortung von Unternehmen an die Konsumentinnen und Konsumenten im Rahmen einer neoliberalen Strategie interpretiert werden können.

Aus der Perspektive der Geographien des Konsums geht es vor allem auch darum, solche Moralisierungen im Sinn der Konstruktion von Verantwortungsbeziehungen kritisch unter die Lupe zu nehmen (Ermann 2006, Gäbler 2010). So lässt sich Konsum als Subjektivierungsform erforschen (Everts 2013).

Idies (2017) hat beispielsweise Äußerungen von sich selbst als „kritisch" eingeschätzten Konsumentinnen und Konsumenten mit ethnographischen Methoden untersucht und gefragt, wie dabei kritisch konsumierende Subjekte konstituiert werden und wie privater Konsum moralisiert wird. Er zeigt, wie kritisches Konsumieren systematisch nur einzelne Verbindungen zwischen Konsum und Produktion aufdeckt, ohne die Strukturen infrage zu stellen oder zu kritisieren, die zur Ausbeutung von Mensch und Umwelt oder auch zu Verantwortungszuweisungen führen. Die Figur des *citizen consumer* (Ermann et al. 2018) geht davon aus, dass Konsum gleichsam ein politischer Akt ist, mit dem sich Produktionsverhältnisse steuern lassen. Dabei wird jedoch häufig übersehen, dass dieser Einfluss nur im Rahmen bestimmter Strukturen und in Abhängigkeit einer bestimmten Kaufkraft erfolgen kann.

Ausblick

Die junge Geschichte der geographischen Konsumforschung ist eine **Erfolgsgeschichte** – bislang vor allem in der anglo-amerikanischen Geographie. Für den deutschen Sprachraum ist festzuhalten, dass die Fragen des Konsums in vielen Forschungsfragen der Humangeographie eine wichtige Rolle spielen. Die geographische Konsumforschung ist wie nur wenige andere geeignet, die intradisziplinären Forschungsgrenzen zwischen den Teilbereichen der Geographie aufzubrechen, wie auch die interdisziplinären Grenzen zwischen den Fächern der Geistes-, Sozial- und Wirtschaftswissenschaften. Denn im Akt des Konsums verschmilzt das Ökonomische (der Güteraustausch) mit dem Sozialen (die gesellschaftliche Positionierung durch Konsum) und dem Kulturellen (der Zeichenhaftigkeit der Konsumgüter und Konsumorte).

Kapitel 19

Abb. 19.11 „Der kluge Konsum" (Geo 12/2018).

Die geographische Konsumforschung war immer wieder scharfer Kritik ausgesetzt, die vor allem auf drei Punkte abzielte:

- Vielen dezidiert „subjektiv" und essayistisch geschriebenen Arbeiten zu spezifischen Konsumformen und Konsumszenen wird vorgeworfen, sie seien kaum mehr als „Selbsterfahrungsberichte" und hätten nur geringe gesellschaftliche Relevanz.
- Vielen Arbeiten, die ausschließlich die symbolischen, nicht aber die materiellen Aspekte des Konsums behandeln und die den Konsum zum einzig relevanten Differenzierungskriterium (post-)moderner Gesellschaften erheben, wird unterstellt, sie verharmlosten implizit die ökonomischen Unterschiede in der Gesellschaft.
- Insgesamt seien viele Arbeiten in ihrer vollständigen Abkehr vom konsumkritischen Common Sense der 1970er- und 1980er-Jahre nun allzu unkritisch und würden die positiven Aspekte des Konsums überhöhen, die individuellen, sozialen und ökologischen Negativeffekte aber ausblenden.

Jüngere Arbeiten haben auf diese Kritikpunkte bereits reagiert oder betonen in einer gewissen **Gegenbewegung** dazu wieder eher strukturelle, materielle und politische Dimensionen des Phänomens Konsum oder beschreiben die Konsumorientierung als Modus der Ökonomie im Sinn eines „Konsumkapitalismus" (Ermann 2011). Auch die starke Fokussierung der Konsumdebatten im deutschsprachigen Raum auf die Moralisierung des Konsums zielt in diese Richtung und leistet einen wichtigen Beitrag zu einer gesellschaftspolitisch relevanten Reflexion alltäglichen (Konsum-)Handelns.

19.4 Transnationalisierung und Globalisierung in Handel und Konsum

Ulrike Gerhard und Barbara Hahn

Der Einzelhandel ist einem kontinuierlichen Wandel unterworfen. Für die zunehmende **Internationalisierung** waren unterschiedliche Entwicklungen verantwortlich. Dazu zählen neben der Einführung des Selbstbedienungsprinzips (Abschn. 19.2) in den 1930er-Jahren in den USA, das sich nach dem Zweiten Weltkrieg auch in Europa durchsetzte, die Übernahme des Marketingkonzepts als vorherrschende Unternehmensphilosophie sowie die Ausbreitung der Kommunikations- und Informationstechnologie (Dawson 2007). Zudem hat sich das **Konsumentenverhalten** weltweit verändert, da heute (fast) überall gleiche oder sehr ähnliche Produkte erworben werden können, die global präsentiert und von einer kleinen Gruppe international tätiger Einzelhandelsunternehmen vertrieben werden (Moore & Fernie 2004). Dieser Globalisierungstrend hält weiterhin unvermindert an, auch wenn parallel dazu einzelne Spezialisierungen und Lokalisierungen erfolgen, z. B. im Gesundheits- oder Biosektor, in denen bestimmte Nischenmärkte versorgt werden. Somit meinen Transnationalisierung und Globalisierung des Einzelhandels mehr als nur die Eröffnung neuer Geschäfte auf ausländischen Märkten, sondern auch die Verbreitung neuer Verkaufs- und Betriebsformen, die strategische Expansion und Umsatzvergrößerung von Einzelhandelsunternehmen sowie die Diffusion von Managementwissen durch ökonomische und soziale Systeme. Die Transnationalisierung im Einzelhandel unterscheidet sich demnach deutlich von der Internationalisierung des produzierenden Gewerbes, da aufgrund der Kundenorientierung des Einzelhandels eine stärkere Verschmelzung mit lokalen Vertriebs- und Logistikkanälen, aber auch mit Konsummustern und Wertvorstellungen verbunden ist (Helfferich et al. 1997, Dawson 2007).

Die Globalisierung des Einzelhandels ist ein vergleichsweise junges Phänomen. Ein frühes Beispiel für Internationalisierung bietet das US-amerikanische Unternehmen Woolworth, das 1897 nach Kanada, 1907 nach Großbritannien und 1927 nach Deutschland expandierte. Das niederländische Textilkaufhaus C&A ist seit 1911 in Deutschland tätig. Seit den 1970er-Jahren haben sich immer mehr Einzelhändler im Ausland engagiert, aber erst die Beseitigung des Eisernen Vorhangs und der Anstieg des Wohlstands in vielen Teilen der Welt haben seit den 1990er-Jahren zu der oben beschriebenen Transnationalisierung geführt. In neuerer Zeit sind zudem **Internethändler** wie Amazon, Alibaba oder Zalando entstanden, die mit ihrem Online-Auftritt nahezu global vertreten sind. Im Unterschied zu den bisherigen Verkaufsformen setzen sie sich mit den Endkonsumenten nur digital in Verbindung. Als Ursachen der Transnationalisierung können fehlende Wachstumsmöglichkeiten auf dem Heimatmarkt sowie attraktive

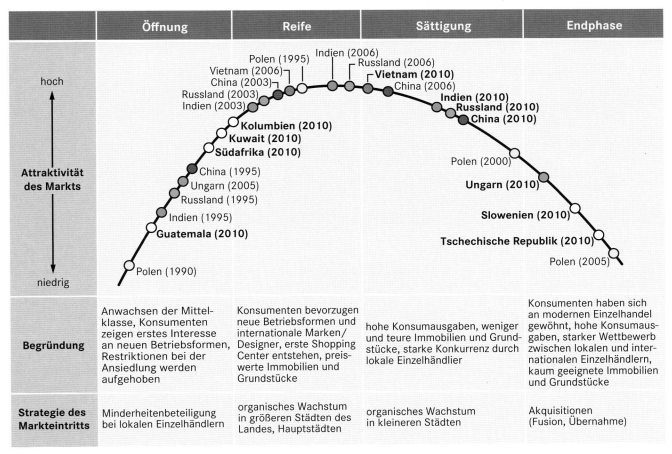

Abb. 19.12 Zeitfenster des Markteintritts für ausgewählte Länder und deren Entwicklungsdynamik (verändert nach Kearny 2017).

pull-Faktoren des auswärtigen Markts angeführt werden (Treadgold 1990, 1998). Zu Ersterem zählen eine instabile politische Struktur, ein stark regulatives oder ein negatives soziales Umfeld, eine schlechte wirtschaftliche Situation, hohe Betriebskosten, ein übersättigter Markt, ein ungünstiges Betriebsumfeld oder eine schrumpfende Bevölkerung, während eine wachsende Bevölkerung, wirtschaftliches Wachstum, eine unternehmensfreundliche Politik und niedrige Betriebskosten die Anziehungsfaktoren des anderen Landes darstellen (Alexander 1995). Je nach Bedingung werden unterschiedliche unternehmerische Markteintrittsstrategien gewählt, die von Lizenzvergabe oder Franchising über Minderheitenbeteiligung bei lokalen Einzelhändlern bis hin zu strategischen Allianzen, Fusionen oder der kompletten Übernahme eines Unternehmens reichen.

Zentral für den Erfolg einer Expansion sind der optimale **Zeitpunkt des Markteintritts** sowie der Entwicklungsstand einer Volkswirtschaft (Abb. 19.12). Bei einer modellhaften Betrachtung zeigen sich während der ersten Phase der Öffnung der Märkte eine wachsende Mittelschicht und ein sich veränderndes Konsumverhalten. Die Nachfrage nach standardisierten Gütern steigt an und es entsteht ein Massenkonsum, auf den vor allem preiswertere internationale Einzelhandelsketten reagieren. Oftmals erfolgt der Markteinstieg in Form einer Minderheitenbeteiligung bei lokalen Einzelhändlern; erst allmählich werden die

institutionellen Voraussetzungen für die Ansiedlung ausländischer Anbieter verbessert. In der Reifephase werden Luxusgüter zunehmend nicht mehr nur von der Oberschicht nachgefragt, sondern gelten bei der Mittelschicht und bei jungen konsumorientierten Menschen als Statussymbol (Pico 2008). Die bereits ansässigen Anbieter breiten sich auf organischem Weg aus, das heißt, sie vergrößern die Zahl ihrer Filialen. Designergeschäfte betreten ebenfalls den Markt, bevorzugen jedoch oftmals Standorte innerhalb neu errichteter Shopping-Center, in denen sie sich besser als auf den traditionellen Einkaufsstraßen präsentieren können. Die internationalen Betreibergesellschaften von **Shopping-Centern** investieren daher auf den neuen Märkten nicht selten gemeinsam mit internationalen Einzelhandelsfirmen. Solche einheitlich geplanten Konsumpaläste stellen begehrte Kundenmagnete dar, da sie den wirtschaftlichen Aufschwung und die Modernisierung des Landes hin zu einer „Erlebnis- und Konsumgesellschaft" scheinbar widerspiegeln. Meist befinden sie sich in den größeren Städten und dokumentieren somit auch die bestehenden regionalen Disparitäten des wirtschaftlichen Aufschwungs innerhalb eines Landes. Da in dieser Phase viele internationale Anbieter auf die neuen Märkte drängen, sind diese schnell gesättigt, es setzt eine Phase der Stagnation ein. Weitere Expansionsmöglichkeiten gibt es dann lediglich in den kleineren Städten, wo die Konkurrenz noch gering ist und die Grundstücke preiswerter sind. In der Endphase können die internationalen

Kapitel 19

Rang	Unternehmen	Heimatland	Nettoumsatz [Mrd. US-Dollar]	Umsatz im Ausland [%]	Anzahl der Länder
1	Wal-Mart	USA	482,1	25,8	30
2	Costco	USA	116,2	27,4	10
3	Kroger	USA	109,8	0	1
4	Schwarz	Deutschland	94,5	61,3	26
5	Walgreens Boots	USA	89,6	9,7	10
6	Home Depot	USA	88,5	9,0	4
7	Carrefour	Frankreich	84,8	52,9	35
8	Aldi	Deutschland	82,2	66,2	17
9	Tesco	Großbritannien	81,0	19,1	10
10	Amazon	USA	79,3	38,0	14

Tab. 19.1 Die zehn umsatzstärksten Einzelhändler der Welt (2015 Quelle: Deloitte Touche Tomatsu 2017).

Einzelhändler meist nur noch durch Übernahmen oder durch die Fusion mit Konkurrenten wachsen.

Aber selbst wenn der Markteintritt zum optimalen Zeitpunkt erfolgt, ist der **Erfolg keineswegs garantiert**. Sogar große Unternehmen, die in manchen Ländern äußerst erfolgreich arbeiten, können in anderen versagen. Wal-Mart, der umsatzstärkste Einzelhändler der Welt (Tab. 19.1), hat 1994 nach Kanada und 1996 nach Deutschland expandiert. Während das Unternehmen in Nordamerika sehr schnell gewachsen ist, konnte es sich in Deutschland nie wirklich etablieren und seinen Marktanteil nicht wie geplant ausbauen. 2006 zog es sich daher wieder aus Deutschland zurück; vor allem die Konkurrenz der hier schon lange etablierten Discounter war unterschätzt worden (Gerhard & Hahn 2005). Weitere bekannte Beispiele für den Misserfolg und anschließenden Rückzug eines Einzelhandelsunternehmens sind C&A in Großbritannien, Ahold in China, Kmart in Tschechien und Carrefour in Hongkong. Der deutsche Discounter Aldi dagegen galt bislang auf allen internationalen Märkten als erfolgreich und kann seit rund 40 Jahren in den USA zunehmende

Marktanteile verbuchen (Acker 2010). Aktuell expandiert er auf dem US-amerikanischen Markt mit zum Teil neuen Standortkonzepten in Kooperation mit US-Anbietern, für die nächsten fünf Jahre sind weitere 900 Geschäfte geplant (Handelsblatt 2018). Der einzige Fehlschlag hinsichtlich Auslandsexpansion scheint bislang Griechenland zu sein: Nach nur zwei Jahren Marktpräsenz zog sich das deutsche Unternehmen im Jahr 2010 aus Griechenland zurück und schloss sämtliche 38 Filialen (Lebensmittelzeitung 2010). Auch Lidl erlebte eine Bruchlandung: 2017 eröffnete das Unternehmen die ersten Geschäfte in den USA und plante, schnell zu expandieren. Bereits Anfang 2018 musste der deutsche Discounter allerdings erkennen, den amerikanischen Markt falsch eingeschätzt zu haben (Managermagazin 2018). Es plant nun eine Umstellung seines Verkaufskonzepts hin zu kleineren Geschäften in attraktiveren Standortlagen.

Grundsätzlich können zwei Gruppen von international agierenden Einzelhändlern unterschieden werden. Zum einen gibt es die zahlenmäßig eher überschaubare Gruppe finanzkräftiger globaler Unternehmen, die in mehreren Regionen der Welt agieren, dort

Tab. 19.2 Die Internationalisierung der 250 umsatzstärksten Einzelhändler 2015 nach Herkunftsregionen (Quelle: Deloitte Touche Tohmatsu 2017).

Region	Zahl der Unternehmen	durchschnittlicher Umsatz je Unternehmen [Mio. US-Dollar]	Länder	Anteil internationaler Märkte am Umsatz [%]
TOP 250	250	17 234	10,1	32,5
Afrika/Naher Osten	9	6734	11,3	35,1
Asien/Pazifik	59	10 545	3,8	10,7
• China	14	11 341	4,1	17,1
• Japan	30	9337	4,4	10,4
Europa	85	17 727	16,0	39,6
• Frankreich	12	29 522	21,8	30,8
• Deutschland	17	24 762	15,9	47,0
• Großbritannien	15	15 591	15,9	16,6
Lateinamerika	9	7615	2,7	23,7
Nordamerika	88	23 300	9,2	13,6
• USA	82	23 974	9,7	13,8

Abb. 19.13 Internationale Luxusanbieter in Singapur (Foto: B. Hahn).

stark vernetzt sind und zum Teil verschiedene Unternehmensstrategien auf den einzelnen Märkten verfolgen. Sie zählen zu den **Global Playern** des Einzelhandels. Zum anderen gibt es die Gruppe **internationaler Einzelhändler** unterschiedlichster Größe und Reichweite, die zwar auf einzelnen ausländischen Märkten aktiv sind, hier aber weitaus weniger Marktmacht besitzen. 2015 haben die 250 umsatzstärksten Einzelhändler knapp 23 % des globalen Einzelhandelsumsatzes erwirtschaftet. Dieser Anteil hat sich interessanterweise in den letzten zehn Jahren kaum verändert. Dreiviertel der Top 250 sind in Europa und den USA beheimatet (Tab. 19.2), sodass die Globalisierung des Einzelhandels durchaus eine „Verwestlichung" des Konsumangebots bedeutet (Abb. 19.13). Allerdings zählen zunehmend auch Anbieter aus Asien (insbesondere Japan und China), Lateinamerika und sogar Afrika zu den Top 250 (Deloitte Touche Tohmatsu 2017).

Unter den zehn umsatzstärksten Einzelhändlern der Welt befinden sich allerdings ausschließlich US-amerikanische, deutsche sowie ein britisches und ein französisches Unternehmen (Tab. 19.1). Hier springt die deutliche Marktmacht von Wal-Mart ins Auge. 2015 war mit Amazon zudem erstmals ein Online-Händler unter den ersten Zehn zu finden. Das Versandunternehmen ist 1994 im amerikanischen Seattle gegründet worden und konnte sich schnell zum weltweit größten Online-Händler entwickeln, wozu auch Übernahmen von anderen Unternehmen wie die der Lebensmittelkette Whole Foods im Jahr 2017 beigetragen haben. Interessanterweise hat Amazon im gleichen Jahr erstmals stationäre Buchläden in den USA eröffnet (Abb. 19.14). Amazon expandiert sehr aggressiv und ist bereits in 14 Ländern, darunter China und Indien, vertreten. Außerdem bietet Amazon über globale Logistikdienstleister Waren in weiteren Ländern an. Möglicherweise wird das Unternehmen bald zum weltweit größten Einzelhändler aufsteigen.

Ein auffälliges Muster der Transnationalisierung ist zudem, dass die großen europäischen Einzelhändler einen weit größeren Anteil ihres Umsatzes im Ausland erwirtschaften als die amerikanischen Konkurrenten (Tab. 19.2). Die politische Kleinteiligkeit des europäischen Kontinents und die Öffnung der mittel- und osteuropäischen Transformationsstaaten boten in den 1990er-Jahren günstige Voraussetzungen für die Internationalisierung. Da die Bevölkerungszahl zudem in den meisten europäischen Ländern seit Jahrzehnten stagniert, waren neue Wachstumsmärkte gefragt. Die geographische Nähe zu Osteuropa bot daher vor allem westeuropäischen Anbietern wie dem deutschen Discounter Lidl, Tengelmann oder der Metro-Kette gefolgt vom nie-

Abb. 19.14 Im Jahr 2017 öffnete Amazon in New York die ersten stationären Buchläden (Foto: B. Hahn).

Abb. 19.15 In Russland sind internationale Einzelhändler auf wenige Standorte wie hier im Kaufhaus GUM in Moskau konzentriert (Foto: B. Hahn).

Abb. 19.16 Im Zuge des internationalisierten Einzelhandels haben sich nur wenige traditionsbewusste „Warenhäuser" alten Stils halten können. Das KaDeWe in Berlin ist hierfür ein typisches Beispiel (Foto: H. Gebhardt).

derländischen Ahold, Auchan (Frankreich), Tesco (Großbritannien) und Ikea (Schweden) günstige Bedingungen. Länder wie Polen und Ungarn boten Anfang der 1990er-Jahre sehr gute Voraussetzungen für den Markteintritt, gelten aber wie auch andere osteuropäische Länder heute bereits als gesättigt (Abb. 19.12). US-amerikanische Einzelhändler wiederum erschlossen in den 1990er-Jahren die Nachbarländer Mexiko und Kanada, wo z. B. Wal-Mart 1991 bzw. 1994 die ersten Filialen eröffnete.

Seit der Jahrtausendwende stellen insbesondere die asiatischen Länder **neue Wachstumsmärkte** dar. Obwohl der indische

Markt seine maximale Marktreife als Expansionsgebiet bereits überschritten hat (Abb. 19.12), bietet er aufgrund des allgemein steigenden Einkommens, einer anhaltenden Verstädterung und sich verändernden Konsumgewohnheiten weiterhin gute Chancen für internationale Einzelhändler, da diese auf dem Subkontinent noch unterrepräsentiert sind. Zudem hat die indische Regierung die Bestimmungen für die Ansiedlung ausländischer Einzelhändler gelockert. Internationale Player wie Armani Exchange, Kati Spade, Muji und H&M sind neuerdings insbesondere in den boomenden Metropolen des Landes zu finden. In China expandiert der chinesische Online-Händler Alibaba sehr erfolgreich und setzt nationale wie internationale Einzelhändler unter Druck. Alibaba verbindet zunehmend stationären mit Online-Handel, um moderne Logistik und Technologie optimal zu nutzen. Der chinesische E-Commerce-Riese arbeitet z. B. eng mit Suning, dem größten Anbieter von Elektronikartikeln, und Intime, der führenden Kaufhauskette des Landes, zusammen. Zudem kauft sich Alibaba international in viele Unternehmen ein und sichert sich so weitgehend unbemerkt Marktanteile auf dem globalen Einzelhandelsmarkt. Wal-Mart ist seit 1996 auf dem chinesischen Markt vertreten und boomt dort in jüngster Zeit insbesondere im E-Commerce. Das britische Unternehmen Marks & Spencer dagegen hat 2016 seinen Rückzug aus China bekanntgegeben. In Südamerika entwickelt sich der Einzelhandel in den einzelnen Ländern derzeit sehr uneinheitlich. Während er sich in Peru in den vergangenen Jahren sehr positiv entwickelt hat, haben in Brasilien aufgrund wirtschaftlicher Probleme viele internationale Anbieter Geschäfte geschlossen. Einige afrikanische Länder wie Kenia und Südafrika sind aufgrund einer wachsenden Mittelschicht und zunehmenden Urbanisierung für internationale Einzelhändler interessanter geworden, während der Einzelhandel in Russland aufgrund der wirtschaftlichen Stagnation des Landes wenig attraktiv für ausländische Investoren ist (Abb. 19.15; Kearny 2017).

Somit ist die Globalisierung des Einzelhandels ein risikobehaftetes Geschäft. Die Markteintrittsphasen für Unternehmen sind jeweils kurz, zudem können sich die Marktbedingungen schnell wieder ändern, was insbesondere auch „traditionsbewusste" Betriebsformen vor große Herausforderungen stellt (Abb. 19.16). Aufgrund des engen Kontakts mit den Endverbrauchern müssen sich Einzelhandelsunternehmen viel stärker auf die jeweiligen Märkte einstellen und an deren Bedürfnisse anpassen, als dies für andere Branchen der Fall ist. Dadurch sind die Markteintrittsstrategien vielfältig und nur wenig allgemeingültig. Die Schnittstelle von Wirtschaft und Raum wird also in der Geographischen Handelsforschung besonders deutlich.

Literatur

Acker K (2010) Die US-Expansion des deutschen Discounters Aldi. L.I.S. Verlag, Passau

Alexander N (1995) Expansion within the single European market: a motivational structure. The International Review of Retail, Distribution and Consumer Research 5/4: 472–487

Applebaum W (1966) Methods for Determining Store Trading Areas, Market Penetration and Potential Sales. Journal Of Marketing Research 3/2: 127–141

Bair J (2009) Global Commodity Chains. Genealogy and Review. In: Bair J (ed) Frontiers of Commodity Chain Research. Stanford University Press, Stanford. 1–35

BBSR (Bundesinstitut für Bau-, Stadt- und Raumforschung) (Hrsg) (2017) Online-Handel – Mögliche räumliche Auswirkungen auf Innenstädte, Stadtteil- und Ortszentren. BBSR-Online-Publikation 08/2017. Bonn

Beck U (1986) Risikogesellschaft. Auf dem Weg in eine andere Moderne. Suhrkamp, Frankfurt a. M.

Berndt C, Boeckler M (2011) Performative Regional (dis)Integration: Transnational Markets, Mobile Commodities, and Bordered North–South Differences. Environment and Planning D: Society and Space 43/4: 1057–1078

Bernzen A, Dannenberg P (2012): Ein „Visum" für Obst. Umwelt- und Sozialstandards im internationalen Lebensmittelhandel. Geographische Rundschau 64/3: 44–52

Berry BJL (1963) Commercial Structure and Commercial Blight. Research Paper 85. Department of Geography, University of Chicago, Chicago

Bocock R (1994) Consumption. Routledge, London u. a.

Bourdieu P (1982) Die feinen Unterschiede. Suhrkamp, Frankfurt a. M.

Bullinger D (2016) Auswirkungen des Online-Handels – keine Chance mehr für stationären Einzelhandel, Shopping-Center und Stadtzentren? In: Franz M, Gersch I (Hrsg) Online-Handel ist Wandel. Geographische Handelsforschung 24. Hamburg. 39–68

Channel Partner (2017) Neue Kleinflächen geplant. MediaSaturn greift Verbundgruppen an. https://www.channelpartner.de/a/media-saturn-greift-verbundgruppen-an,3049389 (Zugriff 23.6.2018)

Christaller W (1933) Die zentralen Orte in Süddeutschland. Gustav Fischer, Jena

Crewe L (2000) Geographies of retailing and consumption. Progress in Human Geography 24: 275–290

Dawson J (2007) Scoping and conceptualising retailer internationalisation. Journal of Economic Geography 7: 373–397

Deloitte Touche Tohmatsu (2017) Global Power of Retailing 2017. London u. a.

DGÄPC (2017) Statistik 2016. Berlin

Eck M, Neiberger C (2016) Stationärer Handel online – Reaktionen des Bekleidungs- und Sportartikelhandels auf die Digitalisierung am Beispiel Aachen. In: Franz M, Gersch I (Hrsg) Online-Handel ist Wandel. Geographische Handelsforschung 24. Hamburg. 69–86

Eco U (1990) Travels in hyperreality. Harcourt, San Diego

Ermann U (2005) Regionalprodukte. Vernetzungen und Grenzziehungen bei der Regionalisierung von Nahrungsmitteln. Steiner, Stuttgart

Ermann U (2006) Geographien moralischen Konsums. Konstruierte Konsumenten zwischen Schnäppchenjagd und fairem Handel. Berichte zur deutschen Landeskunde 80/2: 197–220

Ermann U (2007) Magische Marken – eine Fusion von Ökonomie und Kultur im globalen Konsumkapitalismus? In: Berndt C, Pütz R (Hrsg) Kulturelle Geographien. Zur Beschäftigung mit Raum und Ort nach dem Cultural Turn. Transcript, Bielefeld. 317–347

Ermann U (2011) Consumer capitalsm and brand fetishism. The case of fashion brands in Bulgaria. In: Pike A (ed) Brands and Branding Geographies. Elgar, Cheltenham. 107–124

Ermann U (2013) Performing value(s): promoting and consuming fashion in postsocialist Bulgaria. Europe-Asia Studies 65/7: 1344–1363

Ermann U, Langthaler E, Penker M, Schermer M (2018) Agro-Food Studies: eine Einführung. UTB Böhlau, Wien

Everts J (2013) Konsumgesellschaft als Selbstbeschreibung: eine Kritik. In: Schmid H, Gäbler K (Hrsg) Perspektiven sozialwissenschaftlicher Konsumforschung. Sozialwissenschaftliche Bibliothek 16. Steiner, Stuttgart: Steiner. 157–172

Gäbler K (2010) Moralischer Konsum und das Paradigma der Gabe. Geographische Revue 21/1: 37–50

Gaebe W (1985) Verschiebungen im Zentrensystem des Rhein-Neckar-Raumes durch Einzelhandelsgroßprojekte. In: Blotevogel HH, Strässer M (Hrsg) Aktuelle Probleme der Geographie. Duisburger Geographische Arbeiten 5: 121–144

Gebhardt G (1998) Das Zentrale-Orte-Konzept – auch heute noch eine Leitlinie der Einzelhandels- und Dienstleistungsentwicklung? In: Gans P, Lukhaup R (Hrsg) Einzelhandelsentwicklung – Innenstadt versus periphere Standorte. Mannheimer Geographische Arbeiten 47

Gebhardt G (2002) Neue Lebens- und Konsumstile, Veränderungen des aktionsräumlichen Verhaltens und Konsequenzen für das zentralörtliche System. In: Blotevogel HH (Hrsg) Fortentwicklung des Zentrale-Orte-Konzepts. ARL Forschungs- und Sitzungsberichte 217. Hannover. 91–103

Gereffi G, Korzeniewicz M (eds) (1994) Commodity Chains and Global Capitalism. Praeger, Westport, CT

Gerhard U, Hahn B (2005) Wal-Mart and Aldi. Two retail giants in Germany. Geojournal 62: 15–26

GfK (2015) Ecommerce: Wachstum ohne Grenzen? Online-Anteile der Sortimente – heute und morgen. Bruchsal

Goss J (1993) The „Magic of the Mall": An analysis of form, function, and meaning in the contemporary retail built environment. Annals of the Association of American Geographers 83/1: 18–47

Gregson N (1995) And now it's all consumption? Progress in Human Geography 19/1: 135–141

Gregson N, Crewe L (2003) Second-hand Cultures. Berg, Oxford

Guthman J (2007) Can't stomach it: how Michael Pollan et al. made me want to eat Cheetos. Gastronomica: The Journal of Food and Culture 7/3: 75–79

Handelsblatt (2018) Online-Ausgabe vom 3.3.2018

HDE (2017) Handel digital. Online-Monitor 2017. Berlin

Heineberg H (1977) Zentren in West- und Ost-Berlin. Untersuchungen zum Problem der Erfassung großstädtischer funktionaler Zentrenausstattungen in beiden Wirtschafts- und Gesellschaftssystemen Deutschlands. Schöningh, Paderborn

Heinemann G (2015) Der neue Online-Handel. Geschäftsmodell und Kanalexzellenz im Digital Commerce. Springer Gabler, Wiesbaden

Heinemann G (2017) Die Neuerfindung des stationären Einzelhandels. Kundenzentralität und ultimative Usability für Stadt und Handel der Zukunft. Springer Gabler, Wiesbaden

Heinemann G, Gaiser C (2016) Location-based Services – Paradebeispiel für digitale Adoption im stationären Handel. In: Heinemann G, Gerckens HM, Wolters U, dgroup (Hrsg) Digitale Transformation oder digitale Disruption im Handel. Vom Point-of-Sale zum Point-of-Decision im Digital Commerce. Springer Gabler, Wiesbaden. 241–256

Heinritz G (1978) Weißenburg in Bayern als Einkaufsstadt. Zur zentalörtlichen Bedeutung des Einzelhandels in der Altstadt und der außerhalb der Altstadt gelegenen Verbrauchermärkte. München

Helfferich E, Hinfelaar M, Kaspar H (1997) Towards a clear terminology on international retailing. The International Review of Retail, Distribution and Consumer Research 7/3: 287–307

Hopkins J (1990) West Edmonton Mall: landscapes of myth and elsewhereness. The Canadian Geographer 34/1: 2–17

Hover M (2017) Die Auswirkungen des Onlinehandels auf die Immobiliennachfrage in den Innenstädten. Masterarbeit, Aachen (unveröffentlicht)

Huff DL (1964) Defining and Estimating a Trading Area. Journal of Marketing 28/3: 34–38

Hughes A, Reimer S (eds) (2004) Geographies of commodity chains. Routledge, London u. a.

Idies Y (2017) Was brauche ich wirklich? Konsumgewissen, Selbsttechnologien und raumsensibler Konsum. Geographische Zeitschrift 105/2: 82–103

Jackson P (2002) Commercial cultures: transcending the cultural and the economic. Progress in Human Geography 26/1: 3–18

Jackson P, Thrift N (1995) Geographies of consumption. In: Miller D (ed) Acknowledging Consumption. A review of new studies. Routledge, London. 204–237

Jahn M (2017) Einzelhandel in Läden – ein Auslaufmodell? Chancen und Risiken in einer strukturellen Umbruchphase. In: Gläß R, Leukert B (Hrsg) Handel 4.0. Die Digitalisierung des Handels. Strategien, Technologien, Transformation. Springer Gabler, Wiesbaden. 25–50

Jürgens U (2014) Entwicklung und Perspektiven von Nahversorgung im Lebensmittelhandel. Kieler Arbeitspapiere zur Landeskunde und Raumordnung 54. Kiel

Kearny AT (2017) The 2017 Global Retail Development Index. o. O.

König W (2000) Geschichte der Konsumgesellschaft. Steiner, Stuttgart

Kulke E (1992) Veränderungen in der Standortstruktur des Einzelhandels. Münster, LIT Verlag

Kulke E (2001) Entwicklungstendenzen suburbaner Einzelhandelslandschaften. In: Brake K, Dangschat J, Herfert G (Hrsg) Suburbanisierung in Deutschland – Aktuelle Themen: 57–69

Lebensmittelzeitung (2010) Ausgabe vom 16.7.10

Leitch A (2003) Slow Food and the politics of pork fat: Italian food and European identity. Ethnos 68/4: 437–462

LEP Hessen (2000) https://landesplanung.hessen.de/lep-hessen/landesentwicklungsplan (Zugriff 23.6.2018)

Manager Magazin (2018) Ausgabe vom 19.1.2018. Pressemitteilung: Lidl ganz little in USA

Meyer G (1978) Junge Wandlungen im Erlanger Geschäftsviertel. Ein Beitrag zur sozialgeographischen Stadtforschung unter besonderer Berücksichtigung des Einkaufsverhaltens der Erlanger Bevölkerung. Erlanger Geographische Arbeiten 39

Moore C, Fernie J (2004) Retailing within an international context. In: Bruce M, Moore C, Birtwistle G (eds) International retail marketing. Elsevier/Butterworth-Heineman, Amsterdam, London. 3–38

Ouma S (2010) Global Standards, Local Realities: Private Agrifood Governance and the Restructuring of the Kenyan Horticulture Industry. Economic Geography 86/2: 197–222

Peñaloza L (2000) The commodification of the American West. Journal of Marketing 64/4: 82–109

Peñaloza L (2001) Consuming the American West: Journal of Consumer Research 28/3: 369–398

Pesch F, Schenk M Sperle T (2003) Expertise im Auftrag der Enquetekommission „Zukunft der Städte in NRW" des Landtags Nordrhein-Westfalen. Stuttgart

Pico MB (2008) Luxe rush. Latin America's economic growth is attracting the world's luxury brands. Shopping Centers Today 5: 233–236

Priebs A (Hrsg) (1999) Zentrale Orte, Einzelhandelsstandorte und neue Zentrenkonzepte in Verdichtungsräumen. Kieler Arbeitspapiere zur Landeskunde und Raumordnung 39. Kiel

Pütz R (2017) Wildpferde in den USA. Ressourcenkonflikte, Wildniskonstruktionen und Mensch-Wildtier-Verhältnisse. Geographische Rundschau 69/10: 46–51

Pütz R (2019) Die Vermarktlichung von Wildnis. Lebendige Waren […] beim Mustang Makeover Germany. Zeitschrift für Wirtschaftsgeographie 63

Pütz R, Gerhard R, Steiner C (2018) Neuseeland in der globalisierten Weinwirtschaft. Geographische Rundschau 70/5

Pütz R, Stein C, Michel B, Glasze G (2013) Business Improvement Districts in Deutschland – Kontextualisierung einer „mobile policy". Geographische Zeitschrift 101/2: 82–100

Ram U (2004) Glocommodification: How the global consumes the local – McDonald's in Israel. Current Sociology 52/1: 11–31

Ritzer P, Jurgenson N (2010) Production, consumption, prosumption: the nature of capitalism in the age of the digital prosumer. Journal of Consumer Culture 10/1: 13–36

Schellenberg J (2005) Endverbraucherbezogener E-Commerce. Auswirkungen auf die Angebots- und Standortstruktur im Handel und Dienstleistungssektor. Geographische Handelsforschung, Bd. 10. Berlin, Stuttgart

Schlemper A (2014) Das Ende des Wachstums? Anpassungsstrategien von SB-Warenhaus-Unternehmen an die Herausforderungen der Zukunft. Masterarbeit, Aachen (unveröffentlicht)

Schulze G (1992) Die Erlebnisgesellschaft. Kultursoziologie der Gegenwart. Campus, Frankfurt a. M., New York

Scitovsky T (1977) Psychologie des Wohlstands. Die Bedürfnisse des Menschen und der Bedarf des Verbrauchers. Campus, Frankfurt a. M.

Siegrist H (2001) Regionalisierung im Medium des Konsums. In: Siegrist H (Hrsg) Konsum und Region im 20. Jahrhundert. Leipziger Universitätsverlag, Leipzig. 7–26

Statistisches Bundesamt (2018) Reallohnindex und Nominallohnindex. Verdienste und Arbeitskosten 3/5

Stepper M (2016) Innenstadt und stationärer Einzelhandel – ein unzertrennliches Paar? Was ändert sich durch den Online-Handel? Raumforschung und Raumordnung 74: 151–163

The Nielsen Company (verschiedene Jahrgänge) Nielsen Universen. Frankfurt a. M.

The Nielsen Compyny (2015) TradeDimensions – Datensatz Zeitreihe Lebensmittelmärkte

Thompson C, Arsel Z (2004) The Starbucks Brandscape and Consumers. Anticorporate. Experiences of Glocalization: Journal of Consumer Research 31: 631–642

Thrift N (2002) The future of geography. Geoforum 33/4: 291–298

Treadgold AD (1990) The developing internationalisation of retailing. International Journal of Retail & Distribution Management 18/2: 4–11

Treadgold AD (1998) Retailing without frontiers. International Journal of Retail & Distribution Management 16/6: 8–12

Weiber R (2002) Handbuch electronic Business. Informationstechnologien – Electronic Commerce – Geschäftsprozesse. Berlin, Heidelberg

Werlen B (1997) Gesellschaft, Handlung und Raum. Grundlagen handlungstheoretischer Sozialgeographie. Steiner, Stuttgart

Wiegandt et al (2018) Determinanten des Online-Einkaufs – eine empirische Studie in sechs nordrhein-westfälischen Stadtregionen

Winter M (2003) Embeddedness, the new food economy and defensive localism. Journal of Rural Studies 19/1: 23–32

Wotruba M (2016) E-Impact – Auswirkungen des Online-Handels auf den Flächenbedarf im stationären Handel. In: Franz M, Gersch I (Hrsg) Online-Handel ist Wandel. Geographische Handelsforschung 24. Hamburg. 23–38

Gerhard U (1998) Erlebnis-Shopping oder Versorgungskauf. Eine Untersuchung über den Zusammenhang von Freizeit und Einzelhandel am Beispiel der Stadt Edmonton, Kanada. Marburger Geographische Schriften 133

Hahn B (2001) Erlebniseinkauf und Urban Entertainment Centers. Neue Trends im US-amerikanischen Einzelhandel. Geographische Rundschau 53/1

Hahn B, Popp M (2006) Handel ohne Grenzen. Die Internationalisierung im Einzelhandel. Entwicklung und Stand der Forschung. Berichte zur deutschen Landeskunde 80/2

Hamilton G, Petrovic M, Senauer B (2011) The Market Makers – How Retailers are Reshaping the Global Economy. Oxford University Press, Oxford

Heinemann G (2017) Die Neuerfindung des stationären Einzelhandels. Kundenzentralität und ultimative Usability für Stadt und Handel der Zukunft. Wiesbaden

Heinemann G, Gaiser CW (2015) SOLoMo – Always-on im Handel. Die soziale, lokale und mobile Zukunft des Shopping. Wiesbaden

Heinritz G, Klein KE, Popp M (2003) Geographische Handelsforschung. Studienbücher der Geographie. Berlin, Stuttgart

Huang Y, Sternquist B (2007) Retailers' Foreign Market Entry Decisions: An Institutional Perspective. International Business Review 16/5: 613–629

Jayne M (2006) Cities and Consumption. Routledge, London

Klein K (1995) Die Raumwirksamkeit des Betriebsformenwandels im Einzelhandel. Untersucht an Beispielen aus Darmstadt, Oldenburg und Regensburg. Beiträge zur Geographie Ostbayerns 26

Klein K (1997) Wandel der Betriebsformen im Einzelhandel. Geographische Rundschau 49/9

Kulke E, Pätzold K (Hrsg) (2009) Internationalisierung des Einzelhandels – Unternehmensstrategien und Anpassungsmechanismen. Geographische Handelsforschung 15

Mansvelt J (2005) Geographies of Consumption. Sage, London

Neiberger C, Hahn B (2020) Geographische Handelsforschung. Spektrum, Heidelberg

Paterson M (2006) Consumption and Everyday Life. Routledge, London

Pütz R (Hrsg) (2008) Business Improvement Districts – Ein neues Governance-Modell aus Perspektive von Praxis und Stadtforschung. Geographische Handelsforschung 1

Wrigley N, Coe N, Currah A (2005) Globalizing Retail: Conceptualizing the Distribution-Based Transnational Corporation. Progress in Human Geography 29/4: 437–457

Weiterführende Literatur

Alexander N, Doherty A (2010) International Retail Research – Focus, Methodology and Conceptual Development. International Journal of Retail and Distribution Management 38/11, 12: 928–942

Bauman Z (2007) Consuming Life. Polity Press, Cambridge

Coe N, Lee Y, Wood S (2017) Conceptualising contemporary retail divestment: Tesco's departure from South Korea. Environment and Planning A: Economy and Space 49/12: 2739–2761

Coe N, Wrigley N (2007) Host Economy Impacts of Transnational Retail: The Research Agenda. Journal of Economic Geography 7/4: 34–371

Stadtgeographie

New York symbolisiert wie kaum eine andere Stadt die Urbanität der Moderne. Ihre „Wolkenkratzer" verkörpern die technische Leistungsfähigkeit der Stadtarchitektur ebenso wie die Sehnsüchte des *american dream*. In ihren Straßenschluchten leben illegale Einwanderer neben transnationalen Börsenmaklern, und ihre Lebensstile verweben sich zu komplexen Mustern einer globalen Netzwerkgesellschaft, in der die großen Städte sowohl die Motoren des Wandels als auch die Kristallisationspunkte sozialer Fragmentierungen und Probleme sind (Foto: P. Reuber).

Kapitel 20

© Springer-Verlag GmbH Deutschland, ein Teil von Springer Nature 2020
H. Gebhardt et al. (Hrsg.), *Geographie*, https://doi.org/10.1007/978-3-662-58379-1_20

Städte sind die Motoren der globalen Gesellschaft. Sie sind in komplexen Strömen miteinander verbunden und bilden in vielerlei Hinsicht die politischen, ökonomischen und kulturellen Zentren der Globalisierung. Als *global city networks* verkörpern sie die Machtarchitektur der Netzwerkgesellschaft des 21. Jahrhunderts, sie polarisieren die räumlichen Muster von Zentren und Peripherien und wachsen gleichzeitig an vielen Orten zu polyzentrisch ineinanderfließenden Megastädten zusammen. In dieser Form entfalten sie eine große Anziehungskraft, sie werden zu Zielen einer weltweiten Land-Stadt-Wanderung und sind dabei in vielfältiger Weise eine Art Brennglas der Gesellschaft: Sie sind einerseits Motoren der globalen Wirtschaft, andererseits treten in ihnen vorhandene Probleme sehr deutlich zutage. In die komplexe Organisation städtischer Gesellschaften sind räumliche Strukturen, Konstruktionen, Repräsentationen und Praktiken vielfältig eingewoben. Mit der Untersuchung dieser Aspekte hat sich die Geographische Stadtforschung als ein sehr aktives Forschungsfeld der Humangeographie entwickelt. Mit den ständigen Innovationen und Veränderungen, die den Forschungsgegenstand selbst kennzeichnen, befinden sich auch die Inhalte der Stadtgeographie in einer ständigen Bewegung. Dabei ruht die Teildisziplin auf einigen traditionell etablierten und bewährten Ansätzen, die in den letzten Dekaden durch weitere, an aktuellen Kernproblemen der globalen Stadtentwicklung ansetzende Forschungsperspektiven ergänzt wurden, von denen die wichtigsten im folgenden Kapitel vorgestellt werden.

20.1 Aktuelle Entwicklungen, Theorien und Themenfelder der Geographischen Stadtforschung

Paul Reuber

Viele Zeitdiagnosen charakterisieren das ausgehende 20. und das beginnende 21. Jahrhundert als eine Phase tiefgreifender gesellschaftlicher Umbrüche. Ein wesentliches Element ist dabei die Globalisierung, die aus geographischer Sicht vor allem zu einer verstärkten Durchdringung globaler, nationaler und lokal-regionaler Entwicklungskräfte führt. Erste Anfänge dieser Trends liegen natürlich viel früher, bereits die Phasen der Kolonisierung und der Industrialisierung im 19. und 20. Jahrhundert haben merkliche internationale Verflechtungsschübe mit sich gebracht. Und doch gewinnt die Globalisierung gerade in den vergangenen Dekaden noch einmal erheblich an Schub, beschleunigt durch die auch räumlich immer weiter ausgreifenden Vernetzungen der internationalen Ökonomie und der weltweiten Finanzmärkte, durch eine Vielfalt globaler Migrationsbewegungen, durch die digitale Vernetzung und die darauf aufsetzenden Verbreitungen globaler Einstellungs-, Meinungs- und Konsummuster.

Die Kristallisationspunkte dieser globalisierten Gesellschaft sind die Städte. Sie bilden die geographischen Knotenpunkte der Verflechtungen, sind in vielerlei Hinsicht deren politische, ökonomische und kulturelle Zentren. **Global Citys** und ihre *global city networks* verkörpern die Machtarchitektur der Netzwerkgesellschaft des 21. Jahrhunderts, sie polarisieren die räumlichen Muster von Zentren und Peripherien und wachsen gleichzeitig an vielen Orten zu Megastädten und Agglomerationsräumen zusammen. Sie sind für Menschen unterschiedlicher sozialer Schichtungen und Lebensstile ungebrochen kraftvolle Magneten der Anziehung, entsprechend werden sie zu Zentren einer weltweiten Urbanisierung, deren Ende auch heute noch nicht in Sicht ist.

Damit sind Städte eine Art Kaleidoskop der Gesellschaft: Sie sind einerseits Innovationszentren der globalen Wirtschaft, andererseits treten in ihnen vorhandene Probleme politischer, ökonomischer, sozialer und ökologischer Art oft in verstärkter Weise zutage. Nirgends scheint die Kluft zwischen Armen und Reichen, zwischen Machtvollen und Machtlosen, zwischen Ein- und Ausgeschlossenen so klar hervorzutreten und in so enger räumlicher Nachbarschaft zu existieren wie in Städten, die sozialen Polarisierungen sind gewissermaßen das Janusgesicht ihrer Faszination und Bedeutung.

In all diese Phänomene und in die komplexe Organisation städtischer Gesellschaften sind räumliche Konstruktionen, Repräsentationen und Praktiken vielfältig und untrennbar eingebunden. Die Dichte der Bevölkerung und ihr oft extrem unterschiedlicher Zugang zu den vorhandenen Ressourcen erfordern bzw. produzieren eine Vielzahl raumbezogener Strukturen und Technologien der Gestaltung, der Planung, der Ordnung und der Kontrolle, um z. B. unterschiedliche Formen von Wohnen und Versorgung, von Arbeit und Freizeit, in eine Balance bringen zu können. Das gelingt selten spannungsfrei, und so sind auch im Bereich der Stadtentwicklung und Stadtgestaltung unterschiedliche Vorstellungen, Machtpotenziale und Konflikte Teil komplexer, regional durchaus unterschiedlich ausgeprägter *urban-governance*-Regime. Die hohe Attraktivität und der vielerorts ungebremste Zuzug gehen einher mit räumlichen und ökologischen Überlastungserscheinungen, die Grenzen vorhandener Ressourcen zeichnen sich immer deutlicher ab. **Verteilungs-, Steuerungs- und Planungsprobleme** werden entsprechend zukünftig noch stärker zutage treten und sich in unterschiedlichen politischen Systemen auf verschiedene Weise auswirken.

In diesem Spannungsfeld konstituiert sich die Geographische Stadtforschung als ein dynamisches und sehr aktives Forschungsfeld der Humangeographie. Sie trägt dazu bei, die für Städte prägenden Dynamiken und Risiken wissenschaftlich zu analysieren, sie gesellschaftlich transparent und damit auch bearbeitbar zu machen. Diese Aufgabe stellt durchaus eine Herausforderung dar, denn sie muss, um die relevanten Prozesse zu bearbeiten, nicht nur aktuelle, in Städten beobachtbare Phänomene beschreiben, sondern die ihnen zugrunde liegenden raumwirksamen und raumbezogenen Machtbeziehungen und sozialen Dynamiken verstehen und erklären. Das ist eine spannende Aufgabe und Herausforderung, die sich angemessen nur im Rückgriff auf eine stärkere gesellschaftstheoretische Fundierung angehen lässt, was sich (auch) in der geographischen Stadtforschung aktuell in einer Reihe von jüngeren Theoriedebatten und innovativen Forschungsfeldern niederschlägt, die nachfolgend kurz skizziert werden sollen.

Gesellschaftstheoretische Fundamente und Erweiterungen

Der spezifische Auftrag stadt-„geographischer" Beiträge zur interdisziplinären Debatte liegt u. a. darin, Ansätze bereitzustellen, die deutlich machen, in welcher Weise die eher uniformierenden Dynamiken der Globalisierung durch spezifische regionale Formatierungen, Konstruktionsweisen und „Ordnungen" des Gesellschaftlichen moduliert werden. Hinzu kommen Konzepte zur Bearbeitung von Fragen der raumbezogenen Segregation, zur räumlichen In- und Exklusion oder zur funktionsräumlichen Differenzierung von Städten.

Zur Konkretisierung eines solchen Programms werden in der Geographischen Stadtforschung heute sehr unterschiedliche **Theorieansätze** herangezogen.

- So thematisiert etwa die *scale*-Debatte, wie Städte von Globalisierungsprozessen durchdrungen sind und gleichzeitig durch territorial-räumliche politische, ökonomische und soziale Strukturierungsweisen auf unterschiedlichen „*scales*" (Maßstabsebenen) mitorganisiert sind (z. B. die Logiken und Regeln der transnational/global organisierten Ökonomie, die Regeln nationalstaatlicher Ordnungen oder die gelebten Praktiken unterschiedlicher lokal-regionaler Kontexte).
- Prominent sind derzeit auch Ansätze, die die Neoliberalisierung des Städtischen konzeptionell zu fassen suchen, die diesen Trend z. B. mit Foucault in grundsätzlichere Entwicklungslinien einer gouvernementalen Gesellschaft einordnen oder ihn im Rückgriff auf politökonomische Teiltheorien in den größeren Zusammenhang der Entwicklung spätkapitalistischer Gesellschaften setzen.
- Daneben sind in der Geographischen Stadtforschung zur Analyse der sozialen Differenzierung und Fragmentierung des Städtischen ungebrochen Theorieansätze gesellschaftlicher Differenzierung und Segregation relevant (z. B. Bourdieus Habitus-Ansätze, Gidden's Strukturationsansätze im Kontext einer sozialgeographischen Handlungstheorie, wirtschaftsgeographische Ansätze zur Standort-, Immobilien- und Wohnungsmarktentwicklung).
- Schließlich finden – vor dem Hintergrund zunehmender urbaner Konflikt- und Verknappungsphänomene – politisch-geographisch informierte Theorien zur Steuerung, zu urbanen Machtfragen und Konflikten vermehrt Anwendung im Kontext konkreter Themen und Fallstudien (z. B. Governance-Ansätze, Konfliktforschungsansätze, politökonomische Ansätze, poststrukturalistische Ansätze, Konzepte der Politischen Ökologie im Kontext urbaner Gesellschafts-Umwelt-Fragen), deren konzeptionelle Grundlagen in anderen Kapiteln dieses Buches behandelt werden.

Aktuelle Forschungsfelder

Es sind aber nicht nur die theoretischen Debatten, sondern vor allem auch die Themen und Inhalte der Stadtgeographie, die sich angesichts der rasanten Dynamik urbaner Veränderungen in einer ständigen Bewegung befinden. Dies führt für die Teildisziplin zu zwei Entwicklungen: Zum einen stehen ihre traditionellen Felder auf dem Prüfstand, die Stadtgeographie ist – auch im deutschsprachigen Kontext – nicht mehr automatisch ein additives Medley ihrer Forschungsgeschichte, hier findet vielmehr ein durch die aktuellen Entwicklungen des Städtischen induzierter Selektionsprozess statt. Zum anderen sind in den vergangenen Dekaden – teilweise auch durch die stärkere Einbindung internationaler Ansätze – neue Forschungsfelder hinzugetreten.

Diese Veränderungen lassen sich am Beispiel der jüngeren **Literatur zur Geographischen Stadtforschung** verfolgen (abzulesen beispielsweise an jüngeren Jahresinhaltsverzeichnissen themenzentrierter Zeitschriften wie „Urban Geography", „Urban Studies" oder „suburban", Inhaltsverzeichnissen aktueller Lehrbücher zur Stadtgeographie, Recherchen in den Literatur-Datenbanken „Web of Science" und „Geodok"). Sie können hier im Rahmen der Einführung nicht detailliert, aber zumindest skizzenhaft dargestellt werden, um auf dieser Grundlage dann auch die Inhalte der nachfolgenden Teilkapitel als ausgewählte Beispiele in den allgemeinen Kontext der Geographischen Stadtforschung einordnen zu können.

Betrachtet man im Sinne einer solchen Systematisierung zunächst die Verschiebungen in den inhaltlichen Debatten, so verstärkt sich die bereits oben angesprochene Beobachtung, dass sich die Geographische Stadtforschung auch in Deutschland in den letzten zwei Jahrzehnten in einem **Wandlungsprozess** befindet, bei dem zum Teil länger etablierte Forschungsfelder zurücktreten und neue kraftvoll hervortreten.

Unter den klassischen Forschungsfeldern der Stadtgeographie, die derzeit einen Rückgang ihrer Bedeutung verzeichnen, sind beispielsweise die ***spatial-approach*-Ansätze**, das heißt quantitativ-statistisch angelegte Analysen zu Lage- und Verteilungsmerkmalen von Städten (z. B. Arbeiten zu Veränderungen quantitativer Lage- und Verteilungsmerkmale auf inner- oder interurbaner Ebene in Bezug auf globale oder nationale Städtesysteme und ihre Städtesystem-Hierarchien). Dabei gibt es aber regionale Ausnahmen, z. B. findet sich ein durchaus aktives quantitativ arbeitendes Forschungscluster in der derzeitigen chinesischen Stadtgeographie (vgl. z. B. diesbezügliche Publikationen in *Urban Studies* und *Urban Geography*). Deutlich zurückgegangen sind auch Arbeiten aus dem Themenfeld zur städtischen Zentralität und zu Zentrale-Orte-Systemen, die in den 1960er- und 70er-Jahren ein eigenständiges Forschungsfeld innerhalb der Stadtgeographie hatten. Dieser Rückgang gilt nicht nur für die Analyse interurbaner zentralörtlicher Hierarchien, sondern ebenso für innerörtliche Zentrensysteme und deren Entwicklungen. Die Erosion der zentralörtlichen Forschungen hat sicher zum Teil auch mit den vielfältigen Entwicklungen im Segment von Online-Handel und -Dienstleistungen zu tun, deren Logiken die primär orts- bzw. raumbezogene Grundannahmen der Zentrale-Orte-Theorie konterkarieren. Daraus ergeben sich veränderte „Raumfragen", die heute z. B. in der geographischen Handelsforschung (Kap. 19) neu gedacht werden und auch die räumliche Planung intensiv und kontrovers beschäftigen (etwa in der Debatte um die Sicherstellung der Gleichwertigkeit von Lebensverhältnissen, die insbesondere auch die vom demographischen Wandel besonders stark beeinflussten Regionen betrifft).

Bedeutung haben nach wie vor die mit der Wirtschafts- und Einzelhandelsentwicklung verbundenen Forschungen zu **Stadtimage** und **Stadtmarketing/Stadtidentität**, die teilweise mit den kritischen Debatten um *creative cities* und die Neoliberale Stadt (s. u.) verbunden sind. Nahezu im Verschwinden begriffen ist das in früheren Dekaden in der internationalen Stadtgeographie prominente Forschungsfeld der kulturgenetischen Stadtforschung, dessen Hauptanliegen in einer globalen kulturspezifischen Unterscheidung von Stadttypen bestand. Eine solche Idee ist vor dem Hintergrund der im Zuge der Globalisierung vielfältig stattfindenden Übertragungs- und Angleichungsprozesse heute kaum noch haltbar, sie überdauert eher in stadttouristischen Segmenten, in denen die Musealisierung historischer Elemente aus Sicht der *urban-heritage*-Forschung explizit die Repräsentation des „lokal Besonderen" inszeniert. Gleichzeitig verschwindet damit aber die Idee des „Regionalen" nicht aus dem stadtgeographischen Blick, sie formiert sich jedoch unter diesen Bedingungen neu als eine Stadtforschung in global-regionaler Perspektive (Exkurs 20.1).

Neben dem Bedeutungsrückgang eines Teils der (geschilderten) klassischen Forschungsfelder befasst sich die Stadtgeographie aktuell mit der Fortentwicklung bestehender und der Herausbildung einer Reihe neuer Themenfelder, welche Städte und „das Städtische" unter den gesellschaftlichen Bedingungen des 21. Jahrhunderts in unterschiedlichen regionalen Kontexten kennzeichnen. Sie sollen nachfolgend kurz skizziert werden.

Ein prominentes Forschungsfeld bildet nach wie vor die **Sozialgeographische Stadtforschung** (*Urban Social Geographies*). Sie beschäftigt sich in einem recht breiten thematischen Fokus mit städtischen Geographien von In- und Exklusion. Hierzu gehören als ein erstes inhaltliches Teilcluster Analysen zu städtischem Wohnen im Sinne der klassischen Segregationsforschung. Eine besondere Rolle und Bedeutung haben in diesem Feld nach wie vor die Gentrifizierungsforschung (Exkurs 20.2), die sich mit urbanen Aufwertungs- und Verdrängungsprozessen beschäftigt (Letztere derzeit mit einem gewissen regionalen Schwerpunkt auf den Städten des Globalen Südens und Osteuropas/Russlands), sowie in zweiter Linie Analysen zu Gated Communities.

Ein weiteres sozialgeographisch orientiertes Teilcluster legt den Fokus auf **Marginalisierungsphänomene** in Städten und behandelt damit gewissermaßen das Janusgesicht der urbanen Aufwertungs- und Verdrängungsprozesse. Schwerpunkte finden sich dabei teilweise miteinander verknüpft:

- in der Untersuchung der städtischen Geographien von Armut und Wohnungslosigkeit, in Studien zu Marginal- bzw. Squatter-Siedlungen und Slums,
- in der Analyse der urbanen Geographien von Menschen mit Migrationsgeschichte. Vor dem Hintergrund, dass Städte für Migrantinnen und Migranten als Zielpunkte ihrer globalen oder regionalen Wanderungen ungebrochen als Hauptanziehungspunkte angesprochen werden können, thematisieren Beiträge der sozialgeographisch ausgerichteten Stadtfor-

schung in diesem mittlerweile breiten Feld nicht nur die regional sehr unterschiedlichen Lebens- und Arbeitsbedingungen von Migrantinnen und Migranten in Städten, sondern auch Fragen der Immigration und Integration. Hierbei wird bezogen auf die Steuerungsebene das Wechselspiel von Legalität und Illegalität thematisiert (z. B. Fallstudien über Städte, die sich als „*sanctuary cities*" aus dem nationalen Konsens mit einer proaktiven Immigrationspolitik herausheben).

Hier kann auch die urbane **Quartiers- und Nachbarschaftsforschung** eingeordnet werden. Sie stellt ein eher kleineres, aber durchaus traditionsreiches Forschungsfeld dar, das sich inhaltlich mit Querschnittsfragestellungen in städtischen Teilräumen beschäftigt. Die Quartiersstudien sind vor allem deswegen interessant, weil sie die Stadtviertel und Nachbarschaften zunächst als urbane Orte gelebter Kohäsion und Integration untersuchen, gleichzeitig in anderen Ansätzen auch als Kristallisations-„Arenen" sozialer Brüche und Widersprüche städtischer Gesellschaften identifizieren und analysieren.

Stärker auf die Gestaltungs- und Steuerungsebene gerichtet ist das in der geographischen Stadtforschung breit angelegte und prominente Forschungsfeld **Städtische Wohnungsmärkte und Wohnungsmarktentwicklungen**. Unter diesem Label lässt sich ein breiteres Feld von Ansätzen finden, die ihren Blickpunkt auf die für die Stadtentwicklung und ihre sozialen Geographien zentrale Rolle der gebauten Wohnumwelt richten und dabei sehr häufig auch den Einfluss ökonomischer Faktoren, des Immobilienmarktes und der Immobilien- und Finanzwirtschaft (*Real Estate Industry*) analysieren. Die Breite der Studien reicht von Untersuchungen zu den Auswirkungen der globalen Finanzialisierung (und damit verbundener Spekulationsphänomene) auf städtische Grundstücks-, Immobilien- und Wohnungsmärkte über regionale Fallstudien zur Entwicklung von Immobilien- und Grundstücksmärkten bis hin zu stärker akteursorientierten Ansätzen, die die Rolle und Balance privatwirtschaftlicher und öffentlicher Akteure am Immobilien- und Grundstücksmarkt thematisieren. In diesem Feld finden sich auch Untersuchungen zu entsprechenden Konflikten um Land und Landverteilung in Städten.

Mit diesem Forschungsfeld teilweise eng vernetzt ist der in der Geographischen Stadtforschung lange etablierte Fokus auf Fragen der **Stadtplanung** (*urban planning*). Aktuell drehen sich hier die Arbeiten um *urban renewal*, Stadtumbau und Stadterneuerung, um Fragen der erhaltenden oder modernisierenden Stadtplanung sowie um die Weiterentwicklung planungsbezogener Beteiligungsverfahren, die über die formellen Akteure hinaus auch Bürgerinnen und Bürger an die „Runden Tische" bringen sollen (*participatory planning*). In dieses Feld gehören auch Arbeiten zum Themenfeld *local governance* (siehe auch übernächstes Forschungsfeld). Ein sich in den vergangenen Jahren neu konstituierender Fokus beschäftigt sich mit der diskurstheoretisch informierten Analyse urbaner Planungsdiskurse und stellt deren Einbindung in gesamtgesellschaftliche Vorstellungsbilder und Wissensordnungen heraus.

Mit dem Feld der Planung verbunden, aber in den vergangenen Jahren mit eigenständigen, darüber hinausgreifenden Fragestellungen profiliert hat sich das Forschungsfeld **Infrastrukturen des Städtischen** (*urban infrastructures*). Hierzu gehören zum einen – bereits traditionell – allgemein angelegte Arbeiten zur Entwicklung urbaner (analoger) Leitungsinfrastrukturen (der Ver- und Entsorgung) und Mobilitätsinfrastrukturen, die auch die zeitgemäßen Entwicklungen bei den verschiedenen Verkehrsträgern zum Thema haben (z. B. Fragen des Modal Split, umweltbezogene Veränderungen). Zum anderen hat sich hier ein Segment von Arbeiten herauskristallisiert, das sich in Zeiten zunehmender Digitalisierung und Konnektivität mit Fragen urbaner IT-Infrastrukturen bzw. mit digitalen Geographien des Städtischen auseinandersetzt (Datennetzwerke, Netzwerkpolitiken, digitale Navigation, Geo-Marketing, Online-Mapping, Routenfindung und Produktplatzierung, elektronische Stadtführungen). In diesem Feld haben Forschungen zu Smart Cities derzeit eine gewisse interdisziplinäre Konjunktur und ein eigenständiges Profil gewonnen.

Mit Blick auf die sozialen Gegensätzlichkeiten und Spannungen städtischer Gesellschaften hat sich seit David Harvey's „Social Justice and the City" (1973) in den vergangenen Dekaden ein Forschungsfeld verdichtet, das die vielfältigen **Politischen Geographien des Städtischen** in den Blick nimmt. Es konzentriert sich auf politische Steuerungsformen sowie auf Auseinandersetzungen und Konflikte und speist sich dabei aus verschiedenen Teilströmungen, die sich in unterschiedlichen gesellschaftstheoretischen Debatten verorten (z. B. politökonomische Ansätze, Governance-Ansätze oder Gouvernementalitätsansätze, s. o.). Dieses Feld hat einerseits enge Verbindungen zum Feld der Planungsforschung (s. o.), andererseits adressieren die politischgeographisch informierten Ansätze aber ein breiteres, darüber hinausgehendes Themenspektrum. Dabei lassen sich mit Blick auf die Literatur drei Teilfelder identifizieren:

- Forschungen zur **urban governance** bilden das derzeit vom Umfang her prominenteste Teilfeld und sie stehen inhaltlich am Schnittfeld von geographischer Stadtforschung und Politikwissenschaften. Entsprechende Studien beschäftigen sich mit der Hybridisierung städtischer Politik-, Steuerungs- und Machtstrukturen, sie tragen damit den erweiterten Akteurskonstellationen Rechnung, die unter globalisierten Bedingungen in neoliberalen Gesellschaften Einfluss auf die Gestaltung und Entwicklung von Städten haben. Gemeint sind neben Stadtpolitik und -verwaltung einerseits die schon lange machtvollen Protagonisten wie die *real-estate-industry*, andererseits aber auch die mittlerweile vielfältigen Nichtregierungsorganisationen, die in semi- und informellen Kontexten städtische Strukturen mitgestalten, und nicht zuletzt die zunehmende Rolle der Zivilgesellschaft in manchen (wohlgemerkt nicht allen) Gesellschaften.
- Ein weiterer eigenständiger Fokus im Feld der Politischen Geographien des Städtischen sind Arbeiten zu den Themen **Versicherheitlichung, Kontrolle und Überwachung**, teilweise verbunden mit Ansätzen, die die (politische) Rolle des öffentlichen Raums in Städten vor diesem Hintergrund thematisieren.
- Ein drittes Teilfeld kann mit dem etwas schillernden Begriff **„Aktivistische Stadtforschung"** umschrieben werden und ist eng verbunden mit den vielfältigen „Recht-auf-Stadt"-

Bewegungen. Entsprechende Ansätze zeichnen sich nicht nur dadurch aus, dass sie am Schnittfeld von Aktivismus und Wissenschaft angesiedelt sind, sondern dass sie gleichzeitig die heuristische Trennung in „reine Wissenschaft" und „urbanen Aktivismus" problematisieren und herausfordern. Beispiele für solche Forschungen finden sich im Umfeld der Hausbesetzungsthematik, aber auch im breiteren Kontext urbaner anarchistischer und/oder „autonomer" Bewegungen.

Das Forschungsfeld, das die klassisch kulturgenetische Stadtforschung auf der globalen Vergleichsebene ersetzt, kann mit dem Titel **„Globalisierung und Stadt"** etikettiert werden. Hier geht es, wie oben und in Exkurs 20.1 angesprochen, gerade nicht darum, räumliche „Sonderwege" des Städtischen im globalen Maßstab zu identifizieren, es geht vielmehr um die Erforschung hybrider Geographien des Städtischen unter Globalisierungsbedingungen. Um dabei die oben theoretisch angesprochenen Wechselwirkungen zwischen Einflüssen der Globalisierung auf das Städtische einerseits und regionalspezifischen Formatierungen des Städtischen andererseits herausarbeiten zu können, lassen sich mit jeweils unterschiedlichem Fokus eine Reihe von Debatten ansprechen, die in den vergangenen Dekaden prominent geworden sind.

- Dazu gehört zunächst die breite Debatte um die Neoliberalisierung des Städtischen, teilweise verbunden mit einer kritischen Auseinandersetzung mit dem Konzept der *creative cities*.
- Eine zweite Debatte in diesem Kontext rankt sich um den Begriff der *urban mobile policies*. Diese bearbeitet an konkreten Beispielen die konzeptionell rückgebundene Frage, wie unter den Bedingungen globaler Vernetzungs- und Informationsströme auch Stadtpolitiken gewissermaßen „auf die Reise gehen", das heißt aus ihren Ursprungskontexten in global-regional andere Kontexte transferiert (und dabei selbst auch transformiert) werden. Hier sind Verbindungen zum Forschungsfeld Global Citys und *global city networks* vorhanden.
- Die *scale*-Debatte weist darauf hin, dass für ein Verstehen städtischer Gesellschaften, ihrer Raumproduktionen und sozialen Dynamiken unter Globalisierungsbedingungen gerade die Analyse des Zusammenwirkens globaler Netzwerklogiken und territorial formatierter Logiken unterschiedlicher *scales* hilfreich ist.
- In ersten Studien konturiert sich derzeit eine weitere Teildebatte, die unter dem Label *„urban-crisis"*-Forschung die konkreten Auswirkungen globaler Entwicklungen wie z. B. der Finanzkrise oder des Klimawandels auf konkrete Entwicklungen und Lebensbedingungen in Städten analysiert.

Empirisch lassen sich mit einem solchen Blickwinkel beispielsweise die regionalspezifischen Ausprägungen sozialer Segregationsprozesse, sektoraler Entwicklungen (z. B. Immobilien- und Wohnungsmärkte) oder urbaner Steuerungsregime in den Blick nehmen. Hier finden sich etwa Beobachtungen zur Konkretisierung globaler neoliberaler Stadtpolitiken unter spezifischen regionalen Bedingungen, Forschungen zu unterschiedlichen Klimawandelanpassungsstrategien in regionaler Differenzierung oder Untersuchungen zu regional unterschiedlichen Antworten

Kapitel 20

Exkurs 20.1 Die hybriden Geographien des Städtischen unter globalisierten Bedingungen – das Beispiel Bangkok

Forschungen zur Transformation von Städten im Kontext der Globalisierung deuten an, dass es auf dieser Ebene kaum noch sinnvoll scheint, sich auf kulturgenetische Unterschiedlichkeiten des Städtischen zu konzentrieren. Es gilt vielmehr, sich gerade die hybriden Geographien globaler Städte anzuschauen und zu verstehen, wie sich in ihnen globalisierte Einflüsse (z. B. Shopping-Malls mit *global brands* beflügelt durch eine gewisse Vereinheitlichung der Lebens- und Konsumstile einer Urban-(Upper-)Middle-Class und ihrer Konsummuster) mit regionalen Formatierungen des Städtischen zu neuen komplexen und fragmentierten Mustern verschneiden (Soja 2000).

Abb. A a Wohn- und Geschäftshochhäuser in den Arealen um die Sukhumvit-Road: Wer heute aus der Vogelperspektive auf Bangkok blickt, sieht kaum noch Spuren historischer Stadtstrukturen und Gebäude. Stattdessen dominieren großflächige Hochhausareale die Skyline der Megastadt. **b** Trimurti-Gebetsschrein in traditioneller Architektur vor Reklameplakaten an hochpreisigen Shopping-Malls mit globalem Warenangebot am Siam-Square – wie in vielen Groß- und Megastädten der Welt verbinden sich heute auch in Bangkok die Einflüsse der Globalisierung mit regional spezifischen Traditionen und Elementen. **c** und **d** Wohnen in Bangkok zwischen Marginalsiedlungen und Luxus-Condominiums – in den Geographien einer Megastadt wie Bangkok finden sich in enger räumlicher Nachbarschaft Wohnstandorte, Arbeitsplätze, Versorgungsangebote und Verkehrsmittel für Menschen aus sehr unterschiedlichen sozialen Schichten. Die Fotos zeigen Ansätze von Marginalsiedlungen an den Gleisen der technisch veralteten, langsamen Bahnlinie in den Nordosten, über deren Köpfen die schnelle, klimatisierte, vergleichsweise teure Hochbahn zum internationalen Flughafen fährt. Nur wenige Meter entfernt finden sich Wohn- und Geschäftsquartiere der urbanen Mittelklasse, in fußläufiger Entfernung ragen die luxuriösen Hotels, Wohn- und Bürohochhäuser am Siam Square in den Himmel, von denen viele durch weitläufige überdachte (und überwachte) Skywalk-Systeme oberhalb der Autostraßen miteinander verbunden sind (Foto: P. Reuber, 2018).

Bereits ein kurzer Blick in eine Megastadt wie Bangkok (Abb. A) macht exemplarisch deutlich, dass eine aktuelle Stadtgeographie abseits historisierender Touristen-Imaginationen eben gerade nicht in erster Linie die „typisch asiatischen" oder gar „typisch thailändischen" Elemente herausarbeiten würde, sondern den Blick auf die vielfältigen hybriden Durchdringungen globalisierter, nationaler und lokaler Lebenswirklichkeiten richten würde. Mit einer solchen Perspektive lassen sich die Lebensrealitäten der Menschen verstehen, die sich in unterschiedlichen sozialen Lagen und Lebensstilen, mit unterschiedlichen Perspektiven und Berufen hier einrichten. Das mit einer solchen Theoriebrille ausgestattete stadtgeographische Auge blendet vorhandene Brüche und Widersprüche gerade nicht aus, sondern sieht etwa die enge Nachbarschaft von postmodernen Einkaufszentren mit ihren globalisierten Hochpreisangeboten für die Urban-Middle-Class und Upper-Class in der Region um den Siam Square mit dem sich in unmittelbarer Nachbarschaft befindenden traditionellen und preiswerten Straßenhandel im Pratunam-Quartier. Es blickt auf ein Kaleidoskop von in diese Strukturen eingelassenen differenzierten Wohnstandorten für unterschiedliche soziale Milieus und Lebensstile. Sie reichen

vom exklusiven Condominium-Penthouse mit Hubschrauberlandeplatz bis zur Wellblechhütte neben der alten Bahnlinie unter den Betonpfeilern der modernen Hochbahn Richtung Flughafen. Zwischen den auf den ersten Blick unüberbrückbaren Klüften sozialer Differenz liegen manchmal nur wenige Meter räumlicher Distanz. Aber sobald sich dort der Blick auf die vielfältigen und sehr unterschiedlichen Arbeits- und Beschäftigungsverhältnisse in der Stadt richtet, tritt die sozialräumliche Hybridität des Urbanen unter globalisierten Bedingungen hervor, werden die Verbindungen und Verknüpfungen der Beschäftigungsnetzwerke sichtbar. Mit einem *„global sense of place"* (Massey 2015) lässt sich das informelle Heer der Billig- und Wanderarbeiter in ihren urbanen Nischen in seiner wechselseitigen Ergänzung mit den formellen, gutbezahlten Arbeitsverhältnissen der *creative class* der globalisierten Ökonomie zusammendenken. Für die Stadtgeographie stellt die Analyse dieser alltäglichen Geographien aus unterschiedlichen thematischen Blickwinkeln eine spannende Aufgabe dar, sie lässt auch die damit verbundenen Machtbeziehungen und -asymmetrien sowie die sehr unterschiedlichen Lebenschancen und Möglichkeiten der Teilhabe hervortreten.

von Städten auf globale Migrationsbewegungen, z. B. in Form spezifischer Integrationspolitiken.

Schließlich gibt es im Forschungsfeld Globalisierung und Stadt noch das etwas stärker empirisch ausgerichtete und teilweise vergleichend angelegte Segment der **Megastadtforschung**. Dieses ist gegenwärtig weniger durch konzeptionelle Arbeiten zur „Megastadt-Debatte" gekennzeichnet, als vielmehr durch spezifische, inhaltlich-thematische Analysen in einzelnen Megastädten oder Megastadt-Regionen (mit einem leichten Schwerpunkt auf China).

Ein letztes *emerging field*, das in den vergangenen Jahrzehnten in der Geographischen Stadtforschung eine stärkere Bedeutung erhalten hat, ist die **Stadt-Umwelt-Forschung** (*urban ecologies*). Ihre inhaltliche Breite macht deutlich, dass die Debatte um Fragen von Gesellschaft und Umwelt mittlerweile nicht nur „die Stadt" erreicht hat, sondern gerade im Kontext städtischer Gesellschaften besonders intensiv geführt wird. Im Einzelnen treten verschiedene inhaltliche Stränge der Forschung hervor.

- Ein derzeit prominenter Strang betrifft Debatten um Klimawandel und Klimaanpassungspolitiken in Städten, teilweise verbunden mit Themen wie *low carbon infrastructure*.
- Ein weiterer Strang formiert sich um den Begriff der *„urban natures"*, entsprechende Arbeiten treten mit Untersuchungen zu Freiräumen, Grünzonen etc. ebenso hervor wie mit dem eigenständigen Forschungsfeld Urban Gardening.
- Durchdrungen sind all diese Ansätze von den breiteren Debatten um Nachhaltigkeit in Städten, um urbane Postwachstumsansätze (*degrowth*) und um *„green cities"*. Innerhalb dieser Diskussionsstränge kommen auch Fragmente alter Entwicklungsdiskurse auf der urbanen Ebene an, wenn z. B. Arbeiten das Thema urbane Resilienz in den Mittelpunkt ihrer Forschungen rücken.

Diese zweifellos heuristische und auch subjektive Darstellung der Entwicklungslinien der Geographischen Stadtforschung kann nur eine Momentaufnahme sein und sie läuft auch immer Gefahr, Forschungsfelder abzugrenzen, wo die Übergänge eigentlich kontingent und die Themen häufig vielfältig miteinander vernetzt sind. Gleichwohl begründet diese Einleitung in die aktuellen Themen und Entwicklungstendenzen der Geographischen Stadtforschung die Auswahl der nachfolgenden Teilkapitel. Es handelt sich um das Teilkapitel zu Stadtstrukturmodellen mit Blick auf die innere funktionale und sozialräumliche Gliederung von Städten (Abschn. 20.2), das Teilkapitel über das für die sozialen und ökonomischen Geographien der Städte wichtige Spannungsfeld von Stadtentwicklung und Immobilienwirtschaft (Abschn. 20.3), die stärker politökonomisch ausgerichtete Kritische Stadtgeographie (Abschn. 20.4), die damit verbundenen Themen von Unsicherheit und Kontrolle in Städten (Abschn. 20.5), die Debatten um die Postmodernisierung der Städte (Abschn. 20.6) sowie die Megastadt-Thematik (Abschn. 20.7). Diese Teilkapitel können Studierenden helfen, in die vorgestellten Forschungsbereiche etwas tiefer einzutauchen und dort dann auch neben den dargestellten Theorien und Ergebnissen weiterführende Literatur zu finden.

20.2 Stadtstrukturmodelle und die innere Gliederung der Stadt

Heinz Heineberg

In der Stadtgeographie sowie in benachbarten Wissenschaften, soweit sie sich mit der Struktur und Entwicklung von (Groß-) Städten beschäftigen, wurde eine Vielzahl von **Stadtstrukturmodellen** entwickelt. Diese zählen zu dem Typ deskriptiver Raummodelle; sie „dienen als Arbeitshypothese über Regel-

Kapitel 20

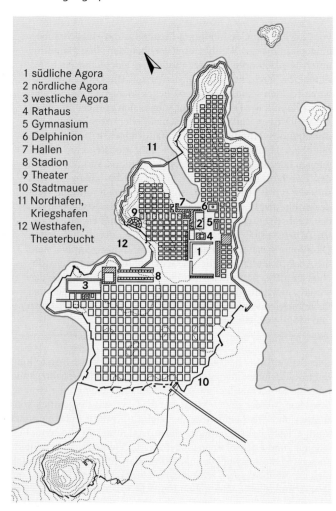

Abb. 20.1 Hippodamisches Schema: Plan der Stadtanlage von Milet (verändert nach Grassnick 1982).

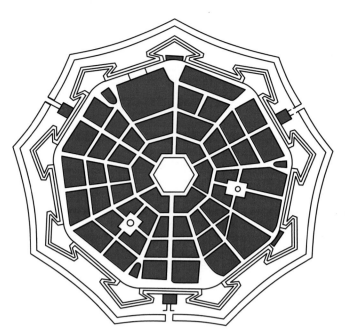

Abb. 20.2 Palmanova – Idealstadt der italienischen Renaissance (verändert nach Grassnick 1982).

mäßigkeiten räumlicher Anordnung, welche dann in der weiteren empirischen Arbeit überprüft, verbessert, ergänzt, verworfen werden kann" (Wirth 1979). Stadtstrukturmodelle – häufig auch als **Stadtentwicklungsmodelle** zur Beschreibung vergangener und/oder zukünftiger Zustände angelegt – berücksichtigen meist eine Vielzahl von Variablen, die sich allerdings nicht nur auf morphologische Strukturen der Stadtgestalt, sondern auch (vorrangig) auf Nutzungen, das heißt auf Anordnungen von Funktionsstandorten, und auf andere, beispielsweise sozialräumliche Sachverhalte, in Bezug auf die innere Gliederung der Stadt beziehen können. Es lassen sich u. a. die im Folgenden beschriebenen Typen von Stadtstrukturmodellen unterscheiden.

Historische „Idealstadtmodelle"

Zu den historischen „Idealstadtmodellen" des Städtebaus zählen beispielsweise das schachbrettartige Schema des Wieder-

aufbaus von Milet in Kleinasien (nach der Zerstörung von 497 v. Chr.) durch den griechischen Staatstheoretiker Hippodamus: das sog. hippodamische Schema der antiken griechischen Stadt (Abb. 20.1). Dieses wurde nicht nur für Städteneugründungen im Mittelmeerraum bestimmend (beispielsweise entsprechende Entwürfe von Hippodamus für Piräus, Thurioi, Sybaris und Rhodos), sondern hatte ebenfalls Auswirkungen auf die spätere römische Stadtepoche in Süd- und Westeuropa sowie auch auf die Grundrissstrukturen der Kolonialstädte in Lateinamerika (Heineberg et al. 2017).

Von Bedeutung für den Städtebau in Europa und darüber hinaus waren auch Idealstadtmodelle der italienisch beeinflussten Renaissance mit den Prinzipien einer symmetrisch-horizontal gegliederten Stadtgestaltung, mit rational durchdachten, geometrischen Raumaufteilungen in der Grundrissgestaltung usw. (Heineberg et al. 2017). Diese haben die Stadtstrukturen nicht nur in der ersten Epoche der frühen Neuzeit erheblich beeinflusst (landesfürstlicher Städtebau mit Auswirkungen auf die barocke Stadt, z. B. in Karlsruhe), sondern auch diejenigen des 19. Jahrhunderts und sogar der sozialistischen Stadt des 20. Jahrhunderts.

Ein herausragendes Beispiel für eine Idealstadt der Renaissance ist Palmanova (Palma nuova), in der Provinz Udine in Italien gelegen. Die Stadt wurde 1593 bis 1595 um einen sechseckigen Platz als Stadtmittelpunkt, von dem regelmäßig Straßen ausstrahlen, zur Sicherung des venezianischen Landgebietes gegen Österreich als Festung angelegt. Bis zur Eroberung durch die Franzosen im Jahre 1797 galt Palmanova als stärkste und schönste Festung ihrer Zeit; seit 1960 ist die Stadt Nationaldenkmal (Abb. 20.2).

Stadtstrukturmodelle als Reformvorstellungen

Den zeitgenössischen städtebaulichen Konzepten des 19. Jahrhunderts, vor allem aus dessen zweiter Hälfte, lag die Modellvorstellung „eines konzentrischen und kompakten, in seiner Dichte nach außen abnehmenden Stadtkörpers" (Albers 1974) zugrunde, wobei die Projektierung von Stadterweiterungen in Abhängigkeit von den damaligen Verkehrsmitteln (Straßen, Pferde- und Dampfbahnen usw.) stand. Komplexere modellhafte Konzepte der Stadtstruktur wurden ab Ende des 19. Jahrhunderts entwickelt. Zu den ersten zählt das 1898 erstmals, 1902 in zweiter Auflage veröffentlichte, bis heute – vor allem auch international – stark beachtete Stadtstrukturmodell des Briten Ebenezer Howard, das als **Modell der Gartenstadt** bekannt geworden ist. Nach Albers (1974) ging es Howard in erster Linie um die Stadtgröße; es ist aber eigentlich ein funktionales Gesamtkonzept im Städtebau, das – anstelle des peripheren, ungegliederten Städtewachstums – die Errichtung neuerer kleiner Gartenstädte (mit maximal 32 000 Einwohnerinnen und Einwohnern) in gewissem Abstand von einer Groß- oder Zentralstadt (*Central City*), und zwar durch einen Grüngürtel getrennt, vorsah (Abb. 20.3). Als wesentliche stadtstrukturelle und -funktionale Merkmale einer Gartenstadt sah Howard die geringe Bebauungsdichte (sog. Gartenstadtdichte mit max. 12 Häusern pro *acre* = 0,4 ha), die Gliederung in durch Radialstraßen getrennte Nachbarschaften, zentrale Einrichtungen (vor allem der Kultur und Bildung) sowie die randliche Anordnung von Industrie und Eisenbahn vor (Abb. 20.3). Howard gelang es zwar lediglich, anstelle der von ihm für Großbritannien geforderten 100 neuen Städte als Gartenstädte die Entwicklung zweier *Garden Cities* durchzusetzen und zwar

von Letchworth (ab 1903 rund 50 km nördlich von London gelegen) und Welwyn Garden City (ab 1920 zwischen London und Letchworth errichtet). Allerdings fand nach dem Ersten Weltkrieg zumindest die von Howard propagierte Gartenstadtdichte, zunächst vor allem in Gestalt der Doppelhausbauweise (*semi-detached houses*), weitgehende Verbreitung im britischen Städtebau. Die mit dem Modell der Gartenstadt bezweckte Dekonzentration des Großstadtwachstums wurde in Großbritannien bereits während des Zweiten Weltkrieges durch den *Greater London Plan* von Sir Patrick Abercrombie sowie ab 1946 durch die Errichtung zahlreicher *New Towns,* meist als Entlastungsstädte großstädtischer Verdichtungsräume, verfolgt (Heineberg 1997).

Wenngleich die Grundrissstrukturen der ab 1920 errichteten Welwyn Garden City deutlich von dem kreisförmigen Modell der Gartenstadt von Ebenezer Howard abweichen, so konnten doch wesentliche Gestaltungsprinzipien realisiert werden. Dazu zählen die vorherrschenden Wohnformen – Doppelhäuser in Gartenstadtdichte (Abb. 20.4) –, die sich ganz **erheblich** von der in England bis zum Ersten Weltkrieg allgemein üblichen Bauweise des Einfamilien-Reihenhauses unterscheiden. Die *semi-detached houses* sind in Großbritannien auch heute noch sehr begehrt.

Die Gartenstadtbewegung hat auch den Städtebau in Deutschland erheblich beeinflusst, beispielsweise durch Errichtung von gartenstadtorientierten Werkskolonien (Gartenkolonien) im Ruhrgebiet (ab 1905) oder durch Anlage von gartenumgebenen Kleinhaus- oder Villenkolonien in den Stadtrandzonen (in der Zwischenkriegszeit, aber auch noch nach dem Zweiten Weltkrieg).

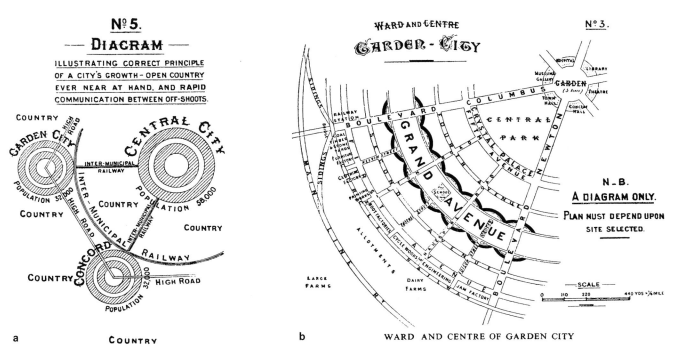

Abb. 20.3 Modell der Gartenstadt nach Ebenezer Howard (Originalabbildungen aus Howard 1902).

Abb. 20.4 *Semi-detached houses* in Welwyn Garden City (Foto: H. Heineberg).

Modelle kompakter Stadtanlagen für größere Städte

In der Zeit zwischen den beiden Weltkriegen wurden nur wenige städtebauliche Strukturmodelle entwickelt. Diese knüpften an die kompakte Großstadt des 19. Jahrhunderts an, fanden allerdings – im Gegensatz zur weitgehend akzeptierten Gartenstadtbewegung – nur wenig Anwendung. Zu den städtebaulichen Modellen kompakter Stadtanlagen zählt der Entwurf einer für Paris entworfenen *Ville contemporaine* von **Le Corbusier** aus dem Jahre 1922 (Albers 1974); dieser zeichnete sich durch Funktionstrennung der verschiedenen Nutzungsarten (z. B. ein räumlich deutlich getrennt angeordnetes Industriegebiet), ein geometrisch-formalistisch angelegtes Verkehrssystem mit Trennung der Verkehrsarten in verschiedenen Ebenen, die Größenordnung einer Millionenstadt (3 Mio. Einwohner) sowie durch hohe Einwohnerdichten im Kernbereich (bis 3000 Einwohner/ha Nettowohndichte) aus.

Zu den am meisten verbreiteten idealtypischen Stadtstrukturmodellen für größere Städte oder Stadtregionen gehören die ab der Zwischenkriegszeit des 20. Jahrhunderts radial konzipierten Stern- oder Speichen- sowie Bandstadtkonzepte (Heineberg et al. 2017). Beispielsweise hat das Sternsystem die Entwicklungskonzepte einer Reihe großer Städte geprägt. Dazu zählen der „Fingerplan" für Kopenhagen oder Hamburgs Konzept der Aufbau- oder Entwicklungsachsen von 1969 (Abb. 20.5); das stark axial konzipierte, sternförmig ausgerichtete Hamburger Stadtentwicklungskonzept wurde 1996 fortgeschrieben (Bose 2001).

Modell der gegliederten und aufgelockerten Stadt

Beeinflusst von der Gartenstadtbewegung, der (im Jahre 1941 von Le Corbusier anonym veröffentlichten) sog. Charta von Athen – die eine räumliche Funktionstrennung im Städtebau forderte – und anderen Strömungen entwickelte sich seit dem Zweiten Weltkrieg im westlichen Deutschland das neue Leitbild einer „gegliederten und aufgelockerten Stadt". Dieses war, wie es das Stadtmodell von Göderitz et al. (1957) verdeutlicht (Abb. 20.6), mit einer weitgehenden räumlichen **Trennung der Funktionen** Wohnen, Arbeiten, Verkehr usw. verbunden. Dieses in der Nachkriegszeit bedeutende Leitbild hat, beeinflusst durch die Baugesetzgebung ab 1960, nicht nur häufig zu starren Zuordnungen von Funktion und Fläche, sondern auch zu großem Flächenverbrauch geführt, der sich insbesondere in dem seit ungefähr 1960 stattfindenden Suburbanisierungsprozess zeigt (Heineberg et al. 2017).

Modell der Siedlungsdispersion und Entmischung

Das im Rahmen der Diskussion um die „nachhaltige Stadtentwicklung" entstandene Modell der Siedlungsdispersion und Entmischung verdeutlicht – stark vereinfachend – räumliche Trends und Probleme in den jüngeren strukturellen und funktionalen Siedlungsveränderungen, die sich nach dem „Städtebaulichen Bericht" der Bundesforschungsanstalt für Landeskunde und Raumordnung von 1996 (Abb. 20.7) zusammenfassen lassen: erstens als „flächenfressende" Siedlungsexpansion in das jeweilige Stadtumland im Rahmen der **Suburbanisierung** und zweitens als die sog. räumlich-funktionale Entmischung der Funktionen Wohnen, Arbeiten und Versorgen (einschließlich des Entstehens großflächiger Anlagen des Einzelhandels und der Freizeitnutzung). Beide Prozesse stehen, je nach Lage, Größe und wirtschaftlicher Leistungskraft in den einzelnen Städten, im wechselseitigen Zusammenhang mit dem Anstieg und der räumlichen Ausweitung des motorisierten Individual- und Wirtschaftsverkehrs (Wiegandt 2002).

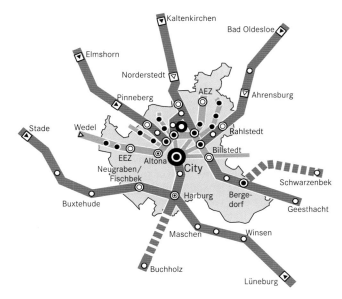

Abb. 20.5 Sternförmiges Entwicklungsmodell mit Entwicklungsachsen für Hamburg und Umland (verändert nach Möller 1985).

Regionalachsen

Regionalachsen (Erholung)

städtische Hauptachsen

städtische Nebenachsen

AEZ Alstertal-Einkaufs-
zentrum

EEZ Elbe-Einkaufs-
zentrum

A1 City

A2 City-Entlastungszentrum

A2 City-Entlastungszentrum
und B1 Bezirkszentrum

B1 Bezirkszentrum

B2 Bezirksentlastungs-
zentrum

sonstige Zentren und
zentrale Orte

Stadtrandzentrum

Mittelzentrum

Stadtentwicklungsmodelle der Chicagoer Schule der Sozialökologie

Unter den Bezeichnungen „Stadtstrukturmodelle" – oder einfach „Stadtmodelle" – versteht man in der einschlägigen interdisziplinären Literatur (vor allem der Stadtsoziologie und Stadtgeographie) meist drei „klassische" Modelle aus der **Chicagoer Schule der Sozialökologie**, „die die Stadtstruktur abbilden. Es sind indessen genauer Modelle, die eine gegebene Stadtstruktur als Resultat eines Prozesses der Stadtentwicklung ansehen, daher auch Abbildungen von Hypothesen über den Prozess der Stadtentwicklung. Daher ist es berechtigt, von Modellen der Stadtentwicklung zu sprechen. Die Modelle können abgekürzt als Modell der konzentrischen Zonen (Burgess), Sektorenmodell (Hoyt) und Mehrkerne-Modell (Harris & Ullman) bezeichnet werden" (Friedrichs 1983).

Die Chicagoer Schule der Sozialökologie bildet einen frühen Forschungsansatz von Soziologen der Universität Chicago aus

der Zeit zu Beginn des 20. Jahrhunderts und nach dem Ersten Weltkrieg. Die Soziologen versuchten, Regelhaftigkeiten der wechselseitigen Abhängigkeit des sozialen und wirtschaftlichen Lebens innerhalb der Stadt zu analysieren (Friedrichs 1983, Heineberg et al. 2017).

Ein erstes Modell, zusammen mit einer für die soziologische und sozialgeographische Stadtanalyse wichtigen Theorie – „eine ,ideale Konstruktion' des typischen Prozesses der Stadtentwicklung" (Friedrichs 1983), – entwickelte **Ernest Burgess** (1925/1929) aufgrund von Beobachtungen der Stadtentwicklung Chicagos (Abb. 20.8). Chicago wies seit zirka 1890 ein hohes, in erster Linie zu- oder einwanderungsbedingtes Bevölkerungswachstum bei gleichzeitig hohem Anteil ethnischer Gruppen mit zugleich erheblichen sozialen und ökonomischen Konflikten auf. Günstig für die sozialökologische Forschung war, dass für Chicago seit 1920 Volkszählungsdaten für städtische Teilgebiete (*census tracts*) zur Verfügung standen.

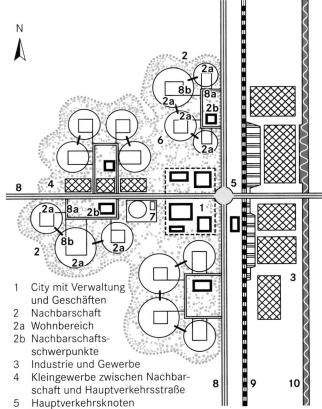

1 City mit Verwaltung und Geschäften
2 Nachbarschaft
2a Wohnbereich
2b Nachbarschafts-schwerpunkte
3 Industrie und Gewerbe
4 Kleingewerbe zwischen Nachbarschaft und Hauptverkehrsstraße
5 Hauptverkehrsknoten
6 Erholungsflächen und Grünverbindungen
7 Sportgebiet
8 Hauptverkehrsstraßen
8a Sammelstraßen
8b Anliegerstraßen
9 Eisenbahn
10 Schifffahrtskanal

Abb. 20.6 Modell der gegliederten und aufgelockerten Stadt (verändert nach Göderitz et al. 1957).

früher

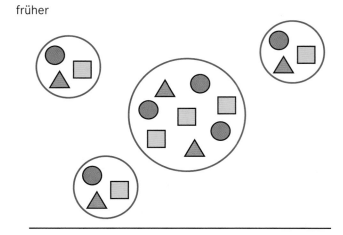

heute

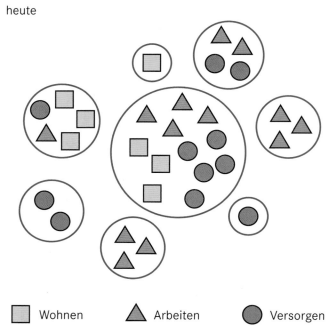

⬜ Wohnen   🔺 Arbeiten   🔴 Versorgen

Abb. 20.7 Modell der Siedlungsdispersion und Entmischung (verändert nach Bundesforschungsanstalt für Landeskunde und Raumordnung 1996).

Mittelpunkt des am Beispiel von Chicago von Burgess konzipierten sog. **Ringmodells der Stadtentwicklung** ist der *loop,* das Stadtzentrum (in den USA im Allgemeinen *downtown* genannt). In der Nähe des *loop,* das heißt in vom Verfall bedrohten Wohngebieten, siedelten sich in Chicago Zu- bzw. Einwanderer und Einwanderinnen in nach ihrer Herkunft homogenen Gruppen an. Hier konnten sie ihre kulturellen Traditionen weiterführen. Die Ghettobildung oder Wohnsegregation in dieser sog. Übergangszone (*zone in transition*) ist in dem Ringmodell von Burgess durch Bezeichnungen wie *Little Sicily* oder *China Town* angedeutet. Die Übergangszone war gleichzeitig auch durch eine Invasion von Geschäften und Leichtindustrie geprägt. Um diese *zone in transition* lagerten sich in Chicago wegen seiner Lage am Michigansee nur halbringförmig angeordnete Zonen in Ge-

stalt von Wohngebieten. Diese waren durch einen nach außen hin zunehmendem Sozialstatus der Bewohner charakterisiert. Es handelte sich zunächst um eine Arbeiterwohnzone (*zone of working-men's homes*), dann nach außen anschließend um eine sog. *residential zone* als Mittelschichtwohngebiet und daran angrenzend um eine sog. Pendlerzone (*commuters zone*) mit höheren sozialen Schichten in Vororten (*suburbs*) und Satellitenstädten.

Burgess ging in seinen Überlegungen zu diesem Entwicklungsmodell und auch in seiner Theorie der konzentrischen Ringe von zwei Annahmen aus, und zwar erstens: „Städte verändern sich ständig unter dem Einfluss der Konkurrenz um die Standortvorteile" und zweitens: „Städte sind integrale Einheiten, in denen kein Teilgebiet sich verändern kann, ohne dass daraus Folgen für alle anderen Teilgebiete entstehen" (Hamm 1982, Friedrichs 1983). In Bezug auf das Stadtwachstum nach außen war für Burgess die Expansion der ökonomisch stärkeren gewerblichen Nutzung, vor allem des tertiären Sektors, im *Central Business District* (innerhalb des *loop* bzw. der *downtown*) ganz entscheidend.

Um die Zonen oder Teilgebiete zu charakterisieren, benutzte Burgess zwei „Bündel von Indikatoren", und zwar „den sozioökonomischen Status der Bewohner (deren Schichtzugehörigkeit, Familienstatus und ethnische Zugehörigkeit) einerseits, andererseits die Baustruktur und die verschiedenen Nutzungsarten von Land (zur Produktion, für Verkehr usw.)" (Häußermann & Siebel 2004). Neuere Forschungen haben gezeigt, „dass es sich bei dem von Burgess formulierten Modell um die Struktur eines bestimmten Stadttypus in einer ganz bestimmten Entwicklungsphase handelt – oder, wie manche meinen, um ein spezifisches Modell der Stadt Chicago. […] Nicht einmal innerhalb der USA war es überall anwendbar. Seinem universalen Gültigkeitsanspruch konnte das sozialökologische Modell zu keiner Zeit gerecht werden" (ebd.).

Bereits 1939 kam der Stadtsoziologe **Homer Hoyt** zu einer Ablehnung des Ringmodells von Burgess. „Im Gegensatz zu Burgess führte Hoyt die Stadtentwicklung – zumindest überwiegend – auf die Veränderungen in den Wohnstandorten der statushohen Bevölkerungsgruppe zurück" (Friedrichs 1983). Empirische Untersuchungen räumlicher Mietpreisstrukturen in 30 US-amerikanischen Städten (zwischen 1900 und 1936), dabei insbesondere in Bezug auf die Lage von Wohngebieten der oberen Mittelschicht und Oberschicht, belegten nach Hoyt die These, dass die Entwicklung von Wohngebieten unterschiedlicher Miethöhe einem sektoralen Muster von der Stadtmitte zur Peripherie hin folgt. Darauf basierend entwarf Hoyt ein sog. **Sektorenmodell** (Abb. 20.9), wonach sich die Städte in relativ homogene Sektoren gliedern. Dies betrifft aufgrund der oben genannten empirischen Belege einerseits Sektoren mit höherem Sozialstatus der Bewohner und Bewohnerinnen, andererseits grenzte Hoyt in seinem Modell auch Sektoren für Industriegebiete und daran anschließende Arbeiterwohngebiete ab, die sich hauptsächlich entlang wichtiger Verkehrsleitlinien entwickeln. Umgekehrt meiden die wohlhabenden Schichten die Industrie- und Arbeiterwohnsektoren und siedeln sich ihrerseits in den dazwischen befindlichen Sektoren mit einer deutlichen Tendenz zur Peripherie hin an.

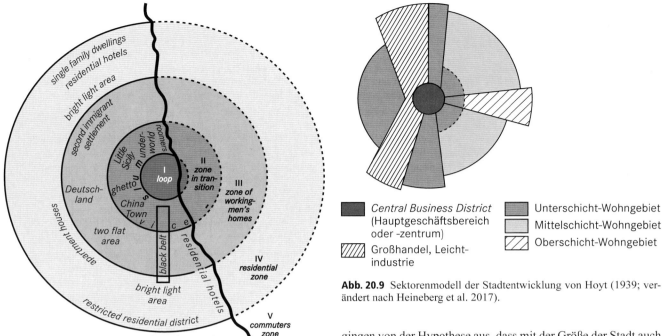

Abb. 20.8 Ringmodell der Stadtentwicklung von Burgess (verändert nach Heineberg et al. 2017).

Ähnlich wie das Ringmodell von Burgess ist somit auch das Sektorenmodell von Hoyt nicht statisch zu verstehen, sondern als Modell der Stadtentwicklung zu betrachten (Friedrichs 1983).

Demgegenüber ist das dritte der „klassischen" Stadtmodelle, das sog. Mehrkernemodell von **Chauncy D. Harris** und **Edward Ullman** aus dem Jahre 1945 (Abb. 20.10), eher ein Modell der Stadtstruktur als ein Modell der Stadtentwicklung (Friedrichs 1983). Mit dem **Mehrkernemodell** wurde u. a. versucht, die zentralörtlichen Funktionen einer Stadt zu berücksichtigen. Die Autoren

gingen von der Hypothese aus, dass mit der Größe der Stadt auch die Zahl und Spezialisierung ihrer sog. Kerne (Stadtmitte, peripher gelegene Geschäftszentren wie Shopping-Center, Kulturzentren, Parks oder kleine Industriezentren) wachsen. Im Mehrkernemodell werden auch Unterschiede zwischen dem zentralen Stadtgebiet (insbesondere des *Central Business Districts,* hohe Konzentration von Arbeitsplätzen) und den peripher gelegenen Nutzungseinheiten (vor allem in Bezug auf Oberschichtwohngebiete, aber auch auf Industriebezirke) deutlich. In dem Modell von Harris und Ullman geht es weniger darum, die räumlichen Verteilungen unterschiedlicher sozialer Strukturen darzustellen, wenngleich auch diesbezüglich eine gewisse zentral-periphere Abfolge existiert. Eine grundlegende Schwäche des Modells besteht darin, dass der Begriff „Kern" nicht eindeutig definiert ist; auch sind in dem Modell nicht die einzelnen „Kerne" berücksichtigt, sondern vor allem die Gebiete verschiedener Nutzung.

Legende (Abb. 20.9):
Central Business District (Hauptgeschäftsbereich oder -zentrum)
Großhandel, Leichtindustrie
Unterschicht-Wohngebiet
Mittelschicht-Wohngebiet
Oberschicht-Wohngebiet

Abb. 20.9 Sektorenmodell der Stadtentwicklung von Hoyt (1939; verändert nach Heineberg et al. 2017).

Kapitel 20

Abb. 20.10 Mehrkernemodell von Harris und Ullman (1945; verändert nach Heineberg et al. 2017).

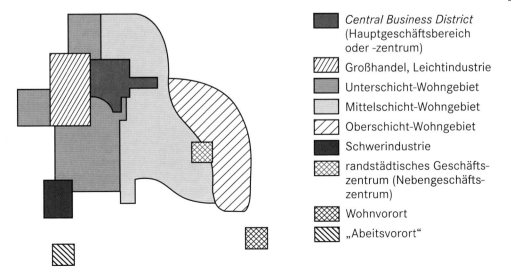

Legende (Abb. 20.10):
Central Business District (Hauptgeschäftsbereich oder -zentrum)
Großhandel, Leichtindustrie
Unterschicht-Wohngebiet
Mittelschicht-Wohngebiet
Oberschicht-Wohngebiet
Schwerindustrie
randstädtisches Geschäftszentrum (Nebengeschäftszentrum)
Wohnvorort
„Abeitsvorort"

Tab. 20.1 Forschungsrichtungen der allgemeinen Stadtgeographie (linke Spalte) und Möglichkeiten der inneren Gliederung von Städten (rechte Spalte).

morphogenetische Stadtgeographie (Stadtmorphologie)	**morphogenetische (oder morphologische) Stadtgliederungen** = räumliche Gliederungen nach Aufriss- und Grundrissstrukturen oder **Gliederungen nach der Stadtgestalt**
funktionale Stadtgeographie	**funktionale Stadtgliederungen** = Gliederungen nach Gebäude-/Flächennutzungen, d. h. räumliche Gliederungen nach den jeweils vorherrschenden Nutzungen oder Raumfunktionen bzw. Funktionsvergesellschaftungen
sozialgeographische Stadtforschung	**sozialräumliche Stadtgliederungen** = räumliche Gliederungen nach sozialen, sozioökonomischen und/oder auch demographischen Merkmalen (häufig mittels komplexer sog. multivariater statistischer Methoden im Rahmen der sog. Faktorialökologie und/oder quantitativen Stadtgeographie)
Zentralitätsforschung (Analyse innerstädtischer Zentralität)	**funktionsräumliche Stadtgliederungen** = räumliche Gliederungen nach Funktions- oder Kommunikationsbereichen (z. B. Schuleinzugsbereiche)
verhaltensorientierte Stadtgeographie	**aktionsräumliche Stadtgliederungen** = räumliche Gliederungen nach den Aktivitäten einzelner Individuen (oder Gruppen) zwischen Wohnstandort(en) und anderen Funktionsstandorten (z. B. Arbeitsplätze, Einkaufsorte, Vereinsstandorte) **Stadtgliederungen nach der subjektiven Raumwahrnehmung** *(mental maps)*
angewandte Stadtgeographie	**planungsbezogene Stadtgliederungen** = Gliederungen z. B. mit Abgrenzung sanierungsbedürftiger Gebiete, Stadtgliederungen entsprechend den Flächennutzungsplänen
weitere spezielle Gliederungsmöglichkeiten	z. B. nach Bodenwerten, Mietpreisen, Gebäudewerten oder etwa nach Verkehrsdichten, Verkehrsvolumen

Insgesamt wird das Modell allerdings den in Wirklichkeit häufig vorkommenden „mehrkernigen" Stadtstrukturen eher gerecht als das Ringmodell von Burgess und das Sektorenmodell von Hoyt.

Trotz der bereits oben sowie auch von anderen Autoren geäußerten Kritik an den drei „klassischen" Stadtmodellen der Chicagoer Schule der Sozialökologie – u. a. wegen Theoriedefiziten, Fragen der empirischen Überprüfung ihrer Allgemeingültigkeit, zu starker Orientierung auf die Situation nordamerikanischer Städte der Zwischenkriegszeit, das heißt auf den Zeitraum der beginnenden massiven jüngeren Suburbanisierung, generelle Beschränkung der Aussagekraft auf kapitalistische Staaten mit freier Marktwirtschaft, Nichtberücksichtigung der dritten Dimension, das heißt der vertikalen Nutzungsdifferenzierung in Städten –, hatten sie insgesamt eine grundlegende Bedeutung für die Entwicklung neuerer, komplexerer Modellvorstellungen für ganze Stadtregionen, auch in anderen Kulturerdteilen: Sie waren Ausgangspunkte für die jüngere Erarbeitung von Stadtmodellen in einer Reihe von größeren Kulturräumen der Erde (USA und Lateinamerika, Orient, Südafrika usw.) seitens der empirischen geographischen Stadtforschung (Heineberg et al. 2017). Dabei erwiesen sich Kombinationen der drei klassischen Stadtmodelle als relevant.

Den drei klassischen Modellen kommt bis heute auch eine erhebliche **didaktische Bedeutung** zum Verständnis und zur Veranschaulichung von räumlichen Stadtgliederungen und Stadtentwicklungsprozessen zu, wenngleich sie für sich nicht ausreichen, die inzwischen stark zugenommenen Tendenzen der „Auflösung" der Städte im Rahmen der Suburbanisierung und anderer peripherer Entwicklungen sowie auch der sich abzeichnenden stärkeren innerstädtischen Fragmentierungen nach speziellen Nutzungen usw. abzubilden.

Die klassischen Modelle betreffen insbesondere zwei wichtige Typen innerstädtischer Gliederung: die funktionale und die so-

zialräumliche. In den Stadtmodellen für einzelne Kulturerdteile werden teilweise auch morphogenetische Merkmale berücksichtigt. Die Tab. 20.1 gibt eine Übersicht über die Möglichkeiten der inneren Gliederung von Städten in Bezug auf Hauptforschungszweige der Stadtgeographie.

Modelle der zukünftigen Siedlungsstruktur im Sinne nachhaltiger Stadtentwicklung

Der sich seit jüngerer Zeit in städtischen Agglomerationen abzeichnende Transformationsprozess wurde von Sieverts (1997/1999) in Bezug auf Europa als „Auflösung der kompakten historischen europäischen Stadt" zugunsten „einer ganz anderen, weltweit sich ausbreitenden neuen Stadtform" bezeichnet: der **verstädterten Landschaft** oder der „verlandschafteten Stadt". Diesen neuartigen, dezentralisierten Siedlungstyp beschrieb Sieverts zur Vereinfachung mit „Zwischenstadt", die nicht als Leitbild, sondern als von der Planung bislang vernachlässigte Realität bezeichnet wurde. Sieverts hat mit seinem Buch „Die Zwischenstadt" (1999) ganz maßgeblich die jüngere Debatte um die zukünftige Siedlungsstrukturentwicklung und deren Leitbilder mit beeinflusst.

Nach Bose (2001) hat die „Debatte über Siedlungsentwicklung in Stadtregionen (…) nicht erst seit Thomas Sieverts Buch ‚Die Zwischenstadt' (1999) wieder Konjunktur. In vielen Stadtregionen wurde in den 1990er-Jahren des vergangenen Jahrhunderts zudem wieder intensiv über räumliche und inhaltliche Leitvorstellungen diskutiert. Diese werden in zahlreichen informellen Planungsprozessen auf Stadtteil-, Gesamtstadt oder stadtregionaler Ebene (z. B. in Lokalen Agenden, Stadtmarketingprozessen, Regionalforen und Regionalen Entwicklungskonzepten) entwickelt." Im Rahmen der jüngeren städtebaulichen Leitbilddis-

gestern   heute   morgen (Stadt der kurzen Wege)

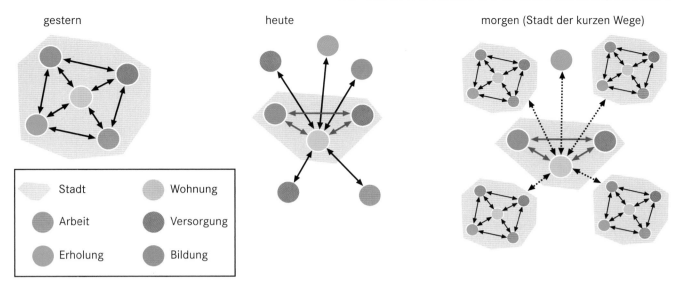

Stadt	Wohnung
Arbeit	Versorgung
Erholung	Bildung

Abb. 20.11 Modell der Entwicklung der räumlichen Muster der Daseinsgrundfunktionen bis zu einer „Stadt der kurzen Wege" (verändert nach Wiegandt 2002).

kussion wurde auch eine Reihe von Siedlungsstrukturkonzepten oder modellhaften Zukunftsvorstellungen für Stadtregionen entwickelt (Bose 2001). Besonderen Einfluss darauf hatten die seit den 1990er-Jahren diskutierten sowie zunehmend realisierten Konzepte einer **nachhaltigen Stadtentwicklung** als Leitbild. Diese wurde von der Konferenz der Vereinten Nationen für Umwelt und Entwicklung im Jahre 1992 in Rio de Janeiro mit ihren Aktionsprogrammen und den dadurch initiierten lokalen Handlungsprogrammen (sog. lokale Agenden 21) für eine ökologisch, wirtschaftlich und sozial verträgliche Entwicklung beeinflusst.

Als wichtige **Ordnungsprinzipien** einer nachhaltigen Stadtentwicklung und damit als Strategien für die Zukunft sind weitgehend anerkannt (vgl. Bundesforschungsanstalt für Landeskunde und Raumordnung 1996):

- Die Schaffung kompakterer und dennoch hochwertiger baulicher Strukturen, um ein Ausufern der Siedlungen in der Fläche zu verhindern (sog. Dichte im Städtebau).
- Die funktionale Mischung innerhalb von Stadtquartieren durch Verflechtungen von Wohnen und Arbeiten, aber auch von Versorgung und Freizeit. Von Bedeutung sind auch die Förderung sozialer Mischungen nach Einkommensklassen, Haushaltstypen und Lebensstilgruppen sowie die Planung baulich-räumlicher Mischungen. So fördert die nachhaltige Stadtentwicklung als neues partielles Leitbild die „Kompakte Stadt" (auch die „Stadt der kurzen Wege" genannt), in der die Lebensbereiche Wohnen, Arbeiten, Sich-Bilden, Einkaufen und Erholen – im Gegensatz zu den früheren Forderungen der Charta von Athen sowie zur gegliederten und aufgelockerten Stadt – gut durchmischt sind.
- Die sog. Polyzentralität, insbesondere in Gestalt der sog. dezentralen Konzentration. Dadurch können der anhaltende Siedlungsdruck im Umland der Städte auf ausgewählte Siedlungsschwerpunkte gebündelt und etwa eine größere Tragfähigkeit des ÖPNV erreicht werden.

Die Abb. 20.11, die auf Abb. 20.7 aufbaut, zeigt (rechts) modellhaft das auf dem Konzept einer nachhaltigen Stadtentwicklung basierende Leitbild einer „Stadt der kurzen Wege". „Ein wichtiges Ziel ist es, kleinräumige Vernetzungen wieder zu ermöglichen, wenn dies in einer globalisierten und arbeitsteiligen Weltgesellschaft auch nicht in allen Lebens- und Wirtschaftsbereichen möglich ist. Aber gerade für den städtischen Alltag lassen sich mit lokalen Netzwerken bessere Voraussetzungen für eine umweltverträgliche und Ressourcen schonende Stadtentwicklung schaffen" (Wiegandt 2002).

In ähnlicher Form haben Hesse & Schmitz (1998) als eines der möglichen Zukunftsszenarien der Siedlungsstruktur und Interaktionsmuster die **„nachhaltige Stadtlandschaft"** skizziert (Zukunft 3 in Abb. 20.12). „Ihr Petitum für das Szenario ‚Nachhaltige Stadtlandschaft' begründen sie damit, dass es erforderlich sei, auf der Grundlage einer möglichst realistischen Betrachtung der treibenden Kräfte der Suburbanisierung eine differenzierte Strategie der Dezentralisierung und Verkehrssparsamkeit zu entwickeln. Durch die Förderung von Innenentwicklung, kleinräumiger Vernetzung und kompakten Dezentralisierungen in enger räumlicher Nähe zu den Kernstädten glauben sie, eine den Nachhaltigkeitszielen am ehesten entsprechende regionale Siedlungsstruktur fördern zu können" (Bose 2001). Ein anderes mögliches Szenario, und zwar das einer dezentralen Konzentration (von Hesse & Schmitz als Zukunft 2 [Abb. 20.12] einer **Reurbanisierung** bezeichnet, die etwa in der gemeinsamen Landesentwicklungsplanung von Berlin und Brandenburg präferiert wurde), entspricht weniger einer nachhaltigen Stadtentwicklung. Letzteres gilt erst recht nicht für die Zukunftsvision des *urban sprawl* (Fortsetzung der sog. Desurbanisierung), das heißt einer Amerikanisierung der Stadtlandschaft (Zukunft 1 in Abb. 20.12).

Wie sich etwa eine vielpolig nach speziellen Nutzungen fragmentierte und miteinander vernetzte räumliche Struktur inner-

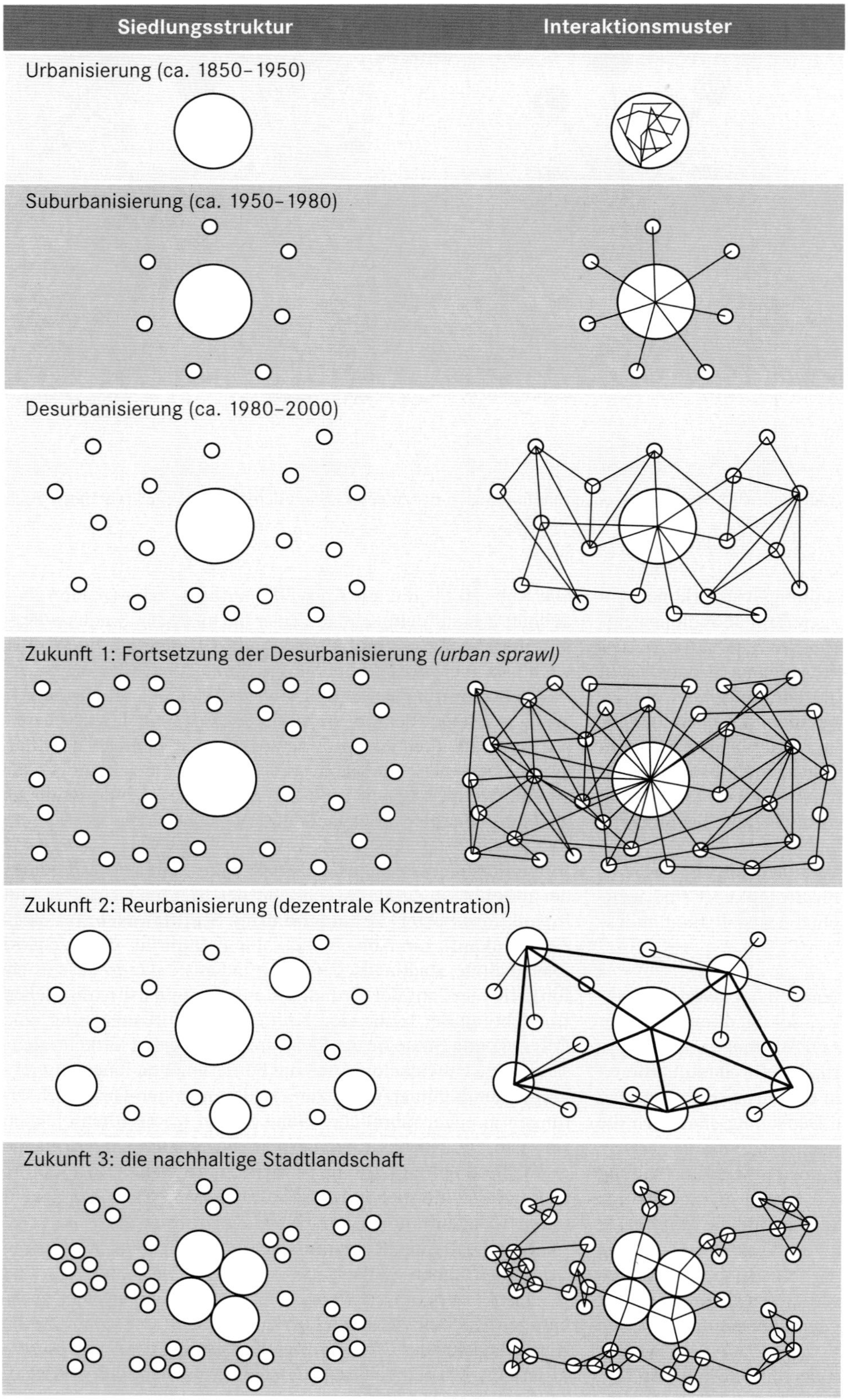

Abb. 20.12 Szenarien zukünftiger Siedlungsstrukturen und Interaktionsmuster (verändert nach Hesse & Schmitz 1998).

halb einer Stadtregion entwickeln kann, zeigt das Ruhrgebiet anhand vieler Beispiele einer sog. postindustriellen Fragmentierung (auch im Sinne der „Zwischenstadt" nach Sieverts 1999), die sich in die Grundstruktur einer traditionell polyzentrisch geprägten städtischen Agglomeration einfügt.

20.3 Stadtentwicklung und Immobilienwirtschaft

Susanne Heeg

Für die Immobilienwirtschaft sind Großstädte das Investitionsziel der Wahl, da sie in der Regel wichtige Wirtschaftsstandorte und Jobmotoren sind. Hier können derzeit im Rahmen von Transaktionen Preise realisiert werden, die noch vor ein paar Jahren undenkbar schienen. Insbesondere seit 2010 hat die Nachfrage nach Immobilien aller Art in diesen Städten zugenommen. Mit Blick auf diese Entwicklungen verwundert es nicht, dass auch die gestalterische Rolle und Bedeutung der Immobilienwirtschaft für die ökonomische Entwicklung ebenso wie für die sozialen Lebensbedingungen von Städten zunimmt. Wenn man vor diesem Hintergrund aus einer stadt- und wirtschaftsgeographischen Perspektive das Verhältnis von Immobilienmarkt und Stadtentwicklung skizzieren möchte, ist es notwendig, zunächst einführend einige grundsätzliche Veränderungen in der Immobilienwirtschaft und die sich daraus ergebenden Konsequenzen für die gebaute städtische Umwelt zu umreißen. Von dieser Basis aus lässt sich dann verstehen, warum und in welcher Weise Städte zum primären Investitionsziel der Immobilienwirtschaft werden und welche Folgen sich daraus für die Städte ergeben.

Internationalisierung von Immobilieninvestitionen

In der Immobilienwirtschaft haben sich seit den 1980er-Jahren grundlegende Veränderungen ergeben. Es gibt neue Finanzierungsinstrumente, Akteure, Anlageformen und Kalkulationsweisen, die eine **Internationalisierung von Immobilieninvestitionen** begünstigt haben. Hintergrund hierfür ist ein neoliberaler Siegeszug, der zu einer selektiven Übernahme von marktliberalen Argumentations- und Politikmustern und einer globalen Ausweitung kapitalistischer Verwertungsimperative geführt hat. Viele Regierungen gaben die Kontrolle der Kapitalbewegungen zugunsten eines marktregulierten Systems auf, in dem die internationalen Kapitalflüsse freigegeben wurden. Vorreiter der Deregulierung von (Finanz- und Immobilien-) Märkten waren die USA und Großbritannien, die sich daraus Wettbewerbsvorteile versprachen und damit in anderen Staaten einen (de-)regulativen Anpassungsdruck erzeugten. Auch in Deutschland erfolgte mit Verweis auf die Herausforderungen und Chancen, die die Weltwirtschaft biete, eine Liberalisierung und Deregulierung der Wirtschaft.

Deregulierung in der Immobilienwirtschaft

Die Liberalisierung konzentrierte sich auf die Förderung und Dynamisierung des heimischen Kapitalmarkts, die mithilfe von vier Finanzmarktförderungsgesetzen zwischen 1990 und 2002 forciert wurden. In diesem Zusammenhang wurde eine Vielzahl von Finanzierungsinstrumenten eingeführt oder liberalisiert, die gerade auch für die gebaute Umwelt große Relevanz hatten. Dies gilt für Formen der Immobilienanlage wie *Real Estate Investment Trusts* (REITs), Immobilien-AGs, *Real Estate Private Equity Funds* (REPE), Immobilienspezialfonds sowie offene und geschlossene Immobilienfonds, die aufgrund unterschiedlicher Risiko-, Steuer-, Gewinn- und Rückgabemöglichkeiten ein breites Feld von Anlagebedürfnissen und -wünschen bedienen. Zeitgleich sind neue Finanzierungsstrukturen (verschiedene Formen von Mezzazine-Kapital) zugelassen oder reformiert (Pfandbriefe) worden. Insgesamt wurde mit dem breiten und vielfältigen Angebot an finanzmarktbasierten Anlagemöglichkeiten das verfügbare Investitionskapital für Immobilien erhöht. Große institutionelle Anleger wie Versicherungen, Pensionskassen, Versorgungswerke, Vermögensverwaltungen, Stiftungen, Banken und sonstige Unternehmen nutzten neue Finanzierungsinstrumente wie das **Fondsinvestment**, um indirekt in Immobilien zu investieren, da es erlaubt, ohne eigenes Immobilien-Knowhow von Immobilieninvestments zu profitieren.

Seit einigen Jahren haben sich in diesem Zusammenhang Spezialfonds innerhalb der Gruppe offener Immobilienfonds zu einer der wichtigsten Anlageform entwickelt. Diese Fonds sind eigens für nicht natürliche Anleger (z. B. Versicherungen, Pensionskassen, Banken etc.) aufgelegt worden. Im Unterschied dazu sind Immobilien-Publikumsfonds auch für kleine Privatanleger offen. Beide Fondsformen haben für Anleger den Vorteil, dass Dienstleistungen und Erfahrungen der Kapitalanlagegesellschaften für Immobilienanlagen genutzt werden können. Abb. 20.13 zeigt die Entwicklung der Anlagesumme beider Formen zusammen.

Boom and Bust

Anhand der Abb. 20.13 kann man erkennen, dass der in Immobilien investierte Teil – unabhängig von der Anlageform – nicht immer gleich bleibt, sondern Schwankungen unterworfen ist. In der jüngeren Vergangenheit lassen sich zwei wichtige Wellen erkennen, in denen das in Immobilien investierte Kapital zu-, ab- und wieder zunahm. Der Rhythmus gehorcht allerdings weniger dem in der Immobilienwirtschaft beschworenen Schweinezyklus, sondern ist eher krisen- und spekulationsgetrieben.

Nach dem Platzen der Dotcom-Blase im Jahr 2000 nahmen die Investitionen in Gewerbeimmobilien stark zu. Auch *Hedgefonds* und *Private Equity Funds* – vom letzten Finanzmarktförderungsgesetz ins Leben gerufen – begannen verstärkt in öffentliche Wohnungsbestände zu investieren, die im großen Maßstab von Städten und Kommunen verkauft wurden (Heeg 2013). Bei der

Fondsvermögen der deutschen offenen Immobilienfonds
(Publikum / Spezial) in Mio. Euro

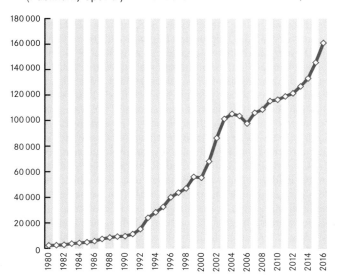

Abb. 20.13 Entwicklung der Anlagesumme in Immobilien-Spezial-
und Publikumsfonds (Quelle: Deutsche Bundesbank 2018).

Abb. 20.14 Der Opernturm (rechts) und weitere Hochhäuser in Frankfurt (Foto: Uwe Dettmar).

Suche nach neuen aussichtsreichen Anlagen setzte ein Run auf Immobilien ein, der dazu führte, dass sich Investoren selbst für Bürogebäude in problematischem Zustand und ohne Mieter oder Mieterinnen interessierten. Aber auch dieser Überschwang fand mit der weltweiten **Finanzkrise** ein Ende, als viele Investoren gezwungen waren, ihr Kapital aufgrund von instabilen Finanzierungsmodellen wieder abzuziehen. Tatsächlich erfolgten in nicht unerheblichem Maße Konkurse der REPE-Wohnungsunternehmen und offenen Immobilienfonds, die ihr Geschäftsmodell aufgrund von nicht mehr gegebenen Finanzierungsbedingungen aufgeben mussten. Dies setzte eine Kette in Gang, in der sich finanzmarktorientierte Investoren in Deutschland aus den Immobilieninvestitionen zurückzogen.

Ein Beispiel dafür ist etwa der Opernturm in Frankfurt (Abb. 20.14), der 2008 im Rohbau an den offenen Immobilienfonds „KanAm Grundinvest" verkauft werden sollte. Dieser Verkauf scheiterte jedoch aufgrund der Finanzkrise. Ein Verkauf gelang erst 2010 im Zusammenhang mit einer wieder anziehenden Immobilienkonjunktur. Der Turm wurde dann für rund 550 Mio. Euro von einem Joint Venture der „Government of Singapore Investment Corporation" und einem institutionellen Fonds gekauft.

Auch diese zweite Welle hat ihren Ausgang in krisenhaften Entwicklungen. Seit der Finanzkrise sind große Teile der EU von geringem und zum Teil **negativem Wirtschaftswachstum** geprägt. Um Investitionskapital günstig zu machen und Wirtschaftswachstum anzuregen, senkte die Europäische Zentralbank (EZB) das Zinsniveau auf ein historisch niedriges Niveau und kauft seitdem im großen Stil Staatsanleihen und andere Wertpapiere auf. Im Zuge dessen ist mehr als genug Kapital in Umlauf gekommen, für das ertragreiche Anlagen gesucht werden. Tatsächlich herrscht jedoch ein Mangel an profitablen,

aber relativ sicheren Anlagemöglichkeiten, denn angesichts weltwirtschaftlicher Unsicherheiten sucht eine Vielzahl von Anlegern Assets, die ein geringes Risiko und hohe Renditen versprechen. Immobilien nehmen in dieser Situation eine doppelte Rolle ein: Zum einen sind sie attraktiv, da ihre durchschnittlichen Renditen aktuell über dem Zinsniveau liegen; zum anderen können Immobilien eine relativ sichere Anlage sein, wenn sie bestimmte Lage-, Qualitäts- und Vermietungskriterien aufweisen.

Die Folgen dieser Politik lassen sich der Abb. 20.15 entnehmen. Dargestellt sind die Direktinvestitionen in Grund und Boden sowie in darauf befindliche Immobilien, das heißt der Grunderwerb.

Erkennbar ist die starke Zyklizität des Investitionsverhaltens. Mit der Finanzkrise brach das Transaktionsvolumen in den Jahren 2008 und 2009 ein. Erst ab 2010 erholte sich das Transaktionsvolumen wieder allmählich, um dann aber in den Jahren 2015 und 2017 noch höher auszufallen als zu den besten Zeiten vor der Finanzkrise. Dies ist ein deutliches Zeichen für den erneuten Immobilienboom.

Städte als Investitionsziel

Großstädte sind oftmals das Investitionsziel der Wahl, da sie in der Regel wichtige Wirtschaftsstandorte und Jobmotoren sind. Dies macht sich auf dem Wohn- und Gewerbeflächenmarkt positiv bemerkbar. Die Wahrscheinlichkeit, dort im Falle des Verkaufs und/oder Auszugs neue Mieterinnen bzw. Mieter und/oder Käuferinnen bzw. Käufer für Wohn- oder Geschäftsimmobilien zu finden, ist hoch und zwar meist zu einem besseren Preis. Weil die wahrscheinlichen Zahlungen die erwarteten Gewinne einer Anlage bestimmen, sind diese Städte bevorzugte Ziele. Natürlich gibt es innerhalb dieser Städte unterschiedlich stark nachgefragte Lagen, aber insgesamt ist die Sicherheit, Objekte vermieten oder verkaufen zu können, in diesen Großstädten höher als in Kleinstädten.

Insbesondere seit 2010 hat die **Nachfrage nach Immobilien** aller Art in diesen Städten zugenommen. Risikoscheue Investoren wie Versicherungen, Staats- oder Pensionsfonds versuchen als direkte oder indirekte Investoren, Immobilien in diesen Städten zu erwerben, in der Erwartung, dass der Wiederverkaufswert gesichert ist sowie Preissteigerungen (bei Vermietung, aber auch bei Verkäufen) realisiert werden können. Da das Angebot im Zuge des Booms kleiner geworden ist, die Nachfrage aber zugenommen hat, werden gegenwärtig auch Objekte verkauft, die aufgrund ihrer Lage und/oder Qualität noch vor 2010 als weitgehend unverkäuflich, unrentabel bzw. unvermietbar betrachtet wurden.

Hinzu kommt, dass im Rahmen von Transaktionen Preise realisiert werden können, die noch vor ein paar Jahren undenkbar schienen. So wird Anfang 2016 berichtet, dass das Transaktionsvolumen im Bereich von Gewerbeimmobilien seit 2009 jährlich zugenommen hat und im Jahr 2015 mit 55,5 Mrd. Euro annähernd so hoch war wie im Rekordjahr 2007 (Katzung 2016). Die Höhe des Transaktionsvolumens ist dabei ein kombiniertes Ergebnis der Anzahl von Verkaufsfällen, vor allem aber auch von Preissteigerungen. Dies zeigt sich deutlich am Wohnimmobilienmarkt. Obwohl die Zahl der verkauften Wohneinheiten in Deutschland von 2016 auf 2017 um 8,8 % sank, wurde 2017 mit

15,7 Mrd. Euro das zweitbeste Ergebnis der letzten 10 Jahre für den Verkauf von Wohnimmobilien und -portfolios erreicht; dahinter steht ein Anstieg der Durchschnittspreise um 22,7 % (NAI Apollo 2018). Dies lässt auf eine hohe Nachfrage schließen, die mit einem harten Wettbewerb um Objekte einhergeht. Als Folge davon werden die Ankaufsprüfungen (*due diligence*) heruntergefahren, um gegenüber Wettbewerbern zeitlich im Vorteil zu sein. So wird gegenwärtig der bauliche Zustand nicht mehr konkret und in der Praxis am Gebäude geprüft, sondern es kommt eine abstrakte Bewertung zum Ansatz, bei der zu erwartende Instandsetzungskosten anhand des Alters des Gebäudes und von Bauteilen errechnet werden. Ausgangs- und Endpunkt der Kalkulation sind also Tabellen, die einen Überblick über durchschnittliche Abnutzungsdaten und weniger über konkrete Zustände geben. Schlussendlich bedeutet dies, dass Objekte nachlässiger geprüft und Risiken getragen werden.

Auch wenn es gegenwärtig aufgrund dieser Entwicklungen die Tendenz gibt, Gebäude zu halten, so sind einzelne risikobereite Investoren dazu bereit, schnell wieder zu verkaufen, um so einen hohen Gewinn in einer anhaltenden Boomphase zu realisieren. So erwarb die Immobiliengruppe Patrizia im Mai 2015 ein Paket mit 13 500 Wohnungen, das mit 827 Mio. Euro in die Bücher gestellt wurde. Bereits am Ende des gleichen Jahres wurden diese Wohnungen an eine Immobilien AG für 1,1 Mrd. Euro weitergegeben (Leykam 2016). Interessant in diesem Zusammenhang ist, dass Patrizia dieses Wohnimmobilienpaket bereits einige Jahre vorher schon einmal einer deutschen Versicherung abgekauft und danach an einen schwedischen Immobilienfonds verkauft hatte. Ähnliches gilt für das Projekt „The Q" (vorher Quartier 205), das von Tishman Speyer 1995 fertiggestellt und 2007 verkauft wurde. Im Jahr 2015 wurde das Objekt erneut von Tishman Speyer für seinen „European Core Fund" erworben (Leykam 2016). In diesem Roulette steigen die Kaufpreise für Büro-, Handels- und Wohnflächen zusehends, ohne dass substanziell etwas an den Objekten verändert wird. Da aber irgendwann irgendjemand Zahlungen leisten muss, um Gewinnerwartungen zu bedienen, müssen die Mieter und Mieterinnen ständig mehr zahlen. Denn die Steigerungen im Kaufpreis erhöhen den Druck, zügig **Mieterhöhungen** zu realisieren, um aus dem Paket eine ertragreiche Anlage zu machen.

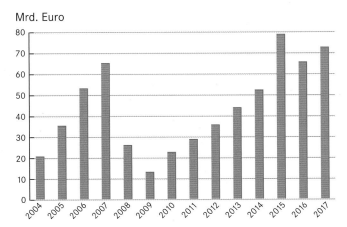

Mrd. Euro

Abb. 20.15 Transaktionsvolumen am Immobilien-Investmentmarkt in Deutschland von 2004 bis 2018 (in Mrd. Euro; Quelle: www.statista.de).

Ausweichstrategien

Diese Ausführungen belegen die **Dynamik eines Immobilienkarussells**, das die Preise in schwindelnde Höhen treibt und die Renditen unter Druck setzt. Investoren versuchen darauf eine Antwort zu finden, die sich grob in vier Strategien gliedert:

- Räumliche Verlagerung der Suchstrategie: Immobilienkäufer und -käuferinnen suchen seit mehreren Jahren verstärkt jenseits der Großstädte nach Anlagemöglichkeiten und treiben dabei auch dort die Preise nach oben. Sogar Duisburg, Oberhausen oder Mühlheim sind inzwischen – so die Immobilien-Zeitung, die das Stimmungsbarometer der Immobilienwirtschaft ist – nicht mehr die neuesten Investitionsziele, sondern Merseburg,

Abb. 20.16 Boarding-House in Frankfurt a. M. (Foto: Max Hellriegel, 2018).

Hildesheim oder Kronach (IZ 2018). Es handelt sich um mittelgroße Städte, die, weil sie Hochschulstandorte sind, für Wohninvestments eine verlässliche Mieterschaft bieten.

■ Projektentwicklungen: Das Marktgeschehen verschiebt sich in Richtung Projektentwicklungen, da käufliche Objekte – unabhängig davon, ob es sich um Wohnungen oder Büros handelt – immer knapper werden. Um also weiterhin Investments tätigen zu können (oder auch „Geld produktiv einzusetzen"), ist es für institutionelle Investoren inzwischen notwendig, in Bereichen aktiv zu werden, die bislang nicht im Tätigkeitsspektrum lagen.

■ Finanzdominierte Wohnungsunternehmen: Die großen Wohnungsunternehmen, die aus den *Private Equity Funds* und *Hedgefonds* hervorgegangen sind, zeichnen sich durch eine selektive Verwertung des Wohnungsbestands aus. Während es nach wie vor eine Tendenz gibt, Wohnungspakete in Städten mit geringem Wirtschaftswachstum zu verkaufen (und die Wohnsubstanz zu vernachlässigen), wird versucht, Wohnungen in wirtschaftsstarken Städten zu kaufen und flächendeckend zu modernisieren. Dies ermöglicht neben den regulären Mieterhöhungen weitere Mietpreissteigerungen, da bis 2019 bis zu 11 % der Modernisierungskosten pro Jahr auf

die Miete umgeschlagen werden konnten. Nach Protesten hat der Gesetzgeber die maximale Höhe auf 8 % reduziert.

■ Weitere „Assetklassen": Diese Entwicklungen führen dazu, dass immer umfangreichere Teile der gebauten Umwelt in Städten in den Suchradar von Investoren geraten. Inzwischen stellen nicht mehr alleine Wohnungen attraktive Vermögensanlagen jenseits der klassischen Assets von Büros und Einzelhandel dar, sondern Gleiches gilt auch für Parkhäuser, Studierendenwohnheime, Datenzentren, Pflegeheime, Ärztehäuser, Kliniken, Wellness-Hotels, Logistikimmobilien etc. Ein Beispiel hierfür ist die UNINEST Student Residences" (Abb. 20.16) als Teil des Unternehmens „Global Student Accommodation", die weltweit das Interesse institutioneller Investoren an alternativen Anlageklassen bedienen.

Es lässt sich zusammenfassen, dass gegenwärtig alles als Asset mobilisiert wird, was sich in irgendeiner Form in Fonds bündeln lässt. Sicherlich ist das noch ausdehnbar auf Schulen, Kirchen, Straßen, Brücken und Infrastrukturen im Bereich von Wasser und Abwasser. Dem immobilienwirtschaftlichen Hunger sind gegenwärtig kaum Grenzen gesetzt.

Folgen für Städte

Trotz dieser Ausführungen gilt, dass die Akteure sich in Bezug auf ihre Risikoneigung und die Lang- bzw. Kurzfristigkeit ihrer Investments unterscheiden. Dies hat Auswirkungen darauf, wie die Immobilien verwertet werden. In der Regel sind – häufig indirekte – Akteure wie Pensionskassen oder Versicherungen daran interessiert, Anlagen länger zu halten. Sie sind dabei unter Umständen bereit, höhere Einstiegspreise zu zahlen, da es ihnen vor allem darum geht, sichere und stabile Erträge in der Zukunft zu erzielen. Um die zur Auszahlung anfallenden Verträge mit den eigenen Kapitalgebern bzw. Versicherten bedienen zu können, wird bevorzugt in jene Immobilien und Lagen investiert, die selbst bei wechselnder Konjunktur stetige Erträge versprechen. Dies sind vor allem innerstädtische Immobilienbestände – unabhängig davon, ob es sich um Büro-, Einzelhandels- und/oder Wohnobjekte handelt. Demgegenüber ist das Management vieler *Opportunity Funds* risikobereit und geht in die Projektentwicklung oder versucht, „*under-*" oder „*non-performing property*" schnell wieder „marktfähig" zu machen, um mit geringem Aufwand und innerhalb eines begrenzten Zeitfensters die Immobilie mit hohem Gewinn weiterverkaufen zu können. Nicht selten treffen sich dabei die Interessen von Stadtpolitikerinnen bzw. -politikern und Investoren. Während Städte mit diesen Investitionen die Aufwertung von benachteiligten und vernachlässigten Stadtvierteln verbinden, erwarten Projektentwickler und Investoren, mit den Investitionen vermögende Haushalte und Anleger ansprechen zu können, da diese bereit sind, entsprechende Preise zu zahlen, die hohe Renditen garantieren. Städte sind gegenwärtig von einem regelrechten **Entwicklungs- und Umwandlungsfieber** ergriffen. Neben den Investoren dürften die Gewinner dieser Projekte und dieser Entwicklung klar sein: Es sind vor allem die vermögenden Mittelschichten oder, wie sie häufig genannt werden, die Leistungsträger städtischer Gesellschaften. Demgegenüber verlieren Bewohner und Bewohnerinnen sowie Haushalte mit einem geringen Einkommen, mit prekären Beschäftigungsverhältnissen, in instabilen sozialen bzw. psychischen Situationen und mit ungeklärten Aufenthaltstiteln.

In größeren Bereichen der Städte greifen **Gentrifizierungsprozesse** (Exkurs 20.2), die zur Verdrängung von Bewohnerinnen und Bewohnern in Randlagen bzw. in das Umland führen. Städte befinden sich diesbezüglich in einem Zwiespalt: Sie benötigen die gehobene Mittelschicht als Steuerzahlende und aktive Stadtbürger und -bürgerinnen; zugleich bedeutet eine Verdrängung und Vertreibung von sozial benachteiligten Bewohnerinnen und Bewohnern vermehrt Wohnungsnotfälle, die von Städten aufgefangen werden müssen, indem sie Unterkünfte als Ausweichmöglichkeiten anbieten. Aber auch hier profitieren nicht selten institutionelle Investoren. Jene Haushalte, die versuchen, in kleineren Städten günstigere Mietwohnungen zu finden, müssen feststellen, dass auch dort das Preisgefüge hoch ist seitdem dort institutionelle Investoren tätig geworden sind. Damit stellt sich aber kurzfristig die Frage, wohin ärmere Haushalte ausweichen können, und langfristig, wie den großräumigen Segregationstendenzen begegnet werden kann.

20.4 Kritische Stadtgeographie

Bernd Belina

Kritische Stadtgeographie befasst sich aus geographischer Perspektive mit urbanen Phänomenen. Diese versteht sie als in umkämpften gesellschaftlichen Praxen und Prozessen produziert und deshalb als veränderbar. Eine geographische Perspektive fragt nach der Rolle und Relevanz räumlicher Unterschiede zur Beschreibung, Erklärung und Veränderung dieser Phänomene. Zudem reflektiert Kritische Stadtgeographie bei der Forschung ihre eigene Position als Teil urbaner Prozesse und Kämpfe stets mit (Kritische Geographie; Brenner 2009). Unter diese notwendig breite Bestimmung von Kritischer Stadtgeographie fallen viele unterschiedliche Themen und Phänomene (Belina et al. 2018): Gentrifizierung (Exkurs 20.2) genauso wie Schrumpfung und Suburbanisierung, soziale Bewegungen und Hausbesetzungen genauso wie *racial profiling* (s. u.).

Von Stadt vs. Land zur Urbanisierung

Nicht immer ist klar, was Stadt von Nicht-Stadt unterscheidet. Der traditionell herangezogene Gegensatz zwischen Stadt und Land scheint immer weniger trennscharf zu sein. Dies thematisieren die Diskussionen um die „vollständige Urbanisierung der Gesellschaft", die von Henri Lefebvre (1972) angestoßen wurden und nach denen der gesamte Planet „urbanisiert" ist (Brenner 2009).

Im folgenden Abschnitt wird diskutiert, wie Kritische Stadtgeographie das Problem der Unterscheidung von „Stadt" und „Land" löst – indem sie nämlich den Prozess der Urbanisierung im Anschluss an Henri Lefebvre ins Zentrum stellt. Dies wird anschließend für die Urbanisierung des Kapitals im Anschluss an David Harvey sowie für die Urbanisierung von Intersektionalitäten am Fall des *racial profiling* näher ausgeführt.

Der klassische Gegenbegriff von „Stadt" ist das „Land". Die Stadtforschung diskutiert schon lange, worin sich das Leben in der Stadt von dem auf dem Land unterscheidet (Häußermann & Siebel 1978). Anhand der klassischen Position des Soziologen Georg Simmel (1903) können zwei Perspektiven identifiziert werden, aus denen der Unterschied zwischen Stadt und Land meist bestimmt wurde. Beide werden im Folgenden vorgestellt. Anschließend wird unter Bezug auf Harvey (1996) und Lefebvre (1972) diskutiert, warum es sinnvoller ist, Stadtforschung (und damit Stadtgeographie) basierend auf „Urbanisierung" anstelle von „Stadt" zu bestimmen.

Simmel (1903) bezeichnet die **„Blasiertheit" des Städters** als Spezifikum des Lebens in der Stadt. Diese habe zwei Quellen. Erstens sei sie eine Folge der „Zusammendrängung von Menschen und Dingen". Die Unüberschaubarkeit der zahlreichen Nervenreize mache es Stadtbewohnern und -bewohnerinnen unmöglich, sich auf alle neuen Eindrücke ernsthaft einzulassen. Eine spezifisch städtische Reserviertheit, „infolge deren wir jahrelange Hausnachbarn oft nicht einmal von Ansehen kennen", ist demnach in der Stadt die notwendige Form des Umgangs miteinander. Stadt wird so als reine Quantität an Menschen, Dingen und Reizen bestimmt, ähnlich in der ebenfalls klassischen Definition der Stadt durch den Soziologen Louis Wirth (1974) „als eine relativ große, dicht besiedelte und dauerhafte Niederlassung gesellschaftlich heterogener Individuen". Die Stadtsoziologen Hartmut Häußermann und Walter Siebel (1978) kritisieren an dieser Definition, dass „zumindest Dichte und Größe […] keine gesellschaftlichen Kategorien [sind]". Gesellschaftliche Phänomene müssten aber mit gesellschaftlichen Prozessen erklärt werden, sonst bestehe die Gefahr „Ursache und Erscheinung zu verwechseln". Mit anderen Worten: Größe und Dichte sind nur quantitative Erscheinungsformen von Stadt, die spezifische Qualität des Urbanen lässt sich mit ihnen aber nicht erklären. Dafür wären vielmehr „Konflikte und Krisenerscheinungen […]" aus der Struktur der Gesamtgesellschaft" in den Blick zu nehmen.

Diese Kritik leitet über zur zweiten Quelle der „Blasiertheit" nach Simmel. „Großstädte", so schreibt er, sind „die **Hauptsitze des Geldverkehrs** […], in denen die Käuflichkeit der Dinge sich in ganz anderem Umfange aufdrängt, als in kleineren Verhältnissen". Geld hat im Kapitalismus als „allgemeines Äquivalent" (Marx 1971) die Besonderheit, dass es gegen alle Waren getauscht werden kann, diese also alle gleichmacht. Damit werden ihre qualitativen Unterschiede auf einen rein quantitativen reduziert, ihren Preis. Deshalb nennt Simmel das Geld den „fürchterlichste[n] Nivellierer". Mit diesem Argument verlässt er, bildlich gesprochen, die Stadt und befasst sich mit einem gesellschaftlichen Verhältnis. Denn: „Das Geld ist nicht eine Sache, sondern ein gesellschaftliches Verhältnis" (Marx 1969). Es ist „nur ein einzelnes Glied in der ganzen Verkettung der ökonomischen Verhältnisse", mit denen es „aufs innigste […]

Exkurs 20.2 Gentrifizierung

Gentrifizierung bezeichnet „jede[n] stadtteilbezogene[n] Aufwertungsprozess, bei dem immobilienwirtschaftliche Strategien der Inwertsetzung und/oder politische Strategien der Aufwertung den Austausch der Bevölkerung für ihren Erfolg voraussetzen" (Holm 2018). Wird alteingesessene Wohnbevölkerung durch steigende Mieten oder die Umwandlung vom Miet- in Eigentumswohnungen aus Stadtteilen verdrängt, sind neue studentische Wohngemeinschaften, Ateliers oder Bioläden oft sichtbare Hinweise auf die beginnende Aufwertung. Ein kritisch-geographischer Blick auf Gentrifizierung nimmt solche Anzeichen und die Rolle von z. B. Studierenden und Künstlerinnen und Künstlern im Aufwertungsprozess ernst, schaut aber hinter diese oberflächlichen Erscheinungsformen (Abb. A). Dabei landet er bei der politischen Ökonomie des Wohnens und des Bodens, bei der Immobilienwirtschaft und ihrer Regulierung und bei städtischen sozialen Bewegungen, die gegen Profitmaximierung mit der Ware Wohnraum protestieren und Alternativen zum kapitalistisch organisierten Wohnungsmarkt propagieren (Schipper 2018). Denn diese grundlegenden und umkämpften politökonomischen Prozesse sind die Voraussetzung, damit neue Menschen und Nutzungen überhaupt in Aufwertungsgebiete ziehen und die dortige Bevölkerung verdrängen können. Einem grundlegenden Artikel zum Thema hat Neil Smith (1979) den entsprechenden Titel

gegeben: „Zu einer Theorie der Gentrification: eine Zurück-in-die-Stadt-Bewegung des Kapitals, nicht von Leuten".

Abb. A Sauber gestrichene Wände, wie hier im Berlin-Kreuzberg, können, ebenso wie neue Läden und Bewohnerinnen und Bewohner, ein Anzeichen für Gentrifizierung sein. Ihr Grund jedoch sind die mittels Verdrängung zu erzielenden höheren Mieten (Foto: B. Belina, 2006).

---

verbunden ist". Spezifika der ökonomischen Verhältnisse im Kapitalismus, in denen Geld als „Nivellierer" agiert, sind etwa die Trennung der Menschen in Eigentümer an Produktionsmitteln (Kapitalisten), in solche, die nur ihre Arbeitskraft zu verkaufen haben (Arbeiterinnen und Arbeiter), sowie in weitere soziale Klassen (Grundeigentümer, Beamte etc.). Weitere sind die Tatsache, dass Kapitalisten Arbeitskraft im Tausch gegen Lohn kaufen, der regelmäßig niedriger ist als der Wert, den die verausgabte Arbeit produziert, oder dass die gesamte Warenproduktion in Konkurrenz und zum Zweck des Tausches gegen Geld stattfindet (Marx 1971, 1975, Harvey 2017). Diese zweite Quelle der „Blasiertheit", das Geld, existiert und wirkt allerdings auch außerhalb von Städten. Geld allein kann Stadt deshalb als Gegenstand nicht bestimmten. Aber, und das ist das Entscheidende, im Kapitalismus konzentriert sich die Geldwirtschaft in Städten und bringt diese dadurch erst hervor. Diese Konzentration der Geldwirtschaft hat zur Folge, dass alle Sphären des Alltags von den Gesetzmäßigkeiten kapitalistischer Geldwirtschaft durchdrungen werden.

Wenn in der Kritischen Stadtgeographie im Anschluss an Lefebvre und Harvey der Fokus weg von der Stadt und stattdessen auf die Urbanisierung gelegt wird, werden beide Quellen der Blasiertheit von Simmel in spezifischer Weise neu zusammengebracht. Während mit „Stadt" ein Gegenstand benannt ist, eine Sache, die im Raum abgegrenzt und dem „Land" gegenübergestellt werden kann, bezeichnet „Urbanisierung" einen Prozess, in dem der Gegenstand Stadt erst produziert wird. Das

Wesentliche des „urbanen Phänomens" sieht Lefebvre in der „Zentralität", die „alles vereint". Indem „Früchte und Objekte, Produkte und Produzenten, Werke und Schöpfungen, Aktivitäten und Situationen" an einem Ort zusammenkommen, entsteht etwas Neues, etwas Unvorhersehbares.

Quelle des Neuen ist also einerseits die reine Form der Zentralisierung an einem Ort, weil nunmehr potenziell alles aufeinandertreffen, neue Verbindungen eingehen und neue Konflikte hervorrufen kann. Aber nur diese Form wäre, wie „Größe, Dichte, Heterogenität", ungesellschaftlich und inhaltlich leer. Neues entsteht nur, weil und sofern in dieser Form differente Inhalte zusammenkommen. Lefebvre nennt den urbanen Raum auch den **differentiellen Raum**. Hier entsteht eine fortwährende und unvorhersehbare Dynamik: „Im urbanen Raum geschieht immer irgendetwas. Das Beziehungsgefüge verändert sich; Unterschiede und Gegensätze steigern sich zum Konflikt; oder aber sie schwächen sich ab, tragen sich ab, zerstören sich."

Das Urbane entsteht für Lefebvre also aus der Kombination aus Form und Inhalt, aus Zentralität und Differenz. Die Differenzen wiederum, die den Inhalt ausmachen und im Urbanen aufeinandertreffen, entspringen für ihn den eingerichteten gesellschaftlichen Verhältnissen – allen voran jenen, die durch die kapitalistische Wirtschaftsweise (Simmels „Geldwirtschaft"), die politische Unterscheidung zwischen „Einheimischen" und „Ausländern" (Kap. 16) sowie jene zwischen den Geschlechtern

Abb. 20.17 In Global Citys konzentrieren sich bestimmte unternehmensbezogene Dienstleistungen: *„advertising, accounting, legal services, business services, certain types of banking, engineering and architectural services"* (Sassen 1991). Diese ermöglichen es sowohl Regierungen als auch großen Konzernen, global aktiv zu werden, indem sie z. B. Handelsverträge aufsetzen, durch grenzüberschreitende Umbuchungen Steuern zu vermeiden helfen, mit Währungen handeln oder Markteinführungen neuer Produkte vorbereiten. Ihre Konzentration in wenigen Global Citys führt dazu, dass diese zu den Kommandozentralen der Weltwirtschaft werden. Als Folge dessen konzentrieren sich hier häufig auch kostspielige (Hochhaus-)Architektur, Angebote des hochwertigen Konsums für die (sehr) einkommensstarken Angestellten im genannten Dienstleistungsbereich sowie auch Proteste gegen die kapitalistische Weltwirtschaft. Auf den Fotos sind Spuren der Proteste gegen den G20-Gipfel in Toronto 2010 in der Einkaufsstraße Yonge Street (**a**) sowie am Opernturm in Frankfurt a. M. (**b**) zu sehen, an dem eine Demonstration gegen die Eröffnung des neuen Gebäudes der Europäischen Zentralbank vorbeiführte (Fotos: B. Belina, 2010, 2015).

in die Welt kommen (und deren Zusammenkommen weiter unten unter dem Begriff „Intersektionalität" diskutiert wird).

Das Urbane bezeichnet Lefebvre auch als die spezifische **„Ebene M"** (= mittlere) des Gesellschaftlichen. Damit nimmt er eine zentrale Frage aller Gesellschaftswissenschaften auf und interpretiert sie neu: Wie stellt sich der Zusammenhang zwischen dem individuellen Handeln und den gesellschaftlichen Strukturen dar? Lefebvres Antwort baut zum einen auf Marx auf: „Die Menschen machen ihre eigene Geschichte, aber sie machen sie nicht aus freien Stücken, nicht unter selbstgewählten, sondern unter unmittelbar vorgefundenen, gegebenen und überlieferten Umständen" (Marx 1972). Anders formuliert: Ja, Gesellschaft ist das, was wir tun, und dabei sind unsere Gefühle, Wünsche und Träume immer wieder wichtig (auf diese Aspekte legt Lefebvre besonderen Wert); aber nein, das ist nicht alles: Es gibt Strukturen, die manches Handeln ermöglichen und nahelegen, anderes hingegen erschweren oder verunmöglichen; und diese Strukturen sind auch wesentlich dafür verantwortlich, was wir überhaupt wollen (können), auf welche Ideen wir kommen und welche Wünsche und Träume wir überhaupt haben (können). Ein plakatives Beispiel: Wer hungert oder als Frau im Krieg andauernd Vergewaltigung fürchten muss, wünscht sich vermutlich vor allem Essen bzw. Sicherheit. Zum anderen geht Lefebvre über die marxistische Debatte hinaus, indem er vorschlägt, das Aufeinandertreffen von Handeln und Strukturen im Urbanen zu verorten. Diese „Ebene M" vermittelt zwischen den Strukturen und abstrakten

Gesetzmäßigkeiten kapitalistischer Ökonomie und staatlicher Herrschaft (= „Ebene G" des Globalen) und dem Handeln und dem Alltag der Individuen (= „Ebene P" des Privaten). Im Prozess der Urbanisierung werden die abstrakten Gesetzmäßigkeiten der sozialen Verhältnisse mit all ihren Widersprüchen im Urbanen zu konkreten Konflikten, wie sie die Menschen im Alltag erleben. Deshalb gilt: „Der urbane Raum ist konkreter Widerspruch." (Lefebvre 1972). Dies wird im Folgenden anhand der Urbanisierung des Kapitals und in Bezug auf die Praxis des *racial profiling* exemplifiziert.

Das **Aufeinandertreffen von Differenzen** hat nach Lefebvre in Städten schon immer stattgefunden und diese als urbane Räume hervorgebracht. In den 1960er- und 70er-Jahren beobachtete er, dass das Zusammenspiel von Zentralität und Differenz zunehmend auch an anderen Orten stattfindet, etwa rund um die Universität von Nanterre am Rand von Paris, wo er zu dieser Zeit lehrte und von wo aus die Proteste des Pariser Mai 1968 ihren Ausgang nahmen. Aus dieser Beobachtung folgert er, dass Urbanisierung potenziell überall stattfinden kann – und wegen der zunehmenden Handels-, Verkehrs- und Kommunikationsverbindung schon bald überall stattfinden wird. Deshalb spricht Lefebvre rund 20 Jahre, bevor „Globalisierung" in aller Munde war und etwa Saskia Sassen (1991) in ihrer gleichnamigen Studie die Entstehung von Global Citys thematisiert (Abb. 20.17), wie eingangs zitiert, von der „vollständigen Urbanisierung der Gesellschaft". Aus dieser planetaren Urbanisierung, so Lefebvre, geht eine historisch neue Form der Gesellschaft hervor,

Exkurs 20.3 Zentrale Akteure der Urbanisierung des Kapitals, ihre Interessen, Geldquellen und Relevanz

Kapitalisten (lassen) bauen, besitzen und betreiben etwa Fabriken, Lagerhallen, Bürogebäude, Einkaufszentren, Hotels oder Vergnügungsparks, weil sie diese benötigen, um ihrem jeweiligen Geschäft nachzugehen. Diese Bauten fungieren als fixes Kapital (Marx 1975). In sie wird investiert, damit Produkte und Dienstleistungen produziert, angeboten und verkauft werden können. Die Kosten der gebauten Umwelt werden auf die Preise der Produkte und Dienstleistungen umgeschlagen, also z. B. auf Autos, Finanzprodukte oder Hotelübernachtungen. Mitunter werden auch materielle Infrastrukturen wie Schienen- oder Telekommunikationsnetze von kapitalistischen Unternehmen betrieben, wenn sich damit Geld verdienen lässt.

Privatkonsumierende bauen vor allem Wohnraum (bzw. lassen diesen bauen). Das Geld müssen sie selbst aufbringen, meist aus (angespartem) Lohn und Gehalt, üblicherweise kommen Privatkredite hinzu. Sofern und solange sie ihre Häuser oder Wohnungen selbst besitzen und bewohnen, sind diese dem Markt entzogen, sie fungieren nur als Gebrauchswerte. Ähnliches gilt für alle Gemeinnützigen, die Wohnraum, aber auch z. B. Kitas, Altenheime und Krankenhäuser bauen (lassen) und ohne Profitabsicht betreiben. Werden die Gebäude hingegen vermietet oder auf ihre Wertsteigerung spekuliert, fungieren ihre Besitzer bzw. Besitzerinnen als Kapitalisten bzw. Kapitalistinnen (Belina 2017a).

Der Staat mit seinen zahlreichen Apparaten (lässt) bauen, betreibt und besitzt etwa Verwaltungs-, Gerichts- und Polizeigebäude, Kasernen, die allermeisten Straßen, Plätze, Parks und andere öffentliche Räume in der Stadt sowie die materiellen Infrastrukturen, mit denen sich kein Geld verdienen lässt. Diese Teile der gebauten Umwelt werden durch Einnahmen aus Steuern und Abgaben finanziert, in vielen Staaten und Städten auch mittels Krediten. Was seitens des Staates gebaut wird und in wessen Interesse das ist – Kitas oder Kasernen, Leihbibliotheken oder Leuchtturmprojekte, Obdachlosenunterkünfte oder Opernhäuser –, ist Gegenstand steter Auseinandersetzungen, die sich in Zeiten der Sparpolitik verschärft haben.

Die Unternehmen, Privatkonsumierenden und staatlichen Apparate bauen nur in den allerwenigsten Fällen selbst, meist beauftragen sie Akteure aus der Bauindustrie. Diese ist Teil des produktiven Kapitals, genauso wie die Automobil-, Chemie- oder Textilindustrie: Sie kauft Produktionsmittel und Arbeitskraft, um Waren (hier: Gebäude) zu produzieren, die sie mit Gewinn verkauft.

Alle genannten Teile der gebauten Umwelt sind sehr teuer, die notwendigen Investitionen sind sehr hoch. Deshalb leihen sich die Akteure fast immer den größten Teil des investierten Kapitals von Banken oder anderen Akteuren des Finanzkapitals. Diese verleihen Geld gegen Zinsen, wobei sich der Zinssatz danach richtet, als wie riskant die Rückzahlung mit Zins eingeschätzt wird. Durch seine Kreditvergabepraxis auf Basis seiner eigenen Kalkulationen lenkt das Finanzkapital Investitionen in bestimmte Bereiche, die deshalb boomen – zur Zeit etwa der Bau von Luxuswohnungen in deutschen Großstädten. Wenn Banken ihre Ansprüche auf zukünftigen Rückfluss der Kredite inkl. Zins so behandeln, als gäbe es dieses Geld schon, und es z. B. weiterverleihen, fungiert es als „fiktives Kapital" (Harvey 2017). Diese Praxis, die unter dem Begriff Finanzialisierung firmiert (Heeg 2013), wurde in den vergangenen Jahrzehnten immer umfangreicher angewandt, was die Finanzindustrie zum mächtigsten globalen Akteur gemacht hat – und u. a. zur Finanzkrise 2007 geführt – hat.

die das Potenzial hat, die Zumutungen der Industriegesellschaft hinter sich zu lassen. Heute stellen wir fest, dass Urbanisierung in diesem Sinne tatsächlich auch in Kleinstädten und Dörfern oder auch z. B. bei Musikfestivals irgendwo auf dem Land oder bei den Mannschaften von Containerschiffen auftritt, und dass hier aus dem Aufeinandertreffen von Differenzen Neues entsteht.

Urbanisierung des Kapitals

David Harvey (1985, 1996, 2017) hat in zahlreichen Publikationen argumentiert, dass unter Urbanisierung vor allem jene des Kapitals zu verstehen ist, mithin Investition in gebaute Umwelt. Kapital ist Geld, aus dem mehr Geld werden soll, das also zum Zweck seiner Vermehrung investiert wird. Harvey betont in Anlehnung an Marx (1971), dass Kapital immer in Bewegung sein muss. Um sich zu vermehren, muss das Kapital zirkulieren. Eine zentrale Form, in der dies geschieht, ist die **Zirkulation durch die gebaute Umwelt**. Unter gebauter Umwelt versteht Harvey alles, was von Menschenhand an im Raum Fixiertem gebaut wird, also Wohn-, Gewerbe- und andere Immobilien ebenso wie alle Arten materieller Infrastrukturen, insbesondere Straßen-, Schienen-, Strom-, Wasser-, Abwasser-, Telekommunikations- und andere Netze. Zu Letzteren gehören auch besonders große Investitionen in Kontenpunkte der Zirkulation wie Flughäfen und Häfen sowie in Brücken und Tunnel. An der Produktion der gebauten Umwelt sind verschiedene Akteure bzw. Akteursgruppen beteiligt, die unterschiedliche Interessen verfolgen (Exkurs 20.3). Ihr Zusammentreffen an einem zentralen Ort, so kann man mit Lefebvre formulieren, urbanisiert das Kapital und erschafft die Stadt.

Abb. 20.18 Blick auf Toronto vom Fernsehturm „CN Tower". Zu sehen sind Beispiele unterschiedlicher Kategorien gebauter Umwelt: fixes Kapital, etwa die Bürotürme „First Canadian Place" (1), die Zentrale der „Bank of Nova Scotia" (2) oder Industriegebiete (3); Wohntürme mit vorwiegend Eigentumswohnungen, sog. *condominium towers* (4); staatliche Infrastrukturen in Form von Straßen und Brücken (5), Grünflächen (6) und öffentlichen Gebäuden wie der „Metro Hall" (7) oder der Flughafen „Billy Bishop Toronto City Airport" (8; Fotos: B. Belina, 2012).

Das Zusammenspiel der Akteursgruppen resultiert in der spezifischen Form **kapitalistischer Urbanisierung**, bei der das Profitinteresse von Kapitalisten und Finanzkapital dominant sind, und in gebauter Umwelt, die primär den Zwecken dieser dominanten Akteure entspricht (Abb. 20.18). Weil das im Boden fixierte Kapital sehr langsam zirkuliert, das Finanzkapital aber extrem mobil ist, kommt es regelmäßig dazu, dass Letzteres sich aus einst profitabler gebauter Umwelt zurückzieht und Ruinen hinterlässt (Abb. 20.19). Mit einem solchen Verständnis von Urbanisierung lassen sich gleich mehrere aktuelle Prozesse und die Verbindung zwischen ihnen in den Blick nehmen, mit denen sich die Kritische Stadtgeographie befasst:

- In vielen deutschen Groß- und Universitätsstädten sind zugleich ein Immobilienboom und eine neue Wohnungsnot zu verzeichnen, weil sich Investitionen in Luxuswohnen und bestimmte Typen von fixem Kapital lohnen, sich der Staat und Gemeinnützige zunehmend aus dem Wohnungsmarkt zurückziehen und aufgrund dessen die Mieten für Normal- und Geringverdienende steigen (Belina 2017a und 2017b).
- Dagegen formieren sich städtische soziale Bewegungen, die auf verschiedenen räumlichen Maßstabsebenen (Nachbarschaft, Stadt, Land, Bund, EU) und mit unterschiedlichen Strategien (Austausch und Vernetzung, Demonstrationen, Gerichtsprozesse, Hausbesetzungen) auf relevante Bereiche

Kapitel 20

Abb. 20.19 Blick vom Weltkulturerbe „Völklinger Hütte", einem ehemaligen Stahlwerkskomplex, der in den 1960er-Jahren noch 17 000 Arbeiter beschäftigte und 1986 stillgelegt wurde. Das Bild illustriert, wie „das Kapital […] eine physische Landschaft und räumliche Verhältnisse [erschafft], die seinen Bedürfnissen und Zwecken […] zu einem bestimmten Zeitpunkt entsprechen, nur um festzustellen, dass das, was es erschaffen hat, zu einem späteren Zeitpunkt zu einem Hindernis wird" (Harvey 2017). Zurückgeblieben ist eine Stadt mit einer Arbeitslosenquote, die knapp doppelt so hoch liegt wie der Bundesdurchschnitt (Foto: B. Belina, 2017).

Abb. 20.20 Impressionen aus der chinesischen Stadt Datong, einer ehemaligen Industriestadt, die seit den 2000er-Jahren durch lokale Eliten als Tourismusdestination neu erfunden wird. Dafür wurden eine riesige Stadtmauer nach Vorbildern der Ming-Zeit aufgebaut (mittleres Foto), innerhalb derer kaum frequentierte Hotels, Einkaufsgelegenheiten und rekonstruierte Altstadtgebäude (unteres Foto) liegen und außerhalb derer gewaltige (und zu einem guten Teil leerstehende) Wohnungsneubauten entstanden (oberes Foto). Diese voraussichtlich nicht profitablen Investitionen waren nur möglich, weil Städte und staatseigene Betriebe in China davon ausgehen können, dass Schulden für Immobilienprojekte, die sie nicht zurückzahlen können, vom Zentralstaat übernommen werden (Fotos: B. Belina 2016).

Kapitel 20

(Mietrecht, städtische Bodenpolitik, Aufwertungsstrategien privater und öffentlicher Vermieter usw.) Einfluss zu nehmen versuchen (Schipper 2018).

- Seit einigen Jahren wird in Bezug auf deutsche Großstädte die Gefahr einer Blasenbildung diskutiert, dass also viele der zum Bau oder zum Erwerb von Immobilien aufgenommen Kredite nicht zurückgezahlt werden können.
- Die aktuellen Investitionen in gebaute Umwelt in Deutschland sind eine Folge der globalen Finanzkrise 2007/08, weil seitdem Investitionen in vielen anderen Bereichen nicht mehr profitabel erscheinen, und weil die Zentralbanken als Reaktion auf die Krise die Zinsen niedrig halten (Belina 2017b). Weil die Kredite, die für diese Investitionen aufgenommen wurden, ihrerseits bereits als „Finanzprodukte" weit größeren Wertes zirkulieren, wird das Platzen der Kredite weit über die konkreten Immobilen hinausreichende Folgen haben. Harvey (1985, 2017) argumentiert, dass alle großen Krisen des Kapitalismus ihren Ursprung in solchen geplatzten Immobilienblasen nahmen.
- Dafür, dass das globale Kapital weiterhin in Bewegung bleibt und zirkuliert, sind weit entscheidender als die Immobilieninvestitionen hierzulande die gigantischen Investitionen, die ebenfalls in Folge der Finanzkrise 2007/08 in Wohnraum, Infrastrukturen und fixes Kapital in China erfolgen (Abb. 20.20; Harvey 2017). Weil auch hier viele Kredite nicht zurückgezahlt werden können, ist das Platzen dieser Blase die größte Gefahr für den globalen Kapitalismus.

Mit David Harvey können wir die gebaute Umwelt der Städte als das Ergebnis der Urbanisierung des Kapitals verstehen. Als „Bindeglied" zwischen Kapital und Urbanisierung rückt dann die **Sphäre des Finanzkapitals** ins Zentrum der Betrachtung. Was wo wie von wem gebaut wird, hängt wesentlich von den Entwicklungen in dieser Sphäre ab (Abb. 20.21).

Intersektionalitäten: *class, race, gender*

Zusätzlich und zum Teil quer zur Logik der kapitalistischen Urbanisierung verändern sich auch andere gesellschaftliche Verhältnisse durch ihre Urbanisierung. Zu nennen sind vor allem die Geschlechterverhältnisse sowie die Verhältnisse zwischen Gruppen, die auf Basis von Staatsangehörigkeit, Hautfarbe und/ oder (unterstellter) Herkunft, Kultur oder Religion voneinander abgegrenzt werden. Im Englischen werden für die Sortierung und Hierarchisierungen gesellschaftlicher Gruppen auf Basis der genannten gesellschaftlichen Verhältnisse häufig drei zentrale Achsen der Differenz benannt, „*race, class, gender*", und ihre Überkreuzungen als „*intersectionality*" bezeichnet. Dabei werden die **Unterschiede zwischen Menschen(-gruppen)** entlang aller drei Achsen als sozial produziert verstanden, also nicht nur die offensichtlich sozialen Klassen, sondern auch die (vermeintlich natürlichen) Geschlechter und die (ebenfalls vermeint-

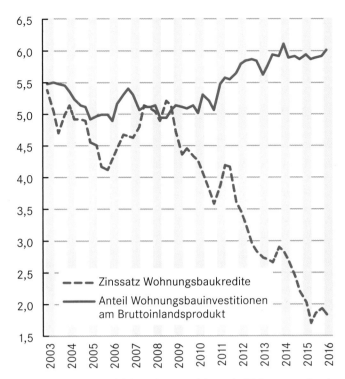

Abb. 20.21 Die Entwicklung der Investitionen in Wohnungsneubau in Deutschland (dargestellt in Prozent des Bruttoinlandsproduktes) hängt wesentlich von jener der Zinsen für Wohnungsbaukredite ab (dargestellt sind die Effektivzinssätze deutscher Banken für Wohnungsbaukredite an private Haushalte, Neugeschäfte, anfängliche Zinsbindung über 5–10 Jahre; Quelle: Belina 2017b).

lich natürlichen) „Rassen". (Wie im westlichen Denken über die Jahrhunderte „Rassen" durch Zuschreibungen, Sortierungen und oft gewaltsame Praktiken hergestellt und dabei oft naturalisiert wurden, diskutiert etwa Hund 2006.)

Entlang dieser Achsen werden in machtvollen gesellschaftlichen Prozessen (in den Begriffen Lefebvres: auf der „Ebene G") binäre, also zwei sich ausschließende und einen Widerspruch konstituierende Kategorien produziert, in die wir als Individuen andauernd einsortiert werden: arm/reich, weiblich/männlich, schwarz/weiß usw. Diese Einsortierung konstituiert, wer wir sind – unsere Identität. Das ist alles andere als harmlos. Zum einen erscheinen alle, die sich nicht eindeutig zuordnen können oder wollen, als unnormal, was häufig in gesellschaftlichem Ausschluss und bei „Geschlecht" zu Zwangsoperationen führt. Zum anderen geht die Binarität regelmäßig mit einer Wertung einher: eine Seite – weiß, männlich, hetero, reich – gilt als normal, die andere als Abweichung und deshalb als minderwertig. So konstituieren sich entlang der Achsen **Machtstrukturen**. Dabei können auch weitere Binaritäten relevant werden, darunter auch räumliche: sesshaft/mobil (Geflüchtete gelten als „unnormal") oder in Deutschland z. B. Ost/West.

Mit dem Begriff Intersektionalität wird nun untersucht „wie unterschiedliche Herrschaftsstrukturen nach Geschlecht, ‚Rasse', Klasse, Sexualität und vielem mehr in einer Gesellschaft zu-

sammenwirken" (Meyer 2017). Denn wenn sich die Achsen überkreuzen, entstehen neue, differenzierte und vielschichtige Strukturen. Das geschieht insbesondere im Urbanen, wo nach Lefebvre Differenzen in der Zentralität aufeinandertreffen. Die gesellschaftlichen Prozesse, aus denen die Achsen hervorgehen, führen zu konkreten Konflikten, die sich insbesondere in den Städten materialisieren.

Ein konkreter urbaner Konflikt, an dem sich das Überkreuzen der Achsen exemplarisch verdeutlichen lässt, ist die Regulation der Prostitution. Wie Künkel (2017) zeigt, ist diese sehr unterschiedlich ausgeprägt je nachdem, ob Sexarbeiterinnen bzw. -arbeiter weiblich oder männlich, inländisch oder ausländisch, drogensüchtig oder clean sind, ihrer Arbeit auf der Straße oder in Bordellen/Appartements nachgehen usw. In den Auseinandersetzungen und Aushandlungen um die Regulation wirken verschiedene der oben genannten Achsen also in spezifischer Weise zusammen. Ein anderer konkreter urbaner Konflikt wird im Folgenden ausführlicher diskutiert: die Praxis des *racial profiling*.

Ein städtischer Konflikt und ein alltäglicher Skandal: *racial profiling*

Städte waren schon immer Orte, an denen auch und insbesondere Menschen verschiedener Herkunft zusammenkommen. Mit Lefebvre formuliert: **Differenzen der Herkunft**, die oft in Kategorien von „Rasse" diskutiert werden, kommen in der Zentralität des Urbanen zusammen – und können in Konflikten resultieren. Unter *racial profiling* wird die Praxis von Polizei und anderen Institutionen verstanden, bei Kontrollen ohne konkreten Anlass Menschen mit dunkler Hautfarbe häufiger, respektloser und aggressiver zu kontrollieren (Belina 2016a). *Racial profiling* liegt z. B. nicht vor, wenn ein gesuchter Verbrecher von Zeugen u. a. als „dunkelhäutig" beschrieben wird und die Polizei deshalb an Orten, wo der Gesuchte vermutet wird, Menschen kontrolliert, auf die genau diese Beschreibung zutrifft. Es liegt hingegen vor, wenn etwa im Zuge polizeilicher Aktionen gegen den Handel mit illegalisierten Drogen auf einem Bahnhofsvorplatz alle dunkelhäutigen jungen Männer kontrolliert werden, nur weil Menschen, auf die diese Beschreibung zutrifft, mitunter mit Drogen dealen. Der Zusammenhang ist hier viel zu unkonkret und das Profil, nach dem kontrolliert wird, trifft auf viel zu viele Menschen zu, die nichts mit dem Drogenhandel zu tun haben.

Racial profiling ist Ausdruck des „institutionellen Rassismus" von Institutionen wie der Polizei. Unter Rassismus versteht man einen Blick auf die Welt, Praktiken und/oder Strukturen, die davon ausgehen, dass es „Rassen" gibt, deren Angehörige fundamental unterschiedliche individuelle Eigenschaften haben – wobei die eigene „Rasse" als überlegen und alle anderen als „minderwertig" angesehen und behandelt werden. Rassismus kann sowohl biologistisch („nicht-weiße Menschen sind anders als weiße und tendenziell minderwertig") als auch kulturalistisch („fremde Kulturen sind anders und tendenziell minderwertig") oder mit einer Mischung aus beidem begründet werden. Mit **„institutionellem Rassismus"** ist gemeint, dass in Institutionen eine

Exkurs 20.4 Erfahrung mit der Polizei

Ausschnitt aus einer Gruppendiskussion mit dunkelhäutigen Jugendlichen in St. Pauli, Hamburg, leicht überarbeitet (Keitzel 2015; die Buchstaben zu Zeilenbeginn stehen für unterschiedliche Diskussionsteilnehmer):

A: Und das, ah, das ist das geilste. […] Ja, wir haben getrunken. Wir waren zu viert. Und da war eine Gruppe von sieben, acht Leuten, Deutsche natürlich …

B: … die sich immer einen gebaut haben …

A: … Auto ist da, äh, ein Streifenwagen ist da vorbeigefahren. Die sind stehen geblieben …

B: … kommen zu uns …

C: … aber wir haben vorher noch gesagt, ne? „Die werden stehen bleiben!" [kurzes Lachen]

A: Ja, wir wussten das natürlich …

C: … vorhergesagt: „Die werden stehen bleiben!"

B: Obwohl die anderen da in der Ecke einen bauen und so …

A: … ja, und die waren auch voll laut!

C: Das sieht man, riecht man doch!

A: Und wir waren voll leise, wir haben einfach nur geredet, weißte? Weischt?

B: Die haben da locker Speed und solche Scheiße genommen und dann kommen die Bullen zu uns, obwohl wir nichts gemacht haben. Wo ist die Logik jetzt? Weißte, was ich meine? Was willste da machen? Nichts.

---

rassistische Logik eingeschrieben ist. Das kann durch gesetzliche und andere Vorgaben, institutionelle Kultur, Gewohnheiten oder Ausbildungspraxis der Fall sein; z. B. soll die deutsche Bundespolizei an Bahnhöfen sich illegal auf dem Bundesgebiet Aufhaltende finden, weshalb sie tendenziell alle Dunkelhäutigen kontrolliert, oder es wird in der Polizeiausbildung das „Erfahrungswissen" weitergegeben, nach dem dunkelhäutige junge Männer häufig Drogendealer sind.

Anders als im deutschen Sprachraum existiert in den USA, Kanada, Großbritannien und Frankreich eine umfangreiche Forschung zu *racial profiling* und institutionellem Rassismus, die aus Protesten seitens Betroffener und öffentlichen Debatten hervorgegangen ist. So haben Jobard & Lévy (2013) für Polizeikontrollen an verschiedenen öffentlichen Orten in Paris festgestellt: „Die kontrollierte Bevölkerungsgruppe unterscheidet sich in ihrer Zusammensetzung radikal von der für Kontrollen zur Verfügung stehenden Gesamtheit der an einem Ort anwesenden Bevölkerung. […] Das Kriterium der Hautfarbe ist für die polizeiliche Auswahl der zu Kontrollierenden zentral, es ist aber nicht das einzige." In einer der wenigen Untersuchungen hierzulande hat Keitzel (2015) in Gruppendiskussionen mit von *racial profiling* Betroffenen herausgefunden, dass sich dunkelhäutige Jugendliche in St. Pauli, Hamburg, in ihrem Alltag andauernd, ungerechtfertigt und zudem respektlos kontrolliert fühlen (Exkurs 20.4).

Eine Kritische Stadtgeographie versteht solche empirischen Erkenntnisse als Anlass, um genauer hinzusehen: Welche Kombination von Kriterien bzw. welche Intersektionalität liegt hier vor, welche Orte sind besonders betroffen, und warum manifestieren sich die Widersprüche von *„class, race, gender"* genau in dieser Kombination in konkreten Konflikten um *racial profiling*? Um dabei nicht von der eigenen, als (oft weißer) Wissenschaftler privilegierten Position auszugehen, sollte eine

solche Forschung die Erfahrungen Betroffener zum Ansatzpunkt wählen – und sinnvollerweise mit Bewegungen kooperieren, die sich des Themas angenommen haben (vgl. für aktivistische Perspektiven die Beiträge in KOP 2016). Dabei zeigt sich immer wieder, dass von *racial profiling* vor allem einkommensschwach aussehende junge dunkelhäutige Männer betroffen sind; und dass die Kontrollen eine eigene Geographie haben.

Dass die in Exkurs 20.4 berichteten Kontrollerfahrungen gerade in St. Pauli stattfinden, ist kein Zufall. Zum einen existiert dort seit 2001 ein „Gefahrengebiet", in dem die Polizei auch ohne konkreten Verdacht Personen kontrollieren darf. Zum anderen sind sowohl das *racial profiling* als auch die Einrichtung des Gefahrengebiets in Zusammenhang damit zu sehen, dass im Stadtteil rund um die Reeperbahn seit einigen Jahren eine Gentrifizierung (Exkurs 20.2) stattfindet, in deren Rahmen Bevölkerungsgruppen, die für die Tourismusindustrie als störend empfunden werden, aus dem öffentlichen Raum verdrängt werden sollen. Wie so oft in Aufwertungsprozessen, scheint auch hier die Polizei für Stadtpolitik und Immobilieninvestoren den Stadtteil „säubern" zu sollen (Künkel 2013).

Racial profiling wird so als eine spezifische Urbanisierung der Widersprüche von *„race, class, gender"* verständlich, die insbesondere in städtischen Aufwertungsgebieten im Alltag Tausender armer junger schwarzer Männer zutage tritt. Dabei werden die abstrakten Kategorien spürbar: Betroffenen wird klar, dass sie als arme junge schwarze Männer verdächtig und deshalb keine gleichwertigen Mitglieder der Gesellschaft sind. Hier, in der Zentralisierung von Differenz, werden die abstrakten Widersprüche der Sortierung von Menschen in Kategorien von *„race, class, gender"* zu konkreten Konflikten.

Hieraus folgt auch, dass eine bessere Kontrolle und intensivere interkulturelle Schulungen der Polizei zwar sinnvoll sind, dass

Exkurs 20.5 Städtische soziale Bewegungen und Recht auf Stadt

Seit der Industrialisierung konzentrieren sich in Städten nicht nur gigantischer Reichtum und furchtbare Armut, sondern auch Proteste gegen diese Situation, vor allem seitens der Arbeiter und Arbeiterinnen. In der zweiten Hälfte des 20. Jahrhunderts treten zu diesen Klassenkämpfen spezifisch städtische Kämpfe. Träger sind nun nicht mehr (allein) gut organisierte und auf ein zentrales Thema – soziale Gerechtigkeit – ausgerichtete Gewerkschaften und sozialistische/kommunistische Parteien, sondern zahlreiche städtische soziale Bewegungen, die meist nur locker organisiert sind und verschiedene Themen bearbeiten: etwa Wohnen, Umweltverschmutzung, Schulen usw.

Nach Manuel Castells (1977) handelt es sich dabei um Kämpfe um „kollektiven Konsum", dessen „ökonomische und gesellschaftliche Behandlung nicht über den Markt, sondern durch die Staatsapparate erfolgt, obschon sie kapitalistisch bleibt". In Städten, so sein Argument, werden zentrale Aspekte des Lebens wie Wohnen, Verkehr, Ver-/Entsorgung, Bildung etc. durch den (lokalen) Staat organisiert. Dies kann direkt geschehen, z. B. durch staatlichen Wohnungsbau, oder indirekt, wie beim restlichen Wohnungsmarkt, durch Planung, Regulierung und finanzielle Anreize. Konflikte um diesen „kollektiven Konsum" finden deshalb auf dem Terrain des Staates bzw. der Stadtpolitik statt. Ein Problem der städtischen sozialen

Bewegungen liegt in ihrer Zersplitterung. Anders als Gewerkschaften und Parteien, die sich neben ihrem zentralen Thema auch anderer Themen annehmen können, sind städtische soziale Bewegungen meist auf genau ein Thema fokussiert. Das schwächt sie zum einen und birgt zum anderen die Gefahr, dass unterschiedliche Bewegungen gegeneinander kämpfen, etwa wenn die einen bezahlbaren Wohnraum und die anderen Grünflächen fordern.

Henri Lefebvre (2016) hat den Slogan „Recht auf Stadt" geprägt, der bis heute attraktiv ist. Lefebvre fordert, dass alle Menschen von den Vorteilen des Urbanen profitieren sollten. Später wurde der Slogan von städtischen Bewegungen überall auf der Welt aufgenommen und meint oft Unterschiedliches. Holm & Gebhardt (2011) unterscheiden neben einer „ganzheitlichen Perspektive", die am deutlichsten an Lefebvre anschließt, Verständnisse von „Recht auf Stadt" als „utopische Vision der Stadtentwicklung", als „reformpolitischen Forderungskatalog" sowie als „spezifischen Organisationsansatz von städtischen sozialen Bewegungen". In letzterer Hinsicht soll der Begriff die Schwäche der Zersplitterung neuer sozialer Bewegungen angehen und das Gemeinsame an z. B. Wohnungsnot, Umweltverschmutzung, Rassismus und Armut in der Stadt benennen, um gemeinsam dagegen zu kämpfen.

---

dies aber nicht ausreichen wird, um *racial profiling* wirksam zurückzudrängen. Um *racial profiling* und institutionellen Rassismus aus der Welt zu schaffen, müssen die ihnen zugrundeliegenden rassistischen, Geschlechter- und Klassenverhältnisse angegangen werden.

Ausblick

Eine Kritische Stadtgeographie, die städtische Räume und Urbanisierungsprozesse als veränderbar versteht, und die weiß, dass sie selbst Teil der sozialen Verhältnisse ist, die sich in Städten urbanisieren, schreckt nicht vor der politischen Folgerung zurück, die daraus zu ziehen ist: Kritische Stadtgeographinnen und Stadtgeographen sind selbst Akteure der Urbanisierung, egal wie neutral sie sich geben. Deshalb entscheiden sie bewusst, worüber, gemeinsam mit wem und in wessen Interesse sie forschen und was sie mit den Ergebnissen tun. Naheliegend ist es, gemeinsam mit Organisationen, Initiativen und Bewegungen zu forschen, die von den Skandalen und Zumutungen der Urbanisierungsprozesse betroffen sind und das, was man dabei herausfindet, zugänglich zu machen, also auch außerhalb akademischer Orte zu diskutieren, vorzutragen und zu publizieren (Exkurs 20.5). Kritische Stadtgeographie will städtische Phänomene nicht nur erklären, sondern im Sinne einer Angewandten Kritischen Stadtgeographie (Schipper 2018) aktiv zum Besseren verändern.

20.5 (Un-)Sicherheit und städtische Räume

Georg Glasze

In vielen Regionen der Welt sind Sicherheit und Unsicherheit in den Städten zunehmend (wieder) zu einem Thema der öffentlichen Auseinandersetzung geworden. Dabei werden sowohl von der öffentlichen Hand als auch von der Privatwirtschaft neue Sicherheitspolitiken etabliert. Viele der neuen Sicherheitspolitiken setzen auf raumorientierte Strategien und verfolgen das Ziel, „sichere Räume" zu schaffen. Dabei lässt sich eine Maßstabsverschiebung von Sicherheitspolitiken beobachten, indem neue Sicherheitspolitiken vielfach unterhalb der gesamtstaatlichen und spezifisch auf der Ebene von Städten, Gemeinden und Quartieren etabliert werden. Diese „raumorientierten" Strategien von Sicherheitspolitiken werden legitimiert durch eine öffentliche Diskussion, die Kriminalität und (Un-)Sicherheit bestimmten Räumen zuschreibt – das heißt ein soziales Phänomen verräumlicht. Die Kritische Kriminalgeographie analysiert die Prozesse, Hintergründe und Effekte dieser **Verräumlichungen von (Un-)Sicherheit** sowie der Etablierung neuer raumorientierter Sicherheitspolitiken.

In diesem Teilkapitel wird zunächst dargestellt, welche Erklärungen für die wachsende Bedeutung von (Un-)Sicherheit in den Städten in der geographischen Stadtforschung herangezogen werden. Anschließend werden wichtige Akteure und Maßnahmen neuer raumorientierter Sicherheitspolitiken vorgestellt und die sozialen Hintergründe und Effekte dieser Politiken diskutiert.

(Un-)Sicherheit als Megathema von Stadtentwicklung – Erklärungsansätze

Wie lassen sich die zunehmende Thematisierung von (Un-)Sicherheit in den Städten und die Etablierung neuer raumorientierter Sicherheitspolitiken erklären? Verschiedene Autoren haben darauf hingewiesen, dass städtisches Leben per se die Begegnung mit dem Fremden bedeutet (erstmals Simmel 1903). Städte können danach als Orte verstanden werden, in welchen Menschen sowohl Anonymität und Distanz, aber auch Vielfalt und Chancen finden. Vor dem Hintergrund einer voranschreitenden Modernisierung gesellschaftlicher Beziehungen erodiere die für das Zusammenleben in Anonymität erforderliche Zivilität, da die „Innensteuerung" der Menschen durch internalisierte gesellschaftliche Normen (als Moral, Gewissen, Schuld oder Scham bezeichnet) an Bedeutung verliere (Gestring et al. 2005). Diese müsse daher durch formalisierte **soziale Kontrolle** ersetzt werden (Sessar 2003). Hinzu komme, dass im Zuge eines globalisierten Medienkonsums und der weltweiten Migration sich in der Alltagswelt die Wahrnehmung von Fremdheit erhöhe. Nicht zuletzt lösten sich tradierte Gewissheiten zunehmend auf und überkommene soziale Bindungen (wie z. B. Familie) und Sicherheiten (wie der Arbeitsplatz oder soziale Sicherungssystem) verlören an Bedeutung (Hitzler 1998). Dieser Verlust existenzieller Sicherheit schlägt sich nach dieser Argumentation dann in einem höheren Unsicherheitsempfinden der Stadtbewohner und einem Verlangen nach Normen und Sicherheit nieder. Empirisch wird diese These gestützt durch die Beobachtung, dass z. B. in den Städten der europäischen Transformationsstaaten, die in den 1990er-Jahren einen raschen gesellschaftlichen Wandel erlebt haben, das empirisch erhobene Unsicherheitsempfinden angewachsen war (Reuband 1992).

Spätestens seit den Anschlägen am 11. September 2001 entwickelte sich zudem eine Diskussion darüber, inwiefern Städte heutzutage verstärkt **militärischen und terroristischen Bedrohungen** ausgesetzt sind. Dabei wird argumentiert, dass in einer zunehmend urbanisierten Welt sich militärische Auseinandersetzungen in immer höherem Maße auf Städte fokussieren. Darüber hinaus wird darauf hingewiesen, dass in einer zunehmend vernetzten Welt geopolitische Auseinandersetzung entgrenzt werden – sich also immer weniger auf bestimmte Orte und Räume beschränken. Gerade die in hohem Maße vernetzten Metropolen würden zu Zielen terroristischer Anschläge (Graham 2004). Vor diesem Hintergrund ist zu beobachten, dass neue Sicherheitspolitiken nicht länger nur mit Bedrohungen durch Kriminalität, sondern eben auch durch Terrorismus legitimiert werden und damit die Unterscheidung zwischen „externer" und „interner" Sicherheit verschwimmt.

Neben diesen Argumentationssträngen, die die wachsende Bedeutung von (Un-)Sicherheit als Folgen gesellschaftlicher Modernisierungen und der Globalisierung fassen, werden in der geographischen Stadtforschung in erster Linie zwei stärker theoretisch-konzeptionell orientierte Erklärungsansätze diskutiert:

- Politökonomische Ansätze interpretieren die Debatte um (Un-)Sicherheit in den Städten und die Etablierung von Sicherheitspolitiken letztlich als „notwendige Begleiterscheinung des auf Privateigentum basierenden Kapitalismus" (Belina 2010). Die veränderten politökonomischen Strukturen führen in zahlreichen Staaten seit den 1990er-Jahren dazu, dass Teile der Bevölkerung ökonomisch gewissermaßen „überflüssig" werden. Wohlfahrtsstaatliche Politiken, die auf eine (Re-)Integration dieser Gruppen in das Wirtschaftssystem gesetzt haben, treten folglich in den Hintergrund und werden durch Sicherheitspolitiken ersetzt, die auf die Kontrolle dieser Gruppen setzen. Letztlich dienen die neuen Sicherheitspolitiken in dieser Perspektive also in erster Linie den Partikularinteressen ökonomischer und politischer Eliten. Für diese Gruppen sollen Räume der gehobenen Dienstleistungen in den Städten neu geschaffen bzw. „erobert" werden (wie Bürokomplexe, Shopping-Center oder innerstädtische Konsumbereiche). Politökonomische Ansätze beurteilen die Sicherheitspolitiken damit als Instrumente des Regierens, das heißt letztlich als Instrumente zur **Erhaltung ungerechter gesellschaftlicher Strukturen** (Legnaro 1998, Belina 2000 u. 2005, Ronneberger 2001, Eick et al. 2007).
- Poststrukturalistische Ansätze untersuchen die vielfältigen Prozesse der „Versicherheitlichung" gesellschaftlicher Problemfelder, das heißt die Tendenz, dass unterschiedliche gesellschaftliche Probleme als Sicherheitsproblem gefasst und bearbeitet werden. Die Versicherheitlichung hat den Effekt, dass sich politische Reaktionen zunehmend auf die Etablierung von Sicherheitspolitiken beschränken, und gesellschaftliche Hintergründe aus dem Blickfeld rücken. Zudem ermöglicht die Bearbeitung gesellschaftlicher Problemlagen als Sicherheitsprobleme, dass die Exekutive „außergewöhnliche Maßnahmen" durchsetzen kann, und birgt damit das **Risiko einer Entdemokratisierung**. Gleichzeitig zeigen poststrukturalistisch informierte Arbeiten, wie Sicherheitsdiskurse mit der Reproduktion von Identitäten verschränkt sind, indem dabei regelmäßig ein gefährdetes, „normales", zu schützendes „Wir" von einem „gefährlichen Anderen" abgegrenzt und damit definiert und reproduziert wird (Germes & Glasze 2010). Vielfach wird diese Differenzierung von sicher und unsicher verknüpft mit räumlichen Differenzierungen. Verschiedene Arbeiten haben sich zudem von den Gouvernementalitätsstudien anregen lassen und untersuchen (Un-)Sicherheit als eine spezifische Form der Steuerung und Regierung städtischer Gesellschaften, die nicht nur auf die Fremdsteuerung beispielsweise durch Betretungsverbote, kriminalpräventiven Städtebau oder Bewachung reduziert werden kann, sondern auch vielfältige Formen der Eigensteuerung umfasst – durch die Übernahme und Aneignung bestimmter Wertvorstellungen und Orientierungen (Füller & Marquardt 2010).

In den letzten Jahren ist eine gewisse Annäherung politökonomischer und poststrukturalistischer Positionen zu beobachten.

So ermöglichen hegemonietheoretische Ansätze, die Zusammenhänge zwischen Wirtschaftsstrukturen, Sicherheitsdiskurs und Kriminalpolitiken nicht als unmittelbar determiniert zu denken, sondern stärker die politischen Prozesse herauszuarbeiten, welche diese Zusammenhänge herstellen. Damit wird sowohl der Gefahr politökonomischer Ansätze begegnet, die Ergebnisse jeglicher Untersuchung schon vorab in den wirtschaftlichen Strukturen zu erkennen, aber auch einer potenziellen Schwäche poststrukturalistischer Ansätze, beim Beschreiben von Prozessen der Versicherheitlichung stehen zu bleiben und die jeweiligen sozialen Kontexte und vor allem sozialen Effekte zu vernachlässigen.

Die Verräumlichung von (Un-)Sicherheit und Kriminalität

Unsicherheit und Kriminalität werden in der öffentlichen Diskussion vielfach bestimmten Räumen zugeschrieben. Auf diese Weise werden diese gesellschaftlichen Probleme als lokalisier- und abgrenzbar sowie mittels raumorientierter Interventionen bearbeitbar gefasst – von den gesellschaftlichen Hintergründen wird abstrahiert. Dies geschieht in alltäglichen Gesprächen, in Politik und Verwaltung sowie in den Medien und drückt sich in Bezeichnungen aus wie „Ghetto", „Kriminalitätsbrennpunkt", „Angstraum" oder „No-go-Area".

Kriminalitäts- und Unsicherheitskartierungen

Als eine Reaktion auf das Bedeutungshoch der Themen Sicherheit und Kriminalität werden seit den 1990er-Jahren in vielen Städten sog. **kriminologische Regionalanalysen** durchgeführt. Neben einer Beschreibung der räumlichen Kriminalitätsverteilung verbindet sich damit vielfach die Hoffnung, räumlich differenzierte Ursachen von Kriminalität und abweichendem Verhalten identifizieren zu können. Dazu wird zunächst ein Lagebild des Kriminalitätsaufkommens auf Stadtteil- und Quartiersebene gezeichnet. Vielfach kommen dabei heute spezifische Softwarepakete zum Einsatz, die Daten aufbereiten und auf der Basis von Geographischen Informationssystemen (GIS) räumlich differenziert auswerten und visualisieren können (Belina 2010). Mit der computergestützten Visualisierung von Kriminalität in Form von *crime maps* sollen Brennpunkte der Kriminalität lokalisiert werden. Auf der Basis einer Verknüpfung mit weiteren regionalen Daten z. B. zur Bebauung, Bevölkerungsdichte oder zum Ausländeranteil sollen darüber hinaus räumlich differenziert vermeintlich kriminalitätsfördernde oder -hemmende Strukturen identifiziert werden. Ansätze (und Softwareprogramme) einer vorhersagenden Polizeiarbeit (*predictive policing*) versprechen gar, aus räumlich differenzierten Kriminalitäts- und Kontextdaten Vorhersagen zur Kriminalitätsbelastung ableiten zu können und auf diese Weise die kriminalpräventive Arbeit effektiv anleiten zu können (Belina 2016b, Rolfes 2017, Egbert 2017).

Ein erstes Problem dieser Kriminalitätskartierungen ist die „Messbarkeit" von Kriminalität. So hat die sog. Kritische Kriminologie darauf aufmerksam gemacht, dass die Polizeiliche Kriminalitätsstatistik (PKS) in erster Linie vom Anzeigeverhalten der Bevölkerung (Was betrachtet die Bevölkerung als Straftat? Welche dieser Straftaten werden der Polizei mitgeteilt?) sowie darüber hinaus von der Kontrolldichte der Polizei und von den rechtlichen Rahmenbedingungen (Was wird juristisch als strafbar definiert?) abhängt (Althoff et al. 1995). Alle Faktoren sind abhängig vom sozialen Kontext also kontingent. Strittig ist zudem die „Messbarkeit" von **Unsicherheitsempfinden**. Insgesamt ist Unsicherheit ein äußerst vielschichtiges Phänomen, das mit quantitativen Studien nur oberflächlich abgebildet werden kann (Glasze et al. 2005). Ein zweites Problem liegt in der Verschränkung von Kriminalität und Raum. Dabei ist die **Kriminalgeographie** angesprochen, die die Klärung dieses Verhältnisses zu ihrer Hauptaufgabe erklärt: Dabei beschäftigt sich die traditionelle Kriminalgeographie mit „der regionalen Verteilung der Kriminalität" (Koetzsche & Hamacher 1990) und „kriminalitätsauslösenden Faktoren des Raumes" (Kasperzak 2000). Diese traditionelle Kriminalgeographie und auch viele anwendungsorientierte Projekte kriminologischer Regionalanalysen (*crime mapping*, *predictive policing*) wurden lange Zeit fast ohne Bezüge zur wissenschaftlichen Sozial- und Kulturgeographie entwickelt. Erst in jüngerer Zeit haben sich Geographinnen und Geographen kritisch mit den Raumkonzepten der traditionellen Kriminalgeographie und zahlreichen anwendungsorientierten Studien auseinandergesetzt (Belina 2000a, Rolfes 2003, Glasze et al. 2005) und etablierten damit eine Kritische Kriminalgeographie. Sie weisen darauf hin, dass in der traditionellen Kriminalgeographie vielfach unterschiedliche soziale und materielle Phänomene (z. B. Kriminalitätsbelastung, städtebauliche Struktur, Ausländeranteil) in einem „Containerraum" zusammengedacht werden und auf diese Weise (zumindest implizit) ein Zusammenhang zwischen diesen unterschiedlichen Phänomenen hergestellt wird. Diese Perspektive läuft aber Gefahr, den Blick auf die (i. d. R. nicht räumlichen, sondern) sozialen und psychischen Hintergründe von Kriminalität und Sicherheitsempfinden (Rolfes 2003) zu verstellen. Gleichzeitig reproduziert sie eine Stigmatisierung von Quartieren (und ihrer Bewohnerinnen und Bewohner) und legitimiert raumorientierte Sicherheitspolitiken.

Die Verdinglichung des öffentlichen Raums

Seit den 1990er-Jahren sind der „öffentliche Raum" und seine Gefährdung durch Kriminalität, Unsicherheit, Privatisierung und Überwachung zu einem zentralen **Topos der Planungsdiskussion** (Breuer 2003, Kazig et al. 2003) und der sozialwissenschaftlichen Stadtforschung geworden (Hahn 1996, Lichtenberger 1999). In dieser Diskussion wird allerdings teilweise übersehen, dass verschiedene Kriterien zur Bestimmung von „öffentlichem Raum" herangezogen werden (Glasze 2001b, Dessouroux 2003):

- Eigentumsrechte: öffentlicher Raum als administrativ abgegrenzter Raum im staatlichen (bzw. kommunalen) Eigentum
- Zugänglichkeit: öffentlicher Raum als Straßen und Plätze, die für alle zugänglich sind
- Regulierung/Organisation: öffentlicher Raum als administrativ abgegrenzter Raum, dessen Nutzung öffentlich-rechtlich, das heißt also letztlich politisch reguliert wird

Kapitel 20

- Nutzung: öffentlicher Raum als Ort von Öffentlichkeit (Öffentlichkeit umfasst dabei zwei Dimensionen: erstens Öffentlichkeit als Begegnung, Auseinandersetzung und Kommunikation von Fremden [Simmel 1903, Bahrdt 1961] und zweitens Öffentlichkeit als „Arena", in der Dinge von allgemeinem Interesse transparent sind und einer politischen Willensbildung zugeführt werden [Habermas 1990], an der sich alle beteiligen können.)

Die gesellschaftliche Bedeutung von öffentlichem Raum liegt vor allem in der vierten Bedeutungsebene: die Präsenz aller sozialen Gruppen in der Öffentlichkeit und ihre Mitwirkungsmöglichkeit an der politischen Willensbildung als Grundlage einer demokratischen und sozial gerechten Gesellschaftsordnung. Explizit bezieht sich die Kritik an der Gefährdung öffentlichen Raums allerdings vielfach nur auf eine oder mehrere der ersten drei Bedeutungsebenen. Die Kritiker und Kritikerinnen befürchten also, dass ein Verkauf, eine Zugangsbeschränkung oder Änderung der Regulation einer städtischen Fläche ein Angriff auf eine demokratische und sozial gerechte Gesellschaftsordnung ist. Das heißt, sie orientieren sich an einem Bild von öffentlichem Raum als einem Objekt, einem physisch-materiellen Raumausschnitt, der sowohl im öffentlichen Besitz, als auch für alle zugänglich und Ort von Öffentlichkeit ist. Diese Verdinglichung führt dann zum Teil sogar zur Idee, man könne die Abnahme öffentlichen Raums in den Städten kartieren. Aus zwei Gründen ist fraglich, ob dieses Bild eine sinnvolle Beschreibungs- und Analysekategorie sein kann: Erstens ist die Kongruenz zwischen den verschiedenen Ebenen nicht gegeben. Eine Fläche im öffentlichen Eigentum wird nicht zwangsläufig zum Schauplatz von Öffentlichkeit. Und die Idee, mit offen zugänglichen Plätzen Öffentlichkeit herzustellen, musste der Städtebau schon lange aufgeben. Zweitens ist Öffentlichkeit und damit „öffentlicher Raum als Ort von Öffentlichkeit" ein unerreichtes Ideal. So werden sich auch Straßen und Plätze, die alltagssprachlich als „öffentlich" bezeichnet werden, immer von bestimmten Gruppen der Gesellschaft angeeignet, andere Gruppen sind ausgeschlossen bzw. schließen sich aus.

„Öffentlicher Raum" kann daher nicht sinnvoll als ein kartierbarer materiell-physischer Raumausschnitt mit klar definierten Eigenschaften konzeptionalisiert werden, sondern sollte vielmehr als **sozial konstruierter Raum** verstanden werden, um dessen Aneignung Konflikte geführt werden (für eine diskursanalytische Umsetzung siehe Mattissek 2005). Konsequenterweise muss öffentlicher Raum dann in erster Linie als Metapher, politisches Ideal oder Raumideologie interpretiert werden. Nur aus einer solchen Perspektive lässt sich analysieren, wie „öffentlicher Raum" sowohl in eine aufklärerische Argumentation als auch in eine repressive Argumentation eingebunden werden kann. So legt Habermas (1990) dar, dass sozial benachteiligte Gruppen die Idee von „öffentlichem Raum als Ort von Öffentlichkeit" erfolgreich als normatives Ideal nutzen konnten und können. Gruppen, die von der Präsenz in innerstädtischen Räumen ausgeschlossen werden, fordern mit Bezug auf dieses Ideal ihre Zugangs- und Beteiligungsmöglichkeiten (Mitchell 1995, Glasze 2001b). Wie allerdings Belina (2003) gezeigt hat, beziehen sich auch Akteure, die eine Verdrängung bestimmter als „störend" oder „bedrohlich" bezeichneten Gruppen aus den Innenstädten fordern, auf die Idee des öffentlichen Raums und legitimieren die Verdrängung dieser Gruppen mittels neuer Sicherheitspolitiken mit dem Argument der Schaffung „sicherer öffentlicher Räume".

Die *broken-windows*-Ideologie

Die Etablierung neuer Sicherheitspolitiken in den Städten wird vielfach mit dem Verweis auf die *broken-windows*-Metapher und die auf ihr beruhende *zero-tolerance*-Strategie der Polizeiarbeit in New York legitimiert. Angeregt durch einen Aufsatz mit dem Titel „Broken Windows" (Wilson & Kelling 1996) wurde die Idee, dass die Tolerierung kleiner Ordnungswidrigkeiten zu Kriminalität führt, zu einer Grundlage von Polizeiarbeit und kommunalen Sicherheitspolitiken in den USA. Wilson & Kelling (1996) nutzen das eingeschlagene Fenster als Metapher. Sie argumentieren, dass eine eingeschlagene Scheibe von Kriminellen quasi als „Einladung" gelesen würde, in den als unordentlich identifizierten Räumen, Straftaten zu begehen. Wilson & Kelling (1996) fordern vor diesem Hintergrund, dass nicht nur kriminelles Verhalten im engeren Sinne, sondern auch **„unordentliches Verhalten"** bekämpft werden müsse und nennen als Beispiele Prostitution in der Öffentlichkeit, Konsum von Alkohol in der Öffentlichkeit, Betteln auf der Straße sowie auf Plätzen herumlungernde und lärmende Jugendliche oder Obdachlose.

Verschiedene Autoren haben kritisiert, dass die Vorstellung, dass „unordentliche Straßenzüge" Kriminalität quasi „anziehen" einen Zusammenhang zwischen „Unordnung" und „Kriminalität" herstellt, der empirisch nicht belegt ist, aber einen räumlich selektiven Zugriff neuer Sicherheitspolitiken legitimiert (Belina 2005). Letztlich sei *broken windows* daher eine Ideologie, die „neokonservative Ordnungsvorstellungen" durchsetzen will, indem soziale Phänomene als Probleme von Kriminalität gefasst werden. Die indirekte Kriminalisierung der sozial Ausgeschlossenen werde durch Bezug auf deren räumliche Konzentration erreicht. Belina beurteilt *broken windows* folglich als ein *„governing through crime through space"*.

Die Konstitution von „unsicheren Quartieren" und „bedrohlichen Fremden" als Identitätspolitiken

Die Konstitution von „unsicheren Quartieren" und „bedrohlichen Fremden" kann aus der Perspektive einer poststrukturalistischen Geographie auch als Element von Identitätspolitiken interpretiert werden. Identitäten des Eigenen, Normalen und Bedrohten werden abgegrenzt von den Identitäten des Fremden und Bedrohlichen und damit reproduziert und stabilisiert.

Aufbauend auf Arbeiten von Foucault, Said, Gregory sowie Laclau & Mouffe zeigen etwa Germes & Glasze (2010) sowie Brailich et al. (2010), wie die Großwohnsiedlungen in den fran-

Maßnahmen			
	Formalisierung sozialer Kontrolle	**Einsatz von Techniken**	**(städte-)bauliche Veränderungen**
Überwachung	Streifengänge privater Sicherheitsdienste *neighbourhood watch*	präventive Videoüberwachung	*crime prevention through environmental design* (Erleichterung sozialer Kontrolle)
Einhegung und Zugangsbeschränkung	*doormen-* bzw. *concierge*-Dienste	Zugangskontrollen mit biometrischen oder elektronischen Systemen	*defensible space* (Schaffung baulicher und symbolischer Barrieren)
Maßstabsverschiebung	Etablierung von Sicherheitspolitiken auf der (sub-)kommunalen Ebene (Gemeinden, Stadtteile, Nachbarschaften)		

(Die linke Randspalte der Tabelle trägt die vertikale Beschriftung: **raumbezogene Strategien**)

Abb. 20.22 Raumbezogene Strategien neuer Sicherheitspolitiken (verändert nach Glasze et al. 2005).

zösischen *banlieues* in Medien und Politik in Frankreich als bedrohliche und fremde Orte konstituiert werden, wo die Regeln und Werte der *république* nicht gelten. Der *banlieue*-Diskurs produziert und reproduziert damit eine Wir-Identität der französischen *république*. In diesem Sinne dienen die *banlieues* als konstitutives Außen und Gegenorte der *république*. Gleichzeitig werden diese Gegenorte jedoch auf paradoxe Weise als „verlorene Territorien" konstituiert, die „eigentlich" zur *république* gehören. Damit wird eine „Rückeroberung" und die Etablierung neuer spezifisch auf die *banlieues* ausgerichteter Sicherheitspolitiken legitimiert. Belina & Keitzel argumentieren (2018), dass Praktiken von Polizei und weiteren Sicherheitsbehörden, die Personen bereits aufgrund bestimmter sichtbarer Merkmale als verdächtig einschätzen (und nicht auf der Basis konkreter Verdachtsmomente) und die in der Kritischen Kriminologie als *racial profiling* (Abschn. 20.4) kritisiert werden, immer auch zur Abgrenzung und Selbstvergewisserung einer Mehrheitsgesellschaft dienen.

Neue raumorientierte Sicherheitspolitiken in den Städten

Die Zuschreibung von Unsicherheit und Kriminalität auf bestimmte Räume legitimiert die Etablierung neuer raumorientierter Sicherheitspolitiken und wird auf diese Weise gleichzeitig reproduziert (Schirmel 2011). So lässt sich zeigen, dass viele der neuen Sicherheitspolitiken nicht an den gesellschaftlichen Hintergründen von Unsicherheit und Kriminalität ansetzen, sondern **raumorientierte, territoriale Strategien** verfolgen – also auf bestimmte Städte, Quartiere und Plätze fokussieren. Dabei lassen sich zwei miteinander verschränkte Ansätze unterscheiden. Zum einen Ansätze, die auf die Überwachung und Kontrolle bestimmter Räume zielen, und zum anderen Ansätze, die auf Einhegung und Zugangsbeschränkung zielen (Abb. 20.22).

Etablierung neuer Sicherheitspolitiken durch die Privatwirtschaft

Im Zuge der Tertiärisierung sowie Organisationsprivatisierungen z. B. der Bahn und von Flughafenbetreibern sowie der Verbreitung von Einkaufszentren im Privatbesitz werden Funktionen wie Einkaufen und Versorgung zunehmend an Orten realisiert, die sich in Privatbesitz befinden. In Einkaufs- und Bürozentren, in Bahnhöfen und Flughäfen legt das Management in **Hausordnungen** Normen fest, die Handlungen verbieten, die unterhalb der Schwelle zur Strafbarkeit liegen. Diese „substrafrechtlichen Partikularnormen" werden mit privatem Sicherheitspersonal durchgesetzt (Glasze 2001b). Da zudem die öffentliche Hand und viele Privatunternehmen Sicherheitsdienstleistungen auf kommerzielle Sicherheitsunternehmen auslagern (outsourcen), ist die Beschäftigtenzahl im deutschen Sicherheitsgewerbe von ca. 100 000 im Jahr 1993 auf ca. 250 000 im Jahr 2015 angestiegen (Bundesverband der Sicherheitswirtschaft 2017). Nicht zuletzt erleben seit Ende der 1990er-Jahre Zugangskontrollen durch *concierge-* bzw. Pförtnerdienste sowohl in Apartmentanlagen der Luxusklasse als auch in Anlagen des sozialen Wohnungsbaus eine Renaissance (Glasze 2001b, Flöther 2010; Exkurs 20.6).

Etablierung neuer Sicherheitspolitiken durch den Staat

In der Debatte um eine Privatisierung von Sicherheit wird vielfach übersehen, dass auch von staatlichen Organen neue Sicherheitspolitiken etabliert werden und insgesamt eine **Reorganisation staatlicher Sicherheitspolitiken** beobachtet werden kann.

So lässt sich zunächst eine Maßstabsverschiebung beobachten: Neue Sicherheitspolitiken fokussieren vielfach auf bestimmte Städte oder sogar nur bestimmte Quartiere. Seit Beginn der 1990er-Jahre werden in Deutschland unter dem Stichwort der Kommunalen Kriminalprävention neue Sicherheitspolitiken auf der Ebene der Kommunen und Quartiere diskutiert (Schreiber 2007). Vielfach wird dabei angeknüpft an das Konzept der bürgernahen Polizeiarbeit (*Community Oriented Policing*). In Deutschland wurden beispielsweise seit den 1990er-Jahren fast

Kapitel 20

Exkurs 20.6 Bewachte Wohnkomplexe

Kaum ein anderes städtebauliches Phänomen ist Ende der 1990er-Jahre in höherem Maße in das Blickfeld der Medien geraten als privat entwickelte und verwaltete Siedlungen und Apartmentanlagen. Insbesondere die Verbreitung von Wohnkomplexen, die durch Tore, Zäune oder Mauern von der Umgebung abgeschlossen sind und deren Zugänge bewacht werden – in den USA von der Immobilienwirtschaft als *gated communities* vermarktet – steht dabei im Fokus des öffentlichen und wissenschaftlichen Interesses (Abb. A). Für die Kritiker bzw. Kritikerinnen stehen die *gated communities* gleich für mehrere als problematisch einzuschätzende Trends: Sie sind ein Beispiel einer Angstarchitektur und der Privatisierung öffentlichen Raums. In den Toren und Zäunen materialisiert sich die Fragmentierung städtischer Gesellschaften. Für die Befürworter bzw. Befürworterinnen sind sie eine ökonomisch effiziente Form der Organisation städtischen Lebens und daher Ausdruck einer „institutionellen Evolution" (Glasze et al. 2006).

Trotz nationaler und regionaler Unterschiede können gemeinsame Charakteristika bewachter Wohnkomplexe beschrieben werden, die damit auch als Definitionskriterien dienen:

- die Kombination von Gemeinschaftseigentum wie Grünanlagen, Sporteinrichtungen und Ver- und Entsorgungsinfrastruktur sowie gemeinschaftlich genutzten Dienst-

leistungen wie Wach- und Hausmeisterdienste mit individuellem Eigentum bzw. dem Nutzungsrecht einer Wohneinheit
- die Selbstverwaltung
- die Zugangsbeschränkung, die zumeist von einem 24 Stunden lang tätigen Sicherheitsdienst gewährleistet wird

Außer den Annehmlichkeiten, die von den Investoren geschaffen werden, warten viele bewachte Wohnkomplexe mit „natürlichen" Vorzügen auf – vor allem mit einer exklusiven Lage. Das Spektrum reicht dabei vom unverbaubaren Blick oder der privaten Skipiste im Gebirge bis zum privaten Strand.

Die Selbstverwaltungsgremien der Wohnkomplexe entscheiden umfassend über die Angelegenheiten der Wohnkomplexe: die Gestaltung und Pflege der Wege, Plätze, Grün- und Sportanlagen, die Ver- und Entsorgung (z. B. Energie, Wasser), die Beschäftigung von Wach- und Hausmeisterdiensten. Insbesondere in den *gated communities* in den USA werden vielfach auch die farbliche Gestaltung der Veranda oder das Halten von Haustieren reguliert. Angesichts der Regulierungsgewalt sowie der Bereitstellung von kollektiven Gütern und Diensten substituieren die Wohnkomplexe eine öffentlich-kommunale Territorialorganisation und festigen damit soziale Unterschiede institutionell.

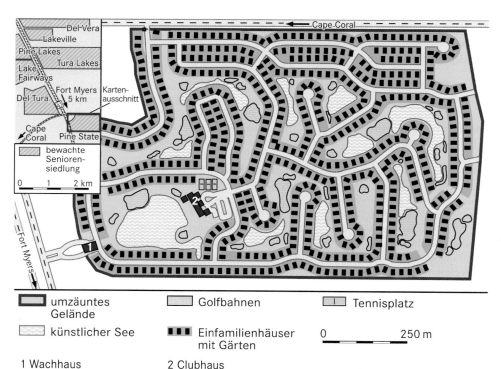

Abb. A Die geschlossene Seniorensiedlung „Sabalsprings" in Florida (verändert nach Glasze 2001a).

umzäuntes Gelände   Golfbahnen   Tennisplatz

künstlicher See   Einfamilienhäuser mit Gärten   0 ___ 250 m

1 Wachhaus   2 Clubhaus

In den USA verzwanzigfachte sich die Zahl bewachter Wohnkomplexe in den letzten 30 Jahren des 20. Jahrhunderts auf mehr als 40 000 – in den wachsenden Regionen im amerikanischen *sunbelt* liegen teilweise mehr als die Hälfte aller Neubauten in einer *gated community*. Die Verbreitung bewachter Wohnkomplexe in anderen Regionen der Welt ist erst seit wenigen Jahren ins Blickfeld der Forschung gerückt. Die Studien zu bewachten Wohnkomplexen außerhalb der USA erlauben es, für viele Regionen eine Zunahme dieser Wohnform zu konstatieren – vielfach sogar einen Boom (Glasze et al. 2006, Glasze 2003a).

Die Hintergründe für die Verbreitung bewachter Wohnkomplexe können allerdings nicht alleine im Unsicherheitsgefühl der Bewohner und Bewohnerinnen gesucht werden. Erstens zeigen verschiedene Studien, dass (Un-)Sicherheit für die Bewohner und Bewohnerinnen in der Regel nur einer von mehreren Faktoren ist, der für den Zuzug in einen bewachten Wohnkomplex gesprochen hat und häufig nicht der wichtigste war. Zweitens blendet ein rein nachfrageorientierter Ansatz völlig den sozialen Kontext aus. Dabei zeigt der internationale Vergleich zwar, dass „bewachte Wohnkomplexe" ein global verfügbares Modell von Stadtentwicklung geworden sind. Einen Boom erleben sie allerdings nur in den Regionen, wo das Zusammenspiel von Akteuren in der Stadtentwicklung nicht in ein gemeinwohlorientiertes Institutionengefüge eingebunden ist (Glasze 2003b). So verwundert es nicht, dass sich beispielsweise in Skandinavien oder in Deutschland (mit wenigen Ausnahmen wie der Apart-

mentanlage „Arkadien" in Potsdam; Abb. B) kaum bewachte Wohnkomplexe finden.

Abb. B Werbung für die bewachte Apartmentanlage „Arkadien" in der Berliner Vorstadt in Potsdam (Immobilienwerbung in der Berliner Zeitung, August 2000).

flächendeckend sog. Kommunalpräventivräte etabliert, in denen verschiedene Akteure zum Zwecke der Kriminalprävention auf lokaler Ebene mit der Polizei kooperieren (ebd.). Während polizeinahe Autoren bzw. Autorinnen teilweise die Arbeit der kommunalen Präventivräte begrüßen und sich eine Stärkung des bürgerschaftlichen Engagements versprechen, kritisieren andere Autoren bzw. Autorinnen die Entpolitisierung von Sicherheitspolitiken, da Entscheidungen zunehmend nicht mehr von den politisch legitimierten Parlamenten und Gemeinderäten getroffen werden. Hornbostel (1998) befürchtet, dass die Präventionsräte mit ihrer unklaren Aufgabenbestimmung zu einer Kriminalisierung von Handlungen führen, die strafrechtlich nicht relevant sind, aber von den Gruppen, die sich in der Kommunalen Kriminalprävention engagieren, als „abweichend" definiert werden.

Tatsächlich haben auch in Deutschland viele Kommunen Verordnungen erlassen (bzw. existierende Gefahrenabwehrverordnungen verschärft), die Verhaltensweisen verbieten, die zwar nicht strafbar sind, aber als nicht normgerecht und „unordentlich" eingeschätzt werden (wie das Lagern oder der Alkoholkonsum in öffentlichen Grünanlagen). Teilweise greifen die Städte dabei auch auf **Platzverweise** und **Betretungsverbote** zurück (Hetzer 1998, Belina 2000). Zudem wurden vielfach die kommunalen Bußgeldordnungen verschärft und auf diese Weise beispielsweise das Wegwerfen von Kleinabfällen unter hohe Geldstrafen gestellt. Parallel zu dieser Entwicklung etablieren viele Städte in Deutschland seit

den 1990er-Jahren (wieder) eigene uniformierte Vollzugsbeamte der Ordnungsämter, die im Stadtraum patrouillieren und die vielerorts die in den 1990er-Jahren verschärften kommunalen Ordnungssatzungen durchsetzen sollen. Zudem wird teilweise eine „Laisierung" der Polizeiarbeit auf kommunaler Ebene beobachtet: So dokumentiert Behr (2002), wie in verschiedenen deutschen Bundesländern in Kooperation mit Städten und Gemeinden „freiwillige Polizeidienste" die Präsenz der Polizei in städtischen Nachbarschaften erhöhen sollen, indem dort niedrig qualifizierte „Hilfspolizisten" ohne hoheitliche Rechte Streife gehen. Nicht zuletzt aus finanziellen Gründen setzen einige Bundesländer zudem nach dem Vorbild der ***neighbourhood-watch*-Aktionen** in den USA und Großbritannien auf eine Formalisierung der sozialen Kontrolle durch Anwohner und Anwohnerinnen eines Stadtteils. Aber auch im Bereich der repressiven Sicherheitspolitiken lässt sich teilweise eine Fokussierung auf bestimmte Quartiere beobachten. So wurden im Nachgang der *banlieue*-Unruhen 2005 in Frankreich neue Polizeieinheiten (*Unités Territoriales de Quartier*) etabliert, die speziell für eine repressive Polizeiarbeit in „Problemquartieren" ausgebildet und ausgerüstet werden.

Darüber hinaus zeigen sich auch im Sicherheitsbereich neue Kooperationen zwischen staatlichen und privatwirtschaftlichen Akteuren. So werden vor dem Hintergrund der Standortkonkurrenz des innerstädtischen Einzelhandels mit Einkaufszentren „auf der grünen Wiese" auch im Bereich der innenstädtischen Straßen

Kapitel 20

und Plätze zunehmend private Akteure in die Gestaltung von Sicherheitspolitiken einbezogen – etwa im Rahmen von *Business Improvement Districts* (BID) nach amerikanischem Vorbild (Briffault 1999), in denen Gemeinschaften der Grundeigentümer in die Etablierung neuer Sicherheitspolitiken einbezogen werden und beispielsweise Streifengänge privater Sicherheitsdienste finanzieren (Pütz et al. 2013, Wiezorek 2004).

Architektonische und städtebauliche Maßnahmen

Die architektonische und städtebauliche Gestaltung von öffentlich genutzten Räumen orientiert sich vielfach in zunehmender Weise an Ideen einer kriminalpräventiven Siedlungsgestaltung. Der US-amerikanische Kriminologe Jeffery forderte bereits 1971 (Jeffery 1971) mit der Studie *Crime Prevention through Environmental Design* (CPTED) eine Berücksichtigung der physischräumlichen Gegebenheiten im Rahmen der Kriminalprävention. 1972 prägte der amerikanische Architekt Newman das Konzept des *defensible space* (Newman 1972). Die baulichen Maßnahmen, die auf Basis dieser beiden Konzepte umgesetzt wurden, zielen auf eine Erleichterung der informellen sozialen Kontrolle durch die Anwohnerinnen und Anwohner, indem zum einen die **Einsehbarkeit** und **Beleuchtung** des Wohnumfeldes verbessert werden und zum anderen das Wohnumfeld zoniert wird, indem bauliche und symbolische Barrieren die Grenze zwischen „privaten", „semi-privaten" und „öffentlichen" Räumen markieren. Insbesondere bei der Umgestaltung der nach den Leitbildern des Funktionalismus und der Moderne errichteten Großwohnsiedlungen des 20. Jahrhunderts greifen Kommunen und Wohnungsbaugesellschaften auch in Deutschland inzwischen vielfach auf die beschriebenen Ansätze zurück – schaffen beispielsweise durch die Anlage von Mietergärten und Umzäunungen im Sinne Newmans „halbprivate" Räume um einzelne Wohnblöcke (Schubert & Schnittger 2002). In der sozialwissenschaftlichen Stadtforschung werden diese Ansätze vielfach kritisiert: So wird bezweifelt, ob ein umweltdeterministischer Ansatz, der mittels baulicher Gestaltung menschliches Verhalten beeinflussen will, tragen kann (Stummvoll 2002). Zudem wird befürchtet, dass CPTED zu einer **„Angstarchitektur"** und einer fragmentierten Stadtstruktur führt, die letztlich das Unsicherheitsempfinden eher erhöhen als reduzieren (Flusty 1997).

Technisierung, Datafizierung und Algorithmisierung von Überwachung

In öffentlich genutzten Räumen im Privatbesitz wie etwa Flughäfen oder Einkaufszentren werden bereits seit den 1960er-Jahren Videokameras zur Überwachung eingesetzt. Seit den 1990er-Jahren wurde die sog. „präventive" **Videoüberwachung** öffentlicher Straßen, wie sie in britischen Innenstädten bereits seit Mitte der 1980er-Jahre großflächig aufgebaut wurde, durch Änderungen der Polizeigesetze in den meisten deutschen Bundesländern ermöglicht und findet inzwischen in vielen Städten Anwendung (Abb. 20.23; Fyfe 1996, Nogala 2003). Während einige Autoren unter Hinweis auf (vermeintlich) erfolgreiche Projekte insbesondere in Großbritannien eine kriminalpräventive Wirkung und Effizienzsteigerung der Polizeiarbeit erwarten (Büllesfeld

Abb. 20.23 Videoüberwachung in der Fußgängerzone in Heilbronn (Foto: Glasze).

2002), beurteilen Kritiker die Effekte der Videoüberwachung negativ (Fyfe 1996, Belina 2002). Zum einen werde ihre Bedeutung für die Polizeiarbeit überschätzt und zum anderen werde die Videoüberwachung in den Innenstädten letztlich zur Verdrängung unerwünschter Personengruppen eingesetzt – mit dem Ziel, Konsumräume zu schaffen und den Einzelhandelsstandort „Innenstadt" in der inter- und intraurbanen Konkurrenz zu stärken. Damit diene die Videoüberwachung Partikularinteressen und zerstöre die Grundlagen des städtischen Zusammenlebens, das auf Anonymität basiert.

Die zunehmende „Flut" an Daten, die im „digitalen Zeitalter" aus den Spuren elektronischer Kommunikation (Mobilfunk und Internetnutzung) und einer Vielzahl von Sensoren (von „Fitnessüberwachung" durch die Sensoren in Smartphones bis zur Erfassung des Konsumverhaltens auf der Basis von Kundenkarten) gewonnen werden (Glasze 2017), eröffnet radikal erweiterte Möglichkeiten, um Orte und Personen zu überwachen (Graham 2005, Klauser 2017). Im Vergleich zu den Daten der traditionellen, eher statischen und nur eingeschränkt räumlich differenzierten Statistik, werden diese Daten vielfach in Echtzeit erhoben und in hoher räumlicher Auflösung georeferenziert. Die Verarbeitung und Analyse erfolgt nicht zuletzt aufgrund bzw. dank der großen Datenmengen computer- und softwaregestützt.

So erfährt etwa die Überwachung durch Videokameras eine neue Qualität, wenn die gewonnenen Bilder mit mustererkennenden Algorithmen verknüpft werden und auf diese Weise Informationen automatisch mit weiteren Datenbanken verknüpft werden können – z. B. zur Identifizierung von Kennzeichen oder Gesichtern. Auf diese Weise kann Videoüberwachung zu einem zentralen Element der **automatisierten Echtzeitüberwachung** ausgebaut werden, wie dies z. B. in den Smart-City-Initiativen in den autoritär regierten Emiraten Dubai und Abu Dhabi angestrebt wird (Krüger 2017, Sadowski & Pasquale 2015).

Für die Kritische Kriminalgeographie stellen sich damit neue Fragen der Selektivität der Datenerstellung (Welche Daten werden wie erhoben?), der Datenverfügbarkeit (Welche Informationen und welche „Sichtbarkeiten" sind für wen verfügbar?) und Fragen nach den in die Algorithmen eingeschriebenen Mustern der Datenverarbeitung (Wie werden die Daten bearbeitet, klassifiziert, interpretiert?). Dabei gewinnt der wissenschaftliche Austausch mit den neuen Arbeitsfeldern einer Digitalen Geographie sowie interdisziplinär mit den Kritischen Daten- und Softwarestudien (Dalton et al. 2016) an Bedeutung, wie sich dies bereits in der Debatte um das *predictive policing* (s. o.) zeigt.

(Un-)Sicherheit als Forschungsfeld der Geographie

Räumliche Differenzierungen spielen sowohl in der öffentlichen Diskussion um (Un-)Sicherheit als auch bei der Umsetzung neuer Sicherheitspolitiken eine große Rolle. Dabei werden zum einen bestimmte Stadtviertel als „unsicher" stigmatisiert. Zum anderen sollen mit technischen und städtebaulichen Maßnahmen sowie durch organisatorische Veränderungen „sicherere Räume" geschaffen werden. Die „Kritische Kriminalgeographie" analysiert diese räumlichen Differenzierungen als spezifische Ausprägung einer Versicherheitlichung gesellschaftlicher Probleme und damit als soziale bzw. diskursive Konstruktion. Sie hinterfragt damit die vermeintlich „natürliche" Qualität städtischer Räume als sicher bzw. unsicher und eröffnet damit Wege, die sozialen Hintergründe und Effekte dieser Versicherheitlichungen ins Blickfeld zu holen und damit Fragen von (Un-)Sicherheit in den Städten stärker als politische Fragen zu behandeln (Rolfes 2015).

20.6 Stadt und Postmoderne

Gerald Wood

„China ist ein Land, das sich verstädtert. Seit den tiefgreifenden ökonomischen Reformen vor über 40 Jahren hat eine umfassende Land-Stadt-Wanderung stattgefunden, die etwa 245 Mio. Menschen umfasst. Aber ist das die ganze Geschichte? Wir sind daran gewöhnt, bei chinesischen Städten an Wachstum zu denken. Doch hinter dieser Vorstellung verbirgt sich die Annahme, dass Urbanisierung ein konstanter, uniformer und vorhersehbarer Prozess ist. In Wahrheit aber zwingen sterbende Industriezweige und fehlende Entwicklungsoptionen Menschen zum Verlassen bestimmter städtischer Räume" (Sixth Tone 2017). Der in diesem kurzen Textausschnitt eingenommene Blick auf die **Urbanisierungsprozesse** in der Volksrepublik China greift einerseits bekannte Vorstellungsmuster eines sich seit nunmehr Jahrzehnten rasant entwickelnden Landes auf, andererseits unterstreicht er aufgrund der gleichzeitig stattfindenden demographischen und ökonomischen Schrumpfungstendenzen in bestimmten Teilräumen, dass gesellschaftliche Entwicklung kaum als konstanter,

uniformer und prognostizierbarer Prozess angemessen verstanden werden kann. In einem Beitrag der „Financial Times" vom 16. Juni 2017 wird am Beispiel der Stadt Yichun beispielsweise festgehalten: „Der ökonomische Aufstieg Yichuns ist ein Spiegelbild der industriellen Blüte vergangener Generationen von Städten bis hin zu den ersten von der industriellen Revolution hervorgebrachten Orten, wie beispielsweise die ‚Cotton towns' Nordwestenglands. Allerdings: Einige dieser aufstrebenden Städte, darunter Yichun, bilden auch in anderer Hinsicht das Pendant dieser Orte, da ihre ökonomische Entwicklung einen Scheitelpunkt erreicht hat und sie sich gegenwärtig in einem Prozess der Deindustrialisierung befinden" (Allen 2017). Das rasante und umfassende Wachstum chinesischer Städte während der letzten Jahrzehnte und die damit einhergehende **Verstädterung der Gesellschaft** ebenso wie die parallel stattfindenden Schrumpfungstendenzen in einigen chinesischen Städten, sind Elemente umfassender, global ablaufender Entwicklungen, die zudem auf vielfältige Weise miteinander verknüpft sind.

Von zentraler Bedeutung für das Verständnis städtischen Wandels in den letzten Jahrzehnten ist insbesondere der in globalem Maßstab ablaufende Umbau ökonomischer Strukturen und ihrer – auch räumlichen – Verflechtungen. In den führenden Industrienationen des 20. Jahrhunderts drückte sich dieser Prozess in vielfältiger Weise aus. Hier kam es nicht nur zu einem Um- und Rückbau der ökonomischen Strukturen (z. B. in Form von Deindustrialisierungstendenzen) und demographischen Schrumpfungstendenzen, sondern auch zu einem Steuerungsverlust auf allen staatlichen Ebenen, so auch in den Städten, zu sozialen Anomien und individuellen wie kollektiven Sinnkrisen. Paradigmatische Beispiele dieses **mehrschichtigen Umbruchprozesses** sind Orte wie Detroit oder aber Coventry (einstige Hochburgen des Automobilbaus der USA und des Vereinigten Königreichs), doch prinzipiell waren alle Städte, deren Geschichte sich im Rahmen der Entwicklungsdynamik der Industriemoderne des 19. und 20. Jahrhunderts vollzogen hat, von diesen Trends tangiert. Auf der anderen Seite hingegen stehen die „Gewinner", die Volkswirtschaften/Regionen/Städte, die im Zuge der Rekonfiguration der globalen Ökonomie der letzten Jahrzehnte eine volkswirtschaftliche Blüte (so etwa China mit seinen phänomenalen Zuwachsraten des BIP während der letzten Jahre), einen zunehmenden Wohlstand und ein zum Teil rasantes demographisches wie bauliches Städtewachstum verzeichneten. Allerdings: Wie die eingangs angesprochenen Stadtentwicklungstendenzen in China zeigen, lässt sich der Prozess der ökonomischen Modernisierung und der aktuellen Urbanisierung im Zuge von Globalisierungstendenzen nicht als lineare Erfolgsstory ohne Brüche angemessen darstellen, sondern es müssen notwendigerweise auch entgegenlaufende Trends bzw. das „Scheitern" in Rechnung gestellt werden, auch bei den „Gewinnern" der jüngeren Vergangenheit.

Häufig wird im Kontext der ökonomischen Globalisierung auch der Verlust von Steuerungskompetenzen bzw. -kapazitäten auf allen Maßstabsebenen thematisiert. Gemeint ist hiermit insbesondere der **Kontrollverlust staatlicher Einrichtungen** gegenüber der zunehmenden Macht transnational agierender Unternehmen, die sich nationalstaatlicher und lokaler Kontrolle wirkungsvoll entziehen können. Dieser Verlust von Steuerungsmöglichkeiten wird gerne auch als *„hollowing out of the state"* apostrophiert. Über den Grad des Kontrollverlusts herrscht keine Einigkeit in der Debatte, allerdings gibt es kaum einen Zweifel daran, dass sich die Machtverhältnisse zwischen den Akteuren und zwischen verschiedenen räumlichen Ebenen (von der lokalen bis zur globalen Maßstabsebene) in einem fortlaufenden und tief greifenden **Rekonfigurationsprozess** befinden. Hiervon sind gerade auch Städte betroffen, etwa im Rahmen von Deregulierungsprozessen. Hierbei handelt es sich nicht selten um zweischneidige Entwicklungen, denn ein höheres Maß an lokaler Mitbestimmung, die von nationalen Regierungen gewährt wird, geht nicht selten Hand in Hand mit einer Entlastung von Verantwortung durch übergeordnete staatliche Ebenen.

Im Zusammenhang mit der (ökonomischen) Globalisierung und der damit einhergehenden Krise des wohlfahrtstaatlichen Modells der Nachkriegszeit wird in der Kritischen Stadtforschung seit einigen Jahren zudem eine Neuorientierung städtischer Politik bzw. städtischen Regierens konstatiert (Abschn. 20.4). In der „neoliberalen" bzw. „unternehmerischen" Stadt wird die Standortpolitik gegenüber anderen Politikoptionen priorisiert (Belina & Schipper 2009), da sich die politischen Entscheidungsträger in den Kommunen in zunehmendem Maße als Teilnehmer in einem verschärften internationalen Standortwettbewerb sehen, dem durch eine entsprechend stärker marktförmige Ausgestaltung lokaler Politik begegnet werden soll (Exkurs 20.7).

In den jüngeren Debatten über die Entwicklung des Urbanen spielen die hier angerissenen Themen von (unkontrolliertem) städtischen Wachstum, gleichzeitigem Aufstieg und Niedergang sowie von lokalem Kontrollverlust und neoliberaler Politikgestaltung eine herausragende Rolle. Ein weiteres zentrales Element dieser Diskussionen sind die vielfältigen Auswirkungen des „Informationszeitalters" auf diese Entwicklungstendenzen. Hiermit sind im Wesentlichen die Redefinition der Formen der Vergesellschaftung sowie die zunehmende Entmaterialisierung von ökonomischen Transaktionen durch den Einzug von neuen Informations- und Kommunikationstechnologien gemeint. Angenommen wird u. a., dass der materielle Raum überlagert bzw. tendenziell infrage gestellt wird durch den **Cyberspace des Informationszeitalters** und dass Städte und Regionen durch die prinzipielle Standortunabhängigkeit von transnationalen Unternehmen aufgrund der Ubiquität „harter" Produktionsfaktoren zunehmend die Basis ihrer (industriegeschichtlichen) Prosperität verlieren. Allerdings wird in der Debatte auch zurecht darauf hingewiesen, dass die Annahme einer prinzipiellen Standortunabhängigkeit vieler städtischer Funktionen durch Informations- und Kommunikationsmedien irreführend sei, da sie eine Beliebigkeit der Standortwahl von Unternehmen unterstelle, die es jedoch nicht gibt.

Ein weiterer zentraler Aspekt städtischen Wandels umfasst demographische Trends, die einerseits mit den angedeuteten ökonomischen Entwicklungen korrespondieren, andererseits aber auch auf andere tiefgreifende gesellschaftliche Wandlungsprozesse verweisen (z. B. auf die veränderte gesellschaftliche Stellung der Frau, die „Bildungsexplosion", einen generellen Wertewandel mit Blick auf die Bedeutung von Kindern/Familie usw.). Die weiter oben angesprochenen demographischen Entwicklungen des 20. und frühen 21. Jahrhunderts zeigten sich in den Industriestädten Europas und Nordamerikas in Form eines massiven Schrumpfungsprozesses, der in den 1970er-Jahren einen ersten Höhepunkt erreichte und sich im Zuge des Zusammenbruchs der Sowjetunion in den frühen 1990er-Jahren in den Nachfolgestaaten der Sowjetunion und in Osteuropa generell rasch ausbreitete. Gleichzeitig hat in dieser Zeit die Verstädterung der Erde weiter zugenommen, was darauf verweist, dass Schrumpfung und Wachstum parallel stattgefunden haben, allerdings in unterschiedlichen Räumen/Regionen der Erde. Diese **Parallelität der Entwicklung** vollzieht sich auch gegenwärtig und zwar vor dem Hintergrund eines doppelten demographischen Wandels. So stellt das „McKinsey Global Institute" im Jahr 2016 fest: „Gegenwärtig unterliegen Städte weltweit einem doppelten demographischen Wandel, insbesondere in entwickelten, aber in zunehmendem Maße auch in sich entwickelnden Regionen. Erstens schwächt sich der globale Bevölkerungsanstieg aufgrund rückläufiger Geburtenziffern in einer älter werdenden Welt ab. Zweitens verringert sich das Tempo der Land-Stadt-Wanderung in vielen Regionen der Erde. Das hat dazu geführt, dass die Bevölkerung in den größten Städten der Erde zwischen 2000 und 2015 um 6 % zurückgegangen ist, vornehmlich in den fortgeschrittenen Volkswirtschaften. Für den Zeitraum zwischen 2015 und 2025 erwarten wir einen weiteren Bevölkerungsrückgang von 17 % in den großen Städten der entwickelten Regionen und von 8 % in allen großen Städten der Erde. Die Auswirkungen dieses doppelten demographischen Wandels auf die Städte wird sehr unterschiedlich sein" (McKinsey Global Institute 2016).

Der ungleichzeitige Umbau des globalen Städtesystems vollzieht sich zudem vor dem Hintergrund einer **erhöhten Mobilität** und Motilität (Bereitschaft zu einer mobilen Lebensweise). In den fortgeschrittenen Volkswirtschaften beispielsweise hat sich eine tiefgreifende „Automobilisierung" ihrer Gesellschaften im 20. Jahrhundert etabliert, die zu **Suburbanisierung**, Siedlungswachstum (häufig auch mit dem Kampfbegriff der „Zersiedlung" belegt), zur Auflösung der Kernstädte und zu einer zunehmenden stadträumlichen und sozialen Fragmentierung bzw. Zersplitterung geführt bzw. beigetragen hat. Erleichtert wurde dieser Trend durch den Bau von Straßen, durch staatliche Zuschüsse zur Bildung von Wohneigentum sowie durch einen allgemeinen gesellschaftlichen Wertewandel, der das Leben „im Grünen" für weite Kreise der Bevölkerung als ausgesprochen attraktive Option gegenüber dem Leben in der (Kern-)Stadt erscheinen ließ. Gegenwärtig vollziehen sich in anderen Teilen der Welt ähnliche Prozesse des Siedlungswachstums und der Fragmentierung und Auflösung überkommener räumlicher und sozialer Strukturen und zwar vor allem dort, wo eine starke weltwirtschaftliche Integration erfolgt ist und ein dynamisches Wirtschaftswachstum stattgefunden hat.

Die hier angerissenen aktuellen Trends städtischer Entwicklung sollen im Folgenden eingehender betrachtet und dabei in einen weiter gefassten Diskussionszusammenhang gestellt werden. Dabei sollen vor allem auch die offenen Fragen und Widersprüchlichkeiten in den Debatten berücksichtigt werden. Von ganz entscheidender Bedeutung für die weiteren Überlegungen sind zwei gedankliche Setzungen, die letztlich die entscheidende Motivation für den vorliegenden Beitrag waren. Erstens: Wir leben in einer Zeit tief greifender und weitreichender ökonomischer, politischer, technologischer und sozialer Restrukturierun-

Exkurs 20.7 Ikonische Architektur in der neoliberalen Stadt – das Beispiel der Hamburger Elbphilharmonie

Jan Balke, Paul Reuber, Imme Lindemann und Gerald Wood

Seit den 1980er-Jahren spielen im Kontext des zunehmenden (internationalen) Wettbewerbs von Städten um Unternehmen, qualifizierte Arbeitskräfte und Touristen „ikonische Architekturen" (Sklair 2005, 2006) als „spektakuläre" städtebauliche Großprojekte eine immer wichtigere Rolle. Konzerthäuser, Museen, Stadien oder Hochhäuser sind im Sinne einer globalen *travelling idea* (Knox & Pain 2010) sowohl Ausdruck der zunehmenden Kulturalisierung städtischer Ökonomien (*culture-led regeneration;* Evans 2003) als auch symbolisch-materielle Manifestation unternehmerischer Stadtentwicklungspolitiken unter neoliberalen Vorzeichen. Der derzeit wohl bemerkenswerteste Fall ikonischer Architektur in Deutschland ist die Elbphilharmonie in der Hamburger HafenCity, deren Entstehungsgeschichte sich vor diesem Hintergrund als ideales Fallbeispiel eignet, um die hier zutage tretenden Diskurse und Praktiken urbaner Gouvernementalität zu untersuchen und zu fragen, inwieweit der Bau der Elbphilharmonie als Ausdruck und Mittel einer neoliberalen Neuverhandlung städtischen Regierens verstanden werden kann.

Dieser Frage kann in einem ersten Schritt mit einer Diskursanalyse der medialen Berichterstattung und der kommunalpolitischen Kommunikation nachgespürt werden. Diese arbeitet im vorliegenden Fall mit korpusanalytischen Verfahren, die u. a. eine Zusammenstellung der in diesem Kontext besonders häufig genutzten Themenfelder und Begrifflichkeiten sichtbar machen kann (Abb. A). Dabei wird deutlich, wie stark der Bau der Elbphilharmonie vor dem Hintergrund einer unternehmerischen und auf Wachstum ausgerichteten Stadtpolitik verhandelt wird, die sich kulturorientierte Stadtentwicklungsstrategien zur „weichen" (Human-)Kapitalakkumulation zunutze macht und Assoziationen des internationalen Städtewettbewerbs eng und häufig mit der Errichtung des Konzerthauses verknüpft. Begriffe wie „Prestigeprojekt", „Highlight", „Wahrzeichen" und „Flaggschiff" weisen auf die herausgehobene Bedeutung der Elbphilharmonie innerhalb dieser Debatten hin, diskursive Praktiken des kompetitiven globalen Benchmarkings scheinen in Begriffen wie „Weltrang", „Weltniveau", „Weltliga" und „Weltklasse" auf. In diesen Kontext sind auch Eigennamen wie „Paris", „London", „Sydney", „Berlin" und „Wien" einzuordnen. Insgesamt dokumentiert das häufige Auftauchen dieser Begriffe eindrücklich die Einbindung der ikonischen Architektur in die wettbewerbsorientierte Semantik neoliberaler Diskurse von Stadtpolitik, die sich in Hamburg nicht zuletzt auch im

seit 2002 bestehenden stadtpolitischen Leitbild „Metropole Hamburg – Wachsende Stadt" widerspiegelt.

Gleichzeitig macht das Beispiel Elbphilharmonie aus geographischer Sicht darauf aufmerksam, dass trotz der machtvollen Prominenz des globalen neoliberalen Skripts lokale Projekte ikonischer Architektur in Weltstädten nicht einheitlich verhandelt und umgesetzt werden (müssen). Darauf deutet im vorliegenden Fall die starke (Re-)Aktivierung lokalspezifischer „Hamburger" Semantiken aus dem Bereich des Mäzenatentums und der traditionsreichen bürgerschaftlichen (Selbst-)Verantwortung hin. Begriffe wie „Stiftung", „Freundeskreis", „Engagement", „Spenden", „Sponsoren" und „hanseatisch" machen deutlich, wie sehr historisch eingeübte Diskurse und Praktiken des Mäzenatentums und des gesellschaftlichen Engagements in Hamburg für die stadtpolitische Legitimierung und Durchsetzung der ikonischen Architektur eine besondere Bedeutung erlangen. Auf diese Weise sind sie diskursive Spuren einer stadtspezifischen Genealogie (neo-) liberaler Gouvernementalität und durchaus als Anzeichen für die Existenz lokaler Variationen bzw. Pfadabhängigkeiten globaler Skripte spät- bzw. postmodernen städtischen Regierens zu bewerten. Dieses Argument darf aber nicht als „Rückfall" in eine territoriale Falle des Denkens verstanden werden, die einzelnen Orten, Städten oder Nationen quasi „per se" spezifische kulturelle Normen, Praktiken und Werte zuschreibt; vielmehr deuten die Ergebnisse auf die Machtwirkung historisch-kulturell sedimentierter Diskurse des „Sprechens über Stadt" hin, die sich in Kombination mit transnational hegenominalen Planungsdiskursen zu jeweils hybriden lokalspezifischen Ausdrucksformen neoliberaler Stadtpolitik verbinden.

Häufig stehen solche Diskursfragmente in enger Verbindung zum Feld des Identitätsmarketing. Dies drückt sich in der Analyse der Mediendiskurse über die Hamburger Elbphilharmonie durch die semantische Verknüpfung des Bauwerks mit weiteren lokalen Landmarks und symbolischer Architektur aus dem Bereich des Städtebaus und der Stadtentwicklung aus. Eine ganze Reihe von Begriffen wie „Kaispeicher", „HafenCity" und „Speicherstadt", aber auch Bezeichnungen wie „St. Pauli", „Michel", „Hafen" und „Reeperbahn", die alle gemeinsam auf historisch-kulturell verdichtete Imaginationen bzw. Repräsentationen Hamburger Wahrzeichen und städtebaulicher Strukturen verweisen, deuten auf einen Gesamtkontext hin, in den sich die Elbphilharmonie als neuer prominenter Mosaikstein einfügen soll.

Kapitel 20

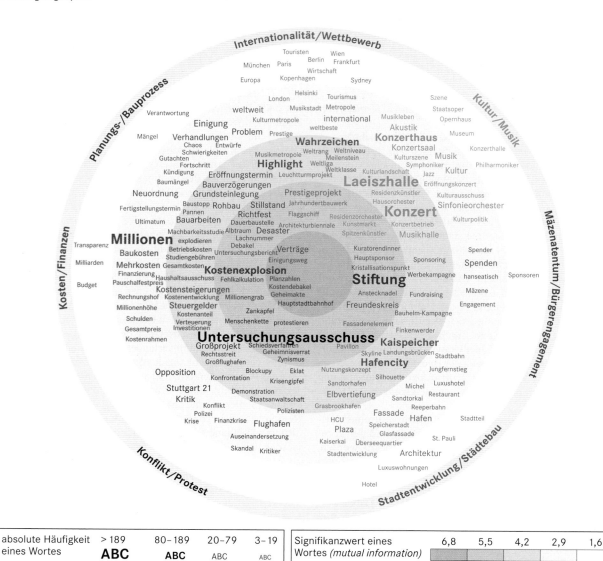

absolute Häufigkeit eines Wortes	> 189 **ABC**	80–189 **ABC**	20–79 ABC	3–19 ABC

Signifikanzwert eines Wortes *(mutual information)*	6,8	5,5	4,2	2,9	1,6

Abb. A Mithilfe einer Kookkurrenzanalyse wurden in einem Datenkorpus aus lokalen und überregionalen Printmedien (Hamburger Abendblatt, SZ, FAZ, FR, taz, Die Welt, Die Zeit, Der Spiegel, Stern, Focus) die Häufigkeiten der Begriffe untersucht, die sich jeweils in einem Wortumfeld von fünf Zeichen links bzw. rechts um das Suchwort „Elbphilharmonie" befinden. Zur Übersichtlichkeit wurden die Begriffe zu semantischen Feldern gruppiert, die die großflächigen Strukturen diskursiver Bedeutungszuweisungen im Kontext des medialen Elbphilharmonie-Diskurses abbilden. Die konzentrischen Ringe stellen Klassen von Signifikanzwerten dar, die zur Mitte aufsteigen. Die Größe der einzelnen Begriffe verdeutlicht deren absolute Häufigkeit innerhalb des Teilkorpus. Je größer das Wort ist und je weiter es in der Mitte steht, desto höher sind seine absolute Frequenz und seine Assoziationsstärke zum Suchwort „Elbphilharmonie" (Entwurf: Balke & Horstmann, in Anlehnung an Mattissek et al. 2009).

Dass die Elbphilharmonie trotz der Kraft der hegemonialen neoliberalen Diskurslogik in Segmenten der Stadtgesellschaft auch Widerspruch hervorgerufen hat, zeigt sich in der Diskursanalyse an der Häufigkeit von Begriffen, die sich auf den problembehafteten Planungs- und Bauprozess beziehen. So verbindet die Medienberichterstattung mit der Elbphilharmonie sensible Aspekte aus dem Bereich des Kosten- und Finanzdiskurses wie „Kostendebakel", „Planzahlen", „Millionen" und „Geheimakte". Auch die Skandalgeschichte des Baus mit

seinen intransparenten Kostensteigerungen erhält eine prominente Bedeutung, die sich in begrifflichen Verweisen auf die Konflikte während der Bauzeit spiegelt (allen voran „Untersuchungsausschuss"). Auffällig ist in diesem Zusammenhang, dass Begriffe wie „Hauptstadtbahnhof", „Großflughafen", „Stuttgart 21", „Finanzkrise" und „Blockupy" auf Assoziationen hinweisen, die den Bau in Zusammenhang mit übergreifenden, gesamtgesellschaftlichen Diskursen um das Missmanagement bei städtebaulichen Großprojekten bzw. in den

Kontext kapitalismuskritischer Diskurse setzen. Gleichzeitig paust sich auch in diesem Bereich aber erneut auch der „lokale Eigensinn" des Fallbeispiels durch, denn trotz projektspezifischer Fehlentwicklungen und Skandale und trotz der gerade in Hamburg jahrzehntelang geübten lokalspezifisch kraftvollen Protesttradition dominiert die symbolisch-affektive Strahlkraft der ikonischen Architektur und führt zu einer breiten Zustimmung in unterschiedlichsten Teilen der Stadtbevölkerung.

In der Summe zeigt sich am Fall der Elbphilharmonie, wie stark Elemente postpolitischer Praktiken neoliberaler Stadtpolitik Einfluss auf den Entstehungsprozess sowie die stadtpolitische Aushandlung, Legitimierung und Durchsetzung eines städtebaulichen Großprojektes nehmen. In diesem Deutungsrahmen kann nach den empirischen Befunden auch ikonische Architektur selbst in gewisser Weise als „post-politisch" verstanden werden, dient doch ihre ikonische Strahlkraft nicht nur repräsentativen, konsumtiven und kommerziellen Zwecken, sondern auch dem Überschreiben kontroverser Aushandlungsformen der politischen Debatte im Sinne einer post-politischen Konsenspolitik. Im Fall der Elbphilharmonie speist sich diese Konsenspolitik nicht zuletzt auch aus einem hochgradig architektonisch-ästhetisierten Diskurs, der kritische Stimmen von Beginn an zu marginalisieren vermochte

und symbolisch-affektive Deutungsmuster über politische und ökonomisch-rationale Aspekte stellte. Bezogen auf die Theoriebildung zeigen die Befunde des Hamburger Fallbeispiels, dass es inhaltlich notwendig ist, Analysen zu gouvernementalen Rationalitäten und Technologien neoliberaler Stadtpolitik und -planung um eine geographische, das heißt räumlich-kontextspezifische Betrachtungsperspektive zu erweitern. Die Ergebnisse machen nachvollziehbar, wie sehr die auf einer Makroebene geführten Diskurse um ikonische Architektur sich noch einmal in spezifischer Weise in die lokale Mikroebene hineinschreiben, wobei es zu spannenden spezifischen Überlagerungen kommt, die in die wissenschaftliche Betrachtung und Bewertung der Genese und Rolle entsprechender Projekte als „lokalspezifische neoliberale Form von Gouvernementalität" (Balke et al. 2017) eingebracht werden können. Diese lokale Genealogie neoliberaler Großprojekte zeigt sich nicht nur bezogen auf die teilweise ortsspezifisch modifizierten Rationalitäten und Technologien des Baus der Elbphilharmonie, sondern auch an lokal- und projektspezifischen Charakteristika des Widerstands. Solche Erkenntnisse lassen sich nicht nur für die konzeptionelle Weiterentwicklung nutzen, sondern produktiv auch in der städtischen Praxis im Kontext stadtentwicklungsbezogener Moderations- und Mediationsprozesse umsetzen.

gen bzw. Umbrüche, von denen auch Städte und Städtesysteme nachhaltig betroffen sind. Zweitens: Nicht nur die gesellschaftlichen Rahmenbedingungen der Stadtentwicklung haben sich verändert, sondern auch die Art und Weise, wie das Wechselspiel zwischen gesellschaftlicher und räumlicher Restrukturierung konzeptionalisiert wird. Beispielhaft seien hier Vertreter der sog. „L.A.-School" genannt, für die das überkommene Denkschema von Zentrum-Peripherie obsolet ist. Anstatt die Stadtstruktur von einem ordnenden Zentrum aus zu denken – wie es beispielsweise im Rahmen der sozialökologischen Modelle der „Chicago School" geschehen ist – wird vielmehr von einer zunehmenden Organisation räumlicher Strukturen durch die städtische Peripherie ausgegangen (Dear & Flusty 1998).

Beide Setzungen verweisen auf einen übergeordneten Kontext, den man als postmoderne Entwicklung sowohl gesellschaftlicher und räumlicher Strukturen als auch der Wissenschaften bezeichnen kann. Im folgenden Teilkapitel soll der Postmoderne-Debatte in den Wissenschaften in groben Zügen nachgegangen werden, um dann aus dieser Perspektive heraus die Debatten, die die gegenwärtige Stadtentwicklung thematisieren, eingehender zu betrachten.

Postmoderne Erkenntnis

Die oben angesprochene Infragestellung überkommener Lesarten des Städtischen (so z. B. der sozialökologischen Modelle der „Chicago School") als herausragendes Merkmal einer Theoretisierung postmoderner Urbanisierung lässt sich als Ausdruck

einer Krise werten, die Boyne & Rattansi (1990) als „Krise der Repräsentation" bezeichnen. Sie ist das verbindende Element der in unterschiedlichen Kontexten geführten Postmoderne-Debatte. Mit der **„Krise der Repräsentation"** ist eine weitgehende Infragestellung bzw. Diskreditierung überkommener Formen der sprachlichen Repräsentationen der Gegenstände künstlerischer, philosophischer, sozialwissenschaftlicher und literarischer Diskurse gemeint, die im Wesentlichen als eine Folge diverser kritischer Positionen gegenüber „dem Projekt der Moderne" angesehen werden können. In ganz besonderer Weise sind die Meta-Erzählungen der Moderne von der „Krise der Repräsentation" tangiert und mit ihnen das mit Vernunft begabte und intentional-reflexiv handelnde Subjekt als Träger des Aufklärungsgedankens der Moderne. Eine ganz unmittelbare Folge der Zurückweisung hegemonialer Ansprüche überkommener (Meta-)Erzählungen ist die Akzeptanz der Unausweichlichkeit der Pluralität von Perspektiven.

Auch die neuzeitlichen Wissenschaften sind von dieser Entwicklung massiv berührt. So stellt sich die alte erkenntnistheoretische Frage nach der Bedeutung bzw. der Relativität wissenschaftlicher Erkenntnis in neuer, verschärfter Form. Vor allem in den Geistes-, Kultur- und Sozialwissenschaften treten neben die „alten" neue Deutungsangebote, überkommene Gewissheiten und Überzeugungen machen Platz für Pluralität und eine damit einhergehende „Unübersichtlichkeit". Offen bzw. strittig bleibt allerdings die Frage, ob wissenschaftliche Diskurse eher ein (beliebiges) „Plaudern" darstellen (Lyotard 1982) oder ob über einen „postmodern gewendeten" Vernunftbegriff der Versuch unternommen werde könne, zwischen den verschiedenen Diskursen Übergänge und damit Verständigung sicherzustellen (Welsch 1988). Offen und ungelöst bleibt auch das Paradox, „dass ein Diskurs, der die prinzipielle Gleichwertigkeit aller anderen Diskurse konstatiert, doch auch privilegiert sein muss, denn wie sonst soll er zu einem solchen Urteil in der Lage sein" (Becker 1996). Andererseits: Welches andere Gedankengebäude kann den jüngeren gesellschaftlichen Wandel und die grundlegende Frage nach einer anschlussfähigen Erkenntnishaltung angemessener konzeptionalisieren als der Postmoderne-Diskurs und dabei gleichzeitig dessen dargestellte Unzulänglichkeiten überwinden?

Der hier skizzierte erkenntnistheoretische Wandel in den neuzeitlichen Wissenschaften hat auch in der (Stadt-)Geographie deutliche Spuren hinterlassen. Er hat u. a. dazu geführt, dass essentialistische „Weltbilder" zunehmend fragwürdig geworden sind und dass überkommene raumwissenschaftliche Deutungsangebote, wie z. B. die sozialökologischen Modelle der Chicagoer Schule in einem diskurstheoretischen Sinne als nicht mehr zeitgemäße Abstraktionen räumlicher Entwicklung zurückgewiesen werden.

Postmoderne Urbanität

Der Begriff Postmoderne steht nicht nur für Veränderungen im Bereich der Erkenntnistheorie, sondern gerade auch für einen epochalen Wandel in zahlreichen gesellschaftlichen Teilbereichen, so z. B. in der Ökonomie, der Kultur und der Politik. Wenn man die Literatur, in der ein solch epochaler Übergang thematisiert wird, systematisiert, dann fällt auf, dass es sich in der Mehrzahl der Fälle um „Krisentheorien" handelt, also um Konzeptionalisierungen, in denen gesellschaftliche Brüche bzw. Krisen als Ursachen für die beobachteten Veränderungen angeführt werden. Zu diesen „Krisentheorien" lässt sich die Kapitalismuskritik von Harvey (1989) ebenso rechnen wie die Überlegungen Becks (1994, 1996) zur „reflexiven Modernisierung" sowie auch die regulationstheoretischen Annahmen zur Entwicklung westlicher Industrieländer etwa durch Aglietta (1979).

Eine der wenigen Ausnahmen stellt Bauman (1995) dar, der in den unter dem Begriff Postmoderne zusammengefassten Phänomenen sozialen Wandels „Manifestationen einer neuen Normalität" erkennt. In seiner „Soziologie der Postmoderne" und in bewusster Abgrenzung zu krisentheoretischen Modellen führt Bauman aus, dass die postmodernen Ausdrucksformen des sozialen Wandels nicht als Krise und damit als etwas Pathologisches zu verstehen seien, sondern als die Manifestation eines neuen Gesellschaftsystems, in dem der Konsum die wichtigste Rolle spiele („Konsumismus"). Der Konsum bilde nicht nur den Lebensmittelpunkt jedes Individuums, sondern diene gleichzeitig der gesellschaftlichen Integration und der Reproduktion des Systems. Damit falle ihm eine Aufgabe zu, die in den industriekapitalistischen Ländern traditionell der Lohnarbeit zugerechnet worden sei.

Diese Konzeptionalisierungen gesellschaftlichen Wandels beziehen sich entweder selbst explizit auf räumliche Entwicklungstendenzen oder werden in der raumwissenschaftlichen Debatte entsprechend adaptiert. So beispielsweise bei Harvey (1989), der die ökonomischen Transformationen kapitalis-

tischer Gesellschaften im späten 20. Jahrhundert sowohl im Zusammenhang mit neuen Standortmustern – vor allem von Transnationalen Unternehmen – diskutiert als auch im Kontext der baulichen und architektonisch-ästhetischen Gestaltung der Städte als kulturellem Pendant der neuen Form der „Kapitalakkumulation".

Vor allem im nordamerikanischen Sprachraum wird in jüngeren konzeptionellen Beiträgen zur Stadtentwicklung explizit auf die Zusammenhänge zwischen „neuer Urbanität" und einer allgemeinen postmodernen Gesellschaftsentwicklung sowie auf die Notwendigkeit einer veränderten Theoretisierung städtischen Wandels hingewiesen. Autoren wie Dear (2000; Dear & Flusty 1998) und Soja (1995, 1996, 1997, 2000) gehören zu den prominentesten Vertretern einer postmodernen Stadtentwicklungstheorie, die vor allem am Beispiel der Stadt Los Angeles aktuelle Entwicklungstendenzen nordamerikanischer Städte aufzeigen, da sich diese Trends nach Meinung der genannten Autoren in Los Angeles geradezu idealtypisch zeigen.

Aber auch andere Städte werden untersucht, so z. B. Las Vegas, das Dear (2000) als Paradebeispiel einer vom Konsum geprägten, wenn nicht sogar vollständig hiervon abhängigen Stadt bezeichnet und das aufgrund seiner artifiziellen Konsum- und Freizeitwelten auch in gestalterischer bzw. architektonischer Hinsicht als Musterbeispiel postmoderner Stadtentwicklung angesehen werden könne.

Im Rahmen postmoderner Stadtentwicklung identifiziert Soja (1997) sechs **Prozesse**, die besonders augenfällig sind. Hierzu gehören:

- der Umbau fordistischer Produktionsweisen zu flexiblen Produktionssystemen (*„The Postfordist Industrial Metropolis: Restructuring the Geopolitical Economy of Urbanism"*)
- die Herausbildung bzw. die Rekonfiguration von Global Citys (*„Cosmopolis: The Globalization of Cityspace"*)
- die Restrukturierung urbaner Formen (*„Exopolis: The Restructuring of Urban Form"*)
- die Zunahme sozialräumlicher Polarisierungen (*„Fractal City: Metropolarities and the Restructured Social Mosaic"*)
- die Befestigung der Stadt durch private Sicherheitssysteme (*„The Carceral Archipelago: Governing Space in the Postmetropolis"*)
- der tief greifende Bruch in den Vorstellungen über das „Urbane" (*„Simcities: Restructuring the Urban Imaginary"*)

Der Wandel städtischer Ökonomien

Zu den zentralen Prämissen vieler Arbeiten über die Dynamik städtischen Wandels gehört die Annahme, dass sich Stadtentwicklung nur dann angemessen verstehen lässt, wenn auch ihre ökonomischen Grundlagen expliziert werden. So erstaunt es nicht, dass auch Soja dem Zusammenhang von ökonomischer und räumlicher Restrukturierung eine ganz zentrale Bedeutung im Rahmen seiner Konzeptionalisierung städtischen Wandels einräumt (Punkte eins und zwei in der obigen Auflistung). Es gibt eine Reihe unterschiedlicher theoretischer Ansätze, die diesen Zusammenhang thematisieren, zu denen u. a. die sog. Regulationstheorie und die Global-City-Debatte gehören. Aufgrund ihres hohen Grades an Anschaulichkeit und Plausibilität sollen diese Ansätze die analytischen Bezugspunkte für die folgenden Überlegungen zur Stadtentwicklung in den letzten Dekaden bilden.

Die „**Theorie der Regulation**", die zunächst in Frankreich (Aglietta 1979), dann im angelsächsischen (Harvey 1989) und mit zeitlicher Verzögerung im deutschen Sprachraum (Danielzyk & Oßenbrügge 1993, Bathelt 1994, Krätke 1995) entfaltet bzw. rezipiert worden ist, lässt sich als eine „krisentheoretische" Konzeptionalisierung gesellschaftlichen Wandels bezeichnen, die das Regelsystem der Wirtschaft (in der Regulationstheorie als „Akkumulationsregime" bezeichnet) mit dem gleichfalls historisch entwickelten sozialen Regelsystem („Regulationsweise") verknüpft. Als Merkmale einer „modernen" (fordistischen) Ökonomie lassen sich in der regulationstheoretischen Diskussion – schlagwortartig – folgende Punkte identifizieren: industrielle Produktion, Massenproduktion, hohe Beschäftigtenzahlen und *economies of scale*. Als Elemente einer postfordistischen Ökonomie werden genannt: Dienstleistungsorientierung (Finanzwirtschaft, produktionsorientierte Dienstleistungen), Globalisierung, Telekommunikationsorientierung, Konsumorientierung, flexible industrielle Produktion für Nischenmärkte, *economies of scope*.

Aus der Sicht von Raumwissenschaften ist die regulationstheoretische Debatte nicht zuletzt deswegen von Bedeutung, weil betont wird, dass die Krise des Fordismus (als gesamtgesellschaftliches Entwicklungsmodell fortgeschrittener Volkswirtschaften in der zweiten Hälfte des 20. Jahrhunderts) ihre Ursachen auch in der räumlichen Organisation des fordistischen Produktionsprozesses hatte. Die für den Fordismus identifizierten prägenden raumstrukturellen Merkmale waren einerseits eine funktionale Hierarchisierung der Städte untereinander und andererseits eine Zentrum-Peripherie-Polarisierung. Als **Zentren der fordistischen Produktion** gelten die Industrieregionen der fortgeschrittenen Volkswirtschaften, in denen sich insbesondere in der Nachkriegszeit Produktionssysteme herausbildeten, die auf vielfältige Weise miteinander verknüpft waren (Moulaert & Swyngedouw 1989). Gleichzeitig waren diese – urbanen – Räume des Fordismus auch die Räume des Massenkonsums, der Standardisierung von Räumen (durch funktionale Zonierung) sowie einer Standardisierung von privater Lebensführung (Kleinfamilie, geschlechtsspezifische Verhaltensmuster usw.).

Die Krise des Fordismus, die im Wesentlichen als innerer Widerspruch dieser gesellschaftlichen Formation identifiziert wird, hatte ein räumliches Pendant; auch in räumlicher Hinsicht gab es Widersprüche, die sich hauptsächlich in Form von Persistenzen auf unterschiedlichen Maßstabsebenen (auf lokaler Ebene z. B. in Form großer Industrieanlagen) äußerten, die für eine flexible Umgestaltung des bisherigen Akkumulationsregimes hinderlich waren.

Aufgrund dieser räumlichen Persistenzen und infolge des „global Scans" der multinationalen Unternehmen auf der Suche nach „geographischem Mehrwert" (Moulaert & Swyngedouw 1989) kommt es zu einer räumlichen Reorganisation der Produktion, z. B. in Form von **Standortverlagerungen** in sog. Billiglohnländer. Allerdings ist es nicht umstandslos möglich, eindeutige bzw.

allgemeingültige raumstrukturelle Merkmale des Postfordismus zu benennen (Danielzyk 1998).

Für die urbanen Zentren des Fordismus hatten die zur Lösung der Krise des Fordismus angewendeten „räumlichen Strategien" gravierende Auswirkungen. Hierzu gehören vor allen Dingen der Rückzug der Großunternehmen bis hin zur Schließung von Betrieben bzw. ganzen Unternehmen („Deindustrialisierung"), eine zum Teil massive Arbeitslosigkeit sowie Formen sozialer Desintegration. Verbunden mit dem sozialstaatlichen Rückzug, der in einigen Ländern besonders gravierend war, induzierte der ökonomische Wandel tief greifende und lang andauernde sozioökonomische Polarisierungstendenzen in den Zentren der fortgeschrittenen Volkswirtschaften. Besonders augenfällig waren diese Polarisierungstendenzen zunächst in den *inner cities*, später traten sie dann auch in den peripher gelegenen Wohngebieten (des staatlichen Wohnungsbaus) in Erscheinung, so z. B. in Großbritannien in den sog. *outer council estates*.

Bedingt durch den Übergang vom Fordismus zum Postfordismus wird, nach Ansicht von Moulaert & Swyngedouw (1989), die Städtehierarchie des Fordismus, die auf dem sekundären Sektor sowie – hauptsächlich – auf sozialen und persönlichen Dienstleistungen gegründet war, zunehmend abgelöst von einer Hierarchie, die im Wesentlichen bestimmt wird von den Standorten der produktionsorientierten Dienstleistungen (Bankwesen, Versicherungswirtschaft, Immobilienhandel sowie professionelle Dienstleistungen). Diese Überlegung bildet einen der Ausgangspunkte der **Global-City-Debatte**. Autoren wie Sassen (1994) oder Parkinson (1994) beispielsweise unterstreichen, dass die im Postfordismus stattfindende territoriale Reorganisation ökonomischer Aktivitäten (insbesondere die in globalem Maßstab ablaufende Umverteilung der industriellen Produktion) dazu geführt habe, dass die strategischen bzw. dispositiven Aktivitäten transnationaler Industrieunternehmen räumlich weiter konzentriert worden sind (Scott & Storper 2003). Interessanterweise tragen gerade die Informationstechnologien, denen ja häufig nachgesagt wird, sie „vernichteten" den Raum, zu dieser Entwicklung bei, da sie eine räumliche Streuung und die gleichzeitige Integration vieler Aktivitäten, gesteuert über die „Kommandozentralen" der Unternehmen, ermöglichen (Sassen 1994). Die Zentralisierung der Kontrolle und die damit verbundene Steuerung räumlich gestreuter ökonomischer Aktivitäten entstehen allerdings nicht zufällig bzw. unausweichlich als Teil eines „Weltsystems", sondern sind gebunden an das Vorhandensein bestimmter Standortmerkmale. Dazu gehören insbesondere hochrangige produktionsorientierte Dienstleistungen, optimale Fernverkehrsanschlüsse sowie eine hochwertige Telekommunikationsinfrastruktur. Vor diesem Hintergrund hat sich eine neue globale Städtehierarchie herausgebildet, die von London, New York und Tokio angeführt wird (Abb. 20.24). „Verlierer" dieser Entwicklung sind insbesondere die urbanen Zentren des Fordismus, die nicht nur massiv deindustrialisiert worden sind, sondern die zudem einen Großteil der dispositiven Funktionen der Großunternehmen verloren haben.

Die hier skizzierte territoriale Reorganisation ökonomischer Aktivitäten hat nach Sassen (1994) eine neue Geographie von Zentralität und Marginalität hervorgebracht. Die „Verlierer" der

Abb. 20.24 City of London: das Banken- und Versicherungszentrum als Schaltzentrale der Global City London (jenseits der Tower Bridge im Zentrum des Fotos; Foto: G. Wood, 2016).

jüngeren ökonomischen Trends, die urbanen Zentren des Fordismus, sind, mit Blick auf ihre Position in der Städtehierarchie, vom Zentrum in die Peripherie gerutscht. **Peripherisierung** findet, so Sassen, aber auch auf anderen Maßstabsebenen statt. So deutet das Vorhandensein von *inner cities* darauf hin, dass auch innerhalb der Städte Formen der Peripherisierung greifen, interessanterweise gerade auch in den Global Citys. Die Ursachen der Peripherisierung innerhalb der Städte sind unterschiedlicher Natur. Einige Gründe liegen unmittelbar in der Entwicklung des Dienstleistungssektors selbst begründet. So werden beispielsweise in den produktionsorientierten Dienstleistungen zum Teil zwar „Superprofite" erzielt und damit auch ausgesprochen hohe Erwerbseinkommen, doch gleichzeitig kommen relativ wenige Personen in den Genuss dieser hohen Einkommen (Hall 1998). Viele Tätigkeiten in diesem Wirtschaftszweig sind schlecht bezahlt und setzen eine geringe Qualifikation voraus (Reinigungsdienste, Sicherheitsdienste usw.). Hierdurch werden die durch den produzierenden Sektor hervorgerufenen Polarisierungstendenzen auf dem Arbeitsmarkt weiter verschärft, insbesondere für die Bewohner der *inner cities*.

Auf diese Weise wirken sich die Restrukturierungstendenzen des produzierenden Sektors und die des Dienstleistungssektors, vor allem des für die ökonomische Entwicklung so wichtigen Zweigs der produktionsorientierten Dienstleistungen, in wechselseitig verstärkender Weise auf den **Umbau des Städtesystems** und auf die **Umgestaltung innerhalb der Städte** aus (z. B. temporäre Ökonomien; Exkurs 20.8).

Die Restrukturierung urbaner Formen

Als hervorstechendes Merkmal postmoderner Urbanisierung wird insbesondere die Fragmentierung metropolitaner Strukturen in unabhängige Siedlungsbereiche, städtische Ökonomien,

Gesellschaften und Kulturen identifiziert („Heteropolis"). Das Auseinanderbrechen städtischer Strukturen wird von Dear und Soja vor dem Hintergrund der Regulationstheorie als Ausdruck einer spezifischen Entwicklungsphase kapitalistischer Staaten gedeutet.

Eine solche Einschätzung städtischer Entwicklung steht in einem scharfen Kontrast zu überkommenen Vorstellungen der modernen Stadt, die durch Aspekte wie homogene funktionale Bereiche, ein dominierendes kommerzielles Zentrum sowie durch einen kontinuierlichen Abfall der Lagerenten vom Zentrum bestimmt sind (Hall 1998). Diese Strukturmerkmale werden häufig mit humanökologischen Modellen der Chicagoer Schule in Verbindung gebracht. Von Vertretern postmoderner Stadttheorie werden diese Abstraktionen räumlicher Strukturen jedoch als überholt abgelehnt. Da nicht mehr die konzentrische Ordnung oder die Homogenisierung städtischer Teilräume auf der Grundlage ihrer Funktionen die prägenden Merkmale von Stadtstrukturen seien, sondern Chaos und Fragmentierung in **multizentrische Strukturen**, sei es nur folgerichtig, wenn auch die Diskussion diese Veränderungen nachvollziehe. In der Theoretisierung postmoderner Stadtentwicklung hebt beispielsweise Dear (2000) hervor, dass Stadtstrukturen nach wie vor durch die kapitalistische Ökonomie geprägt werden, doch dass diese Ökonomie einen tiefgreifenden Wandel durchlaufen hat, der sich nun auch in der Gestalt der Städte niederschlägt. Ein Ausdruck dieser veränderten räumlichen Konstellationen sei die Tatsache, dass Städte nicht mehr um einen zentralen, organisierenden Kern herum gegliedert sind, sondern dass nun vielmehr das Zentrum im Kontext des global agierenden Kapitalismus immer mehr von der städtischen Peripherie organisiert werde (z. B. von den *edge cities*).

Herausragende Kennzeichen der postmodernen Stadt innerhalb ihrer multizentrischen Strukturen sind hochgradig spektakuläre Zentren, in denen Stadtentwicklung häufig über Großprojekte

Exkurs 20.8 Temporäre Ökonomien in der postmodernen Stadt

Petra Lütke

Temporalität ist in Bezug auf städtische Ökonomien vornehmlich durch die Perspektive auf das Flüchtige, das Unbeständige neuer Formen der Umgestaltung und der reflexiven Aneignung stadtregionaler Räume zu beobachten. Raumzeitliche Fragestellungen werden umso dringlicher, seitdem die Auflösung fordistischer Zeitstrukturen in den 1970er-Jahren einsetzte. In einer Zeit, in der der „Coffee-to-go" ein Synonym für den postmodernen urbanen Lebensstil geworden ist, scheinen sich die Beziehungsmuster zwischen Arbeits- und Freizeiträumen im städtischen Kontext stärker denn je zu verändern. Die Symbiose aus vorübergehendem Kaffeegenuss und vermeintlicher Geschäftigkeit avanciert zur symbolischen Darstellung eines individualisierten Lebensstils im öffentlichen Raum (Klamt 2012). Diese Alltagssituation verdeutlicht einerseits eindrücklich die kontroversen Diskurse um die Privatisierung und die Ökonomisierung öffentlicher Räume in der postmodernen Stadt. Sie zeigt aber auch, dass eine eindeutige Trennung von Arbeits- und Freizeitwelt sowie privatem und öffentlichem Raum nicht mehr möglich ist und ephemere Arbeits- und Freizeiträume entstehen. Gleichzeitig zeigt die Hybridisierung öffentlicher und halböffentlicher Räume, dass sie zu einem konstitutiven Teil des ökonomischen Handelns werden (Ibert & Thiel 2009). Nach Florida (2002) verbindet sich der erste Ort (privater Raum) funktional mit dem zweiten Ort (Arbeitsort) zu einem dritten Ort. Dieser sog. *„third space"* kann z. B. ein Café, *co-working space* oder einfach auch der Straßenraum sein, der zeitweise zu einem vergemeinschafteten Interaktionsraum wird, in dem Wissen und Informationen formell oder informell weitergegeben werden (ebd.).

Die temporären Ökonomien der Food-Trucks in den USA blicken zwar auf eine lange Tradition zurück, jedoch hat sich der mobile Food-Markt mittlerweile stark ausdifferenziert, flexibilisiert und globalisiert. Schon seit dem 19. Jahrhundert sind Märkte, Händler, Großhändler und Verkäufer wichtige Akteure der Stadtökonomie, indem sie die Grundversorgung mit Nahrungsmitteln sicherstellten (Loukaitou-Sideris & Ehrenfeucht 2009). Die amerikanische Begriffsvielfalt spiegelt die kulturelle Vielfalt der Ausprägungen wider: *chuckwagons, food carts, push carts, food trucks, food station, loncheras,*

taco trucks etc. Das Food-Truck-Phänomen hat in den USA eine sehr breite mediale Aufmerksamkeit erreicht. Laut der IBISWorld-Studie (2016) waren 2015 über 20 000 Trucks in den Vereinigten Staaten unterwegs und generierten dabei etwa 1,2 Mrd. Dollar. Die Wachstumsrate von 2010–2015 betrug ca. 9 % jährlich und ein weiterer Anstieg ist zu erwarten. Food Trucks werden von der Bevölkerung fast ausschließlich positiv gesehen, ca. 94 % (Petersen 2014) assoziieren Vorteile für das Stadtquartier, in dem sie gerade ihre Menüs anbieten: z. B. Vitalisierung von Straßen, lokales Angebot frischer und gesunder Nahrungsmittel oder die Stärkung soziale Kontakte in der Nachbarschaft. Aber auch die Nutzung von Brachflächen als zeitlich beschränkte Zwischen- und Mehrfachnutzung, wie etwa durch Street-Food-Festivals (Abb. A), sowie die lokalen Beschäftigungsmöglichkeiten spielen eine Rolle, wenn öffentliche und halböffentliche Räume zu hybriden Freizeit- und Arbeitsräumen generieren.

Im Sinne einer postmodernen Stadtentwicklung werden temporäre ökonomische Arrangements und das darin eingebettete menschliche Handeln zukünftig und stärker als zuvor auf Veränderbarkeit und Bewegung ausgerichtet sein. Sie sind sowohl Produkt als auch Prozess einer sich ausdifferenzierenden und auf Konsumismus ausgerichteten postmodernen Gesellschaft (Lütke 2019).

Abb. A Festivalisierung von Street Food, Fort Mason „Off the Grid", San Francisco, CA, USA (Foto: P. Lütke 2016).

---

erfolgt. Eine der zentralen Funktionen solcher Großprojekte ist symbolischer Art: Damit soll vor dem Hintergrund der eingeschränkten Handlungsfähigkeit des (lokalen) Staates der politische Gestaltungswille zum Ausdruck gebracht werden und gleichzeitig sollen die ansonsten auseinanderstrebenden Partikularinteressen einer zunehmend fragmentierten Gesellschaft zusammengeführt werden.

Ein weiteres Merkmal postmoderner Stadtstrukturen sind die sog. Hightech-Korridore, die sich ab den 1970er- und frühen

1880er-Jahren im Zusammenhang mit einer **„Neo-Industrialisierung"** um wachstums- und zukunftsfähige Produkte herum herausgebildet haben. Soja (1989) bezeichnet die Entwicklung in Orange County (Kalifornien) als eine „dramatische und polarisierende" Form der Zentrenbildung, zu der im Wesentlichen die über 1500 Hochtechnologieunternehmen, die sich seit den späten 1960er-Jahren hier niederließen, beigetragen haben. Nach Soja ist Orange County, ebenso wie das Silicon Valley und die Route 128, die repräsentativste und symptomatischste urbane Landschaft des Postfordismus. Diese High-Tech-Industrialisierung hat, in Verbindung mit anderen tiefgreifenden Veränderungen, zu einer **„Urbanisierung an der Peripherie"** geführt. Zu diesen Veränderungen gehören neue Wohnquartiere für Bezieher hoher Einkommen, riesige regionale Einkaufszentren und künstliche Erlebniswelten (z. B. Disneyland in Anaheim). Andererseits etablieren sich Enklaven billiger Arbeit, die sowohl durch zugewanderte Fremde als auch durch einheimische Arbeitslose versorgt werden.

Während des fordistischen Wachstums der Städte war die Suburbanisierung ein charakteristisches Merkmal der Stadtentwicklung. Dieses Muster hat sich grundlegend gewandelt, allerdings nicht etwa als einfache Umkehr der Entwicklungslinien (beispielsweise in Form einer generellen Reurbanisierung), sondern eher in Form einer Überlagerung verschiedener Trends. So treten neben die weiterhin bestehende Suburbanisierung und die oben beschriebenen Formen nodaler Wachstumsmuster auch die Restrukturierung und die Bildung neuer Zentren im dispers verstädterten Raum der „Suburbs" bzw. jenseits hiervon („Exurbanisierung") sowie die räumliche Orientierung spezifischer Berufsgruppen („kreative Dienstleister") bzw. Lebensstile auf die attraktiven, zumeist innenstadtnahen Quartiere prosperierender Metropolen.

Die Zunahme sozialräumlicher Polarisierungen

Zur postmodernen Stadt gehören auch solche zum Teil extensiven Bereiche, die infolge ökonomischer und sozioökonomischer Restrukturierung verarmt sind, und die im scharfen Kontrast stehen zu anderen Orten von Wohlstand, Überfluss und Konsumtion. Bei den Letzteren handelt sich sowohl um Viertel innerhalb der Stadt, häufig an deren Peripherie gelegen (Suburbia), als auch um sog. post-suburbane Entwicklungen (*edge cities*). Im Zusammenhang mit solchen gegenläufigen Entwicklungen wird häufig die Metapher der *dual city* benutzt (Short 1989; alternativ auch: *two speed city*, „Modell der dreigeteilten Stadt", *quartered city* = „vielfach geteilte Stadt"). Bei diesen Entwicklungstendenzen handelt es sich um Formen sozioökonomischer und sozialräumlicher Polarisierung, die einhergeht mit einer **soziodemografischen Entdifferenzierung**, das heißt einer Homogenisierung der Stadtviertel; die Räume der (Post-) Modernisierungsgewinner grenzen sich ab von den „Räumen der Verlierer" (Heitmeyer et al. 1998, Smith 1996).

Nach Häußermann hat die Stadt des 19. und frühen 20. Jahrhunderts ihre Rolle als „Integrationsmaschine" aufgrund ökonomischer, politischer und demographischer Veränderungstendenzen verloren. Die Stadtgesellschaft habe sich in mehrfacher Weise verändert. So sei der Arbeitsmarkt weniger aufnahmefähig und für viele geschlossen, die sozialen Puffer im Wohnungsbestand würden abgebaut und die Wohnungsversorgung stärker marktförmig organisiert, die Stadtgesellschaft sei von einer wachsenden Heterogenität und ethnischen Differenzierungen geprägt. Die stärkere Spaltung der Stadtgesellschaft führe aufgrund des Wunschs nach Harmonie und Homogenität dazu, dass „sich die Orte hinsichtlich ihrer sozialen Probleme immer deutlicher unterscheiden. Je stärker die soziale Differenzierung der Gesellschaft ist, desto stärker sind auch die sozialräumlichen

Differenzierungen, wenn nicht durch staatliche Interventionen andere Verteilungsmuster durchgesetzt werden" (ebd.).

Allerdings erscheint es ausgesprochen unrealistisch anzunehmen, dass solche staatlichen Interventionen in den fortgeschrittenen Volkswirtschaften tatsächlich erfolgen. Das hat mehrere Ursachen. Zum einen steht einem solchen Staatshandeln in vielen Ländern das politische neoliberale Credo entgegen, das die (selbstheilenden) Kräfte des Marktes hervorhebt, so z. B. in den USA, aber auch im Vereinigten Königreich und in anderen europäischen Ländern. Zum anderen befindet sich der lenkende, eingreifende und für Ausgleich eintretende Staat in der Defensive. Ihm fehlen nicht nur die finanziellen Ressourcen, nennenswerte Umverteilungen vorzunehmen, sondern es schwindet mit der Pluralisierung der Lebensweisen auch der Anspruch und die Legitimation des „monolithischen" postfordistischen Staates, gewissermaßen stellvertretend für „alle" agieren zu können. Hinzu kommt, dass sich in weiten Teilen der Gesellschaft auch keine Lobby ausmachen lässt, die für einen stärkeren sozialen Ausgleich eintritt und damit staatliche Institutionen unter Druck setzen könnte.

Dieser letzte Aspekt ist Ausdruck einer zunehmenden **gesellschaftlichen Entsolidarisierung**, die sich, nach Beck (1994), als spezifische Form postmoderner Gesellschaftsentwicklung interpretieren lässt. So lösen sich nach Beck industriegesellschaftliche Formen der Vergesellschaftung auf und werden durch Individualisierung ersetzt. Individualisierung bedeutet u. a., dass Menschen in immer stärkerem Maße darauf angewiesen sind, ihre Biographien selbst zu konstruieren und ihr Leben zu inszenieren. **Individualisierung** ist ein Prozess, der durchaus ambivalent zu sehen ist. So eröffnen sich durch ihn Optionen der Lebensgestaltung, die vorher nicht möglich waren. Andererseits wirft er den Einzelnen in der Auslotung und Bestimmung der eigenen Persönlichkeit verstärkt auf sich selbst zurück und kann, wie dargestellt, zu einer Entsolidarisierung der Gesellschaft führen. Zwar betrachtet Beck dieses Phänomen als Begleiterscheinung einer im Übergang befindlichen Gesellschaft, aber ob es sich wieder „zurückbilden" wird bzw. inwieweit die von Beck angesprochenen (Selbst-)„Gefährdungen" spät-moderner Gesellschaften überwunden werden können, ist mit einem großen Fragezeichen versehen.

Hinzu kommt, dass die Entsolidarisierung der Stadtgesellschaften auch die Folge anderer Trends ist, die schwer umzukehren sein dürften. Hierzu gehören der Zerfall der Einheit des städtischen Lebens infolge der Suburbanisierung (Exkurs 20.9), der zunehmende Austausch ortsansässiger Unternehmerinnen und Unternehmer durch ortsfremde Investoren und schließlich auch die starke Umgewichtung stadtpolitischer Zielsetzungen im Rahmen einer Ökonomisierung der Stadtpolitik („Neoliberalisierung").

Die Befestigung der Stadt

Die beschriebenen sozialräumlichen Tendenzen einer Heterogenisierung bzw. eines Auseinanderfallens des Stadtraums in ein Mosaik vieler, durch innere Homogenität gekennzeichnete

Exkurs 20.9 Das postmoderne Suburbia

Petra Lütke

Die Suburbanisierung gilt als ein charakteristisches Merkmal der fordistischen Stadtentwicklung – doch seit den 1970er-Jahren gestalten sich die stadtregionalen Entwicklungsprozesse viel differenzierter als zuvor. So finden zwar weiterhin Suburbanisierungsprozesse in unterschiedlichen Ausprägungen statt und werden nicht durch Ex-, De- oder Reurbanisierung ersetzt. Jedoch existiert vielmehr ein Nebeneinander von unterschiedlichen Wanderungsmustern, das durch tiefgreifende Restrukturierungsprozesse der Stadtkerne und der Stadtränder überlagert wird.

Mit der Äußerung, der suburbane Raum nehme zunehmend die Gestalt der Stadt an (Hesse & Scheiner 2007) werden Angleichungsprozesse im Sinne einer zunehmenden Urbanisierung Suburbias zusammengefasst. Diese Beobachtung kann einerseits aus einer städtebaulichen Perspektive interpretiert werden, wonach nicht mehr nur die klassischen Einfamilienhäuser mit dem Stellplatz für das Automobil suburbane Stadtregionen dominieren (Abb. Aa), sondern zunehmend auch mehrgeschossige Wohnblocks zu beobachten sind (Abb. Ab). Andererseits greifen die Autoren die erodierenden traditionellen Muster des suburbanen Alltags auf, die sich durch die strikte Trennung von Erwerbs- und Reproduktionsarbeit und in der festen Rollenverteilung zwischen dem männlichen Haupternährer und der weiblichen Hausfrau manifestierten. Noch in den 1990er-Jahren ging man in der wissenschaftlichen Debatte davon aus, dass diese Sozialstrukturen und Lebensstile der Bewohner von suburbanen Räumen weitaus homogener sind als die der Kernstadtbewohner. Die zugewanderten Haushalte wiesen ähnliche soziodemographische Merkmale auf (verheiratete Partner mit Kindern und vergleichsweise hohen Einkommen), und die vergleichbare Stellung im Lebenszyklus korrelierte mit ähnlichen Werten, Normen und Handlungsorientierungen (Friedrichs 1997). Die soziostrukturellen und demographischen Veränderungen in suburbanen Räumen sind jedoch so erheblich, dass Häußermann (2009) davon sprach, dass der Suburbanisierung das Personal ausgehe. Dies betrifft nicht nur die europäischen suburbanen Räume: Die soziostrukturelle und soziokulturelle Vielfalt und ihre spezifischen Ausdifferenzierungen sind Kennzeichen des postmodernen Suburbias. Gleichzeitig ist das Konzept der postmodernen Suburbia Ausdruck spezifischer (nationaler) Diskurse bzw. (fachwissenschaftlicher) Diskurskulturen und lässt unterschiedliche Deutungen zu. Während etwa in Frankreich über den „periurbanen Raum" und über „Banlieues" verstärkt sozialpolitische Debatten geführt werden, stehen in Australien eher der historische koloniale Kontext und die daraus erwachsenen Beziehungen zum Vereinigten Königreich im Vordergrund (Lütke & Wood 2016).

In den USA hat sich Suburbia während der zweiten Hälfte des 20. Jahrhunderts immer mehr zum dominierenden Lebens- und Arbeitsort der Bevölkerung entwickelt. Während im Jahr 1940 etwa 13 % der Bevölkerung hier lebten, stieg dieser Anteil im Jahr 1970 auf rund 37 % und lag im Jahr 2000 bei 50 % (Nicolaides & Wiese 2006). Von daher verwundert es nicht, wenn Suburbia in fachwissenschaftlichen wie auch in öffentlichen Diskursen häufig stereotyp mit amerikanischen Suburbs (Hayden 2002, 2003; Nijman 2015) gleichgesetzt wird – Orte der heteronormativen Lebensführung weißer Mittelklassefamilien in Einfamilienhäusern in begrünten Vororten der metropolitanen Räume (z. B. Levittown on Long Island in New York, Lakewood in California oder Park Forest in Illinois). Aber auch in diesem soziokulturellen Kontext gilt: *„American suburbia is not what it used to be: the classical ‚donut' metaphor – suggesting an empty core and a sugar-glazed ring – does not hold up to serious scrutiny. A closer look behind the white picket fence reveals a complex social reality"* (Keil 2015).

Abb. A **a** Einfamilienhäuser der *inner suburbs*, Boston, Mass., USA. **b** Mehrfamilienhaus der *inner suburbs*, Boston, Mass., USA (Fotos: P. Lütke, 2017)

Bereiche wird begleitet von einer neuen **„Einhegungsbewegung"** (Short 1996). Hiermit ist eine Aneignung des öffentlichen Raums zu privaten Zwecken gemeint. In Nordamerika vollzieht sich dieser Prozess schon seit Längerem, und er lässt sich sowohl im Einzelhandel bzw. im Freizeitbereich als Form umfassend geplanter städtischer Räume beobachten (Shopping Malls, *Urban Entertainment Center* – UECs – usw.) als auch im Bereich des Wohnungsbaus. Hier sind es insbesondere die *gated communities*, bei denen der Zugang zu bestimmten Teilräumen der Stadt reglementiert wird. Nach Glasze (2001) bestanden in den USA Mitte der 1990er-Jahre bereits etwa 40 000 geschlossene Wohnkomplexe. In ca. 1 Mio. Wohnungen in geschlossenen Apartmentanlagen und 2 Mio. Wohnungen in geschlossenen Siedlungen leben zwischen 6 und 7 Mio. Menschen. Private Sicherheitsunternehmen, Mauern, Elektrozäune und Tore sind Ausdruck einer wachsenden Angst der in den *gated communities* lebenden Menschen vor Gewalt und Kriminalität – bzw. vor dem Rest der Stadt (Short 1996). Diese Einhegungsbewegung steht, wie Zehner (2001) treffend hervorhebt, in einem befremdenden Gegensatz zur Rhetorik „einer liberalen und deregulierten Gesellschaft".

Brüche in den Vorstellungen über das „Urbane"

Die angeführten Veränderungen in den Städten haben zur Folge, dass sich die Vorstellungen über das „Urbane" radikal ändern. Die mit dem Begriff der Heteropolis belegten Tendenzen der Stadtentwicklung, die zunehmende Fragmentierung der Stadtgesellschaft(en) und des Siedlungskörpers bei gleichzeitiger Steigerung der Komplexität der ökonomischen, sozialen, soziokulturellen und raumstrukturellen Veränderungsmuster prägen zunehmend das Bild von Stadt. Für den französischen Soziologen Touraine (1996) entwickelt sich das Patchwork immer mehr zu einem „Symbol der **Zerrissenheit einer Gesellschaft**, in der die Wirtschaft immer weniger gesellschaftlich ist. Die Stadt ist nicht länger die räumliche Ausprägung der Moderne." Nach Häußermann (1998) wird die „Integrationsmaschine (europäische) Stadt" des Industriezeitalters (also der „ersten Moderne" im Sinne der Beck'schen Terminologie) im Rahmen einer zunehmenden Entlokalisierung ökonomischer Beziehungen und der fortschreitenden ökonomischen wie sozialräumlichen Abkoppelung eines Teils der Stadtgesellschaft mehr und mehr zu einem Ort der Fragmentierung, die zur Auflösung der Stadt als sozialer Einheit führen kann.

Das Bild der postmodernen Stadt wird jedoch nicht nur durch Fragmentierung und Auflösung geprägt, sondern auch durch die **künstliche Gestaltung** von städtischen Umwelten, bei der bewusst auf eine Bezugnahme auf die betreffenden Orte verzichtet wird. Sog. *Urban Entertainment Center* bilden eine Speerspitze dieser Entwicklungen. Es handelt sich hierbei um inszenierte „Erlebniswelten", die mit dem (mitteleuropäischen) Bild der historisch gewachsenen Stadt brechen und stattdessen eine Simulation von Stadt kreieren, die nicht nur zahlreiche Funktionen vereint (Einkaufen, Unterhaltung, Urlaub), sondern die gleichzeitig eine ungestörte und den alltäglichen Problemen des (Stadt-)Lebens enthobene Form der Freizeitgestaltung ermöglicht.

Postmoderne Tendenzen der Stadtentwicklung stehen also auch für eine aus europäischer Sicht bedrohlich erscheinende „Form" gesellschaftlicher Entwicklung, die zur Erosion der überkommenen europäischen Stadt führen kann und damit zu einem Verlust an Authentizität, sozialem Ausgleich, Integrationsfähigkeit und (demokratischer) Steuerbarkeit städtischer Entwicklung.

Stadt und Postmoderne – ein Resümee

In den hier diskutierten „postmodernen" Interpretationen des (weltweiten) gesellschaftlichen Wandels in der jüngeren Vergangenheit und seiner Auswirkungen auf Städte und Städtesysteme drückt sich eine veränderte stadtgeographische bzw. raumwissenschaftliche Sichtweise aus. Das gilt nicht nur für die Konzeptionalisierung der inneren Struktur der Stadt, sondern gleichermaßen für die Frage nach der globalen **Gliederung des Städtewesens**, wie sie beispielsweise in der Global-City-Debatte zum Ausdruck kommt. Dabei bestehen zwischen den einzelnen Strängen der Theoriedebatte vielfache Verbindungen. So ist das Interpretationsangebot einer „neuen postmodernen Urbanität" (vor allem in Form des ökonomischen, sozioökonomischen und siedlungsstrukturellen Auseinanderbrechens der Städte – „Heteropolis") eng rückgekoppelt an die Global-City-Debatte, die ja nicht nur den Aufbau und die Dynamik des globalen Städtesystems analysiert, sondern gleichermaßen die sich daraus ergebenden inneren Strukturen und Dynamiken in den Städten.

Allerdings: Diese hier ausgeführten Konzeptualisierungen urbaner Entwicklung sind weder immun gegenüber Kritik noch stellen sie exklusive bzw. konkurrenzlose Deutungsangebote dar. In vielen Studien, die sich auf postmoderne Interpretationen des sozialen Wandels in ihren räumlichen Implikationen beziehen, wird deutlich, dass es keine Theorieofferte gibt, die raumzeitlich universelle Gültigkeit für sich beanspruchen könnte.

Mit Blick auf die Frage der Steuerungsfähigkeit der Stadtentwicklung auf der lokalen Ebene weist Tai (2005) in ihrer Studie über soziale Polarisierung in Singapur, Hongkong und Taipeh (2005) die im Globalisierungsdiskurs aufgestellte These des Machtverlustes staatlicher Akteure gegenüber den zunehmend mächtiger werdenden transnationalen Unternehmen zurück. Sie macht geltend, dass Stadtentwicklung zwar abhängig von den Trends globaler Märkte sei, dass aber Formen der politischen Regulation auf der lokalen Ebene hierdurch nicht präjudiziert seien. In ähnlicher Weise relativieren auch van der Heiden & Terhorst (2007) homogenisierende Annahmen im Globalisierungsdiskurs. In einer Abwandlung des *variety-of-capitalism*-Ansatzes zum *variety-of-glocalisation*-Ansatz versuchen die Autoren die erheblichen Entwicklungsunterschiede in drei ausgewählten Städten Europas (Zürich, Rotterdam und Manchester) konzeptionell zu fassen. Für sie steht fest: *„The strategy a city follows within its international economic activities can be explained by both the specific market conditions a city faces and the role of the national state within the specific form of urban capitalism. This variety of glocalisation trajectories explains the persistent* *and astonishing differences within the international economic strategies of European cities"* (ebd).

Mit Blick auf das zunehmende architektonische Esperanto als typisches Merkmal von Global Citys und solchen Städten, die diesen Status gerne erlangen möchten, führen Knox & Pain (2010) aus, dass die zu beobachtende **Homogenisierung der Architektur** in solchen Städten zwar ein mächtiger Trend sei, allerdings stünden diesem Trend auch „Widerstände" entgegen, so die Persistenz der gebauten Umwelt und der „Eigensinn" politischer Willensbildung vor Ort: (*„tendencies toward homogenization are invariably met with counter-trends"*; ebd.). Auf der anderen Seite heben die Autoren jedoch auch hervor: *„What we doubt is that these counter-trends are powerful enough to balance out the homogenizing tendencies in urban development"* (ebd.).

Auch das breit diskutierte Phänomen Suburbanisierung beinhaltet bei globaler Betrachtung eine erhebliche Bandbreite unterschiedlicher gesellschaftlicher Trends. Während Suburbanisierung in fortgeschrittenen Volkswirtschaften im Wesentlichen von Mittelschichthaushalten getragen wird, sind in Lateinamerika auch Haushalte unterer Sozialschichten in nennenswertem Umfang am Suburbanisierungsgeschehen beteiligt (Mertins & Thomae 1995). Ähnliches gilt für Transformationsländer, wo Suburbanisierung und „Desurbanisierung" Phänomene darstellen, die gerade auch von der Armutsbevölkerung getragen werden und damit Ausdruck bzw. Element einer (räumlichen) Anpassungs- bzw. „Überwinterungsstrategie" in Krisenzeiten darstellen.

Was diese wenigen Beispiele vor allen Dingen verdeutlichen, ist, dass die in diesem Beitrag ausgeführten theoretischen Begründungszusammenhänge für die jüngeren Trends der Stadtentwicklung in fortgeschrittenen Volkswirtschaften mit Blick auf andere Erdteile bzw. Kulturkreise nur bedingt übertragbar bzw. generalisierbar sind (Marcuse 2004). Gerade im Zusammenhang mit der Diskussion über die **Stadtentwicklung im Globalen Süden** bzw. vor dem Hintergrund der Debatte über die wachsende Bedeutung von kultureller Differenz im globalen Maßstab, wie sie etwa Huntington (1996) thematisiert, stellt sich die Frage, inwieweit die sechs Diskurse postmoderner Stadtentwicklung, wie Soja sie ausführt, in anderen Teilen der Erde greifen. Und selbst in den fortgeschrittenen Volkswirtschaften träfen die Überlegungen nicht generell, sondern eher auf bestimmte Räume in Nordamerika zu, vor allem auf solche, die im Mittelpunkt der Analyse stehen (Hall 1998). So bleiben zahlreiche Fragen offen wie diese:

- In welcher Weise greift das Phänomen der Fragmentierung auch außerhalb der von Soja und Dear betrachteten Räume?
- Vollzieht sich in europäischen Städten im Verglich mit nordamerikanischen Städten eher eine konvergente oder eine differente Entwicklung?
- Wie sieht Stadtentwicklung im Globalen Süden aus, und in welchem Verhältnis steht sie zu den Trends im Globalen Norden?
- Wie lassen sich die verschiedenen Wege der Stadtentwicklung konzeptionell zufriedenstellend fassen?

Die hier angeführten Fragen erinnern daran, dass jede Theoretisierung des Städtischen immer komplexitätsreduzierend ist und

ihr Erkenntniswert daher zunächst heuristischer Natur ist. Damit liefert sie Anhaltspunkte bzw. „Suchscheinwerfer" für empirische Untersuchungen. In diesem Sinne wären die „generalisierbaren Besonderheiten" von Los Angeles zu verstehen, die Soja (2000) als Ausgangspunkt der Analyse anderer *„cityspaces"* betrachtet.

Zu Beginn dieses Beitrags wurde auf die Pluralisierung des Wissens und die Ausdifferenzierung von Deutungsangeboten in der Postmoderne hingewiesen. Dies ist im Wesentlichen eine Folge der Entzauberung der „großen Erzählungen" der Moderne. Auch die Denk- und Aussagesysteme der Wissenschaften – als eine große Erzählung der Moderne – haben einen spürbaren Verlust ihrer kulturellen Autorität hinnehmen müssen. Man kann dies beklagen, da die gesellschaftliche Relevanz und Akzeptanz wissenschaftlicher Positionen nun erheblich schwieriger zu vermitteln bzw. zu erzielen ist. Andererseits hat die Einsicht, dass es keine privilegierte Perspektive der Erkenntnisgewinnung mehr gibt, auch eine befreiende Seite. Insofern mag man die mangelnde Kohärenz postmoderner Deutungsangebote städtischer Entwicklung auch als Stärke eines multiperspektivischen Verständnisses von „Geographie-Machen" ansehen, mit dem sich ein detailreicheres Bild von Stadt und Postmoderne entwerfen lässt, als dies mit der eingeschränkteren Zugangsweise einer raumzeitlich universellen Theorie möglich wäre.

20.7 Megastädte

Frauke Kraas

Megastädte nehmen im weltweiten **Urbanisierungsprozess** eine herausragende Position ein. Die hohe Konzentration von Bevölkerung, Infrastruktur, Wirtschaftskraft, Kapital und Entscheidungen sowie die enorme sozioökonomische Entwicklungsdynamik in Megastädten machen sie zu Knotenpunkten von **Globalisierungsprozessen** und zu **Steuerungszentralen** einer zunehmend von Städten dominierten Welt.

Megastädte werden unterschiedlichen Definitionen zufolge in der Regel durch eine Bevölkerungszahl von 5, 8 oder 10 Mio. Einwohnern und Einwohnerinnen abgegrenzt; polyzentrisch strukturierte Räume werden als „megaurbane Regionen" bezeichnet (Kraas et al. 2019, Kabisch & Kraas 2018). Lebten 1950 etwa 3 % der Weltbevölkerung in Megastädten mit mehr als 10 Mio. Einwohnern und Einwohnerinnen, so waren es 1990 bereits 7 % und werden es 2030 voraussichtlich 14 % sein (mit insgesamt etwa 730 Mio. Einwohnern und Einwohnerinnen; UN DESA 2015). 1950 existierten nur zwei Megastädte mit mehr als 10 Mio. Einwohnern und Einwohnerinnen (New York und Tokyo); heute liegt ihre Zahl bei 28, und 2030 werden es voraussichtlich 41 sein. Zählt man die sog. *emerging megacities* dazu (mit 5–10 Mio. Einwohnern und Einwohnerinnen), dann kommen 63 weitere Städte hinzu (mit ca. 435 Mio. Einwohnern und Einwohnerinnen, was etwa 9 % der urbanen Bevölkerung weltweit entspricht; WBGU 2016). Mehr als zwei Drittel von ihnen liegen in den sog. Entwicklungs- und Schwellenländern; ihre Bevölkerungszahlen vervielfachten sich oft während der letzten Jahrzehnte (Abb. 20.25).

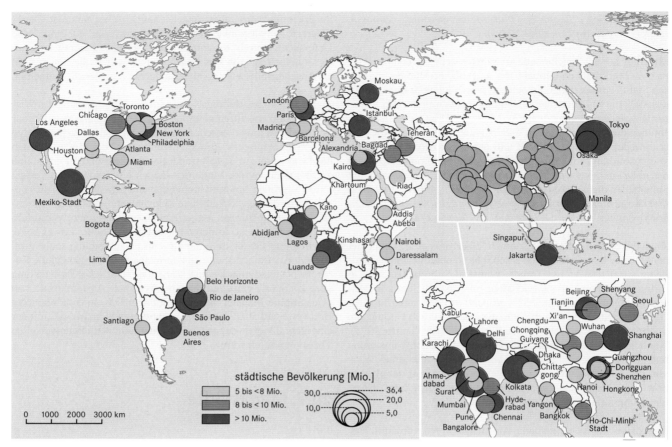

Abb. 20.25 Megastädte im Jahr 2025 (UN DESA 2015).

Statistische Angaben leiden jedoch zumeist darunter, dass genaue Bevölkerungszahlen fehlen, die Einwohnerzahlen (etwa saisonal wegen kurzzeitiger Migrationsprozesse) stark fluktuieren oder unterschiedliche administrative Raumabgrenzungen zugrunde liegen. Aussagekräftiger sind daher **qualitativ ähnliche Charakteristika** der Megastädte: Viele weisen – bei großen individuellen Unterschieden – intensive Expansions-, Suburbanisierungs- und Verdichtungsprozesse auf und leiden unter ökologischen Überlastungserscheinungen (Abb. 20.26a) sowie infrastrukturellen Defiziten (Kraas 2007). Selbst wenn viele Megastädte eine hohe funktionale Primatstadtdominanz zeigen, sind nur wenige auch *global cities*, das heißt funktionale Steuerungszentren von globaler Bedeutung, mit zahlreichen Hauptquartieren von transnationalen, für den Weltmarkt produzierenden Unternehmen (Sassen 1996), oder Weltstädte mit globaler Bedeutung auch im kulturellen und politischen Bereich.

Für die **Intensivierung** weltweiter Megaurbanisierungsprozesse sind drei ineinandergreifende Ursachenkomplexe verantwortlich (Kraas et al. 2014):

1. Megaurbanisierung steht im Zusammenhang mit der allgemeinen weltweiten Urbanisierung, verursacht durch zumeist hohes natürliches Bevölkerungswachstum in den meisten Entwicklungs- und Schwellenländern bzw. intensive Zu-

wanderung aus zumeist ländlichen Regionen. Teilweise ist diese durch **Landflucht** bestimmt, teils wird sie durch die **Attraktivität** der Städte und ihrer Arbeits- und Bildungsmöglichkeiten getrieben.

2. Das Megastadtwachstum wird von globalem Wandel und **ökonomischer Globalisierung** beeinflusst: Denn mit der globalen Verlagerung von Produktions-, Dienstleistungs- und Finanzstandorten in Metropolen der Entwicklungs- und Schwellenländer im Zuge neuer internationaler Arbeitsteilung treiben privatwirtschaftliche Entscheidungen transnationaler Akteure eine zunehmend globalisierte Wirtschaft.

3. Wirtschaftliche **Transformationsprozesse** verstärken – vor allem in Asien und ausgelöst durch den Übergang vormaliger Zentralverwaltungs- zu Marktwirtschaften – die wirtschaftliche Globalisierung, deren Wirkungen in Megastädten akkumulieren.

1. Migrationsprozesse

In sog. Entwicklungs- und Schwellenländern ist Urbanisierung insgesamt zu ca. 60 % auf natürliches Wachstum und zu etwa 40 % auf unterschiedliche Migrationsprozesse (Land-Stadt- sowie Stadt-Stadt-Wanderung) zurückzuführen; nur ein geringer Teil entfällt auf eine Reklassifizierung administrativer Einheiten. Dies variiert jedoch regional erheblich: Während Urbanisierungsprozesse in Afrika südlich der Sahara zu zwei Dritteln

Abb. 20.26 Charakteristische Phänomene von Megastädten. **a** Kolkata/Indien: Dichtes Gedränge von Menschen und unterschiedlichen Verkehrsträgern im Stadtzentrum. **b** Ho Chi Minh City/Vietnam: Im Zuge der wirtschaftlichen Transformation entstehen engstehende Hochhauskomplexe nahe dem Altstadtzentrum. **c** Yangon/Myanmar: Urbanes Kulturerbe aus britischer Kolonialzeit prägt das Ensemble in der Altstadt der Metropole. **d** Singapur: Globalisierte Architektur prägt das Finanz- und Dienstleistungszentrum am Hafen. **e** Mumbai/Indien: Große Disparitäten unterschiedlichster Einkommensgruppen auf engstem Raum. **f** Mumbai/Indien: Informelle Siedlung vor *low-cost-housing*-Siedlungen am nördlichen Stadtrand (Fotos: F. Kraas).

durch natürliches Wachstum verursacht sind (Tacoli et al. 2015), liegt der Anteil in vielen asiatischen Ländern bei weniger als 50 % (UN DESA 2015). Neben spontaner, auf individuellen Entscheidungen beruhender, freiwilliger Wanderung von Hunderttausenden von **Arbeits- und Bildungsmigranten und -migran-** **tinnen**, teilweise auch temporär und saisonal (etwa während der landwirtschaftlichen Ruhephasen), tritt die von staatlichen Institutionen oder privatwirtschaftlichen Unternehmen organisierte Migration. Hierzu gehört die systematische Rekrutierung un- und angelernter Arbeitskräfte im Kontext arbeitsintensiver industrieller Großaufträge (z. B. für die Produktion von Kleidung oder Sportwarenartikeln) oder die gezielte Ausbildung und Entsendung von Arbeitskräften für Haushalts- oder medizinische und Pflegedienstleistungen. Der substantielle Beitrag von Rimessen in die Heimatregionen von Migrantinnen und Migranten zur gesamtgesellschaftlichen Entwicklung verdeutlicht die Reichweite ökonomischer Wirkungen prosperierender Megastädte. Dabei verändern sich zudem soziale Werte, Normen und Praktiken, so etwa die sozialen Rollen- und Selbstverständnisse von Migrantinnen von einer „traditionellen ländlichen Versorgerrolle" zur „städtischen, bildungsgetragenen Selbstbestimmung". Im Zuge steigender globaler Konkurrenz der Megastädte intensiviert sich zudem der Wettbewerb um hoch ausgebildete Fachkräfte (sog. *high potentials*), für die in vielen Megastädten *gated communities*, „Modernisierungs-" und „Sanierungsinseln" mit globalisierten Einkaufs-, Freizeit-, Bildungs- und Gesundheitsinfrastrukturen, entstehen.

2. Globaler Wandel und Globalisierung

Megastädte unterliegen dem globalen ökologischen, sozioökonomischen und politischen Wandel ebenso wie sie ihn umgekehrt durch ihre hohe Entwicklungsdynamik erheblich mitbestimmen (Kraas 2007). Infolge ihrer häufigen Lage in Küsten-, Deltagebieten und Tiefländern sind sie in besonderem Maße Naturgefahren, wie Erdbeben, Wirbelstürmen oder Überschwemmungen, ausgesetzt und leiden oft unter Problemen der **Ressourcenverknappung**, wie Wasser- oder Nahrungsmittelmangel, was sie für eine hohe Zahl von Menschen zu besonders vulnerablen Gebieten macht. Vom Menschen (mit-)verursachte Risiken kommen hinzu, wie Überschwemmungen, Zerfall staatlicher Kontrolle, Migrations- oder Wirtschaftskrisen (etwa die sog. Asienkrise), Überlastungserscheinungen (etwa Staus oder Luftverschmutzung) oder ethnisch-religiöse Konflikte bzw. Terrorismus. Sie können zu erheblicher Destabilisierung megaurbaner Gesellschaften beitragen. Große sozioökonomische Disparitäten und mangelnde soziale Kohärenz können **Desintegration, Destabilisierung und Fragmentierung** in megaurbanen Gesellschaften verstärken.

3. Transformationsprozesse

Für die Megastadtentwicklung vor allem in China und Indien, aber auch Vietnam sind Transformationsprozesse verantwortlich (Abb. 20.26b): Seit Beginn der **„Öffnungspolitik"** in China (1978), der *„doi moi"*-Politik in Vietnam (1986) sowie der *New Economic Policy* in Indien (1991) setzten hier im Zuge einer Transformation von Formen der **Zentralverwaltungs- zur marktorientierten Wirtschaft** und gleichzeitiger Einbindung in globalisierte **Produktions- und Handelsnetzwerke** rasante Wachstumsdynamiken der megaurbanen Regionen ein. Das südchinesische Perlflussdelta beispielsweise stieg im Zuge staatlich gelenkter Wirtschaft zur sog. „Fabrik der Welt" für lohnkostensensible und flexible Produktion in arbeitsintensiven Branchen der Leichtindustrie auf (Kraas et al. 2019). Allein die Elektronikindustrie war für etwa 40 % der Wertschöpfung der Region verantwortlich und ist eng in global organisierte Wertschöpfungsketten eingebunden. Mit der hohen Wachstumsdynamik der industriellen Wertschöpfung und flexiblen Produktionsmodellen unterliegt die megaurbane Region aber auch erheblicher konjunktureller Exportabhängigkeit. In Indien entstanden neben dem politischen Zentrum Delhi und dem wirtschaftlichen Kernraum Mumbai zahlreiche neue Megastädte, wie Bangalore, Hyderabad

oder Pune, als Schwerpunkte der indischen wie globalen Informations- und Kommunikationstechnologie sowie der Maschinenbau- und Automobilindustrie. In der weitgehend privatwirtschaftlich organisierten Wirtschaft dominieren in- und ausländische private Unternehmen als Wachstumsmotoren (Schiller 2013).

Megaurbane Entwicklung als Nachhaltigkeitschance

Megastädte können – gerade angesichts ihrer enormen Entwicklungsdynamik – zu Motoren und Schlüsselregionen für eine verbesserte urbane Nachhaltigkeit werden, wenn in ihnen als **Innovationszentren** neue Entwicklungen vorangetrieben werden, die etwa den „Flächenverbrauch" verringern, leistungsfähige ÖPNV-Systeme schaffen, Ressourcen intensiver nutzen und recyceln (primär Wasser und Energie) und die Gesundheits- und Bildungsinfrastruktur für alle Bevölkerungsgruppen verbessern. Auch soziale Innovationen zählen hierzu, wie eine Förderung zivilgesellschaftlichen Engagements, bessere Vernetzung von Akteuren oder partizipatorische, integrative Stadtentwicklung (WBGU 2016, Kabisch et al. 2018).

Infolge der rasanten Entwicklung expandierender Megastädte werden innerhalb kurzer Zeit neuer Wohnraum, Transport- und Ver- wie Entsorgungsinfrastrukturen, Arbeitsmöglichkeiten sowie Gesundheits- und Bildungseinrichtungen für Hunderttausende von Menschen benötigt. In Megastädten boomender Volkswirtschaften (z. B. Singapur, Guangzhou, Seoul oder Jakarta) entstehen große Zahlen von Arbeitsplätzen und Beschäftigungsmöglichkeiten unterschiedlicher Qualifikations- und Einkommensniveaus, durch die sich die megaurbanen Ökonomien erheblich ausdifferenzieren. Sie profitieren als Produktionszentren des globalen Marktes von den Erträgen der internationalen Arbeitsteilung und der Einbindung in globale sozioökonomische und politische Netzwerke. In Megastädten von Transformationsökonomien hingegen (z. B. Hanoi, Kolkata, Mumbai) führt der wirtschaftliche Systemumbau zur Freisetzung zahlreicher, oft nicht durch soziale Auffangnetze abgesicherter Arbeitskräfte, für die nur teilweise neue Beschäftigungsmöglichkeiten entstehen und in denen wachsende sozioökonomische Disparitäten entstehen (Herrle et al. 2008). Dort, wo Megaurbanisierung jedoch ohne substanzielles Wirtschaftswachstum stattfindet (z. B. in Dhaka, Lagos oder Karachi), fehlen Beschäftigungsmöglichkeiten und ökonomische Entwicklungsimpulse und es dominieren angesichts schwacher Regulationsregime Prozesse der Informalität (Etzold et al. 2009). Hier sind Megastädte oft Auffangregionen einer Landflucht mit hohen Anteilen von Bevölkerung unterhalb der Armutsgrenze sowie mit primär lokal und regional verankerten Produktionen und Dienstleistungen (Kreibich 2010).

Innenstadtentwicklung und urbanes Kulturerbe

Gerade die Innenstädte entwickeln sich in vielen Megastädten in jüngerer Zeit zu Gebieten, in denen die Modernisierungskonzepte lokaler und nationaler Regierungen sowie die Investitionsinteressen (inter-)nationalen Kapitals auf oft zivilgesellschaftlich organisierte Gegenbewegungen mit dem Ziel des Erhalts urbanen Kulturerbes und historischer Bausubstanz treffen (Abb. 20.26c). In der Auseinandersetzung um die Entscheidungshoheit über die zukünftige urbane Entwicklung spielen Diskurse um den historischen Charakter einer Stadt ebenso eine Rolle wie traditionelle Bedürfnisse der ansässigen Bevölkerung, aber auch der globale Wettbewerb von Städten untereinander (Abb. 20.26d). Selbst wenn die historische Bausubstanz (oft modernisiert) erhalten bleibt, wird bei steigenden Land-, Büro- und Wohnraumpreisen die angestammte Bevölkerung oft aus den Innenstadtbereichen verdrängt (Trumpp & Kraas 2015).

Sozioökonomische Disparitäten und Informalität

Wirtschaftliche Entwicklung und soziale Differenzierung verstärken die **sozioökonomischen Disparitäten** in vielen Megastädten (Abb. 20.26e), etwa im Hinblick auf den Zugang zum Bildungs- und Gesundheitswesen, aber auch im Bereich des Wohnens. Am augenfälligsten wird dies im oft unmittelbaren räumlichen und sozialen Nebeneinander von *gated communities* der globalisierten Mittel- und Oberschichten und informellen Siedlungen (Borsdorf & Coy 2009; Abb. 20.26f). In den zumeist provisorisch errichteten Behausungen bestehen limitierter Zugang zu sauberem Trinkwasser, Nahrungs- und Energieversorgung (Bohle et al. 2008) sowie erhebliche Unterversorgung; Armut, Unterbeschäftigung und sozioökonomische Unsicherheit verstärken sich (Hackenbroch 2013, Kulke & Staffeld 2009, Mertins & Müller 2010). In den meisten Megastädten der sog. Entwicklungs- und Schwellenländer ist ein hohes Maß informeller Strukturen und Prozesse jenseits staatlich erfasster und regulierter – und somit formeller – Aktivitäten zu beobachten. Informelle Ökonomien umfassen ein breites Spektrum von Tätigkeiten, etwa Haushaltshilfen, Straßenhändler und -händlerinnen (Keck et al. 2012), die Betreiber und Betreiberinnen von Garküchen, unregistrierte Beschäftigte im Transport- und Reparaturwesen, Abfallsammler und -sammlerinnen sowie auch illegale Klein- und organisierte Bandenkriminalität. Informalität „von unten" wird eine „Informalität von oben", etwa durch ungeregelte Landnahme und -erschließung durch einflussreiche Kräfte, gegenübergestellt (Hackenbroch & Hossain 2012). Früheren Auffassungen, die den informellen Sektor als **Übergangsphänomen** der **Unterentwicklung** einstuften, werden heute Konzepte zur Seite gestellt, die die **Adaptationsfähigkeit und Flexibilität** sowie die positive Bedeutung informeller Prozesse als Beschäftigungsmotor für die unteren Einkommensgruppen würdigen. Sie heben die Bedeutung informeller Versorgungssicherung für große Bevölkerungsteile hervor, die strukturelle Defizite der öffentlichen Hand etwa in Bezug auf (z. B. Wasser-, Energie-, Gesundheits-)Dienstleistungen durch informelle **Selbstorganisation** kompensiert. Informalität wird teils auch gezielt geduldet und zum **Experimentieren** mit neuen Lösungsansätzen genutzt (Fokdal & Herrle 2010, Altrock & Schoon 2014), wie etwa für informelle und illegale Anbieter medizinischer Dienstleistungen nachgewiesen (Bork-Hüffer 2012, Khan et al. 2009).

Versorgungszugang und -gerechtigkeit

Angesichts der hohen sozioökonomischen Dynamik und Diversifizierung in den Megastädten wird eine auf die Bedürfnisse sehr heterogener Bevölkerungsgruppen angepasste Bereitstellung von (vor allem öffentlichen, aber auch privaten) Dienstleistungen komplexer und schwieriger: Während das **Angebot an Dienstleistungen** aufgrund der hohen Konzentration von Bevölkerung zumeist besser ist als etwa in kleineren Städten oder dem ländlichen Raum, so garantiert dies noch lange keinen adäquaten Zugang für alle Einwohner und Einwohnerinnen (Butsch 2011). Dieser wird vielmehr durch systemische Rahmenbedingungen geregelt: Der Staat etwa regelt die Finanzierung der Bildungs- und Gesundheitsversorgung und die Aufgabenteilung zwischen den Leistungserbringern. Angesichts von Entwicklungs- und Steuerungsdefiziten sowie Unterfinanzierung in den Megastädten der sog. Schwellen- und Entwicklungsländer entstehen häufig parallel öffentliche und private Versorgungssektoren. Unklar bleibt bei privaten Anbietern und Anbieterinnen oft der rechtliche Status, ungeregelt die Ausbildungs- und Qualitätsstandards, teils zweifelhaft die Finanzmittel und Kontrollroutinen. Auch erschweren Klientel- und Korruptionsbeziehungen sowie mangelnde öffentliche Information und Partizipationsdefizite die Entwicklung sozialverträglicher und leistungsgerechter Steuerungsstrukturen (Etzold 2013).

Mit zunehmender soziokultureller Vielfalt und steigenden sozioökonomischen Disparitäten innerhalb der Megastädte kommt es weiterhin zur Schwächung, teils dem **Verlust sozialen Zusammenhalts**. Gleichzeitig steigt die Anonymität in den Wohnquartieren; Kommunikation und Interaktion zwischen den Bewohnern und Bewohnerinnen unterschiedlichster Herkunft, Einkommens- und Bildungsschichten nehmen ab. Auch die Identifikation mit dem Stadtraum und den urbanen Nachbarschaften sinkt, zudem das Maß sozialer Verantwortlichkeit. Dieser Verlust an sozialer Kohärenz wird langfristig als eines der größten Probleme der aktuellen Entwicklungsdynamik in den Megastädten betrachtet (Herrle et al. 2006).

Naturgefahren, Risiken und Zivilisationsfolgenkatastrophen

Viele Megastädte sind von Naturgefahren wie Erdbeben, Wirbelstürmen und Überschwemmungen bedroht (so etwa die Megastädte Mumbai, Jakarta oder Bangkok, die bereits großflächige Überschwemmungen erlebten; Heinrichs et al. 2012). Als Erklärung für massive Schäden und Verluste reicht der Verweis auf ungewöhnliche Naturereignisse allein nicht aus, denn es zeigt sich, dass menschliches Versagen – etwa unzureichender Katastrophenschutz, unterlassene Vorsorgepolitik oder verfehlte Stadtplanung – erheblichen Anteil an den schweren Folgen hat, sodass man von komplexen „Zivilisationsfolgenkatastrophen" sprechen sollte. Oft wurde durch unangepasste Urbanisierung und Industrialisierung der überschwemmungsgefährdete Deltabereich so stark und ungesteuert überbaut, dass das an sich „natürliche" Ereignis saisonaler Monsunregenfälle

Kapitel 20

katastrophale Folgen für Millionen von Menschen hatte und absehbar zukünftig haben wird (Birkmann et al. 2010, Kraas 2012, Butsch et al. 2016).

Steuerungsdefizite und gute Regierungsführung

Die enormen Unterschiede in der Struktur, Leistungsfähigkeit und den Problemen unterschiedlicher Megastädte können nicht allein auf deren materielle, finanzielle und kapazitative Ressourcen zurückgeführt werden. Erheblichen Anteil an den Entwicklungsunterschieden und -defiziten haben die unterschiedliche Qualität der Steuerung durch Verwaltungssysteme, Institutionen, die ökonomische Einbettung und soziokulturelle Einflussfaktoren. Hinzu kommen die komplexen Verflechtungen unterschiedlicher Institutionen, Akteure, Funktionen und räumlicher Ebenen. Angesichts erheblicher Steuerungsdefizite speziell in den Megastädten der sog. Schwellen- und Entwicklungsländer kommt einer guten Regierungsführung (*good urban governance*) besondere Bedeutung zu. Diese schließt die **Sicherung der Grundbedürfnisse** (wie sicheres Obdach und ausreichend Verfügbarkeit von Nahrung, Trinkwasser und Sanitäranlagen) für alle Bevölkerungsgruppen sowie den Zugang zu sozialen Grunddiensten wie Bildungs- und Gesundheitseinrichtungen ein. Die Konzentration auf die dringlichsten Aufgaben in Übereinstimmung mit Nachhaltigkeitsprinzipien und die Zusammenarbeit mit den verschiedenen, an der Megastadtentwicklung beteiligten Entscheidungsträger (*multistakeholder*) ist dafür eine unerlässliche Voraussetzung – wie in Leitbildern einer holistischen, integrierenden und inkludierenden Stadtentwicklung vorgezeichnet ist.

Literatur

Aglietta M (1979) A Theory of Capitalist Regulation: The US Experience. NLB, London

Albers G (1974) Modellvorstellungen zur Siedlungsstruktur in ihrer geschichtlichen Entwicklung. In Akademie für Raumforschung und Landesplanung (Hrsg) Zur Ordnung der Siedlungsstruktur. Veröffentlichungen der ARL, Forschungs- und Sitzungsberichte 85, Stadtplanung 1. Gebrüder Jänecke, Hannover. 1–34

Allen K (2017) Shrinking cities: population decline in the world's rust-belt areas. Financial Times vom 16.6.2017

Althoff M, Leppelt M, Sack F (1995) „Kriminalität" – eine diskursive Praxis: Foucaults Anstöße für eine kritische Kriminologie. Spuren der Wirklichkeit 8. Münster

Altrock U, Schoon S (2014) Conceded informality. Scopes of informal urban restructuring in the Pearl River Delta. Habitat International 43: 214–220

Bahrdt HP (1961) Die moderne Großstadt. Soziologische Überlegungen zum Städtebau. Opladen

Balke J, Reuber P, Wood G (2017) Iconic architecture and place-specific neoliberal governmentality: Insights form

Hamburg's Elbe Philharmonic Hall. Urban Studies. DOI: 10.1177/0042098017694132

Bathelt H (1994) Die Bedeutung der Regulationstheorie in der wirtschaftsgeographischen Forschung. Geographische Zeitschrift 82: 63–90

Bauman Z (1995) Ansichten der Postmoderne. Argument-Sonderband Neue Folge AS 239. Argument, Hamburg

Beck U (1994) Reflexive Modernisierung. Bemerkungen zu einer Diskussion. In: Wentz M (Hrsg) Stadt-Welt. Über die Globalisierung städtischer Milieus. Die Zukunft des Städtischen. Frankfurter Beiträge 6: 4–31

Beck U (1996) Das Zeitalter der Nebenfolgen und die Politisierung der Moderne. In: Beck U, Giddens A, Lash S (Hrsg) Reflexive Modernisierung. Eine Kontroverse. Edition Suhrkamp 1705. Frankfurt a. M. 19–112

Becker J (1996) Geographie in der Postmoderne? Zur Kritik postmodernen Denkens in Stadtforschung und Geographie. Potsdamer Geographische Forschungen 12. Institut für Geographie und Geoökologie der Universität Potsdam, Potsdam

Behr R (2002) Rekommunalisierung von Polizeiarbeit: Rückzug oder Dislokation des Gewaltmonopols? Skizzen zur reflexiven Praxisflucht der Polizei. In: Prätorius R (Hrsg) Wachsam und kooperativ? Der lokale Staat als Sicherheitsproduzent. Nomos, Baden-Baden. 90–107

Belina B (2000) Kriminelle Räume. Funktion und ideologische Legitimierung von Betretungsverboten. Urbs et Regio 71. Kassel

Belina B (2002) Videoüberwachung öffentlicher Räume in Großbritannien und Deutschland. In: Geographische Rundschau 54/7-8: 16–22

Belina B (2003) Evicting the Undesirables. The Idealism of Public Space and the Materialism of the Bourgeois State. BelGeo 1: 47–62

Belina B (2005) Räumliche Strategien kommunaler Kriminalpolitik in Ideologie und Praxis. In: Glasze G, Pütz R, Rolfes M (Hrsg) Stadt – (Un-)Sicherheit – Diskurs. Urban Studies. Bielefeld. 137–166

Belina B (2010) Kriminalitätskartierung – Produkt und Mittel neoliberalen Regierens oder: Wenn falsche Abstraktionen durch die Macht der Karte praktisch wahr gemacht werden. In: Geographische Zeitschrift 9/4: 192–212

Belina B (2016a) Der Alltag der Anderen: Racial Profiling in Deutschland? In: Dollinger B, Schmidt-Semisch H (Hrsg) Sicherer Alltag? Politiken und Mechanismen der Sicherheitskonstruktion im Alltag. Wiesbaden: 125–146

Belina B (2016b) Predictive Policing. In: Monatsschrift für Kriminologie und Strafrechtsreform 99/2: 85–100

Belina B (2017a) Kapitalistischer Wohnungsbau: Ware, Spekulation, Finanzialisierung. In: Schönig B, Kadi J, Schipper S (Hrsg) Wohnraum für Alle? Perspektiven auf Planung, Politik und Architektur. Bielefeld: 31–45

Belina B (2017b) Wohnungsbauboom und globale Kapitalverhältnisse. Z – Zeitschrift marxistische Erneuerung 28: 127–136

Belina B, Keitzel S (2018) Racial Profiling. In: Kriminologisches Journal 1: 18–24

Belina B, Schipper S (2009) Die neoliberale Stadt in der Krise? Zeitschrift marxistische Erneuerung. http://www.zeitschriftmarxistische-erneuerung.de/article/465.die-neoliberale-stadt-in-der-krise.html (Zugriff 18.5.2018)

Belina B, Naumann M, Strüver A (Hrsg) (2018) Handbuch Kritische Stadtgeographie, 3. Aufl. Münster

Birkmann J, Garschagen M, Kraas F, Quang N (2010) Adaptive urban governance: new challenges for the second generation of urban adaptation strategies to climate change. Sustainability Science 5/2: 185–206

Bohle H-G et al (2008) Reis für die Megacity. Nahrungsversorgung von Dhaka zwischen globalen Risiken und lokalen Verwundbarkeiten. Geographische Rundschau 60/11: 28–37

Bork-Hüffer T (2012) Migrants' health seeking actions in Guangzhou, China. Individual action, structure and agency: Linkages and change. Megacities and Global Change Bd. 4. Franz Steiner Verlag, Stuttgart

Borsdorf A, Coy M (2009) Megacities and Global Change: Case Studies from Latin America. Die Erde 140/4: 341–353

Bose M (2001) Raumstrukturelle Konzepte für Stadtregionen. In: Brake K et al (Hrsg) Suburbanisierung in Deutschland. Aktuelle Tendenzen. Leske+Budrich, Opladen. 247–260

Boyne R, Rattansi A (1990) The Theory and Politics of Postmodernism: By Way of an Introduction. In: Boyne R, Rattansi A (eds) Postmodernism and Society. Macmillan, Basingstoke. 1–45

Brailich A, Germes M, Glasze G, Pütz R, Schirmel H (2010) Die diskursive Konstitution von Großwohnsiedlungen in Deutschland, Frankreich und Polen. Europa Regional 16: 113–128

Brenner N (2009) What is critical urban theory? City 13: 198–207

Breuer B (2003) Öffentlicher Raum – ein multidimensionales Thema. Informationen zur Raumentwicklung 1/2: 5–14

Briffault RA (1999) Government for Our Time? Business Improvement Districts and Urban Governance. Columbia Law Review 99: 365–477

Büllesfeld D (2002) Polizeiliche Videoüberwachung öffentlicher Straßen und Plätze zur Kriminalvorsorge. Stuttgart

Bundesforschungsanstalt für Landeskunde und Raumordnung (BfLR) (Hrsg) (1996) Städtebaulicher Bericht Nachhaltige Stadtentwicklung. Herausforderungen an einen ressourcenschonenden und umweltverträglichen Städtebau. Bearb. v. Bergmann E, Gatzweiler H-P, Güttler H, Lutter H, Renner M, Wiegandt CC. BfLR, Bonn

Bundesverband der Sicherheitswirtschaft (2017) Beschäftigte in der Sicherheitsdienstleistungswirtschaft. https://www.bdsw.de/die-branche/zahlen-daten-fakten (Zugriff 30.4.2018)

Burgess EW (1925) The Growth of the City: Introduction to a Research Project. In: Park RE, Burgess EW, McKenzie RD (eds) The City. University of Chicago Press, Chicago

Burgess EW (1929) Urban Areas. In: Smith TV, White LD (eds) Chicago: An Experiment in Social Science Research. University of Chicago Press, Chicago

Butsch C (2011) Zugang zu Gesundheitsdienstleistungen. Barrieren und Anreize in Pune, Indien. Stuttgart

Butsch C, Kraas F, Namperumal S, Peters G (2016) Risk governance in the megacity Mumbai/India – A Complex Adaptive System perspective. Habitat International 54/2: 100–111

Castells M (1977) Die kapitalistische Stadt. Ökonomie und Politik der Stadtentwicklung. Hamburg

Dalton CM, Taylor L, Thatcher J (2016) Critical Data Studies. A dialog on data and space. In: Big Data & Society 3/1: 1–9

Danielzyk R (1998) Zur Neuorientierung der Regionalforschung. Wahrnehmungsgeographische Studien zur Regionalentwicklung 17. Oldenburg

Danielzyk R, Oßenbrügge J (1993) Perspektiven geographischer Regionalforschung. „Locality studies" und regulationstheoretische Ansätze. Geographische Rundschau 45: 210–217

Dear MJ (2000) The Postmodern Urban Condition. Blackwell, Malden, Mass

Dear MJ, Flusty S (1998) Postmodern Urbanism. Annals of the Association of American Geographers 88/1: 50–72

Dessouroux C (2003) La diversité des processus de privatisation de l'espace public dans les villes européennes. In: BelGeo 1: 21–46

Deutsche Bundesbank (2018) Kapitalmarktstatistiken der Deutschen Bundesbank, 1993 bis Januar 2018, Statistisches Beiheft 2 zum Monatsbericht. 47

Egbert S (2017) Siegeszug der Algorithmen? Predictive Policing im deutschsprachigen Raum. Aus Politik und Zeitgeschichte: 17–23

Eick V, Sambale J, Töpfer E (2007) Kontrollierte Urbanität: Zur Neoliberalisierung städtischer Sicherheitspolitik. In: Eick V, Sambale J, Töpfer E (Hrsg) Kontrollierte Urbanität. Zur Neoliberalisierung städtischer Sicherheitspolitik. Transcript, Bielefeld. 7–38

Etzold B (2013) The Politics of Street Food. Contested Governance and Vulnerabilities in Dhaka's Field of Street Vending. Megastädte und globaler Wandel Bd. 13. Franz Steiner Verlag, Stuttgart

Etzold B, Keck M, Bohle H-G, Zingel W-P (2009) Informality as Agency. Negotiating Food Security in Dhaka. Die Erde 140/1: 3–24

Evans G (2003) Hard-Branding the cultural City – From Prado to Prada. International Journal of Urban and Regional Research 27/2: 417–440

Florida R (2002) The Rise of the Creative Class. And how it is transforming Work, Leisure, Community and Everyday Life. New York

Flöther C (2010) Überwachtes Wohnen. Überwachungsmaßnahmen im Wohnumfeld am Beispiel Bremen/Osterholz-Tenever. Westfälisches Dampfboot, Münster

Flusty S (1997) Building Paranoia. In: Ellin N (ed) Architecture of Fear. Princeton Architectural Press, New York. 47–60

Fokdal J, Herrle P (2010) Negotiated Space: Urban Villages in the Pearl River Delta. Trialog 102/103: 10–15

Friedrichs J (1983) Stadtanalyse. Soziale und räumliche Organisation der Gesellschaft. 3. Aufl. VS Verlag für Sozialwissenschaften, Wiesbaden

Friedrichs J (1997) Probleme der Suburbanisierungsforschung. Nachrichtenblatt zur Stadt- und Regionalsoziologie 12/1: 57

Füller H, Marquardt N (2010) Gouvernementalität in der humangeographischen Diskursforschung

Fyfe NR (1996) City Watching: closed circuit television surveillance in public spaces. Area 28/1: 37–46

Germes M, Glasze G (2010) Die banlieues als Gegenorte der République. Eine Diskursanalyse neuer Sicherheitspolitiken in den Vorstädten Frankreichs. Geographica Helvetica 65/3: 217–228

Gestring N, Maibaum A, Siebel W, Sievers K, Wehrheim J (2005) Verunsicherung und Einhegung – Fremdheit in öffentlichen Räumen. In: Glasze G, Pütz R, Rolfes M (Hrsg) Diskurs – Stadt – Kriminalität. Städtische (Un-)Sicherheiten aus der Perspektive von Stadtforschung und Kritischer Kriminalgeographie. Transcript, Bielefeld. 223–252

Glasze G (2001a) Privatisierung öffentlicher Räume? Einkaufszentren, Business Improvement Districts und geschlossene Wohnkomplexe. Berichte zur deutschen Landeskunde 75: 160–177

Glasze G (2001b) Geschlossene Wohnkomplexe (gated communities): „Enklaven des Wohlbefindens" in der wirtschaftsliberalen Stadt. In: Roggenthin H (Hrsg) Mainzer Kontaktstudium Geographie. 39–55

Glasze G (2003a) Bewachte Wohnkomplexe und „die europäische Stadt" – eine Einführung. Geographica Helvetica 58/4: 286–292

Glasze G (2003b) Die fragmentierte Stadt. Ursachen und Folgen bewachter Wohnkomplexe im Libanon. Stadtforschung aktuell 89. Leske+Budrich, Opladen

Glasze G (2017) Digitale Geographien. In: Freiburg R (Hrsg) D@tenflut: Fünf Vorträge. FAU Forschungen, Reihe A Geisteswissenschaften. FAU University Press. 61–75

Glasze G, Pütz R, Schreiber V (2005) (Un)Sicherheitsdiskurse: Grenzziehungen in Gesellschaft und Stadt. Berichte zur deutschen Landeskunde. 329–340

Glasze G, Webster C, Frantz K (Hrsg) (2006) Private Cities – Global and Local Perspectives. Studies in Human Geography. Routledge, London

Göderitz J, Rainer R, Hoffmann H (1957) Die gegliederte und aufgelockerte Stadt. Wamuth, Tübingen

Graham S (2004) Introduction. Cities, warfare and states of emergency. In: Graham S (eds) Cities, War and Terrorism. Blackwell, Oxford. 1–26

Graham S (2005) Software-sorted geographies. In: Progress in Human Geography 29/5: 562–580

Grassnick M (unter Mitarbeit von Hofrichter H) (1982) Stadtbaugeschichte von der Antike bis zur Neuzeit. Materialien zur Baugeschichte 4. Friedr. Vieweg & Sohn, Braunschweig, Wiesbaden

Habermas J (1990) Vorwort zur Neuauflage. In: Habermas J (Hrsg) Strukturwandel der Öffentlichkeit. Frankfurt a. M.

Hackenbroch K (2013) The Spatiality of Livelihoods: Negotiations of Access to Public Space in Dhaka, Bangladesh. Megacities and Global Change Bd. 7. Franz Steiner Verlag, Stuttgart

Hackenbroch K, Hossain S (2012) The organised encroachment of the powerful – Everyday practices of public space and water supply in Dhaka, Bangladesh. Planning Theory and Practice 13/3: 397–420

Hahn B (1996) Die Privatisierung des Öffentlichen Raumes in Nordamerikanischen Städten. Berliner Geographische Studien 44: 259–269

Hall T (1998) Urban geography. Routledge Contemporary Human Geography Series. Routledge, London

Hamm B (1982) Einführung in die Siedlungssoziologie. Beck'sche Elementarbücher. Beck, München

Harris CD, Ullman EL (1945) The Nature of Cities. Annals of the American Academy for Political Science 242: 7–17

Harvey D (1973) Social Justice and the City. London

Harvey D (1985) The Urbanization of Capital. Oxford

Harvey D (1989) The Condition of Postmodernity. An Enquiry into the Origins of Cultural Change. Basil Blackwell, Oxford

Harvey D (1996) Cities or urbanization? City 1: 38–61

Harvey D (2017) Marx, Capital and the Madness of Economic Reason. London

Häußermann H (1998) Armut und städtische Gesellschaft. Geographische Rundschau 50: 136–138

Häußermann H (2009) Der Suburbanisierung geht das Personal aus. Eine stadtsoziologische Zwischenbilanz. Stadtbauwelt – Themenheft der Bauwelt 181/12: 52–57

Häußermann H, Siebel W (1978) Thesen zur Soziologie der Stadt. Leviathan 6: 484–500

Häußermann H, Siebel W (2004) Stadtsoziologie. Eine Einführung. Campus Verlag, Frankfurt, New York

Hayden D (2002) What is Suburbia? Naming the layers in the landscape, 1820–2000. Land Lines 14/3: 16–45

Hayden D (2003) Building suburbia. Green fields and urban growth, 1820–2000. New York

Heeg S (2013) Wohnungen als Finanzanlage. Auswirkungen von Responsibilisierung und Finanzialisierung im Bereich des Wohnens. sub\urban 1: 75–99

Heineberg H (1997) Großbritannien. Raumstrukturen, Entwicklungsprozesse, Raumplanung. Perthes, Gotha

Heineberg H, Kraas F, Krajewski C (2017) Stadtgeographie. 5. Aufl. Schöningh, Paderborn, München, Wien, Zürich

Heinrichs D, Krellenberg K, Hansjürgens B, Martínez F (eds) (2012) Risk Habitat Megacity. Springer, Berlin

Heitmeyer W, Dollase R, Backes O (1998) Einleitung: die städtische Dimension ethnischer und kultureller Konflikte. In: Heitmeyer W, Dollase R, Backes O (Hrsg) Die Krise der Städte. Suhrkamp, Frankfurt a. M. 9–20

Herrle P et al (2008) Wie Bauern die mega-urbane Landschaft in Südchina prägen. Zur Rolle der „Urban Villages" bei der Entwicklung des Perlflussdeltas. Geographische Rundschau 60/11: 38–46

Herrle P, Jachnow A, Ley A (2006) Die Metropolen des Südens: Labor für Innovationen? Mit neuen Allianzen zu besserem Stadtmanagement. Stiftung Entwicklung und Frieden, Policy Paper 25. Bonn

Hesse M, Scheiner J (2007) Suburbane Räume: Problemquartiere der Zukunft? Deutsche Zeitschrift für Kommunalwissenschaften 46/2: 35–48

Hesse M, Schmitz S (1998) Stadtentwicklung im Zeichen von „Auflösung" und Nachhaltigkeit. Information zur Raumentwicklung 718: 435–453

Hetzer W (1998) Gefahrenabwehr durch Verbannung? Zur Problematik der Platzverweisung nach den Polizeigesetzen. In: Kriminalistik 2: 133–136

Hitzler R (1998) Bedrohung und Bewältigung. Einige handlungstheoretisch triviale Bemerkungen zur Inszenierung „innere Sicherheit". In: Hitzler R, Peters H (Hrsg) Inszenierung: Innere Sicherheit. Daten und Diskurse. Leske+Budrich, Opladen. 203–212

Holm A (2018) Gentrification. In: Belina B, Naumann M, Strüver A (Hrsg) Handbuch Kritische Stadtgeographie. Münster

Holm A, Gebhardt D (Hrsg) (2011) Initiativen für ein Recht auf Stadt. Theorie und Aneignungen. Hamburg

Hornbostel S (1998) Die Konstruktion von Unsicherheitslagen durch kommunale Präventionsräte. In: Hitzler R, Peters H (Hrsg) Inszenierung: Innere Sicherheit. Leske+Budrich, Opladen. 93–111

Howard E (1902) Garden Cities of To-Morrow. Swan Sonnenschein, London

Hoyt H (1939) The Structure and the Growth of Residential Neighborhoods in American Cities. Federal Housing Association, Washington

Hund W (2006) Negative Vergesellschaftung. Dimensionen der Rassismusanalyse. Münster

Huntington SP (1996) Der Kampf der Kulturen. Die Neugestaltung der Weltpolitik im 21. Jahrhundert. Europa Verlag, München

Ibert O, Thiel J (2009) Situierte Analyse, dynamische Räumlichkeiten. Zeitschrift für Wirtschaftsgeographie 53/1-2: 209–223

IBISWorld (2016) Food Trucks in the US Market Research. www.ibisworld.com/industry/food-trucks.html (Zugriff 18.5.2018)

IZ (2018) Wohninvestment ist nicht zu bremsen. Sonderausgabe der Immobilien-Zeitung während der mipim, 7. März 2018

Jeffery R (1971) Crime Prevention Through Environmental Design. Beverly Hills

Jobard F, Lévy R (2013) Identitätskontrollen in Frankreich. Bürgerrechte & Polizei/Cilip 104: 28–37

Kabisch S, Kraas F (2018) Megastadt. In: Rink D, Haase A (Hrsg) Handbuch Stadtkonzepte. Analysen, Diagnosen, Kritiken und Visionen. Verlag Barbara Budrich, Opladen. 213–236

Kabisch S, Koch F, Gawel E, Haase A, Knapp S, Krellenberg K, Nivala J, Zehnsdorf A (eds) (2018) Urban Transformations. Sustainable Urban Development Through Resource Efficiency, Quality of Life and Resilience. Heidelberg

Kasperzak T (2000) Stadtstruktur, Kriminalitätsbelastung und Verbrechensfurcht. Darstellung, Analyse und Kritik verbrechensvorbeugender Maßnahmen im Spannungsfeld kriminalgeographischer Erkenntnisse und bauplanerischer Praxis. Empirische Polizeiforschung 14. Holzkirchen

Katzung Ni (2016) Der unheimliche Aufschwung. www.immobilien-zeitung.de/135200/unheimliche-aufschwung (Zugriff 18.2.2017)

Kazig R, Müller A, Wiegandt C (2003) Öffentlicher Raum in Europa und den USA. Informationen zur Raumentwicklung 1/2: 91–102

Keck M, Bohle H-G, Zingel W-P (2012) Dealing with insecurity. Informal business relations and risk governance among food wholesalers in Dhaka, Bangladesh. Zeitschrift für Wirtschaftsgeographie 56/1-2: 43–57

Keil R (2015) Einband Rückseite. In: Anacker KB (ed) The new American suburb. Poverty, race and the economic crisis. Farnham, Surrey

Keitzel S (2015) Kontrollierter Alltag. Erfahrungen von Jugendlichen mit der Polizei im Gefahrengebiet St. Pauli. Unveröffentlichte Masterarbeit. FB Geowissenschaften/Geographie, Goethe-Universität Frankfurt a. M.

Khan MMH, Krämer A, Grübner O (2009) Comparison of Health-Related Outcomes between Urban Slums, Urban Affluent and Rural Areas in and around Dhaka Megacity, Bangladesh. Die Erde 140/1: 69–87

Klamt M (2012) Öffentliche Räume. In: Eckhardt F (Hrsg) Handbuch Stadtsoziologie. Springer VS, Wiesbaden. 775–804

Klauser FR (2017) Surveillance and space. Society and space series. SAGE Publications Ltd., London

Knox P, Pain K (2010) Globalization, neoliberalism and international homogeneity in Architecture and urban Development. Informationen zur Raumentwicklung 5/6: 417–428

Koetzsche H, Hamacher H-W (1990) Straßenkriminalität, Kriminalgeographie. In: Burghard W, Hamacher H-W (Hrsg) Lehr- und Studienbriefe Kriminalistik 8. Verlag Deutsche Polizeiliteratur. 3–92

KOP (Kampagne für Opfer rassistischer Polizeigewalt) (Hrsg) (2016) Alltäglicher Ausnahmezustand. Institutioneller Rassismus in deutschen Strafverfolgungsbehörden. Münster

Kraas F (2007) Megacities and global change: key priorities. Geographical Journal 173/1: 79–82

Kraas F (2012) Das Hochwasser 2011 in Bangkok. Geographische Rundschau 64/1: 58–61

Kraas F, Aggarwal S, Coy S, Mertins G (eds) (2014) Megacities – Our Global Urban Future. Springer, Heidelberg

Kraas F, Hackenbroch K, Sterly H, Heintzenberg J, Herrle P, Kreibich V (eds) (2019): Megacities – Megachallenge: Informal Dynamics of Global Change. Insights from Dhaka, Bangladesh, and Pearl River Delta, China. Borntraeger, Stuttgart

Krätke S (1995) Stadt – Raum – Ökonomie: Einführung in aktuelle Problemfelder der Stadtökonomie und Wirtschaftsgeographie. Stadtforschung aktuell 53. Birkhäuser, Basel, Boston, Berlin

Kreibich V (2010) The Invisible Hand: Informal Urbanisation in Major Cities of Tanzania. Geographische Rundschau International 6/2: 38–43

Krüger PA (2017) Dubai – Die einen sagen „Smart City", die anderen „Polizeistaat". Süddeutsche Zeitung

Kulke E, Staffeld R (2009) Informal Production Systems – the Role of the Informal Economy in the Plastic Recycling and Processing Industry in Dhaka. Die Erde 140/1: 25–43

Künkel J (2013) Wahrnehmungen, Strategien und Praktiken der Polizei in Gentrifizierungsprozessen – am Beispiel der Prostitution in Frankfurt a. M. Kriminologisches Journal 45: 180–195

Künkel J (2017) Das Regieren von Prostitution in der neoliberalen Stadt – am Beispiel von Berlin, Hamburg und Frankfurt a. M. Unveröffentlichte Dissertation, FB Geowissenschaften/Geographie Goethe-Universität Frankfurt a. M.

Lefebvre H (1972) Die Revolution der Städte. München

Lefebvre H (2016) Das Recht auf Stadt. Hamburg [1968]

Legnaro A (1998) Die Stadt, der Müll und das Fremde – plurale Sicherheit, die Politik des Urbanen und die Steuerung der Subjekte. In: Kriminalistisches Journal 39/4: 262–283

Leykam M (2016) Wo Rekord die Regel ist. Immobilien Zeitung vom 14.01.2016, Nr. 01-02: 1

Lichtenberger E (1999) Die Privatisierung des öffentlichen Raumes in den USA. In: Weber G (Hrsg) Raummuster – Planerstoff. Eigenverlag des IRUB, Wien. 29–39

Loukaitou-Sideris A, Ehrenfeucht R (2009) Sidewalks: Conflict and negotiation over public space. MIT Press, Boston

Lütke P (2019) Die Praxis temporärer Ökonomien im Quartier – Hubs, Flows und Persistencies des „mobile food vending" in den USA. In: Schnur O, Drilling M, Niemann O (Hrsg)

(2018) Ökonomien im Quartier. Reihe Quartiersforschung. VS Verlag für Sozialwesen, Wiesbaden

Lütke P, Wood G (2016) Das „neue" Suburbia? Informationen zur Rauentwicklung 3: 349–360

Lyotard JF (1982) Das postmoderne Wissen. Impuls Assoziation, Bremen

Marcuse P (2004) Verschwindet die europäische Stadt? In: Siebel W (Hrsg) Die europäische Stadt. Suhrkamp, Frankfurt a. M. 112–117

Marx K (1969) Das Elend der Philosophie. Antwort auf Proudhons „Philosophie des Elends". In: Marx-Engels-Werke. Bd. 4. Berlin. 63–182 [1847]

Marx K (1971) Das Kapital. Band 1. In: Marx-Engels-Werke. Bd. 23. Berlin [1867/1890]

Marx K (1972) Der achtzehnte Brumaire des Louis Bonaparte. In: Marx-Engels-Werke. Bd. 8. Berlin. 115–123 [1852]

Marx K (1975) Das Kapital. Band 2. In: Marx-Engels-Werke. Bd. 24. Berlin. [1885/1893]

Massey D (2015) A Global Sense of Place. In: Escher A, Petermann S (Hrsg) Raum und Ort. Basistexte Geographie. Bd. 1. Steiner, Stuttgart. 191–200

Mattissek A (2005) Diskursive Konstitution von Sicherheit im öffentlichen Raum am Beispiel Frankfurt a. M. In: Glasze G, Pütz R, Rolfes M (Hrsg) Stadt – (Un-)Sicherheit – Diskurs. Urban Studies. Transcript, Bielefeld. 105–136

Mattissek A, Schirmel H, Glasze G, Dzudzek I (2009) Verfahren der lexikometrischen Analyse von Textkorpora. In: Glasze G, Mattissek A (Hrsg) Handbuch Diskurs und Raum. Theorien und Methoden für die Humangeographie sowie die sozial- und kulturwissenschaftliche Raumforschung. Transcript, Bielefeld. 233–260

McKinsey Global Institute (2016) Urban World: Meeting the Demographic Challenge

Mertins G, Müller U (2010) Gewalt und Unsicherheit in lateinamerikanischen Megastädten. Auswirkungen auf politische Fragmentierung, sozialräumliche Segregation und Regierbarkeit. Geographische Rundschau 60/11: 48–55

Mertins G, Thomae B (1995) Suburbanisierungsprozesse durch intraurbane/-metropolitane Wanderungen unterer Sozialschichten in Lateinamerika. Grundstrukturen und Beispiele aus Salvador/Bahia. Zeitschrift für Wirtschaftsgeographie 39/1: 1–13

Meyer K (2017) Theorien der Intersektionalität zur Einführung. Hamburg

Mitchell D (1995) The End of Public Space? People's Park, Definitions of the Public and Democracy. In: Annals of the Asscociation of American Geographers 85: 108–133

Möller I (1985) Hamburg. Länderprofile. Klett, Stuttgart

Moulaert F, Swyngedouw EA (1989) A regulation approach to the geography of flexible production systems. Environment and Planning D: Society and Space 7: 327–345

NAI Apollo (2018) Wohnportfoliomarkt Deutschland: Starkes viertes Quartal führt zu Jahrestransaktionsergebnis 2017 von 15,7 Mrd. Euro. www.nai-apollo.de/presse/unternehmensmeldungen/unternehmensmeldungen-2018/-/journal_content/56/10180/1432378/ (Zugriff: 18.2.2017)

Newman O (1972) Defensible Space. People and Design in the Violent City. London, Architectural Press

Nicolaides BM, Wiese A (2006) The suburb reader. New York

Nijman J (2015) North American suburbia in flux. Environment and Planning A 47/1: 3–9

Nogala D (2003) Ordnung durch Beobachtung – Videoüberwachung als urbane Einrichtung. In: Gestring N et al (Hrsg) Jahrbuch StadtRegion 2002. Schwerpunkt: Die sichere Stadt. Opladen. 32–58

Parkinson M (1994) European cities towards 2000: the new age of entrepreneurialism? European Institute for Urban Affairs, Liverpool

Petersen D (2014) Food truck fever: a spatio-political analysis of food truck activity in Kansas City, Missouri. Department of Landscape Architecture/Regional & Community Planning College of Architecture, Planning and Design. Manhattan, Kansas

Pütz R et al (2013) Business Improvement Districts in Deutschland – Kontextualisierung einer „mobile policy". In: Geographische Zeitschrift 101/2: 82–100

Reuband K-H (1992) Kriminalitätsfurcht in Ost- und Westdeutschland. Zur Bedeutung psychosozialer Einflussfaktoren. Soziale Probleme 3/1: 211–219

Rolfes M (2003) Sicherheit und Kriminalität in deutschen Städten. Über die Schwierigkeiten, ein soziales Phänomen räumlich zu fixieren. Berichte zur deutschen Landeskunde 77/4: 329–348

Rolfes M (2015) Kriminalität, Sicherheit und Raum. Humangeographische Perspektiven der Sicherheits- und Kriminalitätsforschung. Franz Steiner Verlag, Stuttgart

Rolfes M (2017) Predictive Policing. Beobachtungen und Reflexionen zur Einführung und Etablierung einer vorhersagenden Polizeiarbeit. In: Jordan P, Pietruska F, Siemer J (Hrsg) Geoinformation & Visualisierung. Pionier und Wegbereiter eines neuen Verständnisses von Kartographie und Geoinformatik. Festschrift anlässlich der Emeritierung von Herrn Prof. Dr. Hartmut Asche im März 2017. Potsdamer Geographische Praxis 12: 51–76

Ronneberger K (2001) Urbane Kontrollstrategien im Postfordismus. In: Thabe S (Hrsg) Raum und Sicherheit. Dortmunder Beiträge zur Raumplanung 106: 174–192

Sadowski J, Pasquale F (2015) Smart City. Überwachung und Kontrolle in der „intelligenten Stadt". Rosa-Luxemburg-Stiftung, Kultur und Medien, Berlin

Sassen S (1991) The Global City: New York, London, Tokyo. The Global City. Princeton, NJ

Sassen S (1994) Cities in a Global Economy. Pine Forge Press, Thousand Oaks, CA

Sassen S (1996) Metropolen des Weltmarkts. Die neue Rolle der Global Cities. Frankfurt a. M.

Schiller D (2013) An Institutional Perspective on Production and Upgrading. The Electronics Industry in Hong Kong and the Pearl River Delta. Megastädte und Globaler Wandel. Bd. 12. Franz Steiner Verlag, Stuttgart

Schipper S (2018) Wohnraum dem Markt entziehen. Wohnungspolitik und städtische soziale Bewegungen in Frankfurt und Tel Aviv. Wiesbaden

Schirmel H (2011) Sedimentierte Unsicherheitsdiskurse. Die Konstitution von Berliner Großwohnsiedlungen als unsichere Orte und Ziel von Sicherheitspolitiken

Schreiber V (2007) Lokale Präventionsgremien in Deutschland. Frankfurt a. M.

Schubert H, Schnittger A (2002) Sicheres Wohnquartier. Gute Nachbarschaft. Hannover, Niedersächsisches Innenministerium

Scott AJ, Storper M (2003) Regions, Globalization, Development. Regional Studies 37/6-7: 579–593

Sessar K (2003) Kriminologie und urbane Unsicherheiten. Die Alte Stadt 30/3: 195–216

Short JR (1989) Yuppies, yuffies, and the new urban order. Transactions of the Institute of British Geographers 14/2: 173–188

Short JR (1996) The Urban Order. Blackwell, Cambridge, Mass., Oxford

Sieverts T (1999) Zwischenstadt zwischen Ort und Welt, Raum und Zeit, Stadt und Land. 3. Aufl. Bauwelt-Fundamente 118. Vieweg, Braunschweig

Simmel G (1903) Die Großstädte und das Geistesleben. In: Petermann T (Hrsg) Die Großstadt. Vorträge und Aufsätze zur Städteausstellung. Jahrbuch der Gehe-Stiftung Dresden 9. Dresden. 185–206

Sixth Tone (2017) Shrinking Cities. Stories from China's former boomtowns. http://interaction.sixthtone.com/feature/2018/shrinking-cities/index.html (Zugriff 18.5.2018)

Sklair L (2005) The transnational capitalist class and contemporary architecture in globalizing cities. The International Journal of Urban and Regional Research 29/3: 485–500

Sklair L (2006) Iconic architecture and capitalist globalization. City: Analysis of Urban Trends, Culture, Theory, Policy, Action 10/1: 21–47

Smith N (1979) Toward a Theory of Gentrification. A Back to the City Movement by Capital, not People. Journal of the American Planning Association 45: 538–548

Smith N (1996) The New Urban Frontier. Gentrification and the revanchist city. Routledge, London

Soja EW (1989) Postmodern Geographies. The Reassertion of Space in Critical Social Theory. Verso, London, New York

Soja EW (1995) Postmodern Urbanization: the six restructurings of Los Angeles. In: Watson S, Gibson K (eds) Postmodern Cities and Spaces. Blackwell, Oxford. 125–137

Soja EW (1996) Thirdspace: Journeys to Los Angeles and Other Realand-Imagined Places. Blackwell, Oxford

Soja EW (1997) Six discourses on the Postmetropolis. In: Westwood S, Williams J (eds) Imagining Cities, Scripts, Signs, Memory. Routledge, London, New York. 10–30

Soja EW (2000) Postmetropolis. Blackwell, Oxford

Stummvoll G (2002) CPTED. Kriminalprävention durch Gestaltung des öffentlichen Raumes. Institut für Höhere Studien. Wien

Tacoli C, McGranahan G, Satterthwaite D (2015) Urbanisation, Rural–Urban Migration and Urban Poverty. IIED Working Paper. IIED, London

Tai P-F (2006) Social Polarisation: Comparing Singapore, Hong Kong and Taipei. Urban Studies 43: 1737–1756

Touraine A (1996) Das Ende der Städte? Die Zeit vom 31.5.1996, Nr. 24

Trumpp T, Kraas F (2015) Urban Cultural Heritage in Delhi, India: An Asset for the Future or Neglected Resource? Asien 134/1: 9–29

UN (United Nations) (2008) World Urbanization Prospects. The 2007 Revision. http://www.un.org/esa/population/publications/wup 2007/2007WUP_Highlights_web.pdf (Zugriff 27.5.2018)

UN DESA (United Nations Department of Economic and Social Affairs) (2015) World Urbanization Prospects. Revision 2014. https://esa.un.org/unpd/wup/Publications/Files/WUP2014-Report.pdf. (Zugriff 27.2.2018)

van der Heiden N, Terhorst P (2007) Varieties of glocalisation: the international economic strategies of Amsterdam, Manchester, and Zurich compared. Environment and Planning C: Government and Policy 25: 341–356

WBGU (Wissenschaftlicher Beirat der Bundesregierung Globale Umweltveränderungen) (2016) Der Umzug der Menschheit: Die transformative Kraft der Städte. Berlin

Welsch W (1988) Unsere postmoderne Moderne. VCH, Acta Humaniora, Weinheim

Wiegandt CC (2002) Nachhaltige Stadtentwicklung. In: Institut für Länderkunde (Hrsg) Nationalatlas Bundesrepublik Deutschland. Bd. 5: Dörfer und Städte. Mithrsg: Friedrich K, Hahn B und Popp H, Spektrum Akademischer Verlag, Heidelberg, Berlin. 114–115

Wiezorek E (2004) Business Improvement Districts. Re-vitalisierung von Geschäftszentren durch Anwendung des nordamerikanischen Modells in Deutschland. ISR-Arbeitsheft 65

Wilson JW, Kelling GL (1996) Polizei und Nachbarschaftssicherheit: Zerbrochene Fenster. Kriminologisches Journal 28/2: 121–137

Wirth E (1979) Theoretische Geographie. Grundzüge einer theoretischen Kulturgeographie. Teubner, Stuttgart

Wirth L (1974) Urbanität als Lebensform. In: Herlyn U (Hrsg) Stadt- und Sozialstruktur. München. 42–66

www.statista.de, Das Statistikportal. https://de.statista.com/statistik/daten/studie/172462/umfrage/transaktionsvolumen-investmentmarkt-fuer-immobilien-seit-2004/ (Zugriff 27.4.2018)

Zehner K (2001) Stadtgeographie. Klett-Perthes, Gotha, Stuttgart

Weiterführende Literatur

Belina B, Naumann M, Strüver A (Hrsg) (2018) Handbuch Kritische Stadtgeographie. 3. Aufl. Westfälisches Dampfboot, Münster

Borsdorf A, Bender O (2010) Allgemeine Siedlungsgeographie. Böhlau Verlag, Wien, Köln, Weimar

Bronger D (2004) Metropolen, Megastädte, Global Cities. Die Metropolisierung der Erde. Wissenschaftliche Buchgesellschaft, Darmstadt

Glasze G (2001) Privatisierung öffentlicher Räume? Einkaufszentren, Business Improvement Districts und geschlossene Wohnkomplexe. In: Berichte zur deutschen Landeskunde 75/2-3: 160–177

Glasze G, Pütz R, Rolfes M (2005) Die Verräumlichung von (Un-)sicherheit, Kriminalität und Sicherheitspolitiken. In: Glasze G, Pütz R, Rolfes M (Hrsg) Stadt – (Un-)Sicherheit – Diskurs. Urban Studies. Transcript, Bielefeld. 13–58

Heineberg H, Kraas F, Krajewski C (2017) Stadtgeographie. 5. Aufl. Schöningh, Paderborn, München, Wien, Zürich

Priebs A (2019) die Stadtregion. Ulmer, Stuttgart

Geographien des ländlichen Raums

Aus der Ferne vermitteln die Ackerterrassen an den Berghängen entlang des Trishuli-Flusses in Gajuri (Nepal) das Bild einer traditionellen Agrarlandschaft. Je weiter man aber in die Lebenswirklichkeit der Menschen „hineinzoomt", desto stärker zeigt sich, wie stark die sozialen Systeme und der Alltag nicht von der lokalen Agrarwirtschaft, sondern von transnationaler Migration geprägt sind, denn ein erheblicher Teil der jungen Männer verbringt einige Jahre als Gastarbeiter im weit entfernten Ausland (z. B. Arabische Halbinsel, Australien), um mit dem Lohn die Familien zu Hause zu unterstützen und sich danach eine eigene Existenz in der Region aufzubauen (Foto: P. Reuber).

© Springer-Verlag GmbH Deutschland, ein Teil von Springer Nature 2020
H. Gebhardt et al. (Hrsg.), *Geographie*, https://doi.org/10.1007/978-3-662-58379-1_21

In klassischen Systematiken der Geographie wurden die ländlichen Räume traditionell den städtischen Räumen gegenübergestellt. Diese Zweiteilung ist spätestens seit der Nachkriegszeit problematisch geworden. Damals begannen in den prosperierenden Regionen des Globalen Nordens die Wellen der Suburbanisierung und des *„urban sprawl"* den Gegensatz zwischen Stadt und Land zu verwischen. Heute sind weltweit ländlich und städtisch geprägte Regionen durch die ökonomischen und sozialen Entwicklungen der Globalisierung, durch regionale und lokale Migrationsströme oder durch die zunehmende digitale Anbindung der Peripherien in komplex verflochtenen Netzwerken miteinander verbunden. Das bedeutet aber nicht, dass damit alles austauschbar wäre und dass regionale Differenzierungen keine Rolle mehr spielen würden. Immer noch zeichnen sich in den meisten Ländern der Welt ländliche und/oder peripher geprägte Räume durch spezifische Formen wirtschaftlicher und gesellschaftlicher Rahmenbedingungen aus. Die Folgen ihrer Einbindung in globalisierte Produktions- und Lebensbedingungen entfalten – abhängig auch von ihren jeweiligen großregionalen und nationalen Kontexten – lokal eigenständige Dynamiken und Problemlagen, die vom demographischen Wandel über strukturfunktionale Eigenheiten bis zu ökologischen Fragen reichen können. Vor diesem Hintergrund kann ein Lehrbuchkapitel zu den Geographien des ländlichen Raums vielleicht weniger denn je einen Anspruch auf Vollständigkeit erheben. Gleichwohl kann es an unterschiedlichen regionalen Beispielen und thematischen Zugriffen die Vielfalt, den Möglichkeitsrahmen und das Potenzial einer auf ländliche Räume und agrargeographische Fragestellungen ausgerichteten Humangeographie beleuchten.

21.1 Der Wandel ländlicher Räume und die Forschungsaufgaben der Geographie

Der Ländliche Raum im globalen Wandel

Hans Gebhardt und Paul Reuber

Aus Sicht der Statistik ist die Weltbevölkerung heute eine Stadtbevölkerung. Nach ihren Angaben lebt bereits seit 2010 über die Hälfte der Menschen in Städten. Gleichzeitig machen die ländlich geprägten Räume bei Weitem den größten Teil der Ökumene – der von Menschen bewohnten Fläche – aus, sie stellen die Regionen dar, in denen der entscheidende Anteil der Nahrungsmittel für die Versorgung der Weltbevölkerung produziert wird, und sie spielen als ökologische Ausgleichsräume eine entscheidende Rolle bei den dringend notwendigen gesellschaftlichen Anpassungsprozessen an die gravierenden ökologischen Problemlagen des Anthropozäns.

Auf die Geographie als Gesellschafts-Umwelt-Wissenschaft warten hier eine Fülle von relevanten Forschungsfragen und -themen. Dazu ist es in hybriden, globalisierten Zeiten dringend notwendig, das dichotome Denken in **„Stadt-versus-Land"**-Kategorien zu hinterfragen, das auch die geographische Raumforschung jahrzehntelang in ihren Debatten um Abgrenzungen und Indikatoren mit bestimmt hat. Denn wo beginnt heutzutage überhaupt die Stadt und wo endet der ländliche Raum? In

Abb. 21.1 Auch in China „vergreist" die permanent anwesende ländliche Bevölkerung zunehmend wie hier im Inneren der Insel Hainan. Alte Menschen wärmen sich während der kalten Jahreszeit in einer Gemeinschaftshütte (Foto: H. Gebhardt).

Mitteleuropa, aber nicht nur dort, verwischen zunehmend die Trennlinien: „Heutzutage von der Stadt aufs Land zu fahren, kann, mit Elke Heidenreich zu sprechen, Folgendes bedeuten: ‚Das Land beginnt meist da, wo das erste Möbelcenter steht, an lila-gelber oder orange-grüner Rundumbeflaggung leicht zu erkennen. Dann kommt ein Getreidesilo, dann eine Kläranlage. Wir fahren über eine Schnellstraße, die ein Dorf durchschneidet, und vorbei geht es am Lebensmittelmarkt, am Baucenter, am Elektroabholmarkt und am Kraftwerk. Bei der Go-Kart-Bahn biegen wir links ab, nun noch zwei Möbelcenter, ein Autoübungsplatz und ein großes eingezäuntes Militärgelände, dann kommt wieder ein Dorf. ‚Zum grünen Kranze' heißt der Gasthof und ein Schild verspricht ‚Biergarten'" (zit. nach Scholich 2008).

Auch in den beruflichen Netzwerken und im Alltagsverhalten der Menschen verschwindet das Trennende, treten die Verbindungen in den Vordergrund. In Ländern des Globalen Nordens sind aufgrund moderner Infrastruktur- und Verkehrssysteme räumlich weit ausgreifende **Pendlerbeziehungen** möglich, die wochentags Arbeitsströme aus suburbanen und ländlichen Regionen in die Städte hinein erzeugen, und die am Wochenende in reziproker Weise die Freizeitpendler „aufs Land" ziehen. In vielen Regionen des Globalen Südens verschwimmen die Trennungslinien ebenfalls und erzeugen dort ihre eigenen Regime hybrider Vernetzungen. Gerade in strukturschwachen Regionen machen sich hier aktive Teile der ländlichen Bevölkerung in Monaten, in denen weniger Feldarbeit ansteht, auf eine saisonale Wanderung in die Großstädte, um dort im „informellen" Sektor hinzuzuverdienen. Auf diese Weise ist in vielen ländlichen Regionen Mehrfachbeschäftigung inzwischen die Regel; Landwirtschaft allein vermag Familien häufig kaum mehr zu ernähren. Rigg & Vandergeest (2012) bezeichnen diese Lebensweise als eine *rural urbanization*, deren *delocalized lives* auch die traditionellen Agrarsozialsysteme neu konfiguriert: *„Households have changed in composition with older heads, more female heads and rising complexity, with an increase of co-resident grand-children"* (Rigg et al. 2012; Abb. 21.1).

Abb. 21.2 „Gastarbeiter"-Haus in Gajuri (Nepal), dessen Dekoration ortsfremde Stilelemente aufweist, die auf die ausländischen Arbeitsorte verweisen (Foto: P. Reuber).

Abb. 21.3 Zu den wenigen Druckerzeugnissen, welche in Zeiten elektronischer Medien im letzten Jahrzehnt noch deutliche Auflagensteigerungen verzeichnen konnten, gehören Magazine zum Thema „neue Ländlichkeit". Zwar scheint der Boom inzwischen etwas gebrochen und die Auflage, welche bei der führenden Zeitschrift „Landlust" noch 2013 über 1 Mio. erreicht hatte, liegt inzwischen bei rund 750 000, aber damit erreichen die „Heuballen-Magazine" immer noch deutlich höhere Auflagen als „Focus", „Bunte" oder „Gala" (Foto: C. Martin).

Insgesamt sind die ländlichen Räume selbst schon seit Längerem auf dem Weg zu **„multifunktionalen" Räumen**, sie sind – zweifellos in regional sehr unterschiedlicher Form – immer weniger allein agrarischer Erzeugungsort, sondern beispielsweise Wohngebiete für die in den Verdichtungsräumen beschäftigte Bevölkerung (Pendler), wichtige Erholungs- und Freizeiträume, ökologische Ausgleichsräume, Standorte großflächiger regenerativer Energieproduktion (Wind, Wasser; Abschn. 21.3) oder fallweise auch kraftvolle Wirtschaftsregionen mit einer global vernetzten mittelständischen Gewerbestruktur. Gerade hier kann eine Regionale Geographie des ländlichen Raums ansetzen, um die im globalen Vergleich sehr unterschiedlichen und vor Ort jeweils spezifischen hybriden gesellschaftlichen Formatierungen herauszuarbeiten.

Dies gilt bezogen auf ländliche Räume natürlich insbesondere für Fragen der **Agrarwirtschaft**, die selbst in den vergangenen Jahrzehnten immer stärker nach den Spielregeln der globalisierten Ökonomie transformiert worden ist. Entsprechend prägen auch in diesem Segment komplexe Vernetzungen zwischen urbanen Zentren und ländlichen Produktionsstandorten die gesellschaftlichen Strukturierungen. Global agierende Biotech-Konzerne sind längst nicht mehr nur Erzeuger oder Bereitsteller von Saatgut, sondern haben selbst erhebliche Anteile an der großflächigen industriell orientierten Agrarproduktion in ländlichen Räumen. Die agrarwirtschaftliche Globalisierung hält Einzug, im Globalen Norden wie im Süden und verändert die ökonomischen Spielregeln ebenso wie die Landnutzungsmuster. Gerade im Globalen Süden geraten Landnutzungsflächen in den spekulativen Blick und führen dort zu vielfältigen Spielarten von *land grabbing* (Abschn. 21.5). In diesen Aneignungsstrategien geht es schon seit einiger Zeit nicht mehr nur um Agrarland. Ländliche Räume, vor allem in den Tropen, sind reich an vielfältigen anderen natürlichen Ressourcen, sei es in Form von Wald, in Form von Genreservoiren oder in Form von bergbaulich nutzbaren Rohstoffen. Der letzte Schritt in dieser Transformation Richtung **globalisierte Ökonomie** ist die zunehmende „Finanzialisierung" agrarischer Produkte oder Flächen. Dabei geht es dann oft nicht mehr primär um Nahrungsverfügbarkeit für die Bevölkerung oder Arbeitsplätze, sondern um eine *accumulation by dispossession* (Harvey 2014), das heißt um die Privatisierung von Ressourcen aus ländlichen Regionen mit dem Ziel, in den Kernräumen der Weltwirtschaft Gewinne zu akkumulieren. Sobald Nahrungsmittel, Agrarland und natürliche Ressourcen in die Spekulationskreisläufe von Börsen, FDI und Hedgefonds geraten, führen auch diese Formen der *„marketisation"* zu teilweise einschneidenden Folgen für die regionalen Lebenswirklichkeiten der Menschen in den betroffenen Regionen.

Weltweit führt dabei der vielfältige **Strukturwandel** in vielen ländlich geprägten Regionen zu einer „Entbäuerlichung" der Dörfer, was sich nicht nur funktional, sondern auch im Siedlungsbild niederschlägt. Es entstehen nicht agrarisch geprägte Siedlungs- und Lebensstile wie beispielsweise die mit Remissen gebauten Wohnviertel globaler Migrantinnen und Migranten mit ihren bunt zusammengewürfelten Architekturstilen in Ländern des Globalen Südens (Abb. 21.2), die geklonten Einfamilienhauskopien suburbaner Bürgerlichkeit in Westeuropa oder die Plattenbauten sozialistischer Wohnarchitektur an den Rändern alter Dorfkerne in Osteuropa. Es erfolgt eine Abkehr vom eher dorfbezogenen zu einem außenorientierten Lebensstil, der nicht nur durch den Generationenwechsel, sondern beispielsweise auch durch zunehmend hybride Berufsbiographien oder Lebensverläufe und durch die weltweit unaufhaltsame Integration ländlicher Regionen ins „digitale Weltdorf" des Internets forciert wird.

Umgekehrt gibt es auch Anzeichen dafür, dass das „Land" im Windschatten von Postwachstums- und Nachhaltigkeitsdebatten in gewisser Weise wieder Einzug in der Stadt hält, nicht nur als romantisierende Diskurse in Lifestyle-Magazinen wie „Landliebe", „Landleben" oder „Landlust". (Abb. 21.3). So wird z. B.

Kapitel 21

Abb. 21.4 Urban Gardening in Wien. Die Grünfläche in der Nähe des Augartens in Wien lädt zum Gärtnern im öffentlichen Raum ein. Insgesamt 120 Beete wurden zum Anbau von Blumen, Kräutern und Gemüse vergeben (Foto: H. Gebhard, 2017).

Kapitel 21

das „**Urban Gardening**" gerade in Mittelschichtwohngebieten mancher Großstädte zu einem neuen Trend. Man versteht darunter die kleinräumige, gärtnerische Nutzung städtischer Flächen als eine Art Sonderform des Gartenbaus (Abb. 21.4). Zwischen Häusern, asphaltierten Straßen und dem städtischen Getümmel ragen Grünflächen, Wildblumenwuchs und sogar Beete mit Essbarem hervor. Oft entsteht aus der Lust, etwas Grün ins städtische Grau bringen zu wollen, ein neues Gemeinschaftserlebnis.

Bereits diese kurzen, eher skizzenartigen Überlegungen machen deutlich, dass es kaum möglich ist, die vielfältigen und komplexen „Geographien ländlicher Räume" in einem Lehrbuchkapitel angemessen abzubilden. Vor diesem Hintergrund ist zunächst das nachfolgende Teilkapitel zur „Ländlichen Raumforschung zwischen Grundlagenwissenschaft und Anwendungsorientierung" dazu gedacht, den Wandel der humangeographischen Betrachtungsperspektiven auf die „Geographien ländlicher Räume" nachzuvollziehen und konzeptionelle Ausrichtungen und konkrete Forschungsfragen in diesem Feld aufscheinen zu lassen. Danach konzentrieren sich die Beispiele in Abschn. 21.2 und 21.3 auf ländliche Regionen in Europa, während die Abschn. 21.4 und 21.5 thematisch stärker auf ländliche Räume im Globalen Süden und die Agrarwirtschaft in der globalen Marktwirtschaft fokussieren.

Ländliche Raumforschung zwischen Grundlagenwissenschaft und Anwendungsorientierung

Ulrike Grabksi-Kieron

Ländliche Räume sind je nach naturräumlichen Standortbedingungen und funktionalen Raumkontexten, je nach historisch-genetischen Eigenarten und Entwicklungspfaden höchst unterschiedlich. Diese Vielfalt ist als Wert anerkannt, und die Leitvorstellung ihrer Erhaltung hat Eingang in Politik und Raumplanung gefunden. Umso wichtiger ist es, tiefergehende Zugänge zum Forschungsgegenstand der ländlichen Räume zu finden. Es gilt, die sie prägenden Transformationsprozesse, die in ihnen wirkenden Faktoren und Eigenlogiken aufzuspüren und zu verstehen. Dann ist ländliche Raumforschung auch in der Lage, ihre Erkenntnisse der Politik und Raumplanung bereitzustellen.

Schon seit Beginn des letzten Jahrhunderts ist der ländliche Raum Gegenstand geographischer Forschungen. Wurzeln einer Geographie des ländlichen Raums liegen vorrangig in der **Siedlungs- und Agrargeographie**. Die eine näherte sich über den Forschungsgegenstand „ländliche Siedlungen", die andere über den des Agrarraums und der Agrarlandschaft dem Arbeitsfeld „ländlicher Raum". Im Laufe der Zeit wurde diese frühe Basis einerseits durch Forschungsansätze anderer geographischer Teildisziplinen, allen voran von Wirtschafts-, Bevölkerungs- und Sozialgeographie, sowie andererseits durch die Hinwendung benachbarter Wissenschaften, beispielsweise der Agrarökonomie und -soziologie, zum Forschungsgegenstand „ländlicher Raum" ergänzt.

Entsprechend der zeitgeschichtlichen Entwicklungslinien von Siedlungs- und Agrargeographie nahm auch die ländliche Raumforschung an den im Laufe der Jahrzehnte wechselnden Forschungsrichtungen und Perspektivwechseln beider Fachgebiete teil. Für die Geographie ländlicher Siedlungen hat Henkel (2004) dies ausführlich dargestellt (Schwarz 1989, Lienau 2000, Arnold 1983, 1997, Andreae 1983). In den 1950er- und 60er-Jahren lagen die Herausforderungen für solche neuen Forschungsthemen zum einen in dem Struktur- und Funktionswandel, der Landwirtschaft und ländliche Räume in gleicher Weise erfasste und dessen Auswirkungen im Agrarraum und seinen Nutzungen erkennbar waren, zum anderen in den strukturellen, funktionalen und sozialen Umschichtungen, die im ländlichen Siedlungswesen ihren Niederschlag fanden.

Impulse für die Entwicklung eines Fachgebiets „Geographie des ländlichen Raums", in dem die sektoralen Grenzen von Siedlungs- und Agrargeographie erstmalig überwunden wurden, entstanden Ende der 1950er- und Anfang der 1960er-Jahre unter dem Einfluss der erstarkten Sozialgeographie (Münchener Schule). Soziale sowie ökonomische Einfluss- und Bestimmungsgründe der ländlichen Transformationsprozesse wurden nun in den Vordergrund gerückt (Hartke 1959, Otremba 1959). Damit eröffneten sich neue Perspektiven für die Forschung, während gleichzeitig auch die Grenzen der bisherigen wirtschaftsgeographischen Agrarraumforschung sichtbar wurden. Einen frühen Vorstoß hin zu einer „Geographie des ländlichen Raums" unternahm Ende der 1960er-Jahre Ilesic (1968): Er forderte, die traditionellen siedlungs- und agrarraumbezogenen Forschungsansätze mit sozialgeographischen Ansätzen zu verschmelzen, um so den Weg zu einer umfassenden Analyse der damaligen Deagrarisierungsprozesse und sozioökonomischen Umschichtungen in den ländlichen Räumen zu ebnen. Gleichzeitig wies er bereits auf die Gefahr hin, umweltbezogene und historische Bezüge der ländlichen Raumentwicklung zu vernachlässigen.

Ab Mitte der 1960er-Jahre wurden schließlich auch durch die Etablierung der bundesdeutschen Raumordnung weitere Anforderungen an die ländliche Raumforschung herangetragen und die Bezüge zur **Regionalentwicklung** gestärkt (Spitzer 1975, Meyer 1964). Insgesamt gewann die ländliche Raumforschung in dieser Zeit erstmalig einen betont anwendungsorientierten Charakter hinzu. Diese Anwendungsorientierung ist bis heute bedeutsam. Maßgeblich dafür waren seit Ende der 1970er-Jahre die Ausgestaltung des Planungswesens in der Bundesrepublik Deutschland, die Ausprägung einer auch staatlich geförderten Planungsaufgabe „Dorfentwicklung/Dorferneuerung", der wachsende Anwendungsbezug von Umwelt- und Naturschutzforschung, die ihr Augenmerk auch auf den Freiraum und seine land- und außerlandwirtschaftliche Nutzungen legte, und nicht zuletzt der weiter fortschreitende Struktur- und Funktionswandel im ländlichen Raum unter dem Zeichen wachsender Europäisierung. Auch jene ländlichen Räume in Europa, die wegen ihrer Lage und räumlichen Distanz zu den wirtschaftsstarken Regionen und Zentren von einer zurückbleibenden sozioökonomischen Entwicklung gekennzeichnet waren, rückten in dieser Zeit zunehmend ins Interesse einer eigenen Forschung. Seitdem nimmt die **Peripherieforschung** als Forschungszweig innerhalb der Geographie des ländlichen Raums eine wesentliche Stellung ein (Grabski-Kieron et al. 2016). Seit Anfang der 1990er-Jahre haben schließlich sowohl die sich verändernde Planungskultur in Deutschland und in der Europäischen Union als auch die veränderten Problemwahrnehmungen und Werthaltungen zu Fragen ländlicher Entwicklung ihren Niederschlag in der geographischen ländlichen Raumforschung gefunden. Dies gilt umso mehr, da sich spätestens mit der Jahrtausendwende die Planungskultur in Deutschland und Europa im Zeichen von *governance*-geprägten Entwicklungs- und Planungsprozessen veränderte. Mit der wachsenden Bedeutung, die u. a. der Planungskommunikation, der Kooperation öffentlicher und privater Akteure und der Projektorientierung beigemessen wurde, wuchs auch der Bedarf, die dahinterliegenden Mechanismen, Zusammenhänge und Gesetzmäßigkeiten besser zu verstehen.

Gleichzeitig gewann die **Grundlagenforschung** an Bedeutung, denn in Einklang mit den sich verändernden Schwerpunktsetzungen in der deutschen Humangeographie rückten wissenschaftstheoretische Konzepte in den Vordergrund, die die bisherigen traditionellen ländlichen Raumkonzepte infrage stellten und neue Forschungszugänge entwarfen. Sie bestimmen aktuell das Profil der ländlichen Raumforschung in der Humangeographie maßgeblich mit. Ländlicher Raum wird vorrangig als „gesellschaftlicher Raum" (Gruber 2017) verstanden. Er ist Identifikations- und Aktionsraum seiner Bewohner und Bewohnerinnen. Ländliche Akteure agieren in unterschiedlichen Einflusssphären und mit unterschiedlichen Problem- und Raumwahrnehmungen. Traditionen, kulturelle Prägungen und Praktiken, Normen und Werte im gesellschaftlichen und wirtschaftlichen Geschehen sind den raumwirksamen Entscheidungen ländlicher Akteure unterlagert und bestimmen so die Entwicklungspfade ländlicher Räume mit. In **sozialkonstruktivistischer Perspektive** ist der ländliche Raum eine „Konstruktion", die sich vor dem Hintergrund jeweils individueller Annäherung einer einheitlichen Raumdefinition entzieht. Mit starken Impulsen aus der angelsächsischen Geographie (Woods 2005, Cloke 2006) rückten in dieser Zeit auch Fragen nach dem Wesen und der Qualität von Ländlichkeit (*rurality*), der Wahrnehmung ländlicher Räume und nach ländlichen Lebensstilen in den Mittelpunkt des Interesses. Diese Ländlichkeit entsteht erst durch die Aktivitäten, alltäglichen Praktiken sowie Konstruktionen unterschiedlicher Gruppen von Akteuren, die in unterschiedlichen Einflusssphären agieren und die zur Entwicklung von ländlichen Räumen beitragen (Halfacree 1993).

Mit Blick auf diese zeitgeschichtliche Entwicklung bleibt festzuhalten, dass sich innerhalb der deutschsprachigen Geographie bis in die 1990er-Jahre eine eigenständige Teildisziplin „Geographie des ländlichen Raums" nicht in dem Maße etabliert hatte, wie dies beispielsweise im englischsprachigen Raum der Fall war (*Rural Geography*; Woods 2005). Dennoch hat die ländliche Raumforschung auch innerhalb der deutschsprachigen Geographie über die Jahrzehnte hinweg dazu beigetragen, ländliche Raumstrukturen und -funktionen zu erklären, ländliche Regionen in ihren spezifischen Problemsituationen zu erfassen und das Instrumentarium ländlicher Raumplanung weiterzuentwickeln.

Die aktuelle ländliche Raumforschung setzt die etablierten analytischen und synthetischen Forschungsansätze der Geographie des ländlichen Raums fort und bedient sich des humangeographischen Methodenkanons. Als Prozessforschung verwendet sie jedoch darüber hinaus auch Methoden der Evaluations-, *governance*- und Institutionenforschung und erweitert damit ihr methodisches Fundament. Die Differenziertheit geographischer Forschungszugänge eröffnet aktuell, auch im breiteren interdisziplinären Kontext, wesentliche Ansätze, die sich immer weiter ausdifferenzierenden Entwicklungspfade ländlicher Räume in Deutschland und Europa zu erfassen und zu erklären: Ländliche Raumentwicklung vollzieht sich einerseits mehr denn je zwischen Polen **„regionaler Ungleichgewichte"**. Andererseits steht ländliche Raumentwicklung auch im Zeichen einer zunehmenden innerregionalen Differenzierung, ja Fragmentierung (Torre & Wallet 2016). Dies gilt im gleichen Maße für unterschiedliche Betrachtungsebenen im internationalen, nationalen und regionalen Maßstab. Für diese differenzierten Entwicklungslinien sind nach Torre & Wallet (2016) zwei grundsätzliche Einflüsse maßgeblich: zum einen die Zunahme von Stadt-Land-Verflechtungen bei verändertem Mobilitätsverhalten mit Folgen für die Arbeits- und Lebenswelten, zum anderen die sich verändernde Multifunktionalität ländlicher Räume mit Folgen für Flächenbedarfe und Flächennutzungskonkurrenzen, mit anhaltenden Umweltgefährdungen und mit wachsenden Anpassungsbedarfen im Zeichen von Nachhaltigkeit und Resilienz. Aktuell trägt auch in vielen ländlichen Räumen der demographische Wandel mit seinen lokal und regional unterschiedlichen Ausprägungen und seinen Folgen

Kapitel 21

für die Daseinsvorsorge und für die Tragfähigkeit des ländlichen Siedlungswesens zur inneren Differenziertheit ländlicher Regionen im hohen Maße bei.

In der Peripherieforschung rücken seit einigen Jahren besonders die Prozesse der Peripherisierung in den Mittelpunkt des Interesses. Gleichzeitig werden periphere ländliche Räume längst nicht mehr nur als Abhängigkeitsräume in ihrer Relation zu wirtschaftsstarken Regionen oder zu Subventionen begriffen, sondern vielmehr – und anders als früher – auch als **Potenzialräume**. Das Verständnis ist gewachsen, dass Ihre Entwicklungspfade nicht mehr nur zwangsläufig in weitere eindimensionale Peripherieentwicklung führen müssen, sondern sich auch, getragen u. a. von Akteursnetzwerken und *governance*-Kontexten, Optionen für andere Entwicklungslinien in sich verändernden gesamträumlichen Kontexten ergeben. Dies bestätigt die Heterogenität ländlicher Raumentwicklung in Europa, denen die geographische Forschung über ländliche Räume begegnet. Schwerpunkte der Forschung beziehen sich auf:

- die spezifischen Mensch-Umwelt-Beziehungen in ländlichen Lebens- und Arbeitswelten und in unterschiedlichen Raumkontexten, insbesondere mit Blick auf die Entwicklung von Kleinstädten und Dörfern und auf die sich verändernden Stadt-Land-Beziehungen,
- die Sicherung der Daseinsvorsorge und das Migrationsgeschehen in ländlichen Räumen, beide im Zeichen des demographischen Wandels,
- die *governance*-Prozesse und die Rolle von zivilgesellschaftlichen Akteuren in ländlichen Entwicklungsprozessen auf lokaler und regionaler Ebene,
- die Instrumente, Handlungsansätze und Methoden ländlicher Raumplanung, die nicht nur die Raumordnung, sondern auch agrarstrukturelle und umweltplanerische Steuerungsmechanismen umfasst,
- die Regionalökonomik und die Positionierung ländlicher Räume im regionalen Wettbewerb, gebunden an die Transformation der ländlichen Wirtschaft, vor dem Hintergrund des aktuellen Agrarstruktur- und Funktionswandels einerseits und der Veränderungsprozesse in den außerlandwirtschaftlichen Sektoren andererseits,
- die für die ländlichen Räume spezifische Ressourcennutzungen in den land- und forstwirtschaftlich geprägten Freiräumen und ihre Veränderungen, Konkurrenzen und Konflikte, auch vor dem Hintergrund des Klimawandels und den Anforderungen an Nachhaltigkeit und Resilienz,
- die Eigenarten ländlicher Kulturlandschaften und ländlicher Baukultur in ihren identifikationsstiftenden, regionalökonomischen und landschaftsökologischen Bedeutungen,
- die gesellschaftlichen Wahrnehmungen, Images und die Symbolik ländlicher Räume.

Nicht zu übersehen ist, dass u. a. mit gesellschaftlich relevanten Themenkreisen wie „Digitalisierung", „Mobilität" und Migration zunehmend auch für die ländliche Raumforschung neue Forschungsfragen entstehen. Darüber hinaus werden aktuell viele der skizzierten Arbeitsfelder von Fragenkreisen der Innovationsfähigkeit und Teilhabe ländlicher Räume an der Technologieentwicklung durchdrungen.

Auf allen Planungs- und Entscheidungsebenen in der Entwicklung ländlicher Räume wächst der Bedarf, die Differenziertheit in den Planungs- und Entwicklungskontexten aufzuschließen, sie durch Raum- und Prozessanalysen zu erklären und so Grundlagen für Politik und Planungspraxis bereitzustellen. Voraussetzung dafür sind **Typisierungen ländlicher Räume**, die es ermöglichen, Forschungsfragen genauso wie anwendungsorientierte Lösungen problembezogen und räumlich passgenau vorzubereiten. Die geographische Raumforschung ebnet zusammen mit anderen raumforschenden Nachbarwissenschaften den Weg dazu, indem sie Daten der Raumanalyse erarbeitet und zur Verfügung stellen kann.

Eine einzige Standardtypologie für die Definition ländlicher Raumtypen gibt es dabei nicht. Es haben sich vielmehr unterschiedliche Typologien durchgesetzt, die strukturelle und funktionale Indikatoren zusammenführen und verschneiden (Abschn. 21.2, Exkurs 21.1). Die Indikatorensets beziehen sich einerseits auf solche Merkmale ländlicher Räume, die die aktuelle Entwicklung hinreichend genau, z. B. mithilfe sozioökonomischer Strukturdaten, kennzeichnen. Andererseits werden Indikatoren herangezogen, mit denen die Stellung der ländlichen Räume im Raumgefüge, z. B. über Erreichbarkeiten zum nächsten Mittel- oder Oberzentrum, abgebildet werden können. Je nach Maßstabsebene sind solche Typisierungen auch geeignet, Differenzierungen innerhalb der ländlichen Räume deutlich zu machen.

21.2 Ländliche Räume in Europa

Birte Nienaber

Ansätze zur Definition, Abgrenzung und Typisierung

Der ländliche Raum in Europa – ist das einfach die Addition aller europäischen Räume, die nicht städtisch sind (Negativabgrenzung)? Für eine solche Definition müsste zunächst ein einheitliches Verständnis darüber existieren, was „städtisch" ist und welche Räume also als städtische Räume bezeichnet werden können. Aber was ist er dann – der ländliche Raum? Diese Frage lässt sich schnell beantworten: Den einen ländlichen Raum in Europa gibt es nicht, also ist er als solcher auch nicht definierbar (Abb. 21.5).

Definitionen auf der Basis statistischer Daten versuchen allerdings zumindest eine statistische Gemeinsamkeit (in der Regel auf Bevölkerungsdichten aufbauend) zu finden. So definieren OECD und Europäische Union ländliche Räume als Regionen mit weniger als 150 Einwohnern/km². Außerdem unterscheidet diese Kategorisierung zwischen „*predominantly rural*" (mehr als 50 % der Bevölkerung lebt in ländlichen Gemeinden) und *intermediate rural* (15–50 % der Bevölkerung lebt in ländlichen Gemeinden; EUROSTAT 2017a). Ländliche Räume können so dünnbesiedelt sein – wie beispielsweise in Landsbyggd

Abb. 21.5 Einzelhof in Island – zwischen Tradition und Moderne (Foto: B. Nienaber, 2016).

(Island) mit nur 1,2 Einwohnern/km². Sie können aber auch deutlicher dichter bewohnt sein – so zum Beispiel Rhône-Alpes (Frankreich) mit 149,8 Einwohnern/km² (EUROSTAT 2017b). Nach dieser Berechnungsart sind 44 % des EU-Gebietes überwiegend ländliche Regionen und genauso viele *intermediate rural*, während nur 12 % urban sind. In Ländern wie Estland, Finnland, Irland, Österreich oder Portugal sind sogar mehr als 80 % des Gebietes überwiegend ländlich geprägt, gleichzeitig weisen Luxemburg, Malta und Zypern nach dieser Definition keine überwiegend ländlichen Regionen auf (EUROSTAT 2017a).

Das Bundesinstitut für Bau-, Stadt- und Raumforschung (BBSR) nutzt ebenfalls eine statistisch-basierte Definition für die Differenzierung zwischen städtischen und ländlichen Räumen. Das BBSR unterscheidet dadurch neben den beiden urbanen Siedlungsstrukturen „kreisfreie Großstadt" und „städtischer Kreis" auch zwischen den zwei ländlichen Typen „ländlicher Kreis mit Verdichtungsansätzen" („Kreise mit einem Bevölkerungsanteil in Groß- und Mittelstädten von mind. 50 %, aber einer Einwohnerdichte unter 150 Einwohner/km², sowie Kreise mit einem Bevölkerungsanteil in Groß- und Mittelstädte unter 50 % mit einer Einwohnerdichte ohne Groß- und Mittelstädte von mind. 100 Einwohner/km²") und „dünn besiedelter ländlicher Kreis" („Kreise mit einem Bevölkerungsanteil in Groß- und Mittelstädten unter 50 % und Einwohnerdichte ohne Groß- und Mittelstädte unter 100 Einwohner/km²"). Aus dieser Kategorisierung von Kreisen wird dann die Unterscheidung zwischen ländlich und städtisch (je nach Zugehörigkeit zu einer der vier genannten Kategorien) abgeleitet (BBSR 2015a, 2015b).

Eine deutlich komplexere und mehr Faktoren einbeziehende Definition stammt von Lienau (2000) und umfasst folgende Aspekte:

- Vorherrschen von land- und forstwirtschaftlich genutzten Flächen
- relativ geringe Größe der Siedlungen mit geringer Bebauungsdichte bezogen auf den kultivierten Raum

- geringe Arbeitsplatzdichte
- geringe Industriedichte, geringe Größe der Industriebetriebe und Hervortreten bestimmter Industriearten
- schmaleres Spektrum der im ländlichen Raum vertretenen Berufsgruppen, geringere Einkommen und ein höherer Anteil im primären Sektor arbeitender Menschen
- Versorgung mit höherwertigen Gütern in hohem Maße von der Stadt abhängig sowie Übernahme zahlreicher Funktionen für die Städte
- unterschiedliche Entwicklungsdynamik zwischen Stadt und Land

Die ESPON-Studie *„European Development Opportunities for Rural Areas"* (EDORA) entwickelt drei sehr unterschiedliche Typologien ländlicher Räume in Europa. Die erste Typologie (*urban-rural types*) unterscheidet zwischen *predominantly urban, intermediate close to a city, intermediate remote, predominantly rural close to a city* und *predominantly remote*. In dieser Typologie wird die Erreichbarkeit als wesentlicher Faktor betrachtet und der ländliche Raum als *„remote"* (= abgelegen) kategorisiert. Die zweite Typologie der Studie EDORA basiert auf wirtschaftlichen Strukturen (*structural types*). Neben den vorwiegend urbanen Räumen, wird zwischen vier ländlichen Räumen unterschieden: a) landwirtschaftlich geprägt, b) Konsumlandschaft, c) diversifiziert mit einem starken sekundären Sektor und d) diversifiziert mit einem starken privaten Dienstleistungssektor. Die dritte EDORA-Typologie nutzt die *performance* der Räume, um sie zwischen Akkumulation und Entleerung in vier Stufen einzuordnen (ESPON & UHI Millenium Institute 2011). An diesem Beispiel zeigt sich, dass sich Typologien ländlicher Räume sogar innerhalb eines Projekts je nach Anforderungen und Schwerpunktsetzungen ändern können.

Im anglophonen Raum werden ländliche Räume unter anderem von Halfacree (2006) in drei zusammenspielende Bereiche unterteilt: *rural localities*, die sich durch ländliche Praktiken, insbesondere Produktion und Konsum auszeichnen, *formal representations of the rural*, die den politischen und ökonomischen Rahmen darstellen sowie *everyday lives of the rural*, die individuelle und soziale Aushandlungsprozesse der ländlichen Alltags-„Kultur" umfassen. Es gibt weitere Ansätze zur Definition, Abgrenzung und Typisierung ländlicher Räume in Europa im deutschsprachigen Kontext (z. B. Indikatorensets; Exkurs 21.1) und sowohl im anglophonen als auch im frankophonen Raum, auf die aber in diesem Text nicht näher eingegangen werden soll.

Franzen et al. (2008) stellen sogar „diese Raumkategorie angesichts von Urbanisierungs- und Modernisierungsprozessen grundsätzlich infrage" und folgern, dass ländliche Räume „sich heute eher anhand landschaftlicher Charakteristika als anhand eindeutiger sozioökonomischer Faktoren bestimmen" lassen. Dabei weisen Franzen et al. auch darauf hin, dass ländliche Räume heterogener und individueller werden, somit weniger in einer Raumkategorie vereinbar seien (ebd.). Sie können so unterschiedliche Aspekte wie die Almwirtschaft in den Alpen, den Tabakanbau in Griechenland, Erdbeeranbau in Spanien, Rentierzucht im Norden Finnlands, Tulpenzucht in den Niederlanden,

Kapitel 21

Exkurs 21.1 Weitere Beispiele für Indikatoren zur Abgrenzung und Typisierung ländlicher Räume

Ulrike Grabski-Kieron

Für die nationale Ebene der Bundesrepublik Deutschland bietet die 2016 vom Thünen-Institut (Bundesforschungsinstitut für ländliche Räume, Wald und Fischerei) vorgelegte „Abgrenzung und Typisierung ländlicher Räume" (Thünen-Institut 2016) ein aktuelles Beispiel: Daten der laufenden Raumbeobachtung und anderer Indikatoren zur Raum- und Stadtentwicklung des Bundesinstitut für Bau-, Stadt- und Raumforschung (BBSR) werden hier mit eigenen Daten des Thünen-Instituts zu ländlichen Raumstrukturen mittels eines komplexen statistischen Verfahrens in den Analysedimensionen „sozioökonomische Lage" und „Ländlichkeit" gruppiert und miteinander verschnitten. Die verwendeten Indikatoren zur Typisierung ländlicher Räume des Thünen-Institutes sind die folgenden:

Dimension „sozioökonomische Lage"

- durchschnittliche Arbeitslosenquote
- durchschnittliche Bruttolöhne und -gehälter
- mittleres Einkommen aller Lohn- und Einkommenssteuerpflichtigen
- durchschnittliche kommunale Steuerkraft durchschnittliches Wanderungssaldo der 18- bis 29-Jährigen
- Wohnungsleerstand
- durchschnittliche Lebenserwartung der Frauen
- durchschnittliche Lebenserwartung der Männer
- durchschnittliche Schulabbrecherquote

Dimension „Ländlichkeit"

- Siedlungsdichte
- Anteil land- und forstwirtschaftlicher Fläche an Gesamtfläche
- Anteil der Ein- und Zweifamilienhäuser an allen Wohngebäuden
- regionales Bevölkerungspotenzial
- Erreichbarkeit großer Zentren

Die Ergebnisse werden GIS-gestützt dargestellt (BMEL 2016), wobei Datenaggregierungen auf unterschiedlichen Ebenen, z. B. den Landkreisen, berücksichtigt werden können. Die Typisierung bietet damit eine große Anwendungsbreite als Grundlage für die Raumplanung oder für politische Entscheidungen. Konkret werden die folgenden vier Typen ländlicher Räume für Deutschland – in Abgrenzung von „nicht ländlichen Räumen" – ausgewiesen (Thünen-Institut 2016):

- eher ländliche Räume mit guter sozioökonomischer Lage
- eher ländliche Räume mit weniger guter sozioökonomischer Lage
- sehr ländliche Räume mit guter sozioökonomischer Lage
- sehr ländliche Räume mit weniger guter sozioökonomischer Lage

sozialistisch geprägte Großbetriebe in Mecklenburg-Vorpommern oder auch Realerbteilung in weiten Teilen Süddeutschlands oder das Anerbenrecht beispielsweise im Münsterland umfassen, die jeweils die Landschaft, die Wirtschaft und die Gesellschaft unterschiedlich prägen und durch diese ebenfalls unterschiedlich geprägt werden (Abb. 21.6 und 21.7).

Ferner lassen sich ländliche Räume in Europa zwischen den gedachten Polen **Peripherisierung** und **Suburbanisierung** lokalisieren. Unter Peripherisierung versteht man den Prozess, dass Räume von wirtschaftlichen und sozialen Entwicklungen und politischer Macht abgekoppelt oder entfernt sind. Dies ist insbesondere bei ländlichen Räumen mit großer räumlicher Distanz und/oder schlechter infrastruktureller Anbindung zu erkennen. Kühn & Lang (2017) fassen (Teil-)Dimensionen der wissenschaftlich untersuchten Peripherisierung folgendermaßen zusammen: „Abwanderung, Abkopplung, Abhängigkeit und diskursive Zuschreibungen negativer [stigmatisierender] Merkmale" (ebd.). Die Suburbanisierung kennzeichnet sich durch intensive Verflechtungen mit urbanen Strukturen aus. Diese Verflechtungen können wirtschaftliche, residentielle, soziale, kulturelle oder auch politische Verbindungen sein.

Multifunktionalität ländlicher Räume in Europa

Die Untersuchung der Geographien ländlicher Räume in Europa geht jedoch weit über die reine Definition ländlicher Räume hinaus und umfasst einen integrierten Ansatz, in dem soziale, kulturelle, ökonomische, historische, politische, ökologische und infrastrukturelle Maßnahmen miteinander verbunden und analysiert werden.

Henkel (2004) sieht vornehmlich vier Aufgaben ländlicher Räume: die Agrarproduktionsfunktion, die ökologische Funktion, die Erholungsfunktion und die Standortfunktion (z. B. durch das Vorhalten für Standorte für Mülldeponien, Straßen- und Bahntrassen, Rohstoffgewinnung). Die Agrarproduktion bedeutet die Versorgung der ländlichen und nicht ländlichen Bevölkerung mit Nahrungsmitteln. Die ökologische Funktion dient dem Natur- und Wasserschutz sowie dem Erhalt der Biodiversität. Die Erholungsfunktion gilt sowohl für die im ländlichen Raum lebenden Menschen als auch für Touristinnen und Touristen, die kurze oder längere Erholungsaufenthalte im ländlichen Raum wahrnehmen. Anhand dieser kurzen Aufzählung lässt sich bereits erkennen, dass

Abb. 21.6 Heuernte im Osten Rumäniens (Foto: B. Nienaber, 2017).

ländliche Räume gleichzeitig mehrere Funktionen erfüllen und diese in sehr unterschiedlicher Dominanz ausgeprägt sein können. Man spricht von der „Multifunktionalität ländlicher Räume". Während bis in die 1980er-Jahre hinein in Europa die land- und forstwirtschaftliche Produktion im Fokus stand, lässt sich seit den 1990er-Jahren ein **Paradigmenwechsel** hin zu einer nachhaltigen Verbindung von Landwirtschaft, Gesellschaft, anderen Wirtschaftsformen und Umwelt in der Erforschung und Betrachtung ländlicher Räume erkennen. Diese Entwicklung wird teilweise auch als **New Rural Economy** bezeichnet, in der die Wirtschaft ländlicher Räume durch eine zunehmende **Diversifizierung** gekennzeichnet ist. Diese Diversifizierung kann sowohl in den

landwirtschaftlichen Betrieben (*on-farm income diversification*) als auch außerhalb durch ehemalige Landwirte oder durch sonstige Bewohner ländlicher Räume (*off-farm income diversification*) stattfinden. (Nienaber & Potočnik Slavič 2013) Beispiele können neue Tierarten im landwirtschaftlichen Betrieb (z. B. Strauße, Alpakas, historische und vom Aussterben bedrohte einheimische Tierrassen), neue Vermarktungsstrategien (z. B. Blumen zum Selbstpflücken, Hofladen, Bringdienste), touristische Angebote (z. B. Urlaub auf dem Bauernhof, sanfter Tourismus, Entwicklung touristischer Wanderwege und andere touristische Attraktionen) oder auch Dienstleistungen für bestimmte Bevölkerungsgruppen (z. B. Seniorinnen und Senioren, Jugendliche) sein (Abb. 21.8).

Mit der Abnahme der Bedeutung der Landwirtschaft, die heutzutage europaweit nur noch ca. 5 % der Erwerbstätigen stellt (abhängig von der Berechnung Vollzeiterwerbskräfte plus Teilzeiterwerbskräfte oder nur Vollzeiterwerbskräfte; European Commission 2013), nimmt insbesondere die Anzahl der landbewohnenden Menschen zu. Hierbei soll allerdings nicht der Eindruck entstehen, es handele sich um eine homogene Gruppe. Zur landbewohnenden Gruppe zählen u. a. die Wohnbevölkerung mit Arbeitsplätzen außerhalb des Ortes und im sekundären oder tertiären Sektor innerhalb des Ortes Erwerbstätige, die außerdem dort wohnen. Gleichzeitig kann man in den letzten Jahren eine breitere Zunahme der „Lust am Ländlichen" (Baumann 2016) erkennen, die sich nicht allein auf die Bevölkerung ländlicher Räume beschränkt oder einen Umzug in diese bewirkt (z. B. durch Counterurbanisierung; Helbrecht 2014), sondern sich auch in breiteren Diskursen zu einer Renaissance von „Ländlichkeit" ausdrückt, die z. B. von Zeitschriften wie „Landlust" prominent verbreitet werden (Abb. 21.3; Baumann 2016, Redepenning 2013). Redepenning (2013) identifiziert in dieser „neuen Länd-

Abb. 21.7 Ziegenfarm auf der Chalkidiki-Halbinsel, Griechenland (Foto: B. Nienaber 2017).

Kapitel 21

Abb. 21.8 Neunutzung eines Schulgebäudes durch eine neue Funktion, hier durch eine Hofkäserei mit Regionalvermarktung (Foto: B. Nienaber 2016).

lichkeit" drei verschiedene Figuren: „Figur des leeren, ruhigen und ermöglichenden Ländlichen", „Figur des profillosen und verschwindenden Ländlichen" und „Figur des uninteressanten und zu vermeidenden Ländlichen".

Das ESPON-Projekt „*Potentials of Rural Regions* (PURR)" hat eine Pyramide ländlicher Potenziale entwickelt (Abb. 21.9). Die Basis bilden Prozesse und Dynamiken ländlichen Wandels: Diese werden beziffert als Demographie, Arbeit, Unternehmensentwicklung, Land-Stadt-Verbindungen, kulturelles Erbe, Daseinsvorsorge, institutionelle Kapazität, Klimawandel und Agrarstrukturwandel. Die zweite Ebene der Pyramide bildet das Spektrum ländlichen Wissens, die dritte Ebene „*people, place, power*" (Humankapital, Naturressourcen und *governance*- sowie institutionelle Strukturen) und die Spitze die ländlichen Potenziale, die sich aus all diesem ergeben und durch einen steten Wandel der Basisfaktoren ebenfalls einem Wandel unterliegen (ESPON & Norwegian Institute for Urban and Regional Research 2012). Diese Veränderungen in den ländlichen Räumen mit sich ändernden Akteuren und die wachsende Wahrnehmung der Multifunktionalität ländlicher Räume führen dazu, dass es zunehmend zu **Flächennutzungskonflikten** zwischen den verschiedenen Akteuren und Flächennutzern kommt.

Die Europäische Union hat mit dem Dokument „*The Future of Rural Societies*" (European Communities 1988) der Europäischen Kommission von 1988 und der „Erklärung von Cork" (Europäische Kommission 1996) die Sicht der Politik weg von der reinen landwirtschaftlichen Betrachtungsperspektive hin zu einer ökonomische, ökologische und soziokulturelle Faktoren integrierenden Perspektive gewandelt. Als wichtiges Förderinstrument zur Entwicklung ländlicher Räume wurde daraufhin ab den 1990er-Jahren bis 2006 die Gemeinschaftsinitiative **LEADER** (= *Liaison entre actions de développement de l'économie rurale*) eingerichtet (Exkurs 21.2). LEADER veränderte die Sichtweise auf ländliche Räume durch politische Maßnahmen und verfolgt folgende Ansätze, die seitdem auch in andere Förderinstrumente

der Europäischen Union einfließen: einen territorialen Ansatz, einen *bottom-up*-Ansatz, Erstellung eines regionalen Entwicklungskonzepts, die Zusammenarbeit verschiedener Sektoren und Ebenen insbesondere in der informellen Raumplanung sowie die Vernetzung von Akteuren. Durch den verstärkten *bottom-up*-Ansatz, anstelle des früheren *top-down*-Ansatzes, verändern sich die Akteure (landwirtschaftliche und zunehmend nicht landwirtschaftliche), die Handlungsebenen sowie die Inhalte der ländlichen Entwicklung (McDonagh 2012, Wiskerke 2001).

Durch die Umstellung der Fördergrundsätze (2007–2013) wurde LEADER die vierte Achse des neu geschaffenen Europäischen Landwirtschaftsfonds für die Entwicklung des ländlichen Raums (ELER). Hiermit wird erstmals ein klares **Förderinstrument** mit dem Ziel geschaffen, ländliche Entwicklung zu fördern und eine Verbindung zwischen ländlichem Raum und Landwirtschaft herzustellen. Mit der Förderperiode 2014–2020 wurde der LEADER-Ansatz in *Community-Led Local Development* (CLLD) umbenannt, folgt aber dem bisherigen Ansatz. Dabei ist CLLD/LEADER eine von drei Querschnittsaufgaben des ELER geworden und damit quer zu den anderen Förderachsen „Wissenstransfer und Innovation in der Land- und Forstwirtschaft und den ländlichen Gebieten", „Förderung der Wettbewerbsfähigkeit aller Arten von Landwirtschaft und des Generationswechsels in den landwirtschaftlichen Betrieben", „Förderung der Organisation der Nahrungsmittelkette und des Risikomanagements in der Landwirtschaft", „Wiederherstellung, Erhaltung und Verbesserung von Ökosystemen, die von der Land- und Forstwirtschaft abhängig sind", „Förderung der Ressourceneffizienz und Unterstützung des Agrar-, Ernährungs- und Forstsektors beim Übergang zu einer kohlenstoffarmen und klimaresistenten Wirtschaft" und „Förderung der sozialen Eingliederung, der wirtschaftlichen Entwicklung und der Bekämpfung der Armut in den ländlichen

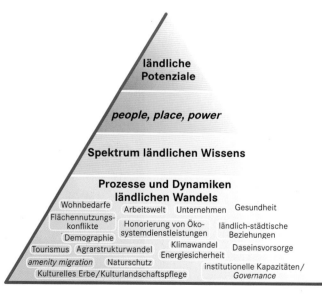

Abb. 21.9 Pyramide ländlicher Potenziale unter Berücksichtigung der Prozesse und Dynamiken ländlichen Wandels (verändert nach: ESPON & Norwegian Institute for Urban and Regional Research 2012, Woods 2012).

Exkurs 21.2 Planung im ländlichen Raum

Ulrike Grabski-Kieron

Die Entwicklung ländlicher Räume ist Gegenstand eines Politikfeldes, das sich über verschiedene Entscheidungsebenen erstreckt und an dem unterschiedliche Sektorpolitiken beteiligt sind. Zielvorgebende Programme, steuernde Strategien sowie Planungs- und Förderinstrumente unterschiedlicher Politikbereiche wirken zusammen (Tab. A). Diese haben einerseits einen querschnittsorientierten Charakter, wie beispielsweise die Instrumente der Raumordnung oder der Kommunalplanung, andererseits auch einen sektoralen Charakter, wie etwa die Fachplanungen der Wasserwirtschaft oder des Verkehrswesens. Gleichzeitig werden die formal-rechtlichen Instrumentarien zur Planung und Förderung ländlicher Räume durch zahlreiche informelle Entwicklungsprozesse und -konzepte, insbesondere in der Regional- und Ortsentwicklung, ergänzt (Tab. A).

Dieses Miteinander formal-rechtlicher und informeller Steuerungs- und Handlungsansätze ist Ausdruck einer *governance*-geprägten Planungskultur. Die Leitbilder einer nachhaltigen und resilienten Raumentwicklung bieten den strategischen Orientierungsrahmen für die ländliche Entwicklung. Diese erhält gleichzeitig – vor dem Hintergrund der sich verändernden Stadt-Land-Beziehungen und den Zukunftsfragen der Daseinsvorsorge – aus den anhaltenden gesellschaftlichen Diskursen um die Gewährleistung gleichwertiger Lebensbedingungen in Stadt und Land aktuelle Impulse (ARL 2014, Bundesinstitut für Bau-, Stadt- und Raumforschung 2018). Die konkrete Ausgestaltung und Operationalisierung von Leitbildern und Zielen vollzieht sich maßgeblich in regionalen und lokalen Aushandlungsarenen. Hier kommt den ländlichen Akteuren im Sinne partizipativer Entwicklungs- und Planungsprozesse ein maßgeblicher Stellenwert zu. Die gemeinsame Umsetzung dieser strategischen Leitideen verlangt nach koordiniertem sektor- und ressortübergreifendem, das heißt integriertem Planen und Handeln. Es gilt, die regional- und lokalspezifischen Potenziale und Probleme, die sich in den ländlichen Räumen bieten, in den Blick zu nehmen. Dafür müssen maßgeschneiderte Problemlösungen entwickelt und diese zeitnah umgesetzt werden. Um Planung und Maßnahmenrealisierung in diesen *governance*-Prozessen möglichst nah zusammenzuführen, zeichnen sich diese durch eine betonte Orientierung auf eine partizipative Ausarbeitung und Entwicklung entsprechender Projekte aus. Dabei sollen, ausgehend von den natürlichen und anthropogenen Potenzialen, die einer Region eigen sind (endogene Potenziale), solche Handlungsstränge und Projektentwicklungen aufgegriffen und verfolgt werden, die es erlauben, Synergieeffekte entstehen zu lassen, beispielsweise für die regionale Wirtschaft, für den regionalen Arbeitsmarkt, für das gesellschaftliche Miteinander und die ländliche Soziokultur, für die Landwirtschaft oder für die Landschaftspflege und den Naturschutz. Aus ihnen sollen Impulse für die gesamte

regionale Entwicklung generiert werden. Mehr und mehr rücken dabei – auch gerade mit Blick auf die Zukunft – solche Handlungsansätze in den Vordergrund, die darauf abzielen, die Tragfähigkeit eigenständiger ländlicher Raumentwicklung zu stabilisieren bzw. weiterzuentwickeln (Hahne 2017). Problemlösungskompetenzen werden nicht mehr allein den öffentlichen Verwaltungen, sondern all jenen Institutionen und Personen im ländlichen Raum zugewiesen, die in irgendeiner Weise raumrelevante Entscheidungen mitbeeinflussen oder mittragen können. Durch solche privat-öffentlichen Entwicklungspartnerschaften in Regionen oder auf lokaler Ebene wird ländliche Raumentwicklung heute überall in Europa im hohen Maße geprägt (Grabski-Kieron et al. 2016, Pike et al. 2017, Schmitt & van Well 2016, Torre & Wallet 2016). Die Grenzen dieser „Planungsregionen" werden nicht mehr länger allein an administrativen Grenzen festgemacht, sondern werden davon bestimmt, wie und in welchem räumlichen Rahmen sich Menschen mit ihrer Region, ihrer Kultur und ihrer Heimat identifizieren und dann auch entsprechend engagieren. Prinzipien integrierter ländlicher Entwicklung sind die folgenden:

- Zielebene – strategische Konzepte, Leitzielfindung und -konkretisierung in Maßnahmenbündeln (Projektorientierung) bei aktiver Mitgestaltung der Akteure
- Sachebene – vorbereitende Stärken- und Schwächenanalyse regionaler Potenziale (z. B. Arbeitsmarkt, Wirtschaft, Kultur, Umwelt) und durchführende querschnittsorientierte Entwicklung
- Raumebene – konkrete Raumbezogenheit, regionale Angebots- und Nachfragepotenziale (Potenzialansatz)
- Kommunikationsebene – Partizipationsansatz, Koordination und Kooperation öffentlicher und privater Akteure
- Methodenebene – Steuerung, Dialog, Finanzierungs- und Realisierungsmanagement, Monitoring und Erfolgskontrolle
- Zeitebene – zeitnahe Maßnahmenumsetzung und Projektrealisierung
- politische Ebene – problem- und regionsspezifische Abstimmung über Prioritätensetzung und Kombination von Ressort- und Förderinstrumentarien

Die Europäische Union beeinflusst durch ihre Programme der regionalen Strukturförderung, durch die Förderinstrumentarien der Agrar- und Agrarstrukturpolitik und anderer Sektoralpolitiken die ländliche Raumentwicklung direkt und indirekt. Ein breiter Kanon an Richtlinien und Verordnungen, der auf nationaler Ebene jeweils weiter konkretisiert und ergänzt wird, bildet den Rahmen der politischen Umsetzung. In der Ausrichtung der Förderpolitiken auf all diesen Ebenen werden die Initiierung und Verankerung der skizzierten Prozesse einer *rural governance* vorangetrieben. Für die ländliche Raumentwicklung ist dabei seit den frühen 1990er-Jahren besonders die EU-Gemeinschaftsinitiative LEADER (*Liaison entre actions de développement de l'économie rurale*) und deren ab 2007 nachfolgende Programmatik im Rahmen des Landwirtschaftsfonds für die Entwicklung des ländlichen Raums (VERORDNUNG (EU) Nr. 1305/2013) von zentraler Bedeutung (vgl. die entsprechenden Ausführungen im Fließtext).

Europäische und nationalstaatliche Ebenen arbeiten nach vertraglich festgelegten, grundlegenden Prinzipien zusammen (Grabski-Kieron & Kötter 2012). Wie die Europäische Union unterstützen in der Bundesrepublik Deutschland auch Bund und Länder durch eigene Förderansätze, mit denen zum Teil die europäischen Finanzierungsinstrumente mitfinanziert

werden, gewünschte Steuerungswirkungen in der ländlichen Raumentwicklung. Andere Anreizinstrumente, wie Modellvorhaben und Wettbewerbe (Tab. A), tragen dazu bei, regionale Entwicklungskonzepte zu erproben und zu realisieren. Die zukünftige Weiterentwicklung des Instrumentariums der ländlichen Raumplanung wird durch sich verändernde Zielsetzungen der europäischen Politik, z. B. im Zuge der Steuerungs- oder Anpassungsbedarfe an den technologischen Fortschritt oder an die Integration, und nicht zuletzt durch enger werdende finanzielle Spielräume beeinflusst. Zukünftige Akzente und Schwerpunktsetzungen werden in den aktuellen Diskursen um die Zukunft kohärenter Raumentwicklung in Europa vorgezeichnet.

Tab. A Das Instrumentarium ländlicher Raumplanung in Deutschland.

	Formal-rechtliche Programme, Pläne und Instrumente			Programme, Konzepte und Prozesse u. a. mit Betonung informeller Regional- und Kommunalentwicklung		
	Raumordnung/ Strukturpolitik	Agrarstruktur-politik	sonstige Fachpolitiken	Raumordnung/ Strukturpolitik	Agrarstruktur-politik	sonstige Fachpolitiken
Europäische Union	regionale Strukturpolitik und Strukturförderung	Europäischer Landwirtschaftsfond (ELER)/Verordnung zur Entwicklung ländlicher Räume	umweltrelevante Richtlinien und Verordnungen z. B. EU-Wasserrahmenrichtlinie (EU-WRRL)	territoriale Agenda der EU, Europäisches Raumentwicklungskonzept (EUREK)	Gemeinschaftsinitiative LEADER/ ELER-Verordnung	z. B. EU-WRRL: Flusseinzugsgebietsmanagement mit Projekt-/ Akteursorientierung
Bund	Bundesraumordnungsgesetz (ROG), Gemeinschaftsinitiative zur Förderung der regionalen Wirtschaftsstruktur (GRW)	Gemeinschaftsaufgabe zur Verbesserung der Agrarstruktur und des Küstenschutzes (GAK)/ nationaler Strategieplan zur ländlichen Entwicklung	z. B. nationale Schutzgebietsausweisung (Naturschutz)	Konventionen, Netzwerke, Nichtregierungsorganisationen		
Bund				Leitbilder 2016, raumordnungspolitischer Handlungsrahmen 1995, Modellvorhaben des Bundes	Bundesprogramm Ländliche Entwicklung, Bundeswettbewerbe	GRW, z. B. Förderansatz Regionalmanagement und wirtschaftliche Clusterbildung in Regionen
Bundesländer	Landesentwicklungsplanung	Förderrichtlinien der Länder und Länderprogramme in Verbindung mit GAK und nationaler Strategie zur Entwicklung ländlicher Räume	fachgesetzliche Regelungen und Landesprogramme z. B. im Umwelt- und Naturschutz	Kooperationen, Netzwerke, Nichtregierungsorganisationen		
Bundesländer				Landeswettbewerbe und Modellvorhaben		
Regionen	regionale Raumordnungspläne	z. B. ländliche Bodenordnung, Agrarumweltmaßnahmen	z. B. Landschaftsrahmenplanung	Städtenetze, regionale Entwicklungskonzepte, interkommunale Kooperationen	Integrierte interkommunale Entwicklungskonzepte (IKEK) und Regionalmanagement	z. B. Regionalmanagement: umsetzungsorientierte Konzepte und Aktionen zur Landschaftsentwicklung
Regionen				Initiativen, Aktionen und Projektarbeit		
Kommunen	Bauleitplanung sowie sonstige städtebauliche Planungen und Ortssatzungen	z. B. landwirtschaftliche Fachbeiträge	z. B. Landschaftspläne	z. B. Masterpläne, städtebauliche Rahmenpläne u. a., lokale Agenda	Dorfentwicklung und Dorferneuerung	z. B. bedarfs- und mitwirkungsorientierte ÖPNV-Konzepte
Kommunen				Initiativen, Aktionen und Projektarbeit		

Gebieten" (Deutsche Vernetzungsstelle 2017). Dadurch gewinnt in der europäischen Agrarpolitik der integrative ländliche Ansatz eine stärkere Bedeutung. Die Umsetzung des Förderinstruments hängt dabei stark von regionalen und politischen Gegebenheiten ab. Die Beibehaltung des LEADER-Ansatzes verdeutlicht jedoch, dass die Europäische Kommission von einer positiven Umsetzung durch dieses Förderinstrument ausgeht. In der Realität hängt der Erfolg oder Misserfolg sowie die Nachhaltigkeit dieser Förderung stark von den in den jeweiligen ländlichen Regionen aktiven Menschen ab.

Ein weiterer politischer Schritt lässt sich mit der Erklärung *„Cork 2.0. A Better Life in Rural Areas"* 20 Jahre nach der ersten „Erklärung von Cork" feststellen. Der 10-Punkte-Plan sieht beispielsweise vor, ländlichen Wohlstand zu fördern, ländliche Wertschöpfungsketten zu stärken, in ländliches Leben zu investieren, Naturschutz und Klimaschutz zu fördern und auch *governance* im ländlichen Raum zu entwickeln (European Union 2016).

Ländliche Räume in der EU im Spannungsfeld der Globalisierung

Neben den starken Einflüssen, die die Europäische Union auf die Entwicklung ländlicher Räume hat, zeigen sich auch deutliche Auswirkungen der Globalisierung. Ländliche Räume sind nicht – wie lange Zeit auch in der Wissenschaft dargestellt – abgekoppelt von globalen Entwicklungen, sondern können ebenfalls durch diese geformt werden. Beispiele hierfür sind unter anderem globale Wirtschaftsnetzwerke auch mit Unternehmen in ländlichen Räumen, internationale Mobilität und Migration in ländliche Räume, globale Rohstoffakteure oder globale Naturschutzorganisationen mit Aktivtäten in ländlichen Räumen oder auch die Nutzung und Weiterentwicklung von globalem Wissen in ländlichen Räumen (McDonagh et al. 2015). So finden sich neben landwirtschaftlichen Aktivitäten, auch Weltmarktführer, sog. *hidden champions*, in ländlichen Räumen. Woods (2007) hat zehn Charakteristika eines *global countryside* identifiziert:

1. räumliche Entkopplung von Produktion und Konsumption von Waren des primären und sekundären Sektors (z. B. Produktion von Tomaten in den Niederlanden, Konsum in Deutschland)
2. Anstieg der Anzahl an transnationalen Unternehmen
3. gleichzeitiger Lieferant und Nachfrager von Migrantinnen und Migranten als Arbeitskräfte (z. B. Spargelstecher aus Polen in Deutschland)
4. globale Touristenströme in landschaftlich reizvolle Regionen (z. B. Bretagne, Alpen, Toskana, Andalusien)
5. ausländische Investitionen für wirtschaftliche und residentielle Bedürfnisse (z. B. Altersruhesitze britischer Rentnerinnen und Rentner in Spanien)
6. global-diskursive Konstruktion von Umwelt und Umweltschutz, etwa durch internationale Abkommen (z. B. UNESCO Weltnaturerbestätten, Biosphärenreservate)
7. Überformung der Landschaft durch globale Trends (z. B. monokultureller Maisanbau für die Energiegewinnung)

8. Zunahme der sozialen Differenzierung
9. Entstehung neuer politischer Autoritäten in ländlichen Räumen
10. globale (Flächennutzungs-)Konflikte

Demographischer Wandel in ländlichen Räumen Deutschlands

Christian Krajewski

Für die Entwicklung ländlicher Räume in vielen Regionen Europas ist neben den wirtschaftlichen Rahmenbedingungen der demographische Wandel von zentraler Bedeutung, der nachfolgend an Beispielen aus Deutschland diskutiert wird. Als bestimmende Komponenten prägen diesen nicht nur eine Bevölkerungsabnahme aufgrund von rückläufigen Geburtenzahlen, Sterbeüberschüssen und negativen Wanderungssaldi sowie einer zunehmenden Alterung der Bevölkerung, sondern auch vermehrte Internationalisierungsprozesse.

Die regionalen Unterschiede der Bevölkerungsentwicklung in den ländlichen Räumen Deutschlands stehen dabei in engem Zusammenhang mit der **Strukturstärke bzw. -schwäche** einer Region. Nach einer anhand ökonomischer, sozialer und siedlungsstruktureller Strukturindikatoren erfolgten Typisierung des BBSR (Maretzke 2016) befinden sich vor allem in den östlichen Bundesländern, an der Westküste Schleswig-Holsteins sowie im westlichen Niedersachsen strukturschwächere ländliche Räume, in denen rund 13 % der Bevölkerung Deutschlands leben. Dabei sind die ländlichen Räume in Mecklenburg-Vorpommern bzw. in Nord- und Ostfriesland zwar meist peripher gelegen, weisen aber häufig große touristische Potenziale auf. In den strukturstärkeren ländlichen Räumen, die fast ausschließlich in westdeutschen Bundesländern liegen und insbesondere Bayern, Rheinland-Pfalz, Nordhessen, Niedersachsen und Schleswig-Holstein prägen, leben rund 20 % der Bevölkerung Deutschlands. Insgesamt wohnt damit jede dritte Einwohnerin bzw. jeder dritte Einwohner in Deutschland „auf dem Land". Gemessen am bundesweiten Durchschnitt weisen die ländlichen Räume ein leicht überdurchschnittliches Geburtenniveau sowie die höchsten Sterbeüberschüsse (Saldo der Geborenen und Gestorbenen) auf, wobei beide Entwicklungen in den strukturschwächeren ländlichen Räumen besonders stark ausgeprägt sind, ebenso wie eine höhere Intensität **demographischer Alterung** (Durchschnittsalter dort: 47 Jahre, Deutschland: 45 Jahre). Aufgrund von nicht mehr durch Geburten kompensierbaren Sterbeüberschüssen weisen alle Typen ländlicher Räume eine zum Teil deutlich über dem Bundesdurchschnitt liegende negative natürliche Bevölkerungsentwicklung auf.

Dieser allgemeine Trend wird durch selektive (Ab-)Wanderungsprozesse weiter verstärkt: Zwar sind Bildungswanderungen schon immer auf Agglomerationsräume und Zentren ausgerichtet gewesen, die Abwanderung aus ländlichen Räumen in Großstädte insbesondere in der Altersgruppe der 18- bis unter 30-jährigen (mit einem überproportional hohen Frauenanteil),

Kapitel 21

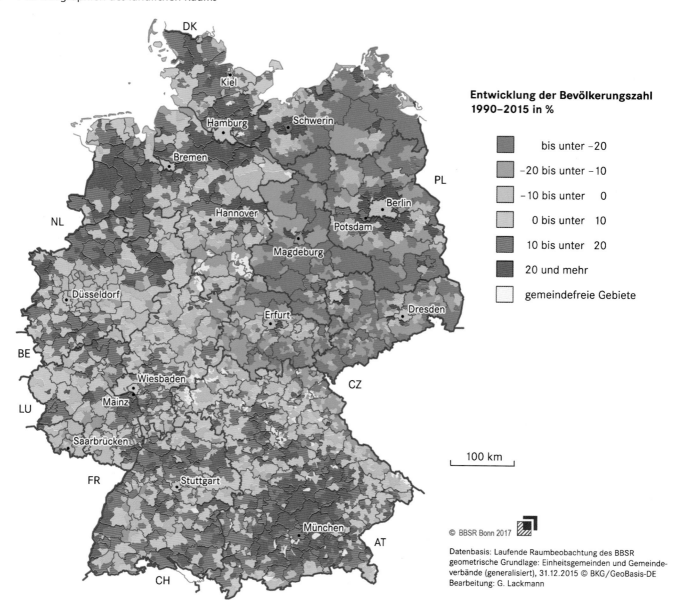

Abb. 21.10 Kleinräumige Bevölkerungsentwicklung in Deutschland 1990–2015.

aber auch die Familien- und Arbeitsplatzwanderungen der über 30-Jährigen haben jedoch in den letzten Jahren zugenommen. Zudem kehren heute weniger im jungen Erwachsenenalter Abgewanderte im mittleren Erwachsenenalter in ihre Herkunftsregionen zurück. Diese selektiven Wanderungsprozesse machen sich entsprechend in der Alters- und Geschlechterstruktur bemerkbar. Besonders stark ist das Frauendefizit in der Altersgruppe der 20- bis 44-Jährigen in strukturschwächeren ländlichen Räumen ausgeprägt, was aufgrund dieses unterproportionalen Frauenanteils bei gleichem Geburtenniveau zu einer niedrigeren Geburtenzahl führt (sog. Altersstruktureffekt; Kühntopf et al. 2012). Als typische Abwanderungsregionen mit kontinuierlichen Wanderungsverlusten im letzten Vierteljahrhundert lassen sich vor allem die agglomerationsfernen und strukturschwachen ländlichen Räume Ostdeutschlands, die an der tschechischen Grenze gelegenen

ländlichen Räume Ostbayerns, die ländlichen Grenzräume zu Frankreich und Luxemburg, Nordhessen und das südliche Niedersachsen sowie Teile Ost- und Südwestfalens und das südwestliche Münsterland bezeichnen (Maretzke 2016, Milbert & Sturm 2016).

Natürliche Bevölkerungsverluste ließen sich grundsätzlich durch Zuwanderung aus dem In- und/oder Ausland kompensieren. Die **Internationalisierung der Bevölkerung** (Indikator: Personen mit Migrationshintergrund) ist in den ländlichen Räumen Deutschlands allerdings noch nicht so weit vorangeschritten wie in städtischen Regionen: Während dort ca. 23 % der Einwohnerinnen und Einwohner einen Migrationshintergrund aufweisen, sind dies in den strukturstärkeren ländlichen Räumen Westdeutschlands ca. 13–14 %. In den mehrheitlich in Ostdeutschland gelegenen strukturschwächeren ländlichen Räumen liegt der Anteil an Einwohnerinnen und Einwohnern mit Migrationshintergrund bei nur 4–5 %. Von den Außenwanderungsgewinnen der letzten Jahre haben die ländlichen Kreise in Ostdeutschland in deutlich geringerem Maße als ländliche Regionen in Westdeutschland oder Großstädte profitiert (BiB 2016). Zusammenfassend kann festgehalten werden, dass sich die demographischen Prozesse in den strukturschwächeren ländlichen Räumen deutlich ungünstiger entwickelt haben als in den strukturstärkeren ländlichen Regionen. Ein Blick auf die kleinräumige Bevölkerungsentwicklung im letzten Vierteljahrhundert zeigt (Abb. 21.10), dass ein Großteil der in strukturschwachen, agglomerationsfernen ländlichen Räumen gelegenen Gemeinden bzw. Gemeindeverbände bis zu 20 % ihrer Einwohnerschaft verloren hat, was sich neben dem wendebedingten, stark negativen natürlichen Bevölkerungssaldo vor allem auf die ost-west-gerichtete Binnenwanderung zurückführen lässt. Von den demographischen **Schrumpfungsprozessen** sind seit Mitte der 2000er-Jahre nicht nur ostdeutsche Regionen betroffen, sondern zunehmend auch ländliche Räume in Westdeutschland: Die Spitze dieses keilförmigen Gebiets mit schrumpfender oder stagnierender Bevölkerung liegt im Ballungsraum Ruhrgebiet, schließt aber ländlich geprägte Teile Ost- und Südwestfalens ein. Im Norden verlaufen die Trennlinien zu den wachsenden Regionen über Südniedersachsen bis an die mecklenburgische Grenze, im Süden über Nordhessen und Franken parallel zur tschechischen Grenze bis in den Donauraum (BBR 2017). In den letzten zehn Jahren verzeichnete jede achte peripher gelegene Landgemeinde in Westdeutschland Einwohnerverluste von mehr als 10 %. Insgesamt betrachtet, ist die Bevölkerungsentwicklung der letzten Jahre durch ein zum Teil kleinräumiges Nebeneinander von Wachstums- und Schrumpfungsprozessen gekennzeichnet.

Bevölkerungsvorausberechnungen wie die BBSR-Prognose für den Zeitraum 2012–2035 gehen unabhängig von der Berücksichtigung der Geflüchteten-Zuwanderung davon aus, dass die Bevölkerungsverluste in den ländlichen Räumen Deutschlands (−6,5 %) sowie der Anstieg des Durchschnittsalters (auf 49,5 Jahre) deutlich stärker als im Bundesdurchschnitt ausgeprägt sein werden (−2,8 % bzw. 47,8 Jahre; Maretzke 2016). Dabei werden die strukturschwächeren ländlichen Räume von den skizzierten Entwicklungen wiederum am stärksten betroffen sein, wodurch sich bereits bestehende regionale Disparitäten zwischen den verschiedenen Raumtypen weiter verstärken werden.

Überdurchschnittliche Bevölkerungsverluste und die höchste Intensität demographischer Alterung führen zu einer Verschärfung der infrastrukturellen Anpassungsbedarfe, zumal sich die größten Herausforderungen, eine trag- und leistungsfähige Daseinsvorsorge zu gewährleisten und Infrastrukturen anzupassen, bereits heute auf diese Regionen konzentrieren. Die Ausgestaltung, Aufrechterhaltung und Anpassung der Daseinsvorsorge bezieht sich dabei sowohl auf durch privatwirtschaftliche Akteure oder zivilgesellschaftliche Organisationen bereitgestellte Güter und Dienstleistungen als auch auf die öffentliche Versorgung in den Bereichen Gesundheit, Soziales, Bildung und Kultur, Energie, Wasser, Verkehr, Sicherheit und Umwelt. Entsprechende **Anpassungsbedarfe** ergeben sich außerdem für Wirtschaft, Arbeits- und Wohnungsmärkte. Besonderer Handlungsbedarf entsteht

insbesondere für jene Kommunen, die aufgrund von Bevölkerungsabwanderung, zurückgehenden kommunalen Einnahmen und Zwängen zur Haushaltssicherung mit einem reduzierten öffentlichen Finanzbudget die Herausforderungen des erforderlichen Strukturumbaus zu bewältigen haben. Zur Anpassung von Infrastrukturen in ländlich-peripheren Regionen können verschiedene Handlungsoptionen verfolgt werden, um die rurale Bevölkerung in der Fläche in angemessener Weise zu versorgen (Kocks 2007, Fahrenkrug et al. 2010): Eine Schlüsselfunktion liegt zunächst in einer Erhöhung und Verbesserung der Erreichbarkeit von Einrichtungen. Entsprechend der Nachfragestruktur und den fachlichen Notwendigkeiten vor Ort muss abgewogen werden zwischen einer Verkleinerung entsprechend der verringerten Nachfrage, einer Dezentralisierung und Aufteilung in räumlich verteilte, effizientere und kleinere Einheiten, einer Zentralisierung – das heißt die Zusammenlegung von unterausgelasteten Einrichtungen –, einer Einführung temporärer und mobiler Versorgungsansätze oder einer völligen Neustrukturierung und Substitution bestehender Einrichtungen. Die Bewältigung des demographischen Wandels und seiner Folgewirkungen sowie die Sicherung gleichwertiger Lebensverhältnisse in ländlich-peripheren Räumen wird trotz bereits erfolgreich praktizierter Strategien bei veränderten Rollen- und Akteurskonstellationen, verbunden mit entsprechenden Erwartungen auch an die Selbstverantwortung der Bürgerinnen und Bürger im Sinne einer lokalen *governance*, eine der großen Zukunftsherausforderungen bleiben (ARL 2016). Solche Diskussionen um Zukunft und Entwicklungsperspektiven ländlicher Räume finden in ähnlicher Weise in vielen europäischen Nachbarländern statt (BMVI 2015).

21.3 Energiewende, ländliche Räume und die Planung von „Landschaft" in Deutschland

Olaf Kühne und Florian Weber

Ausgangslage: Umbrüche im Zuge der Energiewende

Nach der Reaktorkatastrophe von Fukushima (Japan) im März 2011 wurde in Deutschland politisch der Entschluss gefasst, bis zum Jahr 2022 aus der Kernkraft als Teil der Energieversorgung auszusteigen. Zwar wurden erneuerbare Energien wie Wasserkraft, Biomasse, Geothermie, Photovoltaik und Windkraft bereits mit dem **Stromeinspeisungsgesetz** (1991) und dem **Erneuerbare-Energien-Gesetz** (2000) gesetzlich gefördert (Gochermann 2016), nun jedoch wurden die Zielsetzungen zur Umsetzung der „Energiewende" ambitionierter: Bis 2025 sollen erneuerbare Energien einen Anteil von 40–45 %, zum Jahr 2035 von 55–60 % am Bruttostromverbrauch haben (BMWi 2019a). Wird auf die Bruttostromerzeugung geblickt (Abb. 21.11), zeigt sich, wie massiv die Veränderung ausfällt: 1991 lag der Anteil erneuerbarer Energien gerade einmal bei 3,2 %, 2001 bei 6,6 %, 2015 immerhin bereits bei 30 %. Stein- und Braunkohle gingen in den letzten Jahren zurück, ebenso deutlich Strom aus Kernkraft.

Stromanteil [%]

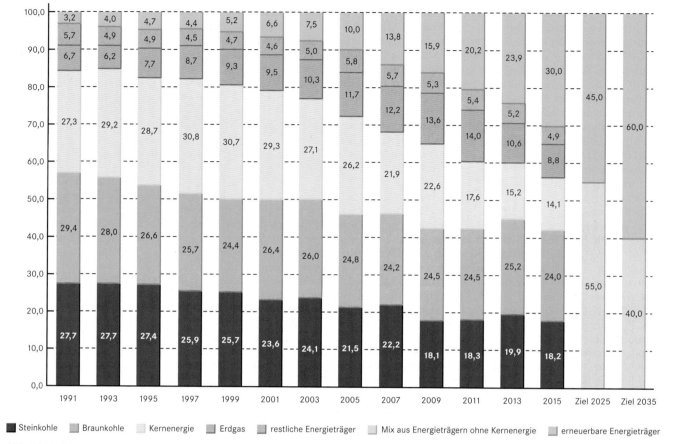

Abb. 21.11 Bruttostromerzeugung in Deutschland nach Energieträgern seit 1991 und Ziele für 2025 und 2035 (bezogen auf den Bruttostromverbrauch; verändert nach Weber et al. 2017).

Legende: Steinkohle | Braunkohle | Kernenergie | Erdgas | restliche Energieträger | Mix aus Energieträgern ohne Kernenergie | erneuerbare Energieträger

Mit der Energiewende vollzieht sich – nach einer fordistischen Zentralisierung auf Großkraftwerke – eine erneute **Dezentralisierung der Energieerzeugung**. Aus wenigen und eher zentralen Großstromanbietern wird eine Vielzahl dezentral verteilter Energieversorger (Klagge 2013, Plankl 2013). In Bezug auf Letztere liegen deren Standorte insbesondere in ländlichen Räumen. Ausgehend von den Kategorien der Raumbeobachtung des Bundesinstituts für Bau-, Stadt- und Raumforschung lagen 2011 in ländlichen Kreisen mit Verdichtungsansätzen und dünn besiedelten ländlichen Kreisen etwas mehr als die Hälfte der Photovoltaik-, knapp 70 % aller Biomasse-/Biogas- und leicht über drei Viertel der Windkraftanlagen (Plankl 2013). Die Energiewende wird so in hohem Maße zu einer „Wende" für ländliche Räume in Deutschland – mit stark veränderten Sichtbarkeiten (Hofmeister & Scurrell 2016) und divergierenden Lesarten. Infolge der „Raumwirksamkeit" der physischen Manifestationen der Energiewende bzw. einer entsprechend gelagerten gesellschaftlichen Bewertung werden diese (auch) unter dem Zugriff der Landschaftsplanung verhandelt. Deren Logik einschließlich ihrer weniger reflektierten Vorannahmen und inneren Widersprüche gilt es zu berücksichtigen, wenn über (planerische) **Auswirkungen der Energiewende** auf ländliche Räume diskutiert wird.

Im Folgenden rückt zum einen die Frage in den Fokus, welche Konflikte sich mit dem Ausbau erneuerbarer Energien und dem Stromnetzausbau ergeben. Zum anderen wird beleuchtet, wie die Landschaftsplanung versucht, die „Schönheit der Landschaft" zu bestimmen, um auf diese Weise eine Bewertung von „Eingriffen" im Zuge der Energiewende vorzunehmen, und welche Herausforderungen sich daraus ergeben.

Die Energiewende – ein kontrovers diskutiertes Thema

Auf der einen Seite werden ländliche Räume zu aktiven Förderern des Ausbaus erneuerbarer Energien (Gailing & Röhring 2015). Wurden im Jahr 2000 gerade einmal 14,3 Mrd. Kilowattstunden durch Photovoltaik, Biomasse und Windkraft (0,1 + 4,7 + 9,5) zur Bruttostromerzeugung beigetragen, waren es 2016 bereits 167,2 Mrd. Kilowattstunden (38,2 + 51,6 + 77,4) – rund eine Verzehnfachung (Daten auf Grundlage von BMWi 2019b). Es wird davon ausgegangen, dass gerade strukturschwache und vom demographischen Wandel betroffene ländlich geprägte Regionen

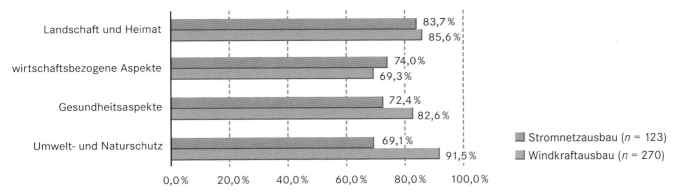

Abb. 21.12 Argumentationsbezugnahmen von Bürgerinitiativen im Zuge des Stromnetz- und des Windkraftausbaus (Quelle: Erhebungen des Forschungsteams um O. Kühne, F. Weber, A. Roßmeier, C. Jenal 2015–2017).

im Hinblick auf Wertschöpfung und Arbeitsplätze profitieren können, auch wenn die Datenlage teilweise noch eher begrenzt ausfällt (Arbach 2013, Plankl 2013). Unterschiede ergeben sich je nach Energieträger, aber auch Region, was aber nichts daran ändert, dass Kommunen, Landwirte und in Bürgerenergiegenossenschaften zusammengeschlossene Bürgerinnen und Bürger grundlegend auf **Chancen durch erneuerbare Energien** setzen.

Auf der anderen Seite ziehen Veränderungen in der Energiewirtschaft im Zuge der Energiewende **weitreichende Proteste** nach sich. In den letzten Jahren haben sich vielerorts Bürgerinitiativen gegründet, die gegen den Bau von Windkraftanlagen, Biomassekraftwerke, aber auch gegen den Ausbau bestehender Stromnetze protestieren. Letzterer ist eng mit dem Anstieg erneuerbarer Energien verbunden, da diese tendenziell stärker im Norden Deutschlands erzeugt werden und deren Strom in den verbrauchsstarken Süden geleitet werden soll (Kühne & Weber 2018). Die neuen Trassen verlaufen in großen Teilen jenseits der Agglomerationen und betreffen so auch deutlich ländliche Räume. Ausgehend von zwei Google-Recherchen wurden 2015/2016 bzw. 2017 bereits 270 Bürgerinitiativen gegen den Bau von Windkraftanlagen und 123 im Zuge des Stromnetzausbaus mit eigener Website oder Facebook-Profil identifiziert. Die Zahlen geben nur einen ersten Hinweis auf bürgerschaftliches Engagement und dürften noch um einiges höher liegen, da mittels einer Google-Suche kaum alle Initiativen gefunden werden können und sich zudem andere nur lokal engagieren, ohne über eine Internetpräsenz zu verfügen. Fast durchgehend wird von Kritikerinnen und Kritikern auf die „Verschandelung von Landschaft und Heimat", Immobilienwertverlust und Einbußen im Tourismus (wirtschaftsbezogene Aspekte), gesundheitliche Befürchtungen (Ängste vor elektrischen und magnetischen Feldern bzw. insbesondere Infraschall) sowie „Umwelt- und Naturzerstörung" rekurriert (Abb. 21.12).

Auch die **Beteiligungsprozesse** werden als unzureichend oder „scheinbeteiligend" kritisiert. Gefordert werden eine stärkere Einbindung in Entscheidungsprozesse, die Verlagerung an „landschaftlich weniger bedeutsame Standorte" oder sogar der Stopp des Baus neuer Windkraftanlagen bzw. die Favorisierungen von Erdverkabelungen, teilweise der gänzliche Planungsstopp neuer Stromtrassen (Kühne & Weber 2017, Weber et al. 2017,

Leibenath & Otto 2013). Es deutet sich in diesem Kontext an, dass in Teilen Bewohnerinnen und Bewohner ländlicher Räume nicht auf ihre Kosten zugunsten städtischer Bevölkerung Lasten der Energiewende „ertragen" und „erdulden" wollen (Wirth & Leibenath 2016). Eine hohe grundsätzliche gesellschaftliche Zustimmung zum Vorhaben der Energiewende, insbesondere direkt nach der Reaktorkatastrophe von Fukushima, bedeutet nicht, dass auch die lokale Umsetzung auf breite Zustimmung stößt. Es ergeben sich vielfältige, in Teilen erbittert geführte Aushandlungsprozesse, bei denen unterschiedliche Deutungsmuster, Interpretations- und Sichtweisen Wirkmächtigkeit erlangen – ob nun aufseiten von Befürwortern oder Kritikern.

Energiewende und Landschaftsplanung – von Steuerungsversuchen und inneren Widersprüchen

Photovoltaik-, Biomasse-, Windkraftanlagen oder Freileitungen im Zuge des Ausbaus der Übertragungsnetze stehen alle markant für räumlich sichtbare Auswirkungen der Energiewende. Fast durchgehend wird hierbei auf „Landschaft" Bezug genommen. Landschaft und Heimat würden sich – neutral formuliert – wandeln. In negativer Lesart würden diese „unwiederbringlich zerstört". Es bestehen damit nicht nur unterschiedliche Vorstellungen, wie Landschaft „auszusehen" hat, sondern durchaus auch stark abweichende Bewertungen. Solche Bewertungen erfolgen einerseits durch Menschen mit eher alltagsweltlichen Zugängen, andererseits aber auch durch Personen, die sich institutionalisiert und auf Grundlage von in einem Fachstudium erworbenen Deutungsmustern mit „Landschaft" auseinandersetzen, wobei auch bei Letzteren Deutungen durchaus vielstimmig und unter Umständen einander diametral entgegengesetzt ausfallen können. Darüber hinaus können sich alltagsweltliches und expertenhaftes Wissen bisweilen mischen (Kühne 2018a). Der zunehmende Rückgriff auf „Landschaft" hat, nachdem sie im Zuge des quantitativen Turns (Kap. 14) seit den 1960er-Jahren als Forschungsschwerpunkt weitgehend aus der Humangeographie verdrängt worden war, dazu geführt, dass sie seit einigen Jahren nun aus konstruktivistischer Perspektive erneut stärker in

Kapitel 21

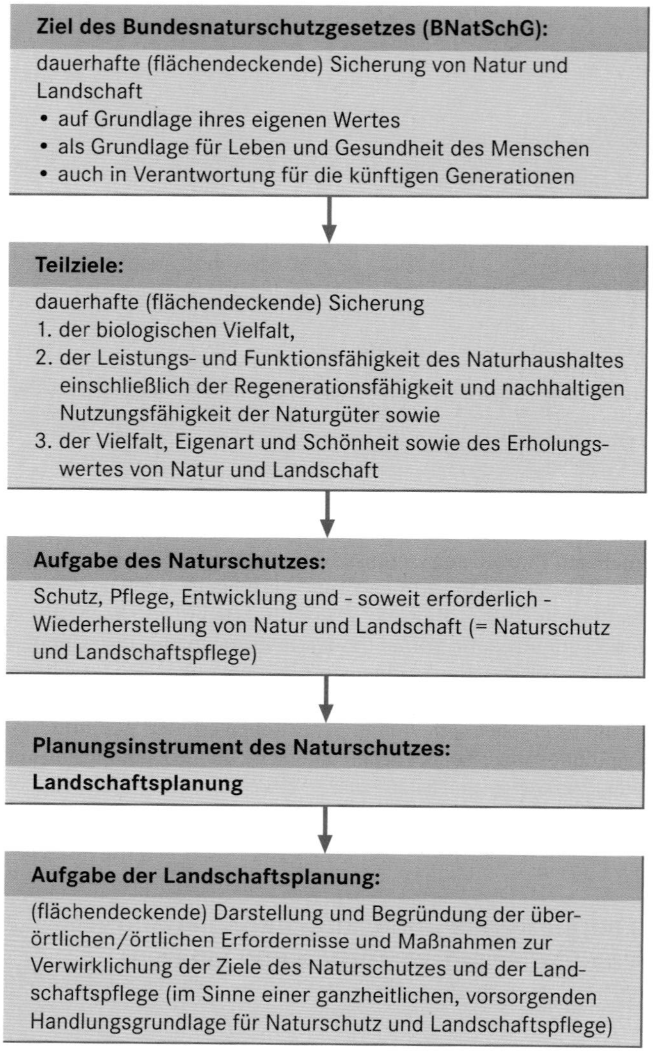

Ziel des Bundesnaturschutzgesetzes (BNatSchG):

dauerhafte (flächendeckende) Sicherung von Natur und Landschaft
- auf Grundlage ihres eigenen Wertes
- als Grundlage für Leben und Gesundheit des Menschen
- auch in Verantwortung für die künftigen Generationen

↓

Teilziele:

dauerhafte (flächendeckende) Sicherung
1. der biologischen Vielfalt,
2. der Leistungs- und Funktionsfähigkeit des Naturhaushaltes einschließlich der Regenerationsfähigkeit und nachhaltigen Nutzungsfähigkeit der Naturgüter sowie
3. der Vielfalt, Eigenart und Schönheit sowie des Erholungswertes von Natur und Landschaft

↓

Aufgabe des Naturschutzes:

Schutz, Pflege, Entwicklung und - soweit erforderlich - Wiederherstellung von Natur und Landschaft (= Naturschutz und Landschaftspflege)

↓

Planungsinstrument des Naturschutzes:

Landschaftsplanung

↓

Aufgabe der Landschaftsplanung:

(flächendeckende) Darstellung und Begründung der überörtlichen/örtlichen Erfordernisse und Maßnahmen zur Verwirklichung der Ziele des Naturschutzes und der Landschaftspflege (im Sinne einer ganzheitlichen, vorsorgenden Handlungsgrundlage für Naturschutz und Landschaftspflege)

Abb. 21.13 Die Ableitung der Aufgaben der Landschaftsplanung gemäß Bundesnaturschutzgesetz (BNatSchG; verändert nach Grünberg 2016).

den Fokus gerückt ist. Auf Gesetzes- und Planungsseite war und ist „Landschaft" hingegen durchgehend hoch relevant, ohne dass sich Bezugnahmen allerdings als einfach und unproblematisch darstellten.

Grundlage des **institutionalisierten Zugriffs** – also z. B. durch Akteure der Raumplanung wie Behörden, Landschaftsarchitektur etc. – auf „Landschaft" stellt in Deutschland das **Bundesnaturschutzgesetz** (BNatSchG) dar. Dadurch wird Landschaftsplanung zur Fachplanung des Naturschutzes. Gemäß BNatschG in der Fassung vom 29. Juli 2009 werden die Ziele von Naturschutz und Landschaftspflege in § 1 Abs. 1 definiert. Diese liegen im (1) Schutz der biologischen Vielfalt, (2) der Regenerationsfähigkeit des Naturhaushaltes und (3) der Vielfalt, Eigenart und Schönheit sowie im Erholungswert von Natur und Landschaft. Begründet werden diese Ziele mit dem Eigenwert der Natur wie auch deren Sicherung für das menschliche Leben heute und in

Zukunft. Aus diesen Zielen werden Aufgaben des Naturschutzes und der Landschaftsplanung abgeleitet (Abb. 21.13). Der im BNatSchG enthaltene Bezug auf die Eigenart von Natur und Landschaft ist ein essentialistischer (Zuschreibung eines Wertes für sich bzw. eines eigenen Wesens), in anderen Teilen des Gesetzes können die Ausführungen aber auch als Ausdruck eines positivistischen Verständnisses gedeutet werden. Dadurch, dass der Gesetzgeber offengelassen hat, was unter „Natur und Landschaft" verstanden werden kann, haben sich in der Praxis der Rechtumsetzung bestimmte Deutungsmuster entwickelt, die auf keiner eindeutigen Grundlage fußen (Hupke 2015). Dies bedeutet, dass durchaus auch andere Deutungsansätze dazu bestehen können, wie z. B. die **Europäische Landschaftskonvention** zeigt, die „Landschaft" als *as perceived by people* definiert, also eine von den Beobachtern abhängige (soziale) Konstruktion – allerdings hat Deutschland die Konvention bislang (Stand 2019) nicht unterzeichnet. Es besteht also nicht das eine und überall geteilte Verständnis darüber, wie sich Natur und Landschaft bestimmen ließen bzw. was „schützenswerte Natur und Landschaft" bedeutet. Dennoch haben sich Verfahren mit dem Ziel einer näheren Bestimmung dieser Definitionslücke herausentwickelt, auf die innerhalb der Landschaftsplanung regelmäßig zurückgegriffen wird.

Der landschaftsplanerische Umgang mit den (geplanten) physischen Objekten der Energiewende wie etwa Windräder, Stromtrassen etc. geschieht auf Grundlage der „Erfassung und Bewertung von Schutzgütern", wie es im Planungskontext heißt. Diese erfolgen in Bezug auf Schutz (der Vielfalt) von Boden, Flora, Fauna, Luft etc. tendenziell in naturwissenschaftlicher Denktradition. So werden beispielsweise Kartierungen von „windkraftempfindlichen" Brutvögeln und Fledermäusen durchgeführt, um Aussagen zum Artenschutz abzuleiten. Bereits die Bestandsaufnahme „historischer Kulturlandschaften" wird wiederum durch zumindest implizite Wertungen begleitet: Ab wann ist etwas historisch? Was macht aus einer Landschaft eine Kulturlandschaft? Eine besondere Herausforderung stellt die Erfassung (und noch mehr die Bewertung) von „Schönheit" und „Erholungswert" dar. So wird im Folgenden die Integration und Operationalisierung des Aspektes „Schönheit" in landschaftsplanerischer Erfassungs- und Bewertungslogik dargestellt und kritisch hinterfragt. Diese Fokussierung ergibt sich aus der oben ausgeführten zentralen Bedeutung lebensweltlicher Bezugnahmen zum Thema Landschaft.

Landschaftsplanung (wie Planung allgemein) folgt (zumindest in Bezug auf die Erhebung von Raumzuständen) einer positivistischen Logik. Ihr Raumverständnis ist das des Behälterraums. Entsprechend diesem Verständnis gilt es, „landschaftliche Schönheit" zu erfassen und zu bewerten. Der Ansatz, „Schönheit" (alternativ andere ästhetische Zuschreibungen wie Hässlichkeit, Erhabenheit oder Pittoreskheit) sei eine Eigenschaft von „Landschaft an sich" und entsprechend nur von Experten zu beurteilen, hat sich (auch aufgrund seiner essentialistischen Grundhaltung) als wenig operationalisierbar erwiesen. Um sich der ästhetischen Dimension von Landschaft zu nähern, haben sich in den vergangenen Jahrzehnten zunehmend sog. nutzerabhängige Bewertungsverfahren durchgesetzt. Diese basieren auf der Annahme der Existenz eines Realobjektes einerseits und einem betrachten-

Abb. 21.14 Visualisierung potenzieller Windkraftanlagen in Gernsbach, Baden-Württemberg (zur Verfügung gestellt durch die Stadt Gernsbach, 3D-Welt und HHP Hage+Hoppenstedt Partner).

den Subjekt andererseits. Zwischen diesen beiden Ebenen wird die Ebene des „Landschaftsbildes" gedacht, also die ästhetische und symbolische „Erscheinung der Landschaft" (Nohl 1981). Basis der Bewertung des „Landschaftsbildes" formen – in positivistischer Denktradition – **quantitative Befragungen** unterschiedlicher Methodik und wissenschaftlicher Güte. Mit einer solchen Transformation in eine positivistische Bewertungslogik werden jedoch einige durchaus nicht unproblematische **Verallgemeinerungen** vollzogen. Insbesondere wenn von exemplarisch bewerteten Landschaftsbildern abstrahiert wird, um diese dann normativ zur Landschaftsgestaltung zu verwenden, erfolgt die (Re-)Produktion einer „Durchschnittslandschaft". Diese erfährt eine zusätzliche „Legitimierung" aus essentialistischer Theoriebildung, die eine genetische Programmierung einer Präferenz des Menschen für Halboffenlandschaften annimmt, weil Savannen als „Wiege der Menschheit" eine solche Vorprägung, auch durch die Möglichkeit, Sicht und Schutz zu bieten, implizieren.

Unberücksichtigt bei solcherlei Verallgemeinerungen bleiben individuelle Zuwendungen und Präferenzen, wie auch heimatliche Bindungen. In Planungsverfahren sind **Sichtbarkeitsanalysen und Visualisierungen** zu einem gewissen Standard geworden, mit denen gearbeitet wird, um eine Beurteilung der „Landschaftsverträglichkeit" vorzunehmen (Abb. 21.14). Doch kann mit diesen keine objektive Realität abgebildet werden – dies wäre ein Trugschluss. Landschaft nehmen Betrachterinnen und Betrachter in 3D wahr, Visualisierungen erfolgen bis heute zumindest aber weitgehend in 2D. Kritiker, insbesondere Vertreter von Bürgerinitiativen, stellen teilweise Größenverhältnisse und Ausmaße der Sichtbarkeit infrage, wodurch sie kein eindeutiges Instrumentarium zur Beurteilung von Eingriffen in die Landschaft bieten.

Ebenso unberücksichtigt bleiben bei Landschaftsbewertungen kulturell und milieuspezifisch sehr unterschiedliche Verständ-

nisse und insbesondere **Bewertungen von Landschaft**. Auch die sehr deutliche zeitliche Variabilität der Beurteilung von als Landschaft gedeuteter Zusammenschau physischer Objekte bleibt bei einer solchen Beurteilung unberücksichtigt. Der Vergleich zweier quantitativer Haushaltsbefragungen im Saarland in den Jahren 2004 und 2016 zeigt, dass technische Objekte in deren Beurteilung unterschiedlich wahrgenommen werden und zudem einem schnellen Wandel unterliegen (Abb. 21.15, Tab. 21.1). Dabei bewerten Jüngere, formal höher Gebildete und Frauen (in beiden Erhebungsjahren) eine „Offenlandschaft mit Windkraftanlagen" signifikant bis hoch signifikant positiver als die jeweilige Komplementärmenge der Befragten.

Der hohen Bedeutung, die einer ästhetischen bzw. heimatlichen Landschaftskonstruktion seitens der Bevölkerung beigemessen wird, steht eine im Vergleich zu „harten" Kriterien des speziellen Artenschutzes geringe Berücksichtigung (und rechtliche Durchsetzbarkeit) in der Landschaftsplanung ebenso gegenüber, wie eine erhebliche Neigung, sehr differenzierte individuelle und soziale Konstruktionen von „Landschaft" zu mitteln und so letztlich zu einer Uniformisierung der physischen Grundlagen von „Landschaft" beizutragen, so denn Ersatzmaßnahmen durchgeführt werden. Gleichzeitig trägt die Schwierigkeit, Fragen der ästhetischen Konstruktion von „Landschaft" in die Landschaftsplanung zu integrieren, zur Maskierung von Argumenten seitens der Gegner und Gegnerinnen der physischen Manifestationen der Energiewende bei: Weil sich „schöne" bzw. „heimatliche Landschaft" als wenig gerichtsfeste Schutzgüter erwiesen haben, erfolgt die Argumentation zumeist über den speziellen Artenschutz (besonders der Rotmilan erfreut sich großer Popularität).

Abb. 21.15 Die den Befragten zur Beurteilung vorgelegten Bilder einer Gaulandschaft (**a**), einer Altindustrielandschaft (**b**), einer Waldlandschaft (**c**) und einer Offenlandschaft mit Windkraftanlagen (**d**; Ergebnisse siehe Tab. 21.1; Fotos Olaf Kühne).

Tab. 21.1 Die Antworten, welches Gefühl die abgebildeten Landschaften (Abb. 21.15) bei den Befragten auslösen, nach den Erhebungsjahren 2004 (n = 455) und 2016 (n = 436). Die hellere Flächenfärbung bezeichnet einen signifikanten, die dunklere einen hoch signifikanten Unterschied zwischen den dargestellten Werten (Angaben in Prozent, eine Antwortmöglichkeit, schriftliche Haushaltsbefragung im Saarland; nach Kühne 2018b).

	Erhebungsjahr	Angst	Behaglichkeit	Gleichgültigkeit	Trauer	Freude	Abscheu	Liebe	Stolz	Zugehörigkeit	anderes	weiß nicht	Summe
Gau	2004	0,2	45,3	2,4	0,0	22,4	0,0	2,2	0,4	16,0	4,8	6,2	100,0
	2016	0,3	33,6	1,0	0,0	33,6	0,0	1,8	2,0	23,5	3,8	0,5	100,0
Industrie	2004	4,6	0,7	18,2	7,3	0,2	19,1	0,0	3,1	22,4	12,7	11,6	100,0
	2016	3,4	0,9	18,1	7,8	0,0	12,2	0,0	9,2	27,8	16,3	4,4	100,0
Wald	2004	1,3	33,2	7,5	1,3	29,9	0,4	1,8	2,2	11,4	7,3	3,7	100,0
	2016	3,4	0,9	18,1	7,8	0,0	12,2	0,0	9,2	27,8	16,3	4,4	100,0
Windkraft	2004	3,7	2,4	32,3	7,7	4,2	17,1	0,0	4,0	4,8	11,0	12,7	100,0
	2016	0,7	23,5	14,6	1,2	26,2	0,5	0,5	3,9	16,7	6,3	5,8	100,0

Fazit

Mit der Energiewende befinden sich ländliche Räume im Wandel und Umbruch. Nicht nur planerische oder ökonomische Fragestellungen rücken dabei in den Fokus, sondern insbesondere auch **gesellschaftliche Aushandlungsprozesse** um den Ausbau erneuerbarer Energien und des Stromnetzausbaus. Während wirtschaftsgeographische Studien unter anderem Wertschöpfungspotenziale in den Blick nehmen, können aus sozialgeographischer Perspektive mit sozialkonstruktivistischem Hintergrund Konflikte und Bedeutungsverschiebungen um die Energiewende und dabei auch Deutungsmuster von urbanen gegenüber ländlichen Räumen ausführlich analysiert werden (Kühne 2018a, Weber 2015).

Die Landschaftsplanung könnte, da ihr Gegenstand eine hohe lebensweltliche Anschlussfähigkeit und Relevanz aufweist, einen erheblichen Beitrag zur planerischen Begleitung der Energiewende leisten. Die Erbringung eines solchen Beitrags wird jedoch durch die Verstrickung der Landschaftsplanung in ein essentialistisch-positivistisches „Begründungsamalgam" erschwert: Letztlich wird der „Wert" einer als Objekt verstanden „Landschaft" in ihrem „spezifischen Wesen" begründet, wobei die Erfassung des „Objekts Landschaft" auf Grundlage eines positivistischen Verständnisses erfolgt: Der „Wert" von Landschaft soll so einer quantifizierenden Objektivierung unterzogen werden (der wiederum die essentialistische Wertzuschreibung maskiert). Ein solcher landschaftsplanerischer Konsens als Grundlage für planerisches Handeln basiert nicht zuletzt darauf, dass der Gesetzgeber auf eine Definition von „Natur und Landschaft" verzichtet hat, wodurch die Interpretation der Begriffe auf die Rechtsumsetzung übertragen wird. Diese wiederum fokussiert weniger die Vielfalt der Bedürfnisse unterschiedlicher Bevölkerungsteile (wie dies etwa die Definition durch die Europäische Landschaftskonvention nahelegen würde), sondern beruht vielmehr auf einem fachlichen Leitbild (Bruns 2006). Entsprechend der methodischen Vorliebe der Profession zur Modellierung und Visualisierung wird auch das landschaftsästhetische Erleben in ein solches Schema transformiert. Die Diskrepanz zwischen lebensweltlicher Bedeutung von Landschaft und ihrer schwierigen Planbarkeit (sowohl auf Ebene der physische Objekte als auch insbesondere der gesellschaftlichen und individuellen Konstrukte) bei gleichzeitig hohem Anspruch an die raumprägende Wirkung von (Landschafts-)Planung trägt zu einer weiteren Erosion politischer wie planerischer Legitimation bei (Walter 2013).

21.4 Veränderungen in den Geographien ländlicher Räume im Globalen Süden

Hans Gebhardt und Paul Reuber

Ländliche Räume in den Industrienationen Europas oder Nordamerikas unterscheiden sich in vielfältiger Weise von ländlichen Räumen in den Ländern des Globalen Südens, die ja auch klimatisch in anderen Regionen, vor allem den ariden Räumen oder in den Tropen, liegen. Während z. B. in Europa die Landwirtschaft zwar weiterhin das äußere Erscheinungsbild der meisten ländlichen Räume prägt, bietet sie hier nur noch wenigen Menschen Beschäftigung. Anders in den Ländern des Globalen Südens: Hier sind Millionen von Menschen weiterhin auf die Erträge aus der Landwirtschaft angewiesen, die agrarische Tragfähigkeit ist hier eines der Kernprobleme, und **Übernutzungsphänomene**, die die wirtschaftliche Leistungsfähigkeit der Regionen und die Lebensgrundlagen ihrer Bewohner und Bewohnerinnen bedrohen, sind an der Tagesordnung. Gleichzeitig veränderte die zunehmende Einbindung der Peripherien in die vielfältigen Kreisläufe der Globalisierung hier die Muster in den vergangenen Jahrzehnten ganz erheblich.

Diese Veränderungen spiegeln sich auch im Wandel der fachlichen „Betrachtungsperspektiven" wider, denn Geographinnen und Geographen aus den Ländern des Globalen Nordens haben sich in regional angelegten Forschungen immer schon mit ländlichen Regionen im Globalen Süden beschäftigt. In der Entstehungs- und ersten Konsolidierungsphase der Geographie unter den Bedingungen von Imperialismus und Kolonialismus war ein entsprechendes Wissen darauf ausgelegt, die dortigen Rahmenbedingungen von Landwirtschaft, ländlichen Siedlungen zum einen beschreibend zu erfassen, zum anderen aus dem Blickwinkel einer möglichen Ressourceninanspruchnahme und -ausbeutung heraus zu bewerten (Abschn. 21.1). Arbeiten zu tropischen Plantagen- und Pflanzungssystemen, zu Bewässerungsformen in Regionen Afrikas und Asiens oder zu den zahlreichen Spielarten von Nomadismus und Oasenwirtschaft sind Beispiele für solche Perspektiven.

Auch in den ersten Nachkriegsjahrzehnten blieben entsprechende Forschungsansätze in der Regel deskriptiv und einer länderkundlichen Betrachtung verhaftet. Mit Blick auf die dort seinerzeit noch immer stark auf die Landwirtschaft ausgerichteten Ökonomien schien es plausibel, die dortigen agrarischen Bedingungen in einem Wechselspiel von naturräumlichen Ausstattungsmerkmalen und entsprechenden landwirtschaftlichen Anpassungssystemen der Agrargesellschaften zu beschreiben. Aus dieser Phase stammt die (gleichzeitig auch auf den didaktischen Bildungsauftrag der Erdkunde in der Schule ausgerichtete) vereinfachende **„klimazonal angelegte" Differenzierung** in die arid geprägten (Exkurs 21.3) und die tropisch wechsel- bzw. immerfeucht geprägten ländlichen (Agrar-)Regionen.

Tropische Landwirtschaft umfasst sehr vielfältige, räumlich und zeitlich differenzierte Wirtschaftsformen. In den immerfeuchten Tropen nahe des Äquators dominieren andere Nutzungen als in den wechselfeuchten Tropen und Monsunländern Asiens, in der Tieflandstufe der großen Ebenen andere als in den tropischen Gebirgsräumen. Der hypsometrische Formenwandel ist beträchtlich: Es gibt Reis im Tiefland und den Bergreis (Abb. 21.16). In den Höhenstockwerken gedeihen überdies Kaffee, aber auch Drogen wie das Qat oder Koka.

Die zunehmende Integration der ländlichen Regionen des Tropengürtels in den Weltmarkt haben über die Jahrzehnte erheb-

Kapitel 21

Exkurs 21.3 Nomadismus und Oasenwirtschaft in Trockengebieten als Beispiel für eine „zonale Betrachtungsweise" in der klassischen Agrargeographie

Abb. A Nomadismus am Rand der Rub al Khali im Jemen. Am Rand der großen innerarabischen Wüste haben sich nomadische Lebensformgruppen halten können. Nomaden leben traditionell in Zelten und besitzen heute auch geländegängige Fahrzeuge (**a**). Innen gibt es meist abgetrennte Bereiche zum Wohnen und Schlafen. Wände und Böden können mit Teppichen ausgelegt sein und wirken dadurch sehr wohnlich (**b**; Fotos: Hans Gebhardt, 1996).

Unter Trockengebieten werden die semiariden und ariden Klimazonen sowohl in den Tropen als auch in den Außertropen zusammengefasst. Hauptproblem für die Landwirtschaft hier ist, dass die Niederschläge meist von Jahr zu Jahr sehr variabel sind und damit ein hohes Ernterisiko in sich bergen, falls nicht mittels künstlicher Bewässerung gearbeitet werden kann.

Beispiele für traditionelle Formen der ökonomischen Inwertsetzung sind im altweltlichen Trockengürtel die nomadische Wirtschaft (Abb. A), eine heute im Niedergang befindliche Wirtschaftsform, sowie in den Grassteppen im außertropischen Südamerika die extensive Rinderhaltung. Der Begriff „Nomadismus" bezeichnet dabei eine Form der Fernweidewirtschaft im altweltlichen Trockengürtel, die nach Scholz (1995) durch die folgenden Merkmale gekennzeichnet ist:

- Viehhaltung als Wirtschaftsgrundlage; die Herden bestehen aus Kleinvieh (Schafe, Ziegen) oder Großvieh (Rinder, Kamele, Pferde)
- Naturweide mit spärlicher Futterproduktion erzwingt großräumige Herdenwanderungen
- die viehhaltenden Sozialgruppen wechseln mit den Herden den Siedlungsplatz
- genealogisch angelegte, patriarchalisch organisierte Sozialgruppen sind die Träger des Nomadismus und die Eigentümer von Weiden und Herden
- neben Viehhaltung als hauptsächlicher Existenzgrundlage agierten Nomaden in der Vergangenheit als Transportunternehmer und Fernhändler

Ein seit Jahrzehnten andauernder Niedergang des klassischen Nomadismus in den meisten Ländern ist der Sesshaftmachungspolitik der jungen Nationalstaaten und dem Verlust von Transport- und Handelsfunktionen (Karawanenhandel) geschuldet. In den ölproduzierenden Staaten bestehen auch Erwerbsalternativen in der städtischen Wirtschaft und im Erdölsektor. Schulbesuch wie Krankenversorgung sind für mobile Gruppen nur schwer zu gewährleisten. An die Stelle des traditionellen Nomadismus tritt teilweise mobile Tierhaltung, bei der die Tiere mit Lkw und Hirten oft über weite Strecken zu geeigneten Weiden transportiert werden.

Jenseits der agronomischen Trockengrenze ist Ackerbau nur noch mit zusätzlicher Bewässerung möglich – an „Oasenstandorten", welche für alle Teile Nordafrikas und Vorderasiens typisch sind. Dabei unterscheiden sich die Gebiete großflächiger Flussbewässerung (z. B. an Nil, Euphrat, Tigris, Amur Daja, Syr Daja) von den Arealen kleinflächiger Oasenbewässerung. Neben ihnen wurden in kapitalkräftigen Staaten des Nahen Ostens in den letzten Jahrzehnten Hightech-Oasen entwickelt, welche fossiles, in den Pluvialzeiten gebildetes Wasser aus großer Tiefe fördern (Abb. B).

Oasenwirtschaft ist eine äußerst intensive Form der Landnutzung mit zwei oder sogar drei Ernten pro Jahr. Die hohen Erträge sind gebunden an den Austritt natürlicher Quellen, an die Erschließung von Grundwasserressourcen durch Kunstbauten wie Qanate oder Foggaras sowie inzwischen an eine verbreitete Pumpbewässerung. Stockwerkbau und Pflanzenvielfalt sind charakteristisch für das Anbaumuster (Dattelpalmen im obersten Stock, Obstbäume im mittleren Stockwerk, vielfältige Bodenkulturen in lokaler Vielfalt). Diese Formen

traditioneller Oasenwirtschaft sind derzeit in einem starken Wandel begriffen.

Abb. B Kreisberegnung (**a**) und Tomatenanbau (**b**) in der Disi-Oase in Jordanien. Im Süden Jordaniens wird seit einigen Jahren das fossile Wasser der Disi-Oase hochgepumpt, welches Hightech-Oasen in Jordanien sowie in viel größerem Umfang im benachbarten Saudi-Arabien versorgt. Erst 2015 ist es in einem bilateralen Abkommen gelungen, die Nutzungsrechte für den grenzüberschreitenden Aquifer zu klären (Fotos: Googlemaps, H. Gebhardt, 2009).

liche Veränderungen herbeigeführt, und zwar bezüglich der Anbauprodukte, der Anbauformen, der Nutzungssysteme und damit insgesamt der ökonomischen, sozialen und ökologischen Rahmenbedingungen der Agrarproduktion. Dies hat auch die in der Phase des Kolonialismus eingeführte Dualität zwischen **Subsistenzwirtschaft** einerseits und auf Export orientierte, *cash crops* produzierende Wirtschaft andererseits in Bewegung gebracht. Traditionell war die Subsistenzwirtschaft eine Wirtschaftsform, die auf Selbstversorgung des Lebensunterhalts in einem überschaubaren regionalen Kontext ausgerichtet war. Sie wurde in der Regel von Klein- und Kleinstbetrieben als traditionell überlieferte Lebensweise praktiziert. Subsistenzwirtschaft

fand sich seinerzeit in regional spezifischen Ausprägungen, z. B. in den reisanbauenden Regionen Südost- und Ostasiens in einem „Dualismus" zwischen den Nassreisdauerkulturen mit permanenter Siedlungsweise, vorwiegend in den Tiefländern, und Brandrodungswanderfeldbau auf wechselnden Anbauflächen mit Siedlungsverlagerung und *shifting cultivation*.

Der Subsistenzwirtschaft stand damals recht deutlich dem exportorientierten Anbau von ***cash crops*** gegenüber. Dabei handelt es sich um Agrarprodukte, die primär für den Verkauf, also die Erzielung eines Geldeinkommens, produziert werden und meist in Monokulturen angebaut werden. Deren Produktion erfolgte in

Kapitel 21

Abb. 21.16 a Traditionelle Reisbaulandschaften in der südchinesischen Region Guilin mit typischen Reisterrassen sowie ein traditionelles Dorf, das heute zu einem Ziel des innerchinesischen Tourismus geworden ist. **b** Moderner Reisanbau basiert auf neuen, hybriden Hochertragssorten. Im agrarischen Intensivanbaugebiet des Mekong-Deltas in Vietnam werden verschiedenste Chemikalien (Schädlingsbekämpfungsmittel) zur Steigerung der Erträge eingesetzt (Fotos: Hans Gebhardt, 2013 und 2017).

der Regel auf großen Plantagen oder in Agrobusinessbetrieben. Die Vermarktung kann sowohl auf dem Binnenmarkt als auch dem Weltmarkt stattfinden. Typische „klassische" *cash crops* sind – bis heute aktuell – Kautschuk, Ölpalme, Kokospalme, Kaffee, Kakao, Tee sowie Bananen und Zuckerrohr. Hinzu kamen in den letzten Jahrzehnten eine große Anzahl von Obst- und Gewürzbäumen, welche mit der zunehmenden Beliebtheit exotischer Küche und exotischer Früchte auch in Europa und den USA ihren Markt fanden.

Diese Dualität gehört jedoch der Vergangenheit an. Unter den globalisierten Bedingungen der „großen Transformationen des Ländlichen" (Abschn. 21.5) und der veränderten Rolle der Agrarwirtschaft in der globalen Marktgesellschaft haben sich auch die fachlichen Betrachtungsschwerpunkte der Geographie bezogen auf die ländlichen Räume in Ländern des Globalen Südens stark gewandelt. Dies liegt nicht zuletzt daran, dass entsprechende Forschungsansätze zunehmend aus der Perspektive einer „Geographischen Entwicklungsforschung" (Kap. 22) entwickelt werden, die die Kritik an einer eurozentrischen Perspektive ernst nimmt und sich dabei auf zwei konzeptionelle und kritische Debatten bezieht, auf deren Grundlage sich angemessenere Geographien ländlicher Räume des globalen Südens entwickeln lassen: auf den *postcolonial turn* (Kap. 14), der die wissenschaftlichen Betrachtungsformen des globalen Nordens als Teil einer größeren, hegemonialen Ordnung des Wissens kritisiert, und auf politökonomische Ansätze aus dem Umfeld der *Radical Geography*, insbesondere auch der *scale debatte*, die die komplexe Rolle der ländlichen Peripherien des Globalen Südens als „*exploited regions*" (Taylor 1996) in einem globalisierten „*world system*" (Wallerstein 1991) untersuchen. Es liegt auch daran, dass mit den *geographies of marketization* Ansätze entstanden sind, die eine „agrargeographische Engführung" des Blicks vermeiden. Sie sind in der Lage, die vernetzten ökonomischen, sozialen und politischen Bedingungen einer globalisierten Agrarproduktion in ihren komplexen Verbindungen zum internationalen Finanzsystem, zur Bio- und Gentechnologie, zum Kampf um Ressourcen und Land, zu Fragen ökologischer Belastung und zum Klimawandel herauszuarbeiten.

21.5 Große Transformationen des Ländlichen: Agrarwirtschaft in der globalen Marktgesellschaft

Alexander Vorbrugg und Stefan Ouma

Perspektiven auf gegenwärtige Transformationen des Ländlichen

Agrarthemen begegnen uns alltäglich – selbst wenn wir in Städten leben, studieren oder arbeiten. So finden vor der Zentrale der Deutschen Bank in Frankfurt am Main regelmäßig Proteste gegen die Beteiligung des Geldhauses an Landraub und Nahrungsmittelspekulation statt; Themen die auch Stu-

dierende beschäftigen und zu denen viele ihre Seminar- und Abschlussarbeiten schreiben – auch und gerade im Fach Geographie. Agrarische Messen und Kongresse ziehen längst nicht mehr nur Hersteller von Landmaschinen, Saatgut, Dünge- oder Lebensmitteln an, sondern institutionelle Anleger, global vernetze Berater oder dynamische Start-ups, die die Potenziale eines sich rasch wandelnden Landwirtschaftssektors sondieren. Newsfeeds von Marktbeobachterinnen und -beobachtern und von Kritikerinnen und Kritikern überhäufen uns täglich mit unterschiedlichen Bewertungen dieser Entwicklungen. In den Mainstream-Medien lesen wir Berichte über den Einstieg des Silicon Valley in die (synthetische) Lebensmittelherstellung und Erörterungen eines Zusammenhangs zwischen einem internationalen Erstarken rechter politischer Parteien und der deklarierten „Abgehängtheit" peripherer Räume und ihrer Bewohnerinnen und Bewohner.

Vieles scheint in Bewegung im Agrarischen und Ländlichen. Ebenso aber hat sich unser Blick darauf gewandelt. Aus dem Grundstudium der Geographie fallen zum Themenfeld „ländlicher Raum" zunächst Schlagwörter wie Hufendorf, Trockenmauer und Flurbereinigung oder Wanderfeldbau, Subsistenzwirtschaft, die ökologische Benachteiligung der Tropen und ländliche Armut im Globalen Süden ein. Solche Akzente sind eng gesetzt; wichtig ist die Weitung und Verschiebung des geographischen Blicks über das vermeintlich Typische im Ländlichen hinaus, durch die viele der oben genannten Aspekte überhaupt erst in den Blick genommen werden können. Dabei geht es uns gar nicht um das Ländliche oder Agrarische an sich, wenn wir uns mit agrarischen Wertschöpfungsketten, der Finanzialisierung des Landwirtschaftssektors oder ländlichen Ressourcenkämpfen beschäftigen. Vielmehr geht es uns um politisch-ökonomische und -ökologische Wandlungsprozesse, die das Ländliche und Agrarische einschließen oder tangieren, jedoch stets im Kontext breiterer gesellschaftlicher und ökonomischer Beziehungen zu sehen sind, um damit einhergehende neue Formen von ruraler Ungleichheit und Prekarität sowie um politische Antworten. Es geht uns um große Transformationen in Bereichen des Ländlichen und Agrarischen und um deren Ausdruck in spezifischen Verschiebungen an konkreten Orten. Um solche Prozesse erfassen zu können, ist es häufig notwendig, die Beziehungen zwischen lokalen agrarischen Praktiken und Strukturen, ökonomischen, ökologischen und sozialen Krisen und globalen Netzwerken und *flows* in den Blick zu nehmen. Migration und Handel verbinden und verändern ländliche und städtische Orte seit Jahrhunderten. Weiter zugenommen hat der Einfluss von Kapitalflüssen, neuen Märkten und Technologien, Expertenwissen, internationalen Regularien und Governance-Strategien, die ländliche Räume im Globalen Süden und Globalen Norden gleichermaßen transformieren.

Damit ist eine Perspektive gefordert, die Orte nicht als statische, präkonfigurierte Punkte „im Raum" begreift, sondern als relationale Effekte oft global ausgedehnter Beziehungen und Praktiken. Für Doreen Massey, eine wichtige Vordenkerin **relationaler Perspektiven**, sind Orte „Knotenpunkte bestimmter Bündel von Handlungsräumen, Verbindungen und Wechselbeziehungen oder Einflüssen und Bewegungen" (Massey 1995). Folglich bleibt es wenig sinnvoll über Armut, Prekarität und Enteignungsprozesse in ländlichen Regionen des Globalen Südens nachzudenken, ohne ökonomische, historische und machtpolitische Bezüge zum Globalen Norden mit zu reflektieren. Ähnlich sind wir angesichts vielfältiger Verflechtungen gefordert, die binäre Gegenüberstellung von agrarischen und nichtagrarischen Wirtschaftsbereichen oder von „Land" (als Ort der Ressourcenproduktion und Ausbeutung) und „Stadt" (als Ort des Konsums und der Steuerung) hinter uns zu lassen (Woods 2011).

Vor diesem Hintergrund werden in den folgenden drei Teilkapiteln die Darstellung aktueller Entwicklungen und Forschungsfelder mit konzeptionellen Überlegungen zu Relationalität, (globaler) Politischer Ökonomie und Politischer Ökologie verknüpft. Im nächsten Abschnitt wird der Zusammenhang zwischen Marktdynamiken und agrarischen Transformationen anhand der Ausbreitung, Funktionsweise und regionalen Impacts großer Lebensmittel- und Agrarkonzerne sowie globaler Warenketten dargestellt. Im Abschnitt danach wird vor dem Hintergrund der häufigen strukturellen Benachteiligung ländlicher Ökonomien die Umkämpftheit agrarischer Ressourcen beleuchtet und im letzten Teil werden Fragen rund um die Politisierung agrarischen Wandels thematisiert.

Das globale Agrarsystem als Sanduhrökonomie

Spätestens seit der Kolonisation der „Neuen Welt" ab dem 15. Jahrhundert sind landwirtschaftliche Transformationen in vielen Teilen der Welt nicht mehr ohne **globale Verflechtungen** zu denken. Wie Jason Moore bemerkt, sind Agrarrevolutionen „welthistorische Ereignisse [… und] Bedingung für die Revolution der Produktivität in einer Region ist die Ausweitung der ‚Akkumulation durch Aneignung' in einem größeren Maßstab" (Moore 2016). Landwirtschaftliche Transformationen in vielen Teilen der Welt vom 15. bis ins frühe 20. Jahrhundert basierten im Wesentlichen auf der Ausweitung von Markt- und Machtbeziehungen in immer neue *frontiers*. Daraus entstand der Handel mit tropischen Gütern wie Zucker, Kautschuk oder Kaffee, aber auch mit Produkten der gemäßigten Breiten wie Weizen oder Gerste, die vor allem in den Siedlungskolonien USA, Kanada, Australien und Neuseeland angebaut und von dort in den Rest der Welt exportiert wurden. Ohne diese Importe, die gewöhnlich auf der gewaltsamen Aneignung von Land und Arbeitskraft (etwa im transatlantischen Sklavenhandel) beruhten, wäre die Industrialisierung in bestimmten Teilen Europas und Nordamerikas so nicht denkbar gewesen. „Billige Natur" und „billige Arbeit" (Moore 2016) lieferten nicht nur hohe Profite für Plantagenbesitzer und Handelshäuser, sondern auch billige Kohlenhydrate (in Form von Zucker und importiertem Getreide) für die Arbeiterinnen und Arbeiter der euro-atlantischen Industrialisierung (Mintz 2007).

Es finden sich viele weitere historische Beispiele **landwirtschaftlicher Transformationen**, die konstitutiv an entfernte Orte der Macht und des Geldes bzw. systemische globale Expansionsbewegungen gekoppelt waren. Bereits 1848 konstatierten Marx und Engels in dieser Hinsicht: „Das Bedürfnis nach einem stets ausgedehnteren Absatz für ihre Produkte jagt die Bourgeoisie über die ganze Erdkugel. Überall muß sie sich einnisten, überall anbauen, überall Verbindungen herstellen. Die Bourgeoisie hat durch ihre Exploitation des Weltmarkts die Produktion und Konsumption aller Länder kosmopolitisch gestaltet" (Marx & Engels 1984 [1848]). Eines der eindrucksvollsten Beispiele für solche „Verbindungen" und deren sozial-räumliche und zeitliche Implikationen ist die Integration der kalifornischen Landwirtschaft in die Weltwirtschaft im 19. Jahrhundert, geschildert im Roman von Frank Norris „*The Octopus – A Story of California*" (1901): „*The most significant object … was the ticker … The offices of the ranches were thus connected by wire with San Francisco, and through that city with Minneapolis, Duluth, Chicago, New York, and … most important of all, with Liverpool. Fluctuations in the price of the world's crop during and after the harvest thrilled straight to the office of Los Muertos, … The ranch became merely the part of an enormous whole, a unit in the vast agglomeration of wheat land the whole world round, feeling the effects of causes thousands of miles distant – a drought on the prairies of Dakota, a rain on the plains in India, a frost on the Russian steppes, a hot wind on the llanos of the Argentine*" (zitiert nach Henderson 1999).

Diese Beispiele unterstreichen die Notwendigkeit einer global-relationalen Perspektive auf landwirtschaftliche Transformationsprozesse (Woods 2011), die hilft auch jüngere Entwicklungen in den Blick zu nehmen. Nach dem 2. Weltkrieg etablierte sich in vielen Ländern des Globalen Nordens eine industrielle, auf Mineraldünger und Hochleistungssorten basierende Landwirtschaft, die – durch Protektionismus und staatliche Subventionen gestützt – hohe Erträge erbrachte und den billigen **Massenkonsum** von Lebensmitteln ermöglichte. Die Überschüsse dieser Produktion wurden zum Teil als Nahrungsmittelhilfe in den Globalen Süden exportiert. Im Zuge der Grünen Revolution wurde dieser Produktivismus in den 1960er- und 70er-Jahren auch auf kleinbäuerliche Ökonomien in Süd- und Südostasien übertragen (Weis 2007).

Landwirtschaft war in dieser Zeit ein weitgehend national regulierter Sektor, der von internationalen Handelsabkommen ausgenommen war (Ermann et al. 2018). Große Agrar- und Lebensmittelkonzerne spielten bereits seit dem frühen 20. Jahrhunderts eine wichtige Scharnierfunktion (Clapp 2012), waren aber durch die nationale Verfasstheit und starke Regulation von Märkten eingehegt. Im Zuge der neoliberalen Deregulierung, Liberalisierung und Finanzialisierung der Weltmärkte ab den 1980er-Jahren und der Errichtung einer neuen Handelsarchitektur für Agrargüter (das *Agreement on Agriculture* der Welthandelsorganisation, 1995) bildete sich eine neue Gruppe global tätiger Unternehmen heraus, die an unterschiedlichen Teilen der agrarischen Wertschöpfungskette vom Saatgut bis zum Supermarkt Kontrollfunktionen ausüben und hohe Profite abschöpfen (Abb. 21.17).

Durch Aufkauf anderer Unternehmen, Fusionen, Joint-Ventures, strategische Allianzen oder Lizenzabkommen haben diese oft eine **marktdominierende Stellung** erreicht. Die Übernahme des US-Agrarkonzerns Monsanto durch die Bayer AG steht

Kapitel 21

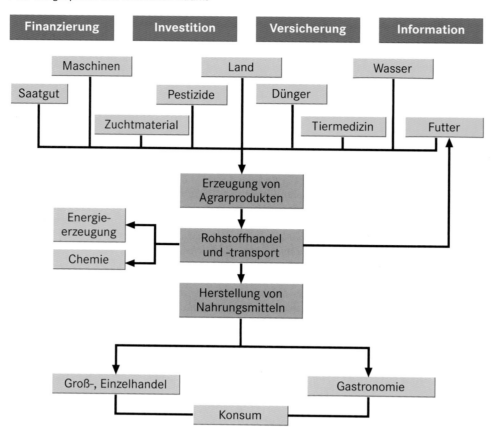

exemplarisch für diesen Trend. Tatsächlich bestimmen heute einige Global Player die Märkte für den Lebensmitteleinzelhandel (z. B. Walmart, Tesco, Carrefour, Lidl), für Agrarchemie/ Saatgut (z. B. Syngenta, Du Pont, Bayer), Düngemittel (z. B. Agrium, Yara, Mosaic), Agrartechnik (z. B. John Deere, Caas, Mahindra) und für den Handel und Vertrieb von Agrarprodukten (z. B. Cargill, Bunge, Cofco; Wilkinson 2017). Um die zentrale Scharnierfunktion dieser Unternehmen zwischen Konsumenten und Produzenten zu beschreiben, hat sich in der Fachliteratur die Metapher der „Sanduhrökonomie" etabliert (Weis 2007, Hendrickson & Heffernan 2002). Andere sprechen gar von einem Lieferkettenkapitalismus (Tsing 2009), in dem die Kontrolle über den Wertschöpfungsprozess entlang der ganzen Kette, vermittelt durch unterschiedliche Strategien (Exkurs 21.4), primäres Unternehmensziel ist. Der Aufstieg, die Dominanz und die Strategien dieser **globalen Konzerne** gehen mit umfassenden Transformationsprozessen in den Sphären der Produktion, Distribution und des Konsums einher, mit oft erheblichen Konsequenzen für Landwirte, Fischer, Arbeiter, Konsumenten und die Umwelt im Globalen Norden und Süden zugleich.

Dies lässt sich insbesondere am Beispiel der sog. **Supermarktrevolution** verdeutlichen (Altenburg et al. 2016). Im Wettbewerb um neue Kunden und Kundinnen und als Reaktion auf sich verändernde Konsummuster haben viele Supermärkte im Globalen Norden, allen voran in Großbritannien (z. B. Tesco, Marks and Spencer, Salisburys) und den USA (z. B. Walmart,

Kroger), ab den 1990er-Jahren neue Produkte in ihr Sortiment aufgenommen. So wurde der ganzjährige Handel mit hochwertigen tropischen Gartenbauprodukten wie Frischgemüse, Frischobst und Schnittblumen zu einer wichtigen Produktsparte. Allein der globale Handel mit Frischobst und Frischgemüse wuchs zwischen 1980 und 2005 um 243 %. Zahlreiche Länder des Globalen Südens stellten ihren Export auf neue Produktbereiche um. Bis dahin wurden überwiegend traditionelle tropische Agrarprodukte wie Kaffee, Kakao, Tee, Zucker, Naturfasern, Nüsse und Gewürze ausgeführt. Während deren Anteil an den gesamten Agrarexporten des Globalen Südens zwischen 1981 und 2001 von 39,2 auf 18,9 % zurückging, nahmen die Ausfuhren von Gartenbauprodukten im selben Zeitraum von 14,7 auf 21,5 % zu (Lindner & Ouma 2008). Insbesondere Länder wie Chile, Peru oder Thailand, aber auch einige afrikanische Exportökonomien konnten sich in den 1990er-Jahren im Zuge neoliberaler Wirtschaftspolitiken als Produzenten hochwertiger landwirtschaftlicher Erzeugnisse global positionieren (Abb. 21.18 und 21.19).

Das Angebot gartenbaulicher Produkte ging auch mit neuen Marketing-, Lieferkettenmanagement-, Ladenmanagement- und Kundenbindungsstrategien einher, die sich stark auf die **Organisation und Steuerung von Warenketten** und damit auch auf Stellung und Aktivitäten von Produzenten am anderen Ende der Kette auswirkten (Schamp 2008). Auch die Entwicklung einer Vielzahl privater Standards, die zum Teil tief in die Produktions-

Exkurs 21.4 Strategien der Inwertsetzung in globalen Warenketten

Globale Agrar- und Lebensmittelkonzerne, aber auch viele kleinere Unternehmen bedienen sich einer Reihe von Strategien, um ihre Marktposition zu sichern, Risiken zu minimieren und ihre Profite zu erhöhen (Hoering 2007). Dazu zählt erstens der Vertragsanbau, bei dem z. B. Bauern in Nordamerika die Aufzucht von Schweinen oder Hühnern für Großkonzerne wie Tyson Foods übernehmen (Lee 2016), oder Kleinbauern im Globalen Süden, die im Auftrag von (oft exportorientierten) Unternehmen Zuckerrohr, Frischgemüse oder Tee produzieren. In beiden Fällen werden Produktions- und teils auch Marktrisiken an bäuerliche Betriebe ausgelagert. Zweitens bedienen sich vor allem Saatgutkonzerne der Strategie der Patentierung. Ihnen kommt dabei das unternehmensfreundliche Abkommen zu geistigen Eigentumsrechten im Rahmen der WTO (TRIPS) entgegen, welches es ihnen erlaubt Patente und Eigentumsrechte auf bestimmte Saatgutkreuzungen oder genmanipuliertes Saatgut anzumelden, um so die Nutzung dieses Staatsguts durch die Bauern zu kontrollieren. So untersagen z. B. viele Saatgutkonzerne den Bauern die Wiederverwendung alter Samen oder entwickeln die Samen so, dass sie nur in Verbindung mit bestimmten Düngemitteln oder Pestiziden ertragreich sind (Weis 2007). Dies fördert eine zunehmende Abhängigkeit von Bauern im Norden und Süden von großen Saatgutkonzernen. Eine dritte Strategie ist das *branding*, das vor allem von großen Lebensmittelkonzerne (z. B. Red Bull), aber auch von Supermärkten betrieben wird. Letztere haben es durch die Einführung von Eigenmarken geschafft, sich unabhängiger von bestimmten Zulieferern zu machen. So können Supermärkte flexibler ihre Waren beschaffen, gleichzeitig werden aber Zulieferer leichter austauschbar und sind damit bei Preisverhandlungen leichter unter Druck zu setzen. Viertens nutzen globale Konzerne vor allem geographisch variierende Arbeits- und Umweltregime aus. So wanderte die Schnittblumenindustrie im Zuge der steigenden gewerkschaftlichen Organisation von Arbeiterinnen und Arbeitern aus Kenia zum Teil nach Äthiopien ab, weil dort Arbeitskraft billig und – ohne gewerkschaftliche Rückendeckung – leichter ausbeutbar ist. Auch Indonesien ist nicht ohne Grund einer der größten Palmölproduzenten, denn hier kann ohne Rücksicht auf die Umwelt der Anbau in großem Stil betrieben werden.

abläufe eingreifen, ist fester Bestandteil der Supermarktrevolution. Die Ausbreitung Letzterer ist Ausdruck einer gestiegenen Reflexivität „des Marktes" im Hinblick auf ökologische, sozioökonomische und hygienische Wechselwirkungen und wird nicht nur von transnationalen Supermarktketten (GLOBALGAP-Standard), sondern auch von Nichtregierungsorganisationen (z. B. *Soil Association*) oder Multi-Akteurs-Konstellationen (z. B. „*Common Code for the Coffee Community*"-Initiative) vorangetrieben.

Die Folgen der Ausweitung supermarktgesteuerter Warenketten für ländliche Räume und Produzenten werden vor allem für den Globalen Süden kontrovers diskutiert (Ouma 2010). Optimistische Stimmen argumentieren, dass in Exportketten integrierte Bauern ökonomisch oft bessergestellt seien als Bauern, die nicht in solche Ketten integriert sind, oder auf Farmen angestellte Arbeiterinnen und Arbeiter (Abb. 21.20). Zudem heben sie hervor, dass es durch die Integration in „moderne" globale Warenketten zu lokalen *upgrading*-Prozessen kommen könne. Die zunehmende Ausweitung von Supermarktketten im Globalen Süden biete zudem Chancen für lokale Kleinbauern, sich neue heimische Märkte zu erschließen (Altenburg et al. 2016), während gleichzeitig die steigende Nachfrage nach Qualitätsprodukten durch die dort aufstrebenden Mittelklassen gedeckt würde.

Kritische Stimmen heben dagegen vor allem die Schattenseiten von **Nord-Süd-Warenketten** hervor: Risiken würden von Supermärkten, die oft zudem erhebliche Margen erwirtschafteten, an Exportunternehmen sowie vor allem Arbeiterinnen und Arbeiter sowie Bäuerinnen und Bauern als schwächste Glieder der Kette

Abb. 21.18 Ananasanbau im Süden Ghanas für den Konsum in Europa (Foto: S. Ouma 2008).

externalisiert. Private Standards und Zertifizierungssysteme wirkten als Markteintrittsbarrieren und transportierten eurozentrische Modelle von Landwirtschaft, was zum Ausschluss weniger kapitalstarker Bauern führe (Ouma 2010). Zudem komme es oft zu konfliktbehafteten Transformationsprozessen in den Anbauregionen – etwa der Vermarktlichung (Exkurs 21.5) von Land, wachsenden sozioökonomischen Disparitäten oder ökologischen Krisen. Für diese Kritik gibt es zahlreiche empirische Befunde. In einem der Hauptanbaugebiete der neoliberalen Exportökonomie Chiles, El Palqui, kam es zwischen 1983 und 2004 zu einer erheblichen Konzentration von Ländereien in den

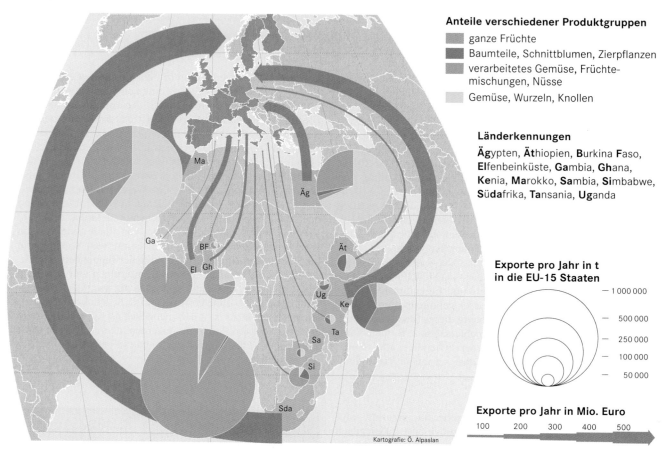

Abb. 21.19 Exporte hochwertiger Gartenbauprodukte 2007: Viele afrikanische Länder haben ihre Agrarproduktion auf *High-Value-Foods* wie Frischobst und -gemüse sowie Schnittblumen umgestellt und exportieren diese Waren überwiegend in Länder der Europäischen Union.

Händen kommerzieller Landwirte, die gar nicht selbst aus dieser Region stammten (Murray et al. 2011; Abb. 21.21). Das Kernanbaugebiet der kenianischen Schnittblumenindustrie, der Lake Naivasha, ist durch die Entnahme von Wasser sowie die Einleitung von Pestiziden und Düngemitteln großen **Umweltschäden** ausgesetzt. Die drei größten Fleischkonzerne weltweit, darunter JBS aus Brasilien, produzierten 2016 mehr Treibhausgase als Frankreich (GRAIN et al. 2017). Es sind jene, durch straff regulierte Warenketten induzierten transformativen Prozesse, die ländliche Räume im Globalen Süden und anderswo zur *„global countryside"* (Woods 2011) machen, die den Konsumentinnen und Konsumenten am anderen Ende der Kette aber oft verborgen bleiben. Dabei sollten wir nicht den Blick für traditionelle Agrarprodukte verlieren. Brasilien ist in den letzten Jahren zu einem der führenden Exporteure von Fleisch und Soja aufgestiegen, in Indonesien hat die Palmölwirtschaft gigantische Flächen transformiert und in China oder Indien breitet sich das sog. *factory-farming*-Modell rasant aus (Weis 2007) und Vietnam wurde binnen zwei Jahrzehnten zum zweitgrößten Kaffeexporteur der Welt.

Umkämpfte agrarische Ressourcen und strukturelle Benachteiligung

Die Inwertsetzung neuer agrarischer Ressourcen ist nicht konfliktfrei. Während einige der damit verbundenen Prozesse (z. B. Finanzialisierung) oft selbst für betroffene Gruppen wenig greifbar sind, führen andere zu offenen Kämpfen um die Art und Weise der Ressourcenproduktion. Stellvertretend für **agrarische Ressourcenkämpfe** wird in jüngerer Zeit in wissenschaftlichen und öffentlichen Debatten häufig der Tropus des Ressourcen-„Grabs" verwendet (Ouma 2012, Hadjimichalis 2016). Insbesondere *land grabs* sind so zum Sinnbild für die Expansion kapitalistischer Interessen ins Ländliche und Agrarische und die Enteignung ländlicher Bevölkerungsgruppen durch mächtige transnationale Konzerne oder Staaten geworden. Bevor wir dem Zusammenhang zwischen den Umbrüchen im globalen Agrarsystem und neuen ländlichen Enteignungstendenzen nachgehen, wenden wir uns zunächst der häufigen strukturellen Benachteiligung ländlicher Regionen zu, die für ein besseres Verständnis von Ressourcenkämpfen in der *global countryside* essenziell ist.

Studien wie eine äußerst umfassende Analyse von Haushaltsbefragungsdaten aus 89 als *developing countries* klassifizierten

Exkurs 21.5 Vermarktlichung und die Gesellschaftlichkeit natürlicher Ressourcen

Unter Vermarktlichung versteht man die zunehmende Ausweitung marktwirtschaftlicher Beziehungen. Sehr unterschiedliche Dinge können Gegenstand marktwirtschaftlichen Austauschs sein, etwa objektivierte Gegenstände (z. B. Maschinen), Lebewesen (z. B. ein Huhn), Dienstleistungen (z. B. Arbeitskraft) oder auch chemische Verbindungen (z. B. CO_2 im Emissionsrechthandel). Um gegen Geld gehandelt werden zu können, müssen diese Dinge überhaupt erst einen Warencharakter besitzen. Dieser ist selbst Produkt eines historischen Prozesses, und so ist Vermarktlichung voraussetzungsvoll und zugleich immer unabgeschlossen: Märkte und Waren sind prozesshaft – und sie werden gemacht. Der Warenhandel setzt zudem klar definierte Eigentumsrechte voraus, denn nur so kann eine Ware überhaupt veräußert und von einer Person auf die andere übertragen werden. Vermarktlichung basiert also immer auf einer Einhegung (*enclosure*) von Dingen, die zuvor oft frei der Allgemeinheit zugänglich

waren (z. B. Land, Wasser oder Pflanzensorten). Erst durch Einhegung werden Dinge zu „Eigentum", wofür sich zahllose historische und aktuelle Beispiele nennen lassen (Blomley 2007). Das bedeutet auch, dass sog. natürliche Ressourcen, die auf Märkten gehandelt werden, gar nicht so natürlich sind, sondern gesellschaftlich gemacht werden (Bakker & Bridge 2006).

Die Vermarktlichung von fast allem Erdenklichen ist eng mit dem Aufstieg des Neoliberalismus als globaler Wirtschaftsdoktrin verbunden. Im Kern ist sie aber ein historisch weit zurückreichender Prozess, der mit dem Aufstieg des Kapitalismus verbunden ist (Marx 2008 [1867]). Daneben gab und gibt es viele anderen Weisen des Wirtschaftens, z. B. die Bewirtschaftung von Land als Kollektivgut in vielen Teilen des Globalen Südens, die Gabenökonomie oder *commons*-basierte Modelle (Helfrich 2012).

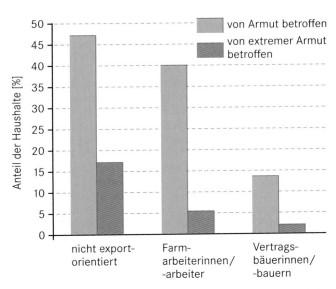

Abb. 21.20 Armutsprofile von Vertragsbäuerinnen/-bauern, Arbeiterinnen/Arbeitern in landwirtschaftlichen Großbetrieben und nicht-exportorientierten Privatbäuerinnen/-bauern in Senegal (verändert nach Maertens & Swinnen 2009).

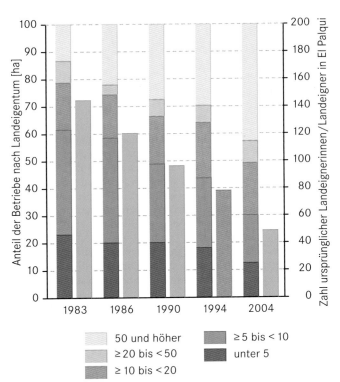

Abb. 21.21 Wandel der Landverteilung und Anteil ursprünglicher Landeignerinnen und Landeigner in der Region El Palqui, Chile, 1983–2005 (verändert nach Murray et al. 2011).

Staaten (Castaneda et al. 2016) zeichnen ein sehr eindeutiges Bild. Hier wurden demographische Profile der von **Armut** (zwischen 1,90 Dollar und 3,10 Dollar pro Person und Tag) und extremer Armut (weniger als 1,90 Dollar pro Person und Tag) betroffenen Bevölkerungsgruppen ermittelt (Bezugsjahr 2013). Etwa vier von fünf der von extremer Armut Betroffenen lebten hiernach in ländlichen Gebieten. Der Anteil der von extremer Armut betroffenen landwirtschaftlich Erwerbstätigen war mit knapp 20 % etwa vier Mal so hoch wie in anderen Wirtschaftsbereichen (ebd.). Der Befund, dass soziale Gruppen, die landwirtschaftlich erwerbstätig

sind und/oder in ländlichen Gebieten leben, besonders häufig von Armut betroffen und sozioökonomischen und -ökologischen Risiken (z. B. bezüglich Nahrungsmittelsicherheit/*food security*) ausgesetzt sind, ist relativ unumstritten. Insbesondere die Lage

Kapitel 21

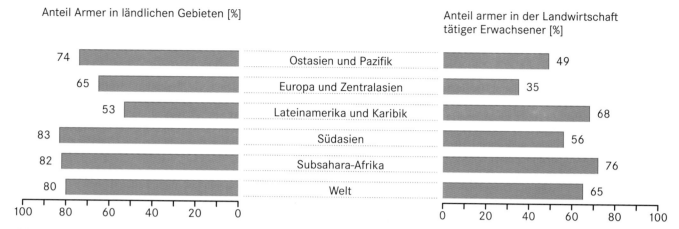

Anteil Armer in ländlichen Gebieten [%]

Anteil armer in der Landwirtschaft tätiger Erwachsener [%]

Region	Anteil ländlich	Anteil Landwirtschaft
Ostasien und Pazifik	74	49
Europa und Zentralasien	65	35
Lateinamerika und Karibik	53	68
Südasien	83	56
Subsahara-Afrika	82	76
Welt	80	65

Abb. 21.22 Anteil der von extremer Armut betroffenen Landbewohnerinnen/-bewohner und Agrararbeiterinnen/-arbeiter nach Weltregionen (verändert nach Castaneda et al. 2016).

vieler Kleinbauern im Globalen Süden wird oft als dramatisch beschrieben (Rauch 2006; Abb. 21.22).

Umstrittener ist, welche Schlüsse hieraus bezüglich agrarischer Entwicklungsstrategien zu ziehen sind. Der vielbeachtete Weltbank-Report *„Rising Global Interest in Farmland"* (Deininger & Byerlee 2011) sieht gerade wegen bestehender ländlicher Armut und Benachteiligung **ausländische Investitionen** in die Landwirtschaft des Globalen Südens als notwendig an. Gute Regulation und verantwortliche Umsetzung vorausgesetzt, so das Argument, könnten sie wichtige und dringend benötigte Zugänge zu Technologien und Märkten eröffnen sowie Kapital und Wissen für den Aufbau von Infrastrukturen und Organisationsstrukturen liefern (ebd.). Exemplarisch steht hier der sog. *Southern Agricultural Growth Corridor of Tanzania*, eine Public-Private-Partnership zwischen der tansanischen Regierung, privaten Investoren und internationalen Gebern, die die Agrarwirtschaft in einem Gebiet der Größe Italiens kommerziell umformen möchte (https://www.youtube.com/watch?v=mBXDs_LgQhM).

Kritikerinnen und Kritiker gelangen häufig zu dem beinahe gegenteiligen Schluss, dass gerade benachteiligte ländliche Bevölkerungsgruppen wenig Macht haben, Investitionsprojekte mitzugestalten (White et al. 2012). Da mit den Großinvestitionen die Eigentums- oder Nutzungsrechte an Land und anderen Ressourcen häufig an Unternehmen übergehen, sehen sie die Subsistenzgrundlage der lokalen Bevölkerung in Gefahr. Häufig wird eine historische Parallele zum Prozess der ursprünglichen Akkumulation in Europa seit dem 16. Jahrhundert (Marx 2008 [1867]) gesehen. Verlieren ländliche Produzentinnen und Produzenten den Zugang zum Produktionsmittel Ackerland, so geraten sie in verstärkte Abhängigkeit von Grundbesitzerinnen und Grundbesitzern, agrarischen Unternehmen oder nicht landwirtschaftlichen Verdienstmöglichkeiten. Marx sprach hier von der **Proletarisierung der Bauernschaft**: Landlose Bäuerinnen und Bauern lieferten Arbeitskraft für die Industrialisierung der Städte, ein Teil bildete eine erwerbslose „industrielle Reservearmee" (ebd.). Auch gegenwärtig wird ein fatales Ungleichgewicht zwischen „frei werdender" ländlicher Arbeitskraft und alternativen

Lohnerwerbsmöglichkeiten ausgemacht: Der massenhafte Ausschluss von *surplus populations* – überflüssig gemachten ländlichen Bevölkerungsgruppen – aus Produktions- und Verteilungszusammenhängen bleibt akut (Li 2010, Sassen 2014) und zwingt diese oft in die wachsenden städtischen Slums (Davis 2007).

Auch gegenwärtige **land grabs** werden – ähnlich wie die historischen Enteignungswellen – als Folge tiefgreifender politisch-ökonomischer Umbrüche verstanden (Hadjimichalis 2016). Der Beginn der *land-grabbing*-Debatte stand seit dem impulsgebenden Bericht der Organisation GRAIN (2008) im Jahr 2008 im Zeichen der Finanz- und Nahrungsmittelpreiskrisen, die das Interesse staatlicher wie auch finanzwirtschaftlicher Akteure (Exkurs 21.6) an der Agrarproduktion befeuert hatten. Beide gingen von ähnlichen Gegenwartsdiagnosen aus: Die Expansions- und Produktivitätssteigerungsraten der globalen Landwirtschaft begannen zu sinken und waren durch den Klimawandel langfristig gefährdet. Im gleichen Zug wuchs die Nachfrage nach agrarischen Produkten (Nahrungsmittel, Futtermittel, Treibstoffe, Kunststoffe etc.) und Flächen (neben der Landwirtschaft auch für Städte, Infrastruktur, Naturreservate und ökologische Ausgleichsflächen). So gewann die agrarische Versorgungssicherung für viele Staaten an strategischer Bedeutung. Zu Finanz- und Nahrungsmittelpreiskrise reihten sich Energie-, Klima-, und ökologische Krise als Treiber globaler *land grabs*. Wo im Zuge der beiden letztgenannten Krisen – beispielsweise für Biodiversitätsreservate oder Klimakompensationsflächen – örtliche Bevölkerungsgruppen von Möglichkeiten landwirtschaftlicher Produktion ausgeschlossen werden, wird auch von *green grabs* gesprochen (Fairhead et al. 2012).

Wenn das Thema der *land grabs* relativ schnell zu einer der großen Ungerechtigkeiten der Gegenwart avanciert ist und das Interesse zahlreicher Journalisten und Journalistinnen, NGOs, aktivistischer Netzwerke sowie von Wissenschaftlern und Wissenschaftlerinnen auf sich ziehen konnte, so liegt das auch an der Aussagekraft der durch den *land-grabbing*-Diskurs hervorgebrachten Bilder. Die existentielle Dimension des Raubs der bäuerlichen Lebensgrundlage verschränkt sich hier häufig

Kapitel 21

Exkurs 21.6 Finanzialisierung der Landwirtschaft

Ein wichtiger Treiber der neuen Landnahme sind Finanzinvestoren. Eine weiter steigende Weltbevölkerung, wirtschaftliches Wachstum und veränderte Konsummuster in zahlreichen *emerging markets* sowie die Verknappung fossiler Energieträger bedeuten eine steigende Nachfrage nach Nahrungs-/Futtermitteln und Agrarkraftstoffen, die Landwirtschaft zu einer lukrativen Anlageoption werden lassen. Entsprechend dieser Erwartungen wurden seit 2006 weltweit 45 Mrd. US-Dollar von Finanzinvestoren in Agrarland bzw. agrarische Produktion investiert (Ouma 2018). Kapitalgeber sind dabei vor allem Pensionsfonds, aber auch eine ganze Reihe weiterer Finanzmarktakteure die, über unterschiedliche Intermediäre und Finanzvehikel vermittelt (Abb. A), Land erwerben und es nach unterschiedlichen Modellen bewirtschaften. In den USA wird z. B. vor allem Land erworben und dann an Landwirte verpachtet. In Ländern wie Argentinien, Brasilien oder in Teilen Afrikas (z. B. Sambia, Tansania, Südafrika) wird Land erworben und mit eigenen Mitteln bestellt und in Regionen wie Neuseeland oder Australien werden oft Joint-Ventures mit bestehenden Besitzern eingegangen oder Manager zur Bewirtschaftung des Landes eingesetzt. In allen Fällen geht es letztendlich aber nicht nur um die Erwirtschaftung stetiger Einkommensströme, sondern um die Steigerung des Kapitalwerts mit dem Ziel des lukrativen Wiederverkaufs.

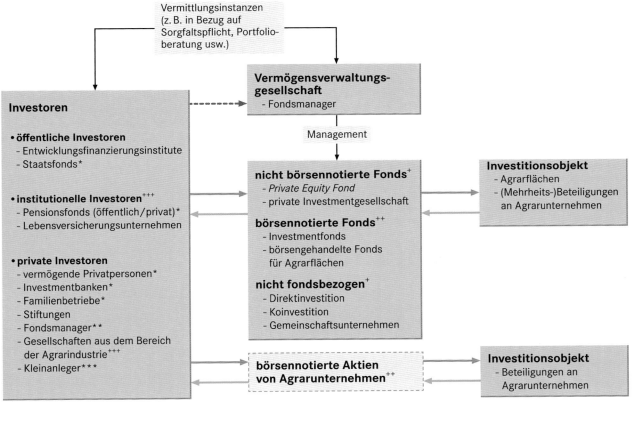

Abb. A Landwirtschaft als Anlageklasse: finanzwirtschaftliche Investoren und Investmentstrukturen (Quelle: übersetzt n. Ouma 2018).

In den Sozialwissenschaften wird diese Art der ökonomischen Inwertsetzung als Finanzialisierung bezeichnet. Generell beschreibt der Begriff den steigenden Einfluss von Finanzmotiven, -märkten, -kennzahlen, -akteuren und -institutionen in der Ökonomie. Die direkte Kapitalanlage in landwirtschaftliche Produktion ist nur eine von verschiedenen Arten, durch die Landwirtschaft zunehmend den Imperativen der Finanzwirtschaft unterworfen wird. Wie auch viele andere nicht finanzielle Unternehmen sind heute Agrarkonzerne selbst auf Finanzmärkten tätig (Zademach 2014). Dazu zählen z. B. die großen Rohstoffhändler wie Cargill, Bunge, Cofco oder ADM, die mittlerweile im Bereich der sog. *futures markets* komplexe Derivate von Warentermingeschäften handeln: „Beim Warenterminhandel werden in der Gegenwart der Kauf oder Verkauf von Waren zu festgelegten künftigen Terminen, Preisen und Mengen abgeschlossen. Hier können ausgefeilte Finanzinstrumente die Kursausschläge enorm verstärken" (Clapp 2017).

Dieser Handel hat wiederum Einfluss auf Preisbildungsprozesse auf konkreten Märkten für Güter wie Weizen, Mais, Reis, Soja, Palmöl, Kaffee und Kakao und damit auch direkte Auswirkungen auf Agrarproduzenten und -konsumenten, vor allem im Globalen Süden (Schumann 2011).

Zudem wirkt sich auch die Börsennotierung vieler großer Agrarkonzerne auf deren Unternehmensstrategien aus (siehe etwa die Übernahme von Monsanto durch die Bayer AG), was oft mit tiefgreifenden Konsequenzen für die Organisation agrarischer Warenketten einhergeht. Schließlich investieren Finanzinvestoren in jüngerer Zeit auch verstärkt in Agrartechnologieunternehmen zum Zwecke der Förderung einer „smarten" Landwirtschaft (auch als „Landwirtschaft 4.0 bekannt), die eine neue Ära daten- und technologiegetriebener Agrarproduktion einläuten soll.

mit der Betonung des spektakulären Ausmaßes. In Abb. 21.23 wird beispielsweise die Fläche jüngerer großer Landtransaktionen weltweit aufaddiert und mit der Fläche Manhattans verglichen – das resultierende Bild ist spektakulär und scheint für sich zu sprechen. Hier setzt allerdings auch (Selbst-)Kritik in der wissenschaftlichen *land-grabbing*-Debatte an. Neben methodischen Problemen beim Aggregieren mäßig verlässlicher Daten (Edelman 2013) geraten mit einem engen Fokus auf spektakuläre Investitionsprojekte und Ackerland anders gelagerte Problemlagen leicht aus dem Blick: der Mangel an Lohnarbeitsalternativen innerhalb und außerhalb der Landwirtschaft (Li 2011) oder die Verarmung bzw. Enteignung ländlicher Bevölkerungsgruppen auch vor oder jenseits von großen Investitionsprojekten (Edelman & León 2013) verlangen nach weiter gefassten analytischen Perspektiven. In postsowjetischen ländlichen Kontexten finden sich hierfür eindrückliche Beispiele. So sind in Russland seit der Agrarkrise im Zuge der Marktreformen der 1990er-Jahre staatlich gestützte Subventionen und Absatzstrukturen weg-

und viele Produktionsinfrastrukturen zusammengebrochen (Lindner 2008); an manchen Orten kam die landwirtschaftliche Produktion quasi zum Erliegen (Abb. 21.24). Dort erscheinen große Betriebs- und Landübernahmen oft insofern als sekundäres Problem, als dass die angeeigneten Ressourcen der lokalen Bevölkerung auch zuvor kaum genutzt haben, wenn ihnen beispielsweise Kapital und Technologien fehlten, um Gemeindeland zu bearbeiten (Vorbrugg 2017).

Somit erfordern adäquate Antworten auf das oben skizzierte Dilemma, dass strukturell benachteiligte agrarisch geprägte Orte oft in hohem Maße auf private oder staatliche Investitionen angewiesen sind, eine differenzierte Betrachtung der durch solche **Investitionen** geschaffenen **Strukturen**. So lässt sich untersuchen, inwiefern Investitionsprojekte lokalen Ökonomien und Akteuren tatsächlich längerfristig nutzen, oder aber – wie häufig zu beobachten – inwiefern sie Ressourcen für den Export extrahieren, ohne diese vor Ort weiterzuverarbeiten oder umzusetzen (McKay

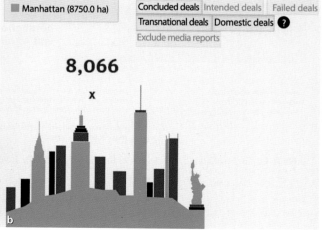

Abb. 21.23 *Land grabs* als Sinnbild ländlicher Enteignung (**a**), und die Betonung ihres gigantischen globalen Ausmaßes bei landmatrix.org: Die Fläche jüngerer großer Landtransaktionen entspricht demnach mehr als der achttausendfachen Fläche Manhattans (**b**; Quellen: www.farmlandgrab.org, www.landmatrix.org).

Abb. 21.24 Verfallener Stall inmitten bracher Felder in Zentralrussland (Foto: A. Vorbrugg).

2017). Letztere Modi der Ressourcenaneignung schaffen kaum Verdienstmöglichkeiten für die lokale Bevölkerung, sondern Enklaven, die relativ isoliert von anderen lokalen oder nationalen Wirtschaftsbereichen und Märkten bleiben (Acosta 2013).

Landwirtschaftliche Ressourcen sind zudem oft gar nicht so leicht verwertbar, wie Diskussionen um „Agrar-Grabs" oft vermuten lassen könnten. Mit Mottos wie „Gegessen wird immer" (Grossarth 2016) versprechen gerade börsennotierte Agrarunternehmen ihren Anlegern stetige und sichere Dividenden – nicht nur trotz, sondern gerade aufgrund der oben angesprochenen Mehrfachkrisen. Innerhalb wie auch außerhalb der Finanzzirkel wurden allerdings schon recht bald Zweifel an Werbeszenarien hervorgebracht, die die Landwirtschaft als „*an investor's nirvana*" (Lucas 2013) beschrieben haben. Seit ihren beiden letzten Peaks in den Jahren 2008 und 2011 sind die Nahrungsmittelpreise auf den Weltmärkten (bis 2016) wieder stark zurückgegangen (FAO 2017). Verschuldung, Preis- und Wetterschwankungen, wechselnde Agrarpolitiken und geringe Gewinnmargen in der primären Agrarproduktion treiben auf allen Kontinenten sowohl traditionelle Familienbetriebe als auch ambitionierte Großprojekte gleichermaßen in den Bankrott.

Politiken des Agrarischen

In seinem 1944 erschienenen Klassiker „*The Great Transformation*" beschreibt der Wirtschaftshistoriker und Gesellschaftstheoretiker Karl Polanyi „Natur" beziehungsweise „Boden" als „fiktive Waren", die frei auf deregulierten Märkten gehandelt werden, obgleich sie selbst nicht Produkt gesellschaftlich-ökonomischer Produktionsprozesse sind. Diese „Warenfiktion" ignoriert Polanyi zufolge „die Tatsache, dass die Auslieferung des Schicksals der Erde und der Menschen an den Markt mit deren Vernichtung gleichbedeutend wäre" (Polanyi 2009). Er folgert, dass in solchen Fällen eine „Gegenbewegung" für den Schutz der Gesellschaft einsetzt und Märkte in ihre Schranken weist (ebd.).

Polanyis These eines gesellschaftlichen **Selbstschutzmechanismus** gegen die Kommodifizierung und kapitalistische Einverleibung existenzsichernder „natürlicher Ressourcen" wird auch in jüngeren Beiträgen zur Deutung von agrarischen Widerstandsbewegungen herangezogen (Levien 2013). Dabei müssen allerdings auch solche Prozesse politisiert werden, um als politische Themen sichtbar zu werden. Ländliche und agrarische Bewegungen haben über die letzten Jahre hinweg große Schritte in Richtung einer Transnationalisierung ihrer Kämpfe unternommen. So sind ihre Repräsentantinnen und Repräsentanten auf den seit dem Jahr 2001 stattfindenden **Weltsozialforen** vertreten. Hier wurde mit dem „*Dakar Appeal Against the Land Grab*" (World Social Forum 2011) auch der erste international von Basisorganisationen getragene Appell gegen *land grabs* formuliert.

Als beständiger und schlagkräftiger erwiesen sich allerdings Zusammenschlüsse **bäuerlicher Basisorganisationen**, vor allem im internationalen Netzwerk „*La Via Campesina*" (viacampesina.org; Abb. 21.25). Hier sind über 160 lokale und nationale Organisationen in Afrika, Süd- und Nordamerika, Asien und Europa zusammengeschlossen, die beanspruchen, etwa 200 Mio. Kleinbauern, landlose Menschen, Frauen und Heranwachsende in ländlichen Kontexten, indigene Gruppen, agrarische Migranten und Agrararbeiter zu repräsentieren. Diese Aufzählung entspricht der Selbstdarstellung des Netzwerks und verdeutlicht, dass die ländliche Bevölkerung keine homogene

Abb. 21.25 Selbstdarstellung des Netzwerks *La Via Campesina* auf dem Titelblatt einer aktuellen Veröffentlichung (Quelle: La Via Campesina 2017).

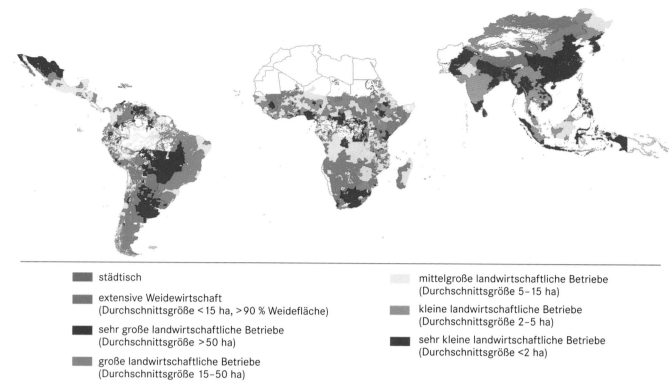

- ▮ städtisch

- ▮ extensive Weidewirtschaft
  (Durchschnittsgröße < 15 ha, > 90 % Weidefläche)

- ▮ sehr große landwirtschaftliche Betriebe
  (Durchschnittsgröße > 50 ha)

- ▮ große landwirtschaftliche Betriebe
  (Durchschnittsgröße 15–50 ha)

- ▮ mittelgroße landwirtschaftliche Betriebe
  (Durchschnittsgröße 5–15 ha)

- ▮ kleine landwirtschaftliche Betriebe
  (Durchschnittsgröße 2–5 ha)

- ▮ sehr kleine landwirtschaftliche Betriebe
  (Durchschnittsgröße < 2 ha)

Abb. 21.26 Verteilung der Landwirtschaftlich genutzten Fläche pro subnationaler Verwaltungseinheit im Globalen Süden (verändert nach Samberg et al. 2016).

Einheit mit identischen Problem- und Interessenslagen bildet, sondern entlang vieler sozialer und ökonomischer Differenzlinien gegliedert ist. *„Building unity within diversity"* gehört folglich zu den zentralen Strategien und Losungen des Netzwerks – und das Ziel, dem neoliberalen Agrarsystem mit Widerstand und emanzipativen Gegenentwürfen zu begegnen, zu den wichtigsten einenden Elementen. Häufig formulieren die vertretenen Gruppen ihre Forderungen nach Nahrungsmittelsouveränität, Selbstbestimmtheit und gegen eine strukturelle Benachteiligung kleinbäuerlicher Wirtschaftsformen in expliziter Opposition zu globalisierten Produktions-, Vermarktungs- und Ausbeutungsstrukturen. Dazu gehört auch die Betonung, dass ein Großteil der weltweiten Nahrungsmittelproduktion in kleinbäuerlicher Hand ist (Abb. 21.26), was vor allem gegen Argumentationen in Stellung gebracht wird, die für eine industriellere Form von Landwirtschaft plädieren und der kleinbäuerlichen Produktionsweise aufgrund der attestierten geringen Produktivität skeptisch gegenüberstehen (Collier & Dercon 2014).

Politische Netzwerke wie *„La Via Campesina"* adressieren **komplexe Problemlagen**: neben neuen Risiken etwa durch die Kommodifizierung von Saatgut und große Landübernahmen auch historisch erwachsene (etwa kolonial bedingte) strukturelle Benachteiligungen. Sie kritisieren das kapitalistische Agrarsystem und zugleich Ungleichheits- und Unterdrückungsverhältnisse (entlang von Differenzlinien wie Geschlecht, Klasse, *race* oder Kaste) innerhalb bestehender ländlicher Sozialstrukturen

oder die katastrophale Ökobilanz einer industrialisierten Landwirtschaft vor Ort sowie global.

Nicht selten wird so ländlichen politischen Bewegungen des Globalen Südens eine Vorreiterrolle im **Kampf gegen die Globalisierung neoliberaler Wirtschafts- und Ausbeutungsformen** zugeschrieben. Gerade in jüngerer Zeit wurde aber auch festgestellt, dass politische Tendenzen in der *global countryside* mitunter recht gegenteilige Formen annehmen; kompatibel mit autoritärer Staatsführung und reaktionären – z. B. xenophoben – politischen Projekten (Scoones et al. 2017). Dabei kann das Bild von zorn- und frustrierten ländlichen Regionen, die jüngst Wahlen entscheiden und weltoffene Stadtbewohnerinnen und -bewohner fassungslos zurücklassen (Müller 2017), ähnlich pauschalisierend ausfallen wie Hoffnungen auf eine bäuerliche „revolutionäre Klasse". Gerade deshalb eröffnen sich auch im Spannungsfeld von agrarischem Wandel, ländlicher Enteignung, struktureller Benachteiligung und politischen Artikulationen vielfältige politische und forschungsrelevante Fragen.

Hier wie auch in den vorangegangenen Abschnitten plädieren wir für eine relationale Perspektive, die globale wie auch lokale Verflechtungen, Institutionen, Strukturen und Wandlungsprozesse einbezieht. Die rasante kapitalistische Durchdringung und Umformung agrarischer Bereiche und die Einhegung „natürlicher" Ressourcen, die parallele Marginalisierung oder Abkopplung bestehender ländlicher Wirtschaftsformen und sozialer Gruppen sowie ökologische Schäden durch das Agrarsystem machen hier anknüpfende Forschungsfragen ebenso spannend wie brisant. Diesen Fragen nachgehend sollten einerseits die lange Geschichte vielgestaltiger globaler Verflechtungen und Wandlungsprozesse des Agrarischen und Ländlichen berücksichtigt werden und andererseits die fundamentalen Veränderungen und Risiken, die durch neue oder zukünftige technologische und ökonomische Instrumente und politische Dynamiken generiert werden.

Literatur

Acosta A (2013) Extractivism and neoextractism: two sides of the same curse. In: Lang M, Mokrani D (eds) Beyond Development. Alternative Visions from Latin America. Rosa Luxemburg Foundation; Transnational Institute, Quito, Amsterdam. 61–86

Altenburg T, Kulke E, Hampel-Milagrosa A, Peterskovsky L, Reeg C (2016) Making retail modernisation in developing countries inclusive. A development policy perspective. Deutsches Institut für Entwicklungspolitik

Andreae B (1983) Agrargeographie Strukturzonen und Betriebsformen in der Weltlandwirtschaft. Berlin, New York

Arbach C (2013) Biogaserzeugung in Nordwestdeutschland – Akteure und regionale Wertschöpfung. In: Klagge B, Arbach C (Hrsg) Governance-Prozesse für erneuerbare Energien. Arbeitsberichte der ARL. Hannover. 6–68

ARL (Akademie für Raumforschung und Landesplanung) (Hrsg) (2014) Gleichwertigkeit – Zwischenrufe zu den neuen Leitbildern der Raumordnung. Nachrichten 44

ARL (Akademie für Raumforschung und Landesplanung) (Hrsg) (2016) Daseinsvorsorge und gleichwertige Lebensverhältnisse neu denken – Perspektiven und Handlungsfelder. Positionspapier aus der ARL 108. Hannover. http://nbn-resolving.de/urn:nbn:de:0156-01086 (Zugriff 6.6.2018)

Arnold A (1983) Die Agrargeographie als wissenschaftliche Disziplin. Zeitschrift für Agrargeographie 1: 3–16

Arnold A (1997) Allgemeine Agrargeographie. Gotha, Stuttgart

Bakker K, Bridge G (2006) Material worlds? Ressource geographies and the „matter of nature". Progress in Human Geography 30: 5–27. DOI: 10.1191/0309132506ph588oa

Baumann C (2016) Die Lust am Ländlichen – Zur Persistenz und Variation idyllischer Ländlichkeit. Informationen zur Raumentwicklung 2016/2: 249–259

BBR (Bundesamt für Bauwesen und Raumordnung) (2017) Raumordnungsbericht 2017. Daseinsvorsorge sichern. Vorlage zur Unterrichtung des Deutschen Bundestages, 18. Wahlperiode. Bonn

BBSR (Bundesinstitut für Bau,- Stadt- und Raumforschung) (2015a) Laufende Raumbeobachtung – Raumabgrenzungen – Siedlungsstrukturelle Kreistypen. http://www.bbsr.bund.de/cln_032/nn_1067638/BBSR/DE/Raumbeobachtung/Raumabgrenzungen/Kreistypen4/kreistypen.html (Zugriff 5.6.2018)

BBSR (Bundesinstitut für Bau,- Stadt- und Raumforschung) (2015b) Laufende Raumbeobachtung – Raumabgrenzungen –

Städtischer und Ländlicher Raum. http://www.bbsr.bund.de/BBSR/DE/Raumbeobachtung/Raumabgrenzungen/Kreistypen2/kreistypen_node.html (Zugriff 5.6.2018)

BBSR (Bundesinstitut für Bau,- Stadt- und Raumforschung) (Hrsg) (2018) Mal über Tabuthemen reden. Sicherung gleichwertiger Lebensbedingungen, Mindeststandards, Wüstungen … – worüber nur hinter vorgehaltener Hand diskutiert wird. BBSR-Online-Publikation 02. Bonn

BiB (Bundesinstitut für Bevölkerungsforschung) (2016) Bevölkerungsentwicklung 2016 – Daten, Fakten, Trends zum demografischen Wandel. Wiesbaden. http://www.bib-demografie.de/SharedDocs/Publikationen/DE/Broschueren/bevoelkerung_2016.pdf (Zugriff 6.6.2018)

Blomley N (2007) Making Private Property: Enclosure, Common Right and the Work of Hedges. Rural History 18: 1. DOI: 10.1017/S0956793306001993

BMEL (Bundesministerium für Ernährung und Landwirtschaft) (2016) https://www.bmel.de/DE/Laendliche-Raeume/InformationsportalZukunftLand/Landatlas/landatlas_node.html (Zugriff 13.11.2019)

BMVI (Bundesministerium für Verkehr und digitale Infrastruktur) (2015) Regionale Daseinsvorsorge in Europa. Beispiele aus ländlichen Regionen. MORO Praxis 3. Berlin

BMWi (Bundesministerium für Wirtschaft und Energie) (2019a) Weltweite Partner unterstützen. https://www.erneuerbare-energien.de/EE/Redaktion/DE/Standardartikel/international.html (Zugiff 16.06.2019)

BMWi (Bundesministerium für Wirtschaft und Energie) (2019b) Technologien. Nachhaltige Energiequellen erschließen. https://www.erneuerbare-energien.de/EE/Navigation/DE/Technologien/technologien.html (Zugriff 16.6.2019)

Bruns D (2006) Die Europäische Landschaftskonvention. Bedarf es eines deutschen Sonderweges. Stadt+ Grün 55/12: 14–19

Castaneda A, Raul A, Doan DTT, Newhouse DL, Nguyen MC, Uematsu H, Azevedo JPW de (2016) Who are the poor in the developing world? World Bank Group. http://documents.worldbank.org/curated/en/187011475416542282/Who-are-the-poor-in-the-developing-world (Zugriff 30.12.2017)

Clapp J (2012) Food. Polity Press, Cambridge

Clapp J (2017) Börsen: Investoren suchen Wachstum – Die Äcker sind ihnen egal. In: Chemnitz C, Luig B, Rehmer C, Benning R, Wiggerthale M (Hrsg) Konzernatlas. Daten und Fakten über die Agrar- und Lebensmittelindustrie 2017. 36–37

Cloke P (2006) Conceptualizing rurality. In: Cloke P, Marsden T, Mooney PH (eds) Handbook of rural studies. London. 18–28

Collier P, Dercon S (2014) African Agriculture in 50 Years. Smallholders in a Rapidly Changing World? World Development 63: 92–101. DOI: 10.1016/j.worlddev.2013.10.001

Davis M (2007) Planet der Slums. Assoziation A, Berlin, Hamburg

Deininger K, Byerlee D (2011) Rising Global Interest in Farmland. Can it Yield Sustainable and Equitable Benefits? The World Bank, Washington D.C.

Deutsche Vernetzungsstelle (2017) ELER. https://www.netzwerk-laendlicher-raum.de/eler/ (Zugriff 06.06.2018)

Edelman M (2013) Messy hectares: questions about the epistemology of land grabbing data. Journal of Peasant Studies 40: 485–501. DOI: 10.1080/03066150.2013.801340

Edelman M, León A (2013) Cycles of Land Grabbing in Central America. An argument for history and a case study in the Bajo Aguán, Honduras. Third World Quarterly 34: 1697–1722. DOI: 10.1080/01436597.2013.843848

Ermann U, Langthaler E, Penker M, Schermer M (2018) Agro-Food Studies: Eine Einführung, Böhlau Verlag, Köln, Weimar, Wien

ESPON, Norwegian Institute for Urban and Regional Research (2012) PURR Potentials of Rural Regions. Applied Research 2013/2/5. Final Report. https://www.espon.eu/programme/projects/espon-2013/targeted-analyses/purr-potential-rural-regions (Zugriff 6.6.2018)

ESPON, UHI Millennium Institute (2011) EDORA European Development Opportunities for Rural Areas. Applied Research 2013/1/2. Final Report. https://www.espon.eu/programme/projects/espon-2013/applied-research/edora-european-development-opportunities-rural-areas (Zugriff 5.6.2018)

Europäische Kommission (1996) Erklärung von Cork – Ein dynamischer ländlicher Raum. http://www.agrar.de/agenda/cork.htm (Zugriff 6.6.2018)

European Commission (2013) How many people work in agriculture in the European union. EU Agriculture Economics Brief 8

European Communities (1988) The Future of Rural Societies. Office for Official Publications of the European Communities, Luxemburg

European Union (2016) Cork 2.0 declaration „A better Life in rural Areas". Publications Office of the European Union, Luxembourg

EUROSTAT (2017a) Urban-rural typology. http://ec.europa.eu/eurostat/statistics-explained/index.php?title=Archive:Urban-rural_typology_update&oldid=262364 (Zugriff 5.5.2018)

EUROSTAT (2017b) Population density by NUTS 3 region [demo_r_d3dens]. http://appsso.eurostat.ec.europa.eu/nui/show.do?dataset=demo_r_d3dens&lang=en (Zugriff 5.5.2018)

Fahrenkrug K, Melzer M, Gutsche J (2010) Regionale Daseinsvorsorge. Ein Leitfaden zur Anpassung der öffentlichen Daseinsvorsorge an den demographischen Wandel. Werkstatt: Praxis 64

Fairhead J, Leach M, Scoones I (2012) Green Grabbing: a new appropriation of nature? Journal of Peasant Studies 39: 237–261. DOI: 10.1080/03066150.2012.671770

FAO (2017) FAO Food Price Index. http://www.fao.org/worldfoodsituation/foodpricesindex/en/ (Zugriff 16.11.2017)

Gailing L, Röhring A (2015) Was ist dezentral an der Energiewende? Infrastrukturen erneuerbarer Energien als Herausforderungen und Chancen für ländliche Räume. Raumforschung und Raumordnung 73/1: 31–43

Gochermann J (2016) Expedition Energiewende. Springer Spektrum, Heidelberg

Grabski-Kieron U, Kötter T (2012) Regionalisierte Entwicklungsansätze und zentrale Handlungsfelder. In: Kummer K, Frankenberger J (Hrsg) Das deutsche Vermessungs- und Geoinformationswesen – Themenschwerpunkt 2013: Landentwicklung für ländliche Räume – Analysen und Antworten zu Demographiewandel, Planungszielen und Strukturveränderung. Berlin, Offenbach

Grabski-Kieron U, Mose I, Reichert-Schick A, Steinführer A (Hrsg) (2016) European rural peripheries revalued – Governance, actors, impacts. Ländliche Räume: Beiträge zur lokalen und regionalen Entwicklung, Bd. 1. Münster

GRAIN (2008) Seized! The 2008 Land Grab for Food and Financial Security. http://www.grain.org/article/entries/93-seized-the-2008-landgrab-for-food-and-financial-security (Zugriff 30.12.2017)

GRAIN, IATP, Heinrich Böll Stiftung (2017) Big meat and dairy's supersized climate footprint. https://www.grain.org/article/entries/5825-big-meat-and-dairy-s-supersized-climate-footprint (Zugriff 16.11.2017)

Grossarth J (2016) Deutschlands größter Bauer erntet 600 Millionen Euro Schulden. Frankfurter Allgemeine Zeitung vom 12.7.2016

Gruber E (2017) Im Ruhestand aufs Land. Ruhestandsmigration und deren Bedeutung für ländliche Räume in Österreich. Ländliche Räume: Beiträge zur lokalen und regionalen Entwicklung, Bd. 2. Wien

Grünberg K (2016) Sicherung der biologischen Vielfalt. In: Riedel W, Lange H, Jedicke E, Reinke M (Hrsg) Landschaftsplanung. Springer Spektrum, Heidelberg. 7–13

Hadjimichalis C (2016) Schuldenkrise und Landraub in Griechenland; Griechenland im Fokus globaler Strategien. Westfälisches Dampfboot, Münster

Hahne U (2017) Stadt-Land-Beziehungen in Zeiten von Wandel und Unsicherheit, Regionalentwicklung am Ausgang der expansiven Moderne. Göttinger Geographische Abhandlungen 121: 19–48

Halfacree KH (1993) Locality and social representation: Space, discourse and alternative definitions of the rural. Journal of rural Studies 9/1: 23–27

Halfacree KH (2006) Rural space: constructing a three-fold architecture. In: Cloke P, Marsden T, Money P (eds) Handbook of Rural Studies. Sage, London. 44–62

Hartke W (1959) Die soziale Differenzierung der Agrarlandschaft im Rhein-Main Gebiet. In: Erdkunde 7/1-1: 11–27

Harvey D (2014) The „New Imperialism": Accumulation by Dispossession. In: Social Register: 63–87

Helbrecht I (2014) Urbanität und Ruralität. In: Lossau J, Freytag T, Lippuner R (Hrsg) Schlüsselbegriffe der Kultur- und Sozialgeographie. UTB, Stuttgart. 167–181

Helfrich S (2012) Commons: Für eine neue Politik jenseits von Markt und Staat. Transcript, Bielefeld

Henderson GL (1999) California and the Fictions of Capital. Oxford University Press, Oxford

Hendrickson M, Heffernan W (2002) Concentration of Agricultural Markets. Report to the National Farmers' Union

Henkel G (2004) Der ländliche Raum. Teubner-Verlag, Stuttgart, Leipzig

Hoering U (2008) Agrar-Kolonialismus in Afrika. VSA, Braunschweig

Hofmeister S, Scurrell B (2016) Die „Energielandschaft" als StadtLandschaft. Die Transformationsgeschichte einer Region in sozial-ökologischer Perspektive. In: Hofmeister S, Kühne O (Hrsg) StadtLandschaften. Die neue Hybridität von Stadt und Land. Springer VS, Heidelberg. 187–214

Hupke K (2015) Naturschutz: ein kritischer Ansatz. Springer Spektrum, Heidelberg

Ilesic S (1968) Für eine komplexe Geographie des ländlichen Raums und der ländlichen Landschaft als Nachfolgerin der reinen Agrargeographie. Münchener Studien zur Sozial- und Wirtschaftsgeographie 4: 67–74

Klagge B (2013) Governance-Prozesse für erneuerbare Energien – Akteure, Koordinations- und Steuerungsstrukturen. In: Klagge B, Arbach C (Hrsg) Governance-Prozesse für erneuerbare Energien. Arbeitsberichte der ARL, Hannover. 7–16

Kocks M (2007) Konsequenzen des demographischen Wandels für die Infrastruktur im ländlichen Raum. Geographische Rundschau 59/2: 24–31

Kühn M, Lang T (2017) Metropolisierung und Peripherisierung in Europa: eine Einführung. Europa Regional 23.2015/4: 2–14

Kühne O (2018a) Landschaftstheorie und Landschaftspraxis. Eine Einführung aus sozialkonstruktivistischer Perspektive. Springer VS, Wiesbaden

Kühne O (2018b) Landschaft und Wandel. Zur Veränderlichkeit von Wahrnehmungen. Springer VS, Wiesbaden

Kühne O, Weber F (2018 [online first 2017]) Conflicts and negotiation processes in the course of power grid extension in Germany. Landscape Research 43(4): 529–541. DOI: 10.1080/01426397.2017.1300639

Kühntopf S, Stedtfeld S, Bundesinstitut für Bevölkerungsforschung (BIB) (Hrsg) (2012) Wenige junge Frauen im ländlichen Raum: Ursachen und Folgen der selektiven Abwanderung in Ostdeutschland. Wiesbaden. http://nbn-resolving. de/urn:nbn:de:bib-wp-2012-032 (Zugriff 6.6.2018)

La Via Campesina (2017) Struggles of La Via Campesina – For Agrarian Reform, and the Defense of Life, Land and Territories. La Via Campesina, International Secretariat. https:// viacampesina.org/en/wp-content/uploads/sites/2/2017/10/ compressed_Publication-of-Agrarian-Reform-EN.pdf (Zugriff 01.02.2018)

Lee S (2016) What Debt In Chicken Farming Says About American Agriculture. The Huffington Post vom 19.7.2016

Leibenath M, Otto A (2013) Windräder in Wolfhagen – eine Fallstudie zur diskursiven Konstituierung von Landschaften. In: Leibenath M, Heiland S, Kilper H, Tzschaschel S (Hrsg) Wie werden Landschaften gemacht? Sozialwissenschaftliche Perspektiven auf die Konstituierung von Kulturlandschaften. Transcript, Bielefeld. 205–236

Levien M (2013) The Politics of Dispossession: Theorizing India's "Land Wars". Politics & Society 41: 351–394. DOI: 10.1177/0032329213493751

Li TM (2010) To Make Live or Let Die? Rural Dispossession and the Protection of Surplus Populations. Antipode 41: 66–93. DOI: 10.1111/j.1467-8330.2009.00717.x

Li TM (2011) Centering labor in the land grab debate. Journal of Peasant Studies 38: 281–298. DOI: 10.1080/03066150.2011.559009

Lienau C (2000) Die Siedlungen des ländlichen Raumes. Das Geographische Seminar, Braunschweig

Lindner P (2008) Der Kolchoz-Archipel im Privatisierungsprozess. Wege und Umwege der russischen Landwirtschaft in die globale Marktgesellschaft. Transcript, Bielefeld

Lindner P, Ouma S (2008) Meet the Farmer. Kleinbauern, Regionalentwicklung und der neue globale Agrarmarkt. Forschung Frankfurt, Frankfurt a. M.

Lucas L (2013) Investors wary of going back to the land. Financial Times vom 27.1.2016

Maertens M, Swinnen JFM (2009) Trade, Standards, and Poverty. Evidence from Senegal. World Development 37: 161–178. DOI: 10.1016/j.worlddev.2008.04.006

Maretzke S (2016) Demographischer Wandel im ländlichen Raum. So vielfältig wie der Raum, so verschieden die Entwicklung. Informationen zur Raumentwicklung 2: 169–187

Marx K (2008 [1867]) Das Kapital. Kritik der politischen Ökonomie. Erster Band Werke. Dietz, Berlin

Marx K, Engels F (1984 [1848]) Manifest der Kommunistischen Partei. Ausgewählte Schriften I. Dietz, Berlin. 25–57

Massey D (1995) The Conceptualization of Place. In: Massey D, Jess P (eds) A Place in the World? Places, Cultures and Globalization. Oxford University Press, Oxford. 45–85

McDonagh J (2012) Rural geography I: Changing expectations and contradictions in the rural. Progress in Human Geography 37/5: 712–720

McDonagh J, Nienaber B, Woods M (eds) (2015) Globalization and Europe's Rural Regions. Ashgate, Aldershot

McKay BM (2017) Agrarian Extractivism in Bolivia. World Development 97: 199–211. DOI: 10.1016/j.worlddev.2017.04.007

Meyer K (1964) Ordnung im ländlichen Raum. Stuttgart

Milbert A, Sturm G (2016) Binnenwanderungen in Deutschland zwischen 1975 und 2013. Informationen zur Raumentwicklung 2: 121–144

Mintz SW (2007) Die süße Macht. Kulturgeschichte des Zuckers. Campus-Verlag, Frankfurt a. M.

Moore J (2016) Über die Ursprünge unserer ökologischen Krise. PROKLA 46: 599–619

Müller H (2017) Nationaltheater. Wie falsche Patrioten unseren Wohlstand bedrohen. Campus, Frankfurt a. M., New York

Murray WE, Chandler T, Overton JD (2011) Global Value Chains and Disappearing Rural Livelihoods. The Degeneration of Land Reform in a Chilean Village, 1995–2005. TOARSJ 4: 86–95. DOI: 10.2174/1874914301104010086

Nienaber B, Potočnik Slavič I (2013) Is diversification of farm households still an option for integrated rural development? Evidence from Slovenia and Saarland, Germany. Quaestiones geographicae 32/4: 39–48

Nohl W (1981) Der Mensch und sein Bild der Landschaft. In: ANL (Hrsg) Beurteilung des Landschaftsbildes. Selbstverlag, Laufen: 5–11

Otremba H (1959) Stand und Aufgabe der deutschen Agrargeographie. Zeitschrift für Erdkunde 6: 147–182

Ouma S (2010) Global Standards, Local Realities: Private Agrifood Governance and the Restructuring of the Kenyan Horticulture Industry. Economic Geography 86: 197–222

Ouma S (2012) Land Grabbing. Versuch einer Begriffsbestimmung. In: Marquardt N, Schreiber V (Hrsg) Ortsregister. Ein Glossar zu Räumen der Gegenwart. Transcript, Bielefeld

Ouma S (2018) Opening the Black Boxes of Finance-Gone-Farming: A Global Analysis of Assetization. In: Bjørkhaug H, Lawrence G, Magnan A (eds) Financialization, Food Systems and Rural Transformation. Routledge, London

Pike A, Rodríguez-Pose A, Tomaney J (2017) Shifting horizons in local and regional development. Regional Studies 51/1: 45–57

Plankl R (2013) Regionale Verteilungswirkungen durch das Vergütungs- und Umlagesystem des Erneuerbare-Energien-Gesetzes (EEG). Thünen Working Paper 13. http://literatur.ti.bund.de/digbib_extern/dn052693.pdf (Zugriff 16.07.2017)

Polanyi K (2009) The great transformation. Politische und ökonomische Ursprünge von Gesellschaften und Wirtschaftssystemen. Suhrkamp, Frankfurt a. M.

Rauch T (2006) Zum Fortbestehen verurteilt. Kleinbauern der Länder des Südens im Globalisierungsprozess. Geographische Rundschau 58: 46–53

Redepenning M (2013) Neue Ländlichkeit. In: Gebhardt H, Glaser R, Lentz S (Hrsg) Europa – eine Geographie. Springer, Berlin, Heidelberg. 412–414

Rigg J, Vandergeest P (eds) (2012) Revisiting rural places: pathways to poverty and prosperity in Southeast Asia, Singapore. National University of Singapore Press and Honolulu

Samberg LH, Gerber JS, Ramankutty N, Herrero M, C West P (2016) Subnational distribution of average farm size and smallholder contributions to global food production. Environmental Research Letters 11: 1–12. DOI: 10.1088/1748-9326/11/12/124010

Sassen S (2014) Expulsions. Brutality and complexity in the global economy. Harvard University Press, Cambridge

Schamp E (2008) Globale Wertschöpfungsketten. Umbau von Nord-Süd-Beziehungen in der Weltwirtschaft. Geographische Rundschau 60: 4–11

Schmitt P, van Well L (Hrsg) (2016) Territiorial Governance across Europe. London

Scholich D (2008) Die Rolle der Raumplanung in der Gesellschaft. In: Raumforschung und Raumordnung 66/6: 475–485

Scholz F (1995) Nomadismus: Theorie und Wandel einer sozio-ökologischen Kulturweise. Erdkundliches Wissen 118. Stuttgart

Schumann H (2011) Die Hungermacher. Wie Deutsche Bank, Goldman Sachs & Co. auf Kosten der Ärmsten mit Lebensmitteln spekulieren. Foodwatch

Scoones I, Edelman M, Borras SM, Hall R, Wolford W, White B (2017) Emancipatory rural politics. Confronting authoritarian populism. The Journal of Peasant Studies 38: 1–20. DOI: 10.1080/03066150.2017.1339693

Spitzer H (1975) Regionale Landwirtschaft. Hamburg, Berlin

Taylor P (1988/1996) Political Geography: World-Economy, Nation-State and Locality. Harlow

Thünen-Institut (Hrsg) (2016) Landatlas. https://www.bmel.de/DE/Laendliche-Raeume/InformationsportalZukunftLand/_node.html (Zugriff 15.5.2018)

Torre A, Wallet F (2016) Regional Development in Rural Areas – Analytic Tools and Public Policies. London

Tsing A (2009) Supply Chains and the Human Condition. Rethinking Marxism 21: 148–176. DOI: 10.1080/08935690902743088

Vorbrugg A (2017) Not About Land, Not Quite a Grab: Rural Transformation and Dispersed Dispossession in Russia. BRICS Initiative for Critical Agrarian Studies, The 5th international conference, Moskau

Wallerstein I (1991) Geopolitics and geoculture – Essays on the changing world system. Cambridge

Walter F (2013) Bürgerlichkeit und Protest in der Misstrauensgesellschaft. Konklusion und Ausblick. In: Walter F, Marg S,

Geiges L, Butzlaff F (Hrsg) Die neue Macht der Bürger. Was motiviert die Protestbewegungen? BP-Gesellschaftsstudie. Rowohlt, Reinbek bei Hamburg. 301–343

Weber F (2015) Diskurs – Macht – Landschaft. Potenziale der Diskurs- und Hegemonietheorie von Ernesto Laclau und Chantal Mouffe für die Landschaftsforschung. In: Kost S, Schönwald A (Hrsg) Landschaftswandel – Wandel von Machtstrukturen. Springer VS, Wiesbaden. 97–112

Weber F, Roßmeier A, Jenal C, Kühne O (2017) Landschaftswandel als Konflikt. Ein Vergleich von Argumentationsmustern beim Windkraft- und beim Stromnetzausbau aus diskurstheoretischer Perspektive. In: Kühne O, Megerle H, Weber F (Hrsg) Landschaftsästhetik und Landschaftswandel. Springer VS, Wiesbaden. 215–244

Weis A (2007) The Global Food Economy. The Battle for the Future of Farming, Zed, London

White B, Borras Jr. SM, Hall R, Scoones I, Wolford W (2012) The new enclosures: critical perspectives on corporate land deals. Journal of Peasant Studies 39: 619–647. DOI: 10.1080/03066150.2012.691879

Wilkinson J (2017) Geschichte: Der Trend zum Global Player. In: Chemnitz C, Luig B, Rehmer C, Benning R, Wiggerthale M (Hrsg) Konzernatlas. Daten und Fakten über die Agrar- und Lebensmittelindustrie 2017. 10–11

Wirth P, Leibenath M (2016) Die Rolle der Regionalplanung im Umgang mit Windenergiekonflikten in Deutschland und Perspektiven für die raumbezogene Forschung. Raumforschung und Raumordnung 75/4: 389–398

Wiskerke H (2001) Rural development and multifunctional agriculture: topics for a new socio-economic research agenda. Tijdschrift voor sociaal-wetenschappelijk onderzoek van de landbouw 16/2: 114–119

Woods M (2005) Rural Geography. Sage-Public, London

Woods M (2007) Engaging the global countryside: globalization, hybridity and the reconstitution of rural places. Progress in Human Geography 31/4: 485–507. DOI: 10.1177/0309132507079503

Woods M (2011) Rural. Routledge, London, New York

Woods M (2012) Rural geography III: Rural futures and the future of rural geography. In: Progress in Human Geography 38/1: 125–134

World Social Forum (2011) Dakar Appeal Against the Land Grab www.farmlandgrab.orghttps://www.farmlandgrab.org/post/view/12160 (Zugriff 30.12.2017)

www.landmatrix.orghttp://www.landmatrix.org/en/get-the-idea/compare-size/?item=manhattan (Zugriff 30.12.2017)

Zademach H-M (2014) Finanzgeographie. WBG, Darmstadt

Weiterführende Literatur

Arnold A (1997) Allgemeine Agrargeographie. Gotha, Stuttgart

Baldenhofer K (2018) Lexikon des Agrarraums. https://www.agrarraum.info (Zugriff 5.6.2018)

Born KM (2017) Komplexe Steuerung in ländlichen Räumen: Herausforderungen und Perspektiven von Governance in einer spezifischen Raumkategorie. In: Kürschner W (Hrsg) Der ländliche Raum. Politik – Wirtschaft – Gesellschaft. Münster

Bröckling F, Grabski-Kieron U, Krajewski C (Hrsg) (2004) Stand und Perspektiven der deutschsprachigen Geographie des ländlichen Raumes. Arbeitsberichte 35. Münster

Chemnitz C, Luig B, Rehmer C, Benning R, Wiggerthale M (Hrsg) (2017) Konzernatlas – Daten und Fakten über die Agrar- und Lebensmittelindustrie 2017. Bonifatius, Paderborn

Clapp J (2012) Food. Polity Press, Cambridge

Ermann U, Langthaler E, Penker M, Schermer M (2018) Agro-Food Studies: Eine Einführung, Böhlau Verlag, Köln, Weimar, Wien

Franzen N et al (2008) Herausforderung Vielfalt – Ländliche Räume im Struktur- und Politikwandel. E-Paper der ARL, Hannover

Grabski-Kieron U (2005) Integrated Rural Development and its Implementation in Germany. Bayreuther Geowissenschaftliche Arbeiten 26: 2–34

Hadjimichalis C (2016) Schuldenkrise und Landraub in Griechenland – Griechenland im Fokus globaler Strategien. Westfälisches Dampfboot, Münster

Halfacree KH (2004) Rethinking „Rurality". In: Champion T, Graeme H (eds) New Forms of Urbanization, Beyond the Urban-Rural Dichotomy. Ashgate, Aldershot. 285–304

Hoering U (2008) Agrar-Kolonialismus in Afrika, VSA, Braunschweig

McDonagh J (2012) Rural geography I: Changing expectations and contradictions in the rural. Progress in Human Geography 37/5: 712–720

McDonagh J (2014) Rural geography II: Discourse of food and sustainable rural futures. Progress in Human Geography 38/6: 838–844

McDonagh J, Nienaber B, Woods M (eds) (2015) Globalization and Europe's Rural Regions. Ashgate, Aldershot

Munton R (2008) The Rural. Critical Essays in Human Geography. Ashgate, Aldershot

Schamp E (2008) Globale Wertschöpfungsketten. Umbau von Nord-Süd-Beziehungen in der Weltwirtschaft. Geographische Rundschau 60: 4–11

Scholz U (2003) Die feuchten Tropen. Das Geographische Seminar. Westermann, Braunschweig

Schwarz G (1989) Allgemeine Siedlungsgeographie. Lehrbuch der Allgemeinen Geographie, Teil 1. Die ländlichen Siedlungen, die zwischen Land und Stadt stehenden Siedlungen. Berlin, New York

Shucksmith M, Brown DL (2016) Routledge International Handbook of Rural Studies. Routledge, Abington

Vogt L, Biernatzki R, Kriszan M, Lorleberg W (2015) Ländliche Lebensverhältnisse im Wandel 1952, 1972, 1993, 2012. Volume 1: Dörfer als Wohnstandorte. Thünen Report 32

Weber F (2018) Konflikte um die Energiewende. Vom Diskurs zur Praxis. Springer VS, Wiesbaden

Weis A (2007) The Global Food Economy. The Battle for the Future of Farming, Zed, London

Woods M (2010) Rural. Routledge, London, New York

Woods M (2012) Rural geography III: Rural futures and the future of rural geography. In: Progress in Human Geography 38/1: 125–134

Geographische Entwicklungsforschung

22

Julia Verne und Detlef Müller-Mahn

Das Warenangebot dieses kleinen Ladens in der Oase Ibra im Landesinneren des Sultanats Oman wirkt nur auf den ersten Blick „traditionell". Durch genaueres Hinsehen gewinnt man Hinweise auf den jüngeren Wandel und die wirtschaftlichen Verflechtungen des Landes. Die Warenpalette ist Ausdruck von neuen Konsummustern, die Produkte stammen aus aller Welt. Konserven aus Indien, Werkzeuge aus China, Speiseöl und Hülsenfrüchte aus dem Iran, Einmalwindeln und Kosmetikartikel aus Europa. Was oberflächlich betrachtet „orientalisch" aussieht, ist in Wirklichkeit „global" (Foto: D. Müller-Mahn).

© Springer-Verlag GmbH Deutschland, ein Teil von Springer Nature 2020
H. Gebhardt et al. (Hrsg.), *Geographie*, https://doi.org/10.1007/978-3-662-58379-1_22

Das vorliegende Kapitel geht der geographischen Forschung im Globalen Süden seit ihren Anfängen nach, um den Fokus auf „Entwicklung" sowohl historisch als auch im disziplinären Kontext der Geographie zu verorten. In diesem Zusammenhang werden zentrale theoretische Zugänge vorgestellt, die jeweils charakteristisch für unterschiedliche Phasen der Geographischen Entwicklungsforschung sind. Dabei wird deutlich, dass geographische Forschung im Globalen Süden nicht automatisch Entwicklungsforschung im Sinne einer Auseinandersetzung mit Entwicklungsprojekten oder Entwicklungspolitik sein muss, aber dass sie immer vor dem Hintergrund der komplexen Beziehungen zwischen Globalem Norden und Süden erfolgt. Dieses Verhältnis wird derzeit vor allem im Kontext zunehmend fragmentierter räumlicher Disparitäten, globaler Verflechtungen und planetarischer Umweltveränderungen diskutiert und ausgehandelt. Wesentliche konzeptionelle Überlegungen und Fragestellungen in diesen drei Themenfeldern werden daher in diesem Kapitel skizziert, um einen Einblick in die aktuelle Ausrichtung und Dynamik dieses Teilbereichs der Geographie zu geben.

So arbeitet dieses Kapitel nicht nur die Bedeutung einer historischen Perspektive heraus, in dem es zeigt, wie die Vergangenheit der Disziplin bis heute die Debatten beeinflusst. Es zeigt auch, wie versucht wird, mithilfe unterschiedlicher theoretischer Ansätze darüber hinauszugehen. Dabei wird klar, dass der Geographischen Entwicklungsforschung auch jenseits eines Entwicklungsparadigmas eine besondere Rolle und Verantwortung zukommt, sich kritisch zu heutigen globalen gesellschaftspolitischen und umweltbezogenen Problemstellungen zu positionieren und entsprechend zu ihrem Verständnis beizutragen.

22.1 Von Entdeckung und Eroberung zu Entwicklung

Lange bevor ein erheblicher Teil der Welt als „Entwicklungsländer" klassifiziert und problematisiert wurde, dominierte in der geographischen Wahrnehmung eine Einteilung in die gemäßigten Breiten und die Tropen. Als Objekt europäischer Fantasien der Selbstverwirklichung und Grenzerfahrung spielte das Bild der Tropen eine zentrale Rolle sowohl für die Entdeckung und Erkundung als auch für die Eroberung der Welt im Zuge des Imperialismus. Zur Zeit der Aufklärung wurden zahlreiche Forschungsreisen in die äquatorialen Breiten finanziert, in deren Rahmen eine Vielzahl von Artefakten, Exemplare unterschiedlicher Spezies, Zeichnungen, Kartierungen und Texte gesammelt und verschifft wurden, mit dem Ziel, die Welt kennenzulernen und bekannt zu machen (Driver 2004). Eine zentrale Figur in diesem Kontext war Alexander von Humboldt (Kap. 3), der auf mehrjährigen Forschungsreisen zu Beginn des 19. Jahrhunderts Lateinamerika, Nordamerika und Zentralasien bereiste und damit wesentlich zur Begründung der Geographie als einer empirischen Wissenschaft beigetragen hat. In der Bemühung, die **„weißen Flecken"** auf der Landkarte zu füllen und dadurch neues Wissen über die Welt zu generieren, ging es Humboldt, wie auch anderen reisenden Forschern um die besondere Erfahrung der Tropen – „*a privileged site, where the true variation and order of nature could be observed in all its majesty*" (Driver 2004, Fabian 2001). Als exotisches Anderes wurde den Tropen eine entscheidende Rolle auf dem Weg zu einem besseren Verständnis der Welt als Ganzem zugesprochen. Im Zentrum stand dabei oftmals die

Beobachtung und Aufzeichnung der physisch-geographischen Gegebenheiten.

Nicht nur in der Geographie bildete sich im 19. und 20. Jahrhundert eine besondere Berücksichtigung der Tropen heraus. So wurden z. B. auch eine Klimatologie der Tropen und die Tropenmedizin als Subdisziplinen in ihren jeweiligen Fächern verankert. Eine besondere Bedeutung erlangte diese Spezialisierung im Zuge der Kolonialisierung, doch auch zuvor spielte die Erkundung möglicher Handelsstützpunkte und Absatzmärkte bereits eine wichtige Rolle. Die sich in diesem Kontext institutionalisierende **Kolonialgeographie** bot sich hier immer wieder dezidiert an, durch einen „allgemeinen beherrschenden Überblick über ein Neuland […] die Kolonisationsarbeit" zu unterstützen (Meyer 1903) und konnte dadurch erfolgreich Mittel für Forschungsreisen einwerben. Die Aufgabe der Geographie wurde nun weniger in der Entdeckung und Erkundung der Welt gesehen, sondern in dem Bemühen, in den Diensten der Kolonialmacht die wirtschaftliche Produktivität der Kolonien zu steigern und ihren Erhalt zu sichern (Power & Sidaway 2004). Die klassischen Reiseberichte, die bisher charakteristisch für die explorative Forschung gewesen waren, wurden zunehmend durch eine systematische Ordnung und „objektivierte Raumbeschreibung" (Gräbel 2015) ergänzt. Hans Meyer (Abb. 22.1), Vorsitzender der Landeskundlichen Kommission zur Erforschung der deutschen Schutzgebiete, war es, der sich in seinen methodologischen Äußerungen darum bemühte, die **landeskundliche Forschung** im „Sinne der modernen Geographie" zu vereinheitlichen (Meyer 1905). Zur Popularisierung landeskundlichen Wissens gerade über außereuropäische Räume trugen auch die Ende des 19. Jahrhunderts zahlreich gegründeten Geographischen Gesellschaften bei (Exkurs 22.1). Auch im 2. Weltkrieg kam der landeskundlichen Betrachtung der Tropen eine wichtige strategische Bedeutung zu. Zahlreiche enzyklopädisch aufgemachte Handbücher wurden in dieser Zeit in den Diensten militärisch-strategischer Interessen verfasst.

Erst in der Nachkriegszeit – obwohl auch da landeskundliche Forschung weiterhin eine Rolle spielte – wurden neuere Strömungen in der Auseinandersetzung mit den Tropen bzw. den Kolonien deutlich. Angeregt durch die Beobachtungen des Wiederaufbaus wurde nun verstärkt über die Entwicklung bzw. das **Entwicklungspotenzial der Kolonien** reflektiert. Weniger allgemein als gesellschaftliche Transformation angesehen standen die Visionen und möglichen Wege zu einer erstrebenswerten Gesellschaft im Zentrum der Debatten um Entwicklung. Dies wurde dominiert durch die Rivalität zwischen den Vereinigten Staaten von Amerika und der Sowjetunion, die jeweils ihr eigenes sozioökonomisches System als Maßstab und Modell für Entwicklung zugrunde legten (Bernstein 2006).

Auf der einen Seite gewannen also politisch links orientierte Perspektiven an Bedeutung, verbunden mit einem verstärkten Interesse an den Ursachen für „Unterentwicklung". Dies wurde gestützt durch die Erfahrungen der vornehmlich englischen und französischen Geographen, die in dieser Zeit an den geographischen Instituten der größeren Universitäten in den Kolonien beschäftigt waren und vor Ort sozialistische Ideale und nationalistische Tendenzen verhandelten (Power & Sidaway 2004). Im Zuge

Abb. 22.1 Hans Meyer, der in Leipzig bei v. Richthofen und Ratzel Geographie und Völkerkunde studiert hatte, gelang es in seinem dritten Anlauf 1889 den Kilimandscharo zu besteigen, wo er zunächst vor allem vulkanologische Studien durchführte, bevor er später allgemeine kolonialgeographische Abhandlungen verfasste und wesentlich zur Etablierung der Länderkunde beitrug. Von 1915–1928 hatte er die Professur für Kolonialgeographie und Kolonialpolitik in Leipzig inne. Die Abbildung zeigt ein Buch von Hans Meyer (**a**) und ein Bild des Kilimandscharo, das nach einer fotografischen Aufnahme von Hans Meyer gefertigt wurde (**b**).

der Entkolonialisierung in den 1950er- und 60er-Jahren herrschte in vielen der gerade unabhängig gewordenen Staaten in Afrika, Asien und Lateinamerika eine hoffnungsvolle Aufbruchsstimmung. Auf der anderen Seite bildete sich in dieser Zeit ein Verständnis von Entwicklung heraus, das eng verbunden war mit der Gründung **neuer nationaler und internationaler Organisationen** wie FAO (bereits im Jahr 1945) und UNDP (im Jahr 1966). In diesem Zusammenhang kamen auch die Begrifflichkeiten der „Unterentwicklung" und „Dritten Welt" auf. Die Rede von Harry Truman, dem 33. Präsidenten der Vereinigten Staaten von Amerika, vor dem Kongress im Januar 1949, wird häufig als Geburtsstunde der internationalen Entwicklungspolitik angesehen: „[…] *we must embark on a bold new program for making the benefits of our scientific advances and industrial progress available for the improvement and growth of underdeveloped areas.* […] *The United States is pre-eminent among nations in the development of industrial and scientific techniques. The material resources, which we can afford to use for the assistance of other peoples are limited. But our imponderable resources in technical knowledge are constantly growing and are inexhaustible.* […] *It must be a worldwide effort for the achievement of peace, plenty, and freedom".* Wie in der Rede von Truman zum Ausdruck kommt, wurde Entwicklung hier im Wesentlichen auf technischen Fortschritt zurückgeführt, der sich am Vorbild der Industrieländer orientierte. Entwicklung galt aus dieser Sicht somit als ein grundsätzlich planbares und steuerbares Unterfangen, für das lediglich im Rahmen von „Entwicklungshilfe" die notwendige technologische Unterstützung zu liefern sei und die passenden Rahmenbedingungen in den „Entwicklungsländern" selbst geschaffen werden müssten. Eine Position, die auch von vielen Wissenschaftlern mitgetragen wurde und forschungsleitend wirkte.

Insgesamt war die Phase seit der ersten **Afrika-Asien-Konferenz** in Bandung 1955 (Bandung-Konferenz; Abb. 22.2) bis in die 1970er-Jahre, als sich sowohl die Bewegung der blockfreien Staaten als auch die Gruppe der 77 (G77) vehement für eine wirtschaftliche Neuordnung der Welt einsetzten, durch intensive und kontroverse politische Debatten über die Möglichkeiten für Entwicklung gekennzeichnet. Diese politische Relevanz von Entwicklungsprozessen war es auch, die wesentlich zur Etablierung der Entwicklungsforschung als akademischer Disziplin beigetragen hat. Bis heute legitimiert sich die Entwicklungsforschung vielfach durch ihre Politiknähe und die damit verbundene Erwartung, dass sie „Entwicklungsprobleme" nicht nur untersucht, sondern auch zu ihrer Lösung beiträgt (Rauch 2009). Damit ist die wissenschaftliche Auseinandersetzung mit Entwicklungsprozessen grundsätzlich durch ein Spannungsverhältnis zwischen theoriegeleiteten analytischen Ansätzen und stärker anwendungsorientierten Arbeiten geprägt.

Aktuell geht es dabei um kontrovers diskutierte Fragen: Inwieweit muss sich geographische Forschung im Globalen Süden überhaupt mit Entwicklung auseinandersetzen (Exkurs 22.2)? Und warum werden Armut, Mangel bzw. exzessiver Konsum, Rassismus oder Marginalisierung im Globalen Norden nicht auch als „Entwicklungsprobleme" diskutiert? Muss geographische Forschung im Globen Süden immer Entwicklungsforschung sein? Oder warum forschte ein Großteil der Kultur- und Wirtschaftsgeographen, der Stadt- und Sozialgeographen in den 1990er- und 2000er-Jahren fast ausschließlich im Globalen Norden? Und jetzt? Wird die Geographische Entwicklungsforschung zunehmend zu einer planetarischen Geographie?

Exkurs 22.1 Geographische Gesellschaften

Ute Wardenga

Bereits Jahrzehnte, bevor die Geographie an Hochschulen institutionalisiert wurde, haben die seit den 1820er-Jahren weltweit in mehreren Wellen gegründeten Geographischen Gesellschaften erhebliche Lobbyarbeit für das Fach betrieben. Sie regten zahlreiche Expeditionen und explorative Forschungsreisen, insbesondere in die Polargebiete, nach Zentral-, Ost- und Südasien sowie nach Afrika an, sammelten Mittel zu deren Ausstattung und übernahmen die Dokumentation, Verarbeitung und/oder kartographische Visualisierung der Ergebnisse dieser Reisen in den von ihnen herausgegebenen Zeitschriften. Seit Anfang der 1870er-Jahre waren sie es, die unter Nutzung ihrer vergleichsweise guten personellen und infrastrukturellen Ausstattung an wechselnden Orten internationale Geographentage organisierten und so als Forum für die Herausbildung einer rasch wachsenden internationalen *scientific community* von Geographen fungierten. Zahlreiche europäische Gesellschaften setzten sich überdies für eine Hebung der Standards des geographischen Schulunterrichts ein und nutzten, oft gezielt, ihre vergleichsweise guten Verbindungen zu nationalen und/oder regionalen Eliten von Politik, Verwaltung und Wirtschaft, um die Einrichtung von geographischen Lehrstühlen an Universitäten energisch voranzutreiben. Obwohl die meisten Geographischen Gesellschaften die gesamte Welt als ihr potenzielles Arbeitsfeld betrachteten und neue Ergebnisse überseeischer Forschungen durch Vortragsveranstaltungen, Ausstellungen und populäre Schriften zeitnah an ein außerwissenschaftliches Publikum zu vermitteln suchten, engagierte sich mehr als die Hälfte von ihnen unter Einbindung ihrer meist aus dem Bürgertum stammenden Mitglieder für die Erforschung des jeweiligen Heimatlandes bzw. der jeweiligen Heimatregion.

Durch die Arbeit von Geographischen Gesellschaften entstanden bereits im 19. Jahrhundert feste Vorstellungen darüber, wie geographisches Wissen zu erzeugen, zu visualisieren und zu vermitteln war. Dabei lassen sich drei, später nahtlos in die nationalen Hochschulgeographien übernommene Praktiken unterscheiden: Wissenschaftliche, vorwiegend durch Messung und Beobachtung vor Ort geprägte Praktiken zielten auf die Herstellung eines komplexen technisch-instrumentellen Wissens, z. B. über Bodenschätze, Relief, Gewässer und Klima sowie über Bevölkerung, Siedlung, Wirtschaft, Verkehr. Dieses Wissen diente vornehmlich dazu, auf bestimmte Räume (z. B. Tropengebiete) ein begehrliches Auge zu werfen und sie von Europa aus durchherrschbar zu machen. Praktiken der Vermittlung übersetzten das forschungsbasierte Wissen in anschauliche regionsbezogene Narrationen. Hier ging es um Weltbilder und damit um (auch schulisch vermittelbare) Sinnbildungsprozesse in einer zunehmend als globales Ganzes erfahrbaren Welt. Als Bindeglied fungierte die Praxis des Visualisierens, die mittels Herstellung von Karten geschah. Diese Praxis baute auf einem komplexen Gerüst wissenschaftlicher Daten auf, die u. a. in Geographischen Gesellschaften systematisch gesammelt und durch umfangreiche Selektions- und Rekombinationsverfahren in Karten verwandelt wurden. Das visuelle Medium der Karte erzeugte bereits seit Mitte des 19. Jahrhunderts in zunehmend standardisierter Form eine neue Sichtbarkeit auf die Welt als einem Komplex von Räumen unterschiedlichen Maßstabs. Alle drei Praktiken zusammen bildeten eine der Grundvoraussetzungen für ein schließlich global durchgesetztes koloniales „Syndrom", das sowohl Schul- als auch Hochschulgeographien durch ihre Formatierung von Räumen gespiegelt und bis weit ins 20. Jahrhundert hinein (weitgehend unreflektiert) reproduziert haben.

Abb. 22.2 Die erste Afrika-Asien-Konferenz 1955 in Bandung trug wesentlich zur Neuordnung der Welt nach dem zweiten Weltkrieg bei. Der Afrika-Asien-Gipfel 2015, der ebenfalls der „Stärkung der Süd-Süd-Zusammenarbeit zur Förderung des Weltfriedens und des Wohlstands" gewidmet war, sollte bewusst an die historische Bandung-Konferenz erinnern. Der erneute Gang vom Hotel Savoy Homann bis zum Unabhängigkeitsgebäude sollte den „Geist von Bandung" weitertragen (Foto: Achmad Ibrahim/AP Photo/picture alliance).

Exkurs 22.2 Begriffsverständnis Entwicklung

In den seltensten Fällen wird Entwicklung im Kontext der Entwicklungsforschung neutral als historisch zu beobachtende gesellschaftliche Transformation verstanden (Bernstein 2006). In Anlehnung an die entwicklungspolitische Praxis wird unter Entwicklung vielmehr ein zielgerichteter Prozess verstanden, dessen Zielbestimmung die Verbesserung eines Zustands oder darauf ausgerichteter Indikatoren ausdrückt (Rauch 2009). Der so definierte Entwicklungsbegriff beinhaltet die Vorstellung, dass die Prozesse, die zu der angestrebten Verbesserung führen, in irgendeiner Weise planbar, steuerbar und messbar sind, z. B. durch Projekte der Entwicklungszusammenarbeit. In der Wissenschaft ist der Entwicklungsbegriff jedoch umstritten, weil seine Definitionen normativ aufgeladen sind und deshalb letztlich von den Wertvorstellungen derjenigen abhängen, die die Ziele vorgeben. Damit kann „Entwicklung" völlig verschiedene Bedeutungen und Prioritäten umfassen, z. B. Wirtschaftswachstum, Beschäftigungsförderung, Gerechtigkeit, Partizipation oder Un-

abhängigkeit – oder gleich alles zusammen. Die Meinungen über die „richtigen" Ziele und Wege der Entwicklung gehen weit auseinander, was u. a. auch an den unterschiedlichen Auffassungen über die Ursachen der zu überwindenden Probleme liegt. Die antagonistischen „Theorielager", die seit den 1970er-Jahren die Entwicklungsdebatte bestimmten (Tab. A), konvergieren letztlich in der Vorstellung einer durch wirtschaftliches Wachstum zu erreichenden nachholenden Entwicklung.

Grundsätzlich geht es der Geographischen Entwicklungsforschung nicht darum, nach einer „richtigen" Definition von Entwicklung zu suchen, sondern zu erkennen, wie unterschiedliche Verständnisse von Entwicklung benutzt werden, was sie bedeuten und welche Interventionen auf ihrer Basis legitimiert werden (Lawson 2007). Welche Versionen von Entwicklung dominieren bei wem und wo? Welche politische Dimension hat Entwicklung? Wer wird einbezogen, wer ausgeschlossen?

Tab. A Die Grundpositionen der „großen Theorien".

	Modernisierungstheorien	Dependenztheorien
Ursachen der „Unterentwicklung"	primär endogene Faktoren: Rückständigkeit	primär exogene Faktoren: Kolonialismus, strukturelle Deformation, Abhängigkeit, ungleicher Tausch
Indikatoren der „Unterentwicklung"	niedrige Pro-Kopf-Einkommen	Verschuldung, *terms of trade*
Konzepte und Raummuster der „Unterentwicklung"	Dualismus von entwickelten/unterentwickelten Regionen	Zentrum – Peripherie, Marginalisierung, strukturelle Heterogenität
Entwicklungsstrategie	nachholende Entwicklung durch Modernisierung, Exportorientierung	nachholende Entwicklung durch autozentrierte wirtschaftliche Entfaltung, Importsubstituierung
Leitbild der Entwicklung	„Fortschritt", Vorbild der Industrieländer	Emanzipation, Bedürfnisse der Entwicklungsländer
Entwicklungsziele	Modernisierung und Wachstum	Unabhängigkeit und Wachstum

Kapitel 22

22.2 Theoretische Perspektiven auf Entwicklung

Nachkriegsoptimismus, Kalter Krieg und die „großen Theorien"

In den ersten Jahrzehnten nach dem 2. Weltkrieg wurde die Debatte um Entwicklung durch zwei zentrale Themenfelder und „große Fragen" bestimmt: **wirtschaftliches Wachstum** und wie man es herbeiführen kann, und **Armut** und wie man sie mindern kann (Bernstein 2006). Darin zeigt sich, dass die Forschung in „Entwicklungsländern", wie es in dieser Zeit meistens hieß, inzwischen eine stärker sozialwissenschaftliche Ausrichtung verfolgte. Damit entsprach sie dem grundsätzlichen Trend der 1970er-Jahre, in denen zum einen raumwissenschaftliche Ansätze dominierten, in Reaktion darauf aber auch die sog. *radical geography* an Bedeutung gewann. Dies spiegelte sich auch in der

Herangehensweise an diese beiden Themenfelder, die vor allem durch die Annahmen der beiden sog. **großen Theorien** dominiert wurden. Dabei handelt es sich genau genommen um zwei Theorielager oder Grundpositionen, die sich in ihren Problemdiagnosen und Lösungsempfehlungen diametral gegenüberstehen.

Im amerikanischen Einflussbereich wurden zu Beginn der 1970er-Jahre fast ausschließlich modernisierungstheoretische Ansätze verfolgt. Wie Nashel (2000) es formuliert: „*Modernization theory was so popular [in the United States] in the aftermath of World War II that it approximated a civil religion championed by liberal Cold warriors*". **Aus modernisierungstheoretischer Sicht** wird „Unterentwicklung" als gesellschaftliche, wirtschaftliche und kulturelle Rückständigkeit interpretiert, das heißt aus internen Faktoren der Länder heraus. Die mangelnde Entwicklungsdynamik, so wird argumentiert, ergäbe sich aus einer Blockierung der (durchaus vorhandenen) endogenen Potenziale der „Entwicklungsländer" infolge von Traditionalität. Traditionelle Verhaltensmuster (z. B. mangelnde Innovationsfähigkeit), traditionelle sozio-kulturelle Strukturen (z. B. das indische Kastenwesen) und traditionelle Wirtschafts- sowie Raumstrukturen (z. B. segmentäre Siedlungs- und Marktstrukturen) verhinderten demzufolge eine dynamische Wirtschaftsentwicklung nach dem Muster der sog. Industrieländer, mit den Folgen von Stagnation, wirtschaftlicher Rückständigkeit und Massenarmut. Entwicklung bzw. Überwindung von „Unterentwicklung" bedarf aus modernisierungstheoretischer Sicht in diesem Sinne einer umfassenden Modernisierung von traditionsbehafteten Wertvorstellungen, Verhaltensweisen und Gesellschaftsstrukturen, sodass nachholende Entwicklung nach dem Vorbild der Industrieländer möglich wird. Der rasche Aufstieg der „Entwicklungsländer" wird aus modernisierungstheoretischer Sicht in zweierlei Hinsicht begünstigt: Zum einen können die historischen Erfahrungen der Industrieländer genutzt und ihre Fehler vermieden werden. Zum anderen steht den „Entwicklungsländern" technische und finanzielle Hilfe aus den Industrieländern in Form von wirtschaftlicher und technischer Zusammenarbeit zur Verfügung.

Als sich im Verlauf der 1970er-Jahre jedoch immer deutlicher herausstellte, dass die erwünschten Erfolge doch nicht so einfach zu erzielen waren, setzte verstärkt eine kritische Auseinandersetzung mit dem modernisierungstheoretischen Paradigma ein. In diesem Kontext steht auch die Institutionalisierung der deutschsprachigen Entwicklungsforschung (Exkurs 22.3). Als Gegenentwurf wurden Ansätze diskutiert, die sich stärker auf die Verursachung von „Unterentwicklung" und „struktureller Deformation" infolge der weiter bestehenden wirtschaftlichen und politischen Abhängigkeiten der früheren Kolonien bezogen und unter der Bezeichnung **„Dependenztheorien"** zusammengefasst wurden. Im Gegensatz zu den Modernisierungsansätzen, deren strategische Empfehlungen ein Nachvollziehen des europäisch-amerikanischen Entwicklungswegs nahelegten, propagierte die Dependenzdebatte, die insbesondere von Senghaas (1974) in den deutschsprachigen Entwicklungsdiskurs eingebracht wurde, eine Loslösung bzw. Abkopplung vom „Westen" und eine Stärkung eigener Potenziale durch eine binnenorientierte Entwicklung. Nicht die endogenen Strukturen, sondern die durch strukturelle Abhängigkeiten hervorgerufene Blockierung von Entwicklung verursache demnach „Unterentwicklung". Solche Deformationen zeigen sich beispielsweise in Form eines systematischen Abzugs von Ressourcen aus den „Entwicklungsländern" infolge kolonialer Extraktions- und Ausbeutungsmechanismen, in Form von disparitären Raumstrukturen (z. B. koloniale Brückenköpfe als Zentren einer ausgebeuteten ländlichen Peripherie) und in Gestalt polarisierter Gesellschaftsstrukturen mit wenigen prosperierenden Gewinnern und zahllosen verarmten Verlierern. Da sich die derart deformierten Strukturen auch lange nach Beendigung formaler Abhängigkeitsbeziehungen erhalten, ist eine dynamische Entwicklung – die auch von der Dependenztheorie grundsätzlich als nachholende Entwicklung verstanden wird – auf Dauer blockiert. Nur eine vorübergehende Abkopplung aus dem Weltmarkt, eine selektive „Dissoziation" und ein autozentrierter, auf endogene Stärken und Potenziale gerichteter Entwicklungsweg können aus dependenztheoretischer Sicht strukturelle „Unterentwicklung" auf Dauer aufbrechen.

Aus geographischer Perspektive hervorzuheben sind die Gegensätze zwischen modernisierungs- und dependenztheoretischen Erklärungsansätzen hinsichtlich der Raummuster von „Unterent-

wicklung" und den daraus gezogenen entwicklungsstrategischen Empfehlungen. Während die Modernisierungstheorien von einem Dualismus, das heißt einem mehr oder weniger beziehungslosen Nebeneinander von „entwickelten" und „unterentwickelten" Regionen ausgingen, konnten dependenztheoretische Arbeiten in zahlreichen empirischen Studien nachweisen, dass zwischen Zentrum, Brückenköpfen und Peripherien enge wirtschaftliche und gesellschaftliche Verflechtungen bestehen, die sich in einer strukturellen Heterogenität niederschlagen. Strukturelle Heterogenität bedeutet, dass die Peripherie nicht etwa in einer Art Dornröschenschlaf darauf wartet, in die vom Zentrum ausgehende nachholende Entwicklung einbezogen zu werden, sondern dass sie infolge der vielfältigen Abhängigkeitsbeziehungen einer tiefgreifenden strukturellen Deformation unterliegt.

Das „Scheitern" der „großen Theorien" – Neuorientierungen der 1990er-Jahre

Die geringen Erfolge der Entwicklungspolitik, insbesondere für die ärmsten Länder der Erde, stellten diese beiden „großen Theorien" in den späten 1980er-Jahren schließlich erheblich infrage. Dies wurde durch die Erfahrung des politischen **Systembruchs** im Jahre 1989 noch verstärkt, da dieser den Glauben an die Alternative eines sozialistischen Entwicklungswegs erheblich erschütterte. In seinem 1992 erschienenen Buch „Das Ende der Dritten Welt und das Scheitern der großen Theorien" spitzte der Politologe Ulrich Menzel (1992) die verbreitete Frustration über die Erfolglosigkeit bisheriger Entwicklungsbemühungen in der These zu, dass weder die prowestliche Modernisierung noch die kapitalismuskritischen Alternativen den Durchbruch für die „Entwicklungsländer" gebracht hätten. Auch Watts (1995) konstatierte eine Pattsituation der Entwicklungstheorien.

Vor diesem Hintergrund wurden in den späteren 1990er-Jahren in der Geographischen Entwicklungsforschung **Theorien mittlerer Reichweite** populär (Krüger 2007, Kang 2014). Diese gehen von einer Wissenslücke auf mittlerer Ebene aus – einer Ebene zwischen den allumfassenden, systemischen Versuchen einer großen Theorie und den kleineren Arbeitshypothesen, die in der alltäglichen Forschung entstehen (Merton 1968). In der Entwicklungsforschung sind damit also Erklärungsansätze gemeint, die ausdrücklich nur für bestimmte Teilfragen im Entwicklungskontext entworfen wurden und keine darüberhinausgehende Gültigkeit beanspruchen. Sie stellen in erster Linie alltagsweltliche und lokalspezifische Ausprägungen in den Mittelpunkt oder richten den Forschungsfokus auf lokale Akteure und ihr Handeln (Müller-Mahn 2001, Tröger 2004).

Um diese Ansätze der Geographischen Entwicklungsforschung angemessen zu beurteilen, muss man sich vor Augen führen, was sie leisten können und was nicht. Die Fokussierung der Forschung auf begrenzte Handlungskontexte bietet die Möglichkeit, konkrete Akteure in den Mittelpunkt zu stellen und ihr Handeln begreifbar zu machen. Eine solche Perspektive kann jedoch keine Erklärungen für ökonomische Abhängigkeiten, politische Machtverhältnisse oder Dynamiken des gesellschaftlichen Wandels

Exkurs 22.3 Die Institutionalisierung der Geographischen Entwicklungsforschung im deutschsprachigen Raum

Als wissenschaftliches Programm wurde der Ansatz einer Geographischen Entwicklungsforschung von Jürgen Blenck (1979) in die deutschsprachige Geographie eingeführt. Ironischerweise erschien sein grundlegender Aufsatz „Geographische Entwicklungsforschung" in einem Themenheft mit dem Titel „Geographische Beiträge zur Entwicklungsländerforschung". Dieses Themenheft enthielt eine erste Dokumentation des von Fred Scholz 1976 in Göttingen gegründeten „Geographischen Arbeitskreises Entwicklungstheorien". Ziel seines programmatischen Aufsatzes war es, „Entwicklung" bzw. „Unterentwicklung" zum zentralen Gegenstand der Geographischen Entwicklungsforschung zu erklären. Nicht der geographische Raum, sondern die gesellschaftlichen Prozesse in „Entwicklungsländern" sollten den Kern der Geographischen Entwicklungsforschung bilden.

Damit verbunden war ein Plädoyer, die normative und politische Dimension der Forschung anzuerkennen und den entwicklungstheoretischen bzw. gesellschaftlichen Standort des Forschenden in seinem Verhältnis zu Entwicklungsfragen offenzulegen. Wollte man gesellschaftliche Probleme von „Entwicklung" bzw. „Unterentwicklung" erklären, so sei es unabdingbar, auch sozialwissenschaftliche Entwicklungstheorien in die Analyse einzubeziehen. Genau dies war auch das Anliegen des oben erwähnten „Geographischen Arbeitskreises Entwicklungstheorien". Dieser Arbeitskreis verfolgt bis heute das Ziel, die Geographische Entwicklungsforschung „nach innen" an die innerdisziplinäre Theoriediskussion heranzuführen und „nach außen" die Bedeutung des Räumlichen mithilfe empirisch fundierter Regionalstudien in den sozialwissenschaftlichen Entwicklungsdiskurs einzubringen (Scholz 1988).

Der grundlegende Aufsatz von Fred Scholz über „Position und Perspektiven Geographischer Entwicklungsforschung" (1988), sowie die dreiteilige Dokumentation über Stand und Trends Geographischer Entwicklungsforschung im „Rundbrief Geographie" (Scholz & Koop 1998) gaben diesem neuen Ansatz weiteren Auftrieb. Das 2004 erschienene Lehrbuch von Fred Scholz über „Geographische Entwicklungsforschung – Methoden und Theorien" (2004) stellte erstmals die Grundlagen des neuen Paradigmas einer problemorientierten, theoriegeleiteten und auf den Menschen bezogenen Geographischen Entwicklungsforschung im deutschsprachigen Kontext zusammen.

Zu dieser Zeit wurde allerdings auch die Orientierung und Ausrichtung an der internationalen, vor allem anglophonen Debatte immer deutlicher. Doch obwohl sich inzwischen ein Großteil der Geographie auf gemeinsame Schlüsseltexte bezieht – und die postkoloniale Kritik sowie die *post-development*-Bewegung die Teildisziplin an unterschiedlichen Orten in ähnlicher Weise getroffen hat –, so lässt sich trotz allem in der Debatte um die Zukunft der Geographischen Entwicklungsforschung ein deutschsprachiger Sonderweg erkennen. Wie das vorliegende Kapitel zeigt, nimmt die Forderung nach einer gesellschaftstheoretischen Fundierung hier einen besonderen Raum ein. Der Begriff der Entwicklung wird in den Hintergrund gerückt und stattdessen steht die Frage im Zentrum, wie eine geographische Forschung „nach der Entwicklungsforschung" (Korf & Rothfuß 2015) aussehen könnte. Genau diese Frage wird aber weiterhin im Rahmen des Geographischen Arbeitskreises Entwicklungstheorie, der 2016 in Bonn sein 50-jähriges Jubiläum feierte, diskutiert.

(abgewandelt und erweitert nach Bohle 2011)

---

geben; grundlegende Fragen nach der Genese von globalen Disparitäten, Armut, Verwundbarkeit und Marginalisierung werden ausgeblendet. Eine gewisse Skepsis gegenüber einigen dieser Ansätze der „mittleren Reichweite" ist schließlich auch dadurch begründet, dass diese unmittelbar mit den Anforderungen und Interessen der Entwicklungspraxis verknüpft sind. Sie werden auf diese Weise mitverantwortlich für eine Entwicklungszusammenarbeit, die in gewisser Weise einen globalen Reparaturbetrieb darstellt, dabei aber nicht in der Lage ist, grundsätzlich die Strukturen zu hinterfragen und zu ändern, die zu Armut und Abhängigkeit in den Ländern des Südens führen (Rauch 2007, Taylor 1989). Durch diese zunehmende Orientierung an den Anforderungen und thematischen Vorgaben der Entwicklungszusammenarbeit werden seit den 1990er-Jahren immer wieder **Themen aus der Projektpraxis** oder dem Umfeld internationaler Organisationen in die Forschung übernommen, wie z. B. Ansätze zur Armutsbekämpfung und Reduzierung von Verwundbarkeit (Bohle 2001), zur Konfliktregulierung (Coy 2001) oder

zur Anpassung an den Klimawandel (Bohle & O'Brien 2006). Dazu gehört auch die Übernahme von Methoden, die ursprünglich gar nicht für die wissenschaftliche Forschung, sondern für die Planung von Entwicklungsprojekten ausgearbeitet worden waren, wie beispielsweise das Konzept des *sustainable livelihoods framework* (Exkurs 22.4).

Darüber hinaus können zwei weitere theoretische Impulse für die Entwicklung der Geographischen Entwicklungsforschung in den 1990er-Jahren als zentral angesehen werden. Angeregt durch die Arbeiten der Bielefelder Entwicklungssoziologie zum sog. **Verflechtungsansatz** (Evers 1988) rückten nicht nur die Verflechtungen unterschiedlicher ökonomischer Sektoren, sondern auch global-regional-lokal verflochtene Handlungsebenen stärker in den Mittelpunkt Geographischer Entwicklungsforschung. Vor dem Hintergrund der **Globalisierungsdebatte** nahmen Fragen nach dem Verhältnis von lokaler und globaler Ebene, ökonomischem und kulturellem Austausch (z. B. in Form

Exkurs 22.4 *Livelihoods*-Ansätze – ein Ausdruck handlungsorientierter Geographischer Entwicklungsforschung mit Praxisnähe

Ein klassischer Fokus einer handlungsorientierten Geographischen Entwicklungsforschung, die sich an der Idee Theorien mittlerer Reichweite orientiert, ist die Untersuchung sog. *livelihoods* bzw. der Faktoren die im Kontext risikoreicher Lebensbedingungen eine nachhaltige Sicherung von Lebenssystemen (*sustainable livelihoods*) ermöglichen. Im Gegensatz zu den auf abstraktere Strukturen und *„one-size-fits-all"*-Lösungen ausgerichteten „großen Theorien", spiegelt diese Forschung das wachsende Interesse an einem multidimensionalen Verständnis von Armut wider. Vor dem Hintergrund eines erweiterten Armutsverständnisses, wie wohl am populärsten entwickelt von Amartya Sen (1981), sowie dem Bericht der „Brundtland Commission" zu nachhaltiger Entwicklung und einem wieder aufkommenden Interesse an Vulnerabilität und *coping*-Mechanismen, waren es Chambers & Conway (1992), die diese unterschiedlichen Stränge in dem sog. *Sustainable-Rural-Livelihoods*-(SRL-)Framework am „Institute of Development Studies" (IDS) in Sussex zusammenbrachten (Scoones 1998).

Dieses Konzept, das bald von Entwicklungsorganisationen wie der britischen Entwicklungsbehörde DFID, Oxfam oder CARE als praktische Arbeitsgrundlage aufgegriffen wurde (Carney 1998), richtet sich auf die Ausstattung (*capabilities, assets* und *activities*), die einen Haushalt je nach seinem spezifischen Verwundbarkeitskontext existenziell abzusichern vermag. Im Mittelpunkt der Forschung zu *livelihoods* steht das sog. *livelihoods*-Framework, das die zentralen Elemente und Strategien von Lebenssicherung abbildet und die gewünschten Ergebnisse aufführt (Abb. A). Der Analyserahmen geht von den in einem Pentagon angeordneten fünf *livelihoods assets* aus: Humankapital (Wissen, Fähigkeiten, Fertigkeiten, Gesundheit usw.), Naturkapital (Land, Wasser, Boden, Biodiversität usw.), Sozialkapital (soziale Netzwerke, traditionelle Sicherungssysteme usw.), Sachkapital (Infrastruktur, Produktionsmittel,

Wohnraum usw.) und Finanzkapital (Einkommen, Ersparnisse, Kreditzugang usw.). Im Kontext von strukturellen Rahmenbedingungen (*vulnerability, transforming structures and processes*) münden diese Aktiva bzw. Kapitalien in Lebenssicherungsstrategien ein und werden dadurch in gesicherte Lebensbedingungen (*livelihoods outcomes*) umgesetzt. Befürworter dieses Konzepts sehen die Stärken vor allem in der bereichsübergreifenden Analyse, dem Fokus auf die Stärken der Erforschten und die enge Verbindung von Makro-, Meso- und Mikroebene (Kaag et al. 2004).

Es liegen zahlreiche empirische Arbeiten vor, die das *livelihoods*-Framework angewendet haben (Bohle 2001, Thieme 2008, Ulrich et al. 2012). In einigen dieser Arbeiten wird das Konzept jedoch auch kritisch reflektiert (Rakodi 2002, Scoones 2009). So bleiben gemäß dieser Kritik nicht nur historische Dynamiken in dieser statischen Abbildung unberücksichtigt, auch die Bedingungen und Abhängigkeiten, die den Zugang zu bzw. die Kontrolle über existenzsichernde Aktiva gewährleisten, sowie die Un-/Möglichkeiten der Akteure, ihre *assets* im Kontext gesellschaftlicher und ökologischer Transformationsprozesse mehr oder weniger erfolgreich an neue Rahmenbedingungen anzupassen, werden kaum thematisiert (Wood 2003). Kritisch zu sehen ist hier insbesondere die Annahme, dass Lebenssicherungssysteme immer auch in erfolgreiche Lebenssicherung münden und die Akteure durchweg strategisch handeln. So bezeichnet Prowse den *Sustainable Rural Livelihoods Approach* als weitgehend unbrauchbar (*„defunct"*) und *„unfashionable"* (Prowse 2010). Andere Autoren haben sich bemüht *livelihoods*-Ansätze z. B. durch eine Verbindung zu den sozialtheoretischen Überlegungen von Pierre Bourdieu zu erweitern und dadurch in die aktuelle Forschungslandschaft zurückzuführen (Sakdapolrak 2014, Etzold 2013).

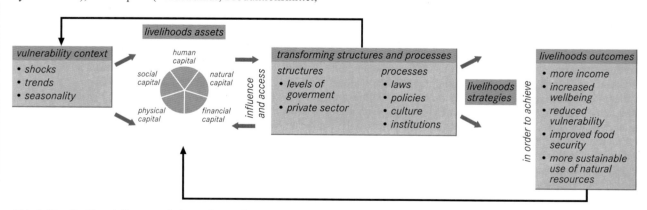

Abb. A Das *livelihoods*-Framework (verändert nach DFID 1999).

In der Entwicklungspraxis wird der *livelihoods*-Ansatz dennoch weiterhin dazu genutzt, einen systematischen Zugang zum Überlebenshandeln besonders verwundbarer Individuen, Haushalte oder gesellschaftlicher Gruppen zu ermöglichen und somit Ansatzpunkte für externe Interventionen aufzuzeigen. Allerdings wurde auch von dieser Seite bemängelt, dass das Framework nur schwer zu operationalisieren und zu umfassend sei, sodass die *livelihoods*-Analyse zu einem Selbstzweck würde, statt tatsächlich neue Interventionen zu unterstützen (Clark & Carney 2008).

von Konsumpraktiken), Migration und Integration, sowie den Auswirkungen der neuen „Risikogesellschaft" (Beck 1986) bzw. „Weltrisikogesellschaft" (Beck 2007) einen größeren Raum ein.

Zum anderen ist die Ausstrahlungskraft der von dem britischen Soziologen Anthony Giddens formulierten **Strukturationstheorie** hervorzuheben (Giddens 1988). Wie auch in anderen geographischen Teildisziplinen rückte dadurch das erkenntnistheoretisch interessante Spannungsverhältnis zwischen Räumlichkeit und Sozialem, zwischen Struktur und menschlichem Handeln (*structure* und *agency*) in das Zentrum einer zunehmend handlungsorientierten Geographischen Entwicklungsforschung (Krüger 2003, Dörfler et al. 2003). Diese Tendenz hält bis heute an und zeigt sich vor allem in der Rezeption der Werke von Pierre Bourdieu sowie in den aktuellen Debatten um praxistheoretische Zugänge (Deffner et al. 2014).

Alternative Ansätze? Postkoloniale Kritik und die *post-development*-Debatte

In der Folge des *cultural turn,* der sich in den 1990er- und 2000er-Jahren durch die Humangeographie zieht, gewinnen konstruktivistische Herangehensweisen an Bedeutung. Damit verbunden ist zunächst vor allem eine intensive Auseinandersetzung mit der Reflexivität und Positionalität der Forschenden. Wer konstruiert eigentlich das Wissen über Entwicklungsprozesse? Wie wirken sich strukturelle Ungleichheiten auf den Forschungsprozess aus? Und wie kann es Forschenden gelingen, über bestehende Abhängigkeiten und Ungleichheiten in der Wissensproduktion hinauszukommen? Diese kritische Diskussion der eigenen Forschungsorientierung wird vor allem durch die Rezeption postkolonialer Theorien sowie die sog. *post-development*-Debatte geprägt. Im deutschsprachigen Kontext erfolgte diese programmatische Diskussion, wie auch die vorherigen Neuausrichtungen, u. a. im Rahmen eines Treffens des geographischen Arbeitskreises für Entwicklungstheorien in Innsbruck im Jahr 2010 (Neuburger & Schmitt 2012).

Vor dem Hintergrund **postkolonialer Kritik** wird die Aufmerksamkeit der Geographischen Entwicklungsforschung vor allem auf das koloniale Erbe gelenkt, also auf die Art und Weise, wie **sich koloniale Strukturen und Machtverhältnisse** bis heute gesellschaftlich, ökonomisch und kulturell auswirken. Eine besondere Rolle spielen dabei Erfahrungen kolonialer Ordnung und Unterdrückung sowie des Widerstands und der Versuch, zuvor marginalisierte und ungehörte Subjekte und ihre Stimmen in die Forschung einzubeziehen. Wie es Lossau (2012) formulierte, wird eine für postkoloniale Theorien sensible Geographische Ent-

wicklungsforschung „noch grundsätzlicher als bisher [dazu aufgefordert], zu reflektieren, in welche Machtverhältnisse Entwicklungsforschung und -praxis notwendig eingebettet sind" (Lossau 2012). Aus dieser Perspektive sollten die Menschen in den sog. Entwicklungskontexten nicht als bloße Opfer oder Forschungsobjekte gesehen werden, sondern als gleichberechtigte Partner der Forschung. Diese Bemühung spiegelt sich auch in einer spezifischen Herangehensweise in der Forschung wider, die mit der Formel „forschen mit statt über" umschrieben werden kann. Damit verbunden ist das Anliegen, ungleiche Machtpositionen zwischen Globalem Norden und Süden aufzudecken und möglichst zu überwinden, um so das bisher oft nur in formaler Hinsicht postkoloniale Zeitalter tatsächlich auch zu einem postimperialen werden zu lassen (Slater 2004, Simon 2006; Exkurs 22.5).

Unter dem Begriff *post-development* lassen sich unterschiedliche poststrukturalistische Ansatzpunkte einer kritischen Auseinandersetzung mit der bisherigen Entwicklungsforschung, dem Entwicklungsbegriff und der Entwicklungspolitik zusammenfassen (Ziai 2006, Sidaway 2007). Dabei geht es vor allem darum, die Erkenntnisziele sowie die Annahmen und Raumbilder der etablierten Entwicklungsdiskurse zu hinterfragen. Ausgehend davon, dass die Vorstellungen von „Entwicklung" kultur- und subjektspezifisch unterschiedlich geprägt sind, gelangt die Perspektive des *post-development* zu der Auffassung, dass es keine allgemeingültige Begründung und Zielsetzung von Entwicklungsprozessen geben kann, und dass die Fokussierung auf „Entwicklung" bzw. „Unterentwicklung" die Differenz, deren Überwindung sie eigentlich erreichen will, immer wieder neu konstituiert und verstetigt.

Im Zentrum der Kritik steht somit auch hier das Verhältnis bzw. die binäre Trennung von der „entwickelten" und der „zu entwickelnden" Welt, den Gebern und den Empfängern von Entwicklungshilfe, dem „Westen" und dem „Rest". Während solche Dichotomien im alltäglichen Sprachgebrauch dazu dienen mögen, Orientierungen zu erleichtern, Zugehörigkeiten zu definieren und komplexe Sachverhalte auf einfache Dualismen zu reduzieren, etwa im Gegensatz von „wir" und „die anderen", birgt die unkritische Verwendung **„binärer Geographien"** die Gefahr, in wissenschaftlichen Versuchen der Welterklärung einseitig das Trennende zu betonen und damit die Verbindungen, Übergänge, Zwischenformen und Beziehungen weitgehend auszublenden. Damit reproduzieren sie Raum- bzw. Weltbilder, die zwar einfach und überzeugend erscheinen mögen, die aber der Komplexität der Welt nicht gerecht werden. Aus einer poststrukturalistischen Perspektive gilt es daher zu betonen, dass weder „Entwicklungsländer" oder die „Dritte Welt", noch der „Globale Süden" per se gegeben sind, sondern dass sie erst durch die Interventionen der Entwicklungszusammenarbeit, die medialen Repräsentationen und letztlich auch durch die Forschung (re)produziert und damit

Kapitel 22

Exkurs 22.5 Die Dekolonialisierung der Geographie

Vor dem Hintergrund der besonderen Rolle, die die Geographie im Zuge der Kolonialisierung und für den Erhalt der Kolonialmächte gespielt hat, hat die Auseinandersetzung mit der Disziplingeschichte eine besondere politische Relevanz. Aus einer postkolonialen Perspektive drängt sich darüber hinaus die Frage auf, inwieweit koloniale Strukturen und gewisse koloniale Praxen bis heute in der geographischen Erforschung des Globalen Südens erhalten geblieben sind. Dies lässt sich zum einen konkret auf methodische Vorgehensweisen, Machtverhältnisse im Feld und die Rolle der „Erforschten" beziehen, zum anderen werden dadurch auf einer abstrakteren Ebene Prozesse der Wissensproduktion und das Verhältnis zwischen Wissenschaftlern aus dem Globalen Norden und Süden angesprochen.

„Although the formal end of colonial rule resulted in the formation of postcolonial nation-states [...], the forms of knowledge – about economy, democracy, development, education, culture, racial-ethnic difference and so on – through which the world is apprehended and explained and modelled for the future are deeply rooted in post-Enlightenment Euro-American claims to be able to pronounce universal truths and to theorise the world" (Radcliffe 2017).

Über das postkoloniale Anliegen, den Westen zu „provinzialisieren" (Chakrabarty 2000), hinaus, geht es der Dekolonialisierungsbewegung darum, die Welt aus Lateinamerika, Afrika, aus indigenen Perspektiven und aus den marginalisierten Hochschulen des Globalen Südens neu zu denken (Grosfoguel 2007; Abb. A). Der Berücksichtigung von sog. *„Southern Theories"* (Connell 2007) und der Zirkulation von Wissen jenseits der etablierten Akademia wird dabei eine besondere Rolle zugesprochen.

Die Aufgabe, der sich die Geographie stellt, wenn sie versucht, sich zu dekolonialisieren, beinhaltet also neben der

Aufarbeitung ihrer kolonialen Vergangenheit vor allem das Hinterfragen ungleicher Machtverhältnisse und der begrenzten Diversität in der Ausübung der Disziplin und die stärkere Einbeziehung bisher marginalisierter und ungehörter Stimmen nicht nur in der Forschung, sondern auch in die Lehrpläne (Daigle & Sundberg 2017, siehe auch *„Why is my curriculum white"*, ein Video von Studierenden des University College London 2014, http://www.dtmh.ucl.ac.uk/videos/curriculum-white/).

Dass die Art und Weise, in der diese Dekolonialisierung der Disziplin geschehen soll, durchaus umstritten ist, zeigen die unterschiedlichen Reaktionen auf die britische Jahrestagung der Geographie 2017, die von Sarah Radcliffe unter dem Titel *„Decolonising Geography: Opening geography to the world"* ausgerichtet wurde (Esson et al. 2017).

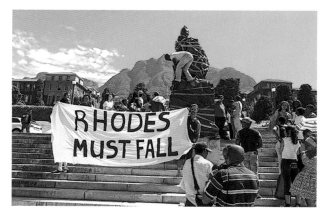

Abb. A Die Bewegung *„Rhodes must fall"* an der *University of Cape Town* steht sinnbildlich für die Bemühung um eine Dekolonialisierung der Wissenschaft (Foto: Jesse Twum-Boafo).

perpetuiert werden (Exkurs 22.6). Wie es Escobar treffend formuliert, ist letztendlich das internationale Entwicklungsgeschäft – der *developmentalism* – selbst verantwortlich für *„the making and unmaking of the Third World"* (Escobar 1995). Eine zentrale Aufgabe der *post-development*-Bewegung ist daher die grundsätzliche Infragestellung und **kritische Aufarbeitung** solcher *„imagined geographies of difference"* (Power 2003), die so lange Zeit die geographische Vorstellung der Welt geprägt haben und nach wie vor prägen. Der zentrale methodische Ansatz besteht dabei in einer Dekonstruktion von vorherrschenden Leitbildern und modernistischen Vorstellungen von Entwicklung und den dahinterstehenden Eigeninteressen des Nordens (Saunders 2002, Pieterse 2001), um diese als eurozentrisches, entpolitisiertes und autoritäres Instrument des hegemonialen Machterhalts zu entlarven.

Die radikale Forderung, sich vollkommen vom Entwicklungskonzept abzuwenden, wird jedoch nur von wenigen geteilt.

Viele sehen eine Gefahr darin, das umkämpfte Feld der Entwicklung allein dem internationalen Entwicklungsgeschäft zu überlassen und durch eine voreilige Abkehr von seinen Grundgedanken und Wertvorstellungen jegliche kritisch-konstruktive Einflussmöglichkeit zu verlieren (Simon 2006). Wie es Sylvester bereits 1999 formulierte: *„Development studies does not tend to listen to subalterns and postcolonial studies does not tend to concern itself with whether the subaltern is eating"* (Sylvester 1999).

Die Dekonstruktion des Entwicklungsdenkens ist daher eng verbunden mit der Suche nach Alternativen (Gibson-Graham 2005, Slater 2004). Dies geschieht insbesondere unter dem Leitbild eines *„alternative development"*, das auf Einsichten verweist, die sich nicht nur auf die Praxis beziehen, sondern besonders auf die Art und Weise, wie Entwicklungsforschung betrieben werden sollte (Radcliffe 2005, Simon 2006). Auch

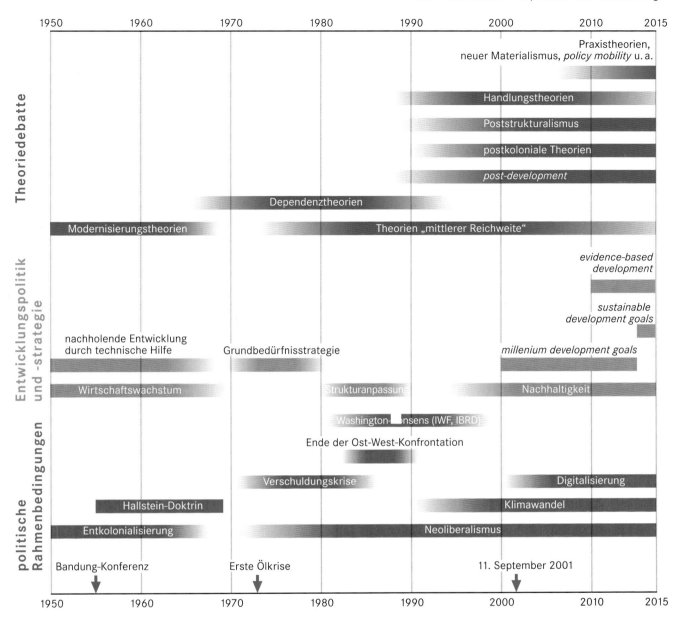

Abb. 22.3 Zeitskala: Politische Rahmenbedingungen, Schwerpunkte entwicklungspolitischer Praxis und zentrale Theoriedebatten seit den 1950er-Jahren bis heute (Grafik: Irene Johannsen).

diese Debatte führt also schließlich zu grundlegenden methodologischen Fragen.

Diese beiden Diskussionszusammenhänge haben das Feld der Entwicklungsforschung in seinen unterschiedlichen nationalen Traditionen beeinflusst und gerade die deutschsprachige Geographische Entwicklungsforschung durch die Rezeption postkolonialer Theorien näher an anglophone Debatten herangeführt. Gleichzeitig besteht jedoch auch weiterhin ein deutschsprachiger „Sonderweg" im Umgang mit der Legitimationskrise der Entwicklungsforschung: Die deutschsprachige Geographische Entwicklungsforschung hat in den letzten 10 Jahren sehr viel gezielter als die anglophone versucht, die Teildisziplin durch eine verstärkte Auseinandersetzung mit sozialtheoretischen Debatten neu zu fundieren (Schurr & Verne 2017, Korf & Rothfuß 2015, Deffner et al. 2014, Müller-Mahn & Verne 2010, Graefe & Hassler 2006, Dörfler et al. 2003). Geographische Entwicklungsforschung soll in diesem Sinne stärker zu einer „Geographischen Sozialforschung in Entwicklungsländern" werden, wobei die Grenzen zwischen einer „Geographischen Entwicklungsforschung im Globalen Süden" und einer „Sozial- und Kulturgeographie im Global Norden" zunehmend verwischen (Deffner et al. 2014; Abb. 22.3.). Dadurch werden auch die binären Weltbilder, die zumindest implizit den konventionellen Ansätzen der

Exkurs 22.6 Neue Begrifflichkeiten, neue Räume? Globaler Norden/Globaler Süden

Die grundsätzliche Kritik an dem lange Zeit vorherrschenden Entwicklungsverständnis resultierte u. a. in einer Neuorientierung auf der Ebene der Begrifflichkeiten. Statt von „entwickelten" und „unterentwickelten" Ländern zu sprechen, wurden die Begriffe „Globaler Süden" und „Globaler Norden" propagiert. Dieses Begriffspaar wurde bereits auf einer Sitzung der *„Commission on International Development"* verwendet, die der ehemalige Bundeskanzler Willi Brandt im Jahr 1980 leitete und die den Titel *„North-South: A Programme for Survival"* trug. Daraus entstanden der sog. Brandt-Report sowie die Brandt-Linie, die auf einer Weltkarte die Abgrenzung des Globalen Nordens vom Globalen Süden markiert.

Die Befürworter empfinden diese Begrifflichkeiten als wesentlich neutraler und weniger negativ beladen, da sie die Welt nicht hierarchisch in zwei oder mehr Klassen einteilen, wie zuvor das Reden über die 1., 2. und 3. Welt, sondern vor allem die Verflechtung zwischen Norden und Süden als Bestandteile des Globalen betonen sollen.

Diese Begrifflichkeiten werden auch immer wieder von Politikern und Aktivisten aus dem Globalen Süden selbst aufgegriffen. Deshalb spricht man ihnen die Möglichkeit zu, zur Quelle einer positiven Identität zu werden, die es erlaubt, Positionalitäten und globale Beziehungen neu zu verhandeln. Dabei steht dann nicht mehr die nachholende Entwicklung im Vordergrund, die das Ziel hatte, aus dem Globalen Süden so etwas ähnliches wie den Globalen Norden zu machen, sondern das Streben nach der Überwindung von Ungleichheit in Hinblick auf einen grundsätzlichen Standard, der es den

Ländern des Globalen Südens erlauben würde, eigene Wege zu gehen (McGregor & Hill 2009).

Trotzdem bleibt das Vokabular weiterhin binären Mustern verhaftet. Die Himmelsrichtungen Norden und Süden werden dabei als Metaphern für die Positionsbestimmung von Ländergruppen und Regionen in einem globalen Koordinatensystem der Entwicklung verstanden. Sie dienen der Beschreibung sowohl von räumlichen als auch von qualitativen Gegensätzen in der Welt: hier die reichen Länder, dort die armen. Inwieweit eine solche Zweiteilung jedoch die Realität komplexer globaler Entwicklungen erfassen kann, ist heute mehr denn je umstritten. Denn während auf der einen Seite die Kluft zwischen Armen und Reichen immer größer wird, lässt sich auf der anderen Seite eine Neuordnung und partielle Auflösung der alten territorialen Muster beobachten. Wenn von der „Auflösung von Norden und Süden" gesprochen wird, ist damit also nicht die Überwindung von Disparitäten gemeint, sondern die Tatsache, dass globale Gegensätze zunehmend diffuser in ihrem räumlichen Erscheinungsbild werden.

Auch wenn die Herausforderungen der vermeintlich klaren Grenzziehung zwischen Globalem Norden und Süden – z. B. infolge zunehmender Mobilität oder durch die Herausbildung von immer größerer Diversität und Heterogenität – in den Begrifflichkeiten selbst nach wie vor nur begrenzt zum Ausdruck kommen, so zeigt sich in der Auseinandersetzung mit den Begriffen inzwischen eine reflektierte und deutlich sensiblere Art und Weise, die Beziehung zwischen unterschiedlichen Ländern und Weltregionen zu konzeptualisieren.

Entwicklungsgeographie zugrunde liegen, kritisch beleuchtet. Denn, „[d]urch die Anwendung von Theorien ohne explizites Entwicklungsparadigma wird die wissenschaftstheoretische Unterscheidung zwischen Entwicklungsland und entwickeltem Land/Industrieland aufgehoben" (Graefe & Hassler 2006) und davon abgesehen, von einer a priori vorgegebenen Hierarchie aus zu theoretisieren.

22.3 Geographische Perspektiven auf den Globalen Süden

Während eine praxisnahe Geographische Entwicklungsforschung weiterhin besteht, hat sich auf der anderen Seite eine stärker an sozialtheoretischen Debatten ausgerichtete Humangeographie entwickelt, deren empirischer Fokus im Globalen Süden liegt. Viele der vor diesem Hintergrund entstandenen Arbeiten können inzwischen genauso gut – oder vielleicht sogar besser – in anderen Teilbereichen der Geographie verortet werden, z. B. der Wirtschaftsgeographie, der Geographischen Mi-

grationsforschung, der Politischen Geographie oder der Kulturgeographie. Allerdings zeichnen sich zahlreiche dieser Arbeiten dadurch aus, dass sie durch ihre sozialtheoretische Orientierung zwar direkt auf die Kritik am Entwicklungskonzept reagieren, aber weiterhin die Dringlichkeit einer geographischen Betrachtung der bestehenden und sich in einigen Bereichen sogar verstärkenden globalen Ungleichheit anerkennen. Wie es Korf & Rothfuß (2015) formuliert haben, stellt eine kritische geographische Sozialforschung im Globalen Süden „nicht den Begriff der Entwicklung in den Mittelpunkt ihres Erkenntnisinteresses – also die Frage danach, wie sich Gesellschaften (in eine bestimmte Richtung) entwickeln. Stattdessen beobachtet sie Gesellschaften im Globalen Süden (ihre Gesellschaftsstrukturen, ihre politischen Herrschaftsverhältnisse, ihre soziale Praxis) und deren Verflechtung in die globale Weltgesellschaft und den globalen Kapitalismus" (Korf & Rothfuß 2015). Hier geht es also nicht um Exzeptionalismus oder Exotisierung, sondern um ein Interesse an spezifischen Kontexten und ihren globalen Verflechtungen, insbesondere vor dem Hintergrund globaler Ungleichheit und einer globalen Verantwortung.

Globale Ungleichheit: Räumliche Fragmentierung und die Auflösung von Globalem Norden und Süden

Ein wichtiger Ausgangspunkt in der deutschsprachigen Debatte um das Verhältnis zwischen Globalem Norden und Süden ist die von Fred Scholz in der **„Theorie der fragmentierenden Ent-** **wicklung"** (siehe Exkurs 22.7) aufgestellte Hypothese, dass die Globalisierung eine nachholende Entwicklung für die Masse der Menschen des Südens unmöglich mache (Scholz 2000, 2002). Globalisierung, so Scholz, verändere die Geographie der Welt durch eine Welle von Transformationsprozessen, die im Wesentlichen auf einer Intensivierung von grenzüberschreitenden Beziehungen und einer weltweiten Verschärfung von Konkurrenzverhältnissen beruhen.

Exkurs 22.7 Fragmentierende Entwicklung

In der „Theorie der fragmentierenden Entwicklung" formuliert Scholz (2002) einen geographischen Erklärungsansatz, der das Phänomen einer „Welt in Bruchstücken" thematisiert und Aussagen zu den Nord-Süd-Beziehungen und ihren zukünftigen Perspektiven macht. Die durch grenzenlosen Wettbewerb verursachte fragmentierende Entwicklung führt, wie es Scholz betont, zur Herausbildung räumlich-funktionaler Einheiten mit unterschiedlichem Grad der Integration und materiellen Teilhabe im globalen wie auch im lokalen Maßstab.

In kleinräumig-lokalen Kontexten zeigt sich eine solche Fragmentierung im Nebeneinander räumlich segregierter Stadtfragmente mit unterschiedlichem globalem Integrationsgrad. Ein Indikator für die Fragmentierung ist in vielen Metropolen des Südens die ungleiche Versorgung der Bevölkerung mit öffentlichen Dienstleistungen, beispielsweise mit Trinkwasser (Müller-Mahn et al. 2010). Insbesondere die sog. globalisierten Orte sind geprägt durch scharfe räumlich-soziale Kontraste zwischen abgeschirmten Wohngebieten der Reichen (*gated communities*) und ausgedehnten Armenvierteln (Wehrhahn & Haubrich 2010). Aber auch mitten in den Metropolen des Nordens breiten sich Elendsviertel aus, die häufig von Zuwanderern aus den Ländern des Südens bewohnt werden. Unter den Bedingungen der Globalisierung befinden sich die Standorte und die an ihnen lokalisierten Akteure in extremem Wettbewerb. Insbesondere die globalisierten Orte können von heute auf morgen in die neue Peripherie zurückfallen, wenn die *global players* entscheiden, Produktionsstätten in Länder mit noch niedrigeren Lohnkosten zu verlagern, wenn Touristenströme aufgrund politischer Unruhen andere Urlaubsgebiete aufsuchen oder wenn sich Konsum- und Nachfragemuster im Norden verändern.

Die globalisierten Orte liegen in den Ländern des Südens, sind aber eng in den Weltmarkt und seine Konjunkturen eingebunden. Sie stehen untereinander in einem scharfen globalen Wettbewerb um Investitionskapital und Marktzugänge, der sie zur Schaffung günstiger Standortfaktoren zwingt, beispielsweise durch niedrige Lohnkosten, unternehmensfreundliche Steuergesetzgebung oder reduzierte Umweltschutzauflagen. Kennzeichnend für die räumliche Entwicklung globalisierter Orte sind die hohe Wachstumsdynamik der weltmarktintegrierten Wirtschaftsbereiche, Verdrängungsprozesse zulasten aller anderen Sektoren, scharfe soziale Kontraste und räumlich-soziale Fragmentierung, aber auch eine extreme Volatilität und Unberechenbarkeit der wirtschaftlichen Entwicklung.

Der neue Süden besteht gemäß der Logik einer fragmentierenden Entwicklung aus wenigen dieser globalisierten Orte, die isoliert in einem „Meer der Armut" liegen. Globalisierung ist nach diesem Verständnis im Wesentlichen ökonomisch begründet, sie umfasst aber auch kulturelle und gesellschaftliche Dimensionen, die verschiedene Raumbilder des neuen Südens produzieren.

Als „neue Peripherie" oder „Meer der Armut" werden jene ausgedehnten Gebiete bezeichnet, die in der aktuellen Wachstumsdynamik der Weltwirtschaft nur eine marginale Position einnehmen (Scholz 2002). Nach aktuellen Schätzungen, lebten 2013 immer noch 10,7 % der Weltbevölkerung von weniger als 1,90 US-Dollar am Tag, dem neu definierten Grenzwert zur Festlegung der „absoluten Armut". Die Hälfte der absolut Armen befindet sich nach wie vor im subsaharischen Afrika. Absolute Armut bedeutet, dass die Betroffenen nicht einmal in der Lage sind, ihre elementaren Grundbedürfnisse zu decken, dass sie an Mangel- oder Fehlernährung leiden, keinen Zugang zu sauberem Trinkwasser, Gesundheitsversorgung oder Bildungseinrichtungen haben und rechtlich benachteiligt werden. Auf der anderen Seite besitzen ungefähr 20 % der Weltbevölkerung 90 % des gesamten Vermögens.

Nach der Logik der Globalisierung ist die Masse dieser Armen für die Weltwirtschaft bedeutungslos. Diese Menschen spielen im globalen Kontext als Konsumenten keine Rolle, da sie sich die Luxusgüter des Nordens nicht leisten können. Auch als Produzenten werden nur wenige von ihnen für die Extraktion von Bodenschätzen und Rohstoffen benötigt. Abgesehen von solchen zumeist nicht nachhaltigen Wirtschaftsformen verfügen die Menschen in der neuen Peripherie über nur wenige Teilhabechancen an der aktuellen Entwicklung der Weltwirtschaft. Trotzdem bleiben sie von den globalen Veränderungen nicht unberührt, und die Bezeichnung als „ausgegrenzte Restwelt" ist insofern vielleicht irreführend, weil sie sich auf die untergeordnete Position dieser Länder in einer globalen Hierarchie von Macht und Wohlstand bezieht, aber dadurch andere Beziehungen und Wechselwirkungen ausklammert. Dazu gehören unter anderem politische Destabilisierungen, grenzüberschreitende Migration und kultureller Austausch.

Kapitel 22

Exkurs 22.8 Globale Ungleichheit und die „Enteignung durch Akkumulation"

In einem jährlich wiederholten Bericht über die Verteilung des globalen Vermögens dokumentiert die internationale Nichtregierungsorganisation Oxfam die Entwicklung der globalen Ungleichheit. Als Quellen werden dafür Angaben der Schweizer Großbank „Credit Suisse" und eine Liste der Milliardäre des „Forbes Magazine" herangezogen. In einer Grafik (Abb. A) wird dargestellt, wie hoch die gesamten Besitztümer der ärmsten Hälfte der Weltbevölkerung ausfallen, und wie viele der reichsten Personen der Welt über ein insgesamt ebenso großes Vermögen verfügen. Demnach entsprach im Jahre 2015 der Besitz von 62 Superreichen dem der ärmsten Hälfte der Menschheit. Zwei Jahre später standen nur noch 42 Superreiche insgesamt 3,7 Mrd. der ärmsten Menschen gegenüber.

In dem Konzept „Enteignung durch Akkumulation" (*dispossession by accumulation*) liefert der britische Geograph David Harvey (2003) eine Erklärung für die zunehmende Ungleichheit in neoliberalen Regimen seit den 1970er-Jahren. Die Akkumulation von Kapital in den Händen Weniger ging einher mit einer Umschichtung von öffentlichem und privatem Vermögen, die Harvey in marxistischem Sinne als Enteignung bezeichnet. Die neoliberale „Enteignung durch Akkumulation" beruhte auf vier Maßnahmen:

- Die Privatisierung von öffentlichem Eigentum führte dazu, dass Sozialwohnungen, Land und andere öffentliche Besitztümer zu handelbaren Waren („Kommodifizierung") und damit zu Spekulationsobjekten werden konnten.
- Finanzialisierung und die Deregulierung von Finanzmärkten gaben den Banken eine nahezu unkontrollierte Macht, sodass sich diese staatlichen Steuerungsversuchen entziehen konnten.
- Die durch Verschuldungskrisen erzwungenen Strukturanpassungsprogramme trieben in den 1980er- und 1990er-Jahren viele arme Länder in die Abhängigkeit des Internationalen Währungsfonds und der Gläubiger im Globalen Norden.
- Die regulativen Mechanismen in neoliberalen Staaten stabilisieren bis heute die Konzentration von Kapital zulasten der Masse der Bevölkerung.

Abb. A Globale Vermögensverteilung. Im Oxfam-Bericht „*Reward Work, not wealth*" bzw. in der deutschen Zusammenfassung wurden unter dem Titel „Der Preis der Profite" (Oxfam 2018) die neuesten Erhebungen zur weltweiten Vermögensverteilung veröffentlicht. Sie zeigen, wie sich die Lücke zwischen Arm und Reich weiter vergrößert und wie Konzerne und Superreiche vor allem dadurch ihre Gewinne erhöhen, indem sie Löhne geringhalten und Steuern vermeiden. Wie diese Grafik verdeutlicht, verteilten sich im Jahr 2017 82 % des globalen Vermögenswachstums auf das reichste Prozent der Weltbevölkerung. Somit besitzt das reichste Prozent nach wie vor mehr Vermögen als die gesamte restliche Weltbevölkerung (verändert nach Oxfam Deutschland 2018).

Diese Prozesse tragen dazu bei, dass die seit Beginn der Industrialisierung bestehende Schere der Einkommensdisparitäten zwischen armen und wohlhabenden Nationen immer weiter auseinanderklafft (Exkurs 22.8). Während die volkswirtschaftliche Gesamtleistung pro Kopf der Bevölkerung in den Ländern an der Spitze exponentiell anstieg, war der Verlauf in den ärmsten Ländern tendenziell sogar rückläufig. Dieser zunehmende ökonomische Gegensatz spiegelt sich auch in den drei sozialen Entwicklungsindikatoren Lebenserwartungsindex, Bildungsindex und Lebensstandard (gemessen am Bruttonationaleinkommen), die seit 2010 in den seit 1990 jährlich vom Entwicklungsprogramm der Vereinten Nationen (UNDP) veröffentlichten **Human**

Development Index (HDI) Eingang finden (Abb. 22.4). Der HDI ist in einigen Teilen der Welt im letzten Jahrzehnt entgegen dem globalen Trend sogar weiter gesunken, was daran liegt, dass sich hier aufgrund von Kriegen, Naturkatastrophen und Wirtschaftskrisen die Lebensbedingungen weiter verschlechtert haben. Dazu gehören zahlreiche arabische Länder, die karibischen Inselstaaten und Regionen im subsaharischen Afrika.

Unter den Bedingungen der Globalisierung war in den letzten Jahrzehnten eine Pluralisierung von Entwicklungspfaden zu beobachten. Auch in kleinräumigen Kontexten verlaufen soziale Transformationsprozesse zunehmend heterogener. Mitten in den

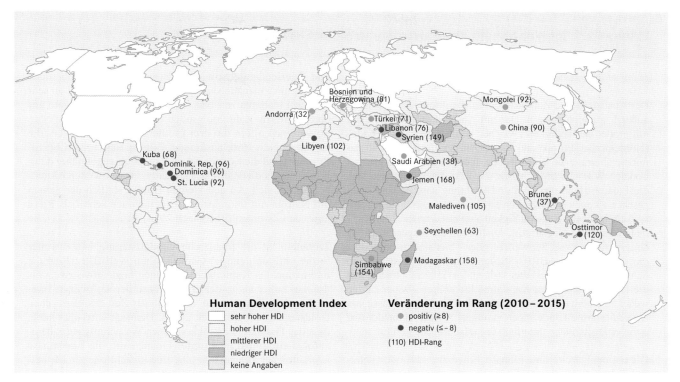

Human Development Index

- sehr hoher HDI
- hoher HDI
- mittlerer HDI
- niedriger HDI
- keine Angaben

Veränderung im Rang (2010–2015)

- positiv (≥ 8)
- negativ (≤ – 8)

(110) HDI-Rang

Abb. 22.4 Der *Human Development Index* (HDI) gilt als Indikator für Wohlstand. Entwickelt wurde der HDI in Abgrenzung zu vorherigen Messinstrumenten, die sich in der Regel ausschließlich auf das Bruttoinlandsprodukt bezogen. Doch auch die Aussagekraft des HDI wird kritisch diskutiert: Nicht nur die Auswahl und Gewichtung der drei Faktoren, auch die Verwendung von Durchschnittswerten erschwere eine differenzierte Beurteilung (verändert nach UNDP 2018).

Abb. 22.5 Paraisopolis: Das direkte Nebeneinander von Luxusapartments und Armenviertel in São Paulo, Brasilien (Foto: Tuca Vieira).

Metropolen des Nordens entstehen durch Deindustrialisierung, Verarmung und Zuwanderung **Enklaven des Südens**, während sich im Globalen Süden die **Reichen** in den geschützten **Wohlstandsinseln** ihrer *gated communities* gegenüber der Masse der ärmeren Bevölkerung abschotten (Abb. 22.5).

Die extreme **Ungleichverteilung des Wohlstands** im Kontext von Globalisierung und Fragmentierung ist Gegenstand zahlreicher geographischer Studien in verschiedenen Teilen der Welt (Bock & Doevenspeck 2015, Dittrich 2004, Doevenspeck 2017, Gertel 2010, 2014; Exkurs 22.9). Exemplarisch seien hier

Kapitel 22

Exkurs 22.9 Internationale Kapitalströme und der Globale Süden

Hans-Martin Zademach

Der Austausch und Zufluss von Finanzmitteln ist in der Welt äußerst ungleich verteilt. Der mit Abstand größte Teil fließt mit großer Beständigkeit zwischen den Ländern der „Triade" (Nordamerika, Europa und Japan/Ostasien) und reflektiert damit die überragende Rolle der sog. Industriestaaten im internationalen Wirtschaftsgeschehen. Im Rest der Welt haben sich die Finanzströme nach Art und Richtung sowohl langfristig gesehen als auch in den letzten Jahren recht unterschiedlich entwickelt, in großer Regelmäßigkeit aber mit dem Resultat nochmals verstärkter Gegensätze. Auch wenn die jüngeren Erfolge einiger weniger sog. Schwellenländer – hier sind insbesondere die viel beachteten BRIC-Staaten anzuführen – zu anderen Schlussfolgerungen verleiten mögen: Im Ganzen betrachtet hat die Liberalisierung der Kapitalmärkte ab den 1980er-Jahren weder zu einem deutlichen Anstieg der Nettokapitalflüsse von reichen in arme Länder noch zu einem Abbau regionaler und sozialer Disparitäten unterhalb der Länderebene geführt.

Die regionale Verteilung globaler Finanztransaktionen unterstreicht zunächst einmal die Regionalisierung der Weltwirtschaft, wie sie auch für den nach wie vor hoch konzentrierten Handel von Waren und Dienstleistungen bezeichnend ist: Ähnlich wie der Großteil des Exports aller Güter auf das Konto von nur wenigen Volkswirtschaften geht, sind Aktien-

und Devisenhandel sowie der Börsen- und außerbörsliche Handel mit Finanzderivaten je auf eine geringe Zahl an sehr großen Finanzplätzen bzw. im Fall der OTC-Derivate auf eine begrenzte Zahl von großen Unternehmen konzentriert. So vereinen allein die drei größten Wertpapierbörsen, die beiden in New York ansässigen Börsen Nasdaq und NYSE Euronext und die London Stock Exchange, regelmäßig deutlich mehr als die Hälfte der Umsätze im weltweiten Aktienhandel auf sich. An den kleinen Börsen südlich der Sahara gilt Nairobi mit 60 gelisteten Unternehmen schon als Riese unter den Zwergen (Zademach 2014).

Trotzdem ist die finanzielle Globalisierung heute weiter fortgeschritten denn je: Gemessen am Welt-BIP liegen die internationalen Kapitalverflechtungen heute etwa zwei- bis dreimal höher als in der ersten Phase der weltweiten Integration der Finanzmärkte, das heißt der Zeit des klassischen Goldstandards (Schularick 2006). Deutlich wird aber auch, dass das Postulat der neoklassischen Wirtschaftslehre, demzufolge ein global integrierter Finanzmarkt die Ersparnisse kapitalreicher Länder in produktive Investitionen in kapitalarme Länder lenkt, empirisch nicht trägt. Denn verhältnismäßig ist der Anteil der sich entwickelnden Ökonomien an den weltweiten Kapitalbewegungen gegenüber der ersten Phase, als noch ca. 40–50 % der internationalen Kapitalanlagen in diesen Ländern platziert war, weit abgefallen.

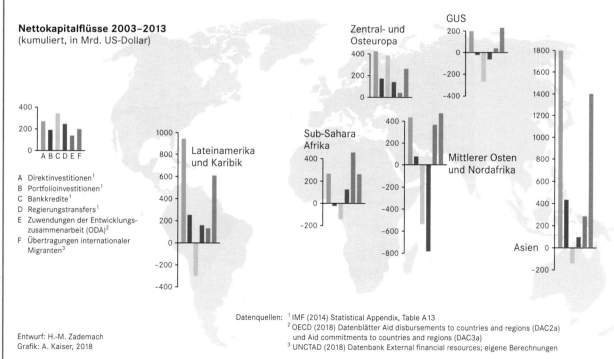

Nettokapitalflüsse 2003–2013
(kumuliert, in Mrd. US-Dollar)

A Direktinvestitionen[1]
B Portfolioinvestitionen[1]
C Bankkredite[1]
D Regierungstransfers[1]
E Zuwendungen der Entwicklungszusammenarbeit (ODA)[2]
F Übertragungen internationaler Migranten[3]

Entwurf: H.-M. Zademach
Grafik: A. Kaiser, 2018

Datenquellen: [1] IMF (2014) Statistical Appendix, Table A13
[2] OECD (2018) Datenblätter Aid disbursements to countries and regions (DAC2a) und Aid commitments to countries and regions (DAC3a)
[3] UNCTAD (2018) Datenbank External financial resources; eigene Berechnungen

Abb. A Kapitalflüsse in „Entwicklungs"- und „Schwellenländer", nach Makroregionen.

Tab. A Nettokapitalflüsse (2003–2013) in *emerging and developing economies* (in dieser Kategorie fasst der IWF insgesamt 153 Länder mit vergleichsweise niedrigem materiellem Wohlstand zusammen; dem werden 34 sog. entwickelte Ökonomien gegenübergestellt, nämlich die USA, Kanada, Japan, die 17 Mitglieder der Eurozone, Australien, Dänemark, die Sonderverwaltungszone Hongkong der VR China, Island, Israel, Korea, Neuseeland, Norwegen, Singapur, Schweden, die Schweiz, die Tschechische Republik, die Republik China [Taiwan] und das Vereinigte Königreich; Datenquellen: IMF, OECD, UNCTAD).

	2003–2005[1]	2006	2007	2008	2009	2010	2011	2012	2013
Direktinvestitionen	208,5	301,6	442,8	468,9	332,2	410,0	520,0	471,4	475,6
Portfolioinvestitionen	44,5	−37,2	108,2	−81,6	57,6	193,3	86,9	234,8	186,4
Bankkredite	−0,1	56,9	163,5	−204,6	−126,0	−45,5	−127,4	−477,6	−242,1
Regierungstransfers[2]	−76,2	−177,2	−58,8	−79,2	166,8	97,9	−10,6	10,3	−45,3
Zuwendungen der Entwicklungs-zusammenarbeit (ODA[3])	120,4	134,2	113,0	132,2	119,9	121,3	112,2	107,9	118,2
Übertragungen internationaler Migranten	151,7	233,4	282,6	332,5	310,6	352,4	399,0	420,3	443,8

[1] Durchschnittswert der angegeben Jahre

[2] Zentralbankmittel und Mittel staatlicher Investitionsgesellschaften (Staatsfonds), ohne Zuwendungen der Entwicklungszusammenarbeit

[3] Die Official Development Assistance umfasst die vom OECD-Entwicklungsausschuss (Development Assistance Committee, DAC) erfassten Leistungen zu entwicklungspolitischen Zwecken von gegenwärtig 29 Geberländern, die auf das 1972 international vereinbarte Ziel angerechnet werden, 0,7 % des Bruttonationaleinkommens
für Entwicklungszusammenarbeit aufzuwenden. ODA-anrechenbar sind nur Aufwendungen an Länder bzw. Staatsangehörige von Ländern, die in der DAC-Länderliste
aufgeführt sind. Zusätzlich können Beiträge an bestimmte multilaterale Organisationen und Nichtregierungsorganisationen als ODA gemeldet werden.

Bis Ende des 19. Jahrhunderts floss in erster Linie privates Kapital aus den Industriestaaten in ihre Kolonien. Nach den beiden Weltkriegen und der Phase des Wiederaufbaus im zerstörten Europa folgten dann vor allem öffentliche Gelder, also Regierungstransfers und Mittel der Entwicklungszusammenarbeit. Letztere hat sich im Zuge der Entkolonialisierung ausgehend von den USA ab den 1960er-Jahren international zunehmend etabliert. Für viele der Länder des globalen Südens war die ODA (*Official Development Assistance*) jahrzehntelang die wichtigste externe Finanzierungsquelle, in Subsahara-Afrika ist dies nach wie vor der Fall (Abb. A). Insgesamt haben ausländische Direktinvestitionen und Rücküberweisungen internationaler Migranten heutzutage jedoch größeres Gewicht in der Zahlungsbilanz dieser Länder.

Parallel zur Ausweitung der ODA sorgte in den 1970er-Jahren das Recycling der Petrodollars über das westliche Bankensystem dafür, dass auch die privaten Kapitalströme wieder anschwollen; anders formuliert wurden Banken mit den bei ihnen untergebrachten Profiten aus dem Ölgeschäft in dieser Zeit ebenfalls zu großen Geldgebern ärmerer Länder. Allem voran vergaben sie Darlehen für den öffentlichen Sektor, das heißt, das Geld der Banken floss zum Großteil in den Staatshaushalt oder die Staatsbetriebe, die mit der Entkolonialisierung entstanden waren. Zu einer scharfen Zäsur in diesem Verhältnis kam es in den 1980er-Jahren, als in den Industrieländern infolge deutlich erhöhter Inflationsraten die Zinsen stiegen und damit die Kredite teurer wurden. Abgesehen von einzelnen Ausnahmen (wie den zu dieser Zeit stark wachsenden, daher für Kapitalanlagen attraktiven südostasiatischen Tigerstaaten) war der Zugang zu Krediten für die Länder des Südens praktisch blockiert. Die Rückzahlung der noch bestehenden Kredite musste aus eigenen Ressourcen erfolgen, der Nettokapitalstrom drehte. Anders formuliert leistete die

damals sog. „Dritte Welt" in dieser Zeit also eine paradoxe Hilfe für die Industriestaaten.

In den 1990er-Jahren kam es dann zu massiven Zunahmen bei den ausländischen Direktinvestitionen (ADI), die den Globalisierungstrend nochmals erheblich beschleunigten. Zentrale Treiber waren eine große Welle der Privatisierung und die ausgeprägte geographische Ausdehnung der Wertschöpfungsketten international agierender Unternehmen. Dabei erlangte jedoch nur eine kleine Gruppe von Ländern in Lateinamerika und Asien größere Bedeutung als Empfängerstandort, nämlich Staaten mit großem Binnenmarkt, vergleichsweise guter Infrastruktur und relativ stabilen politischen Verhältnissen. Gemessen am Bestand an ADIs, der sich von 42,4 % im Jahr 1980 auf kontinuierlich unter 25 % Ende der 1990er-Jahre und zu Beginn des letzten Jahrzehnts verringerte, fiel die Teilhabe des Globalen Südens an den internationalen Wirtschaftskreisläufen in dieser Phase sogar immer weiter ab. Während des letzten Jahrzehnts hat sich dieser Anteil wieder auf gut 35 % erhöht; bis heute entfallen jedoch zwei Drittel aller Bestände an Direktinvestitionen auf die Industrienationen.

Eine Sonderposition sowohl als Ziel- als mittlerweile auch als Herkunftsland ausländischer Direktinvestitionen hat China inne. Gemeinsam mit Hongkong, wo ein großer Teil der chinesischen Direktinvestitionen seinen Ursprung hat, nimmt die Volksrepublik inzwischen immer einen absoluten Spitzenplatz unter den Zielnationen ein, und auch als Geberregion von ADIs hat sich China (einschl. Hongkong) unter den fünf wichtigsten Nationen etabliert. Nicht zuletzt dadurch war im Jahr 2010 zum ersten Mal mehr als die Hälfte aller Direktinvestitionen, nämlich 640 Mrd. US-Dollar, in die *emerging markets* und *developing economies* geflossen, davon alleine 175 Mrd. nach China. Mindestens ebenso bemerkenswert ist, dass China zwischenzeitlich auch als bedeutender internationaler Finanzier auftritt: Die Chinesische Entwicklungsbank und die Chinesische Export-Import-Bank vergeben inzwischen regelmäßig mehr Kredite an Regierungen und Unternehmen im globalen Süden als die Weltbank.

Insgesamt gesehen ist es im Zuge der finanziellen Globalisierung seit den 1970er-Jahren also zu einer Polarisierung der Investitions- und Finanzströme auf die Triade und nur einige wenige Länder des Globalen Südens gekommen. Dabei geht der Erfolg der wenigen Länder, auf die sich der Kapitalzufluss konzentrierte, sogar eher zulasten des restlichen Globalen Südens, als dass die führenden Industrienationen Einbußen hinnehmen müssen (Giese et al. 2011, 129). Die ärmsten Länder, vor allem in Afrika, sind nach wie vor weitgehend vom globalen Kapitalverkehr ausgeschlossen.

Hinzu kommt die im Vergleich zu früheren Phasen, in denen relativ stabile Muster bei den globalen Kapitalströmen zu beobachten waren, enorm gesteigerte Volatilität der Zu- und Abflüsse als Ausdruck der zunehmend kurzfristig orientierten Anlagestrategien vieler Investoren. So drehte etwa der Nettokapitalstrom zwischen den Banken des Nordens und den Ländern des Südens im Zuge der globalen Finanz- und Wirtschaftskrise ab 2008 deutlich ins Negative (Tab. A). Die beschriebene, besonders pikante Situation eines „Kapitalstroms in die falsche Richtung" (Salama 2006) stellte sich also erneut ein. Damit ist der Austausch und Zufluss von Finanzmitteln nicht nur allgemeiner Ausdruck der Globalisierung, sondern auch Katalysator räumlich ungleich verteilter Entwicklungsprozesse, einschließlich zunehmender Ungleichheiten auf der Ebene unterhalb des Nationalstaats.

zwei Fallstudien erwähnt, die sich vor dem Hintergrund anerkennungstheoretischer bzw. praxistheoretischer Perspektiven mit den Auswirkungen der unmittelbaren Nachbarschaft von innerstädtischen Armutsvierteln – den sog. *favelas* – und den luxuriösen Apartmenthäusern der Wohlhabenden auf den Habitus der Bewohner und deren Identitätsbildung beschäftigt haben (Deffner 2006, 2010, Rothfuß 2012).

Ein solcher Blick auf **räumliche Disparitäten** zeigt, wie Norden und Süden sich durchdringen, ohne dabei die Gegensätze zu überwinden. Die Beziehungen werden komplexer und verlieren ihre einfachen raumbezogenen Strukturen. Genau an diesem Punkt setzen weitere Arbeiten an und fragen nach der Vielschichtigkeit der Verbindungen und Verwobenheiten, den damit einhergehenden widersprüchlichen Raumbildern und den unterschiedlichen Prozessen, die diese komplexen Zusammenhänge lokal gestalten und empirisch erfahrbar machen (Berndt 2013, Glasze 2006, Glasze et al. 2006, Fleischer et al. 2013, Gebauer & Husseini de Araújo 2016). Dabei spielen stadtplanerische Gesichtspunkte, geopolitische Diskurse und kulturelle Aneignungsprozesse genauso eine Rolle wie ökonomische und soziale Aspekte. Große Aufmerksamkeit fanden in den letzten Jahren vor allem die vielfältigen Süd-Süd-Beziehungen (Mawdsley 2017, Gray & Gills 2014, Wenzel et al. 2013) und die damit verbundenen Machtverschiebungen auf globaler Ebene sowie die Einbeziehung von Orten im Globalen Norden in die Untersuchung globaler Disparitäten und sozialer Ungleichheit.

Globale Verflechtungen: Die Mobilität von Menschen, Waren, Wissen, Technologien und Finanzkapital

Jeden Tag können wir erleben, wie eng manche Ereignisse und Veränderungen in verschiedenen, weit voneinander entfernten Teilen der Welt verknüpft sind, wie zeitnah diese Zusammenhänge wirken, und wie unterschiedlich die Folgen sein können. Im Zentrum dieses Prozessgefüges der Globalisierung stehen

zunehmende grenzüberschreitende Verflechtungen in Produktion, Handel, Kapital und Informationen. Ein kennzeichnendes Merkmal ist zudem die beispiellose Beschleunigung dieser Vorgänge in den letzten zwei Jahrzehnten des 20. Jahrhunderts, die vor allem durch Fortschritte der Kommunikationstechnologie und des Transportwesens ermöglicht wurde (Beck 1997). Die Beschleunigung und **Intensivierung von Austauschbeziehungen** führen zu einer extremen Verschärfung des globalen Wettbewerbs. Dies hat weitreichende Auswirkungen in verschiedensten Bereichen von Politik, Wirtschaft und gesellschaftlichem Wandel. „*Complex connections between local and transnational realities, from markets, migration and social movements, to land use change, species invasions, viral plagues and climate change challenge geography's ability to explain and address the changing postcolonial and social-ecological landscapes that we simultaneously co-create and inhabit*" (Rocheleau & Roth 2007).

Die Beobachtung dieser zunehmenden globalen Verflechtung hat in der Humangeographie und ihren Nachbarwissenschaften in den letzten Jahren zu einer grundlegenden konzeptionellen Neuorientierung geführt. Im Mittelpunkt steht hier eine **relationale Perspektive**, also die Betonung von Beziehungen, Interaktionen und Netzwerken. Eindeutig abgrenzbare Orte dienen dabei nicht mehr als Ausgangspunkt der Untersuchung, sondern werden als Ergebnis der vielfältigen, vielschichtigen und eng miteinander verwobenen Bewegungen von Menschen, Dingen und Ideen verstanden (Verne 2012). Diese unterschiedlichen Formen von Mobilität, von Migrationsbewegungen, Waren-, Kapital- und Datenströmen zum Austausch von Ideen, Ideologien, politischen Maßnahmen und sog. *best practices* gilt es also zu verfolgen und zu verstehen. Methodologisch inspiriert durch *actor network theory* und *science and technology studies* liegt dabei ein besonderer Fokus auf der Frage, wie sich global zirkulierende Dinge, Mechanismen und Ideen auf ihrem Weg zu unterschiedlichen Orten verändern, sich an unterschiedliche Kontexte anpassen und ihrerseits diese Kontexte im Sinne ihrer spezifischen Bedürfnisse gestalten (Temenos & McCann 2013, Schurr & Verne 2017). Auf der anderen Seite geht es darum zu untersuchen, wer und was durch welche Prozesse eigentlich überhaupt mobil gemacht

Exkurs 22.10 Virtuelle Mobilität, Geld- und Wissenstransfer durch mobile Kommunikationstechnologien

Migrationsbewegungen stoßen in der geographischen Forschung vor dem Hintergrund aktueller Entwicklungen auf besonderes Interesse. Dazu hat sich 2009 ein eigener Arbeitskreis gebildet, der Migration als Querschnittsthema verschiedener geographischer Subdisziplinen versteht (Kap. 24). Insbesondere die Migration der ländlichen Bevölkerung in die (Groß-)Städte des Globalen Südens und die damit einhergehenden Herausforderungen der Stadtentwicklung sowie die anhaltende Mobilität von Menschen zwischen Globalem Süden und Norden betreffen Fragen der gesellschaftlichen Transformation und spielen für das Verhältnis zwischen Norden und Süden eine zentrale Rolle. Nachdem die Migrationsforschung anfangs noch versuchte, Migrationsprozesse mit *push*- und *pull*-Faktoren zu erklären, wuchs seit den frühen 1990er-Jahren das Verständnis für komplexe Zusammenhänge. Migration wird nun als zirkulärer bzw. anhaltender Prozess verstanden, bei dem die Beziehungen zum Herkunftskontext und anderen Orten, die in ein komplexes Migrationsnetzwerk eingebunden sind, von ebenso großer Bedeutung sind (Glick Schiller et al. 1992, Basch et al. 1994). Die durch Migrationsbewegungen und ortsübergreifende Beziehungen entstehenden Räume werden als „transnationale soziale Räume" bezeichnet (Pries 1996), deren Untersuchung eine translokale Perspektive erfordert (Verne 2012, Steinbrink 2009).

Durch die rasante Ausbreitung mobiler Kommunikationstechnologien haben sich die Möglichkeiten, Beziehungen auch über große Distanzen aufrechtzuerhalten, erheblich verändert. Neben der physischen Mobilität spielen inzwischen auch virtuelle Formen der Mobilität eine zunehmend wichtige Rolle, z. B. für translokale Familienbeziehungen in Form stundenlanger Kommunikation und dem Austausch von Bildern per Skype, Whatsapp oder Ähnlichem (Madianou & Miller 2013, Verne 2014). Auf politischer Ebene wird beobachtet, wie sich Mitglieder der Diaspora virtuell in politische Entscheidungsprozesse im Herkunftsland einbringen (Ghorashi & Boersma 2009) oder wie politische und soziale Konflikte mithilfe von neu entwickelten Handy-Anwendungen (Apps) weltweit sichtbar gemacht werden können (siehe z. B. Ushahidi, entwickelt in Kenia, inzwischen aber weltweit eingesetzt im Bereich des Katastrophenmanagements [https://www.ushahidi.com] oder HarassMap aus Ägypten [https://harassmap.org/en/]). Hinzu kommen neue Möglichkeiten für finanzielle Transaktionen (Abb. A), also die Zahlung sog. Rücküberweisungen (*remittances*), die durch ein immer größer werdendes Angebot an entsprechenden Apps

nun bargeldlos erfolgen können, mit weit geringeren Gebühren als bei den herkömmlichen Anbietern wie z. B. Western Union. In vielen Ländern in Afrika ersetzt der Geldtransfer über Mobiltelefone bereits den konventionellen Banksektor. Wie sich Migration durch diese unterschiedlichen Formen virtueller Mobilität und das vielfältige Potenzial mobiler Kommunikationstechnologien verändert, stellt somit ein aktuelles Forschungsfeld dar, das in einem engen Bezug zu Fragen zum Zusammenhang von Migration und Entwicklung steht (Geiger & Steinbrink 2012, Zademach & Rodrian 2013, Hickey 2015).

Unabhängig von Migration hat sich darüber hinaus ein Forschungszweig entwickelt, der zum Teil in engem Austausch mit der Praxis, das Potenzial von Informations- und Kommunikationstechnologien (IKT) für Entwicklung (kurz ICT4D) untersucht. Hier geht es in erster Linie darum, zu analysieren, inwieweit der Austausch bzw. die Weitergabe von Informationen und Wissen durch IKT positive Effekte z. B. für Landwirtschaft, politische Partizipation oder Gesundheitsvorsorge hat (Thapa & Sæbø 2014). Eine entscheidende Frage in diesem Bereich ist dabei, inwieweit IKT durch einen erleichterten Zugang zu Informationen und Wissen sowie durch die Möglichkeit der Nutzer, Daten zu generieren, tatsächlich eine neue Demokratisierung von Wissen stattfindet oder ob sich eher eine Fortschreibung bestehender Hierarchien und Ungleichheiten beobachten lässt (Unwin 2017).

Abb. A Smart development? Mithilfe zahlreicher Apps können Bauern landwirtschaftliche Informationen digital beziehen. Anwendungen wie M-Pesa erleichtern den Geldtransfer und machen virtuelle Zahlungen möglich (Foto: Philip Mostert Photography).

wird und dadurch in globale Märkte eingebunden wird, was sich widersetzt und was ausgegrenzt bleibt (Boeckler & Berndt 2012, Bair et al. 2013, Ouma 2012). Darin zeigen sich nicht nur das komplexe Zusammenspiel menschlicher und nichtmenschlicher

Elemente und der sog. Eigensinn der Dinge, sondern auch die Arbeit und Anstrengungen, die hinter den oft so reibungslos erscheinenden Strömen und Austauschbeziehungen stecken (Exkurs 22.10).

Exkurs 22.11 Wertschöpfungsketten – von der Wissenschaft in die Projektpraxis

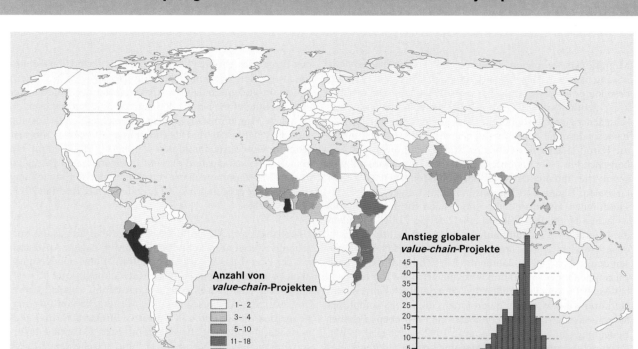

Abb. A Analyse von 297 international durchgeführten *value-chain*-Projekten (Datensammlung: 2011–2015; Graphik: Dorothee Niebuhr).

Vor dem Hintergrund der Tatsache, dass die Einbindung lokaler Akteure in den Weltmarkt auch in der Entwicklungszusammenarbeit eine entscheidende Rolle spielt, haben zahlreiche Organisationen die Analyse von Wertschöpfungsketten als ein beliebtes Werkzeug in ihre Projekte aufgenommen. Beispielhaft kann hier das „ValueLinks"-Handbuch genannt werden, das bereits seit 2007 von der Gesellschaft für Internationale Zusammenarbeit (GiZ) verwendet wird. Es beschreibt ein Verfahren zur Auswahl einer geeigneten Wertschöpfungskette, die Analyse der Wertschöpfungskette, die Wahl einer geeigneten *upgrading*-Strategie und Beispiele für mögliche Projektschwerpunkte zur Förderung der Wertschöpfungs-

kette. Wirtschaftliches Wachstum, ökologische Nachhaltigkeit (*greening value chains*) und die Einbeziehung besonders armer und marginalisierter Gruppen werden als zentrale Ziele genannt. Die Einhaltung globaler Standards, Zertifizierungen und die Vergabe von *fair-trade*-Siegeln spielen in dieser Hinsicht derzeit eine wesentliche Rolle. Die zweite Auflage, die nun sogar zwei Bände umfasst, ist im Februar 2018 erschienen (Springer-Heinze 2018). Zahlreiche von der GIZ und anderen Organisationen mithilfe dieses Handbuchs durchgeführte Projekte zur Förderung der landwirtschaftlichen Produktion zeigen die anhaltende Relevanz des Ansatzes für die entwicklungsbezogene Projektpraxis (Abb. A).

Eine besondere Aufmerksamkeit hat in diesem Feld in den letzten Jahren die Untersuchung der Organisation und Auswirkung unterschiedlicher **Wertschöpfungsketten** erfahren (Schamp 2008, Kulke 2007). Nachdem mit der Veröffentlichung von Gereffi & Korzeniewicz (1994) zunächst globale Warenketten in ihrer vertikalen Dimension und damit vor allem die zunehmende Fragmentierung des Produktionsprozesses ins Zentrum des Interesses gerückt wurden, verschob sich einige Jahre später der Fokus zugunsten der Wertschöpfung, verbunden mit der Frage, wer eigentlich wo einen Wert innerhalb der Kette schöpft (Humphrey & Schmitz 2001, Gereffi et al. 2005). Hier sind die Einbindung und Einflussmöglichkeiten von Produzenten im Globalen Süden sowie die Auswirkungen der Wertschöpfung auch

auf Akteure jenseits der Kette, also ihre horizontale Dimension, von besonderem Interesse (Henderson et al. 2002, Kaplinsky 2000; Exkurs 22.11). In Anlehnung an Caliskan & Callon (2010) ist es darüber hinaus Berndt & Boeckler unter der Bezeichnung ***Geographies of Marketization*** gelungen, eine differenzierte Perspektive auf die ambivalente Rolle von Märkten und vor allem den Prozess ihrer Herstellung und der Vermarktlichung von Produkten aus dem Globalen Süden zu entwickeln (Boeckler & Berndt 2012, Berndt & Boeckler 2017a). So kann deutlich gemacht werden, wie neue Akteure und Räume, z. B. afrikanische Kleinbauern in Ghana oder die Schnittblumenindustrie in Kenia, durch den Einsatz von unterschiedlichen *market devices* in globale Exportmärkte eingebunden werden und welche Herausforderungen sich dabei ergeben (Ouma et al. 2013, Kuiper & Gemählich 2017).

Globale Verantwortung – eine planetarische Perspektive

Die Widersprüchlichkeit der räumlichen Implikationen einer zunehmenden globalen Verflechtung zeigt sich einerseits in Prozessen der „Entterritorialisierung", der Auflösung von Grenzen und der zunehmenden Ubiquität von Waren und Wissen, andererseits zeichnen sich „Re-Territorialisierungen" ab; lokale Kulturen gewinnen wieder an Bedeutung, bestimmte Räume versuchen sich abzugrenzen (z. B. im Sinne der „Festung Europa"), und auch der *„space of flows"* (Castells 1996) manifestiert sich nicht gleichmäßig und zieht dadurch neue Grenzen. So ist ein erheblicher Anteil der Bevölkerung im Globalen Süden bis heute von der „Welt der Ströme" ausgegrenzt und kann kaum an den Gewinnen der zunehmenden Verflechtung partizipieren. Allerdings haben die letzten Jahre deutlich gezeigt, dass die Bevölkerung im Globalen Süden dafür besonders stark unter den klimatischen Veränderungen leidet, für die der Globale Norden zu einem erheblichen Anteil verantwortlich ist (Simon 2003).

Die Problematik **globaler Umweltveränderungen** und des Klimawandels macht daher auf eine besondere Art und Weise die Notwendigkeit einer globalen Perspektive deutlich. Umweltbezogene Risiken und Naturkatastrophen halten sich weder an nationale Grenzen, noch treffen sie vorrangig diejenigen, die mit ihren (kapitalistischen) Praktiken für sie (mit)verantwortlich sind, sondern vielmehr die, die am Verletzlichsten sind. So zeigen auch sie die komplexen Verstrickungen zwischen Globalem Norden und Süden sowie zwischen Mensch und „Natur" und die globale Verantwortung, die daraus erwächst.

Im Rahmen der **internationalen Klimaverhandlungen** spielt diese „multidimensionale Ungleichheit" (Dietz & Brunnengräber 2008) eine wesentliche Rolle. Der historisch hohe Ausstoß von Treibhausgasen in den Industrieländern des Globalen Nordens und die damit zusammenhängende Verantwortung für den Klimawandel werden in der Klimarahmenkonvention als „gemeinsame, aber unterschiedliche Verantwortlichkeit" angesprochen. Wie Klepp & Herbeck (2016) betonen, wird dies aber nur unzureichend in der tatsächlichen Übernahme von Verantwortung für Umweltveränderungen vonseiten der Industrieländer widergespiegelt. Stattdessen zeigt sich immer wieder, wie die globalen Machtstrukturen die Verhandlungen um „gerechte" Klimaziele und die Finanzierung von Anpassungsmaßnahmen an den Klimawandel erheblich beeinflussen (Okereke & Coventry 2016, Weisser & Müller-Mahn 2017). Das internationale Klimaregime führt nicht nur dazu, dass Entwicklungsziele im Sinne von „Anpassung" neu definiert werden, sondern es greift damit zugleich massiv in die **Souveränität** der „Entwicklungsländer" ein (Müller-Mahn et al. 2018). Vor diesem Hintergrund lassen sich auch vermeintliche Ausgleichsmaßnahmen, wie z. B. der bereits 1997 im Kyoto-Protokoll festgehaltene **Mechanismus für umweltverträgliche Entwicklung** (*Clean De-*velopment Mechanism*), kritisch diskutieren. Denn auch nach 20 Jahren bleibt unklar, inwieweit die zahlreichen Projekte einer zertifizierten Emissionsreduktion (CER) tatsächlich zu einer nachhaltigen Entwicklung beitragen (Sreekanth et al. 2014). Zu untersuchen, was unter **Klimagerechtigkeit** auch jenseits der politischen Rhetorik verstanden wird, wie sich diese auf unterschiedlichen Maßstabsebenen manifestiert, und was sie in der Praxis bedeuten kann, wird in diesem Kontext als eine wesentliche Aufgabe einer Geographie des Globalen Südens verstanden (Fisher 2015).

In diesem Sinne haben Carmody & Taylor (2016) den Begriff der *ecolonization* eingeführt, um deutlich zu machen, wie aktuelle Prozesse des sog. *land grabbing* einerseits ökologisch begründet werden, z. B. im Rahmen des von den Vereinten Nationen betriebenen Programms *„Reduction of Emissions from Deforestation and Forest Degradation"* (REDD+), andererseits aber erhebliche Parallelen zur kolonialen Landnahme und damit einhergehenden Umsiedlungsprozessen aufweisen (Kamal & Doevenspeck 2018). Die ökologisch begründete Transformation der Landnahme wird auch als **green grabbing** bezeichnet. Mit dem Begriff wird der Bezug zu kolonialen und neokolonialen Praktiken der Landnahme, zur Errichtung von Nationalparks, Schutzgebieten oder zur Unterbindung vermeintlich umweltschädlicher lokaler Praktiken hergestellt. Neu sind allerdings die Formen der Inwertsetzung, die Kommodifizierung und Vermarktlichung von „Natur" und die **Vielfalt der beteiligten Akteure im Norden wie im Süden.** Dazu gehören Risikokapitalanleger, Rentenfonds, Unternehmer und Berater, GIS-Dienstleister, Ökotourismusagenturen, Technologieentwickler, Aktivisten, besorgte Konsumenten, Regierungsvertreter und das Militär, die aufgrund ihrer gemeinsamen – wenn auch sehr unterschiedlichen – Einbettung in einen globalen Kapitalismus eine Interessenallianz zu bilden scheinen (Fairhead et al. 2012).

Aus einer postkolonialen Kritik heraus, aus deren Sicht die Konzeption des Globalen stets den Grundgedanken der westlichen Moderne verhaftet bleibt – *„as something extensible and calculable, extended in three dimensions and grounded on the geometric point"* (Elden 2005) – wird alternativ eine **planetarische Perspektive** vorgeschlagen, um die weltweiten Dynamiken in den Blick zu nehmen (Sidaway et al. 2014). Mit „planetarisch" ist hier keine allumfassende und allsehende Betrachtungsweise gemeint (Brenner 2018), sondern in Abgrenzung zum Begriff der Globalisierung mit seinen primär sozio-kulturellen, politischen und vor allem ökonomischen Bezügen soll das Planetarische vor allem die ökologische Auseinandersetzung in den Vordergrund stellen. Zentral ist hier die Auffassung vom Planeten als einem lebenden Organismus, als kollektiv geteilte Ökologie, geprägt durch unterschiedliche Kräfte wie z. B. Klimazonen, Meeresströmungen, Gletscherbewegungen und Wirbelstürme und die komplexe Art und Weise, wie diese mit menschlichen Kräften zusammenwirken. Dieses umfassende Verständnis dient als Ausgangspunkt für die Untersuchung der Beziehungen zwischen Mensch und Umwelt vor dem Hintergrund räumlicher Disparitäten (Connolly 2017).

Dieser Blick auf die Interaktivität und Verbundenheit physikalischer und kultureller Aspekte schließt auch eine ethische

Kapitel 22

Exkurs 22.12 Eine Welt – fairer Handel und verantwortungsvoller Konsum

Der Eine-Welt-Gedanke stammt ursprünglich aus der kirchlichen Solidaritätsbewegung für die jungen Nationalstaaten in Afrika, Asien und Lateinamerika. Mit dieser Begrifflichkeit aus den 1960er-Jahren wird eine Gegenposition ergriffen zum Weltbild des Kalten Kriegs, das zwischen Erster Welt (den westlichen Industrieländern), Zweiter Welt (den sozialistischen Ländern bzw. dem „Ostblock") und der Dritten Welt (den „Entwicklungsländern") unterschied. Heute konzentriert sich das Engagement von Eine-Welt-Gruppen vor allem auf die Schaffung von Gerechtigkeit in globalen Handels- und Wirtschaftsbeziehungen. Dies findet Niederschlag in der Unterstützung von „fair" produzierten und gehandelten Waren, das heißt der Forderung nach garantierten Mindestpreisen und der Verbesserung der Arbeits- und Lebensbedingungen von überwiegend kleinbäuerlichen Produzenten. Mit dem Fairtrade-Siegel wird aber auch auf größere Betriebe und die damit zusammenhängenden globalen Wertschöpfungsketten Einfluss genommen. Ein positives Beispiel für die Arbeit der Fairtrade-Organisation ist die Schnittblumenindustrie am Naivasha-See in Kenia. Hier wird inzwischen überwiegend nach den Vorgaben des Fairtrade-Standards produziert. Dadurch haben sich die Löhne und Arbeitsbedingungen für Zehntausende von lokalen Arbeitskräften verbessert. Der Appell der Eine-Welt-Bewegung richtet sich darüber hinaus auch an das Verantwortungsbewusstsein der Konsumentinnen und Kon-

sumenten. Deren Konsumverhalten hängt unmittelbar mit den nur scheinbar weit entfernten Missständen im Globalen Süden zusammen, wie beispielsweise Kinderarbeit, oder „Sweatshops" mit unmenschlichen Arbeitsbedingungen zur Produktion von Billigtextilien. Sich als Teil der „Einen Welt" zu verstehen bedeutet, verantwortlich mit den Folgen des eigenen Handelns umzugehen.

Abb. A „I commit": Stempel der „SDG Action Campaign" zur Förderung des Bewusstseins für die eigene Verantwortung (Foto: photothek/Inga Kjer).

Dimension ein. In ihrer Einleitung zum „planetary turn" fordern Elias & Moraru (2015) ein neues Bewusstsein für die Verbundenheit, in der Hoffnung, dass „[…] theorizing ‚being-in-relation' will help foster ‚ethical relations worldwide'". Hier steht dann die Frage im Mittelpunkt, ob und inwieweit die Suche nach angemessenen Maßnahmen tatsächlich zu einer planetarischen Solidarität führen kann und wie Debatten um ökologische und postkoloniale Gerechtigkeit in den Beziehungen zwischen Globalem Norden und Süden auch praktische Relevanz erhalten können (Klepp & Herbeck 2016). Ein Feld, in dem derzeit zahlreiche geographische Studien die praktischen Umsetzungsmöglichkeiten wissenschaftlicher Erkenntnisse erkunden, ist die umweltpolitische Bildungsarbeit. Unter den Begriffen **„Globales Lernen"** und **„Bildung für nachhaltige Entwicklung"** wird die kritische Auseinandersetzung mit der Verortung und den Grenzen des Globalen Südens angeregt. Hier geht es darum, welchen Beitrag nicht nur der Globale Norden, sondern jeder einzelne zu einer gerechteren Zukunft leisten kann (Overwien 2016; Exkurs 22.12).

22.4 Globale Entwicklungsziele – ein neues Paradigma in Theorie und Praxis

Inzwischen kann weltweit auf sieben Jahrzehnte Entwicklungspolitik zurückgeblickt werden. Die Ergebnisse fallen zwiespältig aus und werden entsprechend unterschiedlich bewertet. Während die Verfechter der globalen Entwicklungszusammenarbeit auf Erfolge verweisen, etwa in einem steigenden HDI-Index in einigen Ländern des Globalen Südens, argumentieren die Kritiker damit, dass es weiterhin Armut, Hunger und extreme sozioökonomische Disparitäten in der Welt gibt. Auch innerhalb des Geographischen Arbeitskreises Entwicklungstheorie, der 2017 sein 50-jähriges Jubiläum begehen konnte, setzt man sich kritisch mit der eigenen Vergangenheit auseinander und hat den Teilbereich durch eine stärkere sozialtheoretische Orientierung, insbesondere durch die Rezeption poststrukturalistischer und postkolonialer Theorien sowie die Ideen des sog. Neuen Materialismus, neu ausgerichtet.

Dieser Richtung gehören auch Arbeiten an, die sich in den letzten Jahren verstärkt durch die sog. „science & technology studies" inspiriert haben lassen (z. B. Beisel 2015, Schurr 2017, Schurr & Verne 2017). Ein zentrales Anliegen dieser theoretischen Aus-

Abb. 22.6 Die Neuausrichtung von Entwicklung an den Sustainable Development Goals (SDGs).

richtung besteht darin, die **Aushandlung von Wissen** sowie die Ko-Konstruktion von Gesellschaft und Technologien ins Zentrum der Forschung zu stellen, was beispielsweise einen empirischen Fokus auf die **Rolle von Technologien** in der Entwicklungszusammenarbeit nahelegt. Ziel ist hier nun jedoch weniger, möglichst praxisnahe und praxisrelevante Erkenntnisse zu generieren, sondern die Politik und **Praxis von Entwicklung aus einer Metaperspektive** kritisch zu beleuchten und auf Basis ethnographischer Forschung nachzuvollziehen (Rottenburg 2002, Korf 2004, Mosse 2005, Peck 2011, Roy 2012, Wilson 2016). Aus dieser Perspektive lässt sich nun abschließend auch die derzeitige Dynamik in der Organisation und Ausrichtung von Entwicklung diskutieren, denn auch wenn oberflächlich betrachtet alles beim Alten scheint, so weisen aktuelle Tendenzen der Entwicklungspolitik signifikante Neuorientierungen auf.

Eine besonders augenfällige Neuausrichtung der Entwicklungspolitik im Rahmen der Vereinten Nationen erfolgte mit der Festlegung auf die **Nachhaltigen Entwicklungsziele** (*Sustainable Development Goals*, SDGs), die sowohl für den Globalen Süden als auch den Globalen Norden gelten sollen (Abb. 22.6). Sie sind Ausdruck der Bemühungen um die Koordination und Effizienzsteigerung der internationalen Entwicklungszusammenarbeit. Während dies vor dem Hintergrund der zahlreichen fehlgeschlagenen Projekte sicher zu begrüßen ist, zeigt sich darin jedoch auch eine wesentliche Problematik der aktuellen Entwicklungspolitik. Im Zentrum der Debatte steht nicht die inhaltliche Ausrichtung der Ziele, sondern deren Messbarkeit, verbunden mit der Auswahl geeigneter Indikatoren und Datengrundlagen.

Der diesem Prozess zugrunde liegende Glaube an Zahlen und ihre Aussagekraft, sowie die neue Rolle von Indikatoren, die hier zum Ausdruck kommen, wurden in den letzten Jahren bereits von einigen Wissenschaftlern für dieses Feld kritisch diskutiert (Merry 2016, Merry et al. 2015, Rottenburg et al. 2015). „*We live in a world where seemingly everything can be measured. We rely on indicators to translate social phenomena into simple, quantified terms, which in turn can be used to guide individuals, organizations, and governments in establishing policy. Yet counting things requires finding a way to make them comparable. And in the process of translating the confusion of social life into neat categories, we inevitably strip it of context and meaning—and risk hiding or distorting as much as we reveal*" (Merry 2016). Qualitative Problemstellungen und komplexe Sachverhalte werden auf ihre quantitative Dimension reduziert bzw. so zugeschnitten, dass sie quantitativ abgebildet werden können. Mit 17 Zielen, 169 Unterzielen und derzeit 232 Indikatoren wird dabei von einer „Datenrevolution" in der entwicklungspolitischen Kooperation gesprochen (Schmidt-Traub et al. 2015).

Dieser neue Fokus auf Daten und die Messbarmachung von Entwicklung zeigt sich auch in den Begriffen *evidence-based/results-based development*, die derzeit als innovative Modalitäten der Organisation von Entwicklung diskutiert werden und auch eine entscheidende Rolle in der Umsetzung der SDGs spielen (Klingbiel & Janus 2014). Ergebnisbasierte Ansätze beruhen auf der Identifizierung von quantifizierbaren und messbaren Ergebnissen, die die Wirkung und den Grad der Zielerreichung von Maßnahmen abbilden sollen, um auf dieser Basis die Mittelvergabe zu steuern. Während die Konditionalität (Verknüpfung von Leistungszusagen mit zu erbringenden Vorleistungen) der „Entwicklungshilfe" bereits in den 1990er-Jahren praktiziert wurde, findet die evidenzbasierte und an die Erfüllung von Vorbedingungen geknüpfte Mittelvergabe erst seit Kurzem verbreitete Anwendung in der Projektabwicklung. Im Sinne der *results-based aid* werden Gelder erst übergeben, wenn ein zuvor definiertes Ziel erreicht wurde. Während die Geber eine entscheidende Rolle in der Zielformulierung für den Vertrag spielen, sind sie an der Umsetzung in der Regel nicht mehr beteiligt. Am Beispiel der *conditional cash transfers* zeigt Peck (2011), wie solche Modelle global zirkulieren können und so Entwicklung neu strukturieren.

Kapitel 22

Exkurs 22.13 Die neue Experimentalität von Entwicklung

Die unterschiedlichen Versuche, „die Ärmsten der Armen" in die globale Finanz- und Marktwelt zu integrieren, zeigen besonders deutlich, wie sich die Entwicklungspraxis aktuell an verhaltensökonomischen und experimentellen Methoden bedient (Berndt 2015, Berndt & Böckler 2017b). Mithilfe von wissenschaftlichen Experimenten, die von Entwicklungsökonominnen und -ökonomen, privaten Banken und Versicherungen oft gemeinsam durchgeführt werden, wird hier nach Beweisen für den Erfolg der eingesetzten Maßnahmen gesucht (Rodrik 2009). Gesellschaftspolitische und ethische Implikationen dieses Vorgehens werden dabei jedoch oft vernachlässigt.

Rottenburg (2009) problematisiert diese Experimentalität als neue Form der globalen Verflechtung eines privatisierten Wissenschaftsapparats mit politischen und wirtschaftlichen Institutionen. Während früher Staaten, Unternehmen oder Entwicklungsorganisationen Daten sammelten, bevor sie medizinische, politische oder soziale Interventionen durchführten, wird Wissen heute „in situ", im sozialen Labor des Feldes generiert, evaluiert und legitimiert oft kurzfristige Maßnahmen (Berndt & Böckler 2016). „Post-hoc"-Beweise für die Effizienz der Maßnahmen dienen dann als Vorbild für ähnliche Projekte in anderen Orten. Wie Rottenburg betont: „*These are experimental enterprises in real-time outside the laboratory where not an epistemic but a technological kernel – like antiretroviral therapy (ART) – holds everything together and unsystematically produces new knowledge that might or might not be fed back into the process as ‚lessons learned'*" (Rottenburg 2009).

Nur experimentelle Methoden, so das Argument von Weltbank und anderen, seien in der Lage, kausale Beziehungen zwischen Interventionen und Ergebnissen herzustellen. Nur so könne man bestimmen, ob eine entwicklungspolitische Maßnahme funktioniert oder eben nicht (worldbank.org).

Im Sinne des Behaviorismus spielen dabei Anreizsysteme eine besondere Rolle. Mithilfe von bestimmten *nudges* (engl. für Stups oder Stoß) – zum Beispiel die freie Verteilung von Düngemitteln – sollen z. B. Kleinbauern zu einem marktkonformen Verhalten animiert werden (Duflo et al. 2011). *Nudges* sollen dazu dienen, die Diskrepanz zwischen der guten Absicht – in diesem Fall die Verwendung von Düngemitteln – und dem tatsächlichen Verhalten – z. B. die Ausgabe von Ernteerlösen für andere Bedürfnisse – aufzulösen. Hier zeigt sich, wie „*by rendering poverty a behaviorial issue, interventions are legitimized that target human choice and behavior at the individual level*" (Berndt & Boeckler 2017b). Dabei werden allerdings alte Dualismen aufrechterhalten: Die Wohlhabenden liefern die Messlatte für die Bewertung des Verhaltens der Armen. Auf der einen Seite steht der ideale, vollkommene *Homo oeconomicus*, auf der anderen Seite, der fehlerhafte, unvollkommene Mensch, der durch Anreize zum „richtigen" Verhalten bewegt werden soll. Entwicklung wird hier also zu einem „verhaltensökonomischen Engineering" (Bolton & Ockenfels 2012), das weitgehend einer modernistischen, neoliberalen Weltanschauung verhaftet bleibt bzw. diese sogar stärkt (Berndt & Boeckler 2017b). Diese hoch problematischen Kontinuitäten aufzuzeigen und aktuelle Neuausrichtungen kritisch zu reflektieren, bleibt damit eine wesentliche Aufgabe der geographischen Auseinandersetzung mit Entwicklung.

Das Interesse an globalen Verflechtungen und der Mobilität von Politiken und *best practices* lässt sich somit auch auf den Entwicklungsapparat selbst übertragen. Hier zeigt sich in besonderem Maße, wie die Idee eines **global policy fix** (Peck 2011) zu einer wilden Zirkulation von *best-practice*-Modellen und ihrer Nachahmung an den unterschiedlichsten Orten geführt hat. Der Nachweis (*evidence*) des Erfolgs und nicht mehr wie früher die Politik oder Diplomatie sollen zukünftig die Aktivitäten der Entwicklung bestimmen. *Innovation hubs,* wie das von der *United States Agency for International Development* (USAID) im Jahr 2014 gegründete *Global Development Lab*, setzen sich das ambitionierte Ziel, auf Basis nachweisbarer Erfolge innovative Werkzeuge und Ansätze zur Erreichung der SDGs zu entwickeln (www.usaid.gov/GlobalDevLab; Exkurs 22.13). Außerdem sollen die Daten in Prognosen münden, durch die zukünftige Entwicklungen oder z. B. auch umweltbezogene Extremereignisse vorhersehbar und steuerbar werden. Aus dieser Perspektive betrachtet wird Entwicklung zum Versuch, die Zukunft unter Kontrolle zu bringen. Diese Bestrebungen der Optimierung des Mitteleinsatzes durch **antizipative Maßnahmen** könnten einen Paradigmenwechsel nicht nur in der Entwicklungszusammenarbeit, sondern auch in der humanitären Hilfe

auslösen (www.drk.de/en/forecast-based-financing/). In diesem Zusammenhang können Untersuchungen der Geographischen Entwicklungsforschung – hier nun tatsächlich im Sinne einer wissenschaftlichen Auseinandersetzung mit der Entwicklungspraxis – wertvolle Beiträge beisteuern. Unter anderem tragen sie dazu bei, aktuelle Entwicklungsaktivitäten kritisch zu bewerten, die politischen Hintergründe und Interessen verschiedener Beteiligter aufzuzeigen, vor einer Depolitisierung von Entwicklung zu warnen, qualitative Aspekte der zunehmenden Quantifizierung von Entwicklung entgegenzusetzen und insbesondere auch den Menschen im Globalen Süden in den vielschichtigen Kontexten von Entwicklung zu mehr Gehör zu verhelfen.

22.5 Fazit und Ausblick

Dieses Kapitel hat die lange Tradition der geographischen Forschung im Globalen Süden nachvollzogen, um den Fokus auf Entwicklung historisch sowie im disziplinären Kontext der Geographie zu verorten. Dabei sollte deutlich werden, dass geographische Forschung im globalen Süden nicht automatisch Entwicklungsforschung im Sinne einer Auseinandersetzung mit Entwicklungsprojekten sein muss, aber dass sie immer vor dem Hintergrund der komplexen Beziehungen zwischen Globalem Norden und Süden erfolgt. Dieses Verhältnis wird derzeit vor allem im Kontext zunehmend fragmentierter räumlicher Disparitäten, globaler Verflechtungen und planetarischer Umweltveränderungen diskutiert und ausgehandelt. In diesem Zusammenhang kommt der Geographie aufgrund ihrer Vergangenheit und spezifischen Ausrichtung eine besondere Verantwortung zu, sich kritisch zu positionieren und entsprechende Beiträge zu leisten.

Bereits 1985 beklagte Ron Johnston, viele Geographinnen und Geographen würden sich zunehmend aus der Welt zurückziehen und neigten dadurch in ihrer Forschung und Lehre zu einer gewissen Engstirnigkeit und Kurzsichtigkeit (Johnston 1985, Bonnett 2003). Die aus dieser Feststellung abgeleitete Forderung, geographische Forschung solle sich wieder intensiver mit anderen Gesellschaften auseinandersetzen, um die „geographische Ignoranz" zu reduzieren und ein besseres Verständnis der Welt zu ermöglichen, bleibt bis heute aktuell. Nur ein gleichberechtigter Blick auf die ganze Welt und auf die Welt als Ganzes erlaubt es, die ungleichen Entwicklungsprozesse im globalen Maßstab zu verstehen und deren Folgen für das Verhältnis von Globalem Norden und Süden zu begreifen.

Die Relevanz der Geographischen Entwicklungsforschung oder, wie wir heute in einigen Fällen vielleicht zutreffender formulieren sollten, der „geographischen Forschung im Globalen Süden" liegt allerdings nicht nur darin, dass sie einer eurozentrischen Blickverengung entgegensteht. Sie ist und bleibt wissenschaftlich auch deshalb höchst relevant, weil sie in der Geographie durch die Erweiterung der empirischen Perspektiven zu neuen theoretischen Gedanken und Reflektionen anregen kann, die an die aktuellen Kerndebatten des globalen Wandels anschließen (Verne & Doevenspeck 2014). Das bedeutet, die Vielfältigkeit der Welt nicht durch hegemoniale westliche Perspektiven zu strukturieren und zu kontrollieren, sondern die Sicht anderer ebenso ernst zu nehmen.

Literatur

Bair J, Berndt C, Boeckler M, Werner M (2013) Dia/articulating producers, markets and regions: new directions in critical studies of commodity chains. Environment and Planning A: Economy & Space 45/11: 2544–2552

Basch L, Glick Schiller N, Szanton Blanc C (1994) Nations unbound: transnational projects, postcolonial predicaments and deterritorialised nation-states. Routledge, New York

Beck U (1986) Risikogesellschaft. Auf dem Weg in eine andere Moderne. Suhrkamp, Frankfurt a. M.

Beck U (1997) Was heißt Globalisierung? Suhrkamp, Frankfurt a. M.

Beck U (2007) Weltrisikogesellschaft. Suhrkamp, Frankfurt a. M.

Beisel U (2015) Markets and Mutations: mosquito nets and the politics of disentanglement in global health. Geoforum 66: 146–155

Berndt C (2013) Assembling Market B/Orders: Violence, Dispossession, and Economic Development in Ciudad Juárez, Mexico. Environment and Planning A 45/11: 2646–2662

Berndt C (2015) Behavioural economics, experimentalism and the marketization of development. Economy and Society 44/4: 567–591

Berndt C, Boeckler M (2016) Behave, global south! Economics, experiments, evidence. Geoforum 70: 22–24

Berndt C, Boeckler M (2017a) Märkte in Entwicklung – Zur Ökonomisierung des Globalen Südens. In: Diaz-Bone R, Ronald H (Hrsg) Dispositiv und Ökonomie. Diskurs- und dispositivanalytische Perspektiven auf Organisationen und Märkte. Springer. 349–370

Berndt C, Boeckler M (2017b) Economic, experiments, evidence: poor behavior and the development of market subjects. In: Higgins V, Larner W (eds) Assembling neoliberalism. Palgrave Macmillan, New York. 283–302

Bernstein H (2006) Studying development/development studies, African Studies 65/1: 45–62

Blenck J (1979) Geographische Entwicklungsforschung. In: Hottes K (Hrsg) Geographische Beiträge zur Entwicklungsforschung. Erste Dokumentation des „Geographischen Arbeitskreises Entwicklungstheorien, Bonn-Bad Godesberg. 11–20

Bock S, Doevenspeck M (2015) Kigalis Stadtumbau als Showroom ruandischer Fortschrittsvisionen. Geographische Rundschau 67/10: 16–22

Boeckler M, Berndt C (2012) Geographies of circulation and exchange: The great crisis and marketization after markets. Progress in Human Geography 37/3: 173–186

Bohle HG (2001) Neue Ansätze der geographischen Risikoforschung. Ein Analyserahmen zur Bestimmung nachhaltiger Lebenssicherung von Armutsgruppen. Die Erde 132: 119–140

Bohle H-G (2011) Vom Raum zum Menschen: Geographische Entwicklungsforschung als Handlungswissenschaft. In: Gebhardt H, Glaser R, Radtke U, Reuber P (Hrsg) Geographie. Physische Geographie und Humangeographie. 2. Aufl. Heidelberg: Springer: 746–763

Bohle H-G, O'Brien K (2006) The discourse on Human Security – Implications and relevance for climate change research. A review article. In: die Erde – Journal of the Geographical Society of Berlin 13773: 155–163

Bolton G, Ockenfels A (2012) Behavioral economic engineering. Journal of Economic Psychology 33/3: 665–676

Bonnett A (2003) Geography as the world discipline: connecting popular and academic geographical imaginations Area 35: 55–63

Brenner N (2018) Debating planetary urbanization: For an engaged pluralism, Environment and Planning D. Society and Space: 1–21

Caliskan K, Callon M (2010) Economization. Part 2: a research programme for the study of markets, Economy and Society 39/1: 1–32

Carmody P, Taylor D (2016) Globalization, Land Grabbing, and the Present-Day Colonial State in Uganda: Ecolonization and its impacts. Journal of Environment and Development 25/1: 100–126

Carney D (1998) Sustainable rural livelihoods: What contribution can we make? Department for International Development, London

Castells M (1996) The Rise of the Network Society. Cambridge, Mass

Chakrabarty D (2000) Provincializing Europe – Postcolonial Thought and Historical Difference. Princeton University Press, New Jersey

Chambers R, Conway G (1992) Sustainable rural livelihoods: practical concepts for the 21st century. Discussion Paper 296. Institute of Development Studies, Brighton

Clark J, Carney D (2008) Sustainable livelihoods approaches – what have we learnt? Institute of Development Studies, Sussex

Connell R (2007) Southern Theory – The global dynamics of knowledge in social science. A&U Academic

Connolly W (2017) Facing the Planetary: Entangled Humanism and the Politics of Swarming. Duke University Press, Durham

Coy M (2001) Institutionelle Regelungen im Konflikt um Land – zum Stand der Diskussion. In: Geographica Helvetica 56/1: 28–33

Daigle M, Sundberg J (2017) From where we stand: unsettling geographical knowledges in the classroom. Transactions of the Institute of British Geographers 42/3: 338–341

Deffner V (2006) Lebenswelt eines innerstädtischen Marginalviertels in Salvador da Bahia (Brasilien): Umgang mit sozialer und räumlicher Exklusion aus Sicht der armen Bevölkerungsgruppen. Geographica Helvetica 61/1: 21–31

Deffner V (2010) Habitus der Scham. Die soziale Grammatik ungleicher Raumproduktion. Eine sozialgeographische Untersuchung der Alltagswelt Favela in Salvador da Bahia (Brasilien) Passauer Schriften zur Geographie, Bd. 26. Universität Passau, Passau

Deffner V, Haferburg C, Sakdapolrak P (2014) Relational denken, Ungleichheiten reflektieren – Bourdieus Theorie der Praxis in der deutschsprachigen Geographischen Entwicklungsforschung. Geographica Helvetica 69/1: 3–6

DFID (Department for International Development UK) (1999) Sustainable Livelihood Guidance Sheet. DFID, London

Dietz K, Brunnengräber A (2008) Das Klima in den Nord-Süd-Beziehungen. Peripherie 112/28: 400–428

Dittrich C (2004) Bangalore: Globalisierung und Überlebenssicherung in Indiens Hightech-Kapitale. Studien zur Geographischen Entwicklungsforschung 25. Verlag für Entwicklungspolitik, Saarbrücken

Doevenspeck M (2017) Kongo: Fluch des Mineralienreichtums? Diercke Spezial. Westermann, Braunschweig. 94–98

Dörfler T, Müller-Mahn D, Graefe O (2003) Habitus und Feld. Anregungen für eine Neuorientierung der geographischen Entwicklungsforschung auf der Grundlage von Bourdieus Theorie der Praxis. Geographica Helvetica 58/1: 11–23

Driver F (2004) Imagining the tropics: view and visions of the tropical world, Singapore Journal of Tropical Geography 25/1: 1–17

Duflo E, Kremer M, Robinson J (2011) Nudging farmers to use fertilizer: Theory and experimental evidence from Kenya. American Economic Review 101/6: 2350–2390

Elden S (2005) Missing the point: Globalization, Deterritorialization and the Space of the world. Transactions of the Institute of British Geographers 30/1: 8–19

Elias A, Moraru C (2015) The Planetary Turn: Relationality and Geoaesthetics in the Twenty-First Century. Northwestern University Press, Evanston

Escobar A (1995) Encountering Development: The Making and Unmaking of the Third World. Princeton University Press, Princeton

Esson J, Noxolo P, Baxter R, Daley P, Byron M (2017) The 2017 RGS-IBG chair's theme: decolonising geographical knowledges, or reproducing coloniality? Area 49/3: 384–388

Etzold B (2013) The Politics of Street Food: Contested Governance and Vulnerabilities in Dhaka's Field of Street Vending (Megacities and Global Change). Franz Steiner Verlag, Stuttgart

Evers HD (1988) Subsistenzproduktion, Markt und Staat: der sog. Bielefelder Verflechtungsansatz. In: Leng G, Taubmann W (Hrsg) Geographische Entwicklungsforschung im interdisziplinären Dialog. Bremer Beiträge zur Geographie und Raumplanung 18: 131–143

Fabian J (2001) Im Tropenfieber: Wissenschaft und Wahn in der Erforschung Zentralafrikas. C.H. Beck Verlag, München

Fairhead J, Leach M, Scoones I (2012) Green grabbing: A new appropriation of nature. Journal of Peasant Studies 39/2: 237–261

Fisher S (2015) The emerging geographies of climate justice. The Geographical Journal 181/1: 73–82

Fleischer M, Fuhrmann M, Haferburg C, Krüger F (2013) „Festivalisation" of Urban Governance in South African Cities: Framing the Urban Social Sustainability of Mega-Event Driven Development from Below. In: Sustainability 5/12: 5225–5248

Gebauer M, Husseini de Araújo S (2016) Islamic shores along the Black Atlantic – Analysing Black and Muslim Countercultures in Post-Colonial Societies. Journal of Muslims in Europe 5: 11–37

Geiger M, Steinbrink M (2012) Migration und Entwicklung: geographische Perspektiven. IMIS-Beiträge 42. Osnabrück

Gereffi G, Humphrey J, Sturgeon T (2005) The governance of global value chains. Review of International Political Economy 12/1: 78–104

Gereffi G, Korzeniewicz M (1994) Commodity chains and global capitalism. Praeger, Westport

Gertel J (2014) Jugend(t)räume und Alltag. Arabischer Frühling in Marokko. Geographische Rundschau 2

Gertel, J (2010) Urbane Nahrungskrise: Kairo – Gefährdung und Widerstand. In: Geographische Rundschau 12: 20–26

Ghorashi H, Boersma K (2009) The Iranian Diaspora and the New Media: From Political Action to Humanitarian Help. Development and Change 40/4: 667–691

Gibson-Graham JK (2005) Surplus possibilities: postdevelopment and community economies. Singapore Journal of Tropical Geography 26: 4–26

Giddens A (1988) Die Konstitution der Gesellschaft. Grundzüge einer Theorie der Strukturierung. Campus Verlag, Frankfurt a. M., New York

Giese E, Mossig I, Schröder H (2011) Globalisierung der Wirtschaft. Eine wirtschaftsgeographische Einführung. Schöningh, Paderborn

Glasze G (2006) Der Orient, der beginnt hinter dem Zaun – Enklaven des „Westens" in Saudi-Arabien. In: Glasze G, Thielmann J (Hrsg) Orient versus Okzident? Zum Verhältnis von Kultur und Raum in einer globalisierten Welt. Mainzer Kontaktstudium Geographie 10: 47–52

Glasze G, Webster C, Frantz, K (2006) Introduction: global and local perspectives on the rise of private neighbourhoods. In: Georg G, Webster C, Frantz K (eds) Private Cities: Global and local perspectives. Routledge, London, New York. 1–8

Glick Schiller N, Basch L, Szanton Blanc C (1992) Towards a transnational perspective on migration: Race, class, ethnicity and nationalism reconsidered. New York Academy of Science, New York

Gräbel C (2015) Die Erforschung der Kolonien. Expeditionen und koloniale Wissenskultur deutscher Geographen 1884–1919, Transcript, Bielefeld

Graefe O, Hassler M (2006) Aktuelle Ansätze einer relationalen Humangeographie in Entwicklungsländern. Einführung zum Themenheft. Geographica Helvetica 61/1: 2–3

Gray K, Gills B (2014) South-South cooperation and the rise of the Global South. Third World Quarterly 374: 557–574

Grosfoguel R (2007) The epistemic decolonial turn: beyond political economic paradigms, Cultural Studies 21: 211–223

Harvey D (2003) The New Imperialism, Oxford University Press, Oxford

Henderson J, Dicken P, Hess M, Coe N, Wai-Chung Yeung H (2002) Global production networks and the analysis of economic development. Review of International Political Economy 9/3: 436–464

Hickey M (2015) Modernisation, Migration, and Mobilisation: Relinking internal and international migrations in the migration and development nexus. Population, Space and Place 22/7: 681–692

Humphrey J, Schmitz H (2001) Governance in global value chains. IDS Bulletin 32/2: 1–16

Johnston R (1985) The world is our oyster. Transactions of the Institute of British Geographers 9: 443–459

Kaag M, van Berkel R, Brons J, de Bruijn M, van Dijk H, de Haan L, Nooteboom G, Zoomers A (2004) Ways forward in livelihood research. In: Globalization and development. Kluwer Academic Press, Dordrecht. 49–74

Kamal D, Doevenspeck M (2018) Néo-toponymes dans les zones de colonisation agricole du centre-Bénin. Annales de la FASHS 1/425

Kang N (2014) Towards middle-range theory building in development research: comparative (historical) institutional analysis of institutional transplantation. Progress in Development Studies 14/3: 221–235

Kaplinsky R (2000) Spreading the gains from globalisation: what can be learned from value chain analysis? Environment and Planning A, 45/11: 2544–2552

Klepp S, Herbeck J (2016) The politics of environmental migration and climate justice in the Pacific region, Journal of Human rights and Environment 7/1: 54–73

Klingbiel S, Janus H (2014) Results-based aid: Potential and Limits of an innovative modality in development cooperation. International Development Policy 6.1

Korf B (2004) Die Ordnung der Entwicklung: Zur Ethnographie der Entwicklungspraxis und ihrer ethischen Implikationen. Geographische Zeitschrift 92/4: 208–226

Korf B, Rothfuß E (2015) Nach der Entwicklungsgeographie. In: Freytag T, Gebhardt H, Gerhard U, Wastl-Walter D (Hrsg) Humangeographie kompakt. Springer, Heidelberg. 163–183

Krüger F (2003) Handlungsorientierte Entwicklungsforschung: Trends, Perspektiven, Defizite. In: Petermanns Geographische Mitteilungen 147/1: 6–15

Krüger F (2007) Erklärungsansätze und Analysemodelle „mittlerer Reichweite". In: Böhn D, Rothfuß E (Hrsg) Entwicklungsländer. Handbuch des Geographieunterrichts 8. Köln. 73–79

Kuiper G, Gemählich A (2017) Sustainability and Depoliticisation. Certifications in the Cut-Flower Industry at Lake Naivasha, Kenya. Africa Spectrum 52/3: 31–53

Kulke E (2007) The commodity chain approach in Economic Geography. Die Erde – Journal of the Geographical Society of Berlin 138/2: 117–126

Lawson V (2007) Making development geography. Hodder Arnold, London

Lossau J (2012) Postkoloniale Impulse für die deutschsprachige Geographische Entwicklungsforschung. Geographica Helvetica 67: 125–132

Madianou M, Miller D (2013) Migration and New Media: Transnational Families and Polymedia. Routledge, London

Mawdsley E (2017) Development Geography 1. Cooperation, competition and convergence between „North" and „South", Progress in Human Geography 41/1: 108–117

McGregor A, Hill D (2009) North-South. In: International Encyclopedia of Human Geography: 473–480

Menzel U (1992) Das Ende der Dritten Welt und das Scheitern der Großen Theorie. Suhrkamp, Frankfurt a. M.

Merry S (2016) The seduction of quantification: Measuring human rights, gender violence and sex trafficking. University of Chicago Press, Chicago

Merry S, Davis K, Kingsbury B (2015) The quiet power of indicators: Measuring governance, corruption and the rule of law. Cambridge University Press, Cambridge

Merton R (1968) Social Theory and Social Structure. Free Press

Meyer H (1903) Die geographischen Grundlagen und Aufgaben in der wirtschaftlichen Erforschung unserer Schutzgebiete. Verhandlungen des Deutschen Kolonialkongresses 1902 zu Berlin: 72–73

Meyer H (1905) Denkschrift zur Gründung der landeskundlichen Kommission des Kolonialrates über die einheitliche landeskundliche Erforschung der Schutzgebiete. Koloniale Rundschau: 722–734

Mosse D (2005) Cultivating Development. An Ethnography of Aid Policy and Practice. Pluto Press, London

Müller-Mahn D (2001) Fellachendörfer – Sozialgeographischer Wandel im ländlichen Ägypten. Franz Steiner Verlag, Stuttgart

Müller-Mahn D, Beckedorf AS, Abdallah SM, Zug S (2010) Wasserversorgung und Stadtentwicklung in Khartum. Geographische Rundschau 62/10: 38–44

Müller-Mahn D, Verne J (2010) Geographische Entwicklungsforschung: alte Probleme, neue Perspektiven. Geographische Rundschau 62/10: 4–11

Müller-Mahn D, Weisser F, Willers J (2018) Struggling for Sovereignty: Political Authority and the Governance of Climate Change in Ethiopia. In: Engel U, Boeckler M, Müller-Mahn D (eds) Spatial Practices: Territory, Border and Infrastructure in Africa. Brill Academic Publishers, Leiden, Boston MA. 21–40

Nashel J (2000) The Road to Vietnam. Modernization Theory in Fact and Fiction. In: Appy C (ed) Cold War constructions. The political culture of United States Imperialism 1945–1966. University of Massachusetts Press, Amherst. 132–154

Neuburger M, Schmitt T (2012) Theorie der Entwicklung – Entwicklung der Theorie. Post-development und Postkoloniale Theorien als Herausforderung für eine Geographische Entwicklungsforschung, Geographica Helvetica 67: 121–124

Okereke C, Coventry P (2016) Climate justice and the international regime: before, during and after Paris. Climate Change 7/6: 834–851

Ouma S (2012) Creating and Maintaining Global Connections. Journal of Development Studies 48/3: 322–334

Ouma S, Boeckler M, Lindner P (2013) Extending the Margins of Marketization: Frontier Regions and the Making of Agro-export Markets in Northern Ghana. Geoforum 48: 225–235

Overwien B (2016) Globales Lernen und politische Bildung – eine schwierige Beziehung? Zeitschrift für internationale Bildungsforschung und Entwicklungspädagogik 39/2: 7–11

Oxfam Deutschland (2018) Der Preis der Profite. Zeit, die Ungleichheitskrise zu beenden. Berlin

Peck J (2011) Global Policy Models, Globalizing Poverty Management: International Convergence or Fast-Policy Integration? Geography Compass 5/4: 165–181

Pieterse JN (2001) Development Theory – Deconstructions/Reconstructions. SAGE, London

Power M (2003) Rethinking Development Geographies. Routledge, London

Power M, Sidaway J (2004) The Degeneration of Tropical Geography. Annals of the Association of American Geographers 94/3: 585–601

Pries L (1996) Transnationale soziale Räume. Theoretisch-empirische Skizze am Beispiel der Arbeitswanderungen Mexico-USA. In: Zeitschrift für Soziologie 25: 456–472

Prowse M (2010) Integrating reflexivity in livelihoods research. In: Progress in Development Studies 10/3: 211–231

Radcliffe S (2005) Development and Geography: towards a postcolonial development geography? Progress in Human Geography 29: 291–298

Radcliffe S (2017) Decolonising Geographical Knowledges. Transactions of the Institute of British Geographers 42: 329–333

Rakodi C (2002) A livelihoods approach: Conceptual issues and definitions. In: Rakodi C, Lloyd-Jones T (eds) Urban livelihoods: A people-centered approach to reducing poverty. Earthscan Publications. 3–22

Rauch T (2007) Von Basic Needs zu MDGs – Vier Jahrzehnte Armutsbekämpfung in Wissenschaft und Praxis und kein bisschen weiter. In: Peripherie 27/107: 216–245

Rauch T (2009) Entwicklungspolitik. Das Geographische Seminar. Westermann, Braunschweig

Rocheleau D, Roth R (2007) Rooted networks, relational webs and powers of connection: Rethinking human and political ecologies. Geoforum 38/3: 433–437

Rodrik D (2009) The new development economics: we shall experiment, but how shall we learn? In: Cohen J L, Easterly W (eds) What works in development? Brookings Institution Press, Washington, DC. 24–47

Rothfuß E (2012) Exklusion im Zentrum. Die brasilianische Favela zwischen Stigmatisierung und Widerständigkeit. Transcript, Bielefeld

Rottenburg R (2002) Weit hergeholte Fakten. Eine Parabel der Entwicklungshilfe. De Gruyter, Oldenbourg

Rottenburg R (2009) Social and public experiments and new figurations of science and politics in postcolonial Africa. Postcolonial Studies 12/4: 423–440

Rottenburg R, Merry S, Park SJ, Mugler J (2015) The world of indicators. The making of governmental knowledge through quantification, Cambridge University Press, Cambridge

Roy A (2012) Ethnographic circulations: space-time relations in the worlds of poverty management, Environment and Planning A 44: 31–41

Sakdapolrak P (2014) Livelihoods as social practices – re-energising livelihoods research with Bourdieu's theory of practice. Geographica Helvetica 69: 19–28

Salama P (2006) Kapitalstrom in die falsche Richtung. In: Le Monde diplomatique (Hrsg) Atlas der Globalisierung: Die neuen Daten und Fakten zur Lage der Welt. Taz, Berlin. 106–107

Saunders K (2002) Feminist post-development thought. Rethinking modernity, post-colonialism and representation. Zed Books, London

Schamp E (2008) Globale Wertschöpfungsketten. In: Geographische Rundschau 60/9: 4–11

Schmidt-Traub G, Karoubi E, Espey E (2015) Indicators and a Monitoring Framework for the Sustainable Development Goals – Launching a Data Revolution, A report to the Secretary General of the United Nations by the Leadership Council of the Sustainable Development Solutions Network. http://unsdsn.org/wp-content/uploads/2015/05/FINAL-SDSN-Indicator-Report-WEB.pdf (Zugriff 15.8.2018)

Scholz F (1988) Position und Perspektiven geographischer Entwicklungsforschung. Zehn Jahre Arbeitskreis Entwicklungstheorien. In: Leng G, Taubmann W (Hrsg) Geographische Entwicklungsforschung im interdisziplinären Dialog. Bremer Beiträge zur Geographie und Raumplanung 18: 9–35

Scholz F (2000) Perspektiven des „Südens" im Zeitalter der Globalisierung. In: Geographische Zeitschrift 88/1: 1–20

Scholz F (2002) Die Theorie der „fragmentierenden Entwicklung". Geographische Rundschau 54/10: 6–11

Scholz F (2004) Geographische Entwicklungsforschung: Methoden und Theorien. Gebrüder Borntraeger Verlagsbuchhandlung, Berlin, Stuttgart

Scholz F, Koop K (Hrsg) (1998) Geographische Entwicklungsforschung 3 Teile. Rundbrief Geographie: 148–150

Schularick M (2006) Finanzielle Globalisierung in historischer Perspektive. Kapitalflüsse von Reich nach Arm, Investitionsrisiken und globale öffentliche Güter. Die Einheit der Gesellschaftswissenschaften 134. Mohr Siebeck, Tübingen

Schurr C (2017) From biopolitics to bioeconomies: The ART of (re)producing white futures in Mexico's surrogacy market. Environment and Planning D: Society & Space 35/2: 241–262

Schurr C, Verne J (2017) Wissenschaft und Technologie im Zentrum der Geographischen Entwicklungsforschung. Science and Technology Studies meets development geographies. Geographische Zeitschrift 105/2: 125–144

Scoones I (1998) Sustainable rural livelihoods: A framework for analysis. Institute of Development Studies Working Paper 72, Brighton

Scoones I (2009) Livelihoods perspectives and rural development. Journal of Peasant Studies 36: 171–196

Sen A (1981) Poverty and famines: An essay on entitlement and deprivation. Clarendon Press, Oxford

Senghaas D (Hrsg) (1974) Peripherer Kapitalismus. Analysen über Abhängigkeit und Unterentwicklung. Suhrkamp Verlag, Frankfurt a. M.

Sidaway J (2007) Spaces of postdevelopment. In: Progress in Human Geography 31/3: 345–361

Sidaway J, Woon CY, Jacobs J (2014) Planetary postcolonialism, Singapore Journal of Tropical Geography 35: 4–21

Simon D (2003) Dilemmas of development and the environment in a globalising world: theory, policy and praxis. Progress in Development Studies 3/1: 5–41

Simon D (2006) Separated by common ground? Bringing (post) development and (post)colonialism together. The Geographical Journal 172/1: 10–21

Slater D (2004) Geopolitics and the post-colonial: rethinking North-South relations. Blackwell, Malden

Springer-Heinze A (2018) ValueLinks 2.0. Manual on Sustainable Value Chain Development. Deutsche Gesellschaft für internationale Zusammenarbeit GmbH 2018. https://www.giz.de/expertise/downloads/giz2018-en-ValueLinks_Manual_2.0_Vol_1.pdf (Zugriff 15.8.2018)

Sreekanth KJ, Sudarsan N, Jayaraj S (2014) Clean development mechanism as a solution to the present world energy problems and a new world order: a review. International Journal of Sustainable Energy 33/1: 49–75

Steinbrink M (2009) Leben zwischen Stadt und Land. Migration, Translokalität und Verwundbarkeit in Südafrika. Verlag für Sozialwissenschaften, Wiesbaden

Sylvester C (1999) Development studies and postcolonial studies: disparate tales of the Third World, Third World Quarterly 20/4: 703–721

Taylor P (1989) The Error of Developmentalism in Human Geography. In: Gregory D, Walford R (eds) Horizons in Human Geography. Basingstoke, Macmillan. 303–319

Temenos C, McCann E (2013) Geographies of Policy Mobilities. Geography Compass 7/5: 344–357

Thapa D, Sæbø Ø (2014) Exploring the Link between ICT and Development in the Context of Developing Countries: A Literature Review. In: Electronic Journal of Information Systems in Developing Countries 64: 1–5

Thieme S (2008) Sustaining Livelihoods in Multi-local Settings: Possible Theoretical Linkages Between Transnational Migration and Livelihood Studies. In: Mobilities 3: 51–71

Tröger S (2004) Handeln zur Ernährungssicherung im Zeichen gesellschaftlichen Umbruchs. Untersuchungen auf dem Ufipa-Plateau im Südwesten Tansanias. Studien zur Geographischen Entwicklungsforschung 27. Verlag für Entwicklungspolitik, Saarbrücken

Ulrich A, Ifejika Speranza C, Roden P, Kiteme B, Wiesmann U, Nüsser M (2012) Small-scale farming in semi-arid areas: Livelihood dynamics between 1997 and 2010 in Laikipia, Kenya. Journal of Rural Studies 28: 241–251

UNDP (2018) Human Development Indeces and Indicators, Statistical Update. New York

Unwin T (2017) Reclaiming Information and Communication Technologies for Development. Oxford University Press, Oxford

Verne J (2012) Living translocality: Space, Culture and Economy in Contemporary Swahili Trade. Franz Steiner Verlag, Stuttgart

Verne J (2014) Virtual Mobilities. In: Cloke P et al (eds) Introducing Human Geographies. Hodder Education, London. 821–833

Verne J, Doevenspeck M (2014) Von Pappkameraden, diffusen Bedenken und einer alten Debatte: Gedanken zur Bedeutung einer regionalen Spezialisierung in der Geographie. Geographische Zeitschrift 102/1: 7–24

Watts M (1995) A new deal in emotions: theory and practice and the crisis of development. In: Crush J (ed) Power of Development. Routledge, London. 44–62

Wehrhahn R, Haubrich D (2010) Megastädte im globalen Süden. Dynamik und Komplexität megaurbaner Räume mit Beispielen aus Lima und Guangzhou. Geographische Rundschau 62/10: 30–37

Weisser F, Müller-Mahn D (2017) No place for the political: Micro-geographies of the Paris Climate Conference 2015, Antipode 49/3: 802–820

Wenzel N, Graefe O, Freund B (2013) Competition and cooperation: Can South African Business create synergies from BRIC+S in Africa? African Geographical Review 32/1: 14–28

Wilson J (2016) The village that turned to gold: A parable of philanthrocapitalism, Development and Change 47/1: 3–28

Wood G (2003) Staying Secure, Staying Poor: The Faustian Bargain. World Development 31/3: 455–471

worldbank.org http://www.worldbank.org/en/research/dime/research, http://www.worldbank.org/en/news/video/2016/06/08/what-is-impact-evaluation (Zugriff 19.8.2018)

Zademach H-M (2014) Finanzgeographie. Geowissen Kompakt. WBG, Darmstadt

Zademach H-M, Rodrian P (2013) Finanzsystementwicklung und Mobile Money in Uganda: Instrumente für ein armutsminderndes Wachstum? Geographische Rundschau 65/10: 12–19

Ziai A (2006) Zwischen Global Governance und Post-Development: Entwicklungspolitik aus diskursanalytischer Perspektive. Westfälisches Dampfboot, Münster

Weiterführende Literatur

Korf B, Rothfuß E (2015) Nach der Entwicklungsgeographie. In: Freytag T, Gebhardt H, Gerhard U, Wastl-Walter D (Hrsg) Humangeographie kompakt. Springer, Heidelberg. 163–183

Neuburger M, Schmitt T (2012) Theorie der Entwicklung – Entwicklung der Theorie. Post-development und Postkoloniale Theorien als Herausforderung für eine Geographische Entwicklungsforschung. Geographica Helvetica 67: 121–124

Radcliffe S (2005) Development and Geography: towards a postcolonial development geography? Progress in Human Geography 29/3: 291–298

Kapitel 22

Schurr C, Verne J (2017) Wissenschaft und Technologie im Zentrum der Geographischen Entwicklungsforschung. Science and Technology Studies meets development geographies, Geographische Zeitschrift 105/2: 125–144

Sheppard E (2011) Trade, globalization and uneven development. Entanglements of geographical political economy. Progress in Human Geography 36/1: 44–71

Silvey R, Rankin K (2011) Development Geography. Critical development studies and political geographic imaginaries. Progress in Human Geography 35/5: 696–704

Bevölkerungsgeographie

23

Paul Gans und Andreas Pott

Jahrmarkt in Delhi unterhalb des „Red Fort" (Foto: P. Gans).

© Springer-Verlag GmbH Deutschland, ein Teil von Springer Nature 2020
H. Gebhardt et al. (Hrsg.), *Geographie*, https://doi.org/10.1007/978-3-662-58379-1_23

Im Jahre 2022 wird die Weltbevölkerung nach der neuesten Projektion der Vereinten Nationen die 8-Mrd.-Marke überschreiten, 2050 wird sie knapp 10 Mrd. Menschen zählen. Das zukünftige Wachstum wird sich zwar abschwächen, doch führen in den am wenigsten entwickelten Ländern des Globalen Südens, insbesondere in Afrika südlich der Sahara, hohe Geburtenüberschüsse und eine junge Altersstruktur zu überdurchschnittlichen Bevölkerungszunahmen bis 2050 und dies trotz vergleichsweise hoher Sterblichkeit. Im Gegensatz dazu sind für die weiter entwickelten und die meisten der weniger entwickelten Staaten rückläufige bis nur leicht steigende Einwohnerzahlen kennzeichnend. Dieser Trend ist Folge niedrigerer Geburtenhäufigkeiten bei relativ geringer Sterblichkeit und vergleichsweise hohem oder rasch zunehmendem Anteil älterer Menschen. Wächst die Bevölkerung überhaupt, basiert diese Zunahme in der Mehrzahl der Länder des Globalen Nordens auf Zuwanderungsüberschüssen. – Die Bevölkerungsgeographie beschäftigt sich mit dem Wandel von Bevölkerung(en) in räumlicher Perspektive. Dazu untersucht sie demographische Strukturen wie die Differenzierung der Bevölkerung nach Alter, Geschlecht, sozialen Merkmalen oder ethnischer Zugehörigkeit sowie die demographischen Prozesse Geburtenhäufigkeit, Sterblichkeit und Migration auf unterschiedlichen räumlichen Ebenen. Sichtbar wird derart nicht nur die Variabilität des demographischen Wandels, sondern auch seine maßgebliche Beeinflussung durch politische, soziale, ökonomische und kulturelle Faktoren. Je nach regionalen Bedingungen, gesellschaftlichen Institutionen und Handlungsweisen staatlicher wie privater Akteure lassen sich unterschiedliche Geographien der Bevölkerung mit jeweils spezifischen Ausprägungen demographischer Prozesse und Strukturen charakterisieren. Als Teil der Humangeographie ist die Bevölkerungsgeographie interdisziplinär orientiert. Sie befasst sich außerdem mit Themen an der Schnittstelle von Gesellschaft und Umwelt.

23.1 Weltweite und regionale Bevölkerungsentwicklung

Zu Beginn des Neolithikums um 10 000 v. Chr. kann man von einer Erdbevölkerung von ca. 6 Mio. Menschen ausgehen (Tab. 23.1). Die zahlenmäßige Entwicklung der Bevölkerung lässt sich drei technologisch-kulturell geprägten Phasen zuordnen: Die aneignende Wirtschaftsweise der Jäger und Sammler begrenzte das Wachstum auf einem niedrigen Niveau. Der Übergang zur Sesshaftigkeit mit Ackerbau und Viehzucht ab ca. 10 000 v. Chr. stärkte die Sicherheit der Nahrungsmittelversorgung und hatte einen ersten Wachstumsschub zur Folge. Mit Beginn der Industrialisierung ab 1750 setzte ein gesellschaftlicher Wandel ein, in dessen Verlauf neben staatlichen Reformen (z. B. Einführung der Schulpflicht, Verbot von Kinderarbeit, Sozialversicherungen) neue Erkenntnisse und die Erweiterung des Wissens zu Innovationen z. B. in der Landwirtschaft, der Güterproduktion oder im Gesundheitswesen führten, die einen weiteren, bis heute nachwirkenden Impuls auf die weltweite Bevölkerungszunahme hervorriefen. Das globale Wachstum schwächte sich erst nach 1990 merklich ab (Tab. 23.1).

Diese Wachstumsphasen der Weltbevölkerung sind im **Modell des demographischen Übergangs** zu erkennen (Abb. 23.1): ein moderater Anstieg des Bevölkerungswachstums infolge relativ hoher, stark schwankender Geburten- und Sterberaten, eine Beschleunigung der Zuwachsraten in der Phase des Übergangs sowie ein sinkendes und schließlich geringes Wachstum aufgrund der niedrigeren, vergleichsweise stabilen Werte der „natürlichen Bevölkerungsbewegungen" (= Differenz aus Geburten und Sterbefällen; Exkurs 23.1).

Zeit/Jahr	Bevölkerungs-zahl [Mio.]	jährliches Wachstum [%]	Verdoppelungszeit bei gleich-bleibenden Wachstumsraten [Jahre]
10 000 v. Chr.	6	0,008	8369
0	252	0,037	1854
1750	791	0,065	1060
1800	987	0,443	157
1850	1262	0,493	141
1900	1650	0,538	129
1950	2536	0,863	81
1970	3701	1,908	37
1990	5331	1,841	38
2000	6145	1,431	49
2010	6958	1,250	56
2017	7550	1,173	59

Tab. 23.1 Weltweite Bevölkerungsentwicklung von 10 000 v. Chr. bis 2017 n. Chr. (Quelle: Bähr 2010, United Nations 2017a).

Exkurs 23.1 Messen der Geburtenhäufigkeit und der Sterblichkeit

Die Geburtenrate bezieht die Zahl der Lebendgeborenen in einem Kalenderjahr auf 1000 Einwohner und Einwohnerinnen in der jeweiligen Region. Allerdings erfasst sie das Fruchtbarkeitsniveau für raumzeitliche Vergleiche unzureichend, da sie alle Einwohner und Einwohnerinnen und nicht den Anteil von Frauen im gebärfähigen Alter berücksichtigt. Diesen Nachteil vermeidet die Totale Fruchtbarkeitsrate (TFR) als Summe der altersspezifischen Geburtenraten. Die TFR lag 2016 in Deutschland bei 1,59, das heißt, eine Frau würde im Mittel etwa 1,59 Kinder gebären, wenn sie während ihrer gesamten reproduktiven Phase den altersspezifischen Fruchtbarkeitsbedingungen des Jahres 2016 unterworfen wäre und die Sterblichkeit unberücksichtigt bliebe. Damit liegt die Fruchtbarkeit in Deutschland seit Mitte der 1970er-Jahre unter dem Reproduktionsniveau von 2,1 Geburten je Frau, das statistisch erforderlich wäre, um die Größe der Bevölkerung ohne Berücksichtigung von Wanderungen konstant zu halten.

Die rohe Sterberate oder Sterbeziffer bezieht die Zahl der Sterbefälle innerhalb eines Kalenderjahres auf 1000 Einwohner in einer Region. Die Sterberate beschreibt die Sterblichkeitsverhältnisse in einer Region ebenfalls unzureichend. So liegt trotz erheblich günstigerer Mortalitätsbedingungen die Sterberate von 10 ‰ (2010–2015) in den weiter entwickelten Ländern (mit einem Anteil der mindestens 60-Jährigen von 25 %, 2017) über der Ziffer von 8 ‰ (2010–2015) in den am wenigsten entwickelten Ländern (Anteil der mindestens 60-Jährigen: 6 %). Die Lebenserwartung von Neugeborenen ist unabhängig von der Altersstruktur. Auf Grundlage der altersspezifischen Sterberaten gibt sie die mittlere Zahl von Jahren an, die eine Person zum Zeitpunkt der Geburt unter den gegebenen Sterblichkeitsverhältnissen einer Bevölkerung zu leben erwarten kann. Im Zeitraum 2010–2015 betrug die Lebenserwartung von Neugeborenen in weiter entwickelten Ländern 78 Jahre, in den am wenigsten entwickelten Ländern 63 Jahre. Die Lebenserwartung ist ein quantitatives Maß und bildet nicht die Zahl der Jahre ab, in denen sich eine Person wohlfühlt. Informationen hierzu gibt die Zahl der gesunden Jahre, in denen eine Frau oder ein Mann von gesundheitlichen Einschränkungen oder Behinderungen nicht betroffen ist.

Modell des demographischen Übergangs: Beispiel Deutschland

Die prätransformative oder präindustrielle Phase

Für das Deutsche Reich ist vor 1870 ein nahezu paralleler Verlauf von hohen Geburten- und Sterbeziffern bei relativ starken, unregelmäßigen **Schwankungen** zu erkennen (Abb. 23.2). Der kurzfristigen Zunahme der Mortalität beispielsweise nach den Hungerkrisen 1816/17 oder den Epidemien von 1831/32 folgte verzögert ein Anstieg der Geburtenrate aufgrund vermehrter Familiengründungen. Sie beeinflussten, in Abhängigkeit von Heiratsalter und -häufigkeit, die Bevölkerungsentwicklung. Heiratserlaubnisse waren an ein sicheres Einkommen geknüpft und wurden beispielsweise im Falle der Erschließung neuer Flächen für die landwirtschaftliche Nutzung häufiger erteilt. Dieses west- und mitteleuropäische Heiratsmuster liegt der vergleichsweise niedrigen Fruchtbarkeit im präindustriellen Europa zugrunde (Bähr 2010). Schon in der prätransformativen Phase zeigten je nach wirtschaftlichen Bedingungen, Agrarverfassungen oder gesellschaftlichen Wertvorstellungen Geburtenhäufigkeit, Lebenserwartung und insbesondere die Säuglingssterblichkeit sowie das Heiratsalter deutliche räumliche Variationen (Imhof 1981, Gans & Kemper 2001).

Sterblichkeitsrückgang in der frühtransformativen Phase

Nach 1870 sank die Sterbeziffer kontinuierlich (Abb. 23.2). Bei weiterhin hohen Geburtenraten öffnete sich die sog. **Bevölkerungsschere**, der demographische Übergang begann, das natürliche Bevölkerungswachstum erhöhte sich. Der Anstieg der

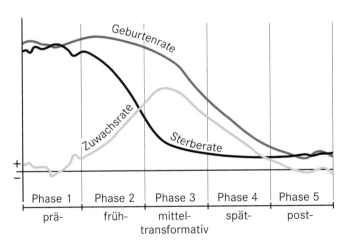

Abb. 23.1 Modell des demographischen Übergangs (verändert nach Bähr et al. 1992).

Lebenserwartung basierte auf einer merklichen Verbesserung der Ernährungssituation. Modernisierung und Intensivierung der Landwirtschaft sowie der expandierende Welthandel sicherten zunehmend die Nahrungsmittelversorgung. Mit dem Ausbau der Verkehrswege im Zuge der Industrialisierung konnten regionale Krisen beim Lebensmittelangebot rasch ausgeglichen werden.

Von den Fortschritten profitierten vor allem Kinder und Erwachsene. Dagegen litten Säuglinge, insbesondere in den damaligen Metropolen, wegen mangelhafter Trink- und Abwassersysteme sowie Defiziten bei Frischmilchtransporten und Milchsterilisierung unter einer erhöhten Mortalität.

Kapitel 23

Exkurs 23.2 Diffusion oder Anpassung? – Fruchtbarkeitsrückgang und gesellschaftlicher Wandel

Der Fruchtbarkeitsrückgang begann in den großen Städten und setzte sich dort auch verstärkt fort. In den Städten konzentrierten sich einerseits aufstiegswillige, an Wohlstandssteigerung interessierte und partizipierende Gruppen, die ihre Kinderzahl begrenzten. Andererseits lebten hier auch die Angehörigen unterer Einkommensschichten, die aus Armutsgründen ebenfalls weniger Kinder bekamen. Der Fruchtbarkeitsrückgang könnte demnach als Diffusion neuer generativer Verhaltensweisen aufgrund sich ändernder Normen und Wertvorstellungen verstanden werden. Aller-

dings bestanden schon in der prätransformativen Phase regionale Unterschiede in der Geburtenhäufigkeit, die sich auch während der Industrialisierung nicht anglichen. Diese Beobachtung spricht gegen eine Diffusion neuer generativer Verhaltensweisen als Folge von Informationsausbreitung. Seit Carlsson (1966) wird der Fruchtbarkeitsrückgang daher als Anpassungsprozess an den sozioökonomischen Wandel gedeutet.

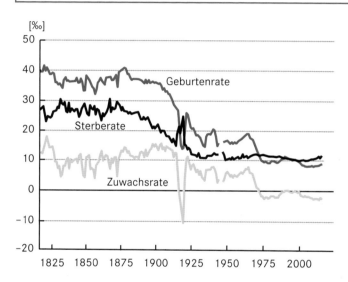

Abb. 23.2 Geburten-, Sterbeziffern und natürliche Zuwachsraten in Deutschland (1817–2015, Quelle: Chesnais 1992, Statistisches Bundesamt versch. Jahrgänge).

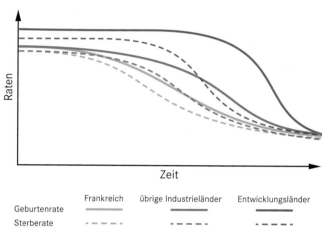

Abb. 23.3 Variables Modell des demographischen Übergangs (Quelle: Gans 2011).

Fruchtbarkeitsrückgang in der mittel- und spättransformativen Phase

Gegen Ende des 19. Jahrhunderts erreichte die natürliche Bevölkerungsbilanz maximale Werte. Medizinische Fortschritte und die Verbesserung der hygienischen Verhältnisse in den stark wachsenden Städten senkten die Säuglingssterblichkeit von 245 ‰ (1871–1875) auf 163 ‰ (1910–1914; Gehrmann 2011). Nach der Jahrhundertwende verringerte sich auch die Fruchtbarkeit, die „Bevölkerungsschere" begann sich zu schließen und das „natürliche", aus Geburten- und Sterberate folgende Wachstum ging zurück (Abb. 23.2). Die Fertilität fiel von etwa vier auf zwei Geburten je Frau und war eine wesentliche Folge des gesellschaftlichen **Modernisierungsprozesses** (Exkurs 23.2): fortschreitende Verstädterung, Wandel von einer agraren zu einer industriellen Erwerbsstruktur, beginnende Emanzipation der Frauen, die allgemeine Hebung des Lebensstandards. Staatliche Maßnahmen schufen wichtige Rahmenbedingungen für die Modernisierung, so z. B. die Einführung der allgemeinen Schul-

pflicht, die Renten- und Krankenversicherung oder der Ausbau der sozialen wie technischen Infrastruktur etwa im Gesundheits- und Bildungswesen (Exkurs 23.3).

Ausklingen des demographischen Übergangs in der posttransformativen Phase

Nach 1945 erreichten Geburten- und Sterberaten in der Bundesrepublik Deutschland ein niedriges und stabiles Niveau. Ihre Bilanz war zunächst positiv und stieg bis Mitte der 1960er-Jahre an („Geburtenberg", „Baby-Boomer"). Doch weist die Differenz seit Anfang der 1970er-Jahre überwiegend negative Werte auf. Der Hintergrund dieser Entwicklung ist ein markantes Absinken der Geburtenrate zwischen 1965 und 1975 als Folge eines Fruchtbarkeitsrückgangs unter das Reproduktionsniveau.

Der am Beispiel Deutschlands beschriebene schematische Verlauf von Geburten- und Sterberate zeigt bereits für andere weiter entwickelte Länder – trotz einer vergleichbaren Abfolge der einzelnen Phasen – eine außerordentliche Vielfalt. Schon zu Beginn der Transformation war die gesellschaftliche Situation in einzelnen Staaten sehr unterschiedlich und trotzdem öffnete sich die Be-

Exkurs 23.3 *Wealth-flow*-Theorie– Fruchtbarkeitsrückgang als Folge individuellen Verhaltens

In traditionellen Gesellschaften setzen soziale Institutionen und Wertvorstellungen Bedingungen für eine hohe Fruchtbarkeit. Kinder stehen für Prestige, billige Arbeitskraft und soziale Absicherung der Eltern im Alter. Die gesellschaftliche Modernisierung kehrt den *wealth flow* von den Eltern zugunsten ihrer Nachkommen um. In Gesellschaften mit geringer Geburtenhäufigkeit fließt er aufgrund rechtlicher, sozialer und ökonomischer Rahmenbedingungen von den

Eltern zu ihren Nachkommen. Die Entscheidung über die Kinderzahl treffen die Paare selbst. Das Ziel, dem Nachwuchs z. B. durch Bildung gute Lebenschancen zu sichern, begrenzt aufgrund der damit verbundenen Aufwendungen die Zahl der Geburten. Die Umkehrung des *wealth flow* in Verbindung mit dem sozialen Wandel ist nach Auffassung von Caldwell (1982) entscheidend für einen nachhaltigen Fruchtbarkeitsrückgang.

völkerungsschere etwa zur gleichen Zeit. Je früher dies geschah, desto länger dauerte der Übergang. In Frankreich setzte um 1800 ein etwa parallel verlaufender Rückgang von Fruchtbarkeit und Mortalität ein, ein Öffnen der Bevölkerungsschere blieb aus.

Nicht unumstritten ist die **Übertragung des Modells** auf die weniger entwickelten Länder des Globalen Südens. Dort sank die Sterblichkeit häufig erst als Folge von Impfkampagnen und des Ausbaus des Gesundheitswesens sowie nach Erlangen der Unabhängigkeit, dann allerdings sehr rasch. Der Fruchtbarkeitsrückgang hingegen erfolgte zeitlich verzögert von einem weit höheren Niveau aus (z. B. die Alterspyramide von Niger; Exkurs 23.6), da in der prätransformativen Phase Heiratsbeschränkungen noch weniger verbreitet waren als z. B. in großen Teilen Europas. Die Bevölkerungsschere öffnete sich weit.

Auf die große empirische Komplexität der unterschiedlichen Verläufe reagiert das **„variable Modell"** des demographischen Übergangs. Aber auch dieses Modell bietet allenfalls eine verbesserte Beschreibungsfunktion, nicht jedoch treffende Erklärungen für einzelne Länder. Hierfür müssten die stark variierenden gesellschaftlichen Bedingungen differenzierter berücksichtigt werden. Erst sie erklären den Fruchtbarkeitsrückgang in den weniger entwickelten Ländern, das Absinken der Geburtenhäufigkeit unter das Reproduktionsniveau in den meisten weiter entwickelten Ländern oder den Anstieg der Mortalität in Russland und in Afrika südlich der Sahara (Abb. 23.3).

Fruchtbarkeitstransformation und sozialer Wandel in Ländern des Globalen Südens und Ostens

Anfang der 1950er-Jahre war die Geburtenhäufigkeit in den Industriestaaten mit durchschnittlich 2,8 Kindern je Frau deutlich geringer als in den sog. Entwicklungsländern mit etwas über sechs Geburten (Abb. 23.4). Im Zeitraum 2010–2015 lag die Fruchtbarkeit auf allen Kontinenten niedriger. In Europa fiel sie unter 2,1 Geburten je Frau, in den am wenigsten entwickelten Ländern erreichte die Totale Fruchtbarkeitsrate mit 4,3 Kindern je Frau jedoch nach wie vor beträchtlich höhere Werte (Exkurs 23.1). Der *demographic divide* (Kent & Haub 2005) verläuft heute nicht mehr zwischen dem Globalen Norden und Süden. Vielmehr ist das Fruchtbarkeitsniveau auf Länderebene auch innerhalb des Globalen Südens sehr disparat. Dies dokumentieren exemplarisch die zum Teil beachtlichen Unterschiede der Geburtenzahl je Frau in Afrika (2,3–7,4), Asien (1,1–5,3) oder Lateinamerika (1,7–3,2) im Zeitraum 2010–2015.

Das unterschiedliche Ausmaß des Geburtenrückgangs in den Ländern des Südens ergibt sich aus einem vielschichtigen Zusammenwirken dreier Faktoren. Neben der gesellschaftlichen Modernisierung, die sich in Änderungen der Wirtschaftsstruktur, der Zunahme der ökonomischen Leistungskraft oder in der fortschreitenden Verstädterung ausdrückt, spielt der soziale

Kapitel 23

Zahl der Geburten je Frau

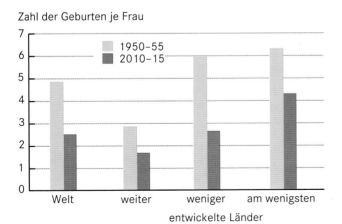

Zahl der Geburten je Frau

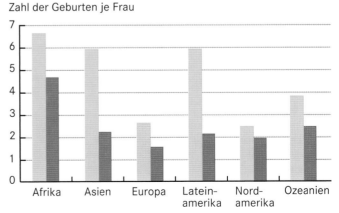

Abb. 23.4 Rückgang der Geburtenzahlen je Frau in den Großräumen der Erde (1950/55–2010/15; Quelle: United Nations 2017b).

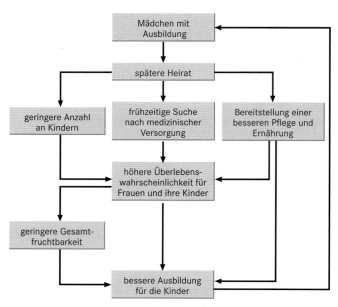

Abb. 23.5 Der Einfluss von Frauen mit Schulbildung auf die demographische und soziale Entwicklung (Quelle: Gans 2011).

Abb. 23.6 Familie in einem Dorf in Nordindien. Links ist das Großelternpaar der Enkel, die rechts folgen, ganz rechts steht der Sohn. Die Schwiegertochter ist nicht auf dem Bild. Es zeigt somit indirekt die ländlichen Bedingungen, unter denen viele Frauen in Nordindien auch heute leben: geringe Autonomie und niedriger sozialer Status in der Gesellschaft. Hierin liegt ein Grund für die nach wie vor hohe Fruchtbarkeit im ländlichen Raum Nordindiens (Foto: P. Gans).

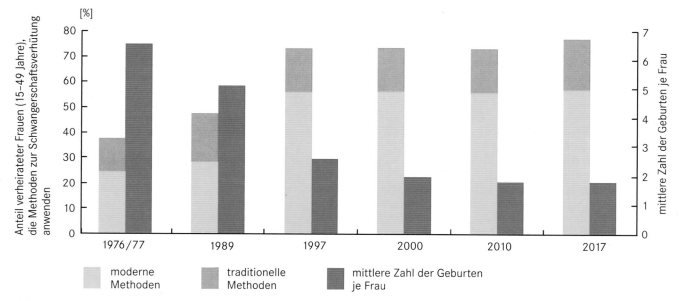

Abb. 23.7 Iran: mittlere Zahl der Geburten je Frau und Verwendung von Verhütungsmitteln (1976–2017; Quelle: Gans 2011, Population Reference Bureau 2017).

Wandel eine maßgebliche Rolle. Er befördert die Ausbreitung neuer, auf individueller Ebene wirksamer Normen, die zu einer Reduzierung der Geburtenhäufigkeit führen. Indikatoren für diesen Wandel sind die Höhe der Einschulungsquote und die Verbesserung des Bildungsniveaus von Frauen (Lutz et al. 2010). Ihr Schulbesuch stärkt ihren sozialen Status, sie heiraten später, gewinnen an Autonomie bei der Entscheidung über ihre Heirat sowie über die Zahl ihrer Geburten (Abb. 23.5 und 23.6; Gans 2000). Der soziale Wandel verschiebt den Nutzen aus dem *wealth flow* (Exkurs 23.3) von den Eltern zugunsten der Kinder.

Familienplanung kann diese Effekte auf den Geburtenrückgang noch beschleunigen. Dies gilt vor allem für Programme, die Familien und insbesondere Männer mit einbeziehen und überall eine differenzierte Auswahl an Kontrazeptiva ermöglichen.

Auch staatliche Institutionen können auf unterschiedliche Weise auf die Entwicklung der Fruchtbarkeit einwirken. Im Iran z. B. baute die Regierung seit Ende der 1980er-Jahre im Zuge des **Familienplanungsprogramms** im ganzen Land Gesundheitseinrichtungen aus, die zugleich Zentren einer nationalen Kampagne für erstrebenswerte kleine Familien mit idealerweise zwei Kindern wurden. Seit 2000 liegt die mittlere Zahl der Geburten je Frau auch im Iran niedriger als 2,1 Geburten (Abb. 23.7). Heute realisieren mehr als 90 % der Frauen vor jeder Geburt mindestens zwei pränatale Vorsorgeuntersuchungen, bei 95 % der Geburten ist ein Arzt oder medizinisch ausgebildetes Personal anwesend. Die Säuglingssterblichkeit ging innerhalb von 35 Jahren von 100 ‰ (1975–1980) auf 15 ‰ (2010–2015) zurück und liegt heute deutlich unter dem Wert von 41 ‰ in Indien oder 70 ‰ in Pakistan. Das iranische Familienplanungsprogramm verfolgte außerdem das Ziel, insbesondere Mädchen verstärkt einzuschulen (Lutz et al. 2010). Das Beispiel Iran belegt damit eindrucksvoll den Zusammenhang zwischen sozialem Wandel und generativen Verhaltensweisen (Abb. 23.5). Der Effekt der iranischen Bevölkerungspolitik zeigt sich auch in einer für die wirtschaftliche Entwicklung des Landes günstigen Altersstruktur. Der Rückgang der Zahl der Kinder je Frau führte zu einem steigenden Anteil der Personen im erwerbsfähigen Alter. Er liegt 2017 mit 71 % deutlich höher als in den Nachbarländern in Südasien (62 %) oder Westasien (63 %). Ein Großteil dieser Altersgruppe von 15 bis unter 65 Jahren geht einer Arbeit nach, verfügt über ein eigenes Einkommen, spart, konsumiert und investiert in die Ausbildung des Nachwuchses. Diese **demographische Dividende** kann in Kombination mit staatlichen Maßnahmen wie dem Ausbau der technischen und sozialen Infrastruktur sowie der Schaffung stabiler rechtlicher, sozialer und politischer Rahmenbedingungen zu verstärkten privaten Investitionen und im besten Falle zu einer nachhaltigen Ökonomie führen. Die Zeitspanne der positiven Optionen aus dem demographischen Bonus ist begrenzt. Sie sollte gesellschafts- und wirtschaftspolitisch genutzt werden, bevor eine überdurchschnittlich steigende Zahl älterer Menschen die Altersstruktur erneut ändert.

Zu einem vergleichbaren Rückgang der Fruchtbarkeit kam es in China. Seit Mitte der 1950er-Jahre führte die chinesische Regierung wiederholt Familienplanungsprogramme durch, um die Geburtenhäufigkeit zu senken (Gans et al. 2019). Der Erfolg blieb jedoch zunächst aus: 1981 lag die Zahl der Kinder je Frau mit 2,55 noch deutlich über dem Niveau der „natürlichen Bestandserhaltung", die Bevölkerung wuchs weiter schnell an. Dies und die stark besetzten Altersgruppen im Alter von 20–40 Jahren, die aus der sinkenden Sterblichkeit in den 1950er-Jahren resultierten, waren für die Regierung 1979 Anlass, aus Sorge um die negativen Auswirkungen des zukünftigen Bevölkerungswachstums auf die Lebensverhältnisse die sog. **Ein-Kind-Politik** einzuführen. Diese Politik erhöhte durch materielle Belohnung oder Bestrafung der Eltern den Druck auf die Familien, sich an die politische Vorgabe zu halten. Die Zahl der Geburten je Frau sank auf 1,6 (2010–2015). Gründe für diesen zahlenmäßigen „Erfolg" der gewandelten Familienplanung in China sind zum einen die straffe Organisation der Kommunistischen Partei, die dazu beitrug, die Ziele der Bevölkerungspolitik konsequent durchzusetzen. Ohne die rigide Familienplanung wäre der wirtschaftliche Fortschritt Chinas seit 1990 kaum möglich gewesen. Die niedrigere Geburtenhäufigkeit minderte den Bevölkerungsdruck auf Arbeitsmarkt, Bildungs- und Gesundheitswesen merklich. Zum anderen beschleunigte die wirtschaftliche Liberalisierung in China seit 1980 einen sozialen Wandel, der eine erhöhte Akzeptanz der Ein-Kind-Politik vor allem in den Metropolen unterstützte.

Abb. 23.8 Heiratsmarkt im People's Park Shanghai (Foto: P. Gans, 2015).

Die Kehrseite der chinesischen Ein-Kind-Politik zeigt sich in der gezielten **Abtreibung** weiblicher Föten (Relation von Jungs auf 100 Mädchen bei Säuglingen in China: 117,7 (2010), während sie weltweit bei 107,3 liegt), in einer hohen Zahl „illegaler" Personen aufgrund nicht registrierter Geburten, in Zwangsabtreibungen und im Mädchenhandel. Letzterer wird u. a. auf den Überschuss junger Männer zurückgeführt, etwa 20 % von ihnen müssen, statistisch gesehen, ohne Ehepartnerin bleiben und können daher als Unverheiratete viele gesellschaftliche Erwartungen nicht erfüllen (Abb. 23.8; Gans 2015). Auch Traditionen spielen eine Rolle. Patriarchalisch und patrilineal dominierte Werte führen in China dazu, dass die Allokation vorhandener Ressourcen innerhalb der Familie zugunsten der männlichen Nachkommen erfolgt. Diese Präferenz der Eltern für Söhne hängt eng mit dem durch Exogamie gekennzeichneten Heiratsverhalten zusammen. Töchter verlassen nach ihrer Heirat die elterliche Familie, während Söhne sie wirtschaftlich unterstützen und ihnen Schutz wie Ansehen geben. Eine Fortsetzung der Ein-Kind-Politik wird die Bevölkerung Chinas sehr rasch altern lassen, die demographische Dividende wird schon in naher Zukunft aufgebraucht sein (Tab. 23.3). Aus diesen Gründen hat die Regierung 2013 die Regeln der Familienplanung gelockert und 2016 die Ein-Kind-Politik für beendet erklärt.

Anders verläuft die Bevölkerungsentwicklung in Afrika. Vor allem in den Ländern südlich der Sahara ist kein kontinuierlicher Geburtenrückgang zu beobachten (Bongaarts 2008). Die Zahl der Kinder je Frau ist nach wie vor auf hohem Niveau (2010–2015) wie in Äthiopien (4,6), Kenia (4,1), Angola (6,0), Ghana (4,1), Nigeria (5,7) oder im Tschad (6,3), obwohl die Vorstellungen der Frauen zur idealen Kinderzahl deutlich niedriger ausfallen. Als Gründe werden diskutiert: sozialer Druck, der von der Familie auf die Frauen ausgeübt wird, hohe Kosten für Kontrazeptiva und/oder ein unzureichendes Angebot (*unmet need*), Kürzung staatlicher Budgets für Familienplanungsprogramme, finanzielle Umschichtungen internationaler Geldgeber zugunsten der Bekämpfung von HIV/AIDS und staatliche Institutionen, die zu schwach sind, funktionierende Infrastrukturen für Familienplanungsprogramme einzurichten. Innere Konflikte und enorme

Kapitel 23

soziale Gegensätze destabilisieren gesellschaftliche Strukturen zusätzlich. Die Folge des anhaltend hohen Geburtenniveaus ist eine sehr **junge Bevölkerungsstruktur** in den jeweiligen Ländern (Tab. 23.3). In Angola oder im Tschad sind heute 47 % der Einwohner und Einwohnerinnen jünger als 15 Jahre, in Subsahara-Afrika liegt der Anteil der 15- bis unter 65-Jährigen unter 55 %.

Die drei Beispiele Iran, China und Subsahara-Afrika stehen für unterschiedliche Trends von Bevölkerungsentwicklung und -struktur, die mit jeweils unterschiedlichem staatlichen Engagement in der Bevölkerungspolitik zusammenhängen und die zu spezifischen gesellschaftlichen Herausforderungen in der Zukunft führen. Irans Erfolge basieren im Kern auf der starken Einbindung der Bevölkerung in die Maßnahmen des Familienplanungsprogramms, das auf einen sozialen Wandel fokussiert. Die dirigistische Ein-Kind-Politik Chinas senkt zwar ebenfalls deutlich die Geburtenhäufigkeit, hat aber aufgrund der rein quantitativen Orientierung des *top-down*-Ansatzes unerwünschte gesellschaftliche Folgen. In vielen afrikanischen Ländern behindern schwache staatliche Institutionen, innere Zerrissenheit oder politische Instabilität einen ökonomischen, politischen und sozialen Wandel. Das hohe natürliche Bevölkerungswachstum erschwert das Erreichen der UN-Ziele für nachhaltige Entwicklung. Die staatlichen Institutionen der Länder tragen mit der Form ihrer Bevölkerungspolitik also zur Produktion unterschiedlicher Geographien der Bevölkerung bei.

Geburtenrückgang und zweite demographische Transformation in Europa

In den europäischen Staaten außerhalb des Warschauer Paktes fiel die Fruchtbarkeit in den 1960er-Jahren deutlich unter 2,1 Geburten je Frau. Dieser Rückgang setzte in den einzelnen Ländern zu verschiedenen Zeitpunkten ein, in Deutschland fand er 1965–1975 statt (Abb. 23.2). Seitdem ist der natürliche Saldo aus Geburten- und Sterberate negativ. Van de Kaa (1987) bezeichnete diesen Fruchtbarkeitsrückgang unter das „natürliche Bestandserhaltungsniveau" als **zweite demographische Transformation** (Exkurs 23.4). Er begründete den Unterschied zum Modell des ersten demographischen Übergangs mit dem substanziellen Wandel von Wertvorstellungen, die zunehmend von Selbstverwirklichung, persönlicher Wahlfreiheit, individuellem Lebensstil und Emanzipation mit ihren Folgen für Familiengründung oder Motivation zur Elternschaft beeinflusst werden. Dieser Wandel ist Teil gesellschaftlicher Veränderungen wie fortschreitende Tertiärisierung, Ausweitung des Wohlfahrtsstaates, Bildungsexpansion, Säkularisierung und Individualisierung. Der Einfluss, den Institutionen wie Kirche oder Staat auf persönliche Entscheidungen haben, sinkt, alternative Lebensformen werden aufgewertet. Die demographischen Folgen dieser Veränderung sind Schrumpfung, Alterung, Singularisierung und Heterogenisierung. Sie kennzeichnen den sog. „demographischen Wandel". Eine vergleichbare Entwicklung ist auch in ostasiatischen Ländern wie Japan, Südkorea oder Taiwan zu beobachten. Dagegen ist die niedrige Fruchtbarkeit von weniger als 2,1 Geburten je Frau in China, im Iran oder auch in Thailand auf Familienplanungsprogramme zurückzuführen, die auf einen sozialen Wandel

Exkurs 23.4 Regionale Konsequenzen des demographischen Wandels

Regionen		Altenquotient		Bevölkerungs-entwicklung [%]
		2012	2035	
Agglomerationen	Köln	45	66	0,8
	München	41	57	+9,9
	Dresden	55	76	−6,0
	Leipzig	53	76	−6,7
	Rhein-Main	45	66	2,3
	Duisburg/Essen	51	75	−5,9
ländliche Regionen	Uckermark-Barnim	55	101	−5,4
	Oberfranken Ost	56	89	−13,6
	Allgäu	52	82	+1,5
	Emsland	44	77	+5,2
	Altmark	54	110	−22,4
	Westpfalz	51	82	−8,5
Deutschland		49	75	−2,8

Tab. A Bevölkerungsentwicklung und Alterung in ausgewählten Regionen mit unterschiedlicher Siedlungsstruktur (2012–2035; eigene Auswertung nach Angaben des BBSR).

Im Zeitraum 2010–15 liegt die Geburtenhäufigkeit in den meisten europäischen Ländern als Folge der zweiten demographischen Transformation deutlich unter dem für die natürliche Reproduktion notwendigen Niveau (Abb. 23.4). Relativ hohe Werte werden in West- und Nordeuropa (2,0 Kinder je Frau in Frankreich oder 1,9 in Schweden), niedrige in Süd- und Osteuropa (1,4 in Italien oder 1,3 in Polen) registriert. In Deutschland schwankt die Fruchtbarkeit seit Mitte der 1970er-Jahre zwischen 1,3 und 1,6 Geburten je Frau, sodass das Bundesinstitut für Bau-, Stadt- und Raumforschung in Bonn bis 2035 einen Bevölkerungsrückgang von 2,8 % erwartet – trotz angenommener jährlicher Außenwanderungsgewinne von mehr als 200 000 Personen. Auf regionaler Ebene sind erhebliche Unterschiede in der Entwicklung der Bevölkerung bis 2035 auch zwischen Regionen mit vergleichbarer Siedlungsstruktur zu erwarten (Tab. A). Die Implikationen der Alterung (z. B. Alterspyramide von Italien, Exkurs 23.6) für den Arbeitsmarkt oder die sozialen Sicherungssysteme deutet der Altenquotient an, die Zahl der mindestens 60-Jährigen auf 100 Personen im Alter von 20 bis unter 60 Jahren. Er erhöht sich in Deutschland von 49,0 (2012) auf 75,2 (2035), bei einer räumlich sehr unterschiedlichen Dynamik (Tab. A).

Die Pluralisierung der Lebensentwürfe befördert den Trend zu kleineren Haushaltsgrößen und zu einer Ausdifferenzierung der Haushaltsstruktur. 1996–2016 erfährt die Zahl der Alleinstehenden mit 7 % die höchste Zunahme auf einen Anteil von 44,5 %, gefolgt von Lebensgemeinschaften und Alleinerziehenden mit 2 % auf 13,6 %. Dagegen verringert sich die Bedeutung traditioneller Familienformen (Ehepaare mit Kindern) um knapp 9 % auf 18,8 %, während der Anteil von Ehepaaren ohne Kinder bei etwa 24 % stagniert (Statistisches Bundesamt 2017).
Die fortschreitende Internationalisierung der Bevölkerung trägt zur weiteren Heterogenisierung ihrer Struktur bei. Betrug 1975 die Zahl der Ausländerinnen und Ausländer in Deutschland knapp 4,1 Mio., hat sie sich bis Mitte 2016 auf fast 9 Mio. mehr als verdoppelt. 1975 stammten drei Viertel aus den fünf wichtigsten Anwerbeländern der 1950er- bis 1970er-Jahre, 2015 waren es nur noch 40 %. Dieser Wandel basiert auf dem Ende des westdeutschen Gastarbeiterregimes der Nachkriegsjahrzehnte, politischen Veränderungen (Fall des Eisernen Vorhangs 1989, Erweiterung der EU, volle Freizügigkeit für Arbeitnehmerinnen und Arbeitnehmer aus EU-Staaten), der guten Arbeitsmarktlage in Deutschland nach der Finanz- und Wirtschaftskrise 2009, den kriegerischen Konflikten im Nahen Osten oder in Teilen Afrikas sowie der Globalisierung von Migrationen (Kap. 24).

Die Auswirkungen des demographischen Wandels auf die zukünftige räumliche Verteilung der Bevölkerung stellen für die Regional- und Stadtentwicklung zentrale Herausforderungen dar. Zu den räumlichen Unterschieden der Bevölkerungsentwicklung und -struktur (Tab. A) tragen selektive Migrationsprozesse entscheidend bei: Junge Erwachsene verlassen aus bildungs- und arbeitsplatzorientierten Motiven ländliche Räume, Ältere vor allem die Großstädte, indem sie entweder in ihre oftmals ländlichen Herkunftsräume zurückkehren oder in landschaftlich attraktive Räume wie das Allgäu oder die Küstengebiete ziehen. Die wirtschaftliche Situation, insbesondere die Arbeitslosigkeit, hat einen deutlich differenzierenden Effekt, unabhängig von der Siedlungsstruktur der jeweiligen Region. Dies zeigen die Beispiele München und Duisburg-Essen sowie Emsland und die Altmark (Tab. A).

In strukturschwachen, ländlichen Regionen wird der weitere Rückgang der Einwohnerzahlen zusätzliche Wohnungsleerstände produzieren. Er reduziert ferner die Auslastung der Infrastruktur, verringert die Nachfrage nach privaten Gütern und Diensten, erhöht die wirtschaftlichen Schwierigkeiten vom Einzelhandel bis zum Rechtsanwaltbüro, dünnt ÖPNV-Angebote aus, vergrößert die Einzugsbereiche von privaten wie öffentlichen Dienstleistungsangeboten, verlängert die Wege zur Schule oder zum Einkaufen, steigert die Kosten, senkt die Attraktivität des Angebots, führt zu Betriebsstilllegungen und zur Schließung von Infrastrukturangeboten und verstärkt die Bereitschaft junger Menschen zur Abwanderung. All diese Effekte werden den Schrumpfungsprozess weiter beschleunigen. Demgegenüber zeichnen sich prosperierende Regionen mit Binnen- und Außenwanderungsgewinnen durch eine vergleichsweise geringe Arbeitslosigkeit, kreative Milieus sowie durch Forschungs- und weiterführende Bildungseinrichtungen aus. Es wird zusätzliche Flächenengpässe und Nutzungskonflikte geben, auf den Wohnungsmärkten übersteigt die Nachfrage das Angebot, die Mietpreisentwicklung ist überdurchschnittlich hoch, bezahlbarer Wohnraum knapp. Das Verkehrsnetz ist oftmals überlastet, soziale Infrastrukturen müssen ausgebaut werden, die Konzentration benachteiligter Gruppen in einzelnen städtischen Quartieren erfordert verstärkte Integrationsmaßnahmen.

Aus heutiger Sicht ist also eine Verschärfung regionaler Disparitäten zu erwarten. Angesichts dieser Geographien der Bevölkerung und ihrer Dynamik stellt sich die Frage, ob in Zukunft weiterhin am Leitbild der Verwirklichung gleichwertiger Lebensverhältnisse in allen Teilräumen Deutschlands festgehalten werden kann und festgehalten werden sollte. Ist die gegenwärtig auf Wachstum ausgerichtete flächenhafte Förderung überhaupt geeignet, Unterschiede zwischen den verschiedenen Regionen auszugleichen? Könnte eine stärkere räumliche Konzentration der begrenzten Finanzressourcen unter Berücksichtigung profilbestimmender Wirtschaftsbranchen wenigstens einzelne Regionen in die Lage versetzen, die Gefahr von kumulativen Schrumpfungsprozessen abzuwenden, die für strukturschwache Regionen, ländliche Räume, aber auch für Agglomerationen besteht?

Kapitel 23

Tab. 23.2 Trends in der Sterblichkeit nach Großregionen, 1950/55–2010/15 (Quelle: United Nations 2017b).

Großregion	Säuglingssterblichkeit [‰]		Lebenserwartung von Neugeborenen [Jahre]	
	1950–55	2010–15	1950–55	2010–15
Afrika südlich der Sahara	185	62	36,3	57,9
Nordafrika	201	28	42,3	71,1
Asien	157	31	42,3	71,8
Westasien	192	23	43,8	72,8
Südasien	196	44	37,0	67,9
Ostasien	122	11	45,6	76,8
Nordamerika	31	6	68,7	79,2
Lateinamerika und Karibik	128	19	51,3	74,6
Europa	72	5	63,7	77,2
Osteuropa	90	8	60,4	72,2
weiter entwickelte Länder	59	5	64,8	78,4
weniger entwickelte Länder[1]	155	33	42,5	70,5
am wenigsten entwickelte Länder	202	56	36,1	62,7
Welt	142	35	47,0	70,8

[1] Die am wenigsten entwickelten Länder sind hier nicht berücksichtigt.

analog zum ersten demographischen Übergang zielen (vgl. die Alterspyramide von Thailand, Exkurs 23.6).

Sterblichkeitsrückgang in Industrie- und Entwicklungsländern

In der zweiten Hälfte des 20. Jahrhunderts erlebte die Menschheit den höchsten Sterblichkeitsrückgang ihrer Geschichte. So stieg die Lebenserwartung weltweit von 47 Jahren (1950–1955) auf 70,8 Jahre (2005–2010; Tab. 23.2). Diese positive Entwicklung verdeckt jedoch, dass die Entwicklung in einzelnen Weltregionen sehr unterschiedlich verlief. So erhöhte sich in Asien und Nordafrika die Lebenserwartung etwa um 30 Jahre, in Lateinamerika und der Karibik um fast 25 Jahre, während die Zunahme in Europa und Nordamerika bei einem relativ hohen Ausgangsniveau erheblich niedriger ausfiel. In Osteuropa und in Afrika südlich der Sahara blieb der Trend deutlich hinter der allgemeinen Entwicklung zurück. Der *demographic divide* verläuft daher heute nicht mehr zwischen Nord und Süd wie noch Anfang der 1950er-Jahre, sondern quer dazu bzw. innerhalb des Globalen Nordens und Südens.

Die **Konvergenz der Sterblichkeitsentwicklung**, die in den 1970er-Jahren von den Vereinten Nationen aufgrund des bis dahin beobachteten Mortalitätsrückgangs postuliert wurde (Abb. 23.9), ist zu hinterfragen (Caselli et al. 2002): Die weniger entwickelten Länder verzeichneten bis zu diesem Zeitpunkt durchweg höhere Mortalitätsrückgänge als die weiter entwickel-

ten Länder und konnten dadurch z. B. den Unterschied zu den europäischen Staaten deutlich verringern. Die Erfolge basierten auf dem Zurückdrängen von Infektionskrankheiten durch Impfkampagnen, auf dem Auf- und Ausbau des Bildungs- und Gesundheitswesens nach Erlangen der Unabhängigkeit, auf der Anwendung moderner Medikamente wie Penicillin oder der Bekämpfung von Malaria durch den Einsatz von DDT in der Landwirtschaft (Soares 2007). Nur einzelne afrikanische Länder südlich der Sahara fielen aufgrund ihrer zu geringen Fortschritte aus dem konvergenten Trend heraus (Abb. 23.9).

Anfang der 1970er-Jahre setzte jedoch eine neue Divergenz ein (Abb. 23.9). In den USA, Deutschland, Korea oder Chile erhöhte sich die Lebenserwartung aufgrund medizinischer Fortschritte bei der Behandlung degenerativer Krankheiten wie Krebs oder von Herz-Kreislauf-Erkrankungen weiter. Vergleichbare Erfolge konnten in den ehemals sozialistischen Ländern Europas nicht erzielt werden. Die Mortalität stagnierte und erhöhte sich nach dem politischen Umbruch um 1990 sogar vorübergehend. Die dadurch bedingten gesellschaftlichen Umwälzungen verstärkten nicht nur den sozialen Stress sowie für die Gesundheit negative individuelle Verhaltensweisen, sondern verschlechterten auch institutionelle Rahmenbedingungen der **Gesundheitsversorgung**. Seit 2005–2010 scheint sich eine Trendwende abzuzeichnen.

Wieder anders sieht die demographische Entwicklung in Afrika aus. In den Ländern südlich der Sahara existiert aktuell die höchste Mortalität (Tab. 23.2). Das Niveau veränderte sich seit Ende der 1970er-Jahre nur noch wenig (Abb. 23.9). Für die nach wie vor vergleichsweise hohe Sterblichkeit spielen

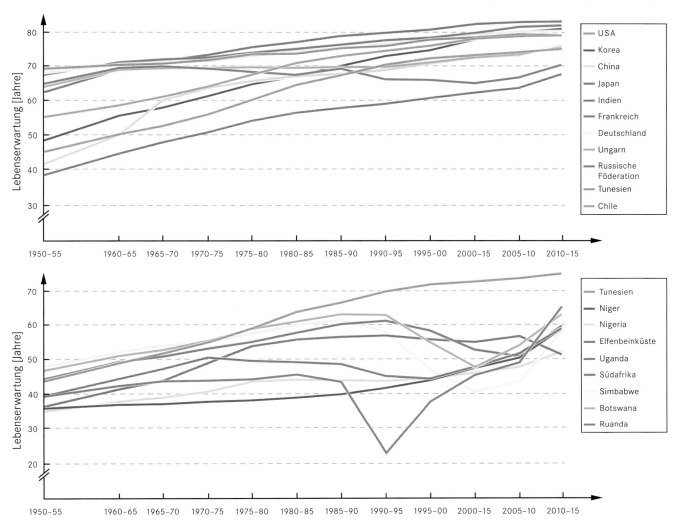

Abb. 23.9 Konvergente wie divergente Entwicklung der Lebenserwartung für ausgewählte Länder (1950/55–2010/15; Quelle: United Nations 2017b).

neben der Immunschwächekrankheit HIV/AIDS auch Faktoren wie bewaffnete Konflikte, ökonomische Stagnation, defizitäres Gesundheitswesen oder das Wiederaufleben von Krankheiten wie Tuberkulose und Malaria eine beträchtliche Rolle (United Nations 2009). Von 1990 bis etwa 2010 ist ein markanter Rückgang der Lebenserwartung zu konstatieren, der im Wesentlichen aus der **Ausbreitung von HIV/AIDS** resultiert. Die nach 2010 wieder sinkende Mortalität basiert auf den erfolgreich eingeleiteten Maßnahmen zur Begrenzung dieser Infektionskrankheit.

Der *Human-Immunodeficiency-Virus* (HIV) zerstört schrittweise das menschliche Immunsystem und bricht im Mittel etwa 11 Jahre nach der Infektion aus. Weltweit stabilisiert sich seit einigen Jahren die Zahl der HIV-infizierten Personen, allerdings auf dem hohen Niveau von gut 36,7 Mio. (2016). Seit dem Höchststand 1996 von 3,5 Mio. Neuinfizierten verringerte sich diese Zahl um etwa die Hälfte auf etwa 1,8 Mio. Menschen. Die weiterhin hohe Zahl von Infizierten wird maßgeblich vom hohen Infektionsrisiko

bestimmter Bevölkerungsgruppen beeinflusst (Bongaarts et al. 2008). Hohe HIV-Raten sind bei Personen mit höherem Einkommen (mehr Reisen, mehr Partner), besserer Bildung (Loslösung von traditionellen Normen und Werten), aber auch bei armen Menschen (mehr Partner als Überlebensstrategie) festzustellen. Zudem sind Personen in bestimmten Berufen stärker betroffen als andere (Leisch 2001): Arbeitsmigranten, Händler, Lkw-Fahrer, Militärangehörige, Polizisten, Prostituierte. Neben der Zahl der Neuinfizierten gingen auch die HIV/AIDS-induzierten Todesfälle seit 2004 bis Ende 2016 um etwa 55 % von 2,2 Mio. auf 1 Mio. zurück. Die Behandlung der Erkrankten mit der **antiretroviralen Therapie** (ART) zeigt Erfolge, wenn sie auch den Ausbruch von AIDS nur hinauszögert. Die HIV-Infizierung bleibt jedoch trotz der medizinischen Fortschritte in der Behandlung eine große gesellschaftliche Herausforderung.

Im südlichen Afrika weitete sich HIV/AIDS um die Jahrtausendwende zu einer „Entwicklungskrise" vieler Staaten aus, die bis

Abb. 23.10 Straßenszene in einer kleinen Stadt nördlich von Delhi. Bei den Personen auf dem Foto handelt es sich fast nur um Männer. Diese Szene könnte auf die räumliche Separation von Frauen verweisen und ihren geringen sozialen Status in der Gesellschaft dokumentieren (Foto: P. Gans).

heute alle Lebensbereiche der Menschen betrifft (Krüger 2002, Gould 2005): eine höhere Betroffenheit von Frauen, die mit 57 % häufiger als Männer mit HIV infiziert sind, eine allgemeine Lebenserwartung von zum Teil weniger als 40 Jahren bei der Geburt, eine sich erheblich ändernde Altersstruktur aufgrund der „Übersterblichkeit" junger Erwachsener, fehlende Arbeitskräfte, sinkendes Humankapital, rückläufige Investitionsbereitschaft von Unternehmen, Arbeitslosigkeit. Dass gewisse Erfolge bei der Bekämpfung von HIV/AIDS auch ohne teure Medikamente erzielt werden können, zeigt das Beispiel Uganda. Seit 1993 verringerte sich dort die Zahl der Infizierten von 1,3 Mio. auf 1,1 Mio. (2003). Die Regierung ging das Problem unter Einbeziehung aller gesellschaftlicher Gruppen offen an und startete eine Informationskampagne über die Ursachen von AIDS sowie über Möglichkeiten, sich vor einer Infizierung zu schützen: Benutzung von Kondomen bei Geschlechtsverkehr (*safer sex*), Beginn von sexuellen Beziehungen in nicht zu jungem Alter, geringere Anzahl von Partnerinnen oder Partnern, Aufklärung in den Schulen. Allerdings erhöhte sich die Zahl der Infizierten in der jüngsten Vergangenheit wieder auf 1,4 Mio. (2016). Als Hintergrund wird vermutet: Die markant rückläufige Zahl von AIDS-Todesfällen (2000: 100 000, 2016: 28 000) und die Ausweitung der ART-Behandlung (2010: 20 %, 2016: 67 % der Infizierten) gaukeln der Bevölkerung eine Sicherheit vor, die nicht existiert (UNAIDS 2016). Nach wie vor ist daher die Botschaft der Informationskampagnen wichtig: **A**bstinence, **B**e faithful (*have a low number of partners and preferably be monogamous*), use a **C**ondom (Gans et al. 2019).

Weitere Fortschritte in der Verringerung der weltweiten Sterblichkeit können nur erzielt werden, wenn die Ursachen bekannt sind, warum Menschen krank werden und sterben. Das *Health-field*-Konzept fasst die Einflussgrößen auf das Mortalitätsgeschehen zu vier Faktorengruppen zusammen: Die „menschliche Natur" basiert auf der körperlichen wie mentalen Verfassung von Personen und hängt mit dem genetischen Potenzial zusammen. „Umwelt" subsumiert alle Ursachen, die Individuen nur in geringem Umfang beeinflussen können. Die soziale Umwelt schließt Wertvorstellungen, die beispielsweise zu Diskriminie-

rungen von Mädchen bei der Ernährung oder der Gesundheitsversorgung sowie zur Einengung ihrer räumlichen Mobilität (Abb. 23.10) führen können, ein. Die physische Umwelt bezieht sich auf Unfallrisiken, Wohnbedingungen oder Naturgefahren. „Gesundheitswesen" betrifft die gesamte materielle, institutionelle und personelle Infrastruktur zur Versorgung der Bevölkerung. Eine große Bedeutung für die Gesundheit von Müttern und Säuglingen kommt in den am wenigsten entwickelten Ländern beispielsweise den pränatalen Vorsorgeuntersuchungen zu. „Lebensstil" umfasst alle Faktoren, über die das Individuum eine gewisse Kontrolle hat. Hierzu zählen beispielsweise die Ernährungsweise, das Rauchen, der Alkoholkonsum oder Fehlverhalten im Verkehr.

23.2 Bevölkerungsverteilung und Bevölkerungsstruktur

Geburten- und Sterblichkeitsentwicklung in den Großräumen der Erde haben eine sich ändernde Bevölkerungsverteilung zur Folge (Abb. 23.11). Mitte des 20. Jahrhunderts wohnte noch ein Drittel aller Menschen in den weiter entwickelten Ländern, im Jahre 2017 nur noch 16,6 %, und 2050 werden es 13,3 % sein (Exkurs 23.5). Im Globalen Süden machte sich nach 1950 das Öffnen der Bevölkerungsschere voll bemerkbar. In diesem Jahrtausend ist Afrika die einzige Weltregion, deren Anteil an der Weltbevölkerung aufgrund der anhaltend hohen Geburtenüberschüsse in den kommenden 30 Jahren vermutlich von knapp 16,6 % (2017) auf 25,9 % (2050) ansteigen wird. Im Vergleich dazu geht die bevölkerungsanteilige Bedeutung von Asien um 5,2 auf 52,9 % zurück.

Die Bevölkerungsentwicklung variiert auch innerhalb der einzelnen Weltregionen: Kennzeichnend ist eine weltweit überdurchschnittliche Zunahme der städtischen Bevölkerung. Die Urbanisierung setzte in den Industriestaaten ein, in denen die Verstädterungsquote in den 1920er-Jahren noch unter 30 % lag. 1950 betrug sie weltweit 29,5 % und erhöhte sich bis 2015 auf 54 %. Für das Jahr 2050 erwarten die Vereinten Nationen einen Anteil von 66,4 % (United Nations 2015). Vor allem in Ländern des Globalen Südens wird der **Verstädterungsprozess** von einer intensiven **Metropolisierung** (Vergroßstädterung) begleitet (Abschn. 20.7). Im Jahre 1975 lagen zwei von drei Megacities mit mindestens 10 Mio. Einwohnern in einem weiter entwickelten Land, 2016 waren es nur noch 6 von 41, und die Vereinten Nationen gehen zukünftig von keiner weiteren Zunahme aus. Im Gegensatz dazu wird sich die Zahl der Megacities im Globalen Süden von 25 (2016) auf 35 (2030) erhöhen.

Wie das Bevölkerungswachstum im Allgemeinen hängt auch die Zunahme der Einwohnerzahlen in den Städten von der Bilanz der Geburten- und Sterberate sowie vom Wanderungssaldo ab. Auch die Neuzuordnung ländlicher zu städtischen Gebieten sowie Eingemeindungen in Städte können von Bedeutung sein. Nach wie vor wandern junge Menschen in die Städte auf der Suche nach einem Arbeitsplatz, in der Hoffnung auf ein höheres Einkommen sowie auf bessere Bildungs- und Aufstiegschan-

Exkurs 23.5 Bevölkerungsdaten

Bevölkerungswissenschaftlerinnen und -wissenschaftler benutzen eine Vielzahl von Ziffern und Indikatoren, deren Aussagekraft von der Qualität der zugrunde liegenden Erhebungen abhängig ist. Viele Angaben basieren auf der Registrierung demographischer Ereignisse wie Geburt, Heirat, Scheidung, Wohnungswechsel oder Todesfall, die in Melderegistern zusammengeführt werden. Bei einem Zensus handelt es sich um eine Totalerhebung in einem festgelegten Gebiet zu einem bestimmten Zeitpunkt. Ein Zensus hat beispielsweise das Ziel, Ungenauigkeiten der Bevölkerungsfortschreibung auf Basis der Informationen aus dem Melderegister zu korrigieren. Heute wird in vielen Ländern wie in Deutschland 2011 der Zensus mithilfe bestehender Register und ergänzender Stichprobenerhebungen erstellt. Die EU-Mitgliedstaaten führten 2011 einen inhaltlich abgestimmten Zensus mit Angaben zu Bevölkerung, Bildung, Berufstätigkeit und Wohnung

durch. Ein Zensus bildet eine unverzichtbare Grundlage für eine effiziente öffentliche Verwaltung, Planungen, Unternehmensentscheidungen oder Versicherungen. Zwar sind Volkszählungen durchaus mit Fehlern behaftet, aber andere Erhebungsarten (Mikrozensus, Melderegister) können sie trotz hoher Kosten nur unzureichend ersetzen.

Bevölkerungsprognosen schätzen die zukünftigen Einwohnerzahlen auf der Erde, in Kontinenten, Staaten oder Regionen. Sie schreiben eine in der Vergangenheit beobachtete Entwicklung unter Verwendung verschiedener Annahmen über Geburtenhäufigkeit, Sterblichkeit und Migrationen fort. Die Ergebnisse sind immer mit gewissen Unsicherheiten behaftet, die sich mit zunehmendem Prognosehorizont erhöhen. Bevölkerungsprognosen bilden eine wertvolle Grundlage für Infrastrukturplanungen oder für Investitionen von Unternehmen.

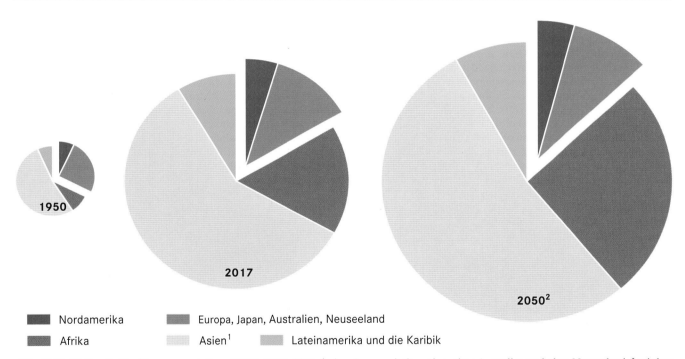

Abb. 23.11 Weltweite Bevölkerungsverteilung (1950, 2017, 2050; [1] ohne Japan, mit Ozeanien, ohne Australien und ohne Neuseeland, [2] mittlere Annahmen zur Fruchtbarkeit und Sterblichkeit; Quelle: United Nations 2017b).

cen als in ländlichen Räumen. Der vergleichsweise hohe Anteil junger Erwachsener an der städtischen Bevölkerung wirkt sich positiv auf ihr Wachstum aus. Die wichtigste Komponente ist zu Beginn der Verstädterung der Saldo der räumlichen Bevölkerungsbewegungen, dagegen gewinnen mit fortschreitender Dauer des Prozesses die Geburtenüberschüsse zunehmend an Bedeutung, da die Wanderungsgewinne der Städte vor allem auf den Zuwanderungsüberschüssen junger Erwachsener beruhen. Auch die Komponenten, die zur Verstädterungsdynamik

beitragen, zeigen regionale Unterschiede. In Afrika, wo die Geburtenhäufigkeit auch in Städten hoch und die ökonomische Entwicklung schwach ist, resultiert städtisches Wachstum vor allem aus Geburtenüberschüssen. In China hingegen tragen Wanderungsgewinne entscheidend zum Wachstum der Städte bei: Die Ein-Kind-Politik, die in den Städten eher als in ländlichen Gebieten durchgesetzt werden konnte, die wirtschaftliche Prosperität und die hohe Erwerbsbeteiligung von Frauen spielen eine wesentliche Rolle.

Kapitel 23

Tab. 23.3 Entwicklung von Jugend- und Altenquotient der Bevölkerung in Großräumen (1950–2050; Quelle: United Nations 2017b).

Großraum	1950 JQ/AQ[1]	1980 JQ/AQ[1]	2015 JQ/AQ[1]	2050 JQ/AQ[1]
Welt	56/8	60/10	40/13	34/25
weiter entwickelte Länder	42/12	34/18	25/27	27/46
weniger entwickelte Länder[2]	63/7	68/7	39/10	31/26
am wenigsten entwickelte Länder	74/6	86/6	71/6	49/10
China	55/7	60/8	24/13	23/44
Indien	63/5	69/6	44/9	28/20
Afrika südlich der Sahara	76/6	87/6	80/6	54/8
Lateinamerika und die Karibik	72/6	71/8	38/11	27/31

[1] JQ, Jugendquotient entspricht der Zahl der unter 15-Jährigen bezogen auf 100 Personen im Alter von 15 bis unter 65 Jahren.
AQ, Altenquotient entspricht der Zahl der mindestens 65-Jährigen bezogen auf 100 Personen im Alter von 15 bis unter 65 Jahren.
[2] Weniger und am wenigsten entwickelte Länder sind zwei Kategorien.

Städtisches Wachstum wird unterschiedlich bewertet. Aus demographischer Perspektive ermöglichen Städte aufgrund ihrer hohen Bevölkerungsdichte grundsätzlich eine effizientere Versorgung der Einwohner z. B. mit Bildungs- und Gesundheitseinrichtungen als ländliche Gebiete. Zugleich zerstört die flächenhafte Ausdehnung der Städte unwiderruflich naturräumliche Ressourcen. Auch wird die Steuerung der Stadtentwicklung im Falle von Megacities gerade durch ihre Größe und ihre Wachstumsdynamik erschwert. Sie sollte auch im Globalen Süden so gestaltet werden, dass die ökologischen, ökonomischen und sozialen Belastungen für Einwohner und Einwohnerinnen und Umwelt möglichst gering sind. Städte in den weiter entwickelten Ländern erfordern angesichts der Alterung ihrer Bevölkerung zukünftig einen dezidierten Umbau.

Geburtenhäufigkeit, Sterblichkeit und Migrationen beeinflussen die **Struktur der Bevölkerung** in allen Räumen, von den verschiedenen Weltregionen bis zu städtischen Quartieren. Beeinflusst werden u. a. die demographischen Strukturmerkmale Alter, Geschlecht, ethnische Zugehörigkeit oder sozialer Status. Die Einteilung der Wohnbevölkerung in die drei Lebensabschnitte Kindheit/Jugend, Erwerbstätigkeit und Ruhestand erlaubt eine vergleichende Betrachtung der altersstrukturellen Veränderungen der Bevölkerung in verschiedenen Regionen (Tab. 23.3). So wird z. B. ein markanter *demographic divide* zwischen den weiter entwickelten und den am wenigsten entwickelten Ländern sichtbar. Kennzeichnend für den Globalen Norden ist ein Rückgang des Jugendquotienten, der sich ab 2015 auf niedrigem Niveau stabilisiert. Hierin spiegeln sich die Folgen der zweiten demographischen Transformation wider. In den am wenigsten entwickelten Ländern erhöht sich bis 1980 der Jugendquotient in erheblichem Maße als Konsequenz einer hoch bleibenden Geburtenhäufigkeit bei sinkender Säuglingssterblichkeit. Der nur mäßige Rückgang des Jugendquotienten bis 2015 basiert auf nach wie vor hohen Geburtenüberschüssen, die sich nach der mittleren Variante der Bevölkerungsvorausberechnung der Vereinten Nationen bis 2050 verringern werden. Der zugleich bis 2050 noch sehr niedrige Altenquotient verweist auf Chancen, die sich infolge der demographischen Dividende für die Bevölkerung in den ärmsten Ländern eröffnen.

Die rigorose Ein-Kind-Politik in China seit 1979 lässt den Jugendquotienten zwar merklich absinken, aber die Zunahme des Altenquotienten offenbart die zukünftigen Herausforderungen der alternden Gesellschaft Chinas. Im Vergleich dazu zeigt Indien einen gemäßigten Trend (Alterspyramide von Indien, Exkurs 23.6), der aus einer weniger rigiden Bevölkerungspolitik resultiert. Allerdings wird die Bevölkerung Indiens bis 2050 um 20 % auf knapp 1,7 Mrd. Einwohner und Einwohnerinnen anwachsen. Demgegenüber macht das Beispiel Lateinamerikas (inkl. der Karibik) sichtbar, wie wirtschaftliche Entwicklung und steigende Lebensqualität auf der Makroebene und die sich ändernden Normen und Wertvorstellungen auf der Mikroebene in Richtung einer Begrenzung des Bevölkerungswachstums zusammenwirken können (Alterspyramide von Chile, Exkurs 23.6).

Die **ethnische Struktur** einer Bevölkerung ist statistisch schwerer zu erfassen als demographische Charakteristika. Insbesondere internationale Migrantinnen und Migranten werden häufig als ethnische Minderheiten oder als Mitglieder einer **ethnischen Gruppe** wahrgenommen. Doch askriptive Merkmale ethnischer Gruppen wie Herkunft oder Kultur (Sprache, Religion, Werte und Traditionen), physische Merkmale oder Verhaltensweisen lassen sich bevölkerungswissenschaftlich nur grob darstellen. Zumeist bezieht man sich auf Variablen wie Sprache, Geburtsort, Staatsangehörigkeit oder Selbstzuordnungen zu vorgegebenen Kategorien ethnischer Herkunft. Die Reduktion der ethnischen Gruppenzugehörigkeit oder des Merkmals Migrant auf die Staatsangehörigkeit (z. B. Ausländer/Inländer) begrenzt die Aussagekraft: Eingebürgerte Migranten werden ebenso wenig wie die Kinder von Migranten oder (Spät-)Aussiedler erfasst. Diese Defizite waren Anlass, im Jahr 2005 die statistische Kategorie „Personen mit Migrationshintergrund" in den Mikrozensus einzuführen, die seitdem vom Statistischen Bundesamt und von den Statistischen Landesämtern verwendet wird. Der Anteil der Personen mit Migrationshintergrund an der Wohnbevölkerung in Deutschland lag Mitte 2016 mit 22,5 % mehr als doppelt so hoch wie derjenige der ausländischen Wohnbevölkerung (10,5 %).

Eine typische und von der Bevölkerungsgeographie genauer untersuchte Folge von internationalen Migrationsprozessen ist

Exkurs 23.6 Alterspyramiden

Die Alterspyramiden (Abb. A) für die Bevölkerung der ausgewählten Länder illustrieren drei Grundtypen: Die Pyramidenform für Niger mit ihren stark besetzten jüngeren Jahrgängen ist Ausdruck einer rasch sinkenden Säuglingssterblichkeit bei weiterhin hohen Geburtenzahlen. Die Bienenkorbform liegt am ehesten für Chile vor, wo die Zahl der Geburten über einen relativ langen Zeitraum etwa konstant blieb und erst

in der jüngsten Vergangenheit rückläufig ist. Für Thailand und Indien ist bereits der Übergang zur Urnenform zu erkennen, der die Erfolge von Familienplanungsprogrammen widerspiegelt. Im Falle von Italien werden die Konsequenzen der zweiten demographischen Transformation für die Altersstruktur einer Bevölkerung deutlich, in Russland jene von einschneidenden historischen Ereignissen.

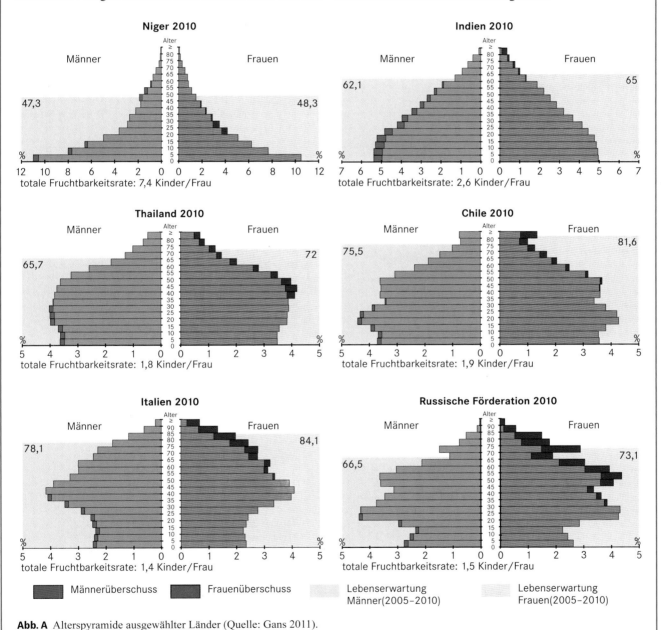

Abb. A Alterspyramide ausgewählter Länder (Quelle: Gans 2011).

Kapitel 23

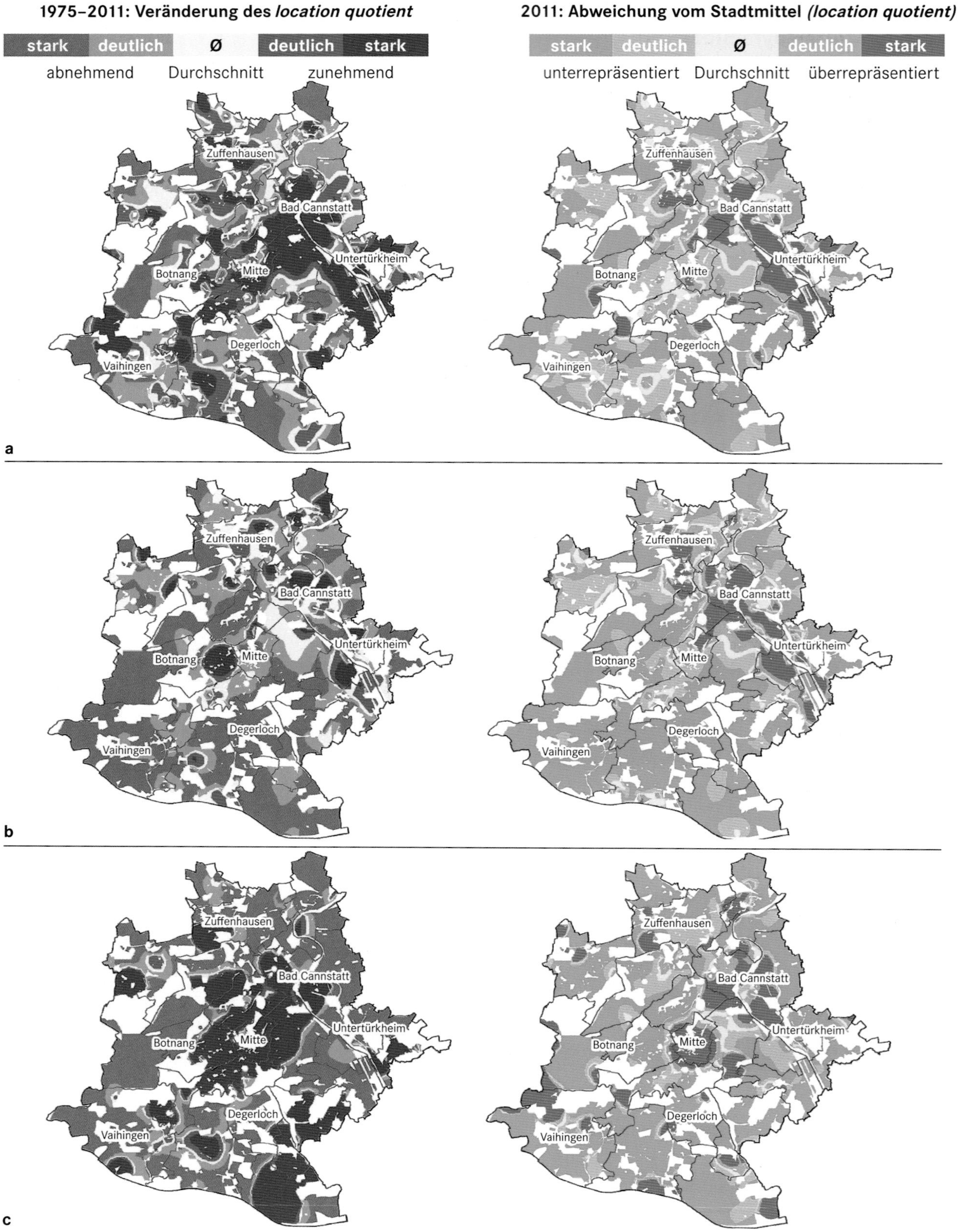
1975–2011: Veränderung des *location quotient*
stark
deutlich
Ø
deutlich
stark
abnehmend
Durchschnitt
zunehmend
2011: Abweichung vom Stadtmittel *(location quotient)*
stark
deutlich
Ø
deutlich
stark
unterrepräsentiert
Durchschnitt
überrepräsentiert
Zuffenhausen
Bad Cannstatt
Untertürkheim
Botnang
Mitte
Degerloch
Vaihingen
a
b
c

Abb. 23.12 Dynamik (1975–2011) und Ausprägung (2011) des Lokationsquotienten (*location quotient*; vergleicht den Anteil einer Bevölkerungsgruppe in einem städtischen Teilgebiet, hier Baublock, mit dem entsprechenden Prozentsatz in der Gesamtstadt) für Einwohner und Einwohnerinnen mit einer südeuropäischen Staatsangehörigkeit (**a**), mit einer türkischen Staatsangehörigkeit (**b**) und für Einwohner aus Osteuropa und der ehemaligen Sowjetunion (**c**; Quelle: Fina et al. 2014). ◄

Abb. 23.13 Die citynahen Mannheimer Stadtteile Westliche Unterstadt und Jungbusch weisen seit den 1960er-Jahren einen überproportionalen Ausländeranteil auf. Der Migrantenanteil im Jungbusch liegt heute bei über 60 %. Migranten und ihre Kinder prägen das Stadtbild, sei es durch ihre Anwesenheit auf den Straßen, ihre Teilnahme am lokalen Wohnungs- und Arbeitsmarkt, ihren Schulbesuch, ihre vielfältigen Unternehmen oder durch die repräsentative Yavuz-Sultan-Selim-Moschee (Fotos: P. Gans, Immanuel Giel/Wikimedia Commons).

die Konzentration der Zugewanderten in bestimmten Regionen des Ziellandes. Die ungleichmäßige räumliche Verteilung kann auf Bedingungen lokaler Arbeits- und Wohnungsmärkte, auf **Migrantennetzwerke**, auf die Diskriminierung durch die Mehrheitsbevölkerung, aber auch auf historische Gegebenheiten zurückgeführt werden (Gans & Schlömer 2014). In Westdeutschland lag der Ausländeranteil Ende 2015 mit 11,5 % deutlich höher als in Ostdeutschland (6,4 %), in den städtischen Regionen der alten Bundesländer mit 14,2 % höher als in den ländlichen Räumen in Ostdeutschland (3,5 %). In den kreisfreien Großstädten Westdeutschlands erreichte er 16 % – mit einem Maximum von 33,6 % in Offenbach, gefolgt von Frankfurt a. M. (28,0 %), München (25,2 %) und Stuttgart (23,8 %).

Konzentrationen ausländischer Einwohner und Einwohnerinnen in bestimmten, häufig sozial benachteiligten Quartieren sind in vielen Städten zu erkennen (Abb. 23.13). Ein Beispiel stellt Stuttgart dar (Abb. 23.12; Fina et al. 2014): Für Eingewanderte aus Südeuropa und der Türkei liegt eine außerordentliche Überrepräsentanz in den industriell geprägten Stadtbezirken entlang des Neckars (Untertürkheim, Bad Cannstatt) und im Norden (Zuffenhausen) vor. Die dortigen Quartiere sind die klassischen Zuzugsorte der ehemaligen Gastarbeiter, die sich in den 1960er- und 1970er-Jahren nahe dem Arbeitsort oder in der Innenstadt niederließen. Die Zunahmen des **Lokationsquotienten** seit 1975 zeigen einen Unterschied zwischen der aus Südeuropa sowie der aus der Türkei stammenden Wohnbevölkerung. Während Südeuropäer und ihre Nachkommen auch in benachbarten Wohnlagen und in Quartieren mit einer größeren Distanz zu den ursprünglichen Konzentrationen in größerer Zahl vorkommen, weist die türkische Wohnbevölkerung in Stuttgart keine vergleichbare innerstädtische Mobilität auf. Die Verteilungsmuster von Personen aus Osteuropa oder der ehemaligen Sowjetunion sind mit ihren lokalen Konzentrationen in der Innenstadt und in den Großwohnsiedlungen am Stadtrand räumlich noch stärker über das Stadtgebiet gestreut als die der ehemaligen Gastarbeiterbevölkerung. In den industriell geprägten Quartieren der Arbeitsmigranten und -migrantinnen aus Südeuropa und der Türkei sind Migranten und Migrantinnen aus Osteuropa oder der ehemaligen Sowjetunion kaum vertreten.

Die Abb. 23.12 verdeutlicht die spezifischen Standort- bzw. Wohnortmuster der verschiedenen Einwanderergruppen. Maßgeblich tragen hierzu die Situation auf dem Wohnungsmarkt zum Zeitpunkt der Zuwanderung bei, die Gebäudestruktur und der Gebäudezustand, das Angebot an Mietwohnungen, Diskriminierung sowie das individuelle oder familiäre Suchverhalten. Das Beispiel Stuttgart zeigt, dass auch naturräumliche Gegebenheiten sozialräumliche Verteilungsmuster beeinflussen können, so etwa der Talkessel, der die Ausbildung ausgeprägter Bodenpreisunterschiede in Stuttgart begünstigt.

Ob und welche Veränderungen die hohen **Außenwanderungsgewinne** seit 2010 auch längerfristig mit sich bringen, ist erst in Ansätzen zu erkennen. In jedem Fall hat die verstärkte Zuwanderung vor allem von EU-Staatsbürgern wie von Geflüchteten die Einwohnerzahlen der Großstädte in Deutschland deutlich wachsen lassen. Neben veränderten residentiellen Mustern und der zu erwartenden Zunahme der Segregation in sozial benachteiligten städtischen Quartieren hat die junge Altersstruktur der Migranten in etlichen Kommunen Geburtenüberschüsse zur Folge, die z. B. den Ausbau von Kinderbetreuungseinrichtungen und Schulen notwendig macht. Nicht weniger folgenreich dürfte sein, dass sich die Diversifizierung der städtischen Personen mit Migrationshintergrund weiter erhöht. Nachdem der Anteil der Wohnbevölkerung in den Städten Frankfurt a. M., Offenbach oder

Kapitel 23

Sindelfingen 2016 bei über 50 % der Wohnbevölkerung liegt, dürften sich in naher Zukunft auch andere Städte in Deutschland zu *„majority-minority cities"* entwickeln (Exkurs 24.2), in denen die Bevölkerungsmehrheit aus Minderheiten besteht (Crul 2016). Diese für **Einwanderungsländer** nicht unbekannte Entwicklung beschränkt sich keineswegs nur auf Großstädte. Auch kleinere Städte und Kommunen verzeichnen einen unübersehbaren migrationsinduzierten Wandel ihrer Wohnbevölkerung. Zu den politischen Zukunftsaufgaben gehört die Anerkennung und Gestaltung dieses Wandels.

Literatur

Bähr J (2010) Bevölkerungsgeographie. 5. Aufl. Verlag Eugen Ulmer, Stuttgart

Bähr J, Jentsch Ch, Kuls W (1992) Bevölkerungsgeographie. Walter de Gruyter, Berlin

Bongaarts J (2008) Fertility transition in developing countries: Progress or stagnation? Studies in Family Planning 39/2: 105–110

Bongaarts J, Buettner T, Heilig G, Pelletier F (2008) Has the HIV epidemic peaked? Population Council, Poverty, Gender, and Youth, Working Paper 9. New York

Caldwell JC (1982) Theory of fertility decline. Adademic Press, London

Carlsson G (1966) The decline of fertility: Innovation or adjustment process. Population Studies 20/2: 149–174

Caselli G, Meslé F, Vallin J (2002) Epidemiologic transition theory exceptions. Genus, Journal of Population Sciences 9/1: 9–51

Chesnais J-C (1992) Demographic transition: Stages, patterns and economic implications. A longitudinal study of sixty-seven countries covering the period 1720–1984. Clarendon Press, Oxford u. a.

Crul M (2016) Super-diversity vs. assimilation: How complex diversity in majority-minority cities challenges the assumptions of assimilation. Journal of Ethnic and Migration Studies 42/1: 54–68

Fina S, Schmitz-Veltin A, Siedentop S (2014) Räumliche Muster der internationalen Migration im Zeitverlauf am Beispiel Stuttgart: vom Wanderungsziel zum Migrationsknoten. In: Gans P (Hrsg) Räumliche Auswirkungen der internationalen Migration. Forschungsberichte der ARL, Bd. 3. Hannover. 381–401

Gans P (2000) Approaches explaining regional differences in fertility decline in India. Erdkunde 54/3: 238–249

Gans P (2011) Bevölkerung. Entwicklung und Demographie unserer Gesellschaft. WBG, Darmstadt

Gans P (2015) Unausgewogene Geschlechterverhältnisse. Ausmaß, gesellschaftlicher Kontext und individuelle Verhaltensweisen. Geographische Rundschau 67/4: 10–16

Gans P, Kemper F-J (Hrsg) (2001) Bevölkerung. Nationalatlas Bundesrepublik Deutschland, Bd. 4. Spektrum Akademischer Verlag, Heidelberg, Berlin

Gans P, Schlömer C (2014) Phasen internationaler Migration und ihre Auswirkungen auf Raum- und Siedlungsentwicklung in Deutschland seit 1945. In: Gans P (Hrsg) Räumliche Auswirkungen der internationalen Migration. Forschungsberichte der ARL, Bd. 3. Hannover. 127–161

Gans P, Schmitz-Veltin A, West C (2019) Bevölkerungsgeographie. 3. Aufl. Diercke Spezial, Braunschweig

Gehrmann R (2011) Säuglingssterblichkeit in Deutschland im 19. Jahrhundert. Comparative Population Studies 36/4: 807–838

Gould WTS (2005) Vulnerability and HIV/AIDS in Africa: From demography to development. Population, Space and Place 11/6: 473–484

Imhof AE (1981) Unterschiedliche Säuglingssterblichkeit in Deutschland, 18. bis 20. Jahrhundert – Warum? Zeitschrift für Bevölkerungswissenschaft 7/3: 343–382

Kent MM, Haub C (2005) Global demographic divide. Population Bulletin 60/4

Krüger F (2002) From Winner to Looser? Botswana's society under the impact of Aids. Petermanns Geographische Mitteilungen 146/3: 50–59

Leisch H (2001) Die AIDS-Pandemie – regionale Auswirkungen einer globalen Seuche. Geographische Rundschau 53/2: 26–31

Lutz W, Crespo Cuaresma J, Abbasi-Shavazi MJ (2010) Demography, education, and democracy: Global trends and the case of Iran. Population and Development Review 36/2: 253–281

Population Reference Bureau (2017) World Population Data Sheet 2017. Washington D. C.

Soares RR (2007) On the determinants of mortality reductions in the developing world. Population and Development Review 33/2: 247–287

Statistisches Bundesamt (Hrsg) (versch. Jahrgänge) Statistisches Jahrbuch für die Bundesrepublik Deutschland. Wiesbaden

Statistisches Bundesamt (Hrsg) (2017) Statistisches Jahrbuch. Deutschland und Internationales 2017. Westermann Druck, Zwickau

UNAIDS (2016) Country fact sheets. Uganda 2016. http://www.unaids.org/en/regionscountries/countries/uganda (Zugriff 23.4.2018)

United Nations (2009) World population prospects: The 2008 revision. Vol. I: Comprehensive Tables. New York

United Nations (2015) World population urbanization prospects: The 2014 revision. New York

United Nations (2017a) World population prospects: The 2017 revision. Data Booklet. New York

United Nations (2017b) World population prospects: The 2017 revision. Vol. I: Comprehensive Tables. New York

van de Kaa DJ (1987) Europe's second demographic transition. Population Bulletin 42: 1–57

Weiterführende Literatur

Bähr J (2010) Bevölkerungsgeographie. 5. Aufl. Verlag Eugen Ulmer, Stuttgart

Bähr J, Jentsch Ch, Kuls W (1992) Bevölkerungsgeographie. Walter de Gruyter, Berlin

de Lange N, Geiger M, Hanewinkel V, Pott A (2014) Bevölkerungsgeographie. Schöningh/UTB, Stuttgart

Gans P (2011) Bevölkerung. Entwicklung und Demographie unserer Gesellschaft. WBG, Darmstadt

Gans P, Kemper F-J (2010) Die Bevölkerung und ihre Dynamik. In: Hänsgen D, Lentz S, Tzschaschel S (Hrsg) Deutschlandatlas. WBG, Darmstadt. 15–36

Gans P, Kemper F-J (Hrsg) (2001) Bevölkerung. Nationalatlas Bundesrepublik Deutschland, Bd. 4. Spektrum Akademischer Verlag, Heidelberg, Berlin

Gans P, Schmitz-Veltin A (Hrsg) (2006) Demographische Trends in Deutschland – Folgen für Städte und Regionen. Räumliche Konsequenzen des demographischen Wandels, Teil 6. Forschungs- und Sitzungsberichte der Akademie für Raumforschung und Landesplanung, Bd. 226. Hannover

Gans P, Schmitz-Veltin A, West C (2019) Bevölkerungsgeographie. 3. Aufl. Diercke Spezial, Braunschweig

Kent MM, Haub C (2005) Global demographic divide. Population Bulletin 60/4

Wehrhahn R, Sandner Le Gall (2016) Bevölkerungsgeographie. 2. Aufl. WBG, Darmstadt

Geographien der Migration

24

Andreas Pott und Paul Gans

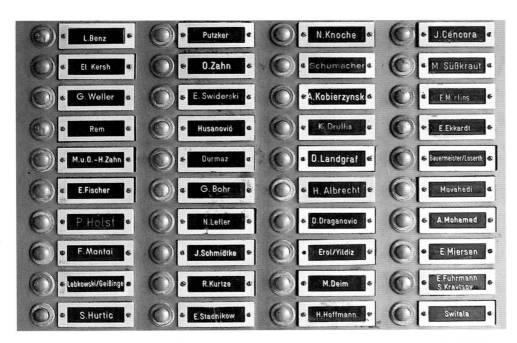

Klingelschilder an einem Mehrfamilienhaus in Deutschland (Daniel Ullrich, lizenziert nach CC-BY-SA).

Migration hat Konjunktur. Nicht erst seit 2015, als Hundertausende flüchtende Menschen Europa erreichten. Ob im Bildungswesen, in der Forschung oder auf wissenschaftlichen Kongressen, in Wirtschaft und Politik, in der Kulturszene oder in öffentlichen Debatten: Selten zuvor war die Aufmerksamkeit für Fragen zu internationaler Migration und ihren gesellschaftlichen Folgen so groß. Es ist normal geworden, über Migration zu diskutieren, zu streiten und Migration als zentrales Zukunftsthema einer immer enger vernetzten Welt ernst zu nehmen. – Die Position der Migrationsforschung hat sich ebenfalls verändert. Als interdisziplinäres Thema sind Migrationen in den Kernbereich vieler Disziplinen gerückt sind. Trotz des Zuwachses der Forschungsaktivitäten kann der noch stärker gestiegenen gesellschaftlichen Nachfrage nach migrationsbezogenem Wissen nicht immer entsprochen werden. Diese Erfahrung macht auch die Geographische Migrationsforschung. – Geographischen Perspektiven kommen in der Erforschung von Migration eine besondere Rolle zu. Sie können helfen, Migration als räumliche und Orte verknüpfende Bewegung von Menschen und Gruppen genauer zu erfassen, zu erklären sowie die mit ihnen einhergehenden Veränderungen in Herkunfts-, Transit- oder Zielgebieten zu bestimmen. Migration bezeichnet nicht nur räumliche Mobilität, sondern bedeutet auch gesellschaftlicher Wandel. Auch hier stellen sich geographische Fragen: Wie wird versucht, Migrationsphänomene durch räumliche Unterscheidungen beschreibbar, beeinflussbar und kontrollierbar zu machen? Ist die europäische Migrationspolitik nicht eine Geopolitik in neuem Gewand? Ist es möglich, die wahrgenommene Unordnung und die empirisch schwer fassbaren Überlappungen von Mobilität, Migration und Flucht durch raumbezogene Maßnahmen in geordnete Verhältnisse zu überführen? Fragen wie diese fordern zur Reflexion auf: Was bedeutet es, geographische Migrationsforschung als Gesellschaftsforschung zu betreiben?

24.1 Migration, Raum und Gesellschaft

Migrationsprozesse und ihre Folgen haben eine räumliche Dimension. Dies gilt für alle Formen von Migration, für innerstaatliche wie für internationale Wanderungen, für temporäre, saisonale, zirkuläre oder dauerhafte, für Arbeits-, Bildungs- und Ausbildungs-, Heirats- und Liebes-, Siedlungs-, Ruhesitz- und Wohlstands- oder Flucht- und Zwangsmigrationen. Als physische Bewegung von Menschen von einem Ort zu einem anderen können Wanderungsphänomene in ihrer Ausprägung beträchtlich variieren, nicht zuletzt in ihrer regionalen Verteilung. Auch die gesellschaftliche Beobachtung von Migration ist sehr oft räumlich indiziert. So trifft man, wenn Fragen von Migration behandelt oder berührt werden, regelmäßig auf räumliche Argumentationen, örtliche Referenzen oder regionsbezogene Reaktionen – in der Politik ebenso wie im Recht, auf Arbeitsmärkten ebenso wie in der Entwicklungszusammenarbeit, in der medialen Thematisierung ebenso wie in stadtplanerischen, kommunalen oder integrationsfördernden Maßnahmen.

Die Aufmerksamkeit der Migrationsforschung im Allgemeinen gilt sowohl der räumlichen Mobilität, ihrer Dynamik und dem mit Migration verbundenen Wandel der Gesellschaft als auch den regionalen oder lokalen Kontexten und Folgen von Migrationen (Exkurs 24.1). Untersucht werden Herkunfts-, Transit- und Zielregionen und ihre Veränderungen, die Bedeutung von Migrationen für die Bevölkerungsentwicklung bestimmter Gebiete oder Länder, Land-Stadt- oder Zentrums-Peripherie-Beziehungen, Städte und ihre sozial-räumlichen Segregationsmuster, Arbeitsmärkte, Organisationen, translokale Netzwerke, transnationale Identitäten, Grenzen und vieles andere mehr. Wenig verwunderlich ist daher, dass räumliche Dimensionen und Bezüge von Migration in mehreren Disziplinen der Migrationsforschung eine Rolle spielen. Auf die längste und differenzierteste Beschäftigung mit den raumbezogenen Aspekten von Migration kann sicherlich die Humangeographie zurückblicken.

Als eine Disziplin, die sich dem Verhältnis von Gesellschaft und Raum widmet, hat sich die Humangeographie immer schon für Migrationsprozesse interessiert. Dabei standen zumeist Fragen der Wanderungsbewegung selbst, der Effekte auf den Wandel von Bevölkerungen, der Verknüpfung von Wanderungen mit Aspekten der Regionalentwicklung oder der sozialen Integration von Migrantinnen und Migranten im Vordergrund. Weniger intensiv hat sich die Geographie bisher mit dem migrationsinduzierten Wandel von Gesellschaften und ihren Institutionen beschäftigt.

Geographische Beiträge reichen zurück bis zu den „**Laws of Migration**" des Kartographen und Geographen Ernest G. Ravenstein (1885/1889) im 19. Jahrhundert. Auf ihnen basierten sowohl Everett Lee's Migrationstheorie der *push-* und *pull-*Faktoren als auch die klassischen Gravitationsmodelle, die von räumlicher Distanz als einem zentralen Einflussfaktor von Migration ausgehen. Seit diesen frühen Arbeiten haben Geographinnen und Geographen zur Entwicklung von konzeptionellen Ansätzen der Migrationsforschung in vielfacher Weise beigetragen. Dies zeigen die Beiträge von Wilbur Zelinsky (1971) zur „Mobilitätstransformation" der Gesellschaft ebenso wie Torsten Hägerstrands Raum-Zeit-Modell zur Bedeutung von Informationsflüssen und Lebenszyklen für Migrationsmuster oder Akin Mabogunjes „Migrationssystem"-Modell (King 2011).

Daneben hat die interdisziplinäre Migrationsforschung gerade auch von den empirischen Studien der Geographie profitiert. Bis in die 1990er-Jahre haben diese sich vornehmlich auf quantitative und strukturelle Aspekte von Migration, auf Bevölkerungswandel, Fragen der sozialen Integration oder der Regionalentwicklung durch Zu- oder Rückwanderung konzentriert. Mithilfe quantitativer bzw. statistischer Methoden wurden vielfältige Untersuchungen zu den Einflussfaktoren, Verteilungsmustern und Folgewirkungen von Migrationsprozessen auf verschiedenen geographischen Maßstabsebenen vorgelegt. Stärker als andere Disziplinen haben sich migrationsgeographische Arbeiten auch mit innerstaatlichen Wanderungen beschäftigt.

Exkurs 24.1 Räumliche Mobilität und Wanderungsmodelle

Mobilität bezeichnet allgemein die Bewegung und den Positionswechsel von Personen oder Gruppen. Unterscheiden lassen sich soziale und räumliche Mobilität. Von sozialer Mobilität spricht man mit Bezug auf den Wechsel zwischen unterschiedlichen Gesellschaftspositionen, der sowohl soziale Auf- oder Abstiege (vertikale soziale Mobilität) als auch die Bewegung zwischen sozialstrukturell vergleichbar positionierten Gruppen oder Milieus (horizontale soziale Mobilität) umfasst (Kap. 15). Im Gegensatz dazu spricht man von räumlicher Mobilität, um Positionswechsel zwischen verschiedenen Orten oder Raumeinheiten zu bezeichnen, wie sie durch Menschen beispielsweise zwischen den Verwaltungseinheiten einer Stadt, eines Staates oder auch zwischen verschiedenen Staaten oder Kontinenten vollzogen werden. Die Herkunfts- und Zielgebiete räumlicher Mobilität (Kontinente, Staaten, Regionen, Städte, Kommunen, Wohnquartiere) werden durch die räumliche Bewegung der wandernden oder gewanderten Personen sowie durch weitere ortsübergreifende Praktiken verknüpft. Bei räumlicher Mobilität wird weiter danach unterschieden, ob der Wohnsitz verlagert wird oder nicht: Während der Wohnsitz bei Wanderungen oder Migrationen permanent oder zumindest temporär verlagert wird, wird er im Falle sog. zirkulärer Mobilität beibehalten. Wichtige Formen der zirkulären Mobilität sind tägliche oder wöchentliche Pendelbewegungen zwischen Wohnort und Arbeitsplatz oder die vielfältigen räumlichen Bewegungen im Zusammenhang mit Dienstreisen, Freizeit und Tourismus. Im Gegensatz zum Berufspendeln, zu Einkaufsbewegungen oder zu touristischen Ortswechseln geht mit der räumlichen Mobilitätsform Migration häufig auch eine soziale Mobilität einher.

Während in Deutschland alle Wohnsitzwechsel, ungeachtet zeitlicher Festlegungen, als Migrationen gelten, wird auf internationaler Ebene zwischen permanenter und temporärer Migration unterschieden, je nachdem, ob die Wohnortverlagerung mehr oder weniger als ein Jahr Bestand hat. Für die Bevölkerungsgeographie (Kap. 23) sind räumliche Bevölkerungsbewegungen, für die die auf Dauer angelegte oder dauerhaft werdende Wohnsitzverlagerung von Personen oder Haushalten kennzeichnend sind, von besonderem Interesse. Sie stellen neben der „natürlichen Bevölkerungsbewegung" (Differenz aus Geburten und Sterbefällen) die zweite wesentliche Größe dar, welche die Struktur und Entwicklung der Bevölkerung eines Gebiets beeinflusst.

Die quantitative Analyse des Wanderungsgeschehens setzt bei Maßen zur Wanderungshäufigkeit einer Bevölkerung bzw. einer bestimmten Teilgruppe in einer Region an. Dabei werden Zu- (Z) und Fortzüge (F), Wanderungsvolumen ($Z + F$) und Wanderungsbilanz oder -saldo ($Z - F$) auf 1000 Einwohner und Einwohnerinnen bezogen. Die Wanderungseffektivität fasst die Auswirkungen der Wanderungsbewegungen auf die regionale Bevölkerungsverteilung zusammen

und entspricht dem Quotienten aus Wanderungssaldo und Wanderungsvolumen. Die Ziffer schwankt zwischen 1 (nur Zuzüge) und −1 (nur Fortzüge). Ein Wert von 0 liegt bei ausgeglichenem Saldo vor. In diesem Falle wirkt sich die Mobilität unabhängig von der Wanderungshäufigkeit nicht auf die Entwicklung der Einwohnerzahlen aus, durchaus aber auf die Bevölkerungsstruktur und damit auf Geburten und Sterbefälle.

Räumliche Mobilität verändert nicht nur die Bevölkerung eines Gebiets. Sie ist außerdem Bestandteil gesellschaftlichen Wandels (Treibel 2011). Auch wenn räumliche Mobilität und Migration im gesellschaftlichen Diskurs immer wieder als Ausnahmephänomene markiert werden, stellen sie doch den gesellschaftlichen Normalfall dar. Dies weisen insbesondere migrationshistorische Untersuchungen nach (Bade & Oltmer 2004). Gesellschaftliche Bedingungen und ihre Veränderungen können Wanderungsbewegungen hervorbringen oder unwahrscheinlich machen, so wie Migrationen umgekehrt gesellschaftlichen Wandel induzieren oder modifizieren können. Das vielschichtige Wechselverhältnis von räumlicher Mobilität und Gesellschaft abstrahiert Wilbur Zelinsky für (westliche) Industriegesellschaften in einem Modell.

Die Mobilitätstransformation von Zelinsky (1971) postuliert einen Zusammenhang zwischen gesellschaftlichem Modernisierungsprozess, demographischem Übergang (Abschn. 23.1) und der Veränderung der Wanderungsvorgänge. Zelinsky unterscheidet fünf Entwicklungsstufen, die den Übergang von einer weitgehend immobilen traditionellen bzw. vorindustriellen zu einer hoch mobilen nachindustriellen Gesellschaft kennzeichnen: Eine insgesamt geringe Mobilität prägt die präindustrielle Gesellschaft mit hohen Geburten- und Sterberaten und relativ stabiler Bevölkerungszahl. Der in der frühen Transformationsphase entstehende Bevölkerungsdruck (zurückgehende Sterberate, Geburtenüberschuss) führt zu einem Anstieg der Land-Stadt-Wanderungen und der Auswanderungen. In der späten Transformationsphase schließt sich die „Bevölkerungsschere" wieder, das natürliche Wachstum klingt ab. Der sozioökonomische Strukturwandel im Zuge der Industrialisierung erhöht den Umfang der Land-Stadt-Wanderungen. In der hoch mobilen modernen Gesellschaft dominieren interurbane Wanderungen, Wohnungswechsel innerhalb von Städten, und zirkuläre Bewegungen, zu denen auch die stark wachsenden Freizeit- und Tourismusbewegungen gehören. Zugleich verstärkt sich die internationale Zuwanderung. In die Agglomerationen der Industrieländer migrieren sowohl höher qualifizierte oder bildungsorientierte internationale Migrantinnen und Migranten als auch gering qualifizierte Arbeitskräfte aus weniger entwickelten Ländern. Für die postindustrielle Gesellschaft erwartet Zelinsky stagnierende oder zurückgehende Migrationen; die weiter zunehmenden zirkulären Bewegungen und die Fortschritte in

Kapitel 24

der Informations- und Kommunikationstechnologie machen viele Wanderungen überflüssig.

So hilfreich das Modell der Mobilitätstransformation für die Beschreibung der Veränderung von historischen Wanderungsvorgängen ist, so deutlich werden seine Limitationen. Weder kann es das vielfältige und sich stark pluralisierende Wanderungsgeschehen angemessen fassen, noch lässt sich das Modell auf alle Länder übertragen und für die Erklärung globaler Variationen nutzen. An der Komplexität und Dynamik räumlicher Bevölkerungsbewegungen scheitern auch andere Modelle und Theorien, die den Anspruch haben, über deskriptive Wanderungstypologien, ausgewählte Faktoren und stark abstrahierte Zusammenhänge hinauszugehen.

24.2 Formen, Muster und Dynamiken

Binnenmigration

In Orientierung am nationalstaatlichen Territorialprinzip wird üblicherweise zwischen Binnenmigration (innerstaatlicher Wanderung) und internationaler Migration (Außenwanderung) differenziert. Bereits in seinen „Migrationsgesetzen" formuliert Ravenstein (1885/89) als eine der wichtigsten Gesetzmäßigkeiten räumlicher Bevölkerungsbewegungen, dass die überwiegende Mehrzahl aller Wanderungsvorgänge nur über kurze räumliche Distanzen hinweg erfolgt. Bei Binnenwanderungen wird entweder grob zwischen **Nah-** und **Fernwanderungen** unterschieden, oder das Merkmal der Wanderungsdistanz wird durch Zuhilfenahme politisch-administrativer Grenzziehungen präzisiert: Von **intraregionalen Wanderungen** oder Wohnortverlagerungen ist die Rede, wenn sich Wanderungen als Umzüge innerhalb einer be-stimmten Gebietseinheit vollziehen, z. B. innerhalb des gleichen Stadtbezirks von einer Straße zur nächsten oder als Wohnungswechsel aus einer Stadt in ihr Umland. Dagegen gelten Wohnortverlagerungen bzw. Fortzüge von einer Stadt, einer Region oder einem Bundesland in eine andere Stadt, Region oder ein anderes Bundesland als Formen **interregionaler Migration**. Folgt man der aktionsräumlichen Differenzierung von Wanderungen nach Roseman (1971), ist die interregionale Wanderung dadurch gekennzeichnet, dass die Verlagerung des Wohnsitzes einer Person oder eines Haushaltes mit einer vollständigen Änderung aller Aktivitätsstandorte, die vom früheren Wohnstandort aus regelmäßig (i. d. R. wöchentlich) aufgesucht worden sind, verbunden ist. Können dagegen vom neuen Wohnsitz aus weiterhin alle oder zumindest ein Teil der bisherigen Aktivitätsstandorte ohne größeren Aufwand aufgesucht werden, bleiben mithin die wöchentlichen Bewegungszyklen weitgehend stabil, handelt es sich um eine intraregionale Wanderung. Typischerweise handelt es sich bei diesen Wanderungen um wohnungs- oder wohnumfeldorientierte Wohnsitzverlagerungen, während interregionale Wanderungen überwiegend arbeitsplatz- oder bildungsorientiert sind.

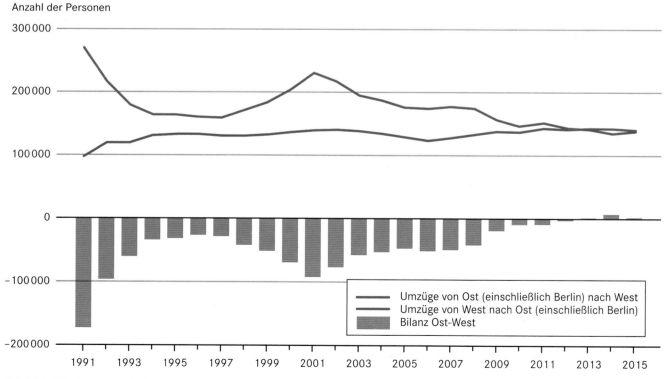

Abb. 24.1 Wanderungen zwischen Ost- und Westdeutschland 1991–2015 (Quelle: BiB 2017).

Abb. 24.2 Altersspezifische Fort-
zugsziffern von Männern und Frau-
en für Sachsen 1995, 2005 und 2015
(Quelle: Statistisches Landesamt des
Freistaates Sachsen 1991–2016).

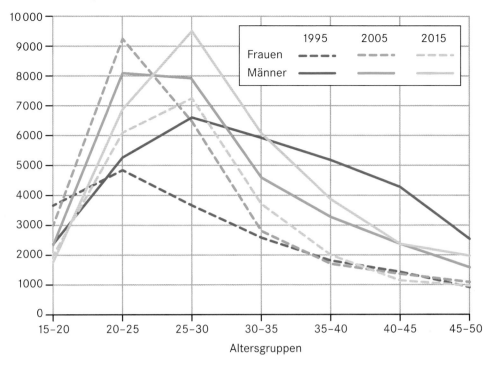

Ein Beispiel für eine bedeutsame Zahl von interregionalen Wanderungsbewegungen stellen die Wanderungen zwischen **Ost- und Westdeutschland** nach dem Beitritt der Deutschen Demokratischen Republik (DDR) zur Bundesrepublik Deutschland (BRD) dar (Abb. 24.1). Die Wanderungen waren mehrheitlich nach Westen ausgerichtet: Die westdeutschen Bundesländer profitierten von Wanderungsüberschüssen; das Wanderungssaldo des Gebiets der früheren DDR war jahrelang negativ. Das Wanderungsgeschehen zwischen Ost- und Westdeutschland seit 1991 illustriert außerdem, dass Migrationen im zeitlichen Verlauf oft deutlichen Schwankungen unterworfen sind (Abb. 24.1). Ferner können sich Wanderungen aufgrund ihrer Selektivität auf die Bevölkerungsentwicklung und -verteilung und damit auch auf die Entwicklung der Abwanderungs- und Zuwanderungsregionen auswirken: Migranten und Migrantinnen unterscheiden sich typischerweise von Nichtmigranten und -migrantinnen bezüglich demographischer und sozioökonomischer Merkmale. Aus Ostdeutschland bzw. Sachsen wanderten z. B. seit 1995 jahrelang mehr jüngere Personen und in den jüngeren Kohorten mehr Frauen ab; und verglichen mit der erwachsenen Gesamtbevölkerung lag der Anteil der höher qualifizierten Personen unter der abwandernden Bevölkerung wesentlich höher (Abb. 24.2 und 24.3). Diese Merkmale – alters- und geschlechtsspezifische Migrationsmuster sowie *brain drain* – gelten auch für viele Formen internationaler Migration.

Untersucht man die Bedeutung von Migrationen für die Bevölkerungsentwicklung eines Gebiets, ist auch die **zeitliche Dimension** zu beachten. Migrationen finden als Mobilitätsereignisse im Leben von Personen nicht nur einmalig statt. In vielen Fällen handelt es sich um temporäre Mobilitätsformen von Personen, die sich zu späteren Zeitpunkten erneut zu Wanderungen

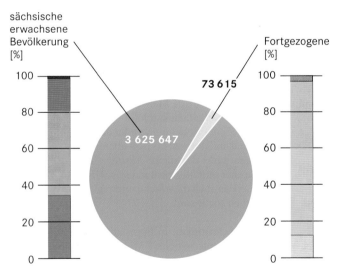

Abb. 24.3 Höchster allgemeinbildender Schulabschluss der Fortgezogenen aus dem Freistaat Sachsen und der sächsischen Bevölkerung ab 18 Jahre im Jahr 2000 (Quelle: Statistisches Landesamt des Freistaates Sachsen 2002).

Kapitel 24

entschließen. Werden dabei wiederholt internationale Grenzen überschritten, spricht man von zirkulären oder transnationalen Migrationsprozessen (Pries 2008).

Gut erforscht hinsichtlich der zeitlichen Dimension sind intra-regionale Wanderungen (an denen natürlich auch internationale Migranten und Migrantinnen partizipieren). Sie hängen eng mit dem **Lebenszyklus** eines Haushalts zusammen. So sind die unterschiedlichen Lebensphasen mit bestimmten Anforderungen an die Wohnung und ihre Lage innerhalb von (Stadt-)Regionen verknüpft. Änderungen im Lebenszyklus bewirken ein Auseinanderdriften zwischen Wohnbedürfnissen und ihrer Erfüllung, und dieser Stress kann Umzüge initiieren. Verlässt ein junger Erwachsener oder eine junge Erwachsene die elterliche Wohnung und gründet einen eigenen Haushalt, geht dies mit einer Wanderung einher. Diese Wohnortwechsel von jungen Erwachsenen sind häufig interregional von anderen Städten bzw. weniger verdichteten städtischen Räumen auf Agglomerationen und deren Kernstädte bzw. auf Großstädte gerichtet. Die Ein- oder Zweipersonenhaushalte finden Wohnraum in citynahen Quartieren. Durch die Geburt von Kindern erhöhen sich die Bedürfnisse zumindest bezüglich der Wohnungsgröße und ein Umzug in eine Mietwohnung in einer weniger zentralen Lage ist – bei ausreichenden finanziellen Ressourcen – wahrscheinlich. Zieht eine Familie mit Kindern in ein eigenes Haus, werden weitere Familienwanderungen unwahrscheinlich; häufig ziehen die Eltern erst wieder mit dem Erreichen des Ruhestandes um (Milbert & Sturm 2016).

Dieser vereinfachte, idealtypische Ablauf intraregionaler Wanderungen nach dem Lebenszykluskonzept spiegelt die gesellschaftliche Realität immer weniger wider. Mittlerweile ist eine Pluralisierung der Lebensformen und -stile eingetreten, die mit neuen, oft kürzeren Arbeitsverhältnissen und höherer räumlicher Mobilität einhergeht. Nicht alle Menschen heiraten und gründen Familien, gestiegene Scheidungsraten, die Gründung neuer Familien nach einer Wiederverheiratung oder das Zusammenleben in alternativen Haushaltsformen können ebenfalls Wanderungen auslösen. Dagegen wirkt der starke Anstieg (inner-)städtischer Wohnraumpreise eher migrationsbehindernd. Hinzu kommt, dass im Laufe eines Lebens auch mehrfache interregionale Wanderungen keine Seltenheit mehr sind.

Eine weitere Mehrschrittigkeit in Form aufeinander folgender Etappen kennzeichnet internationale Migrationen: Häufig gehen ihnen interregionale Binnenwanderungen, vor allem Land-Stadt-Wanderungen, voraus.

Internationale und globale Migration

Im Falle internationaler Wanderungen gehören der neue und der alte Wohnstandort zu verschiedenen Staatsgebieten. Obwohl die meisten Wanderungen Binnenwanderungen sind, erfahren internationale Migrationen deutlich mehr Aufmerksamkeit. Die mit Migrationsprozessen im Allgemeinen aufgerufenen Fragen der gesellschaftlichen wie regionalen Bedingungen, der Ausmaße und Folgen der durch Migrationsbeziehungen gestifteten Ver-

bindungen zwischen Orten sowie der sozialen Zugehörigkeit der Migrantinnen und Migranten und ihrer Integration in die sozialen Zusammenhänge des Zielgebiets werden im Falle internationaler Migrationen nicht nur komplexer, sondern gewinnen auch eine **politische Dimension**. Denn internationale Migration scheint die politische Einteilung der Weltbevölkerung in Staatsbevölkerungen infrage zu stellen: Man denke an die Ermöglichung oder Abwehr bestimmter Wanderungsformen, an Fragen des rechtmäßigen Aufenthalts auf dem Staatsterritorium, die Problematik der irregulären oder illegalen Migration, die Bedeutung der Staatsangehörigkeit für Integrationsprozesse oder für Identitätskonstruktionen von Migrantinnen und Migranten sowie ihren Kindern oder die Leistungs- und Loyalitätsbeziehungen zwischen Wohlfahrtsstaaten und ausländischer Wohnbevölkerung. Wie die Migrationsthematik insgesamt verzeichnen diese Aspekte eine wachsende gesellschaftliche und gesellschaftspolitische Relevanz, was nicht zuletzt mit den **Massenmedien** zusammenhängt, in denen sie ebenfalls intensiv diskutiert werden.

Auch in der Wissenschaft haben internationale Migrationen deutlich an Bedeutung gewonnen. Migrationsforscher kennzeichnen die Gegenwart als „age of migration" (Castles et al. 2014). Erkannt wird eine wachsende Komplexität der globalen Geographie der Migration (Abb. 24.4). Gleichwohl sind genauere Analysen erforderlich, um zu bestimmen, ob, in welchem Umfang und wo internationale Wanderungen zunehmen und vielfältiger werden. Die bekannte These vom Wachstum und von der **Globalisierung der Migration** ist in verschiedener Hinsicht zu differenzieren (Czaika & de Haas 2015). Sicherlich hat die Anzahl der Länder zugenommen, deren Entwicklung von Migration betroffen ist. Auch erfahren klassische Einwanderungsländer generell Zuwanderungen aus einem größer werdenden Spektrum von Herkunftsländern weltweit. Zudem verliert die Unterscheidung zwischen Herkunfts- und Zielländern an Bedeutung, da in vielen Fällen Zu- und Abwanderungsbewegungen sowie unterschiedliche Formen der temporären, mehrfach grenzüberschreitenden oder zirkulären Migration gleichzeitig vorkommen. Aber weder verändert sich die globale Dynamik signifikant, noch nimmt die relative Stabilität regionaler Muster und Ungleichverteilungen erkennbar ab.

2015 gab es nach Angaben der Vereinten Nationen weltweit 244 Mio. Menschen, die seit mehr als einem Jahr in einem Staat lebten, in dem sie nicht geboren worden waren. Das entsprach einem Anteil von 3,3 % der Weltbevölkerung (United Nations 2016). Diese Zahl gibt allerdings keine Auskunft über die Dynamik der weltweiten Migration, weil sie nur den Umfang der Aufenthalte in anderen Staaten dokumentiert, nicht aber das Hin und Her der grenzüberschreitenden Bewegungen (hier und im Folgenden: Oltmer 2017). Die vielfach behauptete Zunahme der Migrationen lässt sich im Weltmaßstab nur in absoluten Zahlen bestätigen. Wie das „Vienna Institute of Demography" in einer aufwendigen Studie ermittelte, welche die Zu- und Abwanderungen für 196 Staaten weltweit je einzeln erschlossen hat, können für die vergangenen mehr als fünf Jahrzehnte keine erheblichen Veränderungen ausgemacht werden: Der Anteil der Migrantinnen und Migranten an der wachsenden Weltbevölkerung lag innerhalb von Fünf-Jahres-Perioden seit 1960 recht stabil bei je 0,6 %. Das heißt in absoluten Zahlen beispielsweise für die Jahre von 2005 bis 2010: 41,5 Mio. grenzüberschreitende Migrationen bei einer Weltbevölkerung von rund 7 Mrd. Nur im

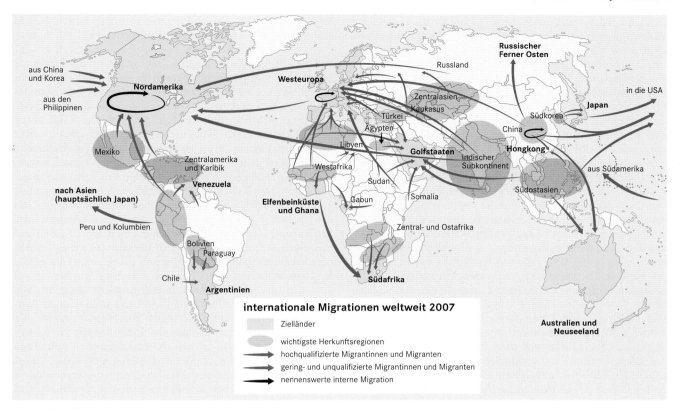

Abb. 24.4 Internationale Migrationen weltweit 2007 (verändert nach: Le Monde diplomatique 2007).

Zeitraum von 1990 bis 1995 erreichte der Anteil der Migranten und Migrantinnen mit 0,75 % einen leicht höheren Wert, der vor allem mit den migratorischen Folgen der Öffnung des Eisernen Vorhangs und dem Zusammenbruch der Sowjetunion sowie anderer politischer Systeme vor allem im östlichen Europa erklärt werden kann (Guy 2016).

Neben dem relativ niedrigen Niveau der zwischenstaatlichen Migration und der ausgeprägten Stabilität über Jahrzehnte hinweg zeigt sich: Der größte Teil der räumlichen Mobilität findet innerhalb von Weltregionen wie Südamerika, Westafrika oder Ostasien statt. Migrationen zwischen Kontinenten fallen dagegen kaum ins Gewicht. Selbst ein Staat wie die Bundesrepublik Deutschland, der seit 2010 relativ starke Zu- und Abwanderungen erlebt, verzeichnete vor allem **Bewegungen aus Europa**: Mindestens drei Viertel aller Zuwanderer und Zuwanderinnen der frühen 2010er-Jahre kamen aus anderen europäischen Staaten. Eine Ausnahme bildete allerdings das Jahr 2015, als die Zuwanderung von Schutzsuchenden insbesondere aus dem Nahen und Mittleren Osten deutlich anstieg.

Das vergleichsweise niedrige Niveau der Süd-Nord-Migration in den vergangenen Jahrzehnten widerspricht den Vorstellungen über die vermeintliche Bedrohung „westlicher" Gesellschaften durch Massenzuwanderungen aus anderen Weltregionen klar. Im Jahr 2016 erreichten nach Angaben des Statistischen Bundesamts beispielsweise nur 92 161 Zuwanderer und Zuwanderinnen aus afrikanischen Staaten die Bundesrepublik Deutschland (darunter 5557 deutscher Staatsangehörigkeit), 44 441 wanderten zugleich

nach Afrika ab (darunter 4232 deutscher Staatsangehörigkeit). Dies entspricht einem Wanderungssaldo von +47 720 Personen deutscher wie nicht deutscher Staatsangehörigkeit (Statistisches Bundesamt 2018). Als Gründe für den relativ geringen Umfang der Zuwanderungen aus den Staaten des Globalen Südens in die reicheren Staaten des Nordens lassen sich Armut bzw. die fehlenden, für internationale Migrationen benötigten materiellen Ressourcen, die lokale Bindung sozialer Beziehungen sowie restriktive Migrationspolitiken vermuten (Oltmer 2017).

In **globaler Perspektive** fallen ausgeprägte **regionale Differenzierungen** auf. Nach Angaben der Vereinten Nationen lebten im Jahr 2017 etwa 31 % aller dokumentierten internationalen Migranten und Migrantinnen in Asien (Anteil der Weltbevölkerung [WB]: 59,7 %), gefolgt von Europa (ca. 30 %; WB: 9,8 %) und Nordamerika (ca. 22 %; WB 4,8 %). Dagegen leben in Afrika nur 10 % (WB: 16,6 %) und in Lateinamerika und Ozeanien nur 7 % (WB: 9,1 %) aller internationalen Migranten und Migrantinnen (United Nations 2017). Zu beachten bei dieser Differenzierung des Migrationsgeschehens ist jedoch, dass es sich auch weltweit bei dem Großteil aller Wanderungsbewegungen um Binnenmigrationen handelt. Allein in China wurden im Jahr 2015 rund 250–300 Mio. innerstaatliche Migrantinnen und Migranten gezählt (National Bureau of Statistics of China 2016).

Obwohl Binnenwanderungen empirisch häufiger vorkommen als internationale Wanderungen über größere Entfernungen, kann man heute nicht mehr fraglos davon ausgehen, dass die Häufigkeit von Wanderungsfällen zwischen zwei Raumeinheiten umgekehrt proportional zur Distanz steht, die zwischen beiden Räumen liegt. Zwar war die Bevölkerungsgeographie lange auf der Suche nach distanz- und raumbezogenen Gesetzen. Doch in Zeiten der Globalisierung und der modernen Kommunikations- und Transporttechnologien scheint diese Suche aussichtsloser denn je. Wie die Beispiele der globalen Zielregion USA oder der postkolonialen Migrationsbeziehungen zwischen Großbritannien und dem indischen Subkontinent demonstrieren, sind nicht nur **Wanderungsdistanzen** entscheidend, sondern auch gesellschaftliche Faktoren, etwa politische und historische Beziehungen, Arbeitsmöglichkeiten, gezielte Anwerbungspolitiken, Verwertbarkeit von Bildungsabschlüssen oder medial verfestigte Bilder des Ziellandes als attraktive Migrationsoption. Dass räumliche Nähe, je nach Form der Migration (z. B. Arbeitsmigration, Bildungsmigration, Heiratsmigration oder Flucht), ein zusätzlicher Faktor in der Migrationsentscheidung sein kann, ist damit unbestritten. Die irregulären Migrationen aus Mexiko in die USA oder aus Nordafrika nach Südeuropa belegen dies. Die mehrfache Verlagerung der zunehmend kontrollierten Migrationsrouten nach Europa in den vergangenen Jahren – von Westen (Straße von Gibraltar) über die zentrale Mittelmeerroute nach Osten (türkisch-griechische Grenze) und wieder zurück zur Mittelmeerroute – zeigt dabei erneut: Migrationsentscheidungen sind trotz aller möglichen Bedeutung von Nähe vor allem als Reaktionen auf gesellschaftliche und migrationspolitische Verhältnisse und ihre Veränderungen zu deuten. Neben *push*-Faktoren im Herkunftsland und *pull*-Faktoren im Zielland spielt hier u. a. die europäische Flüchtlings- und Migrationspolitik eine Rolle.

Die räumlich stark differenzierten Migrationsverhältnisse lassen sich auf mehrjährige, oft jahrzehntelange, plurilokale **Migrationssysteme** zurückführen. Der Migrationssystemansatz geht auf Arbeiten des nigerianischen Geographen Akin Mabogunje zu Beginn der 1970er-Jahre zurück. Wurde das Konzept zunächst mit Bezug auf die innerstaatliche Land-Stadt-Migration in Afrika entwickelt, kam es bald zu einer Erweiterung, sodass auch internationale Migrationsbeziehungen beschreib- und erklärbar wurden (Kritz et al. 1992). Migrationssysteme bestehen zwischen Ländern und Orten, die durch Migrationsbewegungen und enge, oft historisch gewachsene ökonomische, politische oder kulturelle Austauschbeziehungen verbunden werden. Für die Etablierung und Aufrechterhaltung von Migrationssystemen spielen **Netzwerke** eine zentrale Rolle. Zwischen bereits migrierten Personen im Zielland oder am Aufenthaltsort und Personen (u. a. Verwandte, Bekannte, Kollegen, ehemalige Nachbarn) bzw. potenziellen Migrantinnen und Migranten am Herkunftsort oder im Herkunftsland bestehen transnationale Netzwerke. Diese Netzwerke können emotionale, psychologische oder finanzielle Kosten und Risiken, die mit der Wanderung in ein Land mit anderen politischen, ökonomischen, rechtlichen oder soziokulturellen Bedingungen verbunden sind, verringern. Sie ermöglichen einen Informationsaustausch beispielsweise über soziale Aufstiegschancen, Arbeits- und Verdienstmöglichkeiten oder über die Beschaffung kostengünstigen Wohnraums nach Ankunft. Mit anderen Worten: Migrantennetzwerke können die Migrationsentscheidungen einzelner Personen initiieren und moderieren sowie Migrationen ermöglichen und kanalisieren (**Kettenwanderungen**). Auf diese Weise tragen sie dazu bei,

Migrationsprozesse und -beziehungen zwischen Herkunfts- und Zielgebieten zu stabilisieren und zu perpetuieren.

Weltweit lassen sich gegenwärtig mehrere internationale Migrationssysteme ausmachen (Abb. 24.4). Ein erstes Migrationssystem mit Nordamerika (USA, Kanada) als primärer Zieldestination besteht aus Migrationsbeziehungen mit vielen Regionen weltweit, insbesondere mit Ost- und Südostasien sowie Lateinamerika. Westeuropa ist der Kern eines zweiten Migrationssystems, dessen Hauptsende- und Ankunftsregionen in den vergangenen Jahrzehnten mehrfach gewechselt haben. Es wurde geprägt von der internationalen Arbeitsmigration aus den ehemaligen Kolonien („postkoloniales Migrationsregime") und dem Mittelmeerraum („Gastarbeitsmigrationsregime") in den Nachkriegsjahrzehnten, der Ost-West-Migration nach Ende des Kalten Kriegs seit 1990, neuen Formen der regulären und irregulären Arbeitsmigration nach Südeuropa sowie der zunehmenden Diversifizierung der Migrationsformen und der globalen Herkunftsräume. Ein drittes Migrationssystem besteht auf dem afrikanischen Kontinent; in ihm wandern Menschen von west- in südafrikanische Länder, von Ländern Subsahara-Afrikas in die nordafrikanischen Länder des Maghreb sowie von Ländern des südlichen Afrikas nach Südafrika. Ein viertes Migrationssystem hat sich seit den 1970er-Jahren um die ölreichen Golfstaaten herum ausgebildet; es ist durch Arbeitsmigrationsbeziehungen mit anderen arabischen Staaten und insbesondere durch temporäre Arbeitswanderungen aus Süd- und Südostasien gekennzeichnet. Schließlich lässt sich die asiatisch-pazifische Region als Kernregion eines fünften größeren Migrationssystems identifizieren, das Migrationsbeziehungen mit Nordamerika, Europa und der Golfregion unterhält sowie eine zunehmende innerasiatische und asiatisch-australische Arbeitsmigration aufweist. Weitere Migrationssysteme kleineren Umfangs bestehen innerhalb Südamerikas, im transmediterranen Raum, also zwischen der MENA-Region (*Middle East, North Africa*) und den europäischen Mittelmeer-Anrainerstaaten, sowie in und um Russland.

Der globale Blick auf Migration ist instruktiv (King et al. 2010). Er verdeckt jedoch leicht die große **Diversität von Migration** in Bezug auf unterschiedliche Wanderungsformen, sozio-demographische Merkmale oder den rechtlichen Status von Migrantinnen und Migranten. Internationale Wanderungen können verschiedenartige räumliche Muster hervorbringen, je nachdem, ob es sich um Arbeitsmigranten und -migrantinnen oder Geflüchtete, um (hoch-)qualifizierte Arbeitskräfte oder ungelernte Personen, um Frauen, Männer, Kinder oder Studierende handelt. Während beispielsweise die Migration von Lateinamerika nach Südeuropa (vor allem nach Spanien) überwiegend weiblich ist, ist die Arbeitsmigration von Südasien in die Golfstaaten stark männlich geprägt. Solche vergeschlechtlichten Geographien der Migration sind Ausdruck vergeschlechtlichter Arbeitsmärkte, Machtbeziehungen, Migrationspolitiken oder sozialer Normen sowohl in den Ausgangs- als auch in den Zielräumen internationaler Migration. Die Vielfalt räumlicher Migrationsmuster demonstriert somit, dass der Singular in die Irre führt. Statt von der (globalen) Geographie der Migration zu sprechen, sollte jede Untersuchung von mehr oder weniger komplexen **Geographien** ausgehen.

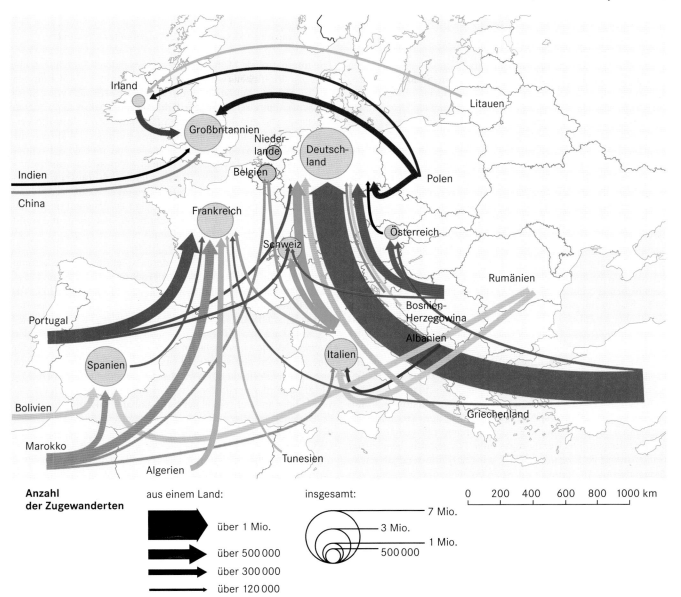

Abb. 24.5 Die wichtigsten europäischen Migrationen von der Gastarbeitermigration bis heute, differenziert nach Herkunfts- und Zielgebieten (verändert nach: Fassmann 2009).

Pluralisierung des europäischen Migrationsgeschehens

Die Rekonstruktion der internationalen Wanderungen innerhalb Europas sowie aus und nach Europa lässt für die letzten Jahrzehnte eine wachsende Pluralisierung erkennen. Die relative Eindeutigkeit der „Karte" europäischer Migrationen in der Epoche der sog. Gastarbeitermigration (Abb. 24.5) löste sich seit den 1980er-Jahren und insbesondere seit dem Fall des Eisernen Vorhangs allmählich auf. Die Zunahme und Diversifizierung der Herkunfts- und Zielländer hatte neue Geographien der Migration zur Folge.

Die veränderten Geographien sind eng mit der Erweiterung der Europäischen Union (EU), der Konstruktion von Freizügigkeit und der sich wandelnden Migrationspolitik verbunden. Zum einen decken die Staaten der EU geographisch heute einen großen Teil des Kontinents Europa ab. Zum anderen beeinflusst die EU als wichtiger politischer Akteur der Regulierung und Steuerung von Migration in und nach Europa die geographischen Muster der Migrationen bzw. bringt sie mit hervor: Während auf der einen Seite durch den Abbau von Grenzkontrollen und Freizügigkeitseinschränkungen Wanderungen von EU-Bürgern und -Bürgerinnen innerhalb des Gebiets der Europäischen Union erleichtert werden, führen auf der anderen Seite die territoriale Erweiterung der EU und die zunehmenden Bemühungen um die Sicherung der EU-Außengrenzen zur Entstehung neuer Migrationsrouten.

Parallel zur Pluralisierung der Geographien der europäischen Migration wurden auch die Wanderungsformen, die sozio-ökonomischen und demographischen Charakteristika sowie der rechtliche Status der Migranten und Migrantinnen heterogener. Die fordistische Arbeitsmigration, welche die Wanderungen in Europa in den ersten Nachkriegsjahrzehnten hauptsächlich geprägt hatte, wurde nach dem Zuwanderungsstopp für Gastarbeiter Anfang der 1970er-Jahre von Familiennachzügen, Rückwanderungen, (semi-)irregulärer Arbeitsmigration, der Zuwanderung von Geflüchteten und Asylsuchenden sowie temporären Wanderungen und Pendelmobilitäten abgelöst. Migrantennetzwerke und transnationale soziale Räume bildeten sich heraus (Wehrhahn 2016), verfestigten und perpetuierten die Migrationsbeziehungen zwischen verschiedenen Ländern und machten damit Wanderungen in verschiedene Richtungen wahrscheinlicher. Im Kontext veränderter Wanderungsformen und -bedingungen verwischen die Unterschiede zwischen temporärer und dauerhafter Migration sowie zwischen Migration und anderen Formen räumlicher Mobilität (King 2002). Auffallend ist ferner die Gender-Asymmetrie. In Italien oder Spanien beispielsweise ist die Zuwanderung aus muslimisch geprägten Ländern wie Marokko, Senegal oder Bangladesch männlich dominiert, im Gegensatz zu der überwiegend weiblichen Zuwanderung von den Philippinen, den Kapverden oder der Dominikanischen Republik – eher katholisch geprägten Ländern. Diese Asymmetrie geht mit einer Konzentration von Frauen in bestimmten Arbeitsmarktsegmenten einher: Während Frauen häufiger in Privathaushalten als Haushaltshilfen, Reinigungs- oder Pflegekräfte beschäftigt sind (Anthias & Lazaridis 2000), wird z. B. die senegalesische Zuwanderung in Italien und Spanien weit überwiegend von Männern getragen, die häufig in Städten oder Touristenzentren als Straßenhändler arbeiten. Im Vergleich sind Albaner und Rumänen geographisch stärker verstreut und eher in verschiedenen Arbeitsmarktsektoren zu finden (King et al. 2010).

Im Zuge der vielfältiger werdenden Wanderungen in und nach Europa hat sich die Bevölkerung der europäischen Gesellschaften verändert. Insbesondere für westeuropäische Städte kann heute von einer **„Super-Diversity"** (Vertovec 2007) gesprochen werden: Zur wachsenden Diversität der nationalen und ethnischen Herkünfte der städtischen Bevölkerungen kommt die allgemeine Tendenz der Heterogenisierung des rechtlichen und sozio-ökonomischen Status, der Alters- und Gender-Profile, der Religionszugehörigkeiten und der räumlichen Verteilungsmuster hinzu. Die seit 2011 gewachsenen Fluchtbewegungen mit dem Ziel Europa tragen zu einer weiteren Diversifizierung der Bevölkerungen bei (Exkurs 24.2).

Sucht man nach den großen Entwicklungslinien des europäischen Migrationsgeschehens und regionaler Migrationsräume, verdeckt dieser Blick leicht Migrationsformen, die nicht in die gängigen Beobachtungsschemata passen, die aber ebenfalls zur Pluralisierung der europäischen Migration beitragen. Ein Beispiel dafür sind Wohlstands-, Ruhestands- und **„Lifestyle"-Wanderungen**, zumeist von Menschen aus Nord-, West- und Mitteleuropa in die wärmeren Regionen im Süden Europas. Sie sind zum Teil saisonal begrenzt und damit eine Form transnationaler Mobilität mit fließenden Grenzen zum Tourismus, zum Teil sind sie auch mit längerfristigen Aufenthalten verbunden.

Die internationale Mobilität von Studierenden trägt heute ebenfalls zur Vielfalt der europäischen Migration bei. Im Rahmen des globalen „Wettbewerbs um die besten Köpfe" wird diese zunächst temporär gedachte **Bildungsmigration** aus Staaten innerhalb und zunehmend auch außerhalb der EU mithilfe verschiedener Mobilitätsprogramme stark gefördert. Während die USA als Ziel ausländischer Studierender eine globale Spitzenposition einnehmen, sind die mit Abstand wichtigsten europäischen Zielländer Großbritannien, Deutschland und Frankreich (Barthelt et al. 2015). Nach Abschluss ihrer universitären Ausbildung im Ausland bemühen sich nicht wenige Bildungsmigrantinnen und -migranten um eine direkte berufliche Anstellung und somit einen weiteren Verbleib im Zielland.

Eine weitere Migrationsform, deren quantitative Bedeutung zunimmt, sind die **Wanderungen Hochqualifizierter** und ausgebildeter **Fachkräfte** (Ette & Sauer 2010, OECD 2017). Vor dem Hintergrund der gegenwärtigen Alterungsprozesse, des Bevölkerungsrückgangs in mehreren europäischen Ländern und des wachsenden Fachkräftemangels werden Hochqualifizierte sowie Fachkräfte, die einen höheren tertiären Bildungsabschluss oder eine gleichwertige Expertise in einem spezifischen Berufsbereich haben, von Politik und Wirtschaft besonders umworben. Die Mitgliedsländer der Europäischen Union bemühen sich ebenso wie Länder anderer regionaler bzw. globaler Zusammenschlüsse (z. B. des *North American Free Trade Agreement*, NAFTA, oder der *Organization for Economic Co-Operation and Development*, OECD) seit einigen Jahren verstärkt um ihre selektive Gewinnung. Aber auch Arbeitskräfte für Tätigkeiten, die eine geringe formale Qualifikation erfordern, wie z. B. in der Landwirtschaft, sind nach wie vor gefragt (z. B. polnische bzw. rumänische Saisonarbeiter in der deutschen bzw. spanischen Landwirtschaft). Beabsichtigt ist häufig eine lediglich saisonale bzw. zeitlich befristete zirkuläre Mobilität, weshalb befristete Arbeitsverhältnisse nur im Hinblick auf bestimmte Tätigkeiten oder Branchen gewährt werden. Ob und in welchem Umfang es bei diesen Formen der Bildungs-, Hochqualifizierten-, Fachkräfte- oder saisonalen Migration zum Phänomen des *brain drain*, also des Abflusses entwicklungsförderlichen Humankapitals aus den Herkunftsländern, kommt, ob stattdessen eher *brain circulation* eintritt oder ob Zurückgebliebene, motiviert durch den Erfolg der Abwanderer, stärker in ihre Bildung investieren, sind empirisch offene Fragen.

Ein Teil der zunächst temporär begrenzten Hochqualifiziertenmigration findet im Rahmen multinationaler Unternehmen sowie innerhalb internationaler und supranationaler Organisationen statt. Diese innerbetrieblichen und zugleich international mobilisierenden *intra-company transfers* haben in den vergangenen Jahren im Kontext fortschreitender Globalisierung erheblich an Bedeutung gewonnen (IOM 2018, OECD 2017). Wie die Migration von Fachkräften im Allgemeinen und die Mobilität internationaler Studierender zählt auch die innerbetriebliche **Entsendung** zu den „erwünschten" Formen von Migration. Anders als z. B. Fluchtmigration wird den hochqualifizierten *expatriates* eine zentrale Rolle für die Zukunfts- und Wettbewerbsfähigkeit der europäischen Ökonomien und ihrer globale Vernetzung zugeschrieben.

Exkurs 24.2 Städte im Wandel – wenn die Mehrheit aus Minderheiten besteht

In der Bundesrepublik Deutschland werden immer mehr Städte zu *majority-minority cities*, also zu Orten, in denen die „klassisch" verstandene „deutsche Mehrheitsgesellschaft" keine demographische Mehrheit mehr ist. Als erste größere Großstadt hat Frankfurt am Main im Jahr 2016 die 50-Prozent-Grenze überschritten, dicht gefolgt von Nürnberg, Augsburg, Stuttgart und München, wo die Anteile der Wohnbevölkerung mit internationaler familiärer Migrationserfahrung jeweils weit über 40 % liegen. Spitzenreiter unter den Städten in Deutschland ist die Stadt Offenbach. Über 60 % ihrer Einwohnerinnen und Einwohner sind entweder selbst im Ausland geboren und zugewandert oder sind in Deutschland geborene Kinder von aus dem Ausland zugewanderten Eltern (Stand: Ende 2016). Auf Offenbach folgen Sindelfingen mit gut 52 % und Heilbronn mit knapp 52 %. Diese Zahlen basieren auf direkten Auskünften der Kommunalen Statistikstellen und des Bundesamts für Statistik sowie eigenen Recherchen in Statistischen Berichten und im Internet.

Diese Entwicklung ist nicht etwa nur in den Städten besonders ausgeprägt, die regelmäßig zur Illustration von vorgeblichen „Parallelgesellschaften" und „gescheitertem Multikulturalismus" herangezogen werden, sondern vielmehr in wirtschaftlich seit Jahren besonders dynamischen und prosperierenden Regionen. An die Stelle der bisherigen Mehrheit tritt keine neue, „ethnisch" oder gar religiös definierbare Gruppe, stattdessen besteht die urbane Wohnbevölkerung „mehrheitlich" aus „Minderheiten". Außerdem nehmen multiethnische Familienkonstellationen zu, aber auch die soziale Ausdifferenzierung innerhalb der Herkunftsgruppen. Eine Folge dieser Differenzierungsprozesse ist, dass ethno-nationale Bezeichnungen und Kategorien zunehmend an Aussagekraft verlieren.

Die Veränderung hin zu einer „postmigrantischen Superdiversität" resultiert nur in geringem Maße aus Neuzuwanderung. Sie basiert auf Einwanderungsbewegungen, die im Verlauf von Jahrzehnten stattgefunden haben – von den Vertriebenen und Aussiedlern bzw. Spätaussiedlern über die sog. Gastarbeiter bis hin zu Kriegsflüchtlingen der 1990er-Jahre aus Afghanistan und dem ehemaligen Jugoslawien. Das bedeutet zum einen, dass die demographische Diversifizierung in der Alterspyramide von unten hochwächst: In allen westdeutschen Städten kommt heute über die Hälfte der Kinder und Jugendlichen aus Einwandererfamilien, bei den unter 6-Jährigen gehen die Zahlen sogar in Richtung Dreiviertel. Es

bedeutet zum anderen, dass die weit überwiegende Mehrheit der Kinder und Jugendlichen „mit Migrationshintergrund" bereits in Deutschland geboren und aufgewachsen und damit einheimisch ist.

Ein weiterer Effekt der die Nachkriegsgeschichte Deutschlands prägenden Migrationsbewegungen ist: In allen Städten gibt es heute eine erwachsene „zweite Generation", die starke und insbesondere lokale Zugehörigkeitsgefühle mit „soziokultureller Loyalität" zur Herkunft der Eltern zu kombinieren versteht. Dies ist in verschiedener Hinsicht bedeutsam: So betrifft dies den Generationenwechsel in sog. „Migrantenselbstorganisationen", also in migrantischen Vereinen und religiösen Vereinigungen. Berufliche Erfolge und der damit einhergehende familiäre soziale Aufstieg sorgen dafür, dass – entgegen den Erwartungen der Stadtforschung – auch bei ausgeprägten Gentrifizierungsprozessen der Anteil der Bevölkerung „mit Migrationshintergrund" häufig nicht sinkt. In diesen neuen Mittelschichtsquartieren stellen die zweite und dritte Einwanderergeneration zudem einen wichtigen Teil der Gewerbetreibenden, Freiberufler, Unternehmer und Kulturschaffenden dar. Dennoch sind Angehörige der zweiten Generation in Gremien und Verbänden ebenso wie in Politik und Medien noch immer deutlich unterrepräsentiert – und zwar personell ebenso wie thematisch.

Die Nichtwahrnehmung dieser Entwicklungen, die sich tief in die gewachsenen Strukturen der Städte einschreiben, ist in mehrfacher Hinsicht problematisch. Städte werden zu selten als Orte fortlaufender dynamischer Veränderung betrachtet, zu der Zu- und Abwanderungen aller Art einen wesentlichen Beitrag leisten. Diese Dynamik aber ist für Städte konstitutiv: Sie haben nicht zuletzt ihre heutige Größe und Gestalt nur durch Zuwanderung erreichen können. Stadtgeschichte ist zugleich Migrationsgeschichte. Die entsprechenden Wissensbestände sind aber in der Geschichts- und Erinnerungskultur der Städte noch kaum vorhanden, geschweige denn verankert.

Bis heute wird im politischen und medialen Mainstream – trotz der auch in Mittelschichtsvierteln sichtbar werdenden Diversifizierung – noch nicht deutlich genug kommuniziert, dass die „Einwanderungsgesellschaft" keineswegs nur „die Migranten" (und ihre Nachkommen) betrifft. Es stellen sich neue Fragen des Miteinanders und der Erhaltung oder Schaffung sozialer Kohäsion in lokalen Gemeinschaften.

Die Wanderungen von Hochqualifizierten, Studierenden sowie Rentnern und Rentnerinnen verweisen schließlich auf ein anderes Element der Pluralisierung der europäischen Migration: auf spezifische Formen der intra-europäischen Migration, das heißt der Migration zwischen den EU-Mitgliedstaaten. Während die internationale Migration aus sog. „Drittstaaten" nationalen und supranationalen Regulierungen und Einschränkungen unterliegt, gilt für die ebenfalls internationalen Wanderungen innerhalb der Europäischen Union das Freizügigkeitsprinzip. Sie nehmen damit den Charakter einer Binnenmigration an. Diese Umdeutung wird von der Europäischen Union unterstützt, die politisch, begrifflich-rhetorisch und rechtlich zwischen der „Migration" von „Drittstaatenangehörigen" und der „Mobilität" von EU-Bürgern unterscheidet (Boswell & Geddes 2011). Wie Nationalstaaten generiert und verfestigt auch die EU Hierarchisierungen zwischen Migrationen und Migranten und Migrantinnen hinsichtlich des Herkunftslandes, der Qualifikation und des Status – das gegenwärtige Ungleichheitsspektrum reicht von Hochqualifizierten aus

EU-Mitgliedstaaten bis zu Geflüchteten aus armen „Drittstaaten" (King 2002). Hierarchisierungen von Migranten und Migrantinnen sind freilich nicht statisch, sondern verändern sich mit politischen Grenzziehungen, ökonomischen Interessen oder demographischen Entwicklungen. Auch die Pluralisierung der Migrationen in, aus und nach Europa wird erst im Kontext politischer, ökonomischer und gesellschaftlicher Dynamiken verständlich.

Flucht weltweit sowie nach Europa und Deutschland

Wie wenig andere Themen hat die Flucht nach Europa und Deutschland in jüngster Vergangenheit die öffentlichen und politischen Debatten bestimmt. Der „lange Sommer der Migration" (Tsianos & Kasparek 2015) im Jahr 2015 machte Migration und Flucht zu teilweise stark umkämpften gesellschaftspolitischen Fragen. Monatelang verging kein Tag, an dem Fragen der Migration nicht in den Hauptnachrichten, in Internetforen, den abendlichen TV-Talkshows oder Leitartikeln der Tageszeitungen diskutiert wurden. Die weitreichenden Folgen des 2015 kollabierenden europäischen Grenzregimes sind politisch weithin spürbar – für den **Zusammenhalt der EU** und die Solidarität ihrer Mitgliedsstaaten, für die Entstehung neuer Geopolitiken der Flucht (z. B. für Fragen der EU-weiten Verteilung von Geflüchteten, der Aushandlung neuer „Mobilitätspartnerschaften" mit Drittstaaten oder der „Bekämpfung von Fluchtursachen"), für nationale Wahlkämpfe und Parlamentswahlen und leider auch für die Herausbildung sowie Stärkung neuer rechtspopulistischer Bewegungen in mehreren Ländern Europas. Mit aller Macht bemühten und bemühen sich die EU wie auch einzelne Mitgliedsstaaten seither um die Rekonstituierung des europäischen Grenzregimes. Dazu gehören der Ausbau der 2004 gegründeten Grenzschutzagentur Frontex zur Sicherung der EU-Außengrenzen, neue bilaterale Abkommen mit Transitstaaten im geographischen Vorfeld der EU (wie das EU-Türkei-Abkommen zur Eindämmung irregulärer Migration vom März 2016) sowie die inzwischen weit ausgreifende Migrationskontrollpolitik, die beispielsweise Projekte der Entwicklungszusammenarbeit in Afrika mit dem Ziel der „Fluchtursachenbekämpfung", also der Migrationsreduktion, verknüpft. Derartige Maßnahmen haben dazu beigetragen, dass die Zahlen der in der Europäischen Union neu eintreffenden Geflüchteten und Asylbewerber – trotz anhaltender Fluchtursachen – 2017 substanziell zurückgingen.

Deutlich wird am Phänomen der Fluchtmigration zugleich, dass sich Migration nur zu einem gewissen Grad steuern lässt. Im Falle von Flucht und Asyl gelten nicht nur rechtliche und humanitäre Bindungen und Standards. Vielmehr sind Fluchtbewegungen – wie Migrationen im Allgemeinen – Produkt eines vielgestaltigen Bedingungs-, Verflechtungs- und Gestaltungszusammenhangs, an dem ganz unterschiedliche Akteure und Institutionen beteiligt sind, von Nationalstaaten und dem Flüchtlingshochkommissar der Vereinten Nationen (UNHCR) über diverse andere Hilfsorganisationen, Gerichte, Anwälte, Schlepper oder zivilgesellschaftliche Initiativen bis hin zu transnationalen familiären Netzwerken. Dies führt u. a. dazu, dass sich auch **irreguläre Grenzübertritte** von Menschen auf der Flucht zwar durch internationale Abkom-men und stärkere Kontrollen beeinflussen und im konkreten Fall (z. B. durch Grenzzäune) räumlich verschieben, doch nicht vollständig regulieren oder gar unterbinden lassen.

Aus geographischer Perspektive fällt zunächst eine zentrale Schieflage der öffentlichen Debatten in Europa und der Bundesrepublik Deutschland auf: Sehr einseitig ist die Aufmerksamkeit auf einzelne Ereignisse, Jahre sowie den Ziel- und Schutzkontext fixiert. Längerfristige Entwicklungen sowie globale und ortsübergreifende Zusammenhänge, die gerade für Migrations- und Fluchtphänomene konstitutiv sind, werden häufig ausgeblendet. Instruktiv ist in diesem Sinne, dass die Zahl der vom UNHCR für die vergangenen Jahrzehnte ermittelten Geflüchteten zwar schwankt, allerdings über die Jahre in überraschend geringem Maße (im Folgenden: Oltmer 2016 sowie UNHCR 2018a). Für die Zeit seit 1990 lassen sich im globalen Fluchtgeschehen zwei Hochphasen ausmachen: die frühen 1990er-Jahre und die Mitte der 2010er-Jahre. Zwischen 1990 und 1994 lagen die Flüchtlingszahlen zwischen dem Höchststand von 20,5 Mio. 1992 und dem Tiefstand von 18,7 Mio. 1994. Ähnlich hohe Werte wurden Mitte der 2010er-Jahre wieder erreicht: 19,5 Mio. 2014 und 21,3 Mio. 2015. Zwischen diesen beiden Hochphasen lagen die Flüchtlingszahlen niedriger und erreichten im Zeitraum von 1997 bis 2012 einen Höchstwert von 15,9 Mio. 2007 und einen niedrigsten Wert von 13,5 Mio. 2004. Wesentlich stärker als die Zahl der grenzüberschreitenden Fluchtbewegungen veränderte sich die Zahl der in Europa oft übersehenen sog. Binnenvertriebenen – Menschen, die vor Gewalt innerhalb ihres Herkunftsstaates auswichen. Auch bei den Binnenvertriebenen lässt sich ein Schwerpunkt Anfang der 1990er-Jahre ausmachen, 1994 zählte der UNHCR 28 Mio. Während die Zahl der internationale Grenzen überschreitenden Geflüchteten seit Anfang der 2000er-Jahre ein Tief erreichte, steigt jene der Binnenvertriebenen seither mehr oder weniger kontinuierlich an, von 21,2 Mio. im Jahr 2000 auf 40,3 im Jahr 2016 (UNHCR 2018b).

Größere Fluchtdistanzen sind selten, weil finanzielle Mittel dafür fehlen und Transit- oder Zielländer die Migration behindern. Hinzu tritt das häufig verfolgte **Ziel einer raschen Rückkehr**. Geflüchtete suchen in der Regel Sicherheit in der Nähe ihrer Herkunftsregionen. Und diese liegen mehrheitlich im Globalen Süden. Auch von der Zunahme der weltweiten Zahl der Geflüchteten und Binnenvertriebenen seit Anfang der 2010er-Jahre ist vor allem der Globale Süden betroffen. Staaten des Globalen Südens (UNHCR: „developing regions") beherbergten 2016 – bei einem Anteil an der Weltbevölkerung von 83 % – nicht weniger als 86 % aller weltweit registrierten 65,6 Mio. Geflüchteten und Binnenvertriebenen mit seit Jahren steigender Tendenz im Vergleich zum Gewicht des Globalen Nordens.

Blickt man vor diesem Hintergrund genauer auf Europa und Deutschland lassen sich für die vergangenen Jahre folgende Entwicklungen und räumliche Differenzierungen feststellen:

Die sich ausweitenden politischen Auseinandersetzungen und kriegerischen Konflikte im Nahen Osten, in Zentralasien und Afrika sind Quelle einer steigenden sowie zahlenmäßig schwankenden gewaltinduzierten Wanderung von Geflüchteten und Asylsuchenden, die auf unterschiedliche Weise und auf

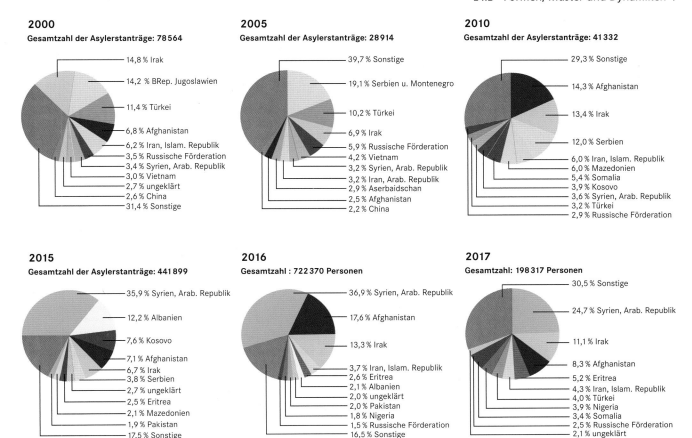

2000
Gesamtzahl der Asylerstanträge: 78 564

- 14,8 % Irak
- 14,2 % BRep. Jugoslawien
- 11,4 % Türkei
- 6,8 % Afghanistan
- 6,2 % Iran, Islam. Republik
- 3,5 % Russische Förderation
- 3,4 % Syrien, Arab. Republik
- 3,0 % Vietnam
- 2,7 % ungeklärt
- 2,6 % China
- 31,4 % Sonstige

2005
Gesamtzahl der Asylerstanträge: 28 914

- 39,7 % Sonstige
- 19,1 % Serbien u. Montenegro
- 10,2 % Türkei
- 6,9 % Irak
- 5,9 % Russische Förderation
- 4,2 % Vietnam
- 3,2 % Syrien, Arab. Republik
- 3,2 % Iran, Arab. Republik
- 2,9 % Aserbaidschan
- 2,5 % Afghanistan
- 2,2 % China

2010
Gesamtzahl der Asylerstanträge: 41 332

- 29,3 % Sonstige
- 14,3 % Afghanistan
- 13,4 % Irak
- 12,0 % Serbien
- 6,0 % Iran, Islam. Republik
- 6,0 % Mazedonien
- 5,4 % Somalia
- 3,9 % Kosovo
- 3,6 % Syrien, Arab. Republik
- 3,2 % Türkei
- 2,9 % Russische Förderation

2015
Gesamtzahl der Asylerstanträge: 441 899

- 35,9 % Syrien, Arab. Republik
- 12,2 % Albanien
- 7,6 % Kosovo
- 7,1 % Afghanistan
- 6,7 % Irak
- 3,8 % Serbien
- 2,7 % ungeklärt
- 2,5 % Eritrea
- 2,1 % Mazedonien
- 1,9 % Pakistan
- 17,5 % Sonstige

2016
Gesamtzahl : 722 370 Personen

- 36,9 % Syrien, Arab. Republik
- 17,6 % Afghanistan
- 13,3 % Irak
- 3,7 % Iran, Islam. Republik
- 2,6 % Eritrea
- 2,1 % Albanien
- 2,0 % ungeklärt
- 2,0 % Pakistan
- 1,8 % Nigeria
- 1,5 % Russische Förderation
- 16,5 % Sonstige

2017
Gesamtzahl: 198 317 Personen

- 30,5 % Sonstige
- 24,7 % Syrien, Arab. Republik
- 11,1 % Irak
- 8,3 % Afghanistan
- 5,2 % Eritrea
- 4,3 % Iran, Islam. Republik
- 4,0 % Türkei
- 3,9 % Nigeria
- 3,4 % Somalia
- 2,5 % Russische Förderation
- 2,1 % ungeklärt

Abb. 24.6 Erstanträge von Asylbewerbern in Deutschland aus den jeweils zehn zugangsstärksten Herkunftsländern (2000, 2005, 2010, 2015, 2016, 2017; Quelle: BAMF 2016, 2017, 2018).

unterschiedlichen Wegen und Routen in die EU-Mitgliedstaaten flohen (Crawley et al. 2018). Wurden im Jahr 2000 gut 400 000 Asylbewerber in der Europäischen Union registriert, verringerte sich deren Zahl bis 2006 zunächst auf knapp 200 000 und überschritt mit 431 100 im Jahr 2013 erstmalig den Wert der Jahrhundertwende. Diese Dynamik verstärkte sich in den Folgejahren nochmals: 2015 wurden gut 1,32 Mio. und 2016 rund 1,26 Mio. Asylbewerber registriert. Im Jahr 2017, nach dem weiteren Ausbau des Grenz- und Kontrollregimes, reduzierten sich die Antragszahlen in der Europäischen Union erstmals wieder deutlich um 56 % auf 704 600 (Eurostat 2018).

Seit 2013 bilden Syrer konstant die größte Asylbewerbergruppe in der Europäischen Union. 2017 stammten 102 000 bzw. knapp 16 % der Antragsteller und Antragstellerinnen aus Syrien, jeweils 7 % aus Afghanistan und dem Irak, sowie 6 und 5 % aus Nigeria und Pakistan. Welchen Anteil die fünf am stärksten vertretenen Herkunftsländer an der Gesamtheit ausmachen, variiert aber seit 2013 stark. Dies wird am Beispiel Syriens deutlich: Von 12 % im Jahr 2013 stieg der Anteil auf zunächst 19 und dann 29 % im Jahr 2015, um dann 2016 auf 28 % und 2017 auf 16 % zu sinken (eigene Berechnungen auf Grundlage der Daten von Eurostat). Die Herkunftsländer jener Asylbewerber, deren absolute Zahl sich seit 2013 deutlich erhöhte, sind ein Spiegel gegenwärtiger Konflikte, politischer Unterdrückung, Verfolgung von Minderheiten und Armut: Afghanistan, Irak, Eritrea, Gam-

bia, Mali, Nigeria, Senegal, Somalia, Sudan, Albanien, Bosnien und Herzegowina, Kosovo, Ukraine (Eurostat 2018).

Auch der Anteil der in Deutschland registrierten Asylbewerber und -bewerberinnen (Erst- und Folgeanträge) an der EU-weiten Grundgesamtheit variierte seit der Jahrhundertwende stark. Suchten im Jahr 2000 rund 30 % (117 648) der in die Europäische Union Geflüchteten in Deutschland Schutz, so waren es im Jahr 2006 nur rund 15 % (30 100). 2013 lag der Anteil erneut bei knapp 30 % (127 023) und erreichte 2016 mit nahezu 60 % (745 545) einen bisher einmalig hohen Wert, welcher im Jahr 2017 (222 683) wieder auf 31 % zurückging (eigene Berechnungen auf Grundlage der Daten von Eurostat sowie dem BAMF).

Zu den zehn wichtigsten Herkunftsländern von Asylbewerbern und -bewerberinnen gehörten in Deutschland in den Jahren 2000 und 2010 Irak, Afghanistan und Serbien bzw. die ehemalige Republik Jugoslawien (BAMF 2016; Abb. 24.6). Mit dem Bürgerkrieg in Syrien änderte sich das Bild. 2015, 2016 und 2017 standen Asyl-Erstantragsteller aus Syrien mit großem Abstand an erster Stelle. Auch fällt der hohe Bedeutungszuwachs der Erstanträge von Menschen aus Albanien, Kosovo, Serbien sowie Mazedonien im Jahr 2015 auf, deren Gesamtanteil bei 25,7 % lag. 2016 zählt aus dem Balkanraum nur Albanien (2,1 %) zu den wichtigsten Herkunftsländern, während Syrer mit 36,9 % die mit Abstand größte Gruppe stellen, gefolgt von Afghanen (17,6 %)

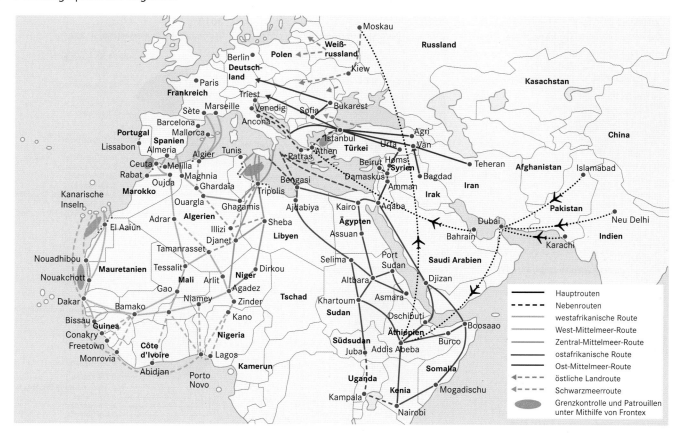

Abb. 24.7 Wichtigste Migrationsrouten aus Afrika und dem Nahen Osten nach Europa bis 2015 (Quelle: Gans et al. 2019; Entwurf: Christina West).

und Irakern (13,3 %; BAMF 2017). 2017 finden sich erstmals seit 2000 auch Somalia (3,4 %) und die Türkei (4,0 %) unter den zehn häufigsten Herkunftsländern. Während für Nigeria und Eritrea ein hoher prozentualer Anstieg zu verzeichnen war, sind hingegen aus Syrien und Afghanistan deutlich weniger Antragsteller registriert worden (BAMF 2018).

Die zeitliche Volatilität der jährlichen **nationalen Zusammensetzung von Asylbewerbern** wird zugleich überlagert von einer hohen räumlichen Variabilität. So sind in der Europäischen Union sowohl die Erstantragstellerzahlen von Asylbewerbern als auch die Aufnahme von Geflüchteten insgesamt durch ausgeprägte räumliche Ungleichverteilungen gekennzeichnet. Zwar zählte Syrien in der jüngsten Vergangenheit in fast allen EU-Staaten zu den fünf wichtigsten Herkunftsländern von Asylsuchenden, doch erreichten die syrischen Asylbewerber besonders hohe Anteile in Staaten entlang des Migrationskorridors von Griechenland nach Slowenien sowie nördlich davon in Österreich, Deutschland, den Niederlanden, Dänemark oder Schweden (Abb. 24.7). In den baltischen Staaten sowie in Polen und Tschechien überwiegen dagegen Asylbewerber aus Osteuropa (Ukraine, Russland, Georgien), in Südeuropa, insbesondere in Italien, Staatsangehörige aus afrikanischen Ländern.

Die nüchternen Zahlen und ihr Wandel werfen hoch politische Fragen auf: Die Schutzgewährung, Aufnahme und Verteilung von Asylsuchenden und Geflüchteten sowie der gemeinsame und „solidarische" europäische Verteilungsmechanismus gehören seit den seit 2011 stark angewachsenen Zahlen zu den zentralen politischen **Diskussions- und Streitthemen** in der Europäischen Union. Aufmerksam beobachtet und besonders intensiv diskutiert werden beispielsweise Asylantragstellungen im Ländervergleich: Die fünf Mitgliedstaaten mit den meisten Erstanträgen waren in der Europäischen Union im Jahr 2016 Deutschland (722 265), Italien (121 185), Frankreich (75 990), Griechenland (49 875) und Österreich (39 860). Bezogen auf 1000 Einwohner lautete die Reihenfolge: Deutschland (8,79), Griechenland (4,63), Österreich (4,59), Malta (3,99) und Luxemburg (3,58). Dass diese starke Ungleichverteilung nicht nur aus der relativen Nähe der aufnehmenden Staaten zu den Herkunftsländern und ihrer Lage zu den genutzten Migrationskorridoren resultiert, sondern auch Folge des Einflusses europäischer wie nationaler Migrationspolitiken und Grenzsicherungen ist, verdeutlicht der Blick auf das Jahr 2014, als die Rangfolge noch ganz anders aussah: So rangierte 2014 Schweden mit 8,41 Asylbewerbern pro 1 000 Einwohnern auf Platz 1 in Europa, vor Ungarn (4,33), Österreich (3,33), Dänemark (2,61) und Deutschland (2,51; eigene Berechnung nach Daten von Eurostat und bezogen auf den Bevölkerungsstand am 1. Januar 2014, Gans & Pott 2018).

Fragt man genauer, warum seit 2012 und vor allem im Jahr 2015 – bei anhaltendem globalem Ungleichgewicht – insbesondere die Bundesrepublik Deutschland vermehrt Ziel globaler Fluchtbewegungen geworden ist, zeigt sich ein **komplexer Verursachungszusammenhang** mit unterschiedlichen Kräften. Wirksam waren: kriegerische Konflikte, historische Bindungen und schon bestehende soziale Netzwerke der Flüchtenden (z. B. syrischer Flüchtlinge zu Syrern in Deutschland), vorhandene finanzielle Ressourcen für die Reise, die in Deutschland bis weit in das Jahr 2015 hinein vergleichsweise große Bereitschaft zur Aufnahme von Schutzsuchenden, der vorübergehende Zusammenbruch der „EU-Vorfeldsicherung" infolge des Zerfalls politischer Systeme am Rand der EU sowie die aufgrund der globalen und europäischen Wirtschaftskrise stark gesunkene Bereitschaft diverser europäischer Grenzstaaten, vornehmlich Griechenlands und Italiens, die ungleich verteilten Lasten (u. a. Registrierung, Unterbringungen, Durchführung nationaler Asylverfahren) des in den frühen 1990er-Jahren entwickelten „Dublin-Systems" zu tragen, mit dem sich die EU-Kernstaaten lange „erfolgreich" gegen weltweite Fluchtbewegungen abgeschlossen hatten. Erst die Zusammenschau dieser Faktoren und Entwicklungen lässt erkennen, warum die Bundesrepublik Deutschland in den Jahren 2015 und 2016, als traditionsreiche und gewichtige Asylländer wie Frankreich oder Großbritannien nur noch in sehr eingeschränktem Maße bereit waren, Geflüchteten Schutz zu gewähren, zu einem „Ersatz-Zufluchtsland" (Oltmer 2016) geworden ist.

24.3 Migration erklären

Fragt man nach den Gründen für Wanderungen, bietet es sich an, zunächst zwischen erzwungenen und freiwilligen Wanderungsformen zu differenzieren, auch wenn zwischen beiden Formen fließende Übergänge bestehen. Eine **Zwangswanderung** liegt dann vor, wenn Migranten und Migrantinnen (Sklaven, Geflüchtete, Vertriebene etc.) wegen Gewalt und Furcht um ihre körperliche Unversehrtheit ihren Wohnstandort verlassen. Von **Wanderungsentscheidungen auf freiwilliger Basis** wird gesprochen, wenn eine Person oder ein Haushalt aufgrund einer Abwägung von (z. B. sozioökonomischen) Vor- und Nachteilen einen Entschluss zugunsten eines Wohnungswechsels fällt. Die Ursachen solcher Wanderungen kann man in vier übergeordneten Motivgruppen zusammenfassen: Ausbildung, Beruf/Arbeitsmarkt, Wohnung und Familie. Die Gründe für eine Migration treten selten isoliert voneinander auf, überwiegen in bestimmten Altersgruppen und können in Abhängigkeit von der Wanderungsdistanz variieren. Die **Motive**, die Anlass zur Migration geben, beeinflussen auch die Wahl des neuen Wohnstandortes. Sehr deutlich wird dies bei intra- und interregionalen Wanderungen. Hier spielen Informationen und Vorstellungen über den Arbeits- und Wohnungsmarkt eine Rolle, die Art der Informationsbeschaffung über Arbeitsmöglichkeiten oder freie Wohnungen sowie das individuelle oder familiäre Suchverhalten. Einkommen und Lebensstile begrenzen

die Suche nicht nur räumlich auf bestimmte Zielgebiete, sondern haben z. B. auch Einfluss auf Kredite zum Kauf einer Wohnung. Diskriminierungen auf dem Wohnungsmarkt oder gesetzliche Vergabebedingungen wie im Falle von Sozialwohnungen begrenzen die Auswahl einer neuen Wohnung ebenfalls.

Interregionalen und internationalen Wanderungen liegen häufig Ausbildungs- und arbeitsplatzorientierte Gründe zugrunde. Positive Wanderungsbilanzen (Wanderungsgewinne) können in weiter entwickelten Ländern vor allem Agglomerationen verzeichnen, die ein vielseitiges Arbeitsplatzangebot und damit gute Beschäftigungsmöglichkeiten und berufliche Aufstiegschancen sowie eine günstige wirtschaftliche Entwicklungsdynamik aufweisen. Ländliche Räume registrieren Wanderungsüberschüsse, wenn sie über eine gewisse städtische Infrastruktur in Mittelzentren verfügen, gut erreichbar sind oder sich durch landschaftliche Attraktivität auszeichnen.

Zur Erklärung von Migrationen wurden verschiedene Modelle und Theorien entwickelt. Während verhaltensorientierte **Wanderungsmodelle** von individuellen Wanderungsmotiven ausgehen, berücksichtigen andere Modelle stärker auch gesellschaftliche und regionale Bedingungen und Faktoren. Die neoklassische Argumentation erklärt z. B. internationale Migrationen mit Unterschieden im Einkommen, im wirtschaftlichen Wachstum und in der Arbeitskräftenachfrage zwischen Ziel- und Herkunftsgebieten. Die individuelle Entscheidung für eine Auswanderung resultiert aus der Hoffnung auf eine Maximierung des zukünftigen Nutzens (*cost-benefit*-Modelle), in Abstimmung mit anderen Haushaltsmitgliedern ist oft eine Diversifizierung der Existenzgrundlage im Sinne einer Risikominimierung beabsichtigt (*new economics of migration*). Andere Erklärungsansätze gehen von der Segmentierung der Arbeitsmärkte und globalen Zentrum-Peripherie-Strukturen aus. Die Nachfrage nach billigen Arbeitskräften verursacht Zuwanderungen aus Staaten mit niedrigeren Löhnen. Zum einen bringt das ökonomische Gefälle zwischen Ländern internationale Migrationen hervor, zum anderen nehmen Personen in potenziellen Herkunftsgebieten bestehende Disparitäten aufgrund der fortschreitenden Homogenisierung von Werten und Normen sowie der zunehmenden Informationsdurchdringung eher wahr.

Auch die viel verwendeten *push-and-pull*-Modelle erklären internationale und interregionale Migrationen mithilfe aggregierter gebietsspezifischer Daten. Kennzeichnend ist die integrierte Analyse von in der Herkunftsregion wirkenden „abstoßenden" Faktoren und den „anziehenden" Kräften in der Zielregion, teilweise unter Berücksichtigung „intervenierender" Hindernisse oder Variablen (z. B. Einwanderungsgesetze, Distanz, Migrantennetzwerke oder Informationsmangel). Beispiele zeigt die Tab. 24.1.

Tab. 24.1 Beispiele von „abstoßenden" und „anziehenden" Faktoren zur Erklärung von Migration in *push-and-pull*-Modellen.

	Faktoren, die eine Wanderungsentscheidung begünstigen		
	pull-Faktoren	*push*-Faktoren	Netzwerke
ökonomische Gründe	Arbeitskraftnachfrage, höhere Löhne	Arbeitslosigkeit, Unterbeschäftigung, niedrige Löhne	Informationen über Arbeitsplätze, Löhne und Lebensbedingungen
nicht ökonomische Gründe	Familienzusammenführung	Krieg, Verfolgung, politische Unsicherheit	Kommunikationsstrukturen, Hilfsorganisationen

Kapitel 24

Wanderungstheorien haben das Ziel, das Phänomen Migration einer allgemeingültigen Erklärung zuzuführen. Es fällt auf, dass es bis heute bestenfalls Teiltheorien gibt, die ausgewählte Aspekte und Perspektiven auf Migration in den Vordergrund stellen (z. B. die Bedeutung von Netzwerken für die Initiierung von Migrationsprozessen und die Aufrechterhaltung internationaler Wanderungsbeziehungen zwischen verschiedenen Regionen). Es existiert keine Wanderungstheorie, die das moderne und weltweite Wanderungsphänomen in seiner Komplexität und seiner starken regionalen Variabilität erfasst.

Ohne den Anspruch einer allgemeingültigen Erklärung kommt der Ansatz der **Migrationsregime** aus (Pott et al. 2018). Er erinnert daran, dass Wanderungsverhältnisse hervorgebracht werden, und interessiert sich daher für je spezifische Verhältnisse. Dabei muss sich das Erkenntnisinteresse keineswegs nur auf die Hervorbringung oder Produktion von Migration beschränken, sondern kann sich natürlich auch den beobachtbaren Folgen zuwenden. Der Migrationsregimeansatz eröffnet eine Beobachtungsperspektive auf den prozessualen Charakter der Hervorbringung und Gestaltung von Migration. Besondere Aufmerksamkeit wird institutionellen Regierungs-, Regulierungs- und Wissenspraktiken geschenkt. Aber auch die Handlungsmacht (*agency*) von Migrantinnen und Migranten wird berücksichtigt. Im Zentrum stehen daher insgesamt die vielschichtigen und dynamischen Verflechtungsverhältnisse von Institutionen, Diskursen, Akteuren und Praktiken. Die (oft konflikthaften) Prozesse des Aushandelns der Bedingungen, Formen und Folgen von Migration werden u. a. durch Raumbezüge geordnet und stabilisiert. Dies macht den Ansatz für die geographische Analyse zusätzlich attraktiv. Bezogen auf gewaltinduzierte Migration lassen sich etwa „Flüchtlingsregime" und „Asylregime" unterscheiden, die „Schutz", „Asyl" und mit ihnen auch räumliche Bewegungen auf unterschiedlichen Ebenen mithilfe unterschiedlicher Raumformen („sichere Drittstaaten", „Aufnahmelager", „Hotspots", *„resettlement"*, „Grenzen" usw.) produzieren (Kleist 2018a). Das Geflecht der relevanten Akteure, Institutionen und Praktiken wächst jedoch rasch ins Allumfassende: Da potenziell alles Einfluss auf die Aushandlung von Wanderungsverhältnissen und die Verstetigung oder Veränderung rahmender Strukturen gewinnen kann, kann die zunächst ordnende Wirkung der Regimeperspektive verschwimmen. Die Auseinandersetzung mit dieser Ambivalenz hat allerdings dazu beigetragen, die Migrationsforschung für ihre eigene Position im Prozess der Aushandlung von Migration zu sensibilisieren. Denn letztlich ist sie als Akteur der Wissensproduktion auch als Teil des Migrationsregimes aufzufassen. Deshalb wird dieser Erklärungsansatz als eine Variante der jüngeren reflexiven Migrationsforschung verstanden (Nieswand 2018). Die neue Reflexivität ist auch für die Geographische Migrationsforschung von Bedeutung.

24.4 Perspektiven der Geographischen Migrationsforschung

Geographische Migrationsforschung zu betreiben bedeutet zunächst, Migration und ihre Folgen in räumlicher Perspektive zu beobachten und zu analysieren. Wie die voranstehenden Beispiele demonstrieren, entfaltet sich derart ein ganzes Spektrum von Themen, Einsichten und Differenzierungen, die sowohl in das **interdisziplinäre Forschungsfeld** der Migrationsforschung als auch in außerwissenschaftliche Debatten eingebracht werden (können). Dabei beschränkt sich die Forschung keineswegs nur auf die Untersuchung der Bedingungen und Formen räumlicher Bewegungen, vielmehr nimmt sie auch migrationsinduzierte Veränderungen von Orten, Regionen oder Bevölkerungen – z. B. in Städten (siehe das Foto auf der Kapiteleingangsseite mit den Klingelschildern) – in den Blick. In dieser Form der Bezugnahme auf Räume oder räumliche Ausschnitte überschneiden sich die Bevölkerungsgeographie und die Geographische Migrationsforschung (Kap. 23). Als heterogenes Forschungsfeld zum Querschnittsthema Migration interessiert sich die Geographische Migrationsforschung dezidiert für unterschiedliche gesellschaftliche Felder und Dynamiken. Ebenso wie die je spezifischen In- und Exklusionsbedingungen sozialer Systeme, an denen sich auch Migrantinnen und Migranten ausrichten, können die Produktionsweisen und Aushandlungsprozesse von Migration im Vordergrund stehen, die je nach lokalem, ökonomischem, politisch-rechtlichem, medialem, schulischem oder organisatorischem Kontext variieren (können). Städtische Segregationsverhältnisse lassen sich dann, um nur ein Beispiel von vielen zu nennen, nicht nur im Hinblick auf sozialräumliche Verteilungsstrukturen und ihre Ursachen, sondern auch im Hinblick auf ihre Bedeutung für die Grundschulwahl, die durch sie präformierten Bildungskarrieren, das Image von Stadtteilen oder Stadtentwicklungs- und Diversitätspolitiken beobachten (Exkurs 24.3).

Die Geographische Migrationsforschung arrondiert sozial-, bevölkerungs-, wirtschafts-, politisch-, feministisch-, kultur-, stadt- und entwicklungsgeographische Perspektiven. In die interdisziplinäre Migrationsforschung kann sie verschiedene Formen des Raumbezugs und der raumsensiblen Analyse einbringen. Zum einen beobachtet, beschreibt und vermisst die Geographische Migrationsforschung die räumliche Dimension der Bedingungen, Formen und Folgen von Migrationsprozessen; sie produziert derart wissenschaftliche Geographien der Migration. Zum anderen interessiert sie sich genau für derartige Produktionsprozesse. Dazu beobachtet und rekonstruiert sie die **Verräumlichungen von Migration** in verschiedenen gesellschaftlichen Feldern sowie durch verschiedene Akteure und Beobachter bzw. Beobachterinnen, die an der Ko-Produktion von Migration und ihrer Bedeutung beteiligt sind. Denn tatsächlich verortet nicht nur die Wissenschaft Migration. Auch die Medien, die Nationalstaaten oder die Stadtverwaltung beobachten Migrantinnen und Migranten durch eine räumliche Brille. Oder sie produzieren Raumformen (wie Grenzen, Aufnahmelager,

Exkurs 24.3 Städtische Diversitätspolitiken und ihre Räume

Antonie Schmiz

Städte sind wichtige Arenen der Aushandlung von gesellschaftlichen Veränderungen. Demographische Entwicklungen und politische Trends zeigen sich in Städten oft früher als andernorts, etablierte Perspektiven werden hier radikaler und innovationsfreudiger infrage gestellt. Städte waren immer schon Hauptanziehungspunkte für internationale Zuwanderung – von Geflüchteten über Studierende bis zu hochqualifizierten Arbeitsmigrantinnen und -migranten. Unter globalisierten Bedingungen der Migration sind Städte längst zu Laboratorien „super-diverser" Stadtgesellschaften geworden (Vertovec 2007).

In der Wahrnehmung und im Umgang mit Migration sind Städte ihren Nationalstaaten häufig einen Schritt voraus. In Deutschland haben Städte beispielsweise schon lange vor der Verabschiedung des Nationalen Integrationsplans im Jahr 2007 kommunale Integrationskonzepte entwickelt und Integration vor Ort unterstützt. Städte müssen alltäglich und ganz konkret mit den Folgen von Migration umgehen. Sie bemühen sich im eigenen Interesse um den sozialen Zusammenhalt, fördern die politische Repräsentation ihrer Bewohnerinnen und Bewohner oder helfen und vermitteln bei der Suche nach Wohnraum und Arbeit. Städte kümmern sich auch um Menschen ohne gültigen Aufenthaltsstatus; im Rahmen von *sanctuary-city*-Politiken wird gegenwärtig vielerorts nach Formen gesucht, auch diesem Teil der städtischen Bevölkerung Zugang zu Bildungseinrichtungen und zur Gesundheitsversorgung zu ermöglichen.

Als Vorreiter erweisen sich Städte auch bei der zunehmenden Potenzialorientierung. Wurden die mit Migration und Zuwanderung verbundenen Folgen lange überwiegend als Probleme gesehen, erkennen gerade größere Städte in ihrer wachsenden Vielfalt eine Entwicklungsressource. So ist kulturelle Vielfalt zu einem wichtigen Standortfaktor in der Konkurrenz von Städten um Touristen, Kreative und hochqualifizierte Arbeitskräfte geworden. Sie findet Eingang in das *city branding*, also in die programmatische Selbstvermarktung von Städten. Die städtische Vermarktung kultureller Vielfalt wird häufig über „ethnisch" konstruierte Quartiere vollzogen, aber auch mithilfe kurzzeitiger Events. Bekannte Beispiele für viertelsbezogene und langfristige Inszenierungen sind Chinatowns und Little Italies, die zu nachgefragten Destinationen des globalen Städtetourismus geworden sind (Abb. Aa). Als räumliche Enklaven durch Zuwanderung entstanden dienen sie heute der namensgebenden Bevölkerung häufig nur noch als Orte des Handels, jedoch nicht länger als Wohnorte.

Räumliche Konstruktionen des „Ethno-Kulturellen" sind keineswegs nur als städtisch gelenkte Politiken zu interpretieren. Auch migrantische Initiativen betreiben durch *place-making*-Aktivitäten „strategische räumliche Essentialisierungen" (Veronis 2007). Dazu zählen verschiedene Events wie Ausstellungen, „ethnische" Paraden oder Festivals (Abb. Ab). Veranstaltungen wie der Berliner Karneval der Kulturen demonstrieren demographische Vielfalt und (neue) Identitäten. Durch ihre repräsentative Funktion können sie einen Beitrag zum Zusammenleben in der städtischen Migrationsgesellschaft leisten. Insgesamt könnte man somit von einer Ko-Produktionen städtischer Vielfalt sprechen.

Die Inszenierung der migrationsinduzierten Vielfalt wird erst durch ihre räumliche Verortung konsumfähig. Sie findet oft in innerstädtischen Nachbarschaften statt, die durch Armut und baulichen Verfall gekennzeichnet sind und in denen sich städtische Restrukturierungsprozesse manifestieren (Shaw 2011). In eben jenen Vierteln finden migrantische Betriebe günstige Ladenlokale und liefern nicht selten Impulse für Gentrifizierungsprozesse (für New York: Fishman 2005).

Abb. A a Eingangstor zu Toronto's Chinatown East. **b** Ausstellung „Stadt der Vielfalt", Berlin 2012 (Fotos: A. Schmiz).

Kapitel 24

Städtische Diversitätspolitiken ersetzen vielfach Politiken, die sich explizit den Schwierigkeiten und Herausforderungen widmeten, mit denen Migranten und Migrantinnen im Hinblick auf gesellschaftliche Teilhabe, Arbeitsmarkt, Bildung und Wohnen konfrontiert sind. Feststellen lässt sich eine Verlagerung der politischen Zuständigkeit von den Integrationsabteilungen der deutschen Kommunalverwaltungen in die Tourismus-, Stadtmarketing- und Wirtschaftsressorts (Pütz & Rodatz 2013). Diese Veränderung gilt für *branding*-Strategien ebenso wie für kleinräumige Wirtschaftspolitiken, die „Business Improvement Districts" (BID) „ethnisch" vermarkten.

Städtische Diversitätspolitiken sind trotz ihrer Erfolge nicht unumstritten. Denn durch *city branding* werden bestimmte „vermarktbare" Gruppen konstruiert, deren dominante Repräsentationen im Stadtraum zu Konflikten und nicht selten zu neuen Ausschlüssen führen. Weniger leicht vermarktbare Kulturen werden dabei häufig dominanten „Marken" und Markierungen zu- oder untergeordnet (Schmiz 2017).

Die skizzierten Prozesse verlaufen je nach Stadt unterschiedlich, da sie zumeist in der einen oder anderen Weise in die lokale Migrationsgeschichte eingebettet sind. Aktuelle Forschungen beschäftigen sich daher, oftmals in vergleichender Perspektive, mit den Reaktionen von Städten auf internationale Migration. Sog. *gateway cities* in traditionellen Einwanderungsgesellschaften stehen für einen proaktiven Umgang mit Migration, der sich z. B. in Torontos offiziellem Stadtmotto „*Diversity our Strength*" widerspiegelt. Zur systematischen und komparativen Erklärung des Verhaltens städtischer Politik und Verwaltung trägt der *Rescaling*-Ansatz bei, der die Positionierung und Neuordnung von Städten im globalen Städtewettbewerb, ihre Orientierung an nationalen Integrationsparadigmen und den Grad der Neoliberalisierung ihrer Politiken in den Blick nimmt. Zudem betont der Ansatz den Beitrag von Migrantinnen und Migranten zur Stadtentwicklung und thematisiert sie damit als wichtige Akteure städtischer Gesellschaften. Als Ladenbesitzer, Teil der Zivilgesellschaft oder durch ihre politischen Interessenvertretungen tragen sie zur Produktion und Veränderung städtischer Räume bei (Glick Schiller & Çağlar 2009).

Problemviertel oder ethnische Quartiere), die für die Hervorbringung, Ordnung, Kontrolle oder Veränderung gesellschaftlicher Migrationsverhältnisse folgenreich sind. Vergleichbares gilt für so unterschiedliche Akteure wie zwischenstaatliche und Nichtregierungsorganisationen, Grenzschützer, Unternehmen, Kirchen, Bildungseinrichtungen, Sportvereine oder auch für Migrantinnen und Migranten selbst.

Zur geographischen Untersuchung des Zusammenhangs von (Welt-)Gesellschaft und (internationaler) Migration gehört auch die kritische Reflexion der **Territorialisierung** und **Kartierung von Migration** (Abb. 24.7, Exkurs 24.4). Migrationsforschung wird dann zur Beobachterin zweiter Ordnung, die alltägliche, auch professionelle Praxen der Verräumlichung bzw. der raumbezogenen Beobachtung von Migration betrachtet. Die damit aufgerufenen Fragen nach der Konstruktion und Relevanz von Räumen oder räumlichen Repräsentationen von Migration bearbeitet die Geographische Migrationsforschung mit Bezug auf so unterschiedliche Bereiche und Problemstellungen wie Integration, Schulbücher, Arbeitsmärkte, globale Warenketten, transnationale Netzwerke, Migrationspolitik und Entwicklungszusammenarbeit, Stadt- und Regionalplanung oder neue Identitätsformate wie die Figur des Klimamigranten (Felgentreff 2018).

Dass mit der Analyse von Verräumlichungen auch die Forschung selbst unter die kritische Lupe genommen werden kann, muss kein Nachteil sein. Dies zeigt exemplarisch eine Metaanalyse von über 600 Projekten der interdisziplinären Flucht- und Flüchtlingsforschung in Deutschland, die in den Jahren 2011–2016 durchgeführt worden sind (Kleist 2018b): Die vor allem drittmittelfinanzierte Forschung der letzten Jahre behandelte weit überwiegend Fragen der Aufnahme und Integration in Deutschland. Verglichen mit den empirischen Fluchtbewegungen ver-

hält sich die Forschung also geradezu gegensinnig. Während im Jahr 2016 die Staaten des Globalen Nordens nur 14 % aller weltweit registrierten Geflüchteten und Binnenvertriebenen beherbergten (Abschn. 24.2), beschränkten sich 85 % der betrachteten Projekte auf Untersuchungen zu Europa (bzw. 80 % auf Deutschland). Die Forschung zum Globalen Süden hingegen wurde stark vernachlässigt, Projekte zu Fluchtursachen und zu den Dynamiken der Fluchtbewegungen außerhalb Europas waren im Untersuchungszeitraum sogar noch seltener geworden. Sichtbar werden folglich sowohl die Abhängigkeit von politischen Konjunkturen und externer Finanzierung als auch eklatante und angesichts der weltweiten Fluchtverhältnisse kaum mehr zu rechtfertigende Forschungs- und Erkenntnislücken der Flucht- und Flüchtlingsforschung in Deutschland.

Kapitel 24

Exkurs 24.4 Kartographien der Migration

Matthias Land und Andreas Pott

Migration ist ein abstrakter Begriff. Das mit ihm bezeichnete Phänomen wird erst durch Kategorisierung, Quantifizierung und Visualisierung (er-)fassbar. Ein wirkmächtiges Instrument der Vergegenständlichung und Sichtbarmachung ist die Karte: Migrationskarten veranschaulichen und popularisieren Wissen über Migration. Sie produzieren ein kartographisches Verständnis von Migration und tragen derart zur Entstehung eines spezifischen Blicks bei, der weit über die Migrationsforschung hinausreicht (Labor K3000 & Spillmann 2010). Die mittels Kartierung konstruierten Geographien stellen Repräsentationen von Migration dar, die den gesellschaftlichen Umgang mit Migration beeinflussen können.

Karten, die Migrationsprozesse und -phänomene darstellen, finden sich in zahlreichen Fachpublikationen, in Lehrbüchern wie diesem, in Atlanten, Schulbüchern, medialen oder administrativen Veröffentlichungen. Sie schaffen und verbreiten nicht nur Wissen über Migration, sondern sind auch ihrerseits aufschlussreicher Gegenstand der Forschung (Harley 2001). Interpretiert man sie kritisch-reflexiv, geben die Themen, Bezeichnungen und Darstellungsweisen von Migrationskarten Auskunft darüber, was zu welchen Zeiten als Migration galt, welche Aufmerksamkeitskonjunkturen herrschten und mit welchen Prämissen und Interessen die jeweilige Erforschung und Kartierung von Migrationen erfolgte (Land 2018, Walters 2010).

Liest man Karten als Bestandteil geographischer Wissensordnungen, fällt die Form ihrer raumbezogenen Beschreibung von Migration auf. Karten wie Abb. 24.4 oder 24.7 fokussieren die räumliche Bewegung von A nach B – als lineare und unidirektionale Passage von einem Ort zu einem anderen. Die gerade in Karten der internationalen Migration omnipräsenten Pfeile beschreiben Migration als Ausnahme oder Abweichung in einer Welt der nationalstaatlichen Sesshaftigkeit, als Eindringen in Territorien und nationalstaatliche Behälter, die sich ansonsten durch ihre scheinbare Homogenität auszeichnen. Zu diesem Blick trägt bei, dass neben der Bewegung auch die Verteilung von Migrantinnen und Migranten quantifiziert und auf Räume projiziert wird. Differenziert nach beispielsweise rechtlichem oder politischem Status wird ihre Anwesenheit territorial festgelegt und sichtbar gemacht.

Karten stellen und beantworten Fragen: Wer migriert? Von wo und wohin? Hinweise auf Migrationsformen und Bedingungen in Herkunfts- und Zielländern thematisieren zudem Ursachen und liefern verdichtete Erklärungen dafür, warum Menschen von bestimmten Orten zu anderen wandern. Allerdings bleiben in den einschlägigen Karten Formen räumlicher Mobilität jenseits der einmaligen Ein- oder Auswanderung häufig unterbelichtet. Und wenn es um Kausalitäten geht, geschieht dies häufig auf Basis simplifizierender *push-and-pull*-Modelle. Indem Karten komplexe Verhältnisse und Prozesse zwangsläufig vereinfachen müssen, erfüllen sie eine ordnende Funktion. Die Turbulenz globaler Migrationsprozesse ist in den gängigen Weltkarten der Migration nur noch indirekt zu erahnen. Karten schaffen eine Ordnung der Migration, die zugleich beruhigt und beunruhigt. Sie fordern auch die Forschung immer wieder neu heraus: Wie lässt sich Migration visualisieren und wie sollte sie visualisiert werden?

Aus diesen Gründen sind Karten der Migration auch Medium der gesellschaftlichen und politischen Auseinandersetzung um Migration geworden. Zahlreiche wissenschaftliche, künstlerische oder aktivistische Akteure nutzen kartenbasierte Darstellungsformen und Technologien für Gegenentwürfe zur hegemonialen Kartierung von Migration (Casas-Cortes & Cobarrubias 2010, Labor K3000 & Spillmann 2010). Mit digitalen *mashups* können beispielsweise räumliche Strukturen rassistischer Verhältnisse und Übergriffe unmittelbar kartographisch aufbereitet werden. Und *Crowdsourcing*-Praktiken erweitern das Feld der Migrationskarten, indem etwa praktische Informationen für Geflüchtete zusammengetragen und beständig aktualisiert werden (z. B. www.refugeeswelcomemap.de (2018)). Dabei stehen die gesellschaftlichen und politischen Bedingungen von Migration oder individuelle Erfahrungen im Fokus. Natürlich bleiben Repräsentationen auch in *counter maps* immer nur ausschnitthaft. Doch artikulieren sie viel expliziter migrationsbezogene Kämpfe und Aushandlungsprozesse.

Bekanntheit erlangte in diesem Zusammenhang der Journalist und Kartograph Philippe Rekacewicz. Mit seiner Rekonstruktion des europäischen Grenzraums kritisierte er die Versicherheitlichung der europäischen Migrationspolitik. Seine erstmals 2003 in „Le Monde Diplomatique" erschienene *Karte „Dying at the Gates of Europe"* (Abb. A) zeichnet eine andere Geographie der Migration und übt Kritik an herkömmlichen Karten. Rekacewicz (2013) verzichtet bewusst auf das invasive Zeichen des Pfeils. Er problematisiert stattdessen die europäischen Grenzen, ihre Infrastrukturen und Kontrollpolitiken. Mit der Eintragung der (geschätzten bzw. gerundeten) Zahl der Todesopfer an den Grenzen skandalisiert er diese Politiken und plädiert für ihre Abänderung. Auch diese Darstellungsweise hat ihren Preis. Die Karte ist methodisch wie inhaltlich nicht unumstritten. Sie blendet nicht nur die Gefahren für Flüchtende auf ihrem Weg nach Norden an die Mittelmeer- oder Atlantikküste, sondern auch die gesellschaftlichen Machtstrukturen in den Herkunftsländern aus. Angesichts dieser komplexen Herausforderungen erscheint auch die gewählte Darstellung einseitig.

Spuren der gewandelten Aufmerksamkeit für Migration sowie der kartographischen Konfrontation trägt der im Schulunterricht eingesetzte Diercke-Weltatlas. Seit der Auflage von 2002 enthält er eine Karte zur Darstellung von weltweiten Migrationsprozessen. Mit der Neubearbeitung von 2008 findet eine markante Ergänzung Eingang in diese Form der Wissensproduktion: Nun werden auch „verschärfte Grenzsicherung[en] (Militärkontrollen, z. T. Zäune)" und mit ihnen folgenreiche

Kontrollpolitiken visualisiert. Die kartographische Formulierung von Migration als räumliches Problem trifft hier auf die Einzeichnung einer reterritorialisierten Migrationspolitik.

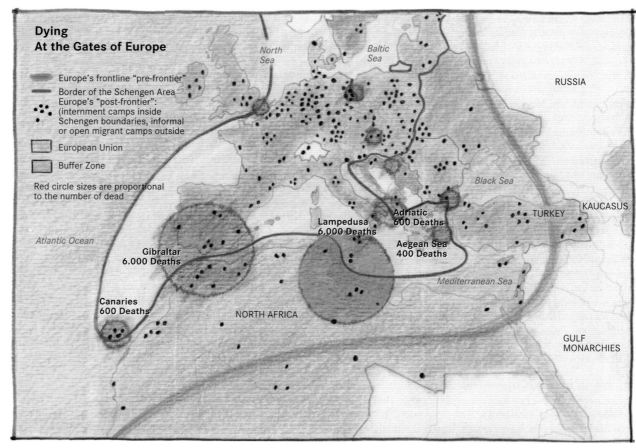

Abb. A *„Dying at the Gates of Europe"* (Quelle: Rekacewicz 2013).

Literatur

Anthias F, Lazaridis G (Hrsg) (2000) Gender and migration in southern Europe: Women on the move. Berg Publishers, Oxford, New York

Bade KJ, Oltmer J (2004) Normalfall Migration: Deutschland im 20. und frühen 21. Jahrhundert. Bundeszentrale für politische Bildung, Zeitbilder, Bd. 15. Bonn

BAMF (Bundesamt für Migration und Flüchtlinge) (2016) Das Bundesamt in Zahlen 2015. Asyl, Migration und Integration. Nürnberg

BAMF (Bundesamt für Migration und Flüchtlinge) (2017) Das Bundesamt in Zahlen 2016. Asyl, Migration und Integration. Nürnberg

BAMF (Bundesamt für Migration und Flüchtlinge) (2018) Das Bundesamt in Zahlen 2017. Asyl, Migration und Integration. Nürnberg

Barthelt F, Meschter D, Meyer zu Schwabedissen F, Pott A (2015) Internationale Studierende – aktuelle Entwicklungen und Potenziale der globalen Bildungsmigration. Focus Migration. Kurzdossier, September 2015

BiB (2017) https://www.bib.bund.de/DE/Fakten/Fakt/M34-Wanderungen-West-Ost-ab-1991.html (Zugriff: 17.5.2018)

Boswell C, Geddes A (2011) Migration and mobility in the European Union. Palgrave Macmillan, Basingstoke

Casas-Cortes M, Cobarrubias S (2010) Drawing Escape Tunnels through Borders. In: Mogel L, Bhagat A (eds) An Atlas of Radical Cartography. Journal of Aesthetics & Protest Press, Los Angeles. 51–67

Kapitel 24

Castles S, de Haas H, Miller MJ (2014) The age of migration: International population movements in the modern world. Palgrave Macmillan, Basingstoke u. a.

Crawley H, Düvell F, Jones K, McMahon S, Sigona N (2018) Unraveling Europe's „migration crisis". Journeys over land and sea. Policy Press, Bristol

Czaika M, de Haas H (2015) The globalization of migration: Has the world become more migratory? International Migration Review 48/2: 283–323

Ette A, Sauer L (2010) Auswanderung aus Deutschland. Daten und Analysen zur internationalen Migration deutscher Staatsbürger. Springer VS, Wiesbaden

Eurostat (2018) http://ec.europa.eu/eurostat (Zugriff: 11.4.2018)

Fassmann H (2009) Von jungen und alten Einwanderungsländern: Die Geographie der Europäischen Migration. Mitteilungen der Österreichischen Geographischen Gesellschaft 151: 9–32

Felgentreff C (2018) Migration durch Klimapolitik. Die globale Produktion von Klimamigrantinnen und Klimamigranten. In: Pott A, Rass C, Wolff F (Hrsg) Was ist ein Migrationsregime? What is a migration regime? Springer VS, Wiesbaden. 139–165

Fishman R (2005) The fifth migration. Journal of American Journal Association 71/4: 357–366

Gans P, Pott A (2018) Migration und Migrationspolitik in Europa. In: Gesemann F, Roth R (Hrsg) Handbuch Lokale Integrationspolitik. Springer VS, Wiesbaden. 11–56

Gans P, Schmitz-Veltin A, West C (2019) Bevölkerungsgeographie. Diercke Spezial. 3. Aufl. Braunschweig

Glick Schiller N, Çağlar A (2009) Towards a comparative theory of locality in migration studies: Migrant incorporation and city scale. Journal of Ethnic and Migration Studies 35/2: 177–202

Guy JA (2016) Estimates of global bilateral migration flows by gender between 1960 und 2015. Wien

Harley JB (2001) Deconstructing the Map. In: Laxton P (ed) The New Nature of Maps: Essays in the History of Cartography. The Johns Hopkins University Press, Baltimore, London. 149–168

IOM (International Organization for Migration) (2018) World migration report 2018. IOM: Geneva. https://www.iom.int/wmr/world-migration-report-2018 (Zugriff 2.5.2018)

King R (2002) Towards a new map of European migration. International Journal of Population Geography 8/2: 89–106

King R (2011) Geography and migration studies: Retrospect and prospect. Population, Space and Place 18/2: 134–153

King R, Black R, Collyer M, Fielding AJ, Skeldon R (2010) The atlas of human migration: Global patterns of people on the move. Routledge, London

Kleist JO (2018a) The refugee regime: Sovereignty, Belonging and the Political of forced migration. In: Pott A, Rass C, Wolff F (Hrsg) Was ist ein Migrationsregime? What is a migration regime? Springer VS, Wiesbaden. 167–185

Kleist JO (2018b) Flucht- und Flüchtlingsforschung in Deutschland: Akteure, Themen und Strukturen. Flucht: Forschung und Transfer, State-of-Research Papier 01. IMIS, Osnabrück

Kritz M, Lim L, Zlotnik H (eds) (1992) International migration systems. A global perspective. Clarendon Press, Oxford

Labor K3000, Spillmann P (2010) Der kartographische Blick versus Strategien des Mapping. In: Hess S, Kasparek B (Hrsg) Grenzregime: Diskurse, Praktiken, Institutionen in Europa. Assoziation A, Berlin, Hamburg. 281–287

Land M (2018) Migration im Schulatlas – Kartographische Repräsentationen und Konzeptionen. In: Budke A, Kuckuck M (Hrsg) Migration und Geographische Bildung. Franz Steiner Verlag, Stuttgart. 95–107

Le Monde diplomatique (2007) Die Ströme der Armuts- und Wirtschaftsflüchtlinge, Berlin

Milbert A, Sturm G (2016) Binnenwanderungen in Deutschland zwischen 1975 und 2013. Informationen zur Raumentwicklung 2: 121–144

National Bureau of Statistics of China (2016) China Statistical Yearbook 2016. China Statistics Press. http://www.stats.gov.cn/tjsj/ndsj/2016/indexeh.htm (Zugriff 2.5.2018)

Nieswand B (2018) Problematisierung und Emergenz. Die Regimeperspektive in der Migrationsforschung. In: Pott A, Rass C, Wolff F (Hrsg) Was ist ein Migrationsregime? What is a migration regime? Springer VS, Wiesbaden. 81–105

OECD (Organization for Economic Co-Operation and Development) (2017) International migration outlook 2017. OECD Publishing, Paris. http://www.oecd.org/migration/international-migration-outlook-1999124x.htm (Zugriff 2.5.2018)

Oltmer J (2016) Flucht und Flüchtlinge. Hintergründe, Muster und Folgen von Gewaltmigration im frühen 21. Jahrhundert. Politikum 2/3: 4–13

Oltmer J (2017) Weltbevölkerung und globale Migrationsverhältnisse. Hintergrund aktuell. Bundeszentrale für politische Bildung. http://www.bpb.de/politik/hintergrund-aktuell/251903/weltbevoelkerung (Zugriff 2.5.2018)

Pott A, Rass C, Wolff F (Hrsg) (2018) Was ist ein Migrationsregime? What is a migration regime? Springer VS, Wiesbaden

Pries L (2008) Internationale Migration. Geographische Rundschau 60/6: 4–10

Pütz R, Rodatz M (2013) Kommunale Integrations- und Vielfaltskonzepte im Neoliberalismus. Geographische Zeitschrift 101/3–4: 166–183

Ravenstein EG (1885/89) The laws of migration. Journal Royal Statistical Society 48: 167–227 u. 52: 241–301

Rekacewicz P (2013) Dying at the Gates of Europe. In: Rekacewicz P (eds) Mapping Europe's war on immigration. Le Monde diplomatique. https://mondediplo.com/outsidein/mapping-europe-s-war-on-immigration (Zugriff: 5.4.2018)

Roseman CC (1971) Migration as a spatial and temporal process. Annals of the association of American geographers 61/3: 589–598

Schmiz A (2017) Staging a Chinatown in Berlin: The role of city branding in the urban governance of ethnic diversity. European Urban and Regional Studies 24/3: 290–303

Shaw SJ (2011) Marketing ethnoscapes as spaces of consumption: Banglatown: London's Curry Capital. Journal of Town & City Management 1/4: 381–395

Statistisches Bundesamt (2018) Bevölkerung und Erwerbstätigkeit. Wanderungsergebnisse – Übersichtstabellen. Wiesbaden

Statistisches Landesamt des Freistaates Sachsen (Hrsg) (1991–2016) Statistische Berichte. Räumliche Bevölkerungsbewegung im Freistaat Sachsen. A III 2 – Hj 2/90, 2/95, 2/00, 2/05, 2/10, 2/15. Kamenz

Statistisches Landesamt des Freistaates Sachsen (Hrsg) (2002) Sächsische Wanderungsanalyse. Sonderheft. Kamenz

Treibel A (2011) Migration in modernen Gesellschaften. Soziale Folgen von Einwanderung, Gastarbeit und Flucht. Juventa Verlag, Weinheim, München

Tsianos VS, Kasparek B (2015) Zur Krise des europäischen Grenzregimes: eine regimetheoretische Annäherung. Widersprüche 35/138/4: 8–22

UNHCR (2018a) http://www.unhcr.org/statistical-yearbooks. html (Zugriff: 11.4.2018)

UNHCR (2018b) http://www.unhcr.org/dach/de/ueber-uns/wem-wir-helfen/binnenvertriebene (Zugriff 11.4.2018)

United Nations (2016) 244 million international migrants living abroad worldwide, new UN statistics reveal. http://www. un.org/sustainabledevelopment/blog/2016/01/244-million-international-migrants-living-abroad-worldwide-new-un-statistics-reveal/ (Zugriff: 2.5.2018)

United Nations (2017) Department of Economic and Social Affairs, Population Division. International Migration. http:// www.un.org/en/development/desa/population/migration/data/ estimates2/estimates17.shtml (Zugriff: 2.5.2018)

Vertovec S (2007) Super-diversity and its implications. Ethnic and Racial Studies 30/6: 1024–1054

Veronis L (2007) Strategic spatial essentialism: Latin Americans real and imagined geographies of belonging in Toronto. Social & Cultural Geography 8/3: 455–473

Walters W (2010) Anti-political economy: Cartographies of „illegal immigration" and the displacement of the economy. In: Best J, Paterson M (eds) Cultural Political Economy. RIPE Series in Global Political Economy. Routledge, London, New York. 113–128

Wehrhahn R (2016) Bevölkerung und Migration. In: Freytag T, Gebhardt H, Gerhard U, Wast-Walter D (Hrsg) Humangeographie kompakt. Springer Spektrum, Berlin, Heidelberg

www.refugeeswelcomemap.de, http://refugeeswelcomemap.de (Zugriff: 11.4.2018)

Zelinsky W (1971) The hypothesis of the mobility transition. The Geographical Review 61/2: 219–249

Samers M, Collyer M (2016) Migration. Routledge, New York

Treibel A (2011) Migration in modernen Gesellschaften. Soziale Folgen von Einwanderung, Gastarbeit und Flucht. Juventa Verlag, Weinheim, München

Wehrhahn R, Sandner Le Gall (2016) Bevölkerungsgeographie. WBG, Darmstadt

Weiterführende Literatur

de Lange N, Geiger M, Hanewinkel V, Pott A (2014) Bevölkerungsgeographie. Schöningh/UTB, Stuttgart

Gans P (2011) Bevölkerung. Entwicklung und Demographie unserer Gesellschaft. WBG, Darmstadt

Gans P, Kemper F-J (Hrsg) (2001) Bevölkerung. Bd. 4, Nationalatlas Bundesrepublik Deutschland. Spektrum Akademischer Verlag, Heidelberg, Berlin

Gans P, Schmitz-Veltin A, West C (2019) Bevölkerungsgeographie. 3. Aufl. Diercke Spezial, Braunschweig

Hillmann F (2016) Migration: Eine Einführung aus sozialgeographischer Perspektive. Franz Steiner Verlag, Stuttgart

King R, Black R, Collyer M, Fielding AJ, Skeldon R (2010) The atlas of human migration: Global patterns of people on the move. Earthscan, London

Oltmer J (2016) Globale Migration: Geschichte und Gegenwart. Verlag C.H. Beck, München

Geographien der Mobilität

25

Annika Busch-Geertsema, Thomas Klinger und Martin Lanzendorf

„Mehr Platz für Radler – nicht nur heute Nacht" forderten die Teilnehmer bei der Fahrraddemonstration „bikenight" im August 2014 in Frankfurt a. M. Veranstaltungen wie diese bringen die Veränderung des Forschungsgegenstands zum Ausdruck, weg von einer Infrastrukturorientierung und hin zu einem ganzheitlichen Verständnis von Mobilität als Teil einer nachhaltigen Siedlungsentwicklung und lebenswerten Umwelt. Darüber hinaus wird deutlich, dass solche sozialen Aushandlungsprozesse von zunehmender Bedeutung für die geographische Mobilitätsforschung sind (Foto: Dirk Schmidt).

© Springer-Verlag GmbH Deutschland, ein Teil von Springer Nature 2020
H. Gebhardt et al. (Hrsg.), *Geographie*, https://doi.org/10.1007/978-3-662-58379-1_25

Die Geographische Mobilitäts- und Verkehrsforschung beschäftigt sich mit der Mobilität von Personen, Gütern und Informationen. Beschleunigungsprozesse spielen im Zeitalter der Globalisierung und Digitalisierung eine wesentliche Rolle bei der Veränderung ökonomischer Strukturen und Prozesse wie auch alltagsweltlicher Praktiken. Ohne transportintensive Produktions- und Lieferketten wäre die globale Ökonomie in ihrer heutigen Form undenkbar. Auch die räumliche Ausweitung von sozialen Netzwerken und individuellen Aktionsräumen in den letzten drei Jahrzehnten wurde nur möglich durch moderne Transport- und Informationstechnologien. Zugleich werden diese konstitutiven Merkmale der globalisierten Welt durch negative ökologische und soziale Folgen zunehmend zu einer Herausforderung für die Chancen einer Transformation der Gesellschaft in Richtung einer nachhaltigen Entwicklung. Neben eher klassischen Perspektiven der Geographischen Verkehrsforschung – etwa die Untersuchung von Erreichbarkeitsveränderungen und räumlichen Wirkungen von Verkehrsinfrastrukturen oder die Auswirkung räumlicher Merkmale auf die Verkehrsentstehung – sind neue, häufig von der Zusammenarbeit zwischen den Sub- und Nachbardisziplinen der Humangeographie inspirierte Forschungsthemen entstanden. Gemeinsam ist diesen Ansätzen, dass physische, soziale und virtuelle Mobilitätsdynamiken inzwischen für das Verständnis von Vergesellschaftungs- und Transformationsprozessen wesentlich sind. So inspirierte Fragestellungen sind u. a. Erklärungen des individuellen Verkehrsverhaltens, die Untersuchung von Governance-Prozessen bei verkehrspolitischen Entscheidungen oder die Hinterfragung des Unterwegs- und Mobilseins aus der Perspektive des *new-mobilities*-Paradigmas.

25.1 Geographische Verkehrs- und Mobilitätsforschung in und zwischen den Disziplinen

Das Themenfeld Mobilität steht nicht solitär innerhalb der Geographie, sondern profitiert von **Verknüpfungen** mit anderen Teildisziplinen. Dies gilt vor allem innerhalb der Humangeographie, aber im Hinblick auf die Ressourcenabhängigkeit und die ökologischen Folgen von Verkehr bestehen auch Bezüge zur Geographischen Gesellschafts-Umwelt-Forschung (Kap. 29). In der Humangeographie sind die Bezüge zur Wirtschafts- und Handelsgeographie (Kap. 18 und 19) offensichtlich, da hier die Wurzeln der traditionellen Verkehrsgeographie liegen. Bei den Geographien der Migration (Kap. 24) und der Freizeit- und Tourismusgeographie (Kap. 27) sind räumliche Ortsveränderungen zentrale Kennzeichen der Subdisziplinen. Auch die Geographien ländlicher Räume und die Stadtgeographie (Kap. 20 und 21) kommen für sich und in ihrer Kontrastierung zueinander nicht ohne das Konzept der Mobilität aus.

Ähnlich wie das für die geographischen Themen insgesamt gilt, beschäftigen sich mit Mobilität und Verkehr auch zahlreiche weitere wissenschaftliche Disziplinen. Die Geographische Mobilitäts- und Verkehrsforschung wird **interdisziplinär** angereichert durch Ansätze aus der Soziologie, wenn es etwa um Bedeutungen, Wahrnehmungen und die soziale Konstruktion des Raums geht, oder aus der Psychologie, die Normen, Werte und Einstellungen untersucht und so dabei hilft, individuelle Verhaltensweisen besser zu erklären. Anwendungsorientierte Be-

züge entstehen durch die Verknüpfung mit raumplanerischen, ingenieurswissenschaftlichen oder betriebswirtschaftlichen Betrachtungsweisen. Auch Erkenntnisse aus den Politik-, Gesundheits- und Rechtswissenschaften können bedeutsam sein.

Die Ergänzung der klassischen Verkehrsgeographie um den Mobilitätsbegriff (Exkurs 25.1), die sich in den letzten Jahrzehnten vollzog, hat das Forschungsfeld in theoretischer und konzeptioneller Hinsicht gestärkt, sodass *mobility* neben *place, space, network, scale* und *territory* zu einem Kernkonzept der Humangeographie aufgestiegen ist (Kwan & Schwanen 2016). Dennoch beschäftigen sich die Forscherinnen und Forscher mit dem sehr konkreten Forschungsgegenstand „Mobilität und Verkehr" – häufig auch im Kontext von anwendungsorientierten Projekten und der Zusammenarbeit mit lokalen Akteurinnen und Akteuren. So zeichnet sich die Geographische Mobilitäts- und Verkehrsforschung durch ihre Einbindung in einen transdisziplinären Diskurs aus und versteht sich auch als **anwendungsorientierte geographische Teildisziplin**.

25.2 Forschungsrichtungen in der Geographischen Mobilitätsforschung

Der Austausch innerhalb der Humangeographie wie auch interdisziplinäre Einflüsse führen zu einer theoretischen Vielfalt in der Mobilitäts- und Verkehrsforschung. Ein Großteil davon kann jedoch entweder den klassischen Raum- und Erreichbarkeitstheorien sowie infrastrukturbezogenen Betrachtungsweisen, Handlungs- und Verhaltenstheorien, Governance-Ansätzen verkehrspolitischer Prozesse oder dem noch jungen Feld der sozialwissenschaftlichen *new-mobilities*-Forschung zugeordnet werden. Die Bandbreite theoretischer Perspektiven spiegelt dabei auch unterschiedliche Raumkonzepte wider (Abb. 25.1; Wardenga 2002):

- **Raum als „Container"**, der Sachverhalte der physisch-materiellen Welt enthält als Wirkungsgefüge natürlicher und anthropogener Faktoren oder als Prozessfeld menschlicher Tätigkeiten
- **Raum als System von Lagebeziehungen** materieller Objekte mit dem Fokus auf der Bedeutung von Standorten, Lage-Relationen und Distanzen
- **Raum als Kategorie der Sinneswahrnehmung** und damit als „Anschauungsform", mit deren Hilfe Individuen und Institutionen ihre Wahrnehmungen einordnen
- **konstruierte Räume** – Raum wird sozial, technisch und gesellschaftlich durch alltägliches Handeln fortlaufend produziert und reproduziert

Exkurs 25.1 Grundlegende Begriffe der Mobilitätsforschung

Räumliche Mobilität: lat. *mobilitas* „Beweglichkeit", Möglichkeit und Bereitschaft zur Bewegung (Nuhn & Hesse 2006), „sich von einem Ort zu einem anderen zu bewegen" (Enquete-Kommission 1994); häufig positiv, modern konnotiert (Gather et al. 2008).

Verkehr: häufig aggregiert beobachtete (Gather et al. 2008) „Ortsveränderung von Personen, Gütern, Nachrichten und Energie" (Pirath 1934); stellt die Realisierung von Mobilität dar (Topp 1994, Petersen & Schallaböck 1995); häufig negativ, traditionell konnotiert (Gather et al. 2008).

Mobilitätsbiographien: theoretisches Erklärungsmodell, das von einer hohen Bedeutung von Routinen im Mobilitätsverhalten ausgeht und Veränderungen desselben in der Regel durch das Auftreten von Schlüsselereignissen im privaten oder beruflichen Bereich erklärt (Lanzendorf 2003, Müggenburg et al. 2015, Scheiner 2007).

Mobilitätskulturen: „Ganzheit der auf Beweglichkeit bezogenen materiell und symbolisch wirksamen Praxisformen" (Götz & Deffner 2009), die darauf abzielen, „das Mobilitätsgeschehen […] vergleichend zu analysieren und als komplexe Interdependenz infrastruktureller, baulicher, diskursiver, sozialer, soziokultureller und handlungsbezogener Faktoren zu beschreiben" (Götz et al. 2016).

Mobilitätsmanagement: Ansatz, der Maßnahmen zur Beeinflussung der Verkehrsnachfrage umfasst, „mit dem Ziel, den Personenverkehr effizienter, umwelt- und sozialverträglicher und damit nachhaltiger zu gestalten" (Reutter 2012); umfasst situationsspezifische und personen(gruppen)bezogene, kostengünstige Instrumente, wie Information, Organisation, Beratung und Anreizsetzung, um eine freiwillige Änderung des Verkehrsverhaltens hervorzurufen (Beckmann & Witte 2003).

Mobilitätssozialisation: „Prozess des Heranwachsens […], in dessen Verlauf ein Individuum zum Teilnehmer der Verkehrsgesellschaft wird" mit einem „mobilitätsbezogene[n] Lebensstil, in dem ein eigenwilliger Umgang mit Mobilität längerfristig festgelegt [und] verhaltenswirksam [ist]" (Baier & Tully 2006); Schwerpunkt in Kindheit und Jugend, findet aber dennoch im gesamten Lebensverlauf statt (Holz-Rau & Scheiner 2015); es gibt auch zeitversetzte Wirkungen (Döring 2015).

Mobilitätsstile: „Typisierung von Bevölkerungsgruppen aufgrund ihrer Mobilitäts-, Freizeit- oder sonstiger Orientierungen bzw. zum Teil auch aufgrund ihres Verhaltens" (Gather et al. 2008); „ein Modell, das die Vielfalt der Orientierungen und Wünsche aufnimmt, zugleich aber die ‚harte' Seite des Verkehrsverhaltens im Raum abbildet" (Götz 2007).

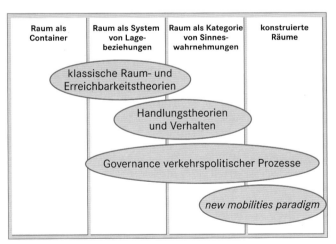

Abb. 25.1 Theoretische Ansätze geographischer Mobilitätsforschung und ihr Raumverständnis.

Klassische Raum- und Erreichbarkeitstheorien

Die Ursprünge der Geographischen Mobilitäts- und Verkehrsforschung finden sich in der klassischen Verkehrs- bzw. Wirtschaftsgeographie, die ihre Forschungen vor dem Hintergrund distanz-

und transportkostenabhängiger Standortmodelle, räumlicher Ausprägungen des Verkehrs in Abhängigkeit von physisch-geographischen Faktoren oder etwa raumerschließender Wirkungen und Bedeutungen von Verkehrsinfrastruktur betrieben hat (Nuhn & Hesse 2006 und Gather et al. 2008). Obwohl sich geographische Fragestellungen von einem vorrangig deskriptiven Raumverständnis hin zu verstehenden und erklärenden Ansätzen weiterentwickelt haben, spielt die klassische Definition von Raum als System von Lagebeziehungen weiterhin eine bedeutende Rolle, wenn es um **Erreichbarkeiten** geht. Dass diese jedoch nicht nur durch Siedlungs- und Infrastrukturen sowie deren Entfernungen voneinander bestimmt sind, sondern auch durch zeitliche Einschränkungen und individuelle Bedürfnisse, Fähigkeiten und Möglichkeiten (Abb. 25.2), hat sich zunehmend auch in praktischen Planungen und Modellierungen durchgesetzt.

Geurs & van Wee (2004) verwenden vier Dimensionen, um Erreichbarkeit zu erfassen (Abb. 25.2):

- Siedlungsstruktur
- Verkehrssystem
- individuelle Charakteristiken
- zeitliche Gegebenheiten

In diesem Verständnis von Erreichbarkeit bestimmen Siedlungsstrukturen wie etwa Dichte oder räumliche Verteilung die **Verkehrsnachfrage** sowie Anzahl und Art der Gelegenheiten, die

Kapitel 25

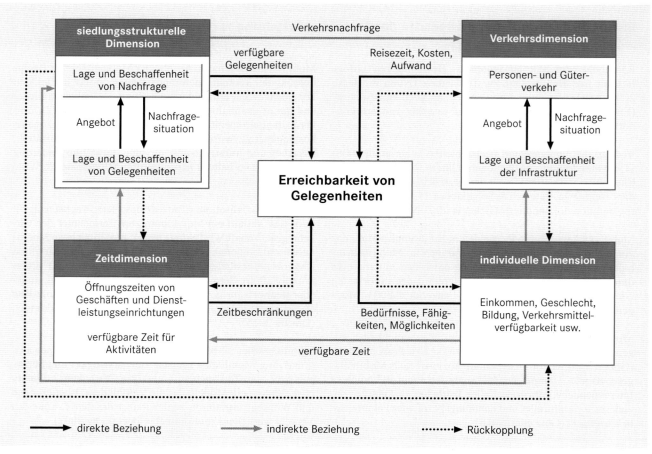

Abb. 25.2 Vier Dimensionen der Erreichbarkeit und ihre Beziehungen zueinander (verändert nach Geurs & van Wee 2004).

eine Person vorfindet. Die Ausgestaltung des Verkehrssystems gibt vor, mit welchen Verkehrsmitteln, zu welchen Kosten, in welcher Geschwindigkeit oder auch mit welchem Komfort ein Ziel erreicht werden kann. Zeitliche Beschränkungen umfassen einerseits individuell verfügbare Zeitbudgets zur Ausübung von Aktivitäten (z. B. Arbeitszeiten), andererseits wird die Zeitdimension etwa durch Öffnungszeiten begrenzt (Hägerstrand 1970). Individuelle Charakteristiken werden unterschiedlich stark eingebunden. Hier spielen Einkommen, Geschlecht oder etwa die individuelle Verkehrsmittelverfügbarkeit eine Rolle, aber mitunter auch Einstellungen, Normen oder Erfahrungen, die abgeleitet als Bedürfnisse, Fähigkeiten und Möglichkeiten Einfluss auf die subjektive Erreichbarkeit ausüben.

Ausgehend von derart grundsätzlichen Überlegungen zu Raumstrukturen und Erreichbarkeiten erarbeiteten Robert Cervero und seine Arbeitsgruppe in Berkeley (USA) insgesamt fünf kleinräumige Faktoren, die in ihrem Zusammenspiel eine **nachhaltige Gestaltung** urbaner Verkehrs- und Mobilitätssysteme nach sich ziehen, das heißt, sie führen zu einer Verringerung der zurückgelegten Distanzen sowie einer verstärkten Nutzung umweltverträglicher Verkehrsmittel (Cervero & Kockelman 1997, Ewing & Cervero 2010). Diese Faktoren sind bekannt geworden als die 5 D's:

- *density* als die räumliche Konzentration von Bebauung, Bevölkerung und Arbeitsplätzen (Newman & Kenworthy 1989)
- *diversity* als Grad der Nutzungsmischung, etwa hinsichtlich der Verflechtung von Wohnraum mit Versorgungs- und Arbeitsmöglichkeiten, aber auch in Bezug auf unterschiedliche Wohnbautypologien und Verkehrsinfrastrukturen (Straßen, Radwege, ÖPNV-Anbindung)
- *design* als Struktur des Straßennetzes sowie die Gestaltung von Straßen und öffentlichen Plätzen
- *destination accessibility* als die Anzahl der in einer bestimmten Zeit erreichbaren Versorgungs- und Arbeitsmöglichkeiten
- *distance to transit* als die durchschnittliche Distanz von Wohn- und Arbeitsorten zum jeweils nächsten Haltepunkt des öffentlichen Nahverkehrs

Handlungstheorien und Verhalten

Die Forschungstradition der klassischen Raum- und Erreichbarkeitstheorien, die Verkehr im Aggregat analysiert, steht Handlungstheorien gegenüber, die den Menschen ins Zentrum der Betrachtung rücken. Zunächst oftmals noch als nutzenmaximie-

Exkurs 25.2 Routinen in der interdisziplinären Mobilitätsforschung

In Studien, die Mobilitätsverhalten als Resultat eines aktiven Entscheidungsprozesses untersuchen, wird immer wieder deutlich, dass die angewendeten Modelle die Verkehrsmittelnutzung nur unbefriedigend erklären können. Eine wichtige Ursache hierfür ist, dass Verhalten oftmals nicht bewusst entschieden wird. Im Alltag wäre es höchst ineffizient, jede Entscheidung aufs Neue zu treffen und so bilden sich Routinen heraus, quasi kognitive Abkürzungen, um mentale Ressourcen einzusparen (Gärling & Axhausen 2003, Aarts et al. 1997).

Routinen als soziale Prozesse (Reckwitz 2002) werden in der Mobilitätsforschung bisher jedoch nur sehr wenig untersucht. Schwanen et al. 2012 plädieren für ein Verständnis von Routinen abseits der verbreiteten psychologischen Auffassung. Sie kritisieren die grundlegende Annahme von handlungstheoretischen Modellen, dass Einstellungen kausal dem Verhalten und damit der Habitualisierung vorangestellt würden. Auch vor dem Hintergrund von Giddens' Theorie der Strukturierung (Giddens 1984) ergibt sich diese Kritik, da die Rückkopplung von individuellen Handlungsweisen auf gesellschaftliche Strukturen in psychologischen Modellen nicht deutlich wird. Diese Kritik resultiert allerdings vor allem aus der unterschiedlichen Breite der fachspezifischen Definitionen. In die Struktur zurückwirkende Prozesse spiegeln sich in der Psychologie als Sozialisationsprozesse, individuelle Werte und gesellschaftliche Normen wider – allerdings immer mit dem Fokus auf das Individuum.

Routine kann aus strukturalistischer Perspektive als Tendenz (*tendency*), Kraft (*force*) oder Kapazität (*capacity*) verstanden werden. Als Ausdruck sozialer Konventionen und Praktiken wirken körperliche und geistige Fähigkeiten zusammen mit dem Umfeld (*body-mind-world assemblage*; Schwanen et al. 2012). Dies kommt auch Giddens Verständnis nahe, dass „‚Handeln' nicht abgetrennt vom Körper, seinen Vermittlungen mit der Umwelt und der Kohärenz eines handelnden Selbst diskutier[t]" (Giddens 1997) werden kann.

Reckwitz (2002), als Vertreter der *practice theory*, interpretiert Routinen als temporäre soziale Praktiken, die soziale Bereiche und institutionalisierte Komplexe strukturieren. Auch Giddens ordnet Routinen eine zentrale Rolle zu. Als „vorherrschende Form der sozialen Alltagsaktivität" seien sie „der wichtigste Ausdruck der Dualität der Struktur in Bezug auf die Kontinuität des sozialen Lebens" (Giddens 1997). In der Routine wird so nicht nur das eigene Verhalten im psychologischen Sinne habitualisiert, sondern darüber hinaus werden die gesellschaftlichen Strukturen kontinuierlich reproduziert und durch die Zeit getragen (Löw 2007).

render *Homo oeconomicus* konzeptualisiert, für den Zeit- und Kostenaufwand die bestimmenden Faktoren im Mobilitätshandeln darstellen, häufen sich in der Folgezeit differenziertere Handlungs- und Verhaltenstheorien in der Geographischen Mobilitäts- und Verkehrsforschung, allem voran entlehnt aus der Psychologie. So wird nicht mehr per se davon ausgegangen, dass Mobilitätsverhalten auf aktiv durchdachten und täglich neu getroffenen Entscheidungen basiert, sondern **Routinen** (Ouellette & Wood 1998, Verplanken et al. 1994; Exkurs 25.2) in Verbindung mit Einstellungen, Werten, Emotionen und anderen sozial-psychologischen Konstruktionen mobilitätsbezogene Entscheidungen wesentlich beeinflussen (z. B. Theorie des geplanten Verhaltens nach Ajzen 1991, Norm-Aktivations-Modell nach Schwartz & Howard 1981). Das betrifft die Entscheidungen zur Verkehrsmittelnutzung im Alltag genauso wie etwa Wohnstandortentscheidungen (Exkurs 25.4). Damit kommt auch ein verändertes Raumverständnis zum Ausdruck, welches weg vom Containerbegriff und objektiv gemessenen Lagebeziehungen hin zu einer wahrnehmungsgeographischen Betrachtung tendiert.

Mobilitätshandeln wird dabei zunehmend auch vor dem Hintergrund von individuellen Erfahrungen und Ereignissen betrachtet, die Verhalten im Zeitverlauf prägen und Mobilität formen. So zeigen Studien zur **Mobilitätssozialisation** den nicht zu unterschätzenden Einfluss des in Kindheit und Jugend erlebten, durch Familie und später auch Freunde geprägten Mobilitätsumfelds (Tully & Baier 2011). Die Betrachtung von Mobilitätshandeln in longitudinaler Perspektive ist auch Kern von Untersuchungen zu Mobilitätsbiographien (Lanzendorf 2003, Müggenburg et al. 2015, Scheiner 2007). Dabei wird davon ausgegangen, dass Änderungen im Mobilitätsverhalten und Verkehrsmittelbesitz oftmals mit Änderungen der Lebenssituation einhergehen, weshalb solche Schlüsselereignisse, wie etwa die Geburt eines Kindes, der Start ins Berufsleben oder ein Wohnumzug vielversprechende Ansatzpunkte von Maßnahmen des Mobilitätsmanagements sind.

Vor dem Hintergrund eines soziokulturellen Verständnisses von Mobilität bewegen sich etwa Netzwerkanalysen (Kesselring 2006) und Untersuchungen, die Mobilität als soziale Praxis verstehen (Wilde 2014). Es werden explizit soziale Beziehungen für die Konstruktion und das Fortbestehen von Mobilität berücksichtigt. Somit werden weniger raum-zeitliche Zusammenhänge der individuellen Lebensführung als handlungsleitend betrachtet, sondern soziale Kontakte und Interaktionen. Auch im Verständnis von Mobilität als sozialer Praxis wird Mobilität nicht als klassischer Akt der Fortbewegung betrachtet, sondern als soziales und kulturell geprägtes Phänomen (Shaw & Hesse 2010, Shove et al. 2012).

Governance verkehrspolitischer Prozesse

Die Gestaltung von Mobilität und Verkehr ist per se politisch. Planung, Aufbau und Regulation von Verkehrssystemen gehen mit einer Vielzahl von Abwägungen und Entscheidungen

Kapitel 25

Abb. 25.3 Projekt Stuttgart 21 – Umbau des Stuttgarter Hauptbahnhofs: Das Projekt wurde erstmals 1994 der Öffentlichkeit vorgestellt, die Bauarbeiten begannen Anfang 2010. Die geplante Inbetriebnahme wurde seither von Dezember 2019 in mehreren Schritten auf 2025 verschoben. Die veranschlagten Baukosten lagen 1995 bei etwa 2,5 Mrd. Euro und haben sich inzwischen mehr als verdreifacht (Stand: Juni 2018; Bildquelle: Juergen Berger/ Picture Alliance).

einher, etwa hinsichtlich der Anbindung von Orten und Regionen, des Verlaufs von Verkehrswegen oder der Zumutung von negativen Auswirkungen des Verkehrs. Generell bewegt sich Verkehrspolitik dabei im Spannungsgefüge von ökonomischen Zielen wie der Wahrung von Wohlstand und Wachstum einerseits sowie der sozialen und ökologischen Verträglichkeit der Verkehrsabläufe andererseits (Banister 2008). Die Aufgabe der Geographischen und interdisziplinären Verkehrs- und Mobilitätsforschung (Wilde & Klinger 2017) ist es dabei, die zugrunde liegenden Strukturen und Entscheidungsprozesse zu verstehen, zu systematisieren und im Sinne einer beratenden Funktion zu Ihrer Weiterentwicklung beizutragen. Allgemein lässt sich unterscheiden zwischen einem technisch-rationalen und einem stärker situativen und kommunikativen Verständnis von Verkehrspolitik.

Im ersten Fall werden von einem hierarchisch organisierten Ministerial- und Verwaltungsapparat **politische Entscheidungen** getroffen, die dann entlang eines linearen *top-down*-Prozesses umgesetzt werden (Fichert & Grandjot 2016). Dieser Prozess lässt sich in verschiedene Phasen unterteilen, zu denen etwa die Problemdefinition, die Erhebung von Daten, die Prognose von Nutzen und Kosten sowie die Implementierung einer Maßnahme gehören (Marsden & Reardon 2017). Konzeptioneller Kern dieser Vorgehensweise sind häufig standardisierte und modellbasierte Kosten-Nutzen-Analysen, mit deren Hilfe, etwa im Rahmen der **Bundesverkehrswegeplanung**, ermittelt wird, ob die Realisierung von Verkehrsinfrastrukturprojekten volkswirtschaftlich lohnenswert erscheint. Gemeinsam bleibt diesen Verfahren das Ziel der Objektivierung und Vergleichbarkeit der Bewertungen, wie es etwa im Kosten-Nutzen-Faktor von Infrastrukturprojekten zum Ausdruck kommt.

Dass derart standardisierte Bewertungsverfahren die Realität politischer Willensbildungs- und Planungsprozesse häufig nur unzureichend abbilden, wird daran deutlich, dass günstige Bewertungsergebnisse nicht zwangsläufig zur Realisierung eines bestimmten Infrastrukturprojektes führen (Eliasson & Lundberg 2012). Zudem veranschaulichen prominente Beispiele wie das Bahnhofsprojekt **Stuttgart 21** (Abb. 25.3) oder der **Berliner Großflughafen BER**, dass die Planung von Verkehrsinfrastrukturen häufig mit einer Unterschätzung der Kosten und des Realisierungszeitraums sowie einer Überschätzung des volkswirtschaftlichen Nutzens einhergehen. Als Gründe für diese Abweichungen werden technische, psychologische und politökonomische Faktoren angeführt (Flyvbjerg 2009). Hierzu zählen etwa eine fehlerhafte oder unvollständige Datengrundlage, eine visionäre, aber wenig realistische Grundhaltung von Entscheidungsträgerinnen bzw. -trägern sowie die Erhöhung der Realisierungschancen eines Projekts durch eine strategische Fehlinterpretation des zu erwartenden Kosten-Nutzen-Verhältnisses.

In einem stärker situativen und kommunikativen Verständnis von Verkehrspolitik wird, auch als Reaktion auf die Defizite standardisierter Entscheidungsverfahren, inzwischen immer häufiger auf Governance-Theorien (Mayntz 2009) zurückgegriffen. Diese **konzeptionelle Öffnung** ermöglicht es, neben politischen Mandatsträgerinnen bzw. -trägern weitere relevante Akteursgruppen wie Bürgerinitiativen oder charismatische Einzelpersonen zu berücksichtigen, neben dem für standardisierte Bewertungsverfahren maßgeblichen Expertenwissen auch andere, eher informelle Wissensbestände einzubeziehen (Vigar 2017) und auch experimentelle Maßnahmen (Bulkeley & Broto 2013) sowie die Instrumente des Mobilitätsmanagements in den Blick zu nehmen. Auch für die Analyse des institutionalisierten Willensbildungsprozesses in Parlamenten und Ministerien wird eine stärkere Orientierung an den realpolitischen Gegebenheiten vorgeschlagen. So argumentieren Bandelow & Kundolf (2011) mit Verweis auf Kingdon (1986), dass verkehrspolitische Entscheidungen vom Zusammenspiel der Problemwahrnehmung politischer Akteure

Exkurs 25.3 *Mobile methods*

Der Grundgedanke der sog. *mobile methods* ist es, sich im Forschungsprozess mit neuen, häufig experimentellen Methoden, den eigentlichen Mobilitätsvorgängen mehr anzunähern, als dies mit traditionellen Methoden möglich ist (Adey 2010, Büscher et al. 2010, Fincham et al. 2010). Damit sollen neue Bedeutungsschichten und Themen freigelegt und untersucht werden, die bislang verschlossen blieben. Nachfolgend eine Auswahl typischer *mobile methods*.

- Mobile Beobachtungsverfahren: Mit dieser Methode werden Spuren von Bewegungsvorgängen verfolgt und rekonstruiert. Diese Verfahren können für mobile Personen (*follow the people*) und Gegenstände (*follow the thing*) angewendet werden. Das Ziel ist dabei, Begegnungen und Interaktionen mit anderen Akteuren sowie mit der Bewegung einhergehende Transformationsprozesse nachvollziehen zu können.

- Mobile Partizipationsverfahren: Personen werden während eines Bewegungsvorgangs begleitet, etwa im Rahmen eines Spaziergangs (*walk along*) oder einer Fahrt mit dem Fahrrad oder einem anderen Verkehrsmittel (*ride along*). Ziel ist es, sich in die Empfindungen der begleiteten Person einzufühlen und ggf. unterwegs Erlebtes in

einem gemeinsamen Gespräch zu reflektieren. Eine Alternative ist die nachträgliche Rekonstruktion des Mobilitätsgeschehens, etwa im Rahmen von Rollenspielen oder der Sandboxing-Methode (Abb. A).

- Videogestützte Ethnographie: Die filmische Dokumentation von Bewegungsabläufen kann eine Grundlage sein für die Reflektion des jeweiligen Mobilitätsvorgangs, gemeinsam mit den gefilmten Personen sowie für planerische und künstlerische Interventionen.

- Tagebucheinträge: Die sich bewegenden Personen werden gebeten, unterwegs Erlebtes in einem Tagebuch festzuhalten. Dieser Ansatz geht insofern über die Wegetagebücher der klassischen Verkehrsforschung hinaus, als dass hier nicht nur die raumzeitlichen Eckdaten des Bewegungsvorgangs, sondern eben auch Emotionen und Empfindungen geschildert werden können. Zudem können die Einträge als Text, Zeichnung oder digital vorgenommen werden.

- Künstlerische und designbasierte Interventionen: Diese Ansätze eignen sich besonders zur Imagination von künftigen oder alternativen Mobilitätswelten. So können Utopien und Dystopien des Unterwegsseins gleichzeitig entworfen und hinterfragt werden.

Abb. A Rekonstruktion des Mobilitätsgeschehens mit der Sandboxing-Methode (Foto: Monika Büscher).

Kapitel 25

(*problem*), der Vorstrukturierung des Problemfeldes im Rahmen innerparteilicher Programmentwicklung (*policy*) sowie der jeweiligen Macht- und Mehrheitsverhältnisse (*politics*) abhängig sind.

New mobilities paradigm

Das von dem Soziologen John Urry sowie seiner Arbeitsgruppe in Lancaster (UK) maßgeblich geprägte *new mobilities paradigm* (Sheller & Urry 2006) war auch für mehrere Subdisziplinen der Humangeographie einflussreich. Neben der Geographischen Migrationsforschung (Kap. 24) und der Tourismusgeographie (Kap. 27) gilt das auch für die Geographische Mobilitäts- und Verkehrsforschung. Ausgangspunkt sind dabei Globalisierungs- und Beschleunigungsprozesse wie die Reduktion von Reisezeiten oder die nahezu flächendeckende Verbreitung des Mobiltelefons. Inspiriert von der enormen Zunahme und Ausdifferenzierung von Reisetätigkeit, Warenströmen und Kommunikationsvorgängen argumentieren Sheller & Urry (2006), dass eine vorrangig auf Sesshaftigkeit und statische Raumeinheiten fokussierte Sozial- und Raumwissenschaft die Vielfalt und Komplexität der mit Bewegung und Ortswechseln einhergehenden Bedeutungen, Erfahrungen und Widersprüche nicht abzubilden vermag. Stattdessen werden die bisher oft unhinterfragt hingenommenen **Bewegungsvorgänge** in den Mittelpunkt des Interesses gestellt, denn Fortbewegung sei eben nicht nur eine Ortsveränderung von A nach B, sondern in vielfacher Hinsicht mit Bedeutungs- und Identitätszuschreibungen aufgeladen. Folgerichtig wird das Unterwegssein als zentral für die Lebensführung und das Selbstverständnis einzelner Personen und sozialer Gruppen erachtet. Konzepte wie *mobile lives* (Elliot & Urry 2010) sind Ausdruck dieser Perspektive und veranschaulichen, dass Menschen als Fahrer eines Autos (Dant 2004), als Fahrradfahrer (Spinney 2009) oder als Passagier in Bus und Bahn (Adey et al. 2012) **spezifische Identitäten** entwickeln, die wesentlich von dem jeweiligen Verkehrsmittel geprägt werden. Mit Blick auf kollektive Mobilitätsmuster plädieren Vertreterinnen und Vertreter des ***mobilities turn*** häufig für eine holistische Perspektive, mit der etwa das raum-zeitlich spezifische Wirkungsgefüge von Fortbewegung und mobilitätsbezogenen Narrativen und Praktiken beschrieben wird (Cresswell 2010). Auch Arbeiten zu Mobilitätskulturen (Exkurs 25.1) können diesen ganzheitlich ausgerichteten Ansätzen zugeordnet werden. Gleichzeitig eröffnet das *new mobilities paradigm* auch einen Zugang für die Erforschung von Verharrung, Stillstand und Immobilität, die dabei immer im Verhältnis zu Mobilität und Fortbewegung interpretiert werden (Hannam et al. 2006).

Für die Weiterentwicklung der geographischen Mobilitätsforschung hat sich der *mobilities turn* in den Sozialwissenschaften in mehrfacher Hinsicht als hilfreich erwiesen (Shaw & Hesse 2010). Zum einen hat er die Anschlussfähigkeit der Subdisziplin an die thematischen und theoretisch-konzeptionellen Debatten in der Humangeographie erhöht, etwa hinsichtlich der in der Politischen Geographie diskutierten, geopolitischen Bedeutung von Verkehr und Mobilität (Shaw & Sidaway 2010) bis hin zu Fragestellungen „kritischer Geographien der Logistik"

(Ouma & Bachmann 2017). Zum anderen wurde die Betonung einer Welt *„on the move"* (Cresswell 2006) von Verkehrsgeographinnen und -geographen aufgegriffen, um planungspraktische Empfehlungen abzuleiten, etwa hinsichtlich einer Neubewertung der Reisezeit im Rahmen von Nutzen-Kosten-Berechnungen von verkehrlichen Infrastrukturvorhaben (Lyons et al. 2007). Dieser Hinweis auf Kooperationspotenziale soll nicht darüber hinwegtäuschen, dass die Auseinandersetzung zwischen den klassischen Verkehrswissenschaften und der Mobilitätsforschung um „Deutungshoheit und Praxisrelevanz" (Scheiner 2013, Kutter 2013/2014, Wilde & Klinger 2017) gerade im deutschsprachigen Raum nicht abgeschlossen ist, auch wenn die Debatte zunehmend integrativ und konstruktiv geführt wird.

Die Akzentuierung von Bewegung an sich hat auch methodische Konsequenzen. Mit der Entwicklung von *mobile methods* (Büscher et al. 2010, Fincham et al. 2010) beabsichtigen Mobilitätsforscherinnen und -forscher dem eigentlichen Bewegungsvorgang so nah wie möglich zu kommen. Sie sind oft qualitativ ausgerichtet und setzen meist an der alltäglichen Mobilitätspraxis der sich bewegenden Menschen an. Ziel ist es, Mobilität in ihrer Flüchtigkeit und Komplexität sowie affektive und sensorische Aspekte zu erfassen (Exkurs 25.3).

25.3 Anwendungsfelder

Vor dem Hintergrund der unterschiedlichen theoretischen Blickrichtungen werden im Folgenden beispielhaft vier Anwendungsfelder, in denen Mobilität eine zentrale Rolle spielt und für die geographische Arbeiten unverzichtbar sind, skizziert: die Dominanz und Bedeutung des Automobils für moderne Gesellschaften, das starke Wachstum von Güterverkehr und Veränderungen in Logistikprozessen, die Frage der Gestaltung nachhaltiger, urbaner Mobilität unter dem Vorzeichen des Klimawandels und der Suche nach einer besseren Lebensqualität in Städten sowie die Analyse von technologischem Fortschritt und Veränderungen nach der sich abzeichnenden Digitalisierung von Mobilität.

Automobile Gesellschaft

Spätestens mit der **Massenmotorisierung** nach dem zweiten Weltkrieg ist in vielen Staaten weltweit eine Automobilisierung beobachtbar, die sich nicht nur durch die dominante Stellung des Pkw für die alltägliche Fortbewegung ausdrückt. Vielmehr hat die wachsende Automobilität die gesellschaftlichen Raum-Zeit-Strukturen weitreichend beeinflusst. Dies gilt gleichermaßen für die ökonomischen Organisationsprozesse, deren Logistik zunehmend auf Lastkraftwagen im nationalen und regionalen Gütertransport setzt und damit Bahn- oder Schiffstransporte ablöst, wie auch für die Organisation individueller Alltagsaktivitäten. So passten sich ab der zweiten Hälfte des vergangenen Jahrhunderts räumliche Strukturen für das Wohnen, Arbeiten, Einkaufen oder andere Aktivitäten an die **automobilen Erreichbarkeiten** an. Das Wachstum von Städten und Regionen ging dann mit einer zunehmenden Trennung der Funktionen einher. Suburbanisierungsprozesse („Wohnen im Grünen") können als Folge und Voraussetzung des Siegeszugs der Automobilität verstanden werden. Gerade in ländlichen und suburban geprägten Räumen entwickelten sich zunehmend automobile **Abhängigkeiten**, die mit erhöhten Distanzen zu Ausbildungsorten und Arbeitsplätzen, aber auch mit der Umstrukturierung im Einzelhandel verbunden waren. So konzentrierte sich dieser zunehmend auf wenige Standorte mit guter Pkw-Erreichbarkeit und wurde zugleich vom Niedergang der noch bis in die 1970er-Jahre weit verbreiteten „Tante-Emma"-Läden begleitet.

Die zunehmende Automobilisierung im 20. Jahrhundert ist damit zugleich Ursache und Folge von Prozessen, die Urry (2004) als charakteristisch für das System der Automobilität bezeichnet. Dieses analysiert er als ein komplexes soziales System, welches sich selbst erhält und stärkt (Kuhm 1997). Begleitet werden die funktionalen und materiellen Veränderungen durch Automobilität in Gesellschaft und Raum von einer emotional-symbolischen Dimension, der **„Liebe zum Automobil"** (Sachs 1984), deren Einschreibung in die automobilen Subjekte, in diskursive Praktiken und in politische Entscheidungen nicht zu unterschätzen ist, wenn es um die Analyse der Entstehung und Veränderung der automobilen Gesellschaft geht.

Manderscheid (2014) führt diese theoretischen Überlegungen weiter, wenn sie mit Verweis auf Überlegungen Foucaults die Entwicklungen der vergangenen Jahrzehnte und die Folgen für die Gesellschaften heute als hegemoniales Automobilitätsdispositiv beschreibt, „einen historisch spezifischen Vergesellschaftungsmodus basierend auf dem Zusammenspiel von komplexen Technologien und materiellen Landschaften, Wissensformen und Symboliken, gouvernementalen Subjektanrufungen, empirisch beobachtbaren sozialen Praktiken der Interaktion, Konsumption und Produktion sowie Teilhabe der Individuen als automobile Subjekte der Gesellschaft" (ebd.). Dieses Automobilitätsdispositiv entfaltet seine Wirkmächtigkeit gerade dadurch, dass vergangene Entwicklungen und Bedeutungszuschreibungen fest in der heutigen Gesellschaft eingeschrieben sind, es also Pfadabhängigkeiten und Lock-in-Effekte gibt (Urry 2004, Low & Astle 2009), die Veränderungen weg von der automobilen Abhängigkeit in besonderem Maße erschweren, wenn nicht gar unmöglich machen. In Wechselwirkung mit gesellschaftlichen, rechtlichen und politischen Institutionen und Regelungen verstärkt das Dispositiv damit die beobachteten zeit-räumlichen Geographien der automobilen Gesellschaft.

Die Beobachtung der konstitutiven Bedeutung des Automobils für heutige Gesellschaften wirft die Frage zur Veränderbarkeit dieser vergangenen Entwicklungen auf. Ist eine gesellschaftliche Transformation in Richtung einer sozial gerechteren, ökologisch verträglicheren und ökonomisch tragfähigen zukünftigen Entwicklung der Mobilität vor dem Hintergrund des **hegemonialen Automobilitätsdispositivs** überhaupt möglich bzw. unter welchen Umständen?

Eindeutige Hinweise zur Veränderbarkeit können zumindest aus zwei Beobachtungen gezogen werden. Zum einen verdeutlichen alternative Entwicklungspfade mancher Städte, wie z. B. Kopenhagen, Amsterdam oder auch Münster, dass auch andere Verkehrsmittel als das Automobil das Rückgrat städtischer Mobilität bilden können und offensichtlich Spielräume für unterschiedliche regionale Entwicklungen vorhanden sind (Bratzel 1999, Götz et al. 2016). Zum anderen wird in den letzten Jahren häufig auf Indizien für eine Abkehr junger Erwachsener von der emotionalen Bindung an das Automobil – und damit einhergehend mit dessen geringerer Nutzung – verwiesen (Abb. 25.4; Chatterjee et al. 2018, Kuhnimhof et al. 2012).

Ob mit der stattfindenden Digitalisierung, neuen Subjektivierungen, symbolischen Aneignungen und Alltagspraktiken auch eine Abschwächung des Automobilitätsdispositivs einhergeht, wird zukünftig weiter zu erforschen sein. Klar ist aber in jedem Fall, dass die noch bestehende Hegemonie und Persistenz automobiler Strukturen die zukünftigen Entwicklungen beeinflussen wird.

Logistik – von den klassischen Raumtheorien zu *science technology studies*

Warenaustausch und Gütertransport sind die zentralen Ausgangspunkte klassischer Raumtheorien (Abschn. 25.2). Grundannahme dieser ist, dass Verkehrsaufwand und Transportkosten zur Versorgung der Bevölkerung, etwa mit landwirtschaftlichen Gütern oder Dienstleistungen, so gering wie möglich gehalten werden. Hieraus werden **räumliche Verteilungsmuster** erklärt. Logistik im engeren Sinne, hier verstanden als die „raum-zeitlichen Flüsse von Waren und Dienstleistungen und deren auf Informationsaustausche gestützte Steuerung und Kontrolle" (Kujath 2005), wurde als Thema innerhalb der Humangeographie und anderen Raumwissenschaften dagegen lange vernachlässigt. Das Themenfeld wurde häufig den Wirtschafts- und Ingenieurswissenschaften überlassen, für die wiederum die **Raumwirksamkeit des Gütertransports** nicht im Mittelpunkt des Interesses stand. Stattdessen verdeutlichen Schlagworte wie *supply chain management* und Just-in-Time-Produktion, dass vor allem die effiziente und betriebswirtschaftlich profitable Abwicklung von Lieferprozessen wissenschaftlich begleitet wurde, etwa hinsichtlich der nahtlosen Integration von Lieferketten oder der Minimierung der benötigten Lagerflächen.

Zur räumlichen Verflechtung von Lieferprozessen und Warenaustausch entstanden einzelne Arbeiten aus historisch-geographischer Perspektive, die sich etwa der Herausbildung von transkontinentalen Handels- und Infrastrukturnetzwerken widmen (Vance 1970). Wirtschaftsgeographische Arbeiten nehmen dagegen die räumliche Struktur von globalen Wertschöpfungsketten sowie Governance-Prozesse zur Steuerung und Sicherstellung dieser Produktions- und Distributionsnetzwerke in den Blick. Umweltpolitisch motivierte Arbeiten im Grenzbereich zu den Wirtschaftswissenschaften legen wiederum die verkehrlichen und ökologischen Folgewirkungen globaler Lieferverflechtungen offen, indem sie zeigen, welch immenser Verkehrsaufwand

Kapitel 25

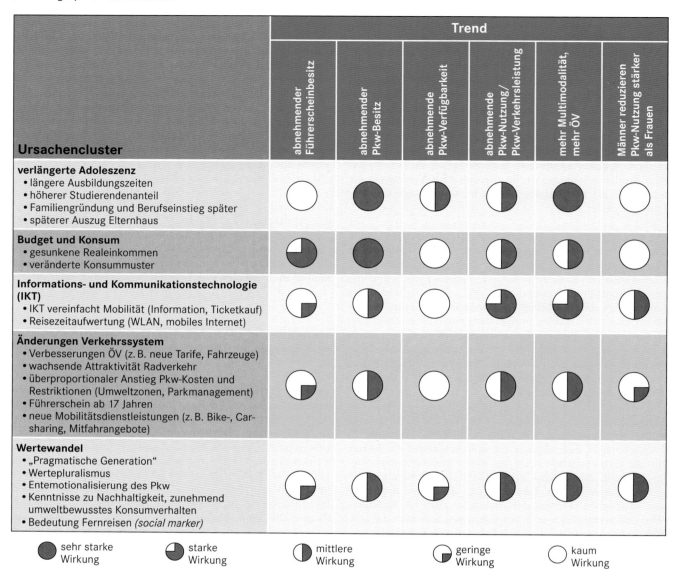

Abb. 25.4 Ursachen für die veränderte Mobilität Jugendlicher und junger Erwachsener (Quelle: Schönduwe et al. 2012).

etwa für die Produktion eines einzelnen Joghurtbechers entsteht (Böge 1996). Die Umweltfolgen von derart ausdifferenzierten Lieferverflechtungen werfen die Frage auf, inwiefern logistische Prozesse stärker an Nachhaltigkeitszielen ausgerichtet werden können (Neiberger 2015).

Die Geographische Mobilitäts- und Verkehrsforschung entdeckt logistische Prozesse dagegen erst in jüngerer Zeit, insbesondere im Zusammenhang mit räumlichen Strukturwandelprozessen, wieder verstärkt für sich. So stellen Cidell (2010) für die USA und Langhagen-Rohrbach (2012) für Deutschland eine zunehmende **Konzentration von Distributionsprozessen** auf nationaler Ebene fest. Automatisierungstechnologien, *hub-and-spoke*-Strukturen sowie eine zentrale Lage im Fernverkehrsnetz ermöglichen in der Regel die Konzentration auf ein oder zwei große Verteilzentren, um die Zustellung der Ware am nächsten Tag zu garantieren. Auf der regionalen Ebene weisen Cidell (2010) und Hesse (2008) für das Standortwahlverhalten innerhalb der Logistikbranche **Suburbanisierungsprozesse** nach. Logistikunternehmen lassen sich immer häufiger am Stadtrand nieder, wo sie eine bessere Flächenverfügbarkeit und eine günstigere Verkehrsanbindung vorfinden. Hesse (2008) zeigt dabei in Fallstudien in Berlin-Brandenburg und Nordkalifornien, dass das Motto *„transport is the maker and breaker of cities"* (Clark 1958) in besonderem Maße für Güter- und Wirtschaftsverkehre gilt. Sind sie einerseits eine wichtige Grundlage für die wirtschaftliche Entwicklung der urbanen Verdichtungsräume, werden sie andererseits häufig mit Flächennutzungskonflikten und einer Beeinträchtigung der Lebensqualität in Verbindung gebracht. Besonders deutlich wird das aktuell bei der durch den Boom des Online-Handels verursachten Zunahme des kleinräumigen Lieferverkehrs durch Kurier-, Express- und Paketdienste (KEP), die insbesondere in verdichteten Stadtteilen

Abb. 25.5 Lkw-Scanner als Teil der Sicherheitskontrollen im Hafen von Tema (Ghana; Foto: Julian Stenmanns).

zu Verkehrsbehinderungen führen (Langhagen-Rohrbach 2012). In Pilotversuchen wird in verschiedenen deutschen Städten geprüft, inwieweit die Auslieferung mit Lastenfahrrädern diese Problemlage abmildern kann.

Zurzeit erhält das Thema Logistik innerhalb der Humangeographie neue Aufmerksamkeit, u. a. inspiriert durch den *mobilities turn* in den Sozialwissenschaften, aber auch durch neue politökonomische und poststrukturalistische Ansätze sowie Einsichten aus den *science and technology studies* (Cowen 2014). Unter dem Leitbegriff **„Kritische Geographien der Logistik"** (Ouma & Bachmann 2017) werden hierbei die gesellschafts-, geo- und machtpolitischen Implikationen, die mit der globalen Zirkulation von Waren einhergehen, näher betrachtet. Kennzeichnend ist dabei, dass in empirisch anspruchsvollen Forschungsprojekten raumzeitliche Netzwerkstrukturen über verschiedene räumliche Maßstabsebenen hinweg akribisch rekonstruiert werden. In eindrucksvollen Fallstudien kann so etwa nachvollzogen werden, wie westliche Industrienationen dem Prinzip *„governing at a distance"* folgen und zur Sicherstellung von Lieferketten Sicherheits- und Grenzkontrollen bereits in Ländern des Globalen Südens durchführen (Stenmanns & Ouma 2015, Abb. 25.5), wie terroristische Organisationen zur Tarnung Trekking-Touren in ihre Nachschubversorgung integrieren (Klosterkamp & Reuber 2017) oder wie ein Rettungswagen aus Baden-Württemberg in Westafrika als Minibus zu neuem Leben erweckt wird (Beisel & Schneider 2012).

Nachhaltige urbane Mobilität

Die weltweiten Urbanisierungstendenzen gehen vielerorts mit sich verstärkenden Verkehrsproblemen einher. Überlastete Straßen und Schienenwege, eine erhöhte Luftschadstoffkonzentration sowie Unfälle mit Toten und Verletzten sind nur die bekanntesten Herausforderungen, mit denen Metropolen weltweit konfrontiert sind. Das Ausmaß sowie die Betroffenheit dieser externen Effekte des Stadtverkehrs sind dabei von sozioökonomischen, politischen und infrastrukturellen Rahmenbedingungen abhängig. Arbeiten zu Umweltgerechtigkeit (Gaffron 2012) und „sozialer Exklusion" (Lucas 2012) untersuchen etwa, inwiefern Erreichbarkeitsdefizite und Gesundheitsrisiken im Stadtgebiet und der Stadtbevölkerung ungleich verteilt sind. Die Ursachen für **urbane Verkehrsprobleme** können vereinfacht in objektive und subjektive Faktoren unterteilt werden. Zu den objektiven Faktoren gehören raum- und infrastrukturelle Gegebenheiten. So zeigen Newman & Kenworthy (1989) in einer viel beachteten internationalen Städtevergleichsstudie, dass der auf den Verkehr zurückzuführende Energieverbrauch mit sinkender Bevölkerungs- und Bebauungsdichte exponentiell zunimmt. Cervero & Kockelman (1997) sowie Ewing & Cervero (2010) systematisieren die für die Verkehrsgestaltung relevanten Siedlungsstrukturelemente als die 5 D's (Abschn. 25.2). Wegener (1999) weist hingegen darauf hin, dass zurückgelegte Distanzen und Energieverbrauch in ähnlicher Weise auch von sozioökonomischen Gegebenheiten, etwa dem Benzinpreis, abhängig sind.

Siedlungs- und Wirtschaftsstrukturen können allerdings nicht losgelöst von Einstellungsmustern, Verhaltenspräferenzen und Lebensstilen betrachtet werden, wie etwa Forschungen zu Prozessen der *residential self-selection* (Exkurs 25.4) zeigen. Zweifel an der Vorstellung, dass urbane Dichte und Nutzungsmischung zwangsläufig ein umweltfreundliches Mobilitätsverhalten nach sich ziehen, entstehen auch dadurch, dass Bewohnerinnen und Bewohner von innenstadtnahen Stadtvierteln sich zwar im Alltag häufig zu Fuß oder mit dem Fahrrad fortbewegen, dies aber oft durch überdurchschnittlich viele Fern- und Flugreisen mehr als kompensieren (Holz-Rau & Sicks 2013).

Diese Beispiele veranschaulichen, dass es sinnvoll ist, das Wechselspiel aus objektiven und subjektiven Faktoren in ganz-

Kapitel 25

Exkurs 25.4 *Residential self-selection*

Das Konzept der *residential self-selection* entstand als Reaktion auf Erklärungsansätze, die Mobilitätsverhalten und Verkehrsmittelnutzung im Wesentlichen auf raum- und siedlungsstrukturelle Gegebenheiten zurückführten. Dem wird gegenübergestellt, dass die Wohnstandortwahl von bestimmten Vorlieben beeinflusst wird. Diese betreffen neben der eigentlichen Wohnsituation auch das bevorzugte Mobilitätsverhalten der umziehenden Personen. Demnach bevorzugen Personen, die gerne mit Bus und Bahn fahren, eine Wohnung in der Nähe von Bahnhöfen und Haltestellen des ÖPNV, wohingegen bei autoorientierten Menschen die Erreichbarkeit mit dem Pkw im Vordergrund steht. Bei einem Wohnortwechsel sortieren sich die umziehenden Personen also entsprechend ihrer Präferenzen in die jeweiligen Raumkategorien ein. Ein spezifisch ausgeprägtes Mobilitätsverhalten ist dann nicht auf Raumstrukturen, sondern auf bereits zuvor bestehende Einstellungs- und Lebensstilmuster zurückzuführen. Zur empirischen Überprüfung dieser Annahme wurden Personen in mehreren Studien nach einem Umzug retrospektiv befragt. So haben etwa Personen, die von einem innerstädtischen Wohnstandort an den Stadtrand gezogen sind, auch schon vor dem Wohnortwechsel das Auto häufiger genutzt als ihre dortigen Nachbarn, die nicht umgezogen sind (Scheiner 2006).

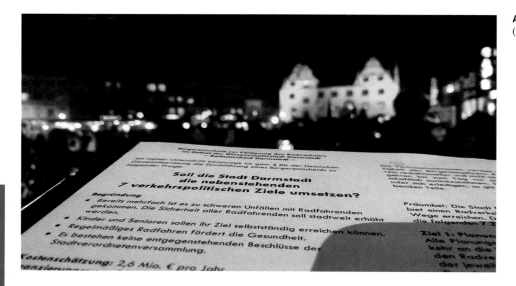

Abb. 25.6 Radentscheid Darmstadt (Foto: David Grünewald).

heitlichen Konzepten wie etwa dem der städtischen Mobilitätskulturen (Klinger et al. 2013) zusammenzuführen. Ausgehend von diesem holistischen Ansatz wird deutlich, dass sowohl bauliche und infrastrukturelle Instrumente als auch stärker auf die Lebensführung und Einstellungsmuster der Stadtbewohner gerichtete Maßnahmen zu einer Trendwende in Richtung einer nachhaltigen Gestaltung urbaner Mobilitätssysteme beitragen können (Lanzendorf & Klinger 2018; Exkurs 25.5).

Dies gilt für schienengestützte Siedlungsentwicklung genauso wie für Maßnahmen des **Mobilitätsmanagements**, mit denen Verhaltensänderungen initiiert werden sollen, etwa durch Informationskampagnen oder auf die jeweilige Lebenssituation zugeschnittene Angeboten. Dass infrastrukturpolitische Ideen auch mit kreativen und öffentlichkeitswirksamen Kommunikationskampagnen verbunden werden können, zeigen die aktuellen Bürgerbegehren zur Radverkehrsförderung in Berlin und anderen Städten (Abb. 25.6). Gemeinsam ist den Maßnahmen das Ziel einer nachhaltigen Mobilitätsgestaltung, die durch die sog. drei V's, das heißt die Vermeidung von Verkehr,

seine Verlagerung auf umweltfreundliche Verkehrsmittel sowie seine verträgliche Gestaltung, erreicht werden soll (Bongardt et al. 2013). Strategien, die eine Reduzierung des Verkehrsaufwandes zum Ziel haben, werden häufig unter dem Motto **„Stadt der kurzen Wege"** zusammengefasst. Sie setzen auf die Schaffung und den Erhalt von lebendigen Quartieren mit einer kleinräumigen Nahversorgungsinfrastruktur sowie die Förderung von Nahmobilität zu Fuß und mit dem Fahrrad (Bauer et al. 2011). Der Anreiz zum Umstieg auf umweltfreundliche Verkehrsmittel besteht etwa beim Bau von Radschnellwegen oder dem Angebot attraktiver Zeitkartenmodelle für den ÖPNV (z. B. Jahreskarte für 365 Euro in Wien oder kostengünstige bzw. kostenfreie Jobtickets für die Landesangestellten in Hessen und Baden-Württemberg). Eine verträgliche Gestaltung des dann noch verbleibenden motorisierten Individualverkehrs soll etwa durch **umweltschonende Antriebstechnologien** erreicht werden.

Exkurs 25.5 Maßnahmenbereiche für die Vision einer „Stadt von Morgen"

- die kompakte und funktionsgemischte Stadt verwirklichen
- für urbanes Grün und öffentliche Freiräume sorgen
- Lärm reduzieren
- Netze für aktive Mobilität ausbauen
- integrierte Mobilitätsdienstleistungen und Elektromobilität fördern
- Qualität des öffentlichen Verkehrs verbessern

- den Wirtschaftsverkehr in der Stadt umweltschonend gestalten
- motorisierten Verkehr steuern
- Digitalisierung ökologisch gestalten und nutzen
- partizipativ und kooperativ planen und umsetzen

(Umweltbundesamt 2017)

Digitalisierung der Mobilität

Neue digitale Technologien haben spätestens seit Anfang der 1990er-Jahre begonnen, die Produktions-, Kommunikations- und Konsumprozesse in unseren Gesellschaften zu verändern. Mit der massenhaften **Verbreitung des Smartphones** seit 2007 ändern sich sowohl die Strukturen angebotener Produkte und Dienstleistungen in der Ökonomie, wie auch die private Organisation von Kommunikation und Zusammenleben in sozialen Netzwerken. Mobilität ist ein inhärenter Bestandteil der Digitalisierung von Gesellschaften. Zum einen ist sie als virtuelle und physische Fortbewegung notwendig zur Entstehung und Beschleunigung digitaler und physischer Austauschprozesse. Zum anderen verändert sich Mobilität aber auch dramatisch als Folge der wachsenden Bedeutung digitaler Angebote und der damit einhergehenden veränderten Aktivitätsmuster (Lenz 2011).

Auch wenn die Folgen der fortschreitenden Digitalisierung als ein zentraler Treiber sozialer Veränderungen noch nicht in allen Aspekten absehbar sind, so sind sie bereits heute vielfältig spürbar. Waren früher soziale Interaktionen wesentlich auf physische Treffen angewiesen, so konfigurieren heute die sog. sozialen Netzwerke im Internet die Bedeutung solcher Treffen neu und ersetzen sie zumindest zum Teil durch virtuelle Kommunikation. Diese sozialen Netzwerke ermöglichen und forcieren zugleich ökonomische Restrukturierungsprozesse, die als *platform capitalism* die Entstehung neuer internetbasierter Dienstleistungsportale ermöglichen, welche charakteristisch für die gegenwärtige ökonomische Entwicklung sind.

Für das Mobilitätssystem ergeben sich aus der Digitalisierung unmittelbar verschiedene neue Dienstleistungen, die sich im Wesentlichen drei Gruppen zuordnen lassen:

- **Neue Sharing-Dienstleistungen** ermöglichen die Vermittlung von Mitfahrten in Pkw, die Anmietung von Fahrzeugen bei Car-Sharing-, Mietwagen- oder privaten Betreibern oder den Betrieb von Fahrradverleihsystemen, also neue Angebotsformen, die vorher entweder gar nicht existierten oder allenfalls in Nischen, weil erst die Digitalisierung die effiziente und schnelle Vermittlung der entsprechenden Dienstleistungen erlaubt, also vor allem Kunden und Anbieter zusammenbringt.
- Die **verbesserte Zugänglichkeit zu digitalen Informationen** vor und während des Unterwegsseins (z. B. zu Fahrplänen, Parkplätzen, Preisen, Routen), gerade auch hinsichtlich Störungen und Umleitungen, hat Mobilität wesentlich vereinfacht und zeitraubende Planungsprozesse, insbesondere bei der Nutzung Öffentlicher Verkehrsmittel überflüssig gemacht.
- Die **verkehrsmittelübergreifende Organisation von Informationen und Dienstleistungen** ist auf sog. multimodalen Plattformen möglich geworden, sodass eine größere Unabhängigkeit von einzelnen Verkehrsmitteln besteht und mithin auch alternative Verkehrsmittel und intermodale Routen in die Auswahl einbezogen werden können.

Gemeinsam ist all diesen Veränderungen, dass die neuen Dienstleistungen über Online-Plattformen vermittelt werden. Allerdings vermitteln diese Plattformen häufig nur die Kundinnen und Kunden an entsprechende Anbieterinnen und Anbieter ohne selbst auf dem Mobilitätsmarkt aktiv zu sein. Besonders deutlich ist das bei Sharing-Plattformen zur Vermittlung von Mitfahrgelegenheiten und Taxis, wo z. B. Uber, Grab oder MyTaxi entsprechende Dienste anbieten. Die Vermittlung von Fahrten und Fahrzeugen hat hier zur Entstehung eines neuen Dienstleistungsmarkts geführt, der die traditionelle Gegenüberstellung von privatem Individualverkehr (Pkw, Motorräder) und Öffentlichem Verkehr zunehmend aufweicht und neue Angebote schafft, die eine „individuellere" Mobilität ohne eigenen Fahrzeugbesitz erlauben.

Neben der Entstehung der Online-Plattformen ist das Auftreten neuer Akteure eine weitere wesentliche Veränderung des Mobilitätssystems der letzten Dekade (Abb. 25.7). Diese lassen sich zumindest in vier Gruppen unterscheiden: (1) viele **klassische Anbieter**, wie z. B. Automobilkonzerne oder Öffentliche Verkehrsunternehmen, richten ihre Aktivitäten an neuen Geschäftsfeldern aus, die über ihre klassischen Aufgaben hinausweisen, insbesondere mit dem Angebot ergänzender Mobilitätsdienstleistungen von Sharing-Anbietern, Navigationshilfen oder Service-Angeboten. Dann sind mit Elektromobilität und automatisiertem Fahren technologische Neuentwicklungen aufgetreten, die (2) **Stromanbieter** und (3) **IT-Konzerne** wie Alphabet oder Apple zu wichtigen Playern auf dem Mobilitätsmarkt machen. Daten und Informationen haben zudem eine zentrale Bedeutung bei der Gestaltung von neuen Geschäftsfeldern: Informationen zu Mobilitätsdienstleistungen werden vermittelt, aber auch physische und virtuelle Mobilitätsdaten – häufig unter dem Label „Big Data" (Coletta & Kitchin 2017) – erhoben und ausgewertet. Schließlich treten (4) **„Start-Ups"** auf als gänzlich neue Unternehmen,

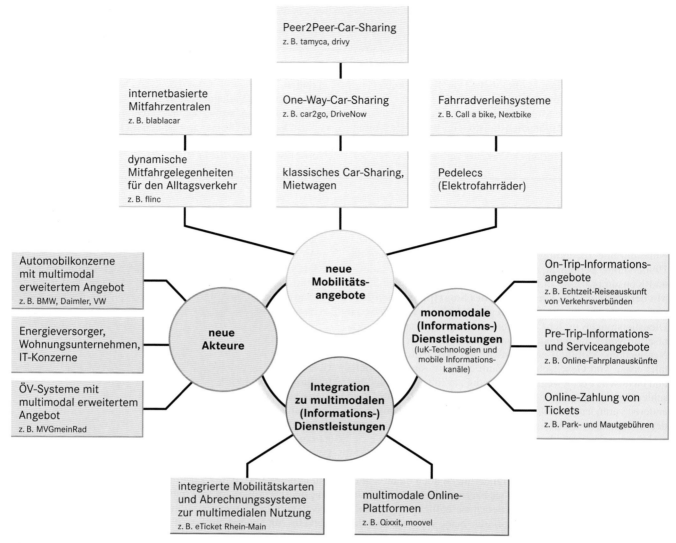

Abb. 25.7 Digitalisierung des Mobilitätssystems – Charakteristika neuer Mobilitätsdienstleistungen (Lanzendorf & Hebsaker 2017).

die mit erfolgversprechenden Ideen entweder aufgekauft oder selbst zu einem wichtigen Player werden und den Mobilitätsmarkt grundsätzlich transformieren (z. B. Tesla, Uber).

Auch wenn die Entwicklung der genannten „neuen" Mobilitätsdienstleistungen sehr dynamisch ist, so lassen sich bei den neu angebotenen Mobilitätsdienstleistungen doch bereits heute einige wesentliche Entwicklungen beobachten, wovon insbesondere sozial-räumliche Differenzierungen besonders auffällig sind. Die urbanen Zentren, insbesondere von Metropolregionen, erhalten demnach mit den neuen Mobilitätsdienstleistungen eine Vielzahl neuer Angebote im Gegensatz zu eher peripheren Räumen, wo es in der Regel an der kritischen Masse der Nachfrage fehlt. Zugleich richten sich die neuen Angebote an Bevölkerungsgruppen mit hoher digitaler Kompetenz, die also wenigstens ein Smartphone besitzen und entsprechend mindestens so wohlhabend sein müssen, sich ein solches zu leisten. Insofern besteht also die Gefahr eines *digital divide* bei den neuen Mobilitätsoptionen

mit einer Ausgrenzung peripherer räumlicher Gebiete und nicht smartphone-affiner Bevölkerungsgruppen.

Vor diesem Hintergrund stellen sich zentrale Fragen der **Governance von Digitalisierungsprozessen** im Mobilitätssystem. In urbanen Räumen wird zukünftig zu beantworten sein, wie planerisch und politisch mit Anbietern von Sharing-Dienstleistungen umgegangen werden soll (Klinger et al. 2016). Insbesondere Fragen zur Verwendung öffentlicher und privater Flächen für das Abstellen und Anbieten von Sharing-Fahrzeugen werden beantwortet werden müssen. Auch wird zu klären sein, inwiefern eine umweltverträgliche, sozial gerechte und ökonomisch sinnvolle Gestaltung der zukünftigen Mobilität aussehen kann.

In eher suburbanen und peripheren Regionen wird zu klären sein, welchen Beitrag die öffentliche Hand und die neuen Mobilitätsdienstleistungen zur Aufrechterhaltung einer modernen Daseinsvorsorge spielen können. So wird z. B. die Frage aktuell, ob sich

Abb. 25.8 Experimente mit neuen Mobilitätsdienstleistungen im ländlichen Raum, wie hier z. B. die Mitfahrgarantie durch Taxi- und Mitfahrmöglichkeiten für den ÖPNV in nachfrageschwachen Zeiten am Beispiel Odenwald.

öffentliche Aufgabenträger auch selbst als Anbieter von Sharing-Dienstleistungen in Regionen engagieren müssen, in denen die gewinnorientierten, privaten Unternehmen sich nicht engagieren wollen. Experimente in ländlichen Regionen zeigen hier bereits heute, dass die Kombination traditioneller Angebote des Öffentlichen Verkehrs mit neuen Mobilitätsdienstleistungen vielversprechende Möglichkeiten bieten kann (Abb. 25.8).

25.4 Fazit und Ausblick

Die Geographische Mobilitätsforschung thematisiert Herausforderungen, die an der Schnittstelle mit anderen geographischen Teildisziplinen und anderen wissenschaftlichen Disziplinen liegen. Es lassen sich zwei größere Strömungen unterscheiden, wovon sich die erste grundlegenden **gesellschaftlichen Veränderungsprozessen** widmet, was mit der engen Verbindung von Mobilität zu anderen sozialen Phänomenen, wie z. B. Stadtentwicklung, Wohnen, Armut, Inklusion, Migration, Daseinsvorsorge, Regionalentwicklung, zusammenhängt. Deutlich wird dies etwa, wenn auf die zentrale Bedeutung der Automobilität für die gesellschaftliche Entwicklung und Globalisierung hingewiesen wird, also die Untrennbarkeit von Sozialem und Mobilität, oder wenn für die zukünftige Entwicklung die Digitalisierung in ihrer Wechselwirkung mit Mobilität kritisch untersucht wird. Auch die theoretische Durchdringung von Governance, von Pfadabhängigkeiten, der Persistenz von Strukturen, von neuen Technologien in ihrer Wechselwirkung mit gesellschaftlichen Nischen und Regimen oder von Logistikprozessen ist hier relevant.

Die zweite Forschungsströmung beschäftigt sich stärker mit **angewandten Fragestellungen**, die sich aufgrund politischer oder normativer Zielsetzungen – wie z. B. eine ökologische, sozial verträgliche und ökonomisch tragfähige Entwicklung von Städten oder Regionen – ableiten. Im Kern wird hier Grundlagenforschung betrieben, die darauf abzielt mit den Ergebnissen langfristig Politik, Planungspraxis und andere Interessierte besser hinsichtlich der Wirkungen politisch-planerischer Instrumente und Maßnahmen zu informieren und damit als Wissenschaft in die Gesellschaft zu wirken. Auch hier geht es zunächst um die theoretisch fundierte Analyse politisch-planerischen Handelns, die Wirkung räumlicher Strukturen oder des individuellen Handelns. Ziel ist dabei letztlich, „vom Wissen zum Handeln" zu kommen, was dann etwa für Fragestellungen nachhaltiger urbaner Mobilität oder Logistik relevant werden kann. Allerdings kann keinesfalls von einer einfachen Kausalität „Wissen schafft entsprechende Verbesserung" ausgegangen werden. Vielmehr findet Mobilitätspolitik in einem komplexen Spannungsverhältnis mit konkurrierenden politischen Zielen statt und ist zudem aufgrund der hohen alltäglichen Bedeutung für die Einzelnen häufig sehr stark emotional aufgeladen, sodass ein wesentliches Forschungsthema auch die Analyse der (Nicht-)Umsetzung von Maßnahmen und Instrumenten in der Planungspraxis sein kann, um daraus Erkenntnisse für erfolgreichere Umsetzungsprozesse zu finden.

Literatur

Aarts H, Verplanken B, van Knippenberg A (1997) Habit and information use in travel mode choices. Acta-Psychologica 96: 1–14

Adey P (2010) Mobility. Abingdon, New York

Adey P, Bissell D, McCormack D, Merriman P (2012) Profiling the passenger. Mobilities, identities, embodiments. Cultural geographies 19/2: 169–193

Kapitel 25

Ajzen I (1991) The Theory of Planned Behaviour. Organizational Behavior and Human Decision Processes 50: 179–211

Baier D, Tully CJ (2006) Mobiler Alltag. Mobilität zwischen Option und Zwang – vom Zusammenspiel biographischer Motive und sozialer Vorgaben. VS Verlag für Sozialwissenschaften, Wiesbaden

Bandelow NC, Kundolf S (2011) Verkehrspolitische Entscheidungen aus Sicht der Politikwissenschaft. In: Schwedes O (Hrsg) Verkehrspolitik. Eine interdisziplinäre Einführung. Wiesbaden. 161–180

Banister D (2008) The sustainable mobility paradigm. Transport Policy 15/2: 73–80

Bauer U, Jarass J, Liepe S, Scheiner J, Günthner S (2011) Ohne Auto einkaufen. Nahversorgung und Nahmobilität in der Praxis. Berlin

Beckmann K, Witte A (2003) Mobilitätsmanagement und Verkehrsmanagement – Anforderungen, Chancen und Grenzen. In: Beckmann K (Hrsg) Tagungsband zum 4. Aachener Kolloquium „Mobilität und Stadt". Aachen. 5–27

Beisel U, Schneider T (2012) Provincialising Waste. The Transformation of Ambulance Car 7/83–2 to Tro-Tro Dr. Jesus. Environment and Planning D 30/4: 639–654

Böge S (1996) The well-travelled yogurt pot: lessons for new freight transport policies and regional production. World Transport Policy and Practice 1/1: 7–11

Bongardt D, Creutzig F, Hüging H, Sakamoto K, Bakker S, Gota S, Böhler-Baedeker S (eds) (2013) Low-carbon land transport. Policy handbook. London u. a.

Bratzel S (1999) Conditions of success in sustainable urban transport policy – Policy change in „relatively successful" European cities. Transport Reviews 19/2: 177–190

Bulkeley H, Castán Broto V (2013) Government by experiment? Global cities and the governing of climate change. Transactions of the Institute of British Geographers 38/3: 361–375

Büscher M, Urry J, Witchger K (eds) (2010) Mobile Methods. Abingdon, New York

Cervero R, Kockelman K (1997) Travel demand and the 3Ds. Density, diversity, and design. Transportation Research Part D 2, 3: 199–219

Chatterjee K, Goodwin P, Schwanen T, Clark B, Jain J, Melia S, Middleton J, Plyushteva A, Ricci M, Santos G, Stokes G (2018) Young People's Travel. What's Changed and Why? Review and Analysis. Report to Department for Transport. UWE Bristol, UK. https://www.gov.uk/government/publications/young-peoples-travel-whats-changed-and-why (Zugriff 30.4.2018)

Cidell J (2010) Concentration and decentralization. The new geography of freight distribution in US metropolitan areas. Journal of Transport Geography 18/3: 363–371

Clark C (1958) Transport: Maker and Breaker of Cities. Town Planning Review 28/4: 237–250

Coletta C, Kitchin R (2017) Algorhythmic governance: Regulating the heartbeat of a city using the Internet of Things. Big Data & Society 4/2

Cowen D (2014) The deadly life of logistics. Mapping violence in global trade. Minneapolis

Cresswell T (2006) On the move. Mobility in the modern western world. Abingdon, New York

Cresswell T (2010) Towards a politics of mobility. Environment and Planning D 28/1: 17–31

Dant T (2004) The Driver-car. Theory, Culture & Society 21/4-5: 61–79

Döring L (2015): Biographieeffekte und intergenerationale Sozialisationseffekte in Mobilitätsbiographien. In: Scheiner J, Holz-Rau C (Hrsg) Räumliche Mobilität und Lebenslauf. Studien zu Mobilitätsbiografien und Mobilitätssozialisation. Studien zur Mobilitäts- und Verkehrsforschung: 23–40

Eliasson J, Lundberg M (2012) Do cost-benefit-analyses influence transport investment decisions? Experiences from the Swedish Transport Investment Plan. Transport Reviews 32/1: 29–48

Elliott A, Urry J (2010) Mobile Lives. Abingdon, New York

Enquete-Kommission „Schutz der Erdatmosphäre" des Deutschen Bundestags (1994) Mobilität und Klima. Wege zu einer klimaverträglichen Verkehrspolitik. Bonn

Ewing R, Cervero R (2010) Travel and the built environment. A meta-analysis. Journal of the American Planning Association 76/3: 265–294

Fichert F, Grandjot H (2016) Akteure, Ziele und Instrumente in der Verkehrspolitik. In: Schwedes O, Canzler W, Knie A (Hrsg) Handbuch Verkehrspolitik, 2. Aufl. Wiesbaden. 137–163

Fincham B, McGuinness M, Murray, L (Hrsg) (2010) Mobile Methodologies. Basingstoke, New York

Flyvbjerg B (2009) Survival of the unfittest. Why the worst infrastructure gets built – and what we can do about it. Oxford Review of Economic Policy 25/3: 344–367

Gaffron P (2012) Urban transport, environmental justice and human daily activity patterns. Transport Policy 20: 114–127

Gärling T, Axhausen, K (2003) Introduction: Habitual travel choice. Transportation 30/1: 1–11

Gather M, Kagermeier A, Lanzendorf M (2008) Geographische Mobilitäts- und Verkehrsforschung. Studienbücher der Geographie. Borntraeger, Berlin, Stuttgart

Geurs KT, van Wee B (2004) Accessibility evaluation of land-use and transport strategies: review and research directions. Journal of Transport Geography 12/2: 127–140. DOI: 10.1016/j.jtrangeo.2003.10.005

Giddens A (1984) The constitution of society. Outline of the theory of structuration. University of California Press, Berkeley

Giddens A (1997) Die Konstitution der Gesellschaft. Grundzüge einer Theorie der Strukturierung. 3. Aufl. Campus, Frankfurt, New York

Götz K (2007) Mobilitätsstile. In: Schöller O, Canzler W, Knie A (Hrsg) Handbuch Verkehrspolitik. 1. Aufl. VS Verlag für Sozialwissenschaften, Wiesbaden. 759–784

Götz K, Deffner J (2009) Eine neue Mobilitätskultur in der Stadt – praktische Schritte zur Veränderung. In: BMVBS – Bundesministerium für Verkehr, Bau und Stadtentwicklung (Hrsg) Urbane Mobilität. Verkehrsforschung des Bundes für die kommunale Praxis. NW-Verlag, Bremerhaven. 39–52

Götz K, Deffner J, Klinger T (2016) Mobilitätsstile und Mobilitätskulturen – Erklärungspotentiale, Rezeption und Kritik. In: Schwedes O, Canzler W, Knie A (Hrsg) Handbuch Verkehrspolitik. 2. Aufl. Springer VS, Wiesbaden. 781–804

Hägerstrand T (1970) What about people in regional science? Regional Science Association Papers 24: 7–21

Hannam K, Sheller M, Urry J (2006) Editorial. Mobilities, Immobilities and Moorings. Mobilities 1/1: 1–22

Hesse M (2008) The City as Terminal. The Urban Context of Logistics and Freight Transport. London

Holz-Rau C, Scheiner J (2015) Mobilitätsbiographien und Mobilitätssozialisation: Neue Zugänge zu einem alten Thema. In: Scheiner J, Holz-Rau C (Hrsg) Räumliche Mobilität und Lebenslauf. Studien zu Mobilitätsbiografien und Mobilitätssozialisation. Studien zur Mobilitäts- und Verkehrsforschung: 3–22

Holz-Rau C, Sicks K (2013) Stadt der kurzen Wege und der weiten Reisen. Raumforschung und Raumordnung 71/1: 15–31

Kesselring S (2006) Topographien mobiler Möglichkeitsräume. Zur sozio-materiellen Netzwerkanalyse von Mobilitätspionieren. In: Hollstein B, Straus F (Hrsg) Qualitative Netzwerkanalyse. Konzepte, Methoden, Anwendungen. VS Verlag für Sozialwissenschaften, Wiesbaden. 333–358

Kingdon JW (1986) Agendas, Alternatives, and Public Policies. London

Klinger T, Kemen J, Lanzendorf M, Deffner J, Stein M (2016) Sharing-Konzepte für ein multioptionales Mobilitätssystem in FrankfurtRheinMain – Analyse neuerer Entwicklungen und Ableitung von Handlungsoptionen für kommunale und regionale Akteure. Schlussbericht. Arbeitspapiere zur Mobilitätsforschung Nr. 9. Goethe Universität, Frankfurt a. M.

Klinger T, Kenworthy JR, Lanzendorf M (2013) Dimensions of urban mobility cultures – a comparison of German cities. Journal of Transport Geography 31: 18–29

Klosterkamp S, Reuber P (2017) „Im Namen der Sicherheit" – Staatsschutzprozesse als Orte politisch-geographischer Forschung, dargestellt an Beispielen aus Gerichtsverfahren gegen Kämpfer und UnterstützerInnen der Terrororganisation „Islamischer Staat". Geographica Helvetica 72/3: 255–269

Kuhm K (1997) Moderne und Asphalt. Centaurus-Verl.-Ges., Pfaffenweiler

Kuhnimhof T, Buehler R, Wirtz M, Kalinowska D (2012) Travel trends among young adults in Germany: increasing multimodality and declining car use for men. Journal of Transport Geography 24: 443–450. DOI: 10.1016/j.jtrangeo.2012.04.018

Kujath HJ (2005) Logistik. In: Akademie für Raumforschung und Landesplanung (Hrsg) Handwörterbuch der Raumordnung. Hannover. 615–616

Kutter E (2013/2014) Gestaltung von Siedlung und Verkehr wichtiger als Mobilitätsforschung! Eine Erwiderung auf Dr. Joachim Schreiner „Mobilitätsforschung contra Verkehrsplanung?". Verkehr und Technik 11/2013: 403, 2/2014: 71–73, 4/2014: 130–133

Kwan MP, Schwanen T (2016) Geographies of Mobility. Annals of the American Association of Geographers 106/2: 243–256

Langhagen-Rohrbach C (2012) Moderne Logistik – Anforderungen an Standorte und Raumentwicklung. Raumforschung und Raumordnung 70/3: 217–227

Lanzendorf M (2003) Mobility biographies. A new perspective for understanding travel behaviour. Conference Paper presented at the 10th International Conference on Travel Behaviour Research in Lucerne, 10.–15.8.2003

Lanzendorf M, Hebsaker J (2017) Mobilität 2.0 – Eine Systematisierung und sozial-räumliche Charakterisierung neuer Mobilitätsdienstleistungen. In: Wilde M, Scheiner J, Gather M, Neiberger C (Hrsg) Verkehr und Mobilität zwischen Alltagspraxis und Planungstheorie – ökologische und soziale Perspektiven. Springer, Wiesbaden: 135–151

Lanzendorf M, Klinger T (2018) Bausteine einer nachhaltigen urbanen Mobilität in Deutschland und Europa. Geographische Rundschau 70/6: 30–34

Lenz B (2011) Verkehrsrelevante Wechselwirkungen zwischen Mobilitätsverhalten und Nutzung von IuK-Technologien. Informationen zur Raumentwicklung (10/2011): 609–618

Löw M (2007) Handlungstheoretische Raumsoziologie. In: Kessl F (Hrsg) Territorialisierung des Sozialen. Regieren über soziale Nahräume. Budrich, Opladen. 90–100

Low N, Astle R (2009) Path dependence in urban transport: An institutional analysis of urban passenger transport in Melbourne, Australia, 1956–2006. Transport Policy 16/2: 47–58

Lucas K (2012) Transport and social exclusion. Where are we now? Transport Policy 20: 105–113

Lyons G, Jain J, Holley D (2007) The use of travel time by rail passengers in Great Britain. Transportation Research Part A 41/1: 107–120

Manderscheid K (2014) Formierung und Wandel hegemonialer Mobilitätsdispositive. Automobile Subjekte und urbane Nomaden. Zeitschrift für Diskursforschung 2/1: 5–31

Marsden G, Reardon L (2017) Questions of governance. Rethinking the study of transportation policy. Transportation Research Part A 101: 238–251

Mayntz R (2009) Über Governance. Institutionen und Prozesse politischer Regelung. Frankfurt a. M.

Müggenburg H, Busch-Geertsema A, Lanzendorf M (2015) Mobility biographies: A review of achievements and challenges of the mobility biographies approach and a framework for further research. Journal of Transport Geography 46: 151–163. DOI: 10.1016/j.jtrangeo.2015.06.004

Neiberger C (2015) Leitbild Nachhaltigkeit – radikaler Wandel in Güterverkehr und Logistik? Zeitschrift für Wirtschaftsgeographie 59/2: 77–90

Newman P, Kenworthy JR (1989) Cities and automobile dependence. A sourcebook. Aldershot, Brookfield

Nuhn H, Hesse M (2006) Verkehrsgeographie. Schöningh, Paderborn u. a.

Ouellette J, Wood W (1998) Habit and intention in everyday life: The multiple processes by which past behavior predicts future behavior. Psychological bulletin 124/1: 54

Ouma S, Bachmann J (2017): Kritische Geographien der Logistik. Fachsitzung auf dem Deutschen Kongress für Geographie 2017. Tübingen

Petersen R, Schallaböck KO (1995) Mobilität für morgen. Chancen einer zukunftsfähigen Verkehrspolitik. Berlin, Basel, Boston

Pirath C (1934) Die Grundlagen der Verkehrswirtschaft. Berlin

Reckwitz A (2002) Toward a Theory of Social Practices. A Development in Culturalist Theorizing. European Journal of Social Theory 5/2: 243–263

Reutter U (2012) Mobilitätsmanagement – ein Baustein für nachhaltige Mobilität. In: Stiewe M, Reutter U (Hrsg) Mobilitätsmanagement. Wissenschaftliche Grundlagen und Wirkungen in der Praxis. Klartext-Verlag, Essen. 9–13

Sachs W (1984) Die Liebe zum Automobil. Ein Rückblick in die Geschichte unserer Wünsche. Rowohlt Verlag, Hamburg

Scheiner J (2006) Housing mobility and travel behaviour: A process-oriented approach to spatial mobility Evidence from a new research field in Germany. Journal of Transport Geography 14/4: 287–298

Scheiner J (2007) Mobility Biographies: Elements of a Biographical Theory of Travel Demand. Erdkunde 61: 161–173

Scheiner J (2013) Mobilitätsforschung contra Verkehrsplanung? Anmerkungen zu Beiträgen von Prof. Dr. Eckhard Kutter. Verkehr und Technik 65/11: 403–409

Schönduwe R, Bock B, Deibel I (2012) Alles wie immer, nur irgendwie anders? Trends und Thesen zu veränderten Mobilitätsmustern junger Menschen. InnoZ-Bausteine 10. Innovationszentrum für Mobilität und gesellschaftlichen Wandel (InnoZ) GmbH

Schwanen T, Banister D, Anable J (2012) Rethinking habits and their role in behaviour change: the case of low-carbon mobility. Journal of Transport Geography 24: 522–532. DOI: 10.1016/j.jtrangeo.2012.06.003

Schwartz SH, Howard JA (1981) A normative decision-making model of altruism. In: Rushton JP, Sorrentino RM (eds) Altruism and helping behavior. Social, personality, and developmental perspectives. L. Erlbaum Associates, Hillsdale, NJ. 189–211

Shaw J, Hesse M (2010) Transport, geography and the new mobilities. Transactions of the Institute of British Geographers 35/3: 305–312

Shaw J, Sidaway JD (2010) Making links. On (re)engaging with transport and transport geography. Progress in Human Geography 35/4: 502–520

Sheller M, Urry J (2006) The new mobilities paradigm. Environment and Planning A 38/2: 207–226

Shove E, Pantzar M, Watson M (2012) The dynamics of social practice: Everyday life and how it changes. Sage, Los Angeles

Spinney J (2009) Cycling the City. Movement, Meaning and Method. Geography Compass 3/2: 817–835

Stenmanns J, Ouma S (2015) The new zones of circulation. On the production and securitisation of maritime frontiers in West Africa. In: Birtchnell T, Savitzky S, Urry J (eds) Cargomobilities: moving materials in a global age. New York u. a. 87–105

Topp H (1994) Weniger Verkehr bei gleicher Mobilität? Ansatz zur Reduktion des Verkehrsaufwandes. Internationales Verkehrswesen 46/9: 486–493

Tully CJ, Baier D (2011) Mobilitätssozialisation. In: Schwedes O (Hrsg) Verkehrspolitik. Eine interdisziplinäre Einführung. VS Verlag für Sozialwissenschaften, Springer Fachmedien, Wiesbaden: 195–211

Umweltbundesamt (2017) Die Stadt für Morgen. https://www.umweltbundesamt.de/publikationen/die-stadt-fuer-morgen (Zugriff 26.10.2017)

Urry J (2004) The System of Automobility. Theory, Culture & Society 21/4-5: 25–39. DOI: 10.1177/0263276404046059

Vance JE (1970) The merchant's world. The geography of wholesaling. Englewood Cliffs

Verplanken B, Aarts H, Knippenberg A, Knippenberg C (1994) Attitude Versus General Habit: Antecedents of Travel Mode Choice. Journal of Applied Social Psychology 24/4: 285–300

Vigar G (2017) The four knowledges of transport planning. Enacting a more communicative, trans-disciplinary policy and decision-making. Transport Policy 58: 39–45

Wardenga U (2002) Alte und neue Raumkonzepte im Geographieunterricht. Geographie heute 23/200: 8–13

Wegener M (1999) Die Stadt der kurzen Wege: Müssen wir unsere Städte umbauen? Dortmund

Wilde M (2014) Mobilität und Alltag. Einblicke in die Mobilitätspraxis älterer Menschen auf dem Land. Studien zur Mobilitäts- und Verkehrsforschung 25. Springer VS, Wiesbaden

Wilde M, Klinger T (2017) Deutungshoheit und Praxisrelevanz. Antworten auf die Diskussion um die Grenzen in den Verkehrswissenschaften. Verkehr und Technik 70/8: 299–303

Weiterführende Literatur

Bracher T, Holzapfel H, Kiepe F, Lehmbrock M, Reutter U (Hrsg) (2018) HKV – Handbuch der kommunalen Verkehrsplanung. Für die Praxis in der Stadt und Region. Heidelberg

Busch-Geertsema A, Klinger T, Lanzendorf M (2015) Wo bleibt eigentlich die Mobilitätspolitik? Eine kritische Auseinandersetzung mit Defiziten und Chancen der deutschen Politik und Forschung zu Verkehr und Mobilität. Informationen zur Raumentwicklung 2/2015: 471–484

Cresswell T (2006) On the move. Mobility in the modern western world. Abingdon, New York

Kwan MP, Schwanen T (2016) Geographies of Mobility. Annals of the American Association of Geographers 106/2: 243–256

Schwedes O, Canzler W, Knie A (Hrsg) (2016) Handbuch Verkehrspolitik. Wiesbaden

UN Habitat (ed) (2013) Planning and Design for Sustainable Urban Mobility. Global Report on Human Settlements. Hoboken

van Wee B, Annema JA, Banister D (ed) (2013) The transport system and transport policy: an introduction. Cheltenham, Northampton

Geographien der Gesundheit

26

Iris Dzudzek, Jonathan Everts, Henning Füller und Judith Miggelbrink

Private Pandemie-Vorsorge im öffentlichen Raum. Mann mit Mundschutz am U-Bahnhof Tsim Sha Tsui in Hongkong im Nachgang der SARS-Epidemie 2002/2003 (Foto: H. Füller).

Die Geographien der Gesundheit sind in den vergangenen Jahren zu einem *emerging field* der geographischen Forschung geworden (Brown et al. 2017). Ob Epidemien, Organhandel oder Gesundheitstourismus – längst ist bekannt, dass Gesundheit und Krankheit nicht nur das Ergebnis individueller Lebensführung sind, sondern in Abhängigkeit von zahlreichen räumlichen, ökonomischen, sozialen und politischen Faktoren stehen. Die Geographien der Gesundheit sind ein Forschungsfeld, in dem Gesundheit und Krankheit sowie Gesundheitsökonomien und -politiken aus ihrem jeweiligen gesellschaftlichen Kontext heraus erklärt und diskutiert werden. Die zunehmenden internationalen Verflechtungen und die Herausbildung einer globalen Gesundheitspolitik führen zu einer Reihe drängender Fragestellungen, die im Folgenden thematisiert werden. Raum ist ein wichtiger Aspekt bei der Erklärung, Prognose und dem Umgang mit Krankheit, Gesundheit und Heilung. Gesundheit und Krankheit sind in sozialräumliche Beziehungen eingebettet. Die Begriffe „Raum" bzw. „räumlich" bezeichnen dabei unterschiedliche gesundheitsrelevante Phänomene: Entfernungen (Distanzraum), subjektives Erleben (Raumvorstellungen) oder Vernetzungen (topologischer Raum). Geographische Forschung analysiert die unterschiedlichen Aspekte des Zusammenwirkens von Raum und Gesundheit. Von aktuell größter Bedeutung ist der Zusammenhang zwischen Globalisierung und Gesundheit (Hanefeld 2015). Zunehmende globale Mobilität geht einher mit der Sorge vor Pandemien. Umgekehrt stützt sich Gesundheitsversorgung immer mehr auf globale Vernetzung (z. B. Migration von medizinischen Fach- und Pflegekräften, Medizintourismus, Organhandel, Leihmutterschaft). Zudem ist Gesundheit eine zentrale Aufgabe internationaler Entwicklungszusammenarbeit. Das folgende Kapitel verdeutlicht die Ergiebigkeit und Relevanz des geographischen Blicks auf Gesundheit durch die Bearbeitung von zwei Leitfragen: Welche Perspektiven auf Gesundheit eröffnen unterschiedliche Raumbegriffe? Inwieweit müssen aktuelle Gesundheitsfragen auf globaler Ebene erklärt werden?

26.1 Raum und Gesundheit – Perspektiven der Medizinischen Geographie und der Geographien der Gesundheit

Bereits in der antiken Medizin war der Einfluss von Raum und Umwelt auf die Gesundheit der Menschen bekannt, wie z. B. die hippokratische Schrift „Über Luft-, Wasser- und Ortsverhältnisse" belegt (Diller & Müller 2014). Bei der Beschäftigung mit den räumlichen Aspekten von Gesundheit war über lange Zeit das Interesse für Distanzen maßgeblich. So ist die Entfernung zwischen Überträger und Wirt relevant für die **Verbreitung einer Infektionskrankheit**. Nähe und Ferne sind relevant für das Auftreten und die Verbreitung von Krankheiten, für die Suche nach Krankheitsursachen und für die Erreichbarkeit von medizinischer Hilfe. Damit sind die zentralen Strömungen der klassischen Medizinischen Geographie skizziert: die räumliche Epidemiologie und die Gesundheitssystemforschung (Kistemann & Schweikart 2010). Ein Beispiel für die räumliche Epidemiologie ist die Erkenntnis über den wassergebundenen **Übertragungsweg des Cholera-Bakteriums** im 19. Jahrhundert. Die Ballung von Erkrankungen in der Nähe der *Broad Street Pump* im Londoner Stadtteil Soho gab den zentralen Hinweis auf den Infektionsweg des Bakteriums. Eine von John Snow angefertigte Karte

war dabei ein wichtiges Puzzlestück (McLeod 2000; Abb. 26.1). Distanzen liefern bis heute eine relevante Information bei der Suche nach dem Ursprung von Erregern. Beispielsweise konnte die Quelle des Bakteriums *Escherichia coli* (EHEC), das im Jahr 2011 in Deutschland zu Durchfallerkrankungen mit Todesfolge führte, durch den Nachweis der Ballung der Krankheit in bestimmten Kantinen und den Nachvollzug der Herkunft der dort verarbeiteten Waren eingegrenzt werden (Robert Koch Institut 2011). Spiegelbildlich geht es in der Medizinischen Geographie auch um die Distanz bzw. Nähe zu **gesundheitsfördernden Faktoren**. Solche Faktoren können institutionelle medizinische Einrichtungen wie Arztpraxen oder Krankenhäuser sein („Gesundheitssystemforschung": Mayer 2009, Deutsche Gesellschaft für Epidemiologie 2015). „Weichere" Faktoren wie z. B. die Erreichbarkeit von Grünflächen oder der Zugang zu frischen Lebensmitteln sind ebenfalls von Bedeutung. Oftmals verschränken und verstärken sich pathogene und salutogene Faktoren in bestimmten Räumen (siehe Debatte um Umweltgerechtigkeit). Für diese Fragestellungen der klassischen Medizinischen Geographie ist ein distanzbezogenes Raumverständnis zentral. Es wird untersucht, welche Bedeutungen Entfernungen, Ballungen und Erreichbarkeit für medizinische Sachverhalte haben.

Eine zweite, jüngere, Perspektive nutzt „Raum" anders: als einen Zugang zu gesundheitsrelevanten räumlichen Vorstellungen und Bedeutungen. Raum ist in dieser Perspektive nicht etwas Gegebenes, sondern etwas, das erst durch soziale Aushandlung und Bedeutungszuschreibungen seine Wirksamkeit bekommt. Nicht nur aufgrund von Nähe und Ferne ist Raum relevant, sondern auch weil wir uns in Räumen orientieren, sie mit Bedeutung versehen und damit die Welt ordnen. Vor diesem Hintergrund stellen sich auch andere Fragen im Schnittfeld von Raum und Gesundheit. Der Raum als **soziale Konstruktion** steht seit den 1990er-Jahren im Zentrum des Bemühens, den Zusammenhang von Ort und Gesundheit noch weiter zu fassen. Ein Ort ist nicht nur ein Bündel von (zumeist messbaren) Faktoren. Orte werden auch gelebt, erfahren und mit Bedeutung versehen. Vor allem haben die Gefühle und Vorstellungen, die mit bestimmten Orten verbunden werden, erheblichen Einfluss darauf, wie Orte benutzt werden und wie es Menschen dort geht. Robin Kearns hat auf Basis solcher Überlegungen eine „post-medizinische Perspektive" für die Geographie der Gesundheit entworfen und sich dafür eingesetzt „symbolische Ortseffekte" ins Zentrum der Forschung zu stellen (Kearns 1993).

Ein dritter Strang von Forschung untersucht den Zusammenhang von Raum und Gesundheit mit besonderem Augenmerk auf die **Relationen** (Topologien), die Räume und Orte konstituieren. Ausgangspunkt ist die Erkenntnis, dass Räume und Orte nicht als für sich stehende Einheiten zu untersuchen sind, sondern als Knotenpunkte in einem vielschichtigen Netz von Beziehungen. Angesichts einer zunehmenden „Raum-Zeit-Kompression" – Menschen, Dinge und Informationen überbrücken gewohnheitsmäßig und regelmäßig immer größere Distanzen in immer kürzerer Zeit – sind Orte von immer vielfältigeren und weitreichenderen Bezügen bestimmt. Dies spielt für Fragen von Gesundheit eine entscheidende Rolle. Eine solche auf Relationen basierende topologische Betrachtung von Raum und Gesundheit weitet den Blick für die **globalen Vernetzungen**, von denen Gesundheitsri-

Abb. 26.1 Karte der Cholera-Toten in London (John Snow, 1854). Die Verräumlichung der Krankheitsfälle ermöglichte die Identifizierung der Ansteckungsquelle: das verseuchte Wasser, mit dem sich die Menschen über die Pumpe in der *Broad Street* versorgten (Quelle: McLeod 2000).

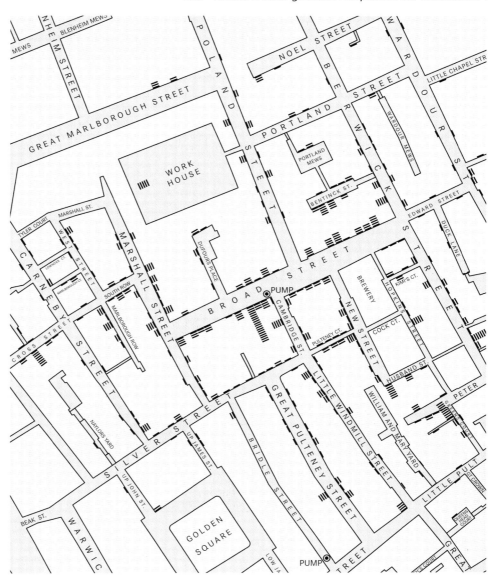

siken und Gesundheitsversorgung bestimmt sind. Brown & Kelly (2014) verdeutlichen den Vorzug eines relationalen Ortsbegriffs an ihrer Studie zu Viralem Hämorrhagischem Fieber (VHF; z. B. Ebola-Fieber, Dengue-Fieber, Gelbfieber). Orte verstehen sie als Hotspots, an denen relevante politische, ökologische und virale Bedingungen für die Möglichkeit der Verbreitung von VHF zusammenfinden: Der Ansatz des Hotspots nimmt das momentane Zusammenspiel von Regenfällen, politischer Verfasstheit, Zahl der streunenden Katzen, Landnutzungsweisen, Gebäuden und Praktiken der Sorge und Pflege in den Blick, die allesamt Bedingungen für die Verbreitung von Krankheiten schaffen. *„In short, […] the hotspot speaks to the mundane interactions that create the conditions of pathogenic possibility"* (Brown & Kelly 2014, Kaspar & Reddy 2017; Exkurs 26.1).

Distanzen, Bedeutungen oder Relationen – der geographische Blick kann auf ein differenziertes Werkzeug zurückgreifen und

vielfältige Aspekte im Verhältnis Gesundheit und Raum sichtbar machen.

26.2 Relevanz einer globalen Perspektive auf Gesundheit

Zur Klärung von Fragen im Themenfeld Gesundheit, Krankheit und Heilung ist ein globaler Problemhorizont vielfach unabdingbar. Ob Viren oder Mikroben, Patientinnen und Patienten, Ärztinnen und Ärzte, Embryonen, Organe, Technologien, Pharmazeutika oder Pflegedienstleistungen – bei all diesen Phänomenen haben sich **globale Zirkulation und Vernetzung** in den letzten Jahren intensiviert. Globale Abhängigkeiten und Verknüpfungen werden verstärkt als Gesundheitsgefahren thematisiert, z. B. in

Exkurs 26.1 Szenarien von Zirkulation – Fallbeispiel Ebola-Fieber

Mit der Intensivierung globaler Mobilität verändern sich auch Gesundheitspolitiken. Neben die Logik der Einhegung von Krankheiten und die Prävention treten neue Modelle zur Regulierung und Kontrolle globaler Zirkulation. Neue technische Möglichkeiten erlauben es, die komplexeren Bezüge globaler Gesundheit präziser abzubilden. Das Beispiel in Abb. A zeigt Ausschnitte aus einer von Dirk Brockmann für das Robert-Koch-Institut entwickelten interaktiven Karte von Luftverkehrsverbindungen. Im Zusammenhang mit der Ebola-Epidemie in Westafrika 2014 sind Flugrouten und Verkehrszeiten aus den betroffenen Ländern (Guinea, Sierra Leone und Liberia) relevant für eine mögliche globale Verbreitung des Virus. Die gegenwärtige weitreichende Vernetzung des Luftverkehrs lässt sich gut mithilfe der hier angewandten topologischen Darstellung begreifbar machen. Das Tool erlaubt es zudem, das Aussetzen einzelner Flugrouten hypothetisch durchzuspielen. Wie in der Abb. Aa ersichtlich entfaltet sich ein weit verzweigter Übertragungsweg aus der Flugroute Conakry, Guinea (CKY) nach Paris, Frankreich

(Charles de Gaulle, CDG; siehe roter Pfeil). In Abb. Ab ist diese Verbindung im Modell gekappt. Der Flughafen Charles de Gaulles ist nun nur über Dakar im Senegal zu erreichen (siehe blauer Pfeil). Dadurch wird die errechnete effektive Distanz von Conakry nach Europa (rote Kreise) größer und die Übertragungswahrscheinlichkeit kleiner: Das Ebola-Virus erreicht Europa langsamer und breitet sich dort langsamer aus.

Die nützliche Darstellung blendet mit der Fokussierung auf (potenzielle) Übertragungswege zugleich eine Reihe von relevanten Aspekten aus. Ansteckungsrisiken haben auch viel mit strukturellen Bedingungen der Gesundheitsversorgung zu tun und mit sozialen Unterschieden der potenziellen Patienten. Mit der Fixierung auf Übertragungswege können allzu leicht alte koloniale Sehgewohnheiten („Seuchenherd Afrika") bedient werden. In diesem Themenfeld ist es besonders wichtig, auch die Machtwirkungen von Abbildungen und Modellen zu reflektieren.

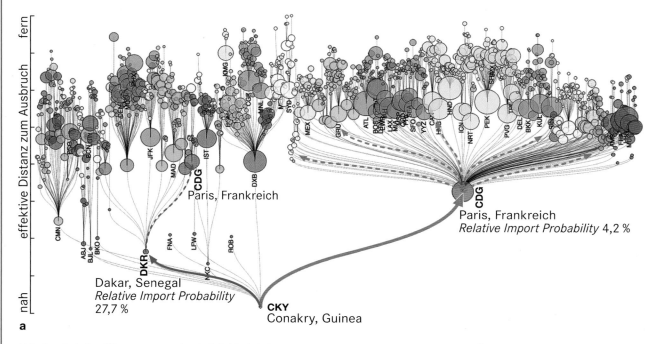

a

Abb. A a Relative Übertragungswahrscheinlichkeit bei bestehenden Flugverbindungen. **b** Relative Übertragungswahrscheinlichkeit bei (hypothetischer) Kappung der Verbindung Conakry (Guinea)–Paris (Frankreich; verändert nach Brockmann, Robert-Koch-Institut & Humboldt-Universität zu Berlin 2014).

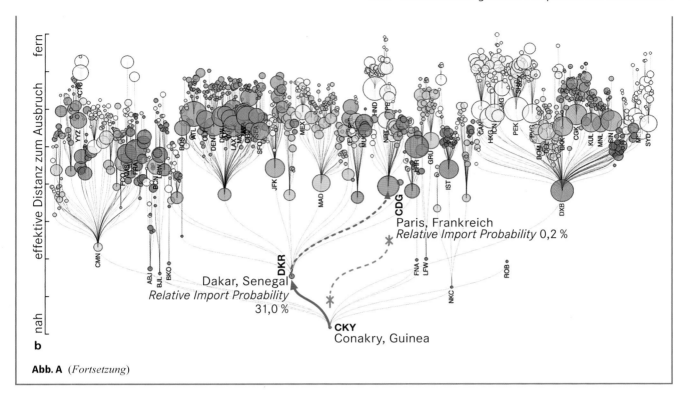

Dakar, Senegal
Relative Import Probability
31,0 %

DKR

Paris, Frankreich
Relative Import Probability 0,2 %

CDG

CKY
Conakry, Guinea

Abb. A (*Fortsetzung*)

Gestalt der negativen gesundheitlichen Effekte des Klimawandels, der Warnung vor sich weltweit verbreitenden ansteckenden Infektionskrankheiten (Pandemien) oder die Zunahme nicht übertragbarer Krankheiten in Verbindung mit der weltweiten Verbreitung westlicher Ernährungs- und Trinkgewohnheiten (Herrick 2012). Diesen Phänomenen steht eine **globale Gesundheitspolitik** gegenüber. Unter dem Dach von *Global Health* wird breit diskutiert, inwiefern gesundheitliche Lagen, Determinanten und Risiken zunehmend außerhalb der Kontrolle einzelner Nationalstaaten liegen und ein transnationales Agieren erforderlich machen (Exkurs 26.2). Anhand von drei ausgewählten Trends (Mobilität, *preparedness*, Verschränkung) und damit verbundenen Beispielen wird im Folgenden die Notwendigkeit einer globalen Perspektive auf gesundheitsbezogene Themen verdeutlicht.

Mobilität: Medizintourismus und *medical travel*

Rund um das Thema Gesundheit haben sich spezialisierte Märkte von zunehmend globaler Dimension entwickelt. Globale Mobilität und Verflechtung sind sowohl Grundlage als auch Ergebnis dieses Trends. Der globale Medizintourismus stellt einen schnell wachsenden *emerging global market* dar (Lunt & Mannion 2014). Zu seinen Akteuren gehören global agierende Unternehmen wie Klinikketten, Vermittlungsagenturen und Versicherungsunternehmen. Diese profitieren von einer zunehmenden **Privatisierung und Kommodifizierung von Gesundheit** in den Ländern des Globalen Nordens und treiben sie selbst voran.

Der Begriff Medizintourismus (*medical tourism, medical travel*) ist nicht eindeutig definiert. Je nach Forschungsperspektive finden sich Synonyme und unterschiedliche Begrifflichkeiten wie beispielsweise „Kliniktourismus" oder „Patiententourismus" (Barth & Werner 2005.). Die Gemeinsamkeit besteht darin, dass Patientinnen und Patienten medizinische Leistungen in Bereichen wie Zahnmedizin, Reproduktion, Transplantation oder plastische Chirurgie in einem anderen Staat in Anspruch nehmen (z. B. Cohen 2013, Ferraretti et al. 2010, Holliday et al. 2014). Für die Entstehung und Intensivierung globaler Mobilität von Patientinnen und Patienten sind eine Reihe von Ursachen und Gründen relevant (Miggelbrink et al. 2016), u. a. die Öffnung nationaler Märkte, preiswerte Flugverbindungen („Billigflieger"), ein leichterer Zugang zu Informationen und die Übertragbarkeit von Versicherungen, die es vor allem Angehörigen relativ wohlhabender Schichten (u. a. auch der wachsenden alternden Mittelschicht) ermöglichen, therapeutische Angebote an Orten fern ihrer Heimat zu nutzen (Whittaker et al. 2010). Medizintouristische Angebote reagieren auf Defizite in den jeweiligen Heimatländern: Wohlhabende Patientinnen und Patienten aus Ländern mit defizitärer Versorgung nutzen Angebote im Globalen Norden, während die Patientinnen und Patienten aus dem Globalen Norden mit steigenden Kosten für die Gesundheitsversorgung des Einzelnen, preiswerte Angebote in ärmeren Ländern nutzen. Zum Entstehen eines **globalen Marktes gesundheitlicher Leistungen** trägt nicht zuletzt eine (zunehmende) Unterordnung des Gesundheitswesens unter Marktbedingungen sowie eine Individualisierung der Verantwortung für die eigene Gesundheit bei.

Kapitel 26

Exkurs 26.2 *Global Health*

Der Ausdruck *Global Health* markiert grob gesagt eine Schnittmenge von internationaler Gesundheitspolitik, Entwicklungszusammenarbeit und gesundheitsbezogener Forschung. Nach wie vor gibt es keine klare Definition. *Global Health* ist vor allem der Hinweis auf die zunehmenden gesundheitlichen Auswirkungen eines globalen Kapitalismus und auf die Verantwortung der globalen Gemeinschaft, diese Probleme zu lösen. Der Begriff hat seit etwa 10 Jahren Konjunktur und markiert heute einen der zentralen Ansatzpunkte für eine philanthropisch ausgerichtete internationale Politik. An vielen Universitäten kann man inzwischen Abschlüsse in *Global Health* machen und viele Staaten weisen *Global Health* ein eigenes Budget zu (Koplan et al. 2009).

Die Konjunktur des Begriffes ist auch Ausdruck einiger struktureller Veränderungen in der internationalen Gesundheitspolitik. Zum einen ist das Politikfeld massiv gewachsen. Internationale gesundheitsbezogene Hilfe ist in den letzten Jahrzehnten ein komplexes multilaterales Politikfeld geworden, bei dem private und nicht staatliche Akteure (z. B. *Bill*

and Melinda Gates Foundation) eine ständig wachsende Rolle spielen (Murray et al. 2011). Ein zweiter struktureller Grund für die Konjunktur von *Global Health* ist der veränderte Stellenwert von Gesundheit in der außenpolitischen Debatte westlicher Staaten. Vor allem nicht militärische Sicherheitsbedrohungen sind immer mehr bestimmend geworden (internationaler Terrorismus, Umweltkatastrophen, Aids, Pandemien). Sicherheitspolitik zielt in der Folge nicht mehr vornehmlich auf den Schutz vor zwischenstaatlichen Auseinandersetzungen, sondern breiter auf den Schutz des Individuums (*Human Security*). Im Zuge dessen bekommt internationale Gesundheitspolitik einen neuen Stellenwert und erfährt zugleich eine „Versicherheitlichung" (Weir & Mykhalovskiy 2010), die ein Bedeutungsgewinn, aber auch eine Verschiebung der Zielstellung bedeutet. Beispielsweise wird der Schutz vor Infektionskrankheiten und Früherkennung (*preparedness*) wichtiger. Gesundheitsbezogene Entwicklungsgelder werden in *surveillance*-Systeme investiert, teils auf Kosten der gesundheitlichen Erstversorgung.

Für die Mobilität von Patienten und Patientinnen gibt es zahlreiche therapiespezifische Anlässe wie z. B.:

- Eine Therapie ist im Heimatland nicht zugelassen (z. B. Eizellspende, Präimplantationsdiagnostik, Abtreibung, Stammzelltherapie und Xenotransplantation, das heißt die Übertragung tierischer Zellen, Gewebe oder Organe auf Menschen).
- Eine Therapie ist im Ausland preiswerter (z. B. zahnmedizinische Behandlungen).
- Eine Therapie steht im Heimatland (noch) nicht zur Verfügung (z. B. Operationstechnik, Behandlungsverfahren).
- Im Heimatland fehlen Spezialisten und/oder eine spezialisierte Infrastruktur (z. B. zur Behandlung schwerer Verbrennungen).
- Eine Therapie ist im Heimatland mit (zu) langen Wartezeiten verbunden (z. B. Organtransplantation).

Dass Patientinnen und Patienten ihre Behandlung im Ausland erhalten, kann aber auch auf strategischen Kooperationen z. B. zwischen Krankenhäusern oder bei bestimmten seltenen Erkrankungen basieren. **Grenzüberschreitende Zusammenarbeit im Gesundheitsbereich** kann in dünnbesiedelten, peripheren Grenzregionen zu einer grenzüberschreitenden Mobilität von Patientinnen und Patienten führen. In der Europäischen Union wird zudem die grenzüberschreitende Patientenmobilität als Mittel der Realisierung eines gemeinsamen Binnen- und Arbeitsmarktes gesehen. Dafür hat sich der Begriff *cross-border healthcare* etabliert (Lunt & Mannion 2011).

Diskussionswürdig ist die Frage, ob es sich tatsächlich um eine Form des Tourismus handelt: Zwar werden Angebote häufig in einer Weise vermarktet, die einer Urlaubs- oder Erholungsreise ähneln (einschließlich der Unterbringung in einem Hotel oder Resort), Anlass ist aber häufig eine ernsthafte, im Heimatland

(so) nicht behandelbare Erkrankung, für deren Therapie die Patientinnen und Patienten nicht unerhebliche finanzielle und (neue) gesundheitliche Risiken auf sich nehmen. Der englische Begriff **medical travel** vermeidet diese allzu enge Assoziation mit „Urlaub" (Kangas 2011).

Die Folgen des *medical travel* lassen sich angesichts der Heterogenität der Anlässe und Kontexte nicht pauschal beurteilen. Zu den Schattenseiten globaler medizinischer Märkte gehört, dass durch sie – wie in anderen Märkten auch – Ungleichheit produziert und reproduziert wird, Abhängigkeiten ausgenutzt werden und Menschen dadurch ausgebeutet werden können. Ein besonders drastisches Beispiel ist der **Handel mit Organen** (häufig Nieren): An dessen einem Ende stehen lebensbedrohlich erkrankte, oft verzweifelte Menschen, für die die Vermittlung einer Niere außerhalb der legalen Systeme die letzte Chance darstellt und die bereit sind, dafür (viel) Geld zu zahlen, während am anderen Ende verarmte Menschen sich zur Preisgabe einer Niere gezwungen sehen – sei es aufgrund einer finanziellen Notlage, sei es durch andere Formen von Gewalt (Exkurs 26.3). Jedes neue therapeutische Verfahren sollte also auch daraufhin kritisch betrachtet werden, welche Märkte und welche bestehenden Ungleichheiten und Abhängigkeiten es (re-)produziert.

Medical travel kann zudem negative Folgen für die jeweilige medizinische Versorgung haben, wenn die Behandlung von global akquirierten Patientinnen und Patienten personelle, technische und infrastrukturelle Ressourcen bindet (Botterill & Pennings 2013). Hierunter kann auch die Erst- und Allgemeinversorgung leiden und in einer wachsenden Kluft zwischen hochpreisiger Privatpatientenversorgung und einer allgemeinen Versorgung mit niedrigem Standard resultieren. Mittlerweile wird zudem diskutiert, inwieweit Medizintourismus zur Ausbreitung von Antibiotikaresistenzen beiträgt.

Exkurs 26.3 Globalisierte Praktiken – fragmentierte Regulation

Organe sind ein äußerst knappes Gut – nicht jeder, der ein neues Organs benötigt, wird es über das in seinem Land etablierte System von Wartelisten und Zuteilung anhand definierter Kriterien rechtzeitig erhalten. Neben rechtlich und ethisch hochregulierten Systemen der Organtransplantation (in Europa u. a. Eurotransplant, Balttransplant), in deren Zentrum das Organ als Gabe (Spende) steht, entstanden daher auch informelle und illegale Praktiken des Transplantationstourismus und Organhandels, in denen das Organ eine Ware ist (Allain 2011, Ambagtsheer et al. 2013). Lediglich ein Staat weltweit – Iran – hat ein kommerzielles System der Organtransplantation rechtlich etabliert (Ghods & Savaj 2006). Anhand der bislang bekannt gewordenen Fälle wird deutlich, dass Organhandel die ökonomische, soziale und politische Verletzlichkeit von Menschen ausnutzt: von sudanesischen Flüchtlingen auf dem Weg nach Europa (UN General Assembly & Joy Ngozi Ezeilo 2013), von hospitalisierten behinderten Menschen (Scheper-Hughes 2004), von Binnenflüchtlingen nach Umweltkatastrophen (Moniruzzaman 2012), von Angehörigen verfolgter und zum Tode verurteilter Minderheiten wie die Falun-Gong-Anhängerinnen und -anhänger in China (Matas & Kilgour 2007; Abb. A), von Menschen, die als Folge geopolitischer Konflikte in Notlagen geraten sind (Directorate-General for External Policies 2015) sowie schlicht von sozio-ökonomisch marginalisierten Menschen (zur Übersicht vgl. Panjabi 2010). Zwar wurde mit der Deklaration von Istanbul 2008 Organhandel weltweit geächtet, es gibt aber kaum effektive Maßnahmen, die Einhaltung eines solchen Verbots zu kontrollieren und Verstöße zu sanktionieren.

Das Wissen über informelle und illegale Praktiken ist äußerst fragmentiert. Vielfach basiert es auf Veröffentlichungen investigativ arbeitender Journalistinnen und Journalisten sowie auf den Arbeiten einiger Anthropologinnen und Anthropologen, die – gleichermaßen wissenschaftlich wie aktivistisch und publizistisch arbeitend – über Jahre hinweg einzelne Beobachtungen zusammentragen und teils mit verdeckten

Methoden vorgehen, um Fälle von Organraub und -handel aufzudecken (Scheper-Hughes 2004). Kommt es doch einmal zu einem Gerichtsverfahren, können die zugänglichen Akten eine weitere wichtige Quelle sein, um die Funktionsweise dieser Praktiken zu verstehen (beteiligte Ärztinnen und Ärzte, Vermittlungsagenturen, Krankenhäuser, Vernetzungen).

Zwar gibt es keine vollständigen Übersichten zum Organhandel, verschiedene suprastaatliche und internationale Organisationen haben aber in den letzten Jahren versucht, Informationen zusammenzustellen, um so Grundlagen für regulierende Maßnahmen zu schaffen. Ein Beispiel dafür ist der Bericht der Europäischen Kommission zum Handel mit menschlichen Organen, der diejenigen bekannt gewordenen Fälle auflistet, die einen Bezug zum europäischen Raum haben.

Abb. A Aufruf vor dem British Museum (London) zur Unterstützung einer Petition zum Stopp erzwungener Organentnahme bei Falun-Gong-Anhängerinnen und -Anhängern in China (Foto: Judith Miggelbrink, 2017).

Preparedness: Infektionskrankheiten

Globale Gesundheitspolitik ist nichts eigentlich Neues. Die **Weltgesundheitsorganisation WHO** wurde 1948 gegründet. Ihr wird u. a. zugeschrieben, dass durch ihre weltweiten Impfkampagnen die Krankheit Pocken seit 1980 ausgerottet ist. Dieser Erfolg gab Anlass zu der Hoffnung, dass über kurz oder lang alle Infektionskrankheiten Geschichte sein würden. Seither hat sich die Situation aber deutlich verändert. Mit der raschen weltweiten Ausbreitung der Immunschwächekrankheit HIV/AIDS in den 1980er-Jahren wurde der Glaube an den medizinischen Fortschritt nachhaltig erschüttert. Inzwischen hat sich die Weltsicht der *Emerging Infectious Diseases* durchgesetzt (Abb. 26.2). Es wird davon ausgegangen, dass verschwundene Krankheiten wiederkehren und durch neue ersetzt werden. Vermutet wird außer-

dem eine Zunahme an global auftretenden Infektionskrankheiten (Pandemien) aufgrund der globalen Mobilität von Menschen, Tieren, Pflanzen und Waren und damit auch der Mobilität von Krankheitserregern aller Art (Abb. 26.3).

Das alte Prinzip der Prävention in der globalen Gesundheitspolitik wird nun zunehmend durch das Prinzip der *preparedness* (= Bereitschaft) ersetzt (Lakoff 2008). Dabei wird davon ausgegangen, dass zukünftige Epidemien nicht zu verhindern sind. Um die Schäden für Individuen und Gesellschaft aber möglichst gering zu halten, soll der Ernstfall (vergleichbar mit der militärischen Manöverübung) regelmäßig geübt werden und eine ausreichende Menge an notwendigen Gerätschaften und Materialien vorgehalten und regelmäßig erneuert werden. Außerdem werden (meist digitale) **Frühwarnsysteme** aufgebaut, die z. B. durch den Abgleich Tausender Patientendaten Ausbrüche erkennen

Kapitel 26

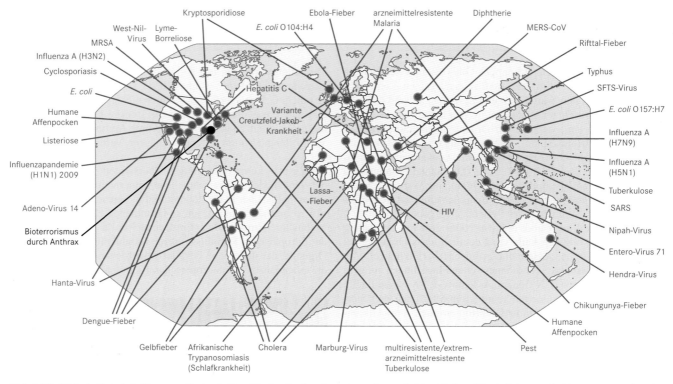

Abb. 26.2 Globale Beispiele für neu auftretende Krankheiten (rot) und wieder auftretende Krankheiten (blau). Schwarz sind bewusst ausgebrachte Erreger gekennzeichnet (verändert und erweitert nach Morens et al. 2004).

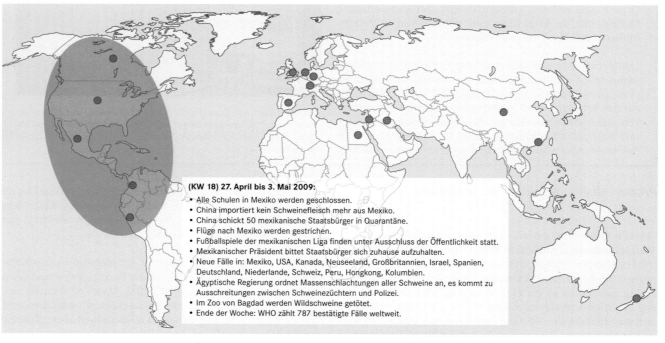

Abb. 26.3 Pandemie als globales Ereignis: Während der sog. Schweinegrippepandemie 2009/2010 kam es an vielen Orten zu sehr unterschiedlichen gesellschaftlichen Reaktionen (Karte: Michael Wegener, Uni Bayreuth; Entwurf: Jonathan Everts).

Abb. 26.4 Temperaturkontrolle am internationalen Flughafen von Hongkong. Bei der Einreise passieren Fluggäste einen Schalter der Gesundheitsbehörde. Personen mit erhöhter Körpertemperatur (37 °C) werden in Gewahrsam genommen (Foto: Henning Füller).

und verorten sollen, noch bevor diese sichtbare Effekte in einer Gesellschaft zeigen (Everts 2013, Füller 2016, Füller & Everts 2014; Abb. 26.4). Die gesundheitsgeographische Forschung merkt die Einseitigkeit dieser auf den Ernstfall ausgerichteten Gesundheitspolitik kritisch an. Sie betont, dass Ansteckung und Krankheit neben mikrobiologischen immer auch soziale und ökonomische Ursachen haben. Ein Beispiel dafür ist die sogenannte Vogelgrippe.

Spätestens seit 1997 ist bekannt, dass Menschen sich an der **Vogelgrippe** über den direkten Kontakt mit Geflügel (z. B. Hühner, Enten) anstecken können. Seither hat es mehrere Ausbreitungswellen von Vogelgrippe gegeben, die immer wieder auch menschliche Opfer gefordert haben. Insbesondere die H5N1-Epidemie von 2003–2006 wurde von den nationalen und internationalen Gesundheitsbehörden mit großer Sorge gesehen. Wie es scheint sind die Ausbreitungswege der Vogelgrippe mit den Vogelzugrouten der Wildvögel verbunden (Smallman-Raynor & Cliff 2008). Allerdings gibt es hier noch eine Vielzahl an ungelösten Fragen. Auch in der geographischen Gesundheitsforschung wird auf mögliche alternative Erklärungen aufmerksam gemacht (Hinchliffe et al. 2017). Insbesondere die intensivierte Landwirtschaft in Asien sowie die industrielle Geflügelproduktion in Europa und Amerika werden zumindest als Mitverursacher der Epidemien verantwortlich gemacht (Wallace 2009). Der staatliche und unternehmerische Fokus auf „Biosicherheit" – verstanden als Maßnahmenbündel zur Schaffung keim- und erregerfreier Tierfabriken – übersieht, dass die Anwesenheit von Mikroben nicht automatisch zur Krankheit führt. Schwerwiegende Krankheitsausbrüche sind immer auch Zeichen eines gestörten ökologischen Gleichgewichtes, z. B. in einer hermetisch von ihrer Umwelt abgeschirmten Geflügelfabrik, in der 30 000 Tiere bei minimaler Bewegungsfreiheit in 40 Tagen zur Schlachtreife gemästet werden (Coles 2016; Hinchliffe et al. 2017).

Verschränkungen: Biomedizin und traditionelle Medizin

Die Zunahme globaler Mobilität und des internationalen Freihandels verändert auch medizinische Praktiken und Institutionen, denen bisher nur lokale Bedeutung zugesprochen wurde. Ein Beispiel ist die traditionelle Medizin, die von der Weltgesundheitsorganisation definiert wird als „Gesamtsumme des Wissens, der Fertigkeiten und Praktiken, die auf Theorien, Überzeugungen und Erfahrungen indigener und anderer Kulturen basieren, die – erklärbar oder nicht – zur Aufrechterhaltung wie auch zur Prävention, Diagnose, der Besserung oder Behandlung von physischen oder psychischen Krankheiten verwendet werden" (WHO 2000; Abb. 26.5). Lange Zeit wurde traditionelle Medizin als Sammelbegriff für (auch räumlich) abgeschlossene Medizinsysteme verstanden (Leslie 1976). Sie ist grundsätzlich von der modernen, wissenschaftlichen Biomedizin zu unterscheiden, wie sie sich im Anschluss an die Entdeckungen der Zell- und Mikrobiologie weltweit durchgesetzt hat. Von den Vertreterinnen und Vertretern der westlich geprägten Universitätsmedizin wurde erwartet, dass die moderne Biomedizin die traditionelle Medizin bald verdrängen würde.

Doch es kam anders. Die Liberalisierung des globalen Handels (vor allem die Verabschiedung des Übereinkommens über handelsbezogene Aspekte der Rechte des geistigen Eigentums (TRIPS) im Jahr 1994) führte dazu, dass große Unternehmen begannen, *bioprospecting* zu betreiben. ***Bioprospecting*** beschreibt den Prozess der Entdeckung und Vermarktung neuer Produkte auf Basis biologischer Ressourcen. Das über die Welthandelsorganisation WTO nun global verankerte Eigentumsrecht erlaubt es, ausschließliche Nutzungsrechte (Patente) anzumelden, sofern eine Innovation nachgewiesen werden kann. Das Verständnis von Innovation beschränkt sich aber nicht auf das Auffinden neuer Pflanzen oder Rezepte zur Behandlung einer Krankheit, sondern schließt auch biomedizinische Wirkungsnachweise,

Abb. 26.5 Apotheke für traditionelle Medizin in Thailand (Foto: Iris Dzudzek).

Kapitel 26

Gewinnungs- und Aufbereitungsverfahren oder Nachweise eines bis dato noch nicht bekannten Anwendungsgebietes bereits eingeführter Arzneimittel mit ein. Vor allem in den 1990er-Jahren gerieten Unternehmen häufig in Konflikt mit den kollektiven Eigentumsrechten traditionellen Wissens indigener Gruppen, die *bioprospecting* als Biopiraterie entlarvten. **Biopiraterie** bezeichnet die kommerzielle Ausbeutung und Enteignung indigenen kollektiven Wissens mithilfe des Patentrechts. Das indische *Council of Scientific and Industrial Research* ermittelte, dass im Jahre 2002 in den USA 4000 Patente für medizinischen Nutzen auf Pflanzen indischer Herkunft beruhten. Im Jahre 2005 waren es bereits 35 000 (Hirwade & Hirwade 2012). Hierbei sind nahezu alle Bereiche der traditionellen Heilkunde betroffen. Im Jahr 2007 wurden über 130 Patente auf Yoga-Übungen in den USA verzeichnet (Thomas 2010).

Die **Patentierungen** lösten lautstarken Protest aus. Vor allem Länder des Globalen Südens begannen sich zu wehren. In der Folge entstanden Regelwerke zum Schutz biologischer Vielfalt und traditionellen Wissens. Die 2005 verabschiedete Konvention zur biologischen Vielfalt definiert einen Ausgleichsmechanismus, der Unternehmen dazu zwingt, die Gruppen am Gewinn zu beteiligen, die ihr Wissen zur Herstellung neuer Produkte bereitstellen. Verschiedene Länder schützen traditionelles Wissen bereits über neue Formen nationalen Rechts oder Datenbanken. Es wird angenommen, dass durch die Einrichtung einer solchen Datenbank in Indien, die Zahl der Patente auf traditionelle Heilmethoden um ca. 40 % abgenommen hat (Ansari 2016).

Mittlerweile fördert der indische Staat selbst die Herstellung sog. *ayurvedic proprietary medicine* im eigenen Land. Das sind Arzneien, die auf traditionellen Rezepten beruhen und deren Wirksamkeit mit biomedizinischen Methoden nachgewiesen werden kann. Sie bestehen aus weniger Bestandteilen als klassische ayurvedische Arzneien, weil es für die moderne Biomedizin zu schwierig ist, bei komplexen Rezepturen alle aktiven Bestandteile zu isolieren und ihre Interaktion miteinander zu klären. Anstelle einer vollständigen Liberalisierung des Welthandels beobachten wir heute also ein ***reformulation regime*** (Gaudillière 2014, Pordiè & Gaudillière 2014), das heißt eine Verschränkung von Liberalisierung und Schutzrechten im Bereich traditioneller Medizin und Heilkräuter.

Entgegen der früheren Annahme können wir heute beobachten, dass Biomedizin alternative Heilmethoden nicht verdrängt. Die Verschränkung von lokalem Wissen und globalen Regulationen sowie von traditioneller Medizin und Biomedizin ist ein Beispiel dafür, dass selbst traditionelle Medizin in einer global vernetzten Welt nur in einer topologischen Perspektive verständlich wird. In dieser werden Ayurveda und Biomedizin nicht als abgeschlossene Systeme betrachtet. Vielmehr verbinden und verändern sie sich zu einer globalen Assemblage. Vertraute Dichotomien wie traditionelle und Biomedizin, Tradition und Moderne, Norden und Süden, Hegemonie und Alternative, Wissen und Nichtwissen, Wahrheit und Glaube werden hierbei brüchig. Traditionelle Medizin ist in dieser Perspektive global – durch internationale Handels- wie Schutzabkommen – und lokal – in Form von Traditionen, lokalen Bedürfnissen usw. – zugleich.

26.3 Fazit und Ausblick

Geographien der Gesundheit sind durch eine Vielzahl von Fragestellungen, Themen und Perspektiven geprägt. Dennoch gibt es einige zentrale Gemeinsamkeiten:

- Geographien der Gesundheit setzen sich mit den sozialräumlichen Implikationen (Effekten, Folgen, Konsequenzen) von Entwicklungen auf dem Gebiet der Medizin, Gesundheit und – allgemeiner – körperbezogenen Praktiken auseinander.
- Geographien der Gesundheit erfassen Raum nicht als eine a priori gegebene, dem menschlichen Wahrnehmen und Handeln vorausgehende Dimension. Stattdessen werden die vielfältigen Formen und Prozesse analysiert, in denen Räume gesellschaftlich hergestellt werden und in denen diese Räume Handlungen und Handlungsmöglichkeiten prägen. Geographien der Gesundheit arbeiten daher häufig mit einem relationalen Raumverständnis, das Räume als Ergebnisse des In-Beziehung-Setzens (und Abgrenzens) von Dingen und Orten durch mehr oder minder stabile, grundsätzlich aber veränderliche Praktiken versteht. Die Vorstellung von Raum als flächenhafte, gleichmäßige Ausdehnung, die mittels metrischer Distanzen vermessen werden kann, ist nur eins unter mehreren Konzepten von Raum. Andere wichtige Konzepte sind (erfahrungsbezogene, subjektzentrierte) Vorstellungen von Orten und Netzwerke.
- Mit diesen veränderten konzeptionellen Entwürfen von „Raum" reagieren Geographinnen und Geographen der Gesundheit – wie in vielen anderen Bereichen der Geographie auch – auf die sich verändernden Bedingungen des gesellschaftlichen Zusammenlebens unter Bedingungen der Globalisierung. Daher setzen sie sich insbesondere mit den vielfältigen Formen und Folgen einer wachsenden Mobilität auseinander sowie mit Konzepten, die auf diese Mobilität reagieren – wie das der *preparedness*. Mobilität meint hier die Mobilität von Menschen (als Patientinnen/Patienten und Konsumentinnen/Konsumenten gesundheitsbezogener Leistungen, als medizinisches Personal, als Medium der Verbreitung von Krankheitserregern), aber auch die Mobilität von Pflanzen und Tieren, die Mobilität pathogener Substanzen, die Mobilität von Arzneistoffen inklusive menschlicher und tierischer Zellen, Gewebe und Organe, die Mobilität neuer Technologien und Verfahren wie auch die Mobilität von körperbezogenen Ideen und Gesundheitspraktiken. Indem Geographien der Gesundheit ein erweitertes Raumverständnis zugrunde legen und insbesondere die Bedeutung von Mobilitäten betonen, rücken sie weniger die Lokalisierung und metrisch-räumliche Ausdehnung gesundheitsrelevanter Ereignisse in das Zentrum als vielmehr die Verschränkung und kontextuelle Einbettung von gesundheitsrelevanten Praktiken und die in ihnen relevant werdenden Verräumlichungen.
- Prinzipiell ist mit den Geographien der Gesundheit ein kritischer Anspruch verbunden. Es wird nach den problematischen Folgen gefragt, die die genannten neuen Formen der globalen Mobilität sowie der globalen Gesundheitspolitik haben. Mobilität und Politik sind häufig verbunden

mit der Reproduktion und Verschärfung sozialer Ungleichheiten durch die Ausbeutung und Ausgrenzung armer und vulnerabler Bevölkerungsgruppen für die medizinischen/gesundheitlichen Bedürfnisse einer finanziell gut ausgestatteten, global mobilen Ober- und Mittelschicht. In kritischer Hinsicht betonen Geographien der Gesundheit zudem, dass Körper nicht gegeben sind, sondern diskursiv und historisch spezifisch hervorgebracht werden.

Im vorliegenden Kapitel ist die Notwendigkeit einer (globalen) räumlichen Perspektive für das Verständnis von Gesundheit, Krankheit und Heilung beispielhaft anhand von Mobilität, *preparedness* und Verschränkung gezeigt worden. Weitere Dimensionen global-gesellschaftlichen Wandels stellen Herausforderungen für aktuelle und zukünftige Forschung dar. Sie können hier nur angedeutet werden. An prominentester Stelle sind der medizinisch-technologische Fortschritt sowie die Neuverhandlung von Mensch-Umwelt-Verhältnissen im Anthropozän zu nennen. Neue technologische Möglichkeiten im Bereich der Organ- und Gewebetransplantation, des Zugriffs auf Mikroräume des Körpers durch chirurgische Eingriffe und Digitalisierung, der Reproduktionsmedizin, genetischer Diagnose- und Therapieverfahren erfordern eine Neuverhandlung ethischer Maßstäbe, gesundheitsbezogener Wertschöpfung, biopolitischer Steuerung und zeigen sich in der intensivierten Sorge um Folgen eines digitalen *self-trackings*. Die dramatischen Folgen des aktuellen Wandels der Mensch-Umwelt-Verhältnisse für die Geographien der Gesundheit beginnt die Forschung erst langsam zu verstehen. Sie untersucht den Einfluss umweltbedingter Veränderungen auf das Genom (Epigenetik), die Übertragung von Viren beispielsweise bei Malaria-Infektionen, die die Grenzen zwischen Mensch und Tier brüchig werden lässt (*multi-species geographies*), oder wie der Metabolismus transnational gehandelter Nahrungsmittel und Pharmazeutika transnationale Körper und neue Pathologien produziert.

Innerhalb des Faches sind die Geographien der Gesundheit folglich keine isolierte Subdisziplin, sondern durch intensive Vernetzung gekennzeichnet. In theoretisch-konzeptioneller Hinsicht sind sie eng mit vielen Debatten verknüpft, die dem *cultural turn* und dem *material turn* zugerechnet werden und weisen Schnittstellen zu einer Vielzahl anderer Geographien auf.

Literatur

Allain J (2011) Trafficking of persons for the removal of organs and the admission of guilt of a South-African hospital. Medical Law Review 19: 117–122

Ambagtsheer F, Zaitch D, Weimar W (2013) The Battle for Human Organs: Organ Trafficking and Transplant Tourism in a Global Context. Global Crime 14: 1–26

Ansari MS (2016) Evaluation of Role of Traditional Knowledge Digital Library and Traditional Chinese Medicine Database in Preservation of Traditional Medicinal Knowledge. DESIDOC Journal of Library & Information Technology 36/2: 73–78

Barth R, Werner C (2005) Der Wellness-Faktor: Modernes Qualitätsmanagement im Gesundheitstourismus. relax-Verlag, Wien

Botterill D, Pennings G (2013) Introduction. In: Botterill D, Pennings G (eds) Medical Tourism and Transnational Health Care. Palgrave Macmillan, London. 1–9

Brockmann D, Robert-Koch-Institut & Humboldt-Universität zu Berlin (2014) Ebola Outbreak: Worldwide Air Transportation and Relative Import Risk. http://rocs.hu-berlin.de/D3/ebola/ (Zugriff 20.11.2017)

Brown H, Kelly H (2014) Material Proximities and Hotspots: Toward an Anthropology of Viral Hemorrhagic Fevers. Medical Anthropology Quarterly 28/2: 280–303. DOI: https://doi.org/10.1111/maq.12092

Brown T, Andrews GJ, Cummins S, Greenhough B, Lewis D et al. (2017) Health geographies. A critical introduction. Wiley Blackwell, Hoboken, NJ

Cohen IG (2013) Transplant Tourism: The Ethics and Regulations of International Markets for Organs. The Journal of Law, Medicine and Ethics 41: 269–285

Coles B (2016) The Shocking Materialities and Temporalities of Agri-Capitalism. Gastronomica: The Journal of Critical Food Studies 16: 5–12

Deutsche Gesellschaft für Epidemiologie (2015) Epidemiologie als innovatives Fach – Status und Perspektiven. 10. Jahrestagung der Deutschen Gesellschaft für Epidemiologie. Potsdam

Diller H, Müller C (Hrsg) (2014) Hippokrates über die Umwelt. De Gruyter, Berlin

Directorate-General for External Policies (2015) Trafficking in Human Organs. Brussels. http://www.europarl.europa.eu/thinktank/en/search.html?word=Trafficking+in+human+organs (Zugriff 3.5.2017)

Everts J (2013) Announcing Swine Flu and the Interpretation of Pandemic Anxiety. Antipode 45: 809–825

Ferraretti A, Pennings G, Gianaroli L, Natali F, Magli M (2010) Cross-border Reproductive Care: a Phenomenon expressing the Controversial Aspects of Reproductive Technologies. BioMedicine Online 20: 261–266. http://www.rbmojournal.com/article/S1472-6483(09)00222-3/pdf (Zugriff 27.9.2017)

Füller H (2016) Pandemic Cities: Biopolitical Effects of Changing Infection Control in post-SARS Hong Kong. The Geographical Journal 182: 342–352

Füller H, Everts J (2014) Biosicherheit und Pandemievorsorge. Ausbrüche erkennen und verorten. Geographische Rundschau 66: 24–29

Gaudillière J (2014) An Indian Path to Biocapital? The Traditional Knowledge Digital Library, Drug Patents, and the Reformulation Regime of Contemporary Ayurveda. East Asian Science, Technology and Society: An International Journal 8/4: 391–415

Ghods A, Savaj S (2006) Iranian Model of Paid and Regulated Living-Unrelated Kidney Donation. Clinical Journal of the American Society of Nephrology 1: 1136–45

Hanefeld J (Hrsg) (2015) Globalization and Health. Maidenhead: Open UP

Herrick C (2012) The Political Ecology of Alcohol as „Disaster" in South Africa's Western Cape. Geoforum 43/6: 1045–1056. DOI: https://doi.org/10.1016/j.geoforum.2012.07.007

Kapitel 26

Hinchliffe S, Bingham N, Allen J, Carter S (2017) Pathological Lives. Disease, Space and Biopolitics. Wiley, Chichester

Hirwade M, Hirwade A (2012) Traditional knowledge protection. An Indian prospective. In: DESIDOC Journal of Library & Information Technology 32/3: 240–248

Holliday R, Bell D, Cheung O, Jones M, Probyn E (2014) Brief encounters: assembling Cosmetic Surgery Tourism. Social Science and Medicine. DOI: http://dx.doi.org/10.1016/j.socscimed.2014.06.047

Kangas B (2011) Complicating Common Ideas about Medical Tourism. Gender, Class, and Globality in Yemenis' International Medical Travel. Signs. Journal of Women in Culture and Society 36/2: 327–332

Kaspar H, Reddy S (2017) Spaces of connectivity. The formation of medical travel destinations in Delhi National Capital Region (India). Asia Pacific Viewpoint 58/2: 228–241

Kearns R (1993) Place and Health: Towards a Reformed Medical Geography. The Professional Geographer 45: 139–147. DOI: https://doi.org/10.1111/j.0033-0124.1993.00139.x

Kistemann T, Schweikart J (2010) Von der Krankheitsökologie zur Geographie der Gesundheit. Geographische Rundschau 62: 4–9

Koplan J, Bond T, Merson M, Srinath K, Reddy S, Rodriguez M, Sewankambo N, Wasserheit J (2009) Towards a Common Definition of Global Health. The Lancet 373/9679: 1993–1995

Lakoff A (2008) The Generic Biothreat, or, How We Became Unprepared. Cultural Anthropology 23: 399–428

Leslie C (1976) Asian Medical Systems. A Comparative Study. University of California, Berkely

Lunt N, Mannion R (2014) Patient Mobility in the Global Marketplace: a Multidisciplinary Perspective. International Journal of Health Policy and Management 2: 155–157

Lunt N, Smith R, Exworthy M, Green S, Horsfall D, Mannion R (2011) Medical Tourism: Treatments, Markets and Health System Implications: A scoping review. OECD, Paris

Matas D, Kilgour D (2007) Bloody Harvest. Revised Report into Allegations of Organ Harvesting of Falun Gong Practitioners in China

Mayer JD (2009) Medical geography. In: Brown T, McLafferty S, Moon G (eds) A Companion to Health and Medical Geography. Hoboken: 33–54

McLeod K (2000) Our Sense of Snow: the Myth of John Snow in Medical Geography. Social Science & Medicine 50: 923–935

Miggelbrink J, Meyer F, Pilz M (2016) Cross-border Assemblages of Medical Practices. Universität Leipzig, Leipzig

Moniruzzaman M (2012) „Living Cadavers" in Bangladesh: Bioviolence in the Human Organ Bazaar. Medical Anthropology Quartely 26: 69–91

Morens DM, Folkers GK, Fauci AS (2004) The challenge of emerging and re-emerging infectious diseases. Nature 430/6996: 242–249

Murray C, Anderson B, Burstein R, Leach-Kemon K, Schneider M, Tardif A, Zhang R (2011) Development Assistance for Health: Trends and Prospects. The Lancet 378: 8–10

Panjabi R (2010) The Sum of a Human's Parts: Global Organ Trafficking in the Twenty-First Century. Pace Environmental Law Review 28: 1–144

Pordié L, Gaudillière J (2014) The Reformulation Regime in Drug Discovery: Revisiting Polyherbals and Property Rights in the Ayurvedic Industry. East Asian Science, Technology and Society: An International Journal 8/1: 57–79

Robert Koch Institut (2011) Abschließende Darstellung und Bewertung der epidemiologischen Erkenntnisse im EHEC O104:H4 Ausbruch, Deutschland 2011. Berlin. http://www.rki.de/DE/Content/InfAZ/E/EHEC/EHEC_O104/EHEC-Abschlussbericht.pdf?__blob=publicationFile (Zugriff 24.8.2017)

Scheper-Hughes N (2004) Parts Unknown. Undercover Ethnography of the Organ-Trafficking Underworld. Ethnography 5: 29–73

Smallman-Raynor M, Cliff A (2008) The Geographical Spread of Avian Influenza A (H5N1): Panzootic Transmission (December 2003–May 2006), Pandemic Potential, and Implications. Annals of the Association of American Geographers 98: 553–582

Thomas P (2010) Traditional knowledge and the Traditional Knowledge Digital Library. Digital quandaries and other concerns. International Communication Gazette 72/8: 659–673

UN General Assembly & Joy Ngozi Ezeilo (2013) Trafficking in Persons, especially Women and Children. http://www.refworld.org/pdfid/53981f7f4.pdf (Zugriff 26.11.2017)

Wallace R (2009) Breeding Influenza: the Political Virology of Offshore Farming. Antipode 41: 916–951

Weir L, Mykhalovskiy E (2010) Global Public Health Vigilance: Creating a World on Alert. Routledge, Abingdon, New York

Whittaker A, Manderson L, Cartwright E (2010) Patients without Borders: Understanding Medical Travel. Medical Anthropology: Cross Cultural Studies in Health and Illness 29/4: 336–343

WHO (2000) General Guidelines for Methodologies on Research and Evaluation of Traditional Medicine, Geneva. http://apps.who.int/iris/bitstream/10665/66783/1/WHO_EDM_TRM_2000.1.pdf (Zugriff 26.11.2017)

Weiterführende Literatur

Andrews GJ (2017) Health geographies I. Progress in Human Geography 6/4. DOI: https://doi.org/10.1177/0309132517731220

Brown T, Andrews GJ, Cummins S, Greenough B, Lewis D et al. (2017) Health geographies. A critical introduction. Wiley Blackwell, Hoboken, NJ

Füller H, Everts J (2014) Biosicherheit und Pandemievorsorge. Ausbrüche erkennen und verorten. Geographische Rundschau 66: 24–29

Herrick C (2017) When places come first. Suffering, archetypal space and the problematic production of global health. Trans Inst Br Geog 17. DOI: https://doi.org/10.1111/tran.12186

Kearns R (1993) Place and Health: Towards a Reformed Medical Geography. The Professional Geographer 45: 139–147. DOI: https://doi.org/10.1111/j.0033-0124.1993.00139.x

Kistemann T, Schweikart J (2010) Von der Krankheitsökologie zur Geographie der Gesundheit. Geographische Rundschau 62: 4–11

Parry B, Greenhough B, Brown T, Dyck I (eds) (2015) Bodies across Borders. The Global Circulation of Body Parts, Medical Tourists and Professionals. Farnham, Ashgate

Geographie des Tourismus

27

Michael Bauder und Tim Freytag

Eine auf den ersten Blick etwas seltsame touristische Praxis ist das „Ice Floating", hier in der Nähe der nordfinnischen Stadt Rovaniemi. Dabei treiben die Reisenden etwa eine Stunde lang in Neoprenanzügen im eiskalten Wasser des zuvor von den Guides aufgebrochenen Sees. Der See wird kurzzeitig zur touristischen Bühne für ein Erlebnis, das den Einheimischen ebenso fremd ist wie den aus fernen Ländern angereisten Touristen (Foto: M. Bauder, 2017).

„Ein Kleinod der Ruhe – wenn nur nicht die Touristen wären", schrieb eine Touristin im April 2017 über ihren Besuch des Beginenhofs in Amsterdam auf der Bewertungsplattform tripadvisor.com. Touristen sind immer nur die anderen, man selbst ist anders, reist anders und verhält sich anders – zumindest fühlt man sich wie selbstverständlich ganz individuell. Dabei wird gerade das Reisen durch zahlreiche soziale Konventionen geprägt. Die wichtigsten Sehenswürdigkeiten müssen besucht, die „Top-5-Insider-Tipps" des Reiseführers abgehakt werden und der Eiffelturm darf auf keinen Fall auf dem eigenen Foto oder Selfie fehlen. Und all das ist kein Spezifikum des sog. Massentourismus. Denn auch Backpacker verbinden mit ihrer sich vom Massentourismus abgrenzenden Art des Reisens bestimmte Vorstellungen, an denen sich „echte" Backpacker orientieren und die deren Reisekultur bestimmen. Sie reisen bevorzugt abseits der ausgetretenen Touristenpfade, suchen das noch Unentdeckte, neue Erfahrungen und andere Kulturen – wobei sie aber gern auf tausendfach gedruckte Reiseführer wie Lonely Planet oder auf weitverbreitete Internetblogs mit Einträgen zu „unentdeckten" Orten zurückgreifen. Alle Touristinnen und Touristen reisen mit Vorstellungen und orientieren sich daran. Sie „machen" und „inszenieren" Tourismus und touristische Räume entsprechend der ihnen geläufigen Bilder und Vorstellungen auf der „Bühne" der betreffenden Destination durch das Ausüben touristischer Praktiken (Edensor 2000). Diese sind zwar dynamisch, bleiben aber vielfältigen Einflüssen und Normen unterworfen. Im Tourismus geht es häufig um Aushandlungsprozesse zwischen alltäglichen und außeralltäglichen Praktiken, zwischen Konventionen und deren Verstärkung, Überwindung oder Ablehnung. Und diese Prozesse sind in ihren konkreten Ausprägungen und Ergebnissen dann schließlich doch wieder individuell, weshalb wir uns der Phänomenologie des Tourismus sehr umsichtig und behutsam nähern sollten.

27.1 Tourist „sein"

Für eine wissenschaftliche Betrachtung des Phänomens „Tourismus" – egal ob aus geographischer, soziologischer, betriebswirtschaftlicher oder anderer Perspektive – gilt es zuerst einmal zu klären, was eigentlich die Touristin oder den Touristen als zentralen Akteur ausmacht. Eine weit verbreitete erste definitorische Annäherung besteht in einer statistisch geleiteten Abgrenzung von Touristen gegenüber Nicht-Touristen, die vor allem eine Quantifizierung der Touristen möglich macht. Dabei wird zugrunde gelegt, dass das „Tourist-Sein" auf drei **konstitutiven Elementen** basiert: Erstens vollziehen Touristen einen Ortswechsel, der zweitens nur vorübergehend ist und weniger als ein Jahr umfasst sowie außerhalb der gewohnten räumlichen Umgebung stattfindet, und drittens wird der Ortswechsel freiwillig vorgenommen und unterliegt einem spezifischen Zweck (Freizeit-, Geschäftszweck u. a.). An diesen drei Elementen orientieren sich die gängigen Definitionen der *United Nations World Tourism Organization* (UNWTO) und des Statistischen Bundesamtes in Deutschland, die sich im Wortlaut nur geringfügig voneinander unterscheiden und nahezu allen amtlichen Statistiken zugrunde liegen (Abb. 27.1). In Deutschland ist dies u. a. die Monatserhebung im Tourismus, die im Kern in der Erfassung von Beherbergungsbetrieben besteht: Alle Beherbergungsbetriebe mit mehr als acht Betten müssen regelmäßig Meldung über die Zahl der Ankünfte, Übernachtungen und Herkunftsländer der Gäste machen. Die Meldungen werden von den Statistischen Landesämtern zusammengefasst und veröffentlicht.

Die Frage nach der räumlichen Ausdehnung der gewohnten Umgebung als einem der konstitutiven Elemente wird uneinheitlich gehandhabt. Zur makroskaligen Erfassung des weltweiten Tourismus wird beispielsweise oft die Landesgrenze, für meso- und mikroskalige Erfassungen werden hingegen bevorzugt kleinräumigere Gebietsabgrenzungen verwendet. Auf dieser heterogenen Grundlage lässt sich dennoch zwischen **Binnenreiseverkehr** (alle Reisen von Bewohnerinnen und Bewohnern eines Gebiets innerhalb dieses Gebiets), **Einreiseverkehr** oder Incoming-Tourismus (alle Reisen von Bewohnern außerhalb eines Gebiets in dieses Gebiet) und **Ausreiseverkehr** oder Outgoing-Tourismus (alle Reisen von Bewohnern eines Gebiets in ein anderes Gebiet) differenzieren (Abb. 27.2). Aus diesen drei Varianten ergeben sich in unterschiedlicher Zusammensetzung die statistisch relevanten Kategorien des **Inlandstourismus** (Binnenreiseverkehr plus Einreiseverkehr, z. B. alle Reisen innerhalb Deutschlands unabhängig von der räumlichen Herkunft der Touristen), des **nationalen Tourismus** (Binnenreiseverkehr plus Ausreiseverkehr, z. B. alle Reisen der Bewohner Deutschlands unabhängig vom Reiseziel) und des **internationalen Tourismus** (Einreiseverkehr plus Ausreiseverkehr, das heißt alle grenzüberschreitenden Reisen). Diese Aufgliederung findet sich üblicherweise in statistischen Tabellen und Abbildungen zum Ausmaß und Wachstum des Tourismus (Abb. 27.1). Häufig wird die obige Definition noch um eine Mindestaufenthaltsdauer von 24 Stunden erweitert, wie etwa bei der Definition des Statistischen Bundesamtes, was mit der Unterscheidung von Reisenden in Touristen und Tagesbesucher verbunden ist und eine fehlende statistische Berücksichtigung Letzterer zur Folge hat (Schmude & Namberger 2014). Deutlich wird in dieser Definition die inhärent räumliche Komponente des Reisens. Sofern es sich nicht um eine virtuelle oder imaginäre Reise handelt, wird physischer Raum bereist bzw. überwunden. Dies prädestiniert die Geographie als Ausgangsbasis zur Untersuchung damit verbundener Phänomene.

Während die statistische Definition beispielsweise für „klassische" Pauschalurlauber und deren Erfassung gute Dienste leistet, wird sie innerhalb der Tourismuswissenschaften teilweise kritisch gesehen oder als nicht sinnvoll erachtet: Neben der vor allem aus geographischer Perspektive unklaren Bedeutung einer „gewohnten" Umgebung und deren Konstruktion und diskursiver Abgrenzung suggeriert die betonte Unterscheidung von Tagesbesuchern und Touristen eine strikte Trennung zweier Gruppen, die im Hinblick auf Aktivitäten und Verhalten nach aktuellen Forschungserkenntnissen nicht immer aufrechterhalten werden kann. Ebenfalls problematisch erscheint, dass den Touristen über das dritte konstitutive Element der statistischen Definition zu Unrecht eine klar identifizierbare und trennbare Motivation für die Reise unterstellt wird.

Andere Ansätze zur Definition eines Touristen bzw. einer Touristin versuchen, die gegebene Vielfalt des Tourist-Seins stärker zu berücksichtigen – häufig auf Kosten des Verlusts einer klaren Messbarkeit. So besteht etwa die Möglichkeit, den **Tourismus als Lesart von Freizeit** bzw. als Unterkategorie der Freizeit und Touristen damit als spezielle Freizeit-Ausübende zu fassen. Freizeit wird dabei häufig als Maß und Einheit der Zeit verstanden, welche den Menschen nach Erledigung ihrer als Pflicht begriffenen (vor allem beruflichen) Arbeit noch übrigbleibt (negativer

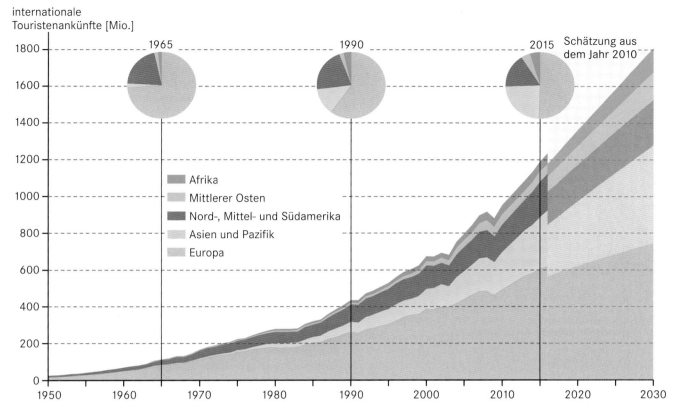

Abb. 27.1 Internationale Touristenankünfte 1950–2030 nach Regionen in absoluten Zahlen und relative Anteile an allen Ankünften 1965, 1990 und 2015 (Quelle: verändert nach UNWTO diverse Jahrgänge).

Freizeitbegriff; Opaschowski 2008). Trotzdem bedeutet Freizeit nicht automatisch „frei" zu sein. Denn es gibt auch Freizeitpflichten wie Einkaufen, Haushalt, manchmal auch Geburtstagsfeiern, Familienfeste und dergleichen, sodass Freizeit und freie Zeit individuell unterschiedlich bewertet werden und deshalb nicht gleichzusetzen sind. Aktivitäten in der freien und selbstbestimmten Zeit (positiver Freizeitbegriff) werden im Englischen als *recreation* bezeichnet, was eine Verbindung von Erholung und Freizeit meint. Solche Aktivitäten können sowohl zuhause als auch außerhalb der gewohnten Umgebung stattfinden. In dieser Lesart wird Tourismus lediglich als eine Form der Freizeitaktivität definiert. Folgt man diesem Verständnis, ergeben sich Konsequenzen für die tourismuswissenschaftliche Forschung: So sind z. B. Geschäftsreisen nicht mehr (oder nur teilweise) im Tourismusbegriff enthalten, da die beruflich bedingte Arbeit kein Bestandteil der Freizeit bzw. freien Zeit ist.

Ein auf das von Sheller & Urry (2006) propagierte *New Mobilities Paradigm* (NMP) zurückgehender Ansatz sieht **Tourismus als Lesart von Mobilität** bzw. als Unterkategorie der Mobilität und fokussiert damit vor allem auf den Raum bzw. die Überwindung räumlicher Distanz. Das NMP entstand im Zuge des *mobility turn* als Antwort auf eine vorwiegend statisch ausgerichtete sozialwissenschaftliche Forschung, die die Bewegung von Personen weit ab vom Forschungsfokus platzierte (Urry 2007, Cresswell 2011). Es kritisiert die bis dahin vorherrschende sozialwissenschaftliche Forschung als *sedentarist* (sesshaft), da sie

Statik und nicht Mobilität(en) als Ausgangszustand der räumlichen und sozialen Ordnung ansieht. Der Grundgedanke des NMP fordert daher eine Korrektur der Art und Weise, wie soziale Phänomene (beispielsweise der Tourismus) untersucht werden, und fordert, Mobilitäten auf unterschiedlichen Skalen zum zentralen Gegenstand der Forschung zu erheben. Dieser Forderung kann insbesondere die tourismusgeographische Forschung innerhalb der Tourismuswissenschaften nachkommen. In dieser Perspektive wird Tourismus als lediglich eine von zahlreichen Formen der Mobilität zwischen täglichem Pendeln und dauerhafter Migration verstanden.

Beide oben vorgestellten Lesarten haben gemeinsam, dass sie den Tourismus nicht als Sonderfall oder Ausnahmezustand begreifen, sondern als eine mehr oder weniger alltägliche Praxis. Dieser Wandel vollzieht sich im Kontext des *cultural turn* und löst damit die bereits von McCabe (2005) formulierte Anforderung an eine **postmoderne Konzeptualisierung** des Begriffs Tourismus ein, die klassische Trennung von Tourismus und Alltäglichem zu hinterfragen und neu zu erörtern. Touristen werden demzufolge nicht mehr über feste Eigenschaften (Herkunft, Aufenthaltsort) charakterisiert, sondern über touristische Aktivitäten oder bestimmte touristische Erfahrungen (Decroly 2015). Diese touristischen Aktivitäten können in unterschiedlichen Zeiträumen ohne Ober- und Untergrenze und mit unterschiedlichen Nuancen der Intensität, möglicherweise parallel oder gar konträr zu anderen Aktivitäten ausgeübt werden. Damit einher geht

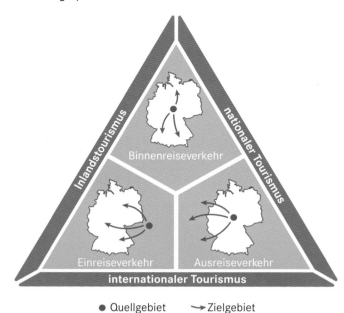

Abb. 27.2 Kategorisierung von Touristen in der statistischen Definition (verändert nach Schmude & Namberger 2014).

eine stärker individuelle Betrachtung von Reisenden mit ihren Aktivitäten und Erfahrungen, also eine Abkehr von homogenisierenden Betrachtungen der Touristen als einheitliche Gruppe (Uriely 2005). Eine weitere Gemeinsamkeit der beiden oben vorgestellten Ansätze besteht darin, dass sie für das Aufrechterhalten einer klaren Trennung zwischen den Reisenden und den Bereisten eintreten.

Demgegenüber steht das in den letzten Jahren vermehrt diskutierte Konzept des *proximity tourism* (Diaz-Soria 2017). In der diesbezüglichen Forschung wird das Tourist-Sein in der gewohnten sozialen (*social proximity*) und räumlichen Umgebung (*spatial proximity*) aus unterschiedlichen Perspektiven betrachtet. So ungewöhnlich dies auf den ersten Blick wirken mag, ist doch gerade der Tourismus in starkem Maße durch die Vorstellung geprägt, das Mondäne des Alltäglichen hinter sich lassen und das Andere entdecken zu wollen (Salazar 2012): Immer mehr Destinationen und touristische Unternehmer bieten touristische Stadtführungen auch für Einheimische an – oft mit speziellen Themen oder Schauspielern in der Rolle von historischen Personen. Die Möglichkeit, Tourist in der Heimat zu sein, vermittelt dieses neuartige Konzept durch den auch als *tourist gaze* (Urry & Larsen 2011) bezeichneten touristischen Blick, den auch Einheimische einnehmen können. Beim *tourist gaze* geht es in erster Linie nicht darum, in welcher räumlichen oder sozialen Umgebung sich jemand befindet, um die im Tourismus gewünschten außeralltäglichen, besonderen und anderen Erfahrungen zu machen. Entscheidend ist vielmehr, welchen Blick man gegenüber der Umgebung einnimmt. Während beim Besuch einer Stadt sowohl alltägliche wie auch außeralltägliche Beobachtungen gemacht werden können, richtet sich der Blick des Reisenden auf das bislang Unbekannte und Besondere und dies kann, entsprechend gerahmt, auch im gewohnten Umfeld wahrgenommen werden.

Eine zentrale Erweiterung des touristischen Blicks ist die Fotografie. Durch Prozeduren des *framing* (Robinson & Picard 2009), dem gezielten Suchen und Auswählen von Motiven durch den Sucher oder über den Bildschirm der Digitalkamera oder des Smartphones wird versucht, den touristischen Blick mithilfe der Kamera festzuhalten und zu materialisieren. Das Fotografieren zählt somit zu einer der zentralen touristischen Praktiken.

Wenn für die Unterscheidung, ob jemand Touristin bzw. Tourist ist oder nicht, entscheidend ist, was sie oder er macht, handelt es sich um eine **Konzeptualisierung von Touristen anhand von Praktiken**, das heißt mittels ritualisierter, konventionalisierter Handlungen. Im Rückgriff auf Bourdieu & Darbel (1965) heißt das: Weil wir etwas auf eine bestimmte Art und Weise tun, also bestimmte Praktiken ausüben, werden wir zu Touristen und nehmen eine touristische Sichtweise ein. Praktiken sind dabei ortsgebunden und werden stets in Bezug zu oder mit Orten ausgeübt (Abschn. 27.3). Damit unterliegen sie einer spezifisch geographischen Komponente. In der französischsprachigen Literatur wird dies im sozialkonstruktivistischen Konzept des *habiter les lieux* (Orte bewohnen) aufgegriffen. *Habiter* beschreibt dabei das ritualisierte, alltägliche „Etwas-mit-dem-Raum-Machen" – und zwar in der ursprünglichen Auslegung des Konzepts lediglich bezogen auf die Bewohner eines Raums. Zu den Bewohnern lassen sich in einer neueren Forschungsperspektive allerdings auch – zumindest temporär – Touristen zählen. Somit können sowohl klassische Einwohner als auch Touristen durch ein *habiter touristiquement les lieux* (Orte touristisch bewohnen), das heißt durch das Ausüben touristischer Praktiken, zu Touristen werden (Stock et al. 2003). Die klassische Trennung von Touristen und Einwohnern wird damit aufgehoben. Bourdieu (1982) liefert mit seiner Idee des **Habitus** eine weitere Begründung, weshalb Praktiken für die Konzeptualisierung des Tourismusbegriffs beachtenswert sind. Denn Bourdieu argumentiert, dass verschiedene soziale Gruppen versuchen, sich über Bildung, materiellen Besitz, Praktiken und vieles mehr voneinander abzugrenzen und auf diese Weise sozial zu verorten. Durch diese vielfältige Abgrenzung und gleichzeitige Verortung wird ein bestimmter Habitus konstruiert, der die Fähigkeit und Bereitschaft sozialer Gruppen beschreibt, sich Objekte und Praktiken anzueignen, und den Individuen eine Richtung vorgibt, wie sie sich in bestimmten Situationen verhalten können. Die Art des Reisens sowie die Häufigkeit und die Ziele von Reisen sind dabei ebenfalls konstituierend für und zugleich geprägt durch den Habitus. Demzufolge können bestimmte touristische Praktiken, je nach Habitus, dazu dienen, Touristen zu konzeptualisieren.

Der Tourismus befindet sich nicht zuletzt aufgrund der fortlaufenden gesellschaftlichen Transformation im kontinuierlichen Wandel. Prozesse wie die Digitalisierung verändern nicht nur die Art der Reisebuchung, sondern erschaffen auch neue digitale Reisetypen (Gretzel et al. 2010) und ebenso deren Gegenbewegungen (z. B. *digital-detox*-Reisen). Der Tourismus ist also Bestandteil eines ständigen Wandlungsprozesses und damit unterliegen auch die Touristen und das Tourist-Sein einem sich fortdauernd wandelnden Verständnis. Die Operationalisierung der Begriffe Tourismus und Tourist ist deshalb schwierig und wird in der Forschungspraxis unterschiedlich gehandhabt. Grundsätzlich kann keine der oben genannten Definitionen als überlegen, moderner oder geeigneter als eine andere verstanden werden. McCabe (2005) erachtet den **Begriff Tourist** daher vorrangig **als Konstrukt**, das im Diskurs von vielen Experten und Laien unterschiedlich verstanden und interpretiert wird. In diesem Sinne konstruiert jeder für sich eine Vorstellung und einen Begriff des Touristen. So argumentiert McCabe (2005), dass, während das Phänomen Tourismus in seiner ontologischen Realität nicht abgestritten werden kann, das Gleiche nicht für das Konzept Tourist gilt. Der Begriff des Touristen existiert für ihn deshalb nicht in einer allgemeingültigen Version.

27.2 Tourismus als System

Tourismus in all seinen Erscheinungsformen besteht nicht nur aus Touristinnen und Touristen, sondern entfaltet sich im Zusammenspiel von unterschiedlichen menschlichen und institutionellen Akteurinnen und Akteuren sowie vielfältigen Rahmenbedingungen. Neben den Touristinnen und Touristen sind dies beispielsweise touristische Leistungsträger (Hotels, Verkehrsbetriebe, Gastronomie etc.) sowie regionale Verwaltungen und politische Institutionen, aber auch die Destinationen mit ihren ursprünglichen und abgeleiteten Angeboten. Unter einem **ursprünglichen Angebot** versteht man die naturräumliche Ausstattung einer Destination,

das heißt Landschaft, Flora, Fauna und Klima sowie Bauwerke, die zur Ausstattung des Gebiets gehören und ursprünglich nicht für eine touristische Nutzung errichtet wurden (Schlösser, Burgen etc.). Häufig zählt man auch die kulturellen Merkmale wie Sprache, Traditionen und Brauchtümer zum ursprünglichen Angebot. Das **abgeleitete Angebot** einer Destination umfasst hingegen die menschgemachten Objekte, die überwiegend für eine touristische Nutzung erstellt wurden und im Wesentlichen die touristische Infrastruktur ausmachen (Hotels, Freizeiteinrichtungen, Ver- und Entsorgungsleitungen etc.).

In Anbetracht des Zusammenspiels und der wechselseitigen Beeinflussung dieser zahlreichen Akteure und Bereiche kann der Tourismus als ein System verstanden werden (Abb. 27.3). Definitionsgemäß besteht ein System aus verschiedenen Elementen (Entitäten) oder Teilsystemen, die direkt oder indirekt voneinander abhängig sind oder aufeinander wirken. Darüber hinaus kann es auch Wechselwirkungen mit Entitäten und Systemen außerhalb des betrachteten Systems geben. Es besteht die Möglichkeit, den Tourismus entweder als ein kompliziertes System oder als ein komplexes System zu betrachten (Hall & Page 2014). Wird **Tourismus als kompliziertes System** verstanden, so geht man davon aus, dass das System insgesamt als Summe seiner Teile durchdrungen werden kann. Das heißt, wenn man die (mitunter sehr große) Mühe auf sich nimmt, alle Entitäten und Teilsysteme des Systems zu analysieren und zu verstehen, dann

Abb. 27.3 Beispielhafte Modellierung des Systems Tourismus (verändert nach Bieger 2010, Freyer 2015, Hall & Page 2014).

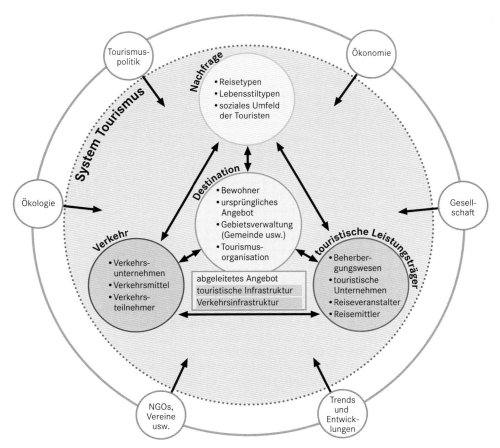

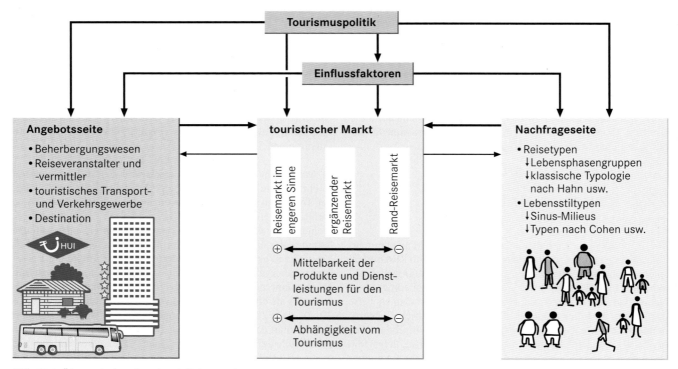

Abb. 27.4 Ökonomisches Grundmodell des Tourismus (verändert nach Freyer 2015).

lassen sich auch die Interdependenzen zwischen den Elementen und somit das System als Ganzes verstehen (Reduktionismus). Betrachtet man jedoch **Tourismus als komplexes System**, so treten einfache Ursache-Wirkungs-Zusammenhänge in den Hintergrund. Kleine Impulse können große und nicht absehbare Konsequenzen nach sich ziehen. Dies hat zur Folge, dass das System insgesamt auch dann nicht vollständig durchdrungen werden kann, wenn die einzelnen Elemente umfassend analysiert werden (Holismus). Die Unterscheidung zwischen komplexem und kompliziertem System hat Auswirkungen auf die Forschungsfragen, die gestellt werden (können), auf die Übertragbarkeit bestehender Fallstudien sowie auf die Art und Weise, wie wissenschaftliche Erklärungsansätze entwickelt und eingesetzt werden. In der aktuellen Forschung wird Tourismus meistens als komplexes System betrachtet (Hall & Lew 2009).

Systeme können sehr umfangreich werden, insbesondere wenn es darum geht, grundlegende Konzepte oder größere Themenfelder abzubilden. In diesen Fällen behilft man sich mit der **Modellierung von Systemen** zu einfacheren Modellen. Ein Modell (bzw. Schema) ist eine Seh- und Verständnishilfe für einen gegebenen Sachverhalt, die zur Vereinfachung dient und die Annahmen treffen und Zuschreibungen oder Klassifizierungen vornehmen soll. Dabei erfolgt die Modellierung stets aus einer bestimmten Perspektive. Bei der Darstellung des ökonomischen Grundmodells des Tourismus (Abb. 27.4), einem klassischen, einfachen Modell des Tourismus, erfolgt die Modellierung aus betriebswirtschaftlicher Perspektive. Umwelt- oder gesellschaftsbezogene Aspekte und räumliche Komponenten spielen in diesem Modell nur eine untergeordnete Rolle bzw. werden als Entitäten außerhalb des Systems modelliert. Demgegenüber

können Modellierungen aus geographischer Perspektive vorhandene räumliche Bezüge stärker hervorheben.

Im **ökonomischen Grundmodell des Tourismus** treffen die Angebotsseite (touristische Leistungsträger) und die Nachfrageseite (Touristinnen und Touristen) in einem touristischen Markt aufeinander. Die spezifische Ausprägung des jeweiligen Markts wirkt ihrerseits zurück auf die Angebots- und Nachfrageseite. Alle drei Elemente unterliegen dem Einfluss der Tourismuspolitik beispielsweise über Reisebeschränkungen (Visaregelungen) oder die Anpassung von Mehrwertsteuersätzen für das Gastgewerbe. Der touristische Markt wird je nach Art der Leistung, der Mittelbarkeit der Produkte und Dienstleistungen für den Tourismus sowie der Abhängigkeit von Touristen als Konsumenten untergliedert in die folgenden drei Bereiche (Freyer 2015): ein Reisemarkt im engeren Sinn, in dem die unmittelbaren touristischen Akteure (z. B. Beherbergungsbetriebe, Reiseveranstalter) versammelt sind, ein ergänzender Reisemarkt (z. B. Reiseliteratur-Verlage, Souvenir-Industrie) und ein Rand-Reisemarkt (z. B. Gastronomie, Sportartikelhersteller).

Zu den wesentlichen Akteuren auf der Angebotsseite werden üblicherweise das Beherbergungswesen, die Reiseveranstalter und -mittler, das touristische Transport- und Verkehrsgewerbe und die Destinationen gezählt. All diese Akteure sind mit der Schwierigkeit konfrontiert, dass sie in vielen Fällen ein immaterielles Produkt anbieten, das nicht lagerfähig und damit vergänglich ist (ein für eine Nacht nicht genutztes Hotelzimmer verfällt ebenso wie ein leerer Sitzplatz im Zug und kann nicht später doppelt genutzt werden) und das dem *uno-actu*-Prinzip unterliegt, das heißt, dass die Leistungserstellung und der Leistungsabruf zeitlich und räumlich zusammenfallen und nicht exportiert werden können. Beides macht die Angebotsseite krisenanfällig gegenüber Nachfrageschwankungen, Naturkatastrophen und anderen Einflüssen (Aschauer 2007; Abschn. 27.4). Das **Beherbergungswesen** ist für die Übernachtungsleistung sowie untergeordnet auch für die Verpflegungs- und andere Nebenleistungen verantwortlich und damit nahezu vollkommen abhängig vom Tourismus. Man unterscheidet zwischen der klassischen Hotellerie mit Hotel, Hotel garni, Pension und Gasthof (in Abhängigkeit der Dienstleistungs- und Speisenangebote) sowie der Parahotellerie mit Ferienwohnungen, Privatzimmern, Campingplätzen etc. Das Beherbergungswesen ist im deutschsprachigen Raum nach wie vor hauptsächlich klein- bis mittelständisch geprägt. Unterschiedliche Prozesse der Globalisierung bewirken jedoch einen zunehmenden Wettbewerbsdruck, der zu Konzentration und Fusionen von Unternehmen, zu Spezialisierungen bestehender Hotels (Golf-, Wellness-, Familienhotels etc.) sowie zu einem steigenden Filialisierungsgrad („Kettenhotels") führt. Die weltweit größten Hotelketten verfügen inzwischen über mehr als 700 000 Zimmer an mehr als 4000 Standorten (Platz 1: Hilton Worldwide, 2: Marriott International, 3: Intercontinental Hotels Group; Wirtschaftswoche 2015). Unter dem **Reiseveranstalter** versteht man ein Unternehmen, das verschiedene Teilleistungen einer Reise – ggf. auch von Drittanbietern – zu einem Produkt zusammenfügt und auf eigenes Risiko unter eigenem Namen anbietet. Im Unterschied dazu stehen die **Reisemittler**, die lediglich Reisen eines Veranstalters oder alleinstehende Teilleistungen vermitteln und damit keine Haftung übernehmen (z. B. bei Entfallen einer Übernachtung infolge einer Flugverspätung). Denn in diesem Fall liegt die Haftung entweder beim Reiseveranstalter oder sie ist ausgeschlossen (z. B. wenn man selbst als Reiseveranstalter auftritt und die Teilleistungen der eigenen Reise mittels Internetbuchungen selbst zusammenstellt). Während bei den Reisemittlern in den vergangenen Jahren im Zuge der Digitalisierung eine Verlagerung zu Internetvermittlungen zu verzeichnen war (z. B. Expedia, booking.com), ist die Reiseveranstalterbranche durch zunehmende Konzentrationen im Hauptmarkt (Marktanteil von TUI, Thomas Cook und REWE Touristik beträgt ca. 60 %) und viele kleine Veranstalter mit hohem Spezialisierungsgrad im Nebenmarkt gekennzeichnet. Zum touristischen **Transport- und Verkehrswesen** zählen neben den Verkehrsbetrieben zur An- und Abreise (Fluggesellschaften, Bahn, Busse bzw. Fernbusse, PKW, Kreuzfahrt- und Fährschiffe etc.) die Verkehrsmittel vor Ort, wie etwa Straßenbahnen, Lokalbusse, Fahrräder oder Seilbahnen (Groß 2011).

Im Rückblick auf die historische Entwicklung des europäischen Tourismus wird deutlich, wie grundlegend dieser Wandel durch Innovationen und Veränderungen im Transportwesen geprägt wurde: Der Ausbau des Schienenverkehrs seit dem ausgehenden 19. und vor allem im 20. Jahrhundert ebenso wie die massenhafte Verbreitung des Automobils nach dem Zweiten Weltkrieg und die wachsende Bedeutung des Flugreiseverkehrs seit den späten 1950er-Jahren haben zahlreiche Möglichkeiten eröffnet, zu neuen und über den gesamten Erdball verteilten Reisezielen aufzubrechen und auch das Reiseverhalten zu verändern. Dies gilt auch für spätere Transformationen wie das starke Wachstum von Billigfliegern (*low-cost carrier*) seit den späten 1990er-Jahren, das zum „Boom" des Städtetourismus beigetragen hat und

umgekehrt auch selbst durch den zunehmenden Städtetourismus weiter vorangetrieben wurde (Bauder 2018, Freytag 2009).

Die **Destination** ist in mehrfacher Hinsicht ein Akteur der Angebotsseite: Sie kann nicht nur als Leistungsträger auftreten, sondern auch als Reiseveranstalter und Reisemittler. Die Destination wird definiert als ein Gebiet, das „der jeweilige Gast [...] als Reiseziel auswählt. Sie enthält sämtliche für einen Aufenthalt notwendige Einrichtungen für Beherbergung, Verpflegung, Unterhaltung/Beschäftigung. Sie ist damit die Wettbewerbseinheit im Incoming-Tourismus, die als strategische Geschäftseinheit geführt werden muss" (Bieger 2010). Die Größe einer Destination variiert daher je nach Wahl des Reiseziels (und deshalb u. a. auch nach dem Reisezweck und der Herkunft der Reisenden) zwischen einem einzelnen Ort, einer Region, einem Land oder einem Kontinent. Die räumliche Ausdehnung der Destination kann dabei näherungsweise als proportional zur Entfernung des touristischen Quellgebiets (das heißt zur Herkunftsregion der Reisenden) angesehen werden. Über weite Distanzen anreisende Touristen besuchen demnach oft eine großräumigere Destination (z. B. *Europe in ten days* bei nordamerikanischen oder ostasiatischen Touristen) als Urlauber aus benachbarten Regionen, die während ihrer Reise nur einen bestimmten Ort als kleinräumige Destination besuchen. Um diesen raumbezogenen Unterschieden bei der Verwaltung und beim Marketing besser gerecht werden zu können, haben sich touristische Orte und Regionen auf unterschiedlichen Ebenen von der örtlichen bis üblicherweise zur nationalen Ebene zusammengeschlossen (Hartmann 2014). Dabei ergibt sich ein umfangreiches Netz von Zuständigkeiten, Zugehörigkeiten und finanziellen Regelungen (Abgaben, Förderungen und Einnahmen), das nicht nur von räumlicher Nähe, sondern auch von sozialen und politischen Verhältnissen abhängt (Abb. 27.5). Zur Beleuchtung dieser räumlichen Einbettung, die auch Akteursnetzwerke betrifft, kann die Tourismusgeographie einen wertvollen Beitrag leisten. Speziell in der angelsächsischen Literatur wird für den Erfolg von Destinationen die Erfüllung der drei „A" als wichtig angesehen: *attraction, amenities, access*. Sind also (natürliche oder abgeleitete) Attraktionen, Annehmlichkeiten (gute touristische Infrastruktur) und ein guter Zugang (schnelle und ggf. günstige An- und Abreisemöglichkeiten) vorhanden, so verfügt die Destination über ein geeignetes Potenzial für eine erfolgreiche Vermarktung.

Auf allen Ebenen der Angebotsseite ist ein Wettbewerbsdruck spürbar, der in Verbindung mit den vorhandenen Unsicherheitsfaktoren (Vergänglichkeit, *uno-actu*-Prinzip) zur Strategie der **vertikalen Integration** führt. Dabei versuchen Unternehmen ihr Risiko zu minimieren, indem sie möglichst auf allen Stufen an der Wertschöpfung partizipieren. So streben die großen Reiseunternehmen (TUI, Thomas Cook etc.) danach, gleichermaßen als Beherbergungsbetrieb mit eigenen Hotels, als Reiseveranstalter und Reisemittler mit eigenen Reisebüros und Transportunternehmen (einschließlich Flugzeugen, Bussen etc.) aufzutreten. Dies ermöglicht neben der Gewinnbeteiligung auf allen Stufen auch ein einheitliches Qualitätsmanagement, Kosteneinsparungen durch Skaleneffekte sowie die kontinuierliche Sichtbarkeit der eigenen Marke.

Auf der Nachfrageseite gibt es lediglich die Touristinnen und Touristen als wesentliche Akteure. Diese werden in der Regel

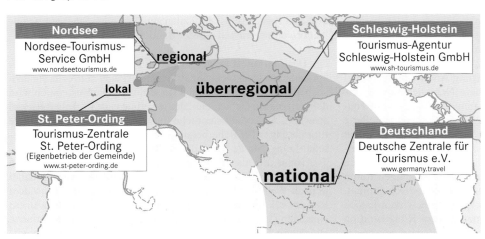

Abb. 27.5 Tourismusmarketing-Organisationen in unterschiedlichen Ebenen am Beispiel von St. Peter-Ording.

anhand von **Reisetypologien** untergliedert, um einen differenzierten Blick zu gewinnen. Dabei werden die Touristen nach verschiedenen Merkmalen, wie beispielsweise ihrer Motivation, ihrem Reiseverhalten oder soziodemographischen und ökonomischen Aspekten in unterschiedliche Gruppen eingeteilt. Ein frühes Beispiel ist die „klassische Typologie" nach Hahn Anfang der 1970er-Jahre (Freyer 2015), der basierend auf den Aktivitäten, Motiven und Interessen der Touristen eine Einteilung in fünf Gruppen (A, B, F, S, W) vorgenommen hat: <u>A</u>benteuerurlauber, <u>B</u>ildungs- und Besichtigungsurlauber, <u>f</u>erne- und flirtorientierter Erlebnisurlauber, <u>s</u>onne-, sand- und seeorientierter Erholungsurlauber sowie <u>w</u>ald- und wanderorientierter Bewegungsurlauber. Ähnliche eindimensionale Einteilungen sind das „aktionsräumliche Verhalten" nach Fingerhut oder die „Lieblingsfarben-Typisierung" nach Löscher (Freyer 2015). Bekannt sind zudem die „Lebensphasengruppen" der Forschungsgemeinschaft Urlaub und Reisen e. V., die auf der Grundlage soziodemographischer Merkmale eine Einteilung in 1) jung, unverheiratet, keine Kinder, 2) jung, verheiratet, keine Kinder, 3) Familie mit kleinen Kindern, 4) Familie mit großen Kindern, 5) Ältere mit Partner, 6) Ältere ohne Partner, 7) Senioren mit Partner und 8) Senioren ohne Partner vornimmt. Darüber hinaus gibt es sog. **Lebensstil-Typologien**, die davon ausgehen, dass ein vielschichtiges Muster von Einstellungs- und Verhaltensweisen dem Handeln von Personen und damit auch der Urlaubswahl zugrunde liegt. Ein bekanntes Beispiel dafür sind die Sinus-Milieus, die neben der Tourismusforschung auch in anderen sozial- und wirtschaftswissenschaftlichen Bereichen und der Humangeographie aufgegriffen wurden. Anhand der Sinus-Milieus lässt sich eine Einteilung von Reisetypen basierend auf den „Befindlichkeiten und Orientierungen der Menschen, (…) Werte, Lebensziele, Lebensstile und Einstellungen sowie ihrem sozialen Hintergrund" (Sinus-Sociovision 2017) vornehmen. Besondere Beachtung verdient auch die Typologie des Soziologen Erik Cohen (1979). Für ihn spielen die Motivationen und Sehnsüchte des Reisens eine bedeutende Rolle als Unterscheidungskriterium. Er betont allerdings, dass er damit weniger eine Typisierung von Menschen vornehmen möchte als vielmehr die vorhandene Vielfalt touristischer Praktiken verdeutlichen und eine Typisierung von Reisenden ermöglichen (Abschn. 27.1). Im Einzelnen beschreibt Cohen fünf verschiedene Typen von Touristen und berücksichtigt dabei die Identifikation mit der eigenen Position in der Gesellschaft, deren Werte und Normen („Zentrum" genannt) sowie den Umgang mit möglicherweise daraus resultierenden Spannungen – je nachdem, wie stark es zu einer temporären Lösung vom eigenen Zentrum kommt und eine Identifikation mit der bereisten „alternativen Gesellschaft" angestrebt wird. Die Spannbreite reicht dabei vom *recreational type*, der fest in seinem Zentrum verankert bleibt, über den *diversionary type*, den *experiential type* und den *experimental type* bis hin zum *existential type*, der sich komplett von seinem Zentrum löst und alternative Gesellschaftsentwürfe in der Ferne sucht, um dort für sich ein neues Zentrum zu etablieren.

Neben den beiden zentralen Akteuren nennt das ökonomische Grundmodell verschiedene Einflussfaktoren, die innerhalb und außerhalb des Systems Tourismus wirksam sein können. Ein Beispiel ist die **Tourismuspolitik als externer Faktor,** die verschiedene Wirkungen entfalten kann. Über Visaerleichterungen und -restriktionen, staatliches Marketing, Mehrwertsteueränderungen für touristische Produkte, ausgesprochene Reisewarnungen etc. wird sowohl auf die Nachfrage- als auch auf die Angebotsseite Einfluss genommen. Andere externe Einflüsse betreffen u. a. die allgemeine Sicherheitslage und den Terrorismus (Abschn. 27.4), Umwelteinflüsse und Klimawandel, gesellschaftliche und ökonomische Rahmenbedingungen (Demografie, Werte und Normen, Wohlstandsentwicklung) sowie technische Entwicklungen. An diesem Punkt wird klar, dass Modelle immer dann besonders schwierig aufrechtzuerhalten sind, wenn es zu grundlegenden Innovationen und Veränderungen kommt (Küblböck & Thiele 2014). Beispielsweise wird die modellbezogene klare Trennung von Konsumenten (Nachfrager) und Produzenten (Anbieter) im Zuge der Digitalisierung zunehmend infrage gestellt: Mit dem Aufkommen von P2P-Plattformen und Ausweitung der Sharing Economy (z. B. Airbnb; Kagermeier et al. 2015) werden Konsumenten (Nachfrager) zunehmend auch zu Produzenten (Leistungsträger) – eine Doppelrolle, die in der neuartigen Bezeichnung als sog. „Prosumenten" zum Ausdruck kommt.

Betrachten wir den Tourismus in seinen konkreten Ausprägungen in verschiedenen Regionen der Erde, so lassen sich unterschiedliche Strukturen und Entwicklungen feststellen. Für deren

Verständnis und Erklärung sind verallgemeinernde und vereinfachende Modelle nur eingeschränkt brauchbar. Denn es gibt vielfältige räumliche Komponenten, die diversifizierend wirken und für deren Untersuchung eine raumbezogene Betrachtung und eine speziell (tourismus-)geographische Perspektive infrage kommen. Mit ihren vielfältigen Ansätzen kann die Humangeographie wertvolle Anregungen zu aktuellen tourismuswissenschaftlichen Debatten geben.

27.3 Tourismus und Raum

Die Begriffe **Tourismus und Raum** sind eng miteinander verbunden, denn ein Tourismus losgelöst von räumlichen Bezügen ist kaum vorstellbar. Orte, Regionen und Räume gehören daher spätestens seit dem *spatial turn* zu den zentralen Gegenständen der Tourismusforschung. Orte und Räume des Tourismus – egal, wie neutral oder objektiv sie auch erscheinen mögen – sind dabei keine natürlichen Gegebenheiten, sondern unterliegen Prozessen der sozialen Konstruktion (Pott 2007). Die Destination als gegebene, festgelegte Einheit existiert also nicht per se. Erst durch individuelle Bedeutungszuschreibungen werden physisch-materielle Umwelten zu Tourismusräumen „gemacht" (Wöhler et al. 2010). Dieses „Machen" ist ein performativer Prozess, den Touristinnen und Touristen vollziehen (engl. *doing/**performing** tourism*; Bærenholdt et al. 2004) und der als Verräumlichung sozialer touristischer Praktiken verstanden werden kann. Demzufolge werden **Tourismusräume** erst durch touristische Praktiken von Touristinnen und Touristen konstruiert. Auch wenn die materielle Kultur eines Ortes diesen als Tourismusraum prädestiniert (z. B. weil dort ein imposantes oder bedeutendes Bauwerk steht), muss sich das Ausüben touristischer Praktiken und damit die Ausprägung als Tourismusraum dort nicht zwangsläufig ergeben. Materielle Objekte und Monumente sind passiv oder stumm und determinieren keinen touristischen Raum, sie werden erst durch Praktiken von Touristen vor Ort zu einem Tourismusraum gemacht. Erst wenn Touristen den mit einem stummen Objekt ausgestatteten Raum besuchen, das Monument fotografieren, im Café sitzen oder andere tourismusbezogene Praktiken ausüben, wird aus dem betreffenden Raum tatsächlich ein touristischer Raum. Auch das Betrachten von Objekten im klassischen Sinne des Sightseeings, dem eine bestimmte Art der touristischen „Praxis des Sehens" (kulturell bedingtes Sehen, siehe „*tourist gaze*" in Abschn. 24.1) zugrunde liegt, gehört zu diesen Praktiken (Wöhler et al. 2010). Da derartige Praktiken stets in ein gesellschaftliches Umfeld eingebettet sind, spiegeln sich die gesellschaftlichen Verhältnisse in der Produktion des betreffenden Tourismusraums wider. Unter dem Einfluss der sich im zeitlichen Verlauf wandelnden gesellschaftlichen Verhältnisse entstehen Tourismusräume kontinuierlich neu und werden fortlaufend verändert. Im Zuge einer zunehmenden Individualisierung können wir deshalb heute eine Vielfalt (zum Teil nur temporär existierender) touristischer Räume in diversen Erscheinungsformen erleben (Abb. 27.6).

Ungeachtet dieser dynamischen Veränderungen werden Destinationen in der Tourismusforschung oft eher statisch gefasst und nach verschiedenen Erscheinungsformen klassifiziert. Basierend auf einer Mischung von geographischen Aspekten, touristischen Angebotsarten und Trägerschaften bzw. Rechtsformen wird bei den **Destinationsformen** klassischerweise unterschieden zwischen ländlichem Tourismus, Städtetourismus, Kurorten, Industrieregionen, Küstenregionen, Inseln, Mittel- und Hochgebirgsregionen und anderen untergeordneten Formen oder Mischformen (Freyer 2015). Eine ausführlichere und sehr lesenswerte Darstellung verschiedener Destinationsformen sowie spezifischer damit verbundener geographischer Konzepte, Theorien und Perspektiven findet sich bei Hall & Page (2014).

Die einzelnen Destinationen stehen nicht nur zwischen ihresgleichen, sondern auch gegenüber anderen Destinationsformen im Wettbewerb. In diesem Zusammenhang bietet die Auszeichnung durch **Zertifizierungen** und Prädikate die Möglichkeit, größere Sichtbarkeit, Anerkennung und damit auch einen Wettbewerbsvorteil zu erlangen. Prädikate wie „staatlich anerkannter Kurort" sind dabei gesetzlich in den deutschen Bundesländern

Kapitel 27

Abb. 27.6 Konstruktion eines Tourismusraums durch touristische Praktiken „aus dem Nichts": das „Burning Man Festival" 2012 (Foto: flickr.com/Jon Collier, 2012, CC BY-SA 2.0).

Exkurs 27.1 Negative ökonomische Effekte des Tourismus im Globalen Süden

In einer Studie über die Region um den Kaziranga-Nationalpark im Nordosten Indiens kommt Saikia (2015) zum Ergebnis, dass die dort lebende Bevölkerung sowohl die durchaus vorhandenen positiven Effekte des Tourismus wahrnimmt als auch ebenso häufig dessen negative Auswirkungen erkennt. Dabei wird insbesondere der Anstieg von Landpreisen und Lebenshaltungskosten infolge der touristischen Entwicklung bei gleichzeitig vergleichsweise geringem Einkommen aus der Beschäftigung im Verbund mit meist nur saisonalen Tätigkeiten genannt. Weiterhin beklagen die Einwohner eine zunehmende Abhängigkeit vom Tourismus und befürchten den Verlust und Ausverkauf ihrer traditionellen Werte und Lebensweisen (Exkurs 27.3).

verankert und werden an Städte und Gemeinden verliehen, sofern diese eine Reihe von festgelegten Kriterien erfüllen. Andere Zertifizierungen in Verbindung mit entsprechenden **touristischen Labels** sind weitaus undurchsichtiger. Denn es werden von unterschiedlichen Akteuren verschiedene Labels angeboten, die sich im Hinblick auf die zugrunde liegenden Kriterien, Geltungsbereiche und Prüfverfahren erheblich voneinander unterscheiden. Neben den Vergabestellen für staatliche Labels (z. B. Viabono vom Umweltbundesamt) gibt es zahlreiche Stiftungen (z. B. Green Key von der Foundation of Environmental Education) und Unternehmen (z. B. TourCert von der TourCert gGmbH), die sich in diesem Bereich betätigen. Eine Übersicht über verschiedene Tourismuslabel bietet etwa die Broschüre „Wegweiser durch den Labeldschungel" (Naturfreunde Internationale et al. 2016).

In Destinationen mit attraktivem ursprünglichem Angebot, aber nur geringer wirtschaftlicher Entwicklung wird der Tourismus von unternehmerischer und staatlicher Seite gerne als Entwicklungsmöglichkeit und Wachstumsmotor propagiert. Dies resultiert aus Erwartungen an die **ökonomischen Wirkungen des Tourismus**. Der Tourismus trägt circa 1,2 Billionen US-Dollar (10 %) zum globalen BIP bei und stellt circa 10 % der weltweiten Arbeitsplätze (UNWTO 2017). Man unterscheidet dabei zwischen direkten Effekten (Einkommen und Arbeitsplätze, die unmittelbar aus dem Tourismus resultieren), indirekten Effekten (Einkommen und Arbeitsplätze durch vor- und nachgelagerte Leistungen, z. B. Möbelherstellung für das Hotel) und induzierten Effekten (Einkommen und Arbeitsplätze durch die gestiegene Kaufkraft der Bevölkerung aufgrund des Tourismus, z. B. Kauf eines Fernsehers durch eine Angestellte). Indem direkte zu indirekten und induzierten Effekten in ein Verhältnis gesetzt werden, erhält man den **Multiplikatoreffekt.** Ein Multiplikatoreffekt von 1,5 beschreibt dabei, dass für jeden direkt vom Tourismus geschaffenen Arbeitsplatz oder für ein bestimmtes Einkommen 0,5 weitere Arbeitsplätze oder ein zusätzliches 0,5-faches Einkommen durch indirekte und induzierte Effekte generiert werden. Als Faustregel gilt, dass diversifizierte Wirtschaftssysteme höhere Multiplikatoreffekte aufweisen.

In peripheren und strukturschwachen Regionen Deutschlands, Europas und der Welt erachtet man deshalb den Tourismus als **Hoffnungsträger für Regionalentwicklung** sowie als Schlüssel zur Schaffung von Arbeitsplätzen und zur Generierung von Einkommen (Hopfinger & Lehmeier 2015). Um diese Entwicklung zu initiieren, werden beispielsweise auf europäischer Ebene EU-Fördergelder bereitgestellt, um den Ausbau der (touristischen) Infrastruktur voranzutreiben, die als notwendige Basis für eine touristische Entwicklung gesehen wird (European Commission 2016). Ganz ähnlich verhält es sich auf nationaler Ebene in Deutschland, denn vor allem „in ländlichen Räumen spielt der Tourismus eine wichtige Rolle, um Beschäftigung und Einkommen, aber auch effektive Versorgungsstrukturen zu sichern" (Bundesministerium für Wirtschaft und Energie 2014). Diese Einschätzung ist nicht neu, denn beginnend in den 1950er-Jahren und vor allem in den 1960er- und 1970er-Jahren erkannte man im Tourismus das Potenzial für ein globales Entwicklungsprogramm u. a. zur Förderung der Länder des Globalen Südens, die damals noch als „Entwicklungsländer" bezeichnet wurden. Vor diesem Hintergrund riefen die Vereinten Nationen das Jahr 1967 als Internationales Jahr des Ferntourismus aus (Mowforth & Munt 2016). Denn damals galt die nachholende Entwicklung über die „weiße", nicht schmutzige, ressourcenschonende Tourismusindustrie weltweit als ein besonders erstrebenswertes Zukunftsziel.

Es zeigte sich jedoch nach einigen Jahren, dass der klassische Tourismus in nur wenigen Gebieten zu einer wirtschaftlich nachhaltigen Entwicklung führte. Geförderte Infrastrukturprojekte orientierten sich vornehmlich am Wohl der Touristen und nicht an dem der Einheimischen. Zudem wurden die erhofften Deviseneffekte durch den Tourismus durch eine hohe **Sickerrate** drastisch verringert. Als Sickerrate bezeichnet man dabei den Prozentsatz der durch den Tourismus generierten Einnahmen, die „versickern", also das Land etwa durch den notwendigen Import von Produkten und Dienstleistungen für den westlichen Standard der Touristinnen und Touristen wieder verlassen. Geringer „entwickelte" Länder weisen dabei in der Regel eine höhere Sickerrate von teilweise bis zu 90 % auf, da die Wirtschaft nicht diversifiziert genug ist, um viele Eigenleistungen zu erbringen. Weiterhin hat sich gezeigt, dass der Tourismus im Globalen Süden stark von Akteuren aus dem Globalen Norden durchzogen ist, was zu einem zusätzlichen Geldabfluss führt. So tritt der vielfach erhoffte Anstieg des Einkommens der Einwohner durchaus nicht in allen Fällen ein. Zudem bestätigen mehrere Untersuchungen, dass der Tourismus auf längere Sicht einer Gleichverteilung von Einkommen und Einkommenssteigerungen entgegenwirkt und neue soziale Ungleichheiten im Zielland hervorbringt. Weitere **negative ökonomische Effekte** treten in Form eines Arbeitskräfteabzugs aus anderen Sektoren (z. B. Landwirtschaft) in Kombination mit den Unsicherheiten (Saisonalität, Krisenanfälligkeit) der Beschäftigungsverhältnisse

Exkurs 27.2 Ressourcenverbrauch des weltweiten Tourismus

Allein schon wegen der notwendigen Anreise zum Urlaubsort ist es nahezu unvermeidlich, dass Touristinnen und Touristen im Zuge des von ihnen praktizierten Tourismus auch Einfluss auf die Umwelt nehmen. Aber die Frage, wie stark der Tourismus die Umwelt tatsächlich beeinflusst, blieb aufgrund der spärlichen Datenlage lange Zeit nur sehr vage beantwortet. Gössling & Peeters (2015) haben jedoch einen ersten systematischen globalen Versuch zur Abschätzung der umweltbezogenen Auswirkungen des Tourismus unternommen und kommen zu beeindruckenden Zahlen:

- Tourismus verursacht etwa 5 % der weltweiten CO_2-Emissionen (1304 Mrd. t); entsprechend werden bei einer durchschnittlichen Reise (inkl. Kurzurlaube) etwa 250 kg CO_2 emittiert.

- Tourismus verbraucht jährlich 138 km³ Frischwasser (das heißt nahezu das Dreifache des gesamten Bodensees); dies entspricht durchschnittlich 27 600 Liter pro Reise einschließlich des indirekten Wasserverbrauchs für Treibstoffherstellung, Essenszubereitung etc.

- Tourismus beansprucht weltweit 62 000 km² Land (das heißt etwa die doppelte Fläche von Belgien) bzw. durchschnittlich 11,2 m² pro Tourist für Unterbringung und Aktivitäten

---

im Tourismus auf, insbesondere in vorwiegend monostrukturierten Destinationen (Scharfenort 2017; Exkurs 27.1).

Ungeachtet der Bemühungen zur Tourismusentwicklung ist der Anteil internationaler Touristenankünfte im Globalen Süden bisher im weltweiten Maßstab vergleichsweise gering geblieben (Abb. 27.1), während auch der Binnenreiseverkehr abseits der großen G20-Länder (z. B. China und Indien) in den meisten Fällen noch kein bedeutendes Ausmaß erreichen konnte (Steinecke 2014). Dennoch gibt es zahllose Beispiele für besonders negative Auswirkungen des Tourismus auf Umwelt und Kultur in den bereisten Ländern und Regionen des Globalen Südens (Exkurs 27.2). Heute versucht man deshalb, die vermeintlich heilbringenden Wirkungen des Tourismus differenzierter und auch aus einer postkolonialen Perspektive der Humangeographie heraus zu beurteilen und fokussiert diese zunehmend auf **nachhaltigen Tourismus** sowie lokale Formen wie *community based tourism*. In diesem Sinne hat die Generalversammlung der Vereinten Nationen das Jahr 2017 zum *International Year of Sustainable Tourism for Development* erklärt. Nachhaltiger Tourismus wird dabei als ein Tourismus verstanden, der den Prinzipien einer ökonomischen, ökologischen und sozialen Nachhaltigkeit nachkommt und damit die heutigen Bedürfnisse von Touristen und Gastgebern befriedigt, ohne die zukünftigen Chancen zu zerstören (Strasdas & Rein 2017). Nach wie vor wird aber (nachhaltiger) Tourismus weithin als ein geeignetes Mittel angesehen, um Armut zu verringern, Umwelt zu bewahren, Lebensqualität zu steigern und zur wirtschaftlichen Stärkung der Bewohner beizutragen. Deshalb ist die Tourismusforschung aufgerufen, die Auswirkungen einer mehr oder weniger nachhaltigen Tourismusentwicklung in ihren vielfältigen wirtschaftlichen, soziokulturellen und politischen Bezügen und den damit verbundenen räumlichen Verflechtungen aus unterschiedlichen Blickwinkeln zu untersuchen und zu hinterfragen. Dies gilt insbesondere für postkoloniale und poststrukturalistische Betrachtungen (Exkurs 27.3).

Doch nicht nur im Globalen Süden und in strukturschwachen Gebieten, sondern auch in vielen Großstädten löst der Tourismus durch seine ökonomischen, ökologischen und soziokulturellen Auswirkungen vielfältige raumbezogene Veränderungen aus, die

spezieller Untersuchungsgegenstand einer Geographie des Tourismus sind (Hall & Page 2014, Schmude & Namberger 2014). Dies wird von den Touristen jedoch in der Regel nur sehr eingeschränkt wahrgenommen, denn diese erhalten während ihres Aufenthalts nur unvollständige und temporär begrenzte Einblicke in die bereiste Destination. Tatsächlich bewirkt der praktizierte Tourismus aber, dass Räume neu genutzt, umgenutzt und mit bestimmten Bedeutungen und Vorstellungen versehen werden.

Tourismusräume sind Räume, die stark mit Aspekten des Vorstellens und Imaginierens verbunden sind und mit entsprechender Prägung konstruiert werden. Sowohl Touristinnen und Touristen als auch touristische Leistungsträger kreieren **touristische Raumbilder**. Gerade von Anbieterseite werden bewusst bestimmte Images hergestellt und befördert, um u. a. Sehnsüchte nach dem räumlich oder kulturell Anderen zu wecken und die Reiseentscheidung zu beeinflussen. Dies ist nicht einfach, da Reiseentscheidungen nicht beobachtbar sind und keinen festen Kriterien folgen und daher in den bekannten Modellen zur **Reiseentscheidung** als Black Box integriert werden. Im S-O-R Modell beispielsweise geht man davon aus, dass über die Erstellung und Kommunikation touristischer Raumbilder ein Stimulus (S) gesetzt wird, der vom Organismus (O) in einer Black Box verarbeitet wird und schließlich zu einer Reaktion (R), das heißt zu einer konkreten Reiseentscheidung führt. In diesem Zusammenhang stellt sich auch die Frage, wie die Wahrnehmung von Risiken die Destinationswahl von Touristinnen und Touristen beeinflusst (Karl & Schmude 2017).

Damit Sehenswürdigkeiten und Destinationen die Aufmerksamkeit von Touristen erlangen, müssen sie für diese sichtbar oder erlebbar gemacht werden (Wöhler et al. 2010). Zur Herstellung bestimmter Images kann neben Instrumenten des Marketings (Hartmann 2014) auch auf die Etablierung einer passenden Symbolik zurückgegriffen werden – oder gar auf den Bau und Betrieb künstlicher bzw. inszenierter Welten wie in Themenparks (Abb. 27.7), Ferienparks oder als Teil von Stadtlandschaften (z. B. Las Vegas). „Wird das räumlich Andere auf diese Weise von professionellen Raumanbietern ökonomisch in Wert gesetzt, dann wird es immer wieder präsentiert […] um zu beglaubigen,

Exkurs 27.3 Soziokulturelle Wirkungen des Tourismus am Beispiel des *indigenous tourism*

Indigenous tourism (auch *ethnic tourism*, auf Deutsch gelegentlich als Ethnotourismus bezeichnet) beschreibt ein besonders mit neuen Tourismusformen in Verbindung stehendes Reisen, bei dem der Aufenthalt bei oder das Besuchen von einer bestimmten ethnischen (in der Regel marginalisierten) Gruppe im Mittelpunkt steht (Mowforth & Munt 2016; Abb. A). In diesem Zusammenhang wird eine „authentische" Begegnung mit der Ethnie gesucht, aber aufgrund der Rahmenbedingungen (u. a. Sprache, Dauer und Oberflächlichkeit) der Besuche nur selten verwirklicht.

Das regelmäßige Aufeinandertreffen unterschiedlicher Kulturen und das Vorleben entsprechender Verhaltensweisen sowie das Wecken damit verbundener Bedürfnisse (Demonstrationseffekt) führt zwangsläufig zu wechselseitigen kulturellen Beeinflussungen der Betroffenen. Je größer die kulturelle Distanz, desto stärker können die Wirkungen ausgeprägt sein (Hall & Page 2014). Aus einer mehr oder weniger westlich-eurozentrischen Perspektive lässt sich dabei unterscheiden zwischen Imitations- und Identifikationseffekten (äußerliche Nachahmung bzw. innerliche Übernahme einzelner kultureller Verhaltensweisen), die zu Akkulturation (Angleichung der bereisten Kultur durch Übernahme kultureller Elemente der Reisenden) bei einzelnen Mitgliedern der Gesellschaft und schließlich zur Akkulturation einer gesamten Gesellschaft führen können. Gleichfalls kann es aber auch zur Ablehnung der vorgeführten Verhaltensweisen kommen

(Schmude & Namberger 2014). Akkulturationseffekte werden häufig mit einer fremdbestimmten Kommerzialisierung und Folklorisierung der lokalen Kultur (z. B. Vorführung ehemals rein religiöser Zeremonien für Touristen) sowie mit der Gefahr ihres langsamen Verschwindens gleichgesetzt. Tourismus wird dabei als Neokolonialismus kritisiert. Als weitere negative Effekte des Tourismus werden die Übernahme von als „schlecht" erachtetem touristischen Verhalten (z. B. Alkoholismus, Prostitution) und der Anstieg von Kriminalität genannt. Demgegenüber werden als positive Effekte erwähnt, dass die Ausbildung einer interkulturellen Kompetenz sowohl seitens der Bereisten als auch bei den Touristen erfolgt, lokale Identitäten dadurch gefestigt werden können und dass die finanziellen Erträge zur Bewahrung von traditionellen Lebensweisen der lokalen Bevölkerung und zur Förderung von Denkmälern, Kultureinrichtungen etc. beitragen können.

Die genannten positiven und negativen Effekte lassen eine westlich-eurozentrische Perspektive und Bezüge zum Postkolonialismus erkennen. Sie können nicht nur beim *indigenous tourism*, sondern in abgeschwächter Form auch bei vielen anderen Arten des Tourismus beobachtet werden. Am Beispiel der Himba-Rindernomaden in Namibia wurde von Rothfuß (2006) herausgearbeitet, wie die Wahrnehmungs-, Denk- und Handlungsmuster unter dem Einfluss des Tourismus zusammenwirken.

Abb. A Touristen beim Besuch eines Massai-Dorfes in Kenia (Foto: flickr.com/Sarah Ahearn, 2011, CC BY-SA 2.0).

dass der bereisenswerte Raum tatsächlich so ist, wie es die touristischen Kommunikationen […] und Bilder erwarten lassen" (Wöhler et al. 2010).

Früher oder später stellt sich zwangsläufig die Frage nach der **Authentizität** im Tourismus. Touristinnen und Touristen suchen häufig „authentische Erfahrungen" (MacCannell 2013), meistens

aber ohne spezifizieren zu können, was das eigentlich genau ist. In der Regel bleibt der Eindruck von Authentizität ein etwas diffuses Gefühl, das sich einstellen kann, wenn Touristen meinen, dass sie die ausgetretenen Pfade des Massentourismus verlassen haben und – zumindest im Kontext des Städtetourismus – vorübergehend am Alltagsleben der Einheimischen teilhaben oder diesem zumindest etwas näherkommen können. In diesem Sinne wird

Abb. 27.7 Wie authentisch kann ein Besuch der Kunstfigur des Weihnachtsmanns im „Santa Claus Village" am Polarkreis in Nordfinnland sein (Foto: M. Bauder, 2017)?

„Authentizität" als etwas Positives und Wertvolles verstanden, das sich den Reisenden nicht automatisch, sondern nur an bestimmten Orten und in besonderen Momenten eröffnet (Abb. 27.7). Wie „authentisch" aber können etwa künstliche Welten sein? Genügt es, wenn die durch Images oder andere Quellen induzierte Erwartung mit dem tatsächlich Erlebten übereinstimmen? Oder bedarf es einer „Originalität"? Diese und andere Fragen um das Verständnis von Authentizität bilden ein spannendes Forschungsfeld, das weit über die Tourismusgeographie hinausgeht.

27.4 Grenzen und Nischen des Tourismus

Im Kontext von Reisen und Tourismus kommt es zu vielfältigen Aushandlungsprozessen zwischen Touristen und Einheimischen, Tourismus und Umwelt, Tradition, Kultur und vielem mehr. Diese Aushandlungsprozesse sind äußerst dynamisch. Sie wandeln sich unter verschiedenen Einflüssen und stehen in wechselseitigen Beziehungen mit anderen Prozessen wie z. B. dem Globalen Wandel. Neue Werte (z. B. Umweltschutz, Nachhaltigkeit), Rahmenbedingungen (z. B. Wohlstandsentwicklung, Arbeitszeiten) und Entwicklungen (z. B. sinkende Mobilitätskosten, Digitalisierung) bringen neue Tourismusräume hervor (Abschn. 27.3), in denen sich unbeständig und individuell neue Nischen des Tourismus eröffnen, bestehende Nischen an Bedeutung gewinnen oder sich wieder schließen. Während beispielsweise die Großwildjagd als Tourismusform heute zunehmend gesellschaftlich verpönt ist, wird Voluntourismus (Kombination von Freiwilligendienst und Urlaubsreise) gegenwärtig besonders gut angesehen.

Je mehr Menschen sich am Tourismus beteiligen, desto größer wird der Druck auf bestehende Destinationen und Tourismusformen. Die maximale Tragfähigkeit einer Destination wird mit dem Konzept der **Carrying Capacity** beschrieben, der maximalen Nutzungsintensität, die ein Gebiet hinnehmen kann, ohne dauerhafte Verschlechterungen seiner Beschaffenheit, seiner ökonomischen und ökologischen Grundlagen sowie der Qualität der dort stattfindenden touristischen Erfahrung zu erleiden. Man unterscheidet dabei zwischen physischer, ökonomischer, ökologischer und sozialer Tragfähigkeit (Hall & Page 2014). Die physische Tragfähigkeit bezeichnet die maximale Anzahl an Menschen oder Nutzung, die ein Standort bezüglich des reinen Platzangebots zulässt. Die ökonomische Tragfähigkeit betrachtet den Punkt, an dem der Tourismus mehr negative als positive Wirkungen bei einer weiteren Steigerung verursachen würde – z. B. wenn Strukturen für Einheimische durch eine touristische Nutzung verdrängt oder die durch den Tourismus gestiegenen Einnahmen von der tourismusgenerierten Inflation überholt werden. Mit der ökologischen Tragfähigkeit ist die maximale touristische Nutzung in einem Gebiet gemeint, ohne dass es zu nicht akzeptablen oder irreversiblen ökologischen Schäden kommt. Die soziale Tragfähigkeit (auch als perzeptuelle Tragfähigkeit bezeichnet) schließlich beschreibt die maximale touristische Nutzung, bei deren Überschreiten es zu einer Verschlechterung des touristischen Erlebnisses kommt (engl. *crowding;* Zehrer & Raich 2016) und die in seltenen Fällen auch auf die Sichtweise der Bewohner angewandt werden kann.

Wenn die **Touristifizierung** an einzelnen Orten oder in bestimmten Stadtquartieren so massiv und dominierend wird, dass die Grenzen der Tragfähigkeit erreicht oder gar überschritten werden, spricht man auch von **Overtourismus** (engl. *overtourism;* Freytag & Bauder 2018). Unter den Bedingungen von starker Touristifizierung und Overtourismus können Konflikte auftreten, die seitens der Reisenden zu Ausweichprozessen auf neue Räume und andere Tourismusformen führen und seitens der Bewohner teilweise heftige Proteste auslösen. So hat sich in den vergangenen Jahren ein neues Forschungsfeld etabliert, das die Tourismusgeographie mit der (kritischen) Stadtforschung und der Politischen Geographie verbindet. Die **Proteste gegen Tourismus** sind aufgrund der medialen Fokussierung hauptsächlich in den Top-Destinationen des Städtetourismus wie Barcelona, Berlin und Venedig wahrnehmbar und wissenschaftlich untersucht (Gebhardt 2017), aber sie treten durchaus auch in anderen Gebieten auf. Proteste entzünden sich häufig an einer Überschreitung der perzeptuellen Tragfähigkeit (Popp 2012) oder der ökonomischen Tragfähigkeit (z. B. Proteste gegen die Ausweitung von Airbnb, Touristifizierung und Gentrifizierung von Städten; Colomb & Novy 2016). So protestierten im September 2017 mehrere Tausend Einwohner der Insel Mallorca gegen den Massentourismus: Mallorca platze aus allen Nähten (physische und perzeptuelle Tragfähigkeit), die Umwelt sei bereits an der Belastungsgrenze (ökologische Tragfähigkeit) und die Lebenshaltungskosten seien vor allem infolge gestiegener Mietpreise kaum noch finanzierbar (ökonomische Tragfähigkeit).

Mit den Protesten verbunden ist der Ruf nach einer Limitierung bzw. **Steuerung des Tourismus**. Doch die Frage der Steuerbar-

Exkurs 27.4 Gringo Trails

Die Anthropologin Pegi Vail von der New York University besucht in ihrem Film „Gringo Trails" (erschienen 2014 bei AndanaFilms, www.gringotrails.com) verschiedene Orte entlang der „ausgetretenen Pfade" westlicher Reisender – sog. Gringo Trails – und zeichnet dabei ein Bild von der Entwicklung dieser Destinationen während der letzten 30 Jahre. Besonders eindrücklich ist die Schilderung der Geschichte der thailändischen Insel Kho Phangan.

In den späten 1970er-Jahren kamen die ersten Backpacker eher zufällig in die damals touristisch noch unberührte Gegend des Haad Rin Beach auf Kho Phangan. Später erzählten sie ihren Freunden davon und haben damit eine dramatische Entwicklung ausgelöst, auf die die Insel überhaupt nicht vorbereitet war. Von den vereinzelten Aussteiger-Communitys der damaligen Zeit bis hin zu den heutigen Full-Moon-Partys mit mehr als 50 000 Besuchern am Haad Rin Beach hat sich binnen weniger Jahrzehnte ein ungesteuertes Wachstum des Tourismus vollzogen, mit dessen ökologischen Konsequenzen von Müll, Abwasser, Ressourcen- und Flächenverbrauch etc. die Bewohnerinnen und Bewohner immer mehr zu kämpfen haben (Abb. A). Deshalb zieht der Bürgermeister das traurige Fazit: *„It's too late"*. Kho Phangan lässt sich nicht mehr steuern.

Abb. A Hinterlassenschaften einer „Full-Moon-Party" auf der thailändischen Insel Kho Phangan (Foto: Zebra Films).

keit des Tourismus ist mit einigen Schwierigkeiten verbunden. Zwar gibt es verschiedene Managementansätze wie *Recreation Opportunity Spectrum* (ROS), *Limits of Acceptable Change* (LAC) oder *Tourism Optimisation Management Model* (TOMM; Hall & Page 2014), die auf eine Steuerung des Tourismus abzielen, aber letztlich bleibt das Reisen die Entscheidung und der Ausdruck einzelner Personen. Daher sind den Möglichkeiten zur Steuerung des Tourismus von vornherein Grenzen gesetzt. Sicherlich kann der Zugang zu Nationalparks beschränkt und in Städten der Bau von Hotels oder die Umwidmung von Wohnraum zu Ferienwohnungen gestoppt werden, aber den Besuch einer Stadt oder den Zugang zu einer Insel kann man den Reisenden in der Regel nicht verwehren. Zudem führen Beschränkungen oft lediglich zu Ausweichbewegungen in neue Räume oder zu anderen Tourismusformen und sind deshalb letztlich nichts anderes als eine bloße Verlagerung der Problematik. Außerdem ist Tourismus oft verbunden mit der Suche nach dem Einzigartigen, dem Anderen, dem Unentdeckten – die Touristen suchen also nach Gebieten, in denen eigentlich keine Steuerung vorgesehen ist (Exkurs 27.4).

Das Ausweichen auf neue Tourismusräume und neue Tourismusformen geschieht in unserer volatilen Welt immer schneller.

Für eine bestimmte Zeit stabilisieren sich dadurch spezifische Arten, Formen und Räume des Tourismus, während andere verschwinden. Im Ganzen zeichnet sich ein Trend zur Diversifizierung ab, der zahlreiche neue Arten des Tourismus und neue touristische Praktiken hervorbringt. Dies betrifft nicht nur Gesundheitstourismus, Ökotourismus, *slow tourism* und *community based tourism*, sondern z. B. auch *dark tourism* (Besuch von Orten, die mit Krieg, Leid und Katastrophen assoziiert werden), Armuts- und Slumtourismus, Couchsurfing, *heritage tourism*, Filmtourismus sowie Tourismus in den Polargebieten und anderen entlegenen Regionen der Erde (Rulle 2008, Lennon & Foley 2000, Rolfes 2010 und 2011, Frenzel et al. 2012, Steinecke 2016). Als *new urban tourism* werden tourismusbezogene Transformationen bezeichnet, die gegenwärtig vor allem in städtischen Räumen zu beobachten sind. Im Wesentlichen geht es dabei um eine Hinwendung zu alltäglichen Praktiken und Orten oder (Wohn-)Quartieren abseits des Massentourismus, denen im klassischen Tourismus kein besonderer Stellenwert beigemessen wird. Das neuartige Phänomen, Tourismus auch jenseits dessen auszuüben, was für Touristen eigentlich charakteristisch ist, und sich damit vom tradierten Rollenverständnis des Touristen abzuwenden, wird auch als **Post-Tourismus** bezeichnet.

Abb. 27.8 Wie nahe Banalisierung und Exklusion im Tourismus beieinanderliegen, veranschaulicht dieses Bild: Während die auf der griechischen Insel Kos gestrandeten Flüchtlinge vom globalen Tourismus ausgeschlossen und als „Fremde" auf Kos sehr umstritten sind, werden fremde Touristen ausdrücklich willkommen geheißen und dürfen sich wie selbstverständlich auf der Insel bewegen und aufhalten (Foto: Yorgos Karahalis/AP Photo/picture alliance, 2015).

27.5 Tourismus zwischen Banalisierung und Exklusion

In diesem Kapitel ist bereits mehrfach angeklungen, dass Tourismus äußerst vielfältig ist, sehr unterschiedliche Formen annehmen und nahezu überall stattfinden kann. Tourismus ist in der eigenen Stadt genauso gut möglich wie an entfernt gelegenen Orten, deren Besonderheit und Abgeschiedenheit nur noch in wenigen Fällen gegeben ist (Polartourismus, Weltraumtourismus). Anders als in früheren Jahrhunderten gilt eine Reise nach Italien in unserer Zeit kaum noch als ein gesellschaftliches Alleinstellungsmerkmal und vermag weder ungläubiges Erstaunen noch große Bewunderung auszulösen. Denn durch die vorhandenen Transportmöglichkeiten, die uns immer kostengünstiger an alle Orte der Welt bringen, und durch die Verbreitung und Omnipräsenz von Bildern aus nahezu allen Regionen der Welt kommt es zu einer **Banalisierung des Reisens.** Die Digitalisierung entzaubert das Reisen und macht es uns immer einfacher, einen Zugang zu ehemals noch fremden Welten zu finden. Mit Google Earth kann jede Insel „bereist" werden, Virtual Reality bringt uns das Reiseerlebnis direkt ins Wohnzimmer und die verschiedenen „Kulturen der Welt" rücken für uns im Zuge einer fortschreitenden Globalisierung immer näher zusammen.

Zu reisen zählt heute zu den Grundbedürfnissen der Menschen. Das Reisen bringt gesellschaftliche Verhältnisse und deren Veränderungen zum Ausdruck und es dient zugleich als Projektionsfläche für verschiedene Lebensentwürfe (Abschn. 27.1). Reisen werden von vielen Menschen erwartet (Auslandserfahrung im Studium, Work & Travel oder Freiwilligendienst nach dem Abitur, Dienstreisen im Beruf etc.). In unserer Zeit ist es oft schwieriger, das Ausbleiben einer Reise zu begründen als deren Durchführung. Trotzdem kommt es zugleich auch zu einer von vielen Menschen unbeachteten **Exklusion vom Tourismus** (Abb. 27.8). Denn für bestimmte Gesellschaftsschichten ist eine Teilhabe am Tourismus nicht selbstverständlich, für sie ist es ungleich schwieriger, auf Reisen internationale Erfahrungen zu sammeln, mit denen sie sich gesellschaftlich abheben und möglicherweise auch für den Arbeitsmarkt qualifizieren könnten – und Menschen, die an oder unterhalb der Armutsgrenze leben, sind in noch stärkerem Maße ausgeschlossen von vielen Arten des Tourismus. Hinzu kommt, dass Einreiseverbote als Beschränkung für ganze Bevölkerungsgruppen und Nationalitäten wirken. Dies verstärkt das bestehende Ungleichgewicht und Machtgefälle zwischen Reisenden und Bereisten im Kontext eines zunehmenden globalen Wettbewerbs und insbesondere im Zusammenhang mit Menschen und Destinationen des Globalen Südens. In ökologischer Hinsicht ist Reisen eigentlich bereits heute ein Luxus, und so könnte das für uns Banale schon bald wieder exklusiv werden.

Tourismus hat Auswirkungen auf die Reisenden selbst, auf deren Herkunftsgebiete und auf die besuchten Destinationen sowie auf die Vernetzung von Wirtschafts- und Umweltkreisläufen, die weit darüber hinaus reichen. Zudem ist der Tourismus eng verknüpft mit raumbezogenen Vorstellungsbildern und Erlebnissen, die im Austausch mit anderen Menschen und durch die Nutzung vielfältiger Kommunikationsmedien verbreitet und reproduziert werden und letztlich als Anregung zu weiteren Reisen wirken. Letztendlich bleibt das Reisen jedoch stets auch eine individuelle und sehr persönliche Angelegenheit. Denn die eigene Reiseentscheidung ist mit ökologischen und ethischen Fragen verbunden, die jede und jeder für sich selbst beantworten muss: Welche Form des Tourismus möchte ich praktizieren? Ist das Reisen für mich eher ein Grundbedürfnis, ein Recht oder ein Privileg? Auf diese Weise wird es möglich, die vermeintliche Selbstverständlichkeit einer Reise um des Reisens Willen zu hinterfragen und die eigenen tourismusbezogenen Entscheidungen bewusst zu reflektieren.

27.6 Fazit und Ausblick

Die Tourismusgeographie bildet eine Schnittstelle zwischen Humangeographie und disziplinübergreifender Tourismusforschung. Theoretisch-konzeptionell fundiert und offen für anwendungsbezogene Forschungsfragen steht im Mittelpunkt die Beschäftigung mit dem Tourismus in seinen vielfältigen räumlichen Bezügen. Im vorliegenden Kapitel geht es zunächst darum, wie der „Tourist" begrifflich gefasst werden kann. Während sich die Tourismusstatistik auf wenige messbare Kennziffern stützt und verfügbare Daten verallgemeinern und vergleichbar machen möchte, zielt die aktuelle tourismusgeographische Forschung verstärkt darauf, Touristen und die von ihnen ausgeübten Praktiken in ihrer vorhandenen Vielfalt und Offenheit zu begreifen.

In der Tourismusforschung besteht ein gängiger Ansatz darin, den Tourismus als System zu konzeptualisieren. Dies kann dazu dienen, die vorhandene Komplexität zu vereinfachen und zu ordnen, vorhandene Zusammenhänge und wechselseitige Beziehungen herauszustellen sowie Modelle zu entwickeln. Während ökonomische Modelle den Markt als Zusammenspiel von Angebots- und Nachfrageseite betrachten und dabei auch politische und andere externe Einflussfaktoren berücksichtigen können, stellen andere Modelle eher die Destination in den Mittelpunkt und integrieren neben Touristen und Tourismusanbietern z. B. auch Verkehr und Mobilität sowie verschiedene andere Einflussfaktoren.

Ein wichtiges Thema sind auch die vielfältigen räumlichen Bezüge des Tourismus. Aus einer sozialkonstruktivistischen Perspektive lassen sich in diesem Zusammenhang die raumbezogenen Vorstellungen und Erlebnisse betrachten, die mit touristischen Destinationen verknüpft werden. Aber auch materielle Voraussetzungen und Auswirkungen des Tourismus sind ein bedeutendes Forschungsthema. Während in früheren Jahrzehnten oft ein Fokus auf den Tourismus als Motor für wirtschaftliche Regionalentwicklung gesetzt wurde, beschäftigt man sich nun häufiger auch mit negativen soziokulturellen Auswirkungen und ökologischen Belastungen, die mit der Tourismusentwicklung einhergehen. Angesichts eines weltweiten Anstiegs des Mobilitäts- und Reiseaufkommens und infolge einer zunehmenden Diversifizierung der Arten des Tourismus und der touristischen Praktiken entsteht der Eindruck, dass die Grenzen des Tourismus heute vielerorts bereits erreicht sind und teilweise überschritten werden. Doch während das Reisen für viele Menschen zur Selbstverständlichkeit und Banalität geworden ist, sehen sich andere in starkem Maße davon ausgeschlossen. Deshalb ist es wichtig, sich mit Ansätzen für einen nachhaltigen Tourismus zu beschäftigen und auch die eigenen Reiseentscheidungen und das Praktizieren von Tourismus bewusst zu reflektieren.

Literatur

Aschauer W (2007) Tourismus im Schatten des Terrors. Die Auswirkungen von Terroranschlägen auf den Tourismus am Beispiel von Bali, Sinai und Madrid. Eichstätter Tourismuswissenschaftliche Beiträge Bd. 9. Profil, München

Bærenholdt JO, Haldrup M, Larsen J, Urry J (2004) Performing tourist places. Ashgate, Aldershot

Bauder M (2018) Dynamiken des Städtetourismus in Deutschland. Wachstumspfade der übernachtungsstärksten Großstädte. Standort. Zeitschrift für Angewandte Geographie, 1–6. DOI: https://doi.org/10.1007/s00548-018-0535-z

Bieger T (2010) Tourismuslehre – ein Grundriss. 3. Aufl. Haupt, Bern

Bourdieu P (1982) Die feinen Unterschiede. Kritik der gesellschaftlichen Urteilskraft. Suhrkamp, Frankfurt a. M.

Bourdieu P, Darbel A (eds) (1965) Un art moyen: essai sur les usages sociaux de la photographie. Editions de Minuit, Paris

Bundesministerium für Wirtschaft und Energie (2014) Tourismusperspektiven in ländlichen Räumen. Handlungsempfehlungen zur Förderung des Tourismus in ländlichen Räumen. https://www.bmwi.de/Redaktion/DE/Publikationen/Tourismus/tourismusperspektiven-in-laendlichen-raeumen.html (Zugriff am 14.9.2017)

Cohen E (1979) A Phenomenology of Tourist Experiences. Sociology 13: 179–201

Colomb C, Novy J (eds) (2016) Protest and resistance in the tourist city. Contemporary Geographies of Leisure, Tourism and Mobility. Routledge, Abingdon

Cresswell T (2011) Mobilities I: Catching up. Progress in Human Geography 35/4: 550–558

Decroly J-M (2015) Le tourisme comme expérience. Regards interdisciplinaires sur le vécu touristique. Presses de l'Université du Québec, Québec

Diaz-Soria I (2017) Being a tourist as a chosen experience in a proximity destination. Tourism Geographies 19/1: 96–117

Edensor T (2000) Staging tourism. Tourists as Performers. Annals of Tourism Research 27/2: 322–344

European Commission (2016) Guide on EU funding for the tourism sector 2014–2020

Frenzel F, Koens K, Steinbrink M (eds) (2012) Slum Tourism: Poverty, Power and Ethics. Routledge, London

Freyer W (2015) Tourismus. Einführung in die Fremdenverkehrsökonomie. 11. Aufl. Oldenbourg, München

Freytag T (2009) Low-Cost Airlines – Motoren für den Städtetourismus in Europa? Geographische Rundschau 61/2: 20–26

Freytag T, Bauder M (2018) Bottom-up touristification and urban transformations in Paris. Tourism Geographies 20/3: 443–460

Gebhardt D (2017) Barcelona: Die Drosslung des Wachstumsmotors Tourismus? Geographische Zeitschrift 105/3-4: 225–248

Gössling S, Peeters P (2015) Assessing tourism's global environmental impact 1900–2050. Journal of Sustainable Tourism 23/5: 639–659

Gretzel U, Law R, Fuchs M (ed) (2010) Information and communication technologies in tourism 2010. Springer, Wien

Groß S (2011) Tourismus und Verkehr. Grundlagen, Marktanalyse und Strategien von Verkehrsunternehmen. Oldenbourg, München

Hall CM, Lew AA (2009) Understanding and Managing Tourism Impacts: An Integrated Approach. Routledge, London

Hall CM, Page S (2014) The geography of tourism and recreation. Environment, place, and space. 4. Aufl. Routledge, London, New York

Hartmann R (2014) Marketing in Tourismus und Freizeit. UVK, Konstanz

Hopfinger H, Lehmeier H (2015) Tourism as a Key Topic in Small-Scale Regional Development Processes. In: Pechlaner H, Smeral E, Keller P (eds) Tourism and leisure. Current issues and perspectives of development. Springer Gabler, Wiesbaden. 115–128

Kagermeier A, Köller J, Stors N (2015) Share Economy im Tourismus. Zeitschrift für Tourismuswissenschaften 7/2: 117–145

Karl M, Schmude J (2017) Understanding the Role of Risk (Perception) in Destination Choice: A Literature Review and Synthesis. Tourism: An Interdisciplinary Journal 65/2: 138–155

Küblböck S, Thiele F (Hrsg) (2014) Tourismus und Innovation. Studien zur Freizeit- und Tourismusforschung. Bd. 10. MetaGIS-Systems, Mannheim

Lennon JJ, Foley M (2000) Dark tourism. Continuum, London

MacCannell D (2013) [1976] The tourist. A new theory of the leisure class. University of California Press, Berkeley

McCabe S (2005) Who is a tourist? A critical review. Tourist Studies 5/1: 85–106

Mowforth M, Munt I (2016) Tourism and sustainability. Development, Globalisation and New Tourism in the Third World. 4. Aufl. Routledge, Abingdon, Oxon, New York

Naturfreunde Internationale, arbeitskreis tourismus & entwicklung, ECOTRANS e. V., Brot für die Welt, Tourism Watch (Hrsg) (2016) Nachhaltigkeit im Tourismus: Wegweiser durch den Labeldschungel. 3. Aufl. Wien. https://www.tourism-watch.de/files/labelguide_3_de_2016_0.pdf (Zugriff 4.1.2018)

Opaschowski HW (2008) Einführung in die Freizeitwissenschaft. 5. Aufl. VS, Wiesbaden

Popp M (2012) Positive and Negative Urban Tourist Crowding: Florence, Italy. Tourism Geographies 14/1: 50–72

Pott A (2007) Orte des Tourismus. Eine raum- und gesellschaftstheoretische Untersuchung. Transcript, Bielefeld

Robinson M, Picard D (eds) (2009) The framed world. Tourism, tourists and photography. Ashgate, Farnham, Burlington

Rolfes M (2010) Poverty tourism: theoretical reflections and empirical findings regarding an extraordinary form of tourism. GeoJournal 75/5: 421–442

Rolfes M (2011) Slumming – empirical results and observational theoretical considerations on the backgrounds of township, favela and slum tourism. In: Sharpley R, Stone PR (eds) Tourist Experience. Contemporary Perspectives. Routledge, Abingdon. 59–76

Rothfuß E (2006) Hirtenhabitus, ethnotouristisches Feld und kulturelles Kapital. Zur Anwendung der „Theorie der Praxis" (Bourdieu) im Entwicklungskontext: Himba-Rindernomaden in Namibia unter dem Einfluss des Tourismus. Geographica Helvetica 61/1: 32–40

Rulle M (2008) Der Gesundheitstourismus in Europa. Entwicklungstendenzen und Diversifikationsstrategien. Eichstätter Tourismuswissenschaftliche Beiträge. Bd. 10. 2. Aufl. Profil, München

Saikia M (2015) Tourism and its Socio-Economic Impacts on Local Communities: A Case Study of Kaziranga and Manas National Park of Assam, India. International Journal of Social Science and Humanities Research 3/4: 353–356

Salazar NB (2012) Tourism imaginaries: A conceptual approach. In: Annals of Tourism Research 39/2: 863–882

Scharfenort N (2017) Tourism Development Challenges in Qatar – Diversification and Growth. In: Stephenson M, Al-Hamarneh A (eds) International Tourism Development and the Gulf Cooperation Council States: Challenges and Opportunities. Routledge, London. 140–155

Schmude J, Namberger P (2014) Tourismusgeographie. 2. Aufl. WBG, Darmstadt

Sheller M, Urry J (2006) The new mobilities paradigm. Environment and Planning A 38/2: 207–226

Sinus-Sociovision (2017) Sinus-Milieus Deutschland. http://www.sinus-institut.de/sinus-loesungen/sinus-milieus-deutschland/ (Zugriff am 8.9.2017)

Steinecke A (2014) Internationaler Tourismus. UTB, Stuttgart

Steinecke A (2016) Filmtourismus. UVK, Konstanz

Stock M, Dehoorne O, Duhamel P, Gay J-C, Knafou R, Lazzarotti O, Sacareau I, Violier P (2003) Le tourisme. Acteurs, lieux et enjeux. Belin, Paris

Strasdas W, Rein H (2017) Nachhaltiger Tourismus: Eine Einführung. UVK, Konstanz

UNWTO (2017) Tourism Highlights: 2017 Edition. https://www.e-unwto.org/doi/pdf/10.18111/9789284419029 (Zugriff 14.9.2018)

Uriely N (2005) The tourist experience: Conceptual Developments. Annals of Tourism Research 32/1: 199–216

Urry J (2007) Mobilities. Polity, Malden, Cambridge

Urry J, Larsen J (2011) The tourist gaze 3.0. 3. Aufl. SAGE, Los Angeles, London

Wirtschaftswoche (2015) Die größten Hotelketten der Welt. http://www.wiwo.de/unternehmen/dienstleister/ranking-die-groessten-hotelketten-der-welt/12219534.html (Zugriff am 4.9.2017)

Wöhler K, Pott A, Denzer V (Hrsg) (2010) Tourismusräume. Zur soziokulturellen Konstruktion eines globalen Phänomens. Transcript, Bielefeld

Zehrer A, Raich F (2016) The impact of perceived crowding on customer satisfaction. Journal of Hospitality and Tourism Management 29: 88–98

Weiterführende Literatur

Freyer W, Naumann M, Schuler A (Hrsg) (2008) Standortfaktor Tourismus und Wissenschaft. Herausforderungen und Chancen für Destinationen. Schriften zu Tourismus und Freizeit Bd. 8. Erich Schmidt, Berlin

Freytag T (2010) Déjà-vu: Tourist practices of repeat visitors in the city of Paris. Social Geography 5: 49–58

Hall CM, Gössling S, Scott D (eds) (2015) The Routledge Handbook of Tourism and Sustainability. Routledge, London, New York

Hannam K, Knox D (2010) Understanding tourism. A critical introduction. SAGE, Los Angeles, London

Jamal T, Robinson M (eds) (2009) The SAGE Handbook of Tourism Studies. SAGE, Los Angeles

Landvogt M, Brysch AA, Gardini MA (2017) Tourismus – E-Tourismus – M-Tourismus. Herausforderungen und Trends der Digitalisierung im Tourismus. Erich Schmidt, Berlin

Mazanec JA, Wöber KW (eds) (2010) Analysing international city tourism. 2. Aufl. Springer, Wien, New York

Pechlaner H, Smeral E, Keller P (2015) Tourism and leisure. Current issues and perspectives of development. Springer Gabler, Wiesbaden

Sheller M, Urry J (2004) Tourism mobilities. Places to play, places in play. Routledge, London, New York

Shoval N, Isaacson M (2007) Tracking tourists in the digital age. Annals of Tourism Research 34/1: 141–159

Wilson J (ed) (2011) The Routledge Handbook of Tourism Geographies. Routledge, London

Wöhler K (2011) Touristifizierung von Räumen. Kulturwissenschaftliche und soziologische Studien zur Konstruktion von Räumen. VS, Wiesbaden

Kapitel 27

Historische Geographie

Andreas Dix, Winfried Schenk und Jan-Erik Steinkrüger

Wüstgefallene Ortslage von Stará Hůrka/Althurkenthal im Nationalpark Šumava/Böhmerwald in Tschechien infolge der Bevölkerungsdeportation und Zerstörung der Häuser nach 1945. Seit 1990 entwickelt sich hier wie an vielen anderen von etwa 3000 betroffenen Orten ein Schauplatz unterschiedlicher Erinnerungskulturen (Foto: Andreas Dix).

© Springer-Verlag GmbH Deutschland, ein Teil von Springer Nature 2020
H. Gebhardt et al. (Hrsg.), *Geographie*, https://doi.org/10.1007/978-3-662-58379-1_28

Geschichtlichkeit ist allgegenwärtig. Sie kann als kollektive Erinnerung auftreten, als Argument in politischen Diskussionen dienen oder in materieller Form als historisches Objekt, Struktur oder Relikt erscheinen. Geschichtlichkeit ist ein konstitutives Element gesellschaftlicher Prozesse und schreibt sich in vielfältiger Form in die physisch-materielle Umwelt des Menschen ein. Erinnerung und Bewahrung, Entdeckung und Rekonstruktion, Zerstörung und Überschreibung sind nur einige Modi des Umgangs mit historisch gewordenen Tatsachen und Ereignissen. Dementsprechend ist die alltägliche Lebensumwelt angefüllt mit Spuren der Geschichtlichkeit. Die enge Verschränkung von Zeit und Raum, die hier sichtbar wird, hat immer zu einem engen Wechselverhältnis geographischer und historischer Arbeitsweisen geführt. Ursprünglich war hauptsächlich die Rekonstruktion vergangener Lebenswelten von Interesse. Hierzu gehört explizit die historische Entwicklung des Mensch-Umwelt-Verhältnisses. Jünger ist die Frage nach der Funktion der Geschichtlichkeit räumlicher Phänomene für Gesellschaften im diachronen Vergleich. Der Umgang mit kulturellem Erbe und mit Inszenierungen von Geschichtlichkeit wie in Museen und Themenparks wird zu einem ebenso wichtigen Thema der Historischen Geographie. Die Rekonstruktion und Analyse historischer Tatsachen erfordert die Erschließung anderer Quellen als in der Humangeographie allgemein üblich. Der Aufwand, die Vergangenheit zum Sprechen zu bringen, ist erheblich höher. Gleichzeitig haben die historischen Artefakte, seien es bauliche Spuren, Akten, Altkarten oder alte Fotos und Filme, einen eigenen Reiz, der oft auf großes öffentliches Interesse stößt.

28.1 Historische Ansätze in der Geographie

Die materielle und immaterielle Umwelt, die jeder Mensch im Augenblick erlebt, ist das Ergebnis historischer Prozesse. Deshalb ist das Bedürfnis nach der Rekonstruktion historischer Umwelten und Lebensverhältnisse unterschiedlichster Zeiträume ungebrochen und die Grundlage für viele weitere auch geographische Forschungsperspektiven. Idealtypisch lassen sich drei methodisch grundlegende und ein anwendungsbezogener Zugang zur Vergangenheit differenzieren.

- **Die Rekonstruktion von Vergangenheit:** Der Schritt „zu ergründen, wie es eigentlich gewesen ist", den schon der Historiker Leopold von Ranke (1795–1886) einforderte, ist auch am Beginn jeder historisch-geographischen Forschung zu gehen. Als wichtiger Vertreter der Schule des Historismus forderte Ranke den Übergang von einer spekulativen Geschichtsschreibung zu einer Geschichtswissenschaft, die auf der systematischen und kritischen Auswertung von Quellen basiert. Seit dieser Zeit gibt es eine Debatte um die Frage nach Faktizität, Subjektivität und Reproduzierbarkeit, mithin nach der Reichweite historischer Forschung. Selbst wenn man einen radikalen Konstruktivismus unterstellt und eine Objektivität außerhalb des forschenden Subjekts nicht existieren kann, so ist doch ein „Vetorecht der Quellen", wie es der Historiker Reinhart Koselleck (1923–2006) formuliert hat, zu konstatieren. „Quellen verbieten uns, Deutungen zu wagen oder zuzulassen, die aufgrund eines Quellenbefundes schlichtweg als falsch oder als nicht zulässig durchschaut

werden können. Falsche Daten, falsche Zahlenreihen, falsche Motiverklärungen, falsche Bewusstseinsanalysen: All das und vieles mehr lässt sich durch Quellenkritik aufdecken" (Jordan 2010). Dennoch bleibt die Rekonstruktion von Vergangenheit notwendigerweise im Ergebnis subjektiv und nicht restlos reproduzier- und nachprüfbar.

- **Die Genese heutiger Lebenswelten:** Die Rückschreibung aktueller Gegebenheiten auf ihre jeweiligen historischen Ursprünge und die Erklärung der Gegenwart aus der Vergangenheit. In dem Moment, da Räumlichkeit und räumliche Phänomene Gegenstand gesellschaftlicher Debatten werden, gewinnt ihre Historizität an Interesse. Dies kann man an zahllosen Beispielen, wie der Frage nach der Veränderung räumlicher Muster von Arbeitslosigkeit, von Wanderungsbewegungen oder Wählerverhalten belegen.

- **Der Umgang mit der Vergangenheit in der Gegenwart:** Historische Fakten und Relikte haben nicht nur einen genuinen Quellenwert, vielmehr sind sie immer Bestandteile jeweiliger kollektiver Gedächtnisse, gesellschaftlicher Debatten und politischer Auseinandersetzung gewesen. So werden sie immer wieder neu erzählt, in jeweiligen Kontexten neu interpretiert und in vielen Fällen durch diese neuen Sichtweisen verändert, ergänzt, gelöscht und angepasst.

- **Anwendung historisch-geographischer Forschung:** Quer zu diesen inhaltlichen Zugängen und ihre jeweilige Perspektive aufnehmend und verknüpfend hat sich ein breites Feld der Anwendung historisch-geographischer Forschung entwickelt, dessen Ergebnisse in verschiedenste Politikfelder einfließen. Der fundamentale ökonomische und soziale Strukturwandel hat die Frage nach der Geschichtlichkeit räumlicher Strukturen erstmals schon Ende des 19. Jahrhunderts, dann aber in der Nachkriegszeit nach 1945 zu einer Frage von gesellschaftlicher Relevanz gemacht. Anknüpfungspunkte gibt es zur Bau- und Bodendenkmalpflege, zum Naturschutz und zu räumlichen Fachplanungen, in der Erforschung, Benennung sowie beim Erhalt von Weltkulturerbestätten, in der Museologie oder auch in gutachtlicher Tätigkeit für Bauvorhaben und in der Regionalentwicklung etwa durch die touristische Erschließung historischer Strukturen und Elemente in den Landschaften. Stehen Kulturlandschaften im Mittelpunkt dieser Bemühungen, wird oft allgemein von **Kulturlandschaftspflege** gesprochen.

28.2 Die Rekonstruktion von Vergangenheit

Die Rekonstruktion räumlicher Verteilung von Phänomenen, Strukturen und Ereignissen in historischer Zeit ist der ursprüngliche Ansatzpunkt der Historischen Geographie und immer noch eine ihrer Kernaufgaben, denn die so erhobenen Daten sind notwendigerweise die Basis für weiterführende Forschungen. Rekonstruktionen beziehen sich auf den gesamten Themenkanon der Geographie. Ein klassisches Thema der Historischen Geographie war immer die Rekonstruktion von Landnutzung, Landnutzungswandel, Parzellengefügen sowie von Grund- und Aufrissen ländlicher und städtischer Siedlungen. Morphologie, Struktur und

Exkurs 28.1 Siedlungs-, Haus- und Flurformen

Die Untersuchung von Siedlungs-, Haus- und Flurformen stellt eines der klassischen Arbeitsfelder der Historischen Geographie dar. Auch wenn dieses sehr stark in den Hintergrund getreten ist, kann es doch im Zusammenhang interdisziplinärer Forschung, z. B. mit der Archäologie oder Ethnologie, noch von Bedeutung sein. Analysen der Standorte und Grundrisse ländlicher und städtischer Siedlungen sowie der Flur geben wichtige Aufschlüsse über Alter und Entstehungsbedingungen. Aber auch die Häuser als dreidimensionale Elemente der Siedlungen zeigen regionale und zeitlich erkennbare Unterschiede in ihrer Form und Bauweise. Wurden ab dem 19. Jahrhundert erkennbare Regelhaftigkeiten mit der Verteilung ethnischer Gruppen in Zusammenhang gebracht, so hat sich die Forschung mittlerweile mit einer großen Zahl von Faktoren beschäftigt. Hierzu gehören ökologische Gründe, die beispielsweise die Form ländlicher Hausbauten entscheidend beeinflussen können (Ellenberg

1990, Henkel 2004), sowie soziale und politische Gründe, die bei der Gründung von Städten und ihrem Ausbau eine Rolle gespielt haben. Grund- und Aufriss mittelalterlicher Städte folgen dabei genauso bestimmten Regelhaftigkeiten wie die frühneuzeitliche planmäßig gegründete Stadt oder die großflächigen Stadterweiterungen des 19. und 20. Jahrhunderts bis hin zu den Erscheinungen der Suburbanisierung ab der Mitte des 20. Jahrhunderts. Die Regelhaftigkeiten der Lage, Größe und Form der Parzellierung landwirtschaftlicher Fluren lassen sich aus den Logiken vorindustrieller agrarischer Produktionsweisen und ihres gesellschaftlichen Rahmens erklären. Bestimmte Formen der Landwechselwirtschaft oder die Dreifelderwirtschaft sind Beispiele für Betriebsformen, die ganz charakteristische Parzellenformen hervorgebracht haben. In diesem Sinne sind auch die heutigen Parzellengrößen Ergebnisse typischer Phasen der Agrarwirtschaft (Born 1989, Becker 1998, Henkel 2004, 2012, Nitz 1994, 1998).

funktionale Zusammenhänge wurden in großer Intensität untersucht (Exkurs 28.1). Diese Forschungen sind in Deutschland gerade deshalb so wertvoll, weil sie sich auf die Vielgestaltigkeit und territoriale Zersplitterung mittelalterlicher und frühneuzeitlicher Rechts- und Wirtschaftsverhältnisse einlassen. Damit trägt die historisch-geographische Forschung wesentlich zu einem besseren Verständnis der Lebens- und Wirtschaftsweise vorindustrieller Gesellschaften bei. In den grundlegenden Fragestellungen der seit 1983 in Themenbänden erscheinenden Zeitschrift „Siedlungsforschung. Archäologie – Geschichte – Geographie" lässt sich die Weiterentwicklung dieser Forschungsperspektive verfolgen. International einflussreich waren die Arbeiten von Carl O. Sauer und der von ihm begründeten **Berkeley School of Geography** zur Morphologie von Kulturlandschaften (Sauer 1925; Exkurs 28.2), die sehr lange die geographischen Forschungen in den USA dominiert haben. Einen wichtigen Strang dieser Tradition stellen heute diachrone Beiträge zur Global-Change-Forschung dar (Turner et al. 1990).

Morphologische Fragestellungen spielten auch in der Historischen Stadtgeographie (Kap. 20) über lange Zeit eine wichtige Rolle. Die genaue Kenntnis der Grundriss- und Aufrissentwicklung bildet gleichsam das Rückgrat weiterer Forschungen z. B. zur Sozialtopographie früherer Städte. Hierfür werden beispielsweise die Grundrisse der vorindustriellen Stadt auf der Grundlage der frühesten greifbaren exakten Karten, die zumeist erstmals mit den Urkatasterkarten ab dem Beginn des 19. Jahrhunderts vorliegen, untersucht. Dargestellt werden diese Ergebnisse in einer Vielzahl von historischen Städteatlanten, wie etwa dem Deutschen Städteatlas (Johanek et al. 2011). Aber auch gewerbliche Wirtschaft, Handel und Bevölkerung können in ihrer raumzeitlichen Entwicklung rekonstruiert werden (Hahn et al. 1973). Die Erforschung der Stadtgestalt und ihr Zusammenhang mit politischen, sozialen und wirtschaftlichen Rahmenbedingungen stellen international unter dem Stichwort der *Urban Mor-*

phology einen wichtigen Forschungszweig seit den Forschungen von M. R. G. Conzen über die nordenglische Stadt Alnwick dar (Conzen 1960). Die im Kontrast hierzu sich entwickelnde *Critical Geography* war demgegenüber primär an wirtschaftlichen und sozialen Entwicklungen interessiert, basierte aber ebenfalls von Anfang an auf einer Verknüpfung geographischer und historischer Forschung. Hierfür steht das umfangreiche Werk von David Harvey, der sich vor allem für die soziale Ungleichheit und die historische Entwicklung des Kapitalismus aus einer marxistischen Perspektive interessiert (Harvey 1969).

28.3 Die Genese heutiger Lebenswelten

Am Beispiel von Umweltfragen lässt sich das Interesse an der Genese heutiger Lebenswelten plastisch nachvollziehen. Spätestens ab den 1970er-Jahren entwickelte sich die Krise der natürlichen Umwelt des Menschen zu einem der beherrschenden politischen Themen. Von einer regionalen bis hin zu einer globalen Ebene wurde die Untersuchung des historischen Mensch-Umwelt-Verhältnisses (Exkurs 28.3) nun in eine ganz neue Forschungsperspektive eingebunden, die ihre Legitimation zunächst aus den aktuellen Gegenwartsfragen bezog. Die gesellschaftliche Nachfrage nach einer Prognose – beispielsweise des Klimawandels oder des Kohlenstoffhaushaltes – führte in den letzten Jahren zu einem gestiegenen Bedarf nach qualitativen und quantitativen Abschätzungen des anthropogenen Einflusses über längere Zeiträume hinweg.

In diesem Zusammenhang kann die Historische Geographie mit ihren Methoden wertvolle Aussagen über größere Flächen und Zeiträume hinweg treffen (Exkurs 28.4). Stützt sie sich auf ar-

Kapitel 28

Exkurs 28.2 Kulturlandschaft

Der Begriff „Landschaft" hat in der deutschsprachigen Geographie eine lange Geschichte. Aus zwei etymologisch fassbaren Wurzeln herzuleiten – einmal der älteren Bedeutung der Landschaft als Region oder als Gebietskörperschaft und zum anderen aus der jüngeren Bedeutung als künstlerischer Darstellung von Natur – verschmolzen diese beiden Bedeutungsstränge ab der Mitte des 19. Jahrhundert in der Geographie, aber später auch in der Heimatschutzbewegung zu einem holistisch gedachten Begriff. Davon ausgehend zielte der Begriff der „Kulturlandschaft" noch stärker auf die Nutzung und Umformung durch den Menschen ab. Ist dieser Begriff in einem wissenschaftlichen Zusammenhang tatsächlich umfassend gemeint, so verengte er sich bereits früh in der Öffentlichkeit auf ein ästhetisierendes Bild einer vorindustriellen bäuerlichen Landschaft, das auch heute noch oft gemeint wird, wenn von Kulturlandschaft die Rede ist. In der Folgezeit wurde Kulturlandschaft zu einem der Hauptthemen einer genetisch orientierten Kulturgeographie, deren Forschungsprogramm gut zur Länderkunde passte. Politisch aufgeladen vor allem in der Zeit des Nationalsozialismus geriet der Begriff dann ab Ende der 1960er-Jahre in eine tiefgreifende Krise.

Wieder aufgegriffen wird der Begriff seit einiger Zeit vor allem im Kontext der Kulturlandschaftspflege, die die Kulturlandschaft in erster Linie als kulturhistorisches Element, als Archiv, das Spuren der historischen Auseinandersetzung des Menschen mit der Natur zeigt, bewahren und für regionale Entwicklungen nutzen möchte (Abb. A). Nach Hard (1989) sind die Spuren in der Kulturlandschaft „[…] oft minimale, sehr mittelbare, abgeleitete und entfernte Effekte vergangener Ereignisse; vieldeutige, lückige, deformierte, oft schon halb verwischte, wegerodierte oder auch (sei es zufällig, sei es absichtsvoll) wieder aufgedeckte Überreste; eine Ansammlung von meist unbeabsichtigten, ja unvorhergesehenen und sogar unbemerkt, zufällig und nebenher produzierten Handlungsfolgen, die dann fortlaufend in neuen Handlungen (mit oder ohne Absicht) um- und weggearbeitet, um- und weggedeutet, genutzt, abgenutzt und umgenutzt werden. Kurz: Landschaft und Raum sind vor allem Fundgruben von ‚Spuren' in eben diesem Sinn, aber keine Ansammlungen von regelhaft auftretenden Indikatoren und auch nur zu einem kleinen Teil Ansammlungen von intendierten Artefakten." Die normative „Tönung" des Begriffs und seine oft nur schlecht greifbare Definierbarkeit wird in Kauf genommen, gerade weil er auch umgangssprachlich verwendbar ist (Schenk 2002, 2013).

Abb. A Die historisch überkommene ländliche Kulturlandschaft war durch charakteristische Hausformen gekennzeichnet, wie der renovierte Schwarzwaldhof noch gut erkennen lässt (**a**). In der Zeit nach dem Zweiten Weltkrieg hingegen wurden viele traditionelle Höfe wie dieses typische quer geteilte Einhaus aus dem Realteilungsgebiet Südwestdeutschlands (**b**) umgebaut, der Stall wurde zur Garage, die Scheune zur Werkstatt und so weiter (Fotos: H. Gebhardt).

chivalische Quellen, beschränkt sich der Erkenntniszeitraum zumeist auf die letzten 500 Jahre, davor muss auf andere, zumeist archäologische oder naturwissenschaftliche Methoden zurückgegriffen werden (Winiwarter & Knoll 2007). Besonders im Bereich der Klimarekonstruktion sind in den letzten 20 Jahren enorme Fortschritte – sowohl was den Bestand an erhobenen und aufbereiteten Daten als auch die Methodik angeht – gemacht worden (Glaser 2014).

Rekonstruktionen geschichtlicher Tatbestände sind natürlich nicht nur im Mensch-Natur-Verhältnis und nicht nur in be-

stimmten Epochen sinnvoll. Nimmt man das von den Forschern der französischen Annales-Schule entwickelte Zeitkonzept einer strukturalistischen Geschichtsschreibung zur Hilfe, so sind Beiträge der Historischen Geographie sowohl zu historischen Prozessen langer Dauer (*longue durée* im Hinblick auf langfristige Strukturveränderungen und geographische Rahmenbedingungen), als auch zu solchen einer mittleren Zeitspanne (*moyenne durée* im Hinblick z. B. auf Konjunktur- und Technologiezyklen) und schließlich zu Einzelereignissen (*événement*) denkbar. Nicht nur zeitlich, sondern auch thematisch sind alle Themen einer Humangeographie denkbar, wie es sich beispielsweise in den

Exkurs 28.3 Umweltgeschichte

„Historische Umweltforschung ordnet sich ein in die Erforschung der langfristigen Entwicklung der menschlichen Lebens- und Reproduktionsbedingungen. Sie untersucht, wie der Mensch diese Bedingungen selber beeinflusste und auf Störungen reagierte. Dabei gilt ihre spezifische Aufmerksamkeit unbeabsichtigten Langzeitwirkungen menschlichen Handelns, bei denen synergetische Effekte und Kettenreaktionen mit Naturprozessen zum Tragen kommen" (Radkau 1994). Entsprechend entwickelt sich

die Umweltgeschichte im Kontaktbereich verschiedener Wissenschaften im Moment als eine sehr lebendige Teildisziplin. Wichtige Forschungsfelder sind beispielsweise der sozialökologische Metabolismus, Klimageschichte, Naturkatastrophen, die Geschichte der Naturwahrnehmung, die des Umwelt- und Naturschutzes sowie die Geschichte der anthropogenen Nutzung bestimmter Umweltressourcen und ihre Folgen (Jäger 1987, 1994, Radkau 2000, Winiwarter & Knoll 2007, Glaser 2014).

Artikeln der führenden internationalen Fachzeitschrift, dem *Journal of Historical Geography* (ab 1975), manifestiert.

Empirische Forschung, die sich auf die **Auswertung historischer Quellen** stützt, kann gerade auch die ältere Geschichtsschreibung, Mythologien und herrschende Narrative hinterfragen und somit auch zu einer besseren Analyse historischer Entwicklungspfade beitragen. Ein Beispiel betrifft die rasche Ausbreitung des Zisterzienserordens in Europa am Ende des 11. Jahrhunderts. Seit seiner Gründung 1098 in Burgund versuchten deren Mönchsgemeinschaften die von ihnen beherrschten Räume nach einheitlichen Prinzipien zu gestalten. Sie mussten sich dabei den jeweiligen naturräumlichen und politischen Rahmenbedingungen anpassen. So entstand ein europaweites Netz von Landschaften, die durch Vielfalt in der Einheit bestimmt sind. Durch die Auswertung archivalischer Quellen konnte Schenk (1988) am Beispiel der fränkischen Zisterzienserabtei Ebrach (Abb. 28.1) zeigen, dass viele Aussagen der Mönche zu ihrer Rolle als Gestalter der Kulturlandschaften eher propagandistischen Charakter haben, als dass sie der räumlichen Wirklichkeit im Mittelalter und der Frühen Neuzeit entsprachen. Eine zentrale Aufgabe der raumbezogenen Forschung zum Zisterzienserorden ist daher das fortwährende Hinterfragen (Dekonstruieren) der zisterziensischen Selbstzuschreibung als Kulturlandschaftsgestalter (Schenk 1988). Ein anderer ebenfalls sehr tiefgreifender und flächendeckender Strukturwandel betraf die Bodenreform und nachfolgende Kollektivierung in der sowjetischen Besatzungszone und späteren DDR zwischen 1945 und 1962. Hier kann die Forschung zeigen, wie sehr die Planung und Umsetzung in beiden Phasen an bereits ältere Konzepte der Agrar- und Siedlungspolitik ansetzte und nicht nur ideologisch begründet war (Dix 2002a).

Ein weiterer wichtiger Teilbereich ist schließlich die **Geschichte der Geographie** als Disziplingeschichte, die eine Geschichte der Formierung geographischen Wissens und seiner Anwendung sowie eine Rekonstruktion geographischer Konzepte, Denkfiguren und Forschungsstile umfasst. Somit trägt sie nicht unerheblich zum innerfachlichen Diskurs und zur Selbstreflexion bei (Schultz 1980). Wie schon im angloamerikanischen Kontext gewinnt auch im deutschsprachigen Raum die Frage nach der Rolle der Geographie in der Geschichte des **Kolonialismus** zunehmend an Bedeutung (Harris 2002, Gräbel 2015, Kramann 2016). Intensiver war schon länger die

Abb. 28.1 Ehemalige Grangie „Winkelhof" des Zisterzienserklosters Ebrach im Steigerwald (Foto: T. Büttner).

Auseinandersetzung mit dem Zusammenhang geographischer Forschung und **Planungsgeschichte** des 19. und 20. Jahrhunderts (Leendertz 2008). Erst jetzt, nach einer langen, eher unkritischen Adaption der **Theorie der Zentralen Orte**, wird zu den Entstehungsbedingungen, den zeitlichen Hintergründen und der Wirkungsgeschichte dieses von Walter Christaller 1933 in seiner Dissertation entwickelten Konzepts intensiver geforscht (Kegler 2015). Dies führt zu den Bedingungen geographischer Forschung in der NS-Zeit, ihren Wurzeln und Kontinuitäten im interdisziplinären Kontext anderer Wissenschaften (Fahlbusch et al. 2017).

28.4 Die Vergangenheit in der Gegenwart

Ein zunehmend wichtigerer Strang der historisch-geographischen Forschung beschäftigt sich mit der Rezeption und dem Umgang mit der Vergangenheit in der Gegenwart. Vergangenes ist in vielfältiger Form schon immer für die zeitgenössischen Gesellschaften sichtbar und Anlass für vielfältige Deutungen gewe-

Exkurs 28.4 Lange Reihen

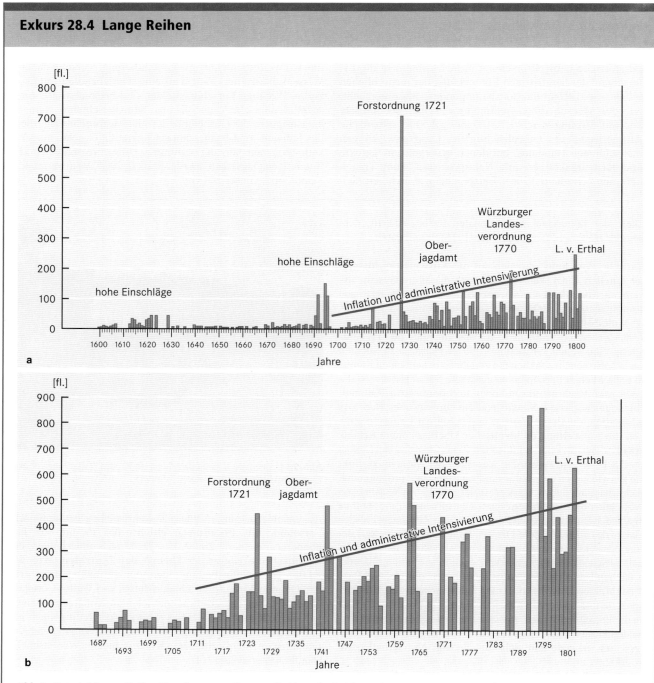

Abb. A Beispiel Lange Reihe: Einnahmen von Forststrafgeldern (in Gulden = fl.) aus dem Guttenberger (oben) und Aschacher Forst in Unterfranken (unten) zwischen 1600/1687 und 1804 (verändert nach Schenk 1999).

In den Archiven sind in reichem Maße serielle Quellen vorhanden, die in einem bestimmten zeitlichen Rhythmus zu ganz unterschiedlichen Zwecken erhobene Daten enthalten können. Dazu sind Lagerbücher, Kirchenbücher oder Ratsprotokolle zu zählen. Aus ihnen lässt sich eine Vielzahl unterschiedlicher Daten, wie z. B. Bevölkerungszahlen, Wasserstände, Holzein-

schlag, Erntemengen oder Qualität von Wein, über einen historisch längeren Zeitraum erheben und analysieren (Abb. A). Da die Laufzeit dieser Quellen mitunter einige Hundert Jahre betragen kann, sind auf diese Weise im vorstatistischen Zeitalter relativ konsistente Zahlenreihen über einen längeren Zeitraum erstellbar, die im günstigen Fall auch topographisch verortet werden können. Auf diese Weise lassen sich ökologische, wirtschaftliche und soziale Wandlungsprozesse erfassen, die oftmals einen ganz anderen Blick auf vorindustrielle Gesellschaften und Landschaften ermöglichen.

Die Rekonstruktion dieser „Langen Reihen" wird seit Längerem vor allem in der Klimageschichte, Bevölkerungs- und Wirtschaftsgeschichte überaus erfolgreich eingesetzt, kann aber auch für die Rekonstruktion historischer Bewertungen und Nutzungen von Ressourcen sehr gut verwendet werden. Im Vergleich lassen sich deutlich Kontinuitäten und Brüche in den Entwicklungen auch ganz konkreter Raumausschnitte feststellen (Schenk 1999).

sen. Das Verhältnis von historischen Überresten und der Gegenwart hat der US-amerikanische Geograph und Historiker David Lowenthal mit einem prägnanten Buchtitel als *„The Past is a foreign country"* (Lowenthal 2015) bezeichnet. Diese Vergangenheit wird von Gesellschaften in jeweils ganz eigener Weise individuell erkundet und angeeignet. Hierbei kann es sich um soziale, politische oder wirtschaftliche Verhältnisse genauso handeln wie um historische Artefakte, Gebäude oder Landschaftsstrukturen, die im Sinne des von Ernst Bloch geprägten Begriffs der „Gleichzeitigkeit des Ungleichzeitigen" nebeneinander in Raum und Zeit existieren. Zu den wirkmächtigsten Konzepten, in deren Rahmen diese Fragen verhandelt werden, gehört das der **Erinnerungsorte** (Lieux de Mémoire; Erll 2017), das in den historischen Kulturwissenschaften der letzten Jahrzehnte zu einer Vielzahl an Fallstudien und theoretischen Überlegungen geführt hat. Ausgehend von den Forschungen von Maurice Halbwachs und Pierre Nora und im deutschsprachigen Raum vor allem von Jan und Aleida Assmann weitergeführt und popularisiert (Assmann 2011) geht es um die Frage, wie kollektive Erinnerungen entstehen, wie sie sich verändern und jeweils auch manifestieren. Es stellt sich die Frage, worin der Beitrag der Historischen Geographie liegen kann. Generell werden dies die Aspekte der Verknüpfung mit einem physischen oder imaginierten Raum sein, der dann jeweils gestaltet, vermittelt oder als Folie wie als Argument zur Unterstützung bestimmter Sichtweisen dienen kann. Dieses Konzept ist diachron universell anwendbar bis hin zu den jüngsten Zeitschichten, wie Gunnar Maus an der Epoche des Kalten Krieges belegt hat (Maus 2015).

Zur medialen Vermittlung gehören auch die Prozesse der Benennung und Umbenennung von Objekten und geographischen Strukturen hinzu. So lassen sich die **Straßennamen** von Städten als eine jeweils charakteristische Verteilung und zeitliche Schichtung von Namensgruppen lesen. Geographische Namen reflektieren immer auch gesellschaftliche Konflikt- und Machtverhältnisse. So kann man jedenfalls die gegenwärtige Diskussion um eine Entkolonialisierung von Straßennamen in verschiedenen deutschen Städten interpretieren. Im Sinne der *critical toponymies* findet hier seit einiger Zeit eine Erweiterung und Umwertung der traditionellen geographischen Orts- und Flurnamenforschung statt (Dix 2015).

Besonders in der anglophonen Historischen Geographie hat sich dieser Strang der Forschung weitaus mehr zum Mainstream der Historischen Geographie entwickelt. Hier sind die Forschungen Denis Cosgroves zu erwähnen, der sich intensiv mit der Wahrnehmung und medialen Vermittlung von Landschaften in Form ihres symbolischen Sinngehaltes beschäftigt hat (Cosgrove & Daniels 1988). Besonders fruchtbar lässt sich dieses Konzept

Abb. 28.2 Historische Postkarte vom Mittelrhein um 1906.

auf die Entstehung und Durchsetzung der Nationalstaatsidee im Europa des 19. Jahrhunderts anwenden. In den entstehenden Nationalstaaten wurde durch Architektur und Städtebau, durch die Errichtung von Denkmälern und die Rekonstruktion alter Gebäude wie Burgen und Schlösser oder durch die Markierung von Orten bedeutender Schlachten durch Denkmäler an einheitsstiftende Ereignisse und Traditionen erinnert (Guldin 2014, Gugerli & Speich 2002, Heffernan 1998). Schließlich wurden ganze Landschaften entsprechend interpretiert und umgewandelt. Das Beispiel des Mittelrheintals zeigt, wie eine Landschaft im Verlauf des 19. Jahrhunderts regelrecht entdeckt und mit zunächst literarischen, später auch politischen Vorstellungen umgewertet und aufgeladen wurde (Dix 2002b). Diese mediale Vermittlung, sei es über Karten oder Bilder, kanalisiert Blicke auf die **Landschaft** und blendet andere Interpretationen aus (Abb. 28.2; Harley 1989). Besonders prägnant ist dies in Städten zu beobachten, die im Zuge der Loslösung von kolonialer Herrschaft zu Hauptstädten junger Nationalstaaten wurden. Das Beispiel von Dublin zeigt, wie nach der Unabhängigkeit der Republik Irland ab 1921 der Stadtraum in spezifischer und bis heute sehr wirksamer Weise neu interpretiert und symbolisch umgedeutet wurde (Whelan 2003).

Jenseits „realer" historischer Orte als Erinnerungsorte oder traumatische Orte können aus Perspektive der Historischen Geographie auch jene Räume von Interesse sein, an denen Geschichte reinszeniert wird. Damit rücken Orte wie Themenparks, Hotel-Resorts, Zoos oder auch Einkaufszentren in den Mittelpunkt der Forschung. Hierbei ist jedoch weniger der historische Sinngehalt der Umsetzung von Interesse als vielmehr die Tatsache, welche Zeiten aus welchen Gründen und wie dargestellt werden. Jenseits ihrer historischen Idealisierung, welche auch als *distory* (zusammengesetzt aus den Worten Disney und *history*) bezeichnet wird, fällt auf, dass die dargestellte Geschichte auf unterschiedliche Weise in Relation zur Gegenwart gesetzt wird. Sie dienen als **Utopien** oder **Dystopien**, als Zelebration einer nostalgischen Vergangenheit aus „guter alter Zeit". Mit dieser Differenz zum Alltag dienen sie nicht nur als erlebnisorientierte Kulisse, sondern vermitteln ein bestimmtes Verständnis unserer Gegenwart als „besser als" oder „nicht mehr so gut wie" (Steinkrüger 2013).

28.5 Angewandte Historische Geographie

Der fortschreitende agrarstrukturelle Wandel, die Folgen einer expansiven Verkehrspolitik, Flächensanierung und Suburbanisierung führten bereits ab Mitte der 1970er-Jahre zu einem wachsenden Nachdenken über den Wert von Geschichtlichkeit und der Verbindung gewachsener und alter Strukturen mit einer humanen Gestaltung von Lebenswelten. Über diese traditionellen Schutzobjekte hinaus gewannen nun immer mehr Objekte und Strukturen gerade in dem Moment ihres Verschwindens an Interesse (Lenz 1999). Dies galt für Relikte des Industriezeitalters, aber auch für die bäuerlich geprägten stadtfernen ländlichen Räume. Besonders die Schnelligkeit, mit der diese Strukturen verschwanden, ließ viele Initiativen entstehen, die sich um ihren Erhalt bemühten. Die wachsende Zahl von **Freilicht- und Industriemuseen** in den 1980er- und 1990er-Jahren ist hierfür ein deutlicher Beleg. Auf diesem Weg gewannen die Ergebnisse der älteren Forschungen wieder eine Bedeutung als Quelle, da sie etwa Dorf- und Flurstrukturen dokumentierten, die heute untergegangen sind. Ab dem Beginn der 1980er-Jahre begann man auch in der Historischen Geographie mit der Erarbeitung von Auswahlkriterien, Inventarisierungen und der Erarbeitung von Konzepten zum Schutz und zur Inwertsetzung von Landschaftsstrukturen und Relikten, die bisher von der **Denkmalpflege** nicht erfasst worden waren (Gunzelmann 1987, Gunzelmann & Schenk 1999). Der Begriff der Kulturlandschaft wird dabei wieder, allerdings nicht unreflektiert, zu einem Leitbegriff, der sich aber dadurch auszeichnet, dass er auch in der Öffentlichkeit verständlich ist. Ausgehend von der Integration dieser Aspekte in Fachplanungen wie der Flurbereinigung, der Dorferneuerung und Denkmalpflege hat sich die Idee eines schonenderen Umgangs mit historisch gewachsenen Kulturlandschaften aus kulturhistorischer Sicht ab den 1990er-Jahren bis heute immer weiter durchgesetzt. In diesem Kontext wirkte die Historische Geographie maßgeblich an der Ausbildung des planerischen Konzepts der **Kulturlandschaftspflege** (Exkurs 28.5) als einem diskursiven Prozess der Konsensfindung zur Erfassung und Bewertung sowie Ableitung von Maßnahmen zur erhaltenden Weiterentwicklung des räumlichen kulturellen Erbes mit (Schenk et al. 1997). Die Umsetzung erfolgt häufig in Gutachten, die sich auf die unbestimmten Begriffe der Kulturlandschaft in Gesetzen und Verordnungen beziehen, denn mittlerweile ist die Kulturlandschaft als eigenes Schutzobjekt explizit festgeschrieben – sowohl im Bundesraumordnungsgesetz (Formulierung in der Gesetzesfassung vom 20.07.2017, § 2, Abs. 2, S. 5: „Kulturlandschaften sind zu erhalten und zu entwickeln. Historisch geprägte und gewachsene Kulturlandschaften sind in ihren prägenden Merkmalen und mit ihren Kultur- und Naturdenkmälern sowie dem UNESCO-Kultur- und Naturerbe der Welt zu erhalten.") als auch im Bundesnaturschutzgesetz (Formulierung in der Gesetzesfassung vom 15.09.2017, § 1, Abs. 4, S. 1: „Zur dauerhaften Sicherung der

---

Exkurs 28.5 Kulturlandschaftspflege

Ausgehend von den rechtlichen Anforderungen umfasst der Prozess der Kulturlandschaftspflege drei Arbeitsbereiche (Abb. A). Als Erstes gehört hierzu eine Erfassung, Beschreibung und Erklärung von Strukturen und Elementen einer Kulturlandschaft ähnlich den Inventaren der Denkmalpflege oder den Biotopkartierungen des Naturschutzes. Die so identifizierten Elemente müssen in einem zweiten Schritt nach Kriterien wie Eigenart, Seltenheit, historische Bedeutung, aber auch nach ästhetischen Kriterien in ihrer Bedeutung bewertet werden. Diese Ergebnisse fließen in einem dritten Schritt in spezifische Maßnahmenpläne ein, die den weiteren Umgang mit den Elementen je nach vorhandenem Potenzial und geplanter Inwertsetzung bestimmen. Hierzu können spezifische Pflegemaßnahmen wie das Beschneiden von Hecken, die Beweidung oder auch die Rekonstruktion baulicher Strukturen gehören. Ebenso ist hierzu die Umnutzung vorhandener Substanz zu zählen, zumeist in Projekten der Regionalentwicklung mit touristischer Zielsetzung.

Abb. A Kulturlandschaftspflege als „ewiger" Diskurs um räumliche Werte (verändert nach Schenk et al. 1997, Tillmann 2016).

Vielfalt, Eigenart und Schönheit sowie des Erholungswertes von Natur und Landschaft sind insbesondere Naturlandschaften und historisch gewachsene Kulturlandschaften, auch mit ihren Kultur-, Bau- und Bodendenkmälern, vor Verunstaltung, Zersiedelung und sonstigen Beeinträchtigungen zu bewahren.“). Die Bundesländer setzen diese Vorgaben der Rahmengesetzgebung unterschiedlich in ihren Landesgesetzen und Verordnungen um (Tillmann 2016).

Auf europäischer Ebene wird der Schutz von Kulturlandschaften explizit in der vom Europarat im Jahr 2000 verabschiedeten **Europäischen Landschaftskonvention** behandelt. Kulturlandschaft soll als Dokument der Auseinandersetzung von Mensch und Natur besonders geschützt werden. In einem eher diskursiven Ansatz sollen sich die Bürger Europas dem Schutz der Kulturlandschaften als gemeinsamem Kulturerbe widmen. Auch wenn noch nicht alle Länder, darunter Deutschland, die Konvention ratifiziert haben, ist doch hier eine Diskussion um die Entwicklung von Kulturlandschaften in den letzten Jahren in Gang gekommen (Jones & Stenseke 2010).

Mit der Aufnahme von Kulturlandschaften als eigenen Schutzbegriff in das **UNESCO-Weltkulturerbe** ab 1992 (Droste zu Hülshoff 1995) gewann die Kulturlandschaft dann auch im globalen Rahmen Beachtung. In den Folgejahren wurden etliche historische Kulturlandschaften dementsprechend in die Welterbeliste aufgenommen, in Deutschland beispielsweise 2002 das Obere Mittelrheintal oder 2010 das Oberharzer Wasserregal, eine Landschaft, die intensiv durch die bergbauliche Wasserwirtschaft (Gräben und Teiche) umgestaltet wurde. Zunehmend werden auch staatenübergreifende und deshalb seriell angelegte Anträge zu großräumig auftretenden Phänomenen formuliert. Hierdurch wird eine internationale Forschung angestoßen, die oftmals viele neue Erkenntnisse bringt, wie die Beispiele der Verbreitung der holländischen Wasserbautechnik in Europa oder der Kurort als ein internationaler Städtetyp des 19. Jahrhunderts zeigen (Danner et al. 2006, Eidloth 2012).

28.6 Quellen und Methoden

Am Beginn historischer Forschung steht immer die Frage, wie man etwas wissen kann über etwas, was vergangen ist. Im Gegensatz zu aktualistischen Ansätzen muss sich die Historische Geographie wie alle historisch-kulturwissenschaftlichen Disziplinen in ihren Fragestellungen und Methoden deshalb auf das vorhandene historisch überlieferte Material stützen. Ob Quellenmaterial überliefert wird oder nicht, hängt von einer Unzahl unterschiedlicher Faktoren ab und ist oft rein zufällig. Historischgeographische Fragestellungen können also nur im Wechselspiel zwischen theoretischen Überlegungen und dem Wissen um konkret überlieferte Quellenbestände formuliert werden.

Pragmatisch wird zwischen Schrift- und Sachquellen unterschieden. Zu den zumeist in Archiven, Bibliotheken und Sammlungen überlieferten **Schriftquellen**, wie Urkunden und Akten, werden auch Bilder und Karten gezählt. Schriftquellen, die fast ausschließlich in einem anderen Verwendungszusammenhang entstanden sind, ermöglichen je nach Qualität Aussagen zu den Absichten und funktionalen Zusammenhängen, die hinter historischen räumlichen Phänomenen stehen. Besonders für die älteren Zeiten tritt aber oft das Problem auf, dass in den Quellen genannte räumliche Informationen nicht exakt zu verorten sind. Man gewinnt auf diese Weise schlaglichtartige Informationen, die nur qualitative Aussagen zulassen. Kartenquellen spielen seit jeher hier eine wichtige Rolle, sei es in Form von Manuskriptkarten oder gedruckten Atlanten. Die digitale Erschließung und Bereitstellung vieler dieser Karten erlaubt heute in viel stärkerem Maße, neben der Auswertung als Quelle zur räumlichen Information, auch die Karte als Kommunikations- und Herrschaftsinstrument und eben nicht als eine scheinbar objektive Quelle zu untersuchen. Hier haben die Perspektiven einer *Critical Cartography* im Sinne Brian Harleys zu ganz neuen Fragestellungen geführt, die sich von der klassischen **Historischen Kartographie** und **Kartographiegeschichte** unterscheiden (Harley 1989).

Grundlegend ist außerdem die Tatsache, dass der größte Abschnitt der Menschheitsgeschichte ein schriftloser Zeitraum ist, für den diese Überlieferungen nicht greifen. In Mitteleuropa setzte die schriftliche Überlieferung erst vor etwa 2000 Jahren ein, in Gebieten antiker Hochkulturen entsprechend früher, in Räumen, die erst seit einigen Hundert Jahren von der europäischen Kolonisation erfasst wurden, entsprechend später. Ist in Mitteleuropa die Überlieferung für die Zeit des Früh- und Hochmittelalters noch sehr übersichtlich, schwillt sie mit der Einführung des Papiers ab der Mitte des 14. Jahrhunderts und des Buchdrucks ab der Mitte des 15. Jahrhunderts an. Die Überlieferungsdichte wird nochmals in der Frühen Neuzeit, also vom 16. bis ins 18. Jahrhundert, durch die fortschreitende Alphabetisierung und Verschriftlichung der Verwaltung gesteigert. Erst in allerjüngster Zeit wird durch die Einführung digitaler Medien dieser Überlieferungsmodus so grundlegend verändert, dass die Folgen noch nicht absehbar sind.

Zu den **Sachquellen** kann man alle dreidimensionalen, immobilen und mobilen Gegenstände und Strukturen zählen. Dazu gehört beispielsweise das durch Landwirtschaft veränderte Mikrorelief in der Landschaft, Erdwerke wie Gräben und Wälle, aber auch jede Form baulicher Strukturen und Gebäude. Bewegliche Gegenstände, die den größten Teil des in Museen überlieferten Sachguts ausmachen, können dazu komplementär eine Vielzahl an Informationen liefern. So sagen landwirtschaftliche Geräte viel aus über die Art und Weise, wie der Boden bearbeitet wurde. Aussagen über sich verändernde Bodennutzungen sagen dann auch viel über sich verändernde Produktionsbedingungen, Agrarsozialstrukturen und nicht zuletzt auch über die ökologischen Folgen aus, wie es Gerhard Hard über das vermehrte Auftreten exzessiver Erosion um 1800 in der Region um Zweibrücken zeigen konnte (Hard 1970).

Das Besondere an der **Überlieferung in der Landschaft** ist, dass Elemente und Strukturen unterschiedlicher Zeitstellung nebeneinanderliegen oder sich auch überlagern können. So kann der bronzezeitliche Grabhügel inmitten mittelalterlicher Wölbäcker liegen oder auch der mittelalterliche Ortskern von moderner städtischer Bebauung umgeben sein. Kulturlandschaften sind

Abb. 28.3 a Beispiel eines Relikts der historischen Kulturlandschaft: ausgebautes Triftgewässer im Pfälzer Wald, erbaut Anfang des 19. Jahrhunderts. **b** Beispiel einer historischen Kulturlandschaft: rezente und wüste Reisterrassen auf der Insel Kyushu, Japan (Fotos: A. Dix).

also immer auch Dokumente der Gleichzeitigkeit des Ungleichzeitigen (Schuppert 2013).

Die Überlieferung von Strukturen und Elementen in der freien Fläche hängt im Wesentlichen von ihrem Umfang und ihrer Funktion ab. Generell ist zu sagen, dass räumlich ausgedehntere Elemente leichter überliefert werden als kleinere und dass linien- und flächenhafte Elemente zumindest stückweise eher überliefert werden als kleine punkthafte. Lineare Strukturen können viele Jahrhunderte überdauern; so ist der Verlauf des römischen Limes heute noch über weite Strecken gut zu verfolgen. Kleinräumigere Strukturen wie das agrarische Mikrorelief hingegen werden besonders durch den heutigen Maschineneinsatz in der Land- und Forstwirtschaft schnell zerstört. Diese werden zumeist als **Relikte** überliefert. Als Relikte werden funktionslos gewordene Elemente und Strukturen benannt, die sich häufig nur wegen dieser Eigenschaft überliefert haben. Längere Nutzungsphasen führen hingegen oft zu ihrer grundlegenden Veränderung oder gar Zerstörung (Abb. 28.3). Grundlegend ist hier der Begriff der **Persistenz**, also die Dauerhaftigkeit, das Überdauern von Strukturen über längere Zeiträume, das sich nicht nur auf physische Strukturen, sondern ebenso auf gesellschaftliche Verhältnisse beziehen kann (Thieme 1984).

Grundsätzlich bedient sich die Historische Geographie desselben methodischen Instrumentariums wie es die **Geschichtswissenschaften** tun, zunächst also der Methoden der Quellenkritik wie der Auseinandersetzung mit der Anwendbarkeit und Reichweite humanwissenschaftlicher Theorien.

Die Fragestellungen der Historischen Geographie sind unterschiedlich „anschlussfähig" an das, was die historisch ausgerichteten Kulturwissenschaften einerseits und die Geographie andererseits interessiert. Spielte der Raum als Kategorie in der älteren deutschen Kulturgeschichte nach Karl Lamprecht eine grundlegende Rolle, so galt dies später für andere Richtungen wie die Annales-Schule (Kronsteiner 1989, Mücke 1988) oder die von Immanuel Wallerstein formulierte Theorie der Entstehung eines Weltsystems und damit zusammenhängender ökonomischer Zentren und Peripherien (Wallerstein 1974, Nitz 1993). Seit einigen Jahren ist unter dem Dachbegriff des *spatial turn* eine intensivere Auseinandersetzung mit Kategorien der Räumlichkeit in den historischen Kulturwissenschaften allgemein zu verzeichnen (Koselleck 2000, Raphael 2003, Warf & Arias 2009). Die Annäherungen sind sehr vielfältig. Dies reicht z. B. in der deutschsprachigen Geschichtswissenschaft von generellen Reflexionen über Räume, Orte und Verortungen von Ereignissen (Schlögel 2003, 2017) hin zu stärker konzeptionellen Überlegungen und Typisierungen von Räumen, wie sie vor allem Jürgen Osterhammel entwickelt hat (Osterhammel 1998, 2009). Weiterhin gibt es empirisch fundierte Arbeiten, die im geographischen Sinne das Mensch-Umwelt-Verhältnis in den Vordergrund rücken und aus dessen historischen Veränderungen Rückschlüsse auf gesellschaftliche Veränderungen ziehen (Beck 2003, Blackbourn 2008). Mittlerweile werden auch die entsprechenden Debatten innerhalb der Geographie rezipiert. In jüngerer Zeit ergeben sich völlig neue Verknüpfungen durch die rasante Entwicklung der *digital humanities*, in deren Zusammenhang nun digitale Werkzeuge zur Visualisierung räumlicher und zeitlicher Zusammenhänge zur Verfügung stehen, die nun zunehmend die Formulierung neuer Fragestellung ermöglichen, weil viel größere Datenbestände als bisher untersucht und verknüpft sowie in ihren räumlichen Relationen dargestellt werden können. Knowles demonstriert dies am Beispiel einer digitalen Topographie des Holocaust und kann zeigen, wie durch eine Aufbereitung der Daten durch GIS neue Erkenntnisse gewonnen werden können (Knowles et al. 2014, Gregory & Geddes

2014). Ein wichtiger Punkt ist, dass durch diese Techniken eine ganz andere Kommunikation mit der Öffentlichkeit möglich ist, die auch eine Einbindung von Bürgerwissenschaftlerinnen und -wissenschaftlern im Rahmen einer **Citizen Science** und **Public History** ermöglicht.

Bei allen unterschiedlichen theoretischen Rückbindungen lassen sich die historischen Betrachtungsweisen meist entweder einer querschnittlichen oder längsschnittlichen Perspektive zuordnen. Während der Querschnitt die Rekonstruktion eines Zustandes zu einer bestimmten Zeitphase zum Ziel hat, geht es bei der Betrachtungsweise im Längsschnitt um den Verlauf, die dynamische Komponente von Entwicklungen. Je nach Quellenlage wird dabei die Perspektive vom älteren zum jüngeren Zustand oder vom jüngeren zum älteren Zustand gewählt. Diese genetisch angelegte und motivierte Untersuchungsperspektive wird häufig gewählt, verspricht sie doch Antworten auf die Frage nach den Ursachen aktueller Verhältnisse und Strukturen.

Wichtige thematische Verknüpfungen ergeben sich im Schnittfeld physisch-geographischer und archäologischer Forschungsbereiche, wie in der **Archäometrie**, **Geoarchäologie** und **Landschaftsarchäologie**, die sich in den letzten Jahren rasant entwickelt haben. Die Verknüpfung der Analyse dieser sehr unterschiedlichen historischen und naturwissenschaftlichen Archive ermöglicht einerseits die Ausweitung der zeitlichen Aussagetiefe, ist methodisch allerdings sehr anspruchsvoll und in weiten Teilen auch noch ein Desiderat (Verbruggen 2006). Das Potenzial zeigt sich in Landschaftsgeschichten, die bisher aus physisch-geographischer und geobotanischer Sicht publiziert wurden (Bork 1998, 2006, Behre 2008, Poschlod 2017).

Literatur

Assmann A (2011) Erinnerungsräume. Formen und Wandlungen des kulturellen Gedächtnisses. C.H. Beck, München

Beck R (2003) Ebersberg oder das Ende der Wildnis. Eine Landschaftsgeschichte. C.H. Beck, München

Becker H (1998) Allgemeine Historische Agrargeographie. Teubner, Stuttgart

Behre K (2008) Landschaftsgeschichte Norddeutschlands. Umwelt und Siedlung von der Steinzeit bis zur Gegenwart. Wachholtz, Neumünster

Blackbourn D (2008) Die Eroberung der Natur. Eine Geschichte der deutschen Landschaft. Pantheon, München

Bork HR et al (Hrsg) (1998) Landschaftsentwicklung in Mitteleuropa. Wirkungen des Menschen auf Landschaften. Klett-Perthes, Gotha

Bork HR (2006) Landschaften unter dem Einfluss des Menschen. Wissenschaftliche Buchgesellschaft, Darmstadt

Born M (1989) Die Entwicklung der deutschen Agrarlandschaft. Wissenschaftliche Buchgesellschaft, Darmstadt

Conzen MRG (1960) Alnwick, Northumberland. A study in town plan analysis. Institute of British Geographers, London

Cosgrove D, Daniels S (eds) (1988) The iconography of landscape. Essays on the symbolic representation, design and use

of past environments. Cambridge University Press, Cambridge

Danner HS et al (eds) (2006) Polder pioneers. The influence of Dutch engineers on water management in Europe 1600–2000. KNAG, Utrecht

Dix A (2002a) „Freies Land". Siedlungsplanung im ländlichen Raum der SBZ und frühen DDR 1945 bis 1955. Böhlau, Köln

Dix A (2002b) Das Mittelrheintal – Wahrnehmung und Veränderung einer symbolischen Landschaft des 19. Jahrhunderts. Petermanns Geographische Mitteilungen 146: 44–53

Dix A (2015) Umstrittene Räume – umstrittene Namen. Perspektiven der Critical Toponymies. In: Steinkrüger JE, Schenk W (Hrsg) Zwischen Geschichte und Geographie. Zwischen Raum und Zeit. Lit, Berlin u. a. 25–31

Droste zu Hülshoff BV (1995) Cultural landscapes of universal value. Components of a global strategy. G. Fischer, Jena

Eidloth E (Hrsg) (2012) Europäische Kurstädte und Modebäder des 19. Jahrhunderts. Theiss, Stuttgart

Ellenberg H (1990) Bauernhaus und Landschaft in ökologischer und historischer Sicht. Ulmer, Stuttgart

Erll A (2017) Kollektives Gedächtnis und Erinnerungskulturen. Eine Einführung. J. B. Metzler, Stuttgart

Fahlbusch M et al (2017) Handbuch der völkischen Wissenschaften. Akteure, Netzwerke, Forschungsprogramme. De Gruyter Oldenburg, München, Wien

Glaser R (2014) Global Change. Das neue Gesicht der Erde. Primus, Darmstadt

Gräbel C (2015) Die Erforschung der Kolonien. Expeditionen und koloniale Wissenskultur deutscher Geographen, 1884–1919. Transcript, Bielefeld

Gregory IN, Geddes A (2014) Toward spatial humanities. Historical GIS and spatial history. University of Indiana Press, Bloomington

Gugerli D, Speich D (2002) Topografien der Nation. Politik, kartografische Ordnung und Landschaft im 19. Jahrhundert. Chronos, Zürich

Guldin R (2014) Politische Landschaften. Zum Verhältnis von Raum und nationaler Identität. Transcript, Bielefeld

Gunzelmann T (1987) Die Erhaltung der historischen Kulturlandschaft. Angewandte Historische Geographie des ländlichen Raumes mit Beispielen aus Franken. Universität Bamberg, Bamberg

Gunzelmann T, Schenk W (1999) Kulturlandschaftspflege im Spannungsfeld von Denkmalpflege, Naturschutz und Raumordnung. Informationen zur Raumentwicklung 5/6: 347–360

Hahn H, Zorn W, Krings W (Hrsg) (1973) Historische Wirtschaftskarte der Rheinlande um 1820. Dümmler, Bonn

Hard G (1970) Exzessive Bodenerosion um und nach 1800. Zusammenfassender Bericht über ein südwestdeutsches Testgebiet. Erdkunde 24/4: 290–308

Hard G (1989) Geographie als Spurenlesen. Eine Möglichkeit, den Sinn und die Grenzen der Geographie zu formulieren. Zeitschrift für Wirtschaftsgeographie 33/1 u. 2: 2–11

Harley JB (1989) Historical geography and the cartographic illusion. Journal of Historical Geography 15: 80–91

Harris C (2002) Making native space. Colonialism, resistance and reserves in British Columbia. UBC Press, Vancouver

Heffernan M (1998) The meaning of Europe. Geography and geopolitics. Arnold, London

Henkel G (2004) Der ländliche Raum. Gegenwart und Wandlungsprozesse seit dem 19. Jahrhundert in Deutschland. Bornträger, Berlin

Henkel G (2012) Das Dorf. Landleben in Deutschland – gestern und heute. Theiss, Stuttgart

Jäger H (1987) Entwicklungsprobleme europäischer Kulturlandschaften. Eine Einführung. Wissenschaftliche Buchgesellschaft, Darmstadt

Jäger H (1994) Einführung in die Umweltgeschichte. Wissenschaftliche Buchgesellschaft, Darmstadt

Johanek P, Stercken M, Szende, K (Hrsg) (2011) Städteatlanten. Vier Jahrzehnte Atlasarbeit in Europa. Köln

Jones M, Stenseke M (eds) (2010) The European Landscape Convention. Challenges of participation. Springer, Berlin

Jordan S (2010) Vetorecht der Quellen. Version 1.0. In: Docupedia Zeitgeschichte 11.02.2010. DOI: http://dx.doi.org/10.14765/zzf.dok.2.570.v1

Kegler KR (2015) Deutsche Raumplanung. Das Modell der „Zentralen Orte" zwischen NS-Staat und Bundesrepublik. Ferdinand Schöningh, Paderborn

Knowles AK et al (eds) (2014) Geographies of the Holocaust. University of Indiana Press, Bloomington

Koselleck R (2000) Zeitschichten. Studien zur Historik. Suhrkamp, Frankfurt a. M.

Kramann G (2016) Afrika im Fokus der geographischen Zeitschriften während der Wilhelminischen Epoche. Lit, Berlin u. a.

Kronsteiner B (1989) Zeit, Raum, Struktur – Fernand Braudel und die Geschichtsschreibung in Frankreich. Geyer-Ed., Wien

Leendertz A (2008) Ordnung schaffen. Deutsche Raumplanung im 20. Jahrhundert. Wallstein, Göttingen

Lenz G (1999) Verlusterfahrung Landschaft. Über die Herstellung von Raum und Umwelt im mitteldeutschen Industriegebiet seit der Mitte des 19. Jahrhunderts. Campus, Frankfurt a. M.

Lowenthal D (2015) The past is a foreign country. Revisited. Cambridge University Press, Cambridge

Maus G (2015) Erinnerungslandschaften. Praktiken ortsbezogenen Erinnerns am Beispiel des Kalten Krieges. Geographisches Institut der Universität Kiel, Kiel

Mücke H (1988) Historische Geographie als lebensweltliche Umweltanalyse. Studien zum Grenzbereich zwischen Geographie und Geschichte. Lang, Frankfurt a. M.

Nitz HJ (eds) (1993) The early modern world system in geographical perspective. Steiner, Stuttgart

Nitz HJ (1994) Historische Kolonisation und Plansiedlung in Deutschland. Ausgewählte Arbeiten 1. Reimer, Berlin

Nitz, HJ (1998) Allgemeine und vergleichende Siedlungsgeographie. Ausgewählte Arbeiten 2. Reimer, Berlin

Osterhammel J (1998) Die Wiederkehr des Raumes. Geopolitik, Geohistorie und historische Geographie. Neue politische Literatur 43: 374–397

Osterhammel J (2009) Die Verwandlung der Welt. Eine Geschichte des 19. Jahrhunderts. C.H. Beck, München

Poschlod P (2017) Geschichte der Kulturlandschaft. Entstehungsursachen und Steuerungsfaktoren der Entwicklung der Kulturlandschaft, Lebensraum und Artenvielfalt in Mitteleuropa. Ulmer, Stuttgart

Radkau J (1994) Was ist Umweltgeschichte? In: Abelshauser W (Hrsg) Umweltgeschichte. Umweltverträgliches Wirtschaften in historischer Perspektive. Geschichte und Gesellschaft. Sonderheft 15. Vandenhoeck & Ruprecht, Göttingen

Radkau J (2000) Natur und Macht. Eine Weltgeschichte der Umwelt. C.H. Beck, München

Raphael L (2003) Geschichtswissenschaften im Zeitalter der Extreme. Theorien, Methoden, Tendenzen von 1900 bis zur Gegenwart. C.H. Beck, München

Sauer CO (1925) The morphology of landscape. University of California Publications in Geography 2/2: 19–53

Schenk W (1988) Mainfränkische Kulturlandschaft unter klösterlicher Herrschaft. Die Zisterzienser-Abtei Ebrach als raumwirksame Institution vom 16. Jahrhundert bis 1803. Geographisches Institut der Universität Würzburg, Würzburg

Schenk W (Hrsg) (1999) Aufbau und Auswertung „Langer Reihen" zur Erforschung von historischen Waldzuständen und Waldentwicklungen. Geographisches Institut der Universität Tübingen, Tübingen

Schenk W (2002) „Landschaft" und „Kulturlandschaft" – „getönte" Leitbegriffe für aktuelle Konzepte geographischer Forschung und räumlicher Planung. Petermanns Geographische Mitteilungen 146: 6–13

Schenk W (2013) Landschaft als zweifache sekundäre Bildung. Historische Aspekte im aktuellen Gebrauch von Landschaft im deutschsprachigen Raum, namentlich in der Geographie. In: Bruns D, Kühne O (Hrsg) Landschaften: Theorien, Praxis und internationale Bezüge. Oceano, Schwerin. 23–34

Schenk W, Fehn K, Denecke D (Hrsg) (1997) Kulturlandschaftspflege. Beiträge der Geographie zur räumlichen Planung. Gebrüder Borntraeger, Berlin

Schlögel K (2003) Im Raume lesen wir die Zeit. Über Zivilisationsgeschichte und Geopolitik. Carl Hanser, München

Schlögel K (2017) Das sowjetische Jahrhundert. Archäologie einer untergegangenen Welt. C.H. Beck, München

Schultz HD (1980) Die deutschsprachige Geographie von 1800 bis 1970. Ein Beitrag zur Geschichte ihrer Methodologie. Geographisches Institut der FU, Berlin

Schuppert CJ (2013) GIS-gestützte historisch-geographische Untersuchungen frühkeltischer Fürstensitze in Südwestdeutschland. Theiss, Stuttgart

Steinkrüger J-E (2013) Thematisierte Welten. Über Darstellungspraxen in Zoologischen Gärten und Vergnügungsparks. Transcript, Bielefeld

Thieme G (1984) Disparitäten der Lebensbedingungen. Persistenz oder raum-zeitlicher Wandel? Untersuchungen am Beispiel Süddeutschlands 1895 und 1980. Erdkunde 38/4: 258–267

Tillmann E (2016) Bundesnaturschutzgesetz und Kulturlandschaftspflege. Zentralinstitut für Raumplanung an der Universität Münster, Münster

Turner BL et al (eds) (1990) The earth as transformed by human action. Global and regional changes in the biosphere over the past 300 years. Cambridge University Press, Cambridge

Verbruggen C (eds) (2006) Geoarcheology, Historical Geography and Paleoecology. Société Belge de Géographie, Brüssel

Wallerstein I (1974) The Modern World System I. Capitalist Agriculture and the origins of the European World-Economy in the Sixteenth Century. Academic Press, New York, London

Warf B, Arias S (Hrsg) (2009) The Spatial Turn. Interdisciplinary perspectives. Routledge, London

Whelan Y (2003) Reinventing modern Dublin. Streetscape, iconography and the politics of identity. University College of Dublin Press, Dublin

Winiwarter V, Knoll M (2007) Umweltgeschichte. Eine Einführung. Böhlau, Köln

Weiterführende Literatur

Baker A (2003) Geography and History. Bridging the Divide. Cambridge University Press, Cambridge

Butlin R, Roberts N (eds) (1995) Ecological relations in historical times. Human impact and adaptation. Blackwell, Oxford

Fehn K (1998) Historische Geographie. In: Goertz HJ (Hrsg) Geschichte. Ein Grundkurs. Rowohlt, Reinbek bei Hamburg. 394–407

Harvey D (1969) Explanation in geography. Arnold, London

Mitchell WJT (2002) Landscape and power. University of Chicago Press, Chicago

Morrissey J et al (2014) Key Concepts in Historical Geography. Sage, London

Nitz HJ (1994) Historische Kolonisation und Plansiedlung in Deutschland. Ausgewählte Arbeiten 1. Reimer, Berlin

Nitz HJ (1998) Allgemeine und vergleichende Siedlungsgeographie. Ausgewählte Arbeiten 2. Reimer, Berlin

Schenk W (2005) Historische Geographie. In: Schenk W, Schliephake K (Hrsg) (2005) Allgemeine Anthropogeographie. Klett-Perthes, Gotha. 216–264

Schenk W (2011) Historische Geographie. Geowissen kompakt. Wissenschaftliche Buchgesellschaft, Darmstadt

Steinkrüger JR, Schenk W (Hrsg) (2015) Zwischen Geschichte und Geographie, zwischen Raum und Zeit. Beiträge der Tagung vom 11. und 12. April 2014 an der Universität Bonn. Lit, Berlin u. a.

Turner BL et al (eds) (1990) The earth as transformed by human action. Global and regional changes in the biosphere over the past 300 years. Cambridge University Press, Cambridge

Kapitel 28

Geographische Gesellschafts-Umwelt-Forschung

V

Konzepte der Gesellschaft-Umwelt-Forschung

29

Annika Mattissek und Thilo Wiertz

Das Hinweisschild „Naturschutzgebiet" markiert Zonen, in denen Pflanzen und Tiere eine hohe Priorität gegenüber konkurrierenden anthropogenen Nutzungsansprüchen besitzen. Gleichzeitig weist das Schild auf die Relativität und die gesellschaftliche Bedingtheit eines Ansatzes wie des „Natur-Schutzes" hin: Was Menschen als Natur ansehen und zudem noch als schützenswert einstufen, basiert nicht auf objektiven Kriterien, sondern in starkem Maße auf gesellschaftlichen Vorstellungen (Foto: Martina Berg/stock.adobe.com).

© Springer-Verlag GmbH Deutschland, ein Teil von Springer Nature 2020
H. Gebhardt et al. (Hrsg.), *Geographie*, https://doi.org/10.1007/978-3-662-58379-1_29

Umweltzerstörung, Klimawandel, Ressourcenübernutzung und Verlust an Biodiversität sind als Prozesse des globalen Wandels untrennbar mit vielfältigen Veränderungen des Verhältnisses von Gesellschaften und Umwelt verknüpft. Die Geographie, die sowohl natur- als auch gesellschaftswissenschaftliche Ansätze integriert, ist in besonderem Maße gefordert, solche Themen und Problemlagen aufzugreifen. Die Gesellschaft-Umwelt-Forschung hat sich entsprechend in den letzten Jahren in der Geographie sehr dynamisch entwickelt und weist heute Überschneidungsbereiche zu nahezu allen Teildisziplinen der Geographie auf. Ihre Themen reichen von Ressourcenknappheit und Ressourcenkonflikten, z. B. um Wasser, Wald oder mineralische Rohstoffe, über den politischen, alltäglichen und planerischen Umgang mit dem globalen Klimawandel bis hin zu Fragen des Natur- und Biodiversitätsschutzes und damit verbundenen Abwägungsprozessen. In der Humangeographie spielt Nachhaltigkeit in so unterschiedlichen Themenfeldern wie Tourismus, Stadtentwicklung oder Verkehrsgeographie eine Rolle. Nachfolgend wird erläutert, welche Rolle die Gesellschaft-Umwelt-Forschung innerhalb der Geographie einnimmt und welche zentralen Ansätze und Konzepte dazu entwickelt wurden und zur Anwendung kommen. Grundsätzlich stellt die Gesellschaft-Umwelt-Forschung einen Forschungsbereich dar, der in besonderem Maße durch einen Dialog zwischen Physischer und Humangeographie gekennzeichnet ist. Dabei haben sich unterschiedliche Debatten und Theoriestränge herausgebildet: Das vorliegende Kap. 29 stellt zunächst diejenigen Theorien vor, die sich Fragen von Gesellschaft-Natur-Verhältnissen stärker aus sozialwissenschaftlichen Denktraditionen nähern. Das folgende Kap. 30 führt dann anhand des empirischen Feldes der geographischen Risikoforschung in stärker systemtheoretische Verständnisse des Verhältnisses von Natur und Gesellschaft ein.

29.1 Die Entwicklung der Gesellschaft-Umwelt-Forschung in der Geographie

Die Geographie versucht seit Ende des 19. Jahrhunderts, natürliche und gesellschaftliche Faktoren gemeinsam zu betrachten. Dies geschah zunächst in Form von länderkundlichen Schemata und Ansätzen, später über Begriffe wie Landschaft oder landschaftsökologische Betrachtungen. Diese Suche nach holistischen Konzepten, die gesellschaftliche wie natürliche Prozesse und Phänomene mit den gleichen Theorien und Methoden verstehbar machen, ist seitdem vielfach kritisiert worden. Zum einen, weil sie dazu geführt hat, dass theoretische Debatten der Nachbarwissenschaften in der Geographie erst mit deutlicher Verspätung rezipiert wurden. Zum anderen, und noch entscheidender, weil sich in der Auseinandersetzung mit vielen aktuellen Themen und Problemen gezeigt hat, dass es weder möglich noch sinnvoll ist, alle relevanten Aspekte komplexer Problemlagen mit ein und derselben Perspektive untersuchen zu wollen. Entsprechend ist die Frage aus heutiger Sicht, wie die mit unterschiedlichen Theorien und Methoden erlangten Erkenntnisse zu den Beziehungen zwischen Natur und Gesellschaft bzw. zwischen Natur und Umwelt (Exkurs 29.1) in einen sinnvollen Dialog gebracht werden können.

Vor diesem Hintergrund sind, auch in Konversation mit Nachbarwissenschaften, eine Reihe von Ansätzen entstanden, die Themen im Spannungsfeld von gesellschaftlichen und natürlichen Prozessen untersuchen. In der Geographie haben Diskussionen um das Verhältnis zwischen Natur und Gesellschaft und daran anschließend das Verhältnis zwischen naturwissenschaftlichen und gesellschaftswissenschaftlichen Theorien und Perspektiven immer wieder zu Kontroversen geführt. Solche Diskussionen betreffen etwa die Integration des „Faktors Mensch" in Modell- und Erklärungsansätze, Reflexionen darüber, wie Individuen und soziale Gruppen mit natürlichen Schocks und Umweltveränderungen umgehen, oder kritische Reflexionen darüber, welche Auswirkungen physisch-materielle Merkmale des Raums auf Gesellschaften haben und wo sie in ihrer Erklärungskraft an ihre Grenzen stoßen. Auch die Kritik an biologistischen und geodeterministischen Erklärungsansätzen, das heißt an der Ableitung menschlicher Eigenschaften und gesellschaftlicher Verhältnisse aus (vermeintlich) natürlichen Gegebenheiten wie Geschlecht oder aus der naturräumlichen Ausstattung, lässt sich als Teil der Gesellschaft-Umwelt-Forschung verstehen. Solche Erklärungsansätze wurden und werden bis heute **politisch instrumentalisiert**. Ein frühes Beispiel hierfür ist die bereits in Abschn. 16.1 erläuterte Grundkonzeption der Politischen Geographie nach Friedrich Ratzel (1923). Diese wurde zur Zeit des Nationalsozialismus verwendet, um die vermeintlich notwendige **Expansion des Deutschen Reichs** zu rechtfertigen. Das zentrale Argument Ratzels war, dass der Staat wie ein biologischer Organismus mit seinem Boden verwurzelt und die Expansion eines wachsenden Staats mit dem natürlichen Wachstum vitaler biologischer Entitäten gleichzusetzen sei – und damit ein vermeintlich legitimer, weil „natürlicher" Prozess. Aktuell finden sich geodeterministische Erklärungsmuster beispielsweise in Robert Kaplans Weltbestseller *„The Revenge of Geography"* (2012), der von Geographen und Geographinnen für seine natur- und geodeterministischen Argumentationsweisen kritisiert wurde (Megoran 2010; Abb. 29.1).

Die Frage, wie das Verhältnis von Natur und Gesellschaft konzeptualisiert wird, spielt aber auch in vielen anderen Zusammenhängen eine zentrale Rolle. So zeigen die in Kap. 3 erläuterten **Entwicklungsphasen der Humangeographie,** dass unterschiedliche wissenschaftstheoretische Perspektiven und damit einhergehende Konzepte von Gesellschaft und Umwelt jeweils unterschiedliche Fragestellungen aufwerfen. Vor allem ältere Ansätze waren vielfach durch das Anliegen gekennzeichnet, ein „Einheitsparadigma" für die Geographie zu etablieren, das sowohl biophysikalische Phänomene als auch gesellschaftliche Entwicklungen und Prozesse mit den gleichen Theorien und Methoden erklärt. In „Länderkundlichen Ansätzen", vor allem solchen, welche das **Hettner'sche Schema** (Kap. 3) verwendeten, wurden Länder und Räume als Summation der Faktoren Geologie, Geomorphologie, Klima, Böden, Vegetation, Tierwelt, Bevölkerung, Siedlung, Wirtschaft etc. in der immer gleichen Weise beschrieben, um vergleichende Betrachtungen von Räumen zu ermöglichen. Deskriptive Ansätze wurden in der Folge und besonders seit dem Kieler Geographentag 1969 von **quantitativ-szientistischen Ansätzen** abgelöst, die die Entdeckung und Rekonstruktion von statistisch überprüfbaren Kausalbeziehungen zum erklärten Ziel der gesamten Geographie machten. Wesentliche Inspiration kam dabei aus den angelsächsischen Geosystemansätzen, in denen die geoökologischen Zusammen-

Exkurs 29.1 Natur versus Umwelt

Die Begriffe Natur und Umwelt werden in vielen, vor allem alltäglichen und politischen Debatten oft synonym verwendet. Beide rekurrieren auf die den Menschen umgebende Welt. Sucht man nach einer trennschärferen Handhabung, dann impliziert „Umwelt" menschliche Steuerung und Veränderung und ist dabei grundsätzlich anthropozentrisch. Der Begriff umfasst dabei sowohl natürliche als auch gesellschaftliche Komponenten. „Natur" bezieht sich hingegen auf die natürlichen Prozessgefüge bzw. ökologischen Bedingtheiten im Sinne von Naturhaushalten und Ökosystemen und beruht damit auf einer begrifflichen Trennung von Mensch und Natur bzw. zwischen Kultur und Natur (Abschn. 29.3). Entsprechend bezieht sich Umweltschutz stärker auf eine Reduktion negativer menschlicher Auswirkungen auf die den Menschen umgebende Natur. Als

besonders schützenswert gelten dabei Lebensräume mit einer hohen Biodiversität und wichtigen ökologischen Funktionen. Zu diesen können auch vom Menschen geschaffene Räume, wie beispielsweise historische Kulturlandschaften, zählen. Naturschutz hingegen zielt in erster Linie auf den Schutz der Natur „an sich" ab, wie er in der Maxime „Natur Natur sein lassen" zum Ausdruck kommt. In der Geographie hat sich die Bezeichnung „Gesellschaft-Umwelt-Forschung" für Arbeiten an der Schnittstelle von gesellschaftlichen und natürlichen Prozessen etabliert. Im Folgenden wird dieser Terminus beibehalten. Um die unterschiedlichen Funktionslogiken gesellschaftlicher und natürlicher Strukturen und Prozesse und deren wechselseitige Beziehung zu betonen, sprechen wir aber im Einzelfall auch von Gesellschaft-Natur-Verhältnissen.

Abb. 29.1 Populärwissenschaftliche Bücher mit natur- und geodeterministischen Argumentationen.

hänge als Stoff- und Energieflüsse quantifiziert wurden und eine Hierarchisierung des Raums von Biomen über Regionen, Domains und Division bis zu Choren und Topen erfolgte. Dieses Denken in „Maß und Zahl" findet sich heute in den Grenzwertdebatten und Leitplankendiskussionen etwa zum 1,5-Grad-Ziel in der aktuellen Klimadebatte oder der Feinstaubbelastung, aber auch den Abschätzungen von Ökosystemleistungen. Darüber hinaus finden sich quantitativ-szientistische Ansätze auch in Arbeiten, in denen etwa mithilfe von Multifaktorenanalysen und Indizes versucht wird, zu erfassen, in welchem Maße Individuen und/oder Länder und Regionen durch Naturkatastrophen und negative Umweltveränderungen betroffen sind bzw. sein werden (Garschagen & Hagenlocher 2018). Ähnlich verhält es sich mit den populären Wertungen etwa des ökologischen Fußabdrucks oder den beliebten CO_2-Kalkulatoren, mit dem sich der Einfluss menschlichen Handelns auf die Umwelt bilanzieren lässt.

In den letzten Jahren haben sich die theoretischen Grundlegungen geographischer Arbeiten enorm ausdifferenziert und

die Geographie hat sich zu einem **Multiperspektivenfach** entwickelt. Zudem verortet sich die Mehrzahl humangeographischer Arbeiten heute eher in qualitativen und/oder konstruktivistischen Paradigmen. Dennoch bleiben die disziplingeschichtlichen Diskussionen weiterhin ausgesprochen relevant für die aktuelle Gesellschaft-Umwelt-Forschung. Denn das immer wieder aktualisierte, jahrhundertealte Ringen um die Frage, ob und wie natur- und gesellschaftswissenschaftliche Perspektiven integriert und kombiniert werden können, hat geographische Forschungen für eine Reihe von Problemen und theoretischen „Fallstricken" solcher Versuche sensibilisiert. Mit anderen Worten: Die langjährigen und oft kontroversen Auseinandersetzungen innerhalb des Fachs ermöglichen einen hohen Reflexionsgrad in Schlüsselbereichen, welche für das Verständnis aktueller, komplexer Problemlagen im Verhältnis von Gesellschaft und Umwelt relevant sind.

So haben die Verstrickungen der deutschsprachigen Geographie in die Expansionspolitik des Dritten Reichs oder ihre

Legitimation kolonialer Eroberungen (Abschn. 29.3) zu einer erhöhten Sensibilität gegenüber Natur- und Geodeterminismus geführt. In kaum einem geographischen Studiengang wird heute nicht bereits frühzeitig und in klarer Abgrenzung thematisiert, welche wissenschaftlichen Trugschlüsse und welche politischen Fallstricke mit solchen deterministischen Denkweisen verbunden waren und bis heute sind. Das versetzt Geographie-Studierende in die Lage, die in medialem und politischem Alltag (und manchmal auch in wissenschaftlichen Arbeiten) nach wie vor prominenten Thesen etwa von bevorstehenden „Klimakriegen" oder dem drohenden Zusammenbruch von Gesellschaften aufgrund von Umwelteinflüssen (beides verbunden mit Massenwanderungsprozessen in Richtung des Globalen Nordens) kritisch zu hinterfragen. Dabei geht es nicht darum, zu negieren, dass physisch-materielle Gegebenheiten einen Einfluss auf Menschen und gesellschaftliche Prozesse haben, sondern vor allem darum, auf die **Komplexität** und **Kontingenz** von Gesellschaft-Natur-Verhältnissen hinzuweisen (Flitner & Korf 2012, Judkins et al. 2008). Das heißt, dass Menschen und gesellschaftliche Prozesse in physisch-materielle Rahmenbedingungen eingebunden sind, und welche Herausforderungen hier jeweils bestehen, wird u. a. von der Geoökologie herausgearbeitet. Worin dann der gesellschaftliche Umgang mit diesen Bedingungen besteht – ob etwa kooperative oder konfliktorientierte Lösungen gesucht werden –, wird nicht von den Umweltfaktoren determiniert, sondern hängt maßgeblich von den jeweiligen gesellschaftlichen Kontextfaktoren ab.

Die innerfachliche Perspektivenvielfalt führt, sowohl in der Lehre wie auch der Forschung, zu einem Bewusstsein für den **wissenschaftlichen Konstruktionscharakter** von empirischen Ergebnissen. Viele Geographinnen und Geographen sind sich aufgrund des innerfachlichen Dialogs darüber bewusst, dass unterschiedliche Aspekte komplexer Probleme sichtbar werden, je nachdem, ob man diese mit z. B. naturwissenschaftlichen Messmethoden, in einem GIS, mithilfe qualitativer Interviews oder mit poststrukturalistischen Medienanalysen untersucht. In konkreten Projekten und Lehrveranstaltungen kann dabei natürlich nicht immer die Breite der theoretisch möglichen Ansätze abgebildet werden. Gleichwohl ist das Fach insgesamt durch eine Wertschätzung dieser Perspektivenvielfalt und die Anerkennung dessen geprägt, dass natürliche und gesellschaftliche Prozesse vielfach unterschiedlichen Logiken gehorchen, die entsprechend mit unterschiedlichen Verfahren untersucht werden müssen.

Zur Theorie- und Methodenvielfalt und der damit verbundenen Reflexionskultur innerhalb des Fachs tragen auch die vielfältigen **interdisziplinären Anknüpfungspunkte** und Verflechtungen bei. Sie führen dazu, dass sich Arbeiten der geographischen Gesellschaft-Umwelt-Forschung heute in einem intensiven Dialog mit konzeptionellen und empirischen Arbeiten sowohl aus den naturwissenschaftlichen wie auch den sozial- und kulturwissenschaftlichen Nachbardisziplinen befinden.

Wie aus den vorangegangenen Punkten deutlich geworden ist, ist die Gesellschaft-Umwelt-Forschung in der Geographie heute kein einheitliches Feld, das sich durch allgemeingültige Fragestellungen und Herangehensweisen auszeichnet. Dies ist allerdings kein Makel oder Verlust, sondern hat zu einer spe-

zifischen Reflexionskultur und zu diversen Formen **institutionalisierter Dialoge** zwischen Physischer Geographie und Humangeographie geführt (z. B. in der gemeinsamen Gestaltung von Studiengängen an Universitäten oder in gemeinsam besetzten Gremien von Wissenschaftsinstitutionen wie der Deutschen Forschungsgemeinschaft). Die im Folgenden eingeführten Theorien und Konzepte der Gesellschaft-Umwelt-Forschung verdeutlichen die Komplexität von Problemstellungen und die Vielfalt von Dimensionen, die etwa bei aktuellen Fragen des globalen Wandels zum Tragen kommen. Gemeinsam machen sie deutlich, dass die Gesellschaft-Umwelt-Forschung als „dritte Säule" der Geographie (Kap. 3) heute in einem engen Dialog mit den unterschiedlichen theoretischen und methodischen Entwicklungen der Human- und Physiogeographie sowie angrenzender Wissenschaften steht und sich durch eine hohe Aktualität und Innovationsdichte auszeichnet.

29.2 Politische Ökologie

Landdegradation und Bodenerosion, Verschmutzung von Luft, Wasser und Böden, Konflikte um Natur- und Umweltschutz, die Rolle von Ressourcen in politischen Konflikten – dies sind nur einige aktuelle Themen, mit denen sich die Politische Ökologie beschäftigt. Allgemein gesprochen untersucht die Politische Ökologie die Wechselverhältnisse zwischen ökologischen und gesellschaftlichen Prozessen mit einem Fokus auf **ökologische Konflikte und ungleich verteilte Konsequenzen von Umweltveränderungen.** Die Themenvielfalt innerhalb der Politischen Ökologie spiegelt sich auch in einer Vielzahl von Lehrbüchern und Sammelbänden wider (Peet et al. 2011, Perreault et al. 2015, Robbins 2012). Neben thematisch fokussierten Sammelbänden werden hier auch allgemeinere, konzeptionelle Fragen diskutiert, etwa zur Transformation von Governance-Regimen, der Rolle von Materialitäten und Technologien oder zu Wissens- und Wertordnungen im Umweltbereich. Gleichzeitig ist die Politische Ökologie nicht eindeutig der Geographie zuzuordnen, sondern ein interdisziplinäres Forschungsfeld, das sich durch disziplinübergreifendes Arbeiten auszeichnet. Sie lässt sich also eher als ein sozialwissenschaftlicher Diskussionszusammenhang zu Themen und Theorien der Gesellschaft-Umwelt-Forschung verstehen. Ziel dieses Teilkapitels ist es, Merkmale und Entwicklungslinien der Politischen Ökologie aufzuzeigen und Anknüpfungspunkte zu Ansätzen der geographischen Gesellschaft-Umwelt-Forschung herauszuarbeiten.

Im Kern politisch-ökologischer Arbeiten steht die These, dass ökologische Veränderungen und Problemlagen das Resultat politischer Prozesse sind. Die damit verbundenen Konflikte und Aushandlungsprozesse sind dabei durch unterschiedliche Interessen, ökonomische Beziehungen und Machtverhältnisse geprägt, die weit über die unmittelbare lokale Ebene hinausgehen. Folglich sind sowohl unmittelbar involvierte lokale Akteure (*place-based actors*) als auch Akteure anderer Handlungsebenen (*non-place-based actors*) in die Analyse mit einzubeziehen. Dem liegt die Annahme zugrunde, dass jede Veränderung im **globalen Netzwerk** von Gesellschaft-Umwelt-Beziehungen

Exkurs 29.2 Tragfähigkeitstheorien und Grenzen des Wachstums

In der (apolitischen) Ökologie wird der Begriff der Tragfähigkeit (*carrying capacity*) verwendet, um anzugeben, wie viele Organismen einer bestimmten Art in einem Lebensraum für unbegrenzte Zeit leben können, ohne diesen dauerhaft zu schädigen (Dhont 1988). Diese Überlegungen wurden auch immer wieder genutzt, um zu berechnen, wie viele Menschen auf der Erde (über)leben können. Ein Pionier bei der Entwicklung solcher Modelle war Robert Malthus, der bereits 1798 ein Modell zur Berechnung der Tragfähigkeit vorlegte. Aus heutiger Sicht sind seine Modellannahmen nicht mehr haltbar. Im Kern beziehen aber auch spätere Simulationen zwei Schlüsselfaktoren ein, die Malthus identifiziert: die Entwicklung der Nahrungsmittelproduktion und die Bevölkerungsentwicklung.

Aus der Sicht der Politischen Ökologie ist allerdings schon die Grundidee einer solchen Simulation von Tragfähigkeiten problematisch. Sie argumentiert, dass nicht die absolute Verfügbarkeit von Nahrungsmitteln das Problem ist, sondern der ungleiche Zugang zu und die Verteilung von Ressourcen (Robbins 2012). Vor diesem Hintergrund sind Prognosen über die Tragfähigkeit kaum aussagekräftig.

Jüngere Modelle befassen sich, wie die im Auftrag des Club of Rome erstellten Studien von Meadows et al. (1972, 2004), mit den Grenzen des Wachstums und beziehen hier auf der Basis verschiedener Szenarien ein breites Spektrum an unterschiedlichen natürlichen und gesellschaftlichen Einflussfaktoren mit ein. Ein Beispiel für solche Szenarien ist in Abb. A dargestellt. Kernaussage ist, dass ein auf ständiges Wachstum ausgerichtetes Wirtschaftssystem angesichts begrenzter natürlicher Ressourcen irgendwann zu einem gesellschaftlichen wie ökologischen Kollaps führen wird. Politisch liegt die Bedeutung dieser Berechnungen weniger in der genauen Vorhersage, wann die Grenzen des Wachstums erreicht sein werden, als vielmehr in der Problematisierung aktueller gesellschaftlicher Entwicklungen und des herrschenden Wachstumsparadigmas.

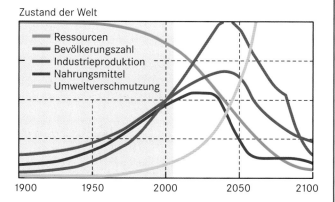

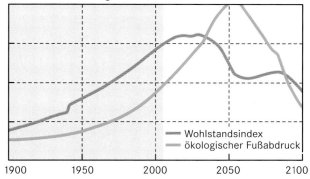

Abb. A Im Rahmen des Updates von 2004 zum ursprünglichen Grenzen-des-Wachstums-Modell wurden unterschiedliche Szenarien angenommen und deren Effekte berechnet. Das hier dargestellte Modell geht von technologischen Fortschritten bei der Ressourcenförderung und weiteren Lagerstätten aus. Dadurch kann die Industrie 20 Jahre länger wachsen als unter derzeitigen Bedingungen. Im Jahr 2040 erreicht die Weltbevölkerung ihren Höchststand bei 8 Mrd. Menschen und einem deutlich höheren Konsumniveau als heute. Dadurch steigt die Umweltverschmutzung extrem an, landwirtschaftliche Erträge nehmen stark ab und es entsteht enormer Investitionsbedarf für die Erhaltung der Lebensmittelproduktion. Die Bevölkerung verringert sich schließlich aufgrund von Nahrungsmittelknappheit und durch die negativen gesundheitlichen Auswirkungen der Umweltverschmutzung (verändert nach Meadows et al. 2004).

Auswirkungen und Widerhall-Effekte im Gesamtsystem erzeugen (Robbins 2012).

In frühen Arbeiten der Politischen Ökologie finden sich oftmals einfache Schuldzuschreibungen und „apolitische" Erklärungsmuster für Umweltdegradation (Krings 2011, Robbins 2012). Solche apolitischen Erklärungsmuster liegen etwa dann vor, wenn die Zunahme der Bevölkerungszahl oder eine vermeintlich nicht an regionale Umweltbedingungen angepasste Nutzungsweise der lokalen Bevölkerung für Umweltdegradation ausgemacht wird (Exkurs 29.2). Solche Darstellungen sind problematisch, weil sie einseitig demographische Veränderungen und die – oftmals als unwissend dargestellte – lokale Bevölkerung als „Schuldige" ausmachen, auch wenn tatsächliche Ursachen für Übernutzungserscheinungen sehr viel komplexer sind und Entscheidungen, Machtstrukturen und Interessen auf unterschiedlichen Skalen beinhalten. Die kritische Auseinandersetzung mit solchen Erklärungsmustern hat frühe und wichtige Impulse für die Entstehung der Politischen Ökologie geliefert.

Von diesen frühen kritischen Auseinandersetzungen ausgehend hat sich die Politische Ökologie thematisch enorm aufgefächert und stellt heute in der internationalen Geographie einen der am dynamischsten wachsenden Forschungsbereiche dar (Perreault et al. 2015). Dies macht es zunehmend schwierig, „typische"

Abb. 29.2 „Wildes" Verkippen von Müll bei Chennai in Indien: Die unregulierte Entsorgung von Müll führt zu erheblichen Umweltbelastungen, u. a. zur ökologischen Degradation des wertvollen Feuchtgebiets und zu starker Luftverschmutzung durch Verbrennen. Die Situation wird bedingt durch eine teure, für viele nicht erschwingliche und zum Teil korrupt organisierte Müllentsorgung. Die Abfälle werden von Müllsammelnden nach Verwertbarem durchsucht (Foto: R. Glaser, 2005).

Abb. 29.3 Protestplakat einer Bürgerinitiative in Flörsheim. Wie umstritten und konfliktbeladen Fragen von Umweltbelastungen und der Nutzung natürlicher Ressourcen sind, zeigen auch Proteste und Aushandlungsprozesse um Infrastrukturprojekte, z. B. beim Ausbau von Flughäfen. (Foto: T. Krings, 2008).

Forschungsfelder zu identifizieren, auch weil die rasch wachsende Zahl an Umweltkrisen und -konflikten zu immer neuen Forschungsfragen führt. Etwas vereinfacht lassen sich drei Entwicklungsstränge der Politischen Ökologie anhand der geographischen Verortung der behandelten Themen nachvollziehen, die im Folgenden beschrieben werden.

In den 1980er-Jahren – den Anfangsjahren der Politischen Ökologie – überwogen Arbeiten der sog. ***Third World Political Ecology*** (Bryant & Bailey 1997). Gesellschaftlich dominanten Erklärungsmustern der apolitischen Ökologie, insbesondere zu Überbevölkerung und der Endlichkeit von Ressourcen, setzte die Politische Ökologie alternative Erklärungen zu Themen wie Hungerkrisen in Nigeria, Entwaldung in Brasilien oder Bodenerosion in Nepal entgegen. Theoretisch waren diese Arbeiten durch dependenztheoretische Annahmen, postkoloniale Ansätze und eine Kritik des Missbrauchs staatlicher Gewalt gekennzeichnet, methodologisch durch ein Bekenntnis zu intensiver empirischer Feldforschung. So zeigt etwa Piers Blaikie (1985), einer der Pioniere der Politischen Ökologie, in seiner Arbeit zur politischen Ökonomie von Bodenerosion in Nepal auf, wie Landdegradation mit gesellschaftlichen Machtverhältnissen und der darauf beruhenden, durch die Kolonisierung geprägten Organisation von Wirtschaft verbunden ist. In ähnlicher Art und Weise zeichnen auch Forsyth & Walker (2008) am Beispiel von Thailand nach, wie ethnische Diskriminierung, ökonomische Marginalisierung und politische Machtinteressen an der Entstehung von Übernutzung beteiligt sind. Vielfach ging es in diesen Forschungen also darum, durch die Aufdeckung skalenübergreifender Verflechtungen aufzuzeigen, dass die Verantwortung für ökologische Missstände multidimensional und lokal übergreifend ist. Abb. 29.2 zeigt anhand des Beispiels der Müllentsorgung, wie umweltverschmutzende Praktiken wie die unregulierte Entsorgung von Müll durch ein Zusammenspiel unterschiedlicher Faktoren wie Armut und politische Regulierung bedingt werden.

Ab den 2000er-Jahren sind vermehrt politisch-ökologisch ausgerichtete Forschungen entstanden, die ökologische Konflikte und Problemlagen in den Industrieländern untersuchten und die oftmals unter ***First World Political Ecology*** subsumiert werden (Krings 2011). Ausgangspunkt ist die Beobachtung, dass sich ökonomische und ethnische Benachteiligung auch in Ländern des Globalen Nordens finden lässt und dort ebenfalls zu Konflikten führt. Ein Beispiel hierfür ist das Thema Energiearmut in Deutschland. Ein Haushalt gilt in vielen Studien dann als energiearm, wenn mehr als 10 % des Haushaltseinkommens für den Kauf von Energie aufgewendet werden müssen, um den Hauptwohnraum auf 21 °C und die anderen Räume auf 18 °C zu heizen (Kopatz et al. 2010). Hauptursachen hierfür sind eine finanziell schlechte Situation der betroffenen Haushalte, die Ausstattung von Wohngebäuden (z. B. sind unsanierte Häuser oft schlechter gedämmt als gentrifizierte Wohnungen), die Verwendung unterschiedlich verbrauchsintensiver Haushaltsgeräte, ineffiziente Verhaltensweisen und steigende Energiepreise (ebd.). Auch hier zeigt sich, dass

Abb. 29.4 Die durch Hurrikan „Katrina" ausgelöste Überschwemmungskatastrophe in New Orleans wirkte sich sozial sehr ungleich aus: Deutlich überdurchschnittlich betroffen waren einkommensschwache Bevölkerungsgruppen. Zehn Jahre nach dem Hurrikan wurden in Einzelfällen Vorzeigeprojekte mit angepasster Architektur umgesetzt – der Großteil der evakuierten und zum Teil am Rückzug gehinderten Bevölkerungsgruppen profitiert davon allerdings nicht (Foto: R. Glaser, 2015).

ein zunächst einfach erscheinendes Problem wie der mangelnde Zugang zu Energie mit vielfältigen Einflussfaktoren wie der nationalen und internationalen Energiewirtschaft und -politik und sozio-ökonomischen Transformationen in Städten verknüpft ist.

Heute wird die sprachliche Unterscheidung in *„Third"* und *„First" World Political Ecology* meist vermieden, da diese Begriffe aus der Perspektive post- und dekolonialer Ansätze Ausdruck eines teleologischen Entwicklungsdenkens sind und eine Überlegenheit der „Ersten" gegenüber der „Dritten" Welt implizieren. Gleichwohl lässt sich konstatieren, dass nach wie vor viele Arbeiten der Politischen Ökologie Themen und Problemlagen in Ländern des Globalen Südens behandeln, gleichzeitig aber die Untersuchung und Problematisierung von Gesellschaft-Umwelt-Verhältnissen im Globalen Norden deutlich an Bedeutung gewonnen haben.

In Städten haben Arbeiten zu Umweltgerechtigkeit aufgezeigt, dass Belastungen durch Umweltprobleme (*environmental bads*), z. B. Lärm (Abb. 29.3) und Smog, sowohl räumlich, als auch zwischen sozialen Gruppen sehr unterschiedlich verteilt sein können und auch immer mit politischen Aushandlungsprozessen verbunden sind (Abb. 29.4). Gleiches gilt umgekehrt für die Möglichkeiten des Zugangs zu Stadtgärten und Parks, sauberen Gewässern und insgesamt einem umweltbelastungsfreien Wohnumfeld (*environmental goods*). Diese Arbeiten werden als **Urban Political Ecology** bezeichnet. Vor allem für den US-amerikanischen Kontext haben solche Analysen gezeigt, dass Immissions- und Gefahrenquellen wie Müllverbrennungsanlagen und Kraftwerke besonders häufig in Gebieten liegen, in denen ethnische Minoritäten und arme Bevölkerungsgruppen wohnen. Charakteristisch ist für die *Urban Political Ecology,* dass der Nachweis von unterschiedlichen Belastungen und Benachteiligungen sozialer Gruppen, z. B. mithilfe von Statistiken und GIS-Analysen, häufig mit der Unterstützung **sozialer Bewegungen** verknüpft wird. Das heißt diese Forschungen sind auch dezidiert normativ und versuchen, die sozial ungleiche Verteilung von Umweltbelastungen nicht nur aufzuzeigen, sondern auch zu verändern.

In Reaktion auf die verstärkten globalen Vernetzungen von Waren- und Wissensaustausch sowie institutionelle Vernetzun-

gen hat sich in den letzten Jahren das Feld der **Global Political Ecology** etabliert (Peet et al. 2011). Dieses adressiert globale Umweltkrisen, die Menschen und Ökosysteme an sehr unterschiedlichen Orten betreffen. Das wahrscheinlich prominenteste Beispiel hierfür ist der globale Klimawandel, der heute Gesellschaft-Natur-Verhältnisse auf der ganzen Welt verändert. Aber auch Themen wie weltweite Überfischung, global organisierte landwirtschaftliche Produktionssysteme, internationaler Handel mit Müll und Fragen der globalen Gesundheit werfen politische Fragen und Probleme auf, die weit über einzelne lokale Kontexte hinausreichen. Bei diesen Themen zeigt sich, dass Umwelt-Governance heute global organisiert und durch eine Vielzahl von internationalen Abkommen und Institutionen, ökonomischen Rationalitäten sowie oftmals international organisierten Akteursgruppen geprägt ist (Peet et al. 2011; Exkurs 29.3). Das gilt auch für die Produktion von Wissen über Umwelt und Umweltkrisen, sodass für die Politische Ökologie auch Fragen von Macht-Wissens-Ordnungen relevant sind (Li 2007).

Analyseprinzipien und Vorgehensweisen der Politischen Ökologie

Aufgrund der ausgesprochen dynamischen Entwicklung und Ausdifferenzierung ihrer Forschungsfelder und theoretischen Grundlagen finden sich heute eine Vielzahl unterschiedlicher methodologischer und methodischer Vorgehensweisen innerhalb der Politischen Ökologie wieder. Daher plädieren Perreault et al. (2015) dafür, statt eines klar definierten inhaltlichen Kanons oder festen Sets an Untersuchungsmethoden das Feld über das gemeinsame Bekenntnis zu drei übergreifenden Prinzipien zu definieren. Politisch-ökologische Arbeiten zeichnen sich dementsprechend erstens durch **theoretische Bezüge zu kritischen Sozialtheorien** und insbesondere ein post-positivistisches Verständnis von Gesellschaft-Natur-Verhältnissen aus. Die verwendeten Theorien umfassen dabei polit-ökonomische ebenso wie poststrukturalistische, postkoloniale und feministische Konzepte. Zweitens sind politisch-ökologische Arbeiten methodologisch in der Regel

Kapitel 29

Exkurs 29.3 Neoliberalisierung von Natur

Die globale Regulierung von Gesellschaft-Natur-Verhältnissen hat sich seit den 1990er-Jahren durch die Zunahme von marktbasierten Steuerungsmechanismen und dem wachsenden Einfluss von Unternehmen auf politische Prozesse massiv verändert. Wurde die Rolle des Staats in den 1990er-Jahren noch primär darin gesehen, die Wirtschaft zu regulieren, verlagerte sich Politik in den Folgejahrzehnten auf das Ziel, Unternehmen so in ihren Aktivitäten zu unterstützen, dass dabei auch positive Effekte in Bezug auf Nachhaltigkeit entstehen (Paterson 2008, Peet et al. 2011). Marktbasierte Formen der Umweltregulierung zeigen sich beispielsweise im wachsenden Einfluss globaler Unternehmen bei der Vermarktung natürlicher Ressourcen, in der Berechnung des Wertes von Ökosystemen aufgrund ihrer Ökosystemdienstleistungen, in marktbasierten Mechanismen des Klimaschutzes und im generellen Anstieg der privatwirtschaftlichen Inwertsetzung natürlicher Ressourcen wie Wasser oder Sand. Die Inwertsetzung natürlicher Ressourcen wird auch dadurch begünstigt, dass diese vielerorts frei oder günstig verfügbar sind. Sie werden zunehmend in globalisierte, kapitalistische Verwertungsstrategien integriert, oftmals beeinflusst durch die Reformagenden globaler Institutionen wie dem Internationalen Währungsfond (IWF) oder der Weltbank (Bakker 2010).

Die Vermarktlichung von Natur als Ressource geht mit einer Reihe von Aneignungs- und Transformationsprozessen einher, die darüber entscheiden, wer an der Nutzung und den

generierten Gewinnen partizipiert und wer negative Konsequenzen zu tragen hat: In einem ersten Schritt muss die natürliche Ressource privatisiert werden, das heißt, es erfolgt ein Wechsel der Besitzverhältnisse, der mit organisatorischen Veränderungen wie der Einschränkung des Zugangs einhergeht. In einem zweiten Schritt werden die Ressourcen aus ihren bisherigen Lagerstätten extrahiert. Darauf aufbauend erfolgt im dritten Schritt die Kommerzialisierung der Ressource, das heißt eine Veränderung des Managements von Natur, das zunehmend marktwirtschaftlichen Prinzipien wie Effizienz und Gewinnmaximierung folgt. Viertens wird die Ressource kommodifiziert, das heißt, auf einem von Angebot und Nachfrage definierten Markt verkauft, wozu u. a. eine Standardisierung, beispielsweise der Qualität, der Mengen oder des Transports, notwendig ist (Bakker 2007).

Arbeiten der Politischen Ökologie haben diese Prozesse der Neoliberalisierung von Natur oft kritisiert, insbesondere weil sie häufig mit einer Beschränkung des Ressourcenzugangs lokaler Bevölkerungsgruppen verbunden mit Nutzungskonflikten und teilweise gewalttätigen Aneignungsstrategien einhergingen (u. a. Bakker 2010, Tsing 2005). Sie haben gleichzeitig deutlich gemacht, dass die Neoliberalisierung von Natur kein linearer und in allen lokalen Kontexten gleich ablaufender Prozess ist, sondern dass es gilt, die Unterschiedlichkeit, Kontextspezifik und Widersprüchlichkeit von *actually-existing neoliberalisms* (Bakker 2010) empirisch zu erfassen.

---

durch detaillierte **qualitative Analysen** gekennzeichnet. Mithilfe von Interviews und ethnographischen Methoden zeichnen sie die Kontextualität und Historizität von Problemlagen im Rahmen von Fallstudien und empirischen Untersuchungen nach. Häufig werden diese qualitativen Ansätze mit quantitativen **Methoden und Dokumentenanalysen** kombiniert, u. a. um auch den naturwissenschaftlichen Dimensionen ökologischer Veränderungen gerecht zu werden. Drittens sind politisch-ökologische Arbeiten meist normativ ausgerichtet, das heißt, sie beinhalten eine **politische Positionierung,** die bestehende Ungleichheiten und Marginalisierungen problematisiert und auf eine Veränderung dieser Verhältnisse hinwirkt.

Inhaltlich spielt die Analyse von Einflussfaktoren auf unterschiedlichen Maßstabsebenen für die Entstehung von Umweltproblemen und Umweltkonflikten eine zentrale Rolle, wie in Abb. 29.5 exemplarisch dargestellt ist. Entsprechend arbeiten Analysen heraus, wie Einflussfaktoren auf unterschiedlichen Ebenen (z. B. lokal, national, global) miteinander verknüpft sind, sich gegenseitig verstärken oder infrage stellen (Robbins 2012). Typische Fragestellungen sind:

- Welche Auswirkungen haben politische und ökonomische Entscheidungen auf unterschiedlichen Maßstabsebenen (z. B. die Aufhebung der Milch- und Zucker-Quoten in der EU, Einführung marktbasierter Instrumente des globalen

Klimaschutzes) auf lokale und überlokale Umweltbeziehungen?
- Wie lassen sich umgekehrt lokale Umweltkrisen (z. B. Entwaldung, Bodenerosion) als Ergebnis des komplexen Zusammenspiels von Einflüssen unterschiedlicher Maßstabsebenen erklären?
- Wer gewinnt und wer verliert in Prozessen des ökologischen Wandels und/oder in ökologischen Konflikten?
- In welchem Wechselverhältnis stehen ökologische Veränderungen und Transformationen, soziale und ökonomische Ungleichheitsverhältnisse und politische Machtverhältnisse?

Weiterentwicklung und Ausdifferenzierung theoretischer Bezüge

Unter dem Dach der Politischen Ökologie hat sich in den letzten Jahren eine Reihe von konzeptionellen Debatten entwickelt, überwiegend im Schnittfeld poststrukturalistischer und politökonomischer Theorien. Diese stellen unterschiedliche Aspekte der komplexen Wirkungszusammenhänge in Konflikten und Aushandlungsprozessen um Umwelt und natürliche Ressourcen in den Vordergrund und greifen dabei theoretische Entwicklungen in anderen Teilen der Humangeographie und den angrenzen-

Abb. 29.5 Auswirkungen von Einflussfaktoren auf unterschiedlichen Maßstabsebenen auf die Entstehung von Bodendegradation in einem tropischen Land (Quelle: Krings 2011, verändert nach Blaikie 1985).

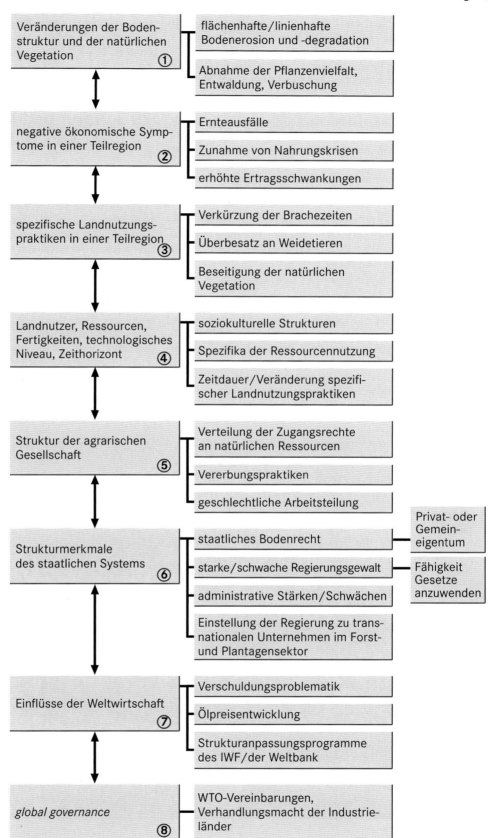

den Sozialwissenschaften auf. Peet et al. (2011) identifizieren drei theoriebezogene *emerging problems*:

- umweltbezogene Repräsentationen und Praktiken, das heißt die Frage, wie Wissen über umweltbezogene Probleme und Prozesse diskursiv hergestellt wird und welche Entscheidungen dadurch legitimiert und delegitimiert werden
- Fragen von Machtbeziehungen sowie der Regierung und Regulierung von Natur und Umwelt; hier geht es z. B. um die Rolle von Normen und Werten in der Steuerung von Handlungen (im Anschluss an den erstgenannten Punkt), aber auch um die strukturierende Wirkung unterschiedlicher Eigentums- und Besitzverhältnisse und um die Rolle staatlicher Regulierungen
- das Verhältnis von Wissenschaft und Gesellschaft und hier vor allem die Frage, wie Techniken und Praktiken der Wissenskonstitution mit der Produktion gesellschaftlicher Machtverhältnisse zusammenhängen

In diesen *emerging problems* spiegeln sich theoretische Diskussionen der Gesellschaft-Umwelt-Forschung insgesamt wider, insbesondere was die Frage nach dem Verhältnis von Wissen und Macht und der diskursiven Konstruktion von Natur und Gesellschaft betrifft. Darüber hinaus bleibt für die Gesellschaft-Umwelt-Forschung die Frage nach der Materialität von Natur ein brennendes Thema, das heißt die Frage, wie sich die Wirkung von Natur im Kontext gesellschaftspolitischer Zusammenhänge und unter Berücksichtigung materieller Gegebenheiten, aber jenseits von Natur- und Geodeterminismus erforschen lässt. Im Folgenden werden daher unterschiedliche theoretische Perspektiven dargestellt, die Möglichkeiten zur Erforschung der genannten Problemfelder anbieten.

29.3 Natur und Kultur als Konstruktionen

Entscheidungen über die Gestaltung von Gesellschaft-Umwelt-Verhältnissen basieren auf unterschiedlichen Perspektiven und Wertvorstellungen. **Konstruktivistische Ansätze** betonen, dass die Frage, was der „richtige" und „gute" Umgang mit ökologischen Herausforderungen ist, nicht objektiv entschieden werden kann. Die Antwort darauf ist vielmehr abhängig davon, wie **Natur und Kultur** mit Bedeutungen aufgeladen, das heißt, wie sie gesellschaftlich konstruiert werden. An dieser Stelle greifen Arbeiten der Gesellschaft-Umwelt-Forschung auf poststrukturalistische und diskurstheoretische Ansätze zurück. Diese argumentieren, dass diese Schlüsselbegriffe nicht unabhängig von gesellschaftlichen Wissens- und Werteordnungen bestimmt werden können und dass die Produktion von Wissen über Natur und Umwelt immer auch mit der Konstitution von Machtverhältnissen einhergeht. Unmittelbar deutlich wird dies, wenn man z. B. vergleicht, wie in unterschiedlichen Kontexten der Zusammenhang von Mensch und Natur konzeptualisiert und

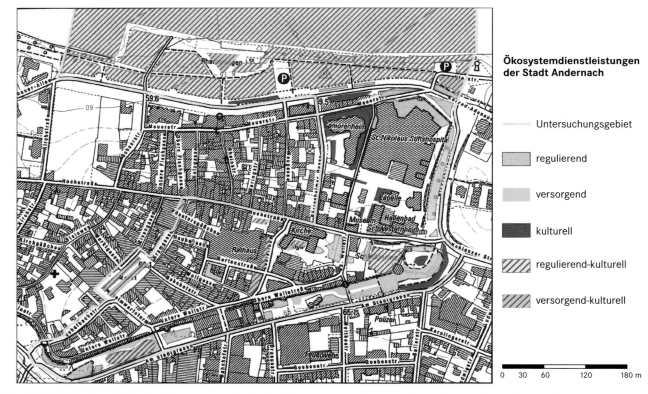

Abb. 29.6 Die Karte stellt die Ergebnisse einer studentischen Kartierung von Ökosystemdienstleistungen in Andernach dar. Sie macht deutlich, dass Ökosysteme positive Effekte, die monetär bewertet werden können, in sehr unterschiedlichen Dimensionen aufweisen können (Quelle: Fassbender & Ingenfeld 2014).

Abb. 29.7 Protestplakat gegen die Wiederansiedlung von Wölfen im Schwarzwald. Die Rückkehr des Wolfes, die von vielen Naturschützern und Naturschützerinnen begrüßt wird, stößt bei Viehhaltern und -halterinnen aus Angst vor Angriffen auf die Herden oft auf Ablehnung. (Foto: R. Glaser, 2018).

entsprechend auch politisch reguliert wird. In westlich-modernen Entwicklungsmodellen wird Natur in erster Linie als ökonomisches Gut verstanden, als eine Ressource, die im Sinne des Wirtschaftswachstums zu nutzen sei. Ausdruck davon sind etwa die umweltökonomischen Gutachten (Bartelmus et al. 2003), die diese ökonomische Sprache aufnehmen, um argumentativ den wirtschaftlichen Wert von Natur zu betonen. Auch der „Stern Report", in dem erstmals die ökonomischen Folgen des Klimawandels bilanziert wurden, steht in der gleichen Tradition (Stern 2007). In jüngerer Zeit spiegeln sich ökonomisch-utilitaristische Bewertungen von Natur etwa im Begriff der „Ökosystemdienstleistungen" wider (Abb. 29.6).

Eine ganz andere Perspektive auf das Verhältnis von Gesellschaft und Natur zeigt sich hingegen in Bewegungen für die „Rechte der Natur" (*Rights of Nature*). So wurde in Ecuador 2008 die erste Verfassung verabschiedet, die – aufbauend auf indigenen Denktraditionen – *Rights of Nature* in der Verfassung verankerte (Espinosa 2015). Der Schutz der natürlichen Umwelt und die Gemeinschaft von Mensch und Natur sind demzufolge zentrale Bestandteile des Prinzips von *Buen Vivir* (Gutes Leben), welches die enge Verbindung zwischen sozialem, ökologischem und spirituellem Wohlstand betont und deren Förderung und Erhalt als zentrale Ziele der nationalen Entwicklung ausweist. Das Beispiel zeigt, dass im Alltag oft als selbstverständlich angenommene Denktraditionen zum einen kontextspezifisch, zum anderen auch veränderbar und verhandelbar sind.

Anders als die skizzierte ecuadorianische Konzeption von Natur und Kultur gehen Denktraditionen der abendländischen Moderne, die den Umgang mit umweltbezogenen Themen in westlichen Ländern (z. B. in Deutschland) maßgeblich geprägt haben, von einer strikten **Trennung von Kultur und Natur** aus. Diese Sichtweise lässt sich bereits aus den lateinischen Ursprüngen der Begriffe ableiten: *natura* bedeutet Geburt oder Herkunft, *cultura* hingegen Bearbeitung, Bebauung oder geistige Pflege. Natur ist damit stärker passiv konnotiert und bezeichnet Sachverhalte, die vom Menschen unabhängig sind, die er nicht aktiv verändern kann und denen er ausgesetzt ist. Kultur hingegen bezieht sich auf menschliche Aktivitäten, die oftmals darauf ausgerichtet sind, Natur zu kultivieren (etwa in der Landwirtschaft) oder zu zivilisieren (etwa indem Tiere domestiziert werden). In vielen Fällen stimmt der Gegensatz von Natur und Kultur mit der Unterscheidung zwischen Körper und Geist bzw. Materie und Sinn überein (Zierhofer 2011). Aus dieser Trennung leitet sich auch die Annahme ab, dass natürliche Prozesse – die Forschungsgegenstände der Naturwissenschaften – objektiv beschreibbaren Gesetzmäßigkeiten folgen und – anders als soziale Prozesse – nicht durch sozio-historisch spezifische Wissensordnungen gekennzeichnet seien. Solche Vorstellungen von Natur und Natürlichkeit spielen in vielen Bereichen des gesellschaftlichen Lebens eine große Rolle. Die Machteffekte dieser Konstruktionen werden vor allem dann deutlich, wenn Natur aufgrund ihres vermeintlichen Wertes an sich geschützt werden soll, aber auch – in einer weiteren Lesart – wenn soziale Verhältnisse mit Verweis auf ihre vermeintliche Natürlichkeit legitimiert und aufrechterhalten werden. Letzteres stellt einen zentralen Untersuchungsgegenstand feministischer und postkolonialer Kritik dar, die die Darstellung bestimmter gesellschaftlicher Organisationsformen als „natürlich" und damit nicht gesellschaftlich verhandelbar problematisieren (z. B. primäre Betreuung von Kindern durch Frauen, Heterosexualität, ethnische Segregation; Zierhofer 2011; Abschn. 14.3).

Auch im Bereich des Naturschutzes spielt die diskursive Trennung von Natur und Kultur eine zentrale Rolle. Global haben schon seit Mitte des 19. Jahrhunderts Protagonisten, wie John Muir, Aldo Leopold, später Rachel Carson, in den USA und weiteren Ländern des Globalen Nordens auf Missstände und Defizite hingewiesen und die Vorstellung verbreitet, dass bestimmte Arten, Ökosysteme und Landschaften einen Wert an sich haben und durch die Ausweisung von Schutzgebieten und die Vermeidung von Schadstoffeinträgen bewahrt werden sollten. Vor allem der **Einrichtung von Nationalparks,** in denen der stärkste Schutz und die strengsten Regulierungen in Bezug auf Nutzung und Zutritt bestehen, liegt die Idee zugrunde, dass hier „wilde", (noch) unberührte Natur vor dem Menschen geschützt werden soll und dass menschliche Einflüsse grundsätzlich schädlich für die Natur sind. Diese Ausweisung von Nationalparks steht in einem krassen Widerspruch zu der Tatsache, dass selbst dünn besiedelte Räume in aller Regel von Menschen bewohnt und genutzt wurden. Entsprechend führten die Anstrengungen zum Schutz der „reinen" Natur vor menschlichen Einflüssen vielerorts zu massiven Konflikten, da lokal ansässige Bevölkerungsgruppen entweder in ihren Nutzungen eingeschränkt oder aus den Schutzgebieten vertrieben wurden (Abb. 29.7).

Die aus der gedanklichen Trennung von Mensch und Natur folgenden Verbote von Nutzungen der natürlichen Umwelt be-

Abb. 29.8 Naturschutz in Neuseeland: Rimutaka Forest Park. In vielen Schutzgebieten gehört neben dem Schutz der Natur auch die Bildung und damit eine größere Sensitivität gegenüber dem Schutz von Ökosystemen zu den zentralen Anliegen (Foto: S. Fassbender, 2016).

schreibt Robbins (2012) mithilfe der *conservation and control thesis* (Robbins 2012). Dieser These folgend führt die Implementierung von Ideen wie „Nachhaltigkeit" oder „Naturschutz" in vielen Fällen dazu, dass lokalen Produzierenden und Nutzergruppen die Kontrolle über Ressourcen und Landschaften entrissen wird. Lokale Subsistenzsysteme, Produktionsformen und soziale Organisationsformen werden durch diese Interventionen politischer Entscheidungsträger und -trägerinnen und globaler Interessen, die versuchen, „die Natur" zu schützen, gefährdet oder zerstört. Insbesondere wird dabei häufig übersehen, dass durch den Schutz von „Wildnis" oder „reiner Natur" in vielen Fällen neue Typen von Landschaften geschaffen werden, die in dieser Form zuvor gar nicht existiert haben – denn die als schützenswert erachteten Landschaften und Ökosysteme sind vielfach Kulturlandschaften, das heißt gerade aus dem Zusammenwirken von Mensch und physischer Umwelt entstanden. Besonders deutlich werden die Machtverhältnisse, die durch solche Verbote und Nutzungsbeschränkungen entstehen, wenn Schutzgebiete gleichzeitig für den Tourismus erschlossen und damit Bevölkerungsgruppen für deren Freizeitgestaltung zugänglich gemacht werden (Robbins 2012; vgl. Abb. 29.8).

Diese Auseinandersetzungen reichen vielfach bis in die Kolonialzeit zurück. So zeigt etwa Roderick Neumann in seinem Buch „*Imposing Wilderness*" (2001), wie die Durchsetzung eines „modernen" Nationalparkideals in Tansania mit gewaltvoller, **kolonialer Machtausübung** Hand in Hand ging. Auch in anderen Kontexten, selbst in solchen, die nie kolonisiert waren, lässt sich zeigen, dass im 20. Jahrhundert unter dem Einfluss westlicher Beratung vielfach westlich-moderne Vorstellungen von Natur und Naturschutz durchgesetzt wurden. Diese unterschieden sich oft maßgeblich von bis dahin etablierten Sichtweisen. Beispielsweise macht Pinkaew Laungaramsri (2001) in ihrem Buch „*Redefining Nature*" am Beispiel Thailands deutlich, dass das Konzept der Natur in der thailändischen Sprache

und im Buddhismus keine Entsprechung hat, die dem westlichen Denken ähnlich wäre. Vielmehr sind hier der Mensch und das menschliche Handeln immer ein Teil der Umwelt und damit nicht von Natur zu trennen.

Diese Kolonisierung von Mensch-Natur-Verständnissen ging, wie postkoloniale Autoren und Autorinnen gezeigt haben, oftmals einher mit Legitimationsideologien, in denen die kolonisierten „Anderen" als exotisch, wild und unzivilisiert – das heißt als Teil der Natur und nicht der Kultur – dargestellt wurden. Aus diesen Konstruktionen wurde dann die eigene kulturelle Überlegenheit der Kolonisatoren abgeleitet, verbunden mit der vermeintlichen Berechtigung, die „unzivilisierten" Völker zu „zivilisieren" und damit zu unterwerfen und zu unterdrücken (Potter et al. 2017). Im Kontext von Konflikten um Naturschutz und die Ausweisung von Nationalparks führten solche Darstellungen oftmals dazu, dass traditionelle Landnutzungspraktiken als „irrational" und schädlich dargestellt wurden.

Wichtig ist hierbei festzuhalten, dass eine solche Hinterfragung der gesellschaftlichen Denkweisen und Darstellungen, die Naturschutz zugrunde liegen, nicht generell den Schutz von Ökosystemen, Biodiversität oder Flora und Fauna ablehnt. Eine kritische Hinterfragung der oft als selbstverständlich angenommenen Repräsentationen und Wissensordnungen, auf denen umweltpolitische Entscheidungen basieren, ist wichtig, um die damit verbundenen Machteffekte in den Blick zu nehmen. Dabei geht es z. B. um die Frage, wer bestimmt, was geschützt werden soll, zu welchem Zweck, mit welchen Mitteln und welche alternativen Handlungsweisen dabei möglicherweise unberücksichtigt bleiben (Exkurs 29.4). Damit wird auch verständlich, warum die Idee des „Schutzes" historisch in vielen Kontexten nicht funktioniert hat – nämlich, weil sie bestehende Nutzungssysteme zerstört und lokale Nutzergruppen zugunsten von oftmals urbanen oder global-westlichen Eliten benachteiligt hat.

Exkurs 29.4 Naturschutz in Deutschland

In Deutschland besitzt der Naturschutz einen hohen Stellenwert. Das darauf aufbauende grüne Image Deutschlands wird vor allem durch einen im globalen Vergleich hohen Flächenanteil an Schutzgebieten unterschiedlicher Kategorien unterstrichen. Allerdings verbergen sich hinter diesen unterschiedlichen Kategorien (z. B. Nationalparks, Naturschutzgebiete, Biosphärenreservate oder Naturparks) sehr unterschiedliche Schutzansprüche. Die Begründung für diese Vielfältigkeit besteht darin, dass durch ein breites Spektrum von unterschiedlichen Schutzregularien auf die vielfältigen Nutzungsansprüche sowie auf historische und rezente Entwicklungen angemessen reagiert werden kann. Auch lassen sich damit übergeordnete Ziele wie der Vernetzungsgedanke besser realisieren. Gleichzeitig spiegeln verschiedene Formen des Schutzes auch unterschiedliche zugrundeliegende Denktraditionen wider. Dies lässt sich am Unterschied zwischen Nationalparks und Biosphärenreservaten verdeutlichen: Nationalparks sind großräumige Schutzgebiete, in denen der Schutz natürlicher Prozesse und Zyklen vor menschlichen Eingriffen und vor Umweltverschmutzung im Vordergrund

steht. Ursächlich für die Unterschutzstellung eines Gebiets als Nationalpark sind häufig die Vielfalt und das Vorkommen indigener und besonders seltener Tier- und Pflanzenarten oder Lebensräume. Das Überleben dieser bedrohten Biotope wird durch ein Verbot von Bewirtschaftung und Nutzung auf mindestens 75 % der Schutzgebietsfläche erzielt. Nationalparks basieren damit diskursiv auf der Trennung zwischen Mensch und Natur. Allerdings werden diese Gebiete in der Regel trotzdem für sog. „sanften", das heißt infrastrukturarmen und extensiven Tourismus erschlossen. Biosphärenreservate dagegen zielen auf eine nachhaltige Entwicklung von Regionen in ökologischer, ökonomischer und sozialer Hinsicht ab. Zentral ist hierbei, dass der Mensch und menschliche Praktiken als integraler Bestandteil der Biosphäre gesehen werden. Entsprechend rücken hier der Bildungsauftrag und das Ziel, Kulturlandschaften, das heißt durch menschliche Nutzungen geschaffene Ökosysteme, zu bewahren, in den Vordergrund. Anders als bei Nationalparks wird hier also die Verwobenheit von Mensch und Natur betont, oft verknüpft mit Verweisen auf den Begriff der Nachhaltigkeit.

Abb. 29.9 Protestplakat gegen den Nationalpark Steigerwald. Auch in Deutschland wird die Einrichtung von Naturschutzgebieten von Teilen der lokalen Bevölkerung oft kritisch gesehen und als Eingriff von außen kritisiert (Foto: R. Glaser, 2018).

Abb. 29.10 Protestplakat gegen den Bau von Windkraftanlagen im Biosphärenreservat Pfälzerwald. Widerstandsbewegungen gegen den Bau von Windrädern stellen ein typisches Beispiel von *green-on-green*-Konflikten dar. Im vorliegenden Fall wird die vermeintliche unästhetische Veränderung des Landschaftscharakters durch Windkraftanlagen kritisiert (Bild: W. Stutterich, 2013).

Gleichzeitig kann aus einer solchen Perspektive erklärt werden, dass Konflikte um Natur- und Umweltschutz häufig Aushandlungen um die **Priorisierung** bestimmter Ziele, Werte und Probleme sind (Abb. 29.9). In den letzten Jahren zeigen sich solche Zielkonflikte vermehrt nicht nur zwischen ökologischen Ansprüchen und alternativen Zielsetzungen (z. B. ökonomischen Rationalitäten), sondern auch bei der Frage, welche Formen von Natur- und Umweltschutz in konkreten Entscheidungen Vorrang haben sollten. Diese Konflikte werden mit dem Ausdruck „*green on green*" bezeichnet (Warren et al. 2005) Die unterschiedlichen Konfliktpositionen ergeben sich hier häufig daraus, auf welcher

Maßstabsebene die Betrachtung ansetzt und was als schützenswerte Natur bezeichnet wird. Beispielsweise stehen in Auseinandersetzungen um Windkraftprojekte häufig Positionen, die für den Ausbau von Windkraft sind, weil sie den globalen Klimawandel als zentrales Problem formulieren, solchen gegenüber, die lokale Naturschutzinteressen priorisieren und entsprechend gegen den Bau von Windrädern protestieren (Abb. 29.10).

Zusammenfassend kann festgehalten werden, dass ein Verständnis von Natur und Kultur als gesellschaftliche Konstruktionen und die Offenlegung und Hinterfragung der Wissensordnungen,

Kapitel 29

Werte und Normen, die umweltpolitischen Entscheidungen und Regulierungen zugrunde liegen, aufzeigt, dass Wissens- und Wahrheitsproduktion untrennbar mit Machtbeziehungen verknüpft sind. Diese zu analysieren und damit auch für gesellschaftliche Diskussionen und Kritik zu öffnen, ist ein zentraler Teil heutiger Ansätze der Gesellschaft-Umwelt-Forschung. Gleichzeitig sind sprachliche Konstruktionen und die mit ihnen verbundenen Setzungen, Ein- und Ausschlüsse aber nicht die einzige Art, wie Entscheidungen beeinflusst und wie Macht ausgeübt wird, wie im folgenden Unterkapitel deutlich werden wird.

29.4 Green Governance

Entscheidungen rund um die Nutzung von natürlichen Ressourcen, um Ökologie, Umwelt und Naturschutz sind, wie die bislang eingeführten Beispiele gezeigt haben, oftmals umkämpft. Regulierungen und Verteilungen, die manchen Bevölkerungsgruppen nutzen, sind zum Nachteil anderer. Ökologische, ökonomische und soziale Interessen stehen sich oftmals entgegen und es müssen Abwägungen zwischen unterschiedlichen Zielsetzungen getroffen werden. Ebenso können Entscheidungen für den Schutz einer bestimmten Ressource nachteilige Effekte auf andere Aspekte haben. Doch wie werden solche Zielkonflikte und die unterschiedlichen Interessen verhandelt und wie werden Entscheidungen getroffen? In dieser Frage zeigt sich, dass ökologische Probleme untrennbar mit Fragen der Regulierung bzw. Governance von Gesellschaft-Natur-Verhältnissen verknüpft sind. Um darzustellen, wie Governance organisiert ist, lassen sich unterschiedliche Formen und eine Reihe derzeit ablaufender Trends und Verschiebungen identifizieren.

Wie einführend im Abschnitt zur Politischen Ökologie (Abschn. 29.2) bereits festgestellt wurde, sind Gesellschaft-Natur-Beziehungen auf unterschiedlichen **Maßstabsebenen** organisiert und reguliert. Welche ökologischen Themen und Probleme auf welchen Maßstabsebenen reguliert und verhandelt werden, unterliegt dabei ständigen Veränderungen. Dies zeigt sich z. B. dann, wenn Kompetenzen der Gesetzgebung von der nationalen Ebene auf die Europäische Union übertragen werden oder wenn Städte als zentrale Arenen für die Umsetzung nationaler klimapolitischer Ziele und Vorgaben adressiert werden (Abschn. 31.1). Die Unterscheidung unterschiedlicher Skalen und ihre jeweilige Rolle in der Regulierung von Natur sind dabei oftmals politisch umkämpft (Kap. 16; Neumann 2009). Vor allem in einer marxistischen Tradition argumentierende Wissenschaftlerinnen und Wissenschaftler haben darauf hingewiesen, dass die Beschreibung und Regulierung von Prozessen auf bestimmten Maßstabsebenen untrennbar mit Machtverhältnissen verknüpft sind, was auch als *„politics of scale"* bezeichnet wird (Exkurs 29.5; Swyngedouw & Heynen 2003).

In der derzeitigen Organisation des Verhältnisses von Gesellschaft und Natur nehmen **Nationalstaaten** eine zentrale Rolle ein. Eine Vielzahl rechtlicher Regelungen (z. B. Eigentumsrechte, Umweltrechte etc.) sind auf dieser Ebene formuliert und ihre institutionelle Durchsetzung ist hier geregelt. Bei-

spielsweise sind Nationalstaaten in aller Regel dafür zuständig, Schutzgebiete unterschiedlichen territorialen und rechtlichen Zuschnitts auszuweisen und zu managen. Ebenso sind in den meisten Ländern, darunter auch Deutschland, Gewässer in der weitaus überwiegenden Mehrzahl in öffentlicher Hand und selbst wenn Seen oder Bäche in Privatbesitz sind, unterliegt deren Nutzung strengen nationalen Gesetzen. Gleichzeitig sind Governance-Prozesse derzeit durch tiefgreifende Prozesse der **Reskalierung** gekennzeichnet (Swyngedouw 2010). Diese führen dazu, dass politische Regulierungen und Entscheidungen einerseits auf supranationale Gremien, andererseits auf regionale, kommunale oder individuelle Entscheidungsebenen verlagert werden.

Eine Verlagerung der Green Governance auf supranationale Gremien spielt vor allem seit der zweiten Hälfte der 1980er-Jahre eine Rolle, seit sich diese verstärkt globalen Thematiken zugewendet hat (z. B. mit dem Vertrag zum Schutz der Ozonschicht 1985/87). Mit dem Erdgipfel in Rio de Janeiro 1992 rückten globale Umweltproblematiken verstärkt in den Fokus der Politik und einer breiten Öffentlichkeit und führten zur Verabschiedung der Klimarahmenkonvention und der Biodiversitätskonvention sowie mit der Agenda 21 zu einem Arbeitsprogramm für Nachhaltige Entwicklung im 21. Jahrhundert. Die dort beschlossenen Ziele wurden in der Folge konkretisiert und Pläne zur Umsetzung formuliert. Das bekannteste Beispiel **internationaler Umweltpolitik** sind sicher die internationalen Klimaverhandlungen und das Ringen um die Reduktion von Treibhausgasemissionen. In diesem Kontext legt das 1997 beschlossene Kyoto-Protokoll erstmals völkerrechtlich verbindliche Zielwerte für den Ausstoß von Treibhausgasen fest (Abschn. 31.1). Ein Problem globaler Umweltabkommen bleibt jedoch, dass sie für die beteiligten Staaten nicht immer bindend sind oder es an Prinzipien zur Überwachung und Durchsetzung von Maßnahmen fehlt. Etwas anders ist dies im Verhältnis zwischen der **Europäischen Union** und ihren Mitgliedsstaaten, denn europäische Vorgaben sind grundsätzlich bindend, das heißt, sie müssen auf der nationalen Ebene auch tatsächlich umgesetzt werden. Die seit den 1970er-Jahren in der EU formulierten umweltpolitischen Ziele, Vorgaben und Gesetze haben damit erhebliche Auswirkungen auf der nationalen Ebene der Mitgliedsländer.

Bemerkenswert an den ablaufenden Reskalierungsprozessen ist jedoch, dass diese nicht einfach eine einseitige Zunahme des Einflusses supranationaler Institutionen verursachen (*upscaling*), sondern dass andere räumliche Einheiten wie **Städte und Regionen** in vielen Prozessen an Einfluss gewinnen. So gehen insbesondere im Klimaschutz, aber auch beispielsweise bei Fragen der nachhaltigen Ernährung, heute viele Initiativen von Städten aus, die deutlich stärker als Nationalstaaten in der Lage zu sein scheinen, Umweltbewusstsein bei den Einwohnern zu befördern und konkrete Maßnahmen umzusetzen (Barber 2013). Vernetzungs- und Lernprozesse und Allianzen zwischen Städten zeigen darüber hinaus auf, dass die ablaufenden räumlichen Rekonfigurationen keineswegs einfach neue, in sich abgeschlossene Maßstabsebenen schaffen, sondern durch vielfältige und teils gegenläufige Formen des Austauschs und der Vernetzung konstituiert werden.

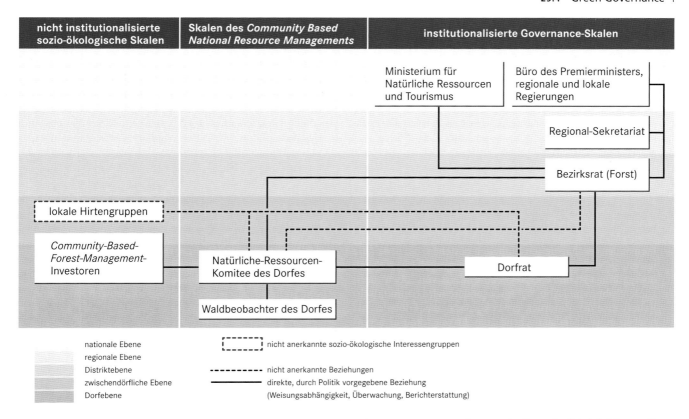

nicht institutionalisierte
sozio-ökologische Skalen

Skalen des *Community Based
National Resource Managements*

institutionalisierte Governance-Skalen

Ministerium für
Natürliche Ressourcen
und Tourismus

Büro des Premierministers,
regionale und lokale
Regierungen

Regional-Sekretariat

Bezirksrat (Forst)

lokale Hirtengruppen

*Community-Based-
Forest-Management-*
Investoren

Natürliche-Ressourcen-
Komitee des Dorfes

Dorfrat

Waldbeobachter des Dorfes

nationale Ebene
regionale Ebene
Distriktebene
zwischendörfliche Ebene
Dorfebene

nicht anerkannte sozio-ökologische Interessengruppen

nicht anerkannte Beziehungen

direkte, durch Politik vorgegebene Beziehung
(Weisungsabhängigkeit, Überwachung, Berichterstattung)

Abb. 29.11 Inoffizielle und offizielle Institutionen eines *Community-Based-Forest-Management*-Systems in Tansania. Die Einführung dieser CBNRM-Systeme stellt einen wichtigen Trend der aktuellen Veränderung bezüglich der Verantwortung für das Ressourcenmanagement dar (hier dargestellt am Beispiel von Waldmanagement). Dabei wird Verantwortung von der nationalen Ebene auf die Ebene lokaler Gemeinschaften übertragen. Es bestehen vielfältige Wechselbeziehungen zwischen den beteiligten Maßstabsebenen, in denen Zuständigkeiten und Machtbeziehungen immer wieder neu verhandelt werden (verändert nach Green 2016).

Ein weiterer Trend im Bereich der Umwelt-Governance bzw. Green Governance ist die **Veränderung der Formen** der Regulierung und Machtausübung. Grundsätzlich lässt sich hier mit Michel Foucault (2006a, 2006b) unterscheiden zwischen einer Ausübung souveräner Macht, die immer dann vorliegt, wenn durch Gesetze, Verordnungen und Erlasse Praktiken kontrolliert werden, und gouvernementalen Formen der Steuerung, die auf der Internalisierung und Akzeptanz von Zielen und Werten durch handelnde Individuen beruhen (Peet et al. 2011). Die zentrale These, die hier für sehr unterschiedliche umweltbezogene gesellschaftliche Arenen formuliert wird, ist, dass Umwelt-Governance zunehmend weniger auf Gesetzen und Verboten fußt (z. B. dem Verbot bestimmter Nutzungen in Nationalparks), sondern zunehmend auf Vermittlung und Verständnis abzielt. Entsprechend geht es dann nicht darum, Menschen zu verbieten, ökologisch schädliche Ziele zu verfolgen, sondern vielmehr darum, ihnen beizubringen, ökologisch nachhaltige Ziele zu verinnerlichen. Für diese weicheren Steuerungsformen hat Arun Agrawal (2005) in Anlehnung an Foucaults Begriff der „Gouvernementalität" den Begriff der „Environmentality" geprägt.

Gouvernementale Formen der Steuerung lassen sich exemplarisch am Beispiel des Einbezugs lokaler Bevölkerungsgruppen in die Entwicklung von Naturschutzkonzepten oder in Form von

Community-Based-Resource-Management-(CBRM-)Systemen beobachten (Abb. 29.11). Wie in Abschn. 29.3 deutlich wurde, wurde Naturschutz in vielen Kontexten staatlich verordnet und stand in einem Widerspruch zu den Interessen und Vorstellungen der ansässigen Gruppen. Versuche, die daraus resultierenden Konflikte und Widerstände mit staatlicher Gewalt und staatlichem Zwang zu bekämpfen (souveräne Machtausübung), waren oftmals wenig erfolgreich und führten in Extremfällen dazu, dass Ressourcen erst recht übernutzt oder zerstört wurden (Peet et al. 2011). Deutlich erfolgreicher verliefen dagegen Ansätze, bei denen der lokalen Bevölkerung mehr **Verantwortung** für die von ihnen genutzten Ressourcen übertragen wurde und sie gezielt angeleitet wurde, bestimmte Vorstellungen über den „richtigen" Umgang mit Ressourcen zu übernehmen und in ihre Alltagspraktiken zu übertragen. Die Verlagerung von Verantwortung in der Umwelt-Governance von staatlichen Institutionen auf Gemeinschaften und Individuen lässt sich auch in vielen anderen Bereichen beobachten – etwa bei Fragen der Mülltrennung oder des Recyclings, wo bereits Kinder sehr früh verinnerlichen, dass Wertstoffe nicht einfach in den Restmüll geworfen werden dürfen. Hier zeigt sich auch, dass solche individuellen Verhaltensweisen zutiefst in der gesellschaftlichen Produktion von Wissens- und Wertordnungen verankert sind und dass sozialer Druck, was Nikolas Rose als *„governing through*

Kapitel 29

Exkurs 29.5 *Politics of scale*

In Arbeiten der Politischen Ökologie spielen Maßstabsebenen als analytische Bezugsrahmen eine wichtige Rolle. Allerdings werden mit dem Begriff der Maßstabsebene oder Skala teilweise sehr unterschiedliche Dinge bezeichnet, die konzeptionell unterschieden werden sollten. So differenzieren Blaikie & Brookfield (1987) zwischen geographischen Skalen, die durch räumliche Ausdehnung definiert sind, und hierarchischen Anordnungen sozio-ökonomischer Organisation (Ebenen). Diese Unterscheidung ist deswegen wichtig, weil sie verhindert, dass Ausdehnung und Hierarchie verwechselt werden. Eine solche Verwechslung liegt etwa dann vor, wenn impliziert wird, dass Maßstabsebenen aus ineinander geschachtelten Einheiten bestehen, bei denen die jeweils größere räumliche Maßstabsebene auch hierarchisch übergeordnet ist und entsprechend Einfluss von „oben" nach „unten" abnimmt (Abb. A). Insbesondere wird damit fälschlicherweise der Eindruck erweckt, dass „das Globale" als höchstrangige Maßstabsebene „das Lokale" kausal beeinflusst und lokale Orte globalen Einflüssen passiv ausgeliefert seien (Marston et al. 2005). Darüber hinaus führt das Denken in vermeintlich natürlich gegebenen Skalen empirisch dazu, dass auf bestimmte, als natürlich gegeben angenommene Skalen fokussiert wird (Städte, Regionen, Nationalstaaten) und damit skalenübergreifende Formen von Austausch und Vernetzung jenseits dieser Skalen aus dem Blick geraten. Ein Beispiel hierfür sind Nachhaltigkeitspolitiken, die auf Städte und Kommunen fokussieren und dabei überregionale Beziehungen mit dem Umland ausblenden. Arbeiten der Politischen Ökologie haben daher mit Verweis auf theoretische Debatten um Skalen in der Humangeographie eine Reihe von Punkten formuliert, die bei der Verwendung von Skalen und Maßstabsebenen beachtet werden sollten (Neumann 2009, Norman et al. 2012):

- Erstens geht es um ein epistemologisches, kein ontologisches Verständnis von Skalen. Das heißt, in vielen Ana-

lysen wird aufgegriffen, wie und in welchen Situationen empirisch die Nutzung von und Verweise auf Skalen eine Rolle spielen. Skalen werden dabei aber nicht als natürlich gegeben angenommen, sondern als soziale Konstrukte.
- Zweitens nimmt die Analyse explizit Machtasymmetrien in den Blick, die in Netzwerken und Interaktionen innerhalb und zwischen bestimmten Maßstabsebenen bestehen.
- Drittens wenden sich Untersuchungen verstärkt sog. *scalar mismatches* zu, das heißt Situationen, in denen die Maßstabsebene der politischen Regulierung von Phänomenen nicht mit deren internen Logiken und Beziehungen übereinstimmt. Ein Beispiel hierfür ist die Regulierung des Ausstoßes von CO_2-Emissionen, die sich politisch an Maßstabsebenen wie dem Nationalstaat oder Städten und Kommunen orientiert, obwohl Konsum und Verbreitung von Treibhausgasen nicht an diese Skalen gebunden sind (Abschn. 31.1).

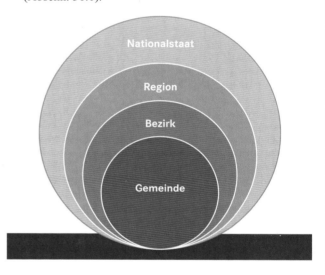

Abb. A Klassisches Verständnis von Maßstabsebenen als ineinander geschachtelte, hierarchisch organisierte Organisationseinheiten. In aktuellen Arbeiten zu den *politics of scale* werden im Gegensatz dazu der konstruierte Charakter von Maßstabsebenen und die vielfältigen Wechselwirkungen und Interdependenzen zwischen den Skalen betont (verändert nach Green 2016).

community" (Rose 1996) bezeichnet, vor allem durch gemeinschaftlich geteilte Vorstellungen und Normen funktioniert. Auch im Bereich der Umwelt-Governance zeigt sich entsprechend der machtvolle Einfluss gesellschaftlicher Repräsentationen, der bereits in Abschn. 29.3 diskutiert wurde, und das erklärt, warum Umweltpolitik vielfach auch Bildungspolitik ist und auf dem Weg der Wissensvermittlung versucht, Verhaltensänderungen zu erzielen (Abb. 29.12).

Ein dritter Trend der Umwelt-Governance bezieht sich schließlich auf die Zunahme **marktwirtschaftlicher Steuerungsinstrumente** (Exkurs 29.3). Auch hier lässt sich in den letzten Jahren beobachten, dass Regulierung über staatliche Ge- und Verbote tendenziell abnimmt und durch ökonomische Anreiz-

systeme abgelöst wird. Marktwirtschaftliche Instrumente versuchen dabei, ein grundlegendes Problem der Umweltpolitik zu lösen: Umweltschäden werden bei der Produktion von Gütern und der Ausbeutung natürlicher Ressourcen häufig externalisiert. Das bedeutet, sie werden nicht in die Preisbildung einbezogen, sondern die entstehenden Kosten werden Dritten aufgebürdet. Diese Verlagerung von Umweltschäden kann auf zwei Arten geschehen: Räumliche Externalisierung liegt dann vor, wenn besonders umweltschädliche Industrien und Formen der Rohstoffgewinnung in andere Länder verlegt werden. Zeitliche Externalisierung erfolgt, wenn die Kosten für die Bekämpfung von Umweltschäden in die Zukunft und damit auf zukünftige Generationen verlagert werden. Vor diesem Hintergrund versuchen marktbasierte Ansätze, die durch Umweltschäden ent-

Abb. 29.12 Einbezug der Bevölkerung in den Schutz der Umwelt am Beispiel von Mülltrennung. In Deutschland wird Mülltrennung bereits Kindern sehr früh anerzogen. Entsprechend hat ein großer Teil der Bevölkerung die Notwendigkeit dazu verinnerlicht und beteiligt sich an den diversen Recycling- und Abfallentsorgungssystemen, oft ohne darüber im Alltag groß nachzudenken (Foto: A. Mattissek, 2018).

Abb. 29.13 Produkte mit diversen Ökosiegeln haben die Supermarktregale erobert und sind heute in vielen Produktsegmenten erhältlich. Dabei sollen Label und Siegel den Konsumenten die „richtige" Entscheidung erleichtern (Foto: Mattissek, 2018).

stehenden Kosten in die Preisbildung mit einzubeziehen. Beispiel hierfür ist die Einführung **„grüner" Steuern** wie etwa der Energiesteuer, durch die ein finanzieller Anreiz zum Energiesparen geschaffen wird. Positivanreize sollen umgekehrt durch Biosiegel oder Ökolabel geschaffen werden (Abb. 29.13). Diesen liegt die Idee zugrunde, dass Konsumentinnen und Konsumenten bereit sind, höhere Preise zu zahlen, wenn dafür bestimmte Umweltstandards in der Herstellung von Gütern eingehalten werden. Solche beim individuellen Konsumverhalten ansetzenden Lösungen können helfen, den Energieverbrauch zu senken und den Konsum besonders umweltschädlicher Produkte zu reduzieren. Gleichzeitig machen es die dadurch entstehenden höheren Kosten wohlhabenderen Menschen sehr viel einfacher, „politisch korrekt" zu konsumieren, als ärmeren Bevölkerungsgruppen, die von den Preissteigerungen überproportional betroffen sind.

Einer ähnlichen Logik folgen Entlohnungsschemata, bei denen Anstrengungen zum Schutz natürlicher Ressourcen bzw. komplexer Ökosystemdienstleistungen **finanziell belohnt** werden (*payments for ecosystem services*, PES). Dazu gehört auch das seit 2005 im Rahmen der globalen Klimaverhandlungen diskutierte Konzept zum „*Reducing Emissions from Deforestation and Forest Degradation and the role of conservation, sustainable management of forests and enhancement of forest carbon stocks in developing countries*" (REDD+), bei dem der Erhalt von Wäldern als Kohlenstoffspeicher finanziell belohnt werden soll (Abschn. 31.5).

Insgesamt wird im Bereich der Umwelt-Governance deutlich, dass vielfältige Veränderungen ablaufen, die den Einfluss etablierter Institutionen wie des Nationalstaats grundlegend verändern. Solche Transformationen basieren auf gesellschaftlichen Aushandlungsprozessen darüber, was „richtige" und „gute" Steuerung und Regulierung im Umweltbereich ausmacht und welche Prinzipien und Ziele hier jeweils zugrunde gelegt wer-

den. Sie hängen also eng mit der Frage nach der Konstruktion von Natur (Abschn. 29.3) zusammen.

29.5 Assemblagetheoretische Ansätze: Gesellschaft und Natur als heterogene Gefüge

Die vorangegangenen Abschnitte haben herausgestellt, wie gesellschaftliche Deutungssysteme, ökonomische Prozesse oder politische Organisationsformen Gesellschaft-Natur-Verhältnisse prägen. Die geschilderten Theorien grenzen sich damit klar von natur- und geodeterministischen Ansätzen ab, die gesellschaftliche Verhältnisse auf natürliche Gegebenheiten zurückführen. Diese **Abkehr vom Naturdeterminismus** stellt eine wichtige Errungenschaft aktueller Ansätze der Gesellschaft-Umwelt-Forschung dar und gilt heute in der Forschung als unhintergehbar. Gleichzeitig wurden insbesondere diskurstheoretische Ansätze dafür kritisiert, dass sie die Frage der Wirkung materieller Prozesse innerhalb gesellschaftlicher Prozesse weitestgehend ausblenden. Sie provozieren damit eine strikte Trennung zwischen naturwissenschaftlichen und gesellschaftswissenschaftlichen Perspektiven: Naturwissenschaften erforschen, wie natürliche Phänomene und Prozesse ablaufen, während Gesellschaftswissenschaften untersuchen, wie Natur gesellschaftlich konstruiert, politisch verhandelt und ihre Nutzung organisiert wird. Selbstverständlich ergibt eine gewisse Aufgabentrennung Sinn, denn eine Analyse atmosphärischer Prozesse erfordert andere Theorien und Methoden als eine Untersuchung politischer Dynamiken auf einer Weltklimakonferenz. Das Problem bleibt aber die Frage nach dem Zusammenhang beider. Das Anliegen von Theorien, die Gesellschaft und Natur als „heterogene Gefüge" oder „Sozionaturen" begreifen, ist es, sich dieser Frage zu nähern, ohne in deterministische Erklärungsmuster zurückzufallen, das heißt, ohne entweder allein die Natur oder die Gesellschaft für die

Kapitel 29

Abb. 29.14 Hochwasser 2013 in Dresden. Naturkatastrophen wie das Hochwasser 2013 in Dresden eröffnen häufig „*windows of opportunity*", in denen die Umsetzung von Umwelt- und Klimaschutzmaßnahmen für eine beschränkte Zeit einfacher durchzusetzen sind (Foto: C. Sturm, 2013).

Dynamik von Gesellschaft-Umwelt-Verhältnissen verantwortlich zu machen.

In der Gegenüberstellung von Natur- und Gesellschaftswissenschaft, Physischer Geographie und Humangeographie spiegeln sich unterschiedliche Ontologien, das heißt wissenschaftstheoretische Positionen über die Seinsweise der Welt, wider: Die naturwissenschaftlich-realistische Position geht davon aus, dass Natur real und vom Beobachter unabhängig gegeben ist und sich mit wissenschaftlichen Methoden objektiv beschreiben lässt. In vielen sozialwissenschaftlichen Positionen erscheint Natur hingegen als passiver Gegenstand sozialer Beziehungen: konstruktivistische und diskursanalytische Ansätze verstehen Natur als eine Konstruktion, insofern sie Gegenstand von Diskursen ist, die sie mit Bedeutung versehen (Abschn. 29.3). Hier setzen Ansätze aus dem Bereich des **Neuen Materialismus** und der **Assemblagetheorie** an und argumentieren, dass diese klare Trennung in eine natürliche und eine gesellschaftliche Sphäre erkenntnistheoretisch problematisch sei. Denn Gesellschaft ist durchzogen von materiellen und natürlichen Entitäten und Prozessen, ebenso wie Natur maßgeblich durch den Menschen gestaltet und geprägt ist. Gesellschaft ist Teil der Natur, ebenso wie Natur Teil von Gesellschaft ist: Im Anthropozän lässt sich die Frage, wo das eine anfängt und wo das andere aufhört, nicht mehr so leicht beantworten, wir leben in einer Welt der „Sozionaturen" (Swyngedouw 1999), die es als solche zu untersuchen gilt. Das wird schnell offensichtlich, wenn man sich große Fragen aktueller Umweltpolitik anschaut. Gesellschaftliche Auswirkungen des Klimawandels lassen sich nicht verstehen, wenn man sie nur diskursanalytisch untersucht – aber eben auch nicht, wenn man die Aushandlung um Maßnahmen zur Klimawandelvermeidung und -anpassung ausblendet. Denn es ist durchaus plausibel anzunehmen, dass Politiker anders agieren,

wenn kurz vor einer internationalen Klimakonferenz eine Reihe von Extremwetterereignissen katastrophale Überschwemmungen in ihren Heimatländern ausgelöst haben (Abb. 29.14). Ebenso wenig wird ihr Verhalten jedoch durch diese Ereignisse determiniert. Und die Entscheidungen auf der Konferenz haben umgekehrt Auswirkungen auf die Frage, wie und wo welche Treibhausgase ausgestoßen werden – und damit auf materielle und ökologische Prozesse. An dem Beispiel wird deutlich, dass die Unterscheidung zwischen Natur und Kultur bzw. Gesellschaft, auf die sich wissenschaftliche Fächer berufen, zunehmend problematisch wird – und das nicht nur in Bezug auf das Weltklima. Ein Acker, ein städtischer Park, die Arktis, ein Blumenbeet auf einer Verkehrsinsel, ein Nationalpark – an allen Ecken und Enden haben wir es mit „hybriden" Sozionaturen zu tun.

Um der Einsicht in die Untrennbarkeit von Natur und Gesellschaft gerecht zu werden, schlagen assemblagetheoretische Ansätze eine alternative wissenschaftstheoretische Grundhaltung vor: eine **„flache" Ontologie,** in der nicht mehr strikt zwischen einem Bereich des Menschen, der Gesellschaft oder der Bedeutung einerseits und einem Bereich des Natürlichen, Ökologischen oder Realen andererseits unterschieden wird (Castree 2003, Escobar 2007). Sie beziehen sich dabei auf unterschiedliche philosophische und gesellschaftstheoretische Arbeiten (Haraway 1991, Deleuze & Guattari 1992, Barad 2007, Law 2008), die Wirklichkeit als Netzwerk oder Gefüge (engl. *assemblage*) aus heterogenen, das heißt menschlichen und nicht menschlichen sowie materiellen und nicht materiellen Komponenten konzipieren. Für die (geographische) Gesellschaft-Umwelt-Forschung folgt daraus, sich stärker mit dem Schnittbereich menschlicher Praktiken, technischer Arrangements und beispielsweise klimatischer, geomorphologischer oder hydrologischer Prozesse zu be-

Exkurs 29.6 Natur und Kultur – aus der Sicht von Bruno Latour

Der Autor Bruno Latour hat sich bereits früh aus wissenssoziologischer Perspektive mit der Frage auseinandergesetzt, welche Auswirkungen die gedankliche Trennung von Natur und Kultur auf wissenschaftliche Praktiken hat (Abb. A). Die zentralen Gedanken seiner Forschungen fasst Zierhofer (2011) folgendermaßen zusammen:

„Gemäß moderner Auffassung dienen naturwissenschaftliche Studien dazu, die Gesetze der Natur zu erforschen. Die *natura naturans* wird als unveränderliche Gegebenheit betrachtet. Bruno Latour macht jedoch darauf aufmerksam, dass die Experimentier- und Messanordnungen des wissenschaftlichen Labors als eine Gemengelage von Natur und Kultur angesehen werden. Durch die systematische Variation dieser hybriden Anordnungen wissen die Wissenschaftler, welchen Anteil der Kultur sie ins System eingespeist haben. Die resultierenden Veränderungen lassen sich als eine Folge des Zusammenwirkens von Natur und Kultur interpretieren. Ist der Anteil der Kultur an dem Arrangement im Labor bekannt, lässt sich im Prinzip auch der Anteil der Natur bestimmen. Durch immer komplexere Anordnungen im Labor und immer feinere Variationen der Experimente erarbeiten die Wissenschaftler möglichst ‚reine‘ Konzeptionen von Natur und Kultur. Natur und Kultur sind so verstanden nicht einfach vorgegebene Größen. Vielmehr bringen sie solche Reinigungspraktiken, wie sie im Labor oder in Feldstudien ausgeführt werden, erst als Gegenstände unseres Denkens hervor. Die Unterscheidung von Natur und Kultur ist eben, wie alle anderen Unterscheidungen auch, eine Konstruktion – sie entspringt den unterschiedlichsten Tätigkeiten und wandelt sich mit deren Bedeutung. Die Anordnung der Geräte, Substanzen und Lebewesen im Labor ist hingegen als eine Vermittlung ihrer Eigenschaften zu betrachten. Latour spricht von hybriden Netzwerken und von Praktiken der ‚Übersetzung‘ von Eigenschaften. Wie im Labor, so werden auch im Alltag unzählige hybride Netzwerke errichtet. Im strengen Sinn kann es keine körperliche Aktivität, kein materielles Produkt menschlichen Handelns geben, das nicht als Hybride anzusehen wäre. Somit wird das Weltbild der Moderne durch zwei Dichotomien geprägt, nämlich einerseits durch die wechselseitig ausschließende Unterscheidung von Natur und Kultur sowie andererseits durch den Ausschluss von Hybriden. Latours Ansatz hat als *actor network theory* Eingang in praktisch alle Themen sozialwissenschaftlicher Forschung gefunden – auch in die Humangeographie.“

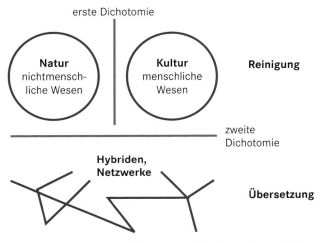

Abb. A Reinigungs- und Übersetzungsarbeit (verändert nach Latour 1995).

schäftigen. Themenfelder ergeben sich in der Beschäftigung mit dem Verhältnis von Wissenschaft und Gesellschaft, mit der Rolle von Technik und Technologie sowie mit Prozessen der Stabilisierung und Destabilisierung von Sozionaturen (Exkurs 29.6).

Das erste Themenfeld ist die Auseinandersetzung mit Wissenschaft sowie Praktiken der **Wissensproduktion.** Dabei geht es – im Gegensatz zu diskursanalytischen Ansätzen – nicht allein um die Frage, welche Bedeutung Natur in gesellschaftlichen Diskursen beigemessen wird oder wie naturwissenschaftliche Erkenntnisse interpretiert werden. Vielmehr ist die Frage, wie durch die Verknüpfung von technischen Apparaten, natürlichen Prozessen und menschlichen Aktivitäten Wissen über Natur hergestellt wird, wie dieses Wissen zirkuliert und in politische Entscheidungsprozesse eingebunden wird. Die Organisation von Gesellschaft-Natur-Verhältnissen erscheint dann weder als Notwendigkeit, die sich gewissermaßen aus der Natur der Sache erklärt, noch als rein gesellschaftliche Konstruktion, sondern als „Koproduktion“ (Jasanoff 2004). Wissenschaft ist nicht allein Sprechen über Natur, sondern eine materielle ebenso wie symbolische Praxis, an der viele menschliche und nicht menschliche Komponenten beteiligt sind (Latour 1988). So sind **Innovationen** in der Computertechnik und Mathematik maßgeblich dafür, dass wir Klimawandel heute als ein internationales Phänomen und Problem diskutieren (Miller 2004): Für das Verständnis von Natur als global gekoppeltes System ist wesentlich die Entstehung der Klimamodellierung verantwortlich, die es nicht nur ermöglicht, solche Prozesse im virtuellen Raum zu studieren, sondern auch, Szenarien zukünftiger Veränderungen zu erstellen. Indem Wissenschaft Natur mit bestimmten Methoden und Instrumenten und vor dem Hintergrund bestimmter Paradigmen betrachtet, produziert sie Erkenntnisse, die zwar „objektiv“, das heißt nicht beliebig sind, die aber dennoch an eine bestimmte Perspektive gebunden und daher partiell und situiert sind (Haraway 1988). So ist es leicht, in der Betrachtung einer Karte von Temperaturveränderungen die Komplexität gesellschaftlicher Ursachen und Auswirkungen ökologischer Veränderungen aus dem Blick zu verlieren. Eine kritische Gesellschaft-Umwelt-Forschung sollte also danach fragen, wie Wissen über Gesellschaft-Natur-Verhältnisse produziert wird und wer (oder was)

Kapitel 29

Abb. 29.15 Messeinrichtungen des Umweltbundesamts am Schauinsland bei Freiburg. Unsere Wahrnehmung vieler Umweltbeziehungen ist an die Verfügbarkeit entsprechender Messvorrichtungen geknüpft. Durch die Entwicklung hoch sensibler Instrumente können heute sehr viele atmosphärische Elemente und Umweltveränderungen nachgewiesen werden (Foto: R. Glaser 2018).

an der Wissensproduktion beteiligt ist. Denn vielfach hat man es mit „Zentren der Kalkulation" (Latour 1988) zu tun, also mit Netzwerken, Institutionen oder Personen, die eine privilegierte Stellung in der Produktion und Verbreitung von Wissen über Sozionaturen einnehmen – und dabei auch die Perspektive für gesellschaftliche Diskussionen und eine politische Entscheidungsfindung vorgeben.

Die Frage nach der Produktion von Wissen ist häufig auch eine nach Technik und Technologie. In fast jeder Interaktion zwischen Menschen und Natur ist **Technik** am Werk, in einem Maße, dass einige Autoren in Analogie zur Geosphäre und Biosphäre von einer eigenen „Technosphäre" sprechen, die eigenen Gesetzmäßigkeiten gehorcht (Haff 2014). Die Frage, die dabei mitschwingt,

ist auch, inwiefern Menschen Technik kontrollieren – oder umgekehrt Technik den Menschen. Assemblagetheoretische Ansätze suchen dabei einen Mittelweg: Technik und Technologie sind nicht als bloße Werkzeuge zu verstehen, mit denen gesellschaftlich klar definierte Ziele zu erreichen sind. Vielmehr geht bereits ihre Entwicklung in aller Regel auch mit vielfältigen unterschiedlichen Erwartungen und Visionen darüber einher, welche neuen Möglichkeiten sie bieten und welche neuen oder alternativen Ziele sich erreichen ließen (Latour 1994). Technik verändert dabei Vorstellungen über das anzustrebende Verhältnis von Gesellschaft und Natur. Was ließe sich mit Gentechnik, Biohacking oder Geoengineering alles erreichen? Welche Möglichkeiten sollte man nutzen – welche nicht? Und wie verändert sich in solchen Diskussionen das (Selbst-)Bild des Menschen? Gegenstand einer assemblagetheoretischen Gesellschaft-Umwelt-Forschung ist an diesem Punkt der Schnittbereich zwischen gesellschaftlichen Diskursen sowie den materiellen Praktiken und Funktionsweisen von Technik und Technologie. Und die Frage ist, wie sich dabei Machtverhältnisse und (räumliche) Muster in der Interaktion von Mensch und Natur verändern (Mattissek & Wiertz 2014).

Unterschiedliche Praktiken der Wissensproduktion und veränderte Technologien, wie z. B. die Verfügbarkeit bestimmter Messvorrichtungen, beeinflussen die Dynamik von Gesellschaft-Natur-Verhältnissen (Abb. 29.15). Dies lässt sich über den Bereich von Technik und Wissenschaft hinaus verallgemeinern, um zu fragen, wie Prozesse der **Stabilisierung und Destabilisierung** von Sozionaturen ablaufen und welche Rolle dabei menschlichen und nicht menschlichen sowie symbolischen und materiellen Prozessen zukommt. In den Fokus rückt dann auch die Wirkmächtigkeit oder „*agency*" natürlicher Prozesse selbst, die eher als integraler Bestandteil denn als „Außen" von Gesellschaft zu verstehen ist. Relevant ist ein solches Verständnis überall dort, wo Menschen beispielsweise mit klimatischen, hydrologischen oder geomorphologischen Prozessen interagieren und ihre Umwelt maßgeblich gestalten. Wichtig sind dabei die Begriffe Komplexität und Emergenz: **Komplexität** bedeutet, dass die meisten beobachtbaren Prozesse das Ergebnis einer

Abb. 29.16 Reisanbau in Myanmar – agrarische Anbausysteme beruhen auf einem komplexen Zusammenwirken zwischen Ökosystemen, Technologien, Wissenssystemen, ökonomischen Logiken und kulturellen Zuschreibungen (Foto: A. Mattissek 2010).

Vielzahl von Relationen sind und sich daher nicht auf einfache kausale Beziehungen zurückführen lassen. **Emergenz** bedeutet, dass Phänomene sich nicht allein durch Aufaddieren ihrer Teile verstehen lassen, sondern im Zusammenwirken unterschiedlicher Komponenten neue Dynamiken entstehen. Eine landwirtschaftliche Nutzfläche ist ein Beispiel hierfür: Sie entsteht, indem klimatische und bodenbildende Prozesse mit technischen Geräten, dem Wissen über Anbauverfahren und Absatzpreise in Relation gesetzt werden. Die Produktion eines Nahrungsmittels und der damit zusammenhängende Flächenertrag sind dann „emergente" Phänomene, die nicht auf die Eigenschaften der einzelnen Komponenten allein zurückgeführt werden können, sondern erst in ihrem Zusammenspiel entstehen (Abb. 29.16). Eine Erklärung für eine Degradierung der Fläche müsste zudem der Komplexität Rechnung tragen, die sich aus dem Zusammenspiel ökologischer (Klimawandel), ökonomischer (Preise), politischer (Subventionen), kultureller (Ernährungsgewohnheiten) und weiterer Aspekte ergibt.

In einer solchen Betrachtungsweise erscheinen viele „sozionatürliche" Prozesse in einem veränderten Licht. Entsprechend erstrecken sich auch die Themenfelder assemblagetheoretischer Forschungen über den gesamten Bereich der Gesellschaft-Umwelt-Forschung. Münster & Poerting (2016) fordern beispielsweise eine stärker **integrierende Betrachtung** agrarischer Landschaften im Anthropozän, um die komplexen Beziehungen zwischen ökologischen Prozessen, kapitalistischer Wertschöpfung sowie zwischen Menschen, Tieren und unterschiedlichen Materialien und Organismen zu beschreiben. Ranganathan (2015) verdeutlicht, wie die veränderte Nutzung von Wasserkanälen in Bangalore die Dynamik von Überflutungsereignissen und die gesellschaftliche Verteilung ihrer Risiken verändert hat. Um zu verstehen, wie Kanäle genutzt und bebaut wurden und wie sich dadurch Überflutungsrisiken ändern, ist es demnach erforderlich, klimatische Ereignisse in ihrem Verhältnis zu ökonomischen Prozessen, dem Städtebau sowie dem Diskurs um die Bedeutung der Kanäle zu berücksichtigen. In einem anderen Beispiel aus Nordpakistan zeigt Spies (2016), wie eng der Erfolg und Misserfolg von Klimaanpassungsmaßnahmen an das erfolgreiche Zusammenwirken ökologischer, technischer und menschlicher Komponenten gebunden ist. Gemein ist allen diesen Beispielen, dass sie sich in ihrer Analyse nicht entweder auf natürliche oder auf gesellschaftliche Prozesse konzentrieren, sondern das Wechselverhältnis ökologischer, technischer, ökonomischer und diskursiver Dynamiken herausarbeiten.

Literatur

Agrawal A (2005) Environmentality. Technologies of Government and the Making of Subjects. Duke University Press, Durham, London

Bakker K (2007) Neoliberalizing Nature? Market environmentalism in water supply in England and Wales. In: Heynen N, Prudham S, Robbin P, McCarthy J (eds) Neoliberal Environments. False promises and unnatural consequences. Routledge, New York. 101–113

Bakker K (2010) The limits of "neoliberal natures": Debating green neoliberalism. Progress in Human Geography 34/6: 715–735

Barad K (2007) Meeting the Universe Halfway: Quantum Physics and the Entanglement of Matter and Meaning. Duke University Press, Durham, London

Barber BR (2013) If Mayors Ruled the World. Yale University Press, New Haven

Bartelmus P, Albert J, Tschochohei H (2003) Wie teuer ist (uns) die Umwelt? Zur umweltökonomischen Gesamtrechnung in Deutschland. Wuppertal Papers 128. Wuppertal Institut, Wuppertal

Blaikie P (1985) Political Economy of Soil Erosion in Developing Countries. Longman Development Series 1. London

Blaikie P, Brookfield H (1987) Land Degradation and Society. Methuen, London

Bryant R, Bailey S (1997) Third World Political Ecology: An Introduction. Routledge, New York

Castree N (2003) Environmental issues: relational ontologies and hybrid politics. Progress in Human Geography 27: 203–211

Deleuze G, Guattari F (1992) Tausend Plateaus. Merve, Berlin

Dhont AA (1988) Carrying capacity – a confusing concept. Acta Oecologica 9/4: 337–346

Escobar A (2007) The ontological turn in social theory. A Commentary on Human geography without scale, by Sallie Marston, John Paul Jones II and Keith Woodward. Transactions of the Institute of British Geographers 32: 106–111

Espinosa C (2015) Interpretive Affinities: The Constitutionalization of Rights of Nature, Pacha Mama, in Ecuador. Journal of Environmental Policy & Planning 1–19

Faßbender S, Ingenfeld J (2014) Ökosystemdienstleistungen der Stadt Andernach. Bonn

Flitner M, Korf B (2012) Kriege der Zukunft = Klimakriege? Geographische Rundschau 64/2: 46–48

Forsyth T, Walker A (2008) Forest guardians, forest destroyers: the politics of environmental knowledge in Northern Thailand. University of Washington Press, Seattle

Foucault M (2006a). Sicherheit, Territorium, Bevölkerung. Geschichte der Gouvernementalität I. Suhrkamp, Frankfurt a. M.

Foucault M (2006b) Die Geburt der Biopolitik. Geschichte der Gouvernementalität II. Suhrkamp, Frankfurt a. M.

Garschagen M, Hagenlocher M (2018) Assessing and Monitoring Progress towards Risk Reduction: A Case for Indices? INFORM. Global Risk Index Results 18–19

Green KE (2016) A political ecology of scaling: Struggles over power, land and authority. Geoforum 74: 88–97

Haff P (2014) Humans and technology in the Anthropocene: Six rules. The Anthropocene Review 1: 126–136

Haraway DJ (1988) Situated Knowledges: The Science Question in Feminism and the Privilege of Partial Perspective. Feminist Studies 14: 575–599

Haraway DJ (1991) Simians, cyborgs, and women: the reinvention of nature. Routledge, New York

Jasanoff S (eds) (2004) States of knowledge: the co-production of science and social order. Routledge, New York

Judkins G, Smith M, Keys E (2008) Determinism within human-environment research and the rediscovery of environmental causation. Geographical Journal 174/1: 17–29

Kapitel 29

Kaplan R (2012) The Revenge of Geography. What the Map Tells Us about Coming Conflicts and the Battle against Fate. Random House, New York

Kopatz M, Spitzer M, Christanell A (2010) Energiearmut : Stand der Forschung, nationale Programme und regionale Modellprojekte in Deutschland, Österreich und Großbritannien. https://epub.wupperinst.org/frontdoor/index/index/docId/3606 (Zugriff 14.12.2018)

Krings T (2011) Politische Ökologie. In: Gebhardt H, Glaser R, Radtke U, Reuber P (Hrsg) Geographie. Physische Geographie und Humangeographie. Springer, Heidelberg. 1097–1106

Latour B (1988) Science in Action: How to Follow Scientists and Engineers Through Society, Reprint. Harvard University Press, Cambridge, Mass

Latour B (1994) On Technical Mediation – Philosophy, Sociology, Genealogy. Common Knowledge 3: 29–64

Latour B (1995) Wir sind nie modern gewesen: Versuch einer symmetrischen Anthropologie. Suhrkamp, Frankfurt a. M.

Laungaramsri P (2001) Redefining Nature. Karen Ecological Knowledge and the Challenge to the Modern Conservation Paradigm. Earthworm Books, Chennai

Law J (2008) Actor Network Theory and Material Semiotics. In: Turner BS (ed) The New Blackwell Companion to Social Theory. Wiley-Blackwell. 141–158

Li TM (2007) The Will to Improve: Governmentality, Development, and the Practice of Politics. Duke University Press, Durham

Marston SA, Jones JP, Woodward K (2005) Human Geography without Scale. Transactions of the Institute of British Geographers 30/4: 416–432

Mattissek A, Wiertz T (2014) Materialität und Macht im Spiegel der Assemblage-Theorie: Erkundungen am Beispiel der Waldpolitik in Thailand. Geographica Helvetica 69: 157–169

Meadows D, Meadows D, Randers J, Behrens WW III (1972) The Limits to Growth. Universe Books

Meadows D, Randers J, Meadows D (2004) A Synopsis: Limits to Growth: The 30-Year Update. The Academy for Systems Change (blog). http://donellameadows.org/archives/a-synopsis-limits-to-growth-the-30-year-update/ (Zugriff 30.12.2018)

Megoran N (2010) Neoclassical Geopolitics. Political Geography 29/4: 187–189

Miller C (2004) Climate science and the making of a global political order. In: Jasanoff S (ed) The co-production of science and social order. Routledge, New York. 46–66

Münster D, Poerting J (2016) Land als Ressource, Boden und Landschaft: Materialität, Relationalität und neue Agrarfragen in der Politischen Ökologie. Geographica Helvetica 71: 245–257

Neumann RP (2001) Imposing wilderness. Struggles over livelihood and nature preservation in Africa. University of California Press, Berkeley, Los Angeles, London

Neumann RP (2009) Political Ecology: Theorizing Scale. Progress in Human Geography 33/3: 398–406

Norman ES, Bakker K, Cook C (2012) Introduction to the Themed Section: Water Governance and the Politics of Scale 5/1: 10

Paterson M (2008) Gobal governance for sustainable capitalism? In: Adger WN, Jordan A (eds) Governing sustainability. Cambridge University Press, London. 99–122

Peet R, Robbins P, Watts M (eds) (2011) Global Political Ecology. Routledge, Oxon, New York

Perreault T, Bridge G, McCarthy J (2015) The Routledge Handbook of Political Ecology. Routledge International Handbooks. Routledge, Oxon, New York

Potter R, Binns T, Elliott JA, Nel E, Smith DW (2017) Geographies of Development: An Introduction to Development Studies. Taylor & Francis Ltd, London, New York

Ranganathan M (2015) Storm Drains as Assemblages: The Political Ecology of Flood Risk in Post-Colonial Bangalore. Antipode 47: 1300–1320

Ratzel F (1923) Politische Geographie. Neudruck d. 2. Aufl. von 1923, Lizenz d. Verl. Oldenbourg, München

Robbins P (2012) Political Ecology. A critical introduction. Wiley-Blackwell, Sussex

Rose N (1996) Inventing Our Selves. Psychology, Power, Personhood. Cambridge University Press, Cambridge

Spies M (2016) Glacier thinning and adaptation assemblages in Nagar, northern Pakistan. Erdkunde 70: 125–140

Stern N (2007) The economics of climate change. The Stern review. Cambridge University Press, Cambridge

Swyngedouw E (1999) Modernity and Hybridity: Nature, Regeneracionismo, and the Production of the Spanish Waterscape, 1890–1930. Annals of the Association of American Geographers 89: 443–465

Swyngedouw E (2010) Globalisation or glocalisation? Networks, territories and rescaling. Cambridge Review of International Affairs 17/1: 25–48

Swyngedouw E, Heynen N (2003) Urban Political Ecology, Justice and the Politics of Scale. Antipode 35/5: 898–918

Tsing A (2005) Friction. An ethnography of global connection. Princeton University Press, Princeton, N. J.

Warren CR, Lumsden C, O'Dowd S, Birnie RV (2005) „Green On Green": Public perceptions of wind power in Scotland and Ireland. Journal of Environmental Planning and Management 48(6): 853–875

Zierhofer W (2011) Natur und Kultur als Konstruktionen. In: Gebhardt H, Glaser R, Radtke U, Reuber P (Hrsg) Geographie. Physische Geographie und Humangeographie. Spektrum, Heidelberg. 1080–1085

Weiterführende Literatur

Castree N, Demeritt D, Liverman D, Rhoads B (eds) (2016) A Companion to Environmental Geography. John Wiley & Sons, Malden, Oxford

Peet R, Robbins P, Watts M (eds) (2011) Global Political Ecology. Routledge, Oxon, New York

Perreault T, Bridge G, McCarthy J (2015) The Routledge Handbook of Political Ecology. Routledge International Handbooks. Routledge, Oxon, New York

Robbins P (2012) Political Ecology. A critical introduction. Wiley-Blackwell, Sussex

Gefahren – Risiken – Katastrophen

30

Richard Dikau, Juergen Weichselgartner und Gabriele Hufschmidt

Die malerische Idylle im Golf von Neapel ist trügerisch, denn der Vesuv ist ein aktiver Vulkan, von dem nach wie vor Gefahr ausgeht (Foto: J. Weichselgartner).

Kapitel 30

Das einführende Foto zu diesem Kapitel (siehe vorige Seite) zeigt den Golf von Neapel und den Vesuv, einen heute noch aktiven Vulkan. Im Gegensatz zu den Einwohnern der antiken Orte Pompeji, Herculaneum, Oplontis und Stabiae, die im Jahr 79 n. Chr. völlig unvorbereitet unter seinen Staub- und Aschemassen begraben wurden, weiß man heute um die Gefahren und Risiken dieses Vulkans. Dessen ungeachtet leben heute über 4 Mio. Menschen in der wirtschaftlich attraktiven Metropolregion Neapel. Das dicht besiedelte Stadtzentrum mit zahlreichen Neubauten befindet sich in gleicher Entfernung wie die einst zerstörten Orte. Selbst an den Hängen des Vulkans finden sich Ansiedlungen und Tausende Häuser wurden illegal in stark gefährdeten Zonen neu gebaut. Wie in den engen Gassen Evakuierungsmaßnahmen und Katastrophenbewältigung bewerkstelligt werden können, ist nur eine der vielen Dimensionen, mit denen sich Wissenschaft, Politik und operationelle Praxis auseinandersetzen. Denn die Facetten und Aspekte von Gefahren, Risiken und Katastrophen sind sehr divers: dramatische Einzelschicksale, ökonomische Schäden, Maßnahmen und Verantwortlichkeiten. Die Katastrophe ist dabei definiert als der kritische Zustand eines Systems, das sich durch Dynamik, Komplexität, Kopplungen und Kontingenz auszeichnet. Diese Eigenschaften finden sich aufseiten der Natur und der Gesellschaft genauso wie in technischen Systemen. Die Triebfedern für die intensive Erforschung dieser Thematik sind so zahlreich wie ihre Ursachen und Dimensionen. Die Beweggründe liegen in den Schäden, die sie bei Menschen und Sachgütern verursachen oder verursachen können, bei den Veränderungen, die sie in Ökosystemen auslösen sowie bei ihren Auswirkungen auf die Raum- und Sozialstrukturen. Zahlreiche Geographinnen und Geographen in aller Welt sind daran beteiligt, Prozesse zu erfassen und zu erklären sowie Werkzeuge und Maßnahmen zu konzipieren, damit negative Folgen zukünftig vermieden oder zumindest gemildert werden können.

30.1 Mensch-Umwelt-Interaktionen

Kopplung von natürlichen und sozialen Systemen

Durch die Prozesse des Globalen Wandels und die damit verbundenen Prozesse der Nachhaltigkeit sind Mensch-Umwelt-Interaktionen verstärkt in den Forschungsfokus gerückt. Der „Wissenschaftliche Beirat der Bundesregierung Globale Umweltveränderungen" (WBGU), von der Bundesregierung 1992 als unabhängiges wissenschaftliches Beratergremium eingerichtet, verweist schon in seinem ersten Jahresgutachten auf die Verflechtung des Menschen mit seiner Umwelt: „Nur wenn man umfassende quantitative Kenntnisse über die Kopplung von **Natur- und Anthroposphäre** besitzt, kann man die zentrale Frage nach der eventuellen Destabilisierung der Natursphäre durch die Dynamik der Anthroposphäre beantworten" (WBGU 1993). Ansatzpunkt ist der Umstand, dass alle Lebewesen – auch der Mensch – in einem kontinuierlichen Stoff- und Energieaustausch mit ihrer Umwelt stehen und insbesondere demographische, ökonomische und technologische Transformationsprozesse die Komplexität der gesellschaftlichen Versorgungssysteme in einem enormen Ausmaß gesteigert haben. In seinem Gutachten aus dem Jahre 1999 (WBGU 1999) beschäftigt sich der Beirat mit den Risiken, die aus diesen Prozessen entstehen können.

Im Gegensatz zur traditionellen Umweltforschung geht die **Mensch-Umwelt-Forschung** (auch sozial-ökologische Forschung genannt) nicht von einer Trennbarkeit von natürlichen und sozialen Systemen aus. Gesellschaftliches Handeln beeinflusst natürliche Wirkungszusammenhänge und verändert zunehmend ökologische Systeme. Veränderungen in natürlichen Systemen wirken wiederum auf den Menschen und seine Lebensweisen. Gekoppelte Mensch-Umwelt-Systeme bergen beträchtliche **Gefahren-, Risiken- und Katastrophenpotenziale,** die durch die technologischen Entwicklungen der modernen Gesellschaften eine neue Dimension erreicht haben. Sie führen zu Forschungsfragen, die sich mit der Prognostik zukünftiger Zustände befassen müssen. Wie lassen sich angesichts der Dynamik, Komplexität und Kontingenz der Risiken gekoppelter Mensch-Umwelt-Systeme derartige Prognosen entwickeln und wie lassen sich die unterschiedlichen gesellschaftlichen Akteure sinnvoll integrieren? Wir wissen, dass ohne einen adäquaten Planungs- und Handlungsrahmen Risiken von Mensch-Umwelt-Systemen zu katastrophalen Folgen führen können. Mit diesen Problemstellungen wird es unerlässlich, die Themenstellungen von Gefahren, Risiken und Katastrophen verstärkt in die geographische Bildung zu integrieren.

Gefahren, Risiken und Katastrophen im Fokus geographischer Forschung

Die Dissertationsschrift des Geographen Gilbert F. White (1945) markiert einen disziplinären Meilenstein der wissenschaftlichen Auseinandersetzung mit den Gefahren und Risiken natürlicher Systeme. Mit einer kritischen Untersuchung der Hochwasserschutzmaßnahmen der US-Regierung konnte der junge Forscher zeigen, dass die staatliche Neuregelung des Hochwasserschutzes im Jahr 1936 durch den *Flood Control Act* nicht zu der erwünschten Reduzierung der Schadenssummen in Überschwemmungsgebieten geführt hat. Rund drei Jahrzehnte später gibt er mit der Monographie „*The Environment as Hazard*", die er zusammen mit seinen Kollegen Ian Burton und Robert Kates verfasst, der **geographischen Risikoforschung** erneut wichtige Impulse (Burton et al. 1978). Entgegen der traditionellen landschafts- und länderkundlichen Schemata, die die Totalität aller vorhandenen Naturfaktoren eines Raums betrachten, richtet die „Hazardforschung" ihren Blick auf die **risikobehafteten Interaktionen** zwischen dem System „Umwelt" mit seinen Erscheinungsformen und dem System „Gesellschaft" mit seinen Belangen (Dikau & Weichselgartner 2005).

In der Folge interpretiert man **Risiken als Filter** im Mensch-Natur-Verhältnis und beginnt, auch den gesellschaftlichen Kontext von Naturrisiken bzw. Naturkatastrophen zu beleuchten. Im deutschsprachigen Raum ist es vor allem der Münchener Sozialgeograph Robert Geipel (Geipel 1982), der mit seinen Arbeiten wesentlich zur Etablierung der Thematik in der Geographie beiträgt. Seither erfolgt die Auseinandersetzung des Menschen mit der Natur nicht mehr vorrangig über den Begriff „Ressource", sondern wird auch unter dem Aspekt „Risiko" erörtert (Geipel 1992). Unter Jürgen Pohl, der die Naturgefahrenthematik seines

Münchener Mentors weiter verfolgt, erfährt der **sozialgeographische Risikofokus** eine weitere Justierung: „Spreche ich von Naturrisiken […], so muss der Akzent mehr auf ‚Risiko' gelegt werden, genauso wie es in der Untersuchung von Esskultur oder Wohnkultur in erster Linie um Kultur und nicht um das Essen oder Wohnen geht" (Pohl 1998).

Mit Beginn des neuen Jahrtausends kommt der **soziologische Risikobegriff** verstärkt zur Anwendung. Er bindet Entscheidungen und Folgenerwartungen an Akteure und operiert mit der Unterscheidung „Wissen/Nichtwissen" (Abschn. 30.2). Dies führt zu neuen Diskursen und Forschungsperspektiven in der Geographie, infolgedessen eindimensionale Bewertungen von Risiken (und auch von Ressourcen) an Gewicht verlieren und, mit der Erweiterung des disziplinären Untersuchungsrahmens, auch **„nicht natürliche" Aspekte** von Naturgefahren analysiert werden, etwa psychometrische (Risikoperzeption), normative (Risikoethik), legislative (Risikoregulierung) und raumplanerische (Risikoreduktion) Themenstellungen.

In der Folge hält die geographische Risikoforschung Ausschau nach adäquaten Verknüpfungsmöglichkeiten zwischen der konstruktivistisch-kulturalistischen Gesellschaftskonzeption und dem realistisch-naturwissenschaftlichen Begriffsgebäude (Dikau & Pohl 2006). Die meisten Versuche, die Dichotomie zwischen Objektivismus, z. B. der Anstieg tatsächlicher Gefährdungslagen, und Konstruktivismus, z. B. der **Anstieg gesellschaftlicher Risikosensibilität**, zu überbrücken, basieren zumeist auf einem pragmatischen, aber theoretisch unbefriedigenden Sowohl-als-Auch.

Eine angemessene Integration von objektivistischen und konstruktivistischen Denkansätzen gelingt der geographischen Risikoforschung durch einen Bezug auf räumliche Kategorien (Egner & Pott 2010). Indem man – anders als etwa die soziologische Risikoforschung, welche die Analyse der sozialen Konstruktion von Risiken umfassend analysiert, jedoch hinsichtlich der **sozialen Konstruktion von Naturräumen** eine vergleichbare Tiefe und Schärfe vermissen lässt – von einer Komplementarität beider Perspektiven ausgeht, lassen sich durch die Herstellung eines Raumbezugs beispielsweise konkrete Naturgefahrentypen und soziale Gruppen auf eine spezifische Lokalität beziehen und quantitativ bewerten.

30.2 Begriffe und Konzepte

Gefahr

Unter einer **Gefahr** (*hazard*) wird ein in Zukunft mögliches, potenziell Schaden verursachendes Phänomen, z. B. ein Erdbeben oder eine Dürre, oder eine potenziell Schaden verursachende technische Konstruktion bzw. Aktivität verstanden, etwa der Bau eines Kernreaktors oder ein terroristischer Anschlag. Zu den möglichen Folgen zählen Todesopfer und Verletzte, Sachverluste, Störungen im sozialen und ökonomischen Gefüge sowie Schäden und Zerstörungen in der Umwelt. Bei Gefahren geht es somit immer um die Antizipation eines Prozesses, einer Prozesskette, einer Handlung oder einer technischen Konstruktion.

Eine Naturgefahr antizipiert ein Naturereignis. Damit bezeichnet man das Auftreten eines natürlichen Prozesses, etwa eines Erdbebens oder einer Hitzewelle. Gefährlich wird dieser Prozess erst dann, wenn ein bestimmter Schwellenwert überschritten wird. Dieser Schwellenwert ist bei Individuen, Gesellschaften, Sachgütern und Objekten verschieden ausgeprägt und kann sich im Verlauf der Zeit ändern. Naturgefahren sind demnach natürliche Prozesse, die vom Menschen als potenzielle Bedrohung für Leben und Eigentum betrachtet werden, da Eintrittshäufigkeit (Frequenz) oder Eintrittsstärke (Magnitude) eine bestimmte Toleranzgrenze überschritten haben. Ein Naturereignis, das Menschen und seine Güter nicht gefährdet, beispielsweise ein Vulkanausbruch auf einer unbewohnten Insel, wird nicht als Naturgefahr bezeichnet. Unter diesem Gesichtspunkt lassen sich natürliche Prozesse und die von ihnen ausgehenden Naturgefahren in unterschiedliche Typen gliedern. Die Begründung dieser Einteilung beruht auf ihren unterschiedlichen physikalischen, chemischen und biologischen Vorgängen und Gesetzmäßigkeiten.

Die Internationale Strategie zur Katastrophenvorsorge der Vereinten Nationen (UNISDR; Abschn. 30.3) hat eine **Klassifikation von Naturgefahren** vorgelegt (Tab. 30.1). Von Naturgefahren werden die technologischen Gefahren unterschieden, die in Verbindung mit technologischen Entwicklungen und Unfällen stehen. Wenn der Mensch die natürlichen Ressourcen schädigt oder zerstört und negative Veränderungen von Ökosystemen hervorruft, verwendet die UNISDR die Kategorie der Umweltzerstörung. Dazu zählen zahlreiche langsame, sich über Jahrzehnte oder Jahrhunderte entwickelnde Vorgänge wie die Bodenerosion, die globale Klimaveränderung oder der Meeresspiegelanstieg. In zahlreichen Standardwerken werden Naturgefahren auf Basis unterschiedlicher Prozesstypen klassifiziert (Alexander 1993, Dikau & Weichselgartner 2005, Smith 2013).

Naturgefahren

Einen hohen Anteil der weltweit auftretenden Naturgefahren machen **meteorologische Naturgefahren** aus, die durch atmosphärische Prozesse und Phänomene verursacht werden (Tab. 30.2). Im Unterschied zum lokalen oder begrenzt regionalen Auftreten von Prozessen der Lithosphäre (z. B. Erdbeben) oder der Reliefsphäre (z. B. Bergsturz) ist die Weltbevölkerung von Naturgefahren durch atmosphärische Prozesse und Phänomene großräumig betroffen. Hier sind insbesondere die extremen Erscheinungen des Wetters zu nennen, wie hohe Windgeschwindigkeiten, hohe bzw. niedrige Niederschlagsmengen oder hohe bzw. geringe Lufttemperaturen. Besonders große Gefahren entstehen, wenn Extremereignisse kombiniert auftreten, wie dies bei tropischen Wirbelstürmen der Fall ist, die durch hohe Windgeschwindigkeiten und hohe Niederschlagsmengen gekennzeichnet sind.

Hydrologische Naturgefahren entstehen durch Prozesse und Phänomene, die durch das Wasser des festen Landes in flüssiger

Tab. 30.1 Gliederung, Definition und Phänomene verschiedener Gefahren (nach UNISDR 2004, Dikau & Weichselgartner 2005, Maninger 2013).

Ursache	Phänomen
meteorologische Naturgefahren gefährliche natürliche Prozesse oder Phänomene der Atmosphäre, das heißt der überwiegend gasförmigen Hülle der Erde	• tropischer Wirbelsturm • Tornado • Wintersturm • Hagelsturm, Eissturm, Eisregen • Schneesturm • Sandsturm • Extremniederschlag • Blitzschlag • Hitzewelle, Kältewelle • Nebel
hydrologisch-glaziologische Naturgefahren gefährliche natürliche Prozesse oder Phänomene der Hydrosphäre und Kryosphäre	• Überschwemmung • Sturmflut • Sturzflut • Dürre • Schneelawine • Gletscherabbruch • Ausbruch von Gletschersee • Permafrostschmelze • Frosthub
geologisch-geomorphologische Naturgefahren gefährliche natürliche Prozesse oder Phänomene der Erdkruste (Lithosphäre) und der Erdoberfläche (Reliefsphäre); unterschieden werden endogene Ursachen (z. B. Tektonik, Vulkanismus) und exogene Ursachen (z. B. Niederschlag, Temperatur)	• Erdbeben • Vulkaneruption • Tsunami • gravitative Massenbewegung • Bergsenkung • Bodenerosion • Küstenerosion • Flusserosion
biologische Naturgefahren gefährliche Prozesse oder Phänomene der Biosphäre im weitesten Sinne mit organischer Ursache sowie jene Vorgänge, die durch biologische Pfade übertragen werden; einschließlich pathogener Mikroorganismen, Gifte und bioaktiver Substanzen; ferner Prozesse der Interaktion biologischer Systeme einschließlich des Menschen mit der Natur	• Epidemie • Tier- und Pflanzenkrankheit • Seuche • Waldbrand • Heuschreckenschwarm • Insektenplage
extraterrestrische Naturgefahren gefährliche Prozesse der Meteoritenbewegung im Weltall	• Meteoriteneinschlag
technologische Gefahren (anthropogene Gefahren) Gefahren in Verbindung mit technologischen und industriellen Unfällen und Abfällen sowie dem Zusammenbruch der Infrastruktur oder bestimmten menschlichen Aktivitäten; ferner CBRN-Gefahren (chemisch, biologisch, radiologisch, nuklear)	• radioaktive Verseuchung • Verschmutzung durch Industrieanlagen und Giftabfälle • Industrieunfall • Dammbruch • Flugzeugabsturz • Pipelinebruch • Explosion, Feuer • Ölverschmutzung
globale Umweltgefahren Gefahren durch menschliche Eingriffe in global wirksame Prozesse und Phänomene; ferner Gefahren durch die negative Veränderung natürlicher Prozesse und Ökosysteme und die Zerstörung natürlicher Ressourcen (Umweltzerstörung)	• Bodenerosion durch Wasser und Wind, Bodendegradation • Entwaldung, Verlust von Artenvielfalt • Boden-, Wasser- und Luftverschmutzung • Klimaänderung, Meeresspiegelanstieg • Abbau der Ozonschicht
kriminelle Gefahren absichtlich herbeigeführte Prozesse mit krimineller Motivation und negativen Auswirkungen für Menschen und ihre Umwelt; Gefahren durch kriegsähnliche Handlungen von kriminellen Einzeltätern, Sekten, terroristischen Vereinigungen und Staaten	• Sabotage, terroristischer Angriff, asymmetrische Kriegsführung • Angriff auf „Kritische Infrastruktur" • chemische, biologische, radiologische und nukleare Wirkmittel • cyberkrimineller Angriff

Tab. 30.2 Meteorologische Naturgefahren (nach Dikau & Weichselgartner 2005).

primärer Gefahrentyp	Ursache/Charakteristika
tropischer Wirbelsturm (Hurrikan, Zyklon, Taifun)	Wolkenwirbel, die sich bei Wassertemperaturen über 27 °C zwischen 8° und 30° nördlicher und südlicher Breite bilden; hohe Windgeschwindigkeit, Regen, Küstenüberflutung, Küstenerosion, Hangrutschungen
Tornado	horizontal rotierende aufwärts gerichtete Luftströmungen (Wasser- oder Windhosen) mit begrenztem Durchmesser von 100–300 m, massiver Luftdruckabfall
Wintersturm	trockene Herbst- und Winterstürme der mittleren Breiten durch Zyklonen in Mitteleuropa ohne Niederschlagsbeteiligung
Hagelsturm	Prozess, bei dem der Niederschlag in Form von festen Hagelkörnern fällt; hohe Windgeschwindigkeit, Gewitter
Eissturm, Eisregen	treten, vor allem in Nordamerika, bei tiefen Lufttemperaturen auf, wenn der Niederschlag als Regen oder Schneeregen fällt und an Oberflächen zu Eis gefriert
Schneesturm	kombiniertes Auftreten von Schneeniederschlägen und hohen Windgeschwindigkeiten, Glätte
Sandsturm	starker Wind mit hohen Bestandteilen an Sand
Extremniederschlag	überdurchschnittlich hohe, den Boden erreichende Regenmenge
Blitzschlag	elektrische Entladung zwischen Wolke und Erdoberfläche
Hitzewelle, Kältewelle	extreme positive oder negative Lufttemperaturen, die mehrere Tage oder Wochen anhalten können
Nebel	sehr kleine Wassertröpfchen oder Eiskristalle, die in der Luft schweben

und fester Phase hervorgerufen werden, das heißt durch Wasserüberschuss. Gefahren entstehen zum einen, wenn ein Überangebot von Wasser vorliegt, welches zu Überschwemmungen führt. Man unterscheidet hierbei Flussüberschwemmungen, Sturzfluten und Sturmfluten (Tab. 30.3). Zum anderen entstehen sie bei Wassermangel. Dürren stellen eine länger andauernde Abweichung vom mittleren Klimageschehen einer Region in Form eines Wassermangels dar, die meteorologisch, hydrologisch und landwirtschaftlich erklärt werden kann. Naturgefahren der **Kryosphäre** entstehen durch Prozesse, bei denen das vorhandene Wasser in gefrorenem Zustand auftritt bzw. bei denen die Temperaturen unter dem Gefrierpunkt liegen. Dazu zählen Schneelawinen, der Ausbruch von Gletscherseen hinter Gletschermoränen oder der Abbruch von Gletschern. Glaziologisch-kryosphärische Naturgefahren können durch Klimaveränderungen ausgelöst werden, etwa durch das Aufschmelzen des Dauerfrostbodens (Permafrost) in den Hochgebirgen und subarktischen Regionen der Erde.

Bei Wassermangel entstehen Dürren. Darunter versteht man kurz- bis mittelfristige Witterungs- und Klimaerscheinungen, die sich durch geringe Niederschläge auszeichnen. Dürren sind schleichende Naturgefahren (*creeping* oder *slow-onset hazards*). Von plötzlich eintretenden Prozessen unterscheiden sie sich durch ihre langsame, über Monate oder gar Jahre dauernde Entwicklung und ihre lang andauernde Existenz, die mehrere Jahre betragen kann. Dürren sind nicht an spezifische Bedingungen hydrologischer Einzugsgebiete gebunden. Ihre räumliche Ausdehnung kann sehr große Regionen, mitunter Teile ganzer Kontinente umfassen und zu Wassermangelerscheinungen bei Menschen, Tieren und Pflanzen führen. Die Landwirtschaft ist durch Dürren besonders betroffen, wodurch speziell in den sog. Entwicklungsländern die Nahrungsmittelversorgung gefährdet ist. Eine einzelne Dürre hat einen zeitlich begrenzten nachteiligen

Effekt auf den Zugang und die Verfügbarkeit von Nahrungsmitteln in ländlichen Gebieten wie auch in urbanen Räumen mit starken ländlichen Verbindungen. Dürren können demnach verheerende Einflüsse auf die Nahrungsmittelsicherheit und das Leben der ländlichen Bevölkerung haben. Dürren unterscheiden sich grundsätzlich von anderen Naturkatastrophen. Sie stellen besondere Anforderungen an die Frühwarnung (Dikau & Weichselgartner 2005).

Geologisch-geomorphologische Naturgefahren betreffen die feste Erde und ihre Grenzfläche. Sie entstehen durch Prozesse und Phänomene, die der Lithosphäre des Erdkörpers und der Reliefsphäre, also der Oberfläche des Erdkörpers, angehören (Tab. 30.4). Die Lithosphäre wird bei starken Deformationen durch Erdbeben verformt und bricht, wenn Schwellenwerte ihre Verformbarkeit überschreiten. Aus der Verschiebung der lithosphärischen Platten resultieren Erd- und Seebeben sowie Vulkaneruptionen, die zahlreiche sekundäre Naturgefahren nach sich ziehen können. Die Naturgefahren der Reliefsphäre werden durch Prozesse hervorgerufen, die an der Erdoberfläche und im oberflächennahen Untergrund stattfinden. Die Erdoberfläche stellt eine Grenzfläche zwischen Lithosphäre und Atmosphäre sowie Hydrosphäre und Kryosphäre dar und ist durch Prozesse gekennzeichnet, die eine hohe Variabilität aufweisen. Dies betrifft nicht nur die physikalischen, chemischen und biologischen Ursachen der Prozesse, sondern auch die Plötzlichkeit des Ereignisbeginns und den Prozessverlauf. So können sich Bergstürze unerwartet ereignen und innerhalb von Sekunden den Talboden erreichen, während die schleichenden Vorgänge der Bodenerosion Jahrzehnte oder gar Jahrtausende andauern können.

Biologische Naturgefahren entstehen durch Prozesse oder Phänomene der Biosphäre. Im weitesten Sinne sind es Gefahren mit organischer Ursache sowie Gefahren, die durch die Übertragung

Kapitel 30

Tab. 30.3 Hydrologische und glaziologisch-kryosphärische Naturgefahren (nach Dikau & Weichselgartner 2005).

primärer Gefahrentyp	Ursache/Charakteristika	sekundärer Gefahrentyp
hydrologische Naturgefahren		
Flussüberschwemmung	• lang andauernder oder kurzer starker Niederschlag • Schneeschmelze • Eisstau • Wasserstau und -durchbruch nach Flussabdämmung durch Hangrutschung oder Bergsturz • Deichbruch • Dammbruch	• Ufererosion • Sedimentdeposition in den Talauen • Kontamination mit Giftstoffen
Sturzflut	• lokaler Starkniederschlag • extrem schneller Wasserspiegelanstieg	• Gerinneerosion • Sedimentation in den Talauen • Hangrutschung, Schuttlawine und Murgang
Sturmflut	• hohe Windgeschwindigkeit mit Windstau und hohem Wasserstand • Tsunami	• Küstenerosion • Bildung von Küstenbuchten
glaziologisch-kryosphärische Naturgefahren		
Schneelawine	• plötzlicher Abgang von Schneemassen	• Transport großer Felsblöcke und Steine an einem Hang
Gletscherabbruch	• plötzlicher Abbruch eines Teils des Gletschers	• Hochwasserwelle in einem See oder Fluss als Eislawine
Ausbruch von Gletschersee	• plötzlicher Ausbruch eines Gletschersees, der sich hinter Moränen des Gletschers gebildet hat	• Hochwasserwelle großer Magnitude • Überflutung der Talauen
Permafrostschmelze	• Auftauen des Dauerfrostbodens	• Destabilisierung von Locker- und Festgestein mit nachfolgenden gravitativen Massenbewegungen (z. B. Felssturz, Murgang) • Untergrundabsenkung • Destabilisierung von Schutzbauten im Hochgebirge

auf biologischen Pfaden entstehen. Es sind somit Prozesse der Interaktion biologischer Systeme einschließlich der Interaktion des Menschen mit der Natur. Dazu zählen auch pathogene Mikroorganismen, Gifte und bioaktive Substanzen.

Meteoritenbewegungen im Weltall werden zu Naturgefahren **(extraterrestrische Naturgefahren)**, wenn sie die Erde direkt bedrohen. Dass es Meteoriteneinschläge in der geologischen Vergangenheit gab, haben die Geowissenschaften anhand zahlreicher empirischer Indizien der Gesteinsbeschaffenheit und spezieller, heute noch sichtbarer Reliefformen an der Erdoberfläche rekonstruieren können. Die Impact-Energie von Meteoriten kann außerordentlich hoch sein und das gesamte oberirdische Leben der Erde bedrohen.

Technologische, globale und kriminelle Gefahren

Technologischen Gefahren entstehen durch technologische Prozesse und Produkte, d. h. durch Handlungen des Menschen. Dazu sind zum einen technische Anlagen im Normalbetrieb zu rechnen, z. B. Kernkraftwerke oder chemische Anlagen. Zum anderen zählen dazu technische Unfälle und Abfälle, wie radioaktive Verseuchung, Giftunfälle oder die schleichende Verschmutzung durch Industrieanlagen. Der damit vorliegende Gefahrentyp wird im Begriff der „CBRN-Gefahren" zusammengefasst. Er

beinhaltet chemische (C), biologische (B), radiologische (R) und nukleare (N) Prozesse und Produkte. Technologische Gefahren werden den anthropogenen Gefahren (*man-made hazards*) zugerechnet. Die Schäden können sehr hohe Ausmaße erreichen (Todesopfer, Verletzungen, Sachschäden, soziale und ökonomische Störungen, Umweltzerstörungen) und sogar global wirken, z. B. durch die Explosion eines Kernkraftwerkes (Exkurs 30.1).

Globale Umweltgefahren entstehen durch menschliche Eingriffe in global wirksame Prozesse und Phänomene. Sie können zur Umweltzerstörung führen. Durch menschliches Verhalten verursachte global wirksame Phänomene bergen die Gefahr, die natürlichen Ressourcen zu zerstören oder natürliche Prozesse oder Ökosysteme negativ zu verändern. Potenzielle Auswirkungen können zu einer Zunahme der Frequenz und Intensität von natürlichen und technologischen Prozessen führen.

Kriminelle Gefahren betreffen absichtlich herbeigeführte Prozesse mit krimineller Motivation und negativen Auswirkungen für Menschen und ihre Umwelt. Sie umfassen Gefahren durch kriegsähnliche Handlungen von kriminellen Einzeltätern, Sekten, terroristischen Vereinigungen und Staaten, die gegen Staaten, ihre Einwohner und Infrastrukturen gerichtet sind (Maninger 2013). Terroristische Bedrohungen stellen neuartige Gefahrenlagen dar, die Staaten zu massiven Veränderungen ihrer Sicherheitsarchitekturen zwingen. Die Wirkmittel krimineller

Tab. 30.4 Geologisch-geomorphologische Naturgefahren (nach Dikau & Weichselgartner 2005).

primärer Gefahrentyp	Ursache/Charakteristika	sekundärer Gefahrentyp
Erdbeben	• Deformation und Bruch der starren Lithosphärenplatten durch plattentektonische Prozesse	• Tsunami • Bodenverflüssigung • gravitative Massenbewegung (Hangrutschung, Felslawine) • Schneelawine
Vulkaneruption	• ruhiger oder explosionsartiger Austritt von Magma an die Erdoberfläche	• Tsunami • gravitative Massenbewegung (Lahar, Rutschung) • Ascheflug und -regen
Tsunami	• ozeanische Welle verursacht durch Senkung und Hebung des Meeresbodens (Erdbeben), Kollaps von Vulkanflanken, Vulkaneruptionen und untermeerische Rutschungen	• Küstenerosion • Materialumlagerung im Küstenbereich • Materialumlagerung und Ufererosion in küstennahen Flüssen
Bodenerosion	• schleichender flächenhafter oder plötzlicher linearer Bodenabtrag auf landwirtschaftlichen Nutzflächen durch Wasser oder Wind	• Verlust der Bodenproduktivität und Nahrungsproduktionsgrundlage • Gewässerbelastung
gravitative Massenbewegung (z. B. Rutschung und Bergsturz)	• bruchlose und bruchhafte hangabwärts gerichtete Verlagerungen von Fels- und/oder Lockergesteinen unter Wirkung der Schwerkraft	• Flutwelle in Gewässern nach Einfahren der Massen • Abdämmung von Flüssen mit der Gefahr des Dammbruchs
Untergrundabsenkung	• Senkungen des Geländes durch Untertagebergbau • Senkung des Geländes durch Gesteinslösung und Permafrostschmelze	• Überschwemmung durch Fluss- und Deichsenkung • Gebäudeschädigung oder -zerstörung • Boden- und Vegetationszerstörung
Küstenerosion und -akkumulation	• Ab- und Antransport von Sediment durch Wellentätigkeit • Meeresströmungen • Zerstörung des natürlichen Küstenschutzes durch menschliche Eingriffe durch Entfernung der Mangrovenwälder	• Erhöhung der Energie nachfolgender Wellen mit verstärkter Erosion
Flusserosion und -akkumulation	• An- und Abtransport von Sedimenten durch fluviale Prozesse	• Zunahme der Küstenerosion durch Abnahme der Flusssedimenttransporte an die Küste (Staudammbau im Landesinneren) • Überflutung, Grundwasserabsenkung

Angriffe umfassen biologische, chemische und radiologische Substanzen, die außerordentliche Zerstörungskräfte entfalten können. Kritische Infrastrukturen, z. B. U-Bahnen oder Stromleitungen, stellen dabei besonders verwundbare Objekte dar. Die Gefahr cyberkrimineller Angriffe beinhaltet in einer sich digitalisierenden Gesellschaft extrem hohe Schadenspotenziale.

Risiken

Der **Risikobegriff** speist sich historisch aus unterschiedlichen geistigen und lebensweltlichen Quellen und umfasst ein breites Spektrum von disziplinären Sichtweisen und konzeptionellen Ansätzen (Dikau & Weichselgartner 2005, Dikau 2008). Diese Diversität prägt auch, wie Banse & Bechmann (1998) hervorheben, „den Prozess der Erfassung, Beschreibung, Bewertung und Handhabung von Risiken, für den es weder einen vereinheitlichten Sprachgebrauch oder einen einheitlichen paradig-

matischen Kern, geschweige denn einen von allen disziplinären Ansätzen gleichermaßen geteilten theoretisch konzeptionellen Rahmen gibt". Das bedeutet, dass die Wahrnehmung, Identifizierung, Beschreibung, Analyse, Bewertung, Kommunikation, das Management und die Akzeptanz von Risiken zwar unumgängliche Sprachschöpfungen in der Risikoforschung sind, sie jedoch eine große begriffliche Unschärfe und Variabilität aufweisen.

Mit der **Unterscheidung zwischen Gefahr und Risiko** aufgrund der Zurechnung von Schäden führt der Soziologe Niklas Luhmann (1991) einen wichtigen Aspekt in die wissenschaftliche Diskussion ein. Danach stellen Gefahren systemexterne Belastungen dar, Risiken werden dagegen durch eigene Entscheidungen hervorgerufen. Nach Luhmann ist das Risiko auf zukünftige Ereignisse bezogen und schließt die Möglichkeit eines Schadens ein, der allerdings nicht zwangsläufig eintreten muss. Risiken beinhalten somit potenzielle Schäden, die als Folge einer eigenen Entscheidung entstehen können und einem Entscheider zugerechnet werden. Wer nicht entscheidet oder entscheiden kann, ist ein Betroffener. Der Betroffene erfährt durch die externe Belastung Nachteile, die

Kapitel 30

Exkurs 30.1 Fukushima, Tschernobyl: Menschengemachte Katastrophen

Abb. A Auswirkungen der Reaktorkatastrophe in Tschernobyl auf die Umgebung in Weißrussland und der Ukraine (verändert nach sciencespo.fr).

Hans Gebhardt

Gesellschaften werden durch Gefahren, wie Überschwemmungen, Dürren, Erdbeben, Wirbelstürme oder Vulkanausbrüche, bedroht, aber zunehmend auch durch menschengemachte Gefahren, wie Smog-Folgen in hoch umweltbelasteten Regionen (Beijing), Chemieunfälle oder Tankerhavarien. Insbesondere Unfälle bei der Nutzung von Kernkraft sind kaum beherrschbar und haben überdies extreme Langzeitfolgen. Die beiden folgenschwersten Unfälle sind die Reaktorkatastrophen von Tschernobyl aus dem Jahr 1986 sowie der GAU in der Region um das Kernkraftwerk Fukushima in Japan im Jahr 2011.

Zwar hatte Japan, anders als die damalige Sowjetunion, durchaus aufwendige bauliche Maßnahmen zur Erdbebensicherheit der Anlage in Fukushima ergriffen. Gegenüber einer dreifachen „Katastrophenkaskade" erwies sich diese Vorbereitung aber als unzureichend. Denn dem ungewöhnlich starken Erdbeben mit der Magnitude 9,0 folgte kurze Zeit später eine davon ausgelöste Tsunamiwelle, welche einen weiten Küstenstrich im Nordosten des Landes verheeren konnte. Das an der Küste liegende Kernkraftwerk hatte zwar noch auf das Erdbeben wie vorgesehen mit einer automatischen Abschaltung reagiert, die unerwartet hohe Tsunamiwelle setzte aber die Stromversorgung und damit die Kühlung der Brennstäbe außer Kraft und es kam zu einem wochenlang andauernden, häufig improvisierten Kampf gegen das Durchschmelzen der Kernbrennstäbe. Die Gegend um das Atomkraftwerk wurde evakuiert, Helfer brachten innerhalb kurzer Zeit 81 000 Menschen aus der unmittelbaren Gefahrenzone. Insgesamt wurden wohl ca. 300 000 Menschen evakuiert. Sieben Jahre nach der Katastrophe sind deren Folgen aber noch längst nicht bewältigt. Noch immer ist die Umgebung durch hoch radioaktives Cäsium verseucht. Ein japanisches Gericht hat inzwischen eine Mitschuld des Staates und des Betreiberkonzerns Tepco an der Atomkatastrophe in Fukushima festgestellt. Der Staat und das Unternehmen sind zu Entschädigungen verpflichtet. Gleichwohl hält die japanische Regierung an der Atomkraft fest. Inzwischen sind vier Reaktoren wieder am Netz.

Der bisher größte Reaktorunfall der Welt hat sich allerdings am 26. April 1986 in der Ukraine ereignet (Abb. A). Ausgelöst wurde der Unfall in Tschernobyl durch einen eigentlich ungefährlichen Test an den Kraftwerksgeneratoren. Dabei kam es zu einer unerwarteten Überhitzung der Brennstäbe und der gesamte Block flog in die Luft. In den benachbarten Siedlungen der Ukraine und vor allem Weißrusslands starben rund 15 000 Menschen an den Folgen der Freisetzung radioaktiver Substanzen. Auch zahlreiche Menschen, welche bei Rettungsarbeiten eingesetzt wurden (sogenannte „Liquidatoren"), starben an den Folgen der Verstrahlung oder sind von Spätfolgen betroffen. Geschätzt wird, dass über 400 000 Erwachsene und mehr als 1,1 Mio. Kinder noch heute an gesundheitlichen Schäden leiden. Die Umgebung von Tschernobyl ist bis heute stark verstrahlt und nicht mehr bewohnbar.

er selber nicht verursacht hat. Unter diesen Gesichtspunkten ergibt sich eine unterschiedliche Sicht der Wahrnehmung der Gegenwart und der unbekannten Zukunft dahingehend, dass „die Zukunft zunehmend in der Form des Risikos in der Gegenwart zu treffender Entscheidungen erlebt wird" (Krücken 1997).

Luhmann (1991) stellt ferner fest, dass Entscheidungen eine unterschiedliche **Betroffenheit** erzeugen, was bedeutet, dass hier divergierende Zukunftsperspektiven vorliegen. Diejenigen, die an Entscheidungen beteiligt sind und Handlungsoptionen besitzen, z. B. beim Bau von Hochwasserdeichen, gehen ein Risiko ein, während diejenigen, die keine Möglichkeit der Entscheidung besitzen, einer Gefahr ausgesetzt sind. In dieser Unterscheidung liegt die hohe soziale Brisanz der Risikoproblematik (Krücken 1997). Die technologischen Entwicklungen des 21. Jahrhunderts müssen somit im Lichte zunehmender Umwelt- und Ressourcenkrisen und damit zunehmender Risiken betrachtet werden. Sie transformieren verstärkt Gefahren in Risiken, da sie vorher nicht vorhandene Entscheidungsmöglichkeiten schaffen. Dies wiederum führt vermehrt dazu, die Zukunft als Risiko wahr-zunehmen. Da die Umwelt- und Ressourcenkrisen Gesellschaften unterschiedlich stark treffen werden, führen sie zur sozialen Spaltung von Entscheidern und Betroffenen und daraus resultierenden gesellschaftlichen Konflikten. Die Transformation von hinzunehmenden Gefahren in entscheidungsbezogene Risiken bildet eine immer wichtiger werdende Komponente der „Risikogesellschaft" (Beck 1986).

In ihrer Bestandsaufnahme „Interdisziplinäre Risikoforschung" legen Banse & Bechmann (1998) die **Diversität des Risikobegriffs** offen. Die beschriebenen Sichtweisen betreffen Bereiche, die von der Versicherungsmathematik bis zur Ethik und Theologie reichen (Tab. 30.5). In der Entwicklung der Risikoforschung der letzten Jahrzehnte ist eine Entwicklung vom formal-quantitativen Risikobegriff der Natur- und Ingenieurwissenschaften, der sich primär auf Schäden für Mensch, Güter und Natur bezog, zu sozial- und geisteswissenschaftlichen Ansätzen zu erkennen. Dabei ist deutlich geworden, so Banse & Bechmann (1998), dass Risiko weit mehr darstellt, „als nur ein Maß für mögliche Gefahren zu sein. Die Bindung des Sicherheitsbegriffs an ein

Tab. 30.5 Prinzipien einer Auswahl von disziplinären Risikosichten (nach Dikau 2008).

Disziplin/Ansatz	Prinzipien
naturwissenschaftlich/technisch	• Quantifizierung der Versagenswahrscheinlichkeit von Sicherheitssystemen in technischen Anlagen • Quantifizierung der Eintrittswahrscheinlichkeit von natürlichen Prozessen • probabilistische Risikoanalyse • quantitative Risikoformel
versicherungsmathematisch	• Erwartungswert eines Schadens als Produkt aus Wahrscheinlichkeit und Ausmaß eines Schadens • probabilistische Risikoanalyse • quantitative Risikoformel
soziologisch	• Entscheider und Betroffene • Unterscheidung von Gefahr und Risiko • sozialer Umgang mit Unsicherheit und Ungewissheit • Risikogesellschaft
umwelthistorisch	• „Ruinvermeidung" prähistorischer Subsistenzökonomien • Versicherungswesen des 15. und 16. Jahrhunderts • Transformation von Gefahren in Risiken • Risikospirale
naturphilosophisch	• Risikoerzeugung durch Wissenschaft und Technik in modernen Gesellschaften • mechanistisch-reduktionistische Weltbilder von Naturwissenschaften und Technik • Risikoreduktion durch ein ethisches „Prinzip Verantwortung"

Kapitel 30

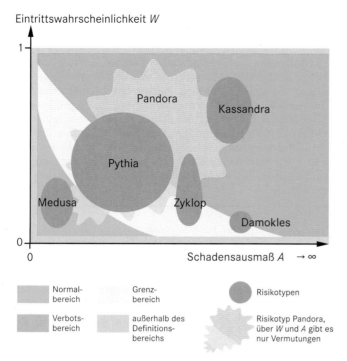

Eintrittswahrscheinlichkeit *W*

Abb. 30.1 Risikotypen basierend auf Figuren der griechischen Mythologie (verändert nach WBGU 1999).

gesellschaftlich variables Maß, das Akzeptanzniveau, öffnete die Möglichkeit der unterschiedlichen Bestimmung von Risiko". Der Risikobegriff entwickelte sich deshalb „zum Ausgangspunkt einer umfassenden Deutung der neuartigen Probleme einer wissenschaftlichen Gesellschaft", wobei die Kalkulation des Risikos hinter das Problem der **Unsicherheitsbewältigung** zurücktrat.

Risikotypen

Der Wissenschaftliche Beirat der Bundesregierung Globale Umweltveränderungen definiert in seinem Jahresgutachten 1998 unterschiedliche Risikotypen (Abb. 30.1; WBGU 1999, Renn et al. 2007). Sie basieren auf der griechischen Mythologie. Wie Renn et al. (2007) ausführen, stellen die mythischen Personenbilder die antike Antwort auf den Versuch dar, „das Grunddilemma der Gleichzeitigkeit der Erfahrung zunehmenden Wissens über die Zukunft und der zunehmenden Unsicherheiten über die Folgen des eigenen Handelns kognitiv zu bewältigen". Die sechs Risikotypen des WBGU werden durch mehrere Kriterien charakterisiert (Tab. 30.6) und den Variablen „Eintrittswahrscheinlichkeit" und „Schadensausmaß" zugeordnet. Die Einteilung erfolgt in einen Normalbereich (z. B. Wasserkraftwerke, Hausmülldeponien), Grenzbereich (z. B. Staudämme, Sondermülldeponien) und Verbotsbereich (z. B. Umkippen der ozeanischen Zirkulation, nuklearer Winter). Der Ansatz basiert auf fünf Komponenten (WBGU 1999):

- ein ideales Verständnis von Risiko, das den objektiven Grad der Gefährdung widerspiegelt

- eine naturwissenschaftlich-technische Risikoabschätzung, die auf der Basis von Beobachtung und Modellbildung eine möglichst genaue Kenntnis der relativen Häufigkeiten von Schadensereignissen gemittelt über Zeit und Raum anstrebt
- eine allgemeine Risikowahrnehmung, die auf einer intuitiven Risikoerfassung und deren individueller oder gesellschaftlicher Bewertung beruht
- eine intersubjektive Risikobewertung, die auf einem oder mehreren Verfahren der rationalen Urteilsfindung über ein Risiko in Bezug auf dessen Akzeptabilität bzw. Zumutbarkeit für die Gesellschaft als Ganzes oder bestimmte Gruppen und Individuen beruht
- ein ausgewogenes Risikomanagement, das die geeigneten und angemessenen Maßnahmen und Instrumente zur Reduzierung, Steuerung und Regulierung von Risiken je nach Risikotyp zusammenfasst

In Handlungsempfehlungen für eine Risikoreduktion stellt der WBGU (1999) den sechs Risikotypen zugeordnete spezifische Strategien und Instrumente vor. Dabei wird betont, dass eine neue Qualität der Risikoverantwortung erforderlich sei, wie sie nur der risikomündige Bürger wahrnehmen könne. Das Gutachten schließt mit einem Aufruf zur **Risikopartnerschaft** an alle, „die sich oder ihre Nachkommen von globalen Umweltveränderungen bedroht fühlen: Selbst relative Sicherheit ist kein Gut, das ein wie auch immer geartetes Kollektiv zur freien Inanspruchnahme zur Verfügung stellen kann" (WBGU 1999).

Systemische Risiken

Mit den globalen Klimaänderungen oder der Freisetzung gentechnisch veränderter Organismen entstehen heute spezifische Risiken neuartiger Phänomene, die sich durch **hohe systemische Komplexitäten** auszeichnen und die durch Ungewissheit und Unsicherheiten gekennzeichnet sind. Derartige Risiken werden als systemisch bezeichnet, da sie Ereignisse betreffen, deren Schadenskategorien und Eintrittsstärken als entgrenzt gelten. Damit soll nicht nur ausgedrückt werden, dass das Schadensausmaß besonders hoch ist, sondern auch, dass Beeinträchtigungen der physischen Umwelt oder der Gesundheit in andere gesellschaftliche Bereiche hineinwirken. Sie werden dort häufig verstärkt, wobei neue politische oder ökonomische Risiken entstehen. Dieses Konzept der gesellschaftlichen Verstärkung von Risiken wird durch die Forschergruppen um Ortwin Renn und Roger Kasperson besonders hervorgehoben (Pidgeon et al. 2003, Renn 2008).

Systemische Risiken überschreiten System- und Staatsgrenzen und sind durch den hohen **Vernetzungsgrad** ihrer Komponenten gekennzeichnet, sodass ihre „Beschreibung, Bewertung und Bewältigung mit erheblichen Wissens- und Bewertungsproblemen verbunden sind" (Renn et al. 2007). Diese Risikolage erfordert besondere Maßnahmen der Risikoregulierung, um angemessene Risikoreduktionen zu erreichen (Renn 2008). Die Autoren betonen die besonderen Charakteristika systemischer Risiken auf Basis der Merkmale Entgrenzung, Komplexität, Unsicherheit und Ambiguität (Tab. 30.7).

Kapitel 30

Tab. 30.6 Risikotypen nach WBGU-Klassifikation (nach WBGU 1999, Renn et al. 2007).

Risikotyp	Bezeichnung	Charakterisierung	Beispiele
Typ 1	Damokles-Schwert	A gegen unendlich W gegen 0 S groß P und M eher hoch	Kernenergie, Chemieanlagen, Dämme, Meteoriteneinschläge, Überschwemmungen
Typ 2	Zyklop	A groß und bekannt W ungewiss S klein R niedrig P eher hoch	Erdbeben, Vulkane, AIDS, karzinogene Stoffe in geringen Dosen, Resistenzen
Typ 3	Pythia	A möglicherweise hoch A und W ungewiss S sehr klein, P hoch	Eingriffe in Geozyklen, Klimaveränderungen, neue Seuchen, biologische Zeitbomben, Gentechnik, BSE
Typ 4	Büchse der Pandora	A nur Vermutungen W unbekannt S klein P sehr hoch R sehr niedrig	FCKW (retrospektiv), Ozon, DDT, Xenobiotika, neue Chemikalien, Monofunktionalisierung von Kulturpflanzen
Typ 5	Kassandra	A und W eher hoch S mittel V sehr hoch	mutagene Wirkungen, Langzeitfolgen von Klimaveränderungen
Typ 6	Medusa	A eher gering W zum Teil ungewiss S mittel P, R, V mittel bis gering M sehr hoch	karzinogene Stoffe unterhalb der Signifikanzschwelle, ionisierende Strahlung

A	= Ausmaß der Schadensfolgen	S	= Abschätzungssicherheit
M	= Mobilisierungspotenzial	V	= Verzögerungswirkung
P	= Persistenz	W	= Eintrittswahrscheinlichkeit
R	= Reversibilität		

Tab. 30.7 Typisierung von systemischen Risiken (nach Renn 2008, Renn et al. 2007, erweitert).

Phänomen	Erklärung
Entgrenzung	Risikoentgrenzung in Raum und Zeit sowie in der Schadenskategorie entsteht als Folge hochgradiger Vernetzungen und durch die moderne Wissenschaft und Technik. Industrielle und ökologische Dynamik ruft neuartige Risikotypen hervor, die sich aus den politischen, ökonomischen und sozialen Nebenfolgen dieser Dynamik entwickeln (Böschen et al. 2006). Unbeabsichtigte Nebenfolgen in modernen Gesellschaften hat der Soziologe Ulrich Beck als Problematik einer Risiko- und Weltrisikogesellschaft beschrieben (Beck 1986, 2007).
Komplexität	In komplexen Systemen sind Ursache-Wirkungs-Beziehungen oft nicht erkennbar. Sehr kleine Ursachen können sehr große Effekte nach sich ziehen („Schmetterlingseffekt") oder erst nach langen Verzögerungszeiten eintreten.
Unsicherheit	Systemische Risiken weisen ein beträchtliches Maß an Nichtwissen ihrer Mechanismen, Folgen und Nebenfolgen aus. Unsicherheiten entstehen durch Messfehler, aber auch durch die Unbestimmtheit von Einflussfaktoren und Variablen.
Ambiguität	Systemische Risiken besitzen häufig eine staatsübergreifende Reichweite, sodass mehrdeutige Risikoeinschätzungen, Werte oder Symbole entstehen. Unterschiedliche gesellschaftliche Gruppen führen Risikodialoge auf Basis normativer und pluraler Interessen- und Wertestrukturen, sodass unterschiedliche Risikobewertungen und Konflikte bei der Risikohandhabung auftreten.
Kontingenz	Unter Kontingenz werden mögliche, aber nicht notwendige Sachverhalte oder Eigenschaften von Sachverhalten verstanden, die zufällig und naturgesetzlich unbestimmt sind. Risikoaussagen, das heißt Aussagen über zukünftige Ereignisse, entziehen sich danach einer kausalen Determinierbarkeit.

Kapitel 30

Bei der Auseinandersetzung mit systemischen Risiken spielen die in Tab. 30.7 genannten Begriffe eine wichtige Rolle. Der Begriff **Entgrenzung** wird häufig für die Aufhebung von gesellschaftlichen Grenzen und die Auflösung von zeitlichen und räumlichen Strukturen verwendet, beispielsweise in Zusammenhang mit der **Globalisierung** als Entgrenzung von Politik, Ökonomie und Gesellschaft. In der Risikoforschung steht der Terminus mit dem Soziologen Ulrich Beck und seinem Buch „Risikogesellschaft" (1986) in Verbindung. Darin beschreibt der Autor, wie aus der einst „güterverteilenden" Gesellschaft zunehmend eine „risikoverteilende" Gesellschaft wird. Kennzeichnend für die neu entstandenen atomaren, chemischen und gentechnischen Katastrophenpotenziale ist ihre räumliche, zeitliche und soziale Entgrenzung. Die Risiken und ihre potenziellen Schäden sind nicht auf einzelne Ursachen begrenzbar und auch die Folgewirkungen lassen sich nicht mehr eindeutig einem Verursacher zuordnen. In der **Risikogesellschaft** sind durch die „weltweite Egalisierung der Gefährdungslagen" (Beck 1986) alle Menschen gleich betroffen, auch diejenigen, welche die Risiken produziert haben.

Unter **Kontingenz** (griech. *endechómena* = etwas, was möglich ist) versteht man die Möglichkeit, dass ein Sachverhalt oder Eigenschaften von Sachverhalten anders beschaffen sein könnten, als sie tatsächlich beschaffen sind. Der Begriff geht auf Aristoteles zurück, der damit eine mögliche, aber nicht notwendige Aussage bezeichnete. Des Weiteren beschreibt Kontingenz zufällige Sachverhalte und zufällige Eigenschaften von Sachverhalten. In den Naturwissenschaften werden kontingente Eigenschaften im Gegensatz zu kausal determinierten und voraussagbaren Eigenschaften verstanden (Gierer 1998). Kontingente Eigenschaften sind naturgesetzlich unbestimmt, Aussagen über Risiken zukünftiger Ereignisse sind daher mehr oder weniger stark auf Vermutungswissen angewiesen.

Bei der Risikodefinition ist der **Systembegriff** von zentraler Bedeutung. Ein System bezeichnet ein aus Teilen zusammengesetztes, gegliedertes und geordnetes Ganzes. Darunter können Phänomene der abiotischen und biotischen Natur, der menschlichen Gesellschaften und gekoppelter sozial-ökologischer Risikosysteme verstanden werden (Dikau 2006, 2011, Elverfeldt 2012). Systeme bestehen aus Elementen oder Komponenten, Attributen (Variablen und Werte) und Beziehungen (Relationen) zwischen den Elementen und Attributen. Systeme und ihre Elemente können durch Energie-, Stoff- und Informationsflüsse miteinander verbunden sein. Offene Systeme besitzen eine Austauschbilanz, das heißt, sie stehen über Schnittstellen mit ihrer Umwelt in Verbindung.

Die Sensitivität ist eine entscheidende Systemeigenschaft. Im Rahmen der Risiken von Umweltveränderungen sollte ihr eine verstärkte Aufmerksamkeit gewidmet werden. **Sensitivität** wird als Eigenschaft des Systems verstanden, externen Störungen zu widerstehen bzw. diese zu absorbieren. Die Bedeutung der Sensitivität liegt darin, dass geringste Fluktuationen externer Störungen zu Veränderungen des Gesamtsystems führen können. Derartige Instabilitäten werden als **chaotisches Systemverhalten** bezeichnet und bilden ein Merkmal der nichtlinearen Komplexität (Phillips 2003, Dikau 2006, Mainzer 2008, Kuhlmann 2009). Die Reaktion derartiger Systeme hängt empfindlich von den Anfangsbedingungen ab und sie sind in zeitlich längeren Skalen nicht vorhersagbar. Dieses als Schmetterlingseffekt bezeichnete Phänomen wird durch die nicht lineare Dynamik des komplexen Systems verursacht. Derartige Systeme befinden sich fernab thermodynamischer Gleichgewichte.

Die Vielfältigkeit von Verknüpfungsmöglichkeiten von Elementen führt dazu, dass man das Verhalten eines komplexen Systems selbst dann nicht eindeutig prognostizieren kann, wenn man vollständige Informationen über seine Einzelkomponenten und ihre Wechselwirkungen besitzt. Wie Charles Perrow (1987) an der **Technologie von Kernkraftwerken** zeigt, können Maßnahmen, die darauf zielen, Risiken durch Einbau bzw. Nachrüstung von Sicherheitstechnik zu beherrschen, zu einer weiteren Steigerung der Komplexität und zu unkontrollierbaren Interaktionen von Elementen führen.

Mit dem Begriff **Unsicherheit** (*uncertainty*) werden zukünftige Systemzustände beschrieben, für die keine Wahrscheinlichkeiten ihres Auftretens vorliegen (Lindley 2006). Eine noch heute gebräuchliche Differenzierung zwischen Risiko und Unsicherheit unternahm der Ökonom Frank Knight (1921) bereits vor knapp 100 Jahren. Ihm zufolge sind Risiken quantifizierbare Unsicherheiten, wobei die Quantifizierung überwiegend anhand der Eintrittswahrscheinlichkeit der Ursache und des Ausmaßes der Wirkung erfolgt. Risiko ist mit quantitativen Wahrscheinlichkeitswerten bestimmbar oder zumindest komparativ abschätzbar, Unsicherheit hingegen nicht. Diese begriffliche Spezifizierung ist in Bezug auf den in der Risikoforschung und im Bevölkerungsschutz häufig verwendeten Begriff der **Sicherheit** von Bedeutung. Den Umstand, dass Unsicherheit keine quantitativen Aussagen über Wahrscheinlichkeiten erlaubt, bringt der Begriff „Unbestimmtheit" bzw. „Unbestimmbarkeit" mitunter deutlicher zum Ausdruck. Oftmals ist es sinnvoll, zwischen Unsicherheitstypen zu unterscheiden, da diese unterschiedlichen Bedingungen ausgesetzt sind und verschiedenartige Problemlösungsstile erfordern (Tab. 30.8).

Tab. 30.8 Typen von Unsicherheiten und Problemlösungen (verändert nach O'Riordan & Rayner 1991, S. 104).

Unsicherheitstyp	Entscheidungsrahmen	Kompetenzbedingung	Problemlösungstyp
technisch	Risiko	Information	reduktionistisch
methodologisch	Ungewissheit	Respekt	pragmatisch
epistemologisch	Unbestimmtheit	Vertrauen	holistisch

In der sozialwissenschaftlichen Risikoforschung wird vereinzelt auf entscheidungstheoretische Ansätze zurückgegriffen, um **Entscheidungen unter Unsicherheit** und Risiko zu deuten (Tversky & Kahneman 1974). Zwar können Entscheidungen in Ungewissheitssituationen meist nicht unter Einbeziehung von objektiven Wahrscheinlichkeiten getroffen werden, aber es besteht in der Regel ein subjektives Verständnis über mög-

Exkurs 30.2 Umgang mit Unsicherheit: *High Reliability Organizations*

Gabriele Hufschmidt

Um einige Prinzipien im Umgang mit Unsicherheit herauszuarbeiten, haben sich Weick & Sutcliffe (2007) auf Organisationen konzentriert, die kontinuierlich fehlerfrei funktionieren sollten, da ansonsten mit fatalen Folgen zu rechnen ist, etwa Atomkraftwerke, medizinische Notfallteams oder Einsatztruppen der Feuerwehr. Diese Organisationen werden auch als *High Reliability Organizations* (HROs) bezeichnet. Im Kern haben diese HROs eine Strategie entwickelt, um eine permanente Achtsamkeit (*mindfulness*) gegenüber Unregelmäßigkeiten zu gewährleisten. Auf diese Weise wird die Prävention gestärkt, das heißt das Vermeiden von bedrohlichen Situationen und Vorbereitung auf solche. Die Strategie basiert auf mehreren Prinzipien, beispielsweise auf der „Konzentration auf Fehler". Hiermit wird die Erkenntnis berücksichtigt, dass kleine Fehler große Auswirkungen haben können. Außerdem fördern HROs eine „Fehlerkultur", die anerkennt, dass Fehler passieren können, diese aber in Folge bekannt sein sollten. Das Prinzip „Stre-

ben nach Flexibilität" zielt nicht primär auf Prävention ab, sondern auf Bewältigung. Flexibilität hat in diesem Kontext viel mit Resilienz gemeinsam, die als Eigenschaft bezeichnet werden kann, um trotz einer Störung grundlegende Funktionen aufrecht zu erhalten. Wildavsky (1988) benutzt den Terminus wie folgt: „Elastizität (*resilience*) im Sinne generalisierter Ressourcen (Wissen, Geld, Macht), die antizipativ bereitgestellt werden, um im Notfall über nicht vorab spezifizierte Reaktionsbereitschaften verfügen zu können [...]" (Japp 2000). Auch das Prinzip „Respekt vor Wissen und Können" zielt auf die Steigerung der Bewältigungsfähigkeit von HROs ab. Es besagt, dass ein auftretendes Problem, das unter Umständen auch einer schnellen Entscheidung bedarf, mit dem höchsten Maß an Sachverstand bearbeitet wird. Der größte Sachverstand liegt nicht unbedingt bei Mitarbeitern mit Weisungsbefugnissen. In HROs „wandern" Entscheidungen dementsprechend entlang von Hierarchien und werden dort getroffen, wo die besondere Sachkenntnis vorliegt.

---

liche Eintrittswahrscheinlichkeiten und Entscheidungsfolgen (Weichselgartner 2002). Hinsichtlich „Unsicherheit" verwenden Menschen verschiedene **Heuristiken.** Darunter versteht man Vorgehensweisen („Rezepte") zur Lagebeurteilung, Entscheidungsfindung und Problemlösung in Situationen, in denen Wissen begrenzt und Informationen unvollständig sind. Sie hängen von zahlreichen persönlichkeitsbedingten, situativen und kulturellen Faktoren ab, die in unterschiedlichen Risikowahrnehmungen und Sicherheitsbedürfnissen zum Ausdruck kommen (Lübbe 1993). Viele Ansätze in Wissenschaft und operationeller Praxis zielen letztlich auf die Transformation von nicht berechenbaren „Unsicherheiten" in berechenbare „Risiken" ab, etwa durch legislative (z. B. Grenzwerte), technische (z. B. Schutzbauten) oder ökonomische (z. B. Versicherungen) Maßnahmen. Allerdings nimmt mit der wachsenden Sicherheit im Sinne des objektiven Gefahrenschutzes mitunter auch das subjektive Sicherheitsbedürfnis zu (Kaufmann 1987). Der Umgang mit Unsicherheit in Organisationen, die höchste Zuverlässigkeitsstandards erfüllen müssen, stellt ein neues Forschungsfeld der Sicherheitsforschung dar (Exkurs 30.2).

Eine bestimmte Form von Unsicherheit ist **Ambiguität** (*ambiguity*). Der Begriff drückt generell die **Mehrdeutigkeit**, das Nebeneinander von möglichen Interpretationen aus. In der Risikoforschung bezieht sich der Begriff auf die **Pluralität legitimer Ansichten** hinsichtlich der Bewertung eines Risikos (Renn et al. 2011). Auch die Folgen von Risiken werden von Individuen in der Regel sehr unterschiedlich bewertet, unabhängig davon, wie wahrscheinlich oder unwahrscheinlich sie sein mögen. Auf Grund der Komplexität der kausalen Beziehungsmuster und der verbleibenden Ungewissheiten entstehen Mehrdeutigkeiten und legitime **Interpretationsspielräume** (Renn et al. 2007). Ambiguität verweist folglich auch auf die Variabilität von Risikoakzeptanz.

Risikowahrnehmung

Die wissenschaftliche Erforschung der Risikowahrnehmung wird von zwei zentralen Fragen angetrieben: Warum werden einige Risiken höher eingestuft als andere? Warum wird ein und dasselbe Risiko von verschiedenen Individuen unterschiedlich bewertet? Zur Beantwortung dieser Fragen greifen Forscher auf drei Ansätze des Verstehens zurück: den psychometrischen Ansatz (Slovic 2000), den kulturtheoretischen Ansatz (Douglas & Wildavsky 1982) und den Ansatz der sozialen Verstärkung von Risiken (Kasperson et al. 1988). Obgleich die Ansätze verschiedene Faktoren fokussieren, haben sie die Erkenntnis gemeinsam, dass zahlreiche unterschiedliche **Risikowahrnehmungstypen** existieren.

Der erstgenannte, psychometrische Ansatz fußt auf der psychologischen Empirie, anhand derer verschiedene **Risiken und Wahrnehmungsparameter** skaliert werden. Insbesondere die Forschergruppe um Paul Slovic hat Faktoren untersucht, welche die Risikobeurteilung maßgeblich beeinflussen (Slovic 2000). Ein wichtiger Faktor ist die Schrecklichkeit eines Risikos (*dread risk*). Er umfasst Aspekte wie die Freiwilligkeit, Reduzierbarkeit und Beherrschbarkeit des Risikos sowie die Verteilung von Nutzen bzw. Schaden. Atomare Waffen und die Kernenergie erreichten hier die höchsten Werte. Ein zweiter Faktor ist die Unbekanntheit eines Risikos (*unknown risk*). In der Regel wird ein Risiko umso höher beurteilt, je weniger es bekannt oder wahrnehmbar ist. Einen besonders hohen Wert erreichten hier vor allem chemische Technologien. Ein dritter Faktor ist die Ausgesetztheit bzw. der Wirkungsradius eines Risikos (*exposure*). Er umschreibt die Anzahl der Betroffenen, die dem Risiko ausgesetzt sind. Die Spannbreite reicht hier von global (Klimawandel) bis individuell (Klettersport).

Kapitel 30

Der zweitgenannte, kulturtheoretische Ansatz ist eng mit den Arbeiten der Kulturanthropologen Mary Douglas und Aaron Wildavsky verbunden. Darin beschreiben sie kulturelle Stile im **Umgang mit Fehlern und Risiken** und weisen damit auf die Bedeutung von Kultur und Sprache für die Risikowahrnehmung hin (Douglas & Wildavsky 1982, Wildavsky 1988, Douglas 1992). In Abhängigkeit von historischen Entwicklungen, sozialen Identitäten, institutionellen Strukturen und Formen der Rechtsprechung können Länder erhebliche **Unterschiede der Risikowahrnehmung** und des Risikohandelns aufweisen. Beispielsweise wird das Hochwasserrisiko in den Staaten der Europäischen Union unterschiedlich bewertet, was zu verschiedenartigen Vorsorgemaßnahmen führt (Raška 2015). Auch andere Studien belegen, dass für die Risikoeinschätzung nicht nur die Risikoquelle von Bedeutung ist, sondern auch individuelle Merkmale wie Alter, Geschlecht und Bildung. Darüber hinaus beeinflussen vorhandenes Wissen, eigene Erfahrung und die persönliche Wertvorstellung die Risikowahrnehmung (Eiser et al. 2012, Bubeck et al. 2012). Werte und Normen nehmen nicht nur Einfluss auf unsere Wahrnehmung, sie sind auch Orientierungsmaßstab für individuelle Entscheidungen. Insofern spricht man von **gesellschaftlicher Risikokultur.** Diese steht in enger Verbindung mit der **Risikoethik,** die das Handeln und dessen Folgen mit Blick auf möglichen Nutzen oder Schaden unter moralischen Gesichtspunkten bewertet (Nida-Rümelin et al. 2012). Im gesellschaftlichen Diskurs gibt es eine Reihe von Themen, die aus Sicht der Risikoethik fragwürdig sind, etwa die Ausbeutung natürlicher Rohstoffe oder die Frage der Generationengerechtigkeit.

An dem Zusammenwirken verschiedener gesellschaftlicher Prozesse setzt der dritte Ansatz der **sozialen Verstärkung von Risiken** an. Das Konzept der *social amplification of risk* (Kasperson et al. 1988) geht davon aus, dass faktische, aber auch hypothetische Risikoereignisse gesellschaftlich erst dann wirksam werden, wenn darüber kommuniziert wird. Indem er psychologische und sozial-kulturelle Perspektiven verbindet, verweist der Ansatz auf die Bedeutung von **interpersonellen Netzwerken,** gesellschaftlichen Institutionen und sozialen Gruppen. Diese nehmen Risiken wahr, interpretieren sie und beeinflussen damit indirekt die Risikoperzeption anderer Menschen. Risikoereignisse sind gewissermaßen Signale, die in der Gesellschaft verschiedene **Transformationsprozesse** durchlaufen. Bedeutende Faktoren für die Verstärkung bzw. Abschwächung eines Risikos sind vor allem Wissenschaft und Medien, denn durch die Aufbereitung und Darstellung eines Risikos finden Kontextsetzung und Emotionalisierung in der breiten Öffentlichkeit statt. Dabei ist die **mediale Berichterstattung** häufig disproportional zu den tatsächlichen Häufigkeiten von Risikoereignissen.

Häufig deckt sich die wissenschaftliche Risikoeinschätzung nicht mit der Risikowahrnehmung der Massenmedien oder der Öffentlichkeit. Aufgrund unterschiedlicher Auswahlkriterien und Informationsquellen können nicht nur die Risikobeurteilungen von Laien und Experten divergieren (Exkurs 30.3), selbst die Expertenmeinungen sind mitunter so kontrovers, dass es keine einheitliche wissenschaftliche Bewertung für ein Risiko gibt. Lange Zeit wurden die **Risikoeinschätzungen der Bevölkerung** als Irrationalität oder Unkenntnis gewertet, wofür man auch die

Medien mitverantwortlich gemacht hat. Heute wird die Risikobeschreibung von Experten und Laien idealerweise als gleichwertig betrachtet und mitunter integriert man betroffene Bürger in den Planungsprozess von Risikoentscheidungen..

Die **selektive Wahrnehmung** von Informationen kann in Bezug auf Risiken häufig beobachtet werden (Weichselgartner 2002). Oftmals sehen sich Menschen nicht als potenzielle Betroffene eines Risikos, ignorieren eine drohende Gefahr oder verleugnen sie sogar. Diese Nichtbeachtung von dissonanten Informationen nennen Psychologen **kognitive Dissonanz.** Da Menschen dazu neigen, getroffene Entscheidungen zunächst beizubehalten und zu rechtfertigen, werten sie Informationen, die in Widerspruch zu der Entscheidung stehen, tendenziell eher ab, während sie alle konsonanten Informationen tendenziell aufwerten. Dies schränkt die Wirkung von Aufklärungskampagnen oder Verhaltensbroschüren für die Risiko- und Katastrophenvorsorge ein, da Information selbst Gegenstand von differenten Auffassungsperspektiven ist. Wissenschaftliche, politische und öffentliche Debatten um Richt- und Grenzwerte für Risiken spiegeln letztlich **divergierende Wahrnehmungen und Wertmaßstäbe** wider. Sie sind kommunikative Artefakte, die Risikoauffassungen numerisch trennen (Weichselgartner 2002). Hinsichtlich der Entscheidung, ob vorsorgend Schutzmaßnahmen ergriffen werden oder nicht, stellt die Risikowahrnehmung eine wichtige Einflussgröße dar. Die genauen Zusammenhänge zwischen Risikowahrnehmung und Vorsorgeverhalten werden jedoch kontrovers diskutiert (Bubeck et al. 2012, Wachinger et al. 2013). Ob sich nun eine hohe Risikowahrnehmung positiv auf Vorbeugung und Vorsorge auswirkt oder genau deshalb auf entsprechende Maßnahmen verzichtet wird, ist noch unklar

Vulnerabilität

Die Bewertung der Verwundbarkeit kann wichtige Aufschlüsse über die **Anfälligkeit** eines Raums gegenüber Störungen liefern und dadurch zu besseren Schutzmaßnahmen führen (Exkurs 30.4). Allerdings gibt es keinen allgemein gültigen Verwundbarkeitsbegriff bzw. keinen universell einsetzbaren Vulnerabilitätsansatz. Je nach wissenschaftlicher Disziplin und operationeller Praxis wird der Begriff unterschiedlich abgegrenzt und es kommen **verschiedenartige Konzepte** zum Einsatz, die in Bezug auf Maßstabsebene und Methodik divergieren können (Hufschmidt 2011, Alexander 2012). Dies liegt darin begründet, dass sich Ansätze in den Fachdisziplinen und Anwendungsfeldern unterschiedlich entwickelt haben (Weichselgartner 2001, Fekete et al. 2014). Im Verlauf dieser Entwicklung hat das Konzept verschiedene Phasen durchlaufen, die durch unterschiedliche Sichtweisen und methodische Vorgehensweisen charakterisiert sind (Abb. 30.2). Speziell die Erkenntnis, dass sich die verwundbarkeitsbestimmenden Faktoren nicht an fachwissenschaftliche, politisch-administrative oder gesellschaftsfunktionale Grenzen ausrichten, hat dazu beigetragen, dass Verwundbarkeitsstudien in ihren methodischen Ansätzen verstärkt disziplinübergreifend und in ihrem Anwendungsbezug zunehmend wissenschaftsübergreifend konzipiert wurden (Fekete & Hufschmidt 2016, 2018). Prominente Fachbereiche sind die

Exkurs 30.3 Erforschung der Risikoperzeption

Juergen Weichselgartner

Die Wahrnehmungsgeographie untersucht die subjektive Perzeption von Räumen und deren Abweichung von der objektiven Raumstruktur und Raummetrik. Dies beinhaltet die subjektive Wahrnehmungsperspektive und die mit ihr verbundenen menschlichen Bewusstseinsprozesse. Die geistigen Leistungen des Wahrnehmenden, etwa Erkennen, Verstehen, Denken, Wissen, Planen und Handeln, werden dabei einem komplexen Informationsverarbeitungssystem zugeschrieben. Für die Risiko- und Katastrophenvorsorge ist die Erforschung der Perzeption aus unterschiedlichen Gründen von Bedeutung (Dikau & Weichselgartner 2005). Zum einen hat die Wahrnehmung einen Einfluss auf die Risikobewertung und das Risikoverhalten. Was ein Risiko ist und welches Risiko „akzeptiert" wird, ist individuell bzw. kulturell unterschiedlich. Zum anderen stehen Risiken mit Glaubwürdigkeit und Vertrauen von Entscheidungsträgern und -trägerinnen in Verbindung.

Eine der bis heute wenigen Studien zur Wahrnehmung natürlicher und technologischer Risiken in Deutschland wurde Mitte der 1990er-Jahre unter der Leitung des Geographen Robert Geipel (1997) im Mittelrheinischen Becken durch-

geführt. Die Untersuchung zielte einerseits darauf ab, wie verschiedene Risiken wahrgenommen und bewertet werden, und andererseits, ob es hierbei Unterschiede zwischen „natürlichen" und „technologischen" Risiken sowie zwischen „Laien" und „Experten" gibt. Methodisch griff man dabei nicht auf den Ansatz der offenbarten Präferenzen (*revealed preferences*) zurück, bei dem aus beobachtbaren bzw. beobachteten Verhalten und Entscheidungen indirekt Schlüsse auf die Wahrnehmung gezogen werden, sondern befragte 434 zufällig ausgewählte Probanden und Probandinnen per Telefon direkt zu ihren Risikoeinschätzungen (*expressed preferences*). Darüber hinaus wurden 42 strukturierte Experteninterviews durchgeführt, in denen sowohl die Wahrnehmung der „Risikoexperten und -expertinnen" ermittelt als auch die Ergebnisse der Bevölkerungsbefragung den Entscheidungsträger und -trägerinnen vorgelegt wurden (Geipel et al. 1997). Dabei wurde u. a. deutlich, dass die Bevölkerung den Bedrohungsgrad und die Eintrittswahrscheinlichkeit von Risiken oft anders einschätzte als Fachleute, die sich mit Risiken beschäftigen (Tab. A). Untersuchungen zur Risikoperzeption können wertvolle Informationen über unterschiedliche Teilaspekte und Problemlagen der Risikovorsorge liefern und auf mögliche Lösungsansätze verweisen.

Tab. A Rangfolgen der Einschätzung von Bedrohlichkeit und Eintrittswahrscheinlichkeit verschiedener Risiken durch die Bevölkerung und Experten und Expertinnen (nach Geipel et al. 1997).

Risiko	Rangfolgen der Bevölkerung		Rangfolgen der Experten	
	Bedrohlichkeit	Wahrscheinlichkeit	Bedrohlichkeit	Wahrscheinlichkeit
Atomunfall	1	6	1	8
Verkehrsunfall	2	1	3	1
Erdbeben	3	4	5	7
Chemieunfall	4	5	2	4
Gebäudebrand	5	2	4	3
Hautkrebs	5	3	6	5
AIDS	7	8	8	6
Vulkanausbruch	8	9	9	9
Hochwasser	9	7	6	2

geographische Naturgefahren- und Entwicklungsforschung, die politische Krisen- und Ökologieforschung sowie die soziologische Subsistenz- und Katastrophenforschung (Wisner et al. 2004, Turner 2010). Auch das **Anwendungsspektrum des Verwundbarkeitskonzepts** ist vielfältig und umschließt so unterschiedliche Themenbereiche wie Klimawandel, Armutsbekämpfung, Bevölkerungsschutz, Ernährungssicherheit und nachhaltige Entwicklung (IPCC 2012, Krings & Glade 2017).

Die Verwundbarkeit eines Raums oder einer sozialen Gruppe hängt von unterschiedlichen Einflussgrößen ab (Gallopin 2006).

Ein wichtiger Parameter ist die **Empfindlichkeit**. Sie gibt Auskunft über den Einwirkungsgrad einer potenziellen Störung. **Bewältigungskapazitäten** sind ein weiterer Faktor. Damit sind die vorhandenen Fähigkeiten und Ressourcen gemeint, mithilfe derer auf eine Störung reagiert werden kann. Eine dritte Einflussgröße ist die **Exponiertheit**. Sie ist ein Maß für die Ausgesetztheit gegenüber einer spezifischen Störung, etwa aufgrund der räumlichen Nähe oder der sozialen Stellung. Verwundbarkeit ist immer von einer konkreten Störung abhängig, existiert aber unabhängig von einer konkreten Exponiertheit. Um die Verwundbarkeit eines Raums, beispielsweise gegenüber einer

Exkurs 30.4 Ausgewählte Definitionen von Vulnerabilität

- *„Vulnerability is the degree to which a system, or part of a system may react adversely to the occurrence of a hazardous event. The degree and quality of that adverse reaction are conditioned by a system's resilience"* (Timmerman 1981).
- *„Vulnerability are those circumstances that place people at risk while reducing their means of response or denying them available protection"* (Comfort et al. 1999).

- *„The characteristics and circumstances of a community, system or asset that make it susceptible to the damaging effects of a hazard"* (UNISDR 2009).
- *„The propensity or predisposition to be adversely affected. Vulnerability encompasses a variety of concepts and elements including sensitivity or susceptibility to harm and lack of capacity to cope and adapt"a* (IPCC 2014).

Naturgefahr wie Hochwasser, angemessen beurteilen und entsprechende Schutzmaßnahmen konzipieren zu können, müssen die Zustände und Veränderungen in natürlichen und sozialen Systemen gleichermaßen erfasst werden. Aus diesem Grund ist eine systemische Betrachtungsweise sinnvoll, die sowohl die Naturgefahr und die potenziell betroffene Raumeinheit erfasst, als auch die Empfindlichkeit und Bewältigungskapazitäten in eine Bewertung mit einbezieht.

Die exakte Erfassung der Verwundbarkeit ist indes nicht einfach, da die menschliche Gesellschaft wie auch die natürliche Umwelt hochgradig komplexe dynamische Systeme sind, die auf vielfältige Art und Weise miteinander in Verbindung stehen. Zudem laufen die bei einer Naturgefahr mitwirkenden natürlichen und sozialen Prozesse auf unterschiedlichen räumlichen Ebenen und zeitlichen Skalen ab. Allein dies erschwert die Bestimmung der Einflussfaktoren und eine genaue Bewertung der Vulnerabilität. Deshalb empfiehlt es sich, vorab wichtige Fragen zu klären, beispielsweise:

- Auf welches System zielt die Bewertung?
- Was sind die spezifischen Eigenschaften, Prozesse, Funktionen und Zustände des Systems?
- Welche Faktoren fördern bzw. hemmen die Funktionsfähigkeit des Systems?
- Welcher Systemzustand ist erstrebenswert?

Die Klärung dieser Fragen ist mit Problemen behaftet, die von Begriffsabgrenzungen über Kausalbeziehungen bis hin zu den komplexen Prozessen des Globalen Wandels reichen (Gallopin 2006, IPCC 2012). Allein die Systembestimmung ist nicht immer einfach, denn was ein System und seine Umwelt auf einer bestimmten Skalenebene auszeichnet, erweist sich in einem anderen **Skalenniveau** als nicht relevant. Bei der Bewertung der Vulnerabilität spielt deshalb das Skalenproblem eine wichtige Rolle. Beispielsweise können auf lokaler Ebene bestimmte Familienhaushalte eine hohe Verwundbarkeit gegenüber einer Naturgefahr aufweisen, die sich bei einer regionalen oder nationalen Betrachtungsweise nicht mehr offenbart.

Wichtige Größen der Vulnerabilität eines Individuums oder einer Familie sind vorhandene **materielle Kapazitäten** und der **Zugang zu politischen und ökonomischen Ressourcen**. Gründe für die hohe Verwundbarkeit der Familie können etwa darin liegen, dass ihr aufgrund der ethnischen Zugehörigkeit

spezielle Unterstützungsmaßnahmen vorenthalten werden oder sie nicht ausreichend in soziale Netzwerke eingebunden ist. Die Erfassung und Messung solcher Einflussgrößen ist schwierig, insbesondere für großräumige Analysen. Will man die Vulnerabilität eines ganzen Landes bestimmen, müssen wiederum andere soziale, politische und ökonomische Faktoren betrachtet und vor allem ihr Zusammenwirken berücksichtigt werden (Turner et al. 2003). Die auf der Mikroebene gewonnenen Erkenntnisse dürfen nicht ohne Weiteres auf größere Skalenebenen übertragen werden. Entsprechendes gilt für Faktoren, die auf Länderebene eine Aussagekraft haben, sich aber kleinräumig nicht operativ umsetzen lassen. Des Öfteren hat man für eine bestimmte Skala keine Daten und muss auf **Proxydaten** ausweichen, die nur indirekt Aufschluss über die relevanten Prozesse geben. Nicht nur die Eigenschaften, Prozesse und Funktionen von Systemen sind skalenabhängig, sondern auch die Verantwortungszuständigkeit von Entscheidungsträgern und die Quantität und Qualität von Daten. Die Betrachtungsskala spielt auch hinsichtlich des Zugangs zu vorhandenen Kapazitäten und Ressourcen eine Rolle. Da diese verwundbarkeitsmindernd bzw. schadensreduzierend wirken, ist entscheidend, wer diese Ressourcen wann abrufen kann.

So vielschichtig die Ursachen und Folgen sozialer Verwundbarkeit sind, so schwierig ist die **politisch-administrative Umsetzung** in Aktivitäten und Maßnahmen zur Reduktion vorhandener *vulnerability hotspots* (Newton & Weichselgartner 2014). Entscheidungsträger müssen zudem darauf achten, dass die in einem bestimmten Gebiet durchgeführten Anpassungsmaßnahmen nicht die Verwundbarkeit an anderer Stelle erhöhen (Atteridge & Remling 2018). Die Aufforstung von Waldbeständen beispielsweise wirkt sich hochwasserreduzierend auf den Abfluss und die Scheitelwasserstände von Flüssen aus. Unter Gesichtspunkten der Verwundbarkeit muss hingegen mitbetrachtet werden, dass Aufforstungsmaßnahmen den Abfluss auch in Trockenzeiten ändern und somit auch nachteilige Auswirkungen haben können, etwa eine geringere Verfügbarkeit von Wasser oder die Schädigung von Flussökosystemen.

Verwundbarkeit ist durch Eigenschaften charakterisiert, die eine exakte Erfassung erschweren. Sie variiert in Abhängigkeit von Zeit, Raum und Untersuchungsskala. Neben der Skalenabhängigkeit bereitet auch ihre Dynamik wissenschaftliche Schwierigkeiten. Einflussgrößen und Eigenschaften von Verwundbarkeit sind nicht stabil, sondern ändern sich mit der Zeit. Darüber

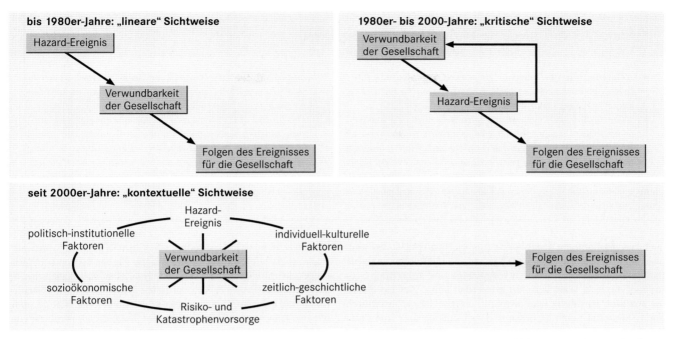

Abb. 30.2 Im Verlauf seiner Entwicklung hat der Verwundbarkeitsansatz verschiedene Phasen mit unterschiedlichen Sichtweisen und Schwerpunkten durchlaufen.

hinaus erschwert ihre Interaktivität eine detaillierte Bewertung. Einflussgrößen und Parameter beeinflussen sich wechselseitig. Zudem ist Vulnerabilität durch **Sozialdivergenz** gekennzeichnet. Das bedeutet, dass Verwundbarkeit aufgrund von Variablen wie Alter, Einkommen, Ethnizität oder Geschlecht individuell wie auch zwischen und innerhalb sozialer Gruppen unterschiedlich ausgeprägt ist. Und nicht zuletzt ist Verwundbarkeit ein mehrdimensionales Konstrukt mit zahlreichen historischen, kulturellen, naturräumlichen, ökonomischen, politischen und sozialen Faktoren. Aufgrund dieser Charakteristika ist die **Bewertung der Verwundbarkeit** von Raumeinheiten keine leichte Aufgabe und auch Maßnahmen müssen in Anbetracht subjektiver Wahrnehmungen und Bewertungen von unterschiedlichen gesellschaftlichen Gruppen erst sozial ausgehandelt werden.

Ungeachtet dieser Schwierigkeiten wurden schon früh Überlegungen angestellt, wie das Vulnerabilitätskonzept in die Praxis umgesetzt werden kann (Timmerman 1981). Durch die Vielzahl an unterschiedlichen Betrachtungsskalen und Störungen, auf die man die Verwundbarkeit bezogen hat, lieferten die anfänglichen Bewertungen wichtige methodologische und kontextspezifische Erkenntnisse. Auf Basis sozioökonomischer und demographischer Daten erstellte beispielsweise die Universität South Carolina einen *Social Vulnerability Index* für die USA, mit dem die **soziale Verwundbarkeit** auf Landkreisebene dargestellt werden kann (Cutter et al. 2003). Im Mittelpunkt der operationellen Umsetzung der Südpazifischen Kommission für Angewandte Geowissenschaft (SOPAC) steht nicht die Verwundbarkeit der Gesellschaft, sondern die der natürlichen Umwelt. 50 meteorologische, geologische, biologische, anthropogene und länderspezifische Indikatoren bilden einen *Environmental Vulnerability Index*, anhand dessen sich die Verwundbarkeit der Umwelt auf

Länderebene vergleichen lässt (Kaly et al. 2005). Das Entwicklungsprogramm der Vereinten Nationen (UNDP) wiederum fokussierte die **Verwundbarkeit von Staaten** gegenüber Naturkatastrophen. Mittels der Schlüsselvariablen „Verstädterung" und „Lebensgrundlagen im ländlichen Raum" sowie den Naturgefahren „Erdbeben", „Tropischer Wirbelsturm", „Hochwasser" und „Dürre" entwickelte man einen *Disaster Risk Index*, mit dem man die relative Naturkatastrophenanfälligkeit von Staaten vergleichen kann (UNDP 2004). Lokale Ansätze hingegen legen ihren Fokus auf die Verwundbarkeit eines bestimmten Raums gegenüber einer spezifischen Störung. Eine der ersten quantitativen Bewertungen wurde in 13 Gemeinden der nordspanischen Provinz Kantabrien durchgeführt. Kernziel war es, mittels eines einfachen indikatorbasierten Verfahrens die Hochwasserverwundbarkeit auf lokaler Ebene zu erfassen, graphisch darzustellen und damit den Planungs- und Schutzbehörden ein praktikables Hilfsmittel bereitzustellen (Weichselgartner 2006, 2008).

Resilienz

Der Begriff „Resilienz" beschreibt die Eigenschaft eines Systems oder dessen Komponenten (Exkurs 30.5). Ein System bezeichnet man als resilient, wenn es die Fähigkeit besitzt, auf sich verändernde Kontexte, Störfaktoren und Veränderungen zu reagieren, ohne seine charakteristischen Funktionen, Strukturen, Leistungen und damit seine Identität zu verlieren (Gallopin 2006). Je besser ein System **externe Einwirkungen** verkraftet, umso höher ist seine Resilienz. Ist diese gering, können bereits schwache Störungen zu massiven Systemveränderungen oder

Kapitel 30

Exkurs 30.5 Ausgewählte Definitionen von Resilienz

- „*The measure of a system's, or part of a system's capacity to absorb and recover from the occurrence of a hazardous event*" (Timmerman 1981).
- „*The ability of a system, community or society exposed to hazards to resist, absorb, accommodate to and recover from the effects of a hazard in a timely and efficient manner, including through the preservation and restoration of its essential basic structures and functions*" (UNISDR 2009).
- „*The ability of countries, communities and households to manage change, by maintaining or transforming living standards in the face of shocks or stresses – such as earthquakes, drought or violent conflict – without compromising their long-term prospects*" (DFID 2011).
- „*The ability of a system and its component parts to anticipate, absorb, accommodate, or recover from the effects of a hazardous event in a timely and efficient manner, including through ensuring the preservation, restoration, or improvement of its essential basic structures and functions*" (IPCC 2012).

auch zum Kollabieren des Systems führen. Resilienz ist also kein unveränderlicher Zustand eines Systems, sondern eine **variable Systemeigenschaft,** die durch vergangene und zukünftige Störungen verstärkt oder vermindert werden kann. Zur Erhöhung der **sozialen Resilienz** ist es wichtig, entsprechende Strukturen und Fähigkeiten so zu verbessern, dass Einflüsse antizipiert und Störungen als Teil regulärer Adaptionszyklen adäquat verarbeitet werden können (Gross & Weichselgartner 2015). Eine wichtige „Eigenschaft resilienter Systeme ist daher die Fähigkeit zu lernen" (Schneiderbauer et al. 2016, Hufschmidt 2018).

Das Konzept der Resilienz hat in der Erforschung sozial-ökologischer Systeme und von Naturgefahren eine prominente Verbreitung erfahren. Derzeit sind es vor allem die Auswirkungen von Umweltveränderungen wie der **Klimawandel** sowie die **Anpassungsmechanismen** von sozialen und natürlichen Systemen, die im Zentrum der Forschung stehen (Fekete & Fiedrich 2018). Analog zur Verwundbarkeit zählen die Katastrophenvorsorge und der Bevölkerungsschutz zu den klassischen Einsatzfeldern des Konzepts (Fekete et al. 2014). Der aktuelle *Sendai Framework for Disaster Risk Reduction* (SFDRR) weist die Resilienz als eine von insgesamt vier prioritären Handlungsbereichen aus (UNISDR 2015). Während derartige internationale und auch nationale Handlungsrahmen in der Vergangenheit die Bevölkerung lediglich als passive Akteure betrachtet haben, die es durch verschiedene Maßnahmen zu schützen galt, wird ihr heute eine aktiv am **Selbstschutz** mitwirkende Rolle zugewiesen (Krings & Glade 2017).

Die für die Resilienz bedeutsamen Wechselbeziehungen zwischen räumlichen Konfigurationen und gesellschaftlichen Praktiken entziehen sich einer einfachen Zuschreibung und genauen Erfassung. Zwar lassen sich sozial-räumliche Veränderungen beobachten, statistisch erfassen und beschreiben, aber wie auch bei der sozialen Verwundbarkeit, sorgt die Skalenproblematik dafür, dass diese je nach Skale oftmals zu groß und zu abstrakt oder zu klein und zu spezifisch sind. Bei mathematisch-technischen Kennziffern und graphischen Karten, die numerisch bzw. visuell Auskunft über die Resilienz von sozialen Gruppen oder geographischen Räumen geben, sollte der Betrachter mitbedenken, dass sich hinter den statischen Messgrößen und starren Mustern stets variable Netzwerkstrukturen und dynamische Funktionalräume verbergen. Erwähnt seien auch die negativen Effekte einer hohen

Resilienz in sozialen Systemen. Flexibilität, Dynamik und Anpassung als wichtige systemerhaltende Eigenschaften zeichnen ebenso kriminelle Netzwerke und terroristische Organisationen aus (Weichselgartner & Kelman 2015). Durch **dezentrale Strukturen** und **informelle Netzwerke** können sie über große geographische Räume hinweg operieren und durch die Umstellung von Abläufen, Kommandostrukturen und Kommunikationsflüssen auf polizeiliche und militärische „Störungen" schnell reagieren.

Als Synopsis der Entwicklung und Verwendung der Konzepte Vulnerabilität und Resilienz in Wissenschaft und Praxis ist erkennbar, dass der Resilienzbegriff aufgrund seiner positiven Konnotation stark an Popularität gewonnen hat. Hinter diesem Begriff lassen sich unterschiedliche Akteure versammeln und auf ein gemeinsames Ziel „einschwören". Dem Begriff „Resilienz" ist, stärker noch als dem Begriff „Vulnerabilität", eine gewisse Unschärfe gemein, die diese vereinende Wirkung entfalten kann (Fekete et al. 2014). Beide Begriffe leiden jedoch auch unter dieser **Unschärfe.** Angewendet auf spezifische Fragestellungen werden sie meist (neu) definiert und operationalisiert. Sie gewinnen damit für diese Anwendungsfälle zwar an Klarheit, büßen jedoch ihre Anschluss- und Konsensfähigkeit ein. Es wird in Zukunft darauf ankommen, die Konzepte verstärkt für Erkenntnisgewinn, Innovation sowie Problemlösekompetenz in Wissenschaft und Praxis zu entdecken (Exkurs 30.6; Fekete & Hufschmidt 2016).

Wissen und Nichtwissen

Die heutige „Risikogesellschaft" ist einerseits durch neue und unbekannte Risiken geprägt und andererseits durch die umfassend gewordene Bedeutung von Wissenschaft für deren Wahrnehmung, Verarbeitung und Entstehung. Erste Überlegungen, wie Naturrisiken und Katastrophenvorsorge mit Wissen in Verbindung stehen, wurden von White et al. (2001) und Weichselgartner (2006) publiziert, aber erst in jüngerer Vergangenheit wird die Risikothematik vor dem Hintergrund von **Wissensstrukturen** verstärkt thematisiert (Spiekermann et al. 2015, Weichselgartner & Pigeon 2015, Weichselgartner & Karutz 2017). Man differenziert zwischen qualitativ unterschiedlichen

Exkurs 30.6 „Atlas Verwundbarkeit und Resilienz"

Gabriele Hufschmidt und Alexander Fekete

Die Begriffe und Konzepte der Verwundbarkeit (Vulnerabilität) und der Resilienz werden in Wissenschaft und Praxis teils sehr unterschiedlich definiert und operationalisiert. Diese Vielfalt kann Erkenntniszuwachs und Verwirrung gleichermaßen auslösen. Hinzu kommt, dass Wissenschaft und Praxis häufig vor der Herausforderung stehen, schnell auf Informationen und Wissen zugreifen zu müssen. Hierbei können sowohl ein Über- als auch ein Unterangebot problematisch sein. Vor diesem Hintergrund wurde der „Atlas Verwundbarkeit und Resilienz", kurz „Atlas VR" als Pilotvorhaben im Rahmen eines vom Bundesministerium des Inneren (BMI) bzw. vom Bundesamt für Bevölkerungsschutz und Katastrophenhilfe (BBK) geförderten Forschungsprojekts entwickelt und veröffentlicht.

Der „Atlas VR" hat das Ziel, Konzepte und Anwendungsbeispiele für Verwundbarkeits- und Resilienzstudien vorzustellen, in Raum und Disziplin zu verorten sowie Gemeinsamkeiten und Unterschiede von Begriffen und Methoden herauszuarbeiten. Auf Basis der Ergebnisse mehrerer Anwenderworkshops wurde ein Konzept für die Informations- und Wissensdarstellung entwickelt. In der Umsetzung beruht dieses Konzept auf einem ersten Teil, in dem das Wesentliche zu verschiedenen Aspekten des jeweiligen Konzepts von ausgewiesenen Experten und Expertinnen zusammengefasst und mit weiterführenden Literaturquellen versehen wird. Anschließend folgen Fallstudien, die einer räumlichen Sortierung folgend ihre Fragestellungen, Daten und Methoden vorstellen. Symbole und Schlagworte erlauben einen schnellen Überblick. Der „Atlas VR" ist in deutscher und englischer Sprache erschienen und beinhaltet Fallstudien aus Deutschland, Österreich, Liechtenstein und der Schweiz. Der „Atlas VR" ist kostenfrei als interaktives eBook erhältlich (www.atlasvr.de).

Konzeptionell eingebunden ist der „Atlas VR" in das Thema Wissensmanagement. Denn ein Atlas soll nicht nur Orientierung geben, sondern auch Vermittler zwischen den Welten sein (Abb. A). Diese Vermittlungs- und Übersetzungsarbeit

ist wesentlich für die Weiterentwicklung von Wissen, für das Teilen der Erkenntnisse mit der Praxis und für den Rückfluss von Erkenntnissen aus der Praxis in die Wissenschaft. Diese Prozesse sind wesentliche Bestandteile eines Wissensmanagements, wie auch das Bewahren und Überprüfen von Wissen (Fekete & Hufschmidt 2016, Hufschmidt & Fekete 2018).

Abb. A Atlas, der das Himmelsgewölbe trägt, aufgenommen im Königlichen Palast Amsterdam (Foto: G. Hufschmidt).

Wissenskomponenten, die sich gegenseitig bedingen: Fakten, Daten, Information, Wissen und Weisheit (Tab. 30.9). Fakten werden durch gezieltes Aufzeichnen von Messungen oder Beobachtungen gewonnen. Bereitet man diese unter strukturellen Aspekten auf, spricht man von Daten. Deren weitere Aufbereitung unter funktionalen Aspekten führt zu Information. Wissen erlangt man durch Akkumulieren und Organisieren von Informationen in Bezug auf Breite, Tiefe und Menge. Insofern sind Fakten, Daten und Informationen zwar notwendige Rohstoffe zur Wissensproduktion, aber erst durch soziale Interaktion und individuelle Erfahrung wird Wissen generiert. Werden verschie-

Tab. 30.9 Komponenten der Wissensproduktion.

Komponente	Narrativ	Erkenntnisebene
Fakten	objektive Messungen	Elemente
Daten	strukturierte Fakten	Strukturen
Information	funktionalisierte Daten	Beziehungen
Wissen	kontextualisierte Informationen	Muster
Weisheit	reflexives Wissen	Gesetzmäßigkeiten

Kapitel 30

dene Wissensinhalte schlüssig verknüpft und vorrausschauend interpretiert, spricht die angelsächsische Fachliteratur von *wisdom* (Spiekermann et al. 2015). Die etwas sperrige Übersetzung Weisheit darf nicht im spirituellen oder umgangssprachlichen Sinn verstanden werden, sondern als **reflexives Wissen im sozial-kulturellen Kontext.** Für das Reflektieren sind neben der Erfahrung auch ein tiefgehendes Verständnis von Zusammenhängen und des Kontextes der persönlichen Erkenntnisgewinnung erforderlich, beispielsweise die eigene kulturelle Verortung und die individuellen Rahmenbedingungen des Wissenserwerbs.

Für die Risikoforschung und das Katastrophenmanagement ist die Unterscheidung von explizitem und implizitem Wissen von Bedeutung (Hufschmidt et al. 2016). Diese geht auf die Arbeiten von Polanyi (1966) zurück, in denen er auf den sozial-personellen Charakter von Wissen sowie die wichtige Dimension des impliziten Wissens (*tacit knowing*) hinweist. Seither gilt **explizites Wissen** als kodierbares Wissen, da es mittels Sprache und Schrift kommuniziert werden kann (*People-to-Document*). **Implizites Wissen** hingegen hat eine persönliche Qualität und ist deshalb nicht vollständig artikulierbar und nur schwer zu formalisieren bzw. zu reproduzieren. Dieses verborgene, unmittelbare Wissen wird durch Wahrnehmungen und Vorstellungen intuitiv erworben, kopiert oder imitiert und ist durch persönliche Erfahrungen, Fertigkeiten, Einstellungen und Werte von Individuen geprägt (*People-to-People*).

Relevanz erlangt die zeitliche Dimension von Wissen vor allem aufgrund zweier Umstände, die für die geographische Risikoforschung bedeutsam sind: Erstens steht Wissen mit Zweckdienlichkeit, Selbsterhalt und Macht in Verbindung. Diesbezüglich geht es um einen zeitlichen Informations-, Qualifikations- oder Wissensvorsprung und dem damit verbundenen Handlungsvermögen, also in der Lage zu sein, durch Wissen etwas bewegen zu können. Zweitens ist die zeitliche Dimension relevant, weil erfahrungsgemäß erst ex post erkennbar wird, wer einen **Wissensvorsprung** hatte, wer unter Unsicherheit die „richtigen" Entscheidungen getroffen und auf Grundlage des „geeigneten" Wissens die „passenden" Lösungsvorschläge unterbreitet hat. In der Regel weisen Risiken spezifische Problemlagen auf, die trotz Wahrscheinlichkeitsberechnungen und Szenariotechniken keine eindeutigen Aussagen und Prognosen erlauben und somit weiterhin normativer Entscheidungen bedürfen (Kasperson 2017). Dabei offenbart sich das Dilemma, in dem sich die Forschung sowie Entscheidungsträgerinnen und Entscheidungsträger für gewöhnlich befinden: das Spannungsverhältnis von (Nicht-) Wissen und Verantwortung (Japp 1997, Wehling 2006).

Politische und operationelle Entscheidungsträgerinnen und Entscheidungsträger sind aufgrund der komplexen Vernetzung verschiedener gesellschaftlicher Problem- und Regelungsfelder auf Daten, Informationen und Wissen angewiesen. Hauptproduzent und maßgeblicher Lieferant für den zunehmenden Wissensbedarf sind Forschung und Wissenschaft (Weichselgartner & Truffer 2015). Da dies insbesondere auf das von Unsicherheiten geprägte Themengebiet „Risiko" zutrifft, sind speziell hier die Verflechtungen zwischen Wissens- und Entscheidungssystem besonders zahlreich und engmaschig. Durch die **Verwissenschaftlichung von Risiken** hängt die Politik sowohl beim Erkennen und De-

finieren von Problemen als auch bei der Wahl und Gestaltung von Lösungsstrategien konstitutiv von Expertenwissen ab (Weichselgartner 2013). Mithilfe der Forschung können Risikogrenzwerte bestimmt, Umweltschutzgesetze beschlossen und Vorsorgemaßnahmen angeordnet werden. Viele Risiken und deren Wirkungen sind nur mittels wissenschaftlichen Know-hows zu erkennen oder zu analysieren. Die Bestimmung von Umweltveränderungen, die Modellierung des Klimawandels, die Berechnung der Zugbahnen von Wirbelstürmen oder die Kalkulation der Risikoexposition einer Bevölkerungsgruppe sind ohne das Spezialwissen von Fachleuten nicht möglich.

Der Soziologe Ulrich Beck (1986) verdeutlicht am Beispiel von Schadstoffbelastungen anschaulich, wie sich Risiken dem menschlichen Wahrnehmungsvermögen entziehen und daher das Wissen der Experten unerlässlich ist. Auch Wehling (2006) verweist auf die „Schattenseiten" einer zunehmenden **Wissensabhängigkeit.** Mit der rasant steigenden Produktionsrate neuartigen Wissens stehen nicht nur vielfältige Potenziale für Entwicklung, Wachstum und Fortschritt in Verbindung, sondern auch eine parallel zunehmende **Produktion von Nichtwissen** (*science-based ignorance*) und eine abnehmende Gültigkeitsdauer für wissenschaftliche Erkenntnisse. Während forschungsbasiertes Wissen lange Zeit den anerkannten Maßstab lieferte, an dem der gesellschaftliche Umgang mit Risiken bemessen, ausgerichtet und gegebenenfalls korrigiert wurde, rückt in zunehmendem Maße „Nichtwissen" in den Fokus der Wissenschaft. Dabei zeigt sich, dass Wirkungszusammenhänge in Mensch-Umwelt-Systemen aufgrund der Komplexität oftmals gar nicht oder nur unzureichend erfasst und beschrieben werden können. Zudem offenbart sich, wie inadäquat unsere Wahrnehmungshorizonte für die Interdependenzen, Rückkopplungen, Fern- und Langzeitwirkungen von Prozessinteraktionen mitunter sind. Insbesondere das Nichtwissen der Wissenschaft wird begründungs- und legitimationspflichtig, da die Gesellschaft vermehrt Auskunft über die Ursachen, Folgen und Verantwortlichkeiten einfordert (Beck 2007, Wehling 2006).

Katastrophen

Eine Katastrophe ist als eine **schwerwiegende Störung** eines gesellschaftlichen Systems definiert. Sie wird durch einen extremen natürlichen Prozess oder das Versagen eines technischen Systems verursacht. Damit verbunden sind Veränderungen der Tätigkeiten, Aufgaben und Ziele einer Gemeinde oder Gesellschaft. Die Auswirkungen führen zu ausgedehnten und weitreichenden materiellen, ökonomischen oder den Naturraum betreffenden Schäden, die massive soziale Folgen nach sich ziehen. Entscheidend ist, dass die Fähigkeit der betroffenen Gemeinde oder Gesellschaft, die Katastrophe mit den eigenen Mitteln zu überwinden, nicht mehr vorhanden ist und **Hilfe von außen** erforderlich wird. Der Zeitraum, in dem Katastrophen ausgelöst werden, reicht von wenigen Sekunden (Erdbeben), Tagen (GAU) bis zu Jahren (Dürre). Eine Katastrophe bzw. das Ausmaß einer Katastrophe ist die Folge einer nicht ausreichenden Katastrophenvorsorge und eine Kombination der Gefahr mit der Verwundbarkeit der Menschen und Sachgüter. Entscheidend sind eine **ungenügende Fähigkeit der Risikoerkennung** und mangelnde Maßnahmen der Risikoreduktion, um die potenziellen negativen Konsequenzen der Katastrophe zu reduzieren.

Die „Nationale Plattform Naturgefahren" (PLANAT) der Schweiz definiert eine Katastrophe als ein „plötzlich und unerwartet eintretendes Ereignis, das Schäden großen Ausmaßes verursacht und Hilfe von außen erfordert, da seine Bewältigung die normalen Kräfte der betroffenen öffentlich-rechtlichen Körperschaften überfordert" (Aller & Egli 2009). Es handelt sich dabei um ein „Ereignis (natur- oder zivilisationsbedingtes Schadenereignis bzw. schwerer Unglücksfall), das so viele Schäden und Ausfälle verursacht, dass die personellen und materiellen Mittel der betroffenen Gemeinschaft überfordert sind" (ebd.). Eine **Naturkatastrophe** wird als ein außergewöhnliches Naturereignis (z. B. Hochwasser, Erdbeben, Orkan) mit folgenschweren Auswirkungen auf Mensch, Umwelt und/oder Sachgüter abgegrenzt. Dieser Definition folgend geht einer Naturkatastrophe ein Naturereignis voraus, womit ein natürlicher Prozess endogener (z. B. Erdbeben, Vulkanausbruch) oder exogener (z. B. Hochwasser, Hitze) Ursache gemeint ist.

Dieser Naturkatastrophendefinition und deren Klassifikation folgen heute zahlreiche wissenschaftliche Disziplinen sowie nationale und internationale Organisationen. Der dargestellte Naturkatastrophenbegriff wurde durch die Sozialwissenschaften kritisch hinterfragt (Dikau 2016). In den Publikationen von Geipel (1992), Pfister (2002), Felgentreff & Glade (2008), Felgentreff & Dombrowsky (2008), Geenen (2008, 2010) und Felgentreff et al. (2012) wird eine **kritische Reflexion des Begriffs** angemahnt. Geipel (1992) kritisiert die natur- und ingenieurwissenschaftliche Grundlegung des Naturkatastrophenbegriffs, der, wie der Historiker Christian Pfister (2002) ausführt, erst Anfang des 20. Jahrhunderts in die Debatte um Frühwarnungen vor „Naturkatastrophen" eingeführt wurde. Eine ausführliche geschichtliche Einordnung und Entwicklung des Begriffs und des Phänomens „(Natur)Katastrophe" bietet die Studie von Felgentreff et al. (2012).

Die Sichtweise, der Natur die **Schuld am Schaden** zuzuweisen, diskutieren Felgentreff & Dombrowsky (2008). Am Beispiel von Erdbeben- und Hochwasserkatastrophen erläutern sie die soziale Begründung des Phänomens und diagnostizieren, dass „ignorierte Warnungen, in Flussauen und an Vulkanhängen angelegte Siedlungen, einsturzgefährdete Bauweisen von Wohn- und Gewerbegebäuden, Staudämme und Kernkraftwerke in Erdbebengebieten" ebenso „von Menschen vorgegebene Tatsachen" darstellen „wie versperrte Notausgänge und fehlende Rettungsboote bei Katastrophen, die wir als ‚menschengemacht' einstufen". Es bestehen demnach Zweifel, inwiefern von einer „Natürlichkeit" derartiger Schadenereignisse ausgegangen werden kann und ob angesichts einer hohen Katastrophenanfälligkeit der Gesellschaft die Natur als Auslöser der Katastrophe und ihrer Schäden verantwortlich gemacht werden könne. Der Begriff Naturkatastrophe sei daher eine Fehletikettierung, da weder die Katastrophe selbst noch die Bedingung ihres Eintritts als unbestreitbar „natürlich" angesehen werden kann. Da der Begriff „Naturkatastrophe" Verantwortung an eine Natur delegiere, die nicht zur Verantwortung gezogen werden könne, empfehlen Felgentreff et al. (2012) auf den Begriff gänzlich zu verzichten. Im Rahmen der Katastrophenvorsorge verstelle er den Blick eher als dass er ihn schärfe.

Definitorische Katastrophenkonzeptionen

Der Katastrophenbegriff zeichnet sich durch eine hohe Diversität aus. Auch wird er häufig in unzureichender Weise vereinfachend verwendet, wodurch die Komplexität des gesellschaftlichen Systems, das von der Katastrophe betroffen ist, nicht angemessen erfasst wird. Darüber hinaus gebrauchen die Wissenschaft und die operationelle Praxis den Begriff mit unterschiedlicher Gewichtung und Zielsetzung. Wie Geenen (2008) betont, sei es daher notwendig, „definitorische Annäherungen an die Katastrophe" zu entwickeln, die die bisherigen Ansätze systematisieren, die sowohl für Praxis und Wissenschaft notwendig und zweckmäßig sind und die Erkenntnisse ermöglichen sowie zielorientiertes Handeln erleichtern. Die Autorin unterscheidet vier prinzipielle Richtungen einer definitorischen Annäherung an den Begriff:

- analytische Definition
- Definition auf Basis der Betroffenheit und Bewältigungskapazitäten
- Definition auf Basis der qualitativ und quantitativ einzuschätzenden Schadenshöhe
- Definition auf Basis des politischen und administrativen Handelns

Analytische Definition: Katastrophen sind sozial begründet. Sie resultieren aus Fehlern im sozialen Handeln, wie Missachtung von Vorschriften, unzureichende Vorschriften und Materialien, Nachlässigkeit, Fehlentscheidungen, Gewinnsucht oder fehlende Überwachung von Prozessen. Diese Fehler offenbaren sich in fünf Bereichen der Gesellschaft:

- soziale Ordnung (z. B. unzureichende Vorkehrungen, Katastrophenschutzrecht, sozial unterschiedliche Verwundbarkeiten)
- materielle Ausstattung (z. B. Gebäude, Infrastruktur, technische Anlagen)
- räumliche Ordnung (z. B. Lage der Gebäude, Infrastruktur und technischer Anlagen)
- Naturverhältnis (z. B. Natur als Feind des Menschen, Natur als schützenswertes Gut, unnatürliche Natur)
- unzureichende Katastrophenvorsorge (z. B. unzureichende Frühwarnsysteme, mangelnde oder mangelhafte Gefahren- und Risikopläne und -karten, unzureichende Risikokommunikation)

Definition auf Basis des Grades der Betroffenheit und der Bewältigungskapazität: Die von Katastrophen am stärksten betroffene Ebene einer Gesellschaft sind die lokalen Gemeinden. In ihnen ist aufgrund der geringen Bewältigungskapazitäten der Grad der Betroffenheit besonders hoch. Eine Katastrophe ist hier durch folgende Situationen gekennzeichnet:

- Fast alle Einwohner befinden sich in einer ähnlichen Situation der Not und Obdachlosigkeit.
- Die meisten Einrichtungen des Katastrophenschutzes und der Notfallorganisationen sind nicht mehr funktionsfähig.
- Die lokalen Behörden können ihre üblichen Aufgaben weder in der Phase der Katastrophenbewältigung noch in der Phase des Wiederaufbaus ausführen.
- Die meisten Alltagsfunktionen der Gemeinde sind unterbrochen.

Kapitel 30

Die Bewältigungskapazitäten sind durch den Ausfall der lokalen Behörden und weiterer Organisationen weithin und deutlich eingeschränkt sowie gestört. Diese Situation erfordert die Aktivierung externer Hilfsorganisationen.

Definition auf Basis der Schadenshöhe: Das katastrophale Ereignis wird auf Basis des qualitativen und quantitativen Schweregrades der Schäden eingestuft. Dabei werden Schäden nach Schadensarten typisiert. Materielle und finanzielle Schäden sowie Verletzungen, Tod und Leiden sind zu berücksichtigen. Es wird vorgeschlagen, eine Katastrophenskala zu entwickeln, die auf dieser Schadensbestimmung und -typisierung beruht.

Definition auf Basis des politischen und administrativen Handelns: Die Einordnung eines Ereignisses als Katastrophe ist von den Konzepten und Vorschriften des politischen und administrativen Handelns des Gemeinwesens abhängig. Dabei kommt den einschlägigen Gesetzen und ihren Ausführungsbestimmungen eine besondere Rolle zu. In Deutschland regeln Bundes- und Landesgesetze die Aufgaben. Der Schutz der Zivilbevölkerung liegt gemäß Artikel 73 des Grundgesetzes in der Kompetenz des Bundes sofern es sich um einen Verteidigungsfall handelt, im Friedensfall ist die Befugnis für den Katastrophenschutz gemäß Artikel 70 des Grundgesetzes den Ländern zugeordnet. Aus dieser Gesetzeslage ergab sich in der Vergangenheit eine durchaus komplizierte Situation der Aufgabenverteilung zwischen Bund und Ländern.

30.3 Management und Organisationsbereiche

Das Katastrophenmanagement umfasst die unterschiedlichen Prozesse der Katastrophenvorsorge und Katastrophennachsorge. Ein wesentlicher Bestandteil der Katastrophennachsorge ist die Bewältigung des eingetretenen Katastrophenereignisses. Grundsätzlich sollte die Vermeidung einer zukünftigen Katastrophe durch vorsorgende Maßnahmen erreicht werden. Dazu müssen die wissenschaftliche Analyse und die operativen Maßnahmen der Praxis aufeinander abgestimmt sein. Das umfassende Gebiet des Katastrophenmanagements muss unter Gesichtspunkten der Transparenz, des Verständnisses des zeitlichen Ablaufs von Katastrophen und der Analyse in weitere Sachverhalte und Begriffe unterteilt werden.

Katastrophenereignis

Ist eine Katastrophe eingetreten, treten Schäden auf, die den Verlust von Menschenleben durch Ertrinken, Verdursten, Ersticken, Verbrennen, Verhungern oder Erfrieren beinhalten. Sie können aber auch dauerhafte oder vorübergehende Verletzungen und immaterielle Schäden umfassen, z. B. negative psychische oder soziale Auswirkungen. Besonders ins Gewicht fallen Zerstörungen oder andere Beeinträchtigungen von bau-

lichen Strukturen und dauerhafte oder vorübergehende Funktionsstörungen, insbesondere in der Wirtschaft und bei infrastrukturellen Anlagen.

Das Ausmaß schwerwiegender Naturkatastrophen in Form von **Todesopfern und Sachschäden** wird von zahlreichen Organisationen und Unternehmen erfasst und aufgearbeitet. Die jährlich publizierten Berichte der Münchener Rückversicherungs-Gesellschaft und des *World Disasters Reports* der *International Federation of Red Cross and Red Crescent Societies* (IFRC) liefern ein umfangreiches Datenmaterial. Asien und Afrika sind die mit Abstand am stärksten von Katastrophen betroffenen Regionen der Erde, wobei Hungerkatastrophen infolge von Dürren, Erdbeben und der verheerende Tsunami von 2004 besonders hervortreten. Europa weist vor allem aufgrund der Hitzewelle im Jahr 2003 eine hohe Zahl an Katastrophentoten auf. Allein 80 % der Katastrophentoten dieses Jahres gehen auf das Konto der Extremtemperaturen. Ohne dieses seltene Ereignis zeigt sich der europäische Kontinent als von Naturkatastrophen eher wenig tangiert. Die geringe **Katastrophenanfälligkeit** muss aber nicht nur auf das geringe Ausmaß der Naturgefahren zurückgehen, sie kann auch auf einer geringeren Vulnerabilität beruhen. Eine große Diskrepanz in der Katastrophenintensität zeigt sich im Hinblick auf materielle Schäden. Als größte ökonomische Katastrophen der Geschichte gelten die Reaktorkatastrophe von Fukushima im März 2011 (350 Mrd. US-Dollar) und der Hurrikan Katrina im August 2005 (280 Mrd. US-Dollar). In den Küstenregionen des Golfs von Mexiko fielen dem Sturm zudem rund 1300 Menschen zum Opfer. Das Verhältnis von materiellen Schäden und menschlichen Verlusten ist beim Katastrophentyp „Dürre" gänzlich anders. Sie fordert weitaus die meisten Todesopfer, fällt aber bei den materiellen Schäden kaum ins Gewicht und liegt in etwa auf dem Niveau der Effekte, welche die relativ harmlosen Waldbrände anrichten. Erdbeben, Hochwasser und Stürme verursachen ungleich höhere materielle Schäden.

Ein „Schaden" im engeren Sinn bezieht sich darauf, dass dem Eigentümer eines Gutes ein Schaden entstanden ist. Es gibt direkten, unmittelbaren Schaden, insbesondere an Gesundheit oder Vermögen, und indirekten Schaden, beispielsweise Trauer über den Tod von Lebewesen oder die Zerstörung von Bauwerken. Gleichwohl gibt es häufig eine objektive Schadensbestimmung, z. B. durch die Höhe der Wiederherstellungskosten oder die Zahlungsleistung einer Versicherung. Bei den materiellen Schäden ist zu differenzieren, ob sie reversibel sind, wie lange es dauert, um die Schäden zu beseitigen und wie hoch die Kosten dafür sind. Aus juristischer und ökonomischer Sicht gibt es dort, wo kein Eigentümer einer „Sache" existiert, beispielsweise in der Ökologie, auch keinen Schaden.

Nach einem Ereignis entstehen in Abhängigkeit vom jeweiligen Ereignistyp und der vorhandenen materiellen Struktur **unterschiedliche Schadensarten**. Grundsätzlich sind die menschlichen Opferzahlen dann gering, wenn Vorwarnung und Evakuierung möglich sind. Nicht genau lokalisierbare Ereignisse ohne Vorwarnung, z. B. Erdbeben, verursachen oft hohe Opferzahlen und hohe materielle Schäden. Je flächenhafter und ausgedehnter ein Ereignis ist, umso größer sind in der Regel die Schäden. Zum einen sind größere Gebiete betroffen, zum anderen sind

Maßnahmen der Bergung, Rettung und humanitären Hilfe erschwert. Oftmals sind Evakuierungen nicht mehr möglich, z. B. bei großflächigen Überschwemmungen, wie sie in China oder Bangladesch auftreten.

Derselbe Ereignistyp kann zudem sehr verschiedene Schäden verursachen bzw. Schadensausmaße erreichen. Beispielsweise kann ein Flusshochwasser zu unterschiedlichen Schäden führen, je nachdem, ob das letzte Ereignis schon lange zurückliegt oder relativ häufig auftritt. Doch selbst bei einer hohen Eintrittshäufigkeit kann es noch erhebliche Unterschiede geben. So waren etwa die Pegelstände der **Rheinhochwasser** von 1993 und 1995 fast gleich hoch, aber die Schäden beim zweiten Ereignis, auch aufgrund des vorangegangenen **Lerneffekts,** nur halb so groß (Weichselgartner 2002). Darüber hinaus ist offensichtlich, dass ein Flusshochwasser in dicht besiedelten Gebieten andere Schäden verursacht als in unbewohnten Deltas, dass entsprechend präparierte Steinhäuser ein Hochwasserereignis nahezu schadlos überstehen können, während Holz- oder Lehmhäuser irreparabel geschädigt werden. Die vorhandenen Sozial- und Raumstrukturen, auf die ein Ereignis trifft, sind also entscheidend für die Art und das Ausmaß der Schäden.

Grundsätzlich sind Schäden vom **Grad der Betroffenheit** abhängig. Je stärker der Einzelne oder eine Gesellschaft einer Gefahr ausgesetzt ist, je exponierter also die Lage, umso größer ist die Vulnerabilität und damit das Risiko, von einem Extremereignis betroffen zu sein. Neben der Exposition hängt das lokale Schadenspotenzial von der Anzahl der in diesem Raum lebenden Menschen und der Art der dort vorhandenen Sachgüter ab. Materielle Schäden werden nach ihren Wiederbeschaffungskosten, das heißt nach ihrem Marktwert berechnet. Kaum abzuschätzen sind indes die nachgeordneten Schäden, die durch zeitweise Nichtnutzung oder Nichtwiederherstellbarkeit entstehen. So kann ein Katastrophenereignis in einem hoch entwickelten Land zu einer sehr viel höheren Schadenssumme führen als in einem kaum entwickelten Land. Dort hingegen wiegt diese Summe gemessen an der wirtschaftlichen Fähigkeit aber sehr viel mehr und die langfristigen negativen Auswirkungen sind oft schwerwiegender.

Kreislaufmodelle

Die Katastrophenforschung und -praxis haben eine Reihe von Modellen entwickelt, in denen die **Komponenten des Katastrophenmanagements** und die zeitliche Abfolge der einzelnen Prozesse dargestellt werden (Tab. 30.10). Eine Zusammenstellung einiger Ansätze findet sich in Krings & Glade (2017).

Dass sich die Terminologie der Kreislaufkomponenten unterscheidet, hat verschiedene Gründe. Zum einen wird auf eine bereits etablierte terminologische Basis zurückgegriffen, zum anderen wird die Schwerpunktsetzung des Ansatzes auf einzelne Komponenten des Kreislaufs gelegt, z. B. auf den Risikoaspekt. Unabhängig von der begrifflichen Vielfältigkeit basieren zahlreiche Kreislaufmodelle auf zwei einheitlichen Grundsätzen. Die zentrale Grundlage besteht darin, dass Katastrophen oder Teilkomponenten der Katastrophenthematik, wie Risiken, Gefahren oder Wiederaufbaumaßnahmen, eine Unterscheidung zwischen **präventiven und reaktiven Prozessen** treffen, die vorsorgenden bzw. nachsorgenden Prämissen folgen. Damit verbunden ist die Erkenntnis, dass reaktive Maßnahmen nur begrenzt in der Lage sind, künftige Katastrophen zu verhindern oder ihre Schadenswirkungen zu mindern. Erst wenn Lehren gezogen werden, die zu präventiven Handlungen führen, kann erwartet werden, dass sich Risiken reduzieren und wirksame Schadensverminderungen eintreten.

Tab. 30.10 Kreislaufmodelle und ihre Komponenten (verändert nach Krings & Glade 2017).

Bezeichnung	Autor/Institution	Komponenten
disaster cycle	Alexander (2002)	• *before the event (mitigation, preparation)* • *impact* • *after the event (response, recovery)*
Katastrophen-kreislauf	Dikau & Weichselgartner (2005)	• Katastrophenvorsorge (Vorbeugung, Vorbereitung) • Katastrophe • Katastrophennachsorge (Bewältigung, Wiederaufbau) • Katastrophenvorsorge in den Wiederaufbau integrieren
Risikoregulie-rungskette	IRGC (2006), Renn et al. (2007), Renn (2008)	• Vorprüfung (Problemdefinition, begriffliche Eingrenzung, Rahmenbedingungen u. a.) • Risikobeurteilung (wissenschaftliche Gefahren- und Vulnerabilitätsermittlung, Risikoabschätzung und -wahrnehmung u. a.) • Tolerierbarkeit und Akzeptabilität (Risikocharakterisierung und -beurteilung u. a.) • Risikomanagement (Entscheidungsfindung, praktische Umsetzung u. a.) • Kommunikation (kontinuierlicher Prozess der Verbindung der vier Phasen)
integriertes Katastrophen-management	Austrian Standards (2011)	• Katastrophenschutz (Vermeidung, Vorsorge) • Katastrophenhilfe (Bewältigung, Wiederherstellung) • Evaluierung
integrales Risiko-management	BABS (2014)	• Ereignis • Bewältigung (Einsatz, Instandstellung) • Regeneration (Auswertung, Wiederaufbau) • Vorbeugung (Prävention, Vorsorge, Einsatzvorbereitung)

Kapitel 30

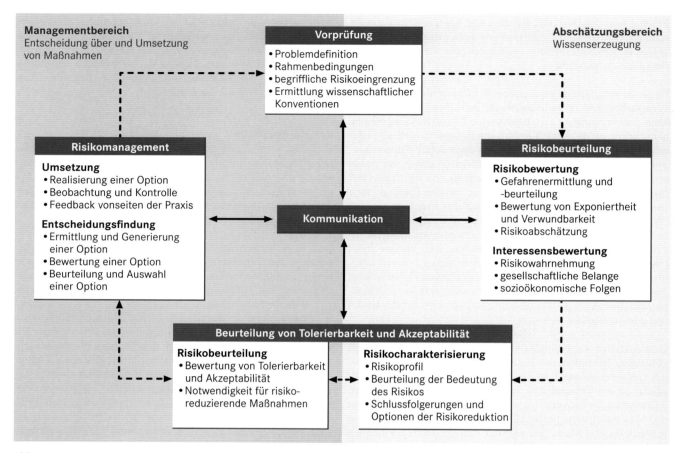

Abb. 30.3 Risikoregulierungskette mit den Komponenten der Risikoabschätzung und des Risikomanagements (nach IRGC 2006).

Damit verbunden ist der Prozesscharakter des Katastrophenphänomens. Er beinhaltet, dass die vorherrschende Dominanz der reaktiven Aktivitäten des Helfens, Rettens und des Wiederaufbauens nach Katastrophen durch eine Strategie der Prävention abgelöst werden muss. Anders, so der frühere Generalsekretär der Vereinten Nationen, Kofi Annan, könne eine **Reduktion der Katastrophenschäden** nicht erreicht werden. Verschärft wird die Problemstellung dadurch, dass sich Randbedingungen im Zeitverlauf verändern, deren Folgen nur mit beträchtlichen Unsicherheiten abgeschätzt werden können, da noch keine ausreichenden empirischen Erfahrungen mit diesem Phänomen vorliegen. Der Klimawandel und seine Katastrophenpotenziale bilden eine Problemstellung dieses Typs. Es müssen also heute Investitionen für eine in der Zukunft liegende, möglicherweise katastrophale Situation geleistet werden. Die strategische Aussage Kofi Annans erhält damit einen expliziten dynamischen Charakter einer **antizipativen Langfristaufgabe** auf lokalen, regionalen und globalen Skalen von Gesellschaften. Die systematische Grundlage der in diesem Kapitel beschriebenen Komponenten des Katastrophenmanagements bildet das von Dikau & Weichselgartner (2005) beschriebene Katastrophenkreislaufmodell (Abb. 30.3), das auf dem „*disaster-cycle*"-Modell von Alexander (2002) beruht.

Der Ansatz der **Risikoregulierung** (*risk governance*) des *International Risk Governance Council* (IRGC) basiert auf den Komponenten einer dynamischen **Risikoregulierungskette** (*risk governance cycle*; IRGC 2006, Renn et al. 2007, Renn 2008). Risikoregulierung umfasst die übergeordneten Bereiche erstens der Risikoabschätzung auf Basis der Wissenserzeugung und zweitens des Risikomanagements auf Basis von Entscheidungen über die Durchführung von Maßnahmen der Risikoreduktion (Abb. 30.3). Im prozessualen Ablauf des Kreislaufs kommt der Toleranz und Akzeptabilität von Risikolagen eine zentrale Bedeutung zu. Sie sind entscheidend, ob und wie ermittelte Risikoabschätzungen in operative Maßnahmen umgesetzt werden. Alle Phasen der Risikoregulierung sind durch **Kommunikationsprozesse** gekennzeichnet, die als kontinuierlich ablaufende Vorgänge zu betrachten sind. Das bedeutet, dass bereits in der Vorphase alle Akteure in intensiver Kommunikation über Risiken beteiligt sein sollen und dass dies den gesamten Managementvorgang begleiten muss. Auf diese Weise können im Dialog partizipative Entscheidungen getroffen und Risikoverminderungen erreicht werden. Renn et al. (2007) heben hervor, dass die Kommunikation folgende Aufgaben zu erfüllen hat:

- sachlich fundierte Aufklärung
- Abstimmung der Akteure untereinander

- umfassende Information über die Verfahren der Bewertung und Abwägung
- Klärung der Standpunkte tangierter Interessengruppen
- Beteiligung der Akteure an der Risikobewertung.

Renn (2015) betont die herausragende Bedeutung der partizipativen Risikoregulierung auch deshalb, da das Risikomanagement mit zahlreichen unsicheren Wissensebenen umgehen muss. Die Risikosituation ist von Komplexität, Unsicherheit und Ambiguität gekennzeichnet und die Akteure sind in unterschiedlichem Ausmaß von den Maßnahmen des Risikomanagements betroffen. Deshalb sollten Wissen, Werte und Interessen aller Akteure in den Prozess der Risikoabschätzung und -verminderung integriert werden.

Katastrophenvorsorge

Die Katastrophenvorsorge ist ein wichtiges Element des Katastrophenmanagements. Die Katastrophenvorsorge (*mitigation*) wird in die Teilbereiche der **Katastrophenvorbeugung** (*prevention*) und der **Katastrophenvorbereitung** auf den Katastrophenfall (*preparedness*) unterteilt. Daneben haben sämtliche Tätigkeiten, die die „Katastrophenvorsorge in den Wiederaufbau integrieren" (Abb. 30.4) eine besondere Bedeutung. Damit ist gemeint, dass eingetretene Katastrophen in hohem Maße dazu geeignet sind, Lehren zu ziehen und den Wiederaufbau derart zu gestalten, dass vorsorgende Maßnahmen zum Tragen kommen, die das zukünftige Katastrophenpotenzial und die Katastro-

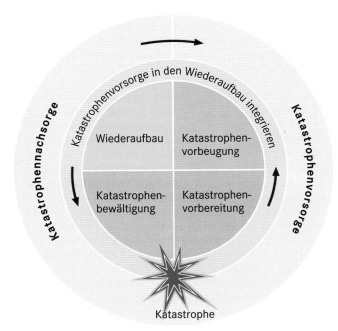

Abb. 30.4 Katastrophenkreislaufmodell mit den Komponenten der Vorsorge und Nachsorge (verändert nach Dikau & Weichselgartner 2005).

phenschäden erheblich reduzieren können. Eine angemessene Analyse eines Katastrophenereignisses und das **Lernen** daraus (*lessons learned*) ermöglichen die Konzeption effektiver Vorsorgemaßnahmen, durch die eine Schadenshöhe um bis zu 80–90 % reduziert werden kann. Die ökonomischen Vorteile der Katastrophenvorsorge zweifelt heute niemand mehr an.

Der zeitliche Ablauf des Ereignisses und der Aktivitäten vor einem Katastrophenereignis können wie folgt klassifiziert werden (erweitert nach Geenen 2008). Zur **Katastrophenvorbeugung** gehören:

- Information der Bevölkerung
- Stärkung von Selbstschutz und Selbsthilfe der Bevölkerung
- Gefahren- und Risikopläne/-karten
- Landnutzungsplanung und Raumordnung
- Versicherungen
- Stärkung der existierenden Vorsorgestrukturen
- Bildung und Bevölkerungsschutzpädagogik
- Fortbildung der mit der Katastrophenvorsorge befassten Mitarbeiter von Behörden und Organisationen
- langfristiger Aufbau von Kommunikationsstrukturen auf administrativer und privater Ebene
- langfristiger Aufbau von Frühwarnsystemen und ihre Erprobung

Zur **Katastrophenvorbereitung** gehören:

- Information der Bevölkerung
- Stärkung von Selbstschutz und Selbsthilfe der Bevölkerung
- partizipative Erstellung von Notfallplänen
- Bereitstellung von Notunterkünften
- Üben von Katastrophensituationen und Evakuierungsmaßnahmen
- Bereitstellung der medizinischen Versorgung
- operativer Einsatz von Frühwarnsystemen unmittelbar vor dem Ereignis.

Mit diesen Aufgabenstellungen und Maßnahmen hat die Katastrophenvorbeugung eine langfristige Perspektive, z. B. die Entwicklung von Gefahrenkarten (Exkurs 30.7), während die Katastrophenvorbereitung die kurzfristigen vorbereitenden und bereitschaftserhöhenden Maßnahmen umfasst, die es erlauben, schnell und effektiv auf eine drohende Katastrophe zu reagieren. Aus dem aufgeführten Spektrum der Katastrophenvorsorge sollen einige ausgewählte Handlungsbereiche näher erörtert werden.

Bildung und Ausbildung

Bildung ist eine zentrale Komponente der Katastrophenvorsorge sowohl mit Blick auf die Bevölkerung (Kinder, Jugendliche, Erwachsene) als auch die Fach- und Führungskräfte des Bevölkerungsschutzes im Haupt- und Ehrenamt. Für die Bevölkerung sind ein Katastrophen-, Risiko- und Gefahrenwissen und das Erlernen des selbstständigen Handelns in Notfällen und Katastrophen inhaltliche Schlüsselelemente (Hufschmidt & Dikau 2013a, Unger et al. 2013). Idealerweise bezieht das Wissen

Kapitel 30

Exkurs 30.7 Starkregengefahrenkarten

André Assmann

Starkregenereignisse sind kein neues Phänomen, sie sind aber erst in den letzten Jahren durch überregionale Berichterstattung sowie steigende Schadenssummen stärker in das öffentliche Bewusstsein gerückt. Unter dem Einfluss des Klimawandels ist mit einer Zunahme solcher hoch energetischen Wetterphänomene zu rechnen. Um mit dem Starkregenrisiko umgehen zu können, muss zunächst eine Gefahrenanalyse durchgeführt werden. Für weiterführende Arbeiten bieten Gefahrenkarten eine gute Grundlage. Während die bereits großflächig vorliegenden Hochwassergefahrenkarten markieren, welche Bereiche von den Gewässern überflutet werden, zeigen die neuen Starkregengefahrenkarten, welchen Weg das Wasser von der Abflussentstehung bis zu den Gewässern nimmt (Abb. A). Sie sind das Ergebnis von räumlich hoch aufgelösten, gekoppelten hydrologisch-hydraulischen Modellrechnungen. Dafür müssen alle für den Abfluss relevanten Strukturen, wie Durchlässe unter Wegen, Mauern bis hin zu einzelnen Bordsteinen, in die Eingangsdaten integriert werden. Mit den aktuell überwiegend als 1-m-Raster vorliegenden Laserscan-Geländemodellen lassen sich bereits sehr detailgetreue Ergebnisse erzielen. Die sich daraus ergebende Datenmenge stellt erhebliche Anforderungen an Datenaufbereitung und Simulationstechnik. Erst der Einsatz von *High-Performance-Computing*-Technologien, wie beim Modell *FloodArea*[HPC], ermöglicht wirtschaftliche und zugleich hoch genaue Simulationsrechnungen für das gesamte kommunale Einzugsgebiet. Auf Basis der Berechnungsergebnisse werden verständliche Karten oder dynamische Visualisierungen erstellt, die den Fachleuten von der Bauplanung bis zum Krisenmanagement dazu dienen, die für sie relevanten Probleme zu erkennen und zu bearbeiten.

In einzelnen Bundesländern, wie beispielsweise in Baden-Württemberg, gibt es bereits Leitfäden, die den Arbeitsprozess der Gefahrenkartenerstellung vereinheitlichen und die Vorgehensweise beim Risikomanagementprozess vorgeben (LUBW 2016). Hier ist hervorzuheben, dass ein Paradigmenwechsel vom rein technischen Hochwasserschutz zum ganzheitlichen Risikomanagementprozess stattgefunden hat. Auch die gemeinsame Betrachtung bzw. Modellierung mit weiteren Naturgefahren, wie Bodenerosion oder gravitativen Massenbewegungen, gewinnt an Bedeutung, insbesondere, da sich zahlreiche Prozesse gegenseitig bedingen oder verstärken.

Die Handlungsfelder des Risikomanagements sind sehr vielfältig. Wichtig ist, dass man sich nicht auf wenige Handlungsfelder konzentriert und so andere Aufgaben vernachlässigt werden. Zentrale Handlungsbereiche sind „Informationsvorsorge", „kommunale Flächenvorsorge", „Krisenmanagement" und „bauliche Maßnahmen". Bei der Informationsvorsorge können im Internet bereitgestellte Karten und Animationen die Gefahrensituation veranschaulichen. Jedoch zeigt sich, dass durch die reine Bereitstellung von Informationsmaterial nur ein geringer Anteil der Bürgerinnen und Bürger erreicht wird, weshalb zusätzliche Informationsveranstaltungen und Pressenachrichten unerlässlich sind. Die Veröffentlichung von Basisinformationen ist insofern von großer Bedeutung, da gemäß Wasserhaushaltsgesetz die Pflicht zur Vorsorge zuallererst bei den einzelnen Bürgerinnen und Bürgern liegt, ohne Informationsgrundlagen aber eine Vorsorge kaum sinnvoll möglich ist.

Im Gegensatz zu den Hochwassergefahrenkarten entfalten die Starkregengefahrenkarten zunächst keine rechtliche Wirkung. Ohne begleitende Festsetzungen, etwa in Flächennutzungsplänen oder Bebauungsplänen, dienen sie zunächst nur der Information. Das Fehlen von generellen Beschränkungen ist sinnvoll, da sonst kaum noch eine bauliche Entwicklung möglich wäre. Im Detail sind jedoch an die jeweilige Gefahrensituation lokal angepasste bauliche Vorgaben dringend anzuraten. Beim Krisenmanagement ist insbesondere die Alarm- und Einsatzplanung von Bedeutung, teilweise ist auch ein Messnetz zur Vorwarnung sinnvoll. Prinzipiell erfordern die extrem kurzen Reaktionszeiten eine sehr gute Vorplanung. Daneben gibt es ein großes Spektrum vorsorgender konstruktiver Maßnahmen. Diese umfassen flächige sowie punktuelle Wasserrückhaltung oder -ableitung, Beseitigung von Verklausungsstellen an Gewässern, Optimierung der Siedlungsentwässerung, Notretentionen auf Frei- und Grünflächen, Straßen und Wege als Zwischenspeicher und Notwasserwege sowie Objektschutzmaßnahmen (Tyrna et al. 2015, Stadtentwässerungsbetriebe Köln 2016).

Neben dem Naturereignis ist jedoch das Vergessen eines der größten Hindernisse für ein effektives Risikomanagement. Während direkt nach einem Ereignis Vorsorgemaßnahmen relativ leicht vermittelt und umgesetzt werden können, rücken bereits nach wenigen Monaten bis Jahren andere Themen in den Vordergrund. Nur festgeschriebene Regeln und Verantwortlichkeiten innerhalb der Kommunalverwaltung sowie ein hohes persönliches Engagement können das Thema dauerhaft in der Bevölkerung verankern. Ein mögliches Instrument ist die Verabschiedung eines Handlungskonzepts sowie die langfristige Mittelbereitstellung für die entsprechenden vorsorgenden Aufgaben. Wichtig ist, dass zwar ein Koordinator das Thema federführend betreut, es jedoch zusammen mit anderen Naturgefahrenthemen als Gemeinschafts- und Querschnittsaufgabe einer Kommunalverwaltung verstanden wird.

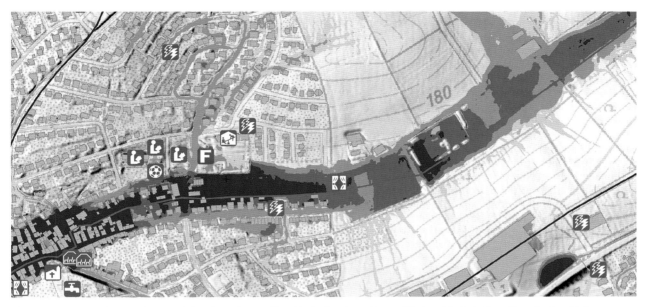

Abb. A Ausschnitt einer Starkregengefahrenkarte (1-stündiges Ereignis mit ca. 60 mm Niederschlag) als Grundlage für den Risikomanagementprozess. Die Tiefenklassen der maximalen Überflutung sind blau dargestellt. Ergänzend werden Risikoobjekte mit roten und blauen Symbolen dargestellt (rote Objekte haben hohe Priorität). Die Berechnung erfolgte auf Basis von 1-m-Laserscandaten mit Integration der Gebäude (Kartenhintergrund: Landesamt für Geoinformation und Landentwicklung Baden-Württemberg [LGL], www.lgl-bw.de).

über die Gefahren und Risiken nicht nur den Wohnort, sondern auch die Ausbildungs- und Arbeitsplätze sowie die Freizeit- und Erholungsorte ein. Die Bürgerinnen und Bürger sollen mit den grundlegenden Komponenten der Katastrophenvorsorge und des Katastrophenmanagements vertraut sein. Dazu zählen auch Kenntnisse über die Strukturen des staatlichen Bevölkerungsschutzes und die Bedeutung des Ehrenamts. Dieses Bewusstsein ist in zahlreichen modernen Gesellschaften häufig nicht oder nur unzureichend entwickelt (Beck 2007, BBK 2010), auch wenn es nach Katastrophenereignissen kurzzeitig aufflackert.

Den **Schulen** kommt bei der Wissensvermittlung eine zentrale Bedeutung zu. Hier können frühzeitig Verhaltensregeln für den Ernstfall gelehrt und gelernt werden. In Ländern wie Japan und Neuseeland, die von zahlreichen Naturgefahren betroffen sind, ist dies schon lange schulische Praxis (Abb. 30.5). In diesem Zusammenhang soll auf die Notfallpädagogik verwiesen werden, die das Ziel hat, die **Selbsthilfekompetenz** von Kindern, Jugendlichen und Erwachsenen (Laien und professionelle Einsatzkräfte) zu stärken (Karutz 2011). Dabei spielen medizinische und psychosoziale Aspekte eine bedeutende Rolle. Neben einem angemessenen Verhalten im Notfall kommt es vor allem darauf an, ein grundlegendes Verständnis für Katastrophen, Risiken und

Abb. 30.5 In von Naturgefahren bedrohten Regionen sind vorbeugende und vorsorgende Maßnahmen oft fester Bestandteil von Bildungs-, Ausbildungs- und Trainingsmaßnahmen. In Japan etwa kann sich die Öffentlichkeit in städtischen Katastrophenvorsorgezentren über relevante Aspekte informieren. Im *Disaster Prevention Center* in Kyoto wird dem interessierten Publikum der sachkundige Einsatz eines Feuerlöschers erklärt (Foto: J. Weichselgartner).

Kapitel 30

Gefahren zu fördern und auf diese Weise ein **Risikobewusstsein** zu entwickeln. Hier bedarf es einer nationalen Anstrengung, um die Katastrophen- und Risikothematik stärker als bisher in den Schulen zu verankern und an Erkenntnisse aus Forschung und Praxis anzubinden (Hufschmidt & Dikau 2013a, 2013b, DKKV 2013, Dikau 2016).

Mitschke & Karutz (2017) verwenden den Begriff **Bevölkerungsschutzpädagogik** für eine sich etablierende Wissenschaft von Erziehung und Bildung mit dem Ziel, eine „bevölkerungsschutzbezogene Mündigkeit zu entwickeln". Auch sie schließen Kinder und Jugendliche, Erwachsene sowie Fach- und Führungskräfte mit ein. Je nach Zielgruppe variieren die inhaltlichen Themen und die didaktisch-methodischen Ansätze. Anzumerken ist, dass die Einarbeitung in die vielfältigen Themenstellungen des Katastrophenmanagements ein gewisses Maß an Offenheit für die Pluralität von Problemsichtweisen sowie Skepsis gegenüber Engführungen einzelner wissenschaftlicher Disziplinen oder Organisationen erfordert.

Die Bevölkerungsschutzpädagogik stellt eine erziehungswissenschaftliche Disziplin dar. Ihr Ziel besteht in der Entwicklung von Theorien und Methoden der Erziehung im Themenbereich des Bevölkerungsschutzes sowie von Maßnahmen der Aus-, Fort- und Weiterbildung (Karutz et al. 2017, Mitschke & Karutz 2017, Karutz & Mitschke 2018). Beide Ziele dienen dem Aufbau und der Verbesserung der Bildungsbasis sowohl der Bevölkerung als auch der Akteure und Akteurinnen des Bevölkerungsschutzes. Dieses umfassende Ziel betrifft somit nicht nur die Schul- und Universitätsbildung, sondern ebenfalls die berufliche Aus-, Fort- und Weiterbildung (Exkurs 30.8) sowie die themenspezifische Bildung von Einsatz- und Führungskräften. Die bevölkerungsschutzpädagogischen Handlungsfelder beschreiben Karutz & Mitschke (2018) wie folgt:

- Analysen der Bildungsbedarfe und Bildungsbedürfnisse (Zielgruppenorientierung, gruppenspezifische Bedarfs- und Bedürfnisanalyse, Erstellung von Anforderungs- und Kompetenzprofilen)
- Formulierung ganzheitlicher Bildungsziele (Erweiterung fachspezifischen Wissens um ethische und allgemein lebensweltliche Inhalte sowie die Bedeutung von Verantwortungsbewusstsein, Katastrophenerfahrung und -bewältigung)
- Entwicklung von Bildungsplänen (Bildungsinhalte und -strukturen)
- Gestaltung informeller und digitaler Lernprogramme (*blended learning*, Lernen in realen Handlungsfeldern der Praxis, ortsunabhängige Lernmodelle)
- Implementierung methodischer Innovationen (E-Portfolios, Blogs, Chats)
- Motivationsförderung (positive Leitbilder des Bevölkerungsschutzes)
- Personal- und Organisationsentwicklung (persönlichkeitsangepasste Aufgaben und Möglichkeiten der Selbstverwirklichung)
- Bildungsforschung (innovative Bildungskonzepte für die Bevölkerung und fachspezifische Einsatz- und Führungskräfte, Fort- und Weiterbildung, Evaluation von Bildungsprozessen)

Versicherungen

Eine wichtige Vorsorgemaßnahme ist der Abschluss einer Versicherung. Sie ist deswegen nützlich, weil sie im Grundprinzip davon ausgeht, dass der Nutznießer chancenträchtiger Strukturen Risiken in Kauf nimmt, allerdings durch eine Katastrophe nicht gleich in seiner Existenz getroffen wird. Vielmehr mindert die im Schadensfall ausgezahlte Versicherungssumme seine Schäden und ermöglicht eine rasche Rückkehr zur Normalität. Durch die regelmäßige **Prämienzahlung** zahlt der Versicherte für das Risiko vorab in kleinen, gut kalkulierbaren Raten, während im Schadensfall eine **Entschädigung** folgt. Versicherungen haben allerdings grundsätzliche sowie vom Ereignistyp und vom Versicherungsnehmer abhängige Schwächen. Ökonomisch gesehen sind diejenigen Katastrophenereignisse für die Versicherungen am günstigsten, die zwar hohe Aufmerksamkeit und beträchtliche Schäden erzeugen, aber wenig Versicherungsfälle darstellen. Angesichts der Schockwirkung können sowohl vorbeugende Maßnahmen besser angeregt als auch Versicherungsprämien leichter erhöht werden, ohne dass betriebswirtschaftlich gesehen wirklich nennenswerte ökonomische Belastungen mit dem Ereignis verbunden sind. Räumlich geballt auftretende Schäden sind wegen des Kumulschadens schwierig, weil sie eine Versicherung leicht in die Insolvenz treiben können. Der Kumulschaden ist die Summe von mehreren einzelnen, bei unterschiedlichen Versicherungsnehmern eingetretenen Schäden, die durch das gleiche Schadenereignis (z. B. Sturm, Erdbeben) verursacht wurden. Er führt zu einer erhöhten Belastung des **Erst- oder Rückversicherers,** wenn mehrere betroffene Versicherungsnehmer bei ihm versichert sind. So sind Risiken gegen Hochwasser in der Regel nur im Verbund versicherbar, wenn man sich gleichzeitig gegen alle Elementarschäden versichert, also auch gegen Erdbeben, Stürme und Lawinen.

Rechtliche und raumplanerische Maßnahmen

Ein Staat kann über **Gesetze und Verwaltungsvorschriften** Einfluss auf die Katastrophenvorsorge nehmen. Hierzu zählen Selbstbindungen der öffentlichen Hand wie auch Verbote und Gebote gegenüber Privatpersonen. Selbstbindungen der öffentlichen Hand meinen sämtliche Planungen und Investitionen, die den Schutz vermindern oder vergrößern können. Oft ist die Beeinflussung des Schutzes vor Katstrophen nicht auf den ersten Blick erkennbar. Deshalb haben sich vor allem in Deutschland, aber auch in anderen westeuropäischen Staaten Verfahren etabliert, mit denen die Auswirkungen auf eine Erhöhung oder Minderung von Gefahren und Risiken ermittelt werden sollen. **Raumordnungsverfahren**, **Umweltverträglichkeitsprüfungen,** technische Anweisungen und konkrete **Gefahren- und Risikoplanungen** sind solche Instrumente, die heute vor allem unter dem Gedanken der Nachhaltigkeit eingesetzt werden. Gebote oder Verbote sind die zentralen Instrumente jedes Staatshandelns. Im Bereich der Katastrophenvorsorge sind insbesondere Bauvorschriften auf unterschiedlichen Ebenen möglich, die private Haushalte und Unternehmen dazu bringen sollen, Vorsorge zu betreiben. Hierzu gehören Vorschriften für eine tiefere Gründung zur Sicherung vor Hangrutschungen, Mauerver-

Gabriele Hufschmidt und Lothar Schrott

Exkurs 30.8 Masterstudiengang „Katastrophenvorsorge und Katastrophenmanagement" (KaVoMa)

Bildung ist Katastrophenvorsorge (Hufschmidt & Dikau 2013a, Mitschke & Karutz 2017). Dieser kurze Satz unterstreicht die Rolle von Bildung für die Reduzierung von Risiken. In diesem Kontext ist Bildung für verschiedene Gruppen der Bevölkerung (Kinder, Jugendliche, Erwachsene), aber natürlich auch für Fach- und Führungskräfte des Bevölkerungsschutzes, von zentraler Bedeutung. Sie haben die Aufgabe, Konzepte für die Katastrophenvorsorge, -bewältigung und -nachsorge zu entwickeln und zu implementieren. Ein Bildungsangebot, das sich an berufserfahrene Fachleute aus dem Bevölkerungsschutz wendet, bietet der Masterstudiengang „Katastrophenvorsorge und -management", kurz KaVoMa, an der Universität Bonn. Er basiert auf einem strukturell-didaktischen Teilzeitmodell und ist auf die Vereinbarkeit von Studium, Beruf und Familie ausgerichtet. KaVoMa wird seit 2006 in Kooperation mit dem Bundesamt für Bevölkerungsschutz und Katastrophenhilfe (BBK) angeboten.

Fach- und Führungskräfte arbeiten in den Katastrophenschutzbehörden der Kommunen und Länder und bei den Feuerwehren als Beauftragte für das Risiko- und Krisenmanagement in Schulen, Krankenhäusern und Pflegeeinrichtungen oder für weitere Einrichtungen der Kritischen Infrastruktur (KRITIS) wie Energieversorger oder Telekommunikationsanbieter. Als Angehörige von Hilfsorganisationen entwickeln sie im Haupt- und Ehrenamt Konzepte und halten Ressourcen vor, um nicht nur im Regelbetrieb leistungsfähig zu sein, sondern auch im Krisen- und Katastrophenfall im In- und Ausland. Auch die Haupt- und Ehrenamtlichen der Bundesanstalt Technisches Hilfswerk (THW) sind in diesem Aufgabenbereich aktiv. Die Mitarbeiterinnen und Mitarbeiter des BBK fokussieren auf eine bundesweite Perspektive und sind u. a. per Gesetz damit beauftragt, Risikoanalysen auf nationaler Ebene durchzuführen. Fachleute der Nichtregierungsorganisationen (NGOs), welche teils eine stark internationale humanitäre Ausrichtung haben, führen Projekte zur Katastrophenvorsorge durch oder engagieren sich nach einer Katastrophe langfristig vor Ort für den Wiederaufbau. Diese Skizze des Akteurs- und Themenspektrums lässt erahnen, wie vielfältig und anspruchsvoll das Berufsfeld „Katastrophenmanagement" ist. Dabei agieren die Akteure nicht isoliert voneinander, sondern in einem vernetzten Hilfeleistungssystem, das sich zunehmend mit komplexen Gefahren, Risiken und Katastrophen auseinandersetzen muss.

Die Ausbildungswege in diesen Tätigkeitsfeldern sind jedoch größtenteils sektoral und fachspezifisch. Während die Fachkenntnis und ein gewisses Maß an Spezialisierung unabdingbar sind, fällt der Blick auf „das große Ganze" schwer. Konzepte, Theorien und Begriffe werden teils unterschiedlich gehandhabt. Dies kann zu Missverständnissen, fehlendem gegenseitigen Verständnis und Innovationsbarrieren führen. Hier hilft das Bildungsangebot KaVoMa, das nicht nur Fachthemen vermittelt, sondern auch eine „Übersetzungshilfe" für die Konzepte, Theorien, Begriffe und auch Kulturen der unterschiedlichen Akteure und Organisationen im Bevölkerungsschutz leisten kann. Dies unterstützt nicht nur die Erfüllung der jeweiligen Aufgaben und erhöht die Handlungs- und Problemlösungskompetenz. Ein fachübergreifender Zuwachs von Wissen und Erkenntnis über die verschiedenen Themen- und Akteursfelder hinweg trägt langfristig auch zu einem besseren Wissensmanagement im Bevölkerungsschutz bei (Exkurs 30.6).

---

stärkung gegenüber Lawinen oder Erdbebengefahr, in ähnlicher Weise auch Verstärkung von Gebäuden in Hurrikanzonen. Von anderer Art sind flächenbezogene Bauverbote wie die der Freihaltung von Überschwemmungsgebieten, Lawinenstrichen, von Lahars bedrohter Vulkanflanken oder durch Tsunamis gefährdeter Küstenabschnitte.

Frühwarnung

Frühwarnsysteme stellen eine zentrale Komponente der Katastrophenvorsorge dar (Rechenbach 2017). Unter Frühwarnung wird die Erstellung und effektive Nutzung von **Informationen** vor einem gefährlichen Ereignis mit dem Ziel der **Risikoverminderung** verstanden (UNISDR 2004). Damit sind alle Bereiche gemeint, die sowohl die Katastrophenvorbeugung betreffen, wie etwa die Naturgefahrenzonierung (Exkurs 30.3), als auch vorbereitende Aktivitäten für den Katastrophenfall, beispielsweise eine mögliche Evakuierung. Frühwarnung besteht aus den drei zeitlich aufeinander folgenden Phasen der Vorhersage, der Warnung und der Reaktion auf die Warnung (Abb. 30.6):

- **Vorhersage:** naturwissenschaftlich-technische Vorhersage eines potenziell Schaden bringenden Ereignisses nach Größe, Lage und zeitlichem Verlauf; Kommunikation der Vorhersage
- **Warnung:** Umsetzung der Vorhersage in Warnungen und Handlungsempfehlungen; Entscheidungsprozesse im politischen und institutionellen Rahmen
- **Reaktion:** Entscheidung über und Umsetzung von Schutzmaßnahmen im organisatorischen und administrativen Rahmen; Risikowahrnehmung bei der Entscheidungsfindung

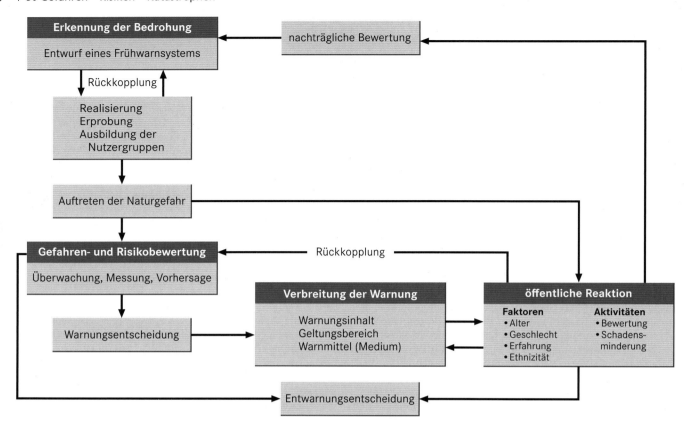

Abb. 30.6 Konzeption und zentrale Komponenten eines Warnsystems (verändert nach Dikau & Weichselgartner 2005 und Smith 2013).

Die Effektivität eines Frühwarnsystems hängt in hohem Maße von der Transformation der Vorhersage in die Warnungsmitteilung ab. Die **Warnungsentscheidung** ist dabei die kritische Stelle der Frühwarnkette. Das Vertrauen der Öffentlichkeit in die Vorhersage und in die Vorhersageorganisation kann erheblich erschüttert werden, wenn falsch, zu spät oder überhaupt nicht vorgewarnt wird. Die effektivste Wirkung der Warnung wird dann eintreten, wenn die angesprochene Bevölkerungsgruppe einen persönlichen Bezug zum Geschehen herstellen kann. Hier spielt die Erfahrung der gewarnten Gruppe mit bisherigen Risikosituationen eine wichtige Rolle. Wissenschaftlich errechnete Frühwarnungen müssen kommuniziert und als Vorhersagen ernst genommen werden, obwohl solche Vorhersagen stets mit Unsicherheiten behaftet sind. In Bezug auf die Unsicherheiten gibt es allerdings große Unterschiede. Diese beruhen vor allem darauf, ob das Ereignis selbst prognostiziert wird oder seine Sekundäreffekte kalkuliert werden sollen. Erdbeben entziehen sich bis heute jeder halbwegs verlässlichen Vorhersage, während andere Naturgefahren, die aus den Effekten und der Ausbreitung bereits eingetretener Ereignisse bestehen können, wie eine Hochwasserwelle, ein Hurrikan, ein Tsunami oder der Ausbruch eines Vulkans, relativ gut vorhersagbar sind.

Grundvoraussetzung für eine wirksame Vorhersage ist die kommunikative Erreichbarkeit der möglicherweise Betroffenen. Dies hängt von den verfügbaren **Kommunikationskanälen,** deren Durchlässigkeit und Schnelligkeit sowie der Erreichbarkeit des Empfängers ab. Selbst die angekommene Vorhersage an sich bewirkt noch nichts, sie muss darüber hinaus akzeptiert werden und man muss darauf reagieren wollen und können. Die Akzeptanz ist vom individuellen Vorwissen, dem Vorhandensein einer geteilten Risikokultur und der Abwägung von Nutzen und Kosten einer mit der Warnung verbundenen Vorhersage abhängig. Die effiziente Befolgung einer Frühwarnung setzt also ein entsprechendes Melde- und Kommunikationssystem sowie durchsetzbare rechtliche Anordnungen voraus.

Katastrophennachsorge

Die Katastrophennachsorge umfasst sämtliche Maßnahmen und Aktivitäten, die während des Katastrophenereignisses selbst und danach ergriffen werden. Sie wird in die Teilbereiche der Katastrophenbewältigung und des Wiederaufbaus unterteilt (Geenen 2008). Zur **Katastrophenbewältigung** gehören:

- Information der Bevölkerung
- Stärkung von Selbstschutz und Selbsthilfe der Bevölkerung
- Nothilfe, Bergungs- und Rettungsmaßnahmen
- medizinische Soforthilfe

- begleitende humanitäre Hilfe für die Notversorgung der betroffenen Bevölkerung
- Evakuierungen aus zerstörten Gebieten, Schaffung von Notunterkünften

Zu den **Wiederaufbaumaßnahmen** gehören:

- Information der Bevölkerung
- Stärkung von Selbstschutz und Selbsthilfe der Bevölkerung
- Implementierung einer umfassenden Katastrophenvorsorge in die Wiederaufbauphase
- Analyse der Situation vor der Katastrophe mit Methoden der Risikoanalyse und -bewertung
- Versorgung mit temporärem und Aufbau von permanentem Wohnraum
- Aufbau der Infrastruktur und der allgemeinen Versorgungseinrichtungen
- gefahrensicheres Bauen (z. B. erdbebensicher, hochwassersicher)

Mit diesen Aufgabenstellungen und Maßnahmen hat die Katastrophennachsorge eine kurz- und langfristige Perspektive. Während die Katastrophenbewältigung die kurzfristigen Maßnahmen der Nothilfe, Bergung, Rettung und Evakuierung umfasst, dienen die langfristigen Maßnahmen dem Wiederaufbau. Dabei hat der **Lerneffekt** aus der Katastrophe eine höchst relevante Bedeutung, da auf dieser Basis die folgende Katastrophenvorsorge eingeleitet bzw. verbessert werden kann. Aus dem aufgeführten Spektrum der Katastrophennachsorge sollen einige ausgewählte Handlungsbereiche näher erörtert werden.

Bewältigung

Ist das Katastrophenereignis eingetreten, entstehen negative Effekte, auf die man sehr rasch, auch zur Vermeidung weiterer Schäden, mit Maßnahmen der Katastrophenbewältigung reagieren muss. Dazu zählt ein umfangreiches Spektrum von Aktivitäten. Für die Verletzten sind erste **Nothilfemaßnahmen** notwendig, darüber hinaus müssen die physiologischen Grundbedürfnisse befriedigt werden (Unterbringung, Nahrung, Kleidung). Je eher die Hilfsmaßnahmen greifen, umso schneller lässt sich der gesellschaftliche Normalbetrieb wiederherstellen. Je länger die Hilfe ausbleibt, desto schwerwiegender sind die **Sekundäreffekte.** Dazu gehört insbesondere die Entstehung von Krankheiten (Epidemien wie etwa Cholera). Ein Produktionsausfall hat umso schwerwiegendere Folgen, je länger er andauert. Die Nothilfe ist eine zentrale Komponente der Katastrophenbewältigung. Sie kann mit Blick auf den Maßstab sehr unterschiedlicher Art sein, normalerweise ist sie eine Mischung, die von internationaler bis zu lokaler Hilfe reicht. Die **nachbarschaftliche Solidarität** ist die ursprüngliche, primäre und wichtigste Hilfe. Es ist sozial gesehen dieselbe Schicksalsgemeinschaft, die von alters her, etwa bei einem Brand des Hauses, zur Hilfe verpflichtet, es kann aber auch die subjektive moralische Verantwortung des Individuums sein, die das Handeln leitet.

Nach einer Katastrophe ist die **Evakuierung von Menschen,** aber auch von lebenden Tieren sowie das Herausführen von Gü-

tern und mobilen Inventaren aus dem betroffenen Gebiet häufig als eine der ersten Nothilfemaßnahmen geboten, z. B. wenn Ernährung und Obdach im betroffenen Gebiet selbst nicht gesichert werden können, unter Umständen auch bei drohender Seuchengefahr, Nachbeben oder Feuer. Manchmal ist es zwar grundsätzlich einfacher oder effizienter, aufgrund zerstörter Infrastruktur, die Menschen andernorts zu versorgen, doch versucht man dies aufgrund der psychischen Labilität der Betroffenen und aufgrund der Gefahr erhöhter Abwanderung zu vermeiden.

Häufig werden die von einer Evakuierung Betroffenen in Notunterkünften untergebracht. Als Notunterkünfte dienen vor allem nicht beschädigte Gebäude, primär innerhalb des von der Katastrophe betroffenen Gebiets selbst. Die meisten Evakuierten kommen bei Freunden und Verwandten unter, an zweiter Stelle stehen nicht primär für Wohnzwecke genutzte Gebäude wie Turnhallen, Schulen oder weitere bereits verfügbare Strukturen, z. B. Hotels und Ferienwohnungen. Internationale Hilfsorganisationen mit eigener Logistik bevorzugen die Unterbringung in Zelten, bei länger andauernder Obdachlosigkeit die in mobilen Baracken. Auch hier spielen Größe und Erreichbarkeit des betroffenen Gebiets eine große Rolle, was von der Katastrophenart ebenso abhängt wie von den klimatischen Verhältnissen und der generellen Verkehrslage. Die Dauer des Verbleibs in den Notunterkünften hängt vor allem von der Geschwindigkeit des Wiederaufbauprozesses ab. Es gibt jedoch auch Umstände, die Notunterkünfte zu Dauerwohnsitzen machen. Dies kann an mangelnden eigenen Ressourcen und Fähigkeiten, z. B. hohes Alter, oder an ausbleibender Wiederaufbauhilfe liegen, kann aber auch der Verwüstung des Herkunftsgebiets geschuldet sein. Neben staatlichen Hilfen gibt es eine breite Palette von Hilfsangeboten, die von individuellen Initiativen über die Bildung spontaner Gruppen bis hin zur professionellen Hilfe entsprechender Hilfsorganisationen reicht, die in der Regel Nichtregierungsorganisationen (NGOs) sind.

Wiederaufbau

Grundsätzlich ist die langfristige Schadensbeseitigung nach einer Katastrophe auf die Wiederherstellung des vorherigen Zustands, des Status quo, ausgerichtet. Dies ist nur zu verständlich, möchten die Menschen doch aus psychischen, sozialen und ökonomischen Gründen die gewohnte Normalität zurück. Wenn dieses Ziel der Wiederherstellung des vorkatastrophalen Zustands erreicht ist, spricht man von einem gelungenen Wiederaufbau. Bei ausbleibender oder unsachgemäßer Hilfe wird durch den Wiederaufbau allerdings häufig ein Zustand geschaffen, der auf einem niedrigeren Niveau liegt als der Zustand vor der Katastrophe. Dies kann für die Betroffenen unter Umständen eine langjährige, im Extremfall sogar lebenslange Fortsetzung des provisorischen Lebens nach einer Katastrophe bedeuten. Dieser Prozess hängt auch von der **Resilienz des sozialen Systems** ab. Die regionale Wiederaufbaukapazität umfasst wirtschaftliche Ressourcen, infrastrukturelle Voraussetzungen, politische Unterstützung, das Ausmaß an Gemeinschaftssinn und den Grad psychischer Stabilität. Möglich ist auch eine passive Sanierung, das heißt, es findet kein oder ein nur verminderter Wiederaufbau statt, nur die gröbsten Schäden werden repariert, der größere Teil der Bevölkerung

Exkurs 30.9 Elbe-Hochwasser 2013: Bewährungsprobe für das Hochwasserrisikomanagement

Auszug aus den zukünftigen Handlungsfeldern und Empfehlungen (2015+) des Deutschen Komitees Katastrophenvorsorge (DKKV 2015):

- Wasser zurückhalten: Maßnahmen zur Steigerung des natürlichen Wasserrückhalts im Spannungsfeld zwischen der europäischen Wasserrahmenrichtlinie (WRRL) und der Hochwasserrisikomanagement-Richtlinie (HWRM-RL).
- Hochwasser abwehren: Die vier Schutzgüter menschliche Gesundheit, Umwelt, Kulturgüter und wirtschaftliche Aktivitäten sind noch konsequenter und transparenter bei der Planung, Bewertung und Priorisierung von (Schutz-)Maßnahmen zu adressieren.
- Schutzanlagen unterhalten: Generell sind ein besseres Monitoring und eine intensivere Pflege der Schutzsysteme und der Vorländer anzuraten, um den Schutzgrad der technischen Systeme zu erhalten.
- Grenzen erkennen: Technische Systeme haben Belastungsgrenzen. Daher sind Versagensfälle noch transparenter und konsistenter darzulegen und Bewältigungsstrategien differenzierter zu diskutieren. Von einer ehrlichen Risikokommunikation könnten letztlich alle Akteure profitieren.
- Schadenspotenzial vermindern: Die Sicherung und Festsetzung von Überschwemmungsgebieten sollte weiter vorangetrieben und regelmäßig bei veränderter Gefährdung überprüft werden. In der Bauleitplanung ist dafür zu sorgen, dass auch in bestehenden, aber hochwassergefährdeten Gebieten die weitere Bebauung und Verdichtung unterbunden wird.

- Hochwassergefahren bewusst machen: In Zukunft sollten Informationen zu Hochwassergefahren und Hinweise zu Vorsorge- und Bewältigungsmöglichkeiten besser verknüpft werden. Für eine breite Risikokommunikation ist anzuraten, dass Zuständigkeiten für Informationskampagnen geklärt und entsprechende Finanzierungen bereitgestellt werden.
- Vor Hochwasser warnen: Da die Güte der Hochwasservorhersage in hohem Maße von der Niederschlagsvorhersage abhängt, ist Letztere weiter zu verbessern. Auch Niederschlags-Abfluss-Modelle sind weiterzuentwickeln, insbesondere im Hinblick auf die Abschätzung von Unsicherheiten.
- Eigenvorsorge stärken: Da Schutzanlagen und Katastrophenabwehr versagen können, sind eine funktionierende Eigenvorsorge und Selbsthilfefähigkeit der Bevölkerung wichtige Bausteine einer resilienten Gesellschaft. Die Eigenvorsorge muss daher weiter gefordert, stimuliert und honoriert werden, insbesondere in Unternehmensbereichen und in Gebieten, die nicht (gut) geschützt sind.
- Solidarität üben (während des Ereignisses und mit nachfolgenden Generationen): Ad-hoc-Entscheidungen zur Wiederaufbauhilfe sind durch ein strukturiertes Risikotransfersystem zu ersetzen, das die derzeitige Form der Elementarschadensversicherung berücksichtigen muss. Hierzu ist, wie in der Deutschen Anpassungsstrategie erwähnt, eine klare gesetzliche Regelung für Wiederaufbauhilfen, z. B. in Form einer Bundesrichtlinie „Elementarschäden" notwendig.

---

wandert ab, Betriebe bleiben geschlossen oder verlagern ihren Standort. Der Wiederaufbau kann auch dazu benutzt werden, von einer „Tabula rasa" aus neue Strukturen zu schaffen. Diese Neuausrichtung kann sich beispielsweise auf die Infrastruktur, die Siedlungsstruktur oder die wirtschaftliche Ausrichtung beziehen.

Der **staatliche Wiederaufbau** erfolgt zum Teil direkt über die Wiederherstellung von Infrastrukturen wie Straßen oder Wasserversorgung, zum anderen steuert der Staat durch Zuschüsse oder Darlehen den individuellen Wiederaufbau. Neben der direkten staatlichen Aktivität gibt es die Förderung des privaten Wiederaufbaus durch unterschiedliche Instrumente. Zuschüsse und verbilligte Darlehen für die Errichtung oder Reparatur von Gebäuden, für die Anschaffung von Maschinen und anderen Produktionsmitteln sind die häufigste Form. Da in der Regel die Haushaltsplanungen Katastrophen nicht vorsehen, müssen die Mittel durch Umverteilung beschafft werden.

„Vorsorge in den Wiederaufbau integrieren" – unter dieser Aufgabenstellung werden Maßnahmen und Aktivitäten des Katastrophenmanagements verstanden, die dazu führen, dass aus Katastrophen gelernt wird (Exkurs 30.9). Sie haben das langfristige Ziel, die Wiederholung des Extremereignisses möglichst

auszuschließen oder zumindest die schädlichen Folgewirkungen zu reduzieren. Die Schlüsselkomponente des Katastrophenmanagements liegt in der **Katastrophenvorsorge,** das heißt in den langfristigen Maßnahmen der Katastrophenvorbeugung und den kurzfristigeren Maßnahmen der Katastrophenvorbereitung. Diese Schlüsselkomponenten haben einen dynamischen Charakter, da sie im Prozessverlauf des gesamten Katastrophengeschehens die entscheidenden Ursachen dafür liefern, ob zukünftige natürliche oder technische Phänomene zu Schäden führen werden. Eine strategisch bedeutsame Maßnahme ist deshalb darin zu sehen, die empirischen Erfahrungen einer stattgefundenen Katastrophe zu nutzen, um daran die notwendigen folgenden Vorsorgestrategien und -maßnahmen zu orientieren und praktisch umzusetzen. Dieser Vorgang wird als „Katastrophenvorsorge in den Wiederaufbau integrieren" bezeichnet. Die Relevanz der **empirischen Erfahrungen** aus Katastrophen kann nicht hoch genug bewertet werden und wird deshalb in Abb. 30.4 gesondert ausgewiesen. Sie bieten allen Beteiligten praktische Anschauungen, welche Folgen unzureichende Vorsorgemaßnahmen haben können.

Die Schäden durch Katastrophen können durch vielfältige **technische Maßnahmen** gemindert werden, wie armierte Gebäude gegen Erdbebenerschütterungen, Deiche gegen Hochwasser oder Verbauungen gegen Lawinen. Allein im Hochwasserschutz gibt es eine ganze Reihe von Maßnahmen, die von der Bodenentsiegelung im Einzugsgebiet über die Schaffung von Regenrückhaltebecken, die Kanalisierung zur Beschleunigung des Abflusses, die Errichtung natürlicher oder künstlicher Stauseen, die Bereitstellung von Poldern bis zum Aufbau mobiler Deiche reichen. Zu den technischen Maßnahmen zählen auch computergestützte Frühwarnsysteme. Technische Maßnahmen sind in der Regel sehr teuer. Nur bei hoher Wahrscheinlichkeit des Eintreffens eines Ereignisses, klarer Lokalisierbarkeit und hinreichender Gefährdungsgröße können entsprechende Maßnahmen ergriffen werden. Stets stehen alternative Investitionsmöglichkeiten bereit, sodass insbesondere aufseiten der Politik, und damit beim Wähler, eine hohe Risikowahrnehmung gegeben sein muss. Das heißt, dass die öffentliche Einschätzung ein wichtiges Entscheidungselement ist. Die **Akzeptanz von Sicherungsmaßnahmen** ist beispielsweise besonders groß, wenn eine Katastrophe noch frisch im Gedächtnis ist. Es liegt dabei ein „Betroffenheitsfenster" vor, das die Katastrophenmanager nutzen sollten. Je länger das letzte Ereignis zurückliegt, umso schwieriger wird es, Investitionen in den Schutz vor Schäden auf der Prioritätenliste nach oben zu setzten.

Handlungsfelder, Akteure und Akteurinnen

Die Handlungsfelder, Akteure und Akteurinnen des Katastrophenmanagements umfassen ein breites Spektrum an Themenstellungen, staatlichen und nicht staatlichen Organisationen, Personen, Regeln und Vorschriften. Besondere Problemstellungen entstehen, wenn grenzüberschreitende Katastrophen auftreten, wie die Explosion des Kernreaktors in Tschernobyl im Jahr 1986 und der verheerende Tsunami 2004 im Indischen Ozean. Sie führen zu besonderen Situationen, da internationale Aktionsrahmen, Regelwerke und Maßnahmen erforderlich sind, deren Umsetzung oft schwierig ist, und da Anpassungen an nationale Strukturen und Gesetze nötig sind. Eine Beschäftigung mit den Themen des Katastrophenmanagements sollte daher eine nationale und eine internationale Ausrichtung beinhalten.

Bevölkerungsschutz in Deutschland

Der Begriff „Bevölkerungsschutz" ist ein Rahmenbegriff für den **Zivilschutz** (Krieg bzw. Verteidigungsfall) und den **Katastrophenschutz** (BBK 2010). Der Bevölkerungsschutz ist einer der Bestandteile der **gesamtstaatlichen Sicherheitsarchitektur** in Deutschland. Ihre verfassungsrechtliche Grundlegung, Struktur und Zielsetzung wird von Geier (2017) zusammenfassend dargestellt und diskutiert. Die Sicherheitsarchitektur basiert auf den fünf Säulen der Polizei, Bundeswehr, Nachrichtendienste, Wirtschaft als Betreiber Kritischer Infrastrukturen sowie des Bevölkerungsschutzes (Abb. 30.7). Die Behörden und Organisationen der Säulen sowie weitere Akteure leisten Beiträge für die äußere und innere Sicherheit durch die militärische Verteidigung, den Schutz vor Kriminalität, Extremismus und Terrorismus und die nicht polizeiliche Gefahrenabwehr des Bevölkerungsschutzes. Der Bevölkerungsschutz konstituiert sich aus den Elementen des Zivil- und Katastrophenschutzes, des Brandschutzes, aus den Ersthelfern und der Selbsthilfe. Einen Überblick über das Gesamtsystem liefert der Sammelband von Karutz et al. (2017), in dem eine Vielzahl spezialisierter Fachleute die Komponenten des Bevölkerungsschutzes vorstellen und didaktisch aufbereitetes Material für die Lehre bereitstellen.

Abb. 30.7 Gesamtstaatliche Sicherheitsarchitektur in Deutschland (mit freundlicher Genehmigung des BBK).

Abb. 30.8 Aufbau des integrierten Hilfeleistungssystems des Bevölkerungsschutzes im föderalen Bundestaat Deutschland (mit freundlicher Genehmigung des BBK).

Der staatliche Bevölkerungsschutz in Deutschland umfasst die drei Verwaltungsebenen der Kommunen, der Länder und des Bundes. Sie können in Form einer **Bevölkerungsschutzpyramide** dargestellt werden (Abb. 30.8). Die Kommunen bilden die Basis der Pyramide. Sie sind für den Brandschutz, die Allgemeine Hilfe, den Rettungsdienst und den Katastrophenschutz verantwortlich. Die operative Ausführung der Maßnahmen liegt in den Händen der Feuerwehren und privaten Hilfsorganisationen. Dazu zählen der Arbeiter-Samariter-Bund (ASB), die Deutsche Lebens-Rettungs-Gesellschaft (DLRG), das Deutsche Rote Kreuz (DRK), die Johanniter-Unfall-Hilfe (JUH) und der Malteser Hilfsdienst (MHD). Der Bund stellt für diese Aufgaben das Technische Hilfswerk (THW) zur Verfügung. Die angestellten Mitarbeiter dieser Organisationen und die ehrenamtlich Tätigen bilden derzeit mit ca. 1,7 Mio. Menschen das operative Rückgrat des deutschen Bevölkerungsschutzes. Die 16 Bundesländer tragen die gesetzliche Verantwortung für den Brand- und Katastrophenschutz und die Rettungsdienste. Die nicht polizeiliche Gefahrenabwehr wird in den Landesgesetzen formuliert. Die oberste Landesbehörde bilden die Landesinnen- oder Landesgesundheitsministerien, die die Fachaufsicht steuern und Aufgaben an andere Behörden delegieren, z. B. an die Regierungspräsidien. Die oberste Ebene des Bevölkerungsschutzes bildet der Bund, der für den **Zivilschutz im Verteidigungsfall** verantwortlich ist. Zu erwähnen ist in diesem Kontext die „Konzeption Zivile Verteidigung" (KZV) vom 24. August 2016, in der das Bundesministerium des Inneren die Aufgaben und Strukturen der für den Zivilschutz zuständigen Akteure beschreibt und auf die Rolle der Katastrophenschutzorganisationen und der Bevölkerung eingeht.

Die Aufgaben des Bundes und der Länder sind verfassungsrechtlich geregelt. Der Schutz der Zivilbevölkerung liegt gemäß Artikel 73 des Grundgesetzes in der Kompetenz des Bundes sofern es sich um einen Verteidigungsfall handelt, im Friedensfall ist die Befugnis für den Katastrophenschutz gemäß Artikel 70 des

Grundgesetzes den Ländern zugeordnet. Aus dieser Gesetzeslage ergab sich in der Vergangenheit eine durchaus komplizierte Situation der **Aufgabenverteilung** zwischen Bund und Ländern. Im Gesetz über den Zivilschutz und die Katastrophenhilfe des Bundes (Zivilschutz und Katastrophenhilfegesetz ZSKG vom 25. März 1997 mit Änderung des § 2 Abs. 1 vom 29. Juli 2009) wird festgelegt, dass der Katastrophenschutz dem Zivilschutz zuzuordnen ist. Dessen Aufgabe ist es, durch nicht militärische Maßnahmen die Bevölkerung, ihre Wohnungen und Arbeitsstätten, lebens- oder verteidigungswichtige zivile Dienststellen, Betriebe, Einrichtungen und Anlagen sowie das Kulturgut vor Kriegseinwirkungen zu schützen und deren Folgen zu beseitigen oder zu mildern. Die Zuständigkeit des Bundes für den Schutz der Zivilbevölkerung wird in § 4 Abs. 1 festgelegt: Die Verwaltungsaufgaben des Bundes nach diesem Gesetz werden dem BBK zugewiesen.

Die im Katastrophenschutz mitwirkenden Einheiten und Einrichtungen sind in den **Landesrechten** festgelegt. Die Vorhaltungen und Einrichtungen des Bundes für den Zivilschutz stehen jedoch den Ländern nach § 12 ZSKG auch für ihre Aufgaben im Bereich des Katastrophenschutzes zur Verfügung. So beschreibt beispielsweise das Bundesland Baden-Württemberg den Katastrophenschutz in § 1 des Gesetzes über den Katastrophenschutz wie folgt: Die Katastrophenschutzbehörden haben die Aufgabe, die Bekämpfung von Katastrophen vorzubereiten, Katastrophen zu bekämpfen und bei der vorläufigen Beseitigung von Katastrophenschäden mitzuwirken (Katastrophenschutz). Sie haben dazu die Maßnahmen zu treffen, die nach pflichtmäßigem Ermessen erforderlich erscheinen.

Aus personellen, technischen und finanziellen Gründen unterhalten Bund und Länder für die Bekämpfung von Schadenssituationen, die zwar unterschiedliche Ursachen, aber ähnliche Auswirkungen haben, inzwischen jedoch voneinander abhängige **Hilfeleistungssysteme**. Es besteht eine enge Zusammenarbeit

Tab. 30.11 Auswahl von Maßnahmen der Katastrophenbewältigung als Element des Bevölkerungsschutzes in Deutschland.

Maßnahme	Erläuterung	Quelle
Führung und Leitung	Einsatzleitung (Führung und Leitung des Einsatzes zur Gefahrenabwehr und Schadensbegrenzung), Führungssystem, Führungsorganisation, Führungsvorgang, Führungsmittel	Plattner (2017)
psychosoziales Krisenmanagement	Erleben und Verhalten von Menschen in Krisen und Katastrophen, psychosoziale Notfallversorgung für Betroffene und Einsatzkräfte, Stabsarbeit, Panikprävention	Helmerichs et al. (2017)
medizinisches Krisenmanagement	Missverhältnis zwischen zu versorgenden Patienten und Versorgungskapazitäten, Massenanfall von Verletzten und Erkrankten (MANV), Beurteilung der Schadenslage, ärztliche Beurteilung der Behandlungsbedürftigkeit der Betroffenen (Sichtung), medizinische Hilfeleistungen in unterschiedlichen Wellen und Stufen	Genzwürker (2017)
Krisenkommunikation	Abstimmungsprozesse zwischen den beteiligten Organisationen unter Zeitdruck, Deeskalation, Einbeziehung der Bevölkerung (Selbstschutz, Selbsthilfe), Vermittlungen von Handlungsempfehlungen	Geenen (2017)
verantwortungsvolles Entscheiden	ethisches Handeln in Extremsituationen eines Notfalls; Massenanfall von Verletzten; Kriege und Notstand; Pandemien und Endemien; Notsituation erfordert eine veränderte Pflicht, ethische Grundwerte angemessen zu sichern; veränderte Zweck-Mittel-Kalkulation im Sinne einer flexiblen Güterabwägung durch wohlerwogene Urteile	May & Sass (2017)

in der Form, dass der friedensmäßige Katastrophenschutz auch im Verteidigungsfall Aufgaben des Bevölkerungsschutzes wahrnimmt. Das durch den Bund finanzierte Ergänzungspotenzial für den Zivilschutz steht andererseits auch für die Gefahrenabwehr im Frieden zur Verfügung.

Um die Zusammenarbeit zwischen Bund und Ländern zu verstärken und zu verbessern, wurde im Bundesamt für Bevölkerungsschutz und Katastrophenhilfe (BBK) das **Gemeinsame Melde- und Lagezentrum (GMLZ)** eingerichtet. Die wichtigste Aufgabe des Zentrums besteht in der Optimierung des bund-, länder-, kommunen- und organisationsübergreifenden Informations- und Ressourcenmanagements bei großflächigen Gefahren- und Schadenslagen (BBK 2017). Das BBK ist eine Behörde des Bundesministeriums des Innern (BMI), das für die Umsetzung des ZSKG verantwortlich ist. Das Amt versteht sich als Kompetenzzentrum für den Bevölkerungsschutz und die Katastrophenhilfe in Deutschland, das ein System der zivilen Sicherheitsvorsorge gestaltet. Dabei wird betont, dass Bevölkerungsschutz in der Verantwortung jedes Einzelnen liegt.

Diese Ansätze und Maßnahmen sind Bestandteile eines „Wechsels vom verfassungsrechtlich angelegten, dualistischen Katastrophenschutz/Zivilschutz-System zum Programm des **ganzheitlichen Bevölkerungsschutzes**" (Reez 2013). Als neue Strategie zum Schutz der Bevölkerung in Deutschland fordert das BBK (2010) ein neues Denken in der Gefahrenabwehr, wobei der Schutz der Bevölkerung vor besonderen Gefahren, die nicht aus eigener Kraft abzuwehren sind, als eine der vornehmsten Aufgaben des modernen Staates gesehen wird. Die Gründe für eine strategische Neuorientierung ergeben sich u. a. aus einer Neubewertung von Gefahren und Risiken, z. B. von terroristischen Anschlägen als Angriff auf unseren Staat, was zu der Erkenntnis führte, dass das bisherige duale System der staatlichen Gefahrenabwehr gegen bestimmte neue Bedrohungen und Gefahren keinen angemessenen Schutz bietet und eine Weiterentwicklung unter einem neuen ganzheitlichen Denkansatz erforderlich ist. Das Gleiche gilt auch für lokal nicht beherrsch-

bare Risiken, die von komplexen Technologien ausgehen, oder aber für die extreme Verletzlichkeit der sozialen und technischen Infrastrukturen unserer Gesellschaft durch besonders schwere Havarien, Unfälle oder Naturereignisse (BBK 2010).

In der Konzeption des deutschen Bevölkerungsschutzes umfasst die Bewältigung von Katastrophen und Krisen mehrere Kernelemente, die exemplarisch in Tab. 30.11 dargestellt sind. Es geht dabei um Maßnahmen, die im Fall einer eingetretenen Katastrophe oder Krise rasch ergriffen werden müssen, um weitere Schäden zu vermeiden und die Not der Betroffenen zu lindern. Eine **Krise** definiert Geenen (2017) als „eine öffentlich wahrgenommene, beschleunigte (rapide) in Erscheinung tretende gravierende Problemsituation oder -entwicklung, die mit den üblichen Problemlösungsverfahren nicht bewältigt werden kann". Eine **Katastrophe**, so die Autorin, ist eine „scharfe Krise", in der „das Vertrauen in die eigene Kultur, in die Beherrschung von Risiken und in die Zuverlässigkeit" planenden und vorausschauenden Handelns erschüttert ist. Im Unterschied zur Risikokommunikation, die einen zentralen Bestandteil der Vorsorge darstellt, ist die Krisenkommunikation mit spezifischen Problemen konfrontiert. In Krisensituationen sind die Randbedingungen der Situation nicht oder kaum vorhersehbar, sodass für das Handeln nur eine begrenzte Zeit zur Verfügung steht. Die Folge ist, dass Entscheidungen auf Basis von Unsicherheit und Nichtwissen getroffen werden müssen. Falls der Krisenkommunikation allerdings eine Risikokommunikation vorausgegangen ist, z. B. in Form von Übungen, erhöht dies die Fähigkeit des schadensmindernden Krisen- bzw. Katastrophenmanagements (Exkurs 30.10).

In Deutschland steht das **Deutsche Komitee Katastrophenvorsorge e. V.** (DKKV) als Nichtregierungsorganisation (NGO) den Organisationen der Katastrophenvorsorge und des Bevölkerungsschutzes als beratendes Gremium zur Verfügung. Das Komitee, dem ein wissenschaftlicher und operativer Beirat mit Expertinnen und Experten aus verschiedenen Bereichen beisteht, widmet seine Aktivitäten der integrierten nationalen und internationalen Katastrophenvorsorge. Dazu zählen der gesell-

---

Exkurs 30.10 Länderübergreifende Krisenmanagementübung (LÜKEX)

Sebastian Unger und Dominik Breuer

Seit 2004 erfolgt mit der Übungsserie LÜKEX (Länder- und ressortübergreifende Krisenmanagementübung/-exercise) eine regelmäßige Überprüfung und Optimierung des nationalen Krisenmanagements in Deutschland. Im Fokus dieser Übungsserie steht das strategische Krisenmanagement. Strategische Krisenmanagementübungen sind, im Gegensatz zu operativen Übungen, reine „Tabletop-Übungen". Es rücken keine Einsatzkräfte aus, sondern es üben die Entscheidungsträger von Bund, Ländern und Unternehmen der Kritischen Infrastrukturen (KRITIS) auf oberster Führungsebene. Ziel von LÜKEX ist die Verbesserung der gemeinsamen Krisenreaktionsfähigkeit in außergewöhnlichen Bedrohungs- und Gefahrenlagen sowie die Entwicklung einer übergreifenden Abstimmungs- und Entscheidungskultur in und zwischen öffentlichen wie privaten Organisationen.

Bei Krisen zu Beginn dieses Jahrtausends (z. B. 9/11, Elbehochwasser 2002) wurde die Verwundbarkeit moderner Gesellschaften besonders evident. Bund und Länder haben im Zusammenhang mit der neuen Strategie zum Schutz der Bevölkerung vereinbart, die Übungsserie LÜKEX in einem zweijährigen Rhythmus zu wechselnden, aktuellen Themen durchzuführen. Unter organisatorischer Verantwortlichkeit des Bundesamts für Bevölkerungsschutz und Katastrophenhilfe (BBK) werden die LÜKEX-Übungen von einer Projektgruppe ressortübergreifend – in Zusammenarbeit mit den Ländern, Bundesbehörden und KRITIS-Unternehmen – geplant, vorbereitet, durchgeführt und ausgewertet.

LÜKEX-Übungen haben zum Ziel, dass sich Bund und Länder auf Krisen- und Bedrohungslagen vorbereiten sowie bestehende Pläne und Bewältigungskonzepte auf die Probe stellen und gegebenenfalls Verbesserungspotenziale identifizieren können. Es werden fiktive Krisen simuliert, jedoch unter realen Bedingungen und mit den real handelnden Personen. Die Übung ermöglicht es, Handlungsbedarfe festzustellen, etwa in Bereichen, in denen noch keine Verfahren der Zusammenarbeit oder Abstimmungswege vorhanden sind. Ein immer wiederkehrendes Übungsziel ist die Verbesserung der Risiko- und Krisenkommunikation – sowohl mit der Bevölkerung als auch zwischen den zuständigen

Krisenstäben. LÜKEX bietet den beteiligten Akteuren die Möglichkeit, Herangehensweisen auszuprobieren und neue Wege zu beschreiten. LÜKEX-Übungen zielen damit klar auf eine stetige Fortentwicklung der gesamtgesellschaftlichen Sicherheitsarchitektur.

Dennoch kommen durch die föderale Übungsanlage viele Hundert Übungsbeteiligte zusammen. Die fiktiven Übungsszenarien sind stets derartig angelegt, dass mehrere Länder oder die Bundesrepublik in ihrer Gesamtheit betroffen sind und Staat, Gesellschaft sowie Wirtschaft in eine sich zuspitzende Krisensituation geraten und sich zu deren Bewältigung untereinander abstimmen müssen.

Vergangene Übungen befassten sich u. a. mit Pandemien, terroristischen Bedrohungen, Cyber-Angriffen und einer Sturmflut. Die LÜKEX 2018 simulierte eine Gasmangellage in Süddeutschland während einer extremen Kälteperiode. Durch den Ausfall von Gaslieferungen und geleerte Gasspeicher wurden im Übungsverlauf nicht nur Abschaltungen von industriellen Großverbrauchern, sondern auch von Krankenhäusern und Haushalten unvermeidbar. Die Auswirkungen erforderten ein koordiniertes Vorgehen. Es übten die für Energie zuständigen Behörden, die Gasversorgungsunternehmen und die Akteure im Bevölkerungsschutz. Während der Energiesektor Maßnahmen ergreifen musste, um den lebenswichtigen Bedarf der Bevölkerung mit Gas so lange wie möglich zu gewährleisten, fokussierte der Bevölkerungsschutz Aspekte der Auswirkungen, wie etwa die Notunterbringung und die medizinische Versorgung in betroffenen Regionen. Darüber hinaus gab es übergeordnete Übungsaspekte, die alle Akteure betrafen, wie beispielsweise eine abgestimmte Krisenkommunikation.

Die Phase des eigentlichen Übens nimmt nur wenige Tage in Anspruch. Ein Großteil der Erkenntnisse und des Übungsmehrwerts wird bereits in der Vorbereitungsphase des zweijährigen Projekts gewonnen; insbesondere, wenn die beteiligten Akteure an einen Tisch treten, ein Wissensaustausch zu dem jeweiligen Szenario erfolgt und sich übergreifende Netzwerke bilden. Die Übungserkenntnisse werden in einem Abschlussbericht festgehalten und sind auf der Homepage des BBK abrufbar.

---

schaftliche Dialog und die Sensibilisierung der Öffentlichkeit wie auch die Stärkung lokaler Katastrophenschutzstrukturen und der Selbsthilfefähigkeit der Bürger.

Katastrophenschutz auf EU-Ebene

Katastrophen können ein einzelnes Land schwer treffen, darüber hinaus aber auch mehrere Länder gleichzeitig. Auch können sie negative Sekundäreffekte für angrenzende oder eng miteinander

verwobene Länder auslösen (EU 2017b). Daher hat der Rat der Europäischen Union im Jahr 1987 die Einführung einer gemeinschaftlichen **Zusammenarbeit im Katastrophenschutz** (*civil protection*) beschlossen. Unter Berücksichtigung der Eigenständigkeit der Mitgliedsstaaten mit deren existierenden Regelungen und Ressourcen (Subsidiaritätsprinzip) wird eine stärkere Kooperation im Sinne von Austausch von Informationen, z. B. über das Hilfepotenzial der Mitgliedsstaaten, angestrebt. Außerdem wird die Basis für den Austausch von Personal im Rahmen von gemeinsamen Ausbildungen, vornehmlich Übungen, gelegt. Ziel ist eine gesteigerte Effektivität und Effizienz der Katastrophenbewältigung.

In den nachfolgenden Jahrzehnten entwickelte sich aus dieser Grundsatzentscheidung ein **Europäisches Hilfeleistungssystem,** das Einsatzteams, Ausrüstung und Hilfsgüter von Mitgliedsstaaten an den hilfesuchenden Mitgliedsstaat entsendet. Ein Meilenstein in dieser Entwicklung ist der Ratsbeschluss aus dem Jahr 2001, der das sogenannte „Gemeinschaftsverfahren" einführt: Es ist „jetzt erforderlich, bei Natur- und Technologiekatastrophen, Strahlenunfällen sowie Umweltkatastrophen [...], die sich innerhalb und außerhalb der Europäischen Union ereignen, den Schutz noch weiter zu verbessern [...]" (ABL 2001). Nicht nur die Koordination der gegenseitigen Hilfeleistung soll optimiert werden, auch der Vorsorge wird eine größere Bedeutung beigemessen. Der Rat beschloss u. a. ein Ausbildungsprogramm, die Einrichtung eines Notfallkommunikations- und Informationssystems und eines Beobachtungs- und Informationszentrums, welches Hilfeersuche innerhalb und außerhalb der EU entgegennimmt. International wahrgenommen wurde das EU-Verfahren das erste Mal im Jahr 2003 nach dem Erdbeben von Bam (Iran), gefolgt von weiteren Einsätzen 2004 (Tsunami Indischer Ozean) und 2005 (Hurrikan Katrina, USA; Billing 2015).

Mit einer Neufassung des Gemeinschaftsverfahrens im Jahr 2007 wurden operative Maßnahmen weiterentwickelt. Neben der Reaktion wurde erneut auf die Rolle der Prävention hingewiesen, wobei Detektions- und Frühwarnsysteme explizit angesprochen werden. Als Präventionsmaßnahme kann zudem die ebenfalls beschlossene Stärkung des EU-Ausbildungsprogramms gewertet werden (*European Civil Protection Training Programme*).

Ein weiterer Meilenstein ist die Zusammenlegung von humanitärer Hilfe und Katastrophenschutz im Jahr 2010 innerhalb der Generaldirektion *European Civil Protection and Humanitarian Aid Operations* (DG ECHO) mit dem Ziel, die zwischen beiden Bereichen schon existierenden Schnittstellen aufzugreifen und Synergien zu schaffen. Im Jahr 2013 wurde schließlich ein neues Rechtsinstrument verabschiedet, das **„Unionsverfahren"** (ABL 2013). Dieses stärkt erneut die Prävention, indem z. B. Expertenteams auch zur Beratung entsandt werden können. Weitere Veränderungen umfassen u. a. die Erweiterung des bestehenden **Beobachtungs- und Informationszentrums** (ERCC, Brüssel) und die Einrichtung von EU-Logistikzentren. Das Unionsverfahren kann nun direkt durch die Vereinigten Nationen und andere internationale Organisationen aktiviert werden.

Der europäische Katastrophenschutz hat sich stetig weiterentwickelt, was sich nicht nur an den Strukturen und Prozessen zeigt, sondern auch am Haushaltsbudget, das sich seit den 1980er-Jahren vervielfacht hat (Billing 2015). Die stetige Entwicklung des europäischen Katastrophenschutzes im Sinne einer verstärkten Kooperation zur Steigerung der Effektivität und Effizienz in der Reaktion, aber auch in der Prävention von Katastrophen ist begleitet von einer Debatte über die Vor- und Nachteile einer engeren Verzahnung. Die Vorteile liegen auf der Hand: Ressourcen werden gebündelt, es kann schneller reagiert werden und das gemeinsame Ausbildungsprogramm baut ein Netzwerk von Experten und Expertinnen auf, was allen Mitgliedsstaaten,

die Hilfe ersuchen, zugutekommt. Manche Mitgliedstaaten, wie etwa das ressourcenstarke Deutschland, befürchten jedoch, dass das **Subsidiaritätsprinzip,** was die eigenverantwortliche Vorhaltung von Ressourcen bedingt, ausgehöhlt wird. Auch kann die Einschätzung eines geringen Risikos, selber Schaden zu nehmen, zu einer eher abwehrenden Haltung gegenüber der Gemeinschaft führen. Im Kern kreist die Debatte um das Spannungsfeld zwischen Solidarität und Subsidiarität. Dieser Diskurs wird durch kontinuierliche Bestrebungen für mehr Vernetzung bestehen bleiben, wie z. B. der neuerliche Vorstoß zur **Vorbereitung eines Ressourcenpools** unter Kontrolle der Europäischen Union („rescEU"; EU 2017a). Abschließend kann festgestellt werden, dass der Professionalisierungsgrad des europäischen Katastrophenschutzes stetig zugenommen hat und seine Bedeutung für die EU und die internationale Gemeinschaft gestiegen ist und perspektivisch weiter steigen wird.

Internationale Strategie zur Katastrophenvorsorge

Angesichts verheerender Naturkatastrophen in den 1970er- und 1980er-Jahren riefen die Vereinten Nationen das Jahrzehnt von 1990–1999 zur „Internationalen Dekade zur Reduzierung von Naturkatastrophen" (*International Decade for Natural Disaster Reduction*, IDNDR) aus. Dadurch gewann die Katastrophenthematik international an Bedeutung. Einen wichtigen Beitrag dazu lieferte 1994 die **Weltkonferenz zur Reduzierung von Naturkatastrophen** und die dort verabschiedeten Richtlinien zur Verringerung von durch Naturgefahren ausgelösten Katastrophen (*Yokohama Strategy and Plan of Action for a Safer World*). Um die gesammelten Erfahrungen zu nutzen und laufende Projekte und Kooperationen nach Ablauf der Dekade weiterzuverfolgen, verabschiedeten die Mitgliedsstaaten der Vereinten Nationen die **Internationale Strategie zur Katastrophenvorsorge** (*International Strategy for Disaster Reduction*). Seitdem koordiniert das UNISDR-Sekretariat in Genf alle Aktivitäten der verschiedenen UN-Institutionen, die der Verringerung des Katastrophenpotenzials dienen. Ziel der Strategie ist es, das allgemeine Bewusstsein für die Bedeutung der Katastrophenvorsorge, vor allem als integrative Komponente von nachhaltiger Entwicklung, zu erhöhen und die Menschen zu befähigen, die Gefährdung der Gemeinschaft durch die Folgen von Katastrophen zu verringern (Briceño 2015).

Auf nationaler Ebene wurde bereits 1990 das **Deutsche IDNDR-Komitee zur Katastrophenvorbeugung** in Bonn eingerichtet, das seine Aktivitäten seit Abschluss der Internationalen Dekade unter dem Dach der UNISDR als „Deutsches Komitee Katastrophenvorsorge e. V." (DKKV) fortsetzt. Als nationales Kompetenzzentrum soll es das Thema des Katastrophenmanagements besser in das politische und gesellschaftliche Denken integrieren. Neben verschiedenen Dienstleistungsangeboten, praktischen Instrumenten und öffentlichen Kampagnen sind vor allem der Hyogo-Rahmenaktionsplan (HFA 2005–2015) und das Sendai-Rahmenwerk zur Katastrophenrisikoreduzierung (SFDRR 2015–2030) wichtige Instrumente, mit denen man die Katastrophenvorsorge auf lokaler und nationaler Ebene verbessern will (Abb. 30.9). So legt das aktuelle Sendai-Rahmenwerk Schwerpunkte und Maßnahmen fest, wie in den nächsten Jah-

Kapitel 30

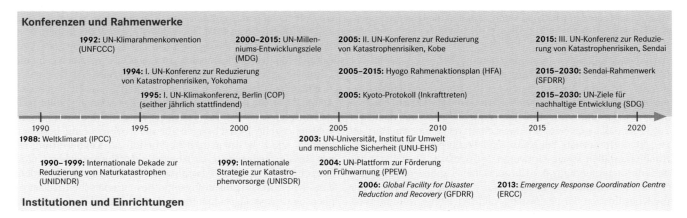

Abb. 30.9 Wichtige internationale Schritte für die Vorsorge und Anpassung an Risiken, Katastrophen und Klimawandel (verändert nach Weichselgartner 2013).

ren Katastrophenvorsorge sowohl in den weniger entwickelten Ländern als auch in den entwickelten Nationen gestaltet werden sollte (UNISDR 2015).

Globale Abkommen wie das Sendai-Rahmenwerk, die UN-Ziele zur nachhaltigen Entwicklung oder das Pariser Klimaabkommen wirken auch auf die politisch-administrativen und institutionellen Strukturen und Prozesse von Nationalstaaten. So wird derzeit die Implementierung des Sendai-Rahmenwerks auf europäischer und nationaler Ebene vorangetrieben (EU 2017b). Allerdings ist Katastrophenvorsorge in erster Linie die Aufgabe nationalstaatlicher Organe. In Deutschland wurde im April 2017 eigens eine **Nationale Kontaktstelle** beim Bundesamt für Bevölkerungsschutz und Katastrophenhilfe (BBK) eingerichtet. Sie soll einen Beitrag zur Umsetzung der Sendai-Richtlinien in Deutschland leisten und Politik, Wissenschaft, Wirtschaft und Zivilgesellschaft beratend unterstützen.

Nicht nur in Deutschland haben sich die Institutionen und Akteure der Katastrophenvorsorge in den vergangenen Jahren verändert. In Deutschland spielen ehrenamtliche Helfer zwar noch immer eine zentrale Rolle, aber auch hierzulande müssen die Hilfsorganisationen ihre Strukturen an die sich wandelnden Lebensverhältnisse anpassen und Strategien entwickeln, wie sie der sinkenden Anzahl an Freiwilligen begegnen. Der demographische Wandel und die Verbreitung von Kommunikationstechnologien und sozialen Medien sind nur zwei zentrale Elemente einer gesellschaftlichen Transformation, an die sich auch der Bevölkerungsschutz anpassen muss. Nicht zuletzt deshalb verweisen die Rahmenaktionspläne der Politik wie auch die wissenschaftliche Katastrophenforschung ausdrücklich auf die aktive Einbindung verschiedener gesellschaftlicher Akteure und Akteurinnen und Bevölkerungsgruppen.

Insofern ist es sinnvoll, die Verbindungen zwischen Risiken, dem Katastrophenmanagement und dem Klimawandel vorteilhaft zu nutzen und vorhandene Synergien zu verwenden (Kelman et al. 2016). Nur im **Zusammenwirken** können die jeweiligen Zielsetzungen im Sinne einer nachhaltigen Entwicklung effizient erreicht werden. Zwar hat man erkannt, dass der Kampf gegen die globale Erwärmung und das Eindämmen der Klimafolgen

ohne Handlungsstrategien und Richtlinien vonseiten der internationalen Politik genauso wenig möglich ist wie die Minderung der Risiken, aber bislang gibt es kaum Konzepte, wie gemeinsame Ziele organisatorisch und institutionell umgesetzt werden könnten. Analog zur *Sendai Framework for Disaster Risk Reduction* (SFDRR) stehen zwei grundsätzliche Ansätze im Mittelpunkt der internationalen Bemühungen: die Vermeidung und Minderung von klimaschädlichen Gasen (*mitigation*) und die Anpassung an die Folgen des Klimawandels (*adaptation*). Mit fortschreitendem Wissen über die zu erwartende Geschwindigkeit, die Ausprägungen und Auswirkungen des Klimawandels gewinnen insbesondere effektive Anpassungsmaßnahmen immer mehr an Bedeutung.

Der Weltklimarat (*Intergovernmental Panel on Climate Change*, IPCC) spielt für die Integration von wissenschaftlichem Wissen in den politischen Entscheidungskontext eine übergeordnete Rolle. Vor allem sein 2012 publizierter Sonderbericht „*Managing the risks of extreme events and disasters to advance climate change adaptation*" (SREX) verweist auf die zahlreichen Verbindungen und Verknüpfungspotenziale der Themenkomplexe „Klimawandel", „Risiken" und „Katastrophenmanagement".

30.4 Fazit und Ausblick

Die Untersuchung von Gefahren, Risiken und Katastrophen liefert wichtige Aufschlüsse über das Verhältnis von Gesellschaft, Technik und Natur. Dabei ist nur eine differenzierte und plurale Betrachtung aus unterschiedlichen fachlichen Perspektiven in der Lage, die relevanten Prozesse, ihre Kopplungen und Einflussfaktoren offenzulegen und angemessen zu bewerten. Trotz eines sich stabilisierenden taxonomischen Systems bleibt die Arbeit an den Begrifflichkeiten der Thematik erforderlich. Besondere Schwierigkeiten bestehen darin, komplexe und mehrdimensionale theoretische Konzepte, wie Vulnerabilität oder Resilienz, alltagstauglich zu bearbeiten und operationell umzusetzen. Die aktuellen und zukünftigen Veränderungen der Gesellschaft, Technologie und Umwelt führen zu modifizierten und neuen Risiken, deren wissenschaftliche Erklärung dringend geboten ist. Dem kontingenten Charakter von Gefahren, Risiken und Katastrophen ist dabei besondere Aufmerksamkeit zu schenken.

Der mit dem technologischen Fortschritt verbundene Daten- und Informationszuwachs hält nicht nur Entwicklungspotenziale für das operative Katastrophenmanagement bereit. Er ist auch mit einer Erzeugung von Nichtwissen verbunden. Die Wissensgenerierung produziert und reduziert kontinuierlich Handlungsmöglichkeiten und erzeugt komplexe Entscheidungslagen, in deren Folge sekundäre Unsicherheiten und sozial-kulturell produzierte Risiken entstehen.

Das administrativ-operative Katastrophenmanagement und der allgemeine Bevölkerungsschutz bilden eine der Komponenten der nationalen Sicherheitsarchitektur von Staaten. Ihr Aufbau und ihr Entwicklungsstand sind von den ökonomischen Möglichkeiten und politischen Zielsetzungen der Staaten abhängig. Ein Zusammenwirken von Wissenschaft, Management, Politik und Zivilgesellschaft bildet die Grundlage für die vorsorgenden und bewältigenden Aufgaben und Maßnahmen.

Literatur

ABL (2001) Entschließung des Rates vom 23. Oktober 2001 über ein Gemeinschaftsverfahren zur Förderung einer verstärkten Zusammenarbeit bei Katastrophenschutzeinsätzen. Amtsblatt der Europäischen Union L Nr. 297: 7–11

ABL (2013) Beschluss Nr. 1313/2013/EU des Europäischen Parlaments und des Rates vom 17. Dezember 2013 über ein Katastrophenschutzverfahren der Union. Amtsblatt der Europäischen Union L Nr. 347

Alexander DE (1993) Natural disasters. UCL Press, London

Alexander DE (2002) Principles of emergency planning and management. Terra Publishing, Harpenden

Alexander DE (2012) Models of social vulnerability to disasters. RCCS Annual Review 4, doi: 10.4000/rccsar.412

Aller D, Egli T (2009) PLANAT Glossar. Nationale Plattform für Naturgefahren PLANAT, Bern

Atteridge A, Remling E (2018) Is adaptation reducing vulnerability or redistributing it? WIREs Climate Change 9. DOI: 10.1002/wcc.500

Austrian Standards (2011) Integriertes Katastrophenmanagement: Benennungen und Definitionen. ÖNORM S 2304. Austrian Standards Institute, Wien

BABS (2014) Integrales Risikomanagement: Bedeutung für den Schutz der Bevölkerung und ihrer Lebensgrundlagen. Bundesamt für Bevölkerungsschutz, Bern, Schweiz

Banse G, Bechmann G (1998) Interdisziplinäre Risikoforschung: Eine Bibliographie. Westdeutscher Verlag, Opladen

BBK (2010) Neue Strategie zum Schutz der Bevölkerung in Deutschland. 2. Aufl. Bundesamt für Bevölkerungsschutz und Katastrophenhilfe, Bonn

BBK (2017) Leistungen für einen modernen Bevölkerungsschutz. Bundesamt für Bevölkerungsschutz und Katastrophenhilfe, Bonn

Beck U (1986) Risikogesellschaft: Auf dem Weg in eine andere Moderne. Suhrkamp, Frankfurt a. M.

Beck U (2007) Weltrisikogesellschaft: Auf der Suche nach der verlorenen Sicherheit. Suhrkamp, Frankfurt a. M.

Billing P (2015) Die Rolle des EU-Gemeinschaftsverfahrens in der internationalen Humanitären und Katastrophenhilfe. In: Bundesministerium für Landesverteidigung und Sport (Hrsg) Das humanitäre Experiment: Internationale humanitäre und Katastrophenhilfe aus der Sicht des Österreichischen Bundesheeres. BMLVS, Wien. 149–162

Briceño S (2015) Looking back and beyond Sendai: 25 years of international policy experience on disaster risk reduction. International Journal of Disaster Risk Science 6/1: 1–7

Bubeck P, Botzen WJW, Aerts JCJH (2012) A review of risk perceptions and other factors that influence flood mitigation behavior. Risk Analysis 32/9: 1481–1495

Burton I, Kates RW, White GF (1978) The environment as hazard. Oxford University Press, New York

Comfort L, Wisner B, Cutter S, Pulwarty R, Hewitt K, Oliver-Smith A, Wiener J, Fordham M, Peacock W, Krimgold F (1999) Reframing disaster policy: The global evolution of vulnerable communities. Global Environmental Change Part B: Environmental Hazards 1/1: 39–44

Cutter S, Boruff BJ, Shirley WL (2003) Social vulnerability to environmental hazards. Social Science Quarterly 84/2: 242–261

DFID (2011) Defining disaster resilience: A DFID approach paper. Department for International Development, London

Dikau R (2006) Komplexe Systeme in der Geomorphologie. Mitt. Österr. Geogr. Ges., 148: 125–150

Dikau R (2008) Katastrophen – Risiken – Gefahren: Herausforderungen für das 21. Jahrhundert. In: Kulke E, Popp H (Hrsg) Umgang mit Risiken: Katastrophen – Destabilisierung – Sicherheit. DGfG, Berlin. 47–68

Dikau R (2011) Grundlagen geomorphologischer Systeme. In: Gebhardt H, Glaser R, Radtke U, Reuber P (Hrsg) Geographie. Physische Geographie und Humangeographie. 2. Aufl. Spektrum Akademischer Verlag, Heidelberg. 352–363

Dikau R (2016) Naturkatastrophen – Sozialkatastrophen. Geographie aktuell und Schule 221: 4–13

Dikau R, Pohl J (2006) Naturgefahren und die Probleme der Grenzziehung. In: Kulke E, Monheim H, Wittmann P (Hrsg) GrenzWerte. Tagungsbericht und Wissenschaftliche Abhandlungen 55. Deutscher Geographentag Trier 2005. Deutsche Gesellschaft für Geographie, Berlin. 433–435

Dikau R, Weichselgartner J (2005) Der unruhige Planet: Der Mensch und die Naturgewalten. Wissenschaftliche Buchgesellschaft, Darmstadt

DKKV (2013) Risiko Lernen – Lehren – Leben. DKKV Publikationsreihe 49. Deutsches Komitee Katastrophenvorsorge e. V., Bonn

DKKV (Hrsg) (2015) Das Hochwasser im Juni 2013: Bewährungsprobe für das Hochwasserrisikomanagement in Deutschland. DKKV-Schriftenreihe Nr. 53. Deutsches Komitee Katastrophenvorsorge e. V., Bonn

Douglas M (1992) Risk and blame: Essays in cultural theory. Routledge, London

Douglas M, Wildavsky A (1982) Risk and culture: An essay on the selection of technical and environmental dangers. University of California Press, Berkeley

Egner H, Pott A (Hrsg) (2010) Geographische Risikoforschung: Zur Konstruktion verräumlichter Risiken und Sicherheiten. Steiner, Stuttgart

Eiser JR, Bostrom A, Burton I, Johnston DM, McClure J, Paton D, van der Pligt J, White MP (2012) Risk interpretation and action: a conceptual framework for responses to natural hazards. International Journal of Disaster Risk Reduction 1: 5–16

Elverfeldt KV (2012) Systemtheorie in der Geomorphologie. Problemfelder, erkenntnistheoretische Konsequenzen und praktische Implikationen. Steiner, Stuttgart

EU (2017a) Strengthening EU Disaster Management: rescEU – Solidarity with Responsibility. COM (2017) 773 final, 23.11.2017. Brüssel

EU (2017b) Overview of natural and man-made disaster risks the European Union may face. Publications Office of the European Union, Luxembourg

Fekete A, Fiedrich F (Hrsg) (2018) Urban disaster resilience and security: Addressing risks in societies. Springer, Berlin

Fekete A, Hufschmidt G (2018) Der menschliche Anteil an einer Katastrophe: Verwundbarkeit und Resilienz. Geographische Rundschau 7/8

Fekete A, Hufschmidt G (Hrsg) (2016) Atlas der Verwundbarkeit und Resilienz: Pilotausgabe zu Deutschland, Österreich, Liechtenstein und Schweiz. TH Köln, Köln, Bonn

Fekete A, Hufschmidt G, Kruse S (2014) Benefits and challenges of resilience and vulnerability for disaster risk management. International Journal of Disaster Risk Science 5/1: 3–20

Felgentreff C, Dombrowsky WR (2008) Hazard-, Risiko- und Katastrophenforschung. In: Felgentreff C, Glade T (Hrsg) Naturrisiken und Sozialkatastrophen. Spektrum, Heidelberg. 13–29

Felgentreff C, Glade T (Hrsg) (2008) Naturrisiken und Sozialkatastrophen. Spektrum, Heidelberg

Felgentreff C, Kuhlicke C, Westholt F (2012) Naturereignisse und Sozialkatastrophen. Schriftenreihe Sicherheit Heft 8. Forschungsforum Öffentliche Sicherheit, Berlin

Gallopin GC (2006) Linkages between vulnerability, resilience, and adaptive capacity. Global Environmental Change 16/3: 293–303

Geenen EM (2008) Katastrophenvorsorge – Katastrophenmanagement. In: Felgentreff C, Glade T (Hrsg) Naturrisiken und Sozialkatastrophen. Spektrum, Heidelberg. 225–239

Geenen EM (2010) Bevölkerungsverhalten und Möglichkeiten des Krisenmanagements und Katastrophenmanagements in multikulturellen Gesellschaften. Bundesamt für Bevölkerungsschutz und Katastrophenhilfe, Bonn

Geenen EM (2017) Krisenkommunikation. In: Karutz H, Geier W, Mitschke T (Hrsg) Bevölkerungsschutz: Notfallvorsorge und Krisenmanagement in Theorie in Praxis. Springer, Berlin. 306–310

Geier W (2017) Strukturen, Zuständigkeiten, Aufgaben und Akteure. In: Karutz H, Geier W, Mitschke T (Hrsg) Bevölkerungsschutz: Notfallvorsorge und Krisenmanagement in Theorie in Praxis. Springer, Berlin. 93–128

Geipel R (1982) Naturrisiken als neuer Fachaspekt der Geographie. Der Erdkundeunterricht 44: 9–32

Geipel R (1992) Naturrisiken: Katastrophenbewältigung im sozialen Umfeld. Wissenschaftliche Buchgesellschaft, Darmstadt

Geipel R (1997) Wahrnehmung von Risiken im Mittelrheinischen Becken. Geographische Rundschau 49/10: 605–608

Geipel R, Härta R, Pohl J (1997) Risiken im Mittelrheinischen Becken. Deutsche IDNDR-Reihe Nr. 4. Deutsches IDNDR-Komitee für Katastrophenvorbeugung, Bonn

Genzwürker H (2017) Medizinisches Krisenmanagement. In: Karutz H, Geier W, Mitschke T (Hrsg) Bevölkerungsschutz: Notfallvorsorge und Krisenmanagement in Theorie in Praxis. Springer, Berlin. 300–306

Gierer A (1998) Zufall und naturgesetzliche Notwendigkeit. In: Graevenitz v G, Marquard O (Hrsg) Kontingenz. Fink Verlag, München

Gross B, Weichselgartner J (2015) Modernes Risikomanagement: Zwischen Robustheit und Resilienz. Bevölkerungsschutz 1: 12–17

Helmerichs J, Karutz H, Geier W (2017) Psychosoziales Krisenmanagement. In: Karutz H, Geier W, Mitschke T (Hrsg) Bevölkerungsschutz: Notfallvorsorge und Krisenmanagement in Theorie in Praxis. Springer, Berlin. 285–300

Hufschmidt G (2011) A comparative analysis of several vulnerability concepts. Natural Hazards 58: 621–643

Hufschmidt G (2018) Verwundbarkeit und Resilienz: Konzepte für ein ganzheitliches Risiko- und Krisenmanagement. In: Scholtes K, Wurmb T, Rechenbach P (Hrsg) Risiko- und Krisenmanagement im Krankenhaus. Kohlhammer Verlag. 63–71

Hufschmidt G, Blank-Gorki V, Fekete A (2016) Wissen als Ressource: Bedarfe, Herausforderungen und Möglichkeiten im Bevölkerungsschutz. Notfallvorsorge 3: 19–25

Hufschmidt G, Dikau R (2013a) Bildung als Katastrophenvorsorge. In: Unger C, Mitschke T, Freudenberg D (Hrsg) Krisenmanagement – Notfallplanung – Bevölkerungsschutz. Duncker & Humblot, Berlin. 273–291

Hufschmidt G, Dikau R (2013b) Der berufsbegleitende Masterstudiengang „Katastrophenvorsorge und -management" (KaVoMa) der Universität Bonn. Der Landkreis – Zeitschrift für kommunale Selbstverwaltung 83: 588–589

Hufschmidt G, Fekete A (2018) Machbarkeitsstudie für einen Atlas der Verwundbarkeit und Resilienz (Atlas VR): Wissensmanagement im Bevölkerungsschutz. Veröffentlicht unter einer Lizenz der „Creative Commons"

IPCC (2012) Managing the risks of extreme events and disasters to advance climate change adaptation. A Special Report of Working Groups I and II of the Intergovernmental Panel on Climate Change. Cambridge University Press, Cambridge

IPCC (2014) Climate change 2014: Synthesis report. Cambridge University Press, Cambrigde

IRGC (2006) Risk governance: Towards an integrative approach. International Risk Governance Council, Geneva

Japp KP (1997) Die Beobachtung von Nichtwissen. Soziale Systeme 3/2: 289–312

Japp KP (2000) Risiko. Transcript Verlag, Bielefeld

Kaly UL, Pratt C, Mitchell J (2005) Building resilience in SIDS: the environmental vulnerability index. Final Report. SOPAC, UNEP

Karutz H (Hrsg) (2011) Notfallpädagogik: Konzepte und Ideen. Stumpf & Kossendey, Edewecht

Karutz H, Geier W, Mitschke T (Hrsg) (2017) Bevölkerungsschutz: Notfallvorsorge und Krisenmanagement in Theorie in Praxis. Springer, Berlin

Karutz H, Mitschke T (2018) Grundzüge und Handlungsfelder einer „Bevölkerungsschutzpädagogik". Notfallvorsorge 1: 1–10

Kasperson RE (ed) (2017) Risk conundrums: Solving unsolvable problems. Routledge, Abingdon

Kasperson RE, Renn O, Slovic P, Brown HS, Emel J, Goble R, Kasperson JX, Ratick S (1988) The social amplification of risk: A conceptual framework. Risk Analysis 8/2: 177–187

Kaufmann FX (1987) Normen und Institutionen als Mittel zur Bewältigung von Unsicherheit: Die Sicht der Soziologie. In: Bayerische Rückversicherung (Hrsg) Gesellschaft und Unsicherheit. VVW, Karlsruhe. 37–48

Kelman I, Gaillard JC, Lewis J, Mercer J (2016) Learning from the history of disaster vulnerability and resilience research and practice for climate change. Natural Hazards 82: 129–S143

Knight FH (1921) Risk, uncertainty, and profit. Hart, Schaffner & Marx, Boston

Krings S, Glade T (2017) Terminologische Normierungen und Diskussionen. In: Karutz H, Geier W, Mitschke T (Hrsg) Bevölkerungsschutz: Notfallvorsorge und Krisenmanagement in Theorie in Praxis. Springer, Berlin. 30–54

Krücken G (1997) Risikotransformation: Die politische Regulierung technisch-ökologischer Gefahren in der Risikogesellschaft. Westdeutscher Verlag, Opladen

Kuhlmann, M. (2009): Theorien komplexer Systeme: Nicht-fundamental und doch unverzichtbar? In: Bartels A, Stöckler M (2009) Wissenschaftstheorie. mentis, Paderborn. 307–328

Lindley DV (2006) Understanding uncertainty. Wiley, Hoboken

LUBW (2016) Leitfaden Kommunales Starkregenrisikomanagement in Baden-Württemberg. Landesanstalt für Umwelt, Messungen und Naturschutz Baden-Württemberg, Karlsruhe

Lübbe H (1993) Sicherheit: Risikowahrnehmung im Zivilisationsprozeß. In: Bayerische Rückversicherung (Hrsg) Risiko ist ein Konstrukt: Wahrnehmungen zur Risikowahrnehmung. Knesebeck, München. 23–41

Luhmann N (1991) Soziologie des Risikos. De Gruyter, Berlin

Mainzer K (2008) Komplexität. Fink, Paderborn

Maninger S (2013) Nichtstaatliche Akteure als Verursacher von Katastrophen: Eine Bedrohungsanalyse. In: Unger C, Mitschke T, Freudenberg D (Hrsg) Krisenmanagement – Notfallplanung – Bevölkerungsschutz. Duncker & Humblot, Berlin. 599–615

May AT, Sass H-M (2017) Verantwortungskulturen bei Triage, Endemie und Terror: Perspektiven einer Einsatzethik. In: Karutz H, Geier W, Mitschke T (Hrsg) Bevölkerungsschutz: Notfallvorsorge und Krisenmanagement in Theorie in Praxis. Springer, Berlin. 310–319

Mitschke T, Karutz H (2017) Aus-, Fort- und Weiterbildung im Bevölkerungsschutz. In: Karutz H, Geier W, Mitschke T (Hrsg) Bevölkerungsschutz: Notfallvorsorge und Krisenmanagement in Theorie in Praxis. Springer, Berlin. 153–166

Newton A, Weichselgartner J (2014) Hotspots of coastal vulnerability: a DPSIR analysis to find societal pathways and responses. Estuarine, Coastal and Shelf Science 140: 123–133

Nida-Rümelin J, Schulenburg J, Rath B (2012) Risikoethik. De Gruyter, Berlin

O'Riordan T, Rayner S (1991) Risk management for global environmental change. Global Environmental Change 1/2: 91–108

Perrow C (1987) Normale Katastrophen: Die unvermeidbaren Risiken der Großtechnik. Campus, Frankfurt a. M.

Pfister C (2002) Am Tag danach: Zur Bewältigung von Naturkatastrophen in der Schweiz 1500–2000. Haupt, Bern

Phillips JD (2003) Sources of nonlinearity and complexity in geomorphic systems. Progress in Physical Geography 27: 1–23

Pidgeon N, Kasperson RE, Slovic P (eds) (2003) The social amplification of risk. Cambridge University Press, Cambridge

Plattner H (2017) Führung und Leitung. In: Karutz H, Geier W, Mitschke T (Hrsg) Bevölkerungsschutz: Notfallvorsorge und Krisenmanagement in Theorie in Praxis. Springer, Berlin. 255–285

Pohl J (1998) Die Wahrnehmung von Naturrisiken in der „Risikogesellschaft". In: Heinritz G, Wiessner R, Winiger M (Hrsg) Nachhaltigkeit als Leitbild der Umwelt- und Raumentwicklung in Europa. Steiner, Stuttgart. 153–163

Polanyi M (1966) The tacit dimension. Doubleday, Garden City

Raška P (2015) Flood risk perception in Central-Eastern European members states of the EU: a review. Natural Hazards 79/3: 2163–2179

Rechenbach P (2017) Information, Warnung und Alarmierung der Bevölkerung. In: Karutz H, Geier W, Mitschke T (Hrsg) Bevölkerungsschutz: Notfallvorsorge und Krisenmanagement in Theorie in Praxis. Springer, Berlin. 247–255

Reez N (2013) Was heißt strategisches Krisenmanagement? In: Unger C, Mitschke T, Freudenberg D (Hrsg) Krisenmanagement – Notfallplanung – Bevölkerungsschutz. Duncker & Humblot, Berlin. 273–291

Renn O (2008) Risk governance: Coping with uncertainty in a complex world. Earthscan, London

Renn O (2015) Stakeholder and public involvement in risk governance. International Journal for Disaster Risk Science 6/1: 8–20

Renn O, Klinke A, van Asselt M (2011) Coping with complexity, uncertainty and ambiguity in risk governance: a synthesis. Ambio 40/2: 231–246

Renn O, Schweizer P-J, Dreyer M, Klinke A (2007) Risiko: Über den gesellschaftlichen Umgang mit Unsicherheit. Oekom, München

sciencespo.fr, www.sciencespo.fr/bibliotheque/en/nous-connaitre/nos-collections/dossiers-presse/26-avril-1986-catastrophe-Tchernobyl (Zugriff 14.12.2017)

Schneiderbauer S, Kruse S, Kuhlicke C, Abeling T (2016) Resilienz als Konzept in Wissenschaft und Praxis. In: Fekete A, Hufschmidt G (Hrsg) Atlas der Verwundbarkeit und Resilienz: Pilotausgabe zu Deutschland, Österreich, Liechtenstein und Schweiz. TH Köln, Köln, Bonn

Slovic P (ed) (2000) The perception of risk. Earthscan, New York

Smith K (2013) Environmental hazards: Assessing risk and reducing disaster. 6. Aufl. Routledge, London

Spiekermann R, Kienberger S, Norton J, Briones F, Weichselgartner J (2015) The disaster-knowledge matrix: reframing and evaluating the knowledge challenges in disaster risk reduction. International Journal of Disaster Risk Reduction 13: 96–108

Stadtentwässerungsbetriebe Köln (2016) Leitfaden für eine wassersensible Stadt- und Freiraumgestaltung in Köln. Empfehlungen und Hinweise für eine zukunftsfähige Regenwasserbewirtschaftung und für die Überflutungsvorsorge bei extremen Niederschlagsereignissen. Köln

Timmerman P (1981) Vulnerability, resilience and the collapse of society: A review of models and possible climatic applications. Institute of Environmental Studies, University of Toronto, Toronto

Turner BL II (2010) Vulnerability and resilience: coalescing or paralleling approaches for sustainability science? Global Environmental Change 4: 570–576

Turner BL II, Kasperson RE, Matson PA, McCarthy JJ, Corell RW, Christensen L, Eckley N, Kasperson JX, Luers A, Martello ML, Polsky C, Pulsipher A, Schiller A (2003) A framework for vulnerability analysis in sustainability science. PNAS 100/14: 8074–8079

Tversky A, Kahneman D (1974) Judgement under uncertainty: heuristics and biases. Science 185/4157: 1124–1131

Tyrna B, Assmann A, Fritsch K (2015) Starkregen-Risikomanagement in der Praxis. Korrespondenz Wasserwirtschaft 8/2: 102–107

UNDP (2004) Reducing disaster risk: A challenge for development. United Nations Development Programme, New York

Unger C, Mitschke T, Freudenberg D (Hrsg) (2013) Krisenmanagement – Notfallplanung – Bevölkerungsschutz. Duncker & Humblot, Berlin

UNISDR (2004) Living with risk: A global review of disaster reduction initiatives. United Nations International Strategy for Disaster Reduction, Geneva

UNISDR (2009) Terminology on disaster risk reduction. United Nations International Strategy for Disaster Risk Reduction, Geneva

UNISDR (2015) Reading the Sendai Framework for Disaster Risk Reduction 2015–2030. United Nations International Strategy for Disaster Risk Reduction, Geneva

Wachinger G, Renn O, Begg C, Kuhlicke C (2013) The risk perception paradox: implications for governance and communication of natural hazards. Risk Analysis 33/6: 1049–1065

WBGU (1993) Welt im Wandel: Grundstruktur globaler Mensch-Umwelt-Beziehungen. Economica, Bonn

WBGU (1999) Welt im Wandel: Strategien zur Bewältigung globaler Umweltrisiken. Springer, Berlin

Wehling P (2006) Im Schatten des Wissens? Perspektiven der Soziologie des Nichtwissens. UVK, Konstanz

Weichselgartner J (2001) Disaster mitigation: the concept of vulnerability revisited. Disaster Prevention and Management 10/2: 85–94

Weichselgartner J (2002) Naturgefahren als soziale Konstruktion: Eine geographische Beobachtung der gesellschaftlichen Auseinandersetzung mit Naturrisiken. Shaker, Aachen

Weichselgartner J (2006) Gesellschaftliche Verwundbarkeit und Wissen. Geographische Zeitschrift 94/1: 15–26

Weichselgartner J (2008) Hochwasserverwundbarkeit in Kantabrien, Spanien. In: Felgentreff C, Glade T (Hrsg) Naturrisiken und Sozialkatastrophen. Spektrum, Heidelberg. 325–336

Weichselgartner J (2013) Risiko – Wissen – Wandel: Strukturen und Diskurse problemorientierter Umweltforschung. Oekom, München

Weichselgartner J, Karutz H (2017) Erkenntnisgewinnung im Bevölkerungsschutz. In: Karutz H, Geier W, Mitschke T (Hrsg) Bevölkerungsschutz: Notfallvorsorge und Krisenmanagement in Theorie in Praxis. Springer, Berlin. 70–74

Weichselgartner J, Kelman I (2015) Geographies of resilience: challenges and opportunities of a descriptive concept. Progress in Human Geography 39/3: 249–267

Weichselgartner J, Pigeon P (2015) The role of knowledge in disaster risk reduction. International Journal of Disaster Risk Science 6/2: 107–116

Weichselgartner J, Truffer B (2015) From co-production of knowledge to transdisciplinary research: Lessons from the quest for producing socially robust knowledge. In: Werlen B (ed) Global sustainability, cultural perspectives and challenges for transdisciplinary integrated research. Springer, Berlin. 89–106

Weick KE, Sutcliffe KM (2007) Managing the unexpected: Resilient performance in an age of uncertainty. 2. Aufl. Jossey-Bass, San Francisco

White GF (1945) Human adjustment to floods: A geographical approach to the flood problem in the United States. Research Paper No. 29. Department of Geography, University of Chicago, Chicago

White GF, Kates RW, Burton I (2001) Knowing better and losing even more: the use of knowledge in hazard management. Global Environmental Change: Environmental Hazards 3/3-4: 81–92

Wildavsky A (1988) Searching for safety. Transaction Books, New Brunswick

Wisner B, Blaikie P, Cannon T, Davis I (2004) At risk: Natural hazards, people's vulnerability and disasters. 2. Aufl. Routledge, London

Weiterführende Literatur

Alexander DE (1993) Natural disasters. UCL Press, London

Dikau R, Weichselgartner J (2005) Der unruhige Planet: Der Mensch und die Naturgewalten. Wissenschaftliche Buchgesellschaft, Darmstadt

Felgentreff C, Glade T (Hrsg) (2008) Naturrisiken und Sozialkatastrophen. Spektrum, Heidelberg

Karutz H, Geier W, Mitschke T (Hrsg) (2017) Bevölkerungsschutz: Notfallvorsorge und Krisenmanagement in Theorie in Praxis. Springer, Berlin

Kasperson RE (eds) (2017) Risk conundrums: Solving unsolvable problems. Routledge, Abingdon

Renn O, Schweizer P-J, Dreyer M, Klinke A (2007) Risiko: Über den gesellschaftlichen Umgang mit Unsicherheit. Oekom, München

Weichselgartner J (2013) Risiko – Wissen – Wandel: Strukturen und Diskurse problemorientierter Umweltforschung. Oekom, München

Wisner B, Blaikie P, Cannon T, Davis I (2004) At risk: Natural hazards, people's vulnerability and disasters. 2. Aufl. Routledge, New York

Kapitel 30

Globaler Umweltwandel – globale Ressourcenknappheit

31

„Unberührte Natur", „Welt ohne uns", *„last of the Wild"* … in Naturschutzgebieten bleiben menschliche Eingriffe weitestgehend außen vor. Dieses Bild aus dem „Paparoa National Park" setzt damit ganz bewusst einen Kontrapunkt zu den von Destruktion und Virulenz gekennzeichneten nachfolgenden Themen (Foto: R. Glaser, 2009).

Kapitel 31

© Springer-Verlag GmbH Deutschland, ein Teil von Springer Nature 2020
H. Gebhardt et al. (Hrsg.), *Geographie*, https://doi.org/10.1007/978-3-662-58379-1_31

Im letzten Kapitel dieses Lehrbuchs werden einige besonders prekäre Leitthemen des globalen Wandels und der globalen Ressourcenknappheit, die im Schnittfeld von Umwelt und Gesellschaft liegen, aufgegriffen und im Sinn einer Synthese behandelt. Zu diesen Leitthemen zählen Klimawandel und Klimaschutz, Fragen der Biodiversität, Probleme um Wasser und Wassernutzung, Aspekte von Böden und Desertifikation, Zustand und Verschmutzung der Meere, Fragen zum Zustand der Wälder, aber auch zur Walddegradation sowie zur Nutzung fossiler Energien und mineralischer Rohstoffe. Für die Geographie als integrative und raumorientierte Wissenschaft gilt es dabei gerade die Verknüpfungen und verstärkenden Effekte in den Blick zu nehmen, die sich im Zusammenspiel von umweltbezogenen Risiken, geopolitischen und geoökonomischen Entwicklungen und gesellschaftlicher Ungleichheit in ihrer räumlichen Strukturiertheit ergeben. Die Komplexität dieser Themen erfordert eine multi-methodische Herangehensweise und eine skalenbezogene Perspektive. Konkret geht es darum, zu zeigen, wie sich komplexe, globale, multidimensionale Problemlagen in spezifischen sozial-ökologischen Kontexten auf unterschiedliche Art und Weise räumlich manifestieren und insbesondere in Resonanz mit lokalen Ausprägungen von Resilienz und Vulnerabilität treten. Anliegen dieses Kapitels ist es, neben einem allgemeinen Überblick über einzelne Ressourcenthematiken anhand von Fallbeispielen aufzuzeigen, dass Phänomene wie Umweltdegradation, Ressourcenknappheit und Klimawandel nicht als isolierte Phänomene verstanden werden können, sondern dass sich hier viele der Entwicklungen und Prozesse niederschlagen, die in den vorangegangenen Kapiteln dieses Buches behandelt wurden (z. B. Bevölkerungswachstum und Wanderungsprozesse, wirtschaftliche Ungleichheiten und deren Entwicklung, politisches Ringen um Macht und Raum, zeitliche Perspektiven). Das Kapitel verdeutlicht zugleich die Rolle der Geographie als Multiperspektivenfach.

31.1 Klimawandel und Klimaschutz

Rüdiger Glaser, Annika Mattissek, Hartmut Fünfgeld, Fabian Sennekamp, Cindy Sturm und Elke Schliermann-Kraus

Klima und globaler Wandel

Mittlerweile wird der durch den Menschen induzierte Klimawandel in Wissenschaft und Öffentlichkeit weitgehend als Fakt akzeptiert. Dabei ist der Klimawandel kein isoliertes Phänomen, sondern ist in vielfacher Hinsicht mit Gesellschaft und Umwelt gekoppelt, wie etwa mit der Wasserverfügbarkeit und -qualität, der Landschaftsdegradation, den Waldveränderungen und der Biodiversität. Klimawandel und Klimaschutz sind damit zentrale Themen des globalen Wandels mit vielfältigen Wechselwirkungen. Der Klimawandel ist aber nicht nur aufgrund des globalen Charakters des Klimasystems und seiner Verzahnung mit weiteren ökologischen und ressourcenbezogenen Themen ein **globales Problem**, sondern auch deswegen, weil seine Ursachen ebenso wie Möglichkeiten und Grenzen seiner Bekämpfung untrennbar mit Prozessen der Globalisierung, globalen Ungleichheiten und Machtverhältnissen verknüpft sind. Dies wird unmittelbar deutlich, wenn man Regionen, in denen ein Großteil von Treibhausgasen emittiert wird, den Teilen der Erde gegenüberstellt, welche die größten negativen Auswirkungen zu er-

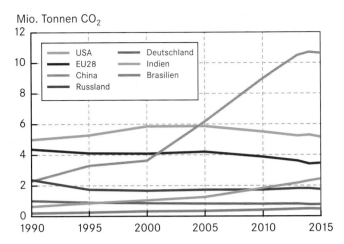

Abb. 31.1 Entwicklung der CO_2-Emissionen ausgewählter Länder/Ländergruppen (nach EDGAR v4.3.2 2016).

warten haben. So zeigt Abb. 31.1 CO_2-Emissionen ausgewählter Länder und macht damit deutlich, dass vor allem westliche Industrieländer hohe Emissionen aufweisen, die zudem über viele Jahrzehnte akkumuliert wurden. Gleichzeitig zeigt sie, dass rapide wachsende Ökonomien wie China und Indien in den letzten Jahrzehnten durch starke Emissionszuwächse gekennzeichnet sind. Die prognostizierten Auswirkungen des Klimawandels fallen regional sehr unterschiedlich aus und treffen vor allem in wirtschaftlich benachteiligten Ländern, die anteilig sehr viel weniger zum Klimawandel beigetragen haben als wohlhabende Nationen, oftmals auf geringe Anpassungsmöglichkeiten und eine deutlich größere Vulnerabilität der Bevölkerung (Füssel 2010). Diese Diskrepanzen liefern einen ersten Hinweis darauf, dass zum einen Klimaänderungen und Fragen des Klimaschutzes sehr eng mit sozialen und wirtschaftlichen Aspekten verknüpft sind, zum anderen je nach Betroffenheit und Grad der Verursachung aber auch sehr unterschiedliche politische Interessenslagen vorliegen.

Entsprechend dieser zwei eng miteinander verzahnten Problemlagen – Emission von Treibhausgasen einerseits und negative Auswirkungen des Klimawandels andererseits – haben sich in der **Klimapolitik** zwei zentrale Handlungsfelder etabliert: erstens die Verringerung des Ausstoßes von Treibhausgasen (engl. *climate change mitigation*), wie sie z. B. bei der Energieerzeugung sowie beim Einsatz von Energie in der industriellen Produktion, in der Landwirtschaft, im Verkehr und in Privathaushalten freigesetzt werden. Konkret geht es z. B. um die Vermeidung von Autofahrten durch verbesserten ÖPNV, den Umstieg auf Elektromobilität, die Wiederaufforstung anstatt fortschreitender Entwaldung und die Steigerung von Energieeffizienz, z. B. im produzierenden Gewerbe oder durch effektive Gebäudedämmung. **Klimaschutzmaßnahmen** umfassen sowohl Einschränkungen in der Nutzung fossiler Energien wie auch den Ausbau erneuerbarer Energien, was prominent derzeit im Rahmen der deutschen Energiewende verfolgt wird (Abb. 31.2). Gleichzeitig steht Klimaschutz im direkten Bezug zu Entwicklungsstrategien, die eine Abkehr von ressourcenintensivem hin zu ökologisch nachhaltigem Wirtschaften und Handeln beinhal-

Abb. 31.2 Beispiele für Klimaschutzmaßnahmen (verändert nach Musco 2009).

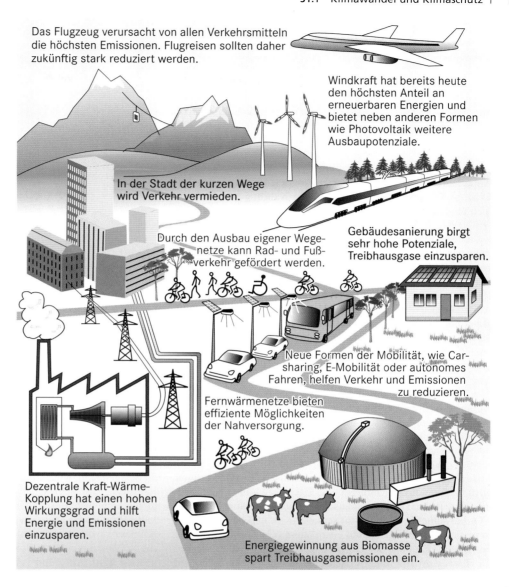

Das Flugzeug verursacht von allen Verkehrsmitteln die höchsten Emissionen. Flugreisen sollten daher zukünftig stark reduziert werden.

Windkraft hat bereits heute den höchsten Anteil an erneuerbaren Energien und bietet neben anderen Formen wie Photovoltaik weitere Ausbaupotenziale.

In der Stadt der kurzen Wege wird Verkehr vermieden.

Gebäudesanierung birgt sehr hohe Potenziale, Treibhausgase einzusparen.

Durch den Ausbau eigener Wegenetze kann Rad- und Fußverkehr gefördert werden.

Neue Formen der Mobilität, wie Carsharing, E-Mobilität oder autonomes Fahren, helfen Verkehr und Emissionen zu reduzieren.

Fernwärmenetze bieten effiziente Möglichkeiten der Nahversorgung.

Dezentrale Kraft-Wärme-Kopplung hat einen hohen Wirkungsgrad und hilft Energie und Emissionen einzusparen.

Energiegewinnung aus Biomasse spart Treibhausgasemissionen ein.

ten. Der Begriff der Nachhaltigkeit macht dabei deutlich, dass Maßnahmen des Klimaschutzes häufig in einem Spannungs- und Abwägungsverhältnis zu sozialen und ökonomischen Interessen stehen. Entsprechend werden im politischen Alltag klimapolitische Entscheidungen häufig mit dem Verweis auf die daraus resultierenden negativen Effekte für bestimmte Wirtschaftszweige oder soziale Gruppen abgelehnt.

Der zweite zentrale Bereich von Klimapolitik umfasst Maßnahmen zur **Anpassung an den Klimawandel**, also zur Abmilderung der bereits eingetretenen und zu erwartenden ökologischen, sozialen und wirtschaftlichen Folgen der Erderwärmung (engl. *climate change adaptation*). Besonders im Fokus stehen hier Anstrengungen, die Lebensgrundlagen der am stärksten betroffenen Bevölkerungsgruppen, vor allem in Ländern des Globalen Südens, zu erhalten. Arme und strukturell benachteiligte Bevölkerungsgruppen sind hier meist am stärksten von den Auswirkungen des Klimawandels betroffen –

beispielsweise durch Extremwetterereignisse wie Dürren, Starkregen oder Stürme, die landwirtschaftliche Erträge und damit das wirtschaftliche Überleben ganzer Haushalte gefährden können. Familien, die für ihren Lebensunterhalt auf Subsistenzlandwirtschaft angewiesen sind, weisen eine hohe Exposition und Sensitivität gegenüber Klimaveränderungen auf. Gleichzeitig besitzen sie aufgrund struktureller Armut nur begrenzte Anpassungskapazitäten. Klimawandelanpassung bedeutet hier insbesondere, Menschen zur klimasensitiven Weiterentwicklung landwirtschaftlicher Praktiken und zur Erschließung zusätzlicher Einkommensquellen zu befähigen, um ihre Vulnerabilität (Abschn. 8.17.) zu senken und die Resilienz gegenüber dem Klimawandel zu steigern. Aber auch in Ländern des Globalen Nordens werden bereits heute Maßnahmen ergriffen, um klimawandelbedingte Risiken und Schäden gering zu halten. Dazu gehören in Deutschland beispielsweise der Bau von Wasserrückhaltebecken zum Puffern der zunehmenden Starkregenabflüsse, der Ausbau des Küsten- und Hochwasserschutzes und der Katastrophenvorsorge sowie die Bewusstseinsbildung vor allem der städtischen Bevölkerung in Bezug auf angepasste Verhaltensweisen, z. B. bei Hitzewellen.

Minderungs- und Anpassungsmaßnahmen sind in vieler Hinsicht eng miteinander verzahnt. So spielen der Schutz und die Aufforstung von Wäldern eine wichtige Rolle beim Erhalt von durch den Klimawandel bedrohten Ökosystemen. Dies ist einerseits eine zentrale Minderungsmaßnahme, da vielfältige, leistungsfähige Ökosysteme wichtige CO_2-Senken darstellen, die Treibhausgase binden. Gleichzeitig können Wälder auch Teil von Anpassungsmaßnahmen sein, da sie in vielen Ländern der Erde wichtige Quellen zur Generierung von Nahrung und Einkommen über das Erschließen von sog. *non-timber forest products* (z. B. Pilze, Früchte, Waldweide, medizinisch genutzte Pflanzen, Kleintiere) bieten. In Städten führt die Schaffung oder Erweiterung von Parks, Grünzonen und Wasserflächen darüber hinaus zu einer Reduzierung städtischer Wärmeinseln und dadurch zur Verringerung von Hitzestress für die Bevölkerung (Abb. 31.3). Ein weiteres Beispiel für die Koppelung von Minderungs- und Anpassungsmaßnahmen ist die Verbesserung der **Energieeffizienz bei Gebäuden**, die nicht nur für geringere Treibhausgasemissionen während der winterlichen Heizperiode, sondern auch für ein besseres Innenraumklima in heißen Sommern sorgt und damit zur Reduzierung von Hitzestress bei den Bewohnern und Nutzern der Gebäude beiträgt. Diese Beispiele zeigen, dass durch kohärente Planung die Reduktion von Treibhausgasen mit weiteren positiven Effekten für Umwelt und Gesundheit verbunden werden kann, wie etwa eine geringere Schadstoff- und Lärmbelastung durch die relative Zunahme von Fahrradverkehr oder Autos mit Elektromotor.

In den genannten Beispielen spielen **technische Entwicklungen**, etwa im Bereich der Mobilität oder Energiegewinnung, eine bedeutende Rolle. Darüber hinaus werden auch Ansätze diskutiert, CO_2 bei seiner Entstehung zu sequestrieren und beispielsweise in geologischen Lagerstätten einzulagern (*Carbon Capture and Storage*, CCS) oder der Umgebungsluft zu entziehen (*carbon dioxide removal*). Einige Wissenschaftler untersuchen auch, wie das Klima auf eine künstliche Abschirmung von Sonnenlicht (*solar geoengineering*) reagieren würde. Entsprechende Verfahren sind jedoch aufgrund ihrer Unsicherheiten und Risiken sehr umstritten und können dazu verleiten, die dringend notwendige Verringerung der Emission von Treibhausgasen weiter aufzuschieben (Exkurs 31.1.).

Obwohl die Notwendigkeit, den globalen Klimawandel zu beschränken, wissenschaftlich gesichert und auch politisch mittlerweile sowohl international als auch auf nationaler Ebene weitgehend anerkannt ist, gestaltet sich die **Umsetzung von Maßnahmen** ausgesprochen schwierig – mitunter auch, weil hierzu drastische gesellschaftliche Veränderungen des individuellen Konsumverhaltens wie auch des globalen Wirtschaftssystems erforderlich sind. Dies hat dazu geführt, dass trotz jahrzehntelanger Warnungen und Appelle von Klimawissenschaftlern bislang keine grundsätzliche Trendwende in Bezug auf Emissionen herbeigeführt werden konnte. Neben gesellschaftlichen Aushandlungsprozessen und Konflikten erschweren auch die natürlichen Charakteristika des Klimasys-

Abb. 31.3 Baumpflanzaktion in Manila (Philippinen) zur Reduktion der globalen Erwärmung. Gleichzeitig werden damit auch positive Effekte wie die Minderung der städtischen Erwärmung, Filterung von Feinstaub, der Lärmschutz sowie eine ästhetische Aufwertung und die Sichtbarmachung dieses wichtigen Themenkomplexes erreicht (Foto: R. Glaser, 2015).

tems Entscheidungen darüber, wo und wie am besten Veränderungen herbeigeführt werden sollten. So ist das Klima immer durch erhebliche Schwankungen gekennzeichnet und Trends und Entwicklungen lassen sich vor allem über lange Zeiträume erkennen (Abschn. 8.13 und 8.14). Dies führt dazu, dass unmittelbare Ursache-Wirkungs-Effekte von Maßnahmen oft schwer zu belegen sind, was ihre Legitimation in politischen Aushandlungsprozessen schwächen kann. Über kürzere Zeiträume hingegen sorgen Wetterphänomene wie kühle Sommer oder sehr kalte Winter, die als „untypisch" oder „gegenläufig" für eine Klimaerwärmung gesehen werden, immer wieder dafür, dass die Notwendigkeit einer Bekämpfung des Klimawandels infrage gestellt wird. Aufgrund von **Trägheiten im globalen Klimasystem** tragen die vor vielen Jahrzehnten emittierten Treibhausgase weiterhin zum Fortschreiten der globalen Erderwärmung bei. Daher würde selbst eine rasante und drastische Verringerung des globalen Treibhausgasausstoßes noch über Jahrzehnte eine weitere Klimaerwärmung nach sich ziehen. Problematisch ist dies im politischen Alltag vor allem deswegen, weil Entscheidungen notwendig wären, die vom Planungshorizont her deutlich langfristiger ausgerichtet sind als Wahlperioden und auf kurzfristige Erfolge ausgerichtete Politiken. Mit diesen systemischen Unsicherheiten geht auch die Frage einher, bis zu welcher Erwärmung der Klimawandel noch in einem vertretbaren Rahmen beherrschbar erscheint.

Neben diesen natürlichen Faktoren haben **polit-ökonomische Aspekte** einen erheblichen Anteil an den zähen Fortschritten der Klimapolitik. Das grundsätzliche Dilemma besteht darin, dass zwar prinzipiell alle Länder zumindest langfristig von einer gemeinsamen Bekämpfung des Klimawandels profitieren würden und dass ein sofortiges Handeln auch deutlich billiger ist, als das Problem in die Zukunft zu vertagen (Stern 2006,

Exkurs 31.1 *Climate Engineering*: Lässt sich das Klima kontrollieren?

Thilo Wiertz

Der Mensch kann das globale Klima verändern. Kann er es auch kontrollieren? Spiegel im Weltall, Schwefelaerosole in der Stratosphäre und Dünger im Ozean sind einige jener Tekträume, die sich hinter den Begriffen Geoengineering oder auch *climate engineering* versammeln. Einige dieser Träume könnten bald Wirklichkeit werden – so sehen es die Optimisten. Einige dieser Träume sind Albträume – argumentieren Kritiker. Was ist dran an der grenzenlosen Kontrolle des Klimas?

Hoffnungen, Wetter und Klima zu manipulieren, reichen bis ins 19. Jahrhundert zurück, wie der Wissenschaftshistoriker James Fleming rekonstruiert (Fleming 2010). Große Feuer über den Vereinigten Staaten, so sagte damals der Meteorologe James Espy voraus, würden den atmosphärischen Wärmefluss verändern und Regen auslösen. Man bot Espy 50 000 US-Dollar, sollte es ihm gelingen, den Ohio River von Pittsburgh bis zum Mississippi über den Sommer hinweg schiffbar zu machen. Der Versuch misslang. Doch die Wettermacher ließen sich nicht unterkriegen. Noch im Vietnamkrieg versuchte das US-Militär über fünf Jahre hinweg, wichtige Transportrouten durch künstlichen Niederschlag zu unterbrechen. Über Erfolg oder Misserfolg gibt es widersprüchliche Meinungen.

Bis heute wird weltweit versucht, Niederschläge zu kontrollieren. Doch wie ist es um eine Veränderung des Klimas bestellt? Im Jahr 1965 erreichte ein Bericht den damaligen US-Präsidenten Johnson und wies auf die möglichen Gefahren einer erhöhten CO_2-Konzentration in der Atmosphäre hin. Der einzige Vorschlag zur Lösung des Problems: Reflektierende Bojen, auf dem Meer verteilt, würden das Klima abkühlen (Keith 2010). Der italienische Physiker Cesare Marchetti schlug 1976 vor, Kohlendioxid bei der Entstehung abzuscheiden und in der Tiefsee zu binden. Er war es auch, der den Begriff Geoengineering einführte (Marchetti 1976). Doch obwohl derartige Vorschläge über die Jahre immer wieder am Rande der populären Diskussion über den Klimawandel auftauchten, fanden sie (bislang) keine Beachtung in der internationalen Klimapolitik.

Seit 2006 lebt die Debatte allerdings wieder auf. Den Anstoß hierzu gab der Nobelpreisträger Paul Crutzen mit einem seither viel zitierten Aufsatz in der Zeitschrift *Climatic Change* (Crutzen 2006). Die Politik, so der Wissenschaftler, der für seine Arbeiten zum Ozonabbau ausgezeichnet wurde, stecke in einem Dilemma. Der Wunsch nach sauberer Luft sei nur zu erfüllen, wenn sich der Ausstoß von schädlichen Aerosolen in die Troposphäre verringere. Doch diese Aerosole kompensieren einen Teil des Treibhauseffekts, denn sie reflektieren Sonnenlicht zurück ins All. Zwar seien Emissionsreduktionen der bessere Weg aus diesem Dilemma, doch bislang habe die Politik diesbezüglich versagt. Wie also verhindern, dass sich die Erde unaufhaltsam erwärmt? Zum Vorbild könnte der philippinische Vulkan Pinatubo werden, dessen Ausbruch im Jahr 1991 Wissenschaftler genau verfolgen konnten. Das Material, vor allem Schwefel, das bis in die Stratosphäre katapultiert wurde, reichte aus, um die globalen Temperaturen für mehrere Jahre zu verringern. Der Effekt ließe sich imitieren: Flugzeuge, Artilleriegeschütze oder Ballons könnten, so die Idee, Schwefel in Höhen oberhalb von 15 km verteilen. Geoengineering, so Crutzen, müsse wieder in Betracht gezogen werden.

Eine Reihe von Wissenschaftlerinnen und Wissenschaftlern beschäftigt sich seither mit Geoengineering. Die unterschiedlichen Techniken lassen sich in zwei Kategorien ordnen (Schäfer et al. 2015). Änderungen der planetaren Albedo würden dafür sorgen, dass weniger Sonnenlicht die Erdoberfläche erreicht. Dies könnte beispielsweise gelingen, wenn Aerosole in der Stratosphäre verteilt, Wolken über dem Meer durch zusätzliche Kondensationskeime dichter, große Flächen an der Erdoberfläche weißer gemacht würden. Doch das Problem steigender CO_2-Konzentrationen wäre damit nicht gelöst: Zwar sänken die Oberflächentemperaturen im Schnitt, doch das Klima würde nicht einfach in seinen vorindustriellen Zustand zurückkehren. Im komplexen System wären die Auswirkungen global sehr unterschiedlich verteilt und die Folgen für regionale Wetter- und Klimasysteme schwer abzusehen. Nach wenigen Jahren müsste der Effekt zudem erneuert werden. Andere Folgen erhöhter Treibhausgaskonzentrationen, wie die Versauerung der Meere, blieben unberührt. Anders wäre es, wenn sich die atmosphärischen CO_2-Konzentrationen technisch verringern ließen. Dies ist das Ziel einer zweiten Gruppe von Vorschlägen: Kohlenstoffsequestrierung aus der Umgebungsluft (*carbon dioxide removal*). Auf physikalischem Weg, in „künstlichen Bäumen" (die optisch wenig mit ihrem natürlichen Pendant gemein haben), ist dies bereits heute möglich, wie Pilotversuche gezeigt haben (Jones et al. 2009). Neben der Wirtschaftlichkeit ist jedoch ebenso die Frage der endgültigen Speicherung ungeklärt. Auch eine biologische Sequestrierung, also die zusätzliche Produktion von Biomasse, stößt an Grenzen. Großräumige Aufforstungsprojekte stehen in Konkurrenz zur Produktion dringend benötigter Nahrungsmittel für eine steigende Weltbevölkerung. Eine Düngung des Ozeans vermag Algenblüten zu erzeugen, in denen CO_2 gebunden wird; würden die Algen absterben und auf den Meeresgrund sinken, wäre das Treibhausgas nachhaltig aus dem Kreislauf entfernt. Doch über Effektivität und Risiken solcher Eingriffe herrscht noch einige Ungewissheit.

Das wissenschaftliche Verständnis mariner Ökosysteme und ihrer Wechselwirkungen mit dem Klima ist bei Weitem nicht ausreichend, um Folgen großräumiger Eingriffe hinreichend abschätzen zu können. Bei der zuverlässigen Vorhersage

Kapitel 31

regionaler Klimaveränderungen durch eine veränderte Sonneneinstrahlung stoßen derzeitige Rechenmodelle zudem an Grenzen. Kritiker argumentieren daher, dass Geoengineering (und dessen Erforschung) ein gefährliches Experiment mit unserem Planeten sei. Befürworter halten dem entgegen, dass die Gefahren einer unkontrollierten globalen Erwärmung sehr viel bedrohlicher erscheinen. Eine künstliche Veränderung der Albedo böte vielleicht die letzte Chance, eine drohende Klimakatastrophe abzuwenden, beispielsweise, wenn ein rapides Abschmelzen des Grönlandeises drohe. Zudem schade es nichts, zum jetzigen Zeitpunkt mehr über Geoengineering in Erfahrung zu bringen – auch, um in einer Notsituation leichtfertige Blindflüge mit der Technik zu verhindern.

Doch wer hat die Macht und die Legitimität über Eingriffe in das globale Klima zu entscheiden? Die Sequestrierung von Kohlenstoff wirkt relativ langsam und ist mit hohen Kosten verbunden. Techniken zur Albedoveränderung könnten hingegen die Erde rasch abkühlen und einige von ihnen sind

preiswert zu haben – und genau darin liegt das Dilemma. Bislang war in der Klimapolitik ein Konsens notwendig, um wirksame Maßnahmen gegen die globale Erwärmung einzuleiten. Das ändert sich mit Geoengineering, denn Schwefelaerosole ließen sich auch von einzelnen Staaten (oder gar wohlhabenden Personen) in die Stratosphäre bringen. Wie ist zu verhindern, dass ein Land, das sich zunehmend vom Klimawandel bedroht wähnt, zu Geoengineering greift – ohne Rücksicht auf die grenzüberschreitenden Gefahren der Technik? Was, wenn Geoengineering den großen Klimasündern als billige Ausflucht dient, um die dringend notwendigen Veränderungen unseres Wirtschaftssystems weiter aufzuschieben? Während einige die Vereinten Nationen in der Verantwortung sehen, sich einer institutionellen Regulierung von Geoengineering anzunehmen, verweisen andere bereits auf das Primat nationaler Sicherheitsinteressen. Fakt ist: Das Thema wird die Klimadebatte der kommenden Jahre begleiten und hat durchaus das Potenzial, internationale Konfliktkonstellationen neu zu ordnen.

IPCC 2014). Gleichzeitig formulieren Robbins et al. (2010) in Anlehnung an das Gefangenendilemma der Spieltheorie aber eine Reihe von Hürden, die einer effektiven, gemeinsamen Problemlösung im Weg stehen: Erstens würde jedes Land relativ gesehen einen Nachteil erleiden, wenn es selbst die Emissionen senkt, andere Länder dies aber nicht tun. Zweitens machen es die regional sehr unterschiedlichen und teilweise unberechenbaren Effekte des globalen Klimawandels schwer, die Kosten von zukünftigen Klimaänderungen zu bestimmen. Und drittens ist es teilweise schwierig, die Emissionen von Ländern und der dort ansässigen Industrie von einer externen Warte aus zu überwachen. Vor diesem Hintergrund ist es nicht verwunderlich, dass die politischen Aushandlungsprozesse um Klimapolitik insbesondere auf der internationalen Ebene durch vielfältige Konflikte und ein zähes Ringen um eigene Vorteile gekennzeichnet sind.

Zusammengefasst lässt sich festhalten, dass der globale Klimawandel eine drängende Herausforderung für die Menschheit darstellt und seine Auswirkungen in fast allen Ökozonen bereits heute nachzuweisen und schon jetzt mit erheblichen gesellschaftlichen Kosten verbunden sind. Gleichzeitig ist der Klimawandel ein **multiskalares und multidimensionales Problem**, welches durch vielfältige natürliche, ökonomische, politische und soziale Einflussfaktoren gekennzeichnet ist. Politische Ansätze zur Bekämpfung des Klimawandels setzen entsprechend auf unterschiedlichen Maßstabsebenen an und beziehen so unterschiedliche Akteursgruppen wie Wissenschaftler, Nichtregierungsorganisationen, Politik und Verbände – aber letztendlich auch jeden Einzelnen – mit ein. Aushandlungsprozesse und Governance-Mechanismen greifen dabei in der Regel auf etablierte politische Institutionen wie z. B. die Organisationen der Vereinten Nationen und Organisationsstrukturen des Nationalstaates zurück. Dies ist auf der einen Seite hilfreich, weil dadurch etablierte Gremien, Strukturen und Kommunikationskanäle genutzt werden können, auf der anderen Seite wirft es aber auch Probleme auf, weil Klimawandel und Emissionen dadurch auf

Raumcontainer (z. B. Nationalstaaten, Städte etc.) projiziert werden. Konkret führt das dazu, dass in politischen Aushandlungsprozessen in aller Regel über **Emissionen von Ländern** gesprochen (und gestritten) wird, und nicht über Pro-Kopf-Emissionen. Entsprechend wird etwa China in der öffentlichen Debatte häufig als größter Klimasünder dargestellt, obwohl die Pro-Kopf-Emissionen hier – trotz enormer Wachstumsraten – noch unter denen von vielen europäischen Länder liegen und etwa halb so hoch sind wie die der USA (Abb. 31.4). Eine Reflexion über solche unterschiedlichen Darstellungsformen ist deswegen wichtig, weil sie zu unterschiedlichen Schlüssen darüber führen, welche Länder in welchem Maße Emissionen reduzieren müssen. Entsprechend fordern postkoloniale Autorinnen und Autoren eine Abkehr vom Denken in Raumcontainern, das in ökonomisch reichen Ländern Ängste vor einer Industrialisierung armer Länder schürt. Stattdessen sollte zwischen überlebenswichtigen Emissionen und Luxusemissionen unterschieden werden (Agarwal & Narain 1998).

Außerdem wird in einer raumbezogenen Darstellung häufig ein weiterer Aspekt übersehen: Viele Güter, bei deren Produktion Emissionen entstehen, werden nicht dort konsumiert, wo sie hergestellt werden. Reduktionen in den Emissionsbilanzen einzelner Länder sind daher oft wenig aussagekräftig, wenn die durch Konsum importierten Emissionen nicht mit einbezogen werden. Beispielsweise sind die Emissionen durch Tierhaltung in der Landwirtschaft in Deutschland in den letzten 10 Jahren in etwa gleich geblieben, die Importe von Fleisch und Fleischwaren hingegen um etwa 20 % gestiegen. Deutsche konsumieren also Fleisch auf Kosten der Emissionsbilanzen in den Erzeugerländern (UBA 2017, Statista 2018). Solche Zusammenhänge können über das Konzept des **CO_2-Fußabdrucks** sichtbar gemacht werden. Eine umfassende Studie zu der Frage, wie durch globalen Handel Emissionsbilanzen verändert werden, haben Tukker et al. 2014 vorgelegt. In dieser setzen sie den Ressourcenverbrauch mit den Handelsbeziehungen einzelner Länder in Zusammenhang (Abb. 31.5). Solche

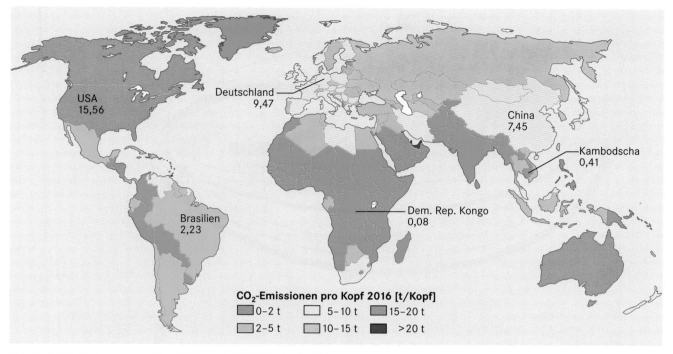

Abb. 31.4 CO_2-Emissionen pro Kopf 2016 (nach EDGAR v4.3.2 2016).

Darstellungen zeigen deutlich, dass Emissionsproduktionen und -reduktionen untrennbar mit Fragen des globalen Warenhandels, der Auslagerung von Warenproduktion in Billiglohnländer und der Veränderung von Konsummustern durch kulturelle Globalisierung verbunden sind. Sie lassen sich aber auch auf andere räumliche Einheiten übertragen: Beispielsweise könnte man auch auf der Ebene von Kommunen die Frage stellen, wie „grün" diese sind, wenn hier zwar lokal deutliche Emissionsreduktionen erzielt werden, die Bevölkerung aber über externalisierte Emissionen trotzdem in vielen Bereichen Güter konsumiert, deren Emissionen jenseits der Stadt- oder Gemeindegrenzen produziert wurden.

Diese Zusammenhänge gilt es im Kopf zu behalten, wenn im Folgenden die zentralen Ebenen und zeitlichen Entwicklungen des globalen Klima-Governance-Systems und die darin bestehenden Aushandlungen und Themenfelder dargestellt werden.

Umwelt- und Klimapolitik werden auf sehr unterschiedlichen Maßstabsebenen organisiert und umgesetzt, wobei die Beziehungen zwischen diesen Ebenen durch vielfältige Abhängigkeitsbeziehungen und **Wechselwirkungen** gekennzeichnet sind. Die Frage, welche klimapolitischen Herausforderungen auf welcher Skala am besten angegangen werden können, ist immer wieder Gegenstand vielfältiger Diskussionen. Im Folgenden werden zunächst auf globaler Ebene klimapolitische Ziele im Überblick vorgestellt und gezeigt, über welche politischen, administrativen und finanziellen Instrumente globale Klimapolitik ausgehandelt und umgesetzt wird. Daran anschließend wird am Beispiel der EU und der Bundesrepublik Deutschland gezeigt, wie diese in europäische und nationale Strategien übersetzt und insbesondere kommunale Akteure adressiert werden.

Globaler Klimaschutz

Eine anthropogen veränderte chemische Zusammensetzung der Atmosphäre und ein davon ausgelöster Wandel des Weltklimas wurden bereits seit den späten 1950er-Jahren vermutet. Dennoch gibt es erst seit der Gründung des IPCC 1988 einen zwischenstaatlichen Ausschuss, welcher die Forschungen zu den Folgen des Klimawandels zusammenbringt und für politische Entscheidungsträger zusammenfasst (Exkurs 31.2). Grundlage für die internationalen Verhandlungen über Klimaschutz bildet die auf den Ergebnissen des IPCC basierende und 1992 beschlossene **Klimarahmenkonvention** (*United Nations Framework Convention on Climate Change*, UNFCCC). Zum ersten Mal wurde damals in Artikel 2 als Ziel festgeschrieben, „die Stabilisierung der Treibhausgaskonzentrationen in der Atmosphäre auf einem Niveau zu erreichen, auf dem eine gefährliche anthropogene Störung des Klimasystems verhindert wird". Inzwischen haben nahezu alle Staaten der Erde (bis 2017: 197 Länder) die Vereinbarung unterzeichnet. Mit dem 1997 beschlossenen und 2005 in Kraft getretenen **Kyoto-Protokoll** wurden erstmals völkerrechtlich verbindliche CO_2-Reduktionsziele für die Vertragsstaaten bis 2012 festgelegt. Die Inhalte des Kyoto-Protokolls spiegeln in vielerlei Hinsicht die Komplexität und Widersprüchlichkeit der vorhandenen Interessenlagen in Bezug auf den globalen Klimaschutz wider. Grundsätzlich ist das Abkommen sehr flexibel gehalten, das heißt, es ermöglicht Anpassungen auf der Basis neuer wissenschaftlicher Erkenntnisse oder technologischer Entwicklungen. Ein weiterer zentraler Punkt waren die Interessenkonflikte zwischen wohlhabenden Ländern mit hohen Pro-Kopf-Emissionen (z. B. europäische Länder und die USA) und ärmeren Ländern, vor allem solchen mit großer Bevölkerung aber (relativ) geringen

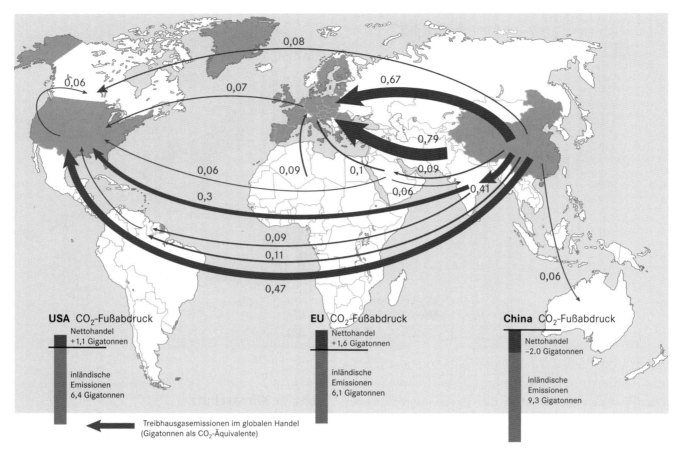

Abb. 31.5 Treibhausgasemissionen im globalen Handel anhand ausgewählter Länder und Regionen. „Nettohandel" bezeichnet dabei die Differenz zwischen bei der Produktion von importierten Waren entstandenen Emissionen und den bei der Produktion von exportierten Waren entstandenen Emissionen (verändert nach Tukker et al. 2014).

Pro-Kopf-Emissionen. Als Kompromiss einigten sich die Regierungen auf das Bekenntnis zu *„common but differentiated responsibilities"*, also einer gemeinsamen Verantwortung, die allerdings je nach Land unterschiedlich ausfällt. Konkret wurde zwischen sog. Annex-I-Ländern und Annex-II-Länder unterschieden. Als Annex-I-Länder (bzw. Annex-B-Länder) wurden wohlhabende Industrie- und Post-Industrieländer bezeichnet, die zu Emissionsreduktionen verpflichtet wurden (alle Länder der OECD sowie die ehemals sozialistischen Staaten Osteuropas). Zu den Annex-II-Ländern gehörten hingegen nur die OECD-Staaten. Diese verpflichteten sich zusätzlich zu besonderen Unterstützungsleistungen für Entwicklungsländer. Nicht-Annex-I-Länder, wozu neben den Entwicklungsländern auch Aufsteiger wie China und Indien zählten, mussten sich im Kontext des Kyoto-Protokolls nicht zu Emissionsreduktionen verpflichten.

Zum Inkrafttreten des Abkommens war eine **Ratifizierung** von mindestens einer Zahl von Ländern, die gemeinsam für 55 % der CO_2-Emissionen verantwortlich sind, notwendig. Die USA entschieden sich (trotz der Unterzeichnung des Kyoto-Protokolls im Jahr 1998) gegen eine Ratifizierung, da sie die Ausnahme bevölkerungsreicher, ökonomisch schnell wachsender Länder kritisierten und ökonomische Nachteile befürchteten. Da die USA im Jahr 1990 für 36 % der Treibhausgasemissionen verantwortlich waren, führte dies dazu, dass die Ratifizierung durch Russland zwingend erforderlich wurde, um die notwendigen 55 % der weltweiten Emissionen abzudecken. Russland, mit seinen riesigen Waldgebieten, nutzte seine dadurch verbesserte Verhandlungsposition, um auch die Berücksichtigung bestehender Wälder als Kohlenstoffsenken im Abkommen durchzusetzen (Robbins et al. 2010). Nach Ablauf der 1. Reduktionsperiode von 2008–2012 gaben jedoch Russland, Kanada und Japan bekannt, dass sie für eine weitere Verlängerung des Kyoto-Protokolls bis 2020 nicht zur Verfügung stehen (Abb. 31.6).

Ein weiteres Set an Regelungen, die vor allem die Interessen wohlhabender Länder mit hohem technologischen Entwicklungsstand widerspiegeln und auch von den USA stark unterstützt wurden, sind die flexiblen **marktwirtschaftlichen Mechanismen** des Kyoto-Protokolls (Exkurs 31.3). Deren Ziel ist es, die Kosten der Klimapolitik möglichst gering zu halten, indem Emissionsreduktionen dort durchgeführt werden, wo diese am günstigsten sind bzw. wo mit einem bestimmten Kapitalaufwand das Maximum an Einsparungen erreicht werden kann.

Exkurs 31.2 *Intergovernmental Panel on Climate Change* (IPCC)

Wissenschaftlich basiert globale Klimapolitik wesentlich auf der Arbeit des 1988 gegründeten *Intergovernmental Panel on Climate Change* (IPCC), das alle 5 bis 6 Jahre den Stand der Forschung zum Klimawandel zusammenfasst. Eine Besonderheit dieses Sachverständigenrats ist, dass er explizit zwischenstaatlich ist und Experten und Expertinnen aus über 100 Ländern an der Erstellung beteiligt sind. Diese werden von den Regierungen bzw. Verwaltungen der Mitgliedsländer des UN-Umweltprogramms UNEP und der Weltorganisation für Meteorologie (WMO) rekrutiert. Über die endgültige Zusammensetzung entscheidet das IPCC-Bureau. Im höchsten Entscheidungsgremium des IPCC, dem IPCC-Plenum, sitzen neben Wissenschaftlern und Wissenschaftlerinnen auch politische Vertreter und Vertreterinnen der beteiligten Regierungen.

Das IPCC ist in drei Arbeitsgruppen unterteilt, die Berichte zu unterschiedlichen Aspekten erarbeiten: Arbeitsgruppe 1 (*Science of Climate Change*) setzt sich aus Vertreterinnen und Vertretern unterschiedlicher Naturwissenschaften zusammen und fasst die physikalisch-naturwissenschaftlichen Grundlagen der Veränderungen des Klimasystems zusammen. Arbeitsgruppe 2 (*Impact, Adaptation and Vulnerability*) besteht vor allem aus Ökonomen und Ökologen und trägt Forschungen zu den klimawandelbedingten Auswirkungen, Ver-

wundbarkeiten und Anpassungsmöglichkeiten zusammen. Die von Ingenieuren und Ökonomen dominierte Arbeitsgruppe 3 (*Mitigation of Climate Change*) ist den Möglichkeiten zur Minderung des Klimawandels gewidmet. Die disziplinäre Zusammensetzung ebenso wie die Nachfrage politischer Entscheidungsträger nach Zahlen, Daten und Fakten führt dazu, dass qualitative Argumente, die sich z. B. auf den Einfluss von Klimaschutzstrategien auf gesellschaftliche Verhältnisse beziehen, tendenziell ausgeblendet werden (Krüger et al. 2016).

Neben der multinationalen Zusammensetzung ist das IPCC insbesondere durch seine Rolle als Vermittler zwischen Wissenschaft und Politik gekennzeichnet. Einerseits gelten die üblichen wissenschaftlichen Standards (*Peer-Review*-Verfahren, Angabe von Wahrscheinlichkeiten bei Prognosen etc.), andererseits sind vor allem die den Berichten vorangestellten „Zusammenfassungen für Entscheidungsträger" oft Ergebnis eines zähen Ringens um Formulierungen durch die beteiligten Regierungsvertreter (Beck 2009, Krüger 2016). Diese Auseinandersetzungen um die Selektion von Inhalten und die Formulierung von Problemen zeigen, dass diese häufig bestimmte Entscheidungen und Prioritätensetzungen legitimieren und sich entsprechend die nationalen Interessen der beteiligten Regierungen deutlich unterscheiden können (Krüger et al. 2016).

Insgesamt wird an diesen Debatten um das Kyoto-Protokoll und seine Mechanismen deutlich, dass die Frage, welche Mechanismen des Klimaschutzes als förderungswürdig und legitim gelten, eng mit den Interessen und Verhandlungspositionen der beteiligten Länder verknüpft sind. Sie zeigen auch, dass bestimmte Ziele, wie etwa eine generelle Abkehr vom **ökonomischen Wachstumsparadigma**, nicht im Bereich des Möglichen sind und sich die verhandelten Maßnahmen entsprechend auf Lösungsansätze beschränken, die bestehende gesellschaftliche und ökonomische Ordnungen nicht grundsätzlich infrage stellen. Auch aus diesem Grund gilt die UNFCCC international als relativ schwache Institution. Dies wird insbesondere im Vergleich mit Institutionen wie der Welthandelsorganisation WTO deutlich, die – unter weitgehender Nichtbeachtung ökologischer und sozialer Effekte – den globalen Handel massiv liberalisiert hat und damit viel größere Auswirkungen auf gesellschaftliche Naturverhältnisse hat als viele Maßnahmen der globalen Klimapolitik (Brand & Görg 2016).

Die Verhandlungen um ein Post-Kyoto-Abkommen mündeten nach längeren Aushandlungsprozessen schließlich im Jahr 2015 im vereinbarten **Klimaschutzübereinkommen von Paris**. Dort einigten sich alle 195 Mitgliedsstaaten darauf, den Anstieg der Erdtemperatur auf deutlich unter 2 °C und, wenn möglich, auf 1,5 °C gegenüber der vorindustriellen Zeit zu begrenzen. Bis September 2017 hatten insgesamt 160 Staaten das Abkommen ratifiziert, darunter die beiden Staaten mit dem größten Treibhausgasausstoß: China und die USA. Der Vertrag trat verein-

barungsgemäß 2016 in Kraft, nachdem 55 Staaten mit insgesamt 55 % der weltweiten Emissionen den Vertrag ratifiziert hatten.

Inhaltlich wurde im Pariser Abkommen die Zweiteilung der Welt in Industrie- und Entwicklungsländer weitgehend aufgehoben. Im Zuge dessen wurden alle Vertragsstaaten aufgefordert, ihre nationalen Zielsetzungen im Klimaschutz für die Zeit nach 2020 zu veröffentlichen. Ein großer Teil der Staaten folgte diesem Aufruf und legte freiwillige Zusagen nationaler Klimaschutzmaßnahmen vor (sog. *Intended Nationally Determined Contributions*, INDCs). Diese Absichtserklärungen wurden mit der Ratifizierung des Pariser Klimaschutzübereinkommens zu nationalen Zielvereinbarungen (*Nationally Determined Contributions*, NDCs). Allerdings reichen die darin formulierten Zusagen und Absichtserklärungen mit großer Wahrscheinlichkeit nicht aus, um die globale Erwärmung auf unter 2 °C bis 2100 zu reduzieren (Abb. 31.7). Für die Einhaltung der Zwei-Grad-Grenze sind demnach deutlich ambitioniertere Klimaschutzmaßnahmen erforderlich (Climate Action Tracker 2016).

Ein herber Rückschlag für das Pariser Klimaschutzübereinkommen war der im Juni 2017 von Donald Trump verkündete **Rückzug der USA** aus dem Abkommen. Mit dieser Entscheidung folgte er seinem Versprechen im Wahlkampf, Industrie, Energieerzeugung und die Beschäftigten in den USA vor vermeintlichen Hemmnissen durch Klimaschutzmaßnahmen zu schützen. Interessant ist allerdings, dass dadurch keineswegs sämtliche Klimaschutzinitiativen in den USA gestoppt wurden.

Kapitel 31

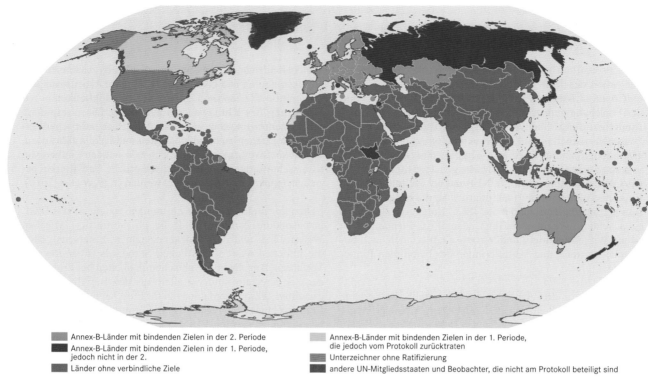

Annex-B-Länder mit bindenden Zielen in der 2. Periode

Annex-B-Länder mit bindenden Zielen in der 1. Periode, jedoch nicht in der 2.

Länder ohne verbindliche Ziele

Annex-B-Länder mit bindenden Zielen in der 1. Periode, die jedoch vom Protokoll zurücktraten

Unterzeichner ohne Ratifizierung

andere UN-Mitgliedsstaaten und Beobachter, die nicht am Protokoll beteiligt sind

Abb. 31.6 Unterzeichnerländer des Kyoto-Protokolls nach unterschiedlichen Statusgruppen.

Exkurs 31.3 Marktwirtschaftliche Mechanismen des Kyoto-Protokolls

Die marktwirtschaftlichen Mechanismen des Kyoto-Protokolls umfassen drei Instrumente: Der *Clean Development Mechanism* (CDM) ermöglicht es Annex-I-Ländern, einen Teil ihrer Emissionsreduktionen in Entwicklungsländern vorzunehmen und für diese Reduktionen zusätzliche Emissionslizenzen zu erhalten. Über den *Joint-Implementation*-Mechanismus ist es Annex-I-Staaten zudem erlaubt, Reduktionen in anderen Industriestaaten zu realisieren, um so weitere Emissionsrechte zu erhalten. Beim Emissionshandel wird eine Gesamtmenge zulässiger Emissionen beschlossen (engl. *cap*). Für die unterhalb dieser Obergrenze liegenden Emissionen werden handelbare Rechte, sog. Emissionszertifikate, verkauft. Diese „Verschmutzungsrechte" können Unternehmen, die im Rahmen ihrer Produktionen Treibhausgase erzeugen, auf eigens dafür geschaffenen, nationalen oder internationalen Handelsplätzen erwerben oder auch wieder verkaufen. Der Emissionshandel schafft somit Anreize zur Reduzierung von Emissionen auf Unternehmensebene, denn je weniger Emissionsrechte ein Unternehmen benötigt, desto kostengünstiger ist die Produktion – vorausgesetzt, alle in einem Markt operierenden Unternehmen unterliegen dem gleichen Emissionshandelssystem.

Aus der Perspektive der Politischen Ökologie entsteht durch die Einführung dieser flexiblen Marktmechanismen ein neues Wirtschaftsgut (*carbon credits*), welches Länder des Globalen Nordens und Südens durch ein komplexes Gefüge aus Technologien, Institutionen und Diskursen miteinander verbindet. Um die positiven und negativen Effekte von Emissionsreduktionsprojekten für die teilnehmende Bevölkerung zu bestimmen, bedarf es daher einer differenzierten Analyse der Machtverhältnisse zwischen Akteuren und Institutionen auf unterschiedlichen Maßstabsebenen. Bumpus & Liverman (2011) illustrieren die unterschiedlichen Effekte von Projekten des *Clean Development Mechanism* anhand von zwei Beispielen, welche die unterschiedlichen Möglichkeiten der Kontrolle und Messung sowie die positiven und negativen Effekte von Emissionseinsparungen in Abhängigkeit von den eingesetzten Technologien verdeutlichen. So lassen sich Einsparungen des Gases HFC-23, welches als Nebenprodukt bei der Herstellung von Teflon anfällt, sehr gut messen und dessen Abscheidung im Produktionsprozess ist relativ unproblematisch umsetzbar. Gleichzeitig entstehen keine positiven sozialen Folgeeffekte und im schlimmsten Fall sogar Anreize, zunächst mehr HFC-23 zu produzieren, um anschließend für die Abscheidung finanziell entlohnt zu werden. Dezentrale Projekte zur Verbesserung von Kochgeräten lokaler Bevölkerungsgruppen (*cookstoves*) verbessern hingegen die Lebensbedingungen der teilnehmenden Haushalte, sind jedoch in Bezug auf die Emissionsreduktionen deutlich schwerer quantifizierbar und wurden daher erst sehr viel später als im Rahmen von CDM-Projekten als finanzierbar anerkannt (Bumpus & Liverman 2011).

Neben diesen projektspezifischen und kontextabhängigen Auswirkungen auf die lokale Bevölkerung werden an den marktwirtschaftlichen Instrumenten auch einige übergreifende Punkte kritisiert. So bieten flexible Marktmechanismen Industrieländern die Möglichkeit, sich gewissermaßen aus ihren Verpflichtungen zur Reduktion von Treibhausgasen „freizukaufen" und durch diesen *„spatial fix"* mögliche negative Effekte für die eigene Wirtschaft abzuwenden. Dadurch verringern sie gleichzeitig die Anreize für Veränderungen des Lebensstils, einen Effekt, den Bumpus & Liverman (2011) als *„carbon colonialism"* bezeichnen. Auf der praktischen

Ebene ist zudem die Additionalität der Maßnahmen schwer bestimmbar: Einer der größten Kritikpunkte an CDM-Projekten ist, dass diese perverse Anreize für potenzielle Empfängerländer von CDM-Projekten setzen, bereits geplante Projekte zu Emissionsreduktion auf Eis zu legen, um nicht möglichen Investitionen zuvorzukommen (Bumpus & Liverman 2011). Zudem drohen „Mitnahmeeffekte", das heißt, es ist kaum nachprüfbar, ob die Maßnahmen zusätzlich ergriffen wurden, oder ob die Treibhausgasreduktionen nicht sowieso stattgefunden hätten, da die Investition auch ohne zusätzliche Mittel aus dem CO_2-Handel lohnend gewesen wäre. Geographische Forschungen können dazu beitragen, die teilweise unerwarteten und unintendierten Effekte in konkreten Kontexten zu analysieren und damit politische Adaptionen zu ermöglichen.

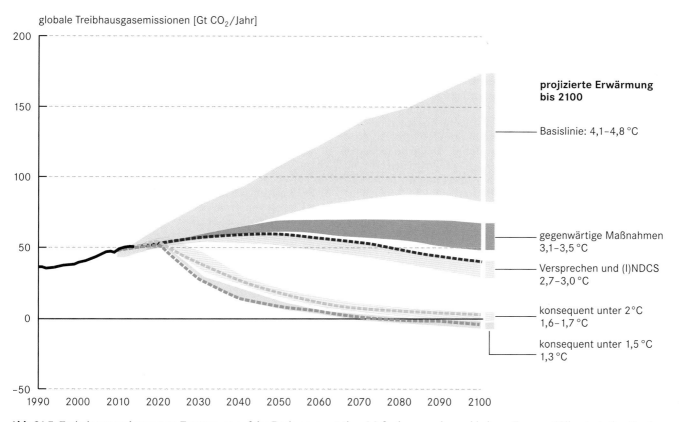

Abb. 31.7 Emissionen und erwartete Erwärmung auf der Basis gegenwärtiger Maßnahmen und verschiedener Zusagen (Climate Action Tracker 2018).

Vielmehr zeigt sich gerade in vielfachen Positionierungen und Aktionen substaatlicher Entitäten in den USA, dass Klimaschutz oftmals nicht einfach „top down" vom Nationalstaat verordnet funktioniert, sondern sich auf unterschiedlichen Maßstabsebenen konstituiert. Ein Beispiel hierfür ist das Bündnis *America's Pledge*, ein Zusammenschluss von 250 Städten und Landkreisen sowie neun US-Bundesstaaten und 1700 Unternehmen – darunter Amazon, Apple, Facebook, Google und Microsoft –, die

sich dazu bekannt haben, weiterhin aktiv für den Klimaschutz einzustehen.

Um das auf der Pariser Klimakonferenz vereinbarte Zwei-Grad-Ziel der internationalen Klimaschutzpolitik tatsächlich erreichen zu können, sind rasche und drastische Schritte in nahezu allen Lebensbereichen notwendig. Dazu entwarfen Rockström et al. (2017) im Fachmagazin *Science* eine Roadmap mit konkreten

Kapitel 31

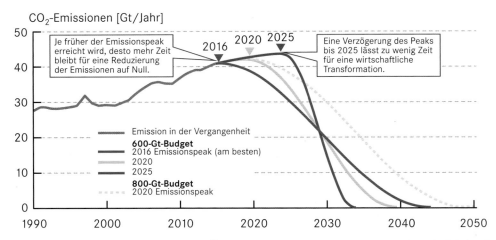

Abb. 31.8 Mögliche Pfade zur Emissionsreduktion, um das im Übereinkommen von Paris vereinbarte Zwei-Grad-Ziel einzuhalten. In der blauen Kurve wird bei einem Gesamtbudget von 600 Gt von einem frühen Emissionspeak in 2016 ausgegangen, was einen längeren Zeitraum der Anpassung bzw. wirtschaftlichen Transformation bis 2045 zur Folge hätte. Die gelbe bzw. rote Kurve verdeutlicht, dass ein späteres Einhalten einen deutlich kürzeren Reaktionszeitraum bedeuten würde. Eine Erhöhung des Budgets auf 800 Gt erhöht den verfügbaren Anpassungszeitraum um 10 Jahre, gleichzeitig steigt jedoch das Risiko für eine Erwärmung um mehr als 2 °C (verändert nach Figueres et al. 2017).

Klimaschutzschritte. Wesentliches Kernelement der Roadmap ist die Annahme, dass die weltweiten Treibhausgasemissionen spätestens im Jahr 2020 mit 40 Mrd. t ihren Höhepunkt erreichen und von dann an pro Jahrzehnt halbiert werden müssen, also bis 2030 auf 20 Mrd. t und bis 2040 auf 10 Mrd. Bis 2050 würde dies eine fast vollständige **globale Dekarbonisierung** bedeuten, das heißt eine Umstellung der Weltwirtschaft auf kohlenstoffarme und klimaunschädliche Prozesse und Stoffkreisläufe. Betroffen wären alle Staaten und alle Wirtschaftssektoren gleichermaßen, inklusive der Landnutzung. Um diese ambitionierten Ziele zu realisieren, identifizieren Rockström et al. (2017) die folgenden sechs Kernbereiche, in denen bereits bis 2020 entscheidende Emissionsreduzierungen erzielt werden müssen (Figueres et al. 2017):

- Energie: Verzicht auf Verbrauch und Förderung von Kohle zur Energiegewinnung, mindestens 30 % der Stromversorgung wird aus erneuerbaren Energiequellen gewonnen
- Infrastruktur: Initiierung von Aktionsplänen auf Städte- und Länderebene, um Gebäude und Infrastruktur bis 2050 völlig zu dekarbonisieren; Ausbau öffentlicher Gebäude zu Null-Emissions-Gebäuden
- Transport: 15 % aller Neuwagenkäufe sind Elektroautos, Verdopplung der Nutzung des öffentlichen Nahverkehrs in Städten, Steigerung der Treibstoffeffizienz und Senkung der Treibhausemissionen aus der Luftfahrt
- Landnutzung: Reduktion der Waldzerstörung und Übergang zu Wiederbewaldung und Aufforstung zur Schaffung von Kohlenstoffsenken, nachhaltige Landwirtschaftspraktiken reduzieren Emissionen und erhöhen die CO_2-Sequestrierung in den Böden
- Industrie: Effizienzsteigerung und Emissionssenkung, vor allem in der Schwerindustrie
- Finanzsektor: Mobilisierung von mindestens 1 Mrd. US-Dollar pro Jahr für Klimaschutzmaßnahmen, Ausbau grüner Anleihen zur Finanzierung von Mitigationsmaßnahmen

Ebenso notwendig ist die **Steigerung der Energieeffizienz**, durch die in manchen Bereichen in Industrie und Haushalt bis zu 50 % der Energie eingespart werden können. Um dies zu erreichen, sind massive Anstrengungen noch in diesem Jahrzehnt notwendig, etwa zur Erforschung von energieeffizienten Produktions- und Fertigungstechniken, Batterien, Energiespeichern, intelligenten Stromnetzen und alternativen Treibstoffen für Flugzeuge. Darüber hinaus wird die Realisierung sog. negativer Emissionen diskutiert, die über Aufforstung sowie durch den Entzug von Treibhausgasen aus der Atmosphäre erreicht werden sollen – u. a. durch den Aufbau von sog. BECCS-Kraftwerken (*Bio-energy with Carbon Capture and Storage*-Kraftwerke) und von Anlagen zur direkten Gewinnung und Abscheidung von Kohlendioxid aus der Umgebungsluft. Ob und in welchem Umfang negative Emissionen durch solche Anlagen tatsächlich verwirklicht werden können, ist allerdings umstritten (Exkurs 31.1). Auch massive **Aufforstungen** sind aufgrund der hohen Nachfrage nach landwirtschaftlichen Flächen für die Produktion von Futtermitteln (z. B. Soja) und Bioenergiepflanzen (z. B. Palmöl) kaum durchsetzbar. Vielmehr macht gerade das Beispiel der Abholzung zur Gewinnung von Flächen für Futtermittel und Energiepflanzenproduktion deutlich, dass technologische Lösungen und prinzipielles Wissen über Mitigationsstrategien nur dann erfolgreich sein können, wenn sich auch Lebensstile weltweit grundlegend wandeln und massive Transformationsprozesse auch von Politik und Wirtschaft unterstützt und initiiert werden. Wie Abb. 31.8 jedoch zeigt, steigen die klimapolitischen Herausforderungen an die Weltgemeinschaft mit jedem Jahr an, in dem sich die Emissionen weiter erhöhen, da zunehmend drastischere Transformationsmaßnahmen erforderlich sein werden, die nicht nur an finanzielle, sondern auch an Grenzen der politischen Machbarkeit stoßen. Vor dem Hintergrund global weiter stetig wachsender Treibhausgasemissionen erscheint es mehr als fraglich, ob ein Reduktionspfad mit Emissionspeak zu Beginn des dritten Jahrzehnts dieses Jahrhunderts erreicht werden kann.

Vor allem in Ländern des Globalen Südens, die meist durch erhöhte Klimavulnerabilität und relativ geringe Anpassungskapazität gekennzeichnet sind, stellt sich daher auch die dringende Frage der **Finanzierung** der Anpassung an den Klimawandel. Hierzu wurde von den Vereinten Nationen bereits im Jahr 2001 im Rahmen des Kyoto-Protokolls ein Anpassungsfonds (*Adaptation Fund*) geschaffen, der dazu dient, vom Klimawandel betroffene Länder des Globalen Südens bei konkreten Maßnahmen finanziell zu unterstützen. Seit der Annahme des Regelwerks für den Anpassungsfonds 2008 können Länder des Globalen Südens direkt Finanzmittel beantragen, ohne den Umweg über multilaterale Finanzinstitutionen wie Weltbank oder Internationaler Währungsfonds. Der **Anpassungsfonds** finanziert sich hauptsächlich aus den zweiprozentigen Abgaben aus dem Verkauf von CDM-Emissionszertifikaten. Bis Ende 2018 hatte der Fonds bereits 80 Projekte mit einem Volumen von 532 Mio. US-Dollar finanziert.

Als weiteres Finanzierungsinstrument steht seit einigen Jahren der Grüne Klimafonds (*Green Climate Fund*, GCF) zur Verfügung, der 2010 im Rahmen der internationalen UNFCCC-Konferenz (COP16) in Cancún ins Leben gerufen wurde und seit 2015 Finanzmittel von jährlich über 100 Mio. US-Dollar zur Verfügung stellt, um sowohl Minderungs- als auch Anpassungsmaßnahmen in Ländern des Globalen Südens zu finanzieren. Der GCF finanziert sich aus Beiträgen der internationalen Staatengemeinschaft. Als innovativ wird angesehen, dass nicht nur nationale, sondern auch akkreditierte subnationale Organisationen, wie beispielsweise Kommunen und Nichtregierungsorganisationen, GCF-Mittel beantragen können. Dabei soll als Grundsatz gelten, dass jeweils zur Hälfte Minderungs- und Anpassungsmaßnahmen finanziert werden und dass gleichzeitig die Hälfte aller Mittel in Projekte in am wenigsten entwickelte Länder (sog. *Least Developed Countries*), kleine Inselentwicklungsstaaten (*Small Island Developing States*) und afrikanische Länder fließen soll. Während auf der administrativen und operationellen Ebene weiter an den Mechanismen des GCF gefeilt wird, vor allem um Hindernisse bei der Beantragung von Direktfinanzierungen abzubauen, wird kritisiert, dass viele GCF-geförderte Projekte nicht transformativ bzw. klimarelevant sind und dass mit GCF-Mitteln auch sozial und ökologisch problematische Projekte, deren Klimanutzen noch dazu fraglich ist, finanziert werden, wie beispielsweise der Bau von Großstaudämmen (Eckstein 2018).

Wenngleich beide Fonds wichtige Meilensteine der Operationalisierung internationaler Klimaabkommen und eine große Chance für mehr globale Verteilungsgerechtigkeit in Bezug auf die Auswirkungen des Klimawandels darstellen, ist dennoch fraglich, ob ihr transformatives Potenzial tatsächlich ausgeschöpft wird. Hier muss sich noch zeigen, inwiefern der GCF in der Lage sein wird, Minderungs- und Anpassungsprojekte im Wert von Milliarden von US-Dollar so zu finanzieren, dass Kriterien der Klimaeffektivität und Qualität der Maßnahmen mit globalen und auch lokalen Gerechtigkeitsfragen in Einklang gebracht werden können.

Klimapolitik Deutschlands

Wie bereits erläutert, wurden im Zuge der Erarbeitung des Pariser Klimaabkommens alle Vertragsstaaten aufgefordert, ihre nationalen Ziele zum Klimaschutz bzw. zur Klimaanpassung in Form der sog. *Nationally Determined Contributions* (NDCs) festzulegen. Somit hat sich auch Deutschland verpflichtet, seine Ziele kontinuierlich zu überarbeiten, sie immer wieder zu überprüfen und entsprechende Maßnahmen zur Umsetzung zu ergreifen. Allerdings muss nationale Klimapolitik immer in ihrer Vernetzung mit anderen Maßstabsebenen verstanden werden – sie ist im Falle Deutschlands sowohl eingebettet in **europäische Zielsetzungen** als auch abhängig von und verflochten mit Umsetzungsstrategien auf der **lokalen Ebene**, beispielsweise von Städten.

Die Tab. 31.1 fasst politische Meilensteine deutscher Klimapolitik zusammen. Sie zeigt, dass die Bundesregierung bereits seit Ende der 1980er-Jahre klimapolitische Beschlüsse und Programme verfasst und auf diese Weise den Schutz des Klimas in Form einer Enquête-Kommission zur „Vorsorge zum Schutz der Erdatmosphäre" institutionell verankert hat. Seitdem wurden regelmäßig die bestehenden Klimaziele überarbeitet, erneuert und Umsetzungsstrategien entwickelt (Schafhausen 2005).

Seit den 1990er-Jahren hat sich die Bedeutung des Themas Klimawandel allerdings massiv verändert. Insgesamt hat dabei eine Verlagerung der umweltpolitischen Hauptzielrichtung von Fragen des Umweltschutzes, insbesondere von Schadstoffbelastungen und Verschmutzungen, hin zu Klimaschutz und Klimaanpassung stattgefunden. Die Abb. 31.9 verdeutlicht diese zeitliche Entwicklung anhand der relativen Häufigkeit der Verwendung bestimmter Schlüsselbegriffe in bundespolitischen Stadtentwicklungsdokumenten.

Tab. 31.1 Klimapolitische Programme der Bundesregierung Deutschlands.

Jahr	Beschlüsse und Programme
1987	parlamentarische Enquête-Kommission „Vorsorge zum Schutz der Erdatmosphäre"
1990	Kabinettsbeschluss zu Klimamaßnahmen
1995	Verpflichtung der Bundesregierung: Reduktion der CO_2-Emissionen bis 2005 um 25 % gegenüber 1990
1999	ökologische Steuerreform
2000	erstes nationales Klimaschutzprogramm
2005	Fortschreibung des nationalen Klimaschutzprogramms
2007	Integriertes Energie- und Klimaprogramm (IEKP)
2008	deutsche Anpassungsstrategie an den Klimawandel
2009	nationaler Aktionsplan für erneuerbare Energie gemäß der Richtlinie 2009/28/EG zur Förderung der Nutzung von Energie aus erneuerbaren Quellen
2016	Klimaschutzplan 2050

Kapitel 31

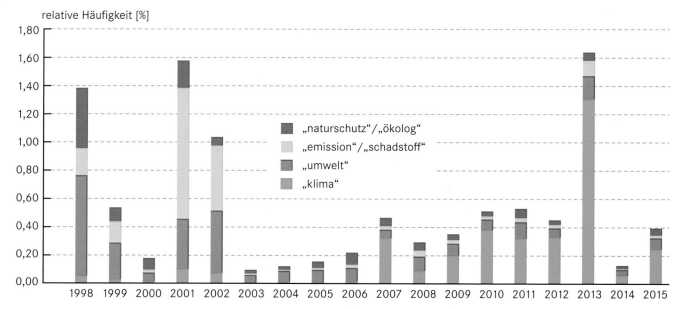

relative Häufigkeit [%]

„naturschutz"/„ökolog"

„emission"/„schadstoff"

„umwelt"

„klima"

Abb. 31.9 Frequenzanalyse von Umweltbegriffen in bundespolitischen Stadtentwicklungsdokumenten im zeitlichen Verlauf. Die Abbildung zeigt die Entwicklung der relativen Häufigkeiten umweltbezogener Wortgruppen in Berichten, Leitfäden und Strategiepapieren des (ehemaligen) Bundesministeriums für Verkehr, Bau und Stadtentwicklung (BMVBS) im Zeitraum von 1997–2015.

Mit der Verlagerung der politischen Aufmerksamkeit von lokalen Umweltverschmutzungen (wie etwa den Debatten um Luftverschmutzungen der 1980er-Jahre) hin zum Klimawandel verschiebt sich auch der geographische Fokus zunehmend auf die globale politische Ebene. Begründet wird dies zum einen mit der Verantwortung Deutschlands für die Bewältigung des weltweiten Klimawandels, zum anderen aber auch mit der Notwendigkeit, die Rohstoffabhängigkeit von anderen Ländern durch eine Steigerung der Energieeffizienz und den Ausbau von erneuerbaren Energien zu reduzieren (Bundesregierung 2007).

Gleichzeitig rücken die **Risiken der Folgen des Klimawandels** zunehmend in den Fokus öffentlicher Aufmerksamkeit. Eine besondere Rolle spielen hierbei Extremwetterereignisse wie die extreme Dürre in vielen Teilen Deutschlands 2018 oder das Hochwasser 2013. Wenngleich sich wissenschaftlich kaum belegen lässt, ob oder in welchem Maße diese Ereignisse durch den Klimawandel bedingt waren, gelten sie doch als bereits heute erlebbare Vorboten künftiger Bedrohungsszenarien. Sie machen damit auch die Verwundbarkeit der Bevölkerung und städtischer Infrastrukturen sichtbar, deren Reduktion zu einem zentralen politischen Handlungsfeld wird.

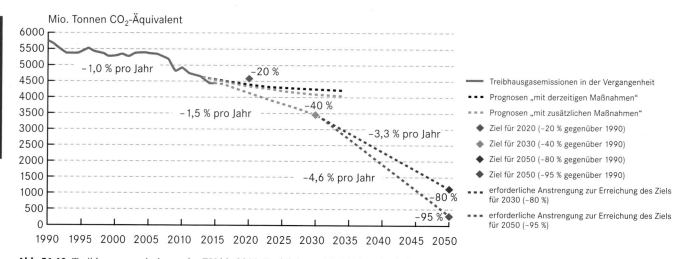

Abb. 31.10 Treibhausgasemissionen der EU bis 2015, Projektionen bis 2035 und Minderungsziele bis 2050 (Quelle: EEA 2016).

Veränderung im Vergleich zu den Emissionen des Basisjahrs 2005

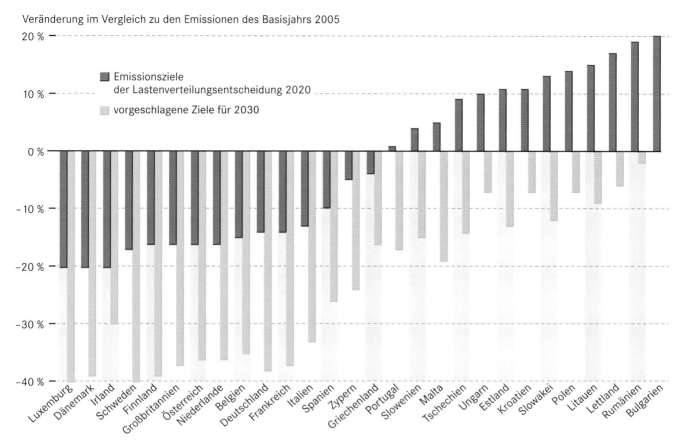

Abb. 31.11 Nationale Emissionsziele der Lastenverteilungsentscheidung 2020 und vorgeschlagene Ziele für 2030 relativ zum Basisjahr 2005 (Quelle: EEA 2016).

Diese Verschiebungen in den politischen Strategien um Umwelt und Klima in Deutschland sind auf der internationalen Ebene insbesondere durch Programme und Beschlüsse der Europäischen Union beeinflusst. Den Startschuss für eine gemeinsame EU-Klimapolitik bildete das **Europäische Programm für den Klimaschutz** (ECCP), welches die Europäische Kommission im Jahr 2000 verabschiedet und 2005 fortgeschrieben hat. Damit sollte sichergestellt werden, dass die im Kyoto-Protokoll zugesagte Reduktion der Treibhausgase erreicht wird. 2007 vereinbarten die Mitgliedsstaaten erstmals verbindliche Ziele für eine gemeinsame Klimapolitik, die als **20-20-20-Ziele** bekannt sind. Konkret sollen bis 2020

- 20 % der Treibhausgase gegenüber 1990 reduziert werden,
- 20 % des Primärenergieverbrauchs aus erneuerbaren Energien erfolgen und
- die Energieeffizienz um 20 % gesteigert werden.

Diese Ziele wurden mit dem Energie- und Klimapaket 2008 in verbindliche Rechtsakte überführt (Kurze 2018), im Oktober 2014 fortgeschrieben und als Rahmen für die Klima- und Energiepolitik bis 2030 verabschiedet. Konkret bedeutet dies, dass sich die EU das Ziel gesetzt hat, bis 2050 den Ausstoß von

Treibhausgasen gegenüber 1990 um 80–95 % zu reduzieren. Die Abb. 31.10 verdeutlicht, wie einschneidend die damit verbundenen Anstrengungen sein müssen. Weder die derzeitigen noch die zusätzlichen Maßnahmen reichen auch nur annähernd aus, um die 40-prozentige Emissionsreduktion bis 2030 zu erreichen, geschweige denn das langfristige Ziel der 80 % bis 2050.

Die Verteilung der konkreten Ziele ist innerhalb der Europäischen Union nicht einheitlich. Vielmehr gelten für die einzelnen Mitgliedsländer, abhängig von ihrer wirtschaftlichen Stärke, sehr unterschiedliche Vorgaben. Im Zuge dieses 2016 vereinbarten sog. *burden sharings* mussten beispielsweise Deutschland und das Vereinigte Königreich ihre Emissionen von Anfang an stark mindern; andere Staaten, darunter beispielsweise Polen, Ungarn und Estland, durften ihre Treibhausgasemissionen weiter steigern. Ab 2021 müssen alle Mitgliedsländer CO_2 einsparen. Die Abb. 31.11 zeigt die derzeitige Lastenverteilung innerhalb der EU bis 2020 sowie die Reduktionsziele bis 2030. Hier wird ersichtlich, dass von den Industrieländern mit den höchsten Bruttoinlandsprodukten die stärksten Treibhausgasreduktionen gefordert werden.

Während die Umweltpolitik bereits 1987 mit der Einheitlichen Europäischen Akte offiziell als Handlungsfeld der Gemeinschaft im EWG-Vertrag (Vertrag der Europäischen Wirtschafts-gemeinschaft) verankert wurde (Knill 2008), gab es für eine gemeinsame europäische Klimapolitik bis 2009 kein rechtliches Mandat. Zwar haben die Mitgliedstaaten gemeinsame Ziele fest-gelegt, doch erst mit der Verabschiedung des **Lissabon-Vertrags** von 2009 wurde der Klimaschutz explizit als Ziel der Euro-päischen Union aufgenommen, ebenso wie die Förderung von Energieeffizienz, von Energieeinsparungen und die Entwicklung erneuerbarer Energiequellen (Art. 191 AEUV). Zur Umsetzung der ambitionierten Klimaschutzziele werden auf Ebene der EU zwei zentrale Strategien verfolgt: der EU-Emissionshandel und der Ausbau der Energienetze.

Der **EU-Emissionshandel** (EU-ETS) trat 2005 in Kraft, er gilt als Vorreiter eines globalen Systems des Emissionshandels. Neben den heute 28 EU-Mitgliedstaaten haben sich ihm auch die EFTA-Staaten Norwegen, Island und Liechtenstein angeschlossen (EU 31). Derzeit sind insgesamt rund 12 000 Anlagen der ener-gieintensiven Industrien beteiligt, wie z. B. die Stromerzeugung, Eisen- und Stahlproduktion, Zement- und Kalkherstellung sowie seit 2012 der innereuropäische Luftverkehr. In diesen Sektoren, die im Jahr 2005 zusammen für ca. 45 % der EU-weiten Treib-hausgasemissionen verantwortlich waren, sollen die Emissionen mittels des EU-ETS bis 2020 um 21 % im Vergleich zu 2005 sin-ken. Der EU-ETS basiert auf Emissionsberechtigungen, welche jeweils den Ausstoß von 1 t Kohlendioxid-Äquivalent erlauben. Dabei ist die Anzahl an neuen Zertifikaten begrenzt und wird von Jahr zu Jahr reduziert. Zum Startzeitpunkt war eine jährliche Reduktion um 1,74 % pro Jahr vereinbart. Durch die Möglichkeit, die Emissionsberechtigungen auf dem Markt frei zu handeln, soll sich theoretisch ein Preis für den Ausstoß von Treibhausgasen bil-den, welcher wiederum Anreize bei den beteiligten Unternehmen setzen soll, ihre Treibhausgasemissionen zu reduzieren.

Der EU-Emissionshandel gilt international bei den Befürwortern zwar als modellhaftes marktwirtschaftliches Regulierungsinstru-ment, dennoch konnte er aufgrund von Überallokationen an Emis-sionszertifikaten und damit einhergehendem Preisverfall bisher nicht ausreichend Anreize für Investitionen in Energieeffizienz und regenerative Energien setzen. Wenn Emissionshandel dazu beitragen soll, die Ziele des Pariser Klimaschutzübereinkommens zu erreichen, muss dieser zu einem globalen System ausgebaut und ein Mindestpreis von bis zu 75 Euro pro Tonne eingeführt werden (Huneke & Linkenheil 2016). Lange Zeit wurde dieser Preis bei Weitem nicht erreicht; noch im Dezember 2017 notierte er an der europäischen Emissionshandelsbörse bei nur knapp über 7 Euro pro Tonne. Im Jahr 2018 haben die Preise jedoch erheblich angezogen und lagen im November 2018 bei ca. 50 Euro pro Tonne (www.eex.com). In einzelnen Fällen führt das bereits dazu, dass besonders emissionsintensive und wenig effiziente Energie-betriebe finanziell stark unter Druck geraten. So berichtete die Süddeutsche Zeitung im Oktober 2018, dass Braunkohlekraft-werke in Griechenland aufgrund des Preisanstiegs von Emis-sionszertifikaten nicht mehr rentabel sind (Bauchmüller 2018).

Neben dem Ziel, die Treibhausgase zu reduzieren, verfolgt die EU seit den 1990er-Jahren das Anliegen, den Verbund und die Kompatibilität der Energienetze ihrer Mitgliederstaaten sowie

den Netzzugang zu fördern (Sielker et al. 2018) und sog. **trans-europäische Netze** zu schaffen (TEN). Basierend auf der TEN-E-Verordnung, die 2013 fortgeschrieben wurde, werden in einem mehrstufigen Verfahren Netzausbauprojekte, die meist bereits auf nationaler Ebene als notwendig identifiziert wurden, als „Vorhaben von gemeinsamem Interesse" (*Projects of Common Interest*, PCI) deklariert. Diese Liste wird alle zwei Jahre aktua-lisiert (Bundesnetzagentur 2018). Darüber hinaus legt die TEN-E-Verordnung Instrumente zur Beschleunigung des Netzausbaus fest, um nationale Genehmigungsverfahren straffen zu können sowie dessen finanzielle Unterstützung zu sichern. Auf diese Weise soll insbesondere die **Nutzung erneuerbarer Energien** ausgebaut und deren Anlagen besser angeschlossen werden. Da-mit werden insbesondere drei Interessenfelder deutlich: erstens die Herstellung bzw. Fortführung eines gemeinsamen Energie-marktes, zweitens die Umsetzung international vereinbarter klimapolitischer Zielsetzungen und drittens die Stärkung der Energieversorgungssicherheit. Insbesondere der dritte Aspekt verweist gleichzeitig auf zentrale geopolitische Interessen und zeigt, dass es beim Ausbau erneuerbarer Energien um weit mehr als Klimaschutz geht.

Neben diesen beiden zentralen europäischen Umsetzungsstra-tegien der Klimapolitik kommt eine Reihe weiterer formeller und informeller Steuerungsformen zum Einsatz, die ebenfalls auf der europäischen Maßstabsebene greifen, aber auch die bundes-politische und die kommunalpolitischen Ebenen adressieren. Zu den formellen Instrumenten gehören Gesetze und Verordnungen, die in Bezug auf den Klimaschutz bzw. die Klimaanpassung ge-wisse Mindeststandards definieren. Ein Beispiel hierfür ist die **Energieeffizienz-Richtlinie** der Europäischen Union (2012/27/EU). Sie verpflichtet alle Mitgliedstaaten, die Energieeffizienz sowohl bei der Erzeugung und der Versorgung als auch beim Verbrauch der Energie zu erhöhen. Ebenso zentral ist die **Ge-bäude-Effizienz-Richtlinie** (2010/31/EU), die 2018 überarbeitet wurde. Ihr Ziel ist es, bis 2050 für einen nahezu klimaneutralen Gebäudebestand zu sorgen. Dazu sollen die Mitgliedstaaten langfristige Renovierungsstrategien entwickeln. Neu sind zudem die Förderung der Elektromobilität und ihre Integration in den Gebäudesektor (Abb. 31.12). So müssen etwa neue und umfang-reich sanierte Nichtwohngebäude mindestens einen Ladepunkt für Elektroautos besitzen, wenn sie mehr als zehn Parkplätze haben. Eine weitere relevante europäische Verordnung ist die **Er-neuerbare-Energien-Richtlinie** (2009/28/EG). Diese bestimmt die Ausbauziele der erneuerbaren Energie am Endenergiever-brauch der einzelnen Mitgliedstaaten in Relation zum jeweiligen Bruttoinlandsprodukt pro Kopf (Hook 2018).

Die Bundesregierung Deutschlands ist als Mitglied der EU verpflichtet, diese Richtlinien in nationale Gesetzgebung um-zusetzen. Dementsprechend sind in den vergangenen Jahren Bundesgesetze wie das Erneuerbare-Energien-Gesetz (EEG), die Energieeinsparverordnung (EnEV) oder das Gesetz zur Ein-sparung von Energie in Gebäuden (EnEG) entstanden. Sie be-inhalten klare Vorgaben in Bezug auf die Erhöhung der Energie-effizienz bzw. die energetischen Standards beim Gebäudebau und der Sanierung von Gebäuden. Aber auch Instrumente der Raum-planung wie das Raumordnungsgesetz, das Bundesbaugesetzbuch und kommunale Bauleitpläne bilden durch verbindliche Vorgaben zur Flächennutzung und Bebauung „harte" Formen der Steuerung.

Über diese gesetzlichen Vorgaben hinaus ist in den vergangenen Jahren eine Reihe von informellen Instrumenten entstanden. Eine zentrale Rolle spielen dabei **Anreizmechanismen** wie die Förderprogramme der Strukturfonds der EU. Sie verfolgen das Ziel, die Unterschiede in den Lebensverhältnissen der verschiedenen Regionen Europas zu verringern, um damit den wirtschaftlichen, sozialen und territorialen Zusammenhalt der Union zu stärken. Maßnahmen des Klimaschutzes und der Klimaanpassung werden dabei positive Effekte für die Wettbewerbsfähigkeit und den sozialen Zusammenhalt zugesprochen. Dementsprechend werden in der laufenden Finanzperiode 108 Mrd. Euro der Strukturfördermittel in entsprechende Maßnahmen investiert (BMUB 2018).

In Deutschland stellt die **Nationale Klimaschutzinitiative** (NKI) ein wichtiges Förderinstrument dar. Sie wurde 2008 von der Bunderegierung ins Leben gerufen, mit dem Ziel, den Klimaschutz als gesamtgesellschaftliche Aufgabe voranzutreiben. Geförderte Maßnahmen umfassen die Entwicklung langfristiger Strategien und Pläne für unterschiedliche Sektoren und Gebietskörperschaften, die Umsetzung von Modellprojekten und Investitionen im Bereich Mobilität, z. B. in Form eines Förderprogramms für Hybridbusse oder eines Ausbaus von Radwegenetzen. Bis Ende 2016 wurden insgesamt über 22 000 Projekte mit einem Gesamtfördervolumen von rund 690 Mio. Euro unterstützt (BMUB 2015). Die begleitende Evaluierung bescheinigte der NKI für die Jahre 2008–2011 eine klare positive Wirkung. In dieser Zeit konnten etwa 4,3 Mio. t CO_2 vermieden werden (Schumacher et al. 2012).

Auf der Ebene von Städten werden mit der **Städtebauförderung** finanzielle Anreize gesetzt. Mit ihrer Hilfe unterstützen Bund und Länder gemeinsam die Kommunen u. a. bei der klimagerechten Quartiersentwicklung. Die Bundesregierung koppelt dabei die Vergabe von Fördergeldern für den Städtebau an das Verfolgen von Zielen in den Bereichen Klimaschutz und Klimaanpassung. Ähnliche finanzielle Steuerungsinstrumente stellt die Bundesregierung auch mit den Forschungsprogrammen „ImmoKlima" oder „Grün in der Stadt" bereit (BMUB 2017, BMVBS 2012). Insgesamt dienen solche Förderlinien dazu, die Handlungsfähigkeiten politischer, privatwirtschaftlicher, aber auch zivilgesellschaftlicher Akteure bei der Umsetzung klimapolitischer Ziele von EU und Bundesregierung zu steigern.

Ebenfalls zu den informellen Steuerungsinstrumenten gehören die Ausschreibung von Wettbewerben und Zertifizierungsverfahren, z. B. der Wettbewerb um die Bundeshauptstadt im Klimaschutz und der „*European Energy Award*". Klimapolitische Aktivitäten werden hier anhand von Benchmarks bewertet und sollen auf diese Weise vergleichbar gemacht werden. Neben der Auszeichnung besonders erfolgreicher Kommunen gehen aus diesen Wettbewerben auch häufig Best-Practice-Ansätze hervor. Aber auch auf der individuellen Ebene findet eine Ansprache von Bürgerinnen und Bürgern statt: So werden etwa in der Energie-

Abb. 31.12 Elektro-Tankstelle in Dresden (Foto: C. Sturm 2018).

effizienzkampagne der Bundesregierung zum einen klimapolitische Normen vermittelt, zum anderen wird über Möglichkeiten eines klimabewussten und energieeffizienten Handelns informiert. Die Tab. 31.2 gibt einen Überblick über die verschiedenen Formen der Steuerung kommunaler Praktiken im Energie- und Klimabereich.

Insgesamt zeigt die Entwicklung der skizzierten Instrumente, dass die Verantwortung für den Erfolg nationaler klimapolitischer Ziele zunehmend von der staatlichen Ebene in die Gesellschaft hinein verlagert wird. Diese oft als charakteristisch für neoliberale Gesellschaften bezeichnete Verschiebung ist nicht etwa durch einen Rückzug des Staates gekennzeichnet, sondern durch das Ineinandergreifen von staatlichen Regularien und der gezielten Ansprache „neuer" Akteure wie Unternehmen, Bürger und Verwaltungsmitarbeiter (Lemke 2008). Dadurch wird einerseits die gesellschaftliche Handlungsbasis maßgeblich ausgeweitet, andererseits suggerieren diese Instrumente aber auch, dass nur die „individuelle Trägheit und unzureichende kognitive Kompetenzen" (Bröckling 2017) der Individuen einer nachhaltigen Entwicklung entgegenstehen, nicht aber das auf permanentes Wachstum ausgerichtete Wirtschaftssystem selbst.

Dass sich Städte auch ganz individuell auf den Weg hin zu mehr Klimaschutz aufmachen können, zeigt neben dem Beispiel Frei-

Kapitel 31

Tab. 31.2 Formen und Herkunft der Steuerung kommunaler Praktiken im Energie- und Klimabereich.

	formelle Instrumente	informelle Instrumente
EU (EU-Parlament)	• EU-Richtlinien (Energieeffizienz-Richtlinie 2012/27/EU) • Gebäude-Effizienz-Richtlinie (2010/31/EU)	• europäische Förderprogramme (Strukturfonds) • Zertifizierungsverfahren (z. B. EEA)
Bund (Bundestag)	• Erneuerbare-Energien-Gesetz (EEG) • Energieeinsparverordnung (EnEV) • Gesetz zur Einsparung von Energie in Gebäuden (EnEG)	• nationale Städtebauförderung • KfW-Förderprogramme
Kommunen (Stadtrat)	• Bauleitpläne	• städtische Initiativen (z. B. „Münster packt's")
Zivilgesellschaft		• private Initiativen (Energiegenossenschaften)

burg (Exkurs 31.4) auch Münster. Die „Klimahauptstadt 2006" hat eine CO_2-Reduzierung von 21 % seit 1990 erreicht und sich das Ziel gesetzt, die Reduktion bis 2020 auf mindestens 40 % zu erhöhen. Dazu wurde unter dem Motto „Münster packt's" eine Initiative gestartet, die möglichst viele Bürgerinnen und Bürger mittels einer Selbstverpflichtung dazu motivieren soll, Klimaschutz im Alltag einzubauen (Abb. 31.13).

Ein weiteres Beispiel dafür, wie Aktivitäten von der nationalen Ebene zwar gefördert und angeregt werden können, gleichzeitig aber auch Handlungskompetenzen, Aktivitäten und neue Interaktionsformen auf anderen Maßstabsebenen entstehen, ist die Etablierung von Netzwerken zwischen Städten und Kommunen.

Immer mehr Städte und Gemeinden treten einem der internationalen **Städtenetzwerke** bei – gerade auch, um ihre eigenen Klimaschutzziele im Austausch mit anderen Kommunen vorantreiben zu können. Globale Städtenetzwerke wie *„ICLEI – Local Governments for Sustainability", „United Cities and Local Governments"* (UCLG) oder „METROPOLIS" befassen sich seit Jahren intensiv mit dem Klimaschutz. Sie bieten auf Kommunen spezialisierte Dienstleistungen sowie regelmäßigen Erfahrungsaustausch an und stellen beispielhafte Klimaschutzprojekte der Mitglieder vor, deren kollektive Interessen sie in nationalen und internationalen Institutionen vertreten (Kern & Bulkeley 2009). Gleichzeitig bieten politische Kommunalnetzwerke, wie beispielsweise das *Global Covenant of Mayors for Climate and Energy,* neue Plattformen für die Artikulierung und Aggregierung kommunalpolitischer Interessen, die gerade im Zusammenhang mit der Abkehr von Klimaschutzzielen einzelner Länder, wie beispielsweise der USA, von großer Bedeutung sind.

Gleichzeitig bilden sich neue Koalitionen privater und öffentlich-rechtlicher Akteure, wie beispielsweise das von der Rockefeller-Stiftung finanzierte Netzwerk *„100 Resilient Cities",* welches ausgewählte Großstädte bei der Anpassung an Klimawandel und andere globale Veränderungsprozesse unterstützt. Die derartige Interessenbündelung und das politische Auftreten neuer, teils ungewöhnlicher Allianzen hat maßgeblich dazu beigetragen, dass dem kommunalen Klimaschutz und der kommunalen Anpassung an den Klimawandel mittlerweile auch auf internationaler Ebene größere Beachtung beigemessen wird. So wurden Kommunen auf Drängen einer Koalition von Städtenetzwerken erstmals bei der internationalen Klimakonferenz in Cancun 2010 formell als wichtige Regierungsakteure im Klimaschutz anerkannt. Teilweise haben sich die Netzwerke selbst zu einer Reduktion der

Abb. 31.13 „Münster packt's" – Kampagne der Stadt Münster zur Aktivierung der Bürgerinnen und Bürger für den Klimaschutz (Foto: A. Mattissek, 2014).

Treibhausgasemissionen in ihren Mitgliedsstädten verpflichtet. Generell sind Städte, die Mitglied in einem solchen Städtenetzwerk sind, im Klimaschutz aktiver und damit auch weiter (Henschel 1993).

Exkurs 31.4 Städtische Klimapolitik – das Beispiel Freiburg

Abb. A Freiburg als „Green City" – Wege zur Nachhaltigkeit (Quelle: Stadt Freiburg 2017b, ©FWTM).

Die Stadt Freiburg gilt international als führend im Umwelt- und Klimaschutz. Diese Entwicklung geht u. a. zurück auf die Freiburger Umweltbewegung der 1970er-Jahre. Sie bildete sich im Widerstand gegen den geplanten Bau eines Kernkraftwerks in Wyhl unweit von Freiburg an der Grenze zu Frankreich (Rohracher & Späth 2013) und nahm maßgeblich Einfluss auf die Stadtentwicklung Freiburgs. Bereits 1996 verabschiedete der Gemeinderat erstmals ein Klimaschutzkonzept mit dem Ziel, die CO_2-Emissionen bis 2010 um 25 % zu senken. In den folgenden Jahren wurde das Konzept fortgeschrieben (Stadt Freiburg 2010). Mittlerweile verfolgt die Stadt das Ziel, bis 2050 klimaneutral zu werden (Stadt Freiburg 2017a). Solche politischen Verlautbarungen werfen zum einen methodische Fragen der Messung von CO_2-Emissionen auf, zum anderen muss die Externalisierung von Emissionen berücksichtigt werden, wenn also in Freiburg Erzeugnisse konsumiert werden, für deren Produktion an anderen Orten Emissionen entstanden sind.

Große Aufmerksamkeit erfährt in diesem Zusammenhang der „Vorzeigestadtteil" Vauban. So bezeichnete das US-amerikanische „TIME Magazine" dessen Bewohner als *„Heroes of Environment 2009"*. Auf den Flächen einer ehemaligen

Kaserne am Stadtrand wurden Niedrigenergiehäuser sowie Plusenergiehäuser errichtet, die mehr Energie produzieren, als ihre Bewohner verbrauchen. Ungewöhnlich ist auch, dass das Stadtviertel weitgehend autofrei ist. Die Bewohner müssen entweder einen Stellplatz in einem der beiden Parkhäuser am Rand des Viertels kaufen oder auf ein eigenes Auto verzichten, denn private Stellplätze gibt es nicht. Stattdessen erschließt eine zentrale Straßenbahnlinie das Quartier.

Darüber hinaus haben sich im Umfeld der Universität und des „Fraunhofer Instituts für Solare Energiesysteme" zahlreiche Firmen aus dem Bereich der erneuerbaren Energien angesiedelt. Aufgrund des sonnenreichen Klimas bieten sich insbesondere Chancen für die Strom- und Wärmeerzeugung aus Sonnenenergie. Die erneuerbaren Energien stellen mittlerweile einen bedeutenden Wirtschaftsfaktor dar, was sich national und international herumgesprochen hat. So verzeichnet Freiburg immer mehr Fachtouristen, die sich vor Ort über kommunale Nachhaltigkeitsplanung und Klimaschutz informieren möchten. Unter dem Label „Green City" werden die Erfolge Freiburgs nach außen vermarktet (Abb. A). Freiburg wird als liberal-progressiver Wissenschafts- und Innovationsstandort sowie als Destination für „Nachhaltigkeitstourismus" gezielt in Wert gesetzt – sogar auf der Expo 2010 in Shanghai durfte sich die Stadt präsentieren.

Wenn man die durchaus beachtlichen Errungenschaften Freiburgs im Klima- und Umweltschutz zeitlich analysiert, wird deutlich, dass sich die Vorreiterrolle der Stadt vorwiegend auf Pionierleistungen in den 1980er- und 1990er-Jahren gründet. Bahnbrechende Fortschritte sind in Freiburg im Bereich nachhaltiger Stadtentwicklung und Umweltschutz in den letzten Jahren nur vereinzelt zu erkennen, wie etwa beim Aufbau von kreuzungs- und ampelfreien Radschnellwegen, die vom Land Baden-Württemberg gefördert werden. Durch das zunehmende Bevölkerungswachstum werden erreichte CO_2-Einsparungen allerdings wieder kompensiert, da die Verkehrsbelastung insgesamt nicht reduziert werden konnte. Zudem besteht aufgrund der stetigen Zuzüge ein großer Druck auf den Wohnungsmarkt, sodass die Stadt aktuell einen neuen Stadtteil auf bisher landwirtschaftlich genutzten Flächen (Dietenbach) plant. Dies wird kritisch diskutiert, da Freiflächen versiegelt werden und die energetischen Auflagen nach jetzigem Stand nicht ambitioniert genug ausfallen, um wieder eine Vorreiterrolle einzunehmen. Damit wird auch die Frage aufgeworfen, inwieweit sich die Nachhaltigkeit einzelner Freiburger Stadtteile auf die ganze Stadt übertragen lässt und ob ein solcher Fokus auf einzelne Raumeinheiten (statt auf Prozesse und Stoffflüsse über das Lokale hinaus) nicht problematisch ist. So kritisieren Mössner et al. (2018), dass in der Beschreibung Freiburgs als „Green City" die vielfältigen, über die Stadtgrenzen hinausreichenden Verflechtungen weitgehend ausgeblendet bleiben und es eigentlich notwendig wäre, auch Stadt-Umland-Beziehungen und über die Stadt hinausreichende Handelsbeziehungen und Mobilitäten in die Betrachtung mit einzubeziehen.

31.2 Biodiversität und Artenverlust

Norbert Jürgens

Auf dem Weltgipfel für nachhaltige Entwicklung in Johannesburg (*World Summit on Sustainable Development*) stellten die Regierungen der Welt im Jahr 2002 fest, dass der anthropogene globale Wandel der Biodiversität eines der größten Hindernisse für eine nachhaltige Entwicklung und für die globale Armutsbekämpfung darstellt. Sie fassten zugleich den Beschluss, bis zum Jahr 2010 den **Verlust der Biodiversität** in signifikantem Umfang zu reduzieren. Diese zugleich dramatische und vage Botschaft ist in doppelter Hinsicht charakteristisch für das Thema Biodiversität. Zum einen herrscht Einigkeit über den außerordentlichen Wert der Biodiversität und die negativen Konsequenzen ihres Rückgangs. Zum anderen zeigt sich eine große Unsicherheit, wenn es um umsetzbare Konzepte für ihren Erhalt oder auch nur die Benennung von messbaren Größenordnungen bei der Zielformulierung geht.

Biodiversität ist eine Ressource ganz besonderer Art. Wie alle anderen Ressourcen (z. B. Rohstoffe, Wasser, Energieträger) hat auch sie eine kompositorische Dimension (Aus welchen Bausteinen setzt sich die Diversität zusammen?), eine strukturelle Dimension (In welchen räumlichen Erscheinungsformen tritt Diversität auf?) und eine funktionelle Dimension (Was bewirkt sie und was kann der Mensch damit bewirken?). Ausschließlich die Biodiversität besitzt jedoch zusätzlich zu diesen Dimensionen eine weitere Dimension, welche die autonome Kreativität und die Fähigkeit zur Innovation abbildet: die **Evolution** (Abb. 31.14). Diese hat das Vermögen, völlig neue Qualitäten zu kreieren, womit in der Konsequenz erhebliche Veränderungen bewirkt werden. Ein herausragendes Beispiel hierfür ist die Produktion der Sauerstoffatmosphäre der Erde durch im Laufe der Evolution entstandene photosynthetisch aktive Cyanobakterien. Als ein zweites Beispiel kann die Evolution der Primaten mit der Entstehung des Menschen genannt werden.

Evolutionsschritte können – ohne Änderung der physikalischen Gesetze und aufbauend auf der zuvor gegebenen stofflichen Zu-

sammensetzung – völlig neue Prozesse und Umweltbedingungen schaffen. Angesichts der beim heutigen Stand der Evolution auf dem Planeten Erde allgegenwärtigen Rolle lebender Organismen in allen Kompartimenten der Umwelt gilt deshalb der Satz „*Nothing in Biology Makes Sense Except in the Light of Evolution*" (Dobzhansky 1973). Auch wenn Biodiversität enorme Biomassen gestaltet und z. B. als Kohle, Erdöl oder Erdgas über lange Zeiträume im Boden, Gestein und den Meeren zu lagern vermag, muss Biodiversität deshalb eher als Software denn als Hardware verstanden werden. Es ist die beständige evolutive Weiterentwicklung der genetischen Programme, welche die Kreativität der Biodiversität ausmacht.

Zugleich werden so die Ökosysteme mit (teils neuen) funktionellen Prozessen bevölkert, denn jedes Taxon füllt eine (teils neue) funktionelle Nische aus und trägt dazu bei, die Funktionen und Dienstleistungen der Ökosysteme neu zu gestalten oder aufrechtzuerhalten. Insofern steht jede neue Art für eine Erfindung, welche die Welt verändert (Jürgens 2010). Angesichts dieser enormen gestalterischen Bedeutung der Biodiversität kann es nicht verwundern, dass der Wandel der Biodiversität im Rahmen des anthropogenen globalen Umweltwandels zu einem wichtigen Thema der Weltgemeinschaft geworden ist.

Hinter dem politisch geprägten Schlagwort „Biodiversität", welches „die Vielfalt des Lebens auf der Erde – mit allen Organismen und Arten, ihrer immensen genetischen Variation sowie ihrem komplexen Gefüge in Lebensgemeinschaften und Ökosystemen" umfasst (DIVERSITAS 2004), verbirgt sich eine große Komplexität. Allein auf Basis dieser Definition umfasst Biodiversität zumindest die drei **Komplexitätsebenen** bzw. Organisationsstufen:

- Diversität der Organismen
- genetische Diversität
- ökosystemare Diversität

Ein großer Teil der Öffentlichkeit setzt den Begriff mit der ersten hier genannten Komplexitätsebene **(Diversität der Organismen)** gleich, wobei der Begriff „Artenvielfalt" stellvertretend für die Vielfalt an taxonomischen Gruppen (Arten, Gattungen, Familien,

Abb. 31.14 Dimensionen der Biodiversität (verändert nach Jürgens et al. 2012).

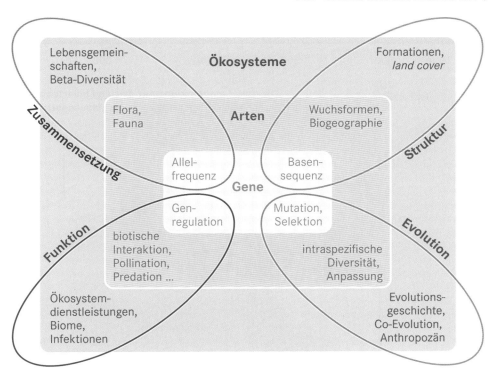

Ordnungen …) steht. Diese Benennung fördert den Irrtum, dass die Qualität der Diversität in einer Zahl oder einer Liste von Taxa, beispielsweise auf dem Niveau der Art, zu fassen sei. Tatsächlich ist mit jeder dieser Arten eine Vielzahl von ökologischen Funktionen, biologischen Interaktionen und in sehr vielen Fällen auch Dienstleistungen für den Menschen verbunden, die den eigentlichen Wert dieser organismischen oder taxonomischen Diversität ausmachen. Die zweite genannte Komplexitätsebene **(genetische Diversität)** betrifft die Variabilität, die innerhalb einer Art auf der Ebene des Genoms anzutreffen ist. Sie beschreibt die biochemischen Strukturen (insbesondere DNA, RNA und Proteine), die für die Informations- und Regulationsleistung der Organismen von grundlegender Bedeutung sind, bei denen aber zugleich eine hohe Variabilität die Grundlage für Anpassung, Mutation und Evolution bildet. Die dritte genannte Komplexitätsebene **(ökosystemare Diversität)** beschreibt die Vielfalt der Lebensgemeinschaften und Ökosysteme mit all ihren ökosystemaren Funktionen und Dienstleistungen, womit letztlich die gesamte Biosphäre Teil des Begriffes Biodiversität ist. Neben den drei Komplexitätsebenen weist Biodiversität vier **Bedeutungsebenen** auf: Zusammensetzung, Struktur, Funktion und Evolution. Jede dieser Bedeutungsebenen ist auf den Organisationsstufen Gen, Art und Ökosystem mit zahlreichen Ausdrucksformen der Diversität verbunden, von denen einige in Abb. 31.14 dargestellt sind.

Evolutionsprozesse bilden den Motor der Entstehung von Biodiversität. Das Auftreten von Mutationen und von genetischer Variabilität insbesondere im Kontext der Fortpflanzung sind dabei grundlegende Mechanismen, durch welche graduell fortschreitend Anpassung an sich ändernde Umweltbedingungen sowie Nischendifferenzierung bei Konkurrenz um limitierte Ressourcen erfolgen. Diese haben in der Folge und im Verlauf der Evolutionsgeschichte zu einer beständig zunehmenden

genetischen, organismischen und ökosystemaren Diversität geführt. Die heute existierende Vielfalt an Lebensformen mit ihrer genetischen Informationsgrundlage ist das Ergebnis eines sehr lang dauernden Entwicklungsprozesses, der wiederum von Rahmenbedingungen abhängig ist. So beeinflussen heute beispielsweise die anthropogene Fragmentierung von Arealen und die Verkleinerung von Populationsgrößen auch die Stabilität und die Evolutionsprozesse der Populationen (Flaschenhalseffekte).

Diversität im Laufe der Erdgeschichte

Das aktuelle Interesse an der Biodiversität wird ganz wesentlich durch die anthropogen bedingten Verluste an Artenvielfalt ausgelöst. Als Vergleichsbasis ist es von besonderem Interesse, die natürliche Entwicklung der Biodiversität im Laufe der Erdgeschichte zu rekonstruieren und in Hinblick auf ein besseres Verständnis der Kausalität und der Effekte zu analysieren. Dies erfolgte insbesondere an denjenigen marinen Organismengruppen, die durch den Bau von kalkhaltigen Skeletten die Bildung von Fossilien erlaubten, die lange Zeiträume überdauern konnten (z. B. riffbildende Korallen). Dabei wurde festgestellt, dass die Diversität der Organismengruppen und ihrer ökosystemar relevanten Funktionen über lange Zeiträume beständig zugenommen hat (Gudo & Steininger 2001).

Im Laufe der Evolution hat das Leben die Ökologie des Planeten grundlegend verändert (z. B. Entstehung der sauerstoffhaltigen Atmosphäre und der Ozonschicht) und in einem weiten Gültigkeitsrahmen stabilisiert. Es hat aber auch Unterbrechungen dieses kontinuierlich fortschreitenden Prozesses

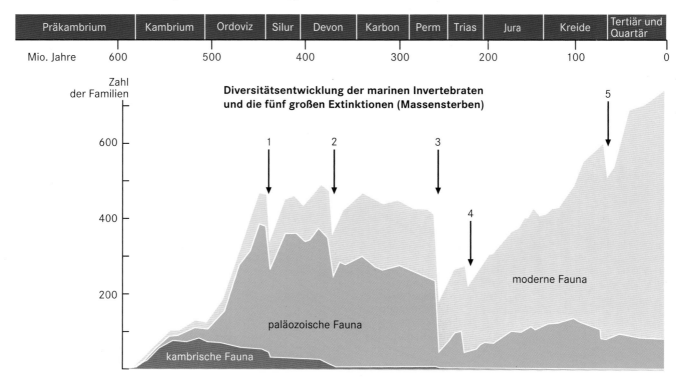

Abb. 31.15 Die erdgeschichtlichen Krisen der Biodiversität (verändert nach Gudo & Steininger 2001).

gegeben. Insbesondere konnten seit dem Paläozoikum mindestens fünf Ereignisse festgestellt werden, an denen jeweils ein **massenhaftes Aussterben** der vorhandenen Arten stattfand (Abb. 31.15). Unabhängig von der Diskussion über die Ursachen der fünf großen Biodiversitätskrisen, bei der **Meteoriteneinschläge** eine herausragende Rolle einnehmen, sind drei Merkmale festzuhalten: Erstens ist jeder dieser Einbrüche der Biodiversität im Verlaufe der jeweils nachfolgenden zirka 10–20 Mio. Jahre kompensiert worden. Zweitens sind dabei im Regelfall zuvor ökologisch unbedeutende taxonomische Gruppen zu den dominanten Taxa der neuen Zeit geworden, während zuvor dominierende Gruppen zurücktraten. Drittens waren erdgeschichtlich lange Zeiträume von extremen Umweltbedingungen betroffen. Hierbei ist im Einzelfall unklar, inwieweit der Einbruch der Biodiversität Folge oder Ursache der ökologischen Auslenkungen war.

Diese Beobachtungen sind insofern beunruhigend, als dass die aktuellen anthropogen verursachten Umweltveränderungen ein vergleichbar hohes Artensterben auslösen: Es ist legitim, von der sechsten Biodiversitätskrise in der Geschichte der irdischen Evolution zu sprechen. Ausgehend von den fünf erdgeschichtlichen Vorläuferereignissen darf nicht davon ausgegangen werden, dass natürliche Prozesse in für menschliche Maßstäbe relevanten Zeiträumen zu einer Kompensation führen können.

Diversität im Raum

Neben den geschilderten langfristigen zeitlichen Entwicklungen zeigt Biodiversität räumliche Muster, die teils von abiotischen und biotischen Umweltfaktoren, teils wiederum von biologischen Dynamiken und historischen Ereignissen gesteuert werden. Hierzu liegen Daten vor allem für die organismische Diversität vor. Da bei diesen räumlichen Mustern sehr **verschiedene Raumskalen** betroffen sind, sollen die Muster und ihre Ursachen hier auf fünf verschiedenen Raumskalen besprochen werden:

- α-Diversität
- β-Diversität
- γ-Diversität
- Hotspots und Endemitenzentren
- globale Muster

Unter **α-Diversität** versteht man die Artenvielfalt innerhalb einer Lebensgemeinschaft. Dabei kann weitgehend davon ausgegangen werden, dass die in direkter räumlicher Nachbarschaft lebenden Arten auch unter der Bedingung regelmäßiger Interaktionen (Konkurrenz, Prädation) koexistieren können, weil eine entsprechende Nischen-Partitionierung vorliegt. Allerdings sind auch viele Lebensgemeinschaften bekannt, in denen immer wieder auftretende Störungen und die aus ihnen hervorgehenden Sukzessionen erlauben, dass sehr viel mehr Arten sich in der Zeit nacheinander ablösen, als zeitgleich am selben Ort unter den Bedingungen biotischer Interaktion koexistieren könnten. Unter **β-Diversität** wird die Vielfalt von Lebensgemeinschaften im Raum verstanden. Sie wird insbesondere durch die ökologische Diversität des Raums ge-

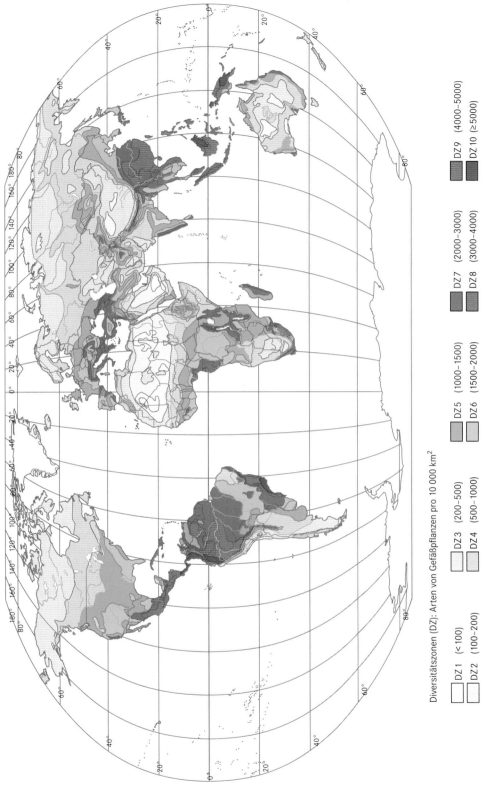

Diversitätszonen (DZ): Arten von Gefäßpflanzen pro 10 000 km²

DZ 1 (< 100)
DZ 2 (100–200)

DZ 3 (200–500)
DZ 4 (500–1000)

DZ 5 (1000–1500)
DZ 6 (1500–2000)

DZ 7 (2000–3000)
DZ 8 (3000–4000)

DZ 9 (4000–5000)
DZ 10 (≥5000)

Abb. 31.16 Die globalen Muster der pflanzlichen Diversität (verändert nach Mutke & Barthlott 2005).

Kapitel 31

steuert, also durch die Raummuster abiotischer Standortfaktoren. Hierbei spielt das Relief naturgemäß eine besonders starke Rolle, aber oft sind auch lithologische, bodenkundliche, hydrologische oder klimatische Muster von hoher Bedeutung. Unter γ-**Diversität** versteht man die Verschiedenheit von größeren Landschaften in Hinblick auf ihre additive α- und β-Diversität aufgrund der jeweiligen Toposequenzen und anderer Landschaftsmerkmale. Durch additive Effekte der α-, β- und γ-Diversität sowie durch geographische, biologische und historische Besonderheiten kommt es zur Herausbildung von regionalen und globalen **Hotspots** der Artenvielfalt. Eine besondere Rolle spielen dabei die jeweiligen natürlichen Speziationsraten (Neubildung von Arten durch geeignete räumliche Isolationsskalen, durch Öffnung neuer ökologischer Nischen usw.) und die jeweiligen natürlichen Extinktionsraten (z. B. Lage von Gebirgszügen in Bezug zur Möglichkeit von ausweichenden Migrationen bei Klimawandel, z. B. Glazialphasen). Nicht selten sind Hotspots zugleich **Endemitenzentren**. Dabei wird zwischen am Ort in jüngerer Erdgeschichte entstandenen Neo-Endemismen und am Ort oder anderswo entstandenen, am Ort überlebenden Paläo-Endemismen unterschieden. Insbesondere durch das Überleben von Arten in Refugialzonen entstehen historisch bedingte Muster, die keinen Bezug zur aktuellen Bildung neuer Arten (Speziation) haben. Unabhängig von den (auch) historisch entstandenen Mustern der Hotspots und Endemitenzentren sind auch **globale Grundmuster** erkennbar. So gilt generell, dass die energiereichen tropischen Zonen mit maximaler Biodiversität ausgestattet sind, gefolgt von manchen der mediterranen Zonen (insbesondere die Kapflora und der europäische Mediterranraum). Bemerkenswert ist auch der hohe Artenreichtum der Südkontinente (Abb. 31.16).

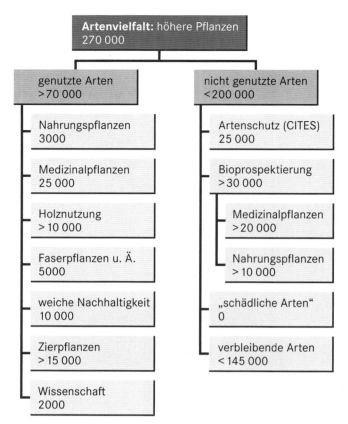

Abb. 31.17 Pflanzen in Nutzung und unter Schutz (verändert nach WBGU 2000).

Funktionelle Bedeutung der Biodiversität

Der Wert der Biodiversität liegt zu einem großen Teil in der Bedeutung für das Funktionieren von **Ökosystemen**. Auf einer globalen Ebene kann als Beispiel hervorgehoben werden, dass erst im Rahmen der Biodiversitätsentwicklung lebende Organismen (Cyanobakterien) dafür gesorgt haben, dass die zunächst reduzierende Atmosphäre der Erde in eine oxidierende verwandelt wurde. Es ist bemerkenswert, dass die Zusammensetzung der Atmosphäre – selbst unter Berücksichtigung der pleistozänen Kaltzeiten – Schwankungen nur innerhalb enger Schranken erlebte und der Sauerstoffgehalt seit Millionen Jahren ca. 20 % stabil geblieben ist. Ähnliche Regelungsleistungen sind u. a. in Bezug auf den Schutz vor UV-Strahlung und auf die biogeochemischen Kreisläufe von Wasser, Kohlenstoff und Stickstoff erfolgt. In diesem Sinne stellt die Biodiversität einen wesentlichen Teil unseres „Lebenserhaltungssystems" (*life support system*) dar. Aber auch unterhalb dieser essenziellen und globalen Skala ist das Funktionieren der Ökosysteme sehr direkt von der Biodiversität abhängig. Die Stabilisierung von ökosystemar wichtigen Strukturen, beispielsweise von Gebirgslandschaften durch Bergwälder, von Küsten durch Korallenriffe, die Reinigung von verschmutztem Wasser durch Mikroorganismen und von Luft durch Wälder, die Bestäubungsleistung von Pollen übertragenden Tieren oder die Fixierung von gasförmigem Stickstoff durch Mikroorganismen sind nur einige stellvertretende Beispiele.

Bei näherer Betrachtung fällt auf, dass viele der hier genannten Leistungen durch eine Vielzahl von Ökosystemen oder Organismen gewährleistet werden, die in Hinblick auf die jeweilige Leistung als redundant oder „überflüssig" angesehen werden könnten, während in anderen Fällen **Schlüsselarten** oder **Schlüsselanpassungen** von überragender Bedeutung für ökosystemare Funktionen sind. Der Nachweis einer angenommenen Redundanz ist allerdings aus theoretischen und praktischen Erwägungen kaum möglich. So ist eine Überprüfung aller denkbaren ökosystemaren Funktionen einer Art in Hinblick auf ihre Ersetzbarkeit durch andere Arten rein praktisch nicht durchführbar, zumal biotische Interaktionen zu einer sehr großen Anzahl anderer Organismen überprüft werden müssten. Außerdem müsste auch der in der Evolutionsgeschichte erworbene Anpassungswert an andere als zurzeit existierende Umweltbedingungen in Betracht gezogen werden. Aus theoretischer Sicht ist zudem festzuhalten, dass Speziation letztlich auf der Herausbildung funktioneller Eigenschaften unter Ausfüllung bisher nicht besetzter ökologischer Nischen beruht und deshalb ökosystembezogene Redundanz eigentlich nicht entstehen kann.

Selbst unter der Annahme, dass bestimmte Funktionen in gleicher oder zumindest sehr ähnlicher Weise von mehreren Arten erfüllt werden können, ist mehrfach festgestellt worden, dass artenreiche gegenüber artenarmen Lebensgemeinschaften eine erhöhte Stabilität und Produktivität aufweisen, wobei häufig als Ursache ein Portfolioeffekt in Hinblick auf die Abpufferung verschiedenartiger Schwankungen der Umweltfaktoren angenommen wird (*insurance hypothesis*).

Anthropogener Biodiversitätswandel

Ohne Zweifel hat der Mensch – wie auch andere Primaten – seit seiner Entstehung die ihn umgebende Biodiversität zunächst in einem Umfang beeinflusst, wie es auch andere Organismengruppen tun. Mit zunehmender Intelligenzleistung wurde der Mensch immer mehr zum **Gestalter seines Lebensraums** und war vermutlich bereits im Pleistozän für das Aussterben einzelner Säugetierarten verantwortlich. Seit der Neolithisierung, dem Aufkommen von Viehhaltung, noch stärker durch die Entwicklung des Ackerbaus und mit dramatisch gesteigerter Dynamik seit dem Beginn der Industrialisierung hat der Mensch aber durch die Konversion natürlicher Ökosysteme in Agrarland, Siedlungs- und Industrieflächen eine neue Dimension des Einflusses einer Organismenart geschaffen (Abb. 31.17). So stellte Leemans 1999 fest, dass mehr als 40 % der Erdoberfläche vom Menschen überprägt sind. Dieser Anteil erhöht sich quasi täglich. Dabei gestaltet der Mensch die in erdgeschichtlichen Zeiträumen durch einen auf Anpassungsmechanismen beruhenden Evolutionsprozess entstandene Biosphäre nach Maßgabe weniger anthropozentrischer Gesichtspunkte um, ohne die nur teilweise bekannten Systemeigenschaften in nennenswertem Umfang zu berücksichtigen.

Neben der dominanten Bedeutung der Konversion natürlicher Ökosysteme sind zugleich umfangreiche direkte Eingriffe und Störungen in die Biodiversität relativ naturnaher Ökosysteme durch Sammeln, Jagd und Fischfang zu verzeichnen. Mit zunehmender Reise- und Transportaktivität wurden auch Organismen von Kontinenten und Inseln, die über erdgeschichtliche Zeiträume voneinander isoliert waren, in Kontakt gebracht. Zahlreiche dieser transportierten Taxa konnten alle ökologischen und biologischen Barrieren überwinden und führten zu **biologischen Invasionen**, welche die betroffenen Systeme und ihren Artenpool zum Teil dramatisch veränderten. Auch innerhalb der Arten, deren Wert vom Menschen erkannt und die direkt genutzt werden, führt die moderne Landwirtschaft zu einer zunehmenden Verengung der genetischen Bandbreite unter Verlust der Wildsorten und traditioneller Kulturvarianten.

Von ebenfalls globaler Bedeutung sind anthropogen verursachte Störungen und Eingriffe in die biogeochemischen Kreisläufe und die daraus hervorgehenden Klimaänderungen. Seit 1860 hat der Mensch ca. 13 % der vorindustriellen Biomasse zerstört (Schlesinger 1997) und damit wesentlich zum Kohlendioxidanstieg der Atmosphäre beigetragen. Noch stärker sind die Kreisläufe des Süßwassers (50 %; WBGU 1998) und des Stickstoffs (zwei Drittel aller Emissionen sind anthropogen; Vitousek et al. 1997) durch den Menschen verändert, mit weiter zunehmender Tendenz. Abb. 31.18 zeigt die verschiedenen Dimensionen des zunehmenden anthropogenen Einflusses auf die Biodiversität.

Durch die Summe all dieser Belastungen und Prozesse sind die natürlichen Extinktionsraten auf Artniveau um den Faktor 1000 bis 10 000 erhöht worden (May & Tregonning 1998) und erreichen in vielen taxonomischen Gruppen 1–9 % des Grundbestands pro Jahrzehnt (WBGU 2000). Mit diesen Arten geht auch ein großer Teil der genetischen Baupläne und der koevolutiv entstandenen Anpassungen für immer verloren, weil Aussterbeereignisse nicht umkehrbar sind. Zugleich sind die Konsequenzen für die ökosystemaren Funktionen der Biosphäre sowie für die menschliche Lebensqualität nicht absehbar. In der Summe der menschlichen Aktivitäten besteht weitgehend Einigkeit, dass vor allem vier Ursachenbündel für den Verlust an Biodiversität verantwortlich sind.

1. Habitatumwandlung, z. B. Rodung von Wäldern zur Schaffung von landwirtschaftlichen Nutzflächen oder Siedlungsräumen, aber auch durch zu raschen anthropogenen Klimawandel

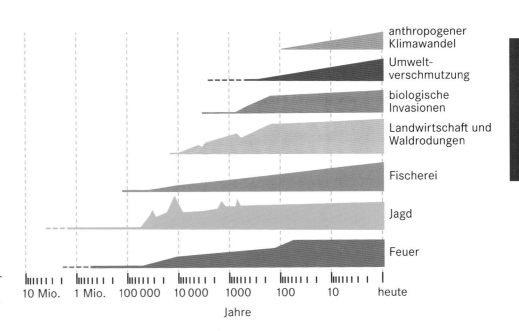

anthropogener Klimawandel

Umwelt- verschmutzung

biologische Invasionen

Landwirtschaft und Waldrodungen

Fischerei

Jagd

Feuer

10 Mio. 1 Mio. 100 000 10 000 1000 100 10 heute

Jahre

Abb. 31.18 Zunehmender anthropogener Einfluss auf die Biodiversität (verändert nach Pereira et al. 2012).

2. Übernutzung von Populationen und Habitaten, z. B. Überfischung in den Weltmeeren, zu hohe Bejagung von Wild in Wäldern
3. Umweltverschmutzung, z. B. Einsatz von Pestiziden, Stickoxide, Plastik
4. biologische Invasionen: durch den Menschen verursachter Transport von Organismen in neue Habitate

Monitoring des Wandels der Biodiversität

Angesichts des sehr raschen Wandels wurden in den letzten Jahren die Notwendigkeit und Machbarkeit des Aufbaus eines globalen Beobachtungsnetzwerkes für Biodiversität betont (Scholes et al. 2008) und mit der Gründung des *Group on Earth Observations Biodiversity Observation Network* (GEO BON) auch umgesetzt. Dabei sind Parallelen zur viel früher entwickelten globalen Beobachtung des Wetters und des Klimas unübersehbar. Vergleichbar mit der Standardisierung von automatischen Wetterstationen, für die ein essenzieller Datensatz als *Essential Climate Variables* definiert wurde, wurde auch eine Vielfalt von **Essential Biodiversity Variables** (EBV) vorgeschlagen (Pereira

Tab. 31.3 Essenzielle Variablen zur Erfassung der Biodiversität (*Essential Biodiversity Variables,* EBV; Pereira et al. 2013)

EBV-Klasse	Essential Biodiversity Variable
Genetische Zusammensetzung	Diversität der Allelbesetzung
	phylogenetische Abstammung
	populationsgenetische Diversität
	Sortenvielfalt
Populationen von Arten	Verbreitungsareal
	Populationsgröße
	Alterspyramide
Funktionelle Merkmale	phänologischer Typ
	Körpermasse
	postnatale Individuenausbreitung
	Migrationsverhalten
	demographische Merkmale
	physiologische Merkmale
Lebensgemeinschaften	taxonomische Vielfalt
	zwischenartliche Wechselwirkungen
Ökosystemstruktur	Habitatstruktur
	Arealmerkmale der Ökosysteme
	Funktionstypenzusammensetzung
Ökosystemfunktionen	Nettoprimärproduktion
	Sekundärproduktion
	Nährstoffspeicherung
	Störungsregime

et al. 2013, Tab. 31.3). Diese berücksichtigen die Zusammensetzung, Struktur und Funktion der Biodiversität auf verschiedenen Ebenen.

Aufgrund der großen Komplexität der Biodiversität ist aber bis heute kein einheitliches globales Netzwerk von Messstellen etabliert worden, welches den weltweiten Wetterstationen und ihren durch die WMO gesetzten Standards entspricht. Proença et al. 2017 beschreiben vielmehr, dass aktuell vier verschiedene Typen von Biodiversitätsmonitoring parallel aufgebaut werden, die unterschiedliche Zielsetzungen haben bzw. verschiedene Methoden und Instrumente verwenden:

- **Extensive Beobachtungsansätze** streben bei der Erfassung der Anzahl und Qualität von Populationen der Arten eine maximale geographische Abdeckung an und erreichen eine hohe Zahl räumlicher Daten durch die Beschränkung auf wenige erhobene Variablen. Häufig führt dies zu einer Konzentration auf charismatische Taxa wie Schmetterlinge oder Vögel, wobei auch die Öffentlichkeit zur Erhebung von Daten beitragen kann (*citizen science*).
- **Intensive Beobachtungsansätze** haben das Ziel, die biologischen und ökologischen Konsequenzen von Umweltveränderungen zu erfassen und zu erklären. Ein Beispiel hierfür ist das Netzwerk der standardisierten Biodiversitäts-Observatorien im südlichen Afrika, welches im Rahmen der BMBF-Projekte BIOTA und SASSCAL aufgebaut wurde.
- **Ökologische Langzeitstudien** gibt es zahlreiche, die zum Teil sehr verschiedene Parameter und Prozesse beobachten und in verschiedenem Maße auch ein Monitoring der Organismen beinhalten.
- **Fernerkundungsansätze** sind naturgemäß besonders geeignet, den Wandel der Ökosysteme im Sinne von *land cover* abzubilden.

Jeder dieser Ansätze hat Vor- und Nachteile, wobei bei Beobachtungen vor Ort die Standpunkte typischerweise sehr ungleich verteilt sind. Gerade in den Südkontinenten und in den Regionen, in denen zurzeit umfangreiche Habitatumwandlungen und eine starke Expansion der Landwirtschaft stattfinden, ist ein großer Mangel an *monitoring sites* zu beobachten. Dies zeigt sich am Beispiel des **Living Planet Index** (LPI), einem vom WWF und dem UNEP-*World Conservation Monitoring Center* (WCMC) entwickelten Indikator für den Zustand der weltweiten biologischen Vielfalt, der auf Trends der Population von Wirbeltierarten basiert.

Die Observationssysteme beschreiben ganz allgemein einen Rückgang der Vielfalt auf allen Ebenen. Es ist ein scheinbarer Widerspruch, wenn manche Studien auch ein Nebeneinander von Abnahme, Zunahme und Gleichstand zeigen. Ursache hierfür kann eine Überlagerung von zwei gegenläufigen Prozessen sein: Zum einen gibt es die oft unumkehrbare Abnahme z. B. bei den endemischen und selteneren Arten von Hotspots durch lokales oder vollständiges Aussterben, zum anderen breiten sich gleichzeitig invasive Arten aus, die dadurch in der Tendenz zu Ubiquisten werden. Im Ergebnis beobachten wir also eine **Homogenisierung** der Biodiversität, die weg von regionalen Besonderheiten hin zu immer gleichen „Allerweltsarten" führt.

Ökosystemare Dienstleistungen für den Menschen

In der Vergangenheit wurde Biodiversität als Teil der Natur betrachtet, welcher der Mensch gegenübersteht. Dementsprechend wurden Naturschutzgebiete weitgehend über den Ausschluss jeglicher menschlicher Aktivität oder sogar Präsenz definiert. In den letzten Jahrzehnten wuchs aber das Bewusstsein, dass der Mensch durch direkten oder indirekten Einfluss alle Ökosystem des Planeten bereits verändert hat. Deshalb wurde vorgeschlagen, den Menschen als Teil der zu gestaltenden Systeme zu betrachten und sozial-ökologische Systeme in einem holistischen Sinn zu analysieren (Abb. 31.19; Ostrom 2009).

Aus einer solchen Perspektive sind viele der ökosystemaren Funktionen der Biodiversität zugleich auch Dienstleistungen für den Menschen und unterstreichen den Wert der Biodiversität in einem für Menschen direkt erfahrbaren Sinn. Biodiversität bildet die **Nahrungsgrundlage für Menschen**, nicht nur als physische Basis für unsere Biomasse, sondern auch als wichtigste Grundlage für körperliche Gesundheit und als Basis für die Entfaltung kultureller Identitäten und Sprachen. Biodiversität bildet Baumaterial, Faserstoffe, Medikamente und beinhaltet eine weite Palette weiterer Nutzwerte für Technik und Forschung. Der **Kulturwert** der Biodiversität als wesentliches Element von Lebensqualität ist von sehr großer Bedeutung, wie menschliches Freizeitverhalten, Kunst und Ästhetik belegen. Unabhängig von den heute vorliegenden und bekannten Leistungen stellt die im Laufe einer wechselvollen Erdgeschichte entstandene Biodiversität auch einen **Optionswert** dar, der vermutlich vielfältige Leistungen in noch nicht berücksichtigten Zusammenhängen beinhaltet und auch Anpassungen an zukünftige Umwelten vorzunehmen vermag.

Eine Zusammenfassung der Nutzung der globalen Pflanzenvielfalt durch den Menschen (WBGU 2000), wonach von den 270 000 bekannten Arten ungefähr 135 000 bereits heute in irgendeiner Form vom Menschen genutzt werden, verdeutlicht die Größenordnung des Nutzwertes und entlarvt zugleich die in der Öffentlichkeit vorherrschende Fehleinschätzung, dass nur ein geringer Teil der Biodiversität für den Menschen von direkter Relevanz sei (Abb. 31.17).

Zum Beginn dieses Jahrhunderts wurde das Konzept der **Ökosystemdienstleistungen** (*Ecosystem Services*, ESS) zu einer der wichtigsten Agenden der Umweltpolitik. Zutiefst anthropozentrisch im Kern, erlaubt das Konzept dennoch, auch Umweltkompartimente und -prozesse, die von keinem direkten ökonomischen Wert zu sein scheinen, in ihrem Wert zu erkennen und sogar ökonomisch zu berechnen. Die entscheidende wissenschaftliche Publikation zu dem Konzept der Ökosystemdienstleistungen war das *Millennium Ecosystem Assessment* (MEA 2005). In der Folge wurde die Unterscheidung ganz verschiedener ESS eingeführt:

- **unterstützende Dienstleistungen** (ökosystemare Dienstleistungen durch Prozesse wie Bodenbildung, Nährstoffkreislauf und Erhaltung der genetischen Vielfalt)
- **bereitstellende Dienstleistungen** (Bereitstellung von Nahrung, Wasser, Baumaterial wie Holz, Fasern, Rohstoffen für Arzneimittel)
- **regulierende Dienstleistungen** (Regulierung von Klimabedingungen, Abfluss von Oberflächenwasser, Populationsgrößen von Schadorganismen, Wasserqualität, Schadstoffkonzentrationen [Abfallbeseitigung], Bestäubung)
- **kulturelle Dienstleistungen** (ökosystemare Dienstleistungen, die Erholung, Naturtourismus, ästhetischen Genuss und spirituelle Erfüllung fördern)

In logischer Konsequenz folgte dem *Millenium Ecosystem Assessment* bald der Versuch, die funktionellen Werte auch in ökonomische und teils sogar monetäre Werte zu übersetzen. Dieser Ansatz ist einerseits problematisch, weil er die alles irdische Leben erst ermöglichenden bereitstellenden und regulatorischen Funktionen der Biodiversität als Lebenserhaltungssystem nicht mit einem unendlich hohen Wert berechnet. Auf der anderen Seite ist eine umweltökonomische Gesamtrechnung unter vollständiger Einberechnung der Kosten für die Umwelt als wirtschaftliches Regulationsinstrument ein sehr wertvolles Argument, wenn natürliche Ökosysteme und Ressourcen geschützt werden sollen. Diese ökonomischen Bewertungen wurden in einer Serie von Publikationen von TEEB (*The Economics of Ecosystems and Biodiversity*) seit 2010 ausgearbeitet.

Schutz der Biodiversität

Vor dem Hintergrund der bedrohlichen Aussichten sind auf vielen Ebenen Bemühungen verankert worden, die den Schutz der Biodiversität zum Ziel haben, meist verbunden mit der Einsicht, dass dieses Ziel in der sozioökonomischen Realität nur erreichbar ist, wenn zugleich eine nachhaltige Nutzung der Biodiversität angestrebt und etabliert wird. Insofern sind die traditionellen Naturschutzziele des Arten- und Biotopschutzes als Baustein in einem globalen Konzept für die nachhaltige Nutzung der Bio-

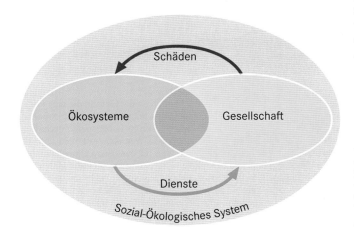

Abb. 31.19 Sozial-ökologische Systeme als Integration der menschlichen Einflussnahme in ein gesamtheitliches Weltbild.

Kapitel 31

Abb. 31.20 Biodiversität im Spannungsfeld zwischen menschlicher Nutzung und natürlicher Vielfalt: **a** Die Großsäuger der Savannen Afrikas sind ein Symbol für die Schönheit der biologischen Vielfalt. Zugleich erinnert die gespannte Aufmerksamkeit der Herden an die Gefahr, die den Tieren an dieser lebensnotwendigen Ressource (der Wasserstelle) durch Raubtiere droht. Die hier gezeigte Artenvielfalt ist bis heute erhalten geblieben, weil sie im Etosha-Nationalpark die Basis für ökonomische Erträge aus dem Öko-Tourismus ist. **b** Organismen leben in Lebensgemeinschaften, wobei die Nutzung von Buckelzirpen durch Ameisen nur eines von vielen Beispielen dafür ist, dass Organismen in Wechselwirkungen und Ab-hängigkeiten zueinander stehen, wodurch der Verlust von Arten Konsequenzen auch für andere Arten und letztlich für das ganze Ökosystem hat. **c** Intraspezifische Variabilität: Biologische Diversität umfasst nicht nur die Vielfalt der Arten und der Ökosysteme, sondern auch die genetische Vielfalt innerhalb der Arten, die uns besonders bewusst wird, wenn sie zugleich kulinarische Vielfalt in unserer Esskultur widerspiegelt – wie hier bei verschiedenen Tomatensorten. **d** Die Teufelskralle, *Harpagophytum procumbens*, ist ein Sesamgewächs aus dem südlichen Afrika, dessen Knollen Wirkstoffe enthalten, die insbesondere in Mitteleuropa als Medikament u. a. gegen rheumatische Erkrankungen eingesetzt werden. Durch falsche und zu intensive Sammelaktivitäten ist die Art lokal stark zurückgegangen. **e** *Hoodia gordonii,* eine kaktusähnliche Aasblume, die mit Aasgeruch Fliegen als Bestäuber anlockt, wurde bereits früher von den Einheimischen als Mittel gegen Hunger und Durst genutzt. Jetzt wird der Wirkstoff vom Pharmakonzern Pfizer als Schlankmacher vermarktet. **f** Degradation durch Überweidung im Kaokoveld in Nordwest-Namibia: Je nach den biologischen, ökologischen und sozio-ökonomischen Rahmenbedingungen kann eine nachhaltige Nutzungsform durch vereinzelte klimatische Extremsituationen, durch falsche Managemententscheidungen oder durch ökonomische oder politische Notlagen zu einer Kaskade negativer Folgeprozesse führen, die den Nutzwert der natürlichen Ressourcen langfristig mindern. Die Lage der Wurzelsysteme der alten Mopane-Bäume kennzeichnet die ursprüngliche Lage des Oberbodens (Fotos: N. Jürgens, Eduard Linsenmair, C. Martin).

sphäre aufgewertet und zu wichtigen Elementen eines Biodiversitätsmanagements geworden (Abb. 31.20). Diese Koppelung ist auch Definitionsbestand der durch den Gipfel von Rio de Janeiro 1992 initiierten **UN-Konvention zur Biodiversität** (*Convention on Biodiversity,* CBD). Zweck der Konvention ist es, die Biodiversität zu erhalten, ihre Komponenten nachhaltig zu nutzen und einen fairen und gerechten Vorteilsausgleich bei der Nutzung der genetischen Ressourcen zu erzielen, wobei auch der Zugang zu den Ressourcen sowie der angemessene Transfer von Technologien und finanziellen Voraussetzungen eingeschlossen sein sollen. Bis 2005 sind der CBD 168 Staaten beigetreten.

Nach dem Vorbild des Weltklimarats IPCC wurde im Dezember 2010 von der UN-Vollversammlung beschlossen, auch für die Themenfelder Biodiversität und ökosystemare Dienstleistungen eine UN-Organisation einzurichten. Diese wurde 2012 unter dem Namen *Intergovernmental Science-Policy Platform on Biodiversity and Ecosystem Services* (IPBES, deutsch: Zwischenstaatliche Plattform für Biodiversität und Ökosystem-Dienstleistungen) offiziell gegründet. Der Sitz des ständigen Sekretariates ist in Bonn. Die Hauptaufgabe von IPBES ist es, den politischen Entscheidungsträgern der 129 Mitgliedsstaaten zuverlässig unabhängige und glaubwürdige Informationen über den Zustand und die Entwicklung der Biodiversität als Entscheidungshilfe zur Verfügung zu stellen. So erstellt IPBES globale und regionale Assessments zu einer breiten Themenpalette. Die Wirksamkeit der Organisation zeigt sich aktuell an der Thematisierung des Insektensterbens und seiner Konsequenzen. Der entsprechende Report zu Bestäubern, Bestäubung und Nahrungsmittelproduktion wurde 2017 veröffentlicht und hat z. B. in Deutschland zu einer drastisch geänderten Wahrnehmung des Insektensterbens geführt.

31.3 Konfliktfeld Wasser – globale und lokale Dimensionen

Marcus Nüsser und Juliane Dame

Ein nachhaltiger Umgang mit der Schlüsselressource Wasser ist für das menschliche Wohlergehen und die Ökosysteme weltweit entscheidend. Dabei nehmen künstliche Eingriffe in den globalen Wasserhaushalt im Zeitalter des Anthropozäns massiv zu (Pahl-Wostl et al. 2013, Savenije et al. 2014, Nüsser 2017). **Technologische Interventionen** wie Flussbegradigungen oder Staudämme führen zu ökosystemaren Veränderungen und wirken sich in vielfältiger Form auf die Lebensbedingungen der Menschen aus. Der **erhöhte Wasserbedarf** für Landwirtschaft und industrielle Produktion führt vielfach zur Übernutzung von Grundwasseraquiferen, zur Kontamination und Eutrophierung von Gewässern oder zur Austrocknung von Seen. Der globale Wasserbedarf wächst aufgrund von Bevölkerungswachstum, wirtschaftlicher Entwicklung und veränderten Konsummustern jährlich um etwa 1 % (Mekonnen & Hoekstra 2016, WWAP 2018). Dabei führt das Zusammenspiel von zunehmender Bewässerungslandwirtschaft, Urbanisierung und Klimaveränderungen zur Verschärfung von Wasserknappheit auf globaler und regionaler Maßstabsebene.

Ungleiche Verfügbarkeit von Wasser sowie unzureichende Wasserqualitäten resultieren in komplexen **Wasserkrisen**. Dabei sind unterschiedliche Akteure mit divergierenden Interessen und Machtpositionen in Aushandlungsprozesse um Zugänge zur Ressource Wasser involviert. Diese manifestieren sich in Form von lokalen Nutzungskonflikten, Kontroversen im Zuge der Privatisierung von Wasser, aber auch in grenzüberschreitenden Disputen. Der Umgang mit wasserbezogenen Naturgefahren stellt im Zusammenhang mit der Zunahme hydrologischer Extremereignisse (Starkniederschläge, Dürren) einen weiteren Themenkomplex dar.

Zwar lassen sich Wasserknappheit und Wasserüberschuss auf globaler Ebene zunächst als naturräumlich gegebene Phänomene beschreiben, Unterschiede in der Wasserverfügbarkeit sind jedoch entscheidend durch politische, ökonomische und gesellschaftliche Dynamiken bedingt. Dies zeigt die Notwendigkeit integrativer Analysen, zu denen die Geographie einen entscheidenden Beitrag leisten kann (Abb. 31.21).

Die im Folgenden angesprochenen Themenfelder und Fallbeispiele belegen wachsende Herausforderungen für nachhaltige gesellschaftliche und politische Steuerungsinstrumente und -mechanismen im Umgang mit Wasser. Globale *water governance* ist mit tiefgreifenden Brüchen zwischen Wissensproduktion und -vermittlung einerseits sowie den politischen und rechtlichen Umsetzungen andererseits konfrontiert (Pahl-Wostl et al. 2013). Mit den 2015 von der Generalversammlung der Vereinten Nationen verabschiedeten „*Sustainable Development Goals*" (Falkenberg & Kistemann 2018), der „*Water Security*" (Cook & Bakker 2012, Bogardi et al. 2012, Loftus 2015) und dem „*Food-Water-Energy Nexus*" (Benson et al. 2015, Leck et al. 2015) stehen diese Themen auf der globalen politischen Agenda (Vörösmarty et al. 2015).

Verfügbarkeit, Verbrauch und Knappheit von Wasser

Die globale Verfügbarkeit von Wasser ist zunächst durch die physisch-geographischen Gegebenheiten bedingt. Hierzu zählen die Verteilung der Wasserkörper, die jeweiligen hydrogeologischen Bedingungen der Grundwasserneubildung und die Speisung von Oberflächenwasser in Abhängigkeit von klimatischen Faktoren (Evers & Taft 2018; Kap. 12). Allerdings ist Wasserknappheit nicht nur von der physischen Raumausstattung abhängig und bleibt auch nicht auf aride und semi-aride Regionen beschränkt, sondern wird entscheidend durch politische und ökonomische Prozesse beeinflusst. Gegenwärtig leben 4 Mrd. Menschen (etwa 60 % der Weltbevölkerung) in Regionen, die mindestens in einem Monat des Jahres von ausgeprägter Wasserknappheit betroffen sind (Mekonnen & Hoekstra 2016). Eine halbe Milliarde Menschen, vorwiegend in Südasien, Nordafrika, im Nahen Osten und in Teilen Südamerikas und Mexiko, leben ganzjährig mit knappen Wasserressourcen. Neben den spezifischen klimatischen und hygrischen Ausgangsbedingungen sind diese Regionen durch hohe Bevölkerungsdichte und intensive Bewässerungslandwirtschaft charakterisiert (ebd.).

Kapitel 31

Abb. 31.21 Unterschiedliche Dimensionen alltäglicher Wassernutzung in Südasien, die den Zugang zu Wasser sowie Fragen der Wasserqualität und Gesundheit veranschaulichen. **a** Traditionelle Wasserspeicherung in einem Stufenbrunnen in Nahargarh Fort bei Jaipur im indischen Bundesstaat Rajasthan. **b** Über Kanäle abgeleitetes Schmelzwasser dient der Bewässerung von Feldern und angepflanzten Bäumen im Indus-Tal bei Skardu, Karakorum, Nordpakistan. **c** Brunnen und offene Wasserbecken sind an vielen Orten für die Trink- und Brauchwasserversorgung und als soziale Begegnungsstätten bedeutend, wie das Beispiel am Patan Durbar Square im Kathmandu-Tal in Nepal erkennen lässt. **d** Im Ganges-Tiefland dienen Flüsse auch als Orte religiöser und kultureller Rituale. Am Hooghly, einem Mündungsarm des Ganges bei Kolkata, nutzen Hindus die Uferböschungen (Ghats) für rituelle Waschungen (Fotos: Marcus Nüsser).

Weltweit entfallen etwa 70 % des Wasserverbrauchs auf die Landwirtschaft. Hinzu kommen 20 % für Brauchwasser zur Bedarfsdeckung der Industrie (wovon 75 % zur Energiegewinnung benötigt werden) während die verbleibenden 10 % in privaten Haushalten genutzt werden (WWAP 2018). Neben dem direkten Wasserverbrauch kann auch der indirekte Verbrauch als **virtuelles Wasser** erfasst werden (Exkurs 31.5). Während der durchschnittliche tägliche Verbrauch pro Einwohner in Deutschland 121 l beträgt, werden unter Berücksichtigung des virtuellen Wassers pro Tag durchschnittlich 3900 l pro Person konsumiert (UBA 2018a). In vielen bereits heute von Wasserknappheit gekennzeichneten Regionen erhöht sich der Druck auf die Ressource Wasser durch die Auswirkungen des Klimawandels

auf den globalen Wasserhaushalt und den steigenden Bedarf für Bewässerungslandwirtschaft, Industrie und Haushalte. Hinzu kommen Versiegelung und Flächenverbrauch im Zuge rapider Urbanisierungsprozesse, die weltweit zu einem prognostizierten weiteren Anstieg der Stadtbevölkerung führen (McDonald et al. 2011). Folgen einer **Übernutzung** lassen sich im Rückgang von Fließgewässern und sinkenden Grundwasserspiegeln (Aeschbach-Hertig & Gleeson 2012, Gleeson et al. 2012) erkennen und führen im Extremfall zum drastischen Absinken von Seespiegeln. Anschauliche Beispiele bieten der Aral-See in Zentralasien (Giese 1997, Micklin 2007), der Tschad-See im afrikanischen Sahel (Coe & Foley 2001) oder der Urmia-See im Iran (Schmidt 2018).

Exkurs 31.5 Virtuelles Wasser und der Wasserfußabdruck

Das Konzept des Wasserfußabdrucks dient der Erfassung des Gesamtwasserverbrauchs, der für die Produktion von Gütern oder zur Bereitstellung von Dienstleistungen benötigt wird. Dabei wird das benötigte Wasser für landwirtschaftlich erzeugte Nahrungsmittel, Genussmittel oder Kleidung über den Verlauf der gesamten Produktions- und Handelskette addiert. In diese Berechnungen wird auch das sog. virtuelle Wasser einbezogen, das im Produktionsprozess benötigt wird (Hoekstra et al. 2011, Hoekstra 2017, Dlugoß 2018). Beispielsweise beträgt der virtuelle Wassergehalt von 1 kg Tomaten im globalen Mittel 214 l. Doch während dieser Wert für Deutschland nur bei 36 l liegt, beträgt er in Israel 84 l, im Iran sogar 348 l (Mekonnen & Hoekstra 2011), womit der höhere Wasserbedarf für den Gemüseanbau in Trockenregionen abgebildet wird.

Die Berechnung des virtuellen Wassergehalts umfasst die Komponenten blaues, grünes und graues Wasser. Unter blauem Wasser werden das direkt für die Herstellung eines Produktes benötigte Oberflächen- und Grundwasser sowie die Verdunstungsverluste zusammengefasst. Grünes Wasser ist Regenwasser, das im Zuge der landwirtschaftlichen Produktion im Boden gespeichert oder von Pflanzen aufgenommen wird. Auch hier wird Verdunstungswasser hinzugerechnet. Graues Wasser ist verunreinigtes Wasser und berechnet sich über den Wasserbedarf, der benötigt würde, um das während der Herstellung verschmutzte Wasser bis zur Erreichung von festgesetzten Qualitätsstandards aufzubereiten (Hoekstra et al. 2011, Mekonnen & Hoekstra 2011).

Neben dem produktbezogenen Wasserfußabdruck kann dieser auch für Einzelpersonen, Staaten oder Unternehmen als Bezugsgrößen berechnet werden, um die Auswirkungen veränderter Konsummuster auf die Ressource Wasser zu zeigen. Die Differenzierung zwischen dem internen und externen Wasserfußabdruck eines Landes verdeutlicht zusätzlich die durch Handel transportierten virtuellen Wassermengen (Abb. A). Während der interne Wasserfußabdruck den Wasserverbrauch und die -verschmutzung durch die Produktion von Gütern und Dienstleistungen innerhalb eines Landes berechnet, beziffert der externe Wasserfußabdruck den zur Produktion und Konsumption von importierten Waren benötigten Wasserverbrauch in einem anderen Land (Mekonnen & Hoekstra 2016).

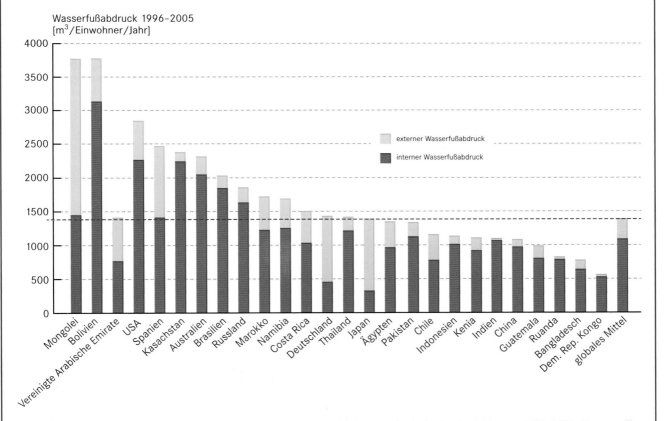

Abb. A Wasserfußabdruck ausgewählter Länder im Vergleich zum globalen Durchschnitt für den Zeitraum 1996–2005 (Datenquelle: Hoekstra & Mekonnen 2012).

Kapitel 31

Kapitel 31

Wasserqualität und Zugang zu Wasser

Wasserkrisen resultieren nicht nur aus Wasserknappheit, sondern auch aus unzureichender Wasserqualität. Auf internationaler Ebene wurde das **Menschenrecht auf sicheres Trinkwasser** 2010 von der Generalversammlung der Vereinten Nationen anerkannt (UN 2010) sowie fünf Jahre später das Menschenrecht auf Sanitärversorgung (UN 2016). Mittlerweile haben 89 % der Weltbevölkerung Zugang zu sauberem Trinkwasser, das innerhalb von 30 Minuten von ihrem Wohnort aus erreichbar ist. Trotz Verbesserungen zwischen 1990 und 2015 verfügen weiterhin schätzungsweise 844 Mio. Menschen nicht über einen gesicherten Trinkwasserzugang, die Mehrzahl von ihnen lebt im subsaharischen Afrika (WHO & UNICEF 2017). Dort sind drei Viertel aller Haushalte auf die Nutzung einer außerhalb des Wohnhauses gelegenen Wasserquelle angewiesen, wobei für den Transport überwiegend Frauen verantwortlich sind (WWAP 2016).

Unzureichende Wasserqualität resultiert aus der **Kontamination** von Fließgewässern und Grundwasserkörpern durch Düngemitteleinträge der Landwirtschaft sowie Abwässern aus Industrie und Bergbau. Dazu kommen unbehandelte häusliche Abwässer. 2,3 Mrd. Menschen haben keinen Zugang zu grundlegender Sanitärversorgung mit Toiletten oder Latrinen (WHO & UNICEF 2017). Mit Fäkalien verunreinigtes Trinkwasser birgt gesundheitliche Risiken und fördert die Verbreitung wasserassoziierter Krankheitserreger und Infektionen. Verschmutzungen und inadäquates Hygieneverhalten können so zur Verbreitung von Erkrankungen wie Cholera, Typhus oder Amöbiasis führen (Falkenberg & Kistemann 2018). Schätzungen gehen davon aus, dass insgesamt 80 % der globalen Abwässer ungeklärt und ohne Wiederverwertung in das Ökosystem zurückfließen (WWAP 2017).

Neben der generellen Wasserverfügbarkeit ist auch der Zugang zu qualitativ hochwertigem Wasser entscheidend, insbesondere zu Trinkwasser als essenziellem Nahrungsmittel. Dieser wird durch **Verfügungsrechte**, institutionelle Regelungen, technologische Lösungen und wirtschaftliche Interessen bestimmt, womit es immer wieder zu Interessenkonflikten zwischen Akteuren in unterschiedlichen Machtpositionen kommt. Ein prominentes Beispiel ist der sog. „Wasserkrieg" in der bolivianischen Stadt Cochabamba im Jahr 2000 (Perrault 2006, Eichholz 2014). Nach der Übernahme des städtischen Wasserversorgers durch ein transnationales Unternehmen im Rahmen eines neoliberalen Politikwechsels kam es zu mehrmonatigen massiven Protesten und Straßenblockaden. Von Bewässerungslandwirtschaft abhängige Kleinbauern und lokale Wasserkomitees befürchteten den Verlust ihrer bisherigen Verfügungsrechte. Andere protestierten gegen massive Preiserhöhungen. Auf nationaler Ebene kritisierten linksorientierte politische Akteure und Gewerkschaften – u. a. der spätere Präsident Evo Morales – die Privatisierung als „Ausverkauf bolivianischer Interessen an transnationale Konzerne" (Eichholz 2014). Mit Erfolg – die Wassergesetzgebung wurde modifiziert und die Konzessionsvergabe rückgängig gemacht.

Wasser als Naturgefahr

Nach Angaben des *United Nations Office for Disaster Risk Reduction* (UNISDR) stehen 90 % der Naturgefahren im Zusammenhang mit Wasser und hydrologischen Extremereignissen (CRED & UNISDR 2015). Etwa 1,2 Mrd. Menschen sind dem **Risiko von Hochwasser** und Flutereignissen nach Starkniederschlägen, weitere 1,8 Mrd. Menschen Dürren infolge

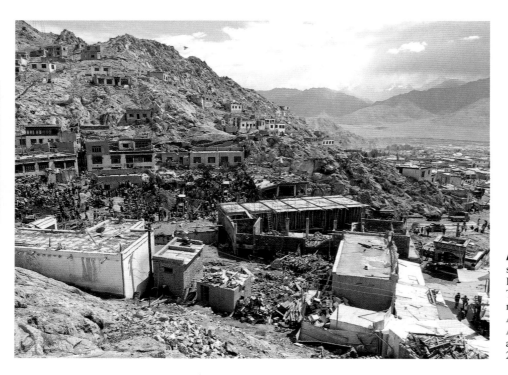

Abb. 31.22 Durch Starkniederschläge kam es in Leh, dem Hauptort von Ladakh im ariden Trans-Himalaja, im August 2010 zu massiven Überschwemmungen. Die Aufräumarbeiten zeigen das enorme Ausmaß der Zerstörung und Flutablagerungen (Foto: Juliane Dame, 2010).

Tab. 31.4 Zugänge zur Analyse der Beziehungen zwischen Gesellschaft und Wasser: Sozio-Hydrologie und hydrosoziale Forschungsansätze im Vergleich (verändert nach Wesselink et al. 2017).

	Sozio-Hydrologie	hydrosoziale Ansätze
Grundkonzept/Paradigma	• positivistisch, postpositivistisch • generalisierend	• konstruktivistisch, kritische Theorie • interpretativ
wissenschaftliche Verankerung	• Hydrologie • Ingenieurswissenschaften	• Kritische Humangeographie, Politische Ökologie
Untersuchungsgegenstand	• Modellierung von gekoppelten sozio-hydrologischen Systemen • Wasser-Gesellschafts-Interaktionen • Zukunftsszenarien	• relationales Verhältnis von Gesellschaft und Wasser • Wasser als Hybrid • Produktion von Wissen • ungleiche Machtverhältnisse
Analysekategorien und Schlüsselbegriffe	• gekoppelte sozial-ökologische Systeme	• Machtbeziehungen, Konstruktion von Wissen
Methodik	• quantitative Modellierung, teilweise ergänzt durch qualitative Forschung	• qualitative Sozialforschung • Ethnographie

von Trockenperioden ausgesetzt. In Regionen mit hoher Niederschlagsvariabilität ist der Wechsel zwischen Extremereignissen mit hohen und Phasen mit geringen Abflüssen charakteristisch. Ein Beispiel bietet die Überschwemmungskatastrophe in Pakistan im Sommer 2010, als infolge außergewöhnlich starker Monsunregen mehr als 1700 Personen ums Leben kamen und mehr als 21 Mio. Bewohner von den Auswirkungen der Flut betroffen waren (Abb. 31.22; Mustafa & Wrathall 2011). Neben den durch Starkregen ausgelösten Überschwemmungen kommt es in Gebirgen mit vergletscherten Einzugsgebieten zusätzlich zu Ausbrüchen aufgestauter Schmelzwasserkörper (*glacier lake outbust floods*, GLOFs). Im Zuge des Gletscherrückgangs und verbunden mit zunehmender infrastruktureller Erschließung bilden diese insbesondere im Himalaja und in den Anden eine zunehmende Naturgefahr. Neben dem Überfluss an Wasser bildet der Mangel in Form von Dürren ein weiteres Problem (van Loon et al. 2016a, 2016b).

Aktuelle Perspektiven integrativer Wasserforschung

Für die Analyse von komplexen Wasserkrisen sind integrative Analysen unerlässlich. Hydrologische Studien setzen typischerweise den Wasserkreislauf ins Zentrum des Forschungsinteresses. Um Fragen nach ungleichen Zugängen und Konflikten um Wasser oder nach wasserabhängigen Gefährdungspotenzialen umfassender zu analysieren, ist aber die Berücksichtigung der **historischen, sozio-kulturellen und politischen Dimension** unverzichtbar. Zwar wurde schon bei der Verabschiedung des *„Integrated Water Resources Management"* (IWRM) 1992 die Notwendigkeit integrativer Ansätze und Lösungen zum Management dieser essenziellen Ressource betont (Savenije et al. 2014), doch wird aktuell sowohl in den Naturwissenschaften als auch in den Sozial- und Geisteswissenschaften ein weiterhin zunehmender Bedarf an verbindenden Forschungskonzepten geäußert.

Obwohl breiter Konsens darüber besteht, dass integrative Konzepte für ein umfassendes Verständnis der Problemkonstellationen unerlässlich sind, lassen sich sehr unterschiedliche Zugänge erkennen. In der Geographie finden aktuell Ansätze zur Sozio-Hydrologie (*socio hydrology*) sowie Überlegungen zum hydrosozialen Kreislauf (*hydrosocial cycle*) Verwendung.

Auch wenn Einflüsse menschlicher Aktivitäten auf hydrologische Systeme, gesellschaftliche Umgänge mit Wasserknappheit oder unzureichende Wasserqualität bereits zuvor Forschungsthemen waren, wurde der Begriff **Soziohydrologie** erst 2012 geprägt (Sivapalan et al. 2012, Sivapalan 2015, Pande & Sivapalan 2017). Wenig später erklärte die internationale hydrologische Gesellschaft (IAHS) unter dem Stichwort „Panta Rhei" (*everything flows*) die Schnittstellenforschung zwischen Hydrologie und Gesellschaft zum Schwerpunkt der Forschungsdekade 2013–2022 (Montanari et al. 2013). Sozio-hydrologische Studien zielen auf die Interaktionen und Rückkopplungen zwischen Wasser und Gesellschaft ab, wobei neue Lösungsansätze für nachhaltiges Wassermanagement im Zentrum stehen (Sivapalan et al. 2012, Wesselink et al. 2017). Der Sozio-Hydrologie liegt ein naturwissenschaftlich geprägtes Systemverständnis zugrunde, wonach Wasser und Gesellschaft als gekoppeltes sozialökologisches System mit Interaktionen und Wechselwirkungen verstanden werden. Dabei werden häufig Kausalzusammenhänge über mathematische Modellierungen dargestellt. Die Herangehensweise stützt sich entsprechend auf quantitative Methoden. Das ontologische Ziel besteht in der Berechnung eines holistischen Modells, das in größtmöglichem Umfang Einflussfaktoren wie Siedlungsmuster oder wirtschaftliche Kenngrößen auf das Wassersystem berücksichtigt (Tab. 31.4; Pande & Savenije 2016).

Kritiker werfen diesem Ansatz vor, dass die Auswahl der mathematischen Algorithmen und der in das jeweilige Modell eingespeisten Variablen normativ ist. Damit ist die Forschung nicht objektiv, sondern politisch. Auch ein unzureichendes Maß an Reflexivität über die methodische Vorgehensweise und die damit verbundenen Auswahlmechanismen werden bemängelt (Wesse-

Kapitel 31

Exkurs 31.6 Gletscher, Wasserverfügbarkeit und Bewässerungsfeldbau im Himalaja

Aufgrund ihrer Bedeutung als Wasserspeicher werden die Hochgebirge der Erde als Wassertürme bezeichnet (Viviroli & Weingartner 2004, Immerzeel et al. 2010). Gebirgsgletscher, saisonale Schneedecken und Permafrost bilden die Komponenten der Kryosphäre, deren Schmelzabfluss zur Sicherung des Wasserangebots zur Zeit des höchsten Bedarfs in den angrenzenden Tiefländern beiträgt. Im Zuge des Gletscherrückgangs wird nach einer Phase verstärkter Schmelzwasserabflüsse langfristig mit einer geringeren Wasserverfügbarkeit gerechnet. Damit werden die gemessenen und prognostizierten Veränderungen der Kryosphäre in den oberen Einzugsgebieten zur Bedrohung für die zukünftige Wasserversorgung auf überregionaler Maßstabsebene.

Dieser sensitive Zusammenhang zeigt sich in besonderer Weise am Beispiel des Himalaja und der angrenzenden, dicht besiedelten Gebirgsvorländer und Schwemmebenen von Indien, Pakistan, Nepal und Bangladesch. Bereits der aus dem Sanskrit stammende Name „Himalaja", der sich als Wohnsitz (*ālaya*) des Schnees (*hima*) übersetzen lässt, verweist auf die Speicherfunktion der Kryosphäre für die Sicherstellung eines beständigen Abflusses der großen Ströme Indus, Ganges und Brahmaputra. Zusammengefasst als Hindukusch-Karakorum-Himalaja (HKH) erstrecken sich die Gebirgsbögen über mehr als 20 Längengrade und etwa 15 Breitengrade und bilden den Übergang zwischen dem südasiatischen Subkontinent und Zentralasien. Entlang des 2500 km langen Himalaja-Bogens lässt sich ein regional differenzierter Gletscherrückgang feststellen, der wesentlich von den verschiedenen Niederschlagsregimen abhängt. Während die durch starke Monsunniederschläge beeinflussten Abschnitte des zentralen und östlichen Himalaja überwiegend massive Eisverluste aufweisen, zeigen die Gletscher mit ganzjähriger Schneeakkumulation im nordwestlichen Bereich des HKH deutlich geringere Rückzugsraten (Hewitt 2005, Bolch et al. 2012, Schmidt 2012, Nüsser 2018). In diesem durch vorherrschende Trockenheit und Bewässerungslandwirtschaft geprägten Gebirgsabschnitt ist die Ernährungssicherung maßgeblich von einer sicheren Schmelzwasserspende abhängig, die den monsunalen Niederschlag ergänzt und ein spätes Einsetzen des Monsuns ausgleicht (Abb. A; Pritchard 2017).

Als hydrologische Leitlinie entwässert der Indus den Nordwesten des indischen Subkontinents. Daneben durchfließen Jhelum, Chenab, Ravi und Sutlej das „Fünfstromland" (Punjab), das heute mit einer Fläche von 13,5 Mio. ha das größte zusammenhängende Bewässerungsgebiet der Erde bildet, wovon ca. 9 Mio. ha ganzjährig kultiviert werden. Die bereits vor Mitte des 19. Jahrhunderts entwickelte Kanalbewässerung wurde im Verlauf der knapp 100-jährigen britischen Kolonialherrschaft (1849–1947) massiv ausgebaut. Über ein weitflächiges Netzwerk von Zuleitungs- und Verteilungskanälen wurden neben den Flussauen auch die Zwischenstrombereiche (*doab*) durch Bewässerungskolonien erschlossen. Neben einer ausgewogenen Wasserverteilung ermöglichte das Bewässerungssystem auch eine Nivellierung von Abflussspitzen (Dettmann 1978, Scholz 1984, Kreutzmann 1998, Memon & Thapa 2011). Mit dem Ende britischer Herrschaft und der Gründung der nachkolonialen Staaten Indien und Pakistan ging auch die Teilung des Punjab einher, die sich im Zuge massenhafter Vertreibungen und Gräueltaten zwischen muslimischen und hinduistischen Bevölkerungsteilen vollzog. Neben dem Streit um Kaschmir führte die Auftrennung des als Einheit geschaffenen Bewässerungssystems im Punjab zu schweren Konflikten zwischen den beiden unabhängig gewordenen Staaten (Wescoat et al. 2000). Erst durch Vermittlung der Weltbank und das Zustandekommen des Indus-Wasservertrags von 1960 konnte ein drohender Wasserkrieg abgewendet werden. Nach diesem Vertragswerk, das bislang drei Kriege und zahlreiche Krisen zwischen Indien und Pakistan überdauert hat, steht das Wasser aus den drei westlichen Flüssen – Indus, Jhelum und Chenab – Pakistan zur Verfügung, während das Wasser der drei östlichen Flüsse – Sutlej, Beas und Ravi – von Indien genutzt wird. Da damit die östlichen Doabs nicht mehr bewässert werden konnten, ergab sich für Pakistan die Notwendigkeit zur Errichtung von Verbindungskanälen, über die Wasser aus den westlichen Punjab-Flüssen umgelenkt wird. Wasserverteilungskonflikte zwischen Oberliegern und Unterliegern sind also nicht nur auf die zwischenstaatliche Ebene beschränkt, sondern treten nun auch zwischen den pakistanischen Provinzen Punjab und Sindh auf. Zur Erhöhung der landwirtschaftlichen Produktion wurde die Bewässerungsinfrastruktur im Zuge der Grünen Revolution in beiden Ländern massiv ausgeweitet und durch Mehrfachernten und Hochertragssorten intensiviert. Durch die Bewässerungsexpansion mit Kanälen und Pumpen wurden auch Regionen unterhalb der agronomischen Trockengrenze im Randbereich der Wüste Thar als Agrarflächen eingebunden. Gleichzeitig führen intensive Wasserzufuhr und Versickerungsverluste in den alluvialen Ebenen vielerorts zu hohen Grundwasserspiegeln und Versumpfungserscheinungen sowie zu massiver Bodenversalzung infolge unzureichender Drainage, wodurch der Wirkungsgrad des Bewässerungssystems eingeschränkt wird (Khan et al. 2006).

Das zeigt das sozio-hydrologische Zusammenspiel zwischen Schmelzwasserabflüssen und sozioökonomischen Entwicklungsprozessen auf subkontinentaler Maßstabsebene. Als Wassertürme Südasiens werden die Himalaja-Gletscher auch zukünftig wissenschaftliche und mediale Aufmerksamkeit erfahren, wobei eine besondere Herausforderung der Forschung zu den Gletschern des Himalaja in der stärkeren Integration natur- und sozialwissenschaftlicher Ansätze liegen wird (Nüsser 2012).

Abb. A Die Bewässerungsland-wirtschaft ist ein kennzeichnendes Merkmal im Nordwesten des Himalaja. Die knapp unter 4000 m Meereshöhe gelegenen und mit Gerste bestandenen Kulturflächen des Dorfes im Vordergrund werden mit der Schnee- und Gletscherschmelze des Kang Yatze (6400 m) bewässert (Foto: Marcus Nüsser, 2009).

link et al. 2017). Hinzu kommt ein epistemologisches Problem: Menschliches Handeln beruht auf subjektiven Wahrnehmungen und Präferenzen und ist abhängig vom jeweiligen gesellschaftlichen und politischen Kontext. Diese Zusammenhänge modellhaft abzubilden bleibt eine ungelöste methodologische Aufgabe (Di Baldassare et al. 2014, Troy et al. 2015, Vogel et al. 2015, Wesselink et al. 2017). Darüber hinaus besteht die forschungspraktische Herausforderung in der Akquise großer Datensätze, da möglichst viele Variablen in das Modell eingespeist werden müssen.

Unter dem Begriff Sozio-Hydrologie werden aber auch **lokale Fallstudien** gefasst, die sich mit den fluiden und komplexen Interaktionen und Dynamiken der Wassernutzung befassen (Nüsser 2017; Exkurs 31.6). Ausgehend von der Hypothese, dass Veränderungen der Wasserverfügbarkeit mit Veränderungen in den Nutzungsmustern einhergehen, konnten allgemeine Zusammenhänge und spezifische Charakteristika für die Region Ladakh im Trans-Himalaja (Nüsser 2012), für den Karakorum (Parveen et al. 2015) und für das Nanga Parbat-Gebiet (Nüsser & Schmidt 2017) aufgezeigt werden. Gemeinsames Kennzeichen dieser Studien ist die integrative Betrachtung der Interaktionen zwischen der glazio-fluvialen Abflussdynamik, den lokalen Praktiken der Wasserverteilung, einschließlich der institutionellen Arrangements in den dörflichen Gemeinschaften, sowie den externen Entwicklungsinterventionen und historischen Entwicklungen. Daneben bildet der Umgang mit Hochwasserereignissen einen Forschungsschwerpunkt (Di Baldassare et al. 2014, Viglione et al. 2014).

In der kritischen Humangeographie und Politischen Ökologie (Kap. 29) werden integrative Konzepte zu Wasser und Gesellschaft bereits seit den 1990er-Jahren diskutiert. Studien aus dieser Forschungsperspektive kritisieren den hydrologischen Kreislauf (*hydrological cycle*) als reduktionistisch, da darin die gesellschaftliche Dimension von Wasser vernachlässigt wird (Swyngedouw 2009, Linton 2010, Bakker 2012). Primäres Ziel des als Gegenentwurf vorgeschlagenen **hydrosozialen Kreislaufs** (*hydrosocial cycle*) ist es, die tiefgreifenden und untrennbaren Wechselwirkungen zwischen Wasserflüssen und Machtverhältnissen zu analysieren und auf den politisierten Charakter von *water governance* hinzuweisen. Für das Konzept des hydrosozialen Kreislaufs bildet die Auflösung des Dualismus zwischen Natur und Kultur als separate Einheiten eine grundlegende Voraussetzung. Stattdessen wird Wasser als Hybrid verstanden, in dem beide Bereiche als wechselseitige (Re)Konstitution von Wasser und Gesellschaft untrennbar miteinander verwoben sind. Diesem relationalen Verständnis folgend ist Wasser nicht nur ein materielles und quantitativ messbares Gut. Es bildet gleichzeitig eine wirtschaftliche, politische und gesellschaftliche Ressource, die über Kanäle und Leitungen verteilt und über Wasserzähler ökonomisch erfasst sowie bestimmten Qualitätsstandards unterliegt. Auf diese Weise werden **Gesellschafts-Wasser-Beziehungen** über soziale Praktiken, Diskurse und subjektive Bedeutungszuschreibungen konstruiert. Wassermanagement wirkt sich damit auf gesellschaftliche Organisationsstrukturen aus und bedingt die Entstehung neuer institutioneller Regelungen. So kann der Bau technologischer Infrastruktur, z. B. eines Staudamms, eine Neuregulierung von Wasserrechten erforderlich machen und damit bestehende Machtverhältnisse modifizieren (Budds et al. 2014, Linton & Budds 2014).

Hydrosoziale Forschung ist häufig politisch (normativ) in der Analyse krisenhafter Gesellschaft-Umwelt-Verhältnisse und sozialer Ungleichheit. Hierbei steht die Frage im Vordergrund, wie und durch welche **Akteure** Entscheidungen über den hydrosozialen Kreislauf ausgehandelt und getroffen werden. Das zugrunde liegende Wissen über hydrologische Zusammenhänge wird dabei nicht als objektiv und neutral, sondern als begrenzt, situativ und politisch beeinflusst erachtet (Linton & Budds 2014). Die Produktion und Nutzung von Umweltwissen in Form

Kapitel 31

hydrologischer Daten, Statistiken oder Modelle kann der Durchsetzung von Interessen durch bestimmte Akteure dienen.

Forschungsarbeiten in Chile veranschaulichen die Relevanz der Wissensproduktion in Wasserkonflikten (Budds 2009, Usón et al. 2017). Während einer Phase akuter Wasserknappheit in einer Gemeinde haben Agrarkonzerne hydrologische Gutachten in Auftrag gegeben, um eine Akkumulation von privaten Wassernutzungsrechten für die intensive Tierhaltung zu ermöglichen. Durch eine Weitergabe der Gutachten an die staatlichen Behörden wurden diese zur Grundlage für die Umsetzung politischer Regulierungen. Auf diese Weise konnten die Unternehmen ihre Machtposition und Handlungsmöglichkeiten zur Durchsetzung eigener Interessen nutzen. Kleinbauern und lokale soziale Bewegungen hatten dagegen weder Zugang zu diesen Informationen noch die finanziellen Möglichkeiten, unabhängige Gutachten in Auftrag zu geben und Entscheidungsprozesse zu beeinflussen (Usón et al. 2017).

Gesellschaftliche und politische Machtverhältnisse auf verschiedenen Handlungsebenen bilden den Rahmen für **regionale Fallstudien zu Wasserkonflikten** aus hydrosozialer Perspektive. Diese beziehen typischerweise die historische Dimension in die Analyse aktueller Problemkonstellationen ein. Das Konzept des hydrosozialen Kreislaufs wird beispielsweise zur Analyse von urbanen Wasserkrisen, Bewässerungsinfrastrukturen oder des ungleichen Zugangs zu Wasser genutzt (Budds 2009 u. 2013, Budds et al. 2014, Palomino-Schalscha et al. 2016; Exkurs 31.7). Auch wird gezeigt, wie Wasser über lokale oder indigene Vorstellungen im Sinne eines „*hydrocosmological cycle*" eine symbolische Dimension zugeschrieben wird (Boelens 2014). Diese Studien stützen sich dabei verstärkt oder ausschließlich auf eine qualitative Herangehensweise und ethnographische Methoden. Kritiker werfen hydrosozialen Ansätzen einen zu komplizierten Jargon und eine zu starke Betonung theoretischer Überlegungen vor. Gleichzeitig wird bemängelt, dass naturwissenschaftliche Faktoren und technologische Interventionen unzureichend thematisiert werden und die Erkenntnisse zu wenig lösungsorientiert sind (Wesselink et al. 2017).

Unterschiede zwischen den einzelnen Forschungsströmungen zur Analyse von Gesellschaft-Wasser-Beziehungen ergeben sich bereits auf epistemologischer Ebene. Herausforderungen für integrative Forschung bestehen in der Verknüpfung methodischer Herangehensweisen und der Überwindung von Hürden bei der Kommunikation durch Verwendung einer gemeinsamen Sprache und theoretischer Zugänge. Konzeptionelle Weiterentwicklungen werden im Sinne einer **pluralistischen Wasserforschung** (Evers et al. 2017) und im Kontext transdisziplinärer Ansätze diskutiert. Durch Konzentration auf gesellschaftlich relevante Probleme unter Einbindung zivilgesellschaftlicher Akteure verfolgt die **transdisziplinäre Wasserforschung** das Ziel einer Koproduktion von Wissen und kritischer Reflexivität (Krüger et al. 2016). Vertiefte Einblicke werden durch die aktive Partizipation von Stakeholdern erwartet, wobei Probleme in der praktischen Umsetzung, bei der Entwicklung gemeinsamer Forschungsfragen und methodischer Zugänge zur Koproduktion von Wissen sowie im Umgang mit sensitiven Informationen bestehen.

Wasserkonflikte aus Sicht der Politischen Ökologie

Konzeptionelle Überlegungen der Politischen Ökologie haben sich in den letzten drei Jahrzehnten als wichtige Perspektive der Gesellschafts-Umwelt-Forschung etabliert (Kap. 29). Forschungsarbeiten im Themenbereich Wasserkonflikte befassen sich mit Fragen des Wassermanagements und der Aushandlung von Zugängen zu Wasserressourcen, mit sozialen Ungleichheiten in der städtischen Wasserversorgung oder der Umsetzung großer Infrastrukturprojekte (Budds & Sultana 2013, Rodriguez-Labajos & Martinez-Alier 2015). Als umwelt- und entwicklungsrelevantes Themenfeld an der sozio-hydrologischen Schnittstelle werden zudem die Auswirkungen großer Staudämme (*large dams*) seit vielen Jahren kontrovers diskutiert (Exkurs 31.8).

Grenzüberschreitende Konflikte um Wasser

Nach UN-Angaben gibt es weltweit 263 grenzüberschreitende Gewässer (*transboundary river basins*) und etwa 300 Aquifere. Damit sind insgesamt 145 Staaten mit grenzüberschreitenden Wasserkonstellationen konfrontiert. Während seit 1948 zwischenstaatliche Wasserverteilungsfragen in 295 Verträgen zwischen Anrainern geregelt werden konnten, kam es in 37 Fällen zu akuten Konflikten (UN Water 2018). Prominente Beispiele für grenzüberschreitendes Einzugsgebietsmanagement und Wasserkonflikte finden sich entlang der Flüsse **Nil, Mekong, Tigris, Jordan, Indus, Ganges und Amu Darya**. Vertragliche Regelungen werden regelmäßig durch Interessengegensätze zwischen Ober- und Unterliegern erschwert, wobei bestehende Machtasymmetrien oftmals durch unfaire und unflexible Vertragswerke verstärkt werden und sich die Rolle von *basin hegemons* ergibt (Müller-Mahn 2006, Harris & Alatout 2010, Zeitoun et al. 2013). Grenzüberschreitendes Wassermanagement stellt einen politischen Prozess dar, bei dem die zwischenstaatlichen Interaktionen häufig gleichzeitig durch Konflikt und Kooperation geprägt werden (Zeitoun & Mirumachi 2008). Die geopolitische Dimension von Wasserkonflikten zeigt sich beispielhaft in den süd- und zentralasiatischen Gebirgsräumen, die in den vergangenen Jahrzehnten immer wieder durch politische und militärische Auseinandersetzungen in den Blick der Weltöffentlichkeit geraten sind. Aufgrund überlappender territorialer Ansprüche hat sich der Gebirgsraum an der Grenze zwischen Indien, Pakistan und China zu einer sensitiven Region hoher geostrategischer Bedeutung entwickelt. Im Zusammenhang mit dem Kaschmir-Konflikt bildet die Region des Siachen-Gletschers im Karakorum, an dem sich seit 1984 indische und pakistanische Militärposten bis in Höhen von über 6500 m gegenüberstehen, ein eindrückliches Beispiel (Baghel & Nüsser 2015; Exkurs 31.6).

Exkurs 31.7 Privatisierung von Wasser: Umweltprobleme und Nutzungskonflikte in Chile

Chile ist seit einigen Jahren durch eine Vielzahl an multidimensionalen Nutzungskonflikten um die Ressource Wasser geprägt (Larraín 2010, Bauer 2015), welche durch eine neoliberale Gesetzgebung und die vollständige Privatisierung von Wasser forciert werden. Die Situation ist insbesondere im ariden und semi-ariden Norden und Zentrum Chiles kritisch, wo neben dem großen Nutzungsdruck auf die Ressource klimatische Variabilität zu einer weiteren Verknappung beiträgt. Maßgeblich für den Wasserverbrauch ist hier die sehr wasserintensive Extraktion mineralischer Ressourcen. Chile ist mittlerweile der wichtigste Kupferproduzent und einer der größten Goldproduzenten der Welt (Brenning 2008, Oyarzún & Oyarzún 2011, Borsdorf & Stadel 2013). Zusätzlich findet auch in diesen Gebieten eine deutliche Expansion der zumeist exportorientierten Bewässerungslandwirtschaft zum Anbau von Obst und Wein statt (MOP & DGA 2015; Abb. A).

Bereits seit 1996 gilt für alle Regionen von der Metropolregion um die Hauptstadt Santiago de Chile bis zur nördlichen Landesgrenze ein hydrologisches Defizit, das heißt, die Nachfrage übersteigt das Wasserdargebot (Aitken et al. 2016). Neben der teilweise massiven Übernutzung der Aquifere gibt es auch Probleme der Wasserkontamination. Die Wasserknappheit hat in manchen Gebieten bereits Auswirkungen auf die Trinkwasserversorgung.

Die Nutzungskonflikte müssen vor dem Hintergrund einer Umgestaltung der Wassernutzung im Zuge der Neoliberalisierung betrachtet werden, die dem forcierten Ausbau der wichtigsten Wirtschaftssektoren – Landwirtschaft, Bergbau und Energie – diente. In Chile wird die Wassernutzung über den unter der Militärdiktatur Pinochets (1973–1990) im Jahr 1981 verabschiedeten und bis heute gültigen Wasserkodex (*Código del Agua*) geregelt. Die Gesetzgebung deklariert Wasser als „öffentliches Gut in privatem Gebrauch" und sieht eine vollständige Privatisierung der Wasserrechte bei gleichzeitiger Entkopplung von Wasserrechten und Bodenbesitz vor. Dadurch ist es möglich geworden, Wasserrechte in einer Region zu erwerben, ohne dort auch Eigentümer von Grund und Boden zu sein. Staatliche Regulierungsmöglichkeiten wurden durch diesen gesetzlichen Rahmen drastisch beschnitten. Dem lag die Idee zugrunde, dass Privatisierung und Marktregulation das Wassermanagement verbessern würden (Bauer 1998, 2015, Budds 2009, 2013). Wasserrechte werden nach Oberflächen- und Grundwasser differenziert und kostenfrei von der zuständigen staatlichen Behörde, der *Dirección General de Aguas* (DGA), erteilt, sofern keine Restriktionen für ein Einzugsgebiet vorliegen und kein Einspruch durch Dritte erfolgt. Sind alle Wasserrechte für ein Einzugsgebiet vergeben, können nur über den Markt neue Rechte erworben werden. Einmal zugewiesene Wasserrechte sind frei handelbar und können verpachtet sowie vererbt werden. Bis zum Jahr 2005 lag keine Nutzungsverpflichtung vor, sodass es vor allem einflussreichen Akteuren aus den expandierenden Wirtschaftszweigen wie Bergbau, Agrarwirtschaft und Energiegewinnung gelang, Wasserrechte anzuhäufen (Budds 2013; Abb. B). Inzwischen gibt es zwar Strafgebühren bei ausbleibender Nutzung von erworbenen Wasserrechten, doch sind diese bislang zu gering, um signifikante Änderungen zu bewirken. Zudem hatten viele Kleinbauern oder indigene Gemeinschaften auch Jahre nach Inkrafttreten des Wasserkodex keine offiziellen Wasserrechte registrieren lassen, sondern auf informelle Nutzungsregelungen vertraut (Bauer 2015).

Abb. A a Bergbau ist ein Hauptwirtschaftssektor in Chile. Der Kupferabbau von Chuquicamata zählt zu den größten Tagebauminen der Welt. **b** Neben dem Bergbau ist die Agrarwirtschaft in Chile für den Export entscheidend. In den ariden und semi-ariden Regionen des Landes basiert sie gänzlich auf Bewässerung, wie beispielhaft im Elqui-Tal, das durch Obst- und Weinbau geprägt ist. Mit 82 % des nationalen Wasserverbrauchs dominiert der Agrarsektor bei Weitem (MOP & DGA 2015; Fotos: Juliane Dame).

Kapitel 31

Eine Übernutzung der Wasserressourcen ist in verschiedenen Einzugsgebieten zu beobachten, da in vielen Teilen Chiles mehr Wasserrechte vergeben worden sind, als die Aquifere spenden können und zudem die Kontrollen vielfach nicht ausreichen. Von Nichtregierungsorganisationen wird beanstandet, dass die Vergabe von Wasserrechten ohne ausreichende hydrologische Daten über das Einzugsgebiet und die Neubildungsraten erfolgt. Konfliktsituationen verschärfen sich durch den Verkauf von Wasserrechten von Kleinbauern oder indigenen Gemeinschaften an Agrar- oder Bergbaukonzerne (Godoy 2010, Molina-Camacho 2012, Prieto 2015).

Trotz der Reform des Wasserkodex im Jahr 2005, der Registrierung von Brunnen und der offiziellen Anerkennung der bis dahin teilweise de jure illegalen Wassernutzung durch Kleinbauern, haben sich die Probleme der Übernutzung und des ungleichen Zugangs zu Wasser verschärft. In diesem Kontext wird auf Versäumnisse der *water governance* verwiesen und Kritik an den zu geringen Zuständigkeiten und Kapazitäten der staatlichen Behörden geübt (Larraín 2010, Valenzuela et al. 2013).

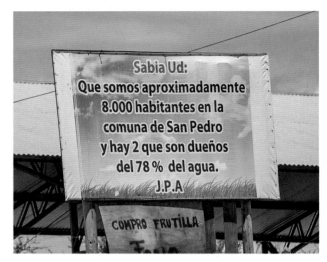

Abb. B Die Privatisierung von Wasserrechten führt in Chile häufig zu Konflikten um den Zugang zu Wasser. Auch in der Metropolregion Santiago kommt es zu Konflikten zwischen großen Agrobusiness-Unternehmen und Kleinbauern. Ein Plakat einer lokalen NGO titelt: „Wussten Sie: Wir sind ca. 8000 Einwohner in der Gemeinde San Pedro, aber es gibt 2, die 78 % des Wassers besitzen" Foto: Juliane Dame 2014).

Exkurs 31.8 Große Staudämme – eine klassische umwelt- und entwicklungspolitische Kontroverse

Staudämme gehören zu den weltweit größten Infrastrukturprojekten und stellen massive Eingriffe in den terrestrischen Wasserkreislauf mit weitreichenden ökologischen Folgen dar. Die aufgestauten Wasserspeicher dienen der Gewinnung von Hydroenergie, dem Bewässerungsfeldbau, der Trinkwasserspeicherung, der industriellen Produktion und dem Hochwasserschutz. Multifunktionsdämme verbinden mehrere dieser Aufgaben. Großdämme bilden einen klassischen Gegenstand geographischer Entwicklungs- und Konfliktstudien, wobei vor allem Analysen zu den sozioökonomischen und politischen Folgen der Stauanlagen im Vordergrund stehen. An dieser Stelle wird den Fragen nachgegangen, wie sich die Debatte um große Staudämme entwickelt hat (Entwicklungsparadigmen) und wer die daran beteiligten Akteure sind (Machtasymmetrien).

Die potenzielle Speicherkapazität der gesamten künstlich gestauten Wasserreservoire beträgt etwa 16 200 km³ (ICOLD 2018). Diese massive Transformation von Fließgewässern durch Stauanlagen bezieht sich auf mehr als 15 % der globalen Abflüsse und verändert die fluviale Dynamik und den Sedimenttransport (Meybeck 2003, Nilsson et al. 2005), wobei in den Reservoiren 25–30 % aller fluvialen Sedimente zwischengespeichert werden (Vörösmarty et al. 2003, 2004).

Die Fragmentierung von Fließgewässern und Ökosystemen verursacht zudem einen Verlust an biologischer Vielfalt, insbesondere in kaskadenartigen Anlagen mit weitreichendem Tunnelsystem zur Umleitung von Wasser und zwischenzeitlich trockenfallenden Flussläufen, wie sie aktuell in vielen Projekten im Himalaja gebaut und geplant werden (Erlewein 2013).

Über lange historische Entwicklungspfade der menschlichen Zivilisation nehmen Maßnahmen zur Regulierung von Fließgewässern eine zentrale Rolle im Mittleren Osten, in Südasien und in China ein. Mit den zahlreichen Talsperren in den Mittelgebirgen Deutschlands lassen sich im frühen 20. Jahrhundert auch Beispiele aus Europa finden (Blackbourn 2006). Die Ära großer Dämme begann allerdings erst in den 1930er-Jahren mit dem Bau des Hoover-Damms in den USA. Mit einer unbegrenzt erscheinenden Bereitstellung von Wasser und Energie setzte ein Staudammenthusiasmus ein, der die Lösung von Menschheitsproblemen in Aussicht stellte. Nach dem zweiten Weltkrieg setzte in der Sowjetunion ein massiver Staudammbau ein, der im Zuge des von Stalin forcierten Konzepts einer Transformation der Natur als Motor für den kommunistischen Staat erfolgte (McCully 2001, Molle et al. 2009). Parallel florierte der Staudammbau in den europäischen Alpen mit Grande Dixence in der Schweiz als einem prominenten Beispiel. Während bis zur Mitte des 20. Jahrhunderts nur etwa 5000 große Staudämme existierten, setzte im Zuge der Dekolonisation und modernisierungstheoretischer Vorstellungen ein globaler Aufschwung im Dammbau ein. Bekannte Beispiele sind der Bhakra-Damm in Indien (fertiggestellt 1963), der Akosombo-Damm mit dem Volta-See in Ghana (fertiggestellt 1965) und der Assuan-Damm in Ägypten (fertiggestellt 1970). In China bildete der massive Dammbau eine wichtige Komponente des „Großen Sprungs nach vorn" und seit der Herrschaft von Mao Zedong werden dort jährlich mehr al 600 dieser wasserbaulichen Maßnahmen realisiert (Gleick 1998, 2012, McCully 2001). In der Folge entwickelten China und Indien die meisten Aktivitäten im Dammbau und um die Jahrtausendwende gab es weltweit etwa 45 000 Großdämme, durch die eine Gesamtfläche von 500 000 km² überflutet wurde (WCD 2000). Unabhängig von politischen und ideologischen Positionen der jeweiligen Länder werden Großdämme als wichtige Elemente eines von Modernisierungsvorstellungen geleiteten Entwicklungspfades angesehen (Ahlers et al. 2014).

Während die Befürworter von Staudämmen mit der Notwendigkeit einer Deckung des zunehmenden Wasser- und Energiebedarfs sowie den Anreizen für eine erfolgreiche Regionalentwicklung durch Technologietransfer argumentieren, betonen die Gegner die umweltrelevanten, sozialen und politischen Kosten (Nüsser 2003). Dabei stehen zumeist unzureichende materielle Kompensationsleistungen für die von Umsiedlungsmaßnahmen betroffenen Bevölkerungsgruppen und der Mangel an langfristigen Entwicklungsperspektiven im Fokus zahlreicher kritischer Studien (McCully 2001, Khagram 2004, Scudder 2005, Baghel & Nüsser 2010). Große Staudämme bilden Lehrbuchbeispiele für sensitive und umstrittene Entwicklungsinterventionen, die im Spannungsfeld einer politisierten Umwelt zwischen unterschiedlichen Akteuren und deren ökonomischen Aspirationen und strategischen Entwicklungsleitbildern ausgehandelt werden. Die wichtigsten Akteursgruppen sind staatliche Wasserwirtschaftsbehörden, bi- und multilaterale Finanzierungsinstitutionen, international operierende Verbände, private Firmen, Nichtregierungsorganisationen (NGOs), Umwelt- und Menschenrechtsgruppen sowie betroffene Bevölkerungsgruppen (Abb. A). Staaten und Regierungen gehören zu den wichtigsten Befürwortern großer Dämme und nutzen diese häufig als Symbole der Nationenbildung, gerade auch in autokratischen Regimen. Meist werden für die Planung und Realisierung dieser Großprojekte einflussreiche parastaatliche Behörden und Institutionen (*hydraulic bureaucracy*) gegründet, besetzt mit Ingenieuren, Hydrologen, politischen und ökonomischen Führungskräften – so beispielsweise die „*Water and Power Development Authority*" in Pakistan und die „*Lesotho Highlands Development Authority*" im südlichen Afrika. Die Dammbauindustrie bestehend aus multinational operierenden Ingenieurfirmen, Gutachtern, Turbinen- und Zubehörherstellern und Bauunternehmen bildet eine zweite aktive Lobby der

Befürworter. Dabei nimmt die „*International Commission on Large Dams*" (ICOLD) mit Nationalkomitees aus mehr als 90 Ländern und etwa 10 000 persönlichen Mitgliedern eine Schlüsselrolle ein. Abhängige energieintensive Industrien (z. B. Aluminiumschmelzen) und das Agrobusiness sind eng mit der Dammbaulobby verbunden (Fearnside 2016). Die Weltbank bildet die wichtigste Finanzierungsinstitution, die über Kredite eine Großzahl der Dämme, darunter einige der kontroversesten Megaprojekte, finanzierte. Daneben treten auch bi- und multilaterale Entwicklungsbanken und Exportkreditanstalten als Mittelgeber auf.

Seit den 1980er-Jahren hat sich eine internationale Antistaudammbewegung organisiert, die aus einem Netzwerk aus Umwelt- und Menschenrechtsgruppen besteht. Das Engagement zivilgesellschaftlicher Gruppen zielt auf die Durchführung unabhängiger Umweltverträglichkeitsprüfungen und die Partizipation betroffener Gruppen an Planungsprozessen ab. Gemeinsam mit lokalen Gruppen organisieren diese zivilgesellschaftlichen Akteure öffentlichkeitswirksame Widerstandskampagnen und Deklarationen. Ein prominentes Beispiel ist die global agierende Organisation „*International Rivers*" oder auf regionaler Ebene „*Narmada Bachao Andolan*" („*Save the Narmada Movement*") in Indien (Khagram 2004, Nilsen 2010). Dazu kommen als letzte Akteursgruppe die betroffenen Bewohner, die durch überflutete Flächen, Bauarbeiten und die Verlagerung von Flussverläufen ihre Landnutzungsgrundlagen verlieren. Im Ringen um Macht und Einfluss gehen Befürworter und Gegner von Staudammvorhaben Koalitionen ein, wobei asymmetrische Beziehungen und Konflikte das Bild prägen. Vorstellungen von Modernität, ökonomischen Vorteilen, sozialem Fortschritt und effektivem Ressourcenmanagement kontrastieren scharf mit Gegendarstellungen von massiven Vertreibungsmaßnahmen, der Marginalisierung lokaler Bevölkerungsgruppen und mangelnder Umweltverträglichkeit (Fearnside 1988, Bakker 1999, Khagram 2003, Ansar et al. 2014, Hensengerth 2015, Hirsch 2016, Kirchherr et al. 2016).

Die vorherrschende Beurteilung von Großdämmen lässt sich in unterschiedliche Phasen gliedern. Während die Bauwerke von den 1930er- bis in die 1980er-Jahre hinein als „technologische Weltwunder" gepriesen wurden, veränderte sich die Sicht in den folgenden Jahren bis zur Jahrtausendwende grundlegend. In dieser zweiten Phase wurden Staudämme zunehmend als „sperrige Infrastruktur" und als gigantomanische Auswüchse verfehlter Entwicklungspfade mit massiven sozialen und ökologischen Konsequenzen wahrgenommen. Die enormen Zahlen an umgesiedelten und vertriebenen Personen und Berichte über zahlreiche negative Fallbeispiele führten zu Fragen nach sozialer Gerechtigkeit. In der groß angelegten Evaluierung des weltweiten Staudammbaus durch die 1997 gegründete „*World Commission on Dams*" (WCD 2000), an der sich mit 68 Institutionen aus 36 Ländern alle relevanten Akteure beteiligten, wurden wesentliche Aspekte der Staudammkritiker

Kapitel 31

bestätigt. Der globale WCD-Bericht bildete eine gemeinsame Diskussionsplattform, in der unter Berücksichtigung unterschiedlicher Interessen zentrale Richtlinien als Kriterien für Staudammplanung und -betrieb vereinbart wurden: Gerechtigkeit, Nachhaltigkeit, Effizienz, Partizipation und finanzielle Rechenschaft. Mit diesem Meilenstein, der auch einen Rückzug der Weltbank aus einigen besonders kontroversen Projekten und eine weltweite Stagnation im Staudammbau bewirkte, kam diese zweite Phase zum Abschluss (Baghel & Nüsser 2010, Moore et al. 2010). Um das Jahr 2002 kam es dann zu einem weiteren Paradigmenwechsel, nach dem Staudämme verstärkt als Schlüsseltechnologien zur Minderung der Bedrohung durch den Klimawandel angesehen wurden. Möglich wurde die Neubewertung als „saubere Wasserkraft" durch die Anerkennung von Staudämmen als Klimaschutzmaßnahmen im Rahmen des *Clean Development Mechanism* (CDM). Die Förderung durch die Zuteilung handelbarer Emissionszertifikate führt seitdem zu einem erneuten Aufschwung im Dammbau, der sich in der Einrichtung zahlreicher *Carbon Offsetting Dams* in China,

Indien und Brasilien äußerte (Erlewein & Nüsser 2011, Erlewein 2014, Merme et al. 2014, Ahlers et al. 2015). Die positive Neubewertung wird in erster Linie durch die Wasserkraftindustrie und die Weltbank vorangetrieben. Der massive Ausbau von Staudämmen ist also nicht nur Ausdruck technologischer Fortschritte und verbesserter hydrologischer Analysen, sondern gleichzeitig auch das Ergebnis vorherrschender Entwicklungsparadigmen (Abb. B).

In der Diskussion werden die wasserbaulichen Maßnahmen nicht nur hinsichtlich ihrer ökonomischen und politischen Entwicklungsrelevanz beurteilt, sondern sie symbolisieren immer auch die menschliche Dominanz über die Natur sowie den Willen zur Nutzung des Wassers, bevor es das Meer erreicht (*hydraulic mission*; Kaika 2006, Molle 2009, Molle et al. 2009). Mit dem Begriff *technological hydroscapes* wird die Komplexität großer Staudämme von der physischen Transformation fluvialer Systeme bis zur Implementierung neuer Wasser- und Energieregulierungen umschrieben (Nüsser & Baghel 2017).

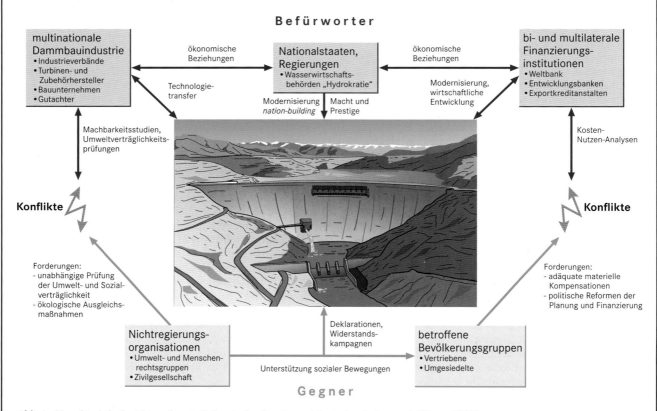

Abb. A Charakteristische Akteurskonstellation in der Staudammdebatte (verändert nach Nüsser 2003)

Abb. B a Der 185 m hohe Katse-Damm bildet die zentrale Komponente des *„Lesotho Highland Water Project"*, einem aus mehreren Staudämmen bestehenden wasserscheidenüberschreitenden Verbundsystem, womit Wasser aus Lesotho in den Agglomerationsraum von Johannesburg umgeleitet wird. Die verschneiten Berge im Hintergrund verdeutlichen die Wasserturmfunktion des Hochlands für das südliche Afrika. **b** Mit einer Höhe von 260 m ist der Tehri-Damm der höchste Damm Indiens. Bei dem im Himalaja gelegenen Staudamm wurden nicht nur Fragen im Zusammenhang mit der Umsiedlung lokaler Bevölkerung kontrovers diskutiert, sondern auch die Tatsache, dass das Bauwerk in einem tektonischen Hochrisikoraum steht (Fotos: Marcus Nüsser, 2008).

Dürre als globales Phänomen

Rüdiger Glaser und Mathilde Erfurt

Dürren können in allen Regionen der Erde auftreten und weisen dabei ein großes ökologisches, wirtschaftliches und soziales Schadenspotenzial auf. Allein im Jahr 2012 verursachte eine andauernde Dürre im Südwesten der USA Schäden in Höhe von 25 Mrd. US-Dollar (Munich Re 2016). Auftreten und Auswirkungen einer Dürre lassen sich weder einfach voraussagen, noch folgen sie einem gleich ablaufenden Schema. Durch die Komplexität und **Verschiedenartigkeit** von Dürreauswirkungen sind Vorsorgepläne und Risikomanagement schwer zu meistern – mit ein Grund für die hohen ökonomischen Verluste. Abb. 31.23 zeigt, wie sich die Dürredisposition weltweit bis Ende des Jahrhunderts entwickeln wird. Dieses Szenario verdeutlicht die regional unterschiedliche Disposition dieses Problems.

Dürren sind ein geradezu klassisches geographisches Mehrebenenphänomen im Schnittfeld von natürlicher Variabilität und komplexen gesellschaftlichen Nutzungs- und kritischen Übernutzungsformen. Diese Komplexität kommt in einem breiten Spektrum von Definitionen und Indikatoren zum Ausdruck, die explizit die Folgen und Reaktionen von Gesellschaften mit einbeziehen. Die Fokussierung auf die historische Dimension verdeutlicht im besonderen Maße die gesellschaftliche Kontextualisierung und vermittelt die unterschiedlichen zeitspezifischen Reaktions- und Anpassungsformen. Dies erweitert den Erkenntnishorizont zu einem globalen Themenfeld, das durch klimatische, aber auch durch gesellschaftliche Entwicklungen weltweit eine weitere Verschärfung erfahren wird.

Dürredefinitionen und Indizes

Allgemein wird Dürre als eine Periode von außerordentlich trockenem Wetter bezeichnet, welche lang genug anhält, um ein starkes Defizit des Wasserhaushalts zu verursachen, das wiederum Auswirkungen und Schäden für Umwelt und Gesellschaft mit sich bringt (Wilhite & Glantz 1985). Sie kann demnach in jeder Klimazone auftreten und Ökosysteme, Ökonomien und Gesellschaften unterschiedlich stark beeinflussen. Somit ist Dürre ein relativer Begriff, der ein für Raum und Zeit spezifisches Wasserdefizit beschreibt. Aus statistischer Betrachtung heraus ist eine Dürre ein **Ausnahmeereignis** mit einer seltenen Wiederkehrwahrscheinlichkeit, im Gegensatz zur **Aridität**, die für Trockenheit als den Normalzustand eines Gebiets steht. Beginn und Ende einer Dürre lassen sich häufig nicht genau feststellen. Im Zusammenhang mit Dürren wird auch oft der Ausdruck schleichende Naturgefahr *(creeping phenomenon)* verwendet (Wilhite 2000). Grundsätzlich lassen sich Dürren wie folgt in vier Typen untergliedern.

Die **meteorologische Dürre** beschreibt einen Zeitraum erheblichen Niederschlagsdefizits (meist im Vergleich mit einem historischen Durchschnitt). Hohe Lufttemperaturen und Windgeschwindigkeiten, intensivere Sonneneinstrahlung und Wolkenfreiheit können zu einem erhöhten Verdunstungsanspruch führen und damit das Niederschlagsdefizit noch verschärfen (Wilhite & Glantz 1985). Mit zunehmender Dauer können unterdurchschnittliche Niederschlagsmengen oder geringe Grundwasserstände zur verringerten Wassernachlieferung im Boden führen.

Hält dieser Zustand an, kann es zu Einschränkungen in der Menge des pflanzenverfügbaren Bodenwassers kommen, in diesem Fall wird von einer **landwirtschaftlichen Dürre** gesprochen, wobei deren Auswirkungen nicht nur vom jeweiligen Wasserhaushaltsdefizit, sondern auch vom Zeitpunkt des Auf-

Kapitel 31

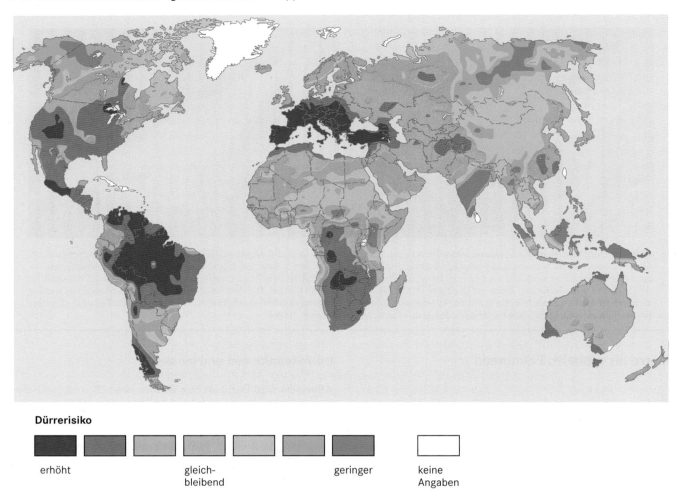

Dürrerisiko

erhöht   gleich-   geringer   keine
                bleibend   Angaben

Abb. 31.23 Veränderungen des Dürrerisikos nach dem *Palmer Drought Severity Index* (PDSI) bis zum Ende dieses Jahrhunderts (verändert nach Dai 2013).

tretens, den vorangegangenen Wetterbedingungen, den Bodeneigenschaften und dem spezifischen Wasserbedarf der betroffenen Pflanzen abhängen (Bernhofer et al. 2015).

Schreitet die Dürre weiter voran, kommt es zu einem reduzierten Oberflächenabfluss, sinkenden Wasserreservoir- und Seepegelständen und letztendlich zu sinkenden Grundwasserständen. Häufig wird die Bezeichnung **hydrologische Dürre** verwendet, um den Mangel an Oberflächenwasser zu beschreiben. Diese tritt zeitverzögert oder ganz entkoppelt zu meteorologischen bzw. landwirtschaftlichen Dürren auf. Sind ungewöhnlich niedrige Grundwasserspiegel oder Basisabflüsse durch anhaltende Trockenheit zu verzeichnen, spricht man von einer **Grundwasserdürre**.

Dürren können nicht nur anhand ihrer physischen oder natürlichen Auswirkungen definiert werden, sondern auch anhand ihrer Folgen für den Menschen. Der Schweregrad einer Dürre ist in diesem Fall auch abhängig von den Ansprüchen der Menschen,

der Umwelt oder bestimmter Güter an die Wasserversorgung. Die daraus resultierenden ökonomischen, sozialen und umweltbezogenen Folgen werden als **sozioökonomische Dürren** zusammengefasst (Bernhofer et al. 2015).

Die Komplexität an Dürredefinitionen lässt nur schwer einen Vergleich und eine **Quantifizierung von Dürren** zu. Das spiegelt sich in der großen Anzahl an entwickelten Indizes wider. Sie unterscheiden sich in der Art der Eingangsdaten, der zeitlichen und räumlichen Abdeckung und der Folgen für verschiedene Sektoren. Als Eingangsdaten werden vor allem für die meteorologische Dürre Temperatur- und Niederschlagsaufzeichnungen verwendet. Für die Indizierung hydrologischer Dürren bilden hingegen Pegel-, Grundwasserstände und Abflussmenge die Berechnungsgrundlage. Für die Berechnung landwirtschaftlicher Dürren fließt zudem die Bodenfeuchte in die Analyse ein. Die von den Indizes abgedeckten zeitlichen Skalen reichen von Tagen über Wochen und Monaten bis hin zu Jahren (Bernhofer et al. 2015). Meist werden Klimaindizes verwendet, welche entweder auf der Eintrittswahrscheinlichkeit der Ereignisse basieren oder mit bestimmten Schwellenwerten arbeiten (Seneviratne et al. 2012). Zu den **meteorologischen Dürreindizes** zählen der *Standardized Precipitation Index* (SPI), der *Standardized Precipitation-Evapotranspiration Index* (SPEI) und der *Palmer Drought Severity Index* (PDSI). Während der SPI sowie der SPEI aus Niederschlag sowie Niederschlag und Temperatur berechnet wird, bezieht der PDSI auch Bodenfeuchteverhältnisse in die Berechnung mit ein. In den USA ist der PDSI der häufigste verwendete Dürreindex und außerdem Grundlage für den *U.S. Drought Monitor* (McKee et al. 1993, Vicente-Serrano et al. 2010, Palmer 1965).

Zusätzlich zu dem durch verringerten Niederschlag und erhöhte potenzielle Evapotranspiration hervorgerufenen Wassermangel kann dieser durch Übernutzung der vorhandenen Wasserressourcen, durch falsches Management und unausgewogene Machtverhältnisse verschärft werden. In dem als Syndrom apostrophierten *Dust-Bowl*-**Ereignis** der 1930er-Jahren in den USA, oder dem **Verschwinden des Aralsees** in den 1990er-Jahren werden die Verwobenheit von Dürre als natürliches und gesellschaftliches Phänomen besonders deutlich (Exkurs 31.9).

Auswirkungen und Reaktionen

Wassermangel führt generell bei allen Lebewesen zu **negativen Folgen**, ggfs. zum Tod – entweder durch Dehydrieren oder auch durch schlechte Wasserqualität und dadurch ausgelöste Krankheiten. Von einer Dürre sind darüber hinaus gewöhnlich am meisten Land- und Forstwirtschaft (Ernteausfälle bzw. Qualitätsminderung, schlechter Zuwachs), Transport (z. B. eingeschränkte Schifffahrt wegen Niedrigwasser), Energie (z. B. verminderte Leistung von Wasserkraft, Mangel an Kühlwasser etc.) und kritische Infrastrukturen betroffen. Gleichzeitig kommt es häufig zu umweltbezogenen negativen Auswirkungen, z. B. Fischsterben, Waldbrände oder Bodenerosion (Knutson et al. 1998, Stahl et al. 2016; Exkurs 31.10). Zu den besonders virulenten Folgen von Dürren zählen mittlerweile auch **Klimaflüchtlinge** etwa aus dem Sahel oder arabischen Raum (Smith & Vivekananda 2007).

Der Umgang mit und die Reaktion auf Dürren sind vielfältig und vielschichtig: Einerseits schreiten weltweit die **technologischen Interventionen** voran, insbesondere Stauhaltungen und Ableitungen von Wasser über großräumige Pipelineprojekte, aber auch die Meerwasserentsalzung. Mit über 18 000 Anlagen weltweit wurden 2015 86,8 Mio. m³ Wasser pro Tag erzeugt, womit der Bedarf von 300 Mio. Menschen gedeckt werden konnte. Die Kosten sind grundsätzlich höher als die für Grundwassergewinnung, variieren jedoch weltweit erheblich, wobei nicht in allen Staaten die Alternative von Grundwassernutzung gegeben ist. Besonders reiche Staaten wie die USA, Kuwait, Saudi-Arabien oder Israel setzten vermehrt auf diese Technologie (Elimelech & Phillip 2011, Henthorne 2016). Andererseits wird nach wie vor im Wassersparen und dem **optimierten und nachhaltigen Verbrauch** ein wesentliches Regulativ gesehen. Aufklärungskampagnen zum Wassersparen, elaboriertes Trockenheitsmonitoring, das den aktuellen Zustand dokumentiert, Kampagnen wie „Xeri Gardening", welche die Nutzung regionaler und ökologisch angepasster Vegetation anstelle von englischem Rasen im privaten und öffentlichen Grün propagieren, sind wesentliche Bausteine

Exkurs 31.9 Austrocknung endorheischer Endseen

Hans Gebhardt

Weltweit sind in den letzten Jahrzehnten abflusslose Endseen in Trockengebieten Asiens und Afrikas in ihrem Volumen drastisch zurückgegangen. Die Ursachen liegen hier weniger in klimatischen Veränderungen – wenngleich auch diese Komponente im altweltlichen Trockengürtel eine Rolle spielt –, sondern in der Übernutzung der Wasserressourcen durch mangelhafte Wasser-Governance.

Das bekannteste Beispiel ist hier sicher der Aralsee, noch um 1960 der zweitgrößte Binnensee der Erde. Er ist, aufgrund der Übernutzung der Zuflüsse Amu Darja und Syr Darja, inzwischen bis auf einen kleinen Restsee am Westufer und den durch einen Staudamm stabilisierten kleinen Nordteil völlig ausgetrocknet. Die Ursache hierfür liegt in einer massiven Ausweitung der Bewässerungslandwirtschaft in den letzten 50 Jahren und dem flächenhaften Anbau von Baumwolle. Etwa ein Viertel der Wassermenge des Amu Darja wird überdies in den Karakum-Kanal abgezweigt. Der ab 1956 gebaute Kanal verläuft quer durch Turkmenistan und ist der größte Bewässerungskanal der Welt. Mehr als 90 % der turkmenischen Wasserversorgung wird aus ihm gespeist. An der Stelle des Sees erstreckt sich heute die Aralkum-Wüste, auf der verrostete Schiffe an die frühere Bedeutung für den Fischfang erinnern (Abb. A).

Ein weiteres Beispiel ist der Urmia-See im Nordwesten des Iran. Er war mit 5200 km² der größte Binnensee des Landes (etwa zehnmal so ausgedehnt wie der Bodensee in Deutschland) und ist inzwischen ebenfalls zu einem sterbenden See geworden, da seine Zuflüsse seit Jahrzehnten übernutzt werden. Folge ist wie beim Aralsee eine zunehmende Versalzung; der Salzgehalt erreicht bis zu 30 %, was etwa dem Niveau des Toten Meeres entspricht. Der Fährverkehr auf dem See wurde inzwischen eingestellt. Seit 2014 versucht man die Zuflussmengen wieder zu erhöhen, indem zahlreiche Brunnen im Umland stillgelegt und dort die landwirtschaftliche Nutzung eingeschränkt wurden. Damit soll eine Stabilisierung wenigstens des Nordteils des Sees erreicht werden, der von einer breiten Autostraße zweigeteilt wird, während der Südteil wohl endgültig verloren ist.

Kapitel 31

Abb. A Am ehemaligen Südufer des Aralsees in der Nähe der Stadt Muynak liegen vor dem ehemaligen Steilufer verrostete ehemalige Fischerboote (**a**). Der ehemals größte Binnensee des Iran, der Urmia-See, ist inzwischen stark versalzen (**b** und **c**). Die Fähren liegen heute auf dem Trockenen (**d**; Fotos: Gebhardt, 2009 und 2018).

Exkurs 31.10 Gesellschaftliche Kontextualisierung von herausragenden Dürreereignissen in zeitlicher Perspektive in Mitteleuropa

In Ergänzung der vorherrschenden, meist räumlich bezogenen vergleichenden Analysen von Ursachen, Ausprägungen und Folgen von Dürren mit ihren ökologischen und gesellschaftlichen Kritikalitäten spielt auch die zeitliche Dynamik für aktuelle Risikoanalysen eine wichtige Rolle. Sie erlaubt neben direkten Vergleichen beispielsweise eine Abschätzung von Wiederkehrzeiten, Intensitäten und Trendverhalten (Wetter et al. 2014).

Die Dürreereignisse von 1540, 1616 und 1719 zählen zu den herausragenden Klimakatastrophen der jeweiligen Jahrhunderte, was sich auch in der großen Zahl an schriftlichen

Überlieferungen dokumentiert. Im Jahr 1540 regnete es über Monate hinweg kaum, hinzu kam eine außergewöhnliche Hitze im Sommer (Glaser 2013). Zunächst führte dies zu Ernteverlusten, im weiteren Fortgang versiegten Brunnen und Quellen. Große Flüsse wie Rhein und Main konnten zu Fuß durchquert werden. Ausgetrocknete Böden in Kombination mit extremer Hitze zogen im Sommer zahlreiche Wald- wie auch Stadtbrände nach sich. Menschen und Tiere starben an Hitzeschlägen. Die Ernteausfälle und der Stillstand von Mühlen führten vielerorts zu Mangel an Brot und schließlich zu Hungerkrisen. Infolge der schlechten Wasserqualität kam es zum Ausbruch von Krankheiten und vielerorts zu weiteren Toten. Betroffenen waren vor allem Arme und Mitglieder sozial ausgegrenzter Gruppen sowie Ältere und Kinder. Strukturelle Unterschiede gab es auch zwischen den Städten und den ländlichen Regionen. Die Reaktionen entsprachen denen einer agrar-feudalen Gesellschaft: Obrigkeitliche Maßnahmen wurden getroffen, um Wasserfuhren zu organisieren. An manchen Orten kam es zu Abgrabungen und Umleitungen von Seen. Schließlich stiegen die Preise für Nahrungsmittel und auch für Wasser. Brunnen wurden bewacht, aber auch neue Brunnen gebohrt. Zu diesen technischen und regulatorischen Maßnahmen kamen auch Bittgottesdienste um Regen sowie Prozessionen. Um die Nahrungskrise zu lindern, wurde auf Vorräte zurückgegriffen und zum Teil wurden durch Nachsäen die Ausfälle abgefedert. Grundsätzlich lassen sich damit modellhaft die Kaskadeneffekte von agrarer, hydrologischer und sozialer Betroffenheit erkennen, ebenso die zeitspezifischen Reaktionen der Gesellschaft mit der religiösen Deutungshoheit, dem Primat obrigkeitlichen Handelns, in dem sich die bestehenden gesellschaftlichen Strukturen eher bestätigten, als dass sie infrage gestellt oder verändert wurden. Ebenfalls erkennbar ist die Etablierung und Festigung einer langfristigen Erinnerungskultur, beispielsweise in Form von Hungersteinen und Denkschriften. Der Bezug zur agrar-feudalen Gesellschaft lässt sich auch in der Dominanz der Meldungen zum Agrarbereich nachvollziehen, gefolgt von Hinweisen zur Wasserversorgung und dem Komplex Phänologie und Boden.

In einem ganz anderen gesellschaftlichen Kontext stehen die Dürren des 19. Jahrhunderts (Erfurt et al. 2019). Zur Zeit der Industriellen Revolution mit der umgreifenden Transformation unterlagen Dürren einer anderen Kontextualisierung: Für die klimatische und hydrologische Bewertung standen instrumentelle Messdaten zur Verfügung, für viele andere Parameter wie Bevölkerungsentwicklung, Erntedaten und Preise konnte vermehrt auf amtliche Statistiken zurückgegriffen werden, die in den neu etablierten Institutionen entstanden. Deren Interpretationen reflektieren die um sich greifende Verwissenschaftlichung. Auch wenn die durch Dürren in Gang gesetzten Folgen den schon beschriebenen Mustern ähneln, unterscheiden sich die gesellschaftlichen Wirkungen und Reaktionen: So wurde durch die verbesserte Infrastruktur ein großräumigerer und zum Teil auch internationaler Nahrungsimport ermöglicht. Die Organisation von Kollekten und Spendenaufrufe hatte ebenfalls größere, bisweilen globale Dimension. Den drohenden Epidemien versuchte man durch Technik beizukommen. Betroffene brachten vermehrt in Protesten ihren Unmut zum Ausdruck. Der kirchlichen Deutungshoheit standen nun rationale Erkenntnisse gegenüber. Der mangelnden Perspektive und der latenten Bedrohung durch Armut und Hunger entging man ggfs. durch Auswanderung. Von den sechs großen Auswanderungswellen zwischen 1815 und 1883 waren vier durch Trockenheit, Dürre und Hitze mit ausgelöst (Glaser et al. 2017). Der Handlungsrahmen war großskaliger geworden

und es standen mehr und neue Optionen der Anpassung und zur Minderung der Folgen zur Verfügung.

Wieder anders stellen sich die Folgen und Reaktionen auf die dicht aufeinander folgenden Dürren von 1947 und 1949 dar. Ein zerstörtes Land, besiegt, demoralisiert und vom alliierten Kontrollrat regiert, kann als besonders vulnerabel eingestuft werden. Neben dem Mangel an Wohnraum, einer zerstörten Infrastruktur, fehlenden Arbeitskräften, Millionen von Vertriebenen und Flüchtlingen, die zu integrieren waren, wirkte sich der „Steppensommer" von 1947 nicht zuletzt durch den vorausgegangenen Rekordwinter in seiner Wirksamkeit besonders dramatisch aus, dicht gefolgt von dem noch stärkeren Trockenjahr 1949. Bei großen regionalen Unterschieden, die sich mit den Bodenverhältnissen, der Exposition, aber auch dem Fehlen von Dünger und Unterschieden in der Bearbeitung erklären lassen, kam es zu großen Ausfällen in der Landwirtschaft. An vielen Orten traten zusätzlich Schädlinge auf. Forstwirtschaftliche Schäden entstanden vor allem an Fichten durch den geringeren Zuwachs und durch Schädlinge. Die Trockenheit begünstigte das Auftreten von Wald-, Wiesen- und Moorbränden. Der Grundwasserspiegel sank vielerorts, Quellen versiegten, viele Bäche und größere Zuflüsse führten kein Wasser mehr oder bildeten kümmerliche Rinnsale. Der Wasserstand der schiffbaren Flüsse sank unter das tiefste seither beobachtete Niedrigwasser. Hungersteine wurden sichtbar, Fischsterben trat auf. Schließlich kam es zur Verknappung von Trinkwasser. In Städten waren höher gelegene Bereiche zum Teil wochenlang ohne Wasser. Mancherorts musste es kilometerweit mit Fuhrwerken herangeschafft werden. Die Schifffahrt auf dem Mittelrhein und an der Donau wurde zeitweise eingestellt. Wasserbetriebene Mühlen und Sägewerke standen still. Süddeutsche Wasserkraftwerke mussten ihren Betrieb erheblich einschränken, die Stromversorgung wurde gebietsweise abgeschaltet und einschneidende Kürzungen des Stromverbrauchs angeordnet, wodurch es zu umfangreichen Betriebsstilllegungen und schweren Produktionsausfällen kam. Auf Sandböden des Oberrheingebiets kam es bei starkem Wind zu Staubplagen, Böden bekamen tiefe und ausgedehnte Trockenrisse. Zu den individuellen Anpassungsstrategien zählten das Umherziehen (Hamsterfahrten), Tauschhandel und Schwarzmarkt sowie das Stehlen von Nahrungsmitteln. Der Alliierte Kontrollrat reagierte mit Rationierungen von Nahrungsmitteln sowie der Stromversorgung infolge des Wassermangels in den Wasserkraftwerken. Des Weiteren kam es zum Ausfall von Zügen, aber auch zu ersten Protesten, die restriktive Nahrungsmittelversorgung zu verbessern. Erst 1947 wurden Nahrungsimporte wieder zugelassen, Schulspeisungen organisiert und die jeweiligen Besatzungsmächte begannen mit Hilfslieferungen. Gleichzeitig wirkten die Trockenjahre als Katalysator für Neuerungen. So sollte mittelfristig mit dem Einrichten von Lehr- und Versorgungsgärten der latente Nahrungsmangel gepuffert werden. Außerdem wurde nach dem Trockenjahr 1949 u. a. die „Bodensee Wasserversorgung" auf den Weg gebracht.

Kapitel 31

Der Jahrhundertsommer 2003, der aufgrund der vielen neuen Wetterrekorde zu Recht als solcher bezeichnet wird, traf dagegen auf eine mit ihren finanziellen Ressourcen, technischen Möglichkeiten und gesellschaftspolitischer Stabilität scheinbar resiliente Gesellschaft. Das durch die Hitze und Dürre in Gang gesetzte Szenario entsprach allerdings zunächst dem typischen Muster (Koppe et al. 2003). Die geringeren Erntemengen führten zu leichten Preisanstiegen, Ernährungsprobleme wie in den vorangegangenen Jahrhunderten oder gar Hunger gab es jedoch nicht. Wegen der dauerhaften Trockenheit vermehrten sich die Borkenkäfer massenhaft und setzten den Wäldern schwer zu. Kleinere Quellen versiegten, schließlich gab es selbst an den großen Flusssystemen Niedrigwasserstände, in denen die historischen Hungersteine wiederauftauchten. Kleinere Gewässer trockneten völlig aus. Durch die Niedrigwasserstände war die Schifffahrt betroffen, ebenso die Kühlung von Kraftwerken, die ihre Produktion drosseln mussten. Obwohl an vielen Pegeln die Grundwasserspiegel sanken und Brunnen versiegten, war die Wasserversorgung nie bedroht. Lediglich an einigen Orten wurde die Wasserentnahme eingeschränkt. Von negativen Auswirkungen war auch die Infrastruktur betroffen. Andererseits verzeichneten Branchen im Tourismus und in der Freizeitindustrie Rekordumsätze. Eine eigene Dimension erhielt dieser Rekordsommer aber durch die 35 000 bis 70 000 Toten. Besonders in größeren Städten waren vor allem ältere und alleinstehende Menschen, Kleinkinder sowie durch Erkrankungen des Herz-Kreislauf-Systems betroffene Personen unter den Opfern. Während anders als bei den Ereignissen zuvor die technische und ökonomische Resilienz stark war, legte das Ereignis die besondere soziale Vulnerabilität einer überalternden und vermehrt allein lebenden Gesellschaft offen, in der Ältere und Kranke besonders betroffen waren. Das Ereignis führte schließlich zur Einrichtung des Hitzewarndienstes des DWD 2005 und u. a. zur Auflage der Forschungsallianz DRIeR des Wassernetzwerks Baden-Württemberg und somit zu einer Stärkung von institutioneller und wissensbasierter Resilienz. Schon im Jahr 2018 kam es zum nächsten Rekordsommer (Erfurt et al. 2019; Abb. A).

Ein Vergleich der Extremdürren aus verschiedenen Jahrhunderten zeigt zum einen Ähnlichkeiten bei den Folgen und Wirkpfaden sowie den dadurch ausgelösten Reaktionen, aber auch Unterschiede, die sich aus den gesellschaftlichen Kontexten erklären. Dies bezieht sich auf religiöse und kulturelle Deutungen, aber auch die technischen Möglichkeiten. Die Beispiele verdeutlichen, wie wichtig es für ein elaboriertes Dürremanagement ist, Dürren in dem jeweiligen gesellschaftlichen Kontext zu betrachten. Ähnlich den Verhältnissen bei Hochwasserereignissen hat sich ein Wandel von den reaktiven zu proaktivem Handeln vollzogen.

Abb. A **a** Aufgrund der heißen Temperaturen und der langanhaltenden Trockenheit im Sommer 2018 verloren Bäume bereits im Sommer ihre Blätter wie hier in Freiburg. **b** Die Aufnahme zeigt den extrem niedrigen Wasserstand im Mittelrheintal sowie die umgebende, stark ausgetrocknete Landschaft. Da die Schifffahrt auf der deutschen Hauptwasserstraße stark eingeschränkt war, kam es flussaufwärts zu drastischen Erhöhungen der Ölpreise. Landwirte beklagten Ernteeinbußen von bis zu 40 % (Fotos: R. Glaser, 2018).

zu einem nachhaltigen Umgang. Großes Potenzial bietet der Umstieg auf wassersparende Bewässerungsverfahren und geeignetere Anbauprodukte, die bei steigenden Wasserpreisen noch marktfähig sind. Auf der Governanceseite können die Einrichtung von Wasserbanken, Reglementierungen des Wasserzugangs und die Vergabe von Wassernutzungsrechten geeignete Maßnahmen sein. Ein wichtiges Regulativ für den Wasserverbrauch wird in der Preisgestaltung gesehen. Trotzdem steuern viele Regionen wie das Westkap in Südafrika und seine Metropole Kapstadt auf den *day zero* zu, an dem die Wasserversorgung der Haushalte komplett abgeschaltet wird.

31.4 Globale Bodenprobleme

Olaf Bubenzer

Böden werden häufig auch als die „Haut unserer Erde" bezeichnet. Dieser Vergleich passt im Hinblick auf ihre Empfindlichkeit und Verletzlichkeit, nicht jedoch hinsichtlich ihrer Regenerationsfähigkeit. Böden entwickeln und regenerieren sich nämlich meist nur sehr langsam (in Jahrtausenden), sodass sie für den Menschen eine **kaum erneuerbare Ressource** darstellen (UBA 2018b). Dennoch wird weltweit leider immer noch viel zu sorglos mit dem Boden umgegangen. Gelegen im Überschneidungsraum der Atmo-, Hydro-, Bio- und Lithosphäre sowie – im wahrsten Sinne – als Lebensgrundlage für den Menschen erfüllen Böden entscheidende Funktionen im Natur- und Kultur- und Wirtschaftsraum. Folgt man dem erst im Jahr 1998 verabschiedeten Bundesbodenschutzgesetz (BBodSchG 1998), so spielen unsere Böden als Drei-Phasen-System mit festen, flüssigen und gasförmigen Bestandteilen eine maßgebliche Rolle für die natürlichen Stoffkreisläufe (vor allem für den Wasser-, Kohlenstoff- und die Nährstoffkreisläufe) und damit auch für unser Klima. So speichern die Böden unsere Erde z. B. mehr organischen Kohlenstoff als die Vegetation und die Atmosphäre zusammen. Zudem stellen sie mit ihren Filter-, Puffer- und Stoffumwandlungseigenschaften gleichzeitig Auf-, Ausgleich- und auch Abbaumedien dar (z. B. für Schad- und Nährstoffe). Für den Menschen sind vor allem die **vielfältigen Nutzungsfunktionen** von Böden von Interesse, etwa für die land- und forstwirtschaftliche Produktion. Böden bilden die Grundlage für mehr als 90 % der weltweit produzierten Nahrung. Darüber hinaus sind Böden auch Standorte für Siedlung, Verkehr und Erholung, stellen Archive der Natur- und Kulturgeschichte dar, beherbergen Rohstofflagerstätten und dienen zur Entsorgung von Abfällen (Kap. 10). Bereits aus dieser Aufzählung wird deutlich, dass Bodenstandorte häufig unter starken Nutzungskonflikten zu leiden haben und daher geschützt werden müssen. Obwohl bereits Frédéric Albert Fallou, der als Begründer der wissenschaftlichen Bodenkunde gilt, im Jahr 1862 mit dem sinngemäßen Ausspruch „Eine Nation, die ihren Boden zerstört, zerstört sich selbst" (Fallou 1862) auf die Bedeutung der Pedosphäre hinwies und obwohl seit mehr als 15 Jahren jeweils am 5. Dezember der Weltbodentag begangen wird und 2015 zum Internationalen Jahr des Bodens erklärt wurde, bestehen weiterhin vielfältige alte und neue „Bodenprobleme". Diese sollen im Folgenden beleuchtet, jedoch auch auf mögliche Lösungsansätze für ein nachhaltiges Bodenmanagement eingegangen werden.

Als wichtigste übergeordnete Veränderungen und Entwicklungen, die zur **Gefährdung von Bodenstandorten** führen, werden von der Welternährungsorganisation der Vereinten Nationen Bevölkerungswachstum, Industrialisierung und Klimawandel, aber auch ein nicht nachhaltiges Bodenmanagement genannt (FAO 2015a). Diese erzeugen vor allem zehn Prozesse, die einzeln, jedoch häufig auch in Kombination wirken und zu Bodendegradation führen: Bodenerosion (Abschn. 10.7), Verlust an organischem Kohlenstoff, Nährstoffungleichgewichte, Versalzung, Versiegelung, Verlust an Biodiversität, Kontamination, Versauerung, Verdichtung und Staunässe (Tab. 31.5). Bodendegradation wird von der FAO (2015a) als Veränderung der Bodengesundheit definiert, die in einer Verringerung der Möglichkeiten der Böden zur Aufrechterhaltung von Ökosystemdienstleistungen und zur Erbringung von (landwirtschaftlichen) Gütern mündet. Die Degradation von Böden betrifft heute bereits mehr als 20 % der Menschheit. Eine wachsende Weltbevölkerung, sich wandelnde Konsum- und Energiemuster, eine steigende Nachfrage nach Fleisch und nachwachsenden Rohstoffen u. a. zur Energieproduktion erhöhen den Druck (UBA 2018b). Nach Einschätzungen von Nkonya et al. (2016) sind global etwa 30 % der Böden von Degradation betroffen. Wasserknappheit, Desertifikation, Ernährungsunsicherheiten, Armut und soziale Unsicherheiten, Migration und Landverteilungsprobleme sind häufig Ursachen aber auch Folgen von Bodendegradation (Exkurs 31.11). Hierzu gehört auch die **ungerechte Verteilung von Bodenrechten**. In „12 kurze Lektionen über den Boden und die Welt" verdeutlicht z. B. der „Bodenatlas" (HBS et al. 2015) plakativ nicht nur die oben genannten Bodenfunktionen und -gefährdungen, sondern auch, dass Land – und damit Boden – weltweit sogar noch ungerechter verteilt ist als Einkommen. Dies führt in Kombination mit steigenden Landpreisen dazu, dass Menschen in vielen Fällen vertrieben werden. Der Kampf um die Flächen wird außerdem durch den Intensivanbau von Futtermitteln für die Fleischproduktion und die Nutzung von Ackerflächen zur Erzeugung „grüner Energie" heftiger. Weiterhin stillen Industrie- und Schwellenländer ihren Flächenhunger in der armen Welt und importieren so quasi auch „Land und Boden" mittels der dort angebauten Produkte.

Nachdem die letzte globale Erhebung, die vor allem die Gefährdung durch Bodenerosion hervorhob, vor mehr als 20 Jahren stattfand, war der seit 2015 vorliegende **Bericht zum weltweiten Zustand der Böden** längst überfällig (FAO 2015a, 2015b). Er ist nicht nur inhaltlich differenzierter, sondern betrachtet auch räumliche Unterschiede (Abb. 31.24). Es wird deutlich, dass die Bodenerosion immer noch in weiten Teilen der Welt das Problem Nummer eins darstellt. Bei regionaler Betrachtung zeigt sich jedoch, dass sich die Situation in den Industrieländern im Hinblick auf die Gefährdung durch Bodenerosion leicht gebessert hat, dafür aber andere Probleme wie Bodenversiegelung und Flächenverbrauch, der Verlust an organischem Kohlenstoff (FAO 2017), Bodenkontaminationen, Nährstoffungleichgewichte und Biodiversitätsverlust (Aksoy et al. 2017) eine zunehmende Rolle spielen. Zukünftig muss auch der Eintrag von künstlich hergestellten (Schad-)Stoffen (noch) mehr beobachtet werden, wie der von sog. „Pflanzenschutzmitteln" oder auch der von Mikroplastik. Insgesamt ist die aktuelle Situation alles andere als zufriedenstellend, da in globaler Betrachtung die Mehrheit der Böden lediglich einen befriedigenden, armen oder sogar sehr armen Zustand aufweisen und etwa 33 % der Landflächen als moderat bis hochgradig degradiert eingestuft werden. In Deutschland sind Versiegelung und Flächenverbrauch sowie der Stickstoffeintrag aus der Landwirtschaft neben der Bodenerosion die Hauptgefährder unserer Böden (Abb. 31.25; UBA 2015, BMUB 2017). Hinzu kommen punktuelle Kontaminatio-

Kapitel 31

Tab. 31.5 Erläuterungen zu den zehn wichtigsten Bodengefährdungen (nach FAO 2015b).

Bodengefährdung	Erläuterung
Bodenerosion	Bodenabtrag (linear und flächenhaft) an der Oberfläche durch Wasser, Wind oder Pflugtätigkeit. Abtrag von Bodenpartikeln durch Wasser entsteht vor allem durch spülaquatische und fluviale Prozesse, häufig mit Bildung typischer Erosionsformen. Abtrag durch Wind entsteht bei genügend hohen Windgeschwindigkeiten vor allem, wenn loses, trockenes Material an einer vegetationsarmen oder -freien Oberfläche liegt. Pflugtätigkeit verfrachtet Material mit der Schwerkraft hangabwärts und fördert mögliche nachfolgende Bodenerosion durch Wasser und Wind. Bodenabtrag tritt auch in natürlichen Systemen auf, wird jedoch häufig erst durch menschliche Aktivitäten zu einer Bodengefährdung.
Änderungen im Gehalt an organischem Kohlenstoff (SOC)	Verlust von im Boden gelagertem organischem Kohlenstoff, vor allem durch die Umwandlung von Kohlenstoff in die Treibhausgase Kohlenstoffdioxid (CO_2, unter aeroben Verhältnissen) und Methan (CH_4, unter anaeroben Verhältnissen) sowie durch Bodenabtrag
Nährstoffungleichgewichte	Nährstoffungleichgewichte entstehen, wenn Nährstoffzugaben (über chemischen und organischen Dünger oder andere Quellen) entweder unzureichend sind oder im Übermaß zugeführt werden. Letzteres ist eine Hauptursache für die Abnahme der Wasserqualität und die Emission von Treibhausgasen (vor allem von N_2O) in die Atmosphäre.
Bodenversalzung	Akkumulation von Salzen im weiteren Sinne (Na, K, Mg, Ca, Chloride, Sulfate, Karbonate und Biokarbonate). Natürliche Ursachen können hohe Elementgehalte in Gesteinen und im Grundwasser, Staubeinwehung oder Einspülung und hohe Verdunstungswerte sein. Sekundäre, anthropogen induzierte Versalzung, die hier ausschließlich betrachtet wird, tritt häufig infolge unangepasster Bewässerung (zu geringe Entwässerung, zu salzhaltiges Bewässerungswasser) auf.
Versiegelung und Flächenverbrauch	Dauerhafte Abdeckung des Bodens mit undurchlässigen Materialien (z. B. Asphalt oder Beton). Flächenverbrauch nimmt vor allem im Umfeld städtischer Agglomerationen zu (Städtewachstum, Industrialisierung, Ausbau der Verkehrsinfrastruktur).
Verlust an Biodiversität	Abnahme in der Vielfalt von Mikro- und Makroorganismen im Boden
Kontaminationen	Eintrag von jedweden Stoffen, die einen nachteiligen Einfluss auf Bodenorganismen und -funktionen haben
Versauerung	Erniedrigung des pH-Werts durch Bildung von Wasserstoff- und Aluminiumionen im Boden und der damit zusammenhängenden Auswaschung und dem Verlust an basischen Kationen (wie Ca, Mg, K und Na)
Verdichtung	Zunahme der Bodendichte und Abnahme der Bodenporosität (Porenvolumen) durch Auflast (z. B. durch schwere Maschinen), wodurch wichtige Bodenfunktionen (z. B. Durchwurzelung, Wasserwegsamkeit, Gasaustausch) im Ober- und Unterboden negativ beeinflusst werden
Staunässe	Staunässe entsteht, wenn der Boden so nass wird, dass sein Porenvolumen nicht mehr genügend Luft für die Wurzelatmung beinhaltet. Andere, für die Wurzeln schädliche Gase, wie Kohlenstoffdioxid oder Äthylen, können sich anreichern. Viele Böden neigen von Natur aus zu Staunässe, hier werden jedoch nur solche betrachtet, die vormals aerobische Verhältnisse aufwiesen, dann aber infolge anthropogener Tätigkeiten (z. B. Verdichtung) Staunässe erfuhren.

Exkurs 31.11 Großflächiger Landerwerb und *land grabbing*

Peter Dannenberg

Insbesondere seit der Nahrungsmittelkrise 2008 hat der großflächige Erwerb von Land in der gesellschaftlichen Diskussion deutlich an Bedeutung gewonnen. Hierzu zählt besonders der Erwerb (oder die langfristige Pacht) von Agrarland durch global agierende private oder staatliche Investoren aus Industrie- und Schwellenländern in weniger entwickelten Ländern (wobei u. a. auch in Europa investiert wird; BpB 2018). Solche Investitionen in Land werden dabei oft als *land grabbing* bezeichnet. Schätzungen zufolge wurden allein von 2009–2011 80 Mio. ha Agrarland an gut 1200 Investoren transferiert (zum Vergleich: Deutschlands Agrarfläche umfasst 17 Mio. ha; Mayenfels & Lücke 2011). So sind mittlerweile ca. 10–30 % des weltweiten Ackerlandes von *land grabbing* betroffen. Ein großer Teil der Investoren stammt hierbei aus Westeuropa, den Golfstaaten, den USA, China und Malaysia. Zu den wichtigsten Zielländern gehören Indonesien, Kambodscha, Laos und einige ostafrikanische Länder (BpB 2018). Zwar gehen auch kritische Stimmen davon aus, dass der großflächige Landerwerb zwischenzeitlich wieder deutlich zurückgegangen ist (New Internationalist 2013), dennoch spielen großflächige Landinvestitionen gerade in den Ländern des Globalen Südens weiterhin eine zentrale Rolle (Abschn. 21.5).

Durch Bevölkerungswachstum, sich verändernde Ernährungsgewohnheiten und Wohlstandssteigerungen in verschiedenen Schwellenländern, aber auch die Förderung von Biosprit kam es in den 2000er-Jahren zu steigenden Preisen für Agrarprodukte und Energierohstoffe (Mayenfels & Lücke 2011). Im Zusammenhang mit der Finanzkrise von 2007 und Spekulationen auf Agrarprodukte führte dies zunächst zur Nahrungsmittelkrise von 2008. In Folge dieser Nahrungsmittelkrise stieg die Nachfrage nach Land- und Wasserrechten weiter an (Dannenberg 2011, 2013). In einigen Regionen entstand zusätzlicher Druck auf die Ressource Land durch die Ausweisung von großflächigen Naturschutzgebieten.

In verschiedenen Ländern des Globalen Südens verliefen diese Investitionen auch dadurch problematisch, dass die Landvergabe in einem Kontext von unklaren Gewohnheitsrechten, Korruption und Konflikten um die Zugangsrechte stattfand (Edelman 2013, Cotula et al. 2014). Der negativ konnotierte (und somit für eine wissenschaftliche Analyse von Landerwerb eher ungeeignete) Begriff *land grabbing* (teilweise auch mit Landraub übersetzt) geht einerseits auf solche Vergabeprozesse zurück – wobei unklar ist wie hoch der Anteil solcher problematischer „Deals" am großflächigen Landerwerb tatsächlich ist. Zum anderen ist großflächiger Landerwerb oft auch mit negativen Folgen für die Region verbunden (Edelman 2013). Generell ist die Datenlage sowohl zu den Hintergründen des Erwerbs als auch zur anschließenden Nutzung allerdings schwierig und beruht in aller Regel auf zusammengetragenen Daten und Schätzungen aus unterschiedlich verlässlichen Quellen (Edelman 2013; einen spannenden Überblick bietet www.landmatrix.org).

So können die Nutzung des Landes und die hiermit verbundenen Auswirkungen sehr unterschiedlich sein. Typisch ist der Anbau von Nahrungsmitteln (z. B. Obst und Gemüse, Zuckerrohr, Reis) sowie Futter- und Energiepflanzen (z. B. Palmöl und Soja) für den Export. Auch Forstwirtschaft für Faserprodukte, Tourismus und die Erschließung weiterer Rohstoffe ebenso wie Landspekulationen, bei denen das Land über Jahre ungenutzt bleiben kann, kommen häufig vor (Mayenfels & Lücke 2011, New Internationalist 2013). Entsprechend sind die Effekte auf die Zielregion stark umstritten. Generell gehen positive Stimmen (Cotula et al. 2014) davon aus, dass die ausländischen Direktinvestitionen im Land dazu führen können, dass durch *economies of scale*, dem zusätzlichen Einsatz von Kapital und Wissen (*home base exploiting*) die Produktivität der Landflächen erhöht werden kann und zudem formalisierte Arbeitsplätze und Steuereinnahmen generiert werden können, die wiederum weitere *trickle-down*-Effekte mit sich bringen.

Kritikern zufolge kommen allerdings sowohl die produzierten Güter als auch die erzielten Erlöse oft kaum der Bevölkerung der Zielregion zugute. Auch ist unklar, inwiefern landwirtschaftliche Großbetriebe tatsächlich eine Entwicklungsperspektive im Sinne eines nachhaltigen Upgrading (z. B. hin zu komplexeren Wertschöpfungsschritten) bieten. Gerade wenn die Landbesitzverhältnisse und -nutzungsrechte in einer Region unklar bzw. umstritten sind, können vorherige Nutzer oft ohne ihre Zustimmung und Kompensation verdrängt werden. Staatlichen Institutionen auf nationaler und lokaler Ebene kommt hierbei oft eine zentrale Rolle zu. Zudem fehlen die Flächen oft für den Anbau von Nahrungsmitteln für die lokale Bevölkerung, was zu Problemen in der Ernährungssicherheit führen kann (Cotula et al. 2014, Mayenfels & Lücke 2011). Auch können ökologische und gesundheitliche Probleme entstehen, beispielsweise durch Monokulturen mit intensivem Pestizid- und Mineraldüngereinsatz (BpB 2018). Vor diesem Hintergrund haben sich in vielen Regionen zivilgesellschaftliche Widerstände gegen diese Entwicklungen organisiert. Sehr entscheidend ist letztendlich somit wie die Landvergabe erfolgte, welche Nutzung das erworbene Land zuvor erfahren hatte und welcher Wandel mit dem Landerwerb einhergeht.

Kapitel 31

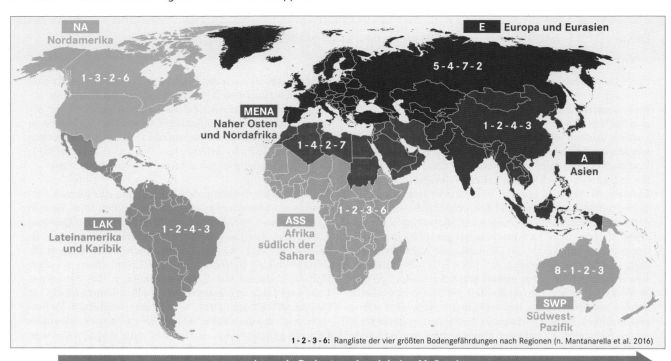

Abb. 31.24 Globale Bodenprobleme – regionale Zustände und Trends der zehn bedeutendsten Bodengefährdungen (ohne Antarktis; verändert nach FAO 2015b).

nen (z. B. von Schwermetallen). Nicht zuletzt geht es dabei um unsere Ernährung und Gesundheit sowie um den wichtigen Beitrag, den unsere Böden im Klima- und Wasserkreislauf leisten, was z. B. im vierten Bodenschutzbericht der Bundesregierung erläutert wird (BMUB 2017; Abb. 31.26).

Zur **Erhaltung und Verbesserung von Bodenstandorten** gilt es zunächst einmal, potenzielle und regional oft verschiedene Gefährdungen zu erkennen und möglichst zu vermeiden. Dafür

müssen weitere Grundlagendaten wiederholt gesammelt und vergleichbar ausgewertet werden (Gibbs & Salmon 2015, Montanarella et al. 2016). Dies gilt auch im Hinblick auf die Sicherung der landwirtschaftlichen Produktion, wobei in vielen Regionen der Erde die sog. „Intensivlandwirtschaft" an ihre Grenzen stößt. Der oben genannte Bodenatlas schreibt dazu treffend: „Obwohl immer mehr chemischer Dünger eingesetzt wird, steigen die Erträge nur wenig. Ökologischer Landbau stärkt die Bodenorganismen und kann so die Bodenfruchtbarkeit langfristig und

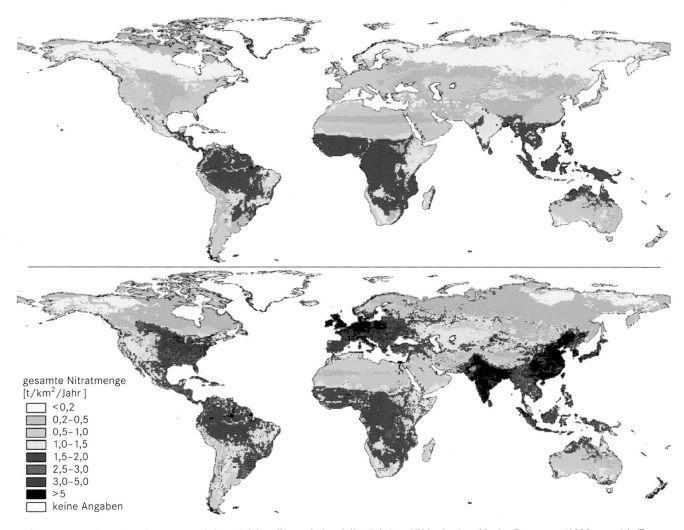

Abb. 31.25 Verteilung des Eintrags an reaktivem Stickstoff in vorindustrieller Zeit (vor 1700, oben) und in der Gegenwart (1995, unten) in Tonnen Nitrat pro Quadratkilometer und Jahr (verändert nach Green et al. 2004).

nachhaltig verbessern. Allein mit synthetischen Düngern geht das nicht" (HBS et al. 2015).

Bereits geschädigte bzw. degradierte Standorte müssen möglichst regeneriert werden. Hierfür schlagen die Vereinten Nationen (FAO 2015a) sowie das Bundesumweltamt (UBA 2018b) ein nachhaltiges **Bodenmanagement** vor, das neben der Reduzierung des Flächenverbrauchs folgende Maßnahmen umfassen sollte: eine gesamtheitliche Bodenpolitik, mehr Investitionen, Bewusstseinsbildung, Einführung von Bodeninformationssystemen, Entwicklung, Stärkung und Ausbau von Kapazitäten, Einführung von Landnutzungsplänen, (bessere) Abwasserbehandlung, (angemessene) Abfallentsorgung, Rotationslandwirtschaft, minimale Pflugtätigkeit, angemessener Düngemitteleinsatz, eine ständige Bodenbedeckung (Erosionsschutz), Erhöhung des Gehaltes an organischer Bodensubstanz sowie Monitoring, Analyse und Bewertung der Bodenqualität. Am jeweiligen Bodenstandort selbst geht es konkret darum, Bodenerosion zu minimieren, den

Anteil organischer Bodensubstanz zu erhöhen, die Nähstoffbilanz ausgeglichen zu halten, den Nährstoffkreislauf zu unterstützen, Bodenversalzung und Bodenversauerung zu verhindern, zu minimieren oder zu lindern, Biodiversität zu erhalten und zu stärken sowie Bodenverdichtung und Versiegelung zu vermeiden (Lal 2015).

Das Fach Geographie, nicht nur die spezialisierte Subdisziplin „Bodengeographie", kann zur Erkennung und Vermeidung globaler, regionaler und lokaler Bodenprobleme und damit für den Schutz und die Erhaltung von Böden sowie ein nachhaltiges Bodenmanagement wichtige Beiträge leisten.

Kapitel 31

Boden	zentrale Klimasignale	Temperatur	Trockenheit	Niederschlag	Extremereignisse
	zentrale Sensitivitäten	Bodenart und Bodenstruktur, Bodendeckung und -nutzung, Bodenfeuchte und Hangneigung			
	handlungsspezifische Anpassungskapazität	mittel			

Klimawirkung	Klimasignale	Bedeutung		Gewissheit/ Analysemethoden
Bodenerosion durch Wasser und Wind, Hangrutschung	Niederschlag, Starkregen, Sturzfluten, Starkwind, Trockenheit, Hitze	**Gegenwart**		mittel bis hoch/ Wirkmodell und Experteninterviews
		nahe Zukunft: schwacher Wandel	nahe Zukunft: starker Wandel	
		ferne Zukunft: ~ bis ++		
Bodenwassergehalt, Sickerwasser	Niederschlag, Temperatur, Trockenheit	**Gegenwart**		mittel bis hoch/ Wirkmodell
		nahe Zukunft: schwacher Wandel	nahe Zukunft: starker Wandel	
		ferne Zukunft: ++		
Produktionsfunktionen (Standortstabilität, Bodenfruchtbarkeit)	Niederschlag, Temperatur, Trockenheit	**Gegenwart**		gering/ Experteninterviews
		nahe Zukunft: schwacher Wandel	nahe Zukunft: starker Wandel	
		ferne Zukunft: ~ bis ++		
Bodenbiodiversität, mikrobielle Aktivität	Niederschlag, Temperatur, Trockenheit	**Gegenwart**		gering/ Experteninterviews
		nahe Zukunft: schwacher Wandel	nahe Zukunft: starker Wandel	
		ferne Zukunft: ++		
organische Boden-substanz, Stickstoff- und Phosphorhaushalt, Stoffausträge	Niederschlag, Temperatur	**Gegenwart**		gering/ Experteninterviews
		nahe Zukunft: schwacher Wandel	nahe Zukunft: starker Wandel	
		ferne Zukunft: ++		

Bedeutung der Klimawirkung für Deutschland	gering	mittel	hoch

Entwicklung der Klimasignale bis zum Ende des Jahrhunderts (ferne Zukunft)	++ starke Änderung	+ Änderung	~ ungewiss

Abb. 31.26 Bewertung der Klimawirkungen im Handlungsfeld Boden (verändert nach Bundesregierung 2015.)

Desertifikation und Klimawandel

Roland Baumhauer

Für viele Länder in den ariden, semiariden und trocken sub-humiden Regionen der Erde stellt aktuell die Desertifikation (aus dem lat. *desertus* = die Wüste und *facere* = machen) ein erhebliches ökologisches, wirtschaftliches und soziales Problem dar. Diese Regionen umfassen etwa 40 % der Landmasse der Erde. Davon sind rund 70 % mit einer Gesamtfläche von 3,6 Mrd. Hektar und damit etwa ein Viertel der Landfläche von Desertifikationserscheinungen betroffen oder bedroht. Selbst wenn die aufgeführten Zahlen je nach Schätzung und zugrunde gelegter Definition variieren, unterstreichen sie die Bedeutung der **Desertifikation als globales Problem** und vermitteln einen Eindruck von den Raumdimensionen, in denen die entsprechenden Prozesse wirksam sind. Aktuelle Probleme wie Klimawandel und Bevölkerungswachstum lassen eine Akzentuierung des Desertifikationsgeschehens für die Zukunft erwarten.

Seuffert (2001) und Mensching & Seuffert (2001) verstehen Desertifikation als **Endstufe von „Landschaftsdegradation**, die durch unangepasste, vor allem landwirtschaftliche Nutzungen (Viehzucht, Ackerbau) lokal (kleinräumig), regional (großräumig) und langfristig möglicherweise sogar zonal wüstenartige Umweltbedingungen in Landschaften entstehen lässt, die vordem keine Wüsten waren" und die in vollem Umfang ausschließlich in den Trockengebieten mit ihrer naturgegebenen Prädisposition ablaufen kann. Im Gegensatz dazu wird Desertifikation im Rahmen der Agenda 21 recht allgemein als Landschaftsdegradation in den ariden, semiariden und trocken

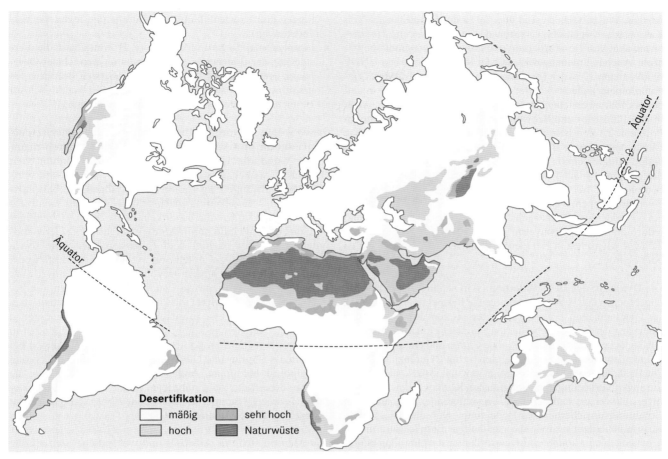

Abb. 31.27 Weltkarte der Desertifikation (verändert nach UNCOD 1977).

subhumiden Gebieten der Erde beschrieben, die durch verschiedenartige Ursachen, einschließlich Klimaschwankungen und Einfluss des Menschen, hervorgerufen wird. Vor allem im Anwendungsbereich werden als Desertifikation recht allgemein all jene Prozesse bezeichnet, die in den Trockenzonen der Erde aufgrund anthropogener Eingriffe zu Landdegradation und somit zu Einschränkungen der Nutzungsmöglichkeiten führen. Bei der Diskussion um eine **angemessene Definition des Begriffs** darf auch der politische Aspekt nicht übersehen werden. Die Tatsache, dass zunehmend „lediglich" Degradationsprozesse mit dem Begriff Desertifikation belegt werden, hängt nicht zuletzt mit der Medienpräsenz und Wahrnehmung in der Öffentlichkeit zusammen. Ungeachtet der anhaltenden Diskussion um eine allgemein akzeptierte Definition ist ein wesentliches Kennzeichen der Desertifikation die Degradation der Böden und der Vegetation sowie eine Beeinträchtigung der Wasserressourcen, die im Endstadium zu wüstenhaften Bedingungen in Erdräumen führen, in denen aufgrund ihrer klimazonalen Lage keine Wüste sein dürfte. Betroffen sind Landschaften, die aufgrund ihrer physisch-geographischen Grundausstattung, beispielsweise in Trockengebieten, aus klimatischen Gründen eine eingeschränkte Trag- und Regenerationsfähigkeit aufweisen. Der Mensch ist am Prozess der Desertifikation durch unangepasste Nutzung ursächlich und direkt beteiligt.

Verbreitung, Indikatoren, Ursachen und kausale Zusammenhänge

Aufgrund der uneinheitlichen Definition ist die räumliche Verbreitung schwierig zu erfassen. Die von der UNCOD (*United Nations Conference On Desertification*) veröffentlichte „*World map of desertification*" (1977) basiert auf der Definition, die Desertifikation als Verringerung oder Zerstörung des biologischen Potenzials von Landschaftsteilen beschreibt, sodass sich letzten Endes **wüstenähnliche Bedingungen** einstellen können. Sie unterscheidet drei Gefährdungsstufen, wobei die hyperariden Naturwüsten per se ausgeschlossen werden (Abb. 31.27). Die UNCCD (*United Nations Convention to Combat Desertification*) konstatiert in einem Bericht 2013, dass insgesamt 11,8 Mio. km² der als Trockengebiete klassifizierten Flächen (ohne hyperaride Gebiete) von Desertifikationsprozessen betroffen sind (insgesamt 70 % aller Trockengebiete). In Afrika sind die Regionen am nördlichen und südlichen Rand der Sahara, in Ost- und Nordost-Afrika insbesondere Kenia, Äthiopien und die Somali-Halbinsel sowie im südlichen Afrika die Randbereiche von Kalahari und Namib am stärksten betroffen oder zumindest stark bedroht. Diese Landschaften umfassen eine Fläche von etwa 5,3 Mio. km² und damit rund 30 % der Fläche Afrikas außerhalb der natürlichen Wüsten mit etwa 65 % der gesamten Bevölkerung

Kapitel 31

Afrikas. In Zentralasien sind über 50 % der Landesflächen von Kasachstan, Kirgisistan, Usbekistan, Tadschikistan und Turkmenistan akut von Desertifikation und Landschaftsdegradation bedroht. Auch in Lateinamerika und der Karibik leiden laut UNDP (2009) knapp 30 % der Trockengebietsflächen (ca. 1,2 Mio. Quadratkilometer), die 26,5 % der Gesamtfläche Lateinamerikas und der Karibik ausmachen, unter Desertifikationsprozessen. Auch in den Industrie- und Schwellenländern ist Desertifikation ein Problem. Zu den betroffenen Ländern gehören beispielsweise China, Argentinien, Brasilien und Mexiko sowie die USA und einige Mittelmeeranrainerstaaten. So sind in Spanien fast 40 % der gesamten Fläche von Desertifikation betroffen oder stark bedroht. Hier hat vor allem das boomende Tourismusgeschäft einen drastischen Wandel bewirkt. Es hat der Mittelmeerküste ein enormes Wirtschaftswachstum, dem semi-ariden Hinterland jedoch dramatische Umweltfolgen beschert. Weltweit sind über 2,5 Mrd. Menschen in 110 Ländern von Desertifikation betroffen oder bedroht.

Die **Dynamik der Desertifikation** ist in weiten Teilen der Erde ungebrochen und schafft beunruhigende Perspektiven: Sollte dieser Trend anhalten, erwarten Experten bis zum Jahr 2025 einen Rückgang der landwirtschaftlichen Nutzfläche um zwei Drittel in Afrika, um ein Drittel in Asien (ohne China) und um zwei Fünftel in Lateinamerika (jeweils im Vergleich zum Referenzjahr 1990). Die Bekämpfung der Desertifikation gewinnt insbesondere durch die engen Verflechtungen zum globalen Klimawandel, dem Biodiversitätsverlust und der daraus resultierenden zunehmenden Ernährungsunsicherheit an Bedeutung. Nur eine schonende Ressourcennutzung sowie die nachhaltige Entwicklung in den Trockengebieten können zur Desertifikationsbekämpfung beitragen. Zum ersten Mal weltweit abgestimmtes Handeln gegen die Desertifikation wurde in der UNCCD 1994 festgelegt. Sie ist die am stärksten entwicklungspolitisch orientierte Konvention unter den drei 1992 in Rio vereinbarten internationalen Umweltabkommen und bildet die völkerrechtlich verbindliche Grundlage für die Erhaltung der natürlichen Ressourcen in den Trockengebieten als Teil der wirtschaftlichen und sozialen Entwicklung. Um den Teufelskreis aus Landknappheit, Hunger, Migration und Ressourcenkonflikten zu durchbrechen sichert die Konvention den betroffenen Ländern eine langfristige, verbindliche Unterstützung auf internationaler Ebene zu.

Indikatoren der Desertifikation sind **Veränderungen im Landschaftsbild**, die aus anthropogenen Einflüssen resultieren und anzeigen, wo entsprechende Prozesse beginnen oder bereits stattgefunden haben. Dadurch kann im Gelände der jeweilige Desertifikationsgrad festgestellt werden. Die physischen Indikatoren lassen sich in vier Gruppen untergliedern:

- vegetative Indikatoren (z. B. flecken- bis flächenhafte Zerstörung der Pflanzendecke, Veränderungen im Artenspektrum, Veränderungen der Wuchsleistung)
- hydrologische Indikatoren (abnehmende Bodenfeuchte, absinkende Grundwasserspiegel, verminderte Grundwasserneubildungsraten)
- pedologische Indikatoren (physikalische und chemische Bodenveränderungen im Zuge der „Aridisierung", Verhär-

tungen und Krustenbildung, strukturelle und texturelle Veränderungen)
- morphodynamische Indikatoren (z. B. hinterlässt die Verstärkung der Bodenerosion an Hängen im Bereich der Oberhänge „gekappte" Profile, sodass die obersten Bereiche des ursprünglichen Profils fehlen – gleichzeitig finden sich im Bereich von Tiefenlinien Materialakkumulationen)

Obwohl sich Desertifikation in der Landschaft physisch als **Degradation und Verminderung der Tragfähigkeit** manifestiert, sind die Ursachen häufig im sozioökonomischen Bereich zu suchen. Historische, politische, soziale und wirtschaftliche Zwänge oder Rahmenbedingungen wie beispielsweise rasches Bevölkerungswachstum, ungünstiges Landrecht (kurze Pachtperioden und daher kein Interesse an nachhaltiger Nutzung), mangelnde administrative Regulierung der Landnutzung, Marktwirtschaft statt Subsistenzwirtschaft sowie fehlender Zugang zu gutem oder zumindest tragfähigem Land speziell für die ärmere Bevölkerung sind Auslöser bzw. Gründe für nicht angepasste Landnutzungspraktiken, die besonders im Zusammenspiel mit klimatischen Extremsituationen Desertifikationsprozesse initiieren oder forcieren. Sie ergeben sich aus getroffenen und nicht getroffenen Entscheidungen in den unterschiedlichsten politischen Bereichen angefangen bei Wirtschafts-, Agrar- und Umweltpolitik über Gesundheits- und Sozialpolitik bis hin zur Außenpolitik auch der Nationen, die mit den desertifikationsgefährdeten Ländern in Handelsbeziehungen stehen (Hammer 2001, Kohout 1999, Mainguet 1994, Mensching 1990, Middleton 1991).

Der Mensch steht als Auslöser und wesentliche Steuergröße am Ausgangspunkt des Desertifikationsgeschehens. Durch unangepasste Landnutzung (wie landwirtschaftliche Übernutzung der Anbauflächen, Überweidung, Rodungen und Entwaldung, Ausbeutung der Grundwasserreserven oder falsche Bewässerungspraktiken mit Vertrocknung oder Versalzung) wird die Pflanzendecke zerstört, werden die Böden degradiert und wird die Wasserverfügbarkeit in quantitativer und/oder qualitativer Hinsicht beeinträchtigt. **Bodendegradation** führt durch Erosion und Krustenbildung zur Beeinträchtigung des Bodenwasserhaushalts und zu einer verminderten Tragfähigkeit für Vegetation, deren Auflichtung ihrerseits Erosionsprozesse forciert. Die großflächige Zerstörung der Pflanzendecke verursacht eine Aridisierung im Bereich der bodennahen Luftschicht. Dadurch wird eine oberflächige Austrocknung und Verhärtung der Böden begünstigt und als Folge die Infiltrationskapazität der Böden verringert, was wiederum in verstärktem Oberflächenabfluss resultiert. Dieses führt zu verstärkter Bodenerosion, wobei insbesondere das humus-, feinerde- und nährstoffreiche Solum betroffen ist und sich somit ungünstigere Bedingungen für die Vegetation ergeben. Allgemein gilt, dass es sich bei Desertifikationsprozessen um hoch komplexe Ursache-Wirkungs-Korrelationen handelt, die sich von Fall zu Fall und von Region zu Region im Hinblick auf die jeweils wirksamen Faktoren und Mechanismen unterscheiden und sich daher auch monokausalen Erklärungen entziehen (Baumhauer 2011, Behnke & Mortimore 2016).

Beispielraum Sahel

Der Sahelraum am südlichen Rand der Sahara (Sahel ist etymologisch abgeleitet von arab. *as-sahil* = das Ufer, die Küste) ist geprägt von physischen Prozessen wie ausgeprägten Niederschlagsvariabilitäten mit verheerenden Dürrekatastrophen, Wind- und Wassererosion und deutlicher Abnahme der Bodenfeuchtigkeit von Süd nach Nord (Nicholson 2001, Pilardeaux 2001). Aufgrund dessen und des zunehmenden menschlichen Drucks auf die natürlichen Ressourcen zur Überlebenssicherung ist der Sahelraum sicherlich die Region auf der Erde, in der die Desertifikationsproblematik – nicht zuletzt durch die **Medienpräsenz** während der immer wiederkehrenden Dürreperioden in den letzten Jahrzehnten – von der Öffentlichkeit am intensivsten wahrgenommen wird.

Die Armut der stark subsistenzorientierten Gesellschaften des Sahel spielt zwar eine notwendige Rolle, reicht aber als alleiniger Erklärungsansatz für die Auslösung der weiträumigen Degradations- bzw. Desertifikationsprozesse in dieser Region Afrikas nicht aus. In vorkolonialer Zeit wechselten in dieser ursprünglichen Dornsavannenregion relativ kurze Nutzungs-, zum Teil Übernutzungsphasen im Wanderfeldbau, in der Landwechselwirtschaft oder in der nomadischen Viehhaltung mit **langen Brachezeiten** ab. Eine geringe Bevölkerungsdichte und soziale Mechanismen (z. B. war eine Eheschließung vielfach von zusätzlichen Bodenreserven oder zusätzlichen Ernteerträgen abhängig) haben eine großräumigere Degradation des natürlichen Potenzials verhindert. Erst die gesellschaftlichen Entwicklungen seit dem Beginn der Kolonialisierung vor etwas mehr als 100 Jahren (mit Entscheidungen und Unterlassungen, die von der lokalen über die nationale bis zur internationalen Ebene reichen) haben zur Landschaftsdegradation und Desertifikation in größerem Ausmaß geführt (Kusserow 2014, Vernet 1994). Während der **Kolonialzeit** fand durch die Förderung der markt- und profitorientierten Erzeugung von Exportrohstoffen wie Baumwolle oder Erdnuss eine Veränderung der bis dahin bestehenden wirtschaftlichen, politischen und sozialen Systeme statt, die dazu führte, dass viele ländliche Regionen auf der Grundlage ihrer bisherigen Ressourcennutzung und der für den Sahel typischen **Subsistenzwirtschaft** nicht mehr überlebensfähig waren. Auch mit dem Übergang von der Kolonial- zur Entwicklungspolitik seit der politischen Unabhängigkeit der betroffenen westafrikanischen Staaten haben sich lediglich Mittel und Instrumente geändert. Die Agrarpolitik ist auch weiterhin prioritär auf Markt-, Export- und Rentenproduktion ausgerichtet. Für den überwiegenden Teil der Bevölkerung des Sahel ist jedoch bis heute die Subsistenzwirtschaft, die im Übrigen bis heute keine Förderung erfahren hat, überlebensnotwendig, sodass sich trotz des starken Bevölkerungswachstums die Landwirtschaftstechniken im Prinzip nicht verbessert haben und damit die landwirtschaftliche Übernutzung der Anbauflächen, die Überweidung, Rodungen und Entwaldung und die Ausbeutung der Grundwasserreserven auch weiterhin zumindest die Landschaftsdegradation verstärken, in vielen Bereichen jedoch bereits die Desertifikation forciert haben. Auch die allgemeine Wirtschaftspolitik ist regelhaft ausschließlich auf die Sahelstädte ausgerichtet, während die ländlichen Räume vernachlässigt werden. Die Landnutzungs-, Ressourcen- und Raum-

erschließungspolitik hat vielfach dazu geführt, dass Gebiete, die aufgrund ihres natürlichen Potenzials früher nur zeitlich eingeschränkt oder sehr extensiv genutzt wurden, neu erschlossen werden und dass – verbunden mit dem Bevölkerungswachstum – die nicht angepasste Landnutzung im Zusammenspiel mit klimatischen Extremsituationen Desertifikationsprozesse initiiert oder forciert (Mortimore 2016, Reij 2009).

Obwohl bereits auf der **UNCOD-Konferenz** 1977 im Gefolge einer der folgenschwersten Dürrekatastrophen in der Sahelzone Afrikas (1969–1974) Ziele wie „Aufhalten oder Eindämmen von Desertifikation" oder die „Verbreitung ökologisch angepasster produktiver Landnutzungsformen" propagiert wurden (Middleton 1991), wurde es bald deutlich, dass es sich bei den Prozessen, die zur Desertifikation führen, um hoch komplexe Ursache-Wirkungs-Korrelationen handelt, die sich von Fall zu Fall und von Region zu Region im Hinblick auf die jeweils wirksamen Faktoren und Mechanismen unterscheiden. Möglicherweise sind deswegen und trotz der vielfachen großen Anstrengungen bis heute nur geringe Erfolge bei der **Desertifikationsbekämpfung** erzielt worden. Sichtbare graduelle Fortschritte gibt es im Prinzip nur auf der lokalen (regionalen) Ebene mit jeweils spezifisch abgestimmten und an den jeweiligen klimatischen Trend angepassten Gegenmaßnahmen. Im Gegensatz zu den internationalen und nationalen Strategien zielen diese Maßnahmen nicht auf die Eindämmung der Desertifikationsfolgen, sondern auf die ihrer Ursachen, für deren Detektion im Vorfeld umfassende, regionale Monitoringdaten zur genauen Klassifizierung nötig sind. Insgesamt kommt der Politik nicht nur der unmittelbar betroffenen Staaten sowohl bei der Verursachung als auch bei einer möglichen Bekämpfung der Desertifikation eine zentrale Rolle zu. Zwar sind direkte politische Handlungsspielräume begrenzt, doch sind inländische Reformen und internationale Veränderungen der Wirtschaftsbeziehungen zwingend notwendig, um die Desertifikation einzudämmen. Dennoch ist es auch vor dem Hintergrund des Klimawandels und trotz der durchaus erkennbaren Bereitschaft und des politischen Willens auf nationaler und supranationaler Ebene, das Problem grundlegend anzugehen, fraglich, ob die Desertifikation dauerhaft bekämpft werden kann.

Beschleunigung der Desertifikation durch Klimawandel?

Das IPCC (2014) konstatiert in seinem fünften **Klimazustandsbericht** einen Anstieg der globalen Durchschnittstemperatur um $0,6 \, °C \pm 0,2 \, °C$ für das 20. Jahrhundert, wobei die Intensität der Erwärmung regional variiert. Bis zum Jahr 2100 wird ein weiterer Temperaturanstieg von $1,4$–$5,8 \, °C$ prognostiziert. Dabei vollzieht sich die Erwärmung im Bereich der Landmassen schneller als über den Ozeanen und übersteigt somit mit hoher Wahrscheinlichkeit den globalen Durchschnitt, die subtropischen Trockenzonen werden demnach von der Erwärmungstendenz stärker betroffen sein als beispielsweise die tropischen Regenwälder (Claussen & Cramer 2001).

Cubasch & Kasang (2001), Paeth (2008), Paeth et al. (2008, 2017) und Paxian (2016) gehen davon aus, dass sich im Zuge des

Kapitel 31

Abb. 31.28 a Überweidete und mobilisierte Dünen und *Acacia-Balanites*-Savanne bei Tabalak (Niger). **b** Überweidung und Zerstörung der Kraut-vegetation vor einem Weidezaun in der Region Diffa (Niger). Geringe, aber bodendeckende Grasvegetation hinter dem Zaun als Zeichen der Regenerationsfähigkeit von Vegetation und Boden zum Höhepunkt der Dürre im westafrikanischen Sahel 1984. **c** Abholzung und Überweidung in den 1950er- und 1960er-Jahren mit nachfolgender Bodenabtragung auf der Krim. Versuch der Bekämpfung der Bodenerosion durch Terrassierung und Anpflanzung von Kiefern. **d** Autoregeneration der Vegetation ohne Einflussnahme des Menschen (Fotos: Erhard Schulz).

allgemeinen Temperaturanstiegs auch Hitzewellen und Trocken-perioden häufiger einstellen. Diese spielen für Desertifikations-prozesse eine wesentliche Rolle, indem sie in den betroffenen Gebieten einerseits die Anfälligkeit der Böden für Degradation erhöhen und andererseits die verfügbaren Wasserressourcen quantitativ und qualitativ beeinträchtigen und somit neben Ern-teausfällen zu einer Gefährdung der Wasserversorgung führen. Für desertifikationsgefährdete Gebiete in Nordamerika, Asien und Südeuropa werden in der Literatur Reduktionsraten der Bo-denfeuchte von bis zu 30 % bis zur Mitte des 21. Jahrhunderts genannt (Clark et al. 2001, Hoff 2001, Werth & Avissar 2005, Wetherald & Manabe 1999).

Als weiterer Aspekt des Klimawandels wird eine Intensivie-rung des hydrologischen Kreislaufs für sehr wahrscheinlich gehalten. Im Zuge dessen könnte sich die Evapotranspiration sowie aufgrund des allgemeinen Temperaturanstiegs die Aufnahmekapazität der Atmosphäre für Wasserdampf erhöhen. Daraus resultiert einerseits die zunehmende **Gefahr schwerer Niederschlagsereignisse**, andererseits eine **Verstärkung des Treibhauseffekts** durch den gestiegenen Wasserdampfgehalt. Allerdings wären von Starkregenereignissen, mit Ausnahme von Teilen des Mittelmeerraums, vermutlich in erster Linie die mittleren und hohen Breiten betroffen. Eine aktuelle Analyse von rund 30 Klimamodellen zeigt allerdings, dass es auch im Sahel Afrikas zu zunehmend heftigen regionalen Regenfällen kommen könnte. Ursache dafür ist ein sich selbst verstärkender Mechanismus, der jenseits einer Erderwärmung von 1,5–2 °C einsetzen könnte. Nach Schewe & Levermann (2017) weisen eine Reihe von Modellen darauf hin, dass sich das sahelische Klima schlagartig verändert, wenn die Temperatur der Meeresoberfläche im tropischen Atlantik und im Mittelmeer über einen bestimmten Wert steigt, der eine Art von Kipp-Punkt darstellt. Insbesondere der Niederschlag nimmt plötzlich und stark zu, gekoppelt an eine Zunahme der Intensität des SW-Monsuns, der zudem beträchtlich weiter nach Norden reicht, als es aktuell der Fall ist. Intensivere Niederschläge führen zu verstärktem Oberflächenabfluss, wobei aber kein wesentlicher Beitrag zur Erhöhung des Bodenwasserspeichers erbracht werden kann. Vielmehr wird die **Bodenerosion** forciert, die im Rahmen von Desertifikationsprozessen eine wichtige Rolle spielt. Dabei könnten sich zusätzlich qualitative **Probleme bei der Wasserversorgung** ergeben. Hoff (2001) weist darauf hin, dass sich die Veränderung des Oberflächenabflusses deutlich von der des Niederschlags unterscheiden kann, da sich im Zuge der allgemeinen Erwärmung gleichzeitig die Verdunstung erhöht. So könnte eine Erwärmung um 1–2 °C in Kombination mit einem Niederschlagsrückgang um 10 % den Oberflächenabfluss um 40–70 % reduzieren (Maynard & Royer 2004, Postel 1993). Darüber hinaus wirken sich erhöhte Evapotranspirationsraten auch auf die Infiltration und die Bodenfeuchtigkeit und somit auf die Menge an pflanzenverfügbarem Bodenwasser aus. Die Frage der Wasserverfügbarkeit ist besonders für die Trockenräume der Erde von außerordentlicher Bedeutung, da in diesen Regionen bei der Pflanzenproduktion zumeist der **hygrische Faktor** als limitierendes Element in Erscheinung tritt. Während für die höheren Breiten Ertragszuwächse für möglich gehalten werden, gilt für die niederen Breiten, speziell die ariden und semiariden Gebiete, eine negative Entwicklung der landwirtschaftlichen Erträge mit einem erhöhten Risiko von Hungersnöten als wahrscheinlich. Der Zuwachs an ackerbaulich nutzbarem Land in den höheren Breiten wird vermutlich mit Verlusten in den Subtropen in Form einer Ausbreitung der Steppen und Wüsten einhergehen. In diesem Fall könnte sich der Nutzungsdruck in den ohnehin desertifikationsgefährdeten Gebieten noch erhöhen (Hörmann & Chmielewski 2001, Paeth et al. 2008). Abb. 31.28 zeigt beispielhaft die Zusammenhänge von Überweidung und Desertifikation, aber auch natürliche Regenerationsmechanismen sowie Maßnahmen zur Bekämpfung der weiteren Bodenerosion.

Derzeit ist die Bedeutung des Klimawandels für die Desertifikationsproblematik noch schwer abzuschätzen. Dennoch scheint sich bei allen derzeit noch vorhandenen Unklarheiten und Wissensdefiziten als Grundtendenz abzuzeichnen, dass „Desertifikation sich ohne wirksame Gegenmaßnahmen im Zuge des *global warming* einerseits noch verstärken und unter Umständen auch räumlich weiter ausdehnen [wird], andererseits können wir darauf hoffen, dass es im Gefolge von klimaregionalen Veränderungen und Akzentuierungen regional selbst größere Raumeinheiten mit gegenläufiger Entwicklung, das heißt mit einer Verbesserung der ökologischen wie der ökonomischen Nutzungspotenziale geben wird" (Seuffert 2001). Allerdings geht das IPCC (2007) davon aus, dass mit Zunahme der Veränderungen die nachteiligen Folgen, auch in Form einer Beschleunigung der Desertifikation, in den Vordergrund treten.

31.5 Wald im globalen Wandel

Annika Mattissek

Bilder von brennenden borealen Nadelwäldern, alarmierende Berichte über den Rückgang tropischer Regenwälder und die Besetzung des Hambacher Forsts mit dem Ziel, dessen Zerstörung und die Ausweitung des Braunkohleabbaus zu verhindern: Wald war in den letzten Jahren vor allem als gefährdete Ressource in den Schlagzeilen. Dabei wird deutlich, dass Wald auch symbolisch sehr stark aufgeladen ist: Wälder gelten als **Ziel- und Sehnsuchtsorte** von Freizeit und Tourismus, als Lebensraum vieler Tiere und Pflanzen und stellen eine Lebensgrundlage für viele Menschen dar. Gleichzeitig wird im Rückgang globaler Waldressourcen auch eine Vielzahl von Prozessen des globalen Wandels sichtbar und – vermittelt über Bilder und Berichte – emotional für breite Bevölkerungsgruppen erfahrbar. Schwindende Wälder stehen damit sinnbildlich für Umweltzerstörung und Umweltwandel und deren vielfältige Triebkräfte und wirken gleichzeitig über ökologische Rückkopplungen auf diese zurück.

In der Betrachtung aktueller Entwicklungen globaler Wälder und deren Auswirkungen wird deutlich, dass diese im Spannungsfeld sehr unterschiedlicher Einflussfaktoren, Handlungslogiken und Materialflüsse stehen: Wie mit Wald umgegangen wird, hängt von globalen Märkten und Nachfragestrukturen ebenso ab wie von politischen Regulierungen auf unterschiedlichen Maßstabsebenen und von gesellschaftlichen **Bedeutungszuschreibungen**. Diese entwickeln sich jeweils im Wechselverhältnis von lokalen, nationalen und globalen Diskursen. Ziel dieses Teilkapitels ist es vor diesem Hintergrund, Wälder im Sinne von Doreen Massey (2005) als globale Orte zu verstehen – als Orte, die von Beziehungen gekennzeichnet sind, die diese auf immer wieder neue und teilweise widersprüchliche Arten mit Prozessen des globalen Wandels vernetzen und die umgekehrt für den globalen (Klima-) Wandel eine zentrale Rolle spielen.

Arten, Vorkommen und Bedeutungen von Wald

Die globalen Waldressourcen lassen sich in zwei Haupttypen unterscheiden: die borealen Wälder der gemäßigten und höheren Breiten, deren Hauptvorkommen in Kanada, den skandinavischen

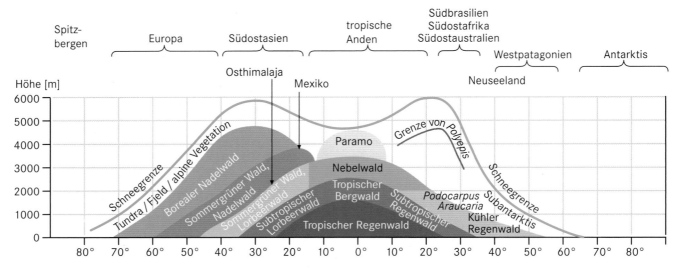

Abb. 31.29 Verteilung tropischer und borealer Wälder.

Staaten und Russland liegen, und die Wälder der immerfeuchten und wechselfeuchten Tropen mit Hauptvorkommen im Amazonastiefland, dem Kongobecken und dem festländischen und insularen Südostasien. Der Begriff Tropischer Regenwald umfasst eine Reihe recht unterschiedlicher Waldformationen, insbesondere den Immergrünen tropischen Regenwald, den Tropischen Feucht- und den Tropischen Trockenwald. Wie Abb. 31.29 zeigt, hängt deren Verteilung zum einen vom planetarischen Formenwandel, das heißt von der Nähe bzw. Ferne zum Äquator ab, zum anderen vom hypsometrischen Formenwandel, das heißt von der Höhe.

Wälder haben eine **Vielzahl von Funktionen** und Nutzungsmöglichkeiten, die immer wieder zu Nutzungskonflikten führen. Grob lassen sich die Funktionen von Wald in drei Kategorien unterteilen: erstens die vielfältigen ökologischen Bedeutungen von Wald und Waldökosystemen, zweitens ökonomische Verwendungen, in vielen Fällen verbunden mit den unterschiedlichen Einsatzmöglichkeiten von Holz, und drittens symbolische und spirituelle Bedeutungen von Wald (Abb. 31.30).

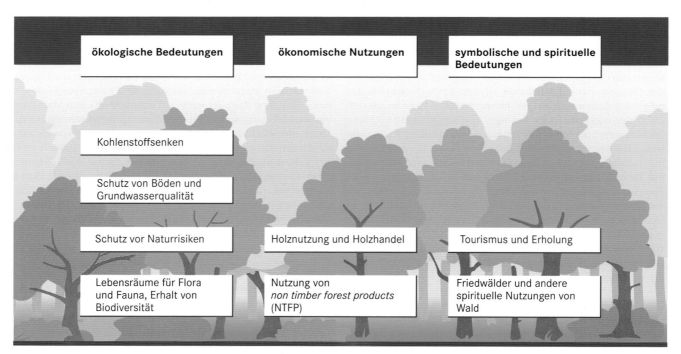

Abb. 31.30 Funktionen von Wald.

Aus **ökologischer Perspektive** gehören Wälder zu den artenreichsten Lebensräumen der Welt und bieten ca. 80 % der an Land lebenden Arten der Erde eine Lebensgrundlage. Insbesondere tropische Wälder zeichnen sich durch eine sehr große Biodiversität aus (Hirschberger & Winter 2018). Wälder tragen zur Regulierung des Wasserhaushalts und zum Erhalt von Böden bei und helfen, die Risiken von Erosionen, Lawinen und Überschwemmungen zu reduzieren (ebd.). Darüber hinaus sind in Wäldern große Mengen an Kohlenstoff gespeichert. Im Umkehrschluss bedeutet dies, dass Entwaldung und Walddegradation einen wichtigen Anteil an der globalen Klimaerwärmung haben. Im Pariser Klimaabkommen von 2015 wurde daher dem Waldschutz bzw. der Aufforstung eine zentrale Rolle für die Bekämpfung des Klimawandels zugesprochen, die bis zu einem Drittel der notwendigen Emissionseinsparungen zur Erreichung des 2-Grad-Ziels betragen könnten (UNFCCC 2015). Wälder sind damit für den Erhalt der natürlichen Lebensgrundlagen wie Wasser, Böden und Klimaschutz unerlässlich.

In **ökonomischer Hinsicht** lassen sich im Wesentlichen drei Bedeutungsebenen von Wald und Waldnutzung bzw. Entwaldung unterscheiden: Erstens dient Wald als Quelle von Holz und damit als Wirtschaftsgut. Der Forstsektor hat zwar global gesehen nur einen Anteil am Bruttosozialprodukt von knapp 1 %, dennoch spielt Holz in vielen waldreichen Ländern als ökonomische Ressource eine wichtige Rolle, wobei die Bedeutung tendenziell in einkommensschwachen Ländern oft größer ist als in einkommensstarken (FAO 2016). Zweitens werden Waldökosysteme auf sehr unterschiedliche Arten zur Generierung von sog. ***non-timber forest products* (NTFPs)** genutzt. Dazu gehören u. a. die Jagd von Tieren, das Sammeln von Nüssen, Beeren, Pilzen und die Gewinnung medizinischer Pflanzen. Drittens stellen auch die Flächen, auf denen Wald steht, eine begehrte ökonomische Ressource dar. Wie im Abschnitt zu Ursachen der Veränderungen von Waldbeständen deutlich werden wird, ist die Rodung von Wald zur Umwandlung in landwirtschaftliche Flächen ein zentraler Grund für Entwaldungen.

Neben den ökologischen und ökonomischen Funktionen hat Wald aber auch vielfältige **symbolische Bedeutungen**. Diese haben teilweise große Auswirkungen darauf, welche Nutzungsweisen als legitim oder problematisch angesehen werden. Gleichzeitig unterscheiden sich die symbolischen Zuschreibungen zu Wald zwischen kulturellen Kontexten, zwischen Interessengruppen und sie wandeln sich auch über die Zeit. So zeichnet Zechner (2017) am Beispiel Deutschlands nach, dass der „deutsche Wald" schon seit der Romantik einen wichtigen Bezugspunkt kultureller Identität darstellte, was sich z. B. in vielfältigen Darstellungen von Wald in Grimms Hausmärchen widerspiegelt. Ihren Kulminationspunkt fanden diese Denkmuster zur Zeit des Nationalsozialismus, wo der „deutsche Wald" zur Projektionsfläche modernitätskritischer, nationalistischer, rassistischer und biologischer Vorstellungen wurde. Diese bildeten u. a. die ideologische Grundlage für das Projekt „Wiederbewaldung des Ostens", bei der im Zuge nationalsozialistischer Besatzungspolitik die Grundlagen für eine geplante Besiedlung geschaffen werden sollten, verbunden mit der Zwangsumsiedlung der dort lebenden Bevölkerungsgruppen (ebd.). Solche deutschtümelnden Bezüge auf den „deutschen Wald" lassen

Abb. 31.31 Bodhi-Baum (Pappelfeige) im Wat Chana Songkhram in Bangkok, Thailand. Der buddhistischen Überlieferung zufolge wurde Siddhartha Gautama unter einer Pappelfeige sitzend erleuchtet und damit zum Buddha. Pappelfeigen gelten daher im Buddhismus als Symbol des Buddha und werden an Tempeln häufig geschmückt (Foto: A. Mattissek 2018).

sich heute außerhalb des extrem rechten politischen Spektrums kaum mehr finden. Gleichwohl durchziehen emotionale Bezüge auf Wald und Bäume viele Konflikte und Aushandlungsprozesse im Umweltbereich und ermöglichen es hier oftmals, politische Entscheidungen zugunsten ökologischer Belange zu treffen (ebd.). Auch in vielen anderen kulturellen Kontexten werden dem Wald vielfältige symbolische und/oder spirituelle Aspekte zugeschrieben. Diese reichen von Vorstellungen, dass Bäume Verbindungen zwischen der spirituellen Welt der Vorfahren und der heutigen Welt schaffen, bis hin zu heiligen Orten in Wäldern, die Schauplätze ritueller und religiöser Riten sind (Abb. 31.31; Falconer 1990).

Trotz dieser vielfältigen Funktionen und Nutzungsmöglichkeiten von Wald ist dieser global gesehen durch einen Rückgang gekennzeichnet und durch vielfältige Einflussfaktoren bedroht. Die aktuellen Veränderungen des Waldbestands, deren Einflüsse und mögliche politische Schutzmaßnahmen werden in den folgenden Abschnitten dargestellt.

Kapitel 31

Veränderungen des Waldbestands

Aktuell ist die Entwicklung der globalen Waldbestände durch ein Nebeneinander von Verlust und Zuwachs gekennzeichnet, wobei die Verluste deutlich überwiegen. Zwischen 1990 und 2018 sind weltweit fast 2,4 Mio. km² Naturwald verloren gegangen – das entspricht etwa dem Sechsfachen der Landesfläche Deutschlands. Die Hotspots der **Waldzerstörung** liegen dabei in den tropischen Wäldern von Südamerika, Afrika und Südostasien, allein Afrika hat seit 1990 12 % seiner Waldfläche verloren (Hirschberger & Winter 2018). Wie die Abb. 31.32 zeigt, gibt es aber auch Länder wie China, Indien und die USA, in denen die Waldbestände in den letzten Jahren zugenommen haben. Bei solchen Darstellungen ist allerdings zu beachten, dass die hier zugrunde gelegten Daten der Welternährungsorganisation FAO, die weltweit die gebräuchlichste Datenquelle darstellen, eine Reihe von Fehlerquellen aufweisen. So beruhen die Angaben auf Meldungen der einzelnen Staaten, in denen Flächenänderungen jeweils nur als Saldo (Netto-Waldflächenänderungen) angegeben werden. Das bedeutet, dass Verluste von Naturwald durch Aufforstungen an anderen Stellen ausgeglichen werden können, die oftmals in Bezug auf ihre ökologischen Eigenschaften nicht mit Naturwäldern mithalten können. Generell bleibt der qualitative Zustand von Wäldern in dieser Form der Darstellung ausgeblendet (BMEL 2017).

Entwaldungsprozesse traten historisch gesehen oft gehäuft in bestimmten Phasen auf. Im Gebiet des heutigen Deutschlands fanden etwa im Mittelalter massive Entwaldungen statt, zur Gewinnung von Bau- und Brennholz, aber auch, um Glas herzustellen und zur Verwendung in der Gerberei und im Schiffbau. Dafür wurde Holz u. a. aus dem Schwarzwald in die Niederlande exportiert. Die damals herrschenden feudalen Strukturen sorgten dabei oft für unklare Besitzverhältnisse, wodurch es häufig zu Raubbau kam. Das Resultat dieser Entwicklungen war eine starke Entwaldung und Walddegradation, die ihren Höhepunkt zwischen 1750 und 1850 erreichte (Hasel & Schwartz 2002). Seit dieser Zeit wurde in Mitteleuropa eine **nachhaltige Forstwirtschaft** (Exkurs 31.12) eingeführt, die durch staatliche Forstverwaltungen umgesetzt wurde. Diese haben seitdem die Aufgabe, eine geordnete, dauerhafte Holznutzung zu ermöglichen.

In vielen Ländern der Erde erfolgte die kommerzielle Abholzung lange Zeit weniger durch die lokale Bevölkerung und Wirtschaft, sondern in erster Linie durch **Kolonialmächte**, die im großen Stil natürliche Ressourcen in ihren Kolonien und angrenzenden Gebieten ausbeuteten. So wurden im 19. Jahrhundert u. a. in Indien, Burma (heute Myanmar), Kambodscha und Thailand große Mengen an Teak und anderen wertvollen Hölzern durch britische Unternehmen extrahiert und verkauft. Diese Art der Ausbeutung war dabei oftmals auch ein Anreiz, in deutlich stärkerem Maße als zuvor üblich, Formen territorialer Kontrolle zu etablieren, um die Eliten der jeweiligen Zielländer an den Gewinnen durch den Holzverkauf zu beteiligen (Usher 2009). Solche Formen der nicht nachhaltigen Holzgewinnung, oft auf Kosten der ansässigen Bevölkerung, lassen sich bis heute vor allem in solchen Ländern finden, wo die Umweltgesetzgebung entweder schwach ist oder nicht ausreichend umgesetzt wird. Ein Beispiel dafür ist Kambodscha, wo das heutige System der Vergabe von **Landkonzessionen** auf die Kolonialzeit zurückgeht und durch Vergabepraktiken gekennzeichnet ist, bei denen

---

Exkurs 31.12 Nachhaltigkeit im Forstsektor

Vor dem Hintergrund des vielerorts sehr schlechten Zustands der Wälder und einer dadurch bedingten zunehmenden Knappheit von Holz entwickelten sich seit Beginn des 18. Jahrhunderts Nutzungskonzepte, die eine dauerhafte Versorgung mit Holz gewährleisten und eine Übernutzung verhindern sollten. In diesem Kontext wurde erstmals der Begriff der Nachhaltigkeit geprägt, damals in erster Linie aus ressourcenökonomischen Erwägungen heraus. So entwarf der sächsische Oberberghauptmann Hans Carl von Carlowitz in seiner Abhandlung „Sylvicultura Oeconomica" 1713 Prinzipien der Waldnutzung, die dauerhaft den Holznachschub für die Hüttenindustrie im Erzgebirge sicherstellen sollten (von Carlowitz 1713). Darin formulierte er zum ersten Mal explizit die Idee, dass Wälder in einer Art und Weise bewirtschaftet und gepflegt werden sollen, die nachhaltig in dem Sinne sei, dass jährlich nur so viel Holz geschlagen wird, wie auch wieder nachwachsen kann. Auch im Kontext der Forstwirtschaft wurde 1804 von Georg Ludwig Hartig das Prinzip der intergenerationellen Gerechtigkeit formuliert: „Es lässt sich keine dauerhafte Forstwirtschaft denken und erwarten, wenn die Holzabgabe aus den Wäldern nicht auf Nachhaltig-

keit berechnet ist. Jede weise Forstdirektion muss daher die Waldungen [...] so hoch als möglich, doch so zu benutzen suchen, daß die Nachkommenschaft wenigstens ebensoviel Vorteil daraus ziehen kann, wie sich die jetzt lebende Generation zueignet" (Hartig 1804).

Dieses Prinzip der nachhaltigen Waldbewirtschaftung mit dem Ziel, kontinuierlich Holz entnehmen zu können, ohne dabei den Gesamtbestand zu verändern, hat seitdem weit über Deutschland und Mitteleuropa hinaus Anwendung gefunden. Im Bereich der Waldwirtschaft stellt die Expertise der deutschen Forstwirtschaft damit einen „Exportschlager" dar, der auch in vielen anderen Kontexten Nutzungspraktiken verändert hat. Bei mangelnder Anpassung an lokale Voraussetzungen hat dies allerdings auch Probleme geschaffen, vor allem dadurch, dass die Kontrolle über Wald damit prinzipiell auf staatliche Institutionen übertragen wurde (Usher 2009). Seit diesen Ursprüngen hat sich der Begriff der Nachhaltigkeit über die Forstwirtschaft hinaus verbreitet und stellt heute eine der zentralen politischen Zielvorgaben zur Vereinbarung ökologischer, ökonomischer und sozialer Interessen dar.

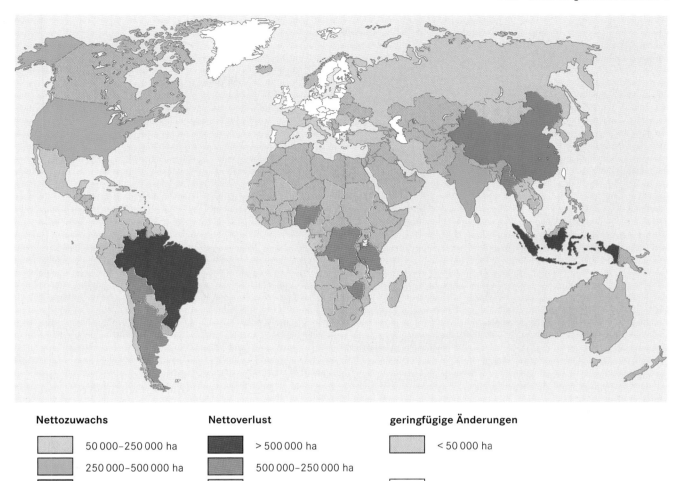

Nettozuwachs

	50 000–250 000 ha
	250 000–500 000 ha
	> 500000 ha

Nettoverlust

	> 500 000 ha
	500 000–250 000 ha
	250 000–50 000 ha

geringfügige Änderungen

| | < 50 000 ha |
| | keine Angaben |

Abb. 31.32 Jährliche Veränderungen des Waldbestands weltweit in den Jahren 1990–2015 (Quelle: FAO 2015c).

Abb. 31.33 Erschließungsstraße im größten verbleibenden immergrünen Waldgebiet Kambodschas (Areng-Tal). Entlang der Straße entwickeln sich landwirtschaftliche Nutzungen, die zu Entwaldung in der Region führen (Foto: R. John, 2016).

schwache staatliche Institutionen und Klientelismus Hand in Hand gehen. In Kambodscha wurde in den 1990er-Jahren, unterstützt durch internationale Organisationen wie der Weltbank, ein System zur Vergabe von **Konzessionen** eingeführt, das Transparenz schaffen und Gewinne für die Bewältigung der Bürgerkriegsschäden sowie lokale Beschäftigungsmöglichkeiten generieren sollte. Die andauernden politischen Konflikte und Spannungen im Land führten jedoch dazu, dass sich der Holzhandel zu einem zentralen Mittel für Konfliktparteien entwickelte, um über die Lizenzvergaben Geld zu verdienen. In der Folge entwickelte sich Wald zu der am stärksten politisierten Ressource Kambodschas, bei der die Auswirkungen unkontrollierter Privatisierung im Interesse politischer und militärischer Eliten besonders deutlich wurden (Diepart & Schoenberger 2017). Zu den Effekten zählen insbesondere Abholzungen und Degradierungen und/oder die Umwandlung von Wald in landwirtschaftliche Flächen (Abb. 31.33). Diese haben gravierende ökologische Auswirkungen und schränken zudem die Nutzung des Waldes für andere Zwecke als zur Holzgewinnung massiv ein. Besonders betroffen sind davon lokale Bevölkerungsgrup-

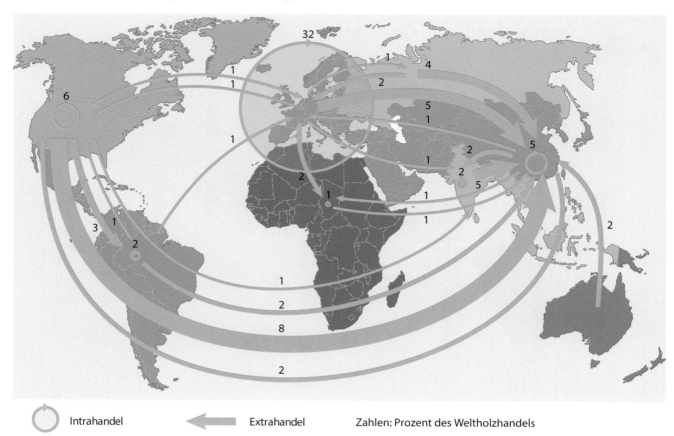

Abb. 31.34 Globaler Handel mit Holz und Holzprodukten. Dargestellt ist der Handel von Holz und Produkten auf Basis von Holz im Jahr 2014 (in % der gesamten Handelsmenge von 1,94 Mrd. m³ Rohholzäquivalent; farbliche Unterschiede zeigen, welche Länder zur Berechnung des Warenhandels mit Holz jeweils zu Großregionen zusammengefasst wurden; Quelle: Thünen-Institut für Internationale Waldwirtschaft und Forstökonomie 2015).

pen, die Wälder oftmals traditionell als Quelle von Nahrung und Einkommen nutzen, ohne dabei über verbriefte Eigentums- und Nutzungsrechte zu verfügen.

Wald im Spannungsfeld des globalen Wandels

Derzeit sind, wie oben bereits deutlich wurde, Wälder besonders stark bedroht. Die aktuellen Ursachen für Entwaldung und Walddegradation sind untrennbar mit Prozessen des globalen Wandels verschränkt. Dazu gehören das globale Bevölkerungswachstum, die Mechanismen der globalen Wirtschaft sowie die bereits spürbaren Effekte des globalen Umweltwandels und insbesondere Maßnahmen zur Bekämpfung des globalen Klimawandels.

Das globale **Bevölkerungswachstum** wirkt sich in mehrfacher Hinsicht auf Wald(nutzung) aus. Zunächst wächst ganz unmittelbar der Nutzungsdruck auf Flächen. Besonders in Gebieten mit hoher Armut und wenig alternativen Einkommensquellen wird Wald oftmals zur Umwandlung in Subsistenzlandwirtschaft gerodet. Dabei spielt auch die Nutzung von Primärprodukten wie

Brennholz, Holzkohle und Bauholz für den lokalen Gebrauch eine sehr große Rolle. Auf solche Nutzungen lassen sich etwa 60 % der Entwaldung in Afrika zurückführen (Runyan & D'Odorico 2016). Daneben sind auch die Schaffung von Infrastruktur sowie der Städte- und Bergbau für Entwaldungen verantwortlich (Hosonuma et al. 2012, Hirschberger & Winter 2018). Durch eine anwachsende Weltbevölkerung steigt aber auch die globale Nachfrage nach Holz und Holzprodukten. Diese werden, wie die untenstehende Karte verdeutlicht, weltweit gehandelt (Abb. 31.34). Die globalen **Handelsströme** von Holz und Holzprodukten (inklusive Zellstoff, Papier und Pappe) zwischen Weltregionen zeigen dabei, dass fast ein Drittel des Handels mit Holz innerhalb Europas stattfindet. Daneben sind Asien und insbesondere China wichtige Umschlagplätze für Holz, wobei China in der Summe deutlich mehr importiert als exportiert.

Quantitativ noch wichtiger als Subsistenzlandwirtschaft und Holzgewinnung sind für die weltweite Entwaldung allerdings die **Strukturen der globalen Wirtschaft**, insbesondere in der Landwirtschaft. So sind für Rodungen im brasilianischen Amazonasbecken vor allem zwei Formen von Landwirtschaft verantwortlich: die Zunahme von **Viehhaltung** und **industrieller Soja-Anbau**. In Südostasien hingegen hat vor allem die starke

Exkurs 31.13 Grillkohleproduktion in Nigeria

Sommersaison ist Grillsaison. Wird Holzkohle in vielen Ländern des Globalen Südens als Energiequelle zum Kochen und Heizen genutzt, ist Grillkohle in westlichen Industrieländern in erster Linie ein Freizeitgut. Grillen erfreut sich dabei ungebrochener Beliebtheit: Im Jahr 2017 wurden 215 000 Tonnen Grillkohle nach Deutschland importiert, das entspricht einer Steigerung von 6 % gegenüber dem Jahr 2016 (Statistisches Bundesamt 2018).

Zweitgrößter Holzkohleproduzent der Welt und zweitwichtigster Holzkohleimporteur nach Deutschland ist Nigeria. Der Export machte 2016 zwar nur 4,4 % der nigerianischen Holzkohle aus (davon 75 % in die EU), dennoch tragen europäische Konsumentinnen und Konsumenten damit eine Teilverantwortung für die hiermit verbundenen ökologischen Kosten. In Nigeria trägt oftmals illegaler Holzeinschlag zur Produktion von Grillkohle in erheblichem Umfang zur Entwaldung bei (WWF Deutschland 2018). Darüber hinaus zeigen Berechnungen von Huitink (2018), dass auch die Kohlenstoffemissionen bei der Herstellung von nigerianischer Grillkohle (verteilt auf die Schritte Biomasseproduktion, Logistik der Brennstoffverarbeitung, Konversion von Holz in Holzkohle, Distribution und Verbrauch) deutlich über den Emissionen von in der EU produzierter Holzkohle liegen.

Diese Zusammenhänge sind am Supermarktregal oft nicht mehr nachzuvollziehen: Während der Import von Tropenholz in der Europäischen Holzhandelsverordnung grundsätzlich reguliert ist, wird Grillkohle hier gar nicht erfasst. Laut einer Recherche des WWF (*World Wide Fund for Nature*) finden sich entsprechend auf vielen Grillkohleprodukten, die in Deutschland verkauft werden, falsche Angaben zu Holzarten und Herkunft. So stuft etwa das nigerianische Umweltministerium selbst die Holzkohleproduktion in Nigeria als illegal ein – für die Konsumenten ist dies allerdings aufgrund fehlender Nachweis- und Kennzeichnungspflicht nicht erkennbar (WWF Deutschland 2018).

Das Beispiel zeigt, wie Konsum- und Freizeitgewohnheiten in der EU über legale und illegale Handelsbeziehungen mit Abholzung und Kohlenstoffemissionen in Nigeria verknüpft sind. Es zeigt auch, wie über die Analyse globaler Warenketten offengelegt werden kann, wo in welchem Umfang Umweltkosten in der Produktion von Konsumgütern entstehen. Grillkohleverbauch ist damit eine Form des indirekten Waldkonsums. Noch gravierender werden die Auswirkungen des Grillens dann, wenn auch noch das Grillgut mit einberechnet wird: Insbesondere die Produktion von Rindfleisch aus Südamerika stellt dort einen der zentralen Treiber von Entwaldung dar und führt auch zu deutlich höheren Treibhausgasemissionen als die Produktion von Schweine- oder Hühnerfleisch (die wiederum deutlich über der von nicht tierischen Produkten liegen; aan den Toorn et al. 2017).

Zunahme des Anbaus von **Ölpalmen** massiv zur Ausdehnung von kultiviertem Land auf Kosten von Wäldern beigetragen (Runyan & D'Odorico 2016). Diese Beispiele zeigen, dass die gravierendsten Entwaldungen oftmals dann auftreten, wenn die Nachfrage und damit die Preise für bestimmte Produkte auf nationalen und internationalen Märkten stark ansteigen. Die Nachfrage, insbesondere nach Fleisch und Milchprodukten, ist damit eng mit kulturellen Prozessen des globalen Wandels verbunden: Besonders hohe Zuwächse des Anteils von tierischen Produkten an der Ernährung (*human trophic level*, HTL) lassen sich insbesondere in Ländern mit einer rasch wachsenden Mittelschicht beobachten wie z. B. in Indien, China oder Mexiko (Machovina et al. 2015).

Diese Entwicklungen haben massive Auswirkungen auf Entwaldungen: Etwa drei Viertel der Expansion landwirtschaftlicher Flächen entfällt auf die Produktion von Nutztieren, inklusive des Anbaus von Futtermitteln (Machovina et al. 2015). Aber auch andere Produkte wie z. B. Grillkohle tragen, gemessen am ökonomischen Wert der produzierten Waren, sehr stark zur globalen Entwaldung bei (Exkurs 31.13). Diese indirekten, über Konsum und Handel vermittelten Beziehungen zwischen Konsumenten und Entwaldung werden auch als **indirekter Waldkonsum** bezeichnet. Über solche Zusammenhänge wird verständlich, dass über die Ausweitung von globalen Warenketten im Lebensmittelbereich Veränderungen von Ernährungs- und Konsumgewohnheiten weltweit massive Auswirkungen auf Entwaldung haben.

Zu den politischen Strategien der EU-Mitgliedsstaaten zur **Bekämpfung des globalen Klimawandels** gehört u. a. der Ausbau erneuerbarer Energien. Insbesondere sollen bis 2020 etwa 10 % der für den Verkehr benötigten Energie aus Biokraftstoffen stammen. Die Produktion der dafür erforderlichen Energiepflanzen erfordert jedoch die Bereitstellung großer landwirtschaftlicher Flächen, weswegen voraussichtlich erhebliche Anteile der Biokraftstoffe importiert werden müssen (Bowyer 2010). Dies hat mit zu einem starken Anstieg des Anbaus von Palmöl beigetragen, was wiederum in den Produktionsländern oftmals zur Waldzerstörung beiträgt. Dies ist auch mit Blick auf den globalen Klimawandel deswegen problematisch, da die Klimabilanz von Biokraftstoffen im Verhältnis zu fossilen Kraftstoffen nur dann positiv ist, wenn diese nicht auf der Abholzung von Wäldern beruhen (Vijay et al. 2016).

Insgesamt zeigen die Ausführungen, dass Ursachen von Entwaldung und Walddegradation untrennbar mit Prozessen des globalen Wandels verknüpft sind. Gleichzeitig stellen sie aber auch zentrale Einflussfaktoren auf diesen dar. Die globale Entwaldung hat immense Folgen für Biodiversität, globale Klima-

Abb. 31.35 Bodenerosion und Landdegradation auf entwaldeten Flächen in Madagaskar (Foto: R. Glaser, 2011).

erwärmung, Nahrungsmittelbereitstellung, Wasserqualität und -quantität und den Erhalt von Böden (Abb. 31.35). Damit entstehen Folgeschäden sowohl in den von der Entwaldung unmittelbar betroffenen Regionen, wo sie oft auf Kosten der lokalen Bevölkerung gehen, als auch für überregionale Ökosysteme und insbesondere das globale Klima (Kleinschmit 2017).

Ansätze der politischen Regulierung

Da sowohl Ursachen als auch Folgen von Entwaldung und Walddegradation globaler Natur sind, bedarf es auch für deren Bekämpfung und der Regulierung von Waldnutzung supranationaler Ansätze. Gleichwohl ist rechtlich gesehen **Waldpolitik** zunächst nationalstaatlich geregelt. Erst in den 1980er-Jahren entstanden zunehmend Anstrengungen, die globalen Verflechtungen von Waldnutzung stärker zu regulieren. Diese fokussierten zunächst in erster Linie auf den Schutz von Tropenholz, führten hier allerdings in erster Linie zu einer Regulierung des legalen Handels mit Holz. Seit Beginn der 1990er-Jahre fanden vermehrt Anstrengungen statt, auf der globalen Ebene eine rechtlich verbindliche Konvention für alle Wälder zu verabschieden. Trotz der Gründung des *Intergovernmental Forum on Forests* und des Waldforums der Vereinten Nationen (UNFF) konnte bislang allerdings keine Einigung auf rechtlich verbindliche Ziele und Maßnahmen zu deren Umsetzung erreicht werden (Kleinschmit 2017). Trotz dieser international eher ernüchternden Situation gibt es durchaus eine Reihe von Instrumenten und Ansätzen, wie Wald geschützt wird, die im Folgenden kurz vorgestellt werden.

Wie in Kap. 29 ausgeführt wurde, hat seit Mitte des 19. Jahrhunderts die Idee des **Naturschutzes** globale Verbreitung gefunden und schlägt sich seitdem in vielen Ländern (und zunehmend auch transnational) in der Ausweisung von Schutzgebieten nieder. Diese umfassen zwar nicht alleine oder primär Wald, haben jedoch in vielen Ländern maßgeblich mit zur Bewahrung von Waldflächen beigetragen. Konfliktpotenzial entstand dabei vor allem dann, wenn Ideen einer „reinen" Natur, die vor jeglichen menschlichen Eingriffen bewahrt werden sollte, traditionellen und lokalen Nutzungsansprüchen gegenüberstanden (Robbins 2011). In Bezug auf Waldnutzung drehen sich solche Konflikte häufig u. a. um die rechtliche Stellung von *community forestry* und *agroforestry* (Waldfeldbau), das heißt um nachhaltige, oftmals gemeinschaftlich organisierte Nutzungsweisen des Waldes, die nicht auf Abholzung beruhen (Abb. 31.36). In streng geschützten Gebieten wie z. B. vielen Nationalparks sind diese verboten – teilweise obwohl diese dort seit Generationen praktiziert werden (Mattissek 2014). Auf diese konfliktbehafteten Erfahrungen mit Ideen eines oftmals als neokolonial wahrgenommenen Natur- und Waldschutzes (Neumann 2001) lassen sich heute viele Vorbehalte gegen Waldschutz im Rahmen von globaler Klimapolitik zurückführen.

Für Waldschutz ebenfalls relevant ist die **Biodiversitätskonvention**, die 1992 in Rio de Janeiro verabschiedet wurde und den Schutz von Waldökosystemen beinhaltet. Die Umsetzung dieses Instruments liegt bei den Mitgliedsstaaten, die nationale Biodiversitätsstrategien formulieren. In Deutschland führte diese z. B. zur politisch kontroversen (da ökonomischen Interessen entgegenstehenden) Zielsetzung, dass bis 2020 5 % der deutschen Waldfläche und 10 % des öffentlichen Waldes der natürlichen Waldentwicklung überlassen werden sollen (Kleinschmit 2017).

Die mit der Ausweisung von Schutzgebieten verbundenen Interessenkonflikte und die Einsicht, dass *top-down*-Regulierungen von Waldnutzung häufig am Widerstand nicht staatlicher Akteure scheitern oder zumindest in ihrer Effektivität begrenzt werden, haben u. a. dazu geführt, dass in der Waldpolitik zunehmend eine **Veränderung politischer Steuerungsformen** zu beobachten ist. Die wichtigsten Kennzeichen dieser Veränderungen werden mit dem Begriff der **Dezentralisierung** zusammengefasst. Prozesse der Dezentralisierung wurden seit etwa den 1990er-Jahren in unterschiedlichen Ländern und institutionellen Kontexten beschrieben und umfassen bei allen Unterschieden in der Regel zwei zentrale Aspekte: zum einen die Verlagerung der Verantwortung für Waldschutz und Waldnutzung von der nationalen auf die regionale bzw. lokale Ebene, zum anderen den Einbezug nicht staatlicher Interessengruppen und Akteure in das Waldmanagement. Diesen Transformationen der Wald-Governance liegt die Erkenntnis zugrunde, dass es deutlich schwieriger ist, mit repressiven Maßnahmen staatliche Regulierungen umzusetzen, als die lokale Bevölkerung aktiv in Entscheidungsprozesse und Regulierungen mit einzubeziehen (Agrawal 2005). Erfolgreich sind Prozesse der Dezentralisierung vor allem dann, wenn die lokale Bevölkerung einen Mehrwert durch eine Beteiligung an Management- und Schutzanstrengungen erkennt. Das setzt häufig voraus, dass klare **Eigentumsrechte** (*land tenure*) zugunsten lokaler Bevölkerungsgruppen bestehen. Diese machen es attraktiv und sinnvoll, Ressourcen nachhaltig zu bewirtschaften, um langfristige Einkommensmöglichkeiten zu erhalten. Eigentums- bzw. Nutzungsrechte können dabei auch gemeinschaftlich vergeben werden, wie es insbesondere bei einer Anerkennung von *community forestry* häufig der Fall ist. Das heißt, hier wird lokalen Gemeinschaften die Nutzung von Wäldern erlaubt, verbunden mit der Forderung, dass diese nachhaltig erfolgen muss und Übernutzungen verhindert und ggf. sanktioniert werden. Dies erfordert einflussreiche lokale Institutionen, in denen Nutzungen ausgehandelt und über offene Fragen entschieden wird (Pagdee et al. 2006). Die Verlagerung von Verantwortung für das Waldmanagement von der nationalstaatlichen Ebene auf die lokale Bevölkerung geht häufig mit Formen der Wissensvermittlung und Identitätsbildung einher – ein Prozess, den Agrawal (2005) mit *environmentality* beschrieben hat (Abschn. 29.4). Bei diesen eher weichen Steuerungsformen geht es vor allem darum, die lokale Bevölkerung davon zu überzeugen, dass der Schutz von Waldressourcen wichtig und richtig ist – und weniger, sie mit Zwang und Gewalt von dessen Nutzung abzuhalten.

Eine weitere Form des (indirekten) Waldschutzes ist der Versuch, über die **Regulierung von Handel** Entwaldung zu bekämpfen. Dazu gehören z. B. Regelungen zur Bioenergiepolitik und zur Bioökonomiepolitik innerhalb der EU, die die innereuropäische Nachfrage nach Produkten wie Brennholz oder Holz zur Weiterverarbeitung beeinflussen (Kleinschmit 2017). Auf EU-Ebene wurde 2003 das Aktionsprogramm *Forest Law Enforcement, Governance and Trade* (FLEGT) verabschiedet, welches erreichen sollte, ausschließlich legal produziertes Holz auf dem europäischen Markt zuzulassen und somit die illegale Abholzung von Wäldern zu verringern. Die Wirkkraft dieses Programms ist allerdings derzeit noch beschränkt, weil sie auf bilateralen Partnerschaften mit Holz produzierenden Ländern beruht und bislang erst sechs Länder teilnehmen (Ghana, die Demokratische

Abb. 31.36 Waldfeldbau (*agroforestry*) in Nordost-Thailand (Foto: A. Mattissek, 2011).

Republik Kongo, Kamerun, die Zentralafrikanische Republik, Liberia und Indonesien; Kleinschmit 2017). Darüber hinaus spielen zwei **Zertifizierungssysteme** für nachhaltig produziertes Holz international eine große Rolle, die in Form von Siegeln von zwei Nichtregierungsorganisationen vergeben werden: dem *Forest Stewardship Council* (FSC) und dem *Program for the Endorsement of Forest Certification* (PEFC; Kleinschmit 2017). Forstbetriebe dürfen, um diese Siegel für bestimmte Flächen zu erhalten, keinen Kahlschlag betreiben und keine Monokulturen anbauen, sondern nur Mischwaldbestände. Dem Schutz der Waldökosysteme dienen zudem Vorgaben zum Belassen ökologisch wichtigen Totholzes im Wald und zur Beschränkung der Verwendung von Pflanzenschutzmitteln. Insgesamt ist das Ziel also, die Entstehung und den Erhalt möglichst diverser und biodiversitätsreicher Waldökosysteme auch in Wirtschaftswäldern zu fördern.

Waldschutz im Kontext der globalen Klimapolitik

Einen maßgeblichen Einfluss auf Waldpolitik und Waldschutz hatte in den letzten Jahren die Verbindung zur **globalen Klimapolitik**. Wälder stellen aus Sicht der Klimapolitik wichtige CO_2-Senken dar. Sie nehmen bei ihrem Wachstum Kohlenstoffdioxid aus der Luft auf und speichern den Kohlenstoff in Biomasse. Der Rückgang von Wald führt daher zu einem Anstieg von CO_2 in der Atmosphäre; durch Aufforstungsprozesse und eine Steigerung von Wachstumsraten wird umgekehrt CO_2 gebunden. Der Beitrag von Entwaldung zu den globalen Treibhausgasemissionen wird auf etwa ein Fünftel geschätzt. Gleichwohl sind Maßnahmen zur Reduktion von Entwaldung nicht explizit im Kyoto-Protokoll enthalten (Corbera et al. 2010). Daher haben sich vor allem ärmere Länder seit dessen Verabschiedung 1992 dafür eingesetzt, Waldschutz als klimapolitische Maßnahme zu etablieren. Seit der Verabschiedung der *United Nations Framework Convention on*

Climate Change (UNFCCC) im Jahr 2005 wird dies unter dem Namen REDD diskutiert: ***Reducing Emissions from Deforestation and Forest Degradation***. Im Laufe der Verhandlungen wurde das Ziel, Entwaldung und Walddegradation zu reduzieren, durch die Förderungen von Anstrengungen zu einem nachhaltigen Waldmanagement und einer Verbesserung der Kohlenstoffspeicherkapazität von Wäldern ergänzt: aus REDD wurde REDD+. Die Kernidee von REDD+ besteht darin, ärmere Länder mit hohen Entwaldungs- und Walddegradationsraten dafür zu bezahlen, dass sie ihren Wald schützen. Ursprünglich sollten die dafür notwendigen Gelder durch die Etablierung eines weltweiten Emissionshandels generiert werden (Abschn. 31.1); bei der 19. UN-Klimakonferenz in Warschau 2013 wurde allerdings aufgrund der Unsicherheiten, ob ein globaler Emissionshandel in absehbarer Zeit etabliert werden kann, vor allem die Finanzierung über den *Green Climate Fund* (GCF) gestärkt (Abschn. 31.1.). Daneben haben sich auch in vielen anderen Ländern Schemata entwickelt, über die Aufforstung über sog. *carbon credits* finanziell entlohnt und dadurch unterstützt oder initiiert wird (Abb. 31.37).

Die Idee von REDD+ klingt auf den ersten Blick bestechend: Auf relativ kostengünstige Art und Weise könnte hier ein Mechanismus geschaffen werden, der nicht nur zur Reduktion von Treibhausgasen beiträgt, sondern auch noch positive ökologische und sozioökonomische Nebeneffekte hat wie den Erhalt von Biodiversität, Erosionsschutz und Armutsbekämpfung. Diesen hohen Erwartungen und der prinzipiell sehr breiten Zustimmung stehen allerdings in der Praxis eine Reihe von Herausforderungen entgegen. Zunächst betrifft dies die Frage danach, wie Erfolge gemessen werden können. Hierzu müssen auf nationaler Ebene sog. **Referenzszenarien** (*baselines*) identifiziert werden, die beschreiben, wie sich der Wald ohne REDD-Projekte verändert hätte. Positive Abweichungen zwischen den Referenzszenarien und der tatsächlichen Entwicklung können dann entlohnt werden. Um sowohl die *baselines* als auch die tatsächliche

Entwicklung der Waldbestände zu bestimmen, sind Systeme des **Monitorings** notwendig. Diese beinhalten Messverfahren, Berichtsverfahren und Verifizierungsverfahren (*measurement, reporting, verification*; MRV), die in vielen Ländern erst neu etabliert werden müssen. Sie umfassen in der Regel sowohl die Auswertung von Fernerkundungsdaten, als auch Stichprobenmessungen in den überwachten Waldgebieten.

Neben diesen eher technischen und organisatorischen Fragen stellt eine der größten Herausforderungen bei der Umsetzung von REDD+ der Einbezug und die Rolle der **lokalen Bevölkerung** dar. Gerade vor dem Hintergrund, dass die Ausweisung von Schutzgebieten in der Vergangenheit häufig zu Konflikten geführt hat, wurden von vielen NGOs, Wissenschaftlern und lokalen Interessengruppen mit REDD+ zunächst große Vorbehalte verbunden. Sie befürchteten, dass Prozesse der Dezentralisierung von Wald-Governance wieder rückgängig gemacht werden könnten, wenn Staaten finanzielle Anreize zur Kontrolle von Wald und den durch Wald generierten Geldern erhalten (Agrawal et al. 2010, Phelps et al. 2010). Besonders dringlich sind diese Probleme dann, wenn bestehende Nutzergruppen keine offiziellen Nutzungsrechte haben und die Gefahr droht, dass sie durch neue staatliche Regelungen ausgeschlossen werden.

Um all diese Herausforderungen zu lösen, wurde eine Reihe von Institutionen gegründet, die Staaten bei der Entwicklung des institutionellen Rahmens zur Umsetzung von REDD+ unterstützen sollten – sog. *readiness-* bzw. *capacity-building-*Aktivitäten. Neben Finanzierungen durch einzelne Länder wie Norwegen, Australien und Finnland spielen hier vor allem zwei Organisationen eine Rolle: das 2007 von UNDP, UNEP und FAO gegründete UN-REDD-Programm und die ebenfalls 2007 von der Weltbank initiierte *Forest Carbon Partnership Facility* (FCPF). Beide haben zum Ziel, an die jeweiligen nationalen Gegebenheiten angepasste Lösungen für die angeführten He-

Abb. 31.37 Durch *carbon credits* finanziell unterstützte Aufforstung mit Monterey-Kiefern auf ehemaligem Weideland in Australien (Foto: H. Fünfgeld, 2018).

rausforderungen zu entwickeln und insbesondere transparente Governance-Strukturen zu schaffen, bei denen sichergestellt ist, dass lokale Bevölkerungsgruppen durch die Einführung von REDD-Projekten keine Nachteile erleiden.

Auf der UN-Klimakonferenz im Jahr 2013 in Warschau wurden Entscheidungen zu den meisten offenen Fragen zur Einführung von REDD+ verabschiedet, einige noch offene Detailfragen wurden auf der UN-Klimakonferenz 2015 geklärt. Damit können Länder nun auf der Basis der Richtlinien der UNFCCC REDD+-Projekte beantragen. Allerdings wurden nicht alle Probleme und offenen Fragen um REDD+ geklärt. Auf einer sehr grundsätzlichen Ebene wird REDD+ dafür kritisiert, dass es eine Form des modernen Ablasshandels für Länder des Globalen Nordens darstellen würde. Darüber hinaus beklagen Kritikerinnen und Kritiker aber auch, dass offene Fragen wie der Umgang mit Bevölkerungsgruppen ohne Landrechte und die Verteilung von Gewinnen durch REDD+ nicht zufriedenstellend gelöst seien. Auch sei es problematisch, dass Wald ausschließlich quantitativ (über Kronenabdeckung) und nicht qualitativ definiert sei. Dadurch können auch Plantagen und kommerzielle Wälder (z. B. Eukalyptus-Plantagen) im Rahmen von REDD+ angerechnet werden, die allerdings in Bezug auf Biodiversität und ökologische Qualität oft sehr viel schlechter dastehen als Naturwälder.

Zusammenfassung

Zusammenfassend kann festgehalten werden, dass Wald eine ebenso zentrale wie aktuelle bedrohte Ressource darstellt. Nicht nachhaltige Formen der Waldnutzung und Entwaldung haben eine Vielzahl negativer Auswirkungen auf unterschiedlichen Maßstabsebenen. Gleichzeitig spiegeln sich in Veränderungen der Waldbedeckung viele Prozesse des globalen Wandels: Be-

völkerungswachstum, globale Handelsbeziehungen und globale politische Steuerungsinstrumente wie REDD+ entscheiden maßgeblich darüber, wie sich Wälder derzeit und zukünftig entwickeln. Gleichzeitig machen diese Zusammenhänge auch deutlich, dass es selbst im Alltag vielfältige Möglichkeiten gibt, indirekt zum Schutz der globalen Wälder beizutragen: beispielsweise über die Reduktion von Fleischkonsum, die Berücksichtigung von Nachhaltigkeitssiegeln beim Kauf von waldrelevanten Produkten oder die Reduktion von Energieverbrauch im Transportsektor. In diesem Sinne ist Waldschutz nicht nur eine Angelegenheit politischer Institutionen oder der unmittelbar betroffenen lokalen Bevölkerung, sondern geht uns alle an!

31.6 Meere und Ozeane

Martin Visbeck und Silja Klepp

Der Ozean im Wandel – Herausforderungen für die Zukunft

Der Ozean mit seinem einzigartigen Lebensraum beeinflusst auf vielfältige Weise den Zustand der Erde und leistet einen wichtigen Beitrag zum Leben der Menschen. Die Zukunft der Menschheit wird nicht zuletzt von ihrem Umgang mit den Weltmeeren abhängen (Abb. 31.38). Wie viel Ozean braucht der Mensch und wie viel Mensch verträgt der Ozean?

Der Ozean bedeckt zwei Drittel der **Erdoberfläche** – 362 Mio. km² – und beherbergt das größte zusammenhängende Ökosystem der Erde mit einem insbesondere in der Tiefsee noch unbekannten Reichtum an biologischer Vielfalt und anderen Ressourcen. Er produziert mehr als die Hälfte des Sauerstoffs

Abb. 31.38 Das Leben der Menschen ist mit dem Ozean verbunden. Besonders deutlich wird dies an den Küsten – das Bild zeigt den Blick von Coolangatta Beach auf die Skyline von Surfers Paradise an der Goldküste in Queensland, Australien. Der Strand von Surfers Paradise gehört zu den beliebtesten Strandabschnitten Australiens. (Foto: Barbara Neumann).

Exkurs 31.14 Naturgefahren und Katastrophenvorsorge – Leben in der Risikozone Küste

Naturgefahren wie Stürme, Erdbeben, Erdrutsche und damit verbundene Tsunamis stellen eine große Gefahr für Küstengemeinden dar. Tsunamis entstehen durch massive Wasserbewegung oder -verdrängung. Sie werden durch Erdbeben, Hangrutschungen, Meteoriteneinschläge oder Vulkanausbrüche ausgelöst. Besonders bei Erdbeben kommt es häufig zu plötzlichen Hebungen oder Senkungen des Meeresbodens. Dadurch gerät die gesamte Wassersäule oberhalb des Epizentrums in Bewegung. Während Tsunamis auf dem Ozean sehr klein sind, türmen sie sich an den Küsten zu riesigen Wellen auf. Sie können bis zu 950 km/h schnell und an der Küste über 30 m hoch werden, weit ins Landesinnere eindringen und dabei ganze Küstenstreifen verwüsten.

Der Bereich der marinen Gefahren- und Risikobewertung hat sich in den letzten Jahrzehnten stark entwickelt und das Bewusstsein für die Gefahren von Tsunamis und Erdrutschen in den Meeren ist nach den Tsunamis im Indischen Ozean 2004 und dem Erdbeben und Tsunami 2011 in Japan gestiegen. Die Interpretation von Naturgefahren jeglicher Art hängt dabei von vielen Faktoren ab, besonders vom kulturellen Hintergrund wie auch von der Bildung. Wenn es um Naturgefahren geht, erhalten offensichtliche Gefahren oftmals eine größere Aufmerksamkeit als „unsichtbare" Gefahren. Daher wird ein Vulkan mit regelmäßigen Eruptionen als größere Bedrohung wahrgenommen als Erdbeben und Tsunamis, die in größeren Abständen die Gesellschaften heimsuchen.

Ein gutes Beispiel hierfür ist der mediterrane Raum. Er ist bekannt für Meeresgefahren wie Unterwassererdbeben, Erdrutsche und Tsunamis, die sich in Messina (1908), Amorgos (1956) und Nizza (1979) sowie besonders in der Region Süditalien, in der die afrikanische Platte unter der eurasischen liegt, ereigneten (1693, 1783, 1908). Neben diesen „versteckten" Meeresgefahren ist die Region bekannt für den Vulkanismus der Äolischen Inseln und den beeindruckenden Vulkan Ätna. Gleichzeitig weisen diese während einer Tsunami-Katastrophe potenziell betroffenen Gebiete hohe touristische Aktivitäten (Strände) und wirtschaftlich relevante Einrichtungen (Häfen) auf. Auch befinden sich hier weitläufige Infrastrukturen der Ölindustrie. Es könnte also bei einem

Tsunami zu einer sog. Kaskadenwirkung kommen, die auch zu einer Ölverschmutzungskatastrophe führen kann. Das Auftreten von drei großen Katastrophen in Süditalien deutet dabei auf eine hohe Wiederkehrrate solcher Ereignisse hin. Das Bewusstsein und die Bereitschaft, sich auf staatlicher Seite wie in der Zivilgesellschaft in der Katastrophenvorsorge zu engagieren, ist unerlässlich, um die Auswirkungen der Naturgefahren in Zukunft zu reduzieren. Dabei spielen kulturelle, soziale, politische und wirtschaftliche Faktoren eine wichtige Rolle. In Sizilien zeigt sich beispielsweise, dass eine eher schwach ausgeprägte Zivilgesellschaft und die Wahrnehmung des Ätna als Gefahrenquelle – nicht aber von Tsunamis –, eine Schwierigkeit für eine sinnvolle Katastrophenvorsorge sein können. Diese kontextspezifischen Aspekte und Hindernisse müssen bei der Entwicklung von geeigneten Maßnahmen berücksichtigt werden. Erfolgreiche Bemühungen zur Verbesserung der Vorsorge bietet dabei die Integration von natur-, ingenieur- und sozialwissenschaftlichen Kenntnissen, die ein besseres Verständnis der Zusammenhänge zwischen physischen und sozialen Elementen, wie Exposition, sozialer Vulnerabilität, Wahrscheinlichkeit und Auswirkung von Gefahren, ermöglichen (Kap. 30).

Die Bedeutung sozialer Vulnerabilität, und damit von sozioökonomischen Ursachen wie Armut und fehlender Rechte bei der Bewältigung von Katastrophen, ist dabei seit Langem anerkannt. Aktuelle Ansätze, darunter das *UNISDR Sendai Framework for Disaster Risk Reduction*, unterstreichen, dass Natur und Gesellschaft nicht als getrennte Einheiten analysiert werden können, sondern dass es ein ganzheitliches Verständnis von Mensch-Umwelt-Interaktionen braucht, auch im Umgang mit Naturgefahren und Umweltkrisen. Wissenschaftler verschiedener Fachrichtungen, Entscheidungsträger, Zivilgesellschaft und Communities müssen eng zusammenarbeiten, um die Katastrophenvorsorge erfolgreich zu machen und Gesellschaften auf die Bedingungen des globalen Wandels vorzubereiten. Immer öfter werden dabei Katastrophenvorsorge und Klimawandelanpassung zusammen gedacht und entwickelt. Das gilt vor allem für Küstengebiete, die sich beispielsweise auf stärkere Stürme und Meeresspiegelanstieg vorbereiten müssen.

---

unserer Atmosphäre, treibt den globalen Wasserkreislauf an und stabilisiert und beeinflusst unser Klima maßgeblich. Dabei wirkt er nicht nur durch seine thermische Trägheit auf das Klima ein, sondern auch biogeochemisch über den Austausch von Gasen mit der Atmosphäre. Als größte Wärme- und CO_2-Senke nimmt der Ozean eine **Schlüsselrolle** im vom menschlichen Handeln beeinflussten Klimageschehen ein. Seit Jahrtausenden leben Menschen mit dem Ozean und nutzen seine Leistungen: Er beherbergt wichtige Nahrungsquellen, ist Lieferant von mineralischen und metallischen Ressourcen und Energie, Transportweg, Siedlungs- und Erholungsraum. 15 der 20 größten

Megastädte liegen an der Küste. In ihnen lebt mit 2,8 Mrd. Menschen über ein Drittel der Weltbevölkerung (Abb. 20.25). Der Ozean ist Quelle von Mythen und prägt unterschiedliche Kulturen weltweit. Er bildet eine entscheidende Grundlage des ökonomischen Wohlstands und des soziokulturellen Lebens, insbesondere in küstennahen Bereichen (Exkurs 31.14).

Der Blick auf das Meer erzeugt **Unendlichkeitsvorstellungen**. Angesichts der wachsenden, vielfältigen und häufig miteinander konkurrierenden Nutzungsinteressen sind diese jedoch illusionär geworden. Lange Zeit hat man geglaubt, dass die

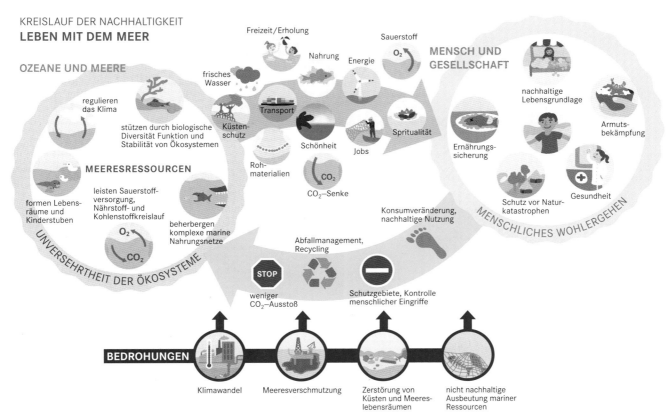

Abb. 31.39 Die Ökosysteme der Ozeane und die menschlichen Gesellschaften existieren nebeneinander, stehen aber in enger Beziehung: Der Mensch nutzt viele Gaben, die die Meere aus sich selbst heraus erbringen – materielle wie immaterielle. Doch was geben wir den Meeren im Tausch für diese Ausbeutung zurück? Die Bilanz fällt mehr als einseitig aus. Und die Meere erwarten ja auch keine Gegengabe vom Menschen – sie sind sich selbst genug. Und doch ist Meeresschutz kein Selbstzweck. Denn es bleibt die Frage, was wir tun können, damit die Generationen, die nach uns kommen, auch noch etwas von den vielfältigen Reichtümern der Meere haben werden. Wertschätzung der Natur und ein nachhaltiger Umgang mit den Ressourcen des Meeres sind die Antworten (Quelle: HBS 2017, cc-by-4.0; Grafik: Petra Böckmann).

Leistungen des Ozeans unendlich sind und kostenfrei bezogen werden können. Die starke **Nutzung der Meere** in den vergangenen Dekaden hat jedoch gezeigt, dass seine Ressourcen begrenzt und marine Ökosysteme verwundbar sind. Durch eine rasant wachsende und sich entwickelnde Weltbevölkerung mit einem steigenden Bedarf an Ressourcen, durch zunehmende Verschmutzung sowie die Auswirkungen des Klimawandels, steigt der Druck auf die Weltmeere ständig. Das sich entwickelnde Bewusstsein der **Endlichkeit des Ozeans** hat zu einem wachsenden Streben nach einem besseren, nachhaltigeren Umgang geführt. Dazu bedarf es neben einem guten Verständnis der Ökosysteme Ozean und Küste und der Zusammenhänge in den Ozean-Mensch-Wechselbeziehungen (Abb. 31.39) vor allem politischen Willens.

Um ein genaues Bild der vergangenen, heutigen und zukünftigen Veränderungen des Ökosystems Ozean und der Mensch-Ozean-Wechselwirkungen zu zeichnen, brauchen wir Informationen und Daten aus allen Bereichen des Ozeans und der Küsten. Für Klimaforscher ist es z. B. wichtig, wie viel thermische Energie der Golfstrom und andere Strömungen im Nordatlantik in nördliche Breiten transportieren. Nur so

können aufwendige Computermodelle zur **Klimavorhersage** erstellt werden. Die Aufgabe der Ozeanographen ist es, diese Informationen möglichst weltweit zur Verfügung zu stellen und die in den Weltmeeren ablaufenden Prozesse vorhersagbar zu machen. Satelliten liefern außerdem wichtige Informationen über die Meeresoberfläche. Elektromagnetische Strahlung kann jedoch nicht in den Ozean eindringen, weshalb zusätzlich Daten direkt aus dem Meer gewonnen werden müssen. Doch die Größe des Ozeans macht es unmöglich, mit Schiffen allein die Veränderungen regelmäßig „im Blick" zu haben. Deshalb spielen kostengünstige **autonome Roboter** eine immer wichtigere Rolle in der kontinuierlichen Beobachtung der Weltmeere. Meeresforschung durch Forschungsschiffe wird u. a. durch stationäre Verankerungen, treibende Ozeanbeobachtungsinstrumente wie den Argo-Tiefen-Drifter und steuerbare Gleiter unterstützt (Abb. 31.40).

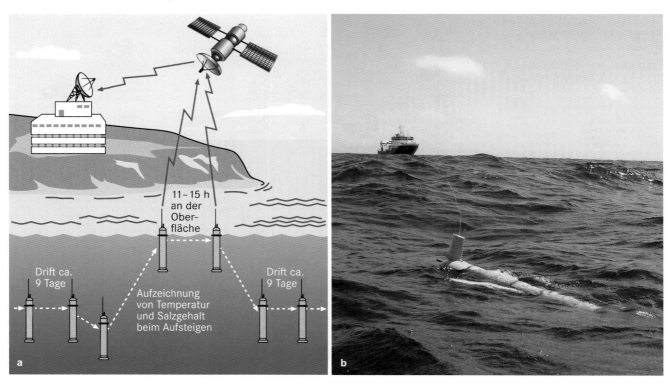

Abb. 31.40 a Ein Beispiel für ein weltweites Netzwerk für eine umfassende Datenerfassung im Ozean ist das Argo-Netzwerk: Über 3500 selbstständig operierende Messsonden sind in allen Weltmeeren. Sie tauchen bis zu 2000 m tief und liefern laufend Daten für die Ozean- und Klimaforschung. Gemeinsam bilden sie das weltweite Float-Netzwerk-Projekt Argo. Alle gewonnenen Daten werden sofort veröffentlicht und stehen der internationalen Gemeinschaft frei zur Verfügung. **b** Ein steuerbarer ozeanographischer Gleiter wird während der Expedition MSM18/3 vom Forschungsschiff MARIA S. MERIAN ausgesetzt (Foto: Mario Müller).

Der Ozean im Klimawandel

Das von der Menschheit emittierte Kohlenstoffdioxid (CO_2) und ähnliche Gase haben die Energiebalance der Erde verändert und den Wärmeinhalt des Erdsystems erhöht. Der Ozean ist durch sein großes Volumen und seine **hohe Wärmekapazität** mit Abstand der größte Wärmepuffer im Klimasystem und verlangsamt im gegenwärtigen Klimawandel deutlich die Erwärmungsrate der Atmosphäre: 95 % der durch den Klimawandel erzeugten zusätzlichen Wärmeenergie ist im Ozean gespeichert. Ein sich erwärmender Ozean führt allerdings in Folge der Verschiebung ihrer jeweils optimalen Temperaturen zur **Verlagerung der Ökosysteme** in Richtung der Pole. Eine weitere folgenreiche Konsequenz der globalen Erwärmung ist der **Meeresspiegelanstieg**. Das erwärmte Wasser dehnt sich aus und bewirkt gemeinsam mit dem zunehmenden Schmelzwassereintrag der Gletscher einen deutlichen Anstieg des Meeresspiegels. Dieser beträgt bisher im globalen Mittel 25 cm. Bis Ende des Jahrhunderts wird ein Anstieg von bis zu 1 m – möglicherweise auch deutlich höher – erwartet. Die regionalen Unterschiede sind signifikant, aber noch nicht gut genug verstanden, um sichere Vorhersagen zu geben. Potenzielle Problemzonen sind Riffe und deren Inselsysteme sowie dicht besiedelte Küstenregionen. Der Meeresspiegelanstieg sowie die damit verbundenen Landverluste durch Küstenerosion und Überflutungen werden die Küstenbewohner in den kommenden 20–50 Jahren vor enorme Herausforderungen stellen. Dabei haben viele betroffene Regionen nicht die ökonomischen Ressourcen, ihre Küsten durch umfangreiche Maßnahmen zu schützen und sich an die veränderten Bedingungen anzupassen.

Der Ozean ist auch ein wichtiger Speicher für gelöste Gase. In den vergangenen 100 Jahren hat der Ozean knapp ein Drittel des von Menschen produzierten Kohlendioxids aufgenommen. Ohne den **Ozean als CO_2-Senke** hätten schon heute die immer noch stetig wachsenden Emissionen eine viel deutlichere Klimaerwärmung hervorgerufen. Diese Pufferfunktion des Ozeans ist allerdings nicht unendlich: Steigt die Wassertemperatur und/oder verringert sich die Umwälzbewegung der Strömungen, kann er weniger Gas aufnehmen.

Zudem ist die Aufnahme von CO_2 im Ozean nicht folgenlos. Das zusätzliche, im Ozean gelöste CO_2 bringt als Kohlensäure den Säure-Basen-Haushalt in Schieflage und führt zur **Versauerung** des Ozeans. Dies hat weitreichende Effekte auf kalkschalenbildende Organismen wie Korallen, Muscheln, Seeigel oder Schnecken, welche wiederum wichtige Nahrungsquellen für Fische und Wale darstellen. Dabei werden einige Arten in zunehmendem Maße stark geschädigt, andere erweisen sich hingegen als relativ resistent. Studien zeigen, dass auch marine Lebewesen in frühen Lebensstadien (wie z. B. Fischlarven) eine hohe Empfindlichkeit gegenüber dem sinkenden pH-Wert zeigen. Die Erforschung der Reaktion von Arten und Ökosystemen auf die Meereserwärmung und den steigenden CO_2-Gehalt im Ozean sowie die Untersuchung der biogeochemischen Rückwirkungen der Ozeanversauerung auf das Klimageschehen sind aktuelle Herausforderungen für die Wissenschaft (Abb. 31.41).

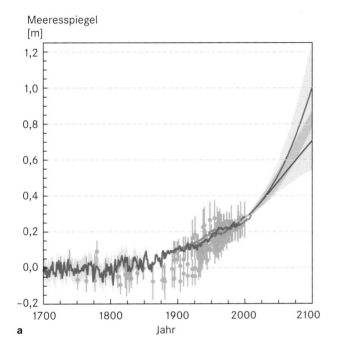

a   Jahr

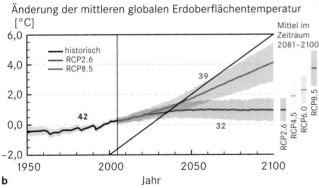

b   Jahr

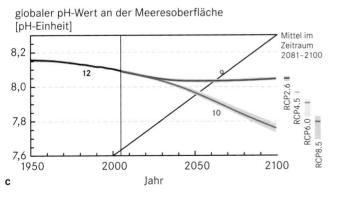

c   Jahr

Auch die **Zunahme sauerstoffarmer Zonen** im Ozean lässt sich auf den Klimawandel zurückführen. Durch die Erwärmung der oberen Schichten des Ozeans wird weniger Sauerstoff aus der Atmosphäre in den Ozean aufgenommen. Zusätzlich stabilisiert die Erwärmung die Schichtung im Meer und behindert den Transfer von sauerstoffreichem Oberflächenwasser in das Tiefenwasser.

Zur Eindämmung des Klimawandels werden in Politik und Wissenschaft auch kontroverse Maßnahmen diskutiert, welche die Erwärmung vermindern oder den CO_2-Gehalt in der Atmosphäre reduzieren sollen. Einige dieser Ideen des *climate engineering* beinhalten Verfahren, welche die CO_2-Aufnahmekapazität des Ozeans erhöhen sollen, wie beispielsweise Ozeandüngung, Ozeanalkalinisierung oder die Manipulation der marinen Schichtung (Exkurs 31.1). Die Erforschung dieser Verfahren ist wissenschaftlich, ethisch, politisch und ökonomisch komplex und steht in den Anfängen. Studien zeigen, dass die Wirksamkeit vieler dieser Verfahren gering ist, die Nebenwirkungen aber erheblich sein können.

Der Ozean als Ressourcenquelle

Der Ozean ist reich an Ressourcen. Einige wachen so langsam nach (über Millionen von Jahren), dass sie als endlich anzusehen sind. Dazu gehören Öl und Erdgas, Gashydrate, Metalle und Sand. Andere – in der Regel lebende – Ressourcen sind in der Lage nachzuwachsen und könnten auch nachhaltig genutzt werden. Dazu gehören Fische, Seetang, aber auch viele genetische Ressourcen. Der dritte Bereich sind nachhaltige Energiequellen, z. B. Wind, Wellen, Gezeiten und Strömungen.

Meerestiere bilden eine wichtige Grundlage der menschlichen Ernährung. In einigen ärmeren Küstenregionen sind **Fische und Krustentiere** die Hauptquelle der Versorgung mit tierischem Eiweiß. Jedes Jahr werden weltweit ca. 90 Mio. t Fisch industriell gefangen – und möglicherweise 50 % mehr durch die nicht

Abb. 31.41 a Die Grafik zeigt, dass der Meeresspiegel bereits stetig angestiegen ist und in Zukunft noch erheblich weiter ansteigen wird. Dargestellt sind die Entwicklung des Meeresspiegels und zwei Zukunftsszenarien. Die historische Datenreihe kombiniert Paläo-Meeresspiegeldaten, Gezeitenpegelmessdaten und Höhenmessungen von Satelliten. Die Zukunftsszenarien beschreiben den Anstieg bis zum Jahr 2100 für stark reduzierte Emissionen von 0,26–0,55 m (blau) und beim *„business as usual"* auf 0,45–0,82 m (rot) relativ zu vorindustriellen Werten. **b** und **c** zeigen die CMIP5-Multimodell-simulierten Zeitreihen von 1950–2100 für die Änderung der mittleren globalen Erdoberflächentemperatur bezogen auf 1986–2005 (**b**) und den mittleren globalen pH-Wert an der Meeresoberfläche (**c**). Die Zeitreihen der Projektionen und ein Maß für die Unsicherheit (Schattierung) sind für die Szenarien RCP2.6 (blau) und RCP8.5 (rot) dargestellt. Schwarz (graue Schattierung) ist die modellierte historische Entwicklung hergeleitet aus historischen rekonstruierten Antrieben. Die über den Zeitraum 2081–2100 berechneten Mittel und die zugehörigen Unsicherheitsbereiche sind für alle RCP-Szenarien als farbige vertikale Balken dargestellt. Die Zahl der für die Berechnung des Multimodell-Mittels verwendeten CMIP5-Modelle ist angegeben (verändert nach IPCC 2013). ◄

Kapitel 31

Abb. 31.42 Fischmarkt Mindelo, Kapverden (Foto: GEOMAR Helmholtz-Zentrum für Ozeanforschung Kiel, Jan Steffen).

vollständig erfasste Kleinfischerei. Allerdings gelten heute rund 25 % der Speisefische wie Kabeljau, Thunfisch oder Rotbarsch insbesondere durch industrielle Fischerei als überfischt oder von Überfischung bedroht. Weitere 50 % werden ohne Sicherheitsreserven vollständig befischt. Die vorhandenen Daten geben erste Hinweise darauf, dass die Menge an gefangenem Fisch im Ozean aus Gründen der Überfischung seit 10 bis 20 Jahren kontinuierlich abnimmt. Die Menschheit ist also dabei, eine prinzipiell unendlich nachwachsende Ressource zu zerstören, die insbesondere für die Ernährungssicherheit von armen Küstenregionen von entscheidender Bedeutung ist.

Um langfristig die Fischbestände zu erhalten oder wieder aufzubauen, muss der **Überfischung** dringend entgegengewirkt werden, wobei vor allem die industrielle Fischerei reguliert werden muss. Zum einen geht es um geschützte Gebiete, in denen die Fischerei komplett verboten ist, aber auch um Verwaltungsregime, in denen die Regeln einer nachhaltigen Fischerei umgesetzt werden müssen. Ein besonderes Problem hat sich in den Entwicklungsländern ergeben, in denen die einheimische Kleinfischerei eine Haupteinnahmequelle für die Menschen darstellt (Abb. 31.42). Diese muss gegenüber der industriellen Fischerei gestärkt werden. Es bedarf des politischen Willens für eine internationale Umsetzung nachhaltiger Strategien, was sich allerdings besonders bei schwachen und wenig transparenten Verwaltungsstrukturen sowie bei ungleichen Machtstrukturen zwischen reichen Industrienationen und ärmeren Küstenstaaten als problematisch erweist. Dies ermöglicht es beispielsweise der EU, Russland und China ihre Überfischungsprobleme vor die Küsten Afrikas zu verlegen – und bei Überschreitung der Fangrechte haben die industriellen Hochleistungstrawler leichtes Spiel gegen die einheimischen Patrouillenboote, denen auf der Jagd nicht selten der Sprit ausgeht (Brown 2018).

Neben nachhaltiger Fischerei wird mit **Fischzucht**, der Aqua- bzw. Marikultur (im Meer) versucht, dem steigenden Nahrungsbedarf der wachsenden Weltbevölkerung nachzukommen. Weltweit werden ca. 60 Mio. t Fisch, Muscheln, Krebse und andere

Wasserorganismen zu einem ganz überwiegenden Teil an Land gezüchtet – fast genauso viel wie die Menge an Meeresfisch und Meeresfrüchten, die wild gefangen werden. Künftig wird die Marikultur vermutlich weiter wachsen und damit einen wichtigen Beitrag zur Versorgung der Weltbevölkerung mit hochwertigem Eiweiß liefern. Problematisch ist allerdings, dass für die meisten Marikulturanlagen große Mengen Wildfisch gefangen und zu Futtermittel verarbeitet werden. Ein weiteres Problem bei küstennahen und ozeanischen Netzanlagen ist die starke Überdüngung, die das maritime System mit schädlichen Nährstoffen anreichert (Eutrophierung). Im Gegensatz zur konventionellen Fischzucht ist die sog. integrierte multitrophische Aquakultur ein schonenderer Ansatz, der die umliegenden Ökosysteme einbezieht und weniger belastet. Diese stellt aber zurzeit weltweit nur einen marginalen Anteil dar und der Einsatz von Fischöl und -mehl zur Fütterung bleibt auch hier problematisch. Neben der Fischzucht bietet die Zucht von Algen ein großes Potenzial für die zukünftige Gewinnung von medizinischen und kosmetischen Produkten und Nahrungsmitteln.

Marine Arten haben auch für die **Medizin und die chemische Industrie** einen hohen Wert: Über die Funktionsweisen ursprünglicher Meeresorganismen können wichtige Rückschlüsse auf die biogeochemischen Vorgänge im Menschen, wie z. B. die Evolution und Regulierung des Immunsystems oder Krankheiten, gezogen werden. Andere Meeresorganismen werden in der chemischen Industrie beispielsweise als Zusatzstoffe für Kosmetika verwendet.

Alle nachwachsenden Ressourcen wie Arten, Lebensgemeinschaften, -räume und genetische Ressourcen profitieren von ausreichender Biodiversität. Der Schutz der marinen Biodiversität sollte daher genauso wie der Schutz der terrestrischen Biodiversität ein gemeinsames Anliegen der Menschheit sein. Im Prinzip ist diese durch das **Übereinkommen über die Biologische Vielfalt (CBD)** erfasst und geregelt. Allerdings geht die Erarbeitung von Schutzmaßnahmen und deren Umsetzung nur schleppend voran. Viele der marinen Ressourcen sind noch wenig erforscht und ihr ökonomisches Potenzial könnte mit dem Verlust der Artenvielfalt unerkannt und ungenutzt für immer verschwinden. Ökonomisch lässt sich dies durch den Optionswert der marinen Biodiversität bemessen. Hierunter versteht man eine mögliche zukünftige Nutzung, die im Detail aber nicht vorhersagbar ist.

Als endliche aus dem Ozean genutzte Ressourcen sind in erster Linie **Erdgas und Erdöl** zu nennen. Ungefähr ein Drittel der weltweiten Förderung kommt bereits aus dem Ozean. Der technische Fortschritt erlaubt die Förderungen in immer größeren Wassertiefen, verbunden mit einem wachsenden Gefahrenpotenzial für die Umwelt. Unfälle wie 2010 im Golf von Mexiko („Deepwater Horizon") führen dies drastisch vor Augen. Daneben wird die industrielle Förderung einer weiteren fossilen Energiequelle intensiv erforscht: die der **Methanhydrate**, deren Lagerstätten sich an den Kontinentalrändern befinden. Es handelt sich dabei um in fester Form vorliegendes Methan, dass unter hohem Druck (100 bar) und bei kalten Temperaturen ($< 4\ °C$) stabil ist. Hiermit würde ein gigantisches Energiereservoir erschlossen, wobei die Risiken der Förderung und deren Umweltbelastungen für den Ozean noch unbekannt sind. Zudem würde deren Verbrennung wiederum neues CO_2 in das Klimasystem bringen.

Von Bedeutung könnten auch der Abbau von Massivsulfiden und die Gewinnung von Metallen aus mineralischen untermeerischen Rohstofflagern wie Manganknollen oder Kobaltkrusten werden. Beim **Meeresbergbau** sind erhebliche Störungen der Meeresumwelt durch die Baggerarbeiten selbst und die eingesetzten Chemikalien zu erwarten. Dabei ist der Abbau von mineralischen Rohstoffen im Ozean nicht neu – viele Staaten fördern schon seit Jahrzehnten Sand und Kies aus dem Meer. Allein in Europa werden jedes Jahr rund 93 Mio. t Sand entnommen, was dem Bau von 37 Cheops-Pyramiden entspricht. Es existieren einige Initiativen, um in den Meeresbergbau zu investieren. Ob es aber zum intensiven Abbau im Ozean kommt, ist derzeit offen. Eine mögliche Realisierung der *oceanmining*-Projekte ist abhängig von der wirtschaftlichen und technischen Entwicklung, von der Zahl neu zu erschließender Vorkommen an Land, der Nachfrage, aber auch der Gewichtung des ökologischen Schadens und der rechtlichen Regulierung. In der Tiefsee des offenen Ozeans hat das Meeresrechtübereinkommen der Vereinten Nationen ein Regime geschaffen, in dem die Nutzung der Meeresbodenschätze zum Wohle der Menschheit geregelt ist. Ein Teil der Gewinne muss an die Weltbevölkerung zurückgegeben werden.

Der Ozean als Abfallbecken

Menschen gewinnen nicht nur die Schätze des Ozeans, sie entsorgen in ihm auch riesige Mengen von Müll, Abwässern und giftigen Chemikalien. Lange Zeit galt die Aufnahmekapazität des Ozeans für **Schadstoffe** als unendlich. Vor allem über die Flüsse gelangen Abwässer, Chemikalien, Nährstoffe (Überdüngung) und Müll aus Industrie und Landwirtschaft in die Meere. Von den Mündungen der Flüsse werden die Schadstoffe durch die Ozeanzirkulation global verteilt. Schwimmender Müll, wie

beispielsweise Plastik, kann so die entferntesten Regionen erreichen. Durch den Wind werden die oberflächennahen Schichten in die Mitte der Subtropen getrieben. Das Wasser sinkt dort um fast 100 m ab, der Müll aber verbleibt an der Oberfläche und wird über die Zeit verdichtet. Diese Regionen werden oft als **„Müllwirbel"** bezeichnet. Sog. „Müllinseln" findet man hingegen nur in der Nähe von Flussmündungen oder an anderen Orten des Mülleintrags.

Insbesondere der langlebige **Plastikabfall** wird zur Falle für marine Säuger, Vögel, Schildkröten und Fische. Viel gefährlicher sind aber die nicht sichtbaren mikroskopisch kleinen Zerfallsprodukte der Kunststoffe sowie giftige Zusätze wie Weichmacher und Lösemittel. Sie lagern sich in den Meeresorganismen ab und gelangen über die Nahrungskette zurück zum Menschen.

Immer häufiger entdeckt man im Meer zudem tote Zonen, die auf das Einbringen von Chemikalien und Nährstoffen aus Industrie und Landwirtschaft zurückgeführt werden können. Durch die Düngerwirkung der großen Stickstoff- und Phosphormengen vermehren sich Algen explosionsartig. Bei ihrer späteren Zersetzung zehren sie den Sauerstoff auf. Ein besonders drastisches Beispiel ist der Golf von Mexiko: An manchen Tagen bilden sich im Mündungsgebiet des Mississippi sog. **Tot-Zonen**. Ganze Strandabschnitte sind für den Menschen gesperrt, weil sich im Wasser Organismen angesiedelt haben, die Atemgifte ausstoßen.

Meerwasser wird auch für die Kühlung von Anlagen genutzt, wodurch wiederum neben der Abwärme auch Schadstoffe ins Meer gelangen. Nach der Havarie der Atomanlage von Fukushima 2011 in Japan gelangten große Mengen radioaktiven Kühl- und Löschwassers ins Meer – mit noch nicht bekannten Folgen.

Der Schutz des Meeres vor Verschmutzung beginnt an Land – im Mittel kommen 80 % der Verschmutzung von Land und 20 % durch die Schifffahrt. Unsere Industrie- und Agrarpolitik beeinflussen somit den Zustand der Meere entscheidend.

Der Ozean als genutzter Raum

Seit jeher ist der Ozean ein wichtiger Transportweg für den Menschen. Mit Zunahme der globalen Handelsbeziehungen, global ausgerichteter Fertigungsketten in den unterschiedlichsten Produktionszweigen sowie einem wachsenden Tourismus steigt auch das Transportaufkommen im Seeverkehr. Obwohl in der Öffentlichkeit die Umweltschädigungen des Meeres durch Schiffe hauptsächlich bei schweren Unglücken diskutiert werden, wird der Ozean auch durch den alltäglichen **Schiffsverkehr** belastet. Schiffe verbrennen in ihren Motoren Schweröl minderer Qualität, deren giftige Verbrennungsrückstände ins Meer gelangen. Die großen, medienwirksamen Tankerunfälle haben lokal fatale Folgen, sind aber „nur" für etwa 10 % der Ölverschmutzung im Ozean verantwortlich. 35 % der weltweiten Ölverschmutzung stammen aus diffusen Verunreinigungsquellen des regulären Schiffsbetriebs, 45 % jedoch aus industriellen und kommunalen Abwässern und dem nicht vorschriftsmäßigen Betrieb von Bohr- und Förderanlagen. Als Extrembeispiel sei das Niger-Delta genannt, das nach Jahrzehnten der Erdölförderung zu den am stärksten verseuchten Gebieten der Erde zählt.

Die Meeresumwelt wird zudem durch Infrastrukturmaßnahmen und **Versiegelungen** von Küstenzonen beeinträchtigt: Der Bau von Hafenanlagen, das Ausbaggern von Fahrrinnen, Küstenschutzmaßnahmen oder touristische Anlagen schädigen Küstenökosysteme und wichtige küstennahe Lebensräume wie Salzwiesen, Mangroven und Wattflächen. Damit beeinflussen sie die Topographie des Küstenraums dauerhaft. Dies zeigt sich eindrücklich in den weitläufigen Deltagebieten der großen Flüsse wie beispielsweise dem chinesischen Yellow-River-Delta, dem San-Francisco-Bay-Delta oder dem vietnamesischen Red-River-Delta.

Alternative Energien werden, auch wegen des fortschreitenden Klimawandels, verstärkt genutzt. Das Potenzial des Weltmeeres für die alternative Energiegewinnung ist signifikant: Die Kraft des Windes, der Wellen und der Strömungen sowie Salzgehalts- und Temperaturunterschiede können für die **Stromerzeugung** genutzt werden. Doch Bau und Betrieb dieser Anlagen (wie Offshore-Windparks mit Fundamenten, Kabeltrassen und einhergehendem Lärm) führen gleichzeitig zur Beeinträchtigung und Schädigung mariner Habitate und der dortigen Flora und Fauna – Auswirkungen, die untersucht, abgewogen und, wo immer möglich, vermieden werden müssen.

Es wird in der Zukunft wichtig, marine Raumplanungskonzepte zu etablieren, in denen mit allen Nutzern des Ozeans gemeinsam verbindliche Nutzungsräume und **Schutzräume** definiert werden. Für viele Küstenstaaten ist dies schon gesetzlich vorgeschrieben (z. B. in der EU), allerdings würden davon insbesondere auch die sog. Entwicklungsländer profitieren.

Rechtliche Ansätze zu Schutz und Nutzung der Ozeane

Zum einen trennt der Ozean die Kontinente der Erde, zum anderen verbindet er die Menschen und ihre Kulturkreise. Aber wem gehört er? Verteilungskämpfe um den Ozean haben eine lange Geschichte; viele Seekriege wurden um die Vorherrschaft über den Ozean und seine Handelswege geführt. Spätere Überlegungen bewegten sich zwischen dem Gedanken der Freiheit des Meeres und der Doktrin des den Küstenstaaten zugesprochenen Meeres unter Ausschluss von Drittstaaten. Die Vereinten Nationen (UN) haben 1982 das **internationale Seerechtsübereinkommen** verabschiedet und regeln darin, was auf, in und unter den Meeren erlaubt und verboten ist. Die Seerechtskonvention ist von den meisten Staaten der Welt unterzeichnet und teilt das Meer in verschiedene Zonen: Zwölf-Seemeilen-Zone, 200-Seemeilen-Zone und die Hohe See. Die Zwölf-Seemeilen-Zone ist das sog. Küstenmeer. Dort ist nationales Recht verbindlich. Damit zählt das Küstenmeer zum Staatsgebiet. An das Küstengewässer grenzt die 200-Seemeilen-Zone, die „Ausschließliche

Wirtschaftszone". Dort verfügt der Küstenstaat über die Nutzung der natürlichen Ressourcen im Meer – über Lebewesen und Bodenschätze. Er darf Fangquoten für die Fischerei festsetzen, Lizenzen für die Suche nach Rohstoffen vergeben und über ihren Abbau entscheiden. Sämtliche Einnahmen aus der Fischerei und dem Rohstoffabbau darf der jeweilige Staat behalten. Um die genaue Grenzziehung gibt es immer wieder Streit zwischen den Küstenstaaten. Plakative Beispiele sind der Nordpol aber auch das Südchinesische Meer, wo bis zu sechs Staaten Ansprüche auf die gleichen Gebiete anmelden.

Alles außerhalb dieser Grenzen bildet die dritte Zone, die Hohe See. Sie gehört völkerrechtlich bisher niemandem und prinzipiell hat jeder das Recht dort nach Belieben zu fischen. Diesem Gemeinnutz unterstehen heute 64 % des Ozeans, also zirka 40 % der Erdoberfläche. Eine besondere Regelung kennt das Seerecht für den Meeresboden in der Tiefsee. Die dort vorhandenen Bodenschätze werden als **„gemeinsames Erbe der Menschheit"** von der Internationalen Meeresbodenbehörde auf Jamaika verwaltet. Die Behörde prüft und beurteilt alle Vorhaben, kann Genehmigungen erteilen und würde die Nutzer verpflichten, 30 % der Gewinne an die Weltstaatengemeinschaft zurückzugeben. Allerdings hat bis heute noch keine Nation dort kommerziell Bodenschätze abgebaut.

Es gibt eine Reihe von UN-Organisationen, die für die Teilaspekte der Regulierung, der Nutzung und des Schutzes des Ozeans verantwortlich sind. Beispiele hierfür sind das Übereinkommen zur Verhütung der Meeresverschmutzung durch die Seefahrt (MARPOL) oder die Biodiversitätskonvention (CBD). Viele Staaten und Regionen kooperieren miteinander, um den Schutz und die nachhaltige Nutzung von einzelnen Meeresgebieten zu verbessern. Dazu werden regionale Vereinbarungen ausgehandelt wie etwa das **Abkommen zum Schutz der Meeresumwelt des Nordostatlantiks (OSPAR)**. Die Kapazitäten vieler Küstenstaaten zur Durchsetzung der Abkommen sind jedoch häufig schwach und die Kontrollmöglichkeiten in der Weite des offenen Ozeans eine kaum zu bewältigende Herausforderung. Trotz der diversen Abkommen hat sich der Zustand der Weltmeere verschlechtert und es stellt sich immer häufiger die Frage nach einem globalen Konzept für die bessere Regulierung des menschlichen Handelns im Umgang mit dem Ozean.

Die Rolle des Ozeans für nachhaltige Entwicklung

Die internationale (Staaten-)Gemeinschaft hat sich 2002 auf dem *„World Summit on Sustainable Development"* und mit der Biodiversitätskonvention der Vertragsstaaten verpflichtet, 10 % der Weltmeere bis 2012 unter Schutz zu stellen. Die Frist wurde inzwischen verlängert, da dieses Ziel nicht annähernd erreicht wurde. Heute stehen formal 3,4 % der Meere unter Schutz; im Vergleich dazu sind ca. 15 % der terrestrischen Flächen in irgendeiner Weise geschützt. Fast alle dieser Meeresgebiete befinden sich in Hoheitsgewässern, überwiegend in unmittelbarer Küstennähe. Allerdings ist der Schutz häufig ineffektiv. So wird beispielsweise der deutsche Nationalpark Wattenmeer von Seekabeln und Fahrwasser durchzogen; Sand- und Kiesabbau oder andere Nutzungsformen sind in vielen Schutzzonen zulässig.

Der umfassend geregelte Umgang mit dem Meer wird unter dem Begriff *ocean governance* zusammengefasst – die Nutzung des Meeres soll so reguliert und verwaltet werden, dass sie nachhaltig ist und allen Menschen und nachkommenden Generationen zugutekommt. Dabei spielen sowohl nationale und internationale Gesetze oder politische Maßnahmen als auch Sitten, Traditionen, Kultur und diverse verwandte Institutionen und Prozesse eine Rolle. Hoffnung für einen umfassenden Meeresschutz machen regionale Beispielprojekte, wie die Bildung von Schutzgebietsnetzwerken in der Karibik und der Ostsee, oder die **Raumplanung im Meer** (*marine spatial planning*). Sie ist ein Planungsprozess für Ökosysteme an Küsten und im Ozean, in dem menschliche Aktivitäten in marinen Gebieten unter Einbeziehung der verschiedenen Akteure analysiert und in ein Regelwerk gefasst werden. Damit lassen sich verschiedene Vorstellungen über die Nutzung eines Meeresgebiets untereinander aushandeln und in der Regel in Einklang bringen. Wirtschaftliche Tätigkeiten wie die Fischerei, der Bau von Offshore-Windanlagen, die Gewinnung von Kies und Bausand durch Baggerarbeiten, der Schiffsverkehr oder auch die Ölförderung müssen gegen andere Nutzungen wie Freizeit und Erholung und nicht zuletzt den Meeresschutz abgewogen werden. Sowohl die nationale Meerespolitik der USA, als auch die Meeresstrategierahmenrichtlinie (MSRL) der EU haben dieses Instrument als wichtige Grundlage identifiziert, um eine integrierte Strategie für die Meere mit verbesserter Koordination der einzelnen Interessengruppen einzuführen. Mit der MSRL als einheitlichem Ordnungsrahmen soll in den Meeresgewässern der EU ein guter Zustand der Meeresumwelt erreicht werden. Dessen Beurteilung erfolgt über ausgewählte Indikatoren und Maßnahmen, die ihn bewahren oder zu seinem Erreichen beitragen sollen.

Schwieriger ist der Schutz der Hohen See, da sie nicht der Hoheitsgewalt eines Küstenstaates unterliegt. Bislang ist es formal nicht möglich, Schutzgebiete in der Hohen See auszuweisen. Es gibt aktive Verhandlungen, dieses im Seerecht durch ein Umsetzungsübereinkommen zu verankern.

Mit dem Ziel 14 der **Ziele für nachhaltige Entwicklung** (*Sustainable Development Goals, SDGs*; Abb. 22.6) wurden erstmals Schutz und nachhaltige Nutzung der Ozeane als zentrales Thema in der globalen Nachhaltigkeitsagenda verankert. Diese große Chance für den Meeresschutz trifft jedoch auf komplexe Herausforderungen in der Umsetzung, da dieser nicht losgelöst von den übrigen 16 SDGs betrachtet werden kann. Viele weitere SDGs der 2030-Agenda haben einen direkten oder indirekten Bezug zum Ozean, beispielsweise die Ziele zu Ernährungssicherheit (SDG 2), zum Wirtschaftswachstum (SDG 8) und Klimaschutz (SDG 13). Durch die enge Verbindung zwischen Land und Meer bei der Problematik diffuser Nährstoffeinträge aus der Landwirtschaft wird beispielsweise die anstehende Neuausrichtung der EU-Agrarpolitik von wesentlicher Bedeutung für die Erreichung des SDG 14 sein. Gleichzeitig bestehen zahlreiche synergistische Wechselbeziehungen, die eine effektive, effiziente und damit erfolgreiche Umsetzung des SDG 14 wie auch anderer

SDGs ermöglichen. So kann SDG 2 (kein Hunger) erheblich davon profitieren, wenn durch eine nachhaltige Nutzung und den Schutz der Meere langfristig Erträge aus Fischerei oder Aquakultur gesichert werden können.

31.7 Politische Konflikte um Erdölressourcen

Hermann Kreutzmann

Erdölressourcen sind weltweit sehr ungleichmäßig verteilt, da sie an spezifische geotektonische Strukturen gebunden sind. Ungewöhnlich günstige Bedingungen für die Bildung von Erdölmutter- wie Speichergesteinen finden sich beispielsweise im Bereich der Arabischen Halbinsel und in den dem Zagros-Gebirge vorgelagerten Ketten, aber auch an zahlreichen anderen Stellen der Erde. Während vor einigen Jahren das Szenario des *peak oil* (www.peakoil.net) die Debatte beherrschte, also die Bestimmung des Zeitpunkts, bis zu dem immer noch mehr Ressourcen dem weltweit steigenden Verbrauch die Waage hielten, ist in der Gegenwart die Ressourcenfrage stärker an den **Preis** gekoppelt. Bei niedrigen Ölpreisen dominieren die klassischen Lagerstätten, während bei steigenden Preisen auch das **umstrittene Fracking**, die Ausbeutung von Ölsanden und -schiefern, ökonomisch relevant werden kann, wodurch die Anzahl und die regionale Streuung der nachgewiesenen Vorkommen signifikant erhöht wird. Der Mittlere Osten scheint aber weiterhin seine **geopolitische Schlüsselstellung** als Dreh- und Angelpunkt im Wettbewerb um fossile Energieträger zu behalten. So ist zwar allein die Zunahme der nachgewiesenen globalen Reserven in den beiden letzten Dekaden um fast die Hälfte angestiegen, am stärksten in Latein- und Nordamerika, dennoch ist in Zukunft mit wachsenden Konflikten um diese zentrale Schlüsselressource der globalen Energiewirtschaft zu rechnen, da der Verbrauch im asiatischen Raum – China und Indien – viel stärker ansteigt als in den OECD-Ländern. Fast alle Szenarien sind sich darüber einig, dass der Weltenergieverbrauch von 2015–2040 um mehr als ein Viertel steigen wird. Der Tagesverbrauch an Erdöl und flüssigen Energieträgern, der 2015 mit 95 Mio. Barrel zu Buche schlug, wird unabhängig von Preisszenarien bis 2040 auf 113 Mio. Barrel geschätzt (International Energy Outlook 2017).

Erdöl und Politik

„It hardly needs to be added that if Saddam does acquire the capability to deliver weapons of mass destruction [...] a significant portion of the world's supply of oil will be put at hazard. [...] The only acceptable strategy is ... to undertake military action as diplomacy is clearly failing. In the long term, it means removing Saddam Hussein and his regime from power. That now needs to become the aim of American Foreign Policy" (Auszug aus einem Brief von Donald Rumsfeld, Paul Wolfowitz, Richard

Abb. 31.43 Kein Blut für Öl, kein Krieg im Irak – Transparent auf einer Demonstration gegen den Irakkrieg am 31. März 2003 in Berlin (Foto: H. Kreutzmann).

Perle u. a. an Präsident Bill Clinton vom 26. Januar 1998, veröffentlicht in der Washington Times vom 8. März 2001, zitiert nach Jhaveri 2004).

„Kein Blut für Öl" lautete im Vorfeld des Irakkrieges ein weltweit verwandter Slogan, um auf die Verbindung ökonomischer und militärischer Interessen an einer gewaltsamen Intervention in der Golfregion aufmerksam zu machen (Abb. 31.43). Zahlreiche Hinweise und Enthüllungen deuteten auf diesen Zusammenhang hin, im Nachhinein verdichteten sich Spekulationen um das Kalkül einer ausgeweiteten Kontrolle auf die fossilen Energieressourcen am Persischen Golf. Erdöl wurde zwar aus der Kriegsberichterstattung als strategische Ressource bzw. als vorrangiger Interventionsgrund weitgehend ausgeblendet, dennoch bestimmte auch in der Nachkriegszeit der Gedanke einer Verknappung die öffentliche Diskussion. Auch wenn die Erschließung von Ölquellen in Afrika und Lateinamerika sowie die intensivierte Förderung in Nordamerika zu einer Abschwächung des Krisenszenarios beitragen sollen, stehen die Anrainer des Persischen Golfs oder der sog. *Greater Middle East* (Perthes 2004) auch heute allgegenwärtig im Fokus einer konfliktträchtigen Beziehung zu einer Region, die auf Nordafrika und Zentralasien ausgeweitet werden könnte. Dabei hat sich die rein quantitative Abhängigkeit der Bundesrepublik in den letzten drei Dekaden durch Lieferverträge mit anderen Anbietern konsequent verringert und ihr Anteil des aus der epizentrischen Golfregion bezogenen Erdöls ist gegenwärtig eher auf einen einstelligen Prozentwert zu beziffern.

Seiner Bedeutung entsprechend wurde Erdöl gerne in Kontexte und Symbole eingebettet, die wie **„schwarzes Gold"** und „Ölboom" auf den damit zu erzielenden Reichtum bzw. Gewinn Bezug nehmen oder wie im „Tankerkrieg" und in der „Erdölwaffe" als strategisches Arsenal verstanden werden. Andererseits wird dem Erdöl in Modernisierungszusammenhängen auch die Funk-

tion eines profanen „Entwicklungsmotors" zum nachholenden Ausbau einer dringend benötigten Infrastruktur zugeschrieben. Wiederum andere sehen eine Verbindung von *„oil and blood"*, kategorisieren es despektierlich als ein *„devil's excrement"* oder bezeichnen es anhimmelnd als „Gottesgeschenk" oder noch spezifischer „Allahs Geschenk an die Araber" (Exkurs 31.15; Dalby 2003, Gabriel 2001, Renner 2003, Stöber 1990, Watts 2001). In jüngster Zeit mehren sich Töne, die auf die absehbare **Verknappung** abheben: „Das billige Erdöl ist verbraucht" und „Der letzte Tropfen wird zu teuer" (Le Monde Diplomatique 2009). Damit rücken der *Greater Middle East* und Zentralasien noch stärker ins Blickfeld der Begehrlichkeiten. Für ein Verständnis der konflikthaften Lage um die im Mittleren Osten gelagerten Erdölressourcen ist es zunächst nötig, auf die naturräumlichen Voraussetzungen und räumliche Konzentration der Lagerstätten fossiler Energieträger einzugehen, bevor die historische Bedeutung des *great game* um territoriale Dominanz und das Abstecken hegemonialer Einflusssphären mit seinen Folgewirkungen für die Gegenwart diskutiert werden können.

Erdöllagerstätten im Mittleren Osten

Die aus heutiger Sicht **bevorzugte geologische Konstellation** im Mittleren Osten weist hier die größte Konzentration an Erdöl- und Erdgaslagerstätten – nämlich die Hälfte der weltweit geschätzten Reserven – in günstiger Förderlage auf. Allein auf das Erdöl bezogen schwanken die nachgewiesenen Reserven für den Mittleren Osten um die 50-Prozent-Marke – je nach angewandter Methodik und Einbeziehung für wahrscheinlich gehaltener Vorkommen (Abb. 31.44, Tab. 31.6). Geotektonisch bildet die Arabische Halbinsel eine Randplatte des Gondwana-Lands, das seit den letzten 300 Mio. Jahren auseinanderdriftet. Die heutige

Exkurs 31.15 Rentierstaaten und politische Systeme in öl- und gasproduzierenden Ländern

Hans Gebhardt

Als Rentierstaaten werden in der Volkswirtschaft und Politologie Staaten bezeichnet, deren Einkommen zu einem erheblichen Teil auf Ressourcen beruhen, für die keine oder kaum produktive Leistungen erbracht werden müssen (Beck & Pawelka 1993). Hierzu gehören insbesondere die ölfördernden Länder des Vorderen Orients und Zentralasiens sowie einige rohstoffreiche Staaten in Afrika; Gold und seltene Metalle liegen quasi als Geschenk in der Erde, der auf dem Weltmarkt zu erzielende Preis für Öl liegt ein Vielfaches über den Gestehungskosten.

Staaten, welche sich primär über Rohstoffe bzw. über Erträge aus Kapital, welches über die Rohstoffe erwirtschaftet wurde, finanzieren, weisen eine Reihe charakteristischer wirtschaftlicher, gesellschaftlicher und politischer Deformationen auf: ökonomisch insofern, als produktive Investitionen häufig unterbleiben und die Akteurstrategien der Eliten auf *rent seeking* und Nähe zum Staatsapparat ausgerichtet sind, politisch insofern, als die Staatsapparate gesellschaftliches Wohlverhalten und Loyalitäten durch Geld erkaufen; das oft fehlende Besteuerungssystem dämpft gesellschaftlichen Oppositionsgeist. In solchen „Allokationsstaaten" konkurriert die Bevölkerung um die vom Staat verteilten Renten, es entwickeln sich umfassende Klientelstrukturen und es besteht die Gefahr pathologischer Verselbstständigung der politischen Elite.

Im Ergebnis entstehen häufig neopatrimoniale oder „sultanistische" Herrschaftssysteme mit aufgeblähten bürokratischen Apparaten und einem ebensolchen Polizei- und Sicherungssystem. Rentensysteme haben somit tiefgreifende Auswirkungen in politischer, wirtschaftlicher und sozialer Hinsicht. Sie stärken die Staaten gegenüber ihrer rudimentären Zivilgesellschaft bzw. gegenüber privaten Investoren und stabilisieren undemokratische, despotische Herrschaftsverhältnisse; auf ein produktives Investitionsklima für welt-marktfähige Produkte oder auf entsprechende gesetzliche Rahmenbedingungen kann in der Regel verzichtet werden.

Typische Beispiele solcher Staaten sind Saudi-Arabien und die arabischen Golfstaaten, aber auch einige zentralasiatische Nachfolgestaaten der früheren Sowjetunion mit Öl- bzw. Gasvorkommen (Kasachstan, Turkmenistan). Die wahhabitische Staatsreligion in Saudi-Arabien mit ihrer umfassenden gesellschaftlichen Kontrolle und der allein maßgebenden Herrschaftsdynastie Al-Saud mit ihren mehreren Tausend Prinzen in Schlüsselstellungen von Verwaltung und Militär sind ebenso eine typische Erscheinung dieses Typs von Rentierstaat wie der erratische Personenkult in einigen zentralasiatischen Staaten und die Repräsentationssucht der jeweiligen Alleinherrscher, die sich in aufwendigen Bauprojekten verwirklicht (Abb. A).

Abb. A Repräsentative, teilweise mit weißem Marmor verkleidete Gebäude, Triumphbögen und aufwendige staatliche Bauten prägen in Turkmenistan das Gesicht der Hauptstadt Aschgabat. Nachdem Turkmenistan 1991 die Unabhängigkeit erlangt hatte, wurde es von Präsident Saparmurat Nyýazow diktatorisch regiert. Seit 2007 ist Präsident Berdimuhamedow sein Nachfolger (Foto: H. Gebhardt).

Arabische Halbinsel verlagerte sich als Platte des sich auflösenden Kontinentalblocks im Verlaufe dieses Prozesses vom südlichen zum nördlichen Wendekreis, kollidierte mit Eurasien und führte zum Abtauchen der Arabischen unter die Iranische Platte und folglich zur Auffaltung der Zagros-Kette (Abb. 31.45). Eine zusätzlich notwendige Bedingung für die Bildung von Erdölmuttergesteinen war die Konstellation des vorgelagerten flachen Schelfmeeres, aus dem heraus sowohl eine Klüftigkeit, verursacht von tektonischen Brüchen im Grundgebirgssockel, als auch plastische Fließbewegungen der kambrischen Salzablagerungen eine Wanderung der Öltröpfchen in die heutigen Lagerstätten (Gabriel 2004) begünstigten.

In den so gestalteten Lagerstätten treten Gas und Öl konzentriert auf. Sie erstrecken sich in einer Geosynklinalen über ein breites Band mit Kern in Mesopotamien und dem Persisch-Arabischen Golf, also vom Südosten der heutigen Türkei bis an die Südostspitze der Arabischen Halbinsel nach Oman (Abb. 31.46). Die tertiäre Gebirgsbildung führte zu einer Auffaltung der seit dem Paläozoikum begonnenen Sedimentation und damit zur Ausbildung einer für die Lagerstätten bedeutenden Antiklinal-Struktur. Als häufigste **Erdölfallen** treten Antiklinalscheitel auf, die von einer undurchlässigen Schicht überdeckt sind. Die hier vorgefundene Konzentration von Ölfeldern wurde aufgrund der differenzierten tektonischen Gegebenheiten erst allmählich erkannt und in ihrer gesamten Ausdehnung im Rahmen der über ein Jahrhundert während **Prospektierungen** erfasst. Waren zunächst vor allem Bohrungen auf dem Festland niedergebracht worden, so verlagerten sich mit erweiterten technischen Möglichkeiten die Prospektierungen von der

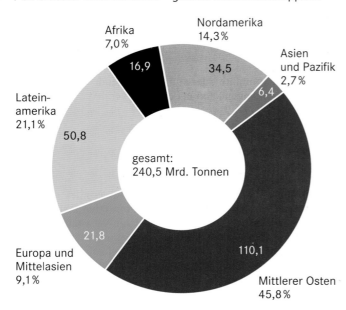

Abb. 31.44 Globale Verteilung nachgewiesener Erdölreserven 2016. Nachgewiesene Reserven sind diejenigen Vorkommen, die unter gegenwärtigen ökonomischen und technischen Bedingungen und nach vorhandenen geologischen und fördertechnischen Informationen mit hoher Wahrscheinlichkeit geborgen werden können (Quelle: BP Statistical Review of World Energy 2017).

Küste in den **Off-shore-Bereich**. Gegenwärtig befinden sich einige der ergiebigsten *super-giant*-Felder im Offshore-Bereich (Abb. 31.46).

Als Beispiel kann die Ölprovinz Persisch-Arabischer Golf gelten. Die Konzentration so vieler Ölfelder ist einmalig auf der Welt. Die Ursache ist das Zusammentreffen folgender idealer Bedingungen:

- eine Jahrmillionen anhaltende, kaum gestörte geologische Entwicklung, verbunden mit
- der Existenz tropisch warmer Flachmeere mit üppiger Meeresfauna,
- die Ablagerung mächtiger Sedimentschichten mit wechselnd porösen und undurchlässigen Lagen und
- die Abfolge von tektonischen Prozessen mit günstigem Einfluss auf die Migration des Öls.

Tab. 31.6 Verteilung der Erdölreserven im Nahen Osten 2016 (Daten: BP Statistical Review of World Energy 2017).

Region	Mrd. Tonnen	Prozent-Anteil
Saudi-Arabien	36,6	15,6
Iran	21,8	9,3
Irak	20,6	9,0
Kuwait	14,0	5,9
Vereinigte Arabische Emirate	13,0	5,7
Katar	2,6	1,5
Oman	0,7	0,3
übrige	0,7	0,3

Letztere bewirkten, besonders im Westteil des mobilen Schelfs, die Bildung weit gespannter Antiklinalen (Abb. 31.46), wie beispielsweise im kuwaitischen Burganfeld oder dem saudi-arabischen Ghawarfeld, dem mächtigsten Ölfeld der Erde (Gabriel 2004).

In Nähe zu Erdöllagerstätten finden sich häufig auch **Erdgasvorkommen**. So ist es nicht verwunderlich, dass die Ölprovinz Persisch-Arabischer Golf mit 42,5 % der Welt-Erdgas-Reserven gleichzeitig auch diesen Spitzenplatz knapp vor der ehemaligen Sowjetunion hält und damit über fast die Hälfte der global bekannten Erdöl- und Erdgasreserven verfügt (Abb. 31.47).

Das *great game* und die Aufteilung der Erdölwelt

Das lange, von den napoleonischen Abenteuern in Ägypten bis zum Ersten Weltkrieg andauernde „19. Jahrhundert" ist gekennzeichnet von einer verstärkten Einflussnahme und Kontrolle europäischer Nationalstaaten in weiten Teilen Asiens und Afrikas, während sich die Territorien Lateinamerikas in dieser Zeit als souveräne Staaten emanzipieren. Der Wettlauf um die **Vormachtstellung** in der Welt sieht unterschiedliche Akteure aufeinandertreffen. Im Nahen Osten sind es vornehmlich die Interessen Großbritanniens und Frankreichs im Widerstreit mit dem Osmanischen Reich, in Zentralasien stehen das zaristische Russland und Groß-

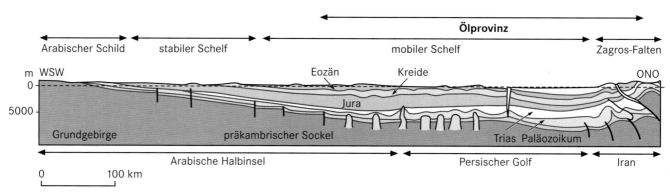

Abb. 31.45 Geologisches Profil von der Arabischen Halbinsel in das Iranische Hochland (verändert nach Gabriel 2004).

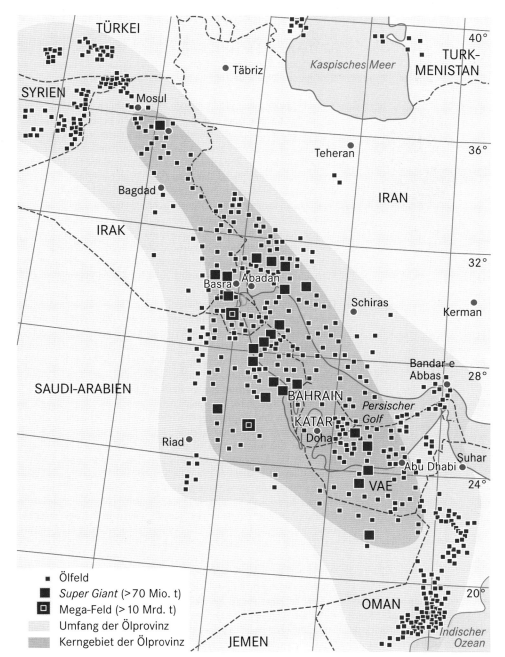

Abb. 31.46 Ölprovinz Persisch-Arabischer Golf: Lagebeziehungen und Verteilung bedeutender Ölfelder (verändert nach Gabriel 2004).

britannien in Konkurrenz, beide verfolgen die Strategie einer schnellstmöglichen Ausdehnung der jeweiligen Einflusssphären und der Etablierung indirekter und direkter Herrschaftsverhältnisse. In Zentralasien kommt es in der Asien-Konvention von 1907 zur Einigung über einen *cordon sanitaire*, der die russische und britische Machtsphäre trennen und mittels Pufferstaatsbildung berührungsfrei halten soll. Tibet, Xinjiang, Afghanistan und Persien werden zu diesem Zweck „neutralisiert", das heißt, die Einigung der beiden Großmächte festigte die britische Bevormundung Afghanistans und garantierte die russische Nichteinmischung in innerafghanische Angelegenheiten. Umgekehrt garantierte Großbritannien die russische Dominanz in Mittel-

asien: Das Zweistromland zwischen Amu-Darya und Syr-Darya sowie die Khanate von Khokand, Chiwa und Merw waren davon betroffen. Persien wurde in eine nördliche russische und südliche britische Einflusszone aufgeteilt; beide waren kurzzeitig durch einen neutralen Korridor getrennt (Kreutzmann 1997, 2015).

In denselben Zeitraum fallen die ersten „Entdeckungen" von fossilen Rohstoffen zur industriellen Verwendung und ansatzweise Prospektierungen nach Ölquellen. Mitte des 19. Jahrhunderts wurde in Baku die **erste Ölbohrung** niedergebracht. Aserbaidschan erlebte ab 1872 eine vermehrte wirtschaftliche Inwertsetzung einer wertvoll werdenden Ressource und den ersten Ölboom

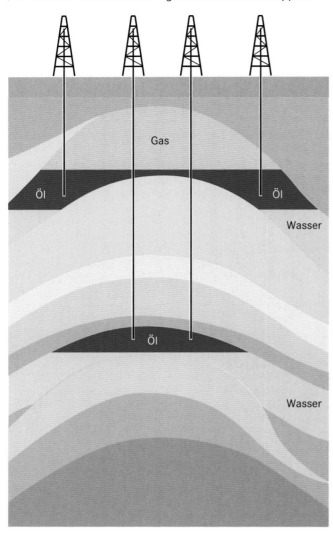

Abb. 31.47 Lagerstätten von Erdöl und Erdgas unter dem Sattelscheitel einer Antiklinalen (verändert nach Gabriel 2004).

in der damals führenden Region weltweit. In Persien war es das Ölfeld von Masjid-i Suleyman (1908) gefolgt von Gach Saran (1928), im Irak wurde man fündig in Qaijarah (1912) und Kirkuk (1927). Die territoriale Sicherung von Einflusssphären oblag im Zeitalter des Imperialismus den Regierungen der betreffenden Länder. Frankreich und Großbritannien waren in der Zwischenkriegszeit in einen Wettlauf um die Kontrolle des zerfallenden Osmanischen Reichs eingetreten. Schon wenige Tage nach Ende der Kriegshandlungen waren die Ölfelder im Irak britisch besetzt, französische Truppen waren zu spät gekommen. Im Sykes-Picot-Abkommen (1920) wurde dann die Trennung der Einflusssphären festgeschrieben, die unter vom Völkerbund abgesegneten Mandatszuschreibungen territorial mächtig wurden. Das Jahr 1920 markiert das global-historische Maximum kolonialer Aufteilung unter Dominanz von Nationalstaaten, die „zumeist an den Nordatlantik grenzten" (Hobesbawm 1995). Die Kooperation von innovativen, Rohstoffe fördernden und diese in den industriellen

Prozess einspeisenden Großunternehmen und ihren nationalstaatlichen Regierungen, die das kolonialpolitische Umfeld und die Handlungsspielräume jener sicherten, setzte Potenziale frei und erzeugte Synergien, die zum wirtschaftlichen Aufschwung in Europa und Nordamerika signifikant beitrugen.

Territoriale Sicherung und Administration oblagen den Mandatsmächten, die **Ausbeutung** der Ressourcen bestimmte die Geschäftspolitik der anglo-amerikanischen Ölkonzerne, die schon 1928 in Achnacarry (Landsitz des Vorsitzenden der *Royal Dutch Shell Company* in Schottland) ein internationales **Erdölkartell** vereinbart hatten. Die in der *Iraq Petroleum Company* (IPC) zusammengeschlossenen europäischen und amerikanischen, teils staatlichen, teils privaten Ölgesellschaften verständigten sich im selben Jahr auf Grundlage des sog. *Red Line Agreement,* gegenseitige Konkurrenz bei Konzessionsvergaben zu vermeiden. Handlungsmaxime der Konzerne waren allein die Erfordernisse des Weltmarkts, ohne Rücksicht auf die lokale Nachfrage und Wirtschaftsbedingungen vor Ort zu nehmen (Mejcher 1994).

Die Umsetzung ihrer Strategie erfolgte auf Basis bekannter kolonialer Praxis: der **Konzessionsvergabe**. Gelangten ursprünglich Individuen in den Genuss solcher Rohstoffausbeutungsrechte, wurde bald die Marktmacht der großen europäischen, aber auch vor allem der mit zentralamerikanischen Ölförderungserfahrungen ausgestatteten nordamerikanischen Konzerne („sieben Schwestern") spürbar. Sie sicherten sich große Territorien als Konzessionsgebiete, in denen sie abgaben- und regelungsfrei Prospektion und Förderung sowie weitgehend zollfreien Export der Ausbeute betreiben konnten. Als Kompensationsleistung erhielten die nominellen Eigner bzw. Konzessionsgeber sog. *royalties* als Aufwandsentschädigung. Die ökonomische Macht der großen Ölkonzerne, die durchaus in Einklang mit den geopolitischen Interessen ihrer jeweiligen Regierungen stand, war überwältigend im Vergleich zu den Einflussmöglichkeiten ihrer lokalen Verhandlungspartner. Damit waren ihre Interessen zumindest zeitweise leicht durchzusetzen und zunächst monopolistische Strukturen vorgezeichnet.

Als Ergebnis der Prospektierungen anglo-amerikanischer Gesellschaften wurden in der Zwischenkriegszeit weitere Gebiete erschlossen: Das Awali-Feld (1932) in Bahrain, Damman (1937) in Saudi-Arabien und Burgan (1938) in Kuwait gehören zu den weiteren bedeutenden Funden vor dem Zweiten Weltkrieg. Beide Staaten stimmten darin überein, sich gegenseitig nicht ins Gehege zu kommen und sich einmal erschlossene Gebiete nicht streitig zu machen. Ihre Absichten legten sie zum Ende des Zweiten Weltkriegs im *Anglo-American Petroleum Agreement* nieder (Caroe 1951). Grob gegliedert lassen sich die amerikanischen Konzessionsgebiete schwerpunktmäßig in Saudi-Arabien und Kuwait verorten, während Großbritannien sein Augenmerk auf Iran, Irak und die kleinen Anrainer des Golfs legte.

Zunehmend stießen die ungleichen Profitbedingungen auf Widerstand in arabischen und iranischen Gesellschaften, die sich nach dem Zweiten Weltkrieg darum bemühten, ihre Teilhabe an den Rohstoffvorkommen zu verbessern bzw. auf eine neue Grundlage zu stellen. Während zunächst in den arabischen Staaten die Anteile bzw. die *royalties* langsam angehoben wurden, erfolgte die Machtprobe in Iran durch die **Verstaatlichung der Ölgesellschaften** unter Ministerpräsident Mossadegh. Der mutige staatliche Eingriff in die ureigensten Interessen großer multinationaler Konzerne im Jahre 1951 ist ein Präzedenzfall. Zunächst wurde versucht, die Maßnahme durch den Boykott iranischen Öls zurückzunehmen. Da hierdurch nicht das gewünschte Resultat erzielt werden konnte, erfolgte in zweiter Stufe 1953 ein vom CIA unterstützter Putsch zum Sturz der Regierung, der erfolgreich war. Die Konzerne konnten mit der Nachfolgeregierung dann im Folgejahr eine einvernehmliche Lösung durch Bildung eines internationalen Konsortiums erzielen, in dem erstmals auch amerikanische Ölgesellschaften vertreten waren: Es wurde eine *National Iranian Oil Company* (NIOC) gegründet, die ein Mitspracherecht bei der Quotierung der Fördermengen erhielt, der staatliche *royalty*-Anteil wurde den in Arabien üblicher Weise gezahlten angepasst, im Gegenzug wurde die Ausbeutung der Ölquellen unter Federführung des Konsortiums durchgeführt (Stöber 1990). Die Konzerne hatten ihre Einflussmöglichkeiten geschichtsmächtig demonstriert und waren sich der Rückendeckung durch ihre Regierungen sicher, die im Kalten Krieg hegemoniale Interessen zu verteidigen trachteten. Der arabische Nahe Osten nahm damit eine rohstoffstrategische bzw. geopolitische Schlüsselstellung in der westlichen Containmentpolitik gegenüber der Sowjetunion ein (Mejcher 1994). Eine vorsichtigere Konzessionsvergabepolitik kennzeichnete fortan die Suche nach Ölquellen. Das Interesse der Anbieter verlagerte sich auf eine Diversifizierung der Konzessionäre, dadurch erhöhten sich die Verhandlungsspielräume der Staaten des Nahen Ostens und ihre Chancen auf stärkere Partizipation an den Gewinnen.

Mit **Neukonzessionären** wurde seitens der Konzessionsvergeber Folgendes ausgehandelt:

- Beteiligungen, bei denen der ausländische Teilhaber auf seine Kosten die Prospektion durchzuführen hatte und gefördertes Öl zwischen den Partnern geteilt wurde; für seinen Anteil musste der Partner Steuern (z. B. 50 %) zahlen, wodurch dem Förderland der überwiegende Teil des Ertrags (z. B. 75 %) zufiel
- Dienstleistungsverträge, bei denen der ausländische Partner die Kosten der Ölsuche trug, gefundenes Öl aber zu 100 % im Eigentum der nationalen Ölgesellschaft blieb; der ausländische Partner übernahm gegen Kommission (versteuerbarer Gewinn aus dem Verkauf eines Teils der Produktion) den Vertrieb der Produkte
- Vereinbarungen über eine Aufteilung der Produktion, nach denen die ausländische Gesellschaft einen gewissen Anteil (15–25 %) des Öls erhielt und für ihre Aufwendungen durch Steuervorteile, in *cash* oder *kind* entschädigt wurde

Diese neuen Formen der Kontrakte, die den Ölstaaten höhere Erträge und größere Verfügungsgewalt über die Lagerstätten ihrer Bodenschätze ermöglichten, betrafen jedoch nicht die alten Konzessionen (Stöber 1990).

Weltwirtschaftlicher Wandel durch das OPEC-Kartell

Die Tendenz, eine größere Teilhabe an den wachsenden Gewinnen aus fossilen Rohstoffen zu beanspruchen, setzte sich fort und erhielt durch die Gründung der *Organization of Petroleum Exporting Countries* (OPEC) in Bagdad im Jahre 1960 ein Gesicht und ein handlungsfähiges Organ. Nationalisierung von Ölquellen, Übernahme von Konzessionsträgern und weitere restriktive Konzessionsvergaben verstärkten die nationale Komponente der Durchsetzung lokaler Interessen gegenüber den Konzessionären. Algerien (ab 1967) und Irak (1972/73) gelten als drastische Vorreiter. Libyen und die Staaten der Arabischen Halbinsel folgten den Prinzipien der **Verstaatlichung** in den 1970er-Jahren in abgemilderter Form durch Übernahme der Kapitalmehrheiten und andere Strategien.

Wirkung erzielten diese Maßnahmen erst, als es weltweit zu einem kartellmäßigen Zusammenschluss der Anbieter preiswerten Erdöls kam, als nämlich Venezuela, das seitens der großen amerikanischen Konzerne zu Preissenkungen gezwungen werden sollte, sich ins Einvernehmen mit den arabischen und iranischen Anbietern setzte und alle gemeinsam als **Rohstoffkartell** auftraten. Mit dramatischen Preiserhöhungen und Kontingentierung von Förderquoten sowie den Boykottmaßnahmen gegen Israels mächtige westliche Verbündete im Verlauf des Yom-Kippur- bzw. Ramadan-Krieges 1973 entstand das, was als „Ölpreis-Schock" und „**Ölkrise**" bekannt wurde. Innerhalb einer Dekade verachtfachten sich die Durchschnittspreise für ein Barrel Rohöl, sodass es in heutigen Preisen damals einen Gegenwert von 80 US-Dollar erzielen konnte (Abb. 31.48). Ein vergleichbares Preisniveau war seit den 1860er-Jahren unerreicht geblieben. Zwischen 1880 und 1973 schwankten die Preise zwischen unter 10 und knapp 30 US-Dollar. In zeitgenössischen Dollarwerten wurde 1973 erstmals die magische Grenze von 10 US-Dollar pro Barrel überhaupt überschritten (BP Statistical Review of World Energy 2017). Solch eine gravierende Veränderung der Preisgestaltung für einen strategischen Rohstoff konnte nicht ohne Wirkung auf die weltwirtschaftlichen Beziehungen bleiben.

Die Industriestaaten antworteten bereits im November 1974 mit der Schaffung der **Internationalen Energie-Agentur**. Ein Maßnahmenbündel sollte die dauerhafte Abhängigkeit von OPEC-Öl reduzieren: Erschließung des Nordseeöls und Nutzung alternativer Energien wie Sonnen- und Kernenergie. Dazu kamen im Rahmen der bundesdeutschen Entspannungspolitik erste Lieferverträge und Pipelineprojekte mit der Sowjetunion zur Nutzung sibirischer fossiler Rohstoffe. Eine Diversifizierungsstrategie sollte die Abhängigkeit vom OPEC-Kartell verringern und es somit aushebeln. Gleichzeitig wurde im Gefolge des bahnbrechenden Berichts des *Club of Rome* unter dem Titel „Grenzen des Wachstums" erstmals über Einsparungsversuche bzw. Formen effizienterer Energienutzung nachgedacht. Das Modernisierungsmodell grenzenlosen Wachstums geriet in die Krise, nachholende Entwicklung und ökologisch verträgliches Wachstum wurden als miteinander wenig kompatibel erachtet.

Kapitel 31

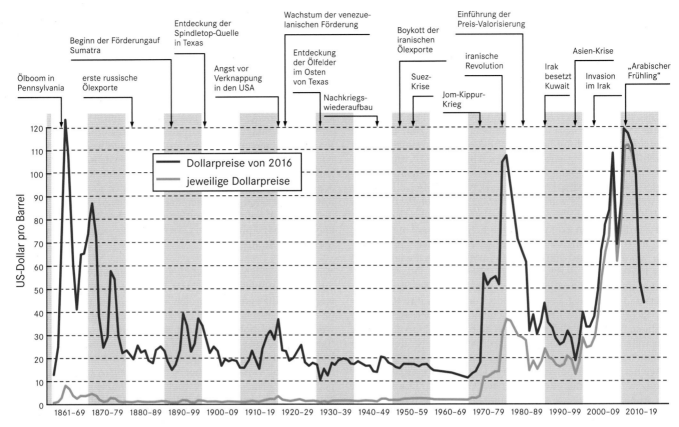

Abb. 31.48 Entwicklung des Rohölpreises seit 1861 in US-Dollar pro Barrel (Quelle: BP Statistical Review of World Energy 2017).

Im Zusammenspiel mit der folgenden wirtschaftlichen Depression und aufgrund interner Dissonanzen erodierte die Effizienz des OPEC-Kartells. Die Mineralölpreisbilanz hat sich für Industrieländer kaum verschlechtert, wenn Produktivitätssteigerungen, Kaufkraftveränderungen und Wechselkursschwankungen eingerechnet werden. Entwicklungsökonomien, die auf die Einfuhr fossiler Energieträger angewiesen und vor allem im asiatisch-pazifischen Raum zentral betroffen sind, haben jedoch die Last einer signifikant angestiegenen Energierechnung zu tragen, die nur partiell an die Konsumenten direkt weitergegeben werden kann. Das volatile Gleichgewicht aus Förderung und Verbrauch (Abb. 31.49) kann leicht durch weltpolitische Ereignisse aus der Balance geraten und so zu kurzfristigen Preisschwankungen beitragen.

Gleichwohl hat mit der sog. Ölkrise eine regionale Strukturveränderung eingesetzt, die aufgrund vermehrter Partizipation an den Mineralöleinnahmen die erdölreichen Golfstaaten in eine ökonomische Position versetzte, die es ihnen heute ermöglicht, durch finanzielle Beteiligung an internationalen Großunternehmen, durch Infrastrukturmaßnahmen im Industrie-, Flugverkehrs- und Tourismussektor eine ökonomische **Diversifizierungsstrategie** anzuwenden. Einzelne Öl exportierende Staaten (Saudi-Arabien, Irak, Iran) wurden damals quasi über Nacht in die Gruppe der 20 wichtigsten Exportökonomien katapultiert, was ihnen Finanz-

mittel für den Infrastrukturausbau und das nötige Kapital für die Etablierung wohlfahrtsstaatlicher Strukturen verschaffte. Neben der grundlegenden Verbesserung der Lebensbedingungen der Einwohner ist die alleinige Abhängigkeit von den fossilen Rohstoffen zwischenzeitlich gemildert worden. Vor allem durch die Wertschöpfung aus der Weiterverarbeitung von Erdöl und Erdgas sowie aus Folgeindustrien ist unter Einbeziehung bedeutender Migrantengruppen eine tragfähige wirtschaftliche Basis entwickelt worden. Die regionalen Einkommensdisparitäten innerhalb des Nahen Ostens haben zu innerregionalen Wanderungen von Arbeitskräften bzw. Gastarbeitern beispielsweise aus Ägypten, Palästina, Jordanien oder Jemen in die **„reichen" Golfstaaten** beigetragen, mittlerweile sind die Einzugsgebiete für Migrantengruppen jedoch global gestreut. Viele Arbeitskräfte im einfachen Dienstleistungsgewerbe stammen aus allen Staaten Südasiens und aus Südostasien (hier vor allem Philippinen), professionelle Fachkräfte im Bankenwesen, Management und Verwaltung aus Südasien und westlichen Industrieländern beispielsweise aus Großbritannien. In zahlreichen Ölstaaten ist die autochthone Bevölkerung zahlenmäßig eine Minderheit, politisch jedoch die einzig teilhabende, Entscheidungen treffende und privilegierte Gesellschaftsschicht. In Kuwait, Katar und den Vereinigten Arabischen Emiraten liegt der Anteil der allochtonen Erwerbstätigen zwischen 80 und 90 %, in Oman, Bahrain und Saudi-Arabien zwischen 60 und 70 % (Meyer 2004). Deutlicher als anhand der

Mio. Barrel pro Tag

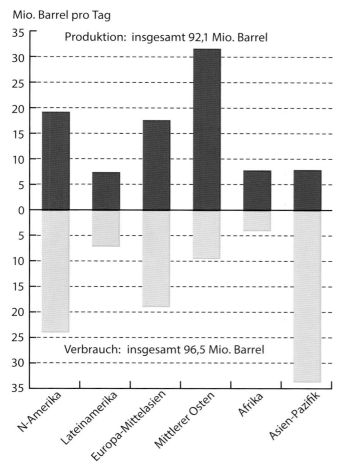

Abb. 31.49 Erdöl: Produktion und Verbrauch 2016 im Vergleich (Quelle: BP Statistical Review of World Energy 2017).

internationalen Migration lässt sich der dort unter strikten Regulierungsvorgaben vollzogene Strukturwandel kaum illustrieren, der gleichzeitig die lokal und regional verfügbaren Finanzmittel aus Öleinnahmen dokumentiert. Darüber hinaus haben private Unternehmen und Staatskonzerne aus zahlreichen Golfstaaten Beteiligungen in Industrieunternehmen und Banken in OECD-Ländern erworben.

In Zeiten der Globalisierung sind die Erdölgesellschaften des Nahen Ostens stärker mit der **Weltwirtschaft** verflochten als je zuvor. Arabische Industriebeteiligungen an *blue-chip*-Konzernen sind heute eine Selbstverständlichkeit ebenso wie urlaubende Europäer an den Stränden der Arabischen Emirate oder an der Straße von Hormus auf der Insel Qeshm, die zur arabischen bzw. iranischen Variante der touristischen Balearen bzw. Kanaren ausgebaut werden. Die Austauschbeziehungen füllen mittlerweile ein weites Spektrum diversifizierter Aktivitäten. Die See- und Flughäfen der Golfstaaten sind zentrale Drehscheiben des Verkehrs zwischen Europa und Asien geworden. Industrieansiedlungen sind erfolgreich, von manchen Beobachtern wird die Golfregion als „Ruhrgebiet ohne Wasser" (Schliephake

2001) apostrophiert und der Entwicklungspfad durchaus mit dem historischen Vorbild verglichen. Darüber hinaus stellen die prosperierenden Golfstaaten einen wichtigen Absatzmarkt für US-amerikanische und europäische Waren und Konsumgüter dar; aus der Golfregion erfolgen Investitionen in europäische Fußballvereine und Kulturinstitutionen, die internationalen Verflechtungen verstärken und diversifizieren.

Aber es gibt nicht nur Erfolgsgeschichten zu vermelden: Irak sonnte sich einstmals in der höchsten Einkommenskategorie der arabischen Ölexporteure und baute seine Infrastruktur in großem Stil aus, war dadurch auch einer der wichtigen Auftraggeber für die bundesdeutsche Bauindustrie. Seit den **Golfkriegen** hat sich die entwicklungsrelevante Position Iraks innerhalb der arabischen Welt stetig verschlechtert. Vor dem dritten Golfkrieg fand sich Irak in einer Gruppe mit Marokko und Ägypten wieder, nur noch vor Sudan, Mauretanien, Jemen und Dschibouti (Kreutzmann 2003). Die Verluste und Ergebnisse des jüngsten Kriegs und der angloamerikanischen Besatzung sind tragisch und zeigen destabilisierende Langzeitfolgen. Die Anzahl der direkten und indirekten Todesopfer wird auf bis zu 1 Mio. Menschenleben geschätzt. Die Kontrolle der irakischen Ölquellen bzw. ihre Ausbeutung ist zurzeit weiterhin unsicher, da sowohl den „Siegern" als auch der von ihnen eingesetzten Regierung eine Konsolidierung des Staatswesens im zivilgesellschaftlichen und ökonomischen Sinne bislang verwehrt blieb.

Heute gelten für Erdöl folgende **Förderkosten** und **Verbraucherpreise**: Im Nahen Osten kann ein Barrel (Fass von 159 l Inhalt) gegenwärtig im Durchschnitt für 2 US-Dollar gefördert werden, im Vergleich belaufen sich die Kosten in Russland auf 6, in Afrika auf 7, in Europa und in Nordamerika auf 9–10 US-Dollar pro Barrel. Dazu kommen Aufwendungen für *royalties* und Steuerabgaben in den Förderländern, die im Laufe der Zeit stark schwankten und tendenziell zugenommen haben, sowie Raffinerie-, Pipeline- und Transportkosten. Der Listenpreis liegt in der Größenordnung von 25–50 US-Dollar, zu dem die Produzenten Erdöl anbieten. Der Verbraucher an deutschen Tankstellen zahlt gegenwärtig ungefähr 270 US-Dollar für ein Barrel. In diesen Endverbraucherpreis sind ein hoher Öko-, Mehrwert- und Mineralölsteueranteil sowie die Wirtschaftskosten u. a. zur Bereitstellung von Tankstellennetzen und Gewinne der Mineralölkonzerne eingerechnet.

Aktuelle konfliktträchtige Beziehungen

Die vergleichsweise stabilen Energiekosten der 1980er- und 1990er-Jahre haben darüber hinwegsehen lassen, dass in den geostrategischen Überlegungen der Großmächte die Öl-Lobby eine zentrale Rolle spielt. Im Gefolge der Ereignisse am 11. September 2001 wurde erst wieder deutlich, wie zentrale Entscheidungsträger der US-amerikanischen Administration mit der **Öl-Lobby** verflochten sind und wie bedeutend die Stellung des Nahen Ostens ist. Die dort nachgewiesenen Reserven weisen weiterhin steigende Tendenz auf und heben sich signifikant von allen anderen Anbieterregionen ab (Abb. 31.50). Ob seinerzeit

Kapitel 31

Mrd. Barrel

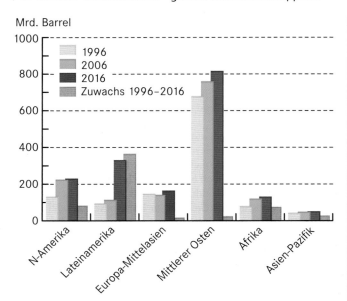

Abb. 31.50 Nachgewiesene Erdölreserven 1996, 2006, 2016 sowie regionale Zuwächse (Quelle: BP Statistical Review of World Energy 2017).

Präsident George Bush senior oder junior, ob Verteidigungsminister Donald Rumsfeld und die Außenministerin Condoleeza Rice – in der öffentlichen Diskussion wurde die Verknüpfung zwischen geostrategischen Interessen und US-amerikanischer bzw. texanischer Öl-Lobby kaum mehr angezweifelt. Mit dokumentarischen Aufnahmen hat der Regisseur Michael Moore in seinem Film „Fahrenheit 9/11" diesen Sachverhalt eindrücklich illustriert und die texanisch-saudischen Verflechtungen teilweise polemisch in Szene gesetzt. Die **Friedens-** bzw. **Anti-Kriegsbewegung** hat die zweifelhaften Argumente für eine militärische Intervention ebenfalls aufgegriffen (Abb. 31.51). Eine neue Dimension erhielt diese Diskussion, als die US-amerikanische Regierung im November 2004 in ihrem Abschlussbericht eingestehen musste, dass die Suche nach den vermeintlichen und als Kriegsgrund herhaltenden Massenvernichtungswaffen im Irak ergebnislos geblieben war. Gleichfalls verbreitet die Stabilisierung der Wahabiten-Monarchie in Saudi-Arabien mit umfangreichen Waffensystemen und Beratern wenig Glaubwürdigkeit, wenn demokratische Prinzipien und Menschenrechte als Vergleichsmaßstab herhalten sollen.

Die geostrategischen Interessen in der Golfregion sind aktuell wie eh und je, ihre prinzipielle Bedeutung hat sich mit den letzten beiden Regierungswechseln in Washington nicht verändert. Die Verschiebung der nachgewiesenen Reserven zugunsten Latein- und Nordamerikas besitzt nicht nur eine mengenmäßige Dimension. Die Förderung von einem Barrel saudischen Öls verursacht weniger als ein Drittel an Kosten, wie sie für die Gewinnung eines Fasses aus amerikanischen Ölschiefern und aus kanadischen Ölsanden veranschlagt werden müssen. Bei niedrigen Weltmarktpreisen für Öl profitieren die klassischen Anbieter von hoher Nachfrage, was sich mit steigenden Ölpreisen relativiert. Das Verknappungsszenario an fossilen Energieträgern und die Begrenzung einer Wohlstandsverbreitung werden weiterhin zur Rechtfertigung ungleicher Maßstäbe, Interventionen und präfe-

Abb. 31.51 Demonstrant für Frieden während des Irakkrieges in Venedig (Foto: H. Kreutzmann).

renzieller Behandlung herangezogen. Die disparitären Lebensverhältnisse in den Staaten des Nahen Ostens geben dafür ein deutliches Zeichen. Die weltweite Kluft zwischen armen und reichen Staaten nimmt stetig zu (Kreutzmann 2008), mit Indien und China treten nun jedoch andere, in ihrem Einfluss gewinnende Akteure hinzu. Machtgewichte und Ressourcenerschließung verlagern sich tendenziell nach Afrika und Lateinamerika, während der Schwerpunkt der Begehrlichkeiten im *Greater Middle East* und Zentralasien bleibt.

31.8 Mineralische Ressourcen

Robert John

Mineralische Ressourcen bilden die materielle Grundlage der meisten gegenwärtigen Gesellschaften, ihrer Volkswirtschaften und Technologien. Sie umfassen beispielsweise Sande und Kiese, die gebunden in Beton das Fundament urbaner Räume und Infrastrukturen bilden –, Kali- und Steinsalze sowie metallische Erze wie Coltan, das u. a. für die Herstellung von Kondensatoren in Handys, Kameras und Laptops verwendet wird. Die derzeitige Wirtschaftsweise und die damit verbundene Erhöhung des Lebensstandards in vielen Ländern führen zu immer kürzeren Produktlebenszyklen, einem Anstieg des Konsums und somit zu einem **steigenden Verbrauch** dieser Ressourcen. In Verbindung mit dem globalen Bevölkerungsanstieg führt dies nicht nur zu regionalen Versorgungsengpässen, sondern hat teilweise gravierende negative sozio-ökologische Folgen.

Mineralische oder bergbauliche Ressourcen gelten als unbelebte Natur und sind – in menschlichen Zeithorizonten – nicht erneuerbar. Typischerweise werden diese in metallische (Erze), nicht metallische (Steine, Erden und Mineralien) und Energieressourcen (Kohle, Erdöl und Erdgas) unterteilt (Haas & Schlesinger 2007). Während in Abschn. 31.7 die Energieressource Erdöl behandelt wurde, liegt im Folgenden der Fokus auf metallischen und nicht metallischen Ressourcen.

Mineralstoffe kommen zumeist in geringer Konzentration in der äußersten Kruste der Erde vor. Finden sich natürliche Anreicherungen eines Minerals weit über dem Durchschnittswert an einem räumlich begrenzten Ort, wird von einer **Lagerstätte** gesprochen. Diese sind definiert durch ihre Mächtigkeit (Quantität – Größe), dem Aufbau des Gesteinskörpers (Qualität – Inhalt) und der Zugänglichkeit (oberflächennah oder -fern). All diese Aspekte bestimmen die Abbauwürdigkeit, das heißt, ob die Ressource mithilfe der gegenwärtigen technologischen Kapazitäten wirtschaftlich rentabel gewonnen werden kann. Demgegenüber werden kleine, nicht rentable Anhäufungen als Vorkommen bezeichnet (Haas & Schlesinger 2007).

Der Begriff der **Ressourcen** umfasst alle identifizierten und bisher unentdeckten (spekulativen) Lagerstätten mineralischer Stoffe. Nachgewiesene, wirtschaftlich rentable und technologisch erschließbare Lagerstätten, werden als **Reserven** bezeichnet, wohingegen Grenzreserven Lagerstätten abnehmender Wirtschaftlichkeit und sinkender geologischer Sicherheit umfassen. (Abb. 31.52; Hummel et al. 2006). Die Rentabilität des Abbaus bzw. des Mindestumfangs der Lagerstätten ist dabei abhängig von ökonomischen Faktoren (Nachfrage, Preis, Transportkosten), unternehmensspezifischen Merkmalen (Unternehmensstruktur, Risikobereitschaft und Ziele) und sozio-politischen Einflüssen (Zölle, Umweltregularien, Nutzungskonflikte). All diese Faktoren variieren mit der Zeit; so veränderte sich beispielsweise der minimal förderwürdige Chromgehalt im Gestein aufgrund erhöhter Nachfrage und technologischer Innovationen von 35 % in 1980 und 22 % in 2007 auf nunmehr 18 % in 2017 (TATA 2017).

Die eigentliche Gewinnung mineralischer Reserven erfolgt durch den Bergbau, der die folgenden Funktionsbereiche umfasst (Haas & Schlesinger 2007):

- Prospektion (Aufsuchung) von Lagerstätten bestimmter Ressourcen in einem unbekannten Gebiet
- Exploration (Erschließung); respektive die Prüfung der Lagerstätte hinsichtlich ihrer Qualität (das heißt ihres Mineralgehalts in Relation zum minimal förderwürdigen Gehalt des gewünschten Minerals) und Quantität (Vorratsmenge des Mineralstoffes)

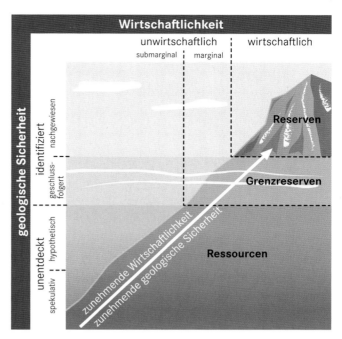

Abb. 31.52 Abgrenzung von Reserven und Ressourcen nach Grad der geologischen Sicherheit und Wirtschaftlichkeit (verändert nach Haas & Schlesinger 2007).

- Abbau (Gewinnung); abhängig vom stofflichen Inhalt, der Zugänglichkeit und Form der Lagerstätte; daher kommen zwei Technologien zum Einsatz: Tagebau bei oberflächennahen und Tiefbau bei oberflächenfernen Lagerstätten, wo der Deckgebirgsabtrag aufgrund der tiefliegenden Mineralien unwirtschaftlich wird

Neben den biophysikalischen Eigenschaften (Reinheit, Gewicht, Volumen) sind die Lagerung (punktuell versus diffus) und die notwendige Auf- und Verarbeitung wichtige Standortfaktoren für die Industrie. Insbesondere kann hier zwischen Ubiquitäten und lokalisierten Mineralien unterschieden werden. **Ubiquitäten** liegen in allen Gebieten in etwa gleichen Mengen vor und stehen zu ähnlichen Preisen zur Verfügung. **Lokalisierte Materialien** hingegen befinden sich nur an bestimmten Fundorten. Daneben spielt die bereits aus der Wirtschaftsgeographie bekannte Unterscheidung nach der Art der Verarbeitung eine Rolle, das heißt, welcher Anteil der gewonnenen Materialien in das End- oder Zwischenprodukt eingeht. Daraus resultieren auch sehr unterschiedliche Transportkostenempfindlichkeiten der beteiligten Industrien: Diese spielen trotz insgesamt gesunkener **Transportkosten** bei schweren und sperrigen Rohstoffen wie Sanden und Kiesen nach wie vor eine wichtige Rolle, bei hochpreisigen Mineralien wie Coltan und anderen Seltenen Erden sind sie hingegen zu vernachlässigen.

Die Notwendigkeit zum Handel mit mineralischen Ressourcen ergibt sich aus den großen **räumlichen Disparitäten** bei Vorkommen und Verbrauch (Abb. 31.53). Das Vorkommen industriell wichtiger Seltener Erden konzentriert sich weltweit auf wenige Staaten. Während wenige Länder in Südamerika (Brasilien 93 % der weltweiten Niob- und Chile 42 % der Lithiumreserven)

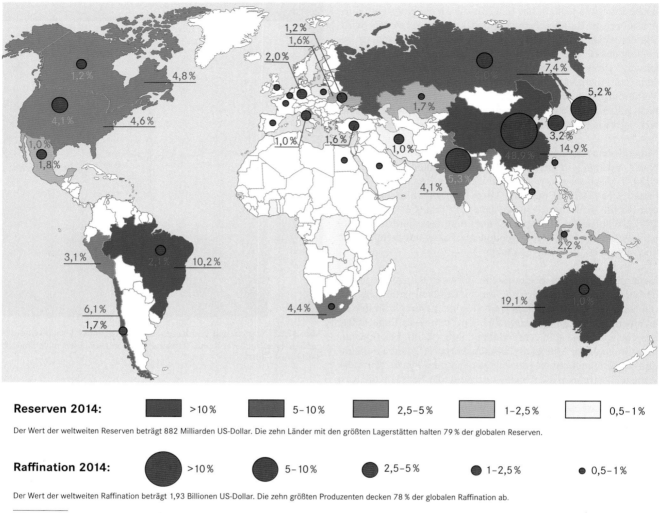

Abb. 31.53 Die wichtigsten Bergbauländer nach Anteil an Reserven und deren Raffination (Reinigung, Veredlung, Trennung und/oder Konzentration) mineralischer Ressourcen (verändert nach Drobe & Killiches 2014).

und in Afrika (DR Kongo 50 % der weltweiten Kobalt- und Südafrika 72 % der Platinreserven), aber allen voran China, mit 97 % der weltweiten Seltenen Erden, große Reserven halten und diese exportieren, importieren und verbrauchen die industrialisierten Länder teilweise mehr Ressourcen als ihnen geologisch zur Verfügung stehen (Drobe & Killiches 2014).

Politökonomisch sind für die Frage, welche Auswirkungen das für exportierende und importierende Länder hat, zwei Aspekte von zentraler Bedeutung: Erstens die Frage des Zugangs und zweitens die Verteilung der ökonomischen, sozialen und ökologischen Gewinne und Kosten. Fragen des **Zugangs zu Ressourcen** und deren strategische Bedeutung werden u. a. in öffentlich geführten Debatten um die Rolle von sog. Seltenen Erden deutlich. Prominent wurden in den Medien etwa der Versuch der Etablierung von Exportquoten durch China und die Gründung des chinesischen Wirtschaftsverbunds für Seltene Erden diskutiert. Dabei ging es u. a. um die Frage, ob einzelne Länder mit großen Vorkommen seltener Rohstoffe deren Exporte aus geopolitischen und geoökonomischen Interessen heraus begrenzen können (Frost & Voigt 2012). In Bezug auf die Verteilung der ökonomischen, sozialen und ökologischen **Kosten und Nutzen** ist bemerkenswert, dass die höchsten ökonomischen Gewinnmargen häufig nicht in den ressourcenfördernden Ländern, sondern bei der Weiterverarbeitung in den importierenden Ländern erzielt werden. Die Gründe hierfür sind vielfältig und komplex, liegen aber u. a. in den ungleichen Handelsbedingungen (Zöllen u. a.), dem negativen Import-Export-Verhältnis von Ressourcen versus Fertig- bzw. Halbfertigprodukten und den oft fehlenden finanziellen und technischen Möglichkeiten der Weiterverarbeitung in den Exportländern. Dieser Zustand zieht Fragen der **globalen Gerechtigkeit** nach sich. Vor allem dann, wenn bei der Gewinnung, dem Transport und der Verarbeitung mineralischer Ressourcen erhebliche

Abb. 31.54 a Ödland nach Silberbergbau in Potosí, Bolivien (Foto: Tim Schneider, 2017). **b** Renaturierte und als Badesee genutzte Kies- und Sandgrube bei Freiburg, Deutschland (Foto: R. John, 2017).

sozio-ökologische Schäden entstehen. Diese beinhalten die folgenden Aspekte:

- Landnutzungsänderungen durch den unmittelbaren Abbau (Halden, Gruben etc.), den Bau von Verkehrs- und Transportwegen und den Abraum: je abgebauter Einheit Ressource entsteht oft ein Vielfaches an Material (z. B. fallen für jedes kg Kupfer im Durchschnitt 348,47 kg Abraum und 367,16 kg Wasser an [Wuppertal Institut 2014]) und gleichzeitig kann die Renaturierung von Bergbauregionen durchaus ökologisch wertvolle Landschaften mit hohem Freizeitpotenzial hervorbringen (Abb. 31.54)
- Verschmutzung durch den Abbau toxischer Minerale (Blei oder Uran), den Einsatz toxischer Substanzen während des Abbaus (z. B. hochgiftige Zyanide oder Quecksilber bei Gold) oder durch deren Mitförderung im Abraum (z. B. Schwermetalle bei Sanden)
- hydrologische Konsequenzen, die sowohl bei terrestrischer wie auch aquatischer Gewinnung der Ressourcen entstehen, z. B. Verunreinigung und Vergiftung des Grund- und Oberflächenwassers oder Störungen des hydrologischen Gleichgewichts durch die Absenkung des natürlichen Grundwasserspiegels

Auch die sozioökonomischen Folgen des Abbaus mineralischer Ressourcen sind oftmals erheblich. So werden beispielsweise ganze Siedlungen verlegt, um darunterliegende Ressourcen abzubauen, oder die natürlichen Lebensgrundlagen vor allem ärmerer Bevölkerungsgruppen zerstört, indem Böden und Gewässer

vergiftet werden, was ökonomische Einbußen in Landwirtschaft und Fischerei nach sich zieht. Es gibt aber auch **positive Folgewirkungen**: Neben der Verbesserung der Beschäftigungssituation kann es zu Fortschritten in der sozialen Infrastruktur (Schulen, Krankenhäuser) und dem Verkehrs- und Transportwesen (Straßen und Schienennetze) durch Investitionen oder soziales Engagement der Bergbau- und Verarbeitungsindustrie kommen.

Mögliche Gründe für (politische) Konflikte und/oder (gewalttätige) Ausschreitungen lassen sich dabei nicht naturdeterministisch oder eindimensional erklären, sondern liegen in der Verbindung aus ökologischen und sozio-politischen Faktoren. Typische Konfliktmuster sind die folgenden:

- Konflikte um Besitz- oder Kontrollverhältnisse aufgrund potenziell hoher Gewinne durch Ressourcenabbau und -handel, die von Repressionen bis hin zu gewalttätiger Ent- und Aneignung (Landraub) durch staatliche oder private Interessengruppen reichen (Springer 2015)
- Flächennutzungskonkurrenzen, die je nach Bevölkerungsdichte, Flächenangebot und vorangegangener Nutzung zwischen Wohnraum, Industrie, Landwirtschaft, Bergbau und Tourismus an Intensität zunehmen (Haas & Schlesinger 2007)
- Konflikte um ökologische Schäden, deren Regulierung unterschiedliche Auswirkungen auf unterschiedliche Bevölkerungsgruppen hat, wobei soziopolitisch marginalisierte Gruppen aufgrund ihrer hohen Abhängigkeit von ökologischen Ressourcen oft zu den Vulnerabelsten und am stärksten Betroffenen gehören

Kapitel 31

■ Konflikte um Verteilung der Gewinne und Kosten (Korruption, Schmuggel u. a.)

Die aufgeführten Konflikte um mineralische Ressourcen unterscheiden sich dabei in ihrem Verlauf, ihrer Intensität und Dauer abhängig von gesellschaftlichen und materiell-stofflichen Faktoren der jeweiligen Ressourcen. Ein viel beachtetes und weitläufig untersuchtes Phänomen ist z. B. der Einfluss von Ressourcenreichtum auf Konflikte in Subsahara-Afrika. Statistisch wurde dabei eine Koinzidenz zwischen einer starken nationalwirtschaftlichen Abhängigkeit von Ressourcenexporten und dem Auftreten kriegerischer Auseinandersetzungen nachgewiesen (Collier & Hoeffler 2004). Daher stellt sich die Frage, wie es zu einem solchen **Ressourcenfluch** kommen kann. Sozialwissenschaftliche Studien haben gezeigt, dass monokausal argumentierende ökonometrische Erklärungen hier oft wenig weiterhelfen. Vielmehr hängen die Effekte von Ressourcenreichtum ganz maßgeblich von historischen und aktuellen **soziopolitischen Faktoren** ab. Dabei sind vor allem die folgenden Fragen wichtig: Welchen Stellenwert nimmt der Ressourcenexport innerhalb der (nationalen oder regionalen) Wirtschaft ein? Wie stark ist die nationale Ökonomie von diesem abhängig? Wie werden dessen Erlöse verteilt? Und wie volatil sind die Nachfrage und der Marktpreis der Ressource? Ebenfalls zentral ist der sozio-politische Kontext, das heißt die Frage, ob es staatliche oder gar demokratische Strukturen mit hoher Durchsetzungskraft gibt oder Korruption vorherrscht, ob soziale Benachteiligungen und Marginalisierungen die Gesellschaft prägen und ob es in der jüngeren Vergangenheit gewalttätige Ausschreitungen oder (Bürger-)Kriege gab.

Darüber hinaus unterscheiden sich die Konflikte auch aufgrund der spezifischen **materiell-stofflichen Qualitäten und Eigenschaften** der Ressourcen und ihres Vorkommens, wobei besonders die folgenden drei Faktoren eine Rolle spielen:

■ Plünderbare versus nicht plünderbare Ressourcen: Diese Unterscheidung bezieht sich auf die technologischen, personellen und finanziellen Herausforderungen, die sich aus den geologischen und materiell-stofflichen Qualitäten der Ressource für deren Prospektion, Abbau, Weiterverarbeitung und Transport (Schmuggel oder Handel) ergeben. So sind oberflächennahe Lagerstätten technologisch und personell einfacher ausfindig zu machen und abzubauen als tiefliegende Lagerstätten. Mineralien, die natürlicherweise sehr rein vorkommen und somit weniger Verarbeitung benötigen und weniger Abraum produzieren, nur ein geringes Gewicht und Volumen besitzen, sind schneller abzubauen und einfacher zu schmuggeln (Billon 2012). Plünderbare Ressourcen sind dementsprechend leicht zugänglich und versprechen als Kriegsbeute ein schnelles Einkommen (Ross 2004).
■ Räumlich konzentrierte versus disperse Ressourcen: Diese Unterscheidung bezieht sich auf die Möglichkeit, den Ressourcenzugang zu kontrollieren. Je weitläufiger Ressourcen verteilt sind, desto schwieriger ist der Abbau zentralisiert zu kontrollieren (Billon 2014).
■ Staatsnahe versus staatsferne Ressourcen: Diese Unterscheidung bezieht sich auf Länder mit schwacher Staatlichkeit, in denen die Staatsmacht nicht das gesamte Territorium kontrolliert. Staatsnah sind hier Gebiete, die dicht an den staatlichen Machtzentren liegen, staatsfern solche, die beispielsweise von Rebellengruppen kontrolliert werden (Billon 2014, Oßenbrügge 2007).

Alluviale Diamanten sind ein prominentes Beispiel für potenzielle **Konfliktressourcen**, da diese in räumlich dispersen, oberflächennahen und oft staatsfernen Lagerstätten zu finden sind. Sie sind daher für Rebellen oder andere nicht staatliche Akteure leicht zugänglich und kontrollierbar. Darüber hinaus verspricht ihr hoher Wert, das kleine Volumen und geringe Gewicht einfache Aufbewahrung und leichten Transport sowie schnelles Geld. Die nachfolgenden Abschnitte behandeln exemplarisch zum einen Sande als niedrigpreisigen Vertreter nicht metallischer Minerale und ihre Rolle in der weltweiten Urbanisierung und zum zweiten Coltan als Beispiel für ein hochpreisiges, metallisches Erz und dessen Rolle in Konflikten.

Sande – das selten beachtete Fundament der physischen Wirtschaft

Sandvorkommen scheinen unerschöpflich und stehen daher selten im Fokus medialer oder politischer Debatten. Jenseits des öffentlichen Blicks steigt jedoch seit einigen Jahrzehnten der globale Bedarf an **Bauaggregaten** (Sanden, Kiesen und Schotter) um jährlich 4,7 % (Danielsen & Kuznetsova 2016). Dies erklärt sich aus dem anhaltenden Bevölkerungswachstum, dem steigenden Lebensstandard und der zunehmenden Urbanisierungsrate im Zuge des globalen Wandels. Heute leben bereits über die Hälfte aller Menschen in urbanen Räumen (ca. 54 %), Tendenz steigend: 2050 werden es ca. 66 % sein, das heißt 2,5 Mrd. mehr, wodurch ein enormer Bedarf an zusätzlicher baulicher Infrastruktur und somit an Sanden für Beton generiert wird (Gavriletea 2017). Entsprechend stellen Bauaggregate nach Wasser den größten Anteil an abgebauten Reserven weltweit (Abb. 31.55). Während 1998 ca. 20 Mrd. Tonnen abgebaut wurden, schätzt man die heutige Produktion auf 32–50 Mrd. Tonnen jährlich (Bleischwitz & Bahn-Walkowiak 2007). Dies entspricht der doppelten Menge an Sedimenten, die von allen Flüssen der Welt transportiert werden (Peduzzi 2014). Bauaggregate sind nach Produktionsvolumen deshalb das wichtigste nicht energetische Bergbauprodukt der Welt, einzig in ihrem Produktionswert von den fossilen Brennstoffen übertroffen (Anciau et al. 2007). In der EU trugen diese in 2006 etwa 67 % zum Produktionsvolumen und 23 % zum Produktionswert des gesamten Bergbausektors bei (Menegaki & Kaliampakos 2010).

Sande gehören zu den **Schlüsselressourcen** industrialisierter Gesellschaften, denn diese stellen die physische Grundlage der Wirtschaft, unserer Städte und Mobilität in Form von Werks- und Bürogebäuden, Transportinfrastruktur (Häfen, Straßen, Flugplätzen) und Bauwerken zur gesellschaftlichen Reproduktion (Wohnraum, Schulen, Krankenhäuser, Museen). Da es bisher noch keine vergleichbaren Substitute gibt und Recyclingprodukte nicht ausreichen, benötigen wir zur Deckung unserer materiellen Bedürfnisse und zur Sicherung des derzeitigen Lebensstandards

Abb. 31.55 Satellitenaufnahme von Schwimmbaggern und Lastkähnen, die Sande im Deltabereich verschiedener Flüsse in Koh Kong im Westen Kambodschas abbauen. Der Deltabereich beinhaltet den größten verbliebenen Mangrovenwald Südostasiens, wobei der Abbau teilweise innerhalb des Peam-Krasaop-Naturschutzgebiets stattfindet (Pleiades-1A-satellite, 2014; eingekauft durch Mother Nature Cambodia).

ausreichend Bauaggregate (Anciau et al. 2007, Bleischwitz & Bahn-Walkowiak 2007). Trotz dieser zentralen Rolle wird ihnen bisher wenig strategische Wichtigkeit beigemessen und kaum politische Aufmerksamkeit geschenkt. Der Abbau ist vor allem im Globalen Süden wenig reguliert.

Sande gelten aus geologischer Perspektive als nicht metallische und nicht erneuerbare Ressourcen, die vorwiegend der mechanischen Zerstörung anderer Gesteine entstammen und einen Korndurchmesser von 0,063–0,2 mm aufweisen. Dabei wirken chemische und physische Verwitterungsprozesse über mehrere Jahrtausende auf Festgesteine unterschiedlicher Zusammensetzung ein und schaffen zumeist polymineralische Sande. Diese können terrestrischen, das heißt fluvialen (Fließgewässer), fluvioglazialen (Gletscherbäche) oder marinen Ursprungs sein und lagern sich zumeist in Flüssen, Überschwemmungsgebieten oder am Ufer- und Kontinentalschelf und somit in ökologisch wertvollen Gebieten ab (Danielsen & Kuznetsova 2016, Gavriletea 2017).

Die **Einsatzmöglichkeiten** von Sanden sind vielfältig und reichen von der Bauindustrie bis zu industriellen Applikationen. Die Anforderungen an die Materialeigenschaften betreffen abhängig vom Einsatzgebiet und der benötigten Qualität der Sande die Korngröße, mineralogische Zusammensetzung, Kornform und -oberfläche. Der wichtigste Einsatzbereich nach Produktionsvolumen und -wert ist Bausand. Er stellt neben Kiesen und Schotter den Hauptbestandteil essentieller Baustoffe wie Beton, Asphalt oder Mörtel und ist damit eine Schlüsselressource für das Wirtschaftswachstum vieler Länder (Peduzzi 2014). Beton, wiederum der meistgenutzte Baustoff unserer Zeit, besteht zu 70–80 % und Asphalt zu 90–95 % aus Bauaggregaten. Die Hauptanwendungsgebiete liegen im Hochbau (Wohngebäude und Gewerbe; Abb. 31.56a), Tiefbau (bauliche Verkehrs- und Versorgungsinfrastruktur wie Straßen, Brücken und Tunnel) und als Füllmaterial in der Landgewinnung oder -verfüllung (Abb. 31.56b; Danielsen & Kuznetsova 2016). Der Ressourcenverbrauch ist dabei enorm: Ein neues Wohnhaus benötigt vom Fundament bis zu den Dachziegeln bis zu 400 Tonnen Bauaggregate, 1 km Autobahn vom Unterbau bis zum Asphalt ca. 30 000 Tonnen (Bleischwitz & Bahn-Walkowiak 2007). Quarzsande und

das in ihnen enthaltene Silizium finden wiederum Anwendung als Industriemineralien, u. a. in der Glas- und chemischen Produktion, Gießerei- und Elektroindustrie (Computerchips), zur Herstellung von feuerfesten Materialien, Farben und sogar in Lebensmitteln und Kosmetik.

Die **Prospektion, Exploration** und der **Abbau** von Sanden ist einfach, da es zahlreiche Lagerstätten in Oberflächennähe gibt, für deren Erschließung keine komplexen Kenntnisse, Fähigkeiten oder Extraktions- und Verarbeitungstechnologien nötig sind. Technologisch unterscheidet man beim Abbau grundsätzlich zwischen aquatischer und terrestrischer Gewinnung. An Land wird Sand aus den obersten Sedimentschichten mithilfe von Baggern oder in kleineren Mengen auch manuell mit der Schaufel im Tagebau (Sandgruben) abgebaut. Bei sehr mächtigen Lagerstätten wäre ein Abbau in größeren Tiefen denkbar, jedoch ist dieser bisher nicht rentabel. Die Gewinnung aquatischer Fluss- oder Meeressande erfolgt dagegen mithilfe von mechanischen Schaufeln (Schwimmbaggern) oder hydraulischen Saugpumpen, die in flachen Meeres-, Flussmündungs-, Fluss- und Seebereichen die Sedimente vom Wasserbett entfernen und auf Lastkähne heben (Abb. 31.57). Aquatische Sande sind wertvoller und werden von der Bauindustrie bevorzugt, da diese bereits gewaschen und somit frei von organischen Verschmutzungen sind. Zudem lagern sie sich aufgrund der hydromorphologischen Prozesse nach Korngrößen ab. Dieser Sand wird – sei es für den Export oder für den inländischen Markt – auf größere Schiffe verladen oder an Land per Lkw (ca. 80 bis 90 % des Gesamtvolumens) und Zug zu den Konsumenten transportiert (CCHR 2016). Abhängig vom Verwendungszweck wird der Sand nach dem Abbau noch mechanisch verarbeitet, z. B. gebrochen, gewaschen oder nach Größen sortiert (Anciau et al. 2007).

Trotz der im Vergleich zu anderen Mineralien geringen Umweltintensität der Bauaggregatindustrie kommt es aufgrund des riesigen Nutzungsvolumens und des hohen geologischen Ausmaßes des Abbaus (5–25 Tonnen pro Kopf/Jahr) zu großen, teilweise irreversiblen Folgen (Anciau et al. 2007, Bleischwitz & Bahn-Walkowiak 2007). Dabei kann zwischen direkten und indirekten Auswirkungen unterschieden werden: **Direkte Aus-**

Kapitel 31

Abb. 31.56 a Landverfüllung innerstädtischer, ehemalig landwirtschaftlich genutzter Seen zur Gewinnung neuen Baulands in Phnom Penh, Kambodscha. **b** Bauboom in Phnom Penh – einer der Gründe für den hohen Verbrauch an Bauaggregaten der Hauptstadt, Kambodscha (Fotos: R. John, 2016).

wirkungen ergeben sich aus der Gewinnung und Produktion von Bauaggregaten, vor allem dort, wo innerhalb kurzer Zeit die Sandnachfrage, der Marktdruck und daher der Abbau zunehmen. Dies geschieht vor allem in Regionen mit hohem Wirtschaftswachstum, großen Infrastrukturprojekten und in der Nähe urbaner Wachstumszentren (Padmalal & Maya 2014, Pereira 2013). Die terrestrische Gewinnung von Sanden ist generell weniger problematisch als der Abbau in Gewässern, da Letztere eine wesentliche Funktion für die Integrität und Resilienz aquatischer Ökosysteme sowie die Stabilität hydromorphologischer Prozesse besitzen. Folgende direkte Auswirkungen werden beobachtet:

- Landschaftsveränderungen aufgrund von Sand- und Kiesgruben, die dauerhaft oder temporär Umweltschäden hervorrufen und zu Landnutzungskonkurrenz mit Erholungsgebieten, Landwirtschaft, Wohngebieten u. a. führen können
- Zerstörung von Vegetation und Laichgründen aufgrund der Sedimententnahme in Gewässern u. a. durch Schwimmbagger und infolge dessen Rückgang an Fisch- und Meeresfruchtbeständen
- Landverluste durch Küsten- oder Flussbankerosion aufgrund erhöhter Fließgeschwindigkeit und Destabilisierung der Uferbereiche
- Absenkung des alluvialen Grundwasserspiegels und Verschlechterung der Wasserqualität, u. a. durch das Eindringen von Meerwasser
- erhöhte Vulnerabilität gegenüber Überschwemmungen, Dürren und Sturmschäden durch den Verlust von Stränden und Flussbänken, was im Hinblick auf den klimawandelbedingten Meeresspiegelanstieg und die erwartete Zunahme von Extremwetterereignissen akut wird

Indirekte Auswirkungen sind ein globales Problem und ergeben sich aus der Verarbeitung und dem Konsum von Bauaggregaten (Bleischwitz & Bahn-Walkowiak 2007, Danielsen & Kuznetsova 2016). Dazu zählen erstens: Der Transport von Sanden vom Abbauort zu den Konsumenten führt aufgrund der steigenden Distanzen zu hohen Emissionen und massiven Verkehrsaufkommen. Zweitens: Mit jedem Produktionsschritt, beispielsweise der Herstellung von Beton, nimmt die Energie- und Emissionsintensität – darunter der Ausstoß klimaschädlicher Gase – zu. Und drittens: Sande tragen in erheblichem Maße zur Umwandlung von Land in bebaute Flächen (Bodenversiegelung) und einem erhöhten Grad an Hemerobie bei. So werden in der EU jährlich 10 Tonnen pro Kopf an zusätzlichem Material in neuen Gebäuden und Infrastrukturen gebunden.

Die hohe Materialintensität unserer Wirtschafts- und Lebensweisen lässt **regionale Knappheiten** entstehen. In vielen Gebieten wurden die leicht zugänglichen Reserven bereits aufgebraucht (Singapur, Malediven), wiederum andere verfügen nicht über ausreichend geologische Vorkommen (Belgien, Niederlande) oder diese erfüllen nicht die Qualitätsanforderungen (Dubai, Emirate; Danielsen & Kuznetsova 2016). Die verkürzte Lebensdauer von Gebäuden und die Unterlassung möglicher Haltbarkeitsverbesserungen (geplante Obsoleszenz) in kapitalistischen Wirtschaftssystemen lässt den Materialverbrauch zusätzlich steigen. In urbanen Räumen kommt es darüber hinaus aufgrund stringenter Umweltgesetzgebung, zunehmender Flächenversiegelung oder inkompatibler Landnutzung zur Abnahme erreichbarer Lagerstätten (Ressourcensterilisierung). Infolge dessen steigt die Notwendigkeit, Sande, trotz hoher Kosten, über weite Distanzen zu transportieren. Diese großvolumig-niedrigpreisigen Ressourcen weisen aufgrund ihres hohen Gewichts bereits bei kurzen Entfernungen ein negatives Verhältnis zwischen dem Wert des Transportguts und den Transportkosten auf. Distanzen von 30–50 km verdoppeln den Verkaufspreis, weshalb Sande, wo immer möglich, in geringer Entfernung zu Verdichtungsräumen und in großer Nähe zur Bauwirtschaft abgebaut werden. Die Bauaggregatindustrie sowie die weiterverarbeitende Baustoffindustrie gelten in der Wirtschaftstheorie daher als sehr **transportkostenempfindlich**, mit einer ausgeprägten Standortorientierung (Langer 2002). Eine merkliche Ausnahme ist Südostasien, wo entgegen der durchschnittlichen Transportdistanz von 40 km (Anciau et al. 2007) teilweise Strecken von über 3000 km auf dem Seeweg zurückgelegt werden, um Bausande beispielsweise von Bangladesch in urbane Zentren wie Singapur zu bringen.

Abb. 31.57 a Sandabbau mit hydraulischen Saugpumpen und direkte Beladung eines Lastkahns entlang des Mekong, Kambodscha. **b** Ankunft eines voll beladenen Sandlastkahns in Phnom Penh, Kambodscha, sowie Abfahrt eines leeren (Fotos: R. John, 2016).

Der Bausektor als einer der größten Industriezweige der Welt ist auf Bausand angewiesen und würde ohne diesen sofort zum Erliegen kommen (Pereira 2013). Diese enge Verbindung zeigt sich durch die folgenschweren Auswirkungen von Ad-hoc-Regulierungen. So verbot im September 2010 das Oberste Gericht in Mumbai jeglichen Sandabbau in Maharashtra, infolge massiver Umweltschäden und um umfassende Regularien zu erarbeiten. Dies brachte die Bauwirtschaft zum Stillstand und bedrohte nicht nur viele Megaprojekte, sondern auch Slumsanierungen, den sozialen Wohnungsbau und die 10 Mio. Beschäftigten in der Bauindustrie. Der verfügbare Sand sank um 40 % und sukzessive verdreifachten sich die Kosten für eine Lkw-Ladung von 110 auf 300 US-Dollar innerhalb eines Jahres. In Folge dessen importierten die Bauträger Sand aus Pakistan für 185 US-Dollar, umgingen das Verbot und externalisierten die Umweltfolgen (Pereira 2013). Dies ist nur ein Beispiel für den allgemein zunehmenden **Sandhandel**, vor allem in Asien. Manche Staaten haben sich, abhängig von ihren Lagerstätten, der Umweltgesetzgebung und dem Wirtschaftswachstum, zu Nettoexporteuren oder -importeuren entwickelt. Singapur – mit 13 % des Gesamthandelsvolumens weltgrößter Sandimporteur vor Kanada (11 %) und Belgien (9 %) – begegnet seiner massiven wirtschaftlichen und demographischen Expansion mithilfe von Landgewinnungsprogrammen (Peduzzi 2014).

Neben dem steigenden Handel führt der explodierende Sandbedarf zu einem massenhaften, teils illegalen Abbau ohne Rücksicht auf die sozio-ökologischen Folgen. Eines der bekanntesten Beispiele ist **Singapur**, das seine eigenen Sandreserven bereits 1960 aufgebraucht hatte und seinen Bedarf seither mit Importen aus gesamt Südostasien deckt. Der Stadtstaat erweiterte seine Landesfläche von ca. 580 km² im Jahr 1960 auf heutige ca. 720 km² und verbrauchte dafür, abhängig von der Wassertiefe, 118 000 bis 610 000 Tonnen Sand pro Hektar Neuland (Global Witness 2010). Der rücksichtslose Abbau nahe den Küsten und in den Flussdeltas der Nachbarstaaten veranlasste die meisten Länder, Exportverbote für Sande auszusprechen. Malaysia – als direkter Nachbar am frühsten mit den Abbaufolgen konfrontiert – verbot bereits 1997 alle Sandexporte. Es folgten Indonesien (2007), Vietnam (2008) und Kambodscha (2009; Global Witness 2010). Einige dieser Länder setzten stringentere staatliche Regulierungen (z. B. Umweltgesetze für reduzierte Fördermengen) durch und steigerten die behördliche Durchsetzungskraft (Monitoring und Kontrollen). Infolgedessen sank das Angebot an Lagerstätten und zusätzlich wurden Steuern, Lizenzgebühren, Zölle und bei Verstößen Strafzahlungen erhoben, was die Sandpreise regional steigen ließ. Bis dato war Sand jedoch (für die Bauindustrie) ein günstiger und jederzeit verfügbarer Produktionsinput. Zudem ist die Bereitschaft höhere Preise zu bezahlen sehr gering, da sich bereits kleine Preisschwankungen signifikant auf die Baukosten auswirken. Um Baupreise niedrig zu halten, wichen die staatlichen und privaten Bauträger daher auf neue, günstig zu erschließende und wenig regulierte Lagerstätten aus. Empirische Untersuchungen in Südostasien haben gezeigt, dass die ambitionierten Pläne Singapurs zur Erschließung neuen Baulands sowie die strikten Bauverträge mit engen Lieferterminen und hohen Verzugstrafen zusätzlichen Druck auf die Baufirmen ausübten, sich möglichst schnell neue Ressourcenquellen zu erschließen. All diese Faktoren haben dort einen **Frontier-Markt** für Bauaggregate entstehen lassen, wo Sande oft massenhaft ohne Umweltverträglichkeitsprüfung und Konsultation der lokalen Bevölkerung außerhalb des Lizenzgebiets bzw. gänzlich ohne Lizenzvereinbarung abgebaut werden (Global Witness 2010). Diese hohe Dynamik des (illegalen) Sandabbaus mit entsprechend verheerenden sozio-ökologischen Folgen ist längst kein isoliertes Phänomen mehr, sondern Alltag in vielen Ländern, u. a. in Botswana, Ghana, Indien, Nepal, Puerto Rico, Senegal und Südafrika (Gavriletea 2017).

Kambodscha, mit jährlich 20,8 Mio. m³ (ca. 33 Mio. Tonnen) der größte Produzent in der Region, ist besonders von dem (illegalen) ausländischen und inländischen Sandabbau betroffen (Mekong River Commission 2014). Seit ca. 10 Jahren ist das Land einer der wichtigsten Exporteure für Singapur und in geringerem Maße Indien, die Philippinen und die Nachbarländer Vietnam und Thailand (Abb. 31.58). Darüber hinaus steigt die Binnennachfrage, aufgrund des Baubooms vor allem im Großraum Phnom Penh. Im Jahr 2014 verbrauchte die Hauptstadt 15 000–20 000 m³

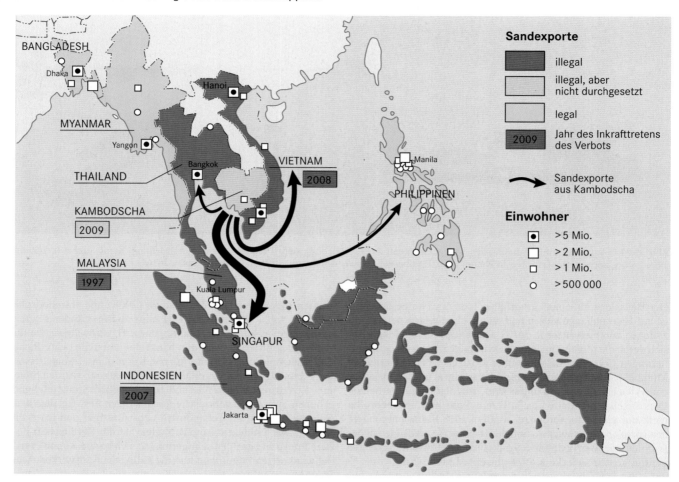

Abb. 31.58 Sandhandel und dessen dynamische Regulierung in Südostasien, infolge steigender Nachfrage, u. a. durch Urbanisierung (Grafik: Kerstin Schmidt, Robert John).

(ca. 20 000–32 000 Tonnen) Sand pro Tag (Freeman 2014) und die Tendenz ist steigend, denn zur Generierung neuen Baulands werden immer mehr ehemalige Seen und tiefliegende Reisfelder verfüllt, was Unmengen an Sand verschlingt (Abb. 31.56a). Aufgrund der kleptokratischen Staatsstrukturen, wird der Bausand in Kambodscha unter der Beteiligung der lokalen und nationalen Eliten abgebaut. Klassische Plünderungen der Reserven von außerstaatlichen Gruppen, wie bei Diamanten, sind aufgrund der hohen Sichtbarkeit des Abbaus und des Transports schwierig (Abb. 31.57). Stattdessen stellen die Sandlagerstätten für die Patronagenetzwerke eine lukrative Einnahmequelle dar, denn die meisten Abbaugebiete in Kambodscha gehören dem Staat. Statt ihrer Kontrollfunktion in diesen Gebieten nachzukommen, nutzt die Regierung ihre Machtposition aus und unterstützt den Abbau durch die lokalen Eliten. In den Jahren 2007 bis 2016 wurden allein aus Koh Kong Sande im Wert von 752 Mio. US-Dollar nach Singapur exportiert, jedoch nur 5 Mio. US-Dollar offiziell deklariert und versteuert (Amaro & Chakrya 2016). Die restlichen 747 Mio. US-Dollar sind seither verschwunden. Dies gibt nur einen ungefähren Eindruck der potenziellen Einnahmen, schließlich finden Lizenzgebühren und Bestechungsgelder in den Handelsstatistiken keine Berücksichtigung.

Vielerorts führt die ungezügelte Sandgewinnung zu **ökologischen Problemen** wie dem Rückgang von Fischbeständen, der Destabilisierung von Küsten und Flussufern und der Versalzung von Süßwasservorkommen. Dies wirkt sich negativ auf die ansässige Bevölkerung aus und führt im schlimmsten Fall zu tödlichen Unfällen aufgrund abstützender Häuser, Straßen oder Brücken (Abb. 31.59a). Besonders deutlich zeigen sich diese Effekte derzeit im Küstendelta der Provinz Koh Kong sowie entlang der Flüsse Mekong und Tonle-Sap, wo sich geologisch der meiste Sand befindet. Interviews mit lokalen Fischergemeinden in Koh Kong haben gezeigt, dass die Wassertiefen aufgrund der Sandentnahme von ursprünglich 0,5–2 m auf 8–10 m gesunken sind und die Fischer in Folge dessen große Einkommenseinbußen verzeichnen (von 25–30 US-Dollar/Tag auf 2–5 US-Dollar/Tag), sich zunehmend verschulden und auf der Suche nach Arbeit in das benachbarte Thailand emigrieren. Der Sandabbau entwickelt sich deshalb zunehmend zum Kulminationspunkt der Arbeit von Umweltbewegungen und zivilgesellschaftlichen Akteuren (CCHR 2016). Diese kritisieren, dass Regulierungen und Exportverbote, die nicht zuletzt in Reaktion auf Proteste der Bevölkerung gegen den Sandabbau im Mai 2009 eingeführt wurden, kaum durchgesetzt werden. Die Sandexporte Kambodschas nach Singapur,

Abb. 31.59 a Eingestürztes Haus in der Ruessei Chrouy Gemeinde (30 km von Phnom Penh), nach Uferbankerosion infolge von massiven Sandabbauoperationen entlang des Mekong, Kambodscha (Foto: Robert John, 2018). **b** Protest gegen den Sandabbau in Koh Kong und die Verhaftung von drei Umweltaktivisten, Kambodscha (Foto: Mother Nature Cambodia, 2015).

Vietnam und Thailand sind nach Aussagen verschiedener Interviewpartner seither eher gestiegen als gesunken. Die entsprechenden **Konflikte** finden ihren Ausdruck in öffentlichkeits- und medienwirksamen Widerstandsaktionen, die es bis auf die Titelseiten nationaler Zeitungen geschafft haben. So gelang es der NGO „*Mother Nature Cambodia*", die Sandextraktion in unmittelbarer Nähe des Fischerdorfes Koh Sorlau in Koh Kong zu stoppen und die Schwimmbagger zu zwingen, ihre Lizenzgebiete nicht mehr zu verlassen. Demgegenüber verdeutlichen Interviews mit Vertretern der Zivilgesellschaft die teilweise prekäre Situation prominenter Gegnerinnen und Gegner des Sandabbaus und -handels, die durch Gewalt, Gefängnisstrafen und amtliche Benachteiligungen eingeschüchtert werden sollen. Drei Aktivisten von *Mother Nature Cambodia* wurden im August 2015 zu 18 Monaten Haft verurteilt, nachdem sie in Koh Kong gegen den Sandabbau protestiert und Abbauschiffe blockiert hatten (Abb. 31.59b).

Zusammenfassend lässt sich festhalten, dass sich Sande in den vergangen 60 Jahren zu einer globalen Schlüsselressource entwickelt haben, die zunehmend illegal, mit hohen sozio-ökologischen Folgen abgebaut und aufgrund regionaler Knappheiten über lange Distanzen gehandelt wird. Sande können daher nicht mehr, wie noch in der ersten Hälfte des 20. Jahrhunderts, in willkürlicher Menge und ohne Managementpläne abgebaut werden, sondern bedürfen sorgfältiger Verwaltung.

Coltan und seine fragliche Rolle als Konfliktmineral im Ostkongo

Martin Doevenspeck

Die Konflikte in den beiden ostkongolesischen Provinzen Nord- und Süd-Kivu werden oft als prominente Beispiele für „Rohstoffkriege" angeführt. Die wirkmächtige Deutung dieser Konflikte als Ressourcenfluch soll hier entsprechend der Einleitung

zu mineralischen Ressourcen kritisch reflektiert und anhand eines Fallbeispiels teilweise wiederlegt werden. In Nord- und Süd-Kivu geht es neben Gold und dem im Kontext von Elektromobilität immer wichtigeren Kobalt vor allem um die sog. **3T-Ressourcen** Tantal (Coltan), Wolframit und Zinn (Kassiterit) – *tantalum, tungsten, tin*. Diese metallischen Ressourcen (Erze) zählen u. a. aufgrund ihrer Verwendung in der Elektronikindustrie zu den wirtschaftsstrategischen Rohstoffen mit einem hohen Versorgungsrisiko für den Hightech-Standort Deutschland. Im Gegensatz zu der im vorangegangenen Abschnitt behandelten Ressource Sand zeichnen sich diese Rohstoffe durch einen höheren Verkaufswert, geringere Abbauvolumina und deshalb sehr unterschiedliche wirtschaftliche Dynamiken und gesellschaftliche Einbindungen aus. Der hohe Marktpreis, die geringen weltweiten Vorkommen und somit die geoökonomische und geopolitische Relevanz der Ressourcen hat dazu geführt, dass es für bewaffnete Gruppen lukrativ war, diese Ressourcenvorkommen und deren Abbau zu kontrollieren. Heute sind diese aufgrund internationaler Regulierungsbemühungen nicht mehr direkt an dem Kleinbergbau beteiligt, profitieren aber dennoch weiterhin vom Mineralienhandel (s. u.).

Die Grundursachen für die seit den frühen 1990er-Jahren anhaltenden Konflikte liegen jedoch in erster Linie in politischen und sozialen Faktoren (Doevenspeck 2012). Durch die Berichte der Vereinten Nationen ist für den sog. „Zweiten Kongokrieg" (1998–2003) gut dokumentiert, dass die durch Ruanda gestützten Rebellen in den Kivu-Provinzen sich zwar durch Coltan- und Kassiteritverkäufe finanzierten, aber kein Krieg um Rohstoffe geführt wurde. In einem Bericht von 2013 klassifizierte die UN-Friedensmission in der Demokratischen Republik Kongo MONUSCO lediglich 10 % aller rund 1500 identifizierbaren Konflikte als direkt mit natürlichen Ressourcen verknüpft (Vogel & Raeymaekers 2016). Insofern ist der Ansatz, die Situation über veraltete und zu Recht kritisierte Schlagwörter wie „Ressourcenfluch" oder „Ressourcenkrieg" zu verstehen, nicht zielführend. Gerade aus geographischer Perspektive erscheint es empirisch und theoretisch weitaus ergiebiger, die politisch-geographischen

Kapitel 31

Abb. 31.60 Die Lage der Rubaya-Minen in Masisi, Nord-Kivu, DR Kongo.

Dimensionen der in den vergangenen Jahren erfolgten internationalen Interventionen zur Regulierung und Formalisierung des ostkongolesischen 3T-Sektors in den Blick zu nehmen, um die **komplexen Zusammenhänge** zwischen der Förderung von Rohstoffen, dem Rohstoffhandel, politischen Konflikten und internationaler Kriminalität besser zu verstehen. Der nachfolgende Beitrag erläutert anhand Rubayas, dem größten Coltanminengebiet Afrikas, die Schwierigkeiten von räumlich eindimensionalen Logiken lokaler Zertifizierungen bzw. Herkunftsnachweise und den dynamischen, multilokalen Anpassungen an diese Interventionen (Abb. 31.60). Ein besseres Verständnis dieser Dynamiken ist dringlich, vor allem im Kontext von sog. Konfliktmineralien und der umfassenden Militarisierung von Gesellschaft und Wirtschaft.

„Blut-Diamanten" und „Konfliktmineralien" sind Schlagworte einer immer noch wirkmächtigen Deutung von Konflikten in Afrika. Nachdem die wissenschaftliche Diskussion zunächst auf Ressourcenknappheit als Kriegsursache beschränkt war, wurde angesichts der Zunahme sog. **neuer Kriege** in den 1990er-Jahren dem Knappheitsargument die bis heute prominente These vom Konflikt verursachenden und finanzierenden Ressourcenreichtum gegenübergestellt. Dem lag die Beobachtung zugrunde, dass sich bei diesen Konflikten – wie etwa in Liberia, Sierra Leone und Angola – nicht mehr reguläre Armeen gegenüberstanden, sondern eine oft undurchsichtige Vielfalt an bewaffneten Gruppen, welche außer um Territorien und politische Macht vermehrt um ökonomische Ressourcen konkurrierten. Zwar differenzierte sich die Debatte noch weiter aus, u. a. in einen Forschungszweig, der die Bedeutung unterschiedlicher ressourcenspezifischer Bedingungen in den Vordergrund stellte, doch letztlich haben alle Ansätze gemeinsam, dass ihr Fokus auf natürliche Ressourcen an sich als Mittel und Gegenstand von Konflikten liegt und sie damit oftmals andere Ursachen von und Antriebskräfte für kriegerische Auseinandersetzungen vernachlässigen. Auf internationaler Ebene wurden parallel zu der wissenschaftlichen Diskussion verschiedene politische Maßnahmen getroffen, die dazu beitragen sollten, Bürgerkriegsparteien die finanziellen Grundlagen zu entziehen. Die bekannteste dieser Initiativen ist der sog. **Kimberley-Prozess**, ein Selbstregulierungsmechanismus der Diamantenindustrie, der über staatliche Herkunftszertifikate den Handel mit solchen Diamanten ver-

hindern soll, deren Erlöse zur Finanzierung bewaffneter Konflikte eingesetzt werden.

Im Sinne einer dynamischen Grenze neu erschlossener ökonomischer Möglichkeiten, kann der 3T-Markt im Ostkongo, ähnlich dem Markt für Sande in Südostasien, als globale Ressourcen-Frontier bezeichnet werden. Diese öffnete sich mitten im kongolesischen Bürgerkrieg Ende der 1990er-Jahre mit dem rasanten Anstieg der Weltmarktpreise, infolge dessen Zentralafrika und insbesondere die DR Kongo zum Anbieter von globaler Bedeutung wurde. In den beiden Kivu-Provinzen begannen Zehntausende meist junger Männer, darunter viele ehemalige Angehörige bewaffneter Gruppen, in den infolge des kontinuierlichen Niedergangs der kongolesischen Bergbauindustrie seit den 1980er-Jahren brachliegenden Konzessionsgebieten und angrenzenden Räumen nach Coltan und Kassiterit zu graben. Der Mineralienhandel entwickelte sich zur wirtschaftlichen Grundlage beider Provinzen.

Während der industrielle Abbau mittlerweile wieder zugenommen hat, wurden Mineralien in der Region lange Zeit ausschließlich artisanal, kleinmaßstäbig und informell gefördert. Heute gehören die Auseinandersetzungen zwischen Konzessionsinhabern und informellen Minenarbeitern, den sog. *creuseurs*, zu den größten Herausforderungen für den Sektor. Die unabhängig von Konzessionen abgebauten Mineralien werden bis heute an Mittelsmänner (*negociants*) verkauft, die den Transport der Produktion in die Städte Goma und Bukavu organisieren und damit die Verbindung zu den Exportunternehmen (*comptoirs*) herstellen. Die Mineralien durchlaufen dabei eine **graduelle Formalisierung** von der Mine über die Handels- und Exportzentren bis nach Übersee. Spätestens dann kann nicht mehr nachvollzogen werden, aus welchen Minen die Ware stammt und ob bewaffnete Gruppen vom Handel profitiert haben. Die Rolle bewaffneter Gruppen im Minensektor der Kivu-Provinzen bestand also in der Vergangenheit weniger in der Eroberung oder direkten Ausbeutung von Lagerstätten, aber nahezu der gesamte Mineralienabbau und -handel wurde und wird zum Teil heute noch von diesen Gruppen, einschließlich krimineller Netzwerke in der kongolesischen Armee, besteuert. Die Gegenleistung für diese **inoffiziellen Steuern** besteht in lokal verhandelten Arrangements für Sicherheit, unter weitgehendem Ausschluss der bescheidenen Reststrukturen des kongolesischen Staates. Das Konzept von „Illegalität" ist in diesem Kontext problematisch, weil es sowohl möglich ist, Mineralien ohne Genehmigung abzubauen und zu verkaufen und damit die Lebenshaltungssysteme in ländlichen staatsfernen Gebieten sicherzustellen, als auch Treibstoffe oder Konsumgüter legal zu importieren, um damit Krieg zu finanzieren. Von den Verfechtern des Ressourcenkriegsarguments wird weitgehend ignoriert, dass alle bewaffneten Gruppen ihre Einkommensquellen diversifiziert haben. Angesichts der Einkünfte durch Spenden, unautorisierte Steuern, den Handel mit Wildfleisch, Werthölzern und Holzkohle ist keine Kriegspartei von den Einkünften aus dem Mineralienhandel abhängig. Die Finanzierung des Kriegs war und ist handelswarenneutral.

Im Zusammenspiel simpler Marktnotwendigkeiten und langjähriger Kampagnen einflussreicher Lobbygruppen wie *Global Witness* und *The Enough Project*, welche die Förderung von und

Abb. 31.61 **a** Artisanaler Coltanabbau in Rubaya (Foto: Pole Institute, Goma, 2018). **b** Abfüllung des coltanhaltigen Sandes in Säcke (Foto: M. Doevenspeck, 2018).

den Handel mit Kassiterit und Coltan als Antriebskräfte für Krieg und Gewalt gegen die Zivilbevölkerung darstellten, wurden in den letzten Jahren verschiedene konsumentenorientierte Regulationsregime etabliert. Diese Kampagnen sind durch strategische Ignoranz, also gewolltes Nichtwissen gegenüber der Komplexität des Minensektors und den bewaffneten Konflikten gekennzeichnet. Es gibt drei wichtige **Regulationsregime**, die sowohl die Finanzierung bewaffneter Konflikte durch Mineralienhandel reduzieren, als auch die schlimmsten Formen von Kinderarbeit verhindern und die Durchsetzung von Sozialstandards sichern helfen sollen:

- regionaler Zertifizierungsmechanismus (RCM) der Internationalen Konferenz der Großen Seen (ICGLR), ein Zusammenschluss von zwölf Anrainerstaaten der Region der Großen Seen mit dem Ziel, Konflikten und politischer Instabilität gemeinsam entgegenzuwirken
- Berichtspflicht für an der US-Börse gelistete Unternehmen zu sog. Konfliktrohstoffen (Tantal, Zinn, Wolfram, Gold) in ihrer Lieferkette (sog. *Dodd-Frank-Act, Section 1502 – Conflict Minerals Act*)
- Leitlinie zur Sorgfaltspflicht in der Lieferkette mineralischer Rohstoffe aus Konflikt- und Hochrisikogebieten der OECD

Praktisch umgesetzt werden diese im 3T-Sektor durch die Unternehmensinitiative *Tin Supply Chain Initiative* (iTSCi), die vom *International Tin Research Institute* (ITRI) etabliert wurde und den sog. *„upstream"*-tätigen Unternehmen der Zinn- und Tantal-Industrie im Sinne des *Dodd-Frank-Act* und unter Einhaltung der OECD-Richtlinie durch Rohstoffnachverfolgung und Sorgfaltspflichten den internationalen Marktzugang kongolesischer Minerale sichern hilft. Als *upstream* werden alle Elemente der Lieferkette zwischen Mine und Schmelze verstanden. Das industriegeführte iTSCi-Schema umfasst die Datensammlung und Rückverfolgung der Kette, die Risikobewertung und ein Audit. In dem sog. *bag and tag system* werden die Mineraliensäcke noch am Förderort gekennzeichnet und versie-

gelt. Damit soll die Umdeklarierung an anderen Bereichen der Lieferkette verhindert werden. Das iTSCi-System, als Modell für einen konfliktfreien Rohstoffbezug aus der DR Kongo international anerkannt, ist in den beiden Kivu-Provinzen weit verbreitet und hat hier mangels Alternativen eine Monopolstellung inne.

Die sieben um das Dorf Rubaya verstreut in den Hügeln liegenden Tagebauminen des Konzessionsinhabers *Société Minire de Bisunzu* (SMB) gehören zu jenen, die im iTSCi-Schema als „grün" (konfliktfrei, keine illegalen Steuern und keine Kinderarbeit) zertifiziert sind (Abb. 31.61a). Lebten vor der Zertifizierung 2012 nur rund 1200 Menschen in Rubaya, sind es heute über 50 000. Neben Kriegsvertriebenen macht vor allem die lokale Hutu-Bevölkerung aus der Umgebung Rubayas den Ort zum Handelszentrum für Coltan. Rubaya ist das größte zusammenhängende Abbaugebiet für Coltan in Afrika, das auch für die Herstellung des niederländischen Fairphones verwendet wird. Nur eine der sechs Minen in Rubaya wird von SMB maschinell ausgebeutet. In den restlichen Minen wird ein handwerklicher, von SMB autorisierter Abbau betrieben (Abb. 31.61b). Die hier tätigen Arbeiter sind in der *Coopérative des Exploitants Miniers de Masisi* (COOPERAMMA) organisiert.

Der Konzessionsinhaber SMB kann den artisanalen und von ihm nicht kontrollierten Bergbau nicht verbieten, weil die Bergarbeiter das Konzessionsgebiet als ihr Land bezeichnen und ein offener Konflikt die Zertifizierung gefährden würde. Auch die COOPERAMMA braucht das iTSCi-Siegel, weil die Produktion ansonsten nicht so unproblematisch auf dem Weltmarkt verkauft werden könnte. Die in der Kooperative organisierten und bei der Bergbaubehörde registrierten Bergarbeiter verkaufen ihre Produktion an **Zwischenhändler**, die diese wiederum an den Konzessionsinhaber SMB verkaufen. Zusammen mit der Produktion aus der von SMB maschinell betriebenen Mine in Rubaya wird das Coltan an einem zentralen Sammelplatz verpackt, gekennzeichnet und versiegelt (*bag and tag*).

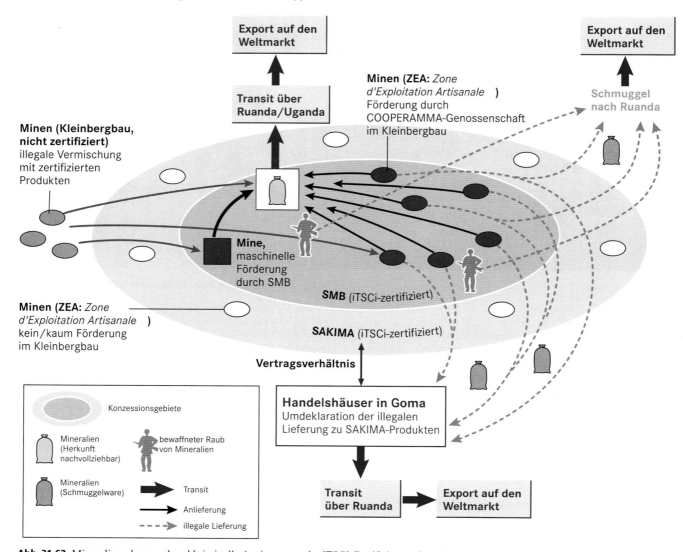

Abb. 31.62 Mineralienschmuggel und kriminelle Aneignungen der iTSCi-Zertifizierung in Rubaya.

Die Abb. 31.62 zeigt modellhaft, welche Schwierigkeiten bei der Einhaltung der **Zertifikationsstandards** bestehen. Von ca. 200 Tonnen Coltan, die in Rubaya pro Monat gefördert werden, landen nur rund 60–80 bei SMB. Der Rest „verschwindet" auf unterschiedlichen Wegen: Ein Teil der Produktion wird von COOPERAMMA direkt an Schmuggler verkauft, die sie mithilfe grenzüberschreitender krimineller Netzwerke über Ruanda auf den Weltmarkt bringen. Dies geschieht zum Teil mit SMB-Kennzeichnungen, zum Teil wird das Coltan aber in Ruanda, wo es ebenfalls iTSCi-zertifizierte Unternehmen gibt, umdeklariert. Ein weiterer Teil wird von COOPERAMMA an Handelshäuser in Goma verkauft, die Verträge mit der staatlichen *Société Aurifère du Kivu et du Maniema* (SAKIMA) haben, deren ebenfalls zertifiziertes, aber unproduktives Konzessionsgebiet um das der SMB herumliegt. In Goma angekommen bekommt das SMB-Coltan dann die Kennzeichnung von SAKIMA, bevor es im Transit über Ruanda auf den Weltmarkt gelangt. In Rubaya kommt es noch immer häufig zu militarisierter Gewalt, bei der wie im September und Oktober 2017 von Milizen wie Nyatura oder kriminellen Netzwerken innerhalb der kongolesischen Regierungsarmee große Mengen an Coltan gestohlen und zum Teil in versiegelten Transportsäcken über Ruanda, seltener über Burundi und Uganda exportiert werden.

Neben der Persistenz krimineller Netzwerke sind die **Zahlungsverspätungen** aufseiten von SMB ein wichtiger und nachvollziehbarer Grund für Umleitungen der Coltanproduktion durch Mitglieder der COOPERAMMA. Wenn SMB verspätet von den Schmelzern in Thailand und Malaysia bezahlt wird, setzt sich diese Verspätung zu den Zwischenhändlern und den Bergarbeitern der Kooperative weiter fort. Angesichts deren prekärer Lebenshaltungssysteme haben diese wenig Verständnis für weltmarktbedingte Zahlungsverspätungen und versuchen, ihr Auskommen auf andere Weise zu sichern. Auch die Händler haben nichts gegen iTSCi, fahren aber zweigleisig, weil sie darauf angewiesen sind, ihre Ware zu bekommen. Wenn diese knapp wird, greifen sie trotz des Risikos auf Schmuggel oder nicht zertifizierte Mineralien zurück. Die Verunreinigung der Lieferkette mit nicht zertifizierten Mineralien in Rubaya oder in den Handelshäusern ist ein weiteres Problem. Wie in Abb. 31.62 dargestellt wird die Produktion aus nicht zertifizierten Minen aus der Umgebung nach Rubaya gebracht und mit der Hilfe von Komplizen in SMB oder COOPERAMMA entweder mit der iTSCi-Kennzeichnung versehen oder mit der dortigen Produktion vermischt und zertifiziert. Bisher sind die technologischen Möglichkeiten, die Herkunft bestimmter Mineralien eindeutig zu bestimmen und somit (illegalen) Schmuggel nachzuweisen, noch begrenzt. So kann der u. a. von der deutschen Bundesanstalt für Geowissenschaften und Rohstoffe (BGR) entwickelte Fingerabdruck zur Herkunftsbestimmung bisher nicht mehr als fünf oder sechs Herkünfte auseinanderdividieren.

Die eingeführten Systeme zur Regulation des 3T-Sektors in Nord-Kivu haben die etablierten informellen bis kriminellen Regime keineswegs abgelöst, sondern stehen weiter in Konkurrenz zu einer Vielfalt an Normen und Autoritäten. Die Dynamik der durch komplexe **Netzwerke** und **Stoffmobilitäten** gekennzeichneten Ressourcen-Frontier unterläuft die z. B. in iTSCi angelegte Logik von klar abgegrenzten, lokal fixierten legalen Räumen der Regulation. Die hoch mobilen Netzwerke entziehen sich den Kennzeichnungs-, Abgrenzungs- und Kategorisierungstechniken (Vogel & Raeymaekers 2016) bzw. passen sich diesen an und nutzen sie für sich. Obwohl Fairphone-Nutzerinnen und -nutzer nicht sicher sein können, dass ihr Smartphone wirklich „konfliktfrei" ist und für die Gewinnung wichtiger Komponenten keine Kinderarbeit genutzt wurde, besteht momentan keine Alternative zu iTSCi als einzigem in der Region der Großen Seen funktionierendem Zertifizierungssystem. Es ist unbestritten, dass iTSCi den Alltag zumindest der Bergarbeiter in zertifizierten Minen berechenbarer macht, ihre Arbeitsbedingungen verbessert und die Präsenz der bewaffneten Gruppen reduziert hat, auch wenn diese weiterhin am Mineralienhandel verdienen. Dies wird besonders deutlich, wenn der 3T-Sektor mit dem weiterhin völlig unregulierten und zum großen Teil von bewaffneten Gruppen kontrollierten Goldsektor verglichen wird. Bei den Forderungen nach häufigeren und strikteren Kontrollen und Audits muss bedacht werden, dass jedes robustere System höhere Kosten verursacht, die im Zweifelsfall wieder auf die Produzenten abgewälzt werden und neue Anreize zum Schmuggel schaffen.

Literatur

Aeschbach-Hertig W, Gleeson T (2012) Regional strategies for the accelerating global problem of groundwater depletion. Nature Geoscience 5/12: 853–861

Agarwal A, Narain S (1998) Global warming in an unequal world: A case of environmental colonialism. In: Conca K, Dabelko GD (eds) Green Planet Blues. Boulder, Colorado. 157–160

Agrawal A (2005) Environmentality. Technologies of Government and the Making of Subjects. Durham. Duke University Press, London

Agrawal A, Nelson F, Adams W, Sandbrook C (2010) Governance and REDD: A Reply to Wunder. Oryx 44/3: 337–38

Ahlers R, Brandimarte L, Kleemans I, Sadat SH (2014) Ambitious development on fragile foundations: criticalities of current large dam construction in Afghanistan. Geoforum 54: 49–58

Ahlers R, Budds J, Joshi D, Merme V, Zwarteveen M (2015) Framing hydropower as green energy: assessing drivers, risks and tensions in the eastern Himalayas. Earth System Dynamics 6: 195–204

Aitken D, Rivera D, Godoy-Faúndez A, Holzapfel E (2016) Water Scarcity and the Impact of the Mining and Agricultural Sectors in Chile. Sustainability 8/2: 128. DOI:10.3390/su8020128

Aksoy E, Louwagie G, Gardi C, Gregor M, Schröder C, Löhnertz M (2017) Assessing soil biodiversity potentials in Europe. Science of the Total Environment 589: 236–249

Amaro Y, Chakrya KS (2016) Sand export answers sought. Phnom Penh Post, 11.2.2016

Anciau P, Langer W, Shields D, Šolar S (2007) Sustainability and aggregates. Selected (European) issues and cases. RMZ – Materials and Geoenvironment 54/3: 345–359

Ansar A, Flyvbjerg B, Budzier A, Lunn D (2014) Should we build more large dams? The actual costs of hydropower megaproject development. Energy Policy 69: 43–56

Baghel R, Nüsser M (2010) Discussing large dams in Asia after the World Commission on Dams: is a political ecology approach the way forward?. Water Alternatives 3/2: 231–248

Baghel R, Nüsser M (2015) Securing the Heights: The Vertical Dimension of the Siachen Conflict between India and Pakistan in the Eastern Karakoram. Political Geography 48: 24–36

Bakker K (1999) The politics of hydropower: developing the Mekong. Political Geography 18: 209–232

Bakker K (2012) Water: political, biopolitical, material. Social Studies of Science 42: 616–623

Bauchmüller M (2018) Kalter Entzug. Auch in Griechenland sind die Tage des Braunkohleabbaus gezählt. Doch niemand fühlt sich für die Altlasten zuständig – eine Katastrophe. Süddeutsche Zeitung, 20.10.2018

Bauer CJ (1998) Against the current: Privatization, water markets, and the state in Chile. Springer US, Boston

Bauer CJ (2015) Water Conflicts and Entrenched Governance Problems in Chile's Market Model. Water Alternatives 8/2: 147–172

Baumhauer R (2011) Beschleunigung der Desertifikation. In: Lozán JL et al (Hrsg) Warnsignal Wasser – Genug Wasser für alle? 213–218

BBodSchG (Bundesbodenschutzgesetz) (1998) Gesetz zum Schutz des Bodens. BGBl. I, G 5702, Nr. 16 v. 24.3.98. https://www.gesetze-im-internet.de/bbodschg/ (Zugriff 25.1.2019)

Beck M (2009) Rente und Rentierstaat im Nahen Osten. In: Beck M et al (Hrsg) Der Nahe Osten im Umbruch. Zwischen Transformation und Autoritarismus. Springer-Verlag, Berlin, Heidelberg

Beck M, Pawelka P (1993) Die Erdöl-Rentier-Staaten des Nahen und Mittleren Ostens: Interessen, erdölpolitische Kooperation und Entwicklungstendenzen. Lit-Verlag, Münster

Behnke RH, Mortimore M (Hrsg) (2016) The End of Desertification? Disputing environmental change in the drylands. Berlin

Benson D, Gain AK, Rouillard JJ (2015) Water Governance in a Comparative Perspective: From IWRM to a „Nexus" Approach? Water Alternatives 8/1: 756–773

Bernhofer C, Hänsel S, Schaller A, Pluntke T (2015) Charakterisierung von meteorologischer Trockenheit. Landesamt für Umwelt, Landwirtschaft und Geologie (LfULG)-Schriftenreihe 7

Billon PL (2012) Wars of plunder. Conflicts, profits and the politics of resources. Columbia University Press, New York

Billon PL (2014) The Geopolitical economy of 'resource wars'. Geopolitics 9/1: 1–28

Blackbourn D (2006) The Conquest of Nature: Water, Landscape and the Making of Modern Germany. W.W. Norton, New York, London

Bleischwitz R, Bahn-Walkowiak B (2007) Aggregates and Construction Markets in Europe: Towards a Sectoral Action Plan on Sustainable Resource Management. Minerals & Energy – Raw Materials Report 22/3-4: 159–176

BMEL (Bundesministerium für Ernährung und Landwirtschaft) (2017) Waldbericht der Bundesregierung 2017. Bonn

BMUB (Bundesministerium für Umwelt, Naturschutz, Bau und Reaktorsicherheit) (2015) Die Nationale Klimaschutzinitiative: Daten, Fakten, Erfolge. http://www.bmub.bund.de/fileadmin/Daten_BMU/Pools/Broschueren/nki_broschuere_bf.pdf (Zugriff 12.1.2019)

BMUB (Bundesministerium für Umwelt, Naturschutz, Bau und Reaktorsicherheit) (Hrsg) (2017) Weißbuch Stadtgrün. Grün in der Stadt – Für eine lebenswerte Zukunft. https://www.bbsr.bund.de/BBSR/DE/Veroeffentlichungen/ministerien/BMUB/VerschiedeneThemen/2017/weissbuch-stadtgruen.html?nn=1588600 (Zugriff 3.1.2019)

BMUB (Bundesministerium für Umwelt, Naturschutz, Bau und Reaktorsicherheit) (2018) Europäische Strukturförderung für Klima- und Umweltschutz. https://www.bmu.de/themen/nachhaltigkeit-internationales/europa-und-umwelt/strukturfoerderung/ (Zugriff 17.1.2019)

BMVBS (Bundesministerium für Verkehr, Bau und Stadtentwicklung) (Hrsg) (2012) ImmoKlima Immobilien- und wohnungswirtschaftliche Strategien und Potenziale zum Klimawandel – Impulse für kommunalen Klimaschutz und kommunale Klimaanpassung. https://www.bbsr.bund.de/BBSR/DE/Veroeffentlichungen/ExWoSt/41/exwost41_2.pdf?__blob=publicationFile&v=2 (Zugriff 3.1.2019)

Boelens R (2014) Cultural Politics and the Hydrosocial Cycle: Water, Power and Identity in the Andean Highlands. Geoforum 57: 234–247

Bogardi JJ, Dudgeon D, Lawford R, Flinkerbusch E, Meyn A, Pahl-Wostl C, Vielhauer K, Vörösmarty C (2012) Water security for a planet under pressure: interconnected challenges of a changing world call for sustainable solutions. Current Opinion in Environmental Sustainability 4/1: 35–43

Bolch T, Kulkarni A, Kääb A, Huggel C, Paul F, Cogley JG, Frey H, Kargel JS, Fujita K, Scheel M, Bajracharya S, Stoffel M (2012) The state and fate of Himalayan glaciers. Science 336/6079: 310–314

Borsdorf A, Stadel C (2013) Die Anden. Ein geographisches Porträt. Springer, Berlin, Heidelberg

Bowyer C (2010) Anticipated Indirect Land Use Change Associated with Expanded Use of Biofuels and Bioliquids in the EU – An Analysis of the National Renewable Energy Action Plans. Institute for European Environmental Policy. https://ieep.eu/archive_uploads/731/Anticipated_Indirect_Land_Uce_Change_Associated_with_Expanded_Use_of_Biofuels_and_Bioliquids_in_the_EU_-_An_Analysis_of_the_National_Renewable_Energy_Action_Plans.pdf (Zugriff 21.12.2018)

BP Statistical Review of World Energy (2017) https://www.bp.com/content/dam/bp/en/corporate/pdf/energy-economics/statistical-review-2017/bp-statistical-review-of-world-energy-2017-full-report.pdf (Zugriff: 17.1.2018)

BpB (Bundeszentrale für politische Bildung) (2018) Landgrabbing. https://sicherheitspolitik.bpb.de/m8/infographics/landgrabbing (Zugriff 25.1.2019)

Brand U, Görg C (2016) Globales Umweltmanagement. In: Bauriedl S (Hrsg) Wörterbuch Klimadebatte. Transcript, Bielefeld. 103–108

Brenning A (2008) The impact of mining on rock glaciers and glaciers: examples from Central Chile. In: Orlove BS, Wiegandt E, Luckman B (eds) Darkening peaks: glacier retreat, science, and society. Berkeley. 196–205

Bröckling U (2017) Gute Hirten führen sanft. Über Menschenregierungskünste. Suhrkamp, Berlin

Brown KG (2018) Die Fischräuber. Industrielle Wilderei vor Afrikas Küsten. www.monde-diplomatique.de (Zugriff 29.10.2018)

Budds J (2009) Contested H(2)O: Science, policy and politics in water resources management in Chile. Geoforum 40/3: 418–430

Budds J (2013) Water, power and the production of neoliberalism in Chile, 1973–2005. Environment and Planning D: Society and Space 31/2: 301–318

Budds J, Linton J, McDonnell R (2014) The hydrosocial cycle. Geoforum 57: 167–169

Budds J, Sultana F (2013) Exploring political ecologies of water and development. Environment and Planning D: Society and Space 31/2: 275–279

Bumpus AG, Liverman DM (2011) Carbon colonialism? Offsets, greenhouse gas reductions, and sustainable development. In: Peet R, Robbins P, Watts M (eds) Global Political Ecology. Routledge, New York. 203–224

Bundesnetzagentur (2018) Projects of common interests (PCI). https://www.netzausbau.de/wissenswertes/pci/de.html (Zugriff 16.1.2019)

Bundesregierung (2007) Das Integrierte Energie- und Klimaprogramm der Bundesregierung

Bundesregierung (2015) Fortschrittsbericht zur Deutschen Anpassungsstrategie an den Klimawandel. https://www.bmu.de/fileadmin/Daten_BMU/Download_PDF/Klimaschutz/klimawandel_das_fortschrittsbericht_bf.pdf (Zugriff 25.1.2019)

Carlowitz HC von (1713) Sylvicultura oeconomica oder Hauswirthliche Nachricht und Naturgemäße Anweisung zur Wilden Baum-Zucht

Caroe O (1951) Wells of power. The oilfields of South-Western Asia. A regional and global study. London

CCHR (2016) The Human Rights Impacts of Sand Dredging in Cambodia. Unter Mitarbeit von Vann Sophath. Hrsg. v. Cambodian Center for Human Rights. Phnom Penh

Clark DB, Xue J, Harding R, Valdes PJ (2001) Modeling the impact of land surface degradation on the climate of tropical North Africa. J. Climate 14: 1809–1822

Claussen M, Cramer W (2001) Change of the Global Vegetation. In: Lozán JL et al (eds) Climate of the 21st Century: Changes and Risks. 262–265

Climate Action Tracker (2016) The ten most important short-term steps to limit warming to 1.5 °C. https://climateanalytics.org/publications/2016/the-ten-most-important-short-term-steps-to-limit-warming-to-15c/ (Zugriff 2.1.2019)

Climate Action Tracker (2018) Addressing global warming. https://climateactiontracker.org/global/temperatures/ (Zugriff 2.1.2019)

Coe MT, Foley JA (2001) Human and natural impacts on the water resources of the Lake Chad basin. Journal of Geophysical Research – Atmospheres 106/D4: 3349–3356

Collier P, Hoeffler A (2004) Greed and grievance in civil war. Oxford Economic Papers 56/4: 563–595

Cook C, Bakker K (2012) Water security: Debating an emerging paradigm. Global Environmental Change 22/1: 94–102

Corbera E, Estrada M, Brown K (2010) Reducing greenhouse gas emissions from deforestation and forest degradation in developing countries: revisiting the assumptions. Climatic Change 100/3-4: 355–88. DOI: https://doi.org/10.1007/s10584-009-9773-1

Cotula L et al (2014) Testing claims about large land deals in Africa: Findings from a multi-country study. Journal of Development Studies 50/7: 90–925

CRED (Centre for Research on the Epidemiology of Disasters), UNISDR (United Nations Office for Disaster Risk Reduction) (2015) The human cost of weather related disasters. 1995–2005. Geneva, Switzerland. https://www.unisdr.org/we/inform/publications/46796 (Zugriff: 8.5.2018)

Crutzen P (2006) Albedo Enhancement by Stratospheric Sulfur Injections: A Contribution to Resolve a Policy Dilemma? Climatic Change 77/3: 211–220

Cubasch U, Kasang D (2001) Extremes and Climate Change. In: Lozán JL, Graßl H, Hupfer P (eds) Climate of the 21st Century: Changes and Risks. Hamburg. 256–261

Dai A (2013) Increasing drought under global warming in observations and models. Nature Climate Change 3: 52–58

Dalby S (2003) Geopolitics, the Bush doctrine, and war on Iraq. The Arab World Geographer 6/1: 7–18

Danielsen SW, Kuznetsova E (2016) Resource management and a Best Available Concept for aggregate sustainability. Geological Society, London, Special Publications 416/1: 59–70

Dannenberg P (2011) Afrika im Wandel. Neue Entwicklungen und Realitäten eines facettenreichen Kontinents. Geographie heute 32/289: 2–9

Dannenberg P (2013) Entwicklung und Globalisierung in Afrika. Praxis Geographie 7-8/13: 4–7

Dettmann K (1978) Die britische Agrarkolonisation im Norden des Industieflandes. Der Ausbau der Kanalkolonien im Fünfstromland. Mitteilungen der Fränkischen Geographischen Gesellschaft 23/24: 375–411

Di Baldassare G, Kemerink JS, Kooy M, Brandimarte L (2014) Floods and societies: the spatial distribution of water-related disaster risk and its dynamics. Wiley Interdisciplinary Reviews Water 1: 133–139

Diepart J-C, Schoenberger L (2017) Governing Profits, Extending State Power and Enclosing Resources from the Colonial Era to the Present. In: Brickell K, Springer S (eds) The Handbook of Contemporary Cambodia. Routledge, London, New York. 157–168

DIVERSITAS (2004) Science Plan and Implementation Strategy for an integrated international biodiversity science framework. Report No. 2. bioSustainability

Dlugoß V (2018) Virtuelles Waser und Wasserfußabdruck. Geographische Rundschau 70/1-2: 52–55

Dobzhansky CT (1973) Nothing in Biology Makes Sense Except in the Light of Evolution. American Biology Teacher 35/3: 125–129

Doevenspeck M (2012) Konfliktmineralien: Rohstoffhandel und bewaffnete Konflikte im Ostkongo. Geographische Rundschau 64/2: 12–19

Drobe M, Killiches F (2014) Vorkommen und Produktion mineralischer Rohstoffe. Ein Ländervergleich. Stand: Mai 2014. (BGR,) Hannover

Eckstein D (2018) Green Climate Fund (GCF): drei Hauptaufgaben für 2018. http://www.deutscheklimafinanzierung.de/blog/2018/02/gruener-klimafonds-drei-hauptaufgaben-fuer-2018/ (Zugriff 11.1.2019)

Edelman M (2013) Messy hectares: questions about the epistemology of land grabbing data. Journal of Peasant Studies 40/3: 485–501

EDGAR v4.3.2 (European Commission, Joint Research Centre [JRC]/PBL Netherlands Environmental Assessment Agency) (2016) Emission Database for Global Atmospheric Research (EDGAR), release version 4.3.2. http://edgar.jrc.ec.europe.eu (Zugriff 23.5.2018)

EEA (2016) Trends and projections in Europe 2016 – Tracking progress towards Europe's climate and energy targets. https://www.eea.europa.eu/publications/trends-and-projections-in-europe (Zugriff 16.1.2019)

Eichholz M (2014) Wasserversorgungspraktiken in urbanen Räumen Boliviens. Praxistheoretische Untersuchung eines gesellschaftlichen Naturverhältnisses. Dissertation. Mathematisch-Naturwissenschaftliche Fakultät der Rheinischen Friedrich-Wilhelms-Universität Bonn

Elimelech M, Phillip WA (2011) The Future of Seawater Desalination: Energy, Technology, and the Environment. Science 333/6043: 712–717

Erfurt M, Glaser R, Blauhut V (2019) Changing impacts and societal responses to drought in southwestern Germany since 1800. Regional Environmental Change 19: 1–13

Erlewein A (2013) Disappearing rivers: the limits of environmental assessment for hydropower in India. Environmental Impact Assessment Review 43: 135–143

Erlewein A (2014) The promotion of dams through the clean development mechanism: between sustainable climate protection and carbon colonialism. In: Nüsser M (ed) Large Dams in Asia: Contested Environments between Technological Hydroscapes and Social Resistance. Springer, Dordrecht, Heidelberg. 149–168

Erlewein A, Nüsser M (2011) Offsetting greenhouse gas emissions in the Himalaya? Clean development dams in Himachal Pradesh, India. Mountain Research and Development 31/4: 293–304

Evers M, Höllermann B, Almoradie A, Taft L, Garcia-Santos G (2017) The pluralistic water research concept: A new humanwater system research approach. Water 9: 933. DOI: 10.3390/w9120933

Evers M, Taft L (2018) Wasser – Lebensgrundlage, Ressource, Naturgefahr. Geographische Rundschau 70/1-2: 4–7

Falconer J (1990) The major significance of „minor" forest products. The local use and value of forests in the West African humid forest zone. Food and Agriculture Organization. Rom

Falkenberg T, Kistemann T (2018) Wasser – Gesundheitsressource und Krankheitsquelle. Geographische Rundschau 70/1-2: 32–37

Fallou FA (1862) Pedologie oder allgemeine und besondere Bodenkunde. Dresden

FAO (Food and Agriculture Organization of the United Nations) (ed) (2015a) Status of the World's Soil Resources. Main Report. Rome. http://www.fao.org/documents/card/en/c/c6814873-efc3-41db-b7d3-2081a10ede50/ (Zugriff 25.1.2019)

FAO (Food and Agriculture Organization of the United Nations) (ed) (2015b) Status of the World's Soil Resources. Technical Summary. Rome. http://www.fao.org/documents/card/en/c/39bc9f2b-7493-4ab6-b024-feeaf49d4d01/ (Zugriff 25.1.2019)

FAO (Food and Agriculture Organization of the United Nations) (ed) (2015c): Global Forest Resources Assessment. FAO, Rom. http://www.fao.org/forest-resources-assessment/current-assessment/maps-and-figures/en/ (Zugriff 31.1.2019)

FAO (Food and Agriculture Organization of the United Nations) (ed) (2016) Global Forest Resources Assessment 2015. How are the world's forests changing? http://www.fao.org/3/a-i4793e.pdf (Zugriff 29.1.2019)

FAO (Food and Agriculture Organization of the United Nations) (ed) (2017) Global Soil Organic Carbon Map. Rome. http://www.fao.org/world-soil-day/global-soil-organic-carbon-map/en/ (Zugriff 25.1.2019)

Fearnside PM (1988) China's Three Gorges Dam: fatal project or step toward modernization. World Development 16/5: 615–630

Fearnside PM (2016) Environmental and social impacts of hydroelectric dams in Brazilian Amazonia: implications for the Aluminum industry. World Development 77: 48–65

Figueres C et al (2017) Three years to safeguard our climate. Nature 546: 593–595. DOI: 10.1038/546593a

Fleming JR (2010) Fixing the sky: The checkered history of weather and climate control. Columbia University Press, New York

Freeman J (2014) How Sand Became One of Phnom Penh's Hottest Commodities. Next City, 9.4.2014

Frost S, Voigt B (2012) Seltene Erden. China macht sich keine Freunde. Der Tagesspiegel, 14.3.2012

Füssel HM (2010) How inequitable is the global distribution of responsibility, capability, and vulnerability to climate change: A comprehensive indicator-based assessment. Global Environmental Change 20/4: 597–611

Gabriel E (2001) Der Ölfleck auf dem Globus. Petermanns Geographische Mitteilungen 145/2: 6–11

Gabriel E (2004) Das schwarze Gold: Die Ölprovinz Persisch-Arabischer Golf. In: Meyer G (Hrsg) Die Arabische Welt im Spiegel der Kulturgeographie. Mainz. 308–325

Gavriletea M (2017) Environmental Impacts of Sand Exploitation. Analysis of Sand Market. Sustainability 9/1118: 1–26. DOI: 10.3390/su9071118

Gibbs HK, Salmon JM (2015) Mapping the world's degraded lands. Applied Geography 57: 12–21

Giese G (1997) Die ökologische Krise der Aralseeregion. Ursachen, Folgen, Lösungsansätze. Geographische Rundschau 49/5: 293–299

Glaser R (2013) Klimageschichte Mitteleuropas: 1200 Jahre Wetter, Klima, Katastrophen, 3. Aufl. Darmstadt

Glaser R, Himmelsbach I, Bösmeier A (2017) Climate of migration? How climate triggered migration from southwest Germany to North America during the 19th century. Climate of the Past 13: 1573–1592

Gleeson T, Wada Y, Bierkens MFP, van Beek LPH (2012) Sustainable water balance of global aquifers revealed by groundwater footprint. Nature 488: 197–200

Gleick PH (1998) The status of large dams: the end of an era? In: Gleick PH (ed) The World's Water 1998–1999. The Biannual Report on Freshwater Resources. Island Press, Washington DC. 69–104

Gleick PH (2012) The World's Water. Volume 7. The Biannual Report on Freshwater Resources. Island Press, Washington DC. 308–338

Global Witness (Hrsg) (2010) Shifting sand. How Singapore's demand for Cambodian sand threatens ecosystems and undermines good governance: a report. Global Witness Publishing, London

Godoy J (2010) Copiapó: Seco por indiscriminado otorgamiento de derechos de agua. In: Larraín S, Poo P (Hrsg) Conflictos por el Agua en Chile. Entre los Derechos Humanos y las Reglas del Mercado. Programa Chile Sustentable, Santiago. 159–170

Green PA, Vörösmarty CJ, Meybeck M, Galloway JN, Peterson BJ, Boyer EW (2004) Pre-industrial and contemporary fluxes of nitrogen through rivers: a global assessment based on typology. Biogeochemistry 68/1: 71–105

Gudo M, Steininger FF (2001) Der Beitrag der Paläontologie zur Biodiversitätsdebatte. In: Janich P et al (Hrsg) Biodiversität. Springer. 31–114

Haas H-D, Schlesinger DM (2007) Umweltökonomie und Ressourcenmanagement. Geowissen Kompakt. Darmstadt

Hammer T (2001) Politische Ökologie der Desertifikation. Geoöko 22: 79–90

Harris L, Alatout S (2010) Negotiating Hydro-Scales, Forging States: Comparison of the Upper Tigris-Euphrates and Jordan River Basins. Political Geography 29/3: 148–156

Hartig GL (1804) Anweisung zur Taxation und Beschreibung der Forste. Bd 1: Theoretischer Theil. Heyer, Gießen

Hasel K, Schwartz E (2002) Forstgeschichte. Ein Grundriss für Studium und Praxis. 2. Aufl. Kessel, Remagen

HBS (Heinrich-Böll Stiftung) (Hrsg) (2017) Meeresatlas, 3. Aufl. Berlin. https://www.boell.de/de/meeresatlas (Zugriff 25.1.2019)

HBS (Heinrich-Böll-Stiftung), Institute of Advanced Sustainabilty Studies, Bund für Umwelt- und Naturschutz Deutschland, Le Monde diplomatique (Hrsg) (2015) Bodenatlas: Daten und Fakten über Acker, Land und Erde, 4. Aufl. Würzburg. https://www.boell.de/de/bodenatlas (Zugriff 25.1.2019)

Henschel C (1993) Die Avantgarde der Kommunen? Städte engagieren sich für den Schutz des globalen Klimas. Arbeiten zur Risiko-Kommunikation. Jülich

Hensengerth O (2015) Where is the power? Transnational networks, authority and the dispute over the Xayaburi Dam on the Lower Mekong Mainstream. Water International 40/5-6: 911–928

Henthorne L (2016) The Current State of Desalination. International Desalination Association

Hewitt K (2005) The Karakoram Anomaly? Glacier Expansion and the Elevation Effect, Karakoram Himalaya. Mountain Research and Development 25/4: 332–340

Hirsch P (2016) The shifting regional geopolitics of Mekong dams. Political Geography 51: 63–74

Hirschberger P, Winter S (2018) Die schwindenden Wälder der Erde. Zustand, Trends und Lösungswege. WWF-Waldbericht 2018. Berlin

Hobesbawm E (1995) Das Zeitalter der Extreme. Weltgeschichte des 20. Jahrhunderts. München

Hoekstra AY (2017) Water footprint assessment: Evolvement of a new research field. Water Resources Management 31/10: 3061–3081

Hoekstra AY, Chapagain AK, Aldaya MM, Mekonnen MM (2011) The water footprint assessment manual: Setting the global standard. Earthscan, London, UK

Hoekstra AY, Mekonnen MM (2012) The water foodprint of humanity. Proceedings oft the National Academy of Sciences 109/9:3232–3237

Hoff H (2001) Climate change and water availability. In: Lozán JL et al (eds) Climate of the 21st Century: Changes and Risks. 315–321

Hook S (2018) „Energiewende": Von internationalen Klimaabkommen bis hin zum deutschen Erneuerbaren-Energien-Gesetz. In: Kühne O, Weber F (Hrsg) Bausteine der Energiewende. 21–54

Hörmann G, Chmielewski F-M (2001) Consequences for agriculture and forestry. In: Lozán JL, Graßl H, Hupfer P (eds) Climate of the 21st Century: Changes and Risks. Wissenschaftliche Auswertungen, Hamburg. 322–330

Hosonuma N, Herold M, Sy V de, Fries RS de, Brockhaus M, Verchot L, Angelsen A, Romijn E (2012) An Assessment of Deforestation and Forest Degradation Drivers in Developing Countries. Environmental Research Letters 7/4. DOI: https://doi.org/10.1088/1748-9326/7/4/044009

Huitink C (2018) Burning Nigerian forests on European barbecues. A carbon footprint and cost comparison between imported Nigerian charcoal and sustainably produced charcoal in the European Union. MSc Thesis Energy Science. Utrecht University, Utrecht

Hummel D, Hertler Ch, Janowicz C, Lux A, Niemann St (2006) Ressourcen und Bevölkerungsdynamiken: Ausgewählte Konzepte und sozial-ökologische Perspektiven. Die Versorgung der Bevölkerung – Wirkungszusammenhänge von demographischen Entwicklungen, Bedürfnissen und Versorgungssystemen. Demons Working Paper 6. Frankfurt a. M.

Huneke F, Linkenheil CP (2016) Einfluss eines CO_2-Mindestpreises auf die Emissionen des deutschen Kraftwerkparks. Energy Brainpool White Paper. Berlin

ICOLD (International Commission on Large Dams) (2018) World Register of Dams. http://www.icold-cigb.org/GB/World_register/general_synthesis.asp (Zugriff: 23.04.2018)

Immerzeel WW, Beek LPH, Bierkens MFP (2010) Climate change will affect the Asian water towers. Science 328/5984: 1382–1385

International Energy Outlook 2017. https://www.eia.gov/outlooks/ieo/pdf/0484(2017).pdf (Zugriff: 17.1.2018)

IPCC (2007) Climate Change 2007: Synthesis report. Genf

IPCC (2013) Climate Change 2013: The Physical Science Basis. Contribution of Working Group I to the Fifth Assessment Report of the Intergovernmental Panel on Climate Change. Cambridge University Press, Cambridge

IPCC (2014) Climate Change 2014: Synthesis Report. Contribution of Working Groups I, II and III to the Fifth Assessment Report of the Intergovernmental Panel on Climate Change (Core Writing Team Pachauri RK, Meyer LA [eds]) IPCC. Geneva, Switzerland

Jhaveri NJ (2004) Petroimperialism: US Oil interests and the Iraq War. Antipode 36: 2–11

Jones A, Haywood J, Boucher O (2009) Climate impacts of geo-engineering marine stratocumulus clouds. Journal of Geophysical Research-Atmospheres banner 114(D10). DOI: https://doi.org/10.1029/2008jd011450

Jürgens N (2010) Wieso beherrschen Pflanzen die Welt? Geo Kompakt 38: 144–149

Jürgens N, Schmiedel U, Haarmeyer DH, Dengler J, Finckh M, Goetze D, Gröngröft A, Hahn K, Koulibaly A, Luther-Mosebach J, Muche G, Oldeland J, Petersen A, Porembski S, Rutherford MC, Schmidt M, Sinsin B, Strohbach BJ, Thiombiano A, Wittig R, Zizka G (2012) The BIOTA Biodiversity Observatories in Africa – a standardized framework for large-scale environmental monitoring. Environmental monitoring and assessment 184/2: 655–678

Kaika M (2006) Dams as symbols of modernization: the urbanization of nature between geographical imagination and materiality. Annals of the Association of American Geographers 96/2: 276–301

Keith DW (2010) Engineering the Planet. In: Schneider HS, Rosencranz A, Mastrandrea M, Kuntz-Duriseti K (eds) Climate Change Science and Policy. Island Press, Washington DC. 494–501

Kern K, Bulkeley H (2009) Cities, Europeanization and Multi-level Governance: Governing Climate Change through Transnational Municipal Networks. JCMS: Journal of Common Market Studies 47/2: 309–332

Khagram S (2003) Neither temples nor tombs: a global analyses of large dams. Environment 45/4: 28–37

Khagram S (2004) Dams and Development: Transnational Struggles for Water and Power. Cornell University Press, Ithaca, London

Khan S, Tariq R, Yuanlai C, Blackwell J (2006) Can irrigation be sustainable? Agricultural Water Management 80: 87–99

Kirchherr J, Pohlner H, Charles KJ (2016) Cleaning up the big muddy: A meta-synthesis of the research on the social impact of dams. Environmental Impact Assessment Review 60: 115–125

Kleinschmit D (2017) Grundlagen der supranationalen Waldpolitik. Aus Politik und Zeitgeschichte 49/50: 39–45

Knill C (2008) Entwicklungen innerhalb der EU. Informationen zur Politischen Bildung 287. http://www.bpb.de/izpb/9026/entwicklungen-innerhalb-der-eu (Zugriff 16.1.2019)

Kapitel 31

Knutson CL, Hayes MJ, Phillips T (1998) How to Reduce Drought Risk. Unter Mitarbeit von Western Drought Coordination Council, Preparedness and Mitigation Working Group. Lincoln

Kohout F (1999) Politische Ökologie und internationale Politik. In: Mayer-Tasch PC (Hrsg) Politische Ökologie. 109–138

Koppe CH, Jendritzky G, Pfaff G (2003) Die Auswirkungen der Hitzewelle 2003 auf die Gesundheit. DWD Statusbericht. 152–162

Kreutzmann H (1997) Vom Great Game zum Clash of Civilizations? Wahrnehmung und Wirkung von Imperialpolitik und Grenzziehungen in Zentralasien. Petermanns Geographische Mitteilungen 141/3: 163–186

Kreutzmann H (1998) Wasser aus Hochasien. Konflikte und Strategien der Ressourcennutzung im Pakistanischen Punjab. Geographische Rundschau 50/7-8: 407–413

Kreutzmann H (2003) Republik Irak – vom Musterpartner des Westens zum Schurkenstaat. Geographische Rundschau 55/5: 60–65

Kreutzmann H (2008) Dividing the World: Conflict and Inequality in the Context of Growing Global Tension. Third World Quarterly 29/4: 675–689

Kreutzmann H (2015) Das Great Game – Asien als Bühne eines imperialen Machtkampfes. In: von Brescius M, Kaiser F, Kleidt S (Hrsg) Über den Himalaya – Die Expedition der Brüder Schlagintweit nach Indien und Zentralasien 1854 bis 1858. Böhlau-Verlag, Köln, Weimar, Wien. 89–95

Krüger T, Maynard C, Carr G, Bruns A, Müller EN, Lane S (2016) A transdisciplinary account of water research. Wiley Interdisciplinary Reviews Water 3/3: 369–389

Kurze K (2018) Die Etablierung der Energiepolitik für Europa: Policy-Making in der EU. Wiesbaden

Kusserow H (2014) The African Sahel – field of tension between desertification and salafism [Die Sahelzone Afrikas im Spannungsfeld zwischen Desertifikation und Salafismus]. Zbl. Geol. Paläont. I/1: 117–150

Lal R (2015) Restoring Soil Quality to Mitigate Soil Degradation. Sustainability 7: 5875–5895

Langer W (2002) Managing and Protecting Aggregate Resources. Hrsg. v. U.S. Geological Survey. Denver

Larraín S (2010) Agua, derechos humanos y reglas del mercado. In: Larraín S, Poo P (Hrsg) Conflictos por el agua en Chile. Entre los derechos humanos y las reglas del mercado. Chile Sustentable, Santiago, Chile. 15–54

Le Monde Diplomatique (2009) Atlas der Globalisierung. Sehen und verstehen, was die Welt bewegt. Berlin

Leck H, Conway D, Bradshaw M, Rees J (2015) Tracing the Water-Energy-Food Nexus: Description, Theory and Practice. Geography Compass 9/8: 445–460

Leemans R (1999) Land-use change and and the terrestrial carbon cycle. IGBP Newsletter 37: 24–26

Lemke T (2008) Gouvernementalität und Biopolitik. VS Verlag für Sozialwissenschaften, Wiesbaden

Linton J (2010) What Is Water?: The History of a Modern Abstraction. UBC Press, Vancouver

Linton J, Budds J (2014) The hydrosocial cycle: Defining and mobilizing a relational-dialectical approach to water. Geoforum 57: 170–180

Loftus A (2015) Water (in)security: securing the right to water. Geographical Journal 181/4: 350–356

Machovina B, Feeley KJ, Ripple WJ (2015) Biodiversity conservation: The key is reducing meat consumption. Science of the Total Environment 536: 419–31. DOI: https://doi.org/10.1016/j.scitotenv.2015.07.022

Mainguet M (1994) Desertification, Natural background and human mismanagement. Berlin

Marchetti C (1976) On Geoengineering and the CO2 Problem (RM-76-017). http://www.globalmarchagainstchemtrailsandgeoengineering.com/PDFs/On.geoengineering.and.the.CO2.problem.Cesare.Marchetti.1977_RM-76-017.pdf (Zugriff 7.1.2019)

Massey D (2005) For space. Sage Publications, London

Mattissek A (2014) Waldpolitik in Thailand zwischen globaler Klimapolitik und lokaler Spezifik. Überlegungen zu einer konstruktivistischen Regionalforschung. Geographische Zeitschrift 102/1: 41–59

May RM, Tregonning K (1998) Global conservation and UK government policy. In: Mace GM et al (eds) Conservation in a changing world. Cambridge, New York. 287–301

Mayenfels J, Lücke C (2011) Land Grabbing – Ernährungssicherung oder Neokolonialismus? Praxis Geographie 41: 6/28–33

Maynard K, Royer J-F (2004) Effects of „realistic" land-cover change on a greenhouse-warmed African climate. Climate Dyn. 22: 343–358

McCully P (2001) Silenced Rivers: The Ecology and Politics of Large Dams. Enlarged and updated edition. Zed Books, London, New York

McDonald RI, Douglas I, Revenga C, Hale R, Grimm N, Grönwall J, Fekete B (2011) Global Urban Growth and the Geography of Water Availability, Quality, and Delivery. Ambio 40/5: 437–446

McKee T, Doesken NJ, Kleist J (1993) The Relationship of Drought Frequency and Duration to Time Scales. Eight Conference on Applied Climatology, 17–22 January 1993. Anaheim, California

MEA (Millennium Ecosystem Assessment) (2005) Ecosystems and Human Well-being: Opportunities and Challenges for Business and Industry. World Ressources Institute, Washington D.C.

Mejcher H (1994) Der arabische Osten im zwanzigsten Jahrhundert 1914–1985. In: Haarmann U (Hrsg) Geschichte der arabischen Welt. München. 432–501

Mekong River Commission (2014) Summary Report of Decision Support for generating sustainable hydropower in the Mekong Basin. Knowledge of sediment transport and discharges in relation to fluvial geomorphology for assessing the impact of large-scale hydropower projects. Hrsg. v. Mekong River Commission. Vientiane

Mekonnen MM, Hoekstra AY (2011) The green, blue and grey water footprint of crops and derived crop products. Hydrology and Earth System Sciences 15/5: 1577–1600

Mekonnen MM, Hoekstra AY (2016) Four billion people facing severe water scarcity. Science Advances 2/2

Memon JA, Thapa GB (2011) The Indus irrigation system, natural resources, and community occupational quality in the delta region of Pakistan. Environmental Management 47/2: 173–187

Menegaki ME, Kaliampakos DC (2010) European aggregates production: Drivers, correlations and trends. Resources Policy 35/3: 235–244

Mensching HG (1990) Desertifikation. WBG, Darmstadt

Mensching HG, Seuffert O (2001) (Landschafts-)Degradation – Desertifikation: ein globales Umweltsyndrom. Petermanns Geographische Mitteilungen 145/4: 6–15

Merme V, Ahlers R, Gupta J (2014) Private equity, public affair: hydropower financing in the Mekong Basin. Global Environmental Change 24: 20–29

Meybeck M (2003) Global analysis of river systems: from Earth system controls to Anthropocene syndromes. Philosophical Transactions of the Royal Society B: Biological Sciences 358/1440: 1935–1955

Meyer G (2004) Internationale Arbeitsmigration in den Golfstaaten: das Problem der getrennten Arbeitsmärkte für Einheimische und Ausländer. In: Meyer G (Hrsg) Die Arabische Welt im Spiegel der Kulturgeographie. Mainz. 433–441

Micklin P (2007) The Aral Sea disaster. Annual Review of Earth and Planetary Sciences 35: 47–72

Middleton N (1991) Desertification. Oxford University Press, Oxford

Molina-Camacho F (2012) Competing rationalities in water conflict: Mining and the indigenous community in Chiu Chiu, El Loa Province, northern Chile. Singapore Journal of Tropical Geography 33/1: 93–107

Molle F (2009) River-basin planning and management: the social life of a concept. Geoforum 40/3: 484–494

Molle F, Mollinga P, Wester P (2009) Hydraulic bureaucracies and the hydraulic mission: flows of water, flows of power. Water Alternatives 2/3: 328–349

Montanarella L, Pennock DJ, McKenzie N, Badraoui M, Chude V, Baptista I, Mamo T, Yemefack M, Singh Aulakh M, Yagi K, Hong SY, Vijarnsorn P, Zhang G-L, Arrouays D, Black H, Krasilnikov P, Sobocká J, Alegre J, Henriquez CR, de Lourdes Mendonça-Santos M, Taboada M, Espinosa-Victoria D, AlShankiti A, AlaviPanah SK, El Mustafa Elsheikh EA, Hempel J, Camps Arbestain M, Nachtergaele F, Vargas R (2016) World's soils are under threat. Soil 2: 79–82

Montanari A, Young G, Savenije HHG, Hughes D, Wagener T, Ren LL, Koutsoyiannis D, Cudennec C, Toth E, Grimaldi S, Blöschl G, Sivapalan M, Beven K, Gupta H, Hipsey M, Schaefli B, Arheimer E, Boegh SJ, Schymanski G, Di Baldassarre G, Yu B, Hubert P, Huang Y, Schumann A, Post DA, Srinivasan V, Harman C, Thompson S, Rogger M, Viglione A, McMillan H, Characklis G, Pang Z, Belyaev V (2013) Panta Rhei-Everything Flows: Change in hydrology and society-The IAHS Scientific Decade 2013–2022. Hydrological Sciences Journal 58/6: 1256–1275

Moore D, Dore J, Gyawali D (2010) The World Commission on Dams + 10: Revisiting the large dams controversy. Water Alternatives 3/2: 3–13

MOP (Ministerio de Obras Públicas), DGA (Dirección General de Aguas) (2015) Atlas del Agua. Chile 2016. Dirección General de Aguas (DAG). Santiago de Chile. http://www.dga.cl/atlasdelagua/Paginas/default.aspx (Zugriff 12.1.2019)

Mortimore M (2016) Changing paradigms for people-centered development in the Sahel. In: Behnke RH, Mortimore M (eds) The End of Desertification? Disputing environmental change in the drylands. 65–98

Mössner S, Freytag T, Miller B (2018) Die Grenzen der Green City. Die Stadt Freiburg und ihr Umland auf dem Weg zu einer nachhaltigen Entwicklung? Pnd online 1/2018. http://www.planung-neu-denken.de (Zugriff 3.1.2019)

Müller-Mahn D (2006) Wasserkonflikte im Nahen Osten ? Eine Machtfrage. Geographische Rundschau 58/2: 40–48

Munich Re (2016) Schadensereignisse weltweit 1980–2015. 10 teuerste Ereignisse für die Versicherungswirtschaft

Musco F (2009) Policy Design for Sustainable Integrated Planning. From Local Agenda 21 to Climate Protection. In: van Staden M, Musco F (eds) Local Governments and Climate Change. Sustainable Energy Planning and Implementation in Small and Medium Sized Communities. Springer, Berlin. 59–76

Mustafa D, Wrathall D (2011) Indus basin floods of 2010: Souring of a Faustian bargain? Water Alternatives 4/1: 72–85

Mutke J, Barthlott W (2005) Patterns of vascular plant diversity at continental to globalscales. Biol. Skr. 55: 521–531

Neumann RP (2001) Imposing wilderness. Struggles over livelihood and nature preservation in Africa. University of California Press, Berkeley, Los Angeles, London

New Internationalist (2013) Land Grabs. https://newint.org/issues/2013/05/01 (Zugriff 25.1.2019)

Nicholson SE (2001) Climatic and enviromental change in Africa during the last two centuries. Climate Res. 17: 123–144

Nilsen AG (2010) Dispossession and Resistance in India: The River and the Rage. Routledge, London, New York

Nilsson C, Reidy CA, Dynesius M, Revenga C (2005) Fragmentation and flow regulation of the world's large river systems. Science 308/5720: 405–408

Nkonya E, Mirzabaev A, von Braun J (eds) (2016) Economics of Land Degradation and Improvement – A Global Assessment for Sustainable Development. Springer

Nüsser M (2003) Political ecology of large dams: a critical review. Petermanns Geographische Mitteilungen 147/1: 20–27

Nüsser M (2012) Umwelt und Entwicklung im Himalaya: Forschungsgeschichte und aktuelle Themen. Geographische Rundschau 64/4: 4–9

Nüsser M (2017) Socio-hydrology: A New Perspective on Mountain Waterscapes at the Nexus of Natural and Social Processes. Mountain Research and Development 37/4: 518–520

Nüsser M (2018) Die Gletscher des Himalaya: vom „Wohnsitz des Schnees" zum soziohydrologischen Wirkungsgefüge. In: Loureda Ó (Hrsg) Wasser. Studium Generale der Ruprecht-Karls-Universität Heidelberg. Heidelberg University Publishing, Heidelberg. 17–42

Nüsser M, Baghel R (2017) The Emergence of Technological Hydroscapes in the Anthropocene: Socio-Hydrology and Development Paradigms of Large Dams. In: Warf B (ed) Handbook on Geographies of Technology. Edward Elgar, Cheltenham. 287–301

Nüsser M, Schmidt S (2017) Nanga Parbat Revisited: Evolution and Dynamics of Socio-Hydrological Interactions in the Northwestern Himalaya. Annals of the American Association of Geographers 107/2: 403–415

Oßenbrügge J (2007) Ressourcenkonflikte ohne Ende? Zur Politischen Ökonomie afrikanischer Gewaltökonomien. Zeitschrift für Wirtschaftsgeographie 51/3-4: 150–162

Ostrom E (2009) A general framework for analyzing sustainability of social-ecological systems. Science 325/5939: 419–22. DOI: 10.1126/science.1172133

Oyarzún J, Oyarzún R (2011) Sustainable development threats, inter-sector conflicts and environmental policy requirements in the arid, mining rich, northern Chile territory. Sustainable Development 19/4: 263–274

Padmalal D, Maya, K (2014) Sand Mining. Environmental impacts and selected case studies. Springer, London

Paeth H (2008) Understanding the mechanism of land-cover related climate change in the low latitudes. MAUSAM 59/3: 297–312

Paeth H et al (2017) Decadal and multi-year predictability of the West African monsoon and the role of dynamical downscaling. Meteorol. Ztschr. 26/4: 363–377

Paeth H, Capo-Chichi A, Endlicher W (2008) Climate change and food security in tropical West Africa – a dynamic-statistical modelling approach. Erdkunde 62/2: 101–115

Pagdee A, Kim Y, Daugherty PJ (2006) What Makes Community Forest Management Successful: A Meta-Study From Community Forests Throughout the World. Society & Natural Resources 19/1: 33–52. DOI: https://doi.org/10.1080/08941920500323260

Pahl-Wostl C, Vörösmarty C, Bhaduri A, Bogardi J, Rockström J, Alcamo J (2013) Towards a sustainable water future: Shaping the next decade of global water research. Current Opinion in Environmental Sustainability 5/6: 708–714

Palmer WC (1965) Meteorological drought. U.S. Research Paper No. 45. US Weather Bureau, Washington, DC

Palomino-Schalscha M, Leaman-Constanzo C, Bond S (2016) Contested water, contested development: unpacking the hydro-social cycle of the Ñuble River, Chile. Third World Quarterly 37/5: 883–901

Pande S, Savenije HHG (2017) A sociohydrological model for smallholder farmers in Maharashtra, India. Water Resources Research 52: 1923–1947

Pande S, Sivapalan M (2016) Progress in socio-hydrology: A meta-analysis of challenges and opportunities. WIREs Water2017: 4/4

Parveen S, Winiger M, Schmidt S, Nüsser M (2015) Irrigation in Upper Hunza: Evolution of Socio-Hydrological Interactions in the Karakoram, Northern Pakistan. Erdkunde 69/1: 69–85

Paxian A et al (2016) Bias reduction in decadal predictions of West African monsoon rainfall using regional climate models. J. Geophys. Res. 121: 1715–1735

Peduzzi P (2014) Sand, rarer than one thinks. UNEP Global Environmental Alert Service

Pereira HM, Ferrier S, Walters M, Geller GN, Jongman RHG, Scholes RJ (2013) Essential biodiversity variables. Science 339/6117: 277–278

Pereira HM, Navarro LM, Martins IS (2012) Global Biodiversity Change: The Bad, the Good, and the Unknown. Annual Review of Environment and Resources 37/1

Pereira K (2013) Sand Mining. The Unexamined Threat to Water Security. Indian Institue of Technology, Centre on Environmental Problems of Mining. Dhanbad, India.

Perrault T (2006) From the Guerra del Agua to the Guerra del Gas: Resource governance, neoliberalism, and popular protest in Bolivia. Antipode 38/1: 150–172

Perthes V (2004) Greater Middle East. Geopolitische Grundlinien im Nahen und Mittleren Osten. Blätter für deutsche und internationale Politik 6: 683–694

Phelps J, Webb EL, Agrawal A (2010) Does REDD+ Threaten to Recentralize Forest Governance? Science 328/5976: 312–13

Pilardeaux B, Schulz-Baldes M (2001) Desertification. In: Lozàn JL et al (eds) Climate of the 21st Century: Changes and Risks. 232–236

Postel S (1993) Die letzte Oase, der Kampf um das Wasser. S. Fischer, Frankfurt a. M.

Prieto M (2015) Privatizing water in the Chilean Andes: The case of Las Vegas de Chiu-Chiu. Mountain Research and Development 35/3: 220–229

Pritchard HD (2017) Asia's glaciers are a regionally important buffer against drought. Nature 545: 169–174

Proença V, Martin LJ, Pereira HM, Fernandez M, McRae L, Belnap J, Böhm M, Brummitt N, García-Moreno J, Gregory RD, Honrado JP, Jürgens N, Opige M, Schmeller DS, Tiago P, van Swaay CAM (2017) Global biodiversity monitoring: from data sources to essential biodiversity variables. Biological Conservation 213: 256–263

Reij C (2009) Regreening the Sahel. Farming Matters: 32–34

Renner M (2003) Oil and blood: The way to take over the world. Worldwatch Magazine 16/1: 19–21

Robbins P (2011) Political Ecology: A Critical Introduction. Wiley, Oxford

Robbins P, Hintz J, Moore SA (2010) Environment and Society. Malden, Oxfort, Chichester

Rockström J et al (2017) A roadmap for rapid decarbonization. Science 355/6331: 1269–1271. DOI: 10.1126/science.aah3443

Rodriguez-Labajos B, Martinez-Alier J (2015) Political ecology of water conflicts. Wiley Interdisciplinary Reviews Water 2/5: 537–558

Rohracher H, Späth P (2013) The Interplay of Urban Energy Policy and Socio-technical Transitions: The Eco-cities of Graz and Freiburg in Retrospect. Urban Studies 51/7: 1415–1431

Ross ML (2004) How Do Natural Resources Influence Civil War? Evidence from Thirteen Cases. International Organization 58/1: 35–67

Runyan C, D'Odorico P (2016) Global Deforestation. Cambridge University Press, New York

Savenije HHG, Hoekstra AY, van der Zaag S (2014) Evolving water science in the Anthropocene. Hydrology and Earth System Science 18/1: 319–332

Schäfer S, Lawrence M, Stelzer H, Born W, Low S (2015) The European Transdisciplinary Assessment of Climate Engineering (EuTRACE): Removing Greenhouse Gases from the Atmosphere and Reflecting Sunlight away from Earth. Final report of the FP7 CSA project EuTRACE. European Union's Seventh Framework Programme. Institute for Advanced Sustainability Studies Potsdam (IASS) e. V.

Schafhausen F (2005) Klimaschutzoptionen. In: Berz G (Hrsg) Wetterkatastrophen und Klimawandel. Sind wir noch zu retten? Edition Wissen. pg-Verlag, München. 204–217

Schewe J, Levermann A (2017) Non-linear intensification of Sahel rainfall as a possible dynamic response to future warming. Earth System Dynamics. DOI:10.5194/esd-8-495-2017

Schlesinger WH (1997) Biogeochemistry. An analysis of global change. Academic Press, San Diego

Schliephake K (2001) Ein Ruhrgebiet ohne Wasser? Industrieräume am Golf. Petermanns Geographische Mitteilungen 145/2: 70–77

Schmidt M (2018) Wasserkrise am Urmiasee im Iran: Eine Umwelt- und Sozialkatastrophe des Anthropozäns. Geographische Rundschau 70/1-2: 38–43

Schmidt S (2012) Der Himalaya bald ohne „Hima"? Was wir über die Gletscherentwicklung im Himalaya wissen. Geographische Rundschau 64/4: 10–17

Scholes RJ, Mace GM, Turner W, Geller G, Jürgens N, Larigauderie A, Muchoney D, Walther BA, Mooney HA (2008) Toward a global biodiversity observing system. Science 321: 1044–1045

Scholz F (1984) Bewässerung in Pakistan. Zusammenstellung und Kommentierung neuester Daten. Erdkunde 38/3: 216–226

Schumacher K et al (2012) Evaluierung des nationalen Teils der Klimaschutzinitiative des Bundesministeriums für Umwelt, Naturschutz und Reaktorsicherheit. Ecologic Institute im Auftrag des BMBU

Scudder T (2005) The Future of Large Dams: Dealing with Social, Environmental, Institutional and Political Costs. Earthscan, London

Seneviratne SI, Easterling D, Goodess CM, Kanae S, Kossin J, Luo Y et al (2012) Changes in climate extremes and their impacts on the natural physical environment. In: Intergovernmental Panel on Climate Change (IPCC) (ed) Managing the Risks of Extreme Events and Disasters to Advance Climate Change Adaptation. A Special Report of Working Groups I and II of the Intergovernmental Panel on Climate Change. Cambridge University Press Cambridge, UK, New York, USA. 109–230

Seuffert O (2001) Landschafts(zer)störung: Ursachen, Prozesse, Produkte, Definitionen & Perspektiven. Geoöko 22: 91–102

Sielker F, Kurze K, Göler D (2018) Governance der EU Energie(außen)politik und ihr Beitrag zur Energiewende. In: Kühne O, Weber F (Hrsg) Bausteine der Energiewende. 249–270

Sivapalan M (2015) Debates – Perspectives on socio-hydrology: Changing water systems and the 'tyranny of small problems – Socio-hydrology. Water Resources Research 51/6: 4795–4805

Sivapalan M, Savenije HHG, Blöschl G (2012) Socio-hydrology: A new science of people and water. Hydrological Processes 26/8: 1270–1276

Smith D, Vivekananda J (2007) A Climate of Conflicts. The links between climate change, peace and war. International Alert

Springer S (2015) Violent neoliberalism. Development, discourse and dispossession in Cambodia. Palgrave Macmillan, New York

Stadt Freiburg (2010) Umweltpolitik in Freiburg. Freiburg

Stadt Freiburg (2017a) Freiburg klimaneutral bis 2050: Standortbestimmung Klimaschutz in Freiburg, hier: Erfolgsmonitoring 2014–2016, vorläufiger Maßnahmenplan 2017–2022. Vorlage für die Sitzung des Umweltausschusses vom 25.09.2017. https://ris.freiburg.de/sitzungen_top.php?sid=2017-UA-157&suchbegriffe=klimaschutz&select_koerperschaft=-&select_gremium=&datum_von=01.01.2017&datum_bis=-12.12.2017&entry=0&sort=s.datum+DESC&x=9&y=9 (Zugriff: 8.3.2019)

Stadt Freiburg (2017b) Freiburg Green City. https://www.freiburg.de/pb/site/Freiburg/get/params_E1804614145/640887/GC-D2018.pdf (Zugriff 12.1.2019)

Stahl K, Kohn I, Blauhut V, Urquijo J, Stefano L de, Acacio V et al (2016) Impacts of European drought events. Insights from an international database of text-based reports. Nat. Hazards Earth Syst. Sci. Discuss 3/9: 801–819

Statista (2018) Import von Fleisch und Fleischwaren nach Deutschland in den Jahren 2008 bis 2016. https://de.statista.com/statistik/daten/studie/459243/umfrage/import-von-fleisch-nach-deutschland/ (Zugriff 4.6.2018)

Statistisches Bundesamt (2018) 215 000 Tonnen Holzkohle im Jahr 2017 importiert. 20. März 2018. https://www.destatis.de/DE/PresseService/Presse/Pressemitteilungen/zdw/2018/PD18_12_p002.html (Zugriff 21.12.2018)

Stern N (2006) The Economics of Climate Change: The Stern Review. Cambridge University Press, Cambridge

Stöber G (1990) Erdölwirtschaft und Industrialisierung im Islamischen Orient. In: Ehlers E et al (Hrsg) Der Islamische Orient. Grundlagen zur Länderkunde eines Kulturraumes 1. Köln. 252–293

Swyngedouw E (2009) The political economy and political ecology of the hydro-social cycle. Journal of Contemporary Water Research and Education 142/1: 56–60

TATA (2017) Threshold value of Chromite Ore. http://ibm.nic.in/writereaddata/files/09012017180118Presentation%20by%20TATA_Steel.pdf (Zugriff 27.3.2018)

Thünen-Institut für Internationale Waldwirtschaft und Forstökonomie (2015) Weltholzhandel 2014. Holz und Produkte auf der Basis von Holz. https://www.thuenen.de/de/wf/zahlen-fakten/holzhandel/weltholzhandel/ (Zugriff 31.1.2019)

aan den Toorn SI, Broek MA van den, Worrell E (2017) Decarbonising Meat: Exploring Greenhouse Gas Emissions in the Meat Sector. Energy Procedia 123: 353–60. DOI: https://doi.org/10.1016/j.egypro.2017.07.268.

Troy TJ, Pavao-Zuckerman M, Evans TP (2015) Debates – perspectives on socio-hydrology: socio-hydrologic modeling: tradeoffs, hypothesis testing, and validation. Water Resources Research 51: 4806–4814

Tukker A, Bulavskaya T, Giljum S, de Koning A, Lutter S, Simas M, Stadler K, Wood R (2014) The Global Resource Footprint of Nations. Carbon, water, land and materials embodied in trade and final consumption calculated with EXIOBASE 2.1. European Union's Seventh Framework Programme. Leiden, Delft, Vienna, Trondheim.http://www.truthstudio.com/content/CREEA_Global_Resource_Footprint_of_Nations.pdf (Zugriff 4.6.2018)

UBA (Umweltbundesamt) (2015) Bodenzustand in Deutschland zum „Internationalen Jahr des Bodens" 2015. Berlin. https://www.umweltbundesamt.de/publikationen/bodenzustand-in-deutschland (Zugriff 25.1.2019)

UBA (Umweltbundesamt) (2017) Nationale Trendtabellen für die deutsche Berichterstattung atmosphärischer Emissionen seit 1990, Emissionsentwicklung 1990 bis 2015 (Stand 02/2017). https://www.umweltbundesamt.de/sites/default/files/medien/384/bilder/dateien/2_abb_thg-emi-landwirtschaft-kat_0.pdf (Zugriff 4.6.2018)

UBA (Umweltbundesamt) (2018a) Wassernutzung privater Haushalte. https://www.umweltbundesamt.de/daten/private-haushalte-konsum/wohnen/wassernutzung-privater-haushalte#textpart-1 (Zugriff 8.5.2018)

UBA (Umweltbundesamt) (2018b) Land Degradation Neutrality. Handlungsempfehlungen zur Implementierung des SDG-Ziels 15.3 und Entwicklung eines bodenbezogenen Indikators. Texte 15/2018. Umweltforschungsplan des Bundesministeriums für Umwelt, Naturschutz und Reaktorsicherheit. Berlin. https://www.umweltbundesamt.de/publikationen/land-degradation-neutrality (Zugriff 25.1.2019)

UN (United Nations) (2010) The human right to water and sanitation. Resolution adopted by the General Assembly on 28 July 2010. http://www.un.org/en/ga/search/view_doc.asp?symbol=A/RES/64/292 (Zugriff 8.5.2018)

UN (United Nations) (2016) The human rights to safe drinking water and sanitation. Resolution adopted by the General Assembly on 17 December 2015. http://www.un.org/en/ga/search/view_doc.asp?symbol=A/RES/70/169 (Zugriff 8.5.2018)

UN Water (2018) Transboundary Waters. http://www.unwater.org/water-facts/transboundary-waters/ (Zugriff 8.5.2018)

UNCOD (1977) Desertification: its causes and consequences. Pergamon Press, Oxford

UNDP (2009) Adapting to Climate Change through Sustainable Land Management. Presentation at the UNCCD „Land Day" on June 6, 2009, a side event of the UNFCCC's „Bonn Climate Change Talks" (June 01–12, 2009). http://www.unccd.int/publicinfo/landday/docs/1TengbergUNDP.pdf (Zugriff 18.6.2018)

UNFCCC (2015) Forests as Key Climate Solution. https://unfccc.int/news/forests-as-key-climate-solution (Zugriff 1.12.2018)

Usher AD (2009) Thai forestry. A critical history. Silkworm Books, Chiang Mai

Usón T, Henríquez C, Dame J (2017) Disputed water: Competing knowledge and power asymmetries in the Yali Alto basin, Chile. Geoforum 85: 247–258

Valenzuela C, Fuster R, León A (2013) Chile: ¿es eficaz la patente por no uso de derechos de agua? Revista CEPAL 109: 175–198

van Loon AF, Stahl K, Di Baldassarre G, Clark J, Rangecroft S, Wanders N, Gleeson T, van Dijk AIM, Tallaksen LM, Hannaford J, Uijlenhoet R, Teuling AJ, Hannah, DM, Sheffield J, Svoboda M, Verbeiren B, Wagener T, van Lanen HAJ (2016a) Drought in a human-modified world: reframing drought definitions, understanding and analysis approaches. Hydrology and Earth System Sciences 20: 3631–3650

van Loon AF, Gleeson T, Clark J, van Dijk AIM, Stahl K, Hannaford J, Di Baldassarre G, Teuling AJ, Tallaksen LM, Uijlenhoet R, Hannah DM, Sheffield J, Svoboda M, Verbeiren B, Wagener T, Rangecroft S, Wanders N, van Lanen HAJ (2016b) Drought in the Anthropocene. Nature Geoscience 9: 89–91

Vernet J (1994) Pays de Sahel. Du Tchad au Sénégal, du Mali au Niger. Autrement, série Monde 72. Paris

Vicente-Serrano SM, Beguería S, López-Moreno JI (2010) A Multiscalar Drought Index Sensitive to Global Warming. The Standardized Precipitation Evapotranspiration Index. J. Climate 23/7: 1696–1718

Viglione A, Di Baldassarre G, Brandimarte L, Kuil L, Carr G, Salinas JL, Scolobig A, Blöschl G (2014) Insights from socio-hydrology modelling on dealing with flood risk – roles of collective memory, risk-taking attitude and trust. Journal of Hydrology 518: 71–82

Vijay V, Pimm S, Jenkins C, Smith S (2016) The Impacts of Oil Palm on Recent Deforestation and Biodiversity Loss. Plos One 11/7

Vitousek PM et al (1997) Human domination of Earth's ecosystems. Science 277: 494–499

Viviroli D, Weingartner R (2004) The hydrological significance of mountains: from regional to global scale. Hydrology and Earth System Sciences 8/6: 1017–1030

Vogel C, Raeymaekers T (2016) Terr(it)or(ies) of Peace? The Congolese Mining Frontier and the Fight Against „Conflict Minerals". Antipode 48/4: 1102–1121

Vogel RM, Lall U, Cai X, Rajagopalan B, Weiskel PK, Hooper RP, Matalas NC (2015) Hydrology: the interdisciplinary science of water. Water Resources Research 51: 4409–4430

Vörösmarty CJ, Hoekstra AY, Bunn SE, Conway D, Gupta J (2015) Fresh water goes global. Science 349/6247: 478–479

Vörösmarty CJ, Lettenmaier D, Leveque C, Meybeck M, Pahl-Wostl C, Alcamo J, Cosgrove H, Grassl H, Hoff H, Kabat P, Lansigan F, Lawford R, Naiman R (2004) Humans transforming the global water system. Eos Transactions American Geophysical Union 85/48: 509–520

Vörösmarty CJ, Meybeck M, Fekete B, Sharma K, Green P, Syvitski JP (2003) Anthropogenic sediment retention: major global impact from registered river impoundments. Global and Planetary Change 39/1–2: 169–190

Watts M (2001) Petro violence: community, extraction, and political ecology of a mythic community. In: Peluso N, Watts M (eds) Violent environments. Ithaca. 189–212

WBGU (Wissenschaftlicher Beirat der Bundesregierung Globale Umweltveränderungen) (1998) Welt im Wandel – Strategien zur Bewältigung globaler Umweltrisiken. Hauptgutachten 1998. Springer-Verlag, Berlin

WBGU (Wissenschaftlicher Beirat der Bundesregierung Globale Umweltveränderungen) (2000) Erhaltung und nachhaltige Nutzung der Biosphäre. Springer, Berlin, Heidelberg, New York

WCD (World Commission on Dams) (2000) Dams and Development: A New Framework for Decision-Making. Earthscan, London

Werth D, Avissar R (2005) The local and global effects of African deforestation. Geophys. Res. Let. 32/12: L12704-L12707. DOI:10.1029/2005GL022969

Wescoat JL Jr, Halvorson SJ, Mustafa D (2000) Water management in the Indus basin of Pakistan: a half-century perspective. Water Resources Development 16/3: 391–406

Wesselink A, Kooy M, Warne J (2017) Socio-hydrology and hydrosocial analysis: Toward dialogues across disciplines. WIREs Water 2016

Wetherald RT, Manabe S (1999) Detectability of summer dryness caused by greenhouse warming. Climatic Change 43/3: 495–511

Wetter O, Pfister C, Werner JP, Zorita E, Wagner S, Seneviratne S, Herget J, Grünewald U, Luterbacher J, Alcoforado MJ, Barriendos M, Bieber U, Brázdil R, Burmeister K H, Camenisch C, Contino A, Dobrovolný P, Glaser R, Himmelsbach I, Kiss A, Kotyza O, Labbé T, Limanówka D, Litzenburger L, Nordl Ø, Pribyl K, Retsö D, Riemann D, Rohr C, Siegfried W,

Söderberg J, Spring J L (2014) The year-long unprecedented European heat and drought of 1540 – a worst case Climatic Change. 349–363

WHO, UNICEF (2017) Progress on Drinking Water, Sanitation and Hygiene: 2017 Update and SDG Baselines. World Health Organization (WHO) und United Nations Children's Fund (UNICEF). Geneva

Wilhite DA (2000) Drought: A global Assessment. Routledge, London

Wilhite DA, Glantz, MH (1985) Understanding: the Drought Phenomenon: The Role of Definitions. Water International 10/3: 111–120

Wuppertal Institut (Hrsg) (2014) Materialintensität von Materialien, Energieträgern, Transportleistungen und Lebensmitteln. Wuppertal Institut für Klima, Umwelt, Energie, Wuppertal

WWAP (United Nations World Water Assessment Programme) (2016) The United Nations World Water Development Report 2016: Water and Jobs. UNESCO, Paris. http://www.unwater.org/publications/world-water-development-report-2016/ (Zugriff 8.5.2018)

WWAP (United Nations World Water Assessment Programme) (2017) The United Nations World Water Development Report 2017: Wastewater. The Untapped Resource. UNESCO, Paris. http://www.unesco.org/new/en/natural-sciences/environment/water/wwap/wwdr/2017-wastewater-the-untapped-resource/ (Zugriff 8.5.2018)

WWAP (United Nations World Water Assessment Programme) (2018) The United Nations World Water Development Report 2018: Nature-Based Solutions for Water. UNESCO, Paris. http://www.unwater.org/publications/world-water-development-ment-report-2018/ (Zugriff: 8.5.2018)

WWF Deutschland (2018) Marktanalyse Grillkohle 2018. Das schmutzige Geschäft mit der Grillkohle. Berlin

Zechner J (2017) Natur der Nation. Der „deutsche Wald" als Denkmuster und Weltanschauung. Aus Politik und Zeitgeschichte 49/50: 4–10

Zeitoun M, Goulden M, Tickner D (2013) Current and future challenges facing transboundary river basin management. Wiley Interdisciplinary Reviews Climate Change 4/5: 331–349

Zeitoun M, Mirumachi N (2008) Transboundary water interaction I: reconsidering conflict and cooperation. International Environmental Agreements: Politics, Law and Economics 8/4: 297–316

Weiterführende Literatur

Allan JA (2002) Hydro-Peace in the Middle East: Why no Water Wars? A Case Study of the Jordan River Basin. SAIS Review 22/2: 255–272

Alverson KD, Bradley RS, Pedersen TF (eds) (2004) Paleoclimate, Global Change and the Future. Springer Verlag, Heidelberg

Auty R (1993) Sustaining development in mineral economies: the resource curse thesis. Routledge Chapman & Hall, London, New York

BMUB (Bundesministerium für Umwelt, Naturschutz und Reaktorsicherheit) (2017) Vierter Bodenschutzbericht der Bundes-
regierung. Beschluss des Bundeskabinetts von 27. September 2017. Bonn. https://www.bmu.de/publikation/vierter-boden-schutzbericht-der-bundesregierung/ (Zugriff 21.1.2019)

Braun B (2010) Welthandel und Umwelt: Konzepte, Befunde und Probleme. Geographische Rundschau 62/4

Bringezu S, Schütz H (2010) Der „ökologische Rucksack" im globalen Handel. Geographische Rundschau 62/4

Dai A, Trenberth KE, Karl TR (1998) Global Variations in Droughts and Wet Spells: 1900–1995. Geophysical Research Letters 25/17: 3367–3370

De Souza Machado AA, Kloas W, Zarfl C, Hempel S, Rillig MC (2017) Microplastics as an emergent threat to terrestrial ecosystems. Global Change Biology 24: 1405–1416

Fairhead J, Leach M, Scoones I (2012) Green Grabbing: a new appropriation of nature? Journal of Peasant Studies 39: 237–261

Follath E, Jung A (Hrsg) (2008) Der neue Kalte Krieg. Kampf um die Rohstoffe. München

Gattuso JP, Hansson L (eds) (2011) Ocean Acidification. Oxford

Geist HJ, Lambin EF (2002) Proximate causes and underlying driving forces of tropical deforestation. BioScience 52/2: 143–150

Giese E, Sehring J, Trouchine A (2004) Zwischenstaatliche Wassernutzungskonflikte in Zentralasien. ZEU Discussion Paper Nr. 18. Zentrum für internationale Entwicklungs- und Umweltforschung. Gießen

Glaser R (2014) Global Change: Das neue Gesicht der Erde. WBG, Darmstadt

Haas H-D (2009) Globaler Rohstoffhandel in Zeiten der Krise. Geographische Rundschau 61/11: 4–11

Haas H-D, Schlesinger D (2007) Umweltökonomie und Ressourcenmanagement. Geowissen Kompakt. Darmstadt

Hanson RB, Ducklow HW, Field JG (eds) (2000) The Changing Ocean Carbon Cycle: A midterm synthesis of the Joint Global Ocean Flux Study. IGBP Book Series No. 5. Cambridge University Press, Cambridge

Keeling RF, Körtzinger A, Gruber N (2010) Ocean Deoxygenation in a Warming World. Annual Review of Marine Science 2: 19–22

Lambin EF, Geist HJ, Lepers E (2003) Dynamics of land-use and land-cover change in Tropical Regions. Annual Review of Environment and Resources 28: 205–241

Michael JR (eds) (2003) Ocean Biogeochemistry, The role of the Ocean Carbon Cycle in Global Change. Springer Verlag, Heidelberg

Millennium Assessment Board (2005) Millennium Ecosystems Assessment. Report to the Secretary General of the United Nations, Geneva. www.millenniumassessment.org (Zugriff 21.1.2019)

Rahmstorf S (2004) Die Klimaskeptiker. In: Münchner Rückversicherungs-Gesellschaft (Hrsg) Wetterkatastrophen und Klimawandel – Sind wir noch zu retten?

Schmidtko S, Stramma L, Visbeck M (2017) Decline in global oceanic oxygen content during the past five decades. Nature 542/7641: 335–339. DOI: 10.1038/nature21399

SRU (Sachverständigenrat für Umweltfragen) (2012) Umweltgutachten 2012, Kap. 8: Sektorübergreifender Meeresschutz. http://www.umweltrat.de/SharedDocs/Downloads/DE/01_Umweltgutachten/2012_Umweltgutachten_Kap_08.pdf (Zugriff 30.7.2018)

Tyson PD, Fuchs R, Fu C, Lebel L, Mitra AP, Odada E, Perry J, Steffen W, Virji H (eds) (2002) Global-Regional Linkages in the Earth System. Springer Verlag, Heidelberg

Visbeck M, Kronfeld-Goharani U, Neumann B, Rickels W, Schmidt J, van Doorn E, Matz-Lück N et al (2014) Securing Blue Wealth: The Need for a Special Sustainable Development Goal for the Ocean and Coasts. Marine Policy 48: 184–191

WBGU (Wissenschaftlicher Beirat der Bundesregierung Globale Umweltveränderung) (2005) Globale und regionale Global Change-Forschungsthemen des WBGU. WBGU, Berlin

WBGU (Wissenschaftlicher Beirat der Bundesregierung Globale Umweltveränderung) (2010) Klimapolitik nach Kopenhagen. Auf drei Ebenen zum Erfolg. Politikpapier 6. WBGU, Berlin

Wilhite DA (2000) Drought: A global Assessment. Routledge, London

World Ocean Assessment I: The First Global Integrated Marine Assessment (2016) http://www.un.org/depts/los/global_reporting/WOA_RegProcess.htm (Zugriff: 30.7.2018)

World Ocean Review 3: Rohstoffe aus dem Meer – Chancen und Risiken (2014) http://worldoceanreview.com/wp-content/downloads/wor3/WOR3_gesamt.pdf (Zugriff: 30.7.2018)

Stichwortverzeichnis

© Springer-Verlag GmbH Deutschland, ein Teil von Springer Nature 2020
H. Gebhardt et al. (Hrsg.), *Geographie*, https://doi.org/10.1007/978-3-662-58379-1

Printed in Italy by Printer Trento S.r.l.